ALGEBRA

Arithmetic Operations

$$a(b + c) = ab + ac$$

$$\frac{a}{b} + \frac{c}{d} = \frac{ad + bc}{bd}$$

$$\frac{a + c}{b} = \frac{a}{b} + \frac{c}{b}$$

$$\frac{\dfrac{a}{b}}{\dfrac{c}{d}} = \frac{a}{b} \times \frac{d}{c} = \frac{ad}{bc}$$

Exponents and Radicals

$$x^m x^n = x^{m+n}$$

$$\frac{x^m}{x^n} = x^{m-n}$$

$$(x^m)^n = x^{mn}$$

$$x^{-n} = \frac{1}{x^n}$$

$$(xy)^n = x^n y^n$$

$$\left(\frac{x}{y}\right)^n = \frac{x^n}{y^n}$$

$$x^{1/n} = \sqrt[n]{x}$$

$$x^{m/n} = \sqrt[n]{x^m} = \left(\sqrt[n]{x}\right)^m$$

$$\sqrt[n]{xy} = \sqrt[n]{x}\,\sqrt[n]{y}$$

$$\sqrt[n]{\frac{x}{y}} = \frac{\sqrt[n]{x}}{\sqrt[n]{y}}$$

Factoring Special Polynomials

$$x^2 - y^2 = (x + y)(x - y)$$

$$x^3 + y^3 = (x + y)(x^2 - xy + y^2)$$

$$x^3 - y^3 = (x - y)(x^2 + xy + y^2)$$

Binomial Theorem

$$(x + y)^2 = x^2 + 2xy + y^2 \qquad (x - y)^2 = x^2 - 2xy + y^2$$

$$(x + y)^3 = x^3 + 3x^2 y + 3xy^2 + y^3$$

$$(x - y)^3 = x^3 - 3x^2 y + 3xy^2 - y^3$$

$$(x + y)^n = x^n + nx^{n-1}y + \frac{n(n - 1)}{2}x^{n-2}y^2$$

$$+ \cdots + \binom{n}{k}x^{n-k}y^k + \cdots + nxy^{n-1} + y^n$$

$$\text{where } \binom{n}{k} = \frac{n(n - 1) \cdots (n - k + 1)}{1 \cdot 2 \cdot 3 \cdot \cdots \cdot k}$$

Quadratic Formula

If $ax^2 + bx + c = 0$, then $x = \dfrac{-b \pm \sqrt{b^2 - 4ac}}{2a}$.

Inequalities and Absolute Value

If $a < b$ and $b < c$, then $a < c$.

If $a < b$, then $a + c < b + c$.

If $a < b$ and $c > 0$, then $ca < cb$.

If $a < b$ and $c < 0$, then $ca > cb$.

If $a > 0$, then

$$|x| = a \quad \text{means} \quad x = a \quad \text{or} \quad x = -a$$

$$|x| < a \quad \text{means} \quad -a < x < a$$

$$|x| > a \quad \text{means} \quad x > a \quad \text{or} \quad x < -a$$

GEOMETRY

Geometric Formulas

Formulas for area A, circumference C, and volume V:

Triangle

$$A = \tfrac{1}{2}bh$$
$$= \tfrac{1}{2}ab \sin\theta$$

Circle

$$A = \pi r^2$$
$$C = 2\pi r$$

Sector of Circle

$$A = \tfrac{1}{2}r^2\theta$$
$$s = r\theta \;\; (\theta \text{ in radians})$$

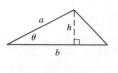

Sphere

$$V = \tfrac{4}{3}\pi r^3$$
$$A = 4\pi r^2$$

Cylinder

$$V = \pi r^2 h$$

Cone

$$V = \tfrac{1}{3}\pi r^2 h$$
$$A = \pi r\sqrt{r^2 + h^2}$$

 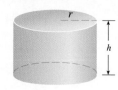 

Distance and Midpoint Formulas

Distance between $P_1(x_1, y_1)$ and $P_2(x_2, y_2)$:

$$d = \sqrt{(x_2 - x_1)^2 + (y_2 - y_1)^2}$$

Midpoint of $\overline{P_1 P_2}$: $\left(\dfrac{x_1 + x_2}{2}, \dfrac{y_1 + y_2}{2}\right)$

Lines

Slope of line through $P_1(x_1, y_1)$ and $P_2(x_2, y_2)$:

$$m = \frac{y_2 - y_1}{x_2 - x_1}$$

Point-slope equation of line through $P_1(x_1, y_1)$ with slope m:

$$y - y_1 = m(x - x_1)$$

Slope-intercept equation of line with slope m and y-intercept b:

$$y = mx + b$$

Circles

Equation of the circle with center (h, k) and radius r:

$$(x - h)^2 + (y - k)^2 = r^2$$

TRIGONOMETRY

Angle Measurement

π radians $= 180°$

$1° = \dfrac{\pi}{180}$ rad $\qquad$ 1 rad $= \dfrac{180°}{\pi}$

$s = r\theta$

(θ in radians)

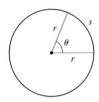

Right Angle Trigonometry

$\sin\theta = \dfrac{\text{opp}}{\text{hyp}} \qquad \csc\theta = \dfrac{\text{hyp}}{\text{opp}}$

$\cos\theta = \dfrac{\text{adj}}{\text{hyp}} \qquad \sec\theta = \dfrac{\text{hyp}}{\text{adj}}$

$\tan\theta = \dfrac{\text{opp}}{\text{adj}} \qquad \cot\theta = \dfrac{\text{adj}}{\text{opp}}$

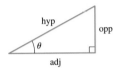

Trigonometric Functions

$\sin\theta = \dfrac{y}{r} \qquad \csc\theta = \dfrac{r}{y}$

$\cos\theta = \dfrac{x}{r} \qquad \sec\theta = \dfrac{r}{x}$

$\tan\theta = \dfrac{y}{x} \qquad \cot\theta = \dfrac{x}{y}$

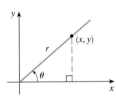

Graphs of Trigonometric Functions

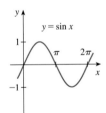
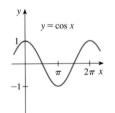
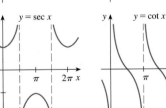

Trigonometric Functions of Important Angles

θ	radians	$\sin\theta$	$\cos\theta$	$\tan\theta$
0°	0	0	1	0
30°	$\pi/6$	1/2	$\sqrt{3}/2$	$\sqrt{3}/3$
45°	$\pi/4$	$\sqrt{2}/2$	$\sqrt{2}/2$	1
60°	$\pi/3$	$\sqrt{3}/2$	1/2	$\sqrt{3}$
90°	$\pi/2$	1	0	—

Fundamental Identities

$\csc\theta = \dfrac{1}{\sin\theta} \qquad\qquad \sec\theta = \dfrac{1}{\cos\theta}$

$\tan\theta = \dfrac{\sin\theta}{\cos\theta} \qquad\qquad \cot\theta = \dfrac{\cos\theta}{\sin\theta}$

$\cot\theta = \dfrac{1}{\tan\theta} \qquad\qquad \sin^2\theta + \cos^2\theta = 1$

$1 + \tan^2\theta = \sec^2\theta \qquad 1 + \cot^2\theta = \csc^2\theta$

$\sin(-\theta) = -\sin\theta \qquad \cos(-\theta) = \cos\theta$

$\tan(-\theta) = -\tan\theta \qquad \sin\left(\dfrac{\pi}{2} - \theta\right) = \cos\theta$

$\cos\left(\dfrac{\pi}{2} - \theta\right) = \sin\theta \qquad \tan\left(\dfrac{\pi}{2} - \theta\right) = \cot\theta$

The Law of Sines

$\dfrac{\sin A}{a} = \dfrac{\sin B}{b} = \dfrac{\sin C}{c}$

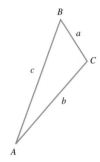

The Law of Cosines

$a^2 = b^2 + c^2 - 2bc\cos A$

$b^2 = a^2 + c^2 - 2ac\cos B$

$c^2 = a^2 + b^2 - 2ab\cos C$

Addition and Subtraction Formulas

$\sin(x + y) = \sin x \cos y + \cos x \sin y$

$\sin(x - y) = \sin x \cos y - \cos x \sin y$

$\cos(x + y) = \cos x \cos y - \sin x \sin y$

$\cos(x - y) = \cos x \cos y + \sin x \sin y$

$\tan(x + y) = \dfrac{\tan x + \tan y}{1 - \tan x \tan y}$

$\tan(x - y) = \dfrac{\tan x - \tan y}{1 + \tan x \tan y}$

Double-Angle Formulas

$\sin 2x = 2\sin x \cos x$

$\cos 2x = \cos^2 x - \sin^2 x = 2\cos^2 x - 1 = 1 - 2\sin^2 x$

$\tan 2x = \dfrac{2\tan x}{1 - \tan^2 x}$

Half-Angle Formulas

$\sin^2 x = \dfrac{1 - \cos 2x}{2} \qquad \cos^2 x = \dfrac{1 + \cos 2x}{2}$

CALCULUS

METRIC VERSION | NINTH EDITION

스튜어트
미분적분학

| 9e 개정판 |

James Stewart | Daniel Clegg | Saleem Watson 저

미분적분학 교재편찬위원회 역

 북스힐

Cengage

Australia • Brazil • Canada • Mexico • Singapore • United Kingdom • United States

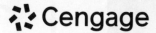

Calculus, Metric Edition,
9th Edition

James Stewart
Daniel K. Clegg
Saleem Watson

Original edition © 2021 Brooks Cole, a part of Cengage Learning.
Calculus, Metric Edition, 9th Edition
by James Stewart, Daniel K. Clegg, and Saleem Watson
ISBN: 9780357113462

For permission to use material from this text or product, email to
asia.infokorea@cengage.com

ISBN-13: 979-11-5971-465-8

Cengage Learning Korea Ltd.
14F YTN Newsquare 76 Sangamsan-ro
Mapo-gu Seoul 03926 Korea
Tel: (82) 1533 7053
Fax: (82) 2 330 7001

Cengage is a leading provider of customized learning solutions with employees residing in nearly 40 different countries and sales in more than 125 countries around the world. Find your local representative at: **www.cengage.com**.

To learn more about Cengage Solutions, visit **www.cengageasia.com**.

Every effort has been made to trace all sources and copyright holders of news articles, figures and information in this book before publication, but if any have been inadvertently overlooked, the publisher will ensure that full credit is given at the earliest opportunity.

Printed in Korea
Print Number: 02   Print Year: 2024

옮긴이 머리말
Preface

이 책은 전 세계적으로 가장 많이 이용하는 미적분학 교재 중 하나인 제임스 스튜어트(James Stewart)의 Calculus 제9판의 번역서이다. 전통적인 교과 과정뿐만 아니라 많은 응용 요소를 포함하고 있다. 이와 같은 책을 번역하여 소개할 수 있게 되어 수년에서 20년이 넘게 대학에서 경험을 쌓은 역자들에게 매우 의미 있는 일이 아닐 수 없다.

일반적으로 미적분학은 대학교 1학년 시절에 배우는데, 대부분의 학생들은 미적분을 왜 배워야 하는지, 어디에 어떻게 이용해야 하는지를 모르는 상태에서 공부하다 보니 흥미를 잃기 십상이다. 그러나 이 책은 저자가 '학생들에게'에서 언급한 바와 같이 어느 특정 분야가 아닌 경제학을 비롯한 사회과학과 자연과학 그리고 공학 및 의학 등 거의 모든 분야에서 나타나는 현상과 미적분학이 어떻게 연결되어 있으며, 미적분을 통해 여러 가지 현상을 어떻게 해석하고 풀어나가는지 자세하게 설명하고 있다. 특히 Maple, Mathematica, 또는 TI-89 등과 같은 그래픽 소프트웨어를 이용해서 간과하기 쉬운 그래프의 특성을 학생 스스로 찾아보도록 유도하고, 복잡한 수리 문제는 계산기를 이용하도록 권하고 있다. 그리고 문제 해결에 어려움을 겪는 학생을 위해 상세한 설명과 힌트를 제공하는 웹사이트를 운영하고 있다. 또한 많은 학생들이 공부하면서 빠지기 쉬운 오류에 대한 주제에 경고 표시를 붙여 주의를 환기하고 더불어 올바른 이해에 대한 조언을 제시하고 있는 점이 다른 책과 구별된다.

이 책을 번역함에 있어서 다음 사항에 특히 주의를 기울였다.
첫째, 가능한 원문에 충실한다.
둘째, 문장은 가능한 짧고 학생들이 이해하기 쉽도록 한다.
셋째, 용어는 대한수학회에서 발행한 수학용어집에 따른다.
넷째, 각 절의 연습문제는 원문의 홀수 번을 선택하되, 필요에 따라 짝수 번을 추가한다.
다섯째, 학습 분량 및 시간을 고려해서 원서의 9장 미분방정식은 제외한다.
여섯째, 학생들의 학습을 돕기 위해 모든 연습문제의 해답을 부록에 수록한다.

이 책은 단순한 계산 문제뿐만 아니라 여러 학문 분야에서 필요한 내용까지 폭넓게 수록하고 있음을 다시 한 번 밝히면서, 비록 미적분학 학습이 끝나더라도 각 학문 분야를 공부하는 데 많은 도움이 되기를 바란다.

끝으로 이 책이 출판되기까지 번역을 위해 애쓰신 여러 교수님들께 감사드리고, 많은 노력을 아끼지 않으신 (주)북스힐 조승식 사장님과 편집진 여러분께 감사를 드린다.

대표역자

서문
Preface

대단한 발견으로 대단한 문제가 해결되지만 모든 문제의 해결에는 발견을 위한 작은 단서가 있다. 당신의 문제가 그다지 대단하지 않은 것일 수 있다; 하지만 그 문제가 당신의 호기심을 자극하고 창의적인 능력을 발휘하게 한다면, 그리고 당신만의 방식으로 그 문제를 해결한다면, 긴장감을 경험하고 발견으로 인한 승리감을 만끽할 수 있다.

조지 폴리아(GEORGE POLYA)

마크 반 도렌(Mark Van Doren)은 가르치는 기술이 발견을 돕는 기술이라고 말했다. 앞의 모든 중판본에서와 마찬가지로, 우리는 이 9판 메트릭 버전(Metric Version)에서 학생들이 미적분을 —미적분의 실용적인 힘과 놀라운 아름다움에 대한 양쪽 모두를— 발견하도록 돕는 책을 쓰는 전통을 계속 이어간다. 우리는 학생들의 기술적 능력의 발전을 촉진시키고자 하는 것은 물론 미적분학의 효용에 대한 이해를 전달하고자 한다. 그와 동시에 이 과목의 본질적인 아름다움에 대한 감탄을 전달하기 위해 노력한다. 뉴턴은 자신만의 위대한 발견을 했을 때 분명히 승자의 기쁨을 경험했다. 우리는 학생들이 그런 기쁨을 공유하기를 원한다.

개념 이해에 중점을 두고 있다. 거의 모든 미적분 강사는 개념적 이해가 미적분 수업의 궁극적인 목표가 되어야 한다는 데 동의한다. 이 목표를 구현하기 위해 우리는 기본 주제를 그래픽, 수치, 대수 및 언어적 방식을 이용해 그리고 이러한 여러 방식들 간의 관계에 중점을 두고 제시한다. 시각화, 수치 및 그래픽 실험, 구두 설명은 개념적 이해를 매우 용이하게 할 수 있다. 또한 개념적 이해와 기술적 스킬도 서로를 보강하는 밀접한 관련이 있을 수 있다.

우리는 우수한 교육이 여러 형태로 이뤄지고 미적분의 교습 및 학습에 대한 여러 접근방식이 존재한다는 것을 잘 알고 있으므로 설명과 연습문제들은 다른 교습 및 학습 스타일을 수용하도록 설계되었다. 특성들(프로젝트, 확장된 연습문제, 문제 해결 원칙 그리고 역사적 통찰력을 포함하는)은 기본 개념과 기술의 가장 중요한 핵심에 다양한 확장을 제공한다. 우리의 목표는 강사들과 그들의 학생들에게 미적분학을 발견하기 위한 그들 자신의 길을 찾아가는 데 필요한 도구를 제공하는 것이다.

저자에 대하여

About the Authors

Daniel Clegg와 Saleem Watson은 20년 이상 동안 James Stewart와 함께 수학 교과서를 쓰는 일을 해 왔다. 그들은 수학을 가르치고 수학에 대한 책을 쓰는 일에 관해 공통된 관점을 공유했기 때문에 그들 사이의 긴밀한 업무 관계는 매우 생산적이었다. James Stewart는 2014년 인터뷰에서 그들의 협력에 대해 다음과 같이 밝혔다. "우리는 같은 방식으로 생각할 수 있다는 것을 발견했고, 거의 모든 것에 서로가 동의했는데, 이것은 드문 일이다."

Daniel Clegg와 Saleem Watson은 James Stewart를 각기 다른 방식으로 만났지만 각각의 경우에서 그들의 첫 만남은 긴 연계의 시작이 되었다. Stewart는 수학 학술회의에서 만남 중 선생으로서의 Daniel Clegg의 재능을 발견하고 곧 출판될 미적분학 판의 원고를 검토하고 다변수 솔루션 매뉴얼(multivariable solutions manual)을 작성해달라고 그에게 요청했다. 그 이후 Daniel은 Stewart 미적분학 서적의 여러 판을 만드는 과정에서 점점 많은 역할을 담당해왔다. 그와 Stewart는 응용 미적분 교과서를 공동 집필하기도 했다. Stewart는 Saleem이 그의 대학원 수학 수업의 학생이었을 때 Saleem을 처음 만났다. 나중에 Stewart는 당시 Saleem이 강사로 일했던 펜 주립대학에서 Saleem과 함께 연구를 하며 안식년을 보냈다. Stewart는 Saleem과 Lothar Redlin(Lothar Redlin 역시 Stewart 학생이었다)에게 미적분 이전 단계용 교재 시리즈 집필에 협력해달라고 요청했다. 그들의 여러 해에 걸친 오랜 협력으로 이 책들의 여러 판이 만들어졌다.

JAMES STEWART는 여러 해에 걸쳐 McMaster University와 University of Toronto의 수학교수였다. James는 Stanford University와 University of Toronto에서 대학원 공부를 하였고 이어서 University of London에서 연구하였다. 그의 연구 분야는 고조파 분석(Harmonic Analysis)이었고 그는 또한 수학과 음악 사이의 관련성에 대해서도 연구하였다.

DANIEL CLEGG은 Southern California에 있는 Palomar College의 수학교수이다. 그는 California State University, Fullerton에서 학부과정을 마쳤고 University of California, Los Angeles(UCLA)에서 대학원 과정을 마쳤다. Daniel은 유능한 선생이다; 그는 UCLA 대학원생 시절부터 수학을 가르치고 있다.

SALEEM WATSON은 롱 비치에 있는 캘리포니아 주립대 수학과 명예교수이다. 그는 미시간의 Andrews University에서 학부과정을 마쳤고 Dalhousie University와 McMaster University에서 대학원 과정을 마쳤다. University of Warsaw에서 연구 펠로우십 완료 후 롱 비치에 있는 캘리포니아 주립대 수학과에 합류하기 전 수년 동안 Penn State에서 가르쳤다.

학생들에게
To the Student

미적분 교재를 읽는 것은 신문이나 소설 또는 물리책을 읽는 것과 다르다. 미적분학 내용을 이해하기 위해서는 한 번 이상 읽는 것에 주저하지 말라. 그래프를 그린다거나 계산을 하기 위해 연필과 종이 그리고 계산기는 필수품이다.

어떤 학생들은 과제를 해결하려는 노력으로 연습문제에서 막힐 경우에만 교재를 찾는다. 그러나 연습문제를 해결하기 전에 교재의 한 절을 읽고 이해하는 것이 훨씬 좋은 방법이라고 말하고 싶다. 특히 용어의 정확한 의미를 알기 위해서 정의를 숙지해야만 한다. 그리고 예제를 풀기 전에 풀이를 가리고 자신의 힘으로 풀어보기 바란다. 이와 같이 한다면, 풀이를 보는 것보다 훨씬 더 많은 것을 얻게 될 것이다.

이 과정의 주된 목적 중 하나는 논리적으로 생각하는 훈련에 있다. 동떨어진 방정식 또는 공식의 실마리가 아닌 앞뒤가 연결되고 단계적으로 이유를 밝히는 문장으로 연습문제의 풀이를 쓰도록 학습하기 바란다.

연습문제의 해답이 책 뒤의 부록에 나온다. 어떤 연습문제는 말로 설명하거나 해석 또는 서술하기를 요구한다. 그와 같은 경우에는 답을 표현하기 위한 하나의 정확한 방법이 없다. 따라서 확정적인 답을 찾지 못하는 것에 대해 걱정할 필요가 없다. 추가적으로 수치적이거나 대수적인 답을 표현할 때 다른 형태의 답이 여러 가지 있을 수 있다. 따라서 구한 답이 교재의 답과 다르다고 해서 즉각적으로 잘못 구했다고 실망하기는 이르다. 예를 들어 책에 실린 답이 $\sqrt{2} - 1$이고 구한 답이 $1/(1 + \sqrt{2})$이면, 정답을 구한 것이다. 분모를 유리화해보면 두 답이 같다는 것을 확인할 수 있다.

▦은 제한적으로 그래픽 계산기나 그래픽 소프트웨어를 갖춘 컴퓨터를 사용하는 문제를 나타낸다. 또한 그래픽 도구는 다른 연습문제에 대한 풀이를 확인하는 데도 필요하다. 기호 [T]는 Maple, Mathematica 또는 TI-89와 같은 컴퓨터 대수체계의 충분한 방책이 요구되는 문제를 위한 것이다. 그리고 부호 ∅에 맞닥뜨리게 되는데, 이것은 오류를 범하게 되는 것을 방지하기 위한 경고를 나타낸다. 학생들 대부분이 공통적으로 실수를 범하는 경향을 관찰할 곳에 이 기호를 붙여 놓았다. 문제에 대한 힌트나 설명은 www.stwartcalculus.com에서 찾을 수 있다.

미적분학 과정을 마친 후에도 참고용으로 이 책을 소유하기를 권한다. 미적분학의 특정한 세부 사항을 잊어버릴 공산이 크기 때문에, 이 책은 미적분학 다음 과정에서 미적분의 사용이 필요할 때 유용한 정보를 제공할 것이다. 또한 이 책은 어느 한 과정에 걸쳐질 수 있는 것보다 더 많은 문제를 갖추고 있기 때문에 일하는 과학자나 기술자를 위해 가치 있는 기지를 제공할 것이다.

미적분학은 인간의 지성에 대한 가장 큰 성취 중의 하나로 생각할 수 있는 흥미있는 주제이다. 모쪼록 미적분학이 유용할 뿐만 아니라 본질적으로 아름다운 학문이라는 것을 발견하기 바란다.

JAMES STEWART

9판에 접목된 과학기술

Technology in the Ninth Edition

그래프 및 컴퓨터 장치는 미적분을 배우고 탐구하는 데 귀중한 도구이며 그중 일부는 미적분학 교육에서 확실히 자리를 잡았다. 그래프 계산기는 그래프를 그리고 등식에 대한 근사적 해들 또는 수치적 미분 계산(2장) 또는 정적분(definite integrals)(4장) 등과 같은 수치 계산을 수행하는 데 유용하다. 컴퓨터 대수체계(간단히 말해 CAS)라고 불리는 수학 소프트웨어 패키지는 더욱 더 강력한 도구다. 이렇게 불림에도 불구하고 대수학은 CAS의 기능 중 작은 부분만을 차지한다. 특히 CAS는 단순히 수치적으로만이 아니라 상징적으로(symbolically) 수학을 할 수 있다. CAS는 등식에 대한 정확한 해와 미분 및 적분에 대한 정확한 식을 찾을 수 있다.

우리는 이제 그 어느 때보다 다양한 기능을 갖춘 광범위한 도구에 접근할 수 있게 되었다. 여기에는 웹 기반 리소스(이 중 일부는 무료)와 스마트폰 및 태블릿용 앱이 포함된다. 이러한 많은 리소스가 적어도 CAS 기능의 일부를 포함한다. 따라서 전형적으로 CAS가 필요할 수 있는 일부 연습문제들은 이제 대체 도구를 사용하여 해결할 수 있다.

이 판에서 특정 유형의 장치(예를 들어 그래프 계산기)나 소프트웨어 패키지(CAS 등)를 언급하기보다 우리는 연습문제를 해결하는 데 필요한 기능의 유형을 말한다.

그래프 아이콘

연습문제 옆에 있는 이 아이콘은 그래프를 그리는 데 도움이 되는 기계나 소프트웨어를 사용해야 한다는 사실을 나타낸다. 대부분 그래프 계산기로 충분할 것이다. Desmos.com과 같은 웹사이트는 비슷한 기능을 제공한다. 3D 그래프(11~15장 참조)라면 Wolfram Alpha.com이 좋은 리소스다. 또한 컴퓨터, 스마트폰, 태블릿용 그래프 소프트웨어 애플리케이션도 많다. 연습문제에서 그래프에 대해 묻지만 그래프 아이콘이 표시되지 않은 경우에는 손으로 그래프를 그려야 한다. 1장에서는 기초적인 함수들의 그래프를 검토하고 이들 기초적인 함수를 그래프 변형 버전으로 변환하는 방법을 논의한다.

[T] 테크놀로지(기술) 아이콘

이 아이콘은 연습문제를 풀기 위해 그래프를 그리는 것 이상의 기능을 가진 소프트웨어나 장치가 필요하다는 것을 나타내기 위해 사용된다. 많은 그래프 계산기와 소프트웨어 리소스는 수치 근사치를 제공할 수 있다. 수학을 상징적으로 다루기 위해서는 Texas Instrument TI-89 또는 TI-Nspire CAS와 같이 더 발전된 그래프 계산기와 마찬가지로 Wolfram Alpha.com 또는 Symbolab.com과 같은 웹사이트가 도움이 된다. CAS의 모든 기능(full power)이 필요한 경우, 해당 사실은 연습문제에 명시되며 매스매티카, 메이플, MATLAB 또는 SageMath와 같은 소프트웨어 패키지 접속(액세스)이 필요할 수 있다. 연습문제에 테크놀로지(기술) 아이콘이 포함되지 않으면 극한(limits), 미분(derivatives) 및 적분(integrals)을 구하거나 수작업으로 등식을 해결하여 정확한 답을 얻어야 한다. 이러한 연습문제 풀이를 위해서는 기본적인 과학용 계산기가 있으면 된다.

차례
Contents

이 과정을 끝낼 때쯤이면, 여러분은 세이트루이스에 있는 게이트웨이 아치를 디자인하는 데 사용된 곡선의 길이를 계산할 수 있다. 조종사가 완만하게 착륙하기 위해 어느 지점에서 하강하기 시작해야 하는지 결정할 수 있으며, 야구방망이가 공을 칠 때 방망이에 미치는 힘을 계산하고, 동공의 크기가 변함에 따라 사람의 눈이 감지하는 빛의 양을 측정할 수 있다.

미적분학 미리보기
A Preview of Calculus

미적분학은 여러분이 이전에 공부했던 수학과는 기본적으로 다르다. 정적이라기보다는 동적이며, 변화와 운동에 관여한다. 또한 미적분학은 다른 양에 접근하는 양을 다룬다. 이런 이유로 미적분학을 깊이 공부하기 전에 미적분학의 내용을 살펴보는 것이 유용할 수 있다. 따라서 여기서는 우리가 여러 가지 문제를 해결하려 할 때 극한의 개념이 어떻게 나타나는지 보임으로써 미적분학의 몇몇 주된 개념을 살펴볼 것이다.

■ 미적분학이란 무엇인가?

우리 주변의 세상은 끊임없이 변화하고 있다. 인구가 증가하며, 한 잔의 커피가 식으며, 돌이 떨어지며, 화학물질이 서로 반응하며, 통화 가치가 변동되는 등이 발생한다. 우리는 지속적인 변화를 겪고 있는 수량이나 프로세스를 분석할 수 있기를 바란다. 예를 들어 만약 돌이 매초에 10피트 떨어진다면, 우리는 그것이 얼마나 빨리 떨어지는지를 쉽게 말할 수 있다. 그러나 돌은 그렇게 떨어지지 않는다. 돌은 점점 빨리 떨어지고 돌의 속도는 순간마다 변한다. 미적분에서 그렇게 순간적으로 변하는 프로세서를 어떻게 묘사가능한지 그리고 이러한 변화의 누적효과를 어떻게 알아낼 수 있는지를 공부할 것이다.

미적분학은 대수학과 해석기하학에서 배운 내용을 기반으로 하지만 이러한 아이디어를 훌륭하게 발전시킨다. 미적분의 용도는 거의 모든 인간 활동 분야로 확장된다. 당신은 이 책 전체에서 미적분의 수많은 응용을 접하게 될 것이다. 핵심적으로 미적분은 함수 그래프와 관련된 문제—**면적 문제**와 **접선 문제**—와 그리고 이들 사이에 예상치 못한 관계와 관련된 주요 문제를 중심으로 진행된다. 이들 문제를 해결하는 것은 유용한데, 그 이유는 함수의 그래프 이하 부분에 대한 면적과 함수의 그래프에 대한 접선은 다양한 맥락에서 많은 중요한 해석을 낳기 때문이다.

■ 넓이 문제

A_1
A_2
A_3
A_4
A_5
$A = A_1 + A_2 + A_3 + A_4 + A_5$

그림 1

미적분학의 기원은 적어도 2500년 전 '체계적 연구방법'을 통해 넓이를 구한 고대 그리스인으로 거슬러 올라간다. 그들은 그림 1에서처럼 어떤 다각형을 삼각형으로 나누고, 이들 삼각형의 넓이를 더해 다각형의 넓이 A를 구하는 방법을 알았다.

곡선으로 둘러싸인 모양의 넓이를 구하는 것은 훨씬 더 어려운 문제이다. 그리스인의 체계적 연구방법은 도형의 모양에 다각형을 내접시키고, 또 외접시킨 다음에 다각형의 변의 수를 증가시키는 것이다. 그림 2는 도형이 원인 특별한 경우 정다각형을 내접시키는 과정을 보여 준다.

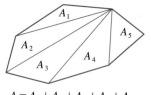

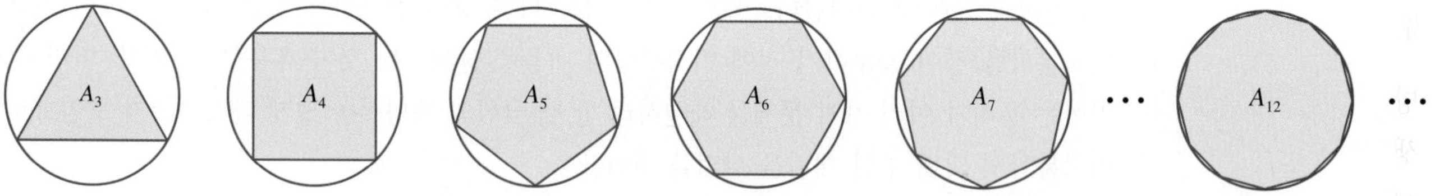

A_3
A_4
A_5
A_6
A_7
A_{12}

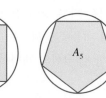

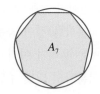

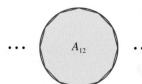

그림 2

A_n을 원에 내접한 정 n각형의 넓이라 하자. 원에 내접한 정다각형의 변의 수 n이 증가함에 따라 A_n은 점점 더 원의 넓이에 접근하게 된다. 우리는 원의 넓이를 내접한 정다각형의 넓이의 극한이라 하고 다음과 같이 쓴다.

$$A = \lim_{n \to \infty} A_n$$

그리스인은 정작 극한을 사용하지 못했다. 에우독소스(Eudoxus, BC 5세기)에 이르러 우리에게 친숙한 원 영역의 넓이 공식($A = \pi r^2$)을 증명하는 데 '체계적 연구방

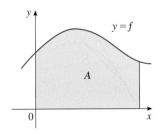
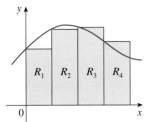
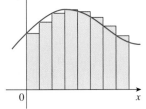
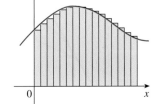

그림 3 f의 그래프 아래 영역의 넓이 A

그림 4 직사각형을 이용한 넓이 A의 근사

법'을 사용했다.

우리는 4장에서 그림 3에서 보는 형태의 영역의 넓이를 구하기 위해 비슷한 생각을 할 것이다. 구하려고 하는 넓이 A는 직사각형의 넓이를 그림 4처럼 근사하고, n개의 직사각형 R_1, R_2, ..., R_n을 이용해 f의 그래프 아래 영역의 넓이 A를 근사시키면 넓이의 근사치 A_n은 다음과 같다.

$$A_n = R_1 + R_2 + \cdots + R_n$$

이제 직사각형의 수를 늘린다고 상상해 보자(직사각형의 너비를 좁혀감). 그리고 A를 직사각형의 넓이의 합의 극한으로 계산하자:

$$A = \lim_{n \to \infty} A_n$$

4장에서 우리는 이러한 극한을 계산하는 방법을 공부하게 될 것이다.

넓이 문제는 미적분학 분야의 중심 문제로 **적분학**이라 부른다. 함수의 그래프 아래 영역의 넓이는 함수가 나타내는 것에 따라 다양한 해석을 갖는 관계로 적분학은 중요하다. 넓이 계산 기법은 강체의 부피, 곡선의 길이, 댐에 작용하는 수압, 막대의 질량과 중력중심, 저수조로부터 물을 퍼내는 데 한 일 등을 계산할 수 있게 할 것이다.

■ 접선 문제

방정식 $y = f(x)$의 곡선 위의 주어진 점 P에서의 접선 ℓ의 방정식을 구하는 문제를 생각해보자. (접선의 명확한 정의를 1장에서 다룰 것이다. 지금은 그림 5에서처럼 P에서 곡선과 접하는 직선으로 생각할 수 있다.) 점 P가 접선 위에 있음을 알고 있으므로, 이 접선의 기울기 m을 안다면 ℓ의 방정식을 구할 수 있다. 문제는 기울기를 구하기 위해서는 두 점이 필요한데 ℓ 위의 단 한 점 P만을 알고 있다는 것이다. 이 문제를 해결하기 위해 가까이 곡선에 있는 점 Q를 잡고, 할선 PQ의 기울기 m_{PQ}를 계산해서 m의 근삿값을 구한다.

이제 Q가 그림 6에서와 같이 곡선을 따라 P를 향해 이동한다고 상상해 보자. 할선 PQ가 회전하고 제한된 위치인 접선 ℓ에 접근하는 것을 알 수 있다. 이것은 할선의 기울기 m_{PQ}가 접선의 기울기 m에 점점 더 가까워지는 것을 의미한다.

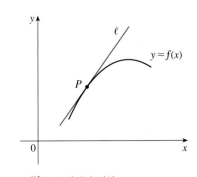

그림 5 P에서의 접선

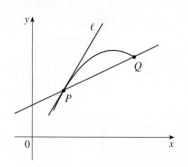 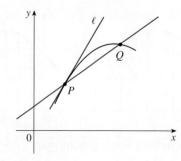 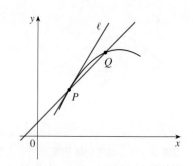

그림 6 Q가 P에 접근할 때 할선은 접선에 접근한다.

$$m = \lim_{Q \to P} m_{PQ}$$

로 표기하고 m은 Q가 곡선을 따라 P에 접근할 때 m_{PQ}의 극한이라고 말한다.

그림 7에서와 같이 P가 점 $(a, f(a))$에 그리고 Q가 점 $(x, f(x))$에 해당하면 m_{PQ}는 다음과 같음을 주목하자.

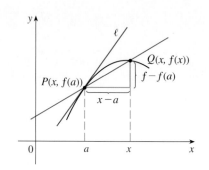

그림 7 할선 PQ

$$m_{PQ} = \frac{f(x) - f(a)}{x - a}$$

Q가 P에 접근할 때 x가 a에 접근하게 되므로 접선의 기울기에 대한 아래의 등식을 얻는다.

$$m = \lim_{x \to a} \frac{f(x) - f(a)}{x - a}$$

1장에서 이러한 극한을 계산 가능하도록 하는 규칙을 공부하게 될 것이다.

접선 문제는 **미분학**이라 불리는 미적분학의 한 분야를 발생시켰다. 함수의 그래프에 대한 접선의 기울기는 상황에 따라 다양한 해석을 갖는 관계로 이는 중요하다. 예를 들어 접선 문제를 해결하면 떨어지는 돌의 순간 속도를, 화학 반응의 변화율 또는 매달린 사슬에 가해지는 힘의 방향을 알아낼 수 있다.

■ 면적과 접선 문제 사이의 관계

면적과 접선 문제는 매우 다른 문제인 것 같으나 놀랍게도 이 두 문제는 밀접한 관련이 있다. —사실 그들 중 한 문제를 해결하면 다른 문제의 해로 이어지게 될 정도로 밀접한 관련이 있다. 이들 두 문제 사이의 관계에 대해 4장에서 소개된다. 이는 미적분학에 있어서 가장 중요한 발견이고 그에 걸맞게 미적분학의 기본정리라고 명명된다. 아마도 가장 중요한 사실은 이 기본정리가 면적 문제를 엄청나게 쉽게 해결될 수 있게 한다는 것이다. 구체적으로 사각형에 의한 근사치를 구할 필요가 없을 뿐만 아니라 관련된 극한값을 계산하지 않고도 면적을 구할 수 있게 한다.

Isaac Newton(1642~1727)과 Gottfried Leibniz(1646~1716)는 미적분학의 발명으로 인정을 받는다. 왜냐하면 그들이 최초로 미적분학의 기본정리의 중요성을 인식했고 실제 문제를 해결하기 위한 도구로 활용했기 때문이다. 미적분을 공부하면서 이러한 대단한 결과를 여러분 스스로 발견하게 될 것이다.

■ 요약

극한의 개념이 영역의 면적을 구하고자 할 때와 접선의 기울기를 구하고자 할 때 발생하게 된다는 사실을 알게 되었다. 이러한 극한의 기본 아이디어로 인해 미적분학은 다른 수학 영역과 구분된다. 사실 미적분학은 극한을 다루는 수학의 한 부분으로 정의될 수 있었다. 곡선 아래 부분의 면적과 곡선에 접하는 접선의 기울기는 다양한 맥락에서 많은 해석을 갖는다는 사실을 언급했다. 끝으로 면적과 접선의 문제는 밀접한 관련이 있음에 대해 논하였다.

Isaac Newton이 미적분학을 발명한 후, 그는 그것을 이용하여 태양 주위 행성의 움직임을 설명하고 우리 태양계에 대한 설명을 위한 수세기에 걸친 질문에 대한 확실한 답을 제공했다. 오늘날 미적분은 위성 및 우주선의 궤도를 결정하는 것, 인구 크기를 예측하는 것, 날씨 예보, 심박 출량 측정, 경제시장의 효율성 측정과 같은 매우 다양한 맥락에 적용된다.

미적분학의 힘과 다양성에 대한 감을 전달하기 위하여 미적분학을 통해 답을 찾을 수 있는 몇 가지 질문과 함께 끝을 맺고자 한다.

1. 안전하고 부드러운 승차감을 위해 롤러코스터를 어떻게 설계하여야 할까?

2. 조종사가 하강을 시작하려면 공항에서 얼마나 멀리 떨어져 있어야 하나?

3. 관찰자로부터 무지개의 가장 높은 지점까지의 앙각(올려 본각)은 항상 42°라는 사실을 어떻게 설명할 수 있을까?

4. 고대 이집트의 쿠푸 피라미드(Pyramid of Khufu)를 짓기 위해 요구되는 일의 양을 어떻게 추정할 수 있을까?

5. 발사체가 지구의 중력을 벗어나게 하기 위한 발사체의 발사속도는 얼마일까?
(7.8절 연습문제 39번 참조)

6. 시간에 따른 해빙 두께의 변화와 얼음의 균열이 치유되는 이유를 어떻게 설명할 수 있을까?

7. 위로 던진 공이 최대 높이에 도달하기까지 또는 원래 높이로 떨어지기까지 둘 중 어느 경우가 더 오래 걸릴까?

8. 레이저 프린터에서 문자를 나타내는 모양을 디자인하기 위해 어떻게 커버 피팅이 가능할까?

9. 행성과 위성은 타원 궤도를 따라 움직인다는 사실을 어떻게 설명할 수 있을까?

10. 총 에너지 생산을 극대화하기 위해 수력 발전소의 터빈 사이에 물 흐름을 어떻게 분배하여야 할까?

풍력 터빈에 의해 생산되는 전력은 여러 요인을 포함하는 수학적 함수에 의해 추정할 수 있다. 연습문제 1.2.13에서 이 함수를 살펴보고 다양한 풍속에 대한 특정 터빈의 예상출력을 결정할 것이다.

chaiviewfinder / Shutterstock.com

1

함수와 극한
Functions and Limits

미적분에서 다루는 기본적인 대상은 함수이다. 함수는 다양한 방법, 즉 방정식, 표, 그래프, 말로 표현될 수 있다. 미적분에서 나오는 주요 함수들을 살펴보고, 실제로 일어나는 현상을 수학적 모형으로 나타냄으로써 이들 함수를 이용하는 과정을 설명한다.

　미적분학 미리보기(이 장의 바로 앞)에서 극한의 개념이 미적분학의 다양한 분야에 어떻게 기초가 되는지 살펴봤다. 따라서 함수의 극한과 성질을 조사하는 것으로부터 미적분학 공부를 시작하는 것이 적절하다.

1.1 | 함수를 표현하는 네 가지 방법

■ 함수

함수는 하나의 양이 다른 양에 의존할 때 생긴다. 다음 네 가지 경우를 생각해보자.

A. 원의 넓이 A는 반지름 r에 따라 결정된다. r와 A를 연결하는 규칙은 방정식 $A = \pi r^2$으로 주어진다. 각각의 양수 r에 대해 A의 한 값이 결정되므로 A를 r의 함수라 한다.

B. 세계 인구 P는 시각 t에 따라 결정된다. 표 1은 연도를 뜻하는 t에서의 세계인구 P의 추정값을 나타낸다. 예를 들면 다음과 같다.

$$t = 1950\text{일 때,}\quad P \approx 2{,}560{,}000{,}000$$

각 시각 t에 대해 대응하는 P의 값이 존재하는데, 이 P를 t의 함수라 한다.

표 1 세계 인구

연도	인구(백만)
1900	1650
1910	1750
1920	1860
1930	2070
1940	2300
1950	2560
1960	3040
1970	3710
1980	4450
1990	5280
2000	6080
2010	6870

C. 우편물의 우송료 C는 우편물의 무게 w에 따라 결정된다. w와 C 사이를 연결하는 간단한 공식은 없지만, 우체국은 w를 알 때 C를 결정하는 규칙이 있다.

D. 지진이 일어날 때 지진계로 측정한 지면의 수직가속도 a는 경과 시간 t의 함수이다. 그림 1은 1994년 로스앤젤레스를 강타했던 노스리지(Northridge) 지진이 발생했을 당시의 지진활동으로 생성된 그래프이다. 그래프는 주어진 값 t에 대해, 그에 대응하는 a의 값을 나타내고 있다.

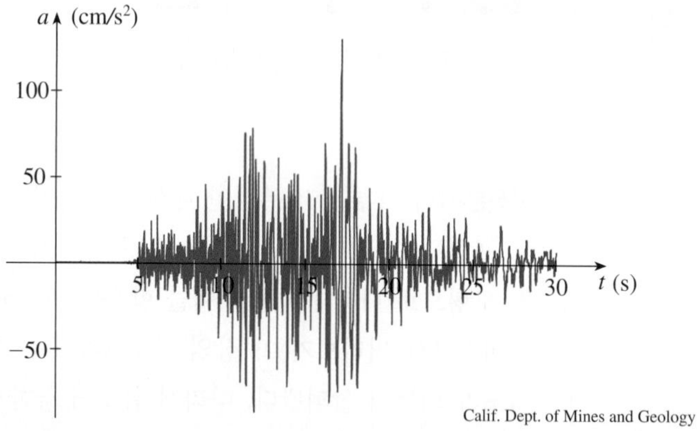
a (cm/s²)
100
50
−50
5
10
15
20
25
30
t (s)
Calif. Dept. of Mines and Geology

그림 1 노스리지 지진이 발생하는 동안 지연의 수직가속도

위의 각 예는 주어진 수(예제 A에서 r)에 또 다른 수(A)가 대응되는 규칙을 설명하고 있다. 각 경우에 있어서 두 번째 수를 첫 번째 수의 함수라고 한다. 예제 A에서 f가 A를 r로 연결시키는 규칙을 나타낸다면, $A = f(r)$과 같은 **함수 표기**로 나타낸다.

> **함수**(function) f는 집합 D의 각 원소 x에 대해 집합 E에 속하는 단 하나의 원소 $f(x)$를 대응시키는 규칙이다.

보편적으로 실수로 이루어진 집합 D와 E에 대한 함수가 있다고 할 때, 집합 D를 함수의 **정의역**(domain)이라 한다. 수 $f(x)$는 x에서 f의 **함수값**이라 하고 "x의 f"로 읽는다. f의 **치역**(range)은 정의역의 각 x에 대응하는 $f(x)$의 값 전체의 집합이다. 함수 f의 **정의역**에 속한 임의의 수를 나타내는 기호를 **독립변수**(independent variable)라 하며, f의 **치역**에 속하는 수를 나타내는 기호를 **종속변수**(dependent variable)라 한다. 예를 들면 예 A에서 r는 독립변수, A는 종속변수이다.

함수를 **기계**(machine)로 생각하면 도움이 될 것이다(그림 2). x가 함수 f의 정의역에 속하는 수라면 x는 기계로 들어가서 **입력**(input)으로 받아들이고 기계는 함수의 규칙에 따라 **출력**(output) $f(x)$를 산출한다. 그러므로 정의역을 가능한 모든 입력들의 집합으로 생각하고 치역을 가능한 모든 출력들의 집합으로 생각할 수 있다. 계산기에 내장되어 있는 함수들은 기계로서 함수의 좋은 예다. 예를 들어, 수를 입력하고 제곱키를 누르면 계산기는 입력한 수의 제곱을 출력한다.

그림 2 함수 f에 대한 기계 모형

함수를 그리는 다른 방법으로 그림 3에 나타낸 **화살표 도표**(arrow diagram)가 있다. 각 화살표는 D의 한 원소와 E의 한 원소를 연결한다. 화살표는 $f(x)$가 x와 대응하고 $f(a)$가 a와 대응함을 나타낸다.

함수를 시각화하는 가장 유용한 방법은 **그래프**(graph)이다. f가 D를 정의역으로 갖는 함수이면, f의 그래프는 다음과 같은 순서쌍의 집합이다.

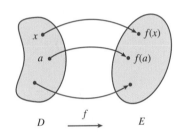

그림 3 함수 f에 대한 화살표 도표

$$\{(x, f(x)) \mid x \in D\}$$

(각 순서쌍은 입력-출력으로 이루어진 쌍이다.) 달리 말하면 f의 그래프는 x가 f의 정의역에 속하고, $y = f(x)$를 만족하는 좌표평면의 점 (x, y) 전체로 구성된다.

함수 f의 그래프는 함수의 자취나 일대기를 나타내는 유용한 그림을 제공한다. 그래프에 있는 임의의 점 (x, y)의 y좌표가 $y = f(x)$이므로, $f(x)$의 값을 점 x에서 그래프의 높이로 읽을 수 있다(그림 4). 또한 그림 5에서처럼 f의 그래프는 x축 위에 f의 정의역을, y축 위에 f의 치역을 나타낼 수 있다.

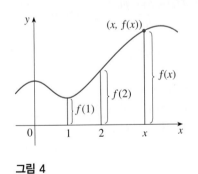

그림 4

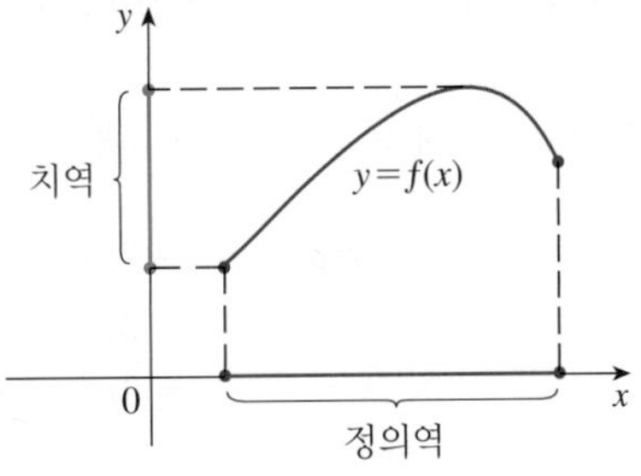

그림 5

《**예제 1**》 함수 f의 그래프가 그림 6과 같다고 하자.

(a) $f(1)$과 $f(5)$를 구하라.

(b) f의 정의역과 치역을 구하라.

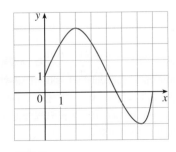

그림 6

풀이

(a) 그림 6에서 점 (1, 3)은 f의 그래프 위에 있고 따라서 1에서 f의 값은 $f(1) = 3$이다. (달리 말하면 $x = 1$ 위에 있는 그래프의 점은 x축에서 3단위 위에 있다.)

$x = 5$일 때 그래프는 x축 아래쪽으로 약 0.7단위에 있으므로 $f(5) \approx -0.7$로 추정할 수 있다.

(b) $f(x)$는 $0 \leq x \leq 7$일 때 정의되므로 f의 정의역은 폐구간 $[0, 7]$이다. f가 -2에서 4까지의 모든 값을 취하므로 f의 치역은 다음과 같다.

$$\{y \mid -2 \leq y \leq 4\} = [-2, 4] \qquad \blacksquare$$

미적분에서, 함수를 정의하는 가장 일반적인 방법은 대수방정식으로 나타내는 것이다. 예를 들어, 방정식 $y = 2x - 1$은 y를 x의 함수로 정의한다. 이것을 함수 표기 $f(x) = 2x - 1$로 표현할 수 있다.

《예제 2》 다음 각 함수의 그래프를 그리고 정의역과 치역을 구하라.

(a) $f(x) = 2x - 1$ \qquad\qquad (b) $g(x) = x^2$

풀이 (a) 그래프의 방정식은 $y = 2x - 1$이다. 이는 기울기가 2이고 y절편이 -1인 직선의 방정식임을 알고 있다. (기울기-절편형 직선의 방정식은 $y = mx + b$이다.) 그러므로 그림 7과 같은 그래프의 일부를 그릴 수 있다. $2x - 1$은 모든 실수에 대해 정의되므로 f의 정의역은 모든 실수 집합이고 $\mathbb{R}$로 표시한다. 그래프로부터 치역도 $\mathbb{R}$임을 알 수 있다.

(b) $g(2) = 2^2 = 4$이고 $g(-1) = (-1)^2 = 1$이므로 점 $(2, 4)$와 $(-1, 1)$을 그래프 위의 다른 몇 개의 점들과 함께 그릴 수 있고 이들을 연결해서 그래프를 그린다(그림 8). 그래프의 방정식은 $y = x^2$이며 포물선을 나타낸다. g의 정의역은 $\mathbb{R}$이다. g의 치역은 $g(x)$의 모든 값, 즉 x^2 형태의 모든 수이다. 그러나 모든 수 x에 $x^2 \geq 0$이고 임의의 양수 y는 제곱수이다. 그러므로 g의 치역은 $\{y \mid y \geq 0\} = [0, \infty)$이다. 이것은 그림 8로부터 알 수 있다. $\blacksquare$

《예제 3》 $f(x) = 2x^2 - 5x + 1$이고 $h \neq 0$일 때 $\dfrac{f(a+h) - f(a)}{h}$를 계산하라.

풀이 먼저 $f(x)$에서 x 대신 $a + h$를 대입해서 $f(a + h)$를 계산한다.

$$\begin{aligned}
f(a + h) &= 2(a + h)^2 - 5(a + h) + 1 \\
&= 2(a^2 + 2ah + h^2) - 5(a + h) + 1 \\
&= 2a^2 + 4ah + 2h^2 - 5a - 5h + 1
\end{aligned}$$

이제 원 식에 대입하고 간단히 하면 다음을 얻는다.

$$\begin{aligned}
\frac{f(a + h) - f(a)}{h} &= \frac{(2a^2 + 4ah + 2h^2 - 5a - 5h + 1) - (2a^2 - 5a + 1)}{h} \\
&= \frac{2a^2 + 4ah + 2h^2 - 5a - 5h + 1 - 2a^2 + 5a - 1}{h} \\
&= \frac{4ah + 2h^2 - 5h}{h} = 4a + 2h - 5
\end{aligned}$$

$\blacksquare$

예제 3에서 $\dfrac{f(a + h) - f(a)}{h}$를 **차분몫**(difference quotient)이라 하며 미적분학에서 자주 나온다. 이는 2장에서 $x = a$와 $x = a + h$ 사이에서 $f(x)$의 평균변화율을 나타내는 것을 볼 것이다.

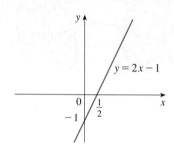

그림 7

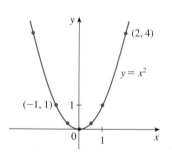

그림 8

■ 함수의 표현

함수를 표현하는 방법은 네 가지가 있다.

- 말로 (언어로 설명)
- 수로 (표)
- 시각적으로 (그래프)
- 대수적으로 (명확한 식)

한 함수를 네 가지 방법으로 표현할 수 있다면 유용한 경우가 많다. 한 표현을 다른 표현으로 바꿔서 함수를 통찰할 수 있기 때문이다. (예를 들어 예제 2에서 대수적 공식으로 시작해서 그래프를 얻었다.) 그러나 어떤 함수는 다른 표현보다는 한 가지 표현에 의해 더욱 자연스럽게 설명될 수 있다. 이에 주의하며, 이 절의 도입부에서 생각했던 네 가지 경우에 대해 재점검해 보자.

A. 반지름에 대한 함수로서 원의 넓이를 나타내는 가장 유용한 표현은 아마도 대수적 공식 $A = \pi r^2$(또는 함수표현인 $A(r) = \pi r^2$)일 것이다. 또한 r의 값에 대한 표를 만들 수도 있고 그래프를 (포물선의 절반) 그릴 수도 있다. 원의 반지름은 양수이므로, 정의역은 $\{r \mid r > 0\} = (0, \infty)$이고 치역도 $(0, \infty)$이다.

B. 함수를 말로 표현해 보자. $P(t)$는 시각 t에서의 세계 인구이다. $t = 0$이 1900년에 대응한다고 하자. 표 2는 이 함수를 간편하게 표현한 것이다. 표에 있는 순서쌍을 그리면 그림 9처럼 그래프(**산점도**)를 얻는다. 이것 또한 유용한 표현인데 그래프만 봐도 모든 데이터를 한번에 알 수 있다. 공식은 어떤가? 물론 임의의 시각 t에서 정확한 인구 $P(t)$를 나타내는 명확한 공식을 찾는 것은 불가능하다. 그러나 $P(t)$에 **근사하는** 함수의 표현을 찾을 수는 있다. 실제로 1.2절에서 설명할 방법을 이용해서 인구 P에 대한 다음 근사식을 얻을 수 있다.

$$P(t) \approx f(t) = (1.43653 \times 10^9) \cdot (1.01395)^t$$

그림 10은 합리적으로 잘 '맞음'을 보여 준다. 여기서 함수 f를 인구 증가에 대한 **수학적 모형**이라 한다. 즉 이는 주어진 함수의 자취에 근접하는 명확한 식으로

표 2 세계 인구

t (1900년 이후 경과년수)	인구(백만)
0	1650
10	1750
20	1860
30	2070
40	2300
50	2560
60	3040
70	3710
80	4450
90	5280
100	6080
110	6870

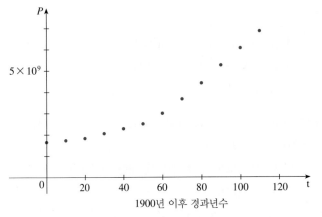

그림 9

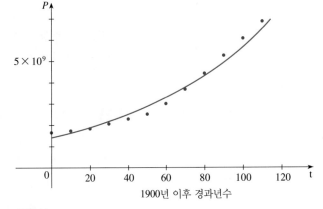

그림 10

표현된 함수이다. 그러나 미적분 개념은 표에도 적용할 수 있으므로 명확한 식이 꼭 필요한 것은 아니다.

함수 P는 미적분을 실생활에 적용할 때 생기는 전형적인 함수이다. 우리는 말로 설명하는 함수로 출발해서 과학적 실험에서 계기 판독을 이용하여 함숫값의 표를 만들 수 있을 것이다. 함숫값에 대해 완전히 알지 못하는 경우에도 이런 함수에 대한 미적분학의 연산을 수행할 수 있음을 이 책을 통해 알게 될 것이다.

C. 말로 설명한 함수를 다시 살펴보자. $C(w)$는 무게 w인 우편물의 우송료이다. 2019년 미국 우편 서비스에서 사용하는 규정은 다음과 같다. 비용은 25 g까지 1달러이고 350 g까지는 추가 그램(또는 그 이하)당 15센트를 가산한다. 그래프로 그릴 수는 있지만(예제 10 참조) 이 함수를 표로 나타내는 것이 가장 편리하다(표 3 참조).

D. 그림 1의 그래프는 수직가속도 함수 $a(t)$에 대한 가장 자연스러운 표현이다. 함숫값의 표를 작성할 수 있고 근사적인 공식을 만들 수도 있다. 그러나 지질학자들이 알고 싶어하는 지진의 진폭과 패턴은 그래프에서 쉽게 알 수 있다. (심장질환 환자의 심전도나 거짓말 탐지기의 패턴에 대해서도 마찬가지이다.)

다음 예제에서 말로 정의된 함수의 그래프를 그려보자.

값들의 표로 정의된 함수를 **표함수**라 한다.

표 3

w(g)	$C(w)$ (달러)
$0 < w < 25$	1.00
$25 < w < 50$	1.15
$50 < w < 75$	1.30
$75 < w < 100$	1.45
$100 < w < 125$	1.60
⋮	⋮

《예제 4》 온수용 수도꼭지를 열 때, 물의 온도 T는 물이 흘러내린 시간에 따라 결정된다. 수도꼭지를 연 후 경과한 시간 t에 관한 함수로서 T의 대략적인 그래프를 그려라.

풀이 수돗물은 파이프에서 흘러 나오므로 흐르는 물의 처음 온도는 실내 온도에 가깝다. 물탱크의 뜨거운 물이 수도꼭지로부터 흘러내리기 시작할 때 T는 급격히 증가한다. 다음 단계에서 T는 탱크 안의 뜨거운 물의 온도로 일정하다. 탱크가 비워지면 T는 급수의 온도로 떨어진다. 그림 11에서 t에 관한 함수 T의 대략적인 그래프를 그릴 수 있다.

그림 11

■

다음 예제에서, 물리적 상태의 함수를 먼저 말로 표현한 다음 명확한 대수 공식을 찾아보자. 이런 능력은 최댓값 또는 최솟값을 구하는 미적분학 문제를 풀 때 유용하다.

《예제 5》 뚜껑이 없는 직육면체 컨테이너의 부피가 10 m³이다. 밑면의 가로는 세로의 2배이다. 밑면의 재료비는 제곱미터당 10달러이고, 옆면의 재료비는 제곱미터당 6달러이다. 재료비를 밑면의 세로의 함수로 표현하라.

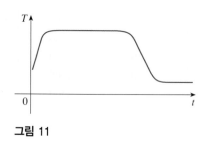

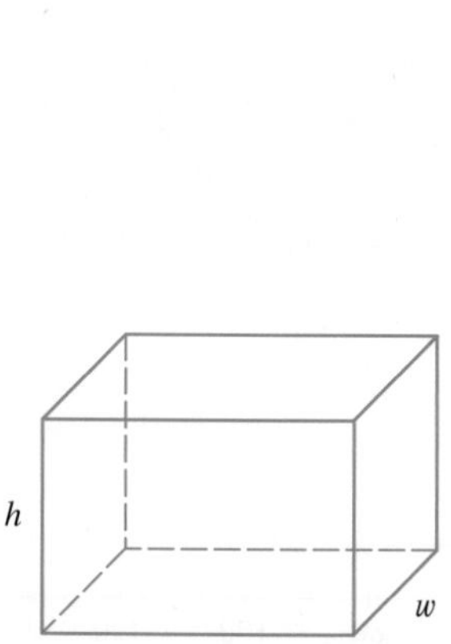

그림 12

풀이 그림 12와 같이 그림을 그리고 밑면의 세로와 가로를 w와 $2w$로 놓고 높이를 h라 한다. 밑면의 넓이는 $(2w)w = 2w^2$이므로 밑면의 재료비는 $10(2w^2)$ 달러이다. 두 옆면의 넓이는 wh이고 다른 두 옆면의 넓이는 $2wh$이므로 옆면에 대한 재료비는 $6[2(wh) + 2(2wh)]$이다. 따라서 전체 경비는 다음과 같다.

$$C = 10(2w^2) + 6[2(wh) + 2(2wh)] = 20w^2 + 36wh$$

C를 w만의 함수로 표현하기 위해 부피가 10 m³임을 이용해서 h를 소거한다.

$$w(2w)h = 10$$

$$h = \frac{10}{2w^2} = \frac{5}{w^2}$$

이것을 C에 대입하면 다음을 얻는다.

$$C = 20w^2 + 36w\left(\frac{5}{w^2}\right) = 20w^2 + \frac{180}{w}$$

그러므로 다음 방정식은 w에 대한 함수 C의 표현이다.

$$C(w) = 20w^2 + \frac{180}{w} \qquad w > 0 \qquad\blacksquare$$

PS 예제 5에서와 같이 적용된 함수를 설정할 때, 이 장의 끝에 있는 문제 해결의 원리, 특히 단계 1: **문제 이해하기**를 검토하는 것이 도움이 될 수 있다.

다음 예제에서는 대수적으로 정의된 함수의 정의역을 찾는다. 함수가 공식으로 주어지고 정의역이 명시적으로 언급되지 않은 경우, 다음과 같은 **정의역 규칙**(domain convention)을 사용한다: 함수의 정의역은 식이 의미가 있고 출력이 실수가 되는 모든 입력의 집합이다.

《**예제 6**》 각 함수의 정의역을 구하라.

(a) $f(x) = \sqrt{x + 2}$ 　　　　　　(b) $g(x) = \dfrac{1}{x^2 - x}$

풀이

(a) 음수의 제곱근은 (실수로서) 정의되지 않으므로, f의 정의역은 $x + 2 \geq 0$인 x값 전체로 이루어진다. 이는 $x \geq -2$와 동치이므로 정의역은 구간 $[-2, \infty)$이다.

(b) $g(x) = \dfrac{1}{x^2 - x} = \dfrac{1}{x(x-1)}$ 이고 0으로 나눌 수 없으므로 $x = 0$ 또는 $x = 1$일 때 $g(x)$는 정의되지 않는다. 그러므로 g의 정의역은 다음과 같다.

$$\{x \mid x \neq 0, x \neq 1\}$$

이것은 또한 구간 기호로 다음과 같이 나타낼 수 있다.

$$(-\infty, 0) \cup (0, 1) \cup (1, \infty) \qquad\blacksquare$$

■ 어떤 규칙이 함수를 정의하는가?

모든 방정식이 함수를 정의하는 것은 아니다. 방정식 $y = x^2$은 x값 하나에 대해 정확히 y값 하나를 결정해 주므로 y를 x의 함수로 정의한다. 그러나 방정식 $y^2 = x$는 입력값 x에 출력값 y가 한 개 이상 대응하므로 y를 x의 함수로 정의할 수 없다. 예를 들어 이 방정식은 입력 4에 대해 $y = 2$와 $y = -2$를 출력한다.

마찬가지로, 모든 표가 함수를 정의하지 않는다. 표 3은 C를 w의 함수로 정의하고 있다. 각각의 무게 w는 정확히 하나의 우편비용과 대응한다. 반면에, 표 4에서는 어떤 입력값 x가 두 개 이상의 출력값 y와 대응하므로 y는 x의 함수로 정의되지 못

표 4

x	2	4	5	5	6
y	3	6	7	8	9

한다. 예를 들어, 입력 $x = 5$일 때 출력 $y = 7$과 $y = 8$이다.

xy-평면에 그려진 곡선은 어떤가? 어떤 곡선이 함수의 그래프인가? 이에 대한 답은 다음의 판정법으로 얻을 수 있다.

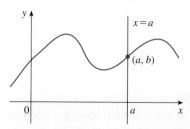

(a) 이 곡선은 함수를 나타낸다.

> **수직선 판정법**　xy 평면에서 곡선이 x의 함수의 그래프이기 위한 필요충분조건은 곡선과 두 번 이상 만나는 수직선이 존재하지 않는 것이다.

수직선 판정법이 참인 이유는 그림 13을 통해서 알 수 있다. 각 수직선 $x = a$가 곡선과 꼭 한번 (a, b)에서 만나면 정확하게 하나의 함숫값 $f(a) = b$가 정의된다. 그러나 직선 $x = a$가 곡선과 (a, b)와 (a, c)에서 두 번 만나면 함수는 a에 서로 다른 두 값을 대응시킬 수 없으므로 곡선은 함수를 나타낼 수 없다.

예를 들어 그림 14(a)의 포물선 $x = y^2 - 2$는 포물선과 두 번 만나는 수직선이 있으므로 x에 대한 함수의 그래프가 아니다. 한편 포물선은 x에 대한 **두** 함수의 그래프를 포함한다. 방정식 $x = y^2 - 2$는 $y^2 = x + 2$이고 $y = \pm\sqrt{x + 2}$ 이다. 그러므로 포물선의 위, 아래 반씩이 함수 $f(x) = \sqrt{x + 2}$ [예제 6의 (a)]와 $g(x) = -\sqrt{x + 2}$의 그래프이다[그림 14(b)와 (c)].

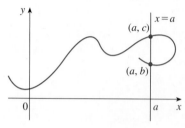

(b) 이 곡선은 함수를 나타내지 않는다.

그림 13

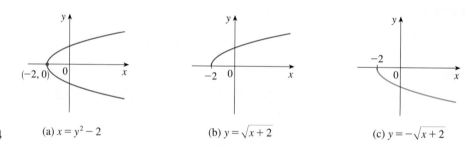

그림 14　　(a) $x = y^2 - 2$　　　　(b) $y = \sqrt{x + 2}$　　　　(c) $y = -\sqrt{x + 2}$

x와 y의 역할을 바꾸면 방정식 $x = h(y) = y^2 - 2$는 y의 함수로 x를 정의하고(y를 독립변수로 x를 종속변수로), 그림 14(a)에서 포물선은 함수 h의 그래프가 된다.

■ 조각마다 정의된 함수

다음 네 개의 예제에 있는 함수는 정의역의 부분 영역에서 다른 식으로 정의됐다. 이런 함수를 **조각마다 정의된 함수**(piecewise defined function)라 한다.

《예제 7》 함수 f가 다음과 같이 정의될 때 $f(-2)$, $f(-1)$, $f(0)$을 구하고 그래프를 그려라.

$$f(x) = \begin{cases} 1 - x, & x \leq -1 \\ x^2, & x > -1 \end{cases}$$

풀이 함수는 규칙임을 기억하자. 이와 같이 특별한 함수에 대해 다음과 같은 규칙이 있다. 먼저 입력 x의 값을 보자. $x \leq -1$이면 $f(x)$는 $1 - x$이고 $x > -1$이면 $f(x)$는 x^2이다.

여기서 두 개의 다른 식이 사용되었지만, f는 두 개의 함수가 아니라 한 함수인 것을 유의하자.

$$-2 \leq -1\text{이므로 } f(-2) = 1 - (-2) = 3$$
$$-1 \leq -1\text{이므로 } f(-1) = 1 - (-1) = 2$$
$$0 > -1\text{이므로 } f(0) = 0^2 = 0$$

f의 그래프는 어떻게 그릴까? $x \leq -1$이면 $f(x) = 1 - x$이므로 수직선 $x = -1$의 왼쪽에 있는 f의 그래프는 기울기가 -1이고 y절편이 1인 직선 $y = 1 - x$와 일치한다. $x > -1$이면 $f(x) = x^2$이므로 수직선 $x = -1$의 오른쪽에 있는 그래프는 포물선 $y = x^2$의 그래프와 일치한다. 이에 따라 그림 15와 같은 그래프를 그릴 수 있다. •는 점 $(-1, 2)$가 그래프에 포함됨을 의미하며, ∘는 점 $(-1, 1)$이 그래프에서 제외됨을 나타낸다. ∎

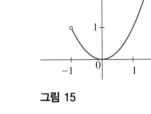

그림 15

조각마다 정의된 함수에 대한 다음 예제는 절댓값함수이다. 수 a의 **절댓값**(absolute value)은 $|a|$로 표시하며 실직선에서 a에서 0까지의 거리임을 기억하자. 거리는 항상 양이거나 0이므로 다음이 성립한다.

$$\text{모든 수 } a\text{에 대해 } |a| \geq 0$$

예를 들면 다음과 같다.

$$|3| = 3, \quad |-3| = 3, \quad |0| = 0, \quad |\sqrt{2} - 1| = \sqrt{2} - 1, \quad |3 - \pi| = \pi - 3$$

일반적으로 다음과 같이 나타낸다. (a가 음이면 $-a$는 양임을 기억하자.)

$$\boxed{\begin{aligned} |a| &= a, \quad a \geq 0 \\ |a| &= -a, \quad a < 0 \end{aligned}}$$

《예제 8》 절댓값 함수 $f(x) = |x|$의 그래프를 그려라.

풀이 앞의 논의로부터 다음을 알 수 있다.

$$|x| = \begin{cases} x, & x \geq 0 \\ -x, & x < 0 \end{cases}$$

예제 7에서와 똑같은 방법을 이용하면 f의 그래프가 y축의 오른쪽에서 직선 $y = x$와 같고 y축의 왼쪽에서 직선 $y = -x$와 일치함을 알 수 있다(그림 16). ∎

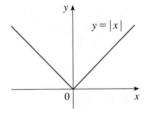

그림 16

《예제 9》 그림 17과 같은 그래프를 갖는 함수 f의 식을 구하라.

풀이 $(0, 0)$과 $(1, 1)$을 지나는 직선의 기울기는 $m = 1$이고 y절편은 $b = 0$이므로 방정식은 $y = x$이다. 그러므로 $(0, 0)$과 $(1, 1)$을 연결하는 f의 그래프 부분에서 다음을 얻는다.

$$f(x) = x, \qquad 0 \leq x \leq 1$$

$(1, 1)$과 $(2, 0)$을 지나는 직선의 기울기는 $m = -1$이고, 따라서 점-기울기형 직선의 방

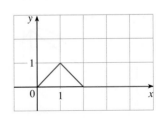

그림 17 점-기울기형 직선의 방정식은 $y - y_1 = m(x - x_1)$이다.

정식은 다음과 같다.

$$y - 0 = (-1)(x - 2), \quad 즉 \quad y = 2 - x$$

그러므로

$$f(x) = 2 - x, \quad 1 < x \leq 2$$

이다. 또한 $x > 2$에서 f의 그래프는 x축과 일치한다. 이것들을 하나로 모으면 f는 다음과 같이 세 개의 조각인 식이 된다.

$$f(x) = \begin{cases} x, & 0 \leq x \leq 1 \\ 2 - x, & 1 < x \leq 2 \\ 0, & x > 2 \end{cases}$$

■

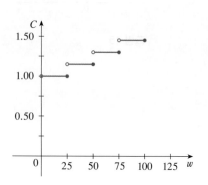

그림 18

《예제 10》 이 절의 도입부 예 C에서, 무게 w인 우편물의 우송료 $C(w)$를 살펴봤다. 사실상 이는 표 3으로부터 다음과 같이 조각마다 정의된 함수이다.

$$C(w) = \begin{cases} 1.00, & 0 < w < 25 \\ 1.15, & 25 < w < 50 \\ 1.30, & 50 < w < 75 \\ 1.45, & 75 < w < 100 \\ \vdots \end{cases}$$

그래프는 그림 18과 같다.

■

그림 18로부터 이런 함수를 **계단함수**(step function)라 하는 이유를 알 수 있다.

■ 우함수와 기함수

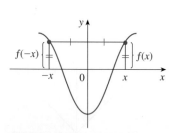

그림 19 우함수

함수 f가 정의역에 속한 모든 x에 대해 $f(-x) = f(x)$를 만족하면, **우함수**(even function)라 한다. 예를 들어 함수 $f(x) = x^2$은 다음을 만족하므로 우함수이다.

$$f(-x) = (-x)^2 = x^2 = f(x)$$

우함수의 기하학적 의미는 그래프가 y축에 대해 대칭을 이룬다는 점이다(그림 19). 이것은 $x \geq 0$에서 f의 그래프를 그린다면, 이 부분을 y축에 대해 대칭시킴으로써 전체 그래프를 얻을 수 있음을 의미한다.

함수 f가 정의역 안의 모든 x에 대해 $f(-x) = -f(x)$를 만족하면, f를 **기함수**(odd function)라 한다. 예를 들어 함수 $f(x) = x^3$은 다음을 만족하므로 기함수이다.

$$f(-x) = (-x)^3 = -x^3 = -f(x)$$

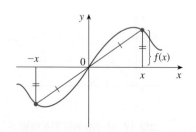

그림 20 기함수

기함수의 그래프는 원점에 대해 대칭이다(그림 20). $x \geq 0$에 대해 f의 그래프를 그리고 이 부분을 원점에 대해 180° 회전하면 전체 그래프를 얻을 수 있다.

《예제 11》 다음 함수들의 우함수, 기함수 또는 어느 것도 아닌지 판정하라.

(a) $f(x) = x^5 + x$ (b) $g(x) = 1 - x^4$ (c) $h(x) = 2x - x^2$

풀이

(a)
$$f(-x) = (-x)^5 + (-x) = (-1)^5 x^5 + (-x)$$
$$= -x^5 - x = -(x^5 + x)$$
$$= -f(x)$$

그러므로 f는 기함수이다.

(b)
$$g(-x) = 1 - (-x)^4 = 1 - x^4 = g(x)$$

그러므로 g는 우함수이다.

(c)
$$h(-x) = 2(-x) - (-x)^2 = -2x - x^2$$

$h(-x) \neq h(x)$이고 $h(-x) \neq -h(x)$이므로 h는 어느 것도 아니다.   ■

예제 11의 함수들의 그래프는 그림 21과 같다. h의 그래프는 y축에 대해서도 원점에 대해서도 대칭이 아니다.

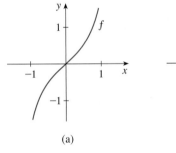
(a)

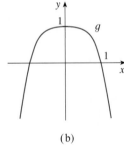
(b)

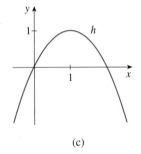
(c)

그림 21

■ 증가함수와 감소함수

그림 22에 나타난 그래프는 A는 B까지는 올라가고, B에서 C까지 내려가고, C에서 D까지 다시 올라간다. 함수 f는 구간 $[a, b]$에서 증가, $[b, c]$에서 감소, $[c, d]$에서 증가한다고 말한다. $x_1 < x_2$이고 x_1, x_2가 a와 b 사이의 임의의 두 수이면 $f(x_1) < f(x_2)$이다. 이를 이용해서 증가함수의 성질을 정의한다.

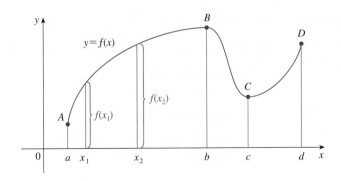

그림 22

구간 I에 있는 $x_1 < x_2$인 임의의 x_1, x_2에 대해 다음을 만족하면 함수 f는 구간 I에서 **증가함수**(increasing function)이다.

$$f(x_1) < f(x_2)$$

구간 I에 있는 $x_1 < x_2$인 임의의 x_1, x_2에 대해 다음을 만족하면 f는 구간 I에서 **감소함수**(decreasing function)이다.

$$f(x_1) > f(x_2)$$

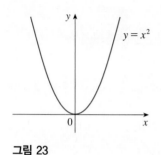

그림 23

증가함수의 정의에서 부등식 $f(x_1) < f(x_2)$는 $x_1 < x_2$이고 I 안에 있는 **모든** x_1, x_2쌍에 대해 만족되어야 한다는 사실은 매우 중요하므로 반드시 숙지해야 한다. 그림 23으로부터 함수 $f(x) = x^2$은 구간 $(-\infty, 0]$에서 감소하며, 구간 $[0, \infty)$에서 증가함을 알 수 있다.

1.1 | 연습문제

1. $f(x) = x + \sqrt{2-x}$이고 $g(u) = u + \sqrt{2-u}$이면 $f = g$인가?

2. 함수 g의 그래프가 다음과 같다.
　(a) $g(-2)$, $g(0)$, $g(2)$, $g(3)$의 값을 말하라.
　(b) 어떤 x값에 대해 $g(x) = 3$인가?
　(c) 어떤 x값에 대해 $g(x) \leq 3$인가?
　(d) g의 정의역과 치역을 말하라.
　(e) 어느 구간에서 g가 증가하는가?

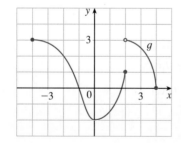

3. 그림 1은 LA의 남캘리포니아 대학교(USC)의 대학병원에 캘리포니아 광물지질학과가 설치한 장치로부터 얻은 기록이다. 이를 이용해서 노스리지 지진이 발생하는 동안 USC에서 수직가속도의 범위를 추정하라.

4–7 다음 방정식이나 표가 y를 x의 함수로 정의하는지 결정하라.

4. $3x - 5y = 7$　　　　　**5.** $x^2 + (y-3)^2 = 5$

6. $(y+3)^3 + 1 = 2x$

7.

x 높이(cm)	y 신발 크기
180	12
150	8
150	7
160	9
175	10

8–9 다음 곡선이 x에 대한 함수의 그래프인지 아닌지 결정하라. 함수이면 정의역과 치역을 말하라.

8.　　　　　　　　**9.**

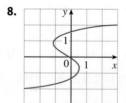　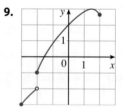

10. 다음은 20세기 지구 상의 평균 온도 T를 나타낸 그래프이다. 다음을 추정하라.
　(a) 1950년의 지구의 평균 온도
　(b) 평균 온도가 14.2°C인 년도
　(c) 지구 상의 온도가 최소, 최대인 년도
　(d) T의 치역

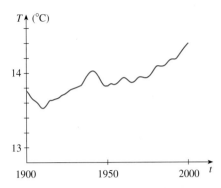

Source: Adapted from *Globe and Mail* [Toronto], 5 Dec. 2009. Print.

11. 유리잔에 얼음 몇 조각을 넣고 찬물을 채워 탁자 위에 놓자. 시간이 흐름에 따라 물의 온도가 어떻게 변하는지 설명하라. 경과 시간의 함수로서 물의 온도를 개략적인 그래프로 그려라.

12. 다음 그래프는 샌프란시스코에서 9월의 어느 하루 동안 전력 소비량을 나타낸다. [*P*의 단위는 메가와트(MW), *t*의 단위는 자정으로부터의 시간]

(a) 오전 6시에 전력 소비량은? 오후 6시는?

(b) 전력 소비량이 최소일 때는 언제인가? 최대일 때는 언제인가? 이런 시간들은 타당해 보이는가?

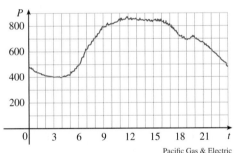

Pacific Gas & Electric

13. 전형적인 봄날 동안 시간의 함수로서 실외 온도의 그래프를 대략적으로 그려라.

14. 커피 가격에 대한 함수로서 한 상점에서 팔리는 특정 커피 브랜드의 판매량에 대한 그래프를 대략적으로 그려라.

15. 집주인이 매주 수요일 오후에 잔디를 깎는다. 4주를 한 주기로 해서 시간의 함수로서 잔디의 길이에 대한 그래프를 대략적으로 그려라.

16. 6월 어느 날 애틀랜타에서 밤 12시부터 오후 2시까지 2시간마다 측정한 온도를 *T*(℃)로 나타냈다. 시각 *t*는 밤 12시부터 시간 단위로 측정된다.

t	0	2	4	6	8	10	12	14
T	23	21	20	19	21	26	28	30

(a) 이 기록을 이용하여 *t*의 함수로서 *T*의 그래프를 대략적으로 그려라.

(b) 그래프를 이용하여 오전 9시의 온도를 추정하라.

17. $f(x) = 3x^2 - x + 2$일 때, $f(2)$, $f(-2)$, $f(a)$, $f(-a)$, $f(a+1)$, $2f(a)$, $f(2a)$, $f(a^2)$, $[f(a)]^2$, $f(a+h)$를 구하라.

18–19 주어진 함수에 대한 차분 몫을 계산하라.

18. $f(x) = 4 + 3x - x^2$, $\quad \dfrac{f(3+h) - f(3)}{h}$

19. $f(x) = \dfrac{1}{x}$, $\quad \dfrac{f(x) - f(a)}{x - a}$

20–23 다음 함수의 정의역을 구하라.

20. $f(x) = \dfrac{x+4}{x^2 - 9}$　　**21.** $f(t) = \sqrt[3]{2t - 1}$

22. $h(x) = \dfrac{1}{\sqrt[4]{x^2 - 5x}}$　　**23.** $F(p) = \sqrt{2 - \sqrt{p}}$

24. 함수 $h(x) = \sqrt{4 - x^2}$의 정의역과 치역을 구하고 그래프를 그려라.

25–26 조각마다 정의된 다음 함수의 $f(-3)$, $f(0)$, $f(2)$를 구하고 그래프를 그려라.

25. $f(x) = \begin{cases} x^2 + 2, & x < 0 \\ x, & x \ge 0 \end{cases}$

26. $f(x) = \begin{cases} x + 1, & x \le -1 \\ x^2, & x > -1 \end{cases}$

27–29 다음 함수의 그래프를 그려라.

27. $f(x) = x + |x|$

28. $g(t) = |1 - 3t|$

29. $f(x) = \begin{cases} |x|, & |x| \le 1 \\ 1, & |x| > 1 \end{cases}$

30-32 다음과 같은 그래프의 함수식을 구하라.

30. $(1, -3)$과 $(5, 7)$을 연결하는 직선

31. 포물선 $x + (y-1)^2 = 0$의 아래 반

32.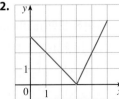

33-35 다음에 설명된 함수를 식으로 나타내고 정의역을 말하라.

33. 둘레의 길이가 20 m인 직사각형이 있다. 직사각형의 넓이를 어떤 한 변의 길이의 함수로 나타내라.

34. 정삼각형의 넓이를 한 변의 길이의 함수로 나타내라.

35. 밑면이 정사각형이고 윗면이 열린 직육면체의 부피가 2 m^3인 상자가 있다. 이 상자의 겉넓이를 밑변의 한 변의 길이의 함수로 나타내라.

---

36. 넓이가 30 cm × 50 cm인 마분지의 각 모서리에서 한 변의 x의 정사각형을 잘라내고 그림에서와 같이 같이 옆면을 접어 올려 뚜껑이 없는 상자를 만든다. x의 함수로서 상자의 부피 V를 나타내라.

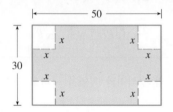 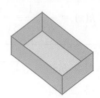

37. 어느 주의 고속도로에서 허용하는 최고 속도는 100 km/h이고 최저 속도는 60 km/h이다. 이 제한 속도를 위반하여 최고 속도보다 높거나 최저 속도보다 낮을 때, 시간당 km마다 15달러의 벌금을 부과한다. $0 \leq x \leq 150$일 때 주행 속도 x에 대한 함수로서 벌금 F의 액수를 나타내고, 그래프를 그려라.

38. 어느 나라에서 소득세를 다음과 같이 부과한다. 소득 10,000달러까지는 세금이 없다. 소득 10,000~20,000달러까지는 세율 10%이고 소득이 20,000달러를 넘으면 세율이 15%이다.

(a) 소득 I의 함수로서 세율 R의 그래프를 그려라.

(b) 소득 14,000달러에 부과되는 세금은 얼마인가? 26,000

달러에는?

(c) 소득 I의 함수로서 부과된 총 세금 T의 그래프를 그려라.

39. 다음은 f와 g의 그래프이다. 각 함수가 우함수, 기함수 또는 어느 것도 아닌지 결정하고, 그 이유를 설명하라.

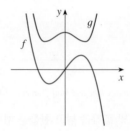

40. $x \geq 0$에서 정의된 함수의 그래프가 다음과 같다. $x < 0$일 때 다음의 경우에 대해 그래프를 완성하라.

(a) 기함수   (b) 우함수

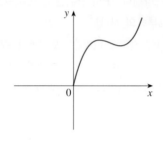

41-43 함수 f가 우함수, 기함수 또는 어느 것도 아닌지 결정하라. 그래픽 계산기 또는 컴퓨터를 이용하여 그러한 결정을 점검해도 된다.

41. $f(x) = \dfrac{x}{x^2 + 1}$ **42.** $f(x) = \dfrac{x}{x + 1}$

43. $f(x) = 1 + 3x^2 - x^4$

---

44. f와 g가 우함수라면 $f + g$도 우함수인가? f와 g가 기함수라면 $f + g$도 기함수인가? f가 우함수이고 g가 기함수라면 어떤가?

1.2 | 수학적 모형: 필수 함수의 목록

수학적 모형(mathematical model)은 인구수, 물건의 수요, 낙하물의 속도, 화학 반응에서 생성물의 농도, 사람의 기대 수명 또는 배기가스 저감 비용과 같은 실제 현상을 (함수 또는 방정식으로) 나타내는 수학적 표현이다. 수학적 모형의 목적은 현상을 이해하고 미래를 예측하는 것이다.

실제 문제가 주어지면 수학적 모형화 과정에서 첫 번째 작업은 독립변수와 종속변수를 확인해서 이름을 붙이고, 수학적으로 다루기 쉽게 하기 위해 현상을 단순화시키는 가정을 만들어 수학적 모형을 공식화하는 것이다. 물리적 현상과 수학적 기술에 대한 지식을 이용해서 변수를 관련 짓는 방정식을 세운다. 참고할 만한 물리법칙이 없는 상황에서는 일정한 규칙을 알아내기 위해 표의 형태로 자료를 인터넷이나 도서관 또는 자신의 경험에 의해 수집 및 조사할 수도 있다. 함수에 대한 수리적 표현으로부터 자료를 점으로 그려서 그래프와 같은 표현을 얻을 수 있다. 어떤 경우에는 그래프로부터 적절한 대수적 공식을 추정할 수도 있다.

두 번째 단계는 앞에서 공식화한 수학적 모형에 (이 책에서 배우게 될 미적분학 같은) 우리가 알고 있는 수학을 적용해서 수학적 결론을 유도하는 것이다. 그런 다음 세 번째 단계에서, 수학적 결론을 택해서 현상을 설명하거나 미래를 예측함으로써 원래의 실제 현상에 대한 정보로 받아들인다. 마지막 단계는 새로운 실제 자료를 통해 예측을 검증하는 것이다. 예측이 실제와 잘 맞지 않으면 모형을 다듬거나 새로운 모형을 만들어 또다시 이 과정을 반복한다. 그림 1은 수학적 모형을 만드는 과정을 설명하고 있다.

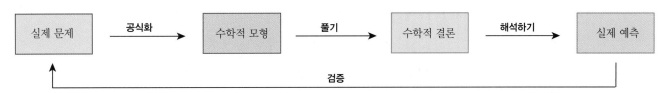

그림 1 모형화 과정

수학적 모형은 결코 물리적 현상에 대한 완벽하고 정확한 표현이 아니다. 단지, 그것은 **이상화**이다. 좋은 모형은 수학적 계산이 가능하도록 실제를 단순화하지만 가치있는 결론을 유도할 만큼 정확하다. 모형의 한계를 깨닫는 것이 중요하다.

실제에서 관찰되는 관계를 모형화하는 데 이용할 수 있는 다양한 형태의 함수가 있다. 지금부터 이 함수들의 성질과 그래프에 대해 논하고 이들 함수로 적절히 모형화된 경우의 예를 살펴보자.

■ 선형모형

y가 x에 대해 **선형함수**(linear function)라는 것은 함수의 그래프가 직선임을 의미한다. 따라서 기울기-절편형 직선의 방정식으로 다음과 같이 함수의 식을 쓸 수 있다.

$$y = f(x) = mx + b$$

여기서 m은 직선의 기울기이고 b는 y절편이다.

선형함수의 특징은 일정한 비율로 변한다는 것이다. 예를 들어 그림 2에 선형함수 $f(x) = 3x - 2$의 그래프와 표본 값에 대한 표가 있다. x가 0.1씩 증가할 때마다 $f(x)$의 값은 0.3씩 증가하고 있음에 주목하자. $f(x)$는 x보다 3배 빠르게 증가한다. 그러므로 $y = 3x - 2$의 그래프에 대한 기울기 3은 x에 대한 y의 변화율로 설명할 수 있다.

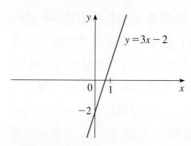

x	$f(x) = 3x - 2$
1.0	1.0
1.1	1.3
1.2	1.6
1.3	1.9
1.4	2.2
1.5	2.5

그림 2

《예제 1》

(a) 건조한 공기는 위로 올라갈수록 팽창하고 차가워진다. 지상의 온도가 20°C이고 1 km 높이에서의 온도가 10 °C라 하자. 선형모형이 적절하다는 가정하에, 온도 T(°C)를 높이 h(km)의 함수로 나타내라.

(b) (a)의 함수를 그래프로 그려라. 기울기는 무엇을 나타내는가?

(c) 2.5 km 높이에서 온도는 몇 도인가?

풀이

(a) T가 h에 대한 선형함수라고 가정했으므로 다음과 같이 쓸 수 있다.

$$T = mh + b$$

$h = 0$일 때 $T = 20$이므로 다음을 얻는다.

$$20 = m \cdot 0 + b = b$$

즉 y절편은 $b = 20$이다.

또한 $h = 1$일 때 $T = 10$이므로 다음을 얻는다.

$$10 = m \cdot 1 + 20$$

그러므로 직선의 기울기는 $m = 10 - 20 = -10$이고 구하고자 하는 선형함수는 다음과 같다.

$$T = -10h + 20$$

(b) 그래프는 그림 3에 있다. 기울기는 $m = -10$°C/km이고 이것은 높이에 따른 온도의 변화율을 나타낸다.

(c) 높이 $h = 2.5$ km일 때 온도는 다음과 같다.

$$T = -10(2.5) + 20 = -5°C$$ ■

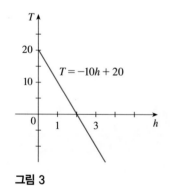

그림 3

모형을 공식화할 물리 법칙이나 원리가 없다면, 전적으로 수집된 자료에 근거해서 **실험모형**(empirical model)을 만든다. 그리고 자료점의 기본적 성향을 잘 반영하는 적절한 그래프를 찾아낸다.

《예제 2》 표 1은 1980년부터 2016년까지 마우나로아(Mauna Loa) 관측소에서 측정한 대기 중의 평균 이산화탄소 농도(ppm)를 나타낸 것이다. 표 1의 자료를 이용해서 이산화탄소 농도에 대한 모형을 만들라.

풀이 표 1을 이용해서 그림 4의 산점도를 만든다. 여기서 t는 시간(년)이고 C는 CO_2의 농도(ppm)를 나타낸다.

표 1

연도	CO_2 농도 (ppm)	연도	CO_2 농도 (ppm)
1980	338.7	2000	369.4
1984	344.4	2004	377.5
1988	351.5	2008	385.6
1992	356.3	2012	393.8
1996	362.4	2016	404.2

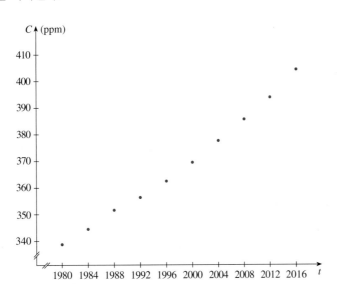

그림 4 평균 CO_2 농도 분산도

자료점들이 직선에 가깝게 나타나므로, 이 경우 선형모형을 선택하는 것이 자연스럽다. 이들 자료점에 가까운 직선이 많이 있는데 어떤 것을 사용해야 하는가? 한 가지 가능한 방법은 처음과 마지막 자료점을 지나는 직선이다. 이 직선의 기울기는 다음과 같다.

$$\frac{404.2 - 338.7}{2016 - 1980} = \frac{65.5}{36} \approx 1.819$$

방정식은 다음과 같다.

$$C - 338.7 = 1.819\,(t - 1980)$$

$$\boxed{1} \qquad C = 1.819t - 3262.92$$

식 $\boxed{1}$은 이산화탄소 농도에 대한 한 가지 가능한 선형모형이다. 그래프는 그림 5와

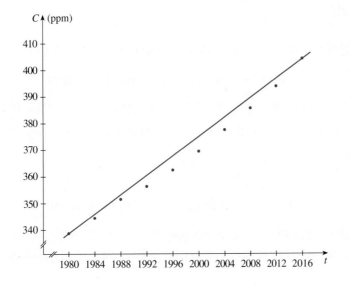

그림 5
처음과 마지막 자료점을 지나는 선형모형

컴퓨터나 그래프 계산기에서는 자료점과 직선 사이의 수직 거리의 제곱합을 최소화하는 **최소제곱법**에 의해 회귀직선을 그린다. 자세한 것은 13.7절에서 설명한다.

같다. 앞서 구한 모형에서는 대부분의 경우 CO_2 농도가 실제값보다 더 높게 나타남을 볼 수 있다. 보다 나은 선형모형은 **선형회귀**라고 하는 통계적 절차를 통해 얻을 수 있다. 많은 그래픽 계산기와 컴퓨터 소프트웨어 응용프로그램이 일련의 자료에 대한 회귀직선을 결정할 수 있다. 그러한 계산기 중 하나는 표 1의 자료에 대해 다음과 같은 회귀직선의 기울기와 y절편을 제공한다.

$$m = 1.78242, \qquad b = -3192.90$$

그래서 CO_2 농도에 대한 최소제곱 모형은 다음과 같다.

$$\boxed{2} \qquad\qquad C = 1.78242t - 3192.90$$

그림 6에 자료점들과 회귀직선의 그래프가 있다. 그림 5와 비교해 보면, 회귀직선이 앞서 구한 선형모형보다 더 나은 결과임을 알 수 있다.

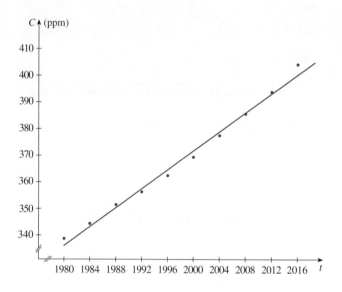

그림 6 회귀직선

《**예제 3**》 식 $\boxed{2}$로 주어진 선형모형을 이용해서 1987년의 평균 CO_2 농도를 추정하고 2025년의 농도를 예측하라. 이 모형에 의하면 CO_2 농도가 440 ppm을 넘어서는 때는 언제인가?

풀이 식 $\boxed{2}$에 $t=1987$을 대입하면 1987년 평균 CO_2 농도를 다음과 같이 추정할 수 있다.

$$C(1987) = 1.78242(1987) - 3192.90 \approx 348.77$$

이는 관찰된 값들 **사이**에서 값을 추정했으므로 **보간법**의 예이다. (실제로 마우나로아 관측소 보고에 의하면 1987년 평균 CO_2 농도가 348.93 ppm이었으므로, 추정은 상당히 정확하다.)

$t = 2025$일 때 다음을 얻는다.

$$C(2025) = 1.78242(2025) - 3192.90 \approx 416.50$$

그래서 2025년 평균 CO_2 농도는 416.5 ppm으로 예상된다. 이것은 관측 시간 영역 **밖**에서 값을 예측했으므로 **외삽법**의 예이다. 결과적으로 예측의 정확성에 대한 신뢰도가 훨씬 떨어진다.

식 **2**를 이용해서 CO_2 농도가 440 ppm을 초과할 때를 구하면 다음과 같다.

$$1.78242t - 3192.90 > 440$$

이 부등식을 풀면 다음을 얻는다.

$$t > \frac{3632.9}{1.78242} \approx 2038.18$$

그러므로 2038년이면 CO_2 농도가 440 ppm을 초과할 것으로 예측한다. 이 예측은 관측값들로부터 너무 멀리 떨어진 시간에 대한 것이어서 위험하다. 실제 그림 6으로부터 CO_2 농도가 최근 몇 년 동안 더욱 급격히 증가하고 있음을 알 수 있다. 그래서 2038년 이전에 440 ppm을 충분히 넘어설 수 있을 것이다. ∎

■ 다항함수

다음과 같이 표현되는 함수 P를 **다항함수**(polynomial function)라고 한다.

$$P(x) = a_n x^n + a_{n-1} x^{n-1} + \cdots + a_2 x^2 + a_1 x + a_0$$

여기서 n은 음이 아닌 정수이고 $a_0, a_1, a_2, \cdots, a_n$은 상수로서 다항함수의 **계수**(coefficient)라 한다. 임의의 다항함수의 정의역은 $\mathbb{R} = (-\infty, \infty)$이다. **최고차항 계수**(leading coefficient)가 $a_n \neq 0$이면, 다항함수의 **차수**(degree)는 n이다. 예를 들면 다음 함수는 6차 다항함수이다.

$$P(x) = 2x^6 - x^4 + \tfrac{2}{5}x^3 + \sqrt{2}$$

1차 다항함수는 $P(x) = mx + b$의 형태이므로 일차함수(선형함수)이다. 2차 다항함수는 $P(x) = ax^2 + bx + c$의 형태이며 **이차함수**(quadratic function)라고 한다. 이 그래프는 포물선 $y = ax^2$을 이동해서 얻으며 1.3절에서 보게 될 것이다. $a > 0$일 때 포물선은 위로 열리며 $a < 0$일 때 아래로 열린다(그림 7 참조).

3차 다항함수의 형태는 다음과 같으며 **삼차함수**(cubic function)라 한다.

$$P(x) = ax^3 + bx^2 + cx + d, \qquad a \neq 0$$

그림 8(a)는 삼차함수, (b)와 (c)는 4차, 5차 다항함수의 그래프를 보여 준다. 그 이유는 나중에 알게 될 것이다.

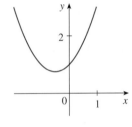

(a) $y = x^2 + x + 1$

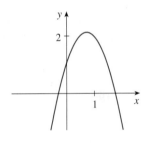

(b) $y = -2x^2 + 3x + 1$

그림 7 이차함수의 그래프는 포물선이다.

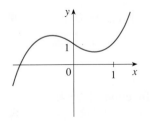

(a) $y = x^3 - x + 1$

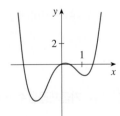

(b) $y = x^4 - 3x^2 + x$

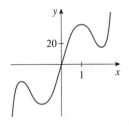

(c) $y = 3x^5 - 25x^3 + 60x$

그림 8

자연과학과 사회과학에서 발생하는 다양한 수량을 모형화하는 데 다항함수를 이용한다. 예를 들어 2.7절에서 경제학자들이 x단위의 상품을 생산하는 데 드는 비용을 다항함수 $P(x)$로 나타내는지 이유를 설명할 것이다. 다음 예제에서 이차함수를 이용하여 공의 낙하를 모형화 한다.

《예제 4》 지상 450 m 높이의 CN 타워 전망대에서 공을 떨어뜨린다. 표 2는 공의 높이 h를 1초 간격으로 기록한 것이다. 자료에 적절한 모형을 구하고 공이 지면에 도달하는 시간을 구하라.

표 2

시간(s)	높이(m)
0	450
1	445
2	431
3	408
4	375
5	332
6	279
7	216
8	143
9	61

풀이 그림 9에서 자료에 대한 산점도를 그려보면 선형모형이 부적절함을 관찰할 수 있다. 자료점들이 포물선 위에 있는 것처럼 보인다. 그래서 2차모형을 쓰고자 한다. 최소제곱법을 이용하는 그래픽 계산기나 컴퓨터 대수체계를 이용해서 다음 2차모형을 얻는다.

$$\boxed{3} \qquad h = 449.36 + 0.96t - 4.90t^2$$

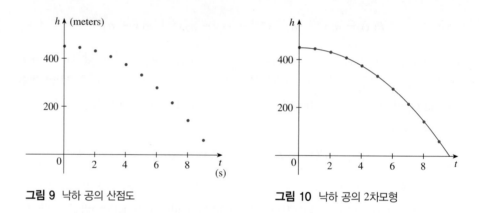

그림 9 낙하 공의 산점도   **그림 10** 낙하 공의 2차모형

그림 10에서 볼 수 있듯이, 자료점들과 식 $\boxed{3}$의 그래프를 그리면 2차모형이 아주 잘 맞음을 알 수 있다.

$h = 0$일 때 공은 지면에 도달하므로 다음 이차방정식을 푼다.

$$-4.90t^2 + 0.96t + 449.36 = 0$$

위 이차방정식으로 다음을 얻는다.

$$t = \frac{-0.96 \pm \sqrt{(0.96)^2 - 4(-4.90)(449.36)}}{2(-4.90)}$$

양의 근은 $t \approx 9.67$이므로 약 9.7초 후 공이 지면에 도달함을 예상할 수 있다. ■

■ 거듭제곱함수

$f(x) = x^a$ (a는 상수) 형태의 함수를 **거듭제곱함수**(power function)라 한다. 몇 가지 경우를 살펴보자.

(i) $a = n$, n은 양의 정수

$n = 1, 2, 3, 4, 5$일 때 $f(x) = x^n$의 그래프가 그림 11에 있다. (단 하나의 항으로 된 다항함수이다.) $y = x$의 그래프(기울기가 1이고 원점을 지나는 직선)와 $y = x^2$[포물선, 1.1절의 예제 2(b) 참조]의 형태는 이미 알고 있다.

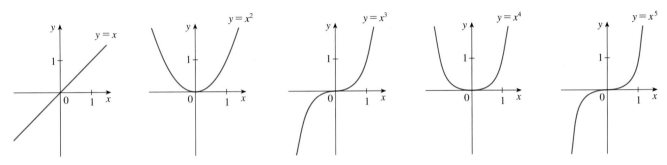

그림 11 $n = 1, 2, 3, 4, 5$일 때 $f(x) = x^n$의 그래프

함수 $f(x) = x^n$의 그래프의 일반적인 형태는 n이 짝수인가 홀수인가에 따라 다르다. n이 짝수이면, $f(x) = x^n$은 우함수이고 그래프는 포물선 $y = x^2$과 비슷하다. n이 홀수이면, $f(x) = x^n$은 기함수이고 그래프는 $y = x^3$과 비슷하다. 그림 12로부터 n이 증가하면 $f(x) = x^n$의 그래프는 0 근처에서 평평해지고 $|x| \geq 1$에서는 가팔라진다. (x가 작으면 x^2은 더 작아지고, x^3은 좀 더 작아지고 x^4은 그보다 더 작아진다.)

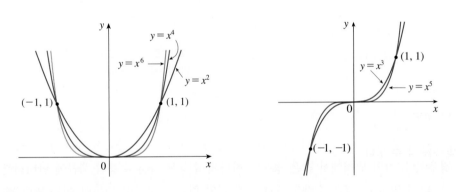

함수족은 그 방정식들이 관련된 함수들의 모임이다. 그림 12는 짝수 거듭제곱함수족과 홀수 거듭제곱함수족을 보여준다.

그림 12

(ii) $a = 1/n$, n은 양의 정수

함수 $f(x) = x^{1/n} = \sqrt[n]{x}$는 **거듭제곱근함수**(root function)이다. $n = 2$일 때 거듭제곱근함수는 $f(x) = \sqrt{x}$이고 정의역은 $[0, \infty)$이며 그래프는 포물선 $x = y^2$의 위쪽 반이다[그림 13(a)]. n이 다른 짝수일 때 $y = \sqrt[n]{x}$의 그래프는 $y = \sqrt{x}$의 그래프와 비슷

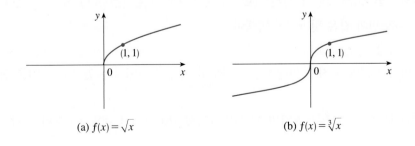

(a) $f(x) = \sqrt{x}$ (b) $f(x) = \sqrt[3]{x}$ **그림 13**   거듭제곱근함수의 그래프

하다. $n = 3$일 때 세제곱근함수 $f(x) = \sqrt[3]{x}$이고 정의역은 $\mathbb{R}$(모든 실수는 세제곱근을 갖는다.)이며 그래프는 그림 13(b)와 같다. n이 홀수($n > 3$)일 때 $y = \sqrt[n]{x}$의 그래프는 $y = \sqrt[3]{x}$의 그래프와 비슷하다.

(iii) $a = -1$

반비례함수(reciprocal function) $f(x) = x^{-1} = 1/x$의 그래프는 그림 14와 같다. 이 그래프의 방정식은 $y = 1/x$ 또는 $xy = 1$이고 좌표축을 점근선으로 하는 쌍곡선이다. 이런 함수는 온도가 일정할 때 기체의 부피 V는 압력 P에 반비례한다는 보일의 법칙과 관련된 화학이나 물리학에서 나타난다.

$$V = \frac{C}{P}$$

여기서 C는 상수이다. 그러므로 P에 대한 함수로서 V의 그래프(그림 15)는 일반적으로 그림 14의 오른쪽 반과 같다.

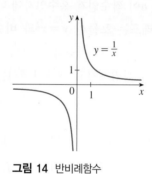

그림 14 반비례함수

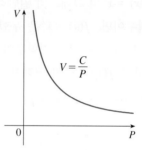

그림 15 일정 온도에서 압력의 함수로서의 부피

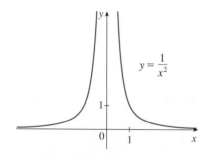

그림 16 제곱함수의 역수

(iv) $a = -2$

a가 음수일 때, 거듭제곱 함수 $f(x) = x^a$의 형태에서 가장 중요한 것은 $a = -2$인 경우이다. 자연 법칙에서 많은 경우에 하나의 수량은 다른 수량의 제곱에 반비례한다. 다시 말하면, 처음 수량은 $f(x) = C/x^2$의 형태로 모델링 되는데 이를 **역제곱법**(inverse square law)이라 한다. 예를 들어, 광원에 의한 물체의 조도 I는 광원으로부터의 거리 x의 제곱에 반비례한다.

$$I = \frac{C}{x^2}$$

여기서 C는 상수이다. 그러므로 x의 함수로서 I의 그래프(그림 17 참조)는 그림 16의 오른쪽 반과 같은 일반적인 형태이다.

역제곱법은 중력, 소리의 크기 및 두 하전 입자 사이의 전기력을 모델링한다. 역제곱법이 자연에서 자주 발생하는 기하학적 이유에 대해서는 연습문제 19를 참조하라.

거듭제곱함수는 종과 지역의 관계(연습문제 18) 그리고 태양으로부터의 거리의

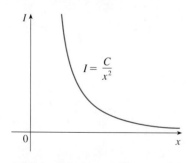

그림 17 광원으로부터의 거리의 함수로서 광원으로부터의 조도

함수로써 행성의 공전주기에 대한 모델로 사용된다.

■ 유리함수

유리함수(rational function) f는 두 다항함수의 비로 나타낼 수 있는 함수이다.

$$f(x) = \frac{P(x)}{Q(x)}$$

여기서 P와 Q는 다항함수이다. 정의역은 $Q(x) \neq 0$인 모든 x의 값이다. 유리함수의 간단한 예는 $f(x) = 1/x$이며 정의역은 $\{x \mid x \neq 0\}$이다. 이것은 그림 14와 같은 반비례함수이다. 다음 함수는 유리함수이며 정의역은 $\{x \mid x \neq \pm 2\}$이고 그래프는 그림 18과 같다.

$$f(x) = \frac{2x^4 - x^2 + 1}{x^2 - 4}$$

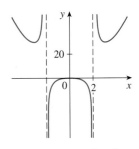

그림 18 $f(x) = \dfrac{2x^4 - x^2 + 1}{x^2 - 4}$

■ 대수함수

함수 f를 다항함수에 덧셈, 뺄셈, 곱셈, 나눗셈, 근호 취하기와 같은 대수적 연산을 이용해서 만든 함수를 **대수함수**(algebraic function)라 한다. 모든 유리함수는 대수함수이다. 두 가지 다른 예를 들자.

$$f(x) = \sqrt{x^2 + 1} \qquad g(x) = \frac{x^4 - 16x^2}{x + \sqrt{x}} + (x - 2)\sqrt[3]{x + 1}$$

3장에서 대수함수를 그릴 때, 그래프가 다양한 형태를 띠게 된다는 사실을 알게 될 것이다.

상대성 이론에서 대수함수의 한 예를 볼 수 있다. 속도 v인 입자의 질량은 다음과 같다.

$$m = f(v) = \frac{m_0}{\sqrt{1 - v^2/c^2}}$$

여기서 m_0은 입자의 정지상태에서 질량이고 $c = 3.0 \times 10^5$ km/s는 진공에서 빛의 속력이다.

대수적이지 않은 함수를 **초월함수**(transcendental)라 한다. 여기에는 삼각함수, 지수함수, 로그함수가 포함된다.

■ 삼각함수

삼각비와 삼각함수는 참조 페이지 2와 부록 B에서 복습한다. 미적분에서는 (특별히 지시된 경우를 제외하고는) **라디안 단위**를 이용한다. 예를 들면 함수 $f(x) = \sin x$에서 $\sin x$는 라디안을 단위로 측정된 각 x에 대한 사인값으로 이해된다. 사인함수와 코사인함수의 그래프는 그림 19에 있다.

이 책의 서두와 맨 뒤에 참조 페이지가 있다.

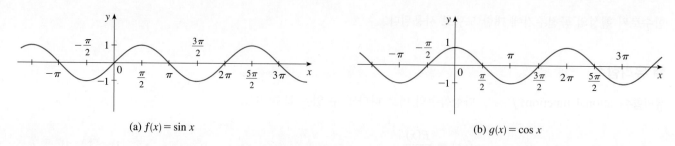

(a) $f(x) = \sin x$

(b) $g(x) = \cos x$

그림 19

사인함수와 코사인함수의 정의역은 $(-\infty, \infty)$이고 치역은 $[-1, 1]$임은 알고 있다. 그러므로 모든 x값에 대해 다음이 성립한다.

$$-1 \leq \sin x \leq 1 \qquad -1 \leq \cos x \leq 1$$

절댓값으로 나타내면 다음과 같다.

$$|\sin x| \leq 1 \qquad |\cos x| \leq 1$$

사인함수와 코사인함수의 중요한 성질은 주기함수이며 주기는 2π이다. 즉 모든 x 값에 대해 다음이 성립함을 의미한다.

$$\sin(x + 2\pi) = \sin x \qquad \cos(x + 2\pi) = \cos x$$

이런 함수의 주기적 성질은 조수, 진동하는 용수철, 음파와 같이 반복적인 현상을 모형화하는 데 적합하다. 예를 들면 1.3절의 예제 4에서 필라델피아에서 1월 이후 t 일 동안 일조 시간(햇빛이 비추는 시간)에 대한 모형이 다음 함수로 주어짐을 보게 될 것이다.

$$L(t) = 12 + 2.8 \sin\left[\frac{2\pi}{365}(t - 80)\right]$$

《예제 5》 $f(x) = \dfrac{1}{1 - 2\cos x}$ 의 정의역을 구하라.

풀이 $f(x)$는 분모가 0이 아닌 모든 점에서 정의된다. 그러나

$$1 - 2\cos x = 0 \iff \cos x = \frac{1}{2} \iff x = \frac{\pi}{3} + 2n\pi \text{ 또는 } x = \frac{5\pi}{3} + 2n\pi$$

단, n은 임의의 정수이다(코사인 함수의 주기가 2π이므로). 그러므로 f의 정의역은 위에 나타난 점을 제외한 모든 실수의 집합이다. ∎

탄젠트함수는 사인함수와 코사인함수에 관계되며 다음 방정식으로 주어진다.

$$\tan x = \frac{\sin x}{\cos x}$$

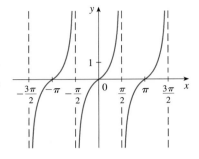

그림 20 $y = \tan x$

그래프는 그림 20에 있다. 탄젠트함수는 $\cos x = 0$, 즉 $x = \pm\pi/2$, $\pm 3\pi/2$, $\cdots$일 때 정의되지 않는다. 이 함수의 치역은 $(-\infty, \infty)$이다. 탄젠트함수의 주기는 π이다. 즉 모든 x값에 대해 다음이 성립한다.

$$\tan(x + \pi) = \tan x$$

나머지 세 삼각함수(코시컨트, 시컨트, 코탄젠트)는 사인함수, 코사인함수, 탄젠트함수의 역수이다. 이들의 그래프는 부록 B에 있다.

■ 지수함수

지수함수(exponential function)는 $f(x) = b^x$ 형태의 함수이다. 여기서 밑 b는 양의 상수이다. $y = 2^x$과 $y = (0.5)^x$의 그래프는 그림 21과 같다. 두 함수의 정의역은 $(-\infty, \infty)$이고 치역은 $(0, \infty)$이다.

지수함수는 6장에서 자세히 다루며 인구 증가($b > 1$) 또는 감소($b < 1$)와 같은 자연 현상을 모형화하는 데 유용함을 알게 될 것이다.

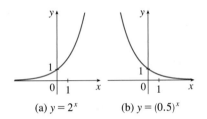

(a) $y = 2^x$　　(b) $y = (0.5)^x$

그림 21

■ 로그함수

로그함수(logarithmic function) $f(x) = \log_b x$(밑 b는 양의 상수)는 지수함수의 역함수이다. 이에 관해서는 6장에서 공부할 것이다. 그림 22에 밑이 다른 네 가지 로그함수의 그래프가 있다. 각 경우에서 정의역은 $(0, \infty)$이고 치역은 $(-\infty, \infty)$이며 $x > 1$일 때 서서히 증가한다.

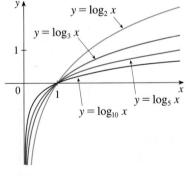

그림 22

《**예제 6**》 이제까지 살펴본 함수들 중 하나로서 다음 함수들을 분류하라.

(a) $f(x) = 5^x$

(b) $g(x) = x^5$

(c) $h(x) = \dfrac{1 + x}{1 - \sqrt{x}}$

(d) $u(t) = 1 - t + 5t^4$

(a) $f(x) = 5^x$은 지수함수이다(x는 지수이다).

(b) $g(x) = x^5$은 거듭제곱함수이다(x는 밑이다). 이는 또한 5차 다항함수이기도 하다.

(c) $h(x) = \dfrac{1 + x}{1 - \sqrt{x}}$는 대수함수이다. (이 함수는 분모가 다항함수가 아니므로 유리함수가 아니다.)

(d) $u(t) = 1 - t + 5t^4$은 4차 다항함수이다.　■

표 3에서는 이 책에서 자주 사용할 중요 함수들의 그래프를 보여준다.

표 3 중요함수와 그래프

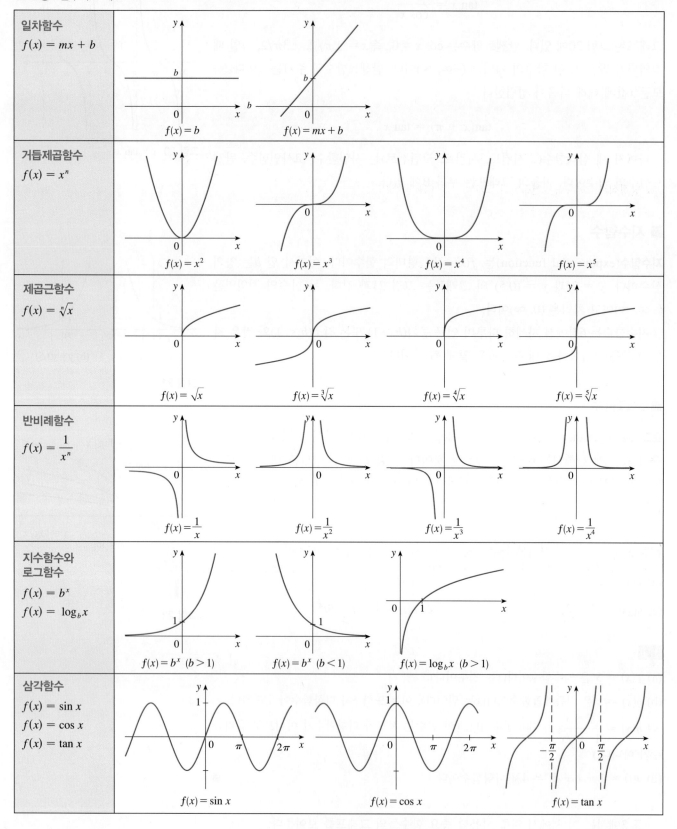

일차함수 $f(x) = mx + b$	$f(x) = b$ $\qquad$ $f(x) = mx + b$
거듭제곱함수 $f(x) = x^n$	$f(x) = x^2$ $\qquad$ $f(x) = x^3$ $\qquad$ $f(x) = x^4$ $\qquad$ $f(x) = x^5$
제곱근함수 $f(x) = \sqrt[n]{x}$	$f(x) = \sqrt{x}$ $\qquad$ $f(x) = \sqrt[3]{x}$ $\qquad$ $f(x) = \sqrt[4]{x}$ $\qquad$ $f(x) = \sqrt[5]{x}$
반비례함수 $f(x) = \dfrac{1}{x^n}$	$f(x) = \dfrac{1}{x}$ $\qquad$ $f(x) = \dfrac{1}{x^2}$ $\qquad$ $f(x) = \dfrac{1}{x^3}$ $\qquad$ $f(x) = \dfrac{1}{x^4}$
지수함수와 로그함수 $f(x) = b^x$ $f(x) = \log_b x$	$f(x) = b^x \ (b > 1)$ $\qquad$ $f(x) = b^x \ (b < 1)$ $\qquad$ $f(x) = \log_b x \ (b > 1)$
삼각함수 $f(x) = \sin x$ $f(x) = \cos x$ $f(x) = \tan x$	$f(x) = \sin x$ $\qquad$ $f(x) = \cos x$ $\qquad$ $f(x) = \tan x$

1.2 | 연습문제

1. 각 함수를 거듭제곱 함수, 제곱근 함수, 다항함수(차수를 말하기), 유리함수, 대수함수, 삼각함수, 지수함수, 로그함수로 분류하라.

(a) $f(x) = x^3 + 3x^2$ (b) $g(t) = \cos^2 t - \sin t$

(c) $r(t) = t^{\sqrt{3}}$ (d) $v(t) = 8^t$

(e) $y = \dfrac{\sqrt{x}}{x^2 + 1}$ (f) $g(u) = \log_{10} u$

2. 방정식과 그래프를 연결하라. 그리고 그 이유를 설명하라 (컴퓨터나 그래픽 계산기는 사용하지 말라).

(a) $y = x^2$ (b) $y = x^5$ (c) $y = x^8$

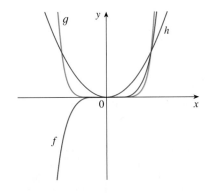

3. $f(x) = \dfrac{\cos x}{1 - \sin x}$ 의 정의역을 구하라.

4. (a) 기울기가 2인 일차함수족을 방정식으로 나타내고 그중 함수의 그래프를 몇 개만 그려라.

(b) $f(2) = 1$을 만족하는 일차함수족을 방정식으로 나타내고 그중 함수의 그래프를 몇 개만 그려라.

(c) (a)와 (b)에 속하는 함수는 무엇인가?

5. 일차함수 $f(x) = c - x$의 함수족은 어떤 공통점이 있는가? 이 함수족 중 함수의 그래프를 몇 개만 그려라.

6. 다음 그래프가 나타내는 이차함수를 구하라.

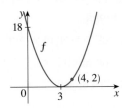

7. $f(1) = 6$과 $f(-1) = f(0) = f(2) = 0$을 만족하는 삼차함수를 구하라.

8. 어떤 약의 성인 권장 복용량이 $D(\text{mg})$일 때 a세 어린이에 대한 적절한 복용량 c를 결정하기 위해 약사는 방정식 $c = 0.0417D(a + 1)$을 이용한다고 한다. 성인의 복용량은 200 mg이라 하자.

(a) c의 그래프의 기울기를 구하고 그 의미를 말하라.

(b) 신생아의 복용량은 얼마인가?

9. 화씨(F) 온도와 섭씨(C) 온도 사이의 관계는 일차함수 $F = \dfrac{9}{5}C + 32$로 주어진다.

(a) 함수의 그래프를 그려라.

(b) 그래프의 기울기를 구하고 그 의미를 말하라. F절편을 구하고 그 의미를 말하라.

10. 가구공장 관리자는 하루에 의자 100개 생산하는 데 2200달러가 들며 의자 300개 생산하는 데는 4800달러가 들어간다는 것을 알고 있다.

(a) 비용을 생산된 의자의 개수의 함수로 나타내라(일차함수라 가정). 그래프를 그려라.

(b) 그래프의 기울기를 구하고 그 의미를 말하라.

(c) 그래프의 y절편을 구하고 그 의미를 말하라.

11. 대양의 수면에서 수압은 $1.05\,\text{kg/cm}^2$으로 수면 위의 공기압과 같다. 수면 아래에서 수압은 3 m 내려갈 때마다 $0.3\,\text{kg/cm}^2$씩 증가한다.

(a) 대양의 수면 아래에서 깊이의 함수로서 수압을 나타내라.

(b) 압력이 $7\,\text{kg/cm}^2$인 곳의 깊이를 구하라.

12. 광원에 의한 물체의 조도는 광원으로부터 거리의 제곱에 반비례한다. 어두워진 후 방에서 한 개의 전등을 켜고 책을 읽으려고 하고 있다고 하자. 불이 너무 어두워 전등 쪽으로 반만큼 이동했다. 얼마나 밝아지는가?

13. 풍력 터빈의 전력 출력은 많은 요인에 의존한다. 풍력 터빈에 의해 생성된 전력 P가

$$P = kAv^3$$

으로 모델링된다는 물리적 원리로부터 알 수 있다. 여기서 v는 풍속, A는 날개깃이 쓸어 낸 면적이고 k는 공기의 밀도, 터빈의 효율 및 풍력 터빈 날개깃의 디자인에 따라 달라지는 상수이다.

(a) 풍속만 두 배 증가시키면 전력 출력은 어떤 요인에 의해 증가하는가?

(b) 날개깃의 길이만 두 배로 늘리면 전력 출력은 어떤 요

인에 의해 증가하는가?

(c) 특정 풍력 터빈의 경우 날개깃 길이가 30 m이고 $k = 0.214$ kg/m³이다. 풍속이 10 m/s, 15 m/s, 25 m/s일 때 전력 출력(와트 W = m² kg/s³)을 구하라.

14. 각 산점도를 보고 자료에 대한 모델로 선택할 수 있는 함수의 종류를 결정하고 그 이유를 말하라.

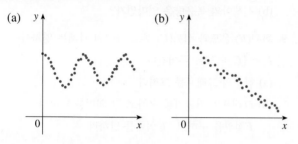

(a)　(b)

T15. 다음 표는 국립건강조사기관에서 조사한 다양한 가족 소득에 따른 (인구 100명당) 소화 궤양 비율이다.

소득 (달러)	궤양 비율 (인구 100명당)
4000	14.1
6000	13.0
8000	13.4
12000	12.5
16000	12.0
20000	12.4
30000	10.5
45000	9.4
60000	8.2

(a) 자료를 활용해서 산점도를 만들고 선형모형이 적합한지 결정하라.

(b) 처음과 마지막 점을 이용해서 선형모형을 구하고 그래프를 그려라.

(c) 회귀직선을 구하고 그래프를 그려라.

(d) (c)에서 선형모형을 이용해서 소득이 25000달러인 사람들에 대한 궤양 비율을 구하라.

(e) 모형에 의하여 소득이 80000달러인 사람이 소화 궤양으로 고통받을 비율을 구하라.

(f) 소득이 200000달러인 사람에게 이 모형을 적용하는 것이 타당하다고 생각하는가?

T16. 인류학자들은 인간 대퇴골과 신장의 관계를 선형모형으로 나타냈다. 이들은 부분 골격이 발견됐을 때 이 선형모형을 이용해 개별 인간의 신장을 결정한다. 여기 남성 8인의 대

퇴골 길이와 신장 데이터를 분석한 모형(대퇴골 포함)이 다음 표에 주어졌다.

(a) 산점도를 만들어라.

(b) 회귀직선을 구하고 그래프를 그려라.

(c) 대퇴골의 길이가 53 cm일 때 신장을 구하라.

대퇴골 길이 (cm)	신장 (cm)	대퇴골 길이 (cm)	신장 (cm)
50.1	178.5	44.5	168.3
48.3	173.6	42.7	165.0
45.2	164.8	39.5	155.4
44.7	163.7	38.0	155.8

T17. 다음 표에는 1985년부터 2015년까지의 일일 세계 석유 평균 소비량이 천 배럴 단위로 주어졌다.

(a) 자료를 활용해서 산점도를 만들고 선형모형이 적합한지 결정하라.

(b) 회귀직선을 구하고 그래프를 그려라.

(c) 선형모형을 활용해 2002년부터 2017년까지의 추정치를 구하라.

1985년부터 년수	일일 소비량 (단위: 천 배럴)
0	60,083
5	66,533
10	70,099
15	76,784
20	84,077
25	87,302
30	94,071

Source: US Energy Information Administration

18. 지역의 면적이 넓을수록 지역에 서식하는 종의 수가 더 많다는 것은 합리적이다. 거듭제곱 함수로 종—면적 관계를 모델링했다. 특히 멕시코 중부의 동굴에 서식하는 박쥐의 종의 수 S는 방정식 $S = 0.7A^{0.3}$로부터 동굴의 표면적과 관련이 있음을 알 수 있다.

(a) 멕시코 푸에블라 근처의 미션 임파서블이라는 동굴의 표면적은 $A = 60$ m²이다. 이 동굴에서 몇 종의 박쥐를 발견하리라고 기대하는가?

(b) 동굴에 살고 있는 박쥐 4종을 발견했다면 동굴 면적은? 추정하라.

19. 힘이나 에너지가 점광원에서 발생하여 전구의 빛이나 중력처럼 모든 방향으로 균등하게 영향을 미친다고 가정하자.

근원으로부터의 거리가 r일 때, 힘 또는 에너지의 강도 I는 광원의 강도 S를 반경이 r인 구의 표면적으로 나눈 것과 같 다. I가 역제곱 법칙 $I = k/r^2$을 만족함을 보여라. 여기서, k는 양의 상수이다.

1.3 │ 기존 함수로부터 새로운 함수 구하기

이 절에서는 1.2절에서 논의한 기본 함수로 시작해서 그 함수를 이동하고 늘이고 대칭시킴으로써 새로운 함수를 얻을 것이다. 또한 기본 연산과 합성으로 함수를 어떻게 결합시키는지 보일 것이다.

■ 함수의 변환

주어진 함수의 그래프에 어떤 변환을 적용해서 이와 관련된 함수의 그래프를 얻을 수 있다. 그렇게 함으로써 수많은 함수의 그래프를 손쉽게 그릴 수 있다. 또한 주어진 그래프에 대한 방정식도 구할 수 있다.

먼저 **변환**(translation)을 생각해 보자. c가 양수일 때 $y = f(x) + c$의 그래프는 $y = f(x)$의 그래프를 위쪽으로 c단위 이동시킨 것이다. (각 y좌표가 똑같은 수 c만큼 증가하기 때문이다.) 마찬가지로 $c > 0$일 때 $g(x) = f(x - c)$라면 x에서 g의 값은 (x에서 c단위 왼쪽에 있는) $x - c$에서 f의 값과 같다. 그러므로 $y = f(x - c)$의 그래프는 $y = f(x)$의 그래프를 오른쪽으로 c단위 이동한 것이다(그림 1 참조).

> **수직·수평 이동** $c > 0$이라 가정하자.
> $y = f(x)$의 그래프를 위쪽으로 c단위 이동해서 $y = f(x) + c$의 그래프를 얻는다.
> $y = f(x)$의 그래프를 아래쪽으로 c단위 이동해서 $y = f(x) - c$의 그래프를 얻는다.
> $y = f(x)$의 그래프를 오른쪽으로 c단위 이동해서 $y = f(x - c)$의 그래프를 얻는다.
> $y = f(x)$의 그래프를 왼쪽으로 c단위 이동해서 $y = f(x + c)$의 그래프를 얻는다.

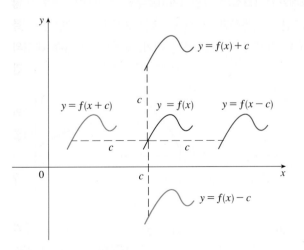

그림 1 f의 그래프의 이동

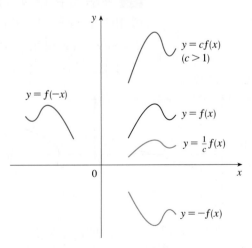

그림 2 f의 그래프의 확대 및 대칭 이동

이제 **확대**(stretching) 및 **대칭**(reflecting) 변환을 살펴보자. $c > 1$이면, $y = cf(x)$의 그래프는 $y = f(x)$의 그래프를 수직 방향으로 c배 늘인 것이다. (각 y좌표에 똑같은 수 c만큼 곱해지기 때문이다.) $y = -f(x)$의 그래프는 $y = f(x)$의 그래프를 x축에 대해 대칭시킨 것이다. 왜냐하면 점 (x, y)가 점 $(x, -y)$로 대체됐기 때문이다 (그림 2 참조). 또 다른 확대, 축소, 대칭 변환의 결과가 다음 표에 주어져 있다.

수직·수평 확대 및 대칭 이동 $c > 1$라 가정하자.

$y = f(x)$의 그래프를 수직으로 c배 늘여 $y = cf(x)$의 그래프를 얻는다.

$y = f(x)$의 그래프를 수직으로 c배 줄여 $y = (1/c) f(x)$의 그래프를 얻는다.

$y = f(x)$의 그래프를 수평으로 c배 줄여 $y = f(cx)$의 그래프를 얻는다.

$y = f(x)$의 그래프를 수평으로 c배 늘여 $y = f(x/c)$의 그래프를 얻는다.

$y = f(x)$의 그래프를 x축에 대해 대칭시켜 $y = -f(x)$의 그래프를 얻는다.

$y = f(x)$의 그래프를 y축에 대해 대칭시켜 $y = f(-x)$의 그래프를 얻는다.

그림 3은 코사인함수에 $c = 2$를 적용시킨 확대 변환을 보여 준다. 예를 들어 $y = 2\cos x$의 그래프를 얻으려면 $y = \cos x$의 그래프 위의 각 점의 y좌표에 2를 곱한다. 이것은 $y = \cos x$의 그래프를 수직으로 2배 늘임을 의미한다.

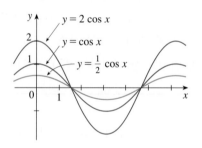 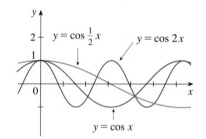

그림 3

《예제 1》 주어진 $y = \sqrt{x}$의 그래프를 변환해서 $y = \sqrt{x} - 2$, $y = \sqrt{x-2}$, $y = -\sqrt{x}$, $y = 2\sqrt{x}$, $y = \sqrt{-x}$의 그래프를 그려라.

풀이 제곱근함수 $y = \sqrt{x}$의 그래프는 1.2절의 그림 13(a)로부터 얻어지며, 그림 4(a)에 있다. $y = \sqrt{x} - 2$는 아래로 2만큼 이동하고, $y = \sqrt{x-2}$는 오른쪽으로 2만큼 이동, $y = -\sqrt{x}$는 x축 대칭, $y = 2\sqrt{x}$는 수직 방향으로 2배 늘이기, $y = \sqrt{-x}$는 y축 대칭시켜 그래프를 그릴 수 있다.

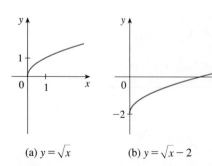 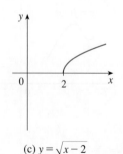 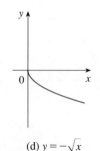 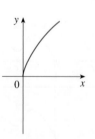 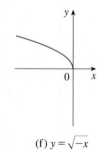

(a) $y = \sqrt{x}$　　(b) $y = \sqrt{x} - 2$　　(c) $y = \sqrt{x-2}$　　(d) $y = -\sqrt{x}$　　(e) $y = 2\sqrt{x}$　　(f) $y = \sqrt{-x}$

그림 4

《**예제 2**》 함수 $f(x) = x^2 + 6x + 10$의 그래프를 그려라.

풀이 완전 제곱을 이용해서 다음과 같이 쓸 수 있다.

$$y = x^2 + 6x + 10 = (x + 3)^2 + 1$$

이것은 포물선 $y = x^2$을 3만큼 왼쪽으로 이동, 1만큼 위로 이동하면 얻게 된다(그림 5).

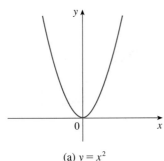
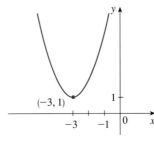

(a) $y = x^2$ (b) $y = (x + 3)^2 + 1$

그림 5

《**예제 3**》 다음 함수의 그래프를 그려라.

(a) $y = \sin 2x$ (b) $y = 1 - \sin x$

풀이

(a) $y = \sin 2x$의 그래프는 $y = \sin x$를 수평으로 2만큼씩 압축해서 얻는다(그림 6, 7).
그러므로 $y = \sin x$의 주기는 2π이므로 $y = \sin 2x$의 주기는 $2\pi/2 = \pi$이다.

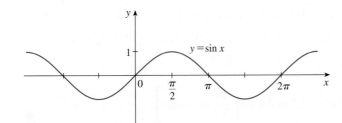
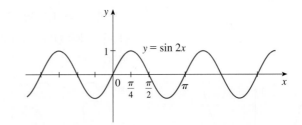

그림 6   **그림 7**

(b) $y = 1 - \sin x$의 그래프를 얻기 위해 $y = \sin x$로부터 시작한다. x축에 대해 대칭이
동하여 $y = -\sin x$를 얻고 1단위 만큼 위로 이동하여 $y = 1 - \sin x$를 얻는다(그림 8).

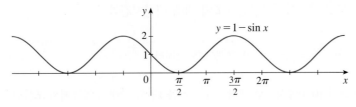

그림 8

《예제 4》 그림 9는 다양한 위도에서 어느 해의 시간의 함수로서 일조 시간 수를 그래 프로 그린 것이다. 필라델피아는 위도 약 40°N에 위치하고 있다. 필라델피아에서 낮의 길이를 모형화하는 함수를 구하라.

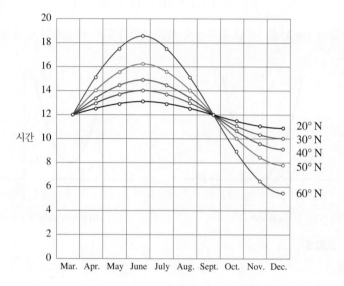

그림 9 다양한 위도에서 3월 21일부터 12월 21일까지 낮의 길이에 대한 그래프

Source: Adapted from L. Harrison, *Daylight, Twilight, Darkness and Time*(New York: Silver, Burdette 1935), 40.

풀이 각 곡선은 사인함수를 이동하고 늘인 것이다. 파란색 곡선을 보면 필라델피아의 위도에서 낮은 6월 21일에 약 14.8시간이고 12월 21일에 9.2시간이므로 곡선의 진폭은 (사인 곡선을 수직으로 늘여 생긴 인수) $\frac{1}{2}(14.8 - 9.2) = 2.8$이다.

시간 t를 날 수로 잰다면 사인 곡선을 수평으로 늘이기 위해 어떤 인수가 필요할까? 일 년은 365일이므로 이 모형의 주기는 365이다. $y = \sin t$의 주기는 2π이므로 수평으로 늘이는 인수는 $2\pi/365$이다.

또한 이 곡선은 3월 21일(그 해의 80일째 날)에 시작하므로 곡선을 오른쪽으로 80만 큼 이동해야 한다. 그리고 위로 12만큼 이동한다. 그러므로 필라델피아에서 어느 해 t번 째 되는 날 낮의 길이를 다음과 같은 함수로 모형화할 수 있다.

$$L(t) = 12 + 2.8 \sin\left[\frac{2\pi}{365}(t - 80)\right]$$ ■

또 다른 변환은 함수에 **절댓값**을 취하는 것이다. $y = |f(x)|$이면, 절댓값의 정의에 따라, $f(x) \geq 0$일 때 $y = f(x)$이고 $f(x) < 0$일 때 $y = -f(x)$이다. 이것은 $y = f(x)$의 그래프로부터 $y = |f(x)|$의 그래프를 어떻게 얻는가를 보여 준다. x축 위의 그래프 는 그대로 두고 x축 아랫부분은 x축에 대해 대칭시킨다.

《예제 5》 함수 $y = |x^2 - 1|$의 그래프를 그려라.

풀이 먼저 그림 10(a)에서처럼 포물선 $y = x^2$을 1만큼 아래로 이동해서 포물선 $y = x^2 - 1$ 을 그린다. $-1 < x < 1$에서 그래프는 x축 아래에 있으므로 이 부분을 x축에 대해 대칭 시켜 그림 10(b)와 같은 $y = |x^2 - 1|$의 그래프를 얻는다. ■

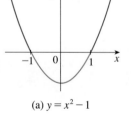

(a) $y = x^2 - 1$

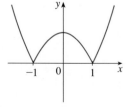

(b) $y = |x^2 - 1|$

그림 10

■ 함수의 결합

실수를 더하고 빼고, 곱하고, 나누는 방법과 마찬가지로 두 함수 f와 g를 결합시켜 새로운 함수 $f + g$, $f - g$, fg, f/g 형태를 얻을 수 있다.

정의 주어진 두 함수 f와 g에 대해 **합**, **차**, **곱**, **몫** 함수는 다음과 같이 정의한다.

$$(f + g)(x) = f(x) + g(x) \qquad (f - g)(x) = f(x) - g(x)$$

$$(fg)(x) = f(x)\, g(x) \qquad \left(\frac{f}{g}\right)(x) = \frac{f(x)}{g(x)}$$

---

f의 정의역이 A이고 g의 정의역이 B라면, $f + g$, $f - g$의 정의역은 $f(x)$와 $g(x)$가 동시에 정의되어야 하므로 교집합 $A \cap B$이다. 예를 들어 $f(x) = \sqrt{x}$의 정의역은 $A = [0, \infty)$이고, $g(x) = \sqrt{2 - x}$의 정의역은 $B = (-\infty, 2]$이므로 $(f + g)(x) = \sqrt{x} + \sqrt{2 - x}$의 정의역은 $A \cap B = [0, 2]$이다.

fg의 정의역은 $A \cap B$이나, 0으로 나눌 수 없으므로 f/g의 정의역은 $\{x \in A \cap B \mid g(x) \neq 0\}$이다. 예를 들어 $f(x) = x^2$이고 $g(x) = x - 1$이라면 유리함수 $(f/g)(x) = x^2/(x - 1)$의 정의역은 $\{x \mid x \neq 1\}$ 또는 $(-\infty, 1) \cup (1, \infty)$이다.

두 함수를 결합해서 새로운 함수를 얻는 또 다른 방법이 있다. 예를 들어 $y = f(u) = \sqrt{u}$이고 $u = g(x) = x^2 + 1$이라 하자. y는 u의 함수이고 u는 x의 함수이므로 결국 y는 x의 함수이다. 대입해서 다음과 같이 계산할 수 있다.

$$y = f(u) = f(g(x)) = f(x^2 + 1) = \sqrt{x^2 + 1}$$

새로운 함수가 주어진 두 함수 f와 g를 결합시킨 것이므로 이 과정을 합성이라 한다.

일반적으로 주어진 두 함수 f와 g에 대해, g의 정의역의 수 x로 시작해서 $g(x)$를 구한다. 이 수 $g(x)$가 f의 정의역에 있으면 $f(g(x))$의 값을 계산할 수 있다. 한 함수의 출력이 다음 함수의 입력으로 사용된다. 그 결과 새로운 함수 $h(x) = f(g(x))$는 g를 f에 대입해서 얻는다. 이것을 f와 g의 **합성**이라 하고 $f \circ g$로 표기한다.

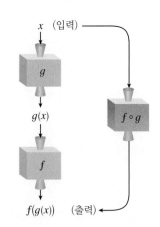

그림 11 $f \circ g$ 기계는 g 기계(먼저)와 f 기계(그 다음)를 합성한다.

정의 주어진 두 함수 f와 g에 대해 **합성함수**(composite function) $f \circ g$ [또는 f와 g의 **합성**(composition)]를 다음과 같이 정의한다.

$$(f \circ g)(x) = f(g(x))$$

$f \circ g$의 정의역은 g의 정의역에 속한 x 중에서 $g(x)$가 f의 정의역에 속하는 모든 x의 집합이다. 달리 말하면 $(f \circ g)(x)$는 $g(x)$와 $f(g(x))$ 모두가 정의될 때 정의된다. 그림 11은 $f \circ g$를 기계를 이용해서 그려지는 것을 설명하고 있다.

《**예제 6**》 $f(x) = x^2$이고 $g(x) = x - 3$일 때 합성함수 $f \circ g$와 $g \circ f$를 구하라.

풀이
$$(f \circ g)(x) = f(g(x)) = f(x - 3) = (x - 3)^2$$
$$(g \circ f)(x) = g(f(x)) = g(x^2) = x^2 - 3$$

◯ **NOTE** 예제 6으로부터 일반적으로 $f \circ g \neq g \circ f$임을 알 수 있다. $f \circ g$는 함수 g가 먼저 적용되고 f가 그 다음으로 적용됨을 의미한다. 예제 6에서 $f \circ g$는 **먼저** 3을 빼고 제곱한 함수이고, $g \circ f$는 **먼저** 제곱하고 그 다음 3을 뺀 함수이다.

《 예제 7 》 $f(x) = \sqrt{x}$이고 $g(x) = \sqrt{2 - x}$일 때 다음 각 함수와 정의역을 구하라.

(a) $f \circ g$ (b) $g \circ f$ (c) $f \circ f$ (d) $g \circ g$

풀이

(a) $$(f \circ g)(x) = f(g(x)) = f(\sqrt{2 - x}) = \sqrt{\sqrt{2 - x}} = \sqrt[4]{2 - x}$$

$f \circ g$의 정의역은 $\{x \mid 2 - x \geq 0\} = \{x \mid x \leq 2\} = (-\infty, 2]$이다.

(b) $$(g \circ f)(x) = g(f(x)) = g(\sqrt{x}) = \sqrt{2 - \sqrt{x}}$$

$0 \leq a \leq b$일 때 $a^2 \leq b^2$

$\sqrt{x}$가 정의되기 위해서 $x \geq 0$이어야 한다. $\sqrt{2 - \sqrt{x}}$가 정의되기 위해서는 $2 - \sqrt{x} \geq 0$ 이어야 한다. 따라서 $\sqrt{x} \leq 2$ 또는 $x \leq 4$이므로 $0 \leq x \leq 4$이고 $g \circ f$의 정의역은 폐구간 $[0, 4]$이다.

(c) $$(f \circ f)(x) = f(f(x)) = f(\sqrt{x}) = \sqrt{\sqrt{x}} = \sqrt[4]{x}$$

$f \circ f$의 정의역은 $[0, \infty)$이다.

(d) $$(g \circ g)(x) = g(g(x)) = g(\sqrt{2 - x}) = \sqrt{2 - \sqrt{2 - x}}$$

이것은 $2 - x \geq 0$이고 $2 - \sqrt{2 - x} \geq 0$일 때 정의된다. 첫 번째 부등식은 $x \leq 2$이고 두 번째 부등식은 $\sqrt{2 - x} \leq 2$ 또는 $2 - x \leq 4$, 즉 $x \geq -2$와 동치이다. 그러므로 $-2 \leq x \leq 2$이고 $g \circ g$의 정의역은 폐구간 $[-2, 2]$이다.

셋 이상의 함수를 합성할 수 있다. 예를 들어 합성함수 $f \circ g \circ h$는 먼저 h를 적용하고 다음 g, 그 다음 f를 적용해서 얻는다.

$$(f \circ g \circ h)(x) = f(g(h(x)))$$

《 예제 8 》 $f(x) = x/(x + 1), g(x) = x^{10}, h(x) = x + 3$일 때 $f \circ g \circ h$를 구하라.

풀이
$$(f \circ g \circ h)(x) = f(g(h(x))) = f(g(x + 3))$$
$$= f((x + 3)^{10}) = \frac{(x + 3)^{10}}{(x + 3)^{10} + 1}$$

이제까지 합성을 이용해서 간단한 함수로부터 복잡한 함수를 구했다. 그러나 미적분학에서는 다음 예제와 같이 복잡한 함수를 좀 더 간단한 함수로 **분해하는** 것이 유용할 때가 있다.

《예제 9》 주어진 $F(x) = \cos^2(x+9)$에 대해 $F = f \circ g \circ h$인 함수 f, g, h를 구하라.

풀이 $F(x) = [\cos(x+9)]^2$이므로 F에 대한 식을 구하자. 먼저 9를 더하고 그 결과에 코사인을 취한 다음 제곱을 한다. 따라서 다음과 같이 놓는다.

$$h(x) = x + 9 \qquad g(x) = \cos x \qquad f(x) = x^2$$

그러면 다음을 얻는다.

$$(f \circ g \circ h)(x) = f(g(h(x))) = f(g(x+9)) = f(\cos(x+9))$$
$$= [\cos(x+9)]^2 = F(x) \qquad \blacksquare$$

1.3 | 연습문제

1. f의 그래프가 주어져 있다. f의 그래프로부터 다음과 같이 얻어지는 그래프의 방정식을 구하라.

   (a) 위로 3단위 이동

   (b) 아래로 3단위 이동

   (c) 오른쪽으로 3단위 이동

   (d) 왼쪽으로 3단위 이동

   (e) x축에 대해 대칭

   (f) y축에 대해 대칭

   (g) 수직 방향으로 3배 늘이기

   (h) 수직 방향으로 3배 줄이기

2. $y = f(x)$의 그래프가 주어져 있다. 각 방정식과 그래프를 연결하고 그 이유를 설명하라.

   (a) $y = f(x-4)$ (b) $y = f(x) + 3$

   (c) $y = \frac{1}{3}f(x)$ (d) $y = -f(x+4)$

   (e) $y = 2f(x+6)$

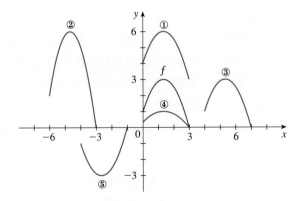

3. f의 그래프가 주어져 있다. 이를 이용해서 다음 함수의 그래프를 그려라.

   (a) $y = f(2x)$ (b) $y = f\left(\frac{1}{2}x\right)$

   (c) $y = f(-x)$ (d) $y = -f(-x)$

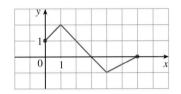

4. $y = \sqrt{3x - x^2}$의 그래프가 주어져 있다.

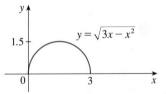

변환을 이용해서 그래프가 아래와 같은 함수를 구하라.

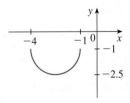

5-13 점을 찍지 않고 1.2절의 표 3에서 주어진 기본 함수 중 어느 한 그래프에서 적당히 변환한 후, 손으로 다음 함수의 그래프를 그려라.

5. $y = 1 + x^2$ 6. $y = |x+2|$

7. $y = \frac{1}{x} + 2$ 8. $y = \sin 4x$

9. $y = 2 + \sqrt{x+1}$ **10.** $y = x^2 - 2x + 5$

11. $y = 2 - |x|$ **12.** $y = 3\sin\frac{1}{2}x + 1$

13. $y = |\cos\pi x|$

---

14. 뉴올리언스는 위도 30°N에 위치한 도시이다. 그림 9를 이용해서 연도인 시간의 함수로서 뉴올리언스에서의 일조 시간 수의 모형을 함수로 나타내라. 뉴올리언스에서 3월 31일에 해가 오전 5시 51분에 떠서 오후 6시 18분에 졌음을 이용해서 구한 모형의 정확도를 조사하라.

15. 조수간만의 차가 세계에서 가장 큰 몇 개가 캐나다의 대서양 연안에 위치한 펀디 만에서 발생한다. 호프웰 곶에서 조수간만의 차가 작을 때의 물 깊이가 약 2.0 m이고 클 때의 깊이가 약 12.0 m이다. 진동의 자연 주기는 약 12시간이고 특정일 오전 6시 45분에 조수간만의 차가 컸다. 코사인함수를 이용해서, 그날 (자정 이후의 시간) t의 함수로 물의 깊이 $D(t)$ m를 모형화하는 함수를 구하라.

16. (a) f의 그래프와 관련해서 $y = f(|x|)$의 그래프를 어떻게 그리는가?

(b) $y = \sin|x|$의 그래프를 그려라.

(c) $y = \sqrt{|x|}$의 그래프를 그려라.

17. $f(x) = \sqrt{25 - x^2}$, $g(x) = \sqrt{x+1}$일 때 (a) $f + g$, (b) $f - g$, (c) fg, (d) f/g를 구하고 정의역을 말하라.

18-20 (a) $f \circ g$, (b) $g \circ f$, (c) $f \circ f$, (d) $g \circ g$를 구하고 정의역을 말하라.

18. $f(x) = x^3 + 5$, $g(x) = \sqrt[3]{x}$

19. $f(x) = \dfrac{1}{\sqrt{x}}$, $g(x) = x + 1$

20. $f(x) = \dfrac{2}{x}$, $g(x) = \sin x$

21-22 $f \circ g \circ h$를 구하라.

21. $f(x) = 3x - 2$, $g(x) = \sin x$, $h(x) = x^2$

22. $f(x) = \sqrt{x-3}$, $g(x) = x^2$, $h(x) = x^3 + 2$

23-25 다음 함수를 $f \circ g$의 형태로 표현하라.

23. $F(x) = (2x + x^2)^4$ **24.** $F(x) = \dfrac{\sqrt[3]{x}}{1 + \sqrt[3]{x}}$

25. $v(t) = \sec(t^2)\tan(t^2)$

26-27 다음 함수를 $f \circ g \circ h$ 형태로 나타내라.

26. $R(x) = \sqrt{\sqrt{x} - 1}$ **27.** $S(t) = \sin^2(\cos t)$

---

28. 표를 사용하여 다음을 구하라.

x	1	2	3	4	5	6
$f(x)$	3	1	5	6	2	4
$g(x)$	5	3	4	1	3	2

(a) $f(g(3))$ (b) $g(f(2))$
(c) $(f \circ g)(5)$ (d) $(g \circ f)(5)$

29. 주어진 f와 g의 그래프를 이용해서 다음을 계산하고 정의되지 않으면 그 이유를 말하라.

(a) $f(g(2))$ (b) $g(f(0))$ (c) $(f \circ g)(0)$
(d) $(g \circ f)(6)$ (e) $(g \circ g)(-2)$ (f) $(f \circ f)(4)$

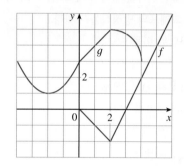

30. 돌이 호수로 떨어지면서 60 cm/s의 속도로 바깥 방향으로 원형의 잔물결을 만들고 있다.

(a) 시간 t(초)에 대한 함수로서 원의 반지름 r를 표현하라.

(b) A가 반지름에 대한 함수로서 원의 넓이라면 $A \circ r$를 구하고 의미를 설명하라.

31. 배가 30 km/h 속도로 직선으로 난 해안선과 평행하게 움직이고 있다. 배는 해안선에서 6 km 떨어져 있고 정오에 등대를 지난다.

(a) 등대와 배 사이의 거리 s를 배가 정오부터 움직인 거리 d의 함수로 나타내라. 즉 $s = f(d)$인 함수 f를 구하라.

(b) d를 정오부터 경과한 시간 t의 함수로 나타내라. 즉 $d = g(t)$인 함수 g를 구하라.

(c) $f \circ g$를 구하라. 이 함수는 무엇을 나타내는가?

32. 헤비사이드함수 H는 다음과 같이 정의된다.

$$H(t) = \begin{cases} 0, & t < 0 \\ 1, & t \geq 0 \end{cases}$$

이 함수는 전기회로에서 스위치를 갑자기 켰을 때 전류 또는 전압의 순간적인 요동을 나타내는 데 사용된다.

(a) 헤비사이드함수의 그래프를 그려라.

(b) 스위치가 $t = 0$일 때 켜져서 120 V가 회로에 순간적으로 부가됐을 때 전압 $V(t)$의 그래프를 그려라. $H(t)$를 이용하여 $V(t)$를 나타내라.

(c) 스위치가 $t = 5$일 때 켜지고 240 V가 회로에 순간적으로 부가됐을 때 전압 $V(t)$의 그래프를 그려라. $H(t)$를 이용하여 $V(t)$를 나타내라. ($t = 5$에서의 출발은 평행이동에 대응한다.)

33. f와 g가 $f(x) = m_1 x + b_1$이고 $g(x) = m_2 x + b_2$인 일차함수일 때 $f \circ g$도 일차함수인가? 그렇다면 그래프의 기울기는?

34. (a) $g(x) = 2x + 1$이고 $h(x) = 4x^2 + 4x + 7$일 때 $f \circ g = h$인 함수 f를 구하라. (g에 수행할 연산에 대해 생각하고 h의 식으로 마무리한다.)

(b) $f(x) = 3x + 5$이고 $h(x) = 3x^2 + 3x + 2$일 때 $f \circ g = h$인 함수 g를 구하라.

35. g가 우함수이고 $h = f \circ g$라 하자. h는 항상 우함수인가?

36. $f(x)$는 정의역이 $\mathbb{R}$인 함수이다.

(a) $E(x) = f(x) + f(-x)$가 우함수임을 보여라.

(b) $O(x) = f(x) - f(-x)$가 기함수임을 보여라.

(c) 모든 함수 $f(x)$가 우함수와 기함수의 합으로 나타낼 수 있음을 보여라.

(d) $f(x) = 2^x + (x-3)^2$을 우함수와 기함수의 합으로 나타내라.

1.4 | 접선 문제와 속도 문제

이 절에서 곡선에 대한 접선이나 물체의 속도를 구하고자 할 때 어떻게 극한이 적용되는지를 알아본다.

■ 접선 문제

접선(tangent)이라는 단어는 '접한다'는 뜻을 가지고 있는 라틴어 *tangens*에서 유래됐다. 따라서 곡선의 접선은 그 곡선에 접하는 직선이다. 다른 말로 접선은 접점에서 곡선과 같은 방향이어야 한다. 이러한 개념을 어떻게 정확히 정의할 수 있을까?

원에 대해 접선은 단순히 유클리드가 말했던 것처럼, 그림 1(a)에서와 같이 원과 오직 한 점에서 만나는 직선 ℓ을 접선이라고 할 수 있을 것이다. 그러나 좀 더 복잡한 곡선에서는 이 정의가 부적절하다. 그림 1(b)는 직선 ℓ이 점 P에서 곡선 C에 접하는 것으로 나타나지만, 곡선 C와 두 번 만난다.

구체적으로 다음 예제에서 포물선 $y = x^2$의 접선 ℓ을 구하는 방법을 살펴보자.

《**예제 1**》 점 $P(1, 1)$에서 포물선 $y = x^2$의 접선의 방정식을 구하라.

풀이 접선 ℓ의 기울기 m을 안다면 그 접선의 방정식을 구할 수 있다. 기울기를 구하기 위해서는 두 점이 필요하지만, ℓ 위의 한 점 P만을 알고 있으므로 어려움이 있다. 그러나 그림 2에서처럼 포물선 위의 부근에 있는 점 $Q(x, x^2)$을 선택하고 할선 PQ의 기울기 m_{PQ}를 계산해서 m의 근삿값을 구할 수 있다. [**할선**(secant line)은 자르기를 의미하는 라틴어 *secans*에서 왔으며 곡선과 두 번 이상 자르는(교차하는) 직선이다.]

$x \neq 1$을 택하면 $P \neq Q$이고 다음이 성립한다.

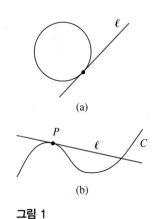

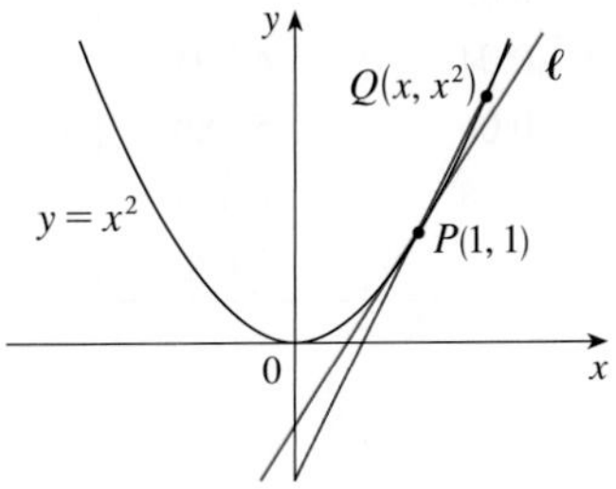

그림 1

그림 2

$$m_{PQ} = \frac{x^2 - 1}{x - 1}$$

예를 들면 점 $Q(1.5, 2.25)$에 대해 다음을 얻는다.

$$m_{PQ} = \frac{2.25 - 1}{1.5 - 1} = \frac{1.25}{0.5} = 2.5$$

다음 표는 1에 가까운 x의 몇 개의 값에 대한 m_{PQ}의 값을 보여 준다. Q가 P에 가까워질수록 x는 1에 가까워지고, 표에서 나타나듯이 m_{PQ}는 2에 가까워진다. 이런 사실은 접선 ℓ의 기울기가 2임을 의미한다.

x	m_{PQ}
2	3
1.5	2.5
1.1	2.1
1.01	2.01
1.001	2.001

x	m_{PQ}
0	1
0.5	1.5
0.9	1.9
0.99	1.99
0.999	1.999

접선의 기울기는 할선들의 기울기의 **극한**이라 정의하고, 이것을 다음과 같이 표현한다.

$$\lim_{Q \to P} m_{PQ} = m, \quad \text{즉} \quad \lim_{x \to 1} \frac{x^2 - 1}{x - 1} = 2$$

접선의 기울기를 2로 가정한다면, 점-기울기형 직선의 방정식을 이용해서 점 $(1, 1)$을 지나는 접선의 방정식을 구할 수 있다.

$$y - 1 = 2(x - 1) \quad \text{또는} \quad y = 2x - 1 \qquad \blacksquare$$

그림 3은 예제 1의 극한 과정을 설명한다. 포물선을 따라 Q가 P에 접근할 때 대응하는 할선은 P를 중심으로 회전하면서 접선 ℓ에 접근한다.

과학에서 존재하는 수많은 함수들이 명확한 방정식으로 표기되는 것은 아니다. 이들 함수는 실험 자료에 의해 정의된다. 다음 예제는 이런 함수의 그래프에서 접선의 기울기를 추정하는 방법을 보여 준다.

t	Q
0	10
0.02	8.187
0.04	6.703
0.06	5.488
0.08	4.493
0.1	3.676

《**예제 2**》 펄스레이저는 축전기에 전하를 저장하고, 순간적으로 레이저를 발사할 때 전하를 방출하면서 작동한다. 오른쪽 표에 있는 자료는 시각 t(레이저가 발사된 후 초 단위로 측정)에 축전기에 남아 있는 전하 $Q(C)$를 나타낸다. 자료를 이용해서 이 함수의 그래프를 그리고 $t = 0.04$인 점에서 접선의 기울기를 추정하라. [주: 접선의 기울기는 축전기에서 레이저로 흐르는 전류(A)를 나타낸다.]

풀이 주어진 자료를 점으로 표시하고 이를 이용해서 함수의 그래프에 근사하는 곡선을 그린다(그림 4 참조).

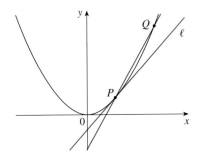 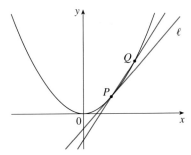 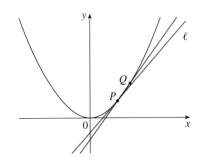

*Q*가 오른쪽에서 *P*에 접근

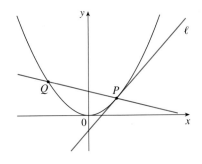 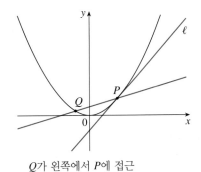 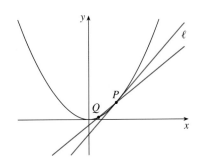

*Q*가 왼쪽에서 *P*에 접근

그림 3

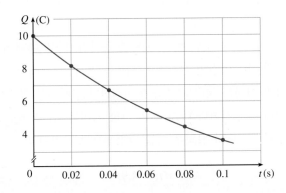

그림 4

그래프에서 주어진 점 $P(0.04, 6.703)$과 $R(0, 10)$에서 할선 PR의 기울기를 구하면 다음과 같다.

$$m_{PR} = \frac{10 - 6.703}{0 - 0.04} = -82.425$$

오른쪽 표는 다른 할선의 기울기를 구하기 위해 비슷한 계산을 하고 얻어진 결과를 보여 준다. 이 표로부터 $t = 0.04$에서 접선의 기울기는 -74.20과 -60.75 사이의 어떤 지점에 놓이게 될 것으로 기대한다. 사실, 가장 가까운 두 할선의 기울기의 평균은 다음과 같다.

$$\tfrac{1}{2}(-74.20 - 60.75) = -67.475$$

그러므로 이 방법에 의해 접선의 기울기가 약 -67.5임을 추정할 수 있다.

다른 방법은 그림 5에서처럼 *P*에서 접선의 근사 직선을 그리고 삼각형 *ABC*의 변의

R	m_{PR}
(0, 10)	−82.425
(0.02, 8.187)	−74.200
(0.06, 5.488)	−60.750
(0.08, 4.493)	−55.250
(0.1, 3.676)	−50.450

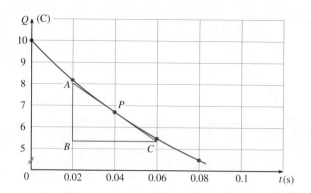

그림 5

예제 2에서 구한 답의 물리적 의미는 0.04 초 후 축전기에서 레이저로 흐르는 전류가 약 −65 A라는 것이다.

길이를 측정한다. 이것에 의해 다음과 같이 접선의 기울기를 추정한다.

$$-\frac{|AB|}{|BC|} \approx -\frac{8.0 - 5.4}{0.06 - 0.02} = -65.0$$

■

■ 속도 문제

시내 주행 중인 자동차의 속도계를 보면 바늘이 오랫동안 같은 자리에 머물러 있지 않음을 알 수 있다. 즉 차의 속도는 일정하지 않다. 속도계를 볼 때 그 차가 매순간 정확한 속도를 유지한다고 가정하지만, '순간' 속도는 어떻게 정의되는가?

속도 문제를 생각해 보자. 임의의 시각에 물체의 위치를 알고 있을 때 특정 시각에 직선을 따라 움직이는 물체의 순간 속도를 구하라. 다음 예제에서, 낙하하는 공의 속도를 조사한다. 4C 이전에 실시했던 실험을 통해, 갈릴레오는 자유 낙하한 물체의 낙하 거리가 떨어지는 시간의 제곱에 비례한다는 사실을 발견했다. (자유 낙하 실험에서 공기 저항은 무시한다.) t초 후의 낙하 거리를 $s(t)$라 하고 단위를 m로 하면, (지표면에서) 갈릴레오의 법칙은 다음 방정식으로 표현된다.

$$s(t) = 4.9t^2$$

《**예제 3**》 토론토에 있는 지상 450 m 높이의 CN 타워 전망대에서 공을 떨어뜨린다고 가정하자. 5초 후 공의 속도를 구하라.

풀이 5초 후 순간 속도를 구할 때의 어려움은, 한 순간($t = 5$)을 다루어야 하지만 순간을 나타내는 시간 구간이 없다는 데 있다. 그러나 $t = 5$에서 $t = 5.1$까지 1/10초의 짧은 시간 구간에서 평균 속도를 계산하면 원하는 양의 근삿값을 구할 수 있다.

$$\text{평균 속도} = \frac{\text{위치 변화}}{\text{소요 시간}}$$

$$= \frac{s(5.1) - s(5)}{0.1}$$

$$= \frac{4.9(5.1)^2 - 4.9(5)^2}{0.1} = 49.49 \text{ m/s}$$

토론토에 있는 CN 타워

다음 표는 연속해서 더 짧은 시간 구간의 평균 속도를 계산한 결과들을 나타낸 것이다.

시간 구간	평균 속도(m/s)
$5 \leq t \leq 5.1$	49.49
$5 \leq t \leq 5.05$	49.245
$5 \leq t \leq 5.01$	49.049
$5 \leq t \leq 5.001$	49.0049

이 표는 시간 구간을 짧게 했을 때 평균 속도가 49 m/s에 가까워진다는 것을 보여 준다. $t = 5$에서의 **순간 속도**(instantaneous velocity)는 $t = 5$에서 출발해서 점점 더 짧은 시간 구간에서 평균 속도들의 **극한값**으로 정의되므로, 5초 후 (순간) 속도는 49 m/s이다. ■

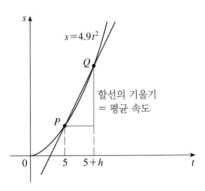

이 문제를 푸는 데 사용된 계산 과정이 이 절의 도입부에서 언급했던 접선을 구하는 것과 매우 유사함을 느낄 것이다. 사실 접선 문제와 속도 문제 사이에는 밀접한 관계가 있다. 공의 거리 함수의 그래프를 그리고(그림 6 참조), 그래프의 점 $P(5, 4.9(5)^2)$과 $Q(5 + h, 4.9(5 + h)^2)$을 생각한다면, 할선 PQ의 기울기는 다음과 같다.

$$m_{PQ} = \frac{4.9(5 + h)^2 - 4.9(5)^2}{(5 + h) - 5}$$

이것은 시간 구간 $[5, 5 + h]$에서 평균 속도와 같다. 그러므로 시각 $t = 5$에서 속도(h가 0에 접근할 때 평균 속도의 극한)는 P에서 접선의 기울기(할선의 기울기의 극한)와 같아야 한다.

예제 1과 3은 접선 문제와 속도 문제를 풀기 위해서는 극한을 구해야만 한다는 것을 보여 준다. 이 장의 남은 네 절에서 극한을 계산하는 방법을 공부한 후 2장에서 접선 및 속도를 구하는 문제를 되짚어 볼 것이다.

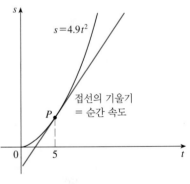

그림 6

1.4 | 연습문제

1. 1000 L의 물이 들어있는 탱크에서 30분 동안 탱크의 바닥 아래로 물이 흘러나간다. 아래 표의 값은 t(min) 후 탱크 속에 남아 있는 물의 부피 V(L)를 나타낸다.

t(min)	5	10	15	20	25	30
V(L)	694	444	250	111	28	0

(a) P가 V의 그래프 위의 점 (15, 250)이라면, Q가 $t = 5$, 10, 20, 25, 30인 그래프 위의 점일 때 할선 PQ의 기울기를 구하라.

(b) 두 할선의 기울기를 평균해서 점 P에서 접선의 기울기를 추정하라.

(c) V의 그래프를 이용해서 점 P에서 접선의 기울기를 추정하라. (이 기울기는 15분 후 물이 탱크로부터 흘러나오는 비율을 나타낸다.)

2. 점 $P(2, -1)$은 곡선 $y = 1/(1 - x)$ 위에 있는 점이다.

(a) Q가 점 $(x, 1/(1-x))$일 때 x의 다음 값들에 대해 할선 PQ의 기울기를 구하라. (참값은 소수점 아래 여섯째 자리까지 구한다.)

  (i) 1.5   (ii) 1.9   (iii) 1.99   (iv) 1.999
  (v) 2.5   (vi) 2.1   (vii) 2.01   (viii) 2.001

(b) (a)의 결과를 이용해서 곡선 위의 점 $P(2, -1)$에서 접

선의 기울기의 값을 추측하라.

(c) (b)의 기울기를 이용해서 점 $P(2, -1)$에서 곡선에 대한 접선의 방정식을 구하라.

3. 다리의 갑판이 강 위 80 m에 매달려 있다. 조약돌이 다리 옆면에서 떨어지면 t초 후 수면 위의 조약돌의 높이는 $y = 80 - 4.9t^2$(m)으로 주어진다.

(a) $t = 4$에서 시작하는 시간이 (i) 0.1초 (ii) 0.05초 (iii) 0.01초일 때 조약돌의 평균 속도를 구하라.

(b) 4초 후 조약돌의 순간 속도를 추정하라.

4. 다음 표는 정지상태에서 가속한 후에 오토바이의 위치를 나타낸다.

$t(s)$	0	1	2	3	4	5	6
s(m)	0	1.5	6.3	14.2	24.1	38.0	53.9

(a) 다음 각 시간 구간에 대한 평균 속도를 구하라.

(i) [2, 4]   (ii) [3, 4]   (iii) [4, 5]   (iv) [4, 6]

(b) t에 관한 함수로서 s의 그래프를 이용하여 $t = 3$에서 순간 속도를 구하라.

5. 점 $P(1, 0)$은 곡선 $y = \sin(10\pi/x)$ 위에 있는 점이다.

(a) Q가 점 $(x, \sin(10\pi/x))$이라면, $x = 2$, 1.5, 1.4, 1.3, 1.2, 1.1, 0.5, 0.6, 0.7, 0.8, 0.9에 대해 할선 PQ의 기울기를 소수점 아래 넷째 자리까지 구하라. 기울기가 하나의 극한에 접근하는가?

(b) 곡선의 그래프를 이용해서 (a)에서 주어진 할선의 기울기가 점 P에서 접선의 기울기에 접근하지 않는 이유를 설명하라.

(c) 적당한 할선들을 선택해서 점 P에서 접선의 기울기를 추정하라.

1.5 │ 함수의 극한

앞 절에서 곡선의 접선이나 물체의 속도를 구하고자 할 때 극한이 어떻게 일어나는지를 공부했다. 이제 극한을 계산하기 위한 일반적인 방법과 수치적 방법 그리고 그래프를 이용한 방법으로 극한에 대한 관심을 돌린다.

■ 수치와 그래프를 이용한 극한 구하기

$f(x) = (x-1)/(x^2 - 1)$로 정의된 함수에서 1의 근처에 있는 x값들에 대한 f의 자취를 조사해 보자. 다음 표는 1에 가깝지만 1이 아닌 x값들에 대한 $f(x)$의 값들을 나타낸 것이다.

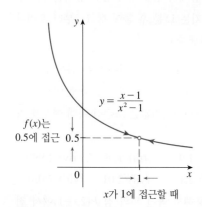

$x < 1$	$f(x)$	$x > 1$	$f(x)$
0.5	0.666667	1.5	0.400000
0.9	0.526316	1.1	0.476190
0.99	0.502513	1.01	0.497512
0.999	0.500250	1.001	0.499750
0.9999	0.500025	1.0001	0.499975

1	0.5	1	0.5

$f(x)$는 0.5에 접근 0.5

$y = \dfrac{x-1}{x^2-1}$

x가 1에 접근할 때

그림 1

위의 표와 그림 1에 있는 f의 그래프로부터 x가 1에 접근할 때 (1의 양쪽 방향에서) $f(x)$는 0.5에 접근함을 알 수 있다. 이 사실은 x를 1에 충분히 가깝게 함으로써

$f(x)$의 값을 더욱 더 0.5에 가깝게 만들 수 있음을 보여준다. 이런 사실을 "x가 1에 접근할 때 함수 $f(x) = (x-1)/(x^2-1)$의 극한이 0.5이다."라고 표현하고, 이것을 기호로 나타내면 다음과 같다.

$$\lim_{x \to 1} \frac{x-1}{x^2-1} = 0.5$$

일반적으로 다음 기호를 사용한다.

---

1 극한의 직관적 정의 x가 a 근방에 있을 때 $f(x)$가 정의된다고 가정하자. (이는 f가 a를 포함하지만 a가 빠질 수 있는 어떤 개구간에서 정의됨을 의미한다.) a와 같지는 않지만 x를 a에 충분히 가까이 접근(a의 양쪽 방향에서)시킴으로써 $f(x)$의 값을 L에 가깝게(L에 원하는 만큼 가깝게) 만들 수 있다면 다음과 같은 기호로 쓴다.

$$\lim_{x \to a} f(x) = L$$

이를 다음과 같이 말한다.

"x가 a에 접근할 때 $f(x)$의 극한은 L이다."

개괄적으로 말하면, 이것은 x가 a에 접근함에 따라 $f(x)$의 값은 L에 접근하는 것을 말한다. 다시 말해서, 이것은 x가 a에 점점 가까워지고(a의 양쪽 방향에서) $x \neq a$일 때 $f(x)$의 값들이 실수 L에 점점 더 가까워진다는 것을 의미한다. 좀 더 엄밀한 정의는 1.7절에서 다룰 것이다.

기호 $\lim_{x \to a} f(x) = L$에 대한 또 다른 표현은 다음과 같다.

$$x \to a \text{일 때,} \quad f(x) \to L$$

보통 "x가 a에 접근할 때 $f(x)$가 L에 접근한다."라고 읽는다.

극한의 정의에서 단서 '$x \neq a$'에 주목하자. 이것은 x가 a에 접근할 때 $f(x)$의 극한값을 찾는 데 있어서 $x = a$인 경우는 절대 고려하지 않는다는 것을 의미한다. 사실 $f(x)$를 $x = a$에서 정의해야 할 필요는 없다. 단지 a 부근에서 f가 어떻게 정의되는가 하는 것만이 문제이다.

그림 2는 세 함수의 그래프이다. (b)에서는 $f(a)$가 정의되지 않고, (c)에서

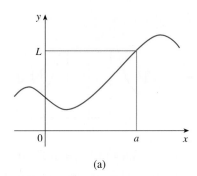
(a)

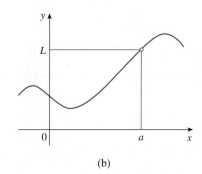
(b)

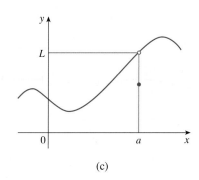
(c)

그림 2 세 경우 모두 $\lim_{x \to a} f(x) = L$이다.

는 $f(a) \neq L$임에 주목하자. 그러나 이 각각의 경우 점 a에서의 상황과 관계없이 $\lim_{x \to a} f(x) = L$이 된다.

예제 1 $\lim_{t \to 0} \dfrac{\sqrt{t^2+9}-3}{t^2}$을 구하라.

풀이 다음 표는 0 부근에서 t의 몇 가지 값에 대한 함수의 값을 나열한 것이다.

t	$\dfrac{\sqrt{t^2+9}-3}{t^2}$
± 1.0	0.162277 . . .
± 0.5	0.165525 . . .
± 0.1	0.166620 . . .
± 0.05	0.166655 . . .
± 0.01	0.166666 . . .

t가 0에 접근할 때 함숫값들이 0.1666666⋯에 접근하는 것처럼 보이고, 따라서 다음을 추측할 수 있다.

$$\lim_{t \to 0} \frac{\sqrt{t^2+9}-3}{t^2} = \frac{1}{6}$$ ■

t	$\dfrac{\sqrt{t^2+9}-3}{t^2}$
± 0.001	0.166667
± 0.0001	0.166670
± 0.00001	0.167000
± 0.000001	0.000000

예제 1에서 t의 값을 더 작게 택한다면 어떻게 될까? 왼쪽 표는 계산기로 얻은 결과이다. 어딘가 이상해 보이지 않은가?

계산기로 계산을 한다면 다른 값을 얻을 수도 있지만, 결국 t가 충분히 작은 수일 때에는 0의 값을 얻게 될 것이다. 그러면 이것은 실제로 답이 $\frac{1}{6}$이 아닌 0을 의미하는 것일까? 그러나 다음 절에서 보듯이 그 극한의 값은 $\frac{1}{6}$이다. 문제는 t가 작은 값을 가질 때 $\sqrt{t^2+9}$는 3에 매우 가까이 접근하기 때문에 계산기가 잘못 계산한 것이다. (사실 t가 충분히 작을 때 $\sqrt{t^2+9}$에 대한 계산기의 값은 허용 소수점 자리만큼 소수를 가지는 3.000⋯이 된다.)

www.StewartCalculus.com
때때로 계산기가 잘못된 계산을 하는 이유에 대한 더 많은 설명에 대해 *Lies My Calculator and Computer Told Me*를 클릭하면 알 수 있다. 특히 뺄셈의 위험이라 부르는 부분을 보라.

비슷한 일이 예제 1의 다음 함수의 그래프를 계산기나 컴퓨터로 생성할 때에도 일어날 수 있다.

$$f(t) = \frac{\sqrt{t^2+9}-3}{t^2}$$

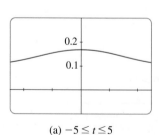

(a) $-5 \leq t \leq 5$ (b) $-0.1 \leq t \leq 0.1$ (c) $-10^{-6} \leq t \leq 10^{-6}$ (d) $-10^{-7} \leq t \leq 10^{-7}$

그림 3

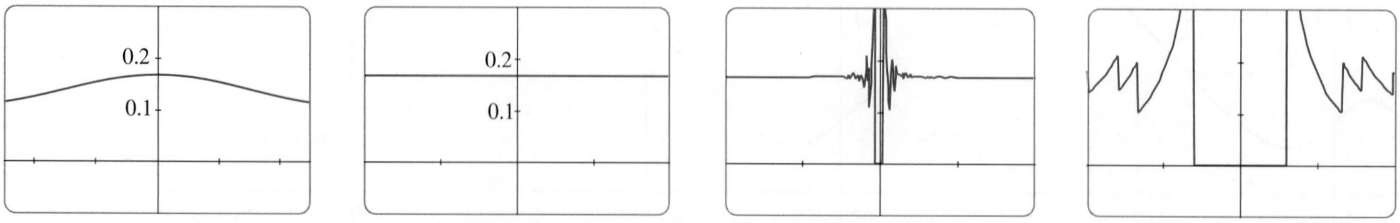

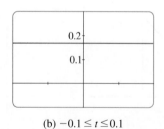

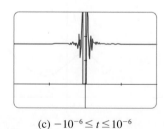

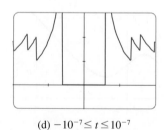

그림 3(a)와 (b)는 f의 아주 정확한 그래프를 보여 주고 있으며, 그래프를 따라 추적해 보면 극한이 거의 $\frac{1}{6}$임을 쉽게 추정할 수 있다. 그러나 (c)와 (d)처럼 너무 많이 확대하면, 반올림에 의한 오차로 인하여 부정확한 그래프를 얻는다.

《《예제 2》》 $\displaystyle\lim_{x \to 0} \frac{\sin x}{x}$ 의 값을 추측하라.

풀이 함수 $f(x) = (\sin x)/x$는 $x = 0$에서 정의되지 않는다. 계산기를 이용해서($x \in \mathbb{R}$ 이면 $\sin x$는 **라디안**으로 측정한 각 x의 sine을 의미함), 소수점 아래 여덟째 자리까지의 정확한 값들을 오른쪽 표에 실었다. 이 표와 그림 4로부터 다음을 추측할 수 있다.

$$\lim_{x \to 0} \frac{\sin x}{x} = 1$$

이 추측은 정확하며, 2장에서 기하학적 방법을 이용해서 증명할 것이다.

x	$\dfrac{\sin x}{x}$
± 1.0	0.84147098
± 0.5	0.95885108
± 0.4	0.97354586
± 0.3	0.98506736
± 0.2	0.99334665
± 0.1	0.99833417
± 0.05	0.99958339
± 0.01	0.99998333
± 0.005	0.99999583
± 0.001	0.99999983

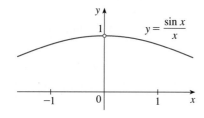

그림 4

《《예제 3》》 $\displaystyle\lim_{x \to 0} \left(x^3 + \frac{\cos 5x}{10{,}000} \right)$를 구하라.

풀이 앞에서와 같이 값들의 표를 작성한다. 첫 번째 표를 보면 극한이 0인 것으로 나타난다.

x	$x^3 + \dfrac{\cos 5x}{10{,}000}$
1	1.000028
0.5	0.124920
0.1	0.001088
0.05	0.000222
0.01	0.000101

x	$x^3 + \dfrac{\cos 5x}{10{,}000}$
0.005	0.00010009
0.001	0.00010000

그러나 더 작은 x에 대해 얻은 두 번째 표에서 극한이 0.0001인 것을 보여준다. 1.8절에서 $\displaystyle\lim_{x \to 0} \cos 5x = 1$이고 다음과 같음을 보일 것이다.

$$\lim_{x \to 0} \left(x^3 + \frac{\cos 5x}{10{,}000} \right) = \frac{1}{10{,}000} = 0.0001$$

■ 한쪽 극한

다음과 같이 정의된 헤비사이드함수 H가 있다.

$$H(t) = \begin{cases} 0, & t < 0 \\ 1, & t \geq 0 \end{cases}$$

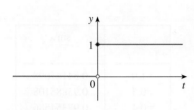

그림 5 헤비사이드함수

[이 함수는 영국의 전기공학자 헤비사이드(Oliver Heaviside, 1850~1925)의 이름을 따서 붙였으며 시각 $t = 0$에서 전원을 올렸을 때 전류의 흐름을 설명하는 데 사용된다.] 이것의 그래프는 그림 5와 같다.

t가 왼쪽에서 0으로 접근할 때, $H(t)$는 0에 접근한다. t가 오른쪽에서 0으로 접근할 때, $H(t)$는 1에 접근한다. t가 0으로 접근할 때 $H(t)$가 접근하는 단 하나의 수는 존재하지 않는다. 그러므로 $\lim_{t \to 0} H(t)$는 존재하지 않는다.

t가 왼쪽에서 0에 접근할 때 $H(t)$는 0에 접근하고, t가 오른쪽에서 0에 접근할 때 $H(t)$는 1에 접근함을 주목하자. 이런 상황을 다음과 같은 기호로 나타낸다.

$$\lim_{t \to 0^-} H(t) = 0, \quad \lim_{t \to 0^+} H(t) = 1$$

그리고 이것을 **한쪽 극한**이라 한다. 기호 '$t \to 0^-$'는 0보다 작은 t의 값에 대해서만 생각하고, '$t \to 0^+$'는 0보다 큰 t의 값에 대해서만 생각한다는 것을 의미한다.

---

2 한쪽 극한의 직관적 정의 a보다 작으면서 a에 충분히 가까운 x를 택해 $f(x)$의 값을 L에 한없이 가깝게 할 수 있으면 다음과 같이 나타낸다.

$$\lim_{x \to a^-} f(x) = L$$

이를 x가 a에 접근할 때 $f(x)$의 **좌극한**[또는 *x*가 **왼쪽에서** *a*에 **접근할 때** $f(x)$의 극한]이 L이라고 말한다.

　a보다 크면서 a에 충분히 가까운 x를 택해 $f(x)$의 값을 L에 한없이 가깝게 할 수 있으면 다음과 같이 나타낸다.

$$\lim_{x \to a^+} f(x) = L$$

이를 x가 a에 접근할 때 $f(x)$의 **우극한**[또는 *x*가 **오른쪽에서** *a*에 **접근할 때** $f(x)$의 극한값]이 L이라고 말한다.

　예를 들어, $x \to 5^-$는 $x < 5$인 경우만을 생각하고, $x \to 5^+$는 $x > 5$인 경우만을 생각함을 의미한다. 정의 **2**는 그림 6에서 설명한다.

　정의 **2**는 x가 a보다 작아야 (또는 커야) 된다는 점에서 정의 **1**과 다름에 주목하자. 두 극한의 정의를 비교하면 다음 사실을 알 수 있다.

---

3 $\lim_{x \to a} f(x) = L$이기 위한 필요충분조건은 $\lim_{x \to a^-} f(x) = L$이고 $\lim_{x \to a^+} f(x) = L$이다.

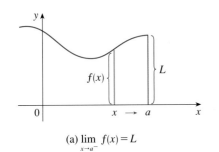

(a) $\lim\limits_{x \to a^-} f(x) = L$

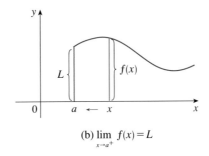

(b) $\lim\limits_{x \to a^+} f(x) = L$

그림 6

《예제 4》 함수 g의 그래프는 그림 7과 같다. 이것을 이용해서 다음 값을 (존재하면) 구하라.

(a) $\lim\limits_{x \to 2^-} g(x)$ (b) $\lim\limits_{x \to 2^+} g(x)$ (c) $\lim\limits_{x \to 2} g(x)$

(d) $\lim\limits_{x \to 5^-} g(x)$ (e) $\lim\limits_{x \to 5^+} g(x)$ (f) $\lim\limits_{x \to 5} g(x)$

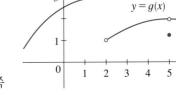

그림 7

풀이 그래프로부터 x가 왼쪽에서 2에 접근할 때, $g(x)$의 값은 3에 접근하고, x가 오른쪽에서 2에 접근할 때 $g(x)$의 값은 1에 접근함을 알 수 있다. 그러므로 다음을 얻는다.

(a) $\lim\limits_{x \to 2^-} g(x) = 3$ (b) $\lim\limits_{x \to 2^+} g(x) = 1$

(c) 좌극한과 우극한이 다르기 때문에, 정의 **3**에 의해 $\lim\limits_{x \to 2} g(x)$는 존재하지 않는다.

그래프는 또한 다음이 성립함을 보여 준다.

(d) $\lim\limits_{x \to 5^-} g(x) = 2$ (e) $\lim\limits_{x \to 5^+} g(x) = 2$

(f) 이번에는 좌극한과 우극한이 같으므로, 정의 **3**에 의해 다음을 얻는다.

$$\lim\limits_{x \to 5} g(x) = 2$$

이런 사실에도 불구하고 $g(5) \neq 2$임에 주목하자. ■

■ 어떻게 극한이 존재하지 않을 수 있을까?

좌극한과 우극한이 같지 않을 경우 (예제 4) a에서 극한을 존재하지 않는 것으로 나타났다. 다음 두 가지 예는 극한이 존재하지 않을 수 있는 경우를 추가적으로 보여 준다.

《예제 5》 $\lim\limits_{x \to 0} \sin \dfrac{\pi}{x}$ 를 조사하라.

풀이 함수 $f(x) = \sin(\pi/x)$는 $x = 0$에서 정의되지 않음을 주의하라. x의 작은 값에 대해 함수를 계산하면 다음을 얻는다.

$$f(1) = \sin \pi = 0 \qquad f\left(\tfrac{1}{2}\right) = \sin 2\pi = 0$$

$$f\left(\tfrac{1}{3}\right) = \sin 3\pi = 0 \qquad f\left(\tfrac{1}{4}\right) = \sin 4\pi = 0$$

$$f(0.1) = \sin 10\pi = 0 \qquad f(0.01) = \sin 100\pi = 0$$

극한과 기술

컴퓨터 대수체계(CAS)를 포함한 일부 소프트웨어 응용 프로그램으로 극한을 계산할 수 있다. 예제 1, 3 및 5에서 보여 주는 함정을 피하기 위해, 응용프로그램은 수치적인 과정에 의해 극한을 구할 수 없지만 무한급수를 계산하는 것과 같이 더 많은 정교한 기술을 사용한다. 이 절에 있는 예제에서 극한을 구하기 위해 이들 방법 중에서 하나를 사용하기를 권장한다. 그리고 이 장의 연습문제의 답을 확인하라.

마찬가지로, $f(0.001) = f(0.0001) = 0$이다. 이 정보를 근거로 극한이 0이라고 추측하
려 하지만 그 추측은 잘못되었다. 임의의 정수 n에 대해 $f(1/n) = \sin n\pi = 0$일지라도,
0에 접근하는 무한히 많은 x의 값(2/5 또는 2/101와 같은)들에 대해 $f(x) = 1$ 또한 참임
을 참고하라. 그림 8의 그래프에서 이것을 볼 수 있다.

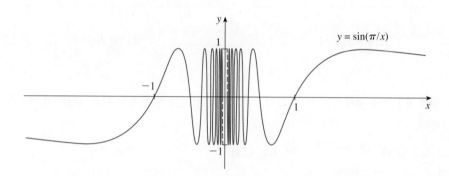

그림 8

y축 근처의 점선은 x가 0에 접근할 때 $\sin(\pi/x)$의 값이 1과 −1 사이에서 무한히 진동
함을 나타낸다.

x가 0에 접근할 때 $f(x)$의 값이 일정한 수로 접근하지 않기 때문에

$$\lim_{x \to 0} \sin \frac{\pi}{x} \text{ 가 존재하지 않는다.}$$ ■

예제 3과 5는 극한 값을 추측할 때의 함정을 보여준다. 부적절한 x값을 사용하면
쉽게 잘못된 값을 추측할 수 있지만, 값을 구하기 위해 계산을 중지할 시기를 아는
것은 어렵다. 그리고 예제 1 이후의 논의에서 알 수 있듯이 때로는 계산기와 컴퓨터
가 잘못된 값을 제공하기도 한다. 그러나 다음 절에서는 극한을 계산하는 완벽한 방
법을 개발할 것이다.

x가 a에 접근할 때 함수 값이 커지면 (절댓값으로), a에서 극한이 존재하지 않
는다.

《예제 6》 $\lim_{x \to 0} \dfrac{1}{x^2}$ 이 존재하면 그 값을 구하라.

풀이 x가 0에 접근하면 x^2도 0에 접근하게 되고, 따라서 $1/x^2$은 매우 커진다(표 1 참조).
사실 그림 9에서 주어진 함수 $f(x) = 1/x^2$의 그래프는 x가 0에 충분히 가까이 가면 $f(x)$
의 값들은 한없이 커지도록 만들 수 있다. 따라서 $f(x)$의 값이 어떤 수에 접근하지 않으

표 1

x	$\dfrac{1}{x^2}$
± 1	1
± 0.5	4
± 0.2	25
± 0.1	100
± 0.05	400
± 0.01	10,000
± 0.001	1,000,000

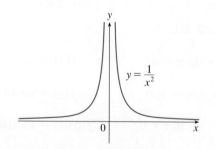

그림 9

므로 $\lim_{x\to 0}(1/x^2)$은 존재하지 않는다. ∎

■ 무한 극한; 수직점근선

예제 6에서 주어진 그래프의 움직임을 나타내기 위해 다음과 같은 기호를 이용한다.

$$\lim_{x\to 0}\frac{1}{x^2}=\infty$$

⊘ 이것은 ∞를 수로 간주한다는 의미도 아니며, 극한이 존재한다는 것도 아니다. 이는 단지 극한값이 존재하지 않는 특수한 경우에 대한 표현이다. x가 0에 충분히 가까이 가면 $1/x^2$은 원하는 만큼 크게 만들 수 있다.

일반적으로 x가 a에 충분히 가까워질수록 $f(x)$의 값이 점점 더 커지는(또는 '한 없이 증가') 것을 나타내기 위해 다음과 같은 기호를 이용한다.

$$\lim_{x\to a}f(x)=\infty$$

> **4 무한극한에 대한 직관적 정의** f가 a의 양쪽에서 정의된(a는 제외 가능) 함수라 하자.
>
> $$\lim_{x\to a}f(x)=\infty$$
>
> 위 식은 x를 a에 충분히 가깝게(그러나 a는 아님) 접근시킬 때 $f(x)$의 값을 한없이 커지게 할 수 있음을 의미한다.

$\lim_{x\to a}f(x)=\infty$를 다음과 같이 다른 기호로 나타낼 수 있다.

$$x\to a일\ 때 \qquad f(x)\to\infty$$

기호 ∞는 수가 아니라 $\lim_{x\to a}f(x)=\infty$의 표현을 종종 다음과 같이 읽는다.

"x가 a에 접근할 때 $f(x)$의 극한은 무한대이다."

또는   "x가 a에 접근할 때 $f(x)$는 무한히 커진다."

또는   "x가 a에 접근할 때 $f(x)$는 한없이 증가한다."

이 정의는 그림 10의 그래프로 설명된다.

x가 a에 접근할 때 큰 음수가 되는 함수에 대한 비슷한 종류의 극한은 정의 **5**에서 정의되고 그림 11에서 설명된다.

> **5 정의** f가 a의 양쪽에서 정의된(a는 제외 가능) 함수라 하자.
>
> $$\lim_{x\to a}f(x)=-\infty$$
>
> 위 식은 x를 a에 충분히 가깝게(그러나 a는 아님) 접근시킬 때 $f(x)$의 값을 임의로 큰 음수가 되도록 할 수 있음을 의미한다.

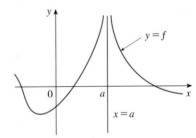

그림 10 $\lim_{x\to a}f(x)=\infty$

큰 음수라는 것은 음수지만 크기(절댓값)가 크다는 것을 의미한다.

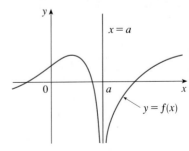

그림 11 $\lim_{x\to a}f(x)=-\infty$

기호 $\lim\limits_{x \to a} f(x) = -\infty$는 "$x$가 a에 접근할 때 $f(x)$의 극한이 음의 무한대이다." 또는 "x가 a에 접근할 때 $f(x)$는 한없이 감소한다."로 읽는다. 예를 들면 다음과 같다.

$$\lim_{x \to 0} \left(-\frac{1}{x^2} \right) = -\infty$$

유사한 정의가 다음과 같은 한쪽 무한극한에 대해서도 주어진다.

$$\lim_{x \to a^-} f(x) = \infty \qquad\qquad \lim_{x \to a^+} f(x) = \infty$$

$$\lim_{x \to a^-} f(x) = -\infty \qquad\qquad \lim_{x \to a^+} f(x) = -\infty$$

'$x \to a^-$'는 a보다 작은 x의 값에 대해서만 생각한다는 의미이고, 비슷한 방법으로 '$x \to a^+$'는 $x > a$인 경우만 생각한다는 의미이다. 이러한 네 경우에 대한 설명은 그림 12에서 볼 수 있다.

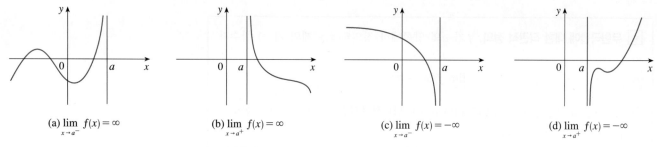

(a) $\lim\limits_{x \to a^-} f(x) = \infty$ (b) $\lim\limits_{x \to a^+} f(x) = \infty$ (c) $\lim\limits_{x \to a^-} f(x) = -\infty$ (d) $\lim\limits_{x \to a^+} f(x) = -\infty$

그림 12

> **6 정의**   다음 명제 중 적어도 하나가 참이면 수직선 $x = a$는 곡선 $y = f(x)$의 **수직점근선**(vertical asymptote)이라 한다.
>
> $$\lim_{x \to a} f(x) = \infty \qquad \lim_{x \to a^-} f(x) = \infty \qquad \lim_{x \to a^+} f(x) = \infty$$
>
> $$\lim_{x \to a} f(x) = -\infty \qquad \lim_{x \to a^-} f(x) = -\infty \qquad \lim_{x \to a^+} f(x) = -\infty$$

예를 들어 $\lim\limits_{x \to 0} (1/x^2) = \infty$이기 때문에 y축은 곡선 $y = 1/x^2$의 수직점근선이다. 그림 12에 나오는 네 경우에 직선 $x = a$는 수직점근선이다. 일반적으로 수직점근선의 지식은 그래프를 그리는 데 매우 유용하다.

《예제 7》 곡선 $y = \dfrac{2x}{x - 3}$는 수직점근선을 갖는가?

풀이 분모가 0인 경우 잠재적 수직점근선이 존재한다. 즉, $x = 3$에서 좌·우측 극한을 조사한다.

x가 3에 접근하고 3보다 크면, 분모 $x - 3$은 작은 양수이고 $2x$는 6에 가까워진다. 그래서 분수식 $2x/(x - 3)$는 큰 **양수**가 된다. [예를 들어, $x = 3.01$이면 $2x/(x - 3) = 6.02/0.01 = 602$이다.] 따라서 직관적으로 다음을 알 수 있다.

$$\lim_{x \to 3^+} \frac{2x}{x - 3} = \infty$$

마찬가지로 x가 3에 접근하고 3보다 작으면, $x - 3$은 작은 음수이지만 $2x$는 여전히 (6에 가까운) 양수이다. 따라서 $2x/(x - 3)$는 수치적으로 큰 **음수**가 된다. 따라서 다음을 얻는다.

$$\lim_{x \to 3^-} \frac{2x}{x - 3} = -\infty$$

곡선 $y = 2x/(x - 3)$의 그래프는 그림 13과 같다. 정의 $\boxed{6}$에 의해 직선 $x = 3$은 수직점근선이다. ∎

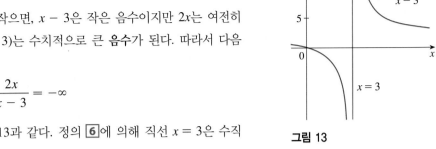

그림 13

NOTE 예제 6과 7에서 극한은 존재하지 않지만, 예제 6에서 x가 0에 좌·우측에서 접근할 때 $f(x) \to \infty$이므로 $\lim_{x \to 0}(1/x^2) = \infty$ 라고 쓸 수 있다. 예제 7에서는 x가 오른쪽에서 3에 접근할 때 $f(x) \to \infty$이고, x가 왼쪽에서 3에 접근할 때 $f(x) \to -\infty$이므로 $\lim_{x \to 3} f(x)$는 존재하지 않는다.

《예제 8》 $f(x) = \tan x$의 수직점근선을 구하라.

풀이 $\tan x = \sin x/\cos x$이므로 $\cos x = 0$에서 잠재적인 수직점근선이 존재한다. $x \to (\pi/2)^-$일 때 $\cos x \to 0^+$이고 $x \to (\pi/2)^+$일 때 $\cos x \to 0^-$이다. $\sin x$는 x가 $\pi/2$ 부근에서 양수이기(거의 1) 때문에 다음을 얻는다.

$$\lim_{x \to (\pi/2)^-} \tan x = \infty$$

$$\lim_{x \to (\pi/2)^+} \tan x = -\infty$$

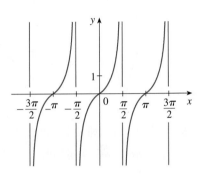

이것은 직선 $x = \pi/2$는 수직점근선임을 보여 준다. 비슷한 이유로 정수 n에 대해 직선 $x = \pi/2 + n\pi$는 모두 $f(x) = \tan x$의 수직점근선이다. 그림 14의 그래프는 이를 뒷받침한다. ∎

그림 14 $y = \tan x$

1.5 | 연습문제

1. 다음이 의미하는 것을 설명하라.
$$\lim_{x \to 2} f(x) = 5$$

이 명제는 $f(2) = 3$일 때에도 참인가? 설명하라.

2. 다음이 의미하는 것을 설명하라.

(a) $\lim_{x \to -3} f(x) = \infty$　　(b) $\lim_{x \to 4^+} f(x) = -\infty$

3. 다음 함수 f의 그래프를 이용해서 극한이 존재하면 구하라. 존재하지 않으면 이유를 설명하라.

(a) $\lim_{x \to 1} f(x)$　　(b) $\lim_{x \to 3^-} f(x)$　　(c) $\lim_{x \to 3^+} f(x)$

(d) $\lim_{x \to 3} f(x)$　　(e) $f(3)$

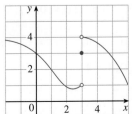

4. g의 그래프에 대해 다음 설명을 만족하는 수 a를 구하라.

(a) $\lim_{x \to a} g(x)$는 존재하지 않지만 $g(a)$는 정의된다.

(b) $\lim_{x \to a} g(x)$는 존재하지만 $g(a)$는 정의되지 않는다.

(c) $\lim_{x \to a^-} g(x)$와 $\lim_{x \to a^+} g(x)$는 존재하지만 $\lim_{x \to a} g(x)$는 존재하지 않는다.

(d) $\lim_{x \to a^+} g(x) = g(a)$이지만 $\lim_{x \to a^-} g(x) \neq g(a)$이다.

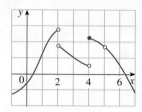

5. 다음 함수 f의 그래프를 이용해서 각 극한을 구하라.

(a) $\lim_{x \to -7} f(x)$ (b) $\lim_{x \to -3} f(x)$

(c) $\lim_{x \to 0} f(x)$ (d) $\lim_{x \to 6^-} f(x)$

(e) $\lim_{x \to 6^+} f(x)$ (f) 수직점근선의 방정식

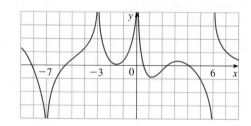

6. 다음 함수의 그래프를 그리고, 그래프를 이용해서 $\lim_{x \to a} f(x)$가 존재하는 a를 결정하라.

$$f(x) = \begin{cases} \cos x, & x \leq 0 \\ 1 - x, & 0 < x < 1 \\ 1/x, & x \geq 1 \end{cases}$$

7. 함수 $f(x) = x\sqrt{1 + x^{-2}}$ 의 그래프를 이용하여 극한이 존재하면 구하라. 존재하지 않으면 이유를 설명하라.

(a) $\lim_{x \to 0^-} f(x)$ (b) $\lim_{x \to 0^+} f(x)$ (c) $\lim_{x \to 0} f(x)$

8-9 다음 조건을 모두 만족하는 함수 f의 예에 대한 그래프를 그려라.

8. $\lim_{x \to 1^-} f(x) = 3$, $\lim_{x \to 1^+} f(x) = 0$, $f(1) = 2$

9. $\lim_{x \to -1^-} f(x) = 0$, $\lim_{x \to -1^+} f(x) = 1$, $\lim_{x \to 2} f(x) = 3$, $f(-1) = 2$, $f(2) = 1$

10-11 주어진 수로부터 함수의 값(소수점 아래 여섯째 자리까지 정확한 값)을 계산해서 극한값을 추측하라.

10. $\lim_{x \to 3} \dfrac{x^2 - 3x}{x^2 - 9}$,

$x = 3.1, 3.05, 3.01, 3.001, 3.0001,$
$2.9, 2.95, 2.99, 2.999, 2.9999$

11. $\lim_{x \to 0} \dfrac{\sin x}{x + \tan x}$,

$x = \pm 1, \pm 0.5, \pm 0.2, \pm 0.1, \pm 0.05, \pm 0.01$

12-13 표를 이용해서 다음 극한값을 추정하라. 그래픽 도구가 있다면 결과를 그래프에서 확인하라.

12. $\lim_{\theta \to 0} \dfrac{\sin 3\theta}{\tan 2\theta}$ **13.** $\lim_{x \to 0^+} x^x$

14-18 무한극한을 결정하라.

14. $\lim_{x \to 5^+} \dfrac{x + 1}{x - 5}$ **15.** $\lim_{x \to 2} \dfrac{x^2}{(x - 2)^2}$

16. $\lim_{x \to -2^+} \dfrac{x - 1}{x^2(x + 2)}$ **17.** $\lim_{x \to (\pi/2)^+} \dfrac{1}{x} \sec x$

18. $\lim_{x \to 1} \dfrac{x^2 + 2x}{x^2 - 2x + 1}$

19. 다음 함수의 수직점근선을 구하라.

$$f(x) = \dfrac{x - 1}{2x + 4}$$

20. $\lim_{x \to 1^-} \dfrac{1}{x^3 - 1}$ 과 $\lim_{x \to 1^+} \dfrac{1}{x^3 - 1}$ 을 다음과 같은 방법을 이용해서 판정하라.

(a) x가 1의 오른쪽과 왼쪽에서 접근할 때 $f(x) = 1/(x^3 - 1)$를 계산해서

(b) 예제 7에서와 같은 방법으로

(c) f의 그래프로부터

21. (a) $x = 1, 0.8, 0.6, 0.4, 0.2, 0.1, 0.05$에 대해 함수

$$f(x) = x^2 - \dfrac{2^x}{1000}$$

을 계산하고 다음 극한값을 추정하라.

$$\lim_{x \to 0} \left(x^2 - \dfrac{2^x}{1000} \right)$$

(b) $x = 0.04, 0.02, 0.01, 0.005, 0.003, 0.001$일 때 $f(x)$를 구하고, 다시 추정하라.

22. 그래프를 이용해서 다음 곡선의 모든 수직점근선의 식을

추정하라. 그리고 이런 점근선의 정확한 방정식을 구하라.

$$y = \tan(2 \sin x), \qquad -\pi \le x \le \pi$$

23. 상대성 이론에서, 속도 v인 입자의 질량은 다음과 같다.

$$m = \frac{m_0}{\sqrt{1 - v^2/c^2}}$$

여기서 m_0는 정지 상태에서 입자의 질량이고 c는 빛의 속도이다. $v \to c^-$일 때 어떤 일이 생기는가?

1.6 │ 극한 법칙을 이용한 극한 계산

■ 극한의 성질

1.5절에서는 계산기와 그래프를 이용해서 극한을 추정했지만, 그런 방법이 항상 정확한 답을 유도하는 것은 아니다. 이 절에서는 **극한 법칙**이라고 하는 다음 극한의 성질을 이용해서 극한을 계산한다.

극한 법칙 c가 상수이고 다음 극한이 존재하면 다음이 성립한다.

$$\lim_{x \to a} f(x), \qquad \lim_{x \to a} g(x)$$

1. $\displaystyle\lim_{x \to a} [f(x) + g(x)] = \lim_{x \to a} f(x) + \lim_{x \to a} g(x)$

2. $\displaystyle\lim_{x \to a} [f(x) - g(x)] = \lim_{x \to a} f(x) - \lim_{x \to a} g(x)$

3. $\displaystyle\lim_{x \to a} [cf(x)] = c \lim_{x \to a} f(x)$

4. $\displaystyle\lim_{x \to a} [f(x)\,g(x)] = \lim_{x \to a} f(x) \cdot \lim_{x \to a} g(x)$

5. $\displaystyle\lim_{x \to a} \frac{f(x)}{g(x)} = \frac{\displaystyle\lim_{x \to a} f(x)}{\displaystyle\lim_{x \to a} g(x)}$ 단, $\displaystyle\lim_{x \to a} g(x) \ne 0$

이들 다섯 개의 법칙을 다음과 같이 설명할 수 있다.

1. 합의 극한은 극한들의 합이다.   **합의 법칙**

2. 차의 극한은 극한들의 차이다.   **차의 법칙**

3. 함수의 상수배의 극한은 그 함수의 극한의 상수배이다.   **상수배의 법칙**

4. 곱의 극한은 극한들의 곱이다.   **곱의 법칙**

5. 몫의 극한은 극한들의 몫이다(분모의 극한이 0이 아닐 때).   **몫의 법칙**

이런 사실들이 참이라는 것은 쉽게 설명할 수 있다. 예를 들어 $f(x)$가 L에 접근하고 $g(x)$가 M에 접근하면, $f(x) + g(x)$는 $L + M$에 접근한다고 결론짓는 것은 타당하다. 이것이 법칙 1이 참이라고 믿는 직관적인 근거인 셈이다. 1.7절에서 극한에 대해 정확히 정의를 하고, 그것을 이용해서 이 법칙을 증명할 것이다.

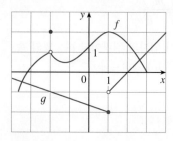

그림 1

《**예제 1**》극한 법칙과 그림 1의 f와 g의 그래프를 이용해서 다음 극한이 존재하면 그 극한을 구하라.

(a) $\displaystyle\lim_{x\to-2}\,[f(x)+5g(x)]$ (b) $\displaystyle\lim_{x\to1}\,[f(x)g(x)]$ (c) $\displaystyle\lim_{x\to2}\frac{f(x)}{g(x)}$

풀이 (a) f와 g의 그래프로부터 다음을 알 수 있다.

$$\lim_{x\to-2}f(x)=1,\qquad \lim_{x\to-2}g(x)=-1$$

그러므로 다음을 얻는다.

$$\lim_{x\to-2}\,[f(x)+5g(x)] = \lim_{x\to-2}f(x)+\lim_{x\to-2}[5g(x)] \quad\text{(법칙 1에 의해)}$$
$$= \lim_{x\to-2}f(x)+5\lim_{x\to-2}g(x) \quad\text{(법칙 3에 의해)}$$
$$= 1+5(-1)=-4$$

(b) $\displaystyle\lim_{x\to1}f(x)=2$이지만 다음과 같이 좌극한과 우극한의 값이 서로 다르기 때문에 $\displaystyle\lim_{x\to1}g(x)$는 존재하지 않는다.

$$\lim_{x\to1^-}g(x)=-2,\qquad \lim_{x\to1^+}g(x)=-1$$

따라서 법칙 4를 이용할 수 없다. 그러나 한쪽 극한에 대해서는 법칙 4를 이용할 수 있다.

$$\lim_{x\to1^-}\,[f(x)g(x)]=\lim_{x\to1^-}f(x)\cdot\lim_{x\to1^-}g(x)=2\cdot(-2)=-4$$
$$\lim_{x\to1^+}\,[f(x)g(x)]=\lim_{x\to1^+}f(x)\cdot\lim_{x\to1^+}g(x)=2\cdot(-1)=-2$$

좌극한과 우극한이 같지 않기 때문에 $\displaystyle\lim_{x\to1}\,[f(x)g(x)]$는 존재하지 않는다.

(c) 그래프에서 다음을 알 수 있다.

$$\lim_{x\to2}f(x)\approx1.4,\qquad \lim_{x\to2}g(x)=0$$

분모의 극한이 0이기 때문에 법칙 5를 이용할 수 없다. 분자가 0이 아닌 수에 접근할 때 분모는 0에 접근하기 때문에 주어진 극한은 존재하지 않는다. ■

$g(x)=f(x)$에 곱의 법칙을 반복적으로 적용하면 다음 법칙을 얻는다.

거듭제곱의 법칙
> **6.** $\displaystyle\lim_{x\to a}\,[f(x)]^n=\Big[\lim_{x\to a}f(x)\Big]^n$, n은 양의 정수

제곱근에 대해서도 유사한 성질이 성립한다. 증명은 1.8 연습문제 35에서 다룬다.

제곱근 법칙
> **7.** $\displaystyle\lim_{x\to a}\sqrt[n]{f(x)}=\sqrt[n]{\lim_{x\to a}f(x)}$, n은 양의 정수
> [n이 짝수일 때, $\displaystyle\lim_{x\to a}f(x)>0$이라 가정한다.]

이들 일곱 개의 극한 법칙을 적용하는 데 다음 두 개의 특별한 극한이 필요하다.

8. $\lim_{x \to a} c = c$　　　　　　　**9.** $\lim_{x \to a} x = a$

이 극한들은 직관적인 관점에서 분명하지만(이들을 말로 설명하든지 또는 $y = c$와 $y = x$의 그래프를 그린다), 법칙 8에 대한 정확한 정의에 기초한 증명은 1.7절의 연습문제 12에 있다.

법칙 6에서 $f(x) = x$로 놓고 법칙 9를 이용하면 또 다른 유용하고도 특별한 극한을 얻는다.

10. $\lim_{x \to a} x^n = a^n$,　n은 양의 정수

법칙 7에서 $f(x) = x$라 놓고 법칙 9를 이용하면 제곱근에 대해서 유사하고 특별한 극한을 구한다. (제곱근에 대한 증명은 1.7 연습문제 19에서 다룬다.)

11. $\lim_{x \to a} \sqrt[n]{x} = \sqrt[n]{a}$,　n은 양의 정수
　　　[n이 짝수이면 $a > 0$으로 가정]

《**예제 2**》 다음 극한을 계산하고 각 단계별로 타당함을 보여라.

(a) $\lim_{x \to 5} (2x^2 - 3x + 4)$　　　　(b) $\lim_{x \to -2} \dfrac{x^3 + 2x^2 - 1}{5 - 3x}$

풀이

(a) $\lim_{x \to 5} (2x^2 - 3x + 4) = \lim_{x \to 5} (2x^2) - \lim_{x \to 5} (3x) + \lim_{x \to 5} 4$　　(법칙 2와 1에 의해)

$= 2 \lim_{x \to 5} x^2 - 3 \lim_{x \to 5} x + \lim_{x \to 5} 4$　　(법칙 3에 의해)

$= 2(5^2) - 3(5) + 4$　　(법칙 10, 9와 8에 의해)

$= 39$

(b) 법칙 5로 시작하지만, 이 법칙은 마지막 단계에서 분자와 분모의 극한이 존재하고 분모의 극한이 0이 아님을 알아야 타당성을 밝히는 데 이용할 수 있다.

$$\lim_{x \to -2} \frac{x^3 + 2x^2 - 1}{5 - 3x} = \frac{\lim_{x \to -2} (x^3 + 2x^2 - 1)}{\lim_{x \to -2} (5 - 3x)}$$　　(법칙 5에 의해)

$$= \frac{\lim_{x \to -2} x^3 + 2 \lim_{x \to -2} x^2 - \lim_{x \to -2} 1}{\lim_{x \to -2} 5 - 3 \lim_{x \to -2} x}$$　　(법칙 1, 2와 3에 의해)

뉴턴과 극한

뉴턴(I. Newton)은 갈릴레오(Galileo)가 사망한 해인 1642년 크리스마스에 태어났다. 1661년 그가 케임브리지대학교에 입학했을 때 뉴턴은 수학을 잘 몰랐다. 그러나 그는 유클리드와 데카르트를 읽고 배로(I. Barrow)의 강의를 들으며 빠르게 배웠다. 1665년과 1666년에 페스트 때문에 케임브리지대학교가 문을 닫자 뉴턴은 집에 돌아와서 배운 것들을 다시 연구했다. 2년 동안 놀라울 정도의 연구가 진행되어 그의 중요한 네 가지 이론, (1) 이항정리와 관련해서 함수를 무한급수의 합으로 나타내는 방법, (2) 미적분학에 관한 그의 저술, (3) 운동법칙과 만유인력법칙, (4) 빛과 색의 성질에 대한 프리즘 실험을 발견했다. 반론과 비평에 대한 두려움으로 결과 발표를 주저하다가 천문학자 핼리(Halley)의 권유에 따라 1687년에야 비로소 《자연 철학의 수학적 원리》를 출간했다. 현재까지 쓰여진 것으로는 가장 훌륭한 과학 논문인 이 책에서 뉴턴은 미적분학에 대한 독자적인 해석을 주장했고 그것을 이용해서 역학, 유체역학, 파동을 연구했으며, 행성과 혜성의 운동을 설명했다.

미적분학은 고대 그리스 학자인 에우독소(Eudoxus)와 아르키메데스(Archimedes)에 의해 넓이와 부피를 계산하고자 연구하면서 시작됐다. 극한의 개념은 그들의 '구분구적법'에 내포되어 있지만 에우독소스와 아르키메데스는 극한의 개념을 결코 명확하게 공식화하지는 못했다. 마찬가지로 미적분학의 발달에 있어서 뉴턴의 바로 앞 선각자인 카발리에리(Cavalieri), 페르마(Fermat), 배로(Barrow)와 같은 수학자들은 실제로 극한을 이용하지 않았다. 극한에 대해 처음으로 명확하게 언급한 사람은 뉴턴이었다. 그는 극한의 이면에 있는 핵심 개념은 '임의로 주어진 차보다 더 가까이 접근하는' 양이라고 설명했다. 뉴턴은 극한이야말로 미적분학에서 기본 개념이라고 주장했지만, 극한에 대한 그의 개념을 분명히 한 사람은 코시(Cauchy)와 같은 후세 수학자들이었다.

$$= \frac{(-2)^3 + 2(-2)^2 - 1}{5 - 3(-2)}$$ (법칙 10, 9와 8에 의해)

$$= -\frac{1}{11}$$ ■

■ 직접 대입해서 극한값 구하기

예제 2(a)에서 $f(x) = 2x^2 - 3x + 4$로 놓으면 $\lim\limits_{x \to 5} f(x) = 39$이다. $f(5) = 39$임에 주목하자. 다시 말해서 x 대신에 5를 대입해서 정확한 답을 얻을 수 있다. 마찬가지로 예제 2(b)에서도 직접 대입해서 정확한 답을 얻을 수 있다. 예제 2에 있는 함수들은 각각 다항함수와 유리함수이고, 이런 함수들에 대해서는 항상 직접 대입해서 얻은 값이 타당함을 극한 법칙으로 증명할 수 있다(연습문제 30 참조). 이 사실을 정리하면 다음과 같다.

> **직접 대입 성질** f가 다항함수 또는 유리함수이고 a가 f의 정의역에 있으면 다음이 성립한다.
> $$\lim_{x \to a} f(x) = f(a)$$

직접 대입 성질을 갖는 함수들을 a에서 **연속**이라 하고 1.8절에서 공부하게 될 것이다. 그러나 다음 예제와 같이 모든 극한이 항상 직접 대입해서 풀 수 있는 것은 아니다.

《예제 3》 $\lim\limits_{x \to 1} \dfrac{x^2 - 1}{x - 1}$ 을 구하라.

풀이 $f(x) = (x^2 - 1)/(x - 1)$로 놓는다. $f(1)$이 정의되지 않으므로 $x = 1$을 대입해서 극한을 구할 수 없고, 분모의 극한이 0이므로 몫의 법칙을 이용할 수 없다. 대신에 이 식에서는 기본적인 대수적 계산이 필요하다. 분자를 인수분해해서 다음을 얻는다.

$$\frac{x^2 - 1}{x - 1} = \frac{(x - 1)(x + 1)}{x - 1}$$

예제 3에서 $x \to 1$일 때 분모가 0에 접근하지만 무한극한을 갖지 않는 것에 주목하자. 분자와 분모가 모두 0에 접근할 때, 극한은 무한일 수도 있고 유한일 수도 있다.

분자와 분모가 $x - 1$의 공통 인수를 가지고 있다. x가 1에 접근함에 따라 극한을 취할 때 $x \neq 1$이므로 $x - 1 \neq 0$이다. 그러므로 공통 인수를 약분한 다음에 직접 대입에 의해 다음과 같이 극한을 구한다.

$$\lim_{x \to 1} \frac{x^2 - 1}{x - 1} = \lim_{x \to 1} \frac{(x - 1)(x + 1)}{x - 1}$$
$$= \lim_{x \to 1} (x + 1) = 1 + 1 = 2$$

이 예제의 극한은 1.4절 예제 1에서 점 $(1, 1)$에서 포물선 $y = x^2$의 접선을 구할 때 나온 문제를 떠오르게 한다.   ■

NOTE 예제 3에서 주어진 함수 $f(x) = (x^2 - 1)/(x - 1)$ 대신에 같은 극한을 갖는 더 간단한 함수 $g(x) = x + 1$로 극한을 계산할 수 있다. 이것은 $x = 1$을 제외하면 $f(x) = g(x)$이고, 또 x가 1에 접근할 때의 극한 계산은 실제로 $x = 1$인 경우에 일어나는 상황을 전혀 고려하지 않기 때문에 타당하다. 일반적으로 극한이 존재하면 다음이 성립한다.

> $x \neq a$일 때 $f(x) = g(x)$이고 극한이 존재한다면, $\lim\limits_{x \to a} f(x) = \lim\limits_{x \to a} g(x)$이다.

《**예제 4**》 $g(x) = \begin{cases} x + 1, & x \neq 1 \\ \pi, & x = 1 \end{cases}$ 일 때 $\lim\limits_{x \to 1} g(x)$를 구하라.

풀이 여기서 g는 $x = 1$에서 정의되고 $g(1) = \pi$이다. 그러나 x가 1에 접근할 때 극한값은 1에서의 함숫값에 의존하지 않는다. $x \neq 1$일 때 $g(x) = x + 1$이므로 다음을 얻는다.

$$\lim_{x \to 1} g(x) = \lim_{x \to 1} (x + 1) = 2 \qquad \blacksquare$$

　　예제 3과 4에 나오는 함수의 값들은 $x = 1$을 제외하고는 서로 같다(그림 2 참조). 따라서 x가 1에 접근할 때 그들은 같은 극한을 가짐에 주목하자.

《**예제 5**》 $\lim\limits_{h \to 0} \dfrac{(3 + h)^2 - 9}{h}$ 를 계산하라.

풀이 $F(h) = \dfrac{(3 + h)^2 - 9}{h}$ 로 정의하면, 예제 3에서처럼 $F(0)$이 정의되지 않기 때문에 $h = 0$을 대입해서 $\lim\limits_{h \to 0} F(h)$를 계산할 수 없다. $F(h)$를 대수적으로 간단히 하면 다음을 얻을 수 있다.

$$F(h) = \frac{(9 + 6h + h^2) - 9}{h} = \frac{6h + h^2}{h}$$

$$= \frac{h(6 + h)}{h} = 6 + h$$

(h가 0에 접근할 때 $h \neq 0$인 경우만 생각함을 상기하자.) 따라서 다음을 얻는다.

$$\lim_{h \to 0} \frac{(3 + h)^2 - 9}{h} = \lim_{h \to 0} (6 + h) = 6 \qquad \blacksquare$$

《**예제 6**》 $\lim\limits_{t \to 0} \dfrac{\sqrt{t^2 + 9} - 3}{t^2}$ 을 계산하라.

풀이 분모의 극한이 0이기 때문에 바로 몫의 법칙을 적용할 수 없다. 먼저 대수적으로 계산해서 분자를 유리화한다.

$$\lim_{t \to 0} \frac{\sqrt{t^2 + 9} - 3}{t^2} = \lim_{t \to 0} \frac{\sqrt{t^2 + 9} - 3}{t^2} \cdot \frac{\sqrt{t^2 + 9} + 3}{\sqrt{t^2 + 9} + 3}$$

$$= \lim_{t \to 0} \frac{(t^2 + 9) - 9}{t^2 (\sqrt{t^2 + 9} + 3)}$$

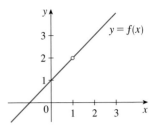
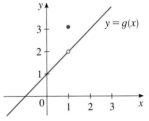

그림 2 함수 f(예제 3)와 g(예제 4)의 그래프

$$= \lim_{t \to 0} \frac{t^2}{t^2\left(\sqrt{t^2 + 9} + 3\right)}$$

$$= \lim_{t \to 0} \frac{1}{\sqrt{t^2 + 9} + 3}$$

$$= \frac{1}{\sqrt{\lim_{t \to 0} (t^2 + 9)} + 3}$$
여기서 우리는 극한의 여러 성질 (5, 1, 7, 8, 10)을 사용한다.

$$= \frac{1}{3 + 3} = \frac{1}{6}$$

이 계산으로 1.5절의 예제 1에서 했던 추정을 확인할 수 있다.   ∎

■ 한쪽 극한 이용하기

어떤 극한은 먼저 좌극한과 우극한을 구함으로써 가장 잘 계산할 수 있다. 다음 정리는 1.5절에서 다루었던 정리를 상기시킨다. 극한이 존재하기 위한 필요충분조건은 두 개의 한쪽 극한이 모두 존재하고 그 값이 같아야 하는 것이다.

---
1 **정리** $\lim_{x \to a} f(x) = L$이기 위한 필요충분조건은 $\lim_{x \to a^-} f(x) = L = \lim_{x \to a^+} f(x)$ 이다.

한쪽 극한을 계산할 때 극한 법칙들이 한쪽 극한에 대해서도 성립한다는 사실을 이용한다.

《 **예제 7** 》 $\lim_{x \to 0} |x| = 0$임을 보여라.

풀이 $|x| = \begin{cases} x, & x \geq 0 \\ -x, & x < 0 \end{cases}$ 임을 상기하자. $x > 0$에 대해 $|x| = x$이므로 다음을 얻는다.

$$\lim_{x \to 0^+} |x| = \lim_{x \to 0^+} x = 0$$

$x < 0$에 대해 $|x| = -x$이므로 다음을 얻는다.

$$\lim_{x \to 0^-} |x| = \lim_{x \to 0^-} (-x) = 0$$

그러므로 정리 **1**에 의해 다음을 얻는다.

$$\lim_{x \to 0} |x| = 0$$ ∎

예제 7의 결과가 그림 3에서 타당해 보인다.

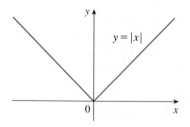

그림 3

《 **예제 8** 》 $\lim_{x \to 0} \frac{|x|}{x}$가 존재하지 않음을 보여라.

풀이 $x > 0$이면 $|x| = x$이고 $x < 0$이면 $|x| = -x$인 사실을 이용하면 다음을 얻는다.

$$\lim_{x \to 0^+} \frac{|x|}{x} = \lim_{x \to 0^+} \frac{x}{x} = \lim_{x \to 0^+} 1 = 1$$

$$\lim_{x \to 0^-} \frac{|x|}{x} = \lim_{x \to 0^-} \frac{-x}{x} = \lim_{x \to 0^-} (-1) = -1$$

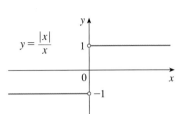

그림 4

좌극한과 우극한이 서로 다르기 때문에 정리 **1**에 의해 $\lim_{x \to 0} |x|/x$는 존재하지 않는다. 함수 $f(x) = |x|/x$의 그래프는 그림 4와 같고, 결과로 얻은 한쪽 극한을 보여 준다. ∎

《**예제 9**》 $f(x) = \begin{cases} \sqrt{x-4}, & x > 4 \\ 8-2x, & x < 4 \end{cases}$ 일 때 $\lim_{x \to 4} f(x)$가 존재하는지를 결정하라.

풀이 $x > 4$에 대해 $f(x) = \sqrt{x-4}$ 이므로 다음을 얻는다.

$\lim_{x \to 0^+} \sqrt{x} = 0$는 1.7절 예제 4에서 증명된다.

$$\lim_{x \to 4^+} f(x) = \lim_{x \to 4^+} \sqrt{x-4} = \sqrt{4-4} = 0$$

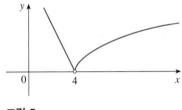

$x < 4$에 대해 $f(x) = 8 - 2x$이므로 다음을 얻는다.

$$\lim_{x \to 4^-} f(x) = \lim_{x \to 4^-} (8 - 2x) = 8 - 2 \cdot 4 = 0$$

좌극한과 우극한이 서로 같기 때문에 다음 극한이 존재한다.

$$\lim_{x \to 4} f(x) = 0$$

그림 5

f의 그래프는 그림 5와 같다. ∎

《**예제 10**》 **최대정수함수**(greatest integer function)는 $[\![x]\!] = x$보다 작거나 같은 가장 큰 정수로 정의한다. 예를 들면 $[\![4]\!] = 4$, $[\![4.8]\!] = 4$, $[\![\pi]\!] = 3$, $[\![\sqrt{2}]\!] = 1$, $[\![-\frac{1}{2}]\!] = -1$이다. $\lim_{x \to 3} [\![x]\!]$가 존재하지 않음을 보여라.

$[\![x]\!]$에 대한 다른 기호로 $[x]$와 $\lfloor x \rfloor$가 있다. 최대정수함수를 때때로 **계단함수**라고 한다.

풀이 최대정수함수의 그래프는 그림 6과 같다. $3 \le x < 4$일 때 $[\![x]\!] = 3$이므로 다음을 얻는다.

$$\lim_{x \to 3^+} [\![x]\!] = \lim_{x \to 3^+} 3 = 3$$

$2 \le x < 3$일 때 $[\![x]\!] = 2$이므로 다음을 얻는다.

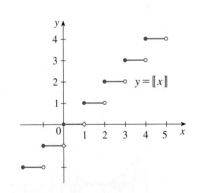

$$\lim_{x \to 3^-} [\![x]\!] = \lim_{x \to 3^-} 2 = 2$$

양쪽 극한이 같지 않기 때문에 $\lim_{x \to 3} [\![x]\!]$의 값은 정리 **1**에 따라 존재하지 않는다. ∎

그림 6 최대정수함수

■ 압축정리

다음 두 정리는 한 함수의 값이 다른 함수의 값 이상일 때 그들이 어떻게 관련되는지 보여 준다.

2 정리 a의 부근에 속하는 x(점 a는 제외 가능)에 대해 $f(x) \leq g(x)$이고, x가 a에 접근할 때 f와 g의 극한이 모두 존재하면 다음이 성립한다.

$$\lim_{x \to a} f(x) \leq \lim_{x \to a} g(x)$$

3 압축 정리 a의 부근에 있는 모든 x(점 a는 제외 가능)에 대해 $f(x) \leq g(x) \leq h(x)$ 이고 $\lim_{x \to a} f(x) = \lim_{x \to a} h(x) = L$이면 다음이 성립한다.

$$\lim_{x \to a} g(x) = L$$

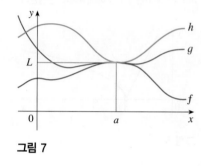

그림 7

때때로 샌드위치(sandwich) 정리 또는 핀칭(pinching) 정리라고 불리는 이 압축 정리의 설명이 그림 7에 있다. 이것은 $g(x)$가 a 부근에서 $f(x)$와 $h(x)$ 사이에서 압축 되고 f와 h가 a에서 같은 극한 L을 갖는다면, g도 a에서 같은 극한 L을 가져야 한 다는 의미이다.

《**예제 11**》 $\lim_{x \to 0} x^2 \sin \dfrac{1}{x} = 0$임을 보여라.

⊘ **풀이**   먼저 다음을 사용할 수 **없음**에 주의한다.

$$\lim_{x \to 0} x^2 \sin \frac{1}{x} = \lim_{x \to 0} x^2 \cdot \lim_{x \to 0} \sin \frac{1}{x}$$

왜냐하면 $\lim\limits_{x \to 0} \sin(1/x)$은 존재하지 않기 때문이다(1.5절의 예제 5 참조).

압축정리를 이용하여 극한을 구할 수 있다. 이 정리를 적용하기 위해 $g(x) = x^2 \sin(1/x)$ 에 대해 $x \to 0$일 때 $f(x)$와 $g(x)$가 0으로 수렴하면서 g보다 작은 함수 f와 g보다 큰 함 수 h를 구할 필요가 있다. 이를 위해 사인함수의 지식을 이용한다. 임의의 0이 아닌 수에 대해 사인함수는 −1과 1 사이에 있으므로 다음과 같이 쓸 수 있다.

4 $$-1 \leq \sin \frac{1}{x} \leq 1$$

양수를 곱하면 부등식에 변화가 없으며, $x \neq 0$인 모든 x에 대해 $x^2 > 0$임을 안다. 따라 서 식 **4**의 부등식의 각 변에 x^2을 곱하면, 그림 8에서 설명하고 있는 것처럼 다음을 얻 는다.

$$-x^2 \leq x^2 \sin \frac{1}{x} \leq x^2$$

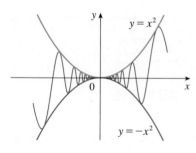

그림 8 $y = x^2 \sin \dfrac{1}{x}$

또한 $\lim\limits_{x \to 0} x^2 = 0$, $\lim\limits_{x \to 0} (-x^2) = 0$이므로 압축 정리에서 $f(x) = -x^2$, $g(x) = x^2 \sin(1/x)$, $h(x) = x^2$으로 택하면 다음을 얻는다.

$$\lim_{x \to 0} x^2 \sin \frac{1}{x} = 0$$ ■

1. 극한 $\lim_{x \to 2} f(x) = 4$, $\lim_{x \to 2} g(x) = -2$, $\lim_{x \to 2} h(x) = 0$이 주어질 때 다음 극한이 존재하면 극한을 구하고, 존재하지 않으면 이유를 설명하라.

(a) $\lim_{x \to 2} [f(x) + 5g(x)]$

(b) $\lim_{x \to 2} [g(x)]^3$

(c) $\lim_{x \to 2} \sqrt{f(x)}$

(d) $\lim_{x \to 2} \dfrac{3f(x)}{g(x)}$

(e) $\lim_{x \to 2} \dfrac{g(x)}{h(x)}$

(f) $\lim_{x \to 2} \dfrac{g(x)h(x)}{f(x)}$

2-5 다음 각 극한을 구하고 각 단계에서 적절한 극한 법칙(들)을 들어 타당성을 밝혀라.

2. $\lim_{x \to 5} (4x^2 - 5x)$

3. $\lim_{v \to 2} (v^2 + 2v)(2v^3 - 5)$

4. $\lim_{u \to -2} \sqrt{9 - u^3 + 2u^2}$

5. $\lim_{t \to -1} \left(\dfrac{2t^5 - t^4}{5t^2 + 4} \right)^3$

6-17 다음 각 극한이 존재하면 값을 구하라.

6. $\lim_{x \to -2} (3x - 7)$

7. $\lim_{t \to 4} \dfrac{t^2 - 2t - 8}{t - 4}$

8. $\lim_{x \to 2} \dfrac{x^2 + 5x + 4}{x - 2}$

9. $\lim_{x \to -2} \dfrac{x^2 - x - 6}{3x^2 + 5x - 2}$

10. $\lim_{t \to 3} \dfrac{t^3 - 27}{t^2 - 9}$

11. $\lim_{h \to 0} \dfrac{(h - 3)^2 - 9}{h}$

12. $\lim_{h \to 0} \dfrac{\sqrt{9 + h} - 3}{h}$

13. $\lim_{x \to 3} \dfrac{\frac{1}{x} - \frac{1}{3}}{x - 3}$

14. $\lim_{t \to 0} \dfrac{\sqrt{1 + t} - \sqrt{1 - t}}{t}$

15. $\lim_{x \to 16} \dfrac{4 - \sqrt{x}}{16x - x^2}$

16. $\lim_{t \to 0} \left(\dfrac{1}{t\sqrt{1 + t}} - \dfrac{1}{t} \right)$

17. $\lim_{h \to 0} \dfrac{(x + h)^3 - x^3}{h}$

18. (a) 함수 $f(x) = x/(\sqrt{1 + 3x} - 1)$의 그래프를 이용해서 다음 값을 추정하라.
$$\lim_{x \to 0} \dfrac{x}{\sqrt{1 + 3x} - 1}$$

(b) x가 0에 가까이 접근할 때 $f(x)$값을 표로 만들고 극한값을 추측하라.

(c) 극한 법칙을 이용해서 추측이 옳다는 것을 보여라.

19. 압축 정리를 이용해서 $\lim_{x \to 0} x^2 \cos 20\pi x = 0$임을 보여라. 동일한 보기화면에 함수 $f(x) = -x^2$, $g(x) = x^2 \cos 20\pi x$,

$h(x) = x^2$의 그래프를 그려서 설명하라.

20. $4x - 9 \le f(x) \le x^2 - 4x + 7 \, (x \ge 0)$일 때 $\lim_{x \to 4} f(x)$를 구하라.

21. $\lim_{x \to 0} x^4 \cos \dfrac{2}{x} = 0$임을 증명하라.

22-24 극한이 존재하면 극한을 구하고, 존재하지 않으면 이유를 설명하라.

22. $\lim_{x \to -4} (|x + 4| - 2x)$

23. $\lim_{x \to 0.5^-} \dfrac{2x - 1}{|2x^3 - x^2|}$

24. $\lim_{x \to 0^-} \left(\dfrac{1}{x} - \dfrac{1}{|x|} \right)$

25. 기호 sgn으로 표기하는 **부호함수**(signum function)를 다음과 같이 정의한다.
$$\operatorname{sgn} x = \begin{cases} -1, & x < 0 \\ 0, & x = 0 \\ 1, & x > 0 \end{cases}$$

(a) 함수의 그래프를 그려라.

(b) 다음 극한을 구하거나 극한이 존재하지 않으면 이유를 설명하라.

(i) $\lim_{x \to 0^+} \operatorname{sgn} x$

(ii) $\lim_{x \to 0^-} \operatorname{sgn} x$

(iii) $\lim_{x \to 0} \operatorname{sgn} x$

(iv) $\lim_{x \to 0} |\operatorname{sgn} x|$

26. $g(x) = \dfrac{x^2 + x - 6}{|x - 2|}$ 하자.

(a) 다음을 구하라.

(i) $\lim_{x \to 2^+} g(x)$

(ii) $\lim_{x \to 2^-} g(x)$

(b) $\lim_{x \to 2} g(x)$가 존재하는가?

(c) g의 그래프를 그려라.

27. $B(t) = \begin{cases} 4 - \frac{1}{2}t, & t < 2 \\ \sqrt{t + c}, & t \ge 2 \end{cases}$

라 하자. $\lim_{t \to 2} B(t)$가 존재하도록 c의 값을 정하라.

28. (a) 기호 $[\![\,]\!]$가 예제 10에서 정의된 최대정수함수를 나타낼 때 다음을 구하라.

(i) $\lim_{x \to -2^+} [\![x]\!]$

(ii) $\lim_{x \to -2} [\![x]\!]$

(iii) $\lim_{x \to -2.4} [\![x]\!]$

(b) n이 정수일 때 다음을 계산하라.

(i) $\lim_{x \to n^-} [\![x]\!]$

(ii) $\lim_{x \to n^+} [\![x]\!]$

(c) a의 어떤 값에서 $\lim_{x \to a} [\![x]\!]$가 존재하는가?

29. $f(x) = [\![x]\!] + [\![-x]\!]$일 때 $\lim_{x \to 2} f(x)$가 존재하지만 $f(2)$와 같지 않음을 보여라.

30. p가 다항함수일 때 $\lim_{x \to a} p(x) = p(a)$임을 보여라.

31. $\lim_{x \to 1} \dfrac{f(x) - 8}{x - 1} = 10$일 때 $\lim_{x \to 1} f(x)$를 구하라.

32. $f(x) = \begin{cases} x^2, & x가 \ 유리수 \\ 0, & x가 \ 무리수 \end{cases}$ 일 때 $\lim_{x \to 0} f(x) = 0$임을 증명하라.

33. $\lim_{x \to a} f(x)$와 $\lim_{x \to a} g(x)$는 존재하지 않지만 $\lim_{x \to a} [f(x) g(x)]$는 존재하는 예를 보여라.

34. $\lim_{x \to -2} \dfrac{3x^2 + ax + a + 3}{x^2 + x - 2}$이 존재할 수 있도록 하는 a가 있는가? 만약 있다면 a의 값과 극한값을 구하라.

1.7 | 극한의 엄밀한 정의

1.5절에서 주어진 극한에 대한 직관적 정의는 때때로 이해하기가 어려울 수 있다. 왜냐하면 "x가 2에 가까이 간다."와 "$f(x)$가 L에 점점 더 가까워진다."와 같은 구절은 모호하기 때문이다. 결론적으로 다음을 증명하기 위해서는 극한에 대한 보다 더 엄밀한 정의가 필요하다.

$$\lim_{x \to 0} \left(x^3 + \frac{\cos 5x}{10,000} \right) = 0.0001 \quad \text{또는} \quad \lim_{x \to 0} \frac{\sin x}{x} = 1$$

■ 극한의 엄밀한 정의

극한에 대한 엄밀한 정의에 동기를 부여하기 위해 다음 함수를 생각해 보자.

$$f(x) = \begin{cases} 2x - 1 & x \neq 3 \\ 6, & x = 3 \end{cases}$$

직관적으로 $x \neq 3$이면서 x가 3에 가까이 접근할 때 $f(x)$가 5에 가까이 접근하고, 따라서 $\lim_{x \to 3} f(x) = 5$임은 분명하다.

x가 3에 가까이 접근할 때 $f(x)$가 어떻게 되는가에 대한 좀 더 세분화된 정보를 얻기 위해 다음과 같은 질문을 던져 보자.

$f(x)$와 5의 차이가 0.1보다 작기 위해서는 x가 3에 얼마나 가까이 접근해야 하는가?

x와 3 사이의 거리는 $|x - 3|$이고 $f(x)$와 5 사이의 거리는 $|f(x) - 5|$이므로, 이 문제는 다음 조건을 만족하는 δ(그리스 문자 델타)를 구하는 것이다.

$$x \neq 3이고 \ |x - 3| < \delta일 \ 때 \quad |f(x) - 5| < 0.1$$

$|x - 3| > 0$이면 $x \neq 3$이므로 문제는 같은 공식인 다음 조건을 만족하는 δ를 구하는 것이다.

$$0 < |x - 3| < \delta \text{일 때} \quad |f(x) - 5| < 0.1$$

$0 < |x - 3| < (0.1)/2 = 0.05$이면 다음과 같이 됨에 주의하자.

$$|f(x) - 5| = |(2x - 1) - 5| = |2x - 6| = 2|x - 3| < 2(0.05) = 0.1$$

즉 다음과 같다.

$$0 < |x - 3| < 0.05 \text{일 때} \quad |f(x) - 5| < 0.1$$

따라서 문제의 답은 $\delta = 0.05$이다. 즉 x가 3으로부터 0.05의 거리 이내에 있으면 $f(x)$는 5로부터 0.1의 거리 이내에 있게 될 것이다.

이 문제에서 0.1을 더 작은 수 0.01로 바꾸면, 같은 방법을 반복할 때 x가 3으로부터 $(0.01)/2 = 0.005$보다 차이가 작을 때 $f(x)$는 5로부터 0.01보다 차이가 작아질 것이다.

$$0 < |x - 3| < 0.005 \text{일 때} \quad |f(x) - 5| < 0.01$$

마찬가지로 다음과 같다.

$$0 < |x - 3| < 0.0005 \text{일 때} \quad |f(x) - 5| < 0.001$$

허용할 수 있는 **허용오차**를 수 0.1, 0.01, 0.001에 대해 생각했다. x가 3에 가까워짐에 따라 $f(x)$의 정확한 극한이 5이기 위해 $f(x)$와 5의 차이가 앞의 세 수보다 작게 되도록 해야만 한다. 즉 이 차이를 임의의 수보다 작게 해야 한다. 그리고 이런 이유로 우리는 할 수 있다! 임의의 양수로 ε (그리스 문자 입실론)을 이용하면 앞에서와 같이 다음을 얻는다.

$$\boxed{1} \qquad 0 < |x - 3| < \delta = \frac{\varepsilon}{2} \text{일 때} \quad |f(x) - 5| < \varepsilon$$

이는 x가 3에 가까이 접근할 때 $f(x)$가 5에 가까이 접근한다는 것을 말하는 엄밀한 방법이다. 왜냐하면 식 $\boxed{1}$은 x의 값이 3으로부터 $\varepsilon/2$의 거리 내에(그러나 $x \neq 3$이다) 있도록 x를 택함으로써 $f(x)$의 값이 5로부터 임의의 거리 ε 이내에 있도록 할 수 있기 때문이다.

식 $\boxed{1}$은 다음과 같이 쓸 수 있고, 그림 1로 설명할 수 있다.

$$3 - \delta < x < 3 + \delta \quad (x \neq 3) \text{일 때} \quad 5 - \varepsilon < f(x) < 5 + \varepsilon$$

구간 $(3 - \delta, 3 + \delta)$에 속하는 $x(\neq 3)$를 택함으로써 $f(x)$가 구간 $(5 - \varepsilon, 5 + \varepsilon)$에 속하도록 할 수 있다.

식 $\boxed{1}$과 같은 모형을 이용해서 극한을 엄밀하게 정의한다.

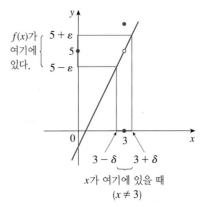

그림 1

$\boxed{2}$ **극한의 엄밀한 정의** f를 a를 포함하는 어떤 개구간(a는 제외 가능)에서 정의된 함수라고 하자. 임의의 양수 ε에 대해

$$0 < |x - a| < \delta \text{일 때} \quad |f(x) - L| < \varepsilon$$

극한의 엄밀한 정의에서 전통적으로 그리스 문자 ε과 δ를 사용한다.

을 만족하는 $\delta > 0$이 존재하면, **x가 a에 가까이 접근할 때 $f(x)$의 극한이 L이라 정**의하고 다음과 같이 나타낸다.

$$\lim_{x \to a} f(x) = L$$

$|x - a|$는 x에서 a까지의 거리이고 $|f(x) - L|$은 $f(x)$에서 L까지의 거리이며, ε은 임의로 작게 할 수 있기 때문에 극한의 정의는 다음과 같은 말로 표현할 수 있다.

$\lim\limits_{x \to a} f(x) = L$은 x에서 a까지의 거리를 충분히 작게(그러나 0은 아님) 택함으로써 $f(x)$와 L과의 거리를 충분히 작게 만들 수 있음을 의미한다.

이를 아래와 같이 다르게 표현할 수 있다.

$\lim\limits_{x \to a} f(x) = L$은 x를 a에 충분히 가깝게(그러나 0은 아님) 택함으로써 $f(x)$의 값을 원하는 만큼 충분히 가깝게 L에 접근시킬 수 있음을 의미한다.

또한 부등식 $|x - a| < \delta$는 $-\delta < x - a < \delta$와 같고, 그것은 $a - \delta < x < a + \delta$로 나타낼 수 있기 때문에 정의 **2**를 구간에 대한 용어로 다시 공식화할 수 있다. 또한 $0 < |x - a|$는 $x - a \neq 0$, 즉 $x \neq a$와 동치이다. 마찬가지로 부등식 $|f(x) - L| < \varepsilon$은 부등식 $L - \varepsilon < f(x) < L + \varepsilon$과 동치이다. 따라서 구간에 대한 용어로서 나타내면 정의 **2**는 다음과 같다.

$\lim\limits_{x \to a} f(x) = L$은 임의의 $\varepsilon > 0$에 대해(ε은 아무리 작아도 상관없음) x가 개구간$(a - \delta, a + \delta)$에 속하고 $x \neq a$이면 $f(x)$는 개구간 $(L - \varepsilon, L + \varepsilon)$에 속하는 $\delta > 0$이 존재함을 의미한다.

그림 2에서와 같이 화살표로 함수를 나타냄으로써 이 사실을 기하학적으로 설명해 보자. 여기서 f는 $\mathbb{R}$의 부분 집합에서 또 다른 $\mathbb{R}$의 부분 집합 위로의 함수이다.

그림 2

극한의 정의는 L 주위에 임의의 작은 구간 $(L - \varepsilon, L + \varepsilon)$이 주어지면 a 주위에는 구간$(a - \delta, a + \delta)$가 존재하며, 이때 f가 $(a - \delta, a + \delta)$의 모든 점들(a는 제외 가능)을 구간 $(L - \varepsilon, L + \varepsilon)$의 점들에 대응시킨다는 것을 의미한다(그림 3 참조).

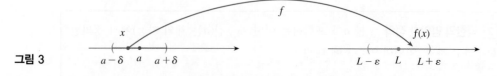

그림 3

극한에 대한 또 다른 기하학적 해석은 함수의 그래프에 의해 주어질 수 있다.

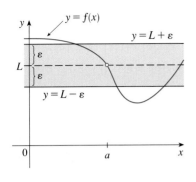

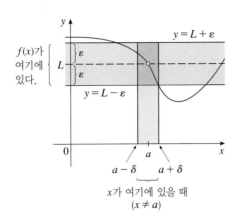

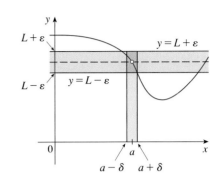

그림 4   **그림 5**   **그림 6**

$\varepsilon > 0$이 주어지면 수평선 $y = L - \varepsilon$, $y = L + \varepsilon$과 f의 그래프를 그린다(그림 4 참조). $\lim_{x \to a} f(x) = L$이면 x가 구간 $(a - \delta, a + \delta)$에 있고 $x \neq a$로 제한할 때 곡선 $y = f(x)$가 직선 $y = L - \varepsilon$과 $y = L + \varepsilon$ 사이에 놓이는 δ를 구할 수 있다(그림 5 참조). 이런 δ를 구했다면 더 작은 임의의 δ에 대해서도 위의 성질이 당연히 만족될 것이다.

그림 4와 5에서 설명된 과정은 양수 ε을 아무리 작게 선택한다 하더라도 성립되어야 한다는 것을 이해하는 것이 중요하다. 그림 6은 더 작은 ε을 택하면 더 작은 δ가 필요함을 보여 준다.

《예제 1》 $f(x) = x^3 - 5x + 6$이 다항식이므로 직접 대입 성질에 의해 $\lim_{x \to 1} f(x) = f(1) = 1^3 - 5(1) + 6 = 2$이다. 그래프를 이용해서 x가 1의 δ 안에 있을 때 y가 2의 0.2 안에 있는 δ, 즉 다음을 만족하는 δ를 구하라.

$$|x - 1| < \delta \text{일 때 } |(x^3 - 5x + 6) - 2| < 0.2$$

즉 $a = 1$, $L = 2$인 함수 $f(x) = x^3 - 5x + 6$에 대한 극한의 정의에서 $\varepsilon = 0.2$에 대응하는 δ를 구하라.

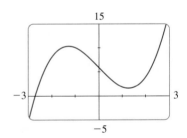

그림 7

풀이 f의 그래프는 그림 7과 같다. 점 (1, 2) 부근의 영역에 관심을 두고 부등식

$$|(x^3 - 5x + 6) - 2| < 0.2$$

를 다음과 같이 다시 쓸 수 있다.

$$-0.2 < (x^3 - 5x + 6) - 2 < 0.2$$

즉 $$1.8 < x^3 - 5x + 6 < 2.2$$

따라서 곡선 $y = x^3 - 5x + 6$이 수평선 $y = 1.8$과 $y = 2.2$ 사이에 놓이도록 x의 값을 결정해야 한다. 그러므로 그림 8에서와 같이 점 (1, 2) 부근에서 곡선 $y = x^3 - 5x + 6$, $y = 1.8$, $y = 2.2$의 그래프를 그린다. 이때 직선 $y = 2.2$와 곡선 $y = x^3 - 5x + 6$의 교점의 x좌표는 약 0.911이고, 유사하게 직선 $y = 1.8$과 곡선 $y = x^3 - 5x + 6$은 $x \approx 1.124$에서 만난다. 따라서

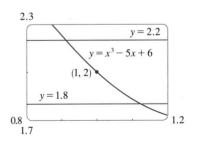

그림 8

$$0.92 < x < 1.12 \text{일 때} \quad 1.8 < x^3 - 5x + 6 < 2.2$$

라고 할 수 있다. 이 구간 (0.92, 1.12)는 $x = 1$에 관해 대칭이 아니다. $x = 1$에서 왼쪽 끝점까지의 거리는 $1 - 0.92 = 0.08$이고 오른쪽 끝점까지의 거리는 0.12이다. 이들 수 가운데 더 작은 수, 즉 $\delta = 0.08$인 δ를 택할 수 있다. 이때 다음과 같이 거리를 이용해서 부등식을 다시 쓸 수 있다.

$$|x - 1| < 0.08 \text{일 때} \quad |(x^3 - 5x + 6) - 2| < 0.2$$

이는 x가 1에서 거리가 0.08 이내에 있으면 $f(x)$는 2에서 거리가 0.2 이내에 있게 할 수 있음을 말한다.

$\delta = 0.08$을 택하지만 이보다 더 작은 δ를 택하더라도 이 식은 그대로 성립한다. ∎

예제 1의 그래프에 의한 풀이 과정은 $\varepsilon = 0.2$에 대한 정의를 설명하지만, 극한이 2와 같다는 것을 **증명하는** 것은 아니다. 증명은 임의의 ε에 대해 δ가 존재하는 것을 보여야 한다.

극한의 정의를 이용해서 극한을 증명하려면, 먼저 수 ε을 잡고 적당한 δ를 제시할 수 있어야만 한다. 증명에서 특별한 ε이 아니라 임의의 $\varepsilon > 0$에 대해서 존재한다는 것을 보여야 한다.

두 사람 A, B가 논쟁을 하고 있는데 여러분은 B라고 생각하자. A는 고정된 수 L이 $f(x)$의 값들에 의해 정확도 ε (예컨대 0.01) 정도 이내로 접근해야 한다고 규정한다. B는 $0 < |x - a| < \delta$일 때 $|f(x) - L| < \varepsilon$을 만족하는 δ의 값을 찾았다고 대답한다. 그러면 A는 더 엄격해져서 더 작은 ε (예를 들어 0.0001)에 대한 대답을 B에게 요구한다. 또 다시 B는 대응하는 δ를 찾아 대답해야 한다. 일반적으로 ε의 값이 작아지면 작아질수록 대응하는 δ의 값은 더 작아짐이 틀림없다. A가 ε을 아무리 작게 잡더라도 항상 B가 답을 찾아낸다면 $\lim\limits_{x \to a} f(x) = L$이 된다.

《예제 2》 $\lim\limits_{x \to 3} (4x - 5) = 7$임을 증명하라.

풀이

1. 문제에 대한 예비 분석(δ의 값을 추측) ε을 주어진 양수라 하자. 다음을 만족하는 수 δ를 구해야 한다.

$$0 < |x - 3| < \delta \text{일 때} \quad |(4x - 5) - 7| < \varepsilon$$

그런데 $|(4x - 5) - 7| = |4x - 12| = |4(x - 3)| = 4|x - 3|$이므로, 원하는 δ는 다음과 같다.

$$0 < |x - 3| < \delta \text{일 때} \quad 4|x - 3| < \varepsilon$$

즉 $$0 < |x - 3| < \delta \text{일 때} \quad |x - 3| < \frac{\varepsilon}{4}$$

이는 $\delta = \varepsilon/4$으로 선택할 수 있음을 시사한다.

2. 증명(δ가 적합하다는 것을 보임) 주어진 $\varepsilon > 0$에 대해 $\delta = \varepsilon/4$을 선택한다. $0 < |x - 3| < \delta$이면 다음과 같다.

$$|(4x - 5) - 7| = |4x - 12| = 4|x - 3| < 4\delta = 4\left(\frac{\varepsilon}{4}\right) = \varepsilon$$

따라서 $0 < |x - 3| < \delta$일 때 $|(4x - 5) - 7| < \varepsilon$이다.
그러므로 극한의 정의에 따라 다음을 얻는다.

$$\lim_{x \to 3} (4x - 5) = 7$$

이 예제는 그림 9에서 설명된다.

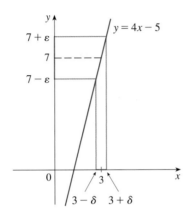

그림 9

예제 2의 풀이에서 추측과 증명의 두 단계가 있었음을 주목하자. 첫 단계에서는 δ의 값을 추측할 수 있도록 예비 분석을 했고, 두 번째 단계에서 δ를 정확하게 추측했는지 조심스럽게 논리적으로 증명을 했다. 이 과정은 수학의 많은 부분에서 사용되는 전형적인 방법이다. 때때로 문제의 답에 대한 현명한 추측과 그 다음 이런 추측이 정확한가를 증명할 필요가 있다.

《예제 3》 $\lim_{x \to 3} x^2 = 9$임을 보여라.

풀이

1. δ의 값에 대한 추측 $\varepsilon > 0$이 주어졌다고 하자. 다음을 만족하는 수 $\delta > 0$을 구해야 한다.

$$0 < |x - 3| < \delta일\ 때 \quad |x^2 - 9| < \varepsilon$$

$|x^2 - 9|$를 $|x - 3|$과 연결짓기 위해 $|x^2 - 9| = |(x + 3)(x - 3)|$으로 쓴다. 따라서 다음이 성립하리라 기대한다.

$$0 < |x - 3| < \delta일\ 때 \quad |x + 3||x - 3| < \varepsilon$$

$|x + 3| < C$를 만족하는 양의 상수 C를 찾을 수 있으면 다음이 성립함에 주목하자.

$$|x + 3||x - 3| < C|x - 3|$$

그리고 $|x - 3| < \varepsilon/C$를 택하여 $C|x - 3| < \varepsilon$을 얻을 수 있다. 따라서 $\delta = \varepsilon/C$를 택할 수 있다.

3을 중심으로 하는 어떤 구간 내에 있도록 x를 제한해서 상수 C를 구할 수 있다. 3에 가까이 접근하는 x에 대해서만 관심이 있기 때문에 x가 3으로부터 거리 1 이내에 있도록, 즉 $|x - 3| < 1$을 만족하도록 가정할 수 있다. 따라서 $2 < x < 4$이며 $5 < x + 3 < 7$이다. 그러므로 $|x + 3| < 7$에 의해 $C = 7$로 두면 적당하다.

이제 $|x - 3|$에 관한 다음 두 가지 제한에 주목하자.

$$|x - 3| < 1, \quad |x - 3| < \frac{\varepsilon}{C} = \frac{\varepsilon}{7}$$

이들 두 부등식을 확실하게 만족하도록 δ를 두 수 1과 $\varepsilon/7$ 중에 작은 것을 택한다. 이에 대한 기호는 $\delta = \min\{1, \varepsilon/7\}$이다.

2. δ가 적합함을 증명 주어진 $\varepsilon > 0$에 대해 $\delta = \min\{1, \varepsilon/7\}$이라 두자.

$0 < |x - 3| < \delta$이면 $|x - 3| < 1 \Rightarrow 2 < x < 4 \Rightarrow |x + 3| < 7$(풀이 1에서와 같이)이다. $|x - 3| < \varepsilon/7$이므로 또한 다음을 얻는다.

$$|x^2 - 9| = |x + 3||x - 3| < 7 \cdot \frac{\varepsilon}{7} = \varepsilon$$

이는 $\lim_{x \to 3} x^2 = 9$임을 보여 준다. ■

■ 한쪽 극한

1.5절에 주어진 한쪽 극한에 대한 직관적 정의를 다음과 같이 엄밀하게 다시 공식화할 수 있다.

> **3 좌극한의 엄밀한 정의** 임의의 $\varepsilon > 0$에 대해 $a - \delta < x < a$일 때 $|f(x) - L| < \varepsilon$을 만족하는 수 $\delta > 0$가 존재하면 다음이 성립한다.
> $$\lim_{x \to a^-} f(x) = L$$

> **4 우극한의 엄밀한 정의** 임의의 $\varepsilon > 0$에 대해 $a < x < a + \delta$일 때 $|f(x) - L| < \varepsilon$을 만족하는 수 $\delta > 0$가 존재하면 다음이 성립한다.
> $$\lim_{x \to a^+} f(x) = L$$

정의 **3**은 x가 구간 $(a - \delta, a + \delta)$의 **왼쪽** 반 $(a - \delta, a)$에 놓이도록 제한한 것 외에는 정의 **2**와 똑같음에 주목하자. 정의 **4**에서는 x가 구간 $(a - \delta, a + \delta)$의 오른쪽 반 $(a, a + \delta)$에 놓이도록 제한했다.

《예제 4》 정의 **4**를 이용해서 $\lim_{x \to 0^+} \sqrt{x} = 0$임을 증명하라.

풀이

1. δ의 값에 대한 추측 ε을 주어진 양수라 하자. 여기서 $a = 0$이고 $L = 0$이다. 따라서 다음을 만족하는 수 δ를 구해야 한다.

$$0 < x < \delta \text{일 때} \quad |\sqrt{x} - 0| < \varepsilon$$

즉

$$0 < x < \delta \text{일 때} \quad \sqrt{x} < \varepsilon$$

또는 부등식 $\sqrt{x} < \varepsilon$의 양변에 제곱을 취하면 다음을 얻는다.

$$0 < x < \delta \text{일 때} \quad x < \varepsilon^2$$

이 사실을 통해 $\delta = \varepsilon^2$을 택해야 함을 알 수 있다.

2. δ가 적합함을 증명 주어진 $\varepsilon > 0$에 대해 $\delta = \varepsilon^2$이라 두자. $0 < x < \delta$이면 다음이 성립한다.

$$\sqrt{x} < \sqrt{\delta} = \sqrt{\varepsilon^2} = \varepsilon$$

따라서

$$|\sqrt{x} - 0| < \varepsilon$$

정의 **4**에 따라 $\lim_{x \to 0^+} \sqrt{x} = 0$임을 알 수 있다. ∎

■ 극한 법칙

예제 4에서 보았듯이 ε, δ 정의를 이용해서 극한에 대한 명제가 참임을 증명하는 일이 항상 쉬운 일만은 아니다. 사실 $f(x) = (6x^2 - 8x + 9)/(2x^2 - 1)$과 같이 더 복잡한 함수의 경우 더 정교한 계산을 요구한다. 다행히 1.6절에서 언급한 극한 법칙들은 정의 **2**를 이용해서 증명할 수 있고, 복잡한 함수들의 극한은 정의에 직접 의존하지 않고 극한 법칙들로부터 구할 수 있기 때문에 ε, δ 정의는 필요하지 않다.

예를 들어 합의 법칙을 증명할 경우 $\lim_{x \to a} f(x) = L$, $\lim_{x \to a} g(x) = M$이 모두 존재하면 다음이 성립한다.

$$\lim_{x \to a} [f(x) + g(x)] = L + M$$

합의 법칙 증명 $\varepsilon > 0$이 주어졌다고 하자. 다음을 만족하는 $\delta > 0$을 구해야 한다.

$$0 < |x - a| < \delta \text{일 때} \quad |f(x) + g(x) - (L + M)| < \varepsilon$$

삼각 부등식을 이용하면 다음과 같이 쓸 수 있다.

삼각 부등식:
$|a + b| \le |a| + |b|$

$$\boxed{5} \quad |f(x) + g(x) - (L + M)| = |(f(x) - L) + (g(x) - M)|$$
$$\le |f(x) - L| + |g(x) - M|$$

각 항들 $|f(x) - L|$과 $|g(x) - M|$을 $\varepsilon/2$보다 작게 함으로써 $|f(x) + g(x) - (L + M)|$을 ε보다 작게 만들 수 있다.

$\varepsilon/2 > 0$이고 $\lim_{x \to a} f(x) = L$이므로 다음을 만족하는 수 $\delta_1 > 0$이 존재한다.

$$0 < |x - a| < \delta_1 \text{일 때} \quad |f(x) - L| < \frac{\varepsilon}{2}$$

마찬가지로 $\lim_{x \to a} g(x) = M$이므로 다음을 만족하는 수 $\delta_2 > 0$이 존재한다.

$$0 < |x - a| < \delta_2 \text{일 때} \quad |g(x) - M| < \frac{\varepsilon}{2}$$

$\delta = \min\{\delta_1, \delta_2\}$로 놓자. 그러면 δ는 δ_1과 δ_2 중에서 가장 작은 수이다. 다음에 주목하자.

$$0 < |x - a| < \delta \text{일 때} \quad 0 < |x - a| < \delta_1, \, 0 < |x - a| < \delta_2$$

따라서 $\qquad |f(x) - L| < \frac{\varepsilon}{2}, \quad |g(x) - M| < \frac{\varepsilon}{2}$

그러므로 식 **5**에 의해 다음이 성립한다.

$$|f(x) + g(x) - (L + M)| \le |f(x) - L| + |g(x) - M|$$
$$< \frac{\varepsilon}{2} + \frac{\varepsilon}{2} = \varepsilon$$

요약하면 다음과 같다.

$$0 < |x - a| < \delta \text{일 때} \quad |f(x) + g(x) - (L + M)| < \varepsilon$$

그러므로 극한의 정의에 따라 다음이 성립한다.

$$\lim_{x \to a} [f(x) + g(x)] = L + M \qquad \blacksquare$$

■ 무한극한

무한극한도 엄밀한 방법으로 정의될 수 있다. 다음은 1.5절에 나오는 정의 **4**와 같은 엄밀한 표현이다.

---

6 무한극한의 엄밀한 정의 f는 수 a를 포함하는 어떤 개구간(a는 제외 가능)에서 정의된 함수라고 하자. 이때 임의의 양수 M에 대해

$$0 < |x - a| < \delta \text{일 때} \quad f(x) > M$$

을 만족하는 수 $\delta > 0$이 존재함을 다음과 같이 나타낸다.

$$\lim_{x \to a} f(x) = \infty$$

이것은 x를 a(거리 δ 이내에서 δ는 M에 종속적이고 $x \neq a$)에 충분히 가까운 값을 택함으로써 $f(x)$의 값을 임의로 크게(주어진 수 M보다 더 크게) 만들 수 있음을 말한다. 기하학적 설명은 그림 10에 주어져 있다.

주어진 임의의 수평선 $y = M$에 대해 x가 구간 $(a - \delta, a + \delta)$에 속하고 $x \neq a$이

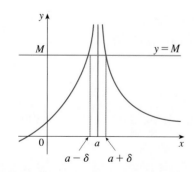

그림 10

기만 하면, 곡선 $y = f(x)$가 직선 $y = M$보다 위쪽에 놓이게 하는 수 $\delta > 0$을 구할 수 있다. 더 큰 수 M을 택하면 더 작은 수 δ가 요구됨을 알 수 있다.

《예제 5》 정의 **6**을 이용해서 $\lim_{x \to 0} \dfrac{1}{x^2} = \infty$임을 증명하라.

풀이 M을 주어진 양수라 하자. 다음을 만족하는 수 δ를 구하고자 한다.

$$0 < |x| < \delta\text{일 때} \quad 1/x^2 > M$$

한편 다음을 고려하자.

$$\frac{1}{x^2} > M \quad \Longleftrightarrow \quad x^2 < \frac{1}{M} \quad \Longleftrightarrow \quad \sqrt{x^2} < \sqrt{\frac{1}{M}} \quad \Longleftrightarrow \quad |x| < \frac{1}{\sqrt{M}}$$

그러므로 $\delta = 1/\sqrt{M}$, $0 < |x| < \delta = 1/\sqrt{M}$로 택하면 $1/x^2 > M$이다. 따라서 $x \to 0$ 이면 $1/x^2 \to \infty$이다. ■

마찬가지로 1.5절에 나오는 정의 **5**의 엄밀한 표현이 다음에 주어져 있다. 이것 은 그림 11에 의해 설명된다.

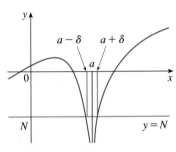

그림 11

> **7 정의** f는 수 a를 포함하는 어떤 개구간(a는 제외 가능)에서 정의된 함수라고 하자. 이때 임의의 음수 N에 대해
>
> $$0 < |x - a| < \delta\text{일 때} \; f(x) < N\text{을 만족하는 수} \; \delta > 0$$
>
> 이 존재함을 다음과 같이 나타낸다.
>
> $$\lim_{x \to a} f(x) = -\infty$$

1.7 | 연습문제

1. 주어진 함수 f의 그래프를 이용해서 다음을 만족하는 수 δ 를 구하라.

$$|x - 1| < \delta\text{일 때} \quad |f(x) - 1| < 0.2$$

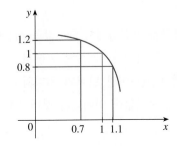

2. 주어진 함수 $f(x) = \sqrt{x}$의 그래프를 이용해서 다음을 만족 하는 수 δ를 구하라.

$$|x - 4| < \delta\text{일 때} \quad |\sqrt{x} - 2| < 0.4$$

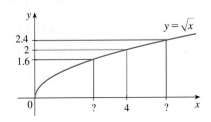

3. 그래프를 이용해서 다음을 만족하는 수 δ를 구하라.

$$x - 2 < \delta일 때 \quad \left| \sqrt{x^2 + 5} - 3 \right| < 0.3$$

4. 극한 $\lim_{x \to 2} (x^3 - 3x + 4) = 6$에 대해 $\varepsilon = 0.2$와 $\varepsilon = 0.1$에 대응하는 δ을 구해서 정의 **2**를 설명하라.

5. (a) 그래프를 이용해서 다음을 만족하는 수 δ를 구하라.

$$4 < x < 4 + \delta일 때 \quad \frac{x^2 + 4}{\sqrt{x - 4}} > 100$$

(b) (a)가 성립하는 극한을 구하라.

6. 기계 제작공이 넓이 1000 cm^2 금속 원판을 만들려고 한다.

(a) 이런 원판을 제작하는 데 반지름은 얼마인가?

(b) 원판의 넓이에서 허용오차가 $\pm 5 \text{ cm}^2$라면 기계 제작공은 (a)에서 구한 이상적인 반지름에 얼마만큼 접근하도록 반지름을 조절해야 하는가?

(c) $\lim_{x \to a} f(x) = L$의 ε, δ 정의에서 x, $f(x)$, a, L은 무엇일까? ε의 값은 얼마로 주어질까? 이에 대응하는 δ의 값은 얼마인가?

7. (a) $\varepsilon = 0.1$에 대해 $|x - 2| < \delta$일 때 $|4x - 8| < \varepsilon$을 만족하는 δ를 결정하라.

(b) $\varepsilon = 0.01$일 때 (a)를 반복하라.

8-9 극한의 ε, δ 정의를 이용해서 각 명제를 증명하고, 그림 9와 같은 그림으로 설명하라.

8. $\lim_{x \to 4} \left(\frac{1}{2}x - 1 \right) = 1$ **9.** $\lim_{x \to -2} (-2x + 1) = 5$

10-16 극한의 ε, δ 정의를 이용해서 각 명제를 증명하라.

10. $\lim_{x \to 9} \left(1 - \frac{1}{3}x \right) = -2$ **11.** $\lim_{x \to 4} \frac{x^2 - 2x - 8}{x - 4} = 6$

12. $\lim_{x \to a} x = a$ **13.** $\lim_{x \to 0} x^2 = 0$

14. $\lim_{x \to 0} |x| = 0$ **15.** $\lim_{x \to 2} (x^2 - 4x + 5) = 1$

16. $\lim_{x \to -2} (x^2 - 1) = 3$

17. 예제 3에서 $\lim_{x \to 3} x^2 = 9$임을 보이기 위해 택한 또 다른 δ가 $\delta = \min(2, \varepsilon/8)$임을 보여라.

18. (a) 극한 $\lim_{x \to 1} (x^3 + x + 1) = 3$에 대해 $\varepsilon = 0.4$에 대응하는 δ의 값을 그래프를 이용해서 구하라.

(b) 삼차방정식 $x^3 + x + 1 = 3 + \varepsilon$의 해를 구하고, 주어진 $\varepsilon > 0$에 대해 가능한 가장 큰 δ의 값을 구하라.

(c) (b)에 대한 답에서 $\varepsilon = 0.4$로 둘 때 (a)의 답과 비교하라.

19. $a > 0$이면 $\lim_{x \to a} \sqrt{x} = \sqrt{a}$임을 증명하라.

$$\left[\text{힌트: } \left| \sqrt{x} - \sqrt{a} \right| = \frac{|x - a|}{\sqrt{x} + \sqrt{a}} 를 이용한다. \right]$$

20. 함수 f가 다음과 같이 정의될 때 $\lim_{x \to 0} f(x)$가 존재하지 않음을 증명하라.

$$f(x) = \begin{cases} 0, & x가 유리수 \\ 1, & x가 무리수 \end{cases}$$

21. x가 -3에 가까이 접근해서 다음을 만족하는 x를 택하라.

$$\frac{1}{(x + 3)^4} > 10{,}000$$

22. $\lim_{x \to -1^-} \frac{5}{(x + 1)^3} = -\infty$임을 증명하라.

1.8 | 연속

■ 함수의 연속

1.6절에서 x가 a에 접근할 때 함수의 극한을 가끔 a에서 함숫값을 계산함으로써 간단하게 구할 수 있음을 알았다. 이런 성질을 가지는 함수들을 a에서 **연속**이라 한다. **연속**에 대한 수학적 정의는 일상생활에서 연속이란 단어의 의미와 밀접한 관련이 있음을 알게 될 것이다. (연속적인 과정은 중단없이 일어나는 것이다.)

---

1 **정의**   다음이 성립할 때 함수 f는 **수 a에서 연속**(continuous at a number a)이다.

$$\lim_{x \to a} f(x) = f(a)$$

정의 **1**은 f가 a에서 연속이라면 다음의 세 가지 조건들이 절대적으로 필요하다는 것이다.

1. $f(a)$가 정의된다(즉 a는 f의 정의역에 속한다).

2. $\lim_{x \to a} f(x)$가 존재한다.

3. $\lim_{x \to a} f(x) = f(a)$

이 정의는 x가 a에 접근할 때 $f(x)$가 $f(a)$에 접근하면 f가 a에서 연속임을 의미한다. 따라서 연속함수 f는 x의 작은 변화가 $f(x)$의 작은 변화를 유도한다는 성질을 갖는다. 사실 x에서의 변화를 충분히 작게 함으로써 $f(x)$에서의 변화는 원하는 만큼 작게 유지할 수 있다.

f가 a 부근에서 정의되면[달리 말하면 f가 a(a는 제외 가능)를 포함하는 개구간에서 정의됨] f가 a에서 연속이 아닐 때 f는 **a에서 불연속**(discontinuous at a) 또는 f는 a에서 **불연속성**(discontinuity)을 갖는다라 한다.

물리적 현상은 보통 연속이다. 예를 들면 자동차의 변위나 속도는 사람들의 키가 그렇듯이 시간에 따라 연속적으로 변한다. 그러나 전류와 같은 경우는 불연속성이 일어난다. [1.5절에서 $\lim_{t \to 0} H(t)$가 존재하지 않기 때문에 헤비사이드함수는 0에서 불연속이다.]

기하학적으로 어떤 구간의 모든 점에서 연속인 함수는 그래프가 구간에서 끊어지지 않은 함수라고 생각할 수 있다. 이 그래프는 종이에서 펜을 떼지 않고 그릴 수 있다.

그림 1의 설명에 의하면, f가 연속이면 f의 그래프에 있는 점 $(x, f(x))$가 그래프의 점 $(a, f(a))$에 접근한다는 뜻이다. 그래서 곡선에서 어떤 틈도 없다.

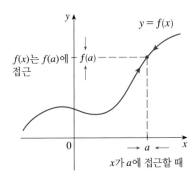

그림 1

《예제 1》 그림 2는 함수 f의 그래프를 나타낸다. f는 어떤 수에서 불연속인가? 그 이유는 무엇인가?

풀이 $a = 1$에서 그래프가 끊어져 있기 때문에 이 점에서 불연속인 것처럼 보인다. f가 1에서 불연속인 이유는 $f(1)$이 정의되지 않기 때문이다.

그래프는 $a = 3$에서 끊어져 있지만 불연속에 대한 이유는 다르다. 여기서 $f(3)$은 정의되지만 $\lim_{x \to 3} f(x)$는 존재하지 않는다(좌·우극한이 다르기 때문). 따라서 f는 3에서 불연속이다.

$a = 5$에 대해서는 어떠한가? 여기서 $f(5)$는 정의되고 $\lim_{x \to 5} f(x)$도 존재한다(좌·우극한이 같기 때문이다). 그러나

$$\lim_{x \to 5} f(x) \neq f(5)$$

이므로 f는 5에서 불연속이다. ■

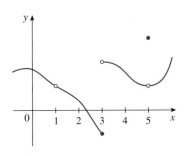

그림 2

이제 함수가 식에 의해 정의될 때 불연속을 판단하는 방법을 알아보자.

《**예제 2**》 다음 각 함수는 어디에서 불연속인가?

(a) $f(x) = \dfrac{x^2 - x - 2}{x - 2}$
(b) $f(x) = \begin{cases} \dfrac{x^2 - x - 2}{x - 2}, & x \neq 2 \\ 1, & x = 2 \end{cases}$

(c) $f(x) = \begin{cases} \dfrac{1}{x^2}, & x \neq 0 \\ 1, & x = 0 \end{cases}$
(d) $f(x) = [\![x]\!]$

풀이

(a) $f(2)$가 정의되지 않기 때문에 f는 2에서 불연속이다. 나중에 f가 다른 모든 수에서 연속인 이유를 알게 될 것이다.

(b) 여기서 $f(2) = 1$은 정의되고 다음 극한이 존재한다.

$$\lim_{x \to 2} f(x) = \lim_{x \to 2} \frac{x^2 - x - 2}{x - 2} = \lim_{x \to 2} \frac{(x - 2)(x + 1)}{x - 2} = \lim_{x \to 2} (x + 1) = 3$$

그러나 $\lim_{x \to 2} f(x) \neq f(2)$이므로 f는 2에서 불연속이다.

(c) 여기서 $f(0) = 1$은 정의되지만 다음 극한은 존재하지 않는다(1.5절의 예제 6 참조).

$$\lim_{x \to 0} f(x) = \lim_{x \to 0} \frac{1}{x^2}$$

따라서 f는 0에서 불연속이다.

(d) 최대정수함수 $f(x) = [\![x]\!]$는 모든 정수들에서 불연속성이다. 왜냐하면 n이 정수일 때 $\lim_{x \to n} [\![x]\!]$는 존재하지 않기 때문이다(1.6절의 예제 10, 연습문제 28 참조). ∎

그림 3은 예제 2에 나오는 함수들의 그래프를 나타낸다. 각 경우에 그래프들은 구멍, 절단 또는 도약이 있기 때문에 종이에서 펜을 떼지 않고 그릴 수 없다. (a)와 (b)에서 설명된 종류의 불연속은 **제거 가능한 불연속**(removable discontinuity)이라 하는데, 그 이유는 2에서만 f를 다시 정의함으로써 불연속을 없앨 수 있기 때문이다. $x = 2$에서 f의 값을 3으로 다시 정의하면 f는 연속함수 $g(x) = x + 1$과 동치이다. (c)에 나오는 불연속은 **무한 불연속**(infinite discontinuity)이라 한다. (d)에 나오는 불연

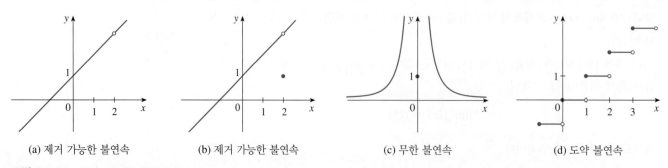

(a) 제거 가능한 불연속   (b) 제거 가능한 불연속   (c) 무한 불연속   (d) 도약 불연속

그림 3 예제 2에 나오는 함수들의 그래프

속은 **도약 불연속**(jump discontinuities)이라 하는데, 그 이유는 함수가 한 값에서 다른 값으로 '도약'하기 때문이다.

> **2 정의** 다음이 성립할 때 함수 f는 **수 a에서 오른쪽으로부터 연속**이다.
> $$\lim_{x \to a^+} f(x) = f(a)$$
> 그리고 다음이 성립할 때 함수 f는 **수 a에서 왼쪽으로부터 연속**이다.
> $$\lim_{x \to a^-} f(x) = f(a)$$

《예제 3》 각 정수 n에서 함수 $f(x) = [\![x]\!]$ [그림 3(d)]는 오른쪽으로부터 연속이지만 왼쪽으로부터 불연속이다. 왜냐하면 다음을 만족하기 때문이다.

$$\lim_{x \to n^+} f(x) = \lim_{x \to n^+} [\![x]\!] = n = f(n)$$
$$\lim_{x \to n^-} f(x) = \lim_{x \to n^-} [\![x]\!] = n - 1 \neq f(n) \qquad ■$$

> **3 정의** 함수 f가 한 구간 내의 모든 점에서 연속일 때 그 **구간에서 연속**이라 정의한다. (f가 구간의 끝점에서 정의된다면, 구간의 끝점에서의 연속은 오른쪽으로부터 연속 또는 왼쪽으로부터 연속을 의미한다.)

《예제 4》 함수 $f(x) = 1 - \sqrt{1 - x^2}$ 이 구간 $[-1, 1]$에서 연속임을 보여라.

풀이 $-1 < a < 1$일 때 극한 법칙을 이용하면 다음을 얻는다.

$$\begin{aligned}
\lim_{x \to a} f(x) &= \lim_{x \to a} \left(1 - \sqrt{1 - x^2}\right) \\
&= 1 - \lim_{x \to a} \sqrt{1 - x^2} \qquad \text{(법칙 2와 8에 의해)} \\
&= 1 - \sqrt{\lim_{x \to a}(1 - x^2)} \qquad \text{(법칙 7에 의해)} \\
&= 1 - \sqrt{1 - a^2} \qquad \text{(법칙 2, 8과 10에 의해)} \\
&= f(a)
\end{aligned}$$

그러므로 정의 1에 따라 $-1 < a < 1$이면 f는 a에서 연속이다. 똑같은 방법으로 다음을 알 수 있다.

$$\lim_{x \to -1^+} f(x) = 1 = f(-1), \qquad \lim_{x \to 1^-} f(x) = 1 = f(1)$$

따라서 f는 1에서 왼쪽으로부터 연속이고, -1에서 오른쪽으로부터 연속이다. 그러므로 정의 3에 따라 f는 $[-1, 1]$에서 연속이다.

f의 그래프는 그림 4에 그려져 있다. 이것은 원 $x^2 + (y - 1)^2 = 1$의 아래 반원이다. ■

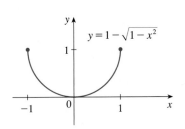

그림 4

■ 연속함수의 성질

예제 4에서와 같이 함수의 연속성을 증명하기 위해 정의 ①, ②, ③을 이용하는 대신에, 예제 4에서와 같이 간단한 연속함수들로부터 복잡한 연속함수들을 구성해 가는 방법들을 제시한 다음 정리를 이용하는 것이 편리할 때가 있다.

---

④ 정리 f와 g가 a에서 연속이고 c가 상수이면, 다음 함수들도 a에서 연속이다.

    1. $f + g$ **2.** $f - g$ **3.** cf

    4. fg **5.** $\dfrac{f}{g}$, $g(a) \neq 0$

증명 이 정리의 다섯 항목 각각은 1.6절에 있는 대응하는 극한 법칙에 의해 증명된다. 예를 들어 1을 증명해 보자. f와 g가 a에서 연속이므로 다음을 얻는다.

$$\lim_{x \to a} f(x) = f(a), \qquad \lim_{x \to a} g(x) = g(a)$$

그러므로 다음을 얻는다.

$$\begin{aligned}
\lim_{x \to a} (f + g)(x) &= \lim_{x \to a} [f(x) + g(x)] \\
&= \lim_{x \to a} f(x) + \lim_{x \to a} g(x) \qquad \text{(법칙 1에 의해)} \\
&= f(a) + g(a) \\
&= (f + g)(a)
\end{aligned}$$

이 사실에서 $f + g$는 a에서 연속이다. ■

정리 ④와 정의 ③에서 f와 g가 어떤 구간에서 연속이면 함수 $f + g$, $f - g$, cf, fg, f/g(g가 결코 0이 아니면)도 그 구간에서 연속임을 알 수 있다. 다음 정리는 1.6절에서 직접 대입 성질로 서술한 것이다.

---

⑤ 정리

(a) 임의의 다항함수는 모든 점에서 연속이다. 즉 $\mathbb{R} = (-\infty, \infty)$에서 연속이다.

(b) 임의의 유리함수는 그 함수가 정의되는 곳에서 연속이다. 즉 그 함수의 정의역에서 연속이다.

증명

(a) 다항함수는 다음과 같은 형태의 함수이다.

$$P(x) = c_n x^n + c_{n-1} x^{n-1} + \cdots + c_1 x + c_0$$

여기서 c_0, c_1, $\cdots$, c_n은 상수이다. 다음을 알고 있다.

$$\lim_{x \to a} c_0 = c_0 \qquad \text{(법칙 8에 의해)}$$

$$\lim_{x \to a} x^m = a^m \qquad m = 1, 2, \ldots, n \qquad \text{(법칙 10에 의해)}$$

이 식은 $f(x) = x^m$이 연속함수임을 말해 주는 명제이다. 그러므로 정리 4의 3에 따라 함수 $g(x) = cx^m$은 연속이다. P가 이러한 형태의 함수와 상수함수의 합이기 때문에, 정리 4의 1에 따라 P는 연속이다.

(b) P와 Q가 다항함수일 때 유리함수는 다음과 같은 형태의 함수이다.

$$f(x) = \frac{P(x)}{Q(x)}$$

f의 정의역은 $D = \{x \in \mathbb{R} \mid Q(x) \neq 0\}$이다. (a)로부터 P와 Q는 모든 곳에서 연속이다. 정리 4의 5에 따라 f는 D에 속하는 모든 수에서 연속이다. ■

정리 5에서 설명했듯이 구의 부피는 그 반지름에 따라 연속적으로 변한다. 왜냐하면 부피의 공식 $V(r) = \frac{4}{3}\pi r^3$은 V가 r에 관한 다항함수이기 때문이다. 마찬가지로 공을 15 m/s의 속도로 수직으로 공중에 던지면 t초 후 공의 높이는 공식 $h = 15t - 4.9t^2$ (m)으로 주어진다. 이것은 다항함수이고, 따라서 높이는 경과 시간에 대한 연속함수이다.

어떤 함수가 연속임을 알면 다음 예제에서 보듯이 매우 빨리 극한을 계산할 수 있다. 1.6절의 예제 2(b)와 비교해 보자.

《예제 5》 $\lim\limits_{x \to -2} \dfrac{x^3 + 2x^2 - 1}{5 - 3x}$ 을 구하라.

풀이 다음은 유리함수이다.

$$f(x) = \frac{x^3 + 2x^2 - 1}{5 - 3x}$$

정리 5에 따라 그 정의역 $\left\{ x \mid x \neq \frac{5}{3} \right\}$에서 연속이다. 그러므로 다음을 얻는다.

$$\lim_{x \to -2} \frac{x^3 + 2x^2 - 1}{5 - 3x} = \lim_{x \to -2} f(x) = f(-2)$$

$$= \frac{(-2)^3 + 2(-2)^2 - 1}{5 - 3(-2)} = -\frac{1}{11}$$ ■

잘 알려진 함수의 대부분은 정의역에 있는 모든 수에서 연속이다. 예를 들면 1.6절의 극한 법칙 11은 제곱근함수가 연속임을 말해 준다.

사인함수와 코사인함수는 그래프로부터 이들 함수가 연속임이 확실하게 추측할 수 있다(1.2절 그림 19 참조). $\sin\theta$와 $\cos\theta$의 정의로부터 그림 5에서 점 P의 좌표는 $(\cos\theta, \sin\theta)$이다. $\theta \to 0$일 때 P가 점 $(1, 0)$에 접근함을 알 수 있다. 그래서 $\cos\theta \to 1$이고 $\sin\theta \to 0$이다. 따라서 다음이 성립한다.

6 $$\lim_{\theta \to 0} \cos\theta = 1 \qquad \lim_{\theta \to 0} \sin\theta = 0$$

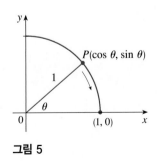

그림 5

식 6의 극한을 계산하는 또 다른 방법은 부등식 $\sin\theta < \theta$ ($\theta > 0$에 대해)와 압축 정리를 이용하는 것이다. 2.4절에서 증명된다.

한편 $\cos 0 = 1$이고 $\sin 0 = 0$이므로 식 **6**은 코사인함수와 사인함수가 0에서 연속임을 밝혀 준다. 코사인함수와 사인함수에 대한 덧셈 공식은 이 함수들이 모든 곳에서 연속임을 유도하는 데 이용될 수 있다(연습문제 34 참조).

정리 **4**의 5로부터 다음 탄젠트함수는 $\cos x = 0$인 점들을 제외한 영역에서 연속이다.

$$\tan x = \frac{\sin x}{\cos x}$$

이런 경우는 x가 $\pi/2$의 홀수인 정수배가 될 때 나타난다. 따라서 $y = \tan x$는 $x = \pm\pi/2$, $\pm 3\pi/2$, $\pm 5\pi/2$ 등에서 무한 불연속이다(그림 6 참조).

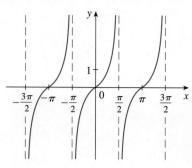

그림 6 $y = \tan x$

> **7 정리**   다음과 같은 형태의 함수는 그 함수의 정의역에 있는 모든 수에서 연속이다.
> - 다항함수
> - 유리함수
> - 제곱근함수
> - 삼각함수

《예제 6》 다음 각 함수는 어떤 구간에서 연속인가?

(a) $f(x) = x^{100} - 2x^{37} + 75$ 　　　(b) $g(x) = \dfrac{x^2 + 2x + 17}{x^2 - 1}$

(c) $h(x) = \sqrt{x} + \dfrac{x+1}{x-1} - \dfrac{x+1}{x^2+1}$

풀이

(a) f는 다항함수이므로 정리 **5**(a)에 따라 $(-\infty, \infty)$에서 연속이다.

(b) g가 유리함수이므로 정리 **5**(b)에 따라 정의역 $D = \{x \mid x^2 - 1 \neq 0\} = \{x \mid x \neq \pm 1\}$에서 연속이다. 따라서 g는 구간 $(-\infty, -1)$, $(-1, 1)$, $(1, \infty)$에서 연속이다.

(c) $h(x) = F(x) + G(x) - H(x)$로 쓸 수 있다. 여기서 함수들은 다음과 같다.

$$F(x) = \sqrt{x}, \qquad G(x) = \frac{x+1}{x-1}, \qquad H(x) = \frac{x+1}{x^2+1}$$

정리 **7**에 따라 F는 $[0, \infty)$에서 연속이고, G는 유리함수이므로 $x - 1 = 0$, 즉 $x = 1$을 제외한 모든 수에서 연속이다. H도 유리함수이지만, 분모가 절대로 0이 되지 않는다. 그래서 H는 모든 곳에서 연속이다. 그러므로 정리 **4**의 1과 2에 따라 h는 $[0, 1)$, $(1, \infty)$에서 연속이다. ■

《예제 7》 $\displaystyle\lim_{x \to \pi} \frac{\sin x}{2 + \cos x}$를 구하라.

풀이 정리 **7**에 따라 $y = \sin x$는 연속이다. 이 함수의 분모 $y = 2 + \cos x$는 두 연속함수의 합이므로 연속이다. 모든 x에 대해 $\cos x \geq -1$이므로 모든 곳에서 $2 + \cos x > 0$이므로 이 함수는 결코 0이 아니다. 따라서 다음 함수는 모든 곳에서 연속이다.

$$f(x) = \frac{\sin x}{2 + \cos x}$$

연속함수의 정의에 따라 다음을 얻는다.

$$\lim_{x \to \pi} \frac{\sin x}{2 + \cos x} = \lim_{x \to \pi} f(x) = f(\pi) = \frac{\sin \pi}{2 + \cos \pi} = \frac{0}{2 - 1} = 0 \qquad \blacksquare$$

연속함수 f와 g를 결합해서 새로운 연속함수를 얻는 또 다른 방법은 합성함수 $f \circ g$를 구하는 것이다. 이런 사실은 다음 정리의 결과이다.

---

8 **정리** f가 b에서 연속이고 $\lim_{x \to a} g(x) = b$이면, $\lim_{x \to a} f(g(x)) = f(b)$이다. 바꿔 말하면 다음과 같다.

$$\lim_{x \to a} f(g(x)) = f\left(\lim_{x \to a} g(x) \right)$$

이 정리는 함수가 연속이고 극한이 존재하면, 극한 기호가 함수의 안으로 이동할 수 있음을 보여 준다. 바꿔 말하면 함수와 극한의 두 기호에 대한 순서를 바꿀 수 있다는 의미이다.

직관적으로 정리 **8**은 타당하다. 왜냐하면 x가 a에 가까이 접근하면 $g(x)$는 b에 가까이 접근하고 f가 b에서 연속이므로, $g(x)$가 b에 가까이 접근하면 $f(g(x))$는 $f(b)$에 가까이 접근하기 때문이다.

이제 $f(x) = \sqrt[n]{x}$ (n은 양의 정수)인 특수한 경우에 정리 **8**을 적용해 보자. 그러면 다음이 성립한다.

$$f(g(x)) = \sqrt[n]{g(x)}$$

$$f\left(\lim_{x \to a} g(x) \right) = \sqrt[n]{\lim_{x \to a} g(x)}$$

이제 이 표현을 정리 **8**에 넣으면 다음을 얻는다.

$$\lim_{x \to a} \sqrt[n]{g(x)} = \sqrt[n]{\lim_{x \to a} g(x)}$$

따라서 극한 법칙 7은 증명됐다. (제곱근이 존재한다고 가정한다.)

---

9 **정리** g가 a에서 연속이고 f가 $g(a)$에서 연속이면, $(f \circ g)(x) = f(g(x))$로 주어진 합성함수 $f \circ g$는 a에서 연속이다.

이 정리는 가끔 "연속함수의 연속함수는 연속함수이다."와 같이 비공식적인 말로 표현된다.

증명 g가 a에서 연속이기 때문에 다음이 성립한다.

$$\lim_{x \to a} g(x) = g(a)$$

한편 f가 $b = g(a)$에서 연속이기 때문에 정리 **8**을 적용하면 다음을 얻는다.

$$\lim_{x \to a} f(g(x)) = f(g(a))$$

이는 $h(x) = f(g(x))$가 a에서 연속이라는 뜻이다. 즉 $f \circ g$는 a에서 연속이다. $\qquad \blacksquare$

《예제 8》 다음 함수는 어디에서 연속인가?

(a) $h(x) = \sin(x^2)$ 　　　　　　　　　(b) $F(x) = \dfrac{1}{\sqrt{x^2 + 7} - 4}$

풀이

(a) $g(x) = x^2$이고 $f(x) = \sin x$이면 $h(x) = f(g(x))$가 된다. 그런데 g는 다항함수이므로 $\mathbb{R}$에서 연속이고, f는 모든 곳에서 연속이다. 그러므로 정리 **9**에 따라 $h = f \circ g$는 $\mathbb{R}$에서 연속이다.

(b) F는 네 개의 연속함수들의 합성으로 나타낼 수 있다.

$$F = f \circ g \circ h \circ k \quad \text{또는} \quad F(x) = f(g(h(k(x))))$$

여기서 $f(x) = \dfrac{1}{x}$, $g(x) = x - 4$, $h(x) = \sqrt{x}$, $k(x) = x^2 + 7$이다.

각 함수는 그들의 정의역에서 연속이므로(정리 **5**와 **7**에 따라), 정리 **9**에 따라 F는 다음과 같은 정의역에서 연속이다.

$$\{x \in \mathbb{R} \mid \sqrt{x^2 + 7} \ne 4\} = \{x \mid x \ne \pm 3\} = (-\infty, -3) \cup (-3, 3) \cup (3, \infty) \quad \blacksquare$$

■ 중간값 정리

연속함수의 중요한 성질 하나가 다음 정리인데, 그 증명은 고등 미적분학에서 다룬다.

10 중간값 정리 f가 폐구간 $[a, b]$에서 연속이고 N이 $f(a)$와 $f(b)$ 사이의 임의의 수라고 하자. 여기서 $f(a) \ne f(b)$이다. 그러면 $f(c) = N$을 만족하는 수 c가 (a, b)에 존재한다.

　중간값 정리는 연속함수가 $f(a)$와 $f(b)$ 사이의 모든 수들을 함숫값으로 가질 수 있음을 의미하고, 그림 7에 의해 설명된다. N은 한 개 [(a)의 경우] 또는 두 개 이상 [(b)의 경우] 택해질 수 있음에 주목하자.

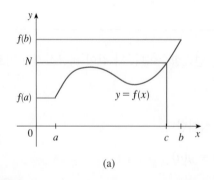
(a)

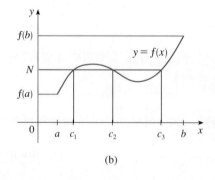
(b)

그림 7

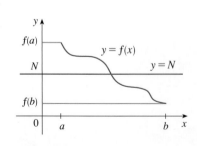

그림 8

　연속함수를 그 그래프에 구멍이나 단절이 없는 함수로 생각하면, 중간값 정리가 참임을 쉽게 믿을 수 있다. 기하학적으로 설명해 보면, 수평선 $y = N$이 그림 8에서와 같이 $y = f(a)$와 $y = f(b)$ 사이에 놓일 때 f의 그래프가 그 직선을 뛰어넘을 수 없음을 의미한다. f의 그래프는 $y = N$과 어디에서인가 만나야 한다.

이 정리 10 에서 함수 f가 연속임이 중요하다. 중간값 정리는 불연속함수에 대해서는 일반적으로 참이 아니다.

중간값 정리의 이용 중 하나는 다음 예제와 같이 방정식의 근의 위치를 정하는 데 이용된다.

《 예제 9 》 다음 방정식의 근이 1과 2 사이에 존재함을 보여라.

$$4x^3 - 6x^2 + 3x - 2 = 0$$

풀이 $f(x) = 4x^3 - 6x^2 + 3x - 2$로 두자. 주어진 방정식의 근, 즉 $f(c) = 0$을 만족하는 c를 1과 2 사이에서 구하고자 한다. 그러므로 정리 10 에서 $a = 1$, $b = 2$, $N = 0$으로 택하면 다음을 얻는다.

$$f(1) = 4 - 6 + 3 - 2 = -1 < 0$$
$$f(2) = 32 - 24 + 6 - 2 = 12 > 0$$

그러므로 $f(1) < 0 < f(2)$, 즉 $N = 0$이 $f(1)$과 $f(2)$ 사이의 수이다. 이제 f는 다항함수이므로 연속이고, 따라서 중간값 정리는 $f(c) = 0$을 만족하는 수 c가 1과 2 사이에 존재함을 말해 준다. 다시 말해서 방정식 $4x^3 - 6x^2 + 3x - 2 = 0$이 구간 $(1, 2)$에서 근 c를 갖는다.

사실 한 번 더 중간값 정리를 이용하면 더 정확한 근의 위치를 찾을 수 있다.

$$f(1.2) = -0.128 < 0, \qquad f(1.3) = 0.548 > 0$$

그러므로 근은 1.2와 1.3 사이에 있어야만 한다. 시행착오를 거듭하면서 계산기로 계산해 보면 다음을 얻을 수 있다.

$$f(1.22) = -0.007008 < 0, \qquad f(1.23) = 0.056068 > 0$$

따라서 근은 구간 $(1.22, 1.23)$에 놓여 있음을 알 수 있다. ■

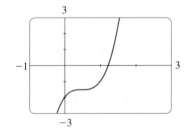

그림 9

그래픽 계산기나 컴퓨터를 이용해서 예제 9를 풀면 중간값 정리의 응용을 좀 더 쉽게 이해할 수 있다. 예를 들어 그림 9는 보기화면 $[-1, 3] \times [-3, 3]$에서 f의 그래프를 보여 주며, 이 그래프가 1과 2 사이에서 x축을 지나는 것을 알 수 있다. 그림 10은 보기화면 $[1.2, 1.3] \times [-0.2, 0.2]$로 확대한 결과를 보여 준다.

사실 중간값 정리는 이런 그래프를 그리는 작업에 중요한 역할을 한다. 컴퓨터는 그래프에 있는 유한 개의 점들의 값을 계산하고, 이 계산된 점을 포함하는 픽셀을 나타낸다. 함수가 연속이고 두 연속적인 점들 사이의 모든 중간값들에 대한 계산을 할 수 있다고 가정하자. 따라서 컴퓨터는 중간의 픽셀들을 옮겨 놓음으로써 픽셀들을 연결한다.

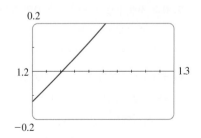

그림 10

1.8 │ 연습문제

1. 함수 f가 수 4에서 연속이라는 사실을 나타내는 방정식을 쓰라.

2. (a) f의 그래프로부터 f가 불연속인 수를 말하고 그 이유를 설명하라.

(b) (a)에서 구한 각 수에 대해 f가 오른쪽으로부터 연속인 지 왼쪽으로부터 연속인지 또는 어느 쪽으로부터 연속 도 아닌지를 조사하라.

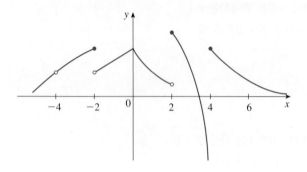

3. 함수 f의 그래프가 주어져 있다.

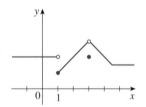

(a) 어떤 수 a에서 $\lim_{x \to a} f(x)$가 존재하지 않는가?

(b) 어떤 수 a에서 f가 연속이 아닌가?

(c) 어떤 수 a에서 $\lim_{x \to a} f(x)$가 존재하지만 f는 연속이 아닌 가?

4-5 $\mathbb{R}$에서 정의되고 언급된 불연속인 곳을 제외한 모든 곳에서 연속인 함수 f의 그래프를 그려라.

4. -2에서 제거 가능한 불연속, 2에서 무한 불연속

5. 0과 3에서 불연속이지만, 0의 오른쪽으로부터 그리고 3의 왼쪽으로부터 연속

---

6. 유료 도로에서 어느 구간을 달리는 데 부과되는 통행료 T 는 혼잡 시간(오전 7~10시, 오후 4~7시)에는 7달러, 나머 지 시간에는 5달러이다.

(a) 시간 t에 대한 함수 T의 그래프를 자정을 지난 시간을 단위로 그려라.

(b) 함수의 불연속과 이것이 도로를 이용하는 사람들에게 의미하는 바에 대해 설명하라.

7-8 연속의 정의와 극한의 성질을 이용해서 다음 함수가 주어 진 수 a에서 연속임을 보여라.

7. $f(x) = 3x^2 + (x+2)^5$, $a = -1$

8. $p(v) = 2\sqrt{3v^2 + 1}$, $a = 1$

---

9. 연속의 정의와 극한의 성질을 이용해서 함수 $f(x) = x + \sqrt{x - 4}$가 구간 $[4, \infty)$에서 연속임을 보 여라.

10-12 주어진 함수가 주어진 수 a에서 불연속인 이유를 설명하 라. 각 경우에 함수의 그래프를 그려라.

10. $f(x) = \dfrac{1}{x + 2}$, $a = -2$

11. $f(x) = \begin{cases} 1 - x^2, & x < 1 \\ 1/x, & x \geq 1 \end{cases}$, $a = 1$

12. $f(x) = \begin{cases} \cos x, & x < 0 \\ 0, & x = 0 \\ 1 - x^2 & x > 0 \end{cases}$, $a = 0$

---

13. 함수 $f(x) = \dfrac{x - 3}{x^2 - 9}$에 대해

(a) f가 $x = 3$에서 제거 가능한 불연속임을 보여라.

(b) f가 $x = 3$에서 연속이 되도록 (그러므로 불연속성이 제 거되게) $f(3)$을 다시 정의하라.

14-17 정리 ④, ⑤, ⑦, ⑨를 이용해서 주어진 함수가 그들의 정의역에 있는 모든 점에서 연속인 이유를 설명하라. 정의역을 구하라.

14. $f(x) = \dfrac{x^2}{\sqrt{x^4 + 2}}$ **15.** $h(t) = \dfrac{\cos(t^2)}{1 - t^2}$

16. $L(v) = v\sqrt{9 - v^2}$ **17.** $M(x) = \sqrt{1 + \dfrac{1}{x}}$

18-19 연속을 이용해서 다음 극한을 계산하라.

18. $\lim_{x \to 2} x\sqrt{20 - x^2}$ **19.** $\lim_{x \to \pi/4} x^2 \tan x$

20. 다음 함수의 불연속을 찾고 그래프로 설명하라.

$$f(x) = \frac{1}{\sqrt{1 - \sin x}}$$

21. 다음 함수 f가 $(-\infty, \infty)$에서 연속임을 보여라.

$$f(x) = \begin{cases} 1 - x^2 & x \leq 1 \\ \sqrt{x - 1} & x > 1 \end{cases}$$

22-23 함수 f가 불연속이 되는 수를 구하라. 이들 중 f의 어디에서 오른쪽, 왼쪽으로부터 연속이고 어디에서 오른쪽, 왼쪽으로부터 연속이 아닌가? f의 그래프를 그려라.

22. $f(x) = \begin{cases} x^2, & x < -1 \\ x, & -1 \leq x < 1 \\ 1/x, & x \geq 1 \end{cases}$

23. $f(x) = \begin{cases} x + 2, & x < 0 \\ 2x^2, & 0 \leq x \leq 1 \\ 2 - x, & x > 1 \end{cases}$

24. 다음 함수가 $(-\infty, \infty)$에서 연속이 되기 위한 상수 c를 구하라.

$$f(x) = \begin{cases} cx^2 + 2x & x < 2 \\ x^3 - cx & x \geq 2 \end{cases}$$

25. f와 g는 연속함수로서 $g(2) = 6$, $\lim\limits_{x \to 2} [3f(x) + f(x)\,g(x)] = 36$ 일 때 $f(2)$를 구하라.

26. 다음 함수 f 중 a에서 제거 가능한 불연속인 함수를 찾아라. 그 불연속이 제거 가능하다면 $x \neq a$에서 f와 일치하고 a에서 연속인 함수 g를 구하라.

(a) $f(x) = \dfrac{x^4 - 1}{x - 1}, \quad a = 1$

(b) $f(x) = \dfrac{x^3 - x^2 - 2x}{x - 2}, \quad a = 2$

(c) $f(x) = [\![\sin x]\!], \quad a = \pi$

27. $f(x) = x^2 + 10 \sin x$이면 $f(c) = 1000$을 만족하는 수 c가 존재함을 보여라.

28-29 중간값 정리를 이용해서 주어진 방정식의 근이 주어진 구간 내에 있음을 증명하라.

28. $-x^3 + 4x + 1 = 0, \quad (-1, 0)$

29. $\cos x = x, \quad (0, 1)$

30. $\cos x = x^3$에 대해

(a) 방정식이 적어도 하나의 실근을 가짐을 증명하라.

(b) 계산기를 이용해서 해를 포함하는 길이가 0.01인 구간을 구하라.

31. $x^5 - x^2 - 4 = 0$에 대해

(a) 방정식이 적어도 하나의 실근을 가짐을 증명하라.

(b) 그래프에 의해 소수점 아래 셋째자리까지 정확한 해를 구하라.

32. 그래프에 의하지 않고, $y = \sin x^3$이 구간 $(1, 2)$에서 적어도 두 개의 x 절편이 있음을 보여라.

33. f가 a에서 연속이 되기 위한 필요충분조건이 다음과 같음을 증명하라.

$$\lim_{h \to 0} f(a + h) = f(a)$$

34. 코사인함수는 연속함수임을 증명하라.

35. 정리 8을 이용해서 1.6절의 극한 법칙 6과 7을 증명하라.

36. 다음 함수가 연속이기 위한 x값을 구하라.

$$f(x) = \begin{cases} 0, & x\text{가 유리수} \\ 1, & x\text{가 무리수} \end{cases}$$

37. 다음 함수가 $(-\infty, \infty)$에서 연속임을 보여라.

$$f(x) = \begin{cases} x^4 \sin(1/x), & x \neq 0 \\ 0, & x = 0 \end{cases}$$

38. 티베트의 수도승은 오전 7시 수도원을 떠나서 평상시 다니던 경로로 산 정상까지 오후 7시에 도착한다. 다음 날 아침 그는 오전 7시 정상에서 출발해서 똑같은 경로로 오후 7시 수도원에 도착한다. 중간값 정리를 이용해서 경로에서 수도승이 이틀 동안 정확하게 똑같은 시간에 지나갈 수 있는 지점이 존재함을 보여라.

1   복습

개념 확인

1. (a) 함수란 무엇인가? 정의역과 치역이란?

   (b) 함수의 그래프란 무엇인가?

   (c) 주어진 곡선이 함수의 그래프인지 어떻게 알 수 있을까?

2. (a) 우함수란 무엇인가? 그래프에서 우함수인지 어떻게 알 수 있는가? 우함수의 예를 3개만 들라.

   (b) 기함수란 무엇인가? 그래프에서 기함수인지 어떻게 알 수 있는가? 기함수의 예를 3개만 들라.

3. 수학적 모형이란 무엇인가?

4. 동일한 좌표축 위에 다음 함수의 그래프를 손으로 그려라.

   (a) $f(x) = x$ (b) $g(x) = x^2$

   (c) $h(x) = x^3$ (d) $j(x) = x^4$

5. f의 정의역은 A, g의 정의역은 B라 하자.

   (a) $f + g$의 정의역은?

   (b) fg의 정의역은?

   (c) f/g의 정의역은?

6. f의 그래프가 주어져 있다고 하자. 다음과 같이 f로부터 얻어지는 각각의 그래프에 대한 방정식을 구하라.

   (a) 위로 2단위 이동

   (b) 아래로 2단위 이동

   (c) 오른쪽으로 2단위 이동

   (d) 왼쪽으로 2단위 이동

   (e) x축에 대해 대칭

   (f) y축에 대해 대칭

   (g) 수직 방향으로 2배 늘이기

   (h) 수직 방향으로 2배 줄이기

   (i) 수평 방향으로 2배 늘이기

   (j) 수평 방향으로 2배 줄이기

7. 극한이 존재하지 않는 경우를 몇 가지 방법으로 제시하고 그림을 그려 설명하라.

8. 다음 극한 법칙을 서술하라.

   (a) 합의 법칙   (b) 차의 법칙

   (c) 상수곱의 법칙   (d) 곱의 법칙

   (e) 몫의 법칙   (f) 거듭제곱의 법칙

   (g) 거듭제곱근의 법칙

9. (a) f가 a에서 연속이라는 의미는 무엇인가?

   (b) f가 $(-\infty, \infty)$에서 연속이라는 의미는 무엇인가? 그런 함수의 그래프에 대해 어떻게 말할 수 있는가?

10. 중간값 정리에 대해 설명하라.

참·거짓 퀴즈

다음 명제가 참인지 거짓인지 판별하라. 참이면 이유를 설명하고, 거짓이면 이유를 설명하거나 반례를 들라.

1. f가 함수이면 $f(s + t) = f(s) + f(t)$이다.

2. f가 함수이면 $f(3x) = 3f(x)$이다.

3. 수직선은 함수의 그래프와 많아야 한 번 만난다.

4. $\lim\limits_{x \to 4} \left(\dfrac{2x}{x - 4} - \dfrac{8}{x - 4} \right) = \lim\limits_{x \to 4} \dfrac{2x}{x - 4} - \lim\limits_{x \to 4} \dfrac{8}{x - 4}$

5. $\lim\limits_{x \to 1} \dfrac{x - 3}{x^2 + 2x - 4} = \dfrac{\lim\limits_{x \to 1} (x - 3)}{\lim\limits_{x \to 1} (x^2 + 2x - 4)}$

6. $\lim\limits_{x \to 3} \dfrac{x^2 - 9}{x - 3} = \lim\limits_{x \to 3} (x + 3)$

7. $\lim\limits_{x \to 5} f(x) = 0$이고 $\lim\limits_{x \to 5} g(x) = 0$이면 $\lim\limits_{x \to 5} [f(x)/g(x)]$는 존재하지 않는다.

8. $\lim\limits_{x \to a} f(x)$가 존재하고 $\lim\limits_{x \to a} g(x)$가 존재하지 않으면 $\lim\limits_{x \to a} [f(x) + g(x)]$는 존재하지 않는다.

9. p가 다항 함수이면 $\lim\limits_{x \to b} p(x) = p(b)$이다.

10. 직선 $x = 1$이 $y = f(x)$의 수직점근선이면 f는 1에서 정의되지 않는다.

11. f가 5에서 연속이고 $f(5) = 2$, $f(4) = 3$이면

$\lim_{x \to 2} f(4x^2 - 11) = 2$이다.

12. f가 $\lim_{x \to 0} f(x) = 6$인 함수라고 할 때 $0 < |x| < \delta$이면 $|f(x) - 6| < 1$인 양수 δ가 존재한다.

13. 방정식 $x^{10} - 10x^2 + 5 = 0$이 구간 $(0, 2)$에서 하나의 근을 갖는다.

14. $|f|$가 a에서 연속이면 f도 a에서 연속이다.

복습문제

1. 함수 f의 그래프가 다음과 같이 주어져 있다.

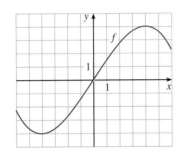

  (a) $f(2)$를 구하라.

  (b) $f(x) = 3$인 x를 구하라.

  (c) f의 정의역을 말하라.

  (d) f의 치역을 말하라.

  (e) f가 증가하는 구간을 말하라.

  (f) f는 우함수인지 기함수인지 아니면 어느 것도 아닌지 설명하라.

2. $f(x) = x^2 - 2x + 3$일 때 $\dfrac{f(a + h) - f(a)}{h}$를 구하라.

3-4 다음 함수의 정의역과 치역을 구하고, 구간으로 표시하라.

3. $f(x) = \dfrac{2}{3x - 1}$ **4.** $y = 1 + \sin x$

5. f의 그래프가 주어져 있다고 하자. 다음 함수들의 그래프는 f의 그래프로부터 어떻게 구할 수 있는지 설명하라.

  (a) $y = f(x) + 5$ (b) $y = f(x + 5)$

  (c) $y = 1 + 2f(x)$ (d) $y = f(x - 2) - 2$

  (e) $y = -f(x)$ (f) $y = 3 - f(x)$

6-8 변환을 이용해서 함수의 그래프를 그려라.

6. $f(x) = x^3 + 2$ **7.** $y = \sqrt{x + 2}$

8. $g(x) = 1 + \cos 2x$

9. f가 우함수인지 기함수인지 어느 것도 아닌지 말하라.

  (a) $f(x) = 2x^5 - 3x^2 + 2$ (b) $f(x) = x^3 - x^7$

  (c) $f(x) = 1 - \cos 2x$ (d) $f(x) = 1 + \sin x$

  (e) $f(x) = (x + 1)^2$

10. $f(x) = \sqrt{x}$이고 $g(x) = \sin x$일 때 (a) $f \circ g$, (b) $g \circ f$, (c) $f \circ f$, (d) $g \circ g$를 구하고 각각의 정의역을 말하라.

11. 최근 수십 년 동안 기대 수명이 크게 향상되었다. 표는 미국에서 태어난 남성의 출생시(년) 기태 수명은 나타낸다. 분산도를 이용해서 적절한 유형의 모형을 선택하라. 모형을 이용해서 2030년에 태어난 남성의 수명을 예측하라.

출생 연도	기대 수명	출생 연도	기대 수명
1900	48.3	1960	66.6
1910	51.1	1970	67.1
1920	55.2	1980	70.0
1930	57.4	1990	71.8
1940	62.5	2000	73.0
1950	65.6	2010	76.2

12. 함수 f의 그래프가 다음과 같이 주어져 있다.

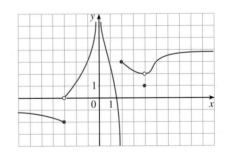

  (a) 아래 각 극한을 구하거나 존재하지 않는 이유를 설명하라.

    (i) $\lim_{x \to 2^+} f(x)$ (ii) $\lim_{x \to -3^+} f(x)$

    (iii) $\lim_{x \to -3} f(x)$ (iv) $\lim_{x \to 4} f(x)$

    (v) $\lim_{x \to 0} f(x)$ (vi) $\lim_{x \to 2^-} f(x)$

  (b) 수직점근선의 방정식을 구하라.

  (c) f가 불연속인 수들을 구하고 설명하라.

13-19 다음 극한을 구하라.

13. $\displaystyle\lim_{x\to 0}\cos(x^3+3x)$

14. $\displaystyle\lim_{x\to -3}\frac{x^2-9}{x^2+2x-3}$

15. $\displaystyle\lim_{h\to 0}\frac{(h-1)^3+1}{h}$

16. $\displaystyle\lim_{r\to 9}\frac{\sqrt{r}}{(r-9)^4}$

17. $\displaystyle\lim_{r\to -1}\frac{r^2-3r-4}{4r^2+r-3}$

18. $\displaystyle\lim_{s\to 16}\frac{4-\sqrt{s}}{s-16}$

19. $\displaystyle\lim_{x\to 0}\frac{1-\sqrt{1-x^2}}{x}$

---

20. $0<x<3$에서 $2x-1\le f(x)\le x^2$이다. $\displaystyle\lim_{x\to 1}f(x)$를 구하라.

21-22 극한의 엄밀한 정의를 이용해서 다음 명제들을 증명하라.

21. $\displaystyle\lim_{x\to 2}(14-5x)=4$

22. $\displaystyle\lim_{x\to 2}(x^2-3x)=-2$

---

23. $f(x)=\begin{cases}\sqrt{-x}, & x<0 \\ 3-x, & 0\le x<3 \\ (x-3)^2, & x>3\end{cases}$일 때

(a) 다음 극한이 존재하면 구하라.

(i) $\displaystyle\lim_{x\to 0^+}f(x)$ (ii) $\displaystyle\lim_{x\to 0^-}f(x)$

(iii) $\displaystyle\lim_{x\to 0}f(x)$ (iv) $\displaystyle\lim_{x\to 3^-}f(x)$

(v) $\displaystyle\lim_{x\to 3^+}f(x)$ (vi) $\displaystyle\lim_{x\to 3}f(x)$

(b) f는 어디에서 불연속인가?

(c) f의 그래프를 그려라.

24. 다음 함수가 정의역에서 연속임을 보여라. 정의역을 말하라.

$$h(x)=\sqrt[4]{x}+x^3\cos x$$

25. 중간값 정리를 사용하여, 주어진 구간에서 방정식의 해가 있음을 보여라.

$$x^5-x^3+3x-5=0, \quad (1,2)$$

26. $\displaystyle\lim_{x\to a}g(x)=0$이 되는 모든 x에 대해 $|f(x)|\le g(x)$라 할 때, $\displaystyle\lim_{x\to a}f(x)$를 구하라.

물체가 높은 곳에서 떨어질 때 더 빨리 떨어진다는 것을 알고 있다. 갈릴레오는 물체가 떨어진 거리가 경과 시간의 제곱에 비례한다는 것을 발견했다. 미적분은 임의의 시각에서 물체의 정확한 속도를 계산할 수 있게 한다. 2.1 연습문제 6에서 잠수부가 절벽에서 바다로 뛰어들 때의 속도를 결정하게 된다.

Icealex / Shutterstock.com

2 도함수
Derivatives

이 장에서는 하나의 양이 또 다른 양에 관해 어떻게 변하는가에 관심을 가지는 미분학의 연구를 시작한다. 미분학의 중심 개념은 1장에서 다룬 접선의 기울기와 속도의 결과인 도함수이다. 도함수를 계산하는 방법을 배운 후에, 도함수를 이용해서 변화율과 함수의 근삿값을 포함하는 여러 가지 문제를 해결할 것이다.

2.1 | 도함수와 변화율

1장에서 극한을 정의했고 극한을 계산하는 방법을 배웠다. 1.4절에서 다룬 접선과 속도를 구하는 문제를 다시 살펴본다. 이 특별한 형태의 극한을 **도함수**라고 하며, 자연과학이나 사회과학 또는 공학에서는 변화율로 이해될 수 있다.

■ 접선

방정식 $y = f(x)$로 주어진 곡선 C에 대해, 점 $P(a, f(a))$에서 곡선 C의 접선을 구하기 위해 부근의 점 $Q(x, f(x))$ (단, $x \neq a$)를 잡고 할선 PQ의 기울기를 계산한다(1.4절 참조).

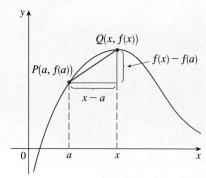

$$m_{PQ} = \frac{f(x) - f(a)}{x - a}$$

x가 a에 접근함에 따라 Q가 곡선 C를 따라 P에 접근한다고 하자. 이때 m_{PQ}가 수 m에 접근하면, 접선 ℓ는 점 P를 지나며 기울기가 m인 직선으로 정의한다. (접선은 Q가 P에 접근할 때 할선 PQ의 극한이다. 그림 1 참조)

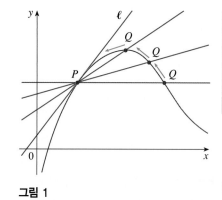

그림 1

> **1** **정의** 점 $P(a, f(a))$에서 곡선 $y = f(x)$의 **접선**(tangent line)은 다음이 존재하면, 점 P를 지나며 기울기가 m인 직선이다.
>
> $$m = \lim_{x \to a} \frac{f(x) - f(a)}{x - a}$$

1.4절의 예제 1에서 했던 추측을 다음 예제에서 확정한다.

《예제 1》 $P(1, 1)$에서 포물선 $y = x^2$의 접선의 방정식을 구하라.

풀이 $a = 1$이고 $f(x) = x^2$이다. 따라서 기울기는 다음과 같다.

$$m = \lim_{x \to 1} \frac{f(x) - f(1)}{x - 1} = \lim_{x \to 1} \frac{x^2 - 1}{x - 1}$$

$$= \lim_{x \to 1} \frac{(x - 1)(x + 1)}{x - 1}$$

$$= \lim_{x \to 1} (x + 1) = 1 + 1 = 2$$

점 (x_1, y_1)을 지나고 기울기가 m인 점-기울기형 직선의 방정식:

$$y - y_1 = m(x - x_1)$$

점-기울기형 직선의 방정식을 이용하면, 점 $(1, 1)$에서 접선의 방정식은 다음과 같다.

$$y - 1 = 2(x - 1), \quad \text{즉 } y = 2x - 1 \qquad ■$$

곡선 위의 한 점에서 접선의 기울기를 그 점에서 **곡선의 기울기**(slope of the curve)라 부르기도 하는데, 이는 그 점을 향해 충분히 확대하면 곡선이 거의 직선으

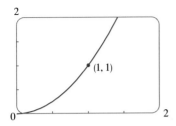 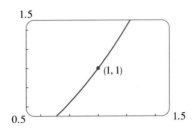 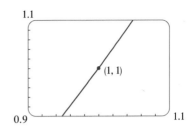

그림 2 포물선 $y = x^2$ 위의 점 $(1, 1)$을 향해 확대

로 보이기 때문이다. 그림 2에서 예제 1의 곡선 $y = x^2$에 대한 이 과정을 볼 수 있다. 더 확대할수록 포물선이 직선으로 보인다. 다시 말해 곡선은 접선과 거의 구별할 수 없게 된다.

때때로 좀 더 사용하기 쉬운 접선의 기울기를 표현하는 방법이 있다. $h = x - a$이면 $x = a + h$이므로 할선 PQ의 기울기는 다음과 같다.

$$m_{PQ} = \frac{f(a + h) - f(a)}{h}$$

(그림 3에서 $h > 0$인 경우를 설명하며, 이때 점 Q가 점 P의 오른쪽에 있다. 그러나 $h < 0$이면 점 Q가 점 P의 왼쪽에 있다.)

x가 a에 접근함에 따라 $h = x - a$이므로 h는 0에 접근하고, 따라서 정의 **1**에서의 접선의 기울기는 다음과 같다.

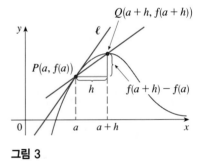

그림 3

2
$$m = \lim_{h \to 0} \frac{f(a + h) - f(a)}{h}$$

《예제 2》 점 $(3, 1)$에서 쌍곡선 $y = 3/x$의 접선의 방정식을 구하라.

풀이 $f(x) = 3/x$이라 하자. 식 **2**에 의해 점 $(3, 1)$에서 접선의 기울기는 다음과 같다.

$$m = \lim_{h \to 0} \frac{f(3 + h) - f(3)}{h}$$

$$= \lim_{h \to 0} \frac{\dfrac{3}{3 + h} - 1}{h} = \lim_{h \to 0} \frac{\dfrac{3 - (3 + h)}{3 + h}}{h}$$

$$= \lim_{h \to 0} \frac{-h}{h(3 + h)} = \lim_{h \to 0} -\frac{1}{3 + h} = -\frac{1}{3}$$

그러므로 점 $(3, 1)$에서 접선의 방정식은 다음과 같다.

$$y - 1 = -\tfrac{1}{3}(x - 3)$$

간단히 하면 다음과 같다.

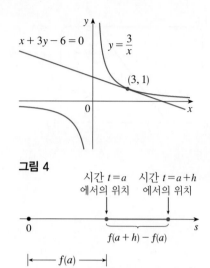

그림 4

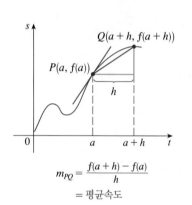

그림 5

$$m_{PQ} = \frac{f(a+h) - f(a)}{h}$$
= 평균속도

그림 6

1.4절로부터 t초 후 떨어진 거리는 $4.9t^2$(m)이다.

$$x + 3y - 6 = 0$$

쌍곡선과 그 접선은 그림 4와 같다. ■

■ 속도

1.4절에서 CN 타워에서 떨어지는 공의 움직임을 살펴봤고, 그 속도를 매우 짧은 시간 동안의 평균 속도의 극한으로 정의했다.

일반적으로 물체가 운동방정식 $s = f(t)$로 직선을 따라 움직인다고 하자. 여기서 s가 시각 t에서 원점으로부터 물체의 변위(유향거리)일 때 이 운동을 나타내는 함수 f를 물체의 **위치함수**(position function)라 한다. $t = a$에서 $t = a + h$까지 시간 구간에서 위치의 변화는 $f(a+h) - f(a)$이다(그림 5 참조).

이 시간 구간에서 평균 속도는 다음과 같다.

$$평균\ 속도 = \frac{변위}{시간} = \frac{f(a+h) - f(a)}{h}$$

이는 그림 6에서 할선 PQ의 기울기와 같다.

이제 더 짧은 시간 구간 $[a, a+h]$에서 평균 속도를 계산한다고 하자. 즉 h가 0에 접근한다고 하자. 떨어지는 공의 예에서 봤듯이, 시각 $t = a$에서의 **속도**(velocity) [또는 **순간 속도**(instantaneous velocity)] $v(a)$를 다음과 같이 평균 속도의 극한으로 정의한다.

---

3 정의 위치함수가 $f(t)$인 물체의 $t = a$에서의 **순간 속도**는 극한이 존재할 때

$$v(a) = \lim_{h \to 0} \frac{f(a+h) - f(a)}{h}$$

이다.

이것은 시각 $t = a$에서의 속도가 P에서의 접선의 기울기와 같음을 의미한다. (식 **2**와 정의 **3**을 비교해 보자.)

이제 극한을 구하는 방법을 알고 있으므로 떨어지는 공 문제를 다시 생각해 보자.

《예제 3》 지상 450 m 높이의 CN 타워 전망대에서 떨어지는 공을 생각해 보자.

(a) 5초 후의 공의 속도를 구하라.

(b) 공이 땅에 닿는 순간의 속도를 구하라.

풀이 $t = 5$일 때와 공이 땅에 닿는 순간의 속도를 구해야 하므로 일반적인 시각 $t = a$에서 속도를 구하는 것으로 시작해도 충분하다. 운동방정식 $s = f(t) = 4.9t^2$을 이용해서 다음을 얻을 수 있다.

$$v(a) = \lim_{h \to 0} \frac{f(a + h) - f(a)}{h} = \lim_{h \to 0} \frac{4.9(a + h)^2 - 4.9a^2}{h}$$

$$= \lim_{h \to 0} \frac{4.9(a^2 + 2ah + h^2 - a^2)}{h} = \lim_{h \to 0} \frac{4.9(2ah + h^2)}{h}$$

$$= \lim_{h \to 0} \frac{4.9h(2a + h)}{h} = \lim_{h \to 0} 4.9(2a + h) = 9.8a$$

(a) 5초 후의 속도는 $v(5) = (9.8)(5) = 49$ m/s이다.

(b) 전망대가 지상에서 450 m 위에 있으므로, 시각 t에 땅에 닿는다면 $s(t) = 450$이므로 다음과 같다.

$$4.9t^2 = 450$$

$$t^2 = \frac{450}{4.9}, \quad 즉 \quad t = \sqrt{\frac{450}{4.9}} \approx 9.6초$$

그러므로 공이 땅에 닿을 때의 속도는 다음과 같다.

$$v\left(\sqrt{\frac{450}{4.9}}\right) = 9.8\sqrt{\frac{450}{4.9}} \approx 94 \text{ m/s} \qquad \blacksquare$$

■ 미분계수

접선의 기울기(식 $\boxed{2}$)를 구하거나 물체의 속도(정의 $\boxed{3}$)를 구할 때, 같은 형태의 극한이 나타남을 알았다. 실제로 다음과 같은 종류의 극한은 과학이나 공학에서 변화율을 계산할 때마다 나타난다.

$$\lim_{h \to 0} \frac{f(a + h) - f(a)}{h}$$

보통 화학에서는 반응률, 경제학에서는 한계비용에서 나타난다. 이런 유형의 극한은 매우 폭넓게 나타나므로 특별한 명칭과 기호를 부여한다.

> $\boxed{4}$ **정의**   다음 극한이 존재하면, **수 a에서 함수 f의 미분계수**라 하고, $f'(a)$로 나타낸다.
>
> $$f'(a) = \lim_{h \to 0} \frac{f(a + h) - f(a)}{h}$$

$f'(a)$는 'f 프라임 a'라고 읽는다.

이제 $x = a + h$로 놓으면, $h = x - a$이고 $h \to 0$이기 위한 필요충분조건은 $x \to a$이다. 따라서 미분계수의 정의는 접선을 구할 때 보았듯이 (정의 $\boxed{1}$ 참조) 다음과 같이 나타낼 수 있다.

$\boxed{5}$

$$f'(a) = \lim_{x \to a} \frac{f(x) - f(a)}{x - a}$$

《예제 4》 정의 $\boxed{4}$를 이용하여 a에서 함수 $f(x) = x^2 - 8x + 9$의 (a) 2에서 (b) a에서 미분계수를 구하라.

$\boxed{\text{풀이}}$

정의 $\boxed{4}$와 $\boxed{5}$는 같으므로 미분계수를 구할 때 어느 것을 사용해도 좋다. 실제로 정의 $\boxed{4}$는 더 간단한 계산을 이끌어낸다.

(a) 정의 $\boxed{4}$로부터 다음을 얻는다.

$$f'(2) = \lim_{h \to 0} \frac{f(2 + h) - f(2)}{h}$$

$$= \lim_{h \to 0} \frac{(2 + h)^2 - 8(2 + h) + 9 - (-3)}{h}$$

$$= \lim_{h \to 0} \frac{4 + 4h + h^2 - 16 - 8h + 9 + 3}{h}$$

$$= \lim_{h \to 0} \frac{h^2 - 4h}{h} = \lim_{h \to 0} \frac{h(h - 4)}{h} = \lim_{h \to 0} (h - 4) = -4$$

(b)

$$f'(a) = \lim_{h \to 0} \frac{f(a + h) - f(a)}{h}$$

$$= \lim_{h \to 0} \frac{[(a + h)^2 - 8(a + h) + 9] - [a^2 - 8a + 9]}{h}$$

$$= \lim_{h \to 0} \frac{a^2 + 2ah + h^2 - 8a - 8h + 9 - a^2 + 8a - 9}{h}$$

$$= \lim_{h \to 0} \frac{2ah + h^2 - 8h}{h} = \lim_{h \to 0} (2a + h - 8) = 2a - 8$$

(a)를 확인하기 위해 $a = 2$라 하면 $f'(2) = 2(2) - 8 = -4$이다.   ■

《예제 5》 식 $\boxed{5}$를 이용해서 수 $a(a > 0)$에서 함수 $f(x) = 1/\sqrt{x}$의 미분계수를 구하라.

$\boxed{\text{풀이}}$ 식 $\boxed{5}$로부터 다음을 얻는다.

$$f'(a) = \lim_{x \to a} \frac{f(x) - f(a)}{x - a}$$

$$= \lim_{x \to a} \frac{\dfrac{1}{\sqrt{x}} - \dfrac{1}{\sqrt{a}}}{x - a} = \lim_{x \to a} \frac{\dfrac{1}{\sqrt{x}} - \dfrac{1}{\sqrt{a}}}{x - a} \cdot \frac{\sqrt{x}\,\sqrt{a}}{\sqrt{x}\,\sqrt{a}}$$

$$= \lim_{x \to a} \frac{\sqrt{a} - \sqrt{x}}{\sqrt{ax}\,(x - a)} = \lim_{x \to a} \frac{\sqrt{a} - \sqrt{x}}{\sqrt{ax}\,(x - a)} \cdot \frac{\sqrt{a} + \sqrt{x}}{\sqrt{a} + \sqrt{x}}$$

$$= \lim_{x \to a} \frac{-(x - a)}{\sqrt{ax}\,(x - a)(\sqrt{a} + \sqrt{x})} = \lim_{x \to a} \frac{-1}{\sqrt{ax}\,(\sqrt{a} + \sqrt{x})}$$

$$= \frac{-1}{\sqrt{a^2}\,(\sqrt{a} + \sqrt{a})} = \frac{-1}{a \cdot 2\sqrt{a}} = -\frac{1}{2a^{3/2}}$$

정의 4를 사용하여 동일한 결과를 제공하는지 확인할 수 있다. ■

점 $P(a, f(a))$에서 곡선 $y = f(x)$에 대한 접선은 점 P를 지나고 식 1 또는 2에서 주어진 기울기 m을 갖는 직선으로 정의했다. 한편 정의 4(그리고 식 5)에 따라 이 기울기는 미분계수 $f'(a)$와 같으므로, 다음과 같이 말할 수 있다.

> $(a, f(a))$에서 $y = f(x)$의 접선은 $(a, f(a))$를 지나고 a에서 f의 미분계수 $f'(a)$를 기울기로 갖는 직선이다.

점-기울기형 직선의 방정식을 이용하면, 점 $(a, f(a))$에서 곡선 $y = f(x)$의 접선의 방정식은 다음과 같이 쓸 수 있다.

$$y - f(a) = f'(a)(x - a)$$

《예제 6》 포물선 $y = x^2 - 8x + 9$의 점 $(3, -6)$에서 접선의 방정식을 구하라.

풀이 예제 4(b)로부터 수 a에서 $f(x) = x^2 - 8x + 9$의 미분계수는 $f'(a) = 2a - 8$임을 안다. 따라서 $(3, -6)$에서 접선의 기울기는 $f'(3) = 2(3) - 8 = -2$이고, 그림 7에서 보는 바와 같이 접선의 방정식은 다음과 같다.

$$y - (-6) = (-2)(x - 3), \quad 즉 \quad y = -2x$$ ■

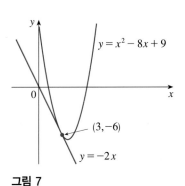

그림 7

■ 변화율

y가 어떤 양 x에 의해 결정되는 양이라 하자. 그러므로 y는 x에 대한 함수이고 $y = f(x)$로 쓸 수 있다. x가 x_1에서 x_2까지 변하면 x의 변화[x의 **증분**(increment)]는 다음과 같다.

$$\Delta x = x_2 - x_1$$

이에 따른 y의 변화는 다음과 같다.

$$\Delta y = f(x_2) - f(x_1)$$

구간 $[x_1, x_2]$에서 **x에 대한 y의 평균변화율**(average rate of change)을 다음과 같이 나타낸다.

$$\frac{\Delta y}{\Delta x} = \frac{f(x_2) - f(x_1)}{x_2 - x_1}$$

이것은 그림 8에서 할선 PQ의 기울기로 설명된다.

속도에서와 마찬가지로 x_2가 x_1에 접근할 때, 즉 Δx가 0에 접근할 때 점점 더 작은 구간들에 대한 평균변화율을 생각하자. 이 평균변화율의 극한을 $x = x_1$에서 **x에**

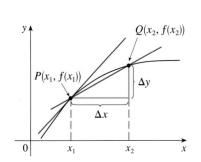

평균변화율 $= m_{PQ}$
순간변화율 $=$ P에서 접선의 기울기

그림 8

대한 y의 **(순간)변화율**[(instantaneous) rate of change]이라고 하는데, (속도의 경우와 같이) 이것은 $P(x_1, f(x_1))$에서 곡선 $y = f(x)$의 접선의 기울기로 설명된다.

$$\boxed{6} \qquad \text{순간변화율} = \lim_{\Delta x \to 0} \frac{\Delta y}{\Delta x} = \lim_{x_2 \to x_1} \frac{f(x_2) - f(x_1)}{x_2 - x_1}$$

이 극한은 f의 미분계수 $f'(x_1)$이다.

미분계수 $f'(a)$에 대한 한 해석으로 $x = a$에서 곡선 $y = f(x)$에 대한 접선의 기울기라는 것을 알고 있다. 이제 미분계수에 대해 두 번째로 해석해 보자.

미분계수 $f'(a)$는 $x = a$일 때 x에 대한 $y = f(x)$의 순간변화율이다.

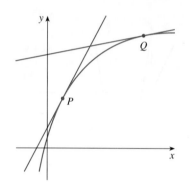

그림 9 y값은 점 P에서 빠르고, Q에서는 느리게 변한다.

이런 해석은 첫 번째 해석과 관련해서 함수 $y = f(x)$의 그래프를 그려보면, $x = a$에서 순간변화율은 이 곡선에서 접선의 기울기와 같다는 것이다. 이것은 (그림 9의 점 P에서처럼) 미분계수가 크면(따라서 곡선이 가파르면), y값은 빠르게 변함을 뜻한다. 미분계수가 작을 때(점 Q처럼) 곡선은 상대적으로 평평하고 y값은 느리게 변한다.

특히 $s = f(t)$가 직선을 따라 움직이는 물체의 위치함수라고 하면, $f'(a)$는 시각 t에 대한 변위 s의 변화율이다. 다시 말해 $f'(a)$는 시각 $t = a$에서 **입자의 속도**이다. 그리고 입자의 **속력**(speed)은 속도의 절댓값 $|f'(a)|$이다.

다음 예제에서 말로 정의된 함수의 미분계수의 의미를 논의할 것이다.

《예제 7》 제조업자가 너비가 일정한 직물 원단을 생산한다. 이 원단을 $x(\text{m})$ 생산하는 데 드는 비용은 $C = f(x)$ 달러이다.

(a) 미분계수 $f'(x)$의 의미는 무엇인가? 이것의 단위는 무엇인가?

(b) 실제로 $f'(1000) = 9$가 의미하는 것은 무엇인가?

(c) $f'(50)$이나 $f'(500)$ 중 어느 것이 더 크다고 생각하는가? $f'(5000)$은 어떤가?

풀이

(a) 미분계수 $f'(x)$는 x에 관한 C의 순간변화율이다. 즉 $f'(x)$는 생산되는 미터의 수에 대한 생산비의 변화율을 의미한다. (경제학에서는 이 변화율을 **한계비용**이라 한다. 이런 사고는 3.7절과 4.7절에서 더 자세히 논의하겠다.)

$$f'(x) = \lim_{\Delta x \to 0} \frac{\Delta C}{\Delta x}$$

이므로 $f'(x)$에 대한 단위는 차분몫 $\Delta C/\Delta x$에 대한 단위와 같다. ΔC가 달러, Δx가 m로 측정되므로, $f'(x)$에 대한 단위는 달러/m이다.

(b) $f'(1000) = 9$가 뜻하는 것은 원단 1000 m를 생산할 때 생산비의 증가율이 9달러/m라는 것이다. ($x = 1000$일 때 C는 x보다 9배 빠르게 증가한다.)

$\Delta x = 1$은 $x = 1000$에 비해 작으므로, 다음 근사식을 이용할 수 있다.

$$f'(1000) \approx \frac{\Delta C}{\Delta x} = \frac{\Delta C}{1} = \Delta C$$

1000 m(또는 1001 m)를 생산하는 데 드는 비용은 약 9달러이다.

(c) 미터당 생산비가 증가하는 비율은 규모의 경제에 따라 (제조업자는 제품에 대한 고정비용을 더 효율적으로 이용한다) $x = 50$일 때보다 $x = 500$일 때 아마도 더 낮을 것이다. (500번째 미터당 생산비가 50번째 미터당 생산비보다 덜 들 것이다). 따라서 다음이 성립한다.

$$f'(50) > f'(500)$$

그러나 생산이 증가함에 따라 결과적으로 나오는 대규모 작업은 비효율적이 되고 시간외 비용이 발생할 수 있다. 따라서 비용의 증가율은 궁극적으로 상승하기 시작할 가능성이 있다. 그러므로 다음과 같은 현상이 나타날 수 있다.

$$f'(5000) > f'(500)$$ ■

다음 예제에서 시간에 따른 국가 부채 변화율을 추정한다. 여기서 함수는 식이 아니라 값의 표에 의해 정의된다.

여기서 비용함수는 합리적으로 움직인다고 가정한다. 즉 $C(x)$는 $x = 1000$ 부근에서 급격히 변하지 않는다.

《 **예제 8** 》 $D(t)$를 시각 t에서의 캐나다의 국가 부채라 하자. 표는 2000년부터 2016년까지 연도의 중간에서 추정한 함수의 근삿값을 10억 달러 단위로 나타낸 것이다. $D'(2008)$의 값을 설명하고 추정하라.

t	$D(t)$
2000	5662.2
2004	7596.1
2008	10,699.8
2012	16,432.7
2016	19,976.8

Source: US Dept. of the Treasury

풀이 미분계수 $D'(2008)$은 $t = 2008$일 때 t에 대한 D의 변화율, 즉 2008년의 국가 부채 증가율을 뜻한다. 식 **5**에 따라 다음을 얻는다.

$$D'(2008) = \lim_{t \to 2008} \frac{D(t) - D(2008)}{t - 2008}$$

이 값을 추정하는 한 가지 방법은 다음 표에서 보인 것과 같이 차분몫을 계산하여 다른 시간 구간에서 평균변화율을 비교하는 것이다.

t	시간 간격	평균변화율 $= \dfrac{D(t) - D(2008)}{t - 2008}$
2000	[2000, 2008]	629.7
2004	[2004, 2008]	775.93
2012	[2008, 2012]	1433.23
2016	[2008, 2016]	1159.63

표로부터 $D'(2008)$은 연간 775.93에서 1433.23(십억)달러 사이 어디엔가 있음을 안다. (여기서 부채는 2004년에서 2012년 사이에 급격하게 변동되지 않는다는 합리적인 가정을 하고 있다.) 2008년의 미국 국가 부채 변화율은 다음과 같이 이 두 수의 평균으로 추정한다.

단위에 대한 보충설명
평균변화율 $\Delta D/\Delta t$의 단위는 ΔD의 단위를 Δt의 단위로 나눈 것이다. 즉 연간 10억 달러이다. 순간변화율은 평균변화율의 극한이므로 같은 단위 10억 달러/년을 쓴다.

$$D'(2008) \approx 1105(\text{십억})\text{달러/년}$$

또 다른 방법으로 부채함수의 그래프를 그리고 $t = 2008$일 때 접선의 기울기를 구하는 것이다. ■

예제 3, 7, 8에서 변화율에 대한 특별한 경우를 살펴봤다. 입자의 속도는 시간에 대한 변위의 변화율이고, 한계비용은 생산된 제품의 수에 대한 생산비의 변화율이다. 시간에 대한 부채의 변화율은 경제학에서 관심거리이다. 여기서 변화율에 대한 다른 예를 들어보자. 물리학에서는 시간에 대한 일의 변화율을 **일률**이라 한다. 화학반응을 연구하는 화학자는 시간에 대한 반응물의 농도에 대한 변화율(**반응률**)에 관심을 갖는다. 생물학자는 시간에 따른 박테리아 집단의 개체수의 변화율에 관심을 갖는다. 실제로 변화율의 계산은 모든 자연과학, 공학 심지어 사회과학에서조차 중요하다. 더 많은 예는 2.7절에서 제시한다.

모든 변화율은 도함수이며 접선의 기울기로 해석할 수 있다. 이것은 접선 문제들의 해법에서 중요하다. 접선을 포함하는 모든 문제가 기하적으로 문제를 해결하는 것과 같지는 않다. 사실상 과학과 공학에서는 변화율을 포함하는 대단히 다양한 문제들의 해법을 구하고 있다.

2.1 │ 연습문제

1. 곡선의 방정식이 $y = f(x)$이다.
  (a) 점 $P(3, f(3))$과 점 $Q(x, f(x))$를 지나는 할선의 기울기를 구하라.
  (b) 점 P에서 접선의 기울기에 대한 식을 구하라.

2. (a) 점 $(-1, -2)$에서 포물선 $y = x^2 + 3x$의 접선의 기울기를 구하라.
  (i) 정의 $\boxed{1}$을 이용한다.
  (ii) 식 $\boxed{2}$를 이용한다.
  (b) (a)에서 접선의 방정식을 구하라.
  (c) 포물선과 접선의 그래프를 그려라. 포물선과 접선이 구별되지 않을 때까지 점 $(-1, -2)$를 향해 확대한다.

3-4 주어진 점에서 곡선에 대한 접선의 방정식을 구하라.

3. $y = 2x^2 - 5x + 1$, $(3, 4)$

4. $y = \dfrac{x+2}{x-3}$, $(2, -4)$

5. (a) 점 $x = a$에서 곡선 $y = 3 + 4x^2 - 2x^3$의 접선의 기울기를 구하라.
  (b) 점 $(1, 5)$와 $(2, 3)$에서 접선의 방정식을 각각 구하라.

  (c) 곡선의 그래프와 접선을 동일한 보기화면에 그려라.

6. 암벽 잠수부가 수면 위 30 m에서 뛰어 내린다. 잠수부가 t초 동안 떨어진 거리를 함수 $d(t) = 4.9t^2$ m로 나타낸다.
  (a) 잠수부는 몇 초 후에 물에 부딪힐 것인가?
  (b) 잠수부가 어떤 속도로 물에 부딪힐 것인가?

7. 운동방정식 $s = 1/t^2$은 직선 위를 움직이고 있는 입자의 변위(m)를 나타낸다. 여기서 t의 단위는 초이며, 시간 $t = a$, $t = 1$, $t = 2$, $t = 3$에서 속도를 구하라.

8. (a) 입자가 수평선을 따라 오른쪽으로 움직이고 있다. 위치함수의 그래프가 다음 그림과 같을 때 입자가 언제 오른쪽으로 움직이는가? 또한 언제 왼쪽으로 움직이며, 정지하고 있는 때는 언제인가?
  (b) 속도함수의 그래프를 그려라.

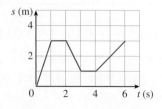

9. 함수 g의 그래프가 다음과 같이 주어져 있다. 다음 값이 증가하는 순서대로 나열하고, 그 이유를 설명하라.

$$0 \qquad g'(-2) \qquad g'(0) \qquad g'(2) \qquad g'(4)$$

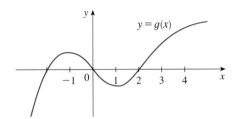

10. 정의 $\boxed{4}$를 이용해서 $f(x) = \sqrt{4x+1}$, $a = 6$일 때 $f'(a)$를 구하라.

11. 식 $\boxed{5}$를 이용해서 $f(x) = \dfrac{x^2}{x+6}$, $a = 3$일 때 $f'(a)$를 구하라.

12-13 $f'(a)$를 구하라.

12. $f(x) = 2x^2 - 5x + 3$ **13.** $f(t) = \dfrac{1}{t^2 + 1}$

---

14. $B(6) = 0$, $B'(6) = -\frac{1}{2}$인 $y = B(x)$의 $x = 6$에서 접선의 방정식을 구하라.

15. $f(x) = 3x^2 - x^3$일 때 $f'(1)$을 구하고, 이것을 이용해서 점 $(1, 2)$에서 곡선 $y = 3x^2 - x^3$의 접선의 방정식을 구하라.

16. (a) $F(x) = 5x/(1+x^2)$일 때 $F'(2)$를 구하고, 이것을 이용해서 점 $(2, 2)$에서 곡선 $y = 5x/(1+x^2)$의 접선의 방정식을 구하라.

(b) 곡선과 그 접선을 동일한 보기화면에 나타내어 (a)를 설명하라.

17. 곡선 $y = f(x)$의 $a = 2$에서 접선의 방정식이 $y = 4x - 5$일 때 $f(2)$와 $f'(2)$를 구하라.

18. 물체가 운동방정식 $s = f(t) = 80t - 6t^2$에 따라 직선 위를 움직이고 있다. 여기서 s의 단위는 m이고 t의 단위는 초이다. $t = 4$일 때의 속도와 속력을 구하라.

19. 따뜻한 소다수 캔을 차가운 냉장고에 넣었다. 시간의 함수로서 소다수의 온도를 그래프로 그려라. 온도에 대한 초기 변화율은 한 시간 후의 변화율보다 더 큰가 아니면 작은가?

20. $f(0) = 0$, $f'(0) = 3$, $f'(1) = 0$, $f'(2) = -1$을 만족하는 함수 f의 그래프를 그려라.

21. 정의역 $(-5, 5)$에서 연속인 함수 g의 그래프를 그려라. 단, $g(0) = 1$, $g'(0) = 1$, $g'(-2) = 0$, $\lim\limits_{x \to -5^+} g(x) = \infty$,

$\lim\limits_{x \to 5^-} g(x) = 3$이다.

22-24 다음 각 극한은 어떤 수 a에서 함수 f의 미분계수를 나타낸다. 각 경우를 만족하는 f와 a를 결정하라.

22. $\lim\limits_{h \to 0} \dfrac{\sqrt{9+h} - 3}{h}$ **23.** $\lim\limits_{x \to 2} \dfrac{x^6 - 64}{x - 2}$

24. $\lim\limits_{h \to 0} \dfrac{\tan\left(\dfrac{\pi}{4} + h\right) - 1}{h}$

---

25. 어떤 필수품 x개의 생산비(달러)는 $C(x) = 5000 + 10x + 0.05x^2$이다.

(a) 생산수준이 다음과 같이 변할 때 x에 대한 C의 평균변화율을 구하라.

(i) $x = 100$에서 $x = 105$까지

(ii) $x = 100$에서 $x = 101$까지

(b) $x = 100$에서 x에 대한 C의 순간변화율을 구하라. (이것을 **한계비용**이라 한다. 이것의 의미는 2.7절에서 설명한다.)

26. 새로운 금광에서 x(kg)의 금을 생산하는 비용은 $C = f(x)$ 달러이다.

(a) 미분계수 $f'(x)$의 의미는 무엇인가? 이것의 단위는 무엇인가?

(b) $f'(22) = 17$이 의미하는 것은 무엇인가?

(c) $f'(x)$의 값들이 단기간 동안에 증가 또는 감소한다고 생각하는가? 장기간에는 어떤가? 설명하라.

27. 물에 용해되는 산소량은 물의 온도에 좌우된다. (그래서 열공해는 물의 산소 용량에 영향을 준다.) 그래프는 산소용해도 S가 물의 온도 T의 함수로서의 변화를 보여 준다.

(a) 미분계수 $S'(T)$는 무엇을 의미하는가? 단위는 무엇인가?

(b) $S'(16)$을 추정하고 설명하라.

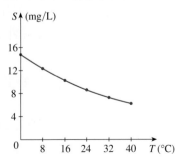

Source: C. Kupchella et al., *Environmental Science: Living within the System of Nature*, 2d ed. (Boston: Allyn and Bacon, 1989).

28. $C(t)$는 8명의 남자가 에탄올 30 mL(알코올 음료 두 병에 해당하는)를 마시고 1시간 후부터 측정한 평균 혈중 알코올 농도를 나타낸다.

t(시간)	1.0	1.5	2.0	2.5	3.0
$C(t)$ (g/dL)	0.033	0.024	0.018	0.012	0.007

(a) 각 구간에서 t에 대한 C의 평균변화율을 구하라.

   (i) [1.0, 2.0]   (ii) [1.5, 2.0]

   (iii) [2.0, 2.5]   (iv) [2.0, 3.0]

(b) $t = 2$에서 순간 변화율을 추정하고 그 결과를 설명하라. 단위는 무엇인가?

Source: Adapted from P. Willkinson et al., "Pharmackinetics of Ethanol after Oral Administration in the Fasting State," *Journal of Pharmacokinetics and Biopharmaceutics* 5 (1977): 207-24.

29. 다음 함수에서 $f'(0)$이 존재하는지 결정하라.

$$f(x) = \begin{cases} x \sin \dfrac{1}{x}, & x \neq 0 \\ 0, & x = 0 \end{cases}$$

30. (a) 보기화면 $[-2\pi, 2\pi] \times [-4, 4]$에서 $f(x) = \sin x - \frac{1}{1000} \sin(1000x)$의 그래프를 그려라. 원점에서 기울기는 어떻게 나타나는가?

(b) 보기화면을 $[-0.4, 0.4] \times [-0.25, 0.25]$로 확대하고 $f'(0)$을 추정하라. (a)로부터 얻은 답과 일치하는가?

(c) 보기화면을 $[-0.008, 0.008] \times [-0.005, 0.005]$로 확대하라. $f'(0)$의 추정치를 수정하기 원하는가?

2.2 함수로서의 도함수

■ 도함수

2.1절에서 고정된 수 a에서 함수 f의 미분계수를 생각했다.

$$\boxed{1} \qquad f'(a) = \lim_{h \to 0} \frac{f(a + h) - f(a)}{h}$$

관점을 바꿔 수 a를 변화시키자. 식 **1**에서 a를 x로 바꾸면, 다음과 같은 관계식을 얻는다.

$$\boxed{2} \qquad \boxed{f'(x) = \lim_{h \to 0} \frac{f(x + h) - f(x)}{h}}$$

이 극한이 존재하는 주어진 임의의 수 x에 대해 $f'(x)$를 대응시킬 수 있다. 따라서 f'을 f의 **도함수**(derivative)라 부르는 새로운 함수로 생각할 수 있고, 식 **2**에 의해 정의된다. 그러면 기하학적으로 x에서 f'의 값 $f'(x)$는 점 $(x, f(x))$에서 f의 그래프에 대한 접선의 기울기로 해석할 수 있다.

함수 f'은 식 **2**의 극한계산에 의해 f로부터 유도되므로 f의 도함수라 부른다. f'의 정의역은 $\{x \,|\, f'(x)$가 존재$\}$이고, f의 정의역보다는 더 작을 수 있다.

《예제 1》 함수 f의 그래프가 그림 1에 주어져 있다. 이것을 이용해서 도함수 f'의 그래프를 그려라.

풀이 점 $(x, f(x))$에서 접선을 그리고, 그것의 기울기를 계산함으로써 임의의 x값에서

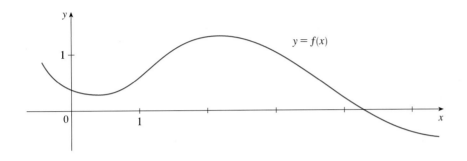

그림 1

도함수의 값을 계산할 수 있다. 예를 들어 그림 2에서 $x = 3$일 때 P에서 접선을 그리고 그것의 기울기가 약 $-\frac{2}{3}$임을 추정해서(기울기를 추정하기 위해 삼각형을 그린다) $f'(3) \approx -\frac{2}{3} \approx -0.67$를 얻는다. 따라서 점 $P(3, -0.67)$를 f'의 그래프 위에서 P 바로 아래에 표시할 수 있다(f의 그래프의 기울기는 f'의 그래프의 y값이 된다).

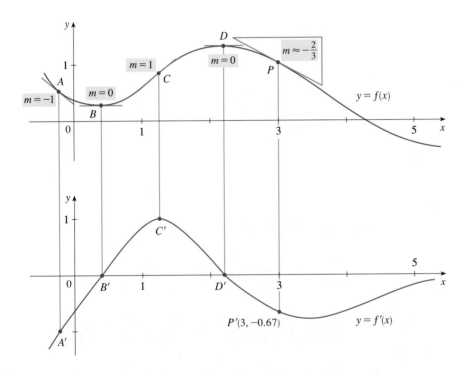

그림 2

　A에서 그린 접선의 기울기는 약 -1인 것으로 보이므로, f'의 그래프에서 y값이 -1인 점 A'을 택한다(A 바로 아래). B와 D에서의 접선은 수평이므로, 그곳에서 미분계수는 0이며 f'의 그래프는 점 B와 D의 바로 아래 있는 점 B'과 D'에서 x축 ($y = 0$)과 만난다. B와 D 사이에서 f의 그래프는 C에서 가장 가파르며, 접선의 기울기가 1인 것으로 보인다. 그러므로 B'과 D' 사이에서 $f'(x)$의 가장 큰 값은 1(C'에서)이다.

　B와 D 사이에서 접선들의 기울기는 양이므로, $f'(x)$은 양수임에 주의하자(f'의 그래프는 x축 위에 있다). 그러나 D의 오른쪽에서 접선의 기울기는 음이므로, 거기서 $f'(x)$는 음수이다. (f'의 그래프는 x축 아래에 있다.) ■

《예제 2》

(a) $f(x) = x^3 - x$일 때 $f'(x)$를 구하라.

(b) f와 f'의 그래프를 비교해서 설명하라.

 풀이

(a) 도함수를 계산하기 위해 식 2를 이용할 때, 변수가 h이고 극한을 계산하는 동안에 x는 잠시 상수로 생각해야 한다.

$$f'(x) = \lim_{h \to 0} \frac{f(x+h) - f(x)}{h} = \lim_{h \to 0} \frac{[(x+h)^3 - (x+h)] - [x^3 - x]}{h}$$

$$= \lim_{h \to 0} \frac{x^3 + 3x^2h + 3xh^2 + h^3 - x - h - x^3 + x}{h}$$

$$= \lim_{h \to 0} \frac{3x^2h + 3xh^2 + h^3 - h}{h}$$

$$= \lim_{h \to 0} (3x^2 + 3xh + h^2 - 1) = 3x^2 - 1$$

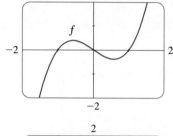

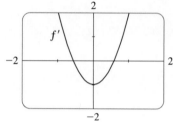

그림 3

(b) 그림 3은 계산기를 이용해서 f와 f'을 그린 것이다. f의 접선이 수평일 때 $f'(x) = 0$이고, 접선의 기울기가 양일 때 $f'(x)$는 양수임에 유의하자. 따라서 이 그래프들은 (a)의 풀이를 확인해 주는 역할을 한다. ■

《예제 3》 $f(x) = \sqrt{x}$일 때 f의 도함수를 구하라. 이때 f'의 정의역을 구하라.

풀이

$$f'(x) = \lim_{h \to 0} \frac{f(x+h) - f(x)}{h} = \lim_{h \to 0} \frac{\sqrt{x+h} - \sqrt{x}}{h}$$

$$= \lim_{h \to 0} \left(\frac{\sqrt{x+h} - \sqrt{x}}{h} \cdot \frac{\sqrt{x+h} + \sqrt{x}}{\sqrt{x+h} + \sqrt{x}} \right) \quad \text{분자를 유리화 한다.}$$

$$= \lim_{h \to 0} \frac{(x+h) - x}{h(\sqrt{x+h} + \sqrt{x})} = \lim_{h \to 0} \frac{h}{h(\sqrt{x+h} + \sqrt{x})}$$

$$= \lim_{h \to 0} \frac{1}{\sqrt{x+h} + \sqrt{x}} = \frac{1}{\sqrt{x} + \sqrt{x}} = \frac{1}{2\sqrt{x}}$$

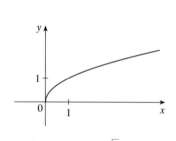

(a) $f(x) = \sqrt{x}$

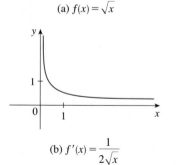

(b) $f'(x) = \dfrac{1}{2\sqrt{x}}$

그림 4

따라서 $x > 0$일 때 $f'(x)$가 존재한다. 즉 f'의 정의역은 $(0, \infty)$이므로 f의 정의역 $[0, \infty)$보다 작다. ■

그림 4에서 f와 f'의 그래프를 살펴봄으로써 예제 3의 결과가 타당하다는 것을 확인해 보자. x가 0으로 접근할 때 $\sqrt{x}$는 0에 가까워지고, 따라서 $f'(x) = 1/(2\sqrt{x})$은 매우 커진다. 이것은 그림 4(a)에서 $(0, 0)$ 부근에서는 접선이 가파르다는 뜻이고, 그림 4(b)에서 $f'(x)$의 큰 값은 0의 바로 오른쪽에 있다는 뜻이다. x가 커지면 $f'(x)$는 매우 작아지는데, 이것은 f의 그래프의 오른쪽 먼 곳에서는 더 평평한 접선에 대

응하고 f'의 그래프는 수평점근선에 대응한다.

《예제 4》 $f(x) = \dfrac{1-x}{2+x}$일 때 f'을 구하라.

풀이

$$f'(x) = \lim_{h \to 0} \frac{f(x+h) - f(x)}{h}$$

$$= \lim_{h \to 0} \frac{\dfrac{1-(x+h)}{2+(x+h)} - \dfrac{1-x}{2+x}}{h}$$

$$= \lim_{h \to 0} \frac{(1-x-h)(2+x) - (1-x)(2+x+h)}{h(2+x+h)(2+x)}$$

$$= \lim_{h \to 0} \frac{(2-x-2h-x^2-xh) - (2-x+h-x^2-xh)}{h(2+x+h)(2+x)}$$

$$= \lim_{h \to 0} \frac{-3h}{h(2+x+h)(2+x)}$$

$$= \lim_{h \to 0} \frac{-3}{(2+x+h)(2+x)} = -\frac{3}{(2+x)^2}$$

$$\frac{\dfrac{a}{b} - \dfrac{c}{d}}{e} = \frac{ad-bc}{bd} \cdot \frac{1}{e}$$

■ 다른 기호

독립변수가 x이고 종속변수가 y임을 나타내는 전통적인 기호 $y = f(x)$를 사용하는 경우에, 도함수를 나타내는 다음과 같은 공통된 몇 가지 기호들이 있다.

$$f'(x) = y' = \frac{dy}{dx} = \frac{df}{dx} = \frac{d}{dx}f(x) = Df(x) = D_x f(x)$$

기호 D와 d/dx는 도함수를 계산하는 과정을 의미하는 **미분**(differentiation)의 연산을 나타내므로 **미분연산자**(differentiation operator)라 한다.

라이프니츠에 의해 소개된 기호 dy/dx는 당분간 비율로 생각하지 않겠다. 즉 기호 dy/dx는 간단 $f'(x)$의 다른 표현 방법으로 간주한다. 그렇다고 해도 이는 특히 증분 기호와 함께 사용할 때, 매우 유용하고 암시적인 기호이다. 2.1절의 식 **6**을 참고하면, 라이프니츠의 기호를 이용해서 도함수의 정의를 다음과 같이 나타낼 수 있다.

$$\frac{dy}{dx} = \lim_{\Delta x \to 0} \frac{\Delta y}{\Delta x}$$

특정한 수 a에서 도함수 dy/dx의 값을 라이프니츠의 기호를 이용해서 나타내려면 $f'(a)$와 같은 의미로 다음과 같은 기호를 사용한다. 여기서 수직바는 "a에서 계산한다."는 의미이다.

$$\frac{dy}{dx}\bigg|_{x=a} \qquad 또는 \qquad \frac{dy}{dx}\bigg]_{x=a}$$

라이프니츠

라이프니츠(Gottfried Wilhelm Leibniz)는 1646년에 라이프치히에서 태어나 그곳 대학에서 법학, 신학, 철학과 수학을 공부하고 17세에 학사학위를 받았다. 20세에 법학 박사학위를 딴 후 생의 대부분을 외교관으로서 정치적 임무를 띠고 유럽의 수도들을 여행하며 보냈다. 특히 독일에 대한 프랑스 군대의 위협을 무마하고 구교와 신교의 화합을 선도했다.

수학에 관한 본격적인 연구는 파리에서 외교관 임무를 수행하던 1672년에서야 시작됐다. 거기서 그는 계산기를 만들었고, 최신 수학 및 과학에 조예가 깊은 하위헌스와 같은 과학자들을 만났다. 라이프니츠는 논리적 추론을 단순화하는 기호논리와 기호체계를 발달시키고자 했다. 특히 1684년에 그가 발표한 미적분학의 설명은 오늘날 사용하고 있는 도함수에 대한 기호와 법칙을 확립했다.

불행히도 1690년대에 뉴턴의 추종자들과 라이프니츠의 추종자들 사이에 누가 먼저 미적분학을 발견했는지에 관한 심한 우선권 논쟁이 일어났다. 심지어 라이프니츠는 영국 왕립학회 회원들이 제기한 표절 시비에 휩싸였다. 이에 대한 진실은 각각이 독립적으로 미적분학을 발견했다고 밝혀졌다. 뉴턴이 먼저 발견했지만, 논쟁을 두려워 해서 즉시 발표하지 않았다. 따라서 1684년 라이프니츠의 미적분학에 관한 논문이 첫 번째 출판물이다.

---

3 **정의** $f'(a)$가 존재하면 함수 f는 a에서 **미분가능하다**고 말한다. 이 함수가 개구간 (a, b) [또는 (a, ∞), $(-\infty, a)$, $(-\infty, \infty)$]의 모든 수에서 미분가능하면, 함수 f는 **개구간에서 미분가능하다**고 한다.

《예제 5》 함수 $f(x) = |x|$는 어디에서 미분가능한가?

풀이 $x > 0$이면 $|x| = x$이고, $x + h > 0$이 되는 충분히 작은 h를 택할 수 있다. 따라서 $|x + h| = x + h$이므로 $x > 0$에 대해 다음을 얻는다.

$$f'(x) = \lim_{h \to 0} \frac{|x + h| - |x|}{h} = \lim_{h \to 0} \frac{(x + h) - x}{h}$$
$$= \lim_{h \to 0} \frac{h}{h} = \lim_{h \to 0} 1 = 1$$

그러므로 임의의 $x > 0$에서 f는 미분가능하다.

같은 방법으로 $x < 0$이면 $|x| = -x$이고 $x + h < 0$이 되는 충분히 작은 h를 택할 수 있다. 따라서 $|x + h| = -(x + h)$이므로 $x < 0$일 때 다음을 얻는다.

$$f'(x) = \lim_{h \to 0} \frac{|x + h| - |x|}{h} = \lim_{h \to 0} \frac{-(x + h) - (-x)}{h}$$
$$= \lim_{h \to 0} \frac{-h}{h} = \lim_{h \to 0} (-1) = -1$$

그러므로 임의의 $x < 0$에서 f는 미분가능하다.

이제 $x = 0$에 대해 살펴보자.

$$f'(0) = \lim_{h \to 0} \frac{f(0 + h) - f(0)}{h}$$
$$= \lim_{h \to 0} \frac{|0 + h| - |0|}{h} = \lim_{h \to 0} \frac{|h|}{h} \quad \text{(극한이 존재하면)}$$

그러므로 우극한과 좌극한을 다음과 같이 분리해서 계산하자.

$$\lim_{h \to 0^+} \frac{|h|}{h} = \lim_{h \to 0^+} \frac{h}{h} = \lim_{h \to 0^+} 1 = 1$$
$$\lim_{h \to 0^-} \frac{|h|}{h} = \lim_{h \to 0^-} \frac{-h}{h} = \lim_{h \to 0^-} (-1) = -1$$

두 극한이 서로 다르므로 $f'(0)$은 존재하지 않는다. 따라서 f는 0을 제외한 모든 x에서 미분가능하고, f'에 대한 식은 다음으로 주어진다.

$$f'(x) = \begin{cases} 1, & x > 0 \\ -1, & x < 0 \end{cases}$$

이 함수의 그래프는 그림 5(b)와 같다. 한편 $f'(0)$이 존재하지 않는다는 것은 기하학적으로 곡선 $y = |x|$는 점 $(0, 0)$에서 접선을 갖지 않음을 의미한다[그림 5(a) 참조]. ■

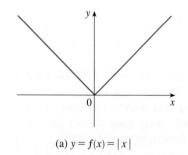

(a) $y = f(x) = |x|$

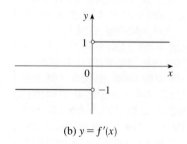

(b) $y = f'(x)$

그림 5

연속성과 미분가능성이라는 성질은 함수가 가졌으면 하는 성질이다. 다음 정리는 이 성질들이 어떻게 관련되어 있는지 보여 준다.

4　정리　f가 a에서 미분가능하면 f는 a에서 연속이다.

증명　f가 a에서 연속임을 증명하기 위해서는 $\lim_{x \to a} f(x) = f(a)$를 보이면 된다. 그러므로 $f(x) - f(a)$가 0으로 접근함을 보인다.

주어진 조건은 f가 미분가능하다는 것, 즉 다음이 존재한다는 것이다(2.1절의 식 ⑤ 참조).

$$f'(a) = \lim_{x \to a} \frac{f(x) - f(a)}{x - a}$$

주어진 정보와 미지 정보를 연결하기 위해($x \neq a$일 때) $f(x) - f(a)$에 $x - a$를 곱하고 나누면 다음을 얻는다.

$$f(x) - f(a) = \frac{f(x) - f(a)}{x - a}(x - a)$$

이제 극한법칙 ④(1.6절)를 이용하면 다음을 얻는다.

$$\lim_{x \to a} [f(x) - f(a)] = \lim_{x \to a} \frac{f(x) - f(a)}{x - a}(x - a)$$

$$= \lim_{x \to a} \frac{f(x) - f(a)}{x - a} \cdot \lim_{x \to a} (x - a)$$

$$= f'(a) \cdot 0 = 0$$

앞에서 증명한 것을 이용하기 위해 $f(x)$에서 시작해서 $f(a)$를 더하고 뺀다.

$$\lim_{x \to a} f(x) = \lim_{x \to a} [f(a) + (f(x) - f(a))]$$

$$= \lim_{x \to a} f(a) + \lim_{x \to a} [f(x) - f(a)]$$

$$= f(a) + 0 = f(a)$$

그러므로 f는 a에서 연속이다.　　　■

⊘ NOTE　정리 ④의 역은 성립하지 않는다. 즉 연속이지만 미분가능하지 않는 함수들이 존재한다. 예를 들어 함수 $f(x) = |x|$는 다음과 같으므로 0에서 연속이다(1.6절의 예제 7 참조).

$$\lim_{x \to 0} f(x) = \lim_{x \to 0} |x| = 0 = f(0)$$

그러나 예제 5는 f가 0에서 미분가능하지 않음을 보여 준다.

PS 문제 해결의 중요한 측면은 주어진 것과 알려지지 않은 것 사이의 연결을 찾는 것이다.

■ 함수가 미분가능하지 않은 경우

예제 5에서 함수 $y = |x|$는 0에서 미분가능하지 않음을 보았고, 그림 5(a)는 그것의 그래프가 $x = 0$일 때 갑자기 방향을 바꾼다는 것을 보여 준다. 일반적으로 함수 f의 그래프가 '뾰족점'이나 '꺾인 점'을 가지면 f의 그래프는 그 점들에서 접선을 갖지 못하고 f는 거기서 미분 가능하지 않다. [$f'(a)$를 계산할 때 좌극한과 우극한이 서로 다르다.]

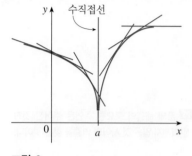

그림 6

정리 **4**는 함수가 도함수를 갖지 못하는 다른 방법을 제시한다. 그것은 f가 a에서 연속이 아니면 f는 a에서 미분가능하지 않음을 말해 준다. 따라서 불연속(예를 들어 도약 불연속)에서 f는 미분가능하지 않다.

세 번째 가능성은 $x = a$일 때 곡선이 **수직접선**(vertical tangent line)을 갖는 것이다. 즉 f가 a에서 연속이지만 다음을 만족할 때이다.

$$\lim_{x \to a} |f'(x)| = \infty$$

이것은 $x \to a$일 때 접선이 점점 더 가팔라짐을 의미한다. 그림 6은 이것이 일어날 수 있는 한 가지 경우를 보여 준다. 그림 7(c)는 다른 경우를 보여 준다. 그림 7은 앞서 살펴본 세 가지 가능성을 보여 준다.

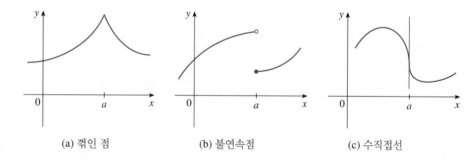

그림 7
f가 a에서 미분가능하지
않은 세 가지 경우

(a) 꺾인 점   (b) 불연속점   (c) 수직접선

미분가능성을 조사하는 데 그래픽 계산기나 컴퓨터를 이용하는 방법도 있다. f가 a에서 미분가능하면 점 $(a, f(a))$ 부근을 확대할 때 그래프는 곧게 뻗어 점점 더 직선처럼 보인다. (그림 8 참조. 이 경우 특별한 예가 2.1절의 그림 2에 있다.) 그러나 그림 6과 7(a)에 있는 것과 같은 점으로는 아무리 확대하더라도 뾰족점이나 꺾인 점을 제거할 수가 없다(그림 9 참조).

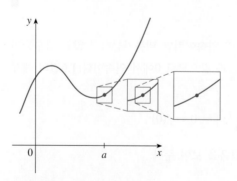

그림 8 f는 a에서 미분가능하다.

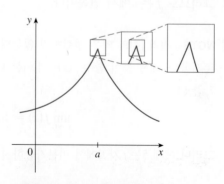

그림 9 f는 a에서 미분가능하지 않다.

■ 고계 도함수

f가 미분가능한 함수이면 도함수 f'도 역시 함수이고, 따라서 f'도 그 자신의 도함수 $(f')' = f''$을 가질 수 있다. 이 새로운 함수 f''은 f의 도함수의 도함수이고, 따라서 이것을 f의 **2계 도함수**(second derivative)라고 한다. 라이프니츠 기호를 이용해서 $y = f(x)$의 2계 도함수는 다음과 같이 나타낸다.

$$\underbrace{\frac{d}{dx}}_{\substack{\text{1계 도함수의}\\\text{도함수}}} \underbrace{\left(\frac{dy}{dx}\right)}_{\substack{\text{1계}\\\text{도함수}}} = \underbrace{\frac{d^2y}{dx^2}}_{\substack{\text{2계}\\\text{도함수}}}$$

《**예제 6**》 $f(x) = x^3 - x$일 때 $f''(x)$를 구하고 이를 설명하라.

[풀이] 예제 2에서 $f'(x) = 3x^2 - 1$이다. 따라서 2계 도함수는 다음과 같다.

$$\begin{aligned} f''(x) = (f')'(x) &= \lim_{h \to 0} \frac{f'(x+h) - f'(x)}{h} \\ &= \lim_{h \to 0} \frac{[3(x+h)^2 - 1] - [3x^2 - 1]}{h} \\ &= \lim_{h \to 0} \frac{3x^2 + 6xh + 3h^2 - 1 - 3x^2 + 1}{h} \\ &= \lim_{h \to 0} (6x + 3h) = 6x \end{aligned}$$

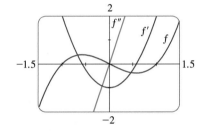

그림 10

f, f', f''의 그래프는 그림 10에 있다.

$f''(x)$를 점 $(x, f'(x))$에서 곡선 $y = f'(x)$의 기울기로 해석할 수 있다. 다시 말하면 이것은 최초 곡선 $y = f(x)$의 기울기의 변화율이다.

그림 10으로부터 $y = f'(x)$의 기울기가 음이면 $f''(x)$는 음이고, $y = f'(x)$의 기울기가 양이면 $f''(x)$는 양이다. 따라서 그래프를 통해 계산을 확인할 수 있다. ■

일반적으로 2계 도함수를 변화율의 변화율로 해석할 수 있다. 이것에 대해 가장 친근한 예는 **가속도**이다. 이는 다음과 같이 정의한다.

$s = s(t)$를 직선을 따라 움직이는 물체의 위치함수라 하면, 1계 도함수는 시간의 함수로서 물체의 속도 $v(t)$를 나타냄을 알고 있다.

$$v(t) = s'(t) = \frac{ds}{dt}$$

시간에 관한 속도의 순간변화율을 물체의 **가속도**(acceleration) $a(t)$라 한다. 따라서 가속도함수는 속도함수의 도함수이고, 위치함수의 2계 도함수이다.

$$a(t) = v'(t) = s''(t)$$

또는 라이프니츠의 기호를 이용해서 다음과 같이 나타낸다.

$$a = \frac{dv}{dt} = \frac{d^2s}{dt^2}$$

3계 도함수(third derivative) f'''은 2계 도함수의 도함수이다. 즉 $f''' = (f'')'$이다. 따라서 $f'''(x)$는 곡선 $y = f''(x)$의 기울기 또는 $f''(x)$의 변화율로 해석할 수 있다. $y = f(x)$일 때 3계 도함수를 다음과 같은 기호로 나타낼 수 있다.

$$y''' = f'''(x) = \frac{d}{dx}\left(\frac{d^2y}{dx^2}\right) = \frac{d^3y}{dx^3}$$

$s = s(t)$가 직선을 따라 움직이는 물체의 위치함수가 $s = s(t)$일 때 3계 도함수를 물리적으로 해석할 수 있다. $s''' = (s'')' = a'$이므로, 위치함수의 3계 도함수는 가속 도함수의 도함수이고 이를 **저크**(jerk)라 한다.

$$j = \frac{da}{dt} = \frac{d^3s}{dt^3}$$

그러므로 저크 j는 가속도의 변화율이다. 저크가 크다는 것은 급격한 가속 변화를 의미하므로 갑작스럽게 움직인다.

이런 과정을 계속할 수 있다. 4계 도함수 f''''를 보통 $f^{(4)}$로 나타내고, f의 n계 도함수를 $f^{(n)}$으로 쓰며 f를 n번 미분해서 얻는다. $y = f(x)$이면 n계 도함수는 다음과 같이 표현한다.

$$y^{(n)} = f^{(n)}(x) = \frac{d^ny}{dx^n}$$

《예제 7》 $f(x) = x^3 - x$일 때 $f'''(x)$와 $f^{(4)}(x)$를 구하라.

풀이 예제 6에서 $f''(x) = 6x$이다. 2계 도함수의 그래프는 $y = 6x$이므로 기울기가 6인 직선이다. 도함수 $f'''(x)$는 $f''(x)$의 기울기이므로 x의 모든 값에 대해 다음을 얻는다.

$$f'''(x) = 6$$

f'''은 상수함수이고 그래프는 수평선이다. 따라서 x의 모든 값에 대해 다음을 얻는다.

$$f^{(4)}(x) = 0 \qquad\qquad\blacksquare$$

가속도와 저크(급격한 움직임)를 이용해서 물체의 운동을 분석할 때 2계 도함수와 3계 도함수가 적용되는 것을 살펴봤다. 3.3절에서 2계 도함수의 또 다른 응용으로 f''이 f의 그래프의 모양에 어떤 정보를 주는지 살펴볼 것이다. 10장에서는 2계 도함수와 고계 도함수들이 함수를 무한급수의 합으로 어떻게 나타내는지 배울 것이다.

2.2 | 연습문제

1. 다음 그래프를 이용해서 각각의 도함수의 값을 추정하고, f' 의 그래프를 그려라.

(a) $f'(0)$ (b) $f'(1)$ (c) $f'(2)$ (d) $f'(3)$

(e) $f'(4)$ (f) $f'(5)$ (g) $f'(6)$ (h) $f'(7)$

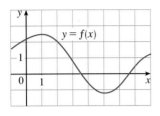

2. (a)~(d)의 함수의 그래프를 I~IV의 도함수의 그래프와 짝 짓고 그 이유를 설명하라.

(a)
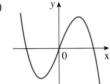
(b)
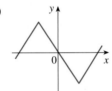

(c)
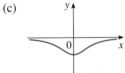
(d)
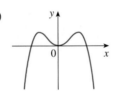

I
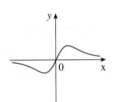
II
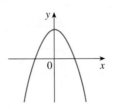

III
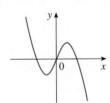
IV
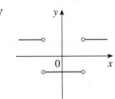

3-6 다음 함수 f의 그래프를 따라 그리거나 복사하고(축들은 같은 단위의 눈금을 갖는다고 가정한다), 예제 1의 방법을 이용 해서 f'의 그래프를 그 아래에 그려라.

3.
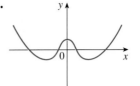
4.
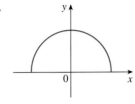

5.
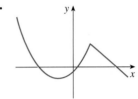
6.
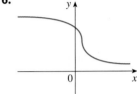

7. 충전용 전지를 충전기에 꽂아 놓았다. 그래프에서 $C(t)$는 경과된 시간 t의 함수로서 전지의 충전 비율이다.

(a) 도함수 $C'(t)$의 의미는 무엇인가?

(b) $C'(t)$의 그래프를 그려라. 그래프로부터 무엇을 알 수 있는가?

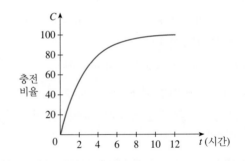

8. 그래프는 미시간호의 평균 수면 온도 f가 일년 동안 어떻 게 변화하는지를 보여 준다($t = 0$은 1월 1일에 해당하며 t 는 개월 단위로 측정됨). 평균은 2011까지 20년 동안 얻 은 자료에서 계산되었다. 도함수 f'의 그래프를 그려라. 언 제 $f'(t)$가 최대인가?

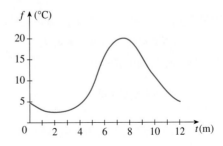

9. $f(x) = x^2$이라 하자.

   (a) f의 그래프를 확대해서 $f'(0)$, $f'\left(\frac{1}{2}\right)$, $f'(1)$, $f'(2)$의 값을 추정하라.

   (b) 대칭성을 이용해서 $f'\left(-\frac{1}{2}\right)$, $f'(-1)$, $f'(-2)$의 값을 유도하라.

   (c) (a)와 (b)의 결과를 이용해서 $f'(x)$에 대한 공식을 추측하라.

   (d) 도함수의 정의를 이용해서 (c)에서의 추측이 옳음을 증명하라.

10-15 도함수의 정의를 이용해서 다음 함수의 도함수를 구하라. 함수의 정의역과 그 도함수의 정의역을 구하라.

10. $f(x) = 3x - 8$ **11.** $f(t) = 2.5t^2 + 6t$

12. $A(p) = 4p^3 + 3p$ **13.** $f(x) = \dfrac{1}{x^2 - 4}$

14. $g(u) = \dfrac{u + 1}{4u - 1}$ **15.** $f(x) = \dfrac{1}{\sqrt{1 + x}}$

---

16. (a) 1.3절의 변환을 사용하여 $y = \sqrt{x}$의 그래프로부터 $f(x) = 1 + \sqrt{x + 3}$의 그래프를 그려라.

   (b) (a)의 그래프를 사용하여 f'의 그래프를 그려라.

   (c) 도함수의 정의를 사용하여 $f'(x)$를 구하라. f와 f'의 정의역은 무엇인가?

   (d) f'의 그래프를 그리고 (b)와 비교하라.

17. (a) $f(x) = x^4 + 2x$일 때 $f'(x)$를 구하라.

   (b) f와 f'의 그래프를 비교해서 (a)에서의 답이 타당함을 보여라.

18. 다음 표는 시간에 따른 재목용 소나무의 높이를 보여 준다.

수령(년)	14	21	28	35	42	49
높이(ft)	12	16	19	22	24	25

Source: Arkansas Forestry Commission

$H(t)$가 t년 후 높이일 때, H'에 대한 추정값의 표를 만들고 그래프를 그려라.

19. P는 2020년 1월 1일 이후로 t년 동안 태양 전지판이 생산한 어느 도시의 전력량에 대한 백분율이다.

   (a) dP/dt는 무엇을 의미하는가?

   (b) $\left.\dfrac{dP}{dt}\right|_{t=2} = 3.5$를 설명하라.

20-21 f의 그래프가 다음과 같다. f가 미분가능하지 않은 수와 이유를 함께 말하라.

20. 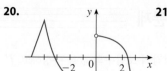 **21.**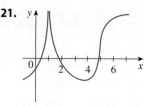

22. 함수 $f(x) = x + \sqrt{|x|}$의 그래프를 그려라. 처음에는 점 $(-1, 0)$을 향해, 다음에는 원점을 향해 반복적으로 확대하라. 이 두 점의 부근에서 f의 자취에 대한 차이점은 무엇인가? f의 미분가능성에 대해서는 무엇이라 말할 수 있는가?

23. 다음은 f와 f'의 그래프이다. $f'(-1)$과 $f''(1)$ 중 어느 것이 더 큰가?

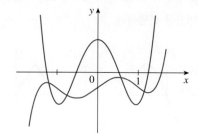

24. 다음 그림은 f, f', f''을 보여 준다. 각 곡선이 어느 것인지 확인하고 그 이유를 설명하라.

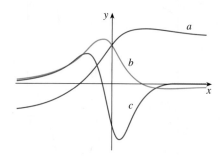

25. 다음 세 함수의 그래프가 있다. 각각은 자동차의 위치함수, 속도함수, 가속도함수이다. 각 곡선이 어느 것인지 확인하고 그 이유를 설명하라.

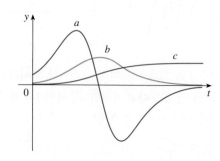

26. $f(x) = 3x^2 + 2x + 1$에 대해 도함수의 정의를 이용해서 $f'(x)$와 $f''(x)$를 구하라. f, f', f''의 그래프를 동일한 보기화면에 그리고 선택한 답이 타당한지 조사하라.

27. $f(x) = 2x^2 - x^3$일 때 $f'(x), f''(x), f'''(x), f^{(4)}(x)$를 구하라. f, f', f'', f'''의 그래프를 동일한 보기화면에 그려라. 각 그래프가 이 도함수들의 기하학적 해석과 일치하는가?

28. $f(x) = \sqrt[3]{x}$ 라 하자.

(a) $a \neq 0$일 때, 2.1절의 식 **5**를 이용해서 $f'(a)$를 구하라.

(b) $f'(0)$이 존재하지 않음을 증명하라.

(c) $y = \sqrt[3]{x}$는 $(0, 0)$에서 수직접선을 가짐을 보여라. (f의 그래프 모양을 상기하자. 1.2절 그림 13 참조)

29. 함수 $f(x) = |x - 6|$은 $x = 6$에서 미분가능하지 않음을 보여라. 또한 f'에 대한 식을 구하고 그래프를 그려라.

30. (a) $f(x) = x|x|$의 그래프를 그려라.

(b) f가 미분가능한 x의 값을 구하라.

(c) f'에 대한 식을 구하라.

31. 우함수와 기함수의 도함수 정의역에 속하는 모든 x에 대해 $f(-x) = f(x)$를 만족하는 함수를 **우함수**라 하고, $f(-x) = -f(x)$를 만족하는 함수를 **기함수**라 한다. 다음을 증명하라.

(a) 우함수의 도함수는 기함수이다.

(b) 기함수의 도함수는 우함수이다.

32. 좌·우측 미분계수 a에서 f의 좌측과 우측 미분계수는 이들의 극한이 존재할 때 다음과 같이 정의된다.

$$f'_-(a) = \lim_{h \to 0^-} \frac{f(a + h) - f(a)}{h}$$

$$f'_+(a) = \lim_{h \to 0^+} \frac{f(a + h) - f(a)}{h}$$

이때 $f'(a)$가 존재하기 위한 필요충분 조건은 두 개의 한쪽 미분계수들이 존재하고 이들이 같을 때이다. 다음 함수에 대해

$$f(x) = \begin{cases} 0, & x \leq 0 \\ 5 - x, & 0 < x < 4 \\ \dfrac{1}{5 - x}, & x \geq 4 \end{cases}$$

(a) $f'_-(4)$와 $f'_+(4)$를 구하라.

(b) f의 그래프를 구하라.

(c) f는 어디에서 불연속인가?

(d) f는 어디에서 미분가능하지 않은가?

33. 닉은 뛰기 시작하여 3분 동안 더 빨리 달리다가 5분 동안 걸었다. 그리고 교차로에서 2분 동안 멈추었다가 5분 동안 아주 빨리 달리고 4분 동안 걸었다.

(a) 닉이 t분 후 간 거리 s를 그래프로 그려라.

(b) ds/dt의 그래프를 그려라.

2.3 | 미분 공식

앞 절에서와 같이 도함수를 정의로부터 직접 구해야 한다면, 그러한 계산은 지루하거나 어떤 극한을 계산할 때 고도의 기교를 필요로 할 것이다. 그러나 다행히 정의를 직접 사용하지 않고 도함수를 구하는 여러 가지 규칙이 개발됐다. 이런 공식들은 미분하는 일을 대단히 간소화시킨다.

■ 상수함수

모든 함수 중에서 가장 간단한 형태인 상수함수 $f(x) = c$부터 시작하자. 이 함수의 그래프는 기울기가 0인 수평직선 $y = c$이다. 따라서 $f'(x) = 0$이어야만 한다(그림 1 참조). 도함수의 정의를 이용한 정형적인 증명도 다음과 같이 간단하다.

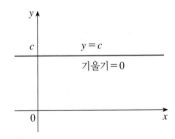

그림 1 $f(x) = c$의 그래프는 직선 $y = c$이므로 $f'(x) = 0$이다.

$$f'(x) = \lim_{h \to 0} \frac{f(x+h) - f(x)}{h} = \lim_{h \to 0} \frac{c - c}{h} = \lim_{h \to 0} 0 = 0$$

라이프니츠 기호를 이용하면 다음과 같다.

상수함수의 도함수

$$\frac{d}{dx}(c) = 0$$

■ 거듭제곱함수

다음으로 n이 양의 정수일 때 함수 $f(x) = x^n$을 살펴보자. $n = 1$이면 $f(x) = x$의 그래프는 직선 $y = x$이고, 이것의 기울기는 1이다(그림 2 참조). 따라서 다음과 같다.

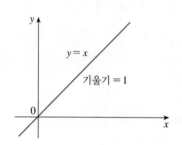

1 $$\frac{d}{dx}(x) = 1$$

(도함수의 정의로부터 식 **1**을 확인할 수 있다.) $n = 2$와 $n = 3$인 경우는 이미 살펴봤다. 실제로 2.2절에서(연습문제 9, 예제 2의 일부) 다음이 성립함을 알았다.

2 $$\frac{d}{dx}(x^2) = 2x \qquad \frac{d}{dx}(x^3) = 3x^2$$

$n = 4$인 경우에는 $f(x) = x^4$의 도함수를 다음과 같이 구한다.

$$\begin{aligned}
f'(x) &= \lim_{h \to 0} \frac{f(x+h) - f(x)}{h} = \lim_{h \to 0} \frac{(x+h)^4 - x^4}{h} \\
&= \lim_{h \to 0} \frac{x^4 + 4x^3h + 6x^2h^2 + 4xh^3 + h^4 - x^4}{h} \\
&= \lim_{h \to 0} \frac{4x^3h + 6x^2h^2 + 4xh^3 + h^4}{h} \\
&= \lim_{h \to 0} (4x^3 + 6x^2h + 4xh^2 + h^3) = 4x^3
\end{aligned}$$

따라서 다음과 같다.

3 $$\frac{d}{dx}(x^4) = 4x^3$$

식 **1**, **2**, **3**을 비교하면 어떤 형태를 얻을 수 있다. n이 양의 정수일 때 $(d/dx)(x^n) = nx^{n-1}$임을 추측하는 것은 타당해 보인다. 이것은 참이며, 이는 두 가지 방법으로 증명할 것이다. 이때 두 번째 증명은 이항정리를 이용한다.

그림 2 $f(x) = x$의 그래프는 직선 $y = x$이므로 $f'(x) = 1$이다.

> **거듭제곱의 공식** n이 양의 정수일 때 다음이 성립한다.
>
> $$\frac{d}{dx}(x^n) = nx^{n-1}$$

증명 1　$x^n - a^n = (x-a)(x^{n-1} + x^{n-2}a + \cdots + xa^{n-2} + a^{n-1})$

위 식은 우변을 단순히 곱(또는 두 번째 인자를 기하급수로 합)함으로써 확인할 수 있다. $f(x) = x^n$이면 $f'(a)$에 대한 2.1절의 식 $\boxed{5}$와 위의 식을 이용해서 다음을 얻는다.

$$
\begin{aligned}
f'(a) &= \lim_{x \to a} \frac{f(x) - f(a)}{x - a} = \lim_{x \to a} \frac{x^n - a^n}{x - a} \\
&= \lim_{x \to a} (x^{n-1} + x^{n-2}a + \cdots + xa^{n-2} + a^{n-1}) \\
&= a^{n-1} + a^{n-2}a + \cdots + aa^{n-2} + a^{n-1} \\
&= na^{n-1}
\end{aligned}
$$

증명 2　도함수의 정의에 따라 다음을 얻는다.

$$f'(x) = \lim_{h \to 0} \frac{f(x + h) - f(x)}{h} = \lim_{h \to 0} \frac{(x + h)^n - x^n}{h}$$

x^4의 도함수를 구하기 위해서는 $(x + h)^4$을 전개해야만 했다. 여기서는 이항정리를 이용하여 $(x + h)^n$을 전개하면 다음이 성립한다.

이항정리
이항정리는 참고 페이지 1에 있다.

$$
\begin{aligned}
f'(x) &= \lim_{h \to 0} \frac{\left[x^n + nx^{n-1}h + \dfrac{n(n-1)}{2}x^{n-2}h^2 + \cdots + nxh^{n-1} + h^n \right] - x^n}{h} \\
&= \lim_{h \to 0} \frac{nx^{n-1}h + \dfrac{n(n-1)}{2}x^{n-2}h^2 + \cdots + nxh^{n-1} + h^n}{h} \\
&= \lim_{h \to 0} \left[nx^{n-1} + \dfrac{n(n-1)}{2}x^{n-2}h + \cdots + nxh^{n-2} + h^{n-1} \right] \\
&= nx^{n-1}
\end{aligned}
$$

이는 첫 번째 항만 제외하고 모든 항이 인자로서 h를 갖고 있으며 따라서 0으로 접근하기 때문이다. ∎

　예제 1에서 여러 가지 기호를 이용해서 거듭제곱의 공식을 살펴보자.

《예제 1》

(a) $f(x) = x^6$이면 $f'(x) = 6x^5$이다.   (b) $y = x^{1000}$이면 $y' = 1000x^{999}$이다.

(c) $y = t^4$이면 $\dfrac{dy}{dt} = 4t^3$이다.   (d) $\dfrac{d}{dr}(r^3) = 3r^2$이다.   ■

■ 기존 도함수로부터 새로운 도함수 구하기

기존 함수에 덧셈, 뺄셈, 상수배를 해서 새로운 함수가 만들어지면, 그것들의 도함수는 기존 함수의 도함수를 이용해서 계산할 수 있다. 특히 다음 공식에서 **상수와 함수의 곱의 도함수는 그 상수와 그 함수의 도함수의 곱임**을 알려 준다.

상수배의 공식 c가 상수, f가 미분가능한 함수라 할 때 다음이 성립한다.
$$\frac{d}{dx}[cf(x)] = c\,\frac{d}{dx}f(x)$$

상수배의 공식에 대한 기하학적 해석

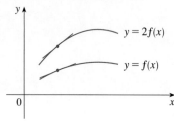

$c = 2$를 곱하면 그래프는 수직으로 두 배만큼 늘어난다. 모든 기울기의 증가는 배가 됐지만 x축의 움직임은 동일하다. 따라서 기울기는 두 배가 된다.

증명 $g(x) = cf(x)$라 하면 다음을 얻는다.

$$g'(x) = \lim_{h \to 0} \frac{g(x+h) - g(x)}{h} = \lim_{h \to 0} \frac{cf(x+h) - cf(x)}{h}$$

$$= \lim_{h \to 0} c\left[\frac{f(x+h) - f(x)}{h}\right]$$

$$= c \lim_{h \to 0} \frac{f(x+h) - f(x)}{h} \qquad \text{(극한법칙 3에 의해)}$$

$$= cf'(x)$$ ■

《예제 2》

(a) $\dfrac{d}{dx}(3x^4) = 3\,\dfrac{d}{dx}(x^4) = 3(4x^3) = 12x^3$

(b) $\dfrac{d}{dx}(-x) = \dfrac{d}{dx}[(-1)x] = (-1)\dfrac{d}{dx}(x) = -1(1) = -1$ ■

다음 공식은 **함수들의 합(또는 차)의 도함수는 그 도함수들의 합(또는 차)과 같음**을 말해 준다.

프라임 기호를 이용해서 합과 차의 공식을 다음과 같이 쓸 수 있다.
$$(f + g)' = f' + g'$$
$$(f - g)' = f' - g'$$

합의 공식 f와 g가 모두 미분가능할 때 다음이 성립한다.
$$\frac{d}{dx}[f(x) + g(x)] = \frac{d}{dx}f(x) + \frac{d}{dx}g(x)$$
$$\frac{d}{dx}[f(x) - g(x)] = \frac{d}{dx}f(x) - \frac{d}{dx}g(x)$$

증명 $F(x) = f(x) + g(x)$라 하면 다음을 얻는다.

$$F'(x) = \lim_{h \to 0} \frac{F(x+h) - F(x)}{h}$$

$$= \lim_{h \to 0} \frac{[f(x+h) + g(x+h)] - [f(x) + g(x)]}{h}$$

$$= \lim_{h \to 0} \left[\frac{f(x+h) - f(x)}{h} + \frac{g(x+h) - g(x)}{h} \right]$$

$$= \lim_{h \to 0} \frac{f(x+h) - f(x)}{h} + \lim_{h \to 0} \frac{g(x+h) - g(x)}{h} \quad \text{(극한법칙 1에 의해)}$$

$$= f'(x) + g'(x)$$

차의 공식을 증명하기 위해, $f - g$를 $f + (-1)g$라 하고 합의 공식과 상수배의 공식을 적용한다. ■

합의 공식은 임의 개수의 함수들의 합으로 확장할 수 있다. 예를 들어 이 정리를 두 번 반복해서 적용하면 다음을 얻는다.

$$(f + g + h)' = [(f + g) + h]' = (f + g)' + h' = f' + g' + h'$$

상수배의 공식, 합의 공식, 차의 공식을 거듭제곱의 공식과 결합하면 어떤 다항함수도 미분할 수 있다. 다음 예제들을 살펴보자.

《예제 3》

$$\frac{d}{dx}(x^8 + 12x^5 - 4x^4 + 10x^3 - 6x + 5)$$

$$= \frac{d}{dx}(x^8) + 12\frac{d}{dx}(x^5) - 4\frac{d}{dx}(x^4) + 10\frac{d}{dx}(x^3) - 6\frac{d}{dx}(x) + \frac{d}{dx}(5)$$

$$= 8x^7 + 12(5x^4) - 4(4x^3) + 10(3x^2) - 6(1) + 0$$

$$= 8x^7 + 60x^4 - 16x^3 + 30x^2 - 6$$ ■

《예제 4》 곡선 $y = x^4 - 6x^2 + 4$ 위에서 접선이 수평이 되는 점을 구하라.

풀이 수평접선은 도함수가 0일 때 나타난다.

$$\frac{dy}{dx} = \frac{d}{dx}(x^4) - 6\frac{d}{dx}(x^2) + \frac{d}{dx}(4)$$

$$= 4x^3 - 12x + 0 = 4x(x^2 - 3)$$

따라서 $x = 0$ 또는 $x^2 - 3 = 0$, 즉 $x = \pm\sqrt{3}$ 이면 $dy/dx = 0$이다. 그러므로 $x = 0, \sqrt{3}$, $-\sqrt{3}$일 때 주어진 곡선은 수평접선을 갖고, 이에 대응하는 점은 $(0, 4)$, $(\sqrt{3}, -5)$, $(-\sqrt{3}, -5)$이다(그림 3 참조).

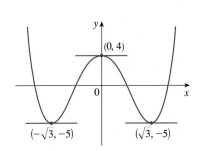

■ **그림 3** 곡선 $y = x^4 - 6x^2 + 4$와 수평접선

《**예제 5**》 입자의 운동방정식은 $s = 2t^3 - 5t^2 + 3t + 4$이다. 여기서 s의 단위는 cm이고 t의 단위는 초이다. 시간의 함수로 가속도를 구하라. 2초 후의 가속도는 얼마인가?

풀이 속도와 가속도는 다음과 같다.

$$v(t) = \frac{ds}{dt} = 6t^2 - 10t + 3$$

$$a(t) = \frac{dv}{dt} = 12t - 10$$

그러므로 2초 후의 가속도는 $a(2) = 12(2) - 10 = 14 \, \text{cm/s}^2$이다. ■

이제 두 함수의 곱의 도함수에 대한 공식을 얻고자 한다.

■ 곱의 공식

라이프니츠가 3세기 전에 합과 차의 공식을 유추한 것과 같이 곱의 도함수는 도함수의 곱이라고 추측할 수도 있다. 그러나 이런 추측은 특수한 예제를 살펴보면 잘못된 것임을 알 수 있다. 두 함수 $f(x) = x$와 $g(x) = x^2$에 대해 거듭제곱의 공식을 이용하면 $f'(x) = 1$과 $g'(x) = 2x$를 얻는다. 그런데 $(fg)(x) = x^3$이고, 따라서 $(fg)'(x) = 3x^2$이므로 $(fg)' \neq f'g'$이다. 이와 같은 실패를 딛고 라이프니츠는 정확한 공식을 얻었으며, 이것을 곱의 공식이라 한다.

곱의 공식을 프라임 기호를 이용해서 다음과 같이 쓸 수 있다.

$$(fg)' = fg' + gf'$$

곱의 공식 f와 g가 모두 미분가능할 때 다음이 성립한다.

$$\frac{d}{dx}[f(x)g(x)] = f(x)\frac{d}{dx}[g(x)] + g(x)\frac{d}{dx}[f(x)]$$

증명 $F(x) = f(x)g(x)$라 하면 다음을 얻는다.

$$F'(x) = \lim_{h \to 0} \frac{F(x + h) - F(x)}{h}$$

$$= \lim_{h \to 0} \frac{f(x + h)g(x + h) - f(x)g(x)}{h}$$

극한을 계산하기 위해 합의 공식의 증명에서와 같이 두 함수 f와 g를 분리한다. 분자에 $f(x + h)g(x)$를 빼고 더하면서 두 함수를 분리할 수 있다. 그러면 다음을 얻는다.

$$F'(x) = \lim_{h \to 0} \frac{f(x + h)g(x + h) - f(x + h)g(x) + f(x + h)g(x) - f(x)g(x)}{h}$$

$$= \lim_{h \to 0} \left[f(x + h)\frac{g(x + h) - g(x)}{h} + g(x)\frac{f(x + h) - f(x)}{h} \right]$$

$$= \lim_{h \to 0} f(x + h) \cdot \lim_{h \to 0} \frac{g(x + h) - g(x)}{h} + \lim_{h \to 0} g(x) \cdot \lim_{h \to 0} \frac{f(x + h) - f(x)}{h}$$

$$= f(x)g'(x) + g(x)f'(x)$$

이때 $g(x)$는 변수 h에 관해 상수이므로 $\lim_{h \to 0} g(x) = g(x)$이고, 함수 f는 x에서 미분가능하므로 2.2절의 정리 ④에 따라 x에서 연속이다. 따라서 $\lim_{h \to 0} f(x + h) = f(x)$이고 위의 등식이 성립한다(1.8절의 연습문제 33 참조). ■

다시 말해 곱의 공식은 **두 함수의 곱의 도함수는 앞의 함수에 뒤의 함수의 도함수를 곱하고, 뒤의 함수에 앞의 함수의 도함수를 곱해서 이들을 더한 것과 같음**을 말해준다.

《**예제 6**》 함수 $F(x) = (6x^3)(7x^4)$에 대해 $F'(x)$를 구하라.

풀이 곱의 공식에 따라 $F'(x)$를 구하면 다음을 얻는다.

$$F'(x) = (6x^3) \frac{d}{dx}(7x^4) + (7x^4) \frac{d}{dx}(6x^3)$$

$$= (6x^3)(28x^3) + (7x^4)(18x^2) = 168x^6 + 126x^6 = 294x^6 \quad ■$$

한편 예제 6에서 먼저 각 인자를 곱한 후 미분하면 위의 풀이가 맞음을 알 수 있다.

$$F(x) = (6x^3)(7x^4) = 42x^7 \quad \Rightarrow \quad F'(x) = 42(7x^6) = 294x^6$$

그러나 나중에 $y = x^2 \sin x$와 같은 함수를 접하게 되는데, 이 경우에는 곱의 공식이 도함수를 구하는 유일한 방법이다.

《**예제 7**》 $h(x) = xg(x)$이고 $g(3) = 5$, $g'(3) = 2$임을 알 때, $h'(3)$을 구하라.

풀이 곱의 공식을 적용하면 다음을 얻는다.

$$h'(x) = \frac{d}{dx}[xg(x)] = x \frac{d}{dx}[g(x)] + g(x) \frac{d}{dx}[x]$$

$$= x \cdot g'(x) + g(x) \cdot (1)$$

따라서 $h'(3) = 3g'(3) + g(3) = 3 \cdot 2 + 5 = 11$이다. ■

■ 몫의 공식

다음 공식은 두 함수의 몫을 미분하는 방법에 대해 알려준다.

몫의 공식 f와 g가 모두 미분가능할 때 다음이 성립한다.

$$\frac{d}{dx}\left[\frac{f(x)}{g(x)}\right] = \frac{g(x) \dfrac{d}{dx}[f(x)] - f(x) \dfrac{d}{dx}[g(x)]}{[g(x)]^2}$$

몫의 공식을 프라임 기호를 이용해서 다음과 같이 쓸 수 있다.

$$\left(\frac{f}{g}\right)' = \frac{gf' - fg'}{g^2}$$

증명　$F(x) = f(x)/g(x)$로 놓으면 다음을 얻는다.

$$F'(x) = \lim_{h \to 0} \frac{F(x + h) - F(x)}{h} = \lim_{h \to 0} \frac{\dfrac{f(x + h)}{g(x + h)} - \dfrac{f(x)}{g(x)}}{h}$$

$$= \lim_{h \to 0} \frac{f(x + h)g(x) - f(x)g(x + h)}{hg(x + h)g(x)}$$

이제 $f(x)g(x)$를 분자에 빼고 더하면서 f와 g를 분리한다.

$$F'(x) = \lim_{h \to 0} \frac{f(x + h)g(x) - f(x)g(x) + f(x)g(x) - f(x)g(x + h)}{hg(x + h)g(x)}$$

$$= \lim_{h \to 0} \frac{g(x)\dfrac{f(x + h) - f(x)}{h} - f(x)\dfrac{g(x + h) - g(x)}{h}}{g(x + h)g(x)}$$

$$= \frac{\displaystyle\lim_{h \to 0} g(x) \cdot \lim_{h \to 0} \frac{f(x + h) - f(x)}{h} - \lim_{h \to 0} f(x) \cdot \lim_{h \to 0} \frac{g(x + h) - g(x)}{h}}{\displaystyle\lim_{h \to 0} g(x + h) \cdot \lim_{h \to 0} g(x)}$$

$$= \frac{g(x)f'(x) - f(x)g'(x)}{[g(x)]^2}$$

2.2절의 정리 **4** 에 따라 g는 연속이므로 $\lim\limits_{h \to 0} g(x + h) = g(x)$이다. ∎

다시 말해 몫의 공식으로부터 몫의 도함수는 분모에 분자의 도함수를 곱하고 분자에 분모의 도함수를 곱해서 **빼고**, 그 결과를 분모의 제곱으로 나눈 것과 같음을 알 수 있다.

이 절에 있는 정리들은 임의의 다항함수는 $\mathbb{R}$에서 미분가능하고, 임의의 유리함수는 이 함수의 정의역에서 미분가능함을 보여 준다. 더욱이 몫의 공식과 다른 미분법의 공식들로 임의의 유리함수의 도함수를 계산할 수 있다. 다음 예제를 살펴보자.

그림 4에 예제 8의 함수와 그것의 도함수의 그래프가 그려져 있다. y가 $(-\sqrt[3]{6} \approx -1.8$ 부근에서) 빠르게 증가할 때 y'이 커진다는 것에 유의하자. 그리고 y가 느리게 증가하면 y'도 0에 접근한다.

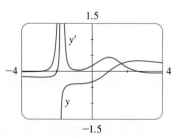

그림 4

《예제 8》 $y = \dfrac{x^2 + x - 2}{x^3 + 6}$ 일 때 다음을 얻는다.

$$y' = \frac{(x^3 + 6)\dfrac{d}{dx}(x^2 + x - 2) - (x^2 + x - 2)\dfrac{d}{dx}(x^3 + 6)}{(x^3 + 6)^2}$$

$$= \frac{(x^3 + 6)(2x + 1) - (x^2 + x - 2)(3x^2)}{(x^3 + 6)^2}$$

$$= \frac{(2x^4 + x^3 + 12x + 6) - (3x^4 + 3x^3 - 6x^2)}{(x^3 + 6)^2}$$

$$= \frac{-x^4 - 2x^3 + 6x^2 + 12x + 6}{(x^3 + 6)^2}$$

∎

NOTE 분수함수를 미분할 때 언제나 몫의 공식을 사용할 필요는 없다. 때로는 먼저 분수함수를 간단한 형태로 바꿔 다시 쓰면 미분하기가 쉬워진다. 예를 들어 다음 함수는 몫의 공식으로 미분할 수 있다.

$$F(x) = \frac{3x^2 + 2\sqrt{x}}{x}$$

그렇지만 미분하기 전에 나눗셈을 실행해서 이 함수를 다음과 같이 쓰면 미분하기가 훨씬 쉬워진다.

$$F(x) = 3x + 2x^{-1/2}$$

■ 일반적인 거듭제곱함수

몫의 공식은 거듭제곱의 공식을 지수가 음의 정수인 경우로 확장하는 데 사용될 수 있다.

---

n이 양의 정수라 할 때 다음이 성립한다.

$$\frac{d}{dx}(x^{-n}) = -nx^{-n-1}$$

증명

$$\frac{d}{dx}(x^{-n}) = \frac{d}{dx}\left(\frac{1}{x^n}\right)$$

$$= \frac{x^n \dfrac{d}{dx}(1) - 1 \cdot \dfrac{d}{dx}(x^n)}{(x^n)^2} = \frac{x^n \cdot 0 - 1 \cdot nx^{n-1}}{x^{2n}}$$

$$= \frac{-nx^{n-1}}{x^{2n}} = -nx^{n-1-2n} = -nx^{-n-1} \qquad ■$$

《 예제 9 》

(a) $y = \dfrac{1}{x}$ 이면 $\dfrac{dy}{dx} = \dfrac{d}{dx}(x^{-1}) = -x^{-2} = -\dfrac{1}{x^2}$ 이다.

(b) $\dfrac{d}{dt}\left(\dfrac{6}{t^3}\right) = 6\dfrac{d}{dt}(t^{-3}) = 6(-3)t^{-4} = -\dfrac{18}{t^4}$ ■

지금까지는 지수 n이 양 또는 음의 정수일 때 거듭제곱의 공식이 성립함을 알았다. $n = 0$이면 $x^0 = 1$이고, 이것은 도함수 0을 갖는다. 그러므로 거듭제곱의 공식은 임의의 정수 n에 대해 성립한다. 지수가 분수라면 어떻게 될까? 실제로 2.2절의 예제 3에서 다음을 봤다.

$$\frac{d}{dx}\sqrt{x} = \frac{1}{2\sqrt{x}}$$

이는 다음과 같이 쓸 수 있다.

$$\frac{d}{dx}\left(x^{1/2}\right) = \tfrac{1}{2}x^{-1/2}$$

이것은 거듭제곱의 공식이 $n = \frac{1}{2}$인 경우조차 성립함을 말한다. 실제로 거듭제곱의 공식은 임의의 실수 n에 대해 성립한다. 이것은 6장에서 증명할 것이다. 당분간 일반 형태를 명시하고 이를 이용해서 예제와 연습문제를 푼다.

> **거듭제곱의 공식(일반 형태)** n을 임의의 실수라 할 때 다음이 성립한다.
>
> $$\frac{d}{dx}\left(x^n\right) = nx^{n-1}$$

◀ 예제 10 ▶

(a) $f(x) = x^{\pi}$이면 $f'(x) = \pi x^{\pi-1}$이다.

(b) $y = \dfrac{1}{\sqrt[3]{x^2}}$이면 다음이 성립한다.

$$\frac{dy}{dx} = \frac{d}{dx}\left(x^{-2/3}\right) = -\tfrac{2}{3}x^{-(2/3)-1}$$

$$= -\tfrac{2}{3}x^{-5/3} \qquad\blacksquare$$

예제 11에서 a와 b는 상수이다. 수학자들은 관습적으로 앞부분에 있는 알파벳 문자를 상수로 나타내고, 뒷부분에 있는 문자를 변수로 사용한다.

◀ 예제 11 ▶ 함수 $f(t) = \sqrt{t}\,(a + bt)$를 미분하라.

풀이 1 곱의 공식을 이용하면 다음을 얻는다.

$$f'(t) = \sqrt{t}\,\frac{d}{dt}(a + bt) + (a + bt)\frac{d}{dt}\left(\sqrt{t}\right)$$

$$= \sqrt{t} \cdot b + (a + bt) \cdot \tfrac{1}{2}t^{-1/2}$$

$$= b\sqrt{t} + \frac{a + bt}{2\sqrt{t}} = \frac{a + 3bt}{2\sqrt{t}}$$

풀이 2 먼저 지수 법칙을 이용해서 $f(t)$를 다시 쓴 후 함수를 미분하면, 곱의 공식을 이용하지 않고도 풀이 1과 같은 결과를 얻을 수 있다.

$$f(t) = a\sqrt{t} + bt\sqrt{t} = at^{1/2} + bt^{3/2}$$

$$f'(t) = \tfrac{1}{2}at^{-1/2} + \tfrac{3}{2}bt^{1/2} \qquad\blacksquare$$

도함수의 정의를 사용하지 않고 미분 공식을 이용해서 접선을 구할 수 있고 **법선**도 구할 수 있다. 점 P에서 곡선 C에 대한 **법선**(normal line)은 점 P를 지나며 점 P에서의 접선에 수직인 직선이다(광학에서는 광선과 렌즈의 법선 사이의 각을 고려해야 한다).

《예제 12》 곡선 $y = \sqrt{x}/(1 + x^2)$ 위의 점 $\left(1, \frac{1}{2}\right)$에서 접선 및 법선의 방정식을 구하라.

풀이 몫의 공식을 이용하면 다음을 얻는다.

$$\frac{dy}{dx} = \frac{(1 + x^2)\dfrac{d}{dx}(\sqrt{x}) - \sqrt{x}\dfrac{d}{dx}(1 + x^2)}{(1 + x^2)^2}$$

$$= \frac{(1 + x^2)\dfrac{1}{2\sqrt{x}} - \sqrt{x}\,(2x)}{(1 + x^2)^2}$$

$$= \frac{(1 + x^2) - 4x^2}{2\sqrt{x}\,(1 + x^2)^2} = \frac{1 - 3x^2}{2\sqrt{x}\,(1 + x^2)^2}$$

따라서 $\left(1, \frac{1}{2}\right)$에서의 접선의 기울기는 다음과 같다.

$$\left.\frac{dy}{dx}\right|_{x=1} = \frac{1 - 3 \cdot 1^2}{2\sqrt{1}\,(1 + 1^2)^2} = -\frac{1}{4}$$

$\left(1, \frac{1}{2}\right)$에서의 점-기울기형 접선의 방정식을 이용한다.

$$y - \tfrac{1}{2} = -\tfrac{1}{4}(x - 1), \quad \text{즉} \quad y = -\tfrac{1}{4}x + \tfrac{3}{4}$$

점 $\left(1, \frac{1}{2}\right)$에서 법선의 기울기는 $-\frac{1}{4}$의 음의 역수, 즉 4이다. 따라서 법선의 방정식은 다음과 같다.

$$y - \tfrac{1}{2} = 4(x - 1), \quad \text{즉} \quad y = 4x - \tfrac{7}{2}$$

곡선과 이것의 접선 그리고 법선은 그림 5와 같다.

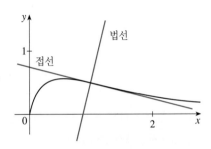

■ **그림 5**

《예제 13》 쌍곡선 $xy = 12$에 있는 어떤 점에서 그 접선이 직선 $3x + y = 0$과 평행한가?

풀이 $xy = 12$이므로 $y = 12/x$와 같이 쓸 수 있다. 따라서 다음을 얻는다.

$$\frac{dy}{dx} = 12\frac{d}{dx}(x^{-1}) = 12(-x^{-2}) = -\frac{12}{x^2}$$

이제 곡선에 있는 어떤 점의 x좌표가 a라 하자. 그러면 이 점에서 접선의 기울기는 $-12/a^2$이고, 이 접선은 직선 $3x + y = 0$, 즉 $y = -3x$와 평행하다. 이 접선이 동일한 기울기 -3을 가지므로 다음을 얻는다.

$$-\frac{12}{a^2} = -3, \quad \text{즉} \quad a^2 = 4, \quad \text{즉} \quad a = \pm 2$$

따라서 구하는 점은 $(2, 6)$과 $(-2, -6)$이다. 쌍곡선과 접선은 그림 6과 같다.

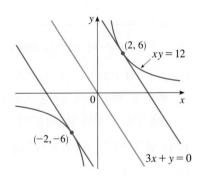

■ **그림 6**

지금까지 배운 미분 공식을 정리하면 아래와 같다.

미분 공식표

$$\frac{d}{dx}(c) = 0 \qquad\qquad \frac{d}{dx}(x^n) = nx^{n-1}$$

$$(cf)' = cf' \qquad\qquad (f+g)' = f' + g' \qquad (f-g)' = f' - g'$$

$$(fg)' = fg' + gf' \qquad \left(\frac{f}{g}\right)' = \frac{gf' - fg'}{g^2}$$

2.3 │ 연습문제

1-7 다음 함수를 미분하라.

1. $g(x) = 4x + 7$

2. $f(x) = x^{75} - x + 3$

3. $W(v) = 1.8v^{-3}$

4. $f(x) = x^{3/2} + x^{-3}$

5. $s(t) = \dfrac{1}{t} + \dfrac{1}{t^2}$

6. $y = 2x + \sqrt{x}$

7. $g(x) = \dfrac{1}{\sqrt{x}} + \sqrt[4]{x}$

8-12 함수를 다른 형식으로 표기한 후 미분하라. (곱이나 몫의 공식을 사용하지 말라.)

8. $f(x) = x^3(x + 3)$

9. $f(x) = \dfrac{3x^2 + x^3}{x}$

10. $G(q) = (1 + q^{-1})^2$

11. $G(r) = \dfrac{3r^{3/2} + r^{5/2}}{r}$

12. $P(w) = \dfrac{2w^2 - w + 4}{\sqrt{w}}$

---

13. $y = tx^2 + t^3 x$ 에 대해 dy/dx와 dy/dt를 구하라.

14. $f(x) = (1 + 2x^2)(x - x^2)$의 도함수를 두 가지 방법으로 구하라. 한 번은 곱의 공식을 이용하고 한 번은 곱셈을 먼저 수행한다. 두 답이 일치하는가?

15-16 곱의 공식을 사용하여 다음 함수의 도함수를 구하라.

15. $f(x) = (3x^2 - 5x)x^2$

16. $y = (4x^2 + 3)(2x + 5)$

17-18 몫의 공식을 사용하여 다음 함수의 도함수를 구하라.

17. $y = \dfrac{5x}{1 + x}$

18. $g(t) = \dfrac{3 - 2t}{5t + 1}$

19-26 다음 함수를 미분하라.

19. $f(t) = \dfrac{5t}{t^3 - t - 1}$

20. $y = \dfrac{s - \sqrt{s}}{s^2}$

21. $F(x) = \dfrac{2x^5 + x^4 - 6x}{x^3}$

22. $H(u) = \left(u - \sqrt{u}\right)\left(u + \sqrt{u}\right)$

23. $J(u) = \left(\dfrac{1}{u} + \dfrac{1}{u^2}\right)\left(u + \dfrac{1}{u}\right)$

24. $f(t) = \dfrac{\sqrt[3]{t}}{t - 3}$

25. $G(y) = \dfrac{B}{Ay^3 + B}$

26. $f(x) = \dfrac{x}{x + \dfrac{c}{x}}$

---

27. 일반적인 n차 다항함수의 형태는 다음과 같다.

$$P(x) = a_n x^n + a_{n-1} x^{n-1} + \cdots + a_2 x^2 + a_1 x + a_0$$

여기서 $a_n \neq 0$이다. P의 도함수를 구하라.

28. $f(x) = 3x^{15} - 5x^3 + 3$에 대해 $f'(x)$를 구하라. f와 f'의 그래프를 비교하고, 그래프를 이용해서 그 풀이가 타당한 이유를 설명하라.

29. (a) 함수 $f(x) = x^4 - 3x^3 - 6x^2 + 7x + 30$을 보기화면 $[-3, 5] \times [-10, 50]$으로 그려라.

(b) (a)의 그래프를 이용해서 기울기를 추정하고, 손으로 f'의 그래프를 적당히 그려라(2.2절의 예제 1 참조).

(c) $f'(x)$를 계산하고 이 표현식을 이용해서 f'을 그려라. (b)에서의 그림과 비교하라.

30. 곡선 $y = \dfrac{2x}{x+1}$ 위의 점 $(1, 1)$에서 접선의 방정식을 구하라.

31-32 주어진 점에서 다음 곡선에 대한 접선 및 법선의 방정식을 구하라.

31. $y = x + \sqrt{x}$, $(1, 2)$ **32.** $y = \dfrac{3x}{1+5x^2}$, $\left(1, \frac{1}{2}\right)$

---

33. (a) 곡선 $y = 1/(1 + x^2)$을 **아네시의 마녀**라고 한다. 점 $\left(-1, \frac{1}{2}\right)$에서 이 곡선에 대한 접선의 방정식을 구하라.

(b) (a)의 곡선과 접선을 동일한 보기화면에 그려라.

34-35 다음 함수의 1계 도함수, 2계 도함수를 구하라.

34. $f(x) = 0.001x^5 - 0.02x^3$

35. $f(x) = \dfrac{x^2}{1+2x}$

---

36. $f(x) = 2x - 5x^{3/4}$의 1계, 2계 도함수를 구하라. f, f', f''의 그래프를 비교해서 답이 타당함을 확인하라.

37. 입자의 운동방정식은 $s = t^3 - 3t$이다. 여기서 s의 단위는 m이고 t의 단위는 초이다.

(a) 속도와 가속도를 t의 함수로 구하라.

(b) 2초 후의 가속도를 구하라.

(c) 속도가 0일 때 가속도를 구하라.

38. 생물학자들은 A년 된 알래스카산 볼락(rockfish)의 길이 L의 모형을 3차 다항식

$$L = 0.0390A^3 - 0.945A^2 + 10.03A + 3.07$$

로 제안했다. 단, L의 단위는 인치이고 A의 단위는 년이다.

$$\left.\dfrac{dL}{dA}\right|_{A=12}$$

를 구하고 의미를 설명하라.

39. 보일의 법칙은 일정한 압력에서 기체가 압축될 때, 기체의 압력 P는 부피 V에 반비례하는 것을 설명하고 있다.

(a) 25°C에서 부피가 0.106 m³인 공기의 압력이 50 kPa일 때, 압력 P의 함수로 부피 V를 나타내라.

(b) $P = 50$ kPa일 때 dV/dP를 구하라. 이 도함수는 무엇을 의미하는가? 또한 그 단위는 무엇인가?

40. $f(5) = 1$, $f'(5) = 6$, $g(5) = -3$, $g'(5) = 2$라 가정하자. 다음을 구하라.

(a) $(fg)'(5)$ (b) $(f/g)'(5)$ (c) $(g/f)'(5)$

41. $f(x) = \sqrt{x}\, g(x)$이고 $g(4) = 8$, $g'(4) = 7$일 때, $f'(4)$를 구하라.

42. f와 g가 아래와 같은 그래프를 갖는 함수이다. $u(x) = f(x)g(x)$, $v(x) = f(x)/g(x)$라 할 때 다음을 구하라.

(a) $u'(1)$ (b) $v'(4)$

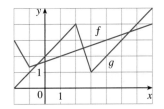

43. g가 미분가능한 함수일 때, 다음 각 함수의 도함수에 대한 표현식을 구하라.

(a) $y = xg(x)$ (b) $y = \dfrac{x}{g(x)}$ (c) $y = \dfrac{g(x)}{x}$

44. 곡선 $y = x^3 + 3x^2 - 9x + 10$에 있고 수평접선을 갖는 점들을 구하라.

45. 곡선 $y = 6x^3 + 5x - 3$은 기울기가 4인 접선을 갖지 않음을 보여라.

46. 곡선 $y = x^3 - 3x^2 + 3x - 3$에 접하고 직선 $3x - y = 15$에 평행한 두 직선의 방정식을 구하라.

47. 직선 $2x + y = 1$에 평행한 곡선 $y = \sqrt{x}$의 법선의 방정식을 구하라.

48. 점 $(0, -4)$를 지나는 포물선 $y = x^2$의 접선이 두 개임을 보이는 그래프를 그려라. 이 두 접선이 포물선과 만나는 점들을 구하라.

49. 어떤 a와 b값에 대해 $x = 2$에서 직선 $2x + y = b$가 포물선 $y = ax^2$에 접하는가?

50. 다음을 만족하는 2차 다항함수 P를 구하라.

$$P(2) = 5, \quad P'(2) = 3, \quad P''(2) = 2$$

51. 점 $(-2, 6)$과 $(2, 0)$에서 수평접선을 갖는 삼차함수 $y = ax^3 + bx^2 + cx + d$를 구하라.

52. 이 문제에서는 콜로라도 주 볼더에서 개인 총 수입의 증가율을 계산한다. 2015년에 이 지역의 인구는 107,350명이었고, 1년에 약 1,960명씩 증가했다. 평균 연 수입은 1인당

60,220달러였고, 평균적으로 매년 약 2,250달러씩 증가했다. (이는 전국 연평균인 약 1,810달러를 약간 상회하는 것이다.) 곱의 공식과 이 정보를 이용해서 2015년에 이 지역에서의 개인 총 수입의 증가율을 추정하라. 곱의 공식에서의 각 항의 의미를 설명하라.

53. 키모트립신 효소에 대한 미카엘리스–멘텐 방정식(Michaelis-Menten Equation)은

$$v = \frac{0.14[S]}{0.015 + [S]}$$

이다. 단, v는 효소의 반응률이고 [S]는 기질 S의 농도이다. $dv/d[S]$를 구하고 의미를 말하라.

54. 확장된 곱의 공식 곱의 공식은 세 함수의 곱으로 확장될 수 있다.

(a) 곱의 공식을 두 번 이용해서 f, g, h가 미분가능하면 다음이 성립함을 보여라.

$$(fgh)' = f'gh + fg'h + fgh'$$

(b) (a)에서 $f = g = h$일 때 다음이 성립함을 보여라.

$$\frac{d}{dx}[f(x)]^3 = 3[f(x)]^2 f'(x)$$

(c) (b)를 이용해서 $y = (x^4 + 3x^3 + 17x + 82)^3$을 미분하라.

55. 몫의 공식에 대한 증명은 $F = f/g$일 때 $F'(x)$가 존재한다는 가정을 하면 쉽게 할 수 있다. $f = Fg$라 쓰자. 곱의 공식을 이용해서 미분하고, F'에 대한 결과 방정식을 풀라.

56. $f(x) = \begin{cases} x^2 + 1 & x < 1 \\ x + 1 & x \geq 1 \end{cases}$에 대해 f는 1에서 미분가능한가? f와 f'의 그래프를 그려라.

57. (a) 함수 $f(x) = |x^2 - 9|$는 어떤 x값에 대해 미분가능한가? f'에 대한 공식을 구하라.

(b) f와 f'의 그래프를 그려라.

58. $f(x) = \begin{cases} x^2 & x \leq 2 \\ mx + b & x > 2 \end{cases}$

일 때 f가 모든 곳에서 미분 가능하도록 m과 b를 구하라.

59. $c > \frac{1}{2}$일 때 점 $(0, c)$를 지나며 포물선 $y = x^2$에 수직인 직선은 몇 개인가? $c \leq \frac{1}{2}$일 때는 어떤가?

60. $\lim\limits_{x \to 1} \dfrac{x^{1000} - 1}{x - 1}$을 계산하라.

2.4 | 삼각함수의 도함수

삼각함수 복습은 부록 B에 나와 있다.

이 절을 시작하기에 앞서 삼각함수를 복습할 필요가 있을 것이다. 특히 모든 실수 x에 대해 정의되는 함수 $f(x) = \sin x$를 언급할 때, $\sin x$는 **라디안**으로 측정된 각 x의 사인 함숫값을 의미한다. 그리고 다른 삼각함수들 cos, tan, csc, sec, cot에 대해서도 동일하게 취급한다. 1.8절에서 모든 삼각함수는 정의역의 모든 수에서 연속임을 알았다.

■ 삼각함수의 도함수

함수 $f(x) = \sin x$의 그래프를 그린다. $f'(x)$를 사인곡선에 대한 접선의 기울기로 해석해서 f'의 그래프를 그린다면 f'의 곡선은 마치 코사인곡선과 일치하는 것처럼 보일 것이다(그림 1 참조).

이제 $f(x) = \sin x$이면 $f'(x) = \cos x$라는 추측을 확인해 보자. 도함수의 정의에 의해 다음을 얻는다.

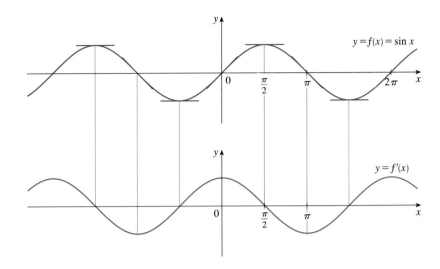

그림 1

$$f'(x) = \lim_{h \to 0} \frac{f(x+h) - f(x)}{h}$$

$$= \lim_{h \to 0} \frac{\sin(x+h) - \sin x}{h}$$

$$= \lim_{h \to 0} \frac{\sin x \cos h + \cos x \sin h - \sin x}{h} \qquad \text{(사인에 대한 덧셈공식을 이용하여, 부록 B 참조)}$$

$$= \lim_{h \to 0} \left[\frac{\sin x \cos h - \sin x}{h} + \frac{\cos x \sin h}{h} \right]$$

$$= \lim_{h \to 0} \left[\sin x \left(\frac{\cos h - 1}{h} \right) + \cos x \left(\frac{\sin h}{h} \right) \right]$$

$$\boxed{1} \quad = \lim_{h \to 0} \sin x \cdot \lim_{h \to 0} \frac{\cos h - 1}{h} + \lim_{h \to 0} \cos x \cdot \lim_{h \to 0} \frac{\sin h}{h}$$

이 네 극한 중 두 개는 계산하기 쉽다. $h \to 0$인 극한을 계산할 때는 x를 상수로 생각하기 때문에 다음을 얻는다.

$$\lim_{h \to 0} \sin x = \sin x, \qquad \lim_{h \to 0} \cos x = \cos x$$

이 절의 후반부에서 다음을 증명할 것이다.

$$\lim_{h \to 0} \frac{\sin h}{h} = 1, \qquad \lim_{h \to 0} \frac{\cos h - 1}{h} = 0$$

이제 이들 극한을 공식 $\boxed{1}$에 대입하면 다음을 얻는다.

$$f'(x) = \lim_{h \to 0} \sin x \cdot \lim_{h \to 0} \frac{\cos h - 1}{h} + \lim_{h \to 0} \cos x \cdot \lim_{h \to 0} \frac{\sin h}{h}$$

$$= (\sin x) \cdot 0 + (\cos x) \cdot 1 = \cos x$$

이로써 사인함수의 도함수에 대한 다음 공식을 증명했다.

$$\boxed{2} \qquad \frac{d}{dx}(\sin x) = \cos x$$

《예제 1》 $y = x^2 \sin x$를 미분하라.

풀이 곱의 공식과 공식 $\boxed{2}$를 적용하면 다음을 얻는다.

$$\frac{dy}{dx} = x^2 \frac{d}{dx}(\sin x) + \sin x \frac{d}{dx}(x^2)$$

$$= x^2 \cos x + 2x \sin x \qquad\qquad ■$$

그림 2는 예제 1의 함수와 그것의 도함수의 그래프를 보여 준다. y가 수평접선을 갖기만 하면 $y' = 0$임에 유의하자.

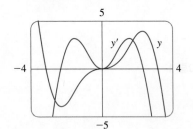

그림 2

공식 $\boxed{2}$의 증명과 같은 방법으로 다음을 증명할 수 있다.

$$\boxed{3} \qquad \frac{d}{dx}(\cos x) = -\sin x$$

탄젠트함수는 도함수의 정의를 이용해서 미분할 수 있으나, 몫의 공식과 공식 $\boxed{2}$와 $\boxed{3}$을 이용하면 좀 더 쉽다.

$$\frac{d}{dx}(\tan x) = \frac{d}{dx}\left(\frac{\sin x}{\cos x}\right)$$

$$= \frac{\cos x \dfrac{d}{dx}(\sin x) - \sin x \dfrac{d}{dx}(\cos x)}{\cos^2 x}$$

$$= \frac{\cos x \cdot \cos x - \sin x(-\sin x)}{\cos^2 x}$$

$$= \frac{\cos^2 x + \sin^2 x}{\cos^2 x}$$

$$= \frac{1}{\cos^2 x} = \sec^2 x \qquad (\cos^2 x + \sin^2 x = 1)$$

$$\boxed{4} \qquad \frac{d}{dx}(\tan x) = \sec^2 x$$

나머지 삼각함수들 csc, sec, cot에 대한 도함수 역시 몫의 공식을 이용해서 쉽게 얻을 수 있다(연습문제 12, 13 참조). 삼각함수에 대한 미분 공식을 종합하면 다음 표와 같다. x의 단위가 라디안임을 기억하자.

삼각함수의 도함수

$$\frac{d}{dx}(\sin x) = \cos x \qquad\qquad \frac{d}{dx}(\csc x) = -\csc x \cot x$$

$$\frac{d}{dx}(\cos x) = -\sin x \qquad\qquad \frac{d}{dx}(\sec x) = \sec x \tan x$$

$$\frac{d}{dx}(\tan x) = \sec^2 x \qquad\qquad \frac{d}{dx}(\cot x) = -\csc^2 x$$

이 표를 살펴보면 co가 앞에 있는 함수(cosine, cosecant, cotangent)는 도함수가 음의 부호를 갖고 있음을 알 수 있다.

《**예제 2**》 $f(x) = \dfrac{\sec x}{1 + \tan x}$ 를 미분하라. 어떤 x에 대해 f의 그래프가 수평접선을 갖는가?

풀이 몫의 공식을 이용하면 다음을 얻는다.

$$f'(x) = \frac{(1 + \tan x)\,\dfrac{d}{dx}(\sec x) - \sec x\,\dfrac{d}{dx}(1 + \tan x)}{(1 + \tan x)^2}$$

$$= \frac{(1 + \tan x)\sec x \tan x - \sec x \cdot \sec^2 x}{(1 + \tan x)^2}$$

$$= \frac{\sec x\,(\tan x + \tan^2 x - \sec^2 x)}{(1 + \tan x)^2}$$

$$= \frac{\sec x\,(\tan x - 1)}{(1 + \tan x)^2} \qquad (\sec^2 x = \tan^2 x + 1)$$

f의 그래프는 $f'(x) = 0$일 때 수평 접선을 갖는다. $\sec x$는 결코 0이 되지 않으므로 $\tan x = 1$일 때 $f'(x) = 0$임을 알 수 있고, 이것은 정수 n에 대해 $x = \pi/4 + n\pi$일 때 성립한다(그림 3 참조). ■

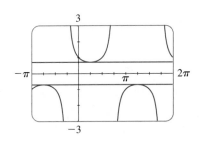

그림 3 예제 2의 수평접선

삼각함수는 가끔 실제 현상을 모형화하는 데 사용된다. 특히 진동, 파동, 탄력운동과 주기적인 방법으로 변하는 다른 양들은 삼각함수를 이용해 묘사될 수 있다. 다음 예제에서 간단한 조화운동의 경우를 살펴보자.

《**예제 3**》 수직 용수철 끝에 있는 물체를 평형위치에서 4 cm 잡아당겨서 시각 $t = 0$에서 놓는다고 하면(그림 4에서 아래 방향이 양의 방향이다), 시각 t에서 용수철의 위치는 다음과 같다.

$$s = f(t) = 4 \cos t$$

시각 t에서 속도와 가속도를 구하고, 이것을 이용해서 물체의 운동을 해석하라.

풀이 속도와 가속도는 다음과 같다.

$$v = \frac{ds}{dt} = \frac{d}{dt}(4 \cos t) = 4\,\frac{d}{dt}(\cos t) = -4 \sin t$$

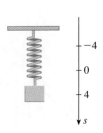

그림 4

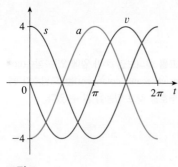

그림 5

$$a = \frac{dv}{dt} = \frac{d}{dt}(-4\sin t) = -4\frac{d}{dt}(\sin t) = -4\cos t$$

물체는 가장 낮은 위치($s = 4$ cm)로부터 가장 높은 위치($s = -4$ cm)까지 진동한다. 진동의 주기는 $\cos t$의 주기인 2π이다.

속력은 $|v| = 4|\sin t|$인데, 이것은 $|\sin t| = 1$, 즉 $\cos t = 0$일 때 최대이다. 따라서 물체는 그것의 평형위치($s = 0$)를 지날 때 가장 빨리 움직인다. $\sin t = 0$, 즉 최고점과 최저점에서 속력은 0이다.

$s = 0$에서 가속도는 $a = -4\cos t = 0$이다. 최고점과 최저점에서 가장 큰 크기(절댓값)의 가속도를 갖는다(그림 5 참조). ∎

《예제 4》 $\cos x$의 27계 도함수를 구하라.

풀이 $f(x) = \cos x$의 도함수들을 나열해 보면 다음과 같다.

$$f'(x) = -\sin x$$
$$f''(x) = -\cos x$$
$$f'''(x) = \sin x$$
$$f^{(4)}(x) = \cos x$$
$$f^{(5)}(x) = -\sin x$$

PS 어떤 패턴을 찾아라.

이 도함수들은 길이가 4인 주기로 순환하고, 특히 n이 4의 배수일 때 $f^n(x) = \cos x$이다. 그러므로 다음을 얻는다.

$$f^{(24)}(x) = \cos x$$

세 번 더 미분하면 다음을 얻는다.

$$f^{(27)}(x) = \sin x$$ ∎

■ 두 개의 특별한 삼각함수의 극한

사인함수에 대한 미분 공식을 증명하는 데 두 개의 특별한 극한을 이용했다. 이제 증명하자.

5

$$\lim_{\theta \to 0}\frac{\sin\theta}{\theta} = 1$$

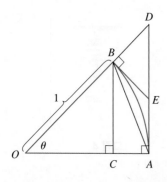

그림 6

증명 먼저 $0 < \theta < \pi/2$라고 하자. 그리고 그림 6에서와 같이 중심이 O, 중심각이 θ, 반지름이 1인 부채꼴을 생각하자. BC는 OA에 직교하도록 그려졌다. 라디안 측도의 정의에 의해 $\overset{\frown}{AB} = \theta$이다. 또한 $|BC| = |OB|\sin\theta = \sin\theta$이다. 그림으로부터

다음을 알 수 있다.

$$|BC| < |AB| < \widehat{AB}$$

따라서 다음이 성립한다.

$$\sin\theta < \theta, \quad \text{즉} \quad \frac{\sin\theta}{\theta} < 1$$

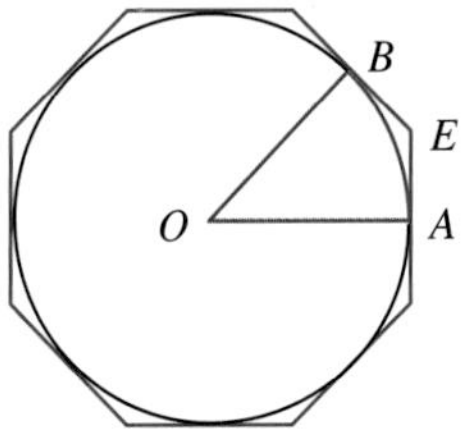

A와 B에서의 접선이 모두 E에서 만난다고 하자. 그러면 그림 7에서 원둘레는 외접다각형의 길이보다 작음을 알 수 있고, $\widehat{AB} < |AE| + |EB|$이다. 따라서 다음과 같다.

$$\begin{aligned}
\theta = \widehat{AB} &< |AE| + |EB| \\
&< |AE| + |ED| \\
&= |AD| = |OA|\tan\theta \\
&= \tan\theta
\end{aligned}$$

따라서 다음을 얻는다.

$$\theta < \frac{\sin\theta}{\cos\theta}$$

즉

$$\cos\theta < \frac{\sin\theta}{\theta} < 1$$

$\lim\limits_{\theta\to 0} 1 = 1$이고, $\lim\limits_{\theta\to 0}\cos\theta = 1$이므로 압축 정리에 따라 다음이 성립한다.

$$\lim_{\theta\to 0^+}\frac{\sin\theta}{\theta} = 1 \qquad (0 < \theta < \pi/2)$$

그러나 함수 $(\sin\theta)/\theta$가 우함수이므로 좌극한과 우극한은 같아야만 한다.
따라서 다음을 얻는다.

$$\lim_{\theta\to 0}\frac{\sin\theta}{\theta} = 1$$

그러므로 식 $\boxed{5}$가 증명됐다. ■

앞에서의 특별한 극한은 사인함수에 관한 것이다. 다음의 특별한 극한은 코사인을 포함하고 있다.

$\boxed{6}$
$$\boxed{\lim_{\theta\to 0}\frac{\cos\theta - 1}{\theta} = 0}$$

증명 우리가 이미 알고 있는 극한을 사용할 수 있는 형태로 주어진 함수를 변형하기 위해 분모와 분자에 $\cos\theta + 1$을 곱한다.

그림 7

$$\lim_{\theta \to 0} \frac{\cos \theta - 1}{\theta} = \lim_{\theta \to 0} \left(\frac{\cos \theta - 1}{\theta} \cdot \frac{\cos \theta + 1}{\cos \theta + 1} \right) = \lim_{\theta \to 0} \frac{\cos^2\theta - 1}{\theta \, (\cos \theta + 1)}$$

$$= \lim_{\theta \to 0} \frac{-\sin^2\theta}{\theta \, (\cos \theta + 1)} = -\lim_{\theta \to 0} \left(\frac{\sin \theta}{\theta} \cdot \frac{\sin \theta}{\cos \theta + 1} \right)$$

$$= -\lim_{\theta \to 0} \frac{\sin \theta}{\theta} \cdot \lim_{\theta \to 0} \frac{\sin \theta}{\cos \theta + 1}$$

$$= -1 \cdot \left(\frac{0}{1 + 1} \right) = 0 \qquad \text{(식 \boxed{5}에 의해)}$$

■

《예제 5》 $\lim\limits_{x \to 0} \dfrac{\sin 7x}{4x}$ 를 구하라.

풀이 식 $\boxed{5}$ 를 적용하기 위해 주어진 함수에 7을 곱하고 나누어 다음과 같이 변형한다.

$\sin 7x \neq 7 \sin x$ 임을 명심하자.

$$\frac{\sin 7x}{4x} = \frac{7}{4} \left(\frac{\sin 7x}{7x} \right)$$

이제 $\theta = 7x$ 로 놓으면 $x \to 0$ 일 때 $\theta \to 0$ 이므로, 식 $\boxed{5}$ 에 의해 다음을 얻는다.

$$\lim_{x \to 0} \frac{\sin 7x}{4x} = \frac{7}{4} \lim_{x \to 0} \left(\frac{\sin 7x}{7x} \right)$$

$$= \frac{7}{4} \lim_{\theta \to 0} \frac{\sin \theta}{\theta} = \frac{7}{4} \cdot 1 = \frac{7}{4}$$

■

《예제 6》 $\lim\limits_{x \to 0} x \cot x$ 를 구하라.

풀이 분자와 분모를 x로 나눈다.

$$\lim_{x \to 0} x \cot x = \lim_{x \to 0} \frac{x \cos x}{\sin x}$$

$$= \lim_{x \to 0} \frac{\cos x}{\dfrac{\sin x}{x}} = \frac{\lim\limits_{x \to 0} \cos x}{\lim\limits_{x \to 0} \dfrac{\sin x}{x}}$$

$$= \frac{\cos 0}{1} \qquad \text{(코사인함수의 연속성과 식 \boxed{5}에 의해)}$$

$$= 1$$

■

《예제 7》 $\lim\limits_{\theta \to 0} \dfrac{\cos \theta - 1}{\sin \theta}$ 을 구하라.

풀이 식 $\boxed{5}$ 와 $\boxed{6}$ 을 이용하기 위해 분모와 분자를 θ로 나눈다.

$$\lim_{\theta \to 0} \frac{\cos \theta - 1}{\sin \theta} = \lim_{\theta \to 0} \frac{\dfrac{\cos \theta - 1}{\theta}}{\dfrac{\sin \theta}{\theta}}$$

$$= \frac{\displaystyle\lim_{\theta \to 0} \frac{\cos \theta - 1}{\theta}}{\displaystyle\lim_{\theta \to 0} \frac{\sin \theta}{\theta}} = \frac{0}{1} = 0 \qquad \blacksquare$$

2.4 | 연습문제

1-11 다음 식을 미분하라.

1. $f(x) = 3 \sin x - 2 \cos x$ **2.** $y = x^2 + \cot x$

3. $h(\theta) = \theta^2 \sin \theta$ **4.** $y = \sec \theta \tan \theta$

5. $f(\theta) = (\theta - \cos \theta) \sin \theta$ **6.** $H(t) = \cos^2 t$

7. $f(\theta) = \dfrac{\sin \theta}{1 + \cos \theta}$ **8.** $y = \dfrac{x}{2 - \tan x}$

9. $f(w) = \dfrac{1 + \sec w}{1 - \sec w}$ **10.** $y = \dfrac{t \sin t}{1 + t}$

11. $f(\theta) = \theta \cos \theta \sin \theta$

---

12. $\dfrac{d}{dx}(\csc x) = -\csc x \cot x$임을 증명하라.

13. $\dfrac{d}{dx}(\cot x) = -\csc^2 x$임을 증명하라.

14-15 주어진 점에서 곡선에 대한 접선의 방정식을 구하라.

14. $y = \sin x + \cos x$, $(0, 1)$

15. $y = x + \tan x$, (π, π)

---

16. (a) 점 $(\pi/2, \pi)$에서 곡선 $y = 2x \sin x$에 대한 접선의 방정식을 구하라.

(b) 곡선과 그것의 접선을 동일한 보기화면에 그려서 (a)를 설명하라.

17. (a) $f(x) = \sec x - x$일 때 $f'(x)$를 구하라.

(b) $|x| < \pi/2$인 구간에서 f와 f'의 그래프를 그려서 (a)에서 구한 답이 타당하다는 것을 확인하라.

18. $g(\theta) = \dfrac{\sin \theta}{\theta}$일 때, $g'(\theta)$와 $g''(\theta)$를 구하라.

19. (a) 몫의 공식을 이용해서 다음 함수를 미분하라.

$$f(x) = \frac{\tan x - 1}{\sec x}$$

(b) $f(x)$를 $\sin x$와 $\cos x$로 나타내고 $f'(x)$를 구하라.

(c) (a)와 (b)가 같음을 보여라.

20. $f(x) = x + 2 \sin x$의 그래프에서 수평접선을 갖는 x의 값을 구하라.

21. 용수철에 매달린 물체가 매끄러운 수평면(그림 참조)에서 수평으로 진동한다. 이 운동방정식은 $x(t) = 8 \sin t$이다. 이때 t의 단위는 초이고 x의 단위는 cm이다.

(a) 시각 t에서 속도와 가속도를 구하라.

(b) 시각 $t = 2\pi/3$에서 물체의 위치와 속도, 가속도를 구하라. 그 시각에 물체는 어느 방향으로 움직이는가?

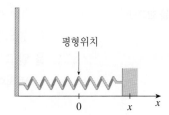

22. 길이가 6 m인 사다리가 수직벽에 기대어 있다. θ를 사다리의 꼭대기와 벽이 이루는 각이라고 하고, x를 사다리의 아래 끝에서 벽까지의 거리라 하자. 사다리의 아래 끝이 벽으로부터 미끄러질 경우 $\theta = \pi/3$일 때 h에 대한 x의 순간변화율을 구하라.

23-30 다음 극한을 구하라.

23. $\displaystyle\lim_{x \to 0} \frac{\sin 5x}{3x}$ **24.** $\displaystyle\lim_{t \to 0} \frac{\sin 3t}{\sin t}$

25. $\displaystyle\lim_{x \to 0} \frac{\sin x - \sin x \cos x}{x^2}$ **26.** $\displaystyle\lim_{x \to 0} \frac{\tan 2x}{x}$

27. $\lim\limits_{x \to 0} \dfrac{\sin 3x}{5x^3 - 4x}$

28. $\lim\limits_{\theta \to 0} \dfrac{\sin \theta}{\theta + \tan \theta}$

29. $\lim\limits_{\theta \to 0} \dfrac{\cos \theta - 1}{2\theta^2}$

30. $\lim\limits_{x \to \pi/4} \dfrac{1 - \tan x}{\sin x - \cos x}$

31. 처음 몇 개의 도함수로부터 일정한 패턴을 찾아 다음 도함수를 구하라.

$$\frac{d^{99}}{dx^{99}}(\sin x)$$

32. 함수 $y = A \sin x + B \cos x$가 미분방정식 $y'' + y' - 2y = \sin x$를 만족하도록 상수 A, B를 구하라.

33. 다음 삼각 등식을 미분해서 새로운(또는 이미 알고 있는) 등식을 찾으라.

(a) $\tan x = \dfrac{\sin x}{\cos x}$

(b) $\sec x = \dfrac{1}{\cos x}$

(c) $\sin x + \cos x = \dfrac{1 + \cot x}{\csc x}$

34. 아래 그림은 중심각 θ에 대응하는 길이 s인 원호와 길이 d인 현을 나타낸다.

$$\lim_{\theta \to 0^+} \frac{s}{d}$$

를 구하라.

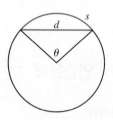

2.5 | 연쇄법칙

다음 함수를 미분하려 한다고 가정하자.

$$F(x) = \sqrt{x^2 + 1}$$

이 경우에 앞에서 배운 미분 공식으로는 $F'(x)$를 구할 수 없다.

먼저 F는 합성함수임을 알아야 한다. 실제로 $y = f(u) = \sqrt{u}$, $u = g(x) = x^2 + 1$로 놓으면, $y = F(x) = f(g(x))$, 즉 $F = f \circ g$로 쓸 수 있다. f와 g를 미분하는 방법을 알고 있으므로, f와 g의 도함수를 이용해서 $F = f \circ g$를 미분하는 방법을 알려주는 법칙이 유용할 것이다.

합성함수는 1.3절을 참고한다.

■ 연쇄법칙

합성함수 $f \circ g$의 도함수는 f와 g의 도함수들의 곱과 같다는 사실이 증명된다. 이 사실은 미분 공식에서 가장 중요한 것 중의 하나로, 이것을 **연쇄법칙**(chain rule)이라고 한다. 연쇄법칙은 도함수를 변화율로 해석하는 경우에 더 잘 이해되는 것 같다. du/dx를 x에 대한 u의 변화율, dy/du는 u에 대한 y의 변화율, dy/dx는 x에 대한 y의 변화율로 생각하자. u는 x보다 2배 빠르게 변하고, y는 u보다 3배 빠르게 변한다면, y는 x보다 6배 빠르게 변하는 것이 타당할 것이다. 따라서 다음과 같이 예상할 수 있다.

$$\frac{dy}{dx} = \frac{dy}{du}\frac{du}{dx}$$

> **연쇄법칙**　g가 x에서 미분가능하고 f가 $g(x)$에서 미분가능하면 $F(x) = f(g(x))$로 정의되는 함성함수 $F = f \circ g$는 x에서 미분가능하고 F'은 다음과 같은 곱으로 주어진다.
>
> $\boxed{1}$　　　　　　　$F'(x) = f'(g(x)) \cdot g'(x)$
>
> 이를 라이프니츠 기호로 나타내면, $y = f(u)$와 $u = g(x)$가 모두 미분가능한 함수일 때 다음이 성립한다.
>
> $\boxed{2}$　　　　　　　$\dfrac{dy}{dx} = \dfrac{dy}{du}\dfrac{du}{dx}$

dy/du와 du/dx가 곱이라면 du를 소거할 수 있기 때문에 식 $\boxed{2}$는 기억하기 쉽다. 그러나 du는 아직 정의되지 않았고, 실제로 du/dx는 실질적인 몫으로 생각할 수 없음에 유의해야 한다.

연쇄법칙의 증명에 대한 설명　x의 변화량 Δx에 대응하는 u의 변화량을 다음과 같이 Δu라고 하자.

$$\Delta u = g(x + \Delta x) - g(x)$$

그러면 이에 대응하는 y의 변화량은 다음과 같다.

$$\Delta y = f(u + \Delta u) - f(u)$$

따라서 다음과 같이 쓰고 싶다.

$$\frac{dy}{dx} = \lim_{\Delta x \to 0} \frac{\Delta y}{\Delta x}$$

$\boxed{3}$
$$= \lim_{\Delta x \to 0} \frac{\Delta y}{\Delta u} \cdot \frac{\Delta u}{\Delta x}$$

$$= \lim_{\Delta x \to 0} \frac{\Delta y}{\Delta u} \cdot \lim_{\Delta x \to 0} \frac{\Delta u}{\Delta x}$$

$$= \lim_{\Delta u \to 0} \frac{\Delta y}{\Delta u} \cdot \lim_{\Delta x \to 0} \frac{\Delta u}{\Delta x} \quad \text{(\textit{g}가 연속이므로 } \Delta x \to 0 \text{이면}$$
$$\Delta u \to 0)$$

$$= \frac{dy}{du}\frac{du}{dx}$$

이와 같은 논리에서 유일한 오류는 식 $\boxed{3}$에서 $\Delta u = 0(\Delta x \neq 0$인 경우조차도)이 발생할 수 있다는 것이고, 물론 0으로 나눌 수는 없다. 그럼에도 불구하고, 이 추론은 적어도 연쇄법칙이 옳다는 것을 암시한다. 연쇄법칙의 완전한 증명은 이 절의 끝에 있다. ■

《**예제 1**》 함수 $F(x) = \sqrt{x^2 + 1}$일 때 $F'(x)$를 구하라.

[풀이 1] (공식 $\boxed{1}$을 이용한 방법): 이 절의 앞에서 $f(u) = \sqrt{u}$와 $g(x) = x^2 + 1$에 대해

제임스 그레고리

연쇄법칙을 처음으로 공식화한 사람은 스코틀랜드의 수학자 그레고리(James Gregory, 1638~1675)이다. 그는 또한 실용적인 반사망원경을 처음 고안하기도 했다. 그레고리는 뉴턴과 같은 시기에 미적분학의 기본 개념을 발견했다. 그는 세인트앤드류대학교를 거쳐 에든버러대학교 교수로 재직했다. 그러나 일 년 후 36세의 나이로 사망했다.

F를 $F(x) = (f \circ g)(x) = f(g(x))$로 나타냈다.

$$f'(u) = \tfrac{1}{2}u^{-1/2} = \frac{1}{2\sqrt{u}}, \quad g'(x) = 2x$$

그러므로 다음을 얻는다.

$$F'(x) = f'(g(x)) \cdot g'(x)$$

$$= \frac{1}{2\sqrt{x^2+1}} \cdot 2x = \frac{x}{\sqrt{x^2+1}}$$

풀이 2 (공식 **2**를 이용한 방법): $u = x^2 + 1$, $y = \sqrt{u}$ 라고 하면 다음을 얻는다.

$$F'(x) = \frac{dy}{du}\frac{du}{dx} = \frac{1}{2\sqrt{u}}(2x) = \frac{1}{2\sqrt{x^2+1}}(2x) = \frac{x}{\sqrt{x^2+1}}$$ ■

공식 **2**를 이용하는 경우 dy/dx는 y를 x의 함수로 생각할 때 y의 도함수를 나타냄을 명심해야 한다. (x에 대한 y의 도함수라 부른다.) 반면 dy/du는 y를 u의 함수로 생각할 때 y의 도함수를 나타낸다. (u에 대한 y의 도함수이다.) 예를 들어 예제 1에서 y는 x의 함수$\left(y = \sqrt{x^2+1}\right)$이고, 또한 u의 함수$\left(y = \sqrt{u}\right)$이다. 따라서 다음을 얻는다.

$$\frac{dy}{dx} = F'(x) = \frac{x}{\sqrt{x^2+1}}, \qquad \frac{dy}{du} = f'(u) = \frac{1}{2\sqrt{u}}$$

NOTE 연쇄법칙을 사용할 때 밖에서 안으로 계산한다. 공식 **1**은 외부함수 f[내부함수 $g(x)$에서]를 미분한 다음 내부함수의 도함수를 곱함을 말해 준다.

$$\frac{d}{dx} \underbrace{f}_{\text{외부함수}} \underbrace{(g(x))}_{\substack{\text{내부함수에서}\\\text{계산됨}}} = \underbrace{f'}_{\substack{\text{외부함수의}\\\text{도함수}}} \underbrace{(g(x))}_{\substack{\text{내부함수에서}\\\text{계산됨}}} \cdot \underbrace{g'(x)}_{\substack{\text{내부함수의}\\\text{도함수}}}$$

《예제 2》 다음을 미분하라.

(a) $y = \sin(x^2)$ (b) $y = \sin^2 x$

풀이

(a) $y = \sin(x^2)$이면 외부함수는 사인함수이고 내부함수는 제곱함수이다. 따라서 연쇄법칙에 의해 다음을 얻는다.

$$\frac{dy}{dx} = \frac{d}{dx} \underbrace{\sin}_{\text{외부함수}} \underbrace{(x^2)}_{\substack{\text{내부함수에서}\\\text{계산됨}}} = \underbrace{\cos}_{\substack{\text{외부함수의}\\\text{도함수}}} \underbrace{(x^2)}_{\substack{\text{내부함수에서}\\\text{계산됨}}} \cdot \underbrace{2x}_{\substack{\text{내부함수의}\\\text{도함수}}}$$

$$= 2x \cos(x^2)$$

(b) $\sin^2 x = (\sin x)^2$이므로 외부함수는 제곱함수이고 내부함수는 사인함수이다. 따라서 다음을 얻는다.

$$\frac{dy}{dx} = \underbrace{\frac{d}{dx}(\sin x)^2}_{\text{내부함수}} = \underbrace{2}_{\substack{\text{외부함수의}\\\text{도함수}}} \cdot \underbrace{(\sin x)}_{\substack{\text{내부함수에서}\\\text{계산됨}}} \cdot \underbrace{\cos x}_{\substack{\text{내부함수의}\\\text{도함수}}}$$

답은 (배각공식으로 알려진 삼각함수 항등식에 의해) $2\sin x \cos x$ 또는 $\sin 2x$이다. ■ 참고 페이지 2나 부록 B 참조

예제 2(a)에서 사인함수를 미분하는 법칙과 연쇄법칙을 관련시켰다. 일반적으로 $y = \sin u$이고 u가 x의 미분가능한 함수이면, 연쇄법칙에 따라 다음을 얻는다.

$$\frac{dy}{dx} = \frac{dy}{du}\frac{du}{dx} = \cos u \frac{du}{dx}$$

$$\frac{d}{dx}(\sin u) = \cos u \frac{du}{dx}$$

같은 방법으로 다른 삼각함수의 미분에 관한 모든 공식들을 연쇄법칙과 관련지을 수 있다.

외부함수 f가 거듭제곱함수인 특별한 경우에 대한 연쇄법칙을 만들어 보자. $y = [g(x)]^n$이라고 하면, $u = g(x)$에 대해 $y = f(u) = u^n$으로 쓸 수 있다. 이제 연쇄법칙과 거듭제곱의 공식을 적용하면 다음 결과를 얻는다.

$$\frac{dy}{dx} = \frac{dy}{du}\frac{du}{dx} = nu^{n-1}\frac{du}{dx} = n[g(x)]^{n-1}g'(x)$$

---

4 연쇄법칙과 관련된 거듭제곱의 공식 n이 임의의 실수이고 $u = g(x)$가 미분가능할 때 다음이 성립한다.

$$\frac{d}{dx}(u^n) = nu^{n-1}\frac{du}{dx}$$

$$\frac{d}{dx}[g(x)]^n = n[g(x)]^{n-1} \cdot g'(x)$$

예제 1에서의 도함수는 공식 4에서 $n = \frac{1}{2}$을 취해서 계산할 수도 있다.

《예제 3》 $y = (x^3 - 1)^{100}$을 미분하라.

풀이 공식 4에서 $n = 100$, $u = g(x) = x^3 - 1$이라고 하자. 그러면 다음을 얻는다.

$$\frac{dy}{dx} = \frac{d}{dx}(x^3-1)^{100} = 100(x^3-1)^{99}\frac{d}{dx}(x^3-1)$$

$$= 100(x^3-1)^{99} \cdot 3x^2 = 300x^2(x^3-1)^{99}$$ ■

《예제 4》 $f(x) = \dfrac{1}{\sqrt[3]{x^2+x+1}}$일 때 $f'(x)$를 구하라.

풀이 먼저 f를 다음과 같이 변형한다.

$$f(x) = (x^2 + x + 1)^{-1/3}$$

그러면 다음을 얻는다.

$$f'(x) = -\tfrac{1}{3}(x^2 + x + 1)^{-4/3} \frac{d}{dx}(x^2 + x + 1)$$

$$= -\tfrac{1}{3}(x^2 + x + 1)^{-4/3}(2x + 1) \qquad\blacksquare$$

《**예제 5**》 함수 $g(t) = \left(\dfrac{t-2}{2t+1}\right)^9$ 의 도함수를 구하라.

풀이 거듭제곱의 공식, 연쇄법칙 및 몫의 공식을 모두 적용하면 다음을 얻는다.

$$g'(t) = 9\left(\frac{t-2}{2t+1}\right)^8 \frac{d}{dt}\left(\frac{t-2}{2t+1}\right)$$

$$= 9\left(\frac{t-2}{2t+1}\right)^8 \frac{(2t+1)\cdot 1 - 2(t-2)}{(2t+1)^2} = \frac{45(t-2)^8}{(2t+1)^{10}} \qquad\blacksquare$$

《**예제 6**》 $y = (2x+1)^5(x^3 - x + 1)^4$ 을 미분하라.

풀이 연쇄법칙을 이용하기 전에 먼저 곱의 공식을 이용해야 한다.

예제 6의 함수 y와 y'의 그래프가 그림 1에 주어져 있다. y가 빠르게 증가할 때 y'은 크고, y가 수평접선을 가질 때 $y' = 0$임에 유의하자. 따라서 결과로 얻은 답은 타당하다.

$$\frac{dy}{dx} = (2x+1)^5 \frac{d}{dx}(x^3 - x + 1)^4 + (x^3 - x + 1)^4 \frac{d}{dx}(2x+1)^5$$

$$= (2x+1)^5 \cdot 4(x^3 - x + 1)^3 \frac{d}{dx}(x^3 - x + 1)$$

$$+ (x^3 - x + 1)^4 \cdot 5(2x+1)^4 \frac{d}{dx}(2x+1)$$

$$= 4(2x+1)^5(x^3 - x + 1)^3(3x^2 - 1) + 5(x^3 - x + 1)^4(2x+1)^4 \cdot 2$$

각 항들이 공통인수 $2(2x+1)^4(x^3 - x + 1)^3$을 가지고 있음에 주의하고, 이것을 인수분해하면 다음을 얻는다.

$$\frac{dy}{dx} = 2(2x+1)^4(x^3 - x + 1)^3(17x^3 + 6x^2 - 9x + 3) \qquad\blacksquare$$

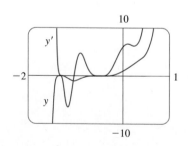

그림 1

또 다른 연결을 추가하여 사슬을 길게 하면 '연쇄법칙'이라는 이름이 명료해진다. 미분가능한 함수 f, g, h에 대해 $y = f(u)$, $u = g(x)$, $x = h(t)$라고 하자. t에 대한 y의 도함수를 계산하기 위해 연쇄법칙을 두 번 사용할 수 있다.

$$\frac{dy}{dt} = \frac{dy}{dx}\frac{dx}{dt} = \frac{dy}{du}\frac{du}{dx}\frac{dx}{dt}$$

《 **예제 7** 》 $f(x) = \sin(\cos(\tan x))$ 일 때 연쇄법칙을 두 번 사용하면 다음을 얻는다.

$$f'(x) = \cos(\cos(\tan x)) \frac{d}{dx} \cos(\tan x)$$

$$= \cos(\cos(\tan x)) \left[-\sin(\tan x)\right] \frac{d}{dx}(\tan x)$$

$$= -\cos(\cos(\tan x)) \sin(\tan x) \sec^2 x$$

연쇄법칙을 두 번 사용했다.   ■

《 **예제 8** 》 $y = \sqrt{\sec x^3}$ 을 미분하라.

풀이 여기서 외부함수는 제곱근함수이고, 중간 함수는 시컨트함수이며, 내부함수는 세제곱함수이다. 따라서 미분하면 다음을 얻는다.

$$\frac{dy}{dx} = \frac{1}{2\sqrt{\sec x^3}} \frac{d}{dx}(\sec x^3)$$

$$= \frac{1}{2\sqrt{\sec x^3}} \sec x^3 \tan x^3 \frac{d}{dx}(x^3)$$

$$= \frac{3x^2 \sec x^3 \tan x^3}{2\sqrt{\sec x^3}}$$ ■

■ 연쇄법칙의 증명 방법

$y = f(x)$ 이고 x 가 a 에서 $a + \Delta x$ 까지 변할 때 y 의 증분을 다음과 같이 정의했음을 상기하자.

$$\Delta y = f(a + \Delta x) - f(a)$$

도함수의 정의에 따라 다음을 얻는다.

$$\lim_{\Delta x \to 0} \frac{\Delta y}{\Delta x} = f'(a)$$

따라서 ε 을 $\Delta y / \Delta x$ 와 $f'(a)$ 의 차라면 다음을 얻는다.

$$\lim_{\Delta x \to 0} \varepsilon = \lim_{\Delta x \to 0} \left(\frac{\Delta y}{\Delta x} - f'(a) \right) = f'(a) - f'(a) = 0$$

그러나 다음이 성립한다.

$$\varepsilon = \frac{\Delta y}{\Delta x} - f'(a) \quad \Rightarrow \quad \Delta y = f'(a) \Delta x + \varepsilon \Delta x$$

$\Delta x = 0$ 일 때 ε 을 0이라 정의하면 ε 은 Δx 의 연속함수가 된다. 따라서 미분가능한 함수 f 에 대해 다음과 같이 쓸 수 있다.

$$\boxed{5} \qquad \Delta y = f'(a)\,\Delta x + \varepsilon\,\Delta x \quad (\Delta x \to 0\text{일 때 } \varepsilon \to 0)$$

ε은 Δx의 연속함수이다. 미분가능한 함수의 이 성질을 이용해서 연쇄법칙을 증명할 수 있다.

연쇄법칙의 증명 $u = g(x)$가 a에서 미분가능하고 $y = f(u)$가 $b = g(a)$에서 미분가능하다고 하자. Δx가 x의 증분이고 Δu와 Δy가 이에 대응하는 u와 y의 증분이라 하면, 식 $\boxed{5}$를 이용해서 다음과 같이 쓸 수 있다.

$$\boxed{6} \qquad \Delta u = g'(a)\,\Delta x + \varepsilon_1\,\Delta x = [g'(a) + \varepsilon_1]\,\Delta x$$

여기서 $\Delta x \to 0$일 때 $\varepsilon_1 \to 0$이다. 같은 방법으로 다음과 같이 쓸 수 있다.

$$\boxed{7} \qquad \Delta y = f'(b)\,\Delta u + \varepsilon_2\,\Delta u = [f'(b) + \varepsilon_2]\,\Delta u$$

여기서 $\Delta u \to 0$일 때 $\varepsilon_2 \to 0$이다. 식 $\boxed{6}$의 Δu를 식 $\boxed{7}$에 대입하면 다음을 얻는다.

$$\Delta y = [f'(b) + \varepsilon_2][g'(a) + \varepsilon_1]\,\Delta x$$

따라서
$$\frac{\Delta y}{\Delta x} = [f'(b) + \varepsilon_2][g'(a) + \varepsilon_1]$$

$\Delta x \to 0$이면 식 $\boxed{6}$에 의해 $\Delta u \to 0$이 된다. 그러므로 $\Delta x \to 0$이면 다음을 얻는다.

$$\frac{dy}{dx} = \lim_{\Delta x \to 0} \frac{\Delta y}{\Delta x} = \lim_{\Delta x \to 0} [f'(b) + \varepsilon_2][g'(a) + \varepsilon_1]$$

$$= f'(b)\,g'(a) = f'(g(a))\,g'(a)$$

이것으로 연쇄법칙이 증명됐다.   ■

2.5 │ 연습문제

1-3 합성함수를 $f(g(x))$의 형태로 쓰라. [내부함수는 $u = g(x)$, 외부함수는 $y = f(u)$라 한다.] 그리고 도함수 dy/dx를 구하라.

1. $y = (5 - x^4)^3$

2. $y = \sin(\cos x)$

3. $y = \sqrt{\sin x}$

4-24 다음 함수의 도함수를 구하라.

4. $f(x) = (2x^3 - 5x^2 + 4)^5$

5. $f(x) = \sqrt{5x + 1}$

6. $g(t) = \dfrac{1}{(2t + 1)^2}$

7. $A(t) = \dfrac{1}{(\cos t + \tan t)^2}$

8. $f(\theta) = \cos(\theta^2)$

9. $h(v) = v\sqrt[3]{1 + v^2}$

10. $F(x) = (4x + 5)^3(x^2 - 2x + 5)^4$

11. $h(t) = (t + 1)^{2/3}(2t^2 - 1)^3$

12. $y = \sqrt{\dfrac{x}{x + 1}}$

13. $g(u) = \left(\dfrac{u^3 - 1}{u^3 + 1}\right)^8$

14. $H(r) = \dfrac{(r^2 - 1)^3}{(2r + 1)^5}$

15. $y = \cos(\sec 4x)$

16. $y = \dfrac{\cos x}{\sqrt{1 + \sin x}}$

17. $y = \left(\dfrac{1 - \cos 2x}{1 + \cos 2x}\right)^4$

18. $f(x) = \sin x \cos(1 - x^2)$

19. $F(t) = \tan\sqrt{1 + t^2}$

20. $y = \sin^2(x^2 + 1)$　　**21.** $y = \cos^4(\sin^3 x)$

22. $f(t) = \tan(\sec(\cos t))$

23. $g(x) = (2r \sin rx + n)^p$

24. $y = \cos\sqrt{\sin(\tan \pi x)}$

25-26 1계 도함수, 2계 도함수를 구하라.

25. $y = \cos(\sin 3\theta)$

26. $y = \sqrt{\cos x}$

27-28 주어진 점에서 곡선에 대한 접선의 방정식을 구하라.

27. $y = (3x - 1)^{-6}$,　$(0, 1)$

28. $y = \sin(\sin x)$,　$(\pi, 0)$

---

29. (a) 점 $(1, 1)$에서 곡선 $y = \tan(\pi x^2/4)$에 대한 접선의 방정식을 구하라.

🔲　(b) 곡선과 접선을 동일한 보기화면에 그려서 (a)를 설명하라.

30. (a) $f(x) = x\sqrt{2 - x^2}$ 일 때 $f'(x)$를 구하라.

🔲　(b) f와 f'의 그래프를 비교해서 (a)에 대한 답이 타당한지 확인하라.

31. 함수 $f(x) = 2\sin x + \sin^2 x$에 대해 수평접선을 갖는 점을 모두 구하라.

32. $F(x) = f(g(x))$이고 $f(-2) = 8$, $f'(-2) = 4$, $f'(5) = 3$, $g(5) = -2$, $g'(5) = 6$이라고 할 때 $F'(5)$를 구하라.

33. f, g, f', g'의 값이 다음 표와 같다.

x	$f(x)$	$g(x)$	$f'(x)$	$g'(x)$
1	3	2	4	6
2	1	8	5	7
3	7	2	7	9

(a) $h(x) = f(g(x))$일 때 $h'(1)$을 구하라.

(b) $H(x) = g(f(x))$일 때 $H'(1)$을 구하라.

34. 함수 f와 g의 그래프가 아래와 같다.

$u(x) = f(g(x))$, $v(x) = g(f(x))$, $w(x) = g(g(x))$라 하자. 각각의 미분계수가 존재하면 구하라. 존재하지 않으면 그 이유를 설명하라.

(a) $u'(1)$　　　(b) $v'(1)$　　　(c) $w'(1)$

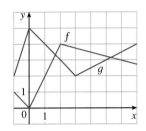

35. f의 그래프가 다음과 같고, $g(x) = \sqrt{f(x)}$일 때 $g'(3)$을 구하라.

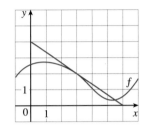

36. $r(x) = f(g(h(x)))$이고, $h(1) = 2$, $g(2) = 3$, $h'(1) = 4$, $g'(2) = 5$, $f'(3) = 6$일 때 $r'(1)$을 구하라.

37. $F(x) = f(3f(4f(x)))$이고, $f(0) = 0$, $f'(0) = 2$일 때 $F'(0)$을 구하라.

38. 처음 몇 개의 도함수를 구하고, 일정한 패턴을 발견해서 다음 도함수를 구하라.

$$D^{103} \cos 2x$$

39. 진동하는 현 위의 물체의 변위가 다음과 같다.

$$s(t) = 10 + \frac{1}{4}\sin(10\pi t)$$

여기서 s와 t의 단위는 각각 cm와 초이다. t초 후의 물체의 속도를 구하라.

40. 케페우스형 변광성은 별의 밝기가 교대로 증감하는 별이다. 이러한 별 중 가장 쉽게 볼 수 있는 별은 델타 케페우스로, 최대 밝기 사이의 시구간은 5.4일이다. 이 별의 평균 밝기는 4.0이고, 이것의 밝기에 대한 변화량은 ±0.35이다. 이런 자료에 근거해서 델타 케페우스의 밝기는 시각 t(일)에서 다음과 같은 함수로 모형화되어 왔다.

$$B(t) = 4.0 + 0.35\sin\left(\frac{2\pi t}{5.4}\right)$$

(a) t일 후 밝기의 변화율을 구하라.

(b) 1일 후 증가율을 소수점 아래 둘째 자리까지 정확하게 구하라.

41. 직선을 따라 움직이는 입자의 위치함수는 $s(t)$, $v(t)$는 속도,

$a(t)$는 가속도일 때 다음을 보여라.

$$a(t) = v(t) \frac{dv}{ds}$$

도함수 dv/dt와 dv/ds의 의미의 차이를 설명하라.

42. 연쇄법칙을 이용해서 다음을 증명하라.

(a) 우함수의 도함수는 기함수이다.

(b) 기함수의 도함수는 우함수이다.

43. 연쇄법칙을 이용해서 θ가 도(°)로 측정되면 다음이 성립함을 보여라.

$$\frac{d}{d\theta}(\sin\theta) = \frac{\pi}{180}\cos\theta$$

(이것은 미적분학에서 삼각함수를 다룰 때 항상 라디안을 다루는 것이 편리함을 보이는 것 중의 하나이다. 라디안 대신 도를 사용한다면 미분 공식이 간단치 않다.)

44. $F = f \circ g \circ h$, 단 f, g, h는 미분 가능한 함수일 때, 연쇄법칙을 사용하여 다음을 증명하라.

$$F'(x) = f'(g(h(x)) \cdot g'(h(x)) \cdot h'(x)$$

2.6 | 음함수의 미분법

■ 음적으로 정의된 함수

지금까지 다룬 다음과 같은 함수들은 일반적으로 $y = f(x)$ 등과 같이 한 변수를 다른 변수로 명료하게 나타낼 수 있었다.

$$y = \sqrt{x^3 + 1} \qquad \text{또는} \qquad y = x\sin x$$

그러나 다음과 같은 함수들은 x와 y 사이의 관계로 앞에서와는 달리 음함수꼴로 정의된다.

$$\boxed{1} \qquad\qquad\qquad x^2 + y^2 = 25$$

$$\boxed{2} \qquad\qquad\qquad x^3 + y^3 = 6xy$$

어떤 경우에는 y에 대한 방정식을 x에 대해 명백한 한 함수(또는 여러 개의 함수)로 풀 수도 있다. 예를 들어 방정식 $\boxed{1}$을 y에 관해 풀면 $y = \pm\sqrt{25 - x^2}$이고, 방정식 $\boxed{1}$에 의해 결정되는 두 함수는 $f(x) = \sqrt{25 - x^2}$, $g(x) = -\sqrt{25 - x^2}$이다. f와 g의 그래프는 원 $x^2 + y^2 = 25$의 상반원과 하반원이다(그림 1 참조).

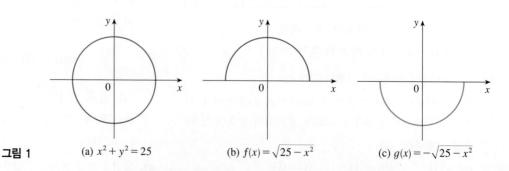

그림 1 (a) $x^2 + y^2 = 25$ (b) $f(x) = \sqrt{25 - x^2}$ (c) $g(x) = -\sqrt{25 - x^2}$

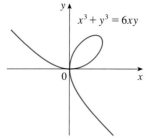

그림 2 데카르트의 잎사귀선

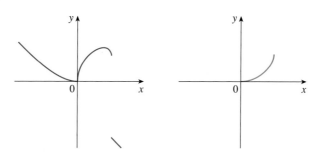

그림 3 데카르트의 잎사귀선에 의해 정의된 세 함수의 그래프

방정식 ②에서 y를 x의 함수로 구체적으로 풀기는 쉽지 않다. (컴퓨터 대수체계로는 문제가 되지 않지만 표현식을 얻으려면 매우 복잡하다.) 그럼에도 불구하고 방정식 ②의 그래프는 그림 2에 보인 것처럼 **데카르트의 잎사귀**(folium of Descartes)선이라 불리는 곡선의 방정식이고, 그것은 y를 x의 몇 개의 음함수로 정의한다. 그림 3은 방정식 ②가 나타내는 세 함수의 그래프이다. f가 방정식 ②에 따라 음함수적으로 정의된 함수라는 것은 f의 정의역 안에 있는 x의 모든 값에 대해 다음이 성립함을 뜻한다.

$$x^3 + [f(x)]^3 = 6xf(x)$$

■ 음함수의 미분법

다행히도 y의 도함수를 구하기 위해 y를 x에 관해 풀지 않아도 되며, 이런 경우에 **음함수의 미분법**(implicit differentiation)이 이용될 수 있다. 음함수에 대해 x로 미분하는 방법은 먼저 양변을 x에 대해 미분하고, 나온 방정식을 y'에 대해 푸는 것이다. 이 절에 있는 예제와 연습문제에 주어진 방정식에서 y는 항상 x에 대해 미분가능한 함수로 가정하고 음함수의 미분법을 이용한다.

《예제 1》 $x^2 + y^2 = 25$일 때, $\dfrac{dy}{dx}$를 구하라. 그리고 점 $(3, 4)$에서 원 $x^2 + y^2 = 25$에 대한 접선의 방정식을 구하라.

풀이 1

방정식 $x^2 + y^2 = 25$의 양변을 x에 대해 미분한다.

$$\frac{d}{dx}(x^2 + y^2) = \frac{d}{dx}(25)$$

$$\frac{d}{dx}(x^2) + \frac{d}{dx}(y^2) = 0$$

y를 x의 함수로 가정하고 연쇄법칙을 적용하면 다음을 얻는다.

$$\frac{d}{dx}(y^2) = \frac{d}{dy}(y^2)\frac{dy}{dx} = 2y\frac{dy}{dx}$$

따라서 다음과 같다.

$$2x + 2y\frac{dy}{dx} = 0$$

이제 이 방정식을 dy/dx에 대해 풀면 다음을 얻는다.

$$\frac{dy}{dx} = -\frac{x}{y}$$

점 (3, 4)에서 $x = 3$, $y = 4$이므로 다음을 얻는다.

$$\frac{dy}{dx} = -\frac{3}{4}$$

따라서 점 (3, 4)에서 원에 대한 접선의 방정식은 다음과 같다.

$$y - 4 = -\frac{3}{4}(x - 3), \quad 즉 \quad 3x + 4y = 25$$

풀이 2

방정식 $x^2 + y^2 = 25$를 풀면 $y = \pm\sqrt{25 - x^2}$ 을 얻는다. 점 (3, 4)는 상반원 $y = \sqrt{25 - x^2}$ 위에 있으므로 함수 $f(x) = \sqrt{25 - x^2}$ 을 생각하자. 연쇄법칙을 이용해서 f를 미분하면 다음을 얻는다.

$$f'(x) = \frac{1}{2}(25 - x^2)^{-1/2}\frac{d}{dx}(25 - x^2)$$

$$= \frac{1}{2}(25 - x^2)^{-1/2}(-2x) = -\frac{x}{\sqrt{25 - x^2}}$$

점 (3, 4)에서 다음을 얻는다.

$$f'(3) = -\frac{3}{\sqrt{25 - 3^2}} = -\frac{3}{4}$$

예제 1은 y를 x의 함수로 해서 방정식을 명료하게 풀 수 있지만 음함수 미분법이 더 쉬울 수 있음을 보여 준다.

그러므로 풀이 1에서와 같이 접선의 방정식은 $3x + 4y = 25$이다. ■

NOTE 1   풀이 1의 표현 $dy/dx = -x/y$는 두 변수 x와 y를 이용한 도함수를 제공한다. 함수 y가 주어진 방정식에 의해 구체적으로 어떻게 결정되는가는 아무런 문제가 되지 않는다. 이를테면 $y = f(x) = \sqrt{25 - x^2}$에 대해 다음을 얻는다.

$$\frac{dy}{dx} = -\frac{x}{y} = -\frac{x}{\sqrt{25 - x^2}}$$

반면, $y = g(x) = -\sqrt{25 - x^2}$에 대해 다음을 얻는다.

$$\frac{dy}{dx} = -\frac{x}{y} = -\frac{x}{-\sqrt{25 - x^2}} = \frac{x}{\sqrt{25 - x^2}}$$

《예제 2》

(a) $x^3 + y^3 = 6xy$일 때 y'을 구하라.

(b) 데카르트의 잎사귀선 $x^3 + y^3 = 6xy$ 위의 점 (3, 3)에서 접선의 방정식을 구하라.

(c) 제1사분면의 어떤 점에서 접선이 수평인가?

풀이

(a) $x^3 + y^3 = 6xy$에서 y를 x에 관한 함수로 놓고 양변을 x에 관해 미분한다. 이때 $6xy$에 곱의 공식을 적용하고 y^3에 연쇄법칙을 적용하면 다음을 얻는다.

$$3x^2 + 3y^2 y' = 6xy' + 6y$$

즉

$$x^2 + y^2 y' = 2xy' + 2y$$

이제 y'에 대해 정리하면 다음을 얻는다.

$$y^2 y' - 2xy' = 2y - x^2$$
$$(y^2 - 2x)y' = 2y - x^2$$
$$y' = \frac{2y - x^2}{y^2 - 2x}$$

(b) $x = y = 3$일 때 다음을 얻는다.

$$y' = \frac{2 \cdot 3 - 3^2}{3^2 - 2 \cdot 3} = -1$$

(3, 3)에서 접선의 기울기로서 타당함을 그림 4에서 알 수 있다. 그러므로 점 (3, 3)에서 잎사귀선에 대한 접선의 방정식은 다음과 같다.

$$y - 3 = -1(x - 3), \quad 즉 \quad x + y = 6$$

(c) 접선은 $y' = 0$일 때 수평이다. (a)에 있는 y'에 대한 표현을 이용하면 $2y - x^2 = 0$일 때 $y' = 0$임을 알 수 있다($y^2 - 2x \neq 0$이라는 조건). 곡선의 방정식에 $y = \frac{1}{2}x^2$을 대입하면 다음을 얻는다.

$$x^3 + \left(\tfrac{1}{2}x^2\right)^3 = 6x\left(\tfrac{1}{2}x^2\right)$$

간단히 하면 $x^6 = 16x^3$이다. 따라서 제1사분면에서 $x \neq 0$이므로 $x^3 = 16$이다. $x = 16^{1/3} = 2^{4/3}$이면, $y = \frac{1}{2}(2^{8/3}) = 2^{5/3}$이다. 따라서 $(2^{4/3}, 2^{5/3})$, 즉 약 (2.5198, 3.1748)에서 접선은 수평이다. 그림 5를 살펴보면 이 풀이가 타당함을 알 수 있다. ■

NOTE 2　이차방정식에서와 같이 삼차방정식의 세 근에 대한 공식이 있으나, 매우 복잡하다. 이 공식(또는 컴퓨터 대수체계)을 이용해서 $x^3 + y^3 = 6xy$에서 y를 x에 대해 풀면, 이 방정식에 의해 결정되는 세 함수는 다음과 같다.

$$y = f(x) = \sqrt[3]{-\tfrac{1}{2}x^3 + \sqrt{\tfrac{1}{4}x^6 - 8x^3}} + \sqrt[3]{-\tfrac{1}{2}x^3 - \sqrt{\tfrac{1}{4}x^6 - 8x^3}}$$

와

$$y = \frac{1}{2}\left[-f(x) \pm \sqrt{-3}\left(\sqrt[3]{-\tfrac{1}{2}x^3 + \sqrt{\tfrac{1}{4}x^6 - 8x^3}} - \sqrt[3]{-\tfrac{1}{2}x^3 - \sqrt{\tfrac{1}{4}x^6 - 8x^3}}\right)\right]$$

(이것이 그림 3에 보인 그래프들의 세 함수이다.) 음함수의 미분법은 이러한 경우에 많은 노력을 덜어준다. 더욱이 음함수의 미분법은 y를 x에 대해 풀 수 없는 다음과 같은 방

x에 대한 y의 도함수를 dy/dx 또는 y'으로 쓸 수 있다.

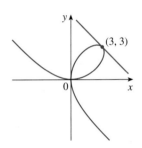

그림 4

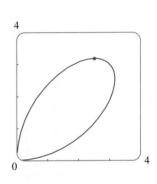

그림 5

아벨과 갈루아

노르웨이의 수학자 아벨(Niels Abel)은 1824년에 정수 계수를 갖는 5차 다항식 P에 대해 방정식 $P(x) = 0$의 해를 제공하는 일반적인 공식이 존재하지 않음을 증명했다. 그 후에 프랑스의 수학자 갈루아(Evariste Galois)는 $n \geq 5$인 다항식 P에 대해 방정식 $P(x) = 0$의 해에 대한 일반적인 공식을 구한다는 것은 불가능하다는 사실을 증명했다.

정식에 대해서도 매우 쉽게 미분할 수 있도록 한다.

$$y^5 + 3x^2y^2 + 5x^4 = 12$$

《예제 3》 $\sin(x + y) = y^2\cos x$일 때 y'을 구하라.

풀이 y를 x에 관한 함수로 놓고 x에 관해 음함수적으로 미분하면 다음을 얻는다.

$$\cos(x + y) \cdot (1 + y') = y^2(-\sin x) + (\cos x)(2yy')$$

(좌변에서는 연쇄법칙을, 우변에서는 연쇄법칙과 곱의 공식을 이용했다.) 이제 y'에 대해 정리하면 다음을 얻는다.

$$\cos(x + y) + y^2\sin x = (2y\cos x)y' - \cos(x + y) \cdot y'$$

따라서 다음을 얻는다.

$$y' = \frac{y^2\sin x + \cos(x + y)}{2y\cos x - \cos(x + y)}$$

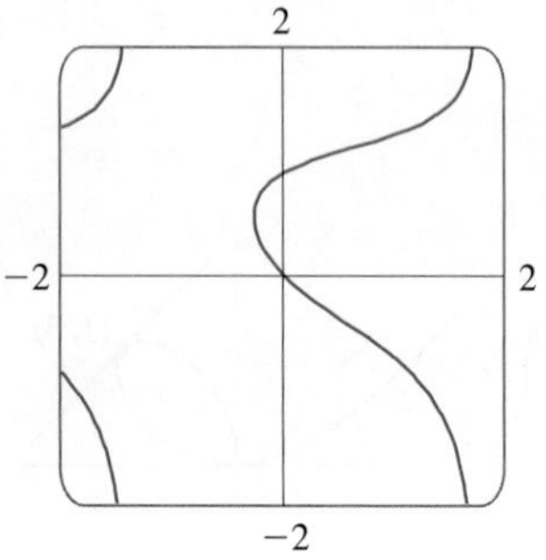

그림 6은 컴퓨터에 의해 그려진 것으로 곡선 $\sin(x + y) = y^2\cos x$의 일부이다. 앞의 계산에 대한 검산으로 $x = y = 0$일 때 $y' = -1$임을 유의하고, 원점에서 기울기가 약 -1인 것을 그래프에서 알 수 있다. ■

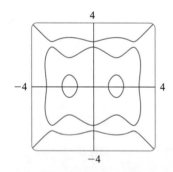

그림 6

그림 7, 8, 9는 컴퓨터를 이용해서 얻은 것이다. 연습문제 22에서 이런 특성을 가진 곡선을 만들고 점검해 볼 것이다.

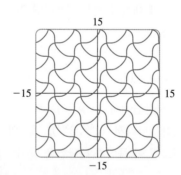

그림 7 $(x^2 - 1)(x^2 - 4)(x^2 - 9)$
$= y^2(y^2 - 4)(y^2 - 9)$

그림 8 $\cos(x - \sin y) = \sin(y - \sin x)$

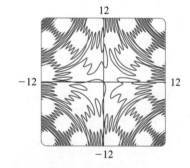

그림 9 $\sin(xy) = \sin x + \sin y$

■ 음함수의 2계 도함수

다음 예제는 음함수로 정의된 함수의 2계 도함수를 구하는 방법을 보여 준다.

《예제 4》 $x^4 + y^4 = 16$일 때 y''을 구하라.

풀이 이 방정식을 x에 대해 음함수적으로 미분하면 다음을 얻는다.

$$4x^3 + 4y^3y' = 0$$

이것을 y'에 대해 풀면 다음과 같다.

$$\boxed{3} \qquad\qquad y' = -\frac{x^3}{y^3}$$

y''을 구하기 위해 y'에 몫의 공식을 이용하자. 이때 y는 x의 함수이다.

$$y'' = \frac{d}{dx}\left(-\frac{x^3}{y^3}\right) = -\frac{y^3\,(d/dx)(x^3) - x^3\,(d/dx)(y^3)}{(y^3)^2}$$

$$= -\frac{y^3\cdot 3x^2 - x^3(3y^2 y')}{y^6}$$

여기에 식 $\boxed{3}$을 대입하면 다음을 얻는다.

$$y'' = -\frac{3x^2 y^3 - 3x^3 y^2\left(-\dfrac{x^3}{y^3}\right)}{y^6}$$

$$= -\frac{3(x^2 y^4 + x^6)}{y^7} = -\frac{3x^2(y^4 + x^4)}{y^7}$$

이때 x와 y는 $x^4 + y^4 = 16$을 만족해야 한다. 따라서 간단히 하면 다음과 같다.

$$y'' = -\frac{3x^2(16)}{y^7} = -48\,\frac{x^2}{y^7}\qquad\blacksquare$$

그림 10은 예제 4의 곡선 $x^4 + y^4 = 16$의 그래프이다. 이것은 원 $x^2 + y^2 = 4$를 잡아당겨 평평하게 해서 얻는다. 이런 이유로 비대한 원이라 불린다. 왼쪽에서는 매우 가파르게 시작해서 곧 평평해진다. 이것은 다음 표현으로 알 수 있다.

$$y' = -\frac{x^3}{y^3} = -\left(\frac{x}{y}\right)^3$$

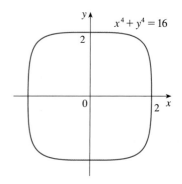

그림 10

=== **2.6** | **연습문제** ===

1-2

(a) 음함수의 미분법으로 y'을 구하라.

(b) 주어진 방정식을 y에 대해 풀고, 미분해서 x에 대한 y'을 구하라.

(c) (a)에서 구한 해를 y의 표현식에 대입해서 (a)와 (b)에서 얻은 해가 일치함을 확인하라.

  1. $5x^2 - y^3 = 7$ **2.** $\sqrt{x} + \sqrt{y} = 1$

3-10 음함수의 미분법을 이용해서 dy/dx를 구하라.

  3. $x^2 - 4xy + y^2 = 4$ **4.** $x^4 + x^2 y^2 + y^3 = 5$

  5. $\dfrac{x^2}{x+y} = y^2 + 1$ **6.** $\sin x + \cos y = 2x - 3y$

  7. $\sin(x+y) = \cos x + \cos y$ **8.** $\tan(x/y) = x + y$

  9. $\sqrt{x+y} = x^4 + y^4$ **10.** $\sqrt{xy} = 1 + x^2 y$

---

11. $f(x) + x^2[f(x)]^3 = 10$이고 $f(1) = 2$일 때 $f'(1)$을 구하라.

12. $x^4 y^2 - x^3 y + 2xy^3 = 0$에서 y를 독립변수, x를 종속변수로 생각하고 음함수의 미분법을 이용해서 dx/dy를 구하라.

13-17 음함수의 미분법을 이용해서 주어진 점에서 곡선에 대한 접선의 방정식을 구하라.

13. $x^2 + y^2 = (2x^2 + 2y^2 - x)^2$, $\left(0, \frac{1}{2}\right)$ (심장형)

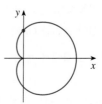

14. $2(x^2 + y^2)^2 = 25(x^2 - y^2)$, $(3, 1)$ (연주형)

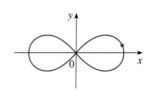

15. $y \sin 2x = x \cos 2y$, $(\pi/2, \pi/4)$

16. $x^{2/3} + y^{2/3} = 4$, $(-3\sqrt{3}, 1)$ (성망형)

17. $x^2 - xy - y^2 = 1$, $(2, 1)$ (쌍곡선)

---

18. (a) 방정식이 $y^2 = 5x^4 - x^2$으로 주어진 곡선을 **에우독소스의 곡선**이라 부른다. 점 $(1, 2)$에서 이 곡선에 대한 접선의 방정식을 구하라.

    (b) (a)의 곡선과 접선을 동일한 보기화면에 그려라. (음함수로 정의된 곡선을 그릴 수 있으면 그래프를 그려라. 그렇지 않더라도 위 반쪽과 아래 반쪽을 따로 따로 그려 이 곡선의 그래프를 그릴 수 있다.)

19-20 음함수의 미분법을 이용해서 y''을 구하라.

19. $x^2 + 4y^2 = 4$ **20.** $\sin y + \cos x = 1$

---

21. $xy + y^3 = 1$일 때, $x = 0$에서 y''의 값을 구하라.

22. 음함수로 정의된 곡선의 그래프를 그릴 수 있는 소프트웨어를 사용해서 기발한 모양을 만들 수 있다.

    (a) 방정식이 $y(y^2 - 1)(y - 2) = x(x - 1)(x - 2)$인 곡선의 그래프를 그려라. 얼마나 많은 점에서 이 곡선은 수평접선을 갖는가? 이 점들의 x좌표를 추정하라.

    (b) 점 $(0, 1)$과 $(0, 2)$에서 접선의 방정식을 구하라.

    (c) (a)에서 추정한 점들의 x좌표를 정확하게 구하라.

    (d) (a)의 방정식을 수정해서 훨씬 기발한 곡선들을 그려라.

23. 연습문제 14의 연주형에서 접선이 수평인 점들을 찾으라.

24. 다음 쌍곡선에 있는 점 (x_0, y_0)에서 접선의 방정식을 구하라.

$$\frac{x^2}{a^2} - \frac{y^2}{b^2} = 1$$

25. 음함수 미분법을 이용해서, 원점 O을 중심으로 갖는 원 위의 점 P에서의 접선이 반지름 OP와 수직임을 보여라.

26-27 직교 절선 접선이 교점에서 서로 수직이면 두 곡선은 **직교**한다고 한다. 주어진 곡선족은 서로 **직교절선**이 됨을 보여라. 다시 말해서 한 곡선족에 있는 모든 곡선이 다른 곡선족에 있는 모든 곡선과 직교함을 보여라. 그리고 동일한 좌표축에 두 곡선족을 그려라.

26. $x^2 + y^2 = r^2$, $ax + by = 0$

27. $y = cx^2$, $x^2 + 2y^2 = k$

28. 타원 $x^2/a^2 + y^2/b^2 = 1$과 쌍곡선 $x^2/A^2 - y^2/B^2 = 1$이 $A^2 < a^2$이고 $a^2 - b^2 = A^2 + B^2$일 때 직교절선임을 보여라. (이때 타원과 쌍곡선의 초점은 같다.)

29. 기체 $n(\text{mol})$에 대한 **반데르 발스 방정식**이 다음과 같다.

$$\left(P + \frac{n^2 a}{V^2}\right)(V - nb) = nRT$$

여기서 P는 압력이고 V는 부피이고 T는 기체의 온도이다. 상수 R는 보편기체상수이고 a, b는 특정 기체의 성질을 나타내는 양의 상수이다.

    (a) T가 상수라면 음함수 미분법을 이용해서 dV/dP를 구하라.

    (b) $V = 10$ L, $P = 2.5$ atm일 때 이산화탄소 1 mol의 압력에 대한 부피 변화율을 구하라. 이때 $a = 3.592$ L^2-atm/mol^2, $b = 0.04267$ L/mol이다.

30. 방정식 $x^2 - xy + y^2 = 3$은 '회전한 타원', 즉 타원의 축들이 좌표축과 평행하지 않은 타원을 나타낸다. 이 타원이 x축과 만나는 점들을 구하고, 이 점에서의 접선이 평행함을 보여라.

31. 접선의 기울기가 -1인 곡선 $x^2 y^2 + xy = 2$ 위의 점을 구하라.

32. 음함수 미분법을 사용하여 다음 방정식의 dy/dx를 구하라.

$$\frac{x}{y} = y^2 + 1 \qquad y \neq 0$$

그리고 이와 동치인 다음 방정식의 dy/dx를 구하라.

$$x = y^3 + y \qquad y \neq 0$$

dy/dx가 다르게 표현되어도 주어진 방정식을 만족하는 모든 점에서 일치함을 보여라.

33. 그림은 y축의 오른쪽으로 3 단위에 위치한 램프와 타원 영역에 의해 만들어진 그림자 $x^2 + 4y^2 \leq 5$를 보여준다. 점 $(-5, 0)$이 그림자의 가장자리에 있으면 램프가 x축보다 얼마나 위에 있는가?

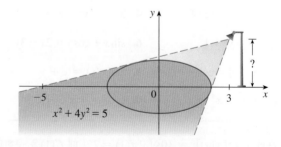

2.7 | 자연과학과 사회과학에서의 변화율

$y = f(x)$에 대해 도함수 dy/dx는 x에 대한 y의 변화율을 나타냄을 배웠다. 이 절에서는 이 개념을 물리학, 화학, 생물학, 경제학 및 다른 과학 분야 등에 응용한다.

2.1절에서 다룬 변화율에 대한 기본개념을 다시 생각해 보자. x가 x_1에서 x_2까지 변할 때 x에 대한 변화량은 다음과 같다.

$$\Delta x = x_2 - x_1$$

이에 대응하는 y에 대한 변화량은 다음과 같다.

$$\Delta y = f(x_2) - f(x_1)$$

다음과 같은 차분몫은 구간 $[x_1, x_2]$에서 **x에 대한 y의 평균변화율**이다.

$$\frac{\Delta y}{\Delta x} = \frac{f(x_2) - f(x_1)}{x_2 - x_1}$$

이는 그림 1에서 할선 PQ의 기울기로 이해할 수 있다. $\Delta x \rightarrow 0$일 때의 극한은 도함수 $f'(x_1)$이고, 이것은 **x에 대한 y의 순간변화율**, 또는 점 $P(x_1, f(x_1))$에서 접선의 기울기로 이해할 수 있다. 이것을 라이프니츠 기호로 나타내면 다음과 같다.

$$\frac{dy}{dx} = \lim_{\Delta x \to 0} \frac{\Delta y}{\Delta x}$$

함수 $y = f(x)$가 과학의 한 분야에서 특별한 의미를 갖는다면, 이것의 도함수도 변화율로서 특별한 의미를 갖게 된다. (2.1절에서 논의했듯이 dy/dx에 대한 단위는 y에 대한 단위를 x에 관한 단위로 나눈 것이다.) 이런 의미를 자연과학과 사회과학에서 몇 가지 살펴보자.

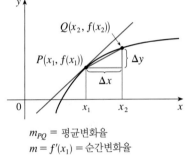

$m_{PQ} =$ 평균변화율
$m = f'(x_1) =$ 순간변화율

그림 1

■ 물리학

직선을 따라 움직이는 어떤 물체의 위치함수가 $s = f(t)$일 때 $\Delta s/\Delta t$는 시간 구간 Δt에 대한 평균 속도를 나타내고, $v = ds/dt$는 **순간 속도**(velocity, 시간에 대한 변위의 변화율)를 나타낸다. 시간에 관한 속도의 순간변화율이 **가속도**(acceleration) $a(t) = v'(t) = s''(t)$이다. 이것은 2.1절과 2.2절에서 살펴본 바가 있으나, 이제는 미분 공식들을 알고 있으므로 물체의 운동에 관한 문제를 좀 더 쉽게 해결할 수 있다.

《**예제 1**》 어떤 입자의 위치가 다음 식으로 주어진다. 여기서 t와 s의 단위는 각각 초와 m이다.

$$s = f(t) = t^3 - 6t^2 + 9t$$

(a) 시각 t에서의 속도를 구하라.

(b) 2초 후의 속도는 얼마인가? 4초 후의 속도는 얼마인가?

(c) 입자가 멈출 때는 언제인가?

(d) 입자가 앞으로(양의 방향으로) 움직일 때는 언제인가?

(e) 입자의 운동을 나타내는 그림을 그려라.

(f) 처음 5초 동안 입자가 움직인 전체 거리를 구하라.

(g) 시각 t에서와 4초 후의 가속도를 구하라.

(h) $0 \le t \le 5$일 때 위치함수, 속도함수, 가속도함수의 그래프를 그려라.

(i) 입자의 속도가 상승하는 때는 언제인가? 속도가 떨어지는 때는 언제인가?

풀이

(a) 속도함수는 위치함수의 도함수이다.

$$s = f(t) = t^3 - 6t^2 + 9t$$

$$v(t) = \frac{ds}{dt} = 3t^2 - 12t + 9$$

(b) 2초 후의 속도는 $t = 2$일 때의 순간 속도를 의미하므로 다음과 같다.

$$v(2) = \frac{ds}{dt}\bigg|_{t=2} = 3(2)^2 - 12(2) + 9 = -3 \text{ m/s}$$

4초 후의 속도는 다음과 같다.

$$v(4) = 3(4)^2 - 12(4) + 9 = 9 \text{ m/s}$$

(c) 입자는 $v(t) = 0$, 즉 다음과 같을 때 정지한다.

$$3t^2 - 12t + 9 = 3(t^2 - 4t + 3) = 3(t - 1)(t - 3) = 0$$

이는 $t = 1$ 또는 $t = 3$에서 참이다. 따라서 입자는 1초 후와 3초 후에 정지한다.

(d) $v(t) > 0$일 때 입자는 양의 방향으로 움직이므로 다음이 성립한다.

$$3t^2 - 12t + 9 = 3(t - 1)(t - 3) > 0$$

이 부등식은 두 인자 모두 양수($t > 3$)이거나 또는 모두 음수($t < 1$)일 때 성립한다. 그러므로 입자가 양의 방향으로 움직이는 시간은 $t < 1$과 $t > 3$이다. 한편 $1 < t < 3$일 때 입자는 음의 방향으로 움직인다.

(e) (d)의 정보를 이용해서 입자가 직선(s축)을 따라 앞뒤로 운동하는 것을 그림 2에 그렸다.

(f) (d)와 (e)에서 구한 것과 같이 시간 구간 [0, 1], [1, 3], [3, 5]에서 움직인 거리를 구분해서 구해야 한다.

처음 1초 동안 움직인 거리는 다음과 같다.

$$|f(1) - f(0)| = |4 - 0| = 4 \text{ m}$$

$t = 1$에서 $t = 3$까지 움직인 거리는 다음과 같다.

$$|f(3) - f(1)| = |0 - 4| = 4 \text{ m}$$

$t = 3$에서 $t = 5$까지 움직인 거리는 다음과 같다.

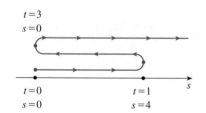

그림 2

$$|f(5) - f(3)| = |20 - 0| = 20 \text{ m}$$

따라서 입체가 5초 동안 움직인 전체 거리는 4 + 4 + 20 = 28 m이다.

(g) 가속도는 속도함수의 도함수이다. 그러므로 다음과 같다.

$$a(t) = \frac{d^2 s}{dt^2} = \frac{dv}{dt} = 6t - 12$$

$$a(4) = 6(4) - 12 = 12 \text{ m/s}^2$$

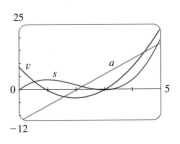

그림 3

(h) s, v, a의 그래프는 그림 3과 같다.

(i) 속도가 양수이고 증가할 때(v와 a가 모두 양일 때)와 속도가 음수이고 감소할 때(v와 a가 모두 음일 때) 입자의 속력은 상승한다. 다시 말해 입자는 속도와 가속도가 같은 부호일 때 속력이 상승한다. (입자는 움직이는 방향으로 돌진한다.) 그림 3에서 $1 < t < 2$, $t > 3$일 때 이런 현상이 발생한다. 입자는 v와 a가 반대 부호일 때, 즉 $0 \le t < 1$, $2 < t < 3$일 때 속력이 떨어진다. 그림 4는 입자의 운동을 요약한 것이다.

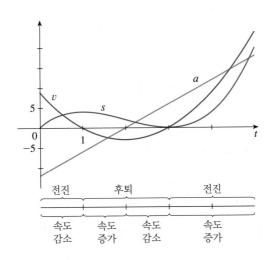

■ **그림 4**

《예제 2》 막대나 전깃줄이 균일한 경우에 이들의 **선밀도**는 일정하며 단위길이당 질량($\rho = m/l$)으로 정의되고 단위는 kg/m이다. 그러나 막대가 균일하지 않고, 그림 5에서 보는 바와 같이 왼쪽 끝에서 점 x까지의 질량이 $m = f(x)$로 주어진다고 하자.

그림 5

이제 $x = x_1$과 $x = x_2$ 사이에 놓이는 부분의 질량은 $\Delta m = f(x_2) - f(x_1)$이므로 이 부분에 대한 평균밀도는 다음과 같다.

$$\text{평균밀도} = \frac{\Delta m}{\Delta x} = \frac{f(x_2) - f(x_1)}{x_2 - x_1}$$

이제 $\Delta x \to 0$(즉 $x_2 \to x_1$)일 때 점점 작아지는 구간에서 평균밀도를 계산하게 된다.

x_1에서 **선밀도**(linear density) ρ는 $\Delta x \to 0$일 때 평균밀도의 극한이다. 즉 선밀도는 길이

에 대한 질량의 변화율이고, 이를 기호로 나타내면 다음과 같다.

$$\rho = \lim_{\Delta x \to 0} \frac{\Delta m}{\Delta x} = \frac{dm}{dx}$$

따라서 이 막대의 선밀도는 길이에 대한 질량의 도함수이다.

예를 들어 $m = f(x) = \sqrt{x}$ (x의 단위는 m, m의 단위는 kg)라고 하면, $1 \le x \le 1.2$에서 막대의 평균밀도는 다음과 같다.

$$\frac{\Delta m}{\Delta x} = \frac{f(1.2) - f(1)}{1.2 - 1} = \frac{\sqrt{1.2} - 1}{0.2} \approx 0.48 \text{ kg/m}$$

$x = 1$에서의 밀도는 다음과 같다.

$$\rho = \frac{dm}{dx}\bigg|_{x=1} = \frac{1}{2\sqrt{x}}\bigg|_{x=1} = 0.50 \text{ kg/m} \qquad \blacksquare$$

그림 6

《**예제 3**》 전하의 흐름을 전류라 한다. 그림 6은 붉은색 평면을 지나면서 움직이는 전자와 전선의 일부를 나타낸다. ΔQ를 시간 Δt 동안 이 표면을 지나는 알짜 전하라고 하면, 이 시간 동안의 평균전류는 다음과 같이 정의된다.

$$\text{평균전류} = \frac{\Delta Q}{\Delta t} = \frac{Q_2 - Q_1}{t_2 - t_1}$$

여기서 점점 더 축소되는 시간 구간에서 평균전류의 극한을 취하면, 주어진 시각 t_1에서의 **전류**(current) I를 얻을 수 있다.

$$I = \lim_{\Delta t \to 0} \frac{\Delta Q}{\Delta t} = \frac{dQ}{dt}$$

따라서 전류는 표면을 통해 흐르는 전하의 변화율이다. 이것은 단위시간당 전하(A 또는 C/s)로 측정된다. $\qquad \blacksquare$

물리학에서 중요한 변화율이 속도, 밀도, 전류만은 아니다. 힘(한 일의 변화율), 열전도율, 온도변화율(위치에 대한 온도의 변화율), 그리고 핵물리학에서 방사성 물질의 붕괴율 등에도 변화율은 응용된다.

■ 화학

《**예제 4**》 화학반응은 하나 이상의 초기 물질(**반응물**)로부터 하나 이상의 다른 물질(**생성물**)을 생성하는 결과를 낳는다. 예를 들어 다음 화학반응식은 2개의 수소 분자와 1개의 산소 분자가 2개의 물 분자를 형성함을 보여 준다.

$$2H_2 + O_2 \to 2H_2O$$

A와 B가 반응물이고 C가 생성물일 때, 반응식은 다음과 같다.

$$A + B \to C$$

반응물 A의 **농도**(concentration)는 리터당 몰수(1 mol = 6.022 × 10²³ 분자)이고, 이것을 [A]로 나타낸다. 화학반응이 일어나는 동안 농도는 변하게 되므로 [A], [B], [C]는 모두 시간 t의 함수이다. 시간 구간 $t_1 \leq t \leq t_2$에서 생성물 C의 평균반응률은 다음과 같다.

$$\frac{\Delta[\text{C}]}{\Delta t} = \frac{[\text{C}](t_2) - [\text{C}](t_1)}{t_2 - t_1}$$

순간반응률은 화학반응의 구조에 대한 정보를 제공하기 때문에 화학자들은 이 순간반응률에 관심을 갖는다. 이 **순간반응률**(instantaneous rate of reaction)은 시간 구간 Δt가 0에 접근함에 따른 평균반응률의 극한으로 얻어진다.

$$\text{반응률} = \lim_{\Delta t \to 0} \frac{\Delta[\text{C}]}{\Delta t} = \frac{d[\text{C}]}{dt}$$

화학반응이 진행됨에 따라 생성물의 농도는 증가하므로, 도함수 $d[\text{C}]/dt$는 양이 될 것이다. 따라서 C의 반응률은 양이다. 그러나 반응물의 농도는 화학반응이 계속됨에 따라 감소하게 되고, 따라서 A와 B의 반응률을 양수로 만들기 위해 이들의 도함수 $d[\text{A}]/dt$와 $d[\text{B}]/dt$ 앞에 '–' 부호를 붙여야 한다. [A]와 [B]는 [C]가 증가하는 비율과 같은 비율로 감소하므로, 반응률은 다음과 같다.

$$\text{반응률} = \frac{d[\text{C}]}{dt} = -\frac{d[\text{A}]}{dt} = -\frac{d[\text{B}]}{dt}$$

좀 더 일반적인 화학반응식 형태로 살펴보자.

$$a\text{A} + b\text{B} \to c\text{C} + d\text{D}$$

그러면 다음을 얻는다.

$$-\frac{1}{a}\frac{d[\text{A}]}{dt} = -\frac{1}{b}\frac{d[\text{B}]}{dt} = \frac{1}{c}\frac{d[\text{C}]}{dt} = \frac{1}{d}\frac{d[\text{D}]}{dt}$$

이런 반응률은 자료와 그래픽 도구로부터 결정될 수 있다. 어떤 경우에는 반응률을 계산할 수 있도록 하는 시간의 함수로서 농도에 대한 명확한 식이 주어지기도 한다.　■

《예제 5》 열역학에서 많은 관심 분야 중의 하나가 압축성이다. 주어진 물체가 일정한 온도를 유지한다면, 부피 V는 압력 P에 의존한다. 따라서 압력에 관한 부피의 변화율 dV/dP을 생각할 수 있다. P가 증가할 때 V는 감소하므로 $dV/dP < 0$이다. **압축률**(compressibility)은 이 도함수를 부피 V로 나누고, '–' 부호를 붙여 다음과 같이 정의한다.

$$\text{등온 압축률} = \beta = -\frac{1}{V}\frac{dV}{dP}$$

그러므로 β는 단위부피에 대해 온도가 일정할 때, 압력이 증가함에 따라 물질의 부피가 얼마나 빨리 감소하는가를 나타낸다.

　예를 들어 25 °C에서 공기시료의 부피 $V(\text{m}^3)$는 압력 P에 대해 다음과 같은 관계가 성립한다.

$$V = \frac{5.3}{P}$$

$P = 50$ kPa일 때 P에 관한 V의 변화율은 다음과 같다.

$$\left.\frac{dV}{dP}\right|_{P=50} = \left.-\frac{5.3}{P^2}\right|_{P=50}$$

$$= -\frac{5.3}{2500} = -0.00212 \ \text{m}^3/\text{kPa}$$

이 압력에서 압축률은 다음과 같다.

$$\beta = \left.-\frac{1}{V}\frac{dV}{dP}\right|_{P=50} = \frac{0.00212}{\frac{5.3}{50}} = 0.02 \ (\text{m}^3/\text{kPa})/\text{m}^3 \qquad \blacksquare$$

■ 생물학

《**예제 6**》 $n = f(t)$를 시각 t에서 동물이나 식물의 군락 안에 있는 개체수라고 하자. 시간 $t = t_1$과 $t = t_2$ 사이에 개체군의 크기의 변화는 $\Delta n = f(t_2) - f(t_1)$이다. 따라서 시간 $t_1 \le t \le t_2$ 동안에 평균성장률은 다음과 같다.

$$\text{평균성장률} = \frac{\Delta n}{\Delta t} = \frac{f(t_2) - f(t_1)}{t_2 - t_1}$$

그리고 **순간성장률**(instantaneous rate of growth)은 평균성장률에서 Δt를 0으로 접근시켜 얻는다.

$$\text{성장률} = \lim_{\Delta t \to 0} \frac{\Delta n}{\Delta t} = \frac{dn}{dt}$$

그러나 엄밀히 말하면 개체군의 함수 $n = f(t)$의 그래프는 개체들이 증감할 때마다 불연속적인 계단함수이고, 따라서 미분가능하지 않기 때문에 위의 성장률에 대한 식은 성립하지 않는다. 그렇지만 대단위 동식물의 개체군에 대해 그림 7과 같이 매끄러운 근사곡

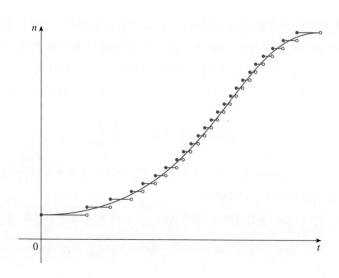

그림 7 성장함수의 매끄러운 근사 곡선

선으로 그래프를 대치할 수 있다.

좀 더 특별한 예로, 동일한 종류의 자양물 환경 내에 있는 박테리아 개체군을 생각하자. 적당한 시간 구간마다 개체군을 표본추출해 보니 매시간 집단이 2배씩 증식되는 것이 확인됐다고 하자. 처음 개체수가 n_0이고 t의 단위가 시간이면 다음과 같이 나타낼 수 있다.

$$f(1) = 2f(0) = 2n_0$$
$$f(2) = 2f(1) = 2^2 n_0$$
$$f(3) = 2f(2) = 2^3 n_0$$

일반식으로 나타내면 다음과 같다.

$$f(t) = 2^t n_0$$

따라서 개체수의 함수는 $n = n_0 2^t$이다.

이것은 지수함수에 대한 예이고, 지수함수는 6장에서 논의할 것이다. 지수함수의 도함수를 계산할 수 있을 때 박테리아 집단의 증식율을 다시 결정할 것이다. ■

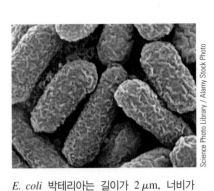

E. coli 박테리아는 길이가 2 μm, 너비가 0.75 μm 정도이다. 이 영상은 주사전자현미경으로 얻은 것이다.

《예제 7》 동맥이나 정맥과 같은 혈관을 지나는 혈액의 흐름을 생각할 때 그림 8에서와 같이 혈관의 모양을 반지름 R, 길이 l인 원통의 관으로 생각할 수 있다.

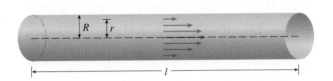

그림 8 정맥에서의 혈액의 흐름

혈관의 벽면에서의 마찰로 인해 혈액의 속도 v는 혈관의 중심축에서 가장 빠르고, 중심축으로부터의 거리 r가 증가함에 따라 벽면에서 속도 v가 0이 될 때까지 감소하게 된다. v와 r의 관계는 1838년 프랑스의 물리학자 푸아죄유(Jean Léonard Marie Poiseuille)가 발견한 **모세관 법칙**(law of laminar flow)에 의해 주어진다. η는 혈액의 점성, P는 혈관의 양끝에서의 압력차라고 하면, 혈액의 속도 v는 다음과 같이 나타낼 수 있다.

$$\boxed{1} \qquad v = \frac{P}{4\eta l}(R^2 - r^2)$$

P와 l이 일정하면 v는 정의역이 $[0, R]$인 r의 함수이다.

$r = r_1$로부터 $r = r_2$로 움직이면 속도의 평균변화율은 다음과 같다.

$$\frac{\Delta v}{\Delta r} = \frac{v(r_2) - v(r_1)}{r_2 - r_1}$$

$\Delta r \to 0$일 때 r에 대한 **속도변화율**(velocity gradient), 즉 r에 대한 속도의 순간변화율은 다음과 같다.

$$속도변화율 = \lim_{\Delta r \to 0}\frac{\Delta v}{\Delta r} = \frac{dv}{dr}$$

자세한 내용은 W. Nichols, M. O'Rourke, C. Vlachopoulos(eds.), *McDonald's Blood Flow in Arterise: Theretical, Experimental, and Clinical Principles*, 6th ed. (Boca Raton, FL, 2011)를 보라.

그리고 식 1을 이용하면 다음을 얻는다.

$$\frac{dv}{dr} = \frac{P}{4\eta l}(0 - 2r) = -\frac{Pr}{2\eta l}$$

키가 작은 사람의 동맥에서 $\eta = 0.027$, $R = 0.008$ cm, $l = 2$ cm, $P = 4000$ dyn/cm²를 취할 수 있고, 따라서 다음과 같다.

$$v = \frac{4000}{4(0.027)2}(0.000064 - r^2)$$

$$\approx 1.85 \times 10^4(6.4 \times 10^{-5} - r^2)$$

$r = 0.002$ cm에서 혈액은 다음 속도로 흐른다.

$$v(0.002) \approx 1.85 \times 10^4(64 \times 10^{-6} - 4 \times 10^{-6}) = 1.11 \text{ cm/s}$$

그리고 이 점에서 속도의 변화율은 다음과 같다.

$$\left.\frac{dv}{dr}\right|_{r=0.002} = -\frac{4000(0.002)}{2(0.027)2} \approx -74 \text{ (cm/s)/cm}$$

이 명제가 무엇을 뜻하는지를 알기 위해 단위를 cm에서 μm(1 cm = 10000 μm)로 바꾸자. 그러면 동맥의 반지름은 80 μm이다. 중심축에서의 속도는 11,850 μm/s인데, 이는 $r = 20 \mu$m의 거리에서 11,110 μm/s로 감소한다. $r = 20 \mu$m일 때, $dv/dr = -74 (\mu$m/s)/μm 라는 것은 중심으로부터 1 μm 멀어질 때 약 74 μm/s의 비율로 속도가 감소한다는 것을 뜻한다. ■

■ 경제학

《예제 8》 한 회사가 어떤 상품을 x단위 생산할 때 소요되는 총 비용을 $C(x)$라고 하자. 함수 C를 **비용함수**(cost function)라고 한다. 이 상품의 생산 단위 수가 x_1에서 x_2로 증가하면 추가 비용은 $\Delta C = C(x_2) - C(x_1)$이고, 비용의 평균변화율은 다음과 같다.

$$\frac{\Delta C}{\Delta x} = \frac{C(x_2) - C(x_1)}{x_2 - x_1} = \frac{C(x_1 + \Delta x) - C(x_1)}{\Delta x}$$

$\Delta x \to 0$일 때 이 비율의 극한, 즉 생산한 단위 수에 대한 비용의 순간변화율을 경제학자들은 **한계 비용**(marginal cost)이라고 한다.

$$\text{한계 비용} = \lim_{\Delta x \to 0} \frac{\Delta C}{\Delta x} = \frac{dC}{dx}$$

[x는 항상 정수이므로 Δx가 0에 접근한다는 것은 그대로는 아무런 의미가 없다. 그러나 예제 6에서와 같이 매끄러운 근사 곡선으로 $C(x)$를 대치할 수 있다.]

$\Delta x = 1$로 잡고 n을 충분히 크게(따라서 Δx를 n에 비해 작게) 잡으면 다음과 같다.

$$C'(n) \approx C(n + 1) - C(n)$$

따라서 상품 n단위를 생산하는 데 소요되는 한계 비용은 [$(n + 1)$번째 단위인] 한 단위를 생산하는 비용과 거의 같다.

때로는 총 비용함수를 다음과 같은 다항함수로 나타내는 것이 적절하다.

$$C(x) = a + bx + cx^2 + dx^3$$

여기서 a는 간접비(임대료, 난방비, 관리비)이고, 다른 항은 원자재비 또는 인건비 등을 나타낸다. (원자재비는 x에 비례하고, 인건비는 시간 외 수당 및 대단위 작업에 의한 능률 저하로 인해 x의 최고차수에 부분적으로 의존한다.)

예를 들어 어떤 회사가 x단위를 생산하는 데 소요되는 비용(달러)을 다음과 같이 추정해 왔다고 하자.

$$C(x) = 10,000 + 5x + 0.01x^2$$

그러면 한계비용함수는 다음과 같다.

$$C'(x) = 5 + 0.02x$$

500개의 생산수준에서 한계비용은 다음과 같다.

$$C'(500) = 5 + 0.02(500) = 15달러/단위$$

이것은 $x = 500$일 때 생산수준에 관한 비용의 증가율을 나타낸다. 501번째 생산비용은 다음과 같다.

$$\begin{aligned} C(501) - C(500) &= [10,000 + 5(501) + 0.01(501)^2] \\ &\quad - [10,000 + 5(500) + 0.01(500)^2] \\ &= 15.01\,달러 \end{aligned}$$

그러므로 $C'(500) \approx C(501) - C(500)$이다. ■

경제학자들은 한계수요, 한계소득, 한계이익을 연구하는데, 이들은 수요함수, 소득함수, 이익함수의 도함수이다. 그리고 이와 같은 것들은 함수의 최대, 최소를 구하는 방법을 살펴본 후에 3장에서 다룰 것이다.

■ 기타 과학 분야

모든 과학 분야에서 변화율을 다룬다. 지질학자들은 용융암석 덩어리의 열이 주변 암석으로 전도되어 식어가는 비율을 알아내는 데 흥미를 갖는다. 어떤 기술자는 저수지 밖으로 흐르는 물의 비율을 알고자 한다. 그리고 어떤 도시의 지리학자는 도시 중심부로부터 거리가 멀어짐에 따른 도시 내 인구밀도 변화율에 흥미를 갖는다. 기상학자들은 높이에 따른 대기압의 변화율에 관심을 갖기도 한다(6.5절의 연습문제 10 참조).

심리학에서 학습이론에 관심을 갖는 사람들은 학습곡선이라는 것을 연구하는데, 이것은 훈련시간 t의 함수로서 어떤 기술을 학습하는 사람의 성취도 $P(t)$에 대한 그래프이다. 특히 관심을 갖는 것은 시간이 지남에 따른 성취 증진율, 즉 dP/dt이다. 심리학자들은 기억 현상을 연구하고 기억력 유지률에 대한 모델을 개발했다. 그리고 심리학자들은 어떤 과제를 수행할 때 동반되는 장애와 주어진 한도가 변할 때 장애의 증가율을 연구한다.

　사회학에서는 유언비어(또는 창작품 또는 일시적 유행 또는 패션) 등의 확산을 분석하는 데 미분학을 사용한다. $p(t)$가 시각 t에 유언비어를 알고 있는 인구의 비율이라면, 도함수 dp/dt는 유언비어의 확산율을 나타낸다(6.2절의 연습문제 33 참조).

■ 하나의 개념, 다양한 해석

물리학에서의 속도, 밀도, 전류, 힘, 온도변화율, 화학에서의 반응률과 압축률, 생물학에서의 성장률, 혈액의 속도변화율, 경제학에서의 한계비용, 한계이익, 지질학에서의 열전도율, 심리학에서 성취 증진율, 사회학에서의 유언비어의 확산율 등은 단순한 수학적 개념인 도함수의 특별한 경우이다.

　다르게 나타나는 모든 도함수의 응용은 수학의 위력의 일부는 추상성에 있다는 사실을 보여 주고 있다. 도함수와 같이 하나의 단순한 추상적인 수학적 개념이 여러 과학에서 서로 다른 의미를 가질 수 있다. 따라서 수학적 개념에 대한 여러 성질들이 개발되면, 그것들은 다른 과학의 모든 분야에 변형되어 적용될 수 있게 된다. 이 것은 별개의 각 분야에서 특수한 개념들에 대한 성질들을 각각 개발하는 것보다 좀더 효과적이다. 프랑스의 수학자 푸리에(Joseph Fourier, 1768~1830)는 이 사실에 대해 "수학은 가능한 한 여러 현상들을 비교해서 그들 사이에 존재하는 숨겨진 유사성을 발견한다."고 말했다.

2.7 │ 연습문제

1-2 어떤 입자가 운동법칙 $s = f(t)(t \geq 0)$에 따라 움직인다. 여기서 t의 단위는 초이고, s의 단위는 m이다.

(a) 시각 t에서의 속도를 구하라.

(b) 1초 후의 속도는 얼마인가?

(c) 입자가 정지하는 때는 언제인가?

(d) 입자가 양의 방향으로 움직인 시간을 구하라.

(e) 처음 6초 동안 입자가 움직인 전체 거리를 구하라.

(f) 그림 2와 같이 입자의 운동을 나타내는 그림을 그려라.

(g) 시각 t에서와 1초 후의 가속도를 구하라.

(h) $0 \leq t \leq 6$일 때 위치함수, 속도함수, 가속도함수를 그려라.

(i) 입자의 속도가 상승하는 때는 언제인가? 속도가 떨어지는 때는 언제인가?

1. $f(t) = t^3 - 8t^2 + 24t$　　**2.** $f(t) = \sin(\pi t/2)$

---

3. 두 물체의 **속도** 함수의 그래프는 다음과 같다. 여기서 t의 단위는 초이다. 언제 물체의 속도가 증가하고 감소하는가? 설명하라.

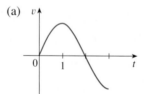
(a)

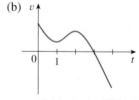
(b)

4. 입자의 속도 함수의 그래프가 다음과 같다. 여기서 t의 단위는 초이다. 입자가 언제 앞으로(양의 방향으로) 움직이는가? 언제 뒤로 움직이는가? $5 < t < 7$에서는 무슨 일이 일어나는가?

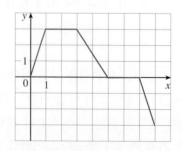

5. 지표면 위 2 m 지점에서 수직 상방향으로 쏘아 올린 발사

체의 높이는 t초 후에 $h = 2 + 24.5t - 4.9t^2$이다. 초기 속도는 24.5 m/s이다.

(a) 2초 후, 4초 후의 속도를 구하라.

(b) 발사체가 최대 높이에 도달하는 때는 언제인가?

(c) 최대 높이는 얼마인가?

(d) 지면에 도달하는 때는 언제인가?

(e) 지면에 도달하는 순간의 속도는 얼마인가?

6. 화성의 표면에서 돌을 15 m/s의 속도로 수직 상방향으로 던진다면, t초 후 돌의 높이(m)는 $h = 15t - 1.86t^2$이다.

(a) 2초 후의 돌의 속도는 얼마인가?

(b) 돌의 높이가 25 m일 때 위쪽 방향과 아래쪽 방향으로의 속도는 얼마인가?

7. (a) 한 회사에서 정사각형의 실리콘판으로 컴퓨터 칩을 만든다. 판의 변의 길이를 15 mm에 가깝게 유지하고자 한다. 변의 길이 x가 변할 때 판의 넓이 $A(x)$가 어떻게 변하는지 알고자 한다. $A'(15)$를 구하고 이 상황에서 이것의 의미를 설명하라.

(b) 변의 길이에 관한 정사각형의 넓이의 변화율은 정사각형의 둘레 길이의 절반이 됨을 증명하라. 변의 길이 x가 Δx만큼 증가하는 정사각형을 그려 이것이 옳음을 기하학적으로 설명하라. Δx가 작으면 넓이의 변화량 ΔA는 어떻게 근사시킬 수 있는가?

8. (a) r가 다음과 같이 변할 때, 반지름 r에 관한 원의 넓이의 평균변화율을 구하라.

(i) 2에서 3까지

(ii) 2에서 2.5까지

(iii) 2에서 2.1까지

(b) $r = 2$일 때 순간변화율을 구하라.

(c) 반지름(임의의 r에 대해)에 관한 원의 넓이의 변화율은 이 원의 둘레와 같음을 보여라. 반지름이 Δr만큼 증가하는 원을 그려 증명이 참임을 기하학적으로 설명하라. Δr가 작으면 넓이의 변화량 ΔA를 어떻게 근사시킬 수 있는가?

9. 구형 풍선을 부풀리고 있다. 반지름 r가 다음과 같을 때, r에 관한 겉넓이($S = 4\pi r^2$)의 증가율을 구하라. 어떤 결론을 얻을 수 있는가?

(a) 20 cm　　(b) 40 cm　　(c) 60 cm

10. 왼쪽 끝에서 오른쪽 방향으로 x m만큼 떨어진 점 사이에 놓여 있는 금속막대의 질량이 $3x^2$ kg이다. x가 (a) 1 m (b)

2 m (c) 3 m일 때, 선밀도(예제 2 참조)를 구하라. 밀도가 최고, 최저가 되는 지점을 구하라.

11. 시각 t(초)에서 전선의 한 점을 지나는 전하량 Q(C)가 $Q(t) = t^3 - 2t^2 + 6t + 2$이다. (a) $t = 0.5$초, (b) $t = 1$초일 때 전류를 구하라. [예제 3 참조, 전류의 단위는 암페어(1 A =1 C/s)이다.] 전류가 최저가 되는 시각은 언제인가?

12. 질량이 m이고 속도가 v인 몸체에 작용하는 힘 F는 운동량의 변화율 $F = (d/dt)(mv)$이다. m이 상수이면 $F = ma$이다. 여기서 $a = dv/dt$는 가속도이다. 그러나 상대성 이론에서, v에 관한 물체의 질량은 $m = m_0/\sqrt{1 - v^2/c^2}$ 이다. 여기서 m_0는 정지 상태에서의 질량이고 c는 빛의 속력이다. 다음을 보여라.

$$F = \frac{m_0 a}{(1 - v^2/c^2)^{3/2}}$$

13. 보일의 법칙은 일정 온도에서 기체가 압력을 받을 때, 압력과 부피의 곱은 일정($PV = C$)하다는 것이다.

(a) 압력에 대한 부피의 변화율을 구하라.

(b) 기체가 낮은 압력으로 통 속에 있고, 10분 동안 일정한 압력으로 꾸준히 압축된다. 부피는 10분이 시작될 때와 10분이 끝나갈 때 중 언제 더 빨리 줄어드는가? 설명하라.

(c) 등온 압축률(예제 5 참조)은 $\beta = 1/P$임을 증명하라.

14. 다음 표는 세계의 인구 $P(t)$를 나타낸 것이다. 인구 $P(t)$의 단위는 백만 명이다. t의 단위를 년으로 하고 1900년을 $t = 0$이라 하자.

연도(t)	인구(백만)	연도(t)	인구(백만)
0	1650	60	3040
10	1750	70	3710
20	1860	80	4450
30	2070	90	5280
40	2300	100	6080
50	2560	110	6870

(a) 1920년과 1980년의 인구증가율을 두 할선의 기울기를 평균하여 추정하라.

(b) 그래픽 계산기나 컴퓨터를 이용해서 위의 정보를 모형화하는 삼차함수(3차 다항함수)를 구하라.

(c) (b)를 이용해서 인구증가율에 대한 모형을 구하라.

(d) (c)를 이용해서 1920년과 1980년의 증가율을 추정하라. 이것을 (a)에서 추정한 것과 비교하라.

(e) 1985년의 증가율을 추정하라.

15. 예제 7의 모세관 법칙을 생각하자. 반지름이 0.01 cm이고, 길이가 3 cm인 혈관이 있다고 할 때 압력차는 3000 dyn/cm²이고, 점성은 $\eta = 0.027$이다.

   (a) 혈관의 중심축 $r = 0$, 반지름 $r = 0.005$ cm와 벽 $r = R = 0.01$ cm에서의 혈액의 속도를 계산하라.

   (b) $r = 0$, $r = 0.005$, $r = 0.01$에서의 속도변화율을 구하라.

   (c) 어디에서 속도가 가장 빠른가? 어디에서 속도가 가장 많이 변하는가?

16. 진 바지를 x만큼 새로 늘려서 생산하는 데 드는 비용이 달러로 다음과 같다.

$$C(x) = 2000 + 3x + 0.01x^2 + 0.0002x^3$$

   (a) 한계비용함수를 구하라.

   (b) $C'(100)$을 구하고 이것의 의미를 설명하라. 무엇을 예측할 수 있는가?

   (c) $C'(100)$을 101번째 섬유를 생산하는 비용과 비교하라.

17. x가 공장에서 일하는 사원들의 수일 때 $p(x)$를 총 생산가라고 하면, 공장에서의 노동력의 **평균생산성**은 다음과 같다.

$$A(x) = \frac{p(x)}{x}$$

   (a) $A'(x)$를 구하라. $A'(x) > 0$이면 회사가 사원을 더 고용하고자 하는 이유는 무엇인가?

   (b) $p'(x)$가 평균생산성보다 크다면 $A'(x) > 0$임을 보여라.

18. 절대온도 T(K), 압력 P(atm), 부피가 V(L)인 이상기체에 대한 기체 법칙은 $PV = nRT$이다. 여기서 n은 기체의 몰수이고, $R = 0.0821$은 기체상수이다. 어떤 순간에 $P = 8.0$ atm이고, 압력은 0.10 atm/min의 비율로 증가하지만, $V = 10$ L이고, 부피는 0.15 L/min의 비율로 감소한다고 가정하자. $n = 10$ mol이면 이 순간 시간에 관한 T의 변화율을 구하라.

19. 생태계의 연구에서 약육강식 모형이 종들 사이의 상호관계를 연구하는 데 사용된다. $W(t)$로 주어지는 툰드라 늑대와 $C(t)$로 주어진 북미산 순록의 수를 생각하자. 상호관계를 방정식으로 나타내면 다음과 같다.

$$\frac{dC}{dt} = aC - bCW, \qquad \frac{dW}{dt} = -cW + dCW$$

   (a) 어떤 dC/dt와 dW/dt의 값에 안정된 수가 대응하는가?

   (b) '순록이 사라진다.'는 명제는 수학적으로 어떻게 표현되는가?

   (c) $a = 0.05$, $b = 0.001$, $c = 0.05$, $d = 0.0001$이라 가정하자. 안정된 수를 유도하는 수의 쌍 (C, W)를 모두 찾으라. 이 모형에 따르면, 종들이 공동으로 사는 것이 가능한가? 한 종 또는 두 종 모두가 사라지게 될 것인가?

2.8 | 관련 비율

풍선에 공기를 불어넣으면, 풍선의 부피와 반지름이 모두 증가하는데, 이때 증가율은 서로 관련되어 있다. 그런데 반지름의 증가율을 계산하는 것보다 부피의 증가율을 직접 계산하는 것이 훨씬 쉽다.

관련된 비율 문제에서 주요 개념은 다른 양의 변화율을 (좀 더 쉽게 측정할 수 있는) 이용하여 어떤 양의 변화율을 계산하는 것이다. 이것을 계산하는 절차는 두 양 사이의 관계식을 구하고, 연쇄법칙을 적용해서 시간에 대해 양변을 미분하는 것이다.

PS 문제를 주의 깊게 읽고, 주어진 정보와 구하려는 것을 구분하고, 적절한 기호를 도입한다.

《예제 1》 둥근 기구 안으로 공기를 불어넣을 때, 기구의 부피는 100 cm³/s의 비율로 증가한다. 지름이 50 cm일 때 기구의 반지름은 얼마나 빨리 증가하는가?

풀이 두 가지를 확인하고 시작하자.

주어진 정보: 공기의 부피 증가율은 100 cm³/s
구하려는 것: 지름이 50 cm일 때 반지름의 증가율

이 양들을 수학적으로 표현하기 위해 몇 가지 기호를 도입:

V를 기구의 부피라 하고, r를 반지름이라고 하자.

기억해야 할 가장 중요한 열쇠는 변화율이 도함수라는 것이다. 이 문제에서 부피와 반지름은 모두 시간 t의 함수이다. 시간에 대한 부피의 증가율은 도함수 dV/dt이고, 반지름의 증가율은 dr/dt이다. 따라서 주어진 정보와 구하려는 것을 다음과 같이 다시 쓸 수 있다.

주어진 정보: $\dfrac{dV}{dt} = 100$ cm³/s

구하려는 것: $r = 25$ cm일 때의 $\dfrac{dr}{dt}$

dV/dt와 dr/dt를 연결하기 위해 먼저 V와 r을 식에 의해 연결한다. 이 경우에 다음과 같은 구의 부피에 대한 공식이 있다..

$$V = \tfrac{4}{3}\pi r^3$$

주어진 자료를 이용하기 위해 이 식의 양변을 t에 대해 미분한다. 우변을 미분하기 위해서는 연쇄법칙을 이용해야 한다.

$$\frac{dV}{dt} = \frac{dV}{dr}\frac{dr}{dt} = 4\pi r^2 \frac{dr}{dt}$$

이제 구하려는 것에 대해 다음을 얻는다.

$$\frac{dr}{dt} = \frac{1}{4\pi r^2}\frac{dV}{dt}$$

이 식에 $r = 25$, $dV/dt = 100$을 대입하면 다음을 얻는다.

$$\frac{dr}{dt} = \frac{1}{4\pi(25)^2}100 = \frac{1}{25\pi}$$

따라서 기구의 반지름은 $1/(25\pi) \approx 0.0127$ cm/s의 비율로 증가한다. ■

《예제 2》 길이 5 m의 사다리가 수직인 벽면에 기대어 있다. 사다리 바닥이 1 m/s의 비율로 벽면으로부터 미끄러진다. 사다리 바닥이 벽면으로부터 3 m 떨어질 때, 사다리 꼭대기는 얼마나 빨리 벽면을 따라 아래로 미끄러지는가?

풀이 먼저 그림 1과 같이 그림을 그리고 기호를 기입한다. 그리고 벽면과 사다리 바닥 사이의 거리를 x(m), 지면과 사다리 꼭대기 사이의 거리를 y(m)라고 하자. 그러면 x와 y는 모두 t(초)의 함수이다.

따라서 $dx/dt = 1$ m/s가 주어져 있고, $x = 3$ m일 때의 dy/dt를 구하고자 한다(그림 2 참조). 이 문제에서 피타고라스 정리에 의해 x와 y 사이의 관계는 다음과 같다.

$$x^2 + y^2 = 25$$

PS 문제 풀이의 두 번째 단계는 주어진 정보와 구하려는 것을 연결하는 계획을 세우는 것이다.

dV/dt는 상수이지만 dr/dt은 상수가 아님에 주목하자.

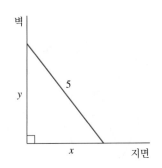

그림 1

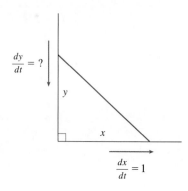

$$\frac{dy}{dt} = ?$$

y

x

$$\frac{dx}{dt} = 1$$

그림 2

연쇄법칙을 이용해서 양변을 t에 대해 미분하면 다음을 얻는다.

$$2x\frac{dx}{dt} + 2y\frac{dy}{dt} = 0$$

원하는 비율을 구하기 위해 이 방정식을 풀면 다음을 얻는다.

$$\frac{dy}{dt} = -\frac{x}{y}\frac{dx}{dt}$$

한편 $x = 3$일 때, 피타고라스 정리에 의해 $y = 4$이고, 따라서 이 값을 위 식에 대입하면 다음을 얻는다.

$$\frac{dy}{dt} = -\frac{3}{4}(1) = -0.75 \text{ m/s}$$

dy/dt가 음이라는 뜻은 사다리 꼭대기로부터 지면까지의 거리가 0.75 m/s의 비율로 **감소**한다는 것이다. 다시 말해 사다리 꼭대기는 벽면을 따라 0.75 m/s의 비율로 아래로 미끄러진다. ∎

PS 앞으로 문제를 푸는 데 도움이 되는 것으로 예제 1과 2에서 배운 것은 무엇인가?

⊘ 경고 흔히 범하는 실수는 시간에 따라 변하는 양에 대해 주어진 수치적 정보를 너무 일찍 대입하는 것이다. 미분이 끝난 다음에 대입해야 한다. (즉 7단계는 6단계가 끝난 다음에 해야 한다.) 예를 들어 예제 1은 일반적인 r를 다루다가 마지막 단계에서 $r = 25$를 대입했다. ($r = 25$를 그 전에 대입하면 $dV/dt = 0$이 되므로 분명 오답이다.)

문제 풀이 전략

몇 가지 문제 풀이 원리를 상기하는 것이 유용하고, 예제 1과 2의 경험에 비추어 이 원리들을 관련된 비율 문제에 적용한다.

1. 문제를 주의 깊게 읽는다.
2. 가능하면 그림을 그린다.
3. 기호를 도입한다. 시간의 함수로서 모든 양에 대응하는 기호를 기입한다.
4. 주어진 정보와 구하려는 비율을 도함수로 나타낸다.
5. 문제에서 제시된 여러 가지 양을 관련짓는 방정식을 쓴다. 필요하면 주어진 상황과 관련된 기하학을 이용해서 변수 중 하나를 대입에 의해 소거하는 방식을 이용한다(예제 3 참조).
6. 연쇄법칙을 이용해서 방정식의 양변을 t에 대해 미분한다.
7. 결과로 얻은 방정식에 주어진 정보를 대입해서 구하려는 비율에 대해 푼다.

다음 예제들은 전략에 대한 발전된 실례들이다.

《예제 3》 밑면의 반지름이 2 m, 높이가 4 m인 원뿔이 거꾸로 된 모양을 한 물탱크가 있다. 탱크 안으로 물이 2 m³/min의 속도로 채워진다면, 물의 깊이가 3 m되는 순간의 수위는 어떤 비율로 상승하는가?

풀이 먼저 원뿔과 물의 수면을 그림 3과 같이 그리고, V, r, h를 각각 물의 부피, 수면의 반지름, 시각 t에서의 높이라고 하자. 여기서 t의 단위는 분이다.

$dV/dt = 2$ m³/min가 주어져 있고, 구하려는 것은 $h = 3$ m일 때 dh/dt의 값이다. V와 h 사이에 다음 관계식이 성립한다.

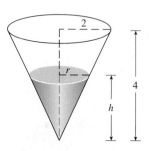

2

r

4

h

그림 3

$$V = \frac{1}{3}\pi r^2 h$$

그렇지만 V는 h만의 함수로 쓰는 것이 유용하다. 따라서 r를 소거하기 위해 그림 3 안의 삼각형을 이용하면 다음과 같다.

$$\frac{r}{h} = \frac{2}{4}, \qquad r = \frac{h}{2}$$

V에 대한 식을 변형하면 다음을 얻는다.

$$V = \frac{1}{3}\pi \left(\frac{h}{2}\right)^2 h = \frac{\pi}{12}h^3$$

이제 양변을 t에 대해 미분하자.

$$\frac{dV}{dt} = \frac{\pi}{4} h^2 \frac{dh}{dt}$$

$$\frac{dh}{dt} = \frac{4}{\pi h^2} \frac{dV}{dt}$$

여기에 $h = 3$ m, $dV/dt = 2$ m³/min를 대입하면 다음을 얻는다.

$$\frac{dh}{dt} = \frac{4}{\pi(3)^2} \cdot 2 = \frac{8}{9\pi}$$

수면은 $8/(9\pi) \approx 0.28$ m³/min의 비율로 상승한다. ■

《예제 4》 자동차 A는 80 km/h의 속도로 서쪽으로 달리고, 자동차 B는 100 km/h의 속도로 북쪽으로 달리고 있다. 그리고 두 자동차는 두 길의 교차로를 향해 달리고 있다. 교차로에서 A는 0.3 km, B는 0.4 km의 거리에 있게 될 때 자동차들이 서로에게 접근해 가는 속도는 얼마인가?

풀이 C를 두 길의 교차로라고 하고 그림 4를 그린다. 주어진 시각 t에서, A에서 C까지의 거리를 x, B에서 C까지 거리를 y, 두 자동차 A, B 사이의 거리를 z라고 하자. 여기서 x, y, z의 단위는 km이다.

주어진 조건에서 $dx/dt = -80$ km/h, $dy/dt = -100$ km/h이고(x와 y는 감소하므로 도함수는 음의 값이다), 구하려는 것은 dz/dt이다. 피타고라스 정리에 따라 x, y, z 사이의 관계식이 다음과 같이 설정된다.

$$z^2 = x^2 + y^2$$

t에 대해 양변을 미분하면 다음을 얻는다.

$$2z \frac{dz}{dt} = 2x \frac{dx}{dt} + 2y \frac{dy}{dt}$$

$$\frac{dz}{dt} = \frac{1}{z}\left(x \frac{dx}{dt} + y \frac{dy}{dt}\right)$$

한편 $x = 0.3$ km, $y = 0.4$ km이면 피타고라스 정리에 따라 $z = 0.5$ km이므로 다음을 얻는다.

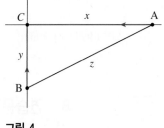

그림 4

$$\frac{dz}{dt} = \frac{1}{0.5}[0.3(-80) + 0.4(-100)] = -128 \text{ km/h}$$

즉 두 자동차는 128 km/h의 속도로 접근한다. ■

《예제 5》 어떤 사람이 곧은 길을 따라 1 m/s의 속력으로 걷고 있다. 탐조등은 길에서 6 m 떨어진 지면 위에 있으며, 이 사람을 따라가며 비추고 있다. 길 위의 그 지점에서 가장 가까운 탐조등까지 4.5 m 떨어진 곳에 사람이 있을 때 탐조등의 회전비율을 구하라.

풀이 그림 5를 그리고, 탐조등에서 가장 가까운 길 위 지점에서 사람까지의 거리를 x, 탐조등의 광선과 도로에 수직인 지점 사이의 각을 θ라고 하자.

그러면 조건 $dx/dt = 1$ m/s가 주어져 있고, $x = 4.5$일 때 $d\theta/dt$를 구하려 한다. 그림 5에서 x와 θ 사이의 관계식을 구하면 다음과 같다.

$$\frac{x}{6} = \tan\theta, \qquad x = 6\tan\theta$$

이제 t에 대해 양변을 미분하면 다음이 성립한다.

$$\frac{dx}{dt} = 6\sec^2\theta \, \frac{d\theta}{dt}$$

$$\frac{d\theta}{dt} = \frac{1}{6}\cos^2\theta \, \frac{dx}{dt}$$

$$= \frac{1}{6}\cos^2\theta \, (1) = \frac{1}{6}\cos^2\theta$$

한편 $x = 4.5$이면 광선의 길이는 7.5이고, $\cos\theta = \frac{20}{25} = \frac{4}{5}$이다. 따라서 다음을 얻는다.

그림 5

$$0.107 \, \frac{\text{rad}}{\text{s}} \times \frac{1 \text{ rotation}}{2\pi \text{ rad}} \times \frac{60 \text{ s}}{1 \text{ min}}$$

$$\approx 1.02 \text{ rotations per min}$$

$$\frac{d\theta}{dt} = \frac{1}{6}\left(\frac{4}{5}\right)^2 = \frac{16}{150} \approx 0.107$$

즉, 탐조등의 회전비율은 0.107 rad/s이다. ■

2.8 | 연습문제

1. (a) V는 한 변의 길이가 x인 정육면체의 부피이고 시간이 흐름에 따라 정육면체가 팽창할 때 dV/dt를 dx/dt로 나타내라.

   (b) 정육면체의 한 변의 길이가 4 cm/s의 비율로 증가하는 경우 한 변의 길이가 15 cm일 때 정육면체의 부피가 얼마나 빠르게 증가하는가?

2. 정사각형의 각 변이 6 cm/s의 비율로 증가하고 있다. 정사각형의 넓이가 16 cm²일 때 정사각형 넓이의 증가율은 얼마인가?

3. 구형인 공의 반지름이 2 cm/min 비율로 증가하고 있다. 반지름이 8 cm일 때 공의 겉넓이의 증가율을 구하라.

4. 반지름이 5 m인 원통형 탱크에 3 m³/min의 비율로 물을 채우고 있다. 물의 높이의 변화율을 구하라.

5. x와 y가 t의 함수일 때 $4x^2 + 9y^2 = 25$라 하자.

   (a) $dy/dt = \frac{1}{3}$이고 $x = 2$, $y = 1$일 때 dx/dt를 구하라.

   (b) $dx/dt = 3$이고 $x = -2$, $y = 1$일 때 dy/dt를 구하라.

6. 우주비행사의 몸무게(N)

$$w = w_0 \left(\frac{6370}{6370 + h} \right)^2$$

는 지구 표면으로부터의 높이 h(킬로미터)와 관련이 있다. 여기서 w_0는 지구상에서 우주 비행사의 몸무게이다. 지구상에서 몸무게가 580 N인 우주비행사가 로켓을 타고 19 km/s의 속도로 위쪽으로 추진하면 지구 표면에서 60 km 이상일 때 체중이 변화하는 속도(N/s)를 구하라.

7-8

(a) 어떤 양들이 문제에 주어져 있는가?

(b) 구하려는 것은 무엇인가?

(c) 임의의 시각 t에 대한 상황의 그림을 그려라.

(d) 양들을 관련짓는 방정식을 쓰라.

(e) 문제 풀이를 완성하라.

7. 높이 2 km에서 800 km/h의 속력으로 수평으로 나는 비행기가 레이더 기지 상공을 똑바로 지나간다. 비행기가 기지로부터 3 km 떨어져 있을 때 비행기에서 레이더 기지까지의 거리가 증가하는 비율을 구하라.

8. 가로등이 6 m 길이의 기둥 꼭대기에 달려 있다. 키가 2 m 인 사람이 수평인 길을 따라 1.5 m/s의 속력으로 기둥에서 멀어져간다. 사람이 기둥에서 10 m 떨어질 때 그림자의 끝은 얼마나 빠르게 움직이는가?

9. 두 대의 자동차가 동일한 지점에서 출발한다. 한 대는 남쪽으로 30 km/h의 속도로 달리고, 다른 한 대는 서쪽으로 72 km/h의 속도로 달린다. 2시간 후 두 자동차 사이의 거리는 얼마의 비율로 증가하는가?

10. 한 남자가 지점 P에서 1.2 m/s로 북쪽을 향해 걷기 시작한다. 5분 후 한 여자가 P의 동쪽으로 200 m 떨어진 지점에서 1.6 m/s로 남쪽을 향하여 걷기 시작한다. 이 여자가 걷기 시작한 지 15분 후 이 두 사람은 어떤 비율로 멀어지는가?

11. 삼각형의 높이는 1 cm/min의 비율로 증가하는 반면, 넓이는 2 cm²/min의 비율로 증가한다. 높이가 10 cm, 넓이가 100 cm²일 때 삼각형의 밑변의 변화율은 얼마인가?

12. 여자는 절벽의 가장자리 근처에 서서 가장자리에 돌을 떨어뜨린다. 정확히 1초 후에 그녀는 다른 돌을 떨어뜨린다. 그런 다음 1초 후에 두 돌 사이의 거리가 얼마나 빨리 변하는가? 떨어진 돌이 t초 후에 떨어진 거리가 $d = 4.9t^2$이라

는 사실을 이용하라.

13. 거꾸로 된 원뿔형 탱크 안에 일정한 비율로 물을 채우고 있다. 동시에 10,000 cm³/min의 비율로 탱크 밑에서 물이 빠져나오고 있다. 탱크의 높이는 6 m이고, 윗면의 지름은 4 m 이다. 물의 높이가 2 m일 때 수면이 20 cm/min의 비율로 상승한다면, 물이 탱크에 채워지는 비율을 구하라.

14. 10 m 길이의 여물통이 있는데, 이를 자르면 밑변이 30 cm, 윗변이 80 cm, 높이가 50 cm인 등변사다리꼴 모양이 된다. 0.2 m³/min의 비율로 물을 채우면, 물의 깊이가 30 cm일 때 수면은 얼마나 빨리 상승하는가?

15. 자갈이 컨베이어 벨트로부터 3 m³/min의 비율로 쏟아지고 있다. 그리고 쏟아진 자갈은 지름과 높이가 항상 같은 원뿔형을 이룬다. 자갈더미의 높이가 3 m일 때, 이 높이는 얼마나 빨리 증가하는가?

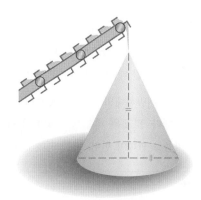

16. 정삼각형의 변이 10 cm/min의 비율로 증가한다. 한 변의 길이가 30 cm일 때 삼각형의 넓이의 증가율을 구하라.

17. 자동차가 직선도로에서 20 m/s로 북쪽으로 이동하고 있고, 드론은 25 m의 고도에서 6 m/s로 동쪽으로 비행한다. 드론이 자동차 위를 직접 지나간다. 5초 후 드론과 차 사이의 거리가 얼마나 빨리 변하는가?

18. 예제 2에서 사다리 바닥이 벽과 3 m 떨어져 있을 때 사다리와 지면 사이의 각은 얼마나 빨리 변하는가?

19. 보일의 법칙에 따르면 용기 안의 기체가 일정 온도에서 압력을 받을 때 압력 P와 부피 V는 방정식 $PV = C$를 만족한다. 여기서 C는 상수이다. 어떤 순간에 부피는 600 cm³, 압력이 150 kPa이고, 이 압력이 20 kPa/min의 비율로 증가한다고 하자. 이 순간 부피의 감소율은 얼마인가?

20. 저항 R_1과 R_2를 가진 두 저항기가 그림처럼 병렬로 연결되

어 있다면, 총 저항 $R(\Omega)$는 다음과 같다.

$$\frac{1}{R} = \frac{1}{R_1} + \frac{1}{R_2}$$

R_1과 R_2가 각각 0.3 Ω/s와 0.2 Ω/s의 비율로 증가한다면, $R_1 = 80\,\Omega$이고 $R_2 = 100\,\Omega$일 때 R는 얼마나 빨리 증가하는가?

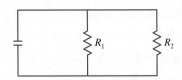

21. 두 직선 도로가 교차로에서 60°로 갈라진다. 두 대의 차가 교차로에서 동시에 출발하여 한 대는 60 km/h의 속도로 한 길을 따라 아래쪽으로 움직이고 다른 차는 100 km/h의 속도로 다른 길로 아래쪽으로 움직이고 있다. 30분 후에 두 차 사이의 거리는 얼마나 빨리 변하는가?

22. 두 변의 길이가 각각 12 m, 15 m이고, 그 사이의 각이 2°/min의 비율로 증가하고 있는 삼각형이 있다. 길이가 고정된 두 변 사이의 각이 60°일 때, 세 번째 변의 증가율을 구하라.

23. TV 카메라를 로켓발사대의 밑부분으로부터 1,200 m 떨어진 곳에 설치했다. 로켓을 계속 담으려면 카메라의 상승각은 정확한 비율로 변해야 한다. 또한 카메라의 초점을 맞추려면 카메라와 상승하는 로켓 사이에 거리가 증가함을 고려해야 한다. 로켓이 연직으로 솟아올라 상공 900 m에 있을 때 속도가 200 m/s라고 가정하자.

(a) 그 순간에 TV 카메라와 로켓 사이의 거리는 얼마나 빨리 변하는가?

(b) TV 카메라가 항상 로켓에 초점을 맞춘다면 같은 순간에 카메라의 상승각은 얼마나 빨리 변하는가?

24. 비행기가 고도 5 km에서 수평으로 날아 지상에 설치된 추적 망원경 위로 곧장 날아간다. 앙각이 $\pi/3$일 때 이 각이 $\pi/6$ rad/min의 비율로 감소한다. 이때 비행기의 속도를 구하라.

25. 비행기가 고도 1 km에서 지상의 레이더 기지 위를 30°의 각도로 일정한 속력 300 km/h로 날고 있다. 1분 후 비행기로부터 레이더 기지까지의 거리에 대한 증가율을 구하라.

26. 주자가 반지름 100 m인 원형 트랙을 일정한 속력 7 m/s로 돈다. 주자의 친구가 트랙의 중심으로부터 200 m 거리에서 있다. 그 둘 사이의 거리가 200 m일 때 둘 사이의 거리는 얼마나 빨리 변하는가?

27. 구르는 눈덩이의 부피 V가 증가하며 dV/dt가 시간 t에서 눈덩이의 표면적에 비례한다고 가정하자. 반경 r이 일정한 비율로 증가함을 즉 dr/dt가 상수임을 보여라.

2.9 | 선형근사와 미분

곡선은 접점 부근에서 그것의 접선과 매우 가깝게 놓여 있음을 봤다. 실제로 미분가능한 함수의 그래프 위의 점을 향해 확대하면, 그래프가 점점 더 그것의 접선과 같아 보인다는 것을 발견했다(2.1절의 그림 2 참조). 이 관찰은 함수의 근삿값을 구하는 방법의 기초가 된다.

■ 선형화와 근사

함숫값 $f(a)$를 계산하는 것은 쉽겠지만, f 부근의 값들을 구하는 것은 어렵거나 또는 불가능할 수도 있다. 따라서 점 $(a, f(a))$에서 f의 접선을 그래프로 갖는 선형함수 L의 값을 쉽게 계산할 수 있다면, 그것으로 만족할 수 있다(그림 1 참조).

다시 말하면 x가 a에 가까이 있을 때, 곡선 $y = f(x)$에 대한 근사로서 점 $(a, f(a))$에서의 f의 접선을 이용한다. 이 접선의 방정식은 다음과 같다.

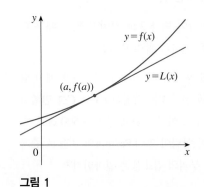

그림 1

$$y = f(a) + f'(a)(x - a)$$

이 접선을 그래프로 갖는 다음과 같은 선형함수를 a에서 f의 **선형화**(linearization)라고 한다.

$\boxed{1}$
$$L(x) = f(a) + f'(a)(x - a)$$

다음 근사 $f(x) \approx L(x)$를 a에서 f의 **선형근사**(linear approximation) 또는 **접선근사**(tangent line approximation)라 한다.

$\boxed{2}$
$$f(x) \approx f(a) + f'(a)(x - a)$$

《예제 1》 $a = 1$에서 $f(x) = \sqrt{x + 3}$의 선형화를 구하고, 이것을 이용해서 $\sqrt{3.98}$과 $\sqrt{4.05}$의 근삿값을 구하라. 이 근삿값들은 과대 추정됐는가? 아니면 과소 추정됐는가?

풀이 $f(x) = (x + 3)^{1/2}$의 도함수는 다음과 같다.

$$f'(x) = \tfrac{1}{2}(x + 3)^{-1/2} = \frac{1}{2\sqrt{x + 3}}$$

그러므로 $f(1) = 2$, $f'(1) = \tfrac{1}{4}$이다. 식 $\boxed{1}$에 이 값들을 대입하면 선형화는 다음과 같다.

$$L(x) = f(1) + f'(1)(x - 1) = 2 + \tfrac{1}{4}(x - 1) = \frac{7}{4} + \frac{x}{4}$$

이에 대한 선형근사 $\boxed{2}$은 다음과 같다.

$$\sqrt{x + 3} \approx \frac{7}{4} + \frac{x}{4} \qquad \text{(x가 1의 부근에 있을 때)}$$

특히 다음을 얻는다.

$$\sqrt{3.98} \approx \tfrac{7}{4} + \tfrac{0.98}{4} = 1.995, \qquad \sqrt{4.05} \approx \tfrac{7}{4} + \tfrac{1.05}{4} = 2.0125$$

그림 2에서 선형근사를 볼 수 있다. 실제로 x가 1의 부근에 있을 때, 접선근사가 주어진 함수에 대해 좋은 근사임을 알 수 있다. 접선이 곡선 위에 있으므로 이 근사가 과대 추정됐음을 알 수 있다.

물론 계산기를 이용해서 $\sqrt{3.98}$과 $\sqrt{4.05}$에 대한 근삿값을 얻을 수 있다. 그러나 선형근사는 **모든 구간**에서 적용될 수 있다.

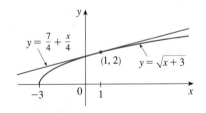

그림 2

다음 표에서 예제 1의 선형근삿값과 참값을 비교한다. 이 표와 그림 2에서 접선근삿값은 x가 1의 부근에 있을 때는 좋은 값을 제공하지만 x가 1로부터 멀어지면 근삿값의 정확도가 떨어짐을 알 수 있다.

	x	$L(x)$	참값
$\sqrt{3.9}$	0.9	1.975	1.97484176...
$\sqrt{3.98}$	0.98	1.995	1.99499373...
$\sqrt{4}$	1	2	2.00000000...
$\sqrt{4.05}$	1.05	2.0125	2.01246117...
$\sqrt{4.1}$	1.1	2.025	2.02484567...
$\sqrt{5}$	2	2.25	2.23606797...
$\sqrt{6}$	3	2.5	2.44948974...

예제 1에서 얻은 선형근사는 얼마나 정확한가? 다음 예제는 그래픽 계산기나 컴퓨터를 쓸 수 있을 때 선형근사가 주어진 정확도를 유지하도록 하는 구간을 결정할 수 있는지를 보인다.

《예제 2》 다음 선형근사는 x의 어떤 값에 대해 오차 범위 0.5 이내에서 정확한가? 0.1 이내의 정확도일 경우는 어떤가?

$$\sqrt{x+3} \approx \frac{7}{4} + \frac{x}{4}$$

풀이 0.5 이내의 정확도란 다음과 같이 함수의 차가 0.5보다 작은 것을 의미한다.

$$\left| \sqrt{x+3} - \left(\frac{7}{4} + \frac{x}{4} \right) \right| < 0.5$$

마찬가지로 다음과 같이 쓸 수 있다.

$$\sqrt{x+3} - 0.5 < \frac{7}{4} + \frac{x}{4} < \sqrt{x+3} + 0.5$$

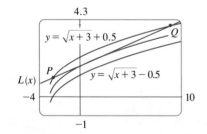

이것은 선형근사는 곡선 $y = \sqrt{x+3}$ 을 0.5만큼 위와 아래로 움직여서 얻은 곡선 사이에 있어야만 함을 뜻한다. 그림 3은 접선 $y = (7+x)/4$가 위에 있는 곡선 $y = \sqrt{x+3} + 0.5$와 P와 Q에서 교차함을 보여 준다. 보기화면을 확대하고 커서를 이용해서 P의 x좌표는 약 -2.66이고 Q의 x좌표는 약 8.66임을 계산할 수 있다. 따라서 그래프로부터 다음 선형근사가 $-2.6 < x < 8.6$일 때 오차 범위 0.5 이내까지 정확하다. (안전하게 반올림 했다.)

$$\sqrt{x+3} \approx \frac{7}{4} + \frac{x}{4}$$

그림 3

마찬가지로 그림 4로부터 $-1.1 < x < 3.9$일 때 선형근사는 오차 범위 0.1 이내까지 정확함을 알 수 있다. ■

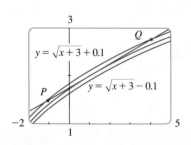

그림 4

■ 물리학에의 응용

선형근사가 물리학에서 종종 이용된다. 물리학자들이 방정식의 결과를 분석할 때 선형근사를 함으로써 계산을 좀 더 간단히 할 수 있다. 예를 들어 진자의 주기에 대한 공식을 유도할 때, 물리학 교재에서는 $\sin\theta$와 관련된 표현을 얻은 후 θ가 그렇게 크지 않으면 $\sin\theta$가 θ에 매우 가깝다는 가정하에 $\sin\theta$를 θ로 바꾼다. $a = 0$에서 함수 $f(x) = \sin x$의 선형화는 $L(x) = x$이고, 따라서 0에서의 선형근사가 다음과 같음을 확인할 수 있다.

$$\sin x \approx x$$

따라서 실제로 진자의 주기에 관한 공식의 유도는 사인함수에 대한 접선근사를 이용한다.

다른 예는 광학 이론에서 나타나는데, 여기서는 광축과 근소한 각을 이루며 접근하는 광선을 **근축 광선**이라 한다. 근축(또는 가우스) 광학에서 $\sin\theta$와 $\cos\theta$는 그들의 선형화로 바뀐다. 다시 말하면 θ가 0에 가깝기 때문에 다음과 같은 선형근사를 이용한다.

$$\sin \theta \approx \theta, \qquad \cos \theta \approx 1$$

이런 근사에 의해 만들어진 계산 결과는 렌즈를 설계하는 데 이용되는 기본적인 이론적 도구이다. [Eugene Hecht 저 *Optics*, 5th ed.,(Boston, 2017), p.164 참조]

11.11절에서 선형근사의 개념을 물리학과 공학에 응용하는 것을 보일 것이다.

■ 미분

선형근사의 배경이 되는 개념은 가끔 **미분**의 용어와 기호로 공식화된다. $y = f(x)$이고, f가 미분가능한 함수라면, **미분**(differential) dx는 독립변수이다. 즉 dx는 임의의 실수값으로 주어질 수 있다. 그러면 **미분** dy는 다음과 같이 dx를 이용하여 정의된다.

3 $$dy = f'(x)\, dx$$

따라서 dy는 종속변수이다. 즉 이것은 변수 x와 dx에 의존한다. dx가 특정한 값이고 x가 f의 정의역 안에서 특정한 수로 주어지면 dy의 수치적인 값이 결정된다.

미분에 대한 기하학적인 의미는 그림 5에서와 같다. 이제 $P(x, f(x))$와 $Q(x + \Delta x, f(x + \Delta x))$를 f의 그래프 위에 있는 점이라 하고 $dx = \Delta x$로 놓자. 대응하는 y의 변화량은 다음과 같다.

$dx \neq 0$이면 식 **3**의 양변을 dx로 나누어 다음을 얻는다.

$$\frac{dy}{dx} = f'(x)$$

이 전에도 이와 비슷한 방정식을 본 적이 있다. 그러나 위 식의 좌변은 순전히 미분의 비율을 의미한다.

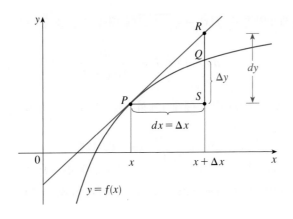

그림 5

$$\Delta y = f(x + \Delta x) - f(x)$$

접선 PR의 기울기는 도함수 $f'(x)$이다. 따라서 S로부터 R까지의 유향거리는 $f'(x)dx = dy$이다. 그러므로 dy는 접선이 올라가거나 내려간 양(선형화의 변화량)을 나타내고, Δy는 x가 변화한 양이 dx일 때 곡선 $y = f(x)$가 올라가거나 내려간 양을 나타낸다.

《예제 3》 $y = f(x) = x^3 + x^2 - 2x + 1$이고 x가 (a) 2에서 2.05로, (b) 2에서 2.01로 변할 때 Δy와 dy의 값을 비교하라.

풀이

(a)
$$f(2) = 2^3 + 2^2 - 2(2) + 1 = 9$$
$$f(2.05) = (2.05)^3 + (2.05)^2 - 2(2.05) + 1 = 9.717625$$
$$\Delta y = f(2.05) - f(2) = 0.717625$$

그림 6은 예제 3의 함수와 $a = 2$일 때 dy와 Δy를 비교한 것이다. 보기화면은 [1.8, 2.5] × [6,18]이다.

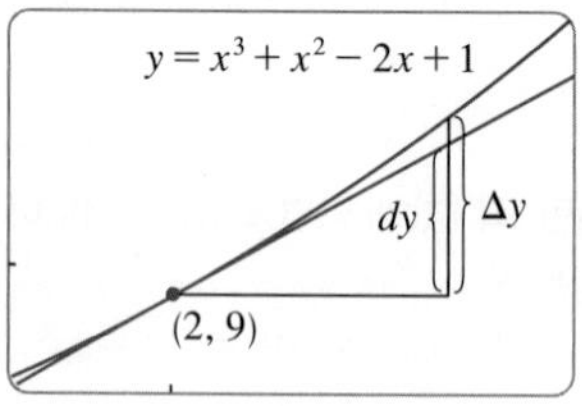

그림 6

일반적으로
$$dy = f'(x)\,dx = (3x^2 + 2x - 2)\,dx$$

이므로, $x = 2$이고 $dx = \Delta x = 0.05$일 때 다음을 얻는다.
$$dy = [3(2)^2 + 2(2) - 2]0.05 = 0.7$$

(b)
$$f(2.01) = (2.01)^3 + (2.01)^2 - 2(2.01) + 1 = 9.140701$$
$$\Delta y = f(2.01) - f(2) = 0.140701$$

또한 $dx = \Delta x = 0.01$일 때 다음을 얻는다.
$$dy = [3(2)^2 + 2(2) - 2]0.01 = 0.14$$ ∎

예제 3에서 Δx가 작을수록 근사 $\Delta y \approx dy$는 더욱 좋아진다. 그리고 dy는 Δy보다 계산하기 쉽다는 것도 알 수 있다.

미분 기호를 사용하여 $dx = x - a$, 즉 $x = a + dx$를 취하면 선형근사 $f(x) \approx f(a) + f'(a)(x - a)$를 다음과 같이 쓸 수 있다.

$$f(a + dx) \approx f(a) + dy$$

예를 들어 예제 1의 함수 $f(x) = \sqrt{x + 3}$에 대해 다음을 얻는다.

$$dy = f'(x)\,dx = \frac{dx}{2\sqrt{x + 3}}$$

$a = 1$이고 $dx = \Delta x = 0.05$이면, 예제 1에서 구한 것과 똑같이 다음을 얻는다.

$$dy = \frac{0.05}{2\sqrt{1 + 3}} = 0.0125$$

$$\sqrt{4.05} = f(1.05) = f(1 + 0.05) \approx f(1) + dy = 2.0125$$

　　마지막 예제로 근사 측정으로 인해 일어나는 오차를 추정하는 데 있어서 미분을 어떻게 이용하는지를 보이겠다.

《예제 4》 구의 반지름을 측정한 결과 측정 오차 범위 0.05 cm 이내에서 21 cm였다. 반지름의 값으로 이것을 사용한다면 구의 부피를 계산할 때 최대 오차는 얼마인가?

풀이 구의 반지름을 r 라 하면 부피는 $V = \frac{4}{3}\pi r^3$이다. r의 측정값에서 오차가 $dr = \Delta r$이면 V를 계산할 때 오차는 ΔV이고, 이제 미분을 이용해서 근삿값을 구하면 다음과 같다.

$$dV = 4\pi r^2\, dr$$

여기서 $r = 21$, $dr = 0.05$이므로 다음을 얻는다.

$$dV = 4\pi(21)^2\, 0.05 \approx 277$$

따라서 부피의 계산에서 최대오차는 약 277 cm³이다.　　　　　　■

NOTE　예제 4에서 허용오차가 상당히 커 보인다. 오차에 대해 보다 나은 설명은 **상대오차**(relative error)로 할 수 있는데 다음과 같이 오차를 전체 부피로 나누어 계산한다.

$$\frac{\Delta V}{V} \approx \frac{dV}{V} = \frac{4\pi r^2\, dr}{\frac{4}{3}\pi r^3} = 3\,\frac{dr}{r}$$

따라서 부피의 상대오차는 반지름의 상대오차의 약 3배이다. 그러므로 예제 4에서 반지름의 상대오차는 약 $dr/r = 0.05/21 \approx 0.0024$이고, 이에 따라 부피의 상대오차는 약 0.007이다. 이 오차는 반지름에 대하여 0.24%, 부피에 대해서는 0.7%인 백분율오차로 나타낼 수 있다.

≡ 2.9 │ 연습문제 ≡

1-2 a에서 함수의 선형화 $L(x)$를 구하라.

1. $f(x) = x^3 - x^2 + 3$,　$a = -2$

2. $f(x) = \sqrt[3]{x}$,　$a = 8$

3. $a = 0$에서 함수 $f(x) = \sqrt{1-x}$의 선형근사를 구하고, 이 것을 이용해서 $\sqrt{0.9}$, $\sqrt{0.99}$의 근삿값을 구하라. f와 접선을 그려서 설명하라.

4-5 $a = 0$일 때 주어진 선형근사를 증명하라. 그 다음 선형근사가 오차 범위 0.1 이내에서 정확한 x의 값을 구하라.

4. $\sqrt[4]{1 + 2x} \approx 1 + \frac{1}{2}x$　　**5.** $1/(1 + 2x)^4 \approx 1 - 8x$

6-9 다음 각 함수의 미분을 구하라.

6. $y = (x^2 - 3)^{-2}$

7. $y = \dfrac{1 + 2u}{1 + 3u}$

8. $y = \dfrac{1}{x^2 - 3x}$

9. $y = \sqrt{t - \cos t}$

10-11 (a) 미분 dy를 구하고, (b) x와 dx의 주어진 값에 대해 dy를 계산하라.

10. $y = \tan x$,　$x = \pi/4$,　$dx = -0.1$

11. $y = \sqrt{3 + x^2}$,　$x = 1$,　$dx = -0.1$

12-13 주어진 x와 $dx = \Delta x$의 값에 대해 Δy와 dy를 구하라. 그

리고 그림 5에서와 같이 길이가 dx, dy, Δy인 선분을 그려라.

12. $y = x^2 - 4x$, $x = 3$, $\Delta x = 0.5$

13. $y = \sqrt{x - 2}$, $x = 3$, $\Delta x = 0.8$

14-15 x가 1에서 1.05로 바뀔 때 Δy와 dy의 값을 비교하라. x가 1에서 1.01로 바뀌면 어떻게 되는가? Δx가 작아질수록 근사값 $\Delta y \approx dy$가 좋아지는가?

14. $f(x) = x^4 - x + 1$ **15.** $f(x) = \sqrt{5 - x}$

16-18 선형근사(또는 미분)을 이용해서 주어진 수를 추정하라.

16. $(1.999)^4$ **17.** $\sqrt[3]{1001}$

18. $\tan 2°$

---

19. 선형근사 또는 미분을 이용하여 $\sec 0.08 \approx 1$이 성립하는 이유를 설명하라.

20. 정육면체의 각 변의 길이는 허용 측정 오차 범위 0.1 cm 이내에서 30 cm로 측정됐다. 미분을 이용해서 다음을 계산할 때 최대 허용오차, 상대오차, 백분율오차를 추정하라.
   (a) 정육면체의 부피   (b) 정육면체의 겉넓이

21. 구의 둘레가 허용오차 범위 0.5 cm 이내에서 84 cm이다.
   (a) 미분을 이용해서 겉넓이를 계산할 때, 최대 오차를 추정하라. 상대오차는 얼마인가?
   (b) 미분을 이용해서 부피를 계산할 때, 최대 오차를 추정하라. 상대오차는 얼마인가?

22. (a) 미분을 이용해서 높이 h, 내부 반지름 r, 두께 Δr인 얇은 원통껍질에 대한 근사 부피를 구하는 공식을 구하라.
   (b) (a)의 공식에 수반되는 오차는 얼마인가?

23. 전류 I가 저항 R인 저항기를 지날 때 옴의 법칙은 전압강하가 $V = RI$임을 말한다. V가 일정하고 R이 어떤 오차 이내에서 측정된다면, 미분을 이용해서 I를 계산할 때 생기는 상대오차가 R의 상대오차와 거의 같음을 보여라.

24. 미분을 이용해서 다음 공식을 증명하라. 여기서 c는 상수이고 u와 v는 x의 함수이다.
   (a) $dc = 0$ (b) $d(cu) = c\,du$
   (c) $d(u + v) = du + dv$ (d) $d(uv) = u\,dv + v\,du$
   (e) $d\left(\dfrac{u}{v}\right) = \dfrac{v\,du - u\,dv}{v^2}$
   (f) $d(x^n) = nx^{n-1}\,dx$

25. 함수 f에 대해 알고 있는 유일한 정보는 $f(1) = 5$이고, 그것의 **도함수**의 그래프는 아래와 같다.
   (a) 선형근사를 이용해서 $f(0.9)$와 $f(1.1)$을 추정하라.
   (b) (a)에서 구한 추정값이 너무 크거나 너무 작지는 않는가? 설명하라.

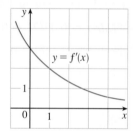

실험 계획 ｜ ⊞ 근사 다항식

접선근사식 $L(x)$는 $f(x)$와 $L(x)$가 a에서 같은 변화율(미분)을 갖기 때문에 $x = a$ 근방에서 $f(x)$에 대한 가장 좋은 일차(선형)근사식이다. 이보다 더 좋은 근사식을 얻기 위해 이차근사식 $P(x)$을 구하도록 시도해 보자. 즉, 직선 대신 포물선에 의해 근사식을 구해보자. 그 근사식이 더 좋다는 것을 확신하기 위해 다음을 고려하자:

(i)　$P(a) = f(a)$　　　(P와 f는 a에서 같은 값을 가져야 한다.)

(ii)　$P'(a) = f'(a)$　　　(P와 f는 a에서 같은 변화율을 가져야 한다.)

(iii)　$P''(a) = f''(a)$　　　(P와 f의 기울기는 a에서 같은 변화율을 가져야 한다.)

1. $f(x) = \cos x$에 대한 이차근사식 $P(x) = A + Bx + Cx^2$이 $a = 0$에서 (i), (ii), (iii)을 만족하도록 구하라. 동일한 보기화면에 P와 f, 선형근사식 $L(x) = 1$의 그래프를 그려라. P와 L이 f에 얼마나 좋은 근사값인가 평하라.

2. 문제 1에서 이차근사식 $f(x) \approx P(x)$가 0.1 오차 범위 안에서 정확할 x의 값을 결정하라.
  [힌트: $y = P(x)$, $y = \cos x - 0.1$, $y = \cos x + 0.1$의 그래프를 동일한 보기화면에 그린다.]

3. a 근방에서 함수 f의 근사식 2차함수 P를 구하기 위해, P를 다음과 같이 놓는 것이 가장 좋다.

$$P(x) = A + B(x - a) + C(x - a)^2$$

조건 (i), (ii), (iii)을 만족하는 이차함수가 다음과 같은 형태임을 보여라.

$$P(x) = f(a) + f'(a)(x - a) + \tfrac{1}{2}f''(a)(x - a)^2$$

4. $a = 1$ 근방에서 $f(x) = \sqrt{x + 3}$ 의 이차근사식을 구하라. f, 이차근사식, 2.9절의 예제 2에서의 선형근사식의 그래프를 동일한 보기화면에 그려라. 어떤 결론을 내릴 수 있는가?

5. $x = a$의 근방에서 $f(x)$에 대한 선형 또는 이차 근사식에 만족하는 대신 더 높은 차수의 더 좋은 근사식을 찾도록 하라. 다음과 같은 n차 다항식이 $x = a$에서 T_n과 그 첫 번째 n계 도함수가 f와 그 첫 번째 n계 도함수와 같은 값을 갖도록 살펴보자.

$$T_n(x) = c_0 + c_1(x - a) + c_2(x - a)^2 + c_3(x - a)^3 + \cdots + c_n(x - a)^n$$

그리고 이들 조건이 $c_0 = f(a)$, $c_1 = f'(a)$, $c_2 = \tfrac{1}{2}f''(a)$이고 일반적으로 나타내면 다음과 같다.

$$c_k = \frac{f^{(k)}(a)}{k!}$$

여기서 $k! = 1 \cdot 2 \cdot 3 \cdot 4 \cdots k$이다. 결과적으로

$$T_n(x) = f(a) + f'(a)(x - a) + \frac{f''(a)}{2!}(x - a)^2 + \cdots + \frac{f^{(n)}(a)}{n!}(x - a)^n$$

을 얻게 되는데, 이를 **중심이 a인 f의 n차 테일러 다항식**(nth-degree Taylor polynomial of f centered at a)이라 한다. (테일러 다항식에 대해 더 자세한 것은 10장에서 살펴볼 것이다.)

6. $a = 0$에서 함수 $f(x) = \cos x$에 대한 8차 테일러 다항식을 구하라. f와 T_2, T_4, T_6, T_8의 그래프를 보기화면 $[-5, 5] \times [-1.4, 1.4]$에 그리고 그들이 얼마나 좋은 f의 근삿값인지 논하라.

2 복습

개념 확인

1. 점 $(a, f(a))$에서 곡선 $y = f(x)$의 접선의 기울기를 나타내라.

2. $y = f(x)$이고 x가 x_1에서 x_2로 변할 때 다음을 나타내라.
   (a) 구간 $[x_1, x_2]$에서 x에 대한 y의 평균변화율
   (b) $x = x_1$에서 x에 대한 y의 순간변화율

3. (a) f가 a에서 미분가능하다는 것은 무엇을 의미하는가?
   (b) 함수의 미분가능성과 연속성은 어떤 관계가 있는가?
   (c) $a = 2$에서 연속이지만 미분가능하지 않은 함수의 그래프를 그려라.

4. f의 2계 도함수, 3계 도함수는 무엇인가? f가 물체의 위치함수라면 f''과 f'''을 설명하라.

5. 각 함수의 도함수를 구하라.
   (a) $y = x^n$ (b) $y = \sin x$ (c) $y = \cos x$
   (d) $y = \tan x$ (e) $y = \csc x$ (f) $y = \sec x$
   (g) $y = \cot x$

6. 물리학, 화학, 생물학, 경제학, 기타 다른 과학 분야에서 도함수가 어떻게 변화율로 쓰이고 있는지 예를 들라.

참·거짓 퀴즈

다음 명제가 참인지 거짓인지 판별하라. 참이면 이유를 설명하고, 거짓이면 이유를 설명하거나 반례를 들라.

1. f가 a에서 연속이면 f는 a에서 미분가능하다.

2. f와 g가 미분가능하면 다음이 성립한다.
$$\frac{d}{dx}[f(x)g(x)] = f'(x)g'(x)$$

3. f가 미분가능하면 다음이 성립한다.
$$\frac{d}{dx}\sqrt{f(x)} = \frac{f'(x)}{2\sqrt{f(x)}}$$

4. $\dfrac{d}{dx}|x^2 + x| = |2x + 1|$

5. $g(x) = x^5$이면 $\displaystyle\lim_{x \to 2}\frac{g(x) - g(2)}{x - 2} = 80$이다.

6. $(-2, 4)$에서 포물선 $y = x^2$에 대한 접선의 방정식은 $y - 4 = 2x(x + 2)$이다.

7. 다항식의 도함수는 다항식이다.

8. f가 a에서 미분가능하면 $|f|$도 미분가능하다.

복습문제

1. $s = 1 + 2t + \frac{1}{4}t^2$은 직선으로 움직이는 물체의 위치(m)를 나타낸다. 여기서 t의 단위는 초이다.
   (a) 다음 시간 구간에서 평균 속도를 구하라.
      (i) $[1, 3]$ (ii) $[1, 2]$
      (iii) $[1, 1.5]$ (iv) $[1, 1.1]$
   (b) $t = 1$일 때 순간 속도를 구하라.

2. 함수의 그래프를 따라 그리거나 복사하라. 그런 후 그것의 도함수의 그래프를 바로 아래에 그려라.

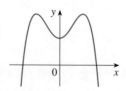

3. 아래 그림은 f, f', f''의 그래프들이다. 각 곡선을 일치시키고, 그 선택에 대해 설명하라.

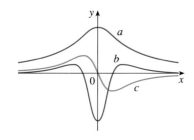

4. 연이율 $r(\%)$인 학자금대출의 총 상환금이 $C = f(r)$이다.

(a) 도함수 $f'(r)$의 의미는 무엇인가? 이것의 단위는 무엇인가?

(b) $f'(10) = 1200$은 무엇을 의미하는가?

(c) $f'(r)$는 항상 양인가 아니면 부호를 바꾸는가?

5. 시간 t에서 18세 미만의 미국인의 백분율을 $P(t)$라 하자. 이 표는 1950년부터 2010년 사이의 인구 조사에서 얻은 $P(t)$의 값이다.

(a) $P'(t)$의 의미는 무엇인가? 단위는 무엇인가?

(b) $P'(t)$에 관한 추정값의 표를 만들라.

(c) P와 P'의 그래프를 그려라.

(d) $P'(t)$의 값을 어떻게 더 정확하게 구할 것인가?

t	$P(t)$	t	$P(t)$
1950	31.1	1990	25.7
1960	35.7	2000	25.7
1970	34.0	2010	24.0
1980	28.0		

6. $f(x) = x^3 + 5x + 4$일 때 도함수의 정의에 따라 $f'(x)$를 구하라.

7-20 y'을 구하라.

7. $y = (x^2 + x^3)^4$

8. $y = \dfrac{x^2 - x + 2}{\sqrt{x}}$

9. $y = x^2 \sin \pi x$

10. $y = \dfrac{t^4 - 1}{t^4 + 1}$

11. $y = \tan \sqrt{1 - x}$

12. $xy^4 + x^2 y = x + 3y$

13. $y = \dfrac{\sec 2\theta}{1 + \tan 2\theta}$

14. $y = (1 - x^{-1})^{-1}$

15. $\sin(xy) = x^2 - y$

16. $y = \cot(3x^2 + 5)$

17. $y = \sqrt{x} \cos \sqrt{x}$

18. $y = \tan^2(\sin \theta)$

19. $y = \sqrt[5]{x \tan x}$

20. $y = \sin(\tan \sqrt{1 + x^3})$

21. $f(t) = \sqrt{4t + 1}$일 때 $f''(2)$를 구하라.

22. $x^6 + y^6 = 1$일 때 y''을 구하라.

23. 다음 극한을 구하라.

$$\lim_{x \to 0} \frac{\sec x}{1 - \sin x}$$

24. $(\pi/6, 1)$에서 곡선 $y = 4\sin^2 x$에 대한 접선의 방정식을 구하라.

25. $(0, 1)$에서 곡선 $y = \sqrt{1 + 4\sin x}$에 대한 접선과 법선의 방정식을 구하라.

26. (a) $f(x) = x\sqrt{5 - x}$일 때 $f'(x)$를 구하라.

(b) 점 $(1, 2)$와 $(4, 4)$에서 곡선 $y = x\sqrt{5 - x}$에 대한 접선의 방정식을 구하라.

(c) 곡선과 접선의 그래프를 동일한 보기화면에 그려서 (b)를 설명하라.

(d) f와 f'의 그래프를 비교해서 (a)에 대한 답이 타당함을 확인하라.

27. $0 \le x \le 2\pi$에서 곡선 $y = \sin x + \cos x$가 수평접선을 갖는 점을 구하라.

28. 점 $(1, 4)$를 지나고 $x = -1$과 $x = 5$에서 접선의 기울기가 6과 -2인 포물선 $y = ax^2 + bx + c$를 구하라.

29. $f(x) = (x - a)(x - b)(x - c)$이면 다음이 성립함을 보여라.

$$\frac{f'(x)}{f(x)} = \frac{1}{x - a} + \frac{1}{x - b} + \frac{1}{x - c}$$

30. $f(1) = 2 \quad f'(1) = 3 \quad f(2) = 1 \quad f'(2) = 2$
$g(1) = 3 \quad g'(1) = 1 \quad g(2) = 1 \quad g'(2) = 4$
라 하자.

(a) $S(x) = f(x) + g(x)$일 때, $S'(1)$을 구하라.

(b) $P(x) = f(x)g(x)$일 때, $P'(2)$을 구하라.

(c) $Q(x) = f(x)/g(x)$일 때, $Q'(1)$을 구하라.

(d) $C(x) = f(g(x))$일 때, $C'(2)$을 구하라.

31-34 g'을 이용해서 f'을 구하라.

31. $f(x) = x^2 g(x)$

32. $f(x) = [g(x)]^2$

33. $f(x) = g(g(x))$

34. $f(x) = g(\sin x)$

35. f'과 g'을 이용해서 h'을 구하라.

$$h(x) = \frac{f(x)g(x)}{f(x) + g(x)}$$

36. (a) 보기화면 $[0.8] \times [-2, 8]$에 $f(x) = x - 2\sin x$의 그래프를 그려라.

(b) $[1, 2]$ 또는 $[2, 3]$ 중 어떤 구간에서 평균변화율이 더 큰가?

(c) $x = 2$ 또는 $x = 5$ 중 어디에서 순간변화율이 더 큰가?

(d) $f'(x)$를 계산하고 $f'(2)$와 $f'(5)$의 수치를 비교하여 (c)를 확인하라.

37. 입자가 수직선 위에서 움직이고 있다. 시각 t에서 이 입자의 좌표는 $y = t^3 - 12t + 3 (t \geq 0)$이다.

(a) 속도와 가속도함수를 구하라.

(b) 이 입자가 위로 움직일 때는 언제인가? 아래로 움직일 때는 언제인가?

(c) 구간 $0 \leq t \leq 3$에서 이 입자가 움직인 거리를 구하라.

(d) $0 \leq t \leq 3$에서 위치함수, 속도함수, 가속도함수의 그래프를 그려라.

(e) 입자의 속도가 언제 상승하는가? 언제 하강하는가?

38. 전선 일부의 질량은 $x(1 + \sqrt{x})$ kg이다. 여기서 x는 전선의 한쪽 끝으로부터 m로 측정된 길이이다. $x = 4$ m일 때 전선의 선밀도를 구하라.

39. 정육면체의 부피가 10 cm³/min의 비율로 증가한다. 각 변의 길이가 30 cm일 때 겉넓이의 증가율을 구하라.

40. 풍선이 2 m/s의 일정한 속력으로 상승한다. 한 아이가 자전거를 타고 5 m/s의 속력으로 직선도로를 따라 달리고 있다. 이 아이가 풍선 아래를 지날 때 풍선의 높이는 이 아이로부터 15 m 높이에 있었다. 3초 후 아이와 풍선 사이의 거리에 대한 증가율을 구하라.

41. 태양의 앙각은 0.25 rad/h의 비율로 감소하고 있다. 태양의 앙각이 $\pi/6$일 때 높이 400 m 건물이 드리우는 그림자는 얼마나 빠르게 증가하는가?

42. (a) $a = 0$에서 $f(x) = \sqrt[3]{1 + 3x}$ 의 선형화를 구하라. 그리고 이에 해당하는 선형근사를 말하고, 이것을 이용해서 $\sqrt[3]{1.03}$의 근삿값을 구하라.

(b) (a)의 선형화가 오차 범위 0.1 이내에서 정확한 x의 값을 결정하라.

43. 정사각형 위에 반원이 놓인 모양의 창문이 있다. 창문 밑면의 너비는 허용오차 범위 0.1 cm 이내에서 60 cm이다. 미분을 이용해서 창문의 넓이를 계산할 때 최대 허용오차를 구하라.

44. 극한 $\lim\limits_{h \to 0} \dfrac{\sqrt[4]{16 + h} - 2}{h}$를 도함수로 나타내고, 이 극한을 구하라.

45. $\lim\limits_{x \to 0} \dfrac{\sqrt{1 + \tan x} - \sqrt{1 + \sin x}}{x^3}$를 계산하라.

46. f가 $\dfrac{d}{dx}[f(2x)] = x^2$을 만족할 때 $f'(x)$를 구하라.

위대한 수학자 L. Euler는 "…최대와 최소에 대한 몇 가지 규칙이 나타나지 않는 공간에서는 어느 것도 위치를 정할 수 없다."고 하였다. 연습문제 3.7.27에서는 벌들이 표면적이 최소가 되는 모양으로 벌집의 각 칸을 만든다는 사실을 보이기 위해 미분법을 이용할 것이다.

3 미분법의 응용
Applications of Differentiation

우리는 이미 도함수의 응용에 관한 것을 공부했고, 미분법의 이해를 통해 미분을 적절하게 응용할 수 있다. 도함수가 함수의 그래프 모양에 대해 무엇을 말해주는지를 배웠고, 특히 함수의 최댓값과 최솟값의 위치를 결정하는 데 도움을 준다. 가격을 최소화한다든가 영역을 최대화 또는 주어진 상황에서 최선의 결과를 얻는 방법 등 다양한 현상 속의 문제를 만나게 된다. 특히 우리는 최적의 캔(깡통)의 모양을 조사할 수 있고 하늘의 무지개의 위치에 대해 설명할 수 있을 것이다.

3.1 | 최댓값과 최솟값

미분학의 중요한 응용 중에는 어떤 일을 하는 데 있어서 최적의 방법을 찾는 **최적화 문제**가 있다. 다음은 이 장에서 풀어야 할 문제의 예이다.

- 제작비를 최소화하려면 통조림통은 어떤 모양으로 만들어야 하는가?
- 우주왕복선의 최대 가속도는 얼마인가? (이것은 가속도의 영향에 견뎌야 하는 우주비행사에게는 매우 중요한 문제이다.)
- 기침할 때 가장 빠르게 공기를 배출하는 수축된 기관의 반지름은 얼마인가?
- 심장이 혈액을 펌프질함으로써 소비되는 에너지를 최소화하기 위한 혈관지류의 각도는 얼마인가?

이런 문제들은 함수의 최댓값 또는 최솟값을 구하는 문제로 귀착된다. 먼저 최댓값과 최솟값의 의미를 정확하게 설명하기로 하자.

■ 최대, 최소와 극대, 극소

그림 1

그림 1의 함수 f의 그래프에 있는 최고점이 $(3, 5)$임을 알 수 있다. 다시 말해서 f의 가장 큰 값이 $f(3) = 5$이다. 마찬가지로 가장 작은 값은 $f(6) = 2$이다. $f(3) = 5$를 **최댓값** 그리고 $f(6) = 2$를 **최솟값**이라 한다. 일반적으로 다음 정의를 사용한다.

> **1 정의** c가 f의 정의역 D에 속한 수라고 하자. 그러면 $f(c)$는 다음과 같다.
> - D에 속한 모든 x에 대해 $f(c) \geq f(x)$이면 D에서 f의 **최댓값**(absolute maximum)이다.
> - D에 속한 모든 x에 대해 $f(c) \leq f(x)$이면 D에서 f의 **최솟값**(absolute minimum)이다.

최대 또는 최소를 때때로 **광역**(global) 최대 또는 최소라 부르며, f의 최댓값과 최솟값을 f의 **극값**(extreme values)이라 한다.

그림 2는 d에서 최대, a에서 최소인 함수 f의 그래프이다. 점 $(d, f(d))$는 그래프 상에서 가장 높은 점이고 점 $(a, f(a))$는 가장 낮은 점임에 주목하자. b에 가까운 x의 값만을 생각하면[예를 들어 구간 (a, c)로 관심을 제한하면], $f(b)$가 $f(x)$의 값 중 가장 큰 값이고 이것을 f의 **극댓값**이라 한다. 같은 방법으로 c에 가까이 있는 x에 대해[예를 들어 구간 (b, d)에서] $f(c) \leq f(x)$이므로 $f(c)$는 f의 **극솟값**이라 한다. 함수 f는 역시 e에서 극솟값을 갖는다. 일반적으로 다음과 같이 정의한다.

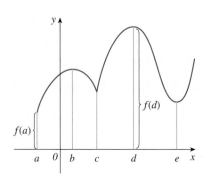

그림 2 최솟값 $f(a)$, 최댓값 $f(d)$
극솟값 $f(c), f(e)$ 극댓값 $f(b), f(d)$

> **2 정의**   수 $f(c)$는 다음과 같다.
> - x가 c 부근에 있을 때, $f(c) \geq f(x)$이면 f의 **극댓값**(local maximum)이다.
> - x가 c 부근에 있을 때, $f(c) \leq f(x)$이면 f의 **극솟값**(local minimum)이다.

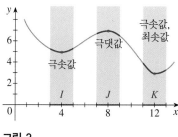

그림 3

정의 ②(그리고 다른 경우)에서 함수 f가 c **부근**(near)에서 이 성질이 성립하면, c를 포함하는 어떤 개구간에서 이 성질이 참이 됨을 의미한다. (따라서 극대 또는 극소는 양 끝점에서 나타날 수 없다.) 예를 들어 그림 3에서 $f(4) = 5$는 구간 I에서 가장 작기 때문에 극솟값이 된다. 그러나 이것은 최솟값은 아니다. 왜냐하면 x가 12 부근(예를 들어 구간 K에서)에 있을 때, $f(x)$는 더 작은 값을 갖는다. 실제로 $f(12) = 3$은 극솟값이자 최솟값이다. 마찬가지로 $f(8) = 7$은 극댓값은 되지만 최댓값은 아니다. 왜냐하면 $x = 1$ 부근에서 함수 f는 더 큰 값을 취한다.

《예제 1》 다음 함수의 그래프가 그림 4와 같다.

$$f(x) = 3x^4 - 16x^3 + 18x^2 \qquad -1 \le x \le 4$$

여기서 $f(1) = 5$는 극댓값이고, $f(-1) = 37$은 최댓값이다. (이 최댓값은 극댓값은 아니다. 왜냐하면 끝점에서 나타나기 때문이다.) 또한 $f(0) = 0$은 극솟값이고 $f(3) = -27$은 극솟값이자 최솟값이다. f는 $x = 4$에서는 극댓값도 최댓값도 갖지 않음에 주목한다. ■

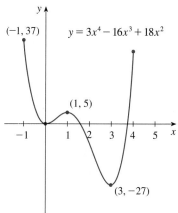

그림 4

《예제 2》 함수 $f(x) = \cos x$는 임의의 정수 n에 대하여 $\cos 2n\pi = 1$이고, 모든 실수 x에 대하여 $-1 \le \cos x \le 1$이므로 최댓값(극댓값인) 1을 무한히 많이 취한다(그림 5 참조). 같은 방법으로 임의의 정수 n에 대하여 $\cos(2n+1)\pi = -1$이므로 -1은 최솟값(극솟값)이다.

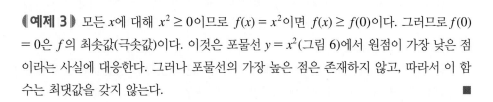

그림 5 $y = \cos x$ ■

《예제 3》 모든 x에 대해 $x^2 \ge 0$이므로 $f(x) = x^2$이면 $f(x) \ge f(0)$이다. 그러므로 $f(0) = 0$은 f의 최솟값(극솟값)이다. 이것은 포물선 $y = x^2$(그림 6)에서 원점이 가장 낮은 점이라는 사실에 대응한다. 그러나 포물선의 가장 높은 점은 존재하지 않고, 따라서 이 함수는 최댓값을 갖지 않는다. ■

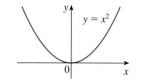

그림 6 최솟값 0, 최댓값은 없다.

《예제 4》 그림 7에서 보듯이 함수 $f(x) = x^3$의 그래프로부터 이 함수는 최댓값과 최솟값을 갖지 않음을 알 수 있다. 사실 이 함수는 어떤 극값도 갖지 않는다. ■

어떤 함수는 극값을 갖고 어떤 함수는 극값을 갖지 않는 것을 보았다. 다음 정리는 함수가 극값을 갖는다는 것을 보장하는 조건을 제시한다.

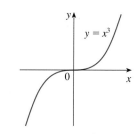

그림 7 최솟값, 최댓값은 없다.

> **3** **극값 정리** 함수 f가 폐구간 $[a, b]$에서 연속이면, f는 $[a, b]$의 어떤 수 c와 d에서 최댓값 $f(c)$와 최솟값 $f(d)$를 갖는다.

극값 정리는 그림 8에 예시되어 있다. 극값은 여러 곳에서 가질 수 있음에 주목한다. 극값 정리는 매우 당연해 보이지만 증명은 사실 어렵다. 따라서 증명은 생략한다.

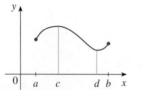 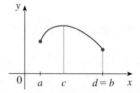 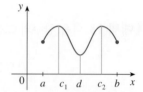

그림 8 함수가 폐구간에서 연속이면 극값을 갖는다.

그림 9와 10은 가정 중의 하나(연속 또는 폐구간)가 극값 정리에서 생략됐다면 함수는 극값을 갖지 못할 수 있음을 보여 준다.

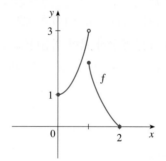

그림 9 함수는 최솟값 $f(2) = 0$을 갖고, 최댓값은 갖지 않는다.

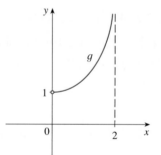

그림 10 연속함수 g는 최댓값도 최솟값도 갖지 않는다.

그림 9의 그래프를 갖는 함수 f는 폐구간 $[0, 2]$에서 정의됐지만 최댓값은 갖지 않는다. [f의 치역은 $[0, 3)$임에 주목하자. 이 함수는 3에 가까운 값을 갖지만 결코 3을 취할 수는 없다.] 이 사실은 극값 정리에 모순이 아니다. 왜냐하면 f가 연속이 아니기 때문이다. [그럼에도 불구하고 불연속함수도 최댓값과 최솟값을 **가질 수 있**다. 연습문제 7(b) 참조]

그림 10의 함수 g는 개구간 $(0, 2)$에서 연속이지만 최댓값도 최솟값도 갖지 않는다. [g의 치역은 $(1, \infty)$이다. 이 함수는 얼마든지 큰 값을 가진다.] 이것도 극값 정리에 모순되지 않는다. 왜냐하면 구간 $(0, 2)$는 폐구간이 아니기 때문이다.

■ 임계수와 폐구간 방법

극값 정리는 폐구간에서 연속인 함수가 최댓값과 최솟값을 갖는다는 것을 말하지만 극값을 구하는 방법을 알려주지는 않는다. 그림 8이 극댓값 또는 극솟값을 가지는 a와 b 사이에 최댓값, 최솟값이 있다는 것을 알려주므로 국소 극값을 구하는 것으로부터 시작한다.

그림 11은 c에서 극대이고 d에서 극소인 함수 f의 그래프를 보여 준다. 극대와 극소인 점에서 접선은 수평이고 각각의 기울기는 0이다. 도함수는 접선의 기울기임을 안다. 그러므로 $f'(c) = 0$이고 $f'(d) = 0$이다. 다음 정리는 미분가능한 함수들에 대해 항상 참임을 말해 준다.

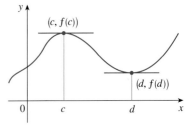

그림 11

---

4 페르마 정리 f가 c에서 극대 또는 극소이고 $f'(c)$가 존재하면 $f'(c) = 0$이다.

증명 명확함을 위해 f가 c에서 극대라고 가정하자. 그러면 정의 **2**에 따라 c에 충분히 가까운 x에 대해 $f(c) \geq f(x)$이다. 이것은 h가 0에 충분히 가까운 수이면 h가 음이거나 양이거나 관계없이 다음이 성립함을 의미한다.

$$f(c) \geq f(c + h)$$

5 $$f(c + h) - f(c) \leq 0$$

양수로 양변을 나눌 수 있으므로 $h > 0$이고 h가 충분히 작으면 다음을 얻는다.

$$\frac{f(c + h) - f(c)}{h} \leq 0$$

이 부등식의 양변에 우극한을 취하면(1.6절의 정리 **2** 사용) 다음을 얻는다.

$$\lim_{h \to 0^+} \frac{f(c + h) - f(c)}{h} \leq \lim_{h \to 0^+} 0 = 0$$

그러나 $f'(c)$가 존재하므로 다음을 얻는다.

$$f'(c) = \lim_{h \to 0} \frac{f(c + h) - f(c)}{h} = \lim_{h \to 0^+} \frac{f(c + h) - f(c)}{h}$$

따라서 $f'(c) \leq 0$이다.

$h < 0$이면 부등식 **5**를 h로 나눌 때 부등호의 방향은 반대가 된다.

$$\frac{f(c + h) - f(c)}{h} \geq 0$$

따라서 좌극한을 취하면 다음을 얻는다.

$$f'(c) = \lim_{h \to 0} \frac{f(c + h) - f(c)}{h} = \lim_{h \to 0^-} \frac{f(c + h) - f(c)}{h} \geq 0$$

$f'(c) \geq 0$이고 $f'(c) \leq 0$임을 알았다. 두 부등식이 참이어야 하므로, 가능성은 $f'(c) = 0$이어야 한다.

극대인 경우에 페르마 정리를 증명했다. 극소인 경우도 유사한 방법으로 증명할 수 있다(연습문제 37 참조). ■

페르마

페르마 정리는 취미로 수학을 공부한 프랑스 법률가 페르마(Pierre de Fermat, 1601~1665)의 이름에서 따온 것이다. 페르마는 해석기하학을 발견한 두 사람 중 한 명이다. (다른 사람은 데카르트이다.) 곡선의 접선과 최댓값, 최솟값을 구하는 그의 방법(극한과 도함수가 등장하기 전)은 미분학의 창시에 있어 뉴턴보다 앞선다.

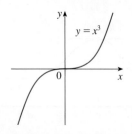

그림 12 $f(x) = x^3$이면 $f'(0) = 0$이지만 f는 극대도 극소도 갖지 않는다.

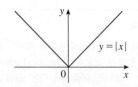

그림 13 $f(x) = |x|$이면 $f(0) = 0$은 최솟값이다. 그러나 $f'(0)$은 존재하지 않는다.

다음 예들은 페르마 정리에 너무 많은 의미를 부여하는 것에 대해 경고하고 있다. $f'(x) = 0$이라 놓고 x의 해를 구하는 것만으로 극값을 예측할 수는 없다.

《예제 5》 $f(x) = x^3$이면 $f'(x) = 3x^2$이고, 따라서 $f'(0) = 0$이다. 그러나 그림 12의 그래프에서 알 수 있듯이 0에서 f는 극대도 극소도 갖지 않는다. (또는 $x > 0$에 대해 $x^3 > 0$이지만 $x < 0$에 대해 $x^3 < 0$임에 주목하자.) $f'(0) = 0$이라는 사실은 곡선 $y = x^3$이 $(0, 0)$에서 수평접선을 갖음을 의미한다. $(0, 0)$에서 극대나 극소를 갖지 않는 대신 이 곡선은 이 점에서 수평접선과 교차한다. ∎

《예제 6》 함수 $f(x) = |x|$는 0에서 (극솟값이자) 최솟값을 갖지만 $f'(x) = 0$으로 놓음으로써 그 값을 구할 수 있는 것은 아니다. 왜냐하면 2.2절의 예제 5에서 봤듯이 $f'(0)$은 존재하지 않기 때문이다(그림 13 참조). ∎

⊘ **경고**   예제 5와 6은 페르마 정리를 이용할 때 주의해야 함을 보여 주고 있다. 예제 5는 $f'(c) = 0$이라 할지라도 c에서 극대나 극소를 반드시 갖는 것은 아님을 설명한다. (다시 말하면 페르마 정리의 역은 일반적으로 거짓이다.) 더욱이 (예제 6에서와 같이) $f'(c)$가 존재하지 않더라도 극값을 갖을 수도 있다.

페르마 정리는 $f'(c) = 0$이거나 $f'(c)$가 존재하지 않는 수 c에서 f의 극값을 찾아봐야 한다는 것을 암시하고 있다. 이와 같은 수에는 특별한 이름이 붙는다.

> **6 정의**   함수 f의 **임계수**(critical number)는 $f'(c) = 0$이거나 $f'(c)$가 존재하지 않는 f의 정의역에 속한 수 c를 말한다.

《예제 7》 다음 함수들의 임계수를 구하라.
(a) $f(x) = x^3 - 3x^2 + 1$
(b) $f(x) = x^{3/5}(4 - x)$

그림 14는 예제 7(b)에 있는 함수 f의 그래프를 보여 주고 있다. $x = 1.5(f'(x) = 0)$일 때 수평접선, $x = 0(f'(x)$는 정의되지 않음)일 때 수직접선을 가지므로 결과로 얻은 답을 뒷받침한다.

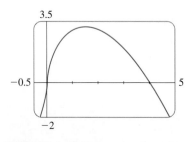

그림 14

풀이
(a) f의 도함수는 $f'(x) = 3x^2 - 6x = 3x(x - 2)$이다. 모든 실수 x에 대하여 $f'(x)$가 존재하므로 임계수는 $f'(x) = 0$인 경우에만 나타난다. 즉 $x = 0$ 또는 $x = 2$이다.
(b) f의 정의역은 $\mathbb{R}$을 알아두자. 곱의 법칙을 이용하면 다음을 얻는다.

$$f'(x) = x^{3/5}(-1) + (4 - x)(\tfrac{3}{5}x^{-2/5}) = -x^{3/5} + \frac{3(4 - x)}{5x^{2/5}}$$

$$= \frac{-5x + 3(4 - x)}{5x^{2/5}} = \frac{12 - 8x}{5x^{2/5}}$$

[$f(x) = 4x^{3/5} - x^{8/5}$으로 놓고 계산해도 같은 결과를 얻을 수 있다.] 따라서 $12 - 8x = 0$이면, 즉 $x = 3/2$이면 $f'(x) = 0$이고, $x = 0$일 때 $f'(x)$는 존재하지 않는다. 그러므로 임계수는 $3/2$과 0이다. ∎

임계수에 관해 페르마 정리는 다음과 같이 표현된다. (정의 6과 정리 4를 비교하라.)

---

7 f가 c에서 극대나 극소이면 c는 f의 임계수이다.

폐구간에서 연속함수의 최댓값이나 최솟값을 구하기 위해, 이 값은 극댓값이나 극솟값(7에 의해 임계수에서 발생하는 경우) 또는 그림 8에 있는 예에서 알 수 있듯이 구간의 끝점에서 나타나는 것에 주의한다. 따라서 항상 다음 3단계 과정을 거쳐야 한다.

폐구간 방법 폐구간 $[a, b]$에서 연속인 함수 f의 최댓값 또는 최솟값을 구하기 위해서는

1. (a, b)에 있는 f의 임계수에서 f의 값을 구한다.

2. 구간의 끝점에서 f의 값을 구한다.

3. 1, 2단계에서 가장 큰 값이 최댓값이고, 가장 작은 값이 최솟값이다.

《예제 8》 함수 $f(x) = x^3 - 3x^2 + 1$, $-\frac{1}{2} \leq x \leq 4$의 최댓값과 최솟값을 구하라.

풀이 f가 $\left[-\frac{1}{2}, 4\right]$에서 연속이므로 폐구간 방법을 이용할 수 있다.

예제 7(a)에서 임계수가 $x = 0$와 $x = 2$임을 보았다. 이 두 개의 임계수들은 구간 $\left(-\frac{1}{2}, 4\right)$에 포함되어 있다. 이 임계수에서의 함수 f의 값은 다음과 같다.

$$f(0) = 1 \qquad f(2) = -3$$

양 끝 점에서의 함수 f의 값은 다음과 같다.

$$f\left(-\tfrac{1}{2}\right) = \tfrac{1}{8} \qquad f(4) = 17$$

이 네 개의 값을 비교해 보면 최댓값은 $f(4) = 17$이고 최솟값은 $f(2) = -3$이다.

이 예에서 최댓값은 끝점에서, 반면에 최솟값은 임계수에서 얻어진다. f의 그래프는 그림 15와 같다. ■

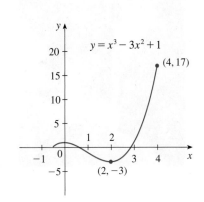

그림 15

그래픽용 소프트웨어나 그래픽 계산기를 갖고 있다면 아주 쉽게 최댓값과 최솟값을 추정할 수 있다. 그러나 다음의 예제가 보여 주듯이 **정확한** 값을 구하기 위해서는 미분이 필요하다.

《예제 9》

(a) 계산기나 컴퓨터를 이용해서 함수 $f(x) = x - 2\sin x$, $0 \leq x \leq 2\pi$의 최솟값과 최댓값을 추정하라.

(b) 미분을 이용해서 정확한 최솟값과 최댓값을 구하라.

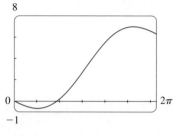

8

0

−1

2π

그림 16

풀이

(a) 그림 16은 보기화면 $[0, 2\pi] \times [-1, 8]$에 있는 f의 그래프를 보여 주고 있다. 최댓값은 대략 6.97이며 그것은 $x \approx 5.24$일 때 얻어진다. 마찬가지로 최솟값은 대략 −0.68이고 그것은 $x \approx 1.05$일 때 얻어짐을 알 수 있다. 더욱 정확한 값을 추정할 수 있지만 미분을 이용해야만 한다.

(b) 함수 $f(x) = x - 2\sin x$는 $[0, 2\pi]$에서 연속이다. $f'(x) = 1 - 2\cos x$이므로 $\cos x = \frac{1}{2}$일 때 $f'(x) = 0$이고 그것은 $x = \pi/3$이거나 $5\pi/3$일 때 얻어진다. 이들 임계수에서 f의 값은 다음과 같다.

$$f(\pi/3) = \frac{\pi}{3} - 2\sin\frac{\pi}{3} = \frac{\pi}{3} - \sqrt{3} \approx -0.684853$$

$$f(5\pi/3) = \frac{5\pi}{3} - 2\sin\frac{5\pi}{3} = \frac{5\pi}{3} + \sqrt{3} \approx 6.968039$$

끝점에서 f의 값은 다음과 같다.

$$f(0) = 0 \qquad f(2\pi) = 2\pi \approx 6.28$$

이 네 수를 비교하고 폐구간 방법을 이용하면, 최솟값은 $f(\pi/3) = \pi/3 - \sqrt{3}$이고 최댓값은 $f(5\pi/3) = 5\pi/3 + \sqrt{3}$이다. 결과를 (a)로부터 얻은 값과 비교해서 확인한다. ∎

NASA

《**예제 10**》 허블 우주망원경은 1990년 4월 24일 우주왕복선 디스커버리 호에 의해 궤도에 진입했다. 시각 $t = 0$에서 발사되어 $t = 126$초에 로켓 추진체가 분리될 때까지 우주왕복선의 속도에 대한 모형은 다음과 같이 주어진다.

$$v(t) = 0.000397t^3 - 0.02752t^2 + 7.196t - 0.9397 \,\text{(m/s)}$$

이 모형을 이용해서 발사에서 로켓 추진체가 분리된 시간까지 우주왕복선의 가속도에 대한 최댓값과 최솟값을 구하라.

풀이 주어진 속도함수가 아닌 가속도함수의 극값을 요구하므로, 가속도를 구하기 위해 먼저 미분을 하자.

$$a(t) = v'(t) = \frac{d}{dt}(0.000397t^3 - 0.02752t^2 + 7.196t - 0.9397)$$

$$= 0.001191t^2 - 0.05504t + 7.196$$

이제 구간 $0 \le t \le 126$에서 연속함수 a에 대해 폐구간 방법을 적용한다. 그 도함수는 다음과 같다.

$$a'(t) = 0.0023808t - 0.05504$$

$a'(t) = 0$일 때 임계수를 얻는다.

$$t_1 = \frac{0.05504}{0.0023808} \approx 23.12$$

임계수에서의 $a(t)$의 값과 끝점에서 $a(t)$의 값을 계산해서 다음을 얻는다.

$$a(0) = 7.196, \qquad a(t_1) = a(23.12) = 6.56, \qquad a(126) \approx 19.16$$

따라서 최대 가속도는 약 19.16 m/s^{2}이고 최소 가속도는 약 6.56 m/s^{2}이다. ■

3.1 | 연습문제

1. 최솟값과 극솟값의 차이점을 설명하라.

2. 그래프가 다음과 같은 함수에 대해 a, b, c, d, r, s에서 함수가 최대 또는 최소인지, 극대 또는 극소인지 아니면 어느 것도 아닌지를 서술하라.

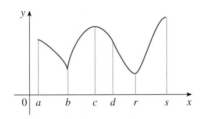

3. 다음 그래프에서 최댓값, 최솟값과 극댓값, 극솟값을 말하라.

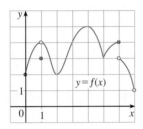

4-5 [1, 5]에서 연속이고 다음 성질을 만족하는 함수 f의 그래프를 그려라.

4. 2에서 최소, 5에서 최대, 3에서 극대, 2, 4에서 극소

5. 4에서 최대, 3에서 최소, 2에서 극대

---

6. (a) 2에서 극대이고 2에서 미분가능한 함수의 그래프를 그려라.

(b) 2에서 극대이고 2에서 연속이지만 미분가능하지 않은 함수의 그래프를 그려라.

(c) 2에서 극대이고 2에서 연속이 아닌 함수의 그래프를 그려라.

7. (a) [−1, 2]에서 최댓값은 갖지만 최솟값은 갖지 않는 함수의 그래프를 그려라.

(b) [−1, 2]에서 불연속이지만 최댓값과 최솟값을 갖는 함수의 그래프를 그려라.

8-14 함수 f의 그래프를 손으로 그리고 그래프를 이용해서 f의 최댓값, 최솟값, 극댓값, 극솟값을 구하라. (1.2절, 1.3절의 그래프와 변환을 이용한다.)

8. $f(x) = 3 - 2x, \quad x \geq -1$

9. $f(x) = 1/x, \quad x \geq 1$

10. $f(x) = \sin x, \quad 0 \leq x < \pi/2$

11. $f(x) = \sin x, \quad -\pi/2 \leq x \leq \pi/2$

12. $f(x) = 1 + (x+1)^2, \quad -2 \leq x < 5$

13. $f(x) = 1 - \sqrt{x}$

14. $f(x) = \begin{cases} x^2, & -1 \leq x \leq 0 \\ 2 - 3x, & 0 < x \leq 1 \end{cases}$

15-23 다음 함수의 임계수를 구하라.

15. $f(x) = 3x^2 + x - 2$

16. $f(x) = 3x^4 + 8x^3 - 48x^2$

17. $g(t) = t^5 + 5t^3 + 50t$

18. $g(y) = \dfrac{y - 1}{y^2 - y + 1}$

19. $p(x) = \dfrac{x^2 + 2}{2x - 1}$

20. $h(t) = t^{3/4} - 2t^{1/4}$

21. $F(x) = x^{4/5}(x - 4)^2$

22. $f(x) = x^{1/3}(4 - x)^{2/3}$

23. $f(\theta) = 2\cos\theta + \sin^2\theta$

---

24. 함수 f의 도함수가 다음과 같이 주어져 있다. f의 임계수의 개수를 구하라.

$$f'(x) = 1 + \frac{210 \sin x}{x^2 - 6x + 10}$$

25-30 주어진 구간에서 f의 최댓값과 최솟값을 구하라.

25. $f(x) = 12 + 4x - x^2$, $[0, 5]$

26. $f(x) = 2x^3 - 3x^2 - 12x + 1$, $[-2, 3]$

27. $f(x) = 3x^4 - 4x^3 - 12x^2 + 1$, $[-2, 3]$

28. $f(x) = x + \dfrac{1}{x}$, $[0.2, 4]$

29. $f(t) = t - \sqrt[3]{t}$, $[-1, 4]$

30. $f(t) = 2 \cos t + \sin 2t$, $[0, \pi/2]$

31. a와 b가 양수일 때, 함수 $f(x) = x^a(1 - x)^b$, $0 \le x \le 1$의 최댓값을 구하라.

32-33

(a) 그래프를 이용해서 다음 함수들의 최댓값과 최솟값을 소수점 아래 둘째 자리까지 구하라.

(b) 미분학을 이용해서 정확한 최댓값과 최솟값을 구하라.

32. $f(x) = x^5 - x^3 + 2$, $-1 \le x \le 1$

33. $f(x) = x\sqrt{x - x^2}$

34. 0~30°C에서 온도가 T일 때 물 1 kg의 부피 V(cm^3)는 근사적으로 다음 식과 같다.

$$V = 999.87 - 0.06426T + 0.0085043T^2 - 0.0000679T^3$$

밀도가 최대일 때 물의 온도를 구하라.

35. 2012년 일 년 동안 미국 조지아 주의 레이니어 호수의 수위를 평균 해수면을 기준으로 미터 단위로 측정하였다. 그 결과 2012년 1월 1일부터 t개월일 때의 수위는

$$L(t) = 0.00439t^3 - 0.1273t^2 + 0.8239t + 323.1$$

로 나타낼 수 있다. 2012년의 어느 시기에 수위가 가장 높았는지 추정하라.

36. 기관지에 이물질이 들어와 기침을 하면 횡격막이 밀려 올라가 폐의 압력이 증가한다. 동시에 기관은 수축해서 흘러나가는 공기의 통로가 좁아진다. 같은 시간에 같은 양의 공기가 배출되려면 통로가 넓을 때보다 좁을 때 더 빨리 움직인다. 공기 흐름의 속도가 클수록 이물질을 밀어내는 힘은 더 커진다. X선 촬영에서 기침할 때 원통형 기관 통로의 반지름은 정상 반지름의 약 2/3 정도까지 수축하는 것을 볼 수 있다. 기침에 대한 수학적 모형에 따라 공기 흐름의 속도 v는 기관의 반지름이 r일 때 다음 방정식으로 주어진다.

$$v(r) = k(r_0 - r)r^2, \qquad \frac{1}{2}r_0 \le r \le r_0$$

여기서 k는 상수이고 r_0는 평상시의 기관의 반지름이다. r를 제한하는 것은 기관의 벽이 단단해서 $r_0/2$보다 크게 수축하는 것을 방지한다. (그렇지 않으면 사람이 질식한다.)

(a) 구간 $[r_0/2, r_0]$에서 v가 최댓값을 갖는 r의 값을 결정하라. 이것을 실험에 의한 값과 비교하라.

(b) 이 구간에서 v의 최댓값은 얼마인가?

(c) 구간 $[0, r_0]$에서 v의 그래프를 그려라.

37. (a) 함수 f가 c에서 극솟값을 가지면 함수 $g(x) = -f(x)$는 c에서 극댓값을 가짐을 증명하라.

(b) (a)를 이용하여 f가 c에서 극솟값을 가지는 경우 페르마 정리를 증명하라.

3.2 | 평균값 정리

이 장의 많은 결과들이 하나의 핵심적인 사실에 의존하는데, 그것이 평균값 정리이다.

■ 롤의 정의

평균값 정리를 완성하기 위해 먼저 다음 결과가 필요하다.

롤

롤의 정리는 1691년 프랑스 수학자 롤(Michel Rolle, 1652~1719)의 저서 《*Méthode pour resoudre les egalitez*》를 통해 처음으로 발표됐다. 그는 그 당시의 방법들에 대해 신랄한 비평가였고 미적분학은 '교묘한 오류 덩어리'라고 공격했다. 그러나 후에 그는 미적분학의 방법이 본질적으로 옳다는 것을 확신했다.

> **롤의 정리**　함수 f가 다음 세 가지 조건을 만족하면 $f'(c) = 0$인 수 c가 (a, b) 안에 존재한다.
>
> **1.** f는 폐구간 $[a, b]$에서 연속이다.
> **2.** f는 개구간 (a, b)에서 미분가능하다.
> **3.** $f(a) = f(b)$

　증명을 하기 전에 세 가지 조건을 만족하는 몇 가지 전형적인 함수의 그래프를 살펴보자. 그림 1은 이와 같은 네 가지 함수의 그래프를 보여 주고 있다. 각 경우에 있어서 그래프 위에 적어도 한 점 $(c, f(c))$가 존재해서 그 점에서 접선이 수평, 즉 $f'(c) = 0$임을 보여 준다. 그러므로 롤의 정리는 그럴듯해 보인다.

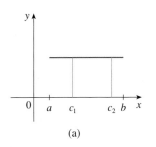　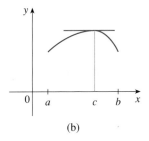　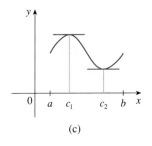　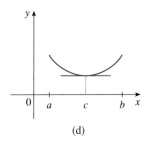

(a)　　　　　　　(b)　　　　　　　(c)　　　　　　　(d)

그림 1

증명　세 가지 경우가 있다.

경우 I　$f(x) = k$, k는 상수
이 경우는 $f'(x) = 0$이므로 c는 (a, b)에 속하는 임의의 수로 택할 수 있다.

경우 II　(a, b)에 속하는 어떤 x에서 $f(x) > f(a)$인 경우 [그림 1(b) 또는 (c)]
극값 정리에 따라(조건 1에 의해 적용될 수 있다), f는 $[a, b]$ 안의 어떤 곳에서 최댓값을 갖는다. $f(a) = f(b)$이므로 개구간 (a, b)에 속하는 수 c에서 최댓값을 가져야 한다. 그러면 f는 c에서 극대이고 조건 2에 의해 f는 c에서 미분가능하므로, 페르마 정리에 따라 $f'(c) = 0$이다.

경우 III　(a, b)에 속하는 한 점 x에서 $f(x) < f(a)$인 경우 [그림 1(c) 또는 (d)]
극값 정리에 의해 f는 $[a, b]$에서 최솟값을 갖는다. $f(a) = f(b)$이므로 (a, b)에 속하는 수 c에서 최솟값을 갖는다. 다시 페르마 정리에 따라 $f'(c) = 0$이다.　■

《 예제 1 》 움직이는 물체의 위치함수 $s = f(t)$에 대해 롤의 정리를 적용해 보자. 서로 다른 순간 $t = a$와 $t = b$에서 물체가 같은 위치에 있다면, $f(a) = f(b)$이다. 롤의 정리에 의해 a와 b 사이의 어떤 순간 $t = c$에서 $f'(c) = 0$, 즉 속도가 0이 된다는 것을 말해 준다. (특히 공을 수직방향으로 위로 던졌을 때 이것이 참임을 알 수 있다.)　■

《 예제 2 》 방정식 $x^3 + x - 1 = 0$이 단 한 개의 실근을 가짐을 보여라.

풀이 먼저 근이 존재한다는 것을 보이기 위해 중간값 정리(1.8절의 정리 **10**)을 이용한

PS　　　　　경우 살피기

그림 2는 예제 2에서 논의된 함수 $f(x) = x^3 + x - 1$의 그래프를 나타낸다. 롤의 정리는 아무리 보기화면을 확대하더라도 결코 두 번째 x절편을 발견할 수 없다는 것을 보여 준다.

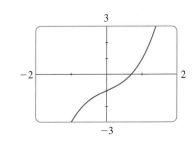

그림 2

다. $f(x) = x^3 + x - 1$로 두면 $f(0) = -1 < 0$이고 $f(1) = 1 > 0$이다. f는 다항함수이므로 연속이다. 따라서 중간값 정리로부터 0과 1 사이에 $f(c) = 0$을 만족하는 수 c가 있음을 알 수 있다. 그러므로 주어진 방정식은 근을 갖는다.

또 다른 실근을 갖지 않는다는 것을 보이기 위해 롤의 정리와 모순에 대한 논증을 이용한다. 방정식이 두 개의 실근 a와 b를 갖는다고 하면 $f(a) = 0 = f(b)$이다. f는 다항함수이기 때문에 구간 (a, b)에서 미분가능하고 $[a, b]$에서 연속이다. 따라서 롤의 정리에 의해 $f'(c) = 0$을 만족하는 $c \in (a, b)$가 존재한다. 그러나 모든 x에 대해 ($x^2 \geq 0$이므로) 다음이 성립한다.

$$f'(x) = 3x^2 + 1 \geq 1$$

그러므로 $f'(x)$는 결코 0이 될 수 없다. 이것은 모순이다. 따라서 방정식은 두 개의 실근을 갖지 않는다. ■

■ 평균값 정리

롤의 정리는 프랑스 수학자 라그랑주(Joseph Louis Lagrange)에 의해 처음으로 알려진 다음 정리를 증명하는 데 주로 이용된다.

평균값 정리는 존재정리의 한 예이다. 중간값 정리, 극값 정리, 롤의 정리와 같이 어떤 성질을 만족하는 수가 존재한다는 사실은 보장하지만 그 수를 구하는 방법은 알려주지 않는다.

> **평균값 정리** 함수 f가 다음 조건을 만족한다고 하자.
> **1.** f는 폐구간 $[a, b]$에서 연속이다.
> **2.** f는 개구간 (a, b)에서 미분가능하다.
> 그러면 다음을 만족하는 수 c가 (a, b)에 존재한다.
>
> $\boxed{1}$ $\qquad f'(c) = \dfrac{f(b) - f(a)}{b - a}$
>
> 다음은 동치이다.
>
> $\boxed{2}$ $\qquad f(b) - f(a) = f'(c)(b - a)$

이 정리를 증명하기 전에 기하학적인 해석을 통해 이것이 타당하다는 것을 먼저 알아보자. 그림 3과 4는 미분가능한 두 함수의 그래프에 있는 두 점 $A(a, f(a))$와 $B(b, f(b))$를 보여 주고 있다. 할선 AB의 기울기는 식 $\boxed{1}$의 우변과 같은 아래 표현

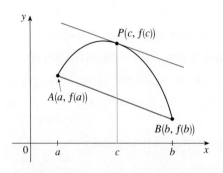

그림 3

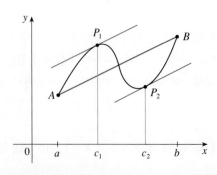

그림 4

식을 갖는다.

$$\boxed{3} \qquad m_{AB} = \frac{f(b) - f(a)}{b - a}$$

$f'(c)$는 점 $(c, f(c))$에서의 접선의 기울기이므로 식 $\boxed{1}$로 주어진 형태에서 평균값 정리는 접선의 기울기가 할선 AB의 기울기와 같은 점 $P(c, f(c))$가 적어도 하나 존재함을 말하고 있다. 다시 말해 할선 AB와 평행한 접선을 갖는 점 P가 존재한다(멀리서 할선 AB와 평행하게 다가와 그래프에 처음으로 접하는 직선을 생각하자).

증명　함수 f와 그래프가 할선 AB를 나타내는 함수의 차로 정의된 새로운 함수 h에 롤의 정리를 적용한다. 식 $\boxed{3}$과 직선에 대한 점-기울기 방정식을 이용하면 직선 AB의 방정식은 다음과 같이 쓸 수 있다.

$$y - f(a) = \frac{f(b) - f(a)}{b - a}(x - a)$$

즉
$$y = f(a) + \frac{f(b) - f(a)}{b - a}(x - a)$$

따라서 그림 5에서처럼 다음을 알 수 있다.

$$\boxed{4} \qquad h(x) = f(x) - f(a) - \frac{f(b) - f(a)}{b - a}(x - a)$$

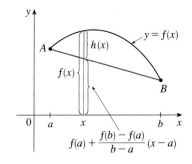

그림 5

먼저 함수 h가 롤의 정리의 세 가지 조건을 만족함을 보여야 한다.

1. 함수 h는 연속인 함수 f와 1차 다항함수의 합이므로 $[a, b]$에서 연속이다.
2. 함수 h는 함수 f와 1차 다항함수가 미분가능하므로 (a, b)에서 미분가능하다. 실제로 식 $\boxed{4}$로부터 직접 h'을 계산할 수 있다.

$$h'(x) = f'(x) - \frac{f(b) - f(a)}{b - a}$$

$\left[\, f(a)$와 $\dfrac{f(b) - f(a)}{b - a}$는 상수임에 주목한다.$\right]$

3.
$$h(a) = f(a) - f(a) - \frac{f(b) - f(a)}{b - a}(a - a) = 0$$

$$h(b) = f(b) - f(a) - \frac{f(b) - f(a)}{b - a}(b - a)$$
$$= f(b) - f(a) - [f(b) - f(a)] = 0$$

따라서 $h(a) = h(b)$이다.

h가 롤의 정리의 모든 조건을 만족하므로, $h'(c) = 0$인 수 c가 (a, b)에 존재한다. 그러므로 다음이 성립한다.

$$0 = h'(c) = f'(c) - \frac{f(b) - f(a)}{b - a}$$

라그랑주와 평균값 정리

평균값 정리는 이탈리아에서 태어난 라그랑주(Joseph Louis Lagrange, 1736~1813)에 의해 처음으로 만들어졌다. 그는 신동이었고 19살 약관의 나이에 토리노에서 교수가 됐다. 라그랑주는 정수론, 함수론, 방정식론, 해석역학, 천체역학에 많은 공헌을 했다. 특히 태양계의 안정성을 분석하는 데 미적분학을 이용했다. 그는 오일러의 후임으로서 프리드리히 대왕에게 초빙되어 베를린 과학 아카데미 수학부장이 됐다. 프리드리히 사망 후 라그랑주는 루이 16세의 초청으로 파리로 초대되어 루브르에 있는 아파트를 하사받았으며 에콜 폴리테크니크의 교수가 됐다. 온갖 사치와 출세의 유혹에도 불구하고 그는 친절하고 조용한 사람이었으며, 오직 과학에만 몰두했다.

$$f'(c) = \frac{f(b) - f(a)}{b - a}$$

∎

《**예제 3**》 특별한 함수를 가지고 평균값 정리를 설명하기 위해 함수 $f(x) = x^3 - x$, $a = 0$, $b = 2$를 생각하자. f는 다항함수이므로 모든 x에 대해 연속이고 미분가능하다. 따라서 $[0, 2]$에서 연속이고 $(0, 2)$에서 미분가능하다. 그러므로 평균값 정리에 의해 다음을 만족하는 c가 $(0, 2)$에 존재한다.

$$f(2) - f(0) = f'(c)(2 - 0)$$

이제 $f(2) = 6$, $f(0) = 0$, $f'(x) = 3x^2 - 1$을 얻어 이 방정식은 다음과 같이 된다.

$$6 = (3c^2 - 1)2 = 6c^2 - 2$$

따라서 $c^2 = \frac{4}{3}$, 즉 $c = \pm 2/\sqrt{3}$ 이다. 그런데 c는 $(0, 2)$에 놓여 있어야 하므로 $c = 2/\sqrt{3}$ 이다. 그림 6은 이 계산과정을 설명하고 있다. c의 값에서의 접선은 할선 OB에 평행이다.

∎

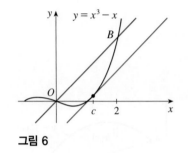

그림 6

《**예제 4**》 어떤 물체가 직선을 따라 위치함수 $s = f(t)$로 움직이고 있다면, $t = a$와 $t = b$ 사이에서의 평균 속도는 다음과 같고 $t = c$에서의 속도는 $f'(c)$이다.

$$\frac{f(b) - f(a)}{b - a}$$

평균값 정리로부터 (식 **1**의 형태로) a와 b 사이의 어떤 시각 $t = c$에서의 순간 속도 $f'(c)$가 평균 속도와 같음을 알 수 있다. 예를 들어 자동차가 두 시간 동안 180 km를 달렸다면, 속도계는 적어도 한 번은 90 km/h를 나타내야 한다.

일반적으로 평균값 정리는 구간에서 순간변화율과 평균변화율이 일치하는 수가 존재한다고 말하는 것으로 해석할 수 있다.

∎

평균값 정리는 도함수에 관한 정보로부터 함수에 관한 정보를 얻는다는 중요한 의미가 있다. 다음 예제에서 이 원리를 예시하고 있다.

《**예제 5**》 $f(0) = -3$이고 모든 x에 대해 $f'(x) \le 5$라고 가정한다. 이때 가능한 가장 큰 $f(2)$의 값은 얼마인가?

풀이 f는 모든 값에서 미분가능(따라서 연속)하므로 구간 $[0, 2]$에서 평균값 정리를 적용할 수 있다. 그러면 다음을 만족하는 수 c가 존재한다.

$$f(2) - f(0) = f'(c)(2 - 0)$$

따라서 다음을 얻는다.

$$f(2) = f(0) + 2f'(c) = -3 + 2f'(c)$$

모든 x에 대해 $f'(x) \le 5$이므로 $f'(c) \le 5$이다. 이 부등식의 양변에 2를 곱하면,

$2f'(c) \leq 10$이다. 그러므로 다음과 같다.

$$f(2) = -3 + 2f'(c) \leq -3 + 10 = 7$$

따라서 $f(2)$의 값으로 가능한 가장 큰 값은 7이다. ∎

평균값 정리의 중요한 의미는 미분법의 기초적인 사실들을 설명하기 위해 사용될 수 있다는 것이다. 이런 기초적인 사실 중의 하나가 다음의 정리이다. 다른 것들은 다음 절에서 보게 될 것이다.

> **5 정리** 구간 (a, b)에 속하는 모든 x에 대해 $f'(x) = 0$이면 f는 (a, b)에서 상수이다.

증명 x_1, x_2를 $x_1 < x_2$인 (a, b)에 속하는 임의의 두 수라 하자. f가 (a, b)에서 미분가능하므로 f는 (x_1, x_2)에서 미분가능하고 $[x_1, x_2]$에서 연속이다. 구간 $[x_1, x_2]$에서 f에 평균값 정리를 적용하면 $x_1 < c < x_2$이고 다음을 만족하는 수 c를 얻는다.

$$\boxed{6} \qquad f(x_2) - f(x_1) = f'(c)(x_2 - x_1)$$

모든 x에 대해 $f'(x) = 0$이므로 $f'(c) = 0$이다. 따라서 식 6은 다음과 같이 된다.

$$f(x_2) - f(x_1) = 0, \qquad f(x_2) = f(x_1)$$

그러므로 f는 (a, b)에 속하는 임의의 두 수 x_1, x_2에서 같은 값을 갖는다. 이것은 (a, b)에서 f가 상수임을 의미한다. ∎

> **7 따름정리** 구간 (a, b)에 속하는 모든 x에 대해 $f'(x) = g'(x)$이면 $f - g$는 (a, b)에서 상수이다. 즉 $f(x) = g(x) + c$이다. 여기서 c는 상수이다.

따름정리 7을 통해 두 개의 함수가 주어진 구간에서 동일한 도함수를 가지면 두 함수의 그래프는 같은 꼴을 가지며 위아래로 서로 평행이동이 이루어짐을 알 수 있다.

증명 $F(x) = f(x) - g(x)$라 두면 (a, b)에 속하는 모든 x에 대해 다음이 성립한다.

$$F'(x) = f'(x) - g'(x) = 0$$

따라서 정리 5에 의해 F는 상수이다. 즉 $f - g$는 상수이다. ∎

NOTE 정리 5를 적용할 때 주의해야 한다. 다음과 같이 두자.

$$f(x) = \frac{x}{|x|} = \begin{cases} 1, & x > 0 \\ -1, & x < 0 \end{cases}$$

f의 정의역은 $D = \{x \mid x \neq 0\}$이고 D에 속하는 모든 x에 대해 $f'(x) = 0$이다. 그러나 f는 분명히 상수함수가 아니다. 이것은 D가 하나의 구간이 아니기 때문에 정리 5에 모순되는 것은 아니다.

3.2 │ 연습문제

1. f의 그래프를 이용해서 구간 $[0, 8]$에서 롤의 정리의 가정들을 만족하는지 확인하라. 그리고 이 구간에서 롤의 정리의 결론을 만족하는 c의 값을 추정하라.

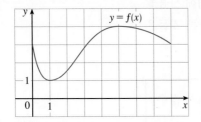

2. (a) g의 그래프를 이용해서 구간 $[0, 8]$에서 평균값의 정리의 가정들을 만족하는지 확인하라.

 (b) 구간 $[0, 8]$에서 평균값의 정리의 결론을 만족하는 c값을 추정하라.

 (c) 구간 $[2, 6]$에서 평균값의 정리 결론을 만족하는 c값을 추정하라.

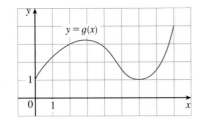

3-4 함수 f의 그래프가 다음과 같이 주어져 있다. f는 구간 $[0, 5]$에서 평균값 정리의 가정을 만족하는가? 만족한다면 이 구간에서 평균값 정리의 결론을 만족하는 수 c를 모두 구하라.

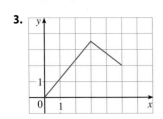
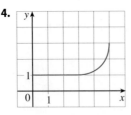

5-6 주어진 구간에서 함수가 롤의 정리 3가지 가정을 만족하는지 확인하라. 그리고 롤의 정리의 결론을 만족하는 수 c를 모두 구하라.

5. $f(x) = 2x^2 - 4x + 5$, $[-1, 3]$

6. $f(x) = \sin(x/2)$, $[\pi/2, 3\pi/2]$

7. $f(x) = 1 - x^{2/3}$이라 하자. $f(-1) = f(1)$이지만 $f'(c) = 0$을 만족하는 수 c는 구간 $(-1, 1)$ 안에 존재하지 않음을 보여라. 이것은 왜 롤의 정리에 모순되지 않는가?

8-9 다음 함수가 주어진 구간에서 평균값 정리의 조건들을 만족하는 것을 보이고, 평균값 정리의 결론을 만족하는 수 c를 모두 구하라.

8. $f(x) = 2x^2 - 3x + 1$, $[0, 2]$

9. $f(x) = \sqrt[3]{x}$, $[0, 1]$

10. 구간 $[0, 4]$에서 함수 $f(x) = \sqrt{x}$에 대해 평균값 정리의 결론을 만족하는 수 c를 구하라. 함수의 그래프를 그리고 그래프 끝점들을 연결하는 할선을 그리고 $(c, f(c))$에서의 접선도 그려라. 할선과 접선은 서로 평행한가?

11. $f(x) = (x - 3)^{-2}$이라 하자. $f(4) - f(1) = f'(c)(4 - 1)$을 만족하는 수 c가 구간 $(1, 4)$ 안에 존재하지 않음을 보여라. 이것은 왜 평균값 정리에 모순되지 않는가?

12. 다음의 방정식이 단 한 개의 실근을 가짐을 보여라.

$$2x + \cos x = 0$$

13. 방정식 $x^3 - 15x + c = 0$은 구간 $[-2, 2]$ 안에 많아야 하나의 근만을 가짐을 보여라.

14. (a) 3차 다항함수는 많아야 3개의 실근을 가짐을 보여라.

 (b) n차 다항식은 많아야 n개의 실근을 가짐을 보여라.

15. $f(1) = 10$이고 $1 \le x \le 4$에서 $f'(x) \ge 2$이다. 가장 작은 $f(4)$의 가능한 값은 얼마인가?

16. $f(0) = -1$, $f(2) = 4$ 그리고 모든 x에 대해 $f'(x) \le 2$를 만족하는 함수 f가 존재하는가?

17. $0 < x < 2\pi$에서 $\sin x < x$임을 보여라.

18. 평균값 정리를 이용해서 모든 a와 b에 대해 부등식 $|\sin a - \sin b| \le |a - b|$가 성립함을 증명하라.

19. f와 g가 다음으로 정의될 때, 정의역에 속하는 모든 x에 대해 $f'(x) = g'(x)$임을 보여라. 따름정리 7에 의해 $f - g$는 상수라고 할 수 있는가?

$$f(x) = \frac{1}{x}, \quad g(x) = \begin{cases} \dfrac{1}{x}, & x > 0 \\ 1 + \dfrac{1}{x}, & x < 0 \end{cases}$$

20. 달리기 선수 두 명이 똑같은 시각에 출발해서 똑같이 결승선을 통과했다. 경기 도중 그들의 속도가 똑같은 시각이 있음을 증명하라. [**힌트**: g와 h가 두 선수의 위치함수일 때 $f(t) = g(t) - h(t)$를 생각한다.]

3.3 | 도함수가 그래프의 모양에 대해 무엇을 말하는가?

미적분학의 많은 응용은 도함수에 관한 정보로부터 f에 관한 사실을 유추하는 능력에 의존한다. 그 이유는 $f'(x)$는 점 $(x, f(x))$에서 곡선 $y = f(x)$의 기울기를 나타내며, 각 점에서 곡선이 진행하는 방향을 알려주기 때문이다. 그러므로 $f'(x)$에 관한 정보가 $f(x)$에 관한 정보를 줄 것이라고 기대하는 것은 당연하다.

■ f'은 f에 대해 무엇을 말하는가?

함수의 증가 또는 감소하는 곳을 함수 f의 도함수가 어떻게 보여 주고 있는지 그림 1을 살펴보자. (증가함수와 감소함수는 1.1절에서 정의했다.) A와 B, 그리고 C와 D 사이에서 접선의 기울기는 양이므로 $f'(x) > 0$이다. B와 C 사이에서 접선의 기울기는 음이므로 $f'(x) < 0$이다. 따라서 $f'(x)$가 양이면 f는 증가하고 $f'(x)$가 음이면 f는 감소하고 있음을 나타내고 있다. 이 사실이 항상 성립한다는 것을 보이기 위해 평균값 정리를 이용한다.

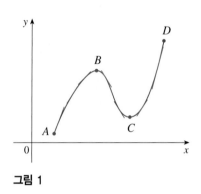

그림 1

증가/감소 판정법
(a) 어떤 구간에서 $f'(x) > 0$이면 그 구간에서 f는 증가한다.
(b) 어떤 구간에서 $f'(x) < 0$이면 그 구간에서 f는 감소한다.

표기법
이 판정법의 이름을 간단히 I/D 판정법이라 하자.

증명

(a) x_1, x_2를 $x_1 < x_2$인 주어진 구간 내의 임의의 수라 하자. 증가함수의 정의 1.1절에 따라 $f(x_1) < f(x_2)$임을 보여야 한다.

$f'(x) > 0$이므로 f는 $[x_1, x_2]$에서 미분가능하므로 평균값 정리에 따라 다음을 만족하는 c가 x_1과 x_2 사이에 존재한다.

$$\boxed{1} \qquad f(x_2) - f(x_1) = f'(c)(x_2 - x_1)$$

가정에 따라 $f'(c) > 0$이고 $x_1 < x_2$이므로 $x_2 - x_1 > 0$이다. 따라서 식 $\boxed{1}$의 우변은 양수이고 다음이 성립한다.

$$f(x_2) - f(x_1) > 0, \quad 즉 \quad f(x_1) < f(x_2)$$

이것은 f가 증가함을 보여 준다.

(b) (a)와 유사하게 증명된다. ■

《예제 1》 함수 $f(x) = 3x^4 - 4x^3 - 12x^2 + 5$가 증가하는 곳과 감소하는 곳을 구하라.

풀이 $f'(x) = 12x^3 - 12x^2 - 24x = 12x(x - 2)(x + 1)$

I/D 판정법을 이용하기 위해서는 $f'(x) > 0$과 $f'(x) < 0$이 되는 곳을 알아야 한다. 부등식을 풀기 위해서 우선 $f'(x) = 0$을 만족하는 x의 값, 즉 $x = 0, 2, -1$을 구한다. 이 값들은 f의 임계수이며 그림 2에서처럼 수직선을 4개의 구간으로 나눈다. 각 구간에서 $f'(x)$는 항상 양이거나 음이 된다. 표에 보인 바와 같이 $f'(x)$의 세 인수, 즉 $12x$, $x - 2$, $x + 1$의 부호로부터 각 구간에 대한 부호를 결정할 수 있다. + 부호는 주어진 식이 양수이고, − 부호는 각 식이 음수임을 나타낸다. 표의 마지막 열은 I/D 판정법에 기초한 결론이다. 예를 들어 $0 < x < 2$에서 $f'(x) < 0$이므로 f는 $(0, 2)$에서 감소한다. (f가 폐구간 $[0, 2]$에서 감소한다고 이야기할 수 있다.)

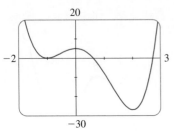

그림 2

구간	$12x$	$x - 2$	$x + 1$	$f'(x)$	f
$x < -1$	−	−	−	−	$(-\infty, -1)$에서 감소
$-1 < x < 0$	−	−	+	+	$(-1, 0)$에서 증가
$0 < x < 2$	+	−	+	−	$(0, 2)$에서 감소
$x > 2$	+	+	+	−	$(2, \infty)$에서 증가

그림 3

그림 3에서 f의 그래프는 표의 정보를 확인시켜 주고 있다. ∎

■ 1계 도함수 판정법

3.1절에서 f가 c에서 극대 또는 극소이면(페르마 정리에 따라) c는 f의 임계수이지만, 모든 임계수에서 f가 극대 또는 극소가 되는 것은 아니다. 그러므로 임계수에서 f가 극대인지 극소인지 알려주는 판정법이 필요하다.

그림 3으로부터 예제 1의 함수 f는 $(-1, 0)$에서 증가하고 $(0, 2)$에서 감소하기 때문에 $f(0) = 5$는 f의 극댓값이다. 도함수로 표현하면 $-1 < x < 0$에서 $f'(x) > 0$이고 $0 < x < 2$에서 $f'(x) < 0$이다. 다시 말해서 $f'(x)$의 부호는 0에서 양으로부터 음으로 바뀐다. 이런 관찰이 다음 판정법의 기초가 된다.

1계 도함수 판정법 c를 연속함수 f의 임계수라고 가정하자.

(a) c에서 f'이 양에서 음으로 바뀌면 f는 c에서 극대이다.

(b) c에서 f'이 음에서 양으로 바뀌면 f는 c에서 극소이다.

(c) c의 양쪽에서 f'이 모두 양이거나 모두 음이면 f는 c에서 극대도 극소도 아니다.

1계 도함수 판정법은 I/D 판정법의 결과이다. 예를 들어 (a)에 있어서는 c에서 $f'(x)$의 부호가 양에서 음으로 바뀌기 때문에 f는 c의 왼쪽에서 증가하고 c의 오른쪽에서는 감소한다. 그러므로 f는 c에서 극대이다.

1계 도함수 판정법은 그림 4와 같이 가시화하면 기억하기 쉽다.

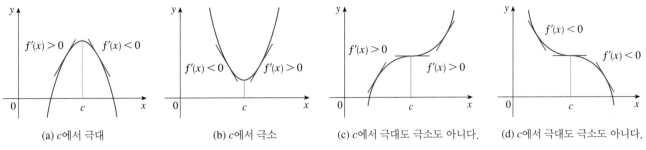

(a) c에서 극대   (b) c에서 극소   (c) c에서 극대도 극소도 아니다.   (d) c에서 극대도 극소도 아니다.

그림 4

《예제 2》 예제 1의 함수 f의 극댓값과 극솟값을 구하라.

풀이 예제 1의 풀이에 있는 표로부터 $f'(x)$가 -1에서 음에서 양으로 바뀐다는 것을 알수 있다. 따라서 $f(-1) = 0$이 1계 도함수 판정법에 의해 극솟값이다. 마찬가지로 f'은 2에서 음에서 양으로 바뀐다. 따라서 $f(2) = -27$도 역시 극솟값이다. 0에서 $f'(x)$는 양에서 음으로 바뀌기 때문에 $f(0) = 5$가 극댓값이다. ∎

《예제 3》 함수 $g(x) = x + 2 \sin x$, $0 \le x \le 2\pi$의 극댓값과 극솟값을 구하라.

풀이 예제 1에서처럼 우선 $g(x)$의 임계수를 구한다. $g'(x) = 1 + 2 \cos x$이므로 $\cos x = -\frac{1}{2}$일 때 $g'(x) = 0$을 만족한다. 이 방정식의 해는 $2\pi/3$, $4\pi/3$이다. g가 모든 실수에서 미분가능하므로 임계수는 오직 $x = 2\pi/3$, $x = 4\pi/3$이다. 정의역을 임계수에 의해 구간으로 분리한다. 각 구간에서 $g'(x)$는 항상 양이거나 음이 되므로 다음 표에서처럼 $g(x)$를 분석할 수 있다.

구간	$g'(x) = 1 + 2 \cos x$	g
$0 < x < 2\pi/3$	$+$	$(0, 2\pi/3)$에서 증가
$2\pi/3 < x < 4\pi/3$	$-$	$(2\pi/3, 4\pi/3)$에서 감소
$4\pi/3 < x < 2\pi$	$+$	$(4\pi/3, 2\pi)$에서 증가

표에서 $+$ 부호는 $\cos x > -\frac{1}{2}$일 때 $g'(x) > 0$이라는 사실에서 나온다. $y = \cos x$의 그래프로부터 주어진 구간에서 참임을 알 수 있다. 아니면 각 구간의 특정한 값에서의 $g'(x)$의 부호를 구해보아도 된다.

$2\pi/3$에서 $g'(x)$가 양에서 음으로 바뀌기 때문에, 1계 도함수 판정법에 의해 $2\pi/3$에서 극대이고 그 극댓값은 다음과 같다.

$$g(2\pi/3) = \frac{2\pi}{3} + 2 \sin \frac{2\pi}{3} = \frac{2\pi}{3} + 2\left(\frac{\sqrt{3}}{2}\right) = \frac{2\pi}{3} + \sqrt{3} \approx 3.83$$

마찬가지로 $4\pi/3$에서 $g'(x)$는 음에서 양으로 바뀌므로 극솟값은 다음과 같다.

$$g(4\pi/3) = \frac{4\pi}{3} + 2 \sin \frac{4\pi}{3} = \frac{4\pi}{3} + 2\left(-\frac{\sqrt{3}}{2}\right) = \frac{4\pi}{3} - \sqrt{3} \approx 2.46$$

그림 5에서 g의 그래프가 결론을 뒷받침해 주고 있다. ∎

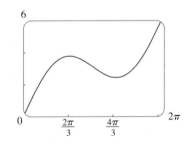

그림 5 $g(x) = x + 2 \sin x$

■ f''은 f에 대해 무엇을 말하나?

그림 6은 (a, b)에서 증가하는 두 함수의 그래프를 나타내고 있다. 두 그래프는 점 A 와 B를 연결한 부분이 서로 다른 방향으로 휘어졌기 때문에 다르게 보인다. 어떻게 두 가지 형태의 자취를 구별할 것인가?

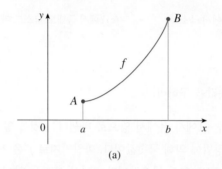
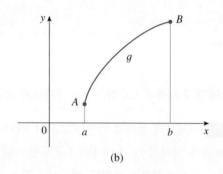

그림 6   (a)   (b)

그림 7에는 여러 점에서 이런 곡선에 대한 접선을 그려 놓았다. (a)와 같이 곡선이 접선 위에 있을 때 f는 (a, b)에서 **위로 오목**이라 하고, (b)와 같이 곡선이 접선 아래에 있을 때 g는 (a, b)에서 **아래로 오목**이라 한다.

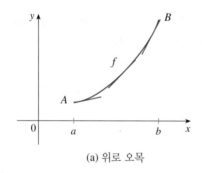
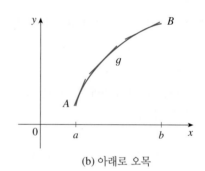

그림 7   (a) 위로 오목   (b) 아래로 오목

> **정의** 함수 f의 그래프가 구간 I에서 모든 접선보다 위에 놓여 있을 때 함수 f는 I에서 **위로 오목**(concave upward)이라 한다. 함수 f의 그래프가 구간 I에서 모든 접선보다 아래에 놓여 있을 때 함수 f는 I에서 **아래로 오목**(concave downward)이라 한다.

그림 8은 함수의 그래프가 구간 (b, c), (d, e), (e, p)에서 위로 오목(CU)이고, 구간 (a, b), (c, d), (p, q)에서 아래로 오목(CD)임을 보여준다.

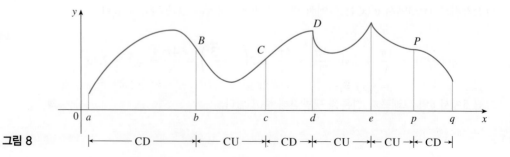

그림 8

2계 도함수가 오목 구간을 결정하는 데 도움을 주는지 알아보자. 그림 7(a)를 보면, 왼쪽에서 오른쪽으로 움직일 때 접선의 기울기가 증가하고 있음을 볼 수 있다. 이것은 도함수 f'이 증가함수이고, 따라서 이것의 도함수 f''이 양이 되는 것을 의미한다. 또한 그림 7(b)에서 접선의 기울기는 왼쪽에서 오른쪽으로 움직일 때 감소한다. 따라서 f'은 감소함수이고 f''은 음이다. 이 논리는 역도 성립하고 다음 정리가 성립함을 암시하고 있다. 아래 정리는 평균값 정리를 이용해서 얻을 수 있으며, 증명은 생략한다.

오목성 판정법

(a) 구간 I에서 $f''(x) > 0$이면 f의 그래프는 I에서 위로 오목이다.

(b) 구간 I에서 $f''(x) < 0$이면 f의 그래프는 I에서 아래로 오목이다.

《예제 4》 그림 9는 양봉장에서 기르는 꿀벌의 개체수 그래프이다. 시간에 따른 꿀벌 개체수의 증가율은 얼마인가? 증가율이 가장 높을 때는 언제인가? P가 위로 오목 또는 아래로 오목인 구간은 어디인가?

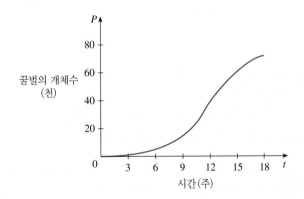

그림 9

풀이 t의 증가에 따른 곡선의 기울기를 보면 꿀벌 개체수의 증가율은 처음에는 작지만, 약 $t = 12$주에서 최대에 도달하기까지 점점 커지고 개체수가 안정됨에 따라 감소하는 것을 알 수 있다. 꿀벌 개체수가 최댓값인 약 75000에 도달할 때(**포화밀도**라 한다) 증가율 $P'(t)$는 0에 접근한다. 곡선은 $(0, 12)$에서 위로 오목이고 $(12, 18)$에서 아래로 오목이다. ■

예제 4에서 개체수의 곡선은 근사적으로 점 $(12, 38000)$에서 위로 오목에서 아래로 오목으로 바뀐다. 이런 점을 곡선의 **변곡점**이라고 한다. 이 점의 의미는 그 점에서 개체수의 증가율이 최댓값을 갖는다는 것이다. 일반적으로 변곡점은 곡선의 오목성의 방향이 바뀌는 점이다.

정의 f가 곡선 $y = f(x)$ 위의 한 점 P에서 연속이고 그 점에서 곡선이 위로 오목에서 아래로 오목으로 또는 아래로 오목에서 위로 오목으로 바뀌면 점 P를 **변곡점** (inflection point)이라 한다.

예를 들면 그림 8에서 B, C, D, P는 변곡점이다. 곡선이 변곡점에서 접선을 가지면 곡선은 그곳에서 접선과 교차한다.

오목성 판정법에 따르면 함수가 연속이고 2계 도함수의 부호가 바뀌는 점에서 변곡점이 존재한다.

《예제 5》 다음 조건을 만족하는 함수 f의 그래프를 그려라.

  (i) $f(0) = 0$, $f(2) = 3$, $f(4) = 6$, $f'(0) = f'(4) = 0$

  (ii) $0 < x < 4$에서 $f'(x) > 0$이고 $x < 0$과 $x > 4$에서 $f'(x) < 0$

  (iii) $x < 2$에서 $f''(x) > 0$이고 $x > 2$에서 $f''(x) < 0$

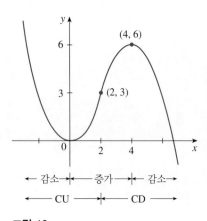

그림 10

풀이 조건 (i)은 점 $(0, 0)$과 $(4, 6)$에서 수평접선을 가짐을 말해 준다. 조건 (ii)는 f가 구간 $(0, 4)$에서 증가하고 구간 $(-\infty, 0)$과 $(4, \infty)$에서 감소하고 있음을 말해 준다. I/D 판정법으로부터 $f(0) = 0$은 극소이고 $f(4) = 6$은 극대이다.

조건 (iii)은 그래프가 구간 $(-\infty, 2)$에서 위로 오목이고 $(2, \infty)$에서 아래로 오목임을 말해 준다. 곡선이 $x = 2$에서 위로 오목에서 아래로 오목으로 바뀌기 때문에, 점 $(2, 3)$이 변곡점이다.

이 정보를 이용해서 그림 10과 같이 f의 그래프를 그린다. $x < 2$에서 곡선이 위로 향해 굽고 $x > 2$에서 아래로 향해 굽는다. ∎

■ 2계 도함수 판정법

2계 도함수는 함수의 극댓값과 극솟값을 판정하는 데에도 활용할 수 있다. 그것은 1계 도함수 판정법의 대용으로 오목성 판정법의 결과이다.

2계 도함수 판정법 f''이 c의 부근에서 연속이라 가정하자.
(a) $f'(c) = 0$이고 $f''(c) > 0$이면 f는 c에서 극소이다.
(b) $f'(c) = 0$이고 $f''(c) < 0$이면 f는 c에서 극대이다.

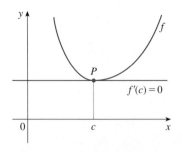

그림 11 $f''(c) > 0$, f는 위로 오목

예를 들면 (a)는 참이다. 왜냐하면 c 부근에서 $f''(x) > 0$이므로 함수 f는 c 부근에서 위로 오목이기 때문이다. 이것은 f의 그래프가 c에서 수평접선보다 **위에** 있음을 의미하므로 f는 c에서 극소이다(그림 11 참조).

NOTE 2계 도함수 판정법은 $f''(c) = 0$일 경우 어떤 결론도 내리지 못하고 있다. 다시 말하면 이런 점에서는 극대이거나 극소이거나 또는 둘 다 아닐 수도 있다. 이 판정법은 $f''(c)$가 존재하지 않을 때도 역시 사용할 수 없다. 이런 경우에는 반드시 1계 도함수 판정법을 사용해야 한다. 사실 두 판정법이 적용될 수 있을 때에도 때로는 1계 도함수 판정법이 더 쉬울 수도 있다.

《예제 6》 곡선 $y = x^4 - 4x^3$의 오목성, 변곡점, 극대와 극소에 대해 설명하라.

풀이 $f(x) = x^4 - 4x^3$이면 다음이 성립한다.

$$f'(x) = 4x^3 - 12x^2 = 4x^2(x - 3)$$

$$f''(x) = 12x^2 - 24x = 12x(x - 2)$$

임계수를 얻기 위해 $f'(x) = 0$이라 두면 $x = 0$, $x = 3$을 얻는다.(f'은 다항식이므로 모든 실수에서 정의된다.) 2계 도함수 판정법을 이용해서 임계수에서 f''을 계산하면 다음이 성립한다.

$$f''(0) = 0, \qquad f''(3) = 36 > 0$$

$f'(3) = 0$이고 $f''(3) > 0$이므로 2계 도함수 판정법에 의해 $f(3) = -27$은 극솟값이다. $f''(0) = 0$이므로 임계수 c에 대해 아무런 정보도 제공하지 않는다. 그러나 $x < 0$, $0 < x < 3$인 x에 대해 $f'(x) < 0$이므로 1계 도함수 판정법에 따라 f는 0에서 극대도 극소도 아니다.

$x = 0$ 또는 $x = 2$일 때 $f''(x) = 0$이므로 이런 수들을 끝점으로 하는 구간으로 실직선을 분할하면 다음의 표를 얻는다.

구간	$f''(x) = 12x(x-2)$	오목성
$(-\infty, 0)$	+	위로
$(0, 2)$	−	아래로
$(2, \infty)$	+	위로

점 $(0, 0)$에서 곡선은 위로 오목에서 아래로 오목으로 바뀌므로 이 점은 변곡점이다. 역시 점 $(2, -16)$에서 곡선이 아래로 오목에서 위로 오목으로 바뀌기 때문에 이 점도 변곡점이다. $y = x^4 - 4x^3$의 그래프인 그림 12는 문제의 결론을 보여 준다. ■

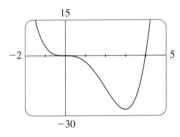

그림 12 $y = x^4 - 4x^3$

■ 곡선 그리기

1계와 2계 도함수 판정법으로부터 구한 정보를 이용하여 함수의 그래프를 그려본다.

《예제 7》 함수 $f(x) = x^{2/3}(6 - x)^{1/3}$의 그래프를 그려라.

풀이 f의 정의역이 $\mathbb{R}$인 것을 유의하자. 1계, 2계 도함수는 다음과 같다.

$$f'(x) = \frac{4 - x}{x^{1/3}(6 - x)^{2/3}}$$

$$f''(x) = \frac{-8}{x^{4/3}(6 - x)^{5/3}}$$

미분법칙을 이용해서 계산을 확인하자.

$x = 4$일 때 $f'(x) = 0$이고 $x = 0$ 또는 $x = 6$일 때 $f'(x)$가 존재하지 않으므로, 임계수는 0, 4, 6이다.

구간	$4 - x$	$x^{1/3}$	$(6 - x)^{2/3}$	$f'(x)$	f
$x < 0$	+	−	+	−	$(-\infty, 0)$에서 감소
$0 < x < 4$	+	+	+	+	$(0, 4)$에서 증가
$4 < x < 6$	−	+	+	−	$(4, 6)$에서 감소
$x > 6$	−	+	+	−	$(6, \infty)$에서 감소

그림 13의 그래프를 그래픽 계산기나 컴퓨터로 그려 보자. 어떤 장치들은 완전한 그래프를 그리고 어떤 장치는 단지 y축의 우측 부분만을 그리거나, 어떤 장치는 $x = 0$과 $x = 6$ 사이만 그리는 것 등 다양할 것이다. www.StewartCalculus.com에서 Graphing Calculator and Computer의 예제 7을 참고하라.

그림 13

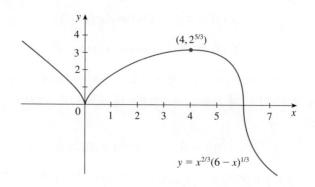

극값을 구하기 위해 1계 도함수 판정법을 이용하자. 0에서 f'이 음에서 양으로 바뀌므로 $f(0) = 0$은 극솟값이다. 4에서 f'이 양에서 음으로 바뀌므로 $f(4) = 2^{5/3}$은 극댓값이다. 6에서 f'은 부호가 바뀌지 않으므로 극댓값이나 극솟값을 갖지 않는다. (2계 도함수 판정법을 4에서 이용할 수 있지만 0과 6에서는 f''이 존재하지 않으므로 이용할 수 없다.)

모든 x에 대해 $x^{4/3} \geq 0$임과 $f''(x)$의 식에 주목하면, $x < 0$, $0 < x < 6$일 때 $f''(x) < 0$고 $x > 6$일 때 $f''(x) > 0$이다. 따라서 f는 $(-\infty, 0)$과 $(0, 6)$에서 아래로 오목이고 $(6, \infty)$에서 위로 오목이며 유일한 변곡점은 $(6, 0)$이다. f의 1계, 2계 도함수들로부터 알 수 있는 모든 정보를 이용하여 그림 13의 그래프를 그릴 수 있다. $x \to 0$과 $x \to 6$일 때 $|f'(x)| \to \infty$이므로 곡선이 $(0, 0)$과 $(6, 0)$에서 수직접선을 가짐에 주목한다. ∎

3.3 | 연습문제

1. 주어진 f의 그래프를 이용해서 다음을 구하라.

(a) f가 증가하는 개구간

(b) f가 감소하는 개구간

(c) f가 위로 오목인 개구간

(d) f가 아래로 오목인 개구간

(e) 변곡점의 좌표

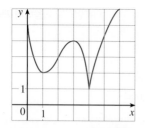

2. 함수 f의 식이 주어졌다고 가정하자.

(a) f가 증가하거나 감소하는 곳을 어떻게 결정할 것인가?

(b) f의 그래프가 위로 오목 또는 아래로 오목인 곳을 어떻게 결정할 것인가?

(c) 변곡점들의 위치를 어떻게 구할 수 있는가?

3. 함수 f의 도함수 f'의 그래프가 다음과 같다.

(a) f가 증가 또는 감소하는 구간을 구하라.

(b) f가 극대나 극소를 갖는 x의 값을 구하라.

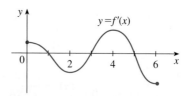

4. 함수의 그래프가 아래와 같이 제시된 경우, f의 변곡점의 x좌표를 말하고 그 이유를 설명하라.

(a) 곡선이 f인 경우

(b) 곡선이 f'인 경우

(c) 곡선이 f''인 경우

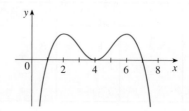

5-7 다음 함수 f가 증가 또는 감소하는 구간을 구하고 f의 극댓값과 극솟값을 구하라.

5. $f(x) = 2x^3 - 15x^2 + 24x - 5$

6. $f(x) = 6x^4 - 16x^3 + 1$

7. $f(x) = \dfrac{x^2 - 24}{x - 5}$

8-9 다음 함수 f가 위로 오목 또는 아래로 오목인 구간을 구하고 f의 변곡점을 구하라.

8. $f(x) = x^3 - 3x^2 - 9x + 4$

9. $f(x) = \sin^2 x - \cos 2x, \quad 0 \le x \le \pi$

10-11

(a) 함수 f가 증가하는 구간 또는 감소하는 구간을 구하라.

(b) 함수 f의 극댓값과 극솟값을 구하라.

(c) 함수 f의 오목 구간과 변곡점을 구하라.

10. $f(x) = x^4 - 2x^2 + 3$

11. $f(x) = \sin x + \cos x, \quad 0 \le x \le 2\pi$

---

12. 1계, 2계 도함수 판정법을 이용해서 $f(x) = 1 + 3x^2 - 2x^3$의 극댓값과 극솟값을 구하라. 어느 방법이 더 좋은가?

13. 함수 f의 도함수가 다음과 같다고 가정하자.

$$f'(x) = (x - 4)^2 (x + 3)^7 (x - 5)^8$$

f는 어떤 구간에서 증가하는가?

14. f''이 $(-\infty, \infty)$에서 연속이라고 가정하자.

　(a) $f'(2) = 0$이고 $f''(2) = -5$이면 f에 대해 무엇을 말할 수 있는가?

　(b) $f'(6) = 0$이고 $f''(6) = 0$이면 f에 대해 무엇을 말할 수 있는가?

15-18 주어진 조건을 모두 만족하는 함수의 그래프를 그려라.

15. (a) 모든 x에 대해 $f'(x) > 0$, $f''(x) < 0$

　　(b) 모든 x에 대해 $f'(x) < 0$, $f''(x) > 0$

16. $f'(0) = f'(2) = f'(4) = 0$,

　$x < 0$ 또는 $2 < x < 4$일 때, $f'(x) > 0$,

　$0 < x < 2$ 또는 $x > 4$일 때, $f'(x) < 0$,

　$1 < x < 3$일 때, $f''(x) > 0$,

　$x < 1$ 또는 $x > 3$일 때, $f''(x) < 0$

17. $f'(5) = 0$, $x < 5$이면 $f'(x) < 0$,

　$x > 5$이면 $f'(x) > 0$, $f''(2) = 0$, $f''(8) = 0$,

　$x < 2$ 또는 $x > 8$이면 $f''(x) < 0$,

　$2 < x < 8$이면 $f''(x) > 0$

18. $f(0) = f'(0) = f'(2) = f'(4) = f'(6) = 0$,

　$0 < x < 2$ 또는 $4 < x < 6$이면 $f'(x) > 0$,

　$2 < x < 4$ 또는 $x > 6$이면 $f'(x) < 0$,

　$0 < x < 1$ 또는 $3 < x < 5$이면 $f''(x) > 0$,

　$1 < x < 3$ 또는 $x > 5$이면 $f''(x) < 0$,

　$f(-x) = f(x)$

---

19. 연속함수 f의 도함수 f'의 그래프가 다음과 같다.

　(a) f가 증가 또는 감소하는 구간을 구하라.

　(b) f가 극대 또는 극소를 갖는 x의 값을 구하라.

　(c) f가 위로 오목 또는 아래로 오목인 구간을 구하라.

　(d) 변곡점의 x 좌표를 구하라.

　(e) $f(0) = 0$이라 가정할 때 f의 그래프를 그려라.

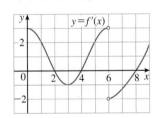

20-26

(a) 증가 또는 감소하는 구간을 구하라.

(b) 극댓값과 극솟값을 구하라.

(c) 오목 구간과 변곡점을 구하라.

(d) (a)~(c)에서 주어진 정보를 이용해서 그래프를 그려라. 그래픽 도구 또는 컴퓨터를 이용하여 그래프를 확인할 수 있다.

20. $f(x) = x^3 - 3x^2 + 4$

21. $f(x) = \frac{1}{2}x^4 - 4x^2 + 3$

22. $g(t) = 3t^4 - 8t^3 + 12$

23. $f(z) = z^7 - 112z^2$

24. $F(x) = x\sqrt{6 - x}$

25. $C(x) = x^{1/3}(x + 4)$

26. $f(\theta) = 2\cos\theta + \cos^2\theta, \quad 0 \le \theta \le 2\pi$

---

27. 3.3절에 나오는 방법들을 이용하여 다음 함수족들 중 몇 개

의 함수들의 그래프들을 그려라. 그 그래프들이 공통점은 무엇인가? 서로 다른 부분은 무엇인가?

$$f(x) = x^4 - cx, \quad c > 0$$

28. $f(x) = \dfrac{x+1}{\sqrt{x^2+1}}$ 에 대해

   (a) f의 그래프를 이용해서 극댓값과 극솟값을 추정하라. 그 다음 정확한 값을 구하라.

   (b) f가 가장 빠르게 증가하는 x의 값을 추정하라. 그 다음 정확한 값을 구하라.

29. $f(x) = \sin 2x + \sin 4x, \quad 0 \le x \le \pi$ 에 대해

   (a) f의 그래프를 이용해서 오목 구간과 변곡점의 좌표를 대략적으로 추정하라.

   (b) f''의 그래프를 이용해서 더 나은 추정값을 구하라.

30. $f(x) = \dfrac{x^4 + x^3 + 1}{\sqrt{x^2 + x + 1}}$ 일 때 컴퓨터 대수체계(CAS)를 이용해서 오목 구간을 소수점 아래 첫째 자리까지 추정하고 f''의 그래프를 그려라.

31. 다음은 실험실에서 시간의 함수로서 배양한 이스트 세포수의 그래프를 보여 준다.

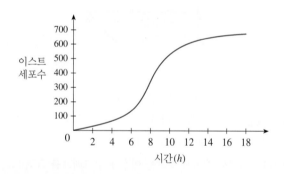

   (a) 개체수의 증가율은 어떻게 변하는가?

   (b) 언제 증가율이 최대인가?

   (c) 어느 구간에서 개체 함수가 위로 오목 또는 아래로 오목인가?

   (d) 변곡점의 좌표를 추정하라.

32. 국가 재정적자가 증가하지만, 증가율은 감소할 것이라고 대통령이 발표했다. 발표내용을 함수, 도함수, 2계 도함수 용어로 설명하라.

33. $K(t)$를 t시간 동안 시험 공부를 해서 얻은 지식의 양이라고 하자. $K(8) - K(7)$ 또는 $K(3) - K(2)$ 중 어느 것이 크다고 생각하는가? K의 그래프는 위로 오목인가 또는 아래로 오목인가? 그 이유는 무엇인가?

34. $x = -2$에서 극댓값 3을 갖고 $x = 1$에서 극솟값 0을 갖는 삼차함수 $f(x) = ax^3 + bx^2 + cx + d$를 구하라.

35. 곡선 $y = x \sin x$의 변곡점이 곡선 $y^2(x^2 + 4) = 4x^2$ 위에 있음을 보여라.

36. 모든 함수가 두 번 미분가능하고 2계 도함수는 0이 아니라고 가정하자.

   (a) f와 g가 모두 I에서 양이고, 증가하고, 위로 오목이면 곱함수 fg는 I에서 위로 오목임을 보여라.

   (b) f와 g가 모두 감소할 때에도 (a)는 그대로 성립함을 보여라.

   (c) f는 증가하고 g는 감소한다고 가정하자. 세 가지 예를 만들어 fg가 위로 오목, 아래로 오목 또는 선형함수일 수 있음을 보여라. 이 경우 (a)와 (b)의 명제가 적용되지 않는 이유는 무엇인가?

37. 삼차함수(3차 다항함수)는 항상 단 한 개의 변곡점을 가짐을 보여라. 이 그래프가 세 개의 x절편 x_1, x_2, x_3을 가지면 변곡점의 x좌표는 $(x_1 + x_2 + x_3)/3$임을 보여라.

38. $(c, f(c))$가 f의 그래프의 변곡점이고, f''이 c를 포함하는 개구간에 존재하면 $f''(c) = 0$을 증명하라.

   [**힌트**: 1계 도함수 판정법과 페르마 정리를 함수 $g = f'$에 적용한다.]

39. 함수 $g(x) = x|x|$는 $(0, 0)$에서 변곡점을 갖지만 $g''(0)$은 존재하지 않음을 보여라.

40. f가 구간 I에서 미분가능하고 한 점 c를 제외한 I의 모든 x에 대해 $f'(x) > 0$이라고 가정하자. f는 전 구간 I에서 증가함을 증명하라.

41. 1계 도함수 판정법에서 보통 세 가지 경우는 충족하지만 모든 경우를 다 충족하지는 못한다. 함수 f, g, h가 0에서 모두 0이고 $x \ne 0$일 때 다음과 같다고 하자.

$$f(x) = x^4 \sin \frac{1}{x}, \qquad g(x) = x^4 \left(2 + \sin \frac{1}{x} \right)$$

$$h(x) = x^4 \left(-2 + \sin \frac{1}{x} \right)$$

   (a) 세 함수 모두 0이 임계수이나 도함수의 부호가 0의 양쪽에서 수없이 바뀜을 보여라.

   (b) f는 0에서 극댓값도 극솟값도 갖지 않고, g는 극솟값을, h는 극댓값을 가짐을 보여라.

3.4 │ 무한대에서의 극한과 수평점근선

1.5절과 1.7절에서 곡선 $y = f(x)$에 대한 무한극한과 수직점근선에 대해 알아보았다. 거기에서의 결과는 x가 어떤 수로 접근할 때 y의 값이 임의로 커지는(양 또는 음으로) 것이었다. 이 절에서는 x를 임의로 크게 하였을 때(양 또는 음으로) y의 값이 어떻게 되는가를 알아보자. 그래프를 그릴 때 **끝점**에서의 함수의 자취를 생각하는 것이 매우 유용하다는 것을 알게 될 것이다.

■ 무한대에서의 극한과 수평점근선

x가 무한히 커질 때 다음과 같이 정의된 함수 f의 자취를 조사해 보자.

$$f(x) = \frac{x^2 - 1}{x^2 + 1}$$

오른쪽 표는 소수점 아래 여섯째 자리까지 정확한 함숫값을 나타내고 있고, 컴퓨터로 그린 f의 그래프는 그림 1에 그려져 있다.

x	$f(x)$
0	-1
± 1	0
± 2	0.600000
± 3	0.800000
± 4	0.882353
± 5	0.923077
± 10	0.980198
± 50	0.999200
± 100	0.999800
± 1000	0.999998

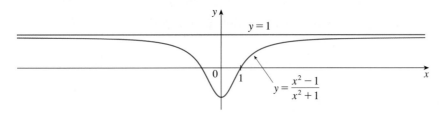

그림 1

x가 점점 커질 때 $f(x)$의 값은 점차적으로 1로 가까이 가고 있음을 알 수 있다. (f의 그래프를 오른쪽 방향으로 관찰하면 f의 그래프가 수평점근선 $y = 1$에 접근한다.) 실제로 x를 충분히 크게 취함으로써 $f(x)$의 값을 1로 가까이 가게 할 수 있는 것으로 보인다. 이런 현상을 기호로 다음과 같이 표현한다.

$$\lim_{x \to \infty} \frac{x^2 - 1}{x^2 + 1} = 1$$

일반적으로 x가 커질 때 함수 $f(x)$의 값이 L에 가까이 가는 것을 다음과 같이 나타낸다.

$$\lim_{x \to \infty} f(x) = L$$

---

1 **무한대에서 극한에 대한 직관적 정의**   함수 f가 어떤 구간 (a, ∞)에서 정의되었다고 하자. 이때 다음 기호는 충분히 큰 x를 취함으로써 $f(x)$의 값을 L에 임의로 가깝게 할 수 있음을 의미한다.

$$\lim_{x \to \infty} f(x) = L$$

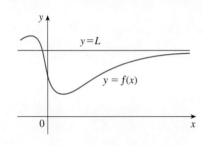

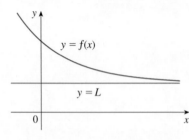

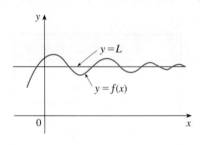

그림 2 $\lim\limits_{x \to \infty} f(x) = L$을 설명하는 그림들

$\lim\limits_{x \to \infty} f(x) = L$을 다른 기호로 나타내면 아래와 같다.

$$x \to \infty 일\ 때\quad f(x) \to L$$

기호 ∞는 수를 나타내는 것이 아니다. 그럼에도 불구하고 $\lim\limits_{x \to \infty} f(x) = L$이라는 표현을 종종 다음과 같이 읽는다.

"x가 무한대에 접근할 때 $f(x)$의 극한은 L이다."

또는 "x가 무한일 때 $f(x)$의 극한은 L이다."

또는 "x가 한없이 증가할 때 $f(x)$의 극한은 L이다."

이런 명제의 의미는 정의 $\boxed{1}$에 의해 주어졌다. 1.7절의 ε, δ 정의와 유사하고 좀 더 엄밀한 정의는 이 절의 끝 부분에서 다루기로 한다.

정의 $\boxed{1}$의 기하학적 설명은 그림 2에서 보여 주고 있다. f의 그래프가 직선 $y = L$ (**수평점근선**이라 한다)에 접근하는 방법은 여러 가지가 있다. 각 그래프의 오른쪽 먼 곳을 보자.

그림 1을 다시 참조하면, 수치적으로 x의 큰 음수에 대해 $f(x)$의 값은 거의 1에 가깝게 된다. x를 음의 값을 통해 한없이 감소하게 함으로써 $f(x)$를 원하는 만큼 1로 가까이 가게 할 수 있다. 이것은 다음과 같이 표현된다.

$$\lim_{x \to -\infty} \frac{x^2 - 1}{x^2 + 1} = 1$$

일반적인 정의는 다음과 같다.

$\boxed{2}$ **정의** 함수 f가 어떤 구간 $(-\infty, a)$에서 정의되었다고 하자. 이때 다음 기호는 충분히 큰 음수 x를 취함으로써 $f(x)$의 값을 L에 임의로 가깝게 할 수 있음을 의미한다.

$$\lim_{x \to -\infty} f(x) = L$$

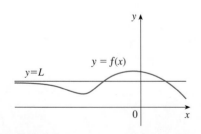

그림 3 $\lim\limits_{x \to -\infty} f(x) = L$을 설명하는 그림들

기호 $-\infty$도 수를 나타내는 것은 아니지만 $\lim\limits_{x \to -\infty} f(x) = L$은 때때로 다음과 같이 읽는다.

"x가 음의 무한대로 갈 때 $f(x)$의 극한은 L이다."

정의 $\boxed{2}$는 그림 3에 설명되어 있다. 각 그래프의 왼쪽 먼 곳을 볼 때 그래프는 직선 $y = L$에 접근하고 있음에 주목한다.

$\boxed{3}$ **정의** $\lim\limits_{x \to \infty} f(x) = L$이거나 $\lim\limits_{x \to -\infty} f(x) = L$일 때 직선 $y = L$을 곡선 $y = f(x)$의 **수평점근선**(horizontal asymptote)이라 한다.

예를 들면 그림 1에 설명된 곡선은 다음과 같은 이유에서 수평점근선 $y = 1$을 갖는다.

$$\lim_{x \to \infty} \frac{x^2 - 1}{x^2 + 1} = 1$$

그림 4에 그려진 곡선 $y = f(x)$는 다음과 같다.

$$\lim_{x \to \infty} f(x) = -1, \qquad \lim_{x \to -\infty} f(x) = 2$$

그러므로 이 곡선은 직선 $y = -1$과 $y = 2$를 수평점근선으로 갖는다.

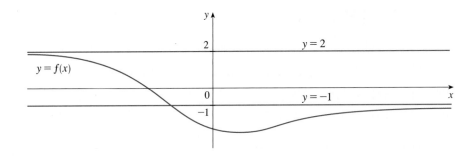

그림 4

《예제 1》 그래프가 그림 5와 같은 함수 f에 대해 무한극한, 즉 무한대에서의 극한과 점근선을 구하라.

풀이 $x \to -1$일 때 양쪽에서 $f(x)$의 값이 한없이 커짐을 안다. 따라서 다음과 같다.

$$\lim_{x \to -1} f(x) = \infty$$

x가 왼쪽에서 2로 가까이 갈 때 $f(x)$는 큰 음수가 되고, x가 오른쪽에서 2로 가까이 가면 $f(x)$는 큰 양수가 되는 것을 주목한다.

$$\lim_{x \to 2^-} f(x) = -\infty, \qquad \lim_{x \to 2^+} f(x) = \infty$$

그러므로 직선 $x = -1$과 $x = 2$는 수직점근선이다.

x가 한없이 커질 때 $f(x)$는 4로 가까이 간다. 그러나 x가 음으로 작아지면 $f(x)$는 2로 가까이 간다. 따라서 다음과 같다.

$$\lim_{x \to \infty} f(x) = 4, \qquad \lim_{x \to -\infty} f(x) = 2$$

이것은 $y = 4$와 $y = 2$가 수평점근선임을 의미한다.　■

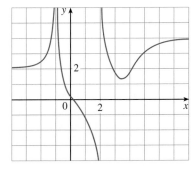

그림 5

《예제 2》 $\lim_{x \to \infty} \dfrac{1}{x}$과 $\lim_{x \to -\infty} \dfrac{1}{x}$을 구하라.

풀이 x가 크면 $1/x$은 작다. 예를 들면 다음과 같다.

$$\frac{1}{100} = 0.01, \qquad \frac{1}{10,000} = 0.0001, \qquad \frac{1}{1,000,000} = 0.000001$$

사실 충분히 큰 x를 취함으로써 $1/x$을 0에 원하는 만큼 가깝게 할 수 있다. 그러므로 정의 **1**에 따라 다음을 얻는다.

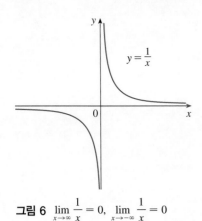

$$\lim_{x \to \infty} \frac{1}{x} = 0$$

마찬가지로 x가 큰 음수일 때 $1/x$은 작은 음수이고, 따라서 다음을 얻는다.

$$\lim_{x \to -\infty} \frac{1}{x} = 0$$

직선 $y = 0$(x축)은 곡선 $y = 1/x$의 수평점근선이다. (이것은 직각쌍곡선이다. 그림 6) ■

그림 6 $\lim_{x \to \infty} \dfrac{1}{x} = 0, \ \lim_{x \to -\infty} \dfrac{1}{x} = 0$

■ 무한대에서의 극한 구하기

1.6절에 있는 극한법칙의 대부분은 무한대에서의 극한에도 그대로 성립한다. **1.6절에 열거된 극한법칙들은(법칙 10, 11은 제외) '$x \to a$' 대신에 '$x \to \infty$' 또는 '$x \to -\infty$'로 바꾸어도 역시 성립함을** 증명할 수 있다. 특히 예제 2의 결과와 법칙 6, 7을 결합하면 다음의 중요한 법칙을 얻는다.

---

4 **정리** $r > 0$인 유리수이면 다음이 성립한다.

$$\lim_{x \to \infty} \frac{1}{x^r} = 0$$

모든 x에 대해 x^r이 정의되는 $r > 0$이 유리수이면 다음이 성립한다.

$$\lim_{x \to -\infty} \frac{1}{x^r} = 0$$

《예제 3》 $\lim\limits_{x \to \infty} \dfrac{3x^2 - x - 2}{5x^2 + 4x + 1}$ 을 계산하고 각 단계에서 이용한 극한의 성질을 표기하라.

풀이 x가 커지면 분모와 분자도 커져서 비율이 어떻게 될지 분명치 않다. 예비단계에서 대수를 행해야 한다.

유리함수의 무한대에서의 극한을 구하기 위해서는, 먼저 분모에 있는 x의 최고차수 거듭제곱으로 분자와 분모를 나눈다. (단지 x의 큰 값만 고려하기 때문에 $x \neq 0$이라고 가정할 수 있다.) 이 경우에 분모에서 x의 최고 거듭제곱은 x^2이고 따라서 다음을 얻는다.

$$\lim_{x \to \infty} \frac{3x^2 - x - 2}{5x^2 + 4x + 1} = \lim_{x \to \infty} \frac{\dfrac{3x^2 - x - 2}{x^2}}{\dfrac{5x^2 + 4x + 1}{x^2}} = \lim_{x \to \infty} \frac{3 - \dfrac{1}{x} - \dfrac{2}{x^2}}{5 + \dfrac{4}{x} + \dfrac{1}{x^2}}$$

$$= \frac{\lim\limits_{x \to \infty} \left(3 - \dfrac{1}{x} - \dfrac{2}{x^2}\right)}{\lim\limits_{x \to \infty} \left(5 + \dfrac{4}{x} + \dfrac{1}{x^2}\right)} \qquad \text{(극한법칙 5에 의해)}$$

$$= \frac{\lim\limits_{x\to\infty} 3 - \lim\limits_{x\to\infty}\frac{1}{x} - 2\lim\limits_{x\to\infty}\frac{1}{x^2}}{\lim\limits_{x\to\infty} 5 + 4\lim\limits_{x\to\infty}\frac{1}{x} + \lim\limits_{x\to\infty}\frac{1}{x^2}} \quad \text{(극한법칙 1, 2, 3에 의해)}$$

$$= \frac{3 - 0 - 0}{5 + 0 + 0} \quad \text{(극한법칙 8과 정리 \boxed{4}에 의해}$$

$$= \frac{3}{5}$$

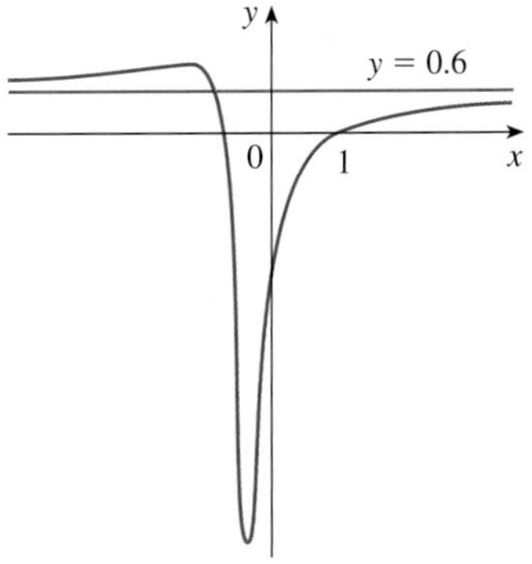

같은 방법으로 $x \to -\infty$일 때의 극한도 3/5임을 알 수 있다. 그림 7은 위의 계산 결과들이 주어진 유리함수의 그래프가 수평점근선 $y = 3/5 = 0.6$에 어떻게 접근하고 있는가를 보여주고 있다. ■

그림 7 $y = \dfrac{3x^2 - x - 2}{5x^2 + 4x + 1}$

《**예제 4**》 함수 $f(x) = \dfrac{\sqrt{2x^2 + 1}}{3x - 5}$의 그래프의 수평점근선을 구하라.

풀이 x로(분모에서 x의 최고 거듭제곱이다) 분자와 분모를 나누고 극한의 성질을 이용해서 다음을 얻는다.

$$\lim_{x\to\infty} \frac{\sqrt{2x^2 + 1}}{3x - 5} = \lim_{x\to\infty} \frac{\frac{\sqrt{2x^2 + 1}}{x}}{\frac{3x - 5}{x}} = \lim_{x\to\infty} \frac{\sqrt{\frac{2x^2 + 1}{x^2}}}{\frac{3x - 5}{x}} \quad (x > 0\text{이면 }\sqrt{x^2} = x\text{이므로})$$

$$= \frac{\lim\limits_{x\to\infty}\sqrt{2 + \frac{1}{x^2}}}{\lim\limits_{x\to\infty}\left(3 - \frac{5}{x}\right)} = \frac{\sqrt{\lim\limits_{x\to\infty} 2 + \lim\limits_{x\to\infty}\frac{1}{x^2}}}{\lim\limits_{x\to\infty} 3 - 5\lim\limits_{x\to\infty}\frac{1}{x}}$$

$$= \frac{\sqrt{2 + 0}}{3 - 5\cdot 0} = \frac{\sqrt{2}}{3}$$

그러므로 f의 그래프의 수평점근선은 직선 $y = \sqrt{2}/3$이다.

$x \to -\infty$일 때의 극한을 계산할 때 $x < 0$에 대해 $\sqrt{x^2} = |x| = -x$를 기억해야만 한다. 따라서 $x < 0$일 때 x로 분자를 나누면 다음을 얻는다.

$$\frac{\sqrt{2x^2 + 1}}{x} = \frac{\sqrt{2x^2 + 1}}{-\sqrt{x^2}} = -\sqrt{\frac{2x^2 + 1}{x^2}} = -\sqrt{2 + \frac{1}{x^2}}$$

그러므로 다음과 같다.

$$\lim_{x\to-\infty} \frac{\sqrt{2x^2 + 1}}{3x - 5} = \lim_{x\to-\infty} \frac{-\sqrt{2 + \frac{1}{x^2}}}{3 - \frac{5}{x}} = \frac{-\sqrt{2 + \lim\limits_{x\to-\infty}\frac{1}{x^2}}}{3 - 5\lim\limits_{x\to-\infty}\frac{1}{x}} = -\frac{\sqrt{2}}{3}$$

따라서 직선 $y = -\sqrt{2}/3$ 역시 수평점근선이다(그림 8 참조). ■

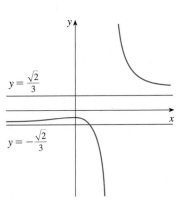

그림 8 $y = \dfrac{\sqrt{2x^2 + 1}}{3x - 5}$

주어진 함수의 분모가 1이라고 생각할 수 있다.

《예제 5》 $\lim\limits_{x \to \infty} \left(\sqrt{x^2 + 1} - x \right)$를 구하라.

풀이 x가 커질 때 $\sqrt{x^2 + 1}$과 x 둘 다 커지므로 그 차가 어떻게 될지 알기 어렵다. 따라서 대수를 이용해서 함수를 다시 쓴다. 먼저 다음과 같이 $(\sqrt{x^2 + 1} + x)$를 분자와 분모에 곱한다.

$$\lim_{x \to \infty} \left(\sqrt{x^2 + 1} - x \right) = \lim_{x \to \infty} \left(\sqrt{x^2 + 1} - x \right) \cdot \frac{\sqrt{x^2 + 1} + x}{\sqrt{x^2 + 1} + x}$$

$$= \lim_{x \to \infty} \frac{(x^2 + 1) - x^2}{\sqrt{x^2 + 1} + x} = \lim_{x \to \infty} \frac{1}{\sqrt{x^2 + 1} + x}$$

마지막 식의 분모 $(\sqrt{x^2 + 1} + x)$는 $x \to \infty$임에 따라 x보다 더 커진다. 따라서 다음을 얻는다.

$$\lim_{x \to \infty} \left(\sqrt{x^2 + 1} - x \right) = \lim_{x \to \infty} \frac{1}{\sqrt{x^2 + 1} + x} = 0$$

그림 9는 이 결과를 보여 주고 있다. ∎

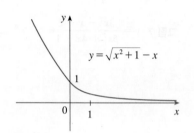

$$y = \sqrt{x^2 + 1} - x$$

그림 9

《예제 6》 $\lim\limits_{x \to \infty} \sin \dfrac{1}{x}$을 구하라.

풀이 $t = 1/x$로 두면 $x \to \infty$일 때 $t \to 0^+$이다. 따라서 다음을 얻는다(연습문제 38 참조).

$$\lim_{x \to \infty} \sin \frac{1}{x} = \lim_{t \to 0^+} \sin t = 0$$ ∎

《예제 7》 $\lim\limits_{x \to \infty} \sin x$를 구하라.

풀이 x가 증가할 때 $\sin x$의 값은 1과 −1 사이를 무한 번 진동한다. 따라서 일정한 수로 접근하지 않는다. 그러므로 $\lim\limits_{x \to \infty} \sin x$의 값은 존재하지 않는다. ∎

■ 무한대에서의 무한극한

x가 커질 때 $f(x)$의 값도 커짐을 나타낼 때 $\lim\limits_{x \to \infty} f(x) = \infty$로 표기한다. 다음 기호도 유사한 의미를 갖는다.

$$\lim_{x \to -\infty} f(x) = \infty, \quad \lim_{x \to \infty} f(x) = -\infty, \quad \lim_{x \to -\infty} f(x) = -\infty$$

《예제 8》 $\lim\limits_{x \to \infty} x^3$과 $\lim\limits_{x \to -\infty} x^3$을 구하라.

풀이 x가 점점 커질 때 x^3도 역시 커진다. 예를 들면 다음과 같다.

$$10^3 = 1000, \quad 100^3 = 1,000,000, \quad 1000^3 = 1,000,000,000$$

사실 충분히 큰 x를 택함으로써 원하는 만큼 큰 x^3을 가질 수 있다. 그러므로 다음과 같이 쓸 수 있다.

$$\lim_{x \to \infty} x^3 = \infty$$

유사하게 x가 큰 음수일 때 x^3도 마찬가지이다. 따라서 다음을 얻는다.

$$\lim_{x \to -\infty} x^3 = -\infty$$

이런 극한 상태들은 그림 10에 있는 $y = x^3$의 그래프로부터도 알 수 있다.

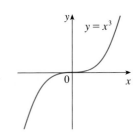

그림 10 $\lim_{x \to \infty} x^3 = \infty$, $\lim_{x \to -\infty} x^3 = -\infty$

《**예제 9**》 $\lim_{x \to \infty} (x^2 - x)$를 구하라.

풀이 극한법칙 2는 두 극한이 존재하는 경우에 차의 극한은 극한의 차와 같음을 의미한다. 그러나 $\lim_{x \to \infty} x^2 = \infty$이고 $\lim_{x \to \infty} x = \infty$이므로 극한법칙 2를 사용할 수 없다.

⊘ 일반적으로 ∞는 수가 아니므로 극한법칙을 무한극한에는 적용할 수 없다. ($\infty - \infty$는 정의되지 않는다.) 그러나 x와 $x - 1$이 임의로 커지기 때문에 그들의 곱도 한없이 커져 다음과 같이 쓸 수 있다.

$$\lim_{x \to \infty} (x^2 - x) = \lim_{x \to \infty} x(x - 1) = \infty$$

《**예제 10**》 $\lim_{x \to \infty} \dfrac{x^2 + x}{3 - x}$를 구하라.

풀이 예제 3처럼 분모에 있는 x의 최고차수 거듭제곱, 즉 x로 분모와 분자를 나누면 된다. $x \to \infty$일 때 $x + 1 \to \infty$이고 $3/x - 1 \to 0 - 1 = -1$이므로 다음을 얻는다.

$$\lim_{x \to \infty} \frac{x^2 + x}{3 - x} = \lim_{x \to \infty} \frac{x + 1}{\dfrac{3}{x} - 1} = -\infty$$

　다음 예제는 절편과 무한대에서의 무한극한을 이용하면 도함수를 계산하지 않더라도 다항함수의 그래프의 개형을 대략적으로 얻을 수 있음을 보여 준다.

《**예제 11**》 $x \to \infty$일 때와 $x \to -\infty$일 때의 극한과 절편을 구해서 다음 함수의 그래프를 그려라.

$$y = (x - 2)^4 (x + 1)^3 (x - 1)$$

풀이 y절편은 $f(0) = (-2)^4 (1)^3 (-1) = -16$이다. $y = 0$으로 놓으면 x절편은 $x = 2, -1,$ 1이다. $(x - 2)^4$이 양수이므로 함수는 2에서 부호가 바뀌지 않음을 주목한다. 그러므로 그래프는 2에서 x축을 가로지르지 않고 1과 −1에서 x축을 가로지른다.

　x가 큰 양수일 때 세 인수들 역시 커지므로 다음을 얻는다.

$$\lim_{x \to \infty} (x - 2)^4 (x + 1)^3 (x - 1) = \infty$$

x가 큰 음수일 때 첫 번째 인수는 큰 양수이고 두 번째와 세 번째 인수는 둘 다 큰 음수

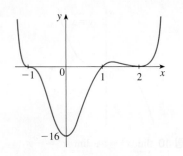

그림 11 $y = (x-2)^4(x+1)(x-1)$

이므로 다음을 얻는다.

$$\lim_{x \to -\infty} (x-2)^4(x+1)^3(x-1) = \infty$$

이런 정보를 결합해서 그림 11에 있는 대략적인 그래프의 개형을 얻을 수 있다.　■

■ 엄밀한 정의

정의 ①은 엄밀하게 언급하면 다음과 같다.

> **⑤ 무한대에서 극한에 대한 엄밀한 정의**　함수 f가 어떤 구간 (a, ∞)에서 정의된다고 하자. 이때 다음 기호는 임의의 $\varepsilon > 0$에 대해 $x > N$일 때 $|f(x) - L| < \varepsilon$을 만족하는 수 N이 존재한다는 것을 의미한다.
>
> $$\lim_{x \to \infty} f(x) = L$$

말하자면 이것은 충분히 큰 x(N보다 큰, 여기서 N은 ε에 의존한다)를 취해 $f(x)$의 값을 L에 얼마든지 가깝게(거리가 ε 이내인, 여기서 ε은 임의의 양수) 할 수 있다는 것이다. 기하학적으로 이것은 충분히 큰 x(어떤 수 N보다 큰)를 택해서 f의 그래프를 그림 12에서와 같이 주어진 수평직선 $y = L - \varepsilon$과 $y = L + \varepsilon$ 사이에 놓이게 할 수 있다는 것이다. 이것은 ε을 아무리 작게 택하더라도 반드시 참이다.

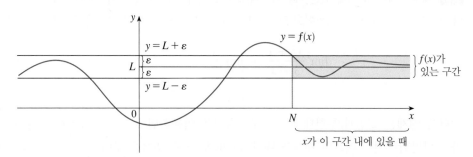

그림 12 $\lim_{x \to \infty} f(x) = L$

그림 13에서 ε의 값을 더 작게 선택하면 N의 더 큰 값이 필요하다는 것을 알 수 있다.

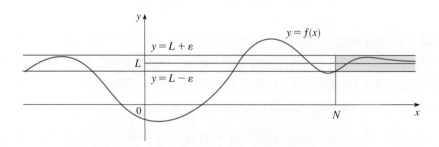

그림 13 $\lim_{x \to \infty} f(x) = L$

　마찬가지로 정의 **2**의 엄밀한 의미는 정의 **6**으로 주어지며, 그림 14에서 설명된다.

---

6 정의　함수 f가 구간 $(-\infty, a)$서 정의된다고 하자. 이때 다음 기호는 임의의 $\varepsilon > 0$에 대해 $x < N$일 때 $|f(x) - L| < \varepsilon$을 만족하는 수 N이 존재한다는 것을 의미한다.

$$\lim_{x \to -\infty} f(x) = L$$

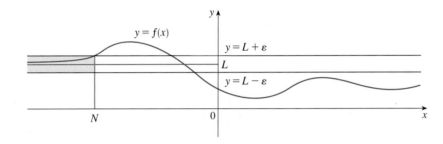

그림 14 $\lim\limits_{x \to -\infty} f(x) = L$

예제 3에서 다음을 구했다.

$$\lim_{x \to \infty} \frac{3x^2 - x - 2}{5x^2 + 4x + 1} = \frac{3}{5}$$

다음 예제에서 $L = \frac{3}{5} = 0.6$과 $\varepsilon = 0.1$이라 두고 이 명제를 정의 **5**와 연관시키기 위해 계산기(또는 컴퓨터)를 이용한다.

《 예제 12 》 그래프를 이용해서 $x > N$일 때 다음을 만족하는 수 N을 구하라.

$$\left| \frac{3x^2 - x - 2}{5x^2 + 4x + 1} - 0.6 \right| < 0.1$$

풀이 주어진 부등식은 다음과 같이 나타낼 수 있다.

$$0.5 < \frac{3x^2 - x - 2}{5x^2 + 4x + 1} < 0.7$$

주어진 곡선이 수평직선 $y = 0.5$와 $y = 0.7$ 사이에 있도록 x의 값을 결정해야 한다. 그림 15와 같이 곡선과 직선을 그리면 $x \approx 6.7$일 때 곡선이 직선 $y = 0.5$와 교차하는 것을 추정할 수 있다. 이 수의 우측에서 곡선이 직선 $y = 0.5$와 $y = 0.7$ 사이에 있음을 또한 알 수 있다. 안전하게 반올림하여 $x > 7$일 때 다음과 같이 말할 수 있다.

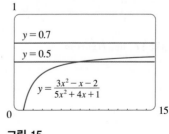

그림 15

$$\left| \frac{3x^2 - x - 2}{5x^2 + 4x + 1} - 0.6 \right| < 0.1$$

다시 말해서 $\varepsilon = 0.1$에 대해 정의 **5**에서 $N = 7$(또는 더 큰 수)로 택하면 된다.　■

《**예제 13**》 정의 **5**를 이용해서 $\lim\limits_{x \to \infty} \dfrac{1}{x} = 0$임을 보여라.

풀이 주어진 $\varepsilon > 0$에 대해 $x > N$일 때 다음을 만족하는 N을 구하려고 한다.

$$\left| \frac{1}{x} - 0 \right| < \varepsilon$$

극한을 계산할 때 $x > 0$으로 가정하자. 이 경우에 $1/x < \varepsilon \iff x > 1/\varepsilon$이다. $N = 1/\varepsilon$로 택하자.

$x > N = 1/\varepsilon$이면 다음이 성립한다.

$$\left| \frac{1}{x} - 0 \right| = \frac{1}{x} < \varepsilon$$

그러므로 정의 **5**에 따라 다음을 얻는다.

$$\lim_{x \to \infty} \frac{1}{x} = 0$$

그림 16은 ε의 값과 그에 대응하는 N값을 보여줌으로써 증명을 설명하고 있다.

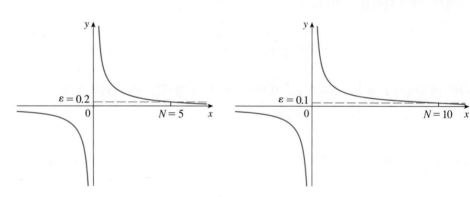

그림 16

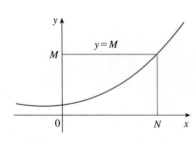

그림 17 $\lim\limits_{x \to \infty} f(x) = \infty$

끝으로 무한대에서의 무한극한은 다음과 같이 정의될 수 있음에 주목한다. 기하학적 설명은 그림 17에 나타나 있다.

7 **무한대에서 무한극한에 대한 엄밀한 정의**   함수 f가 어떤 구간 (a, ∞)에서 정의된다고 하자. 이때 다음 기호는 임의의 양수 M에 대해 $x > N$일 때 $f(x) > M$을 만족하는 양수 N이 존재한다는 것을 의미한다.

$$\lim_{x \to \infty} f(x) = \infty$$

기호 ∞ 대신에 $-\infty$를 대입하면 음에 관한 정의도 유사한 방법으로 할 수 있다.

3.4 │ 연습문제

1. 다음 각 식의 의미를 말로 설명하라.

(a) $\lim\limits_{x\to\infty} f(x) = 5$ (b) $\lim\limits_{x\to-\infty} f(x) = 3$

2. 함수 f의 그래프가 아래와 같을 때, 다음을 말하라.

(a) $\lim\limits_{x\to\infty} f(x)$ (b) $\lim\limits_{x\to-\infty} f(x)$

(c) $\lim\limits_{x\to1} f(x)$ (d) $\lim\limits_{x\to3} f(x)$

(e) 점근선들의 방정식

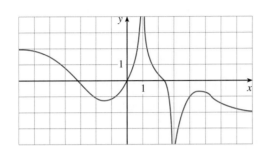

3. $x = 0,\ 1,\ 2,\ 3,\ 4,\ 5,\ 6,\ 7,\ 8,\ 9,\ 10,\ 20,\ 50,\ 100$에서 함수 $f(x) = x^2/2^x$의 값을 계산해서 극한 $\lim\limits_{x\to\infty} x^2/2^x$의 값을 추정하라.

4. 다음 극한을 각 단계마다 적당한 극한의 성질을 제시해서 정당화해 가며 계산하라.

$$\lim_{x\to\infty} \frac{2x^2 - 7}{5x^2 + x - 3}$$

5-16 다음 극한을 구하거나 극한이 존재하지 않음을 보여라.

5. $\lim\limits_{x\to\infty} \dfrac{4x + 3}{5x - 1}$ **6.** $\lim\limits_{t\to-\infty} \dfrac{3t^2 + t}{t^3 - 4t + 1}$

7. $\lim\limits_{r\to\infty} \dfrac{r - r^3}{2 - r^2 + 3r^3}$ **8.** $\lim\limits_{x\to\infty} \dfrac{4 - \sqrt{x}}{2 + \sqrt{x}}$

9. $\lim\limits_{x\to\infty} \dfrac{\sqrt{x + 3x^2}}{4x - 1}$ **10.** $\lim\limits_{x\to\infty} \dfrac{\sqrt{1 + 4x^6}}{2 - x^3}$

11. $\lim\limits_{x\to-\infty} \dfrac{2x^5 - x}{x^4 + 3}$ **12.** $\lim\limits_{x\to\infty} \cos x$

13. $\lim\limits_{t\to\infty} \left(\sqrt{25t^2 + 2} - 5t\right)$

14. $\lim\limits_{x\to\infty} \left(\sqrt{x^2 + ax} - \sqrt{x^2 + bx}\right)$

15. $\lim\limits_{x\to-\infty} (x^2 + 2x^7)$ **16.** $\lim\limits_{x\to\infty} x \sin\dfrac{1}{x}$

17. (a) 함수 $f(x) = \sqrt{x^2 + x + 1} + x$의 그래프를 그려서 다음 극한을 추정하라.

$$\lim_{x\to-\infty} \left(\sqrt{x^2 + x + 1} + x\right)$$

(b) $f(x)$의 값들의 표를 이용해서 극한을 추정하라.

(c) 추정이 옳음을 증명하라.

18-20 다음 각 곡선의 수평점근선과 수직점근선을 구하라. 그래픽 계산기(또는 컴퓨터)를 이용하여 곡선의 그래프를 그려서 점근선을 추정하고 확인하라.

18. $y = \dfrac{5 + 4x}{x + 3}$ **19.** $y = \dfrac{2x^2 + x - 1}{x^2 + x - 2}$

20. $y = \dfrac{x^3 - x}{x^2 - 6x + 5}$

21. $-10 \le x \le 10$에서 다음 함수의 그래프를 그려서 수평점근선을 추정하라.

$$f(x) = \frac{3x^3 + 500x^2}{x^3 + 500x^2 + 100x + 2000}$$

극한을 계산해서 점근선의 방정식을 구하고 차이를 설명하라.

22. P, Q는 다항함수이다.

(a) P의 차수가 Q의 차수보다 작을 때 $\lim\limits_{x\to\infty} \dfrac{P(x)}{Q(x)}$의 값을 구하라.

(b) P의 차수가 Q의 차수보다 클 때 $\lim\limits_{x\to\infty} \dfrac{P(x)}{Q(x)}$의 값을 구하라.

23. 다음 조건을 만족하는 함수 f의 식을 구하라.

$$\lim_{x\to\pm\infty} f(x) = 0, \quad \lim_{x\to0} f(x) = -\infty, \quad f(2) = 0,$$
$$\lim_{x\to3^-} f(x) = \infty, \quad \lim_{x\to3^+} f(x) = -\infty$$

24. 함수 f가 이차함수들로 된 유리함수이고, $x = 1$에서만 x절편을 갖고, f의 수직점근선은 $x = 4$이다. $x = -1$에서 제거 가능한 불연속점을 갖고, $\lim\limits_{x\to-1} f(x) = 2$이다. 이때 다음을 구하라.

(a) $f(0)$ (b) $\lim\limits_{x\to\infty} f(x)$

25-26 다음 곡선의 수평점근선을 구하고, 수평점근선과 오목성 및 증가, 감소 구간을 이용해서 곡선을 그려라.

25. $y = \dfrac{1 - x}{1 + x}$ **26.** $y = \dfrac{x}{x^2 + 1}$

27-28 $x \to \infty$일 때와 $x \to -\infty$일 때의 극한을 구하라. 절편과

위의 정보를 이용해서 예제 11에서와 같이 대략적인 그래프를 그려라.

27. $y = x^4 - x^6$

28. $y = (3 - x)(1 + x)^2(1 - x)^4$

29-31 다음 조건을 만족하는 함수의 그래프를 그려라.

29. $f(2) = 4$, $f(-2) = -4$, $\lim_{x \to -\infty} f(x) = 0$, $\lim_{x \to \infty} f(x) = 2$

30. $f'(2) = 0$, $f(2) = -1$, $f(0) = 0$,
$0 < x < 2$일 때 $f'(x) < 0$, $x > 2$일 때 $f'(x) > 0$,
$0 \leq x < 1$ 또는 $x > 4$일 때 $f''(x) < 0$,
$1 < x < 4$일 때 $f''(x) > 0$, $\lim_{x \to \infty} f(x) = 1$,
모든 x에 대해 $f(-x) = f(x)$

31. $f(1) = f'(1) = 0$, $\lim_{x \to 2^+} f(x) = \infty$,
$\lim_{x \to 2^-} f(x) = -\infty$, $\lim_{x \to 0} f(x) = -\infty$,
$\lim_{x \to -\infty} f(x) = \infty$, $\lim_{x \to \infty} f(x) = 0$,
$x > 2$일 때 $f''(x) > 0$,
$x < 0$과 $0 < x < 2$일 때 $f''(x) < 0$

---

32. (a) 압축 정리를 이용해서 $\lim_{x \to \infty} \dfrac{\sin x}{x}$를 계산하라.

(b) $f(x) = (\sin x)/x$의 그래프를 그려라. 이 그래프는 점근선과 몇 번 만나는가?

33. 모든 $x > 5$에 대해 다음이 성립할 때 $\lim_{x \to \infty} f(x)$의 값을 구하라.

$$\frac{4x - 1}{x} < f(x) < \frac{4x^2 + 3x}{x^2}$$

34. 그래프를 이용해서 $x > N$일 때 다음을 만족하는 수 N을 구하라.

$$\left| \frac{3x^2 + 1}{2x^2 + x + 1} - 1.5 \right| < 0.05$$

35. 다음 극한에 대해 $\varepsilon = 0.1$와 $\varepsilon = 0.05$에 대응하는 수 N을 구해 정의 **6**을 설명하라.

$$\lim_{x \to -\infty} \frac{1 - 3x}{\sqrt{x^2 + 1}} = 3$$

36. (a) $1/x^2 < 0.0001$을 만족하려면 x는 얼마나 커야 하나?

(b) 정리 **4**에서 $r = 2$로 놓으면 $\lim_{x \to \infty} \dfrac{1}{x^2} = 0$을 얻는다. 정의 **5**를 이용해서 직접 증명하라.

37. 정의 **6**을 이용해서 $\lim_{x \to -\infty} \dfrac{1}{x} = 0$을 증명하라.

38. (a) 극한이 존재하면 다음이 성립함을 증명하라.

$$\lim_{x \to \infty} f(x) = \lim_{t \to 0^+} f(1/t)$$

$$\lim_{x \to -\infty} f(x) = \lim_{t \to 0^-} f(1/t)$$

(b) (a)와 연습문제 32를 이용해서 다음을 구하라.

$$\lim_{x \to 0^+} x \sin \frac{1}{x}$$

3.5 | 곡선 그리기 요약

지금까지는 몇몇 특수한 면에만 집중해서 곡선을 그렸다. 1장에서는 극한, 연속, 수직점근선, 2장에서는 도함수와 접선, 그리고 이번 장에서는 극값, 증가 및 감소 구간, 오목성, 변곡점, 수평점근선 등을 다루어 왔다. 이제는 이런 정보를 모두 종합해서 함수의 중요한 성질을 드러내는 그래프를 그릴 차례이다.

　여러분은 다음과 같은 질문을 할 수도 있다. 그래픽 계산기나 컴퓨터로 곡선을 그리면 되지 않은가? 굳이 미분을 이용해야 하는가?

　현대 기술이 매우 정확한 그래프를 제공하는 것은 사실이다. 그러나 최상의 그래픽 도구도 똑똑하게 이용해야 한다. 오로지 도구에만 의지하면 그래프를 잘못 그리거나 곡선의 중요한 세부 사항을 놓칠 수 있다(www.StewartCalculus.com에서 Graphing Calculators and Computers를 참조하라. 특히 예제 1, 3, 4, 5와 3.6절을 보라). 미분을 이용하면 그래프의 가장 흥미로운 면을 발견할 수 있고 또한 많은 경우에 있어서 근삿값 대신 **정확한** 극대, 극소점과 변곡점을 계산할 수 있다.

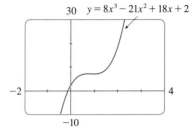

그림 1

예를 들어 그림 1은 $f(x) = 8x^3 - 21x^2 + 18x + 2$의 그래프를 나타내고 있다. 언뜻 보면 그럴듯해 보인다. 즉 그것은 $y = x^3$인 3차 곡선과 모양이 같게 보이고 극대, 극소점이 없는 것처럼 보인다. 그러나 도함수를 계산해 보면 $x = 0.75$일 때 극대이고 $x = 1$일 때 극소임을 알 수 있다. 실제로 이 부분의 그래프를 확대해 보면 그림 2와 같다는 것을 알게 된다. 미분을 이용하지 않았다면 얼핏 쉽게 넘겨버릴 수 있다.

다음 절에서 미분과 그래픽 도구의 상호작용을 이용해서 함수의 그래프를 그릴 것이다. 이 절에서는 다음에 주어진 정보를 먼저 생각하고 손으로 그래프를 그린다. 또, 계산기 또는 컴퓨터를 이용해서 그래프를 그려서 확인할 수 있다.

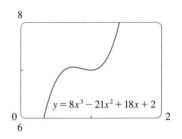

그림 2

■ 곡선을 그리는 지침

곡선 $y = f(x)$를 손으로 그리기 위해서는 다음 항목이 지침이 될 것이다. 모든 항목이 모든 함수에 다 관련되어 있는 것은 아니다. (예를 들면 어떤 주어진 곡선이 점근선이나 대칭성이 없을 수도 있다.) 그러나 이런 지침은 함수의 가장 중요한 성질을 드러내기 위해 필요한 모든 정보를 제공한다.

A. 정의역　먼저 f의 정의역, 즉 $f(x)$가 정의되는 x의 집합 D를 결정한다.

B. 절편　y절편은 $f(0)$이고 곡선이 y축과 만나는 곳을 말해 준다. x절편을 구하기 위해서 $y = 0$이라 두고 x에 대해 푼다. (방정식의 해를 구하는 것이 어려우면 이 단계는 생략할 수 있다.)

C. 대칭성

(i) D에 속하는 모든 x에 대해 $f(-x) = f(x)$, 즉 곡선의 방정식이 x 대신 $-x$를 대입해도 변하지 않으면, f는 **우함수**(even function)이고 곡선은 y축에 대해 대칭이다(1.1절 참조). 이것은 할 일이 반으로 준 것을 뜻한다. $x \geq 0$일 때 곡선이 어떻게 되는지 안다면, 이것을 y축에 대해 대칭시켜서 완전한 그래프를 얻을 수 있다[그림 3(a) 참조]. $y = x^2$, $y = x^4$, $y = |x|$, $y = \cos x$가 이런 경우이다.

(ii) D에 속하는 모든 x에 대해 $f(-x) = -f(x)$이면 f는 **기함수**(odd function)이고, 곡선은 원점에 대해 대칭이다. $x \geq 0$일 때의 곡선을 잘 알고 있다면 역시 완전한 곡선을 얻을 수 있다. [원점을 중심으로 180° 회전, 그림 3(b)]. 기함수의 간단한 예로 $y = x$, $y = x^3$, $y = 1/x$, $y = \sin x$를 들 수 있다.

(iii) p가 양의 상수이고 D에 속하는 모든 x에 대해 $f(x + p) = f(x)$이면 함수

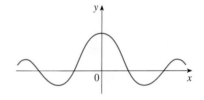

(a) 우함수: y축에 대해 대칭

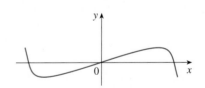

(b) 기함수: 원점에 대해 대칭

그림 3

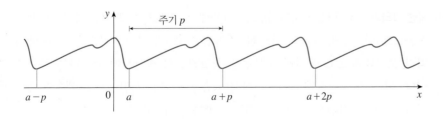

그림 4 주기함수: 평행 이동 대칭

f를 **주기함수**(periodic function)라 하고 가장 작은 양수 p를 **주기**(period)라고 한다. 예를 들면 $y = \sin x$의 주기는 2π이고 $y = \tan x$의 주기는 π이다. 길이가 p인 구간에서 함수의 그래프가 어떻게 되는지 알고 있다면, 완전한 그래프를 얻기 위해서는 평행 이동을 이용하면 된다(그림 4 참조).

D. 점근선

   (i) **수평점근선**   3.4절에서 $\lim_{x \to \infty} f(x) = L$ 또는 $\lim_{x \to -\infty} f(x) = L$이면 직선 $y = L$은 곡선 $y = f(x)$의 수평점근선임을 알았다. $\lim_{x \to \infty} f(x) = \infty$ (또는 $-\infty$)로 판명되면, 오른쪽에 점근선이 존재하지 않지만 곡선을 그리는 데 있어서는 유용한 정보가 된다.

   (ii) **수직점근선**   1.5절에서 다음 중 적어도 하나를 만족하면 직선 $x = a$가 수직점근선임을 알았다.

$$\boxed{1} \qquad \lim_{x \to a^+} f(x) = \infty \qquad\qquad \lim_{x \to a^-} f(x) = \infty$$

$$\lim_{x \to a^+} f(x) = -\infty \qquad\qquad \lim_{x \to a^-} f(x) = -\infty$$

(유리함수에 대해서는 공통인수를 제거한 후 분모를 0으로 둠으로써 수직점근선을 알 수 있지만 이 방법은 다른 함수에는 적용할 수 없다.) 더욱이 곡선을 그리는 데 있어서 $\boxed{1}$에 있는 명제 중에서 참인 명제를 정확히 아는 것이 매우 유용하다. $f(a)$는 정의되지 않고 a가 f의 정의역의 끝점이면, 이 극한이 무한대이든 아니든 $\lim_{x \to a^-} f(x)$ 또는 $\lim_{x \to a^+} f(x)$를 구해야 한다.

   (iii) **경사점근선**   이 절의 끝에서 논하겠다.

E. 증가 또는 감소 구간   I/D 판정법을 이용한다. $f'(x)$를 계산하고 $f'(x)$가 양(f는 증가)인 구간과 $f'(x)$가 음(f는 감소)인 구간을 구한다.

F. 극댓값과 극솟값 f의 임계수[$f'(c) = 0$ 또는 $f'(c)$가 존재하지 않는 수 c]를 구한다. 그리고 1계 도함수 판정법을 이용한다. f'이 임계수 c에서 양에서 음으로 바뀌면 $f(c)$는 극댓값이다. f'이 c에서 음에서 양으로 바뀌면 $f(c)$는 극솟값이다. 통상적으로 1계 도함수 판정법을 이용하지만, $f'(c) = 0$이고 $f''(c) \neq 0$이면 2계 도함수 판정법을 이용할 수도 있다. 이때 $f''(c) > 0$이면 $f(c)$는 극솟값이고, 반면 $f''(c) < 0$이면 $f(c)$는 극댓값이다.

G. 오목성과 변곡점 $f''(x)$를 계산하고 오목성 판정법을 이용한다. $f''(x) > 0$이면 곡선은 위로 오목이고 $f''(x) < 0$이면 아래로 오목이다. 변곡점은 오목성의 방향이 바뀌는 점이다.

H. 곡선 그리기   A~G항까지의 정보를 이용해서 그래프를 그린다. 점선으로서 점근선을 그린다. 절편, 극대와 극소점, 변곡점을 표시한다. 이 점들을 지나면서 E에 따라 오르내리고 G에 따라 오목성을 참고하면서 점근선에 접근하는 곡선을 그린다. 어떤 점 부근에서 좀 더 정확성이 요구된다면 그 점에서 도함수의 값을 계산할 수 있다. 접선은 곡선이 진행하는 방향을 나타낸다.

《**예제 1**》 지침을 이용해서 곡선 $y = \dfrac{2x^2}{x^2 - 1}$ 를 그려라.

A. 정의역 정의역은 다음과 같다.

$$\{x \mid x^2 - 1 \neq 0\} = \{x \mid x \neq \pm 1\} = (-\infty, -1) \cup (-1, 1) \cup (1, \infty)$$

B. 절편 x절편과 y절편은 둘 다 0이다.

C. 대칭성 $f(-x) = f(x)$이므로 f는 우함수이다. 따라서 곡선은 y축에 대해 대칭이다.

D. 점근선 $$\lim_{x \to \pm\infty} \frac{2x^2}{x^2 - 1} = \lim_{x \to \pm\infty} \frac{2}{1 - 1/x^2} = 2$$

따라서 직선 $y = 2$가 수평점근선이다(양쪽에서).

$x = \pm 1$일 때 분모가 0이므로 다음 극한을 계산한다.

$$\lim_{x \to 1^+} \frac{2x^2}{x^2 - 1} = \infty \qquad \lim_{x \to 1^-} \frac{2x^2}{x^2 - 1} = -\infty$$

$$\lim_{x \to -1^+} \frac{2x^2}{x^2 - 1} = -\infty \qquad \lim_{x \to -1^-} \frac{2x^2}{x^2 - 1} = \infty$$

그러므로 직선 $x = 1$과 $x = -1$은 수직점근선이다. 극한과 점근선에 대한 정보로 그림 5에 있는 것과 같이 곡선의 예비 그림을 그릴 수 있다. 점근선 부근에서의 곡선의 일부를 나타내고 있다.

E. 증가 또는 감소 구간

$$f'(x) = \frac{(x^2 - 1)(4x) - 2x^2 \cdot 2x}{(x^2 - 1)^2} = \frac{-4x}{(x^2 - 1)^2}$$

$x < 0 (x \neq -1)$일 때 $f'(x) > 0$이고 $x > 0 (x \neq 1)$일 때 $f'(x) < 0$이므로 f는 $(-\infty, -1)$과 $(-1, 0)$에서 증가하고 $(0, 1)$과 $(1, \infty)$에서 감소한다.

F. 극댓값과 극솟값 유일한 임계수는 $x = 0$이다. 0에서 f'은 양에서 음으로 바뀌므로 1계 도함수 판정법에 따라 $f(0) = 0$이 극댓값이다.

G. 오목성과 변곡점

$$f''(x) = \frac{(x^2 - 1)^2 (-4) + 4x \cdot 2(x^2 - 1)2x}{(x^2 - 1)^4} = \frac{12x^2 + 4}{(x^2 - 1)^3}$$

모든 x에 대해 $12x^2 + 4 > 0$이므로 다음이 성립한다.

$$f''(x) > 0 \iff x^2 - 1 > 0 \iff |x| > 1$$

$$f''(x) < 0 \iff |x| < 1$$

따라서 곡선은 구간 $(-\infty, -1)$과 $(1, \infty)$에서 위로 오목이고 $(-1, 1)$에서 아래로 오목이다. 1과 -1은 f의 정의역에 속하지 않으므로 변곡점은 없다.

H. 곡선 그리기 E~G까지의 정보를 이용해서 그림 6에 있는 곡선을 그린다. ■

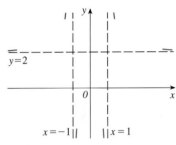

그림 5 예비 그림

위의 그림 5는 곡선이 위에서 수평점근선으로 접근하고 있음을 보여 준다. 이것은 증가와 감소하는 구간을 통해 확인된다.

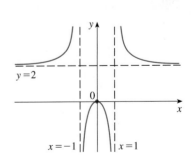

그림 6 $y = \dfrac{2x^2}{x^2 - 1}$의 완성된 그림

《**예제 2**》 $f(x) = \dfrac{x^2}{\sqrt{x + 1}}$ 의 그래프를 그려라.

A. 정의역   정의역은 $\{x \mid x + 1 > 0\} = \{x \mid x > -1\} = (-1, \infty)$이다.

B. 절편 x절편과 y절편은 둘 다 0이다.

C. 대칭성   대칭성은 없다.

D. 점근선
$$\lim_{x \to \infty} \frac{x^2}{\sqrt{x + 1}} = \infty$$

그러므로 수평점근선은 없다. $x \to -1^+$일 때 $\sqrt{x + 1} \to 0$이고, $f(x)$는 항상 양이므로 다음이 성립한다.

$$\lim_{x \to -1^+} \frac{x^2}{\sqrt{x + 1}} = \infty$$

따라서 직선 $x = -1$이 수직점근선이다.

E. 증가 또는 감소 구간

$$f'(x) = \frac{\sqrt{x + 1}\,(2x) - x^2 \cdot 1/(2\sqrt{x + 1})}{x + 1} = \frac{3x^2 + 4x}{2(x + 1)^{3/2}} = \frac{x(3x + 4)}{2(x + 1)^{3/2}}$$

$x = 0$일 때 $f'(x) = 0(-4/3$는 f의 정의역에 속하지 않음에 주의한다)이고, 따라서 유일한 임계수는 0이다. $-1 < x < 0$일 때 $f'(x) < 0$이고 $x > 0$일 때 $f'(x) > 0$이므로 f는 $(-1, 0)$에서 감소하고 $(0, \infty)$에서 증가한다.

F. 극댓값과 극솟값 $f'(0) = 0$이고 0에서 f'이 음에서 양으로 바뀌기 때문에 $f(0) = 0$은 1계 도함수 판정법에 따라 극솟값(이자 최솟값)이다.

G. 오목성과 변곡점

$$f''(x) = \frac{2(x + 1)^{3/2}(6x + 4) - (3x^2 + 4x)3(x + 1)^{1/2}}{4(x + 1)^3} = \frac{3x^2 + 8x + 8}{4(x + 1)^{5/2}}$$

분모는 항상 양이다. 이차식 $3x^2 + 8x + 8$의 판별식이 $b^2 - 4ac = -32$로 음이고 x^2의 계수가 양이므로 분자는 항상 양이다. 따라서 f의 정의역에 속하는 모든 x에 대해 $f''(x) > 0$이므로 f는 $(-1, \infty)$에서 위로 오목이고 변곡점은 없다.

H. 곡선 그리기   곡선은 그림 7과 같다.   ■

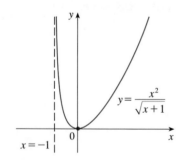

$y = \dfrac{x^2}{\sqrt{x + 1}}$

$x = -1$

그림 7

《예제 3》 $f(x) = \dfrac{\cos x}{2 + \sin x}$의 그래프를 그려라.

A. 정의역   정의역은 $\mathbb{R}$이다.

B. 절편 y절편은 $f(0) = \frac{1}{2}$이다. x절편은 $\cos x = 0$일 때, $x = (\pi/2) + n\pi(n$은 정수)이다.

C. 대칭성 f는 우함수도 기함수도 아니다. 그러나 모든 x에 대해 $f(x + 2\pi) = f(x)$이므로 f는 주기가 2π인 주기함수이다. 따라서 앞으로 단지 $0 \le x \le 2\pi$에서만 생각하면 된다. 그리고 H에서 평행 이동을 통해 곡선을 확장해 나간다.

D. 점근선   점근선은 없다.

E. 증가 또는 감소 구간

$$f'(x) = \frac{(2 + \sin x)(-\sin x) - \cos x\,(\cos x)}{(2 + \sin x)^2} = -\frac{2\sin x + 1}{(2 + \sin x)^2}$$

그러므로 분모는 항상 양수이고, $2\sin x + 1 < 0 \Longleftrightarrow \sin x < -\frac{1}{2} \Longleftrightarrow 7\pi/6 < x < 11\pi/6$ 일 때 $f'(x) > 0$이다. 따라서 f는 $(7\pi/6,\ 11\pi/6)$에서 증가하고 $(0,\ 7\pi/6)$와 $(11\pi/6,\ 2\pi)$에서 감소한다.

F. 극댓값과 극솟값 E와 1계 도함수 판정법으로부터 극솟값은 $f(7\pi/6) = -1/\sqrt{3}$이고 극댓값은 $f(11\pi/6) = 1/\sqrt{3}$이다.

G. 오목성과 변곡점 몫의 공식을 다시 쓰고 간단히 하면 다음을 얻는다.

$$f''(x) = -\frac{2\cos x\,(1 - \sin x)}{(2 + \sin x)^3}$$

모든 x에 대해 $(2 + \sin x)^3 > 0$이고 $1 - \sin x \geq 0$이므로 $\cos x < 0$일 때, 즉 $\pi/2 < x < 3\pi/2$일 때 $f''(x) > 0$이다. 따라서 f는 $(\pi/2,\ 3\pi/2)$에서 위로 오목이고 $(0,\ \pi/2)$와 $(3\pi/2,\ 2\pi)$에서 아래로 오목이다. 변곡점은 $(\pi/2,\ 0)$과 $(3\pi/2,\ 0)$이다.

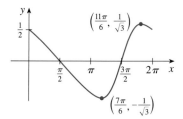

그림 8

H. 곡선 그리기 $0 \leq x \leq 2\pi$로 제한한 함수의 그래프는 그림 8과 같다. 주기성을 이용해서 확장하면 그림 9와 같은 완전한 그래프를 얻는다.

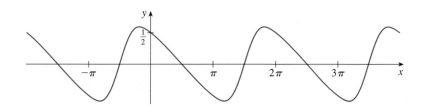

그림 9 ■

■ 경사점근선

어떤 곡선은 **비스듬한**, 즉 수직도 수평도 아닌 점근선을 갖는다. 다음 극한은 그림 10에서처럼 곡선 $y = f(x)$와 직선 $y = mx + b$ 사이의 수직거리가 0으로 접근하기 때문에 직선 $y = mx + b$를 **경사점근선**(slant asymptote)이라고 한다($x \to -\infty$일 때 유사한 상황이 발생하기도 한다).

$$\lim_{x \to \infty}\,[f(x) - (mx + b)] = 0$$

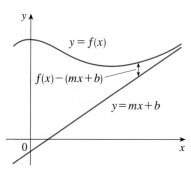

그림 10

유리함수에 대해서는 분자의 차수가 분모의 차수보다 하나 높을 때 경사점근선이 나타난다. 이런 경우에 있어서 경사점근선의 방정식은 다음 예제와 같이 장제법으로 얻는다.

《예제 4》 $f(x) = \dfrac{x^3}{x^2 + 1}$의 그래프를 구하라.

A. 정의역 정의역은 $\mathbb{R} = (-\infty,\ \infty)$이다.

B. 절편 x절편과 y절편은 둘 다 0이다.

C. 대칭성 $f(-x) = -f(x)$이므로 f는 기함수이고, 함수의 그래프는 원점에 대해 대칭이다.

D. 점근선 $x^2 + 1$은 결코 0이 될 수 없으므로 수직점근선은 없다. $x \to \infty$일 때 $f(x)$ $\to \infty$이고 $x \to -\infty$일 때 $f(x) \to -\infty$이므로 수평점근선은 없다. 그러나 장제법에 의해 다음을 얻는다.

$$f(x) = \frac{x^3}{x^2 + 1} = x - \frac{x}{x^2 + 1}$$

이 식은 $y = x$가 경사점근선의 후보임을 말한다. 사실상 다음을 얻는다.

$$x \to \pm\infty \text{일 때}\quad f(x) - x = -\frac{x}{x^2 + 1} = -\frac{\dfrac{1}{x}}{1 + \dfrac{1}{x^2}} \to 0$$

따라서 직선 $y = x$가 경사점근선이다.

E. 증가 또는 감소 구간

$$f'(x) = \frac{(x^2 + 1)(3x^2) - x^3 \cdot 2x}{(x^2 + 1)^2} = \frac{x^2(x^2 + 3)}{(x^2 + 1)^2}$$

모든 x에 대해(0은 제외) $f'(x) > 0$이므로 f는 $(-\infty, \infty)$에서 증가한다.

F. 극댓값과 극솟값 $f'(0) = 0$이지만 f'은 0에서 부호가 바뀌지 않으므로 극댓값이나 극솟값은 없다.

G. 오목성과 변곡점

$$f''(x) = \frac{(x^2 + 1)^2(4x^3 + 6x) - (x^4 + 3x^2) \cdot 2(x^2 + 1)2x}{(x^2 + 1)^4} = \frac{2x(3 - x^2)}{(x^2 + 1)^3}$$

$x = 0$ 또는 $x = \pm\sqrt{3}$일 때 $f''(x) = 0$이므로 다음의 표를 작성하자.

구간	x	$3 - x^2$	$(x^2 + 1)^3$	$f''(x)$	f
$x < -\sqrt{3}$	$-$	$-$	$+$	$+$	$(-\infty, -\sqrt{3})$에서 위로 오목
$-\sqrt{3} < x < 0$	$-$	$+$	$+$	$-$	$(-\sqrt{3}, 0)$에서 아래로 오목
$0 < x < \sqrt{3}$	$+$	$+$	$+$	$+$	$(0, \sqrt{3})$에서 위로 오목
$x > \sqrt{3}$	$+$	$-$	$+$	$-$	$(\sqrt{3}, \infty)$에서 아래로 오목

변곡점은 $\left(-\sqrt{3}, \ -\frac{3}{4}\sqrt{3}\right)$, $(0, 0)$, $\left(\sqrt{3}, \frac{3}{4}\sqrt{3}\right)$이다.

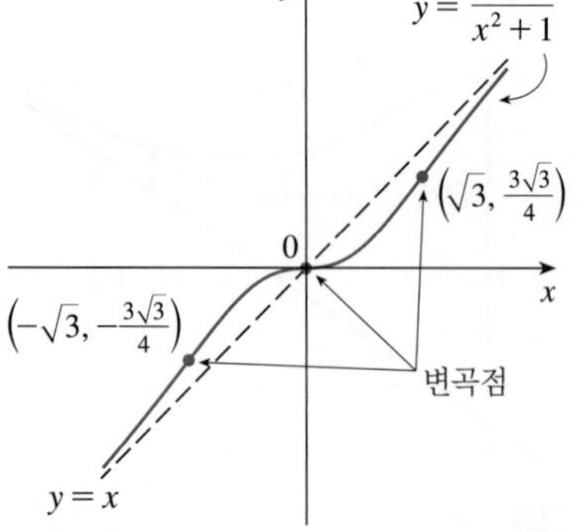

그림 11

H. 곡선 그리기 f의 그래프는 그림 11과 같다.   ■

3.5 | 연습문제

1-20 이 절의 지침을 이용해서 곡선을 그려라.

1. $y = x^3 + 3x^2$

2. $y = x^4 - 4x$

3. $y = x(x - 4)^3$

4. $y = \frac{1}{5}x^5 - \frac{8}{3}x^3 + 16x$

5. $y = \frac{2x + 3}{x + 2}$

6. $y = \frac{x - x^2}{2 - 3x + x^2}$

7. $y = \frac{x}{x^2 - 4}$

8. $y = \frac{x^2}{x^2 + 3}$

9. $y = \frac{x - 1}{x^2}$

10. $y = \frac{x^3}{x^3 + 1}$

11. $y = (x - 3)\sqrt{x}$

12. $y = \sqrt{x^2 + x - 2}$

13. $y = \frac{x}{\sqrt{x^2 + 1}}$

14. $y = \frac{\sqrt{1 - x^2}}{x}$

15. $y = x - 3x^{1/3}$

16. $y = \sqrt[3]{x^2 - 1}$

17. $y = \sin^3 x$

18. $y = x \tan x, \quad -\pi/2 < x < \pi/2$

19. $y = \sin x + \sqrt{3} \cos x, \quad -2\pi \le x \le 2\pi$

20. $y = \frac{\sin x}{1 + \cos x}$

21-22 함수 f의 그래프는 다음과 같다(점선은 수평점근선을 나타낸다). 함수 g에 대하여 다음을 구하라.

(a) g와 g'의 정의역

(b) g의 임계수

(c) $g'(6)$의 근사값

(d) g의 모든 수직점근선과 수평점근선

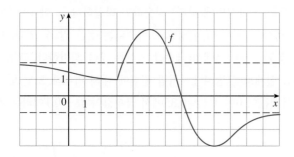

21. $g(x) = \sqrt{f(x)}$

22. $g(x) = |f(x)|$

23. 상대성 이론에서 입자의 질량이 다음과 같다.

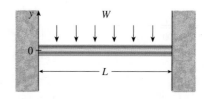

$$m = \frac{m_0}{\sqrt{1 - v^2/c^2}}$$

여기서 m_0는 정지상태에서 입자의 질량이고 m은 관찰자에 대해 입자가 상대속도 v로 움직일 때의 질량이며, c는 빛의 속력이다. v의 함수로 m의 그래프를 그려라.

24. 다음 그림은 콘크리트 벽에 설치된 길이 L인 보이다. 일정한 하중 W가 전체 길이에 고르게 분포될 때 보는 다음과 같은 휜 곡선 모양이 된다.

$$y = -\frac{W}{24EI}x^4 + \frac{WL}{12EI}x^3 - \frac{WL^2}{24EI}x^2$$

이때 E와 I는 양의 상수이다. [E는 영(Young)의 탄성계수이고 I는 보 단면의 관성 모멘트이다.] 휜 곡선의 그래프를 그려라.

25-26 경사점근선의 방정식을 구하라. 곡선은 그리지 않는다.

25. $y = \frac{x^2 + 1}{x + 1}$

26. $y = \frac{2x^3 - 5x^2 + 3x}{x^2 - x - 2}$

27-29 이 절의 지침에 따라 다음 함수의 곡선을 그려라. 지침 D에 따라 경사점근선의 방정식을 구하라.

27. $y = \frac{x^2}{x - 1}$

28. $y = \frac{x^3 + 4}{x^2}$

29. $y = \frac{2x^3 + x^2 + 1}{x^2 + 1}$

30. 곡선 $y = \sqrt{4x^2 + 9}$는 두 개의 경사점근선 $y = 2x$와 $y = -2x$를 가짐을 보여라. 이 사실을 이용해서 곡선을 그려라.

31. 직선 $y = (b/a)x$와 $y = -(b/a)x$는 쌍곡선 $(x^2/a^2) - (y^2/b^2) = 1$의 경사점근선임을 보여라.

32. $f(x) = (x^4 + 1)/x$의 점근선에 대하여 논하라. 그리고 그 결과를 이용하여 f의 그래프를 그려라.

3.6 | 미분과 도구를 이용한 곡선 그리기

www.StewartCalculus.com에서 Graphing Calculators and computers를 읽어볼 수 있다. 특히 그래픽 도구에서 함정에 빠지지 않기 위해 보기화면을 어떻게 택하는지 설명한다.

앞 절에서 곡선을 그리기 위해 사용한 방법은 미분학 연구에 있어 절정을 이룬다. 최종 목표는 그래프를 그리는 것이다. 이 절에서는 관점을 완전히 달리해서 그래픽 계산기 또는 컴퓨터로 생성한 그래프로부터 **출발**해서 그것을 다듬어 가고자 한다. 곡선의 모든 중요한 성질을 확실히 드러내기 위해서는 미분법을 이용할 것이다. 그래픽 도구를 이용하면 매우 복잡하고 고도의 기술이 필요한 곡선에 대해서도 그래프를 그릴 수 있다. 논지는 미분과 도구의 **상호작용**이다.

《예제 1》 다항함수 $f(x) = 2x^6 + 3x^5 + 3x^3 - 2x^2$의 그래프를 그려라. f'과 f''의 그래프를 이용해서 모든 극대점과 극소점, 오목 구간을 추정하라.

풀이 치역을 잡지 않아도 정의역을 잘 잡으면 많은 그래픽 소프트웨어는 계산된 값으로부터 적절한 치역을 이끌어 낼 것이다. 그림 1은 x를 $-5 \le x \le 5$로 제한했을 때 생성된 보기화면을 나타내고 있다. 이 보기화면은 점근선의 자취가 $y = 2x^6$의 그래프와 같은 것처럼 보여 준다는 점에서 유용하지만 보다 정교하고 자세한 것은 감추고 있음이 분명하다. 그래서 그림 2에서 나타낸 것처럼 보기화면을 $[-3, 2] \times [-50, 100]$으로 바꿨다.

대부분의 그래픽 계산기와 그래픽 소프트웨어는 곡선을 따라 표시하고 점들의 근사적인 좌표를 보여준다. (어떤 도구들은 극대와 극소인 점의 근사위치를 지정하는 특성을 갖는다.) 그림 2로부터 $x \approx -1.62$일 때 약 -15.33의 최솟값을 갖고 f가 $(-\infty, -1.62)$에서 감소하고 $(-1.62, \infty)$에서 증가함을 알 수 있다. 또한 원점에서 수평접선을 갖고 $x = 0$과 x가 -2와 -1 사이의 어떤 값에서 변곡점을 갖는 것을 알 수 있다.

이제 미분을 이용해서 이런 생각을 확인하자. 미분하면 다음을 얻는다.

$$f'(x) = 12x^5 + 15x^4 + 9x^2 - 4x$$

$$f''(x) = 60x^4 + 60x^3 + 18x - 4$$

그림 3과 같이 f'의 그래프를 그렸을 때 $f'(x)$는 $x \approx -1.62$일 때 음에서 양으로 바뀌는 것을 알 수 있다. 이것은 (1계 도함수 판정법에 따라) 최솟값이 확실하다. 또한 $x = 0$일 때 $f'(x)$는 양에서 음으로, $x \approx 0.35$일 때 음에서 양으로 바뀐다는 것을 알 수 있다. 이것은 f가 $x = 0$에서 극댓값을 갖고 $x \approx 0.35$에서 극솟값을 갖는 것을 의미한다. 그러나 그림 2에서는 나타나지 않는다. 실제로 그림 4에서처럼 원점에 대해 확대해 보면 앞에서는 알 수 없었던 $x = 0$에서 극댓값이 0이고 $x \approx 0.35$에서 극솟값이 약 -0.1이라는 것

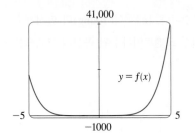

그림 1

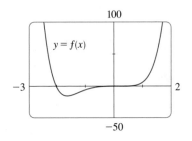

그림 2

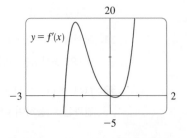

그림 3

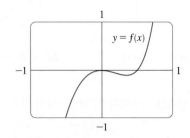

그림 4

을 알 수 있다.

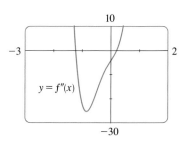

그림 5

오목성과 변곡점은 어떠한가? 그림 2와 4로부터 x가 -1의 약간 왼쪽에 있을 때와 0의 약간 오른쪽에 있을 때 변곡점이 있음을 알 수 있다. 그러나 f의 그래프로부터 변곡점을 결정하기는 어렵다. 따라서 그림 5에 f''의 그래프를 그려 놓았다. 여기서 f''은 $x \approx -1.23$일 때 양에서 음으로, $x \approx 0.19$일 때 음에서 양으로 바뀐다는 것을 알 수 있다. 그러므로 소수점 아래 둘째 자리까지 정확하게 나타내면, f는 $(-\infty, -1.23)$과 $(0.19, \infty)$에서 위로 오목이고 $(-1.23, 0.19)$에서 아래로 오목이다. 그리고 변곡점은 $(-1.23, -10.18)$과 $(0.19, -0.05)$이다.

하나의 그래프로는 이 다항함수의 중요한 성질을 모두 드러낼 수 없다는 것을 알았다. 그러나 그림 2와 4를 모두 고려하면 정확한 곡선의 그래프를 그릴 수 있다. ■

《예제 2》 다음 함수의 중요한 성질을 모두 포함하는 그래프를 보기화면에 나타내라. 극댓값과 극솟값, 오목 구간을 추정하라. 그리고 미분을 이용해서 이들의 정확한 값을 구하라.

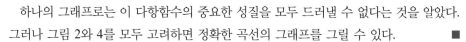

풀이 자동으로 범위가 지정되는 그래픽 소프트웨어로 생성한 그림 6은 잘못된 것이다. 어떤 그래프 계산기는 기본값으로 보기화면이 $[-10, 10] \times [-10, 10]$으로 설정되어 있다. 우리도 그 화면을 이용하자. 그러면 그림 7에 있는 그래프를 얻게 된다. 이것은 상당히 개선된 것이다. y축이 수직점근선인 것처럼 보인다.

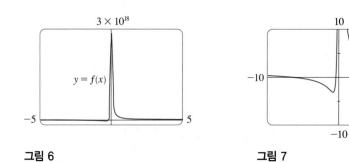

그림 6   **그림 7**

y축이 수직점근선인 것으로 보이며 실제로도 다음과 같으므로 y축이 수직점근선이다.

$$\lim_{x \to 0} \frac{x^2 + 7x + 3}{x^2} = \infty$$

그림 7은 역시 x절편이 약 -0.5와 -6.5임을 보이고 있다. 정확한 값은 이차방정식 $x^2 + 7x + 3 = 0$을 풀면 근의 공식으로부터 $x = (-7 \pm \sqrt{37})/2$이다.

수평점근선을 좀 더 잘 보기 위해 보기화면을 그림 8과 같이 $[-20, 20] \times [-5, 10]$으로 바꾸자. $y = 1$이 수평점근선으로 보이며, 이것은 다음과 같이 쉽게 확인할 수 있다.

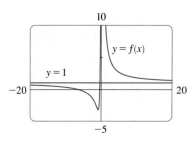

그림 8

$$\lim_{x \to \pm\infty} \frac{x^2 + 7x + 3}{x^2} = \lim_{x \to \pm\infty} \left(1 + \frac{7}{x} + \frac{3}{x^2} \right) = 1$$

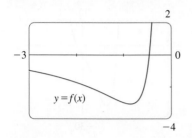

그림 9

최솟값을 추정하기 위해 보기화면을 그림 9와 같이 $[-3, 0] \times [-4, 2]$로 확대하자. $x \approx -0.9$일 때 최솟값이 약 -3.1임을 보이고 있다. 그리고 $(-\infty, -0.9)$와 $(0, \infty)$에서 함수는 감소하고 $(-0.9, 0)$에서 증가한다. 미분해서 정확한 값을 구해 보자.

$$f'(x) = -\frac{7}{x^2} - \frac{6}{x^3} = -\frac{7x + 6}{x^3}$$

이는 $-\frac{6}{7} < x < 0$일 때 $f'(x) > 0$이고 $x < -\frac{6}{7}$과 $x > 0$일 때 $f'(x) < 0$임을 나타낸다. 정확한 최솟값은 $f\left(-\frac{6}{7}\right) = -\frac{37}{12} \approx -3.08$이다.

그림 9는 역시 $x = -1$과 $x = -2$ 사이에 변곡점이 있음을 나타내고 있다. 2계 도함수의 그래프를 이용하면 좀 더 정확하게 추정할 수 있다. 이 경우에 정확한 값을 구하는 것은 매우 쉽다.

$$f''(x) = \frac{14}{x^3} + \frac{18}{x^4} = \frac{2(7x + 9)}{x^4}$$

그러므로 $x > -\frac{9}{7}$ $(x \neq 0)$일 때 $f''(x) > 0$이고, $x < -\frac{9}{7}$일 때 $f''(x) < 0$이다. 따라서 함수 f는 $\left(-\frac{9}{7}, 0\right)$과 $(0, \infty)$에서 위로 오목이고 $\left(-\infty, -\frac{9}{7}\right)$에서 아래로 오목이다. 그리고 변곡점은 $\left(-\frac{9}{7}, -\frac{71}{27}\right)$이다.

1계, 2계 도함수를 이용한 분석을 통해 그림 8은 곡선의 주요 성질을 모두 알 수 있도록 보여주고 있다. ■

《**예제 3**》 함수 $f(x) = \dfrac{x^2(x + 1)^3}{(x - 2)^2(x - 4)^4}$의 그래프를 그려라.

풀이 예제 2에 있는 유리함수의 그래프를 그려본 경험에 입각해서 그래프를 그리자.
$[-10, 10] \times [10, 10]$의 보기화면에 f의 그래프를 그리는 것으로 시작하자. 그림 10으로부터 좀 더 상세하고 큰 그림을 보기 위해 화면을 확대해야겠다는 것을 느낄 수 있다. $f(x)$의 표현식에서 분모에 있는 $(x - 2)^2$과 $(x - 4)^4$의 인수들 때문에 $x = 2$와 $x = 4$가 수직점근선이 됨을 기대할 수 있다. 실제로 계산하면 다음과 같다.

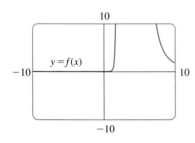

그림 10

$$\lim_{x \to 2} \frac{x^2(x + 1)^3}{(x - 2)^2(x - 4)^4} = \infty, \qquad \lim_{x \to 4} \frac{x^2(x + 1)^3}{(x - 2)^2(x - 4)^4} = \infty$$

수평점근선을 구하기 위해 분모, 분자를 x^6으로 나누자.

$$\frac{x^2(x + 1)^3}{(x - 2)^2(x - 4)^4} = \frac{\dfrac{x^2}{x^3} \cdot \dfrac{(x + 1)^3}{x^3}}{\dfrac{(x - 2)^2}{x^2} \cdot \dfrac{(x - 4)^4}{x^4}} = \frac{\dfrac{1}{x}\left(1 + \dfrac{1}{x}\right)^3}{\left(1 - \dfrac{2}{x}\right)^2\left(1 - \dfrac{4}{x}\right)^4}$$

$x \to \pm\infty$일 때 $f(x) \to 0$이므로 x축이 수평점근선이다.

3.4절의 예제 11에서 했던 분석을 통해 x절편 가까이에서 그래프의 모양을 생각해 보는 것도 매우 유용하다. x^2은 양으로 $f(x)$는 0에서 부호가 바뀌지 않는다. 따라서 0에서 x축과 교차하지 않는다. 그러나 인수 $(x + 1)^3$ 때문에 -1에서 x축과 교차하며 그곳에서 수평점근선을 갖는다. 이런 모든 정보로부터 도함수를 사용하지 않고서도 곡선이 그림

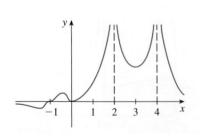

그림 11

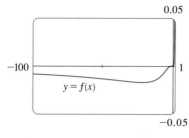

그림 12

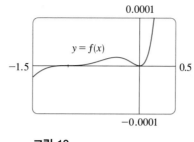

그림 13

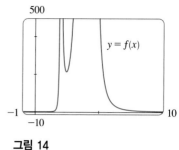

그림 14

11에 나타난 형태라는 것을 알 수 있다.

또한 화면을 여러 번 확대해서 얻은 그림 12와 13, 여러 번 축소해서 얻은 그림 14로 부터 구하고자 하는 것을 알 수 있다.

이런 그림들로부터 $x \approx -20$일 때 최솟값이 약 -0.02이고 $x \approx -0.3$일 때 극댓값이 약 0.00002이며, $x \approx 2.5$일 때 극솟값이 약 211임을 알 수 있다. 또한 이 그림들은 -35, -5, -1의 근처에 세 개의 변곡점과 -1과 0 사이에 두 개의 변곡점이 있음을 나타내고 있다. 좀 더 정확한 변곡점을 추정하기 위해서는 f''의 그래프가 필요하지만, 손으로 f'' 을 구하는 것은 복잡하다. 컴퓨터 대수체계(CAS)로는 대단히 쉽다(연습문제 7 참조).

이런 특수한 함수에 대한 유용한 정보들을 전하기 위해 **세 개**의 그래프(그림 12, 13, 14)가 필요했다. 하나의 그래프로 이런 형태 모두를 나타낼 수 있는 유일한 방법은 손으로 그리는 것이다. 과장과 왜곡에도 불구하고 그림 11은 함수의 중요한 성질들을 나타 내고 있다. ■

《**예제 4**》 함수 $f(x) = \sin(x + \sin 2x)$의 그래프를 그려라. $0 \le x \le \pi$에서 극댓값과 극솟값, 증가 및 감소 구간, 그리고 변곡점을 추정하라.

풀이 먼저 함수 f는 주기가 2π인 주기함수임에 주목하자. 또한 f는 기함수이고 모든 x 에 대해 $|f(x)| \le 1$이다. 따라서 이 함수에 대한 보기화면의 선택에는 문제가 없다. 보기 화면 $[0, \pi] \times [-1.1, 1.1]$으로 시작하자(그림 15 참조). 그 화면에서 세 개의 극댓값과 두 개의 극솟값을 볼 수 있다. 이를 확인하고 좀 더 정확한 값을 구하기 위해 미분하면 다음과 같다.

$$f'(x) = \cos(x + \sin 2x) \cdot (1 + 2\cos 2x)$$

f와 f'의 그래프는 그림 16에 있다.

f'의 x절편값을 추정한 후, 1계 도함수 판정법에 따라 다음 근삿값을 구할 수 있다.

증가 구간: $(0, 0.6), (1.0, 1.6), (2.1, 2.5)$

감소 구간: $(0.6, 1.0), (1.6, 2.1), (2.5, \pi)$

극댓값: $f(0.6) \approx 1, f(1.6) \approx 1, f(2.5) \approx 1$

극솟값: $f(1.0) \approx 0.94, f(2.1) \approx 0.94$

2계 도함수는 다음과 같다.

$$f''(x) = -(1 + 2\cos 2x)^2 \sin(x + \sin 2x) - 4\sin 2x \cos(x + \sin 2x)$$

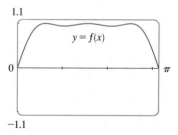

그림 15

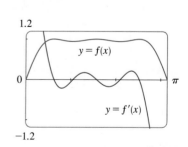

그림 16

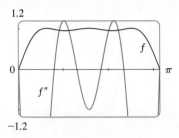

그림 17

주파수변조(FM)합성에서 다음과 같은 함수족이 발생한다.

$$f(x) = \sin(x + \sin cx)$$

여기서 c는 상수이다. 사인파동은 주파수가 다른 파동($\sin cx$)에 의해 변조된다. $c = 2$인 경우는 예제 4에서 다루고, 또 다른 경우는 연습문제 10에서 다룬다.

f와 f''의 그래프는 그림 17과 같고 다음의 근삿값을 얻는다.

위로 오목 구간:　　(0.8, 1.3), (1.8, 2.3)
아래로 오목 구간:　(0, 0.8), (1.3, 1.8), (2.3, π)
변곡점:　　　　　　(0, 0), (0.8, 0.97), (1.3, 0.97), (1.8, 0.97), (2.3, 0.97)

그림 15는 $0 \le x \le \pi$에서 f의 그래프를 정확하게 나타내고 있다는 것을 확인시켜 주기 때문에 그림 18에 있는 확장된 그래프는 $-2\pi \le x \le 2\pi$에서 f를 정확하게 표현하고 있다고 말할 수 있다.

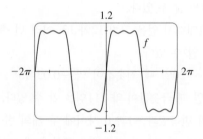

그림 18

다음 예제는 함수족에 관한 것이다. 이것은 족에 속하는 함수들이 하나 이상의 임의의 상수를 포함하는 공식으로 서로 관계를 맺고 있다는 것을 의미한다. 각 상숫값은 족에 속하는 함수를 결정한다. 그리고 이런 생각은 상수가 변함에 따라 함수의 그래프가 어떻게 변하는지 알려 준다.

《예제 5》 c가 변할 때 함수 $f(x) = 1/(x^2 + 2x + c)$ 그래프는 어떻게 변하는가?

풀이 그림 19, 20에 있는 그래프($c = 2$와 $c = -2$인 특수한 경우이다)는 서로 다른 곡선을 나타내고 있다.

더 많은 그래프를 그리기 전에 족에 속하는 함수들이 공통으로 가지고 있는 것이 무엇인가를 알아보자. 임의의 c에 대해 다음이 성립하므로 그들은 모두 x축을 수평점근선으로 갖는다.

$$\lim_{x \to \pm\infty} \frac{1}{x^2 + 2x + c} = 0$$

수직점근선은 $x^2 + 2x + c = 0$일 때 나타나므로, 이러한 이차방정식을 풀면 $x = -1 \pm \sqrt{1-c}$를 얻는다. $c > 1$일 때 수직점근선은 없다(그림 19 참조). $c = 1$일 때 그래프는 하나의 수직점근선 $x = -1$을 갖는다. 이것은 다음이 성립하기 때문이다.

$$\lim_{x \to -1} \frac{1}{x^2 + 2x + 1} = \lim_{x \to -1} \frac{1}{(x+1)^2} = \infty$$

$c < 1$일 때는 두 개의 수직점근선 $x = -1 \pm \sqrt{1-c}$를 갖는다(그림 20 참조).

도함수를 계산하면 다음과 같다.

$$f'(x) = -\frac{2x+2}{(x^2+2x+c)^2}$$

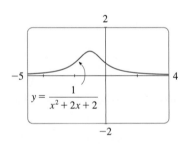

그림 19 $c = 2$

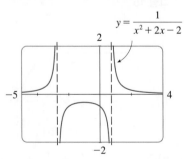

그림 20 $c = -2$

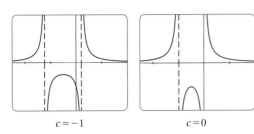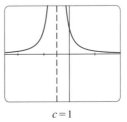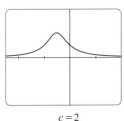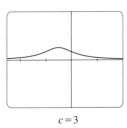

$c=-1$　　　　$c=0$　　　　$c=1$　　　　$c=2$　　　　$c=3$

그림 21 함수족 $f(x) = 1/(x^2 + 2x + c)$

이로부터 $x = -1(c \neq 1)$일 때 $f'(x) = 0$이고 $x < -1$일 때 $f'(x) > 0$, $x > -1$일 때 $f'(x) < 0$임을 알 수 있다. 또한 이것은 $c \geq 1$에 대해 f는 $(-\infty, -1)$에서 증가하고 $(-1, \infty)$에서 감소함을 나타내고 있다. $c > 1$에 대해서는 최댓값이 $f(-1) = 1/(c-1)$이다. $c < 1$에 대해서는 $f(-1) = 1/(c-1)$이 극댓값이고 증가 및 감소 구간은 수직점근선에서 끊어졌다.

　그림 21은 '보기화면' $[-5, 4] \times [-2, 2]$에 생성된 함수족에 속하는 다섯 함수의 그래프를 보여 주고 있다. $c = 1$에서는 두 개의 수직점근선이 하나의 수직점근선으로 변화가 이루어진다. $c > 1$이면 수직점근선은 없다. c값이 1에서 증가하기 때문에 극대점은 점점 낮아진다. 이것은 $c \to \infty$일 때 $1/(c-1) \to 0$이라는 사실로부터 설명된다. c값이 1로부터 감소할 때 수직점근선은 점점 멀어지게 된다. 이것은 그들 사이의 거리가 $2\sqrt{1-c}$로서 $c \to -\infty$일 때 값이 점점 커지기 때문이다. 그리고 $c \to -\infty$일 때 $1/(c-1) \to 0$이기 때문에 극대점은 x축에 가까워진다.

　$c \leq 1$일 때는 변곡점이 없다는 것은 분명하다. $c > 1$일 때 다음과 같이 계산된다.

$$f''(x) = \frac{2(3x^2 + 6x + 4 - c)}{(x^2 + 2x + c)^3}$$

그러므로 $x = -1 \pm \sqrt{3(c-1)}/3$일 때 변곡점이다. 따라서 c가 증가할 때 변곡점은 점점 퍼지게 되고 이것은 그림 21의 마지막 2개의 그림으로부터 알 수 있다.　　■

3.6 │ ⊞ **연습문제**

1-4 곡선의 중요한 성질을 모두 드러내는 함수 f의 그래프를 그려라. 특히 f'과 f''의 그래프를 이용해서 증가 및 감소구간, 극값, 오목 구간, 변곡점을 추정하라.

1. $f(x) = x^5 - 5x^4 - x^3 + 28x^2 - 2x$

2. $f(x) = x^6 - 5x^5 + 25x^3 - 6x^2 - 48x$

3. $f(x) = \dfrac{x}{x^3 + x^2 + 1}$

4. $f(x) = 6\sin x + \cot x, \quad -\pi \leq x \leq \pi$

5. 곡선의 중요한 성질을 모두 드러내는 다음 함수 f의 그래프를 그려라. 증가 및 감소 구간, 오목 구간을 추정하고, 미분법을 이용해서 이들의 정확한 값을 구하라.

$$f(x) = 1 + \frac{1}{x} + \frac{8}{x^2} + \frac{1}{x^3}$$

6. 도함수가 아니라 점근선과 절편을 이용해서 그래프를 손으로 그려라. 이를 바탕으로 곡선의 중요한 성질을 보여주는 그래프를 계산기 또는 컴퓨터를 이용하여 그려라. 그래프를 이용해서 극댓값과 극솟값을 구하라.

$$f(x) = \frac{(x+4)(x-3)^2}{x^4(x-1)}$$

⊤ **7.** f가 예제 3의 함수일 때 컴퓨터 대수체계를 이용해서 f'을 구하고, 그래프를 그려 모든 극댓값과 극솟값이 예제에서 주어진 것과 같다는 것을 확인하라. f''을 구하고 이것을 이용해서 오목 구간과 변곡점을 구하라.

⊤ **8-9** 컴퓨터 대수체계를 이용해서 다음 함수 f의 그래프를 그리고 f'과 f''을 구하라. 이들 도함수의 그래프를 이용해서 f의 증가 및 감소 구간, 극값, 오목 구간, 변곡점을 추정하라.

8. $f(x) = \dfrac{x^3 + 5x^2 + 1}{x^4 + x^3 - x^2 + 2}$

9. $f(x) = \sqrt{x + 5\sin x}, \quad x \le 20$

10. 주파수변조합성에서 발생하는 함수족 $f(x) = \sin(x + \sin cx)$에 $c = 3$인 함수를 다루어보자. 보기화면 $[0, \pi] \times [-1.2, 1.2]$에 나타낸 f의 그래프로 시작하라. 얼마나 많은 극대점을 볼 수 있는가? 이 그래프는 육안으로 보는 것보다 더 많은 극대점을 갖는다. 감춰진 극대 및 극소점을 찾기 위해 f'의 그래프를 주의 깊게 조사해야 할 것이다. 실제로 동시에 f''의 그래프를 살펴보는 것이 도움이 된다. 모든 극

대 및 극솟값과 변곡점을 구하라. 보기화면 $[-2\pi, 2\pi] \times [-1.2, 1.2]$에 f를 나타내고 대칭성을 논하라.

11-13 c가 변함에 따라 f의 그래프가 어떻게 변하는지에 대해 기술하라. 함수족에 속하는 여러 함수의 그래프를 그려 구하고자 하는 항목을 설명하라. 특히 c가 변할 때 최대, 최소점 및 변곡점이 어떻게 움직이는지 조사하고, 또한 곡선의 기본 형태가 변하게 되는 c의 값을 확인하라.

11. $f(x) = x^2 + 6x + c/x$ (뉴턴의 포크)

12. $f(x) = \dfrac{cx}{1 + c^2 x^2}$ **13.** $f(x) = cx + \sin x$

14. 방정식 $f(x) = x^4 + cx^2 + x$로 주어진 함수족에 대하여 알아보자. 먼저 변곡점의 개수가 달라지는 c의 변화값을 결정하자. 그리고 함수족의 일부의 그래프를 그려서 어떤 모양이 나타나는지 알아보자. 임계수의 개수가 달라지는 c의 다른 변화값이 있다. 그래프에서 이들을 찾아보라. 그 후에 찾은 것들을 증명하라.

3.7 │ 최적화 문제

극값을 구하기 위해 이 장에서 배웠던 방법들은 실제 생활에서 다양한 분야에 응용되고 있다. 상인은 최소의 비용으로 최대의 이윤을 남기기를 원한다. 여행자도 이동 시간을 최소로 하길 원하며, 광학에서의 페르마 원리는 빛은 시간이 가장 적게 걸리는 경로를 지난다는 것을 말하고 있다. 이 절에서 이런 문제, 즉 넓이, 부피, 그리고 이윤을 최대화하는 문제와 거리, 시간, 비용 등을 최소화하는 문제를 풀 것이다.

이런 실제적인 응용문제를 푸는 데 어려운 점은 말로 설명된 문제를 최대 또는 최
PS 소화하는 함수를 만들어 수학적 최적화 문제로 바꾸는 것이다. 다음 단계들을 적용해 보자.

최적화 문제를 푸는 단계

1. 문제를 이해한다.   1단계는 명확하게 이해가 될 때까지 문제를 주의 깊게 읽고, 다음과 같이 자문해 본다. 구하려는 것은 무엇인가? 주어진 양은 무엇인가? 주어진 조건은 무엇인가?

2. 그림을 그린다.   대부분의 문제에서 그림을 그리고 이미 주어진 양과 구하려는 양을 그림에 나타내는 것이 매우 유용하다.

3. **기호로 나타낸다.** 최대화 또는 최소화할 양에 대해 기호를 부여한다. (앞으로 그 것을 Q라 하자.) 또한 다른 미지의 양에 대해 기호($a, b, c, \cdots, x, y$)를 선택하고 이런 기호를 그림에 표기한다. 연상되는 기호로서 머리글자, 예를 들어 넓이는 A, 높이는 h, 시간은 t 등을 이용하면 도움이 될 것이다.

4. Q를 3단계에서 이용한 기호들로 나타낸다.

5. Q가 4단계에서 하나 이상의 변수를 갖는 함수로 나타나면, 주어진 정보를 이용해서 이런 변수들의 관계를 (방정식의 형태로서) 찾는다. 그리고 이런 방정식을 이용해서 Q의 표현식에서 변수 중 하나를 제외한 나머지를 소거한다. 그러면 Q 는 **하나**의 변수 x를 갖는 함수, 즉 $Q = f(x)$로 표현된다. 이제 이 함수의 정의역을 구한다.

6. 3.1절과 3.3절의 방법을 이용해서 f의 **최댓값** 또는 **최솟값**을 구한다. 특히 f의 정의역이 폐구간이면 3.1절의 폐구간 방법을 이용할 수 있다.

《**예제 1**》 농부가 재료 1200 m를 가지고 곧게 뻗은 강을 경계로 하는 직사각형 모양의 밭에 울타리를 치려고 한다. 강을 따라서는 울타리를 칠 필요가 없다. 최대 넓이를 형성하는 가로와 세로의 길이를 구하라.

풀이 이 문제에서 일어날 수 있는 것에 대한 감각을 익히기 위해 특수한 경우를 들어 실험을 해보자. 그림 1은 1200 m의 울타리를 설치하는 세 가지 가능한 방법을 보여 주고 있다.

PS 문제를 이해한다.
PS 특별한 경우에서 유추한다.
PS 그림을 그린다.

얕고 긴 밭이나 깊고 좁은 밭을 만들려고 하면 상대적으로 넓이가 작은 밭을 얻게 될 것이다. 중간 형태의 밭에서 최대 넓이가 나올 것 같다.

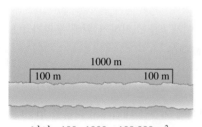

넓이 = 100 · 1000 = 100,000 m²

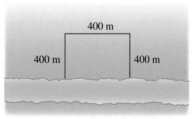

넓이 = 400 · 400 = 160,000 m²

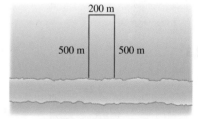

넓이 = 500 · 200 = 100,000 m²

그림 1

그림 2와 같은 일반적인 경우에 대해 직사각형의 넓이 A를 최대로 하고 싶다. x와 y 를 직사각형의 세로와 가로의 길이(m)라 하고, 다음과 같이 넓이 A를 x와 y로 나타낸다.

PS 기호로 표시

$$A = xy$$

A를 하나의 변수(x)만을 갖는 함수로 표현하기 위해 y를 소거한다. 울타리의 총 길이가 1200 m라는 정보를 이용한다. 그러면 다음과 같다.

$$2x + y = 1200$$

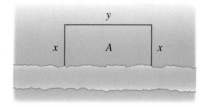

그림 2

이 방정식으로부터 $y = 1200 - 2x$이고 따라서 다음을 얻는다.

$$A = xy = x(1200 - 2x) = 1200x - 2x^2$$

가장 큰 x는 600이고(가로가 아니라 세로를 이용하여 전체 울타리를 사용한다) x는 음이 아닌 것을 유의한다. 따라서 다음 함수를 최대로 하고자 한다.

$$A(x) = 1200x - 2x^2, \qquad 0 \le x \le 600$$

도함수는 $A'(x) = 1200 - 4x$이므로 임계수를 구하기 위해 다음 방정식을 풀자.

$$1200 - 4x = 0$$

그러면 $x = 300$이다. 그리고 A 최댓값은 임계수 또는 구간의 끝점에서만 얻어진다. $A(0) = 0$, $A(300) = 180000$, $A(600) = 0$이므로 폐구간 방법에 따라 최댓값은 $A(300) = 180000$이다.

　[다른 방법으로 모든 x에 대해 $A''(x) = -4 < 0$임을 안다. 따라서 A는 항상 아래로 오목이고 $x = 300$에서 최댓값이 되어야 한다.]

　대응하는 y값은 $y = 1200 - 2(300) = 600$이고, 따라서 직사각형 밭은 세로가 300 m, 가로가 600 m여야 한다. ∎

《예제 2》 기름 1 L를 담을 원기둥 모양의 깡통을 만든다고 하자. 이 깡통을 만드는 재료비를 최소화하는 치수를 구하라.

풀이 그림 3과 같이 반지름이 r(cm)이고 높이가 h(cm)인 도형을 그린다. 재료비를 최소화하기 위해서는 원기둥의 겉넓이(윗면, 밑면, 옆면)를 최소화해야 한다. 그림 4로부터 각 변은 길이가 $2\pi r$와 h인 직사각형 모양임을 안다. 그러므로 겉넓이는 다음과 같다.

$$A = 2\pi r^2 + 2\pi rh$$

　A를 r에 대한 1변수 함수로 표현하는 것이 좋다. 이제 h를 소거하기 위해 부피가 1 L $= 1000 \text{ cm}^3$라는 사실을 이용해서 다음과 같이 나타낸다.

$$\pi r^2 h = 1000$$

그러므로 $h = 1000/\pi r^2$을 얻는다. 따라서 A의 표현식에 이것을 대입해서 다음을 얻는다.

$$A = 2\pi r^2 + 2\pi r \left(\frac{1000}{\pi r^2} \right) = 2\pi r^2 + \frac{2000}{r}$$

우리는 r이 틀림없이 양수임을 안다. 그리고 r이 얼마나 커질 수 있는지에 대한 제한은 없다. 그러므로 최소화하려는 함수는 다음과 같다.

$$A(r) = 2\pi r^2 + \frac{2000}{r}, \qquad r > 0$$

다음과 같이 미분해서 임계수를 얻는다.

$$A'(r) = 4\pi r - \frac{2000}{r^2} = \frac{4(\pi r^3 - 500)}{r^2}$$

그림 3

넓이 $2(\pi r^2)$　　넓이 $(2\pi r)h$

그림 4

$\pi r^3 = 500$일 때 $A'(r) = 0$이므로 유일한 임계수는 $r = \sqrt[3]{500/\pi}$ 이다.

A의 정의역은 $(0, \infty)$이므로 끝점에서의 극값에 관련된 예제 1의 주장은 적용할 수 없다. 그러나 $r < \sqrt[3]{500/\pi}$ 에 대해 $A'(r) < 0$이고 $r > \sqrt[3]{500/\pi}$ 에 대해 $A'(r) > 0$이므로 A는 임계수의 왼쪽에 있는 모든 r에 대해 감소하고 임계수의 오른쪽에 있는 모든 r에 대해 증가한다. 따라서 $r = \sqrt[3]{500/\pi}$ 에서 **최솟값**을 갖는다.

[다른 방법으로 $r \to 0^+$일 때 $A(r) \to \infty$이고, $r \to \infty$일 때 $A(r) \to \infty$이므로 $A(r)$의 최솟값은 존재해야 하고, 이 값은 임계수에서만 얻을 수 있다. 그림 5 참조]

$r = \sqrt[3]{500/\pi}$ 에 대응하는 h의 값은 다음과 같다.

$$h = \frac{1000}{\pi r^2} = \frac{1000}{\pi(500/\pi)^{2/3}} = 2\sqrt[3]{\frac{500}{\pi}} = 2r$$

따라서 용기의 제작 비용을 최소화하려면 반지름은 $\sqrt[3]{500/\pi}$ cm이고 높이는 반지름의 두 배, 즉 지름과 같게 해야 한다. ■

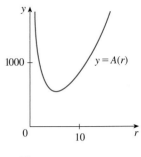

그림 5

NOTE 1 최솟값을 판정하기 위해 예제 2에서 이용한 추론은 (**극댓값** 또는 **극솟값**에만 적용한) 1계 도함수 판정법의 변형이다. 앞으로 이를 좀 더 유익하게 사용하기 위해 여기에 다시 서술하겠다.

최댓값 최솟값에 대한 1계 도함수 판정법 어떤 구간에서 정의된 연속함수 f의 임계수를 c라 가정하자.

(a) $x < c$인 모든 x에 대해 $f'(x) > 0$이고, $x > c$인 모든 x에 대해 $f'(x) < 0$이면, $f(c)$는 f의 최댓값이다.

(b) $x < c$인 모든 x에 대해 $f'(x) < 0$이고, $x > c$인 모든 x에 대해 $f'(x) > 0$이면, $f(c)$는 f의 최솟값이다.

NOTE 2 최적화 문제를 해결하는 다른 방법은 음함수 미분법을 이용하는 것이다. 그 방법을 설명하기 위해 예제 2로 다시 돌아가자. 동일한 방정식을 가지고 살펴보자.

$$A = 2\pi r^2 + 2\pi rh, \qquad \pi r^2 h = 1000$$

이때 h를 소거하는 대신에 두 방정식을 r에 대해 음함수적으로 다음과 같이 미분한다 (A와 h는 r의 함수로 간주한다).

$$A' = 4\pi r + 2\pi rh' + 2\pi h, \qquad \pi r^2 h' + 2\pi rh = 0$$

최솟값은 임계수에서 얻으므로 간단히 $A' = 0$이라 하자. 그러면 다음을 얻는다.

$$2r + rh' + h = 0, \qquad rh' + 2h = 0$$

양변을 빼면 $2r - h = 0$, 즉 $h = 2r$를 얻는다.

《예제 3》 점 $(1, 4)$에 가장 가까운 포물선 $y^2 = 2x$의 점을 구하라.

풀이 점 $(1, 4)$와 점 (x, y) 사이의 거리는 다음과 같다(그림 6 참조).

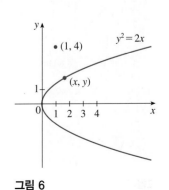

그림 6

$$d = \sqrt{(x-1)^2 + (y-4)^2}$$

(x, y)가 포물선에 있으면 $x = y^2/2$이므로 거리 d는 다음과 같이 표현된다.

$$d = \sqrt{\left(\tfrac{1}{2}y^2 - 1\right)^2 + (y-4)^2}$$

(다른 방법으로 $y = \sqrt{2x}$를 대입해서 거리 d를 x만으로 나타낼 수도 있다.)

d를 최소화하는 대신에 다음과 같이 d의 제곱을 최소화한다. (d^2이 최소가 되는 점에서 d도 최소이지만 계산은 d^2이 더 쉽다.)

$$d^2 = f(y) = \left(\tfrac{1}{2}y^2 - 1\right)^2 + (y-4)^2$$

y에 대한 제한이 없기 때문에 정의역은 모든 실수이다. 이것을 미분하면 다음과 같다.

$$f'(y) = 2\left(\tfrac{1}{2}y^2 - 1\right)y + 2(y-4) = y^3 - 8$$

$y = 2$일 때 $f'(y) = 0$이다. $y < 2$일 때 $f'(y) < 0$이고 $y > 2$일 때 $f'(y) > 0$이다. 따라서 최댓값과 최솟값에 대한 1계 도함수 판정법에 따라 최솟값은 $y = 2$일 때 얻어진다. (또는 문제의 기하학적 성질 때문에 가장 가까운 점은 존재하지만 가장 멀리 떨어진 점은 존재하지 않음이 분명하다.) 대응하는 x의 값은 $x = y^2/2 = 2$이고, 따라서 점 $(1, 4)$에 가장 가까운 포물선 $y^2 = 2x$ 위의 점은 $(2, 2)$이다. [두 점 사이의 거리는 $d = \sqrt{f(2)} = \sqrt{5}$이다.] ∎

《 예제 4 》 어떤 사람이 너비가 3 km인 곧게 뻗은 강의 둑에 있는 지점 A에서 배를 띄워 반대편 둑에서 아래로 8 km 떨어진 지점 B에 가능한 한 빨리 도달하려고 한다(그림 7 참조). 그는 지점 C까지 배를 저어 곧바로 강을 가로지른 후 지점 B로 달려갈 수 있다. 또는 지점 B로 곧바로 배를 저어 갈 수도 있으며, 또한 B와 C 사이의 어떤 지점 D까지 배로 간 다음 거기서 B까지 달려갈 수도 있다. 6 km/h로 배를 젓고 8 km/h로 달린다면, 가능한 빨리 지점 B에 도달하기 위해서 그는 어디에 상륙해야 하는가? (강물의 속도는 사람이 노를 젓는 속도와 비교해서 무시할 수 있다고 가정한다.)

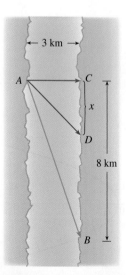

그림 7

풀이 x를 C에서 D까지의 거리라 하면, 달려가는 거리는 $|DB| = 8 - x$이고 배로 가는 거리는 피타고라스 정리에 의해 $|AD| = \sqrt{x^2 + 9}$이다. 다음 방정식을 이용하자.

$$\text{시간} = \frac{\text{거리}}{\text{속력}}$$

노를 저은 시간은 $\sqrt{x^2 + 9}/6$이고 달린 시간은 $(8 - x)/8$이므로 전체 시간 T는 x의 함수로서 다음과 같다.

$$T(x) = \frac{\sqrt{x^2 + 9}}{6} + \frac{8 - x}{8}$$

이 함수 T의 정의역은 $[0, 8]$이다. $x = 0$일 때 C까지 저어 가고 $x = 8$일 때 B까지 곧바로 저어 감에 주의한다. T의 도함수는 다음과 같다.

$$T'(x) = \frac{x}{6\sqrt{x^2 + 9}} - \frac{1}{8}$$

그러므로 $x \geq 0$이라는 사실을 이용하면 다음을 얻는다.

$$T'(x) = 0 \iff \frac{x}{6\sqrt{x^2 + 9}} = \frac{1}{8} \iff 4x = 3\sqrt{x^2 + 9}$$

$$\iff 16x^2 = 9(x^2 + 9) \iff 7x^2 = 81 \iff x = \frac{9}{\sqrt{7}}$$

유일한 임계수는 $x = 9/\sqrt{7}$ 이다. 최솟값이 임계수 또는 정의역 [0, 8]의 끝점에서 나타나는지를 알아보기 위해 다음과 같이 이 세 점에서 T의 값을 계산한다.

$$T(0) = 1.5, \quad T\left(\frac{9}{\sqrt{7}}\right) = 1 + \frac{\sqrt{7}}{8} \approx 1.33, \quad T(8) = \frac{\sqrt{73}}{6} \approx 1.42$$

T의 값 중 가장 작은 값은 $x = 9/\sqrt{7}$ 일 때 일어나므로 T의 최솟값은 이 점에서 나타나야 한다. 그림 8의 T의 그래프를 보면 이 계산이 정당함을 보여 준다.

그러므로 출발점으로부터 $9/\sqrt{7}$ km (≈ 3.4 km) 아래에 보트를 상륙시켜야 한다. ■

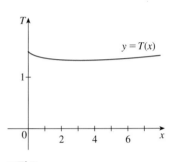

그림 8

《 예제 5 》 반지름 r인 반원에 내접하는 가장 큰 직사각형의 넓이를 구하라.

풀이 1 원점이 중심인 원 $x^2 + y^2 = r^2$에서 상반원을 택하자. 사각형이 원에 **내접한다**는 의미는 사각형의 두 꼭짓점이 원주에 있고 나머지 두 개는 x축에 있음을 나타낸다(그림 9 참조). 점 (x, y)를 제1사분면에 있는 꼭짓점이라고 하자. 그러면 직사각형의 두 변의 길이는 $2x$와 y이고 넓이는 다음과 같다.

$$A = 2xy$$

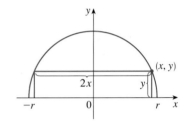

그림 9

y를 소거하기 위해 점 (x, y)가 원 $x^2 + y^2 = r^2$에 있다는 사실을 이용하면 $y = \sqrt{r^2 - x^2}$이다. 따라서 다음과 같다.

$$A = 2x\sqrt{r^2 - x^2}$$

이 함수의 정의역은 $0 \leq x \leq r$이고, 도함수는 다음과 같다.

$$A' = 2\sqrt{r^2 - x^2} - \frac{2x^2}{\sqrt{r^2 - x^2}} = \frac{2(r^2 - 2x^2)}{\sqrt{r^2 - x^2}}$$

$2x^2 = r^2$일 때, 즉 $x = r/\sqrt{2}$ ($x \geq 0$이므로)일 때 $A' = 0$이다. 이때 $A(0) = 0$, $A(r) = 0$이므로 $x = r/\sqrt{2}$ 에서 A는 최댓값을 갖는다. 그러므로 내접하는 가장 큰 직사각형의 넓이는 다음과 같다.

$$A\left(\frac{r}{\sqrt{2}}\right) = 2\frac{r}{\sqrt{2}}\sqrt{r^2 - \frac{r^2}{2}} = r^2$$

풀이 2 변수로서 각을 사용하면 풀이가 간단해진다. θ를 그림 10에 보인 것과 같은 각이라 하자. 그러면 직사각형의 넓이는 다음과 같다.

$$A(\theta) = (2r\cos\theta)(r\sin\theta) = r^2(2\sin\theta\cos\theta) = r^2\sin 2\theta$$

이때 $\sin 2\theta$의 값은 $2\theta = \pi/2$일 때 최댓값 1을 가지므로 $A(\theta)$는 $\theta = \pi/4$일 때 최댓값

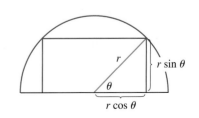

그림 10

r^2을 가짐을 알 수 있다.

삼각함수로 풀면 도함수를 사용할 필요가 전혀 없다.   ∎

■ 경제·경영학에의 응용

2.7절에서 한계비용의 개념을 설명했다. **비용함수**(cost function) $C(x)$가 어떤 상품 x 단위를 생산하는 데 드는 비용이라면, **한계비용**(marginal cost)은 x에 대한 C의 변화 율이다. 다시 말해서 한계비용함수는 비용함수의 도함수 $C'(x)$이다.

이제 마케팅을 생각하자. $p(x)$를 x단위 판매할 때 회사가 매길 수 있는 단위당 가 격이라 하자. 이때 p를 **수요함수**(demand function) [또는 **가격함수**(price function)]라 하고, p는 x에 대해 감소함수로 예상된다(더 많은 상품을 판매한다는 것은 상품의 단위가격이 저렴한 것과 대응된다). x단위가 판매되고 단위당 가격이 $p(x)$라면 총 수익은 다음과 같다.

$$R(x) = 수량 \times 가격 = xp(x)$$

이 R를 **수입함수**(revenue function)라 한다. 수입함수의 도함수 R'을 **한계수입함수** (marginal revenue function)라 하고 이것은 판매된 단위 수에 대한 수입의 변화율 이다.

x단위를 판매하면 총 이윤은 다음과 같다.

$$P(x) = R(x) - C(x)$$

이 P를 **이윤함수**(profit function)라 한다. **한계이윤함수**(marginal profit function)는 이윤함수의 도함수인 P'이 된다. 연습문제 33~35에서 한계비용, 수입, 이윤함수를 이용해서 비용을 최소화하고 수입과 이윤을 최대화하는 문제를 풀어보자.

《예제 6》 한 점포에서 대당 350달러인 TV 모니터를 일주일에 200대 판매한다고 하 자. 시장조사에서 소비자에게 대당 10달러씩 할인해 주면, 판매 대수가 일주일에 20대 증가한다고 나타났다. 수요함수와 수입함수를 구하라. 얼마나 할인을 하면 수입이 최대 가 되는가?

풀이 x를 일주일에 판매되는 모니터의 개수라 하면 매주 증가하는 판매 대수는 $x - 200$ 이다. 20대씩 더 판매될 때마다 가격은 10달러씩 내려간다. 따라서 한 대가 추가로 판매 될 때마다 가격은 $\frac{1}{20} \times 10$만큼 내려가고 수요함수는 다음과 같다.

$$p(x) = 350 - \tfrac{10}{20}(x - 200) = 450 - \tfrac{1}{2}x$$

수입함수는 다음과 같다.

$$R(x) = xp(x) = 450x - \tfrac{1}{2}x^2$$

$R'(x) = 450 - x$이므로 $x = 450$일 때 $R'(x) = 0$이다. 이 x의 값에서 1계 도함수 판 정법에 따라(또는 단순히 R의 그래프가 아래로 오목인 포물선이라는 것을 관찰함으

로써) 최댓값을 갖는다. 그리고 이 값에 대응하는 가격은 다음과 같다.

$$p(450) = 450 - \tfrac{1}{2}(450) = 225$$

할인 가격은 350 − 225 = 125이다. 그러므로 125달러를 할인해 줄 때 점포의 수입은 최대가 된다.   ■

3.7 | 연습문제

1. 다음 문제를 생각하자. 두 수의 합이 23이고 곱이 최대가 되는 두 수를 구하라.

   (a) 처음 두 열에 있는 수들의 합이 항상 23이 되도록 다음과 같이 표를 만들고, 이 표를 근거로 해서 문제의 해를 추정하라.

첫 번째 수	두 번째 수	곱
1	22	22
2	21	42
3	20	60
⋮	⋮	⋮

   (b) 미분을 이용해서 해를 구하고 (a)에서 얻은 답과 비교하라.

2. 두 수의 곱이 100이고 합이 최소가 되는 두 양수를 구하라.

3. $-1 \le x \le 2$에서 직선 $y = x + 2$와 포물선 $y = x^2$ 사이의 최대 수직거리를 구하라.

4. 둘레의 길이가 100 m일 때 직사각형의 넓이를 최대로 하는 가로와 세로의 길이를 구하라.

5. 농작물의 생산량 Y를 토양의 질소량 N(적당한 단위로 측정된)의 함수로 나타내는 모형이 다음과 같다.

   $$Y = \frac{kN}{1 + N^2}$$

   여기서 k는 양의 상수이다. 최대 수확량에서 질소량을 구하라.

6. 다음 문제를 생각하자. 한 농부가 300 m의 울타리로 직사각형 영역을 만든 다음 그것을 네 부분으로 나누되 직사각형의 각 변들은 평행하게 하려고 한다. 네 부분의 총 넓이의 최댓값은 얼마인가?

   (a) 어떤 것은 얕고 넓은 영역, 어떤 것은 깊고 좁은 영역이 되도록 상황에 맞는 그림을 몇 개만 그려라. 이런 영역의 총 넓이를 구하라. 최대 넓이도 나왔는가? 그렇다면 그 넓이를 추정하라.

   (b) 일반적인 상황을 설명하는 도형을 그리고, 그 도형에 기호를 붙여서 표기하라.

   (c) 총 넓이를 나타내는 식을 쓰라.

   (d) 주어진 정보를 이용해서 변수들을 연관짓는 방정식을 쓰라.

   (e) (d)를 이용해서 총 넓이를 구하는 식을 일변수함수로 쓰라.

   (f) 이 문제를 풀고 (a)에서 추정한 답과 비교하라.

7. 한 농부가 넓이 15,000 m²인 사각형 울타리를 만들어, 사각형 중 한 변에 평행인 울타리를 세워 이 넓이를 반으로 나누려고 한다. 울타리에 드는 비용을 최소화하기 위해 농부는 어떻게 울타리를 만들어야 하는가?

8. 농부는 외양간 북쪽 벽과 경계선을 공유하는 직사각형 모양의 땅에 울타리를 만들려고 한다. 외양간 쪽은 울타리가 필요없다. 그리고 땅의 서쪽 경계선은 울타리를 만들 경우 비용을 균등하게 분담할 수 있는 이웃과 공유하고 있다. 울타리를 만드는 데 1 m당 30달러가 필요하다. 농부는 최대 1800달러 비용 범위에서 울타리를 만들고 싶다. 최대 넓이를 에워쌀 수 있는 땅의 치수를 구하라.

9. (a) 일정한 넓이의 직사각형들 중에서 둘레의 길이가 가장 작은 것은 정사각형임을 보여라.

   (b) 일정한 둘레의 길이를 갖는 직사각형들 중에서 넓이가 가장 큰 것은 정사각형임을 보여라.

10. 1200 cm²의 재료를 가지고 밑면이 정사각형이고 뚜껑이 없는 상자를 만들려고 한다. 이 상자의 최대 부피를 구하라.

11. 뚜껑이 없는 육면체의 저장용기의 부피가 10 m³이다. 밑면

의 길이는 너비의 두 배이다. 밑면에 드는 재료비는 m²당 10달러이고 옆면에 드는 재료비는 m²당 6달러이다. 이런 용기를 만드는 데 드는 최소의 재료비를 구하라.

12. 미국의 우편업무에서 소포를 보낼 때 포장의 길이와 테두리의 합이 274 cm를 넘지 않아야 한다(길이는 포장에서 가장 긴 변의 길이이고 테두리는 길이와 수직인 면의 둘레의 길이이다). 밑면이 정사각형인 육면체 중에서 가장 큰 부피를 갖는 소포 포장의 밑면의 한 변의 길이와 높이를 구하라.

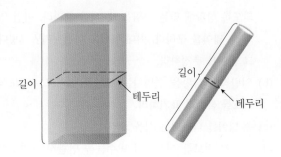

13. 원점에서 가장 가까운 직선 $y = 2x + 3$의 점을 구하라.

14. 점 $(1, 0)$에서 거리가 가장 먼 타원 $4x^2 + y^2 = 4$의 점을 구하라.

15. 반지름 r인 원에 내접하는 직사각형에서 최대 넓이를 만드는 가로와 세로의 길이를 구하라.

16. 한 변이 L인 정삼각형에 내접하는 직사각형에서 한 변이 삼각형의 밑면에 있을 때, 최대 넓이를 만드는 직사각형의 가로와 세로의 길이를 구하라.

17. 반지름 r인 원에 내접하는 이등변삼각형에서 최대 넓이를 만드는 이등변삼각형의 밑변과 높이의 길이를 구하라.

18. 삼각형의 한 변의 길이가 a이고 다른 한 변의 길이가 $2a$일 때 이 삼각형의 가장 큰 넓이는 a^2임을 보여라.

19. 직원기둥이 반지름 r인 구 안에 내접하고 있을 때, 이 원기둥의 최대 부피를 구하라.

20. 직원기둥이 반지름 r인 구 안에 내접하고 있을 때, 이 원기둥의 최대 겉넓이를 구하라.

21. 포스터의 아래 위 여분은 각각 6 cm이고 옆면의 여분은 각각 4 cm이다. 포스터의 인쇄된 부분의 넓이가 384 cm²일 때, 포스터의 넓이를 최소로 만드는 가로와 세로의 길이를 구하라.

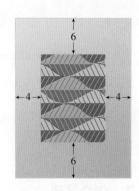

22. 10 m 길이의 전선을 두 부분으로 절단해서, 한 부분은 정사각형으로 구부리고 다른 부분은 정삼각형으로 구부렸다. 둘러싼 부분의 전체 넓이를 (a) 최대, (b) 최소가 되기 위해서는 전선을 어떻게 자르면 되는가?

23. 원 모양의 피자가 있다. 원의 중심으로 둘레의 길이가 60 cm인 부채꼴 모양의 피자 한 조각을 얻는다. 이때 피자 조각의 넓이를 최대로 하는 피자의 지름은 얼마인가?

24. 반지름 R인 원형 종이에서 부채꼴을 잘라내고 변 CA와 CB를 붙여서 원뿔형 물컵을 만든다. 이 컵의 최대 용량을 구하라.

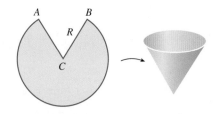

25. 높이 h인 작은 원뿔이 높이 H인 더 큰 원뿔에 내접하고 있다. 이때 작은 원뿔의 꼭짓점이 큰 원뿔의 밑면의 중심에 놓여 있다. 작은 원뿔의 부피는 높이가 $h = \frac{1}{3}H$일 때 최대임을 보여라.

26. $R(\Omega)$인 저항기를 내부저항 $r(\Omega)$인 $E(V)$의 전지에 연결할 때 외부저항기에서 전력(W)은 다음과 같다.

$$P = \frac{E^2 R}{(R + r)^2}$$

E와 r는 고정되고 R가 변할 때, 전력의 최댓값을 구하라.

27. 벌집에서 각 방은 그림에서처럼 정육각기둥이고, 한 쪽은 열려 있고 다른 쪽은 삼면각이다. 벌들은 정해진 부피에 대해 겉넓이를 최소화하는 방식으로 밀랍 사용량도 최소화하도록 방을 만드는 것 같다. 방을 조사해 보면 꼭대기 각의 크기 θ가 놀라울 정도로 일정함을 알 수 있다. 방을 기하학

적으로 보면 겉넓이 S는 다음과 같다.

$$S = 6sh - \frac{3}{2}s^2 \cot\theta + \frac{3}{2}\sqrt{3}s^2 \csc\theta$$

여기서 S는 정육각형의 한 변의 길이이고 높이 h는 상수이다.

(a) $dS/d\theta$를 구하라.

(b) 벌들이 좋아하는 각도 θ는 얼마인가?

(c) 방의 겉넓이의 최솟값(s와 h로)을 구하라.

[주: 벌집에서 각 θ를 실제로 측정해 보면 계산한 값과 2° 이상 차이가 나지 않는다.]

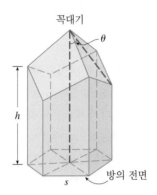

28. 예제 4에서 강의 너비를 5 km, 지점 B를 A에서 아래로 5 km에 있다고 하고 문제를 다시 풀라.

29. 너비가 2 km인 곧게 흐르는 강의 북쪽 제방 위에 정유공장이 있고, 정유공장으로부터 동쪽으로 6 km 떨어진 곳에서 강의 남쪽 제방 위에 저장탱크가 있다. 정유공장에서 저장탱크까지 송유관을 연결하려고 한다. 송유관 건설 비용은 지면 위로 북쪽 제방 위의 한 지점 P까지는 400,000달러/km이고 강 아래로 탱크까지는 800,000달러/km이다. 송유관 비용을 최소화하는 P의 위치를 구하라.

30. 광원이 물체를 비출 때 빛의 밝기는 광원의 세기에 비례하고 광원으로부터의 거리의 제곱에 반비례한다. 4 m 떨어져 있는 두 광원이 있는데 한쪽 빛의 세기가 다른 쪽의 세 배이다. 빛의 밝기를 최소화하려면 물체는 두 광원 사이 어느 지점에 놓아야 하는가?

31. 양수 a, b에 대해, 점 (a, b)를 지나고 제1사분면에 의해 절단되는 선분의 가장 짧은 길이를 구하라.

32. 어떤 점에서 곡선 $y = 3/x$에 접하고 제1사분면에 의해 절단되는 선분의 가장 짧은 길이를 구하라.

33. (a) $C(x)$가 어떤 상품 x단위를 생산하는 데 드는 비용일 때, 단위당 **평균비용**은 $c(x) = C(x)/x$이다. 평균비용이 최소

일 때 한계비용과 평균비용이 같음을 보여라.

(b) $C(x) = 16{,}000 + 200x + 4x^{3/2}$(달러)일 때, (i) 1000단위 생산수준에서 비용, 평균비용, 한계비용, (ii) 평균비용을 최소화하는 생산수준, (iii) 최소 평균비용을 구하라.

34. 한 야구팀이 55,000명의 관중을 수용할 수 있는 야구장에서 경기를 한다. 관람료가 10달러일 때 평균 관중 수는 27,000명이다. 관람료를 8달러로 낮추면 평균 관중 수는 33,000명으로 늘어난다.

(a) 선형함수라고 가정하고 수요함수를 구하라.

(b) 수입을 최대로 하려면 관람료를 얼마로 해야 하는가?

35. 생산자는 대당 350달러인 태블릿을 일주일에 1200대 판매한다. 시장조사에서 소비자에게 대당 10달러씩 할인해 주면, 판매 대수가 80대 증가한다고 나타났다.

(a) 수요함수를 구하라.

(b) 이윤을 최대로 하려면 회사는 소비자에게 얼마를 할인해 주어야 하는가?

(c) 매주 비용함수가 $C(x) = 35{,}000 + 120x$일 때 이윤을 최대로 하려면 얼마를 할인해 주어야 하는가?

36. 둘레가 일정한 이등변삼각형 중 넓이가 가장 큰 삼각형이 정삼각형임을 보여라.

37. 제1사분면에 있는 점 (p, q)에서 타원 $\dfrac{x^2}{a^2} + \dfrac{y^2}{b^2} = 1$에 대한 접선을 생각하자.

(a) 접선의 x절편이 a^2/p, y절편이 b^2/q이 됨을 보여라.

(b) 좌표축들에 의해 잘려진 부분의 접선의 최소 길이가 $a + b$가 됨을 보여라.

(c) 좌표축들과 접선에 의해 형성된 삼각형의 최소 넓이가 ab가 됨을 보여라.

38. 점 P에서 점 A, B, C를 잇는 전선의 총 길이 L이 최소가 되도록 선분 AD 위의 어떤 곳에 P가 놓이게 하고 싶다. L을 $x = |AP|$의 함수로 나타내고, L과 dL/dx의 그래프를 이용해서 L의 최솟값을 추정하라.

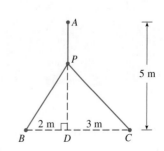

39. v_1은 공기에서 빛의 속도이고 v_2는 물에서의 빛의 속도이다. 페르마의 원리에 따라 빛은 공기 중의 점 A에서 물속의 점 B까지 시간을 최소화하는 경로 ACB를 따라 진행한다. 입사각 θ_1과 굴절각 θ_2가 아래 그림과 같을 때 다음이 성립함을 보여라.

$$\frac{\sin \theta_1}{\sin \theta_2} = \frac{v_1}{v_2}$$

이 방정식은 스넬의 법칙으로 알려져 있다.

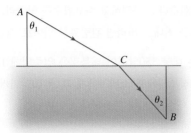

40. 그림에서와 같이 30 cm × 20 cm의 종잇조각의 오른쪽 위 모서리를 밑변에 닿게 접는다. 접힌 부분의 길이를 최소화하려면 어떻게 접어야 하는가? 다시 말해서 y를 최소화하려면 x를 얼마로 해야 하는가?

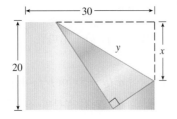

41. 트랙으로부터 1(단위 길이)만큼 떨어진 점 P에 관측자가 서 있다. 두 선수가 그림의 점 S에서 출발해서 트랙을 따라 달린다. 한 선수가 다른 선수보다 세 배 빠르다. 두 선수 사이의 관측 시각 θ의 최댓값을 구하라. [힌트: $\tan \theta$의 최댓값을 구한다.]

42. 세로가 L이고 가로가 W인 직사각형에 외접하는 직사각형의 최대 넓이를 구하라. [힌트: 넓이를 각 θ에 대한 함수로

나타낸다.]

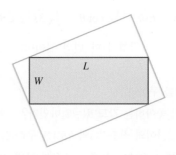

43. 조류학자들에 의하면 어떤 종류의 새들은 낮 동안 넓은 수역에서는 날지 않으려는 경향이 있다고 한다. 낮 동안에는 공기가 육지에서는 상승하고 물 위에서는 하강하기 때문에 육지보다 물 위를 날 때 에너지 소모량이 많을 것이라 여겨진다. 이런 성향의 새 한 마리를 해안선에서 가장 가까운 점 B에서 5 km 떨어진 섬에 풀어 놓았다. 이 새가 해안선의 점 C로 날아가고 다시 해안선을 따라 둥지가 있는 곳 D로 날아간다. 새는 본능적으로 에너지 소모량을 최소화하는 경로를 택한다고 가정하고, BD는 13 km이다.

(a) 일반적으로 물 위를 날 때 육지 위를 나는 것보다 1.4배의 에너지가 소모된다면, 이 새가 둥지로 돌아올 때 총에너지 소모량을 최소화하는 점 C의 위치는 어디인가?

(b) W와 L을 각각 물과 육지 위를 날 때 km당 소모되는 에너지(J)라고 하자. 비율 W/L이 크다는 것은 새의 비행에서 어떤 의미를 갖는가? W/L이 작다는 것은 무엇을 의미하는가? 에너지 소모를 최소화하기 위한 비율 W/L를 결정하라.

(c) 새가 둥지가 있는 곳 D까지 직접 날아가기 위한 W/L의 값은 얼마인가? 새가 B로 날라간 후, 해안을 따라 D로 이동하기 위한 W/L의 값은 얼마인가?

(d) 어떤 종류의 새들이 B로부터 4 km 떨어진 해안에 도착했다면 육지보다 물 위에서 소모되는 에너지량은 몇 배가 되는가?

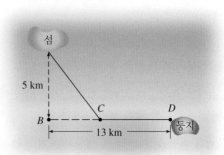

3.8 | 뉴턴의 방법

자동차 판매원이 일시불로는 18,000달러, 할부로는 5년 동안 매달 375달러씩 지불하는 조건으로 자동차를 판다고 가정하자. 판매원이 매월 부과하는 월이자율을 알기 위해서는 다음 방정식을 풀어야만 한다.

$$\boxed{1} \qquad 48x(1 + x)^{60} - (1 + x)^{60} + 1 = 0$$

이 방정식을 어떻게 풀 것인가? (상세한 것은 연습문제 20에 설명되어 있다.)

이차방정식 $ax^2 + bx + c = 0$의 근을 구하는 공식은 이미 잘 알려져 있다. 삼차 또는 사차방정식에 대한 근을 구하는 공식이 있기는 하지만 매우 복잡하다. 그리고 f가 오차 이상의 다항방정식이면 근을 구하는 공식은 전혀 없다. 마찬가지로 $\cos x = x$와 같은 초월방정식의 근을 정확하게 구하는 공식도 없다.

방정식의 좌변을 그래프로 그리고 x절편을 구함으로써 방정식 $\boxed{1}$의 **근사해**를 구할 수 있다. 그래픽 계산기(또는 컴퓨터)를 이용하여 보기화면을 조정하면 그림 1의 그래프를 얻는다.

추가적으로 $x = 0$인 해가 존재하지만 우리는 별관심이 없다. 실제로 해는 0.007과 0.008 사이에 존재하며, 확대하면 x절편이 거의 0.0076에 가깝다는 것을 알 수 있다. 그래프에서 보여주는 것보다 좀 더 정확한 값이 필요하다면 계산기나 컴퓨터 대수체계를 이용하여 방정식을 수치적으로 풀 수 있다. 그렇게 하면 소수점 아래 아홉째 자리까지 정확한 근 0.007628603을 얻을 수 있다.

이런 장치는 어떤 방법으로 방정식의 해를 구할 수 있을까? 근을 찾기 위해 다양한 방법을 이용하지만, 대부분 **뉴턴의 방법**(Newton's method)을 이용한다. 이는 **뉴턴–랩슨 방법**(Newton-Raphson method)이라고도 한다. 부분적으로 계산기나 컴퓨터 안에서 무슨 일이 일어나는지 보이고, 부분적으로 선형근사의 개념에 대한 응용으로 뉴턴의 방법이 어떻게 작용하는지 설명할 것이다.

그림 2는 뉴턴의 방법의 기하학적인 배경을 보여 주고 있다. $f(x) = 0$의 방정식의 해를 구하고 싶다. 이 방정식의 근들은 f의 x절편들과 대응된다. 구하고자 하는 근을 그림에서처럼 r이라 하자. 먼저 첫 번째 근삿값을 x_1로 시작하자. x_1은 추측으로 또는 대략적인 f의 그래프에 의해서, 또는 컴퓨터에 의해 형성된 f의 그래프를 통해서 얻을 수 있다. 점 $(x_1, f(x_1))$에서 곡선 $y = f(x)$의 접선 L을 생각하고 L의 x절편을 x_2라 하자. 뉴턴의 방법의 개념은 접선은 곡선에 근접하고, 따라서 접선의 x절편 x_2가 곡선의 x절편(즉, 구하고자 하는 근 r)에 가까이 간다는 것이다. 접선은 직선이므로 x절편은 쉽게 구할 수 있다.

x_1로 나타낸 x_2에 대한 공식을 구하기 위해 L의 기울기가 $f'(x_1)$임을 이용하면 다음과 같은 L의 방정식을 얻는다.

$$y - f(x_1) = f'(x_1)(x - x_1)$$

L의 x절편이 x_2이므로, x축에서 $(x_2, 0)$의 값을 알 수 있다.

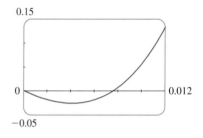

그림 1

계산기 또는 컴퓨터를 이용해서 수치적으로 방정식 $\boxed{1}$을 풀어보자. 어떤 장치는 이 방정식을 풀지 못할 것이고, 어떤 장치는 성공적으로 풀 수 있겠지만 해를 찾기 위해 시작점을 지정해야 한다.

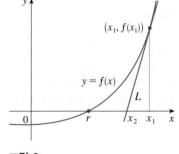

그림 2

$$0 - f(x_1) = f'(x_1)(x_2 - x_1)$$

$f'(x_1) \neq 0$이면 x_2에 대해 방정식을 풀어 다음을 얻는다.

$$x_2 = x_1 - \frac{f(x_1)}{f'(x_1)}$$

x_2를 r에 대한 두 번째 근삿값으로 이용한다.

다음으로 x_1를 두 번째 근삿값 x_2로 바꾸고 $(x_2, f(x_2))$에서의 접선을 이용해서 이 과정을 반복하고, 이렇게 해서 다음과 같은 세 번째 근삿값을 얻는다.

$$x_3 = x_2 - \frac{f(x_2)}{f'(x_2)}$$

이 과정을 반복하면 그림 3에서 보듯이 근삿값들의 수열 $x_1, x_2, x_3, x_4, \cdots$를 얻는다. 일반적으로 n번째 근삿값은 x_n이고 $f'(x_n) \neq 0$이면 그 다음 근삿값은 다음과 같다.

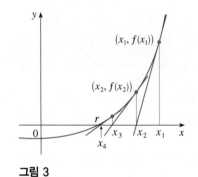

그림 3

수열은 10.1절에서 좀 더 자세히 살펴본다.

$$\boxed{2} \qquad \boxed{x_{n+1} = x_n - \frac{f(x_n)}{f'(x_n)}}$$

n이 커짐에 따라 x_n이 r에 점점 더 가까워지면 그 수열은 r로 **수렴한다**고 하고 다음과 같이 나타낸다.

$$\lim_{n \to \infty} x_n = r$$

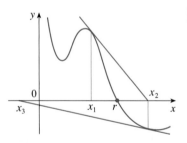

그림 4

그림 5는 예제 1에서 뉴턴의 방법의 1단계 기하학을 보여 준다. $f'(2) = 10$이므로 $(2, -1)$에서 $y = x^3 - 2x - 5$의 접선은 방정식 $y = 10x - 21$이다. 따라서 x절편은 $x_2 = 2.1$이다.

⊘ 그림 3에 주어진 형태의 함수에 대해서는 반복해서 얻은 근삿값의 수열이 근으로 수렴하지만, 어떤 경우에는 수열이 수렴하지 않을 수도 있다. 예를 들어 그림 4에 주어진 형태를 생각하면, x_2가 x_1보다 더 부적합한 근삿값인 것을 알 수 있을 것이다. 이것은 $f'(x_1)$이 0에 가까운 경우에 해당한다. 근삿값이 f의 정의역 밖에(그림 4의 x_3처럼) 놓이게 되는 경우도 발생한다. 그때는 뉴턴의 방법은 실패하고 더 좋은 근삿값 x_1을 선택해야 한다. 뉴턴의 방법이 매우 느리게 적용되거나 전혀 적용되지 않는 특수한 예가 연습문제 15, 16에 있다.

《예제 1》 $x_1 = 2$에서 시작해서 방정식 $x^3 - 2x - 5 = 0$의 근에 대한 세 번째 근삿값 x_3을 구하라.

풀이 뉴턴의 방법을 적용한다.

$$f(x) = x^3 - 2x - 5, \qquad f'(x) = 3x^2 - 2$$

뉴턴은 자신의 방법을 설명하기 위해 이 방정식을 이용했으며, $f(1) = -6$, $f(2) = -1$, $f(3) = 16$이므로 그는 몇 번 시도 후 $x_1 = 2$를 택했다. 식 $\boxed{2}$로부터 다음을 얻는다.

$$x_{n+1} = x_n - \frac{f(x_n)}{f'(x_n)} = x_n - \frac{x_n^3 - 2x_n - 5}{3x_n^2 - 2}$$

$n = 1$이면 다음을 얻는다.

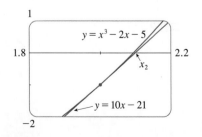

그림 5

$$x_2 = x_1 - \frac{f(x_1)}{f'(x_1)} = x_1 - \frac{x_1^3 - 2x_1 - 5}{3x_1^2 - 2}$$

$$= 2 - \frac{2^3 - 2(2) - 5}{3(2)^2 - 2} = 2.1$$

또한 $n = 2$이면 세 번째 근삿값 x_3을 다음과 같이 얻는다.

$$x_3 = x_2 - \frac{x_2^3 - 2x_2 - 5}{3x_2^2 - 2}$$

$$= 2.1 - \frac{(2.1)^3 - 2(2.1) - 5}{3(2.1)^2 - 2} \approx 2.0946$$

그러므로 세 번째 근삿값 x_3은 소수점 아래 넷째 자리까지 정확하게 $x_3 \approx 2.0946$이다.

뉴턴의 방법을 이용할 때 주어진 정확도, 예를 들면 소수점 아래 여덟째 자리에 이르기를 원한다고 하자. 그러면 근삿값을 구하는 과정을 언제 멈출 것인가? 일반적으로 근삿값 x_n과 x_{n+1}의 소수점 아래 여덟째 자리까지 일치하면 이 과정을 중단한다. (뉴턴의 방법에서 정확도에 대한 엄밀한 명제가 10.11절의 연습문제 20에 주어질 것이다.)

n에서 $n+1$까지 가는 과정은 모든 n의 값에 대해 동일하다. (이를 **반복** 과정이라 한다.) 이것은 뉴턴의 방법이 프로그램이 가능한 계산기나 컴퓨터를 사용할 때 특별한 이점이 있음을 의미한다.

《**예제 2**》 뉴턴의 방법을 이용해서 $\sqrt[6]{2}$를 소수점 아래 여덟째 자리까지 정확하게 구하라.

풀이 $\sqrt[6]{2}$를 구하는 것은 방정식 $x^6 - 2 = 0$의 양의 근을 구하는 것과 같다. 따라서 $f(x) = x^6 - 2$로 놓으면 $f'(x) = 6x^5$이므로 공식 **2**(뉴턴의 방법)를 적용하면 다음을 얻는다.

$$x_{n+1} = x_n - \frac{f(x_n)}{f'(x_n)} = x_n - \frac{x_n^6 - 2}{6x_n^5}$$

따라서 초기 근삿값으로 $x_1 = 1$로 놓고 다음을 얻는다.

$$x_2 \approx 1.16666667$$
$$x_3 \approx 1.12644368$$
$$x_4 \approx 1.12249707$$
$$x_5 \approx 1.12246205$$
$$x_6 \approx 1.12246205$$

x_5와 x_6이 소수점 아래 여덟째 자리에서 일치하므로 $\sqrt[6]{2} \approx 1.12246205$이다.

《**예제 3**》 방정식 $\cos x = x$의 근을 소수점 아래 여섯째 자리까지 정확하게 구하라.

풀이 주어진 방정식을 다음과 같이 표준형으로 변형한다.

$$\cos x - x = 0$$

$f(x) = \cos x - x$로 놓자. 그러면 $f'(x) = -\sin x - 1$이고 공식 **2**에 의해 다음을 얻는다.

$$x_{n+1} = x_n - \frac{\cos x_n - x_n}{-\sin x_n - 1} = x_n + \frac{\cos x_n - x_n}{\sin x_n + 1}$$

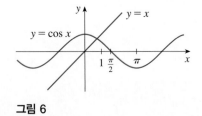

그림 6

이제 적당한 x_1을 추측하기 위해 $y = \cos x$와 $y = x$의 그래프를 그림 6과 같이 그린다. 두 함수는 x가 1보다 작은 점에서 만나게 되고, 따라서 초기 근삿값으로 $x_1 = 1$을 택한다. 그러면 다음을 얻는다.

$$x_2 \approx 0.75036387$$
$$x_3 \approx 0.73911289$$
$$x_4 \approx 0.73908513$$
$$x_5 \approx 0.73908513$$

x_4와 x_5가 소수점 아래 여섯째 자리에서 같으므로(사실은 여덟째 자리까지 같다) 이 방정식의 근은 소수점 아래 여섯째 자리까지 정확하게 0.739085이다. ∎

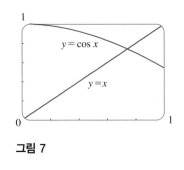

그림 7

예제 3에서 뉴턴의 방법에 대해 초기 근삿값을 그림 6에 있는 대략적인 그래프를 이용하는 대신에 계산기나 컴퓨터가 제공하는 좀 더 정확한 그래프를 사용할 수도 있다. 그림 7은 초기 근삿값으로 $x_1 = 0.75$를 사용하고 있음을 보이고 있다. 그러면 뉴턴의 방법에 따라 다음을 얻는다.

$$x_2 \approx 0.73911114$$
$$x_3 \approx 0.73908513$$
$$x_4 \approx 0.73908513$$

이것은 앞에서와 같은 결과이지만 한 단계를 앞당긴 것이다.

3.8 │ 연습문제

1. 다음 그림은 함수 f의 그래프이다. 초기 근삿값 $x_1 = 6$을 가지고 방정식 $f(x) = 0$의 근 s를 근사적으로 구하는 데 뉴턴의 방법을 사용한다고 가정하자.

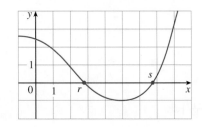

(a) x_2와 x_3을 구하는 데 사용되는 접선들을 그리고 x_2와 x_3의 수치 값을 추정하라.

(b) $x_1 = 8$은 초기 근삿값으로 더 좋은가? 설명하라.

2. 직선 $y = 9 - 2x$는 점 (2, 5)에서 곡선 $y = f(x)$에 접한다고 가정하자. 뉴턴의 방법을 사용하고 초기 근삿값 $x_1 = 2$에서 시작해서 방정식 $f(x) = 0$의 근의 위치를 구해 나갈 때, 두 번째 근삿값 x_2를 구하라.

3. 아래 제시된 함수 f의 그래프에서 a, b, c, d 중 어느 것을

초기 근삿값으로 택하는 경우 뉴턴의 방법을 이용해서 $f(x)$ = 0의 근을 찾을 수 있을까?

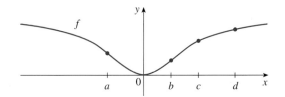

4. 초기 근삿값 x_1을 가지고 뉴턴의 방법을 이용해서 주어진 방정식의 근의 세 번째 근삿값 x_3을 구하라. (소수점 아래 넷째 자리까지 구하라.)

$$\frac{2}{x} - x^2 + 1 = 0, \quad x_1 = 2$$

5. 초기 근삿값 $x_1 = -1$을 가지고 뉴턴의 방법을 이용해서 방정식 $x^3 + x + 3 = 0$의 근의 두 번째 근삿값 x_2를 구하라. 먼저 함수의 그래프와 $(-1, 1)$에서의 접선을 그려봄으로써 이 방법이 어떻게 작용하는지 설명하라.

6. 뉴턴의 방법을 이용해서 $\sqrt[4]{75}$의 근삿값을 소수점 아래 여덟 번째 자리까지 정확하게 구하라.

7. (a) 주어진 방정식이 제시된 구간 내에서 근이 존재함을 설명하라.
(b) 뉴턴의 방법을 이용해서 주어진 방정식의 근을 소수점 아래 여섯째 자리까지 정확하게 구하라.

$$3x^4 - 8x^3 + 2 = 0, \quad [2, 3]$$

8. 뉴턴의 방법을 이용해서 주어진 방정식의 주어진 조건에 맞는 근을 소수점 아래 여섯째 자리까지 정확하게 구하라.

$$\cos x = x^2 - 4의 음수근$$

9-11 뉴턴의 방법을 이용해서 방정식의 모든 근을 소수점 아래 여섯째 자리까지 정확하게 구하라.

9. $\sin x = x - 1$ **10.** $\frac{1}{x} = \sqrt[3]{x} - 1$

11. $x^3 = \cos x$

12-13 뉴턴의 방법을 이용해서 다음 방정식의 근을 소수점 아래 여덟 번째 자리까지 정확하게 구하라. 초기 근삿값을 구하기 위해 그래프를 그려서 시작하라.

12. $-2x^7 - 5x^4 + 9x^3 + 5 = 0$

13. $\dfrac{x}{x^2 + 1} = \sqrt{1 - x}$

14. (a) 방정식 $x^2 - a = 0$에 뉴턴의 방법을 이용해서 다음 제곱근의 알고리즘($\sqrt{a}$를 계산하기 위해 고대 바빌로니아인이 이용함)을 유도하라.

$$x_{n+1} = \frac{1}{2}\left(x_n + \frac{a}{x_n}\right)$$

(b) (a)를 이용해서 $\sqrt{1000}$을 소수점 아래 여섯째 자리까지 정확하게 구하라.

15. 초기 근삿값을 $x_1 = 1$로 택하면 방정식 $x^3 - 3x + 6 = 0$의 근을 구하는 뉴턴의 방법은 유효하지 않음을 설명하라.

16. 초기 근삿값 $x_1 \neq 0$을 가지고 방정식 $\sqrt[3]{x} = 0$에 적용하면 뉴턴의 방법은 적용할 수 없음을 그림을 그려서 설명하라.

17. (a) 뉴턴의 방법을 이용해서 함수 $f(x) = x^6 - x^4 + 3x^3 - 2x$의 임계수를 소수점 아래 여섯째 자리까지 정확하게 구하라.
(b) f의 최솟값을 소수점 아래 넷째 자리까지 정확하게 구하라.

18. 뉴턴의 방법을 이용해서 곡선 $y = x^2 \sin x$, $0 \leq x \leq \pi$의 변곡점의 좌표를 소수점 아래 여섯째 자리까지 정확하게 구하라.

19. 뉴턴의 방법을 이용해서 원점으로부터 가장 가까운 포물선 $y = (x - 1)^2$ 위 점의 좌표를 소수점 아래 여섯째 자리까지 정확하게 구하라.

20. 자동차 판매원이 새 차를 18,000달러에 판매한다. 그는 또한 할부로는 5년 동안 매월 375달러씩 지불할 것을 제안했다. 판매원이 부과하는 월이자율은 얼마인가?

이 문제를 풀기 위해서는 지불해야 할 총 금액 A, n번의 균등분할금 R, 그리고 시간 주기당 이자율 i에 대한 다음 공식을 이용할 필요가 있을 것이다.

$$A = \frac{R}{i}\left[1 - (1 + i)^{-n}\right]$$

i를 x로 바꾸고 다음을 보여라.

$$48x(1 + x)^{60} - (1 + x)^{60} + 1 = 0$$

뉴턴의 방법을 이용해서 이 방정식을 풀라.

3.9 | 역도함수

어떤 입자의 속도를 알고 있는 물리학자는 주어진 시각에서 입자의 위치에 대해 알기를 원한다. 탱크로부터 물이 새어나오는 변화율을 측정할 수 있는 기술자는 어떤 시간 동안 새어나온 전체의 양을 알기를 원한다. 박테리아 개체수의 증가율을 알고 있는 생물학자는 미래의 어떤 시점에서의 박테리아 개체수가 얼마인지를 유추하기 원한다. 이런 경우에 있어서의 문제는 도함수가 알려진 함수를 구하는 것이다.

■ 함수의 역도함수

함수 F의 도함수가 함수 f라 하면, F를 f의 **역도함수**라고 한다.

> **정의** I에 속하는 모든 x에 대해 $F'(x) = f(x)$일 때 함수 F를 구간 I에서 f의 **역도함수**(antiderivative)라고 한다.

예를 들어 $f(x) = x^2$이라 하자. 이때 거듭제곱 공식을 생각하면 f의 역도함수를 구하는 것은 어렵지 않다. $F(x) = \frac{1}{3}x^3$이면 $F'(x) = x^2 = f(x)$이다. 그러나 함수 $G(x) = \frac{1}{3}x^3 + 100$도 역시 $G'(x) = x^2$을 만족한다. 그러므로 F와 G는 모두 f의 역도함수이다. 실제로 $H(x) = \frac{1}{3}x^3 + C$($C$는 상수)형의 어떤 함수도 f의 역도함수이며, 또 다른 것이 있을까 하는 의문이 생길 것이다.

이 질문에 대한 답을 얻기 위해, 3.2절에서 두 함수가 어떤 구간에서 같은 도함수를 가지면 이 두 함수는 상수만큼의 차이만 있다(3.2절의 따름정리 7)는 것을 증명하기 위해 평균값 정리를 이용했음을 기억하자. 따라서 F와 G가 f의 두 역도함수이면 다음이 성립한다.

$$F'(x) = f(x) = G'(x)$$

그러므로 $G(x) - F(x) = C$이고, 여기서 C는 상수이다. 이것은 $G(x) = F(x) + C$로 쓸 수 있고 따라서 다음 결과를 얻는다.

> **1 정리** F가 구간 I에서 f의 역도함수이면 일반적으로 다음 함수도 구간 I에서 f의 역도함수이다.
>
> $$F(x) + C$$
>
> 여기서 C는 임의의 상수이다.

함수 $f(x) = x^2$로 돌아가서 f의 일반적인 역도함수는 $\frac{1}{3}x^3 + C$임을 알 수 있다. 상수 C에 특정한 값을 줌으로써 그래프들이 서로서로 수직 평행 이동인 함수족을 얻는다(그림 1 참조). 이것은 각 곡선이 주어진 x값에서 같은 기울기를 가져야 하기 때문이다.

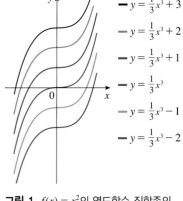

《예제 1》 다음 함수의 일반적인 역도함수를 구하라.

(a) $f(x) = \sin x$　　　　　(b) $f(x) = x^n, \quad n \geq 0$　　　　　(c) $f(x) = x^{-3}$

그림 1 $f(x) = x^2$의 역도함수 집합족의 원소들

풀이

(a) $F(x) = -\cos x$이면 $F'(x) = \sin x$이다. 그러므로 $\sin x$의 역도함수는 $-\cos x$이다. 정리 ① 에 따라 일반적인 역도함수는 $G(x) = -\cos x + C$이다.

(b) x^n의 역도함수를 구하기 위해 다음과 같이 거듭제곱 공식을 이용한다.

$$\frac{d}{dx}\left(\frac{x^{n+1}}{n+1}\right) = \frac{(n+1)x^n}{n+1} = x^n$$

그러므로 $f(x) = x^n$의 일반적인 역도함수는 다음과 같다.

$$F(x) = \frac{x^{n+1}}{n+1} + C$$

이것은 $n \geq 0$인 n에 대해 성립한다. 왜냐하면 $n \geq 0$이면 $f(x) = x^n$이 어떤 구간에서도 정의되기 때문이다.

(c) (b)에서 $n = -3$이라 두면 같은 계산으로 특수 역도함수 $F(x) = x^{-2}/(-2)$을 얻는다. 그러나 $f(x) = x^{-3}$은 $x = 0$에서 정의되지 않음에 주의하자. 그러므로 정리 ①은 단지 0을 포함하지 않는 임의의 구간에서의 f의 일반적인 역도함수는 $x^{-2}/(-2) + C$라는 것을 말해 준다. 따라서 $f(x) = 1/x^3$의 일반적인 역도함수는 다음과 같다.

$$F(x) = \begin{cases} -\dfrac{1}{2x^2} + C_1, & x > 0 \\[2mm] -\dfrac{1}{2x^2} + C_2, & x < 0 \end{cases}$$　　■

■ 역미분 공식

예제 1처럼 오른쪽에서 왼쪽으로 읽을 때 모든 미분 공식은 역도함수 공식을 유도한다. 표 ②는 특수 역도함수를 나타낸 것이다. 표에 있는 각 공식은 오른쪽 열의 함수의 도함수가 왼쪽 열에 나타나 있으므로 모두 참이다. 특히 첫 번째 공식은 함수

② 역도함수 공식표

함수	특수 역도함수	함수	특수 역도함수
$cf(x)$	$cF(x)$	$\cos x$	$\sin x$
$f(x) + g(x)$	$F(x) + G(x)$	$\sin x$	$-\cos x$
$x^n \; (n \neq -1)$	$\dfrac{x^{n+1}}{n+1}$	$\sec^2 x$	$\tan x$
		$\sec x \tan x$	$\sec x$

표 2의 특수 역도함수로부터 일반적인 역도함수를 구하려면 예제 1에서처럼 상수를 더해야 한다.

의 상수배의 역도함수는 함수의 역도함수의 상수배임을, 두 번째 공식은 합의 역도함수는 역도함수의 합임을 말해 주고 있다. (기호 $F' = f$, $G' = g$를 사용한다.)

《예제 2》 $g'(x) = 4 \sin x + \dfrac{2x^5 - \sqrt{x}}{x}$ 인 모든 함수 g를 구하라.

풀이 주어진 함수를 다음과 같이 다시 쓸 수 있다.

$$g'(x) = 4 \sin x + \frac{2x^5}{x} - \frac{\sqrt{x}}{x} = 4 \sin x + 2x^4 - \frac{1}{\sqrt{x}}$$

따라서 다음 함수의 역도함수를 구하면 된다.

$$g'(x) = 4 \sin x + 2x^4 - x^{-1/2}$$

정리 $\boxed{1}$과 표 $\boxed{2}$의 공식을 이용해서 역도함수를 구하면 다음과 같다.

우리는 자주 대문자 F를 함수 f의 역도함수로 나타낸다. 만약 도함수 f'로 시작한다면, f'의 역도함수는 f가 된다.

$$g(x) = 4(-\cos x) + 2\frac{x^5}{5} - \frac{x^{1/2}}{\frac{1}{2}} + C$$

$$= -4 \cos x + \tfrac{2}{5} x^5 - 2\sqrt{x} + C \qquad ■$$

미적분학의 응용에 있어서 어떤 함수의 알려진 도함수를 가지고 미지의 함수를 구하는 예제 2의 상황은 매우 보편적이다. 함수의 도함수를 포함하는 방정식을 **미분방정식**(differential equation)이라 하며, 현시점에서도 어느 정도 기초적인 미분방정식은 풀 수 있다. 미분방정식의 일반해는 예제 2에서와 같이 임의의 상수(들)를 포함한다. 그런데 어떤 특별한 조건을 주면 상수가 결정되고 따라서 유일하고 명확한 해를 얻게 된다.

《예제 3》 $f'(x) = x\sqrt{x}$ 이고 $f(1) = 2$인 함수 f를 구하라.

풀이 $f'(x) = x\sqrt{x} = x^{3/2}$의 일반적인 역도함수는 다음과 같다.

$$f(x) = \frac{x^{5/2}}{\frac{5}{2}} + C = \tfrac{2}{5}x^{5/2} + C$$

상수 C를 결정하기 위해 $f(1) = 2$라는 사실을 이용한다.

$$f(1) = \tfrac{2}{5} + C = 2$$

이제 C에 대해 풀면 $C = 2 - \tfrac{2}{5} = \tfrac{8}{5}$이다. 따라서 특수해는 다음과 같다.

$$f(x) = \frac{2x^{5/2} + 8}{5} \qquad ■$$

《예제 4》 $f''(x) = 12x^2 + 6x - 4$, $f(0) = 4$, $f(1) = 1$인 함수 f를 구하라.

풀이 $f''(x) = 12x^2 + 6x - 4$의 일반적인 역도함수는 다음과 같다.

$$f'(x) = 12\,\frac{x^3}{3} + 6\,\frac{x^2}{2} - 4x + C = 4x^3 + 3x^2 - 4x + C$$

역도함수 법칙을 이용하면 다음을 얻는다.

$$f(x) = 4\,\frac{x^4}{4} + 3\,\frac{x^3}{3} - 4\,\frac{x^2}{2} + Cx + D = x^4 + x^3 - 2x^2 + Cx + D$$

상수 C와 D를 결정하기 위해 주어진 조건 $f(0) = 4$와 $f(1) = 1$을 이용한다. $f(0) = 0 + D = 4$이므로 $D = 4$를 얻는다. 또한 다음과 같다.

$$f(1) = 1 + 1 - 2 + C + 4 = 1$$

그러므로 $C = -3$을 얻는다. 따라서 구하는 함수는 다음과 같다.

$$f(x) = x^4 + x^3 - 2x^2 - 3x + 4 \qquad \blacksquare$$

■ 역도함수 그래프 그리기

함수 f의 그래프가 주어지면 역도함수 F의 그래프를 그릴 수 있다는 것은 합리적인 것 같다. 예를 들어 $F(0) = 1$이 주어졌다고 가정하자. 그러면 점 $(0, 1)$을 출발점으로 해서 움직일 방향은 도함수 $F'(x) = f(x)$에 의해 차례차례로 주어진다. 다음 예제에서는 이 장의 원리들을 이용해서 f의 공식이 주어지지 않아도 F의 그래프를 어떻게 그릴 수 있는가를 보여 준다. 예를 들어 이것은 실험 자료로부터 $f(x)$가 결정된 경우이다.

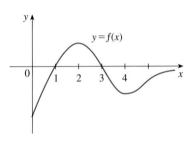

그림 2

《예제 5》 함수 f의 그래프가 그림 2와 같다. $F(0) = 2$로 주어질 때 역도함수 F의 대략적인 그래프를 그려라.

풀이 $y = F(x)$의 기울기가 $f(x)$라는 것은 이미 알고 있다. 점 $(0, 2)$에서 시작해서 $f(x)$가 $0 < x < 1$에서 음이므로 처음에는 감소함수로 F를 그린다. 그리고 $f(1) = f(3) = 0$이므로 F는 $x = 1$과 $x = 3$에서 수평접선을 갖는다. $1 < x < 3$에서 $f(x)$가 양이므로 F는 증가하고, 따라서 F가 $x = 1$에서 극소이고 $x = 3$에서 극대임을 알 수 있다. $x > 3$에서 $f(x)$가 음이므로 F는 $(3, \infty)$에서 감소하고, $x \to \infty$일 때 $f(x) \to 0$이므로 F의 그래프는 $x \to \infty$일 때 평평해진다. 또한 $x = 2$에서 $F''(x) = f'(x)$가 양에서 음으로, $x = 4$에서 음에서 양으로 변하므로 F는 $x = 2$와 $x = 4$에서 변곡점을 갖는다. 이런 정보로부터 그림 3과 같은 역도함수의 그래프를 얻을 수 있다. $\qquad \blacksquare$

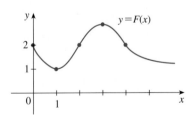

그림 3

■ 직선운동

역도함수는 직선을 따라 움직이는 물체의 운동을 분석하는 데 특히 유용하다. 물체의 위치함수가 $s = f(t)$일 때 속도함수는 $v(t) = s'(t)$임을 기억하자. 이것은 위치함수가 속도함수의 역도함수임을 의미한다. 마찬가지로 가속도함수는 $a(t) = v'(t)$이므로 속도함수는 가속도함수의 역도함수이다. 가속도함수와 초깃값 $s(0)$과 $v(0)$을 알고 있으면, 위치함수는 두 번 역도함수를 구해 얻을 수 있다.

《예제 6》 어떤 입자가 직선을 따라 움직이고 있고 가속도가 $a(t) = 6t + 4$이다. 초기 속도는 $v(0) = -6$ cm/s이고 초기 변위가 $s(0) = 9$ cm일 때, 위치함수 $s(t)$를 구하라.

풀이 $v'(t) = a(t) = 6t + 4$이므로 역도함수를 구하면 다음과 같다.

$$v(t) = 6\frac{t^2}{2} + 4t + C = 3t^2 + 4t + C$$

따라서 $v(0) = C$이고 $v(0) = -6$이므로 $C = -6$이고 다음과 같다.

$$v(t) = 3t^2 + 4t - 6$$

$v(t) = s'(t)$이므로 s는 v의 역도함수이다.

$$s(t) = 3\frac{t^3}{3} + 4\frac{t^2}{2} - 6t + D = t^3 + 2t^2 - 6t + D$$

이로부터 $s(0) = D$이고 $s(0) = 9$이므로 $D = 9$이다. 따라서 구하려는 위치함수는 다음과 같다.

$$s(t) = t^3 + 2t^2 - 6t + 9$$ ■

지표면 가까이 있는 물체는 g로 표현되는 아래 방향의 가속도를 갖는 중력에 지배를 받는다. 지표면 가까운 곳에서의 운동에 대해서는 g가 일정하다고 가정할 수 있으며, 그 값은 약 9.8 m/s^2(또는 32 ft/s^2)이다. 중력에서 기인한 가속도가 상수라는 한 가지 사실이 주목할 만한 일이므로 아래의 예제에서 볼 수 있듯이 우리는 중력의 영향을 받으며 움직이는 물체의 위치와 속도를 유추하는 데 미적분을 이용할 수 있다.

《예제 7》 땅으로부터 130 m 높이의 벼랑 끝에서 15 m/s의 속도로 공을 위로 던졌다. t초 후 땅으로부터 공의 높이를 구하라. 최고 높이에 도달하는 때는 언제인가? 땅에 떨어지는 때는 언제인가?

풀이 운동은 수직이고 위 방향을 양이라고 하자. t초일 때의 땅으로부터의 거리는 $s(t)$이고 속도 $v(t)$는 감소한다. 따라서 가속도는 음이어야 하므로 다음을 얻는다.

$$a(t) = \frac{dv}{dt} = -9.8$$

역도함수를 취하면 다음과 같다.

$$v(t) = -9.8t + C$$

상수 C를 결정하기 위해 주어진 정보 $v(0) = 15$를 이용하자. 이것으로부터 $15 = 0 + C$를 얻게 되고, 따라서 다음과 같다.

$$v(t) = -9.8t + 15$$

최고 높이는 $v(t) = 0$일 때, 즉 1.5초 후에 도달한다. $s'(t) = v(t)$이므로 다시 역도함수를 취하면 다음을 얻는다.

$$s(t) = -4.9t^2 + 15t + D$$

$s(0) = 130$을 이용하면 $130 = 0 + D$이고, 따라서 다음과 같다.

$$s(t) = -4.9t^2 + 15t + 130$$

$s(t)$의 표현식은 공이 땅에 떨어질 때까지 유효하며, 공은 $s(t) = 0$일 때 땅에 떨어진다. 즉

$$-4.9t^2 + 15t + 130 = 0$$

이고, 이는 다음과 같다.

$$4.9t^2 - 15t - 130 = 0$$

이 방정식의 해를 구하기 위해 근의 공식을 사용하면 다음을 얻는다.

$$t = \frac{15 \pm \sqrt{2773}}{9.8}$$

t는 양수이므로 공은 $15 + \sqrt{2773}/9.8 \approx 6.9$초 후에 땅에 떨어진다. ∎

그림 4는 예제 7의 공의 위치함수를 나타낸다. 그래프는 예제에서 도달한 결론을 확증한다. 공은 1.5초 후에 최고 높이에 도달하고 6.9초 후에 땅에 떨어진다.

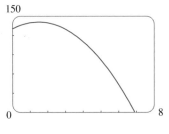

그림 4

3.9 | 연습문제

1-2 다음 함수의 역도함수를 구하라.

1. (a) $f(x) = 6$ (b) $g(t) = 3t^2$

2. (a) $h(q) = \cos q$ (b) $f(x) = \sec x \tan x$

3-12 다음 함수의 일반적인 역도함수를 구하라. (미분해서 답을 확인한다.)

3. $f(x) = 4x + 7$ **4.** $f(x) = 2x^3 - \frac{2}{3}x^2 + 5x$

5. $f(x) = x(12x + 8)$ **6.** $g(x) = 4x^{-2/3} - 2x^{5/3}$

7. $f(x) = 3\sqrt{x} - 2\sqrt[3]{x}$ **8.** $f(t) = \dfrac{2t - 4 + 3\sqrt{t}}{\sqrt{t}}$

9. $f(x) = \dfrac{10}{x^9}$

10. $f(\theta) = 2\sin\theta - 3\sec\theta\tan\theta$

11. $h(\theta) = 2\sin\theta - \sec^2\theta$

12. $g(v) = \sqrt[3]{v^2} - 2\sec^2 v$

⊞**13.** 주어진 조건을 만족하도록 다음 함수 f의 역도함수 F를 구하라. f와 F의 그래프를 비교해서 확인하라.

$$f(x) = 5x^4 - 2x^5, \quad F(0) = 4$$

14-24 다음 f를 구하라.

14. $f''(x) = 24x$ **15.** $f''(x) = 4x^3 + 24x - 1$

16. $f''(x) = 4 - \sqrt[3]{x}$ **17.** $f'''(t) = 12 + \sin t$

18. $f'(x) = 5x^4 - 3x^2 + 4, \quad f(-1) = 2$

19. $f'(x) = 5x^{2/3}, \quad f(8) = 21$

20. $f'(t) = \sec t\,(\sec t + \tan t), \quad -\pi/2 < t < \pi/2,$
$f(\pi/4) = -1$

21. $f''(x) = -2 + 12x - 12x^2, \quad f(0) = 4, \quad f'(0) = 12$

22. $f''(\theta) = \sin\theta + \cos\theta, \quad f(0) = 3, \quad f'(0) = 4$

23. $f''(x) = 4 + 6x + 24x^2, \quad f(0) = 3, \quad f(1) = 10$

24. $f''(t) = \sqrt[3]{t} - \cos t, \quad f(0) = 2, \quad f(1) = 2$

25. f의 그래프가 점 $(2, 5)$를 지나고 $(x, f(x))$에서 접선의 기울기가 $3 - 4x$일 때 $f(1)$을 구하라.

26. 함수 f의 그래프가 다음 그림과 같다. f의 역도함수의 그래프는 어떤 것인가? 그 이유는 무엇인가?

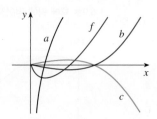

27. 함수의 그래프가 다음 그림과 같다. $F(0) = 1$인 역도함수 F의 그래프를 대략적으로 그려라.

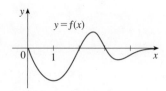

28. f'의 그래프가 다음 그림과 같다. f가 $[0, 3]$에서 연속이고 $f(0) = -1$일 때 f의 그래프를 그려라.

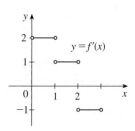

29. 다음의 그래프를 그리고, 그것을 이용해서 원점을 지나는 역도함수의 그래프를 대략적으로 그려라.

$$f(x) = \frac{\sin x}{1 + x^2}, \quad -2\pi \le x \le 2\pi$$

30-32 입자가 주어진 자료에 따라 움직일 때, 이 입자의 위치를 구하라.

30. $v(t) = 2\cos t + 4\sin t, \quad s(0) = 3$

31. $a(t) = 2t + 1, \quad s(0) = 3, \quad v(0) = -2$

32. $a(t) = \sin t - \cos t, \quad s(0) = 0, \quad s(\pi) = 6$

33. 지상 450 m 높이의 CN 타워의 전망대(스페이스 데크)에서 돌을 떨어뜨렸다.

 (a) 시각 t일 때 지상으로부터 돌까지 거리를 구하라.

 (b) 돌이 땅에 떨어질 때까지 걸린 시간은 얼마인가?

(c) 땅에 닿는 순간의 속도는 얼마인가?

(d) 돌을 5 m/s의 속력으로 아래로 던졌을 때 땅에 도달할 때까지 걸린 시간은 얼마인가?

34. 지상으로부터 s_0(m)인 곳에서 초기 속도 v_0(m/s)로 물체를 위로 던졌다. 다음을 보여라.

$$[v(t)]^2 = v_0^2 - 19.6[s(t) - s_0]$$

35. 절벽에서 돌이 떨어져서 40 m/s의 속력으로 땅에 닿았다. 절벽의 높이는 얼마인가?

36. 한 회사는 x개의 제품을 생산할 때 한계비용(달러/개)을 $1.92 - 0.002x$로 추산한다. 한 제품을 생산하는 데 드는 비용이 562달러라면 100개의 제품을 생산하는 데 드는 비용은 얼마인가?

37. 빗방울은 떨어지면서 겉넓이가 증가하기 때문에 공기 저항도 증가한다. 떨어지는 빗방울의 초기 속도는 10 m/s이고 가속도는 다음과 같다.

$$a = \begin{cases} 9 - 0.9t, & 0 \le t \le 10 \\ 0, & t > 10 \end{cases}$$

빗방울이 지상으로부터 500 m에 있다면 땅에 떨어지는 데 걸리는 시간은 얼마인가?

38. 5초 동안에 자동차의 속력을 50 km/h에서 80 km/h로 올리는 데 필요한 가속도는 얼마인가?

39. 100 km/h로 달리고 있는 자동차의 운전자가 80 m 앞에서 일어난 사고를 보고 제동장치를 밟았다. 늦지 않게 연쇄 충돌을 피하기 위해 필요한 일정한 가속도는 얼마인가?

40. 고속열차가 1.2 m/s²으로 가속하고 감속한다. 최고 속도는 145 km/h이다.

 (a) 열차가 정지상태에서 순항속도가 될 때까지 가속하고 20분 동안 그 속도로 달린다면 달릴 수 있는 최대 거리는 얼마인가?

 (b) 열차가 정지상태에서 출발해서 20분 후에 완전히 멈춘다면 달릴 수 있는 최대 거리는 얼마인가?

 (c) 열차가 72 km 떨어진 두 역 사이를 달리는 데 걸리는 최소 시간을 구하라.

 (d) 한 역에서 다음 역까지 37.5분 걸린다면 두 역 사이의 거리는 얼마인가?

3 복습

개념 확인

1. 최댓값과 극댓값의 차이점을 설명하라. 그림으로 설명하라.

2. (a) 페르마 정리를 서술하라.

(b) f의 임계수를 정의하라.

3. (a) 증가/감소 판정법을 말하라.

(b) f가 위로 오목이라고 말하는 의미는 무엇인가?

(c) 오목성 판정법을 말하라.

(d) 변곡점은 무엇인가? 어떻게 찾는가?

4. 다음의 의미를 설명하라.

(a) $\lim\limits_{x \to \infty} f(x) = L$ (b) $\lim\limits_{x \to -\infty} f(x) = L$

(c) $\lim\limits_{x \to \infty} f(x) = \infty$

(d) 곡선 $y = f(x)$는 수평점근선 $y = L$을 갖는다.

5. (a) 방정식 $f(x) = 0$의 해를 구하기 위해 x_1을 초기 근삿값으로 주었다. 뉴턴의 방법에서 두 번째 근삿값 x_2가 어떻게 구해지는지 기하학적으로 그림을 그려서 설명하라.

(b) x_1, $f(x_1)$과 $f'(x_1)$으로 x_2를 표현하라.

(c) x_n, $f(x_n)$과 $f'(x_n)$으로 x_{n+1}를 표현하라.

(d) 어떤 경우에 뉴턴의 방법이 실패하거나 매우 천천히 움직이는가?

참 · 거짓 퀴즈

다음 명제가 참인지 거짓인지 판별하라. 참이면 이유를 설명하고, 거짓이면 이유를 설명하거나 반례를 들라.

1. $f'(c) = 0$이면 f는 c에서 극대 또는 극소이다.

2. f가 (a, b)에서 연속이면 $f(c)$는 최댓값이고 $f(d)$는 최솟값이 되는 c와 d가 (a, b)에 있다.

3. $1 < x < 6$일 때 $f'(x) < 0$이면 f는 $(1, 6)$에서 감소한다.

4. $0 < x < 1$일 때 $f'(x) = g'(x)$이면 $0 < x < 1$일 때 $f(x) = g(x)$이다.

5. 모든 x에 대해 $f(x) > 0$, $f'(x) < 0$, $f''(x) > 0$을 만족하는 함수 f가 존재한다.

6. f와 g가 구간 I에서 증가하면 $f + g$도 I에서 증가한다.

7. f와 g가 구간 I에서 증가하면 fg도 I에서 증가한다.

8. f가 I에서 증가하고 $f(x) > 0$이면 $g(x) = 1/f(x)$은 I에서 감소한다.

9. f가 주기함수이면 f'도 주기함수이다.

10. 모든 x에 대해 $f'(x)$가 존재하고 0이 아니면 $f(1) \neq f(0)$이다.

복습문제

1-3 주어진 구간에서 다음 함수의 최댓값과 최솟값, 극값을 구하라.

1. $f(x) = x^3 - 9x^2 + 24x - 2$, $[0, 5]$

2. $f(x) = \dfrac{3x - 4}{x^2 + 1}$, $[-2, 2]$

3. $f(x) = x + 2\cos x$, $[-\pi, \pi]$

4-6 다음 극한을 구하라.

4. $\lim\limits_{x \to \infty} \dfrac{3x^4 + x - 5}{6x^4 - 2x^2 + 1}$

5. $\lim\limits_{x \to -\infty} \dfrac{\sqrt{4x^2 + 1}}{3x - 1}$ **6.** $\lim\limits_{x \to \infty} \left(\sqrt{4x^2 + 3x} - 2x \right)$

7-8 다음 조건을 만족하는 함수의 그래프를 그려라.

7. $f(0) = 0$, $f'(-2) = f'(1) = f'(9) = 0$,

$\lim\limits_{x \to \infty} f(x) = 0$, $\lim\limits_{x \to 6} f(x) = -\infty$,

$(-\infty, -2)$, $(1, 6)$, $(9, \infty)$에서 $f'(x) < 0$,

$(-2, 1)$과 $(6, 9)$에서 $f'(x) > 0$,

$(-\infty, 0)$과 $(12, \infty)$에서 $f''(x) > 0$,

$(0, 6)$과 $(6, 12)$에서 $f''(x) < 0$

8. f는 기함수, $0 < x < 2$일 때 $f'(x) < 0$,
   $x > 2$일 때 $f'(x) > 0$, $0 < x < 3$일 때 $f''(x) > 0$,
   $x > 3$일 때 $f''(x) < 0$, $\lim_{x \to \infty} f(x) = -2$

9-14 3.5절의 지침을 이용해서 곡선을 그려라.

9. $y = 2 - 2x - x^3$ **10.** $y = 3x^4 - 4x^3 + 2$

11. $y = \dfrac{1}{x(x-3)^2}$ **12.** $y = \dfrac{(x-1)^3}{x^2}$

13. $y = x\sqrt{2+x}$ **14.** $y = \sin^2 x - 2\cos x$

15-16 곡선의 중요한 성질을 드러내는 f의 그래프를 그려라. f'과 f''의 그래프를 이용해서 증가 및 감소 구간, 극값, 오목 구간 및 변곡점을 추정하라. 연습문제 15는 미분을 이용해서 이런 값을 정확히 구하라.

15. $f(x) = \dfrac{x^2 - 1}{x^3}$

16. $f(x) = 3x^6 - 5x^5 + x^4 - 5x^3 - 2x^2 + 2$

17. 방정식 $3x + 2\cos x + 5 = 0$은 단 한 개의 실근을 가짐을 보여라.

18. 구간 $[32, 33]$에서 함수 $f(x) = x^{1/5}$에 평균값 정리를 적용해서 $2 < \sqrt[5]{33} < 2.0125$임을 보여라.

19. $g(x) = f(x^2)$이라 하자. 여기서 f는 모든 x에 대해 두 번 미분가능하고, 모든 $x \neq 0$에 대해 $f'(x) > 0$, 그리고 f는 $(-\infty, 0)$에서 아래로 오목이고 $(0, \infty)$에서 위로 오목이다.
   (a) g는 어디에서 극값을 갖는가?
   (b) g의 오목성을 논하라.

20. 점 (x_1, y_1)에서 직선 $Ax + By + C = 0$까지의 최단거리가 다음과 같음을 보여라.

$$\frac{|Ax_1 + By_1 + C|}{\sqrt{A^2 + B^2}}$$

21. 반지름 r인 원에 외접하는 이등변삼각형의 최소 넓이를 구하라.

22. $\triangle ABC$에서 D는 선분 AB에 있고, $CD \perp AB$, $|AD| = |BD| = 4\,\text{cm}$, $|CD| = 5\,\text{cm}$이다. 선분의 합 $|PA| + |PB| + |PC|$를 최소화하기 위해서는 점 P를 CD 위의 어디로 정하면 되는가?

23. 깊은 물속에서 파장 L인 파도의 속도가 다음과 같다.

$$v = K\sqrt{\frac{L}{C} + \frac{C}{L}}$$

여기서 K와 C는 양의 상수이다. 파장이 얼마일 때 속도가 최소가 되는가?

24. 한 하키팀이 15,000명의 관중을 수용할 수 있는 경기장에서 경기를 한다. 관람료가 12달러일 때 평균 관중 수는 11,000명이다. 시장조사에서 관람료를 1달러씩 내리면 관중 수는 1,000명씩 늘어난다고 나타났다. 관람료 수입을 최대로 하려면 관람료를 얼마로 해야 하는가?

25. 뉴턴의 방법을 이용해서 구간 $[1, 2]$에서 방정식 $x^5 - x^4 + 3x^2 - 3x - 2 = 0$의 근을 소수점 아래 여섯째 자리까지 정확하게 구하라.

26. 뉴턴의 방법을 이용해서 함수 $f(t) = \cos t + t - t^2$의 최댓값을 소수점 아래 여덟째 자리까지 정확하게 구하라.

27-28 주어진 함수의 일반적인 역도함수를 구하라.

27. $f(x) = 4\sqrt{x} - 6x^2 + 3$

28. $h(t) = t^{-3} + 5\sin t$

29-30 다음 f를 구하라.

29. $f'(t) = 2t - 3\sin t, \quad f(0) = 5$

30. $f''(x) = 1 - 6x + 48x^2, \quad f(0) = 1, \quad f'(0) = 2$

31. 입자가 다음 식에 따라 직선 위를 움직이고 있다. 입자의 위치를 구하라.

$$v(t) = 2t - \sin t, \quad s(0) = 3$$

32. 함수 $f(x) = x^2 \sin(x^2)$, $0 \le x \le \pi$의 그래프를 그리고, 이 그래프를 이용해서 초기 조건 $F(0) = 0$을 만족하는 f의 역도함수 F의 그래프를 그려라.

33. 지상으로부터 500 m 상공에 있는 헬리콥터에서 포탄이 투하된다. 낙하산은 퍼지지 않았고, 포탄은 충돌속도 100 m/s까지 견디도록 제작됐다. 이 포탄은 터지는가?

34. 반지름이 30 cm인 원통형 통나무를 잘라 직사각형 대들보를 만들려고 한다.
   (a) 대들보가 정사각형일 때 단면의 넓이가 최대임을 보여라.
   (b) 정사각형 대들보를 잘라낸 후 남은 통나무의 네 조각에서 4개의 직사각형 널빤지를 만들려고 한다. 단면의 넓

이가 최대일 때 널빤지의 치수를 결정하라.

(c) 직사각형 대들보의 강도는 가로와 세로의 제곱의 곱에 비례한다고 하자. 원통형 통나무에서 잘라낼 수 있는 가장 강도 높은 대들보의 치수를 구하라.

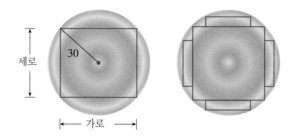

35. 다음 그림은 반원이 위에 있고 같은 두 변의 길이가 a인 이 등변 삼각형을 보여 주고 있다. 전체 넓이를 최대로 하는 각의 크기 θ를 구하라.

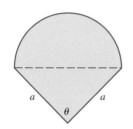

36. 반지름이 20 m인 원형교차로를 비추기 위해 원형교차로 중심에 세워진 높이가 h m인 장대 위에 전구가 위치하고 있다. 원주의 임의의 점 P에서 조명도 I는 $\cos \theta$에 비례하고 전구에서 점 P 사이의 거리 d^2에 반비례한다(그림 참조).

(a) 조명도 I를 최대화하기 위해 장대 높이를 얼마로 해야 하는가?

(b) 만약 장대 높이가 h m이고 장대가 설치된 중심에서 여성이 원형교차로 밖으로 1 m/s 속도로 걸어나온다. 그녀 원형교차로 가장자리에 도착할 때 지상 1 m에 위치한 그녀 등의 조명도는 어떤 비율로 감소하는가?

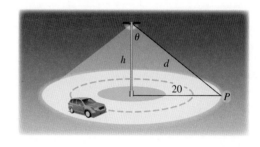

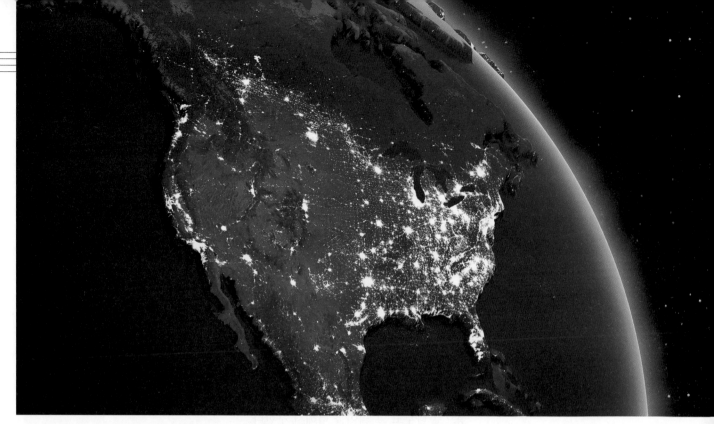

4.4절 연습문제 37번에서 전력소비 데이터와 적분을 사용하여 어느 특정한 날 미국의 뉴잉글랜드 지역(매사추세츠 주, 코네티컷 주, 로드아일랜드 주, 버몬트 주, 메인 주와 뉴햄프셔 주)에서 사용된 전기에너지의 양을 측정하게 될 것이다.

4 | 적분
Integrals

2장에서 접선 문제와 속도 문제를 이용해서 도함수를 도입했다. 4장에서는 미적분의 다른 핵심 개념인 적분을 소개하기 위하여 넓이 및 거리 문제를 사용한다. 적분과 미분 사이에 있는 모든 중요한 상호 연관성은 미적분학의 기본정리에 나타나 있다. 미적분학의 기본정리는 일종의 역 관계이다. 4장, 5장과 8장에서는 적분을 사용하여 부피, 곡선의 길이, 인구예측, 심박출량(역자 주: 1분간에 심장이 박출하는 혈액량의 리터 단위 분량으로 심박출량의 단위는 L/min이다) 댐 에 작용하는 힘, 일, 소비자 잉여(역자 주: 소비자가 지불할 용의가 있는 금액보다 적은 비용 으로 재화를 구매할 때 생기는 이득) 야구 등 다른 많은 분야에 관련된 문제를 해결하는 방법 을 배울 것이다.

4.1 │ 넓이와 거리

이제 미적분학 미리보기를 (다시 한 번) 읽어 볼 시간이다. 그 장에서는 미적분학의 통합된 아이디어를 다루고 있어서, 우리가 현재 어느 위치에 있고 앞으로 해야 할 것들이 무엇인지에 대한 시야를 넓히는 데 도움을 준다.

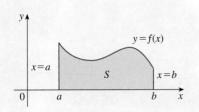

그림 1
$S = \{(x,\ y)\,|\,a \le x \le b,\ 0 \le y \le f(x)\}$

이 절에서는 곡선 아래의 넓이를 구하거나 자동차가 주행한 거리를 구하는 문제들을 특별한 형태의 극한으로 해결할 수 있음을 알게 된다.

■ 넓이 문제

넓이를 구하는 문제로 시작해 보자. 구간 a에서 b까지 곡선 $y = f(x)$ 아래에 있는 영역 S의 넓이를 구해 보자. 영역 S는 그림 1에서와 같이 연속함수 f[여기서는 $f(x) \ge 0$]의 그래프와 수직선 $x = a$, $x = b$ 그리고 x축으로 둘러싸여 있다.

넓이 문제를 풀기 위해서는 다음과 같은 질문을 해봐야 한다. **넓이**라는 단어의 의미는 무엇인가? 직선으로 이루어진 다각형 영역에 대해서는 이 질문의 답은 간단하다. 직사각형의 넓이는 가로와 세로의 곱으로 정의된다. 삼각형의 넓이는 밑변의 길이와 높이를 곱한 것의 절반이다. 다각형의 넓이는 (그림 2와 같이) 여러 개의 삼각형으로 나누고 그 넓이를 더해서 구한다.

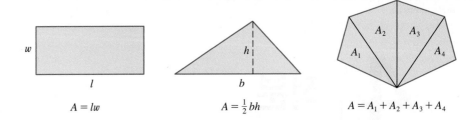

그림 2

$A = lw$ $\qquad$ $A = \frac{1}{2}bh$ $\qquad$ $A = A_1 + A_2 + A_3 + A_4$

그러나 곡선으로 이루어진 영역의 넓이를 구하는 것은 쉬운 일이 아니다. 누구나 영역의 넓이에 대해 직관적인 개념을 가지고 있지만, 넓이 문제를 해결하기 위해서는 넓이를 정확히 정의함으로써 직관적인 개념을 명확히 해야만 한다.

접선을 정의할 때 먼저 할선의 기울기를 계산한 후, 그 극한을 택해서 접선의 기울기를 계산했다. 넓이에 대해서도 비슷한 개념을 사용하려고 한다. 먼저 영역 S를 몇 개의 직사각형들로 근사시킨 다음, 이런 직사각형들의 개수를 늘려 이 직사각형들의 넓이의 극한을 취한다. 다음 예제에서 이런 과정을 잘 설명하고 있다.

《예제 1》 직사각형을 이용해서 $0 \le x \le 1$에 대해 포물선 $y = x^2$ 아래에 있는 (그림 3에서 포물선에 의한 영역 S의) 넓이를 추정하라.

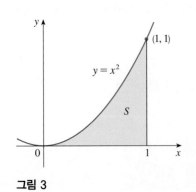

그림 3

풀이 S가 한 변의 길이가 1인 정사각형 안에 있기 때문에 S의 넓이는 0과 1 사이의 값이 된다. 그러나 더 정확한 값을 찾기 위해 S를 그림 4(a)에서와 같이 수직선 $x = \frac{1}{4}$, $x = \frac{1}{2}$, $x = \frac{3}{4}$을 그려서 네 개의 가늘고 긴 조각 S_1, S_2, S_3, S_4로 나눠 보자.

그림 4(b)와 같이 밑변이 각 조각의 밑변과 같고 높이가 각 조각의 오른쪽 끝과 같은 직사각형으로 각각의 조각을 근사시킬 수 있다. 즉, 직사각형의 높이는 부분 구간 $\left[0, \frac{1}{4}\right]$, $\left[\frac{1}{4}, \frac{1}{2}\right]$, $\left[\frac{1}{2}, \frac{3}{4}\right]$, $\left[\frac{3}{4}, 1\right]$의 **오른쪽** 끝점에서 함수 $f(x) = x^2$의 값이다.

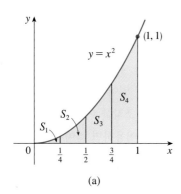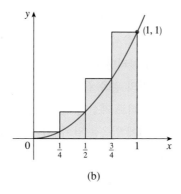

(a)　　　　　　　　　　(b)　　　　　　　　**그림 4**

각 직사각형은 밑변이 $\frac{1}{4}$이고 높이가 $\left(\frac{1}{4}\right)^2$, $\left(\frac{1}{2}\right)^2$, $\left(\frac{3}{4}\right)^2$, 1^2이고 R_4를 이와 같이 근사시킨 직사각형들의 넓이의 합이라 하면, 다음을 얻는다.

$$R_4 = \frac{1}{4} \cdot \left(\frac{1}{4}\right)^2 + \frac{1}{4} \cdot \left(\frac{1}{2}\right)^2 + \frac{1}{4} \cdot \left(\frac{3}{4}\right)^2 + \frac{1}{4} \cdot 1^2 = \frac{15}{32} = 0.46875$$

그림 4(b)를 보면 S의 넓이 A는 R_4보다 작으므로 다음이 성립한다.

$$A < 0.46875$$

그림 4(b)와 같은 직사각형들을 이용하는 대신에 그림 5와 같이 보다 작은 직사각형들을 이용할 수 있다. 이 경우 직사각형의 높이는 각 부분 구간의 **왼쪽** 끝점에서 함수 f의 값이다. (맨 왼쪽에 있는 직사각형은 높이가 0이므로 그림에 나타나지 않는다.) 이와 같이 근사시킨 직사각형들의 넓이의 합은 다음과 같다.

$$L_4 = \frac{1}{4} \cdot 0^2 + \frac{1}{4} \cdot \left(\frac{1}{4}\right)^2 + \frac{1}{4} \cdot \left(\frac{1}{2}\right)^2 + \frac{1}{4} \cdot \left(\frac{3}{4}\right)^2 = \frac{7}{32} = 0.21875$$

S의 넓이 A는 L_4보다 크므로, A에 대한 아래추정값과 위추정값을 얻는다.

$$0.21875 < A < 0.46875$$

조각의 수를 점점 늘려가면서 이런 과정을 반복할 수 있다. 그림 6에서는 영역 S를 밑변의 길이가 같은 8개의 조각으로 나누는 방법을 보여 주고 있다.

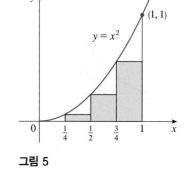

그림 5

(a) 왼쪽 끝점 이용　　　　(b) 오른쪽 끝점 이용

그림 6 8개의 직사각형으로 S를 근사시킨 경우

작은 직사각형들의 넓이의 합(L_8)과 큰 직사각형들의 넓이의 합(R_8)을 계산해서 A에 대해 더 좋은 위·아래 추정값을 얻는다.

$$0.2734375 < A < 0.3984375$$

n	L_n	R_n
10	0.2850000	0.3850000
20	0.3087500	0.3587500
30	0.3168519	0.3501852
50	0.3234000	0.3434000
100	0.3283500	0.3383500
1000	0.3328335	0.3338335

따라서 S의 넓이의 참값이 0.2734375와 0.3984375 사이에 있다고 말하는 것으로 이 문제에 대한 답을 할 수 있다.

조각의 수를 늘리면 좀 더 좋은 추정값을 얻을 수 있다. 왼쪽 표를 보면 직사각형의 높이가 부분 구간의 왼쪽 끝점(L_n)나 오른쪽 끝점(R_n)에서 얻어지는 경우 n개의 직사각형의 넓이를 컴퓨터로 계산한 결과를 알 수 있다. 50개의 조각을 이용하면 넓이가 0.3234와 0.3434 사이에 있음을 알 수 있다. 1000개의 조각을 이용하면 넓이가 더 좁은 범위에 있음을 알 수 있다. 즉, A는 0.3328335와 0.3338335 사이에 있으며, 이 수들의 평균 $A \approx 0.3333335$는 더 좋은 추정값이다. ∎

예제 1의 표에 있는 값으로부터 n이 증가할 때 R_n이 $\frac{1}{3}$로 수렴하는 것을 알 수 있다. 이를 다음 예제에서 확인한다.

《예제 2》 예제 1의 영역 S에 대해, 근사합 R_n이 $\frac{1}{3}$에 접근함을 보여라. 즉 $\lim\limits_{n \to \infty} R_n = \frac{1}{3}$임을 보여라.

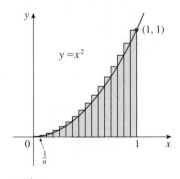

$y = x^2$

(1, 1)

그림 7

풀이 R_n은 그림 7에 있는 n개의 직사각형의 넓이의 합이다. 각 직사각형의 너비는 $1/n$이고 높이는 점 $1/n$, $2/n$, $3/n$, $\cdots$, n/n에서의 함수 $f(x) = x^2$의 값이다. 즉 높이는 $(1/n)^2$, $(2/n)^2$, $(3/n)^2$, $\cdots$, $(n/n)^2$이다. 따라서 다음과 같다.

$$R_n = \frac{1}{n} f\left(\frac{1}{n}\right) + \frac{1}{n} f\left(\frac{2}{n}\right) + \frac{1}{n} f\left(\frac{3}{n}\right) + \cdots + \frac{1}{n} f\left(\frac{n}{n}\right)$$

$$= \frac{1}{n} \left(\frac{1}{n}\right)^2 + \frac{1}{n} \left(\frac{2}{n}\right)^2 + \frac{1}{n} \left(\frac{3}{n}\right)^2 + \cdots + \frac{1}{n} \left(\frac{n}{n}\right)^2$$

$$= \frac{1}{n} \cdot \frac{1}{n^2} (1^2 + 2^2 + 3^2 + \cdots + n^2)$$

$$= \frac{1}{n^3} (1^2 + 2^2 + 3^2 + \cdots + n^2)$$

여기서 처음 n개의 양의 정수의 제곱의 합에 대한 다음 공식이 필요하다.

$$\boxed{1} \qquad 1^2 + 2^2 + 3^2 + \cdots + n^2 = \frac{n(n + 1)(2n + 1)}{6}$$

이전에 이 공식을 본 적이 있을 것이다.

R_n에 대한 식에 공식 $\boxed{1}$을 적용하면 다음을 얻는다.

$$R_n = \frac{1}{n^3} \cdot \frac{n(n + 1)(2n + 1)}{6} = \frac{(n + 1)(2n + 1)}{6n^2}$$

따라서 다음이 성립한다.

$$\lim_{n \to \infty} R_n = \lim_{n \to \infty} \frac{(n + 1)(2n + 1)}{6n^2}$$

$$= \lim_{n \to \infty} \frac{1}{6} \left(\frac{n + 1}{n}\right)\left(\frac{2n + 1}{n}\right)$$

여기서 수열 $\{R_n\}$의 극한을 계산한다. 수열과 그 극한은 10.1절에서 자세히 배울 것이다. 수열의 극한은 무한대에서의 극한(3.4절)과 유사하다. 단지 $\lim\limits_{n \to \infty}$로 쓸 때 n을 양의 정수로 제한할 뿐이다. 특히 다음을 알고 있다.

$$\lim_{n \to \infty} \frac{1}{n} = 0$$

$\lim\limits_{n \to \infty} R_n = \frac{1}{3}$은 충분히 큰 n을 택하면 R_n은 $\frac{1}{3}$에 원하는 만큼 접근할 수 있음을 의미한다.

$$= \lim_{n \to \infty} \frac{1}{6}\left(1 + \frac{1}{n}\right)\left(2 + \frac{1}{n}\right)$$

$$= \frac{1}{6} \cdot 1 \cdot 2 = \frac{1}{3}$$ ■

예제 2에서 근사합 L_n도 역 도 $\frac{1}{3}$로 수렴하는 것을 보일 수 있다. 즉 $\lim_{n \to \infty} L_n = \frac{1}{3}$이다.
그림 8과 9를 보면 n이 증가할 때 R_n과 L_n은 모두 S의 넓이의 좋은 근삿값이 됨을 알 수 있다. 그러므로 넓이 A는 다음과 같이 근사 직사각형들의 넓이의 합의 극한으로 **정의한다.**

$$A = \lim_{n \to \infty} R_n = \lim_{n \to \infty} L_n = \frac{1}{3}$$

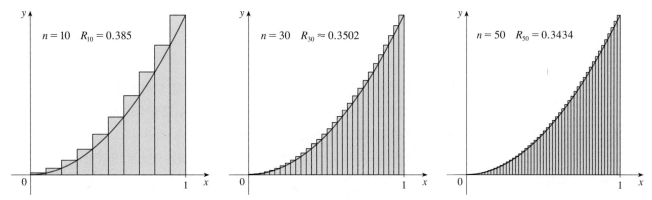

그림 8 $f(x) = x^2$이 증가하므로 오른쪽 끝점은 상합을 만든다.

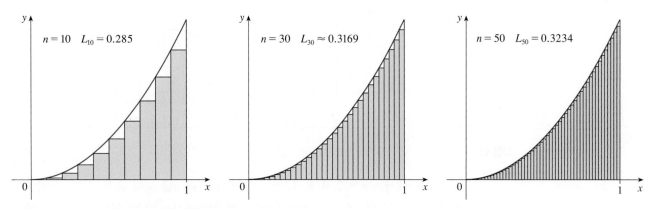

그림 9 $f(x) = x^2$이 증가하므로 왼쪽 끝점은 하합을 만든다.

예제 1과 2의 개념을 보다 일반적인 영역인 그림 1에 나타낸 S에 적용하자. S를 그림 10과 같이 너비가 같은 n개의 가늘고 긴 조각 $S_1, S_2, \cdots, S_n$으로 나누자.

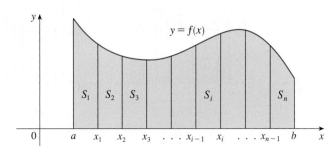

그림 10

구간 $[a, b]$의 너비는 $b - a$이므로 n개의 각 조각의 너비는 다음과 같다.

$$\Delta x = \frac{b - a}{n}$$

이런 조각들은 구간 $[a, b]$를 다음과 같이 n개의 부분 구간으로 나눈다.

$$[x_0, x_1], \quad [x_1, x_2], \quad [x_2, x_3], \quad \ldots, \quad [x_{n-1}, x_n]$$

여기서 $x_0 = a$이고 $x_n = b$이다. 각 부분 구간의 오른쪽 끝점은 다음과 같다.

$$x_1 = a + \Delta x,$$
$$x_2 = a + 2\,\Delta x,$$
$$x_3 = a + 3\,\Delta x,$$
$$\vdots$$

일반적으로 $x_i = a + i\,\Delta x$이다. 이제 i번째 조각 S_i를 너비가 Δx이고 높이가 $f(x_i)$인 직사각형으로 근사시키자. 여기서 $f(x_i)$는 오른쪽 끝점에서 f의 값이다(그림 11 참조). 그러면 i번째 직사각형의 넓이는 $f(x_i)\,\Delta x$이다. 직관적으로 S의 넓이는 다음과 같이 이런 직사각형들의 넓이의 합에 의해 근사되는 것으로 생각할 수 있다.

$$R_n = f(x_1)\,\Delta x + f(x_2)\,\Delta x + \cdots + f(x_n)\,\Delta x$$

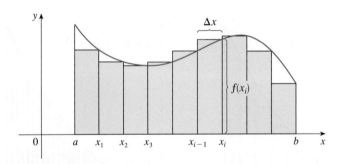

그림 11

그림 12에서는 $n = 2, 4, 8, 12$인 경우에 대한 근사를 보여 준다. 이런 근사는 조각의 수를 늘릴 때, 즉 $n \to \infty$일 때 점점 더 정확해짐을 알 수 있다. 그러므로 영역 S의 넓이 A를 다음과 같이 정의한다.

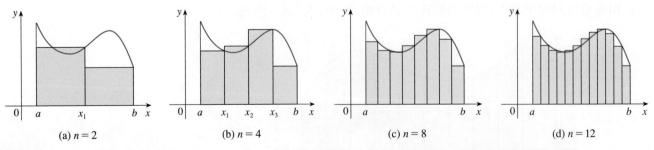

(a) $n = 2$　　(b) $n = 4$　　(c) $n = 8$　　(d) $n = 12$

그림 12

> **2** **정의** 연속함수 f의 그래프 아래에 있는 영역 S의 **넓이**(area) A는 근사 직사각형들의 넓이의 합의 극한이다.
> $$A = \lim_{n \to \infty} R_n = \lim_{n \to \infty} [f(x_1)\,\Delta x + f(x_2)\,\Delta x + \cdots + f(x_n)\,\Delta x]$$

f가 연속이라고 가정하고 있으므로, 정의 **2**의 극한은 항상 존재함을 증명할 수 있다. 왼쪽 끝점을 이용해도 다음과 같이 동일한 값을 얻는다.

3 $$A = \lim_{n \to \infty} L_n = \lim_{n \to \infty} [f(x_0)\,\Delta x + f(x_1)\,\Delta x + \cdots + f(x_{n-1})\,\Delta x]$$

실제로 왼쪽 끝점이나 오른쪽 끝점을 이용하는 대신에 i번째 직사각형의 높이를 i번째 부분 구간 $[x_{i-1}, x_i]$에 있는 **임의의** 수 x_i^*에서 f의 값을 택할 수 있다. 이때 수 $x_1^*, x_2^*, \ldots, x_n^*$을 **표본점**(sample point)이라고 한다. 그림 13은 끝점이 아닌 표본점을 택할 경우 근사 직사각형들을 보여 주고 있다. 따라서 S의 넓이에 대한 일반적인 표현은 다음과 같다.

4 $$A = \lim_{n \to \infty} [f(x_1^*)\,\Delta x + f(x_2^*)\,\Delta x + \cdots + f(x_n^*)\,\Delta x]$$

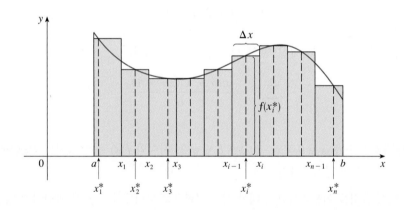

그림 13

NOTE f의 그래프 아래에 있는 넓이의 근삿값을 구하기 위하여 i번째 부분 구간에서 $f(x_i^*)$가 최솟값(최댓값)이 되는 표본점 x_i^*를 선택하여 **하합**[lower sums 또는 **상합**(upper sums)]을 만든다(그림 14 참조). [f가 연속함수이므로 극값정리에 의하여 각 부분구간

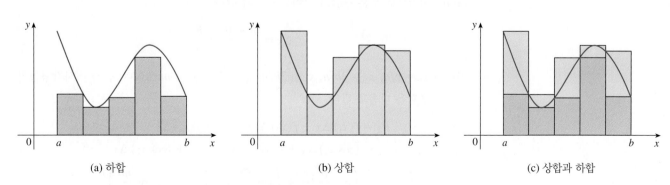

(a) 하합   (b) 상합   (c) 상합과 하합

그림 14

에서 f의 최댓값과 최솟값이 존재한다.] 넓이에 대한 정의를 다음과 같이 할 수도 있다: **넓이 A는 모든 상합보다는 작고 모든 하합보다는 큰 유일한 수이다.**

예를 들어 예제 1과 2에서 넓이($A = \frac{1}{3}$)은 모든 왼쪽 근사합 L_n과 모든 오른쪽 근사합 R_n 사이에 있다. 이 예제에서 사용한 함수 $f(x) = x^2$은 $[0, 1]$에서 증가함수이므로 하합은 왼쪽 끝점을 이용할 때 나타나고, 상합은 오른쪽 끝점을 이용할 때 나타난다(그림 8, 9 참조).

일반적으로 **시그마 기호**(sigma notation)를 사용하면 많은 항들을 더하는 것을 간단히 표현할 수 있다. 예를 들면 다음과 같다.

$i = n$에서 끝남을 뜻한다.

더함을 뜻한다. $\longrightarrow \displaystyle\sum_{i=m}^{n} f(x_i)\, \Delta x$

$i = m$에서 시작함을 뜻한다.

$$\sum_{i=1}^{n} f(x_i)\, \Delta x = f(x_1)\, \Delta x + f(x_2)\, \Delta x + \cdots + f(x_n)\, \Delta x$$

따라서 식 **2**, **3**, **4**에서 넓이에 대한 식을 다음과 같이 표현할 수 있다.

$$A = \lim_{n \to \infty} \sum_{i=1}^{n} f(x_i)\, \Delta x$$

$$A = \lim_{n \to \infty} \sum_{i=1}^{n} f(x_{i-1})\, \Delta x$$

$$A = \lim_{n \to \infty} \sum_{i=1}^{n} f(x_i^*)\, \Delta x$$

또한 공식 **1**도 다음과 같은 방식으로 다시 쓸 수 있다.

$$\sum_{i=1}^{n} i^2 = \frac{n(n + 1)(2n + 1)}{6}$$

《예제 3》 두 직선 $x = 0$과 $x = b (0 \le b \le \pi/2)$ 사이와 $f(x) = \cos x$의 그래프 아래에 놓여 있는 영역의 넓이를 A라 하자.

(a) 오른쪽 끝점을 이용해서 A에 대한 식을 극한으로 나타내라. 극한은 계산하지 않는다.
(b) $b = \pi/2$인 경우 중점을 표본점으로 택하고 네 개의 부분 구간을 이용해서 넓이를 추정하라.

풀이
(a) $a = 0$이므로 부분 구간의 너비는 다음과 같다.

$$\Delta x = \frac{b - 0}{n} = \frac{b}{n}$$

따라서 $x_1 = b/n$, $x_2 = 2b/n$, $x_3 = 3b/n$, $x_i = ib/n$, $x_n = nb/n$이다. 근사 직사각형들의 넓이의 총합은 다음과 같다.

$$R_n = f(x_1)\, \Delta x + f(x_2)\, \Delta x + \cdots + f(x_n)\, \Delta x$$
$$= (\cos x_1)\, \Delta x + (\cos x_2)\, \Delta x + \cdots + (\cos x_n)\, \Delta x$$
$$= \left(\cos \frac{b}{n}\right)\frac{b}{n} + \left(\cos \frac{2b}{n}\right)\frac{b}{n} + \cdots + \left(\cos \frac{nb}{n}\right)\frac{b}{n}$$

정의 **2**에 따라 넓이는 다음과 같다.

$$A = \lim_{n\to\infty} R_n = \lim_{n\to\infty} \frac{b}{n}\left(\cos\frac{b}{n} + \cos\frac{2b}{n} + \cos\frac{3b}{n} + \cdots + \cos\frac{nb}{n}\right)$$

시그마 기호를 이용하면 다음과 같이 쓸 수 있다.

$$A = \lim_{n\to\infty} \frac{b}{n}\sum_{i=1}^{n}\cos\frac{ib}{n}$$

이 극한을 직접 계산하기는 매우 어렵지만 컴퓨터 대수체계(CAS)를 이용하면 쉽게 계산할 수 있다(연습문제 17 참조). 4.3절에서 다른 방법을 이용해서 A를 좀 더 쉽게 구할 것이다.

(b) $n = 4$이고 $b = \pi/2$이므로 $\Delta x = (\pi/2)/4 = \pi/8$이다. 따라서 부분 구간들은 $[0,\ \pi/8]$, $[\pi/8,\ \pi/4]$, $[\pi/4\ ,\ 3\pi/8]$, $[3\pi/8,\ \pi/2]$이다. 이 부분 구간들의 중점은 다음과 같다.

$$x_1^* = \frac{\pi}{16}, \qquad x_2^* = \frac{3\pi}{16}, \qquad x_3^* = \frac{5\pi}{16}, \qquad x_4^* = \frac{7\pi}{16}$$

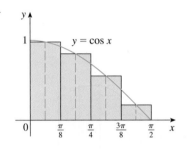

그림 15

네 개의 근사 직사각형(그림 15)의 넓이의 총합 M_4는 다음과 같다.

$$\begin{aligned}
M_4 &= \sum_{i=1}^{4} f(x_i^*)\,\Delta x \\
&= f(\pi/16)\,\Delta x + f(3\pi/16)\,\Delta x + f(5\pi/16)\,\Delta x + f(7\pi/16)\,\Delta x \\
&= \left(\cos\frac{\pi}{16}\right)\frac{\pi}{8} + \left(\cos\frac{3\pi}{16}\right)\frac{\pi}{8} + \left(\cos\frac{5\pi}{16}\right)\frac{\pi}{8} + \left(\cos\frac{7\pi}{16}\right)\frac{\pi}{8} \\
&= \frac{\pi}{8}\left(\cos\frac{\pi}{16} + \cos\frac{3\pi}{16} + \cos\frac{5\pi}{16} + \cos\frac{7\pi}{16}\right) \approx 1.006
\end{aligned}$$

그러므로 넓이의 추정값은 다음과 같다.

$$A \approx 1.006 \qquad\blacksquare$$

■ 거리 문제

1.4절에서 다음과 같은 **속도 문제**를 다루었다: 일정시간 동안 물체의 이동거리(움직이기 시작한 점으로부터)가 주어진 경우, 어떤 한 시점에서 이동하는 물체의 순간속도를 구하라. 이제 **거리 문제**를 생각해 보자. 물체의 속도가 주어진 경우 일정 시간 동안 물체가 이동한 거리를 구해 보자. (어떤 의미에서 이 문제는 속도 문제를 역으로 생각해 볼 수 있는 문제이다.) 물체의 속도가 일정하면 거리 문제는 다음 공식에 따라 쉽게 해결할 수 있다.

거리 = 속도 × 시간

그러나 속도가 변하면 이동한 거리를 계산하는 것은 쉽지 않다. 다음 예제에서 이 문제를 살펴보자.

《예제 4》 자동차의 주행기록계가 고장났다고 가정하고, 자동차가 30초 동안 주행한 거리를 추정하려고 한다. 5초마다 속도계를 읽고 다음 표와 같이 기록했다.

시간(s)	0	5	10	15	20	25	30
속도(km/h)	27	34	39	47	51	50	45

시간과 속도의 단위가 일치되어야 하므로 속도의 단위를 초당 미터로 변환해야 한다.
(1 km/h = 1000/3600 m/s)

시간(s)	0	5	10	15	20	25	30
속도(km/h)	8	9	10	12	13	12	11

처음 5초 동안 속도가 급격히 변하지 않으므로 이 시간에는 속도가 일정한 것으로 가정하고 주행한 거리를 추정할 수 있다. 이 시간 동안 속도를 초기 속도(8 m/s)로 택하면 처음 5초 동안에 주행한 거리의 근삿값은 다음과 같다.

$$8 \text{ m/s} \times 5 \text{ s} = 40 \text{ m}$$

같은 방법으로 두 번째 5초 동안의 속도도 거의 일정하므로 이 일정한 값을 $t = 5$ s일 때의 속도로 택한다. 그러므로 $t = 5$ s에서 $t = 10$ s까지의 주행한 거리를 계산하면 다음과 같다.

$$9 \text{ m/s} \times 5 \text{ s} = 45 \text{ m}$$

다른 시간 구간에 대해서도 비슷한 추정값을 계산해서 더하면 주행한 총 거리에 대한 추정값은 다음과 같다.

$$(8 \times 5) + (9 \times 5) + (10 \times 5) + (12 \times 5) + (13 \times 5) + (12 \times 5) = 320 \text{ m}$$

각 시간 구간의 처음이 아니라 **끝**에서의 속도를 이용할 수 있다. 이때 추정값은 다음과 같다.

$$(9 \times 5) + (10 \times 5) + (12 \times 5) + (13 \times 5) + (12 \times 5) + (11 \times 5) = 335 \text{ m}$$

각 시간 구간에서 초기속도가 높이인 사각형을 이용하여 자동차의 속도함수에 대한 근사 그래프를 그리자[그림 16(a)]. 첫 번째 직사각형의 넓이는 $8 \times 5 = 40$이며, 이것은 또한 처음 5초 동안에 주행한 거리에 대한 추정값이 된다. 각 직사각형의 높이가 속도, 너비가 시간을 나타내므로, 실제로 각 직사각형의 넓이는 주행한 거리로 해석될 수 있다. 그림 16(a)에서의 직사각형들의 넓이의 합은 $L_6 = 320$이며, 이것은 주행한 총 거리에 대한 초기 근삿값이 된다.

좀 더 정확한 추정을 원한다면 그림 16(b)와 같이 더 자주 속도를 기록한다. 속도를 더 많이 기록할수록 사각형들의 넓이의 합이 속도곡선 아래의 정확한 넓이가 되는 것을 알 수 있다[그림 16(c)]. 이것은 총 주행거리가 속도 그래프 아래의 넓이와 일치함을 나타낸다. ■

일반적으로 한 물체가 속도 $v = f(t)$로 움직인다고 가정하자. 여기서 $a \leq t \leq b$이고 $f(t) \geq 0$ 이다(즉, 물체는 항상 양의 방향으로 움직인다). 속도가 각 부분 구간

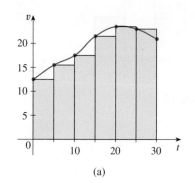
(a)

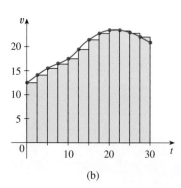
(b)

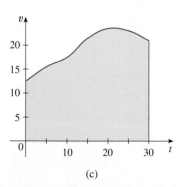
(c)

그림 16

에서 거의 일정하도록 속도를 시각 $t_0(=a)$, t_1, $\cdots$, $t_n(=b)$에서 기록한다. 이 시각들이 같은 간격으로 배열됐다면, 이웃한 기록 사이의 간격은 $\Delta t = (b - a)/n$가 된다. 첫 번째 시간 구간에서 속도는 대략 $f(t_0)$이고, 따라서 주행한 거리는 대략 $f(t_0)\,\Delta t$이다. 마찬가지로 두 번째 시간 구간에서 주행한 거리는 대략 $f(t_1)$이며, 시간 구간 $[a, b]$에서 주행한 총 거리는 대략 다음과 같다.

$$f(t_0)\,\Delta t + f(t_1)\,\Delta t + \cdots + f(t_{n-1})\,\Delta t = \sum_{i=1}^{n} f(t_{i-1})\,\Delta t$$

왼쪽 끝점 대신에 오른쪽 끝점에서의 속도를 이용하면 주행한 총 거리에 대한 추정값은 다음과 같다.

$$f(t_1)\,\Delta t + f(t_2)\,\Delta t + \cdots + f(t_n)\,\Delta t = \sum_{i=1}^{n} f(t_i)\,\Delta t$$

속도를 더 자주 측정하면 할수록 추정값들은 더 정확해진다. 그러므로 주행한 **정확한** 거리 d가 다음 표현과 같은 **극한**인 것은 타당해 보인다.

$$\boxed{5} \qquad d = \lim_{n \to \infty} \sum_{i=1}^{n} f(t_{i-1})\,\Delta t = \lim_{n \to \infty} \sum_{i=1}^{n} f(t_i)\,\Delta t$$

실제로 이것이 참이라는 사실을 4.4절에서 알게 될 것이다.

　식 $\boxed{5}$는 식 $\boxed{2}$와 $\boxed{3}$의 넓이를 나타내는 식과 같으므로 주행한 거리는 속도함수의 그래프 아래의 넓이와 동일함을 알 수 있다. 변하는 힘이 한 일이나 심박출량과 같은 자연과학과 사회과학 분야에서 일어나는 흥미로운 양들도 어떤 곡선 아래의 넓이로 해석할 수 있음을 5과 8장에서 배울 것이다. 그러므로 이 장에서 넓이를 계산할 때 넓이는 실용적인 방법으로 다양하게 해석할 수 있음을 기억하기 바란다.

4.1 연습문제

1. (a) 주어진 f의 그래프로부터 함숫값들을 읽고, 5개의 직사각형을 이용해서 $x = 0$에서 $x = 10$까지 주어진 f의 그래프 아래의 넓이에 대한 아래추정값(하합)과 위추정값(상합)을 구하라. 각각의 경우에 사용한 직사각형들을 그려라.

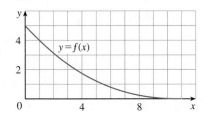

(b) 각각의 경우에 10개의 직사각형을 이용해서 새로운 추정값을 구하라.

2. (a) 4개의 근사 직사각형과 오른쪽 끝점을 이용해서 $x = 1$에서 $x = 2$까지 $f(x) = 1/x$의 그래프 아래의 넓이를 추정하라. 그래프와 근사 직사각형들을 그려라. 그 추정값은 낮게 추정되었는가 또는 높게 추정되었는가?

(b) 왼쪽 끝점을 이용해서 문제 (a)를 반복하라.

3. (a) 3개의 직사각형과 오른쪽 끝점을 이용해서 $x = -1$에서 $x = 2$까지 $f(x) = 1 + x^2$의 그래프 아래의 넓이를 추정하라. 6개의 직사각형을 이용해서 추정값을 개선하라.

함수의 곡선과 근사 직사각형들을 그려라.

(b) 왼쪽 끝점을 이용해서 문제 (a)를 반복하라.

(c) 중점을 이용해서 문제 (a)를 반복하라.

(d) (a)~(c)에서 얻은 추정값 중 어느 것이 가장 정확해 보이는가?

4. $f(x) = 6 - x^2 \, (-2 \leq x \leq 2)$에 대해 $n = 2, 4, 8$일 때, 상합과 하합을 구하라. 그림 14와 같은 그림을 그려서 설명하라.

5. 달리기 선수의 속력이 경주에서 처음 3초 동안은 계속 증가했다. 0.5초 간격으로 측정한 속력이 다음 표와 같다. 이 선수가 3초 동안 달린 거리에 대해 아래추정값과 위추정값을 구하라.

$t(s)$	0	0.5	1.0	1.5	2.0	2.5	3.0
$v(m/s)$	0	1.9	3.3	4.5	5.5	5.9	6.2

6. 탱크에서 시간당 $r(t)$ L의 비율로 기름이 방출되고 있다. 이 비율은 시간이 지남에 따라 감소하고 있으며, 2시간 간격으로 측정한 비율의 값은 다음 표와 같다. 방출된 기름의 총량에 대한 아래추정값과 위추정값을 구하라.

$t(h)$	0	2	4	6	8	10
$r(t)(L/h)$	8.7	7.6	6.8	6.2	5.7	5.3

7. 브레이크를 밟고 있는 자동차의 속도에 대한 그래프가 다음과 같다. 그래프를 보고 브레이크를 밟고 있는 동안 자동차가 움직인 거리를 추정하라.

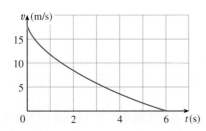

8. 홍역에 걸린 사람에게서 바이러스 수치 N(혈장 1 mL당 감염된 세포 수로 측정)은 $t = 12$(두드러기가 나타나는 시기)일 때 가장 높은 밀도를 보이고, 면역반응에 의해 빠르게 감소한다. 다음 그래프에서 보듯이 $t = 0$에서 $t = 12$까지 그래프 $N(t)$ 아래의 넓이는 증상을 나타내기 위해 필요한 총 감염의 수를 의미한다('감염된 세포 수 × 시간'으로 측정). 함수 N은 다음의 식으로 나타낼 수 있다.

$$f(t) = -t(t - 21)(t + 1)$$

여섯 개의 부분 구간과 중점을 이용해서 홍역의 증상을 나타내기 위해 필요한 총 감염의 수를 추정하라.

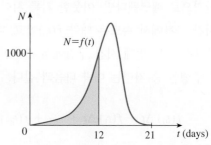

Source: J. M. Heffernan et al., "An In-Host Model of Acute Infection: Measles as a Case Study," *Theoretical Population Biology* 73 (2006): 134-47.

9-10 정의 **2**를 이용해서 함수 f의 그래프 아래의 넓이를 극한으로 나타내라. 극한은 계산하지 않는다.

9. $f(x) = 2 + \sin^2 x, \quad 0 \leq x \leq \pi$

10. $f(x) = x\sqrt{x^3 + 8}, \quad 1 \leq x \leq 5$

11-12 넓이가 다음 극한과 같은 영역을 구하라. 극한은 계산하지 않는다.

11. $\displaystyle \lim_{n \to \infty} \sum_{i=1}^{n} \frac{2}{n} \, \frac{1}{1 + (2i/n)}$

12. $\displaystyle \lim_{n \to \infty} \sum_{i=1}^{n} \frac{\pi}{4n} \, \tan \frac{i\pi}{4n}$

13. a에서 b까지 연속인 증가함수 f의 그래프 아래의 넓이를 A라 하고, L_n과 R_n을 각각 n개의 부분 구간의 왼쪽 끝점과 오른쪽 끝점을 이용해서 계산한 A의 추정값이라 하자.

(a) A, L_n, R_n의 관계를 구하라.

(b) $R_n - L_n = \dfrac{b - a}{n}[f(b) - f(a)]$임을 보여라.

그리고 $R_n - L_n$을 나타내는 n개의 사각형이 위 식의 우변을 넓이로 하는 단일 사각형으로 다시 나타낼 수 있음을 보임으로써 이 식을 설명하는 그림을 그려라.

(c) $R_n - A < \dfrac{b - a}{n}[f(b) - f(a)]$를 유도하라.

T 14. 프로그램이 되어 있는 계산기나 컴퓨터가 있으면 n이 크더라도 반복실행해서 근사 직사각형들의 넓이의 총합을 나타내는 식을 계산할 수 있다. (TI에서는 Is > 또는 For-EndFor loop 명령어를 이용하고, Casio에서는 Isz, HP나 BASIC에서는 FOR-NEXT loop 명령어를 이용한다.) $n = 10, 30, 50, 100$일 때, 높이는 오른쪽 끝점을 택하고 너비는 똑같이 나눈 근사 직사각형들의 총 넓이를 계산하라. 그리고 정확한 넓이의 값을 추측하라.

T 15. 어떤 컴퓨터 대수체계는 x_i^*가 왼쪽 또는 오른쪽 끝점일 때, 근사 직사각형들의 그림을 그리고 그 직사각형들의 넓이의 합을 계산하는 명령어가 있다. (예를 들어 Maple에서는 `leftbox`, `rightbox`, `leftsum`, `rightsum`이라는 명령어를 이용한다.)

$f(x) = 1/(x^2 + 1)$, $0 \leq x \leq 1$일 때,

(a) $n = 10, 30, 50$일 때, 왼쪽 끝점과 오른쪽 끝점을 이용해서 넓이의 합을 구하라.

(b) (a)에 있는 직사각형들을 그림을 그려서 설명하라.

(c) f 아래의 정확한 넓이는 0.780에서 0.791 사이에 있음을 보여라.

T 16. (a) $0 \leq x \leq 2$에서 곡선 $y = x^3$의 아래의 넓이를 극한으로 나타내라.

(b) 컴퓨터 대수체계를 이용해서 (a)에서 얻은 식의 합을 구하라.

(c) (a)의 극한을 계산하라.

T 17. $x = 0$에서 $x = b$, $0 \leq b \leq \pi/2$까지 코사인곡선 $y = \cos x$의 아래의 정확한 넓이를 구하라(컴퓨터 대수체계를 이용해서 합과 극한을 모두 구하라). $b = \pi/2$일 때 넓이를 구하라.

4.2 | 정적분

4.1절에서 넓이를 계산할 때 다음 형태의 극한이 나타난다는 사실을 알았다.

$$\boxed{1} \quad \lim_{n \to \infty} \sum_{i=1}^{n} f(x_i^*) \, \Delta x = \lim_{n \to \infty} \left[f(x_1^*) \, \Delta x + f(x_2^*) \, \Delta x + \cdots + f(x_n^*) \, \Delta x \right]$$

또한 한 물체가 움직인 거리를 계산할 경우에도 같은 형태가 나온다는 사실을 알았다. 이 극한은 f가 양의 함수가 아닌 다른 경우를 포함해서 폭넓고 다양한 상황에서 나타난다는 사실을 알게 될 것이다. 5장과 8장에서 이와 같은 형태의 극한이 곡선의 길이, 입체의 부피, 질량중심, 수압에 의한 힘, 그리고 일 및 다른 양을 구하는 문제에서도 나타난다는 것을 배우게 될 것이다.

■ 정적분

$\boxed{1}$의 형태의 극한에 특별한 명칭과 기호를 부여하자.

> $\boxed{2}$ **정적분의 정의**　f가 $a \leq x \leq b$에서 정의된 함수일 때 구간 $[a, b]$를 너비가 $\Delta x = (b - a)/n$로 같은 n개의 부분 구간으로 나누자. 이 부분 구간의 끝점을 $x_0(=a)$, x_1, x_2, $\cdots$, $x_n(=b)$으로 놓는다. 이 부분 구간에서 x_i^*가 i번째 부분 구간 $[x_{i-1}, x_i]$에 속하도록 **표본점**(sample point) $x_1^*, x_2^*, \ldots, x_n^*$를 택한다. 극한이 존재하고 모든 선택 가능한 표본점에서 값이 같으면 **a에서 b까지 f의 정적분**은 다음과 같고, 이때 f는 $[a, b]$에서 **적분가능**하다고 한다.
>
> $$\int_a^b f(x) \, dx = \lim_{n \to \infty} \sum_{i=1}^{n} f(x_i^*) \, \Delta x$$

정적분을 정의하는 극한의 엄밀한 의미는 다음과 같다.

임의의 $\varepsilon > 0$이 주어질 때 모든 $n > N$과 $[x_{i-1}, x_i]$에 속하는 모든 x_i^*에 대해 다음을 만족하는 정수 N이 존재한다.

$$\left| \int_a^b f(x)\,dx - \sum_{i=1}^n f(x_i^*)\,\Delta x \right| < \varepsilon$$

NOTE 1 기호 $\int$는 라이프니츠가 도입한 것으로 **적분 기호**(integral sign)라 한다. 이 기호는 S를 길게 늘려 만든 것으로, 합의 극한이 적분이므로 이 기호가 선택됐다. 기호 $\int_a^b f(x)\,dx$에서 $f(x)$를 **피적분함수**(integrand), a와 b를 **적분 한계**(limits of integration)라 한다. 여기서 a는 **하한**(lower limit), b는 **상한**(upper limit)이다. 기호 dx는 그 자체로는 아무 의미가 없으며 $\int_a^b f(x)\,dx$ 전체가 하나의 기호이다. dx는 독립변수가 x라는 사실을 나타낸다. 적분을 계산하는 과정을 **적분법**(integration)이라 한다.

NOTE 2 정적분 $\int_a^b f(x)\,dx$의 값은 수가 된다. 이 수는 x와 관계가 없다. 다음과 같이 x 대신에 다른 문자를 사용해도 적분값은 변하지 않는다.

$$\int_a^b f(x)\,dx = \int_a^b f(t)\,dt = \int_a^b f(r)\,dr$$

리만

리만(Bernhard Riemann, 1826~1866)은 전설적인 수학자 가우스(Gauss)의 지도하에 괴팅겐대학교에서 박사학위를 받았으며, 그곳에 남아서 후학을 가르쳤다. 다른 수학자들을 칭찬하는 일이 없었던 가우스도 리만은 "창의력이 있고 활동적이며 진정한 수학적인 정신과 훌륭한 독창성이 풍부했다"고 칭찬했다. 현재 사용하는 적분의 정의 2는 리만에 의한 것이다. 그는 또한 복소수함수론, 수리물리학, 정수론과 기하학의 기초에 지대한 공헌을 했다. 리만의 광범위한 공간개념과 기하학은 50년 후에 아인슈타인의 일반 상대성이론의 중요한 기초가 됐다. 리만은 평생 허약하게 살다 39세에 결핵으로 세상을 떠났다.

NOTE 3 정의 2에 나온 다음과 같은 합을 독일의 수학자 리만의 이름을 따서 **리만 합** (Riemann sum)이라고 한다.

$$\sum_{i=1}^n f(x_i^*)\,\Delta x$$

정의 2는 적분가능한 함수의 정적분은 리만 합에 의해 어느 정도 오차 범위 내에서 근삿값으로 나타낼 수 있음을 보여 준다.

f가 양의 값을 가질 때 리만 합은 근사 직사각형들의 넓이의 합으로 해석할 수 있다(그림 1). 정의 2를 4.1절에 있는 넓이의 정의와 비교하면 정적분 $\int_a^b f(x)\,dx$를 $x = a$에서 $x = b$까지 곡선 $y = f(x)$의 아래의 넓이로 해석할 수 있다(그림 2 참조).

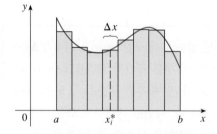

그림 1 $f(x) \geq 0$이면 리만 합 $\sum f(x_i^*)\,\Delta x$는 직사각형들의 넓이의 합이다.

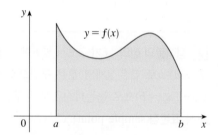

그림 2 $f(x) \geq 0$이면 적분 $\int_a^b f(x)\,dx$는 a에서 b까지 곡선 $y = f(x)$의 아래의 넓이이다.

f가 그림 3과 같이 양과 음의 값을 동시에 갖는다면, 리만 합은 x축 위에 놓인 직사각형들의 넓이의 합과 x축 아래에 놓인 직사각형들의 넓이의 합의 **음수값**을 합

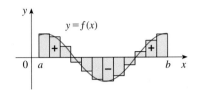

그림 3 $\sum f(x_i^*)\,\Delta x$는 실제 넓이의 근삿값이다.

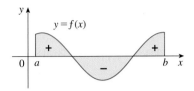

그림 4 $\int_a^b f(x)\,dx$는 실제 넓이이다.

한 것이다. (즉, 파란색의 직사각형들의 넓이에서 노란색의 직사각형들의 넓이를 **뺀** 것이다.) 이 리만 합의 극한을 취하면 그림 4와 같이 된다. 정적분은 **실제 넓이**(net area)로 볼 수 있다. 즉, 다음과 같이 넓이의 차이다.

$$\int_a^b f(x)\,dx = A_1 - A_2$$

A_1은 x축 위와 f의 그래프 아래에 있는 영역의 넓이이며, A_2는 x축 아래와 f의 그래 프 위에 있는 영역의 넓이이다.

《예제 1》 $0 \le x \le 3$일 때, $n=6$이고 오른쪽 끝점을 표본점으로 택하여 $f(x) = x^3 - 6x$ 의 리만 합을 계산하라.

풀이 $n=6$일 때 부분 구간의 너비는 $\Delta x = (3-0)/6 = \frac{1}{2}$이고 오른쪽 끝점은 $x_1 = 0.5$, $x_2 = 1.0$, $x_3 = 1.5$, $x_4 = 2.0$, $x_5 = 2.5$, $x_6 = 3.0$이다. 따라서 리만 합은 다음과 같다.

$$\begin{aligned} R_6 &= \sum_{i=1}^{6} f(x_i)\,\Delta x \\ &= f(0.5)\,\Delta x + f(1.0)\,\Delta x + f(1.5)\,\Delta x + f(2.0)\,\Delta x + f(2.5)\,\Delta x + f(3.0)\,\Delta x \\ &= \tfrac{1}{2}(-2.875 - 5 - 5.625 - 4 + 0.625 + 9) \\ &= -3.9375 \end{aligned}$$

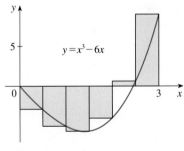

그림 5

f가 양의 함수가 아니므로 리만 합은 직사각형들의 넓이의 합을 나타내지 않는다. 이 경우 리만 합은 그림 5에 있는 파란색의 직사각형들(x축 위)의 넓이의 합에서 노란색의 직사각형들(x축 아래)의 넓이의 합을 뺀 것을 나타내고 있다. ■

NOTE 4 $[a,\,b]$를 너비가 같은 부분 구간들로 나눠서 적분 $\int_a^b f(x)\,dx$를 정의했지 만, 너비가 다른 부분 구간들로 나눠서 정의하는 것이 유리한 경우가 있다. 이때 너비 가 다른 부분구간들이 더 유리한 수치적분법도 있기 때문이다. 부분 구간들의 너비가 $\Delta x_1, \Delta x_2, \ldots, \Delta x_n$이면, 극한을 구하는 과정에서 모든 너비가 0으로 수렴하는 것을 확 신할 수 있어야 한다. 가장 큰 너비, $\max \Delta x_i$으로 접근시키면 이 문제는 해결된다. 그러 므로 이와 같은 경우에 정적분은 다음과 같이 정의된다.

$$\int_a^b f(x)\,dx = \lim_{\max \Delta x_i \to 0} \sum_{i=1}^{n} f(x_i^*)\,\Delta x_i$$

적분가능한 함수에 대해 정적분을 정의했지만 모든 함수가 적분가능한 것은 아니다 (연습문제 41 참조). 다음 정리는 미적분학에서 주로 다루는 함수들이 실제로 적분가능 하다는 것을 보여 준다. 이 정리는 상급 과정에서 증명한다.

> **3 정리** f가 $[a, b]$에서 연속이거나 유한개의 도약 불연속점을 가지면 f는 $[a, b]$ 에서 적분가능하다. 즉, 정적분 $\int_a^b f(x)\, dx$가 존재한다.

f가 $[a, b]$에서 적분가능하면 정의 **2**의 극한이 존재하고 표본점 x_i^*를 어떤 것으로 선택하든지 극한값은 같다. 적분 계산을 간단히 하기 위해 오른쪽 끝점을 표본 점으로 선택하자. 그러면 $x_i^* = x_i$가 되므로 정적분을 다음과 같이 정의할 수 있다.

> **4 정리** f가 $[a, b]$에서 적분가능하면 $\Delta x = \dfrac{b-a}{n}$이고 $x_i = a + i\,\Delta x$일 때 다음이 성립한다.
>
> $$\int_a^b f(x)\, dx = \lim_{n \to \infty} \sum_{i=1}^n f(x_i)\, \Delta x$$

《예제 2》 다음을 구간 $[0, \pi]$에서 적분 기호로 표현하라.

$$\lim_{n \to \infty} \sum_{i=1}^n (x_i^3 + x_i \sin x_i)\, \Delta x$$

풀이 주어진 극한을 정리 **4**의 극한과 비교해서 $f(x) = x^3 + x \sin x$, $a = 0$, $b = \pi$를 선택하자. 정리 **4**에 따라 다음을 얻는다.

$$\lim_{n \to \infty} \sum_{i=1}^n (x_i^3 + x_i \sin x_i)\, \Delta x = \int_0^\pi (x^3 + x \sin x)\, dx \qquad ■$$

나중에 정적분을 물리적 상황에 적용할 때 예제 2와 같이 합의 극한을 적분으로 인식하는 것이 중요하다. 라이프니츠가 적분 기호를 선정했을 때, 적분의 구성요소 를 극한 과정의 형태로 선정했다. 일반적으로 다음과 같이 표현한다.

$$\lim_{n \to \infty} \sum_{i=1}^n f(x_i^*)\, \Delta x = \int_a^b f(x)\, dx$$

$\lim \Sigma$는 $\int$로, x_i^*는 x로, Δx는 dx로 바꿔 놓은 것이다.

■ 정적분 계산

극한을 이용해서 정적분을 계산할 경우 합을 계산하는 방법을 알아야 한다. 다음 네 가지 식은 양의 정수의 거듭제곱의 합에 대한 공식이다. 공식 **6**은 대수과정에서 나 오는 것으로 매우 익숙할 것이다. 공식 **7**과 **8**은 4.1절에서 살펴보았다.

거듭 제곱의 합

$$\boxed{5} \qquad \sum_{i=1}^{n} 1 = n$$

$$\boxed{6} \qquad \sum_{i=1}^{n} i = \frac{n(n+1)}{2}$$

$$\boxed{7} \qquad \sum_{i=1}^{n} i^2 = \frac{n(n+1)(2n+1)}{6}$$

$$\boxed{8} \qquad \sum_{i=1}^{n} i^3 = \left[\frac{n(n+1)}{2} \right]^2$$

다음의 공식들은 시그마 기호와 관련된 간단한 법칙들이다.

합의 성질

$$\boxed{9} \qquad \sum_{i=1}^{n} ca_i = c \sum_{i=1}^{n} a_i$$

$$\boxed{10} \qquad \sum_{i=1}^{n} (a_i + b_i) = \sum_{i=1}^{n} a_i + \sum_{i=1}^{n} b_i$$

$$\boxed{11} \qquad \sum_{i=1}^{n} (a_i - b_i) = \sum_{i=1}^{n} a_i - \sum_{i=1}^{n} b_i$$

공식 $\boxed{9}$~$\boxed{11}$은 양변을 전개해서 증명할 수 있다. 공식 $\boxed{9}$의 좌변은 다음과 같다.

$$ca_1 + ca_2 + \cdots + ca_n$$

우변은 다음과 같다.

$$c(a_1 + a_2 + \cdots + a_n)$$

이는 분배법칙에 의해 동일하다.

다음 예제에서 예제 1의 함수 f에 대한 정적분을 계산한다.

《예제 3》 $\int_0^3 (x^3 - 6x)\, dx$를 계산하라.

풀이 정리 $\boxed{4}$를 사용하자. $a = 0$, $b = 3$이고 $f(x) = x^3 - 6x$이며

$$\Delta x = \frac{b-a}{n} = \frac{3-0}{n} = \frac{3}{n}$$

이다. 부분구간의 끝점은 $x_0 = 0$, $x_1 = 0 + 1(3/n) = 3/n$, $x_2 = 0 + 2(3/n) = 6/n$, $x_3 = 0 + 3(3/n) = 9/n$이고, 일반적으로

$$x_i = 0 + i\left(\frac{3}{n}\right) = \frac{3i}{n}$$

이다. 따라서

$$\int_0^3 (x^3 - 6x)\, dx = \lim_{n \to \infty} \sum_{i=1}^{n} f(x_i)\, \Delta x = \lim_{n \to \infty} \sum_{i=1}^{n} f\left(\frac{3i}{n}\right) \frac{3}{n}$$

$$= \lim_{n \to \infty} \frac{3}{n} \sum_{i=1}^{n} \left[\left(\frac{3i}{n}\right)^3 - 6\left(\frac{3i}{n}\right) \right]$$

($c = 3/n$인 공식 $\boxed{9}$를 이용)

합에서 i와 달리 n이 상수이므로 $3/n$은 시그마 기호 앞으로 나올 수 있다.

$$= \lim_{n \to \infty} \frac{3}{n} \sum_{i=1}^{n} \left[\frac{27}{n^3} i^3 - \frac{18}{n} i \right]$$

$$= \lim_{n \to \infty} \left[\frac{81}{n^4} \sum_{i=1}^{n} i^3 - \frac{54}{n^2} \sum_{i=1}^{n} i \right] \quad \text{(공식 11과 9)}$$

$$= \lim_{n \to \infty} \left\{ \frac{81}{n^4} \left[\frac{n(n+1)}{2} \right]^2 - \frac{54}{n^2} \frac{n(n+1)}{2} \right\} \quad \text{(공식 8과 6)}$$

$$= \lim_{n \to \infty} \left[\frac{81}{4} \left(1 + \frac{1}{n} \right)^2 - 27 \left(1 + \frac{1}{n} \right) \right]$$

$$= \frac{81}{4} - 27 = -\frac{27}{4} = -6.75$$

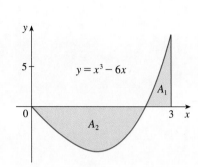

그림 6

$$\int_0^3 (x^3 - 6x)\, dx = A_1 - A_2 = -6.75$$

이 적분은 넓이로 해석할 수 없다. 왜냐하면 f가 양수값과 음수값을 동시에 갖고 있기 때문이다. A_1과 A_2가 그림 6과 같을 경우에 이 적분은 넓이 A_1과 A_2의 차인 $A_1 - A_2$로 해석될 수 있다. ∎

그림 7은 $n = 40$일 때 오른쪽 리만 합 R_n에서 양수항과 음수항을 보임으로써 이 계산을 설명하고 있다. 표의 값을 보면 리만 합이 $n \to \infty$일 때 정확한 적분값인 -6.75로 접근함을 알 수 있다.

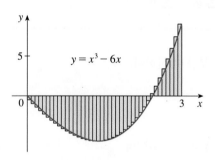

그림 7 $R_{40} \approx -6.3998$

n	R_n
40	-6.3998
100	-6.6130
500	-6.7229
1000	-6.7365
5000	-6.7473

예제 3의 적분을 계산하는 더 간단한 방법은(미분적분학의 기본정리에 의해 가능하다) 4.3절에서 주어진다.

$f(x) = x^4$은 항상 양수이므로 예제 4의 적분은 그림 8에서처럼 넓이를 나타낸다.

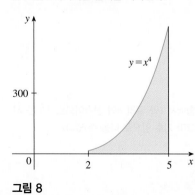

그림 8

《**예제 4**》

(a) $\int_2^5 x^4\, dx$를 합의 극한으로 표현하라.

(b) 컴퓨터 대수체계를 이용해서 이 식을 계산하라.

풀이 (a) $f(x) = x^4$, $a = 2$, $b = 5$이므로 다음을 얻는다.

$$\Delta x = \frac{b - a}{n} = \frac{3}{n}$$

따라서 $x_0 = 2$, $x_1 = 2 + 3/n$, $x_2 = 2 + 6/n$, $x_3 = 2 + 9/n$이므로 다음을 얻는다.

$$x_i = 2 + \frac{3i}{n}$$

정리 ④에 따라 다음을 얻는다.

$$\int_2^5 x^4\,dx = \lim_{n\to\infty} \sum_{i=1}^n f(x_i)\,\Delta x = \lim_{n\to\infty} \sum_{i=1}^n f\left(2 + \frac{3i}{n}\right)\frac{3}{n}$$

$$= \lim_{n\to\infty} \frac{3}{n} \sum_{i=1}^n \left(2 + \frac{3i}{n}\right)^4$$

(b) 컴퓨터 대수체계를 이용해서 합을 계산하고 다음과 같이 간단히 한다.

$$\sum_{i=1}^n \left(2 + \frac{3i}{n}\right)^4 = \frac{2062n^4 + 3045n^3 + 1170n^2 - 27}{10n^3}$$

따라서 컴퓨터 대수체계를 이용해서 다음을 얻는다.

$$\int_2^5 x^4\,dx = \lim_{n\to\infty} \frac{3}{n} \sum_{i=1}^n \left(2 + \frac{3i}{n}\right)^4 = \lim_{n\to\infty} \frac{3(2062n^4 + 3045n^3 + 1170n^2 - 27)}{10n^4}$$

$$= \frac{3(2062)}{10} = \frac{3093}{5} = 618.6 \qquad\blacksquare$$

《예제 5》 다음 적분을 각각 넓이로 해석해서 계산하라.

(a) $\displaystyle\int_0^1 \sqrt{1 - x^2}\,dx$ 　　　　(b) $\displaystyle\int_0^3 (x - 1)\,dx$

(a) $f(x) = \sqrt{1 - x^2} \geq 0$이므로 이 적분은 0에서 1까지 곡선 $y = \sqrt{1 - x^2}$의 아래의 넓이로 해석할 수 있다. 그러나 $y^2 = 1 - x^2$이므로 $x^2 + y^2 = 1$이며, 이것은 f의 그래프가 그림 9와 같이 반지름 1인 사분원임을 보여 준다. 그러므로 다음과 같다(7.3절에서 반지름 r인 원의 넓이가 πr^2임을 **증명**할 것이다).

$$\int_0^1 \sqrt{1 - x^2}\,dx = \tfrac{1}{4}\pi(1)^2 = \frac{\pi}{4}$$

(b) $y = x - 1$인 그래프는 그림 10과 같이 기울기가 1인 직선이다. 이 적분은 두 삼각형의 넓이의 차로 계산한다.

$$\int_0^3 (x - 1)\,dx = A_1 - A_2 = \tfrac{1}{2}(2 \cdot 2) - \tfrac{1}{2}(1 \cdot 1) = 1.5 \qquad\blacksquare$$

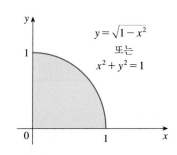

그림 9

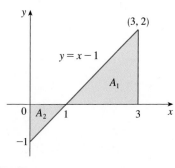

그림 10

■ 중점법칙

표본점 x_i^*로 i번째 부분 구간의 오른쪽 끝점이 주로 선택된다. 왜냐하면 극한을 계산하기가 편리하기 때문이다. 그러나 적분의 **근삿값**을 구하는 것이 목적이라면 x_i^*를 부분 구간의 중점으로 선택하는 것이 더 좋다. 이것을 $\bar{x}_i$로 표기하겠다. 모든 리만 합이 적분의 근삿값이지만, 중점을 이용하면 다음의 근사식을 얻는다.

중점법칙

$$\int_a^b f(x)\, dx \approx \sum_{i=1}^n f(\overline{x}_i)\, \Delta x = \Delta x \left[f(\overline{x}_1) + \cdots + f(\overline{x}_n) \right]$$

여기서 $\Delta x = \dfrac{b-a}{n}$ 이고, $\overline{x}_i = \frac{1}{2}(x_{i-1} + x_i)$ 는 $[x_{i-1}, x_i]$ 의 중점이다.

《예제 6》 $n = 5$일 때 중점법칙을 이용해서 $\int_1^2 \dfrac{1}{x}\, dx$의 근삿값을 구하라.

풀이 5개의 부분 구간의 끝점은 1, 1.2, 1.4, 1.6, 1.8, 2.0이므로 중점은 1.1, 1.3, 1.5, 1.7, 1.9이다(그림 11 참조). 부분 구간의 너비는 $\Delta x = (2 - 1)/5 = \frac{1}{5}$이므로 중점법칙에 따라 다음을 얻는다.

$$\int_1^2 \frac{1}{x}\, dx \approx \Delta x \left[f(1.1) + f(1.3) + f(1.5) + f(1.7) + f(1.9) \right]$$

$$= \frac{1}{5} \left(\frac{1}{1.1} + \frac{1}{1.3} + \frac{1}{1.5} + \frac{1}{1.7} + \frac{1}{1.9} \right)$$

$$\approx 0.691908$$

$1 \leq x \leq 2$인 x에 대해 $f(x) = 1/x > 0$이므로 적분은 넓이를 나타내며, 중점법칙에 따라 얻은 근삿값은 그림 12에 보인 직사각형들의 넓이의 합이다. ∎

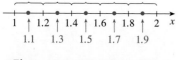

$\Delta x = 0.2$

그림 11 부분구간의 끝점과 중점은 예제 6에서 사용되었다.

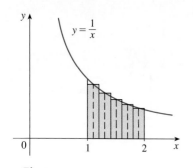

$y = \dfrac{1}{x}$

그림 12

예제 6의 근삿값이 얼마나 정확한지 아직 모르지만 7.7절에서 중점법칙을 사용해서 생긴 오차를 추정하는 방법을 배울 것이다. 그때 정적분의 근삿값을 계산하기 위한 다른 방법도 논의할 것이다.

예제 3의 적분에 중점법칙을 적용하면 그림 13과 같은 그림을 얻는다. 근삿값 $M_{40} \approx -6.7563$은 그림 7에 보인 오른쪽 끝점을 이용한 근삿값 $R_{40} \approx -6.3998$보다 참값 -6.75에 더 가깝다.

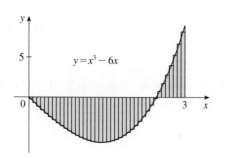

$y = x^3 - 6x$

그림 13 $M_{40} \approx -6.7563$

■ 정적분의 성질

정적분 $\int_a^b f(x)\, dx$를 정의할 때 $a < b$를 암시적으로 가정했다. 그러나 $a > b$일 경우에도 리만 합의 극한으로서의 정의는 의미가 있다. a와 b를 서로 바꾸면 Δx는 $(b - a)/n$에서 $(a - b)/n$로 바뀐다. 그러므로 다음이 성립한다.

$$\int_b^a f(x)\, dx = -\int_a^b f(x)\, dx$$

$a = b$이면 $\Delta x = 0$이므로 다음이 성립한다.

$$\int_a^a f(x)\, dx = 0$$

이제 간단한 방법으로 적분을 계산하는 데 도움을 주는 적분의 몇 가지 기본적인 성질을 소개한다. f와 g는 연속함수라고 가정하자.

적분의 성질

1. $\int_a^b c\, dx = c(b - a)$, c는 임의의 상수

2. $\int_a^b [f(x) + g(x)]\, dx = \int_a^b f(x)\, dx + \int_a^b g(x)\, dx$

3. $\int_a^b cf(x)\, dx = c \int_a^b f(x)\, dx$, c는 임의의 상수

4. $\int_a^b [f(x) - g(x)]\, dx = \int_a^b f(x)\, dx - \int_a^b g(x)\, dx$

성질 1은 상수함수 $f(x) = c$의 적분은 상수와 구간의 길이의 곱임을 의미한다. $c > 0$이고 $a < b$일 때 $c(b - a)$는 그림 14에 있는 파란색 직사각형의 넓이이기 때문에 이는 예상할 수 있는 사실이다.

성질 2는 합의 적분이 적분의 합임을 의미한다. 양의 함수들에 대해 $f + g$ 아래의 넓이는 f 아래의 넓이와 g 아래의 넓이의 합이다. 그림 15는 이 사실이 어떻게 참이 되는지 이해하는 데 도움을 준다. 즉 함수들의 그래프를 어떻게 더할 것인가는 그림 15에서 대응되는 수직선분들의 높이를 같게해서 더하면 된다.

일반적으로 성질 2는 정리 **4**와 합의 극한은 극한의 합이라는 사실로부터 얻어진다.

$$\int_a^b [f(x) + g(x)]\, dx = \lim_{n \to \infty} \sum_{i=1}^{n} [f(x_i) + g(x_i)]\, \Delta x$$

$$= \lim_{n \to \infty} \left[\sum_{i=1}^{n} f(x_i)\, \Delta x + \sum_{i=1}^{n} g(x_i)\, \Delta x \right]$$

$$= \lim_{n \to \infty} \sum_{i=1}^{n} f(x_i)\, \Delta x + \lim_{n \to \infty} \sum_{i=1}^{n} g(x_i)\, \Delta x$$

$$= \int_a^b f(x)\, dx + \int_a^b g(x)\, dx$$

비슷한 방법으로 성질 3을 증명할 수 있다. 함수에 상수를 곱한 것의 적분은 그 함수의 적분에 상수를 곱한 것과 같음을 의미한다. 다시 말하면 상수(오로지 상수

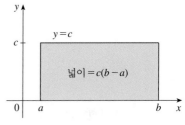

그림 14 $\int_a^b c\, dx = c(b - a)$

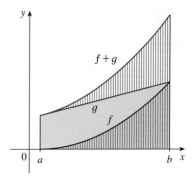

그림 15
$\int_a^b [f(x) + g(x)]\, dx =$
　　$\int_a^b f(x)\, dx + \int_a^b g(x)\, dx$

성질 3은 직관적으로도 타당한데, 함수에 양수 c를 곱하면 인수 c에 의해 그 그래프는 수직으로 늘거나 줄기 때문이다. 결국 근사 직사각형의 높이를 c배만큼 늘리거나 줄이는 것이므로 넓이에 c를 곱한 결과를 얻는다.

만)는 적분 기호 앞으로 나올 수 있다. $f - g = f + (-g)$로 표현하고 성질 2와 $c = -1$인 경우의 성질 2와 3을 이용해서 성질 4를 증명할 수 있다.

《예제 7》 적분의 성질을 이용해서 $\int_0^1 (4 + 3x^2)\, dx$ 를 계산하라.

풀이 적분의 성질 2와 3을 이용하면 다음을 얻는다.

$$\int_0^1 (4 + 3x^2)\, dx = \int_0^1 4\, dx + \int_0^1 3x^2\, dx = \int_0^1 4\, dx + 3\int_0^1 x^2\, dx$$

적분의 성질 1로부터 다음을 안다.

$$\int_0^1 4\, dx = 4(1 - 0) = 4$$

4.1절에 있는 예제 2에서 다음을 구했다.

$$\int_0^1 x^2\, dx = \frac{1}{3}$$

따라서 다음을 얻는다.

$$\int_0^1 (4 + 3x^2)\, dx = \int_0^1 4\, dx + 3\int_0^1 x^2\, dx$$
$$= 4 + 3 \cdot \frac{1}{3} = 5 \qquad \blacksquare$$

다음 성질은 이웃한 구간에서 같은 함수의 적분을 결합하는 방법을 보여 주고 있다.

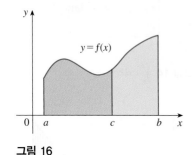

그림 16

5.	$\displaystyle\int_a^c f(x)\, dx + \int_c^b f(x)\, dx = \int_a^b f(x)\, dx$

일반적으로 이를 증명하기는 쉽지 않지만, $f(x) \geq 0$이고 $a < c < b$인 경우에 성질 5는 그림 16과 같이 기하학적인 해석으로 밝힐 수 있다. 즉, a에서 c까지 $y = f(x)$의 아래의 넓이와 c에서 b까지 $y = f(x)$의 아래의 넓이의 합은 a에서 b까지 $y = f(x)$ 아래의 넓이와 같다.

《예제 8》 $\int_0^{10} f(x)\, dx = 17$이고 $\int_0^8 f(x)\, dx = 12$일 때 $\int_8^{10} f(x)\, dx$를 구하라.

풀이 성질 5에 따라 다음이 성립한다.

$$\int_0^8 f(x)\, dx + \int_8^{10} f(x)\, dx = \int_0^{10} f(x)\, dx$$

그러므로 다음을 얻는다.

$$\int_8^{10} f(x)\, dx = \int_0^{10} f(x)\, dx - \int_0^8 f(x)\, dx = 17 - 12 = 5 \qquad \blacksquare$$

성질 1~5는 $a < b$, $a = b$, $a > b$인 어느 경우에도 참이다. 함수의 크기와 적분의 크기를 비교하는 다음 성질은 $a \leq b$인 경우에만 성립한다.

적분의 비교 성질

6. $a \leq x \leq b$에 대해 $f(x) \geq 0$이면 $\int_a^b f(x)\,dx \geq 0$이다.

7. $a \leq x \leq b$에 대해 $f(x) \geq g(x)$이면 $\int_a^b f(x)\,dx \geq \int_a^b g(x)\,dx$이다.

8. $a \leq x \leq b$에 대해 $m \leq f(x) \leq M$이면

$$m(b-a) \leq \int_a^b f(x)\,dx \leq M(b-a)$$

이다.

$f(x) \geq 0$이면 $\int_a^b f(x)\,dx$는 f의 그래프 아래의 넓이를 나타낸다. 그러므로 성질 6의 기하학적 의미는 넓이가 양수라는 것이다. (관련된 모든 양들이 양수이므로 정의로부터 직접 나온다.) 성질 7은 큰 함수의 적분이 더 크다는 뜻이다. 이 성질은 $f - g \geq 0$이기 때문에 성질 6과 4로부터 얻어진다.

$f(x) \geq 0$인 경우 성질 8은 그림 17로 설명할 수 있다. f가 연속함수이면 구간 $[a, b]$에서 f의 최솟값을 m, 최댓값을 M으로 택할 수 있다. 이 경우에 성질 8은 f의 그래프 아래의 넓이는 높이 m인 직사각형의 넓이보다 크고, 높이 M인 직사각형의 넓이보다 작음을 의미한다.

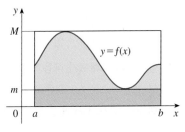

그림 17

성질 8의 증명 $m \leq f(x) \leq M$이므로 성질 7에 따라 다음이 성립한다.

$$\int_a^b m\,dx \leq \int_a^b f(x)\,dx \leq \int_a^b M\,dx$$

성질 1을 이용해서 위 식의 좌변과 우변의 적분을 계산하면 다음을 얻는다.

$$m(b-a) \leq \int_a^b f(x)\,dx \leq M(b-a) \qquad ■$$

성질 8은 복잡하게 중점법칙을 사용하지 않고 적분의 대략적인 근삿값을 추정할 때 유용하게 쓰인다.

《예제 9》 성질 8을 이용해서 $\int_1^4 \sqrt{x}\,dx$의 값을 추정하라.

풀이 $f(x) = \sqrt{x}$는 증가함수이므로 $[1, 4]$에서 최솟값은 $m = f(1) = 1$, 최댓값은 $M = f(4) = \sqrt{4} = 2$이다. 그러므로 성질 8에 따라 다음을 얻는다.

$$1(4-1) \leq \int_1^4 \sqrt{x}\,dx \leq 2(4-1)$$

즉, 다음과 같이 쓸 수 있다.

$$3 \leq \int_1^4 \sqrt{x}\,dx \leq 6$$

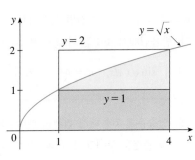

■ **그림 18**

예제 9의 결과는 그림 18에서 설명되고 있다. $x = 1$에서 $x = 4$까지 $y = \sqrt{x}$의 아래의 넓이는 작은 직사각형의 넓이보다 크고, 큰 직사각형의 넓이보다 작다.

4.2 | 연습문제

1. $f(x) = x - 1$, $-6 \leq x \leq 4$에 대한 리만 합을 5개의 부분 구간과 오른쪽 끝점을 표본점으로 택해서 계산하라. 리만 합이 무엇을 나타내는지 그림을 그려서 설명하라.

2. $f(x) = x^2 - 4$, $0 \leq x \leq 3$일 때 리만 합을 $n = 6$과 중점을 표본점으로 택해서 계산하라. 리만 합이 무엇을 나타내는가? 그림을 그려서 설명하라.

3. 함수 f의 그래프가 다음과 같다. 5개의 부분 구간으로 나누고 표본점으로 (a) 오른쪽 끝점, (b) 왼쪽 끝점, (c) 중점을 택해서 $\int_0^{10} f(x)\,dx$의 값을 추정하라.

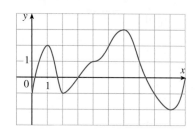

4. 증가함수 f의 값이 아래 표와 같다. 이 표를 이용해서 $\int_{10}^{30} f(x)\,dx$에 대한 아래추정값과 위추정값을 구하라.

x	10	14	18	22	26	30
$f(x)$	-12	-6	-2	1	3	8

5. $n = 4$일 때, 중점법칙을 이용하여 다음 적분 값을 추정하라.
$$\int_0^8 x^2\,dx$$

6-7 주어진 n으로 중점법칙을 이용해서 적분의 근삿값을 구하라. 반올림해서 소수점 아래 넷째자리까지 구하라.

6. $\int_0^8 \sin\sqrt{x}\,dx$, $\quad n = 4$ **7.** $\int_1^3 \dfrac{x}{x^2 + 8}\,dx$, $\quad n = 5$

T **8.** 연습문제 7에 대해 컴퓨터 대수체계를 이용해서 부분 구간의 중점을 구하고 그에 대응하는 직사각형으로 된 그래프를 그려라. (Maple에서는 `RiemannSum`이나 `middlesum` 및 `middlebox` 명령어를 이용한다.) 연습문제 7의 답을 확인하고 그래프로 설명하라. 그 다음 $n = 10$과 $n = 20$일 때도 반복해서 풀라.

9. 계산기나 컴퓨터를 이용해서 $n = 5, 10, 50, 100$인 경우에 적분 $\int_0^\pi \sin x\,dx$에 대한 오른쪽 리만 합 R_n의 값을 나타내는 표를 만들라. 이 값들은 어느 값에 접근하는가?

10-11 다음 극한을 주어진 구간에서의 정적분으로 나타내라.

10. $\displaystyle\lim_{n\to\infty} \sum_{i=1}^n \frac{\sin x_i}{1 + x_i}\,\Delta x$, $\quad [0, \pi]$

11. $\displaystyle\lim_{n\to\infty} \sum_{i=1}^n [5(x_i^*)^3 - 4x_i^*]\,\Delta x$, $\quad [2, 7]$

---

12. 다음 정적분이 $\displaystyle\lim_{n\to\infty} R_n$과 같은 것을 보이고 그 극한을 계산하라.
$$\int_0^4 (x - x^2)\,dx, \quad R_n = \frac{4}{n} \sum_{i=1}^n \left[\frac{4i}{n} - \frac{16i^2}{n^2} \right]$$

13. 다음 적분을 오른쪽 끝점을 이용한 리만 합의 극한으로 표현하라. 극한은 계산하지 않는다.
$$\int_1^3 \sqrt{4 + x^2}\,dx$$

14-17 정리 **4**에 주어진 적분의 정의에 따라 다음 적분을 구하라.

14. $\displaystyle\int_0^2 3x\,dx$ **15.** $\displaystyle\int_0^3 (5x + 2)\,dx$

16. $\displaystyle\int_1^5 (3x^2 + 7x)\,dx$ **17.** $\displaystyle\int_0^1 (x^3 - 3x^2)\,dx$

---

18. f의 그래프가 아래와 같다. 각각의 적분을 넓이로 해석해서 그 값을 계산하라.

(a) $\displaystyle\int_0^2 f(x)\,dx$ (b) $\displaystyle\int_0^5 f(x)\,dx$

(c) $\displaystyle\int_5^7 f(x)\,dx$ (d) $\displaystyle\int_3^7 f(x)\,dx$

(e) $\int_3^7 |f(x)|\,dx$ (f) $\int_2^0 f(x)\,dx$

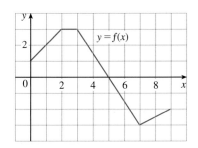

19. (a) 정리 **4**에서 주어진 정분의 정의를 사용하여 $\int_0^3 4x\,dx$ 를 구하라.

    (b) $\int_0^3 4x\,dx$를 넓이로 해석해서 (a)에서 구한 정적분의 값이 맞나 확인하라.

20. $\int_0^8 (3-2x)\,dx$에 대해

    (a) $n=8$일 때, 오른쪽 끝점에 대한 리만 합을 이용하여 적분의 근삿값을 구하라.

    (b) 그림 3과 같은 그림을 그려서 (a)에서 구한 근삿값을 설명하라.

    (c) 정리 **4**를 이용하여 적분 값을 구하라.

    (d) (c)의 적분 값을 넓이의 차이로 설명하라. 그림 4와 같이 그려서 설명하라.

21-23 다음 적분을 넓이로 해석해서 그 값을 구하라.

21. $\int_{-2}^5 (10-5x)\,dx$

22. $\int_{-4}^3 \left|\tfrac{1}{2}x\right|\,dx$

23. $\int_{-3}^0 \left(1+\sqrt{9-x^2}\right)\,dx$

---

24. $\int_a^b x\,dx = \dfrac{b^2-a^2}{2}$임을 증명하라.

25. $\int_a^b x^2\,dx = \dfrac{b^3-a^3}{3}$임을 증명하라.

26. $\int_1^1 \sqrt{1+x^4}\,dx$의 값을 구하라.

27. 4.1절의 예제 2에서 $\int_0^1 x^2\,dx = \tfrac{1}{3}$임을 보였다. 이 사실과 적분의 성질을 이용해서 $\int_0^1 (5-6x^2)\,dx$를 계산하라.

28. 이 사실과 연습문제 24와 25를 이용해서 다음을 계산하라.

$$\int_1^4 (2x^2-3x+1)\,dx$$

29. 다음을 $\int_a^b f(x)\,dx$와 같이 하나의 적분으로 표현하라.

$$\int_{-2}^2 f(x)\,dx + \int_2^5 f(x)\,dx - \int_{-2}^{-1} f(x)\,dx$$

30. $\int_0^9 f(x)\,dx = 37$이고 $\int_0^9 g(x)\,dx = 16$일 때 다음을 구하라.

$$\int_0^9 [2f(x)+3g(x)]\,dx$$

31. 함수 f의 그래프가 아래와 같을 때, 다음 값들을 가장 작은 값부터 순서대로 나열하고 이유를 설명하라.

    (a) $\int_0^8 f(x)\,dx$ (b) $\int_0^3 f(x)\,dx$ (c) $\int_3^8 f(x)\,dx$

    (d) $\int_4^8 f(x)\,dx$ (e) $f'(1)$

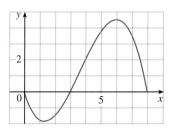

32. f의 그래프와 x축으로 둘러싸인 세 영역 A, B, C의 넓이가 각각 3이다. $\int_{-4}^2 [f(x)+2x+5]\,dx$의 값을 구하라.

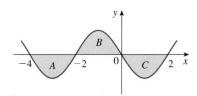

33-34 적분을 계산하지 않고 적분의 성질을 이용해서 다음 부등식을 증명하라.

33. $\int_0^4 (x^2-4x+4)\,dx \geq 0$

34. $2 \leq \int_{-1}^1 \sqrt{1+x^2}\,dx \leq 2\sqrt{2}$

35-37 적분의 성질 8을 이용해서 다음 적분값을 추정하라.

35. $\int_0^1 x^3\,dx$ **36.** $\int_{\pi/4}^{\pi/3} \tan x\,dx$

37. $\int_{-1}^1 \sqrt{1+x^4}\,dx$

---

38. 적분의 성질과 연습문제 24와 25를 이용해서 다음 부등식이 성립함을 보여라.

$$\int_1^3 \sqrt{x^4+1}\,dx \geq \frac{26}{3}$$

39. 적분 $\int_1^2 \sqrt{x}\, dx$, $\int_1^2 \sqrt{1/x}\, dx$, $\int_1^2 \sqrt{\sqrt{x}}\, dx$ 중 어느 것의 값이 가장 큰가? 그 이유는 무엇인가?

40. 적분의 성질 3을 증명하라.

41. $f(x) = \begin{cases} 0, & x\text{는 유리수} \\ 1, & x\text{는 무리수} \end{cases}$

이면 f가 $[0, 1]$에서 적분가능하지 않음을 보여라.

42. 다음 극한을 정적분으로 나타내라.

$$\lim_{n \to \infty} \sum_{i=1}^{n} \frac{i^4}{n^5} \quad [\text{힌트: } f(x) = x^4]$$

43. $\int_1^2 x^{-2}\, dx$를 계산하라.

[힌트: x_i^*를 x_{i-1}과 x_i의 기하평균(즉 $x_i^* = \sqrt{x_{i-1} x_i}$)으로 택하고, 항등식 $\dfrac{1}{m(m+1)} = \dfrac{1}{m} - \dfrac{1}{m+1}$을 이용한다.]

T 44. 다음 적분을 합의 극한으로 표현하라. 그 다음 컴퓨터 대수 체계를 이용해서 합과 극한을 모두 구하라.

$$\int_0^\pi \sin 5x\, dx$$

4.3 | 미적분학의 기본정리

미분적분학의 기본정리는 적절하게 붙여진 명칭이다. 왜냐하면 그것은 미적분학의 두 분야, 미분학과 적분학 사이의 연관성을 보여 주기 때문이다. 미분학은 접선 문제로부터 시작됐고 반면에 적분학은 별로 관련이 없는 듯한 문제인 넓이 문제로부터 시작됐다. 케임브리지대학교의 뉴턴의 스승인 배로(Isaac Barrow, 1630~1677) 교수는 이 두 문제 사이에 밀접한 관계가 있음을 발견했다. 실제로 그는 미분법과 적분법이 서로 역과정임을 밝혔다. 미적분학의 기본정리는 미분과 적분 사이에 명백한 역관계가 있음을 보여 주고 있다. 뉴턴과 라이프니츠는 이런 관계를 연구하고, 그것을 이용해서 미적분학을 체계적인 수학적 방법으로 발전시켰다. 특히 그들은 4.1절과 4.2절처럼 합의 극한으로 넓이와 적분을 계산하지 않고, 미적분학의 기본정리로써 넓이와 적분을 매우 쉽게 계산할 수 있음을 알았다.

■ 미적분학의 기본정리 1

미적분학의 기본정리에서 첫 부분은 다음과 같은 유형의 식으로 정의되는 함수를 다루고 있다.

$$\boxed{1} \qquad\qquad g(x) = \int_a^x f(t)\, dt$$

여기서 f는 $[a, b]$에서 연속이며, x는 a와 b 사이에서 변한다. g는 적분의 상한인 변수 x에만 의존하고 있다. x가 고정된 수라고 하면, 적분 $\int_a^x f(t)\, dt$는 명확한 수가 된다. x가 변하면 $\int_a^x f(t)\, dt$값도 변하며 $g(x)$로 표현되는 x의 함수를 정의한다.

f가 양의 함수이면, $g(x)$는 a에서 x까지 f의 그래프 아래의 넓이로 해석할 수 있다. 여기서 x는 a에서 b까지 변한다. (g를 '그 시점까지 넓이'를 나타내는 함수로 생각한다. 그림 1 참조)

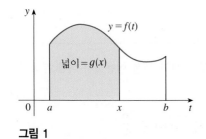

그림 1

《예제 1》 f의 그래프가 그림 2와 같고 $g(x) = \int_0^x f(t)\, dt$일 때, $g(0)$, $g(1)$, $g(2)$, $g(3)$, $g(4)$, $g(5)$의 값을 구하고 대략적인 g의 그래프를 그려라.

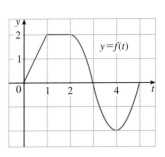

풀이 먼저 $g(0) = \int_0^0 f(t)\, dt = 0$임에 주의하자. 그림 3을 보면 $g(1)$은 삼각형의 넓이이다.

$$g(1) = \int_0^1 f(t)\, dt = \tfrac{1}{2}\,(1 \cdot 2) = 1$$

$g(2)$의 값을 구하기 위해 $g(1)$의 값에 직사각형의 넓이를 더한다.

$$g(2) = \int_0^2 f(t)\, dt = \int_0^1 f(t)\, dt + \int_1^2 f(t)\, dt = 1 + (1 \cdot 2) = 3$$

그림 2

2에서 3까지 f 아래의 넓이는 대략 1.3으로 추정할 수 있다.

$$g(3) = g(2) + \int_2^3 f(t)\, dt \approx 3 + 1.3 = 4.3$$

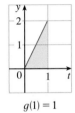

$g(1) = 1$

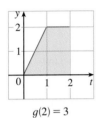

$g(2) = 3$

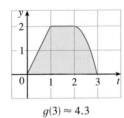

$g(3) \approx 4.3$

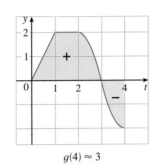

$g(4) \approx 3$

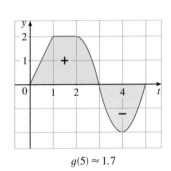

$g(5) \approx 1.7$

그림 3

$t > 3$이면 $f(t)$가 음수이므로 넓이를 빼야 한다.

$$g(4) = g(3) + \int_3^4 f(t)\, dt \approx 4.3 + (-1.3) = 3.0$$

$$g(5) = g(4) + \int_4^5 f(t)\, dt \approx 3 + (-1.3) = 1.7$$

이 값들을 이용해서 그림 4와 같이 g의 그래프를 그릴 수 있다. $t < 3$일 때 $f(t)$는 양수이므로 $t < 3$에서 넓이를 계속 더하고, 따라서 함수 g는 $x = 3$까지 증가해서 최댓값에 이른다. $x > 3$이면 $f(t)$는 음수이기 때문에 함수 g는 감소한다. ■

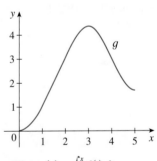

그림 4 $g(x) = \int_0^x f(t)\, dt$

$f(t) = t$이고 $a = 0$으로 택하면, 4.2절의 연습문제 24를 이용해서 다음을 얻는다.

$$g(x) = \int_0^x t\, dt = \frac{x^2}{2}$$

$g'(x) = x$, 즉 $g' = f$임에 유의한다. 다시 말하면 g를 식 **1**에 따라 f의 적분으로 정의하면 적어도 이 경우에는 g가 f의 역도함수임이 분명하다. 그리고 접선의 기울기를 추정해서 그림 4와 같이 함수 g의 도함수의 그래프를 그리면, 그림 2에서 f의 그래프와 같은 그래프를 얻는다. 따라서 예제 1에서도 $g' = f$임을 추측할 수 있다.

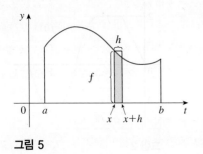

그림 5

이것이 일반적으로 참인 이유를 알아보기 위해 $f(x) \geq 0$인 임의의 연속함수 f를 생각하자. 그러면 $g(x) = \int_a^x f(t)\, dt$는 그림 1에서와 같이 a에서 x까지 f의 그래프 아래의 넓이로 해석될 수 있다.

도함수의 정의로부터 $g'(x)$는 다음과 같이 계산한다. 먼저 $h > 0$일 때 $g(x + h)$ $- g(x)$는 넓이의 차로 얻을 수 있으므로 x에서 $x + h$까지 f의 그래프 아래의 넓이 (그림 5에서 파란색 부분)이다. h가 작아지면 이 넓이는 높이가 $f(x)$이고 너비가 h인 직사각형의 넓이와 거의 같아짐을 그림으로부터 알 수 있다.

$$g(x + h) - g(x) \approx hf(x)$$

따라서 다음과 같다.

$$\frac{g(x + h) - g(x)}{h} \approx f(x)$$

그러므로 직관적으로 다음을 예상할 수 있다.

$$g'(x) = \lim_{h \to 0} \frac{g(x + h) - g(x)}{h} = f(x)$$

함수 f가 항상 양의 값을 갖지 않아도 이는 참이다. 이것이 다음과 같은 첫 번째 미적분학의 기본정리이다.

이 정리의 명칭을 간략하게 FTC1로 표기한다. 한마디로 정적분의 상한에 관한 도함수는 상한에서 피적분함수의 값과 같음을 의미한다.

> **미적분학의 기본정리 1** f가 $[a, b]$에서 연속이면, 다음과 같이 정의된 함수 g는 $[a, b]$에서 연속이고, (a, b)에서 미분가능하며, $g'(x) = f(x)$이다.
>
> $$g(x) = \int_a^x f(t)\, dt, \qquad a \leq x \leq b$$

증명 x와 $x + h$가 (a, b)에 있으면 다음과 같다.

$$
\begin{aligned}
g(x + h) - g(x) &= \int_a^{x+h} f(t)\, dt - \int_a^x f(t)\, dt \\
&= \left(\int_a^x f(t)\, dt + \int_x^{x+h} f(t)\, dt \right) - \int_a^x f(t)\, dt \quad \text{(적분의 성질 5)} \\
&= \int_x^{x+h} f(t)\, dt
\end{aligned}
$$

따라서 $h \neq 0$일 때 다음과 같다.

$$\boxed{2} \qquad \frac{g(x + h) - g(x)}{h} = \frac{1}{h} \int_x^{x+h} f(t)\, dt$$

이제 $h > 0$이라 가정하자. f는 $[x, x + h]$에서 연속이므로 극값 정리에 따라 $f(u) = m$과 $f(v) = M$을 만족하는 점 u와 v가 $[x, x + h]$에 존재한다. 여기서 m과 M은 $[x, x + h]$에서 f의 최솟값과 최댓값이다(그림 6 참조).

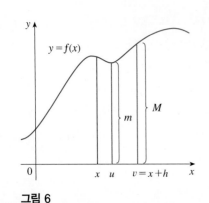

그림 6

적분의 성질 8에 따라 다음이 성립한다.

$$mh \le \int_x^{x+h} f(t)\, dt \le Mh$$

즉
$$f(u)h \le \int_x^{x+h} f(t)\, dt \le f(v)h$$

$h > 0$이므로 위의 부등식을 h로 나눌 수 있다.

$$f(u) \le \frac{1}{h}\int_x^{x+h} f(t)\, dt \le f(v)$$

위 부등식의 가운데 부분에 식 **2**를 대입해서 다시 배치한다.

3
$$f(u) \le \frac{g(x+h) - g(x)}{h} \le f(v)$$

$h < 0$인 경우에도 비슷한 방법으로 부등식 **3**을 증명할 수 있다(연습문제 38 참조).

이제 $h \to 0$이라 하자. 그러면 u와 v가 x와 $x + h$ 사이에 놓여 있으므로 $u \to x$이고 $v \to x$이다. f가 x에서 연속이므로 다음과 같다.

$$\lim_{h \to 0} f(u) = \lim_{u \to x} f(u) = f(x), \quad \lim_{h \to 0} f(v) = \lim_{v \to x} f(v) = f(x)$$

3과 압축 정리에 따라 다음과 같은 결론을 얻는다.

4
$$g'(x) = \lim_{h \to 0} \frac{g(x+h) - g(x)}{h} = f(x)$$

$x = a$ 또는 b라면 식 **4**는 한쪽 극한으로 해석할 수 있다. 그러면 2.2절의 정리 **4** (한쪽 극한에 대한 수정된 정리)에 따라 g는 $[a, b]$에서 연속이다. ▪

도함수에 대한 라이프니츠의 기호를 사용해서 f가 연속일 경우에 미적분학의 기본정리 1(FTC1)을 다음과 같이 표기할 수 있다.

5
$$\frac{d}{dx}\int_a^x f(t)\, dt = f(x)$$

간단히 말하면 식 **5**는 먼저 f를 적분한 다음에 그 결과를 미분하면 원래의 함수 f가 된다는 사실을 의미한다.

《예제 2》 함수 $g(x) = \int_0^x \sqrt{1 + t^2}\, dt$의 도함수를 구하라.

풀이 $f(t) = \sqrt{1 + t^2}$은 연속이므로 미적분학의 기본정리 1에 따라 다음을 얻는다.

$$g'(x) = \sqrt{1 + x^2}$$ ▪

《예제 3》 $g(x) = \int_a^x f(t)\, dt$ 형태의 식은 함수의 정의로서는 생소해 보이지만 물리학,

화학, 통계학 분야에서 많이 다뤄지는 함수이다. 예를 들면 다음의 **프레넬함수**(Fresnel function)는 광학 분야의 연구업적으로 유명한 프랑스의 물리학자 프레넬(Augustin Fresnel, 1788~1827)의 이름을 따서 명명된 것이다.

$$S(x) = \int_0^x \sin(\pi t^2/2)\, dt$$

이 함수는 광파의 회절에 관한 프레넬 이론에서 처음으로 등장했으나, 최근에는 고속도로의 설계에도 응용된다.

기본정리 1은 프레넬함수를 미분하는 방법을 보여 주고 있다.

$$S'(x) = \sin(\pi x^2/2)$$

이것은 S를 해석하기 위해 미분의 모든 방법을 적용할 수 있음을 의미한다(연습문제 35 참조).

그림 7에서는 $f(x) = \sin(\pi x^2/2)$과 프레넬함수 $S(x) = \int_0^x f(t)\, dt$의 그래프를 보여 주고 있다. 컴퓨터로 x의 많은 값에 대한 적분값을 계산해서 S의 그래프를 그린다. 실제로 $S(x)$는 0에서 $x[x \approx 1.4$까지 $S(x)$는 넓이의 차로 표시된다]까지 f의 그래프 아래의 넓이처럼 보인다. 그림 8은 더 넓은 범위에서 S의 그래프를 보여 주고 있다.

그림 7에 있는 S의 그래프로부터 시작해서 이 함수의 도함수가 어떻게 될 것인지 생각하면 $S'(x) = f(x)$가 타당해 보인다. [예를 들면 $f(x) > 0$일 경우 S는 증가하고, $f(x) < 0$일 경우 S는 감소한다.] 그러므로 이 사실은 미적분학의 기본정리 1을 가시적으로 확인해 준다. ∎

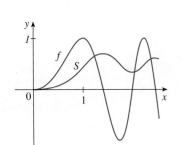

그림 7 $f(x) = \sin(\pi x^2/2)$
$S(x) = \int_0^x \sin(\pi t^2/2)\, dt$

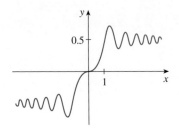

그림 8 프레넬함수
$S(x) = \int_0^x \sin(\pi t^2/2)\, dt$

《**예제 4**》 $\dfrac{d}{dx} \displaystyle\int_1^{x^4} \sec t\, dt$를 계산하라.

풀이 미적분학의 기본정리 1과 연쇄법칙을 함께 이용해야 한다. $u = x^4$으로 치환하면 다음을 얻는다.

$$\begin{aligned}
\frac{d}{dx} \int_1^{x^4} \sec t\, dt &= \frac{d}{dx} \int_1^u \sec t\, dt \\
&= \frac{d}{du}\left[\int_1^u \sec t\, dt \right] \frac{du}{dx} \quad \text{(연쇄법칙에 의해)} \\
&= \sec u\, \frac{du}{dx} \quad \text{(FTC1에 의해)} \\
&= \sec(x^4) \cdot 4x^3
\end{aligned}$$
∎

■ 미적분학의 기본정리 2

4.2절에서 적분 계산을 리만 합의 극한으로서의 정의에 따라 계산했다. 이런 과정이 때로 지루하고 힘든 것을 알았다. 기본정리 1로부터 쉽게 얻어지는 미적분학의 기본정리 2는 적분 계산을 위한 매우 간단한 방법을 보여 준다.

미적분학의 기본정리 2　f가 $[a, b]$에서 연속이면 다음이 성립한다.

$$\int_a^b f(x)\,dx = F(b) - F(a)$$

여기서 F는 f의 임의의 역도함수, 즉 $F' = f$이다.

이 정리의 명칭을 간략하게 FTC2로 표기한다.

증명　$g(x) = \int_a^x f(t)\,dt$로 놓으면 기본정리 1로부터 $g'(x) = f(x)$이다. 즉 g는 f의 한 역도함수이다. F가 $[a, b]$에서 f의 임의의 다른 역도함수이면, 3.2절의 따름정리 $\boxed{7}$로부터 F와 g는 상수만큼 차이가 있음을 알 수 있다. 즉, $a < x < b$에 대해 다음이 성립한다.

$$\boxed{6} \qquad\qquad F(x) = g(x) + C$$

그러나 F와 g가 $[a, b]$에서 연속이므로 식 $\boxed{6}$의 양변에 극한($x \to a^+$와 $x \to b^-$)을 취하면 $x = a$와 $x = b$일 때에도 성립함을 알 수 있다. 따라서 $x \in [a, b]$에 대하여 $F(x) = g(x) + C$이다.

$g(x)$에 대한 식에 $x = a$를 대입하면 다음을 얻는다.

$$g(a) = \int_a^a f(t)\,dt = 0$$

그러므로 $x = b$와 $x = a$일 때 식 $\boxed{6}$을 이용하면 다음을 얻는다.

$$F(b) - F(a) = [g(b) + C] - [g(a) + C]$$
$$= g(b) - g(a) = g(b) = \int_a^b f(t)\,dt \qquad\blacksquare$$

기본정리 2는 f의 한 역도함수 F를 알면 $\int_a^b f(x)\,dx$는 구간 $[a, b]$의 끝점에서 F의 값을 뺌으로써 간단히 계산할 수 있음을 의미한다. $a \le x \le b$에 대해 $f(x)$의 모든 값을 포함하는 복잡한 과정으로 정의된 $\int_a^b f(x)\,dx$가 단지 두 점 a와 b에서 $F(x)$의 값을 구하면 계산된다는 사실은 매우 놀라운 일이다.

기본정리는 얼핏 보기에는 놀라워 보이지만 이를 물리 용어로 해석하면 그럴듯해 보인다. $v(t)$가 물체의 속도이고 $s(t)$가 시각 t에서의 위치이면, $v(t) = s'(t)$이고 따라서 s는 v의 역도함수이다. 4.1절에서 물체는 언제나 양의 방향으로 움직인다고 간주하고 속도곡선 아래의 넓이는 움직인 거리와 일치한다고 추측했다. 수식으로 표현하면 다음과 같다.

$$\int_a^b v(t)\,dt = s(b) - s(a)$$

이 같은 맥락에서 이것은 정확히 FTC2가 말하는 바이다.

《예제 5》 정적분 $\int_{-2}^{1} x^3\,dx$를 계산하라.

풀이　함수 $f(x) = x^3$은 $[-2, 1]$에서 연속이며, 3.9절에서 f의 역도함수는 $F(x) = \frac{1}{4}x^4$임

을 알았다. 따라서 기본정리 2에 따라 다음을 얻는다.

$$\int_{-2}^{1} x^3 \, dx = F(1) - F(-2) = \frac{1}{4}(1)^4 - \frac{1}{4}(-2)^4 = -\frac{15}{4}$$

FTC2는 f의 **임의의** 역도함수 F를 사용할 수 있음을 의미한다는 사실에 주목하자. 따라서 가장 간단한 형태의 역도함수, 즉 $\frac{1}{4}x^4 + 7$ 또는 $\frac{1}{4}x^4 + C$ 대신에 $F(x) = \frac{1}{4}x^4$을 사용할 수 있다. ∎

표기방법   앞으로 다음과 같은 기호를 자주 사용할 것이다.

$$F(x)\Big]_a^b = F(b) - F(a)$$

따라서 FTC2에 있는 공식은 다음과 같이 표기할 수 있다.

$$\int_a^b f(x) \, dx = F(x)\Big]_a^b$$

여기서 $F' = f$이다. 통상적으로 사용되는 다른 기호는 $F(x)\big|_a^b$와 $[F(x)]_a^b$이다.

《예제 6》 $0 \le x \le 1$에서 포물선 $y = x^2$ 아래의 넓이를 구하라.

풀이 $f(x) = x^2$의 역도함수는 $F(x) = \frac{1}{3}x^3$이다. 기본정리 2를 이용해서 구하려는 넓이 A를 계산하면 다음과 같다.

기본정리를 적용할 때 f의 한 특수 역도함수 F를 이용한다는 것에 유의하자. 가장 일반적인 역도함수를 이용하지 않아도 된다.

$$A = \int_0^1 x^2 \, dx = \frac{x^3}{3}\Bigg]_0^1 = \frac{1^3}{3} - \frac{0^3}{3} = \frac{1}{3}$$

∎

예제 6의 계산을 4.1절에 있는 예제 2의 계산과 비교해 보면, 기본정리로 계산한 것이 훨씬 간단함을 알 수 있다.

《예제 7》 $x = 0$에서 $x = b$까지 코사인함수의 곡선 아래의 넓이를 구하라. 여기서 $0 \le b \le \pi/2$이다.

풀이 $f(x) = \cos x$의 역도함수는 $F(x) = \sin x$이므로 다음이 성립한다.

$$A = \int_0^b \cos x \, dx = \sin x\Big]_0^b = \sin b - \sin 0 = \sin b$$

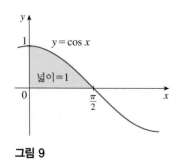

그림 9

특히 $b = \pi/2$로 택하면, 0에서 $\pi/2$까지 코사인함수의 곡선 아래의 넓이는 $\sin(\pi/2) = 1$임을 밝힐 수 있다(그림 9 참조). ∎

프랑스의 수학자 로베르발(Gilles de Roberval)이 1635년 처음으로 사인함수와 코사인함수의 곡선 아래의 넓이를 계산했을 때, 이 문제는 아주 정교한 기술을 요구하는 매우 도전적인 문제였다. 기본정리의 이점을 발견하지 못했다면, 애매한 삼각항등식(또는 4.1절에 있는 연습문제 17에서와 같이 컴퓨터 대수체계)을 이용해서 합의 극한을 어렵게 계산해야만 했을 것이다. 1635년에는 극한을 계산하는 방법이 발견되지 않았기 때문에 로베르발에게는 훨씬 더 어려웠다. 그러나 1660년대와 1670년대에 배로가 미적분학의 기본정리를 발견하고 뉴턴과 라이프니츠가 이를 개발시키면서 이런 문제들은 예제 7에서 보듯이 매우 쉽게 풀리게 되었다.

《예제 8》 다음 계산에서 무엇이 잘못되었는가?

$$\int_{-1}^{3} \frac{1}{x^2}\,dx = \frac{x^{-1}}{-1} \Bigg]_{-1}^{3} = -\frac{1}{3} - 1 = -\frac{4}{3}$$

풀이 문제 풀이에 앞서, 이 계산은 분명 잘못되었음에 주목하자. 왜냐하면 $f(x) = \dfrac{1}{x^2} \geq 0$ 이고, 적분의 성질 6에 따라 $f \geq 0$일 때 $\int_a^b f(x)\,dx \geq 0$임에도 불구하고 답이 음의 값이기 때문이다. 미적분학의 기본정리는 연속함수에 적용된다. $f(x) = 1/x^2$은 구간 $[-1, 3]$에서 연속이 아니므로 기본정리를 적용할 수 없다. 실제로 f는 $x = 0$에서 무한 불연속이다. 따라서 $\int_{-1}^{3} \dfrac{1}{x^2}\,dx$는 존재하지 않는다. ■

■ 역과정으로서 미분과 적분

두 기본정리를 함께 서술하면서 이 절을 마치겠다.

미적분학의 기본정리　f가 구간 $[a, b]$에서 연속이라 하자.

1. $g(x) = \int_a^x f(t)\,dt$이면 $g'(x) = f(x)$이다.

2. $\int_a^b f(x)\,dx = F(b) - F(a)$, 여기서 F는 f의 임의의 역도함수, 즉 $F' = f$이다.

기본정리 1을 다음과 같이 다시 쓸 수 있다.

$$\frac{d}{dx} \int_a^x f(t)\,dt = f(x)$$

이는 연속함수 f를 적분한 다음 그 결과를 미분하면 다시 원래의 함수 f가 된다는 것을 의미한다. 기본정리 2는 다음과 같이 표현될 수 있다.

$$\int_a^x F'(t)\,dt = F(x) - F(a)$$

이 식은 함수 F를 먼저 미분한 다음 그 결과를 적분하면 상수 $F(a)$를 제외하면 원래의 함수 F가 된다는 사실을 의미한다. 두 가지 형태의 미적분학의 기본정리를 함께 서술하면 기본정리의 두 부분은 미분과 적분이 역과정인 것이다.

미적분학의 기본정리는 의심할 나위 없이 미적분학에서 가장 중요한 정리이며, 실제로 그것은 인간의 위대한 업적 중 하나이다. 이 정리가 발견되기 전인 에우독소스와 아르키메데스의 시대로부터 갈릴레오와 페르마의 시대까지는 넓이, 부피, 곡선의 길이를 구하는 문제들은 너무나 어려워서 천재들만이 도전할 수 있었다. 그러나 지금은 뉴턴과 라이프니츠가 창안한 기본정리를 체계적으로 잘 배우면 이런 도전적인 문제도 누구나 쉽게 해결할 수 있다는 사실을 앞으로 보게 될 것이다.

4.3 | 연습문제

1. "미분과 적분은 역과정이다."라는 명제가 무엇을 의미하는지 정확하게 설명하라.

2. f의 그래프가 다음과 같고 $g(x) = \int_0^x f(t)\, dt$이다.
   (a) $g(0), g(1), g(2), g(3), g(6)$의 값을 구하라.
   (b) g가 증가하는 구간을 구하라.
   (c) g가 최댓값을 갖는 곳은 어디인가?
   (d) g의 대략적인 그래프를 그려라.

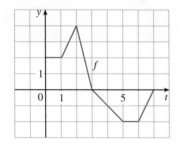

3. f의 그래프가 다음과 같이 주어졌다. g는 0과 x 사이에서 f의 아래로 둘러싸인 영역의 넓이라 하자.
   (a) 기하를 이용하여 $g(x)$의 식을 구하라.
   (b) g는 f의 역도함수임을 증명하라. 그리고 이것으로 함수 f에 대한 미적분학의 기본정리 1을 확인하라.

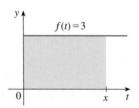

4. $g(x) = \int_1^x t^2\, dt$로 표현되는 넓이를 그려라. 그 다음 두 가지 방법으로 $g'(x)$를 구하라.
   (a) 미적분학의 기본정리 1을 이용해서 $g'(x)$를 구하라.
   (b) 미적분학의 기본정리 2를 이용해서 적분을 계산한 다음 미분해서 $g'(x)$를 구하라.

5-10 미적분학의 기본정리 1을 이용해서 다음 함수의 도함수를 구하라.

5. $g(x) = \int_0^x \sqrt{t + t^3}\, dt$

6. $g(w) = \int_0^w \sin(1 + t^3)\, dt$

7. $F(x) = \int_x^0 \sqrt{1 + \sec t}\, dt$

$$\left[\text{힌트: } \int_x^0 \sqrt{1 + \sec t}\, dt = -\int_0^x \sqrt{1 + \sec t}\, dt\right]$$

8. $h(x) = \int_2^{1/x} \sin^4 t\, dt$

9. $y = \int_1^{3x+2} \dfrac{t}{1 + t^3}\, dt$

10. $y = \int_{\sqrt{x}}^{\pi/4} \theta \tan\theta\, d\theta$

11-12 미적분학의 기본정리 2를 이용하여 다음 적분을 구하고 그 결과를 넓이나 넓이의 차이로 설명하라. 그림을 그려 설명하라.

11. $\int_{-1}^2 x^3\, dx$

12. $\int_{\pi/2}^{2\pi} (2\sin x)\, dx$

13-23 다음 적분을 계산하라.

13. $\int_1^3 (x^2 + 2x - 4)\, dx$

14. $\int_0^2 \left(\tfrac{4}{5}t^3 - \tfrac{3}{4}t^2 + \tfrac{2}{5}t\right) dt$

15. $\int_1^9 \sqrt{x}\, dx$

16. $\int_0^4 (t^2 + t^{3/2})\, dt$

17. $\int_{\pi/2}^0 \cos\theta\, d\theta$

18. $\int_0^1 (u + 2)(u - 3)\, du$

19. $\int_1^4 \dfrac{2 + x^2}{\sqrt{x}}\, dx$

20. $\int_1^2 \dfrac{s^4 + 1}{s^2}\, ds$

21. $\int_0^{\pi/3} \sec\theta \tan\theta\, d\theta$

22. $\int_0^1 (1 + r)^3\, dr$

23. $\int_0^\pi f(x)\, dx,\ f(x) = \begin{cases} \sin x, & 0 \le x < \pi/2 \\ \cos x, & \pi/2 \le x \le \pi \end{cases}$

24-25 주어진 곡선으로 둘러싸인 영역을 그리고 넓이를 계산하라.

24. $y = \sqrt{x},\ \ y = 0,\ \ x = 4$

25. $y = 4 - x^2,\ \ y = 0$

26-27 그래프를 이용해서 다음 주어진 곡선 아래에 놓인 영역의 넓이를 대략적으로 추정하라. 그 다음 정확한 넓이를 구하라.

26. $y = \sqrt[3]{x}$, $0 \le x \le 27$ **27.** $y = \sin x$, $0 \le x \le \pi$

28-29 다음 계산에서 무엇이 잘못되었는가?

28. $\int_{-2}^{1} x^{-4}\, dx = \left. \dfrac{x^{-3}}{-3} \right]_{-2}^{1} = -\dfrac{3}{8}$

29. $\int_{\pi/3}^{\pi} \sec\theta\tan\theta\, d\theta = \left. \sec\theta \right]_{\pi/3}^{\pi} = -3$

30-31 다음 함수의 도함수를 구하라.

30. $g(x) = \displaystyle\int_{2x}^{3x} \dfrac{u^2 - 1}{u^2 + 1}\, du$

$$\left[\text{힌트: } \int_{2x}^{3x} f(u)\, du = \int_{2x}^{0} f(u)\, du + \int_{0}^{3x} f(u)\, du \right]$$

31. $h(x) = \displaystyle\int_{\sqrt{x}}^{x^3} \cos(t^2)\, dt$

---

32. $F(x) = \displaystyle\int_{\pi}^{x} \dfrac{\cos t}{t}\, dt$ 라 하자. x좌표가 π인 점에서 곡선 $y = F(x)$의 접선의 식을 구하라.

33. 곡선 $y = \displaystyle\int_{0}^{x} \dfrac{t^2}{t^2 + t + 2}\, dt$ 는 어떤 구간에서 아래로 오목인가?

34. $f(1) = 12$, f'은 연속, $\int_{1}^{4} f'(x)\, dx = 17$일 때 $f(4)$의 값을 구하라.

35. **프레넬함수** S는 예제 3에서 정의했으며 그래프는 그림 7과 8에 나타냈다.

    (a) x의 어떤 값에서 이 함수는 극댓값을 갖는가?

    (b) 어떤 구간에서 이 함수는 위로 오목인가?

    (c) 그래프를 이용해서 다음 방정식을 소수점 아래 둘째 자리까지 정확하게 풀라.

$$\int_{0}^{x} \sin(\pi t^2/2)\, dt = 0.2$$

36. $g(x) = \int_{0}^{x} f(t)\, dt$ 이고 함수 f의 그래프가 아래와 같다.

    (a) x의 어떤 값에서 g는 극댓값과 극솟값을 갖는가?

    (b) x의 어떤 값에서 g는 최댓값을 갖는가?

    (c) 어떤 구간에서 g는 아래로 오목인가?

    (d) g의 그래프를 그려라.

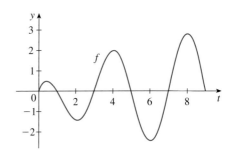

37. 다음 식을 구간 $[0, 1]$에서 정의된 함수에 대한 리만 합으로 생각해서 극한을 계산하라.

$$\lim_{n \to \infty} \sum_{i=1}^{n} \left(\dfrac{i^4}{n^5} + \dfrac{i}{n^2} \right)$$

38. $h < 0$인 경우에 식 **3**이 성립함을 보여라.

39. (a) $x \ge 0$이면 $1 \le \sqrt{1 + x^3} \le 1 + x^3$임을 보여라.

    (b) $1 \le \int_{0}^{1} \sqrt{1 + x^3}\, dx \le 1.25$임을 보여라.

40. 피적분함수를 간단한 함수와 비교해서 다음이 성립함을 보여라.

$$0 \le \int_{5}^{10} \dfrac{x^2}{x^4 + x^2 + 1}\, dx \le 0.1$$

41. 모든 $x > 0$에 대해 다음을 만족하는 함수 f와 수 a를 구하라.

$$6 + \int_{a}^{x} \dfrac{f(t)}{t^2}\, dt = 2\sqrt{x}$$

42. 한 제조회사가 소유한 기계장치의 주요 부품이 (연속적인) 비율 $f = f(t)$로 감가상각된다. 여기서 t는 이 부품을 마지막으로 검사한 시점으로부터 측정된 월 단위의 시각을 나타낸다. 기계가 검사를 받을 때마다 고정비용 A가 발생하기 때문에, 회사는 정밀검사를 받을 최적의 시점 T(월 단위로)를 결정하기를 원한다.

    (a) $\int_{0}^{t} f(s)\, ds$가 마지막으로 검사한 이후로 t시간 동안 기계의 가치 손실을 나타내는 이유를 설명하라.

    (b) $C = C(t)$가 다음과 같이 주어졌다고 하자.

$$C(t) = \dfrac{1}{t} \left[A + \int_{0}^{t} f(s)\, ds \right]$$

    C는 무엇을 의미하며, 왜 회사는 C의 값을 최소화하기를 원하는가?

    (c) $C(T) = f(T)$를 만족하는 $t = T$에서 C가 최솟값을 갖는다는 사실을 밝혀라.

다음 문제는 6장을 이미 공부한 학생들만 풀라.

43-45 다음 적분을 계산하라.

43. $\int_1^9 \frac{1}{2x}\,dx$

44. $\int_{1/2}^{1/\sqrt{2}} \frac{4}{\sqrt{1-x^2}}\,dx$

45. $\int_{-1}^1 e^{u+1}\,du$

4.4 | 부정적분과 순변화정리

4.3절에서 함수의 역도함수를 구할 수 있으면, 미적분학의 기본정리 2는 그 함수의 정적분을 계산하기 위한 매우 편리한 방법을 제공한다는 사실을 알았다. 이 절에서는 역도함수에 대한 표기법을 소개하고 역도함수에 대한 공식을 복습하며, 이것을 이용해서 정적분을 계산할 것이다. 또한 이 정리를 재구성해서 자연과학과 공학 문제에 FTC2가 보다 쉽게 적용되게 할 것이다.

■ 부정적분

두 기본정리는 역도함수와 정적분 사이의 연관성을 말하고 있다. 기본정리 1은 f가 연속이면 $\int_a^x f(t)\,dt$는 f의 역도함수임을 말하고 있다. 기본정리 2는 $F(b) - F(a)$를 계산해서 $\int_a^b f(x)\,dx$를 구할 수 있음을 말하고 있다. 여기서 F는 f의 역도함수이다.

이제 역도함수를 쉽게 다룰 수 있는 간편한 표기법이 필요하다. 기본정리에 따른 역도함수와 적분 사이의 관계 때문에 기호 $\int f(x)\,dx$가 전통적으로 f의 한 역도함수로서 사용되며, 이를 **부정적분**(indefinite integral)이라 한다. 따라서 다음과 같다.

$$\int f(x)\,dx = F(x)\text{는 } F'(x) = f(x)\text{를 의미한다.}$$

예를 들면 다음과 같이 쓸 수 있다.

$$\frac{d}{dx}\left(\frac{x^3}{3} + C\right) = x^2 \text{이므로} \quad \int x^2\,dx = \frac{x^3}{3} + C$$

따라서 부정적분을 완전한 함수**족**으로 생각할 수 있다. (상수 C의 각각의 값에 대해 하나의 역도함수가 대응한다.)

⊘   정적분과 부정적분을 신중하게 구별해야 한다. 정적분 $\int_a^b f(x)\,dx$는 수이지만 부정적분 $\int f(x)\,dx$는 함수(또는 함수족)이다. 이들 사이의 관계는 기본정리 2에 의해 주어진다. f가 구간 $[a, b]$에서 연속이면 다음이 성립한다.

$$\int_a^b f(x)\,dx = \int f(x)\,dx \Big]_a^b$$

기본정리의 효과는 함수의 역도함수를 알고 있어야만 발휘된다. 그러므로 3.9절에 있는 역도함수 공식표를 부정적분 기호를 이용해서 몇 개의 다른 공식과 함께 다시 서술하겠다. 우변의 함수를 미분해서 피적분함수를 얻음으로써 다음 공식을 확인할 수 있다. 예를 들면 다음과 같다.

$$\frac{d}{dx}(\tan x + C) = \sec^2 x \text{이므로} \quad \int \sec^2 x \, dx = \tan x + C$$

---

1 부정적분표

$$\int cf(x)\,dx = c\int f(x)\,dx \qquad\qquad \int [f(x) + g(x)]\,dx = \int f(x)\,dx + \int g(x)\,dx$$

$$\int k\,dx = kx + C \qquad\qquad \int x^n\,dx = \frac{x^{n+1}}{n+1} + C \quad (n \neq -1)$$

$$\int \sin x\,dx = -\cos x + C \qquad\qquad \int \cos x\,dx = \sin x + C$$

$$\int \sec^2 x\,dx = \tan x + C \qquad\qquad \int \csc^2 x\,dx = -\cot x + C$$

$$\int \sec x \tan x\,dx = \sec x + C \qquad\qquad \int \csc x \cot x\,dx = -\csc x + C$$

3.9절의 정리 1로부터 **주어진 구간**에서 가장 일반적인 역도함수는 특수 역도함수에 상수를 더해 얻는다는 사실을 기억하자. **일반적인 부정적분에 대한 공식이 주어질 경우에 그것은 단지 한 구간에서만 성립한다는 관례를 따른다.** 따라서 다음 수식은 구간 $(0, \infty)$나 구간 $(-\infty, 0)$에서 성립하는 것으로 이해한다.

$$\int \frac{1}{x^2}\,dx = -\frac{1}{x} + C$$

함수 $f(x) = 1/x^2$, $x \neq 0$의 일반적인 역도함수가 다음과 같음에도 불구하고 이 공식은 참이다.

$$F(x) = \begin{cases} -\dfrac{1}{x} + C_1, & x < 0 \\[2mm] -\dfrac{1}{x} + C_2, & x > 0 \end{cases}$$

《예제 1》 일반적인 부정적분 $\int (10x^4 - 2\sec^2 x)\,dx$ 를 구하라.

풀이 관례와 표 1을 이용하면 다음을 얻는다.

$$\int (10x^4 - 2\sec^2 x)\,dx = 10\int x^4\,dx - 2\int \sec^2 x\,dx$$

$$= 10\frac{x^5}{5} - 2\tan x + C = 2x^5 - 2\tan x + C$$

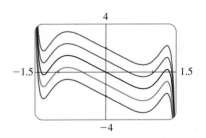

그림 1

몇 개의 C 값에 대해 예제 1의 부정적분이 그림 1의 부정적분이 그림 1에 그려져 있다. 여기서 C의 값은 y절편이다.

미분해서 답을 확인해 보자.

《예제 2》 $\int \dfrac{\cos\theta}{\sin^2\theta}\,d\theta$를 계산하라.

풀이 이 부정적분은 표 1에서 즉각적으로 알아볼 수 없다. 따라서 적분하기 전에 삼각항등식을 이용해서 함수를 다시 쓰면 다음을 얻는다.

$$\int \frac{\cos\theta}{\sin^2\theta}\,d\theta = \int \left(\frac{1}{\sin\theta}\right)\left(\frac{\cos\theta}{\sin\theta}\right)d\theta$$

$$= \int \csc\theta\cot\theta\,d\theta = -\csc\theta + C$$

《예제 3》 $\int_0^3 (x^3 - 6x)\,dx$를 계산하라.

풀이 FTC2와 표 1을 이용하면 다음을 얻는다.

$$\int_0^3 (x^3 - 6x)\,dx = \frac{x^4}{4} - 6\,\frac{x^2}{2}\,\bigg]_0^3$$

$$= \left(\tfrac{1}{4}\cdot 3^4 - 3\cdot 3^2\right) - \left(\tfrac{1}{4}\cdot 0^4 - 3\cdot 0^2\right)$$

$$= \tfrac{81}{4} - 27 - 0 + 0 = -6.75$$

이 계산을 4.2절의 예제 3과 비교해 보자.

그림 2는 예제 4의 피적분함수의 그래프이다. 4.2절에서 배웠듯이 적분값은 실제 넓이로 해석할 수 있다. 즉, + 부호로 나타낸 넓이의 합에서 − 부호로 나타낸 넓이의 합을 뺀 것이다.

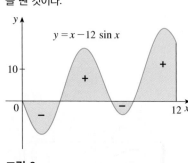

그림 2

《예제 4》 $\int_0^{12} (x - 12\sin x)\,dx$를 구하라.

풀이 기본정리에 따라 다음을 얻는다.

$$\int_0^{12} (x - 12\sin x)\,dx = \frac{x^2}{2} - 12(-\cos x)\,\bigg]_0^{12}$$

$$= \tfrac{1}{2}(12)^2 + 12(\cos 12 - \cos 0)$$

$$= 72 + 12\cos 12 - 12 = 60 + 12\cos 12$$

이것은 적분의 정확한 값이다. 계산기로 $\cos 12$의 근삿값을 구하면 다음을 얻는다.

$$\int_0^{12} (x - 12\sin x)\,dx \approx 70.1262$$

《예제 5》 $\int_1^9 \dfrac{2t^2 + t^2\sqrt{t} - 1}{t^2}\,dt$를 계산하라.

풀이 먼저 나눗셈을 해서 피적분함수를 보다 간단한 형태로 쓰고 계산한다.

$$\int_1^9 \frac{2t^2 + t^2\sqrt{t} - 1}{t^2}\,dt = \int_1^9 \left(2 + t^{1/2} - t^{-2}\right)dt$$

$$= 2t + \frac{t^{3/2}}{\frac{3}{2}} - \frac{t^{-1}}{-1}\,\bigg]_1^9 = 2t + \tfrac{2}{3}t^{3/2} + \frac{1}{t}\,\bigg]_1^9$$

$$= \left(2 \cdot 9 + \tfrac{2}{3} \cdot 9^{3/2} + \tfrac{1}{9}\right) - \left(2 \cdot 1 + \tfrac{2}{3} \cdot 1^{3/2} + \tfrac{1}{1}\right)$$

$$= 18 + 18 + \tfrac{1}{9} - 2 - \tfrac{2}{3} - 1 = 32\tfrac{4}{9} \qquad\blacksquare$$

■ 순변화정리

기본정리 2는 f가 구간 $[a, b]$에서 연속이면 다음이 성립함을 의미한다.

$$\int_a^b f(x)\, dx = F(b) - F(a)$$

여기서 F는 f의 임의의 역도함수이며 $F' = f$임을 의미한다. 그러므로 위 식은 다음과 같이 다시 쓸 수 있다.

$$\int_a^b F'(x)\, dx = F(b) - F(a)$$

$F'(x)$는 x에 관한 $y = F(x)$의 변화율이고, $F(b) - F(a)$는 x가 a에서 b까지 변할 때 y의 변화량이다. [예를 들면 y는 증가한 다음에 감소하고 다시 증가할 수도 있음에 주의하자. y가 양방향으로 변할지라도 $F(b) - F(a)$는 y의 순변화를 나타낸다.] 따라서 FTC2를 다음과 같이 다시 공식화할 수 있다.

> **순변화정리** 변화율의 적분은 순변화이다.
>
> $$\int_a^b F'(x)\, dx = F(b) - F(a)$$

순변화정리의 원리는 2.7절에서 논의했던 자연과학과 사회과학에 있어서의 모든 변화율에 적용할 수 있다. 이런 응용들은 수학의 힘이 추상성에 있음을 보여준다. 하나의 추상적 개념(이 경우에 적분)이 서로 다른 많은 해석을 가질 수 있다. (역자 주: 순변화정리는 일일이 시간에 따른 중간 변화를 알 필요가 없이 처음 상태와 마지막 상태를 알면 시간에 따른 총변화량을 계산할 수 있다는 것이다.) 다음은 순변화정리가 적용될 수 있는 몇 가지 예이다.

• $V(t)$가 시각 t에 한 저수지에 있는 물의 부피이면, 도함수 $V'(t)$는 시각 t에 물이 저수지에 흘러 들어오는 비율이다. 따라서 시각 t_1에서 t_2까지 저수량의 변화는 다음과 같다.

$$\int_{t_1}^{t_2} V'(t)\, dt = V(t_2) - V(t_1)$$

• $[C](t)$가 시각 t에 화학반응에 따른 생성물의 농도이면, 반응률은 도함수 $d[C]/dt$이다. 따라서 시각 t_1에서 t_2까지 C의 농도의 변화는 다음과 같다.

$$\int_{t_1}^{t_2} \frac{d[C]}{dt}\, dt = [C](t_2) - [C](t_1)$$

- 왼쪽 끝점에서 한 점 x까지 측정된 막대의 질량이 $m(x)$이면, 선밀도는 $\rho(x) = m'(x)$ 이다. 따라서 $x = a$와 $x = b$ 사이 막대 부분의 질량은 다음과 같다.

$$\int_a^b \rho(x)\,dx = m(b) - m(a)$$

- 개체 증가율이 dn/dt이면 t_1에서 t_2까지의 시간 구간 동안 개체의 순증가는 다음과 같다.

$$\int_{t_1}^{t_2} \frac{dn}{dt}\,dt = n(t_2) - n(t_1)$$

(개체는 출생이 일어날 때에는 증가하고, 사망이 일어날 때에는 감소한다. 순변화는 출생과 사망을 모두 고려한다.)

- 생필품 x단위를 생산하는 데 드는 비용이 $C(x)$이면, 한계비용은 $C'(x)$이다. 따라서 생산품이 x_1 단위에서 x_2 단위로 증가할 때 드는 비용의 증가는 다음과 같다.

$$\int_{x_1}^{x_2} C'(x)\,dx = C(x_2) - C(x_1)$$

- 한 물체가 위치함수 $s(t)$로 직선을 따라 움직이고 있으면 그 물체의 속도는 $v(t) = s'(t)$이다. 따라서 시각 t_1에서 t_2까지 시간 구간 동안 물체의 위치에 대한 순변화, 즉 **변위**는 다음과 같다.

2
$$\int_{t_1}^{t_2} v(t)\,dt = s(t_2) - s(t_1)$$

4.1절에서 물체가 양의 방향으로 운동하는 경우에 참이라고 추측했는데, 이제 그것이 언제나 참임을 증명했다.

- 시간 구간 동안 물체가 움직인 거리를 계산하려면, $v(t) \geq 0$ (물체가 오른쪽으로 움직인다)일 경우와 $v(t) \leq 0$ (물체가 왼쪽으로 움직인다)일 경우의 시간 구간을 고려해야 한다. 두 경우 모두 거리는 속력 $|v(t)|$를 다음과 같이 적분해서 계산한다.

3
$$\int_{t_1}^{t_2} |v(t)|\,dt = \text{움직인 총 거리}$$

그림 3은 변위와 움직인 거리를 모두 속도곡선 아래의 넓이로 해석하는 방법을 보여 주고 있다.

$$\text{변위} = \int_{t_1}^{t_2} v(t)\,dt = A_1 - A_2 + A_3$$

$$\text{거리} = \int_{t_1}^{t_2} |v(t)|\,dt = A_1 + A_2 + A_3$$

- 물체의 가속도는 $a(t) = v'(t)$이다. 따라서 시각 t_1에서 t_2까지 속도의 변화는 다음과 같다.

$$\int_{t_1}^{t_2} a(t)\,dt = v(t_2) - v(t_1)$$

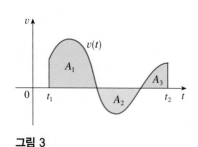

그림 3

《예제 6》한 입자가 시각 t에서 $v(t) = t^2 - t - 6$인 속도(m/s)로 직선을 따라 움직인다.

(a) 시간 구간 $1 \leq t \leq 4$에서 입자의 변위를 구하라.

(b) 시간 구간 $1 \leq t \leq 4$에서 움직인 거리를 구하라.

풀이

(a) 식 2에 따라 변위는 다음과 같다.

$$s(4) - s(1) = \int_1^4 v(t)\,dt = \int_1^4 (t^2 - t - 6)\,dt$$
$$= \left[\frac{t^3}{3} - \frac{t^2}{2} - 6t \right]_1^4 = -\frac{9}{2}$$

이것은 입자가 왼쪽으로 4.5 m 이동했음을 의미한다.

(b) $v(t) = t^2 - t - 6 = (t - 3)(t + 2)$이므로 구간 $[1, 3]$에서 $v(t) \leq 0$이고, 구간 $[3, 4]$에서 $v(t) \geq 0$임에 주목한다. 따라서 식 3으로부터 움직인 거리는 다음과 같다.

$$\int_1^4 |v(t)|\,dt = \int_1^3 [-v(t)]\,dt + \int_3^4 v(t)\,dt$$
$$= \int_1^3 (-t^2 + t + 6)\,dt + \int_3^4 (t^2 - t - 6)\,dt$$
$$= \left[-\frac{t^3}{3} + \frac{t^2}{2} + 6t \right]_1^3 + \left[\frac{t^3}{3} - \frac{t^2}{2} - 6t \right]_3^4$$
$$= \frac{61}{6} \approx 10.17 \text{ m}$$

$v(t)$의 절댓값을 적분하기 위해 4.2절의 적분의 성질 5를 이용해서 적분을 $v(t) \leq 0$과 $v(t) \geq 0$의 두 부분으로 나눈다.

《예제 7》그림 4는 9월 어느 날, 샌프란시스코의 전력소비량을 보여 준다. (P의 단위는 MW이고, t의 단위는 시간으로 자정부터 측정했다.) 이날 사용된 에너지를 추정하라.

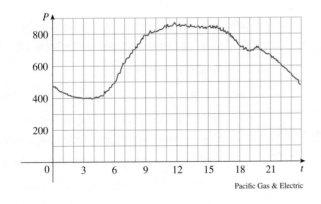

Pacific Gas & Electric

그림 4

풀이 전력은 에너지의 변화율, $P(t) = E'(t)$이다. 그러므로 순변화정리에 따라 이날 사용된 에너지의 총량은 다음과 같다.

$$\int_0^{24} P(t)\,dt = \int_0^{24} E'(t)\,dt = E(24) - E(0)$$

12개의 부분 구간과 $\Delta t = 2$로 갖는 중점법칙을 이용해서 적분의 근삿값을 구하면 다음과 같다.

$$\int_0^{24} P(t)\, dt \approx [P(1) + P(3) + P(5) + \cdots + P(21) + P(23)]\,\Delta t$$

$$\approx (440 + 400 + 420 + 620 + 790 + 840 + 850$$

$$+ 840 + 810 + 690 + 670 + 550)(2)$$

$$= 15{,}840$$

사용된 에너지는 근사적으로 15,840 MWh이다. ■

단위에 관한 주석   예제 7에서 에너지에 대해 무슨 단위를 사용하는지를 어떻게 알았을까? 적분 $\int_0^{24} P(t)\, dt$는 항이 $P(t_i^*)\,\Delta t$ 형태인 합의 극한으로 정의한다. 그런데 $P(t_i^*)$의 단위는 MW이고, Δt의 단위가 시간이므로 곱하면 단위는 MWh(메가와트 시)가 된다. 이는 극한에 대해서도 동일하게 성립한다. 일반적으로 $\int_a^b f(x)\, dx$에 대한 측정의 단위는 $f(x)$에 대한 단위와 x에 대한 단위의 곱이다.

4.4 | 연습문제

1-2 미분해서 다음 공식이 정확한지를 밝혀라.

1. $\int \cos^2 x\, dx = \frac{1}{2}x + \frac{1}{4}\sin 2x + C$

2. $\int \dfrac{1}{x^2 \sqrt{1 + x^2}}\, dx = -\dfrac{\sqrt{1 + x^2}}{x} + C$

3-10 다음 부정적분을 구하라.

3. $\int (3x^2 + 4x + 1)\, dx$ **4.** $\int (x + \cos x)\, dx$

5. $\int (x^{1.3} + 7x^{2.5})\, dx$ **6.** $\int \left(5 + \frac{2}{3}x^2 + \frac{3}{4}x^3\right) dx$

7. $\int (u + 4)(2u + 1)\, du$ **8.** $\int \dfrac{1 + \sqrt{x} + x}{\sqrt{x}}\, dx$

9. $\int (2 + \tan^2 \theta)\, d\theta$ **10.** $\int 3 \csc^2 t\, dt$

11. 일반적인 부정적분을 구하라. 동일한 보기화면에 이 부정적분에 해당하는 그래프를 여러 개 그려서 설명하라.

$$\int \left(\cos x + \frac{1}{2}x\right) dx$$

12-23 다음 정적분을 계산하라.

12. $\int_{-2}^{3} (x^2 - 3)\, dx$ **13.** $\int_{1}^{4} (8t^3 - 6t^{-2})\, dt$

14. $\int_{0}^{2} (2x - 3)(4x^2 + 1)\, dx$ **15.** $\int_{0}^{\pi} (4 \sin \theta - 3 \cos \theta)\, d\theta$

16. $\int_{1}^{4} \left(\dfrac{4 + 6u}{\sqrt{u}}\right) du$ **17.** $\int_{\pi/6}^{\pi/3} (4 \sec^2 y)\, dy$

18. $\int_{0}^{1} x\left(\sqrt[3]{x} + \sqrt[4]{x}\right) dx$ **19.** $\int_{1}^{4} \sqrt{\dfrac{5}{x}}\, dx$

20. $\int_{0}^{\pi/4} \dfrac{1 + \cos^2 \theta}{\cos^2 \theta}\, d\theta$ **21.** $\int_{0}^{64} \sqrt{u}\left(u - \sqrt[3]{u}\right) du$

22. $\int_{2}^{5} |x - 3|\, dx$ **23.** $\int_{-1}^{2} (x - 2|x|)\, dx$

24. 그래프를 이용해서 곡선 $y = 1 - 2x - 5x^4$의 x절편을 추정하라. 이 정보를 이용해서 곡선 아래와 x축 위에 놓인 영역의 넓이를 추정하라.

25. 포물선 $x = 2y - y^2$의 왼쪽과 y축의 오른쪽에 놓인 영역의 넓이는 정적분 $\int_0^2 (2y - y^2)\, dy$로 주어진다. 여기서 영역은 다음 그림에서 색칠한 부분이다. (자신의 머리를 시계 방향으로 돌리고 $y = 0$에서 $y = 2$까지 곡선 $x = 2y - y^2$의 아래에 놓인 영역을 생각하자.) 그 영역의 넓이를 계산하라.

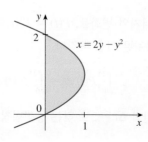

26. $w'(t)$가 아이들의 성장률(kg/년)이라고 한다면 $\int_5^{10} w'(t)\,dt$는 무엇을 나타내는가?

27. 시각 t에서 분당 $r(t)$ L의 비율로 기름이 저장고에서 흘러나오고 있다면 $\int_0^{120} r(t)\,dt$는 무엇을 나타내는가?

28. 3.7절에서 한계수입함수 $R'(x)$를 수입함수 $R(x)$의 도함수로 정의했다. 여기서 x는 판매된 단위의 개수이다. $\int_{1000}^{5000} R'(x)\,dx$는 무엇을 나타내는가?

29. $h(t)$는 체육관으로 들어간 지 t분 후에 측정한 심장박동률(박동수/분)이다. $\int_0^{30} h(t)\,dt$는 무엇을 나타내는가?

30. x의 단위는 m이고 $f(x)$의 단위는 N일 때 $\int_0^{100} f(x)\,dx$의 단위는 무엇인가?

31. 직선을 따라 움직이는 입자에 대한 속도 함수가 $v(t) = 3t - 5$, $0 \le t \le 3$이다.
(a) 이 시간 구간에서 입자의 변위를 구하라.
(b) 이 시간 구간에서 입자가 움직인 거리를 구하라.

32. 직선을 따라 움직이는 입자에 대한 가속도 함수와 초기 속도가 다음과 같이 주어져 있다.
(a) 시각 t에서의 속도를 구하라.
(b) 주어진 시간 구간에서 입자가 움직인 거리를 구하라.

$$a(t) = t + 4, \quad v(0) = 5, \quad 0 \le t \le 10$$

33. 길이 4 m인 막대의 선밀도(kg/m)가 $\rho(x) = 9 + 2\sqrt{x}$이다. 여기서 x는 막대의 한 끝점으로부터 측정된 길이(m)이다. 막대의 총 질량을 구하라.

34. 한 자동차의 속도를 10초 간격으로 속도계에서 읽어 다음 표에 기록했다. 중점법칙을 이용해서 자동차가 움직인 총 거리를 추정하라.

t (s)	v (km/h)	t (s)	v (km/h)
0	0	60	90
10	61	70	85
20	84	80	80
30	93	90	76
40	89	100	72
50	82		

35. 미국 조지아 주에 있는 레이니어 호수는 채터후치 강의 버포드 댐에 의해서 만들어진 호수이다. 다음 표는 매일 아침 7시 30분에 미육군 공병병과가 측정한 유입되는 물의 비율을 초당 m³의 단위로 보여 준다. 중점법칙을 사용하여 2013년 7월 18일 오전 7시 30분부터 7월 26일 오전 7시 30분까지 레이니어 호수로 유입되는 물의 총량을 추정하라.

날짜	유입 비율(m³/s)
7월 18일	149
7월 19일	181
7월 20일	72
7월 21일	120
7월 22일	85
7월 23일	108
7월 24일	70
7월 25일	74
7월 26일	85

36. m/s²으로 측정된 자동차의 가속도의 그래프 $a(t)$가 다음과 같다. 중점법칙을 이용해서 6초 동안의 구간에서 속도의 증가량을 추정하라.

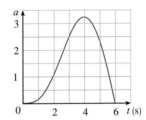

37. 다음 그림은 2010년 10월 22일 미국 뉴잉글랜드 지역(매사추세츠 주, 코네티컷 주, 로드아일랜드 주, 버몬트 주, 메인 주와 뉴햄프셔 주)의 전력소비량을 보여 주고 있다. (P의 단위는 GW이고, t의 단위는 시간으로 자정부터 측정했다.) 전력이 에너지(전력량)의 변화율이라는 사실을 이용해서 이날 사용된 전력 에너지를 추정하라.

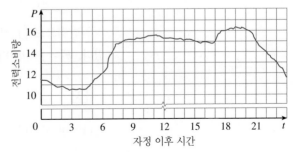

Source: US Energy Information Administration

다음 문제는 6장을 이미 공부한 학생들만 풀라.

38-40 다음 적분을 계산하라.

38. $\int (\sin x + \sinh x)\,dx$

39. $\int \left(x^2 + 1 + \dfrac{1}{x^2 + 1} \right) dx$

40. $\int_0^{1/\sqrt{3}} \dfrac{t^2 - 1}{t^4 - 1}\,dt$

4.5 | 치환법

기본정리 덕분에 역도함수를 구할 수 있으며 이 사실은 매우 중요하다. 그러나 역도
함수 공식으로는 다음과 같은 적분을 계산할 수 없다.

$$\boxed{1} \qquad \int 2x\sqrt{1 + x^2}\,dx$$

PS 이 적분을 계산하기 위해 **다른 어떤 것을** 도입해서 문제를 해결하자. 여기서 '다른
어떤 것'이라 함은 새로운 변수이다. 즉, 변수 x를 새로운 변수 u로 바꾼다.

■ 치환법: 부정적분

미분은 2.9절에서 정의했다. $u = f(x)$이면 $du = f'(x)dx$이다.

식 $\boxed{1}$에서 제곱근 기호 안에 있는 수식을 u, 즉 $u = 1 + x^2$이라 하면 u의 미분은 du
$= 2x\,dx$이다. 적분 기호 안에 있는 dx는 미분으로 해석하면 미분 $2x\,dx$는 식 $\boxed{1}$ 안
에 있으며, 따라서 계산에 대한 증명없이 공식적으로 다음과 같이 쓸 수 있다.

$$\boxed{2} \qquad \int 2x\sqrt{1 + x^2}\,dx = \int \sqrt{1 + x^2}\,2x\,dx = \int \sqrt{u}\,du$$
$$= \tfrac{2}{3}u^{3/2} + C = \tfrac{2}{3}(1 + x^2)^{3/2} + C$$

이제 연쇄법칙을 이용해서 다음과 같이 식 $\boxed{2}$의 마지막 함수를 미분함으로써 정확
한 답을 얻었는지 확인할 수 있다.

$$\frac{d}{dx}\left[\tfrac{2}{3}(1 + x^2)^{3/2} + C \right] = \tfrac{2}{3} \cdot \tfrac{3}{2}(1 + x^2)^{1/2} \cdot 2x = 2x\sqrt{1 + x^2}$$

일반적으로 $\int f(g(x))\,g'(x)\,dx$ 형태의 적분을 풀 때는 언제나 이 방법을 이용할 수
있다. $F' = f$이면 다음과 같다.

$$\boxed{3} \qquad \int F'(g(x))\,g'(x)\,dx = F(g(x)) + C$$

왜냐하면 연쇄법칙에 따라 다음이 성립하기 때문이다.

$$\frac{d}{dx}\left[F(g(x)) \right] = F'(g(x))\,g'(x)$$

'변수변환'이나 '치환' $u = g(x)$를 이용하면 식 $\boxed{3}$으로부터 다음을 얻는다.

$$\int F'(g(x))\,g'(x)\,dx = F(g(x)) + C = F(u) + C = \int F'(u)\,du$$

또는 $F' = f$로 써서 다음을 얻는다.

$$\int f(g(x))\,g'(x)\,dx = \int f(u)\,du$$

이렇게 다음 법칙을 증명했다.

---

4 **치환법칙** $u = g(x)$가 구간 I를 치역으로 갖는 미분가능한 함수이고, f가 구간 I에서 연속이면 다음이 성립한다.

$$\int f(g(x))\,g'(x)\,dx = \int f(u)\,du$$

적분법에 대한 치환법칙은 미분법에 대한 연쇄법칙을 이용해서 증명됐음에 주목하자. $u = g(x)$이면 $du = g'(x)\,dx$이고, 따라서 정리 **4**에서 dx와 du를 미분으로 생각하면 치환법칙을 기억하기 쉽다.

치환법칙에서 **적분 기호 다음에 있는 dx와 du를 미분인 것처럼 취급할 수 있다.**

《예제 1》 $\displaystyle\int x^3 \cos(x^4 + 2)\,dx$를 구하라.

풀이 $u = x^4 + 2$로 치환한다. 왜냐하면 u의 미분은 $du = 4x^3\,dx$이며, 상수 4를 제외하면 $x^3\,dx$가 적분 기호 안에 있기 때문이다. 따라서 $x^3\,dx = \frac{1}{4}\,du$와 치환법칙을 이용하면 다음을 얻는다.

$$\begin{aligned}
\int x^3 \cos(x^4 + 2)\,dx &= \int \cos u \cdot \tfrac{1}{4}\,du = \tfrac{1}{4}\int \cos u\,du \\
&= \tfrac{1}{4}\sin u + C \\
&= \tfrac{1}{4}\sin(x^4 + 2) + C
\end{aligned}$$

미분해서 답을 확인한다.

마지막 단계에서 원래 변수 x로 되돌려 놓는 것을 잊지 말자. ■

치환법칙의 기본 생각은 상대적으로 복잡한 적분을 보다 간단한 적분으로 바꾸고자 하는 것이다. 이것은 원래의 변수 x를 x의 함수인 새로운 변수 u로 바꿈으로써 가능하다. 예제 1에서 적분 $\int x^3 \cos(x^4 + 2)\,dx$를 보다 간단한 적분 $\frac{1}{4}\int \cos u\,du$로 바꿨다.

치환법칙에서 핵심 관건은 적당한 치환을 생각하는 것이다. 피적분함수에 속한 어떤 함수를 u로 생각하고, 예제 1의 경우처럼 u의 미분도 피적분함수에 속한 것(상수는 제외)으로 선택해야 한다. 그것이 가능하지 않다면 피적분함수의 복잡한 부분(합성함수인 경우 안쪽의 함수)을 u로 선택한다. 올바른 치환을 찾기 위해서는 약간의 기술이 필요하다. 가끔 잘못된 치환을 생각할 수도 있다. 처음 생각한 치환으로 해결이 잘 되지 않으면 다른 치환으로 시도한다.

《예제 2》 $\int \sqrt{2x+1}\,dx$ 를 계산하라.

풀이 1 $u = 2x + 1$로 놓자. 그러면 $du = 2\,dx$이므로 $dx = \frac{1}{2}\,du$이다. 치환법칙에 따라 다음을 얻는다.

$$\int \sqrt{2x+1}\,dx = \int \sqrt{u}\,\cdot\frac{1}{2}\,du = \frac{1}{2}\int u^{1/2}\,du$$

$$= \frac{1}{2}\cdot\frac{u^{3/2}}{3/2} + C = \frac{1}{3}u^{3/2} + C$$

$$= \frac{1}{3}(2x+1)^{3/2} + C$$

풀이 2 $u = \sqrt{2x+1}$로 치환할 수도 있다. 그러면

$$du = \frac{dx}{\sqrt{2x+1}}\text{이며, 따라서 } dx = \sqrt{2x+1}\,du = u\,du$$

이다. (또는 $u^2 = 2x + 1$이므로 $2u\,du = 2dx$이다.) 그러므로 다음을 얻는다.

$$\int \sqrt{2x+1}\,dx = \int u\cdot u\,du = \int u^2\,du$$

$$= \frac{u^3}{3} + C = \frac{1}{3}(2x+1)^{3/2} + C \qquad \blacksquare$$

《예제 3》 $\int \dfrac{x}{\sqrt{1-4x^2}}\,dx$ 를 구하라.

풀이 $u = 1 - 4x^2$으로 놓자. 그러면 $du = -8x\,dx$이며, 따라서 $x\,dx = -\frac{1}{8}\,du$이다. 그러므로 다음을 얻는다.

$$\int \frac{x}{\sqrt{1-4x^2}}\,dx = -\frac{1}{8}\int \frac{1}{\sqrt{u}}\,du = -\frac{1}{8}\int u^{-1/2}\,du$$

$$= -\frac{1}{8}(2\sqrt{u}) + C = -\frac{1}{4}\sqrt{1-4x^2} + C \qquad \blacksquare$$

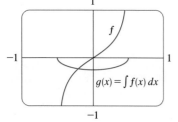

그림 1
$f(x) = \dfrac{x}{\sqrt{1-4x^2}}$

$g(x) = \int f(x)\,dx = -\dfrac{1}{4}\sqrt{1-4x^2}$

예제 3의 답은 미분해서 확인할 수 있지만, 대신에 그래프를 그려 검증해 보자. 그림 1은 컴퓨터로 생성한 피적분함수 $f(x) = x/\sqrt{1-4x^2}$와 부정적분 $g(x) = -\frac{1}{4}\sqrt{1-4x^2}$ ($C = 0$인 경우를 선택)의 그래프이다. $f(x)$가 음일 경우 $g(x)$는 감소하고, $f(x)$가 양일 경우 $g(x)$는 증가한다. 또 $f(x) = 0$일 경우 $g(x)$는 최솟값을 갖는다. 그러므로 그래프로부터 g가 f의 역도함수라는 사실은 타당해 보인다.

《예제 4》 $\int \cos 5x\,dx$ 를 구하라.

풀이 $u = 5x$로 놓으면 $du = 5\,dx$이다. 따라서 $dx = \frac{1}{5}\,du$이다. 그러므로 다음을 얻는다.

$$\int \cos 5x\,dx = \frac{1}{5}\int \cos u\,du = \frac{1}{5}\sin u + C = \frac{1}{5}\sin 5x + C \qquad \blacksquare$$

NOTE 경험이 쌓이다보면, 구체적인 치환을 하지 않아도 예제 1~4의 적분을 계산할 수 있다. 식 **3**의 좌변에 있는 피적분함수가 바깥쪽 함수의 도함수와 안쪽 함수의 도함수의 곱으로 표현된 유형을 인식하면 예제 1은 다음과 같이 풀 수 있다.

$$\int x^3 \cos(x^4 + 2)\, dx = \int \cos(x^4 + 2)\cdot x^3\, dx = \tfrac{1}{4}\int \cos(x^4 + 2)\cdot (4x^3)\, dx$$

$$= \tfrac{1}{4}\int \cos(x^4 + 2)\cdot \frac{d}{dx}(x^4 + 2)\, dx = \tfrac{1}{4}\sin(x^4 + 2) + C$$

마찬가지로 예제 4의 답도 다음과 같이 쓸 수 있다.

$$\int \cos 5x\, dx = \tfrac{1}{5}\int 5\cos 5x\, dx = \tfrac{1}{5}\int \frac{d}{dx}(\sin 5x)\, dx = \tfrac{1}{5}\sin 5x + C$$

그러나 다음 예제는 조금 복잡하기 때문에 구체적인 치환을 하는 것이 좋다.

《예제 5》 $\int \sqrt{1 + x^2}\, x^5\, dx$ 를 구하라.

풀이 x^5을 $x^4 \cdot x$로 인수분해하면 적당한 치환은 더욱 명백히 드러난다. $u = 1 + x^2$으로 놓으면 $du = 2x\, dx$이므로 $x\, dx = \tfrac{1}{2}\, du$이다. 또한 $x^2 = u - 1$이므로 $x^4 = (u - 1)^2$이다. 그러므로 다음을 얻는다.

$$\int \sqrt{1 + x^2}\, x^5\, dx = \int \sqrt{1 + x^2}\, x^4 \cdot x\, dx$$

$$= \int \sqrt{u}\,(u - 1)^2 \cdot \tfrac{1}{2}\, du = \tfrac{1}{2}\int \sqrt{u}\,(u^2 - 2u + 1)\, du$$

$$= \tfrac{1}{2}\int (u^{5/2} - 2u^{3/2} + u^{1/2})\, du$$

$$= \tfrac{1}{2}\left(\tfrac{2}{7}u^{7/2} - 2\cdot\tfrac{2}{5}u^{5/2} + \tfrac{2}{3}u^{3/2}\right) + C$$

$$= \tfrac{1}{7}(1 + x^2)^{7/2} - \tfrac{2}{5}(1 + x^2)^{5/2} + \tfrac{1}{3}(1 + x^2)^{3/2} + C \qquad ■$$

■ 치환법: 정적분

치환법에 따라 **정적분**을 계산할 경우 두 가지 방법이 가능하다. 하나는 먼저 부정적분을 계산한 후에 기본정리를 이용하는 것이다. 예를 들면 예제 2의 결과를 이용해서 다음을 얻는다.

$$\int_0^4 \sqrt{2x + 1}\, dx = \int \sqrt{2x + 1}\, dx\Big]_0^4$$

$$= \tfrac{1}{3}(2x + 1)^{3/2}\Big]_0^4 = \tfrac{1}{3}(9)^{3/2} - \tfrac{1}{3}(1)^{3/2}$$

$$= \tfrac{1}{3}(27 - 1) = \tfrac{26}{3}$$

다른 방법은 적분 변수를 바꿀 때 적분 구간도 바꾸는 것이다. 보통 이 방법을 선호한다.

이 법칙은 정적분에서 치환을 이용할 경우에 x와 dx뿐만 아니라 적분 구간 등 모든 것을 새로운 변수 u로 바꿔야 한다는 것을 말해 주고 있다. 새로운 적분 한계는 $x = a$와 $x = b$에 대응하는 u의 값이다.

---

5 정적분에 대한 치환법칙 g'이 $[a, b]$에서 연속이고 f가 $u = g(x)$의 치역에서 연속이면 다음이 성립한다.

$$\int_a^b f(g(x))\,g'(x)\,dx = \int_{g(a)}^{g(b)} f(u)\,du$$

증명 F를 f의 역도함수라고 하자. 그러면 식 **3**에 따라 $F(g(x))$는 $f(g(x))\,g'(x)$의 역도함수이므로 기본정리 2에 따라 다음을 얻는다.

$$\int_a^b f(g(x))\,g'(x)\,dx = F(g(x))\Big]_a^b = F(g(b)) - F(g(a))$$

그런데 FTC2를 다시 한 번 더 적용하면 다음을 얻는다.

$$\int_{g(a)}^{g(b)} f(u)\,du = F(u)\Big]_{g(a)}^{g(b)} = F(g(b)) - F(g(a)) \qquad ∎$$

《예제 6》 정리 **5**를 이용해서 $\int_0^4 \sqrt{2x+1}\,dx$를 계산하라.

풀이 예제 2의 풀이 1의 치환을 이용하면 $u = 2x + 1$이고 $dx = \frac{1}{2}\,du$이다. 새로운 적분 구간을 찾으면 다음과 같다.

$$x = 0 \text{일 때 } u = 2(0) + 1 = 1 \text{이고}, \quad x = 4 \text{일 때 } u = 2(4) + 1 = 9$$

그러므로 다음과 같다.

$$\begin{aligned}
\int_0^4 \sqrt{2x+1}\,dx &= \int_1^9 \tfrac{1}{2}\sqrt{u}\,du \\
&= \tfrac{1}{2}\cdot\tfrac{2}{3}u^{3/2}\Big]_1^9 \\
&= \tfrac{1}{3}(9^{3/2} - 1^{3/2}) = \tfrac{26}{3} \qquad ∎
\end{aligned}$$

정리 **5**를 이용할 경우 적분을 한 후 원래의 적분 변수 x로 되돌아가지 **않음**에 유의해야 한다. 단순히 u의 적당한 값들 사이에서 u에 관한 식을 계산하면 된다.

예제 7의 적분은 다음의 간략형이다.

$$\int_1^2 \frac{1}{(3-5x)^2}\,dx$$

《예제 7》 $\displaystyle\int_1^2 \frac{dx}{(3-5x)^2}$를 계산하라.

풀이 $u = 3 - 5x$로 놓자. 그러면 $du = -5\,dx$이므로, $dx = -\frac{1}{5}\,du$이다. $x = 1$일 때 $u = -2$이고, $x = 2$일 때 $u = -7$이다. 그러므로 다음을 얻는다.

$$\begin{aligned}
\int_1^2 \frac{dx}{(3-5x)^2} &= -\frac{1}{5}\int_{-2}^{-7} \frac{du}{u^2} = -\frac{1}{5}\left[-\frac{1}{u}\right]_{-2}^{-7} = \frac{1}{5u}\Big]_{-2}^{-7} \\
&= \frac{1}{5}\left(-\frac{1}{7} + \frac{1}{2}\right) = \frac{1}{14} \qquad ∎
\end{aligned}$$

■ 대칭성

다음 정리는 정리 $\boxed{5}$를 이용해서 대칭성을 갖는 함수의 적분 계산을 간단하게 만든다.

> $\boxed{6}$ **대칭함수의 적분** f가 $[-a, a]$에서 연속이라고 가정하자.
>
> (a) f가 우함수이면 $\int_{-a}^{a} f(x)\,dx = 2\int_{0}^{a} f(x)\,dx$이다.
>
> (b) f가 기함수이면 $\int_{-a}^{a} f(x)\,dx = 0$이다.

모든 x에 대해 $f(-x) = f(x)$이면 f는 우함수이고 $f(-x) = -f(x)$이면 f는 기함수임을 기억하자.

증명 적분을 다음과 같이 두 부분으로 나누자.

$$\boxed{7} \quad \int_{-a}^{a} f(x)\,dx = \int_{-a}^{0} f(x)\,dx + \int_{0}^{a} f(x)\,dx = -\int_{0}^{-a} f(x)\,dx + \int_{0}^{a} f(x)\,dx$$

맨 오른쪽 변의 첫 번째 적분에서 $u = -x$로 치환한다. 그러면 $du = -dx$이고, $x = -a$일 때 $u = a$이다. 그러므로 다음과 같다.

$$-\int_{0}^{-a} f(x)\,dx = -\int_{0}^{a} f(-u)\,(-du) = \int_{0}^{a} f(-u)\,du$$

따라서 식 $\boxed{7}$은 다음과 같이 된다.

$$\boxed{8} \qquad \int_{-a}^{a} f(x)\,dx = \int_{0}^{a} f(-u)\,du + \int_{0}^{a} f(x)\,dx$$

(a) f가 우함수이면 $f(-u) = f(u)$이며, 따라서 식 $\boxed{8}$로부터 다음을 얻는다.

$$\int_{-a}^{a} f(x)\,dx = \int_{0}^{a} f(u)\,du + \int_{0}^{a} f(x)\,dx = 2\int_{0}^{a} f(x)\,dx$$

(b) f가 기함수이면 $f(-u) = -f(u)$이며, 따라서 식 $\boxed{8}$로부터 다음을 얻는다.

$$\int_{-a}^{a} f(x)\,dx = -\int_{0}^{a} f(u)\,du + \int_{0}^{a} f(x)\,dx = 0 \qquad ■$$

정리 $\boxed{6}$을 그림 2로 설명해 보자. 그림 2(a)를 보면 f가 양의 값을 가지며, 우함수인 경우에 $-a$에서 a까지 $y = f(x)$ 아래의 넓이는 y축에 대해 대칭이므로 $x = 0$에서 $x = a$까지 $y = f(x)$ 아래의 넓이의 두 배이다. 적분 $\int_{a}^{b} f(x)\,dx$는 x축 위와 $y = f(x)$ 아래의 넓이에서 x축 아래와 $y = f(x)$ 위의 넓이를 뺀 것임을 배웠다. 따라서 그림 2(b)를 보면 두 넓이가 소거되므로 정적분이 0이 됨을 알 수 있다.

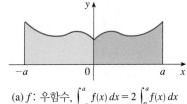

(a) f: 우함수, $\int_{-a}^{a} f(x)\,dx = 2\int_{0}^{a} f(x)\,dx$

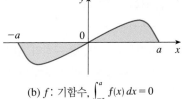

(b) f: 기함수, $\int_{-a}^{a} f(x)\,dx = 0$

그림 2

《예제 8》 $f(x) = x^6 + 1$은 $f(-x) = f(x)$를 만족하므로 우함수이다. 따라서 다음과 같다.

$$\int_{-2}^{2} (x^6 + 1)\,dx = 2\int_{0}^{2} (x^6 + 1)\,dx$$

$$= 2\left[\tfrac{1}{7}x^7 + x\right]_{0}^{2} = 2\left(\tfrac{128}{7} + 2\right) = \tfrac{284}{7} \qquad ■$$

《예제 9》 $f(x) = (\tan x)/(1 + x^2 + x^4)$는 $f(-x) = -f(x)$를 만족하므로 기함수이다. 따라서 다음과 같다.

$$\int_{-1}^{1} \frac{\tan x}{1 + x^2 + x^4}\,dx = 0$$ ∎

4.5 | 연습문제

1-4 주어진 치환을 이용해서 적분을 구하라.

1. $\int \cos 2x\,dx, \quad u = 2x$

2. $\int x^2\sqrt{x^3 + 1}\,dx, \quad u = x^3 + 1$

3. $\int \dfrac{x^3}{(x^4 - 5)^2}\,dx, \quad u = x^4 - 5$

4. $\int \dfrac{\cos\sqrt{t}}{\sqrt{t}}\,dt, \quad u = \sqrt{t}$

5-16 다음 부정적분을 구하라.

5. $\int x\sqrt{1 - x^2}\,dx$

6. $\int x^2\cos(x^3)\,dx$

7. $\int \sin(\pi t/3)\,dt$

8. $\int \sec 3t\,\tan 3t\,dt$

9. $\int \cos(1 + 5t)\,dt$

10. $\int \cos^3\theta\,\sin\theta\,d\theta$

11. $\int \left(x - \dfrac{1}{x^2}\right)\left(x^2 + \dfrac{2}{x}\right)^5 dx$

12. $\int \dfrac{a + bx^2}{\sqrt{3ax + bx^3}}\,dx$

13. $\int \dfrac{z^2}{\sqrt[3]{1 + z^3}}\,dz$

14. $\int \sqrt{\cot x}\,\csc^2 x\,dx$

15. $\int \sec^3 x\,\tan x\,dx$

16. $\int x(2x + 5)^8\,dx$

17-18 다음 부정적분을 구하라. 함수와 역도함수($C = 0$으로 택한다)의 그래프를 그려서 구한 답이 타당한지 설명하고 확인하라.

17. $\int x(x^2 - 1)^3\,dx$

18. $\int \sin^3 x\,\cos x\,dx$

19-26 다음 정적분을 구하라.

19. $\int_0^1 \cos(\pi t/2)\,dt$

20. $\int_0^1 \sqrt[3]{1 + 7x}\,dx$

21. $\int_0^{\pi/6} \dfrac{\sin t}{\cos^2 t}\,dt$

22. $\int_{-\pi/4}^{\pi/4} (x^3 + x^4\tan x)\,dx$

23. $\int_0^{13} \dfrac{dx}{\sqrt[3]{(1 + 2x)^2}}$

24. $\int_0^a x\sqrt{x^2 + a^2}\,dx \quad (a > 0)$

25. $\int_1^2 x\sqrt{x - 1}\,dx$

26. $\int_{1/2}^1 \dfrac{\cos(x^{-2})}{x^3}\,dx$

27. 그래프를 이용해서 주어진 곡선 아래의 넓이에 대한 대략적인 추정값을 구하라. 그 다음 정확한 넓이를 구하라.

$$y = \sqrt{2x + 1}, \quad 0 \le x \le 1$$

28. $\int_{-2}^2 (x + 3)\sqrt{4 - x^2}\,dx$를 두 개의 적분의 합으로 나타내고, 이 중 하나를 넓이로 해석하고 그 정적분을 계산하라.

29. 숨쉬기는 주기적이며, 호흡주기는 숨을 들이마시기 시작해서 내뿜기까지로 대략 5초가 걸린다. 폐로 유입되는 공기의 최대 비율은 대략 0.5 L/s이다. 함수 $f(t) = \frac{1}{2}\sin(2\pi t/5)$는 폐로 유입되는 공기의 비율을 수학적으로 모형화한 것이다. 이 모형을 이용해서 시각 t에서 폐로 유입되는 공기의 부피를 구하라.

30. f가 연속이고 $\int_0^4 f(x)\,dx = 10$일 때, $\int_0^2 f(2x)\,dx$를 구하라.

31. f가 $\mathbb{R}$에서 연속이라고 가정할 때 다음을 증명하라.

$$\int_a^b f(-x)\,dx = \int_{-b}^{-a} f(x)\,dx$$

$f(x) \ge 0$이고 $0 < a < b$인 경우 동일한 넓이를 갖는 도형을 그려서 이 방정식을 기하학적으로 설명하라.

32. 양수 a와 b에 대해 다음이 성립함을 보여라.

$$\int_0^1 x^a(1 - x)^b\,dx = \int_0^1 x^b(1 - x)^a\,dx$$

33. f가 연속일 때 다음을 증명하라.

$$\int_0^{\pi/2} f(\cos x)\,dx = \int_0^{\pi/2} f(\sin x)\,dx$$

다음 문제는 6장을 이미 공부한 학생들만 풀라.

34-42 다음 적분을 구하라.

34. $\displaystyle\int \frac{dx}{4x+7}$

35. $\displaystyle\int \frac{(\ln x)^2}{x}\, dx$

36. $\displaystyle\int e^r(2+3e^r)^{3/2}\, dr$

37. $\displaystyle\int \frac{(\arctan x)^2}{x^2+1}\, dx$

38. $\displaystyle\int \frac{1+x}{1+x^2}\, dx$

39. $\displaystyle\int \frac{\sin 2x}{1+\cos^2 x}\, dx$

40. $\displaystyle\int \cot x\, dx$

41. $\displaystyle\int_e^{e^4} \frac{dx}{x\sqrt{\ln x}}$

42. $\displaystyle\int_0^1 \frac{e^z+1}{e^z+z}\, dz$

43. f 가 $[0,\pi]$ 에서 연속이면 다음이 성립한다.

$$\int_0^\pi x f(\sin x)\, dx = \frac{\pi}{2}\int_0^\pi f(\sin x)\, dx$$

이 사실을 이용하여 다음 적분을 계산하라.

$$\int_0^\pi \frac{x\sin x}{1+\cos^2 x}\, dx$$

4 복습

개념 확인

1. (a) 함수 f 의 리만 합에 대한 표현을 서술하라. 서술에 사용한 기호의 의미를 설명하라.

　(b) $f(x) \geq 0$ 일 때 리만 합을 기하학적으로 해석하고 그림을 그려서 설명하라.

　(c) $f(x)$ 가 양수와 음수값을 모두 취할 때 리만 합을 기하학적으로 해석하고 그림을 그려서 설명하라.

2. 중점 정리를 설명하라.

3. (a) 순변화정리를 설명하라.

　(b) $r(t)$ 가 어떤 시간에 저수지로 흘러 들어가는 물의 변화율이면 $\int_{t_1}^{t_2} r(t)\, dt$ 는 무엇을 나타내는가?

4. (a) 부정적분 $\int f(x)\, dx$ 의 의미를 설명하라.

　(b) 정적분 $\int_a^b f(x)\, dx$ 와 부정적분 $\int f(x)\, dx$ 의 관계는 무엇인가?

5. 치환법칙을 설명하라. 실전에서 어떻게 활용할 것인가?

참·거짓 퀴즈

다음 명제가 참인지 거짓인지 판별하라. 참이면 이유를 설명하고, 거짓이면 이유를 설명하거나 반례를 들라.

1. 함수 f 와 g 가 $[a, b]$ 에서 연속이면 다음이 성립한다.

$$\int_a^b [f(x)+g(x)]\, dx = \int_a^b f(x)\, dx + \int_a^b g(x)\, dx$$

2. f 가 $[a, b]$ 에서 연속이면 다음이 성립한다.

$$\int_a^b 5f(x)\, dx = 5\int_a^b f(x)\, dx$$

3. f 가 $[a, b]$ 에서 연속이고 $f(x) \geq 0$ 이면 다음이 성립한다.

$$\int_a^b \sqrt{f(x)}\, dx = \sqrt{\int_a^b f(x)\, dx}$$

4. 함수 f' 가 $[1, 3]$ 에서 연속이면 $\int_1^3 f'(v)\, dv = f(3) - f(1)$ 이다.

5. $\displaystyle\int_a^b f'(x)\,[f(x)]^4\, dx = \frac{1}{5}[f(x)]^5 + C$

6. $a \leq x \leq b$ 에서 함수 f 와 g 가 연속이고 $f(x) \geq g(x)$ 이면 다음이 성립한다.

$$\int_a^b f(x)\, dx \geq \int_a^b g(x)\, dx$$

7. 연속함수는 모두 도함수를 갖는다.

8. $\displaystyle\int_\pi^{2\pi} \frac{\sin x}{x}\, dx = \int_\pi^{3\pi} \frac{\sin x}{x}\, dx + \int_{3\pi}^{2\pi} \frac{\sin x}{x}\, dx$

9. f 가 $[a, b]$ 에서 연속이면 다음이 성립한다.

$$\frac{d}{dx}\left(\int_a^b f(x)\, dx\right) = f(x)$$

10. $\displaystyle\int_{-2}^1 \frac{1}{x^4}\, dx = -\frac{3}{8}$

복습문제

1. 다음 주어진 f의 그래프를 이용해서 부분 구간이 6개인 리만 합을 구하라. 여기서 (a) 부분 구간의 왼쪽 끝점, (b) 부분 구간의 중점을 표본점으로 택해서 도형을 그리고, 리만 합이 무엇을 나타내고 있는지를 설명하라.

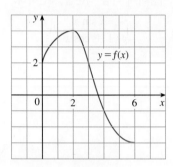

2. 넓이로 해석해서 다음을 구하라.

$$\int_0^1 \left(x + \sqrt{1-x^2}\right) dx$$

3. $\int_0^6 f(x)\,dx = 10$이고 $\int_0^4 f(x)\,dx = 7$일 때 $\int_4^6 f(x)\,dx$를 계산하라.

4. 다음은 f, f', $\int_0^x f(t)\,dt$의 그래프이다. 각 그래프가 어느 것인지를 확인하고, 그 이유를 설명하라.

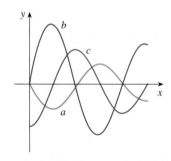

5. f의 그래프가 아래와 같이 세 개의 선분으로 이루어져 있다. $g(x) = \int_0^x f(t)\,dt$일 때, $g(4)$와 $g'(4)$를 구하라.

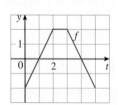

6-16 적분이 존재한다면, 다음 적분을 구하라.

6. $\displaystyle\int_{-1}^0 (x^2 + 5x)\,dx$

7. $\displaystyle\int_0^1 (1 - x^9)\,dx$

8. $\displaystyle\int_1^9 \frac{\sqrt{u} - 2u^2}{u}\,du$

9. $\displaystyle\int_0^1 y(y^2 + 1)^5\,dy$

10. $\displaystyle\int_1^5 \frac{dt}{(t-4)^2}$

11. $\displaystyle\int_0^1 v^2 \cos(v^3)\,dv$

12. $\displaystyle\int_{-\pi/4}^{\pi/4} \frac{t^4 \tan t}{2 + \cos t}\,dt$

13. $\displaystyle\int \sin \pi t \cos \pi t\,dt$

14. $\displaystyle\int_0^{\pi/8} \sec 2\theta \tan 2\theta\,d\theta$

15. $\displaystyle\int x(1-x)^{2/3}\,dx$

16. $\displaystyle\int_0^3 |x^2 - 4|\,dx$

17. 다음 부정적분을 구하라. 함수와 역도함수($C = 0$으로 택한다)의 그래프를 그려서 구한 답이 타당한지 설명하고 확인하라.

$$\int \frac{\cos x}{\sqrt{1 + \sin x}}\,dx$$

18. 그래프를 이용해서 곡선 $y = x\sqrt{x}$, $0 \le x \le 4$ 아래에 놓여 있는 영역의 넓이를 대략적으로 계산하라. 그 다음 정확한 넓이를 구하라.

19. $x = 0$로부터 $x = 4$까지 $y = x^2 + 5$의 그래프와 x축 사이에 있는 영역의 넓이를 구하라.

20. f의 그래프와 x축으로 둘러싸여 있는 영역 A, B와 C의 넓이가 각각 3, 2와 1일 때, 다음 정적분을 구하라.

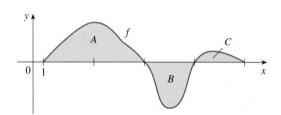

(a) $\displaystyle\int_1^5 f(x)\,dx$

(b) $\displaystyle\int_1^5 |f(x)|\,dx$

21-23 다음 함수의 도함수를 구하라.

21. $\displaystyle F(x) = \int_0^x \frac{t^2}{1 + t^3}\,dt$

22. $\displaystyle g(x) = \int_0^{x^4} \cos(t^2)\,dt$

23. $\displaystyle y = \int_{\sqrt{x}}^x \frac{\cos \theta}{\theta}\,d\theta$

24. 적분 성질 8을 이용해서 다음 적분값을 추정하라.

$$\int_1^3 \sqrt{x^2 + 3}\,dx$$

25. 적분 성질을 이용해서 다음 부등식을 증명하라.

$$\int_0^1 x^2 \cos x \, dx \leq \frac{1}{3}$$

26. 중점법칙을 이용해서 $n = 6$일 때 $\int_0^3 \sin(x^3) \, dx$의 근삿값을 소숫점 아래 넷째자리까지 정확하게 구하라.

27. $r(t)$를 전 세계에서 중유(heavy oil)가 소비되는 비율이라고 하자. 여기서 t는 2000년 1월 1일에 $t = 0$으로 출발해서 연단위로 측정되며, $r(t)$는 연당 배럴로 측정된다. 그러면 $\int_{15}^{20} r(t) \, dt$는 무엇을 나타내는가?

28. 꿀벌의 개체수가 주당 $r(t)$마리 비율로 증가하고, 함수 r의 그래프는 다음 그림과 같다. 6개의 부분 구간에서 중점법칙을 이용해서 처음 24주 동안 증가한 꿀벌의 개체수를 추정하라.

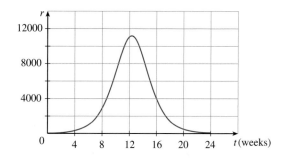

29. f가 연속이고 $\int_0^2 f(x) \, dx = 6$일 때 $\int_0^{\pi/2} f(2 \sin \theta) \cos \theta \, d\theta$를 계산하라.

30. 모든 실수 x에 대해 f가 다음을 만족하는 연속함수일 때, $f(x)$에 대한 명료한 형태를 구하라.

$$\int_0^x f(t) \, dt = x \sin x + \int_0^x \frac{f(t)}{1 + t^2} \, dt$$

31. f'이 $[a, b]$에서 연속일 때, 다음이 성립함을 보여라.

$$2 \int_a^b f(x) f'(x) \, dx = [f(b)]^2 - [f(a)]^2$$

32. f가 구간 $[0, 1]$에서 연속일 때, 다음이 성립함을 보여라.

$$\int_0^1 f(x) \, dx = \int_0^1 f(1 - x) \, dx$$

회전은 많은 제조 공정에서 사용된다. 사진은 회전하는 물레로 도자기를 빚는 예술가를 보여준다.
5.2절 연습문제 44에서 테라코타 도자기 설계를 수학적으로 살펴본다.

Rock and Wasp / Shutterstock.com

5 적분의 응용
Applications of Integration

이 장에서는 몇몇 정적분의 응용에 대해 살펴본다. 곡선 사이의 넓이, 입체의 부피, 그리고 다양한 힘이 한 일을 계산하는 데 정적분을 이용한다. 공통적인 방법은 곡선 아래의 넓이를 구하기 위해 사용한 방법과 유사하다. 즉, 하나의 양 Q를 수많은 작은 부분으로 나눈다. 그 다음 나뉜 각각의 작은 부분을 $f(x_i^*)\,\Delta x$ 형태의 양으로 근사하여 이를 리만 합으로 Q를 근사시킨다. 다음으로 극한을 취해 Q를 적분으로 표현한다. 마지막으로 이 적분을 미적분학의 기본정리 또는 중점법칙을 이용해서 계산한다.

5.1 | 곡선 사이의 넓이

4장에서 함수의 그래프 아래에 놓여 있는 영역의 넓이를 정의하고 계산했다. 이 절에서는 적분을 이용해서 두 함수의 그래프 사이에 놓여 있는 영역의 넓이를 구하고자 한다.

■ 곡선 사이의 넓이: x에 관한 적분

그림 1에서 두 곡선 $y = f(x)$, $y = g(x)$와 두 직선 $x = a$, $x = b$ 사이에 놓여 있는 영역 S를 생각하자. 여기서 함수 f와 g는 폐구간 $[a, b]$에 속한 모든 x에 대해 연속함수이고 $f(x) \geq g(x)$를 만족한다.

4.1절에서 곡선 아래의 넓이를 구했을 때와 같이, S를 너비가 같은 n개의 조각으로 나누고, i 번째 조각을 밑변이 Δx이고 높이가 $f(x_i^*) - g(x_i^*)$인 직사각형으로 근사시킨다(그림 2 참조. 원한다면, 모든 표본점을 오른쪽 끝점으로 취할 수 있다. 이 경우에 $x_i^* = x_i$이다). 이때 리만 합은 우리가 직관적으로 S의 넓이라고 생각한 수치에 대한 근삿값이다.

$$\sum_{i=1}^{n} [f(x_i^*) - g(x_i^*)] \Delta x$$

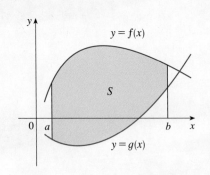

그림 1
$S = \{(x, y) | a \leq x \leq b,$
$g(x) \leq y \leq f(x)\}$

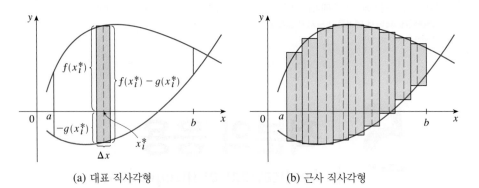

그림 2 (a) 대표 직사각형   (b) 근사 직사각형

이 근삿값은 $n \to \infty$일 때 구하고자 하는 값에 더욱더 근접하게 된다는 것을 알 수 있다. 그러므로 영역 S의 **넓이**(area) A를 이 근사 직사각형들의 넓이의 합에 대한 극한으로 정의한다.

$$\boxed{1} \qquad A = \lim_{n \to \infty} \sum_{i=1}^{n} [f(x_i^*) - g(x_i^*)] \Delta x$$

식 $\boxed{1}$에서 극한을 $f - g$의 정적분으로 간주한다. 그러므로 넓이에 대해 다음과 같은 공식을 얻는다.

> **2** $[a, b]$에 속하는 모든 x에 대해 f와 g가 연속이고 $f(x) \geq g(x)$일 때, 곡선 $y = f(x)$, $y = g(x)$와 직선 $x = a$, $x = b$로 유계된 영역의 넓이 A는 다음과 같다.
>
> $$A = \int_a^b [f(x) - g(x)]\, dx$$

$g(x) = 0$인 특수한 경우에 S는 f의 그래프 아래의 영역이며, 넓이에 대한 일반적인 식 **1**은 4.1절의 정의 **2**와 같아진다는 것에 주목한다.

두 함수 f와 g가 모두 양인 경우에 식 **2**가 참인 이유를 그림 3에서 확인할 수 있다.

$$A = [y = f(x) \text{ 아래의 넓이}] - [y = g(x) \text{ 아래의 넓이}]$$
$$= \int_a^b f(x)\, dx - \int_a^b g(x)\, dx = \int_a^b [f(x) - g(x)]\, dx$$

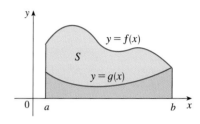

그림 3 $A = \int_a^b f(x)dx - \int_a^b g(x)dx$

《예제 1》 $y = x^2 + 1$, $y = x$ 그리고 $x = 0$과 $x = 1$로 둘러싸인 영역의 넓이를 구하라.

풀이 이 영역은 그림 4와 같다. 위쪽 경계 곡선은 $y = x^2 + 1$이고, 아래쪽 경계 곡선은 $y = x$이다. 따라서 $f(x) = x^2 + 1$, $g(x) = x$, $a = 0$, $b = 1$에 대한 넓이 공식 **2**를 이용해서 넓이를 구한다.

$$A = \int_0^1 [(x^2 + 1) - x]\, dx = \int_0^1 (x^2 - x + 1)\, dx$$
$$= \frac{x^3}{3} - \frac{x^2}{2} + x \Big]_0^1 = \frac{1}{3} - \frac{1}{2} + 1 = \frac{5}{6} \qquad ■$$

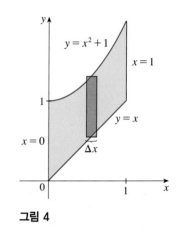

그림 4

넓이가 식 **1**로 정의되는 과정을 상기시키기 위해, 그림 4에 너비가 Δx인 대표 근사 직사각형을 그렸다. 넓이를 구하기 위한 적분식을 세울 때, 일반적으로 그림 5에서와 같이 영역을 그려서 위쪽 곡선 y_T, 아래쪽 곡선 y_B 그리고 대표 근사 직사각형을 확인해 보는 것이 도움이 된다. 이때 대표 직사각형의 넓이는 $(y_T - y_B)\Delta x$이고, 다음 식은 모든 대표 직사각형의 넓이를 (극한의 의미에서) 합하는 과정을 나타낸다.

$$A = \lim_{n \to \infty} \sum_{i=1}^n (y_T - y_B)\, \Delta x = \int_a^b (y_T - y_B)\, dx$$

그림 5에서는 왼쪽 경계가 한 점으로 축소된 반면, 그림 3에서는 오른쪽 경계가 한 점으로 축소된 것임을 유의해야 한다. 다음 예제는 양쪽 경계가 한 점으로 축소된 경우이다. 풀이 과정의 첫 단계는 a와 b를 구하는 것이다.

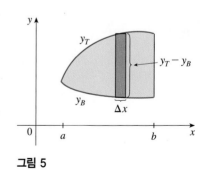

그림 5

《예제 2》 포물선 $y = x^2$과 $y = 2x - x^2$으로 둘러싸인 영역의 넓이를 구하라.

풀이 먼저 두 포물선의 교점을 구하기 위해 포물선의 방정식을 연립으로 푼다. $x^2 = 2x - x^2$, 즉 $2x^2 - 2x = 0$에서 $2x(x - 1) = 0$이므로 $x = 0$ 또는 1이다. 교점은 $(0, 0)$과 $(1, 1)$이다.

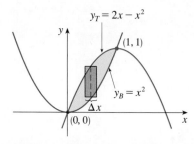

$y_T = 2x - x^2$

$(1, 1)$

$y_B = x^2$

Δx

$(0, 0)$

그림 6

그림 6에서처럼 위와 아래의 경계식은 다음과 같다.

$$y_T = 2x - x^2, \qquad y_B = x^2$$

대표 직사각형의 넓이는 다음과 같다.

$$(y_T - y_B)\,\Delta x = (2x - x^2 - x^2)\,\Delta x = (2x - 2x^2)\,\Delta x$$

그리고 이 영역은 $x = 0$과 $x = 1$ 사이에 놓여 있다. 따라서 총 넓이는 다음과 같다.

$$A = \int_0^1 (2x - 2x^2)\,dx = 2\int_0^1 (x - x^2)\,dx$$

$$= 2\left[\frac{x^2}{2} - \frac{x^3}{3}\right]_0^1 = 2\left(\frac{1}{2} - \frac{1}{3}\right) = \frac{1}{3}$$

■

가끔 두 곡선의 교점의 좌표를 정확하게 구하는 것이 어렵거나 불가능할 때가 있다. 다음 예제에서처럼 그래픽 계산기나 컴퓨터를 이용해서 교점의 좌표를 근삿값으로 구한 후 앞에서와 같은 방법으로 풀어 나갈 수 있다.

〈예제 3〉 곡선 $y = x/\sqrt{x^2 + 1}$ 와 $y = x^4 - x$로 유계된 영역의 근사 넓이를 구하라.

풀이 정확한 교점의 좌표를 구하려면 다음 방정식을 풀어야만 한다.

$$\frac{x}{\sqrt{x^2 + 1}} = x^4 - x$$

위 방정식의 정확한 해를 구하는 것은 매우 어려워 보인다(사실은 불가능하다). 따라서 컴퓨터를 이용하여 두 곡선의 그래프를 그린다(그림 7 참조). 교점 중의 한 좌표는 원점이고, 또 다른 교점은 $x \approx 1.18$임을 알 수 있다. 그러므로 두 곡선 사이의 넓이에 대한 근삿값은 다음과 같다.

$$A \approx \int_0^{1.18}\left[\frac{x}{\sqrt{x^2 + 1}} - (x^4 - x)\right] dx$$

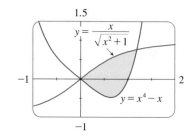

1.5

$y = \dfrac{x}{\sqrt{x^2+1}}$

-1 2

$y = x^4 - x$

-1

그림 7

첫째 항을 적분하기 위해 $u = x^2 + 1$로 치환하면 $du = 2x\,dx$가 되고 $x = 1.18$일 때 $u \approx 2.39$이고 $x = 0$일 때 $u = 1$이다. 따라서 구하고자 하는 근사 넓이는 다음과 같다.

$$A \approx \frac{1}{2}\int_1^{2.39} \frac{du}{\sqrt{u}} - \int_0^{1.18}(x^4 - x)\,dx$$

$$= \sqrt{u}\,\Big]_1^{2.39} - \left[\frac{x^5}{5} - \frac{x^2}{2}\right]_0^{1.18}$$

$$= \sqrt{2.39} - 1 - \frac{(1.18)^5}{5} + \frac{(1.18)^2}{2}$$

$$\approx 0.785$$

■

어떤 x값에 대해 $f(x) \geq g(x)$를 만족하고 다른 x값에 대해서는 $g(x) \geq f(x)$를 만

족하는 경우, 곡선 $y = f(x)$와 $y = g(x)$ 사이의 넓이를 구하려면 그림 8에서와 같이 주어진 영역 S를 각각의 넓이가 A_1, A_2, $\cdots$인 여러 개의 영역 S_1, S_2, $\cdots$로 나눈다. 그 다음 영역 S의 넓이를 작은 영역들 S_1, S_2, $\cdots$의 넓이의 합, 즉 $A = A_1 + A_2 + \cdots$로 정의한다.

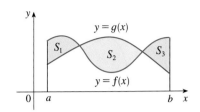

그림 8

한편 다음이 성립한다.

$$| f(x) - g(x) | = \begin{cases} f(x) - g(x), & f(x) \geq g(x) \text{일 때} \\ g(x) - f(x), & g(x) \geq f(x) \text{일 때} \end{cases}$$

그러므로 A에 대해 다음과 같이 쓸 수 있다.

> **3** 곡선 $y = f(x)$, $y = g(x)$와 $x = a$, $x = b$ 사이의 넓이는 다음과 같다.
>
> $$A = \int_a^b | f(x) - g(x) | \, dx$$

그러나 정리 **3**에서 적분을 계산할 때, A_1, A_2, $\cdots$에 대응하는 적분으로 나눠야 한다.

《예제 4》 곡선 $y = \sin x$, $y = \cos x$와 $x = 0$, $x = \pi/2$로 유계된 영역의 넓이를 구하라.

풀이 $\sin x = \cos x$, 즉 $x = \pi/4 (0 \leq x \leq \pi/2)$일 때 두 곡선은 교점을 가지며, 그 영역은 그림 9에 나타나 있다.

$0 \leq x \leq \pi/4$일 때 $\cos x \geq \sin x$이고, $\pi/4 \leq x \leq \pi/2$일 때 $\sin x \geq \cos x$인 점에 주의하면 구하는 넓이는 다음과 같다.

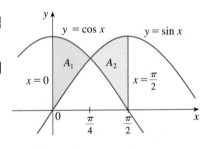

그림 9

$$\begin{aligned} A &= \int_0^{\pi/2} | \cos x - \sin x | \, dx = A_1 + A_2 \\ &= \int_0^{\pi/4} (\cos x - \sin x) \, dx + \int_{\pi/4}^{\pi/2} (\sin x - \cos x) \, dx \\ &= \Big[\sin x + \cos x \Big]_0^{\pi/4} + \Big[-\cos x - \sin x \Big]_{\pi/4}^{\pi/2} \\ &= \left(\frac{1}{\sqrt{2}} + \frac{1}{\sqrt{2}} - 0 - 1 \right) + \left(-0 - 1 + \frac{1}{\sqrt{2}} + \frac{1}{\sqrt{2}} \right) \\ &= 2\sqrt{2} - 2 \end{aligned}$$

이 예제는 구하는 영역이 직선 $x = \pi/4$에 대해 대칭인 특별한 경우이므로 다음과 같이 쉽게 계산할 수 있다.

$$A = 2A_1 = 2 \int_0^{\pi/4} (\cos x - \sin x) \, dx \qquad \blacksquare$$

■ 곡선 사이의 넓이: y에 관한 적분

어떤 영역은 x를 y의 함수로 간주하면 쉽게 처리된다. 곡선 $x = f(y)$, $x = g(y)$와 $y = c$, $y = d$로 유계되고, $c \leq y \leq d$에서 f와 g는 연속이며 $f(y) \geq g(y)$일 때 그 영역의 넓이는 다음과 같다(그림 10 참조).

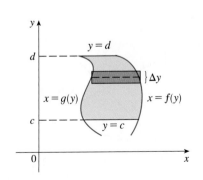

그림 10

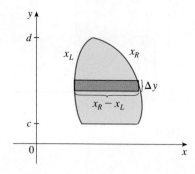

그림 11

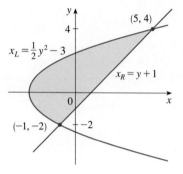

그림 12

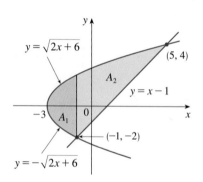

그림 13

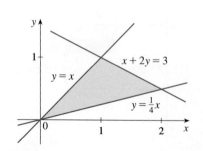

그림 14

$$A = \int_c^d [f(y) - g(y)]\, dy$$

이때 그림 11에 나타낸 것처럼 오른쪽 경계를 x_R, 왼쪽 경계를 x_L이라고 표시하면 다음과 같은 식을 얻는다.

$$A = \int_c^d (x_R - x_L)\, dy$$

여기서 대표 근사 직사각형은 너비가 $x_R - x_L$이고 높이가 Δy이다.

《예제 5》 직선 $y = x - 1$과 포물선 $y^2 = 2x + 6$으로 둘러싸인 영역의 넓이를 구하라.

풀이 두 식을 연립으로 풀면, 교점의 좌표 $(-1, -2)$와 $(5, 4)$를 얻는다. x에 대해 포물선 방정식을 풀고 그림 12로부터 왼쪽과 오른쪽 경계 곡선은 다음과 같다.

$$x_L = \tfrac{1}{2}y^2 - 3, \qquad x_R = y + 1$$

적절한 y값들, 즉 $y = -2$와 $y = 4$ 사이에서 적분을 해야 한다. 그러므로 다음을 얻는다.

$$\begin{aligned} A &= \int_{-2}^4 (x_R - x_L)\, dy = \int_{-2}^4 \left[(y + 1) - \left(\tfrac{1}{2}y^2 - 3 \right) \right] dy \\ &= \int_{-2}^4 \left(-\tfrac{1}{2}y^2 + y + 4 \right) dy \\ &= -\frac{1}{2} \left(\frac{y^3}{3} \right) + \frac{y^2}{2} + 4y \Big]_{-2}^4 \\ &= -\tfrac{1}{6}(64) + 8 + 16 - \left(\tfrac{4}{3} + 2 - 8 \right) = 18 \quad\blacksquare \end{aligned}$$

NOTE 예제 5에서의 넓이는 y 대신 x에 대해 적분해서 구할 수도 있으나 계산이 훨씬 더 복잡하다. 그 이유는 아래 경계가 서로 다른 두 곡선으로 구성되기 때문이다. 그림 13에서 영역을 두 개로 나누고 A_1과 A_2로 표시된 넓이를 계산한다는 것을 의미하며, 이보다는 예제 5에서 이용했던 방법이 훨씬 간단하다.

《예제 6》 곡선 $x + 2y = 3$, $y = x$와 $y = \tfrac{1}{4}x$로 둘러싸인 영역의 넓이를 (a) 적분변수 x와 (b) 적분변수 y를 이용하여 구하라.

풀이 영역은 그림 14에 나타나 있다.

(a) x에 대해 적분하면 그림 15(a)와 같이 위쪽 경계가 두 개의 곡선으로 구성되므로 영역을 두 부분으로 나누어야 한다. 따라서 넓이는 다음과 같다.

$$\begin{aligned} A = A_1 + A_2 &= \int_0^1 \left(x - \tfrac{1}{4}x \right) dx + \int_1^2 \left(-\tfrac{1}{2}x + \tfrac{3}{2} - \tfrac{1}{4}x \right) dx \\ &= \left[\tfrac{3}{8}x^2 \right]_0^1 + \left[-\tfrac{3}{8}x^2 + \tfrac{3}{2}x \right]_1^2 = \tfrac{3}{4} \end{aligned}$$

(b) y에 대해 적분하면 그림 15(b)와 같이 오른쪽 경계가 두 개의 곡선으로 구성되므로 영역을 두 부분으로 나눌 필요가 있다. 따라서 넓이는 다음과 같다.

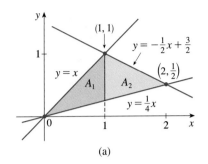 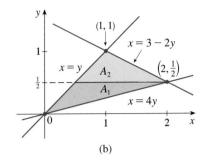

그림 15

$$A = A_1 + A_2 = \int_0^{1/2} (4y - y)\, dy + \int_{1/2}^1 (3 - 2y - y)\, dy$$

$$= \left[\tfrac{3}{2} y^2\right]_0^{1/2} + \left[3y - \tfrac{3}{2} y^2\right]_{1/2}^1 = \tfrac{3}{4}$$ ∎

■ 응용

《예제 7》 그림 16은 같은 길을 따라 동시에 출발해서 움직이는 두 자동차 A와 B의 속도 곡선을 보여 주고 있다. 두 곡선 사이의 넓이는 무엇을 나타내는가? 중점법칙을 이용해서 넓이를 추정하라.

풀이 4.4절에서 속도곡선 A 아래의 넓이는 처음 16초 동안 자동차 A가 주행한 거리를 나타낸다는 것을 알 수 있었다. 마찬가지로 곡선 B 아래의 넓이는 같은 시간 동안 자동차 B가 주행한 거리이다. 따라서 두 곡선 아래의 넓이의 차이를 나타내는 두 곡선 사이의 넓이는 16초 후에 두 자동차가 주행한 거리의 차이를 나타낸다. 그래프에서 속도를 찾아서 단위를 초당 미터($1\ \text{km/h} = \frac{1000}{3600}\ \text{m/s}$)로 바꾸면 다음과 같은 표를 얻는다.

그림 16

t	0	2	4	6	8	10	12	14	16
v_A	0	10.4	16.5	20.4	23.2	25.6	27.1	28.0	29.0
v_B	0	6.4	10.4	13.4	15.5	17.1	18.3	19.2	19.8
$v_A - v_B$	0	4.0	6.1	7.0	7.7	8.5	8.8	8.8	9.2

$\Delta t = 4$가 되도록 하기 위해, $n = 4$의 간격으로 중점법칙을 이용한다. 간격의 중간점은 $\bar{t}_1 = 2,\ \bar{t}_2 = 6,\ \bar{t}_3 = 10,\ \bar{t}_4 = 14$이다. 16초 후에, 두 자동차가 주행한 거리의 차이는 다음과 같이 추정한다.

$$\int_0^{16} (v_A - v_B)\, dt \approx \Delta t\, [4.0 + 7.0 + 8.5 + 8.8]$$
$$= 4(28.3) = 113.2\ \text{m}$$ ∎

《예제 8》 그림 17은 홍역 감염에 대한 **발병 곡선**(pathogenesis curve)의 예이다. 홍역 바이러스가 호흡기에서 혈류로 퍼진 면역력이 없는 사람에게 어떻게 감염이 진행되는가를 보여 준다.

환자는 전염된 세포의 농도가 아주 충분하게 되면 다른 사람들을 전염시키고, 환자의

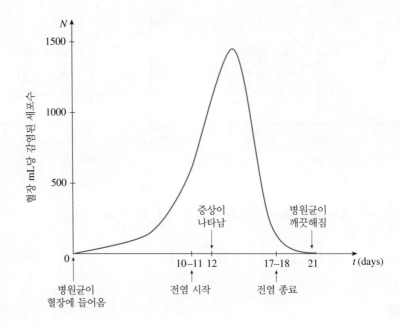

그림 17 홍역 발병 곡선

Source: J. Heffernan et al., "An In-Host Model of Acute Infection: Measles as a Case Study," *Theoretical Population Biology* 73(2008): 134–47.

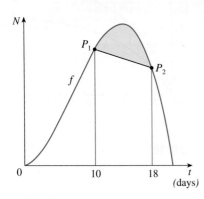

그림 18

면역체계가 더 이상의 전염을 막을 때까지 전염성은 남아 있게 된다. 그러나 '감염의 양' 이 특정한 한계점에 도달할 때까지는 증상은 나타나지 않는다. 증상이 나타나기 위해 필요한 감염의 양은 감염된 세포의 농도와 시간에 달려 있고, 증상이 나타날 때까지 발병 곡선의 아래 넓이와 일치한다(4.1절 연습문제 8 참조).

(a) 그림 17의 발병 곡선은 $f(t) = -t(t-21)(t+1)$로 표현된다. 만약 전염이 $t_1 = 10$일 에 시작되어 $t_2 = 18$일에 끝난다면, 전염된 세포의 농도 수준과 일치하는 것은 무엇인 가?

(b) 전염된 사람의 **전염도**는 $N = f(t)$와 $P_1(t_1, f(t_1))$, $P_2(t_2, f(t_2))$를 연결한 직선 사이 의 넓이이고, (cells/mL)·days로 측정된다(그림 18 참조). 이 특정 환자에 대한 전염도 를 계산하라.

풀이

(a) 전염은 농도가 $f(10) = 1210$ cell/mL에서 시작해서 $f(18) = 1026$ cell/mL에서 끝 난다.

(b) P_1과 P_2를 연결한 직선의 기울기는 $\frac{1026 - 1210}{18 - 10} = -\frac{184}{8} = -23$이고 $N - 1210 = -23(t-10) \iff N = -23t + 1440$이다. f와 직선 사이의 넓이는 다음과 같다.

$$\int_{10}^{18} \left[f(t) - (-23t + 1440) \right] dt = \int_{10}^{18} (-t^3 + 20t^2 + 21t + 23t - 1440)\, dt$$

$$= \int_{10}^{18} (-t^3 + 20t^2 + 44t - 1440)\, dt$$

$$= \left[-\frac{t^4}{4} + 20\frac{t^3}{3} + 44\frac{t^2}{2} - 1440t \right]_{10}^{18}$$

$$= -6156 - \left(-8033\tfrac{1}{3} \right) \approx 1877$$

따라서 이 환자에 대한 전염도는 약 1877 (cells/mL)·days이다. ∎

5.1 │ 연습문제

1-2

(a) 색칠한 부분의 영역을 적분으로 표현하라.

(b) 적분을 계산하여 넓이를 구하라.

1.
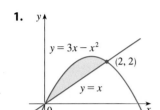

2.
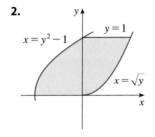

3. 색칠한 부분의 넓이를 구하라.

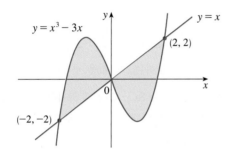

4-5 주어진 곡선으로 둘러싸인 영역의 넓이를 적분으로 표현하라. 적분을 계산하지 않는다.

4. $y = 1/x,\ y = 1/x^2,\ x = 2$ **5.** $y = 2 - x,\ y = 2x - x^2$

6-9 다음 곡선으로 둘러싸인 영역을 그리고, x 또는 y, 어느 것에 대해 적분할지 결정하라. 대표 근사 직사각형을 그리고, 그것의 높이와 너비를 표시한 후에 영역의 넓이를 구하라.

6. $y = x^2 + 2,\quad y = -x - 1,\quad x = 0,\quad x = 1$

7. $y = (x - 2)^2,\quad y = x$

8. $y = \sqrt{x + 3},\quad y = (x + 3)/2$

9. $x = 1 - y^2,\quad x = y^2 - 1$

10-17 다음 곡선으로 둘러싸인 영역을 그리고, 그 영역의 넓이를 구하라.

10. $y = 12 - x^2,\quad y = x^2 - 6$

11. $x = 2y^2,\quad x = 4 + y^2$

12. $y = \sqrt[3]{2x},\quad y = \frac{1}{2}x$

13. $y = \sqrt{x},\quad y = \frac{1}{3}x,\quad 0 \le x \le 16$

14. $y = \cos x,\quad y = \sin 2x,\quad 0 \le x \le \pi/2$

15. $y = \sec^2 x,\quad y = 8 \cos x,\quad -\pi/3 \le x \le \pi/3$

16. $y = x^4,\quad y = 2 - |x|$

17. $y = \sin(\pi x/2),\quad y = x^3$

18. 두 함수의 그래프는 표시된 곡선 사이의 영역의 넓이를 보여 준다.

(a) $0 \le x \le 5$일 때 곡선 사이의 넓이는 얼마인가?

(b) $\int_0^5 [f(x) - g(x)]\,dx$의 값은 얼마인가?

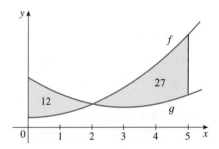

19. 다음 곡선으로 둘러싸인 영역을 그리고 넓이를 구하라.

$$y = \cos^2 x \sin x,\quad y = \sin x,\quad 0 \le x \le \pi$$

20. 미적분학을 이용해서 꼭짓점이 $(0, 0)$, $(3, 1)$, $(1, 2)$인 삼각형의 넓이를 구하라.

21. 다음 정적분을 계산하고, 이것을 영역의 넓이로 해석하라. 또 그 영역을 그림으로 나타내라.

$$\int_0^{\pi/2} |\sin x - \cos 2x|\,dx$$

22-23 그래프를 이용해서 다음 곡선의 교점의 x 좌표의 근삿값을 구하라. 또 곡선으로 유계된 영역의 넓이의 근삿값을 구하라.

22. $y = x \sin(x^2),\quad y = x^4,\quad x \ge 0$

23. $y = 3x^2 - 2x,\quad y = x^3 - 3x + 4$

24-25 곡선 사이의 영역을 그리고, 그 넓이를 소수점 아래 다섯째 자리까지 정확하게 구하라.

24. $y = \dfrac{2}{1 + x^4},\quad y = x^2$ **25.** $y = \tan^2 x,\quad y = \sqrt{x}$

26. 컴퓨터 대수체계를 이용해서 곡선 $y = x^5 - 6x^3 + 4x$와

$y = x$로 둘러싸인 영역의 정확한 넓이를 구하라.

27. 크리스와 켈리가 운전하는 경주용자동차가 출발선에 나란히 서 있다. 아래 표는 경주에서 처음 10초 동안 자동차의 속도(km/h)를 보여 주고 있다. 중점법칙을 이용해서 처음 10초 동안 켈리가 크리스보다 얼마나 더 멀리 갔는지를 추정하라(v_C: 크리스 자동차 속도, v_K: 켈리 자동차 속도).

t	v_C	v_K	t	v_C	v_K
0	0	0	6	110	128
1	32	35	7	120	138
2	51	59	8	130	150
3	74	83	9	138	157
4	86	98	10	144	163
5	99	114			

28. 아래 그림은 항공기 날개의 단면이다. 날개 두께를 20 cm 간격으로 측정했더니 5.8, 20.3, 26.7, 29.0, 27.6, 27.3, 23.8, 20.5, 15.1, 8.7, 2.8 cm이다. 중점법칙을 이용해서 날개의 단면의 넓이를 추정하라.

├────── 200 cm ──────┤

29. 예제 8에서 홍역 발병 곡선을 함수 f로 모델화하였다. 홍역 바이러스에 약간의 면역성이 있는 전염된 환자의 발병 곡선은 $g(t) = 0.9f(t)$이다.

(a) 예제 8과 같이 전염이 시작될 때의 바이러스 한계 농도가 같다고 한다면 전염이 발생하는 날은 언제인가?

(b) P_3은 그래프 g에서 전염이 시작된 점이라고 하자. 그러면 P_4는 전염이 끝난 점이다. 그래프 g에서 P_3, P_4를 연결한 직선은 예제 8(b)에서 P_1, P_2를 연결한 직선의 기울기와 같다. 전염이 끝나는 날은 언제인가?

(c) 이 환자에 대한 전염도를 계산하라.

30. 두 자동차, A, B가 정지상태에서 나란히 출발해서 가속한다. 아래 그림은 두 자동차의 속도함수의 그래프를 나타낸다.

(a) 1분 후에 어떤 차가 앞서는가? 설명하라.

(b) 색칠한 부분의 넓이는 무엇을 의미하는가?

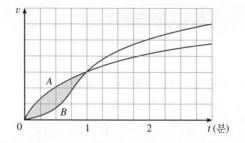

(c) 2분 후에 어떤 차가 앞서는가? 설명하라.

(d) 두 자동차가 나란히 있는 시각을 추정하라.

31. 방정식 $y^2 = x^2(x + 3)$이 나타내는 곡선을 **치른하우젠 3차 곡선**(Tschirnhausen's cubic)이라고 일컫는다. 이 곡선의 그래프를 그리다 보면 고리형태를 띠는 구간이 생기는 것을 보게 될 것이다. 이때 고리로 둘러싸인 영역의 넓이를 구하라.

32. 직선 $y = b$가 곡선 $y = x^2$과 $y = 4$로 유계된 영역을 넓이가 같은 두 영역으로 나눌 때 b의 값을 구하라.

33. 두 포물선 $y = x^2 - c^2$과 $y = c^2 - x^2$으로 유계된 영역의 넓이가 576이 되게 하는 c의 값을 구하라.

34. 아래 그림은 곡선 $y = 8x - 27x^3$과 교차하는 수평직선 $y = c$에 대한 그래프를 나타낸다. 색칠한 부분의 영역이 같게 되는 c의 값을 구하라.

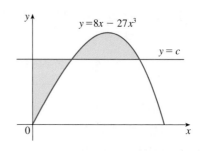

다음 문제는 6장을 이미 공부한 학생들만 풀라.

35-36 다음 곡선으로 둘러싸인 영역을 그리고, 그 영역의 넓이를 구하라.

35. $y = \tan x$, $y = 2\sin x$, $-\pi/3 \leq x \leq \pi/3$

36. $y = 1/x$, $y = x$, $y = \frac{1}{4}x$, $x > 0$

5.2 | 부피

입체도형의 부피를 구하는 경우에도 넓이를 구할 때와 같은 형태의 문제에 직면하게 된다. 부피가 무엇인지 직관적으로 알고 있지만, 부피를 정확히 정의하기 위해서는 미적분학을 이용해서 개념을 분명하게 해야만 한다.

■ 부피의 정의

간단한 입체인 **주면**(cylinder)(좀 더 정확히 **직각 주면**)부터 시작해 보자. 그림 1(a)에서 보듯이 주면은 **밑면**(base)이라고 하는 평면영역 B_1과 B_2과 평행이고 합동인 영역 B_2로 유계되어 있다. 주면은 밑면에 수직이고 B_1과 B_2를 잇는 선분 위의 모든 점으로 구성되어 있다. 밑면의 넓이가 A이고 주면의 높이(B_1에서 B_2까지의 거리)가 h라면, 이 주면의 부피 V는 다음과 같이 정의된다.

$$V = Ah$$

특히 밑면이 반지름 r인 원이면, 주면은 원기둥이며 부피는 $V = \pi r^2 h$이다[그림 1(b)]. 밑면이 가로 l, 세로 w인 직사각형이면 주면은 **직육면체**이고 그 부피는 $V = lwh$이다[그림 1(c)].

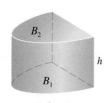

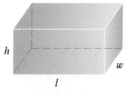

(a) 주면 $V=Ah$　　　　(b) 원기둥 $V=\pi r^2 h$　　　　(c) 직육면체 $V=lwh$　　　**그림 1**

　주면이 아닌 입체 S에 대해서는 S를 먼저 얇은 조각으로 '자르고' 각각의 조각을 주면으로 근사시킨다. 그리고 이 주면들의 부피를 더해 S의 부피를 추정한다. 이때 정확한 S의 부피는 조각의 수를 크게 증가시키는 극한 과정을 통해 구할 수 있다.

　S와 평면이 만나 생긴 평면영역을 S의 **단면**(cross-section)이라고 한다. x축에 수직이며 $a \leq x \leq b$일 때 임의의 점 x를 지나는 평면 P_x에 있는 S의 단면의 넓이를 $A(x)$라고 하자(그림 2 참조. 점 x를 지나도록 칼로 S를 잘랐을 때, 잘린 조각의 넓

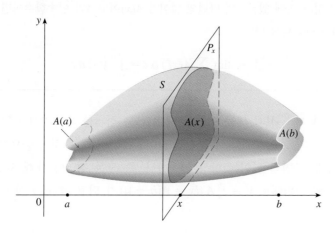

그림 2

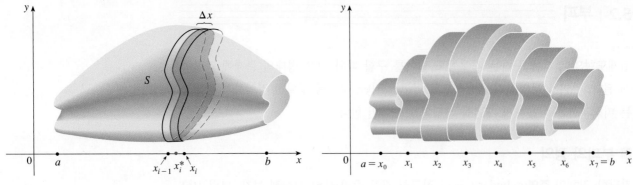

그림 3

이를 계산한다고 하자). x가 a에서 b까지 증가함에 따라 절단면의 넓이 $A(x)$는 변할 것이다.

S를 평면 P_{x_1}, P_{x_2}, …를 이용해서 너비가 Δx로 같은 n개의 '조각'으로 나누자(빵 덩어리를 자른다고 생각한다). 닫힌구간 $[x_{i-1}, x_i]$에서 표본점 x_i^*를 택하면, i번째 조각 S_i(평면 $P_{x_{i-1}}$과 P_{x_i} 사이에 놓인 S의 일부)는 밑면의 넓이가 $A(x_i^*)$이고 '높이'가 Δx인 주면으로 근사시킬 수 있다(그림 3 참조).

이 주면의 부피는 $A(x_i^*)\,\Delta x$이며, 따라서 i번째 조각 S_i의 부피에 대한 근삿값은 다음과 같다.

$$V(S_i) \approx A(x_i^*)\,\Delta x$$

이런 조각들의 부피를 모두 더해 (직관적으로 부피라고 생각하는) 총 부피에 대한 근삿값을 얻는다.

$$V \approx \sum_{i=1}^{n} A(x_i^*)\,\Delta x$$

이 근삿값은 $n \to \infty$일 때(얇은 조각이 점점 더 얇아진다고 생각한다.) 구하고자 하는 값에 더욱더 근접하게 된다. 그러므로 부피를 $n \to \infty$일 때 이런 합의 극한으로 부피를 **정의**한다. 리만 합의 극한이 정적분임을 알고 있으므로 다음 정의를 얻는다.

이 정의에서 x축에 대해 S가 어떻게 놓여 있는지와는 관계가 없다. 즉 S를 평행면으로 어떻게 나누더라도 V에 대해 항상 동일한 답을 얻게 될 것이다.

> **부피의 정의** S를 $x = a$와 $x = b$ 사이에 놓인 입체라고 하자. 점 x를 지나고 x축에 수직인 평면 P_x에 있는 S의 단면의 넓이가 $A(x)$이고 A가 연속함수이면, S의 **부피** (volume)는 다음과 같다.
>
> $$V = \lim_{n \to \infty} \sum_{i=1}^{n} A(x_i^*)\,\Delta x = \int_a^b A(x)\,dx$$

부피 공식 $V = \int_a^b A(x)\,dx$를 이용할 때 $A(x)$는 점 x를 지나면서 x축에 수직으로 잘라 얻은 임의의 단면에 대한 유동적인 넓이임을 기억하는 것이 중요하다.

주면의 경우 단면의 넓이는 항상 일정하다. 즉 모든 점 x에 대해 $A(x) = A$이다. 그래서 부피의 정의대로 $V = \int_a^b A\,dx = A(b - a)$가 되고, 결국 공식 $V = Ah$와 일치한다.

《예제 1》 반지름이 r인 구의 부피는 $V = \frac{4}{3}\pi r^3$임을 증명하라.

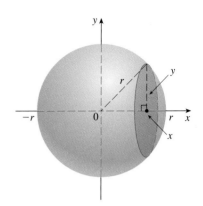

그림 4

풀이 구의 중심을 원점으로 잡으면 평면 P_x로 잘린 구의 절단면은 반지름이(피타고라스 정리에 따라) $y = \sqrt{r^2 - x^2}$인 원이 된다(그림 4 참조). 따라서 단면의 넓이는 다음과 같다.

$$A(x) = \pi y^2 = \pi(r^2 - x^2)$$

$a = -r$, $b = r$인 경우에 부피의 정의를 이용하면 다음을 얻는다.

$$V = \int_{-r}^{r} A(x)\,dx = \int_{-r}^{r} \pi(r^2 - x^2)\,dx$$

$$= 2\pi \int_{0}^{r} (r^2 - x^2)\,dx \qquad \text{(피적분함수는 우함수)}$$

$$= 2\pi \left[r^2 x - \frac{x^3}{3} \right]_{0}^{r} = 2\pi \left(r^3 - \frac{r^3}{3} \right) = \frac{4}{3}\pi r^3 \qquad \blacksquare$$

그림 5는 입체가 반지름 $r = 1$인 구일 때 부피의 정의를 설명하고 있다. 예제 1의 결과로부터 구의 부피가 $\frac{4}{3}\pi$, 즉 근사적으로 4.18879라는 것을 알 수 있다. 여기서 조각은 원기둥 또는 원판이고 그림 5의 세 부분은 표본점 x_i^*를 중점 $\bar{x}_i$로 택하고 $n = 5, 10, 20$일 때, 다음 리만 합의 기하학적인 해석을 보인 것이다.

$$\sum_{i=1}^{n} A(\bar{x}_i)\,\Delta x = \sum_{i=1}^{n} \pi(1^2 - \bar{x}_i^2)\,\Delta x$$

근사 주면의 수를 늘리면 이에 대응하는 리만 합은 실제 부피에 더욱더 근접하게 된다.

(a) 원판 5개, $V \approx 4.2726$ (b) 원판 10개, $V \approx 4.2097$ (c) 원판 20개, $V \approx 4.1940$

그림 5 반지름이 1인 구의 부피에 대한 근삿값

■ 회전체의 부피

주어진 영역을 한 직선을 중심으로 회전시키면 **회전체**(solid of revolution)를 얻는다. 다음 예제는 회전축에 수직인 단면들이 원형이라는 것을 보여준다.

《예제 2》 0에서 1까지 곡선 $y = \sqrt{x}$ 아래의 영역을 x축을 중심으로 회전시킬 때 생기는 입체의 부피를 구하라. 대표 근사 주면을 그려 부피의 정의를 설명하라.

풀이 영역은 그림 6(a)와 같다. x축을 중심으로 회전하면 그림 6(b)에 보인 입체를 얻는다. 점 x를 지나는 얇은 조각으로 자르면 반지름 $\sqrt{x}$인 원판을 얻게 되며, 이 단면의 넓이는 다음과 같다.

$$A(x) = \pi\left(\underbrace{\sqrt{x}}_{\text{반지름}}\right)^2 = \pi x$$

근사 주면(두께가 Δx인 원판)의 부피는 다음과 같다.

$$A(x)\,\Delta x = \pi x\,\Delta x$$

입체가 $x = 0$과 $x = 1$ 사이에 놓여 있으므로 부피는 다음과 같다.

$$V = \int_0^1 A(x)\,dx = \int_0^1 \pi x\,dx = \pi\left.\frac{x^2}{2}\right]_0^1 = \frac{\pi}{2}$$

예제 2에서 구한 답이 타당해 보이는가? 이것을 알아보기 위해 주어진 영역을 밑면이 $[0, 1]$이고 높이가 1인 정사각형으로 바꾸자. 이 정사각형을 x축을 중심으로 회전시키면 반지름이 1, 높이가 1이고 부피가 $\pi \cdot 1^2 \cdot 1 = \pi$인 주면을 얻는다. 예제 2에서 계산한 주어진 입체의 부피는 이것의 반이다. 따라서 예제 2에서 구한 답은 타당해 보인다.

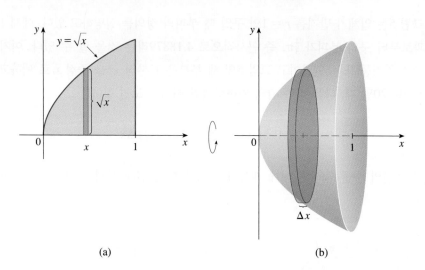

그림 6   (a)   (b)

《 예제 3 》 곡선 $y = x^3$과 $y = 8$, $x = 0$으로 유계된 영역을 y축을 중심으로 회전시킬 때 생기는 입체의 부피를 구하라.

풀이 그림 7(a)는 주어진 영역을 나타내고 결과로 얻은 입체는 그림 7(b)에 나타나 있다. 영역이 y축을 중심으로 회전하기 때문에 입체를 y축에 수직으로 잘라야 하고 y에 관해 적분하는 것이 당연해 보인다. 높이 y에서 자르면 반지름이 x인 원판을 얻는다. 여기서 $x = \sqrt[3]{y}$이다. 따라서 y를 지나는 단면의 넓이는 다음과 같다.

$$A(y) = \pi\underbrace{(x)^2}_{\text{반지름}} = \pi\underbrace{(\sqrt[3]{y})^2}_{\text{반지름}} = \pi y^{2/3}$$

그림 7(b)에 그려진 근사 주면의 부피는 다음과 같다.

$$A(y)\,\Delta y = \pi y^{2/3}\,\Delta y$$

입체가 $y = 0$과 $y = 8$ 사이에 놓여 있으므로 부피는 다음과 같다.

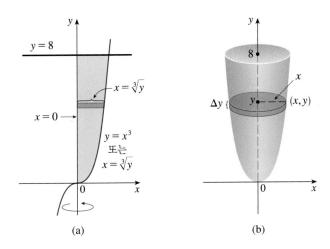

(a)   (b)   그림 7

$$V = \int_0^8 A(y)\, dy = \int_0^8 \pi y^{2/3}\, dy = \pi \left[\tfrac{3}{5} y^{5/3}\right]_0^8 = \frac{96\pi}{5}$$

다음 예제는 단면이 환형인 회전체를 보여준다.

《예제 4》 직선 $y = x$와 곡선 $y = x^2$으로 둘러싸인 영역 $\mathcal{R}$을 x축을 중심으로 회전시킬 때 생기는 입체의 부피를 구하라.

풀이 직선 $y = x$와 곡선 $y = x^2$은 점 $(0, 0)$과 $(1, 1)$에서 만난다. 곡선과 직선 사이의 영역, 회전시켜 얻은 입체, 그리고 x축에 수직인 단면이 그림 8에 나타나 있다. 평면 P_x에 놓여 있는 단면은 바깥쪽 반지름이 x, 안쪽 반지름이 x^2인 **와셔**(고리 모양)이다(그림 8(c)). 따라서 단면의 넓이는 바깥쪽 원의 넓이에서 안쪽 원의 넓이를 빼서 구할 수 있다.

$$A(x) = \pi \underbrace{(x)^2}_{\substack{\text{바깥쪽}\\\text{반지름}}} - \pi \underbrace{(x^2)^2}_{\substack{\text{안쪽}\\\text{반지름}}} = \pi(x^2 - x^4)$$

따라서 다음을 얻는다.

$$V = \int_0^1 A(x)\, dx = \int_0^1 \pi(x^2 - x^4)\, dx = \pi \left[\frac{x^3}{3} - \frac{x^5}{5}\right]_0^1 = \frac{2\pi}{15}$$

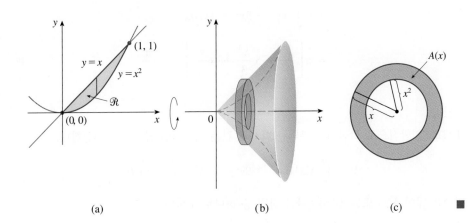

(a)   (b)   (c)   ■ 그림 8

다음 예제는 좌표축이 아닌 축을 중심으로 회전하여 회전체를 만들 때 단면의 반지름을 신중하게 결정해야 한다는 것을 보여준다.

《예제 5》 예제 4의 영역을 직선 $y = 2$를 중심으로 회전시킬 때 생기는 입체의 부피를 구하라.

풀이 입체와 단면은 그림 9에 나타나 있다. 단면은 환형이지만, 이 경우에 안쪽 반지름은 $2 - x$, 바깥쪽 반지름은 $2 - x^2$이다.

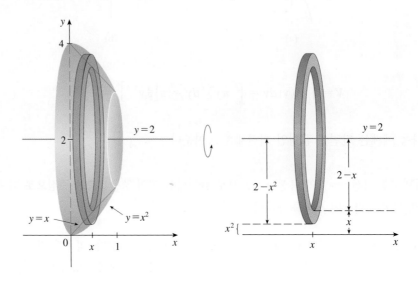

그림 9

단면의 넓이는 다음과 같다.

$$A(x) = \pi \underbrace{(2 - x^2)^2}_{\substack{\text{바깥쪽} \\ \text{반지름}}} - \pi \underbrace{(2 - x)^2}_{\substack{\text{안쪽} \\ \text{반지름}}}$$

따라서 S의 부피는 다음과 같다.

$$V = \int_0^1 A(x)\,dx$$

$$= \pi \int_0^1 \left[(2 - x^2)^2 - (2 - x)^2 \right] dx$$

$$= \pi \int_0^1 (x^4 - 5x^2 + 4x)\,dx$$

$$= \pi \left[\frac{x^5}{5} - 5\frac{x^3}{3} + 4\frac{x^2}{2} \right]_0^1 = \frac{8\pi}{15}$$

■

NOTE   일반적으로 회전체의 부피는 다음과 같은 기본적인 공식으로 계산한다.

$$V = \int_a^b A(x)\,dx \qquad \text{또는} \qquad V = \int_c^d A(y)\,dy$$

단면의 넓이 $A(x)$ 또는 $A(y)$는 다음 방법 중 하나로 구한다.

- 단면이 원판이면(예제 1~3 참조), (x 또는 y로) 원판의 반지름을 구하고 다음을 이용한다.

$$A = \pi(\text{반지름})^2$$

- 단면이 환형이면(예제 4~5 참조) 환형의 안쪽 반지름 r_{in}과 바깥쪽 반지름 r_{out}을 그림으로부터 구하고(그림 8, 9, 10 참조), 바깥쪽 원판의 넓이에서 안쪽 원판의 넓이를 빼서 환형의 넓이를 계산한다.

$$A = \pi(\text{바깥쪽 반지름})^2 - \pi(\text{안쪽 반지름})^2$$

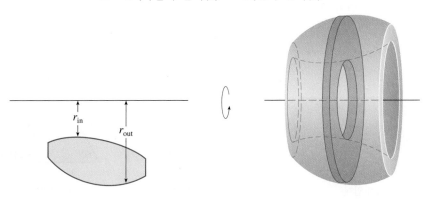

그림 10

다음 예제는 이런 과정을 더 상세히 보여 주고 있다.

《예제 6》 예제 4의 영역을 직선 $x = -1$을 중심으로 회전시킬 때 생기는 입체의 부피를 구하라.

풀이 그림 11은 수평 단면이다. 단면은 환형으로 안쪽 반지름은 $1 + y$, 바깥쪽 반지름은 $1 + \sqrt{y}$이다. 따라서 단면의 넓이는 다음과 같다.

$$A(y) = \pi(\text{바깥쪽 반지름})^2 - \pi(\text{안쪽 반지름})^2$$
$$= \pi(1 + \sqrt{y})^2 - \pi(1 + y)^2$$

입체의 부피는 다음과 같다.

$$V = \int_0^1 A(y)\,dy = \pi \int_0^1 \left[(1 + \sqrt{y})^2 - (1 + y)^2\right] dy$$
$$= \pi \int_0^1 (2\sqrt{y} - y - y^2)\,dy = \pi \left[\frac{4y^{3/2}}{3} - \frac{y^2}{2} - \frac{y^3}{3}\right]_0^1 = \frac{\pi}{2}$$

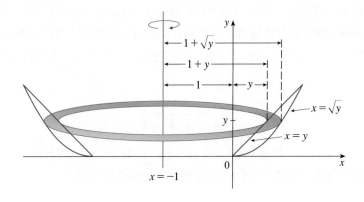

그림 11

■ 단면적을 이용한 부피

지금부터 단면적을 직접 계산할 수 있는 회전체가 아닌 입체의 부피를 구할 것이다.

《예제 7》 그림 12는 반지름이 1인 원을 밑면으로 하는 입체이다. 밑면에 수직이고 평행인 단면이 정삼각형일 때 입체의 부피를 구하라.

풀이 원의 방정식을 $x^2 + y^2 = 1$로 놓자. 입체와 밑면, 원점으로부터 x만큼 떨어진 거리에 있는 대표 단면이 그림 13에 나타나 있다.

그림 12 컴퓨터로 생성한 예제 7의 입체

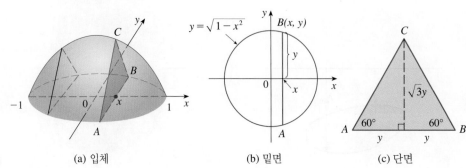

그림 13   (a) 입체   (b) 밑면   (c) 단면

점 B는 원 위에 있기 때문에 $y = \sqrt{1 - x^2}$이며, 따라서 삼각형 ABC의 밑변은 $|AB| = 2y = 2\sqrt{1 - x^2}$이다. 정삼각형이므로 그림 13(c)로부터 높이는 $\sqrt{3}\, y = \sqrt{3}\sqrt{1 - x^2}$임을 알 수 있다. 따라서 단면의 넓이는 다음과 같다.

$$A(x) = \tfrac{1}{2} \cdot 2\sqrt{1 - x^2} \cdot \sqrt{3}\sqrt{1 - x^2} = \sqrt{3}\,(1 - x^2)$$

입체의 부피는 다음과 같다.

$$V = \int_{-1}^{1} A(x)\, dx = \int_{-1}^{1} \sqrt{3}\,(1 - x^2)\, dx$$

$$= 2\int_{0}^{1} \sqrt{3}\,(1 - x^2)\, dx = 2\sqrt{3}\left[x - \frac{x^3}{3} \right]_{0}^{1} = \frac{4\sqrt{3}}{3} \quad ■$$

《예제 8》 한 변의 길이가 L인 정사각형을 밑면으로 하고 높이가 h인 피라미드의 부피를 구하라.

풀이 그림 14와 같이 피라미드의 꼭짓점을 원점 O에 놓고 x축을 중심축으로 택한다. 점 x를 지나면서 x축에 수직인 임의의 평면 P_x가 피라미드와 만나서 이루는 정사각형의 한 변의 길이를 s라고 하자. 그림 15의 닮은 삼각형들로부터 s를 x로 다음과 같이 표현할 수 있다.

$$\frac{x}{h} = \frac{s/2}{L/2} = \frac{s}{L}$$

따라서 $s = Lx/h$이다. [직선 OP의 기울기가 $L/(2h)$이므로, 이 방정식이 $y = Lx/(2h)$임을 이용하는 방법도 있다.] 그러므로 단면의 넓이는 다음과 같다.

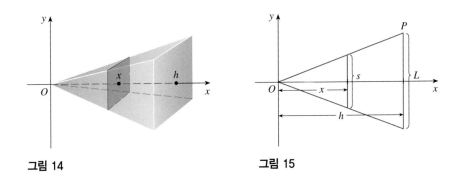

그림 14   **그림 15**

$$A(x) = s^2 = \frac{L^2}{h^2} x^2$$

피라미드가 $x = 0$과 $x = h$ 사이에 놓여 있으므로 부피는 다음과 같다.

$$V = \int_0^h A(x)\,dx = \int_0^h \frac{L^2}{h^2} x^2\,dx = \frac{L^2}{h^2} \frac{x^3}{3}\Big]_0^h = \frac{L^2 h}{3} \qquad \blacksquare$$

NOTE   예제 8에서와 같이 피라미드의 꼭짓점을 반드시 원점에 놓을 필요는 없다. 이 것은 단지 식을 간단히 만들기 위해 그렇게 했을 뿐이다. 그 대신에 그림 16에서와 같이 밑면의 중심을 원점으로 하고 꼭짓점을 양의 y축에 놓으면, 다음과 같은 적분을 구할 수 있다.

$$V = \int_0^h \frac{L^2}{h^2} (h - y)^2\,dy = \frac{L^2 h}{3}$$

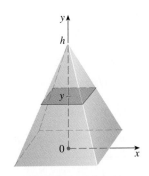

그림 16

《예제 9》 반지름이 4인 원기둥을 두 평면으로 잘라 쐐기 모양을 얻었다. 한 평면은 원 기둥의 축에 수직이며, 다른 평면은 원기둥의 지름을 따라서 30° 각으로 앞의 평면과 만 난다. 쐐기의 부피를 구하라.

풀이   두 평면이 만나는 지름을 x축으로 택하면, 입체의 밑면은 방정식 $y = \sqrt{16 - x^2}$, $-4 \le x \le 4$인 반원이 된다. 원점으로부터 x만큼 떨어진 x축에 수직인 단면은 그림 17에서처럼 삼각형 ABC이며, 밑변은 $y = \sqrt{16 - x^2}$이고, 높이는 $|BC| = y \tan 30°$ $= \sqrt{16 - x^2}/\sqrt{3}$이다. 따라서 단면의 넓이는 다음과 같다.

$$A(x) = \tfrac{1}{2}\sqrt{16 - x^2} \cdot \frac{1}{\sqrt{3}} \sqrt{16 - x^2}$$

$$= \frac{16 - x^2}{2\sqrt{3}}$$

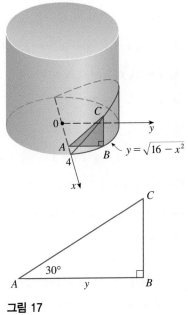

부피는 다음과 같다. 다른 방법은 5.2절 연습문제 39에서 볼 수 있다.

$$V = \int_{-4}^4 A(x)\,dx = \int_{-4}^4 \frac{16 - x^2}{2\sqrt{3}}\,dx$$

$$= \frac{1}{\sqrt{3}} \int_0^4 (16 - x^2)\,dx = \frac{1}{\sqrt{3}} \Big[16x - \frac{x^3}{3}\Big]_0^4 = \frac{128}{3\sqrt{3}} \qquad \blacksquare$$

그림 17

5.2 | 연습문제

1-2 입체는 색칠한 부분의 영역을 주어진 축을 중심으로 회전하여 얻는다.

(a) 입체와 대표 원판 또는 환형 원판을 그려라.

(b) 입체의 부피를 구하는 적분을 세워라.

(c) 적분을 계산하여 부피를 구하라.

1. x축

2. y축

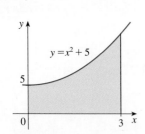

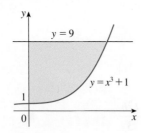

3-5 다음 곡선으로 유계된 영역을 주어진 축과 직선을 중심으로 회전시킬 때 생기는 입체의 부피를 구하는 적분을 세워라. 계산은 하지 않는다.

3. $y = 1 - 1/x$, $y = 0$, $x = 3$; x축

4. $8y = x^2$, $y = \sqrt{x}$; y축

5. $y = \sin x$, $y = 0$, $0 \le x \le \pi$; $y = -2$

6-14 다음 곡선으로 유계된 영역을 주어진 축과 직선을 중심으로 회전시킬 때 생기는 입체의 부피를 구하라. 또 영역, 입체, 대표 원판 또는 환형 원판을 그려라.

6. $y = x + 1$, $y = 0$, $x = 0$, $x = 2$; x축

7. $y = \sqrt{x - 1}$, $y = 0$, $x = 5$; x축

8. $x = 2\sqrt{y}$, $x = 0$, $y = 9$; y축

9. $y = x^2$, $y = 2x$; y축

10. $y = x^3$, $y = \sqrt{x}$; x축

11. $y = x^2$, $x = y^2$; $y = 1$

12. $y = 3$, $y = 1 + \sec x$, $-\pi/3 \le x \le \pi/3$; $y = 1$

13. $y = x^3$, $y = 0$, $x = 1$; $x = 2$

14. $x = y^2$, $x = 1 - y^2$; $x = 3$

15-20 아래 그림을 보고 다음 영역을 주어진 직선을 중심으로 회전시킬 때 생기는 입체의 부피를 구하라.

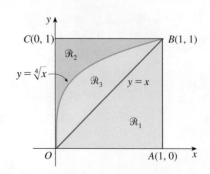

15. $\mathscr{R}_1$: 회전축 OA

16. $\mathscr{R}_1$: 회전축 AB

17. $\mathscr{R}_2$: 회전축 OA

18. $\mathscr{R}_2$: 회전축 AB

19. $\mathscr{R}_3$: 회전축 OA

20. $\mathscr{R}_3$: 회전축 AB

[T] 21-22 다음 곡선으로 유계된 영역을 지정된 직선을 중심으로 회전시킬 때 생기는 입체의 부피를 구하는 적분을 세워라. 계산기 또는 컴퓨터를 이용해서 적분을 소수점 아래 다섯째 자리까지 정확히 구한다.

21. $y = \tan x$, $y = 0$, $x = \pi/4$

  (a) x축   (b) $y = -1$

22. $x^2 + 4y^2 = 4$

  (a) $y = 2$ (b) $x = 2$

[T] 23. 그래프를 이용해서 다음 곡선의 교점의 x 좌표를 근사값으로 구하라. 또 이런 곡선들로 유계된 영역을 x축을 중심으로 회전시킬 때 생기는 입체의 부피를 계산기 또는 컴퓨터를 이용하여 (근사적으로) 구하라.

$$y = 1 + x^4, \quad y = \sqrt{3 - x^3}$$

[T] 24. 컴퓨터 대수체계를 이용해서 다음 곡선으로 유계된 영역을 주어진 직선을 중심으로 회전시킬 때 생기는 입체의 부피를 구하라.

$$y = \sin^2 x, \ y = 0, \ 0 \le x \le \pi; \ y = -1$$

25-27 다음 적분은 회전체의 부피를 나타내고 있다. 각각의 입체에 대해 설명하라.

25. $\pi \displaystyle\int_0^{\pi/2} \sin^2 x \, dx$

26. $\pi \displaystyle\int_0^1 (x^4 - x^6) \, dx$

27. $\pi \displaystyle\int_0^4 y \, dy$

28. 컴퓨터 단층촬영(CAT scan)은 일정한 간격으로 인체 내부의 단면상을 보여줌으로써 수술하지 않고도 장기에 관한 정보를 제공한다. 사람의 간을 1.5 cm의 간격으로 단층 촬영한다고 가정하자. 간의 길이는 15 cm이고, 간의 단면의 넓이는 cm² 단위로 나타낼 때 0, 18, 58, 79, 94, 106, 117, 128, 63, 39, 0이다. 중점법칙을 이용해서 간의 부피를 추정하라.

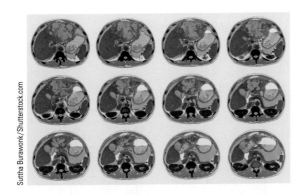

29. (a) 그림에 나타난 영역을 *x*축을 중심으로 회전시켜 입체를 만들었다. *n* = 4인 중점법칙을 이용해서 입체의 부피를 추정하라.

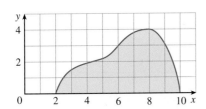

(b) 영역을 *y*축을 중심으로 회전시킬 때 부피를 추정하라. 이때 *n* = 4인 중점법칙을 이용하라.

30-37 다음 입체 *S*의 부피를 구하라.

30. 높이가 *h*이고 밑면의 반지름이 *r*인 직원뿔

31. 높이가 *h*이고 반지름이 *r*인 구 모양의 모자

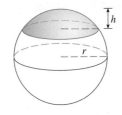

32. 밑면이 가로 *b*, 세로 2*b*인 직사각형이고 높이가 *h*인 피라미드

33. 세 면이 서로 수직이고 서로 수직인 세 변의 길이가 각각 3 cm, 4 cm, 5 cm인 사면체

34. *S*의 밑면을 경계 곡선 $9x^2 + 4y^2 = 36$인 타원이다. *x*축에 수직인 단면은 밑변이 빗변인 직각이등변삼각형이다.

35. *S*의 밑면은 꼭짓점이 (0, 0), (1, 0), (0, 1)인 삼각형이며, *x*축에 수직인 단면은 정사각형이다.

36. *S*의 밑면은 포물선 $y = 1 - x^2$과 *x*축으로 둘러싸인 영역이다. *x*축에 수직인 단면은 밑변의 길이와 높이가 같은 이등변삼각형이다.

37. 입체 *S*는 *x*축에 수직이고, *x*축과 교차하고, 포물선 $y = \frac{1}{2}(1 - x^2)$, $-1 \le x \le 1$에 중점을 갖는 곡선에 의해 유계되어 있다.

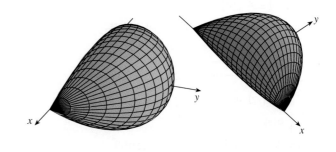

38. (a) 아래 그림과 같이 반지름이 *r*, *R*인 **원환체**(torus, 도넛 모양의 입체)의 부피를 구하는 적분을 세워라.

(b) 넓이로 적분을 해석해서 원환체의 부피를 구하라.

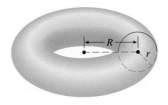

39. 예제 9에서 두 평면의 교선에 평행한 단면을 이용하여 쐐기의 부피를 구하라.

40. 카발리에리의 원리 카발리에리의 원리(Cavalieri's Principle)에 따르면 두 입체 S_1과 S_2에서 한 평면에 평행한 평면으로 자른 단면의 넓이가 같으면 S_1과 S_2의 부피는 서로 같다. 그림과 같이 카발리에리의 원리를 이용하여 반지름이 *r*인 반구의 부피가 반지름이 *r*이고, 높이가 *r*인 원뿔이 제거된 원기둥의 부피와 서로 같음을 보여라.

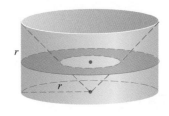

41. 반지름이 r인 두 구가 있다. 한 구의 중심이 다른 구의 표면에 놓여 있을 때 공통 부분의 부피를 구하라.

42. 반지름이 r이 구멍을 반지름이 $R > r$인 원기둥을 통과해서 기둥의 축에 직각으로 뚫었다. 잘려 나온 입체의 부피를 구하는 적분을 세워라(계산은 하지 않는다).

43. 케플러나 뉴턴과 같은 미적분학의 선구자들은 포도주통의 부피를 구하는 문제로부터 영감을 받았다. (케플러는 1615년에 통의 부피를 구하는 방법에 몰두해서 《*Stereometria doliorum*》이란 책을 출판했다.) 그들은 종종 변의 모양을 포물선으로 근사시켰다.

(a) 높이가 h이고 최대 반지름이 R인 통은 다음 포물선을 x축을 중심으로 회전시켜 얻는다.

$$y = R - cx^2, \quad -h/2 \le x \le h/2, \ c\text{는 양수}$$

통의 각 밑면의 반지름이 $r = R - d$임을 보여라.
이때 $d = ch^2/4$이다.

(b) 통의 부피가 다음과 같음을 보여라.

$$V = \tfrac{1}{3}\pi h \left(2R^2 + r^2 - \tfrac{2}{5}d^2\right)$$

44. 스케일 계수(scaling factor) c를 이용한 평면의 **확대**(dilation)는 점 (x, y)를 점 (cx, cy)로 대응시키는 변환이다. 평면의 영역에 확대를 적용하면 기하학적으로 유사한 모양이 생성된다. 한 제조업체가 그림에 표시된 영역 $\mathcal{R}_1$을 y축을 중심으로 회전시킬 때 생기는 입체와 기하학적으로 유사한 $5\,l\,(5000\ \text{cm}^3)$의 테라코타 도자기를 생산하려고 한다.

(a) 영역 $\mathcal{R}_1$을 회전시킬 때 생기는 도자기의 부피 V_1을 구하라.

(b) 스케일 계수 c로 확대를 적용하면 영역 $\mathcal{R}_1$이 영역 $\mathcal{R}_2$로 변환됨을 보여라.

(c) 영역 $\mathcal{R}_2$를 회전시킬 때 생기는 도자기의 부피 V_2가 $c^3 V_1$임을 보여라.

(d) $5\,l$ 도자기를 생산하기 위한 스케일 계수 c를 구하라.

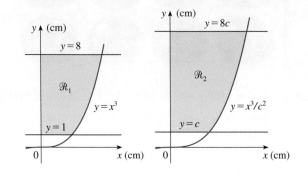

5.3 | 원통껍질에 의한 부피

때로는 앞 절의 방법으로 다루기 힘든 부피 문제가 있다. 예를 들어 곡선 $y = 2x^2 - x^3$과 $y = 0$으로 유계된 영역을 y축을 중심으로 회전시킬 때 생기는 입체의 부피를 구하는 문제를 생각해 보자(그림 1 참조). y축에 수직으로 자르면 환형(고리 모양)을 얻는다. 그런데 환형의 안쪽 반지름과 바깥쪽 반지름을 구하려면 삼차방정식 $y = 2x^2 - x^3$을 x에 대해 풀어 y로 나타내야 하지만, 그것은 쉽지 않다.

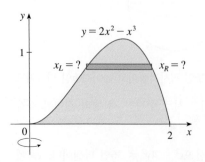

그림 1

■ 원통껍질 방법

그림 1과 같은 경우에 보다 수월한 방법인 **원통껍질 방법**(method of cylindrical shells)이 있다. 그림 2에서 안쪽 반지름이 r_1, 바깥쪽 반지름이 r_2, 그리고 높이가 h인 원통껍질을 볼 수 있다. 이 원통껍질의 부피 V는 외부 원기둥의 부피 V_2에서 내부 원기둥의 부피 V_1을 빼서 구한다.

$$\begin{aligned} V &= V_2 - V_1 \\ &= \pi r_2^2 h - \pi r_1^2 h = \pi(r_2^2 - r_1^2)h \\ &= \pi(r_2 + r_1)(r_2 - r_1)h \\ &= 2\pi \frac{r_2 + r_1}{2} h(r_2 - r_1) \end{aligned}$$

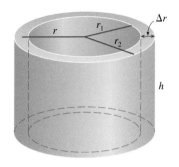

그림 2

Δr(원통껍질의 두께) $= r_2 - r_1$이고 r(원통껍질의 평균반지름) $= \frac{1}{2}(r_2 + r_1)$으로 놓으면, 원통껍질의 부피에 대한 공식은 다음과 같다.

$$\boxed{1} \qquad \boxed{V = 2\pi rh\,\Delta r}$$

이 공식은 다음과 같이 기억할 수 있다.

$$V = (\text{원둘레}) \times (\text{높이}) \times (\text{두께})$$

이제 곡선 $y = f(x)$[단, $f(x) \geq 0$]와 직선 $y = 0$, $x = a$, $x = b$ (단, $b > a \geq 0$)로 유계된 영역을 y축을 중심으로 회전시킬 때 생기는 입체를 S라고 하자(그림 3 참조).

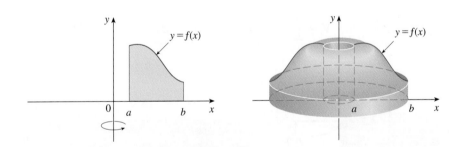

그림 3

구간 $[a, b]$를 너비가 Δx로 같은 n개의 부분 구간 $[x_{i-1}, x_i]$로 나누고 $\bar{x}_i$를 i번째 부분 구간의 중점이라고 하자. 밑변이 $[x_{i-1}, x_i]$이고 높이가 $f(\bar{x}_i)$인 직사각형을 y축을 중심으로 회전시키면, 평균반지름이 $\bar{x}_i$, 높이가 $f(\bar{x}_i)$, 두께가 Δx인 원통껍질이 생긴다(그림 4 참조). 따라서 공식 $\boxed{1}$에 따라 원통껍질의 부피는 다음과 같다.

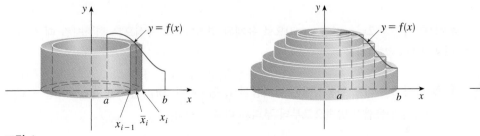 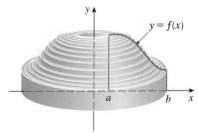

그림 4

$$V_i = (2\pi\bar{x}_i)[f(\bar{x}_i)]\,\Delta x$$

그러므로 입체 S의 부피 V의 근삿값은 다음과 같이 원통껍질의 부피의 합이 된다.

$$V \approx \sum_{i=1}^{n} V_i = \sum_{i=1}^{n} 2\pi\bar{x}_i f(\bar{x}_i)\,\Delta x$$

이 근삿값은 $n \to \infty$일 때 구하고자 하는 값에 더욱더 근접하게 된다. 그러므로 정적분의 정의로부터 다음을 알 수 있다.

$$\lim_{n \to \infty} \sum_{i=1}^{n} 2\pi\bar{x}_i f(\bar{x}_i)\,\Delta x = \int_a^b 2\pi x\, f(x)\,dx$$

따라서 다음이 타당해 보인다.

---

2 a에서 b까지 곡선 $y = f(x)$ 아래의 영역을 y축을 중심으로 회전시킬 때 생기는 그림 3과 같은 입체의 부피 V는 다음과 같다.

$$V = \int_a^b 2\pi x f(x)\,dx, \qquad 0 \le a < b$$

원통껍질 방법을 이용해서 추론하면 공식 **2**는 타당해 보인다. 이 공식은 뒤에서 증명하도록 하자(7.1절 연습문제 41 참조).

공식 **2**를 기억하는 가장 좋은 방법은 그림 5에서와 같이 반지름 x, 원둘레 $2\pi x$, 높이 $f(x)$, 두께 Δx 또는 dx로 잘라낸 평평한 대표 원통껍질을 생각하는 것이다.

$$V = \int_a^b \underbrace{(2\pi x)}_{\text{원둘레}} \underbrace{[f(x)]}_{\text{높이}} \underbrace{dx}_{\text{두께}}$$

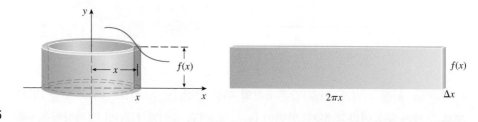

그림 5

이와 같은 추론은 y축이 아닌 다른 직선을 중심으로 회전시킬 때와 같은 상황에서도 도움이 될 것이다.

《예제 1》 $y = 2x^2 - x^3$과 $y = 0$으로 유계된 영역을 y축 중심으로 회전시킬 때 생기는 입체의 부피를 구하라.

풀이 그림 6의 대표 원통껍질은 반지름이 x, 원둘레가 $2\pi x$, 높이가 $f(x) = 2x^2 - x^3$이다. 따라서 원통껍질 방법으로부터 부피는 다음과 같다.

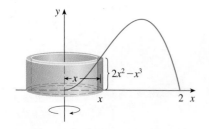

그림 6

$$V = \int_0^2 \underbrace{(2\pi x)}_{\text{원둘레}} \; \underbrace{(2x^2 - x^3)}_{\text{높이}} \; \underbrace{dx}_{\text{두께}}$$

$$= 2\pi \int_0^2 (2x^3 - x^4) \, dx = 2\pi \left[\tfrac{1}{2}x^4 - \tfrac{1}{5}x^5 \right]_0^2$$

$$= 2\pi \left(8 - \tfrac{32}{5} \right) = \tfrac{16}{5}\pi$$

원통껍질 방법으로 얻은 답이 조각으로 나누어 얻은 답과 같음을 확인할 수 있다. ■

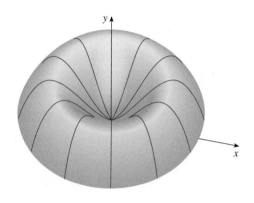

그림 7은 예제 1에서 부피를 계산한 입체를 컴퓨터로 생성한 그림이다.

그림 7

NOTE 예제 1의 풀이를 이 절의 도입부와 비교해 볼 때 위와 같은 문제에서 원통껍질 방법이 환형 방법보다는 훨씬 쉽다는 것을 알게 된다. 원통껍질 방법은 극댓값의 좌표를 구할 필요가 없으며, 곡선의 식으로부터 x를 y로 나타낼 필요도 없다. 그러나 다른 예제에서는 앞 절의 방법이 보다 쉬울 수도 있다.

《예제 2》 $y = x$와 $y = x^2$ 사이의 영역을 y축 중심으로 회전시킬 때 생기는 입체의 부피를 구하라.

풀이 영역과 대표 원통껍질을 그림 8에서 보여 주고 있다. 이 그림으로부터 원통껍질의 반지름이 x, 원둘레가 $2\pi x$, 높이가 $x - x^2$임을 알 수 있다. 따라서 부피는 다음과 같다.

$$V = \int_0^1 (2\pi x)(x - x^2) \, dx = 2\pi \int_0^1 (x^2 - x^3) \, dx$$

$$= 2\pi \left[\frac{x^3}{3} - \frac{x^4}{4} \right]_0^1 = \frac{\pi}{6}$$ ■

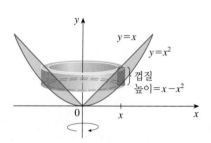

그림 8

다음 예제에서와 같이 원통껍질 방법은 x축을 중심으로 회전시킬 경우에도 동일한 방법을 적용할 수 있다. 따라서 원통껍질의 반지름과 높이를 알아볼 수 있는 그림만 그리면 된다.

《예제 3》 원통껍질의 방법을 이용해서 0에서 1까지 곡선 $y = \sqrt{x}$ 아래의 영역을 x축을 중심으로 회전시킬 때 생기는 입체의 부피를 구하라.

풀이 이 문제는 5.2절의 예제 2에서 원판을 이용해서 풀었다. 원통껍질 방법을 이용하

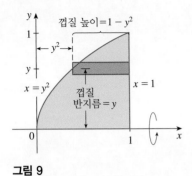

껍질 높이=$1 - y^2$

y^2

y

$x = y^2$

$x = 1$

껍질
반지름 = y

그림 9

기 위해, 5.2절의 예제 2의 그림에서의 $y = \sqrt{x}$를 그림 9에서와 같이 $x = y^2$으로 바꿔 표현하자. x축을 중심으로 회전할 때 대표 원통껍질의 반지름이 y, 원둘레가 $2\pi y$, 높이 가 $1 - y^2$임을 알 수 있다. 따라서 구하고자 하는 부피는 다음과 같다.

$$V = \int_0^1 (2\pi y)(1 - y^2)\, dy = 2\pi \int_0^1 (y - y^3)\, dy$$

$$= 2\pi \left[\frac{y^2}{2} - \frac{y^4}{4} \right]_0^1 = \frac{\pi}{2}$$

이 문제에서는 원판 방법이 더 간편하다. ■

《예제 4》 $y = x - x^2$과 $y = 0$으로 유계된 영역을 직선 $x = 2$를 중심으로 회전시킬 때 생기는 입체의 부피를 구하라.

풀이 그림 10은 영역과 직선 $x = 2$를 중심으로 회전시킬 때 생기는 원통껍질을 보여 준 다. 이 원통껍질은 반지름이 $2 - x$, 원둘레가 $2\pi(2 - x)$, 높이가 $x - x^2$이다.

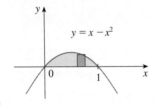

$y = x - x^2$

$x = 2$

x

$2 - x$

그림 10

주어진 입체의 부피는 다음과 같다.

$$V = \int_0^1 2\pi(2 - x)(x - x^2)\, dx$$

$$= 2\pi \int_0^1 (x^3 - 3x^2 + 2x)\, dx$$

$$= 2\pi \left[\frac{x^4}{4} - x^3 + x^2 \right]_0^1 = \frac{\pi}{2}$$

■

■ 원판법과 워셔법 대 원통껍질 방법

회전체의 부피를 계산할 때, 언제 원판법(워셔법) 또는 원통껍질 방법을 사용해야 하는가? 여기에는 몇 가지 고려해야 할 사항이 있다. $y = f(x)$ 형태의 위와 아래의 경계곡선 또는 $x = g(y)$ 형태의 왼쪽과 오른쪽 경계곡선에 의해서 어느 쪽이 더 쉽 게 표현되는 영역이 있는가? 어느 것이 다루기가 더 쉬운가? 두 변수 중 어느 쪽의 적분한계를 찾는 것이 더 쉬운가? 변수 x를 사용할 때는 영역이 두 개로 나뉘어 적 분하게 되지만, 변수 y는 한 개의 영역으로 적분이 가능한가? 선택한 변수로 적분 을 계산할 수 있는가?

만약 한 변수가 다른 변수보다 더 쉽게 적분계산이 된다면, 이것은 어떤 방법을 사용할 지를 결정하게 된다. 입체의 단면에 대응하는 영역에 대표 사각형을 그린다. 사각형의 두께(Δx 또는 Δy)는 적분변수와 일치한다. 사각형을 회전시키면 원판(워셔) 또는 원통껍질이 된다. 때로는 다음 예와 같이 다른 방법으로도 구할 수 있다.

《**예제 5**》 그림 11은 제1사분면에서 곡선 $y = x^2$과 직선 $y = 2x$로 유계된 영역을 보여 준다. 직선 $x = -1$를 중심으로 회전시킬 때 생기는 입체에 대해 (a) 적분변수 x와 (b) 적분변수 y를 이용하여 입체의 부피를 구하라.

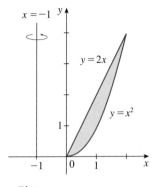

그림 11

풀이 그림 12(a)는 영역과 직선 $x = -1$를 중심으로 회전시킬 때 생기는 입체를 보여준다.
(a) x를 적분변수로 이용하여 부피를 구하기 위해 그림 12(b)와 같이 직사각형을 수직으로 그린다. 직선 $x = -1$을 중심으로 회전하면 원통껍질이 되므로 입체의 부피는 다음과 같다.

$$V = \int_0^2 2\pi(x + 1)(2x - x^2)\,dx = 2\pi \int_0^2 (x^2 + 2x - x^3)\,dx$$

$$= 2\pi \left[\frac{x^3}{3} + x^2 - \frac{x^4}{4} \right]_0^2 = \frac{16\pi}{3}$$

(b) y를 적분변수로 이용하여 부피를 구하기 위해 그림 12(c)와 같이 직사각형을 수평으로 그린다. 직선 $x = -1$을 중심으로 회전하면 단면이 환형이 되므로 입체의 부피는 다음과 같다.

$$V = \int_0^4 \left[\pi\left(\sqrt{y} + 1\right)^2 - \pi\left(\tfrac{1}{2}y + 1\right)^2 \right] dy = \pi \int_0^4 \left(2\sqrt{y} - \tfrac{1}{4}y^2\right) dy$$

$$= \pi \left[\tfrac{4}{3}y^{3/2} - \tfrac{1}{12}y^3 \right]_0^4 = \frac{16\pi}{3}$$

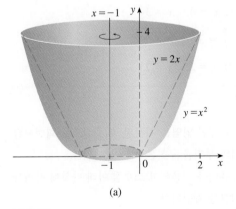
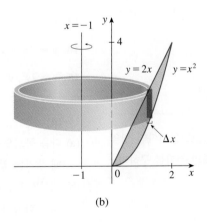
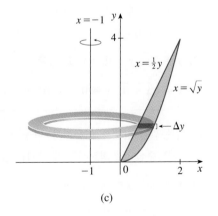

(a)   (b)   (c)

그림 12

=== **5.3** │ **연습문제** ===

1. 다음 그림에 보인 영역을 y축 중심으로 회전시킬 때 생기는 입체를 S라고 하자. S의 부피 V를 조각으로 나눠서 구하는 방법이 왜 어려운지 설명하라. 대표 근사 원통껍질을 그리고, 원둘레와 높이를 구하라. 원통껍질 방법을 이용해서 부피 V를 구하라.

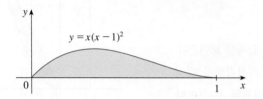

2. 색칠한 부분의 영역을 y축 중심으로 회전시킬 때 생기는 입체에 대해 다음 물음에 답하라.
  (a) 원통껍질 방법을 이용해서 입체의 부피를 구하는 적분을 세워라.
  (b) 적분을 계산하여 입체의 부피를 구하라.

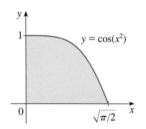

3-4 다음 곡선으로 유계된 영역을 주어진 축과 직선을 중심으로 회전시킬 때 생기는 입체의 부피를 구하는 적분을 세워라. 계산은 하지 않는다.

3. $y = \sqrt[4]{x}$, $y = 0$, $x = 2$; y축

4. $y = \sqrt{x + 4}$, $y = 0$, $x = 0$; $y = 3$

5-7 원통껍질 방법을 이용해서, 다음 곡선으로 둘러싸인 영역을 y축을 중심으로 회전시킬 때 생기는 입체의 부피를 구하라.

5. $y = \sqrt{x}$, $y = 0$, $x = 4$

6. $y = 1/x$, $y = 0$, $x = 1$, $x = 4$

7. $y = \sqrt{5 + x^2}$, $y = 0$, $x = 0$, $x = 2$

8-10 원통껍질 방법을 이용해서, 다음 곡선으로 유계된 영역을 x축 중심으로 회전시킬 때 생기는 입체의 부피를 구하라.

8. $xy = 1$, $x = 0$, $y = 1$, $y = 3$

9. $y = x^{3/2}$, $y = 8$, $x = 0$

10. $x = 1 + (y - 2)^2$, $x = 2$

11. 두 곡선 $y = x^2$, $y = 8\sqrt{x}$로 유계된 영역을 y축 중심으로 회전시킬 때 생기는 입체에 대해 (a) 적분변수 x와 (b) 적분변수 y를 이용하여 입체의 부피를 구하라.

12. 색칠한 부분의 영역을 직선 $x = -2$를 중심으로 회전시킬 때 생기는 입체에 대해 다음 물음에 답하라.
  (a) 입체와 대표 근사 원통껍질을 그려라.
  (b) 원통껍질 방법을 이용해서 입체의 부피를 구하는 적분을 세워라.
  (c) 적분을 계산하여 입체의 부피를 구하라.

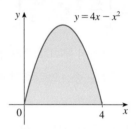

13-15 원통껍질 방법을 이용해서, 다음 곡선으로 유계된 영역을 지정된 축 중심으로 회전시킬 때 생기는 입체의 부피를 구하라.

13. $y = x^3$, $y = 8$, $x = 0$; $x = 3$

14. $y = 4x - x^2$, $y = 3$; $x = 1$

15. $x = 2y^2$, $y \geq 0$, $x = 2$; $y = 2$

16-18

(a) 다음 곡선으로 유계된 영역을 지정된 축 중심으로 회전시킬 때 생기는 입체의 부피를 구하는 적분을 세워라.

T (b) 계산기 또는 컴퓨터를 이용해서 소수점 아래 다섯째 자리까지 정확하게 적분을 계산하라.

16. $y = \sin x$, $y = 0$, $x = 2\pi$, $x = 3\pi$; y축

17. $y = \cos^4 x$, $y = -\cos^4 x$, $-\pi/2 \leq x \leq \pi/2$; $x = \pi$

18. $x = \sqrt{\sin y}$, $0 \leq y \leq \pi$, $x = 0$; $y = 4$

19. $n = 5$인 중점법칙을 이용해서, 곡선 $y = \sqrt{1 + x^3}$, $0 \leq x \leq 1$의 아래의 영역을 y축 중심으로 회전시킬 때 생기는 입체의 부피를 추정하라.

20-21 각 적분들은 입체의 부피를 나타내고 있다. 각 입체에 대해 설명하라.

20. $\int_0^3 2\pi x^5 \, dx$

21. $2\pi \int_1^4 \frac{y + 2}{y^2} \, dy$

T 22. 그래프를 이용해서 주어진 곡선의 x좌표를 구하고, 이를 이용해서 주어진 곡선으로 둘러싼 영역을 y축 중심으로 회전시킬 때 생기는 입체의 부피를 추정하라.

$$y = x^2 - 2x, \quad y = \frac{x}{x^2 + 1}$$

T 23. 컴퓨터 대수체계를 이용해서 주어진 곡선으로 둘러싸인 영역을 지정된 직선을 중심으로 회전시킬 때 생기는 입체의 부피를 구하라.

$$y = \sin^2 x, \ y = \sin^4 x, \ 0 \leq x \leq \pi; \quad x = \pi/2$$

24-26 색칠한 부분의 영역을 지정된 직선을 중심으로 회전시킬 때 생기는 입체에 대해 다음 물음에 답하라.

(a) 임의의 방법을 이용해서 입체의 부피를 구하는 적분을 세워라.

(b) 적분을 계산하여 입체의 부피를 구하라.

24. y축

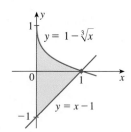

25. x축

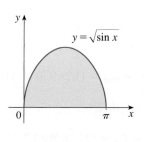

26. 직선 $x = -2$

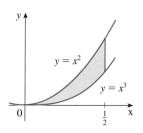

27-30 다음 곡선으로 유계된 영역을 지정된 축을 중심으로 회전시킬 때 생기는 입체의 부피를 편리한 방법으로 구하라.

27. $y = -x^2 + 6x - 8$, $y = 0$; y축

28. $y^2 - x^2 = 1$, $y = 2$; x축

29. $x^2 + (y - 1)^2 = 1$; y축

30. $x = (y - 1)^2$, $x - y = 1$; $x = -1$

31-32 원통껍질 방법을 이용해서 다음 각 입체의 부피를 구하라.

31. 반지름이 r인 구

32. 높이가 h이고 밑면의 반지름이 r인 직원뿔

5.4 일

일상 언어로 사용되고 있는 **일**(work)이라는 용어는 작업을 수행함에 있어서 필요한 노력의 총량을 의미한다. 물리학에서 일은 **힘**(force)이라는 개념을 지니고 있다. 직관적으로 한 물체를 밀거나 끌어당김을 설명할 때 힘을 생각할 수 있다. 예를 들어 책상 위에서 책을 수평으로 밀 때의 힘, 또는 지구의 중력이 공을 아래로 끌어당길

때의 힘을 생각할 수 있다. 일반적으로 직선을 따라서 움직이고 있는 물체의 위치함수를 $s(t)$라고 하면, 물체에 작용한 **힘**(force) F(물체가 운동하는 방향으로)는 뉴턴의 운동 제2법칙에 따라 물체의 질량 m과 가속도 a의 곱으로 정의한다.

$$\boxed{1} \qquad F = ma = m\frac{d^2s}{dt^2}$$

SI 단위계에서 질량의 단위는 킬로그램(kg), 변위는 미터(m), 시간은 초(s), 힘은 뉴턴(N = kg·m/s²)으로 표기한다. 따라서 질량이 1 kg인 물체에 작용하는 힘이 1 N이면 물체의 가속도는 1 m/s²이 된다. 미국 관습 단위계에서는 힘의 기본단위를 파운드(lb)로 채택하고 있다.

가속도가 일정한 경우 힘 F도 일정하며, 한 일은 힘 F와 물체가 움직인 거리 d의 곱으로 정의한다.

$$\boxed{2} \qquad W = Fd \qquad 일 = 힘 \times 거리$$

F의 단위가 N이고 d의 단위가 m이면 W의 단위는 N·m이며, 이를 줄(J)이라고 한다. 또한 F의 단위가 lb, d의 단위가 ft이면 W의 단위는 ft-lb이며, 이것은 약 1.36 J이다.

《예제 1》

(a) 마룻바닥에 있는 1.2 kg의 책을 높이가 0.7 m인 책상 위로 들어 올릴 때 한 일은 얼마인가? 중력 가속도는 $g = 9.8$ m/s²이다.

(b) 무게가 20 lb인 물체를 지면으로부터 6 ft 위로 들어 올릴 때 한 일은 얼마인가?

풀이

(a) 작용한 힘은 중력에 의한 힘과 크기는 같고 방향은 반대이다. 따라서 식 $\boxed{1}$에 의해 다음을 얻는다.

$$F = mg = (1.2)(9.8) = 11.76\,\text{N}$$

이때 식 $\boxed{2}$에 따라 한 일은 다음과 같다.

$$W = Fd = (11.76\,\text{N})(0.7\,\text{m}) \approx 8.2\,\text{J}$$

(b) 여기서 힘은 $F = 20$ lb이므로 한 일 W는 다음과 같다.

$$W = Fd = (20\,\text{lb})(6\,\text{ft}) = 120\,\text{ft-lb}$$

(a)에서와는 달리 (b)에서 g를 곱할 필요가 없다는 것에 유의한다. 왜냐하면 (b)에서는 물체의 질량이 아닌 **무게**(이것은 곧 힘이다)가 주어졌기 때문이다. ■

식 $\boxed{2}$는 힘이 일정한 경우에 한해서 일을 정의하고 있다. 그러나 힘이 변한다면 어떻게 되는가? f가 연속함수일 때 물체가 양의 x축 방향으로 $x = a$에서 $x = b$까지 움직이고 있으며, a와 b 사이의 각 점 x에서 힘 $f(x)$가 물체에 작용한다고 가정하

자. 폐구간 $[a, b]$를 끝점이 $x_0, x_1, \cdots, x_n$이고 너비가 Δx로 같은 n개의 부분 구간으로 나누고, i번째의 부분 구간 $[x_{i-1}, x_i]$에서 표본점 x_i^*를 택한다. 그러면 점 x_i^*에서의 힘은 $f(x_i^*)$이다. n이 커지면 Δx가 작아지고, f가 연속이기 때문에 f의 값은 구간 $[x_{i-1}, x_i]$에서 아주 크게 변하지는 않는다. 바꿔 말하면 f는 이 구간에서 거의 일정하므로 x_{i-1}에서 x_i까지 움직이는 물체에 한 일 W_i는 식 **2**에 따라 다음과 같은 근삿값으로 주어진다.

$$W_i \approx f(x_i^*)\,\Delta x$$

그러므로 전체 일은 다음과 같이 근사시킬 수 있다.

3
$$W \approx \sum_{i=1}^{n} f(x_i^*)\,\Delta x$$

이와 같은 근삿값은 n을 보다 크게 하면 구하고자 하는 값에 근접하게 된다. 그러므로 **a에서 b까지 움직이는 물체에 한 일**을 $n \to \infty$일 때 이런 양의 극한으로 정의한다. 식 **3**의 우변은 리만 합이고 리만 합의 극한은 적분이다. 따라서 다음이 성립한다.

4
$$\boxed{W = \lim_{n \to \infty} \sum_{i=1}^{n} f(x_i^*)\,\Delta x = \int_a^b f(x)\,dx}$$

《예제 2》 입자가 원점으로부터 x(ft) 떨어진 거리에 있을 때, $x^2 + 2x$(N)의 힘이 입자에 작용하고 있다. 입자를 $x = 1$에서 $x = 3$까지 움직이는 데 한 일은 얼마인가?

풀이
$$W = \int_1^3 (x^2 + 2x)\,dx = \frac{x^3}{3} + x^2 \Big]_1^3 = \frac{50}{3}$$

그러므로 한 일은 $16\frac{2}{3}$ J이다.   ∎

다음 예제에서는 물리학의 한 법칙인 **훅의 법칙**(Hooke's Law)을 이용한다. 이 법칙은 용수철을 원래의 길이로부터 x단위만큼 늘이는 데 필요한 힘은 x에 비례한다는 것을 의미한다.

$$f(x) = kx$$

여기서 k는 양의 상수이며 이것을 **용수철상수**(spring constant)라고 한다. 훅의 법칙은 x가 지나치게 크지 않은 경우에만 성립한다(그림 1 참조).

《예제 3》 원래 길이가 10 cm인 용수철을 15 cm의 길이로 늘이는 데 필요한 힘이 40 N이다. 이때 용수철의 길이를 15 cm에서 18 cm로 늘이는 데 한 일은 얼마인가?

풀이 훅의 법칙에 따르면 용수철을 원래의 길이로부터 x(m)만큼 늘이는 데 필요한 힘은 $f(x) = kx$이다. 이 용수철을 10 cm에서 15 cm까지 늘일 때 늘어난 길이는 5 cm = 0.05 m이다. 이것은 $f(0.05) = 40$임을 의미한다. 따라서 다음을 얻는다.

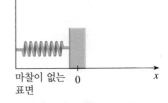

마찰이 없는 표면

(a) 용수철의 원래 위치

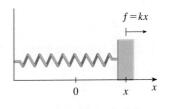

$f = kx$

(b) 용수철을 늘인 위치

그림 1 훅의 법칙

$$0.05k = 40 \qquad k = \frac{40}{0.05} = 800$$

그러므로 $f(x) = 800x$이며, 용수철을 15 cm로부터 18 cm로 늘이는 데 한 일은 다음과 같다.

$$W = \int_{0.05}^{0.08} 800x\, dx = 800 \left. \frac{x^2}{2} \right]_{0.05}^{0.08}$$

$$= 400[(0.08)^2 - (0.05)^2] = 1.56 \text{ J} \qquad \blacksquare$$

《예제 4》 길이가 21 m인 90 kg의 케이블이 고층건물의 꼭대기로부터 수직으로 늘어져 있다.

(a) 케이블을 건물의 꼭대기까지 끌어올리는 데 필요한 일은 얼마인가?
(b) 케이블을 6 m만 끌어올리는 데 필요한 일은 얼마인가?

풀이

(a) 한 가지 방법은 정의 **4**를 이끌어낼 때와 거의 같은 방법을 이용할 수 있다.

그림 2와 같이 건물 꼭대기를 원점으로 놓고 x축을 아래로 향하도록 하자. 그리고 케이블을 길이가 Δx인 작은 부분으로 나눈다. x_i^*가 i번째 구간에 있는 점이라면, 그 구간에 있는 모든 점들은 거의 같은 거리(즉 x_i^*)만큼 끌려올라 간다. 케이블의 무게는 1 m당 30/7 kg이므로, i번째 부분의 무게는 $(30/7 \text{ kg/m})(9.8 \text{ m/s}^2)(\Delta x \text{ m}) = 42\Delta x \text{ N}$이다. 그러므로 줄(J) 단위로 i번째 구간에서 한 일은 다음과 같다.

$$\underbrace{(42\Delta x)}_{\text{힘}} \cdot \underbrace{x_i^*}_{\text{이동거리}} = 42x_i^* \Delta x$$

따라서 각 부분의 근삿값을 모두 더하고, 또 부분의 수를 크게 해서(즉 $\Delta x \to 0$) 전체 일을 구할 수 있다.

$$W = \lim_{n \to \infty} \sum_{i=1}^{n} 42x_i^* \Delta x = \int_0^{21} 42x\, dx$$

$$= 21x^2 \Big]_0^{21} = 18{,}900 \text{ J}$$

(b) 케이블의 위쪽 6 m를 건물의 꼭대기까지 끌어올리는 데 필요한 일은 (a)와 동일한 방법으로 계산하면 다음과 같다.

$$W_1 = \int_0^6 42x\, dx = 21x^2 \Big]_0^6 = 756 \text{ J}$$

케이블의 아래쪽 15 m도 동일하게 6 m가 이동한다. 그때 한 일은 다음과 같다.

$$W_2 = \lim_{n \to \infty} \sum_{i=1}^{n} \left(\underbrace{6}_{\text{이동거리}} \cdot \underbrace{42\Delta x}_{\text{힘}} \right) = \int_6^{21} 252\, dx = 3780 \text{ J}$$

(또는 케이블의 아래쪽 15 m의 무게가 $15 \cdot 30/7 \cdot 9.8 = 630 \text{ N}$이고, 균일하게 6 m가 이동하므로 끌어올리는 일은 $630 \cdot 6 = 3780 \text{ J}$임을 알 수 있다.)

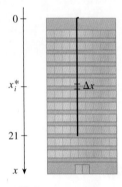

그림 2

케이블의 아래쪽을 원점으로 놓고 x축을 위로 향하도록 하고 식을 세우면 다음을 얻는다.

$$W = \int_0^{21} 42(21 - x)\, dx$$

이 식으로도 같은 결과를 얻는다.

그러므로 전체 일은 다음과 같다.

$$W_1 + W_2 = 756 + 3780 = 4536 \text{ J}$$ ∎

《**예제 5**》 높이가 10 m이고 밑면의 반지름이 4 m인 뒤집힌 원뿔 모양의 물통이 있다. 이 물통에 물이 8 m 높이까지 채워져 있다. 이 물 전체를 물통의 위로 퍼 올려서 물통을 비우는 데 필요한 일을 구하라(물의 밀도는 1000 kg/m³이다).

풀이 그림 3에서와 같이 수직좌표축을 선정해서 물통의 위로부터 깊이를 측정하자. 이 물통의 물은 깊이 2 m부터 10 m까지 채워져 있으므로, 구간 [2, 10]을 끝점이 $x_0, x_1, \cdots,$ x_n인 n개의 부분 구간으로 나누고, i번째 부분 구간에서 x_i^*를 택한다. 이런 과정을 통해 물은 n개의 층으로 나뉜다. i번째 층은 반지름이 r_i이고 높이가 Δx인 원기둥으로 근사시킬 수 있다. 그림 4에서와 같이 닮은 삼각형을 이용해서 다음과 같이 r_i를 계산할 수 있다.

$$\frac{r_i}{10 - x_i^*} = \frac{4}{10}, \qquad r_i = \tfrac{2}{5}(10 - x_i^*)$$

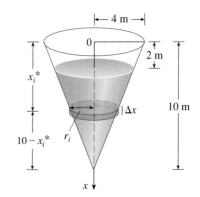

그림 3

따라서 i번째 층의 물의 부피에 대한 근삿값은 다음과 같다.

$$V_i \approx \pi r_i^2 \Delta x = \frac{4\pi}{25}(10 - x_i^*)^2 \Delta x$$

이것의 질량은 다음과 같다.

$$m_i = \text{밀도} \times \text{부피}$$
$$\approx 1000 \cdot \frac{4\pi}{25}(10 - x_i^*)^2 \Delta x = 160\pi(10 - x_i^*)^2 \Delta x$$

이 층을 끌어올리는 데 필요한 힘은 중력을 극복해야 하므로 다음이 성립한다.

$$F_i = m_i g \approx (9.8)160\pi(10 - x_i^*)^2 \Delta x$$
$$= 1568\pi(10 - x_i^*)^2 \Delta x$$

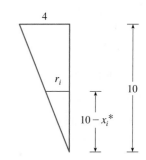

그림 4

이 층에 있는 각 입자는 근사적으로 x_i^*만큼 이동해야만 한다. 이 층을 위로 끌어올리는 데 필요한 일 W_i는 힘 F_i와 거리 x_i^*의 곱으로 다음과 같이 근사시킬 수 있다.

$$W_i \approx F_i x_i^* \approx 1568\pi x_i^*(10 - x_i^*)^2 \Delta x$$

물통을 완전히 비우는 데 한 전체 일을 구하려면 n개의 각 층에서 한 일을 모두 더한 후에 $n \to \infty$일 때 극한을 취하면 되므로 다음을 얻는다.

$$W = \lim_{n \to \infty} \sum_{i=1}^{n} 1568\pi x_i^*(10 - x_i^*)^2 \Delta x = \int_2^{10} 1568\pi x(10 - x)^2 \, dx$$

$$= 1568\pi \int_2^{10} (100x - 20x^2 + x^3) \, dx = 1568\pi \left[50x^2 - \frac{20x^3}{3} + \frac{x^4}{4} \right]_2^{10}$$

$$= 1568\pi \left(\frac{2048}{3} \right) \approx 3.4 \times 10^6 \text{ J}$$ ∎

5.4 │ 연습문제

1. 역도선수가 200 kg을 1.5 m에서 2.0 m까지 들어올릴 때 한 일은 얼마인가?

2. 물체가 원점에서 x m 떨어진 곳까지 직선을 따라 움직이는 데 $5x^{-2}$ N의 힘이 필요하다. $x = 1$ m에서 $x = 10$ m로 물체를 움직이는 데 한 일을 계산하라.

3. 아래 힘 함수(N)의 그래프는 힘의 값이 최댓값까지는 증가한 후 일정하게 유지되고 있음을 보여 주고 있다. 어떤 물체를 8 m 움직이는 데 이 힘이 한 일은 얼마인가?

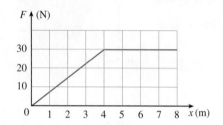

4. 용수철을 원래 길이에서 10 cm만큼 늘이는 데 45 N의 힘이 필요하다. 이 용수철을 원래 길이에서 15 cm만큼 늘이는 데 한 일은 얼마인가?

5. 원래 길이가 30 cm인 용수철을 42 cm의 길이로 늘이는 데 필요한 일이 2 J이라고 가정하자.
   (a) 용수철을 35 cm에서 40 cm까지 늘이는 데 필요한 일은 얼마인가?
   (b) 30 N의 힘으로 늘인다면, 용수철은 원래 길이에서 얼마나 길게 늘어나는가?

6. 용수철의 원래 길이는 20 cm이다. 용수철을 20 cm에서 30 cm로 늘이는 데 한 일 W_1과 30 cm에서 40 cm로 늘이는 데 한 일 W_2를 비교하라. W_2와 W_1은 어떤 관계인가?

7-11 리만 합으로 필요한 힘을 어떻게 근사시키는지를 보여라. 일을 적분으로 나타내고 계산하라.

7. 높이가 35 m인 건물의 모서리에 길이가 15 m이고 무게가 0.75 kg/m인 무거운 밧줄이 매달려 있다.
   (a) 밧줄을 건물의 꼭대기까지 끌어올리는 데 한 일은 얼마인가?
   (b) 밧줄의 반을 건물의 꼭대기까지 끌어올리는 데 한 일은 얼마인가?

8. 무게 3 kg/m인 케이블을 이용해서 150 m 깊이의 수직 갱도를 통해, 350 kg의 석탄을 끌어올리고 있다. 이때 한 일을 구하라.

9. 중량 10 kg이고 길이가 3 m인 사슬이 천장에 매달려 있다. 매달려 있는 사슬의 아래쪽 끝을 위쪽 끝과 높이가 같도록 천장쪽으로 들어올리는 데 한 일을 구하라.

10. 구멍이 뚫린 10 kg의 두레박이 무게 0.8 kg/m의 밧줄에 묶여 지면으로부터 12 m 높이까지 일정한 속도로 올라가고 있다. 최초에 두레박에는 36 kg의 물이 담겨 있었으나, 일정한 속도로 물이 줄어들어 12 m 지점에 올라갔을 때에는 두레박이 비워진다. 두레박을 우물의 꼭대기까지 끌어올리는 데 한 일을 구하라.

11. 길이 2 m, 너비 1 m, 깊이 1 m인 수족관에 물이 가득 담겨 있다. 이 물의 절반을 수족관 밖으로 뽑아낼 때 필요한 일을 구하라(물의 밀도는 1000 kg/m³이다).

12-13 물통에 물이 가득 담겨 있다. 배수구 밖으로 물을 모두 뽑아내는 데 필요한 일을 구하라. 물의 밀도는 1000 kg/m³이다.

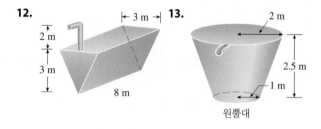

원뿔대

14. 연습문제 12의 물통에 대해 4.7×10^5 J만큼 일을 한 후 펌프가 고장났다고 가정할 때, 물통에 남아 있는 물의 깊이는 얼마인가?

15. 기체가 반지름이 r인 원통 속에서 팽창하고 있을 때, 임의의 주어진 시각에서 압력은 부피의 함수 $P = P(V)$로 나타낸다. 기체가 피스톤에 작용하는 힘(그림 참조)은 압력과 넓이의 곱 $F = \pi r^2 P$이다. 부피가 V_1에서 V_2까지 팽창할 때, 기체가 한 일이 다음과 같음을 보여라.

$$W = \int_{V_1}^{V_2} P \, dV$$

피스톤 머리

16-17 **일-에너지 정리** 질량 m이고 속도 v로 움직이는 물체의 운

동에너지(KE)는 $KE = \frac{1}{2}mv^2$으로 정의한다. 물체에 x축을 따라 x_1에서 x_2까지 움직이게 하는 힘 $f(x)$가 작용한다면, 일-에너지 정리에 의해 한 일 w는 운동에너지의 변화 $\frac{1}{2}mv_2^2 - \frac{1}{2}mv_1^2$과 같다. 여기서 v_1은 x_1에서의 속도이고 v_2는 x_2에서의 속도이다.

16. $x = s(t)$는 시각 t에서 물체의 위치 함수이고 $v(t)$, $a(t)$는 속도와 가속도 함수이다.

$$W = \int_{x_1}^{x_2} f(x)\,dx = \int_{t_1}^{t_2} f(s(t))\,v(t)\,dt$$

임을 보여 주기 위해 4.5절의 정리 [5] 정적분에 대한 치환법을 사용하여 일-에너지 정리를 증명하라. 이때 뉴턴의 운동 제2법칙(힘 = 질량 × 가속도)을 사용하고 $u = v(t)$로 치환한 후 적분을 계산하라.

17. 800 kg의 롤러코스터 자동차를 발사할 때 전자파 추진 시스템 트랙을 따라 거리가 x m에서 자동차에 $5.7x^2 + 1.5x$ N

의 힘이 작용한다. 연습문제 16을 이용해서 60 m를 이동했을 때 차량의 속도를 구하라.

---

18. (a) 뉴턴의 중력 법칙에 따르면, 질량이 m_1, m_2인 두 물체는 다음과 같은 힘으로 서로 끌어당기고 있다고 한다.

$$F = G\frac{m_1 m_2}{r^2}$$

이때 r는 두 물체 사이의 거리이고, G는 중력상수이다. 한 물체가 고정되어 있을 때, 다른 물체를 $r = a$에서 $r = b$까지 움직이는 데 필요한 일을 구하라.

(b) 1000 kg의 위성을 수직으로 1000 km 높이까지 쏘아 올리는 데 필요한 일을 구하라. 지구의 질량은 5.98×10^{24} kg이고 중심에 집중되어 있다고 가정한다. 지구의 반지름은 6.37×10^6 m이고 $G = 6.67 \times 10^{-11}$ N·m²/kg² 이다.

5.5 | 함수의 평균값

유한개의 수 $y_1, y_2, \cdots, y_n$의 평균값을 계산하는 것은 쉬우며, 그것은 다음과 같다.

$$y_{\text{avg}} = \frac{y_1 + y_2 + \cdots + y_n}{n}$$

하루 동안 기온을 무한정 측정할 수 있다면, 하루 동안의 평균기온은 어떻게 계산할 수 있는가? 그림 1은 온도함수 $T(t)$ (t의 단위는 시간, $T°$C의 그래프와 추측한 평균기온 T_{avg}를 보여 주고 있다.

일반적으로 함수 $y = f(x)$, $a \le x \le b$의 평균값을 계산해 보자. 구간 $[a, b]$를 n개의 동일한 부분 구간으로 나누면 각 부분 구간의 길이는 $\Delta x = (b - a)/n$이다. 그리고 연속적인 부분 구간에서 점 $x_1^*, \cdots, x_n^*$를 선택하면 수 $f(x_1^*), \cdots, f(x_n^*)$의 평균은 다음과 같이 계산된다.

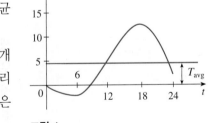

그림 1

$$\frac{f(x_1^*) + \cdots + f(x_n^*)}{n}$$

(예를 들어 f가 온도함수이고 $n = 24$라면, 이것은 매시간 온도를 측정하고 그것의 평균값을 계산했음을 의미한다.) 그런데 $\Delta x = (b - a)/n$이므로 $n = (b - a)/\Delta x$이며 평균값은 다음과 같다.

$$\frac{f(x_1^*) + \cdots + f(x_n^*)}{\dfrac{b-a}{\Delta x}} = \frac{1}{b-a}[f(x_1^*) + \cdots + f(x_n^*)]\Delta x$$

$$= \frac{1}{b-a}[f(x_1^*)\Delta x + \cdots + f(x_n^*)\Delta x]$$

$$= \frac{1}{b-a}\sum_{i=1}^{n} f(x_i^*)\Delta x$$

n을 증가시키면, 매우 좁은 간격으로 분포하고 있는 수많은 값들의 평균을 계산하게 된다. (예를 들면 온도를 매분 또는 매초 측정해서 평균을 계산할 것이다.) 정적분의 정의에 따라 극한은 다음과 같다.

$$\lim_{n\to\infty} \frac{1}{b-a}\sum_{i=1}^{n} f(x_i^*)\Delta x = \frac{1}{b-a}\int_a^b f(x)\,dx$$

그러므로 구간 $[a, b]$에서 함수 f의 **평균값**을 다음과 같이 정의한다.

양의 함수에 대해 이 정의를 다음과 같이 말할 수 있다.

$$\frac{\text{넓이}}{\text{너비}} = \text{평균높이}$$

$$\boxed{\; f_{\text{avg}} = \frac{1}{b-a}\int_a^b f(x)\,dx \;}$$

《예제 1》 구간 $[-1, 2]$에서 함수 $f(x) = 1 + x^2$의 평균값을 구하라.

풀이 $a = -1$이고 $b = 2$이므로 다음을 얻는다.

$$f_{\text{avg}} = \frac{1}{b-a}\int_a^b f(x)\,dx = \frac{1}{2-(-1)}\int_{-1}^{2} (1 + x^2)\,dx$$

$$= \frac{1}{3}\left[x + \frac{x^3}{3}\right]_{-1}^{2} = 2 \qquad\blacksquare$$

$T(t)$가 시각 t에서의 온도일 때, 평균기온과 같아지는 특정 시각의 온도가 있다고 생각해 보자. 그림 1의 온도함수에서는 그런 시각이 두 번이 있는데 정오와 자정 바로 직전이다. 그렇다면 일반적으로 함수 f의 값이 정확히 그 함수의 평균값과 같아지는 수 c[즉 $f(c) = f_{\text{avg}}$]가 존재하는가? 다음 정리는 연속함수에 대해 이 사실이 참이라는 것을 보여 주고 있다.

적분에 대한 평균값 정리 f가 $[a, b]$에서 연속이면, 다음을 만족하는 c가 $[a, b]$에 존재한다.

$$f(c) = f_{\text{avg}} = \frac{1}{b-a}\int_a^b f(x)\,dx$$

즉 $$\int_a^b f(x)\,dx = f(c)(b-a)$$

적분에 대한 평균값 정리는 도함수에 대한 평균값 정리와 미적분학의 기본정리의 한 결과이다.

적분에 대한 평균값 정리의 기하학적인 의미는 다음과 같다. 양의 함수 f에 대해, 밑변이 $[a, b]$이고 높이가 $f(c)$인 직사각형의 넓이와 a에서 b까지 f의 그래프 아래의 영역의 넓이가 같아지도록 하는 수 c가 $[a, b]$에 존재한다는 것이다(그림 2 참조).

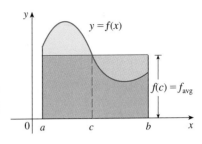

그림 2

언제나 산(2차원)을 어떤 높이(f_{avg})에서 꼭대기를 잘라낼 수 있으며, 그것으로 계곡을 메워 산을 완전히 평평하게 만들 수 있다.

《**예제 2**》 $f(x) = 1 + x^2$은 구간 $[-1, 2]$에서 연속이므로 적분에 대한 평균값 정리에 따라 다음을 만족하는 수 c가 $[-1, 2]$에 존재한다.

$$\int_{-1}^{2} (1 + x^2)\, dx = f(c)[2 - (-1)]$$

이런 특별한 경우에는 c를 명백히 구할 수 있다. 예제 1로부터 $f_{avg} = 2$임을 알고 있으므로 c의 값은 다음을 만족한다.

$$f(c) = f_{avg} = 2$$

그러므로 다음과 같다.

$$1 + c^2 = 2, \qquad c^2 = 1$$

따라서 이 경우에는 구간 $[-1, 2]$에서 두 수 $c = \pm 1$이 적분에 대한 평균값 정리를 만족시킨다. ■

예제 1과 예제 2는 그림 3으로 설명될 수 있다.

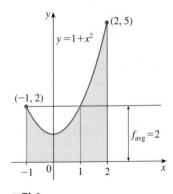

그림 3

《**예제 3**》 시간 구간 $[t_1, t_2]$에서 자동차의 평균 속도가 주행 속도의 평균값과 같음을 보여라.

풀이 $s(t)$를 시각 t에서 자동차의 변위라고 하면, 정의에 따라 구간 $[t_1, t_2]$에서 자동차의 평균 속도는 다음과 같다.

$$\frac{\Delta s}{\Delta t} = \frac{s(t_2) - s(t_1)}{t_2 - t_1}$$

한편 그 구간에서 속도함수의 평균값은 다음과 같다.

$$\begin{aligned}
v_{avg} &= \frac{1}{t_2 - t_1} \int_{t_1}^{t_2} v(t)\, dt = \frac{1}{t_2 - t_1} \int_{t_1}^{t_2} s'(t)\, dt \\
&= \frac{1}{t_2 - t_1} [s(t_2) - s(t_1)] \qquad \text{(순변화 정리에 의해)} \\
&= \frac{s(t_2) - s(t_1)}{t_2 - t_1} = \text{평균 속도}
\end{aligned}$$

■

5.5 | 연습문제

1-4 주어진 구간에서 다음 함수의 평균값을 구하라.

1. $f(x) = 3x^2 + 8x$, $[-1, 2]$

2. $g(x) = 3 \cos x$, $[-\pi/2, \pi/2]$

3. $f(t) = t^2(1 + t^3)^4$, $[0, 2]$

4. $h(x) = \cos^4 x \sin x$, $[0, \pi]$

5-6

(a) 주어진 구간에서 f의 평균값을 구하라.

(b) 주어진 구간에서 $f_{\text{avg}} = f(c)$인 c를 구하라.

(c) f의 그래프를 그리고, 주어진 구간에서 넓이가 f의 그래프 아래의 넓이와 같은 직사각형을 그려라.

5. $f(t) = 1/t^2$, $[1, 3]$

6. $f(x) = 2 \sin x - \sin 2x$, $[0, \pi]$

---

7. f는 연속이고 $\int_1^3 f(x)\,dx = 8$이면, 구간 $[1, 3]$에서 f는 적어도 한 번 4라는 값을 갖는다는 것을 보여라.

8. $[0, 8]$에서 f의 평균값을 구하라.

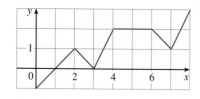

9. 어떤 도시에서 오전 9시부터 t시간 후에 측정한 기온(℃)을 근사적으로 다음 함수로 표현한다고 한다.

$$T(t) = 10 + 4 \sin \frac{\pi t}{12}$$

오전 9시에서 오후 9시까지의 평균기온을 구하라.

10. 길이 8 m인 막대의 선밀도는 $12/\sqrt{x + 1}$ kg/m이다. 여기서 x의 단위는 m로 막대의 한 끝점으로부터 측정한 것이다. 막대의 평균밀도를 구하라.

11. 4.5절의 연습문제 29의 결과를 이용해서, 한 호흡주기에서 폐로 유입된 공기의 평균부피를 계산하라.

12. 그래프를 이용해서 f가 $[a, b]$에서 위로 오목하면

$$f_{\text{avg}} > f\left(\frac{a + b}{2}\right)$$

임을 보여라.

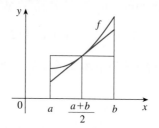

13. $f_{\text{avg}}[a, b]$는 구간 $[a, b]$에서 f의 평균값을 표시한다. f가 연속이면 $\lim_{h \to 0^+} f_{\text{avg}}[a, a + h] = f(a)$임을 보여라.

---

5 복습

개념 확인

1. (a) 두 대표 곡선 $y = f(x)$와 $y = g(x)$ [단, $f(x) \geq g(x)$, $a \leq x \leq b$]를 그려라. 이 곡선 사이 영역의 넓이를 리만 합으로 어떻게 근사시키는지를 보이고, 대응하는 근사 직사각형들을 그려라. 그리고 정확한 넓이에 대한 표현식을 쓰라.

(b) 곡선들이 식 $x = f(y)$와 $x = g(y)$ [단, $f(y) \geq g(y)$, $c \leq y \leq d$]로 표현되면 상황이 어떻게 바뀌는지 설명하라.

2. (a) S를 단면의 넓이를 알고 있는 입체라고 가정하자. S의 부피를 리만 합으로 어떻게 근사시키는지 설명하라. 그리고 정확한 부피에 대한 표현식을 쓰라.

(b) S가 회전체라면 절단면의 넓이를 어떻게 구할 수 있는가?

3. 길이가 6 m인 책상 위에서 책을 $x = 0$에서 $x = 6$까지 각 점에서 힘 $f(x)$로 민다고 가정하자. $\int_0^6 f(x)\,dx$는 무엇을 의미하는가? $f(x)$의 단위가 N이면 적분결과의 단위는 무엇인가?

참·거짓 퀴즈

다음 명제가 참인지 거짓인지 판별하라. 참이면 이유를 설명하고, 거짓이면 이유를 설명하거나 반례를 들라.

1. $a \le x \le b$일 때 곡선 $y = f(x)$와 $y = g(x)$ 사이의 넓이는 $A = \int_a^b [f(x) - g(x)]\, dx$이다.

2. 곡선 $y = \sqrt{x}$와 직선 $y = x$으로 유계된 영역을 x축 중심으로 회전시킬 때 생기는 입체의 부피는 $V = \int_0^1 \pi(\sqrt{x} - x)^2\, dx$이다.

3-5 $\mathcal{R}$은 그림에서 표시된 영역이다.

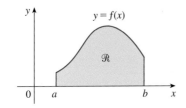

3. 영역 $\mathcal{R}$을 x축 중심으로 회전시킬 때 생기는 입체의 부피는 $V = \int_a^b \pi[f(x)]^2\, dx$이다.

4. 영역 $\mathcal{R}$을 y축 중심으로 회전시킬 때 생기는 입체의 수평 단면은 원통껍질이다.

5. 영역 $\mathcal{R}$이 입체 S의 밑면이고 입체 S의 x축에 수직인 단면이 정사각형이면, 입체 S의 부피는 $V = \int_a^b [f(x)]^2\, dx$이다.

6. $\int_2^5 f(x)\, dx = 12$이면 구간 $[2, 5]$에서 f의 평균값은 4이다.

복습문제

1-3 다음 곡선으로 유계된 영역의 넓이를 구하라.

1. $y = x^2, \quad y = 8x - x^2$

2. $y = 1 - 2x^2, \quad y = |x|$

3. $y = \sin(\pi x/2), \quad y = x^2 - 2x$

4-6 다음 곡선으로 유계된 영역을 지정된 축을 중심으로 회전시킬 때 생기는 입체의 부피를 구하라.

4. $y = 2x, \ y = x^2$; x축

5. $x = 0, \ x = 9 - y^2$; $x = -1$

6. $x^2 - y^2 = a^2, \ x = a + h$ (단, $a > 0, h > 0$); y축

7. 다음 곡선으로 유계된 영역을 직선 $x = \pi/2$를 중심으로 회전시킬 때 생기는 입체의 부피를 구하는 적분을 세워라. 계산은 하지 않는다.
$$y = \cos^2 x, \ |x| \le \pi/2, \ y = \tfrac{1}{4}$$

8. 두 곡선 $y = x^3, \ y = 3x^2$으로 유계된 영역을 직선 $x = -1$을 중심으로 회전시킬 때 생기는 입체에 대해 (a) 적분변수 x와 (b) 적분변수 y를 이용하여 입체의 부피를 구하라.

9. 곡선 $y = x^2$과 직선 $y = x$로 유계된 영역을 다음 직선을 중심으로 회전시킬 때 생기는 입체의 부피를 구하라.
(a) x축   (b) y축   (c) $y = 2$

10. 곡선 $y = \tan(x^2)$과 직선 $x = 1, \ y = 0$으로 유계된 영역을 $\mathcal{R}$이라고 하자. $n = 4$인 중점법칙을 이용해서 다음의 근삿값을 추정하라.
(a) $\mathcal{R}$의 넓이
(b) $\mathcal{R}$을 x축 중심으로 회전시킬 때 생기는 입체의 부피

11-12 각 적분은 입체의 부피를 나타내고 있다. 각 입체에 대해 설명하라.

11. $\int_0^{\pi/2} 2\pi x \cos x\, dx$ **12.** $\int_0^\pi \pi(2 - \sin x)^2\, dx$

13. 반지름이 3인 원판을 밑면으로 갖는 입체가 있다. 밑면에 수직인 서로 평행한 단면들이 밑면을 따라 빗변을 갖는 직각이등변삼각형일 때, 이 입체의 부피를 구하라.

14. 기념비의 높이가 20 m이다. 꼭대기로부터 x(m)인 지점에서 밑면에 평행한 단면은 한 변이 $x/4$(m)인 정삼각형이다. 기념비의 부피를 구하라.

15. 원래 길이가 12 cm인 용수철을 15 cm 길이로 늘이는 데 30 N의 힘이 필요하다. 이 용수철을 12 cm에서 20 cm까지 늘이는 데 한 일은 얼마인가?

16. 다음 그림과 같이 물을 가득 채운 물통이 회전포물면 모양을 하고 있다. 즉, 포물선을 세로축을 중심으로 회전시킬 때 생기는 곡면이다.

(a) 물통의 높이가 1.2 m이고 윗면의 반지름이 1.2 m일 때 이 물통으로부터 물을 모두 퍼내는 데 필요한 일을 구하라.

(b) 4000 J의 일을 한 후에 물통에 남아 있는 물의 깊이는 얼마인가?

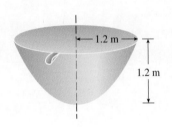

17. 구간 $[0, \pi/4]$에서 함수 $f(t) = \sec^2 t$의 평균값을 구하라.

18. $\mathcal{R}_1$은 곡선 $y = x^2$과 직선 $y = 0$, $x = b(b > 0)$으로 유계된 영역이다. $\mathcal{R}_2$는 곡선 $y = x^2$과 직선 $x = 0$, $y = b^2$으로 유계된 영역이다.

(a) 영역 $\mathcal{R}_1$과 $\mathcal{R}_2$가 동일한 넓이를 갖는 b의 값이 있는가?

(b) 영역 $\mathcal{R}_1$을 x축과 y축을 중심으로 회전시킬 때 동일한 부피를 갖는 b의 값이 있는가?

(c) 영역 $\mathcal{R}_1$과 $\mathcal{R}_2$를 x축을 중심으로 회전시킬 때 동일한 부피를 갖는 b의 값이 있는가?

(d) 영역 $\mathcal{R}_1$과 $\mathcal{R}_2$를 y축을 중심으로 회전시킬 때 동일한 부피를 갖는 b의 값이 있는가?

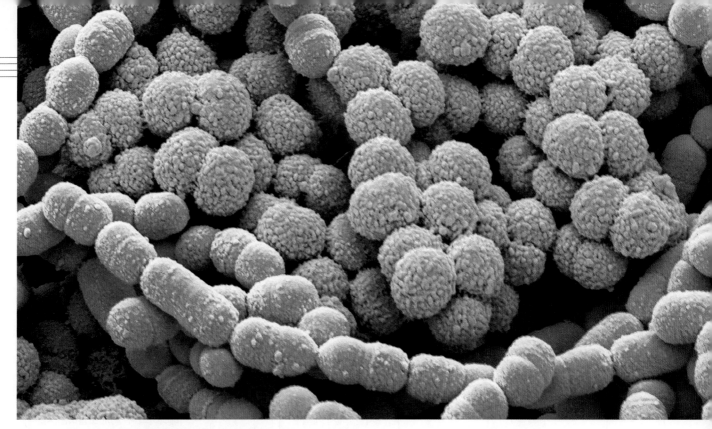

지수함수는 사진 속의 박테리아를 포함한 급격한 인구증가를 설명하기 위해 사용된다.
STEVE GSCHMEISSNER / SCIENCE PHOTO LIBRARY / Getty Images

6 역함수: 지수함수, 로그함수, 역삼각함수
Exponential, Logarithmic, and Inverse Trigonometric Functions

이 장에서는 함수와 그 역함수를 짝지어 동시에 다룰 것이다. 수학이나 그의 응용에 나타나는 가장 중요한 두 함수는 지수함수 $f(x) = b^x$과 그의 역함수인 로그함수 $g(x) = \log_b x$이다. 여기서 이 두 함수의 성질을 알아보고 그 도함수를 계산하며, 이것을 이용하여 생물학, 물리학, 화학 및 기타 다른 과학 분야에서 지수적인 성장과 붕괴를 설명한다. 또한 삼각함수와 쌍곡선함수의 역함수도 조사 연구한다. 마지막으로 어려운 극한을 계산하는 방법(로피탈 법칙)을 공부하며, 이 것을 함수의 그래프를 그리는 데 적용한다.

    지수함수와 로그함수를 정의하고 이 함수들의 성질과 도함수를 설명하는 데에는 두 가지 방법이 있다. 그중 하나는 지수함수로 시작해서 그의 역함수로 로그함수를 정의하는 것으로, 그 접근방법은 6.2, 6.3, 6.4절에서 다루며, 가장 직관적인 방법이다. 다른 방법은 적분으로 로그를 정의해서 그 함수의 역함수로 지수함수를 정의하는 방법인데, 이 접근방법은 6.2*, 6.3*, 6.4* 절에서 다룬다. 전자보다 덜 직관적이나 후자의 경우 함수의 성질을 더 쉽게 유도할 수 있기 때문에 더 많이 사용한다. 교수자에 따라서 이런 두 접근 중 어느 하나만 학습하면 된다.

6.1 | 역함수와 그의 도함수

■ 역함수

표 1은 영양분이 제한된 배양기 속에 100마리의 박테리아를 넣고 배양실험을 한 자료이다. 박테리아의 개체수는 매시간 기록되고, 박테리아의 수 N은 시간 t의 함수로서 $N = f(t)$이다.

생물학자가 관점을 바꿔 여러 수준의 개체수에 도달하는 데 걸리는 시간에 관심이 있다고 하자. 다시 말해 t를 N의 함수로 생각한다. 이 함수를 f의 역함수라 하며, f^{-1}로 나타내고 'f의 **역함수**'로 읽는다. 즉 $t = f^{-1}(N)$은 개체수가 N에 도달하는 데 걸리는 시간이다. f^{-1}의 값은 표 1을 오른쪽에서 왼쪽으로 읽거나 표 2의 결과에 따라 얻을 수 있다. 예를 들면 $f(6) = 550$이므로 $f^{-1}(550) = 6$이다.

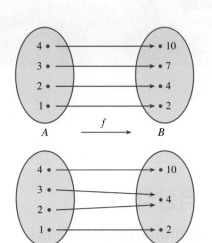

그림 1 f는 일대일이나 g는 아니다.

표 1 N은 t의 함수

t(시간)	$N = f(t)$ = 시간 t에서 개체수
0	100
1	168
2	259
3	358
4	445
5	509
6	550
7	573
8	586

표 2 t는 N의 함수

N	$t = f^{-1}(N)$ = 박테리아의 수 N에 도달하는 시간
100	0
168	1
259	2
358	3
445	4
509	5
550	6
573	7
586	8

모든 함수가 역함수를 갖는 것은 아니다. 그림 1에 보인 것과 같이 화살표 도표로 나타낸 두 함수 f, g를 비교해 보자. f는 결코 같은 값을 두 번 취하지 않는다. (A에서 임의의 두 입력은 출력이 서로 다르다.) 반면에 g는 같은 값을 두 번 취함(2와 3 모두 출력이 4로 같다)에 주목하자. 기호로 $g(2) = g(3)$이다. 그러나 $x_1 \neq x_2$에 대해서 $f(x_1) \neq f(x_2)$이다. 이와 같은 성질을 갖는 함수 f를 **일대일 함수**라고 한다.

입력과 출력의 용어로 표현하면, 각 출력에 대응하는 입력이 유일하면 f를 일대일이라고 한다.

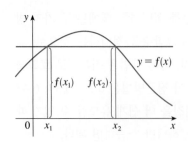

그림 2 이 함수는 $f(x_1) = f(x_2)$이므로 일대일이 아니다.

> **[1] 정의** 함수 f가 같은 값을 두 번 취하지 않을 때, 즉 다음이 성립할 때 함수 f를 **일대일 함수**(one-to-one function)라 한다.
>
> $$x_1 \neq x_2 \text{일 때} \quad f(x_1) \neq f(x_2)$$

수평선이 f의 그래프와 두 번 이상 만난다면, 그림 2에서 보듯이 $f(x_1) = f(x_2)$를 만족하는 x_1과 x_2가 존재한다. 이것은 f가 일대일 함수가 아님을 뜻한다. 그러므로 다음의 기하학적인 방법으로 함수가 일대일인지를 결정할 수 있다.

수평선 판정법 함수가 일대일이기 위한 필요충분조건은 어떤 수평선도 함수의 그래프와 기껏해야 한 번만 교차하는 것이다.

《**예제 1**》 함수 $f(x) = x^3$은 일대일인가?

풀이 1 $x_1 \neq x_2$일 때 $x_1^3 \neq x_2^3$이므로 정의 ①에 따라 $f(x) = x^3$은 일대일이다.

풀이 2 그림 3에서 어떤 수평선도 $f(x) = x^3$과 두 번 이상 만나지 않으므로, 수평선 판정법에 따라 f는 일대일이다. ∎

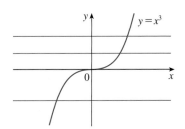

그림 3 $f(x) = x^3$은 일대일이다.

《**예제 2**》 함수 $g(x) = x^2$은 일대일인가?

풀이 1 예를 들어 $g(1) = 1 = g(-1)$이고, 따라서 1과 -1은 출력이 같기 때문에 g는 일대일이 아니다.

풀이 2 그림 4에서 g의 그래프와 두 점에서 만나는 수평선이 있으므로, 수평선 판정법에 따라 g는 일대일이 아니다. ∎

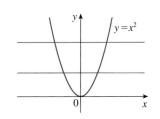

그림 4 $g(x) = x^2$은 일대일이 아니다.

일대일 함수는 다음 정의에 따라 명확하게 역함수를 갖는 함수이므로 중요하다.

② **정의** f가 정의역이 A이며 치역이 B인 일대일 함수라고 하자. 그러면 f의 **역함수**(inverse function) f^{-1}은 정의역이 B이고 치역이 A이며, B에 있는 임의의 y에 대해 다음과 같이 정의된다.

$$f^{-1}(y) = x \iff f(x) = y$$

이 정의는 f가 x를 y로 사상시키면, 역으로 f^{-1}는 y를 x로 사상시키는 것을 말한다(f가 일대일이 아니면 f^{-1}는 유일하게 정의되지 않는다). 그림 5의 화살표 도표는 f^{-1}는 f의 결과를 반대로 하는 것을 나타낸다. 다음 사실에 주목하자.

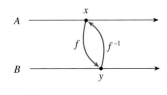

그림 5

f^{-1}의 정의역 $= f$의 치역
f^{-1}의 치역 $\quad= f$의 정의역

예를 들어 $f(x) = x^3$의 역함수는 $f^{-1}(x) = x^{1/3}$이다. 왜냐하면 $y = x^3$이면 다음이 성립하기 때문이다.

$$f^{-1}(y) = f^{-1}(x^3) = (x^3)^{1/3} = x$$

⊘**주의** f^{-1}의 -1을 지수로 착각하면 안 된다. 그렇기 때문에 $f^{-1}(x)$는 $1/f(x)$을 의미하는 것이 아니다. $f(x)$의 역수 $1/f(x)$은 $[f(x)]^{-1}$로 쓸 수 있다.

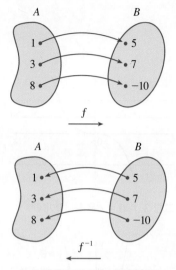

A B

f

A B

f^{-1}

그림 6 역함수는 입력과 출력을 서로 바꾼다.

《예제 3》 f가 일대일 함수이고 $f(1) = 5$, $f(3) = 7$, $f(8) = -10$일 때 $f^{-1}(7)$, $f^{-1}(5)$, $f^{-1}(-10)$을 구하라.

풀이 f^{-1}의 정의로부터 다음을 얻는다.

$$f(3) = 7이므로 \qquad f^{-1}(7) = 3$$
$$f(1) = 5이므로 \qquad f^{-1}(5) = 1$$
$$f(8) = -10이므로 \qquad f^{-1}(-10) = 8$$

그림 6은 이 경우에 f^{-1}가 f의 결과를 어떻게 바꿔 놓는지 명백하게 보여 준다. ■

문자 x는 독립변수로 사용되는 것이 관례이므로 f보다 f^{-1}에 관심을 기울일 경우에 통상적으로 정의 **2**에서 x와 y의 역할을 다음과 같이 바꿔 쓴다.

3
$$f^{-1}(x) = y \iff f(y) = x$$

정의 **2**에서 y를, 식 **3**에서는 x를 치환하면 다음의 **소거방정식**(cancellation equation)을 얻는다.

4
$$A의\ 모든\ x에\ 대해\ f^{-1}(f(x)) = x$$
$$B의\ 모든\ x에\ 대해\ f(f^{-1}(x)) = x$$

첫 번째 소거방정식은 x로 시작해서 f, f^{-1}를 차례로 적용하면 다시 x로 되돌아감을 의미한다(그림 7). 그러므로 f^{-1}는 f가 한 것을 원상태로 되돌려 놓는다. 두 번째 방정식은 f는 f^{-1}가 한 것을 원상태로 되돌려 놓는 것을 말한다.

그림 7

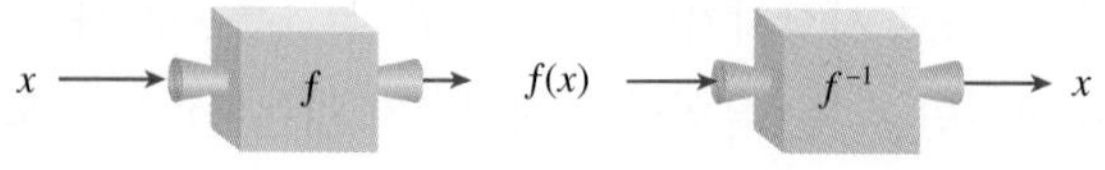

$x \longrightarrow \boxed{f} \longrightarrow f(x) \longrightarrow \boxed{f^{-1}} \longrightarrow x$

예를 들어 $f(x) = x^3$이면 $f^{-1}(x) = x^{1/3}$이므로 소거방정식은 다음과 같다.

$$f^{-1}(f(x)) = (x^3)^{1/3} = x$$
$$f(f^{-1}(x)) = (x^{1/3})^3 = x$$

이런 방정식들은 단순히 3차함수와 세제곱근함수가 연속적으로 적용될 때 서로 소거되는 것을 말한다.

이제 역함수를 구하는 방법에 대해 알아보기로 하자. 함수 $y = f(x)$가 주어지고 x를 y에 대해 이 방정식을 풀 수 있다면 정의 **2**에 따라 $x = f^{-1}(y)$를 얻는다. 독립변수를 x로 나타내기 원하면 x와 y를 바꿔 방정식 $y = f^{-1}(x)$를 얻을 수 있다.

---

5 일대일 함수 f의 역함수를 구하는 방법

1단계 $y = f(x)$로 놓는다.

2단계 x를 y의 항으로 (가능하다면) 이 방정식을 푼다.

3단계 f^{-1}를 x의 함수로 표현하기 위해, x와 y를 서로 바꾼다.

이 결과는 $y = f^{-1}(x)$이다.

《**예제 4**》 $f(x) = x^3 + 2$의 역함수를 구하라.

풀이 정리 **5**에 따라 함수 $f(x)$를 $y = x^3 + 2$로 다시 쓰고 x에 대해 다음과 같이 이 방정식을 푼다.

$$x^3 = y - 2$$
$$x = \sqrt[3]{y - 2}$$

끝으로 x와 y를 서로 바꿔 쓰면, $y = \sqrt[3]{x - 2}$이므로 역함수는 다음과 같다.

$$f^{-1}(x) = \sqrt[3]{x - 2}$$ ■

예제 4에서 f^{-1}가 f의 결과를 어떻게 바꾸는지에 주목하자. 함수 f는 '세제곱에 2를 더하는' 규칙이고, 역함수 f^{-1}는 '2를 빼고 세제곱근을 취하는' 규칙이다.

역함수를 구하기 위해 x와 y를 서로 바꾸는 원리는 f의 그래프에서 f^{-1}의 그래프를 얻는 방법을 제시한다. $f(a) = b$이기 위한 필요충분조건은 $f^{-1}(b) = a$이므로 점 (a, b)가 f의 그래프에 있기 위한 필요충분조건은 점 (b, a)가 f^{-1}의 그래프에 있는 것이다. 그러나 점 (b, a)는 (a, b)를 직선 $y = x$에 대해 대칭시킴으로써 얻는다(그림 8 참조).

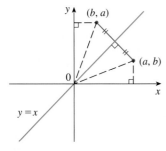

그림 8

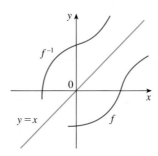

그림 9

그러므로 그림 9에서 설명했듯이 다음과 같다.

f^{-1}의 그래프는 직선 $y = x$에 대해 f의 그래프를 대칭 이동시켜 얻는다.

《**예제 5**》 $f(x) = \sqrt{-1 - x}$의 그래프와 이 함수의 역함수의 그래프를 동일한 좌표축을 이용해서 그려라.

풀이 먼저 곡선 $y = \sqrt{-1 - x}$ (포물선 $y^2 = -1 - x$ 또는 $x = -y^2 - 1$의 위쪽 절반)의 그래프를 그린다. 그 다음 f^{-1}의 그래프를 얻기 위해 $y = x$에 대해 대칭시킨다(그림 10 참조). 그래프로부터 확인되듯이 f^{-1}에 대한 표현은 $f^{-1}(x) = -x^2 - 1$, $x \geq 0$임에 주의한다. 따라서 f^{-1}의 그래프는 포물선 $y = -x^2 - 1$의 오른쪽 절반 부분이며, 그림 10으로부터 합리적으로 보인다. ■

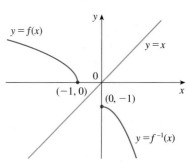

그림 10

■ 역함수의 도함수 계산법

이제 미적분학의 관점에서 역함수를 관찰해 보자. f가 일대일 함수이고 연속함수라고 가정하자. 연속함수는 그래프가 끊어지지 않은 것으로 생각할 수 있다. (그것은 단 한 조각으로 이루어진다.) f^{-1}의 그래프는 f의 그래프를 직선 $y = x$에 대해 대칭시켜 얻으므로, f^{-1}의 그래프도 끊어지지 않는다(그림 9 참조). 따라서 f^{-1}도 연속함수라는 것을 기대할 수 있다.

이런 기하학적인 추론으로 다음 정리를 증명하지는 못하지만 적어도 정리를 수긍할 수 있게 한다.

> **6 정리** f가 어떤 구간에서 정의된 일대일 연속함수이면 그의 역함수 f^{-1}도 역시 연속이다.

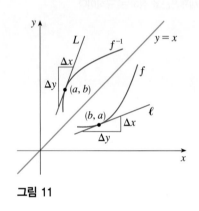

그림 11

이제 f가 일대일이며 미분가능한 함수라 가정하자. 기하학적으로 미분가능한 함수의 그래프는 꺾이거나 뾰족하지 않은 함수로 생각할 수 있다. f^{-1}의 그래프는 f의 그래프를 직선 $y = x$에 대해 대칭 이동시켜 얻으므로 꺾이거나 뾰족하지 않다. 그러므로 f^{-1}도 미분가능함을 기대할 수 있다(접선이 수직선인 곳은 제외). 사실 주어진 점에서 f^{-1}의 도함수의 값은 기하학적인 추론으로 예측할 수 있다. 그림 11에서 f와 그 역함수 f^{-1}의 그래프를 볼 수 있다. $f(b) = a$이면 $f^{-1}(a) = b$이며 $(f^{-1})'(a)$는 점 (a, b)에서 그래프 f^{-1}의 접선의 기울기, 즉 $\Delta y/\Delta x$이다. $y = x$에 대한 대칭은 x축과 y축을 바꾼 결과이다. 따라서 대칭인 직선 ℓ[(b, a)에서 f의 그래프에 대한 접선]의 기울기는 $\Delta x/\Delta y$이다. 그러므로 L의 기울기는 ℓ의 기울기의 역수, 즉 다음과 같다.

$$(f^{-1})'(a) = \frac{\Delta y}{\Delta x} = \frac{1}{\Delta x/\Delta y} = \frac{1}{f'(b)}$$

> **7 정리** f가 일대일 미분가능한 함수이고 역함수 f^{-1}를 가지며 $f'(f^{-1}(a)) \neq 0$이면, 역함수도 a에서 미분가능하고 다음이 성립한다.
> $$(f^{-1})'(a) = \frac{1}{f'(f^{-1}(a))}$$

증명 2.1절의 식 **5**와 같이 도함수의 정의에 따라 다음을 얻는다.

$$(f^{-1})'(a) = \lim_{x \to a} \frac{f^{-1}(x) - f^{-1}(a)}{x - a}$$

$f(b) = a$이면 $f^{-1}(a) = b$이고, $y = f^{-1}(x)$이면 $f(y) = x$이다. f가 미분가능하므로 연속이다. 따라서 정리 **6**에 의해 f^{-1}도 연속이다. 그러므로 $x \to a$이면 $f^{-1}(x) \to f^{-1}(a)$이다. 즉 $y \to b$이다. 따라서 다음을 얻는다.

$$(f^{-1})'(a) = \lim_{x \to a} \frac{f^{-1}(x) - f^{-1}(a)}{x - a} = \lim_{y \to b} \frac{y - b}{f(y) - f(b)}$$

$$= \lim_{y \to b} \frac{1}{\dfrac{f(y) - f(b)}{y - b}}$$

$$= \frac{1}{\lim_{y \to b} \dfrac{f(y) - f(b)}{y - b}}$$

$$= \frac{1}{f'(b)} = \frac{1}{f'(f^{-1}(a))}$$

f가 일대일이므로 $x \neq a$이면 $f(y) \neq f(b)$임에 유의하자. ∎

NOTE 1 정리 ⑦의 공식에서 a를 일반적인 수 x로 바꾸면 다음을 얻는다.

⑧
$$(f^{-1})'(x) = \frac{1}{f'(f^{-1}(x))}$$

$y = f^{-1}(x)$로 놓으면 $f(y) = x$이고, 따라서 라이프니츠의 기호로 표현하면 식 ⑧은 다음과 같다.

$$\frac{dy}{dx} = \frac{1}{\dfrac{dx}{dy}}$$

NOTE 2 f^{-1}가 미분가능임을 미리 안다면 음함수 미분법을 이용해서 정리 ⑦의 증명에서 보다 쉽게 그것의 도함수를 계산할 수 있다. $y = f^{-1}(x)$이면 $f(y) = x$이다. 방정식 $f(y) = x$를 x에 관해 미분하고, y가 x의 함수라는 사실과 연쇄법칙을 이용해서 다음을 얻는다.

$$f'(y)\frac{dy}{dx} = 1$$

따라서 다음과 같다.

$$\frac{dy}{dx} = \frac{1}{f'(y)} = \frac{1}{\dfrac{dx}{dy}}$$

《예제 6》 함수 $y = x^2$, $x \in \mathbb{R}$는 일대일이 아니므로 역함수를 갖지 않지만, 정의역을 제한해서 일대일 함수로 바꿀 수 있다. 예를 들면 $f(x) = x^2$, $0 \leq x \leq 2$는(수평선 판정법에 의해) 일대일 함수이며, 정의역은 $[0, 2]$이고 치역은 $[0, 4]$이다(그림 12 참조). 그러

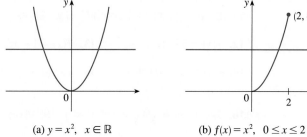

(a) $y = x^2$, $x \in \mathbb{R}$ (b) $f(x) = x^2$, $0 \leq x \leq 2$ **그림 12**

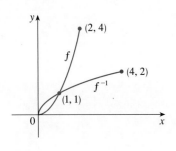

그림 13

므로 f는 정의역이 $[0, 4]$이고 치역이 $[0, 2]$인 역함수 f^{-1}를 갖는다.

$(f^{-1})'$에 대한 공식을 이용하지 않고 $(f^{-1})'(1)$을 계산할 수 있다. $f(1) = 1$이므로 $f^{-1}(1) = 1$이고 $f'(x) = 2x$이다. 정리 **7**에 의해 다음을 얻는다.

$$(f^{-1})'(1) = \frac{1}{f'(f^{-1}(1))} = \frac{1}{f'(1)} = \frac{1}{2}$$

이 경우에 f^{-1}를 명확하게 구하는 것은 쉽다. 사실 $f^{-1}(x) = \sqrt{x}$, $0 \le x \le 4$이다. (일반적으로 정리 **5**에 의해 주어진 방법을 사용할 수 있다.) 그러면 $(f^{-1})'(x) = 1/(2\sqrt{x})$이므로, $(f^{-1})'(1) = \frac{1}{2}$이다. 이것은 앞의 계산 결과와 같다. 함수 f와 f^{-1}의 그래프는 그림 13에 있다. ■

《예제 7》 $f(x) = 2x + \cos x$일 때 $(f^{-1})'(1)$을 구하라.

풀이 $f'(x) = 2 - \sin x > 0$이므로 f는 증가함수이다. 따라서 f는 일대일 함수이다. 정리 **7**을 이용하기 위해서는 $f^{-1}(1)$을 알아야 하며, 다음 관찰에 의해 이것을 구할 수 있다.

$$f(0) = 1 \quad \Rightarrow \quad f^{-1}(1) = 0$$

그러므로 다음을 얻는다.

$$(f^{-1})'(1) = \frac{1}{f'(f^{-1}(1))} = \frac{1}{f'(0)} = \frac{1}{2 - \sin 0} = \frac{1}{2}$$ ■

6.1 | 연습문제

1. (a) 일대일 함수란 무엇인가?

(b) 함수의 그래프로부터 일대일 함수인지, 아닌지를 어떻게 설명하는가?

2-8 함수가 다음과 같이 표의 값, 그래프, 식, 설명으로 주어졌다. 이 함수가 일대일 함수인지, 아닌지를 판정하라.

2.

x	1	2	3	4	5	6
$f(x)$	1.5	2.0	3.6	5.3	2.8	2.0

3.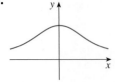

4.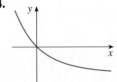

5. $f(x) = 2x - 3$

6. $r(t) = t^3 + 4$

7. $g(x) = 1 - \sin x$

8. $f(t)$는 발로 찬 축구공의 t초 후의 높이이다.

9. f가 일대일 함수라 하자.

(a) $f(6) = 17$이면, $f^{-1}(17)$은 얼마인가?

(b) $f^{-1}(3) = 2$이면, $f(2)$는 얼마인가?

10. $h(x) = x + \sqrt{x}$일 때, $h^{-1}(6)$은 얼마인가?

11. 공식 $C = \frac{5}{9}(F - 32)$, $F \ge -459.67$은 섭씨온도를 화씨온도로 나타낸 함수이다. 역함수의 식을 구하고 그 의미를 해석하라. 역함수의 정의역을 구하라.

12-15 다음 함수의 역함수에 대한 식을 구하라.

12. $f(x) = 5 - 4x$

13. $f(x) = 1 - x^2$, $x \ge 0$

14. $g(x) = 2 + \sqrt{x + 1}$

15. $y = \left(2 + \sqrt[3]{x}\right)^5$

16. 함수 $f(x) = \sqrt{4x + 3}$에 대해 f^{-1}의 명료한 식을 구하고

f^{-1}와 f 그리고 직선 $y = x$의 그래프를 동일한 보기화면에 그려라. f와 f^{-1}의 그래프가 직선에 대해 대칭인지를 조사해서 답을 확인하라.

17. 함수 f의 주어진 그래프를 이용해서 f^{-1}의 그래프를 그려라.

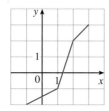

18. $f(x) = \sqrt{1 - x^2}$, $0 \le x \le 1$이라 하자.

(a) f^{-1}를 구하라. 이 함수는 f와 어떤 관계가 있는가?

(b) f의 그래프를 확인하고 (a)의 답을 설명하라.

19-20

(a) f가 일대일 임을 보여라.

(b) 정리 **7** 을 이용하여 $(f^{-1})'(a)$를 구하라.

(c) $f^{-1}(x)$를 계산하고 f^{-1}의 정의역과 치역을 구하라.

(d) (c)의 식으로부터 $(f^{-1})'(a)$를 구하고 (b)의 결과와 같은지 조사하라.

(e) f와 f^{-1}의 그래프를 동일한 좌표축 위에 그려라.

19. $f(x) = x^3$, $a = 8$

20. $f(x) = 9 - x^2$, $0 \le x \le 3$, $a = 8$

21-22 $(f^{-1})'(a)$를 구하라.

21. $f(x) = 3x^3 + 4x^2 + 6x + 5$, $a = 5$

22. $f(x) = 3 + x^2 + \tan(\pi x/2)$, $-1 < x < 1$, $a = 3$

23. f^{-1}는 미분가능한 함수 f의 역함수이고 $f(4) = 5$, $f'(4) = \frac{2}{3}$이다. $(f^{-1})'(5)$를 구하라.

24. $f(x) = \int_3^x \sqrt{1 + t^3}\, dt$일 때, $(f^{-1})'(0)$을 구하라.

T 25. 함수 $f(x) = \sqrt{x^3 + x^2 + x + 1}$의 그래프를 그리고 이 함수가 일대일 함수인 이유를 설명하라. 컴퓨터 대수체계를 이용해서 $f^{-1}(x)$에 대한 명확한 표현을 구하라. (CAS는 가능한 표현을 세 가지로 제시할 것이다. 그중 두 가지가 정황상 부적절한 이유를 설명하라.)

26. (a) 곡선을 왼쪽 방향으로 이동하면 $y = x$에 대해 대칭인 그래프를 어떻게 되는가? 이와 같은 기하학적 원리에 따라 $g(x) = f(x + c)$의 역함수를 구하라. 단, f는 일대일 함수이다.

(b) $h(x) = f(cx)$의 역함수에 대한 표현을 구하라. 단, $c \neq 0$이다.

6.2 | 지수함수와 그의 도함수

함수 $f(x) = 2^x$은 변수 x가 지수이기 때문에 **지수함수**라고 하며, 변수가 밑인 거듭제곱 함수 $g(x) = x^2$과 혼동해서는 안 된다.

■ 지수함수와 그 성질

일반적으로 **지수함수**(exponential function)는 양의 실수 b에 대해 $f(x) = b^x$의 형태이며, 이 함수의 의미를 상기해 보자.

$x = n$, 즉 양의 정수이면 다음과 같다.

$$b^n = \underbrace{b \cdot b \cdot \cdots \cdot b}_{n \text{ 인수}}$$

$x = 0$이면 $b^0 = 1$이고 $x = -n$ (n은 양의 정수)이면 다음과 같다.

교수가 6.2*~6.4*절의 내용으로 강의한다면 6.2~6.4절을 학습할 필요는 없다.

$$b^{-n} = \frac{1}{b^n}$$

x가 유리수($x = p/q$, p, q는 정수, $q > 0$)이면 다음과 같다.

$$b^x = b^{p/q} = \sqrt[q]{b^p} = \left(\sqrt[q]{b}\right)^p$$

그런데 x가 무리수이면 b^x의 의미는 무엇인가? 예를 들면 $2^{\sqrt{3}}$ 또는 5^π은 무엇을 의미하는가?

이 질문에 대한 해답을 얻기 위해 먼저 유리수 x에 대한 $y = 2^x$의 그래프를 살펴보자(그림 1 참조). 그 다음 $y = 2^x$의 정의역을 무리수와 유리수를 모두 포함하는 영역으로 확장한다.

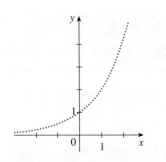

그림 1 $y = 2^x$(x는 유리수)의 그래프

그림 1에서 보듯이 그래프에는 무리수 x에 대응하는 구멍이 있다. 모든 $x \in \mathbb{R}$에 대해 $f(x) = 2^x$을 정의함으로써 구멍을 채우고, 따라서 f는 증가하는 함수가 되도록 하고 싶다. 특히 무리수 $\sqrt{3}$은 부등식

$$1.7 < \sqrt{3} < 1.8$$

을 만족하므로

$$2^{1.7} < 2^{\sqrt{3}} < 2^{1.8}$$

이다. 그리고 1.7, 1.8이 유리수이므로 $2^{1.7}$과 $2^{1.8}$이 얼마인지를 알 수 있다. 마찬가지로 $\sqrt{3}$에 대한 더 좋은 근삿값을 택하면 $2^{\sqrt{3}}$에 대한 더 좋은 근삿값을 얻는다.

$$1.73 < \sqrt{3} < 1.74 \quad \Rightarrow \quad 2^{1.73} < 2^{\sqrt{3}} < 2^{1.74}$$
$$1.732 < \sqrt{3} < 1.733 \quad \Rightarrow \quad 2^{1.732} < 2^{\sqrt{3}} < 2^{1.733}$$
$$1.7320 < \sqrt{3} < 1.7321 \quad \Rightarrow \quad 2^{1.7320} < 2^{\sqrt{3}} < 2^{1.7321}$$
$$1.73205 < \sqrt{3} < 1.73206 \quad \Rightarrow \quad 2^{1.73205} < 2^{\sqrt{3}} < 2^{1.73206}$$
$$\vdots \qquad\qquad \vdots \qquad\qquad \vdots \qquad\qquad \vdots$$

이 사실에 대한 증명은 마르스덴(J. Marsden)과 웨인스테인(A. Weinstein)의 *Calculus Unlimited*(Menlo Park, CA: Benjamin/Cummings, 1981)에서 주어졌다.

다음 모든 수들보다 크고

$$2^{1.7}, \quad 2^{1.73}, \quad 2^{1.732}, \quad 2^{1.7320}, \quad 2^{1.73205}, \quad \ldots$$

또한 다음 수들보다 작은 수가 꼭 하나 존재하는 것을 보일 수 있다.

$$2^{1.8}, \quad 2^{1.74}, \quad 2^{1.733}, \quad 2^{1.7321}, \quad 2^{1.73206}, \quad \ldots$$

이 수를 $2^{\sqrt{3}}$이라고 정의한다. 이 근사과정을 이용해서 소수점 아래 여섯째 자리까지 정확한 $2^{\sqrt{3}} \approx 3.321997$을 얻을 수 있다.

비슷한 방법으로 임의의 무리수 x에 대해 2^x (또는 $b > 0$일 때 b^x)을 정의할 수 있다. 그림 2는 그림 1의 모든 구멍을 채워 함수 $f(x) = 2^x$, $x \in \mathbb{R}$의 그래프를 어떻게 완성하는지 보여 준다.

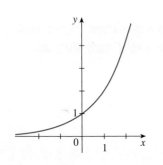

그림 2 $y = 2^x$(x는 실수)의 그래프

일반적으로 b가 임의의 양수이면 다음과 같이 정의한다.

$$\boxed{1} \qquad \boxed{\;b^x = \lim_{r \to x} b^r, \quad r\text{는 유리수}\;}$$

임의의 무리수는 가능한 가까운 유리수로 근사될 수 있으므로 이 정의는 타당하다. 예를 들면 $\sqrt{3}$은 비순환소수 $\sqrt{3} = 1.7320508\cdots$로 표현되므로 식 $\boxed{1}$은 $2^{\sqrt{3}}$이 다음 수열의 극한임을 말한다.

$$2^{1.7}, \quad 2^{1.73}, \quad 2^{1.732}, \quad 2^{1.7320}, \quad 2^{1.73205}, \quad 2^{1.732050}, \quad 2^{1.7320508}, \quad \cdots$$

마찬가지로 5^{π}은 다음 수열의 극한이다.

$$5^{3.1}, \quad 5^{3.14}, \quad 5^{3.141}, \quad 5^{3.1415}, \quad 5^{3.14159}, \quad 5^{3.141592}, \quad 5^{3.1415926}, \quad \cdots$$

식 $\boxed{1}$은 b^x을 유일하게 결정하고 함수 $f(x) = b^x$가 연속이 되도록 함을 보일 수 있다.

그림 3에서 밑 b의 여러 가지 값에 대한 함수족 $y = b^x$의 그래프를 볼 수 있다. $b \neq 0$에 대해 $b^0 = 1$이므로 모든 그래프는 같은 점 $(0, 1)$을 지나며, 또한 $x > 0$인 경우에 밑 b가 커짐에 따라 지수함수는 더욱더 급격히 증가함에 유의하자.

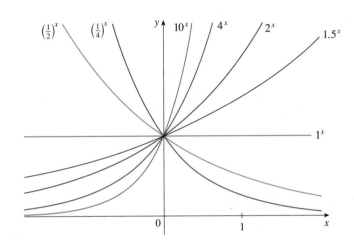

그림 3 지수함수족의 함수들

그림 3에서 기본적인 세 종류의 지수함수 $y = b^x$이 있음을 알 수 있다. $0 < b < 1$이면 지수함수는 감소하고, $b = 1$이면 상수함수이며, $b > 1$이면 지수함수는 증가한다. 이 세 가지 경우는 그림 4에서 설명된다. $b \neq 1$이면 지수함수 $y = b^x$는 정의역

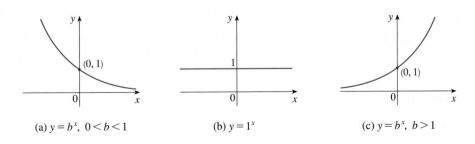

(a) $y = b^x,\ 0 < b < 1$ (b) $y = 1^x$ (c) $y = b^x,\ b > 1$ **그림 4**

$\mathbb{R}$과 치역 $(0, \infty)$을 가진다. $(1/b)^x = 1/b^x = b^{-x}$이므로 $y = (1/b)^x$의 그래프는 $y = b^x$의 그래프를 y축에 관해 대칭 이동시킨 것이다.

지수함수의 성질들은 다음 정리로 요약될 수 있다.

---

2 정리 $b > 0$이고 $b \neq 1$이면, $f(x) = b^x$은 정의역이 $\mathbb{R}$이고 치역이 $(0, \infty)$인 연속함수이다. 특히 모든 x에 대해 $b^x > 0$이다. $0 < b < 1$이면 $f(x) = b^x$은 감소함수이고, $b > 1$이면 f는 증가함수이다. $a, b > 0$이고 $x, y \in \mathbb{R}$이면 다음이 성립한다.

1. $b^{x+y} = b^x b^y$ **2.** $b^{x-y} = \dfrac{b^x}{b^y}$ **3.** $(b^x)^y = b^{xy}$ **4.** $(ab)^x = a^x b^x$

---

www.StewartCalculus.com
지수법칙에 대한 복습과 연습을 위해 Review of Algebra을 클릭하라.

지수함수가 중요한 이유는 **지수법칙**(law of exponent)이라 불리는 성질 1~4에 있다. x, y가 유리수일 때의 법칙들은 초등 대수학에서 잘 알려져 있다. 임의의 실수 x, y에 대해 이 법칙들은 식 **1**을 이용해서 지수가 유리수인 특별한 경우로부터 추론될 수 있다.

다음 극한은 그림 4에 보인 그래프로부터 알 수 있거나 무한대에서의 극한의 정의로부터 증명된다(6.3절 연습문제 31 참조).

---

3 $b > 1$이면 $\displaystyle\lim_{x \to \infty} b^x = \infty$이고 $\displaystyle\lim_{x \to -\infty} b^x = 0$이다.

$0 < b < 1$이면 $\displaystyle\lim_{x \to \infty} b^x = 0$이고 $\displaystyle\lim_{x \to -\infty} b^x = \infty$이다.

특히 $b \neq 1$이면 x축은 지수함수 $y = b^x$의 그래프의 수평점근선이다.

《**예제 1**》

(a) $\displaystyle\lim_{x \to \infty} (2^{-x} - 1)$을 구하라.

(b) 함수 $y = 2^{-x} - 1$의 그래프를 그려라.

풀이

(a)
$$\lim_{x \to \infty} (2^{-x} - 1) = \lim_{x \to \infty} \left[\left(\tfrac{1}{2}\right)^x - 1 \right]$$
$$= 0 - 1 \qquad (\text{식 } \boxed{3}\text{에서 } b = \tfrac{1}{2} < 1\text{이므로})$$
$$= -1$$

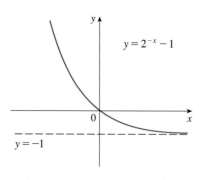

그림 5

(b) (a)에서와 같이 $y = \left(\tfrac{1}{2}\right)^x - 1$로 쓴다. $y = \left(\tfrac{1}{2}\right)^x$의 그래프는 그림 3에 보이고 있으며, 따라서 그림 5와 같이 이 그래프를 y축 아래로 1단위만큼 평행이동하면 $y = \left(\tfrac{1}{2}\right)^x - 1$의 그래프를 얻는다(그래프의 이동에 대해서는 1.3절 참조). (a)에 의해 수평점근선은 직선 $y = -1$이다. ■

《**예제 2**》 그래픽 계산기 또는 컴퓨터를 이용해서 지수함수 $f(x) = 2^x$와 거듭 제곱함수 $g(x) = x^2$를 비교하라. x가 커질 때 어떤 함수가 더 빨리 증가하는가?

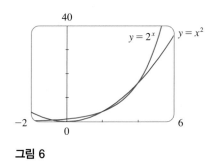

그림 6

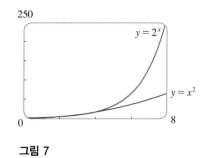

그림 7

예제 2는 $y = 2^x$이 $y = x^2$보다 얼마나 더 빠르게 증가하는지 보여준다. $f(x) = 2^x$이 얼마나 빠르게 증가하는지 결정하기 위해 다음과 같은 사고실험을 수행하자. 25마이크로미터 두께의 종이 조각으로 시작해서 50번을 반씩 접는다고 하자. 매번 종이를 반씩 접으면 종이의 두께는 $2^{50}/2500$ cm가 될 것이다. 생각했던 두께는 얼마인가? 이것은 17백만 마일이 될 것이다.

━━━ **풀이** 그림 6은 $[-2, 6] \times [0, 40]$의 보기화면에 그려진 두 함수를 보여준다. 두 그래프가 세 번 만나는 것과 $x > 4$일 때, $f(x) = 2^x$의 그래프가 $g(x) = x^2$ 그래프보다 위에 있다는 것을 알 수 있다. 그림 7은 큰 x값에 대해서 지수함수 $f(x) = 2^x$가 거듭제곱함수 $g(x) = x^2$보다 더 급격히 증가하는 것을 보여준다. ■

■ 지수함수의 응용

지수함수는 자연이나 사회현상의 수학적 모형에서 빈번히 나타난다. 여기서 인구증가 또는 바이러스 양의 감소에 대한 기술에서 이 함수가 어떻게 나타나는지 간단히 살펴보겠다. 6.5절에서 이런 내용과 다른 응용에 대해 더 자세히 살펴볼 것이다.

2.7절에서 매시간 두 배로 증가하는 박테리아 개체군을 생각했고, 최초 개체수가 n_0이면 t시간 후의 개체수는 $f(t) = n_0 2^t$인 것을 보였다. 이 개체함수는 지수함수 $y = 2^t$에 상수를 곱한 것이며 그림 2와 7에서 보듯이 빠른 성장을 나타낸다. 이상적인 조건(무한한 공간과 영양물, 질병의 부재)에서 이와 같은 지수적인 성장은 자연환경 속에서 실제적으로 일어나는 대표적인 현상인 것이다. 다음 예제에서 인구증가를 살펴보자.

표 1 세계 인구

t (1900년 이후 경과년수)	인구 P(백만)
0	1650
10	1750
20	1860
30	2070
40	2300
50	2560
60	3040
70	3710
80	4450
90	5280
100	6080
110	6870

《**예제 3**》 표 1은 20세기 세계 인구에 대한 자료이다. 그림 8은 이에 대한 산점도이다. 그림 8에서 자료점의 형태가 지수적인 증가를 암시하며, 최소제곱법을 적용하기 위해 지수적인 회귀능력을 갖춘 그래픽 계산기(또는 컴퓨터)를 이용해서 다음과 같은 지수모형을 얻는다.

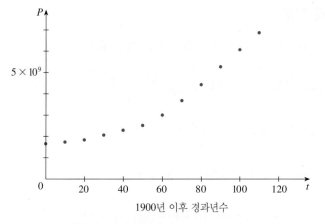

그림 8 세계 인구증가에 대한 산점도

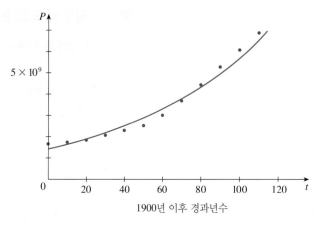

그림 9 인구증가에 대한 지수모형

$$P(t) = (1.43653 \times 10^9) \cdot (1.01395)^t$$

여기서 $t = 0$은 1900년이다. 그림 9는 원래 주어진 자료점들과 함께 이 지수함수의 그래프를 나타낸다. 지수곡선이 자료에 상당히 잘 들어맞는 것을 알 수 있다. 인구증가가 상대적으로 둔화되었던 기간은 두 차례의 세계대전과 1930년대의 대공황을 겪은 시기임을 알 수 있다.

《예제 4》 인간의 면역 결핍 바이러스인 HIV-1의 단백질 분해 효소 억제제인 ABT-538의 효과를 자세히 나타낸 연구 결과가 1995년에 발표되었다.[1] 표 2는 ABT-538의 치료 시작 후 t일에 1 mL당 RNA 복제수로 측정된 환자 303의 혈장 바이러스 양 $V(t)$값이다. 그림 10은 이에 대한 산점도이다.

그림 10과 같이 다소 극단적인 바이러스 양의 감소는 그림 3과 4(a)에서 b가 1보다 작은 경우의 지수함수 $y = b^x$의 그래프를 보여 준다. 따라서 함수 $V(t)$를 지수함수에 의해 모형화할 수 있다.

$y = a \cdot b^t$ 형태의 지수함수를 가지고 표 2의 데이터를 그래픽 계산기나 컴퓨터를 이용하여 다음과 같은 모형을 얻는다.

$$V = 96.39785 \cdot (0.818656)^t$$

그림 11은 자료점을 이용하여 지수함수를 그래프로 그린 것으로 치료 시작 후 한달간의 바이러스양을 잘 나타내고 있다.

표 2

t(일)	$V(t)$
1	76.0
4	53.0
8	18.0
11	9.4
15	5.2
22	3.6

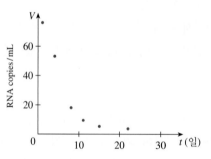

그림 10 환자 303의 혈장 바이러스 양

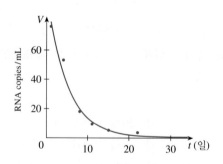

그림 11 바이러스 양에 대한 지수 모형

■ 지수함수의 도함수와 적분

도함수의 정의를 이용해서 지수함수 $f(x) = b^x$의 도함수를 계산하자.

$$f'(x) = \lim_{h \to 0} \frac{f(x + h) - f(x)}{h} = \lim_{h \to 0} \frac{b^{x+h} - b^x}{h}$$
$$= \lim_{h \to 0} \frac{b^x b^h - b^x}{h} = \lim_{h \to 0} \frac{b^x(b^h - 1)}{h}$$

인수 b^x은 h와 무관하므로 다음과 같이 극한 앞으로 옮겨 놓을 수 있다.

1. D. Ho et al., "Rapid Turnover of Plasma Virions and CD4 Lymphocytes in HIV-1 Infection," *Nature* 373(1995): 123–26.

$$f'(x) = b^x \lim_{h \to 0} \frac{b^h - 1}{h}$$

극한은 0에서 f의 도함수의 값임에 유의하자. 즉 다음과 같다.

$$\lim_{h \to 0} \frac{b^h - 1}{h} = f'(0)$$

그러므로 지수함수 $f(x) = b^x$은 0에서 미분가능하면 이 함수는 모든 점에서 미분가능하고, 다음이 성립한다.

4　　　　　　$$f'(x) = f'(0)\,b^x$$

이 방정식은 **임의의 지수함수의 변화율은 그 함수 자신에 비례한다**는 것을 말해 준다(기울기는 높이에 비례한다).

$b = 2$, $b = 3$인 경우에 $f'(0)$의 존재성에 대한 수치적인 증거는 오른쪽 표에 주어진다. (값은 소수점 아래 다섯 자리까지 정확하다.) 극한은 존재하며 다음과 같다.

h	$\dfrac{2^h - 1}{h}$	$\dfrac{3^h - 1}{h}$
0.1	0.71773	1.16123
0.01	0.69556	1.10467
0.001	0.69339	1.09922
0.0001	0.69317	1.09867
0.00001	0.69315	1.09862

$b = 2$일 때, $\quad f'(0) = \lim_{h \to 0} \dfrac{2^h - 1}{h} \approx 0.693$

$b = 3$일 때, $\quad f'(0) = \lim_{h \to 0} \dfrac{3^h - 1}{h} \approx 1.099$

사실 극한은 존재하며 소수점 아래 여섯째 자리까지 정확한 값은 다음과 같음을 증명할 수 있다.

5　　$\dfrac{d}{dx}(2^x)\Big|_{x=0} \approx 0.693147, \qquad \dfrac{d}{dx}(3^x)\Big|_{x=0} \approx 1.098612$

따라서 식 4로부터 다음을 얻는다.

6　　$\dfrac{d}{dx}(2^x) \approx (0.693)2^x, \qquad \dfrac{d}{dx}(3^x) \approx (1.099)3^x$

식 4에서 밑 b가 취할 수 있는 가장 간단한 미분 공식은 $f'(0) = 1$일 때이다. $b = 2$와 $b = 3$에 대한 $f'(0)$의 추정으로부터 $f'(0) = 1$이 되는 수 b가 2와 3 사이에 있음이 타당해 보인다. 전통적으로 이 수를 문자 e로 표시하며 다음과 같이 정의한다.

7　**수 e의 정의**　e는 $\lim_{h \to 0} \dfrac{e^h - 1}{h} = 1$인 수이다.

기하학적으로 모든 가능한 지수함수 $y = b^x$ 중에서 $f(x) = e^x$은 $(0, 1)$에서의 접선이 정확히 1인 기울기 $f'(0)$을 갖는 함수임을 의미한다(그림 12와 13 참조). 함수 $f(x) = e^x$을 **자연지수함수**(natural exponential function)라고 한다.

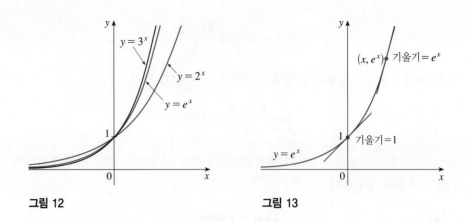

그림 12   그림 13

$b = e$로 놓으면 식 **4**에서 $f'(0) = 1$이다. 이것은 다음의 중요한 미분 공식이 된다.

---

8 **자연지수함수의 도함수**

$$\frac{d}{dx}(e^x) = e^x$$

따라서 지수함수 $f(x) = e^x$은 그 자신이 도함수인 성질을 갖는다. 이와 같은 사실에 대한 기하학적 중요성은 임의의 점 (x, e^x)에서 곡선 $y = e^x$에 대한 접선의 기울기가 그 점의 y좌표와 같다는 것이다(그림 13 참조).

《**예제 5**》 함수 $y = e^{\tan x}$를 미분하라.

풀이 연쇄법칙을 사용하기 위해 $u = \tan x$로 치환하면, $y = e^u$이므로 다음과 같다.

$$\frac{dy}{dx} = \frac{dy}{du}\frac{du}{dx} = e^u \frac{du}{dx} = e^{\tan x} \sec^2 x \qquad\blacksquare$$

일반적으로 예제 5와 같이 정리 **8**과 연쇄법칙을 결합하면 다음을 얻는다.

9
$$\frac{d}{dx}(e^u) = e^u \frac{du}{dx}$$

《**예제 6**》 $y = e^{-4x} \sin 5x$일 때 y'를 구하라.

풀이 식 **9**와 곱의 법칙을 이용하면 다음을 얻는다.

$$y' = e^{-4x}(\cos 5x)(5) + (\sin 5x)e^{-4x}(-4) = e^{-4x}(5\cos 5x - 4\sin 5x) \qquad\blacksquare$$

e가 2와 3 사이의 어떤 수라는 것을 알았으나, e의 값을 보다 정확하게 추정하기 위해 식 **4**를 이용한다. $e = 2^c$이라면 $e^x = 2^{cx}$이다. $f(x) = 2^x$라면 식 **4**로부터 $f'(x) = k2^x$이고 $k = f'(0) \approx 0.693147$이다(식 **5** 참조). 그러므로 연쇄법칙에 따

라 다음을 얻는다.

$$e^x = \frac{d}{dx}(e^x) = \frac{d}{dx}(2^{cx}) = k2^{cx}\frac{d}{dx}(cx) = ck2^{cx}$$

$x = 0$으로 놓으면 $1 = ck$이다. 그러므로 $c = 1/k$이며 다음 근삿값을 얻는다.

$$e = 2^{1/k} \approx 2^{1/0.693147} \approx 2.71828$$

소수점 아래 20째 자리까지 e의 근삿값은 다음과 같다.

$$e \approx 2.71828182845904523536$$

e는 무리수이기 때문에 e의 소수표현은 비순환적이다.

《**예제 7**》 2.7절의 예제 6에서 동질의 자양분 환경에 있는 박테리아 세포의 개체수를 생각했다. 박테리아의 개체수가 매시간 두 배로 증가한다면 t시간 후의 개체수는 다음과 같다.

$$n = n_0 2^t$$

여기서 n_0은 최초 개체수이다. 이제 식 $\boxed{4}$와 $\boxed{5}$를 이용해서 다음과 같이 증가율을 계산할 수 있다.

$$\frac{dn}{dt} \approx n_0(0.693147)2^t$$

성장률은 개체수의 크기에 비례한다.

예를 들어 최초 개체수가 $n_0 = 1000$세포이면 2시간 후의 증가율은 다음과 같다.

$$\frac{dn}{dt}\bigg|_{t=2} \approx (1000)(0.693147)2^t\big|_{t=2}$$
$$= (4000)(0.693147) \approx 2773 \text{ cells/h}$$

《**예제 8**》 함수 $f(x) = xe^{-x}$의 최댓값을 구하라.

풀이 임계수들을 구하기 위해 미분하면 다음을 얻는다.

$$f'(x) = xe^{-x}(-1) + e^{-x}(1) = e^{-x}(1 - x)$$

지수함수는 항상 양의 값을 가지므로 $1 - x > 0$일 때, 즉 $x < 1$일 때 $f'(x) > 0$이다. 마찬가지로 $x > 1$일 때 $f'(x) < 0$이다. 최댓값·최솟값에 대한 1계 도함수 판정법에 따라 $x = 1$에서 최댓값을 가지며 그 값은 다음과 같다.

$$f(1) = (1)e^{-1} = \frac{1}{e} \approx 0.37$$

지수함수 $y = e^x$는 간단한 도함수를 갖기 때문에, 지수함수의 적분도 다음과 같이 간단하다.

10
$$\int e^x\,dx = e^x + C$$

《예제 9》 $\int x^2 e^{x^3}\,dx$를 계산하라.

풀이 $u = x^3$으로 치환하자. 그러면 $du = 3x^2\,dx$이므로 $x^2\,dx = \frac{1}{3}\,du$이고,

$$\int x^2 e^{x^3}\,dx = \frac{1}{3}\int e^u\,du = \frac{1}{3}e^u + C = \frac{1}{3}e^{x^3} + C$$

이다. ■

《예제 10》 0에서 1까지 곡선 $y = e^{-3x}$ 아래 영역의 면적을 구하라.

풀이 면적

$$A = \int_0^1 e^{-3x}\,dx = -\frac{1}{3}e^{-3x}\Big]_0^1 = \frac{1}{3}(1 - e^{-3})$$

이다. ■

■ 지수함수 그래프

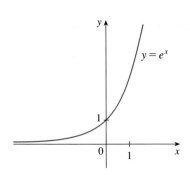

그림 14 자연지수함수

지수함수 $f(x) = e^x$은 미적분학과 그 응용에서 자주 접하게 되는 함수 중의 하나이므로 그의 그래프(그림 14)와 성질에 친숙해지는 것이 중요하다. 이 함수는 정리 **2**에 기술된 지수함수 중 특수한 경우로 밑 b가 $b = e > 1$인 함수라는 사실을 이용해서, 다음과 같이 이 함수의 성질을 요약할 수 있다.

> **11** **자연지수함수의 성질** 지수함수 $f(x) = e^x$은 정의역이 $\mathbb{R}$이고 치역이 $(0, \infty)$인 증가하는 연속함수이다. 따라서 모든 x에 대해 $e^x > 0$이고 다음이 성립한다.
> $$\lim_{x \to -\infty} e^x = 0, \qquad \lim_{x \to \infty} e^x = \infty$$
> 그러므로 x축은 $f(x) = e^x$ 수평점근선이다.

《예제 11》 $\displaystyle\lim_{x \to \infty} \frac{e^{2x}}{e^{2x} + 1}$의 극한을 구하라.

풀이 분모, 분자를 e^{2x}으로 나눠 다음을 얻는다.

$$\lim_{x \to \infty} \frac{e^{2x}}{e^{2x} + 1} = \lim_{x \to \infty} \frac{1}{1 + e^{-2x}} = \frac{1}{1 + \displaystyle\lim_{x \to \infty} e^{-2x}}$$

$$= \frac{1}{1 + 0} = 1$$

여기서 $x \to \infty$일 때 $t = -2x \to -\infty$이고, 따라서 다음이 성립한다는 사실을 이용했다.

$$\lim_{x \to \infty} e^{-2x} = \lim_{t \to -\infty} e^t = 0$$

■

《예제 12》 1, 2계 도함수를 이용해서 함수 $f(x) = e^{1/x}$의 점근선과 그래프를 그려라.

풀이 f의 정의역은 $\{x \mid x \neq 0\}$이다. $x \to 0$에 따라 좌우 극한을 계산해서 수직점근선을 조사한다. $x \to 0^+$일 때 $t = 1/x \to \infty$이므로 다음을 얻는다.

$$\lim_{x \to 0^+} e^{1/x} = \lim_{t \to \infty} e^t = \infty$$

따라서 $x = 0$은 수직점근선이다. $x \to 0^-$일 때 $t = 1/x \to -\infty$이므로 다음을 얻는다.

$$\lim_{x \to 0^-} e^{1/x} = \lim_{t \to -\infty} e^t = 0$$

$x \to \pm\infty$일 때 $1/x \to 0$이므로 다음과 같다.

$$\lim_{x \to \pm\infty} e^{1/x} = e^0 = 1$$

따라서 $y = 1$은 수평점근선(좌측과 우측 모두)이다.

이제 도함수를 계산하자. 연쇄법칙에 따라 1계 도함수는 다음과 같다.

$$f'(x) = -\frac{e^{1/x}}{x^2}$$

모든 $x \neq 0$에 대해 $e^{1/x} > 0$이고 $x^2 > 0$이므로 모든 $x \neq 0$에 대해 $f'(x) < 0$이다. 따라서 f는 $(-\infty, 0)$과 $(0, \infty)$에서 감소한다. 임계점이 없으므로 극값은 없다. 2계 도함수는 다음과 같다.

$$f''(x) = -\frac{x^2 e^{1/x}(-1/x^2) - e^{1/x}(2x)}{x^4} = \frac{e^{1/x}(2x + 1)}{x^4}$$

$e^{1/x} > 0$이고 $x^4 > 0$이므로 $x > -\frac{1}{2}$ ($x \neq 0$)일 때 $f''(x) > 0$이고, $x < -\frac{1}{2}$일 때 $f''(x) < 0$이다. 따라서 곡선은 $\left(-\infty, -\frac{1}{2}\right)$에서 아래로 오목하고 $\left(-\frac{1}{2}, 0\right)$과 $(0, \infty)$에서 위로 오목하므로 변곡점은 $\left(-\frac{1}{2}, e^{-2}\right)$이다.

f의 그래프를 그리기 위해 초기 개형에서 수평점근선 $y = 1$(점선)과 점근선 부근에서의 곡선 부분을 그린다[그림 15(a)]. 이런 곡선 부분은 극한에 관한 정보와 f가 $(-\infty, 0)$과 $(0, \infty)$에서 감소한다는 사실을 반영한다. 또한 $f(0)$은 존재하지 않지만 $x \to 0^-$일 때 $f(x) \to 0$임에 유의하자. 그림 15(b)에서 오목성에 관한 정보와 변곡점을 구체화함으로써 그래프를 완성한다. 그래픽 도구를 이용해서 그린 그림 15(c)와 비교해 보자. ■

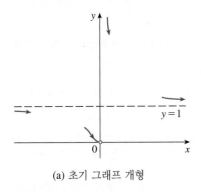
(a) 초기 그래프 개형

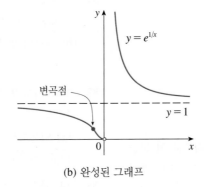
(b) 완성된 그래프

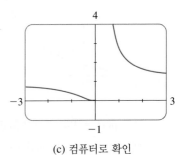
(c) 컴퓨터로 확인

그림 15

6.2 | 연습문제

1. (a) 밑 $b > 0$인 지수함수를 정의하는 방정식을 쓰라.

   (b) 함수의 정의역을 구하라.

   (c) $b \neq 1$일 때 함수의 치역을 구하라.

   (d) 다음 각각의 경우에 대한 지수함수의 일반적인 모양을 그려라.

   (i) $b > 1$ (ii) $b = 1$ (iii) $0 < b < 1$

2-3 동일한 보기화면에 다음 함수들의 그래프를 그려라. 이 그래프들은 어떤 연관이 있는가?

2. $y = 2^x$, $y = e^x$, $y = 5^x$, $y = 20^x$

3. $y = 3^x$, $y = 10^x$, $y = \left(\frac{1}{3}\right)^x$, $y = \left(\frac{1}{10}\right)^x$

4-6 다음 함수의 그래프를 대략적으로 그려라. 그림 3, 14의 그래프와 필요하면 1.3절의 변환을 이용한다.

4. $g(x) = 3^x + 1$ 5. $y = -e^{-x}$

6. $y = 1 - \frac{1}{2}e^{-x}$

---

7. $y = e^x$의 그래프를 다음과 같이 변환한 결과를 나타내는 그래프의 방정식을 쓰라.

   (a) 아래로 2단위 이동

   (b) 오른쪽으로 2단위 이동

   (c) x축에 대해 대칭

   (d) y축에 대해 대칭

   (e) x축에 대해 대칭시킨 후 y축에 대해 대칭

8. 다음 함수의 정의역을 구하라.

   (a) $f(x) = \dfrac{1 - e^{x^2}}{1 - e^{1-x^2}}$ (b) $f(x) = \dfrac{1 + x}{e^{\cos x}}$

9. 다음 그래프로 주어지는 지수함수 $f(x) = Cb^x$을 구하라.

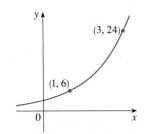

10. $f(x) = x^2$과 $g(x) = 2^x$의 그래프를 3 cm간격으로 된 모눈종이 위에 그린다고 하자. 원점에서 오른쪽으로 1 m 떨어진 거리에서 f의 그래프의 높이는 15 m이지만 g의 그래프

높이는 대략 419 km임을 보여라.

11. 함수 $f(x) = x^{10}$과 $g(x) = e^x$의 그래프를 다양한 보기화면에서 비교하라. g의 그래프가 f의 그래프보다 위에 있는 때는 언제인가?

12-15 다음 극한을 구하라.

12. $\lim\limits_{x \to \infty} (1.001)^x$

13. $\lim\limits_{x \to \infty} \dfrac{e^{3x} - e^{-3x}}{e^{3x} + e^{-3x}}$

14. $\lim\limits_{x \to 2^+} e^{3/(2-x)}$

15. $\lim\limits_{x \to \infty} (e^{-2x} \cos x)$

16-25 다음 함수를 미분하라.

16. $f(t) = -2e^t$

17. $f(x) = (3x^2 - 5x)e^x$

18. $y = e^{ax^3}$

19. $y = e^{\tan\theta}$

20. $f(x) = \dfrac{x^2 e^x}{x^2 + e^x}$

21. $y = x^2 e^{-3x}$

22. $f(t) = e^{at} \sin bt$

23. $F(t) = e^{t \sin 2t}$

24. $g(u) = e^{\sqrt{\sec u^2}}$

25. $g(x) = \sin\left(\dfrac{e^x}{1 + e^x}\right)$

---

26. $(0, 1)$에서 함수 $y = e^x \cos x + \sin x$에 대한 접선의 방정식을 구하라.

27. $e^{x/y} = x - y$에 대해 y'을 구하라.

28. 함수 $y = e^x + e^{-x/2}$이 미분방정식 $2y'' - y' - y = 0$을 만족함을 보여라.

29. 어떤 값 r에 대해 함수 $y = e^{rx}$이 미분방정식 $y'' + 6y' + 8y = 0$을 만족하는가?

30. $f(x) = e^{2x}$일 때 $f^{(n)}(x)$에 대한 식을 구하라.

31. (a) 중간값 정리를 이용해서 방정식 $e^x + x = 0$의 해가 존재함을 보여라.

   (b) 뉴턴의 방법을 이용해서 (a)의 방정식의 근을 소수점 아래 여섯째 자리까지 정확하게 구하라.

32. 예제 4에서 면역결핍 환자의 하루 치료 후 환자의 혈장 바이러스 양은 76.0 RNA/mL였다. 그림 11의 V에 대한 그래프를 이용해서 치료 후 한달 사이 환자의 바이러스 양의 반감기를 계산하라.

33. 어떤 환경에서 소문이 아래 식 $p(t)$에 따라 퍼져 나간다.

$$p(t) = \frac{1}{1 + ae^{-kt}}$$

여기서 $p(t)$는 시각 t에서 소문을 알고 있는 인구의 비율이고 a, k는 양의 상수이다.

(a) $\lim_{t \to \infty} p(t)$를 구하라.

(b) 소문의 확산 비율을 구하라.

(c) t가 시간마다 측정되고, $a = 10$, $k = 0.5$인 경우의 $p(t)$의 그래프를 그려라. 이 그래프를 이용해서 인구의 80%가 소문을 듣는 데 걸리는 시간을 추정하라.

34. 구간 $[0, 3]$에서 함수 $f(x) = \dfrac{e^x}{1 + x^2}$의 최댓값, 최솟값을 구하라.

35. 함수 $f(x) = x - e^x$의 최댓값을 구하라.

36. 함수 $f(x) = xe^{2x}$에 대해 (a) 증가 또는 감소 구간, (b) 오목 구간, (c) 변곡점을 구하라.

37-38 3.5절의 지침을 이용해서 다음 곡선을 그려라.

37. $y = e^{-1/(x+1)}$ **38.** $y = 1/(1 + e^{-x})$

39. 다음 함수 f의 중요한 성질을 보여주는 그래프를 그려라. 극댓값, 극솟값을 추정하고 미분을 통해 정확한 값을 구하라. 그리고 f''의 그래프를 이용해서 변곡점을 추정하라.

$$f(x) = e^{x^3 - x}$$

40. 알코올 음료의 섭취 후 혈중 알코올 농도(blood alcohol concentration, BAC)는 알코올로 인해 상승되다가 신진대사로 인해 점차 감소된다. 함수 $C(t) = 0.135te^{-2.802t}$는 에탄올 15 mL(한 잔의 알코올 음료)를 급속히 섭취 후 t시간 동안 성인 남자 8명의 평균 BAC 모형이다(단위: mg/mL). 최초 3시간 동안 최대 평균 BAC는 얼마인가? 언제 발생하는가?

Source: Adapted from P. Wilkinson et al., "Pharmacokinetics of Ethanol after Oral Administration in the Fasting State," Journal of Pharmacokinetics and Biopharmaceutics 5(1977): 207–24

41-46 다음 적분을 계산하라.

41. $\int_0^1 (x^e + e^x) \, dx$ **42.** $\int_0^2 \dfrac{dx}{e^{\pi x}}$

43. $\int e^x \sqrt{1 + e^x} \, dx$ **44.** $\int (e^x + e^{-x})^2 \, dx$

45. $\int \dfrac{e^u}{(1 - e^u)^2} \, du$ **46.** $\int_1^2 \dfrac{e^{1/x}}{x^2} \, dx$

47. 구간 $[0, 2]$에서 함수 $f(x) = 2xe^{-x^2}$의 평균값을 구하라.

48. 곡선 $y = e^x$, $y = e^{3x}$과 $x = 1$에 의해 유계된 영역의 넓이를 소수점 아래 셋째 자리까지 정확하게 구하라.

49. 곡선 $y = e^x$과 $y = 0$, $x = 0$, $x = 1$에 의해 유계된 영역을 x축을 중심으로 회전시킬 때 생기는 입체의 부피를 구하라.

50. 다음 면적 중 같은 것은 어떤 것인가? 그 이유는?

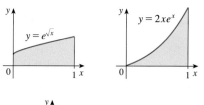

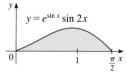

51. 유류 저장 탱크가 시각 $t = 0$에서 터지기 시작해서 분당 $r(t) = 100e^{-0.01t}$ L의 비율로 기름이 탱크에서 새어 나온다. 처음 1시간 동안 새어 나온 기름의 양은 얼마인가?

52. 투석치료는 투석기를 이용해서 혈액의 일부를 체외로 우회시킴으로써 환자의 요소(urea) 및 기타 노폐물을 제거한다. 요소가 혈액으로부터 제거되는 비율(mg/min)은 종종 다음과 같은 식에 의해 잘 설명된다.

$$u(t) = \frac{r}{V} C_0 e^{-rt/V}$$

이때 r는 투석기를 지나는 혈액의 유출비율(mL/min), V는 환자의 혈액의 부피(mL) 그리고 C_0은 $t = 0$에서 혈액 안의 요소량(mg)이다. $\int_0^{30} u(t) \, dt$를 계산하고, 설명하라.

53. $f(x) = 3 + x + e^x$일 때 $(f^{-1})'(4)$를 구하라.

54. $f(x) = \dfrac{1 - e^{1/x}}{1 + e^{1/x}}$의 그래프를 그리면 f가 기함수임을 알 수 있다. 그것을 보여라.

6.3 | 로그함수

■ 로그함수와 그 성질

$b > 0$이고 $b \neq 0$이면 지수함수 $f(x) = b^x$은 증가하거나 감소하고, 따라서 수평선 판정법에 따라 일대일 함수이다. 그러므로 f는 **밑 b인 로그함수**(logarithmic function with base b)라 부르는 역함수 f^{-1}를 가지며, 이것을 $\log_b$로 나타낸다. 6.1절의 식 **3**에서 주어진 역함수의 공식을 사용해 보자.

$$f^{-1}(x) = y \iff f(y) = x$$

그러면 다음을 얻는다.

1
$$\log_b x = y \iff b^y = x$$

따라서 $x > 0$이고 $\log_b x$가 밑 b인 지수일 때 그 결과는 x가 된다.

《예제 1》 다음을 계산하라.

(a) $\log_3 81$ (b) $\log_{25} 5$ (c) $\log_{10} 0.001$

풀이

(a) $3^4 = 81$이므로 $\log_3 81 = 4$이다.

(b) $25^{1/2} = 5$이므로 $\log_{25} 5 = \frac{1}{2}$이다.

(c) $10^{-3} = 0.001$이므로 $\log_{10} 0.001 = -3$이다. ∎

6.1절의 소거방정식 **4**를 $f(x) = b^x$과 $f^{-1}(x) = \log_b x$에 적용하면 다음과 같다.

2
$$\text{모든 } x \in \mathbb{R} \text{ 에 대해 } \log_b(b^x) = x$$
$$\text{모든 } x > 0 \text{에 대해 } b^{\log_b x} = x$$

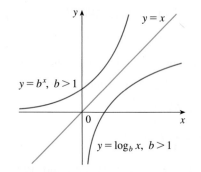

그림 1

로그함수 $\log_b$는 정의역이 $(0, \infty)$이고 치역이 $\mathbb{R}$이며, 연속함수인 지수함수의 역함수이므로 연속이다. 이 함수의 그래프는 $y = b^x$을 $y = x$에 대해 대칭 이동시킨 것이다.

　그림 1은 $b > 1$인 경우를 보여 준다. (가장 중요한 로그함수는 밑이 $b > 1$인 경우이다.) $y = b^x$이 $x > 0$에 대해 매우 급격히 증가하는 함수라는 사실에서 $y = \log_b x$가 $x > 1$에 대해 매우 느리게 증가하는 함수라는 사실을 알 수 있다.

　그림 2는 밑 $b > 1$의 다양한 값에 대해 $y = \log_b x$의 그래프를 보여 준다. $\log_b 1 = 0$이므로 모든 로그함수의 그래프는 점 $(1, 0)$을 지난다.

　다음 정리는 로그함수의 성질들을 요약한 것이다.

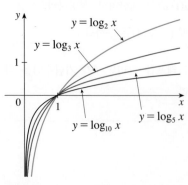

그림 2

> **3 정리** $b > 1$이면 함수 $f(x) = \log_b x$는 정의역이 $(0, \infty)$이고 치역이 $\mathbb{R}$인 일대일, 연속, 증가함수이다. $x, y > 0$이고 r가 실수이면 다음이 성립한다.
>
> **1.** $\log_b(xy) = \log_b x + \log_b y$
>
> **2.** $\log_b\left(\dfrac{x}{y}\right) = \log_b x - \log_b y$
>
> **3.** $\log_b(x^r) = r\log_b x$

성질 1, 2, 3은 **로그법칙**이라고 하며 6.2절 정리 **2**에 주어진 지수함수에 대응되는 성질들로부터 얻어진다.

《예제 2》 정리 **3**에 있는 로그법칙을 이용해서 다음을 계산하라.

(a) $\log_4 2 + \log_4 32$ (b) $\log_2 80 - \log_2 5$

풀이

(a) 정리 **3**의 법칙 1과 $4^3 = 64$를 이용하면 다음을 얻는다.

$$\log_4 2 + \log_4 32 = \log_4(2 \cdot 32) = \log_4 64 = 3$$

(b) 정리 **3**의 법칙 2와 $2^4 = 16$을 이용하면 다음을 얻는다.

$$\log_2 80 - \log_2 5 = \log_2\left(\tfrac{80}{5}\right) = \log_2 16 = 4 \qquad \blacksquare$$

6.2절에 주어진 지수함수의 극한은 다음 로그함수의 극한에 반영된다(그림 1과 비교).

> **4** $b > 1$이면 $\displaystyle\lim_{x \to \infty} \log_b x = \infty$이고 $\displaystyle\lim_{x \to 0^+} \log_b x = -\infty$이다.

특히 y축은 곡선 $y = \log_b x$의 수직점근선이다.

《예제 3》 $\displaystyle\lim_{x \to 0} \log_{10}(\tan^2 x)$를 구하라.

풀이 $x \to 0$일 때 $t = \tan^2 x \to \tan^2 0 = 0$이며 $t > 0$이다. 따라서 $b = 10 > 1$이므로 정리 **4**에 의해 다음을 얻는다.

$$\lim_{x \to 0} \log_{10}(\tan^2 x) = \lim_{t \to 0^+} \log_{10} t = -\infty \qquad \blacksquare$$

■ 자연로그함수

로그함수의 모든 가능한 밑 b 중에서 가장 편리한 밑이 6.2절에서 정의한 수 e라는 것을 다음 절에서 밝힐 것이다. 밑이 e인 로그를 **자연로그**(natural logarithm)라 하며 다음과 같이 표기한다.

로그 표기법
계산기뿐만 아니라 대부분의 미적분학과 과학서적에서 자연로그는 $\ln x$로, '상용로그' $\log_{10} x$는 $\log x$로 표기한다. 그러나 고등수학과 과학서적이나 컴퓨터 언어에서는 흔히 자연로그를 $\log x$로 표기한다.

$$\log_e x = \ln x$$

식 **1**과 **2**에서 $b = e$라 놓고 $\log_e$를 대체하면 자연로그를 정의하는 성질은 다음과 같다.

5
$$\ln x = y \iff e^y = x$$

6
$$\ln(e^x) = x \qquad x \in \mathbb{R}$$
$$e^{\ln x} = x \qquad x > 0$$

특히 $x = 1$이면 다음을 얻는다.

$$\ln e = 1$$

성질 **6**에서 $x^r = e^{\ln(x^r)} = e^{r \ln x}$, $x > 0$을 얻는다.

성질 **6**과 정리 **3**의 법칙 3을 연결하면 다음과 같다.

$$x^r = e^{\ln(x^r)} = e^{r \ln x}, \quad x > 0$$

그래서 x의 지수는 다음 지수형태와 동일하게 표현할 수 있다.

7
$$x^r = e^{r \ln x}$$

《예제 4》 $\ln x = 5$일 때 x를 구하라.

풀이 1 성질 **5**로부터 $\ln x = 5$는 $e^5 = x$를 의미하므로 $x = e^5$이다('ln'이라는 기호를 사용하는 데 어려움이 있다면 ln 대신 $\log_a$를 사용한다. 그러면 위의 식은 $\log_e x = 5$가 된다. 그러므로 로그의 정의에 따라 $e^5 = x$이다).

풀이 2 $\ln x = 5$로 시작해서 양변에 지수함수를 적용하면 다음을 얻는다.

$$e^{\ln x} = e^5$$

성질 **6**의 두 번째 소거 방정식에 의해 $e^{\ln x} = x$이므로 $x = e^5$이다. ■

《예제 5》 방정식 $e^{5-3x} = 10$을 풀라.

풀이 양변에 자연로그를 취하고 성질 **6**을 이용하면 다음을 얻는다.

$$\ln(e^{5-3x}) = \ln 10$$
$$5 - 3x = \ln 10$$
$$3x = 5 - \ln 10$$
$$x = \tfrac{1}{3}(5 - \ln 10)$$

따라서 계산기를 이용해서 소수점 아래 넷째 자리까지 근삿값을 구하면 $x \approx 0.8991$이다. ∎

로그법칙을 이용하여 곱과 몫의 로그를 로그의 합과 차로 전개할 수 있으며, 또한 로그의 합과 차를 하나의 로그로 나타낼 수 있다. 이런 과정은 예제 6과 7에서 설명된다.

《예제 6》 로그법칙을 이용해서 $\ln \dfrac{x^2\sqrt{x^2+2}}{3x+1}$ 을 전개하라.

풀이 로그법칙 1, 2, 3을 이용하면 다음과 같다.

$$\ln \frac{x^2\sqrt{x^2+2}}{3x+1} = \ln x^2 + \ln\sqrt{x^2+2} - \ln(3x+1)$$
$$= 2\ln x + \tfrac{1}{2}\ln(x^2+2) - \ln(3x+1)$$ ∎

《예제 7》 $\ln a + \tfrac{1}{2}\ln b$를 하나의 로그로 표현하라.

풀이 로그법칙 3과 1을 이용하면 다음과 같다.

$$\ln a + \tfrac{1}{2}\ln b = \ln a + \ln b^{1/2}$$
$$= \ln a + \ln\sqrt{b}$$
$$= \ln(a\sqrt{b})$$ ∎

다음 공식은 밑이 임의인 로그를 자연로그로 표현할 수 있음을 보여 준다.

---

⑧ 밑의 변환 공식   임의의 양수 $b(b \neq 1)$에 대해 다음이 성립한다.

$$\log_b x = \frac{\ln x}{\ln b}$$

증명 $y = \log_b x$라 하면 식 ①로부터 $b^y = x$가 된다. 양변에 자연로그를 취하면 $y \ln b = \ln x$이므로 다음을 얻는다.

$$y = \frac{\ln x}{\ln b}$$ ∎

식 ⑧은 계산기를 이용해서 (다음 예제에서 보인 바와 같이) 밑이 임의인 로그를 계산할 수 있다. 마찬가지로 식 ⑧을 이용하면 그래픽 계산기나 컴퓨터로 임의의 로그함수의 그래프를 그릴 수 있다(연습문제 8 참조).

《예제 8》 $\log_8 5$를 소수점 아래 여섯째 자리까지 정확하게 계산하라.

풀이 식 **8**에 따라 다음을 얻는다.

$$\log_8 5 = \frac{\ln 5}{\ln 8} \approx 0.773976$$

■ 자연로그의 그래프와 증가

지수함수 $y = e^x$과 그 역함수인 자연로그함수의 그래프가 그림 3에 있다. 곡선 $y = e^x$은 기울기 1인 y축을 지나므로 대칭곡선 $y = \ln x$는 기울기 1인 x축을 지난다. 밑이 1보다 큰 모든 로그함수와 마찬가지로 자연로그함수는 $(0, \infty)$에서 정의된 연속인 증가함수이며, y축은 수직점근선이다.

정리 **4**에서 $b = e$로 놓으면 다음과 같은 극한을 얻는다.

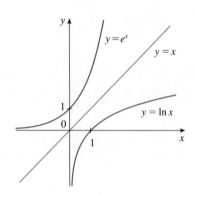

그림 3 $y = \ln x$의 그래프는 $y = e^x$의 그래프를 직선 $y = x$에 대해 대칭 이동한 것이다.

9

$$\lim_{x \to \infty} \ln x = \infty \qquad \lim_{x \to 0^+} \ln x = -\infty$$

《예제 9》 함수 $y = \ln(x - 2) - 1$의 그래프를 그려라.

풀이 그림 3에 주어진 $y = \ln x$의 그래프로부터 시작하자. 1.3절의 변환을 이용해서 오른쪽으로 2단위 이동시켜 $y = \ln(x - 2)$를 얻은 다음, 이것을 아래로 1단위 이동시켜 $y = \ln(x - 2) - 1$의 그래프를 얻는다(그림 4 참조).

$$\lim_{x \to 2^+} [\ln(x - 2) - 1] = -\infty$$

그러므로 직선 $x = 2$는 수직점근선임에 유의하자.

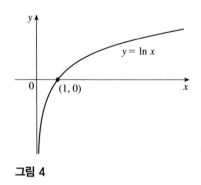
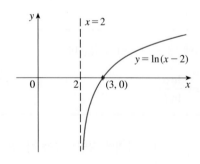
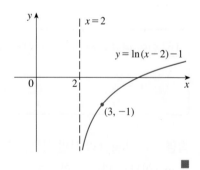

그림 4

$x \to \infty$에 따라 $\ln x \to \infty$임을 알았다. 그러나 $\ln x$는 **매우** 느리게 증가한다. 사실 $\ln x$는 x에 대한 임의의 양의 거듭제곱보다 느리게 증가한다. 이것을 설명하기 위해 $y = \ln x$와 $y = x^{1/2} = \sqrt{x}$ 의 근삿값을 비교하며 그림 5와 6에 그 그래프를 그린다. 처음에는 비교적 같은 비율로 증가하나 결국 $y = \sqrt{x}$가 $y = \ln x$를 훨씬 넘어선다.

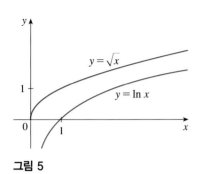

그림 5

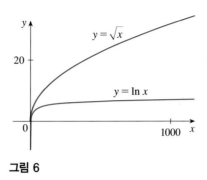

그림 6

사실 임의의 양의 거듭제곱 p에 대해 다음이 성립하는 것을 6.8절에서 볼 것이다.

$$\lim_{x \to \infty} \frac{\ln x}{x^p} = 0$$

따라서 큰 x에 대해 $\ln x$의 값은 x^p과 비교하면 매우 작다.   ■

6.3 | 연습문제

1. (a) 로그함수 $y = \log_b x$는 어떻게 정의되는가?

    (b) 함수의 정의역을 구하라.

    (c) 함수의 치역을 구하라.

    (d) $b > 1$일 때 함수 $y = \log_b x$의 그래프의 일반적인 모양을 그려라.

2-3 다음 표현의 정확한 값을 구하라.

2. (a) $\log_3 81$ (b) $\log_3\left(\frac{1}{81}\right)$ (c) $\log_9 3$

3. (a) $\log_2 30 - \log_2 15$

    (b) $\log_3 10 - \log_3 5 - \log_3 18$

    (c) $2 \log_5 100 - 4 \log_5 50$

4. 로그법칙을 이용해서 다음 식을 전개하라.

    (a) $\log_{10}(x^2 y^3 z)$ (b) $\ln\left(\frac{x^4}{\sqrt{x^2-4}}\right)$

5-6 다음 식을 하나의 로그로 표현하라.

5. (a) $\log_{10} 20 - \frac{1}{3}\log_{10} 1000$

    (b) $\ln a - 2\ln b + 3\ln c$

6. (a) $3\ln(x - 2) - \ln(x^2 - 5x + 6) + 2\ln(x - 3)$

    (b) $c\log_a x - d\log_a y + \log_a z$

7. 식 **8**을 이용해서 소수점 아래 여섯째 자리까지 정확하게 로그값을 계산하라.

    (a) $\log_3 12$ (b) $\log_{12} 6$

8. 식 **8**을 이용해서 주어진 함수를 동일한 보기화면에 그려라. 이 그래프들은 어떻게 연관되는가?

    $y = \log_{1.5} x, \quad y = \ln x, \quad y = \log_{10} x, \quad y = \log_{50} x$

9. $y = \log_2 x$의 그래프를 1 cm 간격으로 된 좌표축에 그린다고 하자. 곡선의 높이가 25 cm에 도달하려면 원점에서 오른쪽으로 몇 km 만큼 움직여야 하는가?

10. 각각의 함수를 손으로 대략적으로 그려라. 그림 2, 3의 그래프를 이용하고, 필요하다면 1.3절의 방법을 사용하라.

    (a) $y = \log_{10}(x + 5)$ (b) $y = -\ln x$

11. $f(x) = \ln x + 2$에 대해

    (a) 함수 f의 정의역, 치역은 무엇인가?

    (b) 함수 f의 그래프에서 x절편은 무엇인가?

    (c) 함수 f의 그래프를 그려라.

12-13 다음 방정식을 x에 대해 풀어라. 정확한 값과 소수점 아래 셋째 자리까지 정확한 근삿값을 구하라.

12. (a) $\ln(4x + 2) = 3$ (b) $e^{2x-3} = 12$

13. (a) $\ln x + \ln(x - 1) = 0$ (b) $5^{1-2x} = 9$

14. 다음 방정식을 x에 대해 풀어라.

   (a) $e^{2x} - 3e^x + 2 = 0$ (b) $e^{e^x} = 10$

15. 다음 방정식의 해를 소수점 아래 4자리까지 정확하게 구하라.

   (a) $\ln(1 + x^3) - 4 = 0$ (b) $2e^{1/x} = 42$

16. 다음 부등식을 x에 대해 풀어라.

   (a) $\ln x < 0$ (b) $e^x > 5$

17. 지질학자 리히터는 지진의 진도를 $\log_{10}(I/S)$로 정의했다. 여기서 I는 진원지에서 100 km 떨어진 지진계의 진폭에 의해 측정된 지진의 강도이고, S는 표준지진의 강도이다. (여기서 진폭은 1 micron = 10^{-4} cm) 1989년에 샌프란시스코를 강타한 로마 프리에타(Loma Prieta) 지진은 리히터 진도로 7.1을 기록했다. 1906년에 샌프란시스코 지진은 강도가 이것의 16배였다. 이 지진의 진도는 리히터 지진계로 얼마인가?

18. 최초 100마리로 시작한 박테리아 개체수가 3시간마다 두 배로 증가한다면 t시간 후의 박테리아의 수는 다음과 같다.

$$n = f(t) = 100 \cdot 2^{t/3}$$

   (a) 이 함수의 역함수를 구하고 그 의미를 설명하라.

   (b) 개체수는 언제 50,000에 도달하는가?

19-21 다음 극한을 구하라.

19. $\lim\limits_{x \to 1^+} \ln(\sqrt{x} - 1)$ **20.** $\lim\limits_{x \to 0} \ln(\cos x)$

21. $\lim\limits_{x \to \infty} [\ln(1 + x^2) - \ln(1 + x)]$

22. 함수 $f(x) = \ln(4 - x^2)$의 정의역을 구하라.

23-24 (a) f의 정의역과 (b) f^{-1}와 정의역을 구하라.

23. $f(x) = \sqrt{3 - e^{2x}}$ **24.** $f(x) = \ln(e^x - 3)$

25-27 다음 함수의 역함수를 구하라.

25. $y = 3\ln(x - 2)$ **26.** $y = e^{1-x}$

27. $y = 3^{2x-4}$

28. 함수 $f(x) = e^{3x} - e^x$은 어느 구간에서 증가하는가?

29. (a) 함수 $f(x) = \ln(x + \sqrt{x^2 + 1})$이 기함수임을 보여라.

   (b) f의 역함수를 구하라.

30. 방정식 $x^{1/\ln x} = 2$는 해를 갖지 않음을 보여라. 함수 $f(x) = x^{1/\ln x}$에 대해 무엇을 말할 수 있는가?

31. $b > 1$이라 하자. 3.4절의 정의 ⑥과 ⑦을 이용해서 다음을 증명하라.

   (a) $\lim\limits_{x \to -\infty} b^x = 0$ (b) $\lim\limits_{x \to \infty} b^x = \infty$

32. 부등식 $\ln(x^2 - 2x - 2) \le 0$을 풀어라.

6.4 │ 로그함수의 도함수

이 절에서는 로그함수 $y = \log_b x$와 지수함수 $y = b^x$의 도함수를 구한다.

■ 자연로그함수의 도함수

먼저 자연로그함수 $y = \ln x$에 대해 알아보자. 이 함수는 미분가능한 함수 $y = e^x$의 역함수이므로 미분가능하다.

> **① 자연로그함수의 도함수**
>
> $$\frac{d}{dx}(\ln x) = \frac{1}{x}$$

증명 $y = \ln x$라고 놓으면 $e^y = x$이다. 이 식을 x에 관해 음함수적으로 미분하면 다음을 얻는다.

$$e^y \frac{dy}{dx} = 1$$

따라서 다음과 같다.

$$\frac{dy}{dx} = \frac{1}{e^y} = \frac{1}{x} \qquad ■$$

《**예제 1**》 $y = \ln(x^3 + 1)$을 미분하라.

풀이 연쇄법칙을 이용하기 위해 $u = x^3 + 1$로 놓으면 $y = \ln u$이므로 다음을 얻는다.

$$\frac{dy}{dx} = \frac{dy}{du} \frac{du}{dx} = \frac{1}{u} \frac{du}{dx} = \frac{1}{x^3 + 1}(3x^2) = \frac{3x^2}{x^3 + 1} \qquad ■$$

일반적으로 예제 1에서와 같이 식 $\boxed{1}$과 연쇄법칙을 결합하면 다음을 얻는다.

$$\boxed{2} \qquad \boxed{\frac{d}{dx}(\ln u) = \frac{1}{u}\frac{du}{dx}} \qquad \text{또는} \qquad \boxed{\frac{d}{dx}[\ln g(x)] = \frac{g'(x)}{g(x)}}$$

《**예제 2**》 $\dfrac{d}{dx}\ln(\sin x)$를 구하라.

풀이 식 $\boxed{2}$를 적용하면 다음을 얻는다.

$$\frac{d}{dx}\ln(\sin x) = \frac{1}{\sin x}\frac{d}{dx}(\sin x) = \frac{1}{\sin x}\cos x = \cot x \qquad ■$$

《**예제 3**》 $f(x) = \sqrt{\ln x}$를 미분하라.

풀이 로그가 내부함수이므로 연쇄법칙에 따라 다음을 얻는다.

$$f'(x) = \tfrac{1}{2}(\ln x)^{-1/2}\frac{d}{dx}(\ln x) = \frac{1}{2\sqrt{\ln x}} \cdot \frac{1}{x} = \frac{1}{2x\sqrt{\ln x}}$$

《**예제 4**》 $\dfrac{d}{dx}\ln\dfrac{x+1}{\sqrt{x-2}}$을 구하라.

풀이 1
$$\frac{d}{dx}\ln\frac{x+1}{\sqrt{x-2}} = \frac{1}{\dfrac{x+1}{\sqrt{x-2}}}\frac{d}{dx}\frac{x+1}{\sqrt{x-2}}$$

$$= \frac{\sqrt{x-2}}{x+1}\frac{\sqrt{x-2}\cdot 1 - (x+1)(\frac{1}{2})(x-2)^{-1/2}}{x-2}$$

$$= \frac{x-2-\frac{1}{2}(x+1)}{(x+1)(x-2)} = \frac{x-5}{2(x+1)(x-2)}$$

그림 1은 예제 4의 함수 f와 그 도함수 f'의 그래프로서 계산 결과를 육안으로 점검할 수 있다. f가 급격하게 감소할 때 $f'(x)$는 큰 음수임을 유의하자. 또한 f가 최솟값일 때 $f'(x) = 0$이다.

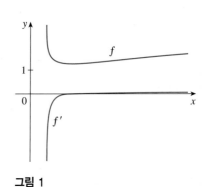

그림 1

풀이 2 먼저 로그법칙을 이용해서 주어진 함수를 전개하면 다음과 같이 미분하기가 쉽다.

$$\frac{d}{dx} \ln \frac{x+1}{\sqrt{x-2}} = \frac{d}{dx}\left[\ln(x+1) - \tfrac{1}{2}\ln(x-2)\right]$$

$$= \frac{1}{x+1} - \frac{1}{2}\left(\frac{1}{x-2}\right)$$

(이 답은 쓰여진 상태로 남겨 두어도 좋지만, 이것의 분모를 통분해서 정리하면 풀이 1의 결과와 같다.) ∎

《예제 5》 $f(x) = x^2 \ln x$의 최솟값을 구하라.

풀이 정의역은 $(0, \infty)$이며 곱의 법칙에 따라 미분하면 다음을 얻는다.

$$f'(x) = x^2 \cdot \frac{1}{x} + 2x \ln x = x(1 + 2\ln x)$$

따라서 $2\ln x = -1$일 때, 즉 $\ln x = -\tfrac{1}{2}$이거나 $x = e^{-1/2}$일 때 $f'(x) = 0$이다. 또한 $x > e^{-1/2}$일 때 $f'(x) > 0$이며 $0 < x < e^{-1/2}$에 대해 $f'(x) < 0$이다. 최대·최솟값에 대한 1계 도함수 판정법에 따라 최솟값은 $f(1/\sqrt{e}) = -1/(2e)$이다. ∎

《예제 6》 3.5절의 지침을 이용해서 곡선 $y = \ln(4 - x^2)$을 그려라.

풀이 **A. 정의역**   정의역은 다음과 같다.

$$\{x \mid 4 - x^2 > 0\} = \{x \mid x^2 < 4\} = \{x \mid |x| < 2\} = (-2, 2)$$

B. 절편 y절편은 $f(0) = \ln 4$이다. x절편을 구하기 위해 $y = \ln(4 - x^2) = 0$이라 놓으면 $\ln 1 = \log_e 1 = 0(e^0 = 1$이므로)이고, 따라서 $4 - x^2 = 1$, 즉 $x^2 = 3$이다. 그러므로 x절편은 $\pm\sqrt{3}$이다.

C. 대칭성 $f(-x) = f(x)$이므로 f는 우함수이고 y축에 대칭이다.

D. 점근선   정의역의 양 끝점에서 수직점근선을 찾는다. $x \to 2^-$와 $x \to -2^+$에 따라 $4 - x^2 \to 0^+$이므로 6.3절의 식 **9**에 의해 다음을 얻으므로 직선 $x = 2$와 $x = -2$는 수직점근선이다.

$$\lim_{x \to 2^-} \ln(4 - x^2) = -\infty, \quad \lim_{x \to -2^+} \ln(4 - x^2) = -\infty$$

E. 증가 또는 감소 구간

$$f'(x) = \frac{-2x}{4 - x^2}$$

$-2 < x < 0$에서 $f'(x) > 0$이고 $0 < x < 2$에서 $f'(x) < 0$이므로, f는 $(-2, 0)$에서 증가하고 $(0, 2)$에서 감소한다.

F. 극댓값과 극솟값   유일한 임계점은 $x = 0$이다. f'은 0에서 양으로부터 음으로 변하므로 1계 도함수 판정법에 따라 $f(0) = \ln 4$는 극댓값이다.

G. 오목성과 변곡점

$$f''(x) = \frac{(4 - x^2)(-2) + 2x(-2x)}{(4 - x^2)^2} = \frac{-8 - 2x^2}{(4 - x^2)^2}$$

모든 x에 대해 $f''(x) < 0$이므로, $(-2, 2)$에서 아래로 오목하며 변곡점은 없다.

H. 곡선 그리기
위의 정보를 이용해서 곡선의 그래프를 그리면 그림 2와 같다.

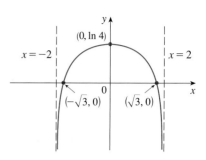

그림 2 $y = \ln(4 - x^2)$

《예제 7》 $f(x) = \ln|x|$에 대해 $f'(x)$를 구하라.

풀이
$$f(x) = \begin{cases} \ln x, & x > 0 \\ \ln(-x), & x < 0 \end{cases}$$

그러므로 다음을 얻는다.

$$f'(x) = \begin{cases} \dfrac{1}{x}, & x > 0 \\ \dfrac{1}{-x}(-1) = \dfrac{1}{x}, & x < 0 \end{cases}$$

따라서 모든 $x \neq 0$에 대해 $f'(x) = 1/x$이다. ■

이 예제 7의 결과는 다음과 같이 기억할 만한 가치가 있다.

그림 3은 예제 7의 함수 $f(x) = \ln|x|$와 그 도함수 $f'(x) = 1/x$의 그래프이다. x가 작아질수록 $y = \ln|x|$의 그래프는 가파르고 $f'(x)$는 커지는 것(양수 또는 음수)에 유의하자.

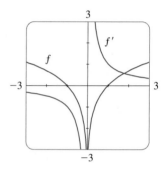

그림 3

3
$$\frac{d}{dx} \ln|x| = \frac{1}{x}$$

■ 자연로그와 관련한 적분

식 **3**으로부터 다음 적분 공식을 얻는다.

4
$$\int \frac{1}{x} dx = \ln|x| + C$$

위의 식 **4**는 0을 포함하지 않는 임의의 구간에서 타당하며, 거듭제곱함수에 대한 적분 공식의 빠진 부분을 채워준다.

$$\int x^n \, dx = \frac{x^{n+1}}{n + 1} + C, \quad n \neq -1$$

빠진 경우($n = -1$)가 식 **4**에 의해 제공된다.

《예제 8》 $x = 1$에서 $x = 2$까지 쌍곡선 $xy = 1$ 아래 영역의 넓이를 소수점 아래 셋째 자리까지 정확히 구하라.

풀이 영역은 그림 4와 같다. 식 **4**에 따라($x > 0$이므로 절댓값 기호는 생략), 넓이는 다음과 같다.

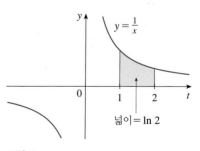

넓이 = $\ln 2$

그림 4

$$A = \int_1^2 \frac{1}{x} \, dx = \ln x \Big]_1^2$$

$$= \ln 2 - \ln 1 = \ln 2 \approx 0.693 \quad \blacksquare$$

《예제 9》 $\displaystyle\int \frac{x}{x^2 + 1} \, dx$ 를 구하라.

풀이 $u = x^2 + 1$ 이라 놓으면 미분이 $du = 2x\,dx$ 이므로 (상수 인수 2를 제거하면) $x\,dx = \frac{1}{2}\,du$ 이고 다음과 같다.

$$\int \frac{x}{x^2+1}\,dx = \frac{1}{2}\int \frac{du}{u} = \frac{1}{2}\ln|u| + C$$

$$= \frac{1}{2}\ln|x^2+1| + C = \frac{1}{2}\ln(x^2+1) + C$$

모든 x에 대해 $x^2 + 1 > 0$이므로 절댓값 기호를 생략했음에 유의하자. 로그법칙을 이용해서 위의 답을 다음과 같이 표기할 수 있지만 꼭 이렇게 할 필요는 없다.

$$\ln\sqrt{x^2+1} + C \quad \blacksquare$$

예제 10에서 함수 $f(x) = (\ln x)/x$는 $x > 1$에 대해 양수이므로 적분은 그림 5의 색칠한 부분의 넓이이다.

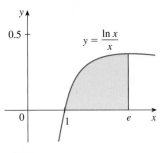

그림 5

《예제 10》 $\displaystyle\int_1^e \frac{\ln x}{x} \, dx$ 를 계산하라.

풀이 $u = \ln x$라 놓으면 미분은 $du = (1/x)\,dx$이다. $x = 1$일 때 $u = \ln 1 = 0$이고, $x = e$일 때 $u = \ln e = 1$이므로 다음을 얻는다.

$$\int_1^e \frac{\ln x}{x}\,dx = \int_0^1 u\,du = \frac{u^2}{2}\Big]_0^1 = \frac{1}{2} \quad \blacksquare$$

《예제 11》 $\displaystyle\int \tan x \, dx$ 를 구하라.

풀이 $\tan x$를 $\cos x$와 $\sin x$로 다시 쓰면 다음과 같다.

$$\int \tan x\,dx = \int \frac{\sin x}{\cos x}\,dx$$

$u = \cos x$라 놓으면 $du = -\sin x\,dx$이고 $\sin x\,dx = -du$이므로 다음을 얻는다.

$$\int \tan x\,dx = \int \frac{\sin x}{\cos x}\,dx = -\int \frac{1}{u}\,du$$

$$= -\ln|u| + C = -\ln|\cos x| + C \quad \blacksquare$$

그런데 $-\ln|\cos x| = \ln(|\cos x|^{-1}) = \ln(1/|\cos x|) = \ln|\sec x|$이므로 예제 11의 결과를 다음과 같이 쓸 수 있다.

[5]
$$\boxed{\int \tan x \, dx = \ln|\sec x| + C}$$

■ 일반적인 로그함수와 지수함수

6.3절의 식 $\boxed{8}$에 따라 밑이 b인 로그함수를 다음과 같이 자연로그함수로 나타내자.

$$\log_b x = \frac{\ln x}{\ln b}$$

$\ln b$는 상수이므로 미분하면 다음과 같다.

$$\frac{d}{dx}(\log_b x) = \frac{d}{dx}\frac{\ln x}{\ln b} = \frac{1}{\ln b}\frac{d}{dx}(\ln x) = \frac{1}{x \ln b}$$

$\boxed{6}$
$$\frac{d}{dx}(\log_b x) = \frac{1}{x \ln b}$$

〖 예제 12 〗 $f(x) = \log_{10}(2 + \sin x)$를 미분하라.

풀이 $b = 10$인 식 $\boxed{6}$과 연쇄법칙을 이용하면 다음을 얻는다.

$$f'(x) = \frac{d}{dx}\log_{10}(2 + \sin x)$$
$$= \frac{1}{(2 + \sin x)\ln 10}\frac{d}{dx}(2 + \sin x)$$
$$= \frac{\cos x}{(2 + \sin x)\ln 10}　■$$

식 $\boxed{6}$으로부터 미적분학에서 자연로그(밑이 e인 로그)가 사용되는 주된 이유 중 하나를 알 수 있다. $\ln e = 1$이므로 $b = e$일 때 미분 공식은 가장 단순해진다.

밑이 b인 지수함수　6.2절에서 일반적인 지수함수 $f(x) = b^x$, $b > 0$의 도함수는 다음과 같이 자신의 상수배임을 증명했다.

$$f'(x) = f'(0)b^x, \qquad f'(0) = \lim_{h \to 0}\frac{b^h - 1}{h}$$

이제 이 상숫값이 $f'(0) = \ln b$임을 보일 수 있다.

$\boxed{7}$
$$\frac{d}{dx}(b^x) = b^x \ln b$$

증명　$e^{\ln b} = b$라는 사실을 사용하면 다음을 얻는다.

$$\frac{d}{dx}(b^x) = \frac{d}{dx}(e^{\ln b})^x = \frac{d}{dx}e^{(\ln b)x} = e^{(\ln b)x}\frac{d}{dx}(\ln b)x$$
$$= (e^{\ln b})^x(\ln b) = b^x \ln b　■$$

2.7절의 예제 6에서 매시간 두 배로 늘어나는 박테리아 개체수를 생각했고, t시간 후의 개체수가 $n = n_0 2^t$이 됨을 알았다(단, n_0 최초 개체수). 식 $\boxed{7}$에 따라 다음과 같은 증가율을 구할 수 있다.

$$\frac{dn}{dt} = n_0 2^t \ln 2$$

《예제 13》 식 $\boxed{7}$과 연쇄법칙을 적용하면 다음을 얻는다.

$$\frac{d}{dx}\left(10^{x^2}\right) = 10^{x^2}(\ln 10)\frac{d}{dx}(x^2) = (2\ln 10)x10^{x^2}$$ ∎

식 $\boxed{7}$로부터 다음 적분 공식을 얻는다.

$$\int b^x\, dx = \frac{b^x}{\ln b} + C \qquad b \neq 1$$

《예제 14》 $$\int_0^5 2^x\, dx = \frac{2^x}{\ln 2}\bigg]_0^5 = \frac{2^5}{\ln 2} - \frac{2^0}{\ln 2} = \frac{31}{\ln 2}$$ ∎

■ 로그미분법

곱, 몫 또는 거듭제곱을 포함하는 복잡한 함수의 도함수는 로그를 취해 간단히 계산할 수 있다. 다음 예제에서 사용된 방법을 **로그미분법**(logarithmic differentiation)이라고 한다.

《예제 15》 $y = \dfrac{x^{3/4}\sqrt{x^2 + 1}}{(3x + 2)^5}$ 을 미분하라.

풀이 먼저 양변에 로그를 취하고 로그법칙을 이용해서 간단히 정리하면 다음을 얻는다.

$$\ln y = \tfrac{3}{4}\ln x + \tfrac{1}{2}\ln(x^2 + 1) - 5\ln(3x + 2)$$

x에 대해 음함수적으로 미분하면 다음을 얻는다.

$$\frac{1}{y}\frac{dy}{dx} = \frac{3}{4}\cdot\frac{1}{x} + \frac{1}{2}\cdot\frac{2x}{x^2 + 1} - 5\cdot\frac{3}{3x + 2}$$

dy/dx에 관해 이 방정식을 풀면 다음을 얻는다.

$$\frac{dy}{dx} = y\left(\frac{3}{4x} + \frac{x}{x^2 + 1} - \frac{15}{3x + 2}\right)$$

예제 15에서 로그미분법을 이용하지 않으면 몫의 공식과 곱의 공식을 모두 이용해서 미분해야 한다. 이런 계산 과정은 매우 복잡하다.

y에 대한 정확한 식을 알고 있으므로 위 식에 대입해서 다음을 얻는다.

$$\frac{dy}{dx} = \frac{x^{3/4}\sqrt{x^2 + 1}}{(3x + 2)^5}\left(\frac{3}{4x} + \frac{x}{x^2 + 1} - \frac{15}{3x + 2}\right)$$ ∎

로그미분법의 단계

1. 방정식 $y = f(x)$의 양변에 자연로그를 취하고, 로그법칙을 이용해서 간단히 한다.

2. x에 관해 음함수적으로 미분한다.

3. 결과로 얻은 방정식을 y'에 대해 풀고, y를 $f(x)$로 대체한다.

어떤 x에 대해 $f(x) < 0$이면 $\ln f(x)$는 정의되지 않으나 우선 $|y| = |f(x)|$로 쓰고 로그미분법을 적용한 후, 식 **3**을 사용하면 된다. 2.3절에서 약속한 일반적인 거듭제곱 공식을 증명함으로써 이 과정을 설명한다. 일반적인 거듭제곱 공식은 임의의 실수 n에 대해 $f(x) = x^n$이면 $f'(x) = nx^{n-1}$임을 기억하자.

일반적인 거듭제곱 공식의 증명　$y = x^n$으로 놓고 로그미분법을 이용한다.

$$\ln|y| = \ln|x|^n = n\ln|x|, \quad x \neq 0$$

> $x = 0$일 때 도함수의 정의로부터 $n > 1$에 대해 $f'(0) = 0$임을 직접적으로 보일 수 있다.

그러면 다음을 얻는다.

$$\frac{y'}{y} = \frac{n}{x}$$

따라서 $y' = n\dfrac{y}{x} = n\dfrac{x^n}{x} = nx^{n-1}$이다. ∎

⊘ 밑이 변수이고 지수가 상수인 거듭제곱 공식 $[(d/dx)x^n = nx^{n-1}]$과 밑이 상수이고 지수가 변수인 지수함수의 미분법칙 $[(d/dx)b^x = b^x \ln b]$을 구분해야 한다.

일반적으로 지수와 밑에 대한 네 가지 경우가 있다.

1. $\dfrac{d}{dx}(b^n) = 0$　$(b, n$은 상수$)$ 　　　상수 밑과 상수지수

2. $\dfrac{d}{dx}[f(x)]^n = n[f(x)]^{n-1}f'(x)$ 　　　변수 밑과 상수지수

3. $\dfrac{d}{dx}[b^{g(x)}] = b^{g(x)}(\ln b)g'(x)$ 　　　상수 밑과 변수지수

4. $\dfrac{d}{dx}[f(x)]^{g(x)}$를 구하기 위해 다음 예제와 같이 로그미분법을 이용할 수 있다. 　　　변수 밑과 변수지수

《예제 16》 $y = x^{\sqrt{x}}$를 미분하라.

> 그림 6은 함수 $f(x) = x^{\sqrt{x}}$과 그 도함수의 그래프로서 예제 16을 설명하고 있다.

풀이 1 밑과 지수가 모두 변수이므로 로그미분법을 이용하면 다음과 같다.

$$\ln y = \ln x^{\sqrt{x}} = \sqrt{x}\ln x$$

$$\frac{y'}{y} = \sqrt{x} \cdot \frac{1}{x} + (\ln x)\frac{1}{2\sqrt{x}}$$

$$y' = y\left(\frac{1}{\sqrt{x}} + \frac{\ln x}{2\sqrt{x}}\right) = x^{\sqrt{x}}\left(\frac{2 + \ln x}{2\sqrt{x}}\right)$$

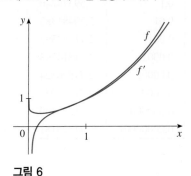

그림 6

풀이 2 다른 방법은 $x^{\sqrt{x}} = e^{\sqrt{x}\,\ln x}$ 으로 쓰고 6.3절의 식 **7**을 이용한다.

$$\frac{d}{dx}\left(x^{\sqrt{x}}\right) = \frac{d}{dx}\left(e^{\sqrt{x}\,\ln x}\right) = e^{\sqrt{x}\,\ln x}\frac{d}{dx}\left(\sqrt{x}\,\ln x\right)$$

$$= x^{\sqrt{x}}\left(\frac{2 + \ln x}{2\sqrt{x}}\right) \quad \text{(풀이 1처럼)} \qquad \blacksquare$$

■ 극한으로서의 수 e

앞에서 $f(x) = \ln x$ 이면 $f'(x) = 1/x$ 임을 알았다. 따라서 $f'(1) = 1$ 이다. 이 사실을 바탕으로 극한으로서의 수 e를 표현해 보자.

극한으로서 도함수의 정의로부터 다음을 얻는다.

$$f'(1) = \lim_{h \to 0}\frac{f(1 + h) - f(1)}{h} = \lim_{x \to 0}\frac{f(1 + x) - f(1)}{x}$$

$$= \lim_{x \to 0}\frac{\ln(1 + x) - \ln 1}{x} = \lim_{x \to 0}\frac{1}{x}\ln(1 + x)$$

$$= \lim_{x \to 0}\ln(1 + x)^{1/x}$$

$f'(1) = 1$ 이므로 다음을 얻는다.

$$\lim_{x \to 0}\ln(1 + x)^{1/x} = 1$$

따라서 1.8절의 정리 **8**과 지수함수의 연속성에 의해 다음을 얻는다.

$$e = e^1 = e^{\lim_{x \to 0}\ln(1+x)^{1/x}} = \lim_{x \to 0}e^{\ln(1+x)^{1/x}} = \lim_{x \to 0}(1 + x)^{1/x}$$

8
$$\boxed{e = \lim_{x \to 0}(1 + x)^{1/x}}$$

식 **8**은 그림 7에 있는 함수 $y = (1 + x)^{1/x}$의 그래프와 작은 x값에 대한 다음 표에 의해 설명된다. 이 표는 소수점 아래 일곱째 자리까지 정확하다.

$$e \approx 2.7182818$$

식 **8**에서 $n = 1/x$로 놓으면 $x \to 0^+$에 따라 $n \to \infty$이므로 e에 대한 다른 표현식은 다음과 같다.

9
$$\boxed{e = \lim_{n \to \infty}\left(1 + \frac{1}{n}\right)^n}$$

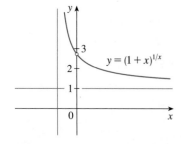

그림 7

x	$(1 + x)^{1/x}$
0.1	2.59374246
0.01	2.70481383
0.001	2.71692393
0.0001	2.71814593
0.00001	2.71826824
0.000001	2.71828047
0.0000001	2.71828169
0.00000001	2.71828181

6.4 | 연습문제

1. 자연로그함수 $y = \ln x$가 다른 로그함수 $y = \log_b x$보다 미적분학에서 자주 이용되는 이유를 설명하라.

2-14 다음 함수를 미분하라.

2. $f(x) = \ln(x^2 + 3x + 5)$ **3.** $f(x) = \sin(\ln x)$

4. $f(x) = \ln\dfrac{1}{x}$ **5.** $g(x) = \ln(xe^{-2x})$

6. $F(t) = (\ln t)^2 \sin t$ **7.** $y = \log_8(x^2 + 3x)$

8. $f(u) = \dfrac{\ln u}{1 + \ln(2u)}$ **9.** $f(x) = x^5 + 5^x$

10. $T(z) = 2^z \log_2 z$ **11.** $g(t) = \ln\dfrac{t(t^2 + 1)^4}{\sqrt[3]{2t - 1}}$

12. $y = \ln|3 - 2x^5|$ **13.** $y = \tan[\ln(ax + b)]$

14. $G(x) = 4^{C/x}$

15. $\dfrac{d}{dx}\ln\left(x + \sqrt{x^2 + 1}\right) = \dfrac{1}{\sqrt{x^2 + 1}}$ 임을 보여라.

16-17 y'과 y''을 구하라.

16. $y = \sqrt{x}\ln x$ **17.** $y = \ln|\sec x|$

18-19 다음 함수 f를 미분하고 f의 정의역을 구하라.

18. $f(x) = \dfrac{x}{1 - \ln(x - 1)}$ **19.** $f(x) = \ln(x^2 - 2x)$

20. $f(x) = \ln(x + \ln x)$일 때 $f'(1)$을 구하라.

21. 점 $(3, 0)$에서 곡선 $y = \ln(x^2 - 3x + 1)$의 접선 방정식을 구하라.

22. $f(x) = \sin x + \ln x$의 $f'(x)$를 구하고, f와 f'의 그래프를 비교해서 구한 답이 타당한지 확인하라.

23. $f(x) = cx + \ln(\cos x)$라 할 때, $f'(\pi/4) = 6$인 c의 값은 무엇인가?

24-29 로그미분법을 이용해서 다음 함수의 도함수를 구하라.

24. $y = (x^2 + 2)^2(x^4 + 4)^4$ **25.** $y = \sqrt{\dfrac{x - 1}{x^4 + 1}}$

26. $y = x^x$ **27.** $y = x^{\sin x}$

28. $y = (\cos x)^x$ **29.** $y = x^{\ln x}$

30. $y = \ln(x^2 + y^2)$일 때 y'을 구하라.

31. $f(x) = \ln(x - 1)$일 때 $f^{(n)}(x)$에 대한 식을 구하라.

32. 함수 $f(x) = (\ln x)/\sqrt{x}$에 대해 오목 구간과 변곡점을 구하라.

33-34 3.5절의 지침에 따라 다음 곡선을 그려라.

33. $y = \ln(\sin x)$ **34.** $y = \ln(1 + x^2)$

35. $f(x) = \ln(2x + x\sin x)$일 때 컴퓨터 대수체계를 이용해서 f'과 f''을 계산하라. f, f', f''의 그래프를 이용해서 구간 $(0, 15]$에서 f의 증가 구간과 변곡점을 추정하라.

36. 그래프를 이용해서 방정식 $(x - 4)^2 = \ln x$의 해를 소수점 아래 첫째 자리까지 추정하라. 그리고 추정한 해를 뉴턴 방법의 초기 근사로 이용해서 소수점 아래 여섯 자리까지 해를 구하라.

37. (a) $x = 1$ 부근에서 $f(x) = \ln x$의 선형근사식을 구하라.
(b) f와 선형근사식을 그리고 (a)를 설명하라.
(c) 0.1 이내의 어떤 x값에서 선형근사식과 같은가?

38-43 다음 적분을 구하라.

38. $\displaystyle\int_2^4 \dfrac{3}{x}\,dx$ **39.** $\displaystyle\int_1^2 \dfrac{dt}{8 - 3t}$

40. $\displaystyle\int_1^3 \left(\dfrac{3x^2 + 4x + 1}{x}\right) dx$ **41.** $\displaystyle\int \dfrac{(\ln x)^2}{x}\,dx$

42. $\displaystyle\int \dfrac{\sin 2x}{1 + \cos^2 x}\,dx$ **43.** $\displaystyle\int_0^4 2^s\,ds$

44. 등식 $\int \cot x\,dx = \ln|\sin x| + C$가 성립함을 (a) 식의 우변을 미분해서, (b) 예제 11의 방법을 이용해서 보여라.

45. $x = 0$에서 $x = 1$까지 곡선 $y = \dfrac{1}{\sqrt{x + 1}}$의 아래 영역을 x축을 중심으로 회전시킬 때 생기는 입체의 부피를 구하라.

46. 기체가 부피 V_1 상태에서 부피 V_2 상태로 팽창할 때 이 기체가 한 일은 $W = \int_{V_1}^{V_2} P\,dV$로 나타낸다. 여기서 압력 $P = P(V)$는 부피의 함수이다(5.4절 연습문제 15 참조). 보일의 법칙에 의하면 일정한 온도에서 일정량의 기체는 $PV = C$ (C는 상수)에 따라 팽창한다. 초기 부피 $600\,\text{cm}^3$, 초기 압력 $150\,\text{kPa}$이고 기체가 일정한 온도에서 $1000\,\text{cm}^3$로 팽창할 때, 기체가 한 일을 구하라.

47. 함수 $f(x) = 2x + \ln x$의 역함수를 g라 할 때 $g'(2)$를 구하라.

48. 직선 $y = mx$와 곡선 $y = x/(x^2 + 1)$가 영역을 형성하기 위한 m의 값을 구하고 그 영역의 넓이를 구하라.

49. 도함수의 정의를 이용해서 $\displaystyle\lim_{x \to 0} \frac{\ln(1 + x)}{x} = 1$을 증명하라.

50. 점 (a, b^a)에서 곡선 $y = b^x(b > 0, b \neq 1)$에 접하는 접선의 x축 절편을 c라 하자. 점 $(a, 0)$와 $(c, 0)$ 사이의 거리는 모든 a값에 대해서 같다는 것을 보여라.

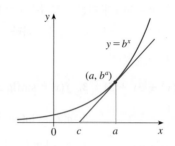

6.2* | 자연로그함수

교수가 6.2~6.4절의 내용으로 강의한다면 6.2*~6.4*절을 학습할 필요는 없다.

이 절에서는 적분을 이용해서 자연로그를 정의한 다음 로그의 일반 법칙이 모두 성립함을 알아본다. 미적분학의 기본정리로 자연로그함수의 미분을 더 쉽게 할 수 있다.

■ 자연로그함수의 성질과 도함수

먼저 쌍곡선함수의 적분을 이용하여 자연로그함수를 정의한다.

> **1 정의** **자연로그함수**(natural logarithmic function)는 $\ln x = \displaystyle\int_1^x \frac{1}{t}\, dt,\ x > 0$으로 정의된다.

이 함수의 존재성은 연속함수의 적분은 항상 존재한다는 사실에 의존한다. $x > 1$이면 기하학적으로 $\ln x$는 $t = 1$에서 $t = x$까지 쌍곡선 $y = 1/t$ 아래의 넓이로 설명될 수 있다(그림 1 참조). $x = 1$에 대해 다음을 얻는다.

$$\ln 1 = \int_1^1 \frac{1}{t}\, dt = 0$$

$0 < x < 1$에 대해서는 다음을 얻는다.

$$\ln x = \int_1^x \frac{1}{t}\, dt = -\int_x^1 \frac{1}{t}\, dt < 0$$

그러므로 $\ln x$는 그림 2에서 색칠한 부분의 넓이의 음의 값이다.

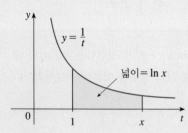

그림 1

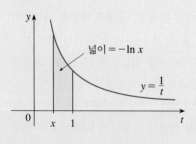

그림 2

《 **예제 1** 》

(a) 넓이를 비교해서 $\frac{1}{2} < \ln 2 < \frac{3}{4}$임을 보여라.

(b) $n = 10$인 중점법칙을 이용해서 $\ln 2$의 값을 추정하라.

풀이

(a) $\ln 2$는 $t = 1$에서 $t = 2$까지의 곡선 $y = 1/t$ 아래의 넓이로 설명할 수 있다. 그림 3 에서 이 넓이는 직사각형 $BCDE$의 넓이보다 크고 사다리꼴 $ABCD$의 넓이보다는 작다. 그러므로 다음을 얻는다.

$$\tfrac{1}{2} \cdot 1 < \ln 2 < 1 \cdot \tfrac{1}{2}\left(1 + \tfrac{1}{2}\right)$$

$$\tfrac{1}{2} < \ln 2 < \tfrac{3}{4}$$

(b) $f(t) = 1/t$, $n = 10$, $\Delta t = 0.1$인 중점법칙을 이용하면 다음을 얻는다.

$$\ln 2 = \int_1^2 \frac{1}{t}\,dt \approx (0.1)[f(1.05) + f(1.15) + \cdots + f(1.95)]$$

$$= (0.1)\left(\frac{1}{1.05} + \frac{1}{1.15} + \cdots + \frac{1}{1.95}\right) \approx 0.693 \qquad \blacksquare$$

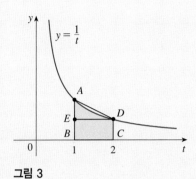

그림 3

$\ln x$를 정의하는 적분은 미적분학의 기본정리 1에서 논의한 적분과 같은 형태이 다(4.3절). 사실상 그 정리를 이용해서 다음을 얻는다.

$$\frac{d}{dx}\int_1^x \frac{1}{t}\,dt = \frac{1}{x}$$

따라서 다음과 같다.

2
$$\boxed{\frac{d}{dx}(\ln x) = \frac{1}{x}}$$

이제 이 미분법을 이용해서 로그함수의 다음 성질들을 증명한다.

---

3 로그법칙　$x, y > 0$이고 r는 유리수라고 하면 다음이 성립한다.

1. $\ln(xy) = \ln x + \ln y$　　**2.** $\ln\left(\dfrac{x}{y}\right) = \ln x - \ln y$　　**3.** $\ln(x^r) = r \ln x$

증명

1. 양의 상수 a에 대해 $f(x) = \ln(ax)$라 하자. 식 **2**와 연쇄법칙을 이용해서 다음 을 얻는다.

$$f'(x) = \frac{1}{ax}\frac{d}{dx}(ax) = \frac{1}{ax} \cdot a = \frac{1}{x}$$

따라서 $f(x)$와 $\ln x$는 도함수가 같으므로 다음과 같이 상수만큼의 차이가 있다.

$$\ln(ax) = \ln x + C$$

이 방정식에서 $x = 1$로 놓으면 $\ln a = \ln 1 + C = 0 + C = C$를 얻는다. 그러므로

다음이 성립한다.

$$\ln(ax) = \ln x + \ln a$$

이제 상수 a를 임의의 수 y로 바꾸면 다음과 같다.

$$\ln(xy) = \ln x + \ln y$$

2. 법칙 1에서 $x = 1/y$이라 하면 다음과 같다.

$$\ln \frac{1}{y} + \ln y = \ln\left(\frac{1}{y} \cdot y\right) = \ln 1 = 0$$

따라서
$$\ln \frac{1}{y} = -\ln y$$

다시 법칙 1을 적용하면 다음이 성립한다.

$$\ln\left(\frac{x}{y}\right) = \ln\left(x \cdot \frac{1}{y}\right) = \ln x + \ln \frac{1}{y} = \ln x - \ln y \qquad ■$$

《예제 2》 로그법칙을 이용해서 $\ln \dfrac{(x^2 + 5)^4 \sin x}{x^3 + 1}$를 전개하라.

풀이 로그법칙 1, 2, 3을 이용하면 다음을 얻는다.

$$\ln \frac{(x^2 + 5)^4 \sin x}{x^3 + 1} = \ln(x^2 + 5)^4 + \ln \sin x - \ln(x^3 + 1)$$

$$= 4 \ln(x^2 + 5) + \ln \sin x - \ln(x^3 + 1) \qquad ■$$

《예제 3》 $\ln a + \frac{1}{2} \ln b$를 하나의 로그로 표현하라.

풀이 로그법칙 3과 1을 적용하면 다음과 같다.

$$\ln a + \tfrac{1}{2} \ln b = \ln a + \ln b^{1/2}$$

$$= \ln a + \ln \sqrt{b}$$

$$= \ln(a\sqrt{b}) \qquad ■$$

$y = \ln x$의 그래프를 그리기 위해 먼저 다음 극한을 구한다.

$$\boxed{4} \qquad \boxed{\text{(a)} \ \lim_{x \to \infty} \ln x = \infty \qquad \text{(b)} \ \lim_{x \to 0^+} \ln x = -\infty}$$

증명

(a) 로그법칙 3에서 $x = 2$, $r = n$ (n은 임의의 양의 정수)을 택하면 $\ln(2^n) = n \ln 2$이다. $\ln 2 > 0$이므로 $n \to \infty$에 따라 $\ln(2^n) \to \infty$이다. $\ln x$의 도함수 $1/x$이 양수이므로 $\ln x$는 증가함수이다. 그러므로 $x \to \infty$에 따라 $\ln x \to \infty$이다.

(b) $t = 1/x$이라 두면 $x \to 0^+$에 따라 $t \to \infty$이다. 그러므로 (a)를 이용해서 다음을 얻는다.

$$\lim_{x \to 0^+} \ln x = \lim_{t \to \infty} \ln\left(\frac{1}{t}\right) = \lim_{t \to \infty} (-\ln t) = -\infty$$

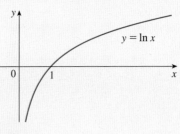

그림 4

$y = \ln x$, $x > 0$이면 다음을 얻는다.

$$\frac{dy}{dx} = \frac{1}{x} > 0, \qquad \frac{d^2 y}{dx^2} = -\frac{1}{x^2} < 0$$

따라서 $\ln x$는 $(0, \infty)$에서 증가함수이고 아래로 오목하다. 식 ④와 위 내용에 따라 $y = \ln x$의 그래프를 그림 4에서 그린다.

$\ln 1 = 0$이고 $\ln x$는 증가하는 연속함수이므로 중간값 정리에 따라 $\ln x$의 값이 1이 되는 어떤 값이 존재하고(그림 5 참조), 그 값을 $x = e$로 정의한다.

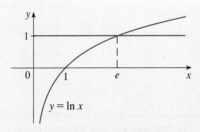

그림 5

---

⑤ **정의** e는 $\ln e = 1$인 수이다.

《**예제 4**》 그래픽 계산기나 컴퓨터를 이용해서 e의 값을 추정하라.

풀이 정의 ⑤에 따라 곡선 $y = \ln x$와 $y = 1$의 그래프를 그리고 교점의 x좌표를 결정함으로써 e의 값을 추정한다. 이렇게 함으로써 $e \approx 2.718$을 추정한다. ■

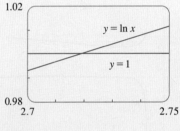

그림 6

더 세밀한 방법으로 소수점 아래 20째 자리까지 e의 근삿값은 다음과 같음을 보일 수 있다.

$$e \approx 2.71828182845904523536$$

e는 무리수이므로 e의 십진법 표현은 비순환적이다.

식 ②를 이용해서 자연로그함수를 포함한 함수를 미분하자.

《**예제 5**》 $y = \ln(x^3 + 1)$을 미분하라.

풀이 연쇄법칙을 이용하기 위해 $u = x^3 + 1$로 놓으면 $y = \ln u$이므로 다음을 얻는다.

$$\frac{dy}{dx} = \frac{dy}{du} \frac{du}{dx} = \frac{1}{u} \frac{du}{dx} = \frac{1}{x^3 + 1}(3x^2) = \frac{3x^2}{x^3 + 1}$$
■

일반적으로 예제 5에서와 같이 식 ②와 연쇄법칙을 결합하면 다음을 얻는다.

⑥　$$\frac{d}{dx}(\ln u) = \frac{1}{u}\frac{du}{dx}$$　　또는　　$$\frac{d}{dx}[\ln g(x)] = \frac{g'(x)}{g(x)}$$

《예제 6》 $\dfrac{d}{dx}\ln(\sin x)$를 구하라.

풀이 식 **6**을 적용하면 다음을 얻는다.

$$\frac{d}{dx}\ln(\sin x) = \frac{1}{\sin x}\frac{d}{dx}(\sin x) = \frac{1}{\sin x}\cos x = \cot x$$

《예제 7》 $f(x) = \sqrt{\ln x}$를 미분하라.

풀이 로그가 내부함수이므로 연쇄법칙에 의해 다음을 얻는다.

$$f'(x) = \tfrac{1}{2}(\ln x)^{-1/2}\frac{d}{dx}(\ln x) = \frac{1}{2\sqrt{\ln x}}\cdot\frac{1}{x} = \frac{1}{2x\sqrt{\ln x}}$$

그림 7은 예제 8의 함수 f와 그 도함수 f'의 그래프로서 계산 결과를 육안으로 확인할 수 있다. f가 급격하게 감소할 때 $f'(x)$는 큰 음수임에 유의하자. 또한 f가 최솟값일 때 $f'(x) = 0$이다.

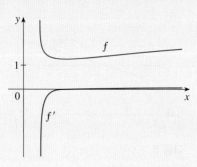

그림 7

《예제 8》 $\dfrac{d}{dx}\ln\dfrac{x+1}{\sqrt{x-2}}$을 구하라.

풀이 1

$$\frac{d}{dx}\ln\frac{x+1}{\sqrt{x-2}} = \frac{1}{\dfrac{x+1}{\sqrt{x-2}}}\frac{d}{dx}\frac{x+1}{\sqrt{x-2}}$$

$$= \frac{\sqrt{x-2}}{x+1}\frac{\sqrt{x-2}\cdot 1 - (x+1)(\tfrac{1}{2})(x-2)^{-1/2}}{x-2}$$

$$= \frac{x-2-\tfrac{1}{2}(x+1)}{(x+1)(x-2)}$$

$$= \frac{x-5}{2(x+1)(x-2)}$$

풀이 2 로그법칙을 이용해서 주어진 함수를 먼저 간단히 하면 다음과 같이 미분하기가 쉽다.

$$\frac{d}{dx}\ln\frac{x+1}{\sqrt{x-2}} = \frac{d}{dx}\left[\ln(x+1) - \tfrac{1}{2}\ln(x-2)\right]$$

$$= \frac{1}{x+1} - \frac{1}{2}\left(\frac{1}{x-2}\right)$$

(이 답은 쓰여진 상태로 남겨 두어도 좋지만 이것의 분모를 통분해서 정리하면 풀이 1의 결과와 같다.)

《예제 9》 3.5절의 지침을 이용해서 곡선 $y = \ln(4 - x^2)$을 그려라.

A. 정의역 정의역은 다음과 같다.

$$\{x \mid 4 - x^2 > 0\} = \{x \mid x^2 < 4\} = \{x \mid |x| < 2\} = (-2, 2)$$

B. 절편 y절편은 $f(0) = \ln 4$이다. x절편을 구하기 위해 $y = \ln(4 - x^2) = 0$이라 놓으면, $\ln 1 = 0$이므로 $4 - x^2 = 1$, 즉 $x^2 = 3$이다. 그러므로 x절편은 $\pm\sqrt{3}$이다.

C. 대칭성 $f(-x) = f(x)$이므로 f는 우함수이고 y축에 대칭이다.

D. 점근선 정의역의 양 끝점에서 수직점근선을 찾는다. $x \to 2^-$와 $x \to -2^+$에 따라 $4 - x^2 \to 0^+$이므로 직선 $x = 2$와 $x = -2$는 수직점근선이다.

$$\lim_{x\to 2^-} \ln(4 - x^2) = -\infty, \qquad \lim_{x\to -2^+} \ln(4 - x^2) = -\infty$$

E. 증가 또는 감소 구간

$$f'(x) = \frac{-2x}{4 - x^2}$$

이므로 $-2 < x < 0$에서 $f'(x) > 0$이고 $0 < x < 2$에서 $f'(x) < 0$이므로 f는 $(-2, 0)$에서 증가하고 $(0, 2)$에서 감소한다.

F. 극댓값과 극솟값 유일한 임계점은 $x = 0$이다. f'은 0에서 양으로부터 음으로 변하므로 1계 도함수 판정법에 따라 $f(0) = \ln 4$는 극댓값이다.

G. 오목성과 변곡점

$$f''(x) = \frac{(4 - x^2)(-2) + 2x(-2x)}{(4 - x^2)^2} = \frac{-8 - 2x^2}{(4 - x^2)^2}$$

는 모든 x에 대해 $f''(x) < 0$이므로 $(-2, 2)$에서 아래로 오목하며 변곡점은 없다.

H. 곡선 그리기 위의 정보를 이용해서 곡선의 그래프를 그리면 그림 8과 같다. ∎

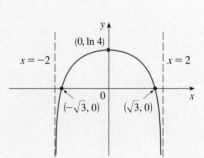

그림 8 $y = \ln(4 - x^2)$

《예제 10》 $f(x) = \ln|x|$에 대해 $f'(x)$를 구하라.

 $f(x) = \begin{cases} \ln x, & x > 0 \\ \ln(-x), & x < 0 \end{cases}$

그러므로 다음을 얻는다.

$$f'(x) = \begin{cases} \dfrac{1}{x}, & x > 0 \\[2mm] \dfrac{1}{-x}(-1) = \dfrac{1}{x}, & x < 0 \end{cases}$$

따라서 모든 $x \neq 0$에 대해 $f'(x) = 1/x$이다. ∎

이 예제 10의 결과는 다음과 같이 기억할 만한 가치가 있다.

그림 9는 예제 10의 함수 $f(x) = \ln|x|$와 그 도함수 $f'(x) = 1/x$의 그래프이다. x가 작아질수록 $y = \ln|x|$의 그래프는 가파르고 $f'(x)$는 커지는 것(양수 또는 음수)에 유의하자.

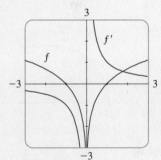

그림 9

$\boxed{7}$ $$\boxed{\dfrac{d}{dx} \ln|x| = \dfrac{1}{x}}$$

■ **자연로그와 관련한 적분**

식 $\boxed{7}$로부터 다음 적분공식을 얻는다.

8
$$\int \frac{1}{x}\,dx = \ln|x| + C$$

위의 식 8은 0을 포함하지 않는 임의의 구간에서 타당하며, 거듭제곱함수에 대한 적분 공식의 빠진 부분을 채워준다.

$$\int x^n\,dx = \frac{x^{n+1}}{n+1} + C, \quad n \neq -1$$

빠진 경우 $(n = -1)$가 식 8에 의해 제공된다.

《예제 11》 $\int \dfrac{x}{x^2+1}\,dx$를 계산하라.

풀이 $u = x^2 + 1$이라 놓으면 미분이 $du = 2x\,dx$이므로 (상수 인수 2를 제거하면) $x\,dx = du/2$이고 다음과 같다.

$$\int \frac{x}{x^2+1}\,dx = \frac{1}{2}\int \frac{du}{u} = \frac{1}{2}\ln|u| + C$$
$$= \frac{1}{2}\ln|x^2+1| + C = \frac{1}{2}\ln(x^2+1) + C$$

모든 x에 대해 $x^2 + 1 > 0$이므로 절댓값 기호를 생략했음에 유의하자. 로그법칙을 이용해서 위의 답을 다음과 같이 표기할 수 있지만 꼭 이렇게 할 필요는 없다.

$$\ln\sqrt{x^2+1} + C \qquad\blacksquare$$

예제 12에서 함수 $f(x) = (\ln x)/x$는 $x > 1$에 대해 양수이므로 적분은 그림 10의 색칠한 부분의 넓이이다.

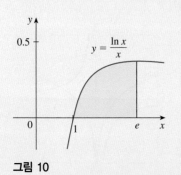

그림 10

《예제 12》 $\int_1^e \dfrac{\ln x}{x}\,dx$를 계산하라.

풀이 $u = \ln x$라 놓으면 미분은 $du = (1/x)dx$이다. $x = 1$일 때 $u = \ln 1 = 0$이고, $x = e$일 때 $u = \ln e = 1$이므로 다음을 얻는다.

$$\int_1^e \frac{\ln x}{x}\,dx = \int_0^1 u\,du = \frac{u^2}{2}\Big]_0^1 = \frac{1}{2} \qquad\blacksquare$$

《예제 13》 $\int \tan x\,dx$를 계산하라.

풀이 $\tan x$를 $\cos x$와 $\sin x$로 다시 쓰면 다음과 같다.

$$\int \tan x\,dx = \int \frac{\sin x}{\cos x}\,dx$$

$u = \cos x$라 놓으면 $du = -\sin x\,dx$이고 $\sin x\,dx = -du$이므로 다음을 얻는다.

$$\int \tan x\,dx = \int \frac{\sin x}{\cos x}\,dx = -\int \frac{1}{u}\,du$$
$$= -\ln|u| + C = -\ln|\cos x| + C \qquad\blacksquare$$

그런데 $-\ln|\cos x| = \ln(|\cos x|^{-1}) = \ln(1/|\cos x|) = \ln|\sec x|$이므로 예제 13의 결과를 다음과 같이 쓸 수 있다.

$\boxed{9}$

$$\int \tan x \, dx = \ln|\sec x| + C$$

■ 로그미분법

곱, 몫, 거듭제곱을 포함하는 복잡한 함수의 도함수는 로그를 취해 간단히 계산할 수 있다. 다음 예제에서 사용된 방법을 **로그미분법**(logarithmic differentiation)이라고 한다.

《예제 14》 $y = \dfrac{x^{3/4}\sqrt{x^2+1}}{(3x+2)^5}$ 을 미분하라.

풀이 먼저 양변에 로그를 취하고 로그법칙을 이용해서 간단히 정리하면 다음을 얻는다.

$$\ln y = \tfrac{3}{4}\ln x + \tfrac{1}{2}\ln(x^2+1) - 5\ln(3x+2)$$

x에 대해 음함수적으로 미분하면 다음을 얻는다.

$$\frac{1}{y}\frac{dy}{dx} = \frac{3}{4}\cdot\frac{1}{x} + \frac{1}{2}\cdot\frac{2x}{x^2+1} - 5\cdot\frac{3}{3x+2}$$

dy/dx에 관해 이 방정식을 풀면 다음을 얻는다.

$$\frac{dy}{dx} = y\left(\frac{3}{4x} + \frac{x}{x^2+1} - \frac{15}{3x+2}\right)$$

y에 대한 정확한 식을 알고 있으므로 위 식에 대입해서 다음을 얻는다.

$$\frac{dy}{dx} = \frac{x^{3/4}\sqrt{x^2+1}}{(3x+2)^5}\left(\frac{3}{4x} + \frac{x}{x^2+1} - \frac{15}{3x+2}\right)$$ ■

예제 14에서 로그미분법을 이용하지 않으면 몫의 공식과 곱의 공식을 모두 이용해서 미분해야 한다. 이런 계산 과정은 매우 복잡하다.

로그미분법의 단계
1. 방정식 $y = f(x)$의 양변에 자연로그를 취하고, 로그법칙을 이용해서 간단히 한다.
2. x에 관해 음함수적으로 미분한다.
3. 결과로 얻은 방정식을 y'에 대해 풀고, y를 $f(x)$로 대체한다.

어떤 x에 대해 $f(x) < 0$면 $\ln f(x)$는 정의되지 않으나 $|y| = |f(x)|$로 쓰고 식 $\boxed{7}$을 사용하면 된다.

6.2* | 연습문제

1. 로그법칙을 이용해서 다음 식을 전개하라.

(a) $\ln \sqrt{ab}$ (b) $\ln\left(\dfrac{x^4}{\sqrt{x^2 - 4}}\right)$

2-3 다음 식을 하나의 로그로 표현하라.

2. (a) $\ln a - 2\ln b + 3\ln c$

(b) $\ln 4 + \ln a - \frac{1}{3}\ln(a + 1)$

3. (a) $\ln 3 + \frac{1}{3}\ln 8$

(b) $\frac{1}{3}\ln(x + 2)^3 + \frac{1}{2}\left[\ln x - \ln(x^2 + 3x + 2)^2\right]$

4-5 다음 함수의 그래프를 손으로 대략적으로 그려라. 그림 4의 그래프와 필요하면 1.3절의 변환을 이용한다.

4. $y = -\ln x$ **5.** $y = \ln(x + 3)$

6-7 다음 극한을 구하라.

6. $\displaystyle\lim_{x \to 0} \ln(\cos x)$

7. $\displaystyle\lim_{x \to \infty} \left[\ln(1 + x^2) - \ln(1 + x)\right]$

8-17 다음 함수를 미분하라.

8. $f(x) = x^3 \ln x$ **9.** $f(x) = \ln(x^2 + 3x + 5)$

10. $f(x) = \sin(\ln x)$ **11.** $f(x) = \ln\dfrac{1}{x}$

12. $f(x) = \sin x \ln(5x)$ **13.** $F(t) = (\ln t)^2 \sin t$

14. $y = (\ln \tan x)^2$ **15.** $f(u) = \dfrac{\ln u}{1 + \ln(2u)}$

16. $g(t) = \ln\dfrac{t(t^2 + 1)^4}{\sqrt[3]{2t - 1}}$ **17.** $y = \ln|3 - 2x^5|$

18. $\dfrac{d}{dx}\ln\left(x + \sqrt{x^2 + 1}\right) = \dfrac{1}{\sqrt{x^2 + 1}}$ 임을 보여라.

19-20 y'과 y''을 구하라.

19. $y = \sqrt{x}\ln x$ **20.** $y = \ln|\sec x|$

21-22 다음 함수 f를 미분하고 f의 정의역을 구하라.

21. $f(x) = \dfrac{x}{1 - \ln(x - 1)}$

22. $f(x) = \ln(x^2 - 2x)$

23. $f(x) = \ln(x + \ln x)$일 때 $f'(1)$을 구하라.

24. 함수 $f(x) = \sin x + \ln x$의 $f'(x)$를 구하라. f와 f'의 그래프를 비교해서 구한 답이 타당한지 확인하라.

25. 점 $(1, 0)$에서 곡선 $y = \sin(2\ln x)$에 대한 접선의 방정식을 구하라.

26. $y = \ln(x^2 + y^2)$일 때, y'을 구하라.

27. $f(x) = \ln(x - 1)$일 때 $f^{(n)}(x)$에 대한 식을 구하라.

28-29 3.5절의 지침에 따라 다음 곡선을 그려라.

28. $y = \ln(\sin x)$ **29.** $y = \ln(1 + x^2)$

30. $f(x) = \ln(2x + x\sin x)$일 때, 컴퓨터 대수체계를 이용해서 f'과 f''을 계산하라. f, f', f''의 그래프를 이용해서 구간 $(0, 15]$에서 f의 증가 구간과 변곡점을 추정하라.

31. 그래프를 이용해서 방정식 $(x - 4)^2 = \ln x$의 해를 소수점 아래 첫째 자리까지 추정하라. 그리고 추정한 해를 뉴턴 방법의 초기 근사로 이용해서 소수점 아래 여섯 자리까지 해를 구하라.

32-33 로그미분법을 이용해서 다음 함수들의 도함수를 구하라.

32. $y = (x^2 + 2)^2(x^4 + 4)^4$ **33.** $y = \sqrt{\dfrac{x - 1}{x^4 + 1}}$

34-38 다음 적분을 구하라.

34. $\displaystyle\int_2^4 \dfrac{3}{x}\,dx$ **35.** $\displaystyle\int_1^2 \dfrac{dt}{8 - 3t}$

36. $\displaystyle\int_1^3 \left(\dfrac{3x^2 + 4x + 1}{x}\right)dx$ **37.** $\displaystyle\int \dfrac{(\ln x)^2}{x}\,dx$

38. $\displaystyle\int \dfrac{\sin 2x}{1 + \cos^2 x}\,dx$

39. 등식 $\int \cot x\,dx = \ln|\sin x| + C$가 성립함을 (a) 식의 우변을 미분해서, (b) 예제 13의 방법을 이용해서 보여라.

40. $x = 0$에서 $x = 1$까지 곡선 $y = \dfrac{1}{\sqrt{x + 1}}$의 아래 영역을 x축을 중심으로 회전시킬 때 생기는 입체의 부피를 구하라.

41. 기체가 부피 V_1 상태에서 부피 V_2 상태로 팽창할 때 이 기

체가 한 일은 $W = \int_{V_1}^{V_2} P \, dV$로 나타낸다. 여기서 압력 $P = P(V)$는 부피의 함수이다(5.4절 연습문제 15 참조). 보일의 법칙에 의하면 일정한 온도에서 일정량의 기체는 $PV = C$ (C는 상수)에 따라 팽창한다. 초기 부피 600 cm³, 초기 압력 150 kPa이고 기체가 일정한 온도에서 1000 cm³로 팽창할 때, 기체가 한 일을 구하라.

42. 함수 $f(x) = 2x + \ln x$의 역함수를 g라 할 때 $g'(2)$를 구하라.

43. (a) 넓이를 비교함으로써 $\frac{1}{3} < \ln 1.5 < \frac{5}{12}$임을 보여라.

(b) $n = 10$인 중점법칙을 이용해서 $\ln 1.5$의 값을 추정하라.

44. 넓이를 비교함으로써

$$\frac{1}{2} + \frac{1}{3} + \cdots + \frac{1}{n} < \ln n < 1 + \frac{1}{2} + \frac{1}{3} + \cdots + \frac{1}{n-1}$$

임을 보여라.

45. 직선 $y = mx$와 곡선 $y = x/(x^2 + 1)$가 영역을 형성하기 위한 m의 값을 구하고 그 영역의 넓이를 구하라.

46. 도함수의 정의를 이용해서 $\lim_{x \to 0} \frac{\ln(1 + x)}{x} = 1$을 증명하라.

6.3* | 자연지수함수

■ 자연지수함수와 그 성질

$\ln$은 증가함수이므로 일대일 함수이다. 따라서 역함수를 가지고 이것을 $\exp$로 나타낸다. 역함수의 정의에 따르면 다음과 같다.

$$\boxed{1} \qquad \exp(x) = y \iff \ln y = x$$

$$f^{-1}(x) = y \iff f(y) = x$$

그리고 소거방정식은 다음과 같다.

$$\boxed{2} \qquad \exp(\ln x) = x, \qquad \ln(\exp x) = x$$

$$f^{-1}(f(x)) = x$$
$$f(f^{-1}(x)) = x$$

특히 다음이 성립한다.

$$\ln 1 = 0이므로 \exp(0) = 1$$
$$\ln e = 1이므로 \exp(1) = e$$

$y = \exp x$의 그래프는 $y = \ln x$의 그래프를 $y = x$에 대해 대칭시켜 얻을 수 있다 (그림 1 참조). $\exp$의 정의역은 $\ln$의 치역, 즉 $(-\infty, \infty)$이며, $\exp$의 치역은 $\ln$의 정의역 $(0, \infty)$이다.

임의의 유리수를 r라 하면 로그법칙 3에 따라 다음을 얻는다.

$$\ln(e^r) = r \ln e = r$$

그러므로 식 $\boxed{1}$에 따라 다음이 성립한다.

$$\exp(r) = e^r$$

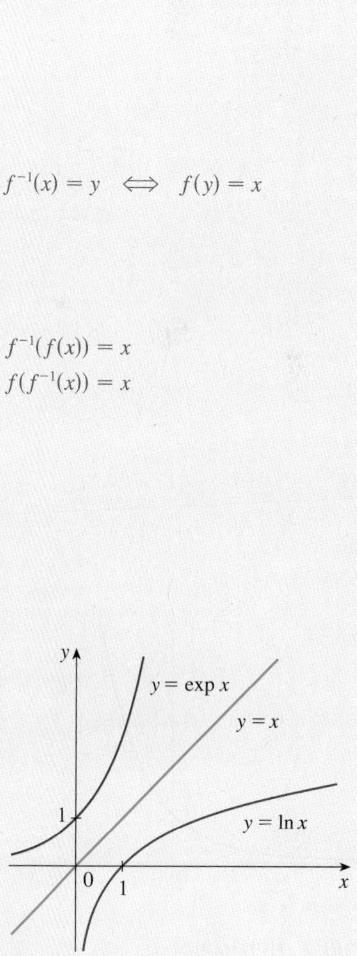

그림 1

따라서 x가 유리수일 때 $\exp(x) = e^x$이다. 이로써 e^x은 x가 무리수일 때도 다음과 같이 정의할 수 있다.

$$e^x = \exp(x)$$

다시 말하면 주어진 이유로 e^x을 함수 $\ln x$의 역함수로서 정의하고, 식 **1**의 표기법은 다음과 같게 된다.

3
$$e^x = y \iff \ln y = x$$

그리고 소거방정식 **2**는 다음과 같다.

4
$$e^{\ln x} = x, \quad x > 0$$

5
$$\text{모든 } x \text{에 대해 } \ln(e^x) = x$$

《예제 1》 $\ln x = 5$를 만족하는 x를 구하라.

풀이 1 식 **3**으로부터 $\ln x = 5$는 $e^5 = x$를 의미하므로 $x = e^5$이다.

풀이 2 방정식 $\ln x = 5$로 시작해서 양변에 다음과 같이 지수함수를 적용한다.

$$e^{\ln x} = e^5$$

식 **4**에 따라 $e^{\ln x} = x$이므로 $x = e^5$이다.　■

《예제 2》 방정식 $e^{5-3x} = 10$을 풀라.

풀이 방정식의 양변에 자연로그를 취하고 식 **5**를 이용하면 다음을 얻는다.

$$\ln(e^{5-3x}) = \ln 10$$
$$5 - 3x = \ln 10$$
$$3x = 5 - \ln 10$$
$$x = \tfrac{1}{3}(5 - \ln 10)$$

계산기를 이용해서 소수점 아래 넷째 자리까지 근삿값은 구하면 $x \approx 0.8991$이다.　■

지수함수 $f(x) = e^x$은 미적분학과 그 응용에서 자주 접하게 되는 함수 중 하나이므로 그의 그래프(그림 2 참조)와 성질에 친숙해지는 것이 중요하다. (이 성질은 자연지수함수는 자연로그함수의 역함수라는 사실에 따른다.)

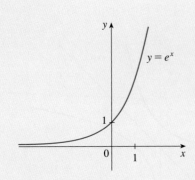

그림 2 자연지수함수

> ⑥ **자연지수함수의 성질**　지수함수 $f(x) = e^x$은 정의역이 $\mathbb{R}$이고 치역이 $(0, \infty)$인 증가하는 연속함수이다. 따라서 모든 x에 대해 $e^x > 0$이고 다음이 성립한다.
>
> $$\lim_{x \to -\infty} e^x = 0, \qquad \lim_{x \to \infty} e^x = \infty$$
>
> 그러므로 x축은 $f(x) = e^x$의 수평점근선이다.

《**예제 3**》$\displaystyle\lim_{x \to \infty} \frac{e^{2x}}{e^{2x} + 1}$의 극한을 구하라.

풀이　분모, 분자를 e^{2x}으로 나눠서 다음을 얻는다.

$$\lim_{x \to \infty} \frac{e^{2x}}{e^{2x} + 1} = \lim_{x \to \infty} \frac{1}{1 + e^{-2x}} = \frac{1}{1 + \displaystyle\lim_{x \to \infty} e^{-2x}}$$

$$= \frac{1}{1 + 0} = 1$$

여기서 $x \to \infty$일 때 $t = -2x \to -\infty$이고, 따라서 다음이 성립한다는 사실을 이용했다.

$$\lim_{x \to \infty} e^{-2x} = \lim_{t \to -\infty} e^t = 0 \qquad\blacksquare$$

지수함수 $f(x) = e^x$이 갖는 성질을 간단히 요약하면 다음과 같다.

> ⑦ **지수법칙**　x, y는 실수이고 r가 유리수이면 다음이 성립한다.
>
> **1.** $e^{x+y} = e^x e^y$　　　**2.** $e^{x-y} = \dfrac{e^x}{e^y}$　　　**3.** $(e^x)^r = e^{rx}$

법칙 1의 증명　로그법칙 1과 식 ⑤로부터 다음을 얻는다.

$$\ln(e^x e^y) = \ln(e^x) + \ln(e^y) = x + y = \ln(e^{x+y})$$

$\ln$이 일대일 함수이므로 $e^x e^y = e^{x+y}$이다.

　법칙 2, 3도 비슷한 방법으로 증명할 수 있다(연습문제 53 참조). 다음 절에서 임의의 실수 r에 대해 법칙 3이 성립됨을 보일 것이다. 　$\blacksquare$

■ 미분법

자연지수함수는 **그 자신이 도함수**라는 주목할 만한 성질을 갖는다.

⑧
$$\frac{d}{dx}(e^x) = e^x$$

증명　함수 $y = e^x$은 0이 아닌 도함수를 갖는 미분가능한 $y = \ln x$의 역함수이므로 미분가능하다. 이 함수의 도함수를 구하기 위해 역함수를 이용하는 방법을 사용해 보자. $y = e^x$이라 놓으면 $\ln y = x$이고, x에 관한 음함수로 이 방정식을 미분하

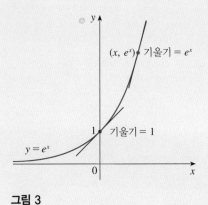

그림 3

면 다음을 얻는다.

$$\frac{1}{y}\frac{dy}{dx} = 1$$

$$\frac{dy}{dx} = y = e^x \qquad \blacksquare$$

식 $\boxed{8}$의 기하학적 해석은 임의의 점에서 곡선 $y = e^x$에 대한 접선의 기울기가 그 점의 y좌표와 같다는 것이다(그림 3 참조). 이 성질은 지수곡선 $y = e^x$이 매우 빠르게 증가한다는 것을 뜻한다.

《예제 4》 함수 $y = e^{\tan x}$을 미분하라.

풀이 연쇄법칙을 이용하기 위해 $u = \tan x$로 치환하면 $y = e^u$이므로 다음을 얻는다.

$$\frac{dy}{dx} = \frac{dy}{du}\frac{du}{dx} = e^u \frac{du}{dx} = e^{\tan x} \sec^2 x \qquad \blacksquare$$

일반적으로 예제 4와 같이 식 $\boxed{8}$과 연쇄법칙을 결합하면 다음 식을 얻는다.

$\boxed{9}$
$$\boxed{\frac{d}{dx}(e^u) = e^u \frac{du}{dx}}$$

《예제 5》 $y = e^{-4x}\sin 5x$일 때 y'을 구하라.

풀이 식 $\boxed{9}$와 곱의 법칙을 이용하면 다음을 얻는다.

$$y' = e^{-4x}(\cos 5x)(5) + (\sin 5x)e^{-4x}(-4) = e^{-4x}(5\cos 5x - 4\sin 5x) \qquad \blacksquare$$

《예제 6》 함수 $f(x) = xe^{-x}$의 최댓값을 구하라.

풀이 임계점을 구하기 위해 미분하면 다음을 얻는다.

$$f'(x) = xe^{-x}(-1) + e^{-x}(1) = e^{-x}(1 - x)$$

지수함수는 항상 양의 값을 가지므로 $1 - x > 0$, 즉 $x < 1$일 때 $f'(x) > 0$이다. 마찬가지로 $x > 1$일 때 $f'(x) < 0$이다. 최댓·최솟값에 대한 1계 도함수 판정법에 따라 $x = 1$에서 f는 최댓값을 가지며 그 값은 다음과 같다.

$$f(1) = (1)e^{-1} = \frac{1}{e} \approx 0.37 \qquad \blacksquare$$

《예제 7》 1, 2계 도함수와 점근선을 이용해서 함수 $f(x) = e^{1/x}$의 그래프를 그려라.

풀이 f의 정의역은 $\{x \mid x \neq 0\}$이다. $x \to 0$일 때 좌·우극한을 계산해서 수직점근선을 조사한다. $x \to 0^+$일 때 $t = 1/x \to \infty$이므로 다음을 얻는다.

$$\lim_{x \to 0^+} e^{1/x} = \lim_{t \to \infty} e^t = \infty$$

따라서 $x = 0$은 수직점근선이다. $x \to 0^-$일 때 $t = 1/x \to -\infty$이므로 다음을 얻는다.

$$\lim_{x \to 0^-} e^{1/x} = \lim_{t \to -\infty} e^t = 0$$

$x \to \pm\infty$일 때 $1/x \to 0$이므로 다음과 같다.

$$\lim_{x \to \pm\infty} e^{1/x} = e^0 = 1$$

따라서 $y = 1$은 수평점근선(좌측과 우측 모두)이다.

이제 도함수를 계산하자. 연쇄법칙에 따라 1계 도함수는 다음과 같다.

$$f'(x) = -\frac{e^{1/x}}{x^2}$$

모든 $x \neq 0$에 대해 $e^{1/x} > 0$이고 $x^2 > 0$이므로 모든 $x \neq 0$에 대해 $f'(x) < 0$이다. 따라서 f는 $(-\infty, 0)$과 $(0, \infty)$에서 감소한다. 임계점이 없으므로 극값은 없다. 2계 도함수는 다음과 같다.

$$f''(x) = -\frac{x^2 e^{1/x}(-1/x^2) - e^{1/x}(2x)}{x^4} = \frac{e^{1/x}(2x + 1)}{x^4}$$

$e^{1/x} > 0$이고 $x^4 > 0$이므로 $x > -\frac{1}{2}$ $(x \neq 0)$일 때 $f''(x) > 0$이고, $x < -\frac{1}{2}$일 때 $f''(x) < 0$이다. 따라서 곡선은 $\left(-\infty, -\frac{1}{2}\right)$에서 아래로 오목하고 $\left(-\frac{1}{2}, 0\right)$과 $(0, \infty)$에서 위로 오목하므로 변곡점은 $\left(-\frac{1}{2}, e^{-2}\right)$이다.

f의 그래프를 그리기 위해 초기 개형에서 수평점근선 $y = 1$(점선)과 점근선 부근에서의 곡선 부분을 그린다[그림 4(a) 참조]. 이런 곡선 부분은 극한에 관한 정보와 f가 $(-\infty, 0)$과 $(0, \infty)$에서 감소한다는 사실을 반영한다. 또한 $f(0)$은 존재하지 않지만 $x \to 0^-$일 때 $f(x) \to 0$임에 유의하자. 그림 4(b)에서 오목성에 관한 정보와 변곡점을 구체화함으로써 그래프를 완성한다. 그래픽 도구를 이용해서 그린 그림 4(c)와 비교해 보자.

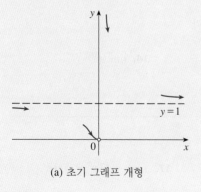

(a) 초기 그래프 개형

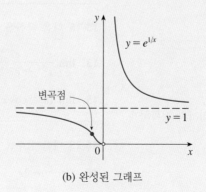

(b) 완성된 그래프

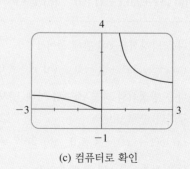

(c) 컴퓨터로 확인

그림 4

■ 적분

지수함수 $y = e^x$의 도함수는 단순하기 때문에 적분 또한 다음과 같이 단순하다.

$$\boxed{10} \qquad \boxed{\int e^x \, dx = e^x + C}$$

《예제 8》 $\int x^2 e^{x^3} dx$를 계산하라.

풀이 $u = x^3$으로 치환하면 $du = 3x^2 \, dx$이다. 그러므로 $x^2 \, dx = \frac{1}{3} du$이고 다음을 얻는다.

$$\int x^2 e^{x^3} dx = \frac{1}{3} \int e^u \, du = \frac{1}{3} e^u + C = \frac{1}{3} e^{x^3} + C \qquad ■$$

《예제 9》 0에서 1까지 곡선 $y = e^{-3x}$의 아래 넓이를 구하라.

풀이 넓이는 다음과 같다.

$$A = \int_0^1 e^{-3x} dx = -\frac{1}{3} e^{-3x} \Big]_0^1 = \frac{1}{3}(1 - e^{-3}) \qquad ■$$

6.3* | 연습문제

1. $f(x) = e^x$의 그래프가 어떻게 y축을 지나는지 특히 주의해서 그 그래프를 손으로 그려라. 이렇게 하기 위해 허용되는 사실은 무엇인가?

2. 다음을 간단히 하라.

(a) $\ln \dfrac{1}{e^2}$ 　　 (b) $\ln \sqrt{e}$ 　　 (c) $\ln e^{\sin x}$

3-4 다음 방정식을 x에 대해 풀어라. 정확한 값과 소수점 아래 셋째 자리까지 정확한 근삿값을 구하라.

3. (a) $\ln(4x + 2) = 3$ 　　 (b) $e^{2x-3} = 12$

4. (a) $\ln x + \ln(x - 1) = 0$ 　　 (b) $e - e^{-2x} = 1$

---

5. 다음 방정식을 x에 관해 풀어라.

(a) $e^{2x} - 3e^x + 2 = 0$ 　　 (b) $e^{e^x} = 10$

6. 다음 방정식의 해를 소수점 아래 넷째 자리까지 정확하게 구하라.

(a) $\ln(1 + x^3) - 4 = 0$ 　　 (b) $2e^{1/x} = 42$

7. 다음 부등식을 x에 관해 풀어라.

(a) $\ln x < 0$ 　　　　　 (b) $e^x > 5$

8-9 다음 함수의 그래프를 손으로 대략적으로 그려라. 그림 2의 그래프와 필요하면 1.3절의 변환을 이용한다.

8. $y = -e^{-x}$ 　　　　　 **9.** $y = 1 - \frac{1}{2} e^{-x}$

10. $f(x) = \sqrt{3 - e^{2x}}$에 대해 (a) f의 정의역, (b) f^{-1} 및 정의역을 구하라.

11-12 다음 함수의 역함수를 구하라.

11. $y = 3 \ln(x - 2)$ 　　 **12.** $y = e^{1-x}$

13-15 다음 극한을 구하라.

13. $\displaystyle \lim_{x \to \infty} \frac{e^{3x} - e^{-3x}}{e^{3x} + e^{-3x}}$ 　　 **14.** $\displaystyle \lim_{x \to 2^+} e^{3/(2-x)}$

15. $\displaystyle \lim_{x \to \infty} (e^{-2x} \cos x)$

16-25 다음 함수를 미분하라.

16. $f(t) = -2e^t$ 　　 **17.** $f(x) = (3x^2 - 5x)e^x$

18. $y = e^{ax^3}$ 　　　　 **19.** $y = e^{\tan \theta}$

20. $f(x) = \dfrac{x^2 e^x}{x^2 + e^x}$ **21.** $y = x^2 e^{-3x}$

22. $f(t) = e^{at} \sin bt$ **23.** $F(t) = e^{t \sin 2t}$

24. $g(u) = e^{\sqrt{\sec u^2}}$ **25.** $g(x) = \sin\left(\dfrac{e^x}{1 + e^x}\right)$

---

26. 점 $(0, 1)$에서 함수 $y = e^x \cos x + \sin x$에 대해 접선의 방정식을 구하라.

27. $e^{x/y} = x - y$일 때 y'을 구하라.

28. 함수 $y = e^x + e^{-x/2}$이 미분방정식 $2y'' - y' - y = 0$을 만족함을 보여라.

29. 어떤 값 r에 대해 함수 $y = e^{rx}$이 미분방정식 $y'' + 6y' + 8y = 0$을 만족하는가?

30. $f(x) = e^{2x}$일 때 $f^{(n)}(x)$에 대한 식을 구하라.

31. (a) 중간값 정리를 이용해서 방정식 $e^x + x = 0$의 해가 존재함을 보여라.
  (b) 뉴턴의 방법을 이용해서 (a)의 방정식의 근을 소수점 아래 여섯째 자리까지 정확하게 구하라.

32. 어떤 환경에서 소문이 아래 식 $p(t)$에 따라 퍼져 나간다.

$$p(t) = \frac{1}{1 + ae^{-kt}}$$

여기서 $p(t)$는 시각 t에서 소문을 알고 있는 인구의 비율이고 a, k는 양의 상수이다.
  (a) $\displaystyle\lim_{t \to \infty} p(t)$를 구하라.
  (b) 소문의 확산 비율을 구하라.
  (c) t가 시간마다 측정되고, $a = 10$, $k = 0.5$인 경우의 $p(t)$의 그래프를 그려라. 이 그래프를 이용해서 인구의 80%가 소문을 듣는 데 걸리는 시간을 추정하라.

33. 구간 $[0, 3]$에서 함수 $f(x) = \dfrac{e^x}{1 + x^2}$의 최댓값, 최솟값을 구하라.

34. 함수 $f(x) = x - e^x$의 최댓값을 구하라.

35. 함수 $f(x) = xe^{2x}$에 대해 (a) 증가 또는 감소 구간, (b) 오목 구간, 변곡점을 구하라.

36-37 3.5절의 지침을 이용해서 다음 곡선을 논하라.

36. $y = e^{-1/(x+1)}$ **37.** $y = 1/(1 + e^{-x})$

---

38. 함수 $f(x) = e^{x^3 - x}$의 중요한 성질을 보여주는 그래프를 그

려라. 극댓값, 극솟값을 추정하고 미분을 통해 정확한 값을 구하라. 그리고 f''의 그래프를 이용해서 변곡점을 추정하라.

39. 알코올 음료의 섭취 후 혈중 알코올 농도(blood alcohol concentration, BAC)는 알코올로 인해 상승되다가 신진대사로 인해 점차 감소된다.
함수 $C(t) = 0.135te^{-2.802t}$는 에탄올 15 mL(한 잔의 알코올 음료)를 급속히 섭취 후 t시간 동안 성인 남자 8명의 평균 BAC 모형이다(단위: mg/mL). 최초 3시간 동안 최대 평균 BAC는 얼마인가? 언제 발생하는가?

Source: Adapted from P. Wilkinson et al., "Pharmacokinetics of Ethanol after Oral Administration in the Fasting State," *Journal of Pharmacokinetics and Biopharmaceutics* 5(1977): 207-24.

40-45 다음 적분을 계산하라.

40. $\displaystyle\int_0^1 (x^e + e^x)\,dx$ **41.** $\displaystyle\int_0^2 \frac{dx}{e^{\pi x}}$

42. $\displaystyle\int e^x \sqrt{1 + e^x}\,dx$ **43.** $\displaystyle\int (e^x + e^{-x})^2\,dx$

44. $\displaystyle\int \frac{e^u}{(1 - e^u)^2}\,du$ **45.** $\displaystyle\int_1^2 \frac{e^{1/x}}{x^2}\,dx$

---

46. 구간 $[0, 2]$에서 함수 $f(x) = 2xe^{-x^2}$의 평균값을 구하라.

47. 곡선 $y = e^x$, $y = e^{3x}$과 $x = 1$에 의해 유계된 영역의 넓이를 소수점 아래 셋째 자리까지 정확하게 구하라.

48. 곡선 $y = e^x$과 $y = 0$, $x = 0$, $x = 1$에 의해 유계된 영역을 x축을 중심으로 회전시킬 때 생기는 입체의 부치를 구하라.

49. 다음 넓이 중 같은 것은 어떤 것인가? 그 이유는?

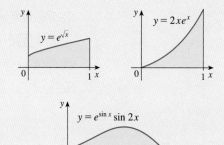

50. 유류 저장 탱크가 시각 $t = 0$에서 터지기 시작해서 분당 $r(t) = 100e^{-0.01t}$ L의 비율로 기름이 탱크에서 새어 나온다. 처음 1시간 동안 새어 나온 기름의 양은 얼마인가?

51. 투석치료는 투석기를 이용해서 혈액의 일부를 체외로 우회시킴으로써 환자의 요소(urea) 및 기타 노폐물을 제거한다. 요소가 혈액으로부터 제거되는 비율(mg/min)은 종종 다음과 같은 식에 의해 잘 설명된다.

$$u(t) = \frac{r}{V} C_0 e^{-rt/V}$$

이때 V는 투석기를 지나는 혈액의 유출비율(mL/min), V는

환자의 혈액의 부피(mL) 그리고 C_0은 $t = 0$에서 혈액 안의 요소량(mg)이다. $\int_0^{30} u(t)\,dt$를 계산하고, 설명하라.

52. 함수 $f(x) = \dfrac{1 - e^{1/x}}{1 + e^{1/x}}$의 그래프를 그리면 f가 기함수임을 알 수 있다. 그것을 보여라.

53. 지수법칙의 두 번째 법칙을 증명하라(지수법칙 $\boxed{7}$ 참조).

6.4* | 일반적인 로그함수와 지수함수

이 절에서는 자연지수함수와 자연로그함수를 이용해서 밑 $b > 0$인 지수함수와 로그함수를 살펴본다.

■ 일반적인 지수함수

$b > 0$과 r가 임의의 유리수이면 6.3*절의 식 $\boxed{4}$와 정리 $\boxed{7}$에 따라 다음을 얻는다.

$$b^r = (e^{\ln b})^r = e^{r \ln b}$$

그러므로 무리수 x에 대해서도 다음과 같이 정의할 수 있다.

$$\boxed{1} \qquad \boxed{b^x = e^{x \ln b}}$$

예를 들면 다음과 같다.

$$2^{\sqrt{3}} = e^{\sqrt{3} \ln 2} \approx e^{1.20} \approx 3.32$$

함수 $f(x) = b^x$은 **밑이 b인 지수함수**(exponential function with base b)라고 한다. 모든 x에 대해 e^x이 양수이므로 모든 x에 대해 b^x도 양수임에 주의한다.

정의 $\boxed{1}$은 로그법칙 가운데 하나의 성질을 확장할 수 있게 한다. 유리수 r에 대해 $\ln(b^r) = r \ln b$임을 알고 있다. r를 임의의 실수라 하면 정의 $\boxed{1}$로부터 다음과 같다.

$$\ln b^r = \ln(e^{r \ln b}) = r \ln b$$

따라서 임의의 실수 r에 대해 다음이 성립한다.

$$\boxed{2} \qquad\qquad \ln b^r = r \ln b$$

e^x에 대한 지수법칙과 정의 $\boxed{1}$로부터 일반적인 지수법칙을 얻을 수 있다.

3 **지수법칙** x, y는 실수이고 $a, b > 0$이면 다음이 성립한다.

1. $b^{x+y} = b^x b^y$ **2.** $b^{x-y} = \dfrac{b^x}{b^y}$ **3.** $(b^x)^y = b^{xy}$ **4.** $(ab)^x = a^x b^x$

증명

1. 정의 1과 e^x에 대한 지수법칙을 적용하면 다음이 성립한다.

$$b^{x+y} = e^{(x+y)\ln b} = e^{x\ln b + y\ln b}$$
$$= e^{x\ln b}e^{y\ln b} = b^x b^y$$

3. 식 2를 이용하면 다음이 성립한다.

$$(b^x)^y = e^{y\ln(b^x)} = e^{yx\ln b} = e^{xy\ln b} = b^{xy}$$

지수법칙 3의 증명은 연습문제로 남겨 둔다. ∎

지수함수에 관한 미분 공식은 정의 1의 결과이다.

4    $$\frac{d}{dx}(b^x) = b^x \ln b$$

증명

$$\frac{d}{dx}(b^x) = \frac{d}{dx}(e^{x\ln b}) = e^{x\ln b}\frac{d}{dx}(x\ln b) = b^x \ln b$$ ∎

$b = e$이면 $\ln e = 1$이고 공식 4는 이미 알고 있는 공식 $(d/dx)\, e^x = e^x$으로 단순화된다. 사실 자연지수함수가 다른 지수함수보다 자주 이용되는 주된 이유는 미분 공식이 가장 단순해지기 때문이다.

《**예제 1**》 2.7절의 예제 6에서 동질의 자양 환경에서 박테리아의 개체수가 매시간 두 배로 증가한다면 t시간 후의 개체수는 다음과 같다.

$$n = n_0 2^t$$

여기서 n_0은 최초 개체수이다. 이제 공식 4를 이용해서 다음과 같이 성장률을 계산할 수 있다.

$$\frac{dn}{dt} = n_0 2^t \ln 2$$

예를 들어 최초 개체수가 $n_0 = 1000$세포이면 2시간 후의 성장률은 다음과 같다.

$$\frac{dn}{dt}\bigg|_{t=2} = (1000)2^t \ln 2 \big|_{t=2}$$

$$= 4000 \ln 2 \approx 2773 \text{ cells/h}$$ ∎

《**예제 2**》 공식 **4**와 연쇄법칙을 적용하면 다음을 얻는다.

$$\frac{d}{dx}\left(10^{x^2}\right) = 10^{x^2}(\ln 10)\,\frac{d}{dx}\left(x^2\right) = (2\ln 10)x10^{x^2}$$ ∎

■ 지수함수 그래프

$b > 1$이면 $\ln b > 0$이고, $(d/dx)\,b^x = b^x \ln b > 0$이므로 $y = b^x$은 증가함을 보인다(그림 1). $0 < b < 1$이면 $\ln b < 0$ 이므로 $y = b^x$은 감소한다(그림 2 참조).

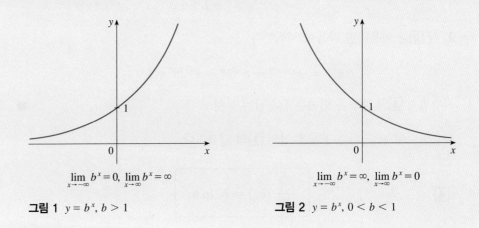

그림 1 $y = b^x,\ b > 1$ 그림 2 $y = b^x,\ 0 < b < 1$

그림 3으로부터 $x > 0$이고 밑 b가 커지면 지수함수는 더욱 급격히 증가한다는 것을 알 수 있다.

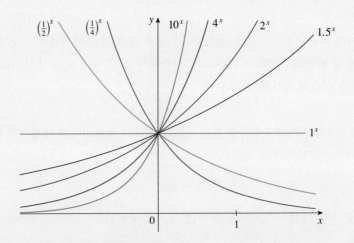

그림 3 여러 가지 지수함수

예제 3은 $y = 2^x$이 $y = x^2$보다 얼마나 더 빠르게 증가하는지 보여 준다. $f(x) = 2^x$이 얼마나 빠르게 증가하는지 결정하기 위해 다음과 같은 사고실험을 수행하자. 25마이크로미터 두께의 종이 조각으로 시작해서 50번을 반씩 접는다고 하자. 매번 종이를 반씩 접으면 종이의 두께는 $2^{50}/2500$ cm가 될 것이다. 생각했던 두께는 얼마인가? 이것은 17백만 마일이 될 것이다.

《**예제 3**》 그래픽 계산기 또는 컴퓨터를 이용해서 지수함수 $f(x) = 2^x$와 거듭제곱함수 $g(x) = x^2$을 비교하라. x가 커질 때 어떤 함수가 더 빨리 증가하는가?

풀이 그림 4는 보기화면 $[-2, 6] \times [0, 40]$에 그려진 두 함수를 보여 준다. 그래프는 세 번 만나는 것과 $x > 4$일 때, $f(x) = 2^x$의 그래프가 $g(x) = x^2$ 그래프보다 위에 있다는 것을 알 수 있다. 그림 5는 큰 x값에 대해서 지수함수 $f(x) = 2^x$가 $g(x) = x^2$보다 더 급격히 증가함을 개략적으로 보여 준다.

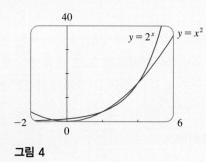

그림 4

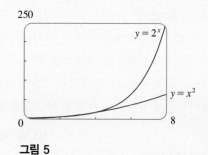

그림 5

6.5절에서 지수함수가 인구증가와 방사성 붕괴를 나타낼 때 어떻게 사용되는가를 보일 것이다. 다음 예제는 인구증가에 대해 간단히 살펴본다.

《예제 4》 표 1은 20세기 세계 인구에 대한 자료이고, 그림 6은 이에 대한 산점도이다. 그림 6에서 자료점의 형태가 지수적인 성장을 암시하며, 최소제곱법을 적용하기 위해 지수적인 회귀능력을 갖춘 그래픽 계산기(또는 컴퓨터)를 이용해서 다음과 같은 지수모형을 얻는다.

$$P(t) = (1.43653 \times 10^9) \cdot (1.01395)^t$$

여기서 $t = 0$이면 1900년이다. 그림 7은 원래 주어진 자료점들과 함께 이 지수함수의 그래프를 나타낸다. 지수곡선이 자료에 상당히 잘 들어맞는 것을 알 수 있다. 인구성장이 상대적으로 둔화되었던 기간은 두 차례의 세계대전과 1930년대의 대공황을 겪은 시기임을 알 수 있다.

표 1 세계 인구

t (1900년 이후 경과년수)	인구 P (백만)
0	1650
10	1750
20	1860
30	2070
40	2300
50	2560
60	3040
70	3710
80	4450
90	5280
100	6080
110	6870

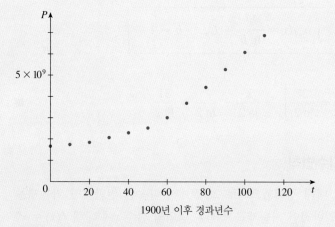

그림 6 세계 인구증가에 대한 산점도

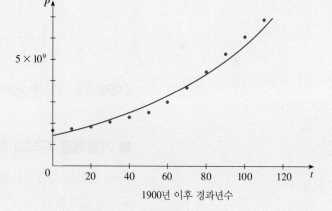

그림 7 인구증가에 대한 지수모형

《예제 5》 인간의 면역 결핍 바이러스인 HIV-1의 단백질 분해 효소 억제제인 ABT-538의 효과를 자세히 나타낸 연구 결과가 1995년에 발표되었다.[1] 표 2는 ABT-538의 치료 시작 후 t일에 1 mL당 RNA 복제수로 측정된 환자 303의 혈장 바이러스 양 $V(t)$ 값

---

1. D. Ho et al., "Rapid Turnover of Plasma Virions and CD4 Lymphocytes in HIV-1 Infection," *Nature* 373(1995): 123–26.

표 2

t(일)	$V(t)$
1	76.0
4	53.0
8	18.0
11	9.4
15	5.2
22	3.6

이다. 그림 8은 이에 대한 산점도이다.

그림 8과 같이 다소 극단적인 바이러스의 감소는 그림 2와 3에서 b가 1보다 작은 경우의 지수함수 $y = b^x$의 그래프를 보여 준다. 따라서 함수 $V(t)$를 지수함수에 의해 모형화할 수 있다. $y = a \cdot b^t$ 형태의 지수함수를 가지고 표 2의 데이터를 그래픽 계산기나 컴퓨터를 이용하여 다음과 같은 모형을 얻는다.

$$V = 96.39785 \cdot (0.818656)^t$$

그림 9는 자료점을 이용하여 지수함수를 그래프로 그린 것으로 치료 시작 후 한 달간의 바이러스 양을 잘 나타내고 있다.

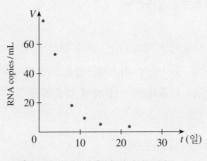

그림 8 환자 303의 혈장 바이러스 양

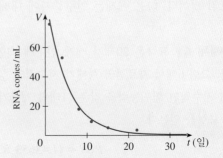

그림 9 바이러스 양에 대한 지수 모형   ■

■ 지수함수의 적분

공식 **4**에서 다음 적분 공식을 얻는다.

$$\int b^x \, dx = \frac{b^x}{\ln b} + C, \quad b \neq 1$$

《예제 6》 $\displaystyle\int_0^5 2^x \, dx = \frac{2^x}{\ln 2} \Big]_0^5 = \frac{2^5}{\ln 2} - \frac{2^0}{\ln 2} = \frac{31}{\ln 2}$ ■

■ 거듭제곱 공식과 지수법칙

수의 임의의 거듭제곱에 대해 정의했으므로 2.3절에서 약속한 일반적인 거듭제곱 공식을 증명할 수 있다. 일반적인 거듭제곱 공식은 임의의 실수 x에 대해 $f(x) = x^n$이면 $f'(x) = nx^{n-1}$임을 기억하자.

일반적인 거듭제곱 공식의 증명 $y = x^n$으로 놓고 로그미분법을 이용한다.

$x = 0$일 때 도함수의 정의로부터 $n > 1$에 대해 $f'(0) = 0$임을 직접적으로 보일 수 있다.

$$\ln |y| = \ln |x|^n = n \ln |x|, \quad x \neq 0$$

그러면 다음을 얻는다.

$$\frac{y'}{y} = \frac{n}{x}$$

따라서 $y' = n\dfrac{y}{x} = n\dfrac{x^n}{x} = nx^{n-1}$ 이다. 　　　　　　　　　■

⊘ 밑이 변수이고 지수가 상수인 거듭제곱 공식 $[(d/dx)x^n = nx^{n-1}]$과 밑이 상수이고 지수가 변수인 지수함수의 미분 법칙 $[(d/dx)b^x = b^x \ln b]$을 구분해야 한다.

일반적으로 지수와 밑에 대한 네 가지 경우가 있다.

1. $\dfrac{d}{dx}(b^n) = 0$ (b, n은 상수) 　　　　　　　　　상수 밑과 상수지수

2. $\dfrac{d}{dx}[f(x)]^n = n[f(x)]^{n-1}f'(x)$ 　　　　　　변수 밑과 상수지수

3. $\dfrac{d}{dx}[b^{g(x)}] = b^{g(x)}(\ln b)g'(x)$ 　　　　　　상수 밑과 변수지수

4. $\dfrac{d}{dx}[f(x)]^{g(x)}$를 구하기 위해 다음 예제와 같이 로그미분법을 이용할 수 있다. 　변수 밑과 변수지수

《**예제 7**》 $y = x^{\sqrt{x}}$를 미분하라.

풀이 1 밑과 지수가 모두 변수이므로 로그미분법을 이용하면 다음과 같다.

$$\ln y = \ln x^{\sqrt{x}} = \sqrt{x}\,\ln x$$

$$\frac{y'}{y} = \sqrt{x} \cdot \frac{1}{x} + (\ln x)\frac{1}{2\sqrt{x}}$$

$$y' = y\left(\frac{1}{\sqrt{x}} + \frac{\ln x}{2\sqrt{x}}\right) = x^{\sqrt{x}}\left(\frac{2 + \ln x}{2\sqrt{x}}\right)$$

그림 10은 함수 $f(x) = x^{\sqrt{x}}$과 그 도함수의 그래프로서 예제 7을 설명하고 있다.

풀이 2 다른 방법은 $x^{\sqrt{x}} = e^{\sqrt{x}\,\ln x}$으로 쓰고 식 **1**을 이용한다.

$$\frac{d}{dx}\left(x^{\sqrt{x}}\right) = \frac{d}{dx}\left(e^{\sqrt{x}\,\ln x}\right) = e^{\sqrt{x}\,\ln x}\frac{d}{dx}\left(\sqrt{x}\,\ln x\right)$$

$$= x^{\sqrt{x}}\left(\frac{2 + \ln x}{2\sqrt{x}}\right) \quad \text{(풀이 1처럼)} \qquad ■$$

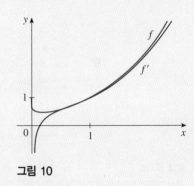

그림 10

■ 일반적인 로그함수

$b > 0$이고 $b \ne 1$이면 지수함수 $f(x) = b^x$은 일대일 함수이다. 이 함수의 역함수를 **밑이 b인 로그함수**(logarithmic function with base b)라 부르고 $\log_b$로 나타낸다. 따라서 다음이 성립한다.

5 　　　$$\boxed{\quad \log_b x = y \iff b^y = x \quad}$$

특히 다음과 같다.

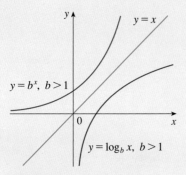

그림 11

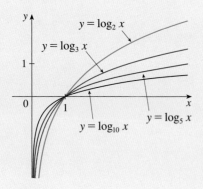

그림 12

$$\log_e x = \ln x$$

역함수 $\log_b x$와 b^x에 소거방정식을 적용하면 다음과 같다.

$$b^{\log_b x} = x, \qquad \log_b(b^x) = x$$

그림 11은 $b > 1$인 경우를 보여 준다. (가장 중요한 로그함수는 밑이 $b > 1$인 경우이다.) $y = b^x$이 $x > 0$에 대해 매우 급격히 증가하는 함수라는 사실에서 $y = \log_b x$가 $x > 1$에 대해 매우 느리게 증가하는 함수라는 사실을 알 수 있다.

그림 12는 $b > 1$인 밑 b의 다양한 값에 대해 $y = \log_b x$의 그래프를 보여 준다. $\log_b 1 = 0$이므로 모든 로그함수의 그래프는 점 (1, 0)을 지난다.

로그법칙은 자연로그법칙과 유사하며 지수법칙으로부터 얻어질 수 있다(연습문제 36 참조).

다음 공식은 밑이 임의인 로그를 자연로그로 표현할 수 있음을 보여 준다.

---

6 밑의 변환 공식   임의의 양수 $b(b \neq 1)$에 대해 다음이 성립한다.

$$\log_b x = \frac{\ln x}{\ln b}$$

증명 $y = \log_b x$라 놓으면 공식 **5**로부터 $b^y = x$가 된다. 양변에 자연로그를 취하면 $y \ln b = \ln x$이므로 다음을 얻는다.

$$y = \frac{\ln x}{\ln b} \qquad\qquad\qquad ■$$

공식 **6**은 계산기를 이용해서 (다음 예제에서와 같이) 밑이 임의인 로그를 계산할 수 있다. 마찬가지로 공식 **6**을 이용하면 그래픽 계산기나 컴퓨터로 임의의 로그함수의 그래프를 그릴 수 있다(연습문제 8 참조).

《**예제 8**》 $\log_8 5$를 소수점 아래 여섯째 자리까지 정확하게 계산하라.

로그 표기법
계산기뿐만 아니라 대부분의 미적분학과 과학서적에서 자연로그는 $\ln x$로, '상용로그' $\log_{10} x$는 $\log x$로 표기한다. 그러나 고등수학과 과학서적이나 컴퓨터 언어에서는 흔히 자연로그를 $\log x$로 표기한다.

풀이   공식 **6**에 따라 다음을 얻는다.

$$\log_8 5 = \frac{\ln 5}{\ln 8} \approx 0.773976 \qquad\qquad ■$$

공식 **6**을 이용해서 임의의 로그함수를 다음과 같이 미분할 수 있다. 여기서 $\ln b$는 상수이다.

$$\frac{d}{dx}(\log_b x) = \frac{d}{dx}\frac{\ln x}{\ln b} = \frac{1}{\ln b}\frac{d}{dx}(\ln x) = \frac{1}{x \ln b}$$

$$\boxed{7} \qquad \frac{d}{dx}(\log_b x) = \frac{1}{x \ln b}$$

《예제 9》 $f(x) = \log_{10}(2 + \sin x)$를 미분하라.

풀이 $b = 10$인 공식 $\boxed{7}$과 연쇄법칙을 이용해서 다음을 얻는다.

$$f'(x) = \frac{d}{dx}\log_{10}(2 + \sin x) = \frac{1}{(2 + \sin x)\ln 10}\frac{d}{dx}(2 + \sin x)$$

$$= \frac{\cos x}{(2 + \sin x)\ln 10}$$

공식 $\boxed{7}$로부터 미적분학에서 자연로그(밑이 e인 로그)가 사용되는 주된 이유 중 하나를 알 수 있다. $\ln e = 1$이므로 $b = e$일 때 미분 공식은 가장 단순해진다.

■ 극한으로서의 수 e

앞에서 $f(x) = \ln x$이면 $f'(x) = 1/x$을 알았다. 따라서 $f'(1) = 1$이다. 이 사실을 바탕으로 극한으로서의 수 e를 표현해 보자.

극한으로서 도함수의 정의로부터 다음을 얻는다.

$$f'(1) = \lim_{h \to 0}\frac{f(1 + h) - f(1)}{h} = \lim_{x \to 0}\frac{f(1 + x) - f(1)}{x}$$

$$= \lim_{x \to 0}\frac{\ln(1 + x) - \ln 1}{x} = \lim_{x \to 0}\frac{1}{x}\ln(1 + x)$$

$$= \lim_{x \to 0}\ln(1 + x)^{1/x}$$

$f'(1) = 1$이므로 다음을 얻는다.

$$\lim_{x \to 0}\ln(1 + x)^{1/x} = 1$$

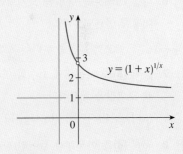

그림 13

따라서 1.8절의 정리 $\boxed{8}$과 지수함수의 연속성에 의해 다음을 얻는다.

$$e = e^1 = e^{\lim_{x \to 0}\ln(1+x)^{1/x}} = \lim_{x \to 0}e^{\ln(1+x)^{1/x}} = \lim_{x \to 0}(1 + x)^{1/x}$$

$$\boxed{8} \qquad e = \lim_{x \to 0}(1 + x)^{1/x}$$

x	$(1 + x)^{1/x}$
0.1	2.59374246
0.01	2.70481383
0.001	2.71692393
0.0001	2.71814593
0.00001	2.71826824
0.000001	2.71828047
0.0000001	2.71828169
0.00000001	2.71828181

공식 $\boxed{8}$은 그림 13에 있는 함수 $y = (1 + x)^{1/x}$의 그래프와 작은 x값에 대한 다음 표에 의해 설명된다.

공식 $\boxed{8}$에서 $n = 1/x$로 놓으면 $x \to 0^+$에 따라 $n \to \infty$이므로 e에 대한 다른 표현

식은 다음과 같다.

$$\boxed{9} \qquad e = \lim_{n \to \infty} \left(1 + \frac{1}{n}\right)^n$$

6.4* | 연습문제

1. (a) $b > 0$이고 x는 실수일 때 b^x을 정의하는 방정식을 쓰라.
   (b) 함수 $f(x) = b^x$의 정의역을 구하라.
   (c) $b \neq 1$일 때 이 함수의 치역을 구하라.
   (d) 다음 각각의 경우 대해 지수함수의 그래프의 일반적인 모양을 그려라.
   　(i) $b > 1$　　(ii) $b = 1$　　(iii) $0 < b < 1$

2-3 다음을 e의 거듭제곱으로 표현하라.

2. $4^{-\pi}$ 　　　　　　　　　**3.** 10^{x^2}

4-5 다음 값을 구하라.

4. (a) $\log_3 81$ 　　(b) $\log_3\left(\frac{1}{81}\right)$ 　　(c) $\log_9 3$

5. (a) $\log_3 10 - \log_3 5 - \log_3 18$
   (b) $2\log_5 100 - 4\log_5 50$

---

6. 다음 그래프를 동일한 보기화면에 그려라. 이 그래프들은 어떻게 연관되는가?
$$y = 2^x, \quad y = e^x, \quad y = 5^x, \quad y = 20^x$$

7. 공식 $\boxed{6}$을 이용해서 소수점 아래 여섯째 자리까지 정확하게 로그값을 계산하라.
   (a) $\log_5 10$ 　　(b) $\log_3 12$ 　　(c) $\log_{12} 6$

8. 공식 $\boxed{6}$을 이용해서 주어진 함수를 동일한 보기화면에 그려라. 이 그래프들은 어떻게 연관되는가?
$$y = \log_{1.5} x, \quad y = \ln x, \quad y = \log_{10} x, \quad y = \log_{50} x$$

9. 다음과 같이 그래프로 주어지는 지수함수 $f(x) = Cb^x$을 구하라.

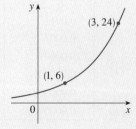

10. (a) $f(x) = x^2$과 $g(x) = 2^x$의 그래프를 3 cm 간격으로 된 모눈종이 위에 그린다고 하자. 원점에서 오른쪽으로 1 m 떨어진 거리에서 f의 그래프의 높이는 15 m이지만 g의 그래프 높이는 대략 419 km 임을 보여라.
   (b) $y = \log_2 x$의 그래프를 1 cm 간격으로 된 좌표축에 그린다고 하자. 곡선의 높이가 25 cm에 도달하려면 원점에서 오른쪽으로 얼마만큼 움직여야 하는가?

11-12 다음 극한을 구하라.

11. $\displaystyle\lim_{x \to \infty} (1.001)^x$ 　　　　**12.** $\displaystyle\lim_{t \to \infty} 2^{-t^2}$

13-21 다음 함수를 미분하라.

13. $f(x) = x^5 + 5^x$ 　　**14.** $G(x) = 4^{C/x}$

15. $L(v) = \tan(4^{v^2})$ 　　**16.** $y = \log_8(x^2 + 3x)$

17. $y = x \log_4 \sin x$ 　　**18.** $y = x^x$

19. $y = x^{\sin x}$ 　　**20.** $y = (\cos x)^x$

21. $y = x^{\ln x}$

---

22. 점 $(1, 10)$에서 곡선 $y = 10^x$에 대한 접선의 방정식을 구하라.

23-25 다음 적분을 계산하라.

23. $\displaystyle\int_0^4 2^s \, ds$ 　　　　**24.** $\displaystyle\int \frac{\log_{10} x}{x} \, dx$

25. $\displaystyle\int 3^{\sin\theta} \cos\theta \, d\theta$

---

26. 곡선 $y = 2^x$, $y = 5^x$과 $x = -1$, $x = 1$에 의해 유계된 영역의 넓이를 구하라.

27. 그래프를 이용해서 방정식 $2^x = 1 + 3^{-x}$의 근을 소수점 아래 첫째 자리까지 정확하게 구하라. 이 추정값을 뉴턴의 방법에서 최초 근삿값으로 해서 소수점 아래 여섯째 자리까지 근을 정확하게 구하라.

28. 함수 $g(x) = \log_4(x^3 + 2)$의 역함수를 구하라.

29. 지질학자 리히터는 지진의 진도를 $\log_{10}(I/S)$로 정의했다. 여기서 I는 진원지에서 100 km 떨어진 지진계의 진폭에 의해 측정된 지진의 강도이고, S는 표준지진의 강도이다. (여기서 진폭은 1 micron $= 10^{-4}$ cm) 1989년에 샌프란시스코를 강타한 로마 프리에타(Loma Prieta) 지진은 리히터 진도로 7.1을 기록했다. 1906년에 샌프란시스코 지진은 강도가 이것의 16배였다. 이 지진의 진도는 리히터 지진계로 얼마인가?

30. 가청할 수 있는 희미한 소리는 1000 Hz의 주파수에서 $I_0 = 10^{-12}$ Watt/m²이다. 강도 I인 소리의 세기(dB)는 $L = \log_{10}(I/I_0)$이다. 증폭된 락음악이 120 dB에서 측정되는 반면에 모터로 움직이는 잔디 깎는 기계는 106 dB에서 측정되었다. 잔디 깎는 기계에 대한 락음악의 강도의 비를 구하라.

31. 연습문제 30에 대해서 소리가 50 dB일 때, 소리의 세기와 강도의 변화율을 구하라.

32. 표적을 획득하는 것(예: 컴퓨터 화면에서 아이콘을 마우스로 클릭하는 것)의 어려움은 표적의 너비 W와 표적과의 거리 D의 비율에 달려있다. *Fitts' law*에 의하면, 어려움 지수(index) I는 다음과 같이 표현된다.

$$I = \log_2\left(\frac{2D}{W}\right)$$

이 법칙은 인간과 컴퓨터의 상호작용에 관련된 상품을 디자인하는 데 사용된다.

(a) W가 상수로 유지된다면, D에 대해서 I의 변화율은 어떻게 되는가? D가 증가할 때, I의 변화율은 증가하는가? 또는 감소하는가?

(b) D가 상수로 유지된다면, W에 대해서 I의 변화율은 어떻게 되는가? I의 변화율이 음수라면 어떻게 되는가? W가 증가할 때, I의 변화율은 증가하는가 또는 감소하는가?

(c) (a)와 (b)의 대한 답변이 직관과 일치하는가?

33. 예제 5에서 환자의 바이러스 양은 치료한 하루 후에 1 mL 당 76.0 RNA이었다. 그림 9의 V에 대한 그래프를 이용해서 바이러스 양이 반으로 감소하기 위해 요구되는 추가 시간을 구하라.

34. 다음 표는 1790년에서 1860년까지 미국 인구수를 나타낸다.

연도	인구수	연도	인구수
1790	3,929,000	1830	12,861,000
1800	5,308,000	1840	17,063,000
1810	7,240,000	1850	23,192,000
1820	9,639,000	1860	31,443,000

(a) 데이터를 지수함수에 적용하라. 데이터 점과 지수모형을 그려라. 얼마나 정확히 적용되는가?

(b) 평균 기울기로 1800년과 1850년의 인구증가 비율을 추정하라.

(c) (a)의 지수함수 모델을 이용해서 1800년과 1850년의 인구가비율을 추정하라. 그리고 (b)의 결과와 비교하라.

(d) 지수함수 모델을 이용하여 1870년 인구를 예측하라. 그리고 1870년 실제 인구수 38,558,000와 비교하라. 차이를 설명할 수 있는가?

35. 점 (a, b^a)에서 곡선 $y = b^x(b > 0,\ b \neq 1)$와 접하는 접선의 x축 절편을 c라 하자. 점 $(a, 0)$와 $(c, 0)$ 사이의 거리는 모든 a값에 대해서 같다는 것을 보여라.

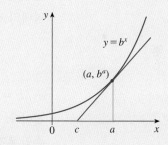

36. 지수법칙의 두 번째 법칙을 증명하라(지수법칙 **3**).

37. 지수법칙 **3**으로부터 다음 로그법칙을 유도하라.

(a) $\log_b(xy) = \log_b x + \log_b y$

(b) $\log_b(x/y) = \log_b x - \log_b y$

(c) $\log_b(x^y) = y \log_b x$

6.5 | 지수적 증가 및 감소

많은 자연 현상에서 어떤 양은 그들의 크기에 비례하는 비율로 증가하거나 감소한다. 예를 들면 $y = f(t)$가 시각 t에서 동물이나 박테리아의 개체수이면, 증가율인 $f'(t)$가 개체수 $f(t)$에 비례한다고 예상하는 것은 합리적인 것 같다. 즉, 어떤 상수 k에 대해 $f'(t) = kf(t)$이다. 이상적인 조건(무제한의 환경, 적절한 영양, 질병에 대한 면역)에서 방정식 $f'(t) = kf(t)$로 주어진 수학적인 모형은 실제적으로 일어나는 일을 꽤 정확하게 예측한다. 다른 예는 핵물리학에서 방사성 물질의 경우 질량의 붕괴율은 질량에 비례하는 것으로 나타난다. 화학에서 단분자의 1차 반응률은 물질의 농도에 비례한다. 금융학에서 연속 복리로 계산되는 저축계좌의 예치금은 원리합계에 비례하는 비율로 증가한다.

일반적으로 $y(t)$가 시각 t에서 수량 y의 값이고 t에 관한 y의 변화율이 임의의 시각에서 크기 $y(t)$에 비례한다면 다음이 성립한다.

$$\boxed{1} \qquad \boxed{\dfrac{dy}{dt} = ky}$$

여기서 k는 상수이다. 방정식 $\boxed{1}$을 **자연증가 법칙**(law of natural growth)($k > 0$) 또는 **자연감소 법칙**(law of natural decay)($k < 0$)이라 한다. 이것은 미지함수 y와 그의 도함수 dy/dt를 수반하기 때문에 **미분방정식**(differential equation)이라고 한다.

방정식 $\boxed{1}$의 해를 구하는 것은 어렵지 않다. 이 방정식에 의하면 도함수가 그 자신에 상수를 곱한 함수를 찾는 것이다. 이번 장에서 그런 함수를 다뤘다. $y(t) = Ce^{kt}$ 형태의 지수함수(여기서 C는 상수)는 다음을 만족한다.

$$\frac{dy}{dt} = C(ke^{kt}) = k(Ce^{kt}) = ky$$

$dy/dt = ky$를 만족하는 임의의 함수는 $y = Ce^{kt}$ 형태여야 하는 것을 9.4절에서 볼 것이다. 상수 C의 의미를 알기 위해 $y(0) = Ce^{k \cdot 0} = C$임을 알 수 있으므로, C는 함수의 **초깃값**(initial value)이다.

$\boxed{2}$ **정리**   미분방정식 $dy/dt = ky$의 유일한 해는 지수함수인 $y(t) = y(0)e^{kt}$이다.

■ 개체군 증가

비례상수 k의 의미는 무엇일까? 개체군 증가의 정황에서, 시각 t에서 개체군의 크기를 나타내는 함수 $P(t)$에 대해 다음과 같이 쓸 수 있다.

$$\boxed{3} \qquad \frac{dP}{dt} = kP \qquad \text{또는} \qquad \frac{dP/dt}{P} = k$$

양 $\dfrac{dP/dt}{P}$는 개체군의 크기로 나눈 증가율이다. 이것을 **상대증가율**(relative growth rate)이라 한다. 식 **3**에 따라 "증가율은 개체군의 크기에 비례한다."라고 말하는 대신에 "상대증가율은 일정하다."라고 말할 수 있다. 그러면 정리 **2**는 상대증가율이 일정한 개체군은 지수적으로 증가해야 한다는 것을 말해 준다. 상대증가율 k는 지수함수 Ce^{kt}에서 t의 계수로 나타남에 주목하자. 예를 들면 다음과 같다고 하자.

$$\frac{dP}{dt} = 0.02P$$

t의 단위가 년이면 상대증가율은 $k = 0.02$이고, 개체군은 연간 2%의 상대증가율로 증가한다. 시각 0에서 개체군의 크기가 P_0이면 개체군에 대한 표현식은 다음과 같다.

$$P(t) = P_0 e^{0.02t}$$

《예제 1》 1950년의 세계 인구는 25억 6000만 명이고 1960년의 세계 인구는 30억 4000만 명이다. 이 사실을 이용해서 20세기 후반기의 세계 인구 모형을 만들라. (증가율은 인구의 크기에 비례한다고 가정한다.) 상대증가율은 얼마인가? 이 모형을 이용해서 1993년의 세계 인구를 추정하고 2025년의 인구를 예측하라.

풀이 시각 t의 단위를 년으로 하고 1950년을 $t = 0$이라 한다. 인구 $P(t)$의 단위를 백만 명이라 하자. 그러면 $P(0) = 2560$, $P(10) = 3040$이다. $dP/dt = kP$이므로, 정리 **2**로부터 다음을 얻는다.

$$P(t) = P(0)e^{kt} = 2560e^{kt}$$

$$P(10) = 2560e^{10k} = 3040$$

$$k = \frac{1}{10}\ln\frac{3040}{2560} \approx 0.017185$$

따라서 상대증가율은 연간 약 1.7%이고 그 모형은 다음과 같다.

$$P(t) = 2560e^{0.017185t}$$

1993년의 세계 인구는 다음과 같이 추정된다.

$$P(43) = 2560e^{0.017185(43)} \approx 5360 \text{ (백만 명)}$$

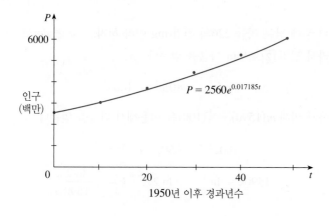

그림 1 20세기 후반기의 세계 인구 증가 모형

이 모형으로부터 2025년의 인구를 다음과 같이 예측할 수 있다.

$$P(75) = 2560e^{0.017185(75)} \approx 9289 \text{ (백만 명)}$$

그림 1의 그래프는 이 모형이 20세기 말까지 매우 정확함을 보이므로(점들은 실제 인구를 나타낸다) 1993년의 추정값도 매우 신뢰할 수 있다. 그러나 2025년에 대한 예측은 위험하다.   ■

■ 방사성 붕괴

방사성 물질은 자발적으로 방사선을 방출하면서 붕괴한다. $m(t)$를 물질의 초기 질량 m_0으로부터 시각 t 이후에 남아 있는 질량이라 하면, 다음과 같은 상대붕괴율은 실험에 의해 상수가 되는 것을 얻는다.

$$-\frac{dm/dt}{m}$$

(dm/dt가 음수이므로, 상대붕괴율은 양수이다.) 따라서 음의 상수 k에 대해 다음이 성립한다.

$$\frac{dm}{dt} = km$$

다시 말하면 방사성 물질은 남아 있는 질량에 비례해서 붕괴한다. 이것은 질량이 다음과 같이 지수적으로 붕괴하는 것을 보이기 위해 정리 ② 를 이용할 수 있다는 것을 의미한다.

$$m(t) = m_0\, e^{kt}$$

물리학자는 붕괴율을 주어진 양이 반으로 붕괴할 때까지 걸리는 시간인 **반감기** (half-life)로 표현한다.

《《예제 2》》 라듐 226의 반감기는 1590년이다.
(a) 라듐 226 시료가 100 mg 있다. t년 후에 남아 있는 라듐의 질량에 대한 식을 구하라.
(b) 1000년 후의 질량(mg)을 정확하게 구하라.
(c) 질량이 30 mg으로 줄어드는 때는 언제인가?

풀이
(a) $m(t)$를 t년 후에 남는 라듐 226의 질량(mg)이라 하자. 그러면 $dm/dt = km$, $m(0) = 100$이다. 따라서 정리 ② 로부터 다음을 얻는다.

$$m(t) = m(0)e^{kt} = 100e^{kt}$$

k의 값을 정하기 위해 $m(1590) = \frac{1}{2}(100)$을 이용해서 다음을 얻는다.

$$100e^{1590k} = 50, \quad e^{1590k} = \tfrac{1}{2}$$

$$1590k = \ln \tfrac{1}{2} = -\ln 2, \quad k = -\frac{\ln 2}{1590}$$

따라서 $m(t) = 100e^{-(\ln 2)t/1590}$이다. $e^{\ln 2} = 2$이므로 $m(t)$에 대한 식은 다음과 같다.

$$m(t) = 100 \times 2^{-t/1590}$$

(b) 1000년 후의 질량은 다음과 같다.

$$m(1000) = 100e^{-(\ln 2)1000/1590} \approx 65 \text{ mg}$$

(c) 다음과 같이 $m(t) = 30$인 t의 값을 구하려 한다.

$$100e^{-(\ln 2)t/1590} = 30, \quad e^{-(\ln 2)t/1590} = 0.3$$

양변에 자연로그를 취해서 t에 대한 방정식을 풀면 다음과 같다.

$$-\frac{\ln 2}{1590}t = \ln 0.3$$

따라서 $t = -1590 \dfrac{\ln 0.3}{\ln 2} \approx 2762$년이다. ∎

예제 2의 과정을 확인하기 위해, 계산기 또는 컴퓨터를 이용해서 그림 2와 같이 수평선 $m = 30$과 함께 $m(t)$의 그래프를 그린다. $t \approx 2800$에서 두 곡선이 만난다. 그리고 이것은 (c)의 답과 일치한다.

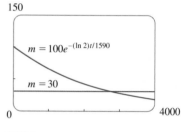

그림 2

■ 뉴턴의 냉각 법칙

어떤 물질의 냉각률은 그 물질의 온도와 주변 온도의 차(온도 차가 너무 크지 않다면)에 비례한다는 것을 뉴턴의 냉각 법칙(Newton's Law of Cooling)이라고 한다. (이 법칙은 역시 난방에 적용할 수 있다.) 시각 t일 때 물질의 온도를 $T(t)$라 하고 주변의 온도를 T_s라 하면, 뉴턴의 냉각 법칙을 다음 미분방정식으로 공식화 할 수 있다.

$$\frac{dT}{dt} = k(T - T_s)$$

여기서 k는 상수이다. 이 방정식은 식 **1**과 같은 형태는 아니지만, $y(t) = T(t) - T_s$로 변수변환하면 T_s는 상수이므로 $y'(t) = T'(t)$이고 다음과 같은 방정식을 얻게 된다.

$$\frac{dy}{dt} = ky$$

따라서 식 **2**를 이용해서 y에 대한 식을 구할 수 있고, 그것으로부터 T를 구할 수 있다.

《**예제 3**》 실내 온도 24°C에서 냉차 병을 7°C인 냉장고 안에 넣었다. 30분 후 냉차는 16°C로 차가워졌다.
  (a) 30분이 더 지난 후의 냉차의 온도는 얼마인가?
  (b) 냉차의 온도가 10°C로 차가워지는 데 얼마나 걸리는가?

풀이

(a) t분 후 냉차의 온도를 $T(t)$라 하자. 주변 온도는 $T_s = 7°C$이므로 뉴턴의 냉각 법칙에 따라 다음을 얻는다.

$$\frac{dT}{dt} = k(T - 7)$$

$y = T - 7$이라 하면 $y(0) = T(0) - 7 = 24 - 7 = 17$이므로 y는 다음을 만족한다.

$$\frac{dy}{dt} = ky, \qquad y(0) = 17$$

식 **2**에 따라 다음을 얻는다.

$$y(t) = y(0)e^{kt} = 17e^{kt}$$

$T(30) = 16$이므로 $y(30) = 16 - 7 = 9$이고 따라서 다음이 성립한다.

$$17e^{30k} = 9, \quad e^{30k} = \frac{9}{17}$$

로그를 취하면 다음을 얻는다.

$$k = \frac{\ln\left(\frac{9}{17}\right)}{30} \approx -0.02120$$

따라서 다음과 같다.

$$y(t) = 17e^{-0.02120t}$$
$$T(t) = 7 + 17e^{-0.02120t}$$
$$T(60) = 7 + 17e^{-0.02120(60)} \approx 11.8$$

30분이 더 지난 후 냉차의 온도는 약 11.8°C로 차가워진다.

(b) $T(t) = 10$일 때 t를 계산하면 다음과 같다.

$$7 + 17e^{-0.02120t} = 10$$
$$e^{-0.02120t} = \frac{3}{17}$$
$$t = \frac{\ln\left(\frac{3}{17}\right)}{-0.02120} \approx 81.8$$

약 1시간 22분 후에 냉차의 온도가 10°C로 차가워진다.   ■

예제 3에서 다음이 성립할 것으로 기대되는 것을 주목하자.

$$\lim_{t \to \infty} T(t) = \lim_{t \to \infty} (7 + 17e^{-0.02120t}) = 7 + 17 \cdot 0 = 7$$

이것은 기대한 바와 같이 냉차의 온도는 냉장고 내부의 온도에 접근하는 것을 의미한다. 그림 3은 온도 함수의 그래프를 나타낸다.

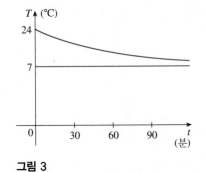

그림 3

■ 연속 복리 이자

《**예제 4**》 5000달러를 연간 복리이율 2%로 투자한다면 1년 후 원리금 합계는 5000(1.02) = 5100달러이고, 2년 후 원리금 합계는 [5000(1.02)](1.02) = 5202달러이며, t년 후에는 $5000(1.02)^t$ 달러이다. 일반적으로 원금 A_0이 연이율 r(이 예제에서는 $r = 0.02$)로 투자하면 t년 후에 원리금 합계는 $A_0(1 + r)^t$이다. 그런데 통상적으로 이자에 대한 복리는 연간 n회로 더 자주 일어난다. 이런 경우 각 기간마다 이율은 r/n이고 t년 동안에는 복리계산 기간이 nt번 있다. 따라서 원리금 합계는 다음과 같다.

$$A = A_0\left(1 + \frac{r}{n}\right)^{nt}$$

예를 들면 5000달러를 연이율 2%로 3년간 투자하면 원리금 합계는 다음과 같다.

$$5000(1.02)^3 = 5306.04달러 \qquad \text{연복리일 경우}$$
$$5000(1.01)^6 = 5307.60달러 \qquad \text{반기복리일 경우}$$
$$5000(1.005)^{12} = 5308.39달러 \qquad \text{분기복리일 경우}$$
$$5000\left(1 + \frac{0.02}{12}\right)^{36} = 5308.92달러 \qquad \text{월복리일 경우}$$
$$5000\left(1 + \frac{0.02}{365}\right)^{365 \cdot 3} = 5309.17달러 \qquad \text{일복리일 경우}$$

여기서 복리계산 기간의 횟수 n이 커짐에 따라 지불된 이자는 증가함을 알 수 있다. $n \to \infty$라 두면 이자는 연속 복리로 계산되고 원리금 합계는 다음과 같다.

$$\begin{aligned}
A(t) &= \lim_{n \to \infty} A_0\left(1 + \frac{r}{n}\right)^{nt} \\
&= \lim_{n \to \infty} A_0\left[\left(1 + \frac{r}{n}\right)^{n/r}\right]^{rt} \\
&= A_0\left[\lim_{n \to \infty}\left(1 + \frac{r}{n}\right)^{n/r}\right]^{rt} \\
&= A_0\left[\lim_{m \to \infty}\left(1 + \frac{1}{m}\right)^{m}\right]^{rt} \qquad \text{(여기서 } m = n/r\text{)}
\end{aligned}$$

그러나 이 표현식에서 극한은 수 e와 같다(6.4절의 식 **9** 또는 6.4*절의 식 **9** 참조). 따라서 연이율 r이고 연속 복리로 t년 후의 원리금 합계는 다음과 같다.

6.4절의 식 **9** 또는 6.4*절의 식 **9**:
$$e = \lim_{n \to \infty}\left(1 + \frac{1}{n}\right)^{n}$$

$$A(t) = A_0 e^{rt}$$

이 방정식을 미분하면 다음을 얻는다.

$$\frac{dA}{dt} = rA_0 e^{rt} = rA(t)$$

이것은 연속 복리로 투자할 때 원리금 합계의 증가율은 그 크기에 비례함을 말해 준다. 다시 5000달러를 연이율 2%로 3년간 투자한 예로 돌아가서 원리금 합계를 연속 복리로 계산하면 다음과 같음을 알 수 있다.

$$A(3) = 5000\, e^{\,(0.02)3} = 5309.18달러$$

일복리로 계산한 원리금 합계 5309.17달러와 거의 같음에 주의하자. 그러나 연속 복리를 이용하면 원리금 합계 계산이 더 쉽다. ■

6.5 | 연습문제

1. 출아형 효모균(Saccharomyces cerevisiae; 발효를 위해 사용된 효모균)은 시간당 0.4159의 비율로 일정하게 증가한다. 초기에는 3.8백만 균으로 구성되어 있다. 2시간 후의 개체수를 구하라.

2. 장염균 박테리아의 배양조직은 초기에 50개의 세포를 가지고 있다. 배양배지에 주입했을 때, 배양조직은 그 크기에 비례해서 증가한다. 1.5시간 후, 세포수는 975로 증가했다.

   (a) t시간 후, 박테리아 세포수에 관한 표현식을 구하라.

   (b) 3시간 후, 박테리아 세포수를 구하라.

   (c) 3시간 후, 증가율을 구하라.

   (d) 세포수가 250,000에 도달할 때까지 걸리는 시간은 얼마인가?

3. 다음 표는 1750년부터 2000년까지 세계 인구를 백만 명 단위로 추정한 것이다.

년도	인구	년도	인구
1750	790	1900	1650
1800	980	1950	2560
1850	1260	2000	6080

   (a) 지수모형과 1750년과 1800년의 인구 수를 이용해서 1900년과 1950년의 세계 인구를 예측하라. 실제 인구와 비교하라.

   (b) 지수모형과 1850년과 1900년의 인구 수를 이용해서 1950년의 세계 인구를 예측하라. 실제 인구와 비교하라.

   (c) 지수모형과 1900년과 1950년의 인구 수를 이용해서 2000년의 세계 인구를 예측하라. 실제 인구와 비교하고 차이점을 설명하라.

4. 실험을 통해 45°C에서 화학반응이 다음과 같이 일어난다고 하자.

$$N_2O_5 \rightarrow 2NO_2 + \tfrac{1}{2}O_2$$

오산화이질소의 반응률은 다음과 같이 그것의 농도에 비례한다는 것이 밝혀졌다.

$$-\frac{d[N_2O_5]}{dt} = 0.0005[N_2O_5]$$

   (a) 초기 농도가 C일 때 t초 후에 $[N_2O_5]$의 농도에 대한 식을 구하라.

   (b) N_2O_5의 농도가 원래의 90%로 줄어드는 반응이 일어날 때까지는 얼마나 오래 걸리는가?

5. 세슘 137의 반감기는 30년이다. 100 mg의 시료가 있다고 가정하자.

   (a) t년 후 남아 있는 질량을 구하라.

   (b) 100년 후 시료의 얼마가 남아 있는가?

   (c) 단지 1 mg이 될 때까지 얼마나 걸리는가?

6-7 방사성 탄소 연대 측정 과학자들은 **방사성 탄소 연대 측정**이라는 방법으로 고대 유물의 연대를 결정할 수 있다. 우주선이 상층부 대기에 충격을 가하면 질소는 반감기가 5730년인 탄소의 방사성 동위원소 ^{14}C로 바뀐다. 식물은 공기를 통해 이산화탄소를 흡수하고 동물도 먹이사슬을 통해 ^{14}C를 흡수한다. 식물이나 동물이 죽으면 탄소의 교환이 멈추고 ^{14}C 전체는 방사성 붕괴를 통해 점점 감소한다. 그래서 방사성의 수준 또한 지수적으로 감소한다.

6. 오늘날 식물에 있는 ^{14}C 방사성의 74% 정도인 한 양피지 조각이 발견되었다. 양피지의 연대를 추정하라.

7. 공룡화석은 종종 탄소보다 반감기가 더 긴 칼륨(반감기: 약 12억 5천만 년)과 같은 원소로 연대를 추정할 수 있다. 감지할 수 있는 최소의 ^{40}K 양은 0.1 %이고 ^{40}K로 계산된 공

룡화석의 연대는 68만 년이다. ^{40}K를 이용해서 추정할 수 있는 최대 수명은 얼마인가?

8. 구운 칠면조를 온도가 85℃인 오븐에서 꺼내어 실내온도가 22℃인 방 안의 식탁에 놓았다.

　(a) 30분 후에 칠면조의 온도가 65℃이면 45분 후에는 온도가 얼마인가?

　(b) 칠면조는 언제 40℃로 식는가?

9. 음료수를 냉장고에서 꺼낼 때 온도가 5℃이고, 그것을 20℃인 방 안에 25분 놓아둔 후에는 10℃로 올라갔다.

　(a) 50분 후에 음료수의 온도는 얼마인가?

　(b) 음료수의 온도는 언제 15℃가 되는가?

10. 온도가 일정한 상태에서 고도 h에 따라 대기압 P의 변화율은 P에 비례한다. 15℃에서 해수면의 기압은 101.3 kPa이고 $h = 1000$ m에서는 87.14 kPa이다.

　(a) 고도 3000 m에서 대기압은 얼마인가?

　(b) 고도 6187 m인 매킨리 산 정상의 기압은 얼마인가?

11. (a) 4000달러를 연이율 1.75%로 투자한다. 이자가 다음 기간의 복리일 때 5차년도 말의 원리합계를 구하라.

　(i) 연　　　　(ii) 반년　　　(iii) 월

　(iv) 주　　　　(v) 일　　　　(vi) 연속

　(b) $A(t)$를 연속 복리인 경우의 원리합계라 하자. $A(t)$를 만족하는 미분방정식과 초기 조건을 쓰라.

6.6 │ 역삼각함수

이번 절에서는 소위 역삼각함수라 부르는 함수의 도함수를 구하기 위해 6.1절의 개념을 응용한다. 이런 작업에는 약간의 어려움이 있다. 모든 삼각함수는 정의역에서 일대일이 아니므로 삼각함수는 역함수를 갖지 않기 때문이다. 그러나 일대일 함수가 되도록 이들 함수의 정의역을 제한함으로써 어려움을 극복할 수 있다.

■ 역삼각함수: 정의와 도함수

그림 1에서 사인함수 $y = \sin x$는 일대일이 아니라는 것을 알 수 있다. (수평선 판정법을 이용한다.) 그러나 정의역을 구간 $[-\pi/2, \pi/2]$로 제한하면, 이 함수는 일대일이고 $y = \sin x$의 치역 안에 모든 값들이 놓인다(그림 2 참조). 이 제한된 사인함수 f의 역함수는 존재하며 기호 $\sin^{-1}$나 arcsin으로 나타낸다. 이 함수를 **역사인함수**(inverse sine function) 또는 **아크사인함수**(arcsine function)라고 한다.

역함수의 정의는 다음을 의미한다.

$$f^{-1}(x) = y \iff f(y) = x$$

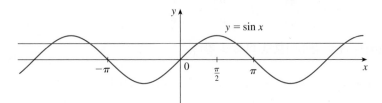

그림 1

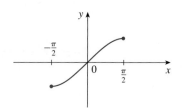

그림 2 $y = \sin x, -\dfrac{\pi}{2} \le x \le \dfrac{\pi}{2}$

따라서 다음을 얻는다.

$$\boxed{1} \quad \sin^{-1}x = y \iff \sin y = x \text{이고} \quad -\frac{\pi}{2} \leq y \leq \frac{\pi}{2}$$

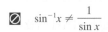 $\sin^{-1}x \neq \dfrac{1}{\sin x}$

따라서 $-1 \leq x \leq 1$에서 $\sin^{-1}x$는 $-\pi/2$와 $\pi/2$ 사이의 수로 사인값이 x이다.

《예제 1》 (a) $\sin^{-1}\left(\frac{1}{2}\right)$, (b) $\tan\left(\arcsin\frac{1}{3}\right)$을 계산하라.

풀이 (a) $\sin(\pi/6) = \frac{1}{2}$이고 $\pi/6$는 $-\pi/2$와 $\pi/2$ 사이에 있으므로 다음과 같다.

$$\sin^{-1}\left(\frac{1}{2}\right) = \frac{\pi}{6}$$

(b) $\theta = \arcsin\frac{1}{3}$, 즉 $\sin\theta = \frac{1}{3}$이다. 그러면 그림 3과 같이 각 θ를 갖는 직각삼각형을 그릴 수 있다. 피타고라스 정리로부터 세 번째 변의 길이가 $\sqrt{9-1} = 2\sqrt{2}$인 것을 유추한다. 이 직각삼각형으로부터 다음을 얻는다.

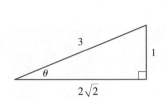

그림 3

$$\tan\left(\arcsin\frac{1}{3}\right) = \tan\theta = \frac{1}{2\sqrt{2}} \qquad ■$$

이 경우 역함수에 대한 소거방정식은 다음과 같다.

$$\boxed{2} \quad \begin{aligned} -\frac{\pi}{2} \leq x \leq \frac{\pi}{2} \text{에 대해} \quad & \sin^{-1}(\sin x) = x \\ -1 \leq x \leq 1 \text{에 대해} \quad & \sin(\sin^{-1}x) = x \end{aligned}$$

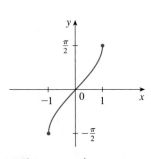

그림 4 $y = \sin^{-1}x = \arcsin x$

역사인함수 $\sin^{-1}$의 정의역은 $[-1, 1]$이고 치역은 $[-\pi/2, \pi/2]$이며, 이 함수의 그래프는 그림 4와 같이 제한된 사인함수의 그래프(그림 2)를 직선 $y = x$에 대해 대칭시킴으로써 얻는다.

사인함수 f는 연속이므로 6.1절의 정리 $\boxed{6}$에 의해 역사인함수도 연속이다. 또한 2.4절로부터 사인함수가 미분가능하므로 6.1절의 정리 $\boxed{7}$에 의해 역사인함수도 미분가능하다. 6.1절의 정리 $\boxed{7}$에 의해 $\sin^{-1}$의 도함수를 구할 수 있지만 $\sin^{-1}$는 미분가능하므로 다음과 같이 음함수적으로 미분해서 쉽게 도함수를 구할 수 있다.

$y = \sin^{-1}x$라 하면 $\sin y = x$이고, $-\pi/2 \leq y \leq \pi/2$이다. $\sin y = x$를 x에 관해 음함수적으로 미분하면 다음을 얻는다.

$$\cos y \frac{dy}{dx} = 1, \qquad \frac{dy}{dx} = \frac{1}{\cos y}$$

$-\pi/2 \leq y \leq \pi/2$에서 $\cos y \geq 0$이므로 다음과 같다.

$$\cos y = \sqrt{1 - \sin^2 y} = \sqrt{1 - x^2} \qquad (\cos^2 y + \sin^2 y = 1)$$

따라서 다음을 얻는다.

$$\frac{dy}{dx} = \frac{1}{\cos y} = \frac{1}{\sqrt{1 - x^2}}$$

3
$$\frac{d}{dx}(\sin^{-1}x) = \frac{1}{\sqrt{1 - x^2}}, \quad -1 < x < 1$$

《예제 2》 $f(x) = \sin^{-1}(x^2 - 1)$일 때 (a) f의 정의역, (b) $f'(x)$, (c) f'의 정의역을 구하라.

풀이

(a) 역사인함수의 정의역이 $[-1, 1]$이므로 f의 정의역은 다음과 같다.

$$\{x \mid -1 \leq x^2 - 1 \leq 1\} = \{x \mid 0 \leq x^2 \leq 2\}$$
$$= \{x \mid |x| \leq \sqrt{2}\} = [-\sqrt{2}, \sqrt{2}]$$

(b) 식 **3**과 연쇄법칙을 결합하면 다음을 얻는다.

$$f'(x) = \frac{1}{\sqrt{1 - (x^2 - 1)^2}} \frac{d}{dx}(x^2 - 1)$$
$$= \frac{1}{\sqrt{1 - (x^4 - 2x^2 + 1)}} 2x = \frac{2x}{\sqrt{2x^2 - x^4}}$$

(c) f'의 정의역은 다음과 같다.

$$\{x \mid -1 < x^2 - 1 < 1\} = \{x \mid 0 < x^2 < 2\}$$
$$= \{x \mid 0 < |x| < \sqrt{2}\} = (-\sqrt{2}, 0) \cup (0, \sqrt{2}) \quad \blacksquare$$

역코사인함수(inverse cosine function)는 역사인함수와 비슷한 방법으로 얻을 수 있다. 제한된 코사인함수 $f(x) = \cos x$, $0 \leq x \leq \pi$는 일대일 함수이다(그림 6 참조). 그러므로 이 함수는 역함수가 존재하며 기호 $\cos^{-1}$나 arccos으로 나타낸다.

4
$$\cos^{-1}x = y \iff \cos y = x \text{이고 } 0 \leq y \leq \pi$$

소거방정식은 다음과 같다.

5
$$0 \leq x \leq \pi \text{에 대해} \quad \cos^{-1}(\cos x) = x$$
$$-1 \leq x \leq 1 \text{에 대해} \quad \cos(\cos^{-1}x) = x$$

역코사인함수 $\cos^{-1}$는 정의역이 $[-1, 1]$이고 치역이 $[0, \pi]$이며, 그래프가 그림 7과 같은 연속함수이다. 이 함수의 도함수는 다음과 같이 주어진다.

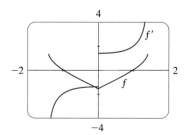

그림 5

그림 5는 예제 2의 함수와 그 도함수의 그래프를 나타낸다. f는 0에서 미분불가능하며, 이것은 f'의 그래프가 $x = 0$에서 갑자기 도약한다는 사실과 일치함을 유의하자.

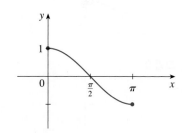

그림 6 $y = \cos x$, $0 \leq x \leq \pi$

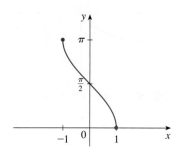

그림 7 $y = \cos^{-1}x = \arccos x$

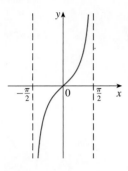

그림 8 $y = \tan x,\ -\frac{\pi}{2} < x < \frac{\pi}{2}$

$\boxed{6}$
$$\frac{d}{dx}(\cos^{-1}x) = -\frac{1}{\sqrt{1-x^2}}, \quad -1 < x < 1$$

식 $\boxed{6}$은 식 $\boxed{3}$을 구할 때와 같은 방법으로 얻을 수 있으며, 연습문제 9에 남긴다. 탄젠트함수는 구간 $(-\pi/2,\ \pi/2)$로 제한함으로써 일대일 함수가 되도록 할 수 있다. 그러므로 **역탄젠트함수**(inverse tangent function)는 함수 $f(x) = \tan x$, $-\pi/2 < x < \pi/2$(그림 8)의 역함수로 정의되며 기호 $\tan^{-1}$나 arctan로 나타낸다.

$\boxed{7}$
$$\tan^{-1}x = y \iff \tan y = x \text{이고} \quad -\frac{\pi}{2} < y < \frac{\pi}{2}$$

《예제 3》 $\cos(\tan^{-1}x)$를 간단히 표현하라.

풀이 1 $y = \tan^{-1}x$라 하면 $\tan y = x$이고 $-\pi/2 < y < \pi/2$이다. $\tan y$를 알고 있으므로 $\cos y$를 구하기 위해 다음과 같이 먼저 $\sec y$를 구하는 것이 더 쉽다.

$$\sec^2 y = 1 + \tan^2 y = 1 + x^2$$

$$\sec y = \sqrt{1 + x^2} \qquad (-\pi/2 < y < \pi/2 \text{일 때 } \sec y > 0 \text{이므로})$$

따라서 다음을 얻는다.

$$\cos(\tan^{-1}x) = \cos y = \frac{1}{\sec y} = \frac{1}{\sqrt{1 + x^2}}$$

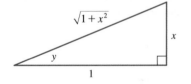

그림 9

풀이 2 풀이 1에서와 같이 삼각함수의 항등식을 사용하는 대신 그림을 이용하면 더 쉽다. $y = \tan^{-1}x$이면 $\tan y = x$이므로 그림 9($y > 0$인 경우)로부터 다음을 얻는다.

$$\cos(\tan^{-1}x) = \cos y = \frac{1}{\sqrt{1 + x^2}} \qquad \blacksquare$$

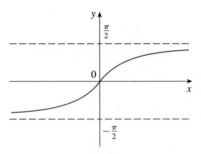

그림 10 $y = \tan^{-1}x = \arctan x$

역탄젠트함수 $\tan^{-1} = \arctan$의 정의역은 $\mathbb{R}$이고 치역은 $(-\pi/2,\ \pi/2)$이며 그래프는 그림 10과 같다. 그리고 다음을 알고 있다.

$$\lim_{x \to (\pi/2)^-} \tan x = \infty, \qquad \lim_{x \to -(\pi/2)^+} \tan x = -\infty$$

따라서 직선 $x = \pm\pi/2$는 tan의 그래프의 수직점근선이다. $\tan^{-1}$의 그래프는 제한된 탄젠트함수의 그래프를 $y = x$에 대해 대칭시켜 얻으므로 직선 $y = \pi/2$와 $y = -\pi/2$는 $\tan^{-1}$의 그래프의 수평점근선이 된다. 이런 사실들은 다음 극한으로 표현된다.

$\boxed{8}$
$$\lim_{x \to -\infty} \tan^{-1}x = -\frac{\pi}{2}, \qquad \lim_{x \to \infty} \tan^{-1}x = \frac{\pi}{2}$$

《예제 4》 $\displaystyle\lim_{x \to 2^+} \arctan\left(\frac{1}{x-2}\right)$을 계산하라.

풀이 $t = 1/(x-2)$라 놓으면 $x \to 2^+$에 따라 $t \to \infty$이므로 식 **8**의 두 번째 공식에 의해 다음을 얻는다.

$$\lim_{x \to 2^+} \arctan\left(\frac{1}{x-2}\right) = \lim_{t \to \infty} \arctan t = \frac{\pi}{2}$$　∎

$\tan$이 미분가능하므로 $\tan^{-1}$도 미분가능하다. 이것의 도함수를 구하기 위해 $y = \tan^{-1}x$라 놓으면 $\tan y = x$이다. x에 관해 음함수적으로 미분하면 다음을 얻는다.

$$\sec^2 y \, \frac{dy}{dx} = 1$$

$$\frac{dy}{dx} = \frac{1}{\sec^2 y} = \frac{1}{1 + \tan^2 y} = \frac{1}{1 + x^2}$$

9
$$\boxed{\frac{d}{dx}(\tan^{-1}x) = \frac{1}{1 + x^2}}$$

다른 역삼각함수들은 자주 이용되지 않으나 요약하면 다음과 같다.

10
$$y = \csc^{-1}x \;(|x| \geq 1) \iff \csc y = x, \quad y \in (0, \pi/2] \cup (\pi, 3\pi/2]$$
$$y = \sec^{-1}x \;(|x| \geq 1) \iff \sec y = x, \quad y \in [0, \pi/2) \cup [\pi, 3\pi/2)$$
$$y = \cot^{-1}x \;(x \in \mathbb{R}) \iff \cot y = x, \quad y \in (0, \pi)$$

$\csc^{-1}$와 $\sec^{-1}$의 정의에서 y에 대한 구간의 선택은 일반적으로 일치되지 않는다. 예를 들면 어떤 저자는 $\sec^{-1}$의 정의에서 $y \in [0, \pi/2) \cup (\pi/2, \pi]$를 사용한다. (그림 11의 시컨트함수의 그래프로부터 위의 선택과 정리 **10**의 선택이 모두 옳다는 것을 알 수 있다.) 정리 **10**에서의 구간 선택이 합리적인 이유는 미분 공식들이 보다 간단하다는 것이다(연습문제 42 참조).

도함수표 11에 모든 역삼각함수들의 미분 공식이 있다. $\csc^{-1}$, $\sec^{-1}$와 $\cot^{-1}$의 도함수 공식의 증명은 연습문제 10, 11에 있다.

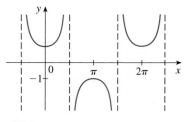

그림 11 $y = \sec x$

11 **역삼각함수의 도함수표**

$$\frac{d}{dx}(\sin^{-1}x) = \frac{1}{\sqrt{1-x^2}} \qquad \frac{d}{dx}(\csc^{-1}x) = -\frac{1}{x\sqrt{x^2-1}}$$

$$\frac{d}{dx}(\cos^{-1}x) = -\frac{1}{\sqrt{1-x^2}} \qquad \frac{d}{dx}(\sec^{-1}x) = \frac{1}{x\sqrt{x^2-1}}$$

$$\frac{d}{dx}(\tan^{-1}x) = \frac{1}{1+x^2} \qquad \frac{d}{dx}(\cot^{-1}x) = -\frac{1}{1+x^2}$$

위의 공식 각각을 연쇄법칙과 결합할 수 있다. 예를 들어 u가 x의 미분가능한 함수라면 다음이 성립한다.

$$\frac{d}{dx}(\sin^{-1}u) = \frac{1}{\sqrt{1-u^2}}\frac{du}{dx}, \qquad \frac{d}{dx}(\tan^{-1}u) = \frac{1}{1+u^2}\frac{du}{dx}$$

《 예제 5 》 (a) $y = \dfrac{1}{\sin^{-1}x}$, (b) $f(x) = x\arctan\sqrt{x}$ 를 미분하라.

풀이 (a)
$$\frac{dy}{dx} = \frac{d}{dx}(\sin^{-1}x)^{-1} = -(\sin^{-1}x)^{-2}\frac{d}{dx}(\sin^{-1}x)$$
$$= -\frac{1}{(\sin^{-1}x)^2\sqrt{1-x^2}}$$

arctan x와 $\tan^{-1}x$는 바꿔 쓸 수 있는 표기임을 상기하자.

(b)
$$f'(x) = x\frac{1}{1+\left(\sqrt{x}\right)^2}\left(\tfrac{1}{2}x^{-1/2}\right) + \arctan\sqrt{x}$$
$$= \frac{\sqrt{x}}{2(1+x)} + \arctan\sqrt{x}$$ ■

《 예제 6 》 항등식 $\tan^{-1}x + \cot^{-1}x = \pi/2$를 증명하라.

풀이 이 등식을 증명하기 위해 미적분학이 꼭 필요한 것은 아니지만, 미적분학을 이용하면 증명은 아주 간단하다. $f(x) = \tan^{-1}x + \cot^{-1}x$ 라 하면, 모든 x에 대해 다음이 성립한다.

$$f'(x) = \frac{1}{1+x^2} - \frac{1}{1+x^2} = 0$$

따라서 $f(x) = C$이다. 상수 C의 값을 결정하기 위해 $x = 1$을 대입하면 다음을 얻는다. [왜냐하면 $f(1)$을 정확히 계산할 수 있다.]

$$C = f(1) = \tan^{-1}1 + \cot^{-1}1 = \frac{\pi}{4} + \frac{\pi}{4} = \frac{\pi}{2}$$

그러므로 $\tan^{-1}x + \cot^{-1}x = \pi/2$이다. ■

■ 역삼각함수와 관련한 적분

도함수표 11의 각 공식으로부터 적분 공식을 유도할 수 있다. 가장 유용한 두 공식은 다음과 같다.

12
$$\int \frac{1}{\sqrt{1-x^2}}\,dx = \sin^{-1}x + C$$

13
$$\int \frac{1}{x^2+1}\,dx = \tan^{-1}x + C$$

《예제 7》 $\displaystyle\int_0^{1/4} \frac{1}{\sqrt{1 - 4x^2}}\, dx$를 구하라.

풀이 피적분함수를 다음과 같이 쓴다.

$$\int_0^{1/4} \frac{1}{\sqrt{1 - 4x^2}}\, dx = \int_0^{1/4} \frac{1}{\sqrt{1 - (2x)^2}}\, dx$$

그러면 이 적분은 식 $\boxed{12}$와 비슷하므로 $u = 2x$로 치환한다. $du = 2\,dx$이므로 $dx = du/2$이다. 또한 $x = 0$일 때 $u = 0$이고, $x = \frac{1}{4}$일 때 $u = \frac{1}{2}$이므로 다음과 같다.

$$\int_0^{1/4} \frac{1}{\sqrt{1 - 4x^2}}\, dx = \frac{1}{2}\int_0^{1/2} \frac{du}{\sqrt{1 - u^2}} = \frac{1}{2}\sin^{-1}u\Big]_0^{1/2}$$

$$= \frac{1}{2}\Big[\sin^{-1}\big(\tfrac{1}{2}\big) - \sin^{-1} 0\Big] = \frac{1}{2}\cdot\frac{\pi}{6} = \frac{\pi}{12} \qquad \blacksquare$$

《예제 8》 $\displaystyle\int \frac{1}{x^2 + a^2}\, dx$를 구하라.

풀이 주어진 적분을 식 $\boxed{13}$과 같은 형태로 바꾸기 위해 다음과 같이 쓴다.

$$\int \frac{dx}{x^2 + a^2} = \int \frac{dx}{a^2\left(\dfrac{x^2}{a^2} + 1\right)} = \frac{1}{a^2}\int \frac{dx}{\left(\dfrac{x}{a}\right)^2 + 1}$$

이제 $u = x/a$로 치환하면 $du = dx/a$, $dx = a\,du$이므로 다음을 얻는다.

$$\int \frac{dx}{x^2 + a^2} = \frac{1}{a^2}\int \frac{a\,du}{u^2 + 1} = \frac{1}{a}\int \frac{du}{u^2 + 1} = \frac{1}{a}\tan^{-1}u + C$$

그러므로 다음과 같은 공식을 얻는다.

$\boxed{14}$
$$\boxed{\;\int \frac{1}{x^2 + a^2}\, dx = \frac{1}{a}\tan^{-1}\left(\frac{x}{a}\right) + C\;}$$

■ 미적분학에서 역삼각함수는 종종 유리함수를 적분할 때 중요하게 사용된다.

《예제 9》 $\displaystyle\int \frac{x}{x^4 + 9}\, dx$를 구하라.

풀이 $u = x^2$으로 놓으면 $du = 2x\,dx$이므로 $a = 3$인 식 $\boxed{14}$를 이용해서 다음을 얻는다.

$$\int \frac{x}{x^4 + 9}\, dx = \frac{1}{2}\int \frac{du}{u^2 + 9} = \frac{1}{2}\cdot\frac{1}{3}\tan^{-1}\left(\frac{u}{3}\right) + C$$

$$= \frac{1}{6}\tan^{-1}\left(\frac{x^2}{3}\right) + C \qquad \blacksquare$$

6.6 | 연습문제

1-5 다음 식의 정확한 값을 구하라.

1. (a) $\sin^{-1}(0.5)$ (b) $\cos^{-1}(-1)$

2. (a) $\csc^{-1}\sqrt{2}$ (b) $\cos^{-1}(\sqrt{3}/2)$

3. (a) $\tan(\arctan 10)$ (b) $\arcsin(\sin(5\pi/4))$

4. $\tan\left(\sin^{-1}\left(\frac{2}{3}\right)\right)$ **5.** $\cos\left(2\sin^{-1}\left(\frac{5}{13}\right)\right)$

---

6. $\cos(\sin^{-1}x) = \sqrt{1-x^2}$임을 증명하라.

7. $\sin(\tan^{-1}x)$를 다음을 간단히 하라.

8. 다음 함수의 그래프를 동일한 보기화면에 그리고 어떻게 연관되는지 조사하라.

$y = \sin x, \ -\pi/2 \le x \le \pi/2; \quad y = \sin^{-1}x; \quad y = x$

9. 식 **3**과 같은 방법으로 $\cos^{-1}$의 도함수에 대한 식 **6**을 증명하라.

10. $\dfrac{d}{dx}(\cot^{-1}x) = -\dfrac{1}{1+x^2}$을 증명하라.

11. $\dfrac{d}{dx}(\csc^{-1}x) = -\dfrac{1}{x\sqrt{x^2-1}}$을 증명하라.

12-19 다음 함수의 도함수를 구하라. 가능한 간단히 하라.

12. $f(x) = \sin^{-1}(5x)$ **13.** $y = (\tan^{-1}x)^2$

14. $y = \tan^{-1}\sqrt{x-1}$ **15.** $y = \arctan(\cos\theta)$

16. $f(z) = e^{\arcsin(z^2)}$

17. $h(t) = \cot^{-1}(t) + \cot^{-1}(1/t)$

18. $y = x\sin^{-1}x + \sqrt{1-x^2}$

19. $y = \tan^{-1}\left(\dfrac{x}{a}\right) + \ln\sqrt{\dfrac{x-a}{x+a}}$

---

20. 함수 $g(x) = \cos^{-1}(3-2x)$의 도함수를 구하라. 이 함수와 도함수의 정의역을 구하라.

21. $g(x) = x\sin^{-1}(x/4) + \sqrt{16-x^2}$일 때, $g'(2)$를 구하라.

22. 함수 $f(x) = \sqrt{1-x^2}\arcsin x$의 도함수 $f'(x)$를 구하라. f와 f'의 그래프를 비교해서 답이 타당한지 확인하라.

23-24 다음 극한을 구하라.

23. $\displaystyle\lim_{x\to -1^+}\sin^{-1}x$ **24.** $\displaystyle\lim_{x\to\infty}\arctan(e^x)$

25. 다음 그림에서 각 θ를 최대로 하려면 점 P를 선분 AB 위의 어느 점으로 잡아야 하는가?

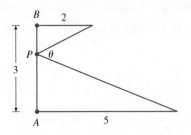

26. 길이가 5 m인 사다리가 수직벽에 기대어 있다. 사다리 아래 끝이 벽의 바닥으로부터 1 m/s의 속력으로 미끄러지면서 멀어진다면, 벽에서 사다리 아래 끝까지의 거리가 3 m가 되는 순간에 사다리와 벽 사이의 각은 얼마나 빠르게 변화하는가?

27-28 3.5절의 지침을 따라 다음 곡선을 그려라.

27. $y = \sin^{-1}\left(\dfrac{x}{x+1}\right)$ **28.** $y = x - \tan^{-1}x$

---

29. $f(x) = \arctan(\cos(3\arcsin x))$일 때 컴퓨터 대수체계를 이용해서 f'과 f''을 계산하라. f, f', f''의 그래프를 이용해서 f의 최대점, 최소점과 변곡점의 x좌표를 추정하라.

30. $f(x) = \dfrac{2x^2+5}{x^2+1}$의 가장 일반적인 역도함수를 구하라.

31-37 다음 적분을 구하라.

31. $\displaystyle\int_{1/\sqrt{3}}^{\sqrt{3}}\dfrac{8}{1+x^2}\,dx$ **32.** $\displaystyle\int_0^{1/2}\dfrac{\sin^{-1}x}{\sqrt{1-x^2}}\,dx$

33. $\displaystyle\int\dfrac{1+x}{1+x^2}\,dx$ **34.** $\displaystyle\int\dfrac{(\arctan x)^2}{x^2+1}\,dx$

35. $\displaystyle\int\dfrac{e^{\arcsin x}}{\sqrt{1-x^2}}\,dx$ **36.** $\displaystyle\int\dfrac{t^2}{\sqrt{1-t^6}}\,dt$

37. $\displaystyle\int\dfrac{dx}{\sqrt{x}(1+x)}$

---

38. 예제 8의 방법을 이용해서 $a > 0$일 때 다음을 보여라.

$$\int\dfrac{1}{\sqrt{a^2-x^2}}\,dx = \sin^{-1}\left(\dfrac{x}{a}\right) + C$$

39. 적분을 넓이로 해석하고 x 대신에 y에 관해 적분함으로써 $\int_0^1 \sin^{-1}x\,dx$를 계산하라.

40. $-\pi/2 < \arctan x + \arctan y < \pi/2$이면 $xy \neq 1$에 대해 다음이 성립한다.

$$\arctan x + \arctan y = \arctan \frac{x+y}{1-xy}$$

이것을 이용하여 다음을 증명하라.

(a) $\arctan \frac{1}{2} + \arctan \frac{1}{3} = \pi/4$

(b) $2\arctan \frac{1}{3} + \arctan \frac{1}{7} = \pi/4$

41. 예제 6의 방법을 이용해서 다음 항등식을 증명하라.

$$2\sin^{-1}x = \cos^{-1}(1-2x^2), \quad x \geq 0$$

42. 어떤 저자는 $y = \sec^{-1}x \iff \sec y = x$, $y \in [0 \ \pi/2) \cup (\pi/2, \pi]$로 정의한다. 이 정의를 이용하면 다음과 같음을 보여라.

$$\frac{d}{dx}(\sec^{-1}x) = \frac{1}{|x|\sqrt{x^2-1}}, \quad |x| > 1$$

6.7 | 쌍곡선함수

■ 쌍곡선함수와 도함수

지수함수 e^x과 e^{-x}의 어떤 결합은 수학이나 응용분야에서 자주 이용되며, 특별한 명칭을 부여한다. 이들 함수는 삼각함수와 많은 점에서 비슷하다. 삼각함수가 원과 관계가 있는 것처럼 이들은 똑같이 쌍곡선과 관련이 있다. 이런 이유에서 이들 전체를 **쌍곡선함수**(hyperbolic function)라 하고 개별적으로는 **쌍곡선 사인함수**(hyperbolic sine function), **쌍곡선 코사인함수**(hyperbolic cosine function) 등으로 불린다.

쌍곡선함수의 정의

$$\sinh x = \frac{e^x - e^{-x}}{2} \qquad \operatorname{csch} x = \frac{1}{\sinh x}$$

$$\cosh x = \frac{e^x + e^{-x}}{2} \qquad \operatorname{sech} x = \frac{1}{\cosh x}$$

$$\tanh x = \frac{\sinh x}{\cosh x} \qquad \coth x = \frac{\cosh x}{\sinh x}$$

쌍곡선 사인과 쌍곡선 코사인의 그래프는 그림 1, 2와 같다.

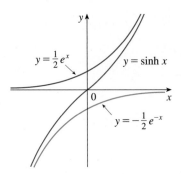

그림 1 $y = \sinh x = \frac{1}{2}e^x - \frac{1}{2}e^{-x}$

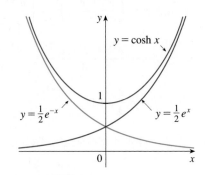

그림 2 $y = \cosh x = \frac{1}{2}e^x + \frac{1}{2}e^{-x}$

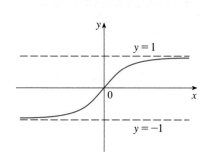

그림 3 $y = \tanh x$

sinh의 정의역과 치역은 모두 $\mathbb{R}$이다. 반면에 cosh의 정의역은 $\mathbb{R}$이고 치역은 $[1, \infty)$이다. tanh의 그래프는 그림 3과 같으며, 수평점근선 $y = \pm 1$을 갖는다(연습문제 14 참조).

쌍곡선함수의 몇 가지 수학적인 응용은 7장에서 볼 것이다. 과학과 공학에의 응용은 빛, 속도, 전기, 방사능 같은 실체가 점진적으로 흡수되거나 소멸되는 경우에 일어난다. 그 이유는 붕괴 현상을 쌍곡선함수로 표현할 수 있기 때문이다. 가장 유명한 응용은 걸쳐 있는 전선의 형태를 설명하기 위해 쌍곡선 코사인을 사용하는 것이다. 무겁고 유연하게 휘어진 전선(전화선이나 전력선 등)이 같은 높이의 두 점 사이에 걸쳐 있다면, 그 곡선은 방정식 $y = c + a\cosh(x/a)$로 표현되는 곡선 모양임이 입증될 수 있으며 그 곡선을 **현수선**(catenary)이라 한다(그림 4 참조). (라틴어 *catena*는 '사슬'을 의미한다.)

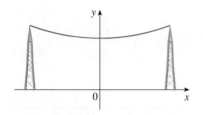

그림 4 현수선 $y = c + a\cosh(x/a)$

쌍곡선함수의 또 다른 응용은 바다의 파도를 기술할 때 나타난다. 수심이 d인 물줄기를 가로질러 움직이는 길이 L인 파도의 속도는 다음 함수로 모형화된다.

$$v = \sqrt{\frac{gL}{2\pi}\tanh\left(\frac{2\pi d}{L}\right)}$$

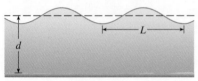

그림 5 이상적인 바다 파도

여기서 g는 중력가속도이다(그림 5, 연습문제 29 참조).

쌍곡선함수들은 잘 알려진 삼각함수들의 항등식과 비슷한 항등식을 갖는다. 그들의 일부는 다음과 같으며 대부분의 증명은 연습문제로 남겨 둔다.

세인트루이스에 있는 게이트웨이 아치는 쌍곡선 코사인함수를 이용해서 설계됐다.

쌍곡선함수의 항등식

$$\sinh(-x) = -\sinh x \qquad \cosh(-x) = \cosh x$$
$$\cosh^2 x - \sinh^2 x = 1 \qquad 1 - \tanh^2 x = \text{sech}^2 x$$
$$\sinh(x + y) = \sinh x \cosh y + \cosh x \sinh y$$
$$\cosh(x + y) = \cosh x \cosh y + \sinh x \sinh y$$

《예제 1》 (a) $\cosh^2 x - \sinh^2 x = 1$, (b) $1 - \tanh^2 x = \text{sech}^2 x$를 증명하라.

풀이

(a) $\cosh^2 x - \sinh^2 x = \left(\dfrac{e^x + e^{-x}}{2}\right)^2 - \left(\dfrac{e^x - e^{-x}}{2}\right)^2$

$\qquad\qquad\qquad = \dfrac{e^{2x} + 2 + e^{-2x}}{4} - \dfrac{e^{2x} - 2 + e^{-2x}}{4}$

$\qquad\qquad\qquad = \dfrac{4}{4} = 1$

(b) (a)에서 증명된 다음 항등식으로 시작한다.

$$\cosh^2 x - \sinh^2 x = 1$$

양변을 $\cosh^2 x$로 나누면, 다음을 얻는다.

$$1 - \frac{\sinh^2 x}{\cosh^2 x} = \frac{1}{\cosh^2 x}$$

즉　　　　　　　　　$1 - \tanh^2 x = \operatorname{sech}^2 x$　　　■

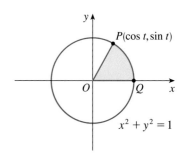

그림 6

예제 1(a)에서 증명한 항등식은 쌍곡선함수라는 명칭의 타당성에 대한 실마리를 준다.

t가 임의의 실수이면, 점 $P(\cos t, \sin t)$는 $\cos^2 t + \sin^2 t = 1$을 만족하므로 단위원 $x^2 + y^2 = 1$ 위에 놓여 있다. 사실상 t는 그림 6에서 $\angle POQ$의 라디안 단위로 측정된 값이다. 그런 이유로 삼각함수를 때때로 **원함수**라고도 한다.

마찬가지로 임의의 실수 t에 대해 점 $P(\cosh t, \sinh t)$는 $\cosh^2 t - \sinh^2 t = 1$과 $\cosh t \geq 1$을 만족하므로 쌍곡선 $x^2 - y^2 = 1$의 오른쪽 분지에 놓여 있다. 이 경우에 t는 각을 나타내지 않는다. 그러나 t는 그림 7의 색칠한 쌍곡선 영역 넓이의 두 배를 의미한다. 마찬가지로 삼각함수인 경우에도 t는 그림 6의 색칠한 원 영역 넓이의 두 배를 의미한다.

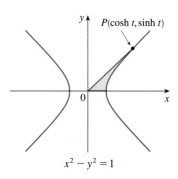

그림 7

쌍곡선함수의 도함수는 쉽게 계산할 수 있다. 예를 들어 다음과 같다.

$$\frac{d}{dx}(\sinh x) = \frac{d}{dx}\left(\frac{e^x - e^{-x}}{2}\right) = \frac{e^x + e^{-x}}{2} = \cosh x$$

쌍곡선함수의 미분 공식은 아래 **1**과 같다. 삼각함수에 대한 미분 공식과 유사하지만 부호에 있어서 좀 다르다는 것을 유의하자.

---

1 **쌍곡선함수의 도함수**

$$\frac{d}{dx}(\sinh x) = \cosh x \qquad\qquad \frac{d}{dx}(\operatorname{csch} x) = -\operatorname{csch} x \coth x$$

$$\frac{d}{dx}(\cosh x) = \sinh x \qquad\qquad \frac{d}{dx}(\operatorname{sech} x) = -\operatorname{sech} x \tanh x$$

$$\frac{d}{dx}(\tanh x) = \operatorname{sech}^2 x \qquad\qquad \frac{d}{dx}(\coth x) = -\operatorname{csch}^2 x$$

위의 공식들은 연쇄법칙과 결합할 수 있다. 예를 들면 다음과 같다.

《예제 2》 $y = \cosh\sqrt{x}$ 일 때 dy/dx를 구하라.

풀이 공식 **1**과 연쇄법칙을 사용하면 다음과 같다.

$$\frac{dy}{dx} = \frac{d}{dx}(\cosh\sqrt{x}) = \sinh\sqrt{x} \cdot \frac{d}{dx}\sqrt{x} = \frac{\sinh\sqrt{x}}{2\sqrt{x}}$$　　■

■ 역쌍곡선함수와 도함수

그림 1과 3에서 보듯이 sinh과 tanh는 일대일 함수이므로 $\sinh^{-1}$과 $\tanh^{-1}$로 나타내는 역함수가 존재한다. 그림 2에서 cosh은 일대일 함수가 아님을 알 수 있다. 그러나 정의역을 $[0, \infty)$로 제한하면 함수 $y = \cosh x$는 일대일 함수이고, 모든 값들이 치역 $[1, \infty)$와 같다. 역쌍곡선 코사인함수는 이 제한된 함수의 역함수로 정의된다.

$$\boxed{2} \quad \begin{aligned} y &= \sinh^{-1}x \quad \Longleftrightarrow \quad \sinh y = x \\ y &= \cosh^{-1}x \quad \Longleftrightarrow \quad \cosh y = x \text{이고 } y \geq 0 \\ y &= \tanh^{-1}x \quad \Longleftrightarrow \quad \tanh y = x \end{aligned}$$

나머지 역쌍곡선함수도 비슷하게 정의된다.

그림 1, 2, 3을 이용해서 그림 8, 9, 10에서 보는 것처럼 $\sinh^{-1}$, $\cosh^{-1}$, $\tanh^{-1}$의 그래프를 그릴 수 있다.

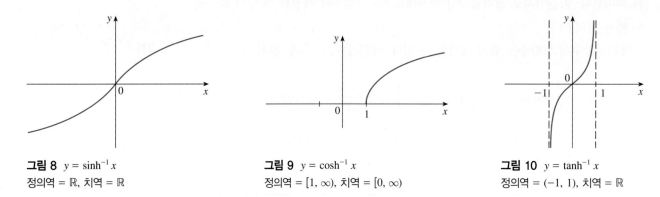

그림 8 $y = \sinh^{-1} x$
정의역 $= \mathbb{R}$, 치역 $= \mathbb{R}$

그림 9 $y = \cosh^{-1} x$
정의역 $= [1, \infty)$, 치역 $= [0, \infty)$

그림 10 $y = \tanh^{-1} x$
정의역 $= (-1, 1)$, 치역 $= \mathbb{R}$

쌍곡선함수는 지수함수로 정의되므로, 역쌍곡선함수가 로그함수로 표현될 수 있다는 사실은 놀랄 만한 일이 아니다.

$$\boxed{3} \quad \sinh^{-1}x = \ln\left(x + \sqrt{x^2 + 1}\right), \quad x \in \mathbb{R}$$

$$\boxed{4} \quad \cosh^{-1}x = \ln\left(x + \sqrt{x^2 - 1}\right), \quad x \geq 1$$

$$\boxed{5} \quad \tanh^{-1}x = \frac{1}{2}\ln\left(\frac{1 + x}{1 - x}\right), \quad -1 < x < 1$$

예제 3에서 공식 $\boxed{3}$을 증명한다. 공식 $\boxed{5}$의 증명은 연습문제 16으로 남겨둔다.

《예제 3》 $\sinh^{-1}x = \ln\left(x + \sqrt{x^2 + 1}\right)$임을 보여라.

풀이 $y = \sinh^{-1} x$라 놓으면 다음과 같다.

$$x = \sinh y = \frac{e^y - e^{-y}}{2}$$

그러므로 $e^y - 2x - e^{-y} = 0$이고 양변에 e^y을 곱하면 $e^{2y} - 2xe^y - 1 = 0$ 이다. 이것

은 다음과 같이 e^y에 관한 이차방정식이다.

$$(e^y)^2 - 2x(e^y) - 1 = 0$$

근의 공식에 따라 다음을 얻는다.

$$e^y = \frac{2x \pm \sqrt{4x^2 + 4}}{2} = x \pm \sqrt{x^2 + 1}$$

여기서 $e^y > 0$이지만($x < \sqrt{x^2 + 1}$이므로) $x - \sqrt{x^2 + 1} < 0$이다. 따라서 음의 부호는 허용되지 않고 다음을 얻는다.

$$e^y = x + \sqrt{x^2 + 1}$$

그러므로 $y = \ln(e^y) = \ln\left(x + \sqrt{x^2 + 1}\right)$이다. 이는 $\sinh^{-1}x = \ln\left(x + \sqrt{x^2 + 1}\right)$임을 보여 준다.

(다른 풀이 방법은 연습문제 15에 있다.)　　　　　　　　　　　　　■

---

6 **역쌍곡선함수의 도함수**

$$\frac{d}{dx}(\sinh^{-1}x) = \frac{1}{\sqrt{1 + x^2}} \qquad \frac{d}{dx}(\operatorname{csch}^{-1}x) = -\frac{1}{|x|\sqrt{x^2 + 1}}$$

$$\frac{d}{dx}(\cosh^{-1}x) = \frac{1}{\sqrt{x^2 - 1}} \qquad \frac{d}{dx}(\operatorname{sech}^{-1}x) = -\frac{1}{x\sqrt{1 - x^2}}$$

$$\frac{d}{dx}(\tanh^{-1}x) = \frac{1}{1 - x^2} \qquad \frac{d}{dx}(\coth^{-1}x) = \frac{1}{1 - x^2}$$

$\tanh^{-1}$와 $\coth^{-1}x$의 도함수는 같다. 그러나 이 함수들의 정의역은 공통으로 포함하는 값이 없다. 즉 $\tanh^{-1}x$는 $|x| < 1$일 때, $\coth^{-1}x$는 $|x| > 1$일 때, 각각 정의된다.

쌍곡선함수가 모두 미분가능하므로 역쌍곡선함수도 미분가능하다. **6**의 공식은 역함수 미분법 또는 공식 **3**, **4**, **5**를 미분해서 증명할 수 있다.

《예제 4》 $\dfrac{d}{dx}(\sinh^{-1}x) = \dfrac{1}{\sqrt{1 + x^2}}$ 을 증명하라.

풀이 1 $y = \sinh^{-1}x$라 놓으면 $\sinh y = x$이다. x에 관해 음함수적으로 미분하면 다음을 얻는다.

$$\cosh y \frac{dy}{dx} = 1$$

한편 $\cosh^2 y - \sinh^2 y = 1$이고 $\cosh y \geq 0$이므로 $\cosh y = \sqrt{1 + \sinh^2 y}$ 이다. 따라서 다음과 같다.

$$\frac{dy}{dx} = \frac{1}{\cosh y} = \frac{1}{\sqrt{1 + \sinh^2 y}} = \frac{1}{\sqrt{1 + x^2}}$$

풀이 2 예제 3에서 증명된 공식 **3**으로부터 다음을 얻는다.

$$\frac{d}{dx}(\sinh^{-1}x) = \frac{d}{dx}\ln\left(x + \sqrt{x^2 + 1}\right)$$

$$= \frac{1}{x + \sqrt{x^2 + 1}}\frac{d}{dx}\left(x + \sqrt{x^2 + 1}\right)$$

$$= \frac{1}{x + \sqrt{x^2 + 1}}\left(1 + \frac{x}{\sqrt{x^2 + 1}}\right)$$

$$= \frac{\sqrt{x^2 + 1} + x}{\left(x + \sqrt{x^2 + 1}\right)\sqrt{x^2 + 1}}$$

$$= \frac{1}{\sqrt{x^2 + 1}}$$ ∎

《예제 5》 $\dfrac{d}{dx}\left[\tanh^{-1}(\sin x)\right]$를 구하라.

풀이 공식 **6**과 연쇄법칙을 이용하면 다음을 얻는다.

$$\frac{d}{dx}\left[\tanh^{-1}(\sin x)\right] = \frac{1}{1 - (\sin x)^2}\frac{d}{dx}(\sin x)$$

$$= \frac{1}{1 - \sin^2 x}\cos x = \frac{\cos x}{\cos^2 x} = \sec x$$ ∎

《예제 6》 $\displaystyle\int_0^1 \frac{dx}{\sqrt{1 + x^2}}$를 구하라.

풀이 공식 **6** (또는 예제 4)을 이용해서 $1/\sqrt{1 + x^2}$의 역도함수가 $\sinh^{-1}x$임을 안다. 그러므로 다음을 얻는다.

$$\int_0^1 \frac{dx}{\sqrt{1 + x^2}} = \sinh^{-1}x\Big]_0^1 = \sinh^{-1}1$$

$$= \ln\left(1 + \sqrt{2}\right) \quad \text{(식 \textbf{3}으로부터)}$$ ∎

6.7 | 연습문제

1-3 다음 값을 계산하라.

1. (a) $\sinh 0$ (b) $\cosh 0$

2. (a) $\cosh(\ln 5)$ (b) $\cosh 5$

3. (a) $\operatorname{sech} 0$ (b) $\cosh^{-1} 1$

---

4. $8\sinh x + 5\cosh x$를 e^x, e^{-x}에 관해 표현하라.

5. $\sinh(\ln x)$를 x의 유리함수로 표현하라.

6-12 다음 항등식을 증명하라.

6. $\sinh(-x) = -\sinh x$ (이 사실로부터 $\sinh$는 기함수이다.)

7. $\cosh x + \sinh x = e^x$

8. $\sinh(x + y) = \sinh x \cosh y + \cosh x \sinh y$

9. $\coth^2 x - 1 = \operatorname{csch}^2 x$

10. $\sinh 2x = 2\sinh x \cosh x$

11. $\tanh(\ln x) = \dfrac{x^2 - 1}{x^2 + 1}$

12. $(\cosh x + \sinh x)^n = \cosh nx + \sinh nx\,(n$은 임의의 실수$)$

---

13. $\cosh x = \frac{5}{3},\ x > 0$일 때 x에서 다른 쌍곡선함수의 값을 구하라.

14. 쌍곡선함수의 정의를 이용해서 다음 극한을 구하라.

 (a) $\displaystyle\lim_{x \to \infty} \tanh x$ (b) $\displaystyle\lim_{x \to -\infty} \tanh x$

 (c) $\displaystyle\lim_{x \to \infty} \sinh x$ (d) $\displaystyle\lim_{x \to -\infty} \sinh x$

 (e) $\displaystyle\lim_{x \to \infty} \operatorname{sech} x$ (f) $\displaystyle\lim_{x \to \infty} \coth x$

 (g) $\displaystyle\lim_{x \to 0^+} \coth x$ (h) $\displaystyle\lim_{x \to 0^-} \coth x$

 (i) $\displaystyle\lim_{x \to -\infty} \operatorname{csch} x$ (j) $\displaystyle\lim_{x \to \infty} \frac{\sinh x}{e^x}$

15. $y = \sinh^{-1} x$로 놓고 연습문제 7과 예제 1(a)에서 x와 y를 바꾸어서 예제 3의 다른 해를 구하라.

16. (a) 예제 3의 방법 (b) $\dfrac{1 + \tanh x}{1 - \tanh x} = e^{2x}$에서 x와 y를 바꾸어 식 $\boxed{5}$를 증명하라.

17. 다음 주어진 함수의 도함수에 대한 표 6에서 주어진 공식을 증명하라.

 (a) $\cosh^{-1}$ (b) $\tanh^{-1}$ (c) $\coth^{-1}$

18-27 다음 함수의 도함수를 구하라. 가능한 한 간단히 하라.

18. $f(x) = \cosh 3x$ **19.** $h(x) = \sinh(x^2)$

20. $G(t) = \sinh(\ln t)$ **21.** $f(x) = \tanh\sqrt{x}$

22. $y = \operatorname{sech} x \tanh x$ **23.** $g(t) = t \coth\sqrt{t^2 + 1}$

24. $f(x) = \sinh^{-1}(-2x)$

25. $y = \cosh^{-1}(\sec\theta),\ 0 \le \theta < \pi/2$

26. $G(u) = \cosh^{-1}\sqrt{1 + u^2},\ \ u > 0$

27. $y = x \sinh^{-1}(x/3) - \sqrt{9 + x^2}$

---

28. $\dfrac{d}{dx}\arctan(\tanh x) = \operatorname{sech} 2x$임을 보여라.

29. 수심이 d인 물줄기에 길이 L인 파도가 속도 v로 움직인다면 다음과 같다.

$$v = \sqrt{\frac{gL}{2\pi}\tanh\!\left(\frac{2\pi d}{L}\right)}$$

여기서 g는 중력가속도이다(그림 5 참조). 다음 근삿값이 깊은 물에서 적합한 이유를 설명하라.

$$v \approx \sqrt{\frac{gL}{2\pi}}$$

30. 전화선이 14 m 떨어진 전신주 사이에서 현수선 $y = 20\cosh(x/20) - 15$의 모양으로 매달려 있다. 여기서 $x,\ y$의 단위는 m이다.

 (a) 전화선과 오른쪽 전신주가 만나는 곳에서 곡선의 기울기를 구하라.

 (b) 전화선과 전신주 사이의 각 θ를 구하라.

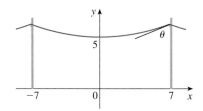

31. (a) $y = A \sinh mx + B \cosh mx$ 형태의 임의의 함수는 미분방정식 $y'' = m^2 y$를 만족함을 보여라.

 (b) $y'' = 9y,\ y(0) = -4,\ y'(0) = 6$을 만족하는 $y = y(x)$를 구하라.

32. 곡선 $y = \cosh x$의 어느 점에서 접선의 기울기가 1인가?

33-37 다음 적분을 구하라.

33. $\displaystyle\int \sinh x \cosh^2 x\, dx$ **34.** $\displaystyle\int \frac{\sinh\sqrt{x}}{\sqrt{x}}\, dx$

35. $\displaystyle\int \frac{\cosh x}{\cosh^2 x - 1}\, dx$ **36.** $\displaystyle\int_4^6 \frac{1}{\sqrt{t^2 - 9}}\, dt$

37. $\displaystyle\int \frac{e^x}{1 - e^{2x}}\, dx$

---

38. (a) 그래프 또는 뉴턴의 방법을 이용해서 방정식 $\cosh 2x = 1 + \sinh x$의 근사해를 구하라.

 (b) 곡선 $y = \cosh 2x$와 $y = 1 + \sinh x$에 의해 유계된 영역의 넓이를 추정하라.

39. $a \ne 0,\ b \ne 0$이면 $ae^x + be^{-x}$가 적당한 수 $\alpha,\ \beta$가 존재해서 $\alpha \sinh(x + \beta)$ 또는 $\alpha \cosh(x + \beta)$와 같음을 보여라. 다시 말해서 $f(x) = ae^x + be^{-x}$ 형태의 거의 모든 함수는 이동하거나 확대된 쌍곡선 사인이나 쌍곡선 코사인이다.

6.8 | 부정형과 로피탈 법칙

함수 $F(x) = \dfrac{\ln x}{x-1}$의 자취를 분석해 보자. F는 $x = 1$에서 정의되지 않지만 x가 1 부근에서 F가 어떻게 움직이는지 알 필요가 있다. 특히 다음 극한을 알고 싶다.

$$\boxed{1} \qquad\qquad\qquad \lim_{x \to 1} \frac{\ln x}{x-1}$$

이 극한을 계산할 때 분모의 극한이 0이므로 극한 법칙 5(몫의 극한은 극한의 몫이다. 1.6절 참조)를 적용할 수 없다. 사실 식 $\boxed{1}$의 극한이 존재하더라도 분모와 분자가 모두 0에 접근하고 $\frac{0}{0}$은 정의되지 않으므로 극한값은 명백하지 않다.

■ 부정형($\frac{0}{0}$, $\frac{\infty}{\infty}$형)

일반적으로 $x \to a$일 때 $f(x) \to 0$이고 $g(x) \to 0$이면 다음과 같은 형태의 극한은 존재할 수도 존재하지 않을 수도 있으며, 이런 형태를 **$\frac{0}{0}$형의 부정형**(indeterminate form of type $\frac{0}{0}$)이라 한다.

$$\lim_{x \to a} \frac{f(x)}{g(x)}$$

1장에서 이런 형태의 극한 몇 가지를 살펴봤다. 유리함수에 대해 다음과 같이 공통인수를 소거해서 극한을 구할 수 있다.

$$\lim_{x \to 1} \frac{x^2 - x}{x^2 - 1} = \lim_{x \to 1} \frac{x(x-1)}{(x+1)(x-1)} = \lim_{x \to 1} \frac{x}{x+1} = \frac{1}{2}$$

2.4절에서 다음을 보이기 위해 기하학적인 논법을 이용했다.

$$\lim_{x \to 0} \frac{\sin x}{x} = 1$$

그러나 이런 방법은 식 $\boxed{1}$과 같은 극한에는 적용할 수 없다.

극한이 명백하지 않은 다른 경우는 F의 수평점근선을 구하기 위해 다음 극한을 계산할 필요가 있을 때이다.

$$\boxed{2} \qquad\qquad\qquad \lim_{x \to \infty} \frac{\ln x}{x-1}$$

$x \to \infty$일 때 분모와 분자가 모두 한없이 커지므로 극한을 계산하는 방법은 명백하지 않다. 분모와 분자 사이에 대립이 있다. 분자가 이기면 극한은 ∞가 되고 (분자가 분모보다 더 빠르게 증가한다.) 분모가 이기면 극한은 0이 된다. 또는 어떤 타협이 이루어질 수도 있는데, 이 경우 극한은 유한한 양수가 될 것이다.

일반적으로 $x \to a$일 때 $f(x) \to \infty$(또는 $-\infty$)이고, $g(x) \to \infty$ (또는 $-\infty$)이면 다음

과 같은 형태의 극한은 존재할 수도 존재하지 않을 수도 있으며, 이런 형태를 **$\frac{\infty}{\infty}$형의 부정형**(indeterminate form of type $\frac{\infty}{\infty}$)이라 한다.

$$\lim_{x \to a} \frac{f(x)}{g(x)}$$

3.4절에서 유리함수를 포함한 함수들에 대해 분모의 최고차수로 분모, 분자를 각각 나눔으로써 이런 형태의 극한을 구하는 방법을 다뤘다. 예를 들면 다음을 얻는다.

$$\lim_{x \to \infty} \frac{x^2 - 1}{2x^2 + 1} = \lim_{x \to \infty} \frac{1 - \dfrac{1}{x^2}}{2 + \dfrac{1}{x^2}} = \frac{1 - 0}{2 + 0} = \frac{1}{2}$$

이 방법은 식 **2**와 같은 극한에서는 적용되지 않는다.

■ 로피탈 법칙

이제 $\frac{0}{0}$형 또는 $\frac{\infty}{\infty}$형의 부정형의 극한을 계산하기 위해 로피탈 법칙으로 알려진 체계적인 방법을 소개한다.

로피탈 법칙 a를 포함하는 개구간(a는 제외 가능)에서 함수 f와 g가 미분가능하고, $g'(x) \neq 0$이라고 하자.

$$\lim_{x \to a} f(x) = 0, \quad \lim_{x \to a} g(x) = 0$$

또는
$$\lim_{x \to a} f(x) = \pm\infty, \quad \lim_{x \to a} g(x) = \pm\infty$$

(다시 말하면 $\frac{0}{0}$, $\frac{\infty}{\infty}$ 부정형이다.) 그러면 다음 극한의 우변이 존재하면(또는 ∞이거나 $-\infty$) 다음이 성립한다.

$$\lim_{x \to a} \frac{f(x)}{g(x)} = \lim_{x \to a} \frac{f'(x)}{g'(x)}$$

NOTE 1 로피탈 법칙은 주어진 조건을 만족하는 경우 함수의 몫의 극한은 도함수의 몫의 극한과 같다는 것을 의미한다. 이 법칙을 이용하기 전에 f와 g의 극한에 대한 조건을 확인하는 것은 매우 중요하다.

NOTE 2 로피탈 법칙은 한쪽 극한과 무한대나 음의 무한대에서의 극한에 대해서도 타당하다. 즉, '$x \to a$'는 $x \to a^+$, $x \to a^-$, $x \to \infty$, $x \to -\infty$ 중 어느 것으로도 대치시킬 수 있다.

NOTE 3 $f(a) = g(a) = 0$이고 f'과 g'이 연속이며 $g'(a) \neq 0$인 특별한 경우에도 로피탈 법칙이 적용됨을 쉽게 밝힐 수 있다. 사실 2.1절의 도함수의 정의의 또 다른 형태 **5**를 이용해서 다음을 얻는다.

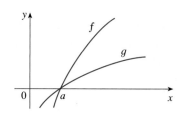

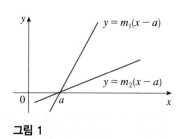

그림 1

그림 1은 로피탈 법칙이 참임을 가시적으로 암시한다. 첫 번째 그래프는 미분가능한 두 함수 f, g가 $x \to a$일 때, 0으로 접근함을 보여 준다. 점 $(a, 0)$ 부근을 확대해 가면, 그래프는 거의 직선으로 보일 것이다. 그러나 실제로 그 함수가 직선이라면 두 번째 그림에서처럼 그것들의 비는 도함수의 비가 될 것이다.

$$\frac{m_1(x - a)}{m_2(x - a)} = \frac{m_1}{m_2}$$

이것은 다음을 암시한다.

$$\lim_{x \to a} \frac{f(x)}{g(x)} = \lim_{x \to a} \frac{f'(x)}{g'(x)}$$

$$\lim_{x \to a} \frac{f'(x)}{g'(x)} = \frac{f'(a)}{g'(a)} = \frac{\displaystyle\lim_{x \to a} \frac{f(x) - f(a)}{x - a}}{\displaystyle\lim_{x \to a} \frac{g(x) - g(a)}{x - a}}$$

$$= \lim_{x \to a} \frac{\dfrac{f(x) - f(a)}{x - a}}{\dfrac{g(x) - g(a)}{x - a}}$$

$$= \lim_{x \to a} \frac{f(x) - f(a)}{g(x) - g(a)} = \lim_{x \to a} \frac{f(x)}{g(x)} \quad [f(a) = g(a) = 0\text{이므로}]$$

부정형 $\frac{0}{0}$에 대한 로피탈 법칙의 일반적인 변형은 더 어려우며 증명은 이번 절의 끝에 주어진다. 부정형 $\frac{\infty}{\infty}$에 대한 증명은 고등수학에서 찾을 수 있다.

《**예제 1**》 $\displaystyle\lim_{x \to 1} \frac{\ln x}{x - 1}$ 를 구하라.

풀이 $\displaystyle\lim_{x \to 1} \ln x = \ln 1 = 0$, $\displaystyle\lim_{x \to 1} (x - 1) = 0$이므로 이 극한은 $\frac{0}{0}$형의 부정형이다. 따라서 로피탈 법칙을 이용해서 다음을 얻는다.

⊘ 로피탈 법칙을 사용할 때 분자와 분모를 **따로따로** 미분하며, 몫의 법칙을 이용하지 **않는다.**

$$\lim_{x \to 1} \frac{\ln x}{x - 1} = \lim_{x \to 1} \frac{\dfrac{d}{dx}(\ln x)}{\dfrac{d}{dx}(x - 1)} = \lim_{x \to 1} \frac{1/x}{1}$$

$$= \lim_{x \to 1} \frac{1}{x} = 1 \qquad \blacksquare$$

《**예제 2**》 $\displaystyle\lim_{x \to \infty} \frac{e^x}{x^2}$ 을 구하라.

풀이 $\displaystyle\lim_{x \to \infty} e^x = \infty$, $\displaystyle\lim_{x \to \infty} x^2 = \infty$이므로 이 극한은 $\frac{\infty}{\infty}$형의 부정형이다. 따라서 로피탈 법칙을 이용해서 다음을 얻는다.

그림 2는 예제 2에 있는 함수의 그래프를 나타낸다. 지수함수는 거듭제곱함수보다 훨씬 빠르게 증가한다는 사실을 이미 알고 있기 때문에, 예제 2의 결과는 예상되는 결과이다. 연습문제 38을 보라.

$$\lim_{x \to \infty} \frac{e^x}{x^2} = \lim_{x \to \infty} \frac{\dfrac{d}{dx}(e^x)}{\dfrac{d}{dx}(x^2)} = \lim_{x \to \infty} \frac{e^x}{2x}$$

$x \to \infty$일 때 $e^x \to \infty$, $2x \to \infty$이므로 우변에 있는 극한도 부정형이다. 다시 한 번 로피탈 법칙을 적용하면 다음을 얻는다.

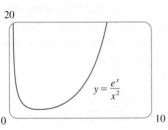

$y = \dfrac{e^x}{x^2}$

그림 2

$$\lim_{x \to \infty} \frac{e^x}{x^2} = \lim_{x \to \infty} \frac{e^x}{2x} = \lim_{x \to \infty} \frac{e^x}{2} = \infty \qquad \blacksquare$$

《**예제 3**》 $\displaystyle\lim_{x \to \infty} \frac{\ln x}{\sqrt{x}}$ 를 계산하라.

풀이 $x \to \infty$일 때 $\ln x \to \infty$, $\sqrt{x} \to \infty$이므로 로피탈 법칙을 적용하면 다음을 얻는다.

$$\lim_{x \to \infty} \frac{\ln x}{\sqrt{x}} = \lim_{x \to \infty} \frac{1/x}{\frac{1}{2}x^{-1/2}} = \lim_{x \to \infty} \frac{1/x}{1/(2\sqrt{x})}$$

우변의 극한은 $\frac{0}{0}$형의 부정형이다. 그러나 예제 2와 같이 로피탈 법칙을 두 번 적용하는 대신에 식을 간단히 하면 다음과 같다. 두 번째 로피탈 법칙은 적용할 필요가 없다.

$$\lim_{x \to \infty} \frac{\ln x}{\sqrt{x}} = \lim_{x \to \infty} \frac{1/x}{1/(2\sqrt{x})} = \lim_{x \to \infty} \frac{2}{\sqrt{x}} = 0 \qquad \blacksquare$$

그림 3은 예제 3에 있는 함수의 그래프를 나타낸다. 로그함수는 앞서 논의한 것처럼 천천히 증가하기 때문에, $x \to \infty$일 때 0으로 접근한다는 사실을 예상할 수 있다.

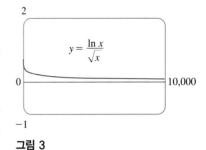

그림 3

예제 2와 3에서 $\frac{\infty}{\infty}$형의 극한을 구했지만 서로 다른 결과를 얻었다. 예제 2에서 분모의 x^2보다 분자의 e^x이 더 급속히 증가해서 비율이 커지므로 무한 극한의 결과를 얻었다. 실제로 $y = e^x$은 모든 거듭제곱 함수 $y = x^n$보다 더 빨리 증가한다(연습문제 38). 이와 반대로 예제 3은 분모가 분자보다 크므로 그 비율이 결국 0에 근접하므로 극한값이 0이다.

《예제 4》 $\displaystyle\lim_{x \to 0} \frac{\tan x - x}{x^3}$ 를 구하라.

풀이 $x \to 0$일 때 $\tan x - x \to 0$, $x^3 \to 0$이므로 다음과 같이 로피탈 법칙을 적용한다.

$$\lim_{x \to 0} \frac{\tan x - x}{x^3} = \lim_{x \to 0} \frac{\sec^2 x - 1}{3x^2}$$

우변의 극한이 $\frac{0}{0}$형이므로 로피탈 법칙을 다시 적용한다.

$$\lim_{x \to 0} \frac{\sec^2 x - 1}{3x^2} = \lim_{x \to 0} \frac{2\sec^2 x \tan x}{6x}$$

$\displaystyle\lim_{x \to 0} \sec^2 x = 1$이므로 다음과 같이 간단히 한다.

$$\lim_{x \to 0} \frac{2\sec^2 x \tan x}{6x} = \frac{1}{3} \lim_{x \to 0} \sec^2 x \cdot \lim_{x \to 0} \frac{\tan x}{x} = \frac{1}{3} \lim_{x \to 0} \frac{\tan x}{x}$$

그림 4에 있는 그래프는 예제 4의 결과를 가시적으로 확인시켜 준다. 그러나 이 그래프를 훨씬 더 확대한다면 x가 작아짐에 따라 $\tan x$는 x에 접근하기 때문에 부정확한 그래프를 얻게 될 것이다.

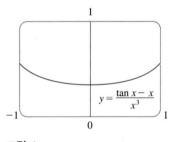

그림 4

로피탈 법칙을 세 번째 사용하거나 $\tan x$를 $(\sin x)/(\cos x)$로 쓰고 이미 알고 있는 삼각함수 극한을 이용해서 마지막 극한을 계산할 수 있다. 그러면 다음을 얻는다.

$$\lim_{x \to 0} \frac{\tan x - x}{x^3} = \lim_{x \to 0} \frac{\sec^2 x - 1}{3x^2} = \lim_{x \to 0} \frac{2\sec^2 x \tan x}{6x}$$

$$= \frac{1}{3} \lim_{x \to 0} \frac{\tan x}{x} = \frac{1}{3} \lim_{x \to 0} \frac{\sec^2 x}{1} = \frac{1}{3} \qquad \blacksquare$$

《예제 5》 $\displaystyle\lim_{x \to \pi^-} \frac{\sin x}{1 - \cos x}$ 를 구하라.

풀이 맹목적으로 로피탈 법칙을 사용하면 다음과 같다.

$$\lim_{x \to \pi^-} \frac{\cos x}{\sin x} = -\infty$$

$x \to \pi^-$에 따라 분자는 $\sin x \to 0$이지만 분모$(1 - \cos x)$는 0으로 접근하지 않으므로

⊘ 로피탈 법칙을 적용할 수 없다. 따라서 위의 계산은 틀린 계산이다.

사실 함수가 π에서 연속이고, 분모가 0이 아니므로 다음과 같이 쉽게 극한을 구할 수 있다.

$$\lim_{x \to \pi^-} \frac{\sin x}{1 - \cos x} = \frac{\sin \pi}{1 - \cos \pi} = \frac{0}{1 - (-1)} = 0 \qquad\blacksquare$$

예제 5에서 생각 없이 로피탈 법칙을 사용하면 잘못될 수 있다는 것을 알았다. 어떤 극한은 로피탈 법칙을 이용해서 구할 수 있지만 다른 방법으로 더 쉽게 계산할 수도 있다. (1.6절의 예제 3, 5와 3.4절의 예제 3, 이번 절의 도입부에서의 논의를 보라.) 극한을 계산할 때 로피탈 법칙을 이용하기 전에 다른 방법을 생각해야 한다.

■ 부정형의 곱($0 \cdot \infty$형)

$\lim\limits_{x \to a} f(x) = 0$이고 $\lim\limits_{x \to a} g(x) = \infty$(또는 $-\infty$)이면, $\lim\limits_{x \to a} [f(x)\, g(x)]$의 값은 명확하지 않다. 여기에는 f와 g의 대립이 있다. f가 이기면 답은 0이고, g가 이기면 답은 ∞(또는 $-\infty$)이다. 또는 0이 아닌 유한수로 타협할 수 있다. 예를 들어 다음과 같다.

$$\lim_{x \to 0^+} x^2 = 0, \qquad \lim_{x \to 0^+} \frac{1}{x} = \infty \text{이고}, \qquad \lim_{x \to 0^+} x^2 \cdot \frac{1}{x} = \lim_{x \to 0^+} x = 0$$

$$\lim_{x \to 0^+} x = 0, \qquad \lim_{x \to 0^+} \frac{1}{x^2} = \infty \text{이고}, \qquad \lim_{x \to 0^+} x \cdot \frac{1}{x^2} = \lim_{x \to 0^+} \frac{1}{x} = \infty$$

$$\lim_{x \to 0^+} x = 0, \qquad \lim_{x \to 0^+} \frac{1}{x} = \infty \text{이고}, \qquad \lim_{x \to 0^+} x \cdot \frac{1}{x} = \lim_{x \to 0^+} 1 = 1$$

이런 형태의 극한을 **$0 \cdot \infty$형의 부정형**(indeterminate form of type $0 \cdot \infty$)이라 한다. 함수곱 fg를 다음과 같이 몫으로 변형해서 다룰 수 있다.

$$fg = \frac{f}{1/g} \qquad \text{또는} \qquad fg = \frac{g}{1/f}$$

주어진 극한을 $\frac{0}{0}$ 또는 $\frac{\infty}{\infty}$형으로 변형해서 로피탈 법칙을 적용할 수 있다.

그림 5는 예제 6에 있는 함수의 그래프를 나타낸다. 함수는 $x = 0$에서 정의되지 않지만 그래프는 0으로 접근한다는 사실에 유의하자.

《**예제 6**》 $\lim\limits_{x \to 0^+} x \ln x$를 구하라.

풀이 $x \to 0^+$이면 첫 번째 인자(x)는 0으로 접근하지만 두 번째 인자$(\ln x)$는 $-\infty$로 접근하므로 주어진 극한은 부정형이다. $x = 1/(1/x)$로 쓰면 $x \to 0^+$일 때 $1/x \to \infty$이므로 로피탈 법칙을 적용하면 다음을 얻는다.

$$\lim_{x \to 0^+} x \ln x = \lim_{x \to 0^+} \frac{\ln x}{1/x} = \lim_{x \to 0^+} \frac{1/x}{-1/x^2} = \lim_{x \to 0^+} (-x) = 0 \qquad\blacksquare$$

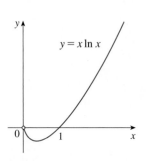

$y = x \ln x$

그림 5

NOTE   예제 6은 다음과 같이 나타내서 풀 수도 있다.

$$\lim_{x \to 0^+} x \ln x = \lim_{x \to 0^+} \frac{x}{1/\ln x}$$

이것은 $\frac{0}{0}$형의 부정형이다. 그러나 로피탈 법칙을 적용하면 처음 풀이보다 더 복잡한 표현을 얻는다. 일반적으로 부정형의 곱으로 표현할 때 더 간단한 극한에 이르는 방법을 선택한다.

《《예제 7》》 로피탈 법칙을 이용해서 $f(x) = xe^x$의 그래프를 그려라.

풀이 $x \to \infty$일 때 x와 e^x이 모두 커지므로 $\lim_{x \to \infty} xe^x = \infty$이다. 그러나 $x \to -\infty$이면 $e^x \to 0$이고 따라서 부정형의 곱이므로 다음과 같이 로피탈 법칙을 이용한다.

$$\lim_{x \to -\infty} xe^x = \lim_{x \to -\infty} \frac{x}{e^{-x}} = \lim_{x \to -\infty} \frac{1}{-e^{-x}} = \lim_{x \to -\infty} (-e^x) = 0$$

그러므로 x축이 수평점근선이다.

그래프에 관한 다른 정보를 얻기 위해 3장의 방법을 이용한다. 도함수는 다음과 같다.

$$f'(x) = xe^x + e^x = (x + 1)e^x$$

e^x이 항상 양수이므로 $x + 1 > 0$일 때 $f'(x) > 0$이고, $x + 1 < 0$일 때 $f'(x) < 0$이다. 그러므로 f는 $(-1, \infty)$에서 증가하고 $(-\infty, -1)$에서 감소한다. $f'(-1) = 0$이고 f'은 $x = -1$에서 음에서 양으로 변하므로 $f(-1) = -e^{-1} \approx -0.37$은 극솟값(이자 최솟값)이다. 2계 도함수는 다음과 같다.

$$f''(x) = (x + 1)e^x + e^x = (x + 2)e^x$$

$x > -2$일 때 $f''(x) > 0$이고 $x < -2$일 때 $f''(x) < 0$이므로 f는 $(-2, \infty)$에서 위로 오목이고 $(-\infty, -2)$에서 아래로 오목이다. 변곡점은 $(-2, -2e^{-2}) \approx (-2, -0.27)$이다.

이런 정보를 이용해서 그림 6과 같은 곡선의 그래프를 얻는다. ■

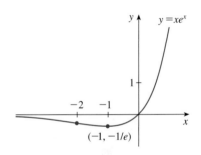

그림 6

■ 부정형의 차($\infty - \infty$형)

$\lim_{x \to a} f(x) = \infty$이고 $\lim_{x \to a} g(x) = \infty$일 때 다음 극한은 **$\infty - \infty$형의 부정형**(indeterminate form of type $\infty - \infty$)이라고 한다.

$$\lim_{x \to a} [f(x) - g(x)]$$

여기에는 f와 g 사이에 대립이 있다. 답은 (f가 이겨서) ∞일까? (g가 이겨서) $-\infty$일까? 또는 유한값의 경우에는 타협이 이루어질까? 이런 경우에는 함수의 차를 몫으로 바꾸고(예를 들면 공통분모를 사용하거나 유리화거나 또는 공통인수를 인수분해함으로써) $\frac{0}{0}$, $\frac{\infty}{\infty}$형의 부정형으로 변형한다.

《《예제 8》》 $\lim_{x \to (\pi/2)^-} (\sec x - \tan x)$를 구하라.

풀이 $x \to (\pi/2)^-$일 때 $\sec x \to \infty$이고 $\tan x \to \infty$이므로 극한은 부정형이다. 다음과 같이 공통분모를 이용한다.

$$\lim_{x \to (\pi/2)^-} (\sec x - \tan x) = \lim_{x \to (\pi/2)^-} \left(\frac{1}{\cos x} - \frac{\sin x}{\cos x} \right)$$

$$= \lim_{x \to (\pi/2)^-} \frac{1 - \sin x}{\cos x} = \lim_{x \to (\pi/2)^-} \frac{-\cos x}{-\sin x} = 0$$

$x \to (\pi/2)^-$일 때 $1 - \sin x \to 0$과 $\cos x \to 0$이므로 로피탈 법칙을 적용할 수 있다. ∎

《예제 9》 $\lim_{x \to \infty} (e^x - x)$를 계산하라.

풀이 위의 식은 e^x와 x 모두 무한대로 가는 부정형이다. 또한 $x \to \infty$보다 $e^x \to \infty$의 속도가 훨씬 빠르기 때문에, 위 극한값은 무한대일 것이라 예측할 것이다. 그러나 위의 식을 x로 묶으면 다음과 같다.

$$e^x - x = x \left(\frac{e^x}{x} - 1 \right)$$

로피탈 법칙에 의해 $x \to \infty$일 때, $e^x/x \to \infty$이므로 증가하는 두 인수의 곱으로 다음을 알 수 있다.

$$\lim_{x \to \infty} (e^x - x) = \lim_{x \to \infty} \left[x \left(\frac{e^x}{x} - 1 \right) \right] = \infty$$

∎

■ 부정형의 거듭제곱($0^0, \infty^0, 1^\infty$)

다음 극한으로부터 여러 가지 부정형이 나타난다.

$$\lim_{x \to a} [f(x)]^{g(x)}$$

1. $\lim_{x \to a} f(x) = 0$이고 $\lim_{x \to a} g(x) = 0$: 0^0형

2. $\lim_{x \to a} f(x) = \infty$이고 $\lim_{x \to a} g(x) = 0$: ∞^0형

3. $\lim_{x \to a} f(x) = 1$이고 $\lim_{x \to a} g(x) = \pm\infty$: 1^∞형

$0^0, \infty^0, 1^\infty$형은 부정형이지만 0^∞형은 부정형이 아니다.

이런 세 가지 경우는 다음과 같이 자연로그를 취해서 처리한다. $y = [f(x)]^{g(x)}$라 하면 $\ln y = g(x) \ln f(x)$이다.

또는 함수를 다음과 같이 지수함수로 나타낼 수 있다.

$$[f(x)]^{g(x)} = e^{g(x) \ln f(x)}$$

(이런 방법 모두 함수를 미분할 때 사용됐다.) 두 방법 모두에서 부정형의 곱 $g(x) \ln f(x)$에 이르는데, 이는 $0 \cdot \infty$형이다.

《예제 10》 $\displaystyle\lim_{x\to 0^+}(1+\sin 4x)^{\cot x}$를 구하라.

풀이 $x \to 0^+$에 따라 $1 + \sin 4x \to 1$이고 $\cot x \to \infty$이므로 주어진 극한은 1^∞형의 부정형이다. 다음과 같이 놓자.

$$y = (1 + \sin 4x)^{\cot x}$$

자연로그를 취하면 다음을 얻는다.

$$\ln y = \ln[(1+\sin 4x)^{\cot x}] = \cot x \ln(1 + \sin 4x) = \frac{\ln(1 + \sin 4x)}{\tan x}$$

로피탈 법칙을 적용하면 다음과 같다.

$$\lim_{x\to 0^+}\ln y = \lim_{x\to 0^+}\frac{\ln(1 + \sin 4x)}{\tan x} = \lim_{x\to 0^+}\frac{\dfrac{4\cos 4x}{1 + \sin 4x}}{\sec^2 x} = 4$$

지금까지 $\ln y$의 극한을 계산했으나 원하는 것은 y의 극한이다. 이것을 구하기 위해 $y = e^{\ln y}$를 이용하면 다음을 얻는다.

$$\lim_{x\to 0^+}(1 + \sin 4x)^{\cot x} = \lim_{x\to 0^+}y = \lim_{x\to 0^+}e^{\ln y} = e^4 \qquad\blacksquare$$

《예제 11》 $\displaystyle\lim_{x\to 0^+}x^x$을 구하라.

풀이 임의의 $x > 0$에 대해 $0^x = 0$이고 임의의 $x \ne 0$에 대해 $x^0 = 1$이므로 이 극한은 부정형이다. (0^0이 정의되지 않음을 상기하자.) 예제 10에서와 같이 진행하거나 함수를 다음과 같이 지수로 나타내어 진행한다.

$$x^x = (e^{\ln x})^x = e^{x\ln x}$$

예제 6에서 로피탈 법칙을 이용해서 $\displaystyle\lim_{x\to 0^+}x\ln x = 0$임을 보였다. 따라서 다음을 얻는다.

$$\lim_{x\to 0^+}x^x = \lim_{x\to 0^+}e^{x\ln x} = e^0 = 1 \qquad\blacksquare$$

그림 7은 함수 $y = x^x$, $x > 0$의 그래프를 나타낸다. 0^0은 정의되지 않지만 함숫값은 $x \to 0^+$일 때 1로 접근한다는 사실에 유의하자. 이것은 예제 11의 결과를 확인시켜 준다.

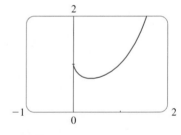

그림 7

■ 로피탈 법칙의 증명

로피탈 법칙을 증명하기 위해 일반화된 평균값 정리가 필요하다. 다음 정리는 프랑스 수학자 코시(Augustin-Louis Cauchy, 1789~1857)의 이름을 따서 명명된 것이다.

3 코시의 평균값 정리 함수 f와 g가 $[a, b]$에서 연속이고, (a, b)에서 미분가능하며, (a, b)에 있는 모든 x에 대해 $g'(x) \ne 0$이면, 다음을 만족하는 c가 (a, b) 사이에 존재한다.

$$\frac{f'(c)}{g'(c)} = \frac{f(b) - f(a)}{g(b) - g(a)}$$

1.7절에 있는 코시의 약력을 보라.

특별한 경우로 $g(x) = x$를 택하면 $g'(c) = 1$이고 정리 **3**은 보통의 평균값 정리가 된다. 더욱이 정리 **3**은 유사한 방법으로 증명할 수 있다. 3.2절의 식 **4**에 주어진 함수를 다음과 같이 바꾸고 앞에서와 같이 롤의 정리를 적용하면 된다.

$$h(x) = f(x) - f(a) - \frac{f(b) - f(a)}{g(b) - g(a)} \left[g(x) - g(a) \right]$$

로피탈 법칙의 증명 $\lim_{x \to a} f(x) = 0$이고 $\lim_{x \to a} g(x) = 0$이라 가정하고 다음과 같이 놓자.

$$L = \lim_{x \to a} \frac{f'(x)}{g'(x)}$$

$\lim_{x \to a} f(x)/g(x) = L$임을 보여야 한다. 다음과 같이 F와 G를 정의하자.

$$F(x) = \begin{cases} f(x), & x \neq a \\ 0, & x = a \end{cases} \qquad G(x) = \begin{cases} g(x), & x \neq a \\ 0, & x = a \end{cases}$$

그러면 f가 $\{x \in I \mid x \neq a\}$에서 연속이고 $\lim_{x \to a} F(x) = \lim_{x \to a} f(x) = 0 = F(a)$이므로 F는 I에서 연속이다. 마찬가지로 G도 I에서 연속임을 보일 수 있다. $x \in I$이고 $x > a$라 하면 F와 G는 $[a, x]$에서 연속이고 (a, x)에서 미분가능하며, $G' \neq 0(F' = f'$이고 $G' = g'$이므로$)$이다. 그러므로 코시의 평균값 정리에 따라 $a < y < x$이고 다음을 만족하는 y가 존재한다.

$$\frac{F'(y)}{G'(y)} = \frac{F(x) - F(a)}{G(x) - G(a)} = \frac{F(x)}{G(x)}$$

여기서는 정의에 따라 $F(a) = 0$과 $G(a) = 0$임을 이용했다. 이제 $x \to a^+$라 하자. 그러면 $y \to a^+(a < y < x$이므로$)$이다. 따라서 다음을 얻는다.

$$\lim_{x \to a^+} \frac{f(x)}{g(x)} = \lim_{x \to a^+} \frac{F(x)}{G(x)} = \lim_{y \to a^+} \frac{F'(y)}{G'(y)} = \lim_{y \to a^+} \frac{f'(y)}{g'(y)} = L$$

비슷한 방법으로 좌극한도 역시 L인 것을 보일 수 있다. 그러므로 다음 극한을 얻는다.

$$\lim_{x \to a} \frac{f(x)}{g(x)} = L$$

이것은 a가 유한일 경우 로피탈 법칙을 증명한다.

a가 무한일 경우 $t = 1/x$로 놓으면, $x \to \infty$일 때 $t \to 0^+$이다. 따라서 다음을 얻는다.

$$\lim_{x \to \infty} \frac{f(x)}{g(x)} = \lim_{t \to 0^+} \frac{f(1/t)}{g(1/t)}$$

$$= \lim_{t \to 0^+} \frac{f'(1/t)(-1/t^2)}{g'(1/t)(-1/t^2)} \quad \text{(유한인 } a \text{에 대한 로피탈 법칙에 의해)}$$

$$= \lim_{t \to 0^+} \frac{f'(1/t)}{g'(1/t)} = \lim_{x \to \infty} \frac{f'(x)}{g'(x)} \qquad ■$$

6.8 | 연습문제

1-2 아래와 같이 극한값이 주어져 있다.

$$\lim_{x \to a} f(x) = 0 \qquad \lim_{x \to a} g(x) = 0 \qquad \lim_{x \to a} h(x) = 1$$

$$\lim_{x \to a} p(x) = \infty \qquad \lim_{x \to a} q(x) = \infty$$

이때 다음 극한들 중 어느 것이 부정형인가? 또한 부정형이 아닌 것에 대해 가능하면 극한값을 계산하라.

1. (a) $\displaystyle\lim_{x \to a} \frac{f(x)}{g(x)}$ (b) $\displaystyle\lim_{x \to a} \frac{f(x)}{p(x)}$

    (c) $\displaystyle\lim_{x \to a} \frac{h(x)}{p(x)}$ (d) $\displaystyle\lim_{x \to a} \frac{p(x)}{f(x)}$

    (e) $\displaystyle\lim_{x \to a} \frac{p(x)}{q(x)}$

2. (a) $\displaystyle\lim_{x \to a} [f(x) - p(x)]$ (b) $\displaystyle\lim_{x \to a} [p(x) - q(x)]$

    (c) $\displaystyle\lim_{x \to a} [p(x) + q(x)]$

---

3. f와 g의 그래프와 $(2, 0)$에서 접선을 이용해서 $\displaystyle\lim_{x \to 2} \frac{f(x)}{g(x)}$ 를 구하라.

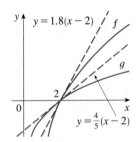

4. 함수 f의 그래프와 0에서 f의 접선이 그림과 같다. $\displaystyle\lim_{x \to 0} \frac{f(x)}{e^x - 1}$ 의 값을 구하라.

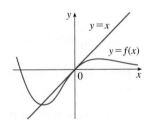

5-35 다음 극한을 계산하라. 필요하면 로피탈 법칙을 이용하라. 보다 기본적인 방법이 있으면 그것을 이용하라. 로피탈 법칙을 적용할 수 없다면 그 이유를 설명하라.

5. $\displaystyle\lim_{x \to 4} \frac{x^2 - 2x - 8}{x - 4}$ **6.** $\displaystyle\lim_{x \to 1} \frac{x^7 - 1}{x^3 - 1}$

7. $\displaystyle\lim_{x \to \pi/4} \frac{\sin x - \cos x}{\tan x - 1}$ **8.** $\displaystyle\lim_{t \to 0} \frac{e^{2t} - 1}{\sin t}$

9. $\displaystyle\lim_{x \to 1} \frac{\sin(x - 1)}{x^3 + x - 2}$ **10.** $\displaystyle\lim_{x \to \infty} \frac{\sqrt{x}}{1 + e^x}$

11. $\displaystyle\lim_{x \to 0^+} \frac{\ln x}{x}$ **12.** $\displaystyle\lim_{x \to 3} \frac{\ln(x/3)}{3 - x}$

13. $\displaystyle\lim_{x \to 0} \frac{\sqrt{1 + 2x} - \sqrt{1 - 4x}}{x}$

14. $\displaystyle\lim_{x \to 0} \frac{e^x + e^{-x} - 2}{e^x - x - 1}$ **15.** $\displaystyle\lim_{x \to 0} \frac{\tanh x}{\tan x}$

16. $\displaystyle\lim_{x \to 0} \frac{\sin^{-1} x}{x}$ **17.** $\displaystyle\lim_{x \to 0} \frac{x 3^x}{3^x - 1}$

18. $\displaystyle\lim_{x \to 0} \frac{\ln(1 + x)}{\cos x + e^x - 1}$ **19.** $\displaystyle\lim_{x \to 0^+} \frac{\arctan 2x}{\ln x}$

20. $\displaystyle\lim_{x \to 1} \frac{x^a - 1}{x^b - 1}, \; b \neq 0$ **21.** $\displaystyle\lim_{x \to 0} \frac{\cos x - 1 + \frac{1}{2}x^2}{x^4}$

22. $\displaystyle\lim_{x \to \infty} x \sin(\pi/x)$ **23.** $\displaystyle\lim_{x \to 0} \sin 5x \csc 3x$

24. $\displaystyle\lim_{x \to \infty} x^3 e^{-x^2}$ **25.** $\displaystyle\lim_{x \to 1^+} \ln x \tan(\pi x/2)$

26. $\displaystyle\lim_{x \to 1} \left(\frac{x}{x - 1} - \frac{1}{\ln x} \right)$ **27.** $\displaystyle\lim_{x \to 0^+} \left(\frac{1}{x} - \frac{1}{e^x - 1} \right)$

28. $\displaystyle\lim_{x \to 0^+} \left(\frac{1}{x} - \frac{1}{\tan x} \right)$ **29.** $\displaystyle\lim_{x \to 0^+} x^{\sqrt{x}}$

30. $\displaystyle\lim_{x \to 0} (1 - 2x)^{1/x}$ **31.** $\displaystyle\lim_{x \to 1^+} x^{1/(1-x)}$

32. $\displaystyle\lim_{x \to \infty} x^{1/x}$ **33.** $\displaystyle\lim_{x \to 0^+} (4x + 1)^{\cot x}$

34. $\displaystyle\lim_{x \to 0^+} (1 + \sin 3x)^{1/x}$ **35.** $\displaystyle\lim_{x \to 0^+} \frac{x^x - 1}{\ln x + x - 1}$

---

36. 그래프를 이용해서 다음 극한값을 추정하라. 로피탈 법칙을 이용해서 정확한 값을 구하라.

$$\lim_{x \to \infty} \left(1 + \frac{2}{x} \right)^x$$

37. 다음 함수에 대해 $x = 0$ 부근에서 $f(x)/g(x)$와 $f'(x)/g'(x)$의 그래프를 그려서 $x \to 0$일 때 이들의 극한이 같음을 보임으로써 로피탈 법칙을 설명하라. 또 정확한 극한값을 계산하라.

$$f(x) = e^x - 1, \quad g(x) = x^3 + 4x$$

38. 양의 정수 n에 대해 $\lim_{x \to \infty} \dfrac{e^x}{x^n} = \infty$임을 증명하라. 이것은 지수함수가 x의 거듭제곱 함수보다 더 빠르게 무한대로 접근함을 보여 준다.

39. 다음 극한을 구하기 위해 로피탈 법칙을 이용하면 어떻게 되는가? 다른 방법을 이용해서 극한을 계산하라.

$$\lim_{x \to \infty} \frac{x}{\sqrt{x^2 + 1}}$$

40-42 로피탈 법칙을 이용해서 3.5절의 지침에 따라 곡선의 그래프를 그려라.

40. $y = xe^{-x}$ **41.** $y = xe^{-x^2}$

42. $y = \dfrac{1}{x} + \ln x$

43-44

(a) 함수의 그래프를 그려라.

(b) $x \to 0^+$ 또는 $x \to \infty$일 때 극한을 계산하여 그래프의 모양을 설명하라.

(c) 최댓값과 최솟값을 추정하고, 미적분학을 이용해서 정확한 값을 구하라.

(d) ⊤ 컴퓨터 대수체계를 이용해서 f''을 계산하라. f''의 그래프를 이용해서 변곡점의 x 좌표를 추정하라.

43. $f(x) = x^{-x}$ **44.** $f(x) = x^{1/x}$

---

45. 곡선족 $f(x) = e^x - cx$를 조사하라. 특히 $x \to \pm\infty$일 때 극한을 구하고 f가 최솟값을 가질 때 c를 결정하라. c가 커짐에 따라 최소점은 어떻게 되는가?

46. 원금 A_0을 연간 n번의 복리 이율 r로 투자하면, t년 후 원리금 합계는 다음과 같다.

$$A = A_0 \left(1 + \frac{r}{n} \right)^{nt}$$

$n \to \infty$이면 이것은 **연속 복리** 이자를 제공한다. 로피탈 법칙을 이용해서 이자가 연속 복리로 계산되면 t년 후 원리금 합계는 $A = A_0 e^{rt}$임을 보여라.

47. 로지스틱 방정식 인구는 초기에 기하급수적으로 증가하지만 결국 변동이 없다. 이러한 인구를 모형한 식은 다음과 같다.

$$P(t) = \frac{M}{1 + Ae^{-kt}}$$

이때 M, A, k는 상수이며, **로지스틱 방정식**이라 부른다. 여기서 M는 포화 밀도라 하고, P_0을 초기인구라 할 때 최대 인구 규모 $A = \dfrac{M - P_0}{P_0}$로 표현한다.

(a) $\lim_{t \to \infty} P(t)$를 계산하고, 그 이유를 설명하라.

(b) $\lim_{M \to \infty} P(t)$를 계산하라(A는 M에 의해 정의됨을 참고하라). 결과는 어떤 종류의 함수인가?

48. 로피탈 법칙을 이용해서 다음 극한을 계산하라.

$$\lim_{x \to 0} \frac{1}{x^2} \int_0^x \frac{2t}{\sqrt{t^3 + 1}} \, dt$$

49. 4.3절에서 광파의 회절연구에서 나타나는 프레넬함수 $S(x) = \int_0^x \sin(\tfrac{1}{2}\pi t^2) \, dt$를 조사했다. $\lim_{x \to 0} \dfrac{S(x)}{x^3}$을 계산하라.

50. 로피탈 법칙이 기술된 최초의 책은 1696년에 로피탈이 쓴 《무한소 해석 *Analyse des Infiniment Petits*》이다. 이 책은 일찍이 발간된 최초의 미적분학 교재였으며 그의 법칙을 설명하기 위해 로피탈이 그 책에서 사용한 예는 $a > 0$일 때 x가 a에 접근함에 따라 다음 함수의 극한을 구하는 것이었다(그 당시 a^2을 aa로 썼다). 이 문제를 풀라.

$$y = \frac{\sqrt{2a^3 x - x^4} - a\sqrt[3]{aax}}{a - \sqrt[4]{ax^3}}$$

51. $\lim_{x \to \infty} \left[x - x^2 \ln\left(\dfrac{1 + x}{x} \right) \right]$를 계산하라.

52. $\lim_{x \to 0} f(x) = \lim_{x \to 0} g(x) = \infty$이고 다음을 만족하는 함수 f, g를 구하라.

(a) $\lim_{x \to 0} \dfrac{f(x)}{g(x)} = 7$ (b) $\lim_{x \to 0} [f(x) - g(x)] = 7$

53. $f(x) = \begin{cases} e^{-1/x^2}, & x \neq 0 \\ 0, & x = 0 \end{cases}$ 이라 하자.

(a) 도함수의 정의를 이용해서 $f'(0)$을 구하라.

(b) f가 $\mathbb{R}$에서 정의되는 모든 계수의 도함수를 가짐을 보여라. [**힌트**: 먼저 귀납법에 따라 $x \neq 0$에 대해 $f^{(n)}(x) = p_n(x)f(x)/x^{k_n}$을 만족하는 다항식 $p_n(x)$와 음이 아닌 정수 k_n이 존재함을 보인다.]

6 복습

개념 확인

1. (a) 일대일 함수는 무엇인가? 그래프를 보고 일대일 함수를 어떻게 판정할 수 있는가?

   (b) f가 일대일 함수이면 그 역함수 f^{-1}는 어떻게 정의되는가? f의 그래프로부터 f^{-1}의 그래프를 어떻게 얻는가?

   (c) f가 일대일 함수이고 $f'(f^{-1}(a)) \neq 0$일 때 $(f^{-1})'(a)$에 대한 식을 쓰라.

2. (a) 역사인함수 $f(x) = \sin^{-1} x$는 어떻게 정의되는가? 또한 정의역과 치역을 구하라.

   (b) 역코사인함수 $f(x) = \cos^{-1} x$는 어떻게 정의되는가? 또한 정의역과 치역을 구하라.

   (c) 역탄젠트함수 $f(x) = \tan^{-1} x$는 어떻게 정의되는가? 또한 정의역과 치역을 구하라. 그래프를 그려라.

3. 다음 함수의 도함수를 진술하라.

   (a) $y = e^x$ (b) $y = b^x$

   (c) $y = \ln x$ (d) $y = \log_b x$

   (e) $y = \sin^{-1} x$ (f) $y = \cos^{-1} x$

   (g) $y = \tan^{-1} x$ (h) $y = \sinh x$

   (i) $y = \cosh x$ (j) $y = \tanh x$

   (k) $y = \sinh^{-1} x$ (l) $y = \cosh^{-1} x$

   (m) $y = \tanh^{-1} x$

4. (a) 자연증가 법칙을 나타내는 미분방정식을 쓰라.

   (b) 어떤 환경에서 이것이 인구증가에 관한 적합한 모형인가?

   (c) 이 방정식의 해는 무엇인가?

5. 다음 극한의 형태가 부정형인지 서술하라. 가능하면 극한을 진술하라.

   (a) $\dfrac{0}{0}$ (b) $\dfrac{\infty}{\infty}$ (c) $\dfrac{0}{\infty}$

   (d) $\dfrac{\infty}{0}$ (e) $\infty + \infty$ (f) $\infty - \infty$

   (g) $\infty \cdot \infty$ (h) $\infty \cdot 0$ (i) 0^0

   (j) 0^∞ (k) ∞^0 (l) 1^∞

참 · 거짓 퀴즈

다음 명제가 참인지 거짓인지 판별하라. 참이면 이유를 설명하고 거짓이면 반례를 들어라.

1. f가 정의역이 $\mathbb{R}$인 일대일이면 $f^{-1}(f(6)) = 6$이다.

2. $f(x) = \cos x$, $-\pi/2 \leq x \leq \pi/2$는 일대일이다.

3. $0 < a < b$이면 $\ln a < \ln b$이다.

4. 항상 e^x으로 나눌 수 있다.

5. $x > 0$이면 $(\ln x)^6 = 6 \ln x$이다.

6. $\dfrac{d}{dx}(\ln 10) = \dfrac{1}{10}$ 7. $\cos^{-1} x = \dfrac{1}{\cos x}$

8. 모든 x에 대해 $\cosh x \geq 1$이다.

9. $\displaystyle\int_2^{16} \dfrac{dx}{x} = 3 \ln 2$

10. $\displaystyle\lim_{x \to \infty} f(x) = 1$, $\displaystyle\lim_{x \to \infty} g(x) = \infty$이면 $\displaystyle\lim_{x \to \infty} [f(x)]^{g(x)} = 1$이다.

복습문제

1. 다음 그래프를 갖는 함수 f는 일대일 함수인가? 설명하라.

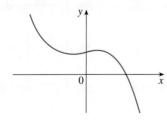

2. f가 일대일 함수이고 $f(7) = 3$, $f'(7) = 8$일 때

   (a) $f^{-1}(3)$과 (b) $(f^{-1})'(3)$을 구하라.

3-5 계산기를 사용하지 않고 다음 함수의 그래프를 대략적으로 그려라.

3. $y = 5^x - 1$ 4. $y = -\ln x$

5. $y = 2 \arctan x$

---

6. 다음의 정확한 값을 구하라.

　(a) $e^{2\ln 5}$　　(b) $\log_6 4 + \log_6 54$　(c) $\tan(\arcsin \frac{4}{5})$

7-10 다음 방정식을 x에 관해 풀어라. 정확한 값과 소수점 아래 셋째 자리까지 정확한 근삿값을 제시하라.

7. $e^{2x} = 3$ 　　　　　**8.** $e^{e^x} = 10$

9. $\tan^{-1}(3x^2) = \dfrac{\pi}{4}$ 　**10.** $\ln x - 1 = \ln(5 + x) - 4$

11-24 다음을 미분하라.

11. $f(t) = t^2 \ln t$ 　　　**12.** $h(\theta) = e^{\tan 2\theta}$

13. $y = \ln|\sec 5x + \tan 5x|$ 　**14.** $y = \ln(\sec^2 x)$

15. $y = \dfrac{e^{1/x}}{x^2}$ 　　　　**16.** $y = 5 \arctan(1/x)$

17. $y = 3^{x \ln x}$

18. $y = x \tan^{-1} x - \frac{1}{2} \ln(1 + x^2)$

19. $y = x \sinh(x^2)$ 　　　**20.** $y = \ln(\arcsin x^2)$

21. $y = \ln\left(\dfrac{1}{x}\right) + \dfrac{1}{\ln x}$ 　**22.** $y = \ln(\cosh 3x)$

23. $y = \cosh^{-1}(\sinh x)$ 　**24.** $y = \cos(e^{\sqrt{\tan 3x}})$

25-26 g'을 이용해서 f'을 계산하라.

25. $f(x) = e^{g(x)}$ 　　　**26.** $f(x) = \ln|g(x)|$

---

27. $f(x) = 2^x$에 대해 $f^{(n)}(x)$를 구하라.

28. 수학적 귀납법을 이용해서 $f(x) = xe^x$일 때 $f^{(n)}(x) = (x + n)e^x$임을 보여라.

29. 점 $(0, 2)$에서 곡선 $y = (2 + x)e^{-x}$에 대한 접선의 방정식을 구하라.

30. 곡선 $y = [\ln(x + 4)]^2$ 위의 어떤 점에서 수평인 접선을 갖는가?

31. (a) 직선 $x - 4y = 1$에 평행이 되는 곡선 $y = e^x$의 접선의 방정식을 구하라.

　　(b) 원점을 지나는 곡선 $y = e^x$의 접선의 방정식을 구하라.

32-39 다음 극한을 계산하라.

32. $\lim\limits_{x \to \infty} e^{-3x}$ 　　**33.** $\lim\limits_{x \to 3^-} e^{2/(x-3)}$

34. $\lim\limits_{x \to 0} \ln(\cosh x)$ 　**35.** $\lim\limits_{x \to \infty} \dfrac{1 + 2^x}{1 - 2^x}$

36. $\lim\limits_{x \to 0} \dfrac{e^x - 1}{\tan x}$ 　**37.** $\lim\limits_{x \to 0} \dfrac{e^{2x} - e^{-2x}}{\ln(x + 1)}$

38. $\lim\limits_{x \to -\infty} (x^2 - x^3)e^{2x}$ 　**39.** $\lim\limits_{x \to 1^+} \left(\dfrac{x}{x - 1} - \dfrac{1}{\ln x}\right)$

40-42 3.5절의 지침에 따라 다음 곡선의 그래프를 그려라.

40. $y = e^x \sin x$, $-\pi \leq x \leq \pi$

41. $y = x \ln x$ 　　　　**42.** $y = (x - 2)e^{-x}$

---

43. $f(x) = xe^{-cx}$으로 주어진 곡선족을 조사하라. 여기서 c는 실수이다. 먼저 $x \to \pm\infty$일 때 극한을 계산하라. 기본 형태가 변하는 점에서 c의 변화값을 확인하라. c가 변함에 따라 최대점 또는 최소점 그리고 변곡점은 어떻게 되는가? 곡선족의 함수의 그래프를 몇 개만 그려서 설명하라.

44. 운동방정식 $s = Ae^{-ct}\cos(\omega t + \delta)$는 물체의 감쇠진동을 나타낸다. 물체의 속도와 가속도를 구하라.

45. 최초 200마리의 박테리아로 배양을 시작하고 증가율은 개체군의 크기에 비례해서 증가한다. 30분 후 개체수가 360으로 증가했다.

　(a) t시간 후의 박테리아 수를 구하라.

　(b) 4시간 후의 박테리아 수를 구하라.

　(c) 4시간 후의 증가율을 구하라.

　(d) 개체수는 언제 10,000에 도달하는가?

46. 생물학자 가우스(G. F. Gause)는 1930년대에 원생동물인 짚신벌레로 실험을 했다. 그런 자료의 모형으로 다음 개체수의 함수를 이용했다.

$$P(t) = \dfrac{64}{1 + 31e^{-0.7944t}}$$

여기서 t의 단위는 일이다. 이 모형을 이용해서 개체수가 가장 빠르게 증가할 때를 결정하라.

47-53 다음 적분을 구하라.

47. $\displaystyle\int_0^1 ye^{-2y^2} \, dy$ 　**48.** $\displaystyle\int_0^1 \dfrac{e^x}{1 + e^{2x}} \, dx$

49. $\displaystyle\int \dfrac{e^{\sqrt{x}}}{\sqrt{x}} \, dx$ 　　**50.** $\displaystyle\int \dfrac{x + 1}{x^2 + 2x} \, dx$

51. $\displaystyle\int \tan x \ln(\cos x) \, dx$ 　**52.** $\displaystyle\int 2^{\tan\theta} \sec^2\theta \, d\theta$

53. $\int_{-2}^{-1} \frac{z^2 + 1}{z} \, dz$

---

54. 적분의 성질을 이용해서 다음 부등식을 증명하라.

$$\int_0^1 e^x \cos x \, dx \le e - 1$$

55. $f(x) = \int_1^{\sqrt{x}} \frac{e^s}{s} \, ds$일 때 $f'(x)$를 구하라.

56. (a) 구간 $[1, 5]$에서 함수 $f(x) = (\ln x)/x$의 평균값을 구하라.

    (b) 구간 $[1, 5]$에서 함수 $f(x) = (\ln x)/x$의 최댓값, 최솟값을 구하라.

57. $x = 0$에서 $x = 1$까지 곡선 $y = 1/(1 + x^4)$ 아래의 영역을 y축을 중심으로 회전시킬 때 생기는 입체의 부피를 구하라.

58. $f(x) = \ln x + \tan^{-1}x$일 때 $(f^{-1})'(\pi/4)$를 구하라.

59. 제1사분면의 두 축을 두 변으로 갖고, 곡선 $y = e^{-x}$의 접선을 나머지 한 변으로 하는 가장 큰 삼각형의 넓이는 얼마인가?

60. $a, b > 0$일 때 $F(x) = \int_a^b t^x \, dt$이면 미적분학의 기본정리에 따라 다음과 같다.

$$F(x) = \frac{b^{x+1} - a^{x+1}}{x + 1} \qquad x \ne -1$$

$$F(-1) = \ln b - \ln a$$

로피탈 정리를 이용해서 F가 -1에서 연속임을 보여라.

61. f가 연속함수이고, 모든 x에 대해서

$$\int_1^x f(t) \, dt = (x - 1)e^{2x} + \int_1^x e^{-t} f(t) \, dt$$

일 때, $f(x)$에 대한 정확한 식을 구하라.

어떤 모델 로켓의 움직임을 표현하는 물리적 이론은 지구의 궤도로 발사되는 우주선의 발사체들에 실제로 적용된다.
우리는 지구의 특정 높이까지 로켓을 보내기 위해 필요한 연료의 양을 적분공식을 사용하여 계산할 수 있다.
Ben Cooper / Science Faction / Getty Images; inset: Rasvan ILIESCU / Alamy Stock Photo

7 | 적분방법
Techniques of Integration

미적분학의 기본정리 덕분에 역도함수, 즉 부정적분을 알면 함수를 적분할 수 있다. 지금까지 배운 것 중 가장 중요한 적분은 다음과 같다.

$$\int k\, dx = kx + C$$

$$\int x^n\, dx = \frac{x^{n+1}}{n+1} + C \;(n \neq -1)$$

$$\int \frac{1}{x}\, dx = \ln|x| + C$$

$$\int e^x\, dx = e^x + C$$

$$\int b^x\, dx = \frac{b^x}{\ln b} + C$$

$$\int \sin x\, dx = -\cos x + C$$

$$\int \cos x\, dx = \sin x + C$$

$$\int \sec^2 x\, dx = \tan x + C$$

$$\int \csc^2 x\, dx = -\cot x + C$$

$$\int \sec x \tan x\, dx = \sec x + C$$

$$\int \csc x \cot x\, dx = -\csc x + C$$

$$\int \tan x\, dx = \ln|\sec x| + C$$

$$\int \cot x\, dx = \ln|\sin x| + C$$

$$\int \frac{1}{x^2 + a^2}\, dx = \frac{1}{a} \tan^{-1}\left(\frac{x}{a}\right) + C$$

$$\int \frac{1}{\sqrt{a^2 - x^2}}\, dx = \sin^{-1}\left(\frac{x}{a}\right) + C,\ a > 0$$

$$\int \sinh x\, dx = \cosh x + C$$

$$\int \cosh x\, dx = \sinh x + C$$

이 장에서는 위와 같은 기본적인 적분 공식을 이용해서 좀 더 복잡한 함수의 부정적분을 구하고자 한다. 4.5절에서 이미 가장 중요한 적분방법인 치환법을 배웠다. 7.1절에서는 또 다른 일반적인 방법인 부분적분을 배울 것이다. 그러면 삼각함수나 유리함수와 같은 특수한 함수에 관해 적분을 구할 수 있다.

적분은 미분처럼 간단하지 않다. 즉, 어떤 함수의 부정적분을 얻는 데 절대적으로 보장되는 규칙이 없다. 그러므로 7.5절에서 적분에 관한 전략을 논의할 것이다.

7.1 │ 부분적분

모든 미분법에는 그에 대응되는 적분법이 있다. 예를 들어 적분의 치환법은 미분의 연쇄법칙과 대응된다. 미분의 곱셈 공식에 대응되는 적분 법칙을 **부분적분**이라 한다.

■ 부분적분: 부정적분

f와 g가 미분가능한 함수이면 f와 g의 곱셈 공식은 다음과 같다.

$$\frac{d}{dx}[f(x)g(x)] = f(x)g'(x) + g(x)f'(x)$$

부정적분 기호를 이용하면 이 식은 다음과 같이 된다.

$$\int [f(x)g'(x) + g(x)f'(x)]\,dx = f(x)g(x)$$

또는
$$\int f(x)g'(x)\,dx + \int g(x)f'(x)\,dx = f(x)g(x)$$

이 식은 다음과 같이 정리할 수 있다.

$$\boxed{1} \qquad \boxed{\int f(x)g'(x)\,dx = f(x)g(x) - \int g(x)f'(x)\,dx}$$

공식 $\boxed{1}$을 **부분적분 공식**이라 한다. $u = f(x)$, $v = g(x)$라 하면 이 함수들의 미분이 $du = f'(x)\,dx$, $dv = g'(x)\,dx$이므로 적분의 치환법에 따라 다음과 같이 좀 더 기억하기 쉬운 부분적분 공식이 된다.

$$\boxed{2} \qquad \boxed{\int u\,dv = uv - \int v\,du}$$

《예제 1》 $\int x \sin x\,dx$ 를 구하라.

공식 $\boxed{1}$을 이용한 풀이 $f(x) = x$, $g'(x) = \sin x$라 하자. 그러면 $f'(x) = 1$, $g(x) = -\cos x$가 된다. (g에 대해 g'의 임의의 역도함수를 택할 수 있다.) 그러면 공식 $\boxed{1}$에 따라 다음과 같은 결과를 얻는다.

$$\int x \sin x \, dx = f(x)g(x) - \int g(x)f'(x)\,dx$$

$$= x(-\cos x) - \int (-\cos x)\,dx = -x\cos x + \int \cos x\,dx$$

$$= -x\cos x + \sin x + C$$

이 결과를 미분해서 답을 확인하는 것이 바람직하다. 예상대로 $x \sin x$를 얻는다.

공식 **2**를 이용한 풀이　$u = x$, $dv = \sin x \, dx$라 하자. 그러면 $du = dx$, $v = -\cos x$이다. 따라서 다음과 같다.

$$\int x \sin x \, dx = \int \overset{u}{x} \; \overset{dv}{\sin x \, dx} = \overset{u}{x} \; \overset{v}{(-\cos x)} - \int \overset{v}{(-\cos x)} \; \overset{du}{dx}$$

$$= -x\cos x + \int \cos x\,dx$$

$$= -x\cos x + \sin x + C \qquad \blacksquare$$

아래의 형식을 이용하면 편리하다.
$$u = \square \qquad dv = \square$$
$$du = \square \qquad v = \square$$

NOTE　부분적분을 이용하는 목적은 주어진 적분보다 더 간단한 적분을 얻는 데 있다. 예제 1에서 보면 $\int x \sin x \, dx$에서 시작해서 보다 더 간단한 적분 $\int \cos x \, dx$를 얻었다. 그러나 $u = \sin x$, $dv = x\,dx$를 선택하면 $du = \cos x \, dx$, $v = x^2/2$이므로 다음과 같이 된다.

$$\int x \sin x \, dx = (\sin x)\frac{x^2}{2} - \frac{1}{2}\int x^2 \cos x \, dx$$

이 적분이 맞기는 하지만, $\int x^2 \cos x \, dx$는 처음 시작할 때의 적분보다 더 어렵다. 일반적으로 u와 dv를 선택할 때는 $u = f(x)$는 미분할 때 더 간단한 함수(적어도 더 복잡하지 않은 함수)로 선택하고, $dv = g'(x)\,dx$는 v에 대해 손쉽게 적분되도록 선택한다.

《예제 2》 $\int \ln x \, dx$를 구하라.

풀이　u와 dv를 선택하기 위한 여지가 많지 않다. $u = \ln x$, $dv = dx$라 하면 $du = dx/x$, $v = x$가 된다.

부분적분에 따라 다음을 얻는다.

$$\int \ln x \, dx = x \ln x - \int x \cdot \frac{1}{x} \, dx$$

$$= x \ln x - \int dx$$

$$= x \ln x - x + C$$

관례적으로 $\int 1\, dx$는 $\int dx$로 쓴다.

미분해서 답을 확인하자.

이 예제에서 함수 $f(x) = \ln x$의 도함수가 f보다 간단하기 때문에 부분적분이 효과적이다. $\blacksquare$

《예제 3》 $\int t^2 e^t \, dt$를 구하라.

풀이 e^t은 미분하거나 또는 적분해도 변하지 않지만 t^2은 미분하면 더 간단해지므로 $u = t^2$, $dv = e^t dt$라 하자. 그러면 $du = 2t \, dt$, $v = e^t$이 된다. 부분적분에 따라 다음을 얻는다.

$$\boxed{3} \qquad \int t^2 e^t \, dt = t^2 e^t - 2 \int t e^t \, dt$$

새로 얻은 적분 $\int t e^t \, dt$는 원래 적분보다 더 간단하지만, 아직 명확하지 않다. 따라서 $u = t$, $dv = e^t \, dt$라 하고 부분적분을 다시 한 번 사용한다. $du = dt$, $v = e^t$이므로 다음을 얻는다.

$$\int t e^t \, dt = t e^t - \int e^t \, dt$$
$$= t e^t - e^t + C$$

식 $\boxed{3}$에 이 결과를 대입하면 다음을 얻는다.

$$\int t^2 e^t \, dt = t^2 e^t - 2 \int t e^t \, dt$$
$$= t^2 e^t - 2(t e^t - e^t + C)$$
$$= t^2 e^t - 2t e^t + 2 e^t + C_1$$

여기서 $C_1 = -2C$이다.   ■

《예제 4》 $\int e^x \sin x \, dx$를 구하라.

풀이 e^x이나 $\sin x$는 미분한다고 해서 더 간단해지지 않지만, 어쨌든 $u = e^x$, $dv = \sin x \, dx$를 선택해서 시작한다. (이 예제에서 $u = \sin x$, $dv = e^x dx$로 선택할 수 있다.) 그러면 $du = e^x \, dx$, $v = -\cos x$이고, 부분적분을 이용해서 다음을 얻는다.

$$\boxed{4} \qquad \int e^x \sin x \, dx = -e^x \cos x + \int e^x \cos x \, dx$$

새로 얻은 적분 $\int e^x \cos x \, dx$는 원래 적분보다 더 간단하지 않지만, 적어도 더 복잡하지는 않다. 앞의 예제에서 부분적분을 두 번 이용해서 성공했듯이 새로 얻은 적분을 보존하고 한 번 더 부분적분을 사용한다. 이때 $u = e^x$, $dv = \cos x \, dx$로 놓는 것이 중요하다. 그러면 $du = e^x \, dx$, $v = \sin x$이므로 다음을 얻는다.

$$\boxed{5} \qquad \int e^x \cos x \, dx = e^x \sin x - \int e^x \sin x \, dx$$

언뜻 보면 처음 시작할 때인 $\int e^x \sin x \, dx$로 되돌아 갔기 때문에 아무것도 변한 것 같지 않으나, 식 $\boxed{5}$의 $\int e^x \cos x \, dx$에 대한 표현을 식 $\boxed{4}$에 대입하면 다음을 얻는다.

$$\int e^x \sin x \, dx = -e^x \cos x + e^x \sin x - \int e^x \sin x \, dx$$

이것은 미지의 적분을 푸는 방정식으로 생각할 수 있다. 양변에 $\int e^x \sin x \, dx$를 더하면 다음을 얻는다.

그림 1은 $f(x) = e^x \sin x$와 $F(x) = (e^x/2)(\sin x - \cos x)$의 그래프를 보임으로써 예제 4를 설명하고 있다. 그림에서 F가 최댓값이나 최솟값을 취할 때 $f(x) = 0$임을 확인할 수 있다.

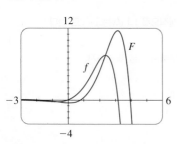

그림 1

$$2 \int e^x \sin x \, dx = -e^x \cos x + e^x \sin x$$

양변을 2로 나누고 적분상수를 더하면 다음을 얻는다.

$$\int e^x \sin x \, dx = \tfrac{1}{2}e^x(\sin x - \cos x) + C$$ ∎

■ 부분적분: 정적분

부분적분 공식과 미적분학의 기본정리 2를 결합하면 부분적분으로 정적분을 계산할 수 있다. f'과 g'을 연속이라 가정하고 공식 **1**의 양변을 a와 b 사이에서 계산해서 기본정리를 사용하면 다음을 얻는다.

6
$$\int_a^b f(x)g'(x)\,dx = f(x)g(x)\Big]_a^b - \int_a^b g(x)f'(x)\,dx$$

《예제 5》 $\displaystyle\int_0^1 \tan^{-1}x \, dx$를 계산하라.

풀이 $u = \tan^{-1} x$, $dv = dx$라 하자. 그러면 $du = \dfrac{dx}{1+x^2}$, $v = x$가 된다. 그러므로 공식 **6**에 따라 다음을 얻는다.

$$\int_0^1 \tan^{-1}x \, dx = x\tan^{-1}x\Big]_0^1 - \int_0^1 \frac{x}{1+x^2}\,dx$$
$$= 1 \cdot \tan^{-1}1 - 0 \cdot \tan^{-1}0 - \int_0^1 \frac{x}{1+x^2}\,dx$$
$$= \frac{\pi}{4} - \int_0^1 \frac{x}{1+x^2}\,dx$$

이 적분값을 구하기 위해 $t = 1 + x^2$으로 치환하면 (이 예제에서 u는 다른 의미를 가지므로) $dt = 2x\,dx$이다. 즉, $x\,dx = \tfrac{1}{2}dt$이다. $x = 0$일 때 $t = 1$이고, $x = 1$일 때 $t = 2$이므로 다음과 같다.

$$\int_0^1 \frac{x}{1+x^2}\,dx = \frac{1}{2}\int_1^2 \frac{dt}{t} = \frac{1}{2}\ln|t|\Big]_1^2$$
$$= \frac{1}{2}(\ln 2 - \ln 1) = \frac{1}{2}\ln 2$$

그러므로 다음을 얻는다.

$$\int_0^1 \tan^{-1}x \, dx = \frac{\pi}{4} - \int_0^1 \frac{x}{1+x^2}\,dx = \frac{\pi}{4} - \frac{\ln 2}{2}$$ ∎

$x \geq 0$일 때 $\tan^{-1}x \geq 0$이므로 예제 5의 적분은 그림 2에서 보이는 영역의 넓이로 해석할 수 있다.

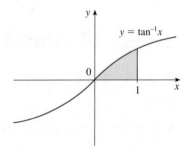

그림 2

■ 점화공식

위의 예제는 부분적분을 이용하여 종종 단순해진 적분표현으로 바꿀 수 있다는 것을 보여준다. 거듭제곱을 포함하는 피적분함수는 부분적분을 이용하여 거듭제곱 승수를 감소시킬 수 있다. 다음 예제처럼 이런 방법으로 우리는 **점화공식**을 유도할 수 있다.

《예제 6》 다음 점화공식을 증명하라.

지수 n이 $n-1$과 $n-2$로 줄어들기 때문에 식 $\boxed{7}$을 **점화공식**이라 한다.

$$\boxed{7} \qquad \int \sin^n x \, dx = -\frac{1}{n} \cos x \sin^{n-1}x + \frac{n-1}{n} \int \sin^{n-2}x \, dx$$

여기서 $n \geq 2$인 정수이다.

$\boxed{\text{풀이}}$ $u = \sin^{n-1}x$, $dv = \sin x \, dx$라 하자. 그러면 $du = (n-1)\sin^{n-2}x \cos x \, dx$, $v = -\cos x$가 된다. 그러므로 부분적분에 따라 다음과 같다.

$$\int \sin^n x \, dx = -\cos x \sin^{n-1}x + (n-1) \int \sin^{n-2}x \cos^2 x \, dx$$

$\cos^2 x = 1 - \sin^2 x$이므로 다음을 얻는다.

$$\int \sin^n x \, dx = -\cos x \sin^{n-1}x + (n-1)\int \sin^{n-2}x \, dx - (n-1)\int \sin^n x \, dx$$

예제 4에서처럼 우변의 마지막 항을 좌변으로 이항해서 바랐던 적분으로 이 방정식을 풀면 다음을 얻는다.

$$n \int \sin^n x \, dx = -\cos x \sin^{n-1}x + (n-1)\int \sin^{n-2}x \, dx$$

즉 $\qquad\qquad \int \sin^n x \, dx = -\frac{1}{n}\cos x \sin^{n-1}x + \frac{n-1}{n}\int \sin^{n-2}x \, dx \qquad$ ∎

점화공식 $\boxed{7}$을 반복해서 이용하면 $\int \sin^n x \, dx$를 결국 (n이 홀수일 경우는) $\int \sin x \, dx$, (n이 짝수일 경우는) $\int (\sin x)^0 \, dx = \int dx$로 표현할 수 있기 때문에 유용하다.

7.1 | 연습문제

1-2 주어진 u와 dv를 이용해서 다음 적분을 부분적분으로 계산하라.

1. $\int xe^{2x} \, dx$; $u = x$, $dv = e^{2x}\,dx$

2. $\int x \cos 4x \, dx$; $u = x$, $dv = \cos 4x \, dx$

3-21 다음 적분을 계산하라.

3. $\int te^{2t} \, dt$

4. $\int x \sin 10x \, dx$

5. $\int w \ln w \, dw$

6. $\int (x^2 + 2x)\cos x \, dx$

7. $\int \cos^{-1}x \, dx$

8. $\int t^4 \ln t \, dt$

9. $\int t \csc^2 t \, dt$

10. $\int (\ln x)^2 \, dx$

11. $\int e^{3x}\cos x \, dx$

12. $\int e^{2\theta}\sin 3\theta \, d\theta$

13. $\int z^3 e^z \, dz$

14. $\int (1 + x^2)\, e^{3x} \, dx$

15. $\int_0^1 x\, 3^x \, dx$

16. $\int_0^2 y \sinh y \, dy$

17. $\int_1^5 \frac{\ln R}{R^2} \, dR$

18. $\int_0^\pi x \sin x \cos x \, dx$

19. $\int_1^5 \frac{M}{e^M} \, dM$

20. $\int_0^{\pi/3} \sin x \ln(\cos x) \, dx$

21. $\int_0^\pi \cos x \sinh x \, dx$

22-24 치환을 한 다음 부분적분으로 다음을 계산하라.

22. $\int e^{\sqrt{x}} \, dx$

23. $\int_{\sqrt{\pi/2}}^{\sqrt{\pi}} \theta^3 \cos(\theta^2) \, d\theta$

24. $\int x \ln(1 + x) \, dx$

25-26 다음 부정적분을 구하고, 함수와 그 역도함수의 그래프

를 그려서 구한 답이 타당한지 설명하고 확인하라. (단, $C = 0$)

25. $\int xe^{-2x} dx$ **26.** $\int x^3 \sqrt{1 + x^2} \, dx$

---

27. (a) 예제 6의 점화공식을 이용해서 다음 식이 성립함을 보여라.

$$\int \sin^2 x \, dx = \frac{x}{2} - \frac{\sin 2x}{4} + C$$

(b) (a)와 점화공식을 이용해서 $\int \sin^4 x \, dx$를 구하라.

28. (a) 예제 6의 점화공식을 이용해서 다음 식이 성립함을 보여라.

$$\int_0^{\pi/2} \sin^n x \, dx = \frac{n-1}{n} \int_0^{\pi/2} \sin^{n-2} x \, dx$$

여기서 $n \geq 2$인 정수이다.

(b) (a)를 이용해서 $\int_0^{\pi/2} \sin^3 x \, dx$, $\int_0^{\pi/2} \sin^5 x \, dx$를 구하라.

(c) (a)를 이용해서 사인함수의 홀수 거듭제곱에 대한 다음 식이 성립함을 보여라.

$$\int_0^{\pi/2} \sin^{2n+1} x \, dx = \frac{2 \cdot 4 \cdot 6 \cdot \cdots \cdot 2n}{3 \cdot 5 \cdot 7 \cdot \cdots \cdot (2n+1)}$$

29-30 부분적분을 이용해서 다음 점화공식을 증명하라.

29. $\int (\ln x)^n \, dx = x(\ln x)^n - n \int (\ln x)^{n-1} \, dx$

30. $\int \tan^n x \, dx = \dfrac{\tan^{n-1} x}{n-1} - \int \tan^{n-2} x \, dx \quad (n \neq 1)$

---

31. 연습문제 29를 이용해서 $\int (\ln x)^3 \, dx$를 구하라.

32. 곡선 $y = x^2 \ln x$와 $y = 4 \ln x$로 유계된 영역의 넓이를 구하라.

33. 그래프를 이용해서 두 곡선 $y = \arcsin\left(\frac{1}{2}x\right)$, $y = 2 - x^2$의 교점의 x좌표에 대한 근삿값을 구하고, 이들 곡선으로 유계된 영역의 넓이를 (근사적으로) 구하라.

34-35 원통껍질 방법을 이용해서 다음 곡선으로 유계된 영역을 지정된 축을 중심으로 회전시킬 때 생기는 입체의 부피를 구하라.

34. $y = \cos(\pi x/2)$, $y = 0$, $0 \leq x \leq 1$; y축

35. $y = e^{-x}$, $y = 0$, $x = -1$, $x = 0$; $x = 1$

---

36. 곡선 $y = \ln x$, $y = 0$, $x = 2$로 유계된 영역을 다음 축을 중심으로 회전시킬 때 생기는 입체의 부피를 구하라.

(a) y축   (b) x축

37. 4.3절 예제 3에서 논의된 프레넬함수 $S(x) = \int_0^x \sin\left(\frac{1}{2}\pi t^2\right) dt$는 광학 이론에 다양하게 이용된다. $\int S(x) \, dx$를 구하라. [답에는 $S(x)$가 포함된다.]

38. 직선을 따라 움직이는 입자의 t초 후 속도가 $v(t) = t^2 e^{-t}$ m/s이다. 처음 t초 동안 움직인 거리는 얼마인가?

39. $f(1) = 2$, $f(4) = 7$, $f'(1) = 5$, $f'(4) = 3$이고 f''이 연속일 때 $\int_1^4 x f''(x) \, dx$를 구하라.

40. (a) 부분적분 공식은 곱셈 공식으로부터 얻어진다. 같은 원리로 몫의 공식으로부터 다음 공식을 유도하라.

$$\int \frac{u}{v^2} \, dv = -\frac{u}{v} + \int \frac{1}{v} \, du$$

(b) (a)의 공식을 이용하여 $\int \dfrac{\ln x}{x^2} \, dx$를 계산하라.

41. 5.3절의 공식 **2** $V = \int_a^b 2\pi x f(x) \, dx$를 원통껍질 방법을 이용해서 구했다. f가 일대일 함수이고 역함수 g를 가지는 경우, 5.2절의 단면을 이용한 방법으로 이 식을 증명하기 위해 부분적분을 이용할 수 있다. 그림을 참고해서 다음을 보여라.

$$V = \pi b^2 d - \pi a^2 c - \int_c^d \pi [g(y)]^2 \, dy$$

$y = f(x)$로 치환한 후 얻은 적분에 부분적분을 적용해서 $V = \int_a^b 2\pi x f(x) \, dx$임을 보여라.

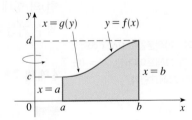

7.2 | 삼각적분

이 절에서는 삼각함수의 항등식을 이용해서 여러 형태의 삼각함수를 적분한다.

■ 사인과 코사인의 거듭제곱 함수들의 적분

먼저 피적분함수가 사인과 코사인의 거듭제곱이거나 그들의 곱인 적분으로부터 시작한다.

〖예제 1〗 $\int \cos^3 x\, dx$를 계산하라.

풀이 $u = \cos x$로 치환하면 $du = -\sin x\, dx$이므로 단순히 이와 같이 치환하는 것은 도움이 되지 않는다. 코사인의 거듭제곱을 적분하기 위해서는 별도의 $\sin x$ 인수가 필요하다. 마찬가지로 사인의 거듭제곱은 별도의 $\cos x$ 인수가 필요하다. 따라서 이 예제에서 코사인 인수 하나를 분리하고, $\cos^2 x$ 인수는 항등식 $\sin^2 x + \cos^2 x = 1$을 이용해서 사인이 포함된 표현으로 다음과 같이 변형한다.

$$\cos^3 x = \cos^2 x \cdot \cos x = (1 - \sin^2 x) \cos x$$

그러면 $u = \sin x$로 치환해서 적분할 수 있다. $du = \cos x\, dx$이므로 다음과 같이 계산할 수 있다.

$$\int \cos^3 x\, dx = \int \cos^2 x \cdot \cos x\, dx = \int (1 - \sin^2 x) \cos x\, dx$$

$$= \int (1 - u^2)\, du = u - \tfrac{1}{3}u^3 + C$$

$$= \sin x - \tfrac{1}{3}\sin^3 x + C \qquad ■$$

일반적으로 사인과 코사인의 거듭제곱을 포함하는 피적분함수는 하나의 사인 인수(그리고 나머지는 코사인으로 표현)와 코사인 인수(그리고 나머지는 사인으로 표현)의 형태로 쓴다. 그리고 항등식 $\sin^2 x + \cos^2 x = 1$을 이용해서 사인과 코사인의 짝수 거듭제곱을 다른 것으로 변환한다.

그림 1은 예제 2의 피적분함수 $\sin^5 x \cos^2 x$ 와 그 부정적분의 그래프이다(단, $C = 0$). 어떤 함수가 어떤 그래프인가?

〖예제 2〗 $\int \sin^5 x \cos^2 x\, dx$를 구하라.

풀이 $\cos^2 x$를 $1 - \sin^2 x$로 변환할 수 있으나, 이 경우에 $\cos x$ 인수를 갖지 않는 $\sin x$ 만의 표현이 된다. 반면에 사인 인수 하나를 분리하고 남은 $\sin^4 x$를 다음과 같이 $\cos x$로 다시 쓴다.

$$\sin^5 x \cos^2 x = (\sin^2 x)^2 \cos^2 x \sin x$$

$$= (1 - \cos^2 x)^2 \cos^2 x \sin x$$

$u = \cos x$로 치환하면 $du = -\sin x\, dx$이고, 따라서 다음을 얻는다.

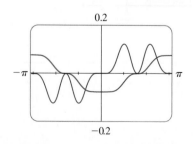

0.2

$-\pi$ π

-0.2

그림 1

$$\int \sin^5 x \cos^2 x \, dx = \int (\sin^2 x)^2 \cos^2 x \sin x \, dx$$

$$= \int (1 - \cos^2 x)^2 \cos^2 x \sin x \, dx$$

$$= \int (1 - u^2)^2 u^2 (-du) = -\int (u^2 - 2u^4 + u^6) \, du$$

$$= -\left(\frac{u^3}{3} - 2\frac{u^5}{5} + \frac{u^7}{7} \right) + C$$

$$= -\tfrac{1}{3}\cos^3 x + \tfrac{2}{5}\cos^5 x - \tfrac{1}{7}\cos^7 x + C \qquad \blacksquare$$

앞의 예제에서와 같이 사인 또는 코사인의 홀수 거듭제곱은 하나의 인수와 나머지 짝수 거듭제곱으로 분리할 수 있다. 피적분함수가 사인과 코사인 모두 짝수 거듭제곱을 포함하면 이 방법은 쓸 수 없다. 이 경우에 다음 반각공식을 사용하면 도움이 된다.

$$\sin^2 x = \tfrac{1}{2}(1 - \cos 2x), \qquad \cos^2 x = \tfrac{1}{2}(1 + \cos 2x)$$

《예제 3》 $\displaystyle\int_0^\pi \sin^2 x \, dx$를 계산하라.

풀이 $\sin^2 x = 1 - \cos^2 x$로 쓰면 적분을 계산하는 것이 간단하지 않다. 그러나 $\sin^2 x$에 대한 반각공식을 사용하면 다음을 얻는다.

$$\int_0^\pi \sin^2 x \, dx = \tfrac{1}{2} \int_0^\pi (1 - \cos 2x) \, dx$$

$$= \left[\tfrac{1}{2}\left(x - \tfrac{1}{2}\sin 2x\right) \right]_0^\pi$$

$$= \tfrac{1}{2}\left(\pi - \tfrac{1}{2}\sin 2\pi\right) - \tfrac{1}{2}\left(0 - \tfrac{1}{2}\sin 0\right) = \tfrac{1}{2}\pi$$

$\cos 2x$를 적분할 때 마음속으로 $u = 2x$로 치환했다. 위의 적분을 계산하는 다른 방법은 7.1절의 연습문제 27에 있다. $\qquad \blacksquare$

《예제 4》 $\displaystyle\int \sin^4 x \, dx$를 구하라.

풀이 $\displaystyle\int \sin^n x \, dx$의 점화공식(7.1절의 식 **7**)을 이용하거나 예제 3(7.1절의 연습문제 27)에서처럼 이 적분을 계산할 수 있다. 그러나 더 나은 방법은 $\sin^4 x = (\sin^2 x)^2$으로 하고 반각공식을 이용하는 것이다.

$$\int \sin^4 x \, dx = \int (\sin^2 x)^2 \, dx$$

$$= \int \left[\tfrac{1}{2}(1 - \cos 2x) \right]^2 dx$$

$$= \tfrac{1}{4} \int \left[1 - 2\cos 2x + \cos^2(2x) \right] dx$$

$\cos^2(2x)$가 있으므로 다음과 같은 또 다른 반각공식을 이용해야 한다.

예제 3은 그림 2에서 보는 영역의 넓이가 $\pi/2$임을 알려준다.

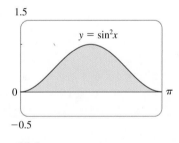

그림 2

$$\cos^2(2x) = \tfrac{1}{2}[1 + \cos(2 \cdot 2x)] = \tfrac{1}{2}(1 + \cos 4x)$$

그러면 다음을 얻는다.

$$\int \sin^4 x \, dx = \tfrac{1}{4} \int \left[1 - 2 \cos 2x + \tfrac{1}{2}(1 + \cos 4x) \right] dx$$

$$= \tfrac{1}{4} \int \left(\tfrac{3}{2} - 2 \cos 2x + \tfrac{1}{2} \cos 4x \right) dx$$

$$= \tfrac{1}{4} \left(\tfrac{3}{2} x - \sin 2x + \tfrac{1}{8} \sin 4x \right) + C \qquad ■$$

이상을 요약하면 $m \geq 0$, $n \geq 0$이 정수일 때 $\int \sin^m x \cos^n x \, dx$인 형태의 적분은 다음과 같이 세 가지 경우로 나누어 구할 수 있다.

$\int \sin^m x \cos^n x \, dx$ **의 적분법**

(a) 코사인의 거듭제곱이 홀수($n = 2k + 1$)이면, 코사인 인수 하나를 분리하고 $\cos^2 x = 1 - \sin^2 x$를 이용해서 나머지 인수를 사인으로 바꾼다.

$$\int \sin^m x \cos^{2k+1} x \, dx = \int \sin^m x \, (\cos^2 x)^k \cos x \, dx$$

$$= \int \sin^m x \, (1 - \sin^2 x)^k \cos x \, dx$$

그 다음 $u = \sin x$로 치환한다(예제 1 참고).

(b) 사인의 거듭제곱이 홀수($m = 2k + 1$)이면, 사인 인수 하나를 분리하고 $\sin^2 x = 1 - \cos^2 x$를 이용해서 나머지 인수를 코사인으로 바꾼다.

$$\int \sin^{2k+1} x \cos^n x \, dx = \int (\sin^2 x)^k \cos^n x \, \sin x \, dx$$

$$= \int (1 - \cos^2 x)^k \cos^n x \, \sin x \, dx$$

그 다음 $u = \cos x$로 치환한다(예제 2 참고). [사인과 코사인의 거듭제곱이 모두 홀수이면, (a)와 (b), 어느 것이든 이용할 수 있다.]

(c) 사인과 코사인의 거듭제곱이 모두 짝수이면, 반각공식을 이용한다.

$$\sin^2 x = \tfrac{1}{2}(1 - \cos 2x), \qquad \cos^2 x = \tfrac{1}{2}(1 + \cos 2x)$$

(예제 3과 4 참고)

그리고 때로는 다음 항등식을 이용하는 것이 도움이 된다.

$$\sin x \cos x = \tfrac{1}{2} \sin 2x$$

■ 탄젠트와 시컨트의 거듭제곱 함수들의 적분

이와 비슷한 방법으로 $\int \tan^m x \sec^n x \, dx$ 형태의 적분을 계산할 수 있다. $(d/dx) \tan x = \sec^2 x$이므로 $\sec^2 x$ 인수를 분리하고 나머지 시컨트의 (짝수) 거듭제곱을 항등식

$\sec^2 x = 1 + \tan^2 x$를 이용해서 탄젠트로 변환할 수 있다. 또는 $(d/dx)\sec x = \sec x \tan x$이므로 $\sec x \tan x$ 인수를 분리하고 나머지 탄젠트의 (짝수) 거듭제곱을 시컨트로 변환할 수 있다.

《예제 5》 $\displaystyle\int \tan^6 x \sec^4 x \, dx$를 계산하라.

풀이 $\sec^2 x$ 인수를 분리하고 나머지 $\sec^2 x$는 항등식 $\sec^2 x = 1 + \tan^2 x$를 이용해서 탄젠트로 나타낼 수 있다. 그 다음 $u = \tan x$로 치환하면 $du = \sec^2 x \, dx$이고, 다음과 같이 적분을 계산할 수 있다.

$$\int \tan^6 x \sec^4 x \, dx = \int \tan^6 x \sec^2 x \sec^2 x \, dx$$

$$= \int \tan^6 x \, (1 + \tan^2 x) \sec^2 x \, dx$$

$$= \int u^6 (1 + u^2) \, du = \int (u^6 + u^8) \, du$$

$$= \frac{u^7}{7} + \frac{u^9}{9} + C$$

$$= \tfrac{1}{7} \tan^7 x + \tfrac{1}{9} \tan^9 x + C \qquad \blacksquare$$

《예제 6》 $\displaystyle\int \tan^5 \theta \sec^7 \theta \, d\theta$를 구하라.

풀이 예제 5처럼 $\sec^2 \theta$ 인수를 분리하면 $\sec^5 \theta$ 인수가 남는데, 이것은 탄젠트로 쉽게 변환할 수 없다. 그러나 $\sec \theta \tan \theta$ 인수를 분리하면 나머지 탄젠트의 거듭제곱을 항등식 $\tan^2 \theta = \sec^2 \theta - 1$을 이용해서 시컨트만 포함하는 표현으로 변환할 수 있다. 그 다음 $u = \sec \theta$로 치환하면 $du = \sec \theta \tan \theta \, d\theta$이고, 다음과 같이 적분할 수 있다.

$$\int \tan^5 \theta \sec^7 \theta \, d\theta = \int \tan^4 \theta \sec^6 \theta \sec \theta \tan \theta \, d\theta$$

$$= \int (\sec^2 \theta - 1)^2 \sec^6 \theta \sec \theta \tan \theta \, d\theta$$

$$= \int (u^2 - 1)^2 u^6 \, du$$

$$= \int (u^{10} - 2u^8 + u^6) \, du$$

$$= \frac{u^{11}}{11} - 2\frac{u^9}{9} + \frac{u^7}{7} + C$$

$$= \tfrac{1}{11} \sec^{11} \theta - \tfrac{2}{9} \sec^9 \theta + \tfrac{1}{7} \sec^7 \theta + C \qquad \blacksquare$$

앞의 예제들은 $\int \tan^m x \sec^n x \, dx$와 같은 형태의 적분은 아래와 같이 두 경우로 나눠 계산할 수 있음을 보여 준다. 이것을 요약하면 다음과 같다.

$$\int \tan^m x \, \sec^n x \, dx \text{ 의 적분법}$$

(a) 시컨트의 거듭제곱이 짝수($n = 2k, \ k \geq 2$)이면, $\sec^2 x$ 인수를 분리하고 나머지 인수를 $\tan x$로 표현하기 위해 $\sec^2 x = 1 + \tan^2 x$를 이용한다.

$$\int \tan^m x \, \sec^{2k} x \, dx = \int \tan^m x \, (\sec^2 x)^{k-1} \sec^2 x \, dx$$

$$= \int \tan^m x \, (1 + \tan^2 x)^{k-1} \sec^2 x \, dx$$

그 다음 $u = \tan x$로 치환한다(예제 5 참고).

(b) 탄젠트의 거듭제곱이 홀수($m = 2k + 1$)이면, $\sec x \tan x$를 인수를 분리하고 나머지 인수를 $\sec x$로 표현하기 위해 $\tan^2 x = \sec^2 x - 1$을 이용한다.

$$\int \tan^{2k+1} x \, \sec^n x \, dx = \int (\tan^2 x)^k \, \sec^{n-1} x \, \sec x \tan x \, dx$$

$$= \int (\sec^2 x - 1)^k \, \sec^{n-1} x \, \sec x \tan x \, dx$$

그 다음 $u = \sec x$로 치환한다(예제 6 참고).

그 외 다른 경우는 지침이 명확하지 않다. 삼각항등식이나 부분적분, 때로는 약간의 기교가 필요하기도 하다. 또한 6장에서 공식으로 확립한 $\tan x$의 적분이 필요할 때도 있다.

$$\int \tan x \, dx = \ln |\sec x| + C$$

또한 시컨트의 부정적분도 필요하다.

식 $\boxed{1}$은 1668년 그레고리(James Gregory)가 발견했다. (2.5절에 그레고리의 약력을 참고하라.) 그는 이 식을 이용해서 항해표를 짤 때 발생하는 문제를 해결했다.

$\boxed{1}$

$$\int \sec x \, dx = \ln |\sec x + \tan x| + C$$

공식 $\boxed{1}$은 우변을 미분하거나 다음과 같이 보일 수도 있다. 먼저 분모와 분자에 $\sec x + \tan x$를 곱하면 다음과 같다.

$$\int \sec x \, dx = \int \sec x \, \frac{\sec x + \tan x}{\sec x + \tan x} \, dx$$

$$= \int \frac{\sec^2 x + \sec x \tan x}{\sec x + \tan x} \, dx$$

$u = \sec x + \tan x$로 치환하면 $du = (\sec x \tan x + \sec^2 x) \, dx$이므로 주어진 적분은 $\int (1/u) \, du = \ln |u| + C$가 된다. 따라서 다음을 얻는다.

$$\int \sec x \, dx = \ln |\sec x + \tan x| + C$$

《**예제 7**》 $\int \tan^3 x\, dx$를 구하라.

풀이 여기서 $\tan x$만 나타나므로 다음과 같이 $\tan^2 x = \sec^2 x - 1$을 이용해서 $\tan^2 x$ 인수를 $\sec^2 x$로 다시 쓴다.

$$\int \tan^3 x\, dx = \int \tan x \tan^2 x\, dx = \int \tan x\,(\sec^2 x - 1)\, dx$$

$$= \int \tan x \sec^2 x\, dx - \int \tan x\, dx$$

$$= \tfrac{1}{2}\tan^2 x - \ln|\sec x| + C$$

첫 번째 적분에서 마음속으로 $u = \tan x$로 치환해서 $du = \sec^2 x\, dx$를 얻었다.　■

　탄젠트의 짝수 거듭제곱과 시컨트의 홀수 거듭제곱이 함께 나타나면 피적분함수를 모두 $\sec x$로 나타내는 것이 좋다. $\sec x$의 거듭제곱은 다음 예제에서 보는 것처럼 부분적분이 필요하기도 하다.

《**예제 8**》 $\int \sec^3 x\, dx$를 구하라.

풀이 부분적분을 이용하자.

$$u = \sec x, \qquad\qquad dv = \sec^2 x\, dx$$
$$du = \sec x \tan x\, dx, \qquad v = \tan x$$

따라서 다음과 같다.

$$\int \sec^3 x\, dx = \sec x \tan x - \int \sec x \tan^2 x\, dx$$

$$= \sec x \tan x - \int \sec x\,(\sec^2 x - 1)\, dx$$

$$= \sec x \tan x - \int \sec^3 x\, dx + \int \sec x\, dx$$

공식 $\boxed{1}$을 이용해서 구하고자 하는 적분에 대해 풀면 다음을 얻는다.

$$\int \sec^3 x\, dx = \tfrac{1}{2}\bigl(\sec x \tan x + \ln|\sec x + \tan x|\bigr) + C　■$$

　앞의 예제에서와 같은 형태의 적분은 특별한 것처럼 보이나 8장에서 보게 될 적분의 응용에서 자주 나타난다. $\int \cot^m x \csc^n x\, dx$와 같은 형태의 적분은 항등식 $1 + \cot^2 x = \csc^2 x$를 이용해서 비슷한 방법으로 구할 수 있다.

■ 곱의 항등식 이용

다음과 같은 삼각함수의 항등식은 어떤 삼각함수 적분을 계산할 때 유용하다.

이와 같은 곱의 항등식은 부록 B에서 논의된다.

> 2 (a) $\int \sin mx \cos nx \, dx$, (b) $\int \sin mx \sin nx \, dx$, (c) $\int \cos mx \cos nx \, dx$를 구하기 위해 각각에 대응하는 다음 항등식을 이용한다.
>
> $$(a) \quad \sin A \cos B = \tfrac{1}{2}[\sin(A - B) + \sin(A + B)]$$
> $$(b) \quad \sin A \sin B = \tfrac{1}{2}[\cos(A - B) - \cos(A + B)]$$
> $$(c) \quad \cos A \cos B = \tfrac{1}{2}[\cos(A - B) + \cos(A + B)]$$

《예제 9》 $\int \sin 4x \cos 5x \, dx$ 를 계산하라.

풀이 이 적분은 부분적분을 이용해서 계산할 수 있으나 다음과 같이 식 2 (a)의 항등식을 이용하는 것이 더 쉽다.

$$\int \sin 4x \cos 5x \, dx = \int \tfrac{1}{2}[\sin(-x) + \sin 9x] \, dx$$

$$= \tfrac{1}{2} \int (-\sin x + \sin 9x) \, dx$$

$$= \tfrac{1}{2}\left(\cos x - \tfrac{1}{9}\cos 9x\right) + C \qquad \blacksquare$$

7.2 | 연습문제

1-28 다음 적분을 계산하라.

1. $\int \sin^3 x \cos^2 x \, dx$

2. $\int_0^{\pi/2} \cos^9 x \sin^5 x \, dx$

3. $\int \sin^5(2t) \cos^2(2t) \, dt$

4. $\int_0^{\pi/2} \cos^2 \theta \, d\theta$

5. $\int_0^{\pi} \cos^4(2t) \, dt$

6. $\int_0^{\pi/2} \sin^2 x \cos^2 x \, dx$

7. $\int \sqrt{\cos \theta} \, \sin^3 \theta \, d\theta$

8. $\int \sin x \sec^5 x \, dx$

9. $\int \cot x \cos^2 x \, dx$

10. $\int \sin^2 x \sin 2x \, dx$

11. $\int \tan x \sec^3 x \, dx$

12. $\int \tan^2 x \, dx$

13. $\int \tan^4 x \sec^6 x \, dx$

14. $\int \tan^3 x \sec x \, dx$

15. $\int \tan^3 x \sec^6 x \, dx$

16. $\int \tan^5 x \, dx$

17. $\int \dfrac{1 - \tan^2 x}{\sec^2 x} \, dx$

18. $\int_0^{\pi/4} \dfrac{\sin^3 x}{\cos x} \, dx$

19. $\int_{\pi/6}^{\pi/2} \cot^2 x \, dx$

20. $\int_{\pi/4}^{\pi/2} \cot^5 \phi \, \csc^3 \phi \, d\phi$

21. $\int \csc x \, dx$

22. $\int \sin 8x \cos 5x \, dx$

23. $\int_0^{\pi/2} \cos 5t \cos 10t \, dt$

24. $\int \dfrac{\sin^2(1/t)}{t^2} \, dt$

25. $\int_0^{\pi/6} \sqrt{1 + \cos 2x} \, dx$

26. $\int t \sin^2 t \, dt$

27. $\int x \tan^2 x \, dx$

28. $\int \dfrac{dx}{\cos x - 1}$

29-30 다음 부정적분을 구하고, 피적분함수와 그 역도함수의 그래프를 그려서 구한 답이 타당한지 설명하고 확인하라. (단, $C = 0$이다.)

29. $\int x \sin^2(x^2) \, dx$

30. $\int \sin 3x \sin 6x \, dx$

31. 만일 $\int_0^{\pi/4} \tan^6 x \sec x \, dx = I$ 라면 I를 이용하여 $\int_0^{\pi/4} \tan^8 x \sec x \, dx$을 구하라.

32. 구간 $[-\pi, \pi]$에서 함수 $f(x) = \sin^2 x \cos^3 x$의 평균값을 구하라.

33. 다음 주어진 곡선으로 유계된 영역의 넓이를 구하라.
$$y = \sin^2 x, \quad y = \sin^3 x, \quad 0 \le x \le \pi$$

34. 피적분함수의 그래프를 이용해서 적분 $\int_0^{2\pi} \cos^3 x \, dx$의 값을 추정한 다음, 이 절에서 사용한 방법을 이용해서 추정한 값이 정확한지 보여라.

35-36 다음 곡선으로 유계된 영역을 지정된 축을 중심으로 회전시킬 때 생기는 입체의 부피를 구하라.

35. $y = \sin x$, $y = 0$, $\pi/2 \le x \le \pi$; x축

36. $y = \sin x$, $y = \cos x$, $0 \le x \le \pi/4$; $y = 1$

---

37. 어떤 입자가 속도함수 $v(t) = \sin \omega t \cos^2 \omega t$로 직선을 따라

움직인다. $f(0) = 0$일 때 위치함수 $s = f(t)$를 구하라.

38-39 m, n이 양의 정수일 때 다음을 증명하라.

38. $\displaystyle\int_{-\pi}^{\pi} \sin mx \cos nx \, dx = 0$

39. $\displaystyle\int_{-\pi}^{\pi} \cos mx \cos nx \, dx = \begin{cases} 0, & m \ne n \\ \pi, & m = n \end{cases}$

7.3 | 삼각치환

원이나 타원의 넓이를 구할 때 $\int \sqrt{a^2 - x^2} \, dx$, $a > 0$과 같은 형태의 적분이 나타난다. $\int x\sqrt{a^2 - x^2} \, dx$와 같은 형태라면, $u = a^2 - x^2$으로 치환해서 쉽게 구할 수 있지만 $\int \sqrt{a^2 - x^2} \, dx$를 구하기는 쉽지 않다. 그러나 $x = a \sin \theta$로 치환해서 변수를 x에서 θ로 바꾸면, 항등식 $1 - \sin^2\theta = \cos^2\theta$에 의해 다음과 같이 근호를 없앨 수 있다.

$$\sqrt{a^2 - x^2} = \sqrt{a^2 - a^2\sin^2\theta} = \sqrt{a^2(1 - \sin^2\theta)} = \sqrt{a^2\cos^2\theta} = a|\cos\theta|$$

치환 $u = a^2 - x^2$(새로운 변수 u가 원래 변수 x의 함수가 됨)과 치환 $x = a\sin\theta$(원래 변수 x가 새로운 변수 θ의 함수가 됨)의 차이점에 주목하자.

　일반적으로 치환법을 역으로 이용해서 $x = g(t)$ 형태로 치환할 수 있다. 계산을 더 간단히 하기 위해 g가 역함수를 갖는다고 하자. 즉, g가 일대일 함수라 하자. 그러면 4.5절의 치환법칙 **4**에서 u를 x로, x를 t로 바꾸면 다음을 얻는다.

$$\int f(x) \, dx = \int f(g(t))g'(t) \, dt$$

이와 같은 종류의 치환을 **역치환**이라 한다.

　일대일 함수가 되면 역치환을 사용할 수 있으므로 θ의 구간을 $[-\pi/2, \pi/2]$로 제한하면 역치환 $x = a \sin \theta$를 사용할 수 있다.

　다음 표는 삼각함수의 항등식을 이용해서 주어진 근호 식에 대한 효과적인 삼각치환을 보여 준다. 각 경우에 θ에 대한 제한은 치환하는 함수가 일대일이 되도록 하는 것이다. (이것은 6.6절에서 역함수를 정의하는 데 사용된 구간과 같다.)

삼각치환표

식	치환	항등식
$\sqrt{a^2 - x^2}$	$x = a\sin\theta$, $\quad -\dfrac{\pi}{2} \le \theta \le \dfrac{\pi}{2}$	$1 - \sin^2\theta = \cos^2\theta$
$\sqrt{a^2 + x^2}$	$x = a\tan\theta$, $\quad -\dfrac{\pi}{2} < \theta < \dfrac{\pi}{2}$	$1 + \tan^2\theta = \sec^2\theta$
$\sqrt{x^2 - a^2}$	$x = a\sec\theta$, $\quad 0 \le \theta < \dfrac{\pi}{2}$ 또는 $\pi \le \theta < \dfrac{3\pi}{2}$	$\sec^2\theta - 1 = \tan^2\theta$

《예제 1》 $\int \dfrac{\sqrt{9 - x^2}}{x^2}\,dx$를 계산하라.

풀이 $x = 3 \sin \theta$, $-\pi/2 \leq \theta \leq \pi/2$라고 하자. 그러면 $dx = 3 \cos \theta\, d\theta$이다.

$$\sqrt{9 - x^2} = \sqrt{9 - 9 \sin^2\theta} = \sqrt{9 \cos^2\theta} = 3\,|\cos \theta| = 3 \cos \theta$$

($-\pi/2 \leq \theta \leq \pi/2$이므로 $\cos \theta \geq 0$이다.) 그러므로 역치환 법칙에 의해 다음을 얻는다.

$$\int \frac{\sqrt{9 - x^2}}{x^2}\,dx = \int \frac{3 \cos \theta}{9 \sin^2\theta}\, 3 \cos \theta\, d\theta$$

$$= \int \frac{\cos^2\theta}{\sin^2\theta}\, d\theta = \int \cot^2\theta\, d\theta$$

$$= \int (\csc^2\theta - 1)\, d\theta$$

$$= -\cot \theta - \theta + C$$

이것은 부정적분이기 때문에 원래 변수 x로 되돌려 놓아야 한다. 삼각항등식을 이용해서 $\cot \theta$를 $\sin \theta = x/3$로 표현하거나, 그림 1과 같이 θ를 직각삼각형의 각이 되도록 그림을 그려서 원래 변수 x로 되돌릴 수 있다. $\sin \theta = x/3$이므로 대변과 빗변의 길이를 각각 x와 3으로 둔다. 그러면 피타고라스 정리에 따라 이웃하는 변의 길이는 $\sqrt{9 - x^2}$ 된다. 따라서 그림으로부터 $\cot \theta$의 값을 다음과 같이 간단히 구할 수 있다.

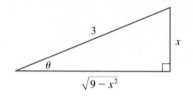

그림 1 $\sin \theta = \dfrac{x}{3}$

$$\cot \theta = \frac{\sqrt{9 - x^2}}{x}$$

(그림에서 $\theta > 0$이지만 $\cot \theta$의 식은 $\theta < 0$인 경우에도 성립한다.) $\sin \theta = x/3$이므로 $\theta = \sin^{-1}(x/3)$이고, 따라서 다음을 얻는다.

$$\int \frac{\sqrt{9 - x^2}}{x^2}\,dx = -\cot \theta - \theta + C = -\frac{\sqrt{9 - x^2}}{x} - \sin^{-1}\left(\frac{x}{3}\right) + C \qquad \blacksquare$$

《예제 2》 타원 $\dfrac{x^2}{a^2} + \dfrac{y^2}{b^2} = 1$로 둘러싸인 영역의 넓이를 구하라.

풀이 타원의 방정식을 y에 대해 풀면 다음을 얻는다.

$$\frac{y^2}{b^2} = 1 - \frac{x^2}{a^2} = \frac{a^2 - x^2}{a^2}, \quad \text{즉} \quad y = \pm\frac{b}{a}\sqrt{a^2 - x^2}$$

타원은 두 좌표축에 대해 대칭이므로, 전체 넓이 A는 제1사분면에 있는 영역의 넓이의 4배이다(그림 2 참조). 제1사분면에 있는 타원의 부분은 다음 함수로 주어진다.

$$y = \frac{b}{a}\sqrt{a^2 - x^2}, \quad 0 \leq x \leq a$$

따라서 다음이 성립한다.

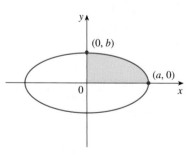

그림 2 $\dfrac{x^2}{a^2} + \dfrac{y^2}{b^2} = 1$

$$\frac{1}{4}A = \int_0^a \frac{b}{a}\sqrt{a^2 - x^2}\,dx$$

이 적분을 계산하기 위해 $x = a \sin \theta$로 치환하면 $dx = a \cos \theta \, d\theta$이다. 적분 한계를 바꾸기 위해 $x = 0$이라 놓으면 $\sin \theta = 0$, 즉 $\theta = 0$이 되고 $x = a$라 놓으면 $\sin \theta = 1$, 즉 $\theta = \pi/2$가 된다. 또한 $0 \le \theta \le \pi/2$이므로 다음과 같다.

$$\sqrt{a^2 - x^2} = \sqrt{a^2 - a^2 \sin^2\theta} = \sqrt{a^2 \cos^2\theta} = a\,|\cos \theta| = a \cos \theta$$

따라서 다음이 성립한다.

$$A = 4\frac{b}{a}\int_0^a \sqrt{a^2 - x^2}\,dx = 4\frac{b}{a}\int_0^{\pi/2} a \cos \theta \cdot a \cos \theta \, d\theta$$

$$= 4ab\int_0^{\pi/2} \cos^2\theta \, d\theta = 4ab\int_0^{\pi/2} \tfrac{1}{2}(1 + \cos 2\theta)\,d\theta$$

$$= 2ab\left[\theta + \tfrac{1}{2}\sin 2\theta\right]_0^{\pi/2} = 2ab\left(\frac{\pi}{2} + 0 - 0\right) = \pi ab$$

축의 반이 a, b인 타원의 넓이가 πab임을 보였다. 특히 $a = b = r$로 둘 경우 반지름 r인 원의 넓이는 πr^2이라는 유명한 공식이 증명된다. ∎

NOTE 예제 2는 정적분이므로 적분 한계만 바꾸고, 원래 변수 x로 되돌릴 필요는 없다.

《예제 3》 $\displaystyle\int \frac{1}{x^2\sqrt{x^2 + 4}}\,dx$를 구하라.

풀이 $x = 2 \tan \theta$, $-\pi/2 < \theta < \pi/2$라고 하자. 그러면 $dx = 2 \sec^2\theta \, d\theta$이고 다음이 성립한다.

$$\sqrt{x^2 + 4} = \sqrt{4(\tan^2\theta + 1)} = \sqrt{4\sec^2\theta} = 2\,|\sec \theta| = 2 \sec \theta$$

따라서 다음을 얻는다.

$$\int \frac{dx}{x^2\sqrt{x^2 + 4}} = \int \frac{2\sec^2\theta \, d\theta}{4\tan^2\theta \cdot 2\sec \theta} = \frac{1}{4}\int \frac{\sec \theta}{\tan^2\theta}\,d\theta$$

이 삼각적분을 계산하기 위해 다음과 같이 $\sin \theta$와 $\cos \theta$로 나타낸다.

$$\frac{\sec \theta}{\tan^2\theta} = \frac{1}{\cos \theta} \cdot \frac{\cos^2\theta}{\sin^2\theta} = \frac{\cos \theta}{\sin^2\theta}$$

따라서 $u = \sin \theta$로 치환하면 다음을 얻는다.

$$\int \frac{dx}{x^2\sqrt{x^2 + 4}} = \frac{1}{4}\int \frac{\cos \theta}{\sin^2\theta}\,d\theta = \frac{1}{4}\int \frac{du}{u^2}$$

$$= \frac{1}{4}\left(-\frac{1}{u}\right) + C = -\frac{1}{4\sin \theta} + C$$

$$= -\frac{\csc \theta}{4} + C$$

그림 3을 이용하면 $\csc \theta = \sqrt{x^2 + 4}/x$임을 알 수 있고, 따라서 다음이 성립한다.

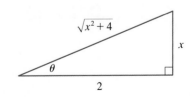

그림 3 $\tan \theta = \dfrac{x}{2}$

$$\int \frac{dx}{x^2\sqrt{x^2+4}} = -\frac{\sqrt{x^2+4}}{4x} + C \qquad \blacksquare$$

《예제 4》 $\int \frac{x}{\sqrt{x^2+4}}\, dx$를 구하라.

풀이 예제 3처럼 삼각치환 $x = 2 \tan \theta$를 사용해도 되지만 $u = x^2 + 4$로 직접 치환하면 더 간단하다. 그러면 $du = 2x\, dx$이므로 다음을 얻는다.

$$\int \frac{x}{\sqrt{x^2+4}}\, dx = \frac{1}{2} \int \frac{du}{\sqrt{u}} = \sqrt{u} + C = \sqrt{x^2+4} + C \qquad \blacksquare$$

NOTE 예제 4는 삼각치환이 가능하지만 그것이 가장 쉬운 해법이 아닐 수도 있다는 사실을 말해 준다. 그러므로 좀 더 간단한 방법을 찾도록 한다.

《예제 5》 $\int \frac{dx}{\sqrt{x^2-a^2}}$, $a > 0$을 계산하라.

풀이 1 $x = a \sec \theta$, $0 < \theta < \pi/2$ 또는 $\pi < \theta < 3\pi/2$라고 하자.
그러면 $dx = a \sec \theta \tan \theta\, d\theta$이고 다음을 얻는다.

$$\sqrt{x^2-a^2} = \sqrt{a^2(\sec^2\theta - 1)} = \sqrt{a^2 \tan^2\theta} = a|\tan\theta| = a\tan\theta$$

따라서 다음이 성립한다.

$$\int \frac{dx}{\sqrt{x^2-a^2}} = \int \frac{a\sec\theta\,\tan\theta}{a\tan\theta}\, d\theta = \int \sec\theta\, d\theta = \ln|\sec\theta + \tan\theta| + C$$

그림 4의 삼각형에서 $\tan\theta = \sqrt{x^2-a^2}/a$이므로 다음을 얻는다.

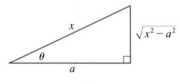

그림 4 $\sec\theta = \frac{x}{a}$

$$\int \frac{dx}{\sqrt{x^2-a^2}} = \ln \left| \frac{x}{a} + \frac{\sqrt{x^2-a^2}}{a} \right| + C$$
$$= \ln\left| x + \sqrt{x^2-a^2} \right| - \ln a + C$$

$C_1 = C - \ln a$로 쓰면 다음을 얻는다.

1 $$\int \frac{dx}{\sqrt{x^2-a^2}} = \ln \left| x + \sqrt{x^2-a^2} \right| + C_1$$

풀이 2 $x > 0$에 대해 쌍곡선치환 $x = a \cosh t$를 이용할 수 있다.
항등식 $\cosh^2 y - \sinh^2 y = 1$로부터 다음을 얻는다.

$$\sqrt{x^2-a^2} = \sqrt{a^2(\cosh^2 t - 1)} = \sqrt{a^2 \sinh^2 t} = a\sinh t$$

$dx = a \sinh t\, dt$이므로 다음을 얻는다.

$$\int \frac{dx}{\sqrt{x^2-a^2}} = \int \frac{a\sinh t\, dt}{a\sinh t} = \int dt = t + C$$

$\cosh t = x/a$로부터 $t = \cosh^{-1}(x/a)$이므로 다음을 얻는다.

$$\boxed{2} \qquad \int \frac{dx}{\sqrt{x^2 - a^2}} = \cosh^{-1}\left(\frac{x}{a}\right) + C$$

식 $\boxed{1}$과 $\boxed{2}$는 달라 보이지만 6.7절의 식 $\boxed{4}$에 따라 두 식은 실제로 같다.　　■

NOTE　예제 5에서 보듯이 삼각치환 대신 쌍곡선치환을 사용할 수 있고, 때로는 그것이 보다 간단하게 해답을 줄 수도 있다. 그러나 삼각항등식이 쌍곡선 항등식보다 익숙하기 때문에 일반적으로 삼각치환을 이용한다.

《예제 6》 $\displaystyle\int_0^{3\sqrt{3}/2} \frac{x^3}{(4x^2 + 9)^{3/2}}\,dx$ 를 구하라.

예제 6은 임의의 정수 n에 대해 적분 안에 $(x^2 + a^2)^{n/2}$이 나올 때 때로는 삼각치환이 좋은 해법이라는 것을 보여 준다. $(a^2 - x^2)^{n/2}$이나 $(x^2 - a^2)^{n/2}$일 때도 마찬가지이다.

풀이　먼저 $(4x^2 + 9)^{3/2} = (\sqrt{4x^2 + 9})^3$이므로 삼각치환이 적절함에 주목하자. 비록 $\sqrt{4x^2 + 9}$가 삼각치환표에 있는 식과 완전히 일치하지는 않지만, 먼저 $u = 2x$로 치환하면 표 안에 있는 것 중에서 하나인 $\sqrt{u^2 + 9}$가 된다. 그러면 $u = 3\tan\theta$, 또는 $x = \frac{3}{2}\tan\theta$로 치환하면 $dx = \frac{3}{2}\sec^2\theta\,d\theta$이고 다음과 같다.

$$\sqrt{4x^2 + 9} = \sqrt{9\tan^2\theta + 9} = 3\sec\theta$$

$x = 0$일 때 $\tan\theta = 0$이므로 $\theta = 0$이고, $x = 3\sqrt{3}/2$일 때 $\tan\theta = \sqrt{3}$이므로 $\theta = \pi/3$이다. 따라서 다음을 얻는다.

$$\int_0^{3\sqrt{3}/2} \frac{x^3}{(4x^2 + 9)^{3/2}}\,dx = \int_0^{\pi/3} \frac{\frac{27}{8}\tan^3\theta}{27\sec^3\theta}\,\frac{3}{2}\sec^2\theta\,d\theta$$

$$= \frac{3}{16}\int_0^{\pi/3} \frac{\tan^3\theta}{\sec\theta}\,d\theta = \frac{3}{16}\int_0^{\pi/3} \frac{\sin^3\theta}{\cos^2\theta}\,d\theta$$

$$= \frac{3}{16}\int_0^{\pi/3} \frac{1 - \cos^2\theta}{\cos^2\theta}\sin\theta\,d\theta$$

이제 $u = \cos\theta$로 치환하면 $du = -\sin\theta\,d\theta$이다. $\theta = 0$일 때 $u = 1$이고, $\theta = \pi/3$일 때 $u = \frac{1}{2}$이므로 다음과 같다.

$$\int_0^{3\sqrt{3}/2} \frac{x^3}{(4x^2 + 9)^{3/2}}\,dx = -\frac{3}{16}\int_1^{1/2} \frac{1 - u^2}{u^2}\,du$$

$$= \frac{3}{16}\int_1^{1/2} (1 - u^{-2})\,du = \frac{3}{16}\left[u + \frac{1}{u}\right]_1^{1/2}$$

$$= \frac{3}{16}\left[\left(\frac{1}{2} + 2\right) - (1 + 1)\right] = \frac{3}{32}$$　　■

《예제 7》 $\displaystyle\int \frac{x}{\sqrt{3 - 2x - x^2}}\,dx$ 를 계산하라.

풀이　다음과 같이 피적분함수의 근호 안을 완전제곱 꼴로 만들어 삼각치환에 적합하도록 함수를 변형한다.

그림 5는 예제 7의 피적분함수와 그 부정적
분의 그래프이다(단, $C = 0$). 어떤 함수가
어떤 그래프인가?

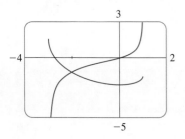

그림 5

$$3 - 2x - x^2 = 3 - (x^2 + 2x) = 3 + 1 - (x^2 + 2x + 1)$$
$$= 4 - (x + 1)^2$$

$u = x + 1$로 치환하면 $du = dx$이고 $x = u - 1$이다. 따라서 다음과 같다.

$$\int \frac{x}{\sqrt{3 - 2x - x^2}} \, dx = \int \frac{u - 1}{\sqrt{4 - u^2}} \, du$$

$u = 2\sin\theta$로 치환하면 $du = 2\cos\theta \, d\theta$이고 $\sqrt{4 - u^2} = 2\cos\theta$이므로 다음을 얻는다.

$$\int \frac{x}{\sqrt{3 - 2x - x^2}} \, dx = \int \frac{2\sin\theta - 1}{2\cos\theta} 2\cos\theta \, d\theta$$

$$= \int (2\sin\theta - 1) \, d\theta$$

$$= -2\cos\theta - \theta + C$$

$$= -\sqrt{4 - u^2} - \sin^{-1}\left(\frac{u}{2}\right) + C$$

$$= -\sqrt{3 - 2x - x^2} - \sin^{-1}\left(\frac{x + 1}{2}\right) + C \qquad \blacksquare$$

7.3 | 연습문제

1-2 (a) 적절한 삼각치환을 결정하라. (b) 치환을 적용하여 삼각
적분으로 문제를 전환하라. 적분을 계산할 필요는 없다.

1. $\displaystyle\int \frac{x^3}{\sqrt{1 + x^2}} \, dx$ **2.** $\displaystyle\int \frac{x^2}{\sqrt{x^2 - 2}} \, dx$

3-4 주어진 삼각치환을 이용해서 적분을 계산하라. 그와 관련
된 직각삼각형을 그리고, 각 변에 명칭을 붙여라.

3. $\displaystyle\int \frac{x^3}{\sqrt{1 - x^2}} \, dx, \quad x = \sin\theta$

4. $\displaystyle\int \frac{\sqrt{4x^2 - 25}}{x} \, dx, \quad x = \frac{5}{2}\sec\theta$

5-18 다음 적분을 계산하라.

5. $\displaystyle\int x^3\sqrt{16 + x^2} \, dx$ **6.** $\displaystyle\int \frac{\sqrt{x^2 - 1}}{x^4} \, dx$

7. $\displaystyle\int_0^a \frac{dx}{(a^2 + x^2)^{3/2}}, \quad a > 0$ **8.** $\displaystyle\int_2^3 \frac{dx}{(x^2 - 1)^{3/2}}$

9. $\displaystyle\int_0^{1/2} x\sqrt{1 - 4x^2} \, dx$ **10.** $\displaystyle\int \frac{\sqrt{x^2 - 9}}{x^3} \, dx$

11. $\displaystyle\int_0^a x^2\sqrt{a^2 - x^2} \, dx$ **12.** $\displaystyle\int \frac{x}{\sqrt{x^2 - 7}} \, dx$

13. $\displaystyle\int \frac{\sqrt{1 + x^2}}{x} \, dx$ **14.** $\displaystyle\int_0^{0.6} \frac{x^2}{\sqrt{9 - 25x^2}} \, dx$

15. $\displaystyle\int \frac{dx}{\sqrt{x^2 + 2x + 5}}$ **16.** $\displaystyle\int x^2\sqrt{3 + 2x - x^2} \, dx$

17. $\displaystyle\int \sqrt{x^2 + 2x} \, dx$ **18.** $\displaystyle\int x\sqrt{1 - x^4} \, dx$

19. (a) 삼각치환을 이용해서 다음을 보여라.

$$\int \frac{dx}{\sqrt{x^2 + a^2}} = \ln\left(x + \sqrt{x^2 + a^2}\right) + C$$

(b) 쌍곡선치환 $x = a\sinh t$를 이용해서 다음을 보여라.

$$\int \frac{dx}{\sqrt{x^2 + a^2}} = \sinh^{-1}\left(\frac{x}{a}\right) + C$$

이 두 식은 6.7절의 공식 **3**과 관련이 있다.

20. $1 \leq x \leq 7$일 때 $f(x) = \sqrt{x^2 - 1}/x$의 평균값을 구하라.

21. 반지름이 r이고 중심각이 θ인 부채꼴의 넓이에 대한 공식

$A = \frac{1}{2}r^2\theta$를 증명하라. [**힌트**: $0 < \theta < \pi/2$이고 원의 중심을 원점에 놓으면 방정식 $x^2 + y^2 = r^2$을 얻는다. 그러면 A는 그림에서 삼각형 POQ의 넓이와 영역 PQR의 넓이의 합이다.]

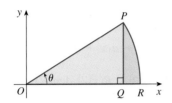

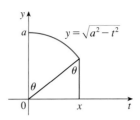

22. 곡선 $y = 9/(x^2 + 9)$, $y = 0$, $x = 0$, $x = 3$으로 둘러싸인 영역을 x축을 중심으로 회전시킬 때 생기는 입체의 부피를 구하라.

23. (a) 삼각치환을 이용해서 다음을 보여라.

$$\int_0^x \sqrt{a^2 - t^2}\, dt = \frac{1}{2}a^2 \sin^{-1}(x/a) + \frac{1}{2}x\sqrt{a^2 - x^2}$$

(b) (a)의 우변에 있는 두 항을 그림을 참고해서 삼각법으로 설명하라.

24. 원 $x^2 + (y - R)^2 = r^2$을 x축을 중심으로 회전시킬 때 생기는 원환면으로 둘러싸인 입체의 부피를 구하라.

25. 아래 그림과 같이 반지름이 각각 R과 r인 두 원의 호로 유계된 초승달 모양(활꼴)의 영역의 넓이를 구하라.

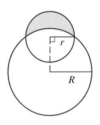

7.4 | 부분분수에 의한 유리함수의 적분

이 절에서는 임의의 유리함수(다항식들의 비)를 이미 적분하는 방법을 알고 있는 **부분분수**라고 하는 간단한 분수들의 합으로 나타내어 적분하는 방법을 알아본다. 이 방법을 설명하기 위해 분수 $2/(x - 1)$와 $1/(x + 2)$의 공통분모를 취하면 다음을 관찰할 수 있다.

$$\frac{2}{x - 1} - \frac{1}{x + 2} = \frac{2(x + 2) - (x - 1)}{(x - 1)(x + 2)} = \frac{x + 5}{x^2 + x - 2}$$

이 과정을 역으로 하면 방정식의 우변에 있는 함수를 적분하는 방법을 안다.

$$\int \frac{x + 5}{x^2 + x - 2}\, dx = \int \left(\frac{2}{x - 1} - \frac{1}{x + 2} \right) dx$$
$$= 2 \ln|x - 1| - \ln|x + 2| + C$$

■ 부분분수 방법

부분분수 방법을 일반적으로 적용하는 방법을 알기 위해 다항함수 P, Q에 대해 다음과 같은 유리함수를 생각하자.

$$f(x) = \frac{P(x)}{Q(x)}$$

P의 차수가 Q의 차수보다 낮으면, f를 간단한 분수의 합으로 나타낼 수 있다. 이와 같은 유리함수를 **진분수**라고 한다. 다항함수 $P(x)$가 다음과 같은 경우 P의 차수는 n이고 $\deg(P) = n$으로 쓴다.

$$P(x) = a_n x^n + a_{n-1} x^{n-1} + \cdots + a_1 x + a_0 \quad (a_n \neq 0)$$

f가 **가분수**이면, 즉 $\deg(P) \geq \deg(Q)$이면 나머지 $R(x)$가 $\deg(R) < \deg(Q)$가 될 때까지 예비단계로서 (장제법으로) P를 Q로 나눠야 한다. 그러면 나눗셈 결과는 다음과 같다.

$$\boxed{1} \qquad\qquad f(x) = \frac{P(x)}{Q(x)} = S(x) + \frac{R(x)}{Q(x)}$$

여기서 S와 R도 역시 다항함수이다.

다음 예제가 보여 주듯이 때로는 이와 같은 예비단계만 필요한 경우도 있다.

《예제 1》 $\displaystyle\int \frac{x^3 + x}{x - 1}\, dx$를 구하라.

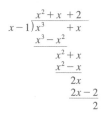

풀이 분자의 차수가 분모의 차수보다 크기 때문에 먼저 장제법을 한다. 그러면 다음을 얻는다.

$$\int \frac{x^3 + x}{x - 1}\, dx = \int \left(x^2 + x + 2 + \frac{2}{x - 1} \right) dx$$

$$= \frac{x^3}{3} + \frac{x^2}{2} + 2x + 2\ln|x - 1| + C \qquad \blacksquare$$

식 $\boxed{1}$에서 분모 $Q(x)$가 복잡한 경우, 다음 단계는 분모 $Q(x)$를 가능한 끝까지 인수분해하는 것이다. 임의의 다항함수 Q는 1차 인수($ax + b$ 형태)와 기약인 2차 인수($ax^2 + bx + c$ 형태, $b^2 - 4ac < 0$)의 곱으로 인수분해할 수 있음을 보일 수 있다. 예를 들어 $Q(x) = x^4 - 16$이면 다음과 같이 인수분해할 수 있다.

$$Q(x) = (x^2 - 4)(x^2 + 4) = (x - 2)(x + 2)(x^2 + 4)$$

세 번째 단계는 (식 $\boxed{1}$로부터) 진분수식 $R(x)/Q(x)$를 다음 형태의 **부분분수**(partial fraction)의 합으로 나타내는 것이다.

$$\frac{A}{(ax + b)^i} \qquad \text{또는} \qquad \frac{Ax + B}{(ax^2 + bx + c)^j}$$

이것은 대수학에 나오는 정리로부터 언제나 가능한 것인데 네 가지 경우로 나누어 상세히 설명해 보자.

경우 1　분모 $Q(x)$가 서로 다른 1차 인수의 곱인 경우

반복되는 인수가 없고 다른 인수의 상수배인 인수도 없는 경우에 다음과 같이 쓸
수 있다.

$$Q(x) = (a_1x + b_1)(a_2x + b_2) \cdots (a_kx + b_k)$$

이 경우 부분분수 정리에 따르면 다음을 만족시키는 상수 $A_1, A_2, \ldots, A_k$가 존재
한다.

$$\boxed{2}　\frac{R(x)}{Q(x)} = \frac{A_1}{a_1x + b_1} + \frac{A_2}{a_2x + b_2} + \cdots + \frac{A_k}{a_kx + b_k}$$

이런 상수는 다음 예제에서처럼 결정할 수 있다.

《예제 2》 $\int \dfrac{x^2 + 2x - 1}{2x^3 + 3x^2 - 2x}\, dx$ 를 계산하라.

풀이 분자의 차수가 분모의 차수보다 낮기 때문에 나눌 필요가 없다. 분모를 다음과 같
이 인수분해한다.

$$2x^3 + 3x^2 - 2x = x(2x^2 + 3x - 2) = x(2x - 1)(x + 2)$$

분모가 서로 다른 세 개의 1차 인수를 가지므로 피적분함수의 부분분수 분해 $\boxed{2}$는 다음
과 같은 형태가 된다.

$$\boxed{3}　\frac{x^2 + 2x - 1}{x(2x - 1)(x + 2)} = \frac{A}{x} + \frac{B}{2x - 1} + \frac{C}{x + 2}$$

A, B, C의 값을 결정하기 위해 최소 공통분모 $x(2x - 1)(x + 2)$를 이 식의 양변에 곱해
서 다음을 얻는다.

> A, B, C를 구하는 다른 방법은 이 예제 밑
> NOTE에 있다.

$$\boxed{4}　x^2 + 2x - 1 = A(2x - 1)(x + 2) + Bx(x + 2) + Cx(2x - 1)$$

식 $\boxed{4}$의 우변을 전개하고 다항식의 표준형으로 쓰면 다음을 얻는다.

$$\boxed{5}　x^2 + 2x - 1 = (2A + B + 2C)x^2 + (3A + 2B - C)x - 2A$$

식 $\boxed{5}$의 다항식은 항등식이므로 대응하는 항의 계수들이 서로 같아야 한다. 따라서 우
변의 x^2의 계수 $2A + B + 2C$는 좌변의 x^2의 계수 1과 같아야 한다. 마찬가지로 x의 계
수와 상수항도 같아야 한다. 따라서 A, B, C에 관한 다음 연립방정식을 얻는다.

$$2A + B + 2C = 1$$
$$3A + 2B - C = 2$$
$$-2A = -1$$

이를 풀면 $A = \frac{1}{2}$, $B = \frac{1}{5}$, $C = -\frac{1}{10}$이다. 따라서 다음을 얻는다.

공통분모를 취하고 더해서 맞는지 확인할
수 있다.

$$\int \frac{x^2 + 2x - 1}{2x^3 + 3x^2 - 2x}\, dx = \int \left(\frac{1}{2}\frac{1}{x} + \frac{1}{5}\frac{1}{2x-1} - \frac{1}{10}\frac{1}{x+2} \right) dx$$

$$= \tfrac{1}{2}\ln|x| + \tfrac{1}{10}\ln|2x-1| - \tfrac{1}{10}\ln|x+2| + K$$

적분에서 가운데 항은 머릿속에서 $u = 2x - 1$로 치환하고 $du = 2\,dx$, 즉 $dx = \tfrac{1}{2}\,du$를
이용했다. ∎

NOTE 예제 2에서 계수 A, B, C를 구하는 다른 방법이 있다. 식 **4**는 항등식이므로 모
든 x에 대해 참이다. 따라서 식을 간단하게 하는 x의 값을 선택하면 된다. 식 **4**에서 x
$= 0$으로 놓으면 우변의 둘째, 셋째 항이 없어지고 방정식은 $-2A = -1$, 즉 $A = \tfrac{1}{2}$이 된
다. 같은 방법으로 $x = \tfrac{1}{2}$로 놓으면 $5B/4 = \tfrac{1}{4}$이고 $x = -2$로 두면 $10C = -1$이다. 따라
서 $B = \tfrac{1}{5}$, $C = -\tfrac{1}{10}$을 얻는다(식 **3**은 $x = 0$, $\tfrac{1}{2}$ 또는 -2일 때 성립하지 않는데, 식 **4**
에서는 왜 이들 값에 대해서도 성립하는 것일까? 사실 식 **4**는 $x = 0, 1/2, -2$뿐만 아
니라 모든 x에 대해 성립한다. 연습문제 38 참조).

《예제 3》 $\displaystyle \int \frac{dx}{x^2 - a^2}$, $a \neq 0$을 구하라.

풀이 부분분수 방법으로 다음을 얻는다.

$$\frac{1}{x^2 - a^2} = \frac{1}{(x-a)(x+a)} = \frac{A}{x-a} + \frac{B}{x+a}$$

따라서 다음과 같다.

$$A(x + a) + B(x - a) = 1$$

위 NOTE에서 언급한 방법을 이용해서 이 식에 $x = a$를 대입하면 $A(2a) = 1$, 즉 $A =$
$1/(2a)$을 얻고, $x = -a$를 대입하면 $B(-2a) = 1$, 즉 $B = -1/(2a)$을 얻는다. 따라서 다
음과 같다.

$$\int \frac{dx}{x^2 - a^2} = \frac{1}{2a} \int \left(\frac{1}{x-a} - \frac{1}{x+a} \right) dx$$

$$= \frac{1}{2a}\big(\ln|x-a| - \ln|x+a|\big) + C$$

$\ln x - \ln y = \ln(x/y)$이므로 이 적분은 다음과 같이 쓸 수 있다.

$$\boxed{6} \qquad \int \frac{dx}{x^2 - a^2} = \frac{1}{2a} \ln\left| \frac{x-a}{x+a} \right| + C$$

식 **6**을 이용한 방법은 연습문제 31을 참조한다. ∎

경우 2 $Q(x)$가 반복되는 1차 인수의 곱인 경우

첫 번째 1차 인수 $(a_1 x + b_1)$이 r번 반복된다고 하자. 즉 $(a_1 x + b_1)^r$이 $Q(x)$의 인수

분해에 나타나면 식 **2** 에서 $A_1/(a_1x + b_1)$ 대신에 다음을 이용해야 한다.

7
$$\frac{A_1}{a_1x + b_1} + \frac{A_2}{(a_1x + b_1)^2} + \cdots + \frac{A_r}{(a_1x + b_1)^r}$$

예를 들어 다음과 같이 쓸 수 있다.

$$\frac{x^3 - x + 1}{x^2(x - 1)^3} = \frac{A}{x} + \frac{B}{x^2} + \frac{C}{x - 1} + \frac{D}{(x - 1)^2} + \frac{E}{(x - 1)^3}$$

그러나 더 간단한 예를 들어 자세히 살펴보자.

《예제 4》 $\displaystyle\int \frac{x^4 - 2x^2 + 4x + 1}{x^3 - x^2 - x + 1}\, dx$ 를 구하라.

풀이 첫 단계로 나눗셈을 한다. 장제법의 결과 다음을 얻는다.

$$\frac{x^4 - 2x^2 + 4x + 1}{x^3 - x^2 - x + 1} = x + 1 + \frac{4x}{x^3 - x^2 - x + 1}$$

다음 단계는 분모 $Q(x) = x^3 - x^2 - x + 1$의 인수분해이다. $Q(1) = 0$이므로 $x - 1$은 인수가 되어 다음을 얻는다.

$$x^3 - x^2 - x + 1 = (x - 1)(x^2 - 1) = (x - 1)(x - 1)(x + 1)$$
$$= (x - 1)^2(x + 1)$$

1차 인수 $x - 1$이 두 번 반복되므로 부분분수 분해는 다음과 같다.

$$\frac{4x}{(x - 1)^2(x + 1)} = \frac{A}{x - 1} + \frac{B}{(x - 1)^2} + \frac{C}{x + 1}$$

최소의 공통분모 $(x - 1)^2(x + 1)$을 양변에 곱하면 다음을 얻는다.

8
$$4x = A(x - 1)(x + 1) + B(x + 1) + C(x - 1)^2$$
$$= (A + C)x^2 + (B - 2C)x + (-A + B + C)$$

계수가 서로 같아야 하므로 다음을 얻는다.

$$A \qquad + \ C = 0$$
$$B - 2C = 4$$
$$-A + B + \ C = 0$$

이 방정식을 풀면, $A = 1$, $B = 2$, $C = -1$을 얻는다. 따라서 다음과 같다.

$$\int \frac{x^4 - 2x^2 + 4x + 1}{x^3 - x^2 - x + 1}\, dx = \int \left[x + 1 + \frac{1}{x - 1} + \frac{2}{(x - 1)^2} - \frac{1}{x + 1} \right] dx$$

$$= \frac{x^2}{2} + x + \ln|x - 1| - \frac{2}{x - 1} - \ln|x + 1| + K$$

$$= \frac{x^2}{2} + x - \frac{2}{x - 1} + \ln \left| \frac{x - 1}{x + 1} \right| + K \qquad ■$$

NOTE 예제 4에서 계수 A, B, C는 예제 2 뒤의 NOTE와 같은 방법으로 얻을 수 있다. 식 **8**에서 $x = 1$로 놓으면 $4 = 2B$, 즉 $B = 2$를 얻는다. 같은 방법으로 $x = -1$로 놓으면 $-4 = 4C$, 즉 $C = -1$을 얻는다. 식 **8**의 우변에 있는 두 번째와 세 번째 항을 0으로 만드는 x의 값이 없기 때문에 A의 값을 구하기는 쉽지 않다. 그러나 A, B, C의 관계에 의해서 세 번째 x를 선택할 수 있다. 예로서 $x = 0$이면 $0 = -A + B + C$, 즉 $A = 1$을 얻는다.

경우 3 $Q(x)$가 반복되지 않는 기약 2차 인수를 포함하는 경우

$Q(x)$가 인수 $ax^2 + bx + c$, $b^2 - 4ac < 0$을 가지면 $R(x)/Q(x)$는 식 **2**와 **7**의 부분분수에 다음과 같은 형태의 항을 추가한다.

$$\boxed{9} \qquad \frac{Ax + B}{ax^2 + bx + c}$$

여기서 A, B는 결정해야 할 상수이다. 예를 들어 $f(x) = x/[(x - 2)(x^2 + 1)(x^2 + 4)]$는 다음과 같은 형태로 부분분수 분해된다.

$$\frac{x}{(x - 2)(x^2 + 1)(x^2 + 4)} = \frac{A}{x - 2} + \frac{Bx + C}{x^2 + 1} + \frac{Dx + E}{x^2 + 4}$$

식 **9**에 주어진 항을 (필요하면) 완전제곱으로 변형하고 다음 공식을 이용해서 적분할 수 있다.

$$\boxed{10} \qquad \boxed{\int \frac{dx}{x^2 + a^2} = \frac{1}{a} \tan^{-1}\left(\frac{x}{a}\right) + C}$$

《예제 5》 $\displaystyle\int \frac{2x^2 - x + 4}{x^3 + 4x}\, dx$를 계산하라.

풀이 $x^3 + 4x = x(x^2 + 4)$는 더 이상 인수분해되지 않으므로 다음과 같이 쓴다.

$$\frac{2x^2 - x + 4}{x(x^2 + 4)} = \frac{A}{x} + \frac{Bx + C}{x^2 + 4}$$

$x(x^2 + 4)$를 양변에 곱하면 다음을 얻는다.

$$2x^2 - x + 4 = A(x^2 + 4) + (Bx + C)x$$
$$= (A + B)x^2 + Cx + 4A$$

계수들을 같게 놓으면, 다음을 얻는다.

$$A + B = 2, \quad C = -1, \quad 4A = 4$$

따라서 $A = 1$, $B = 1$, $C = -1$이므로 다음과 같다.

$$\int \frac{2x^2 - x + 4}{x^3 + 4x}\, dx = \int \left(\frac{1}{x} + \frac{x - 1}{x^2 + 4}\right) dx$$

둘째 항을 적분하기 위해 다음과 같이 두 개로 분리한다.

$$\int \frac{x-1}{x^2+4}\,dx = \int \frac{x}{x^2+4}\,dx - \int \frac{1}{x^2+4}\,dx$$

첫 번째 적분은 $u = x^2 + 4$로 치환하면 $du = 2x\,dx$이다. 두 번째 적분은 공식 $\boxed{10}$에서 $a = 2$인 경우이다. 그러므로 다음과 같이 계산할 수 있다.

$$\int \frac{2x^2 - x + 4}{x(x^2+4)}\,dx = \int \frac{1}{x}\,dx + \int \frac{x}{x^2+4}\,dx - \int \frac{1}{x^2+4}\,dx$$

$$= \ln|x| + \tfrac{1}{2}\ln(x^2+4) - \tfrac{1}{2}\tan^{-1}(x/2) + K \qquad ■$$

《예제 6》 $\int \dfrac{4x^2 - 3x + 2}{4x^2 - 4x + 3}\,dx$를 계산하라.

풀이 분자의 차수가 분모의 차수보다 작지 않으므로 먼저 나누면 다음을 얻는다.

$$\frac{4x^2 - 3x + 2}{4x^2 - 4x + 3} = 1 + \frac{x-1}{4x^2 - 4x + 3}$$

이차식 $4x^2 - 4x + 3$은 그 판별식이 $b^2 - 4ac = -32 < 0$이므로 기약이다. 이것은 더 이상 인수분해 되지 않음을 의미하므로 부분분수 방법을 사용할 필요가 없다.

주어진 함수를 적분하기 위해 분모를 다음과 같이 완전제곱으로 나타내자.

$$4x^2 - 4x + 3 = (2x-1)^2 + 2$$

$u = 2x - 1$로 치환하면 $du = 2\,dx$로부터 $x = (u+1)/2$이므로 다음과 같이 계산할 수 있다.

$$\int \frac{4x^2 - 3x + 2}{4x^2 - 4x + 3}\,dx = \int \left(1 + \frac{x-1}{4x^2 - 4x + 3}\right)dx$$

$$= x + \tfrac{1}{2}\int \frac{\tfrac{1}{2}(u+1)-1}{u^2+2}\,du = x + \tfrac{1}{4}\int \frac{u-1}{u^2+2}\,du$$

$$= x + \tfrac{1}{4}\int \frac{u}{u^2+2}\,du - \tfrac{1}{4}\int \frac{1}{u^2+2}\,du$$

$$= x + \tfrac{1}{8}\ln(u^2+2) - \frac{1}{4}\cdot\frac{1}{\sqrt{2}}\tan^{-1}\left(\frac{u}{\sqrt{2}}\right) + C$$

$$= x + \tfrac{1}{8}\ln(4x^2-4x+3) - \frac{1}{4\sqrt{2}}\tan^{-1}\left(\frac{2x-1}{\sqrt{2}}\right) + C \quad ■$$

NOTE 예제 6은 다음과 같은 형태의 부분분수를 적분하는 일반적인 과정을 설명한다.

$$\frac{Ax+B}{ax^2+bx+c}, \quad b^2 - 4ac < 0$$

분모를 완전제곱으로 나타내고 치환해서 적분을 다음과 같은 형태로 변환한다.

$$\int \frac{Cu + D}{u^2 + a^2}\, du = C \int \frac{u}{u^2 + a^2}\, du + D \int \frac{1}{u^2 + a^2}\, du$$

그러면 첫 번째 적분은 로그, 두 번째 적분은 $\tan^{-1}$로 나타난다.

경우 4 $Q(x)$가 반복되는 기약 2차 인수를 포함하는 경우

$Q(x)$가 인수 $(ax^2 + bx + c)^r$, $b^2 - 4ac < 0$을 가지면 단항 부분분수인 식 **9** 대신에 $R(x)/Q(x)$의 부분분수 분해는 다음 합으로 나타난다.

$$\boxed{11} \quad \frac{A_1 x + B_1}{ax^2 + bx + c} + \frac{A_2 x + B_2}{(ax^2 + bx + c)^2} + \cdots + \frac{A_r x + B_r}{(ax^2 + bx + c)^r}$$

식 **11**에서 각 항은 필요하면 먼저 완전제곱으로 바꾸고 치환해서 적분할 수 있다.

예제 7의 계수를 직접 구하는 것은 매우 지루한 일이다. 하지만 컴퓨터 대수체계를 이용하면 매우 빨리 계수를 찾을 수 있다.

$A = -1, \quad B = \tfrac{1}{8}, \quad C = D = -1,$
$E = \tfrac{15}{8}, \quad F = -\tfrac{1}{8}, \quad G = H = \tfrac{3}{4},$
$I = -\tfrac{1}{2}, \quad J = \tfrac{1}{2}$

《예제 7》 함수 $\dfrac{x^3 + x^2 + 1}{x(x-1)(x^2 + x + 1)(x^2 + 1)^3}$ 을 부분분수 분해의 형태로 나타내라.

풀이

$$\frac{x^3 + x^2 + 1}{x(x-1)(x^2 + x + 1)(x^2 + 1)^3}$$

$$= \frac{A}{x} + \frac{B}{x - 1} + \frac{Cx + D}{x^2 + x + 1} + \frac{Ex + F}{x^2 + 1} + \frac{Gx + H}{(x^2 + 1)^2} + \frac{Ix + J}{(x^2 + 1)^3} \quad \blacksquare$$

《예제 8》 $\displaystyle\int \frac{1 - x + 2x^2 - x^3}{x(x^2 + 1)^2}\, dx$를 계산하라.

풀이 이 함수의 부분분수 분해의 형태는 다음과 같다.

$$\frac{1 - x + 2x^2 - x^3}{x(x^2 + 1)^2} = \frac{A}{x} + \frac{Bx + C}{x^2 + 1} + \frac{Dx + E}{(x^2 + 1)^2}$$

양변에 $x(x^2 + 1)^2$을 곱하면 다음을 얻는다.

$$-x^3 + 2x^2 - x + 1 = A(x^2 + 1)^2 + (Bx + C)x(x^2 + 1) + (Dx + E)x$$

$$= A(x^4 + 2x^2 + 1) + B(x^4 + x^2) + C(x^3 + x) + Dx^2 + Ex$$

$$= (A + B)x^4 + Cx^3 + (2A + B + D)x^2 + (C + E)x + A$$

계수를 같게 놓으면 다음 연립방정식을 얻는다.

$$A + B = 0, \quad C = -1, \quad 2A + B + D = 2, \quad C + E = -1, \quad A = 1$$

해는 $A = 1$, $B = -1$, $C = -1$, $D = 1$, $E = 0$이다. 따라서 다음을 얻는다.

$$\int \frac{1 - x + 2x^2 - x^3}{x(x^2 + 1)^2}\, dx = \int \left(\frac{1}{x} - \frac{x + 1}{x^2 + 1} + \frac{x}{(x^2 + 1)^2} \right) dx$$

두 번째와 네 번째 항에서 머릿속으로 $u = x^2 + 1$로 치환한다.

$$= \int \frac{dx}{x} - \int \frac{x}{x^2 + 1}\, dx - \int \frac{dx}{x^2 + 1} + \int \frac{x\, dx}{(x^2 + 1)^2}$$

$$= \ln|x| - \tfrac{1}{2}\ln(x^2 + 1) - \tan^{-1}x - \frac{1}{2(x^2+1)} + K \quad\blacksquare$$

NOTE　예제 8에서 계수 E가 0이어서 적분을 수월하게 했다. 일반적으로 $1/(x^2+1)^2$ 형태의 항을 가질 수 있으므로 이런 항을 적분하는 하나의 방법은 $x = \tan\theta$로 치환하는 것이다.

　　유리함수를 적분할 때 때로는 부분분수를 이용하지 않을 수도 있다. 예를 들어 다음 적분은 경우 3의 방법으로 계산할 수 있다.

$$\int \frac{x^2 + 1}{x(x^2 + 3)}\,dx$$

그렇지만 $u = x(x^2 + 3) = x^3 + 3x$로 놓으면 $du = (3x^2 + 3)dx$가 되어 다음과 같이 적분할 수 있다.

$$\int \frac{x^2 + 1}{x(x^2 + 3)}\,dx = \tfrac{1}{3}\ln|x^3 + 3x| + C$$

■ 유리화 치환법

유리함수가 아닌 함수들을 적절히 치환하면 유리함수로 바꿀 수 있다. 특히 피적분함수가 $\sqrt[n]{g(x)}$와 같은 형태의 식을 포함하고 있으면 $u = \sqrt[n]{g(x)}$로 치환하는 것이 효과적일 수 있다. 다른 예는 연습문제에 있다.

《**예제 9**》 $\displaystyle\int \frac{\sqrt{x+4}}{x}\,dx$를 계산하라.

풀이　$u = \sqrt{x+4}$로 놓으면, $u^2 = x + 4$, 즉 $x = u^2 - 4$이고 $dx = 2u\,du$이다. 그러므로 다음과 같다.

$$\int \frac{\sqrt{x+4}}{x}\,dx = \int \frac{u}{u^2 - 4}2u\,du = 2\int \frac{u^2}{u^2 - 4}\,du$$
$$= 2\int \left(1 + \frac{4}{u^2 - 4}\right)du$$

이 적분은 $u^2 - 4$를 $(u-2)(u+2)$로 인수분해한 다음 부분분수를 이용하든가, $a = 2$로 놓고 공식 6을 이용해서 다음과 같이 계산할 수 있다.

$$\int \frac{\sqrt{x+4}}{x}\,dx = 2\int du + 8\int \frac{du}{u^2 - 4}$$
$$= 2u + 8 \cdot \frac{1}{2 \cdot 2}\ln\left|\frac{u-2}{u+2}\right| + C$$
$$= 2\sqrt{x+4} + 2\ln\left|\frac{\sqrt{x+4}-2}{\sqrt{x+4}+2}\right| + C \quad\blacksquare$$

7.4 | 연습문제

1-3 다음 함수를 예제 7과 같이 부분분수 분해의 형태로 나타내라. 계수의 값은 결정하지 않는다.

1. (a) $\dfrac{1}{(x-3)(x+5)}$ (b) $\dfrac{2x+5}{(x-2)^2(x^2+2)}$

2. (a) $\dfrac{x^2+4}{x^3-3x^2+2x}$ (b) $\dfrac{x^3+x}{x(2x-1)^2(x^2+3)^2}$

3. (a) $\dfrac{x^5+1}{(x^2-x)(x^4+2x^2+1)}$ (b) $\dfrac{x^2}{x^2+x-6}$

4-20 다음 적분을 계산하라.

4. $\displaystyle\int \dfrac{5}{(x-1)(x+4)}\,dx$ **5.** $\displaystyle\int \dfrac{5x+1}{(2x+1)(x-1)}\,dx$

6. $\displaystyle\int_0^1 \dfrac{2}{2x^2+3x+1}\,dx$ **7.** $\displaystyle\int \dfrac{1}{x(x-a)}\,dx$

8. $\displaystyle\int \dfrac{x^2}{x-1}\,dx$ **9.** $\displaystyle\int_1^2 \dfrac{4y^2-7y-12}{y(y+2)(y-3)}\,dy$

10. $\displaystyle\int_0^1 \dfrac{x^2+x+1}{(x+1)^2(x+2)}\,dx$ **11.** $\displaystyle\int \dfrac{dt}{(t^2-1)^2}$

12. $\displaystyle\int \dfrac{10}{(x-1)(x^2+9)}\,dx$ **13.** $\displaystyle\int_{-1}^0 \dfrac{x^3-4x+1}{x^2-3x+2}\,dx$

14. $\displaystyle\int \dfrac{4x}{x^3+x^2+x+1}\,dx$ **15.** $\displaystyle\int \dfrac{x^3+4x+3}{x^4+5x^2+4}\,dx$

16. $\displaystyle\int \dfrac{x+4}{x^2+2x+5}\,dx$ **17.** $\displaystyle\int \dfrac{1}{x^3-1}\,dx$

18. $\displaystyle\int_0^1 \dfrac{x^3+2x}{x^4+4x^2+3}\,dx$ **19.** $\displaystyle\int \dfrac{5x^4+7x^2+x+2}{x(x^2+1)^2}\,dx$

20. $\displaystyle\int \dfrac{x^2-3x+7}{(x^2-4x+6)^2}\,dx$

21-28 피적분함수를 치환해서 유리함수로 나타낸 다음 적분을 계산하라.

21. $\displaystyle\int \dfrac{dx}{x\sqrt{x-1}}$ **22.** $\displaystyle\int \dfrac{dx}{x^2+x\sqrt{x}}$

23. $\displaystyle\int \dfrac{x^3}{\sqrt[3]{x^2+1}}\,dx$

24. $\displaystyle\int \dfrac{1}{\sqrt{x}-\sqrt[3]{x}}\,dx$ [힌트: $u=\sqrt[6]{x}$ 로 치환]

25. $\displaystyle\int \dfrac{1}{x-3\sqrt{x}+2}\,dx$ **26.** $\displaystyle\int \dfrac{e^{2x}}{e^{2x}+3e^x+2}\,dx$

27. $\displaystyle\int \dfrac{\sec^2 t}{\tan^2 t+3\tan t+2}\,dt$ **28.** $\displaystyle\int \dfrac{dx}{1+e^x}$

29. 부분적분과 이 절에서 배운 방법을 이용해서 다음 적분을 계산하라.

$$\int \ln(x^2-x+2)\,dx$$

30. $f(x)=1/(x^2-2x-3)$의 그래프를 이용해서 $\int_0^2 f(x)\,dx$의 값이 양인지 음인지 결정하라. 그 그래프를 이용해서 대략적인 적분값을 추정하고 부분분수를 이용해서 정확한 적분값을 구하라.

31. 완전제곱과 공식 **6**을 이용해서 $\displaystyle\int \dfrac{dx}{x^2-2x}$를 계산하라.

32. 바이어슈트라스 치환 독일의 수학자 바이어슈트라스(Karl Weierstrass, 1815~1897)는 $t=\tan(x/2)$로 치환하면 $\sin x$와 $\cos x$로 이루어진 유리함수가 t에 대한 보통의 유리함수로 변환됨을 알았다.

 (a) $t=\tan(x/2)$, $-\pi < x < \pi$인 직각삼각형을 그리거나 삼각항등식을 이용해서 다음을 보여라.

$$\cos\frac{x}{2}=\frac{1}{\sqrt{1+t^2}},\quad \sin\frac{x}{2}=\frac{t}{\sqrt{1+t^2}}$$

 (b) $\cos x=\dfrac{1-t^2}{1+t^2}$, $\sin x=\dfrac{2t}{1+t^2}$ 임을 보여라.

 (c) $dx=\dfrac{2}{1+t^2}\,dt$ 임을 보여라.

33-34 연습문제 32에 있는 치환을 이용해서 피적분함수를 t에 대한 유리함수로 변환한 다음 적분을 계산하라.

33. $\displaystyle\int \dfrac{1}{3\sin x-4\cos x}\,dx$ **34.** $\displaystyle\int_0^{\pi/2} \dfrac{\sin 2x}{2+\cos x}\,dx$

35. $x=1$에서 2까지 곡선 $y=\dfrac{x^2+1}{3x-x^2}$ 아래 영역의 넓이를 구하라.

36. 살충제를 쓰지 않고 곤충의 개체수의 증가를 억제시키는 한 가지 방법은 번식 능력이 있는 암컷과 짝짓기는 하되 생식 능력이 없는 다수의 수컷을 개체군에 투입하는 방법이다. (이 방법으로 한 지역에서 효과적으로 제거된 첫 번째 해충인 아메리카 파리 사진이다.)

P를 암컷의 수, S를 각 세대에 투입된 생식 능력이 없는 수컷의 수라 하자. r를 번식 능력이 있는 수컷이 있을 때 암컷에 의해 암컷이 번식할 비율이라 하자. 그러면 암컷의 개체수와 시간 t 사이에는 다음과 같은 관계식이 성립한다.

$$t = \int \frac{P+S}{P[(r-1)P - S]}\, dP$$

$r = 1.1$의 비율로 증가하고 있는 암컷 10,000마리가 있는 곤충집단에 900마리의 번식 능력이 없는 수컷을 투입했다고 하자. 적분을 계산해서 암컷의 개체수와 시간과의 관계를 나타내는 방정식을 구하라. (이 방정식은 P에 대해 명확하게 풀리지는 않는다.)

T 37. (a) 컴퓨터 대수체계를 이용해서 다음 함수를 부분분수로 분해하라.

$$f(x) = \frac{4x^3 - 27x^2 + 5x - 32}{30x^5 - 13x^4 + 50x^3 - 286x^2 - 299x - 70}$$

(b) (a)를 이용해서 $\int f(x)\, dx$를 직접 구하고 컴퓨터 대수체계를 이용해서 구한 결과와 비교하고 차이점을 설명하라.

38. 다항함수 F, G, Q에 대해 $Q(x) = 0$일 때를 제외한 모든 x에 대해 다음이 성립한다.

$$\frac{F(x)}{Q(x)} = \frac{G(x)}{Q(x)}$$

모든 x에 대해 $F(x) = G(x)$임을 증명하라. [**힌트**: 연속성을 이용한다.]

39. $a \ne 0$이고 n은 양의 정수일 때, 다음 함수를 부분분수로 분해하라.

$$f(x) = \frac{1}{x^n(x-a)}$$

[**힌트**: 먼저 $1/(x-a)$의 계수를 구한 후 그 나머지 항을 빼고 남겨진 부분을 간단히 한다.]

7.5 | 적분을 위한 전략

지금까지 살펴본 바와 같이 미분보다 적분이 훨씬 도전해 볼 만하다. 함수의 도함수를 구할 때는 어떤 미분 공식을 적용해야 하는지 분명하지만, 주어진 함수를 적분할 때는 어떤 방법을 적용해야 하는지 명확하지 않다.

■ 적분을 위한 지침

지금까지 각 절마다 개별적인 방법이 적용됐다. 예를 들어 연습문제를 풀이할 때 4.5절에서는 치환, 7.1절에서는 부분적분, 그리고 7.4절에서는 부분분수 방법을 주로 이용했다. 그러나 이 절에서는 잡다한 적분들을 특정한 순서 없이 소개하고, 어떤 방법과 공식을 사용해야 하는지 알아내는 것이 주된 과제이다. 주어진 문제에 적용되는 쉽고 빠른 적분법을 줄 수는 없지만, 유용하게 사용될 수 있는 전략에 대해 몇 가지 조언을 하고자 한다.

전략을 적용하기에 앞서 기본적인 적분 공식들을 알아야 한다. 다음 표에는 이 장에서 배운 여러 가지 공식들과 이전에 표로 제시한 것을 같이 적어 놓았다.

적분 공식표   적분상수는 생략했다.

1. $\int x^n\,dx = \dfrac{x^{n+1}}{n+1}$ $(n \neq -1)$ 2. $\int \dfrac{1}{x}\,dx = \ln|x|$

3. $\int e^x\,dx = e^x$ 4. $\int b^x\,dx = \dfrac{b^x}{\ln b}$

5. $\int \sin x\,dx = -\cos x$ 6. $\int \cos x\,dx = \sin x$

7. $\int \sec^2 x\,dx = \tan x$ 8. $\int \csc^2 x\,dx = -\cot x$

9. $\int \sec x \tan x\,dx = \sec x$ 10. $\int \csc x \cot x\,dx = -\csc x$

11. $\int \sec x\,dx = \ln|\sec x + \tan x|$ 12. $\int \csc x\,dx = \ln|\csc x - \cot x|$

13. $\int \tan x\,dx = \ln|\sec x|$ 14. $\int \cot x\,dx = \ln|\sin x|$

15. $\int \sinh x\,dx = \cosh x$ 16. $\int \cosh x\,dx = \sinh x$

17. $\int \dfrac{dx}{x^2 + a^2} = \dfrac{1}{a}\tan^{-1}\left(\dfrac{x}{a}\right)$ 18. $\int \dfrac{dx}{\sqrt{a^2 - x^2}} = \sin^{-1}\left(\dfrac{x}{a}\right),\;\; a > 0$

*19. $\int \dfrac{dx}{x^2 - a^2} = \dfrac{1}{2a}\ln\left|\dfrac{x-a}{x+a}\right|$ *20. $\int \dfrac{dx}{\sqrt{x^2 \pm a^2}} = \ln\left|x + \sqrt{x^2 \pm a^2}\right|$

대부분의 공식은 모두 암기해야 한다. 모든 공식을 알면 매우 유용하지만 별표를 한 것들은 쉽게 유도되므로 암기할 필요는 없다. 공식 19는 부분분수 분해로, 공식 20은 삼각치환을 이용하면 얻을 수 있다.

이런 기본적인 적분 공식을 암기하고도 주어진 적분에 어떤 것을 적용할지 즉각 떠오르지 않으면 다음 네 단계 전략을 시도해 보는 것이 좋다.

1. 가능한 피적분함수를 간단히 한다.   대수적인 연산이나 삼각항등식을 써서 피적분함수를 간단히 하면 적분 방법을 명확히 알 수 있다. 예를 들면 다음과 같다.

$$\int \sqrt{x}\left(1 + \sqrt{x}\right)dx = \int \left(\sqrt{x} + x\right)dx$$

$$\int \frac{\tan\theta}{\sec^2\theta}\,d\theta = \int \frac{\sin\theta}{\cos\theta}\cos^2\theta\,d\theta$$

$$= \int \sin\theta\,\cos\theta\,d\theta = \tfrac{1}{2}\int \sin 2\theta\,d\theta$$

$$\int (\sin x + \cos x)^2\,dx = \int (\sin^2 x + 2\sin x \cos x + \cos^2 x)\,dx$$

$$= \int (1 + 2\sin x \cos x)\,dx$$

2. 명확한 치환 대상을 찾는다.   피적분함수 안에서 $u = g(x)$로 놓을 때 미분 $du = g'(x)\,dx$가 피적분함수의 인수로 나타나는 함수를 찾는다. 이때 상수 인수는 고려

하지 않는다. 예를 들어 다음 적분에서 $u = x^2 - 1$이면, $du = 2x\,dx$가 된다.

$$\int \frac{x}{x^2 - 1}\,dx$$

따라서 부분분수 방법 대신에 $u = x^2 - 1$의 치환을 이용한다.

3. 피적분함수를 형태에 따라 분류한다. 1, 2단계에서 해법을 찾지 못하면 피적분함수 $f(x)$의 형태를 살핀다.

(a) **삼각함수** $f(x)$가 $\sin x$와 $\cos x$, $\tan x$와 $\sec x$ 또는 $\cot x$와 $\csc x$의 거듭제곱의 곱이면, 7.2절에서 언급한 치환을 이용한다.

(b) **유리함수** f가 유리함수이면 7.4절의 부분분수 방법을 이용한다.

(c) **부분적분** $f(x)$가 x의 거듭제곱(또는 다항식)과 초월함수(삼각함수, 지수함수, 로그함수)의 곱이면, 7.1절에서 배운 것처럼 u와 dv를 선택해서 부분적분을 사용한다. 7.1절의 연습문제에서 함수를 보면 대부분 그런 종류의 것들임을 알 수 있다.

(d) **근호** 근호의 종류에 따라 적합한 치환을 사용한다.

  (i) $\sqrt{x^2 + a^2}$, $\sqrt{x^2 - a^2}$ 또는 $\sqrt{a^2 - x}$ 과 같은 형태이면 7.3절에 있는 표에 따라 삼각치환을 사용한다.

  (ii) $\sqrt[n]{ax + b}$와 같은 형태이면 $u = \sqrt[n]{ax + b}$로 치환한다. 일반적으로 $\sqrt[n]{g(x)}$에 대해서도 이 방법을 적용한다.

4. 다시 시도한다. 처음 세 단계로도 해답을 얻지 못하면, 기본적인 두 가지 적분법, 즉 치환과 부분적분을 다시 생각한다.

(a) **치환** 치환 대상이 분명하지 않더라도(2단계), 번득이는 생각이나 궁리 끝에 (또는 자포자기하고 있을 때조차) 적절한 치환을 발견할 수 있다.

(b) **부분적분** 부분적분은 3(c)단계에서 설명한 형태의 곱에 대부분 이용되지만 때로는 단일 함수에도 효과적이다. 7.1절에서 보듯이 $\tan^{-1}$, $\sin^{-1}x$, $\ln x$와 같은 역함수에 대해서도 효과적임을 알게 된다.

(c) **피적분함수의 조작** (분모의 유리화나 삼각항등식을 이용한) 대수적인 연산으로 적분이 좀 더 쉬운 형태로 바뀌기도 한다. 이런 조작은 1단계보다 상당히 많기도 하고 창의성을 요구하기도 한다. 예를 들면 다음과 같다.

$$\int \frac{dx}{1 - \cos x} = \int \frac{1}{1 - \cos x} \cdot \frac{1 + \cos x}{1 + \cos x}\,dx = \int \frac{1 + \cos x}{1 - \cos^2 x}\,dx$$

$$= \int \frac{1 + \cos x}{\sin^2 x}\,dx = \int \left(\csc^2 x + \frac{\cos x}{\sin^2 x}\right)dx$$

(d) **문제를 이전의 문제와 관련지음** 적분에서 경험이 쌓이다 보면 주어진 적분을 할 때 앞서 사용한 것과 유사한 방법을 사용할 수 있다. 또는 주어진 적분을 앞서 나타낸 함수로 표현할 수 있다. 예를 들어 $\int \tan^2 x \sec x\,dx$는 만만치 않은 적분이지만 $\tan^2 x = \sec^2 x - 1$을 이용하면 다음과 같이 쓸 수 있다.

$$\int \tan^2 x \sec x \, dx = \int \sec^3 x \, dx - \int \sec x \, dx$$

$\int \sec^3 x \, dx$를 이전에 계산한 적이 있다면(7.2절의 예제 8 참조), 그 계산 결과를 주어진 문제에 적용할 수 있다.

(e) **여러 가지 방법 사용** 때때로 하나의 적분을 계산하는 데 두세 가지 방법이 필요한 경우도 있다. 이 경우 서로 다른 형태의 치환을 여러 번 연속적으로 하거나 부분적분 방법과 여러 번의 치환을 결합해서 계산할 수도 있다.

다음 예제에서는 적분을 구하는 방법은 제시하지만 적분계산은 끝까지 하지 않는다.

《**예제 1**》 $\displaystyle\int \frac{\tan^3 x}{\cos^3 x} \, dx$

1단계에서 적분을 다음과 같이 다시 쓴다.

$$\int \frac{\tan^3 x}{\cos^3 x} \, dx = \int \tan^3 x \sec^3 x \, dx$$

이 적분은 $\int \tan^m x \sec^n x \, dx$ 의 형태에서 m이 홀수인 경우이므로 7.2절에서 제시한 방법을 이용할 수 있다.

다른 방법으로 1단계에서 다음과 같이 쓴다.

$$\int \frac{\tan^3 x}{\cos^3 x} \, dx = \int \frac{\sin^3 x}{\cos^3 x} \frac{1}{\cos^3 x} \, dx = \int \frac{\sin^3 x}{\cos^6 x} \, dx$$

$u = \cos x$로 치환하고 다음과 같이 계속할 수 있다.

$$\int \frac{\sin^3 x}{\cos^6 x} \, dx = \int \frac{1 - \cos^2 x}{\cos^6 x} \sin x \, dx = \int \frac{1 - u^2}{u^6} \, (-du)$$
$$= \int \frac{u^2 - 1}{u^6} \, du = \int (u^{-4} - u^{-6}) \, du \qquad \blacksquare$$

《**예제 2**》 $\displaystyle\int \sin \sqrt{x} \, dx$

3(d)단계의 (ii)에 따라 $u = \sqrt{x}$ 로 치환하면 $x = u^2$, $dx = 2u \, du$가 된다. 따라서 다음과 같다.

$$\int \sin \sqrt{x} \, dx = 2 \int u \sin u \, du$$

피적분함수는 u와 삼각함수 $\sin u$의 곱이므로 부분적분을 이용할 수 있다. $\qquad \blacksquare$

《**예제 3**》 $\displaystyle\int \frac{x^5 + 1}{x^3 - 3x^2 - 10x} \, dx$

대수적으로 간단히 하기 어렵고 치환 대상도 분명하지 않으므로 1, 2단계를 적용할 수 없다. 그런데 피적분함수가 유리함수이므로 첫 단계로 나눗셈을 하고 7.4절의 절차를 적용한다. $\qquad \blacksquare$

《예제 4》 $\displaystyle\int \frac{dx}{x\sqrt{\ln x}}$

여기서는 2단계로 충분하다. 적분에서 나타난 미분이 $du = dx/x$이므로 $u = \ln x$로 치환한다. ∎

《예제 5》 $\displaystyle\int \sqrt{\frac{1-x}{1+x}}\, dx$

다음과 같이 유리화 치환을 할 수는 있다[3(d)단계의 (ii)].

$$u = \sqrt{\frac{1-x}{1+x}}$$

그러나 그 결과, 매우 복잡한 유리함수가 된다. 좀 더 쉬운 방법은 [1단계나 4(c)단계처럼] 대수적으로 연산하는 것이다. 분자와 분모에 $\sqrt{1-x}$를 곱하면 다음을 얻는다.

$$\int \sqrt{\frac{1-x}{1+x}}\, dx = \int \frac{1-x}{\sqrt{1-x^2}}\, dx$$
$$= \int \frac{1}{\sqrt{1-x^2}}\, dx - \int \frac{x}{\sqrt{1-x^2}}\, dx$$
$$= \sin^{-1}x + \sqrt{1-x^2} + C \qquad ∎$$

■ 연속함수는 모두 적분할 수 있는가?

다음과 같은 질문이 제기된다. 지금까지 배운 적분 방법으로 모든 연속함수에 대해서도 적분을 구할 수 있을까? 예를 들어 전략을 이용해서 $\int e^{x^2} dx$를 계산할 수 있을까? 답은 '아니다'인데, 적어도 친숙한 함수로 나타낼 수 없기 때문이다.

이 책에서 다루는 함수들은 **기본함수**(elementary functions)라고 부르는 것들이다. 이는 다항함수, 유리함수, 거듭제곱함수(x^n), 지수함수(b^x), 로그함수, 삼각함수와 역삼각함수, 쌍곡선함수와 역쌍곡선함수, 그리고 이들의 덧셈, 뺄셈, 곱셈, 나눗셈, 합성의 다섯 가지 연산을 통해 얻어지는 함수들이다. 예를 들어 다음은 기본함수이다.

$$f(x) = \sqrt{\frac{x^2-1}{x^3+2x-1}} + \ln(\cosh x) - xe^{\sin 2x}$$

f가 기본함수이면 f'도 기본함수이지만 $\int f(x)\, dx$는 반드시 기본함수라고 할 수는 없다. $f(x) = e^{x^2}$을 생각해 보자. f가 연속이므로 그 적분은 존재하고 함수 F는 다음과 같이 정의할 수 있다.

$$F(x) = \int_0^x e^{t^2}\, dt$$

미적분학의 기본정리 1로부터 다음을 안다.

$$F'(x) = e^{x^2}$$

따라서 $f(x) = e^{x^2}$은 역도함수 F를 갖지만 F는 기본함수가 아님을 증명할 수 있다. 이것은 아무리 노력해도 우리가 알고 있는 함수로는 적분 $\int e^{x^2}\,dx$를 계산할 수 없다는 사실을 의미한다(그러나 10장에서 $\int e^{x^2}\,dx$를 무한급수로 나타내는 방법을 알아볼 것이다). 다음 적분에 대해서도 마찬가지이다.

$$\int \frac{e^x}{x}\,dx \qquad\qquad \int \sin(x^2)\,dx \qquad\qquad \int \cos(e^x)\,dx$$

$$\int \sqrt{x^3 + 1}\,dx \qquad\qquad \int \frac{1}{\ln x}\,dx \qquad\qquad \int \frac{\sin x}{x}\,dx$$

사실 대부분의 기본함수의 역도함수는 기본함수가 아니다. 그러나 다음 연습문제에 있는 적분은 모두 기본함수이다.

7.5 │ 연습문제

1-4 유사하기는 하지만 서로 다른 적분 방법을 요구하는 세 개의 적분이 주어져 있다. 각 적분을 계산하라.

1. (a) $\displaystyle\int \frac{x}{1 + x^2}\,dx$ (b) $\displaystyle\int \frac{1}{1 + x^2}\,dx$

     (c) $\displaystyle\int \frac{1}{1 - x^2}\,dx$

2. (a) $\displaystyle\int \frac{\ln x}{x}\,dx$ (b) $\displaystyle\int \ln(2x)\,dx$

     (c) $\displaystyle\int x\ln x\,dx$

3. (a) $\displaystyle\int \frac{1}{x^2 - 4x + 3}\,dx$ (b) $\displaystyle\int \frac{1}{x^2 - 4x + 4}\,dx$

     (c) $\displaystyle\int \frac{1}{x^2 - 4x + 5}\,dx$

4. (a) $\displaystyle\int x^2 e^{x^3}\,dx$ (b) $\displaystyle\int x^2 e^x\,dx$

     (c) $\displaystyle\int x^3 e^{x^2}\,dx$

5-47 다음 적분을 계산하라.

5. $\displaystyle\int \frac{\cos x}{1 - \sin x}\,dx$

6. $\displaystyle\int_1^4 \sqrt{y}\,\ln y\,dy$

7. $\displaystyle\int \frac{\ln(\ln y)}{y}\,dy$

8. $\displaystyle\int \frac{x}{x^4 + 9}\,dx$

9. $\displaystyle\int_2^4 \frac{x + 2}{x^2 + 3x - 4}\,dx$

10. $\displaystyle\int \frac{1}{x^3\sqrt{x^2 - 1}}\,dx$

11. $\displaystyle\int \frac{\cos^3 x}{\csc x}\,dx$

12. $\displaystyle\int x\sec x\tan x\,dx$

13. $\displaystyle\int_0^\pi t\cos^2 t\,dt$

14. $\displaystyle\int e^{x + e^x}\,dx$

15. $\displaystyle\int \arctan\sqrt{x}\,dx$

16. $\displaystyle\int_0^1 \left(1 + \sqrt{x}\,\right)^8\,dx$

17. $\displaystyle\int_0^1 \frac{1 + 12t}{1 + 3t}\,dt$

18. $\displaystyle\int \frac{dx}{1 + e^x}$

19. $\displaystyle\int \ln\!\left(x + \sqrt{x^2 - 1}\right)dx$

20. $\displaystyle\int \sqrt{\frac{1 + x}{1 - x}}\,dx$

21. $\displaystyle\int \sqrt{3 - 2x - x^2}\,dx$

22. $\displaystyle\int_{-\pi/2}^{\pi/2} \frac{x}{1 + \cos^2 x}\,dx$

23. $\displaystyle\int_0^{\pi/4} \tan^3\theta\,\sec^2\theta\,d\theta$

24. $\displaystyle\int \frac{\sec\theta\tan\theta}{\sec^2\theta - \sec\theta}\,d\theta$

25. $\displaystyle\int \theta\tan^2\theta\,d\theta$

26. $\displaystyle\int \frac{\sqrt{x}}{1 + x^3}\,dx$

27. $\displaystyle\int \frac{x}{1 + \sqrt{x}}\,dx$

28. $\displaystyle\int x^3(x - 1)^{-4}\,dx$

29. $\displaystyle\int \frac{1}{x\sqrt{4x + 1}}\,dx$

30. $\displaystyle\int \frac{1}{x\sqrt{4x^2 + 1}}\,dx$

31. $\displaystyle\int x^2\sinh mx\,dx$

32. $\displaystyle\int \frac{dx}{x + x\sqrt{x}}$

33. $\displaystyle\int x\sqrt[3]{x + c}\,dx$

34. $\displaystyle\int \frac{dx}{x^4 - 16}$

35. $\displaystyle\int \frac{d\theta}{1 + \cos\theta}$

36. $\displaystyle\int \sqrt{x}\,e^{\sqrt{x}}\,dx$

37. $\displaystyle\int \frac{\sin 2x}{1 + \cos^4 x}\, dx$　　**38.** $\displaystyle\int \frac{1}{\sqrt{x + 1} + \sqrt{x}}\, dx$

39. $\displaystyle\int_1^{\sqrt{3}} \frac{\sqrt{1 + x^2}}{x^2}\, dx$　　**40.** $\displaystyle\int \frac{e^{2x}}{1 + e^x}\, dx$

41. $\displaystyle\int \frac{x + \arcsin x}{\sqrt{1 - x^2}}\, dx$　　**42.** $\displaystyle\int \frac{dx}{x \ln x - x}$

43. $\displaystyle\int \frac{xe^x}{\sqrt{1 + e^x}}\, dx$　　**44.** $\displaystyle\int x \sin^2 x \cos x\, dx$

45. $\displaystyle\int \sqrt{1 - \sin x}\, dx$　　**46.** $\displaystyle\int_0^{\pi/6} \sqrt{1 + \sin 2\theta}\, d\theta$

47. $\displaystyle\int_1^3 \left(\sqrt{\frac{9 - x}{x}} - \sqrt{\frac{x}{9 - x}} \right) dx$

---

48. 함수 $y = e^{x^2}$과 $y = x^2 e^{x^2}$의 역도함수는 기본함수가 아니다. 그러나 $y = (2x^2 + 1)e^{x^2}$의 역도함수는 기본함수이다. $\int (2x^2 + 1)e^{x^2} dx$를 계산하라.

7.6 | 적분표와 도구를 이용한 적분

이 절에서는 적분표와 수리적 소프트웨어를 이용해서 기본 역도함수를 갖는 함수를 적분하는 방법을 설명한다. 그러나 가장 강력한 컴퓨터 소프트웨어라 할지라도 e^{x^2} 또는 7.5절 마지막에 소개한 함수들의 역도함수에 대해서는 명확한 공식을 찾아낼 수 없음을 명심해야 한다.

■ 적분표

부분적분표는 직접 계산하기 어려운 적분에 부딪혔을 때 매우 유용하다. 경우에 따라서는 적분 결과가 컴퓨터로부터 얻은 결과보다 간결하다. 이 책의 끝 부록에는 유형별로 분류된 약 120개의 적분 공식이 있다. 더 확장된 수백 또는 수천 개의 적분을 포함하는 적분표는 다른 출판물이나 인터넷을 통해서 얻을 수 있다. 그러나 적분은 적분표에 있는 형태로만 나타나지는 않는다. 주어진 적분을 적분표에 있는 형태로 바꾸기 위해서는 치환법이나 대수적 연산을 이용해야 하는 경우도 있다.

《예제 1》 곡선 $y = \arctan x$, $y = 0$, $x = 1$로 유계된 영역을 y축을 중심으로 회전시킬 때 생기는 입체의 부피를 구하라.

풀이 원통껍질 방법을 이용하면, 그 부피가 다음과 같음을 안다.

$$V = \int_0^1 2\pi x \arctan x\, dx$$

이 적분은 부록에 있는 적분표의 **역삼각함수 형태**에 있는 공식 92를 이용한다.

$$\int u \tan^{-1} u\, du = \frac{u^2 + 1}{2} \tan^{-1} u - \frac{u}{2} + C$$

적분표는 이 책의 뒷부분에 있는 제시된 부록(Reference) 6-10에 준비되어 있다.

따라서 부피는 다음과 같다.

$$V = 2\pi \int_0^1 x \tan^{-1} x \, dx = 2\pi \left[\frac{x^2 + 1}{2} \tan^{-1} x - \frac{x}{2} \right]_0^1$$

$$= \pi \left[(x^2 + 1) \tan^{-1} x - x \right]_0^1 = \pi (2 \tan^{-1} 1 - 1)$$

$$= \pi [2(\pi/4) - 1] = \tfrac{1}{2}\pi^2 - \pi \qquad \blacksquare$$

《예제 2》 적분표를 이용해서 $\int \dfrac{x^2}{\sqrt{5 - 4x^2}} \, dx$ 를 구하라.

풀이 적분표에서 $\sqrt{a^2 - u^2}$ 을 **포함하는 형태**에 있는 다음과 같은 공식 34와 가장 가까운 것을 알 수 있다.

$$\int \frac{u^2}{\sqrt{a^2 - u^2}} \, du = -\frac{u}{2} \sqrt{a^2 - u^2} + \frac{a^2}{2} \sin^{-1}\left(\frac{u}{a} \right) + C$$

그러나 이 식은 문제와 정확히 일치하지 않는다. 하지만 $u = 2x$로 치환하면 다음과 같이 사용할 수 있다.

> $u = 2x$(즉, $x = u/2$)로 치환하면 $du = 2\,dx$ (즉, $dx = du/2$)가 됨을 기억하자.

$$\int \frac{x^2}{\sqrt{5 - 4x^2}} \, dx = \int \frac{(u/2)^2}{\sqrt{5 - u^2}} \, \frac{du}{2} = \frac{1}{8} \int \frac{u^2}{\sqrt{5 - u^2}} \, du$$

그러면 공식 34에 $a^2 = 5$(따라서 $a = \sqrt{5}$)를 넣으면 다음과 같다.

$$\int \frac{x^2}{\sqrt{5 - 4x^2}} \, dx = \frac{1}{8} \int \frac{u^2}{\sqrt{5 - u^2}} \, du = \frac{1}{8} \left(-\frac{u}{2} \sqrt{5 - u^2} + \frac{5}{2} \sin^{-1} \frac{u}{\sqrt{5}} \right) + C$$

$$= -\frac{x}{8} \sqrt{5 - 4x^2} + \frac{5}{16} \sin^{-1}\left(\frac{2x}{\sqrt{5}} \right) + C \qquad \blacksquare$$

《예제 3》 적분표를 이용해서 $\int x^3 \sin x \, dx$ 를 구하라.

풀이 **삼각함수 형태** 부분을 살펴보면, 인수 u^3을 명확하게 포함하는 항목을 찾을 수 없다. 그러나 $n = 3$인 점화공식 84를 다음과 같이 사용할 수 있다.

$$\int x^3 \sin x \, dx = -x^3 \cos x + 3 \int x^2 \cos x \, dx$$

> **85.** $\int u^n \cos u \, du$
> $= u^n \sin u - n \int u^{n-1} \sin u \, du$

이제 $\int x^2 \cos x \, dx$를 계산해 보자. $n = 2$인 점화공식 85를 사용하고, 다음에 공식 82를 이용한다.

$$\int x^2 \cos x \, dx = x^2 \sin x - 2 \int x \sin x \, dx$$

$$= x^2 \sin x - 2(\sin x - x \cos x) + K$$

계산한 것들을 종합하면 다음을 얻는다.

$$\int x^3 \sin x \, dx = -x^3 \cos x + 3x^2 \sin x + 6x \cos x - 6 \sin x + C$$

여기서 $C = 3K$이다. $\qquad \blacksquare$

《《예제 4》》 적분표를 이용해서 $\int x\sqrt{x^2+2x+4}\,dx$를 구하라.

풀이 적분표에는 $\sqrt{a^2+x^2}$, $\sqrt{a^2-x^2}$, $\sqrt{x^2-a^2}$을 포함하는 형태는 있지만 $\sqrt{ax^2+bx+c}$를 포함하는 형태는 없기 때문에 먼저 다음과 같이 완전제곱의 형태로 고친다.

$$x^2+2x+4=(x+1)^2+3$$

$u=x+1$(따라서 $x=u-1$)로 치환하면, 피적분함수는 $\sqrt{a^2+u^2}$ 형태를 포함하게 되고 다음을 얻는다.

$$\int x\sqrt{x^2+2x+4}\,dx=\int(u-1)\sqrt{u^2+3}\,du$$
$$=\int u\sqrt{u^2+3}\,du-\int\sqrt{u^2+3}\,du$$

우변의 첫 번째 적분은 $t=u^2+3$으로 치환해서 다음을 얻는다.

$$\int u\sqrt{u^2+3}\,du=\tfrac{1}{2}\int\sqrt{t}\,dt=\tfrac{1}{2}\cdot\tfrac{2}{3}t^{3/2}=\tfrac{1}{3}(u^2+3)^{3/2}$$

두 번째 적분의 경우, 공식 21에 $a=\sqrt{3}$을 넣으면 다음과 같다.

$$\int\sqrt{u^2+3}\,du=\frac{u}{2}\sqrt{u^2+3}+\tfrac{3}{2}\ln\!\left(u+\sqrt{u^2+3}\right)$$

21. $\displaystyle\int\sqrt{a^2+u^2}\,du=\frac{u}{2}\sqrt{a^2+u^2}$
$\displaystyle\qquad+\frac{a^2}{2}\ln\!\left(u+\sqrt{a^2+u^2}\right)+C$

따라서 다음을 얻는다.

$$\int x\sqrt{x^2+2x+4}\,dx$$
$$=\tfrac{1}{3}(x^2+2x+4)^{3/2}-\frac{x+1}{2}\sqrt{x^2+2x+4}-\tfrac{3}{2}\ln\!\left(x+1+\sqrt{x^2+2x+4}\right)+C$$

∎

■ 도구를 이용한 적분

지금까지 적분표를 이용해서 주어진 피적분함수의 형태와 일치하는 피적분함수의 형태를 표에서 찾아봤다. 컴퓨터는 이런 형태와 일치시키는 데 대단히 유용하다. 적분표에 맞춰 치환을 사용한 것처럼 컴퓨터 대수체계(CAS) 또는 동급의 수리적 소프트웨어도 주어진 적분을 내장된 공식에 있는 적분으로 변환할 수 있다. 따라서 소프트웨어가 적분을 잘한다는 것이 놀라운 일이 아니다. 그렇지만 손으로 직접 하는 적분이 시대에 뒤떨어지는 것은 아니다. 왜냐하면 직접 계산하는 것이 기계의 답보다 훨씬 편리한 형태로 부정적분을 제시하는 경우가 있기 때문이다.

먼저 비교적 간단한 함수 $y=1/(3x-2)$을 적분하도록 컴퓨터에 명령하면 어떤 현상이 나타나는지 살펴보자. $u=3x-2$로 치환해서 직접 계산하면 다음과 같이 쉽게 결과를 얻을 수 있다.

$$\int \frac{1}{3x-2}\, dx = \tfrac{1}{3} \ln|3x-2| + C$$

반면에 어떤 소프트웨어 패키지는 아래와 같은 답을 줄 것이다.

$$\tfrac{1}{3} \ln(3x-2)$$

첫째로 이 결과는 적분상수를 생략한다는 사실에 주의해야 한다. 다시 말하면 가장 일반적인 것이 아닌 **특수한** 역도함수를 제시하는 것이다. 그러므로 기계로 적분할 때는 적분상수를 더해야 한다. 둘째로 기계의 답에서는 절댓값 기호가 생략되어 있음을 알 수 있다. x가 $\tfrac{2}{3}$보다 크거나 같으면 문제가 되지 않으나 다른 x의 값을 고려한다면 절댓값 기호를 붙여야 한다.

　다음 예제에서는 예제 4의 적분을 다시 고려한다. 그러나 이번에는 기계로 답을 얻는다.

《**예제 5**》 컴퓨터를 이용해서 $\int x\sqrt{x^2+2x+4}\, dx$를 계산하라.

풀이 소프트웨어에 따라 서로 다른 답을 줄 것이다. 어떤 컴퓨터 대수체계는 다음과 같은 답을 준다.

이것은 6.7절의 식 3이다.

$$\tfrac{1}{3}(x^2+2x+4)^{3/2} - \tfrac{1}{4}(2x+2)\sqrt{x^2+2x+4} - \frac{3}{2}\,\mathrm{arcsinh}\,\frac{\sqrt{3}}{3}(1+x)$$

이것은 예제 4에서 얻었던 답과 달라 보이지만 동치이다. 세 번째 항을 다음 항등식을 이용해서 다시 쓸 수 있기 때문이다.

$$\mathrm{arcsinh}\, x = \ln\!\big(x + \sqrt{x^2+1}\big)$$

그러므로 다음을 얻는다.

$$
\begin{aligned}
\mathrm{arcsinh}\,\frac{\sqrt{3}}{3}(1+x) &= \ln\!\left[\frac{\sqrt{3}}{3}(1+x) + \sqrt{\tfrac{1}{3}(1+x)^2+1}\,\right] \\
&= \ln\frac{1}{\sqrt{3}}\left[1+x+\sqrt{(1+x)^2+3}\,\right] \\
&= \ln\frac{1}{\sqrt{3}} + \ln\!\big(x+1+\sqrt{x^2+2x+4}\,\big)
\end{aligned}
$$

결과로 생긴 추가의 항 $-\tfrac{3}{2}\ln(1/\sqrt{3})$은 적분상수에 포함시킬 수 있다.

　또 다른 소프트웨어 패키지는 다음과 같은 답을 준다.

$$\left(\frac{5}{6} + \frac{x}{6} + \frac{x^2}{3}\right)\sqrt{x^2+2x+4} - \frac{3}{2}\sinh^{-1}\!\left(\frac{1+x}{\sqrt{3}}\right)$$

여기서 예제 4의 처음 두 항을 인수분해해서 하나의 항으로 결합시켰다.　■

《**예제 6**》 컴퓨터를 이용해서 $\int x(x^2+5)^8\, dx$를 계산하라.

풀이 컴퓨터는 다음과 같은 답을 줄 것이다.

$\frac{1}{18}x^{18} + \frac{5}{2}x^{16} + 50x^{14} + \frac{1750}{3}x^{12} + 4375x^{10} + 21875x^8 + \frac{218750}{3}x^6 + 156250x^4 + \frac{390625}{2}x^2$

소프트웨어는 이항정리를 이용해서 $(x^2 + 5)^8$을 전개시킨 다음 적분했음이 분명하다.

한편 $u = x^2 + 5$로 치환해서 직접 계산하면 다음을 얻는다.

$$\int x(x^2 + 5)^8\, dx = \frac{1}{18}(x^2 + 5)^9 + C$$

대부분의 목적을 위해서는 이 답이 더 편리하다. ■

《**예제 7**》 컴퓨터를 이용해서 $\int \sin^5 x \cos^2 x\, dx$를 구하라.

풀이 7.2절의 예제 2에서 다음을 구했다.

$$\boxed{1} \qquad \int \sin^5 x \cos^2 x\, dx = -\frac{1}{3}\cos^3 x + \frac{2}{5}\cos^5 x - \frac{1}{7}\cos^7 x + C$$

소프트웨어에 따라 다음과 같은 답을 준다.

$$-\frac{1}{7}\sin^4 x \cos^3 x - \frac{4}{35}\sin^2 x \cos^3 x - \frac{8}{105}\cos^3 x$$

다른 소프트웨어의 값은

$$-\frac{5}{64}\cos x - \frac{1}{192}\cos 3x + \frac{3}{320}\cos 5x - \frac{1}{448}\cos 7x$$

위 세 가지 답이 서로 동치임을 보여 주는 삼각항등식이 있을지 의심스러울 수 있다. 사실 소프트웨어를 사용해서 최초의 결과를 간단히 하여 (삼각항등식을 이용하여) 식 $\boxed{1}$에서 얻은 답과 같은 형태를 얻을 수 있다. ■

7.6 │ 연습문제

1-3 문제에서 제시된 부록의 적분표 공식을 이용해서 다음 적분을 계산하라.

1. $\int_0^{\pi/2} \cos 5x \cos 2x\, dx$; 공식 80

2. $\int x \arcsin(x^2)\, dx$; 공식 87

3. $\int \frac{y^5}{\sqrt{4 + y^4}}\, dy$; 공식 26

4-17 책의 끝 부록에 있는 적분표를 이용해서 다음 적분을 계산하라.

4. $\int_0^{\pi/8} \arctan 2x\, dx$

5. $\int \frac{\cos x}{\sin^2 x - 9}\, dx$

6. $\int \frac{\sqrt{9x^2 + 4}}{x^2}\, dx$

7. $\int_0^\pi \cos^6 \theta\, d\theta$

8. $\int \frac{\arctan \sqrt{x}}{\sqrt{x}}\, dx$

9. $\int \frac{\coth(1/y)}{y^2}\, dy$

10. $\int y\sqrt{6 + 4y - 4y^2}\, dy$

11. $\int \sin^2 x \cos x \ln(\sin x)\, dx$

12. $\int \frac{\sin 2\theta}{\sqrt{\cos^4 \theta + 4}}\, d\theta$

13. $\int x^3 e^{2x}\, dx$

14. $\int \cos^5 y\, dy$

15. $\int \frac{\cos^{-1}(x^{-2})}{x^3}\, dx$

16. $\int \sqrt{e^{2x} - 1}\, dx$

17. $\int \frac{x^4}{\sqrt{x^{10} - 2}}\, dx$

18. $x = 0$에서 $x = \pi$까지 곡선 $y = \sin^2 x$ 아래의 영역을 x축을 중심으로 회전시킬 때 생기는 입체의 부피를 구하라.

19. 적분표에 있는 공식 53을 (a) 미분에 의해서, (b) 치환 $t = a + bu$를 이용해서 증명하라.

T **20-23** 컴퓨터를 이용해서 다음을 적분하고, 적분표를 이용한 계산 결과와 비교하라. 답이 같지 않다면, 그 답들이 동치임을 보여라.

20. $\int \sec^4 x \, dx$
21. $\int x^2 \sqrt{x^2 + 4} \, dx$

22. $\int \cos^4 x \, dx$
23. $\int \tan^5 x \, dx$

T **24.** (a) 함수 f가 다음과 같을 때 적분표를 이용해서 $F(x) = \int f(x) \, dx$를 구하라.

$$f(x) = \frac{1}{x \sqrt{1 - x^2}}$$

f와 F의 정의역은 무엇인가?

(b) 수학적 소프트웨어를 이용해서 $F(x)$를 계산하라. 소프트웨어가 구한 함수 F의 정의역은 무엇인가? (a)에서 구한 함수 F의 정의역과 이 정의역의 차이점이 있는가?

7.7 | 근사적분

정적분에서 정확한 값을 구하기 불가능한 경우가 두 가지 있다.

첫 번째 경우는 미적분학의 기본정리를 이용해서 $\int_a^b f(x) \, dx$를 구할 때 f의 역도함수를 알아야 한다는 사실에서 생겨난다. 역도함수를 구한다는 것이 때로는 어렵고 심지어 불가능할 수도 있다(7.5절 참조). 예를 들면 다음 적분을 정확하게 계산하는 것은 불가능하다.

$$\int_0^1 e^{x^2} \, dx, \qquad \int_{-1}^1 \sqrt{1 + x^3} \, dx$$

두 번째 경우는 함수가 과학적 실험으로부터 기계적인 수치나 수집된 자료를 통해 나올 때이다. 함수에 대한 식이 없을 수도 있다(예제 5 참조).

두 가지 경우 모두 정적분의 근삿값을 구해야 한다. 다행히 그런 방법 중 하나를 이미 알고 있다. 정적분은 리만 합의 극한으로 정의되므로 리만 합을 그런 적분의 근삿값으로 이용할 수 있다. $[a, b]$를 길이가 $\Delta x = (b - a)/n$로 같은 n개의 부분 구간으로 나누면, x_i^*가 i번째 부분 구간 $[x_{i-1}, x_i]$에 속하는 임의의 점일 때 다음을 얻는다.

$$\int_a^b f(x) \, dx \approx \sum_{i=1}^n f(x_i^*) \, \Delta x$$

x_i^*가 구간의 왼쪽 끝점 $x_i^* = x_{i-1}$이면 다음을 얻는다.

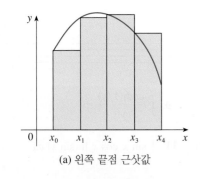

(a) 왼쪽 끝점 근삿값

1
$$\int_a^b f(x) \, dx \approx L_n = \sum_{i=1}^n f(x_{i-1}) \, \Delta x$$

$f(x) \geq 0$이면 적분은 넓이를 나타내고, 식 **1**은 그림 1(a)에 보이는 직사각형들에 의한 넓이의 근삿값을 나타낸다. x_i^*가 구간의 오른쪽 끝점 $x_i^* = x_i$이면 다음을 얻는다[그림 1(b) 참조].

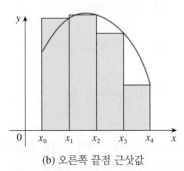

(b) 오른쪽 끝점 근삿값

그림 1

2
$$\int_a^b f(x) \, dx \approx R_n = \sum_{i=1}^n f(x_i) \, \Delta x$$

식 $\boxed{1}$과 $\boxed{2}$에 의해 정의된 근삿값 L_n과 R_n을 각각 **왼쪽 끝점 근삿값, 오른쪽 끝점 근삿값**이라 한다.

■ 중점법칙과 사다리꼴 공식

4.2절에서는 리만 합에서 x_i^*를 부분구간 $[x_{i-1}, x_i]$의 중점 $\bar{x}_i$로 선정한 경우를 생각했다. 그림 2는 그림 1의 넓이에 대해 중점 근사인 M_n을 보여주며, M_n이 L_n이나 R_n보다 더 좋은 근사인 것으로 보인다.

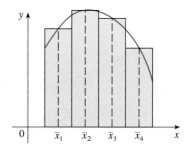

그림 2 중점 근삿값

> **중점법칙**
>
> $$\int_a^b f(x)\,dx \approx M_n = \Delta x\,[f(\bar{x}_1) + f(\bar{x}_2) + \cdots + f(\bar{x}_n)]$$
>
> 여기서 $\Delta x = \dfrac{b-a}{n}$이고, $\bar{x}_i = \frac{1}{2}(x_{i-1} + x_i)$는 $[x_{i-1}, x_i]$의 중점이다.

또 다른 접근으로 다음과 같이 식 $\boxed{1}$과 $\boxed{2}$의 근삿값을 평균해서 얻는 사다리꼴 공식이 있다.

$$\int_a^b f(x)\,dx \approx \frac{1}{2}\left[\sum_{i=1}^n f(x_{i-1})\,\Delta x + \sum_{i=1}^n f(x_i)\,\Delta x\right] = \frac{\Delta x}{2}\left[\sum_{i=1}^n \left(f(x_{i-1}) + f(x_i)\right)\right]$$

$$= \frac{\Delta x}{2}\left[\left(f(x_0) + f(x_1)\right) + \left(f(x_1) + f(x_2)\right) + \cdots + \left(f(x_{n-1}) + f(x_n)\right)\right]$$

$$= \frac{\Delta x}{2}\left[f(x_0) + 2f(x_1) + 2f(x_2) + \cdots + 2f(x_{n-1}) + f(x_n)\right]$$

> **사다리꼴 공식**
>
> $$\int_a^b f(x)\,dx \approx T_n = \frac{\Delta x}{2}\left[f(x_0) + 2f(x_1) + 2f(x_2) + \cdots + 2f(x_{n-1}) + f(x_n)\right]$$
>
> 여기서 $\Delta x = (b-a)/n$이고, $x_i = a + i\,\Delta x$이다.

사다리꼴 공식이라 부르는 이유는 $f(x) \geq 0$이고 $n = 4$인 경우를 설명하는 그림 3으로부터 알 수 있다. i번째 부분 구간에 있는 사다리꼴의 넓이는 다음과 같다.

$$\Delta x \left(\frac{f(x_{i-1}) + f(x_i)}{2}\right) = \frac{\Delta x}{2}[f(x_{i-1}) + f(x_i)]$$

이런 사다리꼴의 넓이를 모두 더하면 사다리꼴 공식의 우변을 얻는다.

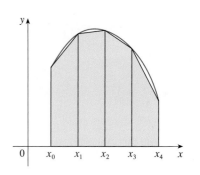

그림 3 사다리꼴 근삿값

《**예제 1**》 $n = 5$일 때 $\int_1^2 (1/x)\,dx$의 근삿값을 (a) 사다리꼴 공식과 (b) 중점법칙을 이용해서 구하라.

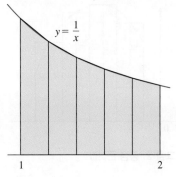

그림 4

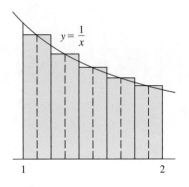

그림 5

$\int_a^b f(x)\, dx = $ 근삿값 + 오차

$\int_1^2 \dfrac{1}{x}\, dx$에 대한 근삿값

풀이

(a) $n = 5$, $a = 1$, $b = 2$일 때 $\Delta x = (2-1)/5 = 0.2$이다. 따라서 사다리꼴 공식을 이용하면 다음을 얻는다. 이 근사는 그림 4에서 설명된다.

$$\int_1^2 \frac{1}{x}\, dx \approx T_5 = \frac{0.2}{2}[f(1) + 2f(1.2) + 2f(1.4) + 2f(1.6) + 2f(1.8) + f(2)]$$

$$= 0.1\left(\frac{1}{1} + \frac{2}{1.2} + \frac{2}{1.4} + \frac{2}{1.6} + \frac{2}{1.8} + \frac{1}{2}\right)$$

$$\approx 0.695635$$

(b) 5개의 부분 구간의 중점은 1.1, 1.3, 1.5, 1.7, 1.9이다. 따라서 중점법칙을 이용하면 다음을 얻는다. 이 근사는 그림 5에서 설명된다.

$$\int_1^2 \frac{1}{x}\, dx \approx \Delta x\,[f(1.1) + f(1.3) + f(1.5) + f(1.7) + f(1.9)]$$

$$= \frac{1}{5}\left(\frac{1}{1.1} + \frac{1}{1.3} + \frac{1}{1.5} + \frac{1}{1.7} + \frac{1}{1.9}\right)$$

$$\approx 0.691908$$

■ 중점법칙과 사다리꼴 공식의 오차범위

예제 1에서는 사다리꼴 공식과 중점법칙의 정확도를 알아보기 위해 의도적으로 명확하게 계산되는 적분을 택했다. 미적분학의 기본정리에 의해 다음을 얻는다.

$$\int_1^2 \frac{1}{x}\, dx = \ln x\Big]_1^2 = \ln 2 = 0.693147 \ldots$$

근삿값을 사용하는 데서 생기는 **오차**(error)는 근삿값이 정확한 값이 되도록 더해야 하는 양으로 정의된다. 예제 1에서 구한 값들로부터 $n = 5$인 경우의 사다리꼴 공식과 중점법칙의 오차는 각각 다음과 같다.

$$E_T \approx -0.002488, \qquad E_M \approx 0.001239$$

일반적으로 다음이 성립한다.

$$E_T = \int_a^b f(x)\, dx - T_n, \qquad E_M = \int_a^b f(x)\, dx - M_n$$

다음 표는 예제 1에서 구한 계산과 비슷하게 $n = 5, 10, 20$인 경우에 대해 사다리꼴 공식과 중점법칙의 근삿값뿐만 아니라 왼쪽, 오른쪽 끝점을 사용한 근삿값의 계산 결과이다.

n	L_n	R_n	T_n	M_n
5	0.745635	0.645635	0.695635	0.691908
10	0.718771	0.668771	0.693771	0.692835
20	0.705803	0.680803	0.693303	0.693069

n	E_L	E_R	E_T	E_M
5	−0.052488	0.047512	−0.002488	0.001239
10	−0.025624	0.024376	−0.000624	0.000312
20	−0.012656	0.012344	−0.000156	0.000078

대응하는 오차

이 표로부터 다음과 같이 몇 가지 사실을 관찰할 수 있다.

이런 관찰은 대부분의 경우 참이라는 것이 밝혀진다.

1. 모든 방법에서 n의 값이 증가할수록 더욱 정확한 근삿값을 얻는다. (그러나 n의 값이 아주 커지면 수많은 산술연산의 결과, 반올림 오차가 누적된다는 사실을 주의해야 한다.)

2. 왼쪽, 오른쪽 끝점 근삿값에서 오차는 부호가 서로 다르며 n의 값이 2배로 늘어나면 약 1/2로 줄어든다.

3. 사다리꼴 공식과 중점법칙이 끝점 근삿값보다 더 정확하다.

4. 사다리꼴 공식과 중점법칙에서의 오차는 부호가 서로 다르며 n의 값이 2배로 늘어나면 약 1/4로 줄어든다.

5. 중점법칙에서 오차의 크기는 사다리꼴 공식에서 오차의 크기의 약 1/2이다.

그림 6은 통상적으로 중점법칙이 사다리꼴 공식보다 더 정확한 이유를 보여 준다. 중점법칙에서 전형적인 사각형의 넓이는 점 P에서 그래프에 대한 접선을 윗변으로 하는 사다리꼴 $ABCD$의 넓이와 같다. 이 사다리꼴의 넓이는 사다리꼴 공식에서 이용되는 사다리꼴 $AQRD$의 넓이보다 그래프 아래의 넓이에 더 가깝다. [중점오차(빨간색으로 칠한 부분)는 사다리꼴 오차(파란색으로 칠한 부분)보다 더 작다.]

이런 관찰은 수치해석에 관한 책에서 증명하고 있는 오차 추정에서 입증된다. 즉 $(2n)^2 = 4n^2$이므로 관찰 4는 각 분모에서 n^2에 대응한다. 2계 도함수의 크기에 따라 오차 추정이 달라진다는 사실은 그림 6을 보면 놀라운 일이 아니다. 왜냐하면 $f''(x)$는 그래프의 휜 정도를 측정하기 때문이다. [$f''(x)$는 $y = f(x)$의 기울기가 얼마나 빨리 변하는가를 측정한다.]

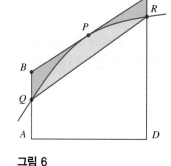

그림 6

---

3 **오차 한계** $a \le x \le b$에서 $|f''(x)| \le K$라 하자. E_T와 E_M이 사다리꼴 공식과 중점법칙에서의 오차라면 다음이 성립한다.

$$|E_T| \le \frac{K(b-a)^3}{12n^2}, \qquad |E_M| \le \frac{K(b-a)^3}{24n^2}$$

이와 같은 오차 추정을 예제 1의 사다리꼴 공식 근삿값에 적용해 보자. $f(x) = 1/x$이면, $f'(x) = -1/x^2$이고 $f''(x) = 2/x^3$이다. $1 \le x \le 2$이므로 $1/x \le 1$이고 다음을 얻는다.

$$|f''(x)| = \left| \frac{2}{x^3} \right| \le \frac{2}{1^3} = 2$$

따라서 오차 추정 ③에서 $K = 2$, $a = 1$, $b = 2$, $n = 5$를 택하면 다음을 알 수 있다.

$$|E_T| \leq \frac{2(2-1)^3}{12(5)^2} = \frac{1}{150} \approx 0.006667$$

오차 추정 0.006667을 실제 오차 약 0.002488과 비교하면, 실제 오차가 식 ③에서 주어진 오차의 상계보다 훨씬 작음을 알 수 있다.

K는 $|f''(x)|$의 모든 값보다 큰 임의의 수가 될 수 있지만, 보다 작은 K가 더 좋은 오차 한계를 준다.

《**예제 2**》 $\int_1^2 (1/x)\, dx$에 대한 사다리꼴 공식과 중점법칙의 근삿값이 0.0001 이내로 정확하기 위해 얼마나 큰 n을 택해야 하는가?

풀이 앞의 계산에서 $1 \leq x \leq 2$일 때 $|f''(x)| \leq 2$이다. 따라서 식 ③에서 $K = 2$, $a = 1$, $b = 2$를 택할 수 있다. 0.0001 이내로 정확하다는 것은 오차의 크기가 0.0001보다 더 작은 것이므로 다음을 만족하는 n을 택해야 한다.

$$\frac{2(1)^3}{12n^2} < 0.0001$$

n에 관한 부등식을 풀면 다음을 얻는다.

$$n^2 > \frac{2}{12(0.0001)}$$

41보다 더 작은 n도 충분할 수 있다. 그러나 41은 오차한계 공식이 0.0001 이내의 정확도를 보장하는 최솟값이다.

즉

$$n > \frac{1}{\sqrt{0.0006}} \approx 40.8$$

그러므로 $n = 41$로 택하면 요구되는 정확도를 보장받을 것이다.

중점법칙으로 같은 정확도를 얻으려면 n을 다음과 같이 택해야 한다.

$$\frac{2(1)^3}{24n^2} < 0.0001$$

그러면 다음을 얻는다.

$$n > \frac{1}{\sqrt{0.0012}} \approx 29$$

■

《**예제 3**》
(a) $n = 10$일 때 중점법칙을 이용해서 적분 $\int_0^1 e^{x^2}\, dx$의 근삿값을 구하라.
(b) 이 근삿값에 관한 오차의 상계를 구하라.

풀이 (a) $a = 0$, $b = 1$, $n = 10$이므로 중점법칙에 따라 다음을 얻는다.

$$\int_0^1 e^{x^2} dx \approx \Delta x \left[f(0.05) + f(0.15) + \cdots + f(0.85) + f(0.95) \right]$$

$$= 0.1[e^{0.0025} + e^{0.0225} + e^{0.0625} + e^{0.1225} + e^{0.2025} + e^{0.3025}$$

$$+ e^{0.4225} + e^{0.5625} + e^{0.7225} + e^{0.9025}]$$

$$\approx 1.460393$$

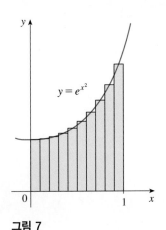

그림 7

이 근삿값은 그림 7에 나타나 있다.

(b) $f(x) = e^{x^2}$이므로 $f'(x) = 2xe^{x^2}$이고 $f''(x) = (2 + 4x^2)e^{x^2}$이다. 또한 $0 \le x \le 1$에서 $x^2 \le 1$이므로 다음이 성립한다.

$$0 \le f''(x) = (2 + 4x^2)e^{x^2} \le 6e$$

식 **3**의 오차 추정에서 $K = 6e$, $a = 0$, $b = 1$, $n = 10$으로 택할 때 오차의 상계는 다음과 같다.

$$\frac{6e(1)^3}{24(10)^2} = \frac{e}{400} \approx 0.007 \qquad \blacksquare$$

오차 추정으로 오차에 대한 상계를 얻지만, 이것은 이론적인 것으로 최악의 시나리오이다. 이 경우 실제 오차는 약 0.0023이다.

■ 심프슨의 공식

또 다른 적분 근사 공식은 곡선을 근사하는 데 직선 대신 포물선을 이용해서 얻는다. 앞에서와 같이 $[a, b]$를 길이가 $h = \Delta x = (b - a)/n$로 같은 n개의 부분 구간으로 나눈다. 그런데 이번에는 n을 **짝수**라고 가정한다. 그림 8에 나타나 있는 것처럼 연속한 두 구간에서 곡선 $y = f(x) \ge 0$을 포물선으로 근사시킨다. $y_i = f(x_i)$라면 $P_i(x_i, y_i)$는 x_i 위에 있는 곡선 위의 점이다. 전형적인 포물선은 연이은 세 점 P_i, P_{i+1}, P_{i+2}를 지나간다.

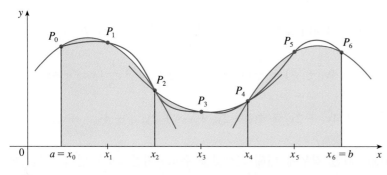

그림 8

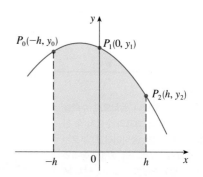

그림 9

계산을 간단히 하기 위해, 먼저 $x_0 = -h$, $x_1 = 0$, $x_1 = h$인 경우를 생각하자(그림 9 참조). P_0, P_1, P_2를 지나는 포물선의 방정식은 $y = Ax^2 + Bx + C$의 형태이고, $x = -h$에서 $x = h$까지 포물선 아래의 넓이는 다음과 같다.

$$\int_{-h}^{h} (Ax^2 + Bx + C)\, dx = 2\int_{0}^{h} (Ax^2 + C)\, dx = 2\left[A\frac{x^3}{3} + Cx \right]_0^h$$

$$= 2\left(A\frac{h^3}{3} + Ch \right) = \frac{h}{3}(2Ah^2 + 6C)$$

여기서 정리 4.5절의 정리 **6**을 사용했다. $Ax^2 + C$는 우함수이고 Bx는 기함수이다.

그런데 이 포물선이 $P_0(-h, y_0)$, $P_1(0, y_1)$, $P_2(h, y_2)$를 지나므로 다음을 얻는다.

$$y_0 = A(-h)^2 + B(-h) + C = Ah^2 - Bh + C$$
$$y_1 = C$$
$$y_2 = Ah^2 + Bh + C$$

따라서 다음을 얻는다.

$$y_0 + 4y_1 + y_2 = 2Ah^2 + 6C$$

그러므로 포물선 아래의 넓이는 다음과 같이 다시 쓸 수 있다.

$$\frac{h}{3}(y_0 + 4y_1 + y_2)$$

포물선을 수평으로 평행 이동시켜도 그 아래의 넓이는 변하지 않는다. 이는 그림 8 에서 $x = x_0$에서 $x = x_2$까지 P_0, P_1, P_2를 지나는 포물선 아래의 넓이가 여전히 다음과 같음을 의미한다.

$$\frac{h}{3}(y_0 + 4y_1 + y_2)$$

마찬가지로 $x = x_2$에서 $x = x_4$까지 P_2, P_3, P_4를 지나는 포물선 아래의 넓이는 다음과 같다.

$$\frac{h}{3}(y_2 + 4y_3 + y_4)$$

이런 방법으로 포물선 아래의 넓이를 계산해서 모두 더하면 다음을 얻는다.

$$\int_a^b f(x)\,dx \approx \frac{h}{3}(y_0 + 4y_1 + y_2) + \frac{h}{3}(y_2 + 4y_3 + y_4) + \cdots + \frac{h}{3}(y_{n-2} + 4y_{n-1} + y_n)$$
$$= \frac{h}{3}(y_0 + 4y_1 + 2y_2 + 4y_3 + 2y_4 + \cdots + 2y_{n-2} + 4y_{n-1} + y_n)$$

여기서는 $f(x) \geq 0$인 경우에 대해 근삿값을 유도했지만, 이는 임의의 연속함수 f에 대해서도 성립하는 근사이다. 이를 영국의 수학자 심프슨(Thomas Simpson, 1710~1761)의 이름을 따서 심프슨의 공식이라 한다. 계수는 1, 4, 2, 4, 2, 4, 2, …, 4, 2, 4, 1의 패턴임에 주목한다.

심프슨의 공식

$$\int_a^b f(x)\,dx \approx S_n = \frac{\Delta x}{3}[f(x_0) + 4f(x_1) + 2f(x_2) + 4f(x_3) + \cdots + 2f(x_{n-2}) + 4f(x_{n-1}) + f(x_n)]$$

여기서 n은 짝수이고 $\Delta x = (b - a)/n$이다.

《예제 4》 $n = 10$일 때 심프슨의 공식을 이용해서 $\int_1^2 (1/x)\,dx$의 근삿값을 계산하라.

풀이 $f(x) = 1/x$, $n = 10$, $\Delta x = 0.1$을 심프슨의 공식에 대입하면 다음을 얻는다.

$$\int_1^2 \frac{1}{x}\, dx \approx S_{10}$$

$$= \frac{\Delta x}{3}[f(1) + 4f(1.1) + 2f(1.2) + 4f(1.3) + \cdots + 2f(1.8) + 4f(1.9) + f(2)]$$

$$= \frac{0.1}{3}\left(\frac{1}{1} + \frac{4}{1.1} + \frac{2}{1.2} + \frac{4}{1.3} + \frac{2}{1.4} + \frac{4}{1.5} + \frac{2}{1.6} + \frac{4}{1.7} + \frac{2}{1.8} + \frac{4}{1.9} + \frac{1}{2}\right)$$

$$\approx 0.693150 \qquad\qquad ■$$

　　예제 4에서 심프슨의 공식으로 얻은 근삿값($S_{10} \approx 0.693150$)은 사다리꼴 공식 ($T_{10} \approx 0.693771$) 또는 중점법칙($M_{10} \approx 0.692835$) 보다 적분의 참값($\ln 2 \approx 0.693147\ldots$)에 훨씬 가까운 근삿값이다. 심프슨의 공식에 의한 근삿값은 사다리꼴 공식과 중점법칙에 의한 근삿값들의 다음과 같은 가중평균임이 밝혀진다(연습문제 26 참조).

$$S_{2n} = \tfrac{1}{3}T_n + \tfrac{2}{3}M_n$$

(보통 E_T와 E_M은 부호가 반대이고, $|E_M|$은 $|E_T|$의 크기의 약 반임을 상기하자.)

　　미적분학의 많은 응용에서 x의 함수로서 y에 대한 식이 명확하지 않더라도 적분을 계산해야 할 경우가 있다. 예를 들면 함수가 그래프로 나타날 수도 있고 또는 수집한 자료를 표로도 나타날 수 있다. 값이 급격하게 변하지 않을 것이 확실하다면 심프슨의 공식(또는 중점법칙, 사다리꼴 공식)을 x에 관한 y의 적분 $\int_a^b y\, dx$의 근삿값을 구하는 데 여전히 사용할 수 있다.

《**예제 5**》그림 10은 하루 동안 미국에서 SWITCH(스위스의 Academic & Research Network)로 전송된 자료의 양을 보여 준다. $D(t)$는 초당 메가비트(Mb/s)로 측정된 자료 처리량이다. 심프슨의 공식을 이용해서 어느 날 밤 12시부터 정오까지 접속을 통해 전송된 자료의 총량을 추정하라.

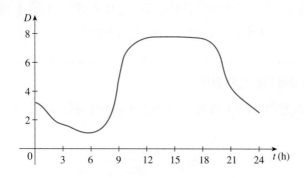

그림 10

풀이 단위가 일치해야 하고, $D(t)$는 초당 메가비트로 측정되기 때문에 t의 단위시간은 시간에서 초로 바꿔어야 한다. $A(t)$를 t초에 전송된 자료의 양(Mb)이라 하면 $A'(t) = D(t)$이다. 따라서 순변화정리(4.4절 참조)에 따라 정오($t = 12 \times 60^2 = 43200$초)까지 전송된 자료의 총량은 다음과 같다.

$$A(43,200) = \int_0^{43,200} D(t)\, dt$$

그래프에서 1시간마다 $D(t)$의 값을 추정해서 아래 표를 만든다.

t(h)	t(s)	$D(t)$	t(h)	t(s)	$D(t)$
0	0	3.2	7	25200	1.3
1	3600	2.7	8	28800	2.8
2	7200	1.9	9	32400	5.7
3	10800	1.7	10	36000	7.1
4	14400	1.3	11	39600	7.7
5	18000	1.0	12	43200	7.9
6	21600	1.1			

$n = 12$, $\Delta t = 3600$일 때 심프슨의 공식을 이용해서 적분값을 추정하면 다음과 같다.

$$\int_0^{43,200} A(t)\, dt \approx \frac{\Delta t}{3}\left[D(0) + 4D(3600) + 2D(7200) + \cdots + 4D(39600) + D(43200)\right]$$

$$\approx \frac{3600}{3}\left[3.2 + 4(2.7) + 2(1.9) + 4(1.7) + 2(1.3) + 4(1.0)\right.$$
$$\left. + 2(1.1) + 4(1.3) + 2(2.8) + 4(5.7) + 2(7.1) + 4(7.7) + 7.9\right]$$

$$= 143{,}880$$

따라서 자정부터 정오까지 전송된 자료의 총량은 약 144000 Mb, 즉 144 Gb(18 gigabyte)이다. ∎

■ 심프슨 공식에 대한 오차 한계

n	M_n	S_n
4	0.69121989	0.69315453
8	0.69266055	0.69314765
16	0.69302521	0.69314721

n	E_M	E_S
4	0.00192729	-0.00000735
8	0.00048663	-0.00000047
16	0.00012197	-0.00000003

왼쪽 표는 적분 $\int_1^2 (1/x)\, dx$에 대해 심프슨의 공식과 중점법칙을 비교한 것이다. 적분의 참값은 약 0.69314718이다. 아래 표는 심프슨의 공식의 오차 E_S가 n이 2배가 될 때 약 1/16로 줄어드는 것을 보여 준다(연습문제 14에서 다른 적분에 대해 이것을 증명한다). 이 사실은 심프슨의 공식에 대한 다음 오차 추정식의 분모에 나타나는 n^4와 일치한다. 이는 사다리꼴 공식과 중점법칙에 대해 식 **3**에 제시한 오차 한계와 비슷하지만, 여기서는 f의 4계 도함수를 이용한다.

> **4 심프슨 공식에 대한 오차 한계**
>
> $a \le x \le b$에서 $|f^{(4)}(x)| \le K$라 하자. 심프슨의 공식에 대한 오차를 E_S라 하면 다음이 성립한다.
>
> $$|E_S| \le \frac{K(b-a)^5}{180 n^4}$$

《예제 6》 심프슨의 공식을 이용해서 $\int_1^2 (1/x)\, dx$의 근삿값이 0.0001 이내로 정확하도록 하려면 얼마나 큰 n을 선택해야 하는가?

풀이 $f(x) = 1/x$이므로 $f^{(4)}(x) = 24/x^5$이다. $x \ge 1$이므로 $1/x \le 1$이고 다음이 성립한다.

$$|f^{(4)}(x)| = \left|\frac{24}{x^5}\right| \le 24$$

그러므로 정리 **4**에서 $K = 24$로 택할 수 있다. 따라서 오차가 0.0001보다 작게 하려면 다음과 같이 n을 택해야 한다.

$$\frac{24(1)^5}{180n^4} < 0.0001$$

그러므로 다음을 얻는다.

$$n^4 > \frac{24}{180(0.0001)}$$

즉
$$n > \frac{1}{\sqrt[4]{0.00075}} \approx 6.04$$

$n = 8$ (n은 반드시 짝수이므로)은 원하는 정확도를 준다. (이 결과와 예제 2에서 얻은 사다리꼴 공식에 대한 $n = 41$, 중점법칙에 대한 $n = 29$를 비교해 보자.) ∎

상단 여백:
많은 계산기와 소프트웨어 응용에는 정적분의 근삿값을 계산할 수 있는 알고리즘이 내장되어 있다. 일부 기계들은 심프슨의 공식을 사용하고, 일부는 적응형 수치적분이라는 좀 더 세련된 기술을 사용한다. 즉, 함수에서 변동이 심한 부분은 더 많은 부분구간으로 나누는 것이다. 이렇게 하면 주어진 정확도를 얻는 데 필요한 계산을 줄일 수 있다.

《예제 7》

(a) $n = 10$일 때 심프슨의 공식을 이용해서 $\int_0^1 e^{x^2} dx$의 근삿값을 구하라.

(b) 이 근삿값에 대한 오차를 추정하라.

풀이 (a) $n = 10$이면 $\Delta x = 0.1$이므로 심프슨 공식에 따라 다음을 얻는다.

$$\int_0^1 e^{x^2} dx \approx \frac{\Delta x}{3}[f(0) + 4f(0.1) + 2f(0.2) + \cdots + 2f(0.8) + 4f(0.9) + f(1)]$$

$$= \frac{0.1}{3}[e^0 + 4e^{0.01} + 2e^{0.04} + 4e^{0.09} + 2e^{0.16} + 4e^{0.25} + 2e^{0.36}$$

$$+ 4e^{0.49} + 2e^{0.64} + 4e^{0.81} + e^1]$$

$$\approx 1.462681$$

(b) $f(x) = e^{x^2}$의 4계 도함수는 다음과 같다.

$$f^{(4)}(x) = (12 + 48x^2 + 16x^4)e^{x^2}$$

$0 \le x \le 1$이므로 다음을 얻는다.

$$0 \le f^{(4)}(x) \le (12 + 48 + 16)e^1 = 76e$$

그러므로 정리 **4**에 $K = 76e$, $a = 0$, $b = 1$, $n = 10$을 넣으면 오차는 기껏해야 다음과 같음을 알 수 있다(예제 3과 비교하자).

$$\frac{76e(1)^5}{180(10)^4} \approx 0.000115$$

따라서 소수점 아래 셋째 자리까지 정확하게 다음을 얻는다.

$$\int_0^1 e^{x^2} dx \approx 1.463$$
∎

그림 11은 예제 7의 계산을 예시한 것이다. 포물선의 호가 $y = e^{x^2}$의 그래프와 구별하기 힘들 정도로 근접되어 있음에 유의하자.

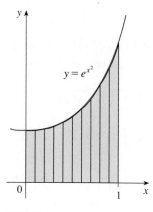

그림 11

7.7 | 연습문제

이 장의 연습문제에서 특별한 조건이 없으면 소수점 여섯자리까지 구한다.

1. $I = \int_0^4 f(x)\,dx$이고 함수 f의 그래프는 다음과 같다.

  (a) 그래프를 이용해서 L_2, R_2, M_2를 구하라.

  (b) 위의 값들이 I보다 큰가 아니면 작은가?

  (c) 그래프를 이용해서 T_2를 구하고, I의 값과 비교하라.

  (d) 임의의 n에 대해 L_n, R_n, M_n, T_n, I의 값을 커지는 순서로 나열하라.

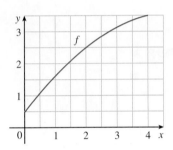

2. $n = 4$일 때 (a) 사다리꼴 공식과 (b) 중점법칙을 이용해서 $\int_0^1 \cos(x^2)\,dx$를 추정하라. 피적분함수의 그래프로부터 결과가 참값보다 작은지 또는 큰지를 결정하라. 결론적으로 적분의 참값에 대해 무엇을 말할 수 있는가?

3. $n = 6$일 때 (a) 중점법칙과 (b) 심프슨의 공식을 이용해서 $\int_0^\pi x \sin x\,dx$의 근삿값을 구하라. 얻은 결과를 참값과 비교해서 오차를 결정하라.

4-9 (a) 사다리꼴 공식, (b) 중점법칙, (c) 심프슨의 공식을 이용해서 주어진 n에서 적분의 근삿값을 구하라.

4. $\int_0^1 \sqrt{1 + x^3}\,dx, \quad n = 4$ **5.** $\int_0^1 \sqrt{e^x - 1}\,dx, \quad n = 10$

6. $\int_{-1}^2 e^{x + \cos x}\,dx, \quad n = 6$ **7.** $\int_0^4 \sqrt{y}\,\cos y\,dy, \quad n = 8$

8. $\int_0^1 \dfrac{x^2}{1 + x^4}\,dx, \quad n = 10$ **9.** $\int_0^4 \ln(1 + e^x)\,dx, \quad n = 8$

---

10. (a) 적분 $\int_0^1 \cos(x^2)\,dx$의 근삿값 T_8과 M_8을 구하라.

  (b) (a)에서 구한 근삿값의 오차를 추정하라.

  (c) n을 얼마나 크게 택할 때, (a)에서의 적분에 대한 근삿값 T_n, M_n이 0.0001 이내에서 정확할까?

11. (a) $\int_0^\pi \sin x\,dx$의 근삿값 T_{10}, M_{10}, S_{10}을 구하고 이에 대응

하는 오차 E_T, E_M, E_S를 계산하라.

  (b) (a)에서 구한 실제 오차들을 (3)과 (4)에서 얻은 추정 오차와 비교하라.

  (c) n을 얼마나 크게 택할 때, (a)에서의 적분에 대한 근삿값 T_n, M_n, S_n이 0.00001 이내에서 정확할까?

T **12.** 오차 추정의 문제점은 종종 4계 도함수 계산이 어렵고 $|f^{(4)}(x)|$에 대한 좋은 상계 K를 직접 계산해서 얻기가 어렵다는 데 있다. 그러나 수리적 소프트웨어를 이용하면 $f^{(4)}$나 그래프를 얻는 데 전혀 문제가 되지 않아 기계에서 생성된 그래프로부터 K의 값을 쉽게 계산할 수 있다. 이 문제는 $f(x) = e^{\cos x}$일 때, 적분 $I = \int_0^{2\pi} f(x)\,dx$의 근삿값을 다룬다. (b), (d), (g)는 소수점 10자리까지 구하라.

  (a) 그래프를 이용해서 $|f''(x)|$의 좋은 상계를 구하라.

  (b) M_{10}을 이용해서 I를 추정하라.

  (c) (a)를 이용해서 (b)의 오차를 추정하라.

  (d) 수치적분 능력이 있는 계산기 또는 컴퓨터를 이용해서 I를 추정하라.

  (e) (c)에서 얻은 오차와 실제 오차를 비교하라.

  (f) 그래프를 이용해서 $|f^{(4)}(x)|$의 좋은 상계를 구하라.

  (g) S_{10}을 이용해서 I를 추정하라.

  (h) (f)를 이용해서 (g)의 오차를 추정하라.

  (i) (h)의 추정 오차와 실제 오차를 비교하라.

  (j) S_n을 사용할 때 오차의 크기가 0.0001보다 작으려면 얼마나 큰 n을 택해야 하는가?

13. $n = 5, 10, 20$에서 $\int_0^1 xe^x\,dx$의 근삿값 L_n, R_n, T_n, M_n을 구하고, 이에 대응하는 오차 E_L, E_R, E_T, E_M을 구하라(컴퓨터 대수체계에서 합의 명령어를 사용할 수 있다). 무엇을 관찰할 수 있는가? 특히 n이 2배가 될 때 오차는 어떻게 되는가?

14. $n = 6, 12$에서 적분 $\int_0^2 x^4\,dx$의 근삿값 T_n, M_n, S_n을 구하고, 이에 대응하는 오차 E_T, E_M, E_S를 구하라(컴퓨터 대수체계에서 합의 명령어를 사용할 수 있다). 무엇을 관찰할 수 있는가? 특히 n이 2배가 될 때 오차는 어떻게 되는가?

15. $n = 6$일 때 (a) 사다리꼴 공식, (b) 중점법칙, (c) 심프슨의 공식을 이용해서 다음 그림에서 그래프 아래의 넓이를 각각 추정하라.

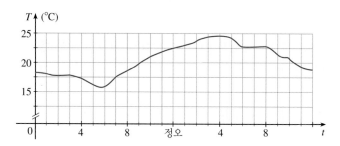

16. (a) 중점법칙과 아래 자료를 이용해서 적분 $\int_1^5 f(x)\,dx$의 값을 추정하라.

x	$f(x)$	x	$f(x)$
1.0	2.4	3.5	4.0
1.5	2.9	4.0	4.1
2.0	3.3	4.5	3.9
2.5	3.6	5.0	3.5
3.0	3.8		

(b) 모든 x에 대해 $-2 \le f''(x) \le 3$이 알려져 있다면 (a)에서 구한 근삿값과 관련된 오차를 추정하라.

17. 다음 그림은 어떤 여름날의 보스턴 시의 기온을 나타낸 그래프이다. $n = 12$일 때 심프슨의 공식을 이용해서 그날 평균 기온을 추정하라.

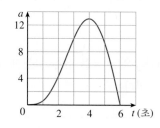

18. 다음 그림은 ft/s^{2}으로 측정된 자동차의 가속도 $a(t)$ 그래프이다. 심프슨의 공식을 이용해서 6초 동안 자동차 속도의 증분을 추정하라.

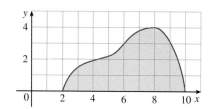

19. 다음 표는 (샌디에고 가스와 전기 제공) 자정부터 오전 6시까지 샌디에고 카운티의 전력사용량 P 메가와트를 보여준다.

심프슨의 공식을 이용해서 그 시간 동안 사용된 에너지를 추정하라. (전력은 에너지의 도함수라는 사실을 이용한다.)

t	P	t	P
0:00	1814	3:30	1611
0:30	1735	4:00	1621
1:00	1686	4:30	1666
1:30	1646	5:00	1745
2:00	1637	5:30	1886
2:30	1609	6:00	2052
3:00	1604		

20. $n = 8$일 때 심프슨의 공식을 이용해서 그림에 있는 영역을 (a) x축과 (b) y축을 중심으로 회전시킬 때 생기는 입체의 부피를 각각 구하라.

21. 곡선 $y = 1/(1 + e^{-x})$과 x축, y축, $x = 10$으로 유계된 영역을 x축을 중심으로 회전시켰다. 이때 생기는 입체의 부피를 $n = 10$일 때 심프슨의 공식을 이용해서 추정하라.

22. N개의 틈이 있는 회절격자를 각 θ를 이루며 진행하는 파장이 λ인 빛의 세기는 $I(\theta) = (N^2 \sin^2 k)/k^2$이다. 여기서 $k = (\pi N d \sin \theta)/\lambda$이고 d는 이웃한 틈 사이의 거리이다. 파장이 $\lambda = 632.8 \times 10^{-9}$ m인 헬륨–네온 레이저가 10^{-4} m 간격으로 떨어져 있는 10,000개의 틈이 있는 회절격자를 통해 $-10^{-6} < \theta < 10^{-6}$인 협대역의 빛을 방출하고 있다. $n = 10$일 때 중점법칙을 이용해서 격자로부터 나오는 빛의 전체 강도 $\int_{-10^{-6}}^{10^{-6}} I(\theta)\,d\theta$를 추정하라.

23. $n = 2$일 때 사다리꼴 공식이 중점법칙보다 더 정확해지는 $[0, 2]$에서의 연속함수의 그래프를 그려라.

24. f가 양의 함수이고 $a \le x \le b$에서 $f''(x) < 0$일 때 $T_n < \int_a^b f(x)\,dx < M_n$임을 보여라.

25. $\frac{1}{2}(T_n + M_n) = T_{2n}$임을 보여라.

26. $\frac{1}{3}T_n + \frac{2}{3}M_n = S_{2n}$임을 보여라.

7.8 | 이상적분

정적분 $\int_a^b f(x)\,dx$를 정의할 때 f는 유한 구간 $[a, b]$에서 정의된 함수이고, 무한 불연속을 갖지 않는다고 가정했다(4.2절 참조). 이 절에서는 정적분의 개념을 정의역이 무한이거나 f가 $[a, b]$에서 무한 불연속을 갖는 경우까지 확장한다. 이런 함수의 적분을 **이상적분**(improper integral)이라 한다. 이런 개념의 응용이 가장 중요한 응용 중 하나가 확률분포인데, 이것은 8.5절에서 다룬다.

■ 형태 1: 무한 구간

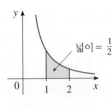

그림 1

곡선 $y = 1/x^2$의 아래와 x축 위, 그리고 직선 $x = 1$의 오른쪽에 놓이는 무한 영역 S를 생각하자. S가 무한히 뻗어 나가기 때문에 넓이도 무한일 것이라 생각할 수 있다. 그러나 좀 더 자세히 살펴보자. 직선 $x = t$의 왼쪽에 있는 S의 일부 넓이(그림 1에서 색칠한 부분)는 다음과 같다.

$$A(t) = \int_1^t \frac{1}{x^2}\,dx = -\frac{1}{x}\bigg]_1^t = 1 - \frac{1}{t}$$

즉, t가 얼마나 크든지 상관없이 $A(t) < 1$이고, 다음이 성립함을 알 수 있다.

$$\lim_{t \to \infty} A(t) = \lim_{t \to \infty} \left(1 - \frac{1}{t} \right) = 1$$

색칠한 부분의 넓이는 $t \to \infty$일 때 1로 접근한다(그림 2 참조). 따라서 무한 영역 S의 넓이는 1이라고 하고 다음과 같이 쓴다.

$$\int_1^\infty \frac{1}{x^2}\,dx = \lim_{t \to \infty} \int_1^t \frac{1}{x^2}\,dx = 1$$

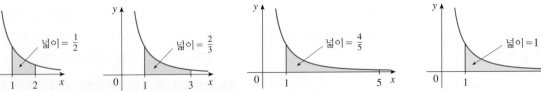

그림 2

이 예를 지침으로 삼아 무한 구간에 대한 f의 적분을 유한 구간에서의 적분의 극한으로 정의한다(f가 양의 함수일 필요는 없다).

---

1 형태 1의 이상적분의 정의

(a) 모든 수 $t \geq a$에 대해 $\int_a^t f(x)\,dx$가 존재하고, 다음 극한이 (유한수로서) 존재하면 다음과 같이 정의한다.

$$\int_a^\infty f(x)\,dx = \lim_{t \to \infty} \int_a^t f(x)\,dx$$

(b) 모든 수 $t \le b$에 대해 $\int_t^b f(x)\,dx$가 존재하고, 다음 극한이 (유한수로서) 존재하면 다음과 같이 정의한다.

$$\int_{-\infty}^b f(x)\,dx = \lim_{t \to -\infty} \int_t^b f(x)\,dx$$

대응하는 극한이 존재할 때 이상적분 $\int_a^\infty f(x)\,dx$와 $\int_{-\infty}^b f(x)\,dx$는 **수렴한다**(convergent)고 하고, 극한이 존재하지 않을 때 **발산한다**(divergent)고 한다.

(c) $\int_a^\infty f(x)\,dx$와 $\int_{-\infty}^a f(x)\,dx$가 모두 수렴할 때 다음과 같이 정의한다.

$$\int_{-\infty}^\infty f(x)\,dx = \int_{-\infty}^a f(x)\,dx + \int_a^\infty f(x)\,dx$$

여기서 a는 어떤 실수라도 사용 가능하다(연습문제 48 참조).

정의 $\boxed{1}$의 이상적분은 모두 f가 양의 함수일 때 넓이로 해석할 수 있다. 예를 들어 (a)의 경우 $f(x) \ge 0$이고 적분 $\int_a^\infty f(x)\,dx$가 수렴하면, 그림 3에서 영역 $S = \{(x, y) \mid x \ge a, 0 \le y \le f(x)\}$의 넓이는 다음과 같이 정의한다.

$$A(S) = \int_a^\infty f(x)\,dx$$

이 정의는 $\int_a^\infty f(x)\,dx$가 $t \to \infty$일 때 a에서 t까지 f의 그래프 아래의 넓이의 극한이기 때문에 적절하다.

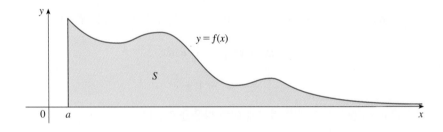

그림 3

《예제 1》 적분 $\int_1^\infty (1/x)\,dx$가 수렴하는지 발산하는지 판정하라.

풀이 정의 $\boxed{1}$의 (a)에 따라 다음을 얻는다.

$$\int_1^\infty \frac{1}{x}\,dx = \lim_{t \to \infty} \int_1^t \frac{1}{x}\,dx = \lim_{t \to \infty} \ln|x| \Big]_1^t$$

$$= \lim_{t \to \infty} (\ln t - \ln 1) = \lim_{t \to \infty} \ln t = \infty$$

극한이 유한수로 존재하지 않으므로 이상적분 $\int_1^\infty (1/x)\,dx$는 발산한다. ■

이 절의 도입부에서 언급한 예와 예제 1의 결과를 다음과 같이 비교하자.

$$\int_1^\infty \frac{1}{x^2}\,dx : \text{수렴}, \qquad \int_1^\infty \frac{1}{x}\,dx : \text{발산}$$

기하적으로 이것은 $x > 0$에서 곡선 $y = 1/x^2$과 곡선 $y = 1/x$은 매우 유사하지만,

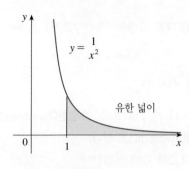
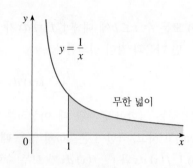

그림 4 $\int_1^\infty (1/x^2)\,dx$: 수렴   **그림 5** $\int_1^\infty (1/x)\,dx$: 발산

$x = 1$의 오른쪽에 있는 $y = 1/x^2$의 아래 영역의 넓이(그림 4에서 색칠한 부분)는 유한하고, $y = 1/x$의 넓이(그림 5에서 색칠한 부분)는 무한함을 뜻한다. $1/x^2$과 $1/x$ 모두 $x \to \infty$일 때 0에 접근하지만 $1/x^2$이 $1/x$보다 훨씬 빠르게 0에 접근한다는 사실에 주목한다. $1/x$의 값은 그 적분이 유한인 값이 될 정도로 충분히 빨리 감소하지 않는다.

《예제 2》 $\int_{-\infty}^0 xe^x\,dx$를 계산하라.

풀이 정의 **1**의 (b)에 따라 다음을 얻는다.

$$\int_{-\infty}^0 xe^x\,dx = \lim_{t \to -\infty} \int_t^0 xe^x\,dx$$

$u = x,\ dv = e^x dx$라 하면 $du = dx,\ v = e^x$이고, 부분적분에 의해 다음을 얻는다.

$$\int_t^0 xe^x\,dx = xe^x \Big]_t^0 - \int_t^0 e^x\,dx$$
$$= -te^t - 1 + e^t$$

$t \to -\infty$일 때 $e^t \to 0$이고, 로피탈 정리에 의해 다음을 얻는다.

$$\lim_{t \to -\infty} te^t = \lim_{t \to -\infty} \frac{t}{e^{-t}} = \lim_{t \to -\infty} \frac{1}{-e^{-t}}$$
$$= \lim_{t \to -\infty} (-e^t) = 0$$

따라서 다음과 같다.

$$\int_{-\infty}^0 xe^x\,dx = \lim_{t \to -\infty} (-te^t - 1 + e^t)$$
$$= -0 - 1 + 0 = -1 \qquad \blacksquare$$

《예제 3》 $\int_{-\infty}^\infty \frac{1}{1+x^2}\,dx$를 계산하라.

풀이 정의 **1**의 (c)에서 $a = 0$으로 택하면 편리하다.

$$\int_{-\infty}^\infty \frac{1}{1+x^2}\,dx = \int_{-\infty}^0 \frac{1}{1+x^2}\,dx + \int_0^\infty \frac{1}{1+x^2}\,dx$$

우변의 적분을 다음과 같이 분리해서 계산하자.

$$\int_0^\infty \frac{1}{1+x^2}\,dx = \lim_{t\to\infty}\int_0^t \frac{dx}{1+x^2} = \lim_{t\to\infty}\tan^{-1}x\Big]_0^t$$

$$= \lim_{t\to\infty}(\tan^{-1}t - \tan^{-1}0) = \lim_{t\to\infty}\tan^{-1}t = \frac{\pi}{2}$$

$$\int_{-\infty}^0 \frac{1}{1+x^2}\,dx = \lim_{t\to-\infty}\int_t^0 \frac{dx}{1+x^2} = \lim_{t\to-\infty}\tan^{-1}x\Big]_t^0$$

$$= \lim_{t\to-\infty}(\tan^{-1}0 - \tan^{-1}t) = 0 - \left(-\frac{\pi}{2}\right) = \frac{\pi}{2}$$

두 적분 모두 수렴하기 때문에 주어진 적분은 수렴하고 다음과 같이 된다.

$$\int_{-\infty}^\infty \frac{1}{1+x^2}\,dx = \frac{\pi}{2} + \frac{\pi}{2} = \pi$$

$1/(1+x^2) > 0$이므로 주어진 이상적분은 곡선 $y = 1/(1+x^2)$의 아래와 x축 위에 놓인 무한 영역의 넓이로 해석된다(그림 6 참조).

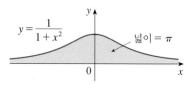

그림 6

《**예제 4**》 적분 $\int_1^\infty \frac{1}{x^p}\,dx$가 수렴하기 위한 p의 값을 구하라.

풀이 예제 1에서 $p = 1$일 때 이 적분은 발산한다. 따라서 $p \neq 1$이라고 가정하자. 그러면 다음이 성립한다.

$$\int_1^\infty \frac{1}{x^p}\,dx = \lim_{t\to\infty}\int_1^t x^{-p}\,dx = \lim_{t\to\infty}\frac{x^{-p+1}}{-p+1}\Big]_{x=1}^{x=t}$$

$$= \lim_{t\to\infty}\frac{1}{1-p}\left[\frac{1}{t^{p-1}} - 1\right]$$

$p > 1$이면 $p - 1 > 0$이므로, $t \to \infty$일 때 $t^{p-1} \to \infty$, 즉 $1/t^{p-1} \to 0$이다. 따라서 $p > 1$이면 다음이 성립하고 적분은 수렴한다.

$$\int_1^\infty \frac{1}{x^p}\,dx = \frac{1}{p-1}$$

그러나 $p < 1$이면, $p - 1 < 0$이므로 $t \to \infty$일 때 다음이 성립한다.

$$\frac{1}{t^{p-1}} = t^{1-p} \to \infty$$

그러므로 적분은 발산한다.

앞으로 참고하기 위해 예제 4의 결과를 요약하면 다음과 같다.

2 $\qquad \int_1^\infty \frac{1}{x^p}\,dx$는 $p > 1$이면 수렴하고, $p \leq 1$이면 발산한다.

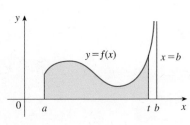

그림 7

■ 형태 2: 불연속인 피적분함수

f가 유한구간 $[a, b)$에서 정의된 양의 연속함수이지만 b에서 수직점근선을 갖는다고 가정하자. S는 f의 그래프 아래와 a와 b 사이의 x축 위에 있는 유계되지 않은 영역이라 하자. (형태 1의 적분에서는 영역이 수평으로 무한히 뻗어 있다. 여기서는 영역이 수직으로 무한하다.) a와 t 사이 S의 일부 넓이(그림 7에서 색칠한 부분)는 다음과 같다.

$$A(t) = \int_a^t f(x)\,dx$$

$t \to b^-$일 때 $A(t)$의 값이 유한수 A에 접근하면, 영역 S의 넓이는 A라 하고 다음과 같이 쓴다.

$$\int_a^b f(x)\,dx = \lim_{t \to b^-} \int_a^t f(x)\,dx$$

이 식을 이용해서 형태 2의 이상적분을 정의한다. 이때 f가 양의 함수가 아니든 b에서 f가 어떤 형태의 불연속이든 상관없다.

$f(x) \geq 0$이고 f가 a와 c에서 각각 수직점근선을 갖는 경우, 그림 8과 9가 정의 **3**의 (b)와 (c)를 설명한다.

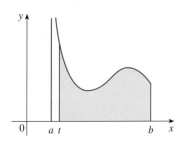

그림 8

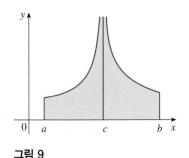

그림 9

---

3 **형태 2의 이상적분의 정의**

(a) f가 구간 $[a, b)$에서 연속이고 b에서 불연속일 때, 다음 극한이 (유한수로서) 존재하면 다음과 같이 정의한다.

$$\int_a^b f(x)\,dx = \lim_{t \to b^-} \int_a^t f(x)\,dx$$

(b) f가 $(a, b]$에서 연속이고 a에서 불연속일 때, 다음 극한이 (유한수로서) 존재하면 다음과 같이 정의한다.

$$\int_a^b f(x)\,dx = \lim_{t \to a^+} \int_t^b f(x)\,dx$$

대응하는 극한이 존재할 때 이상적분 $\int_a^b f(x)\,dx$는 **수렴한다**(convergent)고 하고, 극한이 존재하지 않을 때 **발산한다**(divergent)고 한다.

(c) $a < c < b$일 때 f가 c에서 불연속이고 $\int_a^c f(x)\,dx$와 $\int_c^b f(x)\,dx$가 모두 수렴하면 다음과 같이 정의한다.

$$\int_a^b f(x)\,dx = \int_a^c f(x)\,dx + \int_c^b f(x)\,dx$$

《**예제 5**》 $\int_2^5 \dfrac{1}{\sqrt{x-2}}\,dx$를 구하라.

풀이 $f(x) = 1/\sqrt{x-2}$은 $x = 2$에서 수직점근선을 갖기 때문에 주어진 적분은 이상적분이다. $[2, 5]$의 왼쪽 끝점에서 무한 불연속이므로 정의 **3**의 (b)를 이용해서 다음을 얻는다.

$$\int_2^5 \frac{dx}{\sqrt{x-2}} = \lim_{t \to 2^+} \int_t^5 \frac{dx}{\sqrt{x-2}} = \lim_{t \to 2^+} 2\sqrt{x-2}\,\Big]_t^5$$

$$= \lim_{t \to 2^+} 2(\sqrt{3} - \sqrt{t-2}\,) = 2\sqrt{3}$$

따라서 주어진 이상적분은 수렴하고, 피적분함수가 양이므로 적분값을 그림 10에서 색칠한 부분의 넓이로 해석할 수 있다. ■

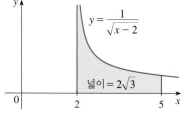

그림 10

《**예제 6**》 $\int_0^{\pi/2} \sec x \, dx$가 수렴하는지 발산하는지 판정하라.

풀이 $\lim_{x \to (\pi/2)^-} \sec x = \infty$이므로 주어진 적분은 이상적분이다. 정의 **3**의 (a)와 적분표의 공식 14를 이용하면, $t \to (\pi/2)^-$일 때 $\sec t \to \infty$이고 $\tan t \to \infty$이므로 다음을 얻는다.

$$\int_0^{\pi/2} \sec x \, dx = \lim_{t \to (\pi/2)^-} \int_0^t \sec x \, dx = \lim_{t \to (\pi/2)^-} \ln|\sec x + \tan x|\,\Big]_0^t$$

$$= \lim_{t \to (\pi/2)^-} [\ln(\sec t + \tan t) - \ln 1] = \infty$$

따라서 주어진 이상적분은 발산한다. ■

《**예제 7**》 $\int_0^3 \dfrac{dx}{x-1}$가 존재하면 계산하라.

풀이 직선 $x = 1$이 피적분함수의 수직점근선이다. 이것이 구간 $[0, 3]$의 중간에 있으므로 $c = 1$일 때 정의 **3**의 (c)를 이용한다.

$$\int_0^3 \frac{dx}{x-1} = \int_0^1 \frac{dx}{x-1} + \int_1^3 \frac{dx}{x-1}$$

여기서 $t \to 1^-$이면 $1 - t \to 0^+$이므로 다음을 얻는다.

$$\int_0^1 \frac{dx}{x-1} = \lim_{t \to 1^-} \int_0^t \frac{dx}{x-1} = \lim_{t \to 1^-} \ln|x-1|\,\Big]_0^t$$

$$= \lim_{t \to 1^-} \left(\ln|t-1| - \ln|-1| \right)$$

$$= \lim_{t \to 1^-} \ln(1-t) = -\infty$$

따라서 $\int_0^1 dx/(x-1)$는 발산한다. 결과적으로 $\int_0^3 dx/(x-1)$도 발산한다[$\int_1^3 dx/(x-1)$는 계산할 필요도 없다]. ■

⊘ **주의** 예제 7에서 점근선 $x = 1$을 인식하지 못하고 이 적분을 통상적인 적분으로 혼동하면, 다음과 같이 잘못된 계산을 수행할 수 있다.

$$\int_0^3 dx/(x-1) = \ln|x-1|\,\Big]_0^3 = \ln 2 - \ln 1 = \ln 2$$

이 적분은 이상적분으로 극한을 이용해서 계산해야 하기 때문에 위 적분은 옳지 않다.
  이제부터는 기호 $\int_a^b f(x)\, dx$와 마주칠 때마다 $[a, b]$에서 함수 f를 살펴보고, 이것이 통상적인 적분인지 이상적분인지 결정해야 한다.

《**예제 8**》 $\int_0^1 \ln x \, dx$를 구하라.

풀이 $\lim_{x \to 0^+} \ln x = -\infty$이므로 함수 $f(x) = \ln x$는 $x = 0$에서 수직점근선을 갖는다. 따라

서 주어진 적분은 이상적분이고 다음과 같다.

$$\int_0^1 \ln x \, dx = \lim_{t \to 0^+} \int_t^1 \ln x \, dx$$

$u = \ln x$, $dv = dx$라 하면 $du = dx/x$, $v = x$이므로 부분적분에 의해 다음과 같다.

$$\int_t^1 \ln x \, dx = x \ln x \Big]_t^1 - \int_t^1 dx$$
$$= 1 \ln 1 - t \ln t - (1 - t)$$
$$= -t \ln t - 1 + t$$

첫 번째 항의 극한을 구하기 위해 로피탈 정리를 사용한다.

$$\lim_{t \to 0^+} t \ln t = \lim_{t \to 0^+} \frac{\ln t}{1/t} = \lim_{t \to 0^+} \frac{1/t}{-1/t^2} = \lim_{t \to 0^+} (-t) = 0$$

이므로
$$\int_0^1 \ln x \, dx = \lim_{t \to 0^+} (-t \ln t - 1 + t) = -0 - 1 + 0 = -1$$

이다. 그림 11은 이 결과를 기하학적으로 해석해서 보여 준다. 곡선 $y = \ln x$의 위와 x축 아래 색칠한 부분의 넓이가 1임을 뜻한다. ■

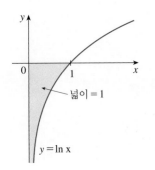

그림 11

■ 이상적분에 대한 비교판정법

때로는 이상적분의 정확한 값을 계산하는 것이 불가능하나 그것의 수렴 발산 여부가 중요한 경우가 있다. 이런 경우 다음 정리는 유용하다. 이 정리는 형태 1의 적분을 나타내지만 유사한 정리가 형태 2의 적분에서도 성립한다.

> **비교 정리** f와 g가 연속함수이고 $x \geq a$일 때 $f(x) \geq g(x) \geq 0$을 만족한다고 하자.
> (a) $\int_a^\infty f(x) \, dx$가 수렴하면 $\int_a^\infty g(x) \, dx$도 수렴한다.
> (b) $\int_a^\infty g(x) \, dx$가 발산하면 $\int_a^\infty f(x) \, dx$도 발산한다.

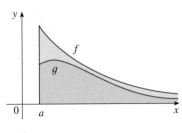

그림 12

비교 정리의 증명은 생략하지만 그림 12를 보면 타당해 보인다. 위의 곡선 $y = f(x)$ 아래의 넓이가 유한이면, 그 밑에 있는 곡선 $y = g(x)$ 아래의 넓이 역시 유한이다. 또한 $y = g(x)$ 아래의 넓이가 무한이면, $y = f(x)$ 아래의 넓이도 무한임은 자명하다. [역은 참이 아닐 수 있다. $\int_a^\infty g(x) \, dx$가 수렴하면 $\int_a^\infty f(x) \, dx$는 수렴할 수도 있고 아닐 수도 있다. 그리고 $\int_a^\infty f(x) \, dx$가 발산하면 $\int_a^\infty g(x) \, dx$는 수렴할 수도 있고 아닐 수도 있다.]

《예제 9》 $\int_0^\infty e^{-x^2} dx$가 수렴함을 보여라.

풀이 (7.5절에서 설명했듯이) e^{-x^2}의 역도함수는 기본함수가 아니므로 적분값을 직접 계산할 수 없다. 다음과 같이 써 보자.

$$\int_0^\infty e^{-x^2} dx = \int_0^1 e^{-x^2} dx + \int_1^\infty e^{-x^2} dx$$

우변의 첫 번째 적분은 통상적인 정적분이다. 두 번째 적분에서 $x \geq 1$일 때 $x^2 \geq x$이다. 따라서 $-x^2 \leq -x$이므로 $e^{-x^2} \leq e^{-x}$이다(그림 13 참조). e^{-x}의 적분은 구하기 쉽다.

$$\int_1^\infty e^{-x}\,dx = \lim_{t \to \infty} \int_1^t e^{-x}\,dx = \lim_{t \to \infty}(e^{-1} - e^{-t}) = e^{-1}$$

그러므로 비교 정리에서 $f(x) = e^{-x}$, $g(x) = e^{-x^2}$이라 하면 $\int_1^\infty e^{-x^2}\,dx$가 수렴함을 알 수 있다. 결과적으로 $\int_0^\infty e^{-x^2}\,dx$도 수렴한다. ∎

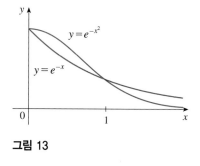

그림 13

예제 9에서 실제 값을 구하지 않고도 $\int_0^\infty e^{-x^2}\,dx$가 수렴함을 봤다. 연습문제 49에서 이것의 근사값이 0.8862임을 보여준다. 확률론에서는 이 이상적분의 정확한 값을 아는 것이 중요한데, 8.5절에서 살펴볼 것이다. 다변수 미적분학의 방법을 이용하면 정확한 값이 $\sqrt{\pi}/2$임을 보일 수 있다. 표 1은 t가 커짐에 따라 (컴퓨터로 계산된) $\int_0^t e^{-x^2}\,dx$의 값이 어떻게 $\sqrt{\pi}/2$에 접근하는가를 보임으로써 이상적분의 정의를 설명하고 있다. 사실 $x \to \infty$일 때 매우 빠르게 $e^{-x^2} \to 0$이므로 이 값은 매우 빠르게 수렴한다.

《예제 10》 적분 $\int_1^\infty \dfrac{1 + e^{-x}}{x}\,dx$는 비교 정리에 따라 발산한다. 왜냐하면 다음이 성립하고 $\int_1^\infty (1/x)\,dx$가 예제 1에 의해(또는 정리 [2]에서 $p = 1$인 경우) 발산하기 때문이다.

$$\frac{1 + e^{-x}}{x} > \frac{1}{x}$$ ∎

표 2는 예제 10의 적분이 발산함을 보여 준다. 그 값들이 어느 고정된 수로 접근하지 않는다.

표 1

t	$\int_0^t e^{-x^2}\,dx$
1	0.7468241328
2	0.8820813908
3	0.8862073483
4	0.8862269118
5	0.8862269255
6	0.8862269255

표 2

t	$\int_1^t [(1 + e^{-x})/x]\,dx$
2	0.8636306042
5	1.8276735512
10	2.5219648704
100	4.8245541204
1000	7.1271392134
10000	9.4297243064

7.8 | 연습문제

1. 다음 적분이 이상적분인 이유를 설명하라.

(a) $\displaystyle\int_1^4 \frac{dx}{x - 3}$ (b) $\displaystyle\int_3^\infty \frac{dx}{x^2 - 4}$

(c) $\displaystyle\int_0^1 \tan \pi x\,dx$ (d) $\displaystyle\int_{-\infty}^{-1} \frac{e^x}{x}\,dx$

2. $x = 1$에서 $x = t$까지 곡선 $y = 1/x^3$ 아래의 넓이를 구하고, $t = 10, 100, 1000$에 대해 계산하라. $x \geq 1$에 대해 이 곡선 아래의 전체 넓이를 구하라.

3-24 다음 적분이 수렴하는지 발산하는지 판정하라. 수렴하면 그 값을 구하라.

3. $\displaystyle\int_1^\infty 2x^{-3}\,dx$

4. $\displaystyle\int_0^\infty e^{-2x}\,dx$

5. $\displaystyle\int_{-2}^\infty \frac{1}{x + 4}\,dx$

6. $\displaystyle\int_3^\infty \frac{1}{(x - 2)^{3/2}}\,dx$

7. $\displaystyle\int_{-\infty}^0 \frac{x}{(x^2 + 1)^3}\,dx$

8. $\displaystyle\int_1^\infty \frac{x^2 + x + 1}{x^4}\,dx$

9. $\displaystyle\int_0^\infty \frac{e^x}{(1 + e^x)^2}\,dx$

10. $\displaystyle\int_{-\infty}^\infty xe^{-x^2}\,dx$

11. $\displaystyle\int_{-\infty}^\infty \cos 2t\,dt$

12. $\displaystyle\int_0^\infty \sin^2 \alpha\,d\alpha$

13. $\displaystyle\int_1^\infty \frac{1}{x^2 + x}\,dx$

14. $\displaystyle\int_{-\infty}^0 ze^{2z}\,dz$

15. $\displaystyle\int_1^\infty \frac{\ln x}{x}\,dx$

16. $\displaystyle\int_{-\infty}^0 \frac{z}{z^4 + 4}\,dz$

17. $\displaystyle\int_0^\infty e^{-\sqrt{y}}\,dy$

18. $\displaystyle\int_0^1 \frac{1}{x}\,dx$

19. $\displaystyle\int_{-2}^{14} \frac{dx}{\sqrt[4]{x + 2}}$

20. $\displaystyle\int_{-2}^3 \frac{1}{x^4}\,dx$

21. $\displaystyle\int_0^9 \frac{1}{\sqrt[3]{x - 1}}\,dx$

22. $\displaystyle\int_0^{\pi/2} \tan^2 \theta\,d\theta$

23. $\displaystyle\int_0^1 r \ln r \, dr$

24. $\displaystyle\int_{-1}^0 \frac{e^{1/x}}{x^3} \, dx$

25-27 다음 영역을 그리고, 넓이가 유한이면 그 값을 구하라.

25. $S = \{(x, y) \mid x \ge 1,\ 0 \le y \le e^{-x}\}$

26. $S = \{(x, y) \mid x \ge 1,\ 0 \le y \le 1/(x^3 + x)\}$

27. $S = \{(x, y) \mid 0 \le x < \pi/2,\ 0 \le y \le \sec^2 x\}$

---

28. (a) $g(x) = (\sin^2 x)/x^2$일 때 계산기나 컴퓨터를 이용해서 $t = 2, 5, 10, 100, 1000, 10000$에 대한 $\int_1^t g(x) \, dx$의 근삿값을 표로 만들라. $\int_1^\infty g(x) \, dx$가 수렴하는 것처럼 보이는가?

(b) $f(x) = 1/x^2$을 가지고 비교 정리를 이용해서 $\int_1^\infty g(x) \, dx$가 수렴함을 보여라.

(c) $1 \le x \le 10$일 때 f와 g의 그래프를 동일한 보기 화면에 그리고 (b)를 설명하라. 그래프를 이용해서 $\int_1^\infty g(x) \, dx$가 수렴하는 이유를 직관적으로 설명하라.

29-32 비교 정리를 이용해서 다음 적분이 수렴하는지 발산하는지 판정하라.

29. $\displaystyle\int_0^\infty \frac{x}{x^3 + 1} \, dx$

30. $\displaystyle\int_2^\infty \frac{1}{x - \ln x} \, dx$

31. $\displaystyle\int_1^\infty \frac{x + 1}{\sqrt{x^4 - x}} \, dx$

32. $\displaystyle\int_0^1 \frac{\sec^2 x}{x\sqrt{x}} \, dx$

33-34 형태 1과 형태 2인 이상적분

$[a, \infty)$는 무한구간이기 때문에 적분 $\int_a^\infty f(x) \, dx$은 이상적분이다. f가 a에서 무한 불연속이라면 적분은 형태 2인 이상적분이다. 이 적분을 아래와 같이 형태 2와 형태 1의 이상적분의 합으로 표현하고 그 값을 계산하라.

$$\int_a^\infty f(x) \, dx = \int_a^c f(x) \, dx + \int_c^\infty f(x) \, dx \qquad c > a$$

적분 값이 수렴한다면 계산하라.

33. $\displaystyle\int_0^\infty \frac{1}{x^2} \, dx$

34. $\displaystyle\int_0^\infty \frac{1}{\sqrt{x}\,(1 + x)} \, dx$

35-36 다음 적분이 수렴하기 위한 p의 값을 구하고, p가 그 값을 가질 때의 적분값을 계산하라.

35. $\displaystyle\int_0^1 \frac{1}{x^p} \, dx$

36. $\displaystyle\int_0^1 x^p \ln x \, dx$

---

37. 적분 $\int_{-\infty}^\infty f(x) \, dx$의 **코시의 원리 값**은 다음과 같이 정의한다.

$$\int_{-\infty}^\infty f(x) \, dx = \lim_{t \to \infty} \int_{-t}^t f(x) \, dx$$

$\int_{-\infty}^\infty x \, dx$는 발산하지만 이 적분의 코시 원리의 값은 0임을 보여라.

38. 예제 1에서 $\mathcal{R} = \{(x, y) \mid x \ge 1,\ 0 \le y \le 1/x\}$의 넓이가 무한이라는 사실을 알았다. 그러나 $\mathcal{R}$을 x축을 중심으로 회전시킬 때 생기는 입체(가브리엘의 뿔이라 불림)의 부피는 유한임을 보여라.

39. 질량이 M이고 반지름이 R인 별에서 질량 m인 로켓을 쏘아 올려 중력장을 벗어나는 데 필요한 **이탈속도** v_0를 구하라. 5.4절의 연습문제 17에 있는 뉴턴의 중력법칙과 일에 필요한 초기 운동에너지가 $\frac{1}{2}mv_0^2$로 제공된 사실을 이용한다.

40. 전구 제조회사에서 수명이 약 700시간 지속되는 전구를 생산하려고 한다. 물론 그중 일부는 다른 것보다 더 빨리 끊어진다. $F(t)$를 t시간 전에 끊어지는 전구의 비율이라고 하자. 그러면 $F(t)$는 항상 0과 1 사이에 있다.

(a) F의 그래프는 어떤 모양인지 대략적으로 그려라.

(b) 도함수 $r(t) = F'(t)$는 무슨 의미인가?

(c) $\int_0^\infty r(t) \, dt$의 값은 얼마인가? 그 이유는?

41. 심각한 마약 복용자에게서 N명의 개체군에게 불법 마약이 확산되는 연구에서, 저자들은 다음과 같은 방정식으로 새로운 마약 복용자의 수를 예측하는 모형을 제시한다.

$$\gamma = \int_0^\infty \frac{cN(1 - e^{-kt})}{k} e^{-\lambda t} \, dt$$

여기서 c, k, λ는 양수이다. γ를 c, N, k, λ에 관해 표현하기 위해 적분을 계산하라.

Source: F. Hoppensteadt et al., "Threshold Analysis of a Drug Use Epidemic Model," *Mathematical Biosciences* 53 (1981): 79-87.

42. 다음이 성립하려면 a가 얼마나 큰 수여야 하는지 결정하라.

$$\int_a^\infty \frac{1}{x^2 + 1} \, dx < 0.001$$

43-44 라플라스 변환 $t \ge 0$에서 $f(t)$가 연속이면, f의 라플라스 변환 F를 다음과 같이 정의한다.

$$F(s) = \int_0^\infty f(t) \, e^{-st} \, dt$$

여기서 F의 정의역은 이상적분이 수렴하는 모든 s의 집합이다.

43. 다음 함수의 라플라스 변환을 구하라.

(a) $f(t) = 1$ (b) $f(t) = e^t$ (c) $f(t) = t$

44. f'은 연속이고 $t \geq 0$에 대해 $0 \leq f(t) \leq Me^{at}$, $0 \leq f'(t) \leq Ke^{at}$이라 가정하자. $F(s)$를 $f(t)$의 라플라스 변환이라 하고 $G(s)$를 $f'(t)$의 라플라스 변환이라고 하면 다음이 성립함을 보여라.

$$G(s) = sF(s) - f(0), \quad s > a$$

---

45. $\int_0^\infty x^2 e^{-x^2} dx = \frac{1}{2} \int_0^\infty e^{-x^2} dx$ 임을 보여라.

46. 다음 적분이 수렴하는 상수 C의 값을 결정하고, 결정된 C의 값에 대해 적분을 계산하라.

$$\int_0^\infty \left(\frac{1}{\sqrt{x^2 + 4}} - \frac{C}{x + 2} \right) dx$$

47. 함수 f가 $[0, \infty)$에서 연속이고 $\lim_{x \to \infty} f(x) = 1$이면, $\int_0^\infty f(x)\, dx$가 수렴할 가능성이 있는가?

48. a와 b가 실수이고 $\int_{-\infty}^\infty f(x)\, dx$가 수렴하면 다음을 보여라.

$$\int_{-\infty}^a f(x)\, dx + \int_a^\infty f(x)\, dx = \int_{-\infty}^b f(x)\, dx + \int_b^\infty f(x)\, dx$$

49. $\int_0^\infty e^{-x^2} dx$를 $\int_0^4 e^{-x^2} dx$와 $\int_4^\infty e^{-x^2} dx$의 합을 이용하여 수치해의 값을 구하라. $n = 8$일 때 심프슨 공식을 이용하여 첫 적분의 근사값을 구하고 두 번째 적분은 $\int_4^\infty e^{-4x} dx$보다 0.0000001 범위에서 적음을 보여라.

7   복습

개념 확인

1. 부분적분법을 서술하라. 실제로 어떻게 사용하는가?

2. $\sqrt{a^2 - x^2}$이 적분에서 나타나면 어떻게 치환해야 하는가? $\sqrt{a^2 + x^2}$이 나타나면? $\sqrt{x^2 - a^2}$이 나타나면?

3. 중점법칙, 사다리꼴 공식, 심프슨의 공식을 이용해서 정적분 $\int_a^b f(x)\, dx$의 근삿값을 구하는 규칙을 설명하라. 어느 것이 가장 좋다고 생각하는가? 각 공식에 대한 오차를 어떻게

계산하는가?

4. 다음 각각의 경우 이상적분 $\int_a^b f(x)\, dx$를 정의하라.
  (a) f가 a에서 무한 불연속이다.
  (b) f가 b에서 무한 불연속이다.
  (c) f가 $a < c < b$인 c에서 무한 불연속이다.

참·거짓 퀴즈

다음 명제가 참인지 거짓인지 판별하라. 참이면 이유를 설명하고, 거짓이면 이유를 설명하거나 반례를 들라.

1. $\int \tan^{-1} x\, dx$를 부분적분을 이용하여 적분할 수 있다.

2. $\displaystyle\int \frac{dx}{\sqrt{25 + x^2}}$를 계산하기 위한 삼각치환은 $x = 5\sin\theta$이다.

3. $\dfrac{x(x^2 + 4)}{x^2 - 4}$는 $\dfrac{A}{x + 2} + \dfrac{B}{x - 2}$와 같은 형태로 쓸 수 있다.

4. $\dfrac{x^2 + 4}{x^2(x - 4)}$는 $\dfrac{A}{x^2} + \dfrac{B}{x - 4}$와 같은 형태로 쓸 수 있다.

5. $\displaystyle\int_0^4 \frac{x}{x^2 - 1}\, dx = \frac{1}{2} \ln 15$

6. $\displaystyle\int_{-\infty}^\infty f(x)\, dx$가 수렴하면 $\displaystyle\int_0^\infty f(x)\, dx$은 수렴한다.

7. (a) 모든 기본함수의 도함수는 기본함수이다.
  (b) 모든 기본함수의 역도함수는 기본함수이다.

8. f가 $[1, \infty)$에서 연속이고 감소함수이며 $\lim_{x \to \infty} f(x) = 0$이면 $\displaystyle\int_1^\infty f(x)\, dx$는 수렴한다.

9. $\displaystyle\int_a^\infty f(x)\, dx$와 $\displaystyle\int_a^\infty g(x)\, dx$가 모두 발산하면 $\displaystyle\int_a^\infty [f(x) + g(x)]\, dx$는 발산한다.

복습문제

참고: 7.5절 연습문제에 적분 방법에 관한 추가적인 연습이 있다.

1-25 다음 적분을 계산하라.

1. $\int_1^2 \dfrac{(x+1)^2}{x}\,dx$ **2.** $\int \dfrac{e^{\sin x}}{\sec x}\,dx$

3. $\int \dfrac{dt}{2t^2 + 3t + 1}$ **4.** $\int_0^{\pi/2} \sin^3\theta \, \cos^2\theta \, d\theta$

5. $\int \dfrac{\sin(\ln t)}{t}\,dt$ **6.** $\int x\,(\ln x)^2\,dx$

7. $\int_1^2 \dfrac{\sqrt{x^2 - 1}}{x}\,dx$ **8.** $\int e^{\sqrt[3]{x}}\,dx$

9. $\int x^2 \tan^{-1}x\,dx$ **10.** $\int \dfrac{x-1}{x^2 + 2x}\,dx$

11. $\int x \cosh x\,dx$ **12.** $\int \dfrac{dx}{\sqrt{x^2 - 4x}}$

13. $\int \dfrac{x+1}{9x^2 + 6x + 5}\,dx$ **14.** $\int_0^2 \sqrt{x^2 - 2x + 2}\,dx$

15. $\int \dfrac{dx}{x\sqrt{x^2 + 1}}$ **16.** $\int \dfrac{x \sin(\sqrt{1 + x^2})}{\sqrt{1 + x^2}}\,dx$

17. $\int \dfrac{3x^3 - x^2 + 6x - 4}{(x^2 + 1)(x^2 + 2)}\,dx$ **18.** $\int_0^{\pi/2} \cos^3 x \, \sin 2x\,dx$

19. $\int_{-3}^3 \dfrac{x}{1 + |x|}\,dx$ **20.** $\int_0^{\ln 10} \dfrac{e^x \sqrt{e^x - 1}}{e^x + 8}\,dx$

21. $\int \dfrac{x^2}{(4 - x^2)^{3/2}}\,dx$ **22.** $\int \dfrac{1}{\sqrt{x + x^{3/2}}}\,dx$

23. $\int (\cos x + \sin x)^2 \cos 2x\,dx$

24. $\int_0^{1/2} \dfrac{x e^{2x}}{(1 + 2x)^2}\,dx$ **25.** $\int \dfrac{1}{\sqrt{e^x - 4}}\,dx$

26-30 적분을 계산하거나 발산함을 보여라.

26. $\int_1^\infty \dfrac{1}{(2x+1)^3}\,dx$ **27.** $\int_2^\infty \dfrac{dx}{x \ln x}$

28. $\int_0^4 \dfrac{\ln x}{\sqrt{x}}\,dx$ **29.** $\int_0^1 \dfrac{x-1}{\sqrt{x}}\,dx$

30. $\int_{-\infty}^\infty \dfrac{dx}{4x^2 + 4x + 5}$

---

31. 부정적분 $\int \ln(x^2 + 2x + 2)\,dx$를 계산하라. 함수와 역도함수($C = 0$으로 택한다)의 그래프를 그려 얻은 답이 타당한지 설명하라.

32. 함수 $f(x) = \cos^2 x \, \sin^3 x$의 그래프를 그려라. 그래프를 이용해서 적분 $\int_0^{2\pi} f(x)\,dx$의 값을 추측하라. 그 다음 적분을 계산해서 추측이 맞는지 확인하라.

33-34 적분표를 이용해서 다음 적분을 계산하라.

33. $\int \sqrt{4x^2 - 4x - 3}\,dx$ **34.** $\int \cos x \sqrt{4 + \sin^2 x}\,dx$

---

35. 적분표에 있는 공식 33을 (a) 미분과 (b) 삼각치환을 이용해서 증명하라.

36. $\int_0^\infty x^n\,dx$가 수렴하는 수 n을 구할 수 있는가?

37. $n = 10$일 때 (a) 사다리꼴 공식, (b) 중점법칙, (c) 심프슨의 공식을 이용해서 적분 $\int_2^4 \dfrac{1}{\ln x}\,dx$의 근삿값을 구하라. 반올림해서 소수점 아래 여섯째 자리까지 구한다.

38. 연습문제 37의 (a)와 (b)에 관련한 오차를 추정하라. 오차가 0.00001보다 작으려면 각각의 경우 n을 얼마나 크게 해야 하는가?

39. 다음 표는 자동차의 속도계(v)를 1분단위로 관찰한 것이다. 심프슨의 공식을 이용해서 자동차가 움직인 거리를 추정하라.

t(min)	v(km/h)	t(min)	v(km/h)
0	64	6	90
1	67	7	91
2	72	8	91
3	78	9	88
4	83	10	90
5	86		

40. (a) $f(x) = \sin(\sin x)$일 때 컴퓨터 대수체계를 이용하여 $f^{(4)}(x)$를 계산하고 그래프를 이용해서 $|f^{(4)}(x)|$에 대한 상계를 구하라.

(b) $n = 10$일 때 심프슨 공식을 이용해서 $\int_0^\pi f(x)\,dx$의 근삿값을 구하고 (a)를 이용해서 오차를 추정하라.

(c) S_n을 이용해서 오차의 크기를 0.00001보다 작게 하려면 n을 얼마나 크게 해야 하는가?

41. 비교 정리를 이용해서 다음 적분이 수렴하는지 발산하는지 판정하라.

(a) $\int_1^\infty \dfrac{2 + \sin x}{\sqrt{x}}\,dx$ (b) $\int_1^\infty \dfrac{1}{\sqrt{1 + x^4}}\,dx$

42. $x = 0$과 $x = \pi$ 사이에서 곡선 $y = \cos x$와 $y = \cos^2 x$로 유계된 영역의 넓이를 구하라.

43. $0 \leq x \leq \pi/2$에서 곡선 $y = \cos^2 x$ 아래의 영역을 x축을 중심으로 회전시킬 때 생기는 입체의 부피를 구하라.

44. f'이 $[0, \infty)$에서 연속이고 $\lim\limits_{x \to \infty} f(x) = 0$일 때 다음을 보여라.

$$\int_0^\infty f'(x)\, dx = -f(0)$$

45. 치환 $u = 1/x$을 이용해서 다음을 보여라.

$$\int_0^\infty \frac{\ln x}{1 + x^2}\, dx = 0$$

미주리 주 세인트루이스의 입구 아치(홍예문)은 높이가 192미터이고 1965년에 완공됐다. 아치는 에로 사리넨(Eero Saarinen)이 쌍곡선 코사인함수를 이용해서 디자인했다.

iStock.com / gnagel

8

적분법의 다양한 응용
Further Applications of Integration

5장에서 넓이, 부피, 일, 평균값과 같은 몇 가지 적분의 응용을 살펴봤다. 이 장에서는 더 나아가 곡선의 길이, 곡면의 넓이와 같은 적분의 기하학적인 응용뿐만 아니라 물리학, 공학, 생물학, 경제학, 통계학 등에서 여러 가지 흥미 있는 내용을 조사한다. 예를 들면 평면판의 무게중심, 수압이 댐에 가하는 힘, 인간의 심장으로부터 흘러나오는 혈액의 흐름 그리고 고객이 전화를 걸어 통화하는 데 소요되는 평균 대기시간 등을 구하는 데 적분법을 이용한다.

8.1 | 호의 길이

곡선의 길이란 무엇을 의미하는가? 그림 1에 있는 곡선에 끈을 꼭 맞춘 다음 펴서 자로 재면 된다고 생각할지 모르겠지만, 복잡한 곡선의 경우 아주 정확히 재기는 어려울 것이다. 넓이와 부피의 개념을 정의할 때 전개했던 방식과 마찬가지로 곡선의 호의 길이에 대해 정확히 정의할 필요가 있다.

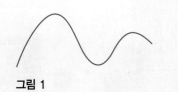

그림 1

■ 곡선 호의 길이

곡선이 다각형이라면, 그 길이를 쉽게 구할 수 있다. 단지 다각형을 이루는 선분들의 길이를 다 더하면 된다(각 선분의 끝점 간의 거리를 구하는 데 거리 공식을 사용할 수 있다). 먼저 곡선을 다각형으로 근접시킨 후에 다각형의 선분의 개수를 늘려나가며 극한을 취함으로써 일반적인 곡선의 길이를 정의하려고 한다. 이런 과정은 원의 경우에 친숙한데, 원둘레는 내접하는 다각형의 길이의 극한이다(그림 2 참조).

이제 곡선 C가 $a \leq x \leq b$에서 연속인 함수 $y = f(x)$에 의해 정의된다고 하자. 구간 $[a, b]$를 끝점이 $x_0, x_1, ..., x_n$이고 너비가 Δx로 같은 n개의 부분 구간으로 나눠 C에 근접하는 다각형을 얻는다. $y_i = f(x_i)$라 두면 점 $P_i(x_i, y_i)$는 C 위에 있고, 그림 3에 나타낸 꼭짓점 $P_0, P_1, ..., P_n$인 다각형은 C에 근접하게 된다.

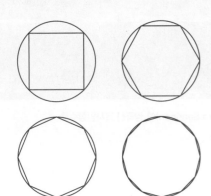

그림 2

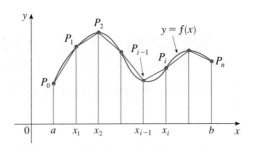

그림 3

C의 길이 L은 이런 다각형의 길이에 근접하며 n을 크게 잡을수록 더 근접하는 값을 얻게 된다. (그림 4에 P_{i-1}과 P_i를 잇는 곡선의 호가 확대되어 있고 Δx의 값을 계속 작게 함으로써 이 호에 근접함을 보여 주고 있다.) 따라서 $a \leq x \leq b$에서 함수 $y = f(x)$로 주어지는 곡선 C의 **길이**(length) L을 이런 근사하는 다각형의 길이의 극한(극한이 존재하면)으로 정의한다.

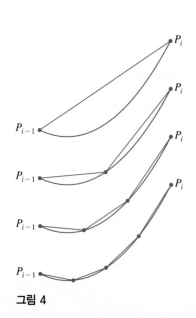

그림 4

$$\boxed{1} \qquad \boxed{L = \lim_{n \to \infty} \sum_{i=1}^{n} |P_{i-1}P_i|}$$

여기서 $|P_{i-1}P_i|$는 점 P_{i-1}과 P_i 사이의 길이다.

호의 길이를 정의하는 절차가 넓이와 부피를 정의하는 데 사용된 절차와 똑같다는 점에 주목한다. 즉, 곡선을 작은 부분으로 많이 나누고 그 작은 부분들의 길이를 다 더한 다음 $n \to \infty$인 극한을 취한다.

식 $\boxed{1}$로 주어진 호의 길이에 대한 정의는 계산상 매우 불편하지만, f의 도함수가 연속인 경우에는 L에 대해 적분 공식을 유도할 수 있다. [이런 함수 f를 **매끄럽다**(smooth)라고 하는데, 이는 x의 변화가 적을 때 $f'(x)$도 변화가 적기 때문이다.]

$\Delta y_i = y_i - y_{i-1}$이라 놓으면 다음을 얻는다.

$$|P_{i-1}P_i| = \sqrt{(x_i - x_{i-1})^2 + (y_i - y_{i-1})^2} = \sqrt{(\Delta x)^2 + (\Delta y_i)^2}$$

구간 $[x_{i-1}, x_i]$에서 f에 평균값 정리를 적용하면, x_{i-1}과 x_i 사이에 다음을 만족하는 수 x_i^*가 존재한다.

$$f(x_i) - f(x_{i-1}) = f'(x_i^*)(x_i - x_{i-1})$$

즉 $$\Delta y_i = f'(x_i^*)\,\Delta x$$

그러므로 다음을 얻는다.

$$|P_{i-1}P_i| = \sqrt{(\Delta x)^2 + (\Delta y_i)^2} = \sqrt{(\Delta x)^2 + [f'(x_i^*)\,\Delta x]^2}$$
$$= \sqrt{1 + [f'(x_i^*)]^2}\,\sqrt{(\Delta x)^2} = \sqrt{1 + [f'(x_i^*)]^2}\,\Delta x \quad \text{\scriptsize($\Delta x > 0$이므로)}$$

따라서 정의 $\boxed{1}$에 의해 다음이 성립한다.

$$L = \lim_{n \to \infty} \sum_{i=1}^{n} |P_{i-1}P_i| = \lim_{n \to \infty} \sum_{i=1}^{n} \sqrt{1 + [f'(x_i^*)]^2}\,\Delta x$$

이 식은 정적분의 정의에 의해 다음과 같이 표현됨을 알 수 있다.

$$\int_a^b \sqrt{1 + [f'(x)]^2}\,dx$$

함수 $g(x) = \sqrt{1 + [f'(x)]^2}$이 연속이기 때문에 이 적분은 존재한다. 그러므로 다음 정리가 증명된다.

$\boxed{2}$ **호의 길이 공식** f'이 $[a, b]$에서 연속이면, 곡선 $y = f(x)$, $a \le x \le b$의 길이는 다음과 같다.

$$L = \int_a^b \sqrt{1 + [f'(x)]^2}\,dx$$

도함수에 대한 라이프니츠 기호를 이용하면 호의 길이 공식을 다음과 같이 쓸 수 있다.

$\boxed{3}$
$$L = \int_a^b \sqrt{1 + \left(\frac{dy}{dx}\right)^2}\,dx$$

《예제 1》 두 점 $(1, 1)$과 $(4, 8)$ 사이에 있는 반입방 포물선(semicubical parabola) $y^2 = x^3$의 호의 길이를 구하라(그림 5 참조).

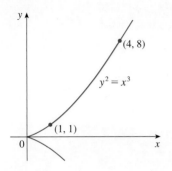

그림 5

$$\sqrt{58} \approx 7.615773$$

예제 1의 답을 점검해 보면, 그림 5로부터 호의 길이는 (1, 1)에서 (4, 8)까지의 거리보다 길어야 한다.

실제로 예제 1의 계산 결과는 다음과 같다.

$$L = \tfrac{1}{27}(80\sqrt{10} - 13\sqrt{13})$$

$$\approx 7.633705$$

이것은 확실히 선분의 길이보다 조금 더 길다.

풀이 곡선의 위쪽 반은 다음과 같다.

$$y = x^{3/2}, \qquad \frac{dy}{dx} = \tfrac{3}{2}x^{1/2}$$

그러므로 호의 길이 공식으로부터 다음을 얻는다.

$$L = \int_1^4 \sqrt{1 + \left(\frac{dy}{dx}\right)^2}\, dx = \int_1^4 \sqrt{1 + \tfrac{9}{4}x}\, dx$$

$u = 1 + \tfrac{9}{4}x$로 치환하면 $du = \tfrac{9}{4}\,dx$이다. $x = 1$일 때 $u = \tfrac{13}{4}$, $x = 4$일 때 $u = 10$이므로 다음을 얻는다.

$$L = \tfrac{4}{9}\int_{13/4}^{10} \sqrt{u}\, du = \tfrac{4}{9} \cdot \tfrac{2}{3} u^{3/2}\Big]_{13/4}^{10}$$

$$= \tfrac{8}{27}\Big[10^{3/2} - \left(\tfrac{13}{4}\right)^{3/2}\Big] = \tfrac{1}{27}(80\sqrt{10} - 13\sqrt{13}) \qquad \blacksquare$$

곡선의 방정식이 $x = g(y)$, $c \le y \le d$이고 $g'(y)$가 연속이면 공식 **2** 또는 식 **3** 에서 x와 y를 바꿔 그 길이에 대한 다음과 같은 공식을 얻는다.

4
$$L = \int_c^d \sqrt{1 + [g'(y)]^2}\, dy = \int_c^d \sqrt{1 + \left(\frac{dx}{dy}\right)^2}\, dy$$

《예제 2》 점 (0, 0)에서 (1, 1)까지 포물선 $y^2 = x$의 호의 길이를 구하라.

풀이 $x = y^2$이므로 $dx/dy = 2y$이고, 공식 **4**로부터 다음을 얻는다.

$$L = \int_0^1 \sqrt{1 + \left(\frac{dx}{dy}\right)^2}\, dy = \int_0^1 \sqrt{1 + 4y^2}\, dy$$

$y = \tfrac{1}{2}\tan\theta$로 삼각치환하면 $dy = \tfrac{1}{2}\sec^2\theta\, d\theta$이고 $\sqrt{1 + 4y^2} = \sqrt{1 + \tan^2\theta} = \sec\theta$ 이다. $y = 0$일 때 $\tan\theta = 0$이므로 $\theta = 0$이고, $y = 1$일 때 $\tan\theta = 2$이므로 $\theta = \tan^{-1} 2$ $= \alpha$이다. 그러면 다음이 성립한다.

$$L = \int_0^\alpha \sec\theta \cdot \tfrac{1}{2}\sec^2\theta\, d\theta = \tfrac{1}{2}\int_0^\alpha \sec^3\theta\, d\theta$$

$$= \tfrac{1}{2} \cdot \tfrac{1}{2}\big[\sec\theta\tan\theta + \ln|\sec\theta + \tan\theta|\big]_0^\alpha \qquad \text{(7.2절 예제 8 참조)}$$

$$= \tfrac{1}{4}\big(\sec\alpha\tan\alpha + \ln|\sec\alpha + \tan\alpha|\big)$$

(적분표에 있는 공식 21을 이용할 수도 있다.) 이제 $\tan\alpha = 2$이므로 $\sec^2\alpha = 1 + \tan^2\alpha$ $= 5$, $\sec\alpha = \sqrt{5}$이고, 따라서 호의 길이는 다음과 같다.

$$L = \frac{\sqrt{5}}{2} + \frac{\ln(\sqrt{5} + 2)}{4} \qquad \blacksquare$$

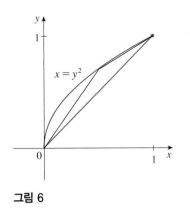

n	L_n
1	1.414
2	1.445
4	1.464
8	1.472
16	1.476
32	1.478
64	1.479

그림 6

그림 6은 예제 2에서 계산된 호의 길이를 갖는 포물선과 더불어 $n = 1$일 때와 $n = 2$일 때의 선분을 갖는 근사 다각형을 보여 준다. $n = 1$일 때 근사 길이는 $L_1 = \sqrt{2}$, 정사각형의 대각선이다. 오른쪽 표는 $[0, 1]$을 길이가 같은 n개의 부분 구간으로 나눠서 얻은 근삿값 L_n을 보여 준다. 다각형의 변의 개수를 2배로 할 때마다 아래의 정확한 길이에 더 가까운 값을 얻는다는 것에 주목한다.

$$L = \frac{\sqrt{5}}{2} + \frac{\ln(\sqrt{5} + 2)}{4} \approx 1.478943$$

공식 **2**와 **4**에서 근호가 있기 때문에 호의 길이에 대한 계산은 매우 어렵거나 심지어 명확한 값을 구하는 것이 불가능한 적분에 이르기도 한다. 그러므로 다음 예제에서와 같이 곡선의 길이에 대한 근삿값을 구하는 것으로 만족해야 하는 경우가 종종 있다.

《 **예제 3** 》

(a) 점 $(1, 1)$에서 $(2, \frac{1}{2})$까지 쌍곡선 $xy = 1$의 호의 길이를 구하는 적분을 세워라.

(b) $n = 10$인 심프슨의 공식을 이용해서 호의 길이를 추정하라.

풀이

(a)
$$y = \frac{1}{x}, \qquad \frac{dy}{dx} = -\frac{1}{x^2}$$

그러므로 호의 길이는 다음과 같다.

$$L = \int_1^2 \sqrt{1 + \left(\frac{dy}{dx}\right)^2}\, dx = \int_1^2 \sqrt{1 + \frac{1}{x^4}}\, dx$$

(b) $f(x) = \sqrt{1 + 1/x^4}$, $a = 1$, $b = 2$, $n = 10$, $\Delta x = 0.1$인 심프슨의 공식(7.7절 참조)을 이용하면 다음을 얻는다.

$$L = \int_1^2 \sqrt{1 + \frac{1}{x^4}}\, dx$$
$$\approx \frac{\Delta x}{3}[f(1) + 4f(1.1) + 2f(1.2) + 4f(1.3) + \cdots + 2f(1.8) + 4f(1.9) + f(2)]$$
$$\approx 1.1321$$

정적분을 수치적으로 계산하기 위해 컴퓨터를 이용하면 1.1320904를 얻는다. 심프슨의 공식을 사용한 근삿값이 소수점 아래 넷째 자리까지 정확하다. ■

■ 호의 길이함수

곡선 위의 한 특별한 시점에서 임의의 다른 점까지 곡선의 호의 길이를 측정하는 함수가 있다면 유용할 것이다. 따라서 매끄러운 곡선 C의 방정식이 $y = f(x)$, $a \le x \le b$일 때, 시점 $P_0(a, f(a))$에서 점 $Q(x, f(x))$까지 C를 따라 잰 거리를 $s(x)$라 하자. 그러면 s는 **호의 길이함수**(arc length function)라고 부르는 함수이고, 식 **2**

에 의해 다음과 같다.

$$5 \qquad s(x) = \int_a^x \sqrt{1 + [f'(t)]^2}\, dt$$

(x가 두 가지 의미를 갖지 않도록 적분 변수를 t로 바꿔 놓았다.) (피적분함수가 연속이므로) 미적분학의 기본정리 1을 이용해서 식 5를 다음과 같이 미분할 수 있다.

$$6 \qquad \frac{ds}{dx} = \sqrt{1 + [f'(x)]^2} = \sqrt{1 + \left(\frac{dy}{dx}\right)^2}$$

식 6은 x에 관한 s의 변화율은 항상 적어도 1이고 곡선의 기울기 $f'(x)$가 0일 때 1임을 보여 준다. 호의 길이의 미분은 다음과 같다.

$$7 \qquad ds = \sqrt{1 + \left(\frac{dy}{dx}\right)^2}\, dx$$

이 식은 흔히 다음과 같이 대칭적인 형태로 표현된다.

$$8 \qquad (ds)^2 = (dx)^2 + (dy)^2$$

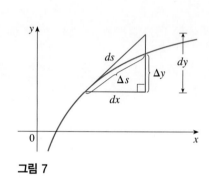

그림 7

그림 7은 식 8의 기하학적 해석을 보여 준다. 또한 공식 3과 4를 기억하기 위한 방법으로 이용될 수 있다. $L = \int ds$로 쓰면, 식 8을 풀어 식 7을 얻고 3으로 나타낼 수 있거나 다음을 얻어 4로 나타낼 수 있다.

$$9 \qquad ds = \sqrt{1 + \left(\frac{dx}{dy}\right)^2}\, dy$$

《예제 4》 $P_0(1, 1)$을 시점으로 택해서 곡선 $y = x^2 - \frac{1}{8}\ln x$에 대한 호의 길이함수를 구하라.

풀이 $f(x) = x^2 - \frac{1}{8}\ln x$라 두면 다음과 같다.

$$f'(x) = 2x - \frac{1}{8x}$$

$$1 + [f'(x)]^2 = 1 + \left(2x - \frac{1}{8x}\right)^2 = 1 + 4x^2 - \frac{1}{2} + \frac{1}{64x^2}$$

$$= 4x^2 + \frac{1}{2} + \frac{1}{64x^2} = \left(2x + \frac{1}{8x}\right)^2$$

$$\sqrt{1 + [f'(x)]^2} = 2x + \frac{1}{8x} \qquad (x > 0\text{이므로})$$

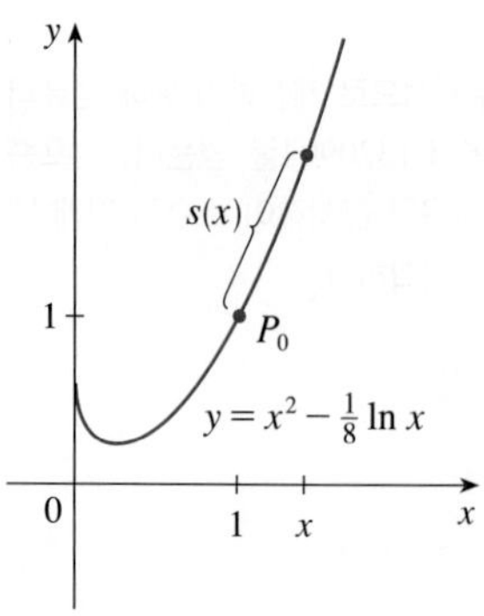

그러므로 호의 길이함수는 다음과 같다.

$$s(x) = \int_1^x \sqrt{1 + [f'(t)]^2}\, dt$$

그림 8은 예제 4에서 호의 길이함수에 대한 해석을 보여 준다.

그림 8

$$= \int_{1}^{x} \left(2t + \frac{1}{8t} \right) dt = t^2 + \frac{1}{8} \ln t \Big]_{1}^{x}$$

$$= x^2 + \frac{1}{8} \ln x - 1$$

예를 들어 $(1, 1)$에서 $(3, f(3))$까지 곡선을 따른 호의 길이는 다음과 같다.

$$s(3) = 3^2 + \frac{1}{8} \ln 3 - 1 = 8 + \frac{\ln 3}{8} \approx 8.1373$$ ∎

8.1 | 연습문제

1. 호의 길이 공식 3 을 이용해서 곡선 $y = 3 - 2x$, $-1 \leq x \leq 3$의 길이를 구하라. 곡선이 선분인 것에 유의하여 그 길이를 거리 공식에 의해 계산함으로써 구한 답을 점검하라.

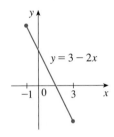

2-4 곡선의 길이를 구하는 적분을 세워라(계산은 하지 않는다).

2. $y = x^3$, $\quad 0 \leq x \leq 2$ **3.** $y = x - \ln x$, $\quad 1 \leq x \leq 4$

4. $x = \sin y$, $\quad 0 \leq y \leq \pi/2$

5-12 다음 곡선의 정확한 길이를 구하라.

5. $y = \frac{2}{3} x^{3/2}$, $\quad 0 \leq x \leq 2$

6. $y = \frac{2}{3}(1 + x^2)^{3/2}$, $\quad 0 \leq x \leq 1$

7. $y = \frac{x^3}{3} + \frac{1}{4x}$, $\quad 1 \leq x \leq 2$

8. $y = \frac{1}{2} \ln(\sin 2x)$, $\quad \pi/8 \leq x \leq \pi/6$

9. $y = \ln(\sec x)$, $\quad 0 \leq x \leq \pi/4$

10. $x = \frac{1}{3} \sqrt{y}\,(y - 3)$, $\quad 1 \leq y \leq 9$

11. $y = \frac{1}{4} x^2 - \frac{1}{2} \ln x$, $\quad 1 \leq x \leq 2$

12. $y = \ln(1 - x^2)$, $\quad 0 \leq x \leq \frac{1}{2}$

13. 점 $P\left(-1, \frac{1}{2}\right)$에서 $Q\left(1, \frac{1}{2}\right)$까지 곡선 $y = \frac{1}{2} x^2$의 호의 길이를 구하라.

T **14-16** 다음 곡선의 그래프를 그리고 시각적으로 곡선의 길이를 추정하라. 그 다음 곡선의 길이를 소수점 아래 넷째 자리까지 정확하게 계산하라.

14. $y = x^2 + x^3$, $\quad 1 \leq x \leq 2$

15. $y = \sqrt[3]{x}$, $\quad 1 \leq x \leq 4$

16. $y = xe^{-x}$, $\quad 1 \leq x \leq 2$

17. $n = 10$인 심프슨의 공식을 이용해서 다음 곡선의 호의 길이를 추정하라. 구한 답을 계산기 또는 컴퓨터로 얻은 적분값과 비교하라.

$$y = x \sin x, \quad 0 \leq x \leq 2\pi$$

18. (a) 곡선 $y = x\sqrt[3]{4 - x}$, $0 \leq x \leq 4$의 그래프를 그려라.

(b) $n = 1, 2, 4$인 근사 다각형의 길이를 구하라(구간을 동일한 부분 구간으로 나눈다). (그림 6에서처럼) 이 다각형들과 곡선을 그려서 설명하라.

(c) 곡선의 길이에 대한 적분을 세워라.

T (d) 곡선의 길이를 소수점 아래 넷째 자리까지 구하라. (b)에서 구한 근삿값과 비교하라.

T **19.** 컴퓨터 또는 적분표를 이용해서 두 점 $(0, 1)$과 $(2, e^2)$ 사이에 놓인 곡선 $y = e^x$의 정확한 호의 길이를 구하라.

20. 성망형 곡선 $x^{2/3} + y^{2/3} = 1$의 길이를 구하라.

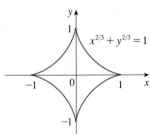

21. 곡선 $y = 2x^{3/2}$에 대하여 $P_0(1, 2)$를 시점으로 하는 호의 길이함수를 구하라.

22. 곡선 $y = \sin^{-1}x + \sqrt{1 - x^2}$에 대하여 시점이 $(0, 1)$인 호의 길이함수를 구하라.

23. 고도 180 m에서 15 m/s의 속도로 날고 있는 매가 먹이를 실수로 떨어뜨렸다. 땅에 닿을 때까지 떨어지는 먹이가 그리는 포물선의 방정식은 다음과 같다.

$$y = 180 - \frac{x^2}{45}$$

여기서 y(m)는 땅에서부터 높이이고 x(m)는 이동한 수평 거리이다. 먹이가 떨어지기 시작한 순간부터 땅에 닿을 때까지 이동한 거리를 계산하라. 이 답을 1/10 m까지 정확하게 나타내라.

T 24. 지붕 재료 제조업체에서 아래 그림과 같이 평평한 금속판을 가공해서 너비가 60 cm이고 높이가 4 cm인 물결 무늬 금속 지붕 패널을 만들려고 한다. 지붕재의 측면은 사인파 모양이다. 사인 곡선의 방정식이 $y = 2\sin(\pi x/15)$임을 밝히고 60 cm 패널을 만드는 데 필요한 평평한 금속판의 너비 w를 구하라(계산기를 이용해서 정적분을 유효숫자 네 자리까지 정확하게 계산한다).

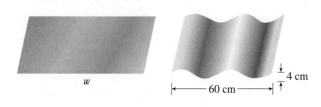

25. 현수선 균일한 밀도를 가진 사슬(또는 케이블)이 그림과 같이 두 점에 매달려 있다. 매달린 곡선의 모양을 **현수선**이라 하며, $y = a\cosh(x/a)$로 나타내진다.

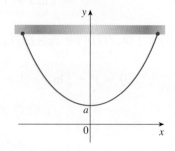

그림에서 보여주는 전화선은 $x = -10$과 $x = 10$인 위치에 있는 두 개의 전봇대에 매달려 있다. 현수선 모양으로 매달려 있는 전화선의 방정식은 $y = c + a\cosh(x/a)$이다. 두 전봇대 사이 전화선의 길이는 20.4 m이고 전화선이 땅에서 가장 가까운 곳의 높이가 9 m일 때 전화선이 걸려 있는 전봇대의 높이는 얼마인가?

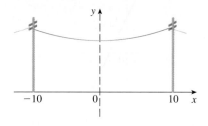

26. 함수 $f(x) = \frac{1}{4}e^x + e^{-x}$는 어떤 구간에서도 곡선의 길이와 곡선 아래 넓이가 같음을 보여라.

27. 곡선 $y = \int_1^x \sqrt{t^3 - 1}\,dt$, $1 \le x \le 4$의 길이를 구하라.

8.2 | 회전면의 넓이

회전면은 곡선이 직선을 중심으로 회전될 때 형성된다. 이런 곡면은 5.2절과 5.3절에서 언급한 형태의 회전체의 경계 측면이다.

직관적인 방식으로 회전면의 넓이를 정의하고자 한다. 회전면의 넓이를 A라 하면 표면을 칠하는 데는 넓이 A인 평평한 영역을 칠하는 데 드는 페인트와 같은 양이 필요하다고 생각할 수 있다.

간단한 곡면으로 시작해 보자. 반지름이 r이고 높이가 h인 원기둥의 옆넓이는 $A = 2\pi rh$이다. 그림 1에서처럼 원기둥을 잘라 펼친다고 상상하면, 가로가 $2\pi r$이고 세로가 h인 직사각형을 얻을 수 있기 때문이다.

원둘레 $2\pi r$

자름

h

r

h

$2\pi r$

그림 1

 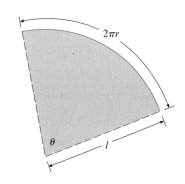

그림 2

마찬가지로 밑면의 반지름이 r이고 비탈높이가 l인 원뿔을 그림 2의 점선을 따라 자른 다음 펼쳐서 반지름이 l이고 중심각이 $\theta = 2\pi r/l$인 부채꼴을 만들 수 있다. 일반적으로 반지름이 l이고 중심각이 θ인 부채꼴의 넓이는 $\frac{1}{2}l^2\theta$(7.3절 연습문제 21 참조)이다. 따라서 이 경우 넓이는 다음과 같다.

$$A = \tfrac{1}{2}l^2\theta = \tfrac{1}{2}l^2\left(\frac{2\pi r}{l}\right) = \pi rl$$

그러므로 원뿔의 옆넓이를 $A = \pi rl$로 정의한다.

그렇다면 더 복잡한 회전면의 경우에는 어떻게 할 것인가? 호의 길이를 구할 때 사용한 방법과 같이 주어진 곡선을 다각형으로 근접시킬 수 있다. 이 다각형을 어떤 축을 중심으로 회전시킬 때, 그 넓이가 실제 넓이를 근사하는 보다 간단한 곡면이 만들어진다. 그리고 극한을 취함으로써 정확한 곡면의 넓이를 얻을 수 있다.

이때 만들어지는 근사 곡면은 축을 중심으로 선분들을 회전시켜 얻은 원뿔대들로 구성된다. 곡면의 넓이를 구하기 위해, 그림 3과 같이 원뿔대를 원뿔의 한 부분으로 생각할 수 있다. 비탈높이가 l, 위쪽 반지름이 r_1, 아래쪽 반지름이 r_2인 원뿔대의 곡면의 넓이는 다음과 같이 두 원뿔의 곡면의 넓이를 빼서 얻는다.

그림 3

$\boxed{1}$ $\qquad A = \pi r_2(l_1 + l) - \pi r_1 l_1 = \pi[(r_2 - r_1)l_1 + r_2 l]$

닮은 삼각형으로부터 다음을 얻는다.

$$\frac{l_1}{r_1} = \frac{l_1 + l}{r_2}$$

$$r_2 l_1 = r_1 l_1 + r_1 l, \quad 즉 \quad (r_2 - r_1)l_1 = r_1 l$$

이것을 식 $\boxed{1}$에 대입하면 다음을 얻는다.

$$A = \pi(r_1 l + r_2 l)$$

즉

$\boxed{2}$ $\qquad\qquad\qquad \boxed{A = 2\pi rl}$

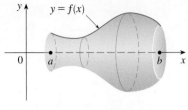

(a) 회전면

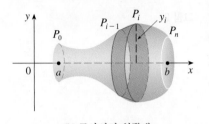

(b) 근사시킨 원뿔대

그림 4

여기서 $r = \frac{1}{2}(r_1 + r_2)$는 원뿔대의 평균 반지름이다.

이제 이 공식 **2**를 연산 전략에 적용해 보자. 그림 4에 제시된 곡면을 생각하면, 이 곡면은 $a \leq x \leq b$에서 양수이고 연속인 도함수를 갖는 곡선 $y = f(x)$를 x축을 중심으로 회전하여 얻은 회전면이다. 이 곡면의 넓이를 정의하기 위해 호의 길이를 결정할 때 했던 것처럼 구간 $[a, b]$를 너비가 Δx로 같고 끝점이 $x_0, x_1, ..., x_n$인 n개의 부분 구간으로 나눈다. $y_i = f(x_i)$라면 점 $P_i(x_i, y_i)$는 주어진 곡선 위에 놓여 있게 된다. x_{i-1}과 x_i 사이의 부분 곡면은 선분 $P_{i-1}P_i$를 x축을 중심으로 회전해서 근사시킨다. 이때 나오는 결과가 비탈높이 $l = |P_{i-1}P_i|$이고 평균 반지름 $r = \frac{1}{2}(y_{i-1} + y_i)$인 원뿔대이므로, 공식 **2**에 따라 그 곡면의 넓이는 다음과 같다.

$$2\pi \frac{y_{i-1} + y_i}{2} |P_{i-1}P_i|$$

8.1절의 정리 **2**의 증명 과정과 같이 다음을 만족하는 수 x_i^*가 x_{i-1}과 x_i 사이에 존재한다.

$$|P_{i-1}P_i| = \sqrt{1 + [f'(x_i^*)]^2}\, \Delta x$$

Δx가 작을 때 $y_i = f(x_i) \approx f(x_i^*)$이고 f가 연속이므로, $y_{i-1} = f(x_{i-1}) \approx f(x_i^*)$이다. 따라서 다음과 같다.

$$2\pi \frac{y_{i-1} + y_i}{2} |P_{i-1}P_i| \approx 2\pi f(x_i^*) \sqrt{1 + [f'(x_i^*)]^2}\, \Delta x$$

그러므로 완전한 회전면의 넓이라고 생각한 것에 대한 근삿값은 다음과 같다.

3
$$\sum_{i=1}^{n} 2\pi f(x_i^*) \sqrt{1 + [f'(x_i^*)]^2}\, \Delta x$$

이 근삿값은 $n \to \infty$일 때 더 좋은 값이 되며, 식 **3**을 함수 $g(x) = 2\pi f(x)\sqrt{1 + [f'(x)]^2}$에 대한 리만 합으로 보면 다음을 얻는다.

$$\lim_{n \to \infty} \sum_{i=1}^{n} 2\pi f(x_i^*) \sqrt{1 + [f'(x_i^*)]^2}\, \Delta x = \int_a^b 2\pi f(x) \sqrt{1 + [f'(x)]^2}\, dx$$

그러므로 $a \leq x \leq b$에서 f가 양수이고 연속인 도함수를 갖는 경우, 이 구간에서 곡선 $y = f(x)$를 x축을 중심으로 회전시켜 얻은 회전면의 **곡면 넓이**(surface area)를 다음과 같이 정의한다.

4
$$S = \int_a^b 2\pi f(x) \sqrt{1 + [f'(x)]^2}\, dx$$

도함수에 대한 라이프니츠 기호를 쓰면 이 공식은 다음과 같이 된다.

5
$$S = \int_a^b 2\pi y \sqrt{1 + \left(\frac{dy}{dx}\right)^2}\, dx$$

곡선이 $x = g(y)$, $c \leq y \leq d$로 표현되면 곡면 넓이에 대한 공식은 다음과 같이 된다.

6
$$S = \int_c^d 2\pi y \sqrt{1 + \left(\frac{dx}{dy}\right)^2}\, dy$$

8.1절의 호의 길이에 대한 기호를 사용하면 공식 5와 6은 다음과 같이 요약될 수 있다.

7
$$S = \int 2\pi y\, ds$$

y축을 중심으로 회전시킬 때 유사한 방법에 의해 다음과 같은 곡면 넓이에 대한 공식을 얻는다.

8
$$S = \int 2\pi x\, ds$$

이때 앞에서와 같이(8.1절의 공식 7, 9 참조) 다음 중 어느 하나를 사용할 수 있다.

$$ds = \sqrt{1 + \left(\frac{dy}{dx}\right)^2}\, dx \quad \text{또는} \quad ds = \sqrt{1 + \left(\frac{dx}{dy}\right)^2}\, dy$$

NOTE 공식 7, 8은 곡선 위의 점 (x, y)를 각각 x축 또는 y축을 중심으로 회전시킬 때 그리는 원둘레로서 $2\pi y$ 또는 $2\pi x$를 생각하면 쉽게 기억할 수 있다(그림 5 참조).

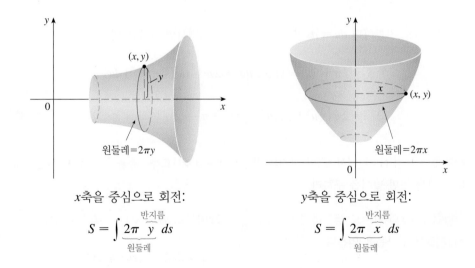

x축을 중심으로 회전:
$$S = \int \underset{\text{원둘레}}{\underbrace{2\pi \overset{\text{반지름}}{\overbrace{y}}}}\, ds$$

y축을 중심으로 회전:
$$S = \int \underset{\text{원둘레}}{\underbrace{2\pi \overset{\text{반지름}}{\overbrace{x}}}}\, ds$$

그림 5

〘예제 1〙 곡선 $y = \sqrt{4 - x^2}$, $-1 \leq x \leq 1$은 원 $x^2 + y^2 = 4$의 호이다. 이 호를 x축을 중심으로 회전시킬 때 생기는 곡면의 넓이를 구하라(이 곡면은 반지름이 2인 구의 일부이다. 그림 6 참조).

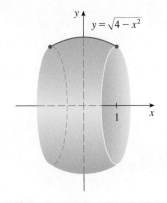

그림 6 예제 1에서 넓이가 계산된 구의 일부

풀이
$$\frac{dy}{dx} = \tfrac{1}{2}(4 - x^2)^{-1/2}(-2x) = \frac{-x}{\sqrt{4 - x^2}}$$

그러므로 $ds = \sqrt{1 + (dy/dx)^2}\,dx$인 공식 **7** (또는 동치인 공식 **5**)에 의해 곡면 넓이는 다음과 같다.

$$S = \int_{-1}^{1} 2\pi y \sqrt{1 + \left(\frac{dy}{dx}\right)^2}\,dx$$

$$= 2\pi \int_{-1}^{1} \sqrt{4 - x^2}\,\sqrt{1 + \frac{x^2}{4 - x^2}}\,dx$$

$$= 2\pi \int_{-1}^{1} \sqrt{4 - x^2}\,\sqrt{\frac{4 - x^2 + x^2}{4 - x^2}}\,dx$$

$$= 2\pi \int_{-1}^{1} \sqrt{4 - x^2}\,\frac{2}{\sqrt{4 - x^2}}\,dx = 4\pi \int_{-1}^{1} 1\,dx = 4\pi(2) = 8\pi \quad \blacksquare$$

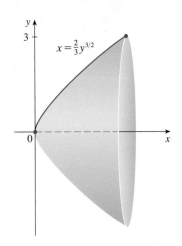

그림 7 예제 2에서 넓이가 계산된 회전면

《예제 2》 $0 \le y \le 3$ 범위에서 곡선 $x = \tfrac{2}{3}y^{3/2}$를 x축을 중심으로 회전시킬 때 생기는 곡면의 넓이를 구하라(그림 7 참조).

풀이 x가 y의 변수로 주어졌으므로 y를 적분 변수로 사용한다. $ds = \sqrt{1 + (dx/dy)^2}\,dy$인 공식 **7**(또는 공식 **6**)에 의해 다음을 얻는다.

$$S = \int_0^3 2\pi y \sqrt{1 + \left(\frac{dx}{dy}\right)^2}\,dy = 2\pi \int_0^3 y\sqrt{1 + (y^{1/2})^2}\,dy$$

$$= 2\pi \int_0^3 y\sqrt{1 + y}\,dy$$

$u = 1 + y$로 치환하면 $du = dy$이고 적분 한계를 변경하면 다음을 얻는다.

$$S = 2\pi \int_1^4 (u - 1)\sqrt{u}\,du = 2\pi \int_1^4 (u^{3/2} - u^{1/2})\,du$$

$$= 2\pi \left[\tfrac{2}{5}u^{5/2} - \tfrac{2}{3}u^{3/2}\right]_1^4 = \tfrac{232}{15}\pi \quad \blacksquare$$

그림 8은 예제 3에서 넓이가 계산된 회전면을 보여 준다.

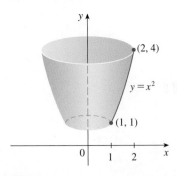

그림 8

《예제 3》 점 $(1, 1)$에서 $(2, 4)$까지의 포물선 $y = x^2$의 호를 y축을 중심으로 회전시킬 때 생기는 곡면 넓이를 구하라.

풀이 1 y를 x의 함수로 생각하면 $y = x^2$, $\dfrac{dy}{dx} = 2x$이므로 $ds = \sqrt{1 + (dy/dx)^2}\,dx$인 공식 **8**로부터 다음을 얻는다.

$$S = \int 2\pi x\,ds = \int_1^2 2\pi x \sqrt{1 + \left(\frac{dy}{dx}\right)^2}\,dx$$

$$= 2\pi \int_1^2 x\sqrt{1 + 4x^2}\,dx$$

$u = 1 + 4x^2$으로 치환하면 $du = 8x\,dx$이므로, 적분 한계를 바꾸면 다음을 얻는다.

$$S = 2\pi \int_5^{17} \sqrt{u} \cdot \tfrac{1}{8}\,du$$

$$= \frac{\pi}{4} \int_5^{17} u^{1/2}\,du = \frac{\pi}{4}\left[\tfrac{2}{3}u^{3/2}\right]_5^{17}$$

$$= \frac{\pi}{6}\left(17\sqrt{17} - 5\sqrt{5}\right)$$

풀이 2 x를 y의 함수로 생각하면 $x = \sqrt{y}$, $\dfrac{dx}{dy} = \dfrac{1}{2\sqrt{y}}$ 이므로 $ds = \sqrt{1 + (dx/dy)^2}\,dy$
인 공식 **8** 에 의해 다음을 얻는다.

$$S = \int 2\pi x\,ds = \int_1^4 2\pi x \sqrt{1 + \left(\frac{dx}{dy}\right)^2}\,dy$$

$$= 2\pi \int_1^4 \sqrt{y}\sqrt{1 + \frac{1}{4y}}\,dy = 2\pi \int_1^4 \sqrt{y + \tfrac{1}{4}}\,dy$$

$$= 2\pi \int_1^4 \sqrt{\tfrac{1}{4}(4y+1)}\,dy = \pi \int_1^4 \sqrt{4y + 1}\,dy$$

$$= \frac{\pi}{4} \int_5^{17} \sqrt{u}\,du \qquad \text{(단, } u = 1 + 4y\text{)}$$

$$= \frac{\pi}{6}\left(17\sqrt{17} - 5\sqrt{5}\right) \qquad \text{(풀이 1과 답이 동일함)} \quad \blacksquare$$

예제 3의 답을 점검해 보면, 그림 8의 곡면 넓이는 이 곡면과 높이가 같고 곡면의 위쪽 반지름과 아래쪽 반지름의 중간 값을 반지름으로 하는 원기둥의 곡면 넓이 $2\pi(1.5)(3) \approx 28.27$에 가깝다는 사실에 주목한다. 예제 3에서 계산된 다음 곡면 넓이는 타당해 보인다.

$$\frac{\pi}{6}\left(17\sqrt{17} - 5\sqrt{5}\right) \approx 30.85$$

이 곡면 넓이는 위와 아래의 단면이 같은 원뿔대의 넓이보다 조금 크다. 식 **2**로부터 $2\pi(1.5)(\sqrt{10}) \approx 29.80$이다.

《예제 4》 곡선 $y = e^x$, $0 \le x \le 1$을 x축을 중심으로 회전시킬 때 생기는 곡면의 넓이를 구하는 적분을 세워라.

풀이 $y = e^x$, $\dfrac{dy}{dx} = e^x$, $ds = \sqrt{1 + (dy/dx)^2}\,dx$인 공식 **7**(또는 공식 **5**)을 사용하면 다음을 얻는다.

다른방법: $x = \ln y$, $ds = \sqrt{1 + (dx/dy)^2}\,dy$ 인 공식 **7** (또는 동치인 공식 **6**)을 사용한다.

$$S = \int_0^1 2\pi y \sqrt{1 + \left(\frac{dy}{dx}\right)^2}\,dx = 2\pi \int_0^1 e^x \sqrt{1 + e^{2x}}\,dx$$

계산기나 컴퓨터를 이용해서 다음을 얻는다.

$$2\pi \int_0^1 e^x \sqrt{1 + e^{2x}}\,dx \approx 22.943 \qquad \blacksquare$$

8.2 | 연습문제

1-2 다음 곡선을 x축 중심으로 회전시킬 때 생기는 곡면의 넓이를 (a) x에 대하여 (b) y에 대하여 적분하여 구하는 적분식을 세워라.

1. $y = \sqrt[3]{x}$, $1 \le x \le 8$

2. $x = \ln(2y + 1)$, $0 \leq y \leq 1$

3-4 다음 곡선을 y축 중심으로 회전시킬 때 생기는 곡면의 넓이를 (a) x에 대하여 (b) y에 대하여 적분하여 구하는 적분식을 세워라.

3. $xy = 4$, $1 \leq x \leq 8$

4. $y = 1 + \sin x$, $0 \leq x \leq \pi/2$

5-8 다음 곡선을 x축을 중심으로 회전시킬 때 생기는 곡면의 정확한 넓이를 구하라.

5. $y = x^3$, $0 \leq x \leq 2$

6. $y^2 = x + 1$, $0 \leq x \leq 3$

7. $y = \cos(\tfrac{1}{2}x)$, $0 \leq x \leq \pi$

8. $x = \tfrac{1}{3}(y^2 + 2)^{3/2}$, $1 \leq y \leq 2$

9-10 다음 곡선을 y축을 중심으로 회전시킬 때 생기는 곡면의 넓이를 구하라.

9. $y = \tfrac{1}{3}x^{3/2}$, $0 \leq x \leq 12$

10. $x = \sqrt{a^2 - y^2}$, $0 \leq y \leq a/2$

⊤ **11-13** 다음 곡선을 지정된 축을 중심으로 회전시킬 때 생기는 곡면의 넓이를 구하는 적분식을 세워라. 수치적으로 소수점 아래 넷째 자리까지 정확하게 적분을 계산하라.

11. $y = e^{-x^2}$, $-1 \leq x \leq 1$; x축

12. $x = y + y^3$, $0 \leq y \leq 1$; y축

13. $\ln y = x - y^2$, $1 \leq y \leq 4$; x축

⊤ **14.** $1 \leq x \leq 2$에서 곡선 $y = \dfrac{1}{x}$을 x축을 중심으로 회전시킬 때 생기는 곡면의 정확한 넓이를 구하라.

⊤ **15.** 컴퓨터를 이용해서 곡선 $y = x^3$, $0 \leq y \leq 1$을 y축을 중심으로 회전시킬 때 생기는 정확한 곡면 넓이를 구하라. 소프트웨어가 적분을 구하지 못하면, 곡면 넓이를 다른 변수에 대한 적분으로 나타내라.

16. $n = 10$인 심프슨의 공식을 이용하여 곡선 $y = \tfrac{1}{5}x^5$, $0 \leq x \leq 5$를 x축을 중심으로 회전시킬 때 생기는 곡면 넓이의 근삿값을 구하라. 구한 답을 계산기나 컴퓨터를 이용해서 얻은 적분값과 비교하라.

17. 가브리엘의 뿔 곡선 $y = 1/x$, $x \geq 1$을 x축을 중심으로 회전하여 얻은 곡면을 **가브리엘 뿔**이라 한다. (둘러싸인 부피가 일정하지만, 7.8절 연습문제 38 참조) 곡면 넓이가 무한임을 보여라.

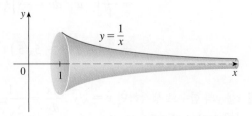

18. (a) $a > 0$일 때, 곡선 $3ay^2 = x(a - x)^2$에 의하여 만들어진 고리를 x축 중심으로 회전시킬 때 생기는 곡면의 넓이를 구하라.

(b) 고리를 y축을 중심으로 회전시킬 때 생기는 곡면의 넓이를 구하라.

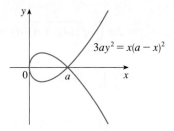

19. (a) 다음 타원을 x축을 중심으로 회전시킬 때 생기는 곡면을 **타원면**(ellipsoid) 또는 **길쭉한 회전타원면**(prolate spheroid)이라고 한다.

$$\frac{x^2}{a^2} + \frac{y^2}{b^2} = 1, \quad a > b$$

이 타원면의 넓이를 구하라.

(b) (a)의 타원을 단축(y축)을 중심으로 회전시킬 때 생기는 타원을 **편구면**(oblate spheroid)이라고 한다. 이 편구면의 넓이를 구하라.

20. (a) $f(x) \leq c$일 때 곡선 $y = f(x)$, $a \leq x \leq b$를 수평선 $y = c$를 중심축으로 회전시킬 때 생기는 곡면의 넓이에 대한 식을 구하라.

⊤ (b) 곡선 $y = \sqrt{x}$, $0 \leq x \leq 4$를 $y = 4$를 중심으로 회전시킬 때 생기는 곡면의 넓이를 구하는 적분을 세워라. 수치적으로 소수점 아래 넷째 자리까지 정확하게 적분을 계산하라.

21. 원 $x^2 + y^2 = r^2$을 직선 $y = r$를 중심으로 회전시킬 때 생기는 곡면의 넓이를 구하라.

22-23 구대 구대(Zone of a Sphere)는 평행한 두 평면 사이에 놓이는 구의 일부이다.

22. 구의 반지름이 R이고 두 평면 사이의 거리가 h일 때 구대의 곡면 넓이가 $S = 2\pi R h$임을 보여라. (두 평면이 구와 교차할 때 S는 두 평면 사이의 거리에만 의존하고 평면의 위치와는 무관하다.)

23. 반지름이 R이고 높이가 h인 원기둥의 곡면 넓이가 연습문제 22에서 구한 구대의 곡면 넓이와 같음을 보여라.

24. 임의의 구간 $a \le x \le b$에서 곡선 $y = e^{x/2} + e^{-x/2}$을 x축을 중심으로 회전시킬 때 생기는 곡면의 넓이는 곡면으로 둘러싸인 부피와 같음을 보여라.

8.3 │ 물리학과 공학에의 응용

물리학과 공학에 대한 적분의 많은 응용 중에서 여기서는 다음 두 가지, 즉 수압에 의한 힘과 질량중심을 다룬다. 앞에서 기하학(넓이, 부피, 길이)과 일에 응용했던 것처럼 주어진 물리량을 수많은 작은 부분으로 쪼개어 근사시키고, 이것들을 더해서 (리만 합) 극한을 취한 결과인 적분의 값을 구한다.

■ 유체정역학적 압력과 힘

잠수부들은 더 깊이 잠수할수록 수압이 증가한다는 사실을 실감하게 된다. 이것은 그들 위에 있는 물의 무게가 증가하기 때문이다.

일반적으로 넓이가 $A(\text{m}^2)$인 얇은 수평판이 그림 1에서처럼 유체 표면 아래로 $d(\text{m})$의 깊이에 밀도가 $\rho(\text{kg/m}^3)$인 유체에 잠겨 있다고 가정하자. 판 바로 위에 있는 유체의 부피가 $V = Ad$이므로, 유체의 질량은 $m = \rho V = \rho Ad$이다. 따라서 판에 가해지는 유체의 힘은 다음과 같다.

$$F = mg = \rho g Ad$$

여기서 g는 중력가속도이다. 판에 가해지는 **압력**(pressure) P는 다음과 같이 단위넓이당 힘으로 정의된다.

$$P = \frac{F}{A} = \rho g d$$

압력을 측정하는 SI 단위는 N/m^2로 파스칼(Pa)이라 한다(축약: $1 \text{ N/m}^2 = 1 \text{ Pa}$). 이는 작은 단위이므로 킬로파스칼(kPa)이 자주 쓰인다. 예를 들어 물의 밀도가 $\rho = 1000 \text{ kg/m}^3$이기 때문에 2 m 깊이의 수영장 밑바닥의 압력은 다음과 같다.

$$P = \rho g d = 1000 \text{ kg/m}^3 \times 9.8 \text{ m/s}^2 \times 2 \text{ m}$$
$$= 19{,}600 \text{ Pa} = 19.6 \text{ kPa}$$

미국 관습 단위를 이용하면, $P = \rho g d = \delta d$이다. 여기서 $\delta = \rho g$는(질량밀도 ρ에 대응되는 것으로서) **무게밀도**이다. 예를 들어 물의 무게밀도가 $\delta = 62.5 \text{ lb/ft}^3$이므로 깊이 8 ft인 수영장 밑바닥에서의 압력은 $P = \delta d = 62.5 \text{ lb/ft}^3 \times 8 \text{ ft} = 500 \text{ lb/ft}^2$이다.

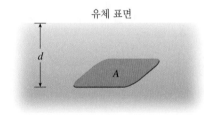

유체 표면

그림 1

유체 속에 잠긴 물체에 가해지는 압력은 유체의 부피에 관계 없이 깊이에 따라 변한다. 수면 아래로 0.5 m 깊이에서 움직이는 물고기는 작은 수족관이나 거대한 호수에 상관 없이 동일한 수압을 느낀다.

유체 압력의 중요한 원리인 **유체의 임의의 점에서 가해지는 압력은 모든 방향에서 동일하다**는 사실이 실험으로 입증됐다. (잠수부는 코와 양 귀에 가해지는 수압이 같다고 느낀다.) 그러므로 질량밀도가 ρ인 유체의 깊이 d에서 모든 방향에서 받는 압력은 다음과 같다.

$$\boxed{1} \qquad\qquad\qquad P = \rho g d$$

이 식은 유체 속 **수직판**이나 벽 또는 댐에 가해지는 유체정역학적 힘(정지하고 있는 유체가 가한 힘)을 결정하는 데 도움이 된다. 그러나 이것은 간단한 문제가 아니다. 왜냐하면 압력이 일정하지 않고 깊이에 따라 증가하기 때문이다.

《예제 1》 그림 2와 같이 사다리꼴 모양의 댐이 있다. 높이는 20 m이고 위쪽 너비는 50 m 이며 아래쪽 너비는 30 m이다. 댐의 꼭대기로부터 수면까지가 4 m일 때 유체정역학적 압력에 의해 댐에 가해지는 힘을 구하라.

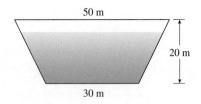

50 m

20 m

30 m

그림 2

풀이 먼저 댐을 좌표계로 나타낸다. 그림 3(a)와 같이 원점을 수면 위에 두고 아래 방향으로 수직 x축을 택한다. 물의 깊이가 16 m이므로 구간 $[0, 16]$을 끝점이 x_i이고 길이가 같은 부분 구간으로 나누고, $x_i^* \in [x_{i-1}, x_i]$를 택한다. 댐의 i번째 수평 띠는 높이 Δx, 너비 w_i인 직사각형으로 근사되며, 그림 3(b)의 닮은 삼각형으로부터 다음을 얻는다.

$$\frac{a}{16 - x_i^*} = \frac{10}{20}, \quad \text{즉} \quad a = \frac{16 - x_i^*}{2} = 8 - \frac{x_i^*}{2}$$

그러므로 다음을 얻는다.

$$w_i = 2(15 + a) = 2(15 + 8 - \tfrac{1}{2}x_i^*) = 46 - x_i^*$$

A_i가 i번째 띠의 넓이라면, 다음을 얻는다.

$$A_i \approx w_i \, \Delta x = (46 - x_i^*)\,\Delta x$$

Δx가 작으면, i번째 띠에 가해지는 압력 P_i는 거의 일정하며 식 $\boxed{1}$을 이용해서 다음을 얻는다.

$$P_i \approx 1000 g x_i^*$$

i번째 띠에 미치는 유체정역학적 힘 F_i는 압력과 넓이의 곱이다.

$$F_i = P_i A_i \approx 1000 g x_i^* (46 - x_i^*) \, \Delta x$$

이런 힘들을 더하고 $n \to \infty$일 때 극한을 취하면, 댐에 가해지는 전체 유체정역학적 힘을 다음과 같이 얻는다.

$$F = \lim_{n \to \infty} \sum_{i=1}^{n} 1000 g x_i^* (46 - x_i^*) \, \Delta x = \int_0^{16} 1000 g x (46 - x) \, dx$$

$$= 1000(9.8) \int_0^{16} (46x - x^2) \, dx = 9800 \left[23x^2 - \frac{x^3}{3} \right]_0^{16}$$

$$\approx 4.43 \times 10^7 \, \text{N}$$

예제 1에서 댐의 바닥 중심을 원점으로 하는 통상적인 좌표계를 사용할 수 있다.

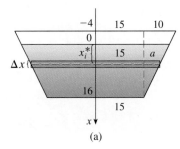

−4   15   10

0

x_i^* 15 a

Δx

16

15

x

(a)

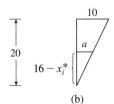

10

20

$16 - x_i^*$ a

(b)

그림 3

댐의 오른쪽 측면에 대한 방정식은 $y = 2x - 30$이므로 y_i^* 위치에서 수평 띠의 너비는 $2x_i^* = y_i^* + 30$이고 깊이는 $16 - y_i^*$이다. 따라서 댐에 가해지는 압력은 다음과 같다.

$$F = 1000(9.8) \int_0^{16} (y + 30)(16 - y) \, dy \approx 4.43 \times 10^7 \, \text{N}$$

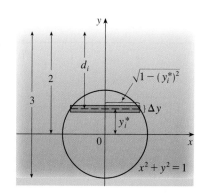

그림 4

《예제 2》 반지름이 1 m인 원기둥 모양의 드럼통이 3 m 깊이의 물속에 잠겨 있다고 할 때, 이 드럼통의 한쪽 끝 부분에 미치는 유체정역학적 힘을 구하라.

[풀이] 그림 4와 같이 드럼통의 중심을 원점에 놓이도록 축을 택하면 편리하다. 그러면 이 원의 방정식은 간단히 $x^2 + y^2 = 1$이 된다. 예제 1에서처럼 원의 영역을 너비가 같은 수평 띠로 나눈다. 그러면 원의 방정식으로부터 i번째 띠를 근사하는 직사각형의 길이는 $2\sqrt{1 - (y_i^*)^2}$이므로 i번째 띠의 넓이는 근사적으로 다음과 같다.

$$A_i = 2\sqrt{1 - (y_i^*)^2} \, \Delta y$$

물의 질량밀도는 $\rho = 1000 \, \text{kg/m}^3 g$이므로 i번째 띠에 가해지는 압력은 (식 [1]에 의해) 근사적으로 다음과 같다.

$$\rho \cdot g d_i = (1000)(9.8)(2 - y_i^*)$$

그러므로 이 띠에 가해지는 힘(압력 × 넓이)은 근사적으로 다음과 같다.

$$\delta d_i A_i = (1000)(9.8)(2 - y_i^*) \, 2\sqrt{1 - (y_i^*)^2} \, \Delta y$$

전체 힘은 모든 띠에 가해지는 힘을 더하고 극한을 취해서 얻는다.

$$
\begin{aligned}
F &= \lim_{n \to \infty} \sum_{i=1}^{n} (1000)(9.8)(2 - y_i^*) \, 2\sqrt{1 - (y_i^*)^2} \, \Delta y \\
&= 19{,}600 \int_{-1}^{1} (2 - y) \sqrt{1 - y^2} \, dy \\
&= 19{,}600 \cdot 2 \int_{-1}^{1} \sqrt{1 - y^2} \, dy - 19{,}600 \int_{-1}^{1} y\sqrt{1 - y^2} \, dy
\end{aligned}
$$

두 번째 적분의 피적분함수가 기함수이기 때문에 그 적분값은 0이다(5.5절 정리 [7] 참조). 첫 번째 적분은 삼각치환 $y = \sin\theta$를 이용하면 구할 수 있지만, 그 적분이 반지름 1인 반원의 넓이라는 것을 알게 되면 더 간단하다. 그러므로 구하고자 하는 힘은 다음과 같다.

$$F = 39{,}200 \int_{-1}^{1} \sqrt{1 - y^2} \, dy = 39{,}200 \cdot \tfrac{1}{2}\pi(1)^2$$

$$= \frac{39{,}200\pi}{2} \approx 50{,}270 \, \text{N} \qquad \blacksquare$$

■ 모멘트와 질량중심

이 절의 주요 목적은 그림 5와 같이 어떤 모양으로 주어지든 간에 얇은 판이 수평으로 균형을 잡는 점 P를 구하는 것이다. 이 점을 그 판의 **질량중심**(center of mass, 또

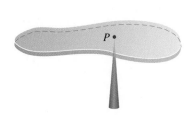

그림 5

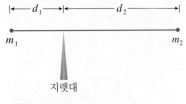

그림 6

는 중력중심)이라 한다.

먼저 그림 6에서 나타낸 더 간단한 예를 들어 설명한다. 질량을 무시할 수 있는 지렛대의 양 끝에 질량 m_1과 m_2가 붙어 있고, 지렛대로부터 반대 방향으로 거리가 d_1과 d_2만큼 떨어져 있다. 다음이 성립하면 막대는 균형을 잡을 것이다.

$$\boxed{2} \qquad\qquad m_1 d_1 = m_2 d_2$$

이것은 아르키메데스가 실험을 통해 발견한 사실이며, 지렛대의 법칙(the Law of the Lever)이라 한다. (시소 위에서 가벼운 사람과 무거운 사람이 균형을 잡으려면 가벼운 사람이 중심에서 더 멀리 떨어져 앉아야 함을 생각하자.)

이제 x_1에서 질량 m_1, x_2에서 질량 m_2 그리고 질량중심이 $\bar{x}$인 막대가 x축을 따라 놓여 있다고 하자. 그림 6과 7을 비교하면 $d_1 = \bar{x} - x_1$이고 $d_2 = x_2 - \bar{x}$이므로 식 $\boxed{2}$로부터 다음을 얻는다.

$$m_1(\bar{x} - x_1) = m_2(x_2 - \bar{x})$$
$$m_1\bar{x} + m_2\bar{x} = m_1 x_1 + m_2 x_2$$
$$\boxed{3} \qquad\qquad \bar{x} = \frac{m_1 x_1 + m_2 x_2}{m_1 + m_2}$$

여기서 $m_1 x_1$과 $m_2 x_2$를 각각 질량 m_1과 m_2의 (원점에 대한) **모멘트**(moment)라고 하며, 식 $\boxed{3}$은 질량중심 $\bar{x}$는 두 질량의 모멘트를 더하고 전체 질량 $m = m_1 + m_2$로 나눔으로써 얻어짐을 말해 준다.

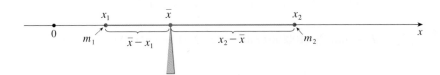

그림 7

일반적으로 x축의 점 $x_1, x_2, \ldots, x_n$에 각각 놓여 있는 질량 $m_1, m_2, \ldots, m_n$인 n개의 입자로 이루어진 계가 있다면, 앞에서와 마찬가지로 이 계의 질량중심의 위치는 다음과 같음을 보일 수 있다.

$$\boxed{4} \qquad\qquad \bar{x} = \frac{\sum\limits_{i=1}^{n} m_i x_i}{\sum\limits_{i=1}^{n} m_i} = \frac{\sum\limits_{i=1}^{n} m_i x_i}{m}$$

여기서 $m = \Sigma m_i$는 이 계의 전체 질량이고, 각각의 모멘트를 더한 다음 합을 **원점에 대한 계의 모멘트**라고 한다.

$$M = \sum_{i=1}^{n} m_i x_i$$

그러면 식 $\boxed{4}$는 $m\bar{x} = M$으로 다시 쓸 수 있고, 이것은 전체 질량 m이 질량중심 $\bar{x}$에 집중되어 있는 것으로 간주하면 그 모멘트가 이 계의 모멘트와 같다는 것을 말해 준다.

이제 그림 8과 같이 xy평면의 점 $(x_1, y_1), (x_2, y_2), \ldots, (x_n, y_n)$에 각각 놓여 있는 질량 $m_1, m_2, \ldots, m_n$인 n개의 입자들로 이루어진 계를 생각해 보자. 1차원의 경우와 유사하게 y**축에 대한 계의 모멘트**를 다음과 같이 정의한다.

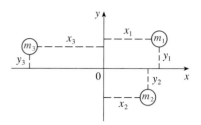

그림 8

$$\boxed{5} \qquad M_y = \sum_{i=1}^{n} m_i x_i$$

x**축에 대한 계의 모멘트**는 다음과 같이 정의한다.

$$\boxed{6} \qquad M_x = \sum_{i=1}^{n} m_i y_i$$

그러면 M_y는 그 계가 y축을 중심으로 회전하려는 경향을 측정하며, M_x는 x축을 중심으로 회전하려는 경향을 측정한다.

1차원의 경우에서처럼 질량중심의 좌표 $(\bar{x}, \bar{y})$는 다음 공식과 같이 그 모멘트로 주어진다.

$$\boxed{7} \qquad \bar{x} = \frac{M_y}{m}, \qquad \bar{y} = \frac{M_x}{m}$$

여기서 $m = \Sigma m_i$는 전체 질량이다. $m\bar{x} = M_y$, $m\bar{y} = M_x$이므로, 질량중심 $(\bar{x}, \bar{y})$는 질량 m인 단 하나의 입자가 그 계와 같은 모멘트를 갖는 점이다.

《예제 3》 점 $(-1, 1)$, $(2, -1)$, $(3, 2)$에 각각 질량 3, 4, 8인 물체들이 놓여진 계의 모멘트와 질량중심을 구하라.

풀이 식 $\boxed{5}$와 $\boxed{6}$을 이용해서 모멘트를 계산하면 다음과 같다.

$$M_y = 3(-1) + 4(2) + 8(3) = 29$$

$$M_x = 3(1) + 4(-1) + 8(2) = 15$$

$m = 3 + 4 + 8 = 15$이므로, 식 $\boxed{7}$을 이용해서 다음을 얻는다.

$$\bar{x} = \frac{M_y}{m} = \frac{29}{15}, \qquad \bar{y} = \frac{M_x}{m} = \frac{15}{15} = 1$$

따라서 질량중심은 $\left(1\frac{14}{15}, 1\right)$이다(그림 9 참조). ∎

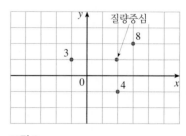

그림 9

다음으로 균일한 밀도 ρ를 갖고 평면에서 영역 $\mathcal{R}$을 차지하고 있는 평평한 판(**박편**)을 생각하자. 그 판의 질량중심인 $\mathcal{R}$의 **중심**(centroid)을 찾으려고 한다. 중심을 구하기 위해 물리학의 원리인 **대칭원리**(symmetry principle)를 이용한다. 이 원리는 $\mathcal{R}$이 직선 l에 대해 대칭이면, $\mathcal{R}$의 중심이 l에 놓여 있다는 것이다. ($\mathcal{R}$을 l에 대해 반사시키면, $\mathcal{R}$은 그대로이므로 중심도 고정된다. 그러나 고정점은 l에만 놓여 있다.) 그러므로 직사각형의 무게중심이 중심이다. 모멘트는 영역의 전체 질량을 질량중심에 집중시킬 때, 그 모멘트가 변하지 않도록 정의해야 한다. 또한 겹쳐지지 않은 두 영역의 합의 모멘트는 각 영역의 모멘트의 합이어야 한다.

영역 $\mathcal{R}$의 중심은 단지 영역의 모양에 의해서만 결정된다. $\mathcal{R}$을 균일한 밀도를 갖는 판이라 하면 질량중심은 $\mathcal{R}$의 중심과 일치하지만, 밀도가 일정하지 않으면 일반적으로 질량중심은 다른 위치에 놓인다. 이와 같은 상황은 14.4절에서 다룰 것이다.

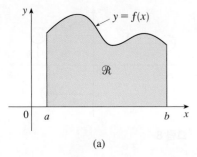

(a)

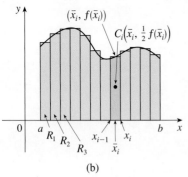

(b)

그림 10

영역 $\mathcal{R}$이 그림 10(a)에 보인 형태라고 하자. 즉 $\mathcal{R}$이 직선 $x = a$와 $x = b$ 사이에서 x축 위와 연속인 함수 f의 그래프 아래에 놓여 있다고 가정하자. 구간 $[a, b]$를 끝점이 $x_0, x_1, \ldots, x_n$이고 너비가 Δx로 같은 n개의 부분 구간으로 나눈다. 표본점 x_i^*를 i번째 부분 구간의 중점인 $\bar{x}_i = (x_{i-1} + x_i)/2$로 택한다. 이것은 그림 10(b)와 같이 $\mathcal{R}$에 근사하는 다각형을 결정한다. i번째 근사 직사각형 R_i의 중심은 $C_i(\bar{x}_i, \frac{1}{2}f(\bar{x}_i))$이고 넓이는 $f(\bar{x}_i)\,\Delta x$이므로, 질량은 다음과 같다.

$$\rho f(\bar{x}_i)\,\Delta x$$

y축에 대한 R_i의 모멘트는 그것의 질량과 C_i로부터 y축에 이르는 거리인 $\bar{x}_i$의 곱이다. 따라서 다음이 성립한다.

$$M_y(R_i) = [\rho f(\bar{x}_i)\,\Delta x]\,\bar{x}_i = \rho \bar{x}_i f(\bar{x}_i)\,\Delta x$$

이런 모멘트들을 더하면, $\mathcal{R}$에 근사하는 다각형의 모멘트를 얻게 되고, $n \to \infty$일 때 극한을 취하면 y축에 대한 $\mathcal{R}$ 자체의 모멘트를 다음과 같이 얻는다.

$$\boxed{M_y = \lim_{n \to \infty} \sum_{i=1}^{n} \rho \bar{x}_i f(\bar{x}_i)\,\Delta x = \rho \int_a^b x f(x)\,dx}$$

마찬가지 방식으로, x축에 대한 R_i의 모멘트를 그것의 질량과 C_i로부터 x축에 이르는 거리(이는 R_i의 높이의 반이다)의 곱으로 계산한다.

$$M_x(R_i) = [\rho f(\bar{x}_i)\,\Delta x]\,\tfrac{1}{2}f(\bar{x}_i) = \rho \cdot \tfrac{1}{2}[f(\bar{x}_i)]^2\,\Delta x$$

다시 이런 모멘트들을 더하고 극한을 취하면, x축에 대한 $\mathcal{R}$의 모멘트를 얻는다.

$$\boxed{M_x = \lim_{n \to \infty} \sum_{i=1}^{n} \rho \cdot \tfrac{1}{2}[f(\bar{x}_i)]^2\,\Delta x = \rho \int_a^b \tfrac{1}{2}[f(x)]^2\,dx}$$

입자 계에서처럼 판의 질량중심 $(\bar{x}, \bar{y})$는 $m\bar{x} = M_y$, $m\bar{y} = M_x$가 되도록 정의된다. 한편 판의 질량은 밀도와 넓이의 곱이다.

$$m = \rho A = \rho \int_a^b f(x)\,dx$$

그러므로 다음이 성립한다.

$$\bar{x} = \frac{M_y}{m} = \frac{\rho \int_a^b x f(x)\,dx}{\rho \int_a^b f(x)\,dx} = \frac{\int_a^b x f(x)\,dx}{\int_a^b f(x)\,dx}$$

$$\bar{y} = \frac{M_x}{m} = \frac{\rho \int_a^b \tfrac{1}{2}[f(x)]^2\,dx}{\rho \int_a^b f(x)\,dx} = \frac{\int_a^b \tfrac{1}{2}[f(x)]^2\,dx}{\int_a^b f(x)\,dx}$$

위에서 ρ가 소거된다는 사실에 주의하자. 밀도는 일정할 때 질량중심의 위치는 밀도와는 아무 상관이 없다.

요약하면, 넓이 A인 판의 질량중심(또는 $\mathcal{R}$의 중심) 위치 $(\bar{x}, \bar{y})$는 다음과 같다.

$$\boxed{8} \qquad \bar{x} = \frac{1}{A} \int_a^b x f(x)\, dx, \qquad \bar{y} = \frac{1}{A} \int_a^b \frac{1}{2}[f(x)]^2\, dx$$

《예제 4》 밀도가 일정하고 반지름이 r인 반원판의 질량중심을 구하라.

풀이 식 $\boxed{8}$을 이용하기 위해 그림 11과 같이 $f(x) = \sqrt{r^2 - x^2}$, $a = -r$, $b = r$이 되도록 반원을 그린다. 여기서 대칭원리에 따라 질량중심이 y축에 있어야 하므로 $\bar{x} = 0$이다. 따라서 $\bar{x}$를 구하는 식은 사용할 필요가 없다. 반원의 넓이가 $A = \frac{1}{2}\pi r^2$이므로 다음을 얻는다.

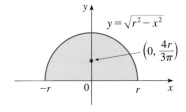

그림 11

$$\bar{y} = \frac{1}{A} \int_{-r}^r \frac{1}{2}[f(x)]^2\, dx = \frac{1}{\frac{1}{2}\pi r^2} \cdot \frac{1}{2} \int_{-r}^r \left(\sqrt{r^2 - x^2}\right)^2 dx$$

$$= \frac{2}{\pi r^2} \int_0^r (r^2 - x^2)\, dx \qquad \text{(피적분함수는 우함수이므로)}$$

$$= \frac{2}{\pi r^2} \left[r^2 x - \frac{x^3}{3} \right]_0^r$$

$$= \frac{2}{\pi r^2} \frac{2r^3}{3} = \frac{4r}{3\pi}$$

따라서 질량중심의 좌표는 $(0,\ 4r/(3\pi))$이다. ■

《예제 5》 곡선 $y = \cos x$, $y = 0$, $x = 0$, $x = \dfrac{\pi}{2}$에 의해 유계된 제1사분면에 있는 영역의 중심을 구하라.

풀이 영역의 넓이는 다음과 같다.

$$A = \int_0^{\pi/2} \cos x\, dx = \sin x \Big]_0^{\pi/2} = 1$$

그러므로 식 $\boxed{8}$에 따라 다음을 얻는다.

$$\bar{x} = \frac{1}{A} \int_0^{\pi/2} x f(x)\, dx = \int_0^{\pi/2} x \cos x\, dx$$

$$= x \sin x \Big]_0^{\pi/2} - \int_0^{\pi/2} \sin x\, dx \qquad \text{(부분적분에 의해)}$$

$$= \frac{\pi}{2} - 1$$

$$\bar{y} = \frac{1}{A} \int_0^{\pi/2} \frac{1}{2}[f(x)]^2\, dx = \frac{1}{2} \int_0^{\pi/2} \cos^2 x\, dx$$

$$= \frac{1}{4} \int_0^{\pi/2} (1 + \cos 2x)\, dx = \frac{1}{4} \left[x + \frac{1}{2} \sin 2x \right]_0^{\pi/2} = \frac{\pi}{8}$$

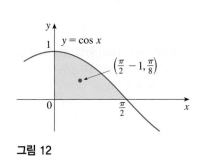

그림 12

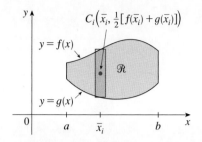

그림 13

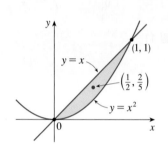

그림 14

따라서 구하려는 중심은 $\left(\frac{1}{2}\pi - 1, \frac{1}{8}\pi\right) \approx (0.57, 0.39)$이고, 그림 12에 나타나 있다. ■

그림 13과 같이 영역 $\mathcal{R}$이 $f(x) \geq g(x)$인 두 곡선 $y = f(x)$와 $y = g(x)$ 사이에 놓여 있으면, 식 **8**을 이끌어 냈던 것과 같은 방법으로 $\mathcal{R}$의 중심 $(\bar{x}, \bar{y})$가 다음과 같음을 보일 수 있다(연습문제 26 참조).

9

$$\bar{x} = \frac{1}{A}\int_a^b x[f(x) - g(x)]\,dx$$

$$\bar{y} = \frac{1}{A}\int_a^b \frac{1}{2}\{[f(x)]^2 - [g(x)]^2\}\,dx$$

《예제 6》 직선 $y = x$와 포물선 $y = x^2$으로 둘러싸인 영역의 중심을 구하라.

풀이 해당 영역은 그림 14와 같다. 식 **9**에서 $f(x) = x$, $g(x) = x^2$, $a = 0$, $b = 1$로 택한다. 먼저 그 영역의 넓이는 다음과 같다.

$$A = \int_0^1 (x - x^2)\,dx = \frac{x^2}{2} - \frac{x^3}{3}\bigg]_0^1 = \frac{1}{6}$$

따라서 다음을 얻는다.

$$\bar{x} = \frac{1}{A}\int_0^1 x[f(x) - g(x)]\,dx = \frac{1}{\frac{1}{6}}\int_0^1 x(x - x^2)\,dx$$

$$= 6\int_0^1 (x^2 - x^3)\,dx = 6\left[\frac{x^3}{3} - \frac{x^4}{4}\right]_0^1 = \frac{1}{2}$$

$$\bar{y} = \frac{1}{A}\int_0^1 \frac{1}{2}\{[f(x)]^2 - [g(x)]^2\}\,dx = \frac{1}{\frac{1}{6}}\int_0^1 \frac{1}{2}(x^2 - x^4)\,dx$$

$$= 3\left[\frac{x^3}{3} - \frac{x^5}{5}\right]_0^1 = \frac{2}{5}$$

구하는 중심은 $\left(\frac{1}{2}, \frac{2}{5}\right)$이다. ■

■ 파푸스 정리

회전체의 중심과 부피 사이의 놀라운 관계를 보임으로써 이 절을 마친다.

이 정리는 서기 4세기 알렉산드리아에 살았던 그리스의 수학자 파푸스(Pappus)의 이름을 따서 붙인 것이다.

> **파푸스 정리** $\mathcal{R}$을 평면에서 한 직선 l의 한쪽에만 완전히 놓여 있는 평면영역이라 하자. $\mathcal{R}$을 l을 중심으로 회전시킬 때 생기는 입체의 부피는 $\mathcal{R}$의 넓이 A와 $\mathcal{R}$의 중심이 움직인 거리 d의 곱이다.

증명 그림 13과 같이 영역이 $y = f(x)$와 $y = g(x)$ 사이에 놓여 있고 직선 l이 y축인 특별한 경우에 대해 증명을 한다. 원통껍질 방법(5.3절 참조)을 사용하면 다음을 얻는다.

$$V = \int_a^b 2\pi x[f(x) - g(x)]\,dx$$

$$= 2\pi \int_a^b x[f(x) - g(x)]\,dx$$

$$= 2\pi(\bar{x}A) \quad \text{(식 \boxed{9}에 의해)}$$

$$= (2\pi\bar{x})A = Ad$$

여기서 $d = 2\pi\bar{x}$는 y축을 중심으로 한 번 회전하는 동안 중심이 움직인 거리이다.

《**예제 7**》 반지름이 r인 원을, 그 원이 놓인 평면에 있고 그 원의 중심으로부터 거리 $R(> r)$만큼 떨어진 직선을 중심으로 회전시킬 때 원환체(torus)가 생긴다(그림 15 참조). 이 원환체의 부피를 구하라.

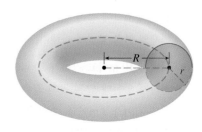

그림 15

풀이 원의 넓이는 $A = \pi r^2$이다. 대칭원리에 따라 원의 무게중심은 그 원의 중심이므로 한 번 회전하는 동안에 중심이 움직인 거리는 $d = 2\pi R$이다. 따라서 파푸스 정리에 따라 구하는 원환체의 부피는 다음과 같다.

$$V = Ad = (2\pi R)(\pi r^2) = 2\pi^2 r^2 R$$

예제 7의 방법은 5.2절의 연습문제 38과 비교해 볼 수 있다.

8.3 | 연습문제

1. 길이가 1.5 m, 너비가 0.5 m이고, 깊이가 1 m인 수족관에 물이 가득차 있다. (a) 수족관의 바닥에 가해지는 유체정역학적 압력, (b) 수족관의 바닥에 가해지는 유체정역학적 힘, (c) 수족관의 한쪽 끝에 가해지는 유체정역학적 힘을 구하라.

2-6 수직판이 다음 그림과 같이 일부 또는 전체가 물에 잠겨 있다. 판의 한쪽 면에 가해지는 유체정역학적 힘을 리만 합으로 근사시키는 방법을 설명하라. 그리고 그 힘을 적분으로 표현하고 계산하라.

2.

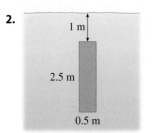

3.

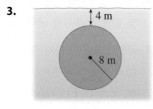

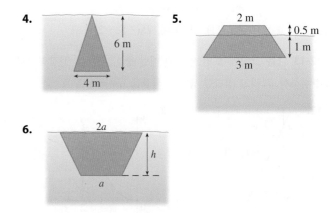

7. 탱크로리 트럭이 휘발유를 직경 2.5 m, 가로길이 12 m인 수평으로 놓인 원기둥 모양의 탱크에 가득 채워서 운반한다. 휘발유 밀도가 753 kg/m³일 때 탱크 한 면에 가해지는

유체 정역학적 힘을 구하라.

8. 변의 길이가 20 cm인 정육면체가 물의 깊이가 1 m인 수족
관의 밑바닥에 놓여 있다. (a) 정육면체의 꼭대기, (b) 정육
면체의 한쪽 옆면에 가해지는 유체정역학적 힘을 구하라.

9. 너비가 10 m이고 길이가 20 m인 수영장이 있다. 바닥면은
경사져 있는데 얕은 곳의 끝은 깊이가 1 m이고 깊은 곳의
끝은 깊이가 3 m이다. 수영장에 물이 가득차 있다. (a) 4개
의 옆면 (b) 바닥면에 가해지는 유체정역학적 힘을 구하라.

10. 점-질량 m_1가 아래 그림과 같이 x축에 놓여 있다. 원점과
질량중심 $\bar{x}$에 대한 계의 모멘트 M을 구하라.

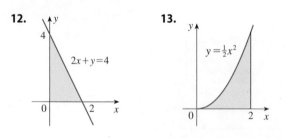

11. 다음 각 질량 m_i가 점 P_i에 놓여 있다. 모멘트 M_x, M_y와 이
계의 질량중심을 구하라.

$$m_1 = 5, \ m_2 = 8, \ m_3 = 7;$$
$$P_1(3, 1), \ P_2(0, 4), \ P_3(-5, -2)$$

12-13 다음 그림에 보인 영역에 대한 중심 위치를 시각적으로
추정하라. 그리고 정확한 중심의 좌표를 구하라.

12.

13.

14-16 다음 곡선으로 둘러싸인 영역의 중심을 구하라.

14. $y = x^2, \quad x = y^2$

15. $y = \sin 2x, \quad y = \sin x, \quad 0 \le x \le \pi/3$

16. $x + y = 2, \quad x = y^2$

17. 밀도가 $\rho = 6$이고 모양이 다음 그림과 같은 얇은 판의 모멘
트 M_x, M_y와 질량중심을 계산하라.

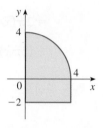

18. 곡선 $y = x^3 - x$와 $y = x^2 - 1$로 둘러싸인 영역의 중심을
구하라. 구한 답이 타당한지 알아보기 위해 해당 영역을 그
려 중심을 표시해 보라.

19. 임의의 삼각형의 중심은 중선들의 교점과 같음을 보여라.
[힌트: $(a, 0)$, $(0, b)$, $(c, 0)$이 꼭짓점이 되도록 축을 잡아
라. 중선은 꼭짓점에서 맞은편 변의 중점을 잇는 선분임을
기억하라. 또한 중선들은 각 꼭짓점에서(중선을 따라) 맞
은편 변까지 길이의 2/3인 점에서 만나는 것을 기억하라.]

20. 다음 주어진 영역의 중심을 적분은 하지 않고 직사각형과
삼각형의 중심(연습문제 19 참조)의 위치를 정하고 모멘트
의 가법성을 이용해서 구하라.

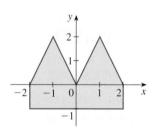

21. $\bar{x}$가 $a \le x \le b$에서 연속함수 f의 그래프 아래에 있는 영역
의 중심의 x좌표라면, 다음 식이 성립함을 보여라.

$$\int_a^b (cx + d)f(x)\, dx = (c\bar{x} + d) \int_a^b f(x)\, dx$$

22. 파푸스 정리를 이용해서 밑면의 반지름이 r이고 높이가 h
인 원뿔의 부피를 구하라.

23. **곡선의 중심** 곡선의 중심은 영역의 중심을 구할 때 쓰던 방
법과 비슷한 과정으로 구할 수 있다. C가 길이 L인 곡선이
면, $\bar{x} = (1/L) \int x\, ds$이고 $\bar{y} = (1/L) \int y\, ds$일 때 C의 중심

은 $(\bar{x}, \bar{y})$이다. 여기서 적분의 적절한 한계를 지정한다. ds는 8.1절과 8.2절에서 정의한 것과 같다. (중심은 가끔 곡선 자체 위에 있지 않는다. 곡선이 쇠줄로 만들어지고 무게 없는 판에 놓여 있다면, 중심은 판 위의 균형점이 될 것이다.) 사분원 $y = \sqrt{16 - x^2}$, $0 \le x \le 4$의 중심을 구하라.

24. 파푸스의 제2정리 파푸스의 제2정리는 이 절에서 논의한 파푸스 정리와 동일한 내용이지만 부피가 아니라 곡면 넓이에 대한 것이다. [C를 평면에서 직선 l의 한쪽에만 완전히 놓여 있는 곡선이라 하자. C를 l을 중심으로 회전시킬 때 생기는 곡면의 넓이는 C의 호의 길이와 C의 중심이 움직인 거리의 곱이다(연습문제 24 참조).] 파푸스의 제2정리를 이용해서 예제 7의 원환체의 겉넓이를 구하라.

25. 공식 **9**를 증명하라.

8.4 | 경제학과 생물학에의 응용

이 절에서는 경제학(소비자 잉여)과 생물학(혈액의 흐름, 심박출량)에 대한 적분의 응용을 생각해 본다. 다른 경우의 응용은 연습문제에서 다룬다.

■ 소비자 잉여

3.7절에서 회사가 상품을 x단위(개) 판매할 때 매길 수 있는 단위당 가격을 수요함수 $p(x)$라 했다. 보통 더 많은 양을 판매하기 위해서는 가격을 낮춰야 하므로, 수요함수는 감소함수이다. **수요곡선**(demand curve)이라 불리는 전형적인 수요함수의 그래프는 그림 1과 같다. X가 현재 판매가능한 상품의 양이라 하면 $P = p(X)$는 현재의 판매 가격이다.

어떤 상품에 대해 소비자가 최대 가격을 지불하더라도 좋다고 생각한다. 소비자가 상품에 대해 지불할 용의가 있는 비용과 실제로 지불한 비용 사이의 차이를 **소비자 잉여**(consumer surplus)라고 한다. 상품을 구매하는 모든 소비자의 총 소비자 잉여를 구함으로써 경제학자들은 시장의 전반적인 이익을 사회의 자본으로 축적할 수 있다.

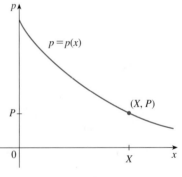

그림 1 전형적인 수요곡선

총 소비자 잉여를 결정하기 위해 수요곡선을 살펴보고, 그림 2와 같이 구간 $[0, X]$를 길이가 $\Delta x = X/n$인 n개의 부분 구간으로 나눈다. 그리고 $x_i^* = x_i$를 i번째 부분 구간의 오른쪽 끝점이라 하자. 수요곡선에 따라 x_{i-1} 단위를 1단위당 $p(x_{i-1})$달러의 가격으로 구매한다. x_i 단위로 판매량을 증가시키려면 가격은 $p(x_i)$달러로 낮춰야 할 것이다. 이 경우에 추가분인 Δx 단위가 팔릴 수 있을 것이다. (그러나 그 이상은 아니다.) 일반적으로 $p(x_i)$달러를 지불하는 소비자는 상품에 고부가 가치를 두었기 때문에 자신들이 생각하는 가치만큼 지불하는 것이다. 따라서 P달러만 지불한 소비자는 다음 양만큼 절약한 셈이다.

$$(\text{단위당 절약액}) \times (\text{추가분의 개수}) = [p(x_i) - P]\,\Delta x$$

위의 경우와 마찬가지로 각각의 부분 구간에 대해 해당하는 가격을 지불하려는 자

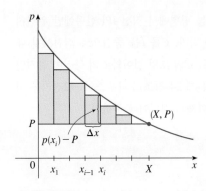

그림 2

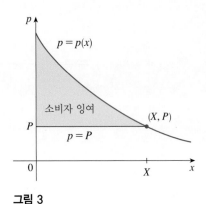

그림 3

발적 소비자 집단을 생각하면 다음과 같은 절약한 총액을 얻는다.

$$\sum_{i=1}^{n} [p(x_i) - P]\Delta x$$

(이 합은 그림 2에 있는 직사각형들로 둘러싸인 영역의 넓이에 해당한다.) $n \to \infty$이면 이 리만 합은 다음 적분에 접근한다.

$$\boxed{1} \qquad \int_0^X [p(x) - P]\,dx$$

이것은 상품에 대한 총 소비자 잉여이다. 이런 소비자 잉여는 수요량 X에 대응하는 가격 P로, 상품을 구입할 때 소비자들이 절약한 총 금액을 나타낸다. 그림 3은 소비자 잉여를 수요곡선 아래와 직선 $p = P$ 위로 둘러싸인 영역의 넓이로 해석하고 있다.

《**예제 1**》 한 상품에 대한 수요가 다음과 같다.

$$p = 1200 - 0.2x - 0.0001x^2 (달러)$$

판매 개수가 500일 때 소비자 잉여를 구하라.

풀이 판매된 상품의 개수가 $X = 500$이므로, 이에 대응하는 가격은 다음과 같다.

$$P = 1200 - (0.2)(500) - (0.0001)(500)^2 = 1075$$

정의 $\boxed{1}$로부터 소비자 잉여는 다음과 같다.

$$\begin{aligned}
\int_0^{500} [p(x) - P]\,dx &= \int_0^{500} (1200 - 0.2x - 0.0001x^2 - 1075)\,dx \\
&= \int_0^{500} (125 - 0.2x - 0.0001x^2)\,dx \\
&= 125x - 0.1x^2 - (0.0001)\left(\frac{x^3}{3}\right)\Bigg]_0^{500} \\
&= (125)(500) - (0.1)(500)^2 - \frac{(0.0001)(500)^3}{3} \\
&= 33{,}333.33 (달러) \qquad \blacksquare
\end{aligned}$$

■ 혈액의 흐름

2.7절의 예제 7에서 다음 모세관 법칙을 다뤘다.

$$v(r) = \frac{P}{4\eta l}(R^2 - r^2)$$

이는 중심축으로부터 거리 r만큼 떨어진 곳에서 반지름 R, 길이 l인 혈관을 따라 흐르는 혈액의 속도 v를 나타낸다. 여기서 P는 혈관 양 끝의 압력차이고 η는 혈액의 점도이다. 이제 혈류의 비율 또는 **유량**(단위시간당 부피)을 계산하기 위해 작고 동일한 간격의 반지름들 $r_1, r_2, \dots$를 생각한다. 내부 반지름이 r_{i-1}이고, 외부 반지름이 r_i인 고리(또는 와셔)의 근사 넓이는 다음과 같다(그림 4 참조).

$$2\pi r_i \, \Delta r, \qquad \Delta r = r_i - r_{i-1}$$

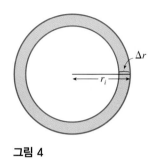

그림 4

Δr이 작으면 속도는 이 고리 전체에서 거의 일정하며 근사적으로 $v(r_i)$로 볼 수 있다. 그러므로 고리를 통과해 흐르는 단위시간당 혈액의 부피는 근사적으로

$$(2\pi r_i \, \Delta r)\, v(r_i) = 2\pi r_i v(r_i)\, \Delta r$$

이고, 단위시간당 한 단면을 통과해 흐르는 전체 혈액의 부피는 대략 다음과 같다.

$$\sum_{i=1}^{n} 2\pi r_i v(r_i)\, \Delta r$$

이 근삿값에 대한 설명은 그림 5에 있다. 속도(그러므로 단위시간당 부피)는 혈관의 중심으로 갈수록 증가한다는 사실에 주목하자. n이 증가할 때 더 좋은 근삿값을 얻는다. 단위시간당 한 단면을 통과하는 혈액의 부피인 **유량**(유입량 또는 유출량)은 다음과 같이 극한을 취할 때 정확한 값을 얻는다.

그림 5

$$
\begin{aligned}
F &= \lim_{n\to\infty} \sum_{i=1}^{n} 2\pi r_i v(r_i)\, \Delta r = \int_0^R 2\pi r\, v(r)\, dr \\
&= \int_0^R 2\pi r\, \frac{P}{4\eta l}\,(R^2 - r^2)\, dr \\
&= \frac{\pi P}{2\eta l} \int_0^R (R^2 r - r^3)\, dr = \frac{\pi P}{2\eta l}\left[R^2\frac{r^2}{2} - \frac{r^4}{4} \right]_{r=0}^{r=R} \\
&= \frac{\pi P}{2\eta l}\left[\frac{R^4}{2} - \frac{R^4}{4} \right] = \frac{\pi P R^4}{8\eta l}
\end{aligned}
$$

결과로 얻은 다음 식을 **푸아죄유의 법칙**(Poiseuille's law)이라고 한다.

$$\boxed{2} \qquad\qquad F = \frac{\pi P R^4}{8\eta l}$$

이는 유량이 혈관의 반지름의 네제곱에 비례한다는 것을 보여 주고 있다.

■ 심박출량

그림 6은 사람의 심혈관계를 보여 주고 있다. 온몸을 돌고 온 혈액은 정맥을 통해 우심방으로 들어간다. 그러고는 폐동맥을 통해 폐로 들어가 산소를 공급받고 폐정맥을 통해 좌심방으로 되돌아온다. 그리고 나서 대동맥을 통해 신체의 각 조직으로 퍼져 나간다. 단위시간당 심장박동에 의해 심장 밖으로 내보내는 혈액의 양, 즉 대동맥으로 빠져나가는 혈액류의 비율을 심장의 **심박출량**(cardiac output)이라고 한다.

심박출량을 측정하는 데 **색소희석법**(dye dilution method)이 쓰인다. 우심방에 주

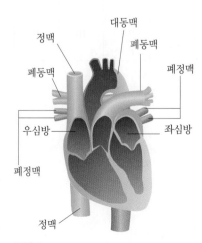

그림 6

입된 색소가 심장을 통해 대동맥으로 흐른다. 대동맥에 삽입된 탐침이 색소가 맑아질 때까지 시간 구간 $[0, T]$ 동안 같은 간격의 시각에서 심장 밖으로 나가는 색소의 농도를 측정한다. $c(t)$를 시각 t에서 색소의 농도라 하자. $[0, T]$를 길이가 Δt로 같은 부분 구간으로 나누면, $t = t_{i-1}$에서 $t = t_i$까지 부분 구간에서의 측정점을 지나 흐르는 색소의 양은 근사적으로 다음과 같다.

$$(\text{농도})(\text{부피}) = c(t_i)(F\,\Delta t)$$

여기서 F는 구하고자 하는 혈류의 비율이다. 그러므로 색소의 전체량은 근사적으로

$$\sum_{i=1}^{n} c(t_i) F\,\Delta t = F \sum_{i=1}^{n} c(t_i)\,\Delta t$$

이고 $n \to \infty$이면 색소의 양은 다음과 같이 구해진다.

$$A = F \int_0^T c(t)\,dt$$

그러므로 심박출량은 다음과 같다.

$$\boxed{3} \qquad\qquad F = \frac{A}{\displaystyle\int_0^T c(t)\,dt}$$

여기서 색소의 양 A는 알려진 값이고 적분은 측정된 각 농도로부터 근삿값으로 계산된다.

《《예제 2》》 색소 5 mg을 우심방으로 주입한다. 색소의 농도(mg/L)는 다음 표와 같이 1초 간격으로 대동맥에서 측정된다. 이때 심박출량을 추정하라.

풀이 여기서 $A = 5$, $\Delta t = 1$, $T = 10$이다. 심프슨의 공식을 이용해서 농도 적분의 근삿값을 다음과 같이 구한다.

$$\int_0^{10} c(t)\,dt \approx \tfrac{1}{3}[0 + 4(0.4) + 2(2.8) + 4(6.5) + 2(9.8) + 4(8.9)$$
$$+ 2(6.1) + 4(4.0) + 2(2.3) + 4(1.1) + 0]$$
$$\approx 41.87$$

그러므로 식 $\boxed{3}$으로부터 심박출량은 다음과 같다.

$$F = \frac{A}{\displaystyle\int_0^{10} c(t)\,dt} \approx \frac{5}{41.87} \approx 0.12 \text{ L/s} = 7.2 \text{ L/min} \qquad\blacksquare$$

t	$c(t)$	t	$c(t)$
0	0	6	6.1
1	0.4	7	4.0
2	2.8	8	2.3
3	6.5	9	1.1
4	9.8	10	0
5	8.9		

8.4 | 연습문제

1. 한계비용함수 $C'(x)$는 비용함수의 도함수로 정의된다(3.7절, 4.7절 참조). x (L)의 오렌지 주스를 생산하는 데 소요되는 한계비용이 $C'(x) = 0.82 - 0.00003x + 0.000000003x^2$(달러/L)이고 초기 고정비용이 $C(0) = 18000$달러라 할 때, 순변화정리를 이용해서 처음 4000 L의 주스를 생산하는 데 드는 비용을 구하라.

2. 한 광산회사가 광산에서 구리원광 x (ton)을 추출하는 데 드는 한계비용을 $0.6 + 0.008x$ (1000달러/ton)로 예측한다. 초기 비용은 100000달러이다. 처음 50 ton의 구리를 추출하는 데 드는 비용은 얼마인가? 다음 50 ton에 대해서는 어떤가?

3. 전자레인지 오븐을 만드는 제조 회사의 수요함수는 $p(x) = 870e^{-0.03x}$이다. (x의 단위는 1000) 오븐에 대한 판매수준이 45000일 때 소비자 잉여를 구하라.

4. 연주회 주관 회사는 210장의 티셔츠를 개당 18달러로 팔고 있다. 회사는 가격을 1달러 낮추면 티셔츠 30개가 더 팔린다고 추정한다. 티셔츠의 수요함수를 구하고, 개당 15달러로 팔 때 소비자 잉여를 구하라.

5-6 생산자 잉여 상품에 대한 공급함수 $p_S(x)$는 판매가격과 제조사가 그 가격에서 생산하고자 하는 상품의 개수 사이의 관계를 제공한다. 판매가격이 높을수록 제조자는 더 많은 상품을 생산할 것이고 따라서 p_S는 x의 증가함수이다. X를 현재 생산한 상품의 양, $P = p_S(X)$를 현재 가격이라 하자. 어떤 생산자는 상품을 만들어서 판매가격으로 낮춰서 팔지만 최소 가격보다 더 많이 받고자 한다. 이때 초과량을 **생산자 잉여**라 한다. 소비자 잉여와 비슷한 방법으로 생산자 잉여는 다음 적분으로 주어진다.

$$\int_0^X [P - p_S(x)]\, dx$$

5. 판매수준 $X = 10$에서 공급함수가 $p_S(x) = 3 + 0.01x^2$일 때 생산자 잉여를 계산하라. 잉여곡선을 그리고 생산자 잉여를 넓이로 생각하여 설명하라.

T 6. 제조자는 상품에 대한 공급곡선을 $p = \sqrt{30 + 0.01xe^{0.001x}}$으로 추정한다(단위는 달러). 판매 가격이 30달러일 때 생산자 잉여를 (근사적으로) 구하라.

7. 총 잉여 소비자 잉여와 생산자 잉여의 합을 **총 잉여**라 한다. 경제학자들은 총 잉여를 사회의 경제적 건강 상태의 지표로 사용한다. 상품에 대한 시장이 평형상태에 있으면 총 잉여는 최대가 된다.

(a) 전자회사의 카스테레오에 대한 수요함수가 $p(x) = 228.4 - 18x$이고 공급함수가 $p_S(x) = 27x + 57.4$(x의 단위는 1000)일 때, 스테레오 시장이 평형상태에 있기 위한 스테레오의 양은 얼마인가?

(b) 스테레오에 대한 최대 총 잉여를 계산하라.

8. 한 회사가 시각 t에서 갖고 있는 자본금의 총액이 $f(t)$라면, 도함수 $f'(t)$를 **순투자흐름**(net investment flow)이라고 한다. 순투자흐름이 매년 $\sqrt{t}$ 백만 달러(t의 단위는 년)일 때, 4차 연도부터 8차 연도까지 자본금의 증분을 구하라.

9. 소득의 미래가치 소득이 매년 $f(t)$달러의 비율로 계속 축적되고 T년간 고정이율 r의 연속복리로 투자된다면, 소득의 미래가치는 $\int_0^T f(t)\, e^{r(T-t)}\, dt$로 주어진다. 매년 $f(t) = 8000e^{0.04t}$달러의 비율로 받고 6.2%의 복리이율로 투자될 때, 6년 후 소득의 미래가치를 구하라.

10. 파레토의 소득 법칙(Pareto's Law of Income)에 따르면 $x = a$와 $x = b$ 사이의 소득자 수는 $N = \int_a^b Ax^{-k}\, dx$이다. 여기서 $A > 0$와 $k > 1$은 상수이다. 이런 사람들의 평균소득이 다음과 같을 때 $\bar{x}$를 계산하라.

$$\bar{x} = \frac{1}{N} \int_a^b Ax^{1-k}\, dx$$

11. 푸아죄유의 법칙을 이용해서 어떤 키 작은 사람의 동맥에서 유량을 계산하라. 여기서 $\eta = 0.027$, $R = 0.008$ cm, $l = 2$ cm, $p = 4000$ dyn/cm^{2}이다.

12. 색소희석법을 이용해서 6 mg의 색소로 심박출량을 측정한다. 색소농도(mg/L)는 $c(t) = 20te^{-0.6t}$, $0 \le t \le 10$이고, t의 단위는 초이다. 이때 심박출량을 구하라.

13. 7 mg의 색소를 심장에 주입한 후 보여지는 농도함수 $c(t)$의 그래프가 아래에 있다. 심프슨의 공식을 이용해서 심박출량을 추정하라.

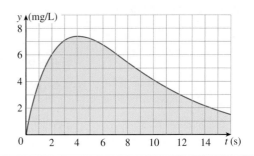

8.5 | 확률

■ 확률밀도함수

임의의 움직임을 분석하는 데 미적분학이 큰 역할을 한다. 어떤 연령군에서 임의로 선택한 사람의 콜레스테롤 농도나 임의로 선택한 성인 여성의 키 또는 임의로 선택한 어떤 유형의 건전지 하나의 수명을 생각해 보자. 이런 양들을 **연속확률변수**(continuous random variables)라고 한다. 왜냐하면 그 값이 가장 가까운 정수로 측정되거나 기록되더라도 실제로는 실수 구간을 아우르고 있기 때문이다. 혈중 콜레스테롤 농도가 250보다 클 확률이나 성인 여성의 키가 150~180 cm 사이일 확률, 또는 구입한 건전지 수명이 100~200시간까지 지속될 확률을 알고 싶을 수도 있다. X가 그런 유형의 건전지 수명을 나타낸다면 이 마지막 경우의 확률을 다음과 같이 나타낸다.

$$P(100 \leq X \leq 200)$$

확률의 빈도 해석에 따르면, 이 수는 지정된 유형의 모든 건전지에 대해 그 유형의 건전지의 수명이 100에서 200시간 사이일 비율이다. 그 수가 비율을 나타내므로 확률은 자연스럽게 0과 1 사이에 있게 된다.

확률밀도함수와 관련된 계산을 할 때는 항상 실수구간을 사용한다. 예를 들어 $X = a$일 때 확률을 구하기 위해 밀도함수를 사용하지 않는다.

모든 연속확률변수 X는 **확률밀도함수**(probability density function) f를 갖는다. 이것은 X가 a와 b 사이에 있을 확률이 다음과 같이 a에서 b까지 f를 적분해서 구하는 것임을 의미한다.

$$\boxed{1} \qquad P(a \leq X \leq b) = \int_a^b f(x)\, dx$$

예를 들어 그림 1은 미국보건통계청의 자료에 따라 미국 성인 여성의 키를 인치로 나타내 정의한 확률변수 X에 대한 확률밀도함수 f의 한 모형을 그래프로 보여 주고 있다. 이 모집단으로부터 임의로 선택한 여성의 키가 150~180 cm 사이일 확률은 구간 $[150, 180]$에서 f의 그래프 아래의 넓이와 같다.

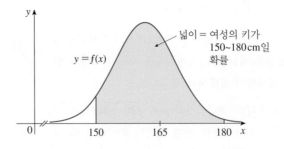

그림 1 성인 여성의 키에 대한 확률밀도함수

일반적으로 확률변수 X의 확률밀도함수 f는 모든 x에 대해 $f(x) \geq 0$을 만족한다. 확률은 0에서 1까지의 범위에서 측정되기 때문에 다음이 성립한다.

$$\boxed{2} \qquad \int_{-\infty}^{\infty} f(x)\, dx = 1$$

《예제 1》 $0 \le x \le 10$일 때 $f(x) = 0.006x(10 - x)$이고, 다른 x값에 대해 $f(x) = 0$이라 하자.

(a) f가 확률밀도함수임을 보여라.

(b) $P(4 \le X \le 8)$을 구하라.

풀이

(a) $0 \le x \le 10$일 때 $f(x) = 0.006x(10 - x) \ge 0$이므로 모든 x에 대해 $f(x) \ge 0$이다. 또한 다음과 같이 식 **2**가 만족하는 것을 보인다.

$$\int_{-\infty}^{\infty} f(x)\, dx = \int_{0}^{10} 0.006x(10 - x)\, dx = 0.006 \int_{0}^{10} (10x - x^2)\, dx$$

$$= 0.006 \left[5x^2 - \tfrac{1}{3}x^3 \right]_{0}^{10} = 0.006 \left(500 - \tfrac{1000}{3} \right) = 1$$

그러므로 f는 확률밀도함수이다.

(b) X가 4와 8 사이에 있을 확률은 다음과 같다.

$$P(4 \le X \le 8) = \int_{4}^{8} f(x)\, dx = 0.006 \int_{4}^{8} (10x - x^2)\, dx$$

$$= 0.006 \left[5x^2 - \tfrac{1}{3}x^3 \right]_{4}^{8} = 0.544 \qquad \blacksquare$$

《예제 2》 대기시간이나 장비가 고장날 때까지 걸리는 시간과 같은 현상들은 보통 지수적으로 감소하는 확률밀도함수로 모형화할 수 있다. 그런 함수의 정확한 형태를 구하라.

풀이 전화를 걸어 상대방이 응답할 때까지 기다리는 시간과 같은 확률변수를 생각하자. 그래서 x 대신에 t를 이용해 응답시간을 분 단위로 나타낸다. f가 확률밀도함수이고 $t = 0$인 시각에 전화를 걸었다면, 정의 **1**로부터 $\int_{0}^{2} f(t)\, dt$는 상대방이 처음 2분 이내에 전화에 응답할 확률이며 $\int_{4}^{5} f(t)\, dt$는 4분에서 5분 사이에 응답할 확률이다.

$t < 0$일 때 $f(t) = 0$임은 분명하다(전화를 걸기 전에는 상대방이 대답할 수 없다). $t > 0$일 때 지수적으로 감소하는 함수를 사용하기로 되어 있다. 즉, 그 함수의 형태는 $f(t) = Ae^{-ct}$이다. (A와 c는 양의 상수) 따라서 다음과 같다.

$$f(t) = \begin{cases} 0, & t < 0 \\ Ae^{-ct}, & t \ge 0 \end{cases}$$

식 **2**를 이용해서 A의 값을 결정한다.

$$1 = \int_{-\infty}^{\infty} f(t)\, dt = \int_{-\infty}^{0} f(t)\, dt + \int_{0}^{\infty} f(t)\, dt$$

$$= \int_{0}^{\infty} Ae^{-ct}\, dt = \lim_{x \to \infty} \int_{0}^{x} Ae^{-ct}\, dt$$

$$= \lim_{x \to \infty} \left[-\frac{A}{c} e^{-ct} \right]_{0}^{x} = \lim_{x \to \infty} \frac{A}{c} (1 - e^{-cx})$$

$$= \frac{A}{c}$$

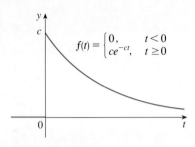

$$f(t) = \begin{cases} 0, & t < 0 \\ ce^{-ct}, & t \geq 0 \end{cases}$$

그림 2 지수밀도함수

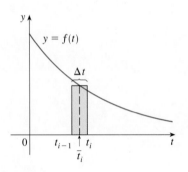

그림 3

따라서 $A/c = 1$이고, $A = c$이다. 그러므로 모든 지수밀도함수 $f(t)$는 다음 형태이다.

$$f(t) = \begin{cases} 0, & t < 0 \\ ce^{-ct}, & t \geq 0 \end{cases}$$

이 전형적인 그래프는 그림 2와 같다. ■

■ 평균값

어떤 회사에 전화를 걸어 응답을 기다리는데 평균적으로 얼마나 오랫동안 기다리게 될 것인지 알고 싶다고 하자. $f(t)$를 대응하는 밀도함수라 하고(t의 단위는 분이다), 이 회사에 전화를 건 N명을 표본으로 삼는다. 대개 한 시간 넘게 기다리는 사람은 없으므로, t의 구간을 $0 \leq t \leq 60$으로 제한한다. 이 구간을 길이가 Δt이고 끝점이 $0, t_1, t_2, \ldots, t_n = 60$인 n개의 부분 구간으로 나눈다. (Δt는 지속된 시간으로 1분, 30초, 10초 또는 심지어 1초일 수도 있다.) 어떤 사람이 t_{i-1}에서 t_i까지 시간 구간에 응답을 받을 확률은 t_{i-1}에서 t_i까지 곡선 $y = f(t)$ 아래의 넓이에 해당하며, 이는 근사적으로 $f(\bar{t}_i)\,\Delta t$와 같다. (이것은 그림 3에 있는 근사 직사각형의 넓이이다. 여기서 $\bar{t}_i$는 구간의 중점이다.)

t_{i-1}에서 t_i까지 시간 구간에 응답을 받을 장기적인 비율이 $f(\bar{t}_i)\,\Delta t$이므로, 전화를 건 N명의 표본으로부터 그 시간 구간에 응답을 받은 사람의 수는 근사적으로 $Nf(\bar{t}_i)\,\Delta t$이며 각자가 기다린 시간은 대략 $\bar{t}_i$이다. 따라서 그들이 기다린 전체 시간은 근사적으로 이 두 수를 곱한 $\bar{t}_i[Nf(\bar{t}_i)\,\Delta t]$이다. 그런 모든 구간에서 더하면, 모든 사람들의 대기시간의 총합을 다음과 같이 근사적으로 얻는다.

$$\sum_{i=1}^{n} N\bar{t}_i f(\bar{t}_i)\,\Delta t$$

이제 이것을 전화를 건 사람의 수 N으로 나누면, 다음과 같은 근사적인 **평균**대기시간을 얻는다.

$$\sum_{i=1}^{n} \bar{t}_i f(\bar{t}_i)\,\Delta t$$

이것을 함수 $tf(t)$에 대한 리만 합으로 인식하면, 시간 구간이 줄어들수록(즉, $\Delta t \to 0$ 또는 $n \to \infty$), 이 리만 합은 다음 적분에 접근한다.

$$\int_0^{60} t f(t)\, dt$$

이 적분을 **평균대기시간**이라고 한다.

일반적으로 임의의 확률밀도함수 f의 **평균**(mean)은 다음과 같이 정의한다.

평균은 그리스 문자 뮤(μ)로 나타내는 것이 관례이다.

$$\mu = \int_{-\infty}^{\infty} x f(x)\, dx$$

평균은 확률변수 X의 장기적인 평균값으로 해석할 수 있고, 또한 확률밀도함수의 중심의 위치를 나타내는 척도로 해석할 수도 있다.

평균에 대한 표현이 이미 이전에 봤던 적분과 비슷하다. $\mathcal{R}$이 f의 그래프 아래의 영역이면, 8.3절의 식 $\boxed{8}$로부터 $\mathcal{R}$의 중심의 x좌표는 식 $\boxed{2}$에 의해 다음과 같다.

$$\bar{x} = \frac{\int_{-\infty}^{\infty} x f(x)\, dx}{\int_{-\infty}^{\infty} f(x)\, dx} = \int_{-\infty}^{\infty} x f(x)\, dx = \mu$$

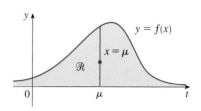

그림 4 $\mathcal{R}$이 직선 $x = \mu$의 한 점에서 균형을 잡는다.

따라서 $\mathcal{R}$ 모양의 얇은 판은 수직선 $x = \mu$의 한 점에서 균형을 잡는다(그림 4 참조).

《예제 3》 예제 2의 지수분포의 평균을 구하라.

$$f(t) = \begin{cases} 0, & t < 0 \\ ce^{-ct}, & t \geq 0 \end{cases}$$

풀이 평균의 정의에 따라 다음과 같다.

$$\mu = \int_{-\infty}^{\infty} t f(t)\, dt = \int_{0}^{\infty} tce^{-ct}\, dt$$

이 적분을 계산하기 위해 부분적분($u = t$, $dv = ce^{-ct}dt$, $du = dt$, $v = -e^{-ct}$)을 이용하면 다음을 얻는다.

$$\int_{0}^{\infty} tce^{-ct}\, dt = \lim_{x \to \infty} \int_{0}^{x} tce^{-ct}\, dt = \lim_{x \to \infty} \left(-te^{-ct}\Big]_{0}^{x} + \int_{0}^{x} e^{-ct}\, dt \right)$$

$$= \lim_{x \to \infty} \left(-xe^{-cx} + \frac{1}{c} - \frac{e^{-cx}}{c} \right) = \frac{1}{c} \quad \text{(로피탈 법칙에 따라 첫 항의 극한은 0이다.)}$$

그러므로 평균은 $\mu = 1/c$이다. 따라서 확률밀도함수를 다음과 같이 다시 쓸 수 있다.

$$f(t) = \begin{cases} 0, & t < 0 \\ \mu^{-1}e^{-t/\mu}, & t \geq 0 \end{cases} \qquad \blacksquare$$

《예제 4》 고객 서비스 담당자에게 한 고객이 전화를 걸어 응답을 받는 데 소요되는 평균대기시간이 5분이라고 가정하자.

(a) 지수분포가 적당하다는 가정 아래, 전화를 걸어서 처음 1분 동안 응답을 받을 확률을 구하라.

(b) 전화에 대한 응답을 받기 전에 고객이 5분 넘게 수화기를 들고 기다릴 확률을 구하라.

풀이

(a) 지수분포의 평균이 $\mu = 5$이므로 예제 3의 결과로부터 확률밀도함수가 다음과 같음을 알 수 있다.

$$f(t) = \begin{cases} 0, & t < 0 \\ 0.2e^{-t/5}, & t \geq 0 \end{cases}$$

여기서 t의 단위는 분이다. 처음 1분 동안 응답이 이루어질 확률은 다음과 같다.

$$P(0 \leq T \leq 1) = \int_0^1 f(t)\, dt$$

$$= \int_0^1 0.2 e^{-t/5}\, dt = 0.2(-5)e^{-t/5}\Big]_0^1$$

$$= 1 - e^{-1/5} \approx 0.1813$$

따라서 고객의 약 18%가 처음 1분 이내에 응답을 받는다.

(b) 고객이 5분 넘게 기다려야 할 확률은 다음과 같다.

$$P(T > 5) = \int_5^\infty f(t)\, dt = \int_5^\infty 0.2 e^{-t/5}\, dt$$

$$= \lim_{x \to \infty} \int_5^x 0.2 e^{-t/5}\, dt = \lim_{x \to \infty} (e^{-1} - e^{-x/5})$$

$$= \frac{1}{e} - 0 \approx 0.368$$

따라서 고객의 약 37%가 전화를 걸어 응답을 받는 데 5분 넘게 기다려야 한다. ∎

예제 4(b)의 결과에 주목한다. 평균대기시간은 5분이지만, 전화를 건 사람의 37%가 5분 넘게 기다린다. 그 이유는 전화를 건 어떤 사람들은 훨씬 더 오래(아마도 10분이나 15분) 기다리기 때문이고 이것이 평균을 높이게 된다.

확률밀도함수의 중심을 나타내는 또 다른 척도가 **중앙값**이다. 즉, 전화를 건 사람의 반이 m보다 짧은 시간을 기다리고 나머지 반이 m보다 오랜 시간을 기다릴 때 그 수 m이 중앙값이다. 일반적으로 확률밀도함수의 **중앙값**(median)은 다음을 만족하는 수 m이다.

$$\int_m^\infty f(x)\, dx = \tfrac{1}{2}$$

이것은 f의 그래프 아래 넓이의 반이 m의 오른쪽에 있다는 것을 의미한다. 예제 4에서 회사에 전화를 걸어 대기하는 시간의 중앙값이 약 3.5분임을 보이는 문제가 연습문제 5에 있다.

■ 정규분포

동종의 모집단으로부터 각 개인의 적성검사점수, 키와 몸무게라든지 또는 어떤 주어진 지역의 연간 강수량과 같은 여러 가지 중요한 확률현상들이 **정규분포**(normal distribution)에 의해 모형화된다. 이것은 확률변수 X의 확률밀도함수가 다음과 같은 함수족의 하나임을 의미한다.

3
$$f(x) = \frac{1}{\sigma\sqrt{2\pi}}\, e^{-(x-\mu)^2/(2\sigma^2)}$$

표준편차는 그리스 문자 시그마(σ)로 나타 낸다.

이 함수의 평균이 μ임을 증명할 수 있다. 양의 상수 σ를 **표준편차**(standard deviation)라고 하는데 이는 X값의 흩어진 정도를 나타내는 척도이다. 그림 5에 있는 종

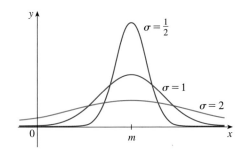

그림 5 정규분포

모양의 정규분포 그래프들로부터 σ값이 작으면 작을수록 X의 값들이 평균 근처에 집중하는 것에 반해 σ값이 크면 클수록 X의 값들이 더 폭넓게 퍼져 있다는 것을 알 수 있다. 통계학자들은 자료집단을 이용해서 μ와 σ를 추정하는 방법을 알고 있다.

인수 $1/(\sigma\sqrt{2\pi})$은 f를 확률밀도함수로 만드는 데 필요하다. 실제로 다변수함수의 미적분학을 이용하면 다음 사실을 보일 수 있다.

$$\int_{-\infty}^{\infty} \frac{1}{\sigma\sqrt{2\pi}} e^{-(x-\mu)^2/(2\sigma^2)} dx = 1$$

《예제 5》 지능지수(IQ) 점수가 평균 100, 표준편차 15인 정규분포를 이루고 있다. (그림 6이 대응하는 확률밀도함수를 보여 주고 있다.)
(a) 모집단의 몇 퍼센트가 85와 115 사이의 IQ 점수를 갖는가?
(b) 모집단의 몇 퍼센트가 140을 넘는 IQ를 갖는가?

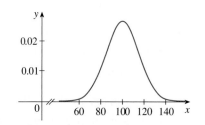

그림 6 IQ 점수의 분포

 풀이

(a) IQ 점수가 정규분포를 이루고 있으므로, $\mu = 100$이고 $\sigma = 15$인 식 **3**에 의해 주어지는 확률밀도함수를 이용하면 구하는 확률은 다음과 같다.

$$P(85 \le X \le 115) = \int_{85}^{115} \frac{1}{15\sqrt{2\pi}} e^{-(x-100)^2/(2\cdot 15^2)} dx$$

함수 $y = e^{-x^2}$은 기본 역도함수를 갖지 않는다는 사실을 7.5절로부터 상기하자. 그래서 해당하는 적분을 정확히 계산할 수 없다. 그러나 수치적분 기능이 있는 계산기나 컴퓨터(또는 중점법칙이나 심프슨의 공식)를 이용해서 적분을 다음과 같이 추정할 수 있다.

$$P(85 \le X \le 115) \approx 0.68$$

따라서 모집단의 약 68%가 85와 115 사이, 즉 평균의 1 표준편차 이내 $(\mu \pm \sigma)$에서 IQ 점수를 갖는다.

(b) 임의로 선택된 사람의 IQ 점수가 140을 넘을 확률은 다음과 같다.

$$P(X > 140) = \int_{140}^{\infty} \frac{1}{15\sqrt{2\pi}} e^{-(x-100)^2/450} dx$$

이상적분을 피하기 위해 140에서 200까지 적분해서 근삿값을 구한다. (200을 넘는 IQ

를 가진 사람은 극히 드물다고 해도 무방하다.) 그러면 다음을 얻는다.

$$P(X > 140) \approx \int_{140}^{200} \frac{1}{15\sqrt{2\pi}} e^{-(x-100)^2/450} \, dx \approx 0.0038$$

그러므로 모집단의 약 0.4%가 140이 넘는 IQ를 갖고 있다. ∎

8.5 │ 연습문제

1. 어떤 제조업자가 생산한 최고급 자동차 타이어 수명에 대한 확률밀도함수를 $f(x)$라고 한다. 여기서 x의 단위는 km이다. 다음 각 적분이 의미하는 바를 설명하라.

 (a) $\int_{50,000}^{65,000} f(x) \, dx$ (b) $\int_{40,000}^{\infty} f(x) \, dx$

2. $0 \le x \le 1$일 때 $f(x) = 30x^2(1-x)^2$이고 이외의 x값에 대하여 $f(x) = 0$이다.

 (a) f는 확률밀도함수임을 보여라.

 (b) $P\left(X \le \frac{1}{3}\right)$을 구하라.

3. $f(x) = c/(1+x^2)$라 하자.

 (a) 어떤 c의 값에 대해 f가 확률밀도함수가 되는가?

 (b) 위의 c값에 대해 $P(-1 < X < 1)$을 구하라.

4. 원판을 돌려 0과 10 사이의 실수를 임의로 가리키는 스피너 게임이 있다. 스피너는 똑같은 확률로 주어진 구간 안의 한 수를 가리킨다. 그리고 그 구간과 길이가 같은 다른 어떤 구간의 한 수를 가리킬 확률은 같다는 의미에서 게임은 공정하다.

 (a) 다음 함수가 스피너 값에 대한 확률밀도함수인 이유를 설명하라.

$$f(x) = \begin{cases} 0.1, & 0 \le x \le 10 \\ 0, & x < 0 \text{ 또는 } x > 10 \end{cases}$$

 (b) 평균값이 얼마인지 직관적으로 말하라. 적분을 계산해서 추측을 확인하라.

5. 예제 4에서 언급된 회사에 전화를 걸어 기다리는 시간의 중앙값이 약 3.5분임을 보여라.

6. 온라인 판매업자는 신용카드 승인에 필요한 평균시간을 1.6초로 결정했다.

 (a) 지수밀도함수를 이용해 고객이 신용카드 승인을 위해 1초 미만으로 기다릴 확률을 구하라.

 (b) 고객이 3초를 초과해서 기다릴 확률을 구하라.

 (c) 신용카드 승인이 가장 늦은 5%에 대한 최소 승인 시간을 구하라.

7. REM 수면은 가장 활발한 꿈을 꾸는 수면 단계이다. 어떤 연구에서 수면의 첫 4시간 동안 REM 수면의 양은 확률변수 T로 다음 확률밀도함수에 의해 서술된다.

$$f(x) = \begin{cases} \dfrac{1}{1600} t, & 0 \le t \le 40 \\[2mm] \dfrac{1}{20} - \dfrac{1}{1600} t, & 40 \le t \le 80 \\[2mm] 0, & 80 \le t \end{cases}$$

이때 t는 분으로 측정된다.

 (a) REM 수면의 양이 30분에서 60분 사이일 확률은?

 (b) REM 수면의 평균 양을 구하라.

8. 애리조나 대학교의 '쓰레기 계획안' 보고서에 의하면, 가정에서 매주 버리는 종이의 양이 평균 4.3 kg이고 표준편차가 1.9 kg인 정규분포를 이루고 있다. 전체 가정의 몇 퍼센트가 매주 적어도 5 kg의 종이를 버리는가?

9. 제한속도가 100 km/h인 고속도로에서 자동차의 속력은 평균이 112 km/h이고 표준편차가 8 km/h인 정규분포를 이루고 있다.

 (a) 임의로 선택된 자동차가 법정제한속도로 주행할 확률을 구하라.

 (b) 125 km/h 이상의 속력으로 주행하는 운전자에게 교통위반 딱지를 발부하도록 경찰관이 지시를 받았다면, 운전자의 몇 퍼센트가 교통위반 딱지를 받게 되는가?

10. 임의의 정규분포에 대해 확률변수가 평균의 2 표준편차 범위 안에 들어갈 확률을 구하라.

11. 수소원자는 핵 안에 있는 한 개의 양자(陽子)와 핵 주변을 도는 한 개의 전자로 이루어져 있다. 원자 구조의 양자(量子)론에서는 전자가 잘 정의된 궤도 안에서 움직이지 않는다고 가정한다. 대신에 전자는 핵을 둘러싸고 있는 음전하

의 '구름'처럼 퍼져 있는 **궤도함수**(orbital)로 분포하고 있다. 가장 낮은 에너지 상태인 **바닥상태** 또는 **1s 궤도함수**에서 이 구름 모양은 핵을 중심으로 하는 하나의 구로 가정되어 있다. 이 구는 다음 확률밀도함수로 설명할 수 있다.

$$p(r) = \frac{4}{a_0^3} r^2 e^{-2r/a_0}, \quad r \geq 0$$

여기서 a_0은 **보어 반지름**(Bohr radius)$(a_0 \approx 5.59 \times 10^{-11}\,\text{m})$이다. 다음 적분은 핵을 중심으로 하고 반지름이 r(m)인 구 안에서 전자가 발견될 확률을 나타낸다.

$$P(r) = \int_0^r \frac{4}{a_0^3} s^2 e^{-2s/a_0}\, ds$$

(a) $p(r)$이 확률밀도함수임을 보여라.

(b) $\lim\limits_{r \to \infty} p(r)$를 구하라. r의 어떤 값에 대해 $p(r)$이 최댓값을 갖는가?

(c) 밀도함수의 그래프를 그려라.

(d) 핵을 중심으로 하고 반지름이 $4a_0$인 구 안에 전자가 존재할 확률을 구하라.

(e) 바닥상태인 수소원자의 핵으로부터 떨어진 전자의 평균거리를 계산하라.

---

8   복습

개념 확인

1. (a) 곡선의 길이는 어떻게 정의되는가?

   (b) $y = f(x)$, $a \leq x \leq b$로 주어진 매끄러운 곡선의 길이에 대한 식을 쓰라.

   (c) x가 y의 함수로서 주어지면 어떻게 되는가?

2. 어떤 액체 속에 잠겨 있는 수직벽에 가해지는 유체정역학적 힘을 구하는 방법을 설명하라.

3. 파푸스 정리는 무엇을 나타내는가?

4. (a) 심장의 심박출량이란 무엇인가?

   (b) 색소희석법으로 심박출량을 측정하는 방법을 설명하라.

5. 여대생의 몸무게에 대한 확률밀도함수를 $f(x)$라고 가정하자. 여기서 x의 단위는 kg이다.

   (a) 적분 $\int_0^{60} f(x)\, dx$의 의미는 무엇인가?

   (b) 밀도함수의 평균에 대한 식을 쓰라.

   (c) 밀도함수의 중앙값을 어떻게 구할 수 있는가?

참·거짓 퀴즈

다음 문장의 참과 거짓을 밝혀라. 참일 경우 왜 참인지 설명하고, 거짓일 경우 반례를 들거나 이유를 설명하라.

1. $a \leq x \leq b$에서 곡선 $y = f(x)$와 $y = f(x) + c$의 길이는 같다.

2. $a \leq x \leq b$에서 $f(x) \leq g(x)$일 때, $y = f(x)$의 길이는 $y = g(x)$의 길이보다 작거나 같다.

3. f가 연속이고 $f(0) = 0$, $f(3) = 4$이면 $0 \leq x \leq 3$에서 곡선 $y = f(x)$의 호의 길이는 5 보다 같거나 크다.

4. 댐에 가해지는 유체정역학적 압력은 댐에 의해 만들어진 호수의 크기가 아니라 댐의 수위에 영향을 받는다.

복습문제

1-2 다음 곡선의 길이를 구하라.

1. $y = 4(x - 1)^{3/2}$, $1 \leq x \leq 4$

2. $12x = 4y^3 + 3y^{-1}$, $1 \leq y \leq 3$

[T] **3.** C를 점 $(0, 2)$에서 $\left(3, \frac{1}{2}\right)$까지의 곡선 $y = 2/(x + 1)$의 호라 하자. 다음 값들을 소수점 아래 넷째 자리까지 정확히 구하라.
   (a) C의 길이
   (b) C를 x축을 중심으로 회전시킬 때 생기는 곡면의 넓이
   (c) C를 y축을 중심으로 회전시킬 때 생기는 곡면의 넓이

4. $n = 10$인 심프슨의 공식을 이용해서 사인곡선 $y = \sin x$, $0 \leq x \leq \pi$의 길이를 추정하라. 소수점 아래 넷째 자리까지 반올림하라.

5. 다음 곡선의 길이를 구하라.
$$y = \int_1^x \sqrt{\sqrt{t} - 1}\, dt, \qquad 1 \leq x \leq 16$$

6. 관개수로에 사다리꼴 모양으로 생긴 문이 있다. 문의 형태는 바닥 너비 1 m, 꼭대기 너비 2 m, 높이 1 m이다. 문은 수로에 수직으로 서 있으며 꼭대기까지 물이 차 있다. 문의 한 쪽 면에 가해지는 유체정역학적 힘을 구하라.

7. 다음 영역의 중심을 구하라.

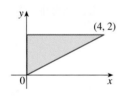

8. 다음 곡선으로 유계된 영역의 중심을 구하라.
$$y = \frac{1}{2}x, \quad y = \sqrt{x}$$

9. 반지름이 1이고 중심이 $(1, 0)$인 원을 y축을 중심으로 회전시킬 때 생기는 부피를 구하라.

10. 어떤 상품에 대한 수요함수가 다음과 같다.
$$p = 2000 - 0.1x - 0.01x^2$$
판매 개수가 100일 때 소비자 잉여를 구하라.

11. (a) 다음 함수가 확률밀도함수인 이유를 설명하라.
$$f(x) = \begin{cases} \dfrac{\pi}{20} \sin \dfrac{\pi x}{10}, & 0 \leq x \leq 10 \\ 0, & x < 0 \text{ 또는 } x > 10 \end{cases}$$
   (b) 확률 $P(X < 4)$를 구하라.
   (c) 평균을 계산하라. 그 값은 기대한 값과 같은가?

12. 어떤 은행에서 줄을 서서 기다리는 시간은 평균 8분이며 지수밀도함수로 모형화된다.
   (a) 손님이 처음 3분 이내에 서비스를 받을 확률은 얼마인가?
   (b) 손님이 10분 넘게 기다릴 확률은 얼마인가?
   (c) 기다리는 시간의 중앙값은 얼마인가?

이 사진은 1997년에 지구를 스쳐 지나갔고, 4380년에 다시 나타날 해일-밥 혜성이다. 지난 세기에서 가장 밝은 혜성 중의 하나인 해일-밥 혜성은 맨눈으로 약 18개월 동안 밤하늘에 육안으로 관측될 수 있었다. 1995년에 처음으로 망원경으로 관찰한 해일과 밥의 이름을 따서 명명했는데, 해일은 뉴멕시코주에서, 밥은 아리조나주에서 관찰하였다. 9.6절에서 극좌표로 이 혜성의 타원형 경로 방정식을 표현할 수 있음을 보게 될 것이다.

9 매개변수방정식과 극좌표
Parametric Equations and Polar Coordinates

이제까지 y를 x의 함수 $[y = f(x)]$로, x를 y의 함수 $[x = g(y)]$로 또는 y를 x의 음함수로 정의한 x와 y의 관계 $[f(x, y) = 0]$로 평면곡선을 기술해 왔다. 이 장에서는 곡선을 기술하는 데 있어 두 가지 새로운 방법을 논한다.

사이클로이드와 같은 어떤 곡선들은 x와 y가 소위 매개변수라고 하는 제3의 변수 t로 $[x = f(t), y = g(t)]$와 같이 주어졌을 때 심장형과 같은 곡선들은 소위 극좌표계라 불리는 새로운 좌표계를 사용할 때 매우 편리하게 기술된다.

9.1 │ 매개변수방정식으로 정의된 곡선

그림 1과 같이 곡선 C를 따라 움직이는 한 입자를 생각하자. C는 방정식 $y = f(x)$로 나타낼 수 없다. 왜냐하면 C가 수직선 판정법에 실패하기 때문이다. 그러나 입자의 x, y좌표는 시간함수이므로 $x = f(t)$, $y = g(t)$로 쓸 수 있다. 이런 방정식의 쌍은 곡선을 나타내는 데 편리하다.

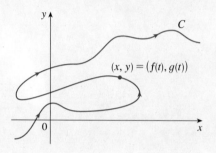

그림 1

■ 매개변수방정식

x와 y가 모두 **매개변수**(parameter)라고 하는 제3의 변수 t의 함수로서 다음 방정식으로 주어졌다고 가정하자.

$$x = f(t), \qquad y = g(t)$$

이와 같은 방정식을 **매개변수방정식**(parametric equation)이라고 한다. t의 각 값들은 점 (x, y)를 결정하고, 좌표평면에 이 점들을 그릴 수 있다. t가 변함에 따라 점 $(x, y) = (f(t), g(t))$도 변하고, **매개변수곡선**(parametric curve)이라고 하는 곡선 C의 자취를 그린다. 매개변수 t가 반드시 시간을 나타내는 것은 아니며, t가 아닌 다른 문자를 매개변수로 쓸 수 있다. 그러나 많은 매개변수곡선의 응용에 있어서 t는 시간을 나타내며, $(x, y) = (f(t), g(t))$를 시각 t에서 입자의 위치로 해석할 수 있다.

《예제 1》 매개변수방정식 $x = t^2 - 2t$, $y = t + 1$로 정의된 곡선을 그리고, 이를 확인하라.

풀이 다음 표에서 보듯이 t의 각 값은 곡선의 한 점을 나타낸다. 예를 들어, $t = 1$이면 $x = -1$, $y = 2$이므로 이에 대응하는 점은 $(-1, 2)$이다. 그림 2에서 몇 개의 매개변수들

t	x	y
-2	8	-1
-1	3	0
0	0	1
1	-1	2
2	0	3
3	3	4
4	8	5

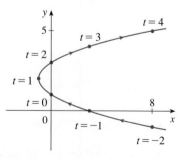

그림 2

의 값으로 결정되는 점 (x, y)를 모아 그것들을 연결해서 곡선을 만들 수 있다.

매개변수방정식으로 주어진 입자의 위치는 t가 증가할 때 곡선을 따라 화살표 방향으로 움직인다. 곡선에 나타난 연속적인 점들은 같은 거리가 아니라 같은 시간 구간에서 나타난다는 점에 유의한다. 왜냐하면 이것은 입자가 느려지다가 t가 증가하면서 속도가 증가하기 때문이다.

그림 2에서 입자가 그리는 곡선은 포물선이 될 것처럼 보인다. 이 사실은 다음과 같이 매개변수 t를 소거함으로써 확실해진다. 두 번째 방정식으로부터 $t = y - 1$을 얻어 이를 첫 번째 방정식에 대입한다. 그러면 다음을 얻는다.

$$x = t^2 - 2t = (y - 1)^2 - 2(y - 1) = y^2 - 4y + 3$$

매개변수방정식에 의해 생성되는 모든 x와 y값의 쌍이 방정식 $x = y^2 - 4y + 3$을 만족하므로 매개변수곡선의 모든 점 (x, y)는 포물선 $x = y^2 - 4y + 3$ 위에 놓여있어야만 하고, 따라서 매개변수곡선은 적어도 이 포물선의 일부와 일치한다. t는 y가 임의의 수가 되도록 선택될 수 있으므로 매개변수곡선은 전체 포물선임을 안다.   ■

예제 1에서 그래프가 매개변수방정식으로 표현된 곡선과 일치하는 x와 y의 직교방정식을 구했다. 이 과정을 **매개변수 소거**(eliminating the parameter)라고 부른다. 매개변수곡선의 모양을 확인하는 것이 도움이 될 수 있으나, 그 과정에 다소간의 정보를 잃는다. x와 y의 방정식은 입자가 따라 움직이는 곡선을 묘사하는 반면, 매개변수방정식은 추가적인 장점을 가지고 있다.─그것은 어떤 주어진 **시각**에 입자가 **어디에** 있는지를 말해주고, 운동의 **방향**을 나타내준다. x와 y의 방정식의 그래프를 경로로 생각하면 매개변수방정식으로 경로를 따라 운행하는 자동차의 운동을 추적할 수 있을 것이다.

예제 1에서 매개변수 t에 대해 어떤 제약도 두지 않으므로 t는 (음수를 포함하는) 임의의 실수가 된다. 그러나 때로는 t를 특별한 구간으로 제한하기도 한다. 예를 들어 다음 매개변수곡선은 예제 1의 포물선의 일부분으로 그림 3과 같이 점 $(0, 1)$에서 출발해서 점 $(8, 5)$에서 끝난다.

$$x = t^2 - 2t, \qquad y = t + 1, \qquad 0 \le t \le 4$$

화살표는 0에서 4로 t가 증가함에 따라 곡선이 그려지는 방향을 나타낸다.

일반적으로 매개변수방정식으로 표현되는 곡선은 **시점**(initial point) $(f(a), g(a))$와 **종점**(terminal point) $(f(b), g(b))$를 가진다.

$$x = f(t), \qquad y = g(t), \qquad 0 \le t \le b$$

《예제 2》 매개변수방정식 $x = \cos t$, $y = \sin t$, $0 \le t \le 2\pi$로 표현되는 곡선은 무엇인가?

풀이 점들을 그려보면, 곡선이 하나의 원으로 나타난다. 이와 같은 표현은 다음과 같이 t를 소거함으로써 이를 확인할 수 있다.

매개변수방정식에서 매개변수를 소거하는 것이 항상 가능한 것은 아니다. x와 y의 방정식으로 동일하게 표현할 수 없는 매개방정식이 다수 존재한다.

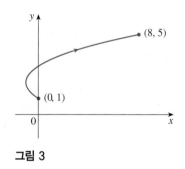

그림 3

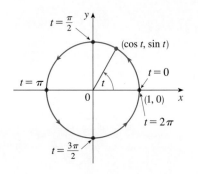

그림 4

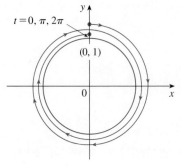

그림 5

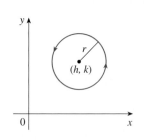

그림 6 $x = h + r \cos t, y = k + r \sin t$

$$x^2 + y^2 = \cos^2 t + \sin^2 t = 1$$

매개방정식으로 생성되는 x와 y값의 모든 쌍이 $x^2 + y^2 = 1$을 만족하므로 점 (x, y)는 단위원 $x^2 + y^2 = 1$에서 움직인다. 예제에서 매개변수 t는 그림 4에서 보인 각(라디안)으로 해석된다. t가 0에서 2π로 증가할 때 점 $(x, y) = (\cos t, \sin t)$는 점 $(1, 0)$에서 시작해서 반시계 방향으로 원 주위를 한 바퀴 움직인다. ■

《예제 3》 매개변수방정식 $x = \sin 2t$, $y = \cos 2t$, $0 \le t \le 2\pi$로 표현되는 곡선은 무엇인가?

풀이 이를 다시 쓰면 다음을 얻는다.

$$x^2 + y^2 = \sin^2 (2t) + \cos^2 (2t) = 1$$

따라서 이 매개변수방정식도 단위원 $x^2 + y^2 = 1$을 나타낸다. 그러나 t가 0에서 2π까지 증가할 때 점 $(x, y) = (\sin 2t, \cos 2t)$는 $(0, 1)$에서 시작해서 그림 5와 같이 시계 방향으로 원 주위를 두 바퀴 움직인다. ■

《예제 4》 반지름이 r이고 중심이 (h, k)인 원의 매개변수방정식을 구하라.

풀이 한 가지 방법은 예제 2에 주어진 단위원의 방정식을 택하고 x와 y의 식에 r를 곱해서 식 $x = r \cos t$, $y = \sin t$를 얻는 것이다. 이 방정식은 반지름이 r이고 원점이 중심인 반시계 방향으로 그려지는 원을 표현한다는 것을 밝힐 수 있다. 이제 x축 방향으로 h만큼, y축 방향으로 k만큼 이동하면 반지름이 r이고 중심이 (h, k)인 다음과 같은 원의 매개변수방정식을 얻는다(그림 6 참조).

$$x = h + r \cos t, \qquad y = k + r \sin t, \qquad 0 \le t \le 2\pi$$ ■

NOTE 예제 2와 3은 서로 다른 매개변수방정식이 같은 곡선을 나타낼 수 있다는 것을 보여 준다. 따라서 점들의 집합인 곡선과 특별한 방법으로 그려지는 점들인 **매개변수곡선**을 구분해야 한다.

다음 예제에서 동일한 곡선을 그리지만 서로 다른 방법으로 움직이는 네 개의 서로 다른 입자의 운동을 서술하는 데 매개변수방정식을 이용한다.

《예제 5》 다음 각각의 매개변수방정식 쌍은 시각 t에서 움직이는 입자의 위치를 나타낸다.

(a) $x = t^3$, $y = t$ (b) $x = -t^3$, $y = -t$
(c) $x = t^{3/2}$, $y = \sqrt{t}$ (d) $x = e^{-3t}$, $y = e^{-t}$

각각의 경우에, 매개변수를 소거하면 $x = y^3$을 얻는다. 따라서 각 입자는 3차 곡선 $x = y^3$을 따라 움직인다. 그러나 그림 7에 나타냈듯이, 입자들은 서로 다른 방법으로 움직인다.
(a) t가 증가할 때 입자는 왼쪽에서 오른쪽으로 움직인다.

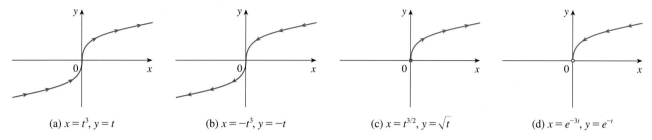

(a) $x = t^3,\ y = t$　　　(b) $x = -t^3,\ y = -t$　　　(c) $x = t^{3/2},\ y = \sqrt{t}$　　　(d) $x = e^{-3t},\ y = e^{-t}$

그림 7

(b) t가 증가할 때 입자는 오른쪽에서 왼쪽으로 움직인다.

(c) 방정식은 $t \geq 0$인 경우에만 정의된다. 입자는 원점($t = 0$)에서 시작하여 t가 증가함에 따라 오른쪽으로 움직인다.

(d) 이때는 모든 t에 대해 $x > 0$이고 $y > 0$이다. t가 (음의 값에서) 0으로 증가함에 따라 입자는 오른쪽에서 왼쪽으로 움직이고 점 $(1, 1)$에 접근한다. t가 더 증가함에 따라 입자는 원점에 도달하지는 않으면서 접근한다. ■

《예제 6》 매개변수방정식이 $x = \sin t,\ y = \sin^2 t$인 곡선을 그려라.

풀이 $y = (\sin t)^2 = x^2$이고, 따라서 점 (x, y)가 포물선 $y = x^2$에서 움직이는 것을 관찰해 보자. 또한 $-1 \leq \sin t \leq 1$이므로 $-1 \leq x \leq 1$이고, 이에 따라 매개변수방정식은 포물선에서 $-1 \leq x \leq 1$인 부분만을 나타내는 것에 주의한다. $\sin t$는 주기적이므로, 점 $(x, y) = (\sin t, \sin^2 t)$는 포물선을 따라 $(-1, 1)$에서 $(1, 1)$까지 앞뒤로 무한히 움직인다 (그림 8 참조). ■

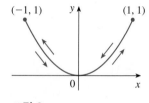

그림 8

《예제 7》 매개변수방정식 $x = \cos t,\ y = \sin 2t$로 표현된 곡선이 그림 9에 그려져 있다. 이것이 **리사쥬 그림**(연습문제 32)의 예이다. 매개변수를 소거하는 것이 가능하지만 결과 방정식($y^2 = 4x^2 - 4x^4$)은 그렇게 유용하지 않다. 곡선을 시각화하는 다른 방법은 (그림 10에 보여진 것처럼) 먼저 x와 y의 그래프를 t의 함수로 개별적으로 그리는 것이다.

t가 0에서 $\pi/2$로 증가함에 따라 x는 1에서 0으로 감소하지만 y는 0에서 시작하여 1로 증가하였다가 0으로 되돌아온다. 이 서술을 합하면 우리가 1사분면에서 보는 매개변수

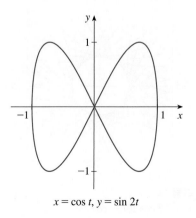

$x = \cos t,\ y = \sin 2t$

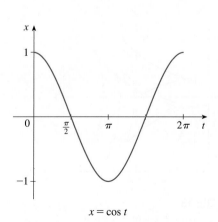

$x = \cos t$

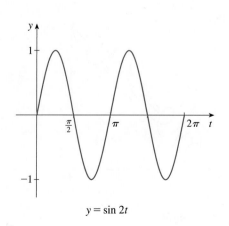

$y = \sin 2t$

그림 9　　　　　　**그림 10**

곡선의 일부를 생성한다. 비슷하게 진행하면 완전한 곡선을 얻는다(이 기술을 이용한 것으로 연습문제 16, 17을 보라). ■

■ 도구를 이용한 매개변수 곡선 그리기

대부분의 그래픽 소프트웨어 응용프로그램과 그래픽 계산기를 이용해서 매개변수방정식으로 정의된 곡선을 그릴 수 있다. 사실 매개변숫값이 증가함에 따라 순서대로 대응하는 점들이 찍히므로 그래픽 계산기에서 그려지는 매개변수곡선을 관찰하는 것은 유익하다.

다음 예제는 매개변수방정식이 x가 y의 함수로 표현되는 직교방정식의 그래프를 그리는 데 사용될 수 있음을 보여준다(예를 들어 어떤 계산기들은 y가 x의 함수로 표현되는 것을 필수로 지정한다).

《**예제 8**》 계산기나 컴퓨터를 이용해서 곡선 $x = y^4 - 3y^2$을 그려라.

풀이 $t = y$라 하면 다음과 같은 방정식을 얻는다.

$$x = t^4 - 3t^2, \qquad y = t$$

매개변수방정식을 이용해서 곡선을 그리면 그림 11을 얻는다. 주어진 방정식($x = y^4 - 3y^2$)을 y에 대해 풀어 y를 x에 대한 네 개의 함수로 간주해서 개개의 그래프를 그릴 수 있으나 매개변수방정식은 훨씬 쉬운 방법을 제공한다. ■

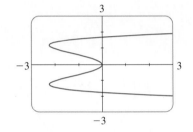

그림 11

일반적으로 $x = g(y)$ 형태의 방정식을 그리기 위해 다음 매개변수방정식을 이용한다.

$$x = g(t), \qquad y = t$$

또한 (매우 익숙한 함수의 그래프인) 방정식 $y = f(x)$의 곡선은 다음과 같은 매개변수방정식으로 간주될 수 있다는 것을 알아야 한다.

$$x = t, \qquad y = f(t)$$

그래픽 소프트웨어는 복잡한 매개변수 곡선을 그릴 때 특히 유용하다. 예를 들어

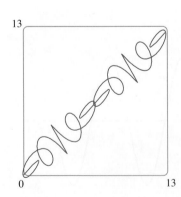

그림 12
$x = t + \sin 5t$
$y = t + \sin 6t$

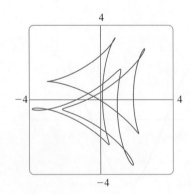

그림 13
$x = \cos t + \cos 6t + 2 \sin 3t$
$y = \sin t + \sin 6t + 2 \cos 3t$

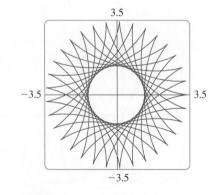

그림 14
$x = 2.3 \cos 10t + \cos 23t$
$y = 2.3 \sin 10t - \sin 23t$

그림 12, 13, 14의 곡선을 실제 손으로 그리기는 불가능할 것이다.

매개변수곡선이 가장 중요하게 이용되는 곳 중 하나가 CAD 분야이다.

■ 사이클로이드

《예제 9》 직선을 따라 원이 구를 때 원주에 있는 점 P의 자취를 그린 곡선을 **사이클로이드**(cycloid)라 한다. [자동차 타이어에 낀 작은 돌이 그리는 경로를 생각하라(그림 15 참조).] 원의 반지름이 r이고 x축을 따라 구르며, 점 P의 한 위치가 원점일 때 사이클로이드의 매개변수방정식을 구하라.

그림 15

풀이 원의 회전각 θ(P가 원점에 있을 때 $\theta = 0$)를 매개변수로 택한다. 원이 θ 라디안만큼 회전했다고 가정하자. 원이 직선과 접해 있기 때문에, 그림 16에서처럼 원점으로부터 굴러간 거리는 다음과 같고 원의 중심은 $C(r\theta, r)$이다.

$$|OT| = \widehat{PT} = r\theta$$

P의 좌표를 (x, y)라 놓으면, 그림 16으로부터 다음을 알 수 있다.

$$x = |OT| - |PQ| = r\theta - r \sin\theta = r(\theta - \sin\theta)$$
$$y = |TC| - |QC| = r - r\cos\theta = r(1 - \cos\theta)$$

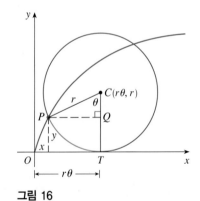

그림 16

그러므로 사이클로이드의 매개변수방정식은 다음과 같다.

$$\boxed{1} \qquad x = r(\theta - \sin\theta), \quad y = r(1 - \cos\theta), \quad \theta \in \mathbb{R}$$

사이클로이드의 한 아치는 원이 한 번 회전할 때 생기고 따라서 $0 \le \theta \le 2\pi$에서 그려진다. 식 $\boxed{1}$은 $0 < \theta < \pi/2$인 경우를 설명하는 그림 16으로부터 유도되지만, 이 방정식이 다른 θ값에 대해서도 성립함을 보일 수 있다.

식 $\boxed{1}$에서 매개변수 θ를 소거할 수 있지만, 결과로 얻은 x와 y에 관한 직교방정식은 매우 복잡하고 [$x = r\cos^{-1}(1 - y/r) - \sqrt{2ry - y^2}$이 한 아치의 반만 나타낼 뿐이다] 매개변수방정식만큼 작업이 편리하지도 않다.　■

사이클로이드를 연구한 최초의 인물 중 하나가 갈릴레오이다. 그는 교량을 사이클로이드 모양으로 만들 것을 제안했고, 사이클로이드의 한 아치 아래의 넓이를 구하려고 노력했다. 후에 이 곡선은 **최속 강하선 문제**(brachistochrone problem)와 관련해서 다시 나타나게 된다. 이것은 입자가 점 A에서 A 바로 밑은 아니고, A보다 낮게 위치해 있는 점 B까지 가장 짧은 시간 내에 (중력의 영향으로) 미끄러지는 곡선을 구하는 문제이다. 1696년에 이 문제를 제기한 스위스의 수학자 요한 베르누이는 그림 17에서처럼 점 A와 B를 잇는 모든 곡선 중에서 사이클로이드의 뒤집힌 호일 때 입자는 점 A에서 B까지 최단시간에 미끄러져 간다는 사실을 밝혀냈다.

사이클로이드

그림 17

그림 18

네덜란드의 물리학자 하위헌스는 사이클로이드가 또한 **등시곡선 문제**(tautochrone problem)에 대한 해라는 것을 이미 밝혀낸 바 있다. 즉, 한 입자 P가 뒤집힌 사이클로이드의 어느 곳에 있든지 상관없이 바닥까지 미끄러져 내려가는 데 똑같은 시간이 걸린다는 것이다(그림 18 참조). 하위헌스는 (자신이 발명한) 진자시계의 추가 사이클로이드의 호를 따라 진동할 것이라 예측했다. 왜냐하면 진자가 길거나 짧은 호를 따라 진동하더라도 완전한 진폭을 만드는 데 똑같은 시간이 걸리기 때문이다.

■ 매개변수의 곡선족

《**예제 10**》 다음 매개변수방정식의 곡선족을 조사하라.

$$x = a + \cos t, \qquad y = a \tan t + \sin t$$

이 곡선들의 공통점은 무엇인가? a가 증가함에 따라 그 형태는 어떻게 변하는가?

[풀이] 그래픽 계산기(또는 컴퓨터)를 이용해서 그림 19와 같이 $a = -2, -1, -0.5, -0.2,$ $0, 0.5, 1, 2$일 때 그래프를 만들어 본다. 모든 곡선은 ($a = 0$인 경우를 제외한) 두 개의 지선을 가지는데, 지선은 모두 x가 a의 왼쪽 또는 오른쪽으로부터 a에 가까워질 때, 수직점근선 $x = a$에 접근해 간다.

$a < -1$이면 두 지선은 매끄러운 곡선이다. 그러나 $a = -1$이면 오른쪽 지선이 **첨점**이라는 뾰족점을 가진다. $-1 < a < 0$이면 첨점은 고리 모양이 되고, a가 0에 접근함에 따라 고리는 점점 커진다. $a = 0$이면 두 지선이 합쳐져서 원을 형성한다(예제 2 참조). $0 < a < 1$이면 왼쪽 지선이 고리 모양을 형성하고 점점 작아지다가 $a = 1$이 되면 없어져 첨점이 된다. $a > 1$이면 지선은 다시 매끄러운 곡선이 되며 a가 증가하면서 덜 굽는다. a가 양수일 때의 곡선은 a가 음수일 때의 대응하는 곡선을 y축에 대해 대칭 이동시킨 곡선임을 알 수 있다.

이 곡선들은 고대 그리스 학자 니코메데스(Nicomedes)의 이름을 따서 **니코메데스의 나사선**(conchoids of Nicomedes)이라 부른다. 나사선이라는 이름이 붙게 된 이유는 그 바깥쪽 지선의 모양이 조개껍데기나 홍합껍데기와 닮았기 때문이다. ■

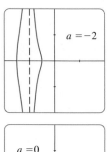
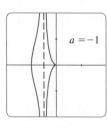
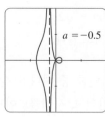

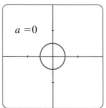

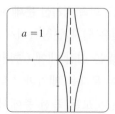
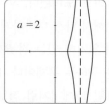

그림 19 보기화면 $[-4, 4] \times [-4, 4]$에 그려 넣은 곡선족 $x = a + \cos t,\ y = a \tan t + \sin t$

9.1 | 연습문제

1. 매개변수방정식 $x = t^2 + t$, $y = 3^{t+1}$에 대해 매개변수 값 $t = -2, -1, 0, 1, 2$에 대응하는 점 (x, y)를 구하라.

2-3 몇 개의 점을 찍어서 다음 매개변수방정식으로 주어진 곡선을 그려라. t가 증가할 때 이 곡선이 그려지는 방향을 화살표로 표시하라.

2. $x = 1 - t^2$, $y = 2t - t^2$, $-1 \le t \le 2$

3. $x = 2^t - t$, $y = 2^{-t} + t$, $-3 \le t \le 3$

4-6

(a) 몇 개의 점을 찍어서 다음 매개변수방정식으로 주어진 곡선을 그려라. t가 증가할 때 이 곡선이 그려지는 방향을 화살표로 표시하라.

(b) 매개변수를 소거해서 곡선의 직교방정식을 구하라.

4. $x = 2t - 1$, $y = \frac{1}{2}t + 1$

5. $x = t^2 - 3$, $y = t + 2$, $-3 \le t \le 3$

6. $x = \sqrt{t}$, $y = 1 - t$

7-11

(a) 매개변수를 소거해서 곡선의 직교방정식을 구하라.

(b) 곡선을 그리고 매개변수가 증가할 때 이 곡선이 그려지는 방향을 화살표로 표시하라.

7. $x = 3\cos t$, $y = 3\sin t$, $0 \le t \le \pi$

8. $x = \cos\theta$, $y = \sec^2\theta$, $0 \le \theta < \pi/2$

9. $x = e^{-t}$, $y = e^t$

10. $x = \ln t$, $y = \sqrt{t}$, $t \ge 1$

11. $x = \sin^2 t$, $y = \cos^2 t$

---

12. t의 단위가 초일 때, 원운동을 하는 입자의 위치는 $x = 5\cos t$, $y = -5\sin t$로 모형화된다. 1회전에 얼마나 걸리는가? 운동은 시계 방향인가 반시계 방향인가?

13-14 다음 구간에서 t가 변할 때 위치가 (x, y)인 입자의 운동을 설명하라.

13. $x = 5 + 2\cos\pi t$, $y = 3 + 2\sin\pi t$, $1 \le t \le 2$

14. $x = 5\sin t$, $y = 2\cos t$, $-\pi \le t \le 5\pi$

15. 곡선이 매개변수방정식 $x = f(t)$, $y = g(t)$로 주어진다고 하자. f의 치역이 $[1, 4]$이고 g의 치역이 $[2, 3]$일 때, 이것은 어떤 곡선인지를 설명하라.

16-17 $x = f(t)$와 $y = g(t)$의 그래프가 다음과 같을 때 매개변수 곡선 $x = f(t)$, $y = g(t)$를 그려라. t가 증가할 때 곡선이 그려지는 방향을 화살표로 표시하라.

16.

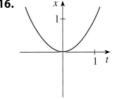 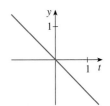

17.

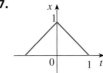 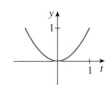

---

18. 곡선 $x = y - 2\sin\pi y$의 그래프를 그려라.

19. (a) 다음 매개변수방정식이 두 점 $P_1(x_1, y_1)$과 $P_2(x_2, y_2)$를 연결하는 선분을 나타냄을 보여라.

$$x = x_1 + (x_2 - x_1)t, \quad y = y_1 + (y_2 - y_1)t, \quad 0 \le t \le 1$$

(b) $(-2, 7)$에서 $(3, -1)$까지의 선분을 나타내는 매개변수방정식을 구하라.

20. 입자가 중심이 원점이고 반지름이 5인 원을 따라 시계 방향으로 움직여서 4π초만에 1회전할 때 원을 따라 움직이는 입자의 위치에 대한 매개변수방정식을 구하라.

21. 입자가 원 $x^2 + (y-1)^2 = 4$를 따라 다음과 같이 설명된 방법으로 움직일 때 이 입자의 경로에 대한 매개변수방정식을 구하라.

(a) $(2, 1)$에서 시작해서 시계 방향으로 한 바퀴

(b) $(2, 1)$에서 시작해서 반시계 방향으로 세 바퀴

(c) $(0, 3)$에서 시작해서 반시계 방향으로 반 바퀴

22. 그래픽 계산기나 컴퓨터를 이용해서 다음 그림을 재현하라.

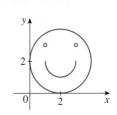

23. (a) 다음과 같이 주어진 4개의 매개변수곡선 위의 점들은 모두 같은 직교방정식을 만족함을 보여라.

(i) $x = t^2$, $y = t$ (ii) $x = t$, $y = \sqrt{t}$

(iii) $x = \cos^2 t$, $y = \cos t$ (iv) $x = 3^{2t}$, $y = 3^t$

(b) (a)의 각 곡선의 그래프를 그리고 곡선들이 서로 어떻게 다른지 설명하라.

24. 매개변수방정식으로 나타낸 다음 곡선들을 비교하라. 그들이 어떻게 다른가?

(a) $x = t^3$, $y = t^2$ (b) $x = t^6$, $y = t^4$

(c) $x = e^{-3t}$, $y = e^{-2t}$

25. 점 P를 반지름이 r인 원의 중심에서 d만큼 떨어진 거리에 있는 점이라고 하자. 원이 직선 위를 굴러가는 동안 점 P가 그리는 곡선을 **트로코이드**(trochoid)라고 한다. (자전거 바퀴의 바퀴살 위에 있는 한 점의 움직임을 생각해 보자.) 사이클로이드는 $d = r$인 트로코이드의 특별한 예이다. 사이클로이드와 같은 매개변수 θ를 사용하고 직선을 x축 그리고 P가 최저점 중의 하나일 때 $\theta = 0$이라 가정한다. 트로코이드의 매개변수방정식이 다음과 같음을 보여라

$$x = r\theta - d\sin\theta, \quad y = r - d\cos\theta$$

$d < r$, $d > r$일 때 트로코이드를 그려라.

26. a와 b가 상수일 때, 그림의 점 P의 모든 가능한 위치로 이루어진 곡선의 매개변수방정식을 θ를 매개변수로 하여 구하라. 그런 후 매개변수를 소거하여 곡선을 확인하라.

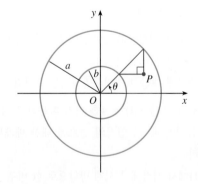

27. 그림에서와 같이 점 P의 모든 가능한 위치로 구성된 곡선을 **아네시의 마녀**(witch of Maria Agnesi)라 한다. 이 곡선에 대한 매개변수방정식이 다음과 같이 주어짐을 보여라.

$$x = 2a\cot\theta, \quad y = 2a\sin^2\theta$$

곡선을 그려라.

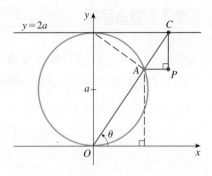

28-29 교차 또는 충돌 두 입자 각각의 위치가 매개변수방정식으로 주어졌다고 하자. **충돌점**은 입자들이 같은 시각에, 같은 장소에 있는 점이다. 입자들이 같은 점을 다른 시각에 통과한다면 경로는 교차하지만 입자들은 충돌하지 않는다.

28. 시각 t에서 빨간 입자의 위치가

$$x = t + 5, \quad y = t^2 + 4t + 6$$

이고, 파란 입자의 위치는 다음과 같다.

$$x = 2t + 1, \quad y = 2t + 6$$

이들의 경로는 다음 그래프와 같다.

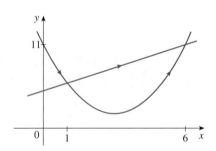

(a) 입자들의 경로는 점 $(1, 6)$과 $(6, 11)$에서 교차함을 확인하라. 이들 중 충돌점이 있는가? 그렇다면 입자들은 언제 충돌하는가?

(b) 초록 입자의 위치가 다음과 같이 주어졌다고 하자.

$$x = 2t + 4, \quad y = 2t + 9$$

이 입자는 파란 입자와 같은 경로를 따라 움직임을 보여라. 빨간 입자와 초록 입자는 충돌하는가? 그렇다면 어떤 점에서 어떤 시각에 충돌하는가?

29. 매개변수곡선이 자신과 교차하는 점과 대응하는 t의 값을 구하라.

(a) $x = 1 - t^2$, $y = t - t^3$

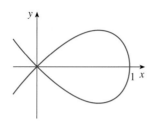

(b) $x = 2t - t^3$, $y = t - t^2$

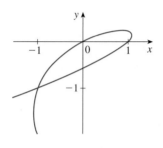

30. 매개변수방정식 $x = t^2$, $y = t^3 - ct$로 정의되는 곡선족을 조사하라. 또 c가 증가할 때 곡선은 어떻게 변하는가? 곡선족의 그래프를 몇 개만 그려서 설명하라.

31. 매개변수방정식 $x = t + a\cos t$, $y = t + a\sin t$, $a > 0$으로 정의되는 곡선족의 곡선을 몇 개만 그려라. a가 증가할 때 곡선은 어떻게 변하는가? a가 어떤 값일 때 곡선은 고리를 만드는가?

32. 방정식 $x = a\sin nt$, $y = b\cos t$로 된 곡선을 **리사주 도형** (Lissajous figure)이라 한다. a, b, n이 변할 때 이 곡선들이 어떻게 변하는지 조사하라. (여기서 n은 양의 정수이다.)

9.2 │ 매개변수곡선에 대한 미적분

곡선을 매개변수방정식으로 어떻게 표현하는가에 대해 알아봤는데, 이제 매개변수 곡선에 미적분학의 내용을 적용해 보자. 특히 접선, 넓이, 호의 길이, 곡면 넓이에 관한 문제를 풀어본다.

■ 접선

f와 g가 미분가능한 함수이고, y가 x의 미분가능한 함수일 때, 매개변수곡선 $x = f(t)$, $y = g(t)$ 위의 점에서 접선을 구해 보자. 그러면 연쇄법칙에 따라 다음을 얻는다.

$$\frac{dy}{dt} = \frac{dy}{dx} \cdot \frac{dx}{dt}$$

$\dfrac{dx}{dt} \neq 0$이면 dy/dx에 대해 풀 수 있다.

$\boxed{1}$
$$\frac{dx}{dt} \neq 0 \text{이면,} \quad \frac{dy}{dx} = \frac{\dfrac{dy}{dt}}{\dfrac{dx}{dt}}$$

곡선을 움직이는 입자가 그리는 자취로 생각하면, dy/dt와 dx/dt는 입자의 수직속도와 수평속도가 된다. 식 $\boxed{1}$은 접선의 기울기가 이 속도의 비율이 됨을 나타낸다.

(dt를 약분한다고 생각해서 기억할 수 있는) 식 $\boxed{1}$을 이용하면 매개변수 t를 소

거하지 않고 매개변수곡선에 대한 접선의 기울기 dy/dx를 구할 수 있다. 이 곡선은 $dx/dt \neq 0$이고 $dy/dt = 0$일 때 수평접선을 갖고, $dy/dt \neq 0$이고 $dx/dt = 0$이면 곡선은 또한 수직접선을 갖는다는 사실을 식 **1**로부터 알 수 있다($dx/dt = 0$이고 $dy/dt = 0$이면 접선의 기울기를 결정하기 위해 다른 방법을 사용할 필요가 있다). 이런 내용은 매개변수곡선을 그리는 데 유용하다.

이미 배웠듯이 d^2y/dx^2을 생각하는 것이 유용하다. 이것은 식 **1**에서 y를 dy/dx로 바꿈으로써 다음과 같이 구할 수 있다.

⊘ $\dfrac{d^2y}{dx^2} \neq \dfrac{\dfrac{d^2y}{dt^2}}{\dfrac{d^2x}{dt^2}}$에 주의한다.

$$\frac{d^2y}{dx^2} = \frac{d}{dx}\left(\frac{dy}{dx}\right) = \frac{\dfrac{d}{dt}\left(\dfrac{dy}{dx}\right)}{\dfrac{dx}{dt}}$$

《**예제 1**》 곡선 C는 매개변수방정식 $x = t^2$, $y = t^3 - 3t$로 정의된다.
(a) C가 점 $(3, 0)$에서 두 개의 접선을 가짐을 보이고, 그 접선의 방정식을 구하라.
(b) 접선이 수평이거나 수직인 C의 점들을 구하라.
(c) 곡선이 위 또는 아래로 오목인 곳을 결정하라.
(d) 이 곡선을 그려라.

풀이

(a) $t = \pm\sqrt{3}$일 때 $x = 3$이고, 두 값 모두에서 $y = t(t^2 - 3) = 0$임을 안다. 그러므로 C 위의 점 $(3, 0)$은 매개변수의 두 값 $t = \sqrt{3}$과 $t = -\sqrt{3}$에서 나타난다. 이것은 $(3, 0)$에서 C가 스스로 교차함을 암시한다.

$$\frac{dy}{dx} = \frac{dy/dt}{dx/dt} = \frac{3t^2 - 3}{2t}$$

이므로 $t = \sqrt{3}$일 때 접선의 기울기는 $dy/dx = 6/(2\sqrt{3}) = \sqrt{3}$이고, $t = -\sqrt{3}$일 때 기울기는 $dy/dx = -6/(2\sqrt{3}) = -\sqrt{3}$이다. 따라서 $(3, 0)$에서 다음과 같은 두 개의 서로 다른 접선을 갖는다.

$$y = \sqrt{3}\,(x - 3), \qquad y = -\sqrt{3}\,(x - 3)$$

(b) C는 $dy/dx = 0$, 즉 $dy/dt = 0$, $dx/dt \neq 0$일 때 수평접선을 갖는다. $dy/dt = 3t^2 - 3$이므로 수평접선은 $t^2 = 1$, 즉 $t = \pm 1$에서 나타난다. 이에 대응하는 C의 점은 $(1, -2)$와 $(1, 2)$이다. C는 $dx/dt = 2t = 0$, 즉 $t = 0$일 때 수직접선을 갖는다. (여기서 $dy/dt \neq 0$이다.) 이에 대응하는 C의 점은 $(0, 0)$이다.

(c) 오목성을 결정하기 위해서 2계 도함수를 계산한다.

$$\frac{d^2y}{dx^2} = \frac{\dfrac{d}{dt}\left(\dfrac{dy}{dx}\right)}{\dfrac{dx}{dt}} = \frac{\dfrac{d}{dt}\left(\dfrac{3t^2 - 3}{2t}\right)}{\dfrac{dx}{dt}} = \frac{\dfrac{6t^2 + 6}{4t^2}}{2t} = \frac{3t^2 + 3}{4t^3}$$

따라서 이 곡선은 $t > 0$일 때 위로 오목하고 $t < 0$일 때 아래로 오목하다.

(d) (b), (c)의 정보로부터 그림 1과 같은 C의 그래프를 얻는다. ■

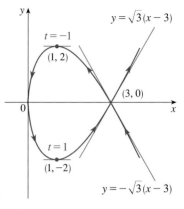

《예제 2》

(a) $\theta = \pi/3$에서 사이클로이드 $x = r(\theta - \sin\theta)$, $y = r(1 - \cos\theta)$에 대한 접선을 구하라(9.1절 예제 9 참조).

(b) 어느 점에서 접선이 수평인가? 언제 수직인가?

그림 1

풀이

(a) 접선의 기울기는 다음과 같다.

$$\frac{dy}{dx} = \frac{dy/d\theta}{dx/d\theta} = \frac{r\sin\theta}{r(1 - \cos\theta)} = \frac{\sin\theta}{1 - \cos\theta}$$

$\theta = \pi/3$일 때 다음을 얻는다.

$$x = r\left(\frac{\pi}{3} - \sin\frac{\pi}{3}\right) = r\left(\frac{\pi}{3} - \frac{\sqrt{3}}{2}\right), \qquad y = r\left(1 - \cos\frac{\pi}{3}\right) = \frac{r}{2}$$

$$\frac{dy}{dx} = \frac{\sin(\pi/3)}{1 - \cos(\pi/3)} = \frac{\sqrt{3}/2}{1 - \frac{1}{2}} = \sqrt{3}$$

그러므로 접선의 기울기는 $\sqrt{3}$이고 접선의 방정식은 다음과 같다.

$$y - \frac{r}{2} = \sqrt{3}\left(x - \frac{r\pi}{3} + \frac{r\sqrt{3}}{2}\right), \qquad \text{즉} \quad \sqrt{3}x - y = r\left(\frac{\pi}{\sqrt{3}} - 2\right)$$

접선은 그림 2와 같다.

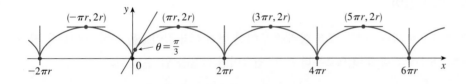

그림 2

(b) $dy/dx = 0$일 때 접선은 수평이고, 이것은 $\sin\theta = 0$이고 $1 - \cos\theta \neq 0$일 때, 즉 $\theta = (2n - 1)\pi$(n은 정수)일 때 나타난다. 이에 대응하는 사이클로이드 위의 점은 $((2n - 1)\pi r, 2r)$이다.

$\theta = 2n\pi$일 때 $dx/d\theta$와 $dy/d\theta$는 모두 0이다. 이런 점에서 수직접선이 존재함을 그래프에서 알 수 있다. 다음과 같이 로피탈 법칙을 이용해서 이런 사실을 밝힐 수 있다.

$$\lim_{\theta \to 2n\pi^+} \frac{dy}{dx} = \lim_{\theta \to 2n\pi^+} \frac{\sin\theta}{1 - \cos\theta} = \lim_{\theta \to 2n\pi^+} \frac{\cos\theta}{\sin\theta} = \infty$$

유사한 계산에 의해 $\theta \to 2n\pi^-$일 때 $dy/dx \to -\infty$임을 보일 수 있다. 따라서 $\theta = 2n\pi$, 즉 $x = 2n\pi r$일 때 수직접선이 존재한다(그림 2 참조). ■

■ 넓이

$F(x) \geq 0$일 때 a에서 b까지 곡선 $y = F(x)$ 아래의 넓이는 $A = \int_a^b F(x)\, dx$임을 알고 있다. 이 곡선이 매개변수방정식 $x = f(t)$, $y = g(t)$, $\alpha \leq t \leq \beta$에 의해 꼭 한 번만 그려진다면, 정적분에 대한 치환법을 이용해서 다음과 같이 넓이 공식을 계산할 수 있다.

$$A = \int_a^b y\, dx = \int_\alpha^\beta g(t) f'(t)\, dt \qquad \left[\text{또는 } \int_\beta^\alpha g(t) f'(t)\, dt\right]$$

t에 대한 적분 한계는 보통 치환법으로 구할 수 있다. $x = a$일 때 t는 α이거나 β이다. $x = b$일 때 t는 나머지 값이다.

《**예제 3**》 $x = r(\theta - \sin\theta)$, $y = r(1 - \cos\theta)$인 사이클로이드의 한 아치 아래의 넓이를 구하라.

풀이 (그림 3에 보여진) 사이클로이드의 한 아치는 $0 \leq \theta \leq 2\pi$일 때 주어진다. $y = r(1 - \cos\theta)$과 $dx = r(1 - \cos\theta)d\theta$로 치환법을 이용하면 다음을 얻는다.

$$\begin{aligned}
A &= \int_0^{2\pi r} y\, dx = \int_0^{2\pi} r(1 - \cos\theta)\, r(1 - \cos\theta)\, d\theta \\
&= r^2 \int_0^{2\pi} (1 - \cos\theta)^2\, d\theta = r^2 \int_0^{2\pi} (1 - 2\cos\theta + \cos^2\theta)\, d\theta \\
&= r^2 \int_0^{2\pi} \left[1 - 2\cos\theta + \tfrac{1}{2}(1 + \cos 2\theta)\right] d\theta \\
&= r^2 \left[\tfrac{3}{2}\theta - 2\sin\theta + \tfrac{1}{4}\sin 2\theta\right]_0^{2\pi} \\
&= r^2 \left(\tfrac{3}{2} \cdot 2\pi\right) = 3\pi r^2
\end{aligned}$$

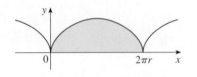

그림 3

예제 3의 결과는, 사이클로이드의 한 아치 아래의 넓이는 사이클로이드를 만드는 회전 원의 넓이의 3배임을 말해 주고 있다(9.1절의 예제 9 참조). 갈릴레오는 이 결과를 추측했지만 프랑스의 수학자 로베르발과 이탈리아의 수학자 토리첼리가 이 사실을 최초로 증명했다.

■ 호의 길이

앞에서 $y = F(x)$, $a \leq x \leq b$ 형태로 주어진 곡선 C의 길이 L을 구하는 방법을 알아봤다. 8.1절의 공식 **3**으로부터 F'이 연속이면 다음을 알 수 있다.

$$\boxed{2} \qquad\qquad L = \int_a^b \sqrt{1 + \left(\frac{dy}{dx}\right)^2}\, dx$$

$\alpha \leq t \leq \beta$에서 $dx/dt = f'(t) > 0$이고, 곡선 C의 매개변수방정식이 $x = f(t)$와 $y = g(t)$로 표현된다고 하자. 이는 t가 α에서 β로 증가하고 $f(\alpha) = a$, $f(\beta) = b$일 때 C가 왼쪽에서 오른쪽으로 한 번 그려지는 것을 뜻한다. 식 **1**을 식 **2**에 대입하고 치환법을 이용하면 다음을 얻는다.

$$L = \int_a^b \sqrt{1 + \left(\frac{dy}{dx}\right)^2}\, dx = \int_\alpha^\beta \sqrt{1 + \left(\frac{dy/dt}{dx/dt}\right)^2}\, \frac{dx}{dt}\, dt$$

$dx/dt > 0$이므로 다음을 얻는다.

$$\boxed{3} \qquad L = \int_{\alpha}^{\beta} \sqrt{\left(\frac{dx}{dt}\right)^2 + \left(\frac{dy}{dt}\right)^2}\ dt$$

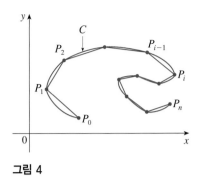

그림 4

C를 $y = F(x)$ 형태로 표현할 수 없을지라도 식 $\boxed{3}$은 여전히 유효한데 근사 다각형으로 L을 얻을 수 있다. 매개변수의 구간 $[\alpha, \beta]$를 너비가 Δt로 같은 n개의 부분 구간으로 나누자. $t_0, t_1, t_2, \ldots, t_n$을 부분 구간의 끝점이라 하면 $x_i = f(t_i)$와 $y_i = g(t_i)$는 C에 놓인 점 $P_i(x_i, y_i)$의 좌표이고, 꼭짓점이 $P_0, P_1, \ldots, P_n$인 다각형은 C에 근사한다(그림 4 참조).

8.1절에서처럼 C의 길이 L을 $n \to \infty$일 때 이들 근사 다각형의 길이의 극한으로 다음과 같이 정의한다.

$$L = \lim_{n \to \infty} \sum_{i=1}^{n} \left| P_{i-1} P_i \right|$$

구간 $[t_{i-1}, t_i]$에서 f에 평균값 정리를 적용하면 다음을 만족하는 t_i^*가 (t_{i-1}, t_i)에 존재한다.

$$f(t_i) - f(t_{i-1}) = f'(t_i^*)(t_i - t_{i-1})$$

$\Delta x_i = x_i - x_{i-1}$, $\Delta y_i = y_i - y_{i-1}$이라 하면, 이 식은 다음과 같이 된다.

$$\Delta x_i = f'(t_i^*)\ \Delta t$$

같은 방법으로 g에 평균값 정리를 적용하면 다음을 만족하는 t_i^{**}가 (t_{i-1}, t_i)에 존재한다.

$$\Delta y_i = g'(t_i^{**})\ \Delta t$$

따라서 다음이 성립한다.

$$\left| P_{i-1} P_i \right| = \sqrt{(\Delta x_i)^2 + (\Delta y_i)^2} = \sqrt{[f'(t_i^*)\Delta t]^2 + [g'(t_i^{**})\Delta t]^2}$$
$$= \sqrt{[f'(t_i^*)]^2 + [g'(t_i^{**})]^2}\ \Delta t$$

이로부터 다음을 얻는다.

$$\boxed{4} \qquad L = \lim_{n \to \infty} \sum_{i=1}^{n} \sqrt{[f'(t_i^*)]^2 + [g'(t_i^{**})]^2}\ \Delta t$$

식 $\boxed{4}$의 합은 함수 $\sqrt{[f'(t)]^2 + [g'(t)]^2}$에 대한 리만 합과 비슷하나, 일반적으로 $t_i^* \neq t_i^{**}$이기 때문에 정확한 리만 합은 아니다. 그럼에도 불구하고 f'과 g'이 연속이면 식 $\boxed{4}$의 극한은 $t_i^* = t_i^{**}$일 때의 극한과 일치함을 밝힐 수 있다.

$$L = \int_{\alpha}^{\beta} \sqrt{[f'(t)]^2 + [g'(t)]^2}\ dt$$

따라서 라이프니츠 기호를 이용하면, 식 $\boxed{3}$과 같은 형태인 다음의 결과를 얻는다.

> **5 정리** 곡선 C가 매개변수방정식 $x = f(t)$, $y = g(t)$, $\alpha \le t \le \beta$로 정의되고 f', g'이 $[\alpha, \beta]$에서 연속이며 t가 α에서 β로 증가할 때 C가 꼭 한 번 그려지면, C의 길이는 다음과 같다.
>
> $$L = \int_\alpha^\beta \sqrt{\left(\frac{dx}{dt}\right)^2 + \left(\frac{dy}{dt}\right)^2}\, dt$$

정리 **5**의 공식은

6
$$ds = \sqrt{\left(\frac{dx}{dt}\right)^2 + \left(\frac{dy}{dt}\right)^2}\, dt$$

일 때 8.1절의 일반 공식 $L = \int ds$와 일치함에 주목한다.

《예제 4》 9.1절의 예제 2에서 주어진 단위원을 나타내는 식 $x = \cos t$, $y = \sin t$, $0 \le t \le 2\pi$를 이용하면 $dx/dt = -\sin t$, $dy/dt = \cos t$이다.

예상대로 정리 **5**로부터 다음을 얻는다.

$$L = \int_0^{2\pi} \sqrt{\left(\frac{dx}{dt}\right)^2 + \left(\frac{dy}{dt}\right)^2}\, dt = \int_0^{2\pi} \sqrt{\sin^2 t + \cos^2 t}\, dt = \int_0^{2\pi} dt = 2\pi$$

반면에 9.1절의 예제 3에서 주어진 식

$$x = \sin 2t, \qquad y = \cos 2t, \qquad 0 \le t \le 2\pi$$

를 이용하면 $dx/dt = 2\cos 2t$, $dy/dt = -2\sin 2t$를 얻는다. 그러므로 정리 **5**의 적분으로부터 다음을 얻는다.

$$\int_0^{2\pi} \sqrt{\left(\frac{dx}{dt}\right)^2 + \left(\frac{dy}{dt}\right)^2}\, dt = \int_0^{2\pi} \sqrt{4\cos^2(2t) + 4\sin^2(2t)}\, dt = \int_0^{2\pi} 2\, dt = 4\pi$$

⊘ t가 0에서 2π로 증가할 때 점 $(\sin 2t, \cos 2t)$는 원을 두 번 그리기 때문에 적분은 원주 길이의 두 배가 됨에 주의한다. 일반적으로 매개변수로 표현된 곡선 C의 길이를 구할 때는, t가 α에서 β로 증가할 때 C는 단 한 번 그려져야 한다는 사실에 분명히 주의해야 한다. ∎

《예제 5》 사이클로이드 $x = r(\theta - \sin\theta)$, $y = r(1 - \cos\theta)$의 한 아치의 길이를 구하라.

풀이 예제 3에서 한 아치는 매개변수의 구간 $0 \le \theta \le 2\pi$에서 그려진다는 것을 알았다. 다음이 성립하므로

$$\frac{dx}{d\theta} = r(1 - \cos\theta), \qquad \frac{dy}{d\theta} = r\sin\theta$$

다음을 얻는다.

$$L = \int_0^{2\pi} \sqrt{\left(\frac{dx}{d\theta}\right)^2 + \left(\frac{dy}{d\theta}\right)^2}\,d\theta = \int_0^{2\pi} \sqrt{r^2(1-\cos\theta)^2 + r^2\sin^2\theta}\,d\theta$$

$$= \int_0^{2\pi} \sqrt{r^2(1 - 2\cos\theta + \cos^2\theta + \sin^2\theta)}\,d\theta$$

$$= r\int_0^{2\pi} \sqrt{2(1-\cos\theta)}\,d\theta$$

이 적분을 계산하기 위해서 항등식 $\sin^2 x = \frac{1}{2}(1 - \cos 2x)$에 $\theta = 2x$를 대입하면 $1 - \cos\theta = 2\sin^2(\theta/2)$를 얻는다. $0 \le \theta \le 2\pi$이므로 $0 \le \theta/2 \le \pi$이고, $\sin(\theta/2) \ge 0$이다.

$$\sqrt{2(1-\cos\theta)} = \sqrt{4\sin^2(\theta/2)} = 2\left|\sin(\theta/2)\right| = 2\sin(\theta/2)$$

따라서 다음을 얻는다.

$$L = 2r\int_0^{2\pi} \sin(\theta/2)\,d\theta = 2r\Big[-2\cos(\theta/2)\Big]_0^{2\pi}$$

$$= 2r[2 + 2] = 8r \qquad\blacksquare$$

예제 5의 결과는, 사이클로이드의 한 아치의 길이는 사이클로이드를 만드는 원의 반지름의 8배임을 보여 준다(그림 5 참조). 이 사실은 런던에 있는 세인트 폴 대성당을 건축한 렌(Christopher Wren) 경이 1658년에 처음으로 증명했다.

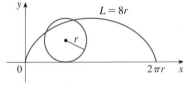

그림 5

호의 길이함수(8.1절의 공식 $\boxed{5}$)는 곡선의 시작점에서 다른 점까지의 곡선의 길이를 제공함을 기억하자. $x = f(t)$, $y = g(t)$이고 f'과 g'이 연속인 매개변수방정식으로 주어진 곡선 C에 대해 $s(t)$를 C의 시작점 $(f(\alpha), g(\alpha))$에서 $(f(t), g(t))$까지의 C의 호의 길이라 하자. 정리 $\boxed{5}$에 의해 매개변수곡선에 대한 **호의 길이함수**(arc length function) s는 다음과 같다.

호의 길이함수와 속력

$$\boxed{7} \qquad s(t) = \int_\alpha^t \sqrt{\left(\frac{dx}{du}\right)^2 + \left(\frac{dy}{du}\right)^2}\,du$$

(t가 두 가지 뜻을 가지고 있지 않도록 적분변수를 u로 교체하였다.)

매개변수방정식이 움직이는 입자(t는 시간)의 위치를 서술한다면, 시각 t에서 입자의 **속력**(speed) $v(t)$는 시간에 대한 운동거리(호의 길이)의 변화율 $s'(t)$이다. 방정식 $\boxed{7}$과 미분적분학의 기본정리 1에 의해 다음을 얻는다.

$$\boxed{8} \qquad \boxed{\,v(t) = s'(t) = \sqrt{\left(\frac{dx}{dt}\right)^2 + \left(\frac{dy}{dt}\right)^2}\,}$$

《**예제 6**》 시각 t에서 입자의 위치가 매개변수방정식 $x = 2t + 3$, $y = 4t^2(t \ge 0)$으로 주어졌다. 점 $(5, 4)$에 있을 때 입자의 속력을 구하라.

풀이 방정식 $\boxed{8}$에 의해 시각 t에서 입자의 속력은 다음과 같다.

$$v(t) = \sqrt{2^2 + (8t)^2} = 2\sqrt{1 + 16t^2}$$

입자는 $t = 1$일 때 점 $(5, 4)$에 있으므로 이 점에서 입자의 속력은 $v(1) = 2\sqrt{17} \approx 8.25$이다. (거리가 미터이고 시간이 초라면 속력은 약 8.25 m/s이다.)   ■

■ 곡면 넓이

호의 길이에 관한 것과 마찬가지로 8.2절의 공식 ⑤를 적용해서 곡면 넓이에 관한 식을 얻을 수 있다. 한 곡선 C가 매개변수방정식 $x = f(t)$, $y = g(t)$, $\alpha \leq t \leq \beta$로 주어지고, f', g'이 연속이고 $g(t) \geq 0$일 때, 그리고 C는 t가 α에서 β로 증가할 때 정확히 한 번에 그려진다면, 이 곡선 C를 x축을 중심으로 회전시킬 때 생기는 곡면의 넓이는 다음으로 얻는다.

$$\boxed{9} \qquad S = \int_\alpha^\beta 2\pi y \sqrt{\left(\frac{dx}{dt}\right)^2 + \left(\frac{dy}{dt}\right)^2}\, dt$$

ds가 공식 ⑥으로 주어질 때, 일반적인 기호 공식 $S = \int 2\pi y\, ds$와 $S = \int 2\pi x\, ds$ (8.2절의 공식 ⑦과 ⑧)는 여전히 유효하다.

《예제 7》 반지름이 r인 구의 곡면 넓이가 $4\pi r^2$임을 보여라.

풀이 구는 다음 반원을 x축을 중심으로 회전시켜 얻는다.

$$x = r\cos t, \qquad y = r\sin t, \qquad 0 \leq t \leq \pi$$

그러므로 공식 ⑨로부터 다음을 얻는다.

$$S = \int_0^\pi 2\pi r\sin t\, \sqrt{(-r\sin t)^2 + (r\cos t)^2}\, dt$$

$$= 2\pi \int_0^\pi r\sin t\, \sqrt{r^2(\sin^2 t + \cos^2 t)}\, dt = 2\pi \int_0^\pi r\sin t \cdot r\, dt$$

$$= 2\pi r^2 \int_0^\pi \sin t\, dt = 2\pi r^2 (-\cos t)\Big]_0^\pi = 4\pi r^2 \qquad ■$$

9.2 | 연습문제

1-2 dx/dt, dy/dt와 dy/dx를 구하라.

1. $x = 2t^3 + 3t$, $\quad y = 4t - 5t^2$

2. $x = te^t$, $\quad y = t + \sin t$

---

3. 주어진 점에서 매개변수곡선 $x = t^2 + 2t$, $y = 2^t - 2t$에 대한 접선의 기울기를 구하라.

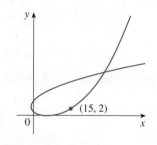

4-5 다음 매개변숫값에 대응하는 점에서 곡선에 대한 접선의 방정식을 구하라.

4. $x = t^3 + 1$, $y = t^4 + t$; $t = -1$

5. $x = \sin 2t + \cos t$, $y = \cos 2t - \sin t$; $t = \pi$

6. 점 $\left(\frac{1}{2}, \frac{3}{4}\right)$에서 곡선 $x = \sin t$, $y = \cos^2 t$에 대한 접선의 방정식을 다음 두 가지 방법으로 구하라.

   (a) 매개변수를 소거하지 않는 방법

   (b) 먼저 매개변수를 소거하는 방법

7. 점 (0, 3)에서 곡선 $x = t^2 - t$, $y = t^2 + t + 1$에 대한 접선의 방정식을 구하라. 이 곡선과 접선을 그려라.

8-10 dy/dx, d^2y/dx^2를 구하라. 곡선이 위로 오목인 t의 값들을 구하라.

8. $x = t^2 + 1$, $y = t^2 + t$

9. $x = e^t$, $y = te^{-t}$

10. $x = t - \ln t$, $y = t + \ln t$

11-12 다음 곡선에서 수평접선 또는 수직접선이 되는 점을 구하라. 계산기나 컴퓨터를 이용하여 곡선을 그려서 답을 확인하라.

11. $x = t^3 - 3t$, $y = t^2 - 3$

12. $x = \cos \theta$, $y = \cos 3\theta$

13. 그래프를 이용해서 곡선 $x = t - t^6$, $y = e^t$의 맨 오른쪽 끝점의 좌표를 추정하라. 그 다음 미적분학을 이용해서 정확한 좌표를 구하라.

14. 곡선 $x = t^4 - 2t^3 - 2t^2$, $y = t^3 - t$의 중요한 성질을 모두 드러내는 그래프를 보기화면에 그려라.

15. 점 (0, 0)에서 곡선 $x = \cos t$, $y = \sin t \cos t$가 두 접선을 가짐을 보이고 각 방정식을 구하라. 곡선을 그려라.

16. (a) 트로코이드 $x = r\theta - d\sin\theta$, $y = r - d\cos\theta$의 접선의 기울기를 θ로 나타내라. (9.1절 연습문제 25 참조)

   (b) $d < r$일 때 트로코이드는 수직접선을 갖지 않음을 보여라.

17. 곡선 $x = 3t^2 + 1$, $y = t^3 - 1$에 대해, 접선의 기울기가 $\frac{1}{2}$이 되는 곡선 위의 점을 구하라.

18. 매개변수곡선 $x = t^3 + 1$, $y = 2t - t^2$과 x축으로 둘러싸인 넓이를 구하라.

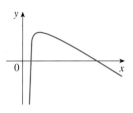

19. 매개변수곡선 $x = \sin^2 t$, $y = \cos t$과 y축으로 둘러싸인 넓이를 구하라.

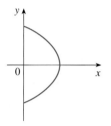

20. 타원의 매개변수방정식 $x = a\cos\theta$, $y = b\sin\theta$, $0 \le \theta \le 2\pi$를 이용해서 이것이 둘러싸는 넓이를 구하라.

21. 9.1절 연습문제 25의 트로코이드에서 $d < r$일 때 한 아치 아래의 넓이를 구하라.

T 22-23 다음 그래프에서 보여준 매개변수곡선의 일부의 길이를 나타내는 적분을 세워라. 그리고 계산기(또는 컴퓨터)를 이용해서 소수점 아래 넷째 자리까지 길이를 정확하게 구하라.

22. $x = 3t^2 - t^3$, $y = t^2 - 2t$

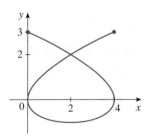

23. $x = t - 2\sin t$, $y = 1 - 2\cos t$, $0 \le t \le 4\pi$

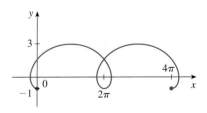

24-25 다음 곡선의 정확한 길이를 구하라.

24. $x = \frac{2}{3}t^3$, $y = t^2 - 2$, $0 \leq t \leq 3$

25. $x = t \sin t$, $y = t \cos t$, $0 \leq t \leq 1$

⊞**26.** $x = e^t \cos t$, $y = e^t \sin t$, $0 \leq t \leq \pi$인 곡선을 그리고, 그 길이를 정확하게 구하라.

⊞**27.** 곡선 $x = \sin t + \sin 1.5t$, $y = \cos t$를 그리고, 소수점 아래 넷째 자리까지 길이를 정확하게 구하라.

28. 다음 시간 구간에서 t가 변할 때 점 (x, y)에 놓인 입자가 움직인 거리를 구하라. 곡선의 길이와 비교하라.
$$x = \sin^2 t, \quad y = \cos^2 t, \quad 0 \leq t \leq 3\pi$$

29-30 다음 매개변수방정식은 시각 t(초)에서 움직이는 입자의 위치(미터)를 나타낸다. 주어진 시각이나 점에서 입자의 속도를 구하라.

29. $x = 2t - 3$, $y = 2t^2 - 3t + 6$; $t = 5$

30. $x = e^t$, $y = te^t$; (e, e)

---

31. 발사체가 초기 속도 v_0 m/s로 수평과 각 α를 이루며 점 $(0, 0)$에서 발사되었다. 공기저항을 무시한다고 하면 t초 후의 발사체의 위치(미터)는 다음과 같은 매개변수방정식으로 주어진다.
$$x = (v_0 \cos \alpha)t, \quad y = (v_0 \sin \alpha)t - \frac{1}{2}gt^2$$
여기서 $g = 9.8$ m/s²은 중력가속도이다.

(a) 발사체가 땅에 떨어지는 순간의 속도를 구하라.

(b) 발사체가 최고 높이에 있을 때 속도를 구하라.

32. 그림에 보여진 곡선은 성망형 [아스트로이드(astroid)] $x = a \cos^3 \theta$, $y = a \sin^3 \theta$이다. 성망형으로 둘러싸인 영역의 넓이를 구하라.

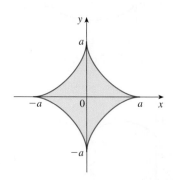

T **33.** (a) 다음 방정식으로 표현되는 **에피트로코이드**(epitrochoid)

의 그래프를 그려라.
$$x = 11 \cos t - 4 \cos(11t/2)$$
$$y = 11 \sin t - 4 \sin(11t/2)$$
완전한 곡선을 나타내는 매개변수 구간을 구하라.

(b) 계산기나 컴퓨터를 이용해서 이 곡선의 길이의 근삿값을 구하라.

T **34-35** 다음 곡선을 x축을 중심으로 회전시킬 때 생기는 곡면 넓이를 표현하는 적분을 세워라. 그 다음 계산기나 컴퓨터를 이용해서 소수점 아래 넷째 자리까지 곡면 넓이를 정확하게 구하라.

34. $x = t \sin t$, $y = t \cos t$, $0 \leq t \leq \pi/2$

35. $x = t + e^t$, $y = e^{-t}$, $0 \leq t \leq 1$

36-37 다음 곡선을 x축을 중심으로 회전시킬 때 생기는 곡면 넓이를 정확하게 구하라.

36. $x = t^3$, $y = t^2$, $0 \leq t \leq 1$

37. $x = a \cos^3 \theta$, $y = a \sin^3 \theta$, $0 \leq \theta \leq \pi/2$

---

38. 곡선 $x = 3t^2$, $y = 2t^3$, $0 \leq t \leq 5$를 y축을 중심으로 회전시킬 때 생기는 곡면 넓이를 구하라.

39. $a \leq t \leq b$에서 f'이 연속이고 $f'(t) \neq 0$이면, 매개변수곡선 $x = f(t)$, $y = g(t)$, $a \leq t \leq b$가 $y = F(x)$의 형태로 주어질 수 있음을 보여라. [힌트: f^{-1}가 존재함을 보인다.]

40-42 곡률 점 P에서 곡선의 **곡률**(curvature)은 다음 그림과 같이 P에서 접선의 경사각을 ϕ라 할 때 아래와 같이 정의된다.
$$\kappa = \left| \frac{d\phi}{ds} \right|$$
따라서 곡률은 호의 길이에 대한 ϕ의 변화율의 절댓값이다. 그것은 P에서 곡선의 방향의 변화율에 대한 척도로 생각할 수 있으며, 보다 자세한 것은 12장에서 공부하게 된다.

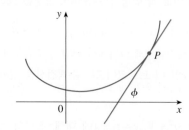

40. 매개변수곡선 $x = x(t)$, $y = y(t)$에 대해 다음 공식을 유도

하라.

$$\kappa = \frac{|\dot{x}\ddot{y} - \ddot{x}\dot{y}|}{[\dot{x}^2 + \dot{y}^2]^{3/2}}$$

여기서 점은 t에 관한 도함수를 나타내는 것으로 $\dot{x} = dx/dt$이다. [힌트: $\phi = \tan^{-1}(dy/dx)$와 식 **2**를 이용해서 $d\phi/dt$를 구한 후, 연쇄법칙을 이용해서 $d\phi/ds$를 구한다.]

41. 연습문제 40의 공식을 이용해서 사이클로이드 $x = \theta - \sin\theta$, $y = 1 - \cos\theta$의 한 아치의 꼭대기에서 곡률을 구하라.

42. (a) 직선의 각 점에서 곡률은 $\kappa = 0$임을 보여라.
(b) 반지름이 r인 원의 각 점에서 곡률은 $\kappa = 1/r$임을 보여라.

---

43. 원둘레를 따라 끈을 감다가 팽팽해지면 푼다. 끈의 끝점 P

에 의해 그려지는 곡선을 원의 **신개선**(involute)이라 한다. 원이 반지름 r와 중심 O를 가진다면 P의 처음 위치는 $(r, 0)$이다. 매개변수 θ가 아래 그림과 같다면, 신개선의 매개변수방정식이 다음과 같음을 보여라.

$$x = r(\cos\theta + \theta\sin\theta)$$
$$y = r(\sin\theta - \theta\cos\theta)$$

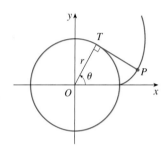

9.3 | 극좌표

좌표계는 좌표라 부르는 수들의 순서쌍으로 평면 안의 한 점을 나타낸다. 통상적으로 직교좌표를 사용하는데, 이 좌표는 서로 수직인 두 축으로부터 유향 거리이다. 이 절에서는 뉴턴이 소개한 **극좌표계**(polar coordinate system)라 불리는 좌표계를 설명하려고 한다. 이 좌표계는 여러 면에서 매우 편리하다.

■ 극좌표계

극(pole, 또는 원점)이라 부르고 O로 나타내는 평면 안의 한 점을 선택한다. 그러고 나서 O에서 출발하는 **극축**(polar axis)이라 부르는 반직선을 그린다. 이 극축은 통상 오른쪽 방향으로 수평으로 그리고, 직교좌표계에서 양의 x축에 일치시킨다.

P가 평면의 임의의 다른 점이면, r을 O에서 P까지의 거리라 하고 그림 1에서처럼 θ를 극축과 직선 OP 사이의 각(통상 라디안으로 측정한다)이라 하자. 그러면 점 P는 순서쌍 (r, θ)로 표현되고 r, θ를 P의 **극좌표**(polar coordinate)라 한다. 관습적으로 θ가 극축으로부터 반시계 방향으로 측정되는 각을 양의 각, 시계 방향으로 측정되는 각을 음의 각으로 사용한다. $P = O$면 $r = 0$이고 $(0, \theta)$는 임의의 θ에 대해 극 O를 나타내기로 한다.

극좌표 (r, θ)의 의미를 다음과 같이 정의함으로써 r이 음인 경우까지 확장시킨다. 즉, 그림 2와 같이 점 $(-r, \theta)$와 (r, θ)가 O를 지나는 같은 직선에 놓여 있고 O로부터 똑같이 $|r|$만큼 떨어져 있으나 서로 O의 반대편에 놓여 있다. $r > 0$이면 점 (r, θ)는 θ와 같은 사분면에 놓여 있고, $r < 0$이면 점 (r, θ)는 극의 반대편 사분면에 놓

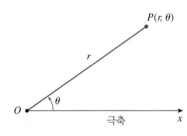

그림 1

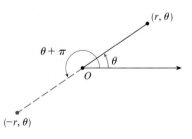

그림 2

여 있다. $(-r, \theta)$는 $(r, \theta + \pi)$와 똑같은 점을 나타냄에 주목하자.

《**예제 1**》 다음 극좌표의 점을 평면 위에 나타내라.

(a) $(1, 5\pi/4)$ (b) $(2, 3\pi)$ (c) $(2, -2\pi/3)$ (d) $(-3, 3\pi/4)$

풀이 이 점들은 그림 3에 있다. (d)에서 점 $(-3, 3\pi/4)$는 각 $3\pi/4$가 제2사분면에 있고 $r = -3$이 음수이기 때문에 제4사분면에서 극으로부터 3단위인 곳에 위치한다.

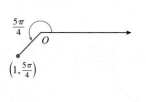

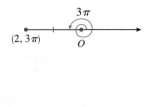

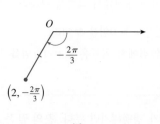

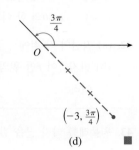

(a)   (b)   (c)   (d) ■

그림 3

직교좌표계에서 모든 점은 유일하게 표현되나 극좌표계에서 각 점은 다양하게 표현된다. 예를 들면 예제 1(a)의 점 $(1, 5\pi/4)$는 $(1, -3\pi/4)$, $(1, 13\pi/4)$, $(-1, \pi/4)$로 쓸 수도 있다(그림 4 참조).

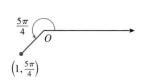

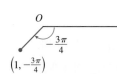

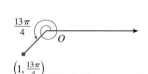

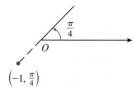

그림 4

사실 반시계 방향으로 완전히 회전한 각은 2π이므로, 극좌표 (r, θ)로 표현되는 점은 또한 다음과 같이 표현된다.

$$(r, \theta + 2n\pi), \quad (-r, \theta + (2n+1)\pi), \quad \text{(단, } n \text{은 정수)}$$

■ 극좌표와 직교좌표의 관계

극좌표와 직교좌표 사이의 관계는 그림 5로부터 알 수 있는데, 여기서 극은 원점에 대응되고 극축은 양의 x축과 일치한다. 점 P가 직교좌표로 (x, y)이고 극좌표로 (r, θ)이면 그림 5로부터 다음을 얻는다.

$$\cos\theta = \frac{x}{r}, \quad \sin\theta = \frac{y}{r}$$

따라서 극좌표 (r, θ)를 알고 있다면 직교좌표 (x, y)를 구하기 위해 이 방정식을 이용해서 다음을 얻는다.

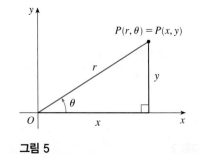

그림 5

$\boxed{1}$ $\boxed{x = r\cos\theta, \qquad y = r\sin\theta}$

직교좌표 (x, y)를 알고 있으면 극좌표를 얻기 위해 식 $\boxed{1}$에서 유도되거나 간단히 그림 5에서 알 수 있는 다음 방정식을 사용한다.

$\boxed{2}$
$$r^2 = x^2 + y^2, \qquad \tan\theta = \frac{y}{x}$$

식 $\boxed{1}$과 $\boxed{2}$가 $r > 0$이고 $0 < \theta < \pi/2$인 경우를 보여주는 그림 5에서 유도되었지만, 이 식들은 r와 θ의 모든 값에 대해 성립한다(부록 B의 $\sin\theta$와 $\cos\theta$의 일반적인 정의를 보라).

《예제 2》 극좌표가 $(2, \pi/3)$인 점을 직교좌표로 바꾸라.

풀이 $r = 2$이고 $\theta = \pi/3$이므로 식 $\boxed{1}$에 따라 다음을 얻는다.

$$x = r\cos\theta = 2\cos\frac{\pi}{3} = 2 \cdot \frac{1}{2} = 1$$

$$y = r\sin\theta = 2\sin\frac{\pi}{3} = 2 \cdot \frac{\sqrt{3}}{2} = \sqrt{3}$$

그러므로 이 점의 직교좌표는 $(1, \sqrt{3})$이다. ∎

《예제 3》 직교좌표가 $(1, -1)$인 점을 극좌표로 나타내라.

풀이 r를 양수라 하면 식 $\boxed{2}$로부터 다음을 얻는다.

$$r = \sqrt{x^2 + y^2} = \sqrt{1^2 + (-1)^2} = \sqrt{2}$$
$$\tan\theta = \frac{y}{x} = -1$$

점 $(1, -1)$은 제4사분면에 있으므로 $\theta = -\pi/4$ 또는 $\theta = 7\pi/4$를 택할 수 있다. 따라서 가능한 답은 $(\sqrt{2}, -\pi/4)$이거나 $(\sqrt{2}, 7\pi/4)$이다. ∎

NOTE x와 y가 주어졌을 때 식 $\boxed{2}$가 θ를 유일하게 결정하는 것은 아니다. 왜냐하면 θ가 구간 $0 \le \theta < 2\pi$에서 증가할 때 각각의 $\tan\theta$의 값은 두 번 발생하기 때문이다. 그러므로 직교좌표를 극좌표로 바꿀 때, 식 $\boxed{2}$를 만족하는 r와 θ만 구한다는 것은 바람직하지 못하다. 예제 3에서처럼 점 (r, θ)가 정확한 사분면 안에 놓여 있도록 θ를 선택해야 한다.

■ 극곡선

$r = f(\theta)$ 또는 보다 일반적으로 $F(r, \theta) = 0$인 **극방정식의 그래프**(graph of a polor equation)는 극방정식을 만족하는 극좌표 표현 (r, θ)를 적어도 하나 갖는 점 P 전체로 이루어진다.

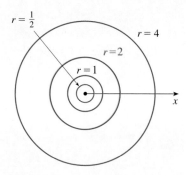

그림 6

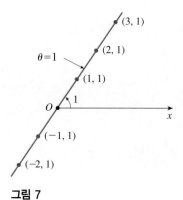

그림 7

《**예제 4**》 극방정식 $r = 2$가 나타내는 곡선은 무엇인가?

풀이 곡선은 $r = 2$인 점 (r, θ) 전체로 이루어져 있다. r이 이 점들로부터 극까지의 거리를 표시하므로, 곡선 $r = 2$는 중심이 O, 반지름이 2인 원을 나타낸다. 일반적으로 방정식 $r = a$는 중심 O와 반지름 $|a|$인 원을 나타낸다(그림 6 참조). ■

《**예제 5**》 극곡선 $\theta = 1$을 그려라.

풀이 곡선은 극각 θ가 1라디안인 점 (r, θ) 전체로 이루어진다. 이것은 O를 지나고 극축과 1라디안의 각을 이루는 직선이다(그림 7 참조). 직선 위의 점 $(r, 1)$은 $r > 0$일 때 제1사분면에 있고, 반면에 $r < 0$일 때 제3사분면에 있다. ■

《**예제 6**》
(a) 극방정식이 $r = 2 \cos \theta$인 곡선을 그려라.
(b) 이 곡선에 대한 직교방정식을 구하라.

풀이

(a) 그림 8에서 사용하기 편리한 몇 개의 θ값에 대한 r의 값을 구하고, 이에 대응하는 점 (r, θ)를 좌표평면에 나타낸다. 그리고 이런 점들을 연결해서 곡선을 그리면 원이 된다. 0과 π 사이의 θ값만을 이용했는데 π 이상 증가하는 θ를 택하면 똑같은 점을 얻기 때문이다.

그림 8 $r = 2 \cos \theta$의 수표와 그래프

θ	$r = 2 \cos \theta$
0	2
$\pi/6$	$\sqrt{3}$
$\pi/4$	$\sqrt{2}$
$\pi/3$	1
$\pi/2$	0
$2\pi/3$	-1
$3\pi/4$	$-\sqrt{2}$
$5\pi/6$	$-\sqrt{3}$
π	-2

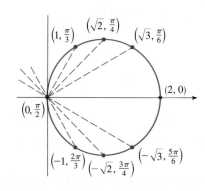

(b) 주어진 방정식을 직교방정식으로 변환하기 위해 식 **1**과 **2**를 이용한다. $x = r \cos \theta$로부터 $\cos \theta = x/r$이므로 방정식 $r = 2 \cos \theta$는 $r = 2x/r$가 되고 다음을 얻는다.

$$2x = r^2 = x^2 + y^2, \quad \text{즉} \quad x^2 + y^2 - 2x = 0$$

완전제곱을 이용해서 다음을 얻는다.

$$(x - 1)^2 + y^2 = 1$$

이 방정식은 중심이 $(1, 0)$이고, 반지름이 1인 원의 방정식이다. ■

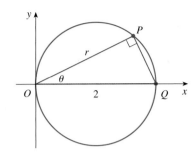

그림 9는 예제 6에서 원의 방정식이 $r = 2\cos\theta$라는 것을 기하학적으로 설명한다. 각 OPQ는 직각이고(그 이유는?) 따라서 $r/2 = \cos\theta$이다.

그림 9

《예제 7》 곡선 $r = 1 + \sin\theta$를 그려라.

풀이 예제 6에서와 같이 점들을 평면에 기입하는 대신에 먼저 사인곡선을 위로 1단위 평행이동하여 그림 10의 직교좌표에서 $r = 1 + \sin\theta$의 그래프를 그린다. 이로써 증가하는 θ값에 대응하는 r의 값을 금방 알 수 있다. 예를 들면 θ가 0에서 $\pi/2$로 증가할 때, (O로부터의 거리) r는 1에서 2로 증가하므로(그림 10과 11에서 대응하는 초록색 화살표를 보라) 그림 11(a)에서처럼 극곡선의 대응하는 부분을 그린다. θ가 $\pi/2$에서 π로 증가할 때, r는 2에서 1로 감소하는 것을 그림 10에서 볼 수 있다. 그래서 그림 11(b)에서와 같이 이 곡선의 다음 부분을 그린다. θ가 π에서 $3\pi/2$로 증가할 때, r는 그림 11(c)에서 보듯이 1에서 0으로 감소한다. 끝으로 θ가 $3\pi/2$에서 2π로 증가할 때, r는 그림 11(d)에서 보듯이 0에서 1로 증가한다. θ가 2π를 지나 증가하거나 0을 지나 감소하면 단순히 경로를 되풀이 한다. 그림 11(a)~(d)로부터 곡선의 부분들을 함께 모아 놓으면, 그림 11(e)에서 완전한 곡선이 그려진다. 이 곡선을 **심장형**(cardioid)이라 하는데, 그 이유는 이 곡선의 모양이 심장처럼 생겼기 때문이다.

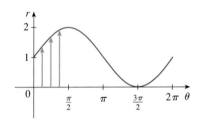

그림 10 직교좌표에서 $r = 1 + \sin\theta$, $0 \le \theta \le 2\pi$

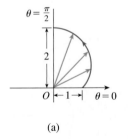 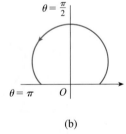 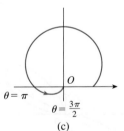 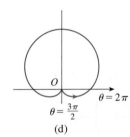 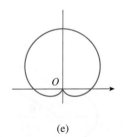

(a)　　(b)　　(c)　　(d)　　(e)

그림 11 심장형 $r = 1 + \sin\theta$를 그리는 단계

《예제 8》 곡선 $r = \cos 2\theta$를 그려라.

풀이 예제 7에서처럼 먼저 그림 12의 직교좌표에 $r = \cos 2\theta$, $0 \le \theta \le 2\pi$를 그린다. θ가 0에서 $\pi/4$까지 증가할 때, r은 1에서 0으로 감소하는 것을 그림 12에서 볼 수 있다. 그래서 그림 13의 곡선 중 이에 대응하는 부분을 그린다(①로 표시된 부분). θ가 $\pi/4$에서 $\pi/2$로 증가할 때, r은 0에서 -1로 감소한다. 이것은 이 곡선(②로 표시된 부분)의 부분은 O로부터의 거리가 0에서 1로 증가하나 제1사분면에 있지 않고 제3사분면에서 극의 반대쪽에 놓임을 나타낸다. 이 곡선의 나머지 부분도 각 부분이 그려지는 순서를 나

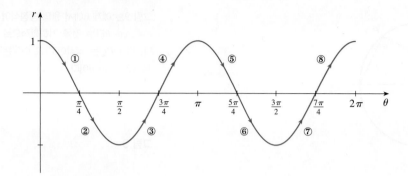

그림 12 직교좌표에서 $r = \cos 2\theta$

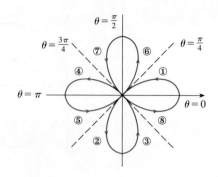

그림 13 4엽 장미 $r = \cos 2\theta$

타내는 화살표와 번호에 따라 유사한 방법으로 그려진다. 결과로 얻은 곡선은 4개의 고리를 갖고 있는데, 이 곡선을 **4엽 장미**(four-leaved rose)라 한다. ∎

■ 대칭

극곡선을 그리는 데 가끔 대칭을 이용하는 것이 도움이 된다. 아래 세 가지 규칙은 그림 14로 설명된다.

(a) θ를 $-\theta$로 놓아도 극방정식이 변하지 않으면, 곡선은 극축에 대해 대칭이다.

(b) r를 $-r$로 또는 θ를 $\theta + \pi$로 놓아도 극방정식이 변하지 않으면, 곡선은 극에 대해 대칭이다. (이것은 곡선이 원점에 관해 180° 회전할 때 변하지 않는 것을 의미한다.)

(c) θ를 $\pi - \theta$로 놓아도 극방정식이 변하지 않으면, 곡선은 수직선 $\theta = \pi/2$에 대해 대칭이다.

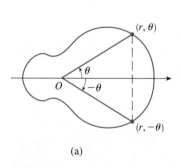

(a)

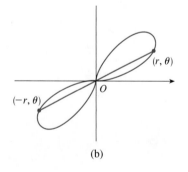

(b)

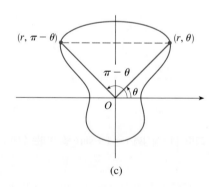

(c)

그림 14

예제 6과 8에서 그려진 곡선은 $\cos(-\theta) = \cos\theta$이므로 극축에 대해 대칭이다. 예제 7과 8에 있는 곡선은 $\sin(\pi - \theta) = \sin\theta$이고 $\cos[2(\pi - \theta)] = \cos 2\theta$이므로 $\theta = \pi/2$에 대해 대칭이다. 4엽 장미는 또한 극축에 대해 대칭이다. 이런 대칭성은 곡선을 그리는 데 사용될 수 있다. 예를 들면 예제 6에서 단지 $0 \le \theta \le \pi/2$에 대한 점들의 좌표를 구한 다음 극축에 대해 대칭시키면 완전한 원을 얻는다.

■ 그래픽 도구로 극곡선 그리기

간단한 극곡선은 직접 손으로 그릴 수 있지만, 그림 15, 16과 같이 매우 복잡한 곡선에 직면하면 그래픽 계산기나 컴퓨터를 사용해야 한다.

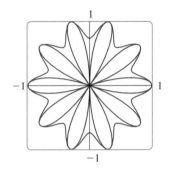

그림 15 $r = \sin^3(2.5\theta) + \cos^3(2.5\theta)$

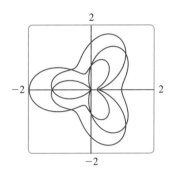

그림 16 $r = \sin^2(3\theta/2) + \cos^2(2\theta/3)$

《**예제 9**》 곡선 $r = \sin(8\theta/5)$의 그래프를 그려라.

풀이 먼저 θ에 대한 정의역을 결정해야 한다. "곡선이 반복해서 나타나기 시작할 때까지 필요한 회전수는 얼마인가?"라는 질문을 던져보고, 이에 대한 답이 n이면 다음과 같다.

$$\sin\frac{8(\theta + 2n\pi)}{5} = \sin\left(\frac{8\theta}{5} + \frac{16n\pi}{5}\right) = \sin\frac{8\theta}{5}$$

따라서 $16n\pi/5$는 π의 짝수 배이어야 하고, 이것은 $n = 5$일 때 처음으로 나타난다. 그러므로 $0 \le \theta \le 10\pi$이면 완전한 곡선을 그릴 수 있다.

그림 17은 결과로 나타나는 그림이다. 이 곡선에는 16개의 고리가 있다. ■

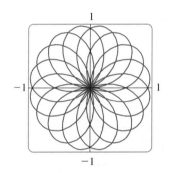

그림 17 $r = \sin(8\theta/5)$

《**예제 10**》 극곡선족 $r = 1 + c\sin\theta$를 조사하라. c가 변함에 따라 곡선의 모양은 어떻게 변하는가? [이 곡선을 **리마송**(limaçon)이라 하는데, 이것은 프랑스어로 달팽이라는 뜻이며, c의 어떤 값에 대해 변하는 곡선의 모양이 마치 달팽이 같다.]

풀이 그림 18은 다양한 c의 값에 따라 컴퓨터로 그린 그래프이다. ($0 \le \theta \le 2\pi$인 경우에 대한 전체 그림이다.) $c > 1$인 경우, c가 감소함에 따라 고리의 크기가 감소하고 있다. $c = 1$이면, 고리는 없어지고 곡선은 예제 7의 심장형이 된다. $\frac{1}{2} < c < 1$이면, 심장형의 첨점 부분은 완만하다가 옴폭해진다. c가 $\frac{1}{2}$에서 0으로 감소할 때, 리마송은 계란 모양 곡선이 된다. 이 계란 모양 곡선은 $c \to 0$일 때 더욱 원에 가까워지다가 $c = 0$일 때 비로소 $r = 1$인 원이 된다.

그림 18의 나머지 부분은 c가 음수가 됨에 따른 모양이 역순으로 변하는 것을 보여 준다. 사실 이 곡선들은 c가 양수일 때 대응되는 곡선과 가로축에 대해 대칭을 이루고 있다.

리마송은 행성운동 연구에 나타난다. 특히 지구에서 바라본 화성의 궤도는 그림 18에서 $|c| > 1$인 경우에서처럼 고리를 갖는 리마송으로 모형화됐다.

표 1에 몇 가지 자주 사용하는 극곡선을 요약했다.

연습문제 28에서 그림 18의 그래프들로부터 알 수 있는 것을 해석적으로 증명한다.

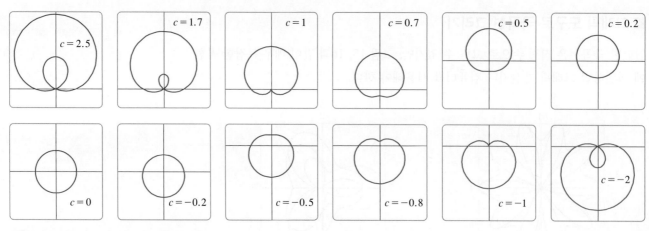

그림 18 $r = 1 + c \sin \theta$의 리마송족의 유형   ■

표 1 자주 사용하는 극곡선

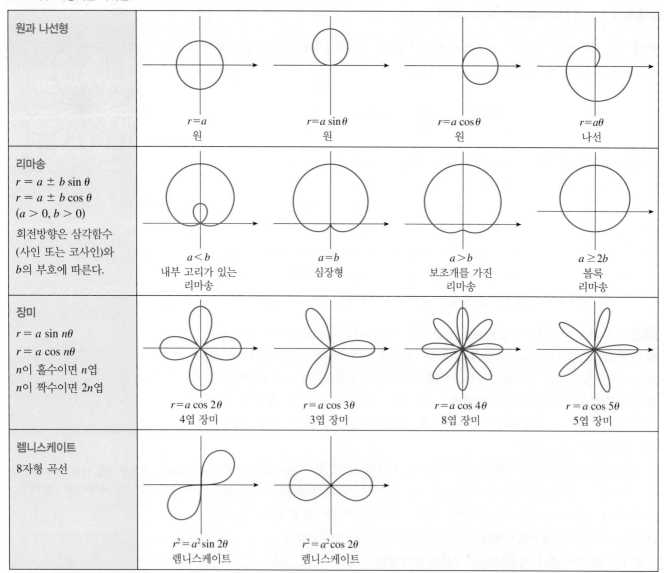

원과 나선형				
	$r=a$ 원	$r=a \sin \theta$ 원	$r=a \cos \theta$ 원	$r=a\theta$ 나선
리마송 $r = a \pm b \sin \theta$ $r = a \pm b \cos \theta$ $(a > 0, b > 0)$ 회전방향은 삼각함수 (사인 또는 코사인)와 b의 부호에 따른다.	$a < b$ 내부 고리가 있는 리마송	$a = b$ 심장형	$a > b$ 보조개를 가진 리마송	$a \geq 2b$ 볼록 리마송
장미 $r = a \sin n\theta$ $r = a \cos n\theta$ n이 홀수이면 n엽 n이 짝수이면 $2n$엽	$r=a \cos 2\theta$ 4엽 장미	$r=a \cos 3\theta$ 3엽 장미	$r=a \cos 4\theta$ 8엽 장미	$r = a \cos 5\theta$ 5엽 장미
렘니스케이트 8자형 곡선	$r^2 = a^2 \sin 2\theta$ 렘니스케이트	$r^2 = a^2 \cos 2\theta$ 렘니스케이트		

═══ **9.3** │ **연습문제** ═══

1. 다음 극좌표의 점들을 표시하라. 그리고 이 점과 일치하는 다른 두 극좌표를 $r > 0$인 경우와 $r < 0$인 경우로 나눠서 구하라.

    (a) $(1, \pi/4)$ (b) $(-2, 3\pi/2)$ (c) $(3, -\pi/3)$

2. 다음 극좌표의 점들을 표시하라. 그리고 이 점의 직교좌표를 구하라.

    (a) $(2, 3\pi/2)$ (b) $(\sqrt{2}, \pi/4)$ (c) $(-1, -\pi/6)$

3. 직교좌표가 (a) $(-4, 4)$, (b) $(3, 3\sqrt{3})$인 점이 있다.

    (i) $r > 0$, $0 \le \theta < 2\pi$일 때 극좌표 (r, θ)를 구하라.

    (ii) $r < 0$, $0 \le \theta < 2\pi$일 때 극좌표 (r, θ)를 구하라.

4-6 극좌표가 다음 조건을 만족하는 점들로 이루어진 영역을 평면에 그려라.

4. $1 < r \le 3$

5. $0 \le r \le 1$, $-\pi/2 \le \theta \le \pi/2$

6. $2 \le r < 4$, $3\pi/4 \le \theta \le 7\pi/4$

---

7. 극좌표가 $(4, 4\pi/3)$와 $(6, 5\pi/3)$인 점 사이의 거리를 구하라.

8-10 다음 곡선에 대한 직교방정식을 구해서 곡선을 확인하라.

8. $r^2 = 5$ **9.** $r = 5\cos\theta$

10. $r^2\cos 2\theta = 1$

11-13 다음 직교방정식으로 나타낸 곡선의 극방정식을 구하라.

11. $x^2 + y^2 = 7$ **12.** $y = \sqrt{3}\,x$

13. $x^2 + y^2 = 4y$

---

14. 다음과 같이 설명된 각 곡선에 대해 극방정식 또는 직교방정식 중 어느 것으로 나타내는 것이 더 쉬운지 결정하고, 곡선의 방정식을 쓰라.

    (a) 원점을 지나고 양의 x축과 $\pi/6$의 각을 이루는 직선

    (b) 점 $(3, 3)$을 지나는 수직 직선

15-16 다음 그림은 직교좌표에서 θ의 함수로서 r의 그래프를 나타낸다. 이것을 이용해서 대응하는 극곡선을 그려라.

15.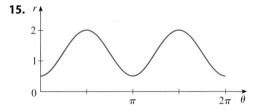

16.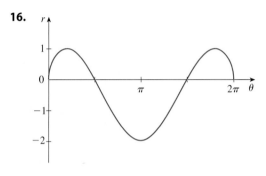

17-25 먼저 직교좌표에서 θ의 함수로서 r의 그래프를 그리고 극방정식의 곡선을 그려라.

17. $r = -2\sin\theta$ **18.** $r = 2(1 + \cos\theta)$

19. $r = \theta$, $\theta \ge 0$ **20.** $r = 3\cos 3\theta$

21. $r = 2\cos 4\theta$ **22.** $r = 1 + 3\cos\theta$

23. $r^2 = 9\sin 2\theta$ **24.** $r = 2 + \sin 3\theta$

25. $r = \sin(\theta/2)$

---

26. 직선 $x = 2$가 극곡선 $r = 4 + 2\sec\theta$ [**나사선**(conchoid)이라 한다]의 수직점근선임을 $\displaystyle\lim_{r \to \pm\infty} x = 2$임을 보여서 밝혀라. 이 사실을 이용해서 나사선을 그려라.

27. 직선 $x = 1$이 곡선 $r = \sin\theta\tan\theta$ [**디오클레스의 질주선**(cissoid of Diocles)이라 한다]의 수직점근선임을 보여라. 또 곡선은 수직 띠 $0 \le x < 1$에 완전히 놓여 있음을 보여라. 이 사실을 이용해서 질주선을 그려라.

28. (a) 예제 10에서 그래프들은 $|c| > 1$일 때 리마송 $r = 1 + c\sin\theta$가 내부 고리를 가진다는 것을 보여 주고 있다. 이것이 참임을 증명하고, 이 내부 고리에 대응하는 θ의 값을 구하라.

    (b) 그림 18에서 $c = \frac{1}{2}$일 때 리마송은 옴폭한 곳이 사라진다. 이것을 증명하라.

29. $ab \neq 0$일 때 극방정식 $r = a \sin\theta + b \cos\theta$는 원을 나타냄을 보이고, 그 중심과 반지름을 구하라.

30-32 극곡선을 그려라. 완전한 곡선이 만들어지는 매개변수의 구간을 택하라.

30. $r = 1 + 2\sin(\theta/2)$ (신장형 곡선)

31. $r = e^{\sin\theta} - 2\cos(4\theta)$ (나비곡선)

32. $r = 1 + \cos^{999}\theta$ (PacMan곡선)

33. $r = 1 + \sin(\theta - \pi/6)$과 $r = 1 + \sin(\theta - \pi/3)$의 그래프는 $r = 1 + \sin\theta$의 그래프와 어떻게 관련되는가? 일반적으로 $r = f(\theta - \alpha)$의 그래프는 $r = f(\theta)$의 그래프와 어떻게 관련되는가?

34. 극방정식 $r = 1 + c\cos\theta$ (c는 실수)로 정의된 극곡선족을 조사하라. c가 변하면 곡선의 모양은 어떻게 변하는가?

9.4 │ 극좌표에서 미분적분학

이 절에서는 미분적분학의 방법을 적용하여 극곡선과 관련된 넓이, 호길이와 접선을 구한다.

■ 넓이

영역의 경계가 극방정식으로 주어지고 그 영역의 넓이에 대한 식을 개발할 때, 그림 1과 같은 부채꼴의 넓이에 대한 다음 공식을 이용할 필요가 있다.

그림 1

$$\boxed{1} \qquad\qquad A = \tfrac{1}{2}r^2\theta$$

이때 r은 반지름, θ는 단위가 라디안인 중심각이다. 공식 $\boxed{1}$은 부채꼴의 넓이는 중심각에 비례한다는 사실로부터 얻어진다. 즉 $A = (\theta/2\pi)\pi r^2 = \tfrac{1}{2}r^2\theta$이다(7.3의 연습문제 21 참조).

그림 2와 같이 $\mathcal{R}$을 극곡선 $r = f(\theta)$와 반직선 $\theta = a$, $\theta = b$로 유계된 영역이라 하자. 여기서 f는 양의 연속함수이고 $0 < b - a \le 2\pi$이다. 구간 $[a, b]$를 끝점이 θ_0, θ_1, θ_2, $\ldots$, θ_n이고 너비가 $\Delta\theta$로 같은 부분 구간으로 나누자. 그러면 반직선 $\theta = \theta_i$는 $\mathcal{R}$를 중심각이 $\Delta\theta = \theta_i - \theta_{i-1}$인 n개의 작은 영역으로 나눈다. θ_i^*를 i번째 부분 구간 $[\theta_{i-1}, \theta_i]$에서 택하면, i번째 영역의 넓이 ΔA_i는 중심각이 $\Delta\theta$이고 반지름이 $f(\theta_i^*)$인 부채꼴의 넓이로 근사시킬 수 있다(그림 3 참조).

따라서 공식 $\boxed{1}$로부터 다음을 얻는다.

$$\Delta A_i \approx \tfrac{1}{2}[f(\theta_i^*)]^2 \Delta\theta$$

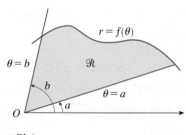

그림 2

$\mathcal{R}$의 전체 넓이 A에 대한 근삿값은 다음과 같다.

$$\boxed{2} \qquad\qquad A \approx \sum_{i=1}^{n} \tfrac{1}{2}[f(\theta_i^*)]^2 \Delta\theta$$

식 **2**에서의 근삿값은 $n \to \infty$일 때 더욱 정확해진다는 사실을 그림 3으로부터 알 수 있다. 식 **2**의 합은 함수 $g(\theta) = \frac{1}{2}[f(\theta)]^2$에 대한 리만 합이므로 다음을 얻는다.

$$\lim_{n \to \infty} \sum_{i=1}^{n} \frac{1}{2}[f(\theta_i^*)]^2 \Delta\theta = \int_a^b \frac{1}{2}[f(\theta)]^2 d\theta$$

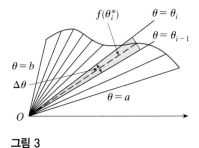

그림 3

그러므로 극 영역 $\mathcal{R}$의 넓이 A에 대한 공식은 다음과 같다(실제로 증명할 수 있다).

3
$$A = \int_a^b \frac{1}{2}[f(\theta)]^2 d\theta$$

$r = f(\theta)$이므로 공식 **3**은 자주 다음과 같이 쓰여진다.

4
$$A = \int_a^b \frac{1}{2}r^2 d\theta$$

식 **1**과 **4** 사이의 유사점에 주목하자.

식 **3**이나 **4**를 적용하는 데 있어서, O를 지나며 각 a에서 시작해서 각 b로 끝나는 반직선들에 의해 생기는 영역으로 넓이를 생각하는 것이 편리하다.

《예제 1》 4엽 장미 $r = \cos 2\theta$의 한 고리로 둘러싸인 넓이를 구하라.

풀이 곡선 $r = \cos 2\theta$는 9.3절의 예제 8에서 그렸다. 그림 4로부터 오른쪽 고리로 둘러싸인 영역은 $\theta = -\pi/4$에서 $\theta = \pi/4$로 회전하는 반직선에 의해 생기는 영역이다. 그러므로 식 **4**로부터 다음을 얻는다.

$$A = \int_{-\pi/4}^{\pi/4} \frac{1}{2}r^2 d\theta = \frac{1}{2}\int_{-\pi/4}^{\pi/4} \cos^2 2\theta \, d\theta$$

영역이 극축 $\theta = 0$에 대해 대칭이므로 다음과 같이 쓸 수 있다.

$$A = 2 \cdot \frac{1}{2}\int_0^{\pi/4} \cos^2 2\theta \, d\theta$$

$$= \int_0^{\pi/4} \frac{1}{2}(1 + \cos 4\theta) \, d\theta \qquad [\cos^2 u = \frac{1}{2}(1 + \cos 2u)\text{이므로}]$$

$$= \frac{1}{2}\Big[\theta + \frac{1}{4}\sin 4\theta\Big]_0^{\pi/4} = \frac{\pi}{8} \qquad \blacksquare$$

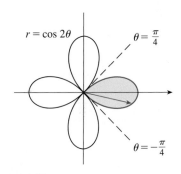

그림 4

《예제 2》 원 $r = 3\sin\theta$의 내부와 심장형 $r = 1 + \sin\theta$의 외부에 놓인 영역의 넓이를 구하라.

풀이 심장형(9.3절의 예제 7 참조)과 원은 그림 5에서 그려졌고, 구하려는 영역은 그림에서 색칠한 부분이다. 식 **4**에서 a와 b의 값은 두 곡선의 교점을 구함으로써 결정된다. 두 곡선은 $3\sin\theta = 1 + \sin\theta$일 때, 즉 $\sin\theta = \frac{1}{2}$이고 따라서 $\theta = \pi/6$, $5\pi/6$일 때 만난다. 구하려는 넓이는 $\theta = \pi/6$에서 $\theta = 5\pi/6$ 사이의 원의 내부의 넓이에서 $\theta = \pi/6$와

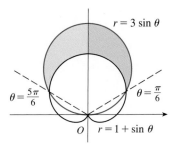

그림 5

$\theta = 5\pi/6$ 사이의 심장형의 내부의 넓이를 빼서 구한다. 따라서 구하는 넓이는 다음과 같다.

$$A = \frac{1}{2}\int_{\pi/6}^{5\pi/6}(3\sin\theta)^2\,d\theta - \frac{1}{2}\int_{\pi/6}^{5\pi/6}(1+\sin\theta)^2\,d\theta$$

영역이 세로축 $\theta = \pi/2$에 대해 대칭이므로 다음과 같이 구할 수 있다.

$$A = 2\left[\frac{1}{2}\int_{\pi/6}^{\pi/2}9\sin^2\theta\,d\theta - \frac{1}{2}\int_{\pi/6}^{\pi/2}(1+2\sin\theta+\sin^2\theta)\,d\theta\right]$$

$$= \int_{\pi/6}^{\pi/2}(8\sin^2\theta - 1 - 2\sin\theta)\,d\theta$$

$$= \int_{\pi/6}^{\pi/2}(3 - 4\cos 2\theta - 2\sin\theta)\,d\theta \qquad [\sin^2\theta = \tfrac{1}{2}(1-\cos 2\theta)\text{이므로}]$$

$$= 3\theta - 2\sin 2\theta + 2\cos\theta\Big]_{\pi/6}^{\pi/2} = \pi \qquad\blacksquare$$

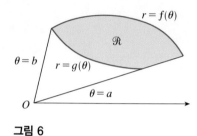

그림 6

예제 2는 두 개의 극곡선으로 둘러싸인 영역의 넓이를 구하는 과정을 설명한 것이다. 일반적으로 그림 6에서와 같이 $f(\theta) \geq g(\theta) \geq 0$이고 $0 < b - a \leq 2\pi$일 때, $\mathscr{R}$을 극방정식이 $r = f(\theta)$, $r = g(\theta)$, $\theta = a$, $\theta = b$인 곡선들로 둘러싸인 영역이라 하자. $\mathscr{R}$의 넓이 A는 $r = f(\theta)$의 내부 넓이에서 $r = g(\theta)$의 내부 넓이를 빼서 구한다. 따라서 공식 **3**을 이용하면 다음과 같다.

$$A = \int_a^b \frac{1}{2}[f(\theta)]^2\,d\theta - \int_a^b \frac{1}{2}[g(\theta)]^2\,d\theta$$

$$= \frac{1}{2}\int_a^b \left([f(\theta)]^2 - [g(\theta)]^2\right)d\theta$$

⊘ **주의** 극좌표에서 한 점은 종종 여러 가지로 표현되기 때문에 두 극곡선의 교점을 모두 구한다는 것은 어렵다. 예를 들면 원과 심장형이 세 점에서 교차하는 것은 그림 5로부터 분명하다. 그러나 예제 2에서 방정식 $r = 3\sin\theta$와 $r = 1 + \sin\theta$를 풀고 두 교점 $\left(\frac{3}{2}, \pi/6\right)$와 $\left(\frac{3}{2}, 5\pi/6\right)$만 구했다. 원점도 역시 교점이나, 이를 곡선들의 방정식을 풀어서 얻을 수 없다. 왜냐하면 두 방정식을 만족하는 원점은 극좌표에서 다양하게 표현되기 때문이다. 원점을 $(0, 0)$ 또는 $(0, \pi)$로 나타낼 때는 $r = 3\sin\theta$를 만족하므로 원 위에 있다. 또한 원점을 $(0, 3\pi/2)$로 나타낼 때는 $r = 1 + \sin\theta$를 만족하므로 심장형 위에 있다. 매개변숫값 θ가 0에서 2π까지 증가할 때 곡선을 따라 움직이는 두 점을 생각해 보자. 한 곡선에서는 $\theta = 0$과 $\theta = \pi$일 때 원점에 이르지만 다른 곡선에서는 $\theta = 3\pi/2$일 때 원점에 이른다. 점들이 서로 다른 시각에 원점에 도달하기 때문에 원점에서 충돌하지 않는다. 그렇지만 곡선들은 원점에서 교차한다(9.1절 연습문제 28, 29 참조).

따라서 두 극곡선의 교점을 **모두** 구하려면 반드시 두 곡선의 그래프를 그려 봐야 한다. 이런 작업은 그래픽 계산기나 컴퓨터를 이용하면 매우 편리하다.

《**예제 3**》 곡선 $r = \cos 2\theta$와 $r = \frac{1}{2}$의 교점을 모두 구하라.

풀이 방정식 $r = \cos 2\theta$와 $r = \frac{1}{2}$을 연립해서 풀면 $\cos 2\theta = \frac{1}{2}$이므로 $2\theta = \pi/3$, $5\pi/3$, $7\pi/3$, $11\pi/3$이다. 따라서 두 방정식을 만족하는 0과 2π 사이에 있는 θ의 값은 $\theta = \pi/6$, $5\pi/6$, $7\pi/6$, $11\pi/6$이다. 이때 네 교점을 얻는다. 즉 $(\frac{1}{2}, \pi/6)$, $(\frac{1}{2}, 5\pi/6)$, $(\frac{1}{2}, 7\pi/6)$, $(\frac{1}{2}, 11\pi/6)$이다.

그러나 그림 7에서와 같이 네 개의 다른 교점 $(\frac{1}{2}, \pi/3)$, $(\frac{1}{2}, 2\pi/3)$, $(\frac{1}{2}, 4\pi/3)$, $(\frac{1}{2}, 5\pi/3)$이 존재한다. 이 점들은 대칭을 이용하거나 이 원에 대한 다른 방정식 $r = -\frac{1}{2}$을 쓸 수 있음에 유의해서 두 방정식 $r = \cos 2\theta$와 $r = -\frac{1}{2}$을 풀어서 구할 수 있다. ∎

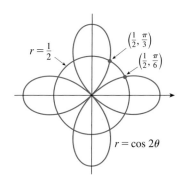

그림 7

■ 호의 길이

9.3절에서 직교좌표 (x, y)와 극좌표 (r, θ)의 관계는 방정식 $x = r\cos\theta$, $y = r\sin\theta$로 주어짐을 보았다. θ를 매개변수로 보고, 극곡선 $r = f(\theta)$의 매개변수방정식을 다음과 같이 나타낸다.

$$\boxed{5} \qquad x = r\cos\theta = f(\theta)\cos\theta, \qquad y = r\sin\theta = f(\theta)\sin\theta$$

극곡선의 매개변수방정식

극곡선 $r = f(\theta)$, $a \le \theta \le b$의 길이를 구하기 위해 식 $\boxed{5}$에서 시작하여 θ에 관해 미분하면(곱의 법칙을 이용하여) 다음을 얻는다.

$$\frac{dx}{d\theta} = \frac{dr}{d\theta}\cos\theta - r\sin\theta, \qquad \frac{dy}{d\theta} = \frac{dr}{d\theta}\sin\theta + r\cos\theta$$

따라서 $\cos^2\theta + \sin^2\theta = 1$을 이용하면 다음을 얻는다.

$$\begin{aligned}
\left(\frac{dx}{d\theta}\right)^2 + \left(\frac{dy}{d\theta}\right)^2 &= \left(\frac{dr}{d\theta}\right)^2\cos^2\theta - 2r\frac{dr}{d\theta}\cos\theta\sin\theta + r^2\sin^2\theta \\
&\quad + \left(\frac{dr}{d\theta}\right)^2\sin^2\theta + 2r\frac{dr}{d\theta}\sin\theta\cos\theta + r^2\cos^2\theta \\
&= \left(\frac{dr}{d\theta}\right)^2 + r^2
\end{aligned}$$

f'이 연속이라 가정하면, 9.2절의 정리 $\boxed{5}$를 이용해서 호의 길이를 다음과 같이 쓸 수 있다.

$$L = \int_a^b \sqrt{\left(\frac{dx}{d\theta}\right)^2 + \left(\frac{dy}{d\theta}\right)^2}\, d\theta$$

그러므로 극방정식이 $r = f(\theta)$, $a \le \theta \le b$인 곡선의 길이는 다음과 같다.

$$\boxed{6} \qquad \boxed{L = \int_a^b \sqrt{r^2 + \left(\frac{dr}{d\theta}\right)^2}\, d\theta}$$

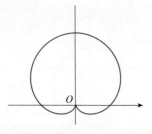

그림 8 $r = 1 + \sin\theta$

《예제 4》 심장형 $r = 1 + \sin\theta$의 길이를 구하라.

풀이 심장형은 그림 8과 같다(9.3절의 예제 7에서 그렸다). 곡선의 전체 길이는 매개변수 구간 $0 \le \theta \le 2\pi$에서 주어진다. 따라서 공식 **6**으로부터 다음을 얻는다.

$$L = \int_0^{2\pi} \sqrt{r^2 + \left(\frac{dr}{d\theta}\right)^2}\, d\theta = \int_0^{2\pi} \sqrt{(1 + \sin\theta)^2 + \cos^2\theta}\, d\theta$$

$$= \int_0^{2\pi} \sqrt{2 + 2\sin\theta}\, d\theta$$

이 적분은 피적분함수에 $\sqrt{2 - 2\sin\theta}$를 곱하고 나눠서 구하거나 수학 소프트웨어를 이용하면 구할 수 있다. 결론적으로 심장형의 길이는 $L = 8$이다. ■

■ 접선

극곡선 $r = f(\theta)$에 대한 접선을 구하기 위해 θ를 매개변수로 생각하고 식 **5**를 이용해 곡선의 매개변수방정식을 다음과 같이 쓴다.

$$x = r\cos\theta = f(\theta)\cos\theta, \qquad y = r\sin\theta = f(\theta)\sin\theta$$

매개변수곡선의 기울기를 구하는 방법(9.2절의 식 **1**)과 곱의 법칙을 이용하면 다음을 얻는다.

7
$$\frac{dy}{dx} = \frac{\dfrac{dy}{d\theta}}{\dfrac{dx}{d\theta}} = \frac{\dfrac{dr}{d\theta}\sin\theta + r\cos\theta}{\dfrac{dr}{d\theta}\cos\theta - r\sin\theta}$$

$dx/d\theta \ne 0$일 때 $dy/d\theta = 0$인 점들을 구함으로써 수평접선의 위치를 알 수 있다. 마찬가지로 $dy/d\theta \ne 0$일 때 $dx/d\theta = 0$인 점들을 구함으로써 수직접선의 위치도 알 수 있다.

극에서의 접선을 찾으려면 $r = 0$이고 식 **7**은 다음과 같이 간단해진다.

$$\frac{dy}{dx} = \tan\theta \qquad \left(단, \frac{dr}{d\theta} \ne 0\right)$$

예를 들면 9.3절의 예제 8에서 $\theta = \pi/4$ 또는 $3\pi/4$일 때 $r = \cos 2\theta = 0$을 얻었는데, 이는 직선 $\theta = \pi/4$와 $\theta = 3\pi/4$(또는 $y = x$와 $y = -x$)가 원점에서 $r = \cos 2\theta$에 대한 접선임을 의미한다.

《예제 5》

(a) 예제 4의 심장형 $r = 1 + \sin\theta$에 대해 $\theta = \pi/3$일 때의 접선의 기울기를 구하라.

(b) 접선이 수평 또는 수직이 되는 심장형 위의 점들을 구하라.

풀이 $r = 1 + \sin\theta$일 때, 식 **7**을 이용하면 다음을 얻는다.

$$\frac{dy}{dx} = \frac{\dfrac{dr}{d\theta}\sin\theta + r\cos\theta}{\dfrac{dr}{d\theta}\cos\theta - r\sin\theta} = \frac{\cos\theta\sin\theta + (1+\sin\theta)\cos\theta}{\cos\theta\cos\theta - (1+\sin\theta)\sin\theta}$$

$$= \frac{\cos\theta\,(1+2\sin\theta)}{1-2\sin^2\theta - \sin\theta} = \frac{\cos\theta\,(1+2\sin\theta)}{(1+\sin\theta)(1-2\sin\theta)}$$

(a) $\theta = \pi/3$인 점에서 접선의 기울기는 다음과 같다.

$$\left.\frac{dy}{dx}\right|_{\theta=\pi/3} = \frac{\cos(\pi/3)[1+2\sin(\pi/3)]}{[1+\sin(\pi/3)][1-2\sin(\pi/3)]} = \frac{\tfrac{1}{2}\left(1+\sqrt{3}\right)}{\left(1+\sqrt{3}/2\right)\left(1-\sqrt{3}\right)}$$

$$= \frac{1+\sqrt{3}}{\left(2+\sqrt{3}\right)\left(1-\sqrt{3}\right)} = \frac{1+\sqrt{3}}{-1-\sqrt{3}} = -1$$

(b) 먼저 다음을 확인하자.

$$\theta = \frac{\pi}{2},\ \frac{3\pi}{2},\ \frac{7\pi}{6},\ \frac{11\pi}{6}\text{일 때 } \frac{dy}{d\theta} = \cos\theta\,(1+2\sin\theta) = 0\text{이고,}$$

$$\theta = \frac{3\pi}{2},\ \frac{\pi}{6},\ \frac{5\pi}{6}\text{일 때 } \frac{dx}{d\theta} = (1+\sin\theta)(1-2\sin\theta) = 0\text{이다.}$$

그러므로 점 $(2, \pi/2)$, $\left(\tfrac{1}{2}, 7\pi/6\right)$, $\left(\tfrac{1}{2}, 11\pi/6\right)$에서 수평접선이 존재하고, 점 $\left(\tfrac{3}{2}, \pi/6\right)$, $\left(\tfrac{3}{2}, 5\pi/6\right)$에서 수직접선이 존재한다. $\theta = 3\pi/2$일 때 $dy/d\theta$와 $dx/d\theta$가 모두 0이므로 주의해야 한다. 이제 로피탈 정리를 이용하면 다음을 얻는다.

$$\lim_{\theta\to(3\pi/2)^-}\frac{dy}{dx} = \left(\lim_{\theta\to(3\pi/2)^-}\frac{1+2\sin\theta}{1-2\sin\theta}\right)\left(\lim_{\theta\to(3\pi/2)^-}\frac{\cos\theta}{1+\sin\theta}\right)$$

$$= -\frac{1}{3}\lim_{\theta\to(3\pi/2)^-}\frac{\cos\theta}{1+\sin\theta} = -\frac{1}{3}\lim_{\theta\to(3\pi/2)^-}\frac{-\sin\theta}{\cos\theta} = \infty$$

또한 대칭성에 의해 다음을 얻는다.

$$\lim_{\theta\to(3\pi/2)^+}\frac{dy}{dx} = -\infty$$

그러므로 극에서 수직접선이 존재한다(그림 9 참조).

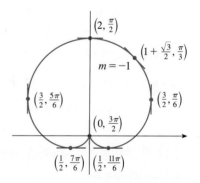

그림 9 $r = 1 + \sin\theta$에 대한 접선

NOTE   식 $\boxed{7}$을 기억하는 대신에 이것을 유도하는 데 이용되는 방법을 사용할 수 있다. 예를 들면 예제 5에서 다음과 같이 쓸 수 있다.

$$x = r\cos\theta = (1+\sin\theta)\cos\theta = \cos\theta + \tfrac{1}{2}\sin 2\theta$$

$$y = r\sin\theta = (1+\sin\theta)\sin\theta = \sin\theta + \sin^2\theta$$

그러면 다음 식을 얻을 수 있으며, 이것은 앞에서 얻는 식과 동치이다.

$$\frac{dy}{dx} = \frac{dy/d\theta}{dx/d\theta} = \frac{\cos\theta + 2\sin\theta\cos\theta}{-\sin\theta + \cos 2\theta} = \frac{\cos\theta + \sin 2\theta}{-\sin\theta + \cos 2\theta}$$

9.4 │ 연습문제

1-2 다음 주어진 부분에서 곡선으로 둘러싸인 영역의 넓이를 구하라.

1. $r = \sqrt{2\theta}$, $0 \le \theta \le \pi/2$

2. $r = \sin\theta + \cos\theta$, $0 \le \theta \le \pi$

3-4 다음 색칠한 부분의 넓이를 구하라.

3.
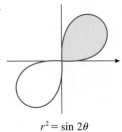
$r^2 = \sin 2\theta$

4.
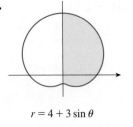
$r = 4 + 3\sin\theta$

5-6 다음 곡선을 그리고, 그 곡선으로 둘러싸인 넓이를 구하라.

5. $r = 4\cos\theta$ **6.** $r = 3 - 2\sin\theta$

7-8 다음 곡선을 그리고, 그 곡선으로 둘러싸인 넓이를 구하라.

7. $r = 2 + \sin 4\theta$ **8.** $r = \sqrt{1 + \cos^2(5\theta)}$

9-11 다음 곡선의 한 고리로 둘러싸인 부분의 넓이를 구하라.

9. $r = 4\cos 3\theta$ **10.** $r = \sin 4\theta$

11. $r = 1 + 2\sin\theta$ (내부 고리)

12-14 첫 번째 곡선의 내부와 두 번째 곡선의 외부에 놓인 영역의 넓이를 구하라.

12. $r = 4\sin\theta$, $r = 2$

13. $r^2 = 8\cos 2\theta$, $r = 2$

14. $r = 3\cos\theta$, $r = 1 + \cos\theta$

15-17 두 곡선의 내부에 놓인 영역의 넓이를 구하라.

15. $r = 3\sin\theta$, $r = 3\cos\theta$

16. $r = \sin 2\theta$, $r = \cos 2\theta$

17. $r^2 = 2\sin 2\theta$, $r = 1$

18. 리마송 $r = \frac{1}{2} + \cos\theta$의 작은 고리의 외부와 큰 고리의 내부에 놓인 영역의 넓이를 구하라.

19-21 다음 곡선의 교점을 모두 구하라.

19. $r = \sin\theta$, $r = 1 - \sin\theta$

20. $r = 2\sin 2\theta$, $r = 1$

21. $r^2 = 2\cos 2\theta$, $r = 1$

22-23 다음 색칠한 영역의 넓이를 구하라.

22.
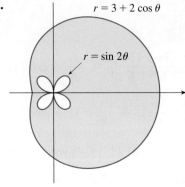
$r = 3 + 2\cos\theta$
$r = \sin 2\theta$

23.
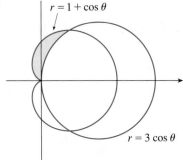
$r = 1 + \cos\theta$
$r = 3\cos\theta$

24. 심장형 $r = 1 + \sin\theta$와 나선 고리 $r = 2\theta$, $-\pi/2 \le \theta \le \pi/2$의 교점은 정확히 구할 수 없다. 그래프를 이용해서 두 곡선이 교차하는 곳에서 θ의 근삿값을 구하라. 그리고 이 값을 이용해서 두 곡선의 내부에 놓여 있는 부분의 넓이를 추정하라.

25-26 다음 극곡선의 정확한 길이를 구하라.

25. $r = 2\cos\theta$, $0 \le \theta \le \pi$

26. $r = \theta^2$, $0 \le \theta \le 2\pi$

27. 곡선의 파란색 부분의 정확한 길이를 구하라.

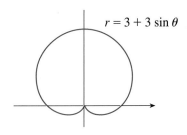

$$r = 3 + 3\sin\theta$$

28. 곡선 $r = \cos^4(\theta/4)$의 정확한 길이를 구하라. 그래프를 이용해서 매개변수 구간을 결정하라.

29. 곡선의 파란색 부분의 길이를 구하는 적분을 세워라. 계산하지는 않는다.

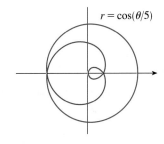

$$r = \cos(\theta/5)$$

30-31 계산기나 컴퓨터를 이용해서 다음 곡선의 길이를 소수점 아래 넷째 자리까지 정확하게 계산하라. 필요하면 곡선을 그려 매개변수 구간을 결정하라.

30. 곡선 $r = \cos 2\theta$의 한 고리

31. $r = \sin(6\sin\theta)$

32-34 θ의 값으로 주어진 점에서 다음 극곡선에 대한 접선의 기울기를 구하라.

32. $r = 2\cos\theta, \quad \theta = \pi/3$

33. $r = 1/\theta, \quad \theta = \pi$

34. $r = \cos 2\theta, \quad \theta = \pi/4$

35-36 다음 곡선이 수평접선 또는 수직접선을 갖는 곡선 위의 점을 구하라.

35. $r = \sin\theta$ **36.** $r = 1 + \cos\theta$

37. P를 곡선 $r = f(\theta)$ 위의 (원점을 제외한) 임의의 점이라 하자. ψ를 P에서의 접선과 동경 OP 사이의 각이라 할 때 다음을 보여라.

$$\tan\psi = \frac{r}{dr/d\theta}$$

[힌트: 아래 그림에서 $\psi = \phi - \theta$임에 주목하자.]

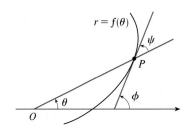

38. (a) 9.2절의 공식 **9**를 이용해서 극곡선 $r = f(\theta)$, $a \le \theta \le b$를 극축을 중심으로 회전시킬 때 생기는 곡면 넓이가 다음과 같음을 보여라.

$$S = \int_a^b 2\pi r \sin\theta \sqrt{r^2 + \left(\frac{dr}{d\theta}\right)^2}\, d\theta$$

여기서 f'은 연속이고 $0 \le a < b \le \pi$이다.

(b) (a)의 공식을 이용해서 렘니스케이트 $r^2 = \cos 2\theta$를 극축을 중심으로 회전시킬 때 생기는 곡면 넓이를 구하라.

9.5 | 원뿔곡선

이 절에서는 포물선, 타원, 쌍곡선에 대한 기하학적 정의를 내리고 이 곡선들의 표준방정식을 유도한다. 이 곡선들을 **원뿔곡선**(conic sections) 또는 **원뿔의 단면곡선**(conics)이라 부르는데, 그 이유는 그림 1에서처럼 원뿔과 한 평면을 교차시킨 결과로 얻어지기 때문이다.

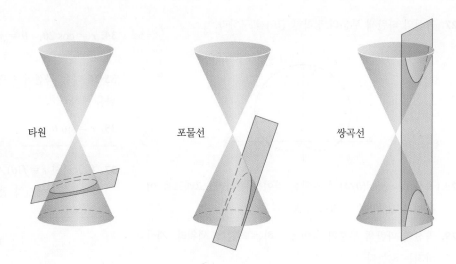

그림 1 원뿔곡선

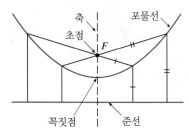

그림 2

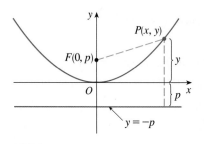

그림 3

■ 포물선

포물선(parabola)은 평면에서 **초점**(focus)이라고 하는 고정점 F와 **준선**(directrix)이라고 하는 고정선으로부터 같은 거리에 있는 점들의 집합이다. 이 정의는 그림 2에 의해 설명된다. 포물선에서 초점과 준선 사이의 중간점에 주목하자. 이 점을 **꼭짓점**(vertex)이라 한다. 초점을 지나고 준선에 수직인 직선을 포물선의 **축**(axis)이라 한다.

16세기에 갈릴레오는 지상에서 어떤 각도로 발사된 발사체의 경로가 포물선이라는 것을 보였다. 그 후로 포물선의 형태가 자동차 전조등, 반사망원경, 현수교 등의 설계에 이용되고 있다.

특히 그림 3과 같이 꼭짓점을 원점 O에 놓고, 준선을 x축에 평행하게 놓으면 간단한 포물선의 방정식을 얻는다. 초점이 점 $(0, p)$이면, 준선의 방정식은 $y = -p$이다. $P(x, y)$가 포물선의 한 점이면 P에서 초점까지의 거리는 다음과 같다.

$$|PF| = \sqrt{x^2 + (y - p)^2}$$

P에서 준선까지의 거리는 $|y + p|$이다. (그림 3은 $p > 0$인 경우를 설명한다.) 포물선을 정의하는 성질 위의 두 거리가 같다는 것이다.

$$\sqrt{x^2 + (y - p)^2} = |y + p|$$

양변을 제곱하고 간단히 하면 다음과 같이 동치인 방정식을 얻는다.

$$x^2 + (y - p)^2 = |y + p|^2 = (y + p)^2$$
$$x^2 + y^2 - 2py + p^2 = y^2 + 2py + p^2$$
$$x^2 = 4py$$

$\boxed{1}$ 초점이 $(0, p)$이고 준선이 $y = -p$인 포물선의 방정식은 $x^2 = 4py$이다.

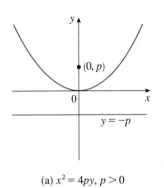

(a) $x^2 = 4py$, $p > 0$

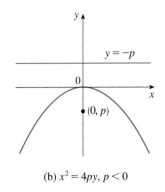

(b) $x^2 = 4py$, $p < 0$

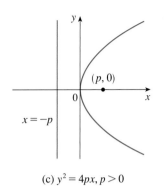

(c) $y^2 = 4px$, $p > 0$

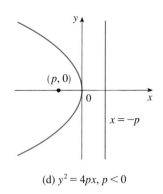

(d) $y^2 = 4px$, $p < 0$

그림 4

$a = 1/(4p)$이라 쓰면 포물선의 표준방정식 $\boxed{1}$은 $y = ax^2$이다. $p > 0$이면 위로 열려 있고 $p < 0$이면 아래로 열려 있다[그림 4의 (a)와 (b)]. 이 그래프는 y축에 대해 대칭인데, 그 이유는 x가 $-x$로 바뀌어도 표준방정식 $\boxed{1}$이 변하지 않기 때문이다.

표준방정식 $\boxed{1}$에서 x와 y를 바꾸면 다음을 얻는다.

$\boxed{2}$ 초점이 $(p, 0)$이고 준선이 $x = -p$인 포물선의 방정식은 $y^2 = 4px$이다.

(x와 y를 바꾼 것은 대각선 $y = x$에 대해 대칭 이동한 것과 같다.) 이 포물선은 $p > 0$이면 오른쪽으로 열려 있고, $p < 0$이면 왼쪽으로 열려 있다[그림 4의 (c)와 (d)]. 두 경우 모두 곡선은 x축에 대해 대칭이고, x축은 포물선의 축이다.

《**예제 1**》 포물선 $y^2 + 10x = 0$의 초점과 준선을 구하고 그래프를 그려라.

풀이 식을 $y^2 = -10x$로 쓰고 식 $\boxed{2}$와 비교해 보면 $4p = -10$이므로 $p = -\frac{5}{2}$이다. 따라서 초점은 $(p, 0) = \left(-\frac{5}{2}, 0\right)$이고 준선은 $x = \frac{5}{2}$이다. 이 포물선의 그림은 5와 같다. ■

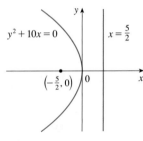

그림 5

■ 타원

타원(ellipse)은 평면에서 두 고정점 F_1과 F_2로부터의 거리의 합이 일정한 점들의 집합이다(그림 6 참조). 이 두 고정점을 **초점**(foci 또는 focus)이라 한다. 케플러의 법칙 중에 태양계에서 행성의 궤도는 태양을 한 초점으로 하는 타원 궤도라는 것이 있다.

타원에 대한 가장 간단한 방정식을 얻기 위해, 그림 7과 같이 초점을 x축에 점 $(-c, 0)$과 $(c, 0)$으로 놓으면 원점은 초점 사이의 중간점이 된다. 타원의 한 점으로부터 초점까지 거리들의 합을 $2a > 0$이라 놓자. 그러면 다음을 만족할 때 $P(x, y)$는 타원의 한 점이 된다.

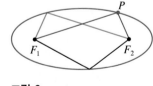

그림 6

$$|PF_1| + |PF_2| = 2a$$

즉

$$\sqrt{(x + c)^2 + y^2} + \sqrt{(x - c)^2 + y^2} = 2a$$

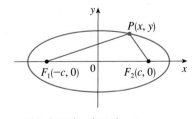

그림 7 $|PF_1| + |PF_2| = 2a$

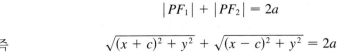

또는
$$\sqrt{(x-c)^2 + y^2} = 2a - \sqrt{(x+c)^2 + y^2}$$

양변을 제곱하면 다음을 얻는다.

$$x^2 - 2cx + c^2 + y^2 = 4a^2 - 4a\sqrt{(x+c)^2 + y^2} + x^2 + 2cx + c^2 + y^2$$

위 식을 다음과 같이 간단히 한다.

$$a\sqrt{(x+c)^2 + y^2} = a^2 + cx$$

다시 양변을 제곱하면 다음을 얻는다.

$$a^2(x^2 + 2cx + c^2 + y^2) = a^4 + 2a^2cx + c^2x^2$$

정리하면 다음과 같이 된다.

$$(a^2 - c^2)x^2 + a^2y^2 = a^2(a^2 - c^2)$$

그림 7의 삼각형 F_1F_2P부터 $2c < 2a$를 얻으며, 따라서 $c < a$이다. 그러므로 $a^2 - c^2 > 0$이다. 편의상 $b^2 = a^2 - c^2$이라 놓으면, 타원의 방정식은 $b^2x^2 + a^2y^2 = a^2b^2$이 되고, 양변을 a^2b^2으로 나누면 다음이 성립한다.

$$\boxed{3} \qquad\qquad \frac{x^2}{a^2} + \frac{y^2}{b^2} = 1$$

$b^2 = a^2 - c^2 < a^2$이므로 $b < a$이다. $y = 0$으로 놓으면 x절편이 나온다. 즉 $x^2/a^2 = 1$ 또는 $x^2 = a^2$이므로 $x = \pm a$이다. 대응하는 점 $(a, 0)$과 $(-a, 0)$을 타원의 **꼭짓점**(vertices)이라 하고 꼭짓점들을 잇는 선분을 **장축**(major axis)이라 한다. $x = 0$이라 놓고 y절편을 구하면 $y^2 = b^2$이므로 $y = \pm b$이다. $(0, b)$와 $(0, -b)$를 잇는 선분을 **단축**(minor axis)이라 한다. x가 $-x$로, y가 $-y$로 바뀌어도 식 $\boxed{3}$은 변하지 않으므로 타원은 두 좌표축에 대해 대칭이다. 두 초점이 일치하면 $c = 0$이므로 $a = b$이고 타원은 반지름 $r = a = b$인 원이 됨에 주목한다.

이상을 다음과 같이 요약할 수 있다(그림 8 참조).

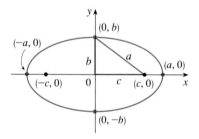

그림 8 $\dfrac{x^2}{a^2} + \dfrac{y^2}{b^2} = 1,\ a \geq b$

$\boxed{4}$ 다음은 초점이 $(\pm c, 0)$이고 꼭짓점이 $(\pm a, 0)$인 타원이다. 여기서 $c^2 = a^2 - b^2$이다.

$$\frac{x^2}{a^2} + \frac{y^2}{b^2} = 1, \qquad a \geq b > 0$$

타원의 초점이 y축의 점 $(0, \pm c)$이면 정리 $\boxed{4}$에서 x와 y를 바꿔 이 타원의 방정식을 구할 수 있다(그림 9 참조).

$\boxed{5}$ 다음은 초점이 $(0, \pm c)$이고 꼭짓점이 $(0, \pm a)$인 타원이다. 여기서 $c^2 = a^2 - b^2$이다.

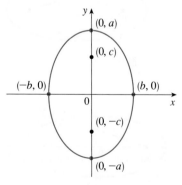

그림 9 $\dfrac{x^2}{b^2} + \dfrac{y^2}{a^2} = 1,\ a \geq b$

$$\frac{x^2}{b^2} + \frac{y^2}{a^2} = 1, \quad a \geq b > 0$$

《예제 2》 $9x^2 + 16y^2 = 144$의 그래프를 그리고 초점의 위치를 정하라.

풀이 방정식의 양변을 144로 나눠 다음을 얻는다.

$$\frac{x^2}{16} + \frac{y^2}{9} = 1$$

이 방정식은 타원의 표준형이므로 $a^2 = 16$, $b^2 = 9$, $a = 4$, $b = 3$을 얻는다. x절편은 ±4, y절편은 ±3이다. 또한 $c^2 = a^2 - b^2 = 7$이므로, $c = \sqrt{7}$이고 초점은 $(\pm\sqrt{7}, 0)$이다. 그래프는 그림 10과 같다. ■

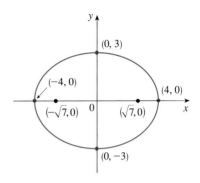

그림 10 $9x^2 + 16y^2 = 144$

《예제 3》 초점이 $(0, \pm2)$이고 꼭짓점이 $(0, \pm3)$인 타원의 방정식을 구하라.

풀이 정리 **5**의 표기법을 이용하면, $c = 2$와 $a = 3$을 얻는다. 따라서 $b^2 = a^2 - c^2 = 9 - 4 = 5$가 되어, 타원의 방정식은 다음과 같다.

$$\frac{x^2}{5} + \frac{y^2}{9} = 1$$

이 방정식을 다른 방법으로 쓰면 $9x^2 + 5y^2 = 45$이다. ■

포물선과 마찬가지로, 타원도 실용적인 결과를 내는 흥미로운 반사 성질이 있다. 빛이나 소리의 근원지가 타원형 단면을 갖는 곡면의 한 초점에 있으면, 모든 빛이나 소리는 곡면의 다른 초점에 반사된다(연습문제 34 참조). 이 원리는 최신 신장결석 치료법인 **신장쇄석술**에 이용된다. 신장결석을 타원형 단면의 반사경의 한 초점에 위치하도록 배치한다. 그러면 다른 초점에서 발생하는 고강도 음파가 이 결석에 반사되어 주위의 세포조직을 손상시키지 않고 결석을 부순다. 환자는 수술로 인한 외상을 입지 않으며 회복도 빠르다.

■ 쌍곡선

쌍곡선(hyperbola)은 평면에서 두 개의 고정점(**초점**) F_1, F_2로부터의 거리의 차가 일정한 모든 점의 집합이다. 이 정의는 그림 11에서 설명된다.

쌍곡선은 화학, 물리학, 생물학, 경제학 등에서(보일의 법칙, 옴의 법칙, 공급과 수요곡선) 방정식의 그래프로 흔히 나타난다. 특별한 의미가 있는 쌍곡선의 응용은 세계 1차대전과 2차대전 때 개발된 항법장치에 나타난다(연습문제 27 참조).

쌍곡선의 정의는 타원의 정의와 유사하다. 단지 바뀐 것은 거리의 합이 거리의 차가 됐다는 것뿐이다. 사실 쌍곡선의 방정식을 유도하는 과정은 앞에서 주어진 타원에 대한 것과 유사하다. 초점이 x축의 $(\pm c, 0)$이고 거리의 차가 $|PF_1| - |PF_2| = \pm 2a$일 때 쌍곡선의 방정식은 다음과 같다. 여기서 $c^2 = a^2 + b^2$이다.

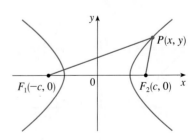

그림 11 $|PF_1| - |PF_2| = \pm 2a$일 때 P는 쌍곡선 위의 점이다.

$$\boxed{6} \qquad \frac{x^2}{a^2} - \frac{y^2}{b^2} = 1$$

x절편은 역시 $\pm a$이고, 점 $(a, 0)$과 $(-a, 0)$이 이 쌍곡선의 **꼭짓점**(vertices)이다. 식 $\boxed{6}$에서 $x = 0$이라 놓으면 $y^2 = -b^2$을 얻는데, 이것은 있을 수 없는 일이다. 따라서 y절편은 존재하지 않는다. 이 쌍곡선은 두 좌표축에 대해 대칭이다.

쌍곡선을 좀 더 분석하기 위해 식 $\boxed{6}$을 보면 다음을 얻는다.

$$\frac{x^2}{a^2} = 1 + \frac{y^2}{b^2} \geq 1$$

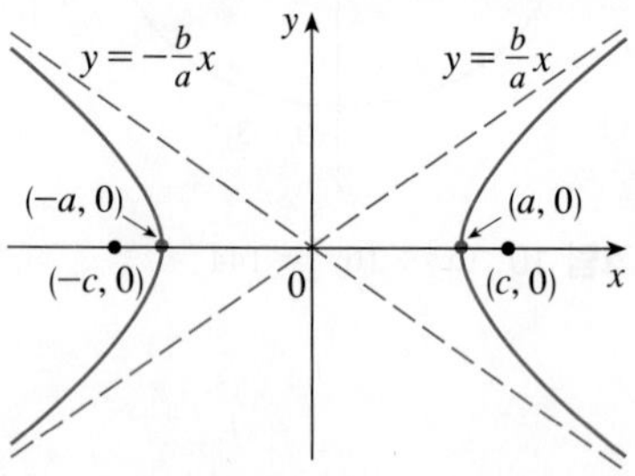

이 식은 $x^2 \geq a^2$임을 뜻하므로 $|x| = \sqrt{x^2} \geq a$임을 보여 준다. 그러므로 $x \geq a$ 또는 $x \leq -a$가 얻어진다. 이것은 쌍곡선이 분지라고 하는 두 부분으로 되어 있음을 의미한다.

쌍곡선을 그리는 데 있어 먼저 이 곡선의 **점근선**(asymptotes)을 그리는 것이 편리한데, 이 점근선은 그림 12에서 보듯이 점선인 직선 $y = (b/a)x$와 $y = -(b/a)x$이다. 쌍곡선의 두 분지는 점근선에 접근한다. 즉 점근선에 임의로 가까워진다. (3.5절의 연습문제 31에서 $y = (b/a)x$가 경사점근선임을 볼 수 있다.)

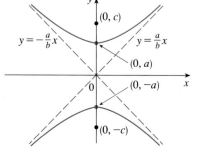

그림 12 $\dfrac{x^2}{a^2} - \dfrac{y^2}{b^2} = 1$

> $\boxed{7}$ 다음은 초점이 $(\pm c, 0)$이고 꼭짓점이 $(\pm a, 0)$ 그리고 점근선이 $y = \pm(b/a)x$인 쌍곡선이다. 여기서 $c^2 = a^2 + b^2$이다.
>
> $$\frac{x^2}{a^2} - \frac{y^2}{b^2} = 1$$

쌍곡선의 초점이 y축에 있으면, x와 y를 바꿔 다음 결과를 얻는다. 그림 13에서 이를 설명한다.

> $\boxed{8}$ 다음은 초점이 $(0, \pm c)$, 꼭짓점이 $(0, \pm a)$ 그리고 점근선이 $y = \pm(a/b)x$인 쌍곡선이다. 여기서 $c^2 = a^2 + b^2$이다.
>
> $$\frac{y^2}{a^2} - \frac{x^2}{b^2} = 1$$

그림 13 $\dfrac{y^2}{a^2} - \dfrac{x^2}{b^2} = 1$

《**예제 4**》 쌍곡선 $9x^2 - 16y^2 = 144$의 초점과 점근선을 구하고 그래프를 그려라.

풀이 방정식의 양변을 144로 나누면 다음과 같다.

$$\frac{x^2}{16} - \frac{y^2}{9} = 1$$

이 식은 정리 $\boxed{7}$에서 $a = 4$, $b = 3$인 형태로, $c^2 = 16 + 9 = 25$이므로 초점은 $(\pm 5, 0)$이다. 점근선은 직선 $y = \frac{3}{4}x$와 $y = -\frac{3}{4}x$이다. 그래프는 그림 14와 같다. ∎

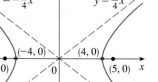

그림 14 $9x^2 - 16y^2 = 144$

《예제 5》 꼭짓점이 $(0, \pm 1)$이고 점근선이 $y = 2x$인 쌍곡선의 초점과 방정식을 구하라.

[풀이] 식 **8**과 주어진 정보로부터 $a = 1$, $a/b = 2$인 것을 알 수 있다. 따라서 $b = a/2 = \frac{1}{2}$이고 $c^2 = a^2 + b^2 = \frac{5}{4}$이다. 초점은 $\left(0, \pm\sqrt{5}/2\right)$이고, 쌍곡선의 방정식은 다음과 같다.

$$y^2 - 4x^2 = 1 \qquad \blacksquare$$

■ 원뿔곡선의 이동

표준방정식 **1**, **2**, **4**, **5**, **7**, **8**에서 x, y를 $x - h$, $y - k$로 바꾸고 원뿔곡선을 이동시킨다.

《예제 6》 초점이 $(2, -2)$, $(4, -2)$이고 꼭짓점이 $(1, -2)$, $(5, -2)$인 타원의 방정식을 구하라.

[풀이] 장축은 꼭짓점 $(1, -2)$, $(5, -2)$를 잇는 선분이고, 길이는 4이므로 $a = 2$이다. 초점 사이의 거리는 2이므로 $c = 1$이다. 따라서 $b^2 = a^2 - c^2 = 3$이다. 타원의 중심은 $(3, -2)$이므로 식 **4**에서 x와 y를 각각 $x - 3$와 $y + 2$로 바꾸면, 구하고자 하는 타원의 방정식을 얻는다.

$$\frac{(x-3)^2}{4} + \frac{(y+2)^2}{3} = 1 \qquad \blacksquare$$

《예제 7》 원뿔곡선 $9x^2 - 4y^2 - 72x + 8y + 176 = 0$을 그리고 초점을 구하라.

[풀이] 다음과 같이 완전제곱으로 변형한다.

$$4(y^2 - 2y) - 9(x^2 - 8x) = 176$$
$$4(y^2 - 2y + 1) - 9(x^2 - 8x + 16) = 176 + 4 - 144$$
$$4(y-1)^2 - 9(x-4)^2 = 36$$
$$\frac{(y-1)^2}{9} - \frac{(x-4)^2}{4} = 1$$

위 식은 x, y가 각각 $x - 4$와 $y - 1$로 바뀐 것을 제외하고는 정리 **8**의 형태이다. 따라서 $a^2 = 9$, $b^2 = 4$, $c^2 = 13$이다. 이 쌍곡선은 오른쪽으로 4단위, 위로 1단위만큼 이동된 것이다. 초점은 $\left(4, 1 + \sqrt{13}\right)$과 $\left(4, 1 - \sqrt{13}\right)$, 꼭짓점은 $(4, 4)$와 $(4, -2)$이고, 점근선은 $y - 1 = \pm\frac{3}{2}(x - 4)$이다. 쌍곡선의 그래프는 그림 15와 같다. ■

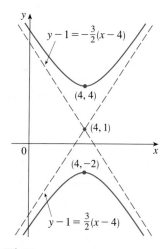

그림 15
$9x^2 - 4y^2 - 72x + 8y + 176 = 0$

═══════ 9.5 | **연습문제** ═══════

1-4 다음 포물선의 꼭짓점, 초점 및 준선을 구하고, 그래프를 그려라.

1. $x^2 = 8y$

2. $5x + 3y^2 = 0$

3. $(y+1)^2 = 16(x-3)$

4. $y^2 + 6y + 2x + 1 = 0$

5. 포물선의 방정식을 구하고, 초점과 준선을 구하라.

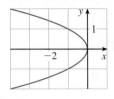

6-8 다음 타원의 꼭짓점 및 초점을 구하고, 그래프를 그려라.

6. $\dfrac{x^2}{16} + \dfrac{y^2}{25} = 1$　　　　**7.** $x^2 + 3y^2 = 9$

8. $4x^2 + 25y^2 - 50y = 75$

9. 타원의 방정식을 구하고, 초점을 구하라.

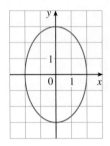

10-12 다음 쌍곡선의 꼭짓점, 초점 및 점근선을 구하고, 그래프를 그려라.

10. $\dfrac{y^2}{25} - \dfrac{x^2}{9} = 1$　　　　**11.** $x^2 - y^2 = 100$

12. $x^2 - y^2 + 2y = 2$

13. 쌍곡선의 방정식을 구하고 초점과 점근선을 구하라.

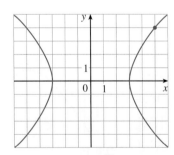

14-16 다음 원뿔곡선의 유형을 확인하고 꼭짓점과 초점을 구하라.

14. $4x^2 = y^2 + 4$　　　　**15.** $x^2 = 4y - 2y^2$

16. $3x^2 - 6x - 2y = 1$

17-25 다음 조건을 만족하는 원뿔곡선의 방정식을 구하라.

17. 꼭짓점 $(0, 0)$, 초점 $(1, 0)$인 포물선

18. 초점 $(-4, 0)$, 준선 $x = 2$인 포물선

19. 꼭짓점 $(3, -1)$, 수평축, $(-15, 2)$를 지나는 포물선

20. 초점 $(\pm 2, 0)$, 꼭짓점 $(\pm 5, 0)$인 타원

21. 초점 $(0, 2)$, $(0, 6)$, 꼭짓점 $(0, 0)$, $(0, 8)$인 타원

22. 중심 $(-1, 4)$, 꼭짓점 $(-1, 0)$, 초점 $(-1, 6)$인 타원

23. 꼭짓점 $(\pm 3, 0)$, 초점 $(\pm 5, 0)$인 쌍곡선

24. 꼭짓점 $(-3, -4)$, $(-3, 6)$, 초점 $(-3, -7)$, $(-3, 9)$인 쌍곡선

25. 꼭짓점 $(\pm 3, 0)$, 점근선 $y = \pm 2x$인 쌍곡선

---

26. 달 주위의 궤도에서 달의 표면과 가장 가까운 점을 **근월점**, 가장 먼 점을 **원월점**이라 한다. 우주선 아폴로 11호는 근월점의 고도가 110 km, 원월점의 고도가 314 km인 타원 궤도에 진입했다. 달의 반지름이 1728 km이고, 달의 중심을 한 초점으로 할 때 이 타원의 방정식을 구하라.

27. A와 B에 위치한 두 무선국에 있는 장거리 무선항법장치 (LORAN)에서 지점 P에 있는 선박이나 항공기의 신호를 동시에 전송하고 있다. 선상의 컴퓨터에서는 수신한 이들 신호의 시차를 이용해서 거리의 차 $|PA| - |PB|$를 계산하고, 이것으로부터 쌍곡선의 정의에 따라 쌍곡선의 한 분지 위에 있는 선박이나 항공기의 위치를 알아낸다(그림 참조). 무선국 B는 해안선을 따라 무선국 A의 동쪽으로 640 km 지점에 있다고 가정하자. 선박은 B로부터 신호를 받은 지 1200 μs 뒤에 A로부터 신호를 받았다.

(a) 무선 신호가 300 m/μs의 속력으로 전송된다고 가정할 때 선박이 위치하고 있는 쌍곡선의 방정식을 구하라.

(b) 선박이 B의 북쪽에 위치하고 있다면, 선박은 해안선에서 얼마나 떨어져 있는가?

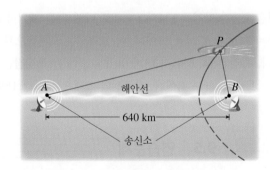

28. $y^2/a^2 - x^2/b^2 = 1$로 정의된 쌍곡선의 위쪽 분지는 위로 오목함을 보여라.

29. 다음의 각 경우에 있어서 아래 방정식으로 표현되는 곡선

의 유형을 결정하라.

$$\frac{x^2}{k} + \frac{y^2}{k-16} = 1$$

(a) $k > 16$　　(b) $0 < k < 16$　　(c) $k < 0$

(d) (a)와 (b)의 모든 곡선은 k의 값에 관계없이 같은 초점을 가짐을 보여라.

30. 준선에 있는 임의의 점으로부터 포물선 $x^2 = 4py$로 그은 두 접선이 수직임을 보여라.

31. 매개변수방정식과 $n = 8$인 심프슨의 공식을 이용해서 타원 $9x^2 + 4y^2 = 36$의 길이를 추정하라.

32. 쌍곡선 $x^2/a^2 - y^2/b^2 = 1$과 한 초점을 지나는 수직선으로 둘러싸인 부분의 넓이를 구하라.

33. x축과 타원 $9x^2 + 4y^2 = 36$의 위쪽 반으로 둘러싸인 영역의 무게중심을 구하라.

34. 원뿔곡선의 반사 성질 타원의 반사 성질을 조사해 본다.

점 $P(x_1, y_1)$을 초점이 F_1과 F_2인 타원 $x^2/a^2 + y^2/b^2 = 1$ 위의 점이라 하고, α와 β를 그림에서처럼 직선 PF_1, PF_2와 타원 사이의 각이라 할 때 $\alpha = \beta$임을 증명하라. 즉, 한 초점에서 나온 소리가 타원에 반사되어 다른 초점을 향한다. 이것은 속삭임의 회랑(whispering gallery)과 신장쇄석술이 어떻게 작동하는가를 설명한다. [힌트: $\tan \alpha = \tan \beta$는 $\tan \alpha = \dfrac{m_2 - m_1}{1 + m_1 m_2}$을 이용해서 보인다. 여기서 m_1, m_2는 두 직선 L_1, L_2의 기울기이다.]

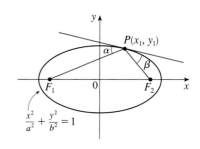

35. 다음 그림은 각각 중심이 $(-1, 0)$과 $(1, 0)$이고 반지름이 3과 5인 두 개의 빨간 원을 나타낸다. 이 두 원 모두에 접하는 모든 원의 집합을 생각하자(이 원 중 몇 개가 파란색으로 나타내졌다). 모든 그러한 원의 중심들이 초점이 $(\pm 1, 0)$인 타원 위에 있음을 보이고 이 타원의 방정식을 구하라.

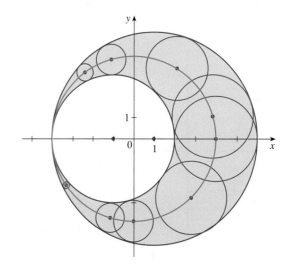

9.6 │ 극좌표에서 원뿔곡선

9.5절에서는 초점과 준선으로 포물선을 정의했고, 두 초점으로 타원과 쌍곡선을 정의했다. 이 절에서는 원뿔곡선의 세 가지 유형을 모두 초점과 준선으로 단일화해서 좀 더 다뤄 보자.

■ 원뿔곡선의 단일화

초점을 원점에 놓으면 원뿔곡선은 단순한 극방정식이 되는데, 이것은 행성, 위성, 혜성의 운동을 설명하는 데 편리하다.

> **1 정리** F를 평면에 있는 고정점(**초점**)이라 하고 l을 고정선(**준선**)이라 하자. 또한 e를 고정된 양수[**이심률**(eccentricity)이라 한다]라 하자. 이때 평면에서 다음(즉, F로부터의 거리와 l로부터의 거리의 비가 상수 e이다)을 만족하는 점 P 전체의 집합은 원뿔곡선이다.
>
> $$\frac{|PF|}{|Pl|} = e$$
>
> 원뿔곡선은
>
> (a) $e < 1$이면 타원이고,
> (b) $e = 1$이면 포물선이며,
> (c) $e > 1$이면 쌍곡선이다.

증명 이심률 $e = 1$이면 $|PF| = |Pl|$이고, 주어진 조건은 간단하게 9.5절에서처럼 포물선의 정의가 된다.

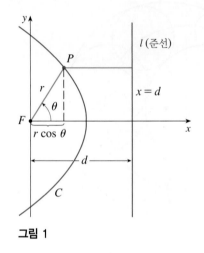

그림 1

초점 F를 원점에, 준선을 y축에 평행하게 놓고 오른쪽으로 d단위에 있다고 하자. 따라서 준선은 방정식 $x = d$이고 극축에 수직이다. 점 P의 극좌표가 (r, θ)이면, 그림 1로부터 다음을 알 수 있다.

$$|PF| = r, \qquad |Pl| = d - r\cos\theta$$

따라서 조건 $|PF|/|Pl| = e$, 즉 $|PF| = e|Pl|$은 다음과 같이 된다.

$$\boxed{2} \qquad\qquad r = e(d - r\cos\theta)$$

이 극방정식의 양변을 제곱해서 직교좌표로 변환하면 다음을 얻는다.

$$x^2 + y^2 = e^2(d - x)^2 = e^2(d^2 - 2dx + x^2)$$

즉

$$(1 - e^2)x^2 + 2de^2x + y^2 = e^2d^2$$

완전제곱식으로 변형하면 다음을 얻는다.

$$\boxed{3} \qquad \left(x + \frac{e^2d}{1 - e^2}\right)^2 + \frac{y^2}{1 - e^2} = \frac{e^2d^2}{(1 - e^2)^2}$$

$e < 1$이면 식 $\boxed{3}$이 타원의 방정식이 된다. 사실 이 방정식은 다음과 같은 형태가 된다.

$$\frac{(x - h)^2}{a^2} + \frac{y^2}{b^2} = 1$$

여기서 다음의 관계가 성립한다.

$$\boxed{4} \qquad h = -\frac{e^2d}{1 - e^2} \qquad a^2 = \frac{e^2d^2}{(1 - e^2)^2}, \qquad b^2 = \frac{e^2d^2}{1 - e^2}$$

9.5절에서 타원의 초점은 중심으로부터 거리가 c임을 알았다. 이때 c는 다음과 같다.

$$\boxed{5} \qquad c^2 = a^2 - b^2 = \frac{e^4 d^2}{(1 - e^2)^2}$$

그러므로 다음을 알 수 있다.

$$c = \frac{e^2 d}{1 - e^2} = -h$$

이 식은 정리 $\boxed{1}$에서 정의된 초점이 9.5절에서 정의된 초점과 같다는 것을 확인시켜 준다. 또한 식 $\boxed{4}$와 $\boxed{5}$로부터 이심률은 다음으로 주어진다.

$$e = \frac{c}{a}$$

$e > 1$이면 $1 - e^2 < 0$이고 식 $\boxed{3}$은 쌍곡선을 나타냄을 알 수 있다. 앞에서처럼 식 $\boxed{3}$을 다음 형태로 다시 쓸 수 있다.

$$\frac{(x - h)^2}{a^2} - \frac{y^2}{b^2} = 1$$

그러므로 다음이 성립함을 알 수 있다.

$$e = \frac{c}{a}, \quad c^2 = a^2 + b^2$$

■ 원뿔곡선의 극방정식

그림 1에서 원뿔곡선의 초점은 원점에 놓이고 준선의 방정식은 $x = d$이다. 식 $\boxed{2}$를 r에 대해 풀면, 원뿔곡선의 방정식을 다음과 같이 쓸 수 있다는 것을 알 수 있다.

$$r = \frac{ed}{1 + e \cos \theta}$$

준선을 초점의 왼쪽에 $x = -d$로 택하거나 극축에 평행하게 $x = \pm d$로 택하면, 원뿔곡선의 극방정식은 다음 정리로 주어지고 이는 그림 2에서 설명된다(연습문제 14, 15 참조).

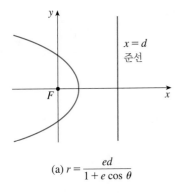

(a) $r = \dfrac{ed}{1 + e \cos \theta}$

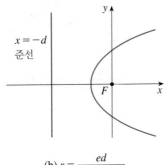
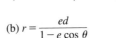

(b) $r = \dfrac{ed}{1 - e \cos \theta}$

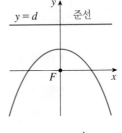

(c) $r = \dfrac{ed}{1 + e \sin \theta}$

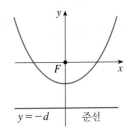

(d) $r = \dfrac{ed}{1 - e \sin \theta}$

그림 2 원뿔곡선의 극방정식

602 9장 매개변수방정식과 극좌표

> **6 정리**   다음과 같은 형태의 극방정식은 이심률이 e인 원뿔곡선을 나타낸다.
>
> $$r = \frac{ed}{1 \pm e\cos\theta} \quad \text{또는} \quad r = \frac{ed}{1 \pm e\sin\theta}$$
>
> 이 원뿔곡선은 $e < 1$이면 타원, $e = 1$이면 포물선, $e > 1$이면 쌍곡선이다.

《예제 1》 초점이 원점이고 준선이 직선 $y = -6$인 포물선의 극방정식을 구하라.

풀이 정리 **6**에서 $e = 1$, $d = 6$이라 두고, 그림 2(d)를 이용하면 포물선의 방정식은 다음과 같다.

$$r = \frac{6}{1 - \sin\theta}$$

《예제 2》 원뿔곡선의 극방정식이 다음과 같을 때 이심률을 구하고 원뿔곡선임을 확인하고 준선의 위치를 정하라. 이 원뿔곡선을 그려라.

$$r = \frac{10}{3 - 2\cos\theta}$$

풀이 분자와 분모를 3으로 나누고 방정식을 다음과 같이 쓴다.

$$r = \frac{\frac{10}{3}}{1 - \frac{2}{3}\cos\theta}$$

정리 **6**으로부터 위 식은 $e = \frac{2}{3}$인 타원을 나타낸다. $ed = \frac{10}{3}$이므로 다음을 얻는다.

$$d = \frac{\frac{10}{3}}{e} = \frac{\frac{10}{3}}{\frac{2}{3}} = 5$$

따라서 준선의 직교방정식은 $x = -5$이다. $\theta = 0$, $\pi/2$, π와 $3\pi/2$일 때 r의 값이 표에 나타나 있다. 타원은 그림 3과 같다.

θ	r
0	10
$\dfrac{\pi}{2}$	$\dfrac{10}{3}$
π	2
$\dfrac{3\pi}{2}$	$\dfrac{10}{3}$

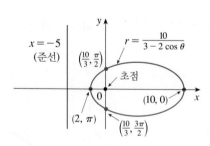

그림 3 $r = \dfrac{10}{3 - 2\cos\theta}$

《예제 3》 원뿔곡선 $r = \dfrac{12}{2 + 4\sin\theta}$ 를 그려라.

풀이 방정식을 다음 형태로 쓰면 이심률은 $e = 2$이다. 따라서 이 방정식은 쌍곡선을 나타냄을 알 수 있다.

$$r = \frac{6}{1 + 2\sin\theta}$$

$ed = 6$이므로 $d = 3$이고 준선의 방정식은 $y = 3$이다. $\theta = 0$, $\pi/2$, π와 $3\pi/2$일 때 r의

값이 표에 나타나 있다. 꼭짓점은 $\theta = \pi/2$와 $3\pi/2$일 때 생기고 $(2, \pi/2)$와 $(-6, 3\pi/2)$ $= (6, \pi/2)$이다. x절편은 $\theta = 0$, π일 때 생기고, 이 두 경우에 있어서 $r = 6$이다. 더욱 정확하게 나타내기 위해 점근선을 그리도록 하자. $1 + 2\sin\theta \to 0^+$ 또는 0^-일 때 $r \to \pm\infty$ 이고, $\sin\theta = -\frac{1}{2}$일 때 $1 + 2\sin\theta = 0$이다. 따라서 점근선들은 두 직선 $\theta = 7\pi/6$와 $\theta = 11\pi/6$에 평행이다. 쌍곡선은 그림 4와 같다.

θ	r
0	6
$\dfrac{\pi}{2}$	2
π	6
$\dfrac{3\pi}{2}$	-6

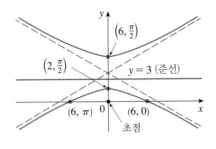

■ **그림 4** $r = \dfrac{12}{2 + 4\sin\theta}$

원뿔곡선을 회전시킬 때 직교방정식보다 극방정식을 이용하는 것이 보다 편리하다. $r = f(\theta - \alpha)$의 그래프는 $r = f(\theta)$의 그래프를 원점에 관해 각 α만큼 반시계 방향으로 회전시켜 얻는다는 사실을 이용한다(9.3절의 연습문제 33 참조).

《예제 4》 예제 2의 타원을 원점에 관해 $\pi/4$만큼 회전시킬 때 생기는 타원의 극방정식을 구하고 그래프를 그려라.

풀이 예제 2에 주어진 방정식에서 θ를 $\theta - \pi/4$로 대치함으로써 회전시킨 후의 타원의 방정식을 얻을 수 있다. 따라서 새로운 방정식은 다음과 같다.

$$r = \frac{10}{3 - 2\cos(\theta - \pi/4)}$$

이 방정식을 이용해서 그림 5에서 회전된 타원의 그래프를 그린다. 회전된 타원은 원래 타원의 좌측에 있는 초점을 중심으로 회전시킨 것임에 주목한다.

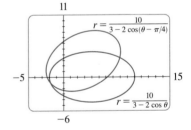

■ **그림 5**

그림 6은 이심률 e를 변화시킬 때 생기는 효과를 설명하기 위해 컴퓨터를 이용

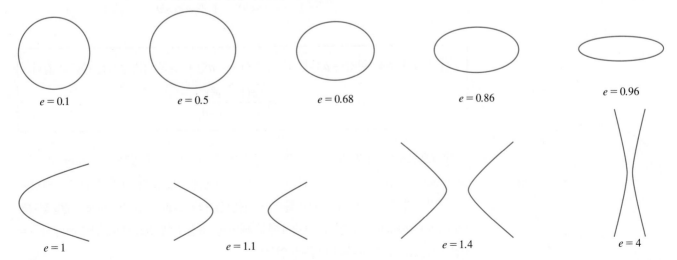

$e = 0.1$ $e = 0.5$ $e = 0.68$ $e = 0.86$ $e = 0.96$

$e = 1$ $e = 1.1$ $e = 1.4$ $e = 4$

그림 6

해서 그린 여러 가지 원뿔곡선이다. e가 0에 접근할 때 타원은 거의 원이 되고, 반면에 $e \to 1^-$일 때 타원은 더 길쭉해지는 것은 물론 $e = 1$일 때 원뿔곡선은 포물선이 된다.

■ 케플러 법칙

1609년 독일의 수학자이며 천문학자인 케플러(Johannes Kepler)는 막대한 분량의 천문학적 데이터에 기초해서, 다음과 같은 행성운동에 관한 세 가지의 법칙을 발표했다.

케플러 법칙

1. 행성은 태양을 한 초점으로 하는 타원 궤도를 따라 태양 둘레를 공전한다.
2. 행성과 태양을 연결한 선분은 같은 시간에 같은 넓이를 쓸고 지나간다.
3. 행성의 공전주기의 제곱은 행성 궤도의 장축 길이의 세제곱에 비례한다.

케플러가 태양을 공전하는 행성의 운동을 기준으로 자신의 법칙을 세웠지만, 이 법칙들은 또한 달, 혜성, 위성, 그리고 한 중력권에서 궤도를 회전하는 다른 천체들에도 똑같이 적용된다. 12.4절에서 뉴턴 법칙으로부터 어떻게 케플러 법칙을 추론할 수 있는지를 보일 것이다. 여기서는 타원의 극방정식과 함께 케플러의 제1법칙을 이용해서 천문학의 흥미로운 양을 계산해 보자.

이 계산을 위해서 이심률 e와 반장축 a를 써서 타원의 방정식을 표현한다. 초점에서 준선에 이르는 거리 d는 식 **4**를 이용해서 다음과 같이 a로 나타낼 수 있다.

$$a^2 = \frac{e^2 d^2}{(1 - e^2)^2} \quad \Rightarrow \quad d^2 = \frac{a^2(1 - e^2)^2}{e^2} \quad \Rightarrow \quad d = \frac{a(1 - e^2)}{e}$$

그러므로 $ed = a(1 - e^2)$이다. 준선이 $x = d$이면, 극방정식은 다음과 같다.

$$r = \frac{ed}{1 + e\cos\theta} = \frac{a(1 - e^2)}{1 + e\cos\theta}$$

---

7 원점이 초점, 반장축 a, 이심률 e, 준선 $x = d$인 타원의 극방정식은 다음과 같다.

$$r = \frac{a(1 - e^2)}{1 + e\cos\theta}$$

태양으로부터 가장 가깝고 가장 먼 행성의 위치를 각각 **근일점**(perihelion)과 **원일점**(aphelion)이라 하며, 이 지점은 타원의 꼭짓점에 해당된다(그림 7 참조). 태양에서 근일점과 원일점까지의 거리를 각각 **근일점거리**(perihelion distance), **원일점거리**(aphelion distance)라 한다. 그림 1에서 태양이 초점 F에 있으므로, 근일점에서 $\theta = 0$을 얻는다. 식 **7**로부터 다음을 얻는다.

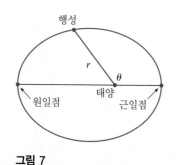

그림 7

$$r = \frac{a(1 - e^2)}{1 + e\cos 0} = \frac{a(1 - e)(1 + e)}{1 + e} = a(1 - e)$$

같은 방법으로 원일점에서 $\theta = \pi$, $r = a(1 + e)$를 얻는다.

> **8** 행성에서 태양까지 근일점거리는 $a(1 - e)$이고, 원일점거리는 $a(1 + e)$이다.

《예제 5》

(a) 태양(초점)을 도는 지구의 타원 궤도에 대한 근사 극방정식을 구하라. 여기서 이심률은 약 0.017, 장축의 길이는 약 2.99×10^8 km로 한다.

(b) 근일점과 원일점에서 지구로부터 태양까지의 거리를 구하라.

풀이

(a) 장축의 길이는 $2a = 2.99 \times 10^8$이므로 $a = 1.495 \times 10^8$이다. $e = 0.017$이므로, 식 **7**로부터 태양을 도는 지구의 궤도 방정식은 다음과 같다.

$$r = \frac{a(1 - e^2)}{1 + e\cos\theta} = \frac{(1.495 \times 10^8)\left[1 - (0.017)^2\right]}{1 + 0.017\cos\theta}$$

또는 근사적으로 다음과 같다.

$$r = \frac{1.49 \times 10^8}{1 + 0.017\cos\theta}$$

(b) 정리 **8**로부터 지구에서 태양까지의 근일점거리는 다음과 같다.

$$a(1 - e) \approx (1.495 \times 10^8)(1 - 0.017) \approx 1.47 \times 10^8 \text{ km}$$

원일점거리는 다음과 같다.

$$a(1 + e) \approx (1.495 \times 10^8)(1 + 0.017) \approx 1.52 \times 10^8 \text{ km} \qquad ■$$

9.6 | 연습문제

1-4 초점이 원점이며, 다음 조건을 만족하는 원뿔곡선의 극방정식을 쓰라.

1. 준선 $x = 2$인 포물선

2. 이심률 2, 준선 $y = -4$인 쌍곡선

3. 이심률 $\frac{2}{3}$, 꼭짓점이 $(2, \pi)$인 타원

4. 꼭짓점이 $(3, \pi/2)$인 포물선

5-7 각 극방정식에 해당하는 그래프를 I~III에서 찾고, 답을 설명하라.

5. $r = \dfrac{3}{1 - \sin\theta}$

6. $r = \dfrac{12}{8 - 7\cos\theta}$

7. $r = \dfrac{5}{2 + 3\sin\theta}$

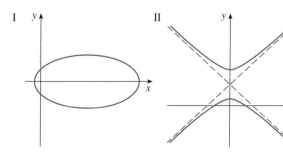

III

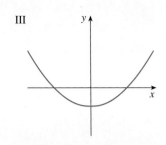

8-11 각 극방정식에 대해 (a) 이심률을 구하고, (b) 원뿔곡선을 확인하고, (c) 준선의 방정식을 구하고, (d) 원뿔곡선을 그려라.

8. $r = \dfrac{4}{5 - 4\sin\theta}$ **9.** $r = \dfrac{2}{3 + 3\sin\theta}$

10. $r = \dfrac{9}{6 + 2\cos\theta}$ **11.** $r = \dfrac{3}{4 - 8\cos\theta}$

12. (a) 원뿔곡선 $r = 1/(1 - 2\sin\theta)$의 이심률과 준선을 구하라. 그리고 원뿔곡선과 준선을 그려라.

    (b) 이 원뿔곡선을 원점에 관해 반시계 방향으로 $3\pi/4$만큼 회전시킨 곡선의 방정식을 구하고, 이 곡선을 그려라.

13. $e = 0.4,\ 0.6,\ 0.8,\ 1.0$일 때 원뿔곡선 $r = \dfrac{e}{1 - e\cos\theta}$를 동일한 보기화면에 그려라. e의 값은 곡선의 모양에 어떤 영향을 미치는가?

14. 초점이 원점, 이심률이 e, 준선이 $x = -d$인 원뿔곡선의 극방정식이 다음과 같음을 보여라.

$$r = \frac{ed}{1 - e\cos\theta}$$

15. 초점이 원점, 이심률이 e, 준선이 $y = -d$인 원뿔곡선의 극방정식이 다음과 같음을 보여라.

$$r = \frac{ed}{1 - e\sin\theta}$$

16. 태양 주위를 도는 화성의 궤도는 타원으로 이심률이 0.093, 반장축 2.28×10^8 km이다. 이 궤도에 대한 극방정식을 구하라.

17. 1986년에 마지막으로 관측되고 2061년 다시 관측될 예정인 핼리 혜성의 궤도는 이심률이 0.97이고, 태양을 한 초점으로 하는 타원이다. 장축의 길이는 36.18 AU이다. (천문학 단위 AU는 지구와 태양 사이의 평균거리로, 약 1억 5천만 km이다.) 핼리 혜성의 궤도에 대한 극방정식을 구하라. 혜성에서 태양까지의 최대 거리는 얼마인가?

18. 수성은 이심률이 0.206인 타원 궤도를 따라 공전한다. 태양으로부터 최소 거리는 4.6×10^7 km이다. 태양으로부터 최대 거리를 구하라.

19. 연습문제 18의 값을 이용해서 수성이 태양 주위를 완전히 한 바퀴 공전한 거리를 구하라. (계산기나 컴퓨터 또는 심프슨의 공식을 이용해서 이 정적분을 수치적으로 계산하라.)

---

9   복습

개념 확인

1. (a) 매개변수곡선이란 무엇인가?

    (b) 매개변수곡선은 어떻게 그리는가?

2. 다음을 나타내는 표현식을 쓰라.

    (a) 매개변수곡선의 길이

    (b) 매개변수곡선을 x축을 중심으로 회전시킬 때 생기는 곡면의 넓이

    (c) 매개변수곡선을 따라 움직이는 입자의 속도

3. (a) 극곡선으로 둘러싸인 영역의 넓이는 어떻게 구하는가?

    (b) 극곡선의 길이는 어떻게 구하는가?

(c) 극곡선에 대한 접선의 기울기는 어떻게 구하는가?

4. (a) 초점을 이용해서 타원의 정의를 쓰라.

    (b) 초점 $(\pm c, 0)$, 꼭짓점 $(\pm a, 0)$인 타원의 방정식을 쓰라.

5. (a) 원뿔곡선의 이심률은 무엇인가?

    (b) 원뿔곡선이 타원인 경우 이심률에 관해 무엇이라 말할 수 있는가? 쌍곡선, 포물선인 경우에는 어떠한가?

    (c) 이심률 e, 준선 $x = d$인 원뿔곡선에 대한 극방정식을 쓰라. 또 준선이 각각 $x = -d$, $y = d$, $y = -d$일 때는 어떠한가?

참·거짓 퀴즈

다음 명제가 참인지 거짓인지 판별하라. 참이면 이유를 설명하고, 거짓이면 이유를 설명하거나 반례를 들라.

1. 매개변수곡선 $x = f(t)$, $y = g(t)$가 $g'(1) = 0$을 만족하면 $t = 1$일 때 수평접선을 갖는다.

2. 곡선 $x = f(t)$, $y = g(t)$, $a \leq t \leq b$의 길이는 다음과 같다.
$$\int_a^b \sqrt{[f'(t)]^2 + [g'(t)]^2}\, dt$$

3. 점이 직교좌표에서 $(x, y)(x \neq 0)$로 극좌표에서 (r, θ)로 표현된다면 $\theta = \tan^{-1}(y/x)$이다.

4. 방정식 $r = 2$, $x^2 + y^2 = 4$와 $x = 2\sin 3t$, $y = 2\cos 3t$ $(0 \leq t \leq 2\pi)$는 모두 같은 그래프를 나타낸다.

5. $y^2 = 2y + 3x$의 그래프는 포물선이다.

6. 쌍곡선은 자신의 준선과 절대로 교차하지 않는다.

복습문제

1-3 다음 매개변수곡선을 그리고, 매개변수를 소거해서 직교방정식을 구하라.

1. $x = t^2 + 4t$, $y = 2 - t$, $-4 \leq t \leq 1$

2. $x = \ln t$, $y = t^2$

3. $x = \cos\theta$, $y = \sec\theta$, $0 \leq \theta < \pi/2$

4. 곡선 $y = \sqrt{x}$ 에 대해 서로 다른 세 개의 매개변수방정식을 구하라.

5. (a) 극좌표 $(4, 2\pi/3)$인 점을 나타내라. 그리고 그것의 직교좌표를 구하라.
   (b) 어떤 점의 직교좌표가 $(-3, 3)$이다. 이 점에 대한 극좌표점 두 개를 구하라.

6-9 다음 극곡선을 그려라.

6. $r = 1 + \sin\theta$ **7.** $r = \cos 3\theta$

8. $r = 1 + \cos 2\theta$ **9.** $r = \dfrac{3}{1 + 2\sin\theta}$

10. 직교방정식 $x + y = 2$로 표현되는 곡선의 극방정식을 구하라.

11. 극방정식이 $r = (\sin\theta)/\theta$인 곡선을 **코크로이드**(cochleoid)라 한다. 직교좌표에서 θ의 함수로서 r의 그래프를 이용해서 직접 손으로 그려라. 결과를 계산기나 컴퓨터를 이용해서 확인하라.

12-13 지정된 매개변숫값에 대응하는 점에서 곡선에 대한 접선의 기울기를 구하라.

12. $x = \ln t$, $y = 1 + t^2$; $t = 1$

13. $r = e^{-\theta}$; $\theta = \pi$

14. $x = t + \sin t$, $y = t - \cos t$일 때 dy/dx, d^2y/dx^2를 구하라.

15. 그래프를 이용해서 곡선 $x = t^3 - 3t$, $y = t^2 + t + 1$에서 가장 낮은 점의 좌표를 추정하라. 그리고 계산기를 이용해서 정확한 좌표를 구하라.

16. 곡선 $x = 2a\cos t - a\cos 2t$, $y = 2a\sin t - a\sin 2t$가 수직접선과 수평접선을 갖는 점을 구하라. 이 정보를 이용해서 곡선의 그래프를 그려라.

17. 곡선 $r^2 = 9\cos 5\theta$로 둘러싸인 넓이를 구하라.

18. 곡선 $r = 2$, $r = 4\cos\theta$의 교점을 구하라.

19. 두 원 $r = 2\sin\theta$, $r = \sin\theta + \cos\theta$의 내부에 놓인 모든 영역의 넓이를 구하라.

20-21 다음 곡선의 길이를 구하라.

20. $x = 3t^2$, $y = 2t^3$, $0 \leq t \leq 2$

21. $r = 1/\theta$, $\pi \leq \theta \leq 2\pi$

22. 시각 t(초)에서 입자의 위치(미터)가 다음 매개변수방정식으로 주어졌다.
$$x = \tfrac{1}{2}(t^2 + 3), \quad y = 5 - \tfrac{1}{3}t^3$$
(a) 점 $(6, -4)$에서 입자의 속도를 구하라.
(b) $0 \leq t \leq 8$일 때 입자의 평균 속도는 무엇인가?

23. 다음 곡선을 x축을 중심으로 회전시킬 때 생기는 곡면 넓이를 구하라.
$$x = 4\sqrt{t}, \quad y = \frac{t^3}{3} + \frac{1}{2t^2}, \quad 1 \leq t \leq 4$$

24. 다음과 같은 매개변수방정식으로 정의된 곡선을 **스트로포이**

드(strophoid)라 한다. (이것은 그리스어로 '돌리거나 뒤틀다'를 의미한다.)

$$x = \frac{t^2 - c}{t^2 + 1}, \quad y = \frac{t(t^2 - c)}{t^2 + 1}$$

c의 값이 변함에 따라 이 곡선이 어떻게 변하는지를 조사하라.

25-26 다음 곡선의 초점과 꼭짓점을 구하고, 그래프를 그려라.

25. $\dfrac{x^2}{9} + \dfrac{y^2}{8} = 1$

26. $6y^2 + x - 36y + 55 = 0$

27. 초점이 $(\pm 4, 0)$이고 꼭짓점이 $(\pm 5, 0)$인 타원의 방정식을 구하라.

28. 초점이 $(0, \pm 4)$이고 점근선이 $y = \pm 3x$인 쌍곡선의 방정식을 구하라.

29. 꼭짓점과 초점 하나는 포물선 $x^2 + y = 100$과 공유하고 다른 초점이 원점인 타원이 있다. 이 타원의 방정식을 구하라.

30. 초점이 원점이고 이심률이 $\frac{1}{3}$, 준선이 $r = 4 \sec \theta$인 타원의 극방정식을 구하라.

31. 극축과 쌍곡선 $r = ed/(1 - e \cos \theta)$, $e > 1$의 점근선 사이의 각이 $\cos^{-1}(\pm 1/e)$임을 보여라.

천문학자들은 멀리 떨어져 있는 천체로부터 나오는 전자기파로부터 천체에 대한 정보를 수집한다.
Antares StarExplorer / Shutterstock.com

10

수열과 급수 그리고 거듭제곱급수
Sequences, Series, and Power Series

우리는 지금까지 앞 장에서 구간 상에서 정의된 함수에 대해 살펴보았다. 이번 장에서는 수열을 살펴보는 것으로 시작하려고 한다. 수열은 정의역이 자연수 전체의 집합인 함수로 간주할 수 있다. 수열을 살펴본 후 무한급수, 즉 수열을 이루는 수의 합을 살펴보려고 한다. 아이작 뉴턴은 구간 상에서 정의된 함수를 무한급수로 나타내었는데, 부분적으로 이는 그러한 급수의 적분과 미분이 쉽게 되기 때문이다. 10장 10절에서는 뉴턴의 접근법을 사용하여 e^{-x^2}과 같이 이전에는 역도함수를 찾을 수 없었던 함수들을 적분하는 방법을 살펴볼 것이다. 베셀함수와 같이 수리물리학 및 화학에서 나타나는 많은 함수는 급수의 합으로 정의된다. 그 때문에 무한수열과 무한급수의 수렴에 대한 기본 개념에 익숙해지는 것이 중요하다.

물리학자는 10.11절에서 보게 될 방법으로 급수를 이용한다. 광학, 특수상대성이론, 전자기학, 천문학 등과 같은 다양한 분야의 연구에서 그들은 함수를 나타내는 급수의 처음 몇 개의 항으로 그 함수를 대신해서 현상을 분석한다.

10.1 │ 수열

미적분학에서의 많은 개념은 단계적으로 절차를 적용하여 얻은 수들과 관련이 된다. 예를 들어 3장 8절의 뉴턴 방법을 사용하여 방정식의 근을 근사할 때 수의 나열, 즉 **수열**이 생성된다. 또한, 2장 1절에서와 같이 순간 변화율을 근사하기 위해 더 작은 구간에서의 함수의 평균 변화율을 계산할 때도 수열이 만들어진다.

　기원전 5세기의 그리스 철학자인 엘레아의 제논은 공간과 시간에 관한 그 시대의 몇몇 생각에 도전하려는 의도를 가지고 현재 **제논의 역설**이라고 알려진 4개의 문제를 제기하였다. 그 역설 중 하나에서 제논은 방에 서 있는 사람은 결코 벽까지 걸어갈 수 없다고 주장하였다. 이는 벽까지 걸어가기 위해서 우선 벽까지 거리의 절반을 걸어야 하고, 그런 후에 남아 있는 거리의 절반을, 또 그런 후에 다시 남아 있는 거리의 절반을 걸어야 하는데 이런 식으로 무한히 계속해야 하기 때문이라고 하였다 (그림 1 참조). 이때 각 단계에서 사람이 걷는 거리는 다음 수열을 구성한다.

$$\frac{1}{2}, \ \frac{1}{4}, \ \frac{1}{8}, \ \frac{1}{16}, \ \frac{1}{32}, \ \cdots, \ \frac{1}{2^n}, \ \cdots$$

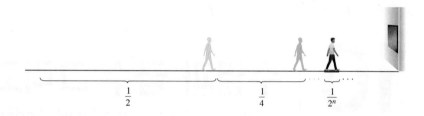

그림 1 n번째 단계에서 $1/2^n$의 거리를 걷는다.

■ 무한수열

무한수열(infinite sequence) 혹은 간단히 **수열**(sequence)은 다음과 같이 일정한 순서로 쓰여진 수의 나열로 생각할 수 있다.

$$a_1, \ a_2, \ a_3, \ a_4, \ \ldots, \ a_n, \ldots$$

수 a_1은 **첫째 항**, a_2는 **둘째 항**, 그리고 일반적으로 a_n은 **n번째 항**이라 한다. 여기서는 무한수열만을 다루며, 따라서 a_{n+1}은 a_n의 다음 항이다.

　모든 양의 정수 n에 대해 수 a_n이 대응하므로 수열은 정의역이 양의 정수들의 집합인 함수로 정의할 수 있음에 주목하자. 그렇지만 통상적으로 수 n의 함숫값에 대한 함수 기호 $f(n)$ 대신 a_n으로 쓴다.

기호　수열 $\{a_1, a_2, a_3, \ldots\}$을 다음과 같이 나타내기도 한다.

$$\{a_n\} \quad \text{또는} \quad \{a_n\}_{n=1}^{\infty}$$

다른 말이 없으면 n은 1부터 시작하는 것으로 가정한다.

《예제 1》 어떤 수열은 n번째 항에 대한 식을 제공함으로써 정의할 수 있다.

(a) 이 절의 시작에서 방에 있는 사람이 걷는 거리로 이루어진 수열을 기술하였다. 아래는 이 수열을 나타내는 동등한 세 가지 표현이다.

$$\left\{\frac{1}{2^n}\right\}, \quad a_n = \frac{1}{2^n}, \quad \left\{\frac{1}{2}, \frac{1}{4}, \frac{1}{8}, \frac{1}{16}, \frac{1}{32}, \cdots, \frac{1}{2^n}, \cdots\right\}$$

세 번째 표현에서는 $a_1 = 1/2^1$, $a_2 = 1/2^2$ 등 수열의 처음 몇 개의 항을 직접 나열하여 나타내었다.

(b) 수열 $\left\{\dfrac{n}{n+1}\right\}_{n=2}^{\infty}$ 의 n번째 항의 식은 $a_n = \dfrac{n}{n+1}$ 이고 이 수열은 $n = 2$로부터 시작함을 나타낸다.

$$\left\{\frac{2}{3}, \frac{3}{4}, \frac{4}{5}, \frac{5}{6}, \cdots\right\}$$

(c) 수열 $\left\{\sqrt{3}, \sqrt{4}, \sqrt{5}, \sqrt{6}, \ldots\right\}$은 $n = 1$부터 시작하는 경우 $\left\{\sqrt{n+2}\right\}_{n=1}^{\infty}$로 나타낼 수 있다. 동등하게 $n = 3$부터 시작하는 경우 $\left\{\sqrt{n}\right\}_{n=3}^{\infty}$ 또는 $a_n = \sqrt{n}$, $n \geq 3$으로 쓸 수도 있다.

(d) 수열 $\left\{(-1)^n \dfrac{(n+1)}{3^n}\right\}_{n=0}^{\infty}$ 은 다음 수열을 생성한다.

$$\left\{\frac{1}{1}, -\frac{2}{3}, \frac{3}{9}, -\frac{4}{27}, \frac{5}{81}, \cdots\right\}$$

여기서는 $n = 0$일 때가 첫 번째 항이고 수열에서 $(-1)^n$ 성분은 양수와 음수를 번갈아 나오게 한다. ■

《예제 2》 처음 연속적인 몇 개의 항이 어떤 특별한 규칙을 가지고 있다고 가정하고, 다음 수열의 일반항 a_n에 대한 식을 구하라.

$$\left\{\frac{3}{5}, -\frac{4}{25}, \frac{5}{125}, -\frac{6}{625}, \frac{7}{3125}, \cdots\right\}$$

풀이 $a_1 = \dfrac{3}{5}$, $a_2 = -\dfrac{4}{25}$, $a_3 = \dfrac{5}{125}$, $a_4 = -\dfrac{6}{625}$, $a_5 = \dfrac{7}{3125}$이다. 각 분수의 분자는 3에서 시작해서 차례로 1씩 증가한다. 따라서 둘째 항의 분자는 4, 셋째 항의 분자는 5, 일반적으로 n번째 항의 분자는 $n + 2$이다. 분모는 5의 거듭제곱이다. 따라서 a_n의 분모는 5^n이다. 각 항의 부호는 양과 음이 교대로 나타난다. 따라서 예제 1(d)와 같이 (-1)의 거듭제곱을 곱해야 한다. 여기서는 a_1이 양수이므로 $(-1)^{n-1}$ 또는 $(-1)^{n+1}$을 곱해야 한다. 그러므로 구하고자 하는 수열은 다음과 같다.

$$a_n = (-1)^{n-1} \frac{n+2}{5^n}$$

■

《**예제 3**》 다음은 간단한 식으로 정의할 수 없는 수열이다.

(a) p_n이 n년도 1월 1일 현재 세계의 인구일 때 수열 $\{p_n\}$

(b) a_n이 수 e의 소수점 아래 n번째 자릿수라 할 때 수열 $\{a_n\}$은 처음 몇 항이 다음과 같이 정의되는 수열이다.

$$\{7, 1, 8, 2, 8, 1, 8, 2, 8, 4, 5, \ldots\}$$

(c) **피보나치 수열**(Fibonacci sequence) $\{f_n\}$은 다음과 같은 조건에 의해 점화식으로 정의된 수열이다.

$$f_1 = 1, \quad f_2 = 1, \quad f_n = f_{n-1} + f_{n-2}, \quad n \geq 3$$

각 항은 바로 앞의 두 항을 합한 것으로 처음 몇 항을 나열하면 다음과 같다.

$$\{1, 1, 2, 3, 5, 8, 13, 21, \ldots\}$$

이 수열은 13세기 이탈리아 수학자 피보나치가 토끼의 번식에 관련한 문제를 푸는 과정에서 얻은 것이다(연습문제 45 참조). ■

■ 수열의 극한

그림 2

수열의 항들을 수직선상에 표시하거나 그래프로 나타내면서 그림으로 표현할 수 있다. 그림 2와 그림 3은 다음 수열에 대하여 이러한 방법을 설명하고 있다.

$$\left\{\frac{n}{n+1}\right\} = \left\{\frac{1}{2}, \frac{2}{3}, \frac{3}{4}, \frac{4}{5}, \ldots\right\}$$

수열 $\{a_n\}_{n=1}^{\infty}$은 양의 정수 전체의 집합을 정의역으로 하는 함수이기 때문에 수열의 그래프는 좌표가

$$(1, a_1), \quad (2, a_2), \quad (3, a_3), \quad \ldots \quad (n, a_n) \quad \ldots$$

인 떨어진 점들로 구성된다.

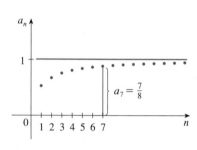

그림 3

그림 2와 3으로부터 수열 $a_n = n/(n+1)$의 각 항은 n이 커짐에 따라 1에 접근함을 알 수 있다. 실제로 n을 충분히 크게 선택해서 다음 차를 가능한 작게 할 수 있다.

$$1 - \frac{n}{n+1} = \frac{1}{n+1}$$

이것은 다음과 같이 나타낼 수 있음을 의미한다.

$$\lim_{n \to \infty} \frac{n}{n+1} = 1$$

일반적으로 n이 커짐에 따라 수열 $\{a_n\}$의 항들이 L에 접근한다는 의미로 다음 기호를 사용한다.

$$\lim_{n \to \infty} a_n = L$$

수열의 극한에 대한 다음 정의는 3.4절에서 제시했던 무한대에서 함수의 극한에 대한 정의와 매우 유사하다.

---

1 수열의 극한의 직관적 정의 n을 충분히 크게 택해서 항 a_n이 L에 근접하게 만들 수 있다면, 수열 $\{a_n\}$은 **극한** L을 갖는다라 하고 다음과 같이 나타낸다.

$$\lim_{n \to \infty} a_n = L \quad \text{또는} \quad n \to \infty \text{일 때} \quad a_n \to L$$

$\lim\limits_{n \to \infty} a_n$이 존재하면 수열은 **수렴한다**(converges)고 하고, 그렇지 않으면 수열 $\{a_n\}$은 **발산한다**(diverges)고 한다.

그림 4는 극한이 L인 수렴하는 두 수열의 그래프를 보임으로써 정의 1을 설명한다.

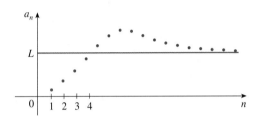 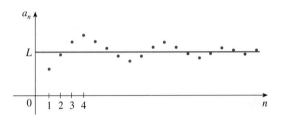

그림 4 $\lim\limits_{n \to \infty} a_n = L$인 수렴하는 두 수열의 그래프

정의 1의 더 엄밀한 정의는 다음과 같다.

---

2 수열의 극한의 엄밀한 정의 임의의 $\varepsilon > 0$에 대해 이에 대응하는 N이 존재해서 $n > N$일 때 $|a_n - L| < \varepsilon$이 성립한다면, 수열 $\{a_n\}$은 **극한** L을 갖는다라 하고, 다음과 같이 나타낸다.

$$\lim_{n \to \infty} a_n = L \quad \text{또는 } n \to \infty \text{일 때} \quad a_n \to L$$

이 정의를 3.4절의 정의 5와 비교해 보자.

정의 2는 그림 5에서 보듯이 수직선 위에 항들 $a_1, a_2, a_3, \ldots$을 점으로 찍을 때, 구간 $(L - \varepsilon, L + \varepsilon)$을 아무리 작게 선택하더라도, a_{N+1} 이후의 모든 항들이 이 구간 안에 놓이도록 하는 N이 존재함을 의미한다.

그림 5

그림 6은 정의 2의 또 다른 설명으로 $n > N$이면 $\{a_n\}$의 그래프 위의 점들이 두 수평선 $y = L + \varepsilon$과 $y = L - \varepsilon$ 사이에 놓이게 된다는 것을 보여 준다. 이 그림은 ε을 아무리 작게 잡더라도 성립해야 하며, 일반적으로 ε이 작아지면 작아질수록 N은 더 커지게 된다.

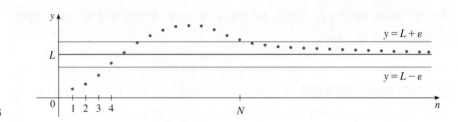

그림 6

수열의 항이 하나의 값에 접근하지 않으면 그 수열은 **발산한다.** 그림 7은 수열이 발산할 수 있는 두 가지 다른 방법을 보여주고 있다.

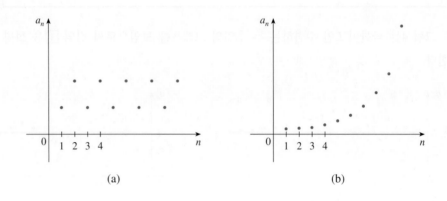

그림 7 발산하는 두 수열의 그래프   (a)   (b)

그래프가 그림 7(a)에 그려진 수열은 서로 다른 두 값 사이를 진동하고 $n \to \infty$일 때 하나의 값에 접근하지 않기 때문에 발산한다. 그래프 (b)에서는 n이 더 커짐에 따라 a_n이 한없이 증가하고 있다. 수열이 발산하는 이 같은 방식을 나타내기 위해 $\lim\limits_{n \to \infty} a_n = \infty$라고 쓰고, "수열이 무한대로 발산한다."고 한다. 다음의 엄밀한 정의는 3.4절 정의 **7**과 유사하다.

> **3 무한극한의 엄밀한 정의** $\lim\limits_{n \to \infty} a_n = \infty$는 모든 양수 M에 대해 다음을 만족하는 정수 N이 존재함을 의미한다.
>
> $$n > N \text{이면} \quad a_n > M$$

비슷한 방법으로 $\lim\limits_{n \to \infty} a_n = -\infty$의 의미를 정의한다.

■ 수렴하는 수열의 성질

정의 **2**와 3.4절 정의 **5**를 비교해 보면 $\lim\limits_{n \to \infty} a_n = L$과 $\lim\limits_{x \to \infty} f(x) = L$의 차이는 단지 n이 정수라는 것뿐이다. 따라서 다음 정리를 얻으며, 그림 8은 이 정리를 설명한다.

> **4 정리** $\lim\limits_{x \to \infty} f(x) = L$이고 n이 정수일 때 $f(n) = a_n$이면 $\lim\limits_{n \to \infty} a_n = L$이다.

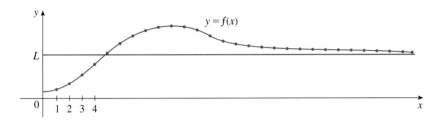

그림 8

예를 들어, $r > 0$일 때 $\lim_{x \to \infty}(1/x^r) = 0$이므로(3.4절의 정리 **4** 참조), 정리 **4**에 의해 다음이 성립한다.

5 $\qquad\qquad\qquad\qquad r > 0$이면 $\displaystyle\lim_{n \to \infty}\frac{1}{n^r} = 0$

1.6절에서의 극한법칙은 수열의 극한에 대해서도 성립하고 그 증명도 유사하다.

수열의 극한법칙 $\{a_n\}$과 $\{b_n\}$이 수렴하는 수열이고 c가 상수라면 다음이 성립한다.

1. $\displaystyle\lim_{n \to \infty}(a_n + b_n) = \lim_{n \to \infty} a_n + \lim_{n \to \infty} b_n$ 　　　　　　　　합의 법칙

2. $\displaystyle\lim_{n \to \infty}(a_n - b_n) = \lim_{n \to \infty} a_n - \lim_{n \to \infty} b_n$ 　　　　　　　　차의 법칙

3. $\displaystyle\lim_{n \to \infty} ca_n = c\lim_{n \to \infty} a_n$ 　　　　　　　　상수배의 법칙

4. $\displaystyle\lim_{n \to \infty}(a_n b_n) = \lim_{n \to \infty} a_n \cdot \lim_{n \to \infty} b_n$ 　　　　　　　　곱의 법칙

5. $\displaystyle\lim_{n \to \infty} b_n \neq 0$이면, $\displaystyle\lim_{n \to \infty}\frac{a_n}{b_n} = \frac{\displaystyle\lim_{n \to \infty} a_n}{\displaystyle\lim_{n \to \infty} b_n}$ 　　　　　　몫의 법칙

또 다른 유용한 법칙은 아래의 거듭제곱의 법칙이다.

$\qquad\qquad p > 0$이고 $a_n > 0$이면 $\displaystyle\lim_{n \to \infty} a_n^p = \left[\lim_{n \to \infty} a_n\right]^p$이다. 　　　　거듭제곱의 법칙

압축정리는 아래와 같이 수열에 적용할 수 있다(그림 9 참조).

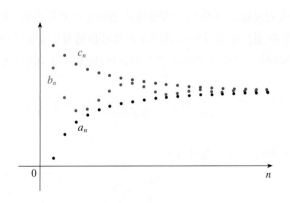

그림 9 수열 $\{b_n\}$은 수열 $\{a_n\}$과 $\{c_n\}$ 사이에서 압축된다.

수열에 대한 압축 정리

$$n \geq n_0 \text{일 때 } a_n \leq b_n \leq c_n \text{이고 } \lim_{n \to \infty} a_n = \lim_{n \to \infty} c_n = L \text{이면 } \lim_{n \to \infty} b_n = L \text{이다.}$$

수열의 극한에 대한 또 다른 유용한 정리가 다음과 같으며, 이에 대한 증명은 연습문제 47로 남긴다.

6 정리 $$\lim_{n \to \infty} |a_n| = 0 \text{이면 } \lim_{n \to \infty} a_n = 0 \text{이다.}$$

《예제 4》 $\lim_{n \to \infty} \dfrac{n}{n+1}$ 을 구하라.

풀이 3.4절에서 이용한 방법과 유사하게 분모에서 n에 대한 최고차수로 분모와 분자를 나눈 다음 수열의 극한 법칙을 적용한다.

$$\lim_{n \to \infty} \frac{n}{n+1} = \lim_{n \to \infty} \frac{1}{1 + \dfrac{1}{n}} = \frac{\lim_{n \to \infty} 1}{\lim_{n \to \infty} 1 + \lim_{n \to \infty} \dfrac{1}{n}}$$

$$= \frac{1}{1+0} = 1$$

여기서 식 **5**에서 $r = 1$인 경우를 이용했다. ∎

일반적으로 임의의 상수 c에 대해
$$\lim_{n \to \infty} c = c$$

이것은 앞에서 그림 2와 3으로부터 추측한 것이 옳다는 것을 보여 준다.

《예제 5》 수열 $a_n = \dfrac{n}{\sqrt{10+n}}$ 은 수렴하는가 혹은 발산하는가?

풀이 예제 4처럼 분모와 분자를 n으로 나누면 분자는 상수이고 양수인 분모는 0으로 수렴한다.

$$\lim_{n \to \infty} \frac{n}{\sqrt{10+n}} = \lim_{n \to \infty} \frac{1}{\sqrt{\dfrac{10}{n^2} + \dfrac{1}{n}}} = \infty$$

따라서 $\{a_n\}$은 발산한다. ∎

《예제 6》 $\lim_{n \to \infty} \dfrac{\ln n}{n}$ 을 계산하라.

풀이 $n \to \infty$일 때 분모와 분자가 모두 무한대로 발산함에 주목한다. 하지만 로피탈 법칙을 직접 적용할 수 없음에 유의하자. 왜냐하면 로피탈 법칙은 수열이 아니라 실변수함수에 적용되기 때문이다. 그러나 관련된 함수 $f(x) = (\ln x)/x$에 로피탈 법칙을 적용하면 다음을 얻는다.

$$\lim_{x \to \infty} \frac{\ln x}{x} = \lim_{x \to \infty} \frac{1/x}{1} = 0$$

따라서 정리 **4**에 의해 다음이 성립한다.

$$\lim_{n \to \infty} \frac{\ln n}{n} = 0$$
∎

《예제 7》 수열 $a_n = (-1)^n$이 수렴하는지 발산하는지 판정하라.

풀이 수열의 항을 나열하면 다음과 같다.

$$\{-1, 1, -1, 1, -1, 1, -1, \ldots\}$$

그림 10은 이 수열의 그래프를 나타낸다. 이 수열의 각 항들이 1과 −1 사이에서 진동하므로 수열 a_n은 임의의 수에 접근하지 않는다. 그러므로 $\lim\limits_{n \to \infty}(-1)^n$은 존재하지 않는다. 따라서 수열 $\{(-1)^n\}$은 발산한다. ■

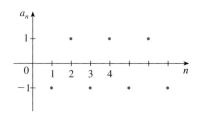

그림 10 수열 $\{(-1)^n\}$

《예제 8》 $\lim\limits_{n \to \infty} \dfrac{(-1)^n}{n}$이 존재하면 그 값을 구하라.

풀이 먼저 절댓값의 극한을 계산하면 다음과 같다.

$$\lim_{n \to \infty} \left| \frac{(-1)^n}{n} \right| = \lim_{n \to \infty} \frac{1}{n} = 0$$

그러므로 정리 $\boxed{6}$에 따라 다음이 성립한다.

$$\lim_{n \to \infty} \frac{(-1)^n}{n} = 0$$

그림 11은 이 수열의 그래프이다. ■

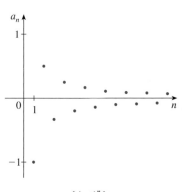

그림 11 수열 $\left\{\dfrac{(-1)^n}{n}\right\}$

다음 정리는 연속함수를 수렴하는 수열의 항들에 적용하면 그 결과 또한 수렴함을 말한다.

$\boxed{7}$ **정리** $\lim\limits_{n \to \infty} a_n = L$이고 함수 f가 L에서 연속이면, 다음이 성립한다.

$$\lim_{n \to \infty} f(a_n) = f(L)$$

《예제 9》 $\lim\limits_{n \to \infty} \sin \dfrac{\pi}{n}$를 구하라.

풀이 사인함수는 0에서 연속이므로 정리 $\boxed{7}$에 의해 다음과 같이 쓸 수 있다.

$$\lim_{n \to \infty} \sin \frac{\pi}{n} = \sin\left(\lim_{n \to \infty} \frac{\pi}{n} \right) = \sin 0 = 0$$ ■

《예제 10》 수열 $a_n = n!/n^n$의 수렴성을 논의하라. 여기서 $n! = 1 \cdot 2 \cdot 3 \cdot \cdots \cdot n$이다.

풀이 $n \to \infty$일 때 분모와 분자가 모두 무한대로 발산한다. 그러나 로피탈 법칙을 사용하기 위한 대응되는 함수는 없다(x가 정수가 아니면 $x!$이 정의되지 않는다). n이 증가함에 따라 a_n에 어떤 상황이 전개되는지 알아보기 위해 항을 몇 개만 나열해 보자.

$$a_1 = 1, \qquad a_2 = \frac{1 \cdot 2}{2 \cdot 2}, \qquad a_3 = \frac{1 \cdot 2 \cdot 3}{3 \cdot 3 \cdot 3}$$

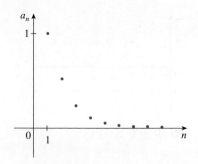

그림 12 수열 $\{n!/n^n\}$

$$\boxed{8} \qquad a_n = \frac{1 \cdot 2 \cdot 3 \cdots n}{n \cdot n \cdot n \cdots n}$$

이 표현과 그림 12의 그래프로부터 각 항들이 감소하고 0에 접근함을 알 수 있다. 이를 확인하기 위해 식 $\boxed{8}$로부터 다음 식을 관찰하자.

$$a_n = \frac{1}{n}\left(\frac{2 \cdot 3 \cdots n}{n \cdot n \cdots n}\right)$$

분자가 분모보다 작거나 같으므로 괄호 안의 식은 기껏해야 1이다. 따라서 다음과 같다.

$$0 < a_n \leq \frac{1}{n}$$

$n \to \infty$일 때 $1/n \to 0$이므로 압축 정리에 따라 $n \to \infty$일 때 $a_n \to 0$이다. ■

《 **예제 11** 》 수열 $\{r^n\}$은 r의 어떤 값에 대해 수렴하는가?

풀이 3.4절과 6.2절(또는 6.4*절)에서 지수함수의 그래프로부터 $b > 1$이면 $\lim\limits_{x \to \infty} b^x = \infty$ 이고 $0 < b < 1$이면 $\lim\limits_{x \to \infty} b^x = 0$임을 알고 있다. 그러므로 $b = r$로 놓고 정리 $\boxed{4}$를 적용하면 다음을 얻는다.

$$\lim_{n \to \infty} r^n = \begin{cases} \infty, & r > 1 \\ 0, & 0 < r < 1 \end{cases}$$

한편 명백하게 다음이 성립한다.

$$\lim_{n \to \infty} 1^n = 1, \qquad \lim_{n \to \infty} 0^n = 0$$

$-1 < r < 0$이면 $0 < |r| < 1$이므로 다음이 성립한다.

$$\lim_{n \to \infty} |r^n| = \lim_{n \to \infty} |r|^n = 0$$

그러므로 정리 $\boxed{6}$에 의해 $\lim\limits_{n \to \infty} r^n = 0$이다. $r \leq -1$이면 예제 7에서와 같이 $\{r^n\}$은 발산한다. 그림 13은 r의 여러 값에 대한 그래프이다. ($r = -1$인 경우는 그림 10에 나타냈다.)

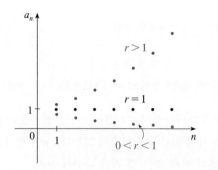 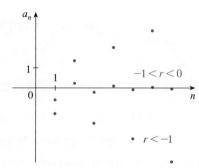

그림 13 수열 $a_n = r^n$

예제 11의 결과를 요약하면 다음과 같다.

9 수열 $\{r^n\}$은 $-1 < r \le 1$이면 수렴하고, 그 외의 r에 대해서는 발산한다.

$$\lim_{n \to \infty} r^n = \begin{cases} 0, & -1 < r < 1 \\ 1, & r = 1 \end{cases}$$

■ 단조 유계 수열

수열을 공부하는 데 있어 항들이 항상 증가하거나 감소하는 수열은 특별한 역할을 한다.

10 **정의** $n \ge 1$인 모든 n에 대해 $a_n < a_{n+1}$, 즉 $a_1 < a_2 < a_3 < \cdots$일 때 수열 $\{a^n\}$은 **증가수열**이라 한다. $n \ge 1$인 모든 n에 대해 $a_n > a_{n+1}$일 때 **감소수열**이라 한다. 증가하거나 감소하는 수열을 **단조수열**이라 한다.

《**예제 12**》 수열 $\left\{\dfrac{3}{n+5}\right\}$은 감소수열이다. 왜냐하면 $n \ge 1$인 모든 n에 대해 다음이 성립하기 때문이다.

$$a_n = \frac{3}{n+5} > \frac{3}{n+6} = \frac{3}{(n+1)+5} = a_{n+1}$$

예제 12에서 $3/(n+6)$은 분모가 더 크기 때문에 $3/(n+5)$ 보다 작다. ■

《**예제 13**》 수열 $a_n = \dfrac{n}{n^2+1}$ 감소수열임을 보여라.

풀이 1 $a_n > a_{n+1}$, 즉 다음이 성립함을 보이면 된다.

$$\frac{n}{n^2+1} > \frac{n+1}{(n+1)^2+1}$$

이 부등식은 분모와 분자를 엇갈려 곱해서 얻은 다음 부등식과 동치이다.

$$\frac{n}{n^2+1} > \frac{n+1}{(n+1)^2+1} \iff n[(n+1)^2+1] > (n+1)(n^2+1)$$
$$\iff n^3 + 2n^2 + 2n > n^3 + n^2 + n + 1$$
$$\iff n^2 + n > 1$$

$n \ge 1$이므로 $n^2 + n > 1$이 참이고, 따라서 $a_n > a_{n+1}$이고 $\{a^n\}$은 감소수열이다.

풀이 2 함수 $f(x) = \dfrac{x}{x^2+1}$를 생각하자. 그러면 $x^2 > 1$일 때 다음이 성립한다.

$$f'(x) = \frac{x^2 + 1 - x \cdot 2x}{(x^2+1)^2} = \frac{1 - x^2}{(x^2+1)^2} < 0$$

f는 $(1, \infty)$에서 감소하므로 $f(n) > f(n+1)$이다. 따라서 $\{a^n\}$은 감소수열이다. ■

> **11 정의** $n \geq 1$인 모든 n에 대해 $a_n \leq M$을 만족하는 수 M이 존재하면, 수열 $\{a^n\}$은 **위로 유계**(bounded above)라 한다.
>
> $n \geq 1$인 모든 n에 대해 $m \leq a_n$을 만족하는 수 m이 존재하면, 수열 $\{a^n\}$은 **아래로 유계**(bounded below)라 한다. 위로 유계인 동시에 아래로 유계인 수열 $\{a^n\}$을 **유계 수열**(bounded sequence)이라 한다.

예를 들어 수열 $a_n = n$은 아래로 유계이지만 ($a_n > 0$), 위로 유계는 아니다. 수열 $a_n = n/(n + 1)$은 모든 n에 대해 $0 < a_n < 1$이므로 유계이다.

모든 유계수열이 수렴하는 것은 아니다. [예를 들어 예제 7로부터 수열 $a_n = (-1)^n$은 $-1 \leq a_n \leq 1$을 만족하지만 발산한다.] 또한 모든 단조수열이 반드시 수렴하는 것은 아니다 ($a_n = n \rightarrow \infty$). 그러나 유계수열이고 단조수열이면 반드시 수렴한다. 이런 사실은 정리 **12**와 같이 증명된다. 그러나 그림 14를 보면 직관적으로 왜 그것이 참인지를 이해할 수 있다. $\{a_n\}$이 증가하고 모든 n에 대해 $a_n \leq M$이면 항들은 빽빽이 모이게 되고 어떤 수 L에 접근한다.

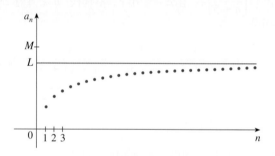

그림 14

> **12 단조 수열 정리** 모든 유계인 단조수열은 수렴한다.
> 특히, 위로 유계인 증가수열과 아래로 유계인 감소수열은 수렴한다.

정리 **12**의 증명은 실수 집합 $\mathbb{R}$의 **완비성 공리**(Completeness Axiom)에 근거를 두고 있다. 완비성 공리는 S가 공집합이 아닌 실수들의 집합으로 상계 M을 가질 때 (즉, S의 모든 x에 대해 $x \leq M$), S는 **최소 상계**(least upper bound) b를 갖는다는 것이다. (이는 b가 S에 대한 상계이지만 M이 다른 상계이면 $b \leq M$임을 뜻한다.) 결국, 완비성 공리는 실직선에 틈이나 구멍이 없다는 사실을 나타낸다.

정리 12 증명 수열 $\{a_n\}$을 증가수열이라 하자. $\{a_n\}$은 유계이므로 집합 $S = \{a_n \mid n \geq 1\}$은 상계를 갖는다. 완비성 공리에 의해 S의 최소 상계 L이 존재한다. 임의의 $\varepsilon > 0$에 대해 $L - \varepsilon$은 S의 상계가 아니므로(L이 최소 상계이므로) 다음을 만족하는 정수 N이 존재한다.

$$a_N > L - \varepsilon$$

그러나 수열이 증가하므로 $n > N$을 만족하는 모든 n에 대해 $a_n \geq a_N$이다. 따라서

$n > N$이면 다음을 얻는다.

$$a_n > L - \varepsilon$$

또한 $a_n \leq L$이므로 다음이 성립한다.

$$0 \leq L - a_n < \varepsilon$$

그러므로 $n > N$이면 다음이 성립한다.

$$|L - a_n| < \varepsilon$$

즉, $\lim\limits_{n \to \infty} a_n = L$이다.

수열 $\{a_n\}$이 감소수열인 경우도 (최대 하계를 이용해서) 비슷하게 증명할 수 있다. ∎

《 예제 14 》 다음과 같이 점화관계로 정의된 수열 $\{a_n\}$을 살펴보자.

$$a_1 = 2, \quad a_{n+1} = \tfrac{1}{2}(a_n + 6), \quad n = 1, 2, 3, \ldots$$

풀이 처음 몇 항을 계산하면서 시작한다.

$$a_1 = 2 \qquad a_2 = \tfrac{1}{2}(2 + 6) = 4 \qquad a_3 = \tfrac{1}{2}(4 + 6) = 5$$

$$a_4 = \tfrac{1}{2}(5 + 6) = 5.5 \qquad a_5 = 5.75 \qquad a_6 = 5.875$$

$$a_7 = 5.9375 \qquad a_8 = 5.96875 \qquad a_9 = 5.984375$$

이와 같은 항들은 수열이 증가하고 각 항은 6에 접근하고 있다는 것을 암시한다. 이 수열이 증가하는 것을 확인하기 위해, 수학적 귀납법을 이용해서 모든 $n \geq 1$에 대해 $a_{n+1} > a_n$을 보이자. $a_2 = 4 > a_1$이므로 $n = 1$에 대해 성립한다. $n = k$일 때 참이면 다음이 성립한다.

점화수열을 다룰 때 수학적 귀납법이 자주 사용된다.

$$a_{k+1} > a_k$$

$$a_{k+1} + 6 > a_k + 6$$

$$\tfrac{1}{2}(a_{k+1} + 6) > \tfrac{1}{2}(a_k + 6)$$

$$a_{k+2} > a_{k+1}$$

이로부터 $n = k + 1$일 때 $a_{n+1} > a_n$을 얻는다. 그러므로 수학적 귀납법에 따라 모든 n에 대해 이 부등식이 성립한다.

다음으로 모든 n에 대해 $a_n < 6$임을 보임으로써 $\{a_n\}$이 유계임을 증명한다. (수열이 증가하므로 모든 n에 대해 $a_n \geq a_1 = 2$이고 하계를 갖는다는 사실을 이미 알고 있다.) $a_1 < 6$이므로 $n = 1$에 대한 귀납법의 추론이 성립한다. $n = k$에 대해 참이라고 가정하자. 그러면 다음이 성립한다.

$$a_k < 6$$

$$a_k + 6 < 12$$

$$\tfrac{1}{2}(a_k + 6) < \tfrac{1}{2}(12) = 6$$

$$a_{k+1} < 6$$

이것은 수학적 귀납법에 따라 모든 n에 대해 $a_n < 6$임을 보인다.

수열 $\{a_n\}$은 증가하고 유계이므로 정리 $\boxed{12}$는 극한이 존재하는 것을 보장한다. 그러나 이 정리는 극한값이 무엇인지를 알려주지 않는다. $L = \lim\limits_{n \to \infty} a_n$이 존재하는 것을 알고 있으므로 주어진 점화관계를 이용해서 다음과 같이 쓸 수 있다.

$$\lim_{n \to \infty} a_{n+1} = \lim_{n \to \infty} \tfrac{1}{2}(a_n + 6) = \tfrac{1}{2}\left(\lim_{n \to \infty} a_n + 6\right) = \tfrac{1}{2}(L + 6)$$

$a_n \to L$이므로 $n \to \infty$이면 $n + 1 \to \infty$이고 역시 $a_{n+1} \to L$이다. 따라서 다음을 얻는다.

$$L = \tfrac{1}{2}(L + 6)$$

L에 대한 방정식을 풀면 예상대로 $L = 6$을 얻는다. ∎

10.1 | 연습문제

1. (a) 수열이란 무엇인가?

   (b) $\lim\limits_{n \to \infty} a_n = 8$은 무엇을 의미하는가?

   (c) $\lim\limits_{n \to \infty} a_n = \infty$는 무엇을 의미하는가?

2-8 다음 수열의 처음 5개 항을 나열하라.

2. $a_n = n^3 - 1$

3. $\left\{2^n + n\right\}_{n=2}^{\infty}$

4. $a_n = \dfrac{(-1)^{n-1}}{n^2}$

5. $a_n = \cos n\pi$

6. $a_n = \dfrac{(-2)^n}{(n + 1)!}$

7. $a_1 = 1, \ a_{n+1} = 2a_n + 1$

8. $a_1 = 2, \ a_{n+1} = \dfrac{a_n}{1 + a_n}$

9-11 처음 몇 개 항의 규칙이 계속된다고 가정하고, 다음 수열의 일반항 a_n에 대한 식을 구하라.

9. $\left\{\tfrac{1}{2}, \ \tfrac{1}{4}, \ \tfrac{1}{6}, \ \tfrac{1}{8}, \ \tfrac{1}{10}, \dots\right\}$

10. $\left\{-3, 2, -\tfrac{4}{3}, \tfrac{8}{9}, -\tfrac{16}{27}, \dots\right\}$

11. $\left\{\tfrac{1}{2}, \ -\tfrac{4}{3}, \ \tfrac{9}{4}, \ -\tfrac{16}{5}, \ \tfrac{25}{6}, \dots\right\}$

12-13 다음 수열의 처음 10개 항을 소수점 아래 넷째 자리까지 계산하고 이 값을 이용해서 손으로 수열의 그래프로 그려라. 수열의 극한이 존재하는 것처럼 보이는가? 그렇다면 그 값을 계산하고 그렇지 않으면 그 이유를 설명하라.

12. $a_n = \dfrac{3n}{1 + 6n}$

13. $a_n = 1 + \left(-\tfrac{1}{2}\right)^n$

14-31 다음 수열이 수렴하는지 발산하는지 판정하라. 수렴하면 극한을 구하라.

14. $a_n = \dfrac{5}{n + 2}$

15. $a_n = \dfrac{4n^2 - 3n}{2n^2 + 1}$

16. $a_n = \dfrac{n^4}{n^3 - 2n}$

17. $a_n = 3^n 7^{-n}$

18. $a_n = e^{-1/\sqrt{n}}$

19. $a_n = \sqrt{\dfrac{1 + 4n^2}{1 + n^2}}$

20. $a_n = \dfrac{n^2}{\sqrt{n^3 + 4n}}$

21. $a_n = \dfrac{(-1)^n}{2\sqrt{n}}$

22. $\left\{\dfrac{(2n - 1)!}{(2n + 1)!}\right\}$

23. $\{\sin n\}$

24. $\{n^2 e^{-n}\}$

25. $a_n = \dfrac{\cos^2 n}{2^n}$

26. $a_n = n \sin(1/n)$

27. $a_n = \left(1 + \dfrac{2}{n}\right)^n$

28. $a_n = \ln(2n^2 + 1) - \ln(n^2 + 1)$

29. $a_n = \arctan(\ln n)$

30. $\{0, 1, 0, 0, 1, 0, 0, 0, 1, \dots\}$

31. $a_n = \dfrac{n!}{2^n}$

32-35 수열의 그래프를 이용해서 다음 수열이 수렴하는지 발산하는지 판정하라. 수열이 수렴하면, 그래프로부터 극한값을 예측하고 그것을 증명하라.

32. $a_n = (-1)^n \dfrac{n}{n+1}$ **33.** $a_n = \arctan\left(\dfrac{n^2}{n^2+4}\right)$

34. $a_n = \dfrac{n^2 \cos n}{1+n^2}$

35. $a_n = \dfrac{1 \cdot 3 \cdot 5 \cdot \cdots \cdot (2n-1)}{(2n)^n}$

---

36. 1000달러를 연이율 6%인 복리로 투자하면, n년 후 원리금 합계는 $a_n = 1000(1.06)^n$달러이다.

(a) 수열 $\{a_n\}$의 처음 5개 항을 나열하라.

(b) 이 수열이 수렴하는지 혹은 발산하는지 설명하라.

37. 한 양식업자가 양어장에서 5000마리의 메기를 키우고 있다. 메기의 수는 한 달에 8%씩 증가하고 양식업자는 매월 300마리의 메기를 거둬들인다.

(a) n달이 지난 후 메기의 개체수 P_n은 다음과 같음을 보여라.

$$P_n = 1.08 P_{n-1} - 300, \quad P_0 = 5000$$

(b) 6개월 후 양어장에 있는 메기의 수를 구하라.

38. 수열 $\{nr^n\}$이 수렴하기 위한 r의 값을 구하라.

39. 수열 $\{a_n\}$은 감소수열이고 모든 항이 5와 8 사이에 놓여 있다고 하자. 수열의 극한이 존재하는 이유를 설명하라. 극한값에 대해서는 어떻게 말할 수 있는가?

40-42 다음이 증가수열인지 감소수열인지, 아니면 단조수열이 아닌지를 판정하라. 또한 유계수열인가?

40. $a_n = \dfrac{1}{2n+3}$ **41.** $a_n = n(-1)^n$

42. $a_n = 3 - 2ne^{-n}$

---

43. 다음 수열의 극한을 구하라.

$$\left\{ \sqrt{2}, \sqrt{2\sqrt{2}}, \sqrt{2\sqrt{2\sqrt{2}}}, \ldots \right\}$$

44. $a_1 = 1$, $a_{n+1} = 3 - \dfrac{1}{a_n}$로 정의된 수열은 증가하고, 모든 n에 대해 $a_n < 3$임을 보여라. $\{a_n\}$은 수렴함을 추론하고 극한을 구하라.

45. (a) 피보나치는 다음과 같은 문제를 제시했다.

토끼가 죽지 않고 영원히 산다고 하고, 매달 각각의 암수 한 쌍이 암수 한 쌍씩 새끼를 낳는데, 이들은 2개월 후부터 새끼를 낳는다고 가정하자. 갓 태어난 암수 한 쌍으로 시작한다면, n달 후에는 토끼가 몇 쌍 있겠는가?

답이 f_n임을 보여라. 여기서 $\{f_n\}$은 예제 3(c)에서 정의한 피보나치 수열이다.

(b) $a_n = f_{n+1}/f_n$이라 할 때, $a_{n-1} = 1 + 1/a_{n-2}$임을 보여라. $\{a_n\}$이 수렴한다고 가정하고 극한을 구하라.

46. (a) 그래프를 이용해서 다음 극한값을 추측하라.

$$\lim_{n \to \infty} \dfrac{n^5}{n!}$$

(b) (a)에서 사용한 수열의 그래프를 이용해서 정의 **2**에서 $\varepsilon = 0.1$과 $\varepsilon = 0.001$에 대응하는 N의 최솟값을 구하라.

47. 정리 **6**을 증명하라. [힌트: 정의 **2** 또는 압축 정리를 이용한다.]

48. $\lim\limits_{n \to \infty} a_n = 0$이고 $\{b_n\}$이 유계이면 $\lim\limits_{n \to \infty}(a_n b_n) = 0$임을 증명하라.

49. $a > b$인 양수 a, b에 대해 a_1과 b_1을 각각 a와 b의 산술평균과 기하평균이라 하자.

$$a_1 = \dfrac{a+b}{2}, \quad b_1 = \sqrt{ab}$$

이 과정을 계속하면 일반적으로 다음과 같다.

$$a_{n+1} = \dfrac{a_n + b_n}{2}, \quad b_{n+1} = \sqrt{a_n b_n}$$

(a) 수학적 귀납법을 이용해서 다음을 보여라.

$$a_n > a_{n+1} > b_{n+1} > b_n$$

(b) $\{a_n\}$과 $\{b_n\}$이 모두 수렴하는 것을 추론하라.

(c) $\lim\limits_{n \to \infty} a_n = \lim\limits_{n \to \infty} b_n$임을 보여라. 이런 공통의 극한값을 가우스는 a와 b의 **산술-기하평균**(arithmetic-geometric-mean)이라 불렀다.

50. 자연 상태에서 물고기의 개체수는 식 $p_{n+1} = \dfrac{bp_n}{a+p_n}$으로 모형화된다. 여기서 p_n은 n년 후 물고기의 개체수이고, a와 b는 물고기의 종과 환경에 의존하는 양의 상수이다. 0년에 개체수는 $p_0 > 0$이라고 가정하자.

(a) $\{p_n\}$이 수렴하면 가능한 극한값은 0과 $b - a$뿐임을 보여라.

(b) $p_{n+1} < (b/a)p_n$임을 보여라.

(c) (b)를 이용해서 $a > b$일 때 $\lim_{n \to \infty} p_n = 0$임을 보여라.

(즉, 종은 멸종한다.)

(d) $a < b$라 가정하자. $p_0 < b - a$이면, $\{p_n\}$은 증가하고 $0 < p_n < b - a$임을 보여라. 또한 $p_0 > b - a$이면, $\{p_n\}$은 감소하고 $p_n > b - a$임을 보여라. $a < b$이면 $\lim_{n \to \infty} p_n = b - a$임을 추론하라.

10.2 | 급수

제논은 그의 역설 중 하나에서 방 안에 서 있는 사람이 벽까지 걸어가기 위해서는 우선 벽까지 거리의 반을 걸어야 하고, 그런 후 남아 있는 거리의 반(전체 거리의 $\frac{1}{4}$) 을, 또다시 남아 있는 거리의 반($\frac{1}{8}$)을 계속하여(그림 1 참조) 걸어야 한다는 것을 주시하였음을 10.1절에서 살펴보았다. 이런 과정이 계속해서 반복될 수 있으므로 제논은 이 사람은 결코 벽에 도달할 수 없다고 주장하였다.

그림 1 n번째 단계에서 이 사람의 도보 전체 거리는 다음과 같다.

$$\frac{1}{2} + \frac{1}{4} + \frac{1}{8} + \cdots + \frac{1}{2^n}.$$

물론 방 안에 있는 사람은 실제로 벽에 도달할 수 있음을 알고 있고, 이는 사람이 걸은 전체 거리는 다음과 같이 무한히 많은 짧은 거리의 합으로 표시될 수 있음을 시사한다.

$$1 = \frac{1}{2} + \frac{1}{4} + \frac{1}{8} + \frac{1}{16} + \cdots + \frac{1}{2^n} + \cdots$$

제논은 무한히 많은 수를 서로 더하는 것은 의미가 없다고 주장하였지만 암묵적으로 무한 합을 사용하는 다른 상황이 있다. 예를 들어 십진수 표현에서 원주율 π의 값은 아래와 같다.

$$\pi = 3.14159\ 26535\ 89793\ 23846\ 26433\ 83279\ 50288\cdots$$

이러한 십진수 표현은 원주율 π를 다음과 같이 무한 합으로 쓸 수 있음을 의미한다.

$$\pi = 3 + \frac{1}{10} + \frac{4}{10^2} + \frac{1}{10^3} + \frac{5}{10^4} + \frac{9}{10^5} + \frac{2}{10^6} + \frac{6}{10^7} + \frac{5}{10^8} + \cdots$$

무한히 많은 항을 실제로 더할 수는 없지만, 더 많은 항을 더하면 더할수록 원주율 π의 실제 값에 더 가까운 값을 얻을 수 있다.

■ 무한급수

무한수열 $\{a_n\}_{n=1}^{\infty}$의 항을 더하고자 한다면 다음과 같은 형태의 식을 얻게 된다.

$$\boxed{1} \qquad a_1 + a_2 + a_3 + \cdots + a_n + \cdots$$

이것을 **무한급수**(infinite series) 또는 간단히 **급수**(series)라 하며 다음과 같은 기호로 나타낸다.

$$\sum_{n=1}^{\infty} a_n \quad \text{또는} \quad \sum a_n$$

일반적으로 무한히 많은 수의 합에 대해 논의하는 것이 의미가 있을까? 예를 들어 다음 급수의 항을 더하면 누적 합이 점점 더 커지기 때문에 이 급수의 유한한 합을 찾는 것은 아마도 불가능할 것이다.

$$1 + 2 + 3 + 4 + 5 + \cdots + n + \cdots$$

하지만 제논의 역설에 나오는 다음 거리의 급수를 생각해 보자.

$$\frac{1}{2} + \frac{1}{4} + \frac{1}{8} + \frac{1}{16} + \frac{1}{32} + \frac{1}{64} + \cdots + \frac{1}{2^n} + \cdots$$

항을 더해 나가면서 그때까지의 합을 계산하면 $\frac{1}{2}$, $\frac{3}{4}$(처음 두 항의 합), $\frac{7}{8}$(처음 세 항), $\frac{15}{16}$, $\frac{31}{32}$, $\frac{63}{64}$ 등을 얻게 된다. 오른쪽에 있는 표는 항들을 더 많이 더할수록 이러한 **부분합**은 점점 더 1에 가까워지는 것을 보여주고 있다. 실제로 n번째 부분합은 다음과 같다.

$$\frac{2^n - 1}{2^n} = 1 - \frac{1}{2^n}$$

이를 통해 충분히 많은 항을 더함으로써 (즉, n을 충분히 크게 하여) 부분합을 원하는 만큼 1에 가까워지게 할 수 있다. 따라서 이 무한급수의 합은 1이라고 말하고 다음과 같이 쓰는 것이 타당해 보인다.

$$\sum_{n=1}^{\infty} \frac{1}{2^n} = \frac{1}{2} + \frac{1}{4} + \frac{1}{8} + \frac{1}{16} + \cdots + \frac{1}{2^n} + \cdots = 1$$

일반적인 급수 $\sum a_n$이 합을 갖는지 아닌지를 결정하기 위해 우리는 유사한 개념을 사용한다. 다음 **부분합**(partial sum)을 생각하자.

$$s_1 = a_1$$
$$s_2 = a_1 + a_2$$
$$s_3 = a_1 + a_2 + a_3$$
$$s_4 = a_1 + a_2 + a_3 + a_4$$

일반적으로 나타내면 다음과 같다.

n	처음 n항의 합
1	0.50000000
2	0.75000000
3	0.87500000
4	0.93750000
5	0.96875000
6	0.98437500
7	0.99218750
10	0.99902344
15	0.99996948
20	0.99999905
25	0.99999997

$$s_n = a_1 + a_2 + a_3 + \cdots + a_n = \sum_{i=1}^{n} a_i$$

이 부분합은 새로운 수열 $\{s_n\}$을 형성하는데 극한이 존재할 수도, 존재하지 않을 수도 있다. $\displaystyle\lim_{n\to\infty} s_n$이 (유한수로) 존재하면 앞의 예에서와 같이 그것을 무한급수 $\sum a_n$의 합이라 한다.

---

2 정의 급수 $\displaystyle\sum_{n=1}^{\infty} a_n = a_1 + a_2 + a_3 + \cdots$에 대해 s_n을 다음과 같은 n번째 부분합이라 하자.

$$s_n = \sum_{i=1}^{n} a_i = a_1 + a_2 + \cdots + a_n$$

수열 $\{s_n\}$이 수렴하고 $\displaystyle\lim_{n\to\infty} s_n = s$가 실수로 존재할 때 급수 $\sum a_n$은 **수렴한다**(convergent)고 하며, 다음과 같이 나타낸다.

$$a_1 + a_2 + \cdots + a_n + \cdots = s \quad \text{또는} \quad \sum_{n=1}^{\infty} a_n = s$$

수 s를 급수의 **합**(sum)이라 한다. 수열 $\{s_n\}$이 발산할 때 급수는 **발산한다**(divergent)고 한다.

다음 이상적분과 비교하자.

$$\int_1^{\infty} f(x)\, dx = \lim_{t\to\infty} \int_1^{t} f(x)\, dx$$

이 적분을 구하기 위해 1에서 t까지 적분한 다음 $t \to \infty$로 놓는다. 급수에 대해서는 1에서 n까지 더한 다음 $n \to \infty$로 놓는다.

따라서 급수의 합은 부분합 수열의 극한이다. 그러므로 $\displaystyle\sum_{n=1}^{\infty} a_n = s$라고 쓸 때, 충분히 많은 항을 더함으로써 수 s에 원하는 만큼 가깝게 할 수 있음을 의미한다. 또 다음에 유의하자.

$$\sum_{n=1}^{\infty} a_n = \lim_{n\to\infty} \sum_{i=1}^{n} a_i$$

《예제 1》 급수 $\displaystyle\sum_{n=1}^{\infty} a_n$의 처음 n항까지 부분합이 다음과 같이 주어졌다고 하자.

$$s_n = a_1 + a_2 + \cdots + a_n = \frac{2n}{3n+5}$$

그러면 무한급수의 합은 다음과 같이 수열 $\{s_n\}$의 극한이다.

$$\sum_{n=1}^{\infty} a_n = \lim_{n\to\infty} s_n = \lim_{n\to\infty} \frac{2n}{3n+5} = \lim_{n\to\infty} \frac{2}{3 + \dfrac{5}{n}} = \frac{2}{3} \qquad \blacksquare$$

예제 1에서는 처음 n개 항의 합에 대한 식이 주어졌다. 다음 예제에서는 n번째 부분합에 대한 식을 찾도록 하자.

《예제 2》 급수 $\displaystyle\sum_{n=1}^{\infty} \frac{1}{n(n+1)}$이 수렴함을 보이고 합을 구하라.

풀이 수렴하는 급수의 정의를 사용하여 부분합을 구한다.

$$s_n = \sum_{i=1}^{n} \frac{1}{i(i+1)} = \frac{1}{1 \cdot 2} + \frac{1}{2 \cdot 3} + \frac{1}{3 \cdot 4} + \cdots + \frac{1}{n(n+1)}$$

부분분수를 사용하면 위의 식을 간단히 할 수 있다(7.4절 참조).

$$\frac{1}{i(i+1)} = \frac{1}{i} - \frac{1}{i+1}$$

그러면 다음을 얻는다.

$$\begin{aligned}
s_n &= \sum_{i=1}^{n} \frac{1}{i(i+1)} = \sum_{i=1}^{n} \left(\frac{1}{i} - \frac{1}{i+1} \right) \\
&= \left(1 - \frac{1}{2} \right) + \left(\frac{1}{2} - \frac{1}{3} \right) + \left(\frac{1}{3} - \frac{1}{4} \right) + \cdots + \left(\frac{1}{n} - \frac{1}{n+1} \right) \\
&= 1 - \frac{1}{n+1}
\end{aligned}$$

항들은 쌍으로 소거된다. 이것은 **망원경 합**(telescoping sum)의 예이다. 쌍들이 모두 소거되기 때문에 합은(접이식 망원경을 밀어 넣을 때처럼 사라져) 단 두 개의 항만 남는다.

따라서

$$\lim_{n \to \infty} s_n = \lim_{n \to \infty} \left(1 - \frac{1}{n+1} \right) = 1 - 0 = 1$$

그러므로 주어진 급수는 수렴하고 다음과 같다.

$$\sum_{n=1}^{\infty} \frac{1}{n(n+1)} = 1$$

그림 2는 항이 $a_n = 1/[n(n+1)]$인 수열의 그래프와 부분합 수열 $\{s_n\}$을 통해 예제 2를 설명한 것이다. $a_n \to 0$ 및 $s_n \to 1$임에 주목하자. 예제 2의 기하학적인 해석은 연습문제 42를 참조한다.

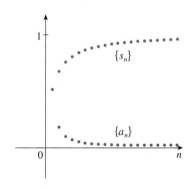

그림 2

■ 기하급수의 합

무한급수의 중요한 예로 다음과 같은 **기하급수**(geometric series)가 있다.

$$a + ar + ar^2 + ar^3 + \cdots + ar^{n-1} + \cdots = \sum_{n=1}^{\infty} ar^{n-1}, \quad a \neq 0$$

각 항은 직전의 항에 **공비**(common ratio) r를 곱해서 얻는다. (제논의 역설에 등장한 급수는 $a = \frac{1}{2}$이고 $r = \frac{1}{2}$인 기하급수이다.)

$r = 1$이면 $s_n = a + a + \cdots + a = na \to \pm\infty$이다. $\lim_{n \to \infty} s_n$은 존재하지 않으므로 이 경우에 기하급수는 발산한다.

$r \neq 1$이면 다음과 같이 놓는다.

$$s_n = a + ar + ar^2 + \cdots + ar^{n-1}$$
$$rs_n = \quad\ \ ar + ar^2 + \cdots + ar^{n-1} + ar^n$$

그리고 두 식을 빼면 다음을 얻는다.

$$s_n - rs_n = a - ar^n$$

그림 3은 기하급수의 합에 대한 공식을 기하학적으로 설명하고 있다. 그림과 같이 삼각형이 그려지고 s가 급수의 합이면 닮은삼각형으로부터 다음을 얻는다.

$$\frac{s}{a} = \frac{a}{a - ar} \quad \text{즉,} \quad s = \frac{a}{1 - r}$$

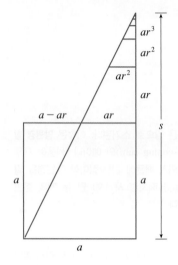

그림 3

말로 하면 수렴하는 기하급수의 합은 다음과 같다.

$$\frac{\text{첫째 항}}{1 - \text{공비}}$$

n	s_n
1	5.000000
2	1.666667
3	3.888889
4	2.407407
5	3.395062
6	2.736626
7	3.175583
8	2.882945
9	3.078037
10	2.947975

3

$$s_n = \frac{a(1 - r^n)}{1 - r}$$

$-1 < r < 1$이면, (10.1절의 식 **9**에 의해) $n \to \infty$일 때 $r^n \to 0$이므로 다음을 얻는다.

$$\lim_{n \to \infty} s_n = \lim_{n \to \infty} \frac{a(1 - r^n)}{1 - r} = \frac{a}{1 - r} - \frac{a}{1 - r} \cdot \lim_{n \to \infty} r^n = \frac{a}{1 - r}$$

따라서 $|r| < 1$일 때 기하급수는 수렴하며 그 합은 $a/(1 - r)$이다.

$r \leq -1$ 또는 $r > 1$일 때 수열 $\{r^n\}$은 (10.1절의 식 **9**에 의해) 발산하므로 식 **3**에 의해 $\lim_{n \to \infty} s_n$은 존재하지 않는다. 따라서 이 경우에 기하급수는 발산한다. 이 결과를 요약하면 다음과 같다.

4 다음 기하급수는 $|r| < 1$이면 수렴한다.

$$\sum_{n=1}^{\infty} ar^{n-1} = a + ar + ar^2 + \cdots$$

그 합은 다음과 같다.

$$\sum_{n=1}^{\infty} ar^{n-1} = \frac{a}{1 - r}, \quad |r| < 1$$

$|r| \geq 1$이면 기하급수는 발산한다.

《예제 3》 기하급수 $5 - \frac{10}{3} + \frac{20}{9} - \frac{40}{27} + \cdots$의 합을 구하라.

풀이 첫째 항이 $a = 5$이고 공비가 $r = -\frac{2}{3}$이다. $|r| = \frac{2}{3} < 1$이므로 정리 **4**에 의해 이 급수는 수렴하고 합은 다음과 같다.

$$\frac{5}{1 - (-\frac{2}{3})} = \frac{5}{\frac{5}{3}} = 3$$
∎

예제 3에서 급수의 합이 3이라는 것은 실제 어떤 의미인가? 물론 글자 그대로 무한개의 항을 더할 수 없다. 그러나 정의 **2**에 따라 전체합은 부분합으로 만들어진 수열의 극한이다. 그래서 충분히 많은 항의 합을 계산하면 3에 원하는 만큼 접근시킬 수 있다. 표는 처음 10개의 부분합 s_n을 나타낸 것이고, 그림 4는 부분합의 수열이 3에 접근함을 보이는 그래프이다.

《예제 4》 급수 $\sum_{n=1}^{\infty} 2^{2n} 3^{1-n}$은 수렴하는가? 발산하는가?

풀이 급수의 n번째 항을 다음과 같이 ar^{n-1} 형태로 고쳐 쓴다.

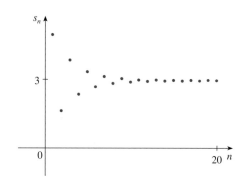

그림 4

$$\sum_{n=1}^{\infty} 2^{2n}3^{1-n} = \sum_{n=1}^{\infty} (2^2)^n 3^{-(n-1)} = \sum_{n=1}^{\infty} \frac{4^n}{3^{n-1}} = \sum_{n=1}^{\infty} 4\left(\frac{4}{3}\right)^{n-1}$$

이 급수는 $a = 4$이고, $r = \frac{4}{3}$인 기하급수이다. 그러나 $r > 1$이기 때문에 이 급수는 정리 ④ 에 의해 발산한다. ∎

a와 r를 확인하는 다른 방법은 다음과 같이 처음 몇 항을 써보는 것이다.

$$4 + \tfrac{16}{3} + \tfrac{64}{9} + \cdots$$

《 예제 5 》 한 환자에게 매일 같은 시각에 어떤 약이 투여되고 있다. n번째 날 주사한 후의 약의 농도가 C_n(mg/mL 단위)이라 가정하자. 다음 날 주사를 맞기 직전에 혈류 속에는 약의 30%가 남아 있고 매일 0.2 mg/mL씩 농도를 늘려간다.

(a) 세 번째 투여 직후의 농도를 구하라.

(b) n번째 투여 직후의 농도는 얼마인가?

(c) 농도의 극한을 구하라.

풀이

(a) 매일 일정량의 약물이 투여되기 직전에 혈류 속에는 약의 농도가 전날의 농도의 30%(즉 $0.3C_n$)로 감소되어 있고, 새로 투여한 후에 농도는 0.2 mg/mL 증가됐다. 따라서 다음과 같이 표현할 수 있다.

$$C_{n+1} = 0.2 + 0.3C_n$$

이 방정식에 $C_0 = 0$과 $n = 0, 1, 2$로 두고 시작하면 다음을 얻는다.

$$C_1 = 0.2 + 0.3C_0 = 0.2$$
$$C_2 = 0.2 + 0.3C_1 = 0.2 + 0.2(0.3) = 0.26$$
$$C_3 = 0.2 + 0.3C_2 = 0.2 + 0.2(0.3) + 0.2(0.3)^2 = 0.278$$

3일 후의 농도는 0.278 mg/mL이다.

(b) n번 투여한 후의 농도는 다음과 같다.

$$C_n = 0.2 + 0.2(0.3) + 0.2(0.3)^2 + \cdots + 0.2(0.3)^{n-1}$$

이것은 $a = 0.2$이고 $r = 0.3$인 유한 기하급수이므로 식 ③에 의해 다음을 얻는다.

$$C_n = \frac{0.2[1 - (0.3)^n]}{1 - 0.3} = \frac{2}{7}[1 - (0.3)^n] \, \text{mg/mL}$$

(c) $0.3 < 1$이기 때문에 $\lim\limits_{n \to \infty} (0.3)^n = 0$임을 안다. 따라서 농도의 극한은 다음과 같다.

$$\lim_{n \to \infty} C_n = \lim_{n \to \infty} \frac{2}{7} \left[1 - (0.3)^n\right] = \frac{2}{7}(1 - 0) = \frac{2}{7} \text{ mg/mL} \quad \blacksquare$$

《예제 6》 $2.3\overline{17} = 2.3171717\ldots$을 정수의 비로 나타내라.

풀이

$$2.3171717\ldots = 2.3 + \frac{17}{10^3} + \frac{17}{10^5} + \frac{17}{10^7} + \cdots$$

첫째 항 다음의 급수는 $a = 17/10^3$이고 $r = 1/10^2$인 기하급수이다. 따라서 다음을 얻는다.

$$2.3\overline{17} = 2.3 + \frac{\dfrac{17}{10^3}}{1 - \dfrac{1}{10^2}} = 2.3 + \frac{\dfrac{17}{1000}}{\dfrac{99}{100}}$$

$$= \frac{23}{10} + \frac{17}{990} = \frac{1147}{495} \quad \blacksquare$$

《예제 7》 $|x| < 1$일 때 급수 $\sum\limits_{n=0}^{\infty} x^n$의 합을 구하라.

풀이 이 급수는 $n = 0$으로 시작하므로 첫째 항은 $x^0 = 1$임에 유의한다. (급수에서 $x = 0$일 때조차도 $x^0 = 1$인 관례를 따른다.)

$$\sum_{n=0}^{\infty} x^n = 1 + x + x^2 + x^3 + x^4 + \cdots$$

이 급수는 $a = 1$이고 $r = x$인 기하급수이다. $|r| = |x| < 1$이므로 이 급수는 수렴하고 정리 $\boxed{4}$에 의해 다음을 얻는다.

$$\boxed{5} \qquad\qquad \sum_{n=0}^{\infty} x^n = \frac{1}{1 - x} \qquad\qquad \blacksquare$$

■ 발산판정법

부분합 수열이 발산하면 급수는 발산함을 상기하자.

《예제 8》 다음 **조화급수**(harmonic series)가 발산함을 보여라.

$$\sum_{n=1}^{\infty} \frac{1}{n} = 1 + \frac{1}{2} + \frac{1}{3} + \frac{1}{4} + \cdots$$

풀이 이와 같이 특수한 급수에 대해서는 부분합 $s_2, s_4, s_8, s_{16}, s_{32}, \ldots$를 고려해서 그것이 점점 커지는 것을 보여주는 것이 편리하다.

$$s_2 = 1 + \tfrac{1}{2}$$

$$s_4 = 1 + \tfrac{1}{2} + \left(\tfrac{1}{3} + \tfrac{1}{4}\right) > 1 + \tfrac{1}{2} + \left(\tfrac{1}{4} + \tfrac{1}{4}\right) = 1 + \tfrac{2}{2}$$

$$s_8 = 1 + \tfrac{1}{2} + \left(\tfrac{1}{3} + \tfrac{1}{4}\right) + \left(\tfrac{1}{5} + \tfrac{1}{6} + \tfrac{1}{7} + \tfrac{1}{8}\right)$$

$$> 1 + \tfrac{1}{2} + \left(\tfrac{1}{4} + \tfrac{1}{4}\right) + \left(\tfrac{1}{8} + \tfrac{1}{8} + \tfrac{1}{8} + \tfrac{1}{8}\right)$$

$$= 1 + \tfrac{1}{2} + \tfrac{1}{2} + \tfrac{1}{2} = 1 + \tfrac{3}{2}$$

$$s_{16} = 1 + \tfrac{1}{2} + \left(\tfrac{1}{3} + \tfrac{1}{4}\right) + \left(\tfrac{1}{5} + \cdots + \tfrac{1}{8}\right) + \left(\tfrac{1}{9} + \cdots + \tfrac{1}{16}\right)$$

$$> 1 + \tfrac{1}{2} + \left(\tfrac{1}{4} + \tfrac{1}{4}\right) + \left(\tfrac{1}{8} + \cdots + \tfrac{1}{8}\right) + \left(\tfrac{1}{16} + \cdots + \tfrac{1}{16}\right)$$

$$= 1 + \tfrac{1}{2} + \tfrac{1}{2} + \tfrac{1}{2} + \tfrac{1}{2} = 1 + \tfrac{4}{2}$$

같은 방법으로 $s_{32} > 1 + \tfrac{5}{2}$, $s_{64} > 1 + \tfrac{6}{2}$ 이고 일반적으로 다음과 같다.

$$s_{2^n} > 1 + \frac{n}{2}$$

따라서 $n \to \infty$일 때 $s_{2^n} \to \infty$이므로 수열 $\{s_n\}$은 발산한다. 그러므로 조화급수는 발산한다. ∎

> 조화급수가 발산함을 보이기 위해 예제 8에서 이용한 방법은 프랑스 수학자 오렘(Nicole Oresme, 1323~1382)에 기인한다.

---

6 **정리** 급수 $\displaystyle\sum_{n=1}^{\infty} a_n$이 수렴하면 $\displaystyle\lim_{n\to\infty} a_n = 0$이다.

증명 $s_n = a_1 + a_2 + \cdots + a_n$이라 하면 $a_n = s_n - s_{n-1}$이다. Σa_n이 수렴하므로 수열 $\{s_n\}$도 수렴한다. $\displaystyle\lim_{n\to\infty} s_n = s$라 하자. $n \to \infty$일 때 $n - 1 \to \infty$이므로 $\displaystyle\lim_{n\to\infty} s_{n-1} = s$이다. 그러므로 다음을 얻는다.

$$\lim_{n\to\infty} a_n = \lim_{n\to\infty}(s_n - s_{n-1}) = \lim_{n\to\infty} s_n - \lim_{n\to\infty} s_{n-1} = s - s = 0 \qquad ∎$$

NOTE 임의의 **급수** Σa_n은 2개의 수열과 연관되는데 하나는 부분합의 수열 $\{s_n\}$이고 다른 하나는 각 항들의 수열 $\{a_n\}$이다. Σa_n이 수렴하면 수열 $\{s_n\}$의 극한은 s(급수의 합)이고, 정리 **6**에 따라 수열 $\{a_n\}$의 극한값은 0이다.

⊘ **주의** 정리 **6**의 역은 일반적으로 참이 아니다. 즉, $\displaystyle\lim_{n\to\infty} a_n = 0$일지라도 Σa_n이 반드시 수렴한다고 결론내릴 수 없다. 조화급수 $\Sigma 1/n$에 대해 $n \to \infty$이면 $a_n = 1/n \to 0$이지만 예제 8에서 $\Sigma 1/n$은 발산함을 보였다.

---

7 **발산판정법** $\displaystyle\lim_{n\to\infty} a_n$이 존재하지 않거나 $\displaystyle\lim_{n\to\infty} a_n \neq 0$이면 $\displaystyle\sum_{n=1}^{\infty} a_n$은 발산한다.

발산판정법은 정리 **6**으로부터 결과가 나온다. 실제로 급수가 발산하지 않으면 급수는 수렴한다. 따라서 $\displaystyle\lim_{n\to\infty} a_n = 0$이다.

《예제 9》 급수 $\displaystyle\sum_{n=1}^{\infty} \frac{n^2}{5n^2 + 4}$ 이 발산함을 보여라.

풀이

$$\lim_{n\to\infty} a_n = \lim_{n\to\infty} \frac{n^2}{5n^2 + 4} = \lim_{n\to\infty} \frac{1}{5 + 4/n^2} = \frac{1}{5} \neq 0$$

그러므로 발산판정법에 따라 이 급수는 발산한다.   ∎

NOTE $\displaystyle\lim_{n\to\infty} a_n \neq 0$임을 찾을 수 있다면, Σa_n은 발산하는 것을 안다. 그러나 $\displaystyle\lim_{n\to\infty} a_n = 0$ 이면 Σa_n의 수렴 또는 발산에 대해 아무것도 알지 못한다. 정리 **6**의 주의를 되새겨 보자. $\displaystyle\lim_{n\to\infty} a_n = 0$이면 급수 Σa_n은 수렴할 수도 있고 발산할 수도 있다.

■ 수렴하는 급수의 성질

수렴하는 급수의 다음 성질은 대응하는 10.1절의 수열의 극한 법칙으로부터 얻을 수 있다.

---

8 **정리** Σa_n과 Σb_n이 수렴하는 급수이면, c가 상수일 때 $\Sigma c a_n$, $\Sigma(a_n + b_n)$, $\Sigma(a_n - b_n)$도 역시 수렴하고 다음이 성립한다.

(i) $\displaystyle\sum_{n=1}^{\infty} c a_n = c \sum_{n=1}^{\infty} a_n$

(ii) $\displaystyle\sum_{n=1}^{\infty} (a_n + b_n) = \sum_{n=1}^{\infty} a_n + \sum_{n=1}^{\infty} b_n$

(iii) $\displaystyle\sum_{n=1}^{\infty} (a_n - b_n) = \sum_{n=1}^{\infty} a_n - \sum_{n=1}^{\infty} b_n$

성질 (ii)만 증명하고 나머지는 연습문제로 남긴다.

(ii)의 증명

다음과 같이 놓자.

$$s_n = \sum_{i=1}^{n} a_i, \qquad s = \sum_{n=1}^{\infty} a_n, \qquad t_n = \sum_{i=1}^{n} b_i, \qquad t = \sum_{n=1}^{\infty} b_n$$

급수 $\Sigma(a_n + b_n)$의 n번째 부분합은 다음과 같다.

$$u_n = \sum_{i=1}^{n} (a_i + b_i)$$

4.2절의 식 **10**을 이용하면 다음을 얻는다.

$$\lim_{n\to\infty} u_n = \lim_{n\to\infty} \sum_{i=1}^{n} (a_i + b_i) = \lim_{n\to\infty} \left(\sum_{i=1}^{n} a_i + \sum_{i=1}^{n} b_i \right)$$

$$= \lim_{n\to\infty} \sum_{i=1}^{n} a_i + \lim_{n\to\infty} \sum_{i=1}^{n} b_i$$

$$= \lim_{n\to\infty} s_n + \lim_{n\to\infty} t_n = s + t$$

그러므로 $\Sigma(a_n + b_n)$은 수렴하고 그 합은 다음과 같다.

$$\sum_{n=1}^{\infty} (a_n + b_n) = s + t = \sum_{n=1}^{\infty} a_n + \sum_{n=1}^{\infty} b_n \qquad \blacksquare$$

《예제 10》 급수 $\displaystyle\sum_{n=1}^{\infty}\left(\frac{3}{n(n+1)} + \frac{1}{2^n}\right)$의 합을 구하라.

풀이 급수 $\Sigma\, 1/2^n$은 $a = \frac{1}{2}$이고 $r = \frac{1}{2}$인 등비급수이므로 다음과 같다.

$$\sum_{n=1}^{\infty} \frac{1}{2^n} = \frac{\frac{1}{2}}{1-\frac{1}{2}} = 1$$

예제 2에서 다음을 구했다.

$$\sum_{n=1}^{\infty} \frac{1}{n(n+1)} = 1$$

따라서 정리 **8**에 의해 주어진 급수는 수렴하고, 그 합은 다음과 같다.

$$\sum_{n=1}^{\infty}\left(\frac{3}{n(n+1)} + \frac{1}{2^n}\right) = 3\sum_{n=1}^{\infty} \frac{1}{n(n+1)} + \sum_{n=1}^{\infty} \frac{1}{2^n}$$

$$= 3\cdot 1 + 1 = 4 \qquad \blacksquare$$

NOTE 유한개의 항은 급수의 수렴 또는 발산에 영향을 미치지 않는다. 예를 들어 다음을 통해 수렴함을 볼 수 있다.

$$\sum_{n=4}^{\infty} \frac{n}{n^3+1}$$

그렇다면 다음과 같이 쓸 수 있다.

$$\sum_{n=1}^{\infty} \frac{n}{n^3+1} = \frac{1}{2} + \frac{2}{9} + \frac{3}{28} + \sum_{n=4}^{\infty} \frac{n}{n^3+1}$$

그러므로 전체 급수 $\sum_{n=1}^{\infty} n/(n^3+1)$은 수렴한다. 마찬가지로 $\sum_{n=N+1}^{\infty} a_n$ 수렴하면, 다음 전체 급수도 역시 수렴한다.

$$\sum_{n=1}^{\infty} a_n = \sum_{n=1}^{N} a_n + \sum_{n=N+1}^{\infty} a_n$$

10.2 | 연습문제

1. (a) 급수와 수열의 차이점은 무엇인가?

(b) 수렴하는 급수 및 발산하는 급수란 무엇을 뜻하는가?

2. 부분합이 $s_n = 2 - 3(0.8)^n$인 급수 $\sum_{n=1}^{\infty} a_n$의 합을 계산하라.

3-5 부분합 수열의 처음 8개 항을 소수점 아래 넷째 자리까지 정확히 계산하라. 급수는 수렴하는가, 발산하는가?

3. $\sum_{n=1}^{\infty} \dfrac{1}{n^3}$ 　　　　**4.** $\sum_{n=1}^{\infty} \sin n$

5. $\sum_{n=1}^{\infty} \dfrac{1}{n^4 + n^2}$

6-7 다음 급수에서 적어도 10개 이상의 부분합을 구하라. 동일한 보기화면에 항들의 수열과 부분합 수열을 그래프로 나타내라. 이 급수가 수렴하는가, 발산하는가? 수렴하면 그 합을 구하고, 발산하면 그 이유를 설명하라.

6. $\sum_{n=1}^{\infty} \dfrac{6}{(-3)^n}$ 　　　**7.** $\sum_{n=1}^{\infty} \dfrac{n}{\sqrt{n^2 + 4}}$

8. $a_n = \dfrac{2n}{3n + 1}$일 때,

(a) $\{a_n\}$의 수렴성을 판정하라.

(b) $\sum_{n=1}^{\infty} a_n$의 수렴성을 판정하라.

9-11 s_n을(예제 2와 같이) 망원경 합으로 표현해서 급수가 수렴하는지 발산하는지 판정하고, 수렴하면 그 합을 구하라.

9. $\sum_{n=1}^{\infty} \left(\dfrac{1}{n + 2} - \dfrac{1}{n} \right)$ 　　**10.** $\sum_{n=1}^{\infty} \dfrac{3}{n(n + 3)}$

11. $\sum_{n=1}^{\infty} \left(e^{1/n} - e^{1/(n+1)} \right)$

12-16 다음 기하급수가 수렴하는지 발산하는지 판정하고 수렴하면 그 합을 구하라.

12. $3 - 4 + \dfrac{16}{3} - \dfrac{64}{9} + \cdots$

13. $10 - 2 + 0.4 - 0.08 + \cdots$

14. $\sum_{n=1}^{\infty} 12(0.73)^{n-1}$ 　　**15.** $\sum_{n=1}^{\infty} \dfrac{(-3)^{n-1}}{4^n}$

16. $\sum_{n=1}^{\infty} \dfrac{e^{2n}}{6^{n-1}}$

17-25 다음 급수가 수렴하는지 발산하는지 판정하고, 수렴하면 그 합을 구하라.

17. $\dfrac{1}{3} + \dfrac{1}{6} + \dfrac{1}{9} + \dfrac{1}{12} + \dfrac{1}{15} + \cdots$

18. $\dfrac{2}{5} + \dfrac{4}{25} + \dfrac{8}{125} + \dfrac{16}{625} + \dfrac{32}{3125} + \cdots$

19. $\sum_{n=1}^{\infty} \dfrac{2 + n}{1 - 2n}$ 　　**20.** $\sum_{n=1}^{\infty} 3^{n+1} 4^{-n}$

21. $\sum_{n=1}^{\infty} \dfrac{1}{4 + e^{-n}}$ 　　**22.** $\sum_{k=1}^{\infty} (\sin 100)^k$

23. $\sum_{n=1}^{\infty} \ln \left(\dfrac{n^2 + 1}{2n^2 + 1} \right)$ 　　**24.** $\sum_{n=1}^{\infty} \arctan n$

25. $\sum_{n=1}^{\infty} \left(\dfrac{1}{e^n} + \dfrac{1}{n(n + 1)} \right)$

26. $x = 0.99999\ldots$이라 하자.

(a) $x < 1$인가? 아니면 $x = 1$인가?

(b) 기하급수의 합을 이용해서 x의 값을 구하라.

(c) 1을 표현할 수 있는 십진수는 몇 개인가?

(d) 하나 이상의 십진수 표현을 갖는 수는 무엇인가?

27-29 다음 수를 정수의 비로 나타내라.

27. $0.\overline{8} = 0.8888\ldots$ 　　**28.** $2.\overline{516} = 2.516516516\ldots$

29. $1.234\overline{567}$

30-33 다음 급수가 수렴하는 x의 값을 구하라. 그리고 이 x에 대해 급수의 합을 구하라.

30. $\sum_{n=1}^{\infty} (-5)^n x^n$ 　　**31.** $\sum_{n=0}^{\infty} \dfrac{(x - 2)^n}{3^n}$

32. $\sum_{n=0}^{\infty} \dfrac{2^n}{x^n}$ 　　**33.** $\sum_{n=0}^{\infty} e^{nx}$

34. 컴퓨터 대수 체계에 있는 부분분수 명령어를 이용해서 다음 급수의 부분합에 대한 사용하기 편리한 식을 구한 다음, 이 식을 이용해서 급수의 합을 구하라. 이 합을 직접 컴퓨터 대수체계(CAS)를 이용해서 얻은 답을 확인하라.

$$\sum_{n=1}^{\infty} \dfrac{3n^2 + 3n + 1}{(n^2 + n)^3}$$

35. 급수 $\sum_{n=1}^{\infty} a_n$의 n번째 부분합이 $s_n = \dfrac{n - 1}{n + 1}$일 때 a_n과 $\sum_{n=1}^{\infty} a_n$을 구하라.

36. 어떤 의사가 8시간마다 100 mg의 항생제 알약을 복용하도

록 처방했다. 알약을 먹기 바로 직전까지 몸에는 약의 75% 가 남아 있다.

(a) 두 번째 알약을 먹은 후 몸에 남아 있는 약의 양은 얼마인가? 세 번째 알약을 먹은 후 남아 있는 약의 양은 얼마인가?

(b) n번째 알약을 먹은 후 몸에 남아 있는 항생제의 양이 Q_n이라면, Q_{n+1}을 Q_n의 항으로 표현한 식을 구하라.

(c) 장기복용할 경우 몸 안에 남아 있는 항생제의 양은 얼마인가?

37. 환자가 매일 같은 시각에 150 mg의 약을 먹는다. 24시간 동안 몸에는 약의 95%가 남아 있다.

(a) 세 번째 알약을 먹은 후 몸에 남아 있는 약의 양은 얼마인가? n번째 약을 먹은 후 남아 있는 약의 양은 얼마인가?

(b) 장기복용할 경우 몸에 남아 있는 약의 양은 얼마인가?

38. 물품구입이나 서비스를 받기 위해 돈을 쓸 때 그 돈을 받은 사람들도 그 돈의 일부를 같은 방법으로 쓰게 된다. 또 두 번 지출한 돈의 일부를 받은 사람도 돈의 일부를 다시 쓰게 되고 이와 같은 일은 계속될 것이다. 경제학자들은 이렇게 반복되는 연쇄반응을 **승수효과**라 한다. 고립된 공동체가 있다고 가정할 때 지방정부가 D달러를 지출해서 과정이 시작된다고 생각하자. 지출된 돈을 받은 사람은 각각 $100c\%$를 쓰고 $100s\%$를 저축한다고 하자. c와 s의 값을 각각 **한계소비성향**과 **한계저축성향**이라고 하는데, 물론 $c + s = 1$이다.

(a) S_n을 n번 과정을 거친 후에 생성된 총 지출액이라고 하자. S_n에 대한 식을 구하라.

(b) $k = 1/s$일 때 $\lim_{n \to \infty} S_n = kD$임을 보여라. 여기서 k는 승수라고 한다. 한계소비성향이 80%일 때 승수를 구하라.

Note: 중앙정부는 이런 원리를 이용해서 재정 적자를 정당화한다. 은행은 이 원리를 이용해서 예치된 금액을 상당히 높은 금리로 대출하는 것을 정당화한다.

39. $\sum_{n=2}^{\infty} (1 + c)^{-n} = 2$일 때 c의 값을 구하라.

40-41 조화급수의 발산성 예제 8에서 조화급수가 발산하는 것을 증명했다. 이 사실을 증명하는 또 다른 방법이 여기에 있다. 각 경우에 급수들이 합 S로 수렴한다고 가정하면, 이 가정이 모순임을 보여라.

40. $S = \left(1 + \dfrac{1}{2}\right) + \left(\dfrac{1}{3} + \dfrac{1}{4}\right) + \left(\dfrac{1}{5} + \dfrac{1}{6}\right) + \cdots$

$> \left(\dfrac{1}{2} + \dfrac{1}{2}\right) + \left(\dfrac{1}{4} + \dfrac{1}{4}\right) + \left(\dfrac{1}{6} + \dfrac{1}{6}\right) + \cdots = S$

41. $e^{1 + (1/2) + (1/3) + \cdots + (1/n)} = e^1 \cdot e^{1/2} \cdot e^{1/3} \cdot \cdots \cdot e^{1/n}$

$> (1 + 1)\left(1 + \dfrac{1}{2}\right)\left(1 + \dfrac{1}{3}\right) \cdots \left(1 + \dfrac{1}{n}\right) = n + 1$

[**힌트**: 먼저 $e^x > 1 + x$임을 보인다.]

---

42. 그림과 같이 반지름의 길이가 1인 두 원 C, D가 점 P에서 접한다. T는 공통접선이다. 원 C_1은 C, D, T와 접하고, 원 C_2는 C, D, C_1과 접하며, 원 C_3은 C, D, C_2와 접한다. 이 과정은 무한히 계속될 수 있으며 원들의 무한수열 $\{C_n\}$을 만들 수 있다. 원 C_n의 지름에 대한 식을 구하고, 예제 2에 대한 또 다른 기하학적인 해석을 제시하라.

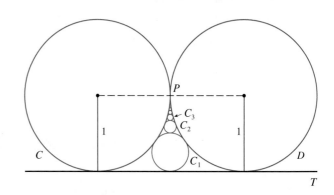

43. 다음 계산에서 잘못된 점은 무엇인가?

$$0 = 0 + 0 + 0 + \cdots$$
$$= (1 - 1) + (1 - 1) + (1 - 1) + \cdots$$
$$= 1 - 1 + 1 - 1 + 1 - 1 + \cdots$$
$$= 1 + (-1 + 1) + (-1 + 1) + (-1 + 1) + \cdots$$
$$= 1 + 0 + 0 + 0 + \cdots = 1$$

[우발두스(Guido Ubaldus)는 이것이 신의 존재를 증명한다고 생각했다. 왜냐하면 무로부터 유가 창조됐기 때문이다.]

44. (a) 정리 **8**의 (i)을 증명하라.

(b) 정리 **8**의 (iii)를 증명하라.

45. $\sum a_n$이 수렴하고 $\sum b_n$이 발산할 때, 급수 $\sum (a_n + b_n)$이 발산함을 보여라. [**힌트**: 모순을 이용한다.]

46. 양의 항으로 이루어진 급수 $\sum a_n$의 부분합 s_n이 모든 n에 대해 부등식 $s_n \leq 1000$을 만족한다. $\sum a_n$이 반드시 수렴하는

이유를 설명하라.

47. 칸토어 집합(Cantor set)은 독일의 수학자 칸토어(Georg Cantor, 1845~1918)의 이름을 따서 붙인 것으로 다음과 같이 구성된다. 폐구간 $[0, 1]$에서 출발하고 개구간 $\left(\frac{1}{3}, \frac{2}{3}\right)$를 제거한다. 두 구간 $\left[0, \frac{1}{3}\right]$과 $\left[\frac{2}{3}, 1\right]$이 남는데 각각의 3등분한 중앙의 개구간을 뺀다. 이제 네 구간이 남는데 다시 각각의 3등분한 중앙의 개구간을 제거한다. 각 단계에서 전 단계로부터 남은 모든 구간에서 중간의 개구간을 제거하는 과정을 무한 반복한다. 칸토어 집합은 이런 모든 구간이 제거된 후 $[0, 1]$에 남은 수들로 구성된다.

(a) 제거된 모든 구간의 총 길이가 1임을 보여라. 그럼에도 불구하고 칸토어 집합에는 무한히 많은 수가 있다. 칸토어 집합에 속하는 수를 몇 개만 예로 들라.

(b) **시어핀스키 양탄자**(Sierpinski carpet)는 칸토어 집합의 2차원 대응이다. 이것은 한 변의 길이가 1인 정사각형을 9등분해서 가운데 부분을 제거하고 남은 8개의 더 작은

정사각형의 가운데를 제거해 가며 이 과정을 계속 반복한다. (그림에서는 처음 세 과정을 나타내고 있다.) 제거된 정사각형의 넓이의 합이 1임을 보여라. 이것은 시어핀스키 양탄자의 넓이가 0임을 보여준다.

48. 급수 $\sum_{n=1}^{\infty} n/(n+1)!$을 생각하자.

(a) 부분합 s_1, s_2, s_3, s_4를 구하라. 분모에 나타난 규칙을 알 수 있는가? 그 규칙을 이용해서 s_n에 대한 식을 추측하라.

(b) 수학적 귀납법을 이용해서 추측을 증명하라.

(c) 주어진 무한급수가 수렴함을 보이고, 그 합을 구하라.

10.3 | 적분판정법과 합의 추정

일반적으로 급수의 정확한 합을 구하는 것은 어렵다. 기하급수나 망원급수(telescoping series)는 각 경우에 n번째 부분합 s_n에 대한 간단한 공식을 찾을 수 있었기 때문에 정확한 합을 구할 수 있었다. 그러나 통상적으로 그런 식을 찾는 것은 쉽지 않다. 그러므로 다음 몇몇 절에서 명확하게 급수의 합을 찾지 않고서도 급수가 수렴하는지 발산하는지 판정할 수 있는 여러 가지 판정법에 대해 알아본다. (경우에 따라서는 판정법으로 합의 좋은 추정값을 구할 수 있다.) 첫 번째 판정법은 이상적분과 관련된 것이다.

■ 적분판정법

항들이 양의 정수의 제곱의 역수인 다음과 같은 급수를 조사해 보자.

$$\sum_{n=1}^{\infty} \frac{1}{n^2} = \frac{1}{1^2} + \frac{1}{2^2} + \frac{1}{3^2} + \frac{1}{4^2} + \frac{1}{5^2} + \cdots$$

n번째 항까지의 합 s_n에 대한 간단한 공식은 없지만 컴퓨터로 생성한 근사값을 보여주는 왼쪽 표로부터 $n \to \infty$일 때 부분합은 1.64 부근의 수에 접근하고 있음을 알 수 있다. 그래서 급수는 수렴할 것으로 보인다.

이런 생각을 기하학적인 논법으로 확인할 수 있다. 그림 1은 $y = 1/x^2$의 곡선과

n	$s_n = \sum_{i=1}^{n} \dfrac{1}{i^2}$
5	1.4636
10	1.5498
50	1.6251
100	1.6350
500	1.6429
1000	1.6439
5000	1.6447

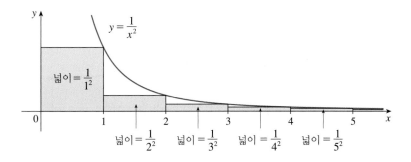

그림 1

이 곡선 아래에 놓인 직사각형을 나타낸다. 각각의 직사각형의 밑변은 길이 1인 구간이고 높이는 구간의 오른쪽 끝점에서 $y = 1/x^2$의 함숫값과 일치한다.

따라서 직사각형들의 넓이의 합은 다음과 같다.

$$\frac{1}{1^2} + \frac{1}{2^2} + \frac{1}{3^2} + \frac{1}{4^2} + \frac{1}{5^2} + \cdots = \sum_{n=1}^{\infty} \frac{1}{n^2}$$

첫 번째 직사각형을 제외한 나머지 직사각형의 전체 넓이는 $x \geq 1$일 때 곡선 $y = 1/x^2$ 아래의 넓이, 즉 적분 $\int_1^{\infty} (1/x^2)\, dx$의 값보다 작다. 7.8절에서 이 이상적분은 수렴하고 그 값이 1임을 보였다. 따라서 그림으로부터 모든 부분합은 다음과 같이 2보다 작다는 것을 알 수 있다.

$$\frac{1}{1^2} + \int_1^{\infty} \frac{1}{x^2}\, dx = 2$$

따라서 부분합은 유계이다. 또한 (모든 항이 양수이므로) 부분합은 증가하는 것을 안다. 그러므로 (단조수열정리에 의해) 부분합은 수렴하므로 급수는 수렴하고, 다음과 같이 급수의 합(부분합의 극한)은 2보다 작다.

$$\sum_{n=1}^{\infty} \frac{1}{n^2} = \frac{1}{1^2} + \frac{1}{2^2} + \frac{1}{3^2} + \frac{1}{4^2} + \cdots < 2$$

[이 급수의 정확한 합은 스위스의 수학자 오일러(Leonhard Euler, 1707~1783)에 의해 $\pi^2/6$임이 밝혀졌지만, 이 사실의 증명은 매우 어렵다.]

이제 다음과 같은 급수를 살펴보자.

$$\sum_{n=1}^{\infty} \frac{1}{\sqrt{n}} = \frac{1}{\sqrt{1}} + \frac{1}{\sqrt{2}} + \frac{1}{\sqrt{3}} + \frac{1}{\sqrt{4}} + \frac{1}{\sqrt{5}} + \cdots$$

s_n의 값에 대한 오른쪽 표는 부분합이 유한수에 접근하지 않음을 암시하고 있다. 따라서 주어진 급수는 발산하는 것으로 보인다. 이것을 확인하기 위해, 다시 그림을 이용한다. 그림 2는 곡선 $y = 1/\sqrt{x}$을 보여주며, 이번에는 곡선의 위쪽에 윗 변이 놓인 직사각형을 이용한다.

각 직사각형의 밑변은 길이가 1이고, 높이는 구간의 왼쪽 끝점에서 $y = 1/\sqrt{x}$의 함숫값과 일치한다. 따라서 전체 직사각형의 넓이의 합은 다음과 같다.

n	$s_n = \displaystyle\sum_{i=1}^{n} \frac{1}{\sqrt{i}}$
5	3.2317
10	5.0210
50	12.7524
100	18.5896
500	43.2834
1000	61.8010
5000	139.9681

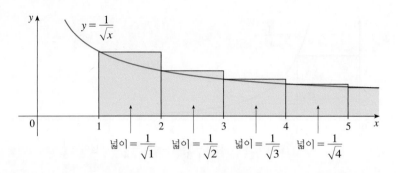

그림 2

$$\frac{1}{\sqrt{1}} + \frac{1}{\sqrt{2}} + \frac{1}{\sqrt{3}} + \frac{1}{\sqrt{4}} + \frac{1}{\sqrt{5}} + \cdots = \sum_{n=1}^{\infty} \frac{1}{\sqrt{n}}$$

이 전체 넓이는 $x \geq 1$일 때 곡선 $y = 1/\sqrt{x}$ 아래의 넓이, 즉 적분 $\int_1^\infty (1/\sqrt{x})\, dx$의 값보다 크다. 7.8절의 예제 4로부터 이 이상적분은 발산함을 알고 있다. 다시 말해서 곡선 아래의 넓이는 무한이다. 따라서 급수의 합도 반드시 무한이다. 즉, 급수는 발산한다.

위의 두 예에서 이용한 기하학적인 논법과 동일한 방법으로 다음 판정법을 증명할 수 있다(증명은 이 절의 끝에 있다).

적분판정법 f가 $[1, \infty)$에서 연속이고 양의 값을 갖는 감소함수라 하고, $a_n = f(n)$이라 하자. 그러면 급수 $\sum\limits_{n=1}^{\infty} a_n$이 수렴하기 위한 필요충분조건은 이상적분 $\int_1^\infty f(x)\, dx$가 수렴하는 것이다. 다시 말해 다음이 성립한다.

(i) $\displaystyle\int_1^\infty f(x)\, dx$가 수렴하면 $\sum\limits_{n=1}^{\infty} a_n$은 수렴한다.

(ii) $\displaystyle\int_1^\infty f(x)\, dx$가 발산하면 $\sum\limits_{n=1}^{\infty} a_n$은 발산한다.

NOTE 적분판정법을 이용할 때 급수나 적분을 $n = 1$에서 시작할 필요는 없다. 예를 들면 다음과 같다.

$$\sum_{n=4}^{\infty} \frac{1}{(n-3)^2} \text{을 판정할 때} \quad \int_4^\infty \frac{1}{(x-3)^2}\, dx \text{를 이용}$$

또한 f가 **항상** 감소할 필요도 없다. f가 **궁극적으로** 감소한다는 사실이 중요하다. 즉, 어떤 수 N보다 큰 x값에 대해 감소하면 된다. 그러면 $\sum\limits_{n=N}^{\infty} a_n$이 수렴하고 따라서 $\sum\limits_{n=1}^{\infty} a_n$도 수렴한다. [10.2절의 마지막에 있는 NOTE 참조]

적분판정법을 이용하기 위해서는 $\int_1^\infty f(x)\, dx$를 계산할 수 있어야 하므로 f의 역도함수를 알아야 한다. 흔히 이것은 어렵거나 불가능하므로 다음 세 개의 절에서 수렴에 대한 다른 판정법이 필요하다.

《예제 1》 급수 $\displaystyle\sum_{n=1}^{\infty} \frac{1}{n^2 + 1}$이 수렴하는지 혹은 발산하는지 조사하라.

풀이 함수 $f(x) = 1/(x^2 + 1)$은 $[1, \infty)$에서 연속이고 양이며 감소한다. 따라서 적분판정을 이용하면 다음과 같다.

$$\int_1^\infty \frac{1}{x^2 + 1}\, dx = \lim_{t \to \infty} \int_1^t \frac{1}{x^2 + 1}\, dx = \lim_{t \to \infty} \tan^{-1} x \Big]_1^t$$

$$= \lim_{t \to \infty} \left(\tan^{-1} t - \frac{\pi}{4} \right) = \frac{\pi}{2} - \frac{\pi}{4} = \frac{\pi}{4}$$

그러므로 $\int_1^\infty 1/(x^2 + 1)\, dx$는 수렴하는 적분이고 따라서 적분판정법에 의해 급수
$\Sigma\, 1/(n^2 + 1)$은 수렴한다.   ■

《예제 2》 급수 $\displaystyle\sum_{n=1}^\infty \frac{1}{n^p}$이 수렴하는 p의 값을 구하라.

풀이 $p < 0$이면 $\displaystyle\lim_{n \to \infty} (1/n^p) = \infty$이다. 또한 $p = 0$이면 $\displaystyle\lim_{n \to \infty} (1/n^p) = 1$이다. 두 경우 모
두 $\displaystyle\lim_{n \to \infty} (1/n^p) \neq 0$이므로 10.2절 정리 **7**의 발산판정법에 따라 주어진 급수는 발산한다.

  $p > 0$이면 함수 $f(x) = 1/x^p$은 명확히 $[1, \infty)$에서 연속이고 양이며 감소한다. 7.8절
의 **2**에서 다음 사실을 알았다.

$$\int_1^\infty \frac{1}{x^p}\, dx$$는 $p > 1$이면 수렴하고 $p \leq 1$이면 발산한다.

그러므로 적분판정법에 따라 $\Sigma\, 1/n^p$은 $p > 1$이면 수렴하고 $0 < p \leq 1$이면 발산한다.
($p = 1$일 때 이 급수는 10.2절 예제 8에서 논의한 조화급수이다.)   ■

  예제 2의 급수를 ***p*-급수**(*p*-series)라 한다. *p*-급수는 10장의 나머지에서 매우 중요
하므로 예제 2의 결과를 다음과 같이 요약한다.

---

1 *p*-급수 $\displaystyle\sum_{n=1}^\infty \frac{1}{n^p}$은 $p > 1$이면 수렴하고 $p \leq 1$이면 발산한다.

《예제 3》

(a) 다음 급수는 $p = 3 > 1$인 *p*-급수이므로 수렴한다.

$$\sum_{n=1}^\infty \frac{1}{n^3} = \frac{1}{1^3} + \frac{1}{2^3} + \frac{1}{3^3} + \frac{1}{4^3} + \cdots$$

(b) 다음 급수는 $p = \frac{1}{3} < 1$인 *p*-급수이므로 발산한다.

$$\sum_{n=1}^\infty \frac{1}{n^{1/3}} = \sum_{n=1}^\infty \frac{1}{\sqrt[3]{n}} = 1 + \frac{1}{\sqrt[3]{2}} + \frac{1}{\sqrt[3]{3}} + \frac{1}{\sqrt[3]{4}} + \cdots$$

   ■

> 항이 양수인 급수의 수렴은 급수의 항이 얼마나 빠르게 0에 접근하는지에 달려있는 것으로 생각할 수 있다. $p > 0$인 모든 p 급수에 대해 항 $a_n = 1/n^p$은 0에 접근하지만 p의 값이 더 크면 더 빨리 0에 접근한다.

✑ **NOTE**   적분판정법에서 급수의 합이 적분의 값과 같다고 추론해서는 안 된다.

$$\sum_{n=1}^\infty \frac{1}{n^2} = \frac{\pi^2}{6}$$인 반면에 $\int_1^\infty \frac{1}{x^2}\, dx = 1$이다.

그러므로 일반적으로 다음과 같다.

$$\sum_{n=1}^\infty a_n \neq \int_1^\infty f(x)\, dx$$

《예제 4》 급수 $\displaystyle\sum_{n=1}^{\infty} \frac{\ln n}{n}$ 이 수렴하는지 발산하는지 판정하라.

풀이 로그함수는 연속이므로 함수 $f(x) = (\ln x)/x$는 $x > 1$일 때 연속이고 양이다. 그러나 f가 감소하는지 분명치 않으므로 다음과 같이 도함수를 구해서 알아보기로 하자.

$$f'(x) = \frac{(1/x)x - \ln x}{x^2} = \frac{1 - \ln x}{x^2}$$

그러므로 $\ln x > 1$, 즉 $x > e$일 때 $f'(x) < 0$이다. 따라서 f는 $x > e$일 때 감소한다. 이제 적분판정법을 적용하면 다음과 같다.

$$\int_1^{\infty} \frac{\ln x}{x}\, dx = \lim_{t \to \infty} \int_1^{t} \frac{\ln x}{x}\, dx = \lim_{t \to \infty} \frac{(\ln x)^2}{2} \bigg]_1^{t}$$

$$= \lim_{t \to \infty} \frac{(\ln t)^2}{2} = \infty$$

이 이상적분이 발산하므로 적분판정법에 따라 급수 $\Sigma (\ln n)/n$도 발산한다. ∎

■ 급수의 합의 추정

적분판정법을 이용해서 급수 Σa_n이 수렴하는 것을 보일 수 있다고 가정하자. 그리고 이 급수의 합 s의 근삿값을 구한다고 하자. 물론 $\displaystyle\lim_{n \to \infty} s_n = s$이므로 임의의 부분합 s_n은 s에 근사한다. 그러나 근삿값이 얼마나 적절한가를 알기 위해서는 다음과 같이 **나머지**(remainder)의 크기를 추정해야 한다.

$$R_n = s - s_n = a_{n+1} + a_{n+2} + a_{n+3} + \cdots$$

나머지 R_n은 n번째 항까지의 합 s_n이 전체 합에 대한 근삿값으로 사용될 때 발생하는 오차이다.

　같은 개념과 표현을 적분판정법에 적용하고, f가 $[n, \infty)$에서 감소한다고 가정하자. $x \geq n$일 때 $y = f(x)$ 아래의 넓이와 직사각형들의 넓이를 그림 3과 같이 비교하면 다음을 알 수 있다.

$$R_n = a_{n+1} + a_{n+2} + \cdots \leq \int_n^{\infty} f(x)\, dx$$

같은 방법으로 그림 4로부터 다음을 알 수 있다.

$$R_n = a_{n+1} + a_{n+2} + \cdots \geq \int_{n+1}^{\infty} f(x)\, dx$$

따라서 다음과 같은 오차 추정을 증명한다.

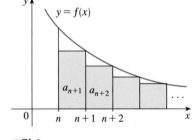

그림 3

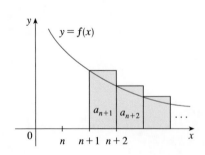

그림 4

> **2 적분판정법에 대한 나머지 추정**　$x \geq n$에서 f가 연속이고 양이며 감소함수로서 $f(k) = a_k$이고, Σa_n는 수렴한다고 가정하자. $R_n = s - s_n$이면 다음이 성립한다.
>
> $$\int_{n+1}^{\infty} f(x)\, dx \leq R_n \leq \int_n^{\infty} f(x)\, dx$$

《예제 5》

(a) 처음 10개 항의 합을 이용해서 급수 $\Sigma \, 1/n^3$의 합을 근사시키고, 이 근삿값에 대한 오차를 추정하라.

(b) 급수의 합이 0.0005 이내로 정확함을 보장하기 위해서는 얼마나 많은 항이 필요한가?

풀이 (a)와 (b)를 풀기 위해 $\int_n^\infty f(x)\,dx$를 알아야 한다. $f(x) = 1/x^3$은 적분판정법의 조건을 만족하므로 다음을 얻는다.

$$\int_n^\infty \frac{1}{x^3}\,dx = \lim_{t\to\infty}\left[-\frac{1}{2x^2} \right]_n^t = \lim_{t\to\infty}\left(-\frac{1}{2t^2} + \frac{1}{2n^2} \right) = \frac{1}{2n^2}$$

(a) 10번째 부분합으로 급수의 합을 근사하면 다음을 얻는다.

$$\sum_{n=1}^\infty \frac{1}{n^3} \approx s_{10} = \frac{1}{1^3} + \frac{1}{2^3} + \frac{1}{3^3} + \cdots + \frac{1}{10^3} \approx 1.1975$$

증명 ②에서 나머지 추정에 따르면 다음을 얻는다.

$$R_{10} \le \int_{10}^\infty \frac{1}{x^3}\,dx = \frac{1}{2(10)^2} = \frac{1}{200}$$

따라서 오차의 크기는 기껏해야 0.005이다.

(b) 정확도가 0.0005 이내라는 사실은 $R_n \le 0.0005$를 만족하는 n의 값을 구하라는 것을 의미한다.

$$R_n \le \int_n^\infty \frac{1}{x^3}\,dx = \frac{1}{2n^2}$$

그러므로 다음이 성립하기를 원한다.

$$\frac{1}{2n^2} < 0.0005$$

이 부등식을 풀면 다음을 얻는다.

$$n^2 > \frac{1}{0.001} = 1000 \quad \text{또는} \quad n > \sqrt{1000} \approx 31.6$$

따라서 0.0005 이내의 정확도를 위해서는 적어도 32개의 항이 필요하다. ■

증명 ②에 있는 부등식의 각 변에 s_n을 더하면 $s_n + R_n = s$이므로 다음을 얻는다.

③ $$\boxed{\; s_n + \int_{n+1}^\infty f(x)\,dx \le s \le s_n + \int_n^\infty f(x)\,dx \;}$$

③의 부등식은 s에 대한 상계와 하계를 준다. 이것은 급수의 합에 대해 부분합 s_n을 이용한 근삿값보다 더 정확한 근삿값을 준다.

$p = 2$에 대한 p-급수의 합은 오일러가 정확하게 계산했지만, $p = 3$에 대한 정확한 합은 그 누구도 구할 수 없었다. 그러면 예제 6에서 이 합을 추정하는 방법을 알아보자.

《예제 6》 $n = 10$인 식 **3**을 이용해서 급수 $\displaystyle\sum_{n=1}^{\infty} \frac{1}{n^3}$의 합을 추정하라.

풀이 **3**의 부등식은 다음과 같다.

$$s_{10} + \int_{11}^{\infty} \frac{1}{x^3}\, dx \leq s \leq s_{10} + \int_{10}^{\infty} \frac{1}{x^3}\, dx$$

예제 5로부터 다음을 안다.

$$\int_{n}^{\infty} \frac{1}{x^3}\, dx = \frac{1}{2n^2}$$

그러므로 $$s_{10} + \frac{1}{2(11)^2} \leq s \leq s_{10} + \frac{1}{2(10)^2}$$

$s_{10} \approx 1.197532$를 이용하면 다음을 얻는다.

$$1.201664 \leq s \leq 1.202532$$

이 구간의 중점을 s의 근삿값으로 사용하면, 오차는 기껏해야 구간 길이의 절반이 된다. 따라서 0.0005 이내의 오차에서 근삿값은 다음과 같다.

$$\sum_{n=1}^{\infty} \frac{1}{n^3} \approx 1.2021 \qquad\blacksquare$$

예제 5와 예제 6을 비교하면 $s \approx s_n$보다 식 **3**의 개량된 추정이 더 좋은 것을 볼 수 있다. 오차를 0.0005보다 작게 하기 위해 예제 5에서는 32개 항을 이용하지만 예제 6에서는 단지 10개 항만 사용하면 된다.

■ 적분판정법의 증명

급수 $\sum 1/n^2$과 $\sum 1/\sqrt{n}$에 대한 그림 1과 2에서 적분판정법의 증명에 깔린 기본적인 개념은 이미 알고 있다. 일반적인 급수 $\sum a_n$에 대해, 그림 5와 6을 보자. 그림 5에서 첫 번째 색칠한 직사각형의 넓이는 $[1, 2]$의 오른쪽 끝점에서 f의 값이다. 즉 $f(2) = a_2$이다. 따라서 1에서 n까지 색칠한 직사각형의 넓이와 $y = f(x)$ 아래의 넓이를 비교하면 다음을 볼 수 있다.

4 $$a_2 + a_3 + \cdots + a_n \leq \int_1^n f(x)\, dx$$

(이 부등식은 f가 감소한다는 사실에 의존함을 주목하자.) 같은 방법으로 그림 6은 다음을 보여준다.

5 $$\int_1^n f(x)\, dx \leq a_1 + a_2 + \cdots + a_{n-1}$$

(i) $\displaystyle\int_1^{\infty} f(x)\, dx$가 수렴하면, $f(x) \geq 0$이므로 식 **4**로부터 다음을 얻는다.

$$\sum_{i=2}^{n} a_i \leq \int_1^n f(x)\, dx \leq \int_1^{\infty} f(x)\, dx$$

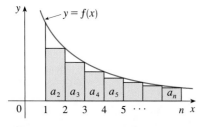

그림 5

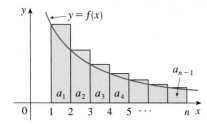

그림 6

그러므로 어떤 M에 대해 다음 부등식을 얻는다.

$$s_n = a_1 + \sum_{i=2}^{n} a_i \leq a_1 + \int_1^{\infty} f(x)\,dx = M$$

모든 n에 대해 $s_n \leq M$이므로 수열 $\{s_n\}$은 위로 유계이다. 또한 $a_{n+1} = f(n+1) \geq 0$ 이므로 다음이 성립한다.

$$s_{n+1} = s_n + a_{n+1} \geq s_n$$

즉, $\{s_n\}$은 증가하는 유계수열이다. 따라서 10.1절의 단조수열정리 $\boxed{12}$로부터 수열 은 수렴한다. 이것은 $\sum a_n$도 수렴한다는 것을 뜻한다.

(ii) $\int_1^{\infty} f(x)\,dx$가 발산하면, $f(x) \geq 0$이므로 $n \to \infty$일 때 $\int_1^{n} f(x)\,dx \to \infty$이다. 그러 나 식 $\boxed{5}$로부터 다음을 얻는다.

$$\int_1^{n} f(x)\,dx \leq \sum_{i=1}^{n-1} a_i = s_{n-1}$$

그러므로 $s_{n-1} \to \infty$이다. 이것은 $s_n \to \infty$이고 $\sum a_n$이 발산함을 뜻한다. ∎

10.3 | 연습문제

1. 그림을 그려서 다음 식이 성립함을 보여라.

$$\sum_{n=2}^{\infty} \frac{1}{n^{1.5}} < \int_1^{\infty} \frac{1}{x^{1.5}}\,dx$$

이 급수에 대해 어떤 결론을 내릴 수 있는가?

2-5 적분판정법을 이용해서 급수가 수렴하는지 혹은 발산하는 지 판정하라.

2. $\sum\limits_{n=1}^{\infty} n^{-3}$

3. $\sum\limits_{n=1}^{\infty} \dfrac{2}{5n-1}$

4. $\sum\limits_{n=2}^{\infty} \dfrac{n^2}{n^3+1}$

5. $\sum\limits_{n=2}^{\infty} \dfrac{1}{n(\ln n)^3}$

6-14 다음 급수가 수렴하는지 혹은 발산하는지 판정하라.

6. $\sum\limits_{n=1}^{\infty} \dfrac{1}{n^{\sqrt{2}}}$

7. $1 + \dfrac{1}{8} + \dfrac{1}{27} + \dfrac{1}{64} + \dfrac{1}{125} + \cdots$

8. $\dfrac{1}{3} + \dfrac{1}{7} + \dfrac{1}{11} + \dfrac{1}{15} + \dfrac{1}{19} + \cdots$

9. $\sum\limits_{n=1}^{\infty} \dfrac{\sqrt{n}+4}{n^2}$

10. $\sum\limits_{n=1}^{\infty} \dfrac{1}{n^2+4}$

11. $\sum\limits_{n=1}^{\infty} \dfrac{n^3}{n^4+4}$

12. $\sum\limits_{n=2}^{\infty} \dfrac{1}{n \ln n}$

13. $\sum\limits_{k=1}^{\infty} ke^{-k}$

14. $\sum\limits_{n=1}^{\infty} \dfrac{1}{n^2+n^3}$

15. 적분판정법으로 급수 $\sum\limits_{n=1}^{\infty} \dfrac{\cos \pi n}{\sqrt{n}}$이 수렴성을 판정하지 못 하는 이유를 설명하라.

16-17 다음 급수가 수렴하기 위한 p값을 구하라.

16. $\sum\limits_{n=2}^{\infty} \dfrac{1}{n(\ln n)^p}$

17. $\sum\limits_{n=1}^{\infty} n(1+n^2)^p$

18-19 리만 제타 함수(Riemann Zeta function) 복소수 s에 대 해 $\zeta(s) = \sum\limits_{n=1}^{\infty} \dfrac{1}{n^s}$로 정의되는 함수 ζ를 리만 제타 함수라 한다.

18. 어떤 실수 x에 대해 $\zeta(x)$가 정의되는가?

19. 오일러는 $p=4$인 p-급수의 합을 다음과 같이 구했다.

$$\zeta(4) = \sum_{n=1}^{\infty} \frac{1}{n^4} = \frac{\pi^4}{90}$$

오일러의 결과를 이용해서 다음 급수의 합을 구하라.

(a) $\displaystyle\sum_{n=1}^{\infty}\left(\frac{3}{n}\right)^4$ (b) $\displaystyle\sum_{k=5}^{\infty}\frac{1}{(k-2)^4}$

20. (a) 처음 10개 항의 합을 이용해서 급수 $\displaystyle\sum_{n=1}^{\infty}1/n^2$ 의 합을 추정하라. 이 추정값은 얼마나 정확한가?

(b) $n=10$일 때 식 **3**을 이용해서 (a)의 추정값을 개선하라.

(c) (b)에서 구한 추정값을 오일러가 구한 정확한 값 $\pi^2/6$ 과 비교하라.

(d) 근삿값 $s \approx s_n$에서 오차가 0.001보다 작게 하기 위한 n 의 값을 구하라.

21. $\displaystyle\sum_{n=1}^{\infty}(2n+1)^{-6}$을 소수점 아래 다섯째 자리까지 정확하게 추정하라.

22. 급수 $\displaystyle\sum_{n=1}^{\infty}n^{-1.001}$의 합을 소수점 아래 아홉째 자리에서 오차가 5보다 작도록 근사시키려면 $10^{11,301}$항 이상을 더해야 함을 보여라.

23. (a) 식 **4**를 이용해서 조화급수의 n번째 부분합을 s_n이라 할 때 다음이 성립함을 보여라.

$$s_n \leq 1 + \ln n$$

(b) 조화급수는 발산하지만 그 속도는 매우 느리다. 처음부터 백만 번째의 항까지의 합이 15보다 작고 천만 번째의 항까지의 합이 22보다 작음을 (a)를 이용해서 보여라.

24. 급수 $\displaystyle\sum_{n=1}^{\infty}b^{\ln n}$이 수렴하기 위한 양수인 모든 b의 값을 구하라.

10.4 | 비교판정법

비교판정법의 개념은 수렴과 발산 여부를 알고 있는 급수와 주어진 급수를 비교하는 것이다. 두 급수가 모두 양수 항으로만 이루어져 있으면 어느 것이 더 큰지 알기 위해 대응하는 항을 직접 비교할 수도 있고 (직접 비교판정법) 또는 대응하는 항의 비의 극한을 살펴볼 수도 있다(극한 비교판정법).

■ 직접 비교판정법

다음 두 급수를 생각해보자.

$$\sum_{n=1}^{\infty}\frac{1}{2^n+1}, \quad \sum_{n=1}^{\infty}\frac{1}{2^n}$$

두 번째 급수 $\displaystyle\sum_{n=1}^{\infty}1/2^n$은 $a=\frac{1}{2}$이고 $r=\frac{1}{2}$인 기하급수이고 따라서 수렴한다. 두 급수는 매우 유사하기 때문에 첫 번째 급수 또한 수렴해야만 한다는 느낌을 받는다. 실제로도 첫 번째 급수는 수렴한다. 다음 부등식

$$\frac{1}{2^n+1} < \frac{1}{2^n}$$

은 급수 $\sum 1/(2^n+1)$의 항이 기하급수 $\sum 1/2^n$의 항보다 더 작음을 보여주고, 따라서 모든 부분합 또한 (기하급수의 합인) 1보다 작음을 보여준다. 이것은 이 부분합이 유계이고 증가하는 수열임을 의미하고, 따라서 수렴한다. 또한 이 급수의 합은 기하급수의 합보다 작다.

$$\sum_{n=1}^{\infty}\frac{1}{2^n+1} < 1$$

급수의 모든 항이 양수인 급수에만 적용되는 다음 판정법을 증명하는 데 비슷한 논의를 사용할 수 있다. 첫 부분은 **수렴하는** 것으로 알려진 급수의 항들보다 작은 항으로 이루어진 급수도 역시 수렴함을 말한다. 둘째 부분은 **발산하는** 것으로 알려진 급수의 항보다 **큰** 항으로 이루어진 급수도 역시 발산하는 것을 말한다.

> **직접 비교판정법** $\sum a_n$과 $\sum b_n$의 각 항이 모두 양수인 급수일 때
> (i) $\sum b_n$이 수렴하고, 모든 n에 대해 $a_n \le b_n$이면 $\sum a_n$도 수렴한다.
> (ii) $\sum b_n$이 발산하고, 모든 n에 대해 $a_n \ge b_n$이면 $\sum a_n$도 발산한다.

증명

(i) 다음과 같이 놓자.

$$s_n = \sum_{i=1}^{n} a_i, \quad t_n = \sum_{i=1}^{n} b_i, \quad t = \sum_{n=1}^{\infty} b_n$$

두 급수는 모두 양의 항을 가지므로, 두 수열 $\{s_n\}$과 $\{t_n\}$은 증가수열이다($s_{n+1} = s_n + a_{n+1} \ge s_n$). 그리고 $t_n \to t$이므로 모든 n에 대해 $t_n \le t$이다. $a_i \le b_i$이므로 $s_n \le t_n$이고 따라서 모든 n에 대해 $s_n \le t$이다. 이 사실로부터 $\{s_n\}$은 위로 유계인 증가수열임을 알 수 있다. 따라서 단조수열정리에 의해 수렴한다. 그러므로 $\sum a_n$은 수렴한다.

(ii) $\sum b_n$이 발산하면 ($\{t_n\}$은 증가하기 때문에) $t_n \to \infty$이다. 그런데 $a_i \ge b_i$이므로 $s_n \ge t_n$이고 따라서 $s_n \to \infty$이다. 그러므로 $\sum a_n$은 발산한다. ∎

직접 비교판정법에서는 비교의 목적에 대한 알려진 급수 $\sum b_n$을 알고 있어야 한다. 대개의 경우 다음 급수 중 하나를 사용한다.

* p-급수 [$\sum 1/n^p$은 $p > 1$이면 수렴하고 $p \le 1$이면 발산한다(10.3절의 정리 1 참조).]
* 기하급수 [$\sum ar^{n-1}$은 $|r| < 1$이면 수렴하고 $|r| \ge 1$이면 발산한다(10.2절의 정리 4 참조).]

《예제 1》 급수 $\displaystyle\sum_{n=1}^{\infty} \frac{5}{2n^2 + 4n + 3}$ 가 수렴하는지 발산하는지 판정하라.

풀이 충분히 큰 n에 대해 분모를 지배하는 항은 $2n^2$이므로 주어진 급수를 급수 $\sum 5/(2n^2)$와 비교한다. 다음을 관찰하자.

$$\frac{5}{2n^2 + 4n + 3} < \frac{5}{2n^2}$$

왜냐하면 좌변의 분모가 더 크기 때문이다. (직접 비교판정법의 기호로 a_n은 좌변이고 b_n은 우변이다.) 이때 다음을 알 수 있다.

$$\sum_{n=1}^{\infty} \frac{5}{2n^2} = \frac{5}{2} \sum_{n=1}^{\infty} \frac{1}{n^2}$$

수열과 급수의 차이점을 구별할 수 있어야 한다. 수열은 수의 나열이지만 급수는 합이다. 모든 급수 $\sum a_n$은 두 개의 수열과 관련이 있다. 즉, 항들의 수열 $\{a_n\}$과 부분합의 수열 $\{s_n\}$이다.

비교판정법을 사용하는 표준급수

$p = 2 > 1$인 p-급수이므로 수렴한다. 따라서 직접 비교판정법 (i)에 의해 다음은 수렴한다.

$$\sum_{n=1}^{\infty} \frac{5}{2n^2 + 4n + 3}$$ ∎

NOTE 직접 비교판정법에서 모든 n에 대해 $a_b \geq b_n$이거나 $a_n \leq b_n$이라는 조건이 주어졌을지라도 실제로는 어떤 고정된 정수 N이 존재해서 $n \geq N$이 성립한다는 것을 보이면 된다. 왜냐하면 급수의 수렴은 유한개의 항에 의해서는 영향을 받지 않기 때문이다. 이런 예가 다음 예제 2이다.

《예제 2》 급수 $\displaystyle\sum_{k=1}^{\infty} \frac{\ln k}{k}$의 수렴, 발산 여부를 판정하라.

풀이 이 급수는 10.3절의 예제 4에서 적분판정법을 적용해서 판정한 바 있다. 그러나 이를 조화급수와 비교해서 판정할 수도 있다. $k \geq 3$일 때 $\ln k > 1$이므로 다음을 관찰하자.

$$\frac{\ln k}{k} > \frac{1}{k}, \qquad k \geq 3$$

그런데 $\sum 1/k$은 발산하므로($p = 1$인 p-급수), 직접 비교판정법에 따라 주어진 급수도 발산한다. ∎

■ 극한 비교판정법

직접 비교판정법은 급수의 항이 수렴하는 급수의 항보다 작거나 발산하는 급수의 항보다 클 때만 판정할 수 있다. 급수의 항이 수렴하는 급수의 항보다 크거나 발산하는 급수의 항보다 작으면 직접 비교판정법을 적용하지 못한다. 예를 들어 다음 급수를 생각하자.

$$\sum_{n=1}^{\infty} \frac{1}{2^n - 1}$$

여기서 다음과 같은 직접 비교판정법은 쓸모가 없다.

$$\frac{1}{2^n - 1} > \frac{1}{2^n}$$

그 이유는 $\sum b_n = \sum \left(\frac{1}{2}\right)^n$이 수렴하지만 $a_n > b_n$이기 때문이다. 그럼에도 불구하고 $\sum 1/(2^n - 1)$이 수렴하는 기하급수 $\sum \left(\frac{1}{2}\right)^n$과 매우 유사하기 때문에 그것이 수렴할 것이라는 느낌을 받는다. 이런 경우에는 다음 판정법을 이용할 수 있다.

극한 비교판정법 $\sum a_n$과 $\sum b_n$의 항이 양수이고 $c > 0$인 유한수 c에 대해 다음이 성립하면 두 급수는 모두 수렴하거나 모두 발산한다.

$$\lim_{n \to \infty} \frac{a_n}{b_n} = c$$

연습문제 25에서 $c = \infty$인 경우를 다룬다.

증명 m과 M을 $m < c < M$인 양수라 하자. 충분히 큰 n에 대해 a_n/b_n은 c에 매우 가깝게 되므로 다음을 만족하는 N이 존재한다.

$$m < \frac{a_n}{b_n} < M, \qquad n > N$$

따라서 $\qquad\qquad mb_n < a_n < Mb_n, \qquad n > N$

Σb_n이 수렴하면 ΣMb_n도 수렴한다. 따라서 직접 비교판정법의 (i)에 의해 Σa_n도 수렴한다. Σb_n이 발산하면 Σmb_n 역시 발산하고 직접 비교판정법의 (ii)에 의해 Σa_n도 발산한다. ■

《**예제 3**》 급수 $\displaystyle\sum_{n=1}^{\infty} \frac{1}{2^n - 1}$ 의 수렴, 발산 여부를 판정하라.

풀이 다음과 같이 놓고 극한비교판정법을 사용한다.

$$a_n = \frac{1}{2^n - 1}, \qquad b_n = \frac{1}{2^n}$$

그러면 다음을 얻는다.

$$\lim_{n\to\infty} \frac{a_n}{b_n} = \lim_{n\to\infty} \frac{1/(2^n-1)}{1/2^n} = \lim_{n\to\infty} \frac{2^n}{2^n - 1} = \lim_{n\to\infty} \frac{1}{1 - 1/2^n} = 1 > 0$$

극한이 존재하고 $\Sigma 1/2^n$이 수렴하는 기하급수이므로 주어진 급수는 극한비교판정법에 따라 수렴한다. ■

《**예제 4**》 급수 $\displaystyle\sum_{n=1}^{\infty} \frac{2n^2 + 3n}{\sqrt{5 + n^5}}$ 의 수렴, 발산 여부를 판정하라.

풀이 분자의 지배항은 $2n^2$이고 분모의 지배항은 $\sqrt{n^5} = n^{5/2}$이므로 다음과 같이 택한다.

$$a_n = \frac{2n^2 + 3n}{\sqrt{5 + n^5}} \qquad b_n = \frac{2n^2}{n^{5/2}} = \frac{2}{n^{1/2}}$$

$$\lim_{n\to\infty} \frac{a_n}{b_n} = \lim_{n\to\infty} \frac{2n^2 + 3n}{\sqrt{5 + n^5}} \cdot \frac{n^{1/2}}{2} = \lim_{n\to\infty} \frac{2n^{5/2} + 3n^{3/2}}{2\sqrt{5 + n^5}}$$

$$= \lim_{n\to\infty} \frac{2 + \dfrac{3}{n}}{2\sqrt{\dfrac{5}{n^5} + 1}} = \frac{2 + 0}{2\sqrt{0 + 1}} = 1$$

급수 $\Sigma b_n = 2\Sigma 1/n^{1/2}$은 발산하므로 ($p = \frac{1}{2} < 1$인 p-급수) 극한 비교판정법에 따라 주어진 급수는 발산한다. ■

급수의 판정에서는 분모, 분자의 최고차수 항을 취해서 적절한 비교급수 Σb_n를 만든다는 것에 주의한다.

■ 합의 추정

비교판정법을 이용해서 비교급수 Σb_n으로 급수 Σa_n의 수렴성을 보인다면, 나머지들을 비교해서 Σa_n의 합을 추정할 수 있다. 10.3절과 같이 나머지를 생각하자.

$$R_n = s - s_n = a_{n+1} + a_{n+2} + \cdots$$

비교급수 Σb_n에 대해 대응하는 나머지를 생각한다.

$$T_n = t - t_n = b_{n+1} + b_{n+2} + \cdots$$

모든 n에 대해 $a_n \leq b_n$이므로 $R_n \leq T_n$이다. Σb_n이 p-급수이면 10.3절에서와 같이 나머지 T_n을 계산할 수 있다. Σb_n이 기하급수이면 T_n은 기하급수의 합이 되므로 정확하게 계산할 수 있다(연습문제 22 참조). 어느 경우라도 R_n은 T_n보다 작다.

《**예제 5**》 처음 100개 항의 합을 이용해서 급수 $\Sigma 1/(n^3 + 1)$의 합을 근사하라. 이 근삿값으로 얻은 오차를 추정하라.

▧ 풀이 ▧ 다음이 성립한다.

$$\frac{1}{n^3 + 1} < \frac{1}{n^3}$$

그러므로 주어진 급수는 직접 비교판정법에 따라 수렴한다. 비교급수 $\Sigma 1/n^3$에 대한 나머지 T_n은 적분판정법에 대한 나머지 추정을 이용해서 10.3절 예제 5에서 추정했다.

$$T_n \leq \int_n^\infty \frac{1}{x^3}\, dx = \frac{1}{2n^2}$$

따라서 주어진 급수의 나머지 R_n은 다음을 만족한다.

$$R_n \leq T_n \leq \frac{1}{2n^2}$$

$n = 100$일 때 다음을 얻는다.

$$R_{100} \leq \frac{1}{2(100)^2} = 0.00005$$

계산기 또는 컴퓨터를 이용하면 다음을 얻으며, 오차는 0.00005보다 작다.

$$\sum_{n=1}^{\infty} \frac{1}{n^3 + 1} \approx \sum_{n=1}^{100} \frac{1}{n^3 + 1} \approx 0.6864538 \qquad ■$$

10.4 | 연습문제

1. Σa_n과 Σb_n은 양수 항을 갖는 급수이고 Σb_n은 수렴한다고 가정하자.

 (a) 모든 n에 대해 $a_n > b_n$일 때 Σa_n에 대해서는 어떻게 말할 수 있는가? 그리고 그 이유는 무엇인가?

 (b) 모든 n에 대해 $a_n < b_n$일 때 Σa_n에 대해서는 어떻게 말할 수 있는가? 그리고 그 이유는 무엇인가?

2. (a) 직접 비교판정법을 이용해서 두 번째 급수의 수렴성과 비교하여 첫 번째 급수가 수렴함을 보여라.

$$\sum_{n=2}^{\infty} \frac{n}{n^3 + 5}, \qquad \sum_{n=2}^{\infty} \frac{1}{n^2}$$

 (b) 극한 비교판정법을 이용해서 두 번째 급수의 수렴성과 비교하여 첫 번째 급수가 수렴함을 보여라.

$$\sum_{n=2}^{\infty} \frac{n}{n^3 - 5}, \qquad \sum_{n=2}^{\infty} \frac{1}{n^2}$$

3. 다음 중에서 어느 부등식을 이용해서 $\sum_{n=1}^{\infty} n/(n^3 + 1)$이 수렴하는지 보일 수 있는가?

 (a) $\dfrac{n}{n^3 + 1} \geq \dfrac{1}{n^3 + 1}$ (b) $\dfrac{n}{n^3 + 1} \leq \dfrac{1}{n}$

 (c) $\dfrac{n}{n^3 + 1} \leq \dfrac{1}{n^2}$

4-20 다음 급수의 수렴, 발산 여부를 판정하라.

4. $\displaystyle\sum_{n=1}^{\infty} \frac{1}{n^3 + 8}$ **5.** $\displaystyle\sum_{n=1}^{\infty} \frac{n+1}{n\sqrt{n}}$

6. $\displaystyle\sum_{n=1}^{\infty} \frac{9^n}{3 + 10^n}$ **7.** $\displaystyle\sum_{n=2}^{\infty} \frac{1}{\ln n}$

8. $\displaystyle\sum_{k=1}^{\infty} \frac{\sqrt[3]{k}}{\sqrt{k^3 + 4k + 3}}$ **9.** $\displaystyle\sum_{n=1}^{\infty} \frac{1 + \cos n}{e^n}$

10. $\displaystyle\sum_{n=1}^{\infty} \frac{4^{n+1}}{3^n - 2}$ **11.** $\displaystyle\sum_{n=1}^{\infty} \frac{1}{\sqrt{n^2 + 1}}$

12. $\displaystyle\sum_{n=1}^{\infty} \frac{n+1}{n^3 + n}$ **13.** $\displaystyle\sum_{n=1}^{\infty} \frac{\sqrt{1 + n}}{2 + n}$

14. $\displaystyle\sum_{n=1}^{\infty} \frac{5 + 2n}{(1 + n^2)^2}$ **15.** $\displaystyle\sum_{n=1}^{\infty} \frac{e^n + 1}{ne^n + 1}$

16. $\displaystyle\sum_{n=1}^{\infty} \frac{2 + \sin n}{n^2}$ **17.** $\displaystyle\sum_{n=1}^{\infty} \left(1 + \frac{1}{n}\right)^2 e^{-n}$

18. $\displaystyle\sum_{n=1}^{\infty} \frac{1}{n!}$ **19.** $\displaystyle\sum_{n=1}^{\infty} \sin\left(\frac{1}{n}\right)$

20. $\displaystyle\sum_{n=1}^{\infty} \frac{1}{n} \tan \frac{1}{n}$

21-22 다음 급수의 처음 10개 항의 합을 이용해서 급수의 합의 근삿값을 구하고, 오차를 추정하라.

21. $\displaystyle\sum_{n=1}^{\infty} \frac{1}{5 + n^5}$ **22.** $\displaystyle\sum_{n=1}^{\infty} 5^{-n} \cos^2 n$

---

23. 수 $0.d_1 d_2 d_3 \ldots$의 소수 표현법의 의미는 다음과 같다.

$$0.d_1 d_2 d_3 d_4 \ldots = \frac{d_1}{10} + \frac{d_2}{10^2} + \frac{d_3}{10^3} + \frac{d_4}{10^4} + \cdots$$

(여기서 d_i는 0, 1, 2, …, 9 가운데 어느 하나이다.) 이런 급수는 항상 수렴함을 보여라.

24. $\displaystyle\sum_{n=2}^{\infty} \frac{1}{(\ln n)^{\ln \ln n}}$이 발산함을 보여라. [**힌트:** 6.3절의 식 $\boxed{7}$ ($x^r = e^{\ln x}$)와 $x \geq 1$에서 $\ln x < \sqrt{x}$인 사실을 이용하라.

25. (a) Σa_n과 Σb_n이 양수 항을 갖는 급수이고 Σb_n이 발산한다고 하자. 다음이 성립하면 Σa_n도 발산함을 증명하라.

$$\lim_{n \to \infty} \frac{a_n}{b_n} = \infty$$

 (b) (a)를 이용해서 다음 급수가 발산함을 보여라.

 (i) $\displaystyle\sum_{n=2}^{\infty} \frac{1}{\ln n}$ (ii) $\displaystyle\sum_{n=1}^{\infty} \frac{\ln n}{n}$

26. $a_n > 0$이고 $\lim_{n \to \infty} na_n \neq 0$이면 Σa_n이 발산함을 보여라.

27. Σa_n이 양수 항을 갖는 급수이고 수렴하면 $\Sigma \sin(a_n)$도 수렴하는가?

28. Σa_n과 Σb_n이 양수 항을 갖는 급수라고 하자. 다음 명제가 참인가, 아니면 거짓인가? 명제가 거짓이면 반례를 들어서 설명하라.

 (a) Σa_n과 Σb_n이 발산하면 $\Sigma a_n b_n$도 발산한다.

 (b) Σa_n이 수렴하고 Σb_n이 발산하면 $\Sigma a_n b_n$도 발산한다.

 (c) Σa_n과 Σb_n이 수렴하면 $\Sigma a_n b_n$도 수렴한다.

10.5 │ 교대급수와 절대 수렴

지금까지 살펴본 수렴판정법은 단지 양수 항을 갖는 급수에만 적용된다. 이번 절과 다음 절에서는 항이 반드시 양수일 필요는 없는 급수를 다루는 방법을 살펴본다. 특히 항의 부호가 교대로 바뀌는 **교대급수**는 매우 중요하다.

■ 교대급수

항이 양수와 음수가 교대로 나타나는 급수를 **교대급수**(alternating series)라 한다. 다음 두 예를 보자.

$$1 - \frac{1}{2} + \frac{1}{3} - \frac{1}{4} + \frac{1}{5} - \frac{1}{6} + \cdots = \sum_{n=1}^{\infty} (-1)^{n-1} \frac{1}{n}$$

$$-\frac{1}{2} + \frac{2}{3} - \frac{3}{4} + \frac{4}{5} - \frac{5}{6} + \frac{6}{7} - \cdots = \sum_{n=1}^{\infty} (-1)^{n} \frac{n}{n+1}$$

위의 예에서 교대급수의 n번째 항은 다음과 같은 형태임을 알 수 있다.

$$a_n = (-1)^{n-1} b_n \qquad \text{또는} \qquad a_n = (-1)^n b_n$$

여기서 b_n은 양수이다(실제로 $b_n = |a_n|$이다).

다음 판정법은 교대급수의 항들의 절댓값이 0으로 감소하면 이 급수는 수렴한다는 것이다.

교대급수판정법 교대급수

$$\sum_{n=1}^{\infty} (-1)^{n-1} b_n = b_1 - b_2 + b_3 - b_4 + b_5 - b_6 + \cdots, \quad (b_n > 0)$$

가 다음 두 조건을 만족하면 이 급수는 수렴한다.

(i) 모든 n에 대해 $b_{n+1} \leq b_n$

(ii) $\lim_{n \to \infty} b_n = 0$

증명하기에 앞서 그림 1을 살펴보자. 먼저 수직선에 $s_1 = b_1$을 그리고, b_2를 빼서 s_2를 구하면 s_2는 s_1의 왼쪽에 놓인다. 그 다음 b_3를 더해 s_3를 구하면 s_3는 s_2의 오른

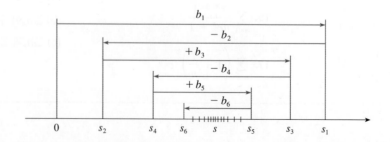

그림 1

쪽에 놓인다. 그러나 $b_3 < b_2$이므로 s_3은 s_1의 왼쪽에 놓이게 된다. 이 과정을 계속하면 부분합이 앞뒤로 진동함을 알 수 있다. $b_n \to 0$이므로 단계를 거듭할수록 점점더 작아진다. 짝수 부분합 $s_2, s_4, s_6, \ldots$은 증가하고, 홀수 부분합 $s_1, s_3, s_5, \ldots$는 감소한다. 즉, 두 수열은 어떤 수 s(급수의 합)에 수렴할 것 같다. 그러므로 아래 증명에서 짝수 부분합과 홀수 부분합으로 나눠서 생각한다.

교대급수판정법의 증명 먼저 짝수 부분합을 생각한다.

$$b_2 \le b_1 \text{이므로} \qquad s_2 = b_1 - b_2 \ge 0$$

$$b_4 \le b_3 \text{이므로} \qquad s_4 = s_2 + (b_3 - b_4) \ge s_2$$

일반적으로 $\qquad b_{2n} \le b_{2n-1}$이므로 $\quad s_{2n} = s_{2n-2} + (b_{2n-1} - b_{2n}) \ge s_{2n-2}$이다.

따라서 다음이 성립한다.

$$0 \le s_2 \le s_4 \le s_6 \le \cdots \le s_{2n} \le \cdots$$

한편, 다음과 같이 쓸 수 있다.

$$s_{2n} = b_1 - (b_2 - b_3) - (b_4 - b_5) - \cdots - (b_{2n-2} - b_{2n-1}) - b_{2n}$$

괄호 안의 모든 항은 양수이므로 모든 n에 대해 $s_{2n} \le b_1$이다. 그러므로 짝수 부분합의 수열 $\{s_{2n}\}$은 위로 유계인 증가수열이다. 따라서 단조수열정리에 따라 수렴한다. 이 극한을 다음과 같이 s라 하자.

$$\lim_{n \to \infty} s_{2n} = s$$

이제 홀수 부분합의 극한을 다음과 같이 계산한다.

$$\begin{aligned}
\lim_{n \to \infty} s_{2n+1} &= \lim_{n \to \infty} (s_{2n} + b_{2n+1}) \\
&= \lim_{n \to \infty} s_{2n} + \lim_{n \to \infty} b_{2n+1} \\
&= s + 0 \qquad \text{[조건 (ii)에 의해]} \\
&= s
\end{aligned}$$

짝수 부분합과 홀수 부분합이 s로 수렴하므로 $\lim_{n \to \infty} s_n = s$이고, 따라서 급수는 수렴한다. ∎

《**예제 1**》 다음 급수를 교대조화급수라 한다.

$$1 - \frac{1}{2} + \frac{1}{3} - \frac{1}{4} + \cdots = \sum_{n=1}^{\infty} \frac{(-1)^{n-1}}{n}$$

이 급수는 다음 조건을 만족한다.

$$\text{(i) } \frac{1}{n+1} < \frac{1}{n} \text{이므로} \quad b_{n+1} < b_n$$

그림 2는 항 $a_n = (-1)^{n-1}/n$과 부분합 s_n을 보임으로써 예제 1을 설명한다. s_n의 값들은 극한값을 가로질러 지그재그로 나타남에 유의하자. 극한값은 약 0.7로 나타난다. 사실상 급수의 정확한 합은 $\ln 2 \approx 0.693$임을 증명할 수 있다.

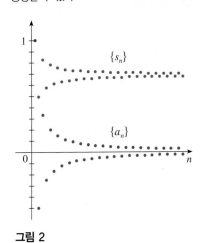

그림 2

$$(\text{ii})\ \lim_{n \to \infty} b_n = \lim_{n \to \infty} \frac{1}{n} = 0$$

그러므로 이 급수는 교대급수판정법에 따라 수렴한다.   ∎

《예제 2》 급수 $\displaystyle\sum_{n=1}^{\infty} \frac{(-1)^n 3n}{4n - 1}$ 은 교대급수이지만 다음과 같은 이유로 교대급수판정법의 조건 (ii)를 만족하지 못한다. 따라서 교대급수판정법을 적용할 수 없다.

$$\lim_{n \to \infty} b_n = \lim_{n \to \infty} \frac{3n}{4n - 1} = \lim_{n \to \infty} \frac{3}{4 - \dfrac{1}{n}} = \frac{3}{4}$$

반면에 급수의 n번째 항의 극한을 조사하면 다음과 같고 이 극한은 존재하지 않는다.

$$\lim_{n \to \infty} a_n = \lim_{n \to \infty} \frac{(-1)^n 3n}{4n - 1}$$

따라서 발산판정법에 따라 이 급수는 발산한다.   ∎

《예제 3》 급수 $\displaystyle\sum_{n=1}^{\infty} (-1)^{n+1} \frac{n^2}{n^3 + 1}$ 의 수렴, 발산 여부를 판정하라.

풀이 주어진 급수는 교대급수이므로 교대급수판정법의 조건 (i)과 (ii)를 만족하는지 확인해 봐야 한다.

   조건 (i): 예제 1과 달리 $b_n = n^2/(n^3 + 1)$으로 주어지는 수열이 감소하는지 분명치 않다. 하지만 관련된 함수 $f(x) = x^2/(x^3 + 1)$을 생각하면 다음을 안다.

$$f'(x) = \frac{x(2 - x^3)}{(x^3 + 1)^2}$$

단지 양수 x에 대해서만 고려하면 $2 - x^3 < 0$, 즉 $x > \sqrt[3]{2}$이면 $f'(x) < 0$이다. 그러므로 구간 $(\sqrt[3]{2}, \infty)$에서 f는 감소한다. 이것은 $n \geq 2$일 때 $f(n + 1) < f(n)$임을 의미하고, 따라서 $b_{n+1} < b_n$이다. (부등식 $b_2 < b_1$은 쉽게 증명될 수 있지만 실제적으로 중요한 것은 수열 $\{b_n\}$이 결국 감소한다는 것이다.)

   조건 (ii)는 다음과 같이 명확하게 성립한다.

도함수를 계산해서 교대급수판정법의 조건 (i)을 검증하는 것 대신에 10.1절 예제 13의 풀이 1의 기법을 이용해서 $b_{n+1} < b_n$을 직접 보일 수 있다.

$$\lim_{n \to \infty} b_n = \lim_{n \to \infty} \frac{n^2}{n^3 + 1} = \lim_{n \to \infty} \frac{1/n}{1 + 1/n^3} = 0$$

그러므로 교대급수판정법에 따라 주어진 급수는 수렴한다.   ∎

■ 교대급수의 합의 추정

임의의 수렴하는 급수의 부분합 s_n은 전체 합 s의 근삿값으로 이용될 수는 있지만, 근삿값의 정확도를 추정할 수 없는 경우에는 별로 쓸모가 없다. $s \approx s_n$을 이용할 때 나타나는 오차는 나머지 $R_n = s - s_n$이다. 다음 정리는 교대급수판정법의 조건을 만족하는 급수에 대한 오차의 크기는 처음으로 무시할 수 있는 항의 절댓값인 b_{n+1} 보다 작다는 것을 보여준다.

교대급수 추정정리 $b_n > 0$일 때 교대급수의 합 $s = \sum (-1)^{n-1} b_n$이 다음 조건을 만족한다고 하자.

$$\text{(i)} \ b_{n+1} \leq b_n \text{과} \qquad \text{(ii)} \ \lim_{n \to \infty} b_n = 0$$

그러면 다음이 성립한다.

$$|R_n| = |s - s_n| \leq b_{n+1}$$

그림 1로부터 교대급수 추정정리가 왜 참인지 기하학적으로 알 수 있다. $s - s_4 < b_5$, $|s - s_5| < b_6$, …임에 주목하자. 그리고 s가 임의의 연이은 두 부분합 사이에 놓이게 됨에 주목하자.

증명 교대급수판정법의 증명으로부터 s는 임의의 연이은 두 부분합 s_n과 s_{n+1} 사이에 놓인다. (s는 모든 짝수 부분합보다 크고, 또한 홀수 부분합보다는 작다.) 따라서 다음이 성립한다.

$$|s - s_n| \leq |s_{n+1} - s_n| = b_{n+1} \qquad \blacksquare$$

《예제 4》 급수 $\displaystyle\sum_{n=0}^{\infty} \frac{(-1)^n}{n!}$의 합을 소수점 아래 셋째 자리까지 정확하게 구하라.

정의에 따라 $0! = 1$

풀이 주어진 급수는 다음 조건을 만족하므로 교대급수판정법에 따라 수렴한다.

$$\text{(i)} \ b_{n+1} = \frac{1}{(n+1)!} = \frac{1}{n!(n+1)} < \frac{1}{n!} = b_n$$

$$\text{(ii)} \ n \to \infty \text{일 때 } 0 < \frac{1}{n!} < \frac{1}{n} \to 0 \text{이고, 따라서 } b_n = \frac{1}{n!} \to 0$$

근사에 사용해야 할 항이 몇 개인지 알아보기 위해 다음과 같이 급수의 처음 몇 개의 항을 써보자.

$$s = \frac{1}{0!} - \frac{1}{1!} + \frac{1}{2!} - \frac{1}{3!} + \frac{1}{4!} - \frac{1}{5!} + \frac{1}{6!} - \frac{1}{7!} + \cdots$$

$$= 1 - 1 + \tfrac{1}{2} - \tfrac{1}{6} + \tfrac{1}{24} - \tfrac{1}{120} + \tfrac{1}{720} - \tfrac{1}{5040} + \cdots$$

다음에 주목하자.

$$b_7 = \tfrac{1}{5040} < \tfrac{1}{5000} = 0.0002$$

$$s_6 = 1 - 1 + \tfrac{1}{2} - \tfrac{1}{6} + \tfrac{1}{24} - \tfrac{1}{120} + \tfrac{1}{720} \approx 0.368056$$

따라서 교대급수 추정정리에 따라 다음을 알 수 있다.

$$|s - s_6| \leq b_7 < 0.0002$$

10.10절에서 모든 x에 대해 $e^x = \displaystyle\sum_{n=0}^{\infty} x^n/n!$을 보일 것이다. 그래서 예제 4에서 얻은 결과는 실제 수 e^{-1}의 근삿값이다.

여기서 0.0002보다 작은 오차는 소수점 아래 셋째 자리까지는 영향을 미치지 않으므로 소수점 아래 셋째 자리에서 정확하게 $s \approx 0.368$이다. $\blacksquare$

⊘ **NOTE** (s의 근삿값으로 s_n을 사용할 때) 오차는 처음으로 무시되는 항보다 작다는 규칙은 일반적으로 교대급수 추정정리의 조건을 만족하는 교대급수에만 유효하다. 즉, 이 법칙은 다른 형태의 급수에는 적용되지 않는다.

■ 절대 수렴과 조건부 수렴

임의의 주어진 급수 Σa_n에 다음과 같이 각 항에 절댓값을 취한 급수를 생각하자.

$$\sum_{n=1}^{\infty} |a_n| = |a_1| + |a_2| + |a_3| + \cdots$$

지금까지 양수인 항을 가진 급수와 교대급수에 대한 수렴판정법을 논의하였다. 그러나 각 항의 부호가 불규칙하게 바뀐다면 어떻게 될까? 예제 7에서 절대 수렴의 개념이 이런 경우 매우 유용함을 알게 될 것이다.

> **1 정의**   절댓값의 급수 $\Sigma |a_n|$이 수렴할 때, 급수 Σa_n은 **절대 수렴**(absolutely convergent)한다고 한다.

급수 Σa_n이 양수 항을 갖는 급수이면 $|a_n| = a_n$이므로 이 경우에는 절대 수렴과 수렴은 같음에 주목하자.

《예제 5》 교대급수 $\displaystyle\sum_{n=1}^{\infty} \frac{(-1)^{n-1}}{n^2} = 1 - \frac{1}{2^2} + \frac{1}{3^2} - \frac{1}{4^2} + \cdots$은 절대 수렴한다. 왜냐하면 다음과 같이 $p = 2$인 p-급수이므로 수렴하기 때문이다.

$$\sum_{n=1}^{\infty} \left| \frac{(-1)^{n-1}}{n^2} \right| = \sum_{n=1}^{\infty} \frac{1}{n^2} = 1 + \frac{1}{2^2} + \frac{1}{3^2} + \frac{1}{4^2} + \cdots \quad\blacksquare$$

> **2 정의**   급수 Σa_n이 수렴하지만 절대 수렴하지 않을 때, 즉 Σa_n은 수렴하지만 $\Sigma |a_n|$은 발산할 때, 급수 Σa_n을 **조건부 수렴**(conditionally convergent)한다고 한다.

《예제 6》 예제 1로부터 다음 교대조화급수는 수렴함을 알고 있다.

$$\sum_{n=1}^{\infty} \frac{(-1)^{n-1}}{n} = 1 - \frac{1}{2} + \frac{1}{3} - \frac{1}{4} + \cdots$$

그러나 이에 대응하는 다음과 같은 절댓값의 급수는 조화급수($p = 1$인 p-급수)이므로 이 급수는 절대 수렴하지 않는다. 따라서 이 교대조화급수는 조건부 수렴한다.

$$\sum_{n=1}^{\infty} \left| \frac{(-1)^{n-1}}{n} \right| = \sum_{n=1}^{\infty} \frac{1}{n} = 1 + \frac{1}{2} + \frac{1}{3} + \frac{1}{4} + \cdots \quad\blacksquare$$

예제 6은 한 급수가 수렴하지만 절대 수렴하지 않을 수 있음을 보여준다. 하지만 다음 정리는 절대 수렴하면 반드시 수렴함을 말해준다.

절대 수렴은 더 강력한 형태의 수렴이라고 생각할 수 있다. 예제 5의 급수와 같이 절대 수렴하는 급수는 항의 부호와 관계없이 수렴하지만, 예제 6의 급수는 음수인 항을 모두 양수로 바꾸면 수렴하지 않는다.

> **3 정리**   급수 Σa_n이 절대 수렴하면 그 급수는 수렴한다.

증명 $|a_n|$은 a_n 또는 $-a_n$이므로 다음이 성립한다.

$$0 \le a_n + |a_n| \le 2|a_n|$$

$\sum a_n$이 절대 수렴하면 $\sum |a_n|$이 수렴하므로, $\sum 2|a_n|$도 수렴한다. 따라서 직접 비교 판정법에 따라 $\sum (a_n + |a_n|)$은 수렴한다. 그러므로 다음 급수는 수렴하는 두 급수의 차이므로 수렴한다.

$$\sum a_n = \sum (a_n + |a_n|) - \sum |a_n| \quad \blacksquare$$

《예제 7》 급수 $\displaystyle\sum_{n=1}^{\infty} \frac{\cos n}{n^2} = \frac{\cos 1}{1^2} + \frac{\cos 2}{2^2} + \frac{\cos 3}{3^2} + \cdots$의 수렴, 발산 여부를 판정하라.

풀이 이 급수는 양의 항과 음의 항을 모두 갖지만 교대급수는 아니다. (첫 항은 양수, 다음 세 항은 음수이며 그 다음 세 항은 양수이다. 즉, 부호가 불규칙하게 바뀐다.) 그러나 절댓값으로 이루어진 다음 급수에 직접 비교판정법을 적용할 수 있다.

$$\sum_{n=1}^{\infty} \left| \frac{\cos n}{n^2} \right| = \sum_{n=1}^{\infty} \frac{|\cos n|}{n^2}$$

모든 n에 대해 $|\cos n| \leq 1$이므로 다음을 얻는다.

$$\frac{|\cos n|}{n^2} \leq \frac{1}{n^2}$$

이때 $\sum 1/n^2$이 ($p = 2$인 p-급수) 수렴하므로 직접 비교판정법에 따라 $\sum |\cos n|/n^2$은 수렴한다. 따라서 주어진 급수 $\sum (\cos n)/n^2$은 절대 수렴하고, 정리 **3**에 따라 수렴한다.
$\blacksquare$

그림 3은 예제 7의 급수에 대한 일반항 a_n과 부분합 s_n의 그래프를 보인다. 급수는 양수와 음수를 교대로 갖지 않음에 주의한다.

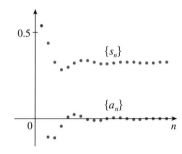

그림 3

《예제 8》 다음 급수가 절대 수렴하는지, 조건부 수렴하는지 아니면 발산하는지 판정하라.

(a) $\displaystyle\sum_{n=1}^{\infty} \frac{(-1)^n}{n^3}$ (b) $\displaystyle\sum_{n=1}^{\infty} \frac{(-1)^n}{\sqrt[3]{n}}$ (c) $\displaystyle\sum_{n=1}^{\infty} (-1)^n \frac{n}{2n+1}$

풀이

(a) 다음 급수는 ($p = 3$인 p-급수) 수렴한다.

$$\sum_{n=1}^{\infty} \left| \frac{(-1)^n}{n^3} \right| = \sum_{n=1}^{\infty} \frac{1}{n^3}$$

따라서 주어진 급수는 절대 수렴한다.

(b) 우선 절대 수렴하는지를 살펴보도록 하자. 다음 급수는 ($p = \frac{1}{3}$인 p-급수) 발산한다.

$$\sum_{n=1}^{\infty} \left| \frac{(-1)^n}{\sqrt[3]{n}} \right| = \sum_{n=1}^{\infty} \frac{1}{\sqrt[3]{n}}$$

따라서 주어진 급수는 절대 수렴하지 않지만 교대급수판정법($b_{n+1} \leq b_n$, $\displaystyle\lim_{n \to \infty} b_n = 0$)에 따라 수렴한다. 주어진 급수는 수렴하지만 절대 수렴하지 않기 때문에 조건부 수렴한다.

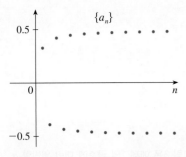

그림 4 수열 $\{a_n\}$의 항은 번갈아서 0.5 와 −0.5에 가깝다.

(c) 이 급수는 교대급수이지만 극한

$$\lim_{n \to \infty} a_n = \lim_{n \to \infty} (-1)^n \frac{n}{2n + 1}$$

이 존재하지 않는다(그림 4 참조). 따라서 발산판정법에 따라 이 급수는 발산한다. ∎

■ 재배열

주어진 급수가 절대 수렴하는지 아니면 조건부 수렴하는지에 대한 문제는 무한합이 유한합처럼 작용하는가 하는 문제와 연관성을 갖는다.

유한합에서 항들의 순서를 재배열해도 당연히 합의 값은 변하지 않는다. 그러나 무한급수의 경우는 반드시 그런 것은 아니다. 무한급수 $\sum a_n$의 **재배열**(rearrange-ment)은 단순히 항들의 순서를 바꿔 얻어진 급수를 의미한다. 예를 들어 $\sum a_n$의 배열을 다음과 같이 시작할 수 있다.

$$a_1 + a_2 + a_5 + a_3 + a_4 + a_{15} + a_6 + a_7 + a_{20} + \cdots$$

결과적으로

$\sum a_n$이 절대 수렴하는 급수이고 합이 s라 하면

$\sum a_n$의 임의의 재배열도 같은 합 s를 갖는다.

그러나 조건부 수렴하는 급수는 재배열되면 서로 다른 합을 줄 수 있다. 이런 사실을 설명하기 위해 예제 1의 교대조화급수를 생각하자.

$$\boxed{4} \qquad 1 - \tfrac{1}{2} + \tfrac{1}{3} - \tfrac{1}{4} + \tfrac{1}{5} - \tfrac{1}{6} + \tfrac{1}{7} - \tfrac{1}{8} + \cdots = \ln 2$$

급수에 $\tfrac{1}{2}$을 곱하면 다음을 얻는다.

$$\tfrac{1}{2} - \tfrac{1}{4} + \tfrac{1}{6} - \tfrac{1}{8} + \cdots = \tfrac{1}{2} \ln 2$$

> 0들을 더해도 급수의 합은 변하지 않는다. 부분합 수열의 각 항은 반복되지만 극한은 같다.

급수의 항 사이에 0을 넣으면 다음을 얻는다.

$$\boxed{5} \qquad 0 + \tfrac{1}{2} + 0 - \tfrac{1}{4} + 0 + \tfrac{1}{6} + 0 - \tfrac{1}{8} + \cdots = \tfrac{1}{2} \ln 2$$

10.2절의 정리 $\boxed{8}$을 이용해서 식 $\boxed{4}$와 $\boxed{5}$에 있는 급수를 더하면 다음과 같다.

$$\boxed{6} \qquad 1 + \tfrac{1}{3} - \tfrac{1}{2} + \tfrac{1}{5} + \tfrac{1}{7} - \tfrac{1}{4} + \cdots = \tfrac{3}{2} \ln 2$$

식 $\boxed{6}$에 있는 급수는 식 $\boxed{4}$에 있는 같은 항들을 포함하지만, 두 개의 양의 항을 짝으로 한 뒤에 하나의 음의 항이 나타나도록 재배열했다. 어쨌든 이 급수의 합은 서로 다르다. 실제로 리만은 다음을 증명했다.

$\sum a_n$이 조건부 수렴하는 급수이고 r이 임의의 실수일 때

합이 r와 같게 되는 $\sum a_n$의 재배열이 존재한다.

10.5 | 연습문제

1. (a) 교대급수란 무엇인가?

(b) 교대급수는 어떤 조건에서 수렴하는가?

(c) 이런 조건을 만족할 때 n번째 항 이후의 나머지에 대해서는 어떻게 말할 수 있는가?

2-10 다음 급수의 수렴, 발산 여부를 판정하라.

2. $-\dfrac{2}{5} + \dfrac{4}{6} - \dfrac{6}{7} + \dfrac{8}{8} - \dfrac{10}{9} + \cdots$

3. $\displaystyle\sum_{n=1}^{\infty} \dfrac{(-1)^{n-1}}{3 + 5n}$

4. $\displaystyle\sum_{n=1}^{\infty} (-1)^n \dfrac{3n-1}{2n+1}$

5. $\displaystyle\sum_{n=1}^{\infty} (-1)^n e^{-n}$

6. $\displaystyle\sum_{n=1}^{\infty} (-1)^{n+1} \dfrac{n^2}{n^3 + 4}$

7. $\displaystyle\sum_{n=1}^{\infty} (-1)^{n-1} e^{2/n}$

8. $\displaystyle\sum_{n=0}^{\infty} \dfrac{\sin\left(n + \frac{1}{2}\right)\pi}{1 + \sqrt{n}}$

9. $\displaystyle\sum_{n=1}^{\infty} (-1)^n \sin\dfrac{\pi}{n}$

10. $\displaystyle\sum_{n=1}^{\infty} (-1)^n \dfrac{n^2}{5^n}$

11. (a) 절대 수렴하는 급수의 의미는 무엇인가?

(b) 조건부 수렴하는 급수의 의미는 무엇인가?

(c) 양수 항 급수 $\displaystyle\sum_{n=1}^{\infty} b_n$이 수렴하면 급수 $\displaystyle\sum_{n=1}^{\infty} (-1)^n b_n$에 대해 어떻게 말할 수 있는가?

12-17 다음 급수가 절대 수렴하는지, 조건부 수렴하는지 아니면 발산하는지 판정하라.

12. $\displaystyle\sum_{n=1}^{\infty} \dfrac{(-1)^{n-1}}{\sqrt[3]{n^2}}$

13. $\displaystyle\sum_{n=1}^{\infty} \dfrac{(-1)^n}{5n+1}$

14. $\displaystyle\sum_{n=1}^{\infty} \dfrac{(-1)^n}{n^2 + 1}$

15. $\displaystyle\sum_{n=1}^{\infty} \dfrac{1 + 2\sin n}{n^3}$

16. $\displaystyle\sum_{n=2}^{\infty} \dfrac{(-1)^n}{\ln n}$

17. $\displaystyle\sum_{n=1}^{\infty} \dfrac{\cos n\pi}{3n + 2}$

18. 급수 $\displaystyle\sum_{n=1}^{\infty} \dfrac{(-0.8)^n}{n!}$에 대해 동일한 보기화면에 항들의 수열과 부분합의 수열을 그려라. 그래프를 이용해서 급수의 합을 대략적으로 추정하라. 그 다음 교대급수 추정정리를 이용해서 합을 소수점 아래 넷째 자리까지 정확하게 추정하라.

19-20 다음 급수가 수렴함을 보여라. 주어진 정확도에서 다음 급수의 합의 근삿값을 구하기 위해서는 몇 개의 항까지 합을 계산해야 하는가?

19. $\displaystyle\sum_{n=1}^{\infty} \dfrac{(-1)^{n+1}}{n^6}$ ($|$오차$| < 0.00005$)

20. $\displaystyle\sum_{n=1}^{\infty} \dfrac{(-1)^{n-1}}{n^2 2^n}$ ($|$오차$| < 0.0005$)

21-22 다음 급수의 합의 근삿값을 소수점 아래 넷째 자리까지 정확하게 구하라.

21. $\displaystyle\sum_{n=1}^{\infty} \dfrac{(-1)^n}{(2n)!}$

22. $\displaystyle\sum_{n=1}^{\infty} (-1)^n n e^{-2n}$

23. 교대급수 $\displaystyle\sum_{n=1}^{\infty} (-1)^{n-1}/n$의 50번째 부분합 s_{50}은 이 급수의 합보다 큰지 작은지를 설명하라.

24. 교대급수 $\displaystyle\sum_{n=1}^{\infty} \dfrac{(-1)^n}{n+p}$이 수렴하기 위한 p값을 구하라.

25. n이 홀수일 때 $b_n = 1/n$이고, n이 짝수일 때 $b_n = 1/n^2$이면 급수 $\sum (-1)^{n-1} b_n$이 발산함을 보여라. 왜 교대급수판정법은 사용할 수 없는가?

26. 임의의 주어진 급수 $\sum a_n$에 대해 모든 양수 항들로 이루어진 급수를 $\sum a_n^+$, 모든 음수 항들로 이루어진 급수를 $\sum a_n^-$로 정의한다. 좀 더 구체적으로 다음과 같다고 하자.

$$a_n^+ = \frac{a_n + |a_n|}{2}, \qquad a_n^- = \frac{a_n - |a_n|}{2}$$

$a_n > 0$이면 $a_n^+ = a_n$, $a_n^- = 0$이지만 $a_n < 0$이면 $a_n^- = a_n$, $a_n^+ = 0$임을 유의하라.

(a) $\sum a_n$이 절대 수렴하면 두 급수 $\sum a_n^+$와 $\sum a_n^-$은 모두 수렴함을 보여라.

(b) $\sum a_n$이 조건부 수렴하면 두 급수 $\sum a_n^+$와 $\sum a_n^-$은 모두 발산함을 보여라.

27. 급수 $\sum a_n$이 조건부 수렴한다고 하자.

(a) 급수 $\sum n^2 a_n$이 발산함을 보여라.

(b) $\sum a_n$의 조건부 수렴성이 $\sum n a_n$이 수렴하는지 결정하는 데 충분하지 않다. $\sum n a_n$이 수렴하지만 $\sum a_n$이 조건부 수렴하는 예와 $\sum n a_n$이 발산하지만 $\sum a_n$이 조건부 수렴하는 예를 제시하여, 이 사실을 보여라.

10.6 │ 비판정법과 근판정법

급수의 항이 얼마나 빨리 감소 혹은 증가하는지를 판단하는 한 가지 방법은 연속한 항의 비를 계산하는 것이다. 기하급수 $\sum ar^{n-1}$는 모든 n에 대해 $|a_{n+1}/a_n| = |r|$이고 $|r| < 1$이면 급수는 수렴한다. 비판정법은 임의의 급수에 대해 만일 $n \to \infty$일 때 비 $|a_{n+1}/a_n|$가 1보다 작은 값에 접근하면 이 급수는 수렴함을 말해준다. 비판정법과 근판정법을 증명하기 위해 기하급수를 이용한다.

■ 비판정법

다음 판정법은 주어진 급수가 절대 수렴하는지를 결정하는 데 매우 유용하다.

비판정법

(i) $\lim\limits_{n \to \infty} \left| \dfrac{a_{n+1}}{a_n} \right| = L < 1$이면 급수 $\displaystyle\sum_{n=1}^{\infty} a_n$은 절대 수렴한다(따라서 수렴한다).

(ii) $\lim\limits_{n \to \infty} \left| \dfrac{a_{n+1}}{a_n} \right| = L > 1$ 또는 $\lim\limits_{n \to \infty} \left| \dfrac{a_{n+1}}{a_n} \right| = \infty$이면 급수 $\displaystyle\sum_{n=1}^{\infty} a_n$은 발산한다.

(iii) $\lim\limits_{n \to \infty} \left| \dfrac{a_{n+1}}{a_n} \right| = 1$이면 비판정법으로 결론을 이끌어낼 수 없다. 즉, $\sum a_n$의 수렴 또는 발산에 대한 어떤 결론도 내릴 수 없다.

증명

(i) 증명 방법은 주어진 급수와 수렴하는 기하급수를 비교하는 것이다. $L < 1$이므로 $L < r < 1$인 수 r를 택할 수 있다. 그러면

$$L < r \text{이고} \lim_{n \to \infty} \left| \frac{a_{n+1}}{a_n} \right| = L$$

이므로, 비 $|a_{n+1}/a_n|$은 결국 r보다 작을 것이다. 즉, 적당한 정수 N이 존재해서 다음이 성립한다.

$$n \geq N \text{일 때} \quad \left| \frac{a_{n+1}}{a_n} \right| < r$$

즉

$$\boxed{1} \qquad\qquad n \geq N \text{일 때} \quad |a_{n+1}| < |a_n| r$$

식 $\boxed{1}$에서 n 대신 연속적으로 $N, N+1, N+2, \ldots$를 대입해서 다음을 얻는다.

$$|a_{N+1}| < |a_N| r$$

$$|a_{N+2}| < |a_{N+1}| r < |a_N| r^2$$

$$|a_{N+3}| < |a_{N+2}|r < |a_N|r^3$$

일반적으로 다음과 같이 나타낸다.

$\boxed{2}$ 　　　　　모든 $k \geq 1$에 대해 $|a_{N+k}| < |a_N|r^k$

여기서 다음 급수는 $0 < r < 1$인 기하급수이므로 수렴한다.

$$\sum_{k=1}^{\infty} |a_N|r^k = |a_N|r + |a_N|r^2 + |a_N|r^3 + \cdots$$

따라서 부등식 $\boxed{2}$와 직접 비교판정법을 적용하면 다음 급수가 수렴한다.

$$\sum_{n=N+1}^{\infty} |a_n| = \sum_{k=1}^{\infty} |a_{N+k}| = |a_{N+1}| + |a_{N+2}| + |a_{N+3}| + \cdots$$

그러므로 $\sum_{n=1}^{\infty} |a_n|$도 수렴한다(유한개의 항은 수렴에 영향을 끼치지 않음을 기억한다). 따라서 Σa_n은 절대 수렴한다.

(ii) $|a_{n+1}/a_n| \to L > 1$ 또는 $|a_{n+1}/a_n| \to \infty$이면 비 $|a_{n+1}/a_n|$는 결국 1보다 클 것이다. 즉, 적당한 정수 N이 존재해서 다음이 성립한다.

$$n \geq N \text{ 일 때} \quad \left| \frac{a_{n+1}}{a_n} \right| > 1$$

이것은 $n \geq N$일 때 $|a_{n+1}| > |a_n|$을 의미하므로 다음과 같다.

$$\lim_{n \to \infty} a_n \neq 0$$

그러므로 발산판정법에 따라 Σa_n은 발산한다. ■

《**예제 1**》 급수 $\sum_{n=1}^{\infty} (-1)^n \dfrac{n^3}{3^n}$이 절대 수렴함을 보여라.

풀이 $a_n = (-1)^n n^3/3^n$이라 놓고, 다음과 같이 비판정법을 사용한다.

$$\left| \frac{a_{n+1}}{a_n} \right| = \left| \frac{\dfrac{(-1)^{n+1}(n+1)^3}{3^{n+1}}}{\dfrac{(-1)^n n^3}{3^n}} \right| = \frac{(n+1)^3}{3^{n+1}} \cdot \frac{3^n}{n^3}$$

$$= \frac{1}{3} \left(\frac{n+1}{n} \right)^3 = \frac{1}{3} \left(1 + \frac{1}{n} \right)^3 \to \frac{1}{3} < 1$$

그러므로 비판정법에 따라 주어진 급수는 절대 수렴하고, 이에 따라 수렴한다. ■

《**예제 2**》 급수 $\sum_{n=1}^{\infty} \dfrac{n^n}{n!}$의 수렴성을 판정하라.

풀이 항 $a_n = n^n/n!$은 양수이므로 절댓값 기호를 사용할 필요가 없다. $n \to \infty$일 때 다

합의 추정
10.3~5절에서 급수의 합을 추정하는 다양한 방법을 배웠다. 그 방법은 수렴을 증명하기 위해 이용한 판정법에 의존한다. 비판정법이 적합한 급수에 대해서는 어떤가? 두 가지 가능성이 있다. 급수가 예제 1과 같이 교대급수이면 10.5절의 방법을 이용하는 것이 가장 좋다. 모든 항이 양수인 경우에는 특별한 방법을 사용한다.

음이 성립한다(6.4절 식 **9** 또는 6.4*절 식 **9** 참조).

$$\frac{a_{n+1}}{a_n} = \frac{(n+1)^{n+1}}{(n+1)!} \cdot \frac{n!}{n^n} = \frac{(n+1)(n+1)^n}{(n+1)\,n!} \cdot \frac{n!}{n^n}$$

$$= \left(\frac{n+1}{n}\right)^n = \left(1 + \frac{1}{n}\right)^n \to e$$

$e > 1$이므로 비판정법에 따라 주어진 급수는 발산한다. ∎

NOTE   예제 2에서 비판정법을 적용했지만 발산판정법을 이용하는 것이 더 쉽다.

$$a_n = \frac{n^n}{n!} = \frac{n \cdot n \cdot n \cdot \cdots \cdot n}{1 \cdot 2 \cdot 3 \cdot \cdots \cdot n} \geq n$$

그러므로 $n \to \infty$일 때 a_n은 0으로 접근하지 않는다. 그러므로 주어진 급수는 발산판정법에 따라 발산한다.

《예제 3》 비판정법의 (iii)은 $\lim_{n\to\infty} |a_{n+1}/a_n| = 1$이면 이 판정법은 아무런 정보도 제공하지 않음을 나타낸다. 예를 들어 다음 각 급수에 비판정법을 적용하자.

$$\sum_{n=1}^{\infty} \frac{1}{n}, \quad \sum_{n=1}^{\infty} \frac{1}{n^2}$$

첫 번째 급수에서는 $a_n = 1/n$이고 $n \to \infty$일 때 다음을 얻는다.

$$\left| \frac{a_{n+1}}{a_n} \right| = \frac{1/(n+1)}{1/n} = \frac{n}{n+1} \to 1$$

두 번째 급수에서는 $a_n = 1/n^2$이고 $n \to \infty$일 때 다음을 얻는다.

$$\left| \frac{a_{n+1}}{a_n} \right| = \frac{1/(n+1)^2}{1/n^2} = \left(\frac{n}{n+1}\right)^2 \to 1$$

비판정법은 예제 1과 2에서와 같이 급수의 n번째 항이 지수 또는 계승을 포함할 때 결정적이다. 반면, 비판정법은 예제 3에서와 같이 p-급수에 대해서는 항상 판정하지 못한다.

두 경우 모두에서 비판정법은 급수의 수렴 여부를 판정하지 못한다. 따라서 다른 판정법을 시도해야 한다. 이 경우 첫 번째 급수는 기하급수이고 발산함을 알고 있다. 두 번째 급수는 $p > 1$인 p-급수이므로 수렴한다. ∎

■ 근판정법

다음 판정법은 n차 거듭제곱이 나오는 경우에 적용하면 편리하다. 증명은 비판정법의 증명과 유사하며 연습문제 24에 남겨 둔다.

근판정법

(i) $\lim_{n\to\infty} \sqrt[n]{|a_n|} = L < 1$이면 급수 $\sum_{n=1}^{\infty} a_n$은 절대 수렴한다(따라서 수렴한다).

(ii) $\lim_{n\to\infty} \sqrt[n]{|a_n|} = L > 1$ 또는 $\lim_{n\to\infty} \sqrt[n]{|a_n|} = \infty$이면, 급수 $\sum_{n=1}^{\infty} a_n$은 발산한다.

(iii) $\lim\limits_{n \to \infty} \sqrt[n]{|a_n|} = 1$이면 근판정법으로 결론을 내릴 수 없다.

$\lim_{n \to \infty} \sqrt[n]{|a_n|} = 1$이면 근판정법의 (iii)이 판정에 아무런 정보도 주지 않음을 말한다. 이때 급수 $\sum a_n$은 수렴할 수도 있고 발산할 수도 있다. (비판정법에서 $L = 1$이면 근판정법에서도 $L = 1$일 것이므로 근판정법을 시도하지 않는다. 그 역도 마찬가지이다.)

《예제 4》 급수 $\displaystyle\sum_{n=1}^{\infty} \left(\frac{2n+3}{3n+2} \right)^n$의 수렴성을 판정하라.

풀이 $a_n = \left(\dfrac{2n+3}{3n+2} \right)^n$이라 하면 다음이 성립하므로 주어진 급수는 근판정법에 따라 절대수렴한다(따라서 수렴한다).

$$\sqrt[n]{|a_n|} = \frac{2n+3}{3n+2} = \frac{2 + \dfrac{3}{n}}{3 + \dfrac{2}{n}} \to \frac{2}{3} < 1 \qquad \blacksquare$$

《예제 5》 급수 $\displaystyle\sum_{n=1}^{\infty} \left(\frac{n}{n+1} \right)^n$의 수렴, 발산 여부를 판정하라.

풀이 근판정법을 적용하는 것이 자연스러워 보인다. $n \to \infty$일 때 다음이 성립한다.

$$\sqrt[n]{|a_n|} = \frac{n}{n+1} \to 1$$

극한값이 1이므로 근판정법으로 판정할 수 없다. 하지만 6.4절 식 $\boxed{9}$ (또는 6.4*절 식 $\boxed{9}$)를 이용하면 $n \to \infty$일 때 다음을 얻는다.

$$a_n = \left(\frac{n}{n+1} \right)^n = \frac{1}{\left(\dfrac{n+1}{n} \right)^n} \to \frac{1}{e}$$

이 극한값은 0이 아니므로 발산판정법에 따라 이 급수는 발산한다. $\qquad \blacksquare$

　예제 5는 수렴, 발산 여부를 판정할 때 다른 판정법을 시도하기 전에 발산판정법을 적용하는 것이 종종 도움이 된다는 것을 상기시켜준다.

═══ **10.6 │ 연습문제** ═══

1. 다음 경우에 급수 $\sum a_n$에 대해 어떤 결론을 내릴 수 있는가?

(a) $\lim\limits_{n \to \infty} \left| \dfrac{a_{n+1}}{a_n} \right| = 8$ 　(b) $\lim\limits_{n \to \infty} \left| \dfrac{a_{n+1}}{a_n} \right| = 0.8$

(c) $\lim\limits_{n \to \infty} \left| \dfrac{a_{n+1}}{a_n} \right| = 1$

2-10 비판정법을 이용해서 다음 급수의 수렴과 발산을 판정하라.

2. $\displaystyle\sum_{n=1}^{\infty} \frac{n}{5^n}$

3. $\displaystyle\sum_{n=1}^{\infty} (-1)^{n-1} \frac{3^n}{2^n n^3}$

4. $\displaystyle\sum_{k=1}^{\infty} \frac{1}{k!}$

5. $\displaystyle\sum_{n=1}^{\infty} \frac{10^n}{(n+1) 4^{2n+1}}$

6. $\displaystyle\sum_{n=1}^{\infty} \frac{n\pi^n}{(-3)^{n-1}}$

7. $\displaystyle\sum_{n=1}^{\infty} \frac{\cos(n\pi/3)}{n!}$

8. $\displaystyle\sum_{n=1}^{\infty} \frac{n^{100} 100^n}{n!}$

9. $1 - \dfrac{2!}{1 \cdot 3} + \dfrac{3!}{1 \cdot 3 \cdot 5} - \dfrac{4!}{1 \cdot 3 \cdot 5 \cdot 7} + \cdots$

$\qquad + (-1)^{n-1} \dfrac{n!}{1 \cdot 3 \cdot 5 \cdot \cdots \cdot (2n-1)} + \cdots$

10. $\displaystyle\sum_{n=1}^{\infty} \frac{2 \cdot 4 \cdot 6 \cdot \cdots \cdot (2n)}{n!}$

11-13 근판정법을 이용해서 다음 급수의 수렴과 발산을 판정하라.

11. $\displaystyle\sum_{n=1}^{\infty} \left(\frac{n^2 + 1}{2n^2 + 1} \right)^n$

12. $\displaystyle\sum_{n=2}^{\infty} \frac{(-1)^{n-1}}{(\ln n)^n}$

13. $\displaystyle\sum_{n=1}^{\infty} \left(1 + \frac{1}{n} \right)^{n^2}$

14-17 임의의 판정법을 이용해서 다음 급수가 절대 수렴하는지, 조건부 수렴하는지 아니면 발산하는지 판정하라.

14. $\displaystyle\sum_{n=2}^{\infty} \frac{(-1)^n \ln n}{n}$

15. $\displaystyle\sum_{n=1}^{\infty} \frac{(-9)^n}{n 10^{n+1}}$

16. $\displaystyle\sum_{n=2}^{\infty} \left(\frac{n}{\ln n} \right)^n$

17. $\displaystyle\sum_{n=1}^{\infty} \frac{(-1)^n \arctan n}{n^2}$

---

18. 급수의 항들이 다음과 같이 점화공식으로 정의된다. Σa_n의 수렴, 발산 여부를 판정하라.

$$a_1 = 2, \qquad a_{n+1} = \frac{5n+1}{4n+3} a_n$$

19. $\{b_n\}$이 $\frac{1}{2}$에 수렴하는 양수 항을 갖는 수열이라 하자. 급수 $\displaystyle\sum_{n=1}^{\infty} \frac{b_n^n \cos n\pi}{n}$가 절대 수렴하는지 판정하라.

20. 다음 중 비판정법으로 수렴, 발산을 판정할 수 없는 급수는 어느 것인가(즉, 확답할 수 없는 것)?

(a) $\displaystyle\sum_{n=1}^{\infty} \frac{1}{n^3}$

(b) $\displaystyle\sum_{n=1}^{\infty} \frac{n}{2^n}$

(c) $\displaystyle\sum_{n=1}^{\infty} \frac{(-3)^{n-1}}{\sqrt{n}}$

(d) $\displaystyle\sum_{n=1}^{\infty} \frac{\sqrt{n}}{1 + n^2}$

21. (a) 모든 x에 대해 $\displaystyle\sum_{n=0}^{\infty} x^n/n!$이 수렴함을 보여라.

(b) 모든 x에 대해 $\displaystyle\lim_{n \to \infty} x^n/n! = 0$임을 추론하라.

22. Σa_n을 양수 항을 갖는 급수라 하고 $r_n = a_{n+1}/a_n$이라 하자. $\displaystyle\lim_{n \to \infty} r_n = L < 1$이라 하면, 비판정법에 의해 Σa_n은 수렴한다. R_n을 n번째 항 이후의 나머지라 하자. 즉

$$R_n = a_{n+1} + a_{n+2} + a_{n+3} + \cdots$$

(a) $\{r_n\}$이 감소수열이고 $r_{n+1} < 1$이면 기하급수를 더해서 다음을 보여라.

$$R_n \le \frac{a_{n+1}}{1 - r_{n+1}}$$

(b) $\{r_n\}$이 증가수열이면 다음이 성립함을 보여라.

$$R_n \le \frac{a_{n+1}}{1 - L}$$

23. (a) 급수 $\displaystyle\sum_{n=1}^{\infty} 1/(n2^n)$의 부분합 s_5를 구하라. 연습문제 22를 이용해서 급수의 합의 근삿값으로 s_5를 사용할 때 오차를 추정하라.

(b) 합의 오차 0.00005 이내에 s_n이 있기 위한 n의 값을 구하라. 이 n을 이용해서 급수의 합에 대한 근삿값을 구하라.

24. 근판정법을 증명하라. [(i)에 대한 **힌트**: $L < r < 1$인 r을 택하고 $n \ge N$일 때 $\sqrt[n]{|a_n|} < r$를 만족하는 정수 N이 존재한다는 사실을 이용한다.]

10.7 | 급수판정을 위한 전략

지금까지 급수의 수렴, 발산을 판정하는 여러 가지 방법들에 대해 알아봤다. 그런데 문제는 주어진 급수의 수렴, 발산 판정을 위해 어떤 판정법을 적용해야 하는가를 결정하는 것이다. 이런 면에서 급수판정은 마치 함수들의 적분과 유사하다. 물론 주어진 급수에 적용하는 데 신속하고 막강한 판정법이 있는 것은 아니지만 다음과 같은 전략에서 어느 정도 쓰임새를 발견할 수 있을 것이다.

한 판정법이 적합할 때까지 특정한 순서로 일련의 판정법들을 적용하는 것은 현명하지 않다. 이것은 시간과 노력을 낭비할 것이다. 따라서 적분과 마찬가지로 급수들의 **형태**에 따라 적절히 분류하는 것이 주된 전략이다.

1. **발산판정법** $\lim_{n \to \infty} a_n$ 이 0이 아닌 것을 알 수 있으면 발산판정법을 적용한다.

2. **p-급수** 급수가 $\sum 1/n^p$ 형태이면 p-급수이고, 이 급수는 $p > 1$이면 수렴하고 $p \leq 1$이면 발산한다.

3. **기하급수** 급수의 형태가 $\sum ar^{n-1}$ 또는 $\sum ar^n$이면 이는 기하급수이고 $|r| < 1$이면 수렴하고 $|r| \geq 1$이면 발산한다. 급수를 이런 형태로 바꾸기 위해서는 약간의 대수적인 조작이 필요하다.

4. **비교판정법** 주어진 급수가 p-급수나 기하급수와 비슷한 형태를 취한 경우에는 비교판정법 중 하나를 고려해야 한다. 특히 a_n이 n에 관한 유리함수나 대수함수(다항함수의 제곱근을 포함하는)이면 그 급수를 p-급수와 비교할 수 있다. 10.4절 연습문제에서 대부분의 급수가 이 형태를 가지고 있음에 유의한다. (p의 값은 분자와 분모에 있는 n의 최고차수인 상태로 유지해서 10.4절처럼 선택되어야 한다.) 비교판정법은 양수 항의 급수에만 적용할 수 있으나 $\sum a_n$이 음수 항을 포함하면 절대급수 $\sum |a_n|$에 비교판정법을 적용하면 된다.

5. **교대급수판정법** 급수의 형태가 $\sum (-1)^{n-1} b_n$ 또는 $\sum (-1)^n b_n$이면 교대급수판정법을 확실히 적용할 수 있다. 만일 급수 $\sum b_n$이 수렴하면, 주어진 급수는 절대수렴하고, 따라서 이 급수는 수렴한다는 것에 주의하자.

6. **비판정법** 계승이나 다른 곱(상수의 n번째 거듭제곱도 포함해)을 포함한 급수는 종종 비판정법을 이용하는 것이 편리하다. 모든 p-급수에 대해 $n \to \infty$때 $|a_{n+1}/a_n| \to 1$임을 명심하자. 그러므로 n의 모든 유리함수와 대수함수에 대해서도 마찬가지다. 따라서 비판정법은 그런 급수에 대해서는 이용하면 안 된다.

7. **근판정법** a_n이 $(b_n)^n$ 형태이면 근판정법이 유용하다.

8. **적분판정법** $\int_1^\infty f(x)\, dx$가 쉽게 구해지는 $a_n = f(n)$이라면(이 판정법의 전제조건이 만족된다는 가정에서) 적분판정법이 효과적이다.

다음 예제들에서 자세히 계산하지는 않지만 사용해야 할 판정법을 간단히 보일 것이다.

《예제 1》 $\displaystyle\sum_{n=1}^{\infty} \frac{n-1}{2n+1}$

$n \to \infty$일 때 $a_n \to \frac{1}{2} \neq 0$이므로 발산판정법을 적용한다. ∎

《예제 2》 $\displaystyle\sum_{n=1}^{\infty} \frac{\sqrt{n^3+1}}{3n^3+4n^2+2}$

a_n이 n에 대한 대수함수이므로 주어진 급수와 p-급수를 비교한다. 여기서 극한비교판정법에 대한 비교급수는 Σb_n이고, b_n은 다음과 같다.

$$b_n = \frac{\sqrt{n^3}}{3n^3} = \frac{n^{3/2}}{3n^3} = \frac{1}{3n^{3/2}}$$ ∎

《예제 3》 $\displaystyle\sum_{n=1}^{\infty} ne^{-n^2}$

$\int_1^{\infty} xe^{-x^2}\,dx$가 쉽게 계산되므로 적분판정법을 이용한다. 물론 비판정법도 이용할 수 있다. ∎

《예제 4》 $\displaystyle\sum_{n=1}^{\infty} (-1)^n \frac{n^2}{n^4+1}$

급수가 교대하므로 교대급수판정법을 이용한다. 또한, 급수 $\Sigma|a_n|$이 (급수 $\Sigma 1/n^2$과 비교하여) 수렴함을 확인할 수 있으므로 주어진 급수는 절대수렴하고 따라서 급수는 수렴한다. ∎

《예제 5》 $\displaystyle\sum_{k=1}^{\infty} \frac{2^k}{k!}$

$k!$을 포함하고 있으므로 비판정법을 이용한다. ∎

《예제 6》 $\displaystyle\sum_{n=1}^{\infty} \frac{1}{2+3^n}$

이 급수는 기하급수 $\Sigma 1/3^n$과 밀접하게 관련되므로 직접 비교판정법을 이용한다. ∎

10.7 | 연습문제

1-4 두 급수는 유사해보인다. 각각의 수렴, 발산을 판정하라.

1. (a) $\displaystyle\sum_{n=1}^{\infty} \frac{1}{5^n}$ (b) $\displaystyle\sum_{n=1}^{\infty} \frac{1}{5^n+n}$

2. (a) $\displaystyle\sum_{n=1}^{\infty} \frac{n}{3^n}$ (b) $\displaystyle\sum_{n=1}^{\infty} \frac{3^n}{n}$

3. (a) $\displaystyle\sum_{n=1}^{\infty} \frac{n}{n^2+1}$ (b) $\displaystyle\sum_{n=1}^{\infty} \left(\frac{n}{n^2+1}\right)^n$

4. (a) $\displaystyle\sum_{n=1}^{\infty} \frac{1}{n+n!}$ (b) $\displaystyle\sum_{n=1}^{\infty} \left(\frac{1}{n} + \frac{1}{n!}\right)$

5-24 다음 급수의 수렴, 발산 여부를 판정하라.

5. $\displaystyle\sum_{n=1}^{\infty} \frac{n^2-1}{n^3+1}$ **6.** $\displaystyle\sum_{n=1}^{\infty} (-1)^n \frac{n^2-1}{n^3+1}$

7. $\displaystyle\sum_{n=1}^{\infty} \frac{e^n}{n^2}$ **8.** $\displaystyle\sum_{n=2}^{\infty} \frac{1}{n\sqrt{\ln n}}$

9. $\displaystyle\sum_{n=0}^{\infty} (-1)^n \frac{\pi^{2n}}{(2n)!}$

10. $\displaystyle\sum_{n=1}^{\infty} \left(\frac{1}{n^3} + \frac{1}{3^n} \right)$

11. $\displaystyle\sum_{n=1}^{\infty} \frac{3^n n^2}{n!}$

12. $\displaystyle\sum_{k=1}^{\infty} \frac{2^{k-1} 3^{k+1}}{k^k}$

13. $\displaystyle\sum_{n=1}^{\infty} \frac{1 \cdot 3 \cdot 5 \cdot \cdots \cdot (2n-1)}{2 \cdot 5 \cdot 8 \cdot \cdots \cdot (3n-1)}$

14. $\displaystyle\sum_{n=1}^{\infty} (-1)^n \frac{\ln n}{\sqrt{n}}$

15. $\displaystyle\sum_{n=1}^{\infty} (-1)^n \cos(1/n^2)$

16. $\displaystyle\sum_{n=1}^{\infty} \tan(1/n)$

17. $\displaystyle\sum_{n=1}^{\infty} \frac{4 - \cos n}{\sqrt{n}}$

18. $\displaystyle\sum_{n=1}^{\infty} \frac{n!}{e^{n^2}}$

19. $\displaystyle\sum_{k=1}^{\infty} \frac{k \ln k}{(k+1)^3}$

20. $\displaystyle\sum_{n=1}^{\infty} \frac{(-1)^n}{\cosh n}$

21. $\displaystyle\sum_{k=1}^{\infty} \frac{5^k}{3^k + 4^k}$

22. $\displaystyle\sum_{n=1}^{\infty} \left(\frac{n}{n+1} \right)^{n^2}$

23. $\displaystyle\sum_{n=1}^{\infty} \frac{1}{n^{1+1/n}}$

24. $\displaystyle\sum_{n=1}^{\infty} \left(\sqrt[n]{2} - 1 \right)^n$

10.8 | 거듭제곱급수

지금까지 수의 급수, $\sum a_n$을 학습하였다. 이제 각 항이 변수 x의 거듭제곱을 포함하는 **거듭제곱급수** $\sum c_n x^n$에 대해 생각한다.

■ 거듭제곱급수

다음과 같은 형태의 급수를 **거듭제곱급수**(power series)라 한다.

$$\boxed{1} \qquad \sum_{n=0}^{\infty} c_n x^n = c_0 + c_1 x + c_2 x^2 + c_3 x^3 + \cdots$$

여기서 x는 변수이고 c_n은 상수로 이 급수의 **계수**(coefficient)라고 한다. x에 상수값을 대입하면 급수 $\boxed{1}$은 수렴 또는 발산 여부를 판정할 수 있는 상수들의 급수가 된다. 거듭제곱급수는 x의 값에 따라 수렴하기도 혹은 발산하기도 한다. 급수가 수렴하는 x 전체의 집합을 정의역으로 하는 다음 함수

$$f(x) = c_0 + c_1 x + c_2 x^2 + \cdots + c_n x^n + \cdots$$

를 급수의 합이라고 한다. 이 함수 f는 다항함수와 유사하며, 다만 차이점은 f는 무수히 많은 항을 가지고 있다는 것이다.

예를 들어 모든 n에 대해 $c_n = 1$을 택하면 거듭제곱급수는 기하급수가 된다.

$$\boxed{2} \qquad \sum_{n=0}^{\infty} x^n = 1 + x + x^2 + \cdots + x^n + \cdots$$

이 급수는 $-1 < x < 1$일 때 수렴하며 $|x| \geq 1$일 때 발산한다(10.2절의 식 $\boxed{5}$ 참조). 사실 기하급수 $\boxed{2}$에 $x = \frac{1}{2}$을 넣으면 급수는 수렴한다.

$$\sum_{n=0}^{\infty} \left(\frac{1}{2} \right)^n = 1 + \frac{1}{2} + \frac{1}{4} + \frac{1}{8} + \frac{1}{16} + \cdots$$

삼각급수

거듭제곱급수는 각 항이 거듭제곱함수인 급수이다. **삼각급수**(trigonometric series)는 다음과 같이 각 항이 삼각함수인 급수이다.

$$\sum_{n=0}^{\infty} (a_n \cos nx + b_n \sin nx)$$

이런 형태의 급수는 다음 웹사이트에서 논의된다.

www.stewartCalculus.com

*Additional Topics*을 클릭하고 *Fourier series*를 선택하라.

그러나 기하급수 ②에 $x = 2$를 넣으며 급수는 발산한다.

$$\sum_{n=0}^{\infty} 2^n = 1 + 2 + 4 + 8 + 16 + \cdots$$

좀 더 일반적으로 다음과 같은 형태의 급수를 $(x - a)$의 **거듭제곱급수** 또는 **중심이 a인 거듭제곱급수** 또는 a에 관한 **거듭제곱급수**라고 한다.

③ $$\sum_{n=0}^{\infty} c_n(x - a)^n = c_0 + c_1(x - a) + c_2(x - a)^2 + \cdots$$

식 ①과 ③에서 $n = 0$에 대응하는 항을 나타낼 때 $x = a$인 경우에도 관례상 $(x - a)^0 = 1$로 택한다. $x = a$일 때 $n \geq 1$인 모든 항이 0임에 주의한다. 따라서 $x = a$일 때 거듭제곱급수 ③은 항상 수렴한다.

거듭제곱급수가 수렴하는 x의 값을 결정하기 위해 보통 비판정법(또는 근판정법)을 이용한다.

《예제 1》 급수 $\displaystyle\sum_{n=1}^{\infty} \frac{(x - 3)^n}{n}$ 은 x가 어떤 값을 가질 때 수렴하는가?

풀이 보통 하듯이 a_n이 이 급수의 n번째 항을 나타낸다고 하면, $a_n = (x - 3)^n/n$이고 $n \rightarrow \infty$일 때 다음이 성립한다.

$$\left| \frac{a_{n+1}}{a_n} \right| = \left| \frac{(x - 3)^{n+1}}{n + 1} \cdot \frac{n}{(x - 3)^n} \right|$$

$$= \frac{1}{1 + \dfrac{1}{n}} |x - 3| \rightarrow |x - 3|$$

비판정법에 따라 주어진 급수는 $|x - 3| < 1$일 때 절대 수렴하고 따라서 수렴하며, $|x - 3| > 1$일 때 발산한다. 이제 다음과 같이 나타낼 수 있다.

$$|x - 3| < 1 \iff -1 < x - 3 < 1 \iff 2 < x < 4$$

그러므로 $2 < x < 4$일 때 급수는 수렴하고 $x < 2$ 또는 $x > 4$일 때 발산한다.

한편 $|x - 3| = 1$일 때 비판정법은 어떤 정보도 주지 못하므로 $x = 2$와 $x = 4$를 분리해서 생각해야 한다. $x = 4$일 때 주어진 거듭제곱급수는 조화급수 $\sum 1/n$이 되므로 발산하고 $x = 2$일 때는 주어진 거듭제곱급수는 $\sum(-1)^n/n$이 되므로 교대급수판정법에 따라 수렴한다. 따라서 주어진 거듭제곱급수는 $2 \leq x < 4$일 때 수렴한다. ■

《예제 2》 급수 $\displaystyle\sum_{n=0}^{\infty} n!x^n$ 은 x가 어떤 값을 가질 때 수렴하는가?

풀이 비판정법을 이용한다. $a_n = n!x^n$이라 하자. $x \neq 0$이면 다음을 얻는다.

주의
$(n + 1)! = (n + 1)n(n - 1) \cdot \cdots \cdot 3 \cdot 2 \cdot 1$
$\qquad\quad = (n + 1)n!$

$$\lim_{n \to \infty} \left| \frac{a_{n+1}}{a_n} \right| = \lim_{n \to \infty} \left| \frac{(n + 1)!x^{n+1}}{n!x^n} \right| = \lim_{n \to \infty} (n + 1)|x| = \infty$$

비판정법에 의해 $x \neq 0$이면 이 급수는 발산한다. 따라서 주어진 급수는 $x = 0$일 때만 수렴한다.　　■

《**예제 3**》 급수 $\displaystyle\sum_{n=0}^{\infty} \dfrac{x^n}{(2n)!}$은 x가 어떤 값을 가질 때 수렴하는가?

풀이 여기에서 $a_n = x^n/(2n)!$이고 $n \to \infty$일 때 모든 x에 대해 다음이 성립한다.

$$\left| \frac{a_{n+1}}{a_n} \right| = \left| \frac{x^{n+1}}{[2(n+1)]!} \cdot \frac{(2n)!}{x^n} \right| = \frac{(2n)!}{(2n+2)!} |x|$$

$$= \frac{(2n)!}{(2n)!(2n+1)(2n+2)} |x| = \frac{|x|}{(2n+1)(2n+2)} \to 0 < 1$$

그러므로 비판정법에 따라 주어진 급수는 모든 x의 값에 대해 수렴한다.　　■

■ 수렴 구간

지금까지 살펴본 거듭제곱급수들을 보면 급수가 수렴하는 x값의 집합은 항상 하나의 구간으로 나타난다. (기하급수와 예제 1의 급수에 대해서는 유한 구간이고, 예제 3에서는 무한 구간 $(-\infty, \infty)$이며, 예제 2는 붕괴된 구간 $[0, 0] = \{0\}$이다.) 다음 정리는 이것이 일반적으로 참이라는 사실을 보여준다.

---

4 **정리**　거듭제곱급수 $\displaystyle\sum_{n=0}^{\infty} c_n(x-a)^n$에 대해, 다음 세 가지 중 어느 하나만 가능하다.

 (i) $x = a$일 때만 수렴한다.
 (ii) 모든 x에 대해 수렴한다.
 (iii) 적당한 양수 R가 존재해서 $|x - a| < R$이면 수렴하고, $|x - a| > R$이면 발산한다.

(iii)의 경우에 양수 R를 거듭제곱급수의 **수렴 반지름**(radius of convergence)이라고 한다. 편의상 (i)의 경우는 $R = 0$이라고 하고, (ii)의 경우는 $R = \infty$라고 한다. 거듭제곱급수의 **수렴 구간**(interval of convergence)은 거듭제곱급수가 수렴하는 모든 x의 값으로 구성된 구간이다. (i)의 경우 수렴 구간은 한 개의 점 a로 구성된 구간이며, (ii)의 경우 수렴 구간은 $(-\infty, \infty)$이다. (iii)의 경우 부등식 $|x - a| < R$는 $a - R < x < a + R$로 고쳐 쓸 수 있다. x가 구간의 **끝점**, 즉 $x = a \pm R$일 때 거듭제곱급수는 한쪽 또는 양쪽 끝점에서 수렴하거나 양 끝점에서 발산할 수도 있다. 따라서 (iii)의 경우 가능한 수렴 구간은 다음 중 어느 하나이다.

$$(a - R, a + R) \qquad (a - R, a + R] \qquad [a - R, a + R) \qquad [a - R, a + R]$$

그림 1은 이 상황을 설명한 것이다.

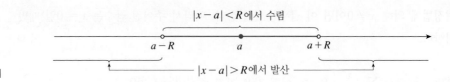

그림 1

이제 이 절의 앞에서 이미 고찰한 예제들의 수렴 반지름 및 수렴 구간을 요약하면 다음과 같다.

	급수	수렴 반지름	수렴 구간
기하급수	$\displaystyle\sum_{n=0}^{\infty} x^n$	$R = 1$	$(-1, 1)$
예제 1	$\displaystyle\sum_{n=1}^{\infty} \frac{(x-3)^n}{n}$	$R = 1$	$[2, 4)$
예제 2	$\displaystyle\sum_{n=0}^{\infty} n!\, x^n$	$R = 0$	$\{0\}$
예제 3	$\displaystyle\sum_{n=0}^{\infty} \frac{x^n}{(2n)!}$	$R = \infty$	$(-\infty, \infty)$

NOTE 일반적으로 비판정법(때로는 근판정법)이 수렴 반지름 R를 결정하는 데 이용된다. 그러나 x가 수렴 구간의 끝점일 때는 비판정법이나 근판정법으로 판정할 수 없으므로 다른 판정법을 이용해야 한다.

《예제 4》 급수 $\displaystyle\sum_{n=0}^{\infty} \frac{(-3)^n x^n}{\sqrt{n+1}}$ 의 수렴 반지름 및 수렴 구간을 구하라.

풀이 $a_n = (-3)^n x^n / \sqrt{n+1}$ 이므로 $n \to \infty$일 때 다음이 성립한다.

$$\left| \frac{a_{n+1}}{a_n} \right| = \left| \frac{(-3)^{n+1} x^{n+1}}{\sqrt{n+2}} \cdot \frac{\sqrt{n+1}}{(-3)^n x^n} \right| = \left| -3x \sqrt{\frac{n+1}{n+2}} \right|$$

$$= 3\sqrt{\frac{1+(1/n)}{1+(2/n)}} |x| \to 3|x|$$

비판정법에 따라 주어진 급수는 $3|x| < 1$이면 수렴하고 $3|x| > 1$이면 발산한다. 따라서 $|x| < \frac{1}{3}$이면 수렴하고 $|x| > \frac{1}{3}$이면 발산하다. 그러므로 수렴 반지름은 $R = \frac{1}{3}$이다.

이 급수가 구간 $\left(-\frac{1}{3}, \frac{1}{3}\right)$에서 수렴하지만, 이 구간의 끝점에서의 수렴 여부는 별도로 판정해야 한다. $x = -\frac{1}{3}$일 때 다음 급수는 발산한다(이 급수는 $p = \frac{1}{2} < 1$인 p-급수이다).

$$\sum_{n=0}^{\infty} \frac{(-3)^n \left(-\frac{1}{3}\right)^n}{\sqrt{n+1}} = \sum_{n=0}^{\infty} \frac{1}{\sqrt{n+1}} = \frac{1}{\sqrt{1}} + \frac{1}{\sqrt{2}} + \frac{1}{\sqrt{3}} + \frac{1}{\sqrt{4}} + \cdots$$

$x = \frac{1}{3}$일 때 주어진 급수는 다음과 같으므로 교대급수판정법에 따라 수렴한다.

$$\sum_{n=0}^{\infty} \frac{(-3)^n \left(\frac{1}{3}\right)^n}{\sqrt{n+1}} = \sum_{n=0}^{\infty} \frac{(-1)^n}{\sqrt{n+1}}$$

그러므로 주어진 거듭제곱급수는 $-\frac{1}{3} < x \le \frac{1}{3}$일 때 수렴하므로 수렴 구간은 $\left(-\frac{1}{3}, \frac{1}{3}\right]$이다. ■

《예제 5》 거듭제곱급수 $\displaystyle\sum_{n=0}^{\infty} \frac{n(x+2)^n}{3^{n+1}}$ 의 수렴 반지름 및 수렴 구간을 구하라.

풀이 $a_n = n(x+2)^n/3^{n+1}$이므로 $n \to \infty$일 때 다음을 얻는다.

$$\left| \frac{a_{n+1}}{a_n} \right| = \left| \frac{(n+1)(x+2)^{n+1}}{3^{n+2}} \cdot \frac{3^{n+1}}{n(x+2)^n} \right|$$

$$= \left(1 + \frac{1}{n} \right) \frac{|x+2|}{3} \to \frac{|x+2|}{3}$$

비판정법에 의해 $|x+2|/3 < 1$일 때 수렴하고 $|x+2|/3 > 1$일 때 발산한다. 따라서 $|x+2| < 3$이면 수렴하고 $|x+2| > 3$이면 발산한다. 그러므로 수렴 반지름은 $R = 3$이다.

부등식 $|x+2| < 3$은 $-5 < x < 1$로 쓸 수 있으므로 끝점 -5와 1에서 급수의 수렴 및 발산 여부를 판정해야 한다. $x = -5$일 때 주어진 급수는 다음과 같으므로 발산판정법 [$(-1)^n n$은 0으로 수렴하지 않는다]에 따라 발산한다.

$$\sum_{n=0}^{\infty} \frac{n(-3)^n}{3^{n+1}} = \frac{1}{3} \sum_{n=0}^{\infty} (-1)^n n$$

$x = 1$일 때 이 급수는 다음과 같으므로 발산판정법에 따라 발산한다.

$$\sum_{n=0}^{\infty} \frac{n(3)^n}{3^{n+1}} = \frac{1}{3} \sum_{n=0}^{\infty} n$$

따라서 급수는 단지 $-5 < x < 1$일 때 수렴하므로 수렴 구간은 $(-5, 1)$이다. ■

10.8 | 연습문제

1. 거듭제곱급수란 무엇인가?

2-18 다음 급수의 수렴 반지름과 수렴 구간을 구하라.

2. $\displaystyle\sum_{n=1}^{\infty} \frac{x^n}{n}$

3. $\displaystyle\sum_{n=1}^{\infty} \sqrt{n}\, x^n$

4. $\displaystyle\sum_{n=1}^{\infty} \frac{n}{5^n} x^n$

5. $\displaystyle\sum_{n=1}^{\infty} \frac{x^n}{n 3^n}$

6. $\displaystyle\sum_{n=1}^{\infty} \frac{x^n}{2n-1}$

7. $\displaystyle\sum_{n=0}^{\infty} \frac{x^n}{n!}$

8. $\displaystyle\sum_{n=1}^{\infty} \frac{x^n}{n^4 4^n}$

9. $\displaystyle\sum_{n=1}^{\infty} \frac{(-1)^n 4^n}{\sqrt{n}} x^n$

10. $\displaystyle\sum_{n=1}^{\infty} \frac{n}{2^n (n^2+1)} x^n$

11. $\displaystyle\sum_{n=0}^{\infty} \frac{(x-2)^n}{n^2+1}$

12. $\displaystyle\sum_{n=2}^{\infty} \frac{(x+2)^n}{2^n \ln n}$

13. $\displaystyle\sum_{n=1}^{\infty} \frac{(x-2)^n}{n^n}$

14. $\displaystyle\sum_{n=4}^{\infty} \frac{\ln n}{n} x^n$

15. $\displaystyle\sum_{n=1}^{\infty} \frac{n}{b^n} (x-a)^n, \quad b > 0$

16. $\displaystyle\sum_{n=1}^{\infty} n!(2x-1)^n$ **17.** $\displaystyle\sum_{n=1}^{\infty} \frac{(5x-4)^n}{n^3}$

18. $\displaystyle\sum_{n=1}^{\infty} \frac{x^n}{1\cdot 3\cdot 5\cdot\cdots\cdot(2n-1)}$

---

19. $\displaystyle\sum_{n=0}^{\infty} c_n 4^n$이 수렴할 때 다음 급수 중에서 어느 것이 수렴한다고 결론을 내릴 수 있는가?

(a) $\displaystyle\sum_{n=0}^{\infty} c_n(-2)^n$ (b) $\displaystyle\sum_{n=0}^{\infty} c_n(-4)^n$

20. k가 양의 정수일 때 급수 $\displaystyle\sum_{n=0}^{\infty} \frac{(n!)^k}{(kn)!} x^n$의 수렴반지름을 구하라.

21. 수렴 구간이 $[0, \infty)$인 거듭제곱급수를 찾을 수 있는지 설명하라.

22. $\displaystyle\lim_{n\to\infty} \sqrt[n]{|c_n|} = c\,(c\neq 0)$일 때, 거듭제곱급수 $\sum c_n x^n$의 수렴 반지름은 $R = 1/c$임을 보여라.

23. 급수 $\sum c_n x^n$의 수렴 반지름은 2이고 $\sum d_n x^n$의 수렴 반지름은 3이라 하자. 급수 $\sum(c_n + d_n)x^n$의 수렴 반지름을 구하라.

10.9 │ 함수를 거듭제곱급수로 나타내기

이 절에서는 몇몇 익숙한 함수들을 거듭제곱급수의 합으로 나타내는 방법을 살펴본다. 이미 알고 있는 함수를 무수히 많은 항의 합으로 나타내려고 하는 이유가 도대체 무엇인지 아마도 궁금할 것이다. 나중에 이런 전략이 기본 역도함수가 없는 함수를 적분하거나 함수를 다항함수로 근사시킬 때 유용하다는 것을 알게 될 것이다. (과학자들은 그들이 다루는 함수를 간단히 하기 위해 이 방법을 이용한다. 또한 컴퓨터 과학자들은 계산기나 컴퓨터로 함수의 값을 구하기 위해 이 방법을 이용한다.)

■ 기하급수를 이용하여 함수를 나타내기

기하급수를 조작하여 몇 가지 함수의 거듭제곱급수 표현을 얻으려고 한다. 이미 이전에 얻은 다음 식에서 시작한다.

$$\boxed{1} \qquad \boxed{\frac{1}{1-x} = 1 + x + x^2 + x^3 + \cdots = \sum_{n=0}^{\infty} x^n, \quad |x| < 1}$$

이 식을 10.2절 예제 7에서 처음 접했을 때에는 주어진 급수를 $a = 1$이고 $r = x$인 기하급수로 간주하여 얻었다. 여기서는 다른 관점에서 바라보도록 하자. 지금은 식 $\boxed{1}$을 함수 $f(x) = 1/(1-x)$을 거듭제곱급수의 합으로 나타낸 것이라고 생각하자. 급수 $\displaystyle\sum_{n=0}^{\infty} x^n$ (단, $|x| < 1$)을 구간 $(-1, 1)$에서 $1/(1-x)$의 **거듭제곱급수 표현**이라고 한다.

그림 1은 식 $\boxed{1}$을 기하학적으로 설명한 것이다. 급수의 합은 부분합 수열의 극한이므로 n번째 부분합을 $s_n(x) = 1 + x + x^2 + \cdots + x^n$이라고 할 때, 다음이 성립한다.

$$\frac{1}{1-x} = \lim_{n\to\infty} s_n(x)$$

n이 증가함에 따라 $s_n(x)$는 $-1 < x < 1$에서 $f(x)$에 대한 더 좋은 근사가 됨에 주목하자.

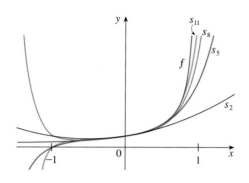

그림 1 $f(x) = \dfrac{1}{1-x}$와 몇 개의 $f(x)$의 부분합

함수 $f(x) = 1/(1-x)$를 나타내는 거듭제곱급수 $\boxed{1}$은 많은 다른 함수들의 거듭제곱급수 표현을 얻는 데 사용될 수 있고, 아래 예제에서 이에 대해 살펴보자.

《**예제 1**》 $1/(1+x^2)$을 거듭제곱급수의 합으로 나타내고 그 수렴 구간을 구하라.

풀이 식 $\boxed{1}$에서 x 대신 $-x^2$을 대입하면 다음과 같다.

$$\frac{1}{1+x^2} = \frac{1}{1-(-x^2)} = \sum_{n=0}^{\infty} (-x^2)^n$$

$$= \sum_{n=0}^{\infty} (-1)^n x^{2n} = 1 - x^2 + x^4 - x^6 + x^8 - \cdots$$

이것은 기하급수이므로 $|-x^2| < 1$일 때, 즉 $x^2 < 1$ 또는 $|x| < 1$일 때 수렴한다. 따라서 수렴 구간은 $(-1, 1)$이다. (물론 비판정법을 적용해서 수렴 반지름을 결정할 수 있지만, 그렇게 많은 단계는 여기서는 불필요하다.) ■

《**예제 2**》 $1/(x+2)$을 거듭제곱급수로 나타내라.

풀이 이 함수를 식 $\boxed{1}$의 좌변의 형태로 바꾸기 위해, 다음과 같이 분모에서 2를 묶어낸다.

$$\frac{1}{2+x} = \frac{1}{2\left(1+\dfrac{x}{2}\right)} = \frac{1}{2\left[1-\left(-\dfrac{x}{2}\right)\right]}$$

$$= \frac{1}{2}\sum_{n=0}^{\infty}\left(-\frac{x}{2}\right)^n = \sum_{n=0}^{\infty} \frac{(-1)^n}{2^{n+1}} x^n$$

이 급수는 $|-x/2| < 1$일 때, 즉 $|x| < 2$일 때 수렴한다. 따라서 수렴 구간은 $(-2, 2)$이다. ■

《**예제 3**》 $x^3/(x+2)$을 거듭제곱급수로 나타내라.

풀이 이 함수는 예제 2의 함수에 x^3을 곱한 것이므로 다음을 얻는다.

x^3은 n에 종속되지 않으므로 시그마 기호 안으로 옮기는 것은 타당하다. [$c = x^3$이라 두고 10.2절 정리 **8**의 (i)을 사용한다.]

$$\frac{x^3}{x+2} = x^3 \cdot \frac{1}{x+2} = x^3 \sum_{n=0}^{\infty} \frac{(-1)^n}{2^{n+1}} x^n = \sum_{n=0}^{\infty} \frac{(-1)^n}{2^{n+1}} x^{n+3}$$

$$= \frac{1}{2}x^3 - \frac{1}{4}x^4 + \frac{1}{8}x^5 - \frac{1}{16}x^6 + \cdots$$

이 급수를 다음과 같이 나타낼 수도 있다.

$$\frac{x^3}{x+2} = \sum_{n=3}^{\infty} \frac{(-1)^{n-1}}{2^{n-2}} x^n$$

예제 2와 마찬가지로 수렴 구간은 $(-2, 2)$이다. ■

■ 거듭제곱급수의 미분과 적분

거듭제곱급수의 합은 급수가 수렴하는 구간을 정의역으로 갖는 함수 $f(x) = \sum_{n=0}^{\infty} c_n(x-a)^n$이다. 이런 함수들을 미분하거나 적분하고자 한다. 다음 정리는 다항식과 마찬가지로 거듭제곱급수의 각 항들을 개별적으로 미분하거나 적분함으로써 그렇게 할 수 있음을 말해준다. 이런 방법을 **항별 미분과 항별 적분**(term by term differentiation and integration)이라 한다. 증명은 생략한다.

> **2** **정리**   거듭제곱급수 $\sum c_n(x-a)^n$의 수렴 반지름이 $R > 0$일 때 다음으로 정의된 함수 f는 구간 $(a-R, a+R)$에서 미분가능하다(따라서 연속이다).
>
> $$f(x) = c_0 + c_1(x-a) + c_2(x-a)^2 + \cdots = \sum_{n=0}^{\infty} c_n(x-a)^n$$
>
> 그리고 다음이 성립한다.
>
> (i) $f'(x) = c_1 + 2c_2(x-a) + 3c_3(x-a)^2 + \cdots = \sum_{n=1}^{\infty} nc_n(x-a)^{n-1}$
>
> (ii) $\displaystyle\int f(x)\, dx = C + c_0(x-a) + c_1 \frac{(x-a)^2}{2} + c_2 \frac{(x-a)^3}{3} + \cdots$
>
> $$= C + \sum_{n=0}^{\infty} c_n \frac{(x-a)^{n+1}}{n+1}$$
>
> 식 (i), (ii)에서 얻은 거듭제곱급수의 수렴 반지름은 모두 R이다.

(i)에서 f의 상수항인 c_0의 도함수는 0이므로 급수의 합은 $n = 1$에서 시작한다.

(ii)에서 $\int c_0\, dx = c_0 x + C_1$은 $c_0(x-a) + C$로 쓸 수 있다. 여기서 $C = C_1 + ac_0$이다. 그래서 급수의 모든 항은 같은 형태를 갖는다.

NOTE 1   정리 **2**의 식 (i)과 (ii)는 다음과 같이 바꿔 쓸 수 있다.

(iii) $\displaystyle\frac{d}{dx}\left[\sum_{n=0}^{\infty} c_n(x-a)^n \right] = \sum_{n=0}^{\infty} \frac{d}{dx}[c_n(x-a)^n]$

(iv) $\displaystyle\int \left[\sum_{n=0}^{\infty} c_n(x-a)^n \right] dx = \sum_{n=0}^{\infty} \int c_n(x-a)^n\, dx$

유한합인 경우에 합의 도함수는 도함수의 합과 같으며, 합의 적분 역시 적분의 합과 같다는 것은 알고 있다. 식 (iii)과 (iv)는 **거듭제곱급수**를 다룰 때 무한합인 경우에도 똑같이 참임을 보여준다. (다른 종류의 함수의 급수에 있어서는 상황이 이렇게 단순하지 않다.)

NOTE 2　정리 $\boxed{2}$는 거듭제곱급수를 미분하거나 적분해도 수렴 반지름이 변하지 않는다고 하더라도 수렴 **구간**조차 동일하다는 의미는 아니다. 실제 원래의 거듭제곱급수는 양 끝점에서 수렴하지만 미분을 시행한 거듭제곱급수는 거기서 발산하기도 한다(연습문제 23 참조).

《**예제 4**》 식 $\boxed{1}$을 미분해서 $1/(1 - x)^2$을 거듭제곱급수로 나타내고, 그 수렴 반지름을 구하라.

거듭제곱급수를 항별로 미분하는 개념은 이 책의 범위를 벗어나는 미분방정식을 푸는 막강한 도구이다. 연습문제 19, 20에서 거듭제곱급수로 표현된 함수가 어떻게 미분방정식의 해가 될 수 있는지를 살펴보게 될 것이다.

풀이 다음 식에서 시작하자.

$$\frac{1}{1 - x} = 1 + x + x^2 + x^3 + \cdots = \sum_{n=0}^{\infty} x^n$$

이 식의 양변을 미분하면 다음 식을 얻는다.

$$\frac{1}{(1 - x)^2} = 1 + 2x + 3x^2 + \cdots = \sum_{n=1}^{\infty} nx^{n-1}$$

n을 $n + 1$로 바꾸고 다음과 같이 다시 쓸 수 있다.

$$\frac{1}{(1 - x)^2} = \sum_{n=0}^{\infty} (n + 1)x^n$$

정리 $\boxed{2}$에 따라 미분한 급수의 수렴 반지름은 원래 급수의 수렴 반지름과 같이 $R = 1$이다.　■

《**예제 5**》 $\ln(1 + x)$를 거듭제곱급수로 나타내고 그 수렴 반지름을 구하라.

풀이 이 함수의 도함수는 $1/(1 + x)$이다. 식 $\boxed{1}$로부터 다음을 얻는다.

$$\frac{1}{1 + x} = \frac{1}{1 - (-x)} = 1 - x + x^2 - x^3 + \cdots, \quad |x| < 1$$

이 식의 양변을 적분해서 다음을 얻는다.

$$\begin{aligned}
\ln(1 + x) &= \int \frac{1}{1 + x}\,dx = \int (1 - x + x^2 - x^3 + \cdots)\,dx \\
&= x - \frac{x^2}{2} + \frac{x^3}{3} - \frac{x^4}{4} + \cdots + C \\
&= \sum_{n=1}^{\infty} (-1)^{n-1} \frac{x^n}{n} + C, \quad |x| < 1
\end{aligned}$$

C의 값을 구하기 위해 $x = 0$을 대입하면, $\ln(1 + 0) = C$이다. 따라서 $C = 0$이고 다음과 같다.

$$\ln(1 + x) = x - \frac{x^2}{2} + \frac{x^3}{3} - \frac{x^4}{4} + \cdots = \sum_{n=1}^{\infty} (-1)^{n-1} \frac{x^n}{n}, \quad |x| < 1$$

수렴 반지름은 원래 급수의 수렴 반지름과 같이 $R = 1$이다.　■

《 예제 6 》 $f(x) = \tan^{-1} x$에 관한 거듭제곱급수 표현을 구하라.

풀이 $f'(x) = 1/(1 + x^2)$이므로 예제 1에서 구한 $1/(1 + x^2)$에 대한 거듭제곱급수를 적분해서 요구되는 급수를 구할 수 있다.

$$\tan^{-1}x = \int \frac{1}{1 + x^2} dx = \int (1 - x^2 + x^4 - x^6 + \cdots) \, dx$$

$$= C + x - \frac{x^3}{3} + \frac{x^5}{5} - \frac{x^7}{7} + \cdots$$

이제 C를 구하기 위해 $x = 0$을 대입하면 $C = \tan^{-1}0 = 0$이다. 따라서 다음과 같다.

$$\tan^{-1}x = x - \frac{x^3}{3} + \frac{x^5}{5} - \frac{x^7}{7} + \cdots$$

$$= \sum_{n=0}^{\infty} (-1)^n \frac{x^{2n+1}}{2n + 1}$$

$1/(1 + x^2)$에 대한 거듭제곱급수의 수렴 반지름이 1이므로 $\tan^{-1}x$에 대한 거듭제곱급수의 수렴 반지름도 1이다.　■

예제 6에서 구한 $\tan^{-1} x$에 관한 거듭제곱급수를 **그레고리 급수**라 한다. 이는 뉴턴이 발견한 몇몇 사실을 예견했던 스코틀랜드의 수학자 그레고리(James Gregory, 1638~1675)의 이름을 따서 붙인 급수이다. 그레고리 급수는 $-1 < x < 1$일 때 유효하다. 또한 $x = \pm1$일 때도 유효하다는 것이 입증됐다(증명은 쉽지 않다). $x = 1$일 때 급수는 다음과 같이 된다.

$$\frac{\pi}{4} = 1 - \frac{1}{3} + \frac{1}{5} - \frac{1}{7} + \cdots$$

이 아름다운 결과는 π에 대한 라이프니츠 공식으로 알려져 있다.

《 예제 7 》

(a) 거듭제곱급수로서 $\int [1/(1 + x^7)] dx$를 계산하라.

(b) (a)를 이용해서 $\int_0^{0.5} [1/(1 + x^7)] dx$를 오차 범위 10^{-7} 이내로 정확히 추정하라.

풀이

(a) 먼저 피적분함수 $1/(1 + x^7)$을 거듭제곱급수의 합으로 표현한다. 예제 1에서와 같이 식 **1**에서 x를 $-x^7$으로 바꾼다.

$$\frac{1}{1 + x^7} = \frac{1}{1 - (-x^7)} = \sum_{n=0}^{\infty} (-x^7)^n$$

$$= \sum_{n=0}^{\infty} (-1)^n x^{7n} = 1 - x^7 + x^{14} - \cdots$$

이 예제는 거듭제곱급수 표현법이 유용한 한 가지 방법을 보여준다. $1/(1 + x^7)$를 직접 적분하는 것은 상당히 어렵다. 컴퓨터 대수체계에 따라 답이 다르게 주어지며, 또한 답은 매우 복잡하다. 예제 7(a)에서 구한 무한급수의 해는 컴퓨터가 제시한 유한해보다 훨씬 다루기 쉽다.

이제 이 식을 다음과 같이 항별로 적분한다.

$$\int \frac{1}{1 + x^7} \, dx = \int \sum_{n=0}^{\infty} (-1)^n x^{7n} dx = C + \sum_{n=0}^{\infty} (-1)^n \frac{x^{7n+1}}{7n + 1}$$

$$= C + x - \frac{x^8}{8} + \frac{x^{15}}{15} - \frac{x^{22}}{22} + \cdots$$

이 급수는 $|-x^7| < 1$일 때, 즉 $|x| < 1$일 때 수렴한다.

(b) 미적분학의 기본정리를 적용함에 있어 어떤 역도함수를 이용해도 결과는 같으므로,

다음과 같이 (a)에서 $C = 0$인 역도함수를 이용하자.

$$\int_0^{0.5} \frac{1}{1 + x^7}\, dx = \left[x - \frac{x^8}{8} + \frac{x^{15}}{15} - \frac{x^{22}}{22} + \cdots \right]_0^{1/2}$$

$$= \frac{1}{2} - \frac{1}{8 \cdot 2^8} + \frac{1}{15 \cdot 2^{15}} - \frac{1}{22 \cdot 2^{22}} + \cdots + \frac{(-1)^n}{(7n + 1)2^{7n+1}} + \cdots$$

이 무한급수가 주어진 정적분의 정확한 값이지만, 교대급수이므로 교대급수 추정정리를 이용해서 그 합의 근삿값을 구할 수 있다. 여기서 $n = 3$까지만 합을 구하면 그 오차는 $n = 4$인 다음 항보다 작다.

$$\frac{1}{29 \cdot 2^{29}} \approx 6.4 \times 10^{-11}$$

따라서 다음을 얻는다.

$$\int_0^{0.5} \frac{1}{1 + x^7}\, dx \approx \frac{1}{2} - \frac{1}{8 \cdot 2^8} + \frac{1}{15 \cdot 2^{15}} - \frac{1}{22 \cdot 2^{22}} \approx 0.49951374 \quad \blacksquare$$

■ 거듭제곱급수로 정의된 함수

과학에서 가장 중요한 함수 중 일부는 거듭제곱급수로 정의되고 (7.5절에서 설명한) 기본함수로 표현할 수 없다. 이러한 함수 중 많은 부분은 자연스럽게 미분방정식의 해로 나타난다. 그러한 함수 중 하나는 독일 천문학자 베셀(Friedrich Bessel, 1784~1846)의 이름을 딴 **베셀함수**(Bessel functions)이다. 이 함수는 행성운동을 기술한 케플러의 방정식을 베셀이 풀었을 때 처음으로 등장했다. 그 이후로 베셀함수는 원판의 온도분포 및 진동하는 막의 형태를 포함한 많은 다른 물리적 상황에 적용되어 왔다. 베셀함수는 연습문제 20뿐만 아니라 다음 예제에서도 나타난다. 거듭제곱급수로 정의된 함수의 다른 예는 연습문제 21에 나와 있다.

《예제 8》 0차 베셀함수는 다음과 같이 정의된다.

$$J_0(x) = \sum_{n=0}^{\infty} \frac{(-1)^n x^{2n}}{2^{2n}\, (n!)^2}$$

(a) J_0의 정의역을 구하라.
(b) J_0의 도함수를 구하라.

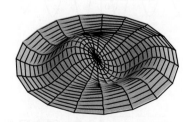

베셀함수와 코사인함수가 연관된 진동하는 막의 컴퓨터 생성 모형

풀이

(a) $a_n = (-1)^n x^{2n} / [2^{2n} (n!)^2]$이므로 모든 x에 대해 다음이 성립한다.

$$\left| \frac{a_{n+1}}{a_n} \right| = \left| \frac{(-1)^{n+1} x^{2(n+1)}}{2^{2(n+1)} [(n + 1)!]^2} \cdot \frac{2^{2n} (n!)^2}{(-1)^n x^{2n}} \right|$$

$$= \frac{x^{2n+2}}{2^{2n+2} (n + 1)^2 (n!)^2} \cdot \frac{2^{2n} (n!)^2}{x^{2n}}$$

$$= \frac{x^2}{4(n+1)^2} \to 0 < 1$$

그러므로 비판정법에 따라 주어진 급수는 모든 x의 값에서 수렴한다. 다시 말해서 베셀함수 J_0의 정의역은 $(-\infty, \infty) = \mathbb{R}$이다.

(b) 정리 2에 따라 J_0는 모든 x에 대해 미분가능하고 그 도함수는 항별 미분을 통해 다음과 같이 구할 수 있다.

$$J_0'(x) = \sum_{n=0}^{\infty} \frac{d}{dx} \frac{(-1)^n x^{2n}}{2^{2n}(n!)^2} = \sum_{n=1}^{\infty} \frac{(-1)^n 2n x^{2n-1}}{2^{2n}(n!)^2} \qquad \blacksquare$$

급수의 합은 부분합으로 이루어진 수열의 극한인 것을 상기하자. 따라서 예제 8에서 베셀함수를 급수의 합으로 정의할 때, 모든 실수 x에 대해 다음을 의미한다.

$$J_0(x) = \lim_{n \to \infty} s_n(x), \qquad s_n(x) = \sum_{i=0}^{n} \frac{(-1)^i x^{2i}}{2^{2i}(i!)^2}$$

처음 몇 개의 부분합은 다음과 같다.

$$s_0(x) = 1$$

$$s_1(x) = 1 - \frac{x^2}{4}$$

$$s_2(x) = 1 - \frac{x^2}{4} + \frac{x^4}{64}$$

$$s_3(x) = 1 - \frac{x^2}{4} + \frac{x^4}{64} - \frac{x^6}{2304}$$

$$s_4(x) = 1 - \frac{x^2}{4} + \frac{x^4}{64} - \frac{x^6}{2304} + \frac{x^8}{147,456}$$

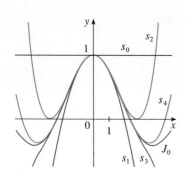

그림 2 베셀함수 J_0의 부분합

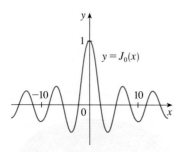

그림 3

그림 2는 다항함수인 이러한 부분합들의 그래프를 보여준다. 그들은 모두 함수 J_0에 가까워지지만, 더 많은 항이 포함될수록 근사 정도가 좋아짐을 알 수 있다. 그림 3은 좀 더 완전한 베셀함수의 그래프이다.

10.9 연습문제

1. 거듭제곱급수 $\sum_{n=0}^{\infty} c_n x^n$의 수렴 반지름이 10이면, $\sum_{n=1}^{\infty} n c_n x^{n-1}$의 수렴 반지름은 얼마인가? 또 그 이유는 무엇인가?

2-6 다음 함수의 거듭제곱급수 표현을 구하고, 그 수렴 구간을 결정하라.

2. $f(x) = \dfrac{1}{1+x}$

3. $f(x) = \dfrac{1}{1-x^2}$

4. $f(x) = \dfrac{2}{3-x}$

5. $f(x) = \dfrac{x^2}{x^4+16}$

6. $f(x) = \dfrac{x-1}{x+2}$

7. 먼저 부분분수를 이용해서 $f(x) = \dfrac{2x-4}{x^2-4x+3}$를 거듭제곱

급수의 합으로 나타내고, 그 수렴 구간을 구하라.

8. (a) 미분을 이용해서 함수 $f(x) = \dfrac{1}{(1+x)^2}$ 의 거듭제곱급수 표현을 구하라. 수렴 반지름은 얼마인가?

    (b) (a)를 이용해서 함수 $f(x) = \dfrac{1}{(1+x)^3}$ 의 거듭제곱급수를 구하라.

    (c) (b)를 이용해서 함수 $f(x) = \dfrac{x^2}{(1+x)^3}$ 의 거듭제곱급수를 구하라.

9-11 다음 함수의 거듭제곱급수 표현을 구하고, 그 수렴 반지름을 결정하라.

9. $f(x) = \dfrac{x}{(1+4x)^2}$ **10.** $f(x) = \dfrac{1+x}{(1-x)^2}$

11. $f(x) = \ln(5-x)$

12-13 다음 f의 거듭제곱급수 표현을 구하고, 동일한 보기화면에 f와 몇 개의 부분합 $s_n(x)$의 그래프를 그려라. n이 증가함에 따른 변화를 관찰하라.

12. $f(x) = \dfrac{x^2}{x^2+1}$ **13.** $f(x) = \ln\left(\dfrac{1+x}{1-x}\right)$

14-15 거듭제곱급수를 이용해서 다음 부정적분을 계산하라. 수렴 반지름은 얼마인가?

14. $\displaystyle\int \dfrac{t}{1-t^8}\,dt$ **15.** $\displaystyle\int x^2 \ln(1+x)\,dx$

16-17 거듭제곱급수를 이용해서 소수점 아래 여섯째 자리까지 정확한 정적분의 근삿값을 구하라.

16. $\displaystyle\int_0^{0.3} \dfrac{x}{1+x^3}\,dx$ **17.** $\displaystyle\int_0^{0.2} x\ln(1+x^2)\,dx$

18. 예제 6의 결과를 이용해서 $\arctan 0.2$의 값을 소수점 아래 다섯째 자리까지 정확하게 계산하라.

19. (a) 함수 $f(x) = \displaystyle\sum_{n=0}^{\infty} \dfrac{x^n}{n!}$ 은 미분방정식 $f'(x) = f(x)$의 해임을 보여라.

    (b) $f(x) = e^x$ 임을 보여라.

20. (a) J_0 (예제 8에서 제시된 0차 베셀함수)는 다음 미분방정식을 만족함을 보여라.

$$x^2 J_0''(x) + x J_0'(x) + x^2 J_0(x) = 0$$

    (b) $\int_0^1 J_0(x)\,dx$를 소수점 아래 셋째 자리까지 정확하게 계산하라.

21. 다음과 같이 정의된 함수 A를 영국의 수학자이면서 천문학자인 에어리(Airy: 1801~1892) 경의 이름을 딴 **에어리 함수**라 한다.

$$A(x) = 1 + \dfrac{x^3}{2\cdot 3} + \dfrac{x^6}{2\cdot 3\cdot 5\cdot 6} + \dfrac{x^9}{2\cdot 3\cdot 5\cdot 6\cdot 8\cdot 9} + \cdots$$

    (a) 에어리 함수의 정의역을 구하라.

    (b) 처음 몇 개의 부분합을 보기화면에 그려라.

    (c) 컴퓨터 대수체계를 이용하여 에어리 함수 A와 (b)의 부분합을 동일한 보기화면에 그리고 부분합이 어떻게 A에 근사하는지 관찰하라.

22. 함수 f가 다음과 같이 정의된다.

$$f(x) = 1 + 2x + x^2 + 2x^3 + x^4 + \cdots$$

즉, 모든 $n \geq 0$에 대해 계수가 $c_{2n} = 1$, $c_{2n+1} = 2$이다. 이 급수의 수렴구간을 구하고 $f(x)$에 대한 명확한 식을 구하라.

23. $f(x) = \displaystyle\sum_{n=1}^{\infty} \dfrac{x^n}{n^2}$ 이라 하자. f, f', f''에 대한 수렴 구간을 구하라.

24. $f(x) = 1/(1-x)$일 때 $h(x) = xf'(x) + x^2 f''(x)$에 대한 거듭제곱급수 표현식을 구하라. 그리고 수렴 반지름을 결정하라. 이것을 이용하여 $\displaystyle\sum_{n=1}^{\infty} \dfrac{n^2}{2^n} = 6$을 보여라.

25. $\tan^{-1} x$에 대한 거듭제곱급수를 이용해서 π가 다음과 같은 무한급수의 합으로 표현됨을 증명하라.

$$\pi = 2\sqrt{3} \sum_{n=0}^{\infty} \dfrac{(-1)^n}{(2n+1)3^n}$$

26. 비판정법을 이용해서 급수 $\displaystyle\sum_{n=0}^{\infty} c_n x^n$의 수렴 반지름이 R일 때, 다음 각 급수의 수렴 반지름이 R임을 보여라.

$$\sum_{n=1}^{\infty} nc_n x^{n-1}, \qquad \sum_{n=0}^{\infty} c_n \dfrac{x^{n+1}}{n+1}$$

10.10 | 테일러 급수와 매클로린 급수

10.9절에서는 제한된 종류의 함수들, 즉 기하급수로부터 얻을 수 있는 함수에 대한 거듭제곱급수 표현을 구할 수 있었다. 이 절에서는 보다 일반적인 문제로 어떤 함수들이 거듭제곱급수 표현을 가지며 그런 표현을 어떻게 구할 수 있는지 살펴본다. e^x 나 $\sin x$와 같은 미적분학에서 가장 중요한 함수 중 일부는 거듭제곱급수로 표현될 수 있다는 것을 살펴볼 것이다.

■ 테일러 급수와 매클로린 급수의 정의

f가 다음과 같이 거듭제곱급수로 표현될 수 있다고 가정하고 시작한다.

$$\boxed{1}\quad f(x) = c_0 + c_1(x - a) + c_2(x - a)^2 + c_3(x - a)^3 + c_4(x - a)^4 + \cdots,$$
$$|x - a| < R$$

각 계수 c_n이 f의 항에서 어떻게 결정되는지 살펴보자. 식 $\boxed{1}$에 $x = a$를 대입하면 첫 번째 항 뒤의 모든 항은 0이므로 다음을 얻는다.

$$f(a) = c_0$$

10.9절의 정리 $\boxed{2}$에 따라 식 $\boxed{1}$에 있는 급수를 항별로 미분할 수 있다.

$$\boxed{2}\quad f'(x) = c_1 + 2c_2(x - a) + 3c_3(x - a)^2 + 4c_4(x - a)^3 + \cdots, |x - a| < R$$

그리고 식 $\boxed{2}$에 $x = a$를 대입하면 다음을 얻는다.

$$f'(a) = c_1$$

식 $\boxed{2}$의 양변을 미분해서 다음을 얻는다.

$$\boxed{3}\quad f''(x) = 2c_2 + 2 \cdot 3c_3(x - a) + 3 \cdot 4c_4(x - a)^2 + \cdots, \ |x - a| < R$$

다시 식 $\boxed{3}$에 $x = a$를 대입하면 다음을 얻는다.

$$f''(a) = 2c_2$$

한 번 더 이 과정을 적용해 보자. 식 $\boxed{3}$의 급수를 미분하면 다음을 얻는다.

$$\boxed{4}\quad f'''(x) = 2 \cdot 3c_3 + 2 \cdot 3 \cdot 4c_4(x - a) + 3 \cdot 4 \cdot 5c_5(x - a)^2 + \cdots,$$
$$|x - a| < R$$

식 $\boxed{4}$에 $x = a$를 대입하면 다음을 얻는다.

$$f'''(a) = 2 \cdot 3c_3 = 3!c_3$$

이제 계수에 대한 형태를 알 수 있다. 앞에서와 같이 계속해서 미분하고 $x = a$를 대입하면 다음을 얻는다.

$$f^{(n)}(a) = 2 \cdot 3 \cdot 4 \cdots n c_n = n! c_n$$

n번째 계수 c_n에 관해 이 방정식을 풀면 다음을 얻는다.

$$c_n = \frac{f^{(n)}(a)}{n!}$$

$0! = 1$이라 하고 $f^{(0)} = f$라 하면 위 식은 $n = 0$인 경우에도 유효하다. 따라서 다음 정리가 증명된다.

---

5 **정리** f를 a에서 다음과 같이 거듭제곱급수로 표현(전개)할 수 있다고 하자.

$$f(x) = \sum_{n=0}^{\infty} c_n(x - a)^n, \quad |x - a| < R$$

그러면 그 거듭제곱급수의 계수들은 다음 공식으로 주어진다.

$$c_n = \frac{f^{(n)}(a)}{n!}$$

---

c_n에 대한 이 공식을 급수에 역으로 대입해서 f를 a에서 거듭제곱급수로 표현할 수 있으면 다음 형태가 된다는 것을 알 수 있다.

---

6 $f(x) = \displaystyle\sum_{n=0}^{\infty} \frac{f^{(n)}(a)}{n!}(x - a)^n$

$\qquad = f(a) + \dfrac{f'(a)}{1!}(x - a) + \dfrac{f''(a)}{2!}(x - a)^2 + \dfrac{f'''(a)}{3!}(x - a)^3 + \cdots$

식 **6**의 급수를 a에서(a에 대한 또는 중심이 a인) **f의 테일러 급수**(Taylor series of the function f at a)라 한다. $a = 0$인 특수한 경우에 테일러 급수는 다음과 같다.

---

7 $\qquad f(x) = \displaystyle\sum_{n=0}^{\infty} \frac{f^{(n)}(0)}{n!} x^n = f(0) + \frac{f'(0)}{1!}x + \frac{f''(0)}{2!}x^2 + \cdots$

이 경우 상당히 자주 나타내므로 **매클로린 급수**(Maclaurin series)라는 특별한 이름이 붙었다.

NOTE 1 함수 f의 테일러 급수를 구할 때 테일러 급수의 합이 f와 같으리라는 보장은 없다. 정리 **5**는 만일 f가 a에서 거듭제곱급수 표현을 가진다면 그 거듭제곱급수는 반드시 f의 테일러 급수라는 것을 말해준다. 또한 자신의 테일러 급수의 합과 동일하지 않은 함수도 존재한다.

NOTE 2 정리 **5**는 함수 f가 거듭제곱급수 표현 $f(x) = \sum c_n(x - a)^n$을 가지면 c_n은

테일러와 매클로린

테일러 급수는 영국의 수학자 테일러(Brook Taylor, 1685~1731)의 이름을 딴 것이고, 매클로린 급수는 테일러 급수의 특별한 형태이지만 스코틀랜드의 수학자 매클로린(Colin Maclaurin, 1698~1746)의 영예를 기리기 위해 이름이 붙여졌다. 그러나 특별한 함수를 거듭제곱급수로 표현한 업적은 뉴턴까지 거슬러 올라가며 일반적인 테일러 급수는 1668년에 스코틀랜드의 수학자 그레고리(James Gregory)나 1690년대에 스위스의 수학자 베르누이(John Bernoulli)도 알고 있었다. 테일러는 1715년에 저서 《증분법 *Methodus incrementorum directa et inversa*》에 그것을 발표할 때 그레고리와 베르누이의 업적을 알지 못했다. 매클로린 급수는 1742년에 그의 미적분학 교재 《유율법 *Treatise of Fluxions*》에서 그것들을 대중화시켰기 때문에 붙여진 이름이다.

반드시 $f^{(n)}(a)/n!$임을 말해주고 있으므로, a에서 함수의 거듭제곱급수 표현은 구하는 방법에 관계없이 유일하다. 따라서 10.9절에서 구한 모든 거듭제곱급수 표현은 실은 급수가 나타내는 함수의 테일러 급수이다.

《예제 1》 10.9절의 식 $\boxed{1}$로부터 함수 $f(x) = 1/(1 - x)$는 다음 거듭제곱급수 표현을 가짐을 알고 있다.

$$\frac{1}{1 - x} = \sum_{n=0}^{\infty} x^n = 1 + x + x^2 + x^3 + \cdots, \quad |x| < 1$$

정리 $\boxed{5}$에 따르면 이 급수는 계수 c_n이 $f^{(n)}(0)/n!$로 주어진 f의 매클로린 급수임에 틀림없다. 이를 확인하기 위해 계산하면 다음과 같다.

$$f(x) = \frac{1}{1 - x} \qquad f(0) = 1$$

$$f'(x) = \frac{1}{(1 - x)^2} \qquad f'(0) = 1$$

$$f''(x) = \frac{1 \cdot 2}{(1 - x)^3} \qquad f''(0) = 1 \cdot 2$$

$$f'''(x) = \frac{1 \cdot 2 \cdot 3}{(1 - x)^4} \qquad f'''(0) = 1 \cdot 2 \cdot 3$$

그리고 일반적으로 다음이 성립한다.

$$f^{(n)}(x) = \frac{n!}{(1 - x)^{n+1}}, \quad f^{(n)}(0) = n!$$

따라서 $c_n = \dfrac{f^{(n)}(0)}{n!} = \dfrac{n!}{n!} = 1$이고 식 $\boxed{7}$로부터 다음을 얻는다.

$$\frac{1}{1 - x} = \sum_{n=0}^{\infty} \frac{f^{(n)}(0)}{n!} x^n = \sum_{n=0}^{\infty} x^n \qquad \blacksquare$$

《예제 2》 함수 $f(x) = e^x$에 대해 매클로린 급수를 구하고 그 수렴 반지름을 구하라.

풀이 $f(x) = e^x$이면 모든 n에 대해 $f^{(n)}(x) = e^x$이므로 $f^{(n)}(0) = e^0 = 1$이다. 그러므로 0에서 f의 테일러 급수(즉 매클로린 급수)는 다음과 같다.

$$\sum_{n=0}^{\infty} \frac{f^{(n)}(0)}{n!} x^n = \sum_{n=0}^{\infty} \frac{x^n}{n!} = 1 + \frac{x}{1!} + \frac{x^2}{2!} + \frac{x^3}{3!} + \cdots$$

수렴 반지름을 구하기 위해 $a_n = x^n/n!$으로 놓으면 다음을 얻는다.

$$\left| \frac{a_{n+1}}{a_n} \right| = \left| \frac{x^{n+1}}{(n + 1)!} \cdot \frac{n!}{x^n} \right| = \frac{|x|}{n + 1} \rightarrow 0 < 1$$

따라서 비판정법에 따라 이 급수는 모든 x에 대해 수렴하며, 수렴 반지름은 $R = \infty$이다. $\blacksquare$

■ 언제 함수는 자신의 테일러 급수로 나타내지는가?

정리 **5**와 예제 2로부터 e^x가 0에서 거듭제곱급수 표현을 가짐을 안다면 그 거듭제곱급수는 반드시 다음 매클로린 급수라는 결론을 내릴 수 있다.

$$e^x = \sum_{n=0}^{\infty} \frac{x^n}{n!}$$

그렇다면 e^x이 거듭제곱급수 표현을 갖는지의 여부는 어떻게 결정할 수 있는가?

보다 일반적인 의문에 대해 조사해 보자. 어떤 조건에서 함수가 그의 테일러 급수의 합과 같아지는가? 다시 말해서 f가 모든 계의 도함수가 존재하면 언제 다음이 성립하는가?

$$f(x) = \sum_{n=0}^{\infty} \frac{f^{(n)}(a)}{n!}(x-a)^n$$

수렴하는 임의의 급수에서와 같이, 이것은 $f(x)$가 부분합 수열의 극한임을 의미한다. 테일러 급수의 경우에 부분합은 다음과 같다.

$$T_n(x) = \sum_{i=0}^{n} \frac{f^{(i)}(a)}{i!}(x-a)^i$$
$$= f(a) + \frac{f'(a)}{1!}(x-a) + \frac{f''(a)}{2!}(x-a)^2 + \cdots + \frac{f^{(n)}(a)}{n!}(x-a)^n$$

T_n은 n차 다항함수로 a에서 f의 **n차 테일러 다항식**(nth-degree Taylor polynomial of f at a)이라 한다. 예를 들어 지수함수 $f(x) = e^x$에 대해 예제 2의 결과는 $n = 1$, 2, 3일 때 0에서 테일러 다항식(또는 매클로린 다항식)은 아래와 같음을 보여준다.

$$T_1(x) = 1 + x, \quad T_2(x) = 1 + x + \frac{x^2}{2!}, \quad T_3(x) = 1 + x + \frac{x^2}{2!} + \frac{x^3}{3!}$$

지수함수의 그래프와 이들 3개의 테일러 다항식의 그래프는 그림 1에 그려져 있다.

일반적으로 다음이 성립하면 $f(x)$는 그의 테일러 급수의 합이다.

$$f(x) = \lim_{n\to\infty} T_n(x)$$

그러면 다음과 같이 쓸 수 있다.

$$R_n(x) = f(x) - T_n(x), \qquad f(x) = T_n(x) + R_n(x)$$

여기서 $R_n(x)$를 테일러 급수의 **나머지**(remainder)라 한다. $\lim_{n\to\infty} R_n(x) = 0$임을 보일 수만 있다면 다음이 성립함을 알 수 있다.

$$\lim_{n\to\infty} T_n(x) = \lim_{n\to\infty} [f(x) - R_n(x)] = f(x) - \lim_{n\to\infty} R_n(x) = f(x)$$

그러므로 다음 정리가 증명됐다.

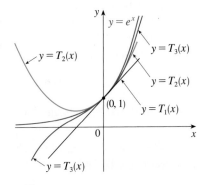

그림 1

그림 1에서 n이 증가하면 $T_n(x)$는 e^x에 접근함을 알 수 있다. 이것은 e^x과 그것의 테일러 급수의 합이 같다는 것을 암시한다.

---

8 정리 $f(x) = T_n(x) + R_n(x)$라 하자. 이때 T_n은 a에서 f의 n차 테일러 다항식이다. $|x - a| < R$에 대해 다음이 성립하면 f는 구간 $|x - a| < R$에서 그의 테일러 급수의 합과 같다.

$$\lim_{n \to \infty} R_n(x) = 0$$

특별한 함수 f에 대해 $\lim_{n \to \infty} R_n(x) = 0$임을 보이기 위해서 다음 정리를 자주 사용한다.

---

9 테일러 부등식 $|x - a| \le d$일 때 $|f^{n+1}(x)| \le M$이면, 테일러 급수의 나머지 $R_n(x)$는 다음 부등식을 만족한다.

$$|R_n(x)| \le \frac{M}{(n+1)!} |x - a|^{n+1}, \qquad |x - a| \le d$$

테일러 급수의 나머지 항에 대한 식

테일러 부등식의 대용으로 나머지 항에 대한 다음 식이 있다. 구간 I에서 $f^{(n+1)}$가 연속이고 $x \in I$라면 다음이 성립한다.

$$R_n(x) = \frac{1}{n!} \int_a^x (x - t)^n f^{(n+1)}(t)\, dt$$

이 식을 나머지 항의 적분 공식이라 한다. 나머지 항의 라그랑주 식이라는 또 다른 공식이 있다. 즉, 다음을 만족하는 어떤 수 z가 x와 a 사이에 존재하는 것이다.

$$R_n(x) = \frac{f^{(n+1)}(z)}{(n+1)!} (x - a)^{n+1}$$

이 식은 $n = 0$인 경우 평균값 정리의 확장이다.

이러한 공식의 증명과 10.10절과 10.11절의 예제를 풀기 위해서 이것을 어떻게 사용할 것인지에 대한 논의는 다음 웹사이트에서 볼 수 있다.

www.stewartCalculus.com

*Additional Topics*을 클릭하고 *Formulas for Remainder Term in Taylor series*를 선택하라.

증명 우선 $n = 1$일 때 테일러 부등식을 증명하자. $|f''(x)| \le M$라 가정하자. 특히 $f''(x) \le M$이면 $a \le x \le a + d$에 대해 다음이 성립한다.

$$\int_a^x f''(t)\, dt \le \int_a^x M\, dt$$

f''의 역도함수는 f'이므로 미적분학의 기본정리 2에 따라 다음을 얻는다.

$$f'(x) - f'(a) \le M(x - a), \qquad 즉 \qquad f'(x) \le f'(a) + M(x - a)$$

따라서 다음과 같이 나타낼 수 있다.

$$\int_a^x f'(t)\, dt \le \int_a^x [f'(a) + M(t - a)]\, dt$$

$$f(x) - f(a) \le f'(a)(x - a) + M \frac{(x - a)^2}{2}$$

$$f(x) - f(a) - f'(a)(x - a) \le \frac{M}{2} (x - a)^2$$

그러나 $R_1(x) = f(x) - T_1(x) = f(x) - f(a) - f'(a)(x - a)$이므로 다음을 얻는다.

$$R_1(x) \le \frac{M}{2} (x - a)^2$$

같은 방법으로 $f''(x) \ge -M$을 이용하면 다음 부등식을 얻는다.

$$R_1(x) \ge -\frac{M}{2} (x - a)^2$$

따라서 다음이 성립한다.

$$|R_1(x)| \le \frac{M}{2} |x - a|^2$$

$x > a$라는 가정에서 얻었지만, 비슷한 방법으로 $x < a$에 대해서도 이 부등식이 성립함을 보일 수 있다.

위 과정은 $n = 1$인 경우에 대한 테일러 부등식의 증명이다. 임의의 n에 대한 결과도 같은 방법으로 $n + 1$번 적분해서 증명할 수 있다($n = 2$인 경우는 연습문제 48 참조). ■

NOTE 10.11절에서 함수를 근사시킬 때 테일러 부등식을 이용할 것이다. 이 부등식의 직접적인 이용은 정리 8과 관련된다.

정리 8과 9를 적용할 때 다음 사실을 이용하면 때로는 도움이 된다.

10
$$\text{모든 실수 } x\text{에 대해 } \lim_{n \to \infty} \frac{x^n}{n!} = 0$$

예제 2로부터 급수 $\sum x^n/n!$은 모든 x에 대해 수렴하고, 따라서 n번째 항이 0에 수렴한다는 사실을 알고 있기 때문에 이것은 참이다.

《예제 3》 e^x이 그의 매클로린 급수의 합과 같음을 증명하라.

풀이 $f(x) = e^x$으로 놓으면 모든 n에 대해 $f^{n+1}(x) = e^x$이다. d가 임의의 양의 실수이고 $|x| \le d$이면 $|f^{n+1}(x)| = e^x \le e^d$이다. 따라서 테일러 부등식에서 $a = 0$, $M = e^d$으로 놓으면 $|x| \le d$에 대해 성립한다.

$$|R_n(x)| \le \frac{e^d}{(n+1)!}|x|^{n+1}$$

모든 n의 값에 대해 같은 상수 $M = e^d$을 사용한다. 식 10으로부터 다음이 성립한다.

$$\lim_{n \to \infty} \frac{e^d}{(n+1)!}|x|^{n+1} = e^d \lim_{n \to \infty} \frac{|x|^{n+1}}{(n+1)!} = 0$$

압축 정리로부터 $\lim_{n \to \infty}|R_n(x)| = 0$이므로, 모든 x에 대해 $\lim_{n \to \infty} R_n(x) = 0$이다. 그러므로 정리 8에 따라 e^x은 다음과 같이 그 매클로린 급수의 합과 같다.

11
$$\text{모든 실수 } x\text{에 대해 } e^x = \sum_{n=0}^{\infty} \frac{x^n}{n!}$$
■

특히 식 11에서 $x = 1$을 대입하면 수 e를 무한급수의 합으로 나타낸 다음 식을 얻는다.

12
$$e = \sum_{n=0}^{\infty} \frac{1}{n!} = 1 + \frac{1}{1!} + \frac{1}{2!} + \frac{1}{3!} + \cdots$$

컴퓨터의 도움으로 연구자들은 e의 값을 이제 소수점 이하의 자릿수까지 정확하게 계산하였다.

《예제 4》 $a = 2$에서 $f(x) = e^x$의 테일러 급수를 구하라.

풀이 $f^{(n)}(2) = e^2$이므로 테일러 급수의 정의 **6**에 $a = 2$를 대입하면 다음과 같다.

$$\sum_{n=0}^{\infty} \frac{f^{(n)}(2)}{n!} (x - 2)^n = \sum_{n=0}^{\infty} \frac{e^2}{n!} (x - 2)^n$$

예제 2에서와 같이 수렴 반지름이 $R = \infty$임을 증명할 수 있다. 또 예제 3에서와 같이 $\lim_{n \to \infty} R_n(x) = 0$을 증명할 수도 있다. 따라서 모든 x에 대해 다음이 성립한다.

13
$$e^x = \sum_{n=0}^{\infty} \frac{e^2}{n!} (x - 2)^n$$ ■

e^x에 대한 두 가지 거듭제곱급수 전개식을 얻었다. 즉, 식 **11**의 매클로린 급수와 식 **13**의 테일러 급수이다. 매클로린 급수는 0 부근의 x의 값에 대해 테일러 급수는 2 부근의 x의 값에 대해 더 유용하다.

■ 중요한 함수들의 테일러 급수

예제 2와 4에서는 함수 e^x의 거듭제곱급수 표현들을 구하였고, 10.9절에서는 $\ln(1 + x)$와 $\tan^{-1} x$를 포함한 몇 가지 다른 함수들에 대해서 거듭제곱급수 표현을 구하였다. 이제 $\sin x$와 $\cos x$를 포함한 몇 가지 중요한 추가 함수들에 대해서 거듭제곱급수 표현을 구하자.

《예제 5》 $\sin x$의 매클로린 급수를 구하라. 또 그 급수가 모든 x에 대해 $\sin x$를 나타냄을 보여라.

그림 2는 $\sin x$의 그래프와 그의 테일러(또는 매클로린) 다항식의 그래프를 보여 준다.

$$T_1(x) = x$$
$$T_3(x) = x - \frac{x^3}{3!}$$
$$T_5(x) = x - \frac{x^3}{3!} + \frac{x^5}{5!}$$

n이 증가함에 따라 $T_n(x)$는 $\sin x$에 대한 더 좋은 근사가 됨에 유의하자.

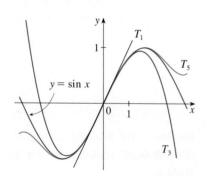

그림 2

풀이 다음과 같이 계산을 두 열로 정리하자.

$$f(x) = \sin x \qquad f(0) = 0$$
$$f'(x) = \cos x \qquad f'(0) = 1$$
$$f''(x) = -\sin x \qquad f''(0) = 0$$
$$f'''(x) = -\cos x \qquad f'''(0) = -1$$
$$f^{(4)}(x) = \sin x \qquad f^{(4)}(0) = 0$$

도함수가 네 번째마다 반복되므로, 매클로린 급수는 다음과 같다.

$$f(0) + \frac{f'(0)}{1!} x + \frac{f''(0)}{2!} x^2 + \frac{f'''(0)}{3!} x^3 + \cdots$$

$$= x - \frac{x^3}{3!} + \frac{x^5}{5!} - \frac{x^7}{7!} + \cdots = \sum_{n=0}^{\infty} (-1)^n \frac{x^{2n+1}}{(2n + 1)!}$$

$f^{(n+1)}(x)$는 $\pm\sin x$ 또는 $\pm\cos x$이므로, 모든 x에 대해 $|f^{(n+1)}(x)| \leq 1$이다. 따라서 테일러 부등식에서 $M = 1$이라 놓으면 다음이 성립한다.

$$\boxed{14} \qquad |R_n(x)| \le \frac{M}{(n+1)!}|x^{n+1}| = \frac{|x|^{n+1}}{(n+1)!}$$

식 $\boxed{10}$에 따라 $n \to \infty$일 때 이 부등식의 우변은 0에 접근하므로, 압축 정리에 의해 $|R_n(x)| \to 0$이다. 따라서 $n \to \infty$일 때 $R_n(x) \to 0$이고, 이때 정리 $\boxed{8}$을 적용하면 $\sin x$는 그의 매클로린 급수의 합과 같다.　■

참고로 예제 5의 결과를 적으면 다음과 같다.

$$\boxed{15} \quad \boxed{\begin{array}{l} \text{모든 } x\text{에 대해}\\[6pt] \sin x = x - \dfrac{x^3}{3!} + \dfrac{x^5}{5!} - \dfrac{x^7}{7!} + \cdots = \displaystyle\sum_{n=0}^{\infty}(-1)^n \dfrac{x^{2n+1}}{(2n+1)!} \end{array}}$$

《예제 6》 $\cos x$의 매클로린 급수를 구하라.

풀이 예제 5와 같이 직접 계산해도 되지만 10.9절의 정리 $\boxed{2}$를 이용해서 식 $\boxed{15}$에 주어진 $\sin x$의 매클로린 급수를 미분하는 것이 더 쉽다.

$$\cos x = \frac{d}{dx}(\sin x) = \frac{d}{dx}\left(x - \frac{x^3}{3!} + \frac{x^5}{5!} - \frac{x^7}{7!} + \cdots\right)$$

$$= 1 - \frac{3x^2}{3!} + \frac{5x^4}{5!} - \frac{7x^6}{7!} + \cdots = 1 - \frac{x^2}{2!} + \frac{x^4}{4!} - \frac{x^6}{6!} + \cdots$$

10.9절의 정리 $\boxed{2}$는 $\sin x$에 대한 거듭제곱급수를 항별 미분한 급수는 $\sin x$의 도함수, 즉 $\cos x$로 수렴하고 수렴 반지름이 변하지 않음을 말해준다. 따라서 이 급수는 모든 x에 대해 수렴한다.　■

예제 3, 5, 6에서 얻은 e^x, $\sin x$, $\cos x$의 매클로린 급수는 뉴턴이 다른 방법을 이용해서 발견했다. 이런 방정식은 매우 놀라운 것이다. 왜냐하면 한 점 0에서 그것의 모든 도함수를 안다면 이런 함수에 대한 모든 것을 알 수 있기 때문이다.

추후 참조를 위해 예제 6의 결과를 다음과 같이 명시한다.

$$\boxed{16} \quad \boxed{\begin{array}{l} \text{모든 } x\text{에 대해}\\[6pt] \cos x = 1 - \dfrac{x^2}{2!} + \dfrac{x^4}{4!} - \dfrac{x^6}{6!} + \cdots = \displaystyle\sum_{n=0}^{\infty}(-1)^n \dfrac{x^{2n}}{(2n)!} \end{array}}$$

《예제 7》 $f(x) = \sin x$를 중심이 $\pi/3$인 테일러 급수의 합으로 표현하라.

풀이 계산을 두 열로 정리하면 다음과 같다.

$$f(x) = \sin x \qquad\qquad f\left(\frac{\pi}{3}\right) = \frac{\sqrt{3}}{2}$$

$$f'(x) = \cos x \qquad\qquad f'\left(\frac{\pi}{3}\right) = \frac{1}{2}$$

예제 5와 7에서 $\sin x$의 서로 다른 두 급수 (매클로린 급수와 테일러 급수)를 얻었다. 매클로린 급수는 $x = 0$의 부근에서 이용하면 좋고, 테일러 급수는 $x = \pi/3$의 부근에서 이용하면 좋다. 그림 3은 3차 테일러 다항식 T_3는 $\pi/3$ 부근에서 $\sin x$에 대한 가장 좋은 근사식이지만, 0 부근에서는 그렇지 않다는 것을 나타내고 있다. 그림 2에서 주어진 매클로린 다항식 T_3과 비교하자. 그 역도 참이다.

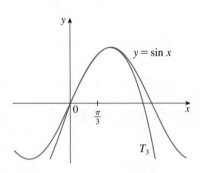

그림 3

$$f''(x) = -\sin x \qquad f''\left(\frac{\pi}{3}\right) = -\frac{\sqrt{3}}{2}$$

$$f'''(x) = -\cos x \qquad f'''\left(\frac{\pi}{3}\right) = -\frac{1}{2}$$

이와 같은 패턴이 끝없이 반복되면, 중심이 $\pi/3$인 테일러 급수는 다음과 같다.

$$f\left(\frac{\pi}{3}\right) + \frac{f'\left(\frac{\pi}{3}\right)}{1!}\left(x - \frac{\pi}{3}\right) + \frac{f''\left(\frac{\pi}{3}\right)}{2!}\left(x - \frac{\pi}{3}\right)^2 + \frac{f'''\left(\frac{\pi}{3}\right)}{3!}\left(x - \frac{\pi}{3}\right)^3 + \cdots$$

$$= \frac{\sqrt{3}}{2} + \frac{1}{2 \cdot 1!}\left(x - \frac{\pi}{3}\right) - \frac{\sqrt{3}}{2 \cdot 2!}\left(x - \frac{\pi}{3}\right)^2 - \frac{1}{2 \cdot 3!}\left(x - \frac{\pi}{3}\right)^3 + \cdots$$

이 급수가 모든 x에 대해 $\sin x$를 나타낸다는 것은 예제 5에서와 비슷한 방법으로 증명된다. [식 **14**에 x 대신 $x - (\pi/3)$를 대입한다.] 이 급수에서 $\sqrt{3}$을 포함하는 항을 분리해서 시그마 기호로 나타내면 다음과 같다.

$$\sin x = \sum_{n=0}^{\infty} \frac{(-1)^n \sqrt{3}}{2(2n)!}\left(x - \frac{\pi}{3}\right)^{2n} + \sum_{n=0}^{\infty} \frac{(-1)^n}{2(2n+1)!}\left(x - \frac{\pi}{3}\right)^{2n+1} \qquad \blacksquare$$

《예제 8》 임의의 실수 k에 대해 $f(x) = (1 + x)^k$의 매클로린 급수를 구하라.

풀이 우선 다음과 같이 도함수를 계산하는 것으로 시작하자.

$$f(x) = (1 + x)^k \qquad\qquad f(0) = 1$$
$$f'(x) = k(1 + x)^{k-1} \qquad\qquad f'(0) = k$$
$$f''(x) = k(k - 1)(1 + x)^{k-2} \qquad\qquad f''(0) = k(k - 1)$$
$$f'''(x) = k(k - 1)(k - 2)(1 + x)^{k-3} \qquad\qquad f'''(0) = k(k - 1)(k - 2)$$
$$\vdots \qquad\qquad\qquad\qquad \vdots$$
$$f^{(n)}(x) = k(k - 1) \cdots (k - n + 1)(1 + x)^{k-n} \qquad f^{(n)}(0) = k(k - 1) \cdots (k - n + 1)$$

따라서 $f(x) = (1 + x)^k$의 매클로린 급수는 다음과 같다.

$$\sum_{n=0}^{\infty} \frac{f^{(n)}(0)}{n!} x^n = \sum_{n=0}^{\infty} \frac{k(k - 1) \cdots (k - n + 1)}{n!} x^n$$

이 급수를 **이항급수**(binomial series)라고 한다. k가 음이 아닌 정수이면 궁극적으로 항들이 0이 되어 이 급수는 유한급수이다. k에 대한 다른 값에 대해 어느 항도 0이 아니고, 따라서 비판정법을 이용해서 급수의 수렴성을 규명할 수 있다. n번째 항을 a_n이라 하면 $n \to \infty$일 때 다음이 성립한다.

$$\left| \frac{a_{n+1}}{a_n} \right| = \left| \frac{k(k-1)\cdots(k-n+1)(k-n)x^{n+1}}{(n+1)!} \cdot \frac{n!}{k(k-1)\cdots(k-n+1)x^n} \right|$$

$$= \frac{|k-n|}{n+1}|x| = \frac{\left| 1 - \dfrac{k}{n} \right|}{1 + \dfrac{1}{n}}|x| \to |x| \qquad \text{as } n \to \infty$$

그러므로 비판정법에 따라 이 이항급수는 $|x| < 1$이면 수렴하고 $|x| > 1$이면 발산한다. ∎

이항급수에서 계수를 나타내는 전통적인 기호는 다음과 같다.

$$\binom{k}{n} = \frac{k(k-1)(k-2)\cdots(k-n+1)}{n!}$$

이 수를 **이항계수**(binomial coefficient)라 한다.

다음 정리는 $(1+x)^k$이 그의 매클로린 급수의 합과 같다는 것을 말해 주고 있다. 이에 대한 증명은 나머지 항 $R_n(x)$가 0에 수렴함을 보이면 되지만 매우 어렵다. 이에 비해 연습문제 49에서 개략적으로 보인 증명이 훨씬 쉽다.

---

17 **이항급수** k가 임의의 실수이고 $|x| < 1$이면, 다음이 성립한다.

$$(1+x)^k = \sum_{n=0}^{\infty} \binom{k}{n} x^n = 1 + kx + \frac{k(k-1)}{2!}x^2 + \frac{k(k-1)(k-2)}{3!}x^3 + \cdots$$

$|x| < 1$일 때 이항급수는 항상 수렴하지만 끝점 $x = \pm 1$에서의 수렴 여부는 k의 값에 따라 달라진다. $-1 < k \leq 0$이면 이 급수는 1에서 수렴하고 $k \geq 0$이면 양 끝점에서 수렴한다는 것이 밝혀졌다. k가 양의 정수이고 $n > k$이면 $\binom{k}{n}$에 대한 식은 인수 $(k-k)$를 포함하고 있으므로 $n > k$인 경우 항상 $\binom{k}{n} = 0$이다. 이것은 k가 양의 정수이면 이항급수는 유한 항을 갖고, 일반적인 이항정리가 됨을 의미한다.

《예제 9》 함수 $f(x) = \dfrac{1}{\sqrt{4-x}}$ 의 매클로린 급수 및 수렴 반지름을 구하라.

풀이 $f(x)$는 이항급수를 이용할 수 있는 형태로 다음과 같이 나타낼 수 있다.

$$\frac{1}{\sqrt{4-x}} = \frac{1}{\sqrt{4\left(1 - \dfrac{x}{4}\right)}} = \frac{1}{2\sqrt{1 - \dfrac{x}{4}}} = \frac{1}{2}\left(1 - \frac{x}{4}\right)^{-1/2}$$

$k = -\frac{1}{2}$이고 x 대신 $-x/4$로 대치한 이항급수를 이용하면 다음을 얻는다.

$$\frac{1}{\sqrt{4-x}} = \frac{1}{2}\left(1 - \frac{x}{4}\right)^{-1/2} = \frac{1}{2}\sum_{n=0}^{\infty}\binom{-\frac{1}{2}}{n}\left(-\frac{x}{4}\right)^n$$

$$= \frac{1}{2}\left[1 + \left(-\frac{1}{2}\right)\left(-\frac{x}{4}\right) + \frac{(-\frac{1}{2})(-\frac{3}{2})}{2!}\left(-\frac{x}{4}\right)^2 + \frac{(-\frac{1}{2})(-\frac{3}{2})(-\frac{5}{2})}{3!}\left(-\frac{x}{4}\right)^3\right.$$

$$\left. + \cdots + \frac{(-\frac{1}{2})(-\frac{3}{2})(-\frac{5}{2})\cdots(-\frac{1}{2}-n+1)}{n!}\left(-\frac{x}{4}\right)^n + \cdots\right]$$

$$= \frac{1}{2}\left[1 + \frac{1}{8}x + \frac{1\cdot3}{2!8^2}x^2 + \frac{1\cdot3\cdot5}{3!8^3}x^3 + \cdots + \frac{1\cdot3\cdot5\cdots(2n-1)}{n!8^n}x^n + \cdots\right]$$

식 **17**로부터 이 급수는 $|-x/4| < 1$, 즉 $|x| < 4$일 때 수렴하고 수렴 반지름은 $R = 4$이다. ■

다음 표는 앞으로 참고하기 위해 이 절과 10.9절에서 구한 몇 가지 중요한 매클로린 급수를 정리한 것이다.

표 1
중요한 매클로린 급수와
그의 수렴 반지름

$\dfrac{1}{1-x} = \sum_{n=0}^{\infty} x^n = 1 + x + x^2 + x^3 + \cdots$	$R=1$
$e^x = \sum_{n=0}^{\infty} \dfrac{x^n}{n!} = 1 + \dfrac{x}{1!} + \dfrac{x^2}{2!} + \dfrac{x^3}{3!} + \cdots$	$R=\infty$
$\sin x = \sum_{n=0}^{\infty}(-1)^n\dfrac{x^{2n+1}}{(2n+1)!} = x - \dfrac{x^3}{3!} + \dfrac{x^5}{5!} - \dfrac{x^7}{7!} + \cdots$	$R=\infty$
$\cos x = \sum_{n=0}^{\infty}(-1)^n\dfrac{x^{2n}}{(2n)!} = 1 - \dfrac{x^2}{2!} + \dfrac{x^4}{4!} - \dfrac{x^6}{6!} + \cdots$	$R=\infty$
$\tan^{-1}x = \sum_{n=0}^{\infty}(-1)^n\dfrac{x^{2n+1}}{2n+1} = x - \dfrac{x^3}{3} + \dfrac{x^5}{5} - \dfrac{x^7}{7} + \cdots$	$R=1$
$\ln(1+x) = \sum_{n=1}^{\infty}(-1)^{n-1}\dfrac{x^n}{n} = x - \dfrac{x^2}{2} + \dfrac{x^3}{3} - \dfrac{x^4}{4} + \cdots$	$R=1$
$(1+x)^k = \sum_{n=0}^{\infty}\binom{k}{n}x^n = 1 + kx + \dfrac{k(k-1)}{2!}x^2 + \dfrac{k(k-1)(k-2)}{3!}x^3 + \cdots$	$R=1$

■ 이전 것을 이용하여 새로운 테일러 급수 구하기

NOTE 2에서 관찰 한 바와 같이 함수가 a에서 거듭제곱급수 표현을 갖는 경우 거듭제곱급수는 유일하게 정해진다. 즉, 함수 f의 거듭제곱급수 표현은 어떻게 구하더라도 그 급수는 반드시 f의 테일러 급수이다. 따라서 정리 **5**에 주어진 계수 공식을 이용하는 대신에 표 1의 급수를 조작함으로써 새로운 테일러 급수 표현을 얻을 수 있다.

10.9절의 예제에서 본 것처럼 주어진 테일러 급수에서 x 대신 cx^m 형태의 식을 대

입할 수도 있고, 그러한 형태의 식을 곱하거나 나눌 수도 있으며, 항별 미분 또는 항별 적분을 할 수도 있다(10.9절 정리 ②참조). 테일러 급수의 합, 차, 곱 또는 나눗셈을 통해 새로운 테일러 급수를 얻을 수도 있음을 보일 수 있다.

《예제 10》 다음 함수 f의 매클로린 급수를 구하라.

(a) $f(x) = x \cos x$ (b) $f(x) = \ln(1 + 3x^2)$

풀이 (a) $\cos x$의 매클로린 급수에 x를 곱하면 모든 x에 대해 다음이 성립한다.

$$x \cos x = x \sum_{n=0}^{\infty} (-1)^n \frac{x^{2n}}{(2n)!} = \sum_{n=0}^{\infty} (-1)^n \frac{x^{2n+1}}{(2n)!}$$

(b) $\ln(1 + x)$의 매클로린 급수에서 x를 $3x^2$으로 바꾸면 다음을 얻는다.

$$\ln(1 + 3x^2) = \sum_{n=1}^{\infty} (-1)^{n-1} \frac{(3x^2)^n}{n} = \sum_{n=1}^{\infty} (-1)^{n-1} \frac{3^n x^{2n}}{n}$$

표 1로부터 이 급수는 $|3x^2| < 1$, 즉 $|x| < 1/\sqrt{3}$일 때 수렴하므로 수렴 반지름은 $R = 1/\sqrt{3}$이다. ∎

《예제 11》 거듭제곱급수 $\sum_{n=0}^{\infty} (-1)^n \frac{2^n x^n}{n!}$이 나타내는 함수를 구하라.

풀이 주어진 식을 다음과 같이 쓰자.

$$\sum_{n=0}^{\infty} (-1)^n \frac{2^n x^n}{n!} = \sum_{n=0}^{\infty} \frac{(-2x)^n}{n!}$$

이 급수는 e^x의(표 1) 급수에서 x를 $-2x$로 바꾸어 얻은 급수이다. 따라서 이 급수는 함수 e^{-2x}를 나타낸다. ∎

《예제 12》 급수 $\frac{1}{1 \cdot 2} - \frac{1}{2 \cdot 2^2} + \frac{1}{3 \cdot 2^3} - \frac{1}{4 \cdot 2^4} + \cdots$의 합을 구하라.

풀이 급수를 시그마 기호를 이용해서 다음과 같이 쓴다.

$$\sum_{n=1}^{\infty} (-1)^{n-1} \frac{1}{n \cdot 2^n} = \sum_{n=1}^{\infty} (-1)^{n-1} \frac{\left(\frac{1}{2}\right)^n}{n}$$

그러면 표 1에서 이 급수는 $x = \frac{1}{2}$을 갖는 $\ln(1 + x)$의 급수와 일치함을 알 수 있다. 따라서 주어진 급수의 합은 다음과 같다.

$$\sum_{n=1}^{\infty} (-1)^{n-1} \frac{1}{n \cdot 2^n} = \ln\left(1 + \frac{1}{2}\right) = \ln \frac{3}{2}$$ ∎

테일러 급수가 중요한 이유 중 하나는 지금까지 우리가 적분할 수 없었던 함수들을 적분할 수 있게 한다는 것이다. 실제로 뉴턴은 적분이 어려운 함수를 거듭제곱급수로 표현한 후 급수를 항별로 적분했다는 것을 이 장의 도입부에서 언급했다. 함수 $f(x) = e^{-x^2}$은 그 역도함수가 기본함수(7.5절 참조)가 아니기 때문에 지금까지 살펴본 방법으로는 적분할 수 없다. 다음 예제는 뉴턴의 발상을 이용해서 이 함수를 적분한다.

《예제 13》 (a) $\int e^{-x^2}\,dx$를 거듭제곱급수를 이용해서 계산하라.

(b) $\int_0^1 e^{-x^2}\,dx$를 오차 범위 0.001 이내로 계산하라.

풀이

(a) 먼저 $f(x) = e^{-x^2}$의 매클로린 급수를 구하자. 직접적인 방법으로 구해도 되지만 매클로린 표 1에 있는 e^x의 급수에서 x를 $-x^2$으로 바꿔 간단히 구할 수 있다. 따라서 모든 x의 값에 대해 다음이 성립한다.

$$e^{-x^2} = \sum_{n=0}^{\infty} \frac{(-x^2)^n}{n!} = \sum_{n=0}^{\infty} (-1)^n \frac{x^{2n}}{n!} = 1 - \frac{x^2}{1!} + \frac{x^4}{2!} - \frac{x^6}{3!} + \cdots$$

이제 이것을 항별로 적분하면 다음을 얻는다.

$$\int e^{-x^2}\,dx = \int \left(1 - \frac{x^2}{1!} + \frac{x^4}{2!} - \frac{x^6}{3!} + \cdots + (-1)^n \frac{x^{2n}}{n!} + \cdots \right) dx$$

$$= C + x - \frac{x^3}{3 \cdot 1!} + \frac{x^5}{5 \cdot 2!} - \frac{x^7}{7 \cdot 3!} + \cdots + (-1)^n \frac{x^{2n+1}}{(2n+1)n!} + \cdots$$

여기서 e^{-x^2}에 대한 원래 급수가 모든 x에 대해 수렴하기 때문에, 이 급수 역시 모든 x에 대해 수렴한다.

(b) 미적분학의 기본정리에 의해 다음을 얻는다.

$$\int_0^1 e^{-x^2}\,dx = \left[x - \frac{x^3}{3 \cdot 1!} + \frac{x^5}{5 \cdot 2!} - \frac{x^7}{7 \cdot 3!} + \frac{x^9}{9 \cdot 4!} - \cdots \right]_0^1$$

(a)에서 $C = 0$인 역도함수를 택할 수 있다.

$$= 1 - \tfrac{1}{3} + \tfrac{1}{10} - \tfrac{1}{42} + \tfrac{1}{216} - \cdots \approx 1 - \tfrac{1}{3} + \tfrac{1}{10} - \tfrac{1}{42} + \tfrac{1}{216} \approx 0.7475$$

교대급수 추정정리에 의해 이 근삿값의 오차는 다음보다 작다.

$$\frac{1}{11 \cdot 5!} = \frac{1}{1320} < 0.001 \qquad\qquad \blacksquare$$

테일러 급수는 다음 예제에서와 같이 극한값을 구할 때도 이용될 수 있다. (일부 수학 소프트웨어는 이러한 방식으로 극한을 계산한다.)

《예제 14》 $\displaystyle \lim_{x \to 0} \frac{e^x - 1 - x}{x^2}$를 계산하라.

풀이 표 1에 있는 e^x의 매클로린 급수를 이용하여 $(e^x - 1 - x)/x^2$의 매클로린 급수는 다음과 같음을 알 수 있다.

$$\frac{e^x - 1 - x}{x^2} = \left[\left(1 + \frac{x}{1!} + \frac{x^2}{2!} + \frac{x^3}{3!} + \cdots \right) - 1 - x \right] / x^2$$

$$= \frac{1}{x^2}\left(\frac{x^2}{2!} + \frac{x^3}{3!} + \frac{x^4}{4!} + \cdots\right) = \frac{1}{2!} + \frac{x}{3!} + \frac{x^2}{4!} + \cdots$$

예제 14의 극한은 로피탈 정리를 이용하여 구할 수도 있다.

따라서 거듭제곱급수는 연속함수이므로 다음과 같이 계산할 수 있다.

$$\lim_{x\to 0}\frac{e^x - 1 - x}{x^2} = \lim_{x\to 0}\left(\frac{1}{2!} + \frac{x}{3!} + \frac{x^2}{4!} + \cdots\right)$$

$$= \frac{1}{2!} + 0 + 0 + \cdots = \frac{1}{2} \qquad\blacksquare$$

■ 거듭제곱급수의 곱과 나눗셈

거듭제곱급수의 합, 차는 (10.2절의 정리 **8**에서 보듯이) 다항식의 합, 차와 같이 계산할 수 있다. 다음 예제를 통해 경험할 수 있듯이 거듭제곱급수의 곱과 나눗셈도 다항식의 곱 및 나눗셈과 동일하게 계산할 수 있다. 실제 계산에서는 처음 몇 항이 가장 중요하고 뒤의 항들은 장황하기 때문에 거듭제곱급수의 처음 몇 항만 구하면 된다.

《예제 15》 다음 함수에 대한 매클로린 급수를 0이 아닌 처음 세 항을 구하라.

(a) $e^x \sin x$　　　　(b) $\tan x$

풀이

(a) 표 1에서 e^x과 $\sin x$의 매클로린 급수를 이용하면 다음과 같다.

$$e^x \sin x = \left(1 + \frac{x}{1!} + \frac{x^2}{2!} + \frac{x^3}{3!} + \cdots\right)\left(x - \frac{x^3}{3!} + \cdots\right)$$

이것을 곱하고 다항식에서와 같이 항별로 모으면 다음과 같다.

$$
\begin{array}{r}
1 + x + \frac{1}{2}x^2 + \frac{1}{6}x^3 + \cdots \\
\times \quad x \qquad\quad - \frac{1}{6}x^3 + \cdots \\
\hline
x + x^2 + \frac{1}{2}x^3 + \frac{1}{6}x^4 + \cdots \\
+ \qquad\qquad\quad - \frac{1}{6}x^3 - \frac{1}{6}x^4 - \cdots \\
\hline
x + x^2 + \frac{1}{3}x^3 + \cdots
\end{array}
$$

따라서 $e^x \sin x = x + x^2 + \frac{1}{3}x^3 + \cdots$ 이다.

(b) 표 1에서 매클로린 급수를 이용하면 다음을 얻는다.

$$\tan x = \frac{\sin x}{\cos x} = \frac{x - \dfrac{x^3}{3!} + \dfrac{x^5}{5!} - \cdots}{1 - \dfrac{x^2}{2!} + \dfrac{x^4}{4!} - \cdots}$$

다음과 같이 장제법을 이용해서 나눗셈을 구한다.

$$\begin{array}{r}
x + \frac{1}{3}x^3 + \frac{2}{15}x^5 + \cdots \\
1 - \frac{1}{2}x^2 + \frac{1}{24}x^4 - \cdots \overline{)\, x - \frac{1}{6}x^3 + \frac{1}{120}x^5 - \cdots} \\
\underline{x - \frac{1}{2}x^3 + \frac{1}{24}x^5 - \cdots} \\
\frac{1}{3}x^3 - \frac{1}{30}x^5 + \cdots \\
\underline{\frac{1}{3}x^3 - \frac{1}{6}x^5 + \cdots} \\
\frac{2}{15}x^5 + \cdots
\end{array}$$

따라서 $\tan x = x + \frac{1}{3}x^3 + \frac{2}{15}x^5 + \cdots$ 이다. ∎

예제 15에서 이용한 형식적인 계산 방법을 정당화하려고 시도하지는 않았지만 그 방법들은 타당하다. $f(x) = \sum c_n x^n$과 $g(x) = \sum b_n x^n$이 모두 $|x| < R$에서 수렴하면 이들 급수를 다항식처럼 곱해서 얻은 급수도 $|x| < R$에서 수렴하고 $f(x)g(x)$를 나타낸다는 사실이 밝혀졌다. 나눗셈에서는 $b_0 \neq 0$이어야 하며 나눗셈으로 얻은 급수는 $|x|$가 충분히 작을 때 수렴한다.

10.10 | 연습문제

1. 모든 x에 대해 $f(x) = \sum_{n=0}^{\infty} b_n (x - 5)^n$일 때 b_8에 대한 식을 쓰라.

2. $n = 0, 1, 2, \ldots$에 대해 $f^{(n)}(0) = (n + 1)!$일 때 f의 매클로린 급수와 그의 수렴 반지름을 구하라.

3-5 다음 함수 $f(x)$에 대하여 테일러 급수의 정의를 이용해서 a를 중심으로 하는 급수의 0이 아닌 처음 네 개의 항을 구하라.

3. $f(x) = xe^x, \quad a = 0$

4. $f(x) = \sqrt[3]{x}, \quad a = 8$

5. $f(x) = \sin x, \quad a = \pi/6$

6-10 매클로린 급수의 정의를 이용해서 다음 $f(x)$에 대한 매클로린 급수를 구하라. [f는 거듭제곱급수로 전개할 수 있다고 가정한다. $R_n(x) \to 0$은 보이지 않는다.] 그리고 연관된 수렴 반지름을 구하라.

6. $f(x) = (1 - x)^{-2}$

7. $f(x) = \cos x$

8. $f(x) = 2x^4 - 3x^2 + 3$

9. $f(x) = 2^x$

10. $f(x) = \sinh x$

11-15 주어진 a를 중심으로 갖는 테일러 급수를 구하라. [f는 거듭제곱급수로 전개할 수 있다고 가정한다. $R_n(x) \to 0$은 보이지 않는다.] 그리고 연관된 수렴 반지름을 구하라.

11. $f(x) = x^5 + 2x^3 + x, \quad a = 2$

12. $f(x) = \ln x, \quad a = 2$

13. $f(x) = e^{2x}, \quad a = 3$

14. $f(x) = \sin x, \quad a = \pi$

15. $f(x) = \sin 2x, \quad a = \pi$

16. 연습문제 7에서 구한 급수는 모든 x에 대해 $\cos x$를 나타냄을 보여라.

17. 연습문제 10에서 구한 급수는 모든 x에 대해 $\sinh x$를 나타냄을 보여라.

18-19 이항급수를 이용해서 다음 함수를 거듭제곱급수로 전개하라. 수렴 반지름을 구하라.

18. $\sqrt[4]{1 - x}$

19. $\dfrac{1}{(2 + x)^3}$

20-24 표 1에서 주어진 매클로린 급수를 이용해서 다음 함수의 매클로린 급수를 구하라.

20. $f(x) = \arctan(x^2)$

21. $f(x) = x \cos 2x$

22. $f(x) = x \cos(\frac{1}{2}x^2)$

23. $f(x) = \dfrac{x}{\sqrt{4 + x^2}}$

24. $f(x) = \sin^2 x$ [힌트: $\sin^2 x = \frac{1}{2}(1 - \cos 2x)$를 이용한다.]

25. 정의 $\sinh x = \dfrac{e^x - e^{-x}}{2}$, $\cosh x = \dfrac{e^x + e^{-x}}{2}$ 와 e^x에 대한 매클로린 급수를 이용해서 다음을 보여라.

(a) $\sinh x = \displaystyle\sum_{n=0}^{\infty} \dfrac{x^{2n+1}}{(2n+1)!}$

(b) $\cosh x = \displaystyle\sum_{n=0}^{\infty} \dfrac{x^{2n}}{(2n)!}$

26-27 (임의의 방법을 이용해서) f에 대한 매클로린 급수와 그의 수렴 반지름을 구하라. 동일한 보기화면에 f와 처음 몇 개의 테일러 다항식의 그래프를 그려라. 이 다항식과 f는 어떤 관계가 있는가?

26. $f(x) = \cos(x^2)$ **27.** $f(x) = xe^{-x}$

28. $\cos x$에 대한 매클로린 급수를 이용해서 $\cos 5°$를 소수점 아래 다섯째 자리까지 구하라.

29. (a) 이항급수를 이용해서 $1/\sqrt{1-x^2}$ 을 전개하라.

(b) (a)를 이용해서 $\sin^{-1}x$에 대한 매클로린 급수를 구하라.

30-31 무한급수를 이용해서 다음 부정적분을 계산하라.

30. $\displaystyle\int \sqrt{1+x^3}\, dx$ **31.** $\displaystyle\int \dfrac{\cos x - 1}{x}\, dx$

32-33 급수를 이용해서 주어진 정확도 내에서 정적분의 근삿값을 구하라.

32. $\displaystyle\int_0^{1/2} x^3 \arctan x\, dx$ (소수점 아래 넷째 자리)

33. $\displaystyle\int_0^{0.4} \sqrt{1+x^4}\, dx$ $\left(|\text{오차}| < 5 \times 10^{-6}\right)$

34-36 급수를 이용해서 다음 극한을 구하라.

34. $\displaystyle\lim_{x\to 0} \dfrac{x - \ln(1+x)}{x^2}$ **35.** $\displaystyle\lim_{x\to 0} \dfrac{\sin x - x + \frac{1}{6}x^3}{x^5}$

36. $\displaystyle\lim_{x\to 0} \dfrac{x^3 - 3x + 3\tan^{-1}x}{x^5}$

37-39 거듭제곱급수의 곱이나 나눗셈을 이용해서 다음 함수의 매클로린 급수에서 0이 아닌 처음 세 항을 구하라.

37. $y = e^{-x^2}\cos x$ **38.** $y = \dfrac{x}{\sin x}$

39. $y = (\arctan x)^2$

40-41 다음 거듭제곱급수로 표현되는 함수를 구하라.

40. $\displaystyle\sum_{n=0}^{\infty} (-1)^n \dfrac{x^{4n}}{n!}$ **41.** $\displaystyle\sum_{n=0}^{\infty} (-1)^n \dfrac{x^{2n+1}}{2^{2n+1}(2n+1)}$

42-45 다음 급수의 합을 구하라.

42. $\displaystyle\sum_{n=0}^{\infty} \dfrac{(-1)^n}{n!}$ **43.** $\displaystyle\sum_{n=1}^{\infty} (-1)^{n-1} \dfrac{3^n}{n\,5^n}$

44. $\displaystyle\sum_{n=0}^{\infty} \dfrac{(-1)^n \pi^{2n+1}}{4^{2n+1}(2n+1)!}$

45. $3 + \dfrac{9}{2!} + \dfrac{27}{3!} + \dfrac{81}{4!} + \cdots$

46. p가 n차 다항식일 때 다음이 성립함을 보여라.

$$p(x+1) = \sum_{i=0}^{n} \dfrac{p^{(i)}(x)}{i!}$$

47. $f(x) = x\sin(x^2)$에 매클로린 급수를 적용하여 $f^{(203)}(0)$을 구하라.

48. $n=2$에 대한 테일러 부등식을 증명하라. 즉 $|x-a| \le d$일 때 $|f'''(x)| \le M$이면, 다음이 성립함을 보여라.

$$|R_2(x)| \le \dfrac{M}{6}|x-a|^3$$

49. 다음 단계를 따라 정리 [17]을 증명하라.

(a) $g(x) = \displaystyle\sum_{n=0}^{\infty} \binom{k}{n}x^n$으로 놓고, 미분하면 다음이 성립함을 보여라.

$$g'(x) = \dfrac{kg(x)}{1+x}, \quad -1 < x < 1$$

(b) $h(x) = (1+x)^{-k}g(x)$로 놓고 $h'(x) = 0$임을 보여라.

(c) $g(x) = (1+x)^k$임을 유도하라.

10.11 │ 테일러 다항식의 응용

이 절에서는 테일러 다항식의 두 종류의 응용에 대해 살펴본다. 먼저 함수를 근사하는 데 테일러 다항식이 어떻게 사용되는지 살펴본다. 컴퓨터 과학자들은 다항함수가 함수 가운데 가장 단순하기 때문에 함수를 근사하는 데 테일러 다항식을 사용한다. 그 다음 물리학자와 공학자들이 상대성이론, 광학, 흑체 복사, 전기 쌍극자, 물결파의 속도, 사막을 횡단하는 고속도로 건설 등에서 테일러 다항식을 어떻게 이용하는지 살펴본다.

■ 다항함수에 의한 함수의 근사

$f(x)$가 다음과 같이 a에서 자신의 테일러 급수의 합과 같다고 가정하자.

$$f(x) = \sum_{n=0}^{\infty} \frac{f^{(n)}(a)}{n!} (x - a)^n$$

10.10절에서 이 급수의 n번째 부분합을 $T_n(x)$로 나타내고 그것을 a에서 f의 n차 테일러 다항식이라고 했다.

$$T_n(x) = \sum_{i=0}^{n} \frac{f^{(i)}(a)}{i!} (x - a)^i$$

$$= f(a) + \frac{f'(a)}{1!} (x - a) + \frac{f''(a)}{2!} (x - a)^2 + \cdots + \frac{f^{(n)}(a)}{n!} (x - a)^n$$

f가 테일러 급수의 합이므로 $n \to \infty$일 때 $T_n(x) \to f(x)$이다. 따라서 $T_n(x)$를 f의 근사로 이용할 수 있다. 즉 $f(x) \approx T_n(x)$이다.

1차 테일러 다항식은 2.9절에서 논의한 a에서 f의 선형화와 같다.

$$T_1(x) = f(a) + f'(a)(x - a)$$

T_1과 그의 도함수는 각각 a에서 f, f'과 같은 값을 갖는다. 일반적으로 a에서 T_n의 도함수들은 n계까지 계수에 대응해서 f의 도함수들과 같은 값을 갖는다는 사실을 보일 수 있다.

이런 생각을 설명하기 위해 그림 1에 그려진 $y = e^x$의 그래프와 처음 몇 개의 테일러 다항식의 그래프를 보자. T_1의 그래프는 $(0, 1)$에서 $y = e^x$에 대한 접선이다. 이 접선은 $(0, 1)$의 부근에서 e^x에 대한 최적의 선형근사이다. T_2의 그래프는 포물선 $y = 1 + x + x^2/2$이고 T_3의 그래프는 3차 곡선인 $y = 1 + x + x^2/2 + x^3/6$인데, 이것은 T_2보다 지수곡선 $y = e^x$에 보다 더 접근해 있다. 그 다음 테일러 다항식 T_4보다 더 좋은 근사가 될 것이다. 계속적으로 이 과정을 생각할 수 있다.

표에 있는 값들은 테일러 다항식 $T_n(x)$가 함수 $y = e^x$에 수렴함을 수치적으로 확인시켜 준다. $x = 0.2$일 때 매우 빨리 수렴하지만, $x = 3$일 때는 약간 느리게 수렴한

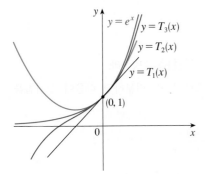

그림 1

	$x = 0.2$	$x = 3.0$
$T_2(x)$	1.220000	8.500000
$T_4(x)$	1.221400	16.375000
$T_6(x)$	1.221403	19.412500
$T_8(x)$	1.221403	20.009152
$T_{10}(x)$	1.221403	20.079665
e^x	1.221403	20.085537

다. 실제로 x가 0에서 멀어질수록 $T_n(x)$는 e^x에 보다 느리게 수렴한다.

테일러 다항식 T_n을 이용해서 함수 f에 근사시킬 때, 다음과 같은 질문을 해야만 한다. 얼마나 좋은 근사인가? 요구되는 정확도를 달성하기 위해 얼마나 큰 n의 값을 선택해야 하는가? 이런 질문에 답하기 위해서는 다음과 같은 나머지의 절댓값을 관찰해야 한다.

$$|R_n(x)| = |f(x) - T_n(x)|$$

오차의 크기를 추정하기 위한 세 가지 방법이 있다.

1. 계산기나 컴퓨터를 이용해서 $|R_n(x)| = |f(x) - T_n(x)|$의 그래프를 그리고 이로부터 오차를 추정할 수 있다.
2. 급수가 교대급수일 때는 교대급수 추정정리를 이용할 수 있다.
3. 모든 경우에 테일러 부등식(10.10절의 정리 $\boxed{9}$)을 사용할 수 있다. 즉 $|f^{(n+1)}(x)| \le M$이면 다음이 성립한다는 사실을 이용한다.

$$|R_n(x)| \le \frac{M}{(n+1)!}|x-a|^{n+1}$$

《예제 1》

(a) $a = 8$에서 2차 테일러 다항식에 의해 함수 $f(x) = \sqrt[3]{x}$를 근사시키라.

(b) $7 \le x \le 9$일 때 이 근삿값은 얼마나 정확한가?

풀이 (a)

$$f(x) = \sqrt[3]{x} = x^{1/3} \qquad f(8) = 2$$
$$f'(x) = \tfrac{1}{3}x^{-2/3} \qquad f'(8) = \tfrac{1}{12}$$
$$f''(x) = -\tfrac{2}{9}x^{-5/3} \qquad f''(8) = \tfrac{1}{144}$$
$$f'''(x) = \tfrac{10}{27}x^{-8/3}$$

그러므로 2차 테일러 다항식은 다음과 같다.

$$T_2(x) = f(8) + \frac{f'(8)}{1!}(x-8) + \frac{f''(8)}{2!}(x-8)^2$$
$$= 2 + \tfrac{1}{12}(x-8) - \tfrac{1}{288}(x-8)^2$$

따라서 구하고자 하는 근사식은 다음과 같다.

$$\sqrt[3]{x} \approx T_2(x) = 2 + \tfrac{1}{12}(x-8) - \tfrac{1}{288}(x-8)^2$$

(b) $x < 8$일 때 테일러 급수는 교대급수가 아니므로 이 예제에서 교대급수 추정정리를 사용할 수 없다. 그렇지만 $n=2$이고 $a=8$인 테일러 부등식을 이용할 수 있다.

$$|R_2(x)| \le \frac{M}{3!}|x-8|^3$$

여기서 $|f'''(x)| \le M$이다. $x \ge 7$이므로 $x^{8/3} \ge 7^{8/3}$이고 다음을 얻는다.

$$f'''(x) = \frac{10}{27} \cdot \frac{1}{x^{8/3}} \le \frac{10}{27} \cdot \frac{1}{7^{8/3}} < 0.0021$$

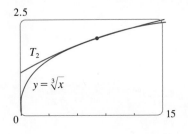

그림 2

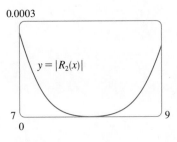

그림 3

따라서 $M = 0.0021$로 택할 수 있다. 또한 $7 \leq x \leq 9$이므로 $-1 \leq x - 8 \leq 1$이고 $|x - 8| \leq 1$이다. 그러면 테일러 부등식에서 다음 관계를 얻는다.

$$|R_2(x)| \leq \frac{0.0021}{3!} \cdot 1^3 = \frac{0.0021}{6} < 0.0004$$

따라서 $7 \leq x \leq 9$이면 (a)에서 얻은 근사는 0.0004 이내로 정확하다. ■

예제 1의 계산을 그래프를 통해 확인하자. 그림 2는 x가 8에 가까울 때 $y = \sqrt[3]{x}$ 와 $y = T_2(x)$의 그래프가 서로 매우 근접하다는 것을 보여준다. 그림 3은 다음 식으로부터 계산된 $|R_2(x)|$의 그래프를 보여준다.

$$|R_2(x)| = |\sqrt[3]{x} - T_2(x)|$$

그래프로부터 $7 \leq x \leq 9$일 때 다음을 알 수 있다.

$$|R_2(x)| < 0.0003$$

따라서 이 경우에 그래프 방법으로 오차 추정은 테일러 공식에 의해 계산한 오차 추정보다 조금 더 정밀하다.

《예제 2》

(a) $-0.3 \leq x \leq 0.3$일 때 다음 근사를 이용한다면 최대 허용오차는 얼마인가?

$$\sin x \approx x - \frac{x^3}{3!} + \frac{x^5}{5!}$$

이 근사를 이용해서 $\sin 12°$를 소수점 아래 여섯째 자리까지 정확하게 구하라.

(b) x의 어떤 값에 대해 이 근삿값이 0.00005 이내로 정확한가?

풀이 (a) 다음 매클로린 급수는 0이 아닌 x의 모든 값에 대해 교대급수이다.

$$\sin x = x - \frac{x^3}{3!} + \frac{x^5}{5!} - \frac{x^7}{7!} + \cdots$$

$|x| < 1$이기 때문에 연속한 항들의 크기는 감소한다. 따라서 교대급수 추정정리를 적용할 수 있다. 매클로린 급수의 처음 세 항에 의해 $\sin x$를 근사시킬 때 생기는 오차는 많아야 다음과 같다.

$$\left| \frac{x^7}{7!} \right| = \frac{|x|^7}{5040}$$

$-0.3 \leq x \leq 0.3$이면, 즉 $|x| \leq 0.3$이면 오차는 다음보다 작다.

$$\frac{(0.3)^7}{5040} \approx 4.3 \times 10^{-8}$$

$\sin 12°$를 구하기 위해 먼저 다음과 같이 라디안으로 변환한다.

$$\sin 12° = \sin\left(\frac{12\pi}{180}\right) = \sin\left(\frac{\pi}{15}\right)$$

$$\approx \frac{\pi}{15} - \left(\frac{\pi}{15}\right)^3 \frac{1}{3!} + \left(\frac{\pi}{15}\right)^5 \frac{1}{5!} \approx 0.20791169$$

그러므로 소수점 아래 여섯째 자리까지 정확한 값은 $\sin 12° \approx 0.207912$이다.

(b) $\dfrac{|x|^7}{5040} < 0.00005$, 오차는 0.00005보다 작을 것이다.

x에 대해 이 부등식을 풀면 다음을 얻는다.

$$|x|^7 < 0.252 \quad \text{또는} \quad |x| < (0.252)^{1/7} \approx 0.821$$

따라서 주어진 근사는 $|x| < 0.82$일 때 0.00005 이내로 정확하다. ∎

예제 2를 풀기 위해 테일러 부등식을 이용하면 어떻게 될까? $f^{(7)}(x) = -\cos x$이므로 $|f^{(7)}(x)| \leq 1$이다. 따라서 다음을 얻는다.

$$|R_6(x)| \leq \frac{1}{7!}|x|^7$$

그러므로 교대급수 추정정리를 사용할 때와 같은 추정을 얻는다.

그래프 방법은 어떨까? 그림 4는 다음 함수의 그래프를 보여준다.

$$|R_6(x)| = \left| \sin x - \left(x - \tfrac{1}{6}x^3 + \tfrac{1}{120}x^5\right) \right|$$

그리고 이것으로부터 $|x| \leq 0.3$일 때 $|R_6(x)| < 4.3 \times 10^{-8}$임을 알 수 있다. 이것은 예제 2에서 얻은 추정과 같다. (b)에서 $|R_6(x)| < 0.00005$이기를 원하므로 $y = |R_6(x)|$와 $y = 0.00005$를 그림 5에 그렸다. 그림에서 오른쪽 교차점에 커서를 놓으면 $|x| < 0.82$일 때 부등식이 만족하는 것을 알 수 있다. 또다시 이것은 예제 2의 풀이에서 얻은 추정과 같다.

예제 2에서 $\sin 12°$ 대신 $\sin 72°$의 근삿값을 묻는다면, $a = 0$ 대신 $a = \pi/3$에서 테일러 다항식을 이용하는 것이 더 현명하다. 왜냐하면 $a = \pi/3$에 가까운 x의 값에서 $\sin x$의 더 좋은 근사가 되기 때문이다. $72°$는 $60°(\pi/3 \text{ rad})$에 가깝고 $\sin x$의 도함수는 $\pi/3$에서 계산이 용이함에 주목하자.

그림 6은 사인곡선에 대한 다음과 같은 매클로린 근사 다항식들의 그래프를 보여 준다.

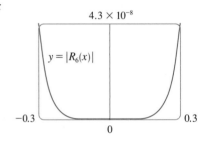

그림 4

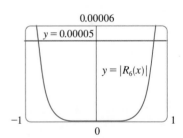

그림 5

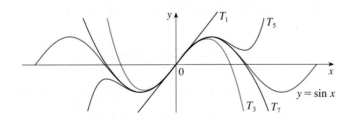

그림 6

$$T_1(x) = x \qquad\qquad T_3(x) = x - \frac{x^3}{3!}$$

$$T_5(x) = x - \frac{x^3}{3!} + \frac{x^5}{5!} \qquad T_7(x) = x - \frac{x^3}{3!} + \frac{x^5}{5!} - \frac{x^7}{7!}$$

이 그림에서 n이 증가함에 따라 $T_n(x)$는 더욱더 커지는 구간에서 $\sin x$에 대한 좋은 근사임을 알 수 있다.

예제 1과 2에서 계산하는 유형은 계산기나 컴퓨터에서 나타난다. 예를 들면 계산기에서 $\sin$이나 e^x의 버튼을 누를 때나 컴퓨터 프로그래머가 삼각함수, 지수함수 또는 베셀함수에 대해 서브루틴(subroutine)을 이용할 때, 많은 기계장치에서 다항근사가 계산된다. 이때 다항식은 오차가 한 구간 전체에서 고르게 분포되는 수정된 테일러 다항식이 자주 쓰인다.

■ 물리학에의 응용

테일러 다항식은 물리학에서 자주 이용된다. 어떤 식을 간파하기 위해 물리학자는 종종 테일러 급수의 처음 두세 개의 항만을 생각함으로써 함수를 간단히 한다. 다시 말하면 물리학자는 테일러 다항식을 함수의 근사식으로 사용한다. 그러면 테일러 부등식을 근사의 정확도를 측정하기 위해 사용할 수 있다. 다음 예제는 이런 생각이 특수상대성이론에서 이용되는 한 경우이다.

《예제 3》 아인슈타인의 특수상대성이론에서 속도 v로 움직이는 물체의 질량 m은 다음과 같다.

$$m = \frac{m_0}{\sqrt{1 - v^2/c^2}}$$

여기서 m_0는 정지상태일 때 물체의 질량이고, c는 빛의 속력이다. 물체의 운동에너지 K는 다음과 같이 총 에너지와 정지상태의 에너지의 차이다.

$$K = mc^2 - m_0 c^2$$

(a) v가 c에 비해 극히 작을 때 K의 표현은 고전 뉴턴 물리학과 일치함을 보여라. 즉, $K = \frac{1}{2}m_0 v^2$임을 보여라.
(b) 테일러 부등식을 이용해서 $|v| \le 100\,\mathrm{m/s}$일 때 K에 대한 이런 표현에서 차를 추정하라.

풀이
(a) K와 m에 대해 주어진 표현을 이용하면 다음을 얻는다.

$$K = mc^2 - m_0 c^2 = \frac{m_0 c^2}{\sqrt{1 - v^2/c^2}} - m_0 c^2 = m_0 c^2\left[\left(1 - \frac{v^2}{c^2}\right)^{-1/2} - 1 \right]$$

$x = -v^2/c^2$이면 $(1+x)^{-1/2}$의 매클로린 급수는 $k = -\frac{1}{2}$인 이항급수로 매우 쉽게 계산된다($v < c$이므로 $|x| < 1$임에 주의하자). 따라서 다음을 얻는다.

$$(1 + x)^{-1/2} = 1 - \frac{1}{2}x + \frac{\left(-\frac{1}{2}\right)\left(-\frac{3}{2}\right)}{2!}x^2 + \frac{\left(-\frac{1}{2}\right)\left(-\frac{3}{2}\right)\left(-\frac{5}{2}\right)}{3!}x^3 + \cdots$$

$$= 1 - \frac{1}{2}x + \frac{3}{8}x^2 - \frac{5}{16}x^3 + \cdots$$

$$K = m_0 c^2 \left[\left(1 + \frac{1}{2}\frac{v^2}{c^2} + \frac{3}{8}\frac{v^4}{c^4} + \frac{5}{16}\frac{v^6}{c^6} + \cdots \right) - 1 \right]$$

$$= m_0 c^2 \left(\frac{1}{2}\frac{v^2}{c^2} + \frac{3}{8}\frac{v^4}{c^4} + \frac{5}{16}\frac{v^6}{c^6} + \cdots \right)$$

v가 c에 비해 충분히 작으면 첫째 항 다음의 모든 항은 첫째 항과 비교할 때 매우 작다. 둘째 항 이후를 모두 무시하면 다음을 얻는다.

$$K \approx m_0 c^2 \left(\frac{1}{2}\frac{v^2}{c^2} \right) = \frac{1}{2}m_0 v^2$$

(b) $x = -v^2/c^2$, $f(x) = m_0 c^2 [(1 + x)^{-1/2} - 1]$이고 M은 $|f''(x)| \le M$을 만족하는 수라면, 테일러 부등식을 이용해서 다음과 같이 쓸 수 있다.

$$|R_1(x)| \le \frac{M}{2!}x^2$$

$f''(x) = \frac{3}{4}m_0 c^2 (1 + x)^{-5/2}$이고 $|v| \le 100 \text{ m/s}$이므로 다음을 얻는다.

$$|f''(x)| = \frac{3m_0 c^2}{4(1 - v^2/c^2)^{5/2}} \le \frac{3m_0 c^2}{4(1 - 100^2/c^2)^{5/2}} \quad (=M)$$

따라서 $c = 3 \times 10^8 \text{ m/s}$이면 다음을 얻는다.

$$|R_1(x)| \le \frac{1}{2} \cdot \frac{3m_0 c^2}{4(1 - 100^2/c^2)^{5/2}} \cdot \frac{100^4}{c^4} < (4.17 \times 10^{-10})m_0$$

그러므로 $|v| \le 100 \text{ m/s}$일 때 운동에너지에 대해 뉴턴의 표현을 사용할 때 오차의 크기는 $(4.2 \times 10^{-10})m_0$이다. ■

물리학에 대한 다른 응용은 광학에서 나타난다. 그림 8은 점광원 S로부터 나온 파

그림 7에서 위 곡선은 특수상대성이론에서 속도 v인 물체의 운동에너지 K에 대한 그래프이다. 아래 곡선은 고전 뉴턴 물리학에서 K에 대한 함수를 보여준다. v가 빛의 속력에 비해 매우 작을 때 두 곡선은 거의 같다.

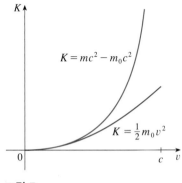

그림 7

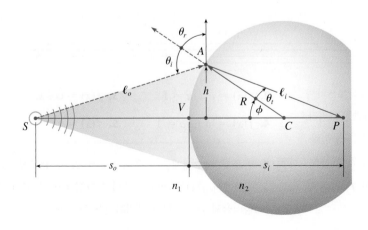

그림 8 구체 경계면에서의 굴절

장이 중심이 C이고 반지름이 R인 구면과 만나는 상황을 묘사한 것이다.

빛은 시간을 최소화하도록 여행한다는 페르마의 원리를 이용해서 다음 식을 얻어낼 수 있다.

$$\boxed{1} \qquad \frac{n_1}{\ell_o} + \frac{n_2}{\ell_i} = \frac{1}{R}\left(\frac{n_2 s_i}{\ell_i} - \frac{n_1 s_o}{\ell_o}\right)$$

여기서 n_1과 n_2는 굴절지수이고 ℓ_0, ℓ_i, s_o, s_i는 그림 8에 보인 것처럼 거리이다. 코사인 법칙을 삼각형 ACS와 ACP에 각각 적용하면 다음을 얻는다.

여기서 다음을 사용한다.

$$\cos(\pi - \phi) = -\cos\phi$$

$$\boxed{2} \qquad \ell_o = \sqrt{R^2 + (s_o + R)^2 - 2R(s_o + R)\cos\phi}$$

$$\ell_i = \sqrt{R^2 + (s_i - R)^2 + 2R(s_i - R)\cos\phi}$$

식 $\boxed{1}$은 계산하기 번거로우므로 1841년에 가우스는 ϕ의 작은 값에 대해 선형 근사식 $\cos\phi \approx 1$을 사용해서 이를 단순화시켰다(이것은 일차 테일러 다항식과 같다). 그러면 식 $\boxed{1}$은 다음의 단순화된 식이 된다.

$$\boxed{3} \qquad \frac{n_1}{s_o} + \frac{n_2}{s_i} = \frac{n_2 - n_1}{R}$$

이 결과에서 비롯된 광학 이론은 **가우시안 광학** 또는 **1계 광학**으로 알려져 있고 렌즈를 디자인하는 데 사용되는 기본적인 이론적 도구가 됐다.

더 정확한 이론은 $\cos\phi$를 3차 테일러 다항식으로 근사시켜 얻는다(2차 테일러 다항식과 같다). 이것은 ϕ가 아주 작지는 않은 광선, 즉 축 위에서 더 큰 거리 h에 있는 표면을 치는 광선을 고려한다. 이 근사식을 이용해서 아래와 같은 더 정확한 근사식을 구할 수 있다.

$$\boxed{4} \qquad \frac{n_1}{s_o} + \frac{n_2}{s_i} = \frac{n_2 - n_1}{R} + h^2\left[\frac{n_1}{2s_o}\left(\frac{1}{s_o} + \frac{1}{R}\right)^2 + \frac{n_2}{2s_i}\left(\frac{1}{R} - \frac{1}{s_i}\right)^2\right]$$

이 결과로 나오는 광학이론을 **3계 광학**이라 한다.

물리학과 기계학에 대한 테일러 다항식의 다른 응용은 연습문제 17, 18, 19에 있다.

10.11 | 연습문제

1. (a) 중심이 $a = 0$인 $f(x) = \sin x$의 테일러 다항식을 5차까지 구하라. f와 이런 다항식을 동일한 보기화면에 그려라.

    (b) $x = \pi/4$, $\pi/2$, π에서 f와 이런 다항식의 값을 구하라.

    (c) 테일러 다항식이 어떻게 $f(x)$에 수렴하는지 설명하라.

2-5 다음 함수 f에 대한 중심이 a인 테일러 다항식 $T_3(x)$를 구하라. 동일한 보기화면에 f와 T_3의 그래프를 그려라.

2. $f(x) = e^x$, $a = 1$

3. $f(x) = \cos x$, $a = \pi/2$

4. $f(x) = \ln x$, $a = 1$

5. $f(x) = xe^{-2x}$, $a = 0$

6. 컴퓨터 대수체계를 이용해서 $n = 2, 3, 4, 5$에 대해 $a = \pi/4$에서 $f(x) = \cot x$의 테일러 다항식 T_n을 구하고, 이 다항식들과 f를 동일한 보기화면에 그려라.

7-11

(a) f를 수 a에서 n차 테일러 다항식으로 근사하라.

(b) 테일러 부등식을 이용해서 x가 주어진 구간에 있을 때 근사 $f(x) \approx T_n(x)$의 정확도를 추정하라.

(c) $|R_n(x)|$의 그래프를 그려서 (b)의 결과를 확인하라.

7. $f(x) = 1/x$, $a = 1$, $n = 2$, $0.7 \le x \le 1.3$

8. $f(x) = x^{2/3}$, $a = 1$, $n = 3$, $0.8 \le x \le 1.2$

9. $f(x) = \sec x$, $a = 0$, $n = 2$, $-0.2 \le x \le 0.2$

10. $f(x) = e^{x^2}$, $a = 0$, $n = 3$, $0 \le x \le 0.1$

11. $f(x) = x \sin x$, $a = 0$, $n = 4$, $-1 \le x \le 1$

---

12. 연습문제 3의 정보를 이용해서 $\cos 80°$의 값을 소수점 아래 다섯째 자리까지 정확하게 추정하라.

13. 테일러 부등식을 이용해서 오차 범위 0.00001 이내로 $e^{0.1}$을 추정하기 위한 e^x에 대한 매클로린 급수의 항의 수를 결정하라.

14-15 교대급수 추정정리나 테일러 부등식을 이용해서 주어진 근사가 기술된 오차 범위 이내로 정확한 x의 값의 범위를 추정하라. 그래프로 답을 확인하라.

14. $\sin x \approx x - \dfrac{x^3}{6}$ ($|$ 오차 $| < 0.01$)

15. $\arctan x \approx x - \dfrac{x^3}{3} + \dfrac{x^5}{5}$ ($|$ 오차 $| < 0.05$)

---

16. 자동차가 주어진 순간에 속도 20 m/s와 가속도 2 m/s²으로 달리고 있다. 2차 테일러 다항식을 이용해서 다음 1초 동안 자동차가 얼마나 멀리 움직이는지 추정하라. 다음 1분 동안 움직인 거리를 추정하는 데 이 다항식을 사용하는 것이 타당한가?

17. 전자 쌍극자는 크기는 같지만 부호가 반대인 두 개의 전하로 구성되어 있다. 전하 $-q$와 q가 서로 거리 d만큼 떨어진 위치에 있다면 그림의 점 P에서 전기장 E는 다음과 같다.

$$E = \frac{q}{D^2} - \frac{q}{(D + d)^2}$$

E에 대한 이 표현을 d/D에 관한 거듭제곱급수로 전개해서 P가 쌍극자에서 훨씬 멀리 있을 때 E가 점근적으로 $1/D^3$에 비례함을 보여라.

18. 길이가 L인 파도가 깊이가 d인 바다를 가로질러 속도 v로 움직일 때 다음이 성립한다.

$$v^2 = \frac{gL}{2\pi} \tanh \frac{2\pi d}{L}$$

(a) 물이 깊다면, $v \approx \sqrt{gL/(2\pi)}$ 임을 보여라.

(b) 물이 얕다면, tanh에 대한 매클로린 급수를 이용해서 $v \approx \sqrt{gd}$ 임을 보여라. (따라서 얕은 물에서는 파도의 속도는 파장의 길이에 영향을 받지 않는 경향이 있다.)

(c) 교대급수 추정정리를 이용해서 $L > 10d$이면 근사 $v^2 \approx gd$는 오차 0.014 gL 이내로 정확함을 보여라.

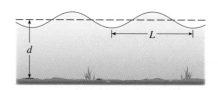

19. 사막을 횡단하는 고속도로를 건설하기 위해 측량기사가 고도의 차를 측정할 경우, 지구의 굴곡에 대해 보정을 해야 한다.

(a) R를 지구의 반지름, L을 고속도로의 길이라 할 때 보정이 다음과 같음을 보여라.

$$C = R \sec(L/R) - R$$

(b) 테일러 다항식을 이용해서 다음을 보여라.

$$C \approx \frac{L^2}{2R} + \frac{5L^4}{24R^3}$$

(c) 100 km 길이의 고속도로에 대해 (a)와 (b)에서 주어진 식에 의한 보정을 비교하라(지구의 반지름은 6370 km 이다).

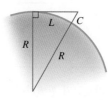

20. 3.8절에서 식 $f(x) = 0$의 근 r를 근사하는 뉴턴의 방법을 살펴봤다. 뉴턴의 방법이란 처음 근삿값 x_1으로부터 시작해서 다음과 같이 연속적인 근삿값 $x_2, x_3, \ldots$을 얻는다.

$$x_{n+1} = x_n - \frac{f(x_n)}{f'(x_n)}$$

$n = 1$, $a = x_n$, $x = r$인 테일러 부등식을 이용해서 r, x_n, x_{n+1}을 포함하는 구간 I에서 $f''(x)$가 존재하고 모든 $x \in I$에 대해 $|f''(x)| \leq M$, $|f'(x)| \geq K$이면, 다음이 성립함을 보여라.

$$|x_{n+1} - r| \leq \frac{M}{2K}|x_n - r|^2$$

[이것은 x_n이 소수점 아래 d째 자리까지 정확하면 x_{n+1}은 소수점 아래 약 $2d$째 자리까지 정확하다는 것을 의미한다. 더 자세히 말하면 n단계에서 오차가 기껏해야 10^{-m}이면 $n + 1$ 단계에서 오차는 기껏해야 $(M/2K)10^{-2m}$이다.]

10 복습

개념 확인

1. (a) 수렴하는 수열이란 무엇인가?

    (b) 수렴하는 급수란 무엇인가?

    (c) $\lim_{n \to \infty} a_n = 3$은 무엇을 뜻하는가?

    (d) $\sum_{n=1}^{\infty} a_n = 3$은 무엇을 뜻하는가?

2. (a) 기하급수란 무엇인가? 어떤 조건에서 이 급수가 수렴하는가? 합은 무엇인가?

    (b) p-급수란 무엇인가? 어떤 조건에서 이 급수는 수렴하는가?

3. 다음을 기술하라.

    (a) 발산판정법   (b) 적분판정법

    (c) 비교판정법   (d) 극한비교판정법

    (e) 교대급수판정법   (f) 비판정법

    (g) 근판정법

4. (a) 급수가 적분판정법에 따라 수렴한다면 급수의 합은 어떻게 추정하는가?

    (b) 급수가 비교판정법에 따라 수렴한다면 급수의 합은 어떻게 추정하는가?

    (c) 급수가 교대급수판정법에 따라 수렴한다면 급수의 합은 어떻게 추정하는가?

5. $f(x)$가 수렴 반지름이 R인 거듭제곱급수라 하자.

    (a) f를 어떻게 미분하는가? f'에 대한 급수의 수렴 반지름은 얼마인가?

    (b) f를 어떻게 적분하는가? $\int f(x) \, dx$에 대한 급수의 수렴 반지름은 얼마인가?

6. 다음 함수 각각에 대해 매클로린 급수를 쓰고 수렴 구간을 구하라.

    (a) $1/(1 - x)$ (b) e^x

    (c) $\sin x$ (d) $\cos x$

    (e) $\tan^{-1} x$ (f) $\ln(1 + x)$

참 · 거짓 퀴즈

다음 명제가 참인지 거짓인지 판별하라. 참이면 이유를 설명하고, 거짓이면 이유를 설명하거나 반례를 들라.

1. $\lim_{n \to \infty} a_n = 0$이면 $\sum a_n$은 수렴한다.

2. $\lim_{n \to \infty} a_n = L$이면 $\lim_{n \to \infty} a_{2n+1} = L$이다.

3. $\sum c_n 6^n$이 수렴하면 $\sum c_n(-6)^n$도 수렴한다.

4. $\sum 1/n^3$이 수렴하는지를 결정하기 위해 비판정법을 이용할 수 있다.

5. $0 \leq a_n \leq b_n$이고 $\sum b_n$이면 발산하면 $\sum a_n$도 발산한다.

6. $-1 < \alpha < 1$이면 $\lim_{n \to \infty} \alpha^n = 0$이다.

7. 모든 x에 대해 $f(x) = 2x - x^2 + \frac{1}{3}x^3 - \cdots$이 수렴하면 $f'''(0) = 2$이다.

8. $\{a_n\}$과 $\{b_n\}$이 발산하면 $\{a_n b_n\}$도 발산한다.

9. $a_n > 0$이고 $\sum a_n$이 수렴하면 $\sum (-1)^n a_n$도 수렴한다.

10. $0.99999\ldots = 1$

11. 수렴하는 급수에 유한개의 항이 추가되면 새로운 급수는 여전히 수렴한다.

복습문제

1-4 다음 수열의 수렴, 발산 여부를 판정하라. 수렴하는 경우 그 극한을 구하라.

1. $a_n = \dfrac{2 + n^3}{1 + 2n^3}$

2. $a_n = \dfrac{n^3}{1 + n^2}$

3. $a_n = \dfrac{n \sin n}{n^2 + 1}$

4. $\{(1 + 3/n)^{4n}\}$

5. 수열이 식 $a_1 = 1$, $a_{n+1} = \frac{1}{3}(a_n + 4)$에 따라 점화식으로 정의된다. $\{a_n\}$은 증가하고 모든 n에 대해 $a_n < 2$임을 보여라. $\{a_n\}$이 수렴함을 추론하고 그의 극한을 구하라.

6-11 다음 급수의 수렴, 발산 여부를 판정하라.

6. $\displaystyle\sum_{n=1}^{\infty} \dfrac{n}{n^3 + 1}$

7. $\displaystyle\sum_{n=1}^{\infty} \dfrac{n^3}{5^n}$

8. $\displaystyle\sum_{n=2}^{\infty} \dfrac{1}{n\sqrt{\ln n}}$

9. $\displaystyle\sum_{n=1}^{\infty} \dfrac{\cos 3n}{1 + (1.2)^n}$

10. $\displaystyle\sum_{n=1}^{\infty} \dfrac{1 \cdot 3 \cdot 5 \cdot \cdots \cdot (2n - 1)}{5^n n!}$

11. $\displaystyle\sum_{n=1}^{\infty} (-1)^{n-1} \dfrac{\sqrt{n}}{n + 1}$

12-13 다음 급수가 절대 수렴하는지, 조건부 수렴하는지 또는 발산하는지를 판정하라.

12. $\displaystyle\sum_{n=1}^{\infty} (-1)^{n-1} n^{-1/3}$

13. $\displaystyle\sum_{n=1}^{\infty} \dfrac{(-1)^n (n + 1) 3^n}{2^{2n+1}}$

14-16 다음 급수의 합을 구하라.

14. $\displaystyle\sum_{n=1}^{\infty} \dfrac{(-3)^{n-1}}{2^{3n}}$

15. $\displaystyle\sum_{n=1}^{\infty} [\tan^{-1}(n + 1) - \tan^{-1} n]$

16. $1 - e + \dfrac{e^2}{2!} - \dfrac{e^3}{3!} + \dfrac{e^4}{4!} - \cdots$

17. 모든 x에 대해 $\cosh x \geq 1 + \frac{1}{2}x^2$임을 보여라.

18. 급수 $\displaystyle\sum_{n=1}^{\infty} \dfrac{(-1)^{n+1}}{n^5}$의 합을 소수점 아래 넷째 자리까지 정확하게 구하라.

19. 처음 8개 항의 합을 이용해서 급수 $\displaystyle\sum_{n=1}^{\infty} (2 + 5^n)^{-1}$의 합을 근사시켜라. 이 근사에서 발생하는 오차를 추정하라.

20. 급수 $\displaystyle\sum_{n=1}^{\infty} a_n$이 절대 수렴하면 급수 $\displaystyle\sum_{n=1}^{\infty} \left(\dfrac{n + 1}{n} \right) a_n$도 절대 수렴함을 보여라.

21-22 다음 급수의 수렴 반지름과 수렴 구간을 구하라.

21. $\displaystyle\sum_{n=1}^{\infty} \dfrac{(x + 2)^n}{n \, 4^n}$

22. $\displaystyle\sum_{n=0}^{\infty} \dfrac{2^n (x - 3)^n}{\sqrt{n + 3}}$

23. $a = \pi/6$에서 $f(x) = \sin x$의 테일러 급수를 구하라.

24-27 f에 대한 매클로린 급수와 그의 수렴 반지름을 구하라. (매크로린 급수의 정의에 따른) 직접적인 방법을 이용하거나 10.10절 표 1에 있는 매클로린 급수를 이용해도 좋다.

24. $f(x) = \dfrac{x^2}{1 + x}$

25. $f(x) = \ln(4 - x)$

26. $f(x) = \sin(x^4)$

27. $f(x) = 1/\sqrt[4]{16 - x}$

28. 무한급수를 이용해서 $\displaystyle\int \dfrac{e^x}{x} \, dx$를 구하라.

29. $f(x) = \sqrt{x}$, $a = 1$, $n = 3$, $0.9 \leq x \leq 1.1$에 대해 다음을 구하라.

(a) 수 a에서 n차 테일러 다항식에 의해 f를 근사시켜라.

(b) 동일한 보기화면에 f와 T_n의 그래프를 그려라.

(c) 테일러 부등식을 이용해서 x가 주어진 구간 안에 있을 때 근사 $f(x) \approx T_n(x)$의 정확도를 추정하라.

(d) $|R_n(x)|$를 그려서 (c)의 결과를 확인하라.

30. 급수를 이용해서 $\displaystyle\lim_{x \to 0} \dfrac{\sin x - x}{x^3}$를 계산하라.

31. 모든 x에 대해 $f(x) = \displaystyle\sum_{n=0}^{\infty} c_n x^n$이라 가정하자.

(a) f가 기함수이면 $c_0 = c_2 = c_4 = \cdots = 0$을 보여라.

(b) f가 우함수이면 $c_1 = c_3 = c_5 = \cdots = 0$임을 보여라.

바람과 물에 의해 요트의 돛과 용골에 생성된 힘은 배의 항해 방향을 결정한다. 이러한 힘은 크기와 방향을 갖기 때문에 벡터로 쉽게 표현된다.

11

벡터와 공간기하학
Vectors and the Geometry of Space

이 장에서는 3차원 공간에 대한 벡터와 좌표계를 소개한다. 이는 공간에서 곡선에 대한 미적분학과 12~15장에서 다룰 이변수함수(그래프가 공간에서 곡면이다)의 미적분학의 준비 과정이 된다. 또한 벡터를 이용하면 3차원 공간에서 직선과 평면을 쉽게 표시할 수 있음을 알게 될 것이다.

11.1 | 3차원 좌표계

평면에서 한 점의 위치를 정하기 위해서는 두 수가 필요하다. 평면의 점은 a를 x좌표, b를 y좌표로 하는 두 실수의 순서쌍 (a, b)로 나타낼 수 있음을 알고 있다. 이런 이유로 평면을 2차원이라 부른다. 공간에서 한 점의 위치를 정하기 위해서는 세 수가 필요하다. 공간에 있는 임의의 점은 세 실수의 순서쌍 (a, b, c)로 나타낸다.

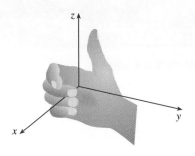

그림 1 좌표축

■ 3차원 공간

공간에서 점을 나타내기 위해 먼저 고정된 점 O(**원점**, origin)를 정하고, O를 지나며 서로 수직인 세 개의 유향직선(directed line)을 정한다. 이때 이 직선들을 **좌표축**(coordinate axes)이라 하고, 각각 x축, y축, z축이라 이름 붙인다. 보통 x축과 y축은 수평으로, z축은 수직으로 생각하고, 축들의 방향을 그림 1과 같이 나타낸다. z축의 방향은 그림 2와 같이 **오른손 법칙**(right-hand rule)에 따라 정한다. 양의 x축에서 양의 y축으로 반시계 방향을 따라 90° 회전하는 방향으로 오른손 손가락을 z축을 중심으로 돌리면 엄지손가락은 z축 양의 방향을 가리킨다.

세 좌표축은 그림 3(a)에서 보는 것과 같이 세 **좌표평면**(coordinate plane)을 결정한다. xy평면은 x축과 y축을 포함하고, yz평면은 y축과 z축을 포함하며, xz평면은 x축과 z축을 포함하는 평면이다. 이들 세 좌표평면은 **팔분공간**(octant)이라고 하는 여덟 부분으로 공간을 나눈다. 전면에 나타나 있는 **제1팔분공간**(first octant)은 양의 축들에 의해 결정된 팔분공간이다.

그림 2 오른손 법칙

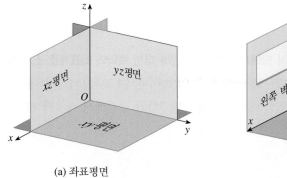

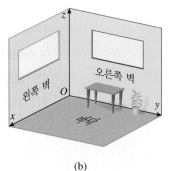

그림 3   (a) 좌표평면   (b)

대부분 3차원 입체 도형을 가시적으로 그리기 어렵기 때문에, 그림 3(b)와 같이 생각하면 도움이 될 것이다. 방 안의 한 바닥 귀퉁이를 원점으로 하자. 왼쪽 벽이 xz평면, 오른쪽 벽이 yz평면, 방바닥은 xy평면이다. 방바닥과 왼쪽 벽이 만나는 곳을 따라 x축이 나오고, 방바닥과 오른쪽 벽이 만나는 곳을 따라 y축이 나온다. z축은 두 벽이 만나는 곳을 따라 방바닥에서 천장 쪽으로 올라간다. 이제 여러분이 제1팔분공간에 위치하고 있으며, 다른 일곱 팔분공간은 공통의 모서리 점 O에 의해 연결되는 일곱 개의 다른 방들(세 개는 같은 층, 네 개는 아래층에 있다)이 위치해 있음을 상상할 수 있을 것이다.

이제 P를 공간에 있는 임의의 점이라 하면, yz평면에서 P까지의 (유향)거리를 a, xz평면에서 P까지의 거리를 b, xy평면에서 P까지의 거리를 c라 하자. 점 P를 세 실수의 순서쌍 (a, b, c)로 나타내고, a, b, c를 P의 **좌표**(coordinates)라 한다. 즉, a는 x좌표, b는 y좌표, c는 z좌표이다. 따라서 점 (a, b, c)의 위치를 결정하기 위해서는 그림 4에서와 같이 원점 O에서 출발해서 x축을 따라 a단위 이동한 뒤, y축과 평행하게 b단위, 다시 z축과 평행하게 c단위 이동한다.

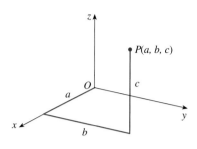

그림 4

점 $P(a, b, c)$는 그림 5에서와 같은 직육면체 상자를 결정한다. P에서 xy평면에 수선을 내리면 xy평면 위로 P의 **사영**(projection)이라 부르는 좌표가 $(a, b, 0)$인 점 Q를 얻는다. 마찬가지로 $R(0, b, c)$와 $S(a, 0, c)$는 각각 yz평면과 xz평면 위로 P의 사영이다.

수치적인 설명으로 점 $(-4, 3, -5)$와 $(3, -2, -6)$이 그림 6에 표시되어 있다.

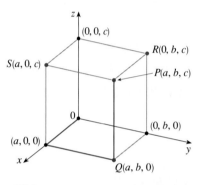

그림 5

그림 6

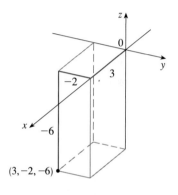

카테시안 곱 $\mathbb{R} \times \mathbb{R} \times \mathbb{R} = \{(x, y, z) \mid x, y, z \in \mathbb{R}\}$은 세 실수의 순서쌍 전체의 집합이고, $\mathbb{R}^3$으로 나타낸다. 이것은 공간의 점 P와 $\mathbb{R}^3$의 순서쌍 (a, b, c) 사이에 일대일 대응관계를 준 것으로 **3차원 직교좌표계**라 한다. 좌표상으로 제1팔분공간은 좌표가 모두 양수인 점의 집합으로 나타낼 수 있음에 주목하자.

■ 곡면과 입체

2차원 해석기하학에서 x와 y를 포함하는 방정식의 그래프는 $\mathbb{R}^2$에서의 곡선이다. 3차원 해석기하학에서는 x, y, z를 포함하는 방정식은 $\mathbb{R}^3$에서의 **곡면**을 나타낸다.

《예제 1》 다음 방정식은 각각 $\mathbb{R}^3$에서 어떤 곡면을 나타내는가?

(a) $z = 3$ (b) $y = 5$

풀이 (a) 방정식 $z = 3$은 $\mathbb{R}^3$에서 z좌표가 3(x와 y는 각각 임의의 실수)인 점 전체의 집합 $\{(x, y, z) \mid z = 3\}$을 나타낸다. 이것은 그림 7(a)와 같이 xy평면과 평행이면서 3단위만큼 xy평면 위에 있는 수평평면이다.

(b) 방정식 $y = 5$는 $\mathbb{R}^3$에서 y좌표가 5인 점 전체의 집합을 나타낸다. 이것은 그림 7(b)

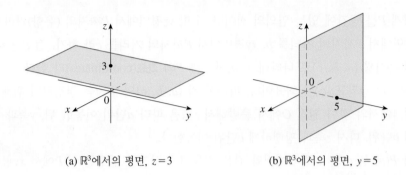

그림 7   (a) $\mathbb{R}^3$에서의 평면, $z=3$ (b) $\mathbb{R}^3$에서의 평면, $y=5$

와 같이 xz평면과 평행이면서 5단위만큼 xz평면의 오른쪽에 있는 수직평면이다. ▪

NOTE 하나의 방정식이 주어지면, 그 전후 관계로부터 그것이 $\mathbb{R}^2$에서의 곡선을 나타내는지 또는 $\mathbb{R}^3$에서의 곡면을 나타내는지 이해해야 한다. 예를 들어 $\mathbb{R}^3$에서 $x=2$는 평면을 나타내고 있으나, 2차원 해석기하학을 다루는 경우 $x=2$는 $\mathbb{R}^2$에서 직선을 나타낸다[그림 8(a)와 (b) 참조].

일반적으로 k가 상수이면 $x=k$는 yz평면에 평행인 평면을 나타내고, $y=k$는 xz평면에 평행인 평면이며, $z=k$는 xy평면에 평행인 평면이다. 그림 5에서 직육면체 상자의 면은 세 좌표평면 $x=0(yz$평면$)$, $y=0(xz$평면$)$, $z=0(xy$평면$)$과 평면 $x=a$, $y=b$, $z=c$로 이루어진다.

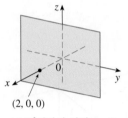

(2, 0, 0)

(a) $\mathbb{R}^3$에서의 평면, $x=2$

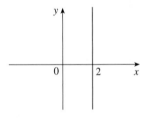

(b) $\mathbb{R}^2$에서의 직선, $x=2$

그림 8

《예제 2》

(a) 어떤 점 (x, y, z)가 방정식 $x^2 + y^2 = 1$과 $z = 3$을 만족하는가?

(b) 방정식 $x^2 + y^2 = 1$은 $\mathbb{R}^3$에서 어떤 곡면을 나타내는가?

(c) 부등식 $x^2 + y^2 \le 1$, $2 \le z \le 4$는 $\mathbb{R}^3$에서 어떤 입체의 영역을 나타내는가?

[풀이]

(a) $z = 3$이므로 예제 1(a)로부터 점들은 수평평면 $z = 3$에 놓인다. 또한 $x^2 + y^2 = 1$이므로 이 점들은 중심이 z축 위에 있고 반지름이 1인 원 위에 놓인다(그림 9 참조).

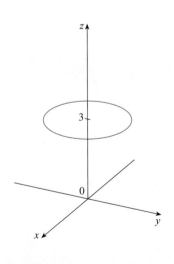

그림 9 원 $x^2 + y^2 = 1$, $z = 3$

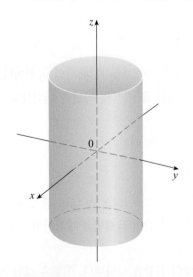

그림 10 원기둥 $x^2 + y^2 = 1$

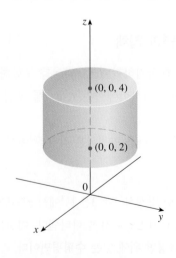

그림 11 입체의 영역 $x^2 + y^2 \le 1$, $2 \le z \le 4$

(b) z에 대한 제약 없이 $x^2 + y^2 = 1$이 주어졌으므로 점 (x, y, z)는 임의의 수평평면 $z = k$ 위의 원 $x^2 + y^2 = 1$을 만족하는 점이다. 따라서 $\mathbb{R}^3$에서 곡면 $x^2 + y^2 = 1$은 모든 가능한 수평 원 $x^2 + y^2 = 1$, $z = k$로 이루어져 있으므로 중심축이 z축이고 반지름이 1인 원기둥이다(그림 10 참조).

(c) $x^2 + y^2 \leq 1$이기 때문에 영역의 모든 점 (x, y, z)는 수평평면 $z = k$ 위의 반지름이 1이고 중심이 z축인 원의 내부와 원주 위에 있다. 또한 주어진 부등식 $2 \leq z \leq 4$에 의하여 평면 $z = 2$와 $z = 4$ 위 또는 사이에 있는 반지름이 1이고 z축이 중심인 원통의 부분을 나타낸다(그림 11 참조). ■

《**예제 3**》 $\mathbb{R}^3$에서 방정식 $y = x$로 표현되는 곡면을 설명하고, 곡면의 그래프를 그려라.

풀이 주어진 방정식은 $\mathbb{R}^3$에서 x좌표와 y좌표가 같은 점 전체의 집합 $\{(x, x, z) \mid x \in \mathbb{R}, z \in \mathbb{R}\}$을 나타낸다. 이것은 직선 $y = x$, $z = 0$에서 xy평면과 수직으로 만난다. 그림 12는 이 평면의 그래프 중에 제1팔분공간에 놓여 있는 부분이다. ■

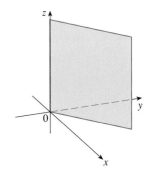

그림 12 평면 $y = x$

■ 거리와 구면

평면에서 두 점 사이의 거리에 대한 익숙한 공식은 다음과 같이 3차원 공간에서의 공식으로 쉽게 확장된다.

3차원에서의 거리 공식

두 점 $P_1(x_1, y_1, z_1)$과 $P_2(x_2, y_2, z_2)$ 사이의 거리 $|P_1P_2|$는 다음과 같다.

$$|P_1P_2| = \sqrt{(x_2 - x_1)^2 + (y_2 - y_1)^2 + (z_2 - z_1)^2}$$

이 공식이 참임을 보이기 위해 그림 13과 같이 직육면체 상자를 만든다. 이때 P_1과 P_2는 꼭짓점이고 각 면은 좌표평면에 평행이다. $A(x_2, y_1, z_1)$과 $B(x_2, y_2, z_1)$이 그림에 나타난 꼭짓점이라 하면 다음이 성립한다.

$$|P_1A| = |x_2 - x_1|, \qquad |AB| = |y_2 - y_1|, \qquad |BP_2| = |z_2 - z_1|$$

삼각형 P_1BP_2와 P_1AB는 모두 직각삼각형이므로 피타고라스 정리를 각각 적용하면 다음을 얻는다.

$$|P_1P_2|^2 = |P_1B|^2 + |BP_2|^2$$

$$|P_1B|^2 = |P_1A|^2 + |AB|^2$$

이 두 식으로부터 다음을 얻는다.

$$|P_1P_2|^2 = |P_1A|^2 + |AB|^2 + |BP_2|^2$$
$$= |x_2 - x_1|^2 + |y_2 - y_1|^2 + |z_2 - z_1|^2$$
$$= (x_2 - x_1)^2 + (y_2 - y_1)^2 + (z_2 - z_1)^2$$

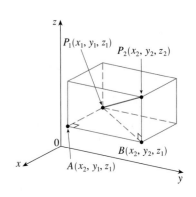

그림 13

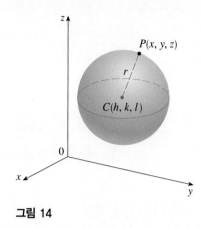

그림 14

따라서 거리 $|P_1P_2|$는 다음과 같다.

$$|P_1P_2| = \sqrt{(x_2 - x_1)^2 + (y_2 - y_1)^2 + (z_2 - z_1)^2}$$

《예제 4》 점 $P(2, -1, 7)$에서 점 $Q(1, -3, 5)$까지의 거리는 다음과 같다.

$$|PQ| = \sqrt{(1 - 2)^2 + (-3 + 1)^2 + (5 - 7)^2} = \sqrt{1 + 4 + 4} = 3 \qquad ■$$

반지름이 r이고 중심이 $C(h, k, l)$인 구면은 C로부터 거리가 r인 점 $P(x, y, z)$ 전체의 집합이다(그림 14 참조). 따라서 P가 구면 위에 있기 위한 필요충분조건은 $|PC| = r$이다. 즉, 다음 방정식을 얻는다.

$$\sqrt{(x - h)^2 + (y - k)^2 + (z - l)^2} = r$$

양변을 제곱하면 다음의 결과를 얻는다.

구면의 방정식

중심이 $C(h, k, l)$이고 반지름이 r인 구면의 방정식은 다음과 같다.

$$(x - h)^2 + (y - k)^2 + (z - l)^2 = r^2$$

특히 중심이 원점 O인 구면의 방정식은 다음과 같다.

$$x^2 + y^2 + z^2 = r^2$$

《예제 5》 중심이 $(3, -1, 6)$이고 점 $(5, 2, 3)$을 지나는 구면의 방정식을 구하라.

풀이 구면의 반지름 r은 두 점 $(3, -1, 6)$과 $(5, 2, 3)$ 사이의 거리이다.

$$r = \sqrt{(5 - 3)^2 + [2 - (-1)]^2 + (3 - 6)^2} = \sqrt{22}$$

따라서 구면의 방정식은

$$(x - 3)^2 + [y - (-1)]^2 + (z - 6)^2 = (\sqrt{22})^2$$

또는

$$(x - 3)^2 + (y + 1)^2 + (z - 6)^2 = 22$$

이다. $\qquad ■$

《예제 6》 $x^2 + y^2 + z^2 + 4x - 6y + 2z + 6 = 0$이 구면의 방정식임을 보이고, 중심과 반지름을 구하라.

풀이 주어진 방정식을 다음과 같이 완전제곱꼴로 바꾸면 구면의 방정식의 형태로 고쳐 쓸 수 있다.

$$(x^2 + 4x + 4) + (y^2 - 6y + 9) + (z^2 + 2z + 1) = -6 + 4 + 9 + 1$$

$$(x + 2)^2 + (y - 3)^2 + (z + 1)^2 = 8$$

이 방정식을 표준형과 비교하면, 중심이 $(-2, 3, -1)$이고 반지름이 $\sqrt{8} = 2\sqrt{2}$인 구면의 방정식임을 알 수 있다. ■

《예제 7》 다음 부등식으로 표현되는 $\mathbb{R}^3$의 영역을 구하라.

$$1 \le x^2 + y^2 + z^2 \le 4, \quad z \le 0$$

풀이 부등식 $1 \le x^2 + y^2 + z^2 \le 4$를 다음과 같이 나타낼 수 있다.

$$1 \le \sqrt{x^2 + y^2 + z^2} \le 2$$

이는 원점으로부터 거리가 적어도 1 이상이고 2 이하인 점 (x, y, z)를 나타낸다. 그러나 $z \le 0$이기 때문에 점은 xy평면에 있거나 아래에 있어야 한다. 따라서 주어진 부등식은 구면 $x^2 + y^2 + z^2 = 1$과 $x^2 + y^2 + z^2 = 4$ 사이(또는 구면 위)에 있고 xy평면 아래(또는 평면)에 놓여 있는 점들로 이루어진 영역을 나타낸다(그림 15 참조). ■

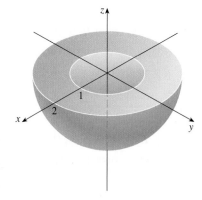

그림 15

11.1 | 연습문제

1. 원점에서 출발해서 x축을 따라 양의 방향으로 거리 4단위만큼 움직이고, 다시 3단위만큼 아래 방향으로 움직인 위치의 좌표를 구하라.

2. 점 $A(-4, 0, -1)$, $B(3, 1, -5)$, $C(2, 4, 6)$ 중에서 yz평면에 가장 가까운 점을 구하라. xz평면에 놓여 있는 점은 어느 것인가?

3. 방정식 $x = 4$가 $\mathbb{R}^2$나 $\mathbb{R}^3$에서 무엇을 나타내는지 설명하고 그림을 그려라.

4. 방정식 $x + y = 2$로 표현되는 $\mathbb{R}^3$의 곡면을 설명하고 그림을 그려라.

5. 두 점 $(3, 5, -2)$와 $(-1, 1, -4)$ 사이의 거리를 구하라.

6. 꼭짓점이 $P(3, -2, -3)$, $Q(7, 0, 1)$, $R(1, 2, 1)$인 삼각형의 각 변의 길이를 구하라. 이 삼각형이 직각삼각형인가, 이등변삼각형인가?

7. 다음 점들이 한 직선 위에 있는지 결정하라.
(a) $A(2, 4, 2)$, $B(3, 7, -2)$, $C(1, 3, 3)$
(b) $D(0, -5, 5)$, $E(1, -2, 4)$, $F(3, 4, 2)$

8. 중심이 $(-3, 2, 5)$이고 반지름이 4인 구면의 방정식을 구하라. 이 구면과 yz평면의 교선은 무엇인가?

9. 중심이 $(3, 8, 1)$이고 점 $(4, 3, -1)$을 지나는 구면의 방정식을 구하라.

10-11 다음 방정식이 구면을 나타냄을 보이고, 그 중심과 반지름을 구하라.

10. $x^2 + y^2 + z^2 + 8x - 2z = 8$

11. $2x^2 + 2y^2 + 2z^2 - 2x + 4y + 1 = 0$

12. 중점 공식 $P_1(x_1, y_1, z_1)$에서 $P_2(x_2, y_2, z_2)$까지 이은 선분의 중점이 $\left(\dfrac{x_1 + x_2}{2}, \dfrac{y_1 + y_2}{2}, \dfrac{z_1 + z_2}{2}\right)$임을 증명하라.

13. 중심이 $(-1, 4, 5)$이고 (a) xy평면, (b) yz평면, (c) xz평면과 (꼭 한 점에서) 접하는 구면의 방정식을 각각 구하라.

14-21 다음 방정식 또는 부등식으로 표현되는 $\mathbb{R}^3$의 영역을 말로 설명하라.

14. $z = -2$

15. $y \ge 1$

16. $-1 \le x \le 2$

17. $x^2 + y^2 = 4$, $z = -1$

18. $y^2 + z^2 \leq 25$

19. $x^2 + y^2 + z^2 = 4$

20. $1 \leq x^2 + y^2 + z^2 \leq 5$

21. $0 \leq x \leq 3, \quad 0 \leq y \leq 3, \quad 0 \leq z \leq 3$

22-23 다음 영역을 설명하기 위한 부등식을 구하라.

22. yz평면과 평면 $x = 5$ 사이의 영역

23. 원점이 중심이고 반지름이 r와 R인 두 구면 사이에 있는 점 전체로 이루어진 영역. 여기서 $r < R$이고 두 구면에 있는 점은 제외한다.

24. 다음 그림은 공간에서 직선 L_1과 xy평면으로 L_1을 사영한 직선 L_2를 나타낸다(다시 말하면 L_2의 점들은 L_1의 점들 바로 위 또는 아래에 있다).

(a) 직선 L_1 위의 점 P의 좌표를 구하라.

(b) 직선 L_1이 xy평면, yz평면, xz평면과 각각 만나는 점 A, B, C를 그림 위에 나타내라.

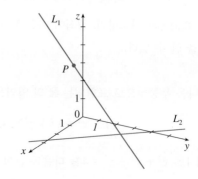

25. 두 점 $A(-1, 5, 3)$과 $B(6, 2, -2)$와 같은 거리에 있는 점 전체의 집합을 나타내는 방정식을 구하라. 그리고 이 집합을 설명하라.

26. 두 구면 $x^2 + y^2 + z^2 = 4$와 $x^2 + y^2 + z^2 = 4x + 4y + 4z - 11$ 사이의 거리를 구하라.

11.2 | 벡터

수학과 과학에서 사용되는 용어인 **벡터**(vector)는 크기와 방향을 가진 양을 가리키는 데 이용된다. 예를 들어 움직이는 물체의 속도를 나타내기 위하여 물체의 속력과 이동방향을 나타내야 한다. 벡터의 다른 예는 힘, 변위와 가속도이다.

■ 벡터의 기하학적 설명

벡터는 흔히 화살표나 유향선분으로 나타낸다. 화살표의 길이는 벡터의 크기를 나타내고, 화살표는 벡터의 방향을 가리킨다. 벡터는 굵은 글씨(**v**) 또는 문자 위에 화살표($\vec{v}$)를 붙여 표시한다.

예를 들어 입자가 점 A에서 B까지 선분을 따라 움직인다고 가정하자. 그림 1과 같이 이에 해당하는 **변위벡터**(displacement vector) **v**는 **시점**(initial point)이 A(꼬리)이고 **종점**(terminal point)이 B(머리)이며 **v** = $\overrightarrow{AB}$로 나타낸다. 벡터 **u** = $\overrightarrow{CD}$와 위치는 다르지만 길이가 같고 방향도 같음에 유의하자. **u**와 **v**를 **동치**(또는 **같다**)라 하고 **u** = **v**라 쓴다. **영벡터**(zero vector)는 **0**으로 쓰는데 길이가 0이다. 영벡터는 특별한 방향이 없는 유일한 벡터이다.

벡터들을 결합하는 것이 종종 유용한 것을 알게 될 것이다. 예를 들어 입자가 A에서 B까지 움직인다고 가정하면 이에 해당하는 변위벡터는 $\overrightarrow{AB}$이다. 그런 다음 그림 2에서처럼 방향을 바꿔 변위벡터가 $\overrightarrow{BC}$가 되도록 B에서 C까지 움직인다고 하자.

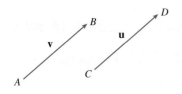

그림 1 동치벡터

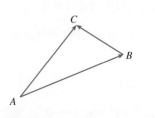

그림 2

이들 변위벡터의 결합효과는 입자가 A에서 C까지 움직이는 효과와 같다. 이 결과에 의한 변위벡터 $\overrightarrow{AC}$를 $\overrightarrow{AB}$와 $\overrightarrow{BC}$의 **합**이라 하고 다음과 같이 쓴다.

$$\overrightarrow{AC} = \overrightarrow{AB} + \overrightarrow{BC}$$

일반적으로 두 벡터 **u**와 **v**를 가지고 시작한다면, **v**의 시점이 **u**의 종점과 일치하도록 **v**를 옮기고 **u**와 **v**의 합을 다음과 같이 정의한다.

> **벡터합의 정의**   **u**와 **v**를 **v**의 시점이 **u**의 종점에 놓이는 벡터라 하자. 그러면 **합 u + v**는 **u**의 시점에서 **v**의 종점까지의 벡터이다.

그림 3은 벡터의 합을 나타낸다. 이 그림을 보면 이 정의를 때때로 **삼각형 법칙**(Triangle Law)이라 하는 이유를 알 수 있다.

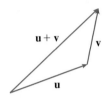

그림 3 삼각형 법칙

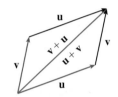

그림 4 평행사변형 법칙

그림 4는 그림 3에서와 같은 두 벡터 **u**, **v**로 **u**와 동일한 시점을 갖는 **v**의 또 다른 복사본을 그린다. 평행사변형을 그리면 **u + v = v + u**가 됨을 볼 수 있다. 이로써 벡터의 합을 작도하는 또 다른 방법을 알았다. 벡터 **u**와 **v**를 동일한 점에서 시작하도록 놓으면, **u + v**는 **u**와 **v**를 변으로 하는 평행사변형의 대각선과 같다. 이를 **평행사변형 법칙**(Parallelogram Law)이라 한다.

《**예제 1**》 그림 5의 벡터 **a**와 **b**의 합을 그려라.

그림 5

풀이 **a**의 종점에 **b**의 시점이 놓이도록 **b**를 옮긴다. 이때 **b**의 복사본이 **b**의 크기와 방향이 바뀌지 않도록 주의해서 그린다. 그리고 **a**의 시점에서 시작해서 **b**의 복사본의 종점에서 끝나는 벡터 **a + b**를 그린다(그림 6(a) 참조).

다른 방법으로 **a**가 시작하는 곳에서 **b**가 시작하도록 놓고, 그림 6(b)에서와 같이 평행사변형 법칙에 따라 **a + b**를 작도한다.

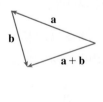

(a)

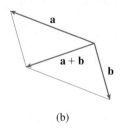

(b)

■ **그림 6**

이제 벡터 **v**와 실수 c의 곱을 정의한다. 이와 관련해서 실수 c를 벡터와 구별하기 위해 **스칼라**(scalar)라 한다. 예를 들어 스칼라배 2**v**는 **v** + **v**와 같은 벡터로 방향은 **v**와 같으나 길이는 2배이다. 일반적으로 다음과 같이 벡터에 스칼라를 곱한다.

스칼라배의 정의 c가 스칼라이고 **v**가 벡터이면 **스칼라배**(scalar multiple) c**v**는 길이가 **v**의 길이에 $|c|$를 곱한 것과 같고, $c > 0$이면 **v**와 같은 방향이고 $c < 0$이면 **v**와 반대방향의 벡터이다. $c = 0$이거나 **v** = **0**이면 c**v** = **0**이다.

이 정의는 그림 7에 설명되어 있다. 여기서 실수는 비례인수와 같은 역할을 하기 때문에 실수를 스칼라라 부른다. **0**이 아닌 두 벡터가 다른 한 벡터의 스칼라배이면 두 벡터는 **평행**(parallel)이다. 특히 벡터 −**v** = (−1)**v**는 **v**와 길이는 같지만 방향이 반대이다. 이를 **v**의 **음벡터**(negative vector)라 한다.

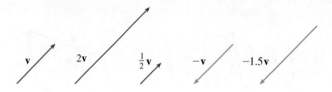

그림 7 **v**의 스칼라배

두 벡터의 **차**(difference) **u** − **v**는 다음을 의미한다.

$$\mathbf{u} - \mathbf{v} = \mathbf{u} + (-\mathbf{v})$$

그림 8(a)의 벡터 **u**와 **v**에 대해 먼저 **v**의 음벡터인 −**v**를 그린 다음 그림 8(b)와 같이 평행사변형 법칙을 이용해서 이를 **u**에 더해 **u** − **v**를 작도할 수 있다. 다른 방법으로 **v** + (**u** − **v**) = **u**이므로 벡터 **u** − **v**를 **v**에 더해서 **u**를 얻는다. 따라서 그림 8(c)와 같이 삼각형 법칙을 이용해서 **u** − **v**를 작도할 수 있다. **u**와 **v**의 시점이 같으면, **u** − **v**는 **v**의 종점에서 **u**의 종점까지 연결됨에 주목하자.

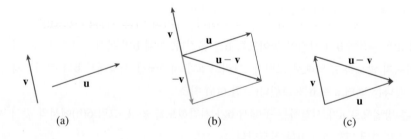

그림 8 **u** − **v** 그리기   (a)   (b)   (c)

《**예제 2**》 벡터 **a**와 **b**가 그림 9와 같을 때 **a** − 2**b**를 그려라.

풀이 먼저 **b**와 방향이 반대이고 길이가 2배인 벡터 −2**b**를 그린다. 이 벡터의 시점을 **a**의 종점에 놓고 삼각형 법칙을 이용해서 그림 10과 같이 **a** + (−2**b**)를 그린다.

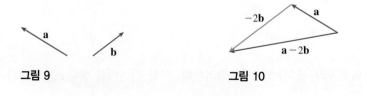

그림 9   **그림 10**   ■

■ 벡터의 성분

어떤 목적을 위해서는 좌표계를 도입하고 벡터를 대수적으로 취급하는 것이 편리한 경우가 있다. 직교좌표계의 원점과 벡터 **a**의 시점을 일치시키면 좌표계가 2차원 또는 3차원인가에 따라서 **a**의 종점은 (a_1, a_2) 또는 (a_1, a_2, a_3) 형태가 된다(그림 11 참조). 이들 좌표를 **a**의 **성분**(component)이라 하고 다음과 같이 쓴다.

$$\mathbf{a} = \langle a_1, a_2 \rangle \quad 또는 \quad \mathbf{a} = \langle a_1, a_2, a_3 \rangle$$

평면에 있는 점과 관련된 순서쌍 (a_1, a_2)와 혼동하지 않기 위해 벡터와 관련된 순서쌍의 기호를 $\langle a_1, a_2 \rangle$로 표시한다.

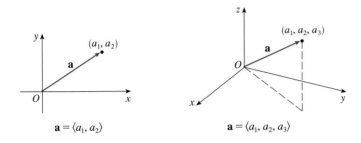

$\mathbf{a} = \langle a_1, a_2 \rangle$

$\mathbf{a} = \langle a_1, a_2, a_3 \rangle$

그림 11

예를 들어 그림 12의 벡터들은 종점이 $P(3, 2)$인 벡터 $\overrightarrow{OP} = \langle 3, 2 \rangle$와 동치인 벡터이다. 이 벡터들의 공통점은 시점에서 오른쪽으로 3단위, 위로 2단위인 지점에 종점이 있다. 이런 모든 기하학적 벡터를 대수적 벡터 $\mathbf{a} = \langle 3, 2 \rangle$의 **표현**으로 생각할 수 있다. 원점으로부터 점 $P(3, 2)$에 이르는 특별한 표현 $\overrightarrow{OP}$를 점 P의 **위치벡터**(position vector)라 한다.

3차원에서 벡터 $\mathbf{a} = \overrightarrow{OP} = \langle a_1, a_2, a_3 \rangle$은 점 $P(a_1, a_2, a_3)$의 **위치벡터**이다(그림 13 참조). 시점이 $A(x_1, y_1, z_1)$이고, 종점이 $B(x_2, y_2, z_2)$인 **a**의 또 다른 표현인 유향선분 $\overrightarrow{AB}$를 생각하자. 그러면 $x_1 + a_1 = x_2$, $y_1 + a_2 = y_2$, $z_1 + a_3 = z_2$이다. 따라서 $a_1 = x_2 - x_1$, $a_2 = y_2 - y_1$, $a_3 = z_2 - z_1$이다. 그러면 다음 결과를 얻는다.

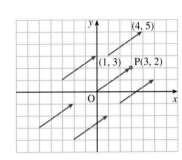

그림 12 벡터 $\mathbf{a} = \langle 3, 2 \rangle$의 표현

---

1 주어진 점 $A(x_1, y_1, z_1)$과 $B(x_2, y_2, z_2)$에 대해 $\overrightarrow{AB}$ 형태를 갖는 벡터 **a**는 다음과 같다.

$$\mathbf{a} = \langle x_2 - x_1, y_2 - y_1, z_2 - z_1 \rangle$$

《예제 3》 시점이 $A(2, -3, 4)$, 종점이 $B(-2, 1, 1)$인 유향선분으로 표현된 벡터를 구하라.

풀이 정리 **1**에 따라 $\overrightarrow{AB}$에 대응하는 벡터는 다음과 같다.

$$\mathbf{a} = \langle -2 - 2, 1 - (-3), 1 - 4 \rangle = \langle -4, 4, -3 \rangle \qquad ■$$

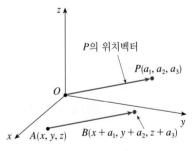

그림 13 $\mathbf{a} = \langle a_1, a_2, a_3 \rangle$의 표현

벡터 **v**의 **크기**(magnitude) 또는 **길이**(length)는 모든 형태로 표현된 벡터의 길이이고 $|\mathbf{v}|$ 또는 $\|\mathbf{v}\|$의 기호로 나타낸다. 선분 OP의 길이를 구하는 거리공식을 이용

하면 다음을 얻는다.

2차원 벡터 $\mathbf{a} = \langle a_1, a_2 \rangle$의 길이는 다음과 같다.

$$|\mathbf{a}| = \sqrt{a_1^2 + a_2^2}$$

3차원 벡터 $\mathbf{a} = \langle a_1, a_2, a_3 \rangle$의 길이는 다음과 같다.

$$|\mathbf{a}| = \sqrt{a_1^2 + a_2^2 + a_3^2}$$

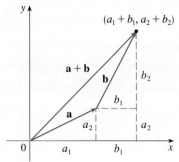

그림 14

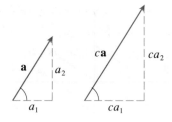

그림 15

어떻게 벡터를 대수적으로 더할까? 그림 14와 같이 적어도 성분들이 양수인 경우에 대해 $\mathbf{a} = \langle a_1, a_2 \rangle$, $\mathbf{b} = \langle b_1, b_2 \rangle$라 하면 합은 $\mathbf{a} + \mathbf{b} = \langle a_1 + b_1, a_2 + b_2 \rangle$이다. 다시 말해서 **대수적으로 벡터를 더하려면 그들의 성분끼리 더하면 되고 마찬가지로 벡터를 빼려면 성분끼리 빼면 된다.** 그림 15의 닮은 삼각형을 보면 $c\mathbf{a}$의 성분은 ca_1, ca_2이다. 따라서 **벡터에 스칼라를 곱하는 것은 각 성분에 그 스칼라를 곱하는 것과 같다.**

$\mathbf{a} = \langle a_1, a_2 \rangle$이고 $\mathbf{b} = \langle b_1, b_2 \rangle$이면 다음과 같다.

$$\mathbf{a} + \mathbf{b} = \langle a_1 + b_1, a_2 + b_2 \rangle, \qquad \mathbf{a} - \mathbf{b} = \langle a_1 - b_1, a_2 - b_2 \rangle$$
$$c\mathbf{a} = \langle ca_1, ca_2 \rangle$$

마찬가지로 3차원 벡터도 다음과 같다.

$$\langle a_1, a_2, a_3 \rangle + \langle b_1, b_2, b_3 \rangle = \langle a_1 + b_1, a_2 + b_2, a_3 + b_3 \rangle$$
$$\langle a_1, a_2, a_3 \rangle - \langle b_1, b_2, b_3 \rangle = \langle a_1 - b_1, a_2 - b_2, a_3 - b_3 \rangle$$
$$c\langle a_1, a_2, a_3 \rangle = \langle ca_1, ca_2, ca_3 \rangle$$

《예제 4》 $\mathbf{a} = \langle 4, 0, 3 \rangle$이고 $\mathbf{b} = \langle -2, 1, 5 \rangle$일 때 $|\mathbf{a}|$와 벡터 $\mathbf{a} + \mathbf{b}$, $\mathbf{a} - \mathbf{b}$, $3\mathbf{b}$, $2\mathbf{a} + 5\mathbf{b}$를 각각 구하라.

풀이
$$|\mathbf{a}| = \sqrt{4^2 + 0^2 + 3^2} = \sqrt{25} = 5$$

$$\mathbf{a} + \mathbf{b} = \langle 4, 0, 3 \rangle + \langle -2, 1, 5 \rangle$$
$$= \langle 4 + (-2), 0 + 1, 3 + 5 \rangle = \langle 2, 1, 8 \rangle$$

$$\mathbf{a} - \mathbf{b} = \langle 4, 0, 3 \rangle - \langle -2, 1, 5 \rangle$$
$$= \langle 4 - (-2), 0 - 1, 3 - 5 \rangle = \langle 6, -1, -2 \rangle$$

$$3\mathbf{b} = 3\langle -2, 1, 5 \rangle = \langle 3(-2), 3(1), 3(5) \rangle = \langle -6, 3, 15 \rangle$$

$$2\mathbf{a} + 5\mathbf{b} = 2\langle 4, 0, 3 \rangle + 5\langle -2, 1, 5 \rangle$$
$$= \langle 8, 0, 6 \rangle + \langle -10, 5, 25 \rangle = \langle -2, 5, 31 \rangle \qquad ∎$$

모든 2차원 벡터의 집합을 V_2, 모든 3차원 벡터의 집합을 V_3으로 나타낸다. 좀 더 일반적으로 모든 n차원 벡터의 집합 V_n을 나중에 생각할 필요가 있을 것이다. n차원 벡터는 다음과 같이 n-순서쌍이다.

$$\mathbf{a} = \langle a_1, a_2, \ldots, a_n \rangle$$

여기서 a_1, a_2, $\ldots$, a_n은 실수이고 $\mathbf{a}$의 성분이라 한다. V_n에서 합과 스칼라배는 $n = 2$와 $n = 3$인 경우와 마찬가지로 성분을 이용해서 정의된다.

벡터의 성질 $\mathbf{a}$, $\mathbf{b}$, $\mathbf{c}$가 V_n의 벡터이고 c, d가 스칼라일 때 다음이 성립한다.

1. $\mathbf{a} + \mathbf{b} = \mathbf{b} + \mathbf{a}$
2. $\mathbf{a} + (\mathbf{b} + \mathbf{c}) = (\mathbf{a} + \mathbf{b}) + \mathbf{c}$
3. $\mathbf{a} + \mathbf{0} = \mathbf{a}$
4. $\mathbf{a} + (-\mathbf{a}) = \mathbf{0}$
5. $c(\mathbf{a} + \mathbf{b}) = c\mathbf{a} + c\mathbf{b}$
6. $(c + d)\mathbf{a} = c\mathbf{a} + d\mathbf{a}$
7. $(cd)\mathbf{a} = c(d\mathbf{a})$
8. $1\mathbf{a} = \mathbf{a}$

위의 여덟 가지 벡터의 성질은 기하학적 또는 대수적으로 쉽게 증명할 수 있다. 예를 들어 성질 1은 그림 4(평행사변형 법칙과 동치)를 통해 쉽게 알 수 있다. 또는 $n = 2$인 경우 다음과 같이 보일 수 있다.

$$\begin{aligned} \mathbf{a} + \mathbf{b} &= \langle a_1, a_2 \rangle + \langle b_1, b_2 \rangle = \langle a_1 + b_1, a_2 + b_2 \rangle \\ &= \langle b_1 + a_1, b_2 + a_2 \rangle = \langle b_1, b_2 \rangle + \langle a_1, a_2 \rangle \\ &= \mathbf{b} + \mathbf{a} \end{aligned}$$

그림 16에서 삼각형 법칙을 여러 번 적용해 보면 성질 2(결합법칙)가 참임을 알 수 있다. 벡터 $\overrightarrow{PQ}$는 처음에 $\mathbf{a} + \mathbf{b}$를 작도하고 다음에 $\mathbf{c}$를 더하거나 벡터 $\mathbf{b} + \mathbf{c}$에 $\mathbf{a}$를 더해서 얻을 수 있다.

V_3는 특별한 역할을 하는 벡터가 3개 있다.

$$\mathbf{i} = \langle 1, 0, 0 \rangle \qquad \mathbf{j} = \langle 0, 1, 0 \rangle \qquad \mathbf{k} = \langle 0, 0, 1 \rangle$$

이런 벡터 $\mathbf{i}$, $\mathbf{j}$, $\mathbf{k}$를 **표준기저벡터**(standard basis vector)라 한다. 이 벡터들은 길이가 1이고 각각 양의 x축, y축, z축 방향이다. 마찬가지로 2차원에서는 $\mathbf{i} = \langle 1, 0 \rangle$과 $\mathbf{j} = \langle 0, 1 \rangle$로 정의한다(그림 17 참조).

n차원 벡터는 구성방법에 따라 여러 종류의 양을 나타내는 데 사용된다. 예를 들어 다음과 같은 6차원 벡터의 성분은 특정한 물건을 만드는 데 쓰이는 6종류의 서로 다른 원료의 가격을 나타낸다.

$$\mathbf{p} = \langle p_1, p_2, p_3, p_4, p_5, p_6 \rangle$$

상대성 이론에 사용되는 4차원벡터 $\langle x, y, z, t \rangle$는 처음 세 성분은 공간에서의 위치를 나타내고, 네 번째 성분은 시간을 나타낸다.

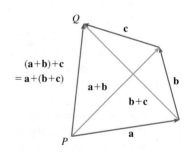

그림 16

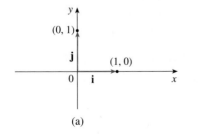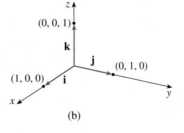

그림 17 V_2와 V_3에서의 표준기저벡터

$\mathbf{a} = \langle a_1, a_2, a_3 \rangle$이면 다음과 같이 쓸 수 있다.

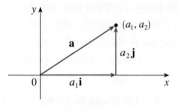

(a) $\mathbf{a} = a_1\mathbf{i} + a_2\mathbf{j}$

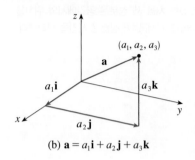

(b) $\mathbf{a} = a_1\mathbf{i} + a_2\mathbf{j} + a_3\mathbf{k}$

그림 18

$$\mathbf{a} = \langle a_1, a_2, a_3 \rangle = \langle a_1, 0, 0 \rangle + \langle 0, a_2, 0 \rangle + \langle 0, 0, a_3 \rangle$$
$$= a_1 \langle 1, 0, 0 \rangle + a_2 \langle 0, 1, 0 \rangle + a_3 \langle 0, 0, 1 \rangle$$

$\boxed{2}$ $\mathbf{a} = a_1\mathbf{i} + a_2\mathbf{j} + a_3\mathbf{k}$

따라서 V_3의 임의의 벡터는 $\mathbf{i}$, $\mathbf{j}$, $\mathbf{k}$로 나타낼 수 있다. 예를 들면 다음과 같다.

$$\langle 1, -2, 6 \rangle = \mathbf{i} - 2\mathbf{j} + 6\mathbf{k}$$

마찬가지로 2차원에서 다음과 같이 쓸 수 있다.

$\boxed{3}$ $\mathbf{a} = \langle a_1, a_2 \rangle = a_1\mathbf{i} + a_2\mathbf{j}$

식 $\boxed{3}$과 $\boxed{2}$의 기하학적 해석을 그림 18에서 알아보고, 그림 17과 비교해 보자.

《예제 5》 $\mathbf{a} = \mathbf{i} + 2\mathbf{j} - 3\mathbf{k}$, $\mathbf{b} = 4\mathbf{i} + 7\mathbf{k}$일 때 벡터 $2\mathbf{a} + 3\mathbf{b}$를 $\mathbf{i}$, $\mathbf{j}$, $\mathbf{k}$로 나타내라.

풀이 벡터의 성질 1, 2, 5, 6, 7을 이용하면 다음을 얻는다.

$$2\mathbf{a} + 3\mathbf{b} = 2(\mathbf{i} + 2\mathbf{j} - 3\mathbf{k}) + 3(4\mathbf{i} + 7\mathbf{k})$$
$$= 2\mathbf{i} + 4\mathbf{j} - 6\mathbf{k} + 12\mathbf{i} + 21\mathbf{k} = 14\mathbf{i} + 4\mathbf{j} + 15\mathbf{k} \qquad ■$$

단위벡터(unit vector)는 길이가 1인 벡터이다. 예를 들어 $\mathbf{i}$, $\mathbf{j}$, $\mathbf{k}$는 모두 단위벡터이다. 일반적으로 $\mathbf{a} \neq \mathbf{0}$이면 $\mathbf{a}$와 방향이 같은 단위벡터는 다음과 같다.

$\boxed{4}$ $$\mathbf{u} = \frac{1}{|\mathbf{a}|}\mathbf{a} = \frac{\mathbf{a}}{|\mathbf{a}|}$$

이를 보이기 위해 $c = 1/|\mathbf{a}|$이라 하면 $\mathbf{u} = c\mathbf{a}$이고, c는 양의 스칼라이다. 따라서 $\mathbf{u}$는 $\mathbf{a}$와 방향이 같다. 또한 다음이 성립한다.

$$|\mathbf{u}| = |c\mathbf{a}| = |c||\mathbf{a}| = \frac{1}{|\mathbf{a}|}|\mathbf{a}| = 1$$

《예제 6》 벡터 $2\mathbf{i} - \mathbf{j} - 2\mathbf{k}$ 방향의 단위벡터를 구하라.

풀이 주어진 벡터의 길이는 다음과 같다.

$$|2\mathbf{i} - \mathbf{j} - 2\mathbf{k}| = \sqrt{2^2 + (-1)^2 + (-2)^2} = \sqrt{9} = 3$$

따라서 식 $\boxed{4}$에 의해 방향이 같은 단위벡터는 다음과 같다.

$$\frac{1}{3}(2\mathbf{i} - \mathbf{j} - 2\mathbf{k}) = \frac{2}{3}\mathbf{i} - \frac{1}{3}\mathbf{j} - \frac{2}{3}\mathbf{k} \qquad ■$$

■ 응용

벡터는 물리학과 공학의 여러 측면에서 유용하다. 12장에서 벡터가 공간에서 움직이는 물체의 속도와 가속도를 어떻게 기술하는지 볼 것이다. 여기서는 힘에 대해 알

깁스

예일대학의 수리물리학 교수였던 깁스(Josiah Willard Gibbs, 1839~1903)는 1881년에 벡터에 관한 책인 《벡터해석 *Vector Analysis*》을 처음으로 출판했다. 해밀턴(Hamilton)은 일찍이 4원수라는 좀 더 복잡한 대상을 공간을 설명하는 수학적 도구로 고안했으나, 이것은 과학자들이 사용하기에는 쉽지 않았다. 4원수는 스칼라 부분과 벡터 부분이 있다. 깁스의 생각은 벡터 부분을 분리해서 사용하는 것이었다. 맥스웰(Maxwell)과 헤비사이드(Heaviside)도 비슷한 생각을 가졌으나, 깁스의 접근이 공간을 연구하기 위한 가장 편리한 방법인 것이 증명됐다.

아본다.

　힘은 크기(파운드 또는 뉴턴으로 측정)와 방향이 모두 있기 때문에 벡터로 표현된다. 한 물체에 여러 힘이 작용하면 이 물체에 영향을 주는 **합력**(resultant force)은 이들 힘의 벡터합이다.

《예제 7》 그림 19와 같이 질량 100 kg인 물체가 두 줄에 매달려 있을 때, 두 줄에 걸리는 장력(힘) $\mathbf{T}_1$, $\mathbf{T}_2$ 크기를 구하라.

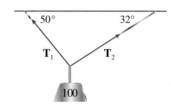

그림 19

풀이 먼저 $\mathbf{T}_1$과 $\mathbf{T}_2$를 수평 및 수직성분의 식으로 나타내자. 그림 20으로부터 다음을 알수 있다.

$$\boxed{5} \qquad \mathbf{T}_1 = -|\mathbf{T}_1|\cos 50° \, \mathbf{i} + |\mathbf{T}_1|\sin 50° \, \mathbf{j}$$

$$\boxed{6} \qquad \mathbf{T}_2 = |\mathbf{T}_2|\cos 32° \, \mathbf{i} + |\mathbf{T}_2|\sin 32° \, \mathbf{j}$$

물체에 작용하는 중력의 힘은 $\mathbf{F} = -100(9.8)\,\mathbf{j} = -980\,\mathbf{j}$이다. 두 장력의 합력 $\mathbf{T}_1 + \mathbf{T}_2$는 $\mathbf{F}$와 균형을 이루므로 다음과 같다.

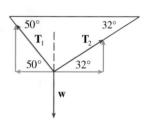

그림 20

$$\mathbf{T}_1 + \mathbf{T}_2 = -\mathbf{F} = 980\,\mathbf{j}$$

$$\left(-|\mathbf{T}_1|\cos 50° + |\mathbf{T}_2|\cos 32°\right)\mathbf{i} + \left(|\mathbf{T}_1|\sin 50° + |\mathbf{T}_2|\sin 32°\right)\mathbf{j} = 980\,\mathbf{j}$$

성분을 같게 놓으면 다음을 얻는다.

$$-|\mathbf{T}_1|\cos 50° + |\mathbf{T}_2|\cos 32° = 0$$
$$|\mathbf{T}_1|\sin 50° + |\mathbf{T}_2|\sin 32° = 980$$

첫 번째 방정식을 $|\mathbf{T}_2|$에 대해 푼 뒤 두 번째 방정식에 대입하면 다음과 같다.

$$|\mathbf{T}_1|\sin 50° + \frac{|\mathbf{T}_1|\cos 50°}{\cos 32°}\sin 32° = 980$$

$$|\mathbf{T}_1|\left(\sin 50° + \cos 50°\,\frac{\sin 32°}{\cos 32°}\right) = 980$$

따라서 각 장력의 크기는 다음과 같다.

$$|\mathbf{T}_1| = \frac{980}{\sin 50° + \tan 32° \cos 50°} \approx 839 \text{ N}$$

$$|\mathbf{T}_2| = \frac{|\mathbf{T}_1|\cos 50°}{\cos 32°} \approx 636 \text{ N}$$

이 값들을 식 $\boxed{5}$와 $\boxed{6}$에 대입하면 다음과 같은 장력벡터를 얻는다.

$$T_1 \approx -539\,\mathbf{i} + 643\,\mathbf{j}$$
$$T_2 \approx 539\,\mathbf{i} + 337\,\mathbf{j} \qquad\blacksquare$$

비행기가 바람 속에서 날고 있다면 비행기의 **실제 경로** 또는 **추적**은 비행기와 바람의 속도 벡터의 합력의 방향과 같다. 비행기의 **지상속력**(ground speed)은 합력의 크기이다. 마찬가지로 흐르는 물에서 항해하는 배의 실제 방향은 배와 흐르는 물의 속도 벡터의 합력의 방향과 같다.

《 **예제 8** 》 강물이 4 km/h인 속도로 서쪽 방향으로 흐르며 곧게 뻗은 강의 남쪽 해안에서 한 여자가 배를 띄운다. 이 사람은 강을 가로질러 정확하게 반대쪽 해안에 있는 지점에 도착하기를 원한다. 만일 배의 속력이 잔잔한 물에서 8 km/h이면 어떤 방향으로 배를 조정하여야 목적지에 도착할 수 있는가?

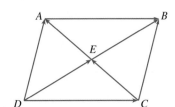

그림 21

배의 항해 방향을 나타낼 때 우리는 자주 N20°W와 같은 돌림(bearing)을 사용한다. 이는 북쪽 방향에서 서쪽으로 20° 돌린 것을 의미한다(돌림은 항상 북쪽 또는 남쪽을 먼저 사용한다).

풀이 그림 21과 같이 배의 출발점은 좌표축의 원점이라 하자. 강물의 속도는 $\mathbf{v}_c = -4\mathbf{i}$ 이고 (잔잔한 물에서) 배의 속력이 8 km/h이므로 배의 속도는 $\mathbf{v}_b = 8(\cos\theta\,\mathbf{i} + \sin\theta\,\mathbf{j})$ 이다. 이때 θ는 그림과 같으며, 합력은 다음과 같다.

$$\mathbf{v} = \mathbf{v}_b + \mathbf{v}_c$$
$$= 8\cos\theta\,\mathbf{i} + 8\sin\theta\,\mathbf{j} - 4\mathbf{i} = (-4 + 8\cos\theta)\mathbf{i} + (8\sin\theta)\mathbf{j}$$

배가 바로 맞은편 북쪽 해안에 도달하여야 하기 때문에 $\mathbf{v}$의 x성분은 0이다.

$$-4 + 8\cos\theta = 0 \quad\Longrightarrow\quad \cos\theta = \tfrac{1}{2} \quad\Longrightarrow\quad \theta = 60°$$

따라서 배는 $\theta = 60°$ 방향 또는 N30°E로 조정하여야 한다. $\qquad\blacksquare$

11.2 | 연습문제

1. 다음 물리량이 벡터인지 스칼라인지 설명하라.

(a) 영화 관람료

(b) 강물의 흐름

(c) 휴스턴에서 댈러스까지의 초기 비행 경로

(d) 세계 인구

2. 다음 평행사변형에서 서로 동치인 벡터를 모두 찾아라.

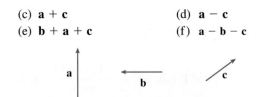

3. 그림의 벡터를 복사해서 다음 벡터를 그려라.

(a) $\mathbf{a} + \mathbf{b}$ (b) $\mathbf{b} + \mathbf{c}$

(c) $\mathbf{a} + \mathbf{c}$ (d) $\mathbf{a} - \mathbf{c}$

(e) $\mathbf{b} + \mathbf{a} + \mathbf{c}$ (f) $\mathbf{a} - \mathbf{b} - \mathbf{c}$

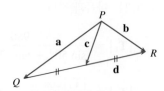

4. 그림에서와 같이 $\mathbf{c}$의 머리와 $\mathbf{d}$의 꼬리가 모두 QR의 중점에 있다. $\mathbf{c}$와 $\mathbf{d}$를 $\mathbf{a}$와 $\mathbf{b}$로 나타내라.

5-7 유향선분 $\overrightarrow{AB}$로 표현되는 벡터 $\mathbf{a}$를 구하라. $\overrightarrow{AB}$와 원점에서 시작하는 이와 동치인 벡터를 그려라.

5. $A(-2, 1)$, $B(1, 2)$ **6.** $A(3, -1)$, $B(2, 3)$

7. $A(1, -2, 4)$, $B(-2, 3, 0)$

8-9 주어진 벡터의 합을 구하고 이를 기하학적으로 설명하라.

8. $\langle -1, 4 \rangle$, $\langle 6, -2 \rangle$ **9.** $\langle 3, 0, 1 \rangle$, $\langle 0, 8, 0 \rangle$

10-11 $\mathbf{a} + \mathbf{b}$, $4\mathbf{a} + 2\mathbf{b}$, $|\mathbf{a}|$, $|\mathbf{a} - \mathbf{b}|$를 구하라.

10. $\mathbf{a} = \langle -3, 4 \rangle$, $\mathbf{b} = \langle 9, -1 \rangle$

11. $\mathbf{a} = 4\mathbf{i} - 3\mathbf{j} + 2\mathbf{k}$, $\mathbf{b} = 2\mathbf{i} - 4\mathbf{k}$

12-13 주어진 벡터와 방향이 같은 단위벡터를 구하라.

12. $\langle 6, -2 \rangle$ **13.** $8\mathbf{i} - \mathbf{j} + 4\mathbf{k}$

---

14. 벡터 $\mathbf{i} + \sqrt{3}\,\mathbf{j}$와 x축 양의 방향 사이의 각을 구하라.

15. V_2에서 시점이 원점이고 종점이 제2사분면에 있는 벡터 $\mathbf{v}$가 양의 x축과 이루는 각이 $5\pi/6$이며 $|\mathbf{v}| = 4$일 때, $\mathbf{v}$를 성분으로 나타내라.

16. 쿼터백이 속력 20 m/s로 지면과 40° 각도로 럭비공을 던질 때, 속도벡터의 수평성분과 수직성분을 구하라.

17. 다음 그림에서 합력의 크기와 양의 x축과 이루는 각도를 구하라.

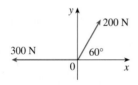

18. 그림과 같이 길이가 2 m와 3 m인 로프에 의해 도르레 승강 장치가 창고 안에서 매달려 있다. 도르레의 무게가 350 N이고, 서로 다른 높이에 고정된 로프는 각각 수평선과 50°와 38°의 각도를 이룬다. 각 로프에서 장력과 장력의 크기를 구하라.

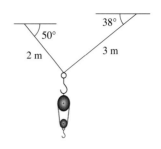

19. 어떤 물체에 세 힘이 작용한다. 이들 중 두 힘의 사이각이 100°이고 각각의 크기가 25 N과 12 N이다. 세 번째 힘은 크기가 4 N이고 처음 두 힘으로 이루어진 평면에 수직이다. 세 힘을 평형으로 만드는 힘의 크기를 계산하라.

20. 조종사가 N45°W 방향으로 공기속력(잔잔한 공기에서 속력) 290 km/h로 비행기를 조정하고 있다. 바람이 속력 55 km/h로 S30°E 방향으로 불고 있을 때 비행기의 실제 진행 방향과 지상속력을 구하라.

21. 포물선 $y = x^2$의 점 $(2, 4)$에서의 접선과 평행한 단위벡터를 구하라.

22. A, B, C를 삼각형의 꼭짓점이라 할 때 $\vec{AB} + \vec{BC} + \vec{CA}$를 구하라.

23. (a) 벡터 $\mathbf{a} = \langle 3, 2 \rangle$, $\mathbf{b} = \langle 2, -1 \rangle$, $\mathbf{c} = \langle 7, 1 \rangle$을 그려라.

   (b) 그림을 그려서 $\mathbf{c} = s\mathbf{a} + t\mathbf{b}$를 만족하는 스칼라 s와 t가 존재함을 보여라.

   (c) 그림을 그려서 s와 t의 값을 추정하라.

   (d) s와 t의 정확한 값을 구하라.

24. $\mathbf{r} = \langle x, y, z \rangle$, $\mathbf{r}_0 = \langle x_0, y_0, z_0 \rangle$일 때, $|\mathbf{r} - \mathbf{r}_0| = 1$을 만족하는 점 (x, y, z) 전체의 집합을 설명하라.

25. 그림 16은 벡터의 성질 2의 기하학적인 증명이다. 성분을 이용해서 $n = 2$인 경우에 이 성질을 대수적으로 증명하라.

26. 벡터를 이용해서 삼각형의 두 변의 중점을 잇는 선분은 나머지 변과 평행하고 길이는 반임을 증명하라.

11.3 | 내적

지금까지 두 벡터의 덧셈 및 벡터와 스칼라의 곱을 살펴봤다. 곱이 유용한 양이 되도록 두 벡터를 곱할 수 있을까? 하는 의문이 생긴다. 이와 같은 곱의 하나는 여기에서 정의할 내적이고, 다른 하나는 다음 절에서 설명할 외적이다.

■ 두 벡터의 내적

벡터 **a**와 **b**의 내적을 구하려면 각각의 성분을 곱하여 모두 합하면 된다.

> **1** **내적의 정의** $\mathbf{a} = \langle a_1, a_2, a_3 \rangle$, $\mathbf{b} = \langle b_1, b_2, b_3 \rangle$이라 하면 **a**와 **b**의 **내적**(inner product)은 다음으로 정의되는 수 $\mathbf{a} \cdot \mathbf{b}$이다.
>
> $$\mathbf{a} \cdot \mathbf{b} = a_1 b_1 + a_2 b_2 + a_3 b_3$$

두 벡터의 내적은 벡터가 아니라 실수이다. 이같은 이유로 내적을 때때로 **스칼라곱**(scalar product) 또는 **점적**(dot product)이라 한다. 정의 **1**은 3차원 벡터에 대한 것이지만, 다음과 같이 유사한 방법으로 2차원 벡터의 내적이 정의된다.

$$\langle a_1, a_2 \rangle \cdot \langle b_1, b_2 \rangle = a_1 b_1 + a_2 b_2$$

《예제 1》

$$\langle 2, 4 \rangle \cdot \langle 3, -1 \rangle = 2(3) + 4(-1) = 2$$

$$\langle -1, 7, 4 \rangle \cdot \left\langle 6, 2, -\tfrac{1}{2} \right\rangle = (-1)(6) + 7(2) + 4\left(-\tfrac{1}{2}\right) = 6$$

$$(\mathbf{i} + 2\mathbf{j} - 3\mathbf{k}) \cdot (2\mathbf{j} - \mathbf{k}) = 1(0) + 2(2) + (-3)(-1) = 7 \qquad ■$$

다음 정리는 내적이 실수들의 곱셈에서 성립되는 많은 법칙을 따른다는 성질을 나타낸다.

> **2** **내적의 성질**   **a**, **b**, **c**가 V_3의 벡터이고, c가 스칼라이면 다음이 성립한다.
> 1. $\mathbf{a} \cdot \mathbf{a} = |\mathbf{a}|^2$ 2. $\mathbf{a} \cdot \mathbf{b} = \mathbf{b} \cdot \mathbf{a}$
> 3. $\mathbf{a} \cdot (\mathbf{b} + \mathbf{c}) = \mathbf{a} \cdot \mathbf{b} + \mathbf{a} \cdot \mathbf{c}$ 4. $(c\mathbf{a}) \cdot \mathbf{b} = c(\mathbf{a} \cdot \mathbf{b}) = \mathbf{a} \cdot (c\mathbf{b})$
> 5. $\mathbf{0} \cdot \mathbf{a} = 0$

증명   이 성질들은 정의 **1**을 이용하면 쉽게 증명된다. 예를 들어 성질 1과 3의 증명은 다음과 같다.

   1. $\mathbf{a} \cdot \mathbf{a} = a_1^2 + a_2^2 + a_3^2 = |\mathbf{a}|^2$

3. $\mathbf{a} \cdot (\mathbf{b} + \mathbf{c}) = \langle a_1, a_2, a_3 \rangle \cdot \langle b_1 + c_1, b_2 + c_2, b_3 + c_3 \rangle$

$\qquad\qquad = a_1(b_1 + c_1) + a_2(b_2 + c_2) + a_3(b_3 + c_3)$

$\qquad\qquad = a_1 b_1 + a_1 c_1 + a_2 b_2 + a_2 c_2 + a_3 b_3 + a_3 c_3$

$\qquad\qquad = (a_1 b_1 + a_2 b_2 + a_3 b_3) + (a_1 c_1 + a_2 c_2 + a_3 c_3)$

$\qquad\qquad = \mathbf{a} \cdot \mathbf{b} + \mathbf{a} \cdot \mathbf{c}$

나머지 증명은 연습문제로 남겨 둔다.　　　　　　　　　　　　　　■

내적 $\mathbf{a} \cdot \mathbf{b}$는 $\mathbf{a}$와 $\mathbf{b}$ 사이의 각 θ를 이용해서 기하학적으로 설명할 수 있다. 이때 각 θ는 원점에서 시작하는 $\mathbf{a}$와 $\mathbf{b}$의 표현 사이의 각으로 정의되며 $0 \le \theta \le \pi$이다. 다시 말하면 θ는 그림 1의 선분 $\overrightarrow{OA}$와 $\overrightarrow{OB}$ 사이의 각이다. $\mathbf{a}$와 $\mathbf{b}$가 평행인 벡터이면, $\theta = 0$ 또는 $\theta = \pi$이다.

다음 정리에 나타나는 공식은 물리학자들이 내적의 정의로 사용하는 것이다.

---

3 **정리**　θ가 벡터 $\mathbf{a}$와 $\mathbf{b}$ 사이의 각이면 다음이 성립한다.

$$\mathbf{a} \cdot \mathbf{b} = |\mathbf{a}||\mathbf{b}| \cos \theta$$

증명　그림 1에서 삼각형 OAB에 코사인 법칙을 적용하면 다음을 얻는다.

4 $\qquad\qquad |AB|^2 = |OA|^2 + |OB|^2 - 2|OA||OB| \cos \theta$

(코사인 법칙은 $\theta = 0$ 또는 $\theta = \pi$, $\mathbf{a} = \mathbf{0}$ 또는 $\mathbf{b} = \mathbf{0}$과 같은 극단적인 경우에도 적용된다는 것을 살펴보기 바란다.) 그러나 $|OA| = |\mathbf{a}|$, $|OB| = |\mathbf{b}|$, $|AB| = |\mathbf{a} - \mathbf{b}|$이므로 식 **4**는 다음과 같이 된다.

5 $\qquad\qquad |\mathbf{a} - \mathbf{b}|^2 = |\mathbf{a}|^2 + |\mathbf{b}|^2 - 2|\mathbf{a}||\mathbf{b}| \cos \theta$

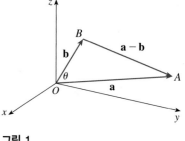

그림 1

내적의 성질 1, 2, 3을 이용해서 이 방정식의 좌변을 다음과 같이 고쳐 쓸 수 있다.

$$|\mathbf{a} - \mathbf{b}|^2 = (\mathbf{a} - \mathbf{b}) \cdot (\mathbf{a} - \mathbf{b})$$

$$= \mathbf{a} \cdot \mathbf{a} - \mathbf{a} \cdot \mathbf{b} - \mathbf{b} \cdot \mathbf{a} + \mathbf{b} \cdot \mathbf{b}$$

$$= |\mathbf{a}|^2 - 2\mathbf{a} \cdot \mathbf{b} + |\mathbf{b}|^2$$

그러므로 식 **5**로부터 다음이 성립한다.

$$|\mathbf{a}|^2 - 2\mathbf{a} \cdot \mathbf{b} + |\mathbf{b}|^2 = |\mathbf{a}|^2 + |\mathbf{b}|^2 - 2|\mathbf{a}||\mathbf{b}| \cos \theta$$

$$-2\mathbf{a} \cdot \mathbf{b} = -2|\mathbf{a}||\mathbf{b}| \cos \theta$$

$$\mathbf{a} \cdot \mathbf{b} = |\mathbf{a}||\mathbf{b}| \cos \theta \qquad\qquad ■$$

《예제 2》 벡터 $\mathbf{a}$와 $\mathbf{b}$의 길이가 각각 4와 6이고 그들 사이의 각이 $\pi/3$일 때, $\mathbf{a} \cdot \mathbf{b}$를 구하라.

풀이 정리 **3**을 이용하면 다음과 같다.

$$\mathbf{a} \cdot \mathbf{b} = |\mathbf{a}||\mathbf{b}| \cos(\pi/3) = 4 \cdot 6 \cdot \tfrac{1}{2} = 12$$

정리 **3**의 공식을 이용하면 두 벡터 사이의 각을 구할 수 있다.

---

6 따름정리 θ가 영이 아닌 벡터 $\mathbf{a}$와 $\mathbf{b}$ 사이의 각이면 다음이 성립한다.

$$\cos \theta = \frac{\mathbf{a} \cdot \mathbf{b}}{|\mathbf{a}||\mathbf{b}|}$$

《예제 3》 벡터 $\mathbf{a} = \langle 2, 2, -1 \rangle$과 $\mathbf{b} = \langle 5, -3, 2 \rangle$ 사이의 각을 구하라.

풀이
$$|\mathbf{a}| = \sqrt{2^2 + 2^2 + (-1)^2} = 3$$
$$|\mathbf{b}| = \sqrt{5^2 + (-3)^2 + 2^2} = \sqrt{38}$$
$$\mathbf{a} \cdot \mathbf{b} = 2(5) + 2(-3) + (-1)(2) = 2$$

그러므로 따름정리 **6**으로부터 다음을 얻는다.

$$\cos \theta = \frac{\mathbf{a} \cdot \mathbf{b}}{|\mathbf{a}||\mathbf{b}|} = \frac{2}{3\sqrt{38}}$$

따라서 $\mathbf{a}$와 $\mathbf{b}$ 사이의 각은 다음과 같다.

$$\theta = \cos^{-1}\left(\frac{2}{3\sqrt{38}}\right) \approx 1.46 \quad (\text{또는 } 84°)$$

영이 아닌 두 벡터 $\mathbf{a}$와 $\mathbf{b}$ 사이의 각이 $\theta = \pi/2$일 때, $\mathbf{a}$와 $\mathbf{b}$는 **서로 수직**(perpendicular) 또는 **서로 직교**(orthogonal)한다고 말한다. 정리 **3**으로부터 다음을 얻는다.

$$\mathbf{a} \cdot \mathbf{b} = |\mathbf{a}||\mathbf{b}| \cos(\pi/2) = 0$$

역으로 $\mathbf{a} \cdot \mathbf{b} = 0$이면 $\cos \theta = 0$이므로 $\theta = \pi/2$이다. 영벡터 $\mathbf{0}$는 모든 벡터에 수직인 것으로 생각한다. 그러므로 다음과 같은 방법으로 두 벡터가 직교하는지 아닌지를 결정할 수 있다.

---

7 두 벡터 $\mathbf{a}$와 $\mathbf{b}$가 직교하기 위한 필요충분조건은 $\mathbf{a} \cdot \mathbf{b} = 0$이다.

《예제 4》 $2\mathbf{i} + 2\mathbf{j} - \mathbf{k}$가 $5\mathbf{i} - 4\mathbf{j} + 2\mathbf{k}$에 수직임을 보여라.

풀이 $(2\mathbf{i} + 2\mathbf{j} - \mathbf{k}) \cdot (5\mathbf{i} - 4\mathbf{j} + 2\mathbf{k}) = 2(5) + 2(-4) + (-1)(2) = 0$이므로 정리 **7**에 따라 두 벡터는 수직이다.

$0 \le \theta < \pi/2$이면 $\cos \theta > 0$이고 $\pi/2 < \theta \le \pi$이면 $\cos \theta < 0$이므로 $\theta < \pi/2$

이면 $\mathbf{a} \cdot \mathbf{b}$는 양수이고 $\theta > \pi/2$이면 $\mathbf{a} \cdot \mathbf{b}$는 음수이다. **a**와 **b**가 같은 방향을 가리키는 정도를 측정하는 척도로 $\mathbf{a} \cdot \mathbf{b}$를 생각할 수 있다. **a**와 **b**가 일반적으로 같은 방향을 가리키면 $\mathbf{a} \cdot \mathbf{b}$는 양수이고, 서로 수직이면 0이며, **a**와 **b**가 일반적으로 반대 방향을 가리키면 $\mathbf{a} \cdot \mathbf{b}$는 음수이다(그림 2 참조). 특히 **a**와 **b**가 정확히 같은 방향을 가리키는 극단적인 경우에는 $\theta = 0$이다. 따라서 $\cos\theta = 1$이고 다음이 성립한다.

$$\mathbf{a} \cdot \mathbf{b} = |\mathbf{a}||\mathbf{b}|$$

a와 **b**가 정확히 반대 방향을 가리키면 $\theta = \pi$이고 따라서 $\cos\theta = -1$이고 다음이 성립한다.

$$\mathbf{a} \cdot \mathbf{b} = -|\mathbf{a}||\mathbf{b}|$$

그림 2

■ 방향각과 방향코사인

영이 아닌 벡터 **a**의 **방향각**(direction angle)은 **a**가 x축, y축, z축의 양의 방향과 끼인 각이 α, β, γ이고 α, β, γ는 구간 $[0, \pi]$의 값이다(그림 3 참조).

또 이들 방향각의 코사인 $\cos\alpha$, $\cos\beta$, $\cos\gamma$를 벡터 **a**의 **방향코사인**(direction cosine)이라 한다. 따름정리 6에서 **b**를 **i**라 하면, 다음을 얻는다. (이것은 그림 3에서 직접 알 수도 있다.)

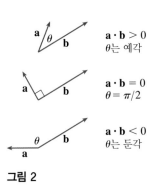

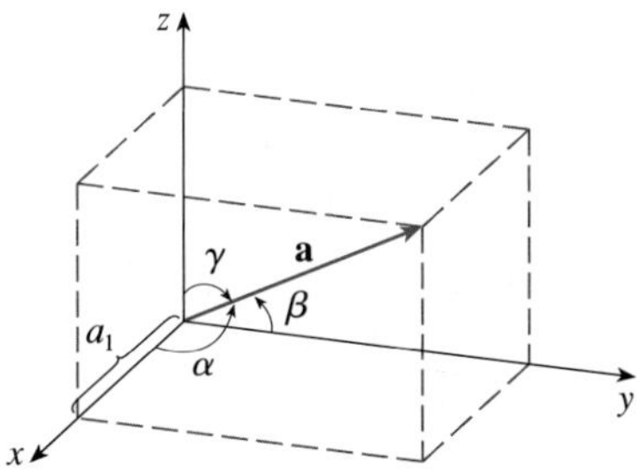

그림 3

8 $$\cos\alpha = \frac{\mathbf{a} \cdot \mathbf{i}}{|\mathbf{a}||\mathbf{i}|} = \frac{a_1}{|\mathbf{a}|}$$

유사하게 다음을 얻는다.

9 $$\cos\beta = \frac{a_2}{|\mathbf{a}|} \qquad \cos\gamma = \frac{a_3}{|\mathbf{a}|}$$

식 8과 9의 표현을 제곱해서 더하면 다음과 같다.

10 $$\cos^2\alpha + \cos^2\beta + \cos^2\gamma = 1$$

또한 식 8과 9를 이용하면 다음과 같이 쓸 수 있다.

$$\begin{aligned}\mathbf{a} = \langle a_1, a_2, a_3 \rangle &= \langle |\mathbf{a}|\cos\alpha, |\mathbf{a}|\cos\beta, |\mathbf{a}|\cos\gamma \rangle \\ &= |\mathbf{a}|\langle \cos\alpha, \cos\beta, \cos\gamma \rangle\end{aligned}$$

따라서 다음을 얻는다.

11 $$\frac{1}{|\mathbf{a}|}\mathbf{a} = \langle \cos\alpha, \cos\beta, \cos\gamma \rangle$$

이것으로부터 **a**의 방향코사인은 **a** 방향의 단위벡터의 성분이다.

예제 5 벡터 $\mathbf{a} = \langle 1, 2, 3 \rangle$의 방향각을 구하라.

풀이 $|\mathbf{a}| = \sqrt{1^2 + 2^2 + 3^2} = \sqrt{14}$ 이므로, 식 8과 9로부터 다음을 얻는다.

$$\cos \alpha = \frac{1}{\sqrt{14}}, \quad \cos \beta = \frac{2}{\sqrt{14}}, \quad \cos \gamma = \frac{3}{\sqrt{14}}$$

따라서 다음을 얻는다.

$$\alpha = \cos^{-1}\left(\frac{1}{\sqrt{14}}\right) \approx 74°, \quad \beta = \cos^{-1}\left(\frac{2}{\sqrt{14}}\right) \approx 58°, \quad \gamma = \cos^{-1}\left(\frac{3}{\sqrt{14}}\right) \approx 37° \quad \blacksquare$$

■ 사영

그림 4는 시점 P가 같은 두 벡터 $\mathbf{a}$와 $\mathbf{b}$를 $\overrightarrow{PQ}$와 $\overrightarrow{PR}$로 표현하고 있다. S를 R에서 $\overrightarrow{PQ}$를 포함하는 직선에 내린 수선의 발이라고 할 때, $\overrightarrow{PS}$로 표현된 벡터를 $\mathbf{a}$ 위로 $\mathbf{b}$의 **벡터 사영**(vector projection)이라 하고, $\text{proj}_{\mathbf{a}}\,\mathbf{b}$(이를 벡터 $\mathbf{b}$의 그림자로 생각할 수 있다)로 나타낸다.

$\mathbf{a}$ 위로 $\mathbf{b}$의 **스칼라 사영**(scalar projection) (또는 $\mathbf{a}$ 방향의 $\mathbf{b}$의 성분)은 θ가 $\mathbf{a}$와 $\mathbf{b}$ 사이의 각일 때, 벡터 사영의 부호가 있는 크기, 즉 $|\mathbf{b}| \cos \theta$로 정의한다(그림 5 참조). 그리고 이것을 $\text{comp}_{\mathbf{a}}\,\mathbf{b}$로 나타낸다. $\pi/2 < \theta \leq \pi$이면 이것은 음수가 됨에 주목하자. 다음 식은 $\mathbf{a}$와 $\mathbf{b}$의 내적이 $\mathbf{a}$ 위로 $\mathbf{b}$의 스칼라 사영을 $\mathbf{a}$의 길이에 곱한 것으로 해석할 수 있음을 보여 준다.

$$\mathbf{a} \cdot \mathbf{b} = |\mathbf{a}||\mathbf{b}| \cos \theta = |\mathbf{a}|(|\mathbf{b}| \cos \theta)$$

그러므로 $\mathbf{a}$ 방향의 $\mathbf{b}$의 성분은 $\mathbf{a}$ 방향의 단위벡터와 $\mathbf{b}$의 내적으로 계산할 수 있다.

$$|\mathbf{b}| \cos \theta = \frac{\mathbf{a} \cdot \mathbf{b}}{|\mathbf{a}|} = \frac{\mathbf{a}}{|\mathbf{a}|} \cdot \mathbf{b}$$

이것을 요약하면 다음과 같다.

$\mathbf{a}$ 위로 $\mathbf{b}$의 스칼라 사영: $\text{comp}_{\mathbf{a}}\,\mathbf{b} = \dfrac{\mathbf{a} \cdot \mathbf{b}}{|\mathbf{a}|}$

$\mathbf{a}$ 위로 $\mathbf{b}$의 벡터 사영: $\text{proj}_{\mathbf{a}}\,\mathbf{b} = \left(\dfrac{\mathbf{a} \cdot \mathbf{b}}{|\mathbf{a}|}\right) \dfrac{\mathbf{a}}{|\mathbf{a}|} = \dfrac{\mathbf{a} \cdot \mathbf{b}}{|\mathbf{a}|^2}\,\mathbf{a}$

벡터 사영은 스칼라 사영과 $\mathbf{a}$ 방향의 단위벡터의 곱이라는 사실에 주목하자.

《예제 6》 $\mathbf{a} = \langle -2, 3, 1 \rangle$ 위로 $\mathbf{b} = \langle 1, 1, 2 \rangle$의 스칼라 사영과 벡터 사영을 구하라.

풀이 $|\mathbf{a}| = \sqrt{(-2)^2 + 3^2 + 1^2} = \sqrt{14}$ 이므로 $\mathbf{a}$ 위로 $\mathbf{b}$의 스칼라 사영은 다음과 같다.

$$\text{comp}_{\mathbf{a}}\,\mathbf{b} = \frac{\mathbf{a} \cdot \mathbf{b}}{|\mathbf{a}|} = \frac{(-2)(1) + 3(1) + 1(2)}{\sqrt{14}} = \frac{3}{\sqrt{14}}$$

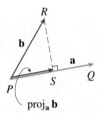
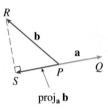

그림 4 벡터 사영

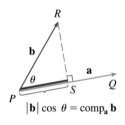

그림 5 스칼라 사영

벡터 사영은 이 스칼라 사영과 **a** 방향의 단위벡터의 곱이므로 다음과 같다.

$$\text{proj}_{\mathbf{a}}\, \mathbf{b} = \frac{3}{\sqrt{14}}\frac{\mathbf{a}}{|\mathbf{a}|} = \frac{3}{14}\mathbf{a} = \left\langle -\frac{3}{7}, \frac{9}{14}, \frac{3}{14} \right\rangle$$ ■

■ 응용: 일

사영을 이용하는 한 예는 물리학에서 일을 계산하는 것이다. 5.4절에서 물체를 거리 d만큼 이동시킬 때 일정한 힘 F가 한 일을 $W = Fd$로 정의했다. 그러나 이 경우는 물체가 움직이는 선을 따라 힘의 방향이 주어질 때에만 적용된다. 그러나 그림 6에서와 같이 일정한 힘이 어떤 다른 방향을 가리키는 벡터 $\mathbf{F} = \overrightarrow{PR}$라고 하자. 힘이 물체를 P에서 Q로 이동시킬 때 **변위벡터**(displacement vector)는 $\mathbf{D} = \overrightarrow{PQ}$이다. 이 힘이 한 **일**(work)은 다음과 같이 **D** 방향의 힘의 성분과 움직인 거리의 곱으로 정의한다.

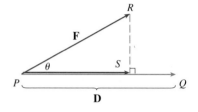

그림 6

$$W = (|\mathbf{F}|\cos\theta)|\mathbf{D}|$$

정리 ③으로부터 다음을 얻는다.

[12]
$$W = |\mathbf{F}||\mathbf{D}|\cos\theta = \mathbf{F}\cdot\mathbf{D}$$

따라서 **D**가 변위벡터일 때, 일정한 힘 **F**가 한 일은 내적 $\mathbf{F}\cdot\mathbf{D}$이다.

《예제 7》 70 N의 일정한 힘으로 짐수레를 수평인 길을 따라서 100 m를 끌고 있다. 짐수레의 손잡이가 수평 위로 35° 각도로 달려 있다. 이 힘이 한 일을 구하라.

풀이 그림 7에서와 같이 **F**, **D**를 각각 힘, 변위벡터라고 하면 한 일은 다음과 같다.

$$W = \mathbf{F}\cdot\mathbf{D} = |\mathbf{F}||\mathbf{D}|\cos 35°$$
$$= (70)(100)\cos 35° \approx 5734 \text{ N}\cdot\text{m} = 5734 \text{ J}$$ ■

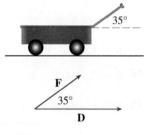

《예제 8》 벡터 $\mathbf{F} = 3\mathbf{i} + 4\mathbf{j} + 5\mathbf{k}$로 주어진 힘이 입자를 점 $P(2, 1, 0)$에서 $Q(4, 6, 2)$로 이동시킬 때 한 일을 구하라.

그림 7

풀이 변위벡터는 $\mathbf{D} = \overrightarrow{PQ} = \langle 2, 5, 2\rangle$이므로 식 [12]에 따라 한 일은 다음과 같다.

$$W = \mathbf{F}\cdot\mathbf{D} = \langle 3, 4, 5\rangle \cdot \langle 2, 5, 2\rangle$$
$$= 6 + 20 + 10 = 36$$

길이의 단위가 m이고, 힘의 크기의 단위가 N이면 한 일은 36 J이다. ■

$\overline{\underline{\underline{\underline{\underline{}}}}}$ **11.3** │ **연습문제** $\overline{\underline{\underline{\underline{\underline{}}}}}$

1. 다음 표현 중에서 의미가 있는 것은 어느 것인가? 의미가 없는 것은? 설명하라.

   (a) $(\mathbf{a} \cdot \mathbf{b}) \cdot \mathbf{c}$ (b) $(\mathbf{a} \cdot \mathbf{b})\mathbf{c}$

   (c) $|\mathbf{a}|(\mathbf{b} \cdot \mathbf{c})$ (d) $\mathbf{a} \cdot (\mathbf{b} + \mathbf{c})$

   (e) $\mathbf{a} \cdot \mathbf{b} + \mathbf{c}$ (f) $|\mathbf{a}| \cdot (\mathbf{b} + \mathbf{c})$

2-5 $\mathbf{a} \cdot \mathbf{b}$를 구하라.

2. $\mathbf{a} = \langle 1.5, 0.4 \rangle$, $\mathbf{b} = \langle -4, 6 \rangle$

3. $\mathbf{a} = \langle 4, 1, \frac{1}{4} \rangle$, $\mathbf{b} = \langle 6, -3, -8 \rangle$

4. $\mathbf{a} = 2\mathbf{i} + \mathbf{j}$, $\mathbf{b} = \mathbf{i} - \mathbf{j} + \mathbf{k}$

5. $|\mathbf{a}| = 7$, $|\mathbf{b}| = 4$, $\mathbf{a}$와 $\mathbf{b}$ 사이의 각은 $30°$이다.

6. $\mathbf{u}$가 단위벡터일 때 $\mathbf{u} \cdot \mathbf{v}$와 $\mathbf{u} \cdot \mathbf{w}$를 구하라.

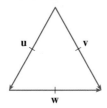

7. (a) $\mathbf{i} \cdot \mathbf{j} = \mathbf{j} \cdot \mathbf{k} = \mathbf{k} \cdot \mathbf{i} = 0$임을 보여라.

   (b) $\mathbf{i} \cdot \mathbf{i} = \mathbf{j} \cdot \mathbf{j} = \mathbf{k} \cdot \mathbf{k} = 1$임을 보여라.

8-10 두 벡터 사이의 각을 구하라. (먼저 정확한 식을 구한 다음 가장 가까운 정수 각도로 근사시킨다.)

8. $\mathbf{u} = \langle 5, 1 \rangle$, $\mathbf{v} = \langle 3, 2 \rangle$

9. $\mathbf{a} = \langle 1, -4, 1 \rangle$, $\mathbf{b} = \langle 0, 2, -2 \rangle$

10. $\mathbf{u} = \mathbf{i} - 4\mathbf{j} + \mathbf{k}$, $\mathbf{v} = -3\mathbf{i} + \mathbf{j} + 5\mathbf{k}$

11. 꼭짓점이 $P(2, 0)$, $Q(0, 3)$, $R(3, 4)$인 삼각형의 세 각을 가장 가까운 정수 각도로 교정해서 구하라.

12. 주어진 벡터들이 수직인지, 평행인지, 어느 것도 아닌지를 결정하라.

   (a) $\mathbf{a} = \langle 9, 3 \rangle$, $\mathbf{b} = \langle -2, 6 \rangle$

   (b) $\mathbf{a} = \langle 4, 5, -2 \rangle$, $\mathbf{b} = \langle 3, -1, 5 \rangle$

   (c) $\mathbf{a} = -8\mathbf{i} + 12\mathbf{j} + 4\mathbf{k}$, $\mathbf{b} = 6\mathbf{i} - 9\mathbf{j} - 3\mathbf{k}$

   (d) $\mathbf{a} = 3\mathbf{i} - \mathbf{j} + 3\mathbf{k}$, $\mathbf{b} = 5\mathbf{i} + 9\mathbf{j} - 2\mathbf{k}$

13. 벡터를 이용해서 꼭짓점이 $P(1, -3, -2)$, $Q(2, 0, -4)$, $R(6, -2, -5)$인 삼각형이 직각삼각형인지 결정하라.

14. $\mathbf{i} + \mathbf{j}$와 $\mathbf{i} + \mathbf{k}$에 모두 수직인 단위벡터를 구하라.

15. 두 직선 $y = 4 - 3x$과 $y = 3x + 2$ 사이의 예각을 구하라. 소수점 아래 첫째 자리에서 반올림한 각을 이용하라.

16. 두 곡선 $y = x^2$과 $y = x^3$의 교점에서 두 곡선 사이의 예각을 구하라. 소수점 아래 첫째 자리에서 반올림한 각을 이용하라. (두 곡선 사이의 각은 교점에서 두 접선 사이의 각이다.)

17-19 다음 벡터의 방향각과 방향코사인을 구하라. (방향각은 가장 가까운 소수점 아래 첫째 자리 각도로 교정한다.)

17. $\langle 4, 1, 8 \rangle$ **18.** $3\mathbf{i} - \mathbf{j} - 2\mathbf{k}$

19. $\langle c, c, c \rangle$ (단, $c > 0$)

20-22 $\mathbf{a}$ 위로 $\mathbf{b}$의 스칼라 사영과 벡터 사영을 구하라.

20. $\mathbf{a} = \langle -5, 12 \rangle$, $\mathbf{b} = \langle 4, 6 \rangle$

21. $\mathbf{a} = \langle 4, 7, -4 \rangle$, $\mathbf{b} = \langle 3, -1, 1 \rangle$

22. $\mathbf{a} = 3\mathbf{i} - 3\mathbf{j} + \mathbf{k}$, $\mathbf{b} = 2\mathbf{i} + 4\mathbf{j} - \mathbf{k}$

23. 벡터 $\text{orth}_{\mathbf{a}}\, \mathbf{b} = \mathbf{b} - \text{proj}_{\mathbf{a}}\, \mathbf{b}$는 벡터 $\mathbf{a}$와 수직임을 보여라. [이 벡터를 $\mathbf{b}$의 **직교 사영**(orthogonal projection)이라 한다.]

24. $\mathbf{a} = \langle 3, 0, -1 \rangle$일 때, $\text{comp}_{\mathbf{a}}\, \mathbf{b} = 2$인 벡터 $\mathbf{b}$를 구하라.

25. 물체를 점 $(0, 10, 8)$에서 점 $(6, 12, 20)$까지 직선을 따라 움직인 힘 $\mathbf{F} = 8\mathbf{i} - 6\mathbf{j} + 9\mathbf{k}$가 한 일을 구하라. 거리의 단위는 m이고 힘의 단위는 N이다.

26. 평평한 눈 위에서 로프로 썰매를 끈다. 수평 위로 $40°$ 각도로 30 N의 힘을 작용하여 썰매를 80 m 움직였다. 이 힘에 의해 이루어진 일을 구하라.

27. 점에서 선까지의 거리 스칼라 사영을 이용해서 점 $P_1(x_1, y_1)$에서 직선 $ax + by + c = 0$까지의 거리가 다음과 같음을 보여라.

$$\frac{|ax_1 + by_1 + c|}{\sqrt{a^2 + b^2}}$$

이 공식을 이용해서 점 $(-2, 3)$에서 직선 $3x - 4y + 5 = 0$까지의 거리를 구하라.

28. 소수점 아래 첫째 자리에서 반올림해서 정육면체에서 대각선과 한 모서리 사이의 각을 구하라.

29. 메탄(CH_4)의 분자는 정사면체의 꼭짓점에 수소원자 4개가 위치하고 무게중심에 탄소원자가 위치한 구조로 되어 있다. 결합각은 H—C—H 결합이 이루는 각이다. 즉 탄소원자와 두 수소원자를 연결하는 두 선분 사이의 각이다. 결합각이 약 109.5°임을 보여라. [힌트: 그림과 같이 사면체의 네 꼭짓점을 $(1, 0, 0)$, $(0, 1, 0)$, $(0, 0, 1)$, $(1, 1, 1)$로 잡으면 무게중심은 $\left(\frac{1}{2}, \frac{1}{2}, \frac{1}{2}\right)$이다.]

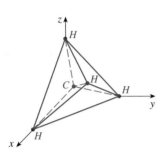

30. 내적의 성질(정리 2) 2, 4, 5를 증명하라.

31. 코시-슈바르츠 부등식 정리 3을 이용해서 다음 코시-슈바르츠(Cauchy-Schwarz) 부등식을 증명하라.

$$|\mathbf{a} \cdot \mathbf{b}| \leq |\mathbf{a}||\mathbf{b}|$$

32. 평행사변형 법칙 평행사변형 법칙은 다음과 같다.

$$|\mathbf{a} + \mathbf{b}|^2 + |\mathbf{a} - \mathbf{b}|^2 = 2|\mathbf{a}|^2 + 2|\mathbf{b}|^2$$

(a) 평행사변형 법칙을 기하학적으로 해석하라.

(b) 평행사변형 법칙을 증명하라.

[힌트: $|\mathbf{a} + \mathbf{b}|^2 = (\mathbf{a} + \mathbf{b}) \cdot (\mathbf{a} + \mathbf{b})$와 내적의 성질 3을 이용한다.]

33. θ가 벡터 $\mathbf{a}$와 $\mathbf{b}$ 사이의 각이라고 할 때 다음을 보여라.

$$\text{proj}_{\mathbf{a}} \mathbf{b} \cdot \text{proj}_{\mathbf{b}} \mathbf{a} = (\mathbf{a} \cdot \mathbf{b}) \cos^2\theta$$

11.4 | 외적

영이 아닌 두 주어진 벡터 $\mathbf{a} = \langle a_1, a_2, a_3 \rangle$과 $\mathbf{b} = \langle b_1, b_2, b_3 \rangle$에 대해 두 벡터에 모두 수직인 영이 아닌 벡터를 구하는 것은 매우 유용하다. 다음 절과 12, 13장에서 이런 벡터를 다룬다. 이제 그러한 벡터를 만드는 외적이라 불리는 연산을 정의하자.

■ 두 벡터의 외적

영이 아닌 두 주어진 벡터 $\mathbf{a} = \langle a_1, a_2, a_3 \rangle$과 $\mathbf{b} = \langle b_1, b_2, b_3 \rangle$에 대해 영이 아닌 벡터 $\mathbf{c} = \langle c_1, c_2, c_3 \rangle$가 $\mathbf{a}$와 $\mathbf{b}$ 모두와 수직이라 하면, $\mathbf{a} \cdot \mathbf{c} = 0$이고 $\mathbf{b} \cdot \mathbf{c} = 0$이다. 따라서 다음이 성립한다.

1 $$a_1 c_1 + a_2 c_2 + a_3 c_3 = 0$$

2 $$b_1 c_1 + b_2 c_2 + b_3 c_3 = 0$$

c_3를 소거하기 위해, 식 1에 b_3을 곱하고 식 2에 a_3을 곱한 후 양변을 빼면 다음을 얻는다.

3 $$(a_1 b_3 - a_3 b_1) c_1 + (a_2 b_3 - a_3 b_2) c_2 = 0$$

식 3은 $p c_1 + q c_2 = 0$ 형태로서 자명한 해는 $c_1 = q$, $c_2 = -p$이다. 따라서 식 3의 해는 다음과 같다.

$$c_1 = a_2 b_3 - a_3 b_2, \quad c_2 = a_3 b_1 - a_1 b_3$$

이 값들을 식 1과 2에 대입하면 다음을 얻는다.

$$c_3 = a_1b_2 - a_2b_1$$

이는 $\mathbf{a}$와 $\mathbf{b}$에 모두 수직인 벡터는 다음과 같음을 의미한다.

$$\langle c_1, c_2, c_3 \rangle = \langle a_2b_3 - a_3b_2,\ a_3b_1 - a_1b_3,\ a_1b_2 - a_2b_1 \rangle$$

이 벡터를 $\mathbf{a}$와 $\mathbf{b}$의 **외적**이라 하며, 기호 $\mathbf{a} \times \mathbf{b}$로 나타낸다.

> **해밀턴**
>
> 외적은 아일랜드 수학자인 해밀턴경(Sir William Rowan Hamilton, 1805~1865)이 고안한 것이다. 그는 4원수라 하는 벡터의 전조를 만들었다. 해밀턴은 5살 때 라틴어, 그리스어 그리고 히브리어를 읽을 수 있었고, 8살 때 프랑스어와 이탈리아어를 추가했다. 10살 때에는 아랍어와 산스크리트어를 읽을 수 있었다. 21살에 더블린에 있는 트리니티대학의 학부시절에 해밀턴은 천문학 교수 및 아일랜드의 왕립 천문대장으로 임명됐다.

> **4** **외적의 정의** $\mathbf{a} = \langle a_1, a_2, a_3 \rangle$, $\mathbf{b} = \langle b_1, b_2, b_3 \rangle$일 때 $\mathbf{a}$와 $\mathbf{b}$의 **외적**(cross product)은 다음과 같은 벡터이다.
>
> $$\mathbf{a} \times \mathbf{b} = \langle a_2b_3 - a_3b_2,\ a_3b_1 - a_1b_3,\ a_1b_2 - a_2b_1 \rangle$$

두 벡터 $\mathbf{a}$와 $\mathbf{b}$의 외적 $\mathbf{a} \times \mathbf{b}$는 벡터임(내적이 스칼라인 반면에)에 주의하자. 이와 같은 이유로 이것을 **벡터곱**(vector product)이라고 부르기도 한다. $\mathbf{a} \times \mathbf{b}$는 $\mathbf{a}$와 $\mathbf{b}$가 **3차원 벡터**일 때에만 정의된다는 것을 명심하자.

정의 **4**를 쉽게 기억하기 위해 행렬식의 표현을 이용한다. **2차 행렬식**(determinant of order 2)은 다음과 같이 정의된다.

$$\begin{vmatrix} a & b \\ c & d \end{vmatrix} = ad - bc$$

(대각선끼리 곱하여 **뺀다**.) 예를 들면 다음과 같다.

$$\begin{vmatrix} 2 & 1 \\ -6 & 4 \end{vmatrix} = 2(4) - 1(-6) = 14$$

3차 행렬식은 2차 행렬식을 이용하여 다음과 같이 정의될 수 있다.

$$\boxed{5} \quad \begin{vmatrix} a_1 & a_2 & a_3 \\ b_1 & b_2 & b_3 \\ c_1 & c_2 & c_3 \end{vmatrix} = a_1 \begin{vmatrix} b_2 & b_3 \\ c_2 & c_3 \end{vmatrix} - a_2 \begin{vmatrix} b_1 & b_3 \\ c_1 & c_3 \end{vmatrix} + a_3 \begin{vmatrix} b_1 & b_2 \\ c_1 & c_2 \end{vmatrix}$$

식 **5**의 우변의 각 항은 행렬식의 첫 번째 행의 수 a_i를 포함하고 있으며, a_i는 좌변의 행렬식에서 a_i가 들어있는 행과 열을 제거해서 얻은 2차 행렬식과 곱하고 있음을 관찰하자. 또 두 번째 항의 음의 부호를 유의하자. 예를 들면 다음과 같다.

$$\begin{vmatrix} 1 & 2 & -1 \\ 3 & 0 & 1 \\ -5 & 4 & 2 \end{vmatrix} = 1 \begin{vmatrix} 0 & 1 \\ 4 & 2 \end{vmatrix} - 2 \begin{vmatrix} 3 & 1 \\ -5 & 2 \end{vmatrix} + (-1) \begin{vmatrix} 3 & 0 \\ -5 & 4 \end{vmatrix}$$

$$= 1(0 - 4) - 2(6 + 5) + (-1)(12 - 0) = -38$$

정의 **4**를 2차 행렬식과 표준기저벡터 $\mathbf{i}, \mathbf{j}, \mathbf{k}$를 이용해서 다시 쓰면, $\mathbf{a} = a_1\mathbf{i} + a_2\mathbf{j} + a_3\mathbf{k}$와 $\mathbf{b} = b_1\mathbf{i} + b_2\mathbf{j} + b_3\mathbf{k}$의 외적은 다음과 같이 됨을 알 수 있다.

$$
\boxed{6} \qquad \mathbf{a} \times \mathbf{b} = \begin{vmatrix} a_2 & a_3 \\ b_2 & b_3 \end{vmatrix} \mathbf{i} - \begin{vmatrix} a_1 & a_3 \\ b_1 & b_3 \end{vmatrix} \mathbf{j} + \begin{vmatrix} a_1 & a_2 \\ b_1 & b_2 \end{vmatrix} \mathbf{k}
$$

식 $\boxed{5}$와 $\boxed{6}$의 유사성에 비추어 볼 때, 흔히 다음과 같이 쓴다.

$$
\boxed{7} \qquad \mathbf{a} \times \mathbf{b} = \begin{vmatrix} \mathbf{i} & \mathbf{j} & \mathbf{k} \\ a_1 & a_2 & a_3 \\ b_1 & b_2 & b_3 \end{vmatrix}
$$

식 $\boxed{7}$에서 기호로 표현한 행렬식의 첫 번째 행이 벡터로 이뤄져 있지만, 이것은 식 $\boxed{5}$의 규칙을 이용해서 보통의 행렬식으로 생각하고 전개하면 식 $\boxed{6}$을 얻는다. 식 $\boxed{7}$의 기호적인 공식이 아마도 외적을 기억하고 계산하는 데 가장 쉬운 방법일 것이다.

《예제 1》 $\mathbf{a} = \langle 1, 3, 4 \rangle$, $\mathbf{b} = \langle 2, 7, -5 \rangle$의 외적은 다음과 같다.

$$
\begin{aligned}
\mathbf{a} \times \mathbf{b} &= \begin{vmatrix} \mathbf{i} & \mathbf{j} & \mathbf{k} \\ 1 & 3 & 4 \\ 2 & 7 & -5 \end{vmatrix} \\
&= \begin{vmatrix} 3 & 4 \\ 7 & -5 \end{vmatrix} \mathbf{i} - \begin{vmatrix} 1 & 4 \\ 2 & -5 \end{vmatrix} \mathbf{j} + \begin{vmatrix} 1 & 3 \\ 2 & 7 \end{vmatrix} \mathbf{k} \\
&= (-15 - 28)\mathbf{i} - (-5 - 8)\mathbf{j} + (7 - 6)\mathbf{k} = -43\mathbf{i} + 13\mathbf{j} + \mathbf{k} \qquad \blacksquare
\end{aligned}
$$

《예제 2》 V_3의 임의의 벡터 $\mathbf{a}$에 대해 $\mathbf{a} \times \mathbf{a} = \mathbf{0}$임을 보여라.

풀이 $\mathbf{a} = \langle a_1, a_2, a_3 \rangle$라 하면 다음을 얻는다.

$$
\begin{aligned}
\mathbf{a} \times \mathbf{a} &= \begin{vmatrix} \mathbf{i} & \mathbf{j} & \mathbf{k} \\ a_1 & a_2 & a_3 \\ a_1 & a_2 & a_3 \end{vmatrix} \\
&= (a_2 a_3 - a_3 a_2)\mathbf{i} - (a_1 a_3 - a_3 a_1)\mathbf{j} + (a_1 a_2 - a_2 a_1)\mathbf{k} \\
&= 0\mathbf{i} - 0\mathbf{j} + 0\mathbf{k} = \mathbf{0} \qquad \blacksquare
\end{aligned}
$$

■ 외적의 성질

외적 $\mathbf{a} \times \mathbf{b}$를 $\mathbf{a}$와 $\mathbf{b}$에 모두 수직이 되도록 만들었다. 이것은 외적의 가장 중요한 성질 중의 하나이다. 따라서 다음 정리에서 이것을 강조하고 확인하기 위해 전형적인 증명을 제시한다.

$\boxed{8}$ **정리** 벡터 $\mathbf{a} \times \mathbf{b}$는 $\mathbf{a}$와 $\mathbf{b}$에 모두 직교한다.

증명 $\mathbf{a} \times \mathbf{b}$가 $\mathbf{a}$와 직교함을 보이기 위해 다음과 같이 내적을 계산한다.

$$(\mathbf{a} \times \mathbf{b}) \cdot \mathbf{a} = \begin{vmatrix} a_2 & a_3 \\ b_2 & b_3 \end{vmatrix} a_1 - \begin{vmatrix} a_1 & a_3 \\ b_1 & b_3 \end{vmatrix} a_2 + \begin{vmatrix} a_1 & a_2 \\ b_1 & b_2 \end{vmatrix} a_3$$

$$= a_1(a_2b_3 - a_3b_2) - a_2(a_1b_3 - a_3b_1) + a_3(a_1b_2 - a_2b_1)$$

$$= a_1a_2b_3 - a_1b_2a_3 - a_1a_2b_3 + b_1a_2a_3 + a_1b_2a_3 - b_1a_2a_3$$

$$= 0$$

비슷하게 계산하면 $(\mathbf{a} \times \mathbf{b}) \cdot \mathbf{b} = 0$임을 보일 수 있다. 따라서 $\mathbf{a} \times \mathbf{b}$는 $\mathbf{a}$와 $\mathbf{b}$에 모두 직교한다. ∎

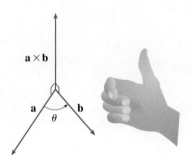

그림 1 오른손 법칙으로 $\mathbf{a} \times \mathbf{b}$의 방향을 알 수 있다.

$\mathbf{a}$와 $\mathbf{b}$를 (그림 1에서와 같이) 시점이 같은 유향선분으로 표현하면, 정리 **8**은 외적 $\mathbf{a} \times \mathbf{b}$는 $\mathbf{a}$와 $\mathbf{b}$를 지나는 평면에 수직인 방향을 가리키고 있음을 말한다. $\mathbf{a} \times \mathbf{b}$의 방향은 오른손 법칙에 따라 주어진다. 즉 오른손의 손가락을 $\mathbf{a}$에서 $\mathbf{b}$까지 (180°보다 작은 각으로) 회전하는 방향으로 구부리면, 엄지손가락이 $\mathbf{a} \times \mathbf{b}$의 방향을 가리킨다.

이제 벡터 $\mathbf{a} \times \mathbf{b}$의 방향을 알았다. 기하학적 설명을 완성하기 위해 필요한 나머지는 길이 $|\mathbf{a} \times \mathbf{b}|$이다. 이것은 다음 정리로 주어진다.

---

9 **정리** $\theta(0 \le \theta \le \pi)$가 $\mathbf{a}$와 $\mathbf{b}$ 사이의 각이면 다음이 성립한다.

$$|\mathbf{a} \times \mathbf{b}| = |\mathbf{a}||\mathbf{b}| \sin \theta$$

증명   외적과 벡터의 길이의 정의로부터 다음을 얻는다.

$$|\mathbf{a} \times \mathbf{b}|^2 = (a_2b_3 - a_3b_2)^2 + (a_3b_1 - a_1b_3)^2 + (a_1b_2 - a_2b_1)^2$$

$$= a_2^2b_3^2 - 2a_2a_3b_2b_3 + a_3^2b_2^2 + a_3^2b_1^2 - 2a_1a_3b_1b_3 + a_1^2b_3^2$$

$$\quad + a_1^2b_2^2 - 2a_1a_2b_1b_2 + a_2^2b_1^2$$

$$= (a_1^2 + a_2^2 + a_3^2)(b_1^2 + b_2^2 + b_3^2) - (a_1b_1 + a_2b_2 + a_3b_3)^2$$

$$= |\mathbf{a}|^2|\mathbf{b}|^2 - (\mathbf{a} \cdot \mathbf{b})^2$$

$$= |\mathbf{a}|^2|\mathbf{b}|^2 - |\mathbf{a}|^2|\mathbf{b}|^2\cos^2\theta \qquad \text{(11.3절의 정리 3에 의해)}$$

$$= |\mathbf{a}|^2|\mathbf{b}|^2(1 - \cos^2\theta)$$

$$= |\mathbf{a}|^2|\mathbf{b}|^2\sin^2\theta$$

제곱근을 택하고 $0 \le \theta \le \pi$일 때 $\sin\theta \ge 0$이므로 $\sqrt{\sin^2\theta} = \sin\theta$이다. 따라서 다음을 얻는다.

$$|\mathbf{a} \times \mathbf{b}| = |\mathbf{a}||\mathbf{b}| \sin\theta$$

∎

> 10 **따름정리** 영이 아닌 두 벡터 **a**와 **b**가 서로 평행이기 위한 필요충분조건은 다음과 같다.
>
> $$\mathbf{a} \times \mathbf{b} = \mathbf{0}$$

증명 영이 아닌 두 벡터 **a**와 **b**가 서로 평행이기 위한 필요충분조건은 $\theta = 0$ 또는 π 이다. 어느 경우이든 $\sin\theta = 0$이다. 따라서 $|\mathbf{a} \times \mathbf{b}| = 0$이므로 $\mathbf{a} \times \mathbf{b} = \mathbf{0}$이다. ■

벡터는 크기와 방향에 의해 완전히 결정되므로, 이제 **a** × **b**는 방향이 오른손 법칙으로 결정되고 길이가 $|\mathbf{a}||\mathbf{b}|\sin\theta$이며, **a**와 **b**에 모두 수직인 벡터라고 말할 수 있다. 사실 이것이 바로 물리학자가 **a** × **b**를 **정의**하는 방식이다.

$\mathbf{a} \times \mathbf{b}$의 기하학적 특성

정리 **9**의 기하학적인 해석은 그림 2를 살펴보면 알 수 있다. **a**와 **b**를 시점이 같은 유향선분으로 표현하면, 이들은 밑변 $|\mathbf{a}|$, 높이 $|\mathbf{b}|\sin\theta$이고 넓이가 다음과 같은 평행사변형을 결정한다.

$$A = |\mathbf{a}|\,(|\mathbf{b}|\sin\theta) = |\mathbf{a} \times \mathbf{b}|$$

따라서 외적의 크기를 다음과 같이 설명할 수 있다.

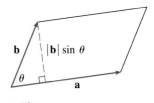

그림 2

> 외적 **a** × **b**의 크기는 **a**와 **b**로 결정되는 평행사변형의 넓이와 같다.

《**예제 3**》 세 점 $P(1, 4, 6)$, $Q(-2, 5, -1)$, $R(1, -1, 1)$을 지나는 평면에 수직인 벡터를 구하라.

풀이 벡터 $\vec{PQ} \times \vec{PR}$은 두 벡터 $\vec{PQ}$와 $\vec{PR}$에 모두 직교하고, 따라서 P, Q, R를 지나는 평면에 직교한다. 11.2절의 정리 **1**로부터 다음과 같다.

$$\vec{PQ} = (-2 - 1)\mathbf{i} + (5 - 4)\mathbf{j} + (-1 - 6)\mathbf{k} = -3\mathbf{i} + \mathbf{j} - 7\mathbf{k}$$
$$\vec{PR} = (1 - 1)\mathbf{i} + (-1 - 4)\mathbf{j} + (1 - 6)\mathbf{k} = -5\mathbf{j} - 5\mathbf{k}$$

이들 벡터의 외적을 구하면 다음과 같다.

$$\vec{PQ} \times \vec{PR} = \begin{vmatrix} \mathbf{i} & \mathbf{j} & \mathbf{k} \\ -3 & 1 & -7 \\ 0 & -5 & -5 \end{vmatrix}$$
$$= (-5 - 35)\mathbf{i} - (15 - 0)\mathbf{j} + (15 - 0)\mathbf{k} = -40\mathbf{i} - 15\mathbf{j} + 15\mathbf{k}$$

따라서 벡터 $\langle -40, -15, 15 \rangle$는 주어진 평면에 수직이다. 이 벡터의 영이 아닌 임의의 스칼라배, 예를 들어 $\langle -8, -3, 3 \rangle$ 또한 평면과 수직이다. ■

《**예제 4**》 꼭짓점이 $P(1, 4, 6)$, $Q(-2, 5, -1)$, $R(1, -1, 1)$ 삼각형의 넓이를 구하라.

풀이 예제 3에서 구한 바와 같이 $\overrightarrow{PQ} \times \overrightarrow{PR} = \langle -40, -15, 15 \rangle$이다. 선분 PQ와 PR을 이웃하는 변으로 하는 평행사변형의 넓이는 다음과 같이 외적 $\overrightarrow{PQ} \times \overrightarrow{PR}$의 크기와 같다.

$$\left| \overrightarrow{PQ} \times \overrightarrow{PR} \right| = \sqrt{(-40)^2 + (-15)^2 + 15^2} = 5\sqrt{82}$$

삼각형 PQR의 넓이 A는 이 평행사변형의 넓이의 반이다. 즉, $\frac{5}{2}\sqrt{82}$이다. ■

정리 $\boxed{8}$과 $\boxed{9}$를 표준기저벡터 $\mathbf{i}, \mathbf{j}, \mathbf{k}$에 적용하고 $\theta = \pi/2$를 이용하면 다음을 얻는다.

$$\begin{array}{ccc}
\mathbf{i} \times \mathbf{j} = \mathbf{k} & \mathbf{j} \times \mathbf{k} = \mathbf{i} & \mathbf{k} \times \mathbf{i} = \mathbf{j} \\
\mathbf{j} \times \mathbf{i} = -\mathbf{k} & \mathbf{k} \times \mathbf{j} = -\mathbf{i} & \mathbf{i} \times \mathbf{k} = -\mathbf{j}
\end{array}$$

다음에 주목하자.

$$\mathbf{i} \times \mathbf{j} \neq \mathbf{j} \times \mathbf{i}$$

⊘ 따라서 외적은 교환법칙이 성립하지 않는다. 또한 다음이 성립한다.

$$\mathbf{i} \times (\mathbf{i} \times \mathbf{j}) = \mathbf{i} \times \mathbf{k} = -\mathbf{j}$$
$$(\mathbf{i} \times \mathbf{i}) \times \mathbf{j} = \mathbf{0} \times \mathbf{j} = \mathbf{0}$$

⊘ 그러므로 곱에 관한 결합법칙도 통상적으로 성립하지 않는다. 즉, 일반적으로 다음과 같다.

$$(\mathbf{a} \times \mathbf{b}) \times \mathbf{c} \neq \mathbf{a} \times (\mathbf{b} \times \mathbf{c})$$

그러나 외적에 대해 통상적인 대수법칙 몇 가지가 성립한다. 다음 정리는 외적의 성질을 요약한 것이다.

$\boxed{11}$ **외적의 성질** $\mathbf{a}, \mathbf{b}, \mathbf{c}$가 벡터이고 c가 스칼라이면 다음이 성립한다.

1. $\mathbf{a} \times \mathbf{b} = -\mathbf{b} \times \mathbf{a}$
2. $(c\mathbf{a}) \times \mathbf{b} = c(\mathbf{a} \times \mathbf{b}) = \mathbf{a} \times (c\mathbf{b})$
3. $\mathbf{a} \times (\mathbf{b} + \mathbf{c}) = \mathbf{a} \times \mathbf{b} + \mathbf{a} \times \mathbf{c}$
4. $(\mathbf{a} + \mathbf{b}) \times \mathbf{c} = \mathbf{a} \times \mathbf{c} + \mathbf{b} \times \mathbf{c}$
5. $\mathbf{a} \cdot (\mathbf{b} \times \mathbf{c}) = (\mathbf{a} \times \mathbf{b}) \cdot \mathbf{c}$
6. $\mathbf{a} \times (\mathbf{b} \times \mathbf{c}) = (\mathbf{a} \cdot \mathbf{c})\mathbf{b} - (\mathbf{a} \cdot \mathbf{b})\mathbf{c}$

이 성질은 벡터를 성분으로 나타내고, 외적의 정의를 이용하면 증명할 수 있다. 여기서는 성질 5만 증명한다.

성질 5의 증명 $\mathbf{a} = \langle a_1, a_2, a_3 \rangle$, $\mathbf{b} = \langle b_1, b_2, b_3 \rangle$, $\mathbf{c} = \langle c_1, c_2, c_3 \rangle$이면 다음이 성립한다.

$$\boxed{12} \quad \begin{aligned}
\mathbf{a} \cdot (\mathbf{b} \times \mathbf{c}) &= a_1(b_2 c_3 - b_3 c_2) + a_2(b_3 c_1 - b_1 c_3) + a_3(b_1 c_2 - b_2 c_1) \\
&= a_1 b_2 c_3 - a_1 b_3 c_2 + a_2 b_3 c_1 - a_2 b_1 c_3 + a_3 b_1 c_2 - a_3 b_2 c_1 \\
&= (a_2 b_3 - a_3 b_2)c_1 + (a_3 b_1 - a_1 b_3)c_2 + (a_1 b_2 - a_2 b_1)c_3 \\
&= (\mathbf{a} \times \mathbf{b}) \cdot \mathbf{c}
\end{aligned}$$

■

■ 삼중적

성질 5의 곱 $\mathbf{a} \cdot (\mathbf{b} \times \mathbf{c})$를 벡터 $\mathbf{a}$, $\mathbf{b}$, $\mathbf{c}$의 **스칼라 삼중적**(scalar triple product)이라
한다. 식 12로부터 스칼라 삼중적은 행렬식을 이용해서 다음과 같이 쓸 수 있음에
유의하자.

$$\boxed{13} \qquad \mathbf{a} \cdot (\mathbf{b} \times \mathbf{c}) = \begin{vmatrix} a_1 & a_2 & a_3 \\ b_1 & b_2 & b_3 \\ c_1 & c_2 & c_3 \end{vmatrix}$$

스칼라 삼중적의 기하학적 의미는 벡터 $\mathbf{a}$, $\mathbf{b}$, $\mathbf{c}$로 결정되는 평행육면체를 생각하
면 알 수 있다(그림 3 참조). 평행사변형인 밑면의 넓이는 $A = |\mathbf{b} \times \mathbf{c}|$이다. θ를 $\mathbf{a}$
와 $\mathbf{b} \times \mathbf{c}$ 사이의 각이라 하면 평행육면체의 높이는 $h = |\mathbf{a}||\cos\theta|$이다($\theta > \pi/2$
인 경우에는 $\cos\theta$ 대신에 $|\cos\theta|$를 이용해야 한다). 따라서 평행육면체의 부피는
다음과 같다.

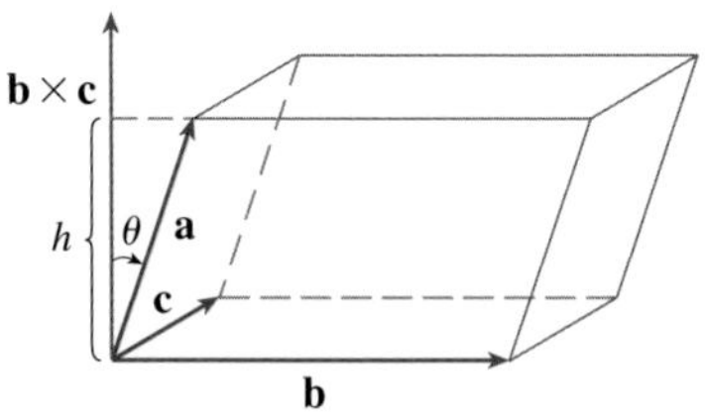

$$V = Ah = |\mathbf{b} \times \mathbf{c}||\mathbf{a}||\cos\theta| = |\mathbf{a} \cdot (\mathbf{b} \times \mathbf{c})| \qquad \text{(11.3절의 정리 3에 의해)}$$

이로부터 다음 공식이 증명된다.

그림 3

> 14 벡터 $\mathbf{a}$, $\mathbf{b}$, $\mathbf{c}$로 결정되는 평행육면체의 부피는 다음과 같이 이들의 스칼라 삼
> 중적의 크기이다.
>
> $$V = |\mathbf{a} \cdot (\mathbf{b} \times \mathbf{c})|$$

증명 14에 있는 공식을 이용하고 $\mathbf{a}$, $\mathbf{b}$, $\mathbf{c}$로 결정되는 평행육면체의 부피가 0이
면, 이 벡터들은 동일 평면 안에 놓여야 한다. 즉, 이 벡터들은 동일 평면에 있다.

《예제 5》 스칼라 삼중적을 이용해서 벡터 $\mathbf{a} = \langle 1, 4, -7 \rangle$, $\mathbf{b} = \langle 2, -1, 4 \rangle$, $\mathbf{c} = \langle 0, -9, 18 \rangle$
이 같은 평면에 있음을 보여라.

풀이 식 13을 이용해서 이들의 스칼라 삼중적을 계산하면 다음과 같다.

$$\mathbf{a} \cdot (\mathbf{b} \times \mathbf{c}) = \begin{vmatrix} 1 & 4 & -7 \\ 2 & -1 & 4 \\ 0 & -9 & 18 \end{vmatrix}$$

$$= 1 \begin{vmatrix} -1 & 4 \\ -9 & 18 \end{vmatrix} - 4 \begin{vmatrix} 2 & 4 \\ 0 & 18 \end{vmatrix} - 7 \begin{vmatrix} 2 & -1 \\ 0 & -9 \end{vmatrix}$$

$$= 1(18) - 4(36) - 7(-18) = 0$$

그러므로 증명 14에 따라 $\mathbf{a}$, $\mathbf{b}$, $\mathbf{c}$로 결정되는 평행육면체의 부피는 0이다. 이것은 $\mathbf{a}$, $\mathbf{b}$,
$\mathbf{c}$가 동일 평면에 있음을 의미한다. ■

성질 6의 곱 $\mathbf{a} \times (\mathbf{b} \times \mathbf{c})$를 $\mathbf{a}$, $\mathbf{b}$, $\mathbf{c}$의 **벡터 삼중적**(vector triple product)이라 한

다. 이 성질은 12장의 케플러의 행성운동 제1법칙을 유도하는 데 사용될 것이다.

■ 응용: 회전력

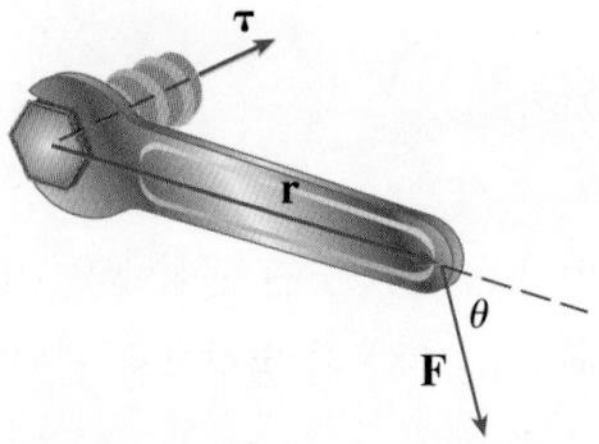

외적의 개념은 물리학에서 자주 나타난다. 특히 위치벡터 **r**로 주어진 점에서 강체에 작용하는 힘 **F**를 생각해 보자(예를 들어 그림 4와 같이 렌치에 힘을 가해 볼트를 조인다면 회전 효과를 얻는다). (원점에 대한) **회전력**(torque) **τ**는 다음과 같이 위치벡터와 힘벡터의 외적으로 정의한다.

$$\boldsymbol{\tau} = \mathbf{r} \times \mathbf{F}$$

그리고 이 힘은 원점을 중심으로 물체의 회전하는 정도를 나타낸다. 회전력벡터의 방향은 회전축을 나타낸다. 정리 **9**에 따르면 회전력벡터의 크기는 θ가 위치벡터와 힘벡터 사이의 각일 때 다음과 같다.

$$|\boldsymbol{\tau}| = |\mathbf{r} \times \mathbf{F}| = |\mathbf{r}||\mathbf{F}|\sin\theta$$

회전을 유발시키는 **F**의 유일한 성분은 **r**에 수직인 성분, 즉 $|\mathbf{F}|\sin\theta$임에 주목하자. 회전력의 크기는 **r**와 **F**로 결정되는 평행사변형의 넓이와 같다.

그림 4

《 **예제 6** 》 그림 5와 같이 길이가 0.25 m인 렌치에 40 N의 힘을 가해 볼트를 조인다. 볼트의 중심에 대한 회전력의 크기를 구하라.

풀이 회전력벡터의 크기는 다음과 같다.

$$|\boldsymbol{\tau}| = |\mathbf{r} \times \mathbf{F}| = |\mathbf{r}||\mathbf{F}|\sin 75° = (0.25)(40)\sin 75°$$
$$= 10\sin 75° \approx 9.66\,\text{N·m}$$

볼트가 오른 나사이면, 회전력벡터 자체는 다음과 같다.

$$\boldsymbol{\tau} = |\boldsymbol{\tau}|\mathbf{n} \approx 9.66\,\mathbf{n}$$

n은 종이면으로 들어가는 방향의 단위벡터이다.   ■

그림 5

═══ **11.4** | **연습문제** ═══

1-4 외적 **a** × **b**를 구하라. 이것이 **a**, **b**에 모두 수직임을 보여라.

1. $\mathbf{a} = \langle 2, 3, 0 \rangle$, $\mathbf{b} = \langle 1, 0, 5 \rangle$

2. $\mathbf{a} = 2\mathbf{j} - 4\mathbf{k}$, $\mathbf{b} = -\mathbf{i} + 3\mathbf{j} + \mathbf{k}$

3. $\mathbf{a} = \frac{1}{2}\mathbf{i} + \frac{1}{3}\mathbf{j} + \frac{1}{4}\mathbf{k}$, $\mathbf{b} = \mathbf{i} + 2\mathbf{j} - 3\mathbf{k}$

4. $\mathbf{a} = \langle t^3, t^2, t \rangle$, $\mathbf{b} = \langle t, 2t, 3t \rangle$

5-6 행렬식이 아닌 외적의 성질을 이용해서 벡터를 구하라.

5. $(\mathbf{i} \times \mathbf{j}) \times \mathbf{k}$ **6.** $(\mathbf{j} - \mathbf{k}) \times (\mathbf{k} - \mathbf{i})$

7. 다음 각 표현이 의미가 있는지 밝혀라. 의미가 없다면 이유를 설명하고, 의미가 있다면 벡터인지 스칼라인지 말하라.

(a) $\mathbf{a} \cdot (\mathbf{b} \times \mathbf{c})$ (b) $\mathbf{a} \times (\mathbf{b} \cdot \mathbf{c})$

(c) $\mathbf{a} \times (\mathbf{b} \times \mathbf{c})$ (d) $\mathbf{a} \cdot (\mathbf{b} \cdot \mathbf{c})$

(e) $(\mathbf{a} \cdot \mathbf{b}) \times (\mathbf{c} \cdot \mathbf{d})$ (f) $(\mathbf{a} \times \mathbf{b}) \cdot (\mathbf{c} \times \mathbf{d})$

8. $|\mathbf{u} \times \mathbf{v}|$를 구하고 $\mathbf{u} \times \mathbf{v}$의 방향이 종이면으로 들어가는지 종이면으로부터 나오는지 결정하라.

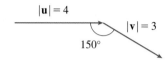

9. $\mathbf{a} = \langle 2, -1, 3 \rangle$, $\mathbf{b} = \langle 4, 2, 1 \rangle$일 때 $\mathbf{a} \times \mathbf{b}$와 $\mathbf{b} \times \mathbf{a}$를 구하라.

10. $\langle 3, 2, 1 \rangle$과 $\langle -1, 1, 0 \rangle$에 모두 직교하는 두 개의 단위벡터를 구하라.

11. V_3의 임의의 벡터 $\mathbf{a}$에 대해 $\mathbf{0} \times \mathbf{a} = \mathbf{0} = \mathbf{a} \times \mathbf{0}$임을 보여라.

12-13 정리 $\boxed{11}$의 외적의 특정 성질을 증명하라.

12. 성질 1: $\mathbf{a} \times \mathbf{b} = -\mathbf{b} \times \mathbf{a}$

13. 성질 3: $\mathbf{a} \times (\mathbf{b} + \mathbf{c}) = \mathbf{a} \times \mathbf{b} + \mathbf{a} \times \mathbf{c}$

---

14. 꼭짓점이 $A(-3, 0)$, $B(-1, 3)$, $C(5, 2)$, $D(3, -1)$인 평행사변형의 넓이를 구하라.

15-16 (a) 점 P, Q, R를 지나는 평면에 직교하는 0이 아닌 벡터를 구하고, (b) 삼각형 PQR의 넓이를 구하라.

15. $P(3, 1, 1)$, $Q(5, 2, 4)$, $R(8, 5, 3)$

16. $P(7, -2, 0)$, $Q(3, 1, 3)$, $R(4, -4, 2)$

---

17. 벡터 $\mathbf{a} = \langle 1, 2, 3 \rangle$, $\mathbf{b} = \langle -1, 1, 2 \rangle$, $\mathbf{c} = \langle 2, 1, 4 \rangle$로 결정되는 평행육면체의 부피를 구하라.

18. $P(-2, 1, 0)$, $Q(2, 3, 2)$, $R(1, 4, -1)$, $S(3, 6, 1)$일 때 이웃하는 세 변이 PQ, PR, PS인 평행육면체의 부피를 구하라.

19. 스칼라 삼중적을 이용해서 벡터 $\mathbf{u} = \mathbf{i} + 5\mathbf{j} - 2\mathbf{k}$, $\mathbf{v} = 3\mathbf{i} - \mathbf{j}$, $\mathbf{w} = 5\mathbf{i} + 9\mathbf{j} - 4\mathbf{k}$가 동일 평면에 있음을 보여라.

20. 그림에서와 같이 자전거의 페달을 60N의 힘으로 밟는다. 페달의 축의 길이가 18 cm일 때, P에 대한 회전력의 크기를 구하라.

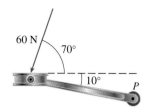

21. 30 cm의 렌치가 양의 y축을 따라 놓여 있으며 원점에 있는 볼트를 죄고 있다. 렌치의 끝에서 $\langle 0, 3, -4 \rangle$ 방향으로 힘이 작용할 때 볼트에 100 N·m의 회전력을 전달하기 위해 필요한 힘의 크기를 구하라.

22. $\mathbf{a} \cdot \mathbf{b} = \sqrt{3}$이고 $\mathbf{a} \times \mathbf{b} = \langle 1, 2, 2 \rangle$일 때 $\mathbf{a}$와 $\mathbf{b}$ 사이의 각의 크기를 구하라.

23. 점에서 선까지의 거리 점 P는 점 Q와 R을 지나는 직선 L 위에 있지 않다고 하자.

(a) 점 P에서 직선 L까지의 거리 d가 다음과 같음을 보여라. 여기서 $\mathbf{a} = \overrightarrow{QR}$이고 $\mathbf{b} = \overrightarrow{QP}$이다.

$$d = \frac{|\mathbf{a} \times \mathbf{b}|}{|\mathbf{a}|}$$

(b) (a)의 식을 이용해서 점 $P(1, 1, 1)$에서 $Q(0, 6, 8)$과 $R(-1, 4, 7)$을 지나는 직선까지 거리를 구하라.

24. $|\mathbf{a} \times \mathbf{b}|^2 = |\mathbf{a}|^2 |\mathbf{b}|^2 - (\mathbf{a} \cdot \mathbf{b})^2$을 증명하라.

25. $(\mathbf{a} - \mathbf{b}) \times (\mathbf{a} + \mathbf{b}) = 2(\mathbf{a} \times \mathbf{b})$를 증명하라.

26. $\mathbf{a} \times (\mathbf{b} \times \mathbf{c}) + \mathbf{b} \times (\mathbf{c} \times \mathbf{a}) + \mathbf{c} \times (\mathbf{a} \times \mathbf{b}) = \mathbf{0}$을 보여라.

[힌트: $\mathbf{a} \times (\mathbf{b} \times \mathbf{c}) = (\mathbf{a} \cdot \mathbf{c})\mathbf{b} - (\mathbf{a} \cdot \mathbf{b})\mathbf{c}$를 이용한다.]

27. $\mathbf{a} \neq \mathbf{0}$일 때

(a) $\mathbf{a} \cdot \mathbf{b} = \mathbf{a} \cdot \mathbf{c}$이면 $\mathbf{b} = \mathbf{c}$인가?

(b) $\mathbf{a} \times \mathbf{b} = \mathbf{a} \times \mathbf{c}$이면 $\mathbf{b} = \mathbf{c}$인가?

(c) $\mathbf{a} \cdot \mathbf{b} = \mathbf{a} \cdot \mathbf{c}$이고 $\mathbf{a} \times \mathbf{b} = \mathbf{a} \times \mathbf{c}$이면 $\mathbf{b} = \mathbf{c}$인가?

11.5 | 직선 및 평면의 방정식

■ 직선

xy평면에서 직선은 직선의 한 점과 직선의 방향(기울기 또는 경사각)이 주어지면 결정된다. 이 경우 직선의 방정식은 점–기울기형을 이용해서 쓸 수 있다.

마찬가지로 직선 L의 한 점 $P_0(x_0, y_0, z_0)$과 편리하게 직선에 평행한 벡터 $\mathbf{v}$에 의해 결정되는 L의 방향을 알면 3차원 공간에서 직선 L이 결정된다. $P(x, y, z)$를 L의 임의의 점이고, $\mathbf{r}_0$과 $\mathbf{r}$를 각각 P_0과 P의 위치벡터(즉, $\mathbf{r}_0$과 $\mathbf{r}$는 $\overrightarrow{OP_0}$과 $\overrightarrow{OP}$를 나타낸다)라 하자. 그림 1에서와 같이 $\mathbf{a}$가 $\overrightarrow{P_0P}$로 표현되는 벡터라 하면, 벡터의 합에 관한 삼각형 법칙으로부터 $\mathbf{r} = \mathbf{r}_0 + \mathbf{a}$를 얻는다. 그런데 $\mathbf{a}$와 $\mathbf{v}$가 평행인 벡터이므로 $\mathbf{a} = t\mathbf{v}$를 만족하는 스칼라 t가 존재한다. 따라서 L의 **벡터방정식**(vector equation)은 다음과 같다.

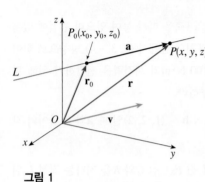

그림 1

$$\boxed{1} \qquad \boxed{\mathbf{r} = \mathbf{r}_0 + t\mathbf{v}}$$

매개변수(parameter) t의 값에 따라 직선 L 위의 점에 대한 위치벡터 $\mathbf{r}$가 정해진다. 다시 말하면 t가 변함에 따라 벡터 $\mathbf{r}$의 종점의 자취가 직선을 그린다. 그림 2에서와 같이 t의 양수값에는 P_0의 한쪽에 있는 L의 점이 대응되지만, t의 음수값에는 P_0의 다른 한쪽에 있는 L의 점이 대응된다.

직선 L의 방향을 정해 주는 벡터 $\mathbf{v}$를 성분을 이용해서 $\mathbf{v} = \langle a, b, c \rangle$와 같이 쓰면, $t\mathbf{v} = \langle ta, tb, tc \rangle$이다. 또한 $\mathbf{r} = \langle x, y, z \rangle$와 $\mathbf{r}_0 = \langle x_0, y_0, z_0 \rangle$로 쓸 수 있으므로 벡터방정식 $\boxed{1}$은 다음과 같다.

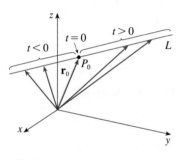

그림 2

$$\langle x, y, z \rangle = \langle x_0 + ta, y_0 + tb, z_0 + tc \rangle$$

두 벡터가 같기 위한 필요충분조건은 대응하는 성분들이 같아야 한다는 것이다. 그러므로 $t \in \mathbb{R}$일 때 다음과 같은 세 개의 스칼라방정식을 얻는다.

$$x = x_0 + at, \qquad y = y_0 + bt, \qquad z = z_0 + ct$$

이들 방정식을 점 $P_0(x_0, y_0, z_0)$ 지나고, 벡터 $\mathbf{v} = \langle a, b, c \rangle$에 평행인 직선 L의 **매개변수방정식**(parametric equation)이라 한다. 매개변수 t의 각 값에 따라 L의 점 (x, y, z)가 결정된다.

> $\boxed{2}$ 점 (x_0, y_0, z_0)을 지나고 방향벡터 $\langle a, b, c \rangle$와 평행인 직선의 매개변수방정식은 다음과 같다.
>
> $$x = x_0 + at, \qquad y = y_0 + bt, \qquad z = z_0 + ct$$

《 예제 1 》

(a) 점 (5, 1, 3)을 지나고 벡터 $\mathbf{i} - 4\mathbf{j} - 2\mathbf{k}$에 평행인 직선의 벡터방정식과 매개변수방정식을 구하라.

(b) 직선 위의 다른 두 점을 구하라.

풀이

(a) $\mathbf{r}_0 = \langle 5, 1, 3 \rangle = 5\mathbf{i} + \mathbf{j} + 3\mathbf{k}$이고 $\mathbf{v} = \mathbf{i} + 4\mathbf{j} - 2\mathbf{k}$이므로, 벡터방정식 $\boxed{1}$은 다음과 같다.

$$\mathbf{r} = (5\mathbf{i} + \mathbf{j} + 3\mathbf{k}) + t(\mathbf{i} + 4\mathbf{j} - 2\mathbf{k})$$

즉
$$\mathbf{r} = (5 + t)\mathbf{i} + (1 + 4t)\mathbf{j} + (3 - 2t)\mathbf{k}$$

매개변수방정식은 다음과 같다.

$$x = 5 + t, \quad y = 1 + 4t, \quad z = 3 - 2t$$

(b) 매개변수의 값을 $t = 1$로 선택하면 $x = 6, y = 5, z = 1$이므로 (6, 5, 1)은 직선 위의 점이다. 마찬가지로 $t = -1$이면 점 (4, -3, 5)를 얻는다. ■

직선의 벡터방정식과 매개변수방정식이 유일한 것은 아니다. 점이나 매개변수를 바꾸거나 평행인 다른 벡터를 선택하면 방정식은 달라진다. 예를 들어 예제 1에서 (5, 1, 3) 대신에 점 (6, 5, 1)을 선택하면 직선의 매개변수방정식은 다음과 같다.

$$x = 6 + t, \quad y = 5 + 4t, \quad z = 1 - 2t$$

또는 점 (5, 1, 3)을 그대로 두고, 평행인 벡터 $2\mathbf{i} + 8\mathbf{j} - 4\mathbf{k}$를 선택하면, 방정식은 다음과 같다.

$$x = 5 + 2t, \quad y = 1 + 8t, \quad z = 3 - 4t$$

일반적으로 직선 L의 방향을 표시하는 데 벡터 $\mathbf{v} = \langle a, b, c \rangle$를 이용하면, 수 a, b, c를 L의 **방향수**(direction number)라 한다. $\mathbf{v}$에 평행인 임의의 벡터가 사용될 수 있으므로 a, b, c에 비례하는 세 수도 L의 방향수로 이용될 수 있다.

직선 L을 설명하는 또 다른 방법은 식 $\boxed{2}$에서 매개변수 t를 소거하는 것이다. a, b, c 중 어느 것도 0이 아니면, 각 방정식을 t에 관해 풀 수 있으므로 그 결과를 같게 놓으면 다음 식을 얻는다.

$$t = \frac{x - x_0}{a}, \quad t = \frac{y - y_0}{b}, \quad t = \frac{z - z_0}{c}$$

$\boxed{3}$
$$\frac{x - x_0}{a} = \frac{y - y_0}{b} = \frac{z - z_0}{c}$$

이 방정식을 L의 **대칭방정식**(symmetric equation)이라 한다. 식 $\boxed{3}$의 분모에 나타난 수 a, b, c가 L의 방향수, 즉 L과 평행인 벡터의 성분임에 유의하자. a, b, c 중의 어느 하나가 0인 경우에도 역시 t를 소거할 수 있다. 예를 들면 $a = 0$이면 L의 방정식

그림 3은 예제 1의 직선 L을 보여 주며, 주어진 점과 그 직선의 방향을 제시하는 벡터의 관계를 보여 주고 있다.

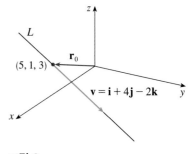

그림 3

은 다음과 같다.

$$x = x_0, \qquad \frac{y - y_0}{b} = \frac{z - z_0}{c}$$

이것은 L이 수직평면 $x = x_0$ 안에 놓여 있음을 의미한다.

그림 4는 예제 2의 직선 L과 이 직선이 xy평면과 만나는 점 P를 나타내고 있다.

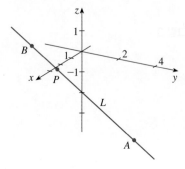

그림 4

《**예제 2**》

(a) 점 $A(2, 4, -3)$과 $B(3, -1, 1)$을 지나는 직선의 매개변수방정식과 대칭방정식을 구하라.

(b) 이 직선은 어느 점에서 xy평면과 만나는가?

풀이

(a) 직선과 평행인 벡터가 바로 주어져 있지는 않지만, $\overrightarrow{AB}$로 표현되는 벡터 $\mathbf{v}$는 직선에 평행이고 다음과 같다.

$$\mathbf{v} = \langle 3 - 2, -1 - 4, 1 - (-3) \rangle = \langle 1, -5, 4 \rangle$$

따라서 방향수는 $a = 1$, $b = -5$, $c = 4$이다. 점 $(2, 4, -3)$을 P_0으로 두면, 매개변수방정식 **2**는 다음과 같다.

$$x = 2 + t, \qquad y = 4 - 5t, \qquad z = -3 + 4t$$

대칭방정식 **3**은 다음과 같다.

$$\frac{x - 2}{1} = \frac{y - 4}{-5} = \frac{z + 3}{4}$$

(b) $z = 0$일 때 직선은 xy평면과 만난다. 매개변수방정식으로부터 $z = -3 + 4t = 0$, 즉 $t = \frac{3}{4}$을 얻는다. 따라서 $x = 2 + \frac{3}{4} = \frac{11}{4}$이고 $y = 4 - 5\left(\frac{3}{4}\right) = \frac{1}{4}$이므로 직선이 xy평면과 만나는 점은 $\left(\frac{11}{4}, \frac{1}{4}, 0\right)$이다.

다른 방법으로 대칭방정식에서 $z = 0$이라 놓으면 다음을 얻는다.

$$\frac{x - 2}{1} = \frac{y - 4}{-5} = \frac{3}{4}$$

이로부터 $x = \frac{11}{4}$, $y = \frac{1}{4}$을 얻는다. ■

일반적으로 예제 2와 같이 점 $P_0(x_0, y_0, z_0)$과 $P_1(x_1, y_1, z_1)$을 지나는 직선 L의 방향수는 $x_1 - x_0$, $y_1 - y_0$, $z_1 - z_0$이다. 따라서 L의 대칭방정식은 다음과 같다.

$$\frac{x - x_0}{x_1 - x_0} = \frac{y - y_0}{y_1 - y_0} = \frac{z - z_0}{z_1 - z_0}$$

종종 우리는 직선 전체가 아닌 그 일부분인 선분에 대한 설명이 필요하다. 예를 들어 예제 2의 선분 AB를 어떻게 설명할 수 있을까? 예제 2(a)의 매개변수방정식에 $t = 0$을 대입하면 점 $(2, 4, -3)$을 얻고 $t = 1$을 대입하면 점 $(3, -1, 1)$을 얻는다. 따라서 선분 AB는 다음과 같은 매개변수방정식으로 설명된다.

$$x = 2 + t, \quad y = 4 - 5t, \quad z = -3 + 4t, \quad 0 \le t \le 1$$

또는 벡터방정식에 의해 다음과 같이 표현된다.

$$\mathbf{r}(t) = \langle 2 + t, 4 - 5t, -3 + 4t \rangle, \quad 0 \le t \le 1$$

일반적으로 식 $\boxed{1}$로부터 벡터 $\mathbf{r}_0$의 종점을 지나고 방향이 벡터 $\mathbf{v}$인 직선의 벡터방정식은 $\mathbf{r} = \mathbf{r}_0 + t\mathbf{v}$임을 알 수 있다. 직선이 벡터 $\mathbf{r}_1$의 종점도 지나면 $\mathbf{v} = \mathbf{r}_1 - \mathbf{r}_0$을 택할 수 있고, 따라서 직선의 벡터방정식은 다음과 같다.

$$\mathbf{r} = \mathbf{r}_0 + t(\mathbf{r}_1 - \mathbf{r}_0) = (1 - t)\mathbf{r}_0 + t\mathbf{r}_1$$

$\mathbf{r}_0$에서 $\mathbf{r}_1$까지 이은 선분은 매개변수 구간 $0 \le t \le 1$로 주어진다.

$\boxed{4}$ $\mathbf{r}_0$에서 $\mathbf{r}_1$까지 이은 선분은 다음 벡터방정식으로 주어진다.

$$\mathbf{r}(t) = (1 - t)\mathbf{r}_0 + t\mathbf{r}_1, \quad 0 \le t \le 1$$

《예제 3》 매개변수방정식이 다음과 같은 직선 L_1과 L_2가 있다.

$$L_1: \quad x = 1 + t, \quad y = -2 + 3t, \quad z = 4 - t$$
$$L_2: \quad x = 2s, \quad\quad y = 3 + s, \quad\quad z = -3 + 4s$$

L_1과 L_2는 서로 **꼬인 위치의 직선**(skew line), 즉 두 직선은 만나지도 않고 평행하지도 않는 직선(같은 평면에 있지 않는)임을 보여라.

풀이 두 직선에 대응하는 방향벡터 $\langle 1, 3, -1 \rangle$과 $\langle 2, 1, 4 \rangle$가 평행하지 않기 때문에 직선들은 평행이 아니다. (그들의 성분이 비례하지 않는다.) L_1과 L_2의 교점이 있으면, t와 s의 값이 존재해서 다음을 만족해야 한다.

$$1 + t = 2s$$
$$-2 + 3t = 3 + s$$
$$4 - t = -3 + 4s$$

그러나 처음 두 방정식을 풀면 $t = \frac{11}{5}$와 $s = \frac{8}{5}$를 얻게 되는데, 이 값들은 셋째 방정식을 만족하지 않는다. 따라서 세 방정식을 만족하는 t와 s의 값은 존재하지 않는다. 그러므로 L_1과 L_2는 만나지 않는다. 그러므로 L_1과 L_2는 서로 꼬인 위치의 직선이다. ■

예제 3의 직선 L_1과 L_2는 그림 5와 같이 서로 꼬인 위치의 직선이다.

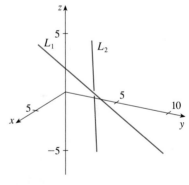

그림 5

■ 평면

공간에 있는 직선은 점과 방향으로 결정된다 하더라도, 공간에 있는 평면은 설명하기가 조금 더 힘들다. 평면에 평행인 한 벡터로 평면의 '방향'을 나타내기에는 불충분하다. 그러나 평면에 수직인 벡터는 평면의 방향을 완벽하게 나타낸다. 따라서 공간에서 평면은 평면 안의 한 점 $P_0(x_0, y_0, z_0)$과 이 평면에 수직인 벡터 $\mathbf{n}$으로 결정된다. 이때 수직인 벡터 $\mathbf{n}$을 평면의 **법선벡터**(normal vector)라 한다. $P(x, y, z)$를

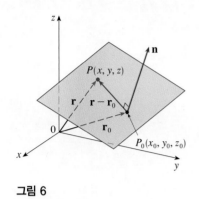

그림 6

평면 안의 임의의 점이라 하고, $\mathbf{r}_0$과 $\mathbf{r}$를 P_0과 P의 위치벡터라 하면, 벡터 $\mathbf{r} - \mathbf{r}_0$은 $\overrightarrow{P_0P}$ 로 표현된다(그림 6 참조). 법선벡터 $\mathbf{n}$은 주어진 평면 안의 모든 벡터에 수직이다. 특히 $\mathbf{n}$은 $\mathbf{r} - \mathbf{r}_0$과 수직이므로 다음을 얻는다.

5 $$\mathbf{n} \cdot (\mathbf{r} - \mathbf{r}_0) = 0$$

이것은 다음과 같이 고쳐 쓸 수 있다.

6 $$\mathbf{n} \cdot \mathbf{r} = \mathbf{n} \cdot \mathbf{r}_0$$

방정식 **5** 또는 **6**을 **평면의 벡터방정식**(vector equation of the plane)이라 한다.

평면의 스칼라방정식을 얻기 위해 $\mathbf{n} = \langle a, b, c \rangle$, $\mathbf{r} = \langle x, y, z \rangle$, $\mathbf{r}_0 = \langle x_0, y_0, z_0 \rangle$라 하면, 벡터방정식 **5**는 다음과 같다.

$$\langle a, b, c \rangle \cdot \langle x - x_0, y - y_0, z - z_0 \rangle = 0$$

이 방정식의 좌변을 전개하여 다음을 얻는다.

> **7** $P_0(x_0, y_0, z_0)$을 지나고, 법선벡터가 $\mathbf{n} = \langle a, b, c \rangle$인 평면의 **스칼라방정식**(scalar equation of the plane)은 다음과 같다.
> $$a(x - x_0) + b(y - y_0) + c(z - z_0) = 0$$

《예제 4》 점 $(2, 4, -1)$을 지나고 법선벡터가 $\mathbf{n} = \langle 2, 3, 4 \rangle$인 평면의 방정식을 구하라. 절편을 구하고 그래프를 그려라.

풀이 식 **7**에서 $a = 2$, $b = 3$, $c = 4$, $x_0 = 2$, $y_0 = 4$, $z_0 = -1$이라 놓으면, 평면의 방정식은 다음과 같다.

$$2(x - 2) + 3(y - 4) + 4(z + 1) = 0$$

즉 $$2x + 3y + 4z = 12$$

x절편을 구하기 위해 이 방정식에 $y = z = 0$이라 놓으면 $x = 6$을 얻는다. 마찬가지로 y절편은 4, z절편은 3이다. 이것으로 제1팔분공간에 있는 평면의 일부분을 그릴 수 있다(그림 7 참조). ■

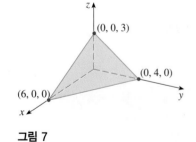

그림 7

예제 4에서와 같이 식 **7**의 항을 묶으면 평면의 방정식은 다음과 같이 고쳐 쓸 수 있다.

8 $$ax + by + cz + d = 0$$

여기서 $d = -(ax_0 + by_0 + cz_0)$이다. 식 **8**을 x, y, z에 관한 **선형방정식**(linear equation)이라 한다. 역으로 a, b, c가 모두 0은 아닐 때, 선형방정식 **8**은 법선벡터 가 $\langle a, b, c \rangle$인 평면을 나타낸다(연습문제 42 참조).

《예제 5》 점 $P(1, 3, 2)$, $Q(3, -1, 6)$, $R(5, 2, 0)$을 지나는 평면의 방정식을 구하라.

풀이 $\overrightarrow{PQ}$와 $\overrightarrow{PR}$에 대응되는 벡터 **a**와 **b**는 다음과 같다.

$$\mathbf{a} = \langle 2, -4, 4 \rangle, \qquad \mathbf{b} = \langle 4, -1, -2 \rangle$$

a와 **b**가 모두 평면 안에 놓여 있으므로 외적 $\mathbf{a} \times \mathbf{b}$는 평면에 수직이며 법선벡터로 선택할 수 있다.

$$\mathbf{n} = \mathbf{a} \times \mathbf{b} = \begin{vmatrix} \mathbf{i} & \mathbf{j} & \mathbf{k} \\ 2 & -4 & 4 \\ 4 & -1 & -2 \end{vmatrix} = 12\mathbf{i} + 20\mathbf{j} + 14\mathbf{k}$$

점 $P(1, 3, 2)$와 법선벡터 **n**을 갖는 평면의 방정식은 다음과 같다.

$$12(x - 1) + 20(y - 3) + 14(z - 2) = 0$$

또는
$$6x + 10y + 7z = 50 \qquad \blacksquare$$

그림 8은 삼각형 PQR로 둘러싸인 예제 5 의 평면의 일부분이다.

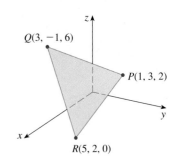

그림 8

《예제 6》 매개변수방정식 $x = 2 + 3t$, $y = -4t$, $z = 5 + t$로 주어진 직선이 평면 $4x + 5y - 2z = 18$과 만나는 점을 구하라.

풀이 매개변수방정식에서 x, y, z를 평면의 방정식에 대입하면 다음을 얻는다.

$$4(2 + 3t) + 5(-4t) - 2(5 + t) = 18$$

이것을 간단히 하면 $-10t = 20$이므로 $t = -2$이다. 따라서 만나는 점은 매개변수의 값이 $t = -2$일 때 생긴다. 그러면 $x = 2 + 3(-2) = -4$, $y = -4(-2) = 8$, $z = 5 - 2 = 3$이 므로 교점은 $(-4, 8, 3)$이다. $\qquad \blacksquare$

법선벡터가 평행일 때 두 평면은 **평행**(parallel)이다. 예를 들어 평면 $x + 2y - 3z = 4$와 $2x + 4y - 6z = 3$은 그 법선벡터가 $\mathbf{n}_1 = \langle 1, 2, -3 \rangle$, $\mathbf{n}_2 = \langle 2, 4, -6 \rangle$이고 $\mathbf{n}_2 = 2\mathbf{n}_1$이므로 평행이다. 두 평면이 평행이 아니면 한 직선에서 만나고, 두 평면 사이의 각은 법선벡터 사이의 예각으로 정의된다(그림 9의 각 θ 참조).

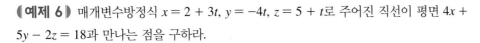

그림 9

《예제 7》
(a) 평면 $x + y + z = 1$과 $x - 2y + 3z = 1$ 사이의 각을 구하라.
(b) 이 두 평면의 교선 L의 대칭방정식을 구하라.

풀이
(a) 두 평면의 법선벡터가 다음과 같다.

$$\mathbf{n}_1 = \langle 1, 1, 1 \rangle, \qquad \mathbf{n}_2 = \langle 1, -2, 3 \rangle$$

그림 10은 예제 7의 평면들과 이들의 교선 L을 나타낸다.

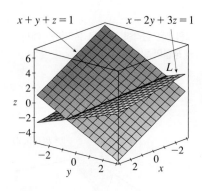

$x + y + z = 1$ $x - 2y + 3z = 1$

그림 10

교선을 구하는 또 다른 방법은 한 변수를 매개변수로 생각해서 나머지 두 변수에 대한 평면의 방정식을 푸는 것이다.

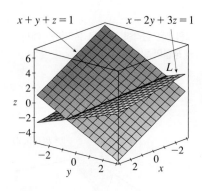

$\dfrac{x-1}{5} = \dfrac{y}{-2}$ L

$\dfrac{y}{2} = \dfrac{z}{3}$

그림 11

그림 11은 예제 7의 직선 L을 대칭방정식으로부터 얻어지는 평면들의 교선으로 생각할 수 있음을 보여 준다.

또한 평면 사이의 각을 θ라 하면, 11.3절의 따름정리 **6**으로부터 다음을 얻는다.

$$\cos \theta = \frac{\mathbf{n}_1 \cdot \mathbf{n}_2}{|\mathbf{n}_1||\mathbf{n}_2|} = \frac{1(1) + 1(-2) + 1(3)}{\sqrt{1+1+1}\sqrt{1+4+9}} = \frac{2}{\sqrt{42}}$$

$$\theta = \cos^{-1}\left(\frac{2}{\sqrt{42}}\right) \approx 72°$$

(b) 먼저 L 위의 한 점을 구하자. 예를 들면 두 평면의 방정식에서 $z = 0$이라 놓음으로써 직선이 xy평면과 만나는 점을 구할 수 있다. 이로부터 방정식 $x + y = 1$과 $x - 2y = 1$을 얻고, 그 해는 $x = 1$, $y = 0$이다. 따라서 점 $(1, 0, 0)$은 L 위에 있다.

이제 L이 두 평면에 있으므로, L은 두 법선벡터에 모두 수직이다. 따라서 L 위에 평행인 벡터 $\mathbf{v}$는 다음 외적과 같다.

$$\mathbf{v} = \mathbf{n}_1 \times \mathbf{n}_2 = \begin{vmatrix} \mathbf{i} & \mathbf{j} & \mathbf{k} \\ 1 & 1 & 1 \\ 1 & -2 & 3 \end{vmatrix} = 5\mathbf{i} - 2\mathbf{j} - 3\mathbf{k}$$

따라서 L의 대칭방정식은 다음과 같다.

$$\frac{x-1}{5} = \frac{y}{-2} = \frac{z}{-3}$$

NOTE x, y, z에 관한 선형방정식은 평면을 나타내고, 평행하지 않은 두 평면은 한 직선에서 만나므로, 두 선형방정식은 한 직선을 나타낼 수 있다. $a_1 x + b_1 y + c_1 z + d_1 = 0$과 $a_2 x + b_2 y + c_2 z + d_2 = 0$을 모두 만족하는 점 (x, y, z)는 이 두 평면에 있다. 따라서 한 쌍의 선형방정식은 평면(평행하지 않은 경우)의 교선을 나타낸다. 예를 들면 예제 7에서 직선 L은 평면 $x + y + z = 1$과 $x - 2y + 3z = 1$의 교선이다. 이미 구한 L의 대칭방정식은 다음과 같이 다시 한 쌍의 선형방정식으로 쓸 수 있다.

$$\frac{x-1}{5} = \frac{y}{-2}, \qquad \frac{y}{-2} = \frac{z}{-3}$$

이것은 L이 두 평면 $(x-1)/5 = y/(-2)$와 $y/(-2) = z/(-3)$의 교선임을 의미한다(그림 11 참조).

일반적으로 직선의 방정식을 다음과 같은 대칭형으로 나타내면

$$\frac{x - x_0}{a} = \frac{y - y_0}{b} = \frac{z - z_0}{c}$$

그 직선은 다음과 같은 두 평면의 교선으로 생각할 수 있다.

$$\frac{x - x_0}{a} = \frac{y - y_0}{b}, \qquad \frac{y - y_0}{b} = \frac{z - z_0}{c}$$

■ 거리

점 $P_1(x_1, y_1, z_1)$에서 평면 $ax + by + cz + d = 0$까지의 거리 D에 관한 식을 구하기 위하여 $P_0(x_0, y_0, z_0)$을 주어진 평면 위의 임의의 점이라 하고 $\mathbf{b}$를 $\overrightarrow{P_0 P_1}$에 대응하는

벡터라 하면 다음과 같이 쓸 수 있다.

$$\mathbf{b} = \langle x_1 - x_0, y_1 - y_0, z_1 - z_0 \rangle$$

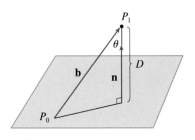

그림 12

그림 12에서 P_1에서 평면까지의 거리 D는 법선벡터 $\mathbf{n} = \langle a, b, c \rangle$ 위로 b의 스칼라 사영의 절댓값과 같음을 알 수 있으므로(11.3절 참조) 다음을 얻는다.

$$
\begin{aligned}
D = \left| \operatorname{comp}_\mathbf{n} \mathbf{b} \right| &= \frac{\left| \mathbf{n} \cdot \mathbf{b} \right|}{\left| \mathbf{n} \right|} \\
&= \frac{\left| a(x_1 - x_0) + b(y_1 - y_0) + c(z_1 - z_0) \right|}{\sqrt{a^2 + b^2 + c^2}} \\
&= \frac{\left| (ax_1 + by_1 + cz_1) - (ax_0 + by_0 + cz_0) \right|}{\sqrt{a^2 + b^2 + c^2}}
\end{aligned}
$$

P_0이 평면 위에 있으므로 그 좌표는 평면의 방정식을 만족하고, 따라서 $ax_0 + by_0 + cz_0 + d = 0$을 얻는다. 그러므로 D에 관한 식은 다음과 같이 쓸 수 있다.

---

9 점 $P_1(x_1, y_1, z_1)$에서 평면 $ax + by + cz + d = 0$까지 거리는 다음과 같다.

$$D = \frac{\left| ax_1 + by_1 + cz_1 + d \right|}{\sqrt{a^2 + b^2 + c^2}}$$

《예제 8》 평행인 두 평면 $10x + 2y - 2z = 5$와 $5x + y - z = 1$ 사이의 거리를 구하라.

풀이 먼저 두 평면의 법선벡터 $\langle 10, 2, -2 \rangle$와 $\langle 5, 1, -1 \rangle$이 평행이므로 두 평면은 평행임을 알 수 있다. 두 평면 사이의 거리 D를 구하기 위해 한 평면의 임의의 점을 선택하고 이 점에서 다른 평면까지의 거리를 구하면 된다. 특히 첫째 평면의 방정식에서 $y = z = 0$이라 두면 $10x = 5$를 얻고, 따라서 $\left(\frac{1}{2}, 0, 0 \right)$은 이 평면의 한 점이다. 식 **9**에 의해 점 $\left(\frac{1}{2}, 0, 0 \right)$과 평면 $5x + y - z - 1 = 0$ 사이의 거리는 다음과 같다.

$$D = \frac{\left| 5\left(\frac{1}{2} \right) + 1(0) - 1(0) - 1 \right|}{\sqrt{5^2 + 1^2 + (-1)^2}} = \frac{\frac{3}{2}}{3\sqrt{3}} = \frac{\sqrt{3}}{6}$$

따라서 두 평면 사이의 거리는 $\sqrt{3}/6$이다. ∎

《예제 9》 예제 3에서 직선 L_1과 L_2가 서로 꼬인 위치의 직선임을 보였다.

$$
\begin{aligned}
L_1: \quad & x = 1 + t, \quad y = -2 + 3t, \quad z = 4 - t \\
L_2: \quad & x = 2s, \quad\quad\; y = 3 + s, \quad\; z = -3 + 4s
\end{aligned}
$$

이들 사이의 거리를 구하라.

풀이 두 직선 L_1과 L_2가 서로 꼬인 위치의 직선이므로 이들은 평행한 두 평면 P_1과 P_2에 있다고 할 수 있다. L_1과 L_2 사이의 거리는 예제 8에서 계산한 것과 같이 P_1과 P_2 사

그림 13 예제 9에서와 같은 서로 꼬인 위치의 직선은 항상 (같지 않은) 평행한 평면에 있다.

이의 거리와 같다. 두 평면의 공통인 법선벡터는 $\mathbf{v}_1 = \langle 1, 3, -1 \rangle$ (L_1의 방향)과 $\mathbf{v}_2 = \langle 2, 1, 4 \rangle$ (L_2의 방향)에 모두 직교해야만 한다. 따라서 법선벡터는 다음과 같다.

$$\mathbf{n} = \mathbf{v}_1 \times \mathbf{v}_2 = \begin{vmatrix} \mathbf{i} & \mathbf{j} & \mathbf{k} \\ 1 & 3 & -1 \\ 2 & 1 & 4 \end{vmatrix} = 13\mathbf{i} - 6\mathbf{j} - 5\mathbf{k}$$

L_2의 방정식에서 $s = 0$으로 놓으면 L_2의 점 $(0, 3, -3)$을 얻고, 따라서 P_2의 방정식은 다음과 같다.

$$13(x - 0) - 6(y - 3) - 5(z + 3) = 0 \quad \text{또는} \quad 13x - 6y - 5z + 3 = 0$$

이제 L_1의 방정식에서 $t = 0$으로 놓으면, P_1의 점 $(1, -2, 4)$를 얻는다. 따라서 L_1과 L_2 사이의 거리는 $(1, -2, 4)$에서 $13x + 6y - 5z + 3 = 0$까지의 거리와 같다. 식 **9**에 의해 거리는 다음과 같다.

$$D = \frac{|13(1) - 6(-2) - 5(4) + 3|}{\sqrt{13^2 + (-6)^2 + (-5)^2}} = \frac{8}{\sqrt{230}} \approx 0.53 \quad \blacksquare$$

11.5 | 연습문제

1. $\mathbb{R}^3$에서 다음 명제가 참인지 거짓인지 판별하라.

(a) 한 직선에 평행인 두 직선은 평행이다.

(b) 한 직선에 수직인 두 직선은 평행이다.

(c) 한 평면에 평행인 두 평면은 평행이다.

(d) 한 평면에 수직인 두 평면은 평행이다.

(e) 한 평면에 평행인 두 직선은 평행이다.

(f) 한 평면에 수직인 두 직선은 평행이다.

(g) 한 직선에 평행인 두 평면은 평행이다.

(h) 한 직선에 수직인 두 평면은 평행이다.

(i) 두 평면은 만나거나 평행이다.

(j) 두 직선은 만나거나 평행이다.

(k) 평면과 직선은 만나거나 평행이다.

2-3 다음 직선의 벡터방정식과 매개변수방정식을 구하라.

2. 점 $(-1, 8, 7)$를 지나고 벡터 $\langle \frac{1}{2}, \frac{1}{3}, \frac{1}{4} \rangle$에 평행인 직선

3. 점 $(5, 7, 1)$을 지나고 평면 $3x - 2y + z = 8$와 수직인 직선

4-6 다음 직선의 매개변수방정식과 대칭방정식을 구하라.

4. 원점과 점 $(8, -1, 3)$을 지나는 직선

5. 점 $(12, 9, -3)$과 $(-7, 9, 11)$을 지나는 직선

6. 점 $(-6, 2, 3)$을 지나고 직선 $\frac{1}{2}x = \frac{1}{3}y = z + 1$에 평행인 직선

7. $(-4, -6, 1)$과 $(-2, 0, -3)$을 지나는 직선은 점 $(10, 18, 4)$와 $(5, 3, 14)$를 지나는 직선과 평행인가?

8. (a) 점 $(1, -5, 6)$을 지나고 벡터 $\langle -1, 2, -3 \rangle$에 평행인 직선의 대칭방정식을 구하라.

(b) (a)에서 구한 직선이 좌표평면과 만나는 점을 모두 구하라.

9. 점 $(6, -1, 9)$에서 $(7, 6, 0)$까지 이은 선분의 벡터방정식을 구하라.

10-11 다음 직선 L_1과 L_2가 평행인지 꼬여 있는지, 또는 만나는지를 판별하라. 만나는 경우에는 그 교점을 구하라.

10. L_1: $x = 3 + 2t, \quad y = 4 - t, \quad z = 1 + 3t$

L_2: $x = 1 + 4s, \quad y = 3 - 2s, \quad z = 4 + 5s$

11. L_1: $\dfrac{x - 2}{1} = \dfrac{y - 3}{-2} = \dfrac{z - 1}{-3}$

L_2: $\dfrac{x - 3}{1} = \dfrac{y + 4}{3} = \dfrac{z - 2}{-7}$

12-20 다음 평면의 방정식을 구하라.

12. 점 $(3, 2, 1)$을 지나고 법선벡터가 $5\mathbf{i} + 4\mathbf{j} + 6\mathbf{k}$인 평면

13. 점 $(5, -2, 4)$를 지나고 벡터 $-\mathbf{i} + 2\mathbf{j} + 3\mathbf{k}$에 수직인 평면

14. 점 $(1, 3, -1)$을 지나고 직선 $\dfrac{x+3}{4} = -y = \dfrac{z-1}{5}$에 수직인 평면

15. 점 $(2.1, 1.7, -0.9)$를 지나고 평면 $2x - y + 3z = 1$에 평행한 평면

16. 점 $(0, 1, 1)$, $(1, 0, 1)$, $(1, 1, 0)$을 지나는 평면

17. 점 $(2, 1, 2)$, $(3, -8, 6)$, $(-2, -3, 1)$을 지나는 평면

18. 점 $(3, 5, -1)$을 지나고 직선 $x = 4 - t$, $y = 2t - 1$, $z = -3t$를 포함한 평면

19. 점 $(3, 1, 4)$를 지나고 평면 $x + 2y + 3z = 1$과 $2x - y + z = -3$의 교선을 포함한 평면

20. 점 $(1, 5, 1)$을 지나고 평면 $2x + y - 2z = 2$와 $x + 3z = 4$에 수직인 평면

21-22 절편을 이용해서 다음 평면을 그려라.

21. $2x + 5y + z = 10$　　　**22.** $6x - 3y + 4z = 6$

23-24 다음 직선이 주어진 평면과 만나는 점을 구하라.

23. $x = 2 - 2t$, 　$y = 3t$, 　$z = 1 + t$; 　$x + 2y - z = 7$

24. $5x = y/2 = z + 2$; 　$10x - 7y + 3z + 24 = 0$

---

25. 평면 $x + y + z = 1$과 $x + z = 0$의 교선의 방향수를 구하라.

26-28 다음 평면이 평행인지 수직인지, 또는 어느 것도 아닌지를 판별하라. 어느 것도 아닌 경우에는 그들 사이의 각을 구하라. (소수점 아래 첫째 자리에서 반올림한 도를 사용하라.)

26. $x + 4y - 3z = 1$, 　$-3x + 6y + 7z = 0$

27. $x + 2y - z = 2$, 　$2x - 2y + z = 1$

28. $2x - 3y = z$, 　$4x = 3 + 6y + 2z$

---

29. $x + y + z = 1$, $x + 2y + 2z = 1$일 때 (a) 평면의 교선의 매개변수방정식을 구하고, (b) 평면 사이의 각을 구하라. (소수점 아래 첫째 자리에서 반올림한 도를 사용하라.)

30. $5x - 2y - 2z = 1$, $4x + y + 2 = 6$일 때 평면의 교선의 대칭방정식을 구하라.

31. 점 $(1, 0, -2)$와 $(3, 4, 0)$으로부터 같은 거리에 있는 점 전체로 이루어진 평면의 방정식을 구하라.

32. x절편이 a, y절편이 b, z절편이 c인 평면의 방정식을 구하라.

33. 점 $(0, 1, 2)$를 지나고 평면 $x + y + z = 2$와 평행이며, 직선 $x = 1 + t$, $y = 1 - t$, $z = 2t$ $z = 2t$에 수직인 직선의 매개변수방정식을 구하라.

34. 다음 네 평면에서 평행인 것은 어느 것인가? 일치하는 것은 어느 것인가?

P_1: $3x + 6y - 3z = 6$, 　P_2: $4x - 12y + 8z = 5$
P_3: $9y = 1 + 3x + 6z$, 　P_4: $z = x + 2y - 2$

35. 11.4절의 연습문제 23의 공식을 이용해서 점 $(4, 1, -2)$에서 직선 $x = 1 + t$, $y = 3 - 2t$, $z = 4 = -3t$까지 거리를 구하라.

36. 점 $(1, -2, 4)$에서 평면 $3x + 2y + 6z = 5$까지의 거리를 구하라.

37. 평행인 두 평면 $2x - 3y + z = 4$와 $4x - 6y + 2z = 3$ 사이의 거리를 구하라.

38. 평행인 평면 사이의 거리 평행인 두 평면 $ax + by + cz + d_1 = 0$와 $ax + by + cz + d_2 = 0$ 사이의 거리가 다음과 같음을 보여라.

$$D = \frac{|d_1 - d_2|}{\sqrt{a^2 + b^2 + c^2}}$$

39. 대칭방정식이 $x = y = z$와 $x + 1 = y/2 = z/3$인 직선이 서로 꼬인 위치의 직선임을 보이고, 이들 직선 사이의 거리를 구하라.

40. 직선 L_1은 원점과 점 $(2, 0, -1)$을 지나고 직선 L_2는 점 $(1, -1, 1)$과 점 $(4, 1, 3)$을 지날 때, 두 직선 L_1과 L_2 사이의 거리를 구하라.

41. 탱크 두 대가 모의 전쟁에 참가하고 있다. 탱크 A와 B의 위치는 각각 $(325, 810, 561)$과 $(765, 675, 599)$이다.
(a) 두 탱크 사이의 조준선에 대한 매개변수방정식을 구하라.

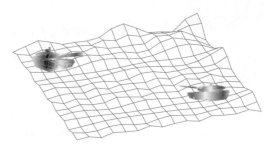

(b) 조준선을 5등분할 때 탱크 *A*로부터 *B*까지 등분점의 고
도는 *A*를 기준으로 549, 566, 586, 589이다. 두 탱크는
서로 바라볼 수 있는가?

42. *a*, *b*, *c*가 모두는 0이 아닐 때 방정식 $ax + by + cz + d = 0$
이 평면을 나타내고, $\langle a, b, c \rangle$가 이 평면의 법선벡터임을 보

여라.

[힌트: $a \neq 0$이라 하고 방정식을 다음과 같이 고쳐 쓴다.]

$$a\left(x + \frac{d}{a}\right) + b(y - 0) + c(z - 0) = 0$$

11.6 │ 주면과 이차곡면

앞서 11.5절에서는 평면, 11.1절에서는 구면과 같은 두 종류의 특별한 곡면을 살펴
봤다. 이제 이 절에서는 다른 두 종류의 곡면인 주면과 이차곡면을 살펴본다.

곡면의 그래프를 그리기 위해서 곡면이 좌표평면에 평행인 평면과 만나는 곡면
의 교선을 결정하는 것이 유용하다. 이런 곡선을 그 곡면의 **자취**(trace) 또는 **단면**
(cross-section)이라 한다.

■ 주면

주면(cylinder)은 주어진 평면곡선을 지나고 주어진 직선과 평행인 모든 직선(**모선**)
으로 이루어진 곡면이다.

《 예제 1 》 곡면 $z = x^2$의 그래프를 그려라.

풀이 그래프의 방정식 $z = x^2$인 곡선에는 *y*가 포함되어 있지 않으므로, 이는 방정식 $y = k$
(*xz*평면에 평행)인 임의의 수직평면이 방정식 $z = x^2$인 곡선에서 그래프와 교차함을 의
미한다. 따라서 이들 수직자취는 포물선이 된다. 그림 1은 *xz*평면에서 포물선 $z = x^2$을
택하고 *y*축 방향으로 이동함으로써 그래프가 어떻게 형성되는지 보여 준다. 이 그래프
는 **포물 주면**(parabolic cylinder)이라는 곡면으로 동일한 모양의 포물선을 무수히 많이
복사해서 이동시킴으로써 얻어진다. 여기서 주면의 모선은 *y*축에 평행이다. ■

그림 1 곡면 $z = x^2$은 포물 주면
이다.

예제 1에서 주면의 방정식에 변수 *y*가 빠져 있음을 언급했다. 이 예제는 곡면의
모선이 하나의 좌표축과 평행인 대표적인 예이다. 변수 *x*, *y*, *z* 중 하나가 방정식에
나타나 있지 않으면, 곡면은 주면이 된다.

《 예제 2 》 다음 곡면을 설명하고 그림을 그려라.
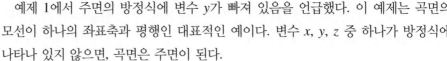
(a) $x^2 + y^2 = 1$ (b) $y^2 + z^2 = 1$

풀이
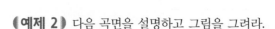
(a) *z*가 나타나 있지 않으므로 방정식 $x^2 + y^2 = 1$과 $z = k$는 평면 $z = k$에서 반지름이 1
인 원을 나타내고, 곡면 $x^2 + y^2 = 1$은 중심축이 *z*축인 원기둥이다(그림 2 참조. 11.1절

그림 2 $x^2 + y^2 = 1$

의 예제 2에서 이 곡면을 다루었다). 여기서 모선은 수직인 직선들이다.

(b) 이 경우에 x가 나타나지 않고, 곡면은 중심축이 x축인 원기둥이다(그림 3 참조). 이 것은 yz평면에서 원 $y^2 + z^2 = 1$, $x = 0$을 선택해 x축에 평행하게 이동하면 얻어진다. ■

⊘ **NOTE** 곡면을 다룰 때 $x^2 + y^2 = 1$과 같은 방정식은 원이 아니라 주면을 나타낸다는 것을 인식하는 것이 중요하다. xy평면에서 주면 $x^2 + y^2 = 1$의 자취는 방정식이 $x^2 + y^2 = 1$, $z = 0$인 원이다.

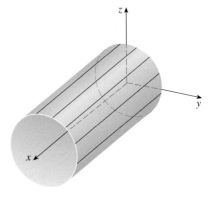

그림 3 $y^2 + z^2 = 1$

■ 이차곡면

이차곡면(quadric surface)은 세 변수 x, y, z에 관한 이차방정식의 그래프이다. 이런 방정식의 가장 일반적인 형태는 $A, B, C, \ldots, J$가 상수일 때 다음과 같다.

$$Ax^2 + By^2 + Cz^2 + Dxy + Eyz + Fxz + Gx + Hy + Iz + J = 0$$

그렇지만 평행 이동과 회전에 의해 다음과 같은 두 가지 표준형 중 하나로 바꿀 수 있다.

$$Ax^2 + By^2 + Cz^2 + J = 0 \quad \text{또는} \quad Ax^2 + By^2 + Iz = 0$$

이차곡면은 평면 안의 원뿔곡선에 대응하는 3차원 공간의 곡면이다(원뿔곡선을 복습하려면 9.5절을 보라).

《**예제 3**》 자취를 이용해서 다음 방정식으로 주어지는 이차곡면의 그래프를 그려라.

$$x^2 + \frac{y^2}{9} + \frac{z^2}{4} = 1$$

풀이 $z = 0$을 대입하면 xy평면에서의 자취가 $x^2 + y^2/9 = 1$이 되고, 이는 타원의 방정 식이다. 일반적으로 평면 $z = k$에서 수평자취는 다음과 같다.

$$x^2 + \frac{y^2}{9} = 1 - \frac{k^2}{4}, \quad z = k$$

이는 $k^2 < 4$, 즉 $-2 < k < 2$일 때 타원이 된다($|k| = 2$이면 자취는 한 점이고 $|k| > 2$ 이면 자취는 공집합이다).

마찬가지로 수직자취도 다음과 같이 타원이 된다.

$$\frac{y^2}{9} + \frac{z^2}{4} = 1 - k^2, \quad x = k \quad (-1 < k < 1)$$

$$x^2 + \frac{z^2}{4} = 1 - \frac{k^2}{9}, \quad y = k \quad (-3 < k < 3)$$

그림 4는 곡면의 모양을 표시하는 자취들을 그리는 방법을 보여 준다. 모든 자취가 타 원이기 때문에 이 곡면을 **타원면**(ellipsoid)이라 한다. 이 곡면은 각각의 좌표평면에 대해 대칭임을 알 수 있다. 이것은 방정식에서 단지 x, y, z의 짝수 거듭제곱만을 포함하고 있 다는 사실에 기인한 것이다. ■

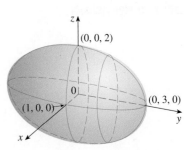

그림 4 타원면 $x^2 + \dfrac{y^2}{9} + \dfrac{z^2}{4} = 1$

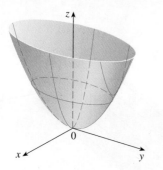

그림 5 곡면 $z = 4x^2 + y^2$ 타원포물면이다. 수평자취는 타원이고 수직자취는 포물선이다.

《예제 4》 자취를 이용해서 곡면 $z = 4x^2 + y^2$의 그래프를 그려라.

풀이 $x = 0$일 때 $z = y^2$을 얻는다. 따라서 yz평면과 곡면의 교차곡선은 포물선이다. $x = k$ (k는 상수)일 때 $z = y^2 + 4k^2$을 얻는다. 이는 yz평면에 평행인 임의의 평면으로 곡면을 자르면 위로 열린 포물선을 얻는다. 마찬가지로 $y = k$일 때 자취는 $z = 4x^2 + k^2$이고 다시 위로 열린 포물선이다. $z = k$일 때 수평자취는 $4x^2 + y^2 = k$가 되고 이는 타원족으로 인식한다. 자취의 모양을 알면 그림 5와 같은 그래프를 그릴 수 있다. 타원자취와 포물선자취로 인해 이차곡면 $z = 4x^2 + y^2$을 **타원포물면**(elliptic paraboloid)이라 한다. ■

《예제 5》 곡면 $z = y^2 - x^2$의 그래프를 그려라.

풀이 수직평면 $x = k$에서 자취는 위로 열린 포물선 $z = y^2 - k^2$이다. $y = k$에서 자취는 아래로 열린 포물선 $z = -x^2 + k^2$이다. 수평자취는 쌍곡선족 $y^2 - x^2 = k$이다. 그림 6에서 자취족을 그리고 그림 7에서 자취들이 정확한 평면으로 놓여질 때 이들이 어떻게 나타나는지 보여 준다.

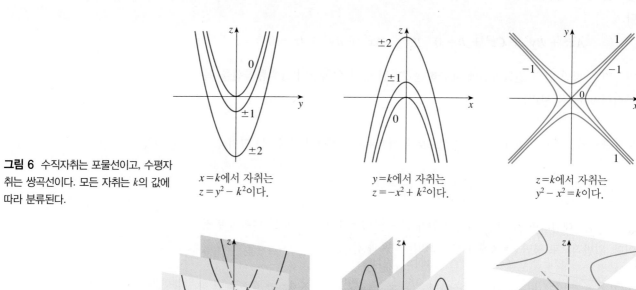

그림 6 수직자취는 포물선이고, 수평자취는 쌍곡선이다. 모든 자취는 k의 값에 따라 분류된다.

$x = k$에서 자취는 $z = y^2 - k^2$이다.

$y = k$에서 자취는 $z = -x^2 + k^2$이다.

$z = k$에서 자취는 $y^2 - x^2 = k$이다.

그림 7 각 평면 위의 자취

$x = k$에서 자취

$y = k$에서 자취

$z = k$에서 자취

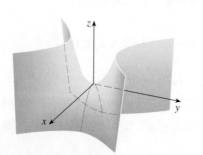
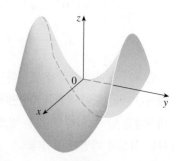

그림 8 쌍곡포물면인 곡면 $z = y^2 - x^2$의 두 가지 관점

그림 7의 자취를 모두 모으면 **쌍곡포물면**(hyperbolic paraboloid)이라고 하는 곡면 $z = y^2 - x^2$을 그림 8과 같이 그릴 수 있다. 원점 부근에서 곡면의 모양은 말안장같이 생긴 것에 주목하자. 이 곡면은 13.7절에서 안장점을 논의할 때 더욱 자세히 규명할 것이다. ■

《예제 6》 곡면 $\dfrac{x^2}{4} + y^2 - \dfrac{z^2}{4} = 1$의 그래프를 그려라.

풀이 임의의 수평평면 $z = k$에서 자취는 다음과 같은 타원이다.

$$\frac{x^2}{4} + y^2 = 1 + \frac{k^2}{4}, \quad z = k$$

그러나 xz평면과 yz평면에서 자취는 다음과 같은 쌍곡선이다.

$$\frac{x^2}{4} - \frac{z^2}{4} = 1, \quad y = 0 \text{이고} \quad y^2 - \frac{z^2}{4} = 1, \quad x = 0$$

이 곡면의 그래프는 그림 9와 같고 **일엽쌍곡면**(hyperboloid of one sheet)이라 한다. ■

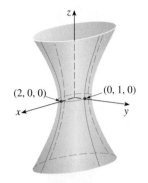

그림 9 곡면 $\dfrac{x^2}{4} + y^2 - \dfrac{z^2}{4} = 1$은 일엽쌍곡면이다.

그래프를 그리기 위해 자취를 이용하는 개념은 3차원 그래픽 소프트웨어에 사용된다. 대부분의 소프트웨어는 등간격의 k값에 대해 수직평면 $x = k$와 $y = k$에 대해 자취를 그린다.

표 1은 컴퓨터를 이용해서 이차곡면의 6가지 기본 유형을 표준형으로 그린 그림이다. 모든 곡면은 z축에 대해 대칭이다. 이차곡면이 다른 축에 대해 대칭이면 방정식은 그에 따라 바뀌게 된다.

《예제 7》 곡면 $4x^2 - y^2 + 2z^2 + 4 = 0$을 설명하고 그래프를 그려라.

풀이 -4로 나누어서, 다음과 같이 방정식을 표준형으로 바꾼다.

$$-x^2 + \frac{y^2}{4} - \frac{z^2}{2} = 1$$

이 방정식을 표 1과 비교하면, 이 경우 쌍곡면의 중심축이 y축이라는 차이만 있을 뿐, 이엽쌍곡면을 나타냄을 알 수 있다. xy평면과 yz평면에서 자취는 다음과 같은 쌍곡선이다.

$$-x^2 + \frac{y^2}{4} = 1, \quad z = 0 \text{과} \quad \frac{y^2}{4} - \frac{z^2}{2} = 1, \quad x = 0$$

이 곡면은 xz평면에서 자취를 갖지 않지만, $|k| > 2$이면 수직평면 $y = k$에서 자취는 다음과 같은 타원이다.

$$x^2 + \frac{z^2}{2} = \frac{k^2}{4} - 1, \quad y = k$$

이것은 다음과 같이 쓸 수 있다.

표 1 이차곡면의 그래프

곡면	방정식	곡면	방정식
타원면	$\dfrac{x^2}{a^2} + \dfrac{y^2}{b^2} + \dfrac{z^2}{c^2} = 1$ 모든 자취는 타원이다. $a = b = c$이면 타원면은 구면이다.	원뿔면	$\dfrac{z^2}{c^2} = \dfrac{x^2}{a^2} + \dfrac{y^2}{b^2}$ 수평자취는 타원이다. 평면 $x = k$와 $y = k$에서 수직자취는 $k \neq 0$이면 쌍곡선이고 $k = 0$이면 한 쌍의 직선이다.
타원포물면	$\dfrac{z}{c} = \dfrac{x^2}{a^2} + \dfrac{y^2}{b^2}$ 수평자취는 타원이다. 수직자취는 포물선이다. 지수가 1인 변수는 타원포물면의 중심축을 의미한다.	일엽쌍곡면	$\dfrac{x^2}{a^2} + \dfrac{y^2}{b^2} - \dfrac{z^2}{c^2} = 1$ 수평자취는 타원이다. 수직자취는 쌍곡선이다. 대칭축은 계수가 음인 변수에 대응한다.
쌍곡포물면	$\dfrac{z}{c} = \dfrac{x^2}{a^2} - \dfrac{y^2}{b^2}$ 수평자취는 쌍곡선이다. 수직자취는 포물선이다. 그림은 $c < 0$인 경우의 그래프이다.	이엽쌍곡면	$-\dfrac{x^2}{a^2} - \dfrac{y^2}{b^2} + \dfrac{z^2}{c^2} = 1$ $k > c$ 또는 $k < -c$이면 평면 $z = k$에서 수평자취는 타원이다. 수직자취는 쌍곡선이다. 두 개의 음의 부호가 이엽을 나타낸다.

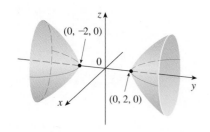

그림 10 곡면 $4x^2 - y^2 + 2z^2 + 4 = 0$은 이엽쌍곡면이다.

$$\frac{x^2}{\dfrac{k^2}{4} - 1} + \frac{z^2}{2\left(\dfrac{k^2}{4} - 1\right)} = 1, \quad y = k$$

이들 자취를 이용해서 그래프를 그리면 그림 10과 같다. ■

《예제 8》 이차곡면 $x^2 + 2z^2 - 6x - y + 10 = 0$이 어떤 곡면인지 분류하라.

풀이 완전제곱꼴을 만들어 주어진 방정식을 다음과 같이 쓴다.

$$y - 1 = (x - 3)^2 + 2z^2$$

이 방정식을 표 1과 비교하면, 이것은 타원포물면을 나타냄을 알 수 있다.

그러나 포물면의 축은 y축에 평행이고, 꼭짓점은 점 $(3, 1, 0)$으로 이동한다. 평면 $y = k$ $(k > 1)$에서 자취는 다음과 같은 타원이다.

$$(x - 3)^2 + 2z^2 = k - 1, \quad y = k$$

xy평면에서 자취는 방정식이 $y = 1 + (x - 3)^2$, $z = 0$인 포물선이다. 이 포물면의 그래프는 그림 11과 같다. ■

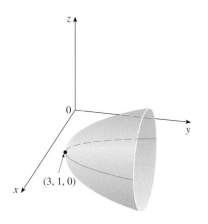

그림 11 $x^2 + 2z^2 - 6x - y + 10 = 0$은 포물면이다.

■ 이차곡면의 응용

이차곡면의 예는 우리 주변에서 찾아볼 수 있다. 사실 우리가 사는 지구 그 자체가 좋은 예이다. 일반적으로 지구의 형태가 구라고 생각하지만 정확히 말하면 타원면이다. 왜냐하면 지구의 자전은 북극과 남극점에서 곡면을 약간 더 평평하게 만들기 때문이다(연습문제 26 참조).

　한 축을 중심으로 포물선을 회전시켜 얻은 원형포물면은 빛, 소리, 텔레비전이나 라디오의 신호를 모으거나 반사할 때 사용된다[그림 12(a)]. 전파망원경을 예로 들면, 지구에서 멀리 떨어진 별에서부터 오는 신호가 원형포물면 모양의 볼(bowl)에 도달하자마자 초점에 있는 수신기로 반사되어 증폭된다. 같은 원리가 마이크나 포물면 형태의 위성접시에 적용된다.

　원자로의 냉각탑은 구조적 안정성 때문에 주로 일엽쌍곡면 형태로 만든다[그림 12(b)]. 한 쌍의 쌍곡면은 서로 꼬인 축 사이의 회전운동의 전달에 이용된다. [그림 12(c); 톱니바퀴의 이는 쌍곡면을 이루는 직선이다. 연습문제 27 참조]

(a) 위성접시는 신호를 포물면의 초점으로 반사시킨다.

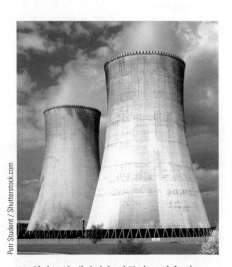

(b) 원자로의 냉각탑은 쌍곡면 모양을 하고 있다.

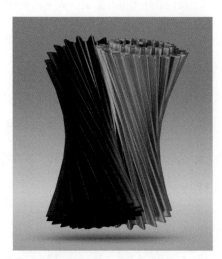

(c) 기어전달 장치는 쌍곡면으로 되어 있고 꼬인 축을 따라서 회전한다.

그림 12 이차곡면의 응용

11.6 연습문제

1. (a) 방정식 $y = x^2$이 $\mathbb{R}^2$에서 나타내는 곡선은 무엇인가?

(b) 방정식 $y = x^2$이 $\mathbb{R}^3$에서 나타내는 곡면은 무엇인가?

(c) 방정식 $z = y^2$은 무엇을 나타내는가?

2-4 다음의 곡면을 설명하고 그림을 그려라.

2. $x^2 + z^2 = 4$ **3.** $x^2 + y + 1 = 0$

4. $xy = 1$

---

5. 다음 곡면의 방정식을 구하라.

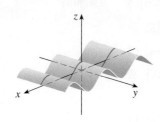

6. (a) 이차곡면 $x^2 + y^2 - z^2 = 1$의 자취를 구하고 확인하라. 그리고 곡면의 그래프가 표 1의 일엽쌍곡면과 비슷한지 설명하라.

(b) (a)의 방정식을 $x^2 - y^2 + z^2 = 1$로 바꾸면 그래프에 어떤 영향을 미치는가?

(c) (a)의 방정식을 $x^2 + y^2 + 2y - z^2 = 0$으로 바꾸면 그래프에 어떤 영향을 미치는가?

7-11 자취를 이용해서 다음 곡면의 그림을 그리고 확인하라.

7. $x = y^2 + 4z^2$ **8.** $x^2 = 4y^2 + z^2$

9. $9y^2 + 4z^2 = x^2 + 36$ **10.** $\dfrac{x^2}{9} + \dfrac{y^2}{25} + \dfrac{z^2}{4} = 1$

11. $y = z^2 - x^2$

12-15 방정식과 그래프(I~IV)를 짝짓고, 그 이유를 설명하라.

12. $x^2 + 4y^2 + 9z^2 = 1$ **13.** $x^2 - y^2 + z^2 = 1$

14. $y = 2x^2 + z^2$ **15.** $x^2 + 2z^2 = 1$

I

II

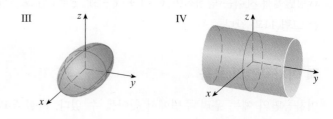
III   IV

16. 자취가 $x = k$에서 다음과 같이 주어진 이차곡면을 설명하고 그래프를 그려라.

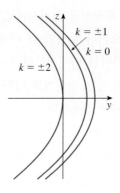

$k = \pm 1$
$k = 0$
$k = \pm 2$

17-20 다음 방정식을 표준형으로 변형시키고, 곡면을 분류하라. 또한 그것을 그려라.

17. $y^2 = x^2 + \frac{1}{9}z^2$ **18.** $x^2 + 2y - 2z^2 = 0$

19. $x^2 + y^2 - 2x - 6y - z + 10 = 0$

20. $x^2 - y^2 + z^2 - 4z - 2z = 0$

21-22 곡면의 모양이 보기에 좋도록 변수의 정의역과 바라보는 방향을 변경하여 다음 곡면의 그래프를 그려라.

21. $-4x^2 - y^2 + z^2 = 1$ **22.** $-4x^2 - y^2 + z^2 = 0$

---

23. 곡면 $z = \sqrt{x^2 + y^2}$과 $x^2 + y^2 = 1 \,(1 \le z \le 2)$로 둘러싸인 영역을 그려라.

24. 곡선 $y = \sqrt{x}$를 x축을 중심으로 회전하여 얻은 곡면의 방정식을 구하라.

25. 점 $(-1, 0, 0)$과 평면 $x = 1$로부터 같은 거리에 있는 모든 점으로 이루어진 곡면의 방정식을 구하고, 이 곡면을 확인하라.

26. 전통적으로 지구가 구 모양이라 생각하지만 세계 측지 시스템 1984(WGS-84)는 좀 더 정확한 모형으로 타원을 사용한다. 지구의 중심을 원점, 북극을 양의 z축으로 놓는다.

중심에서 북극까지의 거리는 6356.523 km이고 적도까지의 거리는 6378.137 km이다.

(a) WGS-84를 이용해서 지구표면의 방정식을 구하라.

(b) 같은 위도 곡선은 평면 $z = k$에서 자취이다. 이 곡선은 어떤 모양인가?

(c) 자오선(같은 경도의 곡선)은 $y = mx$ 형태의 평면의 자취이다. 이 자오선은 어떤 모양인가?

27. 점 (a, b, c)가 쌍곡포물면 $z = y^2 - x^2$의 점이라 하면 매개변수방정식으로 나타낸 직선 $x = a + t$, $y = b + t$, $z = c + 2(b - a)t$와 $x = a + t$, $y = b - t$, $z = c - 2(b + a)t$는 모두 이 포물면에 있음을 보여라. (이는 쌍곡포물면이 **모선곡면**임을 나타낸다. 즉, 쌍곡포물면은 직선이 이동하면서 생성된다. 실제로 이 문제는 쌍곡포물면 위의 각 점을 지나는 두 생성직선이 존재함을 나타낸다. 다른 이차곡면 중에 모선곡면인 것은 주면, 원뿔면과 일엽쌍곡면뿐이다.)

28. 영역 $|x| \leq 1.2$, $|y| \leq 1.2$에서 곡면 $z = x^2 + y^2$과 $z = 1 - y^2$의 그래프를 동일한 보기화면에 그리고 이들 곡면의 교선을 조사하라. 이 곡선의 xy평면 위로 사영이 타원임을 보여라.

11 복습

개념 확인

1. 벡터와 스칼라의 차이점은 무엇인가?

2. $\mathbf{a}$가 벡터이고 c가 스칼라이면, $c\mathbf{a}$는 $\mathbf{a}$에 기하학적으로 어떻게 연관되는가? 대수적으로 $c\mathbf{a}$를 어떻게 구하는가?

3. 두 벡터 $\mathbf{a}$와 $\mathbf{b}$의 길이와 사이의 각을 알 때 내적 $\mathbf{a} \cdot \mathbf{b}$를 어떻게 구하는가? 그것들의 성분을 알 때는 어떠한가?

4. $\mathbf{a}$ 위로 $\mathbf{b}$의 스칼라 사영과 벡터 사영의 표현식을 쓰고, 그림을 그려 설명하라.

5. 외적의 유용한 점은 무엇인가?

6. 평면에 수직인 벡터를 어떻게 구하는가?

7. 직선에 대한 벡터방정식, 매개변수방정식, 대칭방정식을 쓰라.

8. (a) 두 벡터가 평행이면, 어떻게 말하는가?
(b) 두 벡터가 수직이면, 어떻게 말하는가?
(c) 두 평면이 평행이면, 어떻게 말하는가?

9. (a) 점과 직선 사이의 거리는 어떻게 구하는가?
(b) 점과 평면 사이의 거리는 어떻게 구하는가?
(c) 두 직선 사이의 거리는 어떻게 구하는가?

10. 이차곡면의 6가지 유형을 표준형으로 쓰라.

참·거짓 퀴즈

다음 명제가 참인지 거짓인지 판별하라. 참이면 이유를 설명하고, 거짓이면 이유를 설명하거나 반례를 들라.

1. $\mathbf{u} = \langle u_1, u_2 \rangle$, $\mathbf{v} = \langle v_1, v_2 \rangle$이면 $\mathbf{u} \cdot \mathbf{v} = \langle u_1 v_1, u_2 v_2 \rangle$이다.

2. V_3의 임의의 벡터 $\mathbf{u}$와 $\mathbf{v}$에 대해 $|\mathbf{u} \cdot \mathbf{v}| = |\mathbf{u}||\mathbf{v}|$이다.

3. V_3의 임의의 벡터 $\mathbf{u}$와 $\mathbf{v}$에 대해 $\mathbf{u} \cdot \mathbf{v} = \mathbf{v} \cdot \mathbf{u}$이다.

4. V_3의 임의의 벡터 $\mathbf{u}$와 $\mathbf{v}$에 대해 $|\mathbf{u} \times \mathbf{v}| = |\mathbf{v} \times \mathbf{u}|$이다.

5. V_3의 임의의 벡터 $\mathbf{u}$, $\mathbf{v}$와 임의의 스칼라 k에 대해 $k(\mathbf{u} \times \mathbf{v}) = (k\mathbf{u}) \times \mathbf{v}$이다.

6. V_3의 임의의 벡터 $\mathbf{u}$, $\mathbf{v}$와 $\mathbf{w}$에 대해 $\mathbf{u} \cdot (\mathbf{v} \times \mathbf{w}) = (\mathbf{u} \times \mathbf{v}) \cdot \mathbf{w}$이다.

7. V_3의 임의의 벡터 $\mathbf{u}$와 $\mathbf{v}$에 대해 $(\mathbf{u} \times \mathbf{v}) \cdot \mathbf{u} = 0$이다.

8. 벡터 $\langle 3, -1, 2 \rangle$는 평면 $6x - 2y + 4z = 1$ 평행이다.

9. 점들의 집합 $\{(x, y, z) \mid x^2 + y^2 = 1\}$은 원이다.

10. $\mathbf{u} \cdot \mathbf{v} = 0$이면 $\mathbf{u} = \mathbf{0}$ 또는 $\mathbf{v} = \mathbf{0}$이다.

11. $\mathbf{u} \cdot \mathbf{v} = 0$이고 $\mathbf{u} \times \mathbf{v} = \mathbf{0}$이면 $\mathbf{u} = \mathbf{0}$ 또는 $\mathbf{v} = \mathbf{0}$이다.

복습문제

1. (a) 중심이 $(-1, 2, 1)$이고 점 $(6, -2, 3)$을 지나는 구면의 방정식을 구하라.

(b) (a)의 구면과 yz평면과의 교선을 구하라.

(c) 구면 $x^2 + y^2 + z^2 - 8x + 2y + 6z + 1 = 0$의 중심과 반지름을 구하라.

2. 벡터 $\mathbf{u}$와 $\mathbf{v}$가 그림과 같이 주어졌을 때 $\mathbf{u} \cdot \mathbf{v}$와 $|\mathbf{u} \times \mathbf{v}|$를 구하라. $\mathbf{u} \times \mathbf{v}$의 방향은 종이면으로 들어가는가, 종이면으로부터 나오는가?

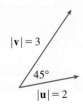

3. 벡터 $\langle 3, 2, x \rangle$와 $\langle 2x, 4, x \rangle$가 직교하는 x의 값을 구하라.

4. $\mathbf{u} \cdot (\mathbf{v} \times \mathbf{w}) = 2$일 때 다음을 구하라.

(a) $(\mathbf{u} \times \mathbf{v}) \cdot \mathbf{w}$ (b) $\mathbf{u} \cdot (\mathbf{w} \times \mathbf{v})$

(c) $\mathbf{v} \cdot (\mathbf{u} \times \mathbf{w})$ (d) $(\mathbf{u} \times \mathbf{v}) \cdot \mathbf{v}$

5. 정육면체의 두 대각선이 이루는 사이의 예각을 구하라.

6. (a) 점 $A(1, 0, 0)$, $B(2, 0, -1)$, $C(1, 4, 3)$을 지나는 평면에 수직인 벡터를 구하라.

(b) 삼각형 ABC의 넓이를 구하라.

7. 그림에서 보는 것과 같이 보트를 두 개의 줄을 이용해서 해변으로 끌어올린다. 255 N의 힘이 필요하다면, 각 줄에 걸리는 힘의 크기를 구하라.

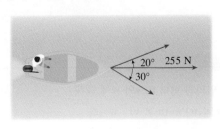

8-9 다음 직선의 매개변수방정식을 구하라.

8. $(4, -1, 2)$와 $(1, 1, 5)$를 지나는 직선

9. $(-2, 2, 4)$를 지나고 평면 $2x - y + 5z = 12$에 수직인 직선

10. $(3, -1, 1)$, $(4, 0, 2)$, $(6, 3, 1)$을 지나는 평면의 방정식을 구하라.

11. 매개변수방정식이 $x = 2 - t$, $y = 1 + 3t$, $z = 4t$인 직선과 평면 $2x - y + z = 2$의 교점을 구하라.

12. 다음 대칭방정식으로 주어진 두 직선이 평행인지 꼬임인지 또는 만나는지 판정하라.

$$\frac{x - 1}{2} = \frac{y - 2}{3} = \frac{z - 3}{4}$$

$$\frac{x + 1}{6} = \frac{y - 3}{-1} = \frac{z + 5}{2}$$

13. 두 평면 $x - z = 1$과 $y + 2z = 3$의 교선을 지나고 평면 $x + y - 2z = 1$에 수직인 평면의 방정식을 구하라.

14. 평면 $3x + y - 4z = 2$와 $3x + y - 4z = 24$ 사이의 거리를 구하라.

15-18 다음 곡면을 확인하고 그래프를 그려라.

15. $x = z$ **16.** $x^2 = y^2 + 4z^2$

17. $-4x^2 + y^2 - 4z^2 = 4$ **18.** $4x^2 + 4y^2 - 8y + z^2 = 0$

19. 타원 $4x^2 + y^2 = 16$을 x축을 중심으로 회전시킬 때 생기는 타원면의 방정식을 구하라.

그림에 있는 비행기와 같이 공간을 움직이는 물체의 경로는 벡터함수로 나타낼 수 있다.
12.1절에서 이러한 두 물체가 충돌할지 안 할지 벡터함수를 이용해서 알아볼 것이다.

Magdalena Zeglen / EyeEm / Getty Images

12 벡터함수
Vector Functions

지금까지 설명한 함수는 실수를 함숫값으로 갖는 함수였다. 이제는 공간에서 곡선과 곡면을 설명하기 위해 그 값이 벡터인 함수를 공부한다. 또한 벡터값을 갖는 함수를 이용해서 공간에서 물체의 운동을 설명할 것이다. 특히 행성운동에서 케플러의 법칙을 유도하는 데 벡터함수를 이용할 것이다.

12.1 | 벡터함수와 공간곡선

■ 벡터함수

일반적으로 함수는 정의역의 각 원소를 치역의 한 원소에 대응시키는 규칙이다. **벡터함수**(vector function) 또는 **벡터값 함수**(vector-valued function)는 간단히 말하면 정의역이 실수의 집합이고, 치역이 벡터의 집합인 함수이다. 우리가 가장 관심을 가지는 벡터함수 **r**는 그 값이 3차원 벡터인 함수이다. 이것은 **r**의 정의역에 속한 모든 수 t에 대해 **r**(t)로 나타내는 V_3의 벡터가 유일하게 존재한다는 것을 의미한다. $f(t)$, $g(t)$, $h(t)$가 벡터 **r**(t)의 성분이라면, f, g, h는 **r**의 **성분함수**(component function)라고 하는 실숫값 함수이고, 이것을 다음과 같이 쓸 수 있다.

$$\mathbf{r}(t) = \langle f(t), g(t), h(t) \rangle = f(t)\,\mathbf{i} + g(t)\,\mathbf{j} + h(t)\,\mathbf{k}$$

독립변수로 문자 t가 사용되는데, 이는 벡터함수의 활용에서 대부분 이것이 시간을 나타내기 때문이다.

《예제 1》 $\mathbf{r}(t) = \left\langle t^3, \ln(3-t), \sqrt{t} \right\rangle$이면 성분함수는 다음과 같다.

$$f(t) = t^3, \quad g(t) = \ln(3-t), \quad h(t) = \sqrt{t}$$

관례적으로 **r**의 정의역은 **r**(t)에 관한 식이 정의되는 t의 모든 값으로 이루어진다. 식 t^3, $\ln(3-t)$, $\sqrt{t}$는 $3-t > 0$, $t \geq 0$일 때 모두 정의된다. 따라서 **r**의 정의역은 구간 $[0, 3)$이다. ■

■ 극한과 연속

벡터함수 **r**의 **극한**(limit)은 다음과 같이 성분함수들의 극한을 취함으로써 정의된다.

$\lim\limits_{t \to a} \mathbf{r}(t) = \mathbf{L}$이면, 이 정의는 벡터 **r**$(t)$의 길이와 방향이 벡터 **L**의 길이와 방향으로 접근한다고 말하는 것과 동치이다.

> **1** $\mathbf{r}(t) = \langle f(t), g(t), h(t) \rangle$일 때, 각 성분함수의 극한이 존재하면 다음과 같다.
> $$\lim_{t \to a} \mathbf{r}(t) = \left\langle \lim_{t \to a} f(t), \lim_{t \to a} g(t), \lim_{t \to a} h(t) \right\rangle$$

또한 ε-δ 정의를 사용할 수 있다(연습문제 33 참조). 벡터함수의 극한은 실숫값 함수의 극한에서와 같은 규칙을 따른다(연습문제 32 참조).

《예제 2》 $\mathbf{r}(t) = (1 + t^3)\,\mathbf{i} + te^{-t}\,\mathbf{j} + \dfrac{\sin t}{t}\,\mathbf{k}$일 때, $\lim\limits_{t \to 0} \mathbf{r}(t)$를 구하라.

풀이 정의 **1**에 따라 **r**의 극한은 다음과 같이 성분이 **r**의 성분함수의 극한인 벡터이다.

$$\lim_{t \to 0} \mathbf{r}(t) = \left[\lim_{t \to 0} (1 + t^3) \right] \mathbf{i} + \left[\lim_{t \to 0} te^{-t} \right] \mathbf{j} + \left[\lim_{t \to 0} \frac{\sin t}{t} \right] \mathbf{k}$$

$$= \mathbf{i} + \mathbf{k} \quad \text{(2.4절의 식 **5**에 의해)} \qquad ■$$

다음을 만족할 때 벡터함수 **r**는 *a*에서 **연속**(continuous at *a*)이라 한다.

$$\lim_{t \to a} \mathbf{r}(t) = \mathbf{r}(a)$$

정의 1의 관점에서 **r**가 *a*에서 연속이기 위한 필요충분조건은 그의 성분함수 *f*, *g*, *h* 가 *a*에서 연속인 경우이다.

■ 공간곡선

연속인 벡터함수와 공간곡선 사이에는 밀접한 관련이 있다. *f*, *g*, *h*를 구간 *I*에서 연속인 실숫값 함수라 하자. 이때 *t*가 구간 *I* 전체에서 변한다고 할 때 다음 식을 만족하는 공간의 모든 점 (*x*, *y*, *z*)의 집합 *C*를 **공간곡선**(space curve)이라 한다.

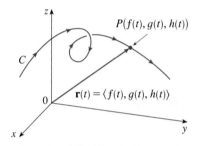

그림 1 *C*는 움직이는 위치벡터 **r**(*t*)의 종점에 의해 그려진다.

$$\boxed{2} \qquad x = f(t), \qquad y = g(t), \qquad z = h(t)$$

2의 방정식을 *C*의 **매개변수방정식**(parametric equations of *C*), *t*를 **매개변수**(parameter)라 한다. *C*는 시각 *t*에서 그 위치가 (*f*(*t*), *g*(*t*), *h*(*t*))인 입자가 그리는 곡선으로 생각할 수 있다. 이제 벡터함수 $\mathbf{r}(t) = \langle f(t), g(t), h(t) \rangle$를 생각하면, **r**(*t*)는 *C* 위의 점 *P*(*f*(*t*), *g*(*t*), *h*(*t*))의 위치벡터이다. 따라서 임의의 연속인 벡터함수 **r**는 그림 1에서와 같이 움직이는 벡터 **r**(*t*)의 종점이 그리는 공간곡선 *C*를 정의한다.

《**예제 3**》 벡터함수 $\mathbf{r}(t) = \langle 1 + t, 2 + 5t, -1 + 6t \rangle$로 정의된 곡선을 설명하라.

풀이 대응하는 매개변수방정식은 다음과 같다.

$$x = 1 + t, \quad y = 2 + 5t, \quad z = -1 + 6t$$

이것은 11.5절의 식 2로부터 점 (1, 2, −1)을 지나고 벡터 ⟨1, 5, 6⟩에 평행인 직선의 매개변수방정식임을 알 수 있다. 한편 이 함수는 $\mathbf{r}_0 = \langle 1, 2, -1 \rangle$이고 $\mathbf{v} = \langle 1, 5, 6 \rangle$일 때 $\mathbf{r} = \mathbf{r}_0 + t\mathbf{v}$로 쓸 수 있으므로, 이것은 11.5절의 식 1로 주어진 것과 같은 직선의 벡터방정식이다. ■

평면곡선도 벡터기호로 표현할 수 있다. 예를 들면 매개변수방정식 $x = t^2 - 2t$, $y = t + 1$(9.1절의 예제 1)로 주어진 곡선은 다음 벡터방정식으로 설명할 수도 있다.

$$\mathbf{r}(t) = \langle t^2 - 2t, t + 1 \rangle = (t^2 - 2t)\,\mathbf{i} + (t + 1)\,\mathbf{j}$$

여기서 $\mathbf{i} = \langle 1, 0 \rangle$, $\mathbf{j} = \langle 0, 1 \rangle$이다.

《**예제 4**》 벡터방정식이 $\mathbf{r}(t) = \cos t\,\mathbf{i} + \sin t\,\mathbf{j} + t\,\mathbf{k}$인 곡선을 그려라.

풀이 이 곡선의 매개변수방정식은 다음과 같다.

$$x = \cos t, \qquad y = \sin t, \qquad z = t$$

$x^2 + y^2 = \cos^2 t + \sin^2 t = 1$이므로, 이 곡선은 원기둥 $x^2 + y^2 = 1$ 위에 놓여 있어야 한다.

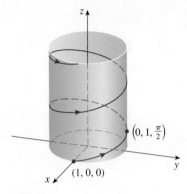

그림 2

그림 3 이중나선

그림 4는 예제 5의 선분 PQ를 나타낸다.

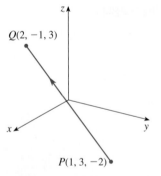

그림 4

점 $(x, y, 0)$이 xy평면에서 원 $x^2 + y^2 = 1$ 주위를 반시계 방향으로 움직이고, 점 (x, y, z)는 점 $(x, y, 0)$ 위쪽 방향에 놓인다. xy평면 위로 곡선의 사영은 벡터방정식 $\mathbf{r}(t) = \langle \cos t, \sin t, 0 \rangle$을 갖는다(9.1절 예제 2 참조). $z = t$이므로 곡선은 t가 증가함에 따라 원기둥 둘레를 회전하면서 휘감아 올라간다. 그림 2에 보인 이 곡선을 **나선**(helix)이라 한다. ■

예제 4에서 나선의 코르크 마개뽑이 모양은 돌돌 감긴 용수철에서도 나타난다. 또한 이것은 DNA(데옥시리보핵산, 살아 있는 세포의 유전물질)의 모형에서도 나타난다. 1953년 왓슨(James Watson)과 크릭(Francis Crick)은 DNA 분자의 구조가 그림 3에서와 같이 두 개의 연결되고 평행한 나선이 서로 얽힌 구조임을 밝혔다.

예제 3과 4에서 곡선의 벡터방정식이 주어졌고 기하학적으로 설명하거나 그림을 그렸다. 다음 두 예제에서는 곡선에 대한 기하학적인 설명을 제시하고 곡선의 매개변수방정식을 구한다.

《예제 5》 점 $P(1, 3, -2)$와 점 $Q(2, -1, 3)$을 잇는 선분의 벡터방정식과 매개변수방정식을 구하라.

풀이 11.5절에서 벡터 $\mathbf{r}_0$의 종점과 벡터 $\mathbf{r}_1$의 종점을 잇는 선분의 벡터방정식은 다음과 같음을 알았다(11.5절의 식 ④ 참조).

$$\mathbf{r}(t) = (1 - t)\mathbf{r}_0 + t\mathbf{r}_1, \qquad 0 \le t \le 1$$

여기서 P에서 Q까지 선분의 벡터방정식을 얻기 위해 $\mathbf{r}_0 = \langle 1, 3, -2 \rangle$와 $\mathbf{r}_1 = \langle 2, -1, 3 \rangle$을 선택하면 다음과 같다.

$$\mathbf{r}(t) = (1 - t)\langle 1, 3, -2 \rangle + t\langle 2, -1, 3 \rangle, \quad 0 \le t \le 1$$

즉
$$\mathbf{r}(t) = \langle 1 + t, 3 - 4t, -2 + 5t \rangle, \qquad 0 \le t \le 1$$

이에 대응하는 매개변수방정식은 다음과 같다.

$$x = 1 + t, \quad y = 3 - 4t, \quad z = -2 + 5t, \quad 0 \le t \le 1 \qquad ■$$

《예제 6》 원기둥 $x^2 + y^2 = 1$과 평면 $y + z = 2$의 교선의 방정식을 표현하는 벡터함수를 구하라.

풀이 그림 5는 원기둥과 평면이 어떻게 만나는지를 보여 주고, 그림 6은 교선 C가 타원임을 보여 준다.

xy평면으로 C의 사영은 원 $x^2 + y^2 = 1$, $z = 0$이다. 따라서 9.1절의 예제 2로부터 다음과 같이 쓸 수 있다.

$$x = \cos t, \quad y = \sin t, \quad 0 \le t \le 2\pi$$

평면의 방정식으로부터 다음을 얻는다.

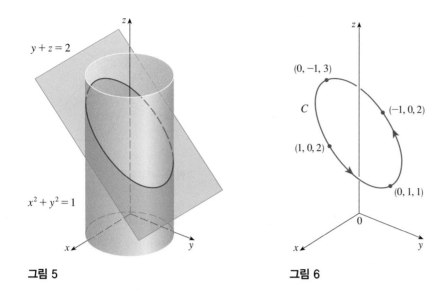

그림 5　　　　　　　　　　**그림 6**

$$z = 2 - y = 2 - \sin t$$

따라서 C의 매개변수방정식은 다음과 같다.

$$x = \cos t, \quad y = \sin t, \quad z = 2 - \sin t, \quad 0 \leq t \leq 2\pi$$

이에 대응하는 벡터방정식은 다음과 같다.

$$\mathbf{r}(t) = \cos t \,\mathbf{i} + \sin t \,\mathbf{j} + (2 - \sin t)\,\mathbf{k}, \quad 0 \leq t \leq 2\pi$$

이 방정식을 곡선 C의 **매개변수화**(parametrization)라고 한다. 그림 6의 화살표는 변수 t 가 증가함에 따라 C가 진행하는 방향을 나타내고 있다. ∎

《예제 7》 포물곡면 $4y = x^2 + z^2$와 평면 $y = x$의 교선의 매개변수방정식을 구하라.

그림 7은 예제 7의 곡면과 교선을 보여 준다.

풀이 교선 C의 모든 점은 두 곡면의 방정식을 만족하므로 $y = x$를 $4y = x^2 + z^2$으로 주어지는 포물곡면에 대입하여 $4x = x^2 + z^2$을 얻는다. x에 대해 완전제곱으로 변형하면 $(x - 2)^2 + z^2 = 4$이고, 따라서 C는 원기둥 $(x - 2)^2 + z^2 = 4$에 포함되며 C의 xz평면으로의 사영은 원 $(x - 2)^2 + z^2 = 4$, $y = 0$이다. 이 원은 중심이 $(2, 0, 0)$이며 반지름이 2이다. 9.1절의 예제 4로부터 $x = 2 + 2\cos t$, $z = 2\sin t$, $0 \leq t \leq 2\pi$로 쓸 수 있고, $y = x$이므로 C의 매개변수화는 $x = 2 + 2\cos t$, $y = 2 + 2\cos t$, $z = 2\sin t$, $0 \leq t \leq 2\pi$이다. ∎

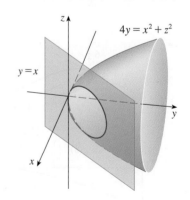

그림 7

■ 도구를 이용한 공간곡선 그리기

공간곡선은 본래 평면곡선보다 손으로 그리기가 훨씬 어렵다. 그림을 정확히 그리기 위해서는 도구를 이용할 필요가 있다. 예를 들면 그림 8은 다음 매개변수방정식으로 표현된 곡선의 그래프를 컴퓨터로 생성한 것이다.

$$x = (4 + \sin 20t)\cos t, \quad y = (4 + \sin 20t)\sin t, \quad z = \cos 20t$$

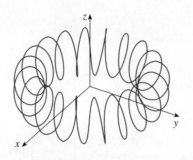

그림 8 원환소용돌이선

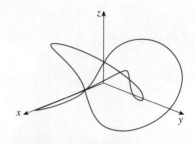

그림 9 세잎매듭실

곡선이 원환면 위에 있으므로 **원환소용돌이선**(toroidal spiral)이라 한다. 또 다른 흥미로운 곡선은 그림 9에 그려진 **세잎매듭실**(trefoil knot)이라 불리는 다음 방정식을 나타내는 곡선이다.

$$x = (2 + \cos 1.5t) \cos t, \qquad y = (2 + \cos 1.5t) \sin t, \qquad z = \sin 1.5t$$

이 곡선을 직접 손으로 점을 찍어서 그리기란 쉽지 않을 것이다.

컴퓨터를 이용해서 공간곡선을 그려도 착시현상 때문에 곡선이 실제로 어떻게 생겼는지 제대로 알기는 어렵다(이것은 특히 그림 9의 경우에 해당된다. 연습문제 31 참조). 다음 예제는 이런 문제를 어떻게 극복하는지를 보여 준다.

《예제 8》 계산기나 컴퓨터를 이용해서 벡터방정식이 $\mathbf{r}(t) = \langle t, t^2, t^3 \rangle$인 곡선을 그려라. 이 곡선을 **비틀린 삼차곡선**(twisted cubic)이라 한다.

풀이 먼저 다음 매개변수방정식의 곡선을 그린다.

$$x = t, \qquad y = t^2, \qquad z = t^3, \qquad -2 \le t \le 2$$

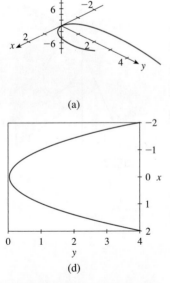

(a)

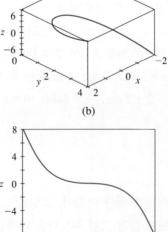

(b)

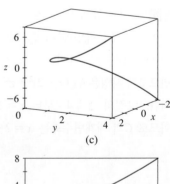

(c)

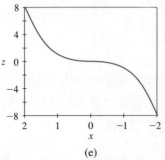

(d)

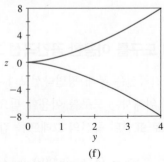

(e)

(f)

그림 10 비틀린 삼차곡선의 모양들

이 결과는 그림 10(a)에 있지만 그래프만으로 곡선의 원래 모습을 관찰하는 것은 쉽지 않다. 어떤 3차원 컴퓨터 그래픽 프로그램은 좌표축을 나타내는 대신에 상자로 곡선이나 곡면을 에워싸도록 할 수 있다. 그림 10(b)에서처럼 상자 안에 나타낸 똑같은 곡선을 보면, 곡선에 대한 보다 명백한 모양을 얻을 수 있다. 곡선이 상자의 아래쪽 구석으로부터 바라봤을 때 가장 가까운 위쪽 구석으로 회전하면서 올라가는 것을 알 수 있다.

다른 유리한 지점에서 본다면 곡선에 대한 더 좋은 이해를 얻을 수 있다. 그림 10(c)는 다른 관점을 주기 위해 상자를 회전시킨 결과를 나타낸다. 그림 10(d), (e), (f)는 상자의 전면에서 바로 볼 때 얻어지는 모습을 보여 준다. 특히 (d)는 상자 위쪽 방향에서 바로 보는 모습이다. 이것은 xy평면 위로 곡선의 사영으로 포물선 $y = x^2$이다. (e)는 xz평면 위로의 사영으로 삼차곡선 $z = x^3$이다. 왜 이 곡선을 비틀린 삼차곡선이라 부르는지 알 수 있을 것이다. ■

공간곡선을 가시화하는 또 다른 방법은 곡면 위에 그리는 것이다. 예를 들면 예제 8의 비틀린 삼차곡선은 포물기둥 $y = x^2$ 위에 놓여 있다. (처음의 두 매개변수방정식 $x = t$와 $y = t^2$으로부터 매개변수를 소거한다.) 그림 11은 포물기둥과 비틀린 삼차곡선을 보여 주고 있으며, 곡선이 기둥면을 따라서 원점을 지나 위로 올라가고 있음을 알 수 있다. 또한 예제 4에서 원기둥에 놓여 있는 나선을 가시화하기 위해 이 방법을 이용했다(그림 2 참조).

비틀린 삼차곡선을 가시화하기 위한 세 번째 방법은 그 곡선이 기둥 $z = x^3$ 위에 놓여 있음을 깨닫는 것이다. 따라서 이 곡선은 두 개의 주면 $y = x^2$과 $z = x^3$의 교차곡선으로 생각할 수 있다(그림 12 참조).

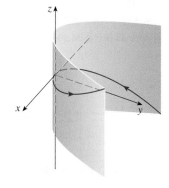

그림 11

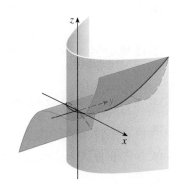

그림 12

흥미있는 공간곡선인 나선이 DNA 모형에서 나타나는 것을 봤다. 과학에서 나타나는 공간곡선의 주목할 만한 예는 직각으로 향하는 자기장 **E**와 **B**에서 양전하로 대전된 입자의 궤적이다. 원점에서 주어진 입자가 초기 속도에 영향을 받으면서 입자의 경로는 수평면 위로의 사영이 9.1절에서 설명한 사이클로이드가 되거나[그림 13(a)] 또는 9.1절 연습문제 25에서 살펴본 트로코이드의 사영곡선[그림 13(b)]이 된다.

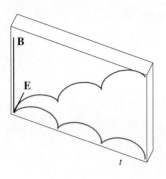

(a) $\mathbf{r}(t) = \langle t - \sin t, 1 - \cos t, t \rangle$

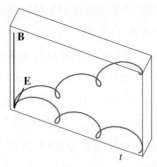

(b) $\mathbf{r}(t) = \langle t - \frac{3}{2}\sin t, 1 - \frac{3}{2}\cos t, t \rangle$

그림 14

그림 13 직각으로 향하는 전기장과 자기장에서 대전된 입자의 운동

일부 그래픽 소프트웨어는 튜브에 공간곡선을 둘러싸는 방법을 이용하여 곡선의 명확한 그림을 제공한다. 이런 그림으로 곡선이 어느 부분에서 다른 곡선의 앞이나 뒤로 지나는지 알 수 있다. 예를 들어 그림 14는 그림 13(b)의 곡선을 Maple에서 tubeplot 명령어로 표현한 것이다.

입자의 궤적에 대한 애니메이션과 궤적에 관련된 물리학의 상세한 이해를 위해서 다음의 웹 사이트를 참조하라.

- www.physics.ucla.edu/plasma-exp/Beam/
- www.phy.ntnu.edu.tw/ntnujava/index.php?topic=36

12.1 연습문제

1. 벡터함수 $\mathbf{r}(t) = \left\langle \ln(t+1), \dfrac{t}{\sqrt{9-t^2}}, 2^t \right\rangle$ 의 정의역을 구하라.

2-3 다음 극한을 구하라.

2. $\displaystyle\lim_{t\to 0}\left(e^{-3t}\mathbf{i} + \dfrac{t^2}{\sin^2 t}\mathbf{j} + \cos 2t\,\mathbf{k}\right)$

3. $\displaystyle\lim_{t\to\infty}\left\langle \dfrac{1+t^2}{1-t^2}, \tan^{-1}t, \dfrac{1-e^{-2t}}{t} \right\rangle$

4-8 다음 벡터방정식으로 주어진 곡선을 그려라. 또 t가 증가하는 방향을 화살표로 나타내라.

4. $\mathbf{r}(t) = \langle -\cos t, t \rangle$ **5.** $\mathbf{r}(t) = \langle 3\sin t, 2\cos t \rangle$

6. $\mathbf{r}(t) = \langle t, 2-t, 2t \rangle$ **7.** $\mathbf{r}(t) = \langle 3, t, 2-t^2 \rangle$

8. $\mathbf{r}(t) = t^2\mathbf{i} + t^4\mathbf{j} + t^6\mathbf{k}$

9. 곡선 $\mathbf{r}(t) = \langle t^2, t^3, t^{-3} \rangle$에 대해 yz평면 위로의 사영을 그려라.

10. 곡선 $\mathbf{r}(t) = \langle t, \sin t, 2\cos t \rangle$에 대해 세 좌표평면 위로의 사영을 그려라. 이러한 사영을 이용해서 곡선을 그려라.

11-12 다음 점 P와 Q를 잇는 선분의 벡터방정식과 매개변수방정식을 구하라.

11. $P(-2, 1, 0)$, $Q(5, 2, -3)$

12. $P(3.5, -1.4, 2.1)$, $Q(1.8, 0.3, 2.1)$

13-15 매개변수방정식과 I~III의 그래프를 짝짓고, 그 이유를 설명하라.

13. $x = t\cos t$, $y = t$, $z = t\sin t$, $t \geq 0$

14. $x = t$, $y = 1/(1+t^2)$, $z = t^2$

15. $x = \cos 8t$, $y = \sin 8t$, $z = e^{0.8t}$, $t \geq 0$

I
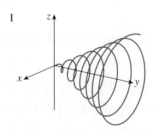

II
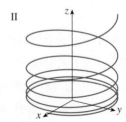

III

16-17 다음 벡터방정식으로 주어진 곡선을 포함하는 평면의 방정식을 구하라.

16. $\mathbf{r}(t) = \langle t, 4, t^2 \rangle$

17. $\mathbf{r}(t) = \langle \sin t, \cos t, -\cos t \rangle$

18. 매개변수방정식이 $x = t \cos t$, $y = t \sin t$, $z = t$인 곡선은 원뿔면 $z^2 = x^2 + y^2$ 위에 있음을 보이고, 이 사실을 이용해서 곡선을 그려라.

19. 곡선 $\mathbf{r}(t) = 2t\mathbf{i} + e^t\mathbf{j} + e^{2t}\mathbf{k}$를 포함하는 서로 다른 곡면 세 개를 구하라.

20. 곡선 $\mathbf{r}(t) = t\mathbf{i} + (2t - t^2)\mathbf{k}$와 포물면 $z = x^2 + y^2$이 만나는 점을 구하라.

21-23 다음 벡터방정식으로 주어진 곡선의 그래프를 그려라. 곡선의 올바른 성질이 잘 드러나도록 매개변수의 정의역과 바라보는 관점을 설정하라.

21. $\mathbf{r}(t) = \langle \cos t \sin 2t, \sin t \sin 2t, \cos 2t \rangle$

22. $\mathbf{r}(t) = \langle \sin 3t \cos t, \frac{1}{4}t, \sin 3t \sin t \rangle$

23. $\mathbf{r}(t) = \langle \cos 2t, \cos 3t, \cos 4t \rangle$

24. 매개변수방정식이 다음과 같은 곡선의 그래프를 그려라.

$$x = (1 + \cos 16t) \cos t$$
$$y = (1 + \cos 16t) \sin t$$
$$z = 1 + \cos 16t$$

그래프가 원뿔면에 놓여 있음을 보임으로써 그래프의 모양을 설명하라.

25. 매개변수방정식이 $x = t^2$, $y = 1 - 3t$, $z = 1 + t^3$인 곡선이 점 $(1, 4, 0)$과 $(9, -8, 28)$을 지나지만 점 $(4, 7, -6)$은 지나지 않음을 보여라.

26-27 다음 두 곡면의 교선을 나타내는 벡터함수를 구하라.

26. 원뿔면 $z = \sqrt{x^2 + y^2}$과 평면 $z = 1 + y$

27. 쌍곡면 $z = x^2 - y^2$과 원기둥 $x^2 + y^2 = 1$

28. 원기둥 $x^2 + y^2 = 4$와 포물기둥 $z = x^2$의 교선을 손으로 그려라. 이 곡선의 매개변수방정식을 구하라. 또한 이 방정식과 컴퓨터를 이용해서 곡선의 그래프를 그려라.

29. 교차점과 충돌 공간상에서 두 물체가 서로 다른 두 곡선을 따라 움직인다면 두 물체의 충돌 여부를 조사하는 것이 중요하다. (미사일은 움직이는 표적을 맞힐까? 두 비행기는 충돌할까?) 두 곡선은 만날 수 있지만 두 물체가 동일 시각에 같은 위치에 있는지 알 필요가 있다(9.1절의 연습문제 28, 29 참조). $t \geq 0$에 대해 두 입자의 궤적이 다음 벡터함수로 주어진다고 하자. 두 입자는 충돌하는가?

$$\mathbf{r}_1(t) = \langle t^2, 7t - 12, t^2 \rangle, \quad \mathbf{r}_2(t) = \langle 4t - 3, t^2, 5t - 6 \rangle$$

30. (a) 매개변수방정식이 다음과 같은 곡선의 그래프를 그려라.

$$x = \frac{27}{26} \sin 8t - \frac{8}{39} \sin 18t$$
$$y = -\frac{27}{26} \cos 8t + \frac{8}{39} \cos 18t$$
$$z = \frac{144}{65} \sin 5t$$

(b) 곡선이 쌍곡면 $144x^2 + 144y^2 - 25z^2 = 100$의 한 곡면 위에 놓임을 보여라.

31. 세잎매듭실 그림 9의 세잎매듭실은 정확하게 그려졌으나 전체적인 모습을 나타내지는 못한다. 다음 매개변수방정식을 이용하여 위에서 바라본 곡선을 손으로 그려라.

$$x = (2 + \cos 1.5t) \cos t$$
$$y = (2 + \cos 1.5t) \sin t$$
$$z = \sin 1.5t$$

곡선이 만나지 않음을 나타내는 간격이 있다. 먼저 xy평면으로의 곡선의 사영이 극좌표 $r = 2 + \cos 1.5t$, $\theta = t$이고 따라서 r이 1과 3 사이에서 변하는 것을 보여라. 그리고 사영이 $r = 1$과 $r = 3$ 사이의 중간에 있을 때 z가 최댓값과 최솟값을 가지는 것을 보여라.

손으로 그림이 그렸으면 컴퓨터를 이용하여 바로 위에서 바라보는 곡선을 그리고 손으로 그린 그림과 비교하라. 그리고 여러 각도에서 바라본 그림을 그려라. 곡선 주위로 반지름이 0.2인 튜브를 그리면 곡선을 더 잘 알 수 있다 (Maple의 `tubeplot` 명령어 또는 Mathematica의 `tubecurve` 또는 `Tube` 명령어를 사용한다).

32. 극한성질 $\mathbf{u}$와 $\mathbf{v}$는 $t \to a$일 때 극한이 존재하는 벡터함수이고 c는 상수라 하자. 다음 극한성질을 증명하라.

(a) $\displaystyle\lim_{t \to a} [\mathbf{u}(t) + \mathbf{v}(t)] = \lim_{t \to a} \mathbf{u}(t) + \lim_{t \to a} \mathbf{v}(t)$

(b) $\displaystyle\lim_{t \to a} c\mathbf{u}(t) = c \lim_{t \to a} \mathbf{u}(t)$

(c) $\displaystyle\lim_{t \to a} [\mathbf{u}(t) \cdot \mathbf{v}(t)] = \lim_{t \to a} \mathbf{u}(t) \cdot \lim_{t \to a} \mathbf{v}(t)$

(d) $\displaystyle\lim_{t \to a} [\mathbf{u}(t) \times \mathbf{v}(t)] = \lim_{t \to a} \mathbf{u}(t) \times \lim_{t \to a} \mathbf{v}(t)$

33. $\displaystyle\lim_{t \to a} \mathbf{r}(t) = \mathbf{b}$가 되기 위한 필요충분조건은 모든 $\varepsilon > 0$에 대하여 $0 < |t - a| < \delta$이면 $|\mathbf{r}(t) - \mathbf{b}| < \varepsilon$가 되는 $\delta > 0$가 존재하는 것임을 보여라.

12.2 | 벡터함수의 도함수와 적분

이번 장 후반에서 공간에서 움직이는 행성과 다른 물체들의 운동을 설명하기 위해 벡터함수를 이용할 것이다. 이를 위해 여기서는 벡터함수의 미적분을 설명한다.

■ 도함수

벡터함수 $\mathbf{r}$의 도함수(derivative) $\mathbf{r}'$은 다음과 같이 실숫값 함수에서와 같은 방법으로 정의한다.

$\boxed{1}$
$$\frac{d\mathbf{r}}{dt} = \mathbf{r}'(t) = \lim_{h \to 0} \frac{\mathbf{r}(t + h) - \mathbf{r}(t)}{h}$$

이때 우변의 극한이 존재하는 경우에 한해 정의한다. 이 정의의 기하학적 의미를 그림 1에서 보여 주고 있다. 점 P와 Q의 위치벡터가 $\mathbf{r}(t)$와 $\mathbf{r}(t + h)$이면, $\overrightarrow{PQ}$는 벡터 $\mathbf{r}(t + h) - \mathbf{r}(t)$를 나타내며 할선벡터로 생각할 수 있다. $h > 0$이면 스칼라곱 $(1/h)$ $(\mathbf{r}(t + h) - \mathbf{r}(t))$와 $\mathbf{r}(t + h) - \mathbf{r}(t)$는 같은 방향이다. $h \to 0$일 때 이 벡터는 접선 위에 놓여 있는 벡터에 접근하는 것으로 나타난다. 이와 같은 이유로 $\mathbf{r}'(t)$가 존재하고, $\mathbf{r}'(t) \neq \mathbf{0}$이면 벡터 $\mathbf{r}'(t)$를 $\mathbf{r}$에 의해 정의되는 곡선의 점 P에서의 **접선벡터**(tangent vector)라 한다. P에서 C에 대한 **접선**(tangent line)은 P를 지나고, 접선벡터 $\mathbf{r}'(t)$에 평행인 직선으로 정의된다.

$0 < h < 1$일 때, 할선벡터에 $1/h$을 곱해서 그림 1(b)와 같이 벡터를 늘이는 것을 주의하자.

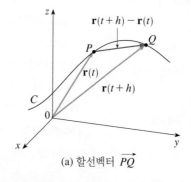

(a) 할선벡터 $\overrightarrow{PQ}$

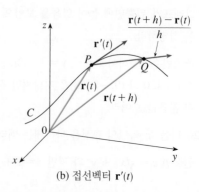

(b) 접선벡터 $\mathbf{r}'(t)$

그림 1

　다음 정리는 벡터함수 **r**의 도함수를 계산하기 위해, **r**의 각 성분을 미분하는 편리한 방법을 알려 준다.

---

2 **정리**　$\mathbf{r}(t) = \langle f(t), g(t), h(t) \rangle = f(t)\,\mathbf{i} + g(t)\,\mathbf{j} + h(t)\,\mathbf{k}$이면 다음이 성립한다.

$$\mathbf{r}'(t) = \langle f'(t), g'(t), h'(t) \rangle = f'(t)\,\mathbf{i} + g'(t)\,\mathbf{j} + h'(t)\,\mathbf{k}$$

여기서 f, g, h는 미분가능한 함수이다.

증명

$$
\begin{aligned}
\mathbf{r}'(t) &= \lim_{\Delta t \to 0} \frac{1}{\Delta t} \left[\mathbf{r}(t + \Delta t) - \mathbf{r}(t) \right] \\[2mm]
&= \lim_{\Delta t \to 0} \frac{1}{\Delta t} \left[\langle f(t + \Delta t), g(t + \Delta t), h(t + \Delta t) \rangle - \langle f(t), g(t), h(t) \rangle \right] \\[2mm]
&= \lim_{\Delta t \to 0} \left\langle \frac{f(t + \Delta t) - f(t)}{\Delta t}, \frac{g(t + \Delta t) - g(t)}{\Delta t}, \frac{h(t + \Delta t) - h(t)}{\Delta t} \right\rangle \\[2mm]
&= \left\langle \lim_{\Delta t \to 0} \frac{f(t + \Delta t) - f(t)}{\Delta t}, \lim_{\Delta t \to 0} \frac{g(t + \Delta t) - g(t)}{\Delta t}, \lim_{\Delta t \to 0} \frac{h(t + \Delta t) - h(t)}{\Delta t} \right\rangle \\[2mm]
&= \langle f'(t), g'(t), h'(t) \rangle \qquad\blacksquare
\end{aligned}
$$

　접선벡터와 방향이 같은 단위 벡터를 **단위접선벡터 T**(unit tangent vector T)라고 하며 다음과 같이 정의한다.

$$\mathbf{T}(t) = \frac{\mathbf{r}'(t)}{|\,\mathbf{r}'(t)\,|}$$

《예제 1》

(a) $\mathbf{r}(t) = (1 + t^3)\,\mathbf{i} + te^{-t}\,\mathbf{j} + \sin 2t\,\mathbf{k}$의 도함수를 구하라.

(b) $t = 0$인 점에서의 단위접선벡터를 구하라.

풀이

(a) 정리 **2**에 따라 **r**의 각 성분을 미분하면 다음과 같다.

$$\mathbf{r}'(t) = 3t^2\,\mathbf{i} + (1 - t)e^{-t}\,\mathbf{j} + 2\cos 2t\,\mathbf{k}$$

(b) $\mathbf{r}(0) = \mathbf{i}$이고 $\mathbf{r}'(0) = \mathbf{j} + 2\mathbf{k}$이므로, 점 $(1, 0, 0)$에서의 단위접선벡터는 다음과 같다.

$$\mathbf{T}(0) = \frac{\mathbf{r}'(0)}{|\,\mathbf{r}'(0)\,|} = \frac{\mathbf{j} + 2\mathbf{k}}{\sqrt{1 + 4}} = \frac{1}{\sqrt{5}}\,\mathbf{j} + \frac{2}{\sqrt{5}}\,\mathbf{k} \qquad\blacksquare$$

《예제 2》 곡선 $\mathbf{r}(t) = \sqrt{t}\,\mathbf{i} + (2 - t)\,\mathbf{j}$에 대해 $\mathbf{r}'(t)$를 구하고, 위치벡터 $\mathbf{r}(1)$과 접선벡터 $\mathbf{r}'(1)$을 그려라.

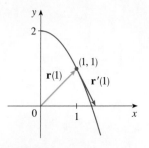

그림 2

그림 2에서 접선벡터는 증가하는 t가 가리키는 것에 주의하자.

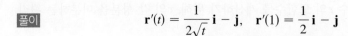

$$\textbf{r}'(t) = \frac{1}{2\sqrt{t}}\,\textbf{i} - \textbf{j}, \quad \textbf{r}'(1) = \frac{1}{2}\,\textbf{i} - \textbf{j}$$

주어진 곡선은 평면곡선으로, 방정식 $x = \sqrt{t}$, $y = 2 - t$에서 매개변수를 소거하면 $y = 2 - x^2$, $x \geq 0$을 얻는다. 원점에서 시작하는 위치벡터 $\textbf{r}(1) = \textbf{i} + \textbf{j}$와 대응되는 점 $(1, 1)$에서 시작하는 접선벡터 $\textbf{r}'(1)$이 그림 2에 그려져 있다. ■

《**예제 3**》 매개변수방정식이 다음과 같은 나선에 대해 점 $(0, 1, \pi/2)$에서 접선의 매개변수방정식을 구하라.

$$x = 2\cos t, \quad y = \sin t, \quad z = t$$

풀이 나선의 벡터방정식이 $\textbf{r}(t) = \langle 2\cos t,\, \sin t,\, t \rangle$이므로 다음을 얻는다.

$$\textbf{r}'(t) = \langle -2\sin t,\, \cos t,\, 1 \rangle$$

점 $(0, 1, \pi/2)$에 대응되는 매개변수의 값은 $t = \pi/2$이므로, 그곳에서의 접선벡터는 $\textbf{r}'(\pi/2) = \langle -2, 0, 1 \rangle$이다. 접선은 점 $(0, 1, \pi/2)$를 지나고 벡터 $\langle -2, 0, 1 \rangle$에 평행인 직선이다. 따라서 11.5절의 식 **2**에 따라 매개변수방정식은 다음과 같다.

$$x = -2t, \quad y = 1, \quad z = \frac{\pi}{2} + t$$ ■

예제 3의 나선과 접선이 그림 3에 그려져 있다.

그림 3

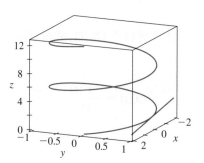

12.4절에서 어떻게 $\textbf{r}'(t)$와 $\textbf{r}''(t)$가 시각 t에서 위치벡터가 $\textbf{r}(t)$인 입자가 공간에서 움직일 때의 속도벡터와 가속도벡터로 해석될 수 있는지를 보일 것이다.

실숫값 함수와 같이 벡터함수 $\textbf{r}$의 **2계 도함수**(second derivative)는 $\textbf{r}'$의 도함수이다. 즉 $\textbf{r}''(t) = (\textbf{r}')'$이다. 예를 들면 예제 3의 함수의 2계 도함수는 다음과 같다.

$$\textbf{r}''(t) = \langle -2\cos t,\, -\sin t,\, 0 \rangle$$

■ 미분 법칙

다음 정리는 실숫값 함수에 관한 미분 공식에 상응하는 벡터함수에 관한 공식이 있음을 보여 준다.

> **3** **정리** $\textbf{u}$와 $\textbf{v}$를 미분가능한 벡터함수, c를 스칼라, f를 실숫값 함수라 하면 다음이 성립한다.

1. $\dfrac{d}{dt}[\mathbf{u}(t) + \mathbf{v}(t)] = \mathbf{u}'(t) + \mathbf{v}'(t)$

2. $\dfrac{d}{dt}[c\mathbf{u}(t)] = c\mathbf{u}'(t)$

3. $\dfrac{d}{dt}[f(t)\,\mathbf{u}(t)] = f'(t)\,\mathbf{u}(t) + f(t)\,\mathbf{u}'(t)$

4. $\dfrac{d}{dt}[\mathbf{u}(t) \cdot \mathbf{v}(t)] = \mathbf{u}'(t) \cdot \mathbf{v}(t) + \mathbf{u}(t) \cdot \mathbf{v}'(t)$

5. $\dfrac{d}{dt}[\mathbf{u}(t) \times \mathbf{v}(t)] = \mathbf{u}'(t) \times \mathbf{v}(t) + \mathbf{u}(t) \times \mathbf{v}'(t)$

6. $\dfrac{d}{dt}[\mathbf{u}(f(t))] = f'(t)\,\mathbf{u}'(f(t))$ (연쇄법칙)

이 정리는 정의 ⓵로부터 직접적으로 증명되거나 정리 ②와 실숫값 함수에 대응되는 미분 공식을 이용함으로써 증명할 수 있다. 공식 4에 대한 증명을 소개하고, 나머지 공식의 증명은 연습문제로 남겨 둔다.

공식 4의 증명 $\mathbf{u}(t) = \langle f_1(t), f_2(t), f_3(t)\rangle$, $\mathbf{v}(t) = \langle g_1(t), g_2(t), g_3(t)\rangle$라 하면 다음과 같다.

$$\mathbf{u}(t) \cdot \mathbf{v}(t) = f_1(t)\,g_1(t) + f_2(t)\,g_2(t) + f_3(t)\,g_3(t) = \sum_{i=1}^{3} f_i(t)\,g_i(t)$$

그러므로 일반적인 곱의 공식에 따라 다음이 성립한다.

$$\begin{aligned}
\frac{d}{dt}[\mathbf{u}(t) \cdot \mathbf{v}(t)] &= \frac{d}{dt}\sum_{i=1}^{3} f_i(t)\,g_i(t) = \sum_{i=1}^{3}\frac{d}{dt}[f_i(t)\,g_i(t)] \\
&= \sum_{i=1}^{3}[f_i'(t)\,g_i(t) + f_i(t)\,g_i'(t)] \\
&= \sum_{i=1}^{3} f_i'(t)\,g_i(t) + \sum_{i=1}^{3} f_i(t)\,g_i'(t) \\
&= \mathbf{u}'(t) \cdot \mathbf{v}(t) + \mathbf{u}(t) \cdot \mathbf{v}'(t)
\end{aligned}$$

공식 4를 이용하여 다음 정리를 증명한다.

④ 정리 $|\mathbf{r}(t)| = c$(상수)이면 $\mathbf{r}'(t)$는 모든 t에 대해 $\mathbf{r}(t)$와 직교한다.

증명 $\mathbf{r}(t) \cdot \mathbf{r}(t) = |\mathbf{r}(t)|^2 = c^2$이고, c^2이 상수이므로, 정리 ③의 공식 4에 따라 다음이 성립한다.

$$0 = \frac{d}{dt}[\mathbf{r}(t) \cdot \mathbf{r}(t)] = \mathbf{r}'(t) \cdot \mathbf{r}(t) + \mathbf{r}(t) \cdot \mathbf{r}'(t) = 2\mathbf{r}'(t) \cdot \mathbf{r}(t)$$

따라서 $\mathbf{r}'(t) \cdot \mathbf{r}(t) = 0$이고, 이것은 $\mathbf{r}'(t)$가 $\mathbf{r}(t)$에 직교임을 말해 준다. ■

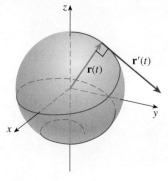

그림 4

기하학적으로, 정리 **4**는 한 곡선이 중심이 원점인 구면 위에 놓여 있으면, 접선 벡터 $\mathbf{r}'(t)$는 항상 위치벡터 $\mathbf{r}(t)$에 수직임을 말해 준다(그림 4 참조).

■ 적분

연속인 벡터함수 $\mathbf{r}(t)$의 **정적분**(definite integral)은 적분의 결과가 벡터라는 것을 제외하면, 실숫값 함수에서와 같은 방법으로 정의할 수 있다. 그런데 이 경우에 $\mathbf{r}$의 적분은 다음과 같이 그의 성분함수 f, g, h의 적분을 이용해서 나타낼 수 있다(4장의 기호를 쓰기로 한다).

$$\int_a^b \mathbf{r}(t)\, dt = \lim_{n \to \infty} \sum_{i=1}^{n} \mathbf{r}(t_i^*)\, \Delta t$$

$$= \lim_{n \to \infty} \left[\left(\sum_{i=1}^{n} f(t_i^*)\, \Delta t \right) \mathbf{i} + \left(\sum_{i=1}^{n} g(t_i^*)\, \Delta t \right) \mathbf{j} + \left(\sum_{i=1}^{n} h(t_i^*)\, \Delta t \right) \mathbf{k} \right]$$

따라서 다음과 같이 정의할 수 있다.

$$\int_a^b \mathbf{r}(t)\, dt = \left(\int_a^b f(t)\, dt \right) \mathbf{i} + \left(\int_a^b g(t)\, dt \right) \mathbf{j} + \left(\int_a^b h(t)\, dt \right) \mathbf{k}$$

이것은 각 성분함수를 적분함으로써 벡터함수의 적분을 구할 수 있음을 의미한다.

미적분학의 기본정리는 다음과 같이 연속인 벡터함수에까지 그대로 확장될 수 있다. $\mathbf{R}$가 $\mathbf{r}$의 역도함수, 즉 $\mathbf{R}'(t) = \mathbf{r}(t)$일 때 다음이 성립한다.

$$\int_a^b \mathbf{r}(t)\, dt = \mathbf{R}(t) \Big]_a^b = \mathbf{R}(b) - \mathbf{R}(a)$$

부정적분(역도함수)에 대해서는 기호 $\int \mathbf{r}(t)\, dt$를 사용한다.

《예제 4》 $\mathbf{r}(t) = 2\cos t\, \mathbf{i} + \sin t\, \mathbf{j} + 2t\, \mathbf{k}$이면

$$\int \mathbf{r}(t)\, dt = \left(\int 2\cos t\, dt \right) \mathbf{i} + \left(\int \sin t\, dt \right) \mathbf{j} + \left(\int 2t\, dt \right) \mathbf{k}$$

$$= 2\sin t\, \mathbf{i} - \cos t\, \mathbf{j} + t^2\, \mathbf{k} + \mathbf{C}$$

여기서 $\mathbf{C}$는 적분의 상수벡터이다. 또한 다음을 얻는다.

$$\int_0^{\pi/2} \mathbf{r}(t)\, dt = \left[2\sin t\, \mathbf{i} - \cos t\, \mathbf{j} + t^2\, \mathbf{k} \right]_0^{\pi/2}$$

$$= 2\mathbf{i} + \mathbf{j} + \frac{\pi^2}{4}\, \mathbf{k}$$

∎

1. 다음 그림은 벡터함수 $\mathbf{r}(t)$에 의해 주어진 곡선 C를 나타낸다.
(a) 벡터 $\mathbf{r}(4.5) - \mathbf{r}(4)$와 $\mathbf{r}(4.2) - \mathbf{r}(4)$를 그려라.

(b) 벡터 $\dfrac{\mathbf{r}(4.5) - \mathbf{r}(4)}{0.5}$와 $\dfrac{\mathbf{r}(4.2) - \mathbf{r}(4)}{0.2}$를 그려라.

(c) $\mathbf{r}'(4)$와 단위접선벡터 $\mathbf{T}(4)$를 식으로 나타내라.

(d) 벡터 $\mathbf{T}(4)$를 그려라.

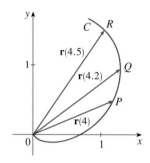

2-4

(a) 다음 벡터방정식으로 주어진 평면곡선을 그려라.
(b) $\mathbf{r}'(t)$를 구하라.
(c) 주어진 t값에 대한 위치벡터 $\mathbf{r}(t)$와 접선벡터 $\mathbf{r}'(t)$를 그려라.

2. $\mathbf{r}(t) = \langle t - 2, t^2 + 1 \rangle, \quad t = -1$

3. $\mathbf{r}(t) = e^{2t}\mathbf{i} + e^t\mathbf{j}, \quad t = 0$

4. $\mathbf{r}(t) = 4\sin t\,\mathbf{i} - 2\cos t\,\mathbf{j}, \quad t = 3\pi/4$

5-8 벡터함수의 도함수를 구하라.

5. $\mathbf{r}(t) = \left\langle \sqrt{t-2}, 3, 1/t^2 \right\rangle$

6. $\mathbf{r}(t) = t^2\mathbf{i} + \cos(t^2)\,\mathbf{j} + \sin^2 t\,\mathbf{k}$

7. $\mathbf{r}(t) = t\sin t\,\mathbf{i} + e^t\cos t\,\mathbf{j} + \sin t\cos t\,\mathbf{k}$

8. $\mathbf{r}(t) = \mathbf{a} + t\,\mathbf{b} + t^2\mathbf{c}$

9-10 주어진 매개변수 t의 값을 갖는 점에서 단위접선벡터 $\mathbf{T}(t)$를 구하라.

9. $\mathbf{r}(t) = \left\langle t^2 - 2t, 1 + 3t, \frac{1}{3}t^3 + \frac{1}{2}t^2 \right\rangle, \quad t = 2$

10. $\mathbf{r}(t) = \cos t\,\mathbf{i} + 3t\,\mathbf{j} + 2\sin 2t\,\mathbf{k}, \quad t = 0$

11. 점 $(2, -2, 4)$에서 곡선 $\mathbf{r}(t) = \langle t^3 + 1, 3t - 5, 4/t \rangle$의 단위접선벡터 $\mathbf{T}(t)$를 구하라.

12. $\mathbf{r}(t) = \langle t^4, t, t^2 \rangle$일 때 $\mathbf{r}'(t), \mathbf{T}(1), \mathbf{r}''(t), \mathbf{r}'(t) \times \mathbf{r}''(t)$를 구하라.

13-14 지정된 점에서 매개변수방정식으로 표현된 곡선에 대한 접선의 매개변수방정식을 구하라.

13. $x = t^2 + 1, \quad y = 4\sqrt{t}, \quad z = e^{t^2 - t}; \quad (2, 4, 1)$

14. $x = e^{-t}\cos t, \quad y = e^{-t}\sin t, \quad z = e^{-t}; \quad (1, 0, 1)$

15. 점 $(3, 4, 2)$에서 두 원기둥 $x^2 + y^2 = 25$와 $y^2 + z^2 = 20$의 교선인 곡선에 대한 접선의 벡터방정식을 구하라.

16-17 지정된 점에서 주어진 매개변수방정식으로 표현된 곡선에 대한 접선의 매개변수방정식을 구하라. 동일한 보기화면에 곡선과 접선의 그래프를 그려서 설명하라.

16. $x = t, y = e^{-t}, z = 2t - t^2; \quad (0, 1, 0)$

17. $x = t\cos t, y = t, z = t\sin t; \quad (-\pi, \pi, 0)$

18. 곡선 $\mathbf{r}_1(t) = \langle t, t^2, t^3 \rangle$과 $\mathbf{r}_2(t) = \langle \sin t, \sin 2t, t \rangle$는 원점에서 만난다. 교점에서 두 곡선 사이의 각을 구하고 반올림하여 정수 단위 도(degree)로 나타내라.

19-21 다음 적분을 구하라.

19. $\displaystyle\int_0^2 (t\mathbf{i} - t^3\mathbf{j} + 3t^5\mathbf{k})\, dt$

20. $\displaystyle\int_0^1 \left(\frac{1}{t+1}\mathbf{i} + \frac{1}{t^2+1}\mathbf{j} + \frac{t}{t^2+1}\mathbf{k} \right) dt$

21. $\displaystyle\int \left(\frac{1}{1+t^2}\mathbf{i} + te^{t^2}\mathbf{j} + \sqrt{t}\,\mathbf{k} \right) dt$

22. $\mathbf{r}'(t) = 2t\mathbf{i} + 3t^2\mathbf{j} + \sqrt{t}\,\mathbf{k}$이고 $\mathbf{r}(1) = \mathbf{i} + \mathbf{j}$일 때 $\mathbf{r}(t)$를 구하라.

23. 정리 ③의 공식 1을 증명하라.

24. 정리 ③의 공식 5를 증명하라.

25. $\mathbf{u}(t) = \langle \sin t, \cos t, t \rangle$와 $\mathbf{v}(t) = \langle t, \cos t, \sin t \rangle$에 대해 정리 ③의 공식 4를 이용해서 다음을 구하라.
$$\frac{d}{dt}[\mathbf{u}(t) \cdot \mathbf{v}(t)]$$

26. $f(t) = \mathbf{u}(t) \cdot \mathbf{v}(t), \mathbf{u}(2) = \langle 1, 2, -1 \rangle, \mathbf{u}'(2) = \langle 3, 0, 4 \rangle,$ $\mathbf{v}(t) = \langle t, t^2, t^3 \rangle$일 때 $f'(2)$를 구하라.

27. $\mathbf{r}(t) = \mathbf{a}\cos\omega t + \mathbf{b}\sin\omega t$이면 $\mathbf{r}(t) \times \mathbf{r}'(t) = \omega\mathbf{a} \times \mathbf{b}$임을 보여라. 여기서 $\mathbf{a}$와 $\mathbf{b}$는 상수벡터이다.

28. $\mathbf{r}$가 벡터함수로서 $\mathbf{r}''$이 존재하면 다음이 성립함을 보여라.

$$\frac{d}{dt}[\mathbf{r}(t) \times \mathbf{r}'(t)] = \mathbf{r}(t) \times \mathbf{r}''(t)$$

29. $\mathbf{r}(t) \neq \mathbf{0}$일 때 $\dfrac{d}{dt}|\mathbf{r}(t)| = \dfrac{1}{|\mathbf{r}(t)|}\mathbf{r}(t) \cdot \mathbf{r}'(t)$를 증명하라.

[힌트: $|\mathbf{r}(t)|^2 = \mathbf{r}(t) \cdot \mathbf{r}(t)$]

30. $\mathbf{u}(t) = \mathbf{r}(t) \cdot [\mathbf{r}'(t) \times \mathbf{r}''(t)]$일 때 다음을 보여라.

$$\mathbf{u}'(t) = \mathbf{r}(t) \cdot [\mathbf{r}'(t) \times \mathbf{r}'''(t)]$$

12.3 | 호의 길이와 곡률

■ 호의 길이

9.2절에서 f'과 g'이 연속일 때 매개변수방정식이 $x = f(t)$, $y = g(t)$, $a \leq t \leq b$인 평면곡선의 길이를 근사 다각형의 길이의 극한으로 정의했으며, 다음과 같은 공식을 얻었다.

$$\boxed{1} \qquad L = \int_a^b \sqrt{[f'(t)]^2 + [g'(t)]^2} \, dt = \int_a^b \sqrt{\left(\frac{dx}{dt}\right)^2 + \left(\frac{dy}{dt}\right)^2} \, dt$$

공간곡선의 길이도 같은 방법으로 정의된다(그림 1 참조). 곡선의 벡터방정식이 $\mathbf{r}(t) = \langle f(t), g(t), h(t) \rangle$, $a \leq t \leq b$이거나 이와 동치로 매개변수방정식 $x = f(t)$, $y = g(t)$, $z = h(t)$이고 f', g', h'이 연속이라 하자. t가 a에서 b까지 증가함에 따라 곡선이 꼭 한 번만 궤적을 이룬다면, 그 곡선의 길이는 다음과 같음을 보일 수 있다.

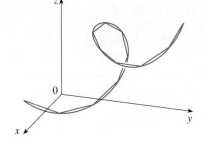

그림 1 공간곡선의 길이는 내접한 다각형의 길이의 극한이다.

$$\boxed{2} \quad \boxed{\begin{aligned} L &= \int_a^b \sqrt{[f'(t)]^2 + [g'(t)]^2 + [h'(t)]^2} \, dt \\ &= \int_a^b \sqrt{\left(\frac{dx}{dt}\right)^2 + \left(\frac{dy}{dt}\right)^2 + \left(\frac{dz}{dt}\right)^2} \, dt \end{aligned}}$$

호의 길이 공식 $\boxed{1}$과 $\boxed{2}$는 모두 다음과 같이 보다 간략한 형태로 나타낼 수 있다.

12.4절에서 $\mathbf{r}(t)$가 시각 t에서 움직이는 물체의 위치벡터이면 $\mathbf{r}'(t)$는 속도벡터이고, $|\mathbf{r}'(t)|$는 속력임을 알게 될 것이다. 따라서 식 $\boxed{3}$은 속력을 적분하면 움직인 거리를 계산할 수 있음을 보여 준다.

$$\boxed{3} \qquad \boxed{L = \int_a^b |\mathbf{r}'(t)| \, dt}$$

그 이유는 평면곡선 $\mathbf{r}(t) = f(t)\mathbf{i} + g(t)\mathbf{j}$에 대해 다음이 성립하기 때문이다.

$$|\mathbf{r}'(t)| = |f'(t)\mathbf{i} + g'(t)\mathbf{j}| = \sqrt{[f'(t)]^2 + [g'(t)]^2}$$

공간곡선 $\mathbf{r}(t) = f(t)\mathbf{i} + g(t)\mathbf{j} + h(t)\mathbf{k}$에 대해서도 다음이 성립한다.

$$|\mathbf{r}'(t)| = |f'(t)\mathbf{i} + g'(t)\mathbf{j} + h'(t)\mathbf{k}| = \sqrt{[f'(t)]^2 + [g'(t)]^2 + [h'(t)]^2}$$

《예제 1》 점 $(1, 0, 0)$에서 점 $(1, 0, 2\pi)$까지 벡터방정식이 $\mathbf{r}(t) = \cos t\,\mathbf{i} + \sin t\,\mathbf{j} + t\,\mathbf{k}$인 원형나선의 호의 길이를 구하라.

풀이 $\mathbf{r}'(t) = -\sin t\,\mathbf{i} + \cos t\,\mathbf{j} + \mathbf{k}$이므로 다음을 얻는다.

$$|\mathbf{r}'(t)| = \sqrt{(-\sin t)^2 + \cos^2 t + 1} = \sqrt{2}$$

$(1, 0, 0)$에서 $(1, 0, 2\pi)$까지의 호는 매개변수 구간이 $0 \le t \le 2\pi$로 표현되므로, 공식 **3**으로부터 다음을 얻는다.

$$L = \int_0^{2\pi} |\mathbf{r}'(t)|\, dt = \int_0^{2\pi} \sqrt{2}\, dt = 2\sqrt{2}\,\pi \qquad ■$$

단순곡선 C는 하나 이상의 벡터함수로 나타낼 수 있다. 예를 들면 다음과 같이 비틀린 삼차곡선이 있다.

$$\boxed{4} \qquad \mathbf{r}_1(t) = \langle t, t^2, t^3 \rangle, \quad 1 \le t \le 2$$

이것은 매개변수 t와 u 사이의 관계가 $t = e^u$으로 주어질 때 다음 함수로도 나타낼 수 있다.

$$\boxed{5} \qquad \mathbf{r}_2(u) = \langle e^u, e^{2u}, e^{3u} \rangle, \quad 0 \le u \le \ln 2$$

방정식 **4**와 **5**를 곡선 C의 **매개변수화**(parametrization)라 한다. 식 **4**와 **5**는 곡선 C의 매개변수화이다. 공식 **3**을 이용해서 식 **4**와 **5**인 호 C의 길이를 계산하면 동일한 값을 얻을 것이다. 이것은 호의 길이는 곡선의 기하학적 성질이기 때문이며, 따라서 사용한 매개변수화와 관계가 없다.

■ 호의 길이함수

이제 C가 다음과 같은 벡터함수로 주어진 곡선이고, $\mathbf{r}'$이 연속이며 t가 a에서 b로 증가함에 따라 C는 꼭 한 번만 궤적을 이룬다고 하자.

$$\mathbf{r}(t) = f(t)\,\mathbf{i} + g(t)\,\mathbf{j} + h(t)\,\mathbf{k}, \quad a \le t \le b$$

이때 **호의 길이함수**(arc length function) s를 다음과 같이 정의한다.

$$\boxed{6} \qquad s(t) = \int_a^t |\mathbf{r}'(u)|\, du = \int_a^t \sqrt{\left(\frac{dx}{du}\right)^2 + \left(\frac{dy}{du}\right)^2 + \left(\frac{dz}{du}\right)^2}\, du$$

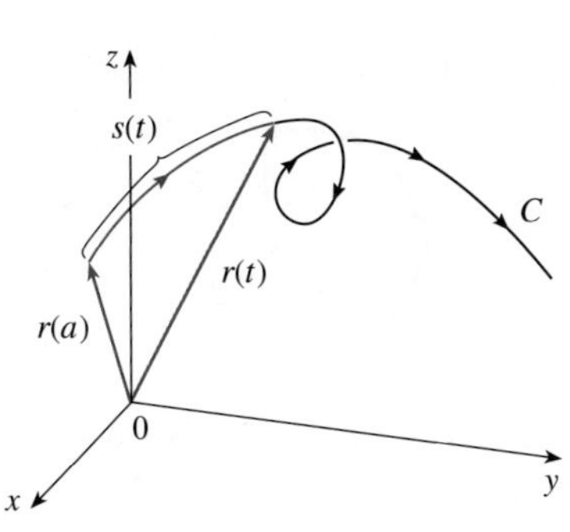

(9.2절의 식 **7**과 비교하라.) 따라서 $s(t)$는 C의 $\mathbf{r}(a)$와 $\mathbf{r}(t)$ 사이의 길이이다(그림 3 참조). 미적분학의 기본정리 1을 이용해서 식 **6**의 양변을 미분하면 다음을 얻는다.

$$\boxed{7} \qquad \frac{ds}{dt} = |\mathbf{r}'(t)|$$

호의 길이는 특정한 좌표계나 매개변수화에 좌우되지 않고 곡선의 모양에 따라

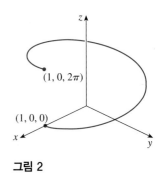

그림 2는 예제 1에서 길이가 계산된 나선의 호를 보여 준다.

그림 2

그림 3

자연스럽게 생기는 것이므로, **곡선을 호의 길이에 관해 매개변수화하는 것**이 때때로 유용하다. 곡선 $\mathbf{r}(t)$가 이미 매개변수 t에 관해 주어져 있고 $s(t)$가 식 **6**에 의해 주어진 호의 길이함수이면, t를 s에 관한 함수 $t = t(s)$로 풀 수도 있다. 그러면 곡선은 t를 대입함으로써 $\mathbf{r} = \mathbf{r}(t(s))$와 같이 다시 s에 관해 매개변수화할 수 있다. 예를 들어 $s = 3$이면 $\mathbf{r}(t(3))$은 시점에서 곡선을 따라 길이가 3단위만큼 떨어져 있는 점의 위치벡터이다.

《예제 2》 나선 $\mathbf{r}(t) = \cos t\,\mathbf{i} + \sin t\,\mathbf{j} + t\mathbf{k}$를 시점 $(1, 0, 0)$으로부터 t가 증가하는 방향으로 측정한 호의 길이에 관해 다시 매개변수화하라.

풀이 시점 $(1, 0, 0)$은 매개변숫값 $t = 0$에 해당한다. 예제 1로부터 다음을 얻는다.

$$\frac{ds}{dt} = |\mathbf{r}'(t)| = \sqrt{2}$$

따라서 다음과 같다.

$$s = s(t) = \int_0^t |\mathbf{r}'(u)|\, du = \int_0^t \sqrt{2}\, du = \sqrt{2}\, t$$

그러므로 $t = s/\sqrt{2}$이고, t를 대입하여 얻은 s에 대한 매개변수화를 구하면 다음과 같다.

$$\mathbf{r}(t(s)) = \cos\left(s/\sqrt{2}\right)\mathbf{i} + \sin\left(s/\sqrt{2}\right)\mathbf{j} + \left(s/\sqrt{2}\right)\mathbf{k} \qquad \blacksquare$$

■ 곡률

구간 I에서 $\mathbf{r}'$이 연속이고 $\mathbf{r}'(t) \neq \mathbf{0}$이면 매개변수화 $\mathbf{r}(t)$는 I에서 **매끄럽다**(smooth)고 한다. 곡선이 매끄러운 매개변수화를 가지면 **매끄럽다**고 한다. 매끄러운 곡선은 뾰족한 모퉁이나 첨점이 없고 접선벡터가 방향을 바꿀 때 연속적으로 방향을 바꾼다.

　C가 벡터함수 $\mathbf{r}$로 정의되는 매끄러운 곡선이면 단위접선벡터 $\mathbf{T}(t)$는 다음과 같이 주어지고 이것은 곡선의 방향을 나타낸다는 것을 상기하자.

$$\mathbf{T}(t) = \frac{\mathbf{r}'(t)}{|\mathbf{r}'(t)|}$$

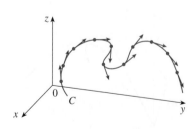

그림 4 C에 같은 간격으로 떨어져 있는 점에서의 단위접선벡터

그림 4로부터 C가 거의 직선일 때 $\mathbf{T}(t)$는 아주 천천히 방향을 바꾸지만, C가 보다 예리하게 구부러지거나 뒤틀릴 때에는 방향을 보다 빠르게 바꾼다는 것을 알 수 있다.

　주어진 점에서 C의 곡률은 그 점에서 곡선이 얼마나 빠르게 방향을 바꾸는가를 나타내는 척도이다. 특히 곡률은 호의 길이에 대한 단위접선벡터의 변화율의 크기로 정의된다(곡률이 매개변수화에 영향을 받지 않도록 하기 위해 호의 길이를 이용한다). 단위접선벡터는 상수인 길이를 가지므로 방향에 대한 변화만이 $\mathbf{T}$의 변화율에 영향을 준다.

8 **정의** 단위접선벡터 **T**에 대해 곡선의 **곡률**(curvature)을 다음과 같이 정의한다.

$$\kappa = \left| \frac{d\mathbf{T}}{ds} \right|$$

매개변수가 s 대신에 t로 표현되면 곡률을 보다 쉽게 계산할 수 있으므로, 연쇄법칙(12.2절의 정리 3 공식 6)을 이용해서 다음과 같이 쓴다.

$$\frac{d\mathbf{T}}{dt} = \frac{d\mathbf{T}}{ds}\frac{ds}{dt} \quad \Longrightarrow \quad \kappa = \left| \frac{d\mathbf{T}}{ds} \right| = \left| \frac{d\mathbf{T}/dt}{ds/dt} \right|$$

그러나 식 7로부터 $ds/dt = |\mathbf{r}'(t)|$이므로 다음이 성립한다.

9
$$\kappa(t) = \frac{|\mathbf{T}'(t)|}{|\mathbf{r}'(t)|}$$

《**예제 3**》 반지름 a인 원의 곡률이 $1/a$임을 보여라.

풀이 중심이 원점인 원을 선택할 수 있으며, 이때 매개변수화는 다음과 같다.

$$\mathbf{r}(t) = a\cos t\,\mathbf{i} + a\sin t\,\mathbf{j}$$

따라서 $\mathbf{r}'(t) = -a\sin t\,\mathbf{i} + a\cos t\,\mathbf{j}$이고 $|\mathbf{r}'(t)| = a$이므로 다음을 얻는다.

$$\mathbf{T}(t) = \frac{\mathbf{r}'(t)}{|\mathbf{r}'(t)|} = -\sin t\,\mathbf{i} + \cos t\,\mathbf{j}$$

$$\mathbf{T}'(t) = -\cos t\,\mathbf{i} - \sin t\,\mathbf{j}$$

이것으로부터 $|\mathbf{T}'(t)| = 1$이므로 식 9를 이용하면 다음을 얻는다.

$$\kappa(t) = \frac{|\mathbf{T}'(t)|}{|\mathbf{r}'(t)|} = \frac{1}{a} \qquad\qquad \blacksquare$$

예제 3의 결과는 우리의 직관과 일치하게 작은 원은 큰 곡률을 가지고, 큰 원은 작은 곡률을 가짐을 보여 준다. 곡률의 정의로부터 직선의 곡률은 그 접선벡터가 상수이므로 항상 0이라는 것을 바로 알 수 있다.

공식 9가 곡률을 계산하는 모든 경우에 이용될 수 있으나, 다음 정리에 주어진 공식이 때로는 보다 편리하게 이용될 수 있다.

10 **정리** 벡터함수 **r**로 주어진 곡선의 곡률은 다음과 같다.

$$\kappa(t) = \frac{|\mathbf{r}'(t) \times \mathbf{r}''(t)|}{|\mathbf{r}'(t)|^3}$$

증명 $\mathbf{T} = \mathbf{r}'/|\mathbf{r}'|$이고, $|\mathbf{r}'| = ds/dt$이므로 다음과 같다.

$$\mathbf{r}' = |\mathbf{r}'|\mathbf{T} = \frac{ds}{dt}\mathbf{T}$$

그러므로 곱의 공식(12.2절의 정리 **3**의 공식 3)에 따라 다음을 얻는다.

$$\mathbf{r}'' = \frac{d^2s}{dt^2}\mathbf{T} + \frac{ds}{dt}\mathbf{T}'$$

$\mathbf{T} \times \mathbf{T} = \mathbf{0}$이므로(11.4절의 예제 2) 다음이 성립한다.

$$\mathbf{r}' \times \mathbf{r}'' = \left(\frac{ds}{dt}\right)^2 (\mathbf{T} \times \mathbf{T}')$$

이제 모든 t에 대해 $|\mathbf{T}(t)| = 1$이므로, 12.2절의 정리 **4**에 의해 $\mathbf{T}$와 $\mathbf{T}'$은 직교한다. 따라서 11.4절의 정리 **9**에 의해 다음이 성립한다.

$$|\mathbf{r}' \times \mathbf{r}''| = \left(\frac{ds}{dt}\right)^2 |\mathbf{T} \times \mathbf{T}'| = \left(\frac{ds}{dt}\right)^2 |\mathbf{T}||\mathbf{T}'| = \left(\frac{ds}{dt}\right)^2 |\mathbf{T}'|$$

따라서 다음을 얻는다.

$$|\mathbf{T}'| = \frac{|\mathbf{r}' \times \mathbf{r}''|}{(ds/dt)^2} = \frac{|\mathbf{r}' \times \mathbf{r}''|}{|\mathbf{r}'|^2}$$

$$\kappa = \frac{|\mathbf{T}'|}{|\mathbf{r}'|} = \frac{|\mathbf{r}' \times \mathbf{r}''|}{|\mathbf{r}'|^3}$$ ∎

《예제 4》 임의의 점과 $(0, 0, 0)$에서 비틀린 삼차곡선 $\mathbf{r}(t) = \langle t, t^2, t^3 \rangle$의 곡률을 구하라.

풀이 먼저 필요한 성분들을 다음과 같이 계산한다.

$$\mathbf{r}'(t) = \langle 1, 2t, 3t^2 \rangle \qquad \mathbf{r}''(t) = \langle 0, 2, 6t \rangle$$

$$|\mathbf{r}'(t)| = \sqrt{1 + 4t^2 + 9t^4}$$

$$\mathbf{r}'(t) \times \mathbf{r}''(t) = \begin{vmatrix} \mathbf{i} & \mathbf{j} & \mathbf{k} \\ 1 & 2t & 3t^2 \\ 0 & 2 & 6t \end{vmatrix} = 6t^2\,\mathbf{i} - 6t\,\mathbf{j} + 2\,\mathbf{k}$$

$$|\mathbf{r}'(t) \times \mathbf{r}''(t)| = \sqrt{36t^4 + 36t^2 + 4} = 2\sqrt{9t^4 + 9t^2 + 1}$$

이제 정리 **10**으로부터 다음을 얻는다.

$$\kappa(t) = \frac{|\mathbf{r}'(t) \times \mathbf{r}''(t)|}{|\mathbf{r}'(t)|^3} = \frac{2\sqrt{1 + 9t^2 + 9t^4}}{(1 + 4t^2 + 9t^4)^{3/2}}$$

따라서 $t = 0$일 때, 원점에서의 곡률은 $\kappa(0) = 2$이다. ∎

방정식이 $y = f(x)$인 특별한 평면곡선의 경우에는 x를 매개변수로 택하고 $\mathbf{r}(x) = x\,\mathbf{i} + f(x)\,\mathbf{j}$로 쓴다. 이때 $\mathbf{r}'(t) = \mathbf{i} + f'(x)\,\mathbf{j}$, $\mathbf{r}''(x) = f''(x)\,\mathbf{j}$이고 $\mathbf{i} \times \mathbf{j} = \mathbf{k}$, $\mathbf{j} \times \mathbf{j} = \mathbf{0}$이므로 $\mathbf{r}'(x) \times \mathbf{r}''(x) = f''(x)\,\mathbf{k}$를 얻는다. 또한 $|\mathbf{r}'(x)| = \sqrt{1 + [f'(x)]^2}$이므로 정리 **10**에 따라 다음을 얻는다.

11
$$\kappa(x) = \frac{|f''(x)|}{[1 + (f'(x))^2]^{3/2}}$$

《**예제 5**》 점 $(0, 0)$, $(1, 1)$, $(2, 4)$에서 포물선 $y = x^2$의 곡률을 구하라.

풀이 $y' = 2x$, $y'' = 2$이므로 공식 **11**에 따라 다음을 얻는다.

$$\kappa(x) = \frac{|y''|}{[1 + (y')^2]^{3/2}} = \frac{2}{(1 + 4x^2)^{3/2}}$$

$(0, 0)$에서의 곡률은 $\kappa(0) = 2$이다. $(1, 1)$에서는 $\kappa(1) = 2/5^{3/2} \approx 0.18$이고 $(2, 4)$에서는 $\kappa(2) = 2/17^{3/2} \approx 0.03$이다. $\kappa(x)$의 식 또는 그림 5에 주어진 κ의 그래프로부터 $x \to \pm\infty$일 때 $\kappa(x) \to 0$임을 관찰하자. 이것은 포물선이 $x \to \pm\infty$일수록 평탄하게 되어간다는 사실과 부합한다. ■

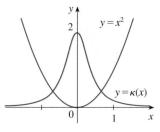

그림 5 포물선 $y = x^2$과 곡률함수

■ 법선벡터와 종법선벡터

매끄러운 공간곡선 $\mathbf{r}(t)$ 위의 주어진 점에는 단위접선벡터 $\mathbf{T}(t)$와 직교하는 벡터가 많이 있다. 모든 t에 대해 $|\mathbf{T}(t)| = 1$이므로 12.2절의 정리 **4**에 의해 $\mathbf{T}(t) \cdot \mathbf{T}'(t) = 0$이고 따라서 $\mathbf{T}'(t)$는 $\mathbf{T}(t)$와 직교함을 관찰함으로써 $\mathbf{T}(t)$와 직교하는 벡터 중 하나를 선별할 수 있다. $\mathbf{T}'(t)$ 자신은 단위벡터가 아님에 주목한다. 그러나 $\kappa \neq 0$인 임의의 점에서 **주단위법선벡터**(principal unit normal vector, 줄여서 **단위법선벡터**) $\mathbf{N}(t)$를 다음과 같이 정의할 수 있다.

$$\mathbf{N}(t) = \frac{\mathbf{T}'(t)}{|\mathbf{T}'(t)|}$$

이 단위법선벡터는 각 점에서 곡선이 움직이는 방향을 나타내는 것으로 생각할 수 있다. 벡터 $\mathbf{B}(t) = \mathbf{T}(t) \times \mathbf{N}(t)$를 **종법선벡터**(binormal vector)라고 한다. 벡터 $\mathbf{B}$는 $\mathbf{T}$와 $\mathbf{N}$ 모두에 수직인 단위벡터이다(그림 6 참조).

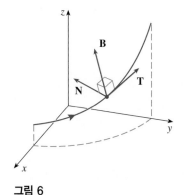

그림 6

《**예제 6**》 다음 원형나선에 대한 단위법선벡터와 종법선벡터를 구하라.

$$\mathbf{r}(t) = \cos t\,\mathbf{i} + \sin t\,\mathbf{j} + t\,\mathbf{k}$$

풀이 먼저 단위법선벡터를 구하기 위해 필요한 성분들을 다음과 같이 계산한다.

$$\mathbf{r}'(t) = -\sin t\,\mathbf{i} + \cos t\,\mathbf{j} + \mathbf{k}, \quad |\mathbf{r}'(t)| = \sqrt{2}$$

그림 7은 나선의 두 지점에서 벡터 **T**, **N**, **B**를 보임으로써 예제 6을 설명한다. 일반적으로 곡선의 여러 점으로부터 시작되는 벡터 **T**, **N**, **B**는 시간 t에 따라 움직이는 **TNB** 틀이라 불리는 직교벡터의 집합을 구성한다. 이 **TNB** 틀은 미분기하학으로 수학 분야와 우주선 운동에 대한 응용으로 중요한 역할을 한다.

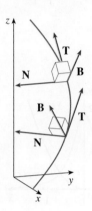

그림 7

$$\mathbf{T}(t) = \frac{\mathbf{r}'(t)}{|\mathbf{r}'(t)|} = \frac{1}{\sqrt{2}}(-\sin t\, \mathbf{i} + \cos t\, \mathbf{j} + \mathbf{k})$$

$$\mathbf{T}'(t) = \frac{1}{\sqrt{2}}(-\cos t\, \mathbf{i} - \sin t\, \mathbf{j}), \quad |\mathbf{T}'(t)| = \frac{1}{\sqrt{2}}$$

$$\mathbf{N}(t) = \frac{\mathbf{T}'(t)}{|\mathbf{T}'(t)|} = -\cos t\, \mathbf{i} - \sin t\, \mathbf{j} = \langle -\cos t, -\sin t, 0 \rangle$$

이것은 나선 위의 임의의 점에서의 법선벡터가 수평이며 z축을 향하는 것을 보여 준다. 종법선벡터는 다음과 같다.

$$\mathbf{B}(t) = \mathbf{T}(t) \times \mathbf{N}(t) = \frac{1}{\sqrt{2}}\begin{bmatrix} \mathbf{i} & \mathbf{j} & \mathbf{k} \\ -\sin t & \cos t & 1 \\ -\cos t & -\sin t & 0 \end{bmatrix} = \frac{1}{\sqrt{2}}\langle \sin t, -\cos t, 1 \rangle \quad \blacksquare$$

《예제 7》 점 $(1, 0, 1)$에서 곡선 $\mathbf{r}(t) = \langle t, \sqrt{2}\ln t, 1/t \rangle$에 대한 단위접선벡터, 단위법선벡터, 종법선벡터와 곡률을 구하라.

풀이 먼저 t의 함수로서 **T**와 **T**′를 구하자.

$$\mathbf{r}'(t) = \langle 1, \sqrt{2}/t, -1/t^2 \rangle$$

$$|\mathbf{r}'(t)| = \sqrt{1 + \frac{2}{t^2} + \frac{1}{t^4}} = \frac{1}{t^2}\sqrt{t^4 + 2t^2 + 1}$$

$$= \frac{1}{t^2}\sqrt{(t^2+1)^2} = \frac{1}{t^2}(t^2+1) \qquad (t^2+1 > 0) \text{ 때문에}$$

$$\mathbf{T}(t) = \frac{\mathbf{r}'(t)}{|\mathbf{r}'(t)|} = \frac{t^2}{(t^2+1)}\left\langle 1, \frac{\sqrt{2}}{t}, -\frac{1}{t^2} \right\rangle = \frac{1}{(t^2+1)}\langle t^2, \sqrt{2}\,t, -1 \rangle$$

12.2절의 정리 **3**의 공식 3을 이용하여 **T**를 미분하면 다음을 얻는다.

$$\mathbf{T}'(t) = \frac{-2t}{(t^2+1)^2}\langle t^2, \sqrt{2}\,t, -1 \rangle + \frac{1}{(t^2+1)}\langle 2t, \sqrt{2}, 0 \rangle$$

점 $(1, 0, 1)$은 $t = 1$에 대응되므로,

$$\mathbf{T}(1) = \tfrac{1}{2}\langle 1, \sqrt{2}, -1 \rangle$$

$$\mathbf{T}'(1) = -\tfrac{1}{2}\langle 1, \sqrt{2}, -1 \rangle + \tfrac{1}{2}\langle 2, \sqrt{2}, 0 \rangle = \tfrac{1}{2}\langle 1, 0, 1 \rangle$$

$$\mathbf{N}(1) = \frac{\mathbf{T}'(1)}{|\mathbf{T}'(1)|} = \frac{\tfrac{1}{2}\langle 1, 0, 1 \rangle}{\tfrac{1}{2}\sqrt{1 + 0 + 1}} = \frac{1}{\sqrt{2}}\langle 1, 0, 1 \rangle$$

$$\mathbf{B}(1) = \mathbf{T}(1) \times \mathbf{N}(1) = \frac{1}{2\sqrt{2}}\langle \sqrt{2}, -2, -\sqrt{2} \rangle = \tfrac{1}{2}\langle 1, -\sqrt{2}, -1 \rangle$$

이고, 공식 **9**에 의해 곡률은 다음과 같다.

$$\kappa(1) = \frac{|\mathbf{T}'(1)|}{|\mathbf{r}'(1)|} = \frac{\sqrt{2}/2}{2} = \frac{\sqrt{2}}{4}$$

정리 **10**을 이용하여 $\kappa(1)$을 계산할 수도 있으며, 그 결과가 동일한지 확인할 수 있다. ∎

곡선 C 위의 점 P에서 법선벡터 $\mathbf{N}$과 종법선벡터 $\mathbf{B}$에 의해 결정되는 평면을 P에서 C의 **법평면**(normal plane)이라 한다. 법평면은 접선벡터 $\mathbf{T}$와 직교하는 모든 직선들로 구성된다. 벡터 $\mathbf{T}$와 $\mathbf{N}$에 의해 결정되는 평면을 P에서 C의 **접촉평면**(osculating plane)이라 한다(그림 8 참조). 이 이름은 kiss를 뜻하는 라틴어 *osculum*에서 나온 것이다. 이것은 P 부근의 곡선 부분을 포함하는 가장 가까운 위치의 평면이다(평면 곡선의 경우 접촉평면은 간단히 그 곡선을 포함하는 평면이다).

P에서 C의 **곡률원**(circle of curvature) 또는 **접촉원**(osculating circle)은 벡터 $\mathbf{N}$을 따라서 P로부터 $1/\kappa$ 떨어진 거리에 중심이 있으며 반지름이 $1/\kappa$이고 P를 지나는 접촉평면에 있는 원이다. 이때 원의 중심을 P에서 C의 **곡률중심**(center of curvature)이라 한다. 이 곡률원은 P 부근에서 C의 자취가 어떤지를 나타내는 원으로 생각할 수 있다. 즉, 곡률원은 P에서 동일한 접선벡터, 법선벡터 그리고 곡률을 공유한다.

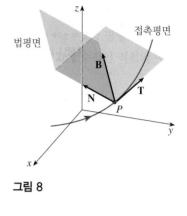

그림 8

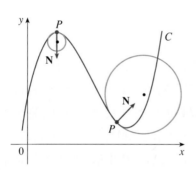

그림 9

《예제 8》 점 $P(0, 1, \pi/2)$에서 예제 6의 나선에 대한 법평면과 접촉평면의 방정식을 구하라.

풀이 점 P는 $t = \pi/2$에 대응하고 이 점에서 법평면은 접선벡터 $\mathbf{r}'(\pi/2) = \langle -1, 0, 1 \rangle$을 가지므로, 법평면의 방정식은 다음과 같다.

$$-1(x - 0) + 0(y - 1) + 1\left(z - \frac{\pi}{2}\right) = 0 \quad \text{또는} \quad z = x + \frac{\pi}{2}$$

P에서의 접촉평면은 벡터 $\mathbf{T}$와 $\mathbf{N}$을 포함하므로, 접촉평면에 수직인 법선벡터는 $\mathbf{T} \times \mathbf{N} = \mathbf{B}$이다. 예제 6으로부터 다음을 얻는다.

$$\mathbf{B}(t) = \frac{1}{\sqrt{2}} \langle \sin t, -\cos t, 1 \rangle, \quad \mathbf{B}\left(\frac{\pi}{2}\right) = \left\langle \frac{1}{\sqrt{2}}, 0, \frac{1}{\sqrt{2}} \right\rangle$$

벡터 $\langle 1, 0, 1 \rangle$은 $\mathbf{B}(\pi/2)$에 평행이고 따라서 접촉평면에 수직이다. 그러므로 접촉평면의 방정식은 다음과 같다.

$$1(x - 0) + 0(y - 1) + 1\left(z - \frac{\pi}{2}\right) = 0 \quad \text{또는} \quad z = -x + \frac{\pi}{2} \quad ∎$$

그림 10은 예제 8의 나선과 접촉평면을 보여 준다.

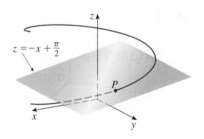

그림 10

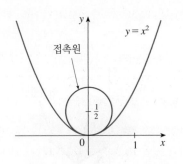

그림 11 원과 포물선은 원점 근처에서 굽은 정도가 같다.

《**예제 9**》 원점에서 포물선 $y = x^2$의 접촉원을 구하고 그래프로 나타내라.

풀이 예제 5로부터 원점에서 포물선의 곡률은 $\kappa(0) = 2$이므로 이 점에서 접촉원의 반지름은 $1/\kappa = \frac{1}{2}$이다. 그리고 곡률중심은 $\mathbf{N} = \langle 0, 1 \rangle$의 (원점에서 접선벡터가 수평이므로 법선벡터는 수직이다) 방향에서 이 거리만큼 떨어진 위치인 $(0, \frac{1}{2})$이다. 따라서 곡률원의 방정식은 다음과 같으며 곡률원은 그림 11과 같다.

$$x^2 + \left(y - \tfrac{1}{2}\right)^2 = \tfrac{1}{4}$$

■

단위접선벡터, 단위법선벡터, 종법선벡터 및 곡률에 관한 공식을 요약하면 다음과 같다.

$$\mathbf{T}(t) = \frac{\mathbf{r}'(t)}{|\mathbf{r}'(t)|} \qquad \mathbf{N}(t) = \frac{\mathbf{T}'(t)}{|\mathbf{T}'(t)|} \qquad \mathbf{B}(t) = \mathbf{T}(t) \times \mathbf{N}(t)$$

$$\kappa = \left| \frac{d\mathbf{T}}{ds} \right| = \frac{|\mathbf{T}'(t)|}{|\mathbf{r}'(t)|} = \frac{|\mathbf{r}'(t) \times \mathbf{r}''(t)|}{|\mathbf{r}'(t)|^3}$$

■ 비틀림율

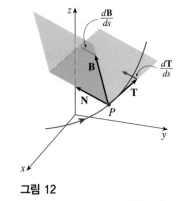

그림 12

곡선 C의 점 P에서 곡률 $\kappa = |d\mathbf{T}/ds|$은 곡선의 굽은 정도를 나타낸다. $\mathbf{T}$는 법평면에 대하여 법벡터이므로 $d\mathbf{T}/ds$는 C를 따라 P가 움직임에 따라 법평면이 어떻게 변하는지를 말해준다. [$d\mathbf{T}/ds$는 $\mathbf{N}$에 평행이다(연습문제 32 참조). 따라서 C를 따라 P가 움직임에 따라 P에서 접선벡터는 $\mathbf{N}$ 방향으로 회전한다.] 공간곡선은 P에서 접촉평면 밖으로 비틀어질 수 있다. $\mathbf{B}$가 접촉평면에 직교하므로, $d\mathbf{B}/ds$는 P가 C를 따라 변함에 따라 접촉평면이 어떻게 변하는지 알려준다(그림 12 참조).

연습문제 33에서 $d\mathbf{B}/ds$가 $\mathbf{N}$에 평행임을 알 수 있다. 따라서 다음을 만족하는 스칼라 τ가 존재한다.

$$\boxed{12} \qquad \frac{d\mathbf{B}}{ds} = -\tau \mathbf{N}$$

(식 $\boxed{12}$에서 $-$ 부호는 관습적으로 쓰고 있다.) 이 τ를 P에서 C의 **비틀림율**(torsion)이라 한다. 식 $\boxed{12}$의 각 변을 $\mathbf{N}$과 내적을 취하고 $\mathbf{N} \cdot \mathbf{N} = 1$임을 이용하면 다음 정의를 얻는다.

> $\boxed{13}$ **정의** 곡선 C의 **비틀림율**(torsion)은 다음과 같다.
>
> $$\tau = -\frac{d\mathbf{B}}{ds} \cdot \mathbf{N}$$

비틀림율은 s 대신 매개변수 t로 표현하면 좀 더 쉽게 계산할 수 있다. 연쇄법칙을 이용하면 다음을 얻는다.

$$\frac{d\mathbf{B}}{dt} = \frac{d\mathbf{B}}{ds}\frac{ds}{dt} \qquad \text{따라서} \qquad \frac{d\mathbf{B}}{ds} = \frac{d\mathbf{B}/dt}{ds/dt} = \frac{\mathbf{B}'(t)}{|\mathbf{r}'(t)|}$$

정의 13으로부터 다음을 얻는다.

14

$$\tau(t) = -\frac{\mathbf{B}'(t)\cdot\mathbf{N}(t)}{|\mathbf{r}'(t)|}$$

직관적으로 곡선의 점 P에서의 비틀림율은 P에서 얼마나 비틀어져 있느냐를 알려 준다. τ가 양수이면 이 곡선은 종법선벡터 $\mathbf{B}$ 방향으로 P에서 접촉평면 밖으로 비틀어져 있으며, τ가 음수이면 반대 방향으로 비틀어져 있다.

《예제 10》 나선 $\mathbf{r}(t) = \langle \cos t, \sin t, t \rangle$의 비틀림율을 구하라.

풀이 예제 6으로부터 다음을 얻는다.

$$ds/dt = |\mathbf{r}'(t)| = \sqrt{2}, \ \mathbf{N}(t) = \langle -\cos t, -\sin t, 0 \rangle, \ \mathbf{B}(t) = (1/\sqrt{2})\langle \sin t, -\cos t, 1 \rangle$$

따라서 $\mathbf{B}'(t) = (1/\sqrt{2})\langle \cos t, \sin t, 0 \rangle$과 식 14로부터 다음을 얻는다.

$$\tau(t) = -\frac{\mathbf{B}'(t)\cdot\mathbf{N}(t)}{|\mathbf{r}'(t)|} = -\frac{1}{2}\langle \cos t, \sin t, 0 \rangle \cdot \langle -\cos t, -\sin t, 0 \rangle = \frac{1}{2}$$ ∎

그림 13에서 xy평면에서 단위원 $\mathbf{r}(t) = \langle \cos t, \sin t, 0 \rangle$을 그림 14에서 예제 10의 나선을 보여주고 있다. 두 곡선 모두 상수곡률을 가진다. 그러나 원의 상수비틀림은 0이며 나선의 상수비틀림은 $\frac{1}{2}$이다. 원은 각 점에서 굽어 있지만 비틀어져 있지 않으며, 나선은 각 점에서 굽어 있으며 동시에 위로 비틀어져 있음을 알 수 있다.

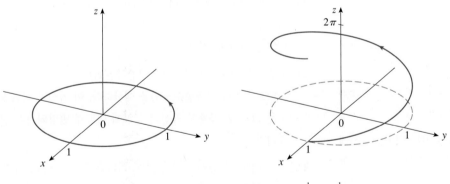

그림 13 $\kappa = 1, \tau = 0$ 그림 14 $\kappa = \frac{1}{2}, \tau = \frac{1}{2}$

어떤 조건에서 공간곡선의 모양은 곡선의 각 점에서의 곡률과 비틀림율에 의하여 완전히 결정되어짐을 보여 준다.

다음 정리는 비틀림율을 계산하는 데 종종 편리한 공식을 제공하며 증명은 생략한다.

15 정리 벡터함수 $\mathbf{r}$의 비틀림율은 다음과 같이 주어진다.
$$\tau(t) = \frac{[\mathbf{r}'(t) \times \mathbf{r}''(t)]\cdot\mathbf{r}'''(t)}{|\mathbf{r}'(t) \times \mathbf{r}''(t)|^2}$$

연습문제 35에서 정리 15를 이용하여 곡선의 비틀림율을 구할 수 있다.

12.3 │ 연습문제

1. (a) 식 ②를 이용해서 주어진 선분의 길이를 계산하라.

(b) 거리 공식을 이용해서 길이를 계산하고 (a)에서 구한 답과 비교하라.

$$\mathbf{r}(t) = \langle 3 - t, 2t, 4t + 1 \rangle, \quad 1 \le t \le 3$$

2-4 다음 주어진 곡선의 길이를 구하라.

2. $\mathbf{r}(t) = \langle t, 3\cos t, 3\sin t \rangle, \quad -5 \le t \le 5$

3. $\mathbf{r}(t) = \sqrt{2}\,t\,\mathbf{i} + e^t\,\mathbf{j} + e^{-t}\,\mathbf{k}, \quad 0 \le t \le 1$

4. $\mathbf{r}(t) = \mathbf{i} + t^2\,\mathbf{j} + t^3\,\mathbf{k}, \quad 0 \le t \le 1$

T 5-6 소수점 아래 넷째 자리까지 정확하게 다음 곡선의 호의 길이를 구하라(계산기나 컴퓨터를 이용해서 적분의 근삿값을 구한다).

5. $\mathbf{r}(t) = \langle t^2, t^3, t^4 \rangle, \quad 0 \le t \le 2$

6. $\mathbf{r}(t) = \langle \cos \pi t, 2t, \sin 2\pi t \rangle,$ (1, 0, 0)에서 (1, 4, 0)까지

---

7. C를 포물기둥 $x^2 = 2y$와 곡면 $3z = xy$가 교차하는 곡선이라 하자. 원점으로부터 점 (6, 18, 36)까지 C의 정확한 길이를 구하라.

8. (a) 곡선 $\mathbf{r}(t) = (5 - t)\,\mathbf{i} + (4t - 3)\,\mathbf{j} + 3t\,\mathbf{k}$를 점 $P(4, 1, 3)$에서 t가 증가하는 방향으로 측정한 호의 길이에 관해 매개변수화하라.

(b) 점 P에서 시작해서 (t가 증가하는 방향으로) 곡선 $\mathbf{r}(t)$를 따라 4단위 떨어진 지점을 구하라.

9. 곡선 $x = 3\sin t, y = 4t, z = 3\cos t$를 따라 점 (0, 0, 3)에서 시작해서 양의 방향으로 5단위만큼 움직인다고 하자. 현재의 위치를 구하라.

10-12

(a) 단위접선벡터 $\mathbf{T}(t)$와 단위법선벡터 $\mathbf{N}(t)$를 구하라.

(b) 공식 ⑨를 이용해서 다음 곡선의 곡률을 구하라.

10. $\mathbf{r}(t) = \langle t^2, \sin t - t\cos t, \cos t + t\sin t \rangle, \quad t > 0$

11. $\mathbf{r}(t) = \langle t, t^2, 4 \rangle$

12. $\mathbf{r}(t) = \langle t, \tfrac{1}{2}t^2, t^2 \rangle$

13-14 정리 ⑩을 이용해서 다음 곡선의 곡률을 구하라.

13. $\mathbf{r}(t) = t^3\,\mathbf{j} + t^2\,\mathbf{k}$

14. $\mathbf{r}(t) = \sqrt{6}\,t^2\,\mathbf{i} + 2t\,\mathbf{j} + 2t^3\,\mathbf{k}$

---

15. 점 (1, 1, 1)에서 $\mathbf{r}(t) = \langle t, t^2, t^3 \rangle$의 곡률을 구하라.

16-17 식 ⑪을 이용해서 다음 곡선의 곡률을 구하라.

16. $y = x^4$ **17.** $y = xe^x$

---

18. 곡선 $y = e^x$은 어느 점에서 최대 곡률을 가지는가? $x \to \infty$일 때 곡률은 어떻게 되는가?

19. (a) 아래 그림의 곡선 C에서 점 P와 Q 중 어느 점에서 곡률이 더 큰가? 그에 대해 설명하라.

(b) 점 P와 Q에서의 접촉원을 그려서 곡률을 추정하라.

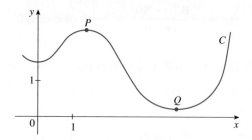

20. 그래픽 계산기나 컴퓨터를 이용해서 곡선 $y = x^{-2}$과 그 곡률함수 $\kappa(x)$의 그래프를 동일한 보기화면에 그려라. κ의 그래프는 예상대로인가?

T 21. 컴퓨터 대수체계를 이용해서 공간곡선 $\mathbf{r}(t) = \langle te^t, e^{-t}, \sqrt{2}\,t \rangle$, $-5 \le t \le 5$의 곡률함수 $\kappa(t)$를 계산하라. 이 곡선과 곡률함수를 그려라. 곡률이 곡선의 모양에 어떻게 반영되는지 설명하라.

22. 두 그래프 a와 b가 주어져 있다. 하나는 곡선 $y = f(x)$의 그래프이며, 다른 하나는 곡률함수 $y = \kappa(x)$이다. 각 그래프를 확인하고 이유를 설명하라.

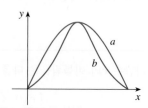

T 23. $\mathbf{r}(t) = \langle t - \tfrac{3}{2}\sin t, 1 - \tfrac{3}{2}\cos t, t \rangle$의 그래프는 12.1절의 그림 13(b)에서 보인다. 곡률이 가장 큰 점은 어디라고 생각하는가? 컴퓨터 대수체계를 이용해서 곡률함수를 구하고

그래프를 그려라. 곡률이 가장 큰 t의 값을 구하라.

24-25 평면 매개곡선의 곡률 평면 매개곡선 $x = f(t)$와 $y = g(t)$
의 곡률은 다음과 같다.

$$\kappa = \frac{|\dot{x}\ddot{y} - \dot{y}\ddot{x}|}{[\dot{x}^2 + \dot{y}^2]^{3/2}}$$

여기서 $\dot{x}$와 $\ddot{x}$는 각각 x의 1계, 2계 도함수이다. 이 사실을
이용해서 다음 곡선의 곡률을 구하라.

24. $x = t^2,\ y = t^3$

25. $x = e^t \cos t,\ y = e^t \sin t$

---

26. 점 $\left(1, \frac{2}{3}, 1\right)$에서 $\mathbf{r}(t) = \left\langle t^2, \frac{2}{3}t^3, t \right\rangle$의 벡터 $\mathbf{T}$, $\mathbf{N}$, $\mathbf{B}$를 구하라.

27. 점 $(0, 1, 2\pi)$에서 곡선 $x = \sin 2t$, $y = -\cos 2t$, $z = 4t$의
법평면과 접촉평면의 방정식을 구하라.

28. 점 $(2, 0)$과 $(0, 3)$에서 타원 $9x^2 + 4y^2 = 36$의 접촉원들의
방정식을 구하라. 그래픽 계산기 또는 컴퓨터를 이용해서
타원과 접촉원들을 동일한 보기화면에 그려라.

29. 곡선 $x = t^3$, $y = 3t$, $z = t^4$의 어느 점에서 법평면이 평면
$6x + 6y - 8z = 1$과 평행인가?

30. 점 $(1, 1, 1)$에서 포물기둥 $x = y^2$과 $z = x^2$의 교선의 법평면
과 접촉평면의 방정식을 구하라.

31. 곡선 $\mathbf{r}(t) = \langle e^t \cos t, e^t \sin t, e^t \rangle$ 위의 모든 점에서 단위접
선벡터와 z축 사이의 각은 같음을 보여라. 또한 단위법선벡
터와 종법선벡터에서도 성립함을 보여라.

32. 곡률 κ는 다음 방정식에 의해 접선벡터와 법선벡터가 연관
되어 있음을 보여라.

$$\frac{d\mathbf{T}}{ds} = \kappa \mathbf{N}$$

33. (a) $d\mathbf{B}/ds$가 $\mathbf{B}$와 직교함을 보여라.

　(b) $d\mathbf{B}/ds$가 $\mathbf{T}$와 직교함을 보여라.

(c) (a)와 (b)로부터 $d\mathbf{B}/ds$가 $\mathbf{N}$과 평행하다는 것을 유도
하라.

34. 공식 [14]를 이용해서 $t = 1$에서 $\mathbf{r}(t) = \left\langle \frac{1}{2}t^2, 2t, t \right\rangle$의 비틀
림율을 구하라.

35. 공식 [15]를 이용해서 일반적인 점과 $t = 0$에 대응하는 점
에서 곡선 $\mathbf{r}(t) = \langle e^t, e^{-t}, t \rangle$의 비틀림율을 구하라.

36. 프레네-세레의 공식 다음 공식을 프레네-세레의 공식이라
하며, 미분기하학에서 매우 중요한 기본 공식이다.

1. $d\mathbf{T}/ds = \kappa \mathbf{N}$

2. $d\mathbf{N}/ds = -\kappa \mathbf{T} + \tau \mathbf{B}$

3. $d\mathbf{B}/ds = -\tau \mathbf{N}$

공식 1은 연습문제 32로부터, 공식 3은 식 [12]로부터 증명
된다. $\mathbf{N} = \mathbf{B} \times \mathbf{T}$를 이용해서 공식 1과 3으로부터 공식 2
를 유도하라.

37. 양의 상수 a, b에 대해 원형 나선 $\mathbf{r}(t) = \langle a \cos t, a \sin t, bt \rangle$
가 상수 곡률과 상수 비틀림율을 가지는 것을 보여라.

38. 곡선의 축폐선 매끄러운 곡선 C의 축폐선은 C의 곡률 중심
에 의해 생성된 곡선이다.

　(a) $\mathbf{r}$에 의해 주어진 곡선의 축폐선이 다음과 같은 이유를
설명하라.

$$\mathbf{r}_e(t) = \mathbf{r}(t) + \frac{1}{\kappa(t)}\mathbf{N}(t), \quad \kappa(t) \neq 0$$

　(b) 예제 6의 나선에 대한 축폐선을 구하라.

　(c) 예제 5의 포물선에 대한 축폐선을 구하라.

39. DNA 분자는 이중나선 구조이다(12.1절의 그림 3). 각 나
선의 반지름은 약 10Å이다($1\ \text{Å} = 10^{-8}\ \text{cm}$). 각 나선은 약
2.9×10^8번 선회하고, 한 번 선회하는 동안 약 34 Å 상승
한다. 각 나선의 길이를 추정하라.

12.4 | 공간에서의 운동: 속도와 가속도

이 절에서는 접선벡터, 법선벡터 및 곡률의 개념을 물리학에서 속도와 가속도를 포함해서 공간곡선을 따라 움직이는 물체의 운동을 연구하는 데 어떻게 이용하는지를 보인다. 특히 이런 방법을 이용해서 케플러의 행성운동 제1법칙을 유도하는 데 뉴턴의 선례를 따르기로 한다.

■ 속도, 속력 그리고 가속도

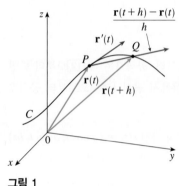

그림 1

한 입자가 시각 t에서 위치벡터 $\mathbf{r}(t)$로 공간에서 움직인다고 하자. 그림 1로부터 작은 값 h에 대해 다음 벡터는 곡선 $\mathbf{r}(t)$를 따라 움직이는 입자의 방향에 접근한다는 것에 유의하자.

$$\boxed{1}\qquad \frac{\mathbf{r}(t + h) - \mathbf{r}(t)}{h}$$

그 크기는 단위시간당 변위벡터의 크기로 측정한다. 벡터 $\boxed{1}$은 길이 h인 시간 구간에서의 평균속도이고, 다음 극한은 시각 t에서의 **속도벡터**(velocity vector) $\mathbf{v}(t)$이다.

$$\boxed{2}\qquad \mathbf{v}(t) = \lim_{h \to 0} \frac{\mathbf{r}(t + h) - \mathbf{r}(t)}{h} = \mathbf{r}'(t)$$

따라서 속도벡터는 접선벡터로 접선의 방향을 가리킨다.

시각 t에서 입자의 **속력**(speed)은 속도벡터의 크기, 즉 $|\mathbf{v}(t)|$이다. 이것은 식 $\boxed{2}$와 12.3절의 식 $\boxed{7}$로부터 다음이 성립하므로 적절하다고 하겠다.

평면에서 매개변수곡선에 대해 속력을 정의한 9.2절의 식 $\boxed{8}$과 비교하라.

$$|\mathbf{v}(t)| = |\mathbf{r}'(t)| = \frac{ds}{dt} = \text{시간에 관한 거리의 변화율}$$

1차원 운동의 경우에서와 같이 입자의 **가속도**(acceleration)는 다음과 같이 속도의 도함수로 정의된다.

$$\mathbf{a}(t) = \mathbf{v}'(t) = \mathbf{r}''(t)$$

《예제 1》 평면에서 움직이는 물체의 위치벡터가 $\mathbf{r}(t) = t^3\,\mathbf{i} + t^2\,\mathbf{j}$로 주어진다. $t = 1$일 때 속도, 속력 및 가속도를 구하고, 기하학적으로 설명하라.

풀이 시각 t일 때 속도와 가속도 그리고 속력은 다음과 같다.

$$\mathbf{v}(t) = \mathbf{r}'(t) = 3t^2\,\mathbf{i} + 2t\,\mathbf{j}, \qquad \mathbf{a}(t) = \mathbf{r}''(t) = 6t\,\mathbf{i} + 2\,\mathbf{j}$$

$$|\mathbf{v}(t)| = \sqrt{(3t^2)^2 + (2t)^2} = \sqrt{9t^4 + 4t^2}$$

따라서 $t = 1$일 때 속도와 가속도 그리고 속력은 다음과 같다.

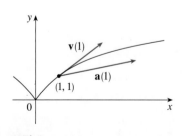

그림 2

$$\mathbf{v}(1) = 3\,\mathbf{i} + 2\,\mathbf{j}, \qquad \mathbf{a}(1) = 6\,\mathbf{i} + 2\,\mathbf{j}, \qquad |\mathbf{v}(1)| = \sqrt{13}$$

이들 속도벡터와 가속도벡터는 그림 2에서 보여 준다.

《예제 2》 위치벡터가 $\mathbf{r}(t) = \langle t^2, e^t, te^t \rangle$인 입자의 속도, 가속도 및 속력을 구하라.

■ 그림 3은 예제 2에서 $t = 1$일 때 속도벡터
와 가속도벡터를 갖는 입자의 경로를 보여
준다.

풀이
$$\mathbf{v}(t) = \mathbf{r}'(t) = \langle 2t, e^t, (1 + t)e^t \rangle$$

$$\mathbf{a}(t) = \mathbf{v}'(t) = \langle 2, e^t, (2 + t)e^t \rangle$$

$$|\mathbf{v}(t)| = \sqrt{4t^2 + e^{2t} + (1 + t)^2 e^{2t}}$$　■

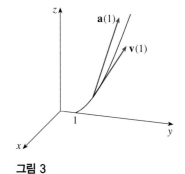

그림 3

NOTE 이 장의 서두에서 서로 다른 방법으로 곡선이 매개변수화 될 수 있으나 곡선의
기하학적인 성질인 길이, 곡률 그리고 비틀림율은 매개변수화의 선택에 독립인 것을 알
았다. 한편 속도, 속력 그리고 가속도는 사용한 매개변수화에 의존한다. 곡선을 도로로
생각하고 매개변수화를 도로를 따라 여행하는 방법으로 설명할 수 있다. 도로의 길이와
곡률은 어떻게 여행하느냐에 의존하지 않지만, 속도와 가속도는 영향을 받는다. 12.2절
에서 소개한 벡터적분은 다음 예제와 같이 속도벡터와 가속도벡터가 알려지면 위치벡터
를 구하는 데 사용될 수 있다.

12.2절에서 소개한 벡터적분을 이용하면 다음 예제에서처럼 속도벡터와 가속도
벡터를 알 때 위치벡터를 구할 수 있다.

《예제 3》 움직이는 입자가 초기 위치 $\mathbf{r}(0) = \langle 1, 0, 0 \rangle$에서 초기 속도 $\mathbf{v}(0) = \mathbf{i} - \mathbf{j} + \mathbf{k}$로 출발한다. 가속도가 $\mathbf{a}(t) = 4t\,\mathbf{i} + 6t\,\mathbf{j} + \mathbf{k}$일 때 시각 t에서 속도와 위치를 구하라.

예제 3에서 얻은 $\mathbf{r}(t)$에 대한 식을 이용해
서 그림 4에 $0 \le t \le 3$일 때 입자의 경로
를 나타낸다.

풀이 $\mathbf{a}(t) = \mathbf{v}'(t)$이므로 다음을 얻는다.

$$\mathbf{v}(t) = \int \mathbf{a}(t)\, dt = \int (4t\,\mathbf{i} + 6t\,\mathbf{j} + \mathbf{k})\, dt$$
$$= 2t^2\mathbf{i} + 3t^2\mathbf{j} + t\,\mathbf{k} + \mathbf{C}$$

상수벡터 $\mathbf{C}$의 값을 결정하기 위해 $\mathbf{v}(0) = \mathbf{i} - \mathbf{j} + \mathbf{k}$를 이용한다. 위의 식에서 $\mathbf{v}(0) = \mathbf{C}$
이므로 $\mathbf{C} = \mathbf{i} - \mathbf{j} + \mathbf{k}$이고 다음을 얻는다.

$$\mathbf{v}(t) = 2t^2\mathbf{i} + 3t^2\mathbf{j} + t\,\mathbf{k} + \mathbf{i} - \mathbf{j} + \mathbf{k}$$
$$= (2t^2 + 1)\,\mathbf{i} + (3t^2 - 1)\,\mathbf{j} + (t + 1)\,\mathbf{k}$$

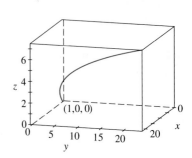

그림 4

$\mathbf{v}(t) = \mathbf{r}'(t)$이므로 다음을 얻는다.

$$\mathbf{r}(t) = \int \mathbf{v}(t)\, dt$$
$$= \int [(2t^2 + 1)\,\mathbf{i} + (3t^2 - 1)\,\mathbf{j} + (t + 1)\,\mathbf{k}]\, dt$$
$$= \left(\tfrac{2}{3}t^3 + t\right)\mathbf{i} + (t^3 - t)\,\mathbf{j} + \left(\tfrac{1}{2}t^2 + t\right)\mathbf{k} + \mathbf{D}$$

$t = 0$이라 놓으면, $\mathbf{D} = \mathbf{r}(0) = \mathbf{i}$이므로 t에서의 위치는 다음과 같다.

$$\mathbf{r}(t) = \left(\tfrac{2}{3}t^3 + t + 1\right)\mathbf{i} + (t^3 - t)\,\mathbf{j} + \left(\tfrac{1}{2}t^2 + t\right)\mathbf{k}$$　■

일반적으로 벡터적분을 이용하면 다음과 같이 가속도를 알 때는 속도를, 속도를 알 때에는 위치를 다시 찾을 수 있다.

$$\mathbf{v}(t) = \mathbf{v}(t_0) + \int_{t_0}^{t} \mathbf{a}(u)\, du, \qquad \mathbf{r}(t) = \mathbf{r}(t_0) + \int_{t_0}^{t} \mathbf{v}(u)\, du$$

한 입자에 작용하는 힘을 알 때, **뉴턴의 운동 제2법칙**(Newton's Second Law of Motion)으로부터 가속도를 알 수 있다. 이 법칙을 벡터의 관점에서 기술하면, 임의의 시각 t에서 질량 m인 물체에 힘 $\mathbf{F}(t)$가 작용해서 가속도 $\mathbf{a}(t)$가 생기면 다음이 성립한다.

$$\mathbf{F}(t) = m\mathbf{a}(t)$$

《**예제 4**》 원형 경로를 따라 등각속도 ω로 움직이는 질량 m인 물체의 위치벡터가 $\mathbf{r}(t) = a\cos\omega t\,\mathbf{i} + a\sin\omega t\,\mathbf{j}$이다. 물체에 작용한 힘을 구하고, 그것이 원점을 향하고 있음을 보여라.

위치가 P인 움직이는 물체의 각속도는 $\omega = d\theta/dt$이다. 이때 θ는 그림 5에서 보여 주는 각이다.

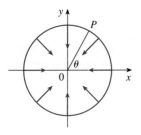

그림 5

풀이 힘을 계산하기 위해서는 먼저 가속도를 알아야 한다.

$$\mathbf{v}(t) = \mathbf{r}'(t) = -a\omega\sin\omega t\,\mathbf{i} + a\omega\cos\omega t\,\mathbf{j}$$

$$\mathbf{a}(t) = \mathbf{v}'(t) = -a\omega^2\cos\omega t\,\mathbf{i} - a\omega^2\sin\omega t\,\mathbf{j}$$

따라서 뉴턴의 제2법칙에 의해 구하는 힘은 다음과 같다.

$$\mathbf{F}(t) = m\mathbf{a}(t) = -m\omega^2(a\cos\omega t\,\mathbf{i} + a\sin\omega t\,\mathbf{j})$$

이것은 곧 $\mathbf{F}(t) = -m\omega^2\mathbf{r}(t)$를 나타내는 것으로, 동경벡터(radius vector) $\mathbf{r}(t)$에 대해 반대 방향으로 작용하고, 따라서 원점을 가리키고 있음을 보여 준다(그림 5 참조). 이와 같은 힘을 **구심력**(중심으로 향하는 힘)이라 한다. ∎

■ 포물체 운동

《**예제 5**》 발사체가 앙각 α, 초기 속도 $\mathbf{v}_0$으로 발사됐다(그림 6 참조). 공기저항을 무시하고 외부에서 작용하는 힘은 중력뿐이라고 할 때, 발사체의 위치함수 $\mathbf{r}(t)$를 구하라. α가 얼마일 때 착탄거리(도달한 수평거리)가 최대가 되는가?

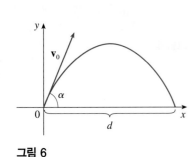

그림 6

풀이 발사체가 원점에서 출발하도록 좌표축을 정한다. 중력에 의한 힘은 아래로 작용하므로, $g = |\mathbf{a}| \approx 9.8\ \mathrm{m/s^2}$일 때 다음을 얻는다.

$$\mathbf{F} = m\mathbf{a} = -mg\,\mathbf{j}$$

따라서 다음과 같다.

$$\mathbf{a} = -g\,\mathbf{j}$$

$\mathbf{v}'(t) = \mathbf{a}$이므로 다음과 같다.

$$\mathbf{v}(t) = -gt\,\mathbf{j} + \mathbf{C}$$

여기서 $\mathbf{C} = \mathbf{v}(0) = \mathbf{v}_0$이므로 다음을 얻는다.

$$\mathbf{r}'(t) = \mathbf{v}(t) = -gt\,\mathbf{j} + \mathbf{v}_0$$

이 식을 다시 적분하면 다음과 같다.

$$\mathbf{r}(t) = -\tfrac{1}{2}gt^2\,\mathbf{j} + t\,\mathbf{v}_0 + \mathbf{D}$$

$\mathbf{D} = \mathbf{r}(0) = \mathbf{0}$이므로, 다음과 같은 발사체의 위치벡터를 얻는다.

$\boxed{3}$　　　　　　$$\mathbf{r}(t) = -\tfrac{1}{2}gt^2\,\mathbf{j} + t\,\mathbf{v}_0$$

이제 $|\mathbf{v}_0| = v_0$(발사체의 초기 속력)라 두면 다음이 성립한다.

$$\mathbf{v}_0 = v_0 \cos \alpha\,\mathbf{i} + v_0 \sin \alpha\,\mathbf{j}$$

그리고 식 $\boxed{3}$으로부터 다음을 얻는다.

$$\mathbf{r}(t) = (v_0 \cos \alpha)t\,\mathbf{i} + \left[(v_0 \sin \alpha)t - \tfrac{1}{2}gt^2\right]\mathbf{j}$$

그러므로 탄도의 매개변수방정식은 다음과 같다.

$\boxed{4}$　　　$$\boxed{\;x = (v_0 \cos \alpha)t, \quad y = (v_0 \sin \alpha)t - \tfrac{1}{2}gt^2\;}$$

식 $\boxed{4}$에서 t를 소거하면 y는 x의 이차함수가 된다. 따라서 발사체의 경로는 포물선의 일부분이다.

수평거리 d는 $y = 0$일 때 x의 값이다. $y = 0$이라 두면 $t = 0$ 또는 $t = (2v_0 \sin \alpha)/g$를 얻는다. t의 후자의 값으로부터 다음을 얻는다.

$$d = x = (v_0 \cos \alpha)\,\frac{2v_0 \sin \alpha}{g} = \frac{v_0^2(2 \sin \alpha \cos \alpha)}{g} = \frac{v_0^2 \sin 2\alpha}{g}$$

$\sin 2\alpha = 1$, 즉 $\alpha = 45°$일 때 d는 최댓값을 갖는다.　　■

《예제 6》 어떤 발사체가 초기 속력 150 m/s, 앙각 30°로 지상 10 m 위치에서 발사됐다. 이 발사체가 떨어지는 지점은 어디이며 그때의 속력은 얼마인가?

풀이 지면을 원점으로 생각하면 발사체의 초기 위치는 $(0, 10)$이며, 따라서 식 $\boxed{4}$에서 y에 대한 표현식에 10을 더해서 방정식을 조정할 필요가 있다. $v_0 = 150$ m/s, $\alpha = 30°$, $g = 9.8$ m/s²이므로 다음을 얻는다.

$$x = 150 \cos(30°)t = 75\sqrt{3}\,t$$
$$y = 10 + 150 \sin(30°)t - \tfrac{1}{2}(9.8)t^2 = 10 + 75t - 4.9t^2$$

$y = 0$일 때 땅에 떨어지므로 $4.9t^2 - 75t - 10 = 0$이다. 이 이차방정식의 해를 구하면 (양의 값 t만 선택) 다음과 같다.

$$t = \frac{75 + \sqrt{5625 + 196}}{9.8} \approx 15.44$$

그러므로 $x \approx 75\sqrt{3}(15.44) \approx 2006$, 즉 2006 m 떨어진 지점에 발사체가 떨어지게 된다.

발사체의 속도는 다음과 같다.

$$\mathbf{v}(t) = \mathbf{r}'(t) = 75\sqrt{3}\,\mathbf{i} + (75 - 9.8t)\,\mathbf{j}$$

따라서 땅에 떨어질 때의 속력은 다음과 같다.

$$|\mathbf{v}(15.44)| = \sqrt{(75\sqrt{3})^2 + (75 - 9.8 \cdot 15.44)^2} \approx 151 \text{ m/s}$$ ∎

■ 가속도의 접선성분과 법선성분

입자의 운동을 연구할 때에는 흔히 가속도를 두 개의 성분, 즉 하나는 접선 방향으로, 다른 하나는 법선 방향으로 분해하는 것이 유용하다. 입자의 속력을 $v = |\mathbf{v}|$로 나타내면 다음과 같다.

$$\mathbf{T}(t) = \frac{\mathbf{r}'(t)}{|\mathbf{r}'(t)|} = \frac{\mathbf{v}(t)}{|\mathbf{v}(t)|} = \frac{\mathbf{v}}{v}$$

따라서 다음과 같다.

$$\mathbf{v} = v\mathbf{T}$$

이 방정식의 양변을 t에 관해 미분하면 다음을 얻는다.

$$\boxed{5} \qquad\qquad \mathbf{a} = \mathbf{v}' = v'\mathbf{T} + v\mathbf{T}'$$

12.3절의 방정식 $\boxed{9}$에 주어진 곡률에 관한 표현식을 이용하면 다음을 얻는다.

$$\boxed{6} \qquad\qquad \kappa = \frac{|\mathbf{T}'|}{|\mathbf{r}'|} = \frac{|\mathbf{T}'|}{v}, \quad \text{즉} \quad |\mathbf{T}'| = \kappa v$$

12.3절에서 단위법선벡터를 $\mathbf{N} = \mathbf{T}'/|\mathbf{T}'|$으로 정의했으므로, 식 $\boxed{6}$에 의해 다음을 얻는다.

$$\mathbf{T}' = |\mathbf{T}'|\mathbf{N} = \kappa v \mathbf{N}$$

식 $\boxed{5}$는 다음과 같다.

$$\boxed{7} \qquad\qquad \boxed{\mathbf{a} = v'\mathbf{T} + \kappa v^2 \mathbf{N}}$$

가속도의 접선 및 법선성분을 각각 a_T와 a_N으로 나타내면 다음을 얻는다.

$$\mathbf{a} = a_T\mathbf{T} + a_N\mathbf{N}$$

여기서 a_T와 a_N은 다음과 같다.

$$\boxed{8} \qquad\qquad a_T = v', \quad a_N = \kappa v^2$$

이와 같은 분해를 그림 7에서 보여 주고 있다.

공식 $\boxed{7}$의 의미를 살펴보자. 먼저 주목할 수 있는 것은 종법선벡터 $\mathbf{B}$가 없다는

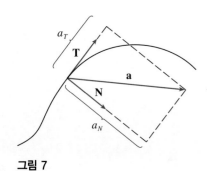

그림 7

것이다. 즉, 물체가 공간에서 어떻게 움직이든, 가속도는 항상 **T**와 **N**이 만드는 평면(접촉평면)에 놓여 있다는 것이다(**T**는 운동의 방향을 지시하며, **N**은 곡선이 구부러지는 방향을 제시한다). 다음으로 주목할 것은 가속도의 접선성분은 속력의 변화율인 v'이라는 점과 법선성분은 속력의 제곱과 곡률의 곱인 κv^2이라는 점이다. 이것은 차 안에 타고 있는 승객들을 상상해 보면 이해가 될 것이다. 즉, 길이 급격하게 구부러져 있다는 것은 곡률 κ의 값이 크다는 것을 의미하므로 운동의 방향에 직교하는 가속도성분(가속도의 법선성분)도 크며, 따라서 승객은 차 문 쪽으로 쏠리게 된다. 회전 시 속력이 크면 같은 효과가 나타난다. 실제로 속력을 2배로 하면 a_N은 4배만큼 증가하게 된다.

　식 **8**에서 가속도의 접선성분과 법선성분을 나타내는 식을 얻었지만 **r**, **r′**, **r″**으로 나타나는 식을 얻는 것이 바람직하다. 이를 위해 식 **7**에 주어진 **a**와 **v** = v**T**의 내적을 취하면 다음을 얻는다.

$$\mathbf{v} \cdot \mathbf{a} = v\mathbf{T} \cdot (v'\mathbf{T} + \kappa v^2 \mathbf{N})$$
$$= vv'\mathbf{T} \cdot \mathbf{T} + \kappa v^3 \mathbf{T} \cdot \mathbf{N}$$
$$= vv' \quad (\mathbf{T} \cdot \mathbf{T} = 1 \text{이고 } \mathbf{T} \cdot \mathbf{N} = 0 \text{이므로})$$

따라서 다음을 얻는다.

$$\boxed{9} \qquad a_T = v' = \frac{\mathbf{v} \cdot \mathbf{a}}{v} = \frac{\mathbf{r}'(t) \cdot \mathbf{r}''(t)}{|\mathbf{r}'(t)|}$$

12.3절의 정리 **10**에서 주어진 곡률 공식을 이용하면 다음을 얻는다.

$$\boxed{10} \qquad a_N = \kappa v^2 = \frac{|\mathbf{r}'(t) \times \mathbf{r}''(t)|}{|\mathbf{r}'(t)|^3} |\mathbf{r}'(t)|^2 = \frac{|\mathbf{r}'(t) \times \mathbf{r}''(t)|}{|\mathbf{r}'(t)|}$$

《예제 7》 입자가 위치함수 $\mathbf{r}(t) = \langle t^2, t^2, t^3 \rangle$으로 움직인다. 가속도의 접선성분 및 법선성분을 구하라.

풀이
$$\mathbf{r}(t) = t^2 \mathbf{i} + t^2 \mathbf{j} + t^3 \mathbf{k}$$
$$\mathbf{r}'(t) = 2t \mathbf{i} + 2t \mathbf{j} + 3t^2 \mathbf{k}$$
$$\mathbf{r}''(t) = 2 \mathbf{i} + 2 \mathbf{j} + 6t \mathbf{k}$$
$$|\mathbf{r}'(t)| = \sqrt{8t^2 + 9t^4}$$

따라서 식 **9**에 의해 접선성분은 다음과 같다.

$$a_T = \frac{\mathbf{r}'(t) \cdot \mathbf{r}''(t)}{|\mathbf{r}'(t)|} = \frac{8t + 18t^3}{\sqrt{8t^2 + 9t^4}}$$

다음이 성립한다.

$$\mathbf{r}'(t) \times \mathbf{r}''(t) = \begin{vmatrix} \mathbf{i} & \mathbf{j} & \mathbf{k} \\ 2t & 2t & 3t^2 \\ 2 & 2 & 6t \end{vmatrix} = 6t^2 \mathbf{i} - 6t^2 \mathbf{j}$$

따라서 식 10에 의해 법선성분은 다음과 같다.

$$a_N = \frac{|\mathbf{r}'(t) \times \mathbf{r}''(t)|}{|\mathbf{r}'(t)|} = \frac{6\sqrt{2}\,t^2}{\sqrt{8t^2 + 9t^4}}$$ ∎

■ 케플러의 행성운동법칙

이제 이 장의 내용이 케플러의 행성운동법칙을 증명하는 데 어떻게 이용되는지를 보임으로써 미적분학의 커다란 업적 중의 하나를 설명한다. 독일의 수학자이자 천문학자인 케플러(Johannes Kepler, 1571~1630)는 덴마크의 천문학자 브라헤(Tycho Brahe)가 남긴 천체관측을 연구한 지 20년 후에 다음의 세 가지 법칙을 공식화했다.

케플러 법칙

1. 행성은 태양을 한 초점으로 하는 타원궤도를 따라 태양 둘레를 공전한다.
2. 행성과 태양을 연결한 선분은 같은 시간에 같은 넓이를 쓸고 지나간다.
3. 행성의 공전주기의 제곱은 행성궤도의 장축 길이의 세제곱에 비례한다.

뉴턴은 1687년에 출간한 《자연 철학의 수학적 원리》에서 이 세 가지 법칙은 자신이 발견한 두 가지 법칙인 운동의 제2법칙과 만유인력의 법칙의 결과임을 보일 수 있었다. 아래에서 케플러의 첫 번째 법칙을 증명한다.

행성에 대한 태양의 중력은 다른 천체가 미치는 힘보다 훨씬 크기 때문에, 태양과 그 주위를 공전하는 행성을 제외한 우주의 모든 물체는 무시할 수 있다. 태양을 원점으로 하는 좌표계를 이용하고, $\mathbf{r} = \mathbf{r}(t)$를 행성의 위치벡터라 하자(마찬가지로 $\mathbf{r}$는 지구 주위를 도는 달이나 위성 또는 별 주위를 도는 혜성의 위치벡터가 될 수도 있다). 속도벡터는 $\mathbf{v} = \mathbf{r}'$이고 가속도벡터는 $\mathbf{a} = \mathbf{r}''$이다. 다음의 뉴턴의 법칙을 사용한다.

운동의 제2법칙: $\mathbf{F} = m\mathbf{a}$

중력법칙: $\mathbf{F} = -\dfrac{GMm}{r^3}\mathbf{r} = -\dfrac{GMm}{r^2}\mathbf{u}$

여기서 $\mathbf{F}$는 행성에 작용하는 중력, m과 M은 각각 행성과 태양의 질량, G는 중력상수, $r = |\mathbf{r}|$, $\mathbf{u} = (1/r)\mathbf{r}$은 $\mathbf{r}$ 방향의 단위벡터이다.

먼저 행성이 한 평면에서 움직인다는 것을 보인다. 뉴턴의 두 법칙에서 $\mathbf{F}$에 관한 식을 같다고 놓으면 다음을 얻는다.

$$\mathbf{a} = -\frac{GM}{r^3}\mathbf{r}$$

따라서 $\mathbf{a}$는 $\mathbf{r}$와 평행이고 $\mathbf{r} \times \mathbf{a} = \mathbf{0}$이다. 12.2절의 정리 3의 식 5를 이용하면 다음과 같다.

$$\frac{d}{dt}(\mathbf{r} \times \mathbf{v}) = \mathbf{r}' \times \mathbf{v} + \mathbf{r} \times \mathbf{v}'$$
$$= \mathbf{v} \times \mathbf{v} + \mathbf{r} \times \mathbf{a} = \mathbf{0} + \mathbf{0} = \mathbf{0}$$

따라서 상수벡터 $\mathbf{h}(\mathbf{h} \neq \mathbf{0}$, 즉 $\mathbf{r}$와 $\mathbf{v}$가 평행이 아니라고 가정해도 된다)에 대해 다음이 성립한다.

$$\mathbf{r} \times \mathbf{v} = \mathbf{h}$$

이것은 벡터 $\mathbf{r} = \mathbf{r}(t)$가 t의 모든 값에 대해 $\mathbf{h}$와 수직임을 의미하고, 따라서 행성은 항상 원점을 지나 $\mathbf{h}$에 수직인 평면 위에 놓여 있다. 따라서 행성의 궤도는 평면 곡선이다.

케플러의 제1법칙을 증명하기 위해 벡터 $\mathbf{h}$를 다음과 같이 나타낸다.

$$\mathbf{h} = \mathbf{r} \times \mathbf{v} = \mathbf{r} \times \mathbf{r}' = r\mathbf{u} \times (r\mathbf{u})'$$
$$= r\mathbf{u} \times (r\mathbf{u}' + r'\mathbf{u}) = r^2(\mathbf{u} \times \mathbf{u}') + rr'(\mathbf{u} \times \mathbf{u})$$
$$= r^2(\mathbf{u} \times \mathbf{u}')$$

그러면 다음을 얻는다.

$$\mathbf{a} \times \mathbf{h} = \frac{-GM}{r^2}\mathbf{u} \times (r^2\mathbf{u} \times \mathbf{u}') = -GM\mathbf{u} \times (\mathbf{u} \times \mathbf{u}')$$
$$= -GM[(\mathbf{u} \cdot \mathbf{u}')\mathbf{u} - (\mathbf{u} \cdot \mathbf{u})\mathbf{u}'] \quad \text{(11.4절의 정리 \boxed{11}의 성질 6에 의해)}$$

그러나 $\mathbf{u} \cdot \mathbf{u} = |\mathbf{u}|^2 = 1$이고 $|\mathbf{u}(t)| = 1$이므로 12.2절의 정리 $\boxed{4}$로부터 $\mathbf{u} \cdot \mathbf{u}' = 0$이다. 따라서 다음을 얻는다.

$$\mathbf{a} \times \mathbf{h} = GM\mathbf{u}'$$
$$(\mathbf{v} \times \mathbf{h})' = \mathbf{v}' \times \mathbf{h} + \mathbf{v} \times \mathbf{h}' = \mathbf{v}' \times \mathbf{h} = \mathbf{a} \times \mathbf{h} = GM\mathbf{u}'$$

이 식의 양변을 적분하면, 상수벡터 $\mathbf{c}$에 대해 다음을 얻는다.

$$\boxed{11} \qquad\qquad \mathbf{v} \times \mathbf{h} = GM\mathbf{u} + \mathbf{c}$$

여기서 표준기저벡터 $\mathbf{k}$가 벡터 $\mathbf{h}$의 방향을 가리키도록 좌표축을 선택하는 것이 편리하다. 그러면 행성은 xy평면에서 움직인다. $\mathbf{v} \times \mathbf{h}$와 $\mathbf{u}$가 모두 $\mathbf{h}$에 수직이므로, 식 $\boxed{11}$은 $\mathbf{c}$가 xy평면 위에 놓여 있음을 보여 준다. 이것은 그림 8에서 보인 것과 같이 벡터 $\mathbf{i}$가 $\mathbf{c}$의 방향으로 놓이도록 x축과 y축을 선택할 수 있음을 의미한다.

θ를 $\mathbf{c}$와 $\mathbf{r}$ 사이의 각이라고 하면, (r, θ)는 행성의 극좌표이다. $c = |\mathbf{c}|$라 두면 식 $\boxed{11}$로부터 다음을 얻는다.

$$\mathbf{r} \cdot (\mathbf{v} \times \mathbf{h}) = \mathbf{r} \cdot (GM\mathbf{u} + \mathbf{c}) = GM\mathbf{r} \cdot \mathbf{u} + \mathbf{r} \cdot \mathbf{c}$$
$$= GMr\mathbf{u} \cdot \mathbf{u} + |\mathbf{r}||\mathbf{c}|\cos\theta = GMr + rc\cos\theta$$

따라서 $e = c/(GM)$라 두면 다음을 얻는다.

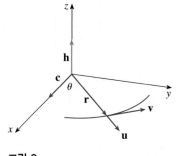

그림 8

$$r = \frac{\mathbf{r} \cdot (\mathbf{v} \times \mathbf{h})}{GM + c\cos\theta} = \frac{1}{GM} \frac{\mathbf{r} \cdot (\mathbf{v} \times \mathbf{h})}{1 + e\cos\theta}$$

그런데 $h = |\mathbf{h}|$라 두면 다음을 얻는다.

$$\mathbf{r} \cdot (\mathbf{v} \times \mathbf{h}) = (\mathbf{r} \times \mathbf{v}) \cdot \mathbf{h} = \mathbf{h} \cdot \mathbf{h} = |\mathbf{h}|^2 = h^2$$

그러므로 다음이 성립한다.

$$r = \frac{h^2/(GM)}{1 + e\cos\theta} = \frac{eh^2/c}{1 + e\cos\theta}$$

$d = h^2/c$이라 두면, 다음 식을 얻는다.

$$\boxed{12} \qquad\qquad\qquad r = \frac{ed}{1 + e\cos\theta}$$

9.6절 정리 $\boxed{6}$과 비교해 보면 방정식 $\boxed{12}$가 나타내는 것은 초점이 원점에 있고, 이심률이 e인 원뿔곡선의 극방정식임을 알 수 있다. 행성의 궤도는 폐곡선이므로 원뿔곡선은 타원이 되어야 함을 안다.

이것으로 케플러의 제1법칙이 완성된다.

12.4 | 연습문제

1. 다음 표는 입자들이 매끄러운 곡선을 따라 공간을 움직일 때의 좌표를 나타낸 것이다.

(a) 시간 구간 $[0, 1]$, $[0.5, 1]$, $[1, 2]$, $[1, 1.5]$에서의 평균 속도를 구하라.

(b) $t = 1$에서 입자의 속도와 속력을 구하라.

t	x	y	z
0	2.7	9.8	3.7
0.5	3.5	7.2	3.3
1.0	4.5	6.0	3.0
1.5	5.9	6.4	2.8
2.0	7.3	7.8	2.7

2-4 위치함수가 다음으로 주어진 입자의 속도, 가속도, 속력을 구하라. 그리고 입자의 경로를 그리고, 지정된 점에서의 속도벡터와 가속도벡터를 그려라.

2. $\mathbf{r}(t) = \left\langle -\frac{1}{2}t^2, t \right\rangle$, $\quad t = 2$

3. $\mathbf{r}(t) = 3\cos t\,\mathbf{i} + 2\sin t\,\mathbf{j}$, $\quad t = \pi/3$

4. $\mathbf{r}(t) = t\,\mathbf{i} + t^2\,\mathbf{j} + 2\,\mathbf{k}$, $\quad t = 1$

5-7 위치함수가 다음으로 주어진 입자의 속도, 가속도, 속력을 구하라.

5. $\mathbf{r}(t) = \langle t^2 + t, t^2 - t, t^3 \rangle$

6. $\mathbf{r}(t) = \sqrt{2}\,t\,\mathbf{i} + e^t\,\mathbf{j} + e^{-t}\,\mathbf{k}$

7. $\mathbf{r}(t) = e^t(\cos t\,\mathbf{i} + \sin t\,\mathbf{j} + t\,\mathbf{k})$

---

8. 가속도, 초기 속도와 초기 위치가 다음과 같은 입자의 속도와 위치벡터를 구하라.

$$\mathbf{a}(t) = 2\,\mathbf{i} + 2t\,\mathbf{k}, \quad \mathbf{v}(0) = 3\,\mathbf{i} - \mathbf{j}, \quad \mathbf{r}(0) = \mathbf{j} + \mathbf{k}$$

9. $\mathbf{a}(t) = 2t\,\mathbf{i} + \sin t\,\mathbf{j} + \cos 2t\,\mathbf{k}$, $\mathbf{v}(0) = \mathbf{i}$, $\mathbf{r}(0) = \mathbf{j}$에 대해

(a) 입자의 위치벡터를 구하라.

(b) 입자의 경로에 대한 그래프를 그려라.

10. 입자의 위치함수가 $\mathbf{r}(t) = \langle t^2, 5t, t^2 - 16t \rangle$일 때 속력이 최소가 되는 것은 언제인가?

11. 크기가 20 N인 힘이 질량 4 kg인 물체에 xy평면에서 수직 상방으로 작용한다. 물체가 초기 속도 $\mathbf{v}(0) = \mathbf{i} - \mathbf{j}$로 원점을 출발한다고 할 때, 시각 t에서 그것의 위치함수와 속력을 구하라.

12. 발사체가 앙각 60°, 초기 속도 200 m/s로 발사됐다. (a) 발사체의 도달거리, (b) 도달한 최고 높이, (c) 탄착지점에서의 속력을 구하라.

13. 공을 지면과 45° 각도로 던졌다. 공이 90 m 밖에 떨어졌다면 공의 초기 속도는 얼마인가?

14. 총이 앙각 36°로 발사됐다. 총알의 최대 높이가 500 m일 때 총구 속력은 얼마인가?

15. 길이 500 m이고 높이 15 m인 성곽으로 둘러싸인 정사각형 모양의 중세도시가 있다. 당신이 공격군의 지휘관이고 성곽에는 100 m까지만 접근할 수 있다고 하자. 당신은 성곽 너머로 불붙은 돌을 (초기 속력 80 m/s으로) 발사해서 도시를 불태울 계획을 가지고 있다. 투석기를 설치하려면 각도를 얼마로 조정하라고 명령해야 하는가? (돌의 경로는 성곽에 수직이라고 가정한다.)

16. 원점에서 동쪽방향(양의 x축 방향)으로 공을 던졌다. 초기 속도(m/s)는 $50\,\mathbf{i} + 80\,\mathbf{k}$이다. 공은 회전하면서 4 m/s²의 가속도로 남쪽을 향한다. 따라서 가속도벡터는 $\mathbf{a} = -4\,\mathbf{j} - 32\,\mathbf{k}$이다. 공이 떨어지는 위치와 속력을 구하라.

17. 강의 직선 부분을 따라 흐르는 물은 보통 중간부분에서 제일 빠르게 흐르며, 점점 느려져 제방에서 속력은 거의 0이다. 이제 제방으로부터 40 m 떨어져서 제방과 평행하고 북쪽으로 흐르는 직선으로 길게 뻗은 강을 생각하자. 강물의 최대 속력이 3 m/s일 때 서쪽 제방으로부터 수류 x에 대한 기본 모형으로 다음과 같은 이차방정식을 이용할 수 있다.

$$f(x) = \frac{3}{400}x(40 - x)$$

(a) 보트가 서쪽 제방의 지점 A에서 제방에 직교하는 방향으로 5 m/s의 일정한 속력으로 나아가고 있다. 보트가 도착하는 곳은 반대편 제방의 몇 미터 아래인가? 보트의 경로를 그려라.

(b) 지점 A의 반대쪽인 동쪽 제방의 지점 B로 보트를 도착하게 만들고자 하자. 일정한 속력 5 m/s와 방향을 유지할 때 보트가 나아가야 하는 각을 구하라. 보트가 진행하는 실제 경로를 그려라. 현실적으로 보이는가?

18. 입자의 위치함수가 $\mathbf{r}(t)$이다. 상수벡터 $\mathbf{c}$에 대해 $\mathbf{r}'(t) = \mathbf{c} \times \mathbf{r}(t)$일 때, 이 입자의 경로를 설명하라.

19-20 다음 곡선에서 가속도벡터의 접선성분과 법선성분을 구하라.

19. $\mathbf{r}(t) = (t^2 + 1)\,\mathbf{i} + t^3\,\mathbf{j}, \ t \geq 0$

20. $\mathbf{r}(t) = \cos t\,\mathbf{i} + \sin t\,\mathbf{j} + t\,\mathbf{k}$

---

21. 점 $(0, 4, 4)$에서 곡선 $\mathbf{r}(t) = \ln t\,\mathbf{i} + (t^2 + 3t)\,\mathbf{j} + 4\sqrt{t}\,\mathbf{k}$의 가속도벡터의 접선성분과 법선성분을 구하라.

22. 가속도벡터 $\mathbf{a}$의 크기는 10 cm/s²이다. 그림을 이용해서 $\mathbf{a}$의 접선성분과 법선성분을 추정하라.

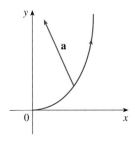

23. 우주선의 위치함수는 다음과 같고 우주정거장의 좌표는 $(6, 4, 9)$이다.

$$\mathbf{r}(t) = (3 + t)\,\mathbf{i} + (2 + \ln t)\,\mathbf{j} + \left(7 - \frac{4}{t^2 + 1}\right)\mathbf{k}$$

선장은 우주정거장에서 잠시 머무르고자 한다. 엔진의 가동은 언제 중지하면 되는가?

---

12 복습

개념 확인

1. 벡터함수란 무엇인가? 벡터함수의 도함수와 적분은 어떻게 구하는가?

2. 매끄러운 곡선 위의 한 점에서 접선벡터는 어떻게 구하는가? 접선은 어떻게 구하는가? 단위접선벡터는 어떻게 구하는가?

3. 벡터함수 $\mathbf{r}(t)$로 주어진 공간곡선의 길이는 어떻게 구하는가?

4. (a) 매끄러운 공간곡선 $\mathbf{r}(t)$의 단위법선벡터와 종법선벡터에 대한 식을 쓰라.

(b) 곡선 위의 한 점에서 법평면은 무엇인가? 또한 접촉평면 및 접촉원은 무엇인가?

5. 케플러의 법칙을 기술하라.

참·거짓 퀴즈

다음 명제가 참인지 거짓인지 판별하라. 참이면 이유를 설명하고, 거짓이면 이유를 설명하거나 반례를 들라.

1. 벡터방정식이 $\mathbf{r}(t) = t^3\mathbf{i} + 2t^3\mathbf{j} + 3t^3\mathbf{k}$인 곡선은 직선이다.

2. 곡선 $\mathbf{r}(t) = \langle 2t, 3 - t, 0 \rangle$은 원점을 지나는 직선이다.

3. $\mathbf{u}(t)$와 $\mathbf{v}(t)$가 미분가능한 벡터함수이면, 다음이 성립한다.
$$\frac{d}{dt}[\mathbf{u}(t) \times \mathbf{v}(t)] = \mathbf{u}'(t) \times \mathbf{v}'(t)$$

4. $\mathbf{T}(t)$가 매끄러운 곡선의 단위접선벡터이면 곡률은

$\kappa = |d\mathbf{T}/dt|$이다.

5. 함수 f가 두 번 연속 미분가능하다고 하자. 곡선 $y = f(x)$의 변곡점에서 곡률은 0이다.

6. 모든 t에 대해 $|\mathbf{r}(t)| = 1$이면, $|\mathbf{r}'(t)|$는 상수이다.

7. 곡선 C 위의 한 점에서의 접촉원은 그 점에서의 C와 동일한 접선벡터, 법선벡터, 곡률을 갖는다.

8. xz평면으로의 곡선 $\mathbf{r}(t) = \langle \cos 2t, t, \sin 2t \rangle$의 사영은 원이다.

복습문제

1. (a) $t \geq 0$일 때 벡터함수 $\mathbf{r}(t) = t\,\mathbf{i} + \cos \pi t\,\mathbf{j} + \sin \pi t\,\mathbf{k}$의 곡선을 그려라.
(b) $\mathbf{r}'(t)$와 $\mathbf{r}''(t)$를 구하라.

2. 원기둥 $x^2 + y^2 = 16$과 평면 $x + z = 5$의 교선을 나타내는 벡터방정식을 구하라.

3. $\mathbf{r}(t) = t^2\mathbf{i} + t \cos \pi t\,\mathbf{j} + \sin \pi t\,\mathbf{k}$일 때, $\int_0^1 \mathbf{r}(t)\,dt$를 계산하라.

4. $n = 6$인 심프슨의 법칙을 이용해서 방정식이 $x = t^2$, $y = t^3$, $z = t^4$, $0 \leq t \leq 3$인 곡선의 호의 길이를 추정하라.

5. 점 $(1, 0, 0)$에서 나선 $\mathbf{r}_1(t) = \cos t\,\mathbf{i} + \sin t\,\mathbf{j} + t\,\mathbf{k}$는 곡선 $\mathbf{r}_2(t) = (1 + t)\mathbf{i} + t^2\mathbf{j} + t^3\mathbf{k}$와 만난다. 이들 곡선의 교각을 구하라.

6. 곡선 $\mathbf{r}(t) = \langle \sin^3 t, \cos^3 t, \sin^2 t \rangle$, $0 \leq t \leq \pi/2$에 대해
(a) 단위접선벡터, (b) 단위법선벡터, (c) 단위종법선벡터,
(d) 곡률 (e) 비틀림율을 구하라.

7. 점 $(1, 1)$에서 곡선 $y = x^4$의 곡률을 구하라.

8. 점 $(0, \pi, 1)$에서 곡선 $x = \sin 2t$, $y = t$, $z = \cos 2t$의 접촉평면의 방정식을 구하라.

9. 한 입자가 위치함수 $\mathbf{r}(t) = t \ln t\,\mathbf{i} + t\,\mathbf{j} + e^{-t}\mathbf{k}$로 움직인다. 입자의 속도, 속력과 가속도를 구하라.

10. 한 입자가 초기 속도 $\mathbf{i} - \mathbf{j} + 3\mathbf{k}$로 원점을 출발한다. 입자의 가속도가 $\mathbf{a}(t) = 6t\mathbf{i} + 12t^2\mathbf{j} - 6t\mathbf{k}$라 할 때 입자의 위치함수를 구하라.

11. 발사체가 높이 30 m인 터널의 바닥에서 초기 속력 40 m/s로 발사됐다. 발사체의 착탄거리가 최대가 되기 위한 앙각은 얼마인가? 최대 착탄거리는 얼마인가?

12. 반지름 1인 원판이 반시계 방향으로 등각속력 ω로 회전하고 있다. 한 입자가 원판의 중심을 출발해서 시각 $t(t \geq 0)$에서 위치가 $\mathbf{r}(t) = t\mathbf{R}(t)$가 되도록 고정된 반지름을 따라 가장자리를 향해 움직인다. 여기서 $\mathbf{R}(t) = \cos \omega t\,\mathbf{i} + \sin \omega t\,\mathbf{j}$이다.
(a) $\mathbf{v}_d = \mathbf{R}'(t)$가 원판 가장자리 위의 점의 속도일 때, 입자의 속도 $\mathbf{v}$는 $\mathbf{v} = \cos \omega t\,\mathbf{i} + \sin \omega t\,\mathbf{j} + t\mathbf{v}_d$임을 보여라.
(b) $\mathbf{a}_d = \mathbf{R}''(t)$가 원판 가장자리의 한 점에서의 가속도일 때, 입자의 가속도 $\mathbf{a}$는 $\mathbf{a} = 2\mathbf{v}_d + t\mathbf{a}_d$임을 보여라. 추가된 항 $2\mathbf{v}_d$를 **편향가속도**라 한다. 이것은 원판의 회전과 입자의 운동의 상호작용에 따른 결과이다. 이 같은 가속도의 물리적인 예는 돌고 있는 회전목마에서 가장자리를 향해 걸어갈 때 찾을 수 있다.
(c) 방정식 $\mathbf{r}(t) = e^{-t}\cos \omega t\,\mathbf{i} + e^{-t}\sin \omega t\,\mathbf{j}$에 따라 회전하는 원판 위를 움직이는 입자의 편향가속도를 구하라.

이변수함수는 모래언덕들에 의해서 형성된 것과 같은 곡면모양을 묘사할 수 있다. 여러 가지 다른 방향으로 보행자가 걸어갈 때 해발고도의 변화들을 계산하기 위하여 편미분을 사용할 수 있다.

SeppFriedhuber / E+ / Getty Images

13

편도함수
Partial Derivatives

지금까지 우리는 일변수함수의 미적분만을 다뤘다. 그러나 실제 세계에서 물리량은 종종 두 개 이상의 변수에 의존한다. 따라서 이 장에서는 변수가 여러 개인 함수로 관심을 돌리고, 미분의 기본적인 개념을 다변수함수로 확장한다.

13.1 | 다변수함수

이 절에서는 다음 네 가지 관점에서 이변수 이상의 다변수함수를 연구하고자 한다.

- 언어로   (언어로 설명)
- 수치적으로   (표)
- 대수적으로   (명확한 식)
- 시각적으로   (그래프 또는 등위곡선)

■ 이변수함수

지표면의 한 점에서 주어진 시각의 온도 T는 그 점의 경도 x와 위도 y에 의존한다. T는 두 변수 x와 y의 함수 또는 순서쌍 (x, y)의 함수로 생각할 수 있다. 이런 함수 관계를 $T = f(x, y)$로 나타낸다.

원기둥의 부피 V는 반지름 r와 높이 h에 따라 결정된다. 사실 $V = \pi r^2 h$임을 알고 있다. 그러므로 V는 r와 h의 함수라 하고, $V(r, h) = \pi r^2 h$로 쓴다.

> **정의**   **이변수함수**(function f of two variables) f는 집합 D에 속하는 각 실수의 순서쌍 (x, y)에 대해 $f(x, y)$로 표시되는 유일한 실수를 대응시키는 규칙이다. 이때 집합 D는 f의 **정의역**이고, f의 **치역**은 f가 취하는 값들의 집합, 즉 $\{f(x, y) \mid (x, y) \in D\}$ 이다.

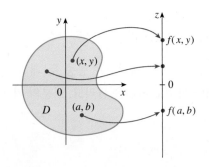

그림 1

임의의 점 (x, y)에서 f가 취하는 값을 명확하게 표시하기 위해 흔히 $z = f(x, y)$로 쓴다. 변수 x와 y는 **독립변수**고, z는 **종속변수**이다. [일변수함수에 대한 표기방법 $y = f(x)$와 비교해 보자.]

이변수함수는 정의역이 $\mathbb{R}^2$의 부분집합이고, 치역이 $\mathbb{R}$의 부분집합인 함수이다. 그런 함수를 시각화하는 방법 중 하나는 화살표 그림을 이용하는 것인데(그림 1 참조), 이때 정의역 D는 xy평면의 부분집합으로 표현되고, 치역은 z축으로 표시된 실직선 위 수들의 집합이다. 예를 들어 $f(x, y)$가 D 모양의 평평한 금속판의 점 (x, y)에서 온도를 나타낸다면, z축을 온도를 기록한 온도계로 생각할 수 있다.

함수 f가 정의역이 특별히 언급되지 않은 식으로 주어지면, f의 정의역은 주어진 식이 실수로 잘 정의되는 순서쌍 (x, y) 전체의 집합으로 이해한다.

《예제 1》 다음 각 함수에서 $f(3, 2)$의 값을 계산하고, 정의역을 구하고 그림을 그려라.

(a) $f(x, y) = \dfrac{\sqrt{x + y + 1}}{x - 1}$ (b) $f(x, y) = x \ln(y^2 - x)$

풀이

(a) $f(3, 2) = \dfrac{\sqrt{3 + 2 + 1}}{3 - 1} = \dfrac{\sqrt{6}}{2}$

f에 대한 표현은 분모가 0이 아니고 제곱근 안의 부호가 음이 아니라는 조건에서 의미가 있다. 그러므로 f의 정의역은 다음과 같다.

$$D = \{(x, y) \mid x + y + 1 \geq 0, \ x \neq 1\}$$

부등식 $x + y + 1 \geq 0$, 즉 $y \geq -x - 1$은 직선 $y = -x - 1$ 또는 그보다 위에 있는 점들을 나타낸다. 반면에 $x \neq 1$은 직선 $x = 1$에 있는 점들을 정의역에서 제외해야 함을 의미한다(그림 2 참조).

(b) $f(3, 2) = 3 \ln(2^2 - 3) = 3 \ln 1 = 0$

$\ln(y^2 - x)$는 $y^2 - x > 0$일 때, 즉 $x < y^2$일 때 정의된다. 따라서 f의 정의역은 $D = \{(x, y) \mid x < y^2\}$이다. 이것은 포물선 $x = y^2$의 왼쪽에 있는 점들의 집합이다(그림 3 참조).

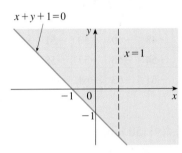

그림 2 $f(x, y) = \dfrac{\sqrt{x+y+1}}{x-1}$의 정의역

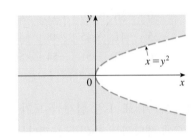

그림 3 $f(x, y) = x \ln(y^2 - x)$의 정의역

《**예제 2**》 $g(x, y) = \sqrt{9 - x^2 - y^2}$의 정의역과 치역을 구하라.

풀이 g의 정의역은 다음과 같다.

$$D = \{(x, y) \mid 9 - x^2 - y^2 \geq 0\} = \{(x, y) \mid x^2 + y^2 \leq 9\}$$

이것은 중심이 $(0, 0)$이고 반지름이 3인 원판이다(그림 4 참조). g의 치역은 다음과 같다.

$$\left\{ z \mid z = \sqrt{9 - x^2 - y^2}, (x, y) \in D \right\}$$

z는 양의 제곱근이기 때문에 $z \geq 0$이다. 또한 $9 - x^2 - y^2 \leq 9$이므로 다음을 얻는다.

$$\sqrt{9 - x^2 - y^2} \leq 3$$

따라서 치역은 다음과 같다.

$$\{z \mid 0 \leq z \leq 3\} = [0, 3] \qquad \blacksquare$$

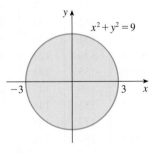

그림 4 $g(x, y) = \sqrt{9 - x^2 - y^2}$

모든 함수를 명확한 식으로 표현할 수 있는 것은 아니다. 다음 예제의 함수는 말과 그 값의 수치적 추정으로 설명되는 함수이다.

《**예제 3**》 겨울철 매우 추운 지역에서는 추위의 정도를 분명히 나타내기 위해 **한랭바**

람지수가 흔히 사용된다. 한랭바람지수 W는 실제온도 T와 풍속 v에 의존하는 주관적인 온도이고, $W = f(T, v)$로 쓸 수 있다. 표 1은 미국과 캐나다의 기상청으로부터 수집한 W값의 기록이다.

표 1 대기온도와 풍속의 함수로서의 한랭바람지수

풍속(km/h)

T \ v	5	10	15	20	25	30	40	50	60	70	80
5	4	3	2	1	1	0	−1	−1	−2	−2	−3
0	−2	−3	−4	−5	−6	−6	−7	−8	−9	−9	−10
−5	−7	−9	−11	−12	−12	−13	−14	−15	−16	−16	−17
−10	−13	−15	−17	−18	−19	−20	−21	−22	−23	−23	−24
−15	−19	−21	−23	−24	−25	−26	−27	−29	−30	−30	−31
−20	−24	−27	−29	−30	−32	−33	−34	−35	−36	−37	−38
−25	−30	−33	−35	−37	−38	−39	−41	−42	−43	−44	−45
−30	−36	−39	−41	−43	−44	−46	−48	−49	−50	−51	−52
−35	−41	−45	−48	−49	−51	−52	−54	−56	−57	−58	−60
−40	−47	−51	−54	−56	−57	−59	−61	−63	−64	−65	−67

실제온도(°C)

새로운 한랭바람지수

새로운 한랭바람지수가 2001년 11월에 소개됐다. 바람이 불 때 얼마나 춥게 느껴지는가를 측정하기 위한 과거의 지수보다 좀 더 정확하다. 새로운 한랭바람지수는 사람 얼굴에서 열손실이 얼마나 빨리 일어나는지에 대한 모형에 기초한다. 자원봉사자들이 인공 바람이 부는 냉장 통로에서 다양한 온도와 풍속에 노출되는 일련의 임상실험을 통해 한랭바람지수는 발전했다.

예를 들어 표 1은 실제 온도가 −5°C이고 풍속이 50 km/h이면, 바람이 없는 −15°C에 해당하는 추위를 느낀다는 것을 보여 준다. 따라서 다음과 같다.

$$f(-5, 50) = -15$$ ∎

표 2

연도	P	L	K
1899	100	100	100
1900	101	105	107
1901	112	110	114
1902	122	117	122
1903	124	122	131
1904	122	121	138
1905	143	125	149
1906	152	134	163
1907	151	140	176
1908	126	123	185
1909	155	143	198
1910	159	147	208
1911	153	148	216
1912	177	155	226
1913	184	156	236
1914	169	152	244
1915	189	156	266
1916	225	183	298
1917	227	198	335
1918	223	201	366
1919	218	196	387
1920	231	194	407
1921	179	146	417
1922	240	161	431

《예제 4》 1928년 콥(Charles Cobb)과 더글러스(Paul Douglas)는 1899~1922년 사이 미국의 경제성장 모형에 관한 연구를 발표했다. 그들은 경제에 미치는 영향을 단순화해서 제품의 생산량은 투입된 자본금과 노동량에 의해 결정된다고 생각했다. 물론 경제에 미치는 변수들은 많지만, 이들의 모형이 실제로 상당히 정확하다는 사실이 입증됐다. 그들이 이 모형에서 사용한 함수는 다음과 같다.

1 $$P(L, K) = bL^\alpha K^{1-\alpha}$$

여기서 P는 총생산량(1년 동안 생산된 모든 제품의 화폐가치), L은 노동량(1년 동안 일한 시간당 노동자의 총수), K는 투입된 자본금(건물, 장비, 기계의 화폐가치)이다.

표 2는 정부에서 출판한 경제 관련 자료를 활용해서 콥과 더글러스가 만든 것이다. 그들은 1899년의 P, L, K의 값을 기준 100으로 잡았다. 다른 연도의 값들은 1899년 지수의 백분율로 나타냈다.

콥과 더글러스는 최소제곱법을 이용해서 표 2의 자료를 다음 함수에 맞췄다(상세한 내용은 연습문제 41 참조).

2 $$P(L, K) = 1.01L^{0.75}K^{0.25}$$

식 **2**에서의 함수로 주어진 모형을 이용해서 1910년, 1920년의 생산량을 계산하면 다

음을 얻는다.

$$P(147, 208) = 1.01(147)^{0.75}(208)^{0.25} \approx 161.9$$

$$P(194, 407) = 1.01(194)^{0.75}(407)^{0.25} \approx 235.8$$

이것은 실제값 159과 231에 매우 가깝다.

    그 후 생산함수 $\boxed{1}$은 개인회사에서 세계 경제 문제까지 여러 분야에서 폭넓게 이용되면서, 이는 **콥–더글러스 생산함수**(Cobb-Douglas production function)로 알려지게 된다. 노동량 L과 투자 자본금 K는 결코 음수가 될 수 없기 때문에 이 함수의 정의역은 $\{(L, K) \mid L \geq 0, K \geq 0\}$이다.   ■

■ 그래프

이변수함수의 자취를 시각화하는 또 다른 방법으로 그래프를 고려해 보자.

> **정의** f가 정의역 D인 이변수함수이면, f의 **그래프**는 (x, y)가 D에 속하고 $z = f(x, y)$인 $\mathbb{R}^3$에 속하는 점 (x, y, z) 전체의 집합이다.

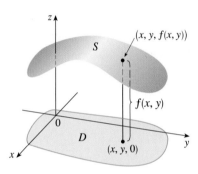

그림 5

    이변수함수 f의 그래프는 방정식 $z = f(x, y)$인 곡면 S이다. f의 그래프 S는 xy평면에 있는 정의역 D의 바로 위 또는 아래에 놓음으로써 가시화할 수 있다(그림 5 참조).

《예제 5》 함수 $f(x, y) = 6 - 3x - 2y$의 그래프를 그려라.

풀이 f의 그래프의 방정식은 $z = 6 - 3x - 2$ 또는 $3x + 2y + z = 6$이며 평면이다. 평면을 그리기 위해서는 먼저 절편을 구해야 한다. 방정식에서 $y = z = 0$로 놓으면 x절편 2를 얻는다. 마찬가지로 y절편은 3, z절편은 6이다. 이로써 제1팔분공간에 그래프의 일부를 그릴 수 있다(그림 6 참조).   ■

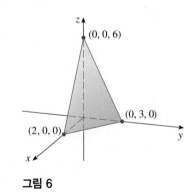

그림 6

    예제 5의 함수는 **선형함수**(linear function)라고 하는 다음 함수의 특별한 경우이다.

$$f(x, y) = ax + by + c$$

이런 함수의 그래프는 다음 방정식을 가지며, 그 그래프는 평면이다(11.5절 참조).

$$z = ax + by + c \quad \text{또는} \quad ax + by - z + c = 0$$

    일변수함수의 선형함수가 일변수 미적분학에서 중요하듯, 이변수함수의 선형함수도 다변수함수의 미적분학에서 중추적인 역할을 함을 알게 될 것이다.

《예제 6》 $g(x, y) = \sqrt{9 - x^2 - y^2}$ 의 그래프를 그려라.

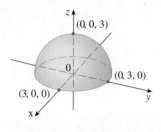

그림 7 $g(x, y) = \sqrt{9 - x^2 - y^2}$

풀이 예제 2에서 g의 정의역은 중심이 $(0, 0)$이고 반지름이 3인 원판인 것을 알았다. g의 그래프의 방정식은 $z = \sqrt{9 - x^2 - y^2}$이다. 이 방정식의 양변을 제곱해서 $z^2 = 9 - x^2 - y^2$, 즉 $x^2 + y^2 + z^2 = 9$를 얻는다. 이것은 중심이 원점이고 반지름이 3인 구의 방정식이다. 그러나 $z \geq 0$이므로 g의 그래프는 구의 위쪽 반이 된다(그림 7 참조). ■

NOTE 완전한 구는 x와 y에 관한 단일함수로 나타낼 수 없다. 예제 6에서 보듯이 구 $x^2 + y^2 + z^2 = 9$의 상반구는 함수 $g(x, y) = \sqrt{9 - x^2 - y^2}$으로 나타낼 수 있고, 하반구는 함수 $h(x, y) = -\sqrt{9 - x^2 - y^2}$으로 나타낼 수 있다.

《예제 7》 컴퓨터를 이용해서 콥-더글러스 생산함수 $P(L, K) = 1.01L^{0.75}K^{0.25}$의 그래프를 그려라.

풀이 그림 8은 0에서 300 사이에 놓인 노동량 L과 자본금 K의 값에 대한 P의 그래프이다. 컴퓨터는 그래프가 수직인 자취를 그려서 곡면을 표현한다. 기대한 바와 같이 이런 자취로부터 L 또는 K가 증가하면 생산량 P의 값도 증가함을 알 수 있다.

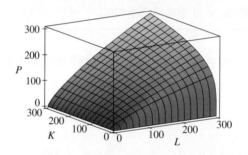

그림 8

《예제 8》 $h(x, y) = 4x^2 + y^2$의 정의역과 치역을 구하고 그래프를 그려라.

풀이 $h(x, y)$는 모든 가능한 실수의 순서쌍 (x, y)에 대해 정의된다. 따라서 정의역은 xy평면 전체, 즉 $\mathbb{R}^2$이다. h의 치역은 음이 아닌 모든 실수의 집합 $[0, \infty)$이다. [$x^2 \geq 0$, $y^2 \geq 0$이므로 모든 x, y에 대해 $h(x, y) \geq 0$임에 주목하자.]

h의 그래프의 방정식은 $z = 4x^2 + y^2$인데 11.6절의 예제 4에서 그린 타원포물면이다. 수평자취는 타원이고 수직자취는 포물선이다(그림 9 참조).

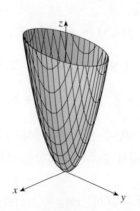

그림 9
$h(x, y) = 4x^2 + y^2$의 그래프

많은 소프트웨어 응용으로 쉽게 이변수함수의 그래프를 그릴 수 있다. 어떤 프로그램에서는 k값에 대해 수직평면 $x = k$와 $y = k$에서의 자취를 그린다.

그림 10은 컴퓨터로 생성한 몇 개의 이변수함수의 그래프이다. 서로 다른 관점에서 얻은 그림을 돌려가면서 보면 아주 좋은 함수의 그래프를 얻을 수 있다. 그림 (a)와 (b)에서 f의 그래프는 원점 부근을 제외하고는 매우 평평하고 xy평면에 가깝다. 왜냐하면 x 또는 y가 커질수록 $e^{-x^2-y^2}$은 매우 작아지기 때문이다.

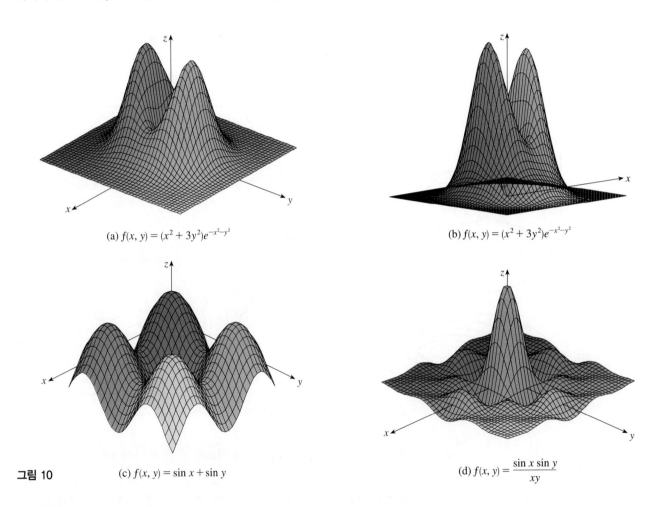

(a) $f(x, y) = (x^2 + 3y^2)e^{-x^2-y^2}$

(b) $f(x, y) = (x^2 + 3y^2)e^{-x^2-y^2}$

그림 10

(c) $f(x, y) = \sin x + \sin y$

(d) $f(x, y) = \dfrac{\sin x \sin y}{xy}$

■ 등위곡선과 등고선도

지금까지 함수를 시각화하기 위한 두 가지 방법, 즉 화살표 그림과 그래프를 소개했다. 세 번째 방법은 지도 제작자들이 이용한 것으로, 일정한 높이의 점들을 연결해서 **등고선**(또는 **등위곡선**)을 형성하는 등고선 그림이다.

> **정의** 이변수함수 f의 **등위곡선**(level curves)은 방정식이 $f(x, y) = k$인 곡선이다. 여기서 k는 (f의 치역에 속한) 상수이다.

등위곡선 $f(x, y) = k$는 f가 주어진 값 k를 취하는 f의 정의역에 속한 점 전체의 집합이다. 다시 말하면 이는 f의 그래프에서 높이 k인 곳을 보여 준다. 등위곡선들의 무리를 **등고선도**(contour map)라 한다. 등위곡선 $f(x, y) = k$가 k의 동일한 간격의 값에 대해 그려질 때 등고선도는 가장 잘 만들어지며, 특별한 언급이 없는 한 이런 방법으로 그리는 것으로 가정한다.

그림 11은 등위곡선과 수평자취 사이의 관계를 보여 준다. 등위곡선 $f(x, y) = k$는 수평평면 $z = k$에서 xy평면으로 투영한 f의 그래프 자취이다. 따라서 함수의 등고선도를 그리고, 지시된 높이만큼 곡면을 들어 올려 시각화하면, 마음속으로 그래프의 그림을 하나로 만들 수 있다. 등위곡선이 서로 가까운 곳에서는 곡면이 가파르고 멀리 떨어진 곳에서는 다소 평평하다.

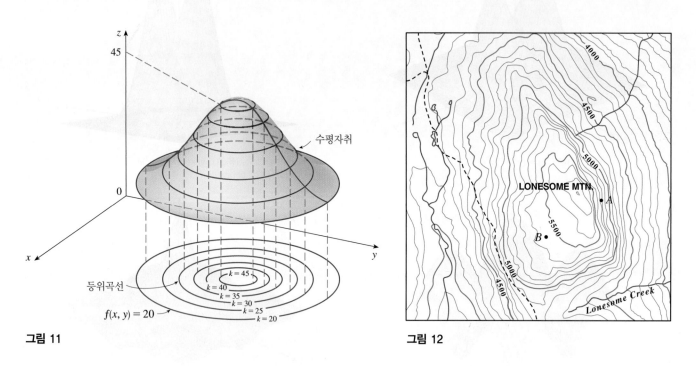

그림 11

그림 12

등위곡선의 보편적인 한 예가 그림 12의 지도와 같은 산악지대의 지형도에서 흔히 나타난다. 등위곡선은 해수면을 기준으로 한 일정한 높이를 이은 곡선이다. 이런 등고선을 따라 걸으면 오르내리지 않아도 된다. 또 다른 흔한 예는 이 절의 도입부에서 소개한 온도함수이다. 여기서의 등위곡선은 **등온선**(isothermal)이라 하고, 온도가 같은 지점끼리 연결한 것을 말한다. 그림 13은 7월 세계의 평균온도를 나타낸 일기도이다. 색 띠별로 나뉘어 있는 곡선들이 등온선이다.

위도와 경도의 함수로서 주어진 시각에서 대기압을 나타내는 날씨지도에서, 등위곡선은 **등압선**(isobar)이라 부르며 같은 압력의 위치를 연결하고 있다. 구면에서 바람은 높은 압력의 지역에서 낮은 압력의 지역을 향해 등압선을 가로질러 부는 경향이 있다.

그림 14는 세계강수량을 보여 주는 등고선도이다. 이 그림에서 같은 강수량을 나타내는 것은 색깔에 의해서 구분되어져 있다.

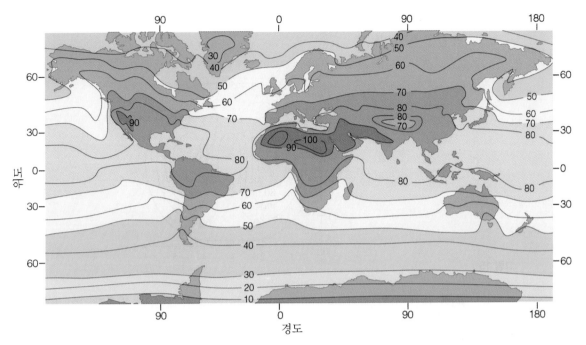

그림 13 7월의 평균기온(해수면기준, 화씨)

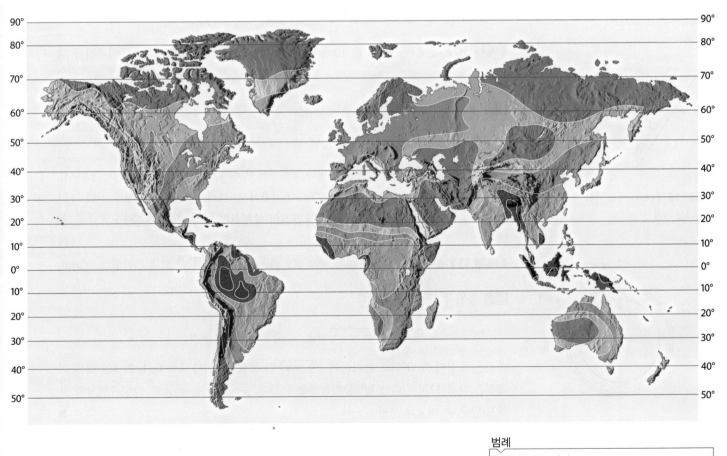

그림 14 강수량

《예제 9》 함수 f의 등고선 그림이 그림 15와 같다. 이것을 이용해서 $f(1, 3)$, $f(4, 5)$의 값을 추정하라.

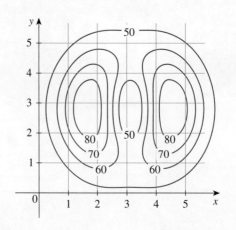

그림 15

풀이 점 $(1, 3)$은 z값이 70과 80인 등고선 사이에 있다. 그러므로 다음과 같이 추정한다.

$$f(1, 3) \approx 73$$

마찬가지로 다음과 같이 추정한다.

$$f(4, 5) \approx 56$$

《예제 10》 값 $k = -6, 0, 6, 12$에 대한 함수 $f(x, y) = 6 - 3x - 2y$의 등위곡선을 그려라.

풀이 등위곡선은 다음과 같다.

$$6 - 3x - 2y = k, \quad 즉 \quad 3x + 2y + (k - 6) = 0$$

이는 기울기가 $-\frac{3}{2}$인 직선족을 나타낸다. $k = -6, 0, 6, 12$일 때 각각 $3x + 2y - 12 = 0$, $3x + 2y - 6 = 0$, $3x + 2y = 0$, $3x + 2y + 6 = 0$이고, 그래프들은 그림 16과 같다. f의 그래프가 평면이므로, 이 등위곡선은 등간격의 평행선이 된다(그림 16 참조).

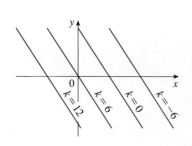

그림 16 $f(x, y) = 6 - 3x - 2y$의 등고선 그림

《예제 11》 $k = 0, 1, 2, 3$에 대한 함수 $g(x, y) = \sqrt{9 - x^2 - y^2}$의 등위곡선을 그려라.

풀이 등위곡선은 다음과 같다.

$$\sqrt{9 - x^2 - y^2} = k, \quad 즉 \quad x^2 + y^2 = 9 - k^2$$

이것은 중심이 $(0, 0)$이고 반지름이 $\sqrt{9 - k^2}$인 동심원족이다. $k = 0, 1, 2, 3$일 때 등위곡선은 그림 17과 같다. 이런 등위곡선들을 들어 올려서 면을 만들고, 그림 7의 g의 그래프(반구)와 비교해 보자.

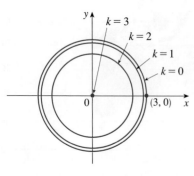

그림 17 $g(x, y) = \sqrt{9 - x^2 - y^2}$의 등고선 그림

《예제 12》 함수 $h(x, y) = 4x^2 + y^2 + 1$의 등위곡선을 몇 개만 그려라.

풀이 등위곡선은 다음과 같다.

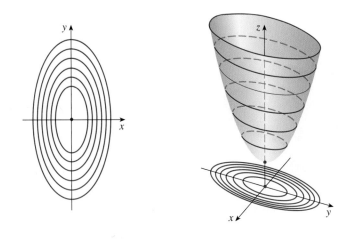

(a) 등고선 그림   (b) 수평자취는 등위곡선을 들어 올린 것이다.

그림 18 등위곡선을 들어 올려서 만든 $h(x, y) = 4x^2 + y^2 + 1$의 그래프

$$4x^2 + y^2 + 1 = k, \quad 즉 \quad \frac{x^2}{\frac{1}{4}(k-1)} + \frac{y^2}{k-1} = 1$$

반축이 $\frac{1}{2}\sqrt{k-1}$과 $\sqrt{k-1}$인 타원들로 나타내어진다($k > 1$). 그림 18(a)는 컴퓨터로 그린 h의 등고선 그림이다. 그림 18(b)는 이 등위곡선을 그것의 수평자취인 h(타원포물면)의 그래프까지 들어 올린 모습이다. 그림 18은 등위곡선을 합쳐 h의 그래프를 만드는 방법을 보여 준다. ∎

《예제 13》 예제 4의 콥–더글러스 생산함수의 등위곡선을 그려라.

풀이 컴퓨터를 이용해서 콥–더글러스 생산함수의 등위곡선을 그리면 그림 19와 같다.

$$P(L, K) = 1.01L^{0.75}K^{0.25}$$

생산량 P의 값이 등위곡선에 적혀 있다. 예를 들어 140이 적힌 등위곡선은 생산량 $P = 140$을 만드는 노동량 L과 자본금 K의 모든 값을 나타낸다. P의 값을 고정할 때 L이 증가하면 K가 감소하고, 반대로 K가 증가하면 L이 감소함을 알 수 있다. ∎

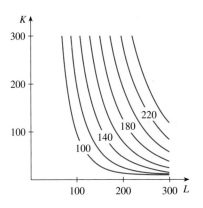

그림 19

어떤 경우에는 등고선 그림이 그래프보다 더 유용할 수가 있다. 이 사실은 예제 13에서 확실히 나타난다(그림 19와 8을 비교하자). 또한 예제 9에서처럼 함숫값을 추정할 때도 더 유용하다.

그림 20은 컴퓨터로 생성한 그래프와 그 그래프의 등위곡선이다. 그림 (c)에서 보면 등위곡선이 원점 부근에 많이 몰려 있다. 이것은 그림 (d)에서 원점 부근이 매우 경사가 가파르다는 사실과 일치한다.

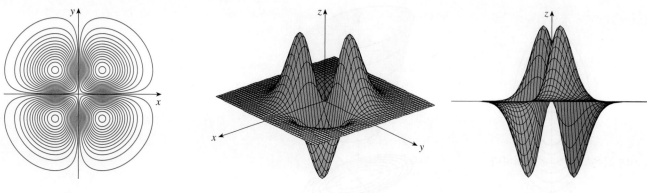

(a) $f(x, y) = -xye^{-x^2-y^2}$의 등위곡선

(b) 다른 관점에서 본 $f(x, y) = -xye^{-x^2-y^2}$의 그래프

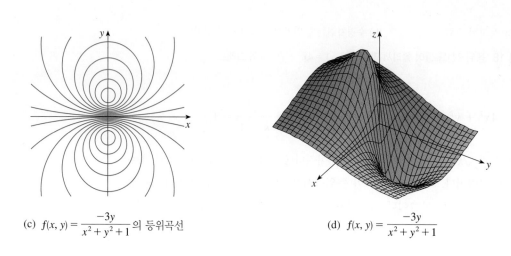

(c) $f(x, y) = \dfrac{-3y}{x^2 + y^2 + 1}$의 등위곡선

(d) $f(x, y) = \dfrac{-3y}{x^2 + y^2 + 1}$

그림 20

■ 삼변수 이상의 함수

삼변수함수(function of three variables) f는 정의역 $D \subset \mathbb{R}^3$에 속하는 세 순서쌍 (x, y, z)에 대해 $f(x, y, z)$로 표기되는 유일한 실수를 대응시키는 규칙이다. 예를 들면 지표면 한 점에서의 온도 T는 경도 x와 위도 y 그리고 시각 t에 의존한다. 그러므로 이것은 $T = f(x, y, t)$로 쓸 수 있다.

《**예제 14**》 $f(x, y, z) = \ln(z - y) + xy \sin z$일 때 정의역을 구하라.

[풀이] $f(x, y, z)$에 대한 식은 $z - y > 0$이면 정의된다. 그러므로 f의 정의역은 다음과 같다.

$$D = \{(x, y, z) \in \mathbb{R}^3 \mid z > y\}$$

이것은 평면 $z = y$ 위의 점 전체로 이루어진 **반공간**(half-space)이다.　　　　　■

　　삼변수함수 f는 4차원 공간에 있으므로 그래프로 시각화하기가 매우 곤란하다. 그러나 상수 k에 대해 방정식 $f(x, y, z) = k$로 정의되는 곡면, 즉 **등위곡면**(level surface)을 조사해서 f를 이해할 수 있다. 점 (x, y, z)가 등위곡면을 따라 움직이는 동안에는 $f(x, y, z)$의 값은 고정되어 일정하다.

《**예제 15**》 함수 $f(x, y, z) = x^2 + y^2 + z^2$ 등위곡면을 구하라.

풀이 등위곡면은 $x^2 + y^2 + z^2 = k$ $(k \geq 0)$이다. 이것은 반지름이 $\sqrt{k}$인 동심구면족을 이룬다(그림 21 참조). 그러므로 점 (x, y, z)가 중심이 0인 임의의 구면에서 변할 때 $f(x, y, z)$의 값은 고정되어 일정하다.

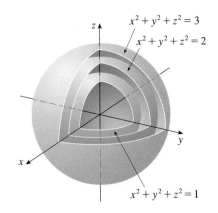

그림 21

《**예제 16**》 함수 $f(x, y, z) = x^2 - y - z^2$에 등위곡면을 구하라.

풀이 등위곡면은 $x^2 - y - z^2 = k$ 또는 $y = x^2 - z^2 - k$이고, 이것은 쌍곡포물면족이다. 그림 22는 $k = 0$, $k = \pm 5$일 때 등위곡면을 보여준다.

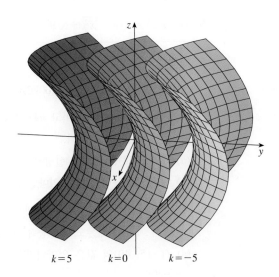

그림 22 　$k = 5$ 　$k = 0$ 　$k = -5$

　변수가 임의의 개수인 함수도 생각할 수 있다. **n변수함수**(function of n variables)는 실수의 n-순서쌍 $(x_1, x_2, \dots, x_n)$에 수 $z = f(x_1, x_2, \dots, x_n)$을 대응시키는 규칙이다. 이러한 n-순서쌍 전체의 집합을 $\mathbb{R}^n$으로 나타낸다. 예를 들어 어떤 회사가 식료품을 만드는 데 n개의 서로 다른 재료를 쓴다고 하자. c_i를 i번째 재료의 단위당 가격, i번째 재료를 x_i단위 이용한다면, 재료를 구입할 때 소요되는 총 비용 C는 다음과 같이 n변수 x_1, x_2, ..., x_n의 함수이다.

$$\boxed{3} \qquad C = f(x_1, x_2, \ldots, x_n) = c_1 x_1 + c_2 x_2 + \cdots + c_n x_n$$

함수 f는 정의역이 $\mathbb{R}^n$의 부분집합인 실숫값 함수이다. 때로는 이런 함수를 더 간단히 나타내기 위해 벡터 기호를 이용한다. $\mathbf{x} = \langle x_1, x_2, \ldots, x_n \rangle$인 경우 $f(x_1, x_2, \ldots, x_n)$ 대신 종종 $f(\mathbf{x})$로 쓴다. 이 기호를 이용하면 식 $\boxed{3}$으로 정의된 함수는 다음과 같이 쓸 수 있다.

$$f(\mathbf{x}) = \mathbf{c} \cdot \mathbf{x}$$

여기서 $\mathbf{c} = \langle c_1, c_2, \ldots, c_n \rangle$이고 $\mathbf{c} \cdot \mathbf{x}$는 V_n에 속하는 벡터 $\mathbf{c}$와 $\mathbf{x}$의 내적을 나타낸다.

$\mathbb{R}^n$의 점 $(x_1, x_2, \ldots, x_n)$과 V_n의 위치벡터 $\mathbf{x} = \langle x_1, x_2, \ldots, x_n \rangle$ 사이의 일대일 대응을 생각하면, $\mathbb{R}^n$의 부분집합에서 정의된 함수 f는 다음과 같이 세 가지 관점에서 생각할 수 있다.

1. n개의 실변수 x_1, x_2, ..., x_n의 함수로서
2. 단일점변수 $(x_1, x_2, \ldots, x_n)$의 함수로서
3. 단일벡터변수 $\mathbf{x} = \langle x_1, x_2, \ldots, x_n \rangle$의 함수로서

이상의 세 가지 관점 모두가 유용한 것임을 알게 될 것이다.

13.1 │ 연습문제

1. $f(x, y) = x^2 y / (2x - y^2)$일 때 다음 값을 구하라.
(a) $f(1, 3)$ (b) $f(-2, -1)$
(c) $f(x + h, y)$ (d) $f(x, x)$

2. $g(x, y) = x^2 \ln(x + y)$일 때
(a) $g(3, 1)$을 계산하라.
(b) g의 정의역을 구하고, 그려라.
(c) g의 치역을 구하라.

3. $F(x, y, z) = \sqrt{y} - \sqrt{x - 2z}$일 때
(a) $F(3, 4, 1)$을 구하라.
(b) F의 정의역을 구하고, 그려라.

4-8 다음 함수의 정의역을 구하고, 그려라.

4. $f(x, y) = \sqrt{x - 2} + \sqrt{y - 1}$

5. $q(x, y) = \sqrt{x} + \sqrt{4 - 4x^2 - y^2}$

6. $g(x, y) = \dfrac{x - y}{x + y}$ **7.** $p(x, y) = \dfrac{\sqrt{xy}}{x + 1}$

8. $f(x, y, z) = \sqrt{4 - x^2} + \sqrt{9 - y^2} + \sqrt{1 - z^2}$

9. 인체의 곡면 넓이에 대한 모형이 다음 함수로 주어진다.

$$S = f(w, h) = 0.0072 w^{0.425} h^{0.725}$$

여기서 w는 몸무게(kg)이고 h는 키(cm)이다. 그리고 S의 단위는 제곱미터(m^2)이다.
(a) $f(73, 178)$을 구하고 설명하라.
(b) 여러분의 곡면 넓이는 얼마인가?

10. 예제 3에서 함수 $W = f(T, v)$를 생각했다. 여기서 W는 한랭 바람지수, T는 실제온도, v는 풍속이다. 값은 표 1에 있다.
(a) $f(-15, 40)$의 값은 얼마인가? 이것은 무엇을 의미하는가?
(b) "$f(-20, v) = -30$일 때 v의 값이 얼마인가?"의 질문이 의미하는 바를 말로 설명하라. 질문에 답하라.
(c) "$f(T, 20) = -49$일 때 T의 값이 얼마인가?"의 질문이 의미하는 바를 말로 설명하라. 질문에 답하라.
(d) 함수 $W = f(-5, v)$가 의미하는 것은 무엇인가? 또한

이 함수의 자취를 설명하라.

(e) 함수 $W = f(T, 50)$이 의미하는 것은 무엇인가? 또한 이 함수의 자취를 설명하라.

11. 공해에서 파고 h는 바람의 속력 v와 바람이 그 속도로 불고 있는 시간 t의 길이에 달려 있다. 함수 $h = f(v, t)$의 값은 표 3에서 피트(ft)로 기록되어 있다.

(a) $f(80, 15)$의 값은? 이것의 의미는 무엇인가?

(b) 함수 $h = f(60, t)$의 의미는 무엇인가? 이 함수의 자취를 설명하라.

(c) 함수 $h = f(v, 30)$의 의미는 무엇인가? 이 함수의 자취를 설명하라.

표 3 풍속과 지속시간의 함수로서의 파고

지속시간(h)

v \ t	5	10	15	20	30	40	50
20	0.6	0.6	0.6	0.6	0.6	0.6	0.6
30	1.2	1.3	1.5	1.5	1.5	1.6	1.6
40	1.5	2.2	2.4	2.5	2.7	2.8	2.8
60	2.8	4.0	4.9	5.2	5.5	5.8	5.9
80	4.3	6.4	7.7	8.6	9.5	10.1	10.2
100	5.8	8.9	11.0	12.2	13.8	14.7	15.3
120	7.4	11.3	14.4	16.6	19.0	20.5	21.1

바람의 속력 (km/h)

12-16 다음 함수의 그래프를 그려라.

12. $f(x, y) = y$ **13.** $f(x, y) = 10 - 4x - 5y$

14. $f(x, y) = \sin x$ **15.** $f(x, y) = x^2 + 4y^2 + 1$

16. $f(x, y) = \sqrt{4 - 4x^2 - y^2}$

17. 다음 그림은 함수 f의 등고선 그림이다. 이를 이용해서 $f(-3, 3)$, $f(3, -2)$의 값을 추정하라. 그래프의 모양에 대해 어떻게 말할 수 있는가?

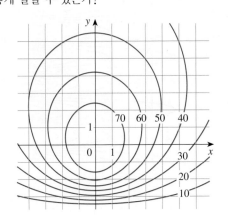

18. 다음 그림은 1998년 1년간 깊이와 시간의 함수로서 미네소타 주 롱레이크의 수온(℃)에 대한 등위곡선(등온선)이다. 깊이 10 m에서 6월 9일(160일)과 깊이 5 m에서 6월 29일(180일)의 호수의 온도를 추정하라.

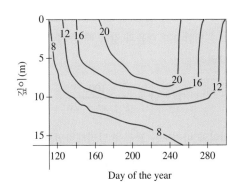

Day of the year

19. 그림 12에서 A, B 지점을 찾아라. A지역 근방과 B지역 근방에 대하여 설명하라.

20. 사람의 **신체질량지수(BMI)**는

$$B(m, h) = \frac{m}{h^2}$$

으로 정의된다[단, m은 몸무게(kg), h는 키(m)]. 등위곡선 $B(m, h) = 18.5$, $B(m, h) = 25$, $B(m, h) = 30$, $B(m, h) = 40$을 그려라. 대략적인 가이드라인은 BMI가 18.5 이하라면, 저체중; BMI가 18.5~25이면 정상; BMI가 25~30이면 과체중; BMI가 30을 초과하면 비만이라고 한다. 정상인 영역을 칠하라. 몸무게가 62 kg, 키 152 cm인 사람은 정상 영역에 속하는가?

21-22 함수 f의 등고선 그림이 아래 그림과 같을 때, f의 그래프를 대략적으로 그려라.

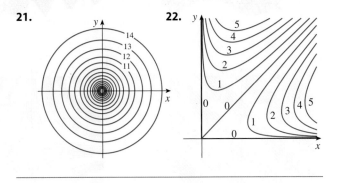

21. **22.**

23-26 등위곡선을 몇 개만 보여 다음 함수의 등고선 그림을 그려라.

23. $f(x, y) = x^2 - y^2$ **24.** $f(x, y) = \sqrt{x} + y$

25. $f(x, y) = ye^x$　　　　**26.** $f(x, y) = \sqrt[3]{x^2 + y^2}$

---

27. 함수 $f(x, y) = x^2 + 9y^2$의 그래프와 등고선 그림을 그리고, 비교하라.

28. xy평면에 놓여 있는 얇은 철판은 점 (x, y)에서 온도가 $T(x, y)$이다. 온도함수가 다음과 같을 때 등위곡선(등온선)을 몇 개만 그려라.

$$T(x, y) = \frac{100}{1 + x^2 + 2y^2}$$

29-30 정의역과 바라보는 관점을 달리해가면서 함수의 그래프를 그려라. 소프트웨어가 등위곡선을 그릴 수 있다면, 동일한 함수의 등위곡선을 그려서 그래프와 비교하라.

29. $f(x, y) = xy^2 - x^3$　(원숭이 안장)

30. $f(x, y) = e^{-(x^2+y^2)/3}(\sin(x^2) + \cos(y^2))$

31-33 다음 함수의 (a) 그래프(A~C)를 찾고 (b) 등고선 그림(I~III)을 찾으라. 그렇게 선택한 이유를 말하라.

31. $z = \sin(xy)$　　　　**32.** $z = \sin(x - y)$

33. $z = (1 - x^2)(1 - y^2)$

34-35 다음 함수의 등위곡면을 설명하라.

34. $f(x, y, z) = 2y - z + 1$

35. $g(x, y, z) = x^2 + y^2 - z^2$

---

36. f의 그래프로부터 g의 그래프를 얻는 방법을 설명하라.

　(a) $g(x, y) = f(x, y) + 2$
　(b) $g(x, y) = 2f(x, y)$
　(c) $g(x, y) = -f(x, y)$
　(d) $g(x, y) = 2 - f(x, y)$

37. 봉우리와 계곡이 잘 보이도록 정의역과 바라보는 관점을 달리해가면서 함수 $f(x, y) = 3x - x^4 - 4y^2 - 10xy$의 그래프를 그려라. 이 함수가 최댓값을 갖는다고 말할 수 있는가? 극대점이 될 것으로 생각되는 곡선 위의 점을 확인할 수 있는가? 극소점에 대해서 어떻게 말할 수 있는가?

38. 정의역과 바라보는 관점을 달리해가면서 함수 $f(x, y) = \dfrac{x + y}{x^2 + y}$의 그래프를 그려라. 함수의 극한 자취에 대해 설명하라. 변수 x, y가 점점 커지면 어떤 일이 일어나는가? (x, y)가 원점에 가까워지면 어떤 현상이 일어나는가?

39. $f(x, y) = e^{cx^2+y^2}$의 함수족을 조사하라. c값에 따라 함수의 모양이 어떻게 바뀌는가?

A
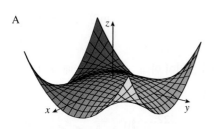

B
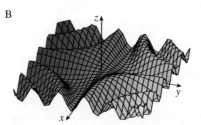

C
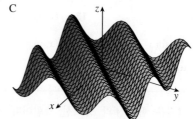

I
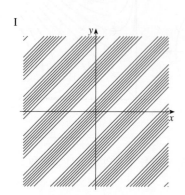

II
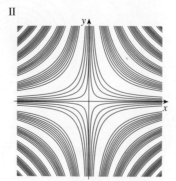

III
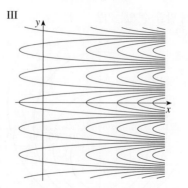

40. $z = x^2 + y^2 + cxy$의 곡면족을 조사하라. 특히 곡면이 이 $\boxed{T}$
차곡면의 형태 중 한 모양에서 다른 모양으로 바뀌는 순간
의 c의 값을 결정하라.

41. (a) 로그를 취해 일반적인 콥–더글러스 함수 $P = bL^{\alpha}K^{1-\alpha}$
가 다음과 같이 표현할 수 있음을 보여라.

$$\ln \frac{P}{K} = \ln b + \alpha \ln \frac{L}{K}$$

(b) $x = \ln(L/K)$, $y = \ln(P/K)$라 두면, (a)에서 주어진 방
정식은 선형방정식 $y = \alpha x + \ln b$가 된다. 예제 4의 표
3을 이용해서 1899~1922년에 대한 $\ln(L/K)$, $\ln(P/K)$
의 값에 대한 표를 만들라. 점 $(\ln(L/K), \ln(P/K))$를 지
나는 최소제곱 회귀직선을 구하라.

(c) 콥–더글러스 생산함수가 $P = 1.01L^{0.75}K^{0.25}$임을 유도
하라.

13.2 | 극한과 연속

■ 이변수함수의 극한

x, y가 모두 0으로 접근할 때[즉, 점 (x, y)가 원점으로 접근할 때] 다음 두 함수의 자
취를 비교해 보자.

$$f(x, y) = \frac{\sin(x^2 + y^2)}{x^2 + y^2}, \qquad g(x, y) = \frac{x^2 - y^2}{x^2 + y^2}$$

표 1과 2는 원점 부근의 점 (x, y)에 대해 $f(x, y)$와 $g(x, y)$의 값을 소수점 아래 셋째
자리까지 구한 것이다(두 함수가 원점에서는 정의되지 않음에 주목한다).

(x, y)가 $(0, 0)$에 가까이 갈 때 $f(x, y)$의 값은 1에 가까이 가는 반면, $g(x, y)$의 값
은 특정한 수에 접근하고 있지 않음을 알 수 있다. 수치적 근거에 기초한 이런 추측
은 사실로 판명되며, 다음과 같이 쓴다.

$$\lim_{(x, y) \to (0, 0)} \frac{\sin(x^2 + y^2)}{x^2 + y^2} = 1, \qquad \lim_{(x, y) \to (0, 0)} \frac{x^2 - y^2}{x^2 + y^2} \text{ 은 존재하지 않음}$$

일반적으로 점 (x, y)가 정의역 안에 있는 임의의 경로를 따라 점 (a, b)에 가까이

표 1 $f(x, y)$의 값

x\y	−1.0	−0.5	−0.2	0	0.2	0.5	1.0
−1.0	0.455	0.759	0.829	0.841	0.829	0.759	0.455
−0.5	0.759	0.959	0.986	0.990	0.986	0.959	0.759
−0.2	0.829	0.986	0.999	1.000	0.999	0.986	0.829
0	0.841	0.990	1.000		1.000	0.990	0.841
0.2	0.829	0.986	0.999	1.000	0.999	0.986	0.829
0.5	0.759	0.959	0.986	0.990	0.986	0.959	0.759
1.0	0.455	0.759	0.829	0.841	0.829	0.759	0.455

표 2 $g(x, y)$의 값

x\y	−1.0	−0.5	−0.2	0	0.2	0.5	1.0
−1.0	0.000	0.600	0.923	1.000	0.923	0.600	0.000
−0.5	−0.600	0.000	0.724	1.000	0.724	0.000	−0.600
−0.2	−0.923	−0.724	0.000	1.000	0.000	−0.724	−0.923
0	−1.000	−1.000	−1.000		−1.000	−1.000	−1.000
0.2	−0.923	−0.724	0.000	1.000	0.000	−0.724	−0.923
0.5	−0.600	0.000	0.724	1.000	0.724	0.000	−0.600
1.0	0.000	0.600	0.923	1.000	0.923	0.600	0.000

갈 때, $f(x, y)$의 값이 수 L에 가까이 간다는 것을 나타내기 위해 다음 기호를 이용한다.

$$\lim_{(x, y) \to (a, b)} f(x, y) = L$$

다시 말해서 점 (x, y)를 점 (a, b)와 같지는 않지만 충분히 가깝게 선택함으로써 $f(x, y)$의 값을 L에 원하는 만큼 가깝게 할 수 있는 것이다. 보다 엄밀한 정의는 다음과 같다.

---

1 **정의** f를 이변수함수라 하고 그 정의역 D는 점 (a, b)에 가까이 있는 점들을 포함한다고 하자. 임의의 $\varepsilon > 0$에 대해 $(x, y) \in D$이고 $0 < \sqrt{(x - a)^2 + (y - b)^2} < \delta$일 때 $|f(x, y) - L| < \varepsilon$이 성립하는 $\delta > 0$이 존재할 때, 다음과 같이 쓰고 (x, y)가 (a, b)에 접근할 때 $f(x, y)$의 극한은 L이라고 한다.

$$\lim_{(x, y) \to (a, b)} f(x, y) = L$$

정의 **1**의 극한에 대해 다음과 같은 다른 표기법이 있다.

$$\lim_{\substack{x \to a \\ y \to b}} f(x, y) = L, \quad (x, y) \to (a, b) \text{일 때 } f(x, y) \to L$$

$|f(x, y) - L|$은 수 $f(x, y)$와 L 사이의 거리이고 $\sqrt{(x - a)^2 + (y - b)^2}$은 점 (x, y)와 점 (a, b) 사이의 거리이므로, 정리 **1**은 (x, y)에서 (a, b)까지의 거리를 (0은 아니지만) 충분히 작게 함으로써 $f(x, y)$와 L 사이의 거리를 충분히 작게 할 수 있음을 말한다. (1.7절의 정의 **2**인 단일변수함수에 대한 극한의 정의와 비교하라.) 그림 1은 정의 **1**을 화살표 그림으로 설명한 것이다. L 부근에 임의로 작은 구간 $(L - \varepsilon, L + \varepsilon)$이 주어지면, 중심이 (a, b)이고, 반지름이 $\delta > 0$인 원판 D_δ를 찾을 수 있고, 이때 f는 D_δ에 속한 모든 점[(a, b)는 제외 가능]을 구간 $(L - \varepsilon, L + \varepsilon)$ 안의 점들에 대응시킨다.

정의 **1**을 그림 2에서처럼 설명할 수 있다. 여기서 곡면 S는 f의 그래프이다. $\varepsilon > 0$이 주어지면 $(x, y) \neq (a, b)$이며 (x, y)를 원판 D_δ 안의 점으로 제한할 때 D_δ

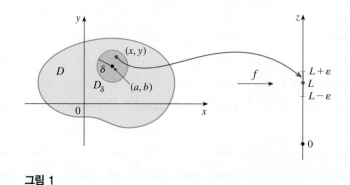

그림 1

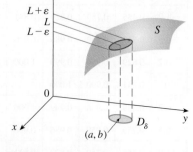

그림 2

에 대응하는 S의 부분이 수평면 $z = L - \varepsilon$과 $z = L + \varepsilon$ 사이에 놓이도록 하는 양수 $\delta > 0$을 찾아낼 수 있음을 뜻한다.

■ 극한이 존재하지 않음을 보이다

일변수함수에서 x가 a에 접근할 때에는 단지 두 방향, 즉 왼쪽 또는 오른쪽에서만 접근한다. $\lim_{x \to a^-} f(x) \neq \lim_{x \to a^+} f(x)$이면 $\lim_{x \to a} f(x)$는 존재하지 않는다는 것을 1장으로부터 알고 있다.

이변수함수에서는 그 상황이 단순하지 않다. 왜냐하면 (x, y)가 f의 정의역에 있는 한, 무수히 많은 방향과 방법으로 (a, b)로 접근할 수 있기 때문이다(그림 3 참조).

정의 $\boxed{1}$은 (x, y)에서 (a, b)까지의 거리를(0은 아니지만) 충분히 작게 함으로써 $f(x, y)$와 L 사이의 거리를 임의로 작게 할 수 있음을 말한다. 정의 $\boxed{1}$은 단지 (x, y)와 (a, b) 사이의 **거리**만을 이야기하는 것이지, 접근하는 방향을 이야기하는 것이 아니다. 따라서 극한이 존재하면, (x, y)를 (a, b)에 접근시키는 방법과 상관없이 $f(x, y)$는 같은 극한을 가져야 한다. 그러므로 $f(x, y)$가 다른 극한을 가지는 다른 경로를 찾을 수 있다면 $\lim_{(x, y) \to (a, b)} f(x, y)$는 존재하지 않는다.

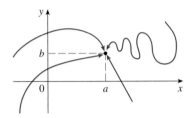

그림 3 (a, b)로 접근하는 다른 경로들

경로 C_1을 따라 $(x, y) \to (a, b)$일 때 $f(x, y) \to L_1$이고 경로 C_2를 따라 $(x, y) \to (a, b)$일 때 $f(x, y) \to L_2$이고 $L_1 \neq L_2$이면 $\lim_{(x, y) \to (a, b)} f(x, y)$는 존재하지 않는다.

《예제 1》 $\lim_{(x, y) \to (0, 0)} \dfrac{x^2 - y^2}{x^2 + y^2}$ 이 존재하지 않음을 보여라.

풀이 $f(x, y) = (x^2 - y^2)/(x^2 + y^2)$이라 하자. 먼저 x축을 따라 $(0, 0)$에 접근해 보자. 이 경로에서 모든 (x, y)에 대해 $y = 0$이므로 $x \neq 0$인 모든 x에서 $f(x, 0) = x^2/x^2 = 1$이다. 따라서 다음과 같다.

$$x\text{축을 따라 } (x, y) \to (0, 0)\text{이면} \quad f(x, y) \to 1$$

이제 $x = 0$으로 놓고 y축을 따라 접근해 보자. 그러면 $y \neq 0$인 모든 y에 대해 $f(0, y) = \dfrac{-y^2}{y^2} = -1$이다. 따라서 다음과 같다(그림 4 참조).

$$y\text{축을 따라 } (x, y) \to (0, 0)\text{이면} \quad f(x, y) \to -1$$

서로 다른 두 직선을 따라 (x, y)가 $(0, 0)$에 접근함에 따라 f가 다른 극한을 가지므로 주어진 극한은 존재하지 않는다(이 사실은 이 절의 도입부에서 수치적 근거에 기초한 추측을 확인해 준다). ■

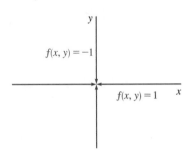

그림 4

《예제 2》 $f(x, y) = \dfrac{xy}{x^2 + y^2}$ 일 때 $\lim_{(x, y) \to (0, 0)} f(x, y)$는 존재하는가?

풀이 $y = 0$이면 $f(x, 0) = 0/x^2 = 0$이다. 따라서 다음과 같다.

x축을 따라 $(x, y) \to (0, 0)$이면 $f(x, y) \to 0$

$x = 0$일 때 $f(0, y) = 0/y^2 = 0$이다. 따라서 다음을 얻는다.

y축을 따라 $(x, y) \to (0, 0)$이면 $f(x, y) \to 0$

두 좌표축을 따라 동일한 극한을 얻지만, 주어진 극한이 0이라는 것은 아니다. 또 다른 직선인 $y = x$를 따라 $(0, 0)$으로 접근해 보자. 모든 $x \neq 0$에 대해 다음을 얻는다.

$$f(x, x) = \frac{x^2}{x^2 + x^2} = \frac{1}{2}$$

그러므로 다음과 같다(그림 5 참조).

직선 $y = x$를 따라 $(x, y) \to (0, 0)$이면 $f(x, y) \to \frac{1}{2}$

다른 접근 경로에 따라 다른 극한을 가지므로, 주어진 극한은 존재하지 않는다. ■

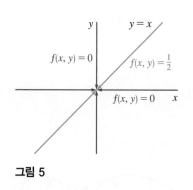

그림 5

그림 6은 예제 2를 해결하는 데 도움이 된다. 직선 $y = x$에 나타나는 능선은 원점을 제외한 그 직선에 있는 모든 점 (x, y)에서 $f(x, y) = \frac{1}{2}$이라는 사실과 일치한다.

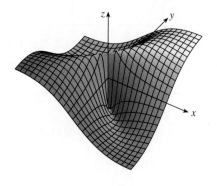

그림 6 $f(x, y) = \dfrac{xy}{x^2 + y^2}$

《예제 3》 $f(x, y) = \dfrac{xy^2}{x^2 + y^4}$일 때 $\displaystyle\lim_{(x, y) \to (0, 0)} f(x, y)$는 존재하는가?

풀이 예제 2의 풀이를 참조해서 원점을 지나가는 임의의 직선을 따라 $(x, y) \to (0, 0)$이라 놓음으로써 시간을 절약하자. 직선이 y축이 아니면 $y = mx(m$은 기울기)이고 다음과 같다.

$$f(x, y) = f(x, mx) = \frac{x(mx)^2}{x^2 + (mx)^4} = \frac{m^2 x^3}{x^2 + m^4 x^4} = \frac{m^2 x}{1 + m^4 x^2}$$

따라서 다음과 같다.

$y = mx$를 따라 $(x, y) \to (0, 0)$이면 $f(x, y) \to 0$

직선 $x = 0$을 따라 $(x, y) \to (0, 0)$으로 접근할 때도 같은 결과를 얻을 수 있다. 그러므로 f는 원점을 지나는 모든 직선을 따라 같은 극한을 갖는다. 그러나 그것이 주어진 극한이 0임을 보여주는 것은 아니다. 왜냐하면 포물선 $x = y^2$을 따라 $(x, y) \to (0, 0)$이면 다음과 같다.

그림 7은 예제 3의 함수의 그래프를 나타낸다. 포물선 $x = y^2$ 위로 능선을 이루고 있음에 유의하자.

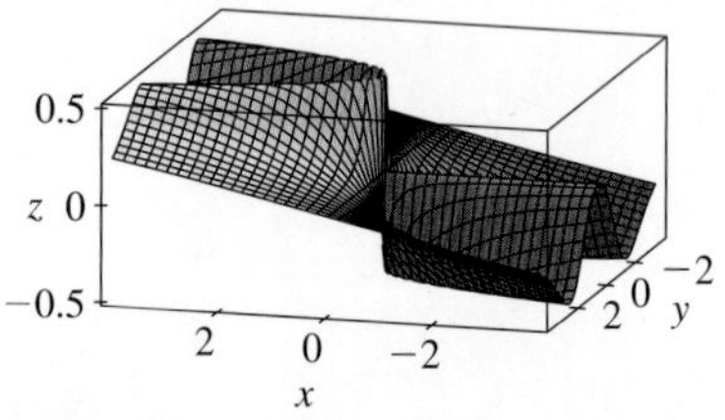

그림 7

$$f(x, y) = f(y^2, y) = \frac{y^2 \cdot y^2}{(y^2)^2 + y^4} = \frac{y^4}{2y^4} = \frac{1}{2}$$

그러므로　　　$x = y^2$을 따라 $(x, y) \to (0, 0)$이면 $f(x, y) \to \frac{1}{2}$

다른 경로를 따라 다른 극한을 가지므로, 주어진 극한은 존재하지 않는다.　■

■ 극한의 성질

일변수함수일 때처럼, 이변수함수의 극한의 계산도 극한의 성질들을 사용하면 굉장히 간단하게 할 수 있다. 1.6절에서의 극한의 법칙들을 이변수함수일 때도 확장할 수 있다. 극한값이 존재한다는 가정하에, 다음 법칙들이 성립한다.

1. 합의 극한은 극한들의 합이다.　　　　　　　　　　합의 법칙
2. 차의 극한은 극한들의 차이다.　　　　　　　　　　차의 법칙
3. 함수의 상수배의 극한은 그 함수의 극한의 상수배이다.　상수곱의 곱
4. 곱의 극한은 극한들의 곱이다.　　　　　　　　　　곱의 법칙
5. 몫의 극한은 극한의 몫이다(분모의 극한이 0이 아닐 때).　몫의 법칙

다음 성질은 쉽게 증명할 수 있다.

[2]　　　$\lim\limits_{(x, y) \to (a, b)} x = a$,　　$\lim\limits_{(x, y) \to (a, b)} y = b$,　　$\lim\limits_{(x, y) \to (a, b)} c = c$

이변수다항함수(polynomial function)(간단히 다항식)는 $cx^m y^n$ 형태의 항들의 합이다. 여기서 c는 상수이고, m과 n은 음이 아닌 정수이다. **유리함수**(rational function)는 다항함수의 비이다. 예를 들어 다음은 다항함수이다.

$$p(x, y) = x^4 + 5x^3 y^2 + 6xy^4 - 7y + 6$$

반면 다음은 유리함수이다.

$$q(x, y) = \frac{2xy + 1}{x^2 + y^2}$$

극한 법칙과 증명 [2]의 특별한 극한을 이용해서 다음과 같이 직접 대입하여 임의의 다항식의 극한을 계산할 수 있다.

[3]　　　　　$\lim\limits_{(x, y) \to (a, b)} p(x, y) = p(a, b)$

마찬가지로 유리함수 $q(x, y) = p(x, y)/r(x, y)$에 대해 (a, b)가 q의 정의역 안에 있다면 다음과 같다.

[4]　　　$\lim\limits_{(x, y) \to (a, b)} q(x, y) = \lim\limits_{(x, y) \to (a, b)} \frac{p(x, y)}{r(x, y)} = \frac{p(a, b)}{r(a, b)} = q(a, b)$

《예제 4》 $\lim\limits_{(x,\,y)\to(1,\,2)} (x^2y^3 - x^3y^2 + 3x + 2y)$를 구하라.

풀이 $f(x, y) = x^2y^3 - x^3y^2 + 3x + 2y$는 다항식이기 때문에, 직접 대입해서 극한값을 구할 수 있다.

$$\lim\limits_{(x,\,y)\to(1,\,2)} (x^2y^3 - x^3y^2 + 3x + 2y) = 1^2 \cdot 2^3 - 1^3 \cdot 2^2 + 3 \cdot 1 + 2 \cdot 2 = 11 \quad \blacksquare$$

《예제 5》 $\lim\limits_{(x,\,y)\to(-2,\,3)} \dfrac{x^2y + 1}{x^3y^2 - 2x}$이 존재하면 구하라.

풀이 $f(x, y) = (x^2y + 1)/(x^3y^2 - 2x)$는 유리함수이고, $(-2, 3)$이 정의역 안에 있으므로(이곳에서 분모가 0이 아니다) 직접 대입해서 극한을 구할 수 있다.

$$\lim\limits_{(x,\,y)\to(-2,\,3)} \dfrac{x^2y + 1}{x^3y^2 - 2x} = \dfrac{(-2)^2(3) + 1}{(-2)^3(3)^2 - 2(-2)} = -\dfrac{13}{68} \quad \blacksquare$$

《예제 6》 $\lim\limits_{(x,\,y)\to(0,\,0)} \dfrac{3x^2y}{x^2 + y^2}$가 존재하면 구하라.

풀이 1 예제 3에서처럼 원점을 지나는 임의의 직선을 따라 극한은 0임을 보일 수 있다. 이것이 주어진 극한이 0임을 증명하는 것은 아니다. 그러나 포물선 $y = x^2$과 $x = y^2$에 따른 극한도 0이다. 따라서 극한은 존재하고 이를 0으로 추측할 수 있다.

임의의 $\varepsilon > 0$에 대해 다음 조건을 만족하는 $\delta > 0$을 찾아보자.

$$0 < \sqrt{x^2 + y^2} < \delta \text{이면} \quad \left| \dfrac{3x^2y}{x^2 + y^2} - 0 \right| < \varepsilon$$

즉 $$0 < \sqrt{x^2 + y^2} < \delta \text{이면} \quad \dfrac{3x^2|y|}{x^2 + y^2} < \varepsilon$$

그런데 $y^2 \geq 0$이므로 $x^2 \leq x^2 + y^2$이고, 따라서 $x^2/(x^2 + y^2) \leq 1$이다. 그러므로 다음을 얻는다.

$$\boxed{5} \qquad \dfrac{3x^2|y|}{x^2 + y^2} \leq 3|y| = 3\sqrt{y^2} \leq 3\sqrt{x^2 + y^2}$$

$\delta = \varepsilon/3$으로 택하고 $0 < \sqrt{x^2 + y^2} < \delta$라 하면 다음과 같다.

$$\left| \dfrac{3x^2y}{x^2 + y^2} - 0 \right| \leq 3\sqrt{x^2 + y^2} < 3\delta = 3\left(\dfrac{\varepsilon}{3}\right) = \varepsilon$$

그러므로 정의 $\boxed{1}$에 따라 다음을 얻는다.

$$\lim\limits_{(x,\,y)\to(0,\,0)} \dfrac{3x^2y}{x^2 + y^2} = 0$$

풀이 2 풀이 1에서와 같이 다음을 얻는다.

$$\left| \frac{3x^2 y}{x^2 + y^2} \right| = \frac{3x^2 |y|}{x^2 + y^2} \le 3|y|$$

$$-3|y| \le \frac{3x^2 y}{x^2 + y^2} \le 3|y|$$

$y \to 0$이면 $|y| \to 0$이고 따라서 $\lim\limits_{(x,\,y) \to (0,\,0)} \left(-3|y| \right) = 0$, $\lim\limits_{(x,\,y) \to (0,\,0)} \left(3|y| \right) = 0$이다(극한 법칙 3을 이용). 압축정리에 의해 다음을 얻는다.

$$\lim\limits_{(x,\,y) \to (0,\,0)} \frac{3x^2 y}{x^2 + y^2} = 0 \qquad\blacksquare$$

■ 연속

일변수 **연속**함수의 극한은 계산하기 쉽다는 것을 상기하자. 연속함수를 정의하는 성질은 $\lim\limits_{x \to a} f(x) = f(a)$이므로 이는 직접 값을 대입해서 계산할 수 있다. 이변수함수의 연속성도 역시 직접 대입 성질로 정의된다.

---

6 정의 이변수함수 f에 대해 다음이 성립하면, f는 (a, b)**에서 연속**이라고 한다.

$$\lim\limits_{(x,\,y) \to (a,\,b)} f(x, y) = f(a, b)$$

D에 속하는 모든 점 (a, b)에서 f가 연속이면, f는 **영역 D에서 연속**이라고 한다.

연속의 직관적인 뜻은 점 (x, y)가 조금 변하면 $f(x, y)$의 값도 조금 변한다는 것이다. 이것은 연속함수의 그래프인 곡면은 구멍이나 갈라진 틈이 없다는 뜻이다.

다항식의 극한은 직접 대입해서 계산할 수 있다는 것을 알았다(식 **3**). 그리고 **모든 다항식은 $\mathbb{R}^2$ 위에서 연속**임을 연속의 정의에서 알 수 있다. 마찬가지로 식 **4**에서 임의의 유리함수는 그 **정의역 위에서 연속**임을 보여준다. 일반적으로, 극한의 성질을 이용해서 연속함수들의 합, 차, 곱, 몫들은 연속임을 알 수 있다.

《예제 7》 함수 $f(x, y) = \dfrac{x^2 - y^2}{x^2 + y^2}$ 은 어디에서 연속인가?

풀이 함수 f는 $(0, 0)$에서 불연속이다. 왜냐하면 그 점에서 정의되지 않기 때문이다. f는 유리함수이므로, 정의역 $D = \{(x, y) \mid (x, y) \ne (0, 0)\}$에서 연속이다. $\qquad\blacksquare$

《예제 8》 함수

$$g(x, y) = \begin{cases} \dfrac{x^2 - y^2}{x^2 + y^2}, & (x, y) \ne (0, 0) \\[2mm] 0, & (x, y) = (0, 0) \end{cases}$$

에 대해 g가 $(0, 0)$에서 정의되지만 $\displaystyle\lim_{(x,\,y)\to(0,\,0)} g(x, y)$가 존재하지 않으므로 여전히 불연속이다(예제 1 참조). ∎

그림 8은 예제 9의 연속함수의 그래프이다.

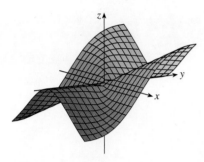

그림 8

《 **예제 9** 》 다음 함수를 정의하자.

$$f(x, y) = \begin{cases} \dfrac{3x^2 y}{x^2 + y^2}, & (x, y) \neq (0, 0) \\ 0, & (x, y) = (0, 0) \end{cases}$$

f가 유리함수이므로 $(x, y) \neq (0, 0)$일 때 f가 연속인 것을 알고 있다. 또한 예제 6으로부터 다음을 얻는다.

$$\lim_{(x,\,y)\to(0,\,0)} f(x, y) = \lim_{(x,\,y)\to(0,\,0)} \frac{3x^2 y}{x^2 + y^2} = 0 = f(0, 0)$$

그러므로 f는 $(0, 0)$에서 연속이고, 따라서 $\mathbb{R}^2$에서 연속이다. ∎

일변수함수에서와 같이 두 연속함수를 결합해서 새로운 함수를 얻는 또 다른 방법이 합성이다. f가 연속인 이변수함수이고, g는 f의 치역에서 정의된 연속인 일변수함수이면, $h(x, y) = g(f(x, y))$로 정의된 합성함수 $h = g \circ f$는 역시 연속임을 보일 수 있다.

《 **예제 10** 》 함수 $h(x, y) = e^{-(x^2+y^2)}$은 어디에서 연속인가?

풀이 $f(x, y) = x^2 + y^2$은 다항함수이므로 $\mathbb{R}^2$에서 연속이다. 함수 $g(t) = e^{-t}$는 모든 t에서 연속이다. 그러므로 합성함수 $h(x, y) = g(f(x, y)) = e^{-(x^2+y^2)}$은 $\mathbb{R}^2$에서 연속이다. h의 그래프는 그림 9와 같다.

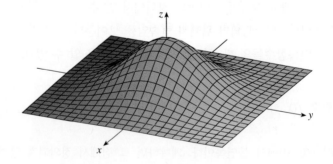

그림 9 함수 $h(x, y) = e^{-(x^2+y^2)}$는 모든 점에서 연속이다.

∎

《 **예제 11** 》 함수 $h(x, y) = \arctan(y/x)$는 어디에서 연속인가?

풀이 $f(x, y) = y/x$는 유리함수이므로 직선 $x = 0$을 제외한 영역에서 연속이다. 그리고 함수 $g(t) = \arctan t$는 모든 곳에서 연속이다. 그러므로 다음과 같은 합성함수는 $x = 0$을 제외하고 연속이다.

$$g(f(x, y)) = \arctan(y/x) = h(x, y)$$

그림 10의 그래프는 h의 그래프가 y축 위의 부분에서 단절되어 있음을 보여 준다. ▪

■ 삼변수 이상의 함수

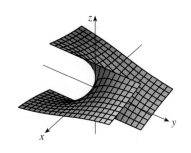

그림 10 함수 $h(x, y) = \arctan(y/x)$는 $x = 0$에서 불연속이다.

이 절에서 논의된 모든 것들이 삼변수 이상의 함수로 확장할 수 있다. 다음 기호는 점 (x, y, z)가 (f의 정의역에 있는) 점 (a, b, c)로 접근할 때 $f(x, y, z)$의 값이 수 L에 접근함을 의미한다.

$$\lim_{(x, y, z) \to (a, b, c)} f(x, y, z) = L$$

$\mathbb{R}^3$에서 두 점 (x, y, z)와 (a, b, c) 사이의 거리는 $\sqrt{(x - a)^2 + (y - b)^2 + (z - c)^2}$으로 주어지기 때문에 엄밀한 정의는 다음과 같이 쓸 수 있다. 즉, 임의의 $\varepsilon > 0$에 대해 $0 < \sqrt{(x - a)^2 + (y - b)^2 + (z - c)^2} < \delta$이고, (x, y, z)가 f의 정의역에 있으면 다음을 만족하는 $\delta > 0$이 존재한다.

$$|f(x, y, z) - L| < \varepsilon$$

다음을 만족하면 함수 f는 (a, b, c)에서 **연속**(continuous)이다.

$$\lim_{(x, y, z) \to (a, b, c)} f(x, y, z) = f(a, b, c)$$

예를 들어 다음 함수는 삼변수 유리함수이다.

$$f(x, y, z) = \frac{1}{x^2 + y^2 + z^2 - 1}$$

또한 $x^2 + y^2 + z^2 = 1$을 제외한 $\mathbb{R}^3$의 모든 점에서 연속이다. 다시 말하면 중심이 원점이고 반지름이 1인 구면에서 불연속이다.

13.1절 끝부분에 소개된 벡터 기호를 이용하면, 이변수 또는 삼변수 이상 함수에 대한 극한의 정의는 다음과 같이 간단히 쓸 수 있다.

---

7 f가 $\mathbb{R}^n$의 부분집합 D에서 정의될 때 $\lim_{\mathbf{x} \to \mathbf{a}} f(\mathbf{x}) = L$은 다음을 의미한다. 임의의 양수 $\varepsilon > 0$에 대해 다음이 성립하는 $\delta > 0$이 존재한다.

$$\mathbf{x} \in D \text{이고 } 0 < |\mathbf{x} - \mathbf{a}| < \delta \text{이면 } |f(\mathbf{x}) - L| < \varepsilon$$

$n = 1$인 경우 $\mathbf{x} = x$, $\mathbf{a} = a$이고 정의 **7**은 일변수함수에 대한 극한의 정의가 되는 것에 주목하자(2.4절의 정의 **2**). $n = 2$인 경우에 $\mathbf{x} = \langle x, y \rangle$, $\mathbf{a} = \langle a, b \rangle$, $|\mathbf{x} - \mathbf{a}| = \sqrt{(x - a)^2 + (y - b)^2}$이고, 정의 **7**은 정의 **1**이 된다. $n = 3$이면 $\mathbf{x} = \langle x, y, z \rangle$, $\mathbf{a} = \langle a, b, c \rangle$이고 정의 **7**은 삼변수함수의 극한 정의가 된다. 각 경우에서 연속의 정의는 다음과 같이 쓸 수 있다.

$$\lim_{\mathbf{x} \to \mathbf{a}} f(\mathbf{x}) = f(\mathbf{a})$$

13.2 | 연습문제

1. $\lim\limits_{(x,\,y)\to(3,1)} f(x,\,y) = 6$ 이라 가정하면, $f(3,\,1)$의 값에 대해 어떻게 말할 수 있는가? f는 연속인가?

2. 원점 부근의 $(x,\,y)$에 대한 다음 $f(x,\,y)$의 수값들의 표를 이용해서 $(x,\,y) \to (0,\,0)$일 때 $f(x,\,y)$의 극한값을 추론하라. 그 예측이 옳은 이유를 설명하라.

$$f(x,\,y) = \frac{x^2y^3 + x^3y^2 - 5}{2 - xy}$$

3-6 다음 극한을 구하라.

3. $\lim\limits_{(x,\,y)\to(3,\,2)} (x^2y^3 - 4y^2)$ **4.** $\lim\limits_{(x,\,y)\to(-3,\,1)} \dfrac{x^2y - xy^3}{x - y + 2}$

5. $\lim\limits_{(x,\,y)\to(\pi,\,\pi/2)} y\sin(x - y)$ **6.** $\lim\limits_{(x,\,y)\to(1,\,1)} \left(\dfrac{x^2y^3 - x^3y^2}{x^2 - y^2} \right)$

7-9 극한값이 존재하지 않음을 보여라.

7. $\lim\limits_{(x,\,y)\to(0,\,0)} \dfrac{y^2}{x^2 + y^2}$ **8.** $\lim\limits_{(x,\,y)\to(0,\,0)} \dfrac{(x + y)^2}{x^2 + y^2}$

9. $\lim\limits_{(x,\,y)\to(0,\,0)} \dfrac{y^2\sin^2 x}{x^4 + y^4}$

10-15 극한이 존재하면 다음 극한을 구하거나 존재하지 않음을 보여라.

10. $\lim\limits_{(x,\,y)\to(-1,\,-2)} (x^2y - xy^2 + 3)^3$

11. $\lim\limits_{(x,\,y)\to(2,\,3)} \dfrac{3x - 2y}{4x^2 - y^2}$

12. $\lim\limits_{(x,\,y)\to(0,\,0)} \dfrac{xy^2\cos y}{x^2 + y^4}$

13. $\lim\limits_{(x,\,y)\to(0,\,0)} \dfrac{x^2 + y^2}{\sqrt{x^2 + y^2 + 1} - 1}$

14. $\lim\limits_{(x,\,y,\,z)\to(6,\,1,\,-2)} \sqrt{x + z}\,\cos(\pi y)$

15. $\lim\limits_{(x,\,y,\,z)\to(0,\,0,\,0)} \dfrac{xy + yz^2 + xz^2}{x^2 + y^2 + z^4}$

16-17 압축 정리를 이용하여 극한값을 구하라.

16. $\lim\limits_{(x,\,y)\to(0,\,0)} xy\sin\dfrac{1}{x^2 + y^2}$

17. $\lim\limits_{(x,\,y)\to(0,\,0)} \dfrac{xy^4}{x^4 + y^4}$

18. 함수의 그래프를 이용하여 다음 극한이 존재하지 않는 이유를 설명하라.

$$\lim\limits_{(x,\,y)\to(0,\,0)} \frac{2x^2 + 3xy + 4y^2}{3x^2 + 5y^2}$$

19. $h(x,\,y) = g(f(x,\,y))$를 구하고 h가 연속인 점들의 집합을 구하라.

$$g(t) = t^2 + \sqrt{t}\,, \quad f(x,\,y) = 2x + 3y - 6$$

20. 함수 $f(x,\,y) = e^{1/(x-y)}$의 그래프를 그리고 불연속인 곳을 관찰하라. 공식을 이용해서 관찰한 것을 설명하라.

21-25 함수가 연속인 점들의 집합을 결정하라.

21. $F(x,\,y) = \dfrac{xy}{1 + e^{x-y}}$

22. $F(x,\,y) = \dfrac{1 + x^2 + y^2}{1 - x^2 - y^2}$

23. $G(x,\,y) = \sqrt{x} + \sqrt{1 - x^2 - y^2}$

24. $f(x,\,y,\,z) = \arcsin(x^2 + y^2 + z^2)$

25. $f(x,\,y) = \begin{cases} \dfrac{x^2y^3}{2x^2 + y^2}, & (x,\,y) \neq (0,\,0) \\ 1, & (x,\,y) = (0,\,0) \end{cases}$

26-27 극좌표를 이용해서 극한을 구하라. $[\,r \geq 0$이고 $(r,\,\theta)$가 점 $(x,\,y)$의 극좌표라면 $(x,\,y) \to (0,\,0)$일 때 $r \to 0^+$이다.$]$

26. $\lim\limits_{(x,\,y)\to(0,\,0)} \dfrac{x^3 + y^3}{x^2 + y^2}$ **27.** $\lim\limits_{(x,\,y)\to(0,\,0)} \dfrac{e^{-x^2-y^2} - 1}{x^2 + y^2}$

28. 이 절의 앞부분에서 다음 함수를 생각했다.

$$f(x,\,y) = \frac{\sin(x^2 + y^2)}{x^2 + y^2}$$

그리고 $(x,\,y) \to (0,\,0)$일 때 수치적 근거에 기초해서 $f(x,\,y) \to 1$임을 추측했다. 극좌표를 이용해서 극한값을 확인하고 함수의 그래프를 그려라.

29. $f(x,\,y) = \begin{cases} 0, & y \leq 0 \ \text{또는} \ y \geq x^4 \\ 1, & 0 < y < x^4 \end{cases}$

(a) $y = mx^a\,(0 < a < 4)$ 형태로 $(0,\,0)$을 지나는 임의의 경로를 따라서 $(x,\,y) \to (0,\,0)$일 때, $f(x,\,y) \to 0$임을 보여라.

(b) (a)임에도 불구하고 f가 (0, 0)에서 불연속임을 보여라.

(c) 두 개의 곡선 전체에서 f가 불연속임을 보여라.

30. $c \in V_n$일 때, 함수 $f(\mathbf{x}) = \mathbf{c} \cdot \mathbf{x}$는 $\mathbb{R}^n$ 위에서 연속임을 보여라.

13.3 | 편도함수

■ 이변수함수의 편미분계수

더운 날 습도가 매우 높으면 실제보다 온도가 더 높게 느껴지고, 반면 공기가 매우 건조하면 실제보다 온도가 더 낮게 느껴진다. 미국 기상청은 온도와 습도의 결합 효과를 설명하기 위해 열지수(다른 나라에서는 온습지수 또는 불쾌지수라 한다)라는 용어를 고안했다. 열지수 I는 온도와 인간 사이에 결부된 영향을 설명하며, 실제온도 T이고 상대습도가 H일 때 느껴지는 온도를 나타낸다. 그러므로 I는 T와 H에 관한 함수가 되고, $I = f(T, H)$로 쓸 수 있다. 다음 I값의 표는 기상청에서 발간한 표에서 발췌했다.

표 1 온도와 습도의 함수로서 열지수 I

상대습도(%)

T＼H	40	45	50	55	60	65	70	75	80
26	28	28	29	31	31	32	33	34	35
28	31	32	33	34	35	36	37	38	39
30	34	35	36	37	38	40	41	42	43
32	37	38	39	41	42	43	45	46	47
34	41	42	43	45	47	48	49	51	52
36	43	45	47	48	50	51	53	54	56

(실제온도(℃))

상대습도 $H = 60\%$에 대한 표의 세로줄(열)에 주목하면, 열지수함수 I는 고정 값 H에 대해 T만의 일변수함수로 간주할 수 있다. $g(T) = f(T, 60)$으로 놓으면, $g(T)$는 상대습도가 60%일 때 실제온도 T가 증가함에 따라 열지수가 어떻게 증가하는가를 설명한다. $T = 30℃$일 때 g의 도함수는 다음과 같이 $T = 30℃$일 때 T에 관한 I의 변화율이다.

$$g'(30) = \lim_{h \to 0} \frac{g(30 + h) - g(30)}{h} = \lim_{h \to 0} \frac{f(30 + h, 60) - f(30, 60)}{h}$$

$h = 2$와 -2를 택하고 표 1의 값들을 이용해서 다음과 같이 근삿값 $g'(30)$을 계산할 수 있다.

$$g'(30) \approx \frac{g(32) - g(30)}{2} = \frac{f(32, 60) - f(30, 60)}{2} = \frac{42 - 38}{2} = 2$$

$$g'(30) \approx \frac{g(28) - g(30)}{-2} = \frac{f(28, 60) - f(30, 60)}{-2} = \frac{35 - 38}{-2} = 1.5$$

이 값들을 평균해서 미분계수 $g'(30)$은 근사적으로 1.75라고 할 수 있다. 이것은 상대습도가 60%이고 실제온도가 30℃일 때, 실제온도가 1℃ 증가할 때마다 겉보기 온도(열지수)는 1.75℃ 증가한다는 것을 의미한다!

다음으로 실제온도 $T = 30℃$에 대한 표 1의 가로줄(행)에 주목해서 생각하자. 이 행에 있는 수들은 함수 $G(H) = f(30, H)$는 $T = 30℃$일 때 상대습도 H가 증가함에 따라 열지수가 어떻게 증가하는가를 나타낸다. $H = 60%$일 때 G의 미분계수는 $H = 60%$일 때 H에 관한 I의 변화율을 나타낸다.

$$G'(60) = \lim_{h \to 0} \frac{G(60 + h) - G(60)}{h} = \lim_{h \to 0} \frac{f(30, 60 + h) - f(30, 60)}{h}$$

$h = 5$와 -5를 선택하면, 표로부터 $G'(60)$의 근삿값을 다음과 같이 얻는다.

$$G'(60) \approx \frac{G(65) - G(60)}{5} = \frac{f(30, 65) - f(30, 60)}{5} = \frac{42 - 38}{5} = 0.4$$

$$G'(60) \approx \frac{G(55) - G(60)}{-5} = \frac{f(30, 55) - f(30, 60)}{-5} = \frac{37 - 38}{-5} = 0.2$$

이들 값을 평균하면 추정값 $G'(60) \approx 0.3$을 얻는다. 이것은 온도가 30℃이고 상대습도가 60%일 때, 상대습도가 1% 증가할 때마다 열지수가 약 0.3℃ 증가한다는 것을 의미한다.

일반적으로 f가 두 변수 x, y의 함수일 때, 예를 들어 $y = b$(b는 상수)로 y를 고정하고 x만 변한다고 가정하자. 그러면 일변수 x만의 함수인 $g(x) = f(x, b)$를 생각할 수 있다. g가 a에서 미분계수를 가지면, 그것을 (a, b)에서 x에 관한 f의 **편미분계수**라고 하고, 기호 $f_x(a, b)$로 나타낸다. 그러므로 다음과 같다.

$$\boxed{1} \qquad \boxed{g(x) = f(x, b)\text{인 경우}\quad f_x(a, b) = g'(a)}$$

미분계수의 정의에 따라 다음을 알고 있다.

$$g'(a) = \lim_{h \to 0} \frac{g(a + h) - g(a)}{h}$$

따라서 식 $\boxed{1}$은 다음과 같다.

$$\boxed{2} \qquad \boxed{f_x(a, b) = \lim_{h \to 0} \frac{f(a + h, b) - f(a, b)}{h}}$$

이와 마찬가지로 (a, b)에서 y에 관한 f의 **편미분계수** $f_y(a, b)$는 x를 $x = a$로 고정

시키고 함수 $G(y) = f(a, y)$의 b에서의 미분계수를 구함으로써 다음과 같이 얻을 수 있다.

$$\boxed{3} \qquad f_y(a, b) = \lim_{h \to 0} \frac{f(a, b + h) - f(a, b)}{h}$$

이 편미분계수에 대한 표기법으로 $T = 30°C$이고 $H = 60\%$일 때 실제온도 T와 상대습도 H에 관한 열지수 I의 변화율을 각각 다음과 같이 쓸 수 있다.

$$f_T(30, 60) \approx 1.75, \qquad f_H(30, 60) \approx 0.3$$

이제 식 $\boxed{2}$와 $\boxed{3}$에서 점 (a, b)가 변하면, f_x와 f_y는 이변수함수가 된다.

$\boxed{4}$ **정의** f가 이변수함수이면, **편도함수**(partial derivative) f_x와 f_y는 다음과 같이 정의된다.

$$f_x(x, y) = \lim_{h \to 0} \frac{f(x + h, y) - f(x, y)}{h}$$

$$f_y(x, y) = \lim_{h \to 0} \frac{f(x, y + h) - f(x, y)}{h}$$

편도함수를 나타내는 다른 기호는 많이 있다. 예를 들어 f_x 대신 f_1 또는 $D_1 f$(**첫 번째** 변수에 관해 미분했음을 나타내기 위해) 또는 $\partial f / \partial x$로 쓸 수 있다. 그러나 여기서 $\partial f / \partial x$는 미분의 몫으로 해석할 수 없다.

편도함수의 기호 $z = f(x, y)$라고 할 때, 다음과 같이 쓴다.

$$f_x(x, y) = f_x = \frac{\partial f}{\partial x} = \frac{\partial}{\partial x} f(x, y) = \frac{\partial z}{\partial x} = f_1 = D_1 f = D_x f$$

$$f_y(x, y) = f_y = \frac{\partial f}{\partial y} = \frac{\partial}{\partial y} f(x, y) = \frac{\partial z}{\partial y} = f_2 = D_2 f = D_y f$$

편도함수를 계산하기 위해 식 $\boxed{1}$로부터 x에 관한 편도함수는 y를 고정함으로써 얻어지는 일변수함수 g의 **보통**의 도함수라는 사실을 기억해야 한다. 따라서 다음과 같은 규칙을 갖는다.

$z = f(x, y)$의 편도함수를 구하는 규칙
1. y를 상수로 보고 x에 관해 $f(x, y)$를 미분해서 f_x를 구한다.
2. x를 상수로 보고 y에 관해 $f(x, y)$를 미분해서 f_y를 구한다.

《예제 1》 $f(x, y) = x^3 + x^2y^3 - 2y^2$일 때 $f_x(2, 1)$, $f_y(2, 1)$을 구하라.

풀이 y를 상수로 생각하고 x에 관해 미분하면 다음을 얻는다.

$$f_x(x, y) = 3x^2 + 2xy^3$$

그러므로 다음과 같다.

$$f_x(2, 1) = 3 \cdot 2^2 + 2 \cdot 2 \cdot 1^3 = 16$$

x를 상수로 생각하고 y에 관해 미분하면 다음을 얻는다.

$$f_y(x, y) = 3x^2y^2 - 4y$$

그러므로 다음과 같다.

$$f_y(2, 1) = 3 \cdot 2^2 \cdot 1^2 - 4 \cdot 1 = 8 \quad\blacksquare$$

《예제 2》 $f(x, y) = \sin\left(\dfrac{x}{1 + y}\right)$일 때, $\dfrac{\partial f}{\partial x}$, $\dfrac{\partial f}{\partial y}$를 구하라.

풀이 일변수함수의 연쇄법칙을 이용하여,

$$\frac{\partial f}{\partial x} = \cos\left(\frac{x}{1 + y}\right) \cdot \frac{\partial}{\partial x}\left(\frac{x}{1 + y}\right) = \cos\left(\frac{x}{1 + y}\right) \cdot \frac{1}{1 + y}$$

$$\frac{\partial f}{\partial y} = \cos\left(\frac{x}{1 + y}\right) \cdot \frac{\partial}{\partial y}\left(\frac{x}{1 + y}\right) = -\cos\left(\frac{x}{1 + y}\right) \cdot \frac{x}{(1 + y)^2} \quad\blacksquare$$

■ 편미분계수의 해석

편도함수를 기하학적으로 해석하기 위해 방정식 $z = f(x, y)$는 곡면 $S(f$의 그래프)를 나타낸다는 것을 상기하자. $f(a, b) = c$이면 점 $P(a, b, c)$는 S에 놓여 있다. $y = b$를 고정해서 수직평면 $y = b$가 S와 만나는 곡선 C_1로 관심을 제한한다. (다시 말해서 C_1은 평면 $y = b$에서 S의 자취이다.) 마찬가지로 수직평면 $x = a$는 곡선 C_2에서 S와 만난다고 하자. 그러면 두 곡선 C_1과 C_2는 점 P를 지난다(그림 1 참조).

곡선 C_1은 함수 $g(x) = f(x, b)$의 그래프임에 주목하면, P에서 접선 T_1의 기울기는 $g'(a) = f_x(a, b)$이다. 곡선 C_2는 함수 $G(y) = f(a, y)$의 그래프이며, P에서 접선 T_2의 기울기는 $G'(b) = f_y(a, b)$이다.

그러므로 편미분계수 $f_x(a, b)$와 $f_y(a, b)$는 기하학적으로 평면 $y = b$와 $x = a$에서 S의 자취 C_1과 C_2에 대한 $P(a, b, c)$에서 접선의 기울기로 해석할 수 있다.

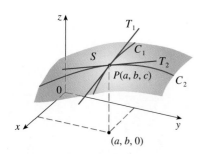

그림 1 (a, b)에서 f의 편미분계수는 C_1과 C_2에서 접선의 기울기이다.

《예제 3》 $f(x, y) = 4 - x^2 - 2y^2$일 때 $f_x(1, 1)$과 $f_y(1, 1)$을 구하고, 이를 기울기로 해석하라.

풀이 다음을 얻는다.

$$f_x(x, y) = -2x \qquad f_y(x, y) = -4y$$

$$f_x(1, 1) = -2 \qquad f_y(1, 1) = -4$$

f의 그래프는 포물면 $z = 4 - x^2 - 2y^2$이고, 수직평면 $y = 1$은 포물선 $z = 2 - x^2$, $y = 1$에서 포물면과 만난다. (앞의 논의에서와 같이, 이 곡선을 그림 2에서 C_1로 표기한다.) 점 $(1, 1, 1)$에서 이 포물선에 대한 접선의 기울기는 $f_x(1, 1) = -2$이다. 같은 방법으로 평면 $x = 1$이 포물면과 만나는 곡선 C_2는 포물선 $z = 3 - 2y^2$, $x = 1$이다. 그리고 $(1, 1, 1)$에서 접선의 기울기는 $f_y(1, 1) = -4$이다(그림 3 참조).

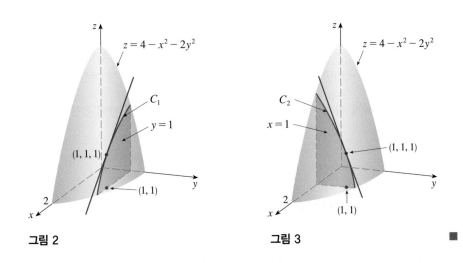

그림 2   **그림 3**

열지수함수의 경우에서 알 수 있듯이 편미분계수는 변화율로도 해석할 수 있다. $z = f(x, y)$이면, $\partial z/\partial x$는 y를 고정시킬 때 x에 관한 z의 변화율을 나타낸다. 마찬가지로 $\partial z/\partial y$는 x를 고정시킬 때 y에 관한 z의 변화율을 나타낸다.

《예제 4》 14.1절의 연습문제 20처럼 사람의 신체질량지수(BMI)는 다음과 같이 정의된다.

$$B(m, h) = \frac{m}{h^2}$$

$m = 64$ kg, $h = 1.68$ m인 청년에 대한 B의 편도함수를 구하고, 그것을 해석하라.

풀이 h를 상수로 간주할 때 m에 관한 편도함수는 다음과 같다.

$$\frac{\partial B}{\partial m}(m, h) = \frac{\partial}{\partial m}\left(\frac{m}{h^2}\right) = \frac{1}{h^2},$$

$$\frac{\partial B}{\partial m}(64, 1.68) = \frac{1}{(1.68)^2} \approx 0.35 \, (\text{kg/m}^2)/\text{kg}$$

이것은 몸무게가 64 kg, 키가 1.68 m인 사람의 몸무게에 관한 BMI가 증가하는 비율을 나타낸다. 따라서 몸무게가 약간(예를 들어 1 kg) 증가하고 키가 변하지 않는다면 BMI

가 $B(64, 1.68) \approx 22.68$에서 약 0.35 증가할 것이다.

m을 상수로 간주할 때 h에 관한 편도함수는 다음과 같다.

$$\frac{\partial B}{\partial h}(m, h) = \frac{\partial}{\partial h}\left(\frac{m}{h^2}\right) = m\left(-\frac{2}{h^3}\right) = -\frac{2m}{h^3}$$

$$\frac{\partial B}{\partial h}(64, 1.68) = -\frac{2 \cdot 64}{(1.68)^3} \approx -27 \, (\text{kg/m}^2)/\text{m}$$

이것은 몸무게가 64 kg, 키가 1.68 m인 사람의 키에 관한 BMI의 증가하는 비율을 나타낸다. 따라서 키가 약간(예를 들어 1 cm) 증가하고 몸무게가 변하지 않는다면 이 사람의 BMI는 약 27(0.01) = 0.27 감소할 것이다. ∎

《예제 5》 방정식 $x^3 + y^3 + z^3 + 6xyz + 4 = 0$에 의해 z가 x와 y에 관한 음함수로 정의될 때, $\partial z/\partial x$와 $\partial z/\partial y$를 구하라. 그리고 $(-1, 1, 2)$에서 편미분계수를 계산하라.

풀이 $\partial z/\partial x$를 구하기 위해 y를 상수로 취급하고 다음과 같이 x에 관해 음함수적으로 미분한다.

$$3x^2 + 3z^2\frac{\partial z}{\partial x} + 6yz + 6xy\frac{\partial z}{\partial x} = 0$$

이 식을 $\partial z/\partial x$에 관해 풀면 다음을 얻는다.

$$\frac{\partial z}{\partial x} = -\frac{x^2 + 2yz}{z^2 + 2xy}$$

마찬가지 방법으로 y에 관해 음함수적으로 미분을 하면 다음을 얻는다.

$$\frac{\partial z}{\partial y} = -\frac{y^2 + 2xz}{z^2 + 2xy}$$

점 $(-1, 1, 2)$가 $x^3 + y^3 + z^3 + 6xyz + 4 = 0$을 만족하므로, $(-1, 1, 2)$는 곡면 위의 점이다. 따라서 다음을 얻는다.

$$\frac{\partial z}{\partial x} = -\frac{(-1)^2 + 2 \cdot 1 \cdot 2}{2^2 + 2(-1) \cdot 1} = -\frac{5}{2}, \quad \frac{\partial z}{\partial y} = -\frac{1^2 + 2(-1) \cdot 2}{2^2 + 2(-1) \cdot 1} = \frac{3}{2} \quad ∎$$

일부 컴퓨터 대수체계로 삼변수에 관해 음함수로 정의된 곡면의 그래프를 그릴 수 있다. 그림 4는 예제 5에서 주어진 방정식으로 정의된 곡면의 그림을 나타낸 것이다.

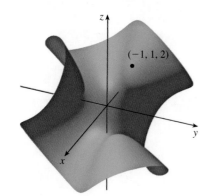

$(-1, 1, 2)$

그림 4

■ 삼변수 이상의 함수

편도함수는 셋 이상 변수의 함수에 대해서도 역시 정의할 수 있다. 예를 들어 f가 x, y, z의 삼변수함수일 때 x에 관한 편도함수는 다음과 같이 정의된다.

$$f_x(x, y, z) = \lim_{h \to 0} \frac{f(x + h, y, z) - f(x, y, z)}{h}$$

이것은 y와 z를 상수로 취급하고, $f(x, y, z)$를 x에 관해 미분함으로써 구한다. $w =$

$f(x, y, z)$라 하면 $f_x = \partial w/\partial x$는 y와 z를 고정시킬 때 x에 관한 w의 변화율로 설명할 수 있다. 그러나 f의 그래프는 4차원 공간에 놓여 있기 때문에 그것을 기하학적으로 설명할 수는 없다.

일반적으로 u가 n변수함수 $u = f(x_1, x_2, \ldots, x_n)$일 때, 이것의 i번째 변수 x_i에 관한 편도함수는 다음과 같다.

$$\frac{\partial u}{\partial x_i} = \lim_{h \to 0} \frac{f(x_1, \ldots, x_{i-1}, x_i + h, x_{i+1}, \ldots, x_n) - f(x_1, \ldots, x_i, \ldots, x_n)}{h}$$

또한 다음과 같이 쓰기도 한다.

$$\frac{\partial u}{\partial x_i} = \frac{\partial f}{\partial x_i} = f_{x_i} = f_i = D_i f$$

《예제 6》 $f(x, y, z) = e^{xy} \ln z$일 때 f_x, f_y, f_z를 구하라.

풀이 y와 z를 상수로 생각하고 x에 관해 미분하면 다음을 얻는다.

$$f_x = y e^{xy} \ln z$$

마찬가지 방법으로 다음을 얻는다.

$$f_y = x e^{xy} \ln z, \quad f_z = \frac{e^{xy}}{z}$$

■

■ 고계 편도함수

f가 이변수함수이면 편도함수 f_x와 f_y도 이변수함수이므로, 그것의 편도함수 $(f_x)_x$, $(f_x)_y$, $(f_y)_x$, $(f_y)_y$도 생각할 수 있고, 이것을 f의 **2계 편도함수**(second partial derivative)라 한다. $z = f(x, y)$이면 다음 기호를 사용한다.

$$(f_x)_x = f_{xx} = f_{11} = \frac{\partial}{\partial x}\left(\frac{\partial f}{\partial x}\right) = \frac{\partial^2 f}{\partial x^2} = \frac{\partial^2 z}{\partial x^2}$$

$$(f_x)_y = f_{xy} = f_{12} = \frac{\partial}{\partial y}\left(\frac{\partial f}{\partial x}\right) = \frac{\partial^2 f}{\partial y\, \partial x} = \frac{\partial^2 z}{\partial y\, \partial x}$$

$$(f_y)_x = f_{yx} = f_{21} = \frac{\partial}{\partial x}\left(\frac{\partial f}{\partial y}\right) = \frac{\partial^2 f}{\partial x\, \partial y} = \frac{\partial^2 z}{\partial x\, \partial y}$$

$$(f_y)_y = f_{yy} = f_{22} = \frac{\partial}{\partial y}\left(\frac{\partial f}{\partial y}\right) = \frac{\partial^2 f}{\partial y^2} = \frac{\partial^2 z}{\partial y^2}$$

그러므로 기호 f_{xy}(또는 $\partial^2 f/\partial y\, \partial x$)는 먼저 x에 관해 미분하고 다음으로 y에 관해 미분하는 것이고, 반면 f_{yx}는 반대의 순서로 미분하는 것이다.

《예제 7》 $f(x, y) = x^3 + x^2y^3 - 2y^2$의 2계 편도함수를 구하라.

풀이 예제 1에서 다음을 구했다.

$$f_x(x, y) = 3x^2 + 2xy^3, \qquad f_y(x, y) = 3x^2y^2 - 4y$$

그러므로 다음과 같다.

$$f_{xx} = \frac{\partial}{\partial x}(3x^2 + 2xy^3) = 6x + 2y^3, \qquad f_{xy} = \frac{\partial}{\partial y}(3x^2 + 2xy^3) = 6xy^2$$

$$f_{yx} = \frac{\partial}{\partial x}(3x^2y^2 - 4y) = 6xy^2, \qquad f_{yy} = \frac{\partial}{\partial y}(3x^2y^2 - 4y) = 6x^2y - 4 \quad \blacksquare$$

예제 7에서 $f_{xy} = f_{yx}$에 주목하자. 이것은 항상 일치하는 것은 아니다. 실제 접하는 대부분의 함수에서 편도함수 f_{xy}와 f_{yx}는 일치됨을 알 수 있다. 프랑스의 수학자 클레로가 발견한 다음 정리는 $f_{xy} = f_{yx}$라고 주장할 수 있는 조건을 제시한다.

클레로

클레로(Alexis Clairaut, 1713~1765)는 수학에 있어서 영재였다. 그는 10세 때 미적분학에 관한 로피탈의 책을 읽었으며, 13세 때는 프랑스 과학원에 기하학 논문을 제출했다. 18세 때, 클레로는 〈공간곡선의 곡률에 관한 연구 *Recherches sur les courbes à double courbure*〉를 발표했는데, 이는 공간곡선을 포함한 3차원의 해석기하학에 관한 최초의 체계적인 논문이다.

클레로의 정리 함수 f가 점 (a, b)를 포함하는 원판 D에서 정의된다고 하자. 함수 f_{xy}와 f_{yx}가 D에서 모두 연속이면 다음이 성립한다.

$$f_{xy}(a, b) = f_{yx}(a, b)$$

3계 이상의 편도함수도 정의할 수 있다. 다음 예를 살펴보자.

$$f_{xyy} = (f_{xy})_y = \frac{\partial}{\partial y}\left(\frac{\partial^2 f}{\partial y\,\partial x}\right) = \frac{\partial^3 f}{\partial y^2\,\partial x}$$

클레로의 정리를 이용해서 이런 함수들이 연속이면 $f_{xyy} = f_{yxy} = f_{yyx}$임을 밝힐 수 있다.

《예제 8》 $f(x, y, z) = \sin(3x + yz)$일 때 f_{xxyz}를 계산하라.

풀이
$$f_x = 3\cos(3x + yz)$$
$$f_{xx} = -9\sin(3x + yz)$$
$$f_{xxy} = -9z\cos(3x + yz)$$
$$f_{xxyz} = -9\cos(3x + yz) + 9yz\sin(3x + yz) \quad \blacksquare$$

■ 편미분방정식

편도함수는 물리법칙들을 설명하는 **편미분방정식**에 사용된다. 예를 들면 다음과 같은 방정식을 라플라스(Pierre Laplace, 1749~1827) 이래로 **라플라스 방정식**(Laplace's equation)이라고 부른다.

$$\frac{\partial^2 u}{\partial x^2} + \frac{\partial^2 u}{\partial y^2} = 0$$

이 방정식의 해를 **조화함수**(harmonic function)라고 한다. 이들은 열전도, 유체의 흐름, 전기장 등에서 중요한 역할을 한다.

《예제 9》 $u(x, y) = e^x \sin y$가 라플라스 방정식의 해임을 보여라.

풀이 먼저 2계 편도함수를 계산해야 한다.

$$u_x = e^x \sin y \qquad u_y = e^x \cos y$$

$$u_{xx} = e^x \sin y \qquad u_{yy} = -e^x \sin y$$

따라서
$$u_{xx} + u_{yy} = e^x \sin y - e^x \sin y = 0$$

그러므로 u는 라플라스의 방정식을 만족한다. ■

다음과 같은 **파동방정식**(wave equation)은 바다의 파도, 소리의 파동, 불빛의 파장, 흔들리는 줄을 따라 움직이는 진동과 같은 파형을 설명한다.

$$\frac{\partial^2 u}{\partial t^2} = a^2 \frac{\partial^2 u}{\partial x^2}$$

예를 들어 $u(x, t)$가 현의 한쪽 끝으로부터 거리 x인 지점과 시각 t에서 진동하는 바이올린 현의 변위라고 하면(그림 5 참조), $u(x, t)$는 파동방정식을 만족한다. 여기서 a는 현의 밀도와 긴장에 의존하는 상수이다.

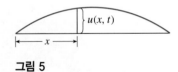

그림 5

《예제 10》 $u(x, t) = \sin(x - at)$가 파동방정식을 만족함을 보여라.

풀이
$$u_x = \cos(x - at) \qquad u_t = -a \cos(x - at)$$

$$u_{xx} = -\sin(x - at) \qquad u_{tt} = -a^2 \sin(x - at) = a^2 u_{xx}$$

그러므로 u는 파동방정식을 만족한다. ■

3변수를 포함하는 편미분방정식 역시 과학과 공학에서 매우 중요하다. 3차원 라플라스 방정식은 다음과 같다.

5
$$\frac{\partial^2 u}{\partial x^2} + \frac{\partial^2 u}{\partial y^2} + \frac{\partial^2 u}{\partial z^2} = 0$$

이 방정식은 지구물리학에서 자주 나타난다. 만약 $u(x, y, z)$가 (x, y, z) 지점에서 자기장을 나타낸다면, 이것은 방정식 **5**를 만족한다. 자기장의 세기는 철 함량이 풍부한 암석의 분포를 나타내며 종류가 다른 암석과 단층의 위치를 반영한다.

13.3 │ 연습문제

1. 이 절의 시작부분에서 열지수 I, 실제온도 T, 상대습도 H에 대해 함수 $I = f(T, H)$를 살펴봤다. 표 1을 사용하여, $f_T(92, 60)$, $f_H(92, 60)$을 추정하라. 이 값들의 현실적인 의미는 무엇인가?

2. 북반구의 어떤 지점의 온도 $T(°C)$는 경도 x, 위도 y, 시각 t에 따라 달라진다. 따라서 $T = f(x, y, t)$라고 표시한다. 시간은 1월 초부터 시간 단위로 측정한다.

   (a) 편도함수 $\partial T/\partial x$, $\partial T/\partial y$, $\partial T/\partial t$가 각각 의미하는 것은 무엇인가?

   (b) 호놀룰루는 경도 158°, 북위 21°이다. 1월 1일 오전 9시에 더운 바람이 북동쪽으로 불고 있어서 서쪽과 남쪽의 공기는 따뜻하고, 북쪽과 동쪽의 공기는 더 서늘하다. 그러면 $f_x(158, 21, 9)$, $f_y(158, 21, 9)$, $f_t(158, 21, 9)$의 값들은 각각 양수인가, 음수인가? 그 이유를 설명하라.

3-4 함수 f의 그래프가 다음과 같을 때 다음 편미분계수의 부호를 결정하라.

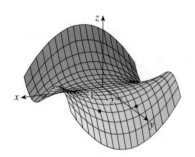

3. (a) $f_x(1, 2)$ (b) $f_y(1, 2)$

4. (a) $f_x(-1, 2)$ (b) $f_y(-1, 2)$

5. $f(x, y) = 16 - 4x^2 - y^2$일 때 $f_x(1, 2)$, $f_y(1, 2)$를 구하고, 그 값을 기울기로 해석하라. 손이나 컴퓨터로 그림을 그려 설명하라.

6-19 다음 함수의 1계 편도함수를 구하라.

6. $f(x, y) = x^4 + 5xy^3$ 7. $g(x, y) = x^3 \sin y$

8. $z = \ln(x + t^2)$ 9. $f(x, y) = ye^{xy}$

10. $g(x, y) = y(x + x^2y)^5$ 11. $f(x, y) = \dfrac{ax + by}{cx + dy}$

12. $g(u, v) = (u^2v - v^3)^5$ 13. $R(p, q) = \tan^{-1}(pq^2)$

14. $F(x, y) = \displaystyle\int_y^x \cos(e^t)\, dt$ 15. $f(x, y, z) = x^3yz^2 + 2yz$

16. $w = \ln(x + 2y + 3z)$ 17. $p = \sqrt{t^4 + u^2 \cos v}$

18. $h(x, y, z, t) = x^2y \cos(z/t)$

19. $u = \sqrt{x_1^2 + x_2^2 + \cdots + x_n^2}$

20-21 다음 함수의 지정된 편미분계수를 구하라.

20. $R(s, t) = te^{s/t}$; $R_t(0, 1)$

21. $f(x, y, z) = \ln \dfrac{1 - \sqrt{x^2 + y^2 + z^2}}{1 + \sqrt{x^2 + y^2 + z^2}}$; $f_y(1, 2, 2)$

22-23 음함수 미분법을 이용해서 $\partial z/\partial x$, $\partial z/\partial y$를 구하라.

22. $x^2 + 2y^2 + 3z^2 = 1$

23. $e^z = xyz$

24. $\partial z/\partial x$, $\partial z/\partial y$를 구하라.

   (a) $z = f(x) + g(y)$ (b) $z = f(x + y)$

25-27 다음 함수의 2계 편도함수를 구하라.

25. $f(x, y) = x^4y - 2x^3y^2$ 26. $z = \dfrac{y}{2x + 3y}$

27. $v = \sin(s^2 - t^2)$

28-29 다음 함수에 관해 클레로의 정리, 즉 $u_{xy} = u_{yx}$가 성립함을 보여라.

28. $u = x^4y^3 - y^4$ 29. $u = \cos(x^2y)$

30-33 다음 함수의 지정된 편도함수를 구하라.

30. $f(x, y) = x^4y^2 - x^3y$; f_{xxx}, f_{xyx}

31. $f(x, y, z) = e^{xyz^2}$; f_{xyz}

32. $W = \sqrt{u + v^2}$; $\dfrac{\partial^3 W}{\partial u^2 \partial v}$

33. $w = \dfrac{x}{y + 2z}$; $\dfrac{\partial^3 w}{\partial z \partial y \partial x}$, $\dfrac{\partial^3 w}{\partial x^2 \partial y}$

34. 정의 4를 사용하여 $f(x, y) = xy^2 - x^3y$에 대해 $f_x(x, y)$, $f_y(x, y)$를 구하라.

35. $f(x, y, z) = xy^2z^3 + \arcsin(x\sqrt{z})$일 때 f_{xzy}를 구하라.
   [힌트: 미분의 순서를 계산이 가장 쉽게 되도록 바꾼다.]

36. 다음 a, b, c로 표기된 곡면들은 함수 f와 이것의 편도함수 f_x, f_y의 그래프이다. 각각의 곡면에 일치하는 함수들을 선택하고, 그 이유를 설명하라.

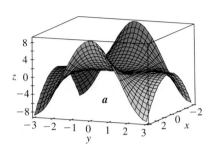

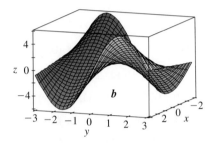

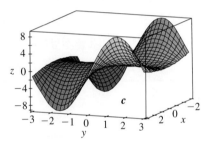

37. 함수 $f(x, y) = x^2 y^3$에 대해 f_x, f_y를 구하고 f, f_x, f_y의 그래프를 그려라. 정의역과 바라보는 관점을 잘 설정해서 그들 사이의 관계를 보여라.

38. 함수 $f(x, y)$에 대한 값의 표를 이용해서, $f_x(3, 2)$, $f_x(3, 2.2)$, $f_{xy}(3, 2)$를 추정하라.

x \ y	1.8	2.0	2.2
2.5	12.5	10.2	9.3
3.0	18.1	17.5	15.9
3.5	20.0	22.4	26.1

39. (a) 예제 3에서 $f(x, y) = 4 - x^2 - 2y^2$에 대한 $f_x(1, 1) = -2$이다. C_1는 평면 $y = 1$에 의한 f의 그래프의 단면곡선일 때, 이것은 기하학적으로 점 $P(1, 1, 1)$에서 곡선 C_1에 대한 접선의 기울기로 해석한다(그림 참조). C_1의 벡터방정식을 구해서 P에서 C_1의 접선벡터를 계산하여

이 해석을 증명하라. 그리고 P에서 평면 $y = 1$ 방향으로 C_1의 접선의 기울기를 구하라.

(b) 같은 방법으로, $f_y(1, 1) = -4$를 확인하라.

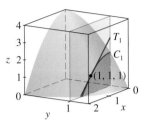 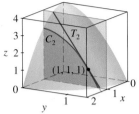

40. 다음 함수 $u = u(x, t)$가 $u_{tt} = a^2 u_{xx}$의 해임을 보여라.
(a) $u = \sin(kx) \sin(akt)$
(b) $u = t/(a^2 t^2 - x^2)$
(c) $u = (x - at)^6 + (x + at)^6$
(d) $u = \sin(x - at) + \ln(x + at)$

41. 함수 $u = 1/\sqrt{x^2 + y^2 + z^2}$이 3차원 라플라스 방정식 $u_{xx} + u_{yy} + u_{zz} = 0$의 해임을 보여라.

42. 확산 방정식 다음 방정식을 확산 방정식이라 한다.

$$\frac{\partial c}{\partial t} = D \frac{\partial^2 c}{\partial x^2} \quad \text{(단, } D\text{는 양의 상수)}$$

이 방정식은 고체를 통과한 열의 확산 또는 오염원으로부터 x만큼 떨어진 거리에서, 시각 t에서 오염의 농도 또는 이질적인 종들이 새로운 서식지로 확산해 나가는 정도를 설명한다. 다음 함수가 확산 방정식의 해임을 보여라.

$$c(x, t) = \frac{1}{\sqrt{4\pi Dt}} e^{-x^2/(4Dt)}$$

43. 저항이 R_1, R_2, R_3인 세 도체가 병렬로 연결된 전기회로에서 생기는 전체 저항 R가 다음 식으로 주어진다.

$$\frac{1}{R} = \frac{1}{R_1} + \frac{1}{R_2} + \frac{1}{R_3}$$

이때 $\partial R / \partial R_1$ 구하라.

44. 반데르 발스 방정식 기체온도 T, 압력 P, 부피 V에 대해 기체 $n(\text{mol})$에 대한 반데르 발스 방정식이 다음과 같다.

$$\left(P + \frac{n^2 a}{V^2}\right)(V - nb) = nRT$$

상수 R는 보편기체상수이고, a와 b는 특정한 기체의 특성을 나타내는 양의 상수이다. $\partial T / \partial P$와 $\partial P / \partial V$를 계산하라.

45. 인체의 곡면 넓이에 대한 모형은 다음 함수로 주어진다.

$$S = f(w, h) = 0.0072w^{0.425}h^{0.725}$$

이때 w는 무게(kg), h는 키(cm), S는 넓이(m²)를 나타낸다. 다음 편미분을 계산하고, 해석하라.

(a) $\dfrac{\partial S}{\partial w}(73, 178)$ (b) $\dfrac{\partial S}{\partial h}(73, 178)$

46. 다음 함수는 새가 날개짓하는 동안에 필요로 하는 힘을 나타낸다.

$$P(v, x, m) = Av^3 + \frac{B(mg/x)^2}{v}$$

단, A, B는 새의 종류에 따른 상수, v는 새의 속도, m은 새의 무게, x는 날개짓 상태에서 소비한 비행시간의 일부이다. $\partial P/\partial v$, $\partial P/\partial x$, $\partial P/\partial m$을 계산하고, 그것을 해석하라.

47. 질량이 m이고, 속도가 v인 물체의 운동에너지는 $K = \frac{1}{2}mv^2$이다. 이때 다음이 성립함을 보여라.

$$\frac{\partial K}{\partial m}\frac{\partial^2 K}{\partial v^2} = K$$

48. 타원면 $4x^2 + 2y^2 + z^2 = 16$과 평면 $y = 2$의 교선은 타원을 이룬다. 점 $(1, 2, 2)$에서 이 타원에 대한 접선의 매개변수 방정식을 구하라.

49. 편도함수가 $f_x(x, y) = x + 4y$, $f_y(x, y) = 3x - y$인 함수 f가 존재한다고 할 수 있는가?

50. 클레로의 정리를 이용해서 f의 3계 편도함수가 연속이면, $f_{xyy} = f_{yxy} = f_{yyx}$임을 보여라.

51. 함수 $f(x, y) = x(x^2 + y^2)^{-3/2}e^{\sin(x^2y)}$에 대해 $f_x(1, 0)$을 구하라. [힌트: 처음부터 $f_x(x, y)$를 구하지 말고 식 **1**이나 **2**를 이용하는 것이 더 쉽다.]

52. $f(x, y) = \begin{cases} \dfrac{x^3y - xy^3}{x^2 + y^2}, & (x, y) \neq (0, 0) \\ 0, & (x, y) = (0, 0) \end{cases}$

(a) 컴퓨터를 이용해서 f의 그래프를 그려라.

(b) $(x, y) \neq (0, 0)$일 때 $f_x(x, y)$, $f_y(x, y)$를 구하라.

(c) 식 **2**와 **3**을 이용해서 $f_x(0, 0)$, $f_y(0, 0)$을 구하라.

(d) $f_{xy}(0, 0) = -1$, $f_{yx}(0, 0) = 1$임을 보여라.

(e) (d)의 결과는 클레로의 정리에 모순인가? f_{xy}와 f_{yx}의 그래프를 이용해서 그 이유를 설명하라.

13.4 │ 접평면과 선형근사

일변수함수의 미적분에서 가장 중요한 개념 중 하나는, 미분가능한 함수의 그래프에 있는 한 점을 향해 확대해 들어가면 그 그래프는 접선과 거의 구별할 수 없게 되고, 따라서 그 함수의 근사로 선형함수를 사용할 수 있다는 것이다(2.9절 참조). 여기서 이런 개념을 3차원으로 발전시킨다. 미분가능한 이변수함수의 그래프가 나타내는 곡면의 한 점을 향해 확대해 들어가면, 곡면은 평면(접평면)과 점점 더 같게 보이므로 이변수의 선형함수에 의해 함수를 근사시킬 수 있다. 또한 이변수 이상의 함수로 미분의 개념을 확장할 수 있다.

■ 접평면

곡면 S의 방정식이 $z = f(x, y)$이고, f는 연속인 1계 편도함수를 갖는다고 하자. $P(x_0, y_0, z_0)$은 S 위의 점이라 하자. 13.3절에서처럼 C_1과 C_2를 곡면 S와 수직평면 $y = y_0$, $x = x_0$이 각각 교차함으로써 얻어지는 곡선이라 하자. 그러면 점 P는 C_1과 C_2에 모두 놓여 있다. T_1과 T_2를 점 P에서 C_1과 C_2에 대한 접선이라 하자. 그러면 점 P에서 곡면 S에 대한 **접평면**(tangent plane)은 접선 T_1과 T_2를 모두 포함하는 평면으로 정의한다(그림 1 참조).

C가 점 P를 지나는 곡면 S에 놓여 있는 또 다른 곡선이라 하면, P에서 C의 접선도 또한 그 접평면에 있다는 사실을 13.6절에서 볼 것이다. 그러므로 P에서 S에 대한 접평면은 P를 지나며 곡면 S에 놓여 있는 곡선들에 대한 P의 가능한 모든 접선들로 이루어지는 평면이라고 생각할 수 있다. P에서의 접평면은 점 P 부근에서 곡면 S에 가장 가까이 근접해 있는 평면이다.

11.5절의 식 **7**에서 알고 있듯이 점 $P(x_0, y_0, z_0)$을 지나는 임의의 평면의 방정식은 다음과 같은 형태이다.

$$A(x - x_0) + B(y - y_0) + C(z - z_0) = 0$$

이 식을 C로 나누고, $a = -A/C$, $b = -B/C$라고 놓음으로써 다음과 같은 형태로 다시 쓸 수 있다.

1 $$z - z_0 = a(x - x_0) + b(y - y_0)$$

식 **1**이 P에서의 접평면을 나타내면, 평면 $y = y_0$과의 교선은 반드시 접선 T_1이 되어야 한다. 식 **1**에서 $y = y_0$으로 놓으면 다음을 얻는다.

$$z - z_0 = a(x - x_0), \quad y = y_0$$

이것은 기울기가 a인 (점-기울기형) 직선의 방정식이다. 그런데 13.3절로부터 접선 T_1의 기울기는 $f_x(x_0, y_0)$임을 알고 있으므로, $a = f_x(x_0, y_0)$이다.

이와 마찬가지로 식 **1**에서 $x = x_0$으로 놓으면 $z - z_0 = b(y - y_0)$을 얻으며 이것은 접선 T_2를 나타내고, 따라서 $b = f_y(x_0, y_0)$이다.

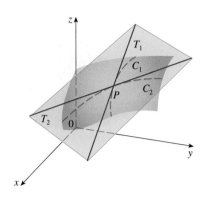

그림 1 접평면은 접선 T_1, T_2를 포함한다.

---

2 접평면의 방정식 f가 연속인 편도함수를 갖는다고 가정하자. 점 $P(x_0, y_0, z_0)$에서 곡면 $z = f(x, y)$에 대한 접평면의 방정식은 다음과 같다.
$$z - z_0 = f_x(x_0, y_0)(x - x_0) + f_y(x_0, y_0)(y - y_0)$$

접평면의 방정식과 다음 접선의 방정식이 유사함에 유의하자.
$$y - y_0 = f'(x_0)(x - x_0)$$

《예제 1》 점 $(1, 1, 3)$에서 타원포물면 $z = 2x^2 + y^2$에 대한 접평면을 구하라.

풀이 $f(x, y) = 2x^2 + y^2$이라 하면 다음을 얻는다.

$$f_x(x, y) = 4x, \quad f_y(x, y) = 2y$$
$$f_x(1, 1) = 4, \quad f_y(1, 1) = 2$$

그러면 식 **2**에 의해 $(1, 1, 3)$에서의 접평면의 방정식은 다음과 같다.

$$z - 3 = 4(x - 1) + 2(y - 1)$$
$$z = 4x + 2y - 3$$

∎

그림 2(a)는 예제 1에서 구한 타원포물면과 $(1, 1, 3)$에서의 접평면을 보여 준다.

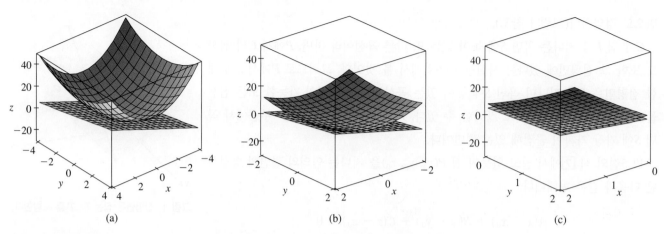

(a)   (b)   (c)

그림 2 타원포물면 $z = 2x^2 + y^2$은 점 $(1, 1, 3)$을 향해 확대할수록 접평면과 일치하는 것처럼 보인다.

그림 2(b)와 (c)는 점 $(1, 1, 3)$을 향해 확대한 것이다. 이를 확대할수록 곡면의 그래프는 점점 평평해져서 접평면과 거의 비슷해짐을 볼 수 있다.

그림 3에서 함수 $f(x, y) = 2x^2 + y^2$의 등고선 그림 위의 점 $(1, 1)$을 향해 확대함으로써 이런 효과를 확실히 알 수 있다. 점점 확대할수록 등위곡선은 점점 더 등간격의 평행선으로 보이는데, 이것이 바로 평면의 특성이다.

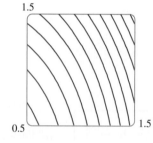
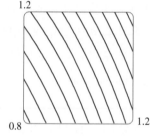
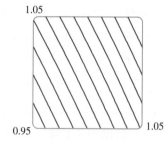

그림 3 $f(x, y) = 2x^2 + y^2$
의 등고선 그림에서 점 $(1, 1)$
을 향해 확대해 가는 모습
이다.

■ 선형근사

예제 1에서 점 $(1, 1, 3)$에서 함수 $f(x, y) = 2x^2 + y^2$의 그래프에 대한 접평면의 방정식은 $z = 4x + 2y - 3$임을 알았다. 따라서 그림 2와 3의 가시적인 증거와 같이 다음 이변수 선형함수는 (x, y)가 $(1, 1)$ 부근에 있을 때 $f(x, y)$의 좋은 근사임을 알 수 있다.

$$L(x, y) = 4x + 2y - 3$$

함수 L을 $(1, 1)$에서 f의 **선형화**라고 하고 다음과 같은 근사를 $(1, 1)$에서 f의 **선형근사** 또는 **접평면 근사**라고 한다.

$$f(x, y) \approx 4x + 2y - 3$$

예를 들어 점 $(1.1, 0.95)$에서 선형근사는 다음과 같다.

$$f(1.1, 0.95) \approx 4(1.1) + 2(0.95) - 3 = 3.3$$

이 값은 $f(1.1, 0.95) = 2(1.1)^2 + (0.95)^2 = 3.3225$인 참값에 아주 가까움을 알 수 있다. 그러나 (2, 3)과 같이 (1, 1)로부터 멀리 떨어진 점을 택한다면 결코 좋은 근삿값을 얻을 수 없다. 사실 $L(2, 3) = 11$인데 비해 $f(2, 3) = 17$이다.

일반적으로 식 **2**로부터 점 $(a, b, f(a, b))$에서 이변수함수 f의 그래프에 대한 접평면의 방정식은 다음과 같다.

$$z = f(a, b) + f_x(a, b)(x - a) + f_y(a, b)(y - b)$$

이 접평면의 방정식을 그래프로 갖는 선형함수는 다음과 같다.

$$\boxed{3} \quad \boxed{L(x, y) = f(a, b) + f_x(a, b)(x - a) + f_y(a, b)(y - b)}$$

이 식을 (a, b)에서 f의 **선형화**(linearization)라 하고, 다음과 같은 근사식을 (a, b)에서 f의 **선형근사**(linear approximation) 또는 **접평면 근사**(tangent plane approximation)라고 한다.

$$\boxed{4} \quad \boxed{f(x, y) \approx f(a, b) + f_x(a, b)(x - a) + f_y(a, b)(y - b)}$$

지금까지 연속인 1계 편도함수를 갖는 함수 f에 대해 곡면 $z = f(x, y)$에 대한 접평면을 정의했다. f_x와 f_y가 연속이 아닌 경우는 어떻게 될까? 그림 4는 그런 함수를 나타내는데, 그 식은 다음과 같다.

$$f(x, y) = \begin{cases} \dfrac{xy}{x^2 + y^2}, & (x, y) \neq (0, 0) \\ 0, & (x, y) = (0, 0) \end{cases}$$

원점에서 편도함수 f_x와 f_y는 존재하고, $f_x(0, 0) = 0$, $f_y(0, 0) = 0$이지만 f_x와 f_y는 연속이 아니다. 선형근사식은 $f(x, y) \approx 0$일 것 같지만 직선 $y = x$ 위에 있는 모든 점에서 $f(x, y) = \frac{1}{2}$이다. 따라서 이변수함수에서는 편도함수가 모두 존재하더라도 함수의 움직임이 매우 나쁜 경우가 있다. 이를 방지하기 위해 미분가능한 이변수함수의 개념을 공식화하기로 하자.

일변수함수 $y = f(x)$에 대해 x가 a에서 $a + \Delta x$로 변하면, y의 증분을 다음과 같이 정의한 것을 상기하자.

$$\Delta y = f(a + \Delta x) - f(a)$$

2장에서 f가 a에서 미분가능하면 다음이 성립함을 보였다.

$$\boxed{5} \quad\quad\quad \Delta y = f'(a)\, \Delta x + \varepsilon\, \Delta x$$

여기서 $\Delta x \to 0$일 때 $\varepsilon \to 0$이다. 이제 이변수함수 $z = f(x, y)$를 생각해 보자. x가

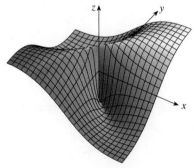

그림 4 $(x, y) \neq (0, 0)$이면 $f(x, y) = \dfrac{xy}{x^2 + y^2}$, $f(0, 0) = 0$

이것은 2.5절의 식 **5**이다.

a에서 $a + \Delta x$로 변하고 y가 b에서 $b + \Delta y$로 변한다고 가정하자. 그러면 이에 대응하는 z의 **증분**(increment)은 다음과 같다.

$$\boxed{6} \qquad \Delta z = f(a + \Delta x, b + \Delta y) - f(a, b)$$

따라서 증분 Δz는 (x, y)가 (a, b)에서 $(a + \Delta x, b + \Delta y)$로 변할 때 f의 값의 변화를 나타낸다. 식 $\boxed{5}$와 유사하게 이변수함수의 미분가능성을 다음과 같이 정의한다.

$\boxed{7}$ **정의** $z = f(x, y)$일 때, Δz가 다음과 같이 표현되면 f는 (a, b)에서 **미분가능** (differentiable)하다고 한다.

$$\Delta z = f_x(a, b)\,\Delta x + f_y(a, b)\,\Delta y + \varepsilon_1\,\Delta x + \varepsilon_2\,\Delta y$$

여기서 ε_1과 ε_2는 $(\Delta x, \Delta y) \to (0, 0)$일 때 $\varepsilon_1 \to 0$, $\varepsilon_2 \to 0$을 만족하는 Δx와 Δy의 함수이다.

정의 $\boxed{7}$은 미분가능한 함수란 (x, y)가 (a, b) 부근에 있을 때 선형근사식 $\boxed{4}$가 좋은 근사가 됨을 말한다. 다시 말하면 접평면은 접점 부근에서 f를 근사시킨다.

때때로 함수의 미분가능성을 확인하기 위해 정의 $\boxed{7}$을 직접 이용하는 것이 곤란할 때가 있다. 다음 정리는 미분가능성을 판단하는 데 편리한 충분조건을 제공한다.

$\boxed{8}$ **정리**   편도함수 f_x, f_y가 (a, b) 부근에서 존재하고 (a, b)에서 연속이면, f는 (a, b)에서 미분가능하다.

《예제 2》 $f(x, y) = xe^{xy}$가 $(1, 0)$에서 미분가능함을 보이고, 이 점에서의 선형화를 구하라. 이를 이용해서 $f(1.1, -0.1)$의 근삿값을 구하라.

그림 5는 예제 2의 함수 f의 그래프와 선형화 L의 그래프를 보여 준다.

풀이 편도함수가 다음과 같이 주어진다.

$$f_x(x, y) = e^{xy} + xye^{xy}, \qquad f_y(x, y) = x^2 e^{xy}$$
$$f_x(1, 0) = 1, \qquad\qquad f_y(1, 0) = 1$$

f_x, f_y가 연속이므로, 정리 $\boxed{8}$에 따라 f는 미분가능하고 선형화는 다음과 같다.

$$L(x, y) = f(1, 0) + f_x(1, 0)(x - 1) + f_y(1, 0)(y - 0)$$
$$= 1 + 1(x - 1) + 1 \cdot y = x + y$$

그러므로 대응하는 선형근사식은 다음과 같다.

$$xe^{xy} \approx x + y$$

따라서 다음을 얻는다.

$$f(1.1, -0.1) \approx 1.1 - 0.1 = 1$$

이것을 참값 $f(1.1, -0.1) = 1.1e^{-0.11} \approx 0.98542$와 비교해 보자. ■

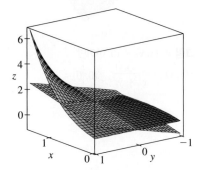

그림 5

《**예제 3**》 실제온도 T와 상대습도 H의 함수로서 열지수(체감온도) I는 13.3절의 도입부에서 소개했고, 기상청으로부터 다음 표의 값들도 주어졌다.

상대습도(%)

T \ H	40	45	50	55	60	65	70	75	80
26	28	28	29	31	31	32	33	34	35
28	31	32	33	34	35	36	37	38	39
30	34	35	36	37	38	40	41	42	43
32	37	38	39	41	42	43	45	46	47
34	41	42	43	45	47	48	49	51	52
36	43	45	47	48	50	51	53	54	56

실제 온도 (℃)

T가 30℃ 부근이고, H가 60% 부근일 때, 열지수 $I = f(T, H)$의 선형근사를 구하라. 또한 이를 이용해서 실제온도가 31℃이고 상대습도가 62%일 때 열지수를 추정하라.

풀이 위 표로부터 $f(30, 60) = 38$이다. 13.3절에서 표의 값을 이용해서 $f_T(30, 60) \approx 1.75$, $f_H(30, 60) \approx 0.3$을 추정했다. 따라서 선형근사는 다음과 같다.

$$f(T, H) \approx f(30, 60) + f_T(30, 60)(T - 30) + f_H(30, 60)(H - 60)$$
$$\approx 38 + 1.75(T - 30) + 0.3(H - 60)$$

특히 다음과 같다.

$$f(31, 62) \approx 38 + 1.75(1) + 0.3(2) = 40.35$$

따라서 $T = 31$℃, $H = 62$%일 때 열지수는 $I \approx 40.4$℃이다. ■

■ 미분

미분가능한 일변수함수 $y = f(x)$에 대해 미분 dx를 독립변수로 정의한다. 즉, dx는 임의의 실수로 주어질 수 있다. 이때 y의 미분을 다음과 같이 정의된다(2.9절 참조).

9 $$dy = f'(x)\, dx$$

그림 6은 증분 Δy와 미분 dy 사이의 관계를 보여 준다. 즉 x가 $dx = \Delta x$만큼 변할 때 Δy는 곡선 $y = f(x)$의 높이 변화를 나타내고, dy는 접선의 높이 변화를 나타낸다.

미분가능한 이변수함수 $z = f(x, y)$에 대해 **미분**(differentials) dx와 dy를 독립변수로 정의한다. 즉, dx와 dy는 임의의 값으로 주어질 수 있다. 그러면 **미분**(differential) dz는 다음과 같이 정의되고, 이것을 **전미분**(total differential)이라 한다(식 **9**와 비교해 보자).

접선
$y = f(a) + f'(a)(x - a)$
그림 6

10 $$dz = f_x(x, y)\, dx + f_y(x, y)\, dy = \frac{\partial z}{\partial x}\, dx + \frac{\partial z}{\partial y}\, dy$$

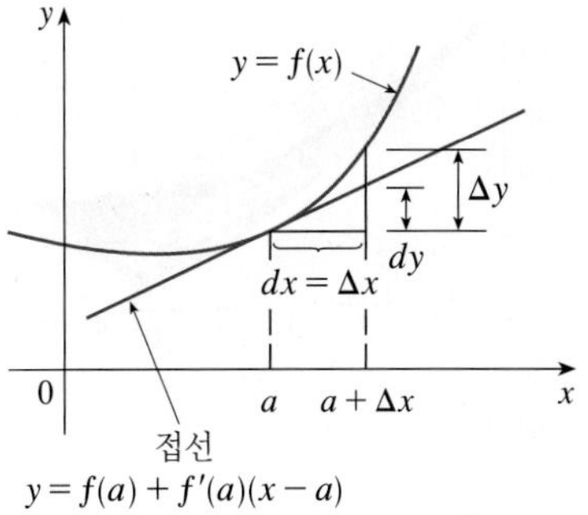

때때로 기호 dz 대신 df를 이용하기도 한다.

식 **10**에서 $dx = \Delta x = x - a$, $dy = \Delta y = y - b$로 선택하면, z의 미분은 다음과 같다.

$$dz = f_x(a, b)(x - a) + f_y(a, b)(y - b)$$

따라서 미분 기호를 이용하면 선형근사식 **4**는 다음과 같이 쓸 수 있다.

$$f(x, y) \approx f(a, b) + dz$$

그림 7은 그림 6에 상응하는 3차원 모양이고, 미분 dz와 증분 Δz에 대한 기하학적 해석을 보여 준다. 즉, (x, y)가 (a, b)에서 $(a + \Delta x, b + \Delta y)$까지 변할 때 dz는 접평면의 높이 변화를 나타내고, Δz는 곡면 $z = f(x, y)$의 높이 변화를 나타낸다.

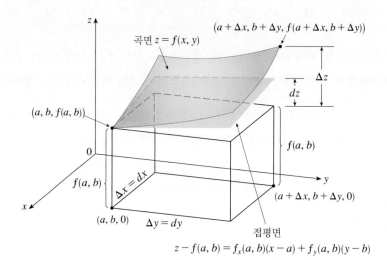

그림 7

《 **예제 4** 》

(a) $z = f(x, y) = x^2 + 3xy - y^2$일 때 미분 dz를 구하라.

(b) x가 2에서 2.05로 변하고 y가 3에서 2.96까지 변할 때 Δz와 dz의 값을 비교하라.

풀이

(a) 정의 **10**에 따르면 다음과 같다.

$$dz = \frac{\partial z}{\partial x} dx + \frac{\partial z}{\partial y} dy = (2x + 3y) \, dx + (3x - 2y) \, dy$$

(b) $x = 2$, $dx = \Delta x = 0.05$, $y = 3$, $dy = \Delta y = -0.04$로 놓으면 다음을 얻는다.

$$dz = [2(2) + 3(3)]0.05 + [3(2) - 2(3)](-0.04) = 0.65$$

z의 증분은 다음과 같다.

$$\begin{aligned}
\Delta z &= f(2.05, 2.96) - f(2, 3) \\
&= [(2.05)^2 + 3(2.05)(2.96) - (2.96)^2] - [2^2 + 3(2)(3) - 3^2] \\
&= 0.6449
\end{aligned}$$

$\Delta z \approx dz$이지만 dz가 계산하기 더 쉽다. ■

예제 4에서 dz는 Δz에 가깝다. 왜냐하면 $(2, 3, 13)$의 부근에서 접평면이 곡면 $z = x^2 + 3xy - y^2$에 대한 좋은 근사이기 때문이다(그림 8 참조).

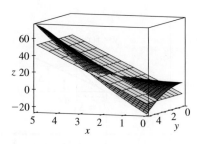

그림 8

《예제 5》 직원뿔의 밑면의 반지름과 높이가 각각 10 cm, 25 cm이고, 측정할 때 각각 ε cm 만큼 오차가 가능하다.

(a) 미분을 이용해서 원뿔의 계산에서 최대 오차를 추정하라.

(b) 반지름과 높이가 0.1 cm 오차로 측정될 때, 부피 계산에서 최대 추정오차는 얼마인가?

풀이

(a) 반지름 r과 높이 h인 원뿔의 부피 V는 $V = \pi r^2 h/3$이다. 따라서 V의 미분은 다음과 같다.

$$dV = \frac{\partial V}{\partial r}\,dr + \frac{\partial V}{\partial h}\,dh = \frac{2\pi r h}{3}\,dr + \frac{\pi r^2}{3}\,dh$$

각각 최대 오차가 ε cm이므로 $|\Delta x| \le \varepsilon$, $|\Delta y| \le \varepsilon$이다. 부피에 대한 최대 오차를 추정하기 위해 r과 h의 측정에서 최대 오차를 택한다. 이를 위해 $dr = \varepsilon$, $dh = \varepsilon$, $r = 10$, $h = 25$를 취하면 다음을 얻는다.

$$\Delta V \approx dV = \frac{500\pi}{3}\varepsilon + \frac{100\pi}{3}\varepsilon = 200\pi\varepsilon$$

따라서 부피 계산에서 최대 오차는 약 $200\pi\varepsilon$ cm³이다.

(b) 측정에서 최대 오차가 $\varepsilon = 0.1$ cm이면 $dV = 200\pi(0.1) \approx 63$이므로 부피에 대한 최대 추정오차는 63 cm³이다(원뿔의 측정된 부피가 $V = \pi(10)^2(25)/3 \approx 2618$이므로 상대오차는 $63/2618 \approx 0.024$ 또는 2.4%이다). ■

■ 삼변수 이상의 함수

선형근사, 미분가능성, 미분은 삼변수 이상의 함수에서도 같은 방법으로 정의할 수 있다. 미분가능한 함수는 정의 ⑦에서와 비슷한 표현으로 정의할 수 있다. 그와 같은 함수들에 대한 **선형근사**(linear approximation)는 다음과 같이 주어진다.

$$f(x, y, z) \approx f(a, b, c) + f_x(a, b, c)(x - a) + f_y(a, b, c)(y - b) + f_z(a, b, c)(z - c)$$

그리고 선형화 $L(x, y, z)$는 위 식의 우변이다.

$w = f(x, y, z)$이면, w의 **증분**(increment)은 다음과 같다.

$$\Delta w = f(x + \Delta x, y + \Delta y, z + \Delta z) - f(x, y, z)$$

미분(differential) dw는 독립변수인 미분 dx, dy, dz로 다음과 같이 정의한다.

$$dw = \frac{\partial w}{\partial x}\,dx + \frac{\partial w}{\partial y}\,dy + \frac{\partial w}{\partial z}\,dz$$

《예제 6》 직육면체 상자의 치수가 각각 75 cm, 60 cm, 40 cm이고 측정오차는 각각 ε cm 이내이다.

(a) 상자의 부피가 이러한 측정에 의해 계산될 때, 미분을 이용해서 부피의 가능한 최대

오차를 추정하라.

(b) 측정된 치수들이 0.2 cm 이내에서 정확할 때, 부피의 계산에서 최대 추정오차는 얼마인가?

풀이

(a) 상자의 치수가 x, y, z이면 부피는 $V = xyz$이다. 따라서 다음을 얻는다.

$$dV = \frac{\partial V}{\partial x}\,dx + \frac{\partial V}{\partial y}\,dy + \frac{\partial V}{\partial z}\,dz = yz\,dx + xz\,dy + xy\,dz$$

$|\Delta x| \le \varepsilon$, $|\Delta y| \le \varepsilon$, $|\Delta z| \le \varepsilon$이므로 부피에 대한 최대 오차를 추정하기 위해 $dx = \varepsilon$, $dy = \varepsilon$, $dz = \varepsilon$, $x = 75$, $y = 60$, $z = 40$을 사용하여 다음을 얻는다.

$$\Delta V \approx dV = (60)(40)\varepsilon + (75)(40)\varepsilon + (75)(60)\varepsilon = 9900\varepsilon$$

따라서 부피 계산에서 최대 오차는 각 치수에서 택한 오차보다 큰 약 9900배이다.

(b) 각 치수의 측정에서 최대 오차가 $\varepsilon = 0.2$ cm이면 $dV = 9900(0.2) = 1980$이므로 각 치수의 측정에서 0.2 cm의 오차가 부피 계산에는 근사적으로 1980 cm^{3}의 오차를 야기한다(이 오차는 매우 커 보이지만 오차는 상자 부피의 약 1%임을 확인할 수 있다). ∎

13.4 │ 연습문제

1. 그림과 같은 곡면 $f(x, y) = 16 - x^2 - y^2$의 $(2, 2, 8)$에서의 접평면의 방정식을 구하라.

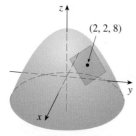

$z = 16 - x^2 - y^2$

2-5 지정된 점에서 다음 곡면에 대한 접평면의 방정식을 구하라.

2. $z = 2x^2 + y^2 - 5y$, $(1, 2, -4)$

3. $z = e^{x-y}$, $(2, 2, 1)$

4. $z = 2\sqrt{y}/x$, $(-1, 1, -2)$

5. $z = x\sin(x + y)$, $(-1, 1, 0)$

6. 다음 곡면과 주어진 점에서 접평면의 그래프를 그려라. (접평면과 곡면의 모양이 잘 보이도록 정의역과 바라보는 관점을 설정한다.) 곡면과 접평면을 구분할 수 없을 때까지 확대하라.

$$z = x^2 + xy + 3y^2, \quad (1, 1, 5)$$

7. 함수 f의 그래프와 주어진 점에서의 접평면을 그려라. (컴퓨터를 이용해서 편도함수를 구하라.) 곡면과 접평면을 구분할 수 없을 때까지 확대하라.

$$f(x, y) = \frac{1 + \cos^2(x - y)}{1 + \cos^2(x + y)}, \quad \left(\frac{\pi}{3}, \frac{\pi}{6}, \frac{7}{4}\right)$$

8-11 다음 함수가 주어진 점에서 미분가능한 이유를 설명하라. 그리고 그 점에서 함수의 선형화 $L(x, y)$를 구하라.

8. $f(x, y) = x^3 y^2$, $(-2, 1)$

9. $f(x, y) = 1 + x\ln(xy - 5)$, $(2, 3)$

10. $f(x, y) = x^2 e^y$, $(1, 0)$

11. $f(x, y) = 4\arctan(xy)$, $(1, 1)$

12. $(0, 0)$에서 선형근사 $e^x \cos(xy) \approx x + 1$을 보여라.

13. f가 미분가능한 함수이고 $f(2, 5) = 6$, $f_x(2, 5) = 1$, $f_y(2, 5) = -1$일 때, 선형근사를 이용해서 $f(2.2, 4.9)$를 추정하라.

14. (3, 2, 6)에서 함수 $f(x, y, z) = \sqrt{x^2 + y^2 + z^2}$의 선형근사를 구하라. 이것을 이용해서 $\sqrt{(3.02)^2 + (1.97)^2 + (5.99)^2}$의 근삿값을 구하라.

15. 예제 3에 주어진 표를 이용해서 기온이 약 32℃이고, 상대습도가 약 65%일 때, 열지수함수의 선형근사를 구하라. 그리고 기온이 33℃, 상대습도가 63%일 때의 열지수를 추정하라.

16-19 다음 함수의 미분을 구하라.

16. $m = p^5 q^3$

17. $z = e^{-2x} \cos 2\pi t$

18. $H = x^2 y^4 + y^3 z^5$

19. $R = \alpha \beta^2 \cos \gamma$

20. $z = 5x^2 + y^2$이고, (x, y)가 (1, 2)에서 (1.05, 2.1)로 변할 때 Δz와 dz의 값을 비교하라.

21. 가로, 세로의 길이가 각각 30 cm, 24 cm인 직사각형이 있다. 최대 측정오차는 각각 많아야 0.1 cm라고 한다. 미분을 이용해서 직사각형 넓이를 계산할 때 최대 오차를 추정하라.

22. 미분을 이용하여 지름 8 cm, 높이 12 cm, 두께 0.04 cm인 뚜껑이 닫힌 양철 깡통의 양을 추정하라.

23. 직원기둥의 반지름이 1 m, 높이가 4 m로 측정되었다. 측정값은 기껏해야 ε(ft)의 오차를 갖는다고 가정하자.

(a) 미분을 이용하여 원기둥의 부피를 계산할 때, 최대 오차를 추정하라.

(b) 만약에 계산된 부피가 실제로 1(ft³) 이내이면, ε의 최대 허용값을 구하라.

24. 그림과 같은 요요의 끈에 대한 장력 T는 다음과 같다.

$$T = \frac{mgR}{2r^2 + R^2}$$

여기서 m은 요요의 질량이고 g는 중력가속도이다. R가 3 cm에서 3.1 cm로 증가하고 r가 0.7 cm에서 0.8 cm로 증가할 때 미분을 이용해서 장력의 변화를 추정하라. 장력은 증가하는가, 감소하는가?

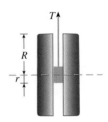

25. 저항이 R_1, R_2, R_3인 세 저항기를 병렬로 연결할 때, 전체 저항 R는 다음과 같다.

$$\frac{1}{R} = \frac{1}{R_1} + \frac{1}{R_2} + \frac{1}{R_3}$$

저항이 $R_1 = 25 \ \Omega$, $R_2 = 40 \ \Omega$, $R_3 = 50 \ \Omega$으로 측정되고 각각의 허용오차가 0.5%일 경우, R를 계산할 때 최대 오차를 추정하라.

26. 13.1절의 연습문제 20과 13.3절의 예제 4에서 사람의 신체 질량지수를 $B(m, h) = m/h^2$으로 정의했다. 여기서 m은 몸무게(kg), h는 키(m)이다.

(a) 몸무게 23 kg, 키 1.10 m인 어린이의 $B(m, h)$에 대한 선형근사식을 구하라.

(b) 어린이의 몸무게가 1 kg 증가하고, 키가 3 cm 커질때 선형근사를 이용해서 새로운 BMI를 추정하라. 실제 새로운 BMI와 비교하라.

27. f가 (a, b)에서 미분가능한 이변수함수이면, f는 (a, b)에서 연속임을 보여라.

[힌트: $\lim_{(\Delta x, \Delta y) \to (0, 0)} f(a + \Delta x, b + \Delta y) = f(a, b)$를 보인다.]

13.5 | 연쇄법칙

일변수함수에 대한 연쇄법칙은 합성함수의 미분에 대한 법칙을 제공한다는 것을 상기하자. $y = f(x)$이고 $x = g(t)$이며 f와 g가 미분가능한 함수이면, y는 간접적으로 t에 관해 미분가능한 함수이고 다음이 성립한다.

$$\frac{dy}{dt} = \frac{dy}{dx} \frac{dx}{dt}$$

이 절에서는 연쇄법칙을 이변수 이상의 함수로 확장한다.

■ 연쇄법칙: 경우 1

이변수 이상의 함수에 대해 여러 형태의 연쇄법칙이 있으며, 각각은 합성함수를 미분하는 법칙을 제공한다. 첫 번째 성질(정리 ①)은 $z = f(x, y)$인 경우를 다루고, 각각의 변수 x, y는 변수 t의 함수이다. 이것은 z가 간접적으로 t의 함수, 즉 $z = f(g(t), h(t))$이고 연쇄법칙은 t의 함수로서 z를 미분하는 공식을 제공한다. f가 미분가능하다고 하자(13.4절의 정의 ⑦). 13.4절의 정리 ⑧로부터 이것은 f_x와 f_y가 연속인 경우에 성립함을 상기하자.

> **① 연쇄법칙(경우 1)** $z = f(x, y)$가 x와 y에 관해 미분가능한 함수이고, $x = g(t)$와 $y = h(t)$가 모두 t에 관해 미분가능한 함수라고 가정하자. 그러면 z는 t에 관해 미분가능한 함수이고 다음이 성립한다.
>
> $$\frac{dz}{dt} = \frac{\partial f}{\partial x}\frac{dx}{dt} + \frac{\partial f}{\partial y}\frac{dy}{dt}$$

증명 t가 Δt만큼 변하면 x와 y는 Δx, Δy만큼 변한다. 이에 따라 z는 Δz만큼 변하고, 13.4절의 정의 ⑦에 따라 다음을 얻는다.

$$\Delta z = \frac{\partial f}{\partial x}\Delta x + \frac{\partial f}{\partial y}\Delta y + \varepsilon_1 \Delta x + \varepsilon_2 \Delta y$$

여기서 $(\Delta x, \Delta y) \to (0, 0)$일 때 $\varepsilon_1 \to 0$, $\varepsilon_2 \to 0$이다. [함수 ε_1과 ε_2가 $(0, 0)$에서 정의되지 않지만, $(0, 0)$에서 ε_1과 ε_2으로 정의할 수 있다.] 이 식의 양변을 Δt로 나누면 다음을 얻는다.

$$\frac{\Delta z}{\Delta t} = \frac{\partial f}{\partial x}\frac{\Delta x}{\Delta t} + \frac{\partial f}{\partial y}\frac{\Delta y}{\Delta t} + \varepsilon_1 \frac{\Delta x}{\Delta t} + \varepsilon_2 \frac{\Delta y}{\Delta t}$$

$\Delta t \to 0$이라 하면 $\Delta x = g(t + \Delta t) - g(t) \to 0$이다. 왜냐하면 g가 미분가능하므로 연속이기 때문이다. 마찬가지로 $\Delta y \to 0$이다. 이것은 $\varepsilon_1 \to 0$이고 $\varepsilon_2 \to 0$임을 의미하고, 따라서 다음이 성립한다.

$$\frac{dz}{dt} = \lim_{\Delta t \to 0} \frac{\Delta z}{\Delta t}$$

$$= \frac{\partial f}{\partial x}\lim_{\Delta t \to 0}\frac{\Delta x}{\Delta t} + \frac{\partial f}{\partial y}\lim_{\Delta t \to 0}\frac{\Delta y}{\Delta t} + \left(\lim_{\Delta t \to 0}\varepsilon_1\right)\lim_{\Delta t \to 0}\frac{\Delta x}{\Delta t} + \left(\lim_{\Delta t \to 0}\varepsilon_2\right)\lim_{\Delta t \to 0}\frac{\Delta y}{\Delta t}$$

$$= \frac{\partial f}{\partial x}\frac{dx}{dt} + \frac{\partial f}{\partial y}\frac{dy}{dt} + 0 \cdot \frac{dx}{dt} + 0 \cdot \frac{dy}{dt}$$

$$= \frac{\partial f}{\partial x}\frac{dx}{dt} + \frac{\partial f}{\partial y}\frac{dy}{dt}$$

■

종종 $\partial f / \partial x$ 대신 $\partial z / \partial x$로 쓰기도 하므로, 연쇄법칙을 다음과 같은 형태로 다시 쓸 수 있다.

$$\frac{dz}{dt} = \frac{\partial z}{\partial x} \frac{dx}{dt} + \frac{\partial z}{\partial y} \frac{dy}{dt}$$

다음과 같은 미분의 정의와 유사함에 유의하자.

$$dz = \frac{\partial z}{\partial x} dx + \frac{\partial z}{\partial y} dy$$

《예제 1》 $x = \sin 2t$, $y = \cos t$, $z = x^2 y + 3xy^4$일 때 $t = 0$에서 dz/dt를 구하라.

풀이 연쇄법칙에 따라 다음을 얻는다.

$$\frac{dz}{dt} = \frac{\partial z}{\partial x} \frac{dx}{dt} + \frac{\partial z}{\partial y} \frac{dy}{dt}$$

$$= (2xy + 3y^4)(2 \cos 2t) + (x^2 + 12xy^3)(-\sin t)$$

x, y에 대한 표현을 다시 t로 바꿔 쓸 필요는 없다. $t = 0$일 때 $x = \sin 0 = 0$, $y = \cos 0 = 1$이므로 다음과 같다.

$$\left.\frac{dz}{dt}\right|_{t=0} = (0 + 3)(2 \cos 0) + (0 + 0)(-\sin 0) = 6 \quad \blacksquare$$

예제 1의 도함수는 점 (x, y)가 매개변수방정식이 $x = \sin 2t$, $y = \cos t$인 곡선 C를 따라 움직이는 t에 관한 z의 변화율로 해석할 수 있다(그림 1 참조). 특히 $t = 0$일 때 점 (x, y)는 $(0, 1)$이므로, $dz/dt = 6$은 곡선 C를 따라 그 위의 점 $(0, 1)$을 지날 때 증가율이다. 예를 들어 $z = T(x, y) = x^2 y + 3xy^4$이 점 (x, y)에서 온도를 나타내면, 합성함수 $z = T(\sin 2t, \cos t)$는 곡선 C에 있는 점의 온도를 나타내고, dz/dt는 C를 따라 움직일 때 온도의 변화율을 나타낸다.

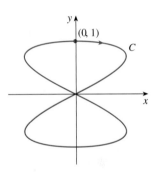

그림 1 $x = \sin 2t$, $y = \cos t$

《예제 2》 이상기체 1 mol에서 압력 P(kPa), 부피 V(L), 온도 T(K)의 관계는 방정식 $PV = 8.31T$로 주어진다. 온도가 300 K이고 온도변화율이 0.1 K/s, 부피가 100 L이고 부피변화율이 0.2 L/s일 때, 압력 P의 변화율을 구하라.

풀이 t가 경과된 시간(초)을 나타내면, 주어진 순간에 $T = 300$, $dT/dt = 0.1$, $V = 100$, $dV/dt = 0.2$이다.

$$P = 8.31 \frac{T}{V}$$

그러므로 연쇄법칙에 따라 다음을 얻는다.

$$\frac{dP}{dt} = \frac{\partial P}{\partial T} \frac{dT}{dt} + \frac{\partial P}{\partial V} \frac{dV}{dt} = \frac{8.31}{V} \frac{dT}{dt} - \frac{8.31T}{V^2} \frac{dV}{dt}$$

$$= \frac{8.31}{100}(0.1) - \frac{8.31(300)}{100^2}(0.2) = -0.04155$$

압력은 약 0.042 kPa/s의 비율로 감소한다. $\quad \blacksquare$

■ 연쇄법칙: 경우 2

이제 $z = f(x, y)$이고, x와 y는 각각 s와 t의 이변수함수 $x = g(s, t)$, $y = h(s, t)$인 상황을 생각해 보자. 그러면 z는 간접적으로 s와 t의 함수이고, $\partial z/\partial s$와 $\partial z/\partial t$를 구하고자 한다. $\partial z/\partial t$를 계산할 때 s를 고정하고 t에 관해 z의 도함수를 계산한다. 따라서 정리 ①을 적용해서 다음을 얻는다.

$$\frac{\partial z}{\partial t} = \frac{\partial z}{\partial x}\frac{\partial x}{\partial t} + \frac{\partial z}{\partial y}\frac{\partial y}{\partial t}$$

$\partial z/\partial s$에 대해 비슷한 논의가 성립하므로 다음 연쇄법칙을 증명할 수 있다.

> ② **연쇄법칙(경우 2)** $z = f(x, y)$가 x와 y의 미분가능한 함수이고, $x = g(s, t)$와 $y = h(s, t)$가 모두 s와 t의 미분가능한 함수라고 가정하자. 그러면 다음이 성립한다.
> $$\frac{\partial z}{\partial s} = \frac{\partial z}{\partial x}\frac{\partial x}{\partial s} + \frac{\partial z}{\partial y}\frac{\partial y}{\partial s}, \qquad \frac{\partial z}{\partial t} = \frac{\partial z}{\partial x}\frac{\partial x}{\partial t} + \frac{\partial z}{\partial y}\frac{\partial y}{\partial t}$$

《예제 3》 $x = st^2$, $y = s^2 t$, $z = e^x \sin y$일 때 $\partial z/\partial s$와 $\partial z/\partial t$를 구하라.

풀이 연쇄법칙(경우 2)을 이용하면 다음과 같다.

$$\frac{\partial z}{\partial s} = \frac{\partial z}{\partial x}\frac{\partial x}{\partial s} + \frac{\partial z}{\partial y}\frac{\partial y}{\partial s} = (e^x \sin y)(t^2) + (e^x \cos y)(2st)$$

$$\frac{\partial z}{\partial t} = \frac{\partial z}{\partial x}\frac{\partial x}{\partial t} + \frac{\partial z}{\partial y}\frac{\partial y}{\partial t} = (e^x \sin y)(2st) + (e^x \cos y)(s^2)$$

원한다면, $x = st^2$, $y = s^2 t$를 대입하여 $\partial z/\partial s$와 $\partial z/\partial t$를 단지 s와 t로 새롭게 표현할 수 있다.

$$\frac{\partial z}{\partial s} = t^2 e^{st^2} \sin(s^2 t) + 2st e^{st^2} \cos(s^2 t)$$

$$\frac{\partial z}{\partial t} = 2st e^{st^2} \sin(s^2 t) + s^2 e^{st^2} \cos(s^2 t)$$ ■

연쇄법칙(경우 2)에는 세 가지 유형의 변수가 있다. 즉, s와 t는 **독립변수**(independent), x와 y는 **중간변수**(intermediate), z는 **종속변수**(dependent)이다. 정리 ②의 식에는 각 중간변수의 항이 하나씩 들어 있는데, 이런 각 항은 식 ①의 1차원 연쇄법칙과 유사하다(3.4절의 방정식 ② 참조).

연쇄법칙을 기억하는 데 그림 2에 있는 **수형도**(tree diagram)를 그리는 것이 도움이 된다. z가 x, y의 함수임을 알 수 있도록 종속변수 z로부터 중간변수 x, y까지 나뭇가지를 그린다. 또한 x, y로부터 독립변수 s, t까지 나뭇가지를 그린다. 그리고 각 가지에 대응하는 편도함수를 쓴다. $\partial z/\partial s$를 구하려면 z부터 s까지 각 경로를 따라 편도함수를 곱하고, 다시 이것을 다음과 같이 더한다.

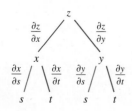

그림 2

$$\frac{\partial z}{\partial s} = \frac{\partial z}{\partial x} \frac{\partial x}{\partial s} + \frac{\partial z}{\partial y} \frac{\partial y}{\partial s}$$

마찬가지로 $\partial z/\partial t$는 z부터 t까지 경로를 이용해서 구할 수 있다.

■ 연쇄법칙: 일반 형태

이제 일반적인 경우를 생각해 보자. 종속변수 u는 n개의 중간변수 $x_1, \ldots, x_n$의 함수이고, 이것은 각각 m개의 독립변수 $t_1, \ldots, t_m$ 함수이다. 각각의 중간변수에 대해 하나씩 모두 n개의 항이 있음에 주목하자. 이 증명은 경우 1과 비슷하다.

> **3 연쇄법칙(일반 형태)** u는 n개의 변수 $x_1, x_2, \ldots, x_n$의 미분가능한 함수이고, 각 x_j는 m개의 $t_1, t_2, \ldots, t_m$의 미분가능한 함수라 가정하자. 그러면 u는 $t_1, t_2, \ldots, t_m$ 함수이고, $i = 1, 2, \ldots, m$에 대해 다음이 성립한다.
>
> $$\frac{\partial u}{\partial t_i} = \frac{\partial u}{\partial x_1} \frac{\partial x_1}{\partial t_i} + \frac{\partial u}{\partial x_2} \frac{\partial x_2}{\partial t_i} + \cdots + \frac{\partial u}{\partial x_n} \frac{\partial x_n}{\partial t_i}$$

《예제 4》 다음 경우에 대한 연쇄법칙을 쓰라.

$$w = f(x, y, z, t), \ x = x(u, v), \ y = y(u, v), \ z = z(u, v), \ t = t(u, v)$$

풀이 정리 **3**에 $n = 4$, $m = 2$인 경우를 적용하자. 그림 3은 이에 대한 수형도이다. 나뭇가지 위에 편도함수를 적지 않더라도, 가지가 y에서 u로 가면 그 가지에서의 편도함수는 $\partial y/\partial u$로 이해된다. 수형도를 이용해서 요구되는 표현을 다음과 같이 쓸 수 있다.

$$\frac{\partial w}{\partial u} = \frac{\partial w}{\partial x} \frac{\partial x}{\partial u} + \frac{\partial w}{\partial y} \frac{\partial y}{\partial u} + \frac{\partial w}{\partial z} \frac{\partial z}{\partial u} + \frac{\partial w}{\partial t} \frac{\partial t}{\partial u}$$

$$\frac{\partial w}{\partial v} = \frac{\partial w}{\partial x} \frac{\partial x}{\partial v} + \frac{\partial w}{\partial y} \frac{\partial y}{\partial v} + \frac{\partial w}{\partial z} \frac{\partial z}{\partial v} + \frac{\partial w}{\partial t} \frac{\partial t}{\partial v}$$ ■

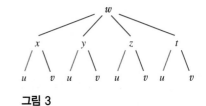

그림 3

《예제 5》 $x = rse^t$, $y = rs^2 e^{-t}$, $z = r^2 s \sin t$이고 $u = x^4 y + y^2 z^3$이면 $r = 2, s = 1, t = 0$일 때 $\partial u/\partial s$의 값을 구하라.

풀이 그림 4의 수형도의 도움을 받아 다음을 얻는다.

$$\frac{\partial u}{\partial s} = \frac{\partial u}{\partial x} \frac{\partial x}{\partial s} + \frac{\partial u}{\partial y} \frac{\partial y}{\partial s} + \frac{\partial u}{\partial z} \frac{\partial z}{\partial s}$$

$$= (4x^3 y)(re^t) + (x^4 + 2yz^3)(2rse^{-t}) + (3y^2 z^2)(r^2 \sin t)$$

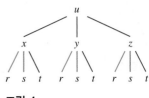

그림 4

한편 $r = 2, s = 1, t = 0$일 때 $x = 2, y = 2, z = 0$이므로 다음과 같다.

$$\frac{\partial u}{\partial s} = (64)(2) + (16)(4) + (0)(0) = 192$$ ■

《예제 6》 $g(s, t) = f(s^2 - t^2, t^2 - s^2)$이고 f가 미분가능할 때, g가 방정식
$t \dfrac{\partial g}{\partial s} + s \dfrac{\partial g}{\partial t} = 0$을 만족함을 보여라.

풀이 $x = s^2 - t^2$, $y = t^2 - s^2$이라 하자. 그러면 $g(s, t) = f(x, y)$이고, 연쇄법칙에 따라 다음을 얻는다.

$$\frac{\partial g}{\partial s} = \frac{\partial f}{\partial x}\frac{\partial x}{\partial s} + \frac{\partial f}{\partial y}\frac{\partial y}{\partial s} = \frac{\partial f}{\partial x}(2s) + \frac{\partial f}{\partial y}(-2s)$$

$$\frac{\partial g}{\partial t} = \frac{\partial f}{\partial x}\frac{\partial x}{\partial t} + \frac{\partial f}{\partial y}\frac{\partial y}{\partial t} = \frac{\partial f}{\partial x}(-2t) + \frac{\partial f}{\partial y}(2t)$$

그러므로 다음이 성립한다.

$$t\frac{\partial g}{\partial s} + s\frac{\partial g}{\partial t} = \left(2st\frac{\partial f}{\partial x} - 2st\frac{\partial f}{\partial y}\right) + \left(-2st\frac{\partial f}{\partial x} + 2st\frac{\partial f}{\partial y}\right) = 0 \quad \blacksquare$$

《예제 7》 $z = f(x, y)$가 연속인 2계 편도함수를 가지며, $x = r^2 + s^2$이고 $y = 2rs$일 때, (a) $\partial z/\partial r$와 (b) $\partial^2 z/\partial r^2$을 구하라.

풀이

(a) 연쇄법칙에 따라 다음을 얻는다.

$$\frac{\partial z}{\partial r} = \frac{\partial z}{\partial x}\frac{\partial x}{\partial r} + \frac{\partial z}{\partial y}\frac{\partial y}{\partial r} = \frac{\partial z}{\partial x}(2r) + \frac{\partial z}{\partial y}(2s)$$

(b) (a)의 결과식에 미분에 관한 곱의 법칙을 적용하면 다음을 얻는다.

$$\frac{\partial^2 z}{\partial r^2} = \frac{\partial}{\partial r}\left(2r\frac{\partial z}{\partial x} + 2s\frac{\partial z}{\partial y}\right)$$

4

$$= 2\frac{\partial z}{\partial x} + 2r\frac{\partial}{\partial r}\left(\frac{\partial z}{\partial x}\right) + 2s\frac{\partial}{\partial r}\left(\frac{\partial z}{\partial y}\right)$$

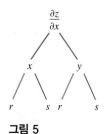

$\dfrac{\partial z}{\partial x}$

x y

r s r s

그림 5

연쇄법칙을 다시 적용해서 다음을 얻는다(그림 5 참조).

$$\frac{\partial}{\partial r}\left(\frac{\partial z}{\partial x}\right) = \frac{\partial}{\partial x}\left(\frac{\partial z}{\partial x}\right)\frac{\partial x}{\partial r} + \frac{\partial}{\partial y}\left(\frac{\partial z}{\partial x}\right)\frac{\partial y}{\partial r} = \frac{\partial^2 z}{\partial x^2}(2r) + \frac{\partial^2 z}{\partial y\,\partial x}(2s)$$

$$\frac{\partial}{\partial r}\left(\frac{\partial z}{\partial y}\right) = \frac{\partial}{\partial x}\left(\frac{\partial z}{\partial y}\right)\frac{\partial x}{\partial r} + \frac{\partial}{\partial y}\left(\frac{\partial z}{\partial y}\right)\frac{\partial y}{\partial r} = \frac{\partial^2 z}{\partial x\,\partial y}(2r) + \frac{\partial^2 z}{\partial y^2}(2s)$$

이 식들을 식 **4**에 대입하고 혼합 2계 편도함수들에 대한 상등을 이용하면 다음을 얻는다.

$$\frac{\partial^2 z}{\partial r^2} = 2\frac{\partial z}{\partial x} + 2r\left(2r\frac{\partial^2 z}{\partial x^2} + 2s\frac{\partial^2 z}{\partial y\,\partial x}\right) + 2s\left(2r\frac{\partial^2 z}{\partial x\,\partial y} + 2s\frac{\partial^2 z}{\partial y^2}\right)$$

$$= 2 \frac{\partial z}{\partial x} + 4r^2 \frac{\partial^2 z}{\partial x^2} + 8rs \frac{\partial^2 z}{\partial x \, \partial y} + 4s^2 \frac{\partial^2 z}{\partial y^2}$$

■ 음함수 미분법

연쇄법칙은 2.6절과 13.3절에서 소개한 음함수 미분법의 과정을 좀 더 완벽하게 설명하는 데 이용된다. $F(x, y) = 0$ 형태의 방정식이 y를 x의 미분가능한 함수로써 음함수적으로 정의된다고 하자. 다시 말하면 f의 정의역에 있는 모든 x에 대해 $F(x, f(x)) = 0$인 $y = f(x)$를 의미한다. F가 미분가능하면, 연쇄법칙(경우 1)을 적용해서 x에 관해 식 $F(x, y) = 0$의 양변을 미분할 수 있다. x와 y는 모두 x의 함수이므로 다음을 얻는다.

$$\frac{\partial F}{\partial x} \frac{dx}{dx} + \frac{\partial F}{\partial y} \frac{dy}{dx} = 0$$

그러나 $dx/dx = 1$이므로, $\partial F/\partial y \neq 0$일 때 dy/dx에 대해 풀면 다음을 얻는다.

⑤
$$\frac{dy}{dx} = -\frac{\dfrac{\partial F}{\partial x}}{\dfrac{\partial F}{\partial y}} = -\frac{F_x}{F_y}$$

이 방정식을 유도하기 위해 $F(x, y) = 0$이 y를 x의 음함수로 정의한다고 가정했다. 고등 미적분학에서 증명하는 **음함수 정리**(Implicit Function Theorem)는 이런 가정이 타당하도록 조건을 제시한다. 즉, F가 (a, b)를 포함하는 원판에서 정의되고, $F(a, b) = 0$, $F_y(a, b) \neq 0$이고 F_x와 F_y가 원판에서 연속이면, 점 (a, b) 부근에서 방정식 $F(x, y) = 0$은 y를 x의 함수로 정의한다. 또한 이 함수의 도함수는 식 ⑤에 따라 주어진다.

《 **예제 8** 》 $x^3 + y^3 = 6xy$일 때 y'을 구하라.

풀이 주어진 식은 다음과 같이 쓸 수 있다.

$$F(x, y) = x^3 + y^3 - 6xy = 0$$

따라서 식 ⑤에 의해 다음을 얻는다.

$$\frac{dy}{dx} = -\frac{F_x}{F_y} = -\frac{3x^2 - 6y}{3y^2 - 6x} = -\frac{x^2 - 2y}{y^2 - 2x}$$

예제 8의 풀이를 2.6절의 예제 2의 풀이와 ■ 비교해 보자.

이제 z가 방정식 $F(x, y, z) = 0$에 함수 $z = f(x, y)$와 같이 음함수로 주어진다고 하자. 이것은 f의 정의역의 모든 (x, y)에 대해 $F(x, y, f(x, y)) = 0$을 의미한다. F와 f가 미분가능하면 다음과 같이 연쇄법칙을 이용해서 식 $F(x, y, z) = 0$을 미분할 수 있다.

$$\frac{\partial F}{\partial x}\frac{\partial x}{\partial x} + \frac{\partial F}{\partial y}\frac{\partial y}{\partial x} + \frac{\partial F}{\partial z}\frac{\partial z}{\partial x} = 0$$

그러나 $\frac{\partial}{\partial x}(x) = 1$, $\frac{\partial}{\partial x}(y) = 0$이므로 위 식은 다음과 같다.

$$\frac{\partial F}{\partial x} + \frac{\partial F}{\partial z}\frac{\partial z}{\partial x} = 0$$

$\partial F/\partial z \neq 0$이면 $\partial z/\partial x$에 대해 풀 때 식 $\boxed{6}$에 있는 첫 번째 공식을 얻는다. $\partial z/\partial y$에 대한 공식도 비슷한 방법으로 얻는다.

$$\boxed{6} \qquad \frac{\partial z}{\partial x} = -\frac{\dfrac{\partial F}{\partial x}}{\dfrac{\partial F}{\partial z}} = -\frac{F_x}{F_z}, \qquad \frac{\partial z}{\partial y} = -\frac{\dfrac{\partial F}{\partial y}}{\dfrac{\partial F}{\partial z}} = -\frac{F_y}{F_z}$$

다시 **음함수 정리**(Implicit Function Theorem)의 한 형태는 다음 가정이 타당한 조건을 명시한다. 즉, F가 (a, b, c)를 포함하는 구 안에서 정의되고, $F(a, b, c) = 0$, $F_z(a, b, c) \neq 0$이고 구 안의 모든 점에서 F_x, F_y, F_z가 연속이면, 점 (a, b, c)의 부근에서 $F(x, y, z) = 0$은 z를 x, y의 함수로서 정의하고 이 함수는 미분가능하며 식 $\boxed{6}$에 의해 이 함수의 편도함수를 구할 수 있다.

《**예제 9**》 $x^3 + y^2 + z^3 + 6xyz + 4 = 0$일 때 $\partial z/\partial x$와 $\partial z/\partial y$를 구하라.

풀이 $F(x, y, z) = x^3 + y^3 + z^3 + 6xyz + 4$라 하자. 식 $\boxed{6}$에 따라 다음과 같이 계산된다.

예제 9의 풀이를 13.3절의 예제 5의 풀이와 비교해 보자.

$$\frac{\partial z}{\partial x} = -\frac{F_x}{F_z} = -\frac{3x^2 + 6yz}{3z^2 + 6xy} = -\frac{x^2 + 2yz}{z^2 + 2xy}$$

$$\frac{\partial z}{\partial y} = -\frac{F_y}{F_z} = -\frac{3y^2 + 6xz}{3z^2 + 6xy} = -\frac{y^2 + 2xz}{z^2 + 2xy}$$ ■

=== **13.5** | **연습문제** ===

1. 연쇄법칙을 사용하는 방법과 x, y를 대입하여 z를 t의 함수로 만드는 방법으로 dz/dt를 구하라. 두 답이 일치하는가?
$$z = x^2 y + xy^2, \quad x = 3t, \quad y = t^2$$

2-4 연쇄법칙을 이용해서 dz/dt 또는 dw/dt를 구하라.

2. $z = xy^3 - x^2 y, \quad x = t^2 + 1, \quad y = t^2 - 1$

3. $z = \sin x \cos y, \quad x = \sqrt{t}, \quad y = 1/t$

4. $w = xe^{y/z}, \quad x = t^2, \quad y = 1 - t, \quad z = 1 + 2t$

5. 연쇄법칙을 사용하는 방법과 x, y를 대입하여 z를 s와 t의 함수로 만드는 방법으로 $\partial t/\partial s$, $\partial z/\partial t$를 구하라. 두 답이 일치하는가?
$$z = x^2 + y^2, \quad x = 2s + 3t, \quad y = s + t$$

6-8 연쇄법칙을 이용해서 $\partial z/\partial s$와 $\partial z/\partial t$를 구하라.

6. $z = (x - y)^5, \quad x = s^2 t, \quad y = st^2$

7. $z = \ln(3x + 2y), \quad x = s \sin t, \quad y = t \cos s$

8. $z = (\sin\theta)/r$, $r = st$, $\theta = s^2 + t^2$

---

9. f는 x와 y의 미분가능한 함수이고 $p(t) = f(g(t), h(t))$, $g(2) = 4$, $g'(2) = -3$, $h(2) = 5$, $h'(2) = 6$, $f_x(4, 5) = 2$, $f_y(4, 5) = 8$일 때 $p'(2)$를 구하라.

10. f는 x와 y의 미분가능한 함수이고 $g(u, v) = f(e^u + \sin v, e^u + \cos v)$일 때, 다음 함숫값의 표를 이용해서 $g_u(0, 0)$, $g_v(0, 0)$을 계산하라.

	f	g	f_x	f_y
$(0, 0)$	3	6	4	8
$(1, 2)$	6	3	2	5

11-12 수형도를 이용해서 다음 함수의 연쇄법칙을 구하라. 모든 함수는 미분가능하다고 가정한다.

11. $u = f(x, y)$, $x = x(r, s, t)$, $y = y(r, s, t)$

12. $T = F(p, q, r)$, $p = p(x, y, z)$, $q = q(x, y, z)$, $r = r(x, y, z)$

13-15 연쇄법칙을 이용해서 지정된 편도함수를 구하라.

13. $z = x^4 + x^2 y$, $x = s + 2t - u$, $y = stu^2$;

$\dfrac{\partial z}{\partial s}$, $\dfrac{\partial z}{\partial t}$, $\dfrac{\partial z}{\partial u}$ ($s = 4, t = 2, u = 1$일 때)

14. $w = xy + yz + zx$, $x = r\cos\theta$, $y = r\sin\theta$, $z = r\theta$;

$\dfrac{\partial w}{\partial r}$, $\dfrac{\partial w}{\partial \theta}$ ($r = 2, \theta = \pi/2$일 때)

15. $N = \dfrac{p + q}{p + r}$, $p = u + vw$, $q = v + uw$, $r = w + uv$;

$\dfrac{\partial N}{\partial u}$, $\dfrac{\partial N}{\partial v}$, $\dfrac{\partial N}{\partial w}$ ($u = 2, v = 3, w = 4$일 때)

16-17 식 $\boxed{5}$을 이용해서 dy/dx를 구하라.

16. $y\cos x = x^2 + y^2$ **17.** $\tan^{-1}(x^2 y) = x + xy^2$

18-19 식 $\boxed{6}$을 이용해서 $\partial z/\partial x$, $\partial z/\partial y$를 구하라.

18. $x^2 + 2y^2 + 3z^2 = 1$ **19.** $e^z = xyz$

---

20. 점 (x, y)에서 섭씨온도를 $T(x, y)$라고 하자. t초 후 벌레의 위치가 $x = \sqrt{1 + t}$, $y = 2 + \frac{1}{3}t$라고 하자. x와 y의 단위는 cm이다. 온도함수가 $T_x(2, 3) = 4$, $T_y(2, 3) = 3$을 만족할 때 3초 후에 벌레의 경로에서 온도는 얼마나 빨리 올라가는가?

21. 염도 35‰인 바닷물을 통과하는 소리의 속력이 다음 식으로 주어진다.

$$C = 1449.2 + 4.6T - 0.055T^2 + 0.00029T^3 + 0.016D$$

여기서 C는 소리의 속력(m/s), T는 온도(℃), D는 수면으로부터 물의 깊이(m)이다. 다음 그래프는 스쿠버 다이버가 잠수할 때 시간에 따른 깊이와 주변 물의 온도를 기록한 것이다. 다이버가 20분 동안 잠수해 들어갈 때, 소리의 속력 C의 시간에 관한 변화율을 구하라. 이때 단위는 무엇인가?

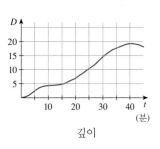
깊이

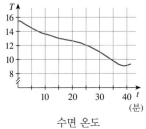
수면 온도

22. 한 상자의 길이 ℓ, 너비 w, 높이 h가 시간에 따라 변한다. 어떤 순간에 $\ell = 1$ m, $w = h = 2$ m이고, ℓ과 w는 2 m/s 비율로 증가하고 반면 h는 3 m/s 비율로 감소한다. 그 순간에 다음 양의 변화율을 구하라.

(a) 부피

(b) 곡면의 넓이

(c) 대각선의 길이

23. 이상기체 1 mol의 압력이 0.05 kPa/s의 비율로 증가하고, 온도가 0.15 K/s의 비율로 증가한다. 예제 2의 식 $PV = 8.31T$를 이용해서 압력이 20 kPa이고 온도가 320 K일 때 부피의 변화율을 구하라.

24. 삼각형의 한 변이 3 cm/s 비율로 증가하고 다른 변은 2 cm/s의 비율로 감소한다. 삼각형의 넓이가 일정하다면 첫 번째 변의 길이가 20 cm이고 다른 변이 30 cm, 사이의 각이 $\pi/6$일 때 변들 사이의 각의 변화율은 얼마인가?

25. $z = f(x, y)$, $x = r\cos\theta$, $y = r\sin\theta$일 때

(a) $\dfrac{\partial z}{\partial r}$, $\dfrac{\partial z}{\partial \theta}$를 구하라.

(b) $\left(\dfrac{\partial z}{\partial x}\right)^2 + \left(\dfrac{\partial z}{\partial y}\right)^2 = \left(\dfrac{\partial z}{\partial r}\right)^2 + \dfrac{1}{r^2}\left(\dfrac{\partial z}{\partial \theta}\right)^2$임을 보여라.

26-28 다음 주어진 모든 함수는 연속인 2계 편도함수를 갖는다고 가정한다.

26. $z = f(x + at) + g(x - at)$ 형태의 임의의 함수는 파동 방

정식 $\dfrac{\partial^2 z}{\partial t^2} = a^2\, \dfrac{\partial^2 z}{\partial x^2}$ 의 해임을 보여라.

[**힌트**: $u = x + at$, $v = x - at$로 놓는다.]

27. $z = f(x, y)$이고 $x = r^2 + s^2$, $y = 2rs$일 때 $\partial^2 z/\partial r\, \partial s$를 구하라. [**힌트**: 예제 7과 비교한다.]

28. $z = f(x, y)$, $x = r \cos\theta$, $y = r \sin\theta$일 때 다음을 보여라.

$$\frac{\partial^2 z}{\partial x^2} + \frac{\partial^2 z}{\partial y^2} = \frac{\partial^2 z}{\partial r^2} + \frac{1}{r^2}\frac{\partial^2 z}{\partial \theta^2} + \frac{1}{r}\frac{\partial z}{\partial r}$$

29-30 동차함수 함수 f가 2계 편도함수를 갖고, 연속이고, 양의 정수 n과 모든 t에 대하여, $f(tx, ty) = t^n f(x, y)$를 만족하는 함수 f를 **n차 동차함수**라 한다.

29. 만약 f가 n차 동차함수이면,

(a) $x\dfrac{\partial f}{\partial x} + y\dfrac{\partial f}{\partial y} = nf(x, y)$임을 보여라.

   [**힌트**: 연쇄법칙을 이용해서 $f(tx, ty)$를 t에 관하여 미분하라.]

(b) $x^2\dfrac{\partial^2 f}{\partial x^2} + 2xy\dfrac{\partial^2 f}{\partial x\,\partial y} + y^2\dfrac{\partial^2 f}{\partial y^2} = n(n-1)f(x, y)$임을 보여라.

30. 방정식 $F(x, y, z) = 0$이 세 변수 x, y, z를 다른 두 변수에 의해 $z = f(x, y)$, $y = g(x, z)$, $x = h(y, z)$인 음함수적으로 정의된다. F가 미분가능이고, F_x, F_y, F_z 모두가 0이 아니면, $\dfrac{\partial z}{\partial x}\dfrac{\partial x}{\partial y}\dfrac{\partial y}{\partial z} = -1$임을 보여라.

13.6 | 방향도함수와 기울기 벡터

그림 1의 기상도는 10월의 어느 날 오후 3시에 네바다주와 켈리포니아주의 온도함수 $T(x, y)$의 등위곡선도이다. 등위곡선 또는 등온선은 온도가 같은 지점끼리 연결한 것이다. 레노지역에서의 편도함수 T_x는 레노지역으로부터 동쪽으로 이동할 때 거리에 관한 온도의 변화율을 나타내고, T_y는 북쪽으로 이동할 때의 변화율을 나타낸다. 그러나 남동쪽(라스베가스 방향) 또는 다른 방향으로 이동할 때 변화율을 알고 싶으면 어떻게 할 것인가? 이 절에서는 임의의 방향으로의 이변수 이상의 변화를 갖는 함수의 변화율을 계산할 수 있는 도함수, **방향도함수**를 소개한다.

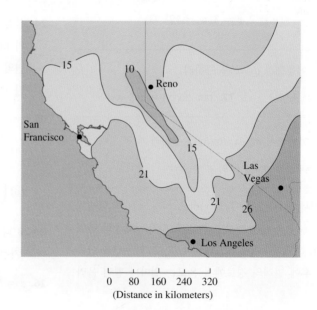

그림 1

■ 방향도함수

$z = f(x, y)$이면 편미분계수 f_x와 f_y는 다음과 같이 정의된다는 것을 상기하자.

$$\boxed{1}\quad
\begin{aligned}
f_x(x_0, y_0) &= \lim_{h \to 0} \frac{f(x_0 + h, y_0) - f(x_0, y_0)}{h} \\[2mm]
f_y(x_0, y_0) &= \lim_{h \to 0} \frac{f(x_0, y_0 + h) - f(x_0, y_0)}{h}
\end{aligned}$$

이것은 x축과 y축 방향, 즉 단위벡터 $\mathbf{i}$와 $\mathbf{j}$ 방향으로 z의 변화율을 나타낸다.

　임의의 단위벡터 $\mathbf{u} = \langle a, b \rangle$ 방향으로 (x_0, y_0)에서 z의 변화율을 찾아보자(그림 2 참조). 이를 위해 $z = f(x, y)$의 그래프로 주어지는 곡면 S를 생각하고, $z_0 = f(x_0, y_0)$이라고 하자. 그러면 점 $P(x_0, y_0, z_0)$은 S에 놓인다. $\mathbf{u}$ 방향에서 점 P를 지나는 수직평면이 곡면 S와 만나서 이루는 곡선을 C라 하자(그림 3 참조). 점 P에서 C에 대한 접선 T의 기울기는 $\mathbf{u}$ 방향에서 z의 변화율이다.

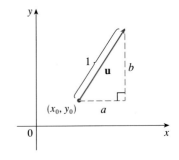

그림 2 단위벡터 $\mathbf{u} = \langle a, b \rangle$

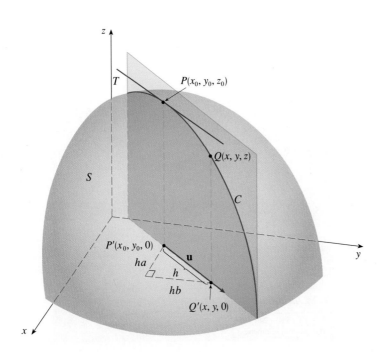

그림 3

　$Q(x, y, z)$가 C에 있는 또 다른 점이고 P'과 Q'이 xy 평면 위로 P, Q의 사영이라 하면 벡터 $\overrightarrow{P'Q'}$은 $\mathbf{u}$에 평행이고, 따라서 어떤 스칼라 h에 대해 다음이 성립한다.

$$\overrightarrow{P'Q'} = h\mathbf{u} = \langle ha, hb \rangle$$

그러므로 $x - x_0 = ha$, $y - y_0 = hb$, 따라서 $x = x_0 + ha$, $y = y_0 + hb$이고 다음이 성립한다.

$$\frac{\Delta z}{h} = \frac{z - z_0}{h} = \frac{f(x_0 + ha, y_0 + hb) - f(x_0, y_0)}{h}$$

$h \to 0$일 때 극한을 취하면 **u** 방향으로 (거리에 관한) z의 변화율을 얻고, 이것을 **u** 방향으로 f의 방향도함수라고 한다.

> **2** **정의** (x_0, y_0)에서 단위벡터 **u** $= \langle a, b \rangle$ 방향으로 f의 **방향도함수**(directional derivative)는 극한이 존재하면 다음과 같이 정의된다.
>
> $$D_{\mathbf{u}} f(x_0, y_0) = \lim_{h \to 0} \frac{f(x_0 + ha, y_0 + hb) - f(x_0, y_0)}{h}$$

정의 **2**를 식 **1**과 비교해 보면, **u** $=$ **i** $= \langle 1, 0 \rangle$이면 $D_{\mathbf{i}} f = f_x$이고 **u** $=$ **j** $= \langle 0, 1 \rangle$이면 $D_{\mathbf{j}} f = f_y$임을 알 수 있다. 다시 말하면 x와 y에 관한 f의 편도함수는 방향도함수의 특별한 경우이다.

《**예제 1**》 그림 1의 기상도를 이용해서 레노에서 남동쪽으로 이동할 때 온도함수의 방향도함수를 구하라.

풀이 레노를 지나 단위벡터가 **u** $=$ (**i** $-$ **j**)$/\sqrt{2}$ 인 남동쪽 방향으로 직선을 긋는다(그림 4 참조).

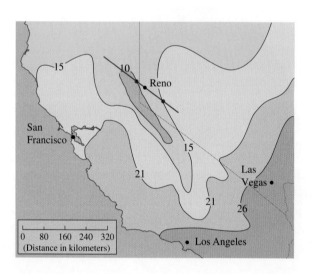

그림 4

이 직선은 등온선 $T = 10$과 $T = 15$와 만나는 점들 사이의 온도의 평균변화율에 따라 방향도함수 $D_{\mathbf{u}} T$를 근사시킨다. 레노의 남동쪽 지점의 온도는 $T = 15$℃이고 북서쪽은 $T = 10$℃이다. 두 점 사이의 거리는 약 120 km로 보인다. 그러므로 남동쪽 방향에서 온도의 변화율은 다음과 같다.

$$D_{\mathbf{u}} T \approx \frac{15 - 10}{120} = \frac{1}{24} \approx 0.04\text{℃/km}$$ ∎

공식으로 정의된 함수의 방향도함수를 계산할 때 일반적으로 다음 정리를 이용한다.

> **3** **정리** f가 x와 y의 미분가능한 함수이면, f는 임의의 단위벡터 $\mathbf{u} = \langle a, b \rangle$ 방향으로 방향도함수를 가지며 다음과 같다.
> $$D_{\mathbf{u}} f(x, y) = f_x(x, y)\, a + f_y(x, y)\, b$$

증명 함수 g를 다음과 같이 일변수 h의 함수로 정의하자.

$$g(h) = f(x_0 + ha, y_0 + hb)$$

그러면 도함수의 정의에 따라 다음을 얻는다.

$$\boxed{4} \qquad g'(0) = \lim_{h \to 0} \frac{g(h) - g(0)}{h} = \lim_{h \to 0} \frac{f(x_0 + ha, y_0 + hb) - f(x_0, y_0)}{h}$$

$$= D_{\mathbf{u}} f(x_0, y_0)$$

한편 $x = x_0 + ha$, $y = y_0 + hb$라 두면 $g(h) = f(x, y)$로 쓸 수 있고, 연쇄법칙(13.5절의 정리 **1**)에 따라 다음을 얻는다.

$$g'(h) = \frac{\partial f}{\partial x} \frac{dx}{dh} + \frac{\partial f}{\partial y} \frac{dy}{dh} = f_x(x, y)\, a + f_y(x, y)\, b$$

이제 $h = 0$이라 놓으면, $x = x_0$, $y = y_0$이고 다음과 같다.

$$\boxed{5} \qquad g'(0) = f_x(x_0, y_0)\, a + f_y(x_0, y_0)\, b$$

식 **4**와 **5**를 비교하면 다음을 알 수 있다.

$$D_{\mathbf{u}} f(x_0, y_0) = f_x(x_0, y_0)\, a + f_y(x_0, y_0)\, b \qquad\blacksquare$$

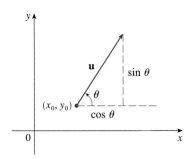

그림 5 단위벡터 $\mathbf{u} = \langle \cos\theta, \sin\theta \rangle$

단위벡터 $\mathbf{u}$가(그림 5에서처럼) 양의 x축과 각도 θ를 이루면 $\mathbf{u} = \langle \cos\theta, \sin\theta \rangle$로 쓸 수 있고, 정리 **3**의 식은 다음과 같다.

$$\boxed{6} \qquad D_{\mathbf{u}} f(x, y) = f_x(x, y) \cos\theta + f_y(x, y) \sin\theta$$

《예제 2》 $f(x, y) = x^3 - 3xy + 4y^2$이고 단위벡터 $\mathbf{u}$가 양의 x축에서 각도 $\theta = \pi/6$로 주어질 때 방향도함수 $D_{\mathbf{u}} f(x, y)$를 구하라. $D_{\mathbf{u}} f(1, 2)$의 값은 얼마인가?

풀이 공식 **6**에 따라 다음을 얻는다.

$$D_{\mathbf{u}} f(x, y) = f_x(x, y) \cos\frac{\pi}{6} + f_y(x, y) \sin\frac{\pi}{6}$$

$$= (3x^2 - 3y) \frac{\sqrt{3}}{2} + (-3x + 8y) \frac{1}{2}$$

$$= \tfrac{1}{2} \left[3\sqrt{3}\, x^2 - 3x + (8 - 3\sqrt{3}) y \right]$$

예제 2에서의 방향도함수 $D_{\mathbf{u}} f(1, 2)$는 $\mathbf{u}$ 방향으로 z의 변화율을 나타낸다. 이것은 그림 6에서 보는 바와 같이 $\mathbf{u}$의 방향으로 $(1, 2, 0)$을 지나는 수직평면과 곡면 $z = x^3 - 3xy + 4y^2$이 만나서 이루는 곡선에 대한 접선의 기울기를 나타낸다.

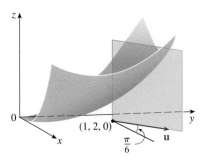

그림 6

그러므로 구하고자 하는 값은 다음과 같다.

$$D_{\mathbf{u}}f(1, 2) = \frac{1}{2}\left[3\sqrt{3}(1)^2 - 3(1) + (8 - 3\sqrt{3})(2)\right] = \frac{13 - 3\sqrt{3}}{2} \quad \blacksquare$$

■ 기울기 벡터

정리 $\boxed{3}$으로부터 미분가능한 함수의 방향도함수는 다음과 같이 두 벡터의 내적으로 쓸 수 있다.

$\boxed{7}$

$$\begin{aligned} D_{\mathbf{u}}f(x, y) &= f_x(x, y)\,a + f_y(x, y)\,b \\ &= \langle f_x(x, y), f_y(x, y)\rangle \cdot \langle a, b\rangle \\ &= \langle f_x(x, y), f_y(x, y)\rangle \cdot \mathbf{u} \end{aligned}$$

이 내적에서 첫 번째 벡터는 방향도함수를 계산할 때뿐만 아니라 다른 많은 상황에서도 나타난다. 그래서 f의 **기울기**라는 특별한 이름을 붙이고, 기호 **grad** f 또는 ∇f('델 f'라고 읽는다)로 표기한다.

> $\boxed{8}$ **정의** f가 두 변수 x와 y의 함수이면 f의 **기울기**(gradient)는 다음과 같이 정의되는 벡터함수 ∇f이다.
>
> $$\nabla f(x, y) = \langle f_x(x, y), f_y(x, y)\rangle = \frac{\partial f}{\partial x}\mathbf{i} + \frac{\partial f}{\partial y}\mathbf{j}$$

《예제 3》 $f(x, y) = \sin x + e^{xy}$이면 다음을 얻는다.

$$\nabla f(x, y) = \langle f_x, f_y\rangle = \langle \cos x + ye^{xy}, xe^{xy}\rangle$$

$$\nabla f(0, 1) = \langle 2, 0\rangle \quad \blacksquare$$

기울기 벡터에 대한 이 기호를 이용해서 미분가능한 함수의 방향도함수에 대한 식 $\boxed{7}$을 다음과 같이 다시 쓸 수 있다.

$\boxed{9}$

$$\boxed{D_{\mathbf{u}}f(x, y) = \nabla f(x, y) \cdot \mathbf{u}}$$

이것은 단위벡터 $\mathbf{u}$ 방향으로 방향도함수를 $\mathbf{u}$ 위로 기울기 벡터의 스칼라 사영으로 나타낸 것이다.

《예제 4》 벡터 $\mathbf{v} = 2\mathbf{i} + 5\mathbf{j}$의 방향으로 점 $(2, -1)$에서 함수 $f(x, y) = x^2y^3 - 4y$의 방향도함수를 구하라.

풀이 먼저 $(2, -1)$에서 기울기 벡터를 다음과 같이 계산한다.

$$\nabla f(x, y) = 2xy^3\mathbf{i} + (3x^2y^2 - 4)\mathbf{j}$$

$$\nabla f(2, -1) = -4\mathbf{i} + 8\mathbf{j}$$

$\mathbf{v}$는 단위벡터가 아님에 주목하자. 그러나 $|\mathbf{v}| = \sqrt{29}$ 이므로 $\mathbf{v}$ 방향으로 단위벡터는 다음과 같다.

$$\mathbf{u} = \frac{\mathbf{v}}{|\mathbf{v}|} = \frac{2}{\sqrt{29}}\mathbf{i} + \frac{5}{\sqrt{29}}\mathbf{j}$$

그러므로 식 $\boxed{9}$에 따라 다음을 얻는다.

$$D_\mathbf{u} f(2, -1) = \nabla f(2, -1) \cdot \mathbf{u} = (-4\mathbf{i} + 8\mathbf{j}) \cdot \left(\frac{2}{\sqrt{29}}\mathbf{i} + \frac{5}{\sqrt{29}}\mathbf{j}\right)$$

$$= \frac{-4 \cdot 2 + 8 \cdot 5}{\sqrt{29}} = \frac{32}{\sqrt{29}}$$　■

시점 $(2, -1)$을 갖는 예제 4의 기울기 벡터 $\nabla f(2, -1)$이 그림 7에 나타나 있다. 방향도함수의 방향을 주는 벡터 $\mathbf{v}$도 나타나 있다. 이 두 벡터를 f의 그래프의 등위곡선도 위에 겹쳐 놓았다.

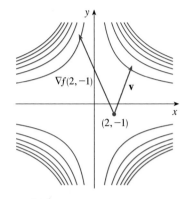

그림 7

■ 삼변수함수

비슷한 방법으로 삼변수함수에 대해서도 방향도함수를 정의할 수 있다. 즉, $D_\mathbf{u} f(x, y, z)$는 단위벡터 $\mathbf{u}$ 방향으로 함수의 변화율로 해석할 수 있다.

> $\boxed{10}$ **정의** 단위벡터 $\mathbf{u} = \langle a, b, c \rangle$ 방향으로 (x_0, y_0, z_0)에서 f의 **방향도함수**(directional derivative)는 (극한이 존재하면) 다음과 같이 정의된다.
>
> $$D_\mathbf{u} f(x_0, y_0, z_0) = \lim_{h \to 0} \frac{f(x_0 + ha, y_0 + hb, z_0 + hc) - f(x_0, y_0, z_0)}{h}$$

벡터 기호를 이용하면 방향도함수에 대한 두 정의($\boxed{2}$와 $\boxed{10}$)를 다음과 같이 완벽한 형태로 쓸 수 있다.

$$\boxed{11} \qquad D_\mathbf{u} f(\mathbf{x}_0) = \lim_{h \to 0} \frac{f(\mathbf{x}_0 + h\mathbf{u}) - f(\mathbf{x}_0)}{h}$$

여기서 $n = 2$이면 $\mathbf{x}_0 = \langle x_0, y_0 \rangle$이고 $n = 3$이면 $\mathbf{x}_0 = \langle x_0, y_0, z_0 \rangle$이다. 이는 타당해 보인다. 왜냐하면 벡터 $\mathbf{u}$ 방향으로 $\mathbf{x}_0$을 지나는 직선의 벡터방정식은 $\mathbf{x} = \mathbf{x}_0 + t\mathbf{u}$ (11.5절의 식 $\boxed{1}$)이고, 따라서 $f(\mathbf{x}_0 + h\mathbf{u})$는 이 직선 위의 한 점에서 f의 값을 나타내기 때문이다.

$f(x, y, z)$가 미분가능하고 $\mathbf{u} = \langle a, b, c \rangle$이면, 정리 $\boxed{3}$의 증명에 쓰인 방법을 이용해서 다음 사실을 증명할 수 있다.

$$\boxed{12} \qquad D_\mathbf{u} f(x, y, z) = f_x(x, y, z)\, a + f_y(x, y, z)\, b + f_z(x, y, z)\, c$$

삼변수함수에 대한 **기울기 벡터**(gradient vector)는 기호 **grad** f 또는 ∇f로 표기하

며 다음과 같이 정의한다.

$$\nabla f(x, y, z) = \langle f_x(x, y, z), f_y(x, y, z), f_z(x, y, z) \rangle$$

간단히 표기하면 다음과 같다.

[13]
$$\nabla f = \langle f_x, f_y, f_z \rangle = \frac{\partial f}{\partial x}\mathbf{i} + \frac{\partial f}{\partial y}\mathbf{j} + \frac{\partial f}{\partial z}\mathbf{k}$$

그러면 이변수함수처럼 방향도함수에 대한 식 [12]는 다음과 같이 쓸 수 있다.

[14]
$$D_{\mathbf{u}} f(x, y, z) = \nabla f(x, y, z) \cdot \mathbf{u}$$

《예제 5》 $f(x, y, z) = x \sin yz$일 때 (a) f의 기울기 벡터와 (b) $\mathbf{v} = \mathbf{i} + 2\mathbf{j} - \mathbf{k}$ 방향으로 $(1, 3, 0)$에서 f의 방향도함수를 구하라.

풀이

(a) f의 기울기 벡터는 다음과 같이 계산된다.

$$\nabla f(x, y, z) = \langle f_x(x, y, z), f_y(x, y, z), f_z(x, y, z) \rangle$$
$$= \langle \sin yz, xz \cos yz, xy \cos yz \rangle$$

(b) $(1, 3, 0)$에서 $\nabla f(1, 3, 0) = \langle 0, 0, 3 \rangle$이다. $\mathbf{v} = \mathbf{i} + 2\mathbf{j} - \mathbf{k}$ 방향의 단위벡터는 다음과 같다.

$$\mathbf{u} = \frac{1}{\sqrt{6}}\mathbf{i} + \frac{2}{\sqrt{6}}\mathbf{j} - \frac{1}{\sqrt{6}}\mathbf{k}$$

그러므로 식 [14]에 따라 다음을 얻는다.

$$D_{\mathbf{u}} f(1, 3, 0) = \nabla f(1, 3, 0) \cdot \mathbf{u}$$
$$= 3\mathbf{k} \cdot \left(\frac{1}{\sqrt{6}}\mathbf{i} + \frac{2}{\sqrt{6}}\mathbf{j} - \frac{1}{\sqrt{6}}\mathbf{k} \right)$$
$$= 3\left(-\frac{1}{\sqrt{6}} \right) = -\sqrt{\frac{3}{2}}$$

■ 방향도함수의 최대화

이변수 또는 삼변수함수 f가 주어졌다고 가정하고, 주어진 점에서 가능한 모든 방향으로 f의 방향도함수를 생각해 보자. 이것은 모든 가능한 방향에서 f의 변화율을 제공한다. 그러면 다음과 같은 질문을 해볼 수 있다. 어느 방향에서 f의 변화가 가장 빠른가? 변화율의 최댓값은 얼마인가? 이에 대한 답은 다음 정리로 주어진다.

15 **정리** f가 미분가능한 이변수 또는 삼변수함수라고 가정하자. 방향도함수 $D_{\mathbf{u}}f(\mathbf{x})$의 최댓값은 $|\nabla f(\mathbf{x})|$이고, 이것은 벡터 $\mathbf{u}$의 방향이 기울기 벡터 $\nabla f(\mathbf{x})$와 일치할 때 생긴다.

증명 식 9 또는 14와 11.3절의 정리 3으로부터 다음을 얻는다.

$$D_{\mathbf{u}}f = \nabla f \cdot \mathbf{u} = |\nabla f||\mathbf{u}|\cos\theta = |\nabla f|\cos\theta$$

여기서 θ는 ∇f와 $\mathbf{u}$ 사이의 각이다. $\cos\theta$의 최댓값은 1이고, $\theta = 0$일 때 나타난다. 그러므로 $D_{\mathbf{u}}f$의 최댓값은 $|\nabla f|$이고, $\theta = 0$에서 나타난다. 즉, ∇f와 $\mathbf{u}$의 방향이 일치할 때이다. ■

《예제 6》

(a) $f(x, y) = xe^y$일 때, 점 $P(2, 0)$으로부터 $Q\left(\frac{1}{2}, 2\right)$ 방향으로 점 P에서 f의 변화율을 구하라.

(b) 어느 방향에서 f는 최대 변화율을 갖는가? 그 변화율의 최댓값은 얼마인가?

풀이

(a) 먼저 기울기 벡터를 계산하면 다음과 같다.

$$\nabla f(x, y) = \langle f_x, f_y \rangle = \langle e^y, xe^y \rangle$$

$$\nabla f(2, 0) = \langle 1, 2 \rangle$$

$\overrightarrow{PQ} = \left\langle -\frac{3}{2}, 2 \right\rangle$의 방향으로 단위벡터는 $\mathbf{u} = \left\langle -\frac{3}{5}, \frac{4}{5} \right\rangle$이고, P로부터 Q 방향으로 f의 변화율은 다음과 같다.

$$D_{\mathbf{u}}f(2, 0) = \nabla f(2, 0) \cdot \mathbf{u} = \langle 1, 2 \rangle \cdot \left\langle -\frac{3}{5}, \frac{4}{5} \right\rangle = 1$$

(b) 정리 15로부터 기울기 벡터 $\nabla f(2, 0) = \langle 1, 2 \rangle$의 방향에서 f가 가장 빨리 증가하고 최대 변화율은 다음과 같다.

$$|\nabla f(2, 0)| = |\langle 1, 2 \rangle| = \sqrt{5}$$ ■

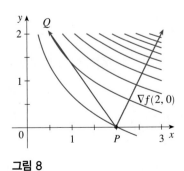

그림 8

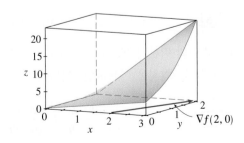

그림 9

예제 6에서 주어진 함수가 $(2, 0)$에서 기울기 벡터 $\nabla f(2, 0) = \langle 1, 2 \rangle$ 방향에서 가장 빠르게 증가한다. 그림 8에서 이 벡터가 $(2, 0)$을 통과하는 등위곡선에 수직임을 알 수 있다. 그림 9는 f의 그래프와 기울기 벡터를 보여 준다.

《예제 7》 공간 안의 점 (x, y, z)에서 온도가 다음과 같이 주어진다고 하자.

$$T(x, y, z) = \frac{80}{1 + x^2 + 2y^2 + 3z^2}$$

여기서 T의 단위는 °C이고 x, y, z의 단위는 m이다. 점 $(1, 1, -2)$에서 온도가 가장 빨리 증가하는 방향은 어디인가? 그리고 증가율의 최댓값은 얼마인가?

풀이 T의 기울기 벡터는 다음과 같다.

$$\nabla T = \frac{\partial T}{\partial x}\mathbf{i} + \frac{\partial T}{\partial y}\mathbf{j} + \frac{\partial T}{\partial z}\mathbf{k}$$

$$= -\frac{160x}{(1 + x^2 + 2y^2 + 3z^2)^2}\mathbf{i} - \frac{320y}{(1 + x^2 + 2y^2 + 3z^2)^2}\mathbf{j} - \frac{480z}{(1 + x^2 + 2y^2 + 3z^2)^2}\mathbf{k}$$

$$= \frac{160}{(1 + x^2 + 2y^2 + 3z^2)^2}(-x\mathbf{i} - 2y\mathbf{j} - 3z\mathbf{k})$$

점 $(1, 1, -2)$에서 기울기 벡터는 다음과 같다.

$$\nabla T(1, 1, -2) = \tfrac{160}{256}(-\mathbf{i} - 2\mathbf{j} + 6\mathbf{k}) = \tfrac{5}{8}(-\mathbf{i} - 2\mathbf{j} + 6\mathbf{k})$$

정리 15에 따라 온도는 기울기 벡터 $\nabla T(1, 1, -2) = \tfrac{5}{8}(-\mathbf{i} - 2\mathbf{j} + 6\mathbf{k})$ 방향, 즉 $-\mathbf{i} - 2\mathbf{j} + 6\mathbf{k}$ 방향, 또는 단위벡터 $(-\mathbf{i} - 2\mathbf{j} + 6\mathbf{k})/\sqrt{41}$ 방향에서 가장 빨리 증가한다. 증가율의 최댓값은 기울기 벡터의 길이이다.

$$|\nabla T(1, 1, -2)| = \tfrac{5}{8}|-\mathbf{i} - 2\mathbf{j} + 6\mathbf{k}| = \tfrac{5}{8}\sqrt{41}$$

그러므로 온도의 최대 증가율은 $\tfrac{5}{8}\sqrt{41} \approx 4$°C/m이다.   ∎

■ 등위곡면에 대한 접평면

S가 방정식 $F(x, y, z) = k$인 곡면이라 하자. 즉, S는 삼변수함수 F의 등위곡면이다. $P(x_0, y_0, z_0)$을 S에 있는 점이라 하고 C는 점 P를 지나고 S에 놓여 있는 임의의 곡선이라 하자. 12.1절로부터 곡선 C는 연속인 벡터함수 $\mathbf{r}(t) = \langle x(t), y(t), z(t) \rangle$로 표현할 수 있다. t_0을 점 P에 대응하는 매개변숫값이라고 하자. 즉, $\mathbf{r}(t_0) = \langle x_0, y_0, z_0 \rangle$이다. C가 S 위에 놓여 있으므로 임의의 점 $(x(t), y(t), z(t))$는 S의 방정식을 반드시 만족한다. 즉, 다음과 같다.

16
$$F(x(t), y(t), z(t)) = k$$

x, y, z가 t의 미분가능한 함수이고 F도 또한 미분가능하면, 식 16의 양변을 미분하기 위해 연쇄법칙을 이용하면 다음과 같다.

17
$$\frac{\partial F}{\partial x}\frac{dx}{dt} + \frac{\partial F}{\partial y}\frac{dy}{dt} + \frac{\partial F}{\partial z}\frac{dz}{dt} = 0$$

그러나 $\nabla F = \langle F_x, F_y, F_z \rangle$이고 $\mathbf{r}'(t) = \langle x'(t), y'(t), z'(t) \rangle$이므로 식 17은 내적을 이

용해서 다음과 같이 쓸 수 있다.

$$\nabla F \cdot \mathbf{r}'(t) = 0$$

특히 $t = t_0$일 때 $\mathbf{r}(t_0) = \langle x_0, y_0, z_0 \rangle$이므로 다음과 같다.

$$\boxed{18} \qquad \nabla F(x_0, y_0, z_0) \cdot \mathbf{r}'(t_0) = 0$$

식 $\boxed{18}$은 P에서 기울기 벡터 $\nabla F(x_0, y_0, z_0)$은 P를 지나고 S에 놓여 있는 임의의 곡선 C에 대한 접선벡터 $\mathbf{r}'(t_0)$에 항상 수직임을 말한다(그림 10 참조). $\nabla F(x_0, y_0, z_0) \neq \mathbf{0}$ 이면 $P(x_0, y_0, z_0)$에서 등위곡면 $F(x, y, z) = k$에 대한 접평면은 P를 지나고 법선벡터 $\nabla F(x_0, y_0, z_0)$을 갖는 평면으로 정의한다. 평면의 표준방정식(11.5절의 식 $\boxed{7}$)을 이용하면 이 접평면의 방정식은 다음과 같이 쓸 수 있다.

$$\boxed{19} \quad F_x(x_0, y_0, z_0)(x - x_0) + F_y(x_0, y_0, z_0)(y - y_0) + F_z(x_0, y_0, z_0)(z - z_0) = 0$$

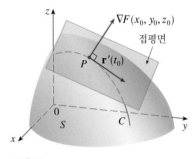

그림 10

P를 지나고 접평면에 수직인 직선을 P에서 곡면 S에 대한 **법선**(normal line)이라 한다. 그러므로 법선의 방향은 기울기 벡터 $\nabla F(x_0, y_0, z_0)$에 의해 주어지며, 따라서 11.5절의 식 $\boxed{3}$에 의해 법선의 대칭방정식은 다음과 같다.

$$\boxed{20} \qquad \frac{x - x_0}{F_x(x_0, y_0, z_0)} = \frac{y - y_0}{F_y(x_0, y_0, z_0)} = \frac{z - z_0}{F_z(x_0, y_0, z_0)}$$

《예제 8》 점 $(-2, 1, -3)$에서 다음 타원면에 대한 접평면과 법선의 방정식을 구하라.

$$\frac{x^2}{4} + y^2 + \frac{z^2}{9} = 3$$

그림 11은 예제 8의 타원면, 접평면, 법선을 나타낸다.

풀이 타원면은 $k = 3$인 함수 $F(x, y, z) = \dfrac{x^2}{4} + y^2 + \dfrac{z^2}{9}$의 등위곡면이다. 따라서 다음을 얻는다.

$$F_x(x, y, z) = \frac{x}{2}, \qquad F_y(x, y, z) = 2y, \qquad F_z(x, y, z) = \frac{2z}{9}$$

$$F_x(-2, 1, -3) = -1, \qquad F_y(-2, 1, -3) = 2, \qquad F_z(-2, 1, -3) = -\frac{2}{3}$$

식 $\boxed{19}$에 의해 점 $(-2, 1, -3)$에서 접평면의 방정식은 다음과 같다.

$$-1(x + 2) + 2(y - 1) - \frac{2}{3}(z + 3) = 0$$

$$3x - 6y + 2z + 18 = 0$$

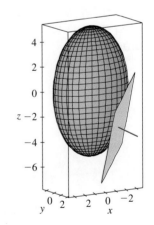

그림 11

식 $\boxed{20}$에 따라 법선의 대칭방정식은 다음과 같다.

$$\frac{x + 2}{-1} = \frac{y - 1}{2} = \frac{z + 3}{-\frac{2}{3}} \qquad \blacksquare$$

특별한 경우로 곡면 S의 방정식이 $z = f(x, y)$일 때(즉, S가 이변수함수 f의 그래프일 때) 이 방정식을 다음과 같이 쓸 수 있다.

$$F(x, y, z) = f(x, y) - z = 0$$

S를 F의 $k = 0$에서의 등위곡면으로 생각하자. 그러면

$$F_x(x_0, y_0, z_0) = f_x(x_0, y_0)$$

$$F_y(x_0, y_0, z_0) = f_y(x_0, y_0)$$

$$F_z(x_0, y_0, z_0) = -1$$

그래서 방정식 $\boxed{19}$는

$$f_x(x_0, y_0)(x - x_0) + f_y(x_0, y_0)(y - y_0) - (z - z_0) = 0$$

이다.

이것은 13.4절의 식 $\boxed{2}$와 같게 된다. 따라서 새로우면서도 좀더 일반적인 접평면의 정의는 13.4절의 특별한 경우에 대한 정의와 일치한다.

《예제 9》 점 $(1, 1, 3)$에서 곡면 $z = 2x^2 + y^2$에 대한 접평면을 구하라.

풀이 곡면 $z = 2x^2 + y^2$는 $2x^2 + y^2 - z = 0$과 같고 함수 $F(x, y, z) = 2x^2 + y^2 - z$의 등위곡면($k = 0$인)이다. 그래서 다음을 얻는다.

$$F_x(x, y, z) = 4x, \qquad F_y(x, y, z) = 2y, \qquad F_z(x, y, z) = -1$$

$$F_x(1, 1, 3) = 4, \qquad F_y(1, 1, 3) = 2, \qquad F_z(1, 1, 3) = -1$$

식 $\boxed{19}$에 의해, $(1, 1, 3)$에서의 접평면의 방정식은 다음과 같다.

$$4(x - 1) + 2(y - 1) - (z - 3) = 0$$

$$z = 4x + 2y - 3 \qquad\blacksquare$$

예제 9의 풀이와 13.4절의 예제 1의 풀이와 비교하라.

■ 기울기 벡터의 의미

먼저 삼변수함수 f와 그것의 정의역에 속한 점 $P(x_0, y_0, z_0)$을 생각한다. 우선 정리 $\boxed{15}$로부터 기울기 벡터 $\nabla f(x_0, y_0, z_0)$은 f의 가장 빠른 증가 방향임을 알고 있다. 또한 $\nabla f(x_0, y_0, z_0)$은 P를 지나는 f의 등위곡면 S에 수직이다(그림 10 참조). 두 가지 성질은 양립하므로 직관적으로 상당히 타당해 보인다. 왜냐하면 등위곡면 S에서 P로부터 움직여도 f의 값은 전혀 변하지 않기 때문이다. 따라서 수직 방향으로 움직이면 최대로 증가하는 것이 타당하다.

마찬가지로 이변수함수 f와 그 정의역에 속한 한 점 $P(x_0, y_0)$을 생각해 보자. 이때도 기울기 벡터 $\nabla f(x_0, y_0)$은 f의 가장 빠른 증가 방향을 제공한다. 또한 접평면에 관해 논의한 것과 유사하게 생각해 보면, $\nabla f(x_0, y_0)$은 P를 지나는 등위곡선 $f(x, y) = k$에 수직임을 알 수 있다. 이것도 역시 직관적으로 그럴 듯해 보인다. 왜냐하면 f의 값은 곡선을 따라 움직여도 변하지 않기 때문이다(그림 12 참조).

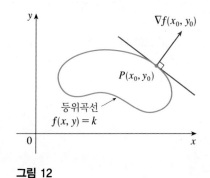

그림 12

기울기 벡터의 의미를 종합하면 다음과 같다.

기울기 벡터의 성질들 f를 미분가능한 이변수 또는 삼변수함수라고 하자. 그리고 $\nabla f(\mathbf{x}) \neq \mathbf{0}$이라 하자.

- 단위벡터 $\mathbf{u}$ 방향으로 $\mathbf{x}$에서의 방향도함수는 $D_{\mathbf{u}} f(\mathbf{x}) = \nabla f(\mathbf{x}) \cdot \mathbf{u}$이다.
- $\nabla f(\mathbf{x})$는 $\mathbf{x}$에서 f의 최대 증가율의 방향을 나타낸다. 그리고 최대 변화율은 $|\nabla f(\mathbf{x})|$이다.
- $\nabla f(\mathbf{x})$는 $\mathbf{x}$를 통과하는 f의 등위곡면 또는 등위곡선에 수직이다.

언덕의 지형학적 지도를 생각하고 $f(x, y)$가 좌표 (x, y)인 점의 해발고도를 나타낸다고 하자. 그러면 가장 가파른 오르막 곡선은 그림 13과 같이 모든 등위곡선에 직교하도록 그리면 만들 수 있다. 이 현상은 13.1절의 그림 12에서도 확인할 수 있는데, 지도 안의 론섬(Lonesome) 계곡은 가장 가파른 내리막을 따라 흘러가는 것으로 확인할 수 있다.

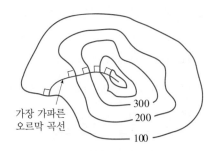

가장 가파른
오르막 곡선

300
200
100

그림 13

다음은 컴퓨터 대수체계를 이용해서 그린 기울기 벡터이다. 각 기울기 벡터 $\nabla f(a, b)$는 점 (a, b)를 시점으로 해서 그린 것이다. 그림 14는 $f(x, y) = x^2 - y^2$에 대한 기울기 벡터를 등위곡선도 위에 겹쳐 놓은 그림이다. 이것을 **기울기 벡터장**이라고 한다. 이들 벡터는 예상대로 고개 위로 올라가는 모습을 보이며, 등위곡선과 수직이다.

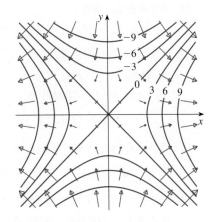

그림 14

13.6 │ 연습문제

1. 다음 그림은 11월 어느 날 아침 6시에 대한 기압을 나타내는 등압선도이다. 기압의 단위는 밀리바(mb)이다. 972 mb의 저기압이 아이오와 북동쪽으로 움직이고 있다. K(네브래스카의 키어니)에서 S(아이오와 수 시티)까지 빨간색 선을 따라 거리는 300 km이다. 수 시티 방향으로 키어니에서 압력함수와 방향도함수의 값을 구하라. 방향도함수의 단위 벡터는 무엇인가?

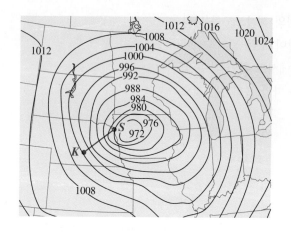

2. 한랭바람지수 W는 실제온도 T와 풍속이 v일 때 느껴지는 온도이다. 따라서 $W = f(T, v)$로 쓸 수 있다. 다음 표의 값들은 13.1절의 표 1에서 발췌한 것이다. 이 표를 이용해서 $\mathbf{u} = (\mathbf{i} + \mathbf{j})/\sqrt{2}$ 일 때, $D_{\mathbf{u}}f(-20, 30)$의 값을 추정하라.

풍속(km/h)

T \ v	20	30	40	50	60	70
−10	−18	−20	−21	−22	−23	−23
−15	−24	−26	−27	−29	−30	−30
−20	−30	−33	−34	−35	−36	−37
−25	−37	−39	−41	−42	−43	−44

실제온도(℃)

3-4 다음 함수의 주어진 점에서 지정된 θ 방향으로 f의 방향도함수를 구하라.

3. $f(x, y) = y\cos(xy)$, $(0, 1)$, $\theta = \pi/4$

4. $f(x, y) = \arctan(xy)$, $(2, -3)$, $\theta = 3\pi/4$

5-6

(a) f의 기울기 벡터를 구하라.

(b) 점 P에서의 기울기 벡터를 계산하라.

(c) 벡터 $\mathbf{u}$ 방향으로 점 P에서 f의 변화율을 구하라.

5. $f(x, y) = x/y$, $P(2, 1)$, $\mathbf{u} = \frac{3}{5}\mathbf{i} + \frac{4}{5}\mathbf{j}$

6. $f(x, y, z) = x^2yz - xyz^3$, $P(2, -1, 1)$, $\mathbf{u} = \left\langle 0, \frac{4}{5}, -\frac{3}{5} \right\rangle$

7-10 지정된 점에서 주어진 벡터 $\mathbf{v}$ 방향으로 다음 함수의 방향도함수를 구하라.

7. $f(x, y) = e^x\sin y$, $(0, \pi/3)$, $\mathbf{v} = \langle -6, 8 \rangle$

8. $g(s, t) = s\sqrt{t}$, $(2, 4)$, $\mathbf{v} = 2\mathbf{i} - \mathbf{j}$

9. $f(x, y, z) = x^2y + y^2z$, $(1, 2, 3)$, $\mathbf{v} = \langle 2, -1, 2 \rangle$

10. $h(r, s, t) = \ln(3r + 6s + 9t)$, $(1, 1, 1)$, $\mathbf{v} = 4\mathbf{i} + 12\mathbf{j} + 6\mathbf{k}$

11-13 주어진 점 P에서 점 Q 방향으로의 방향도함수를 구하라.

11. $f(x, y) = x^2y^2 - y^3$, $P(1, 2)$, $Q(-3, 5)$

12. $f(x, y) = \sqrt{xy}$, $P(2, 8)$, $Q(5, 4)$

13. $f(x, y, z) = xy - xy^2z^2$, $P(2, -1, 1)$, $Q(5, 1, 7)$

14-16 주어진 점에서 f의 최대 변화율을 구하고, 그때의 방향을 구하라.

14. $f(x, y) = 5xy^2$, $(3, -2)$

15. $f(x, y) = \sin(xy)$, $(1, 0)$

16. $f(x, y, z) = x/(y + z)$, $(8, 1, 3)$

17. 가장 빠른 감소 방향

(a) 미분가능한 함수 f가 $\mathbf{x}$에서 기울기 벡터의 반대 방향으로, 즉 $-\nabla f(\mathbf{x})$ 방향으로 가장 급격히 감소하고, 최대 감소율은 $-|\nabla f(\mathbf{x})|$이다.

(b) (a)의 결과를 이용해서 점 $(2, -3)$에서 함수 $f(x, y) = x^4y - x^2y^3$의 값이 가장 빨리 감소하는 방향을 구하라.

18. 함수 $f(x, y) = x^2 + y^2 - 2x - 4y$의 가장 빠르게 변화는 방향이 $\mathbf{i} + \mathbf{j}$가 되는 모든 점을 구하라.

19. 금속 공의 온도 T는 공의 중심에서의 거리에 반비례한다. 공의 중심을 원점으로 선택할 때, 점 $(1, 2, 2)$에서 온도는 120°이다.

(a) (1, 2, 2)에서 점 (2, 1, 3) 방향으로 온도 T의 변화율을 구하라.

(b) 공의 임의의 점에서 온도가 가장 크게 증가하는 방향은 그 점에서 원점을 향하는 벡터임을 보여라.

20. 공간의 어떤 영역에서 전위 V가 다음과 같이 주어진다.

$$V(x, y, z) = 5x^2 - 3xy + xyz$$

(a) 점 $P(3, 4, 5)$에서 벡터 $\mathbf{v} = \mathbf{i} + \mathbf{j} - \mathbf{k}$ 방향으로 전위의 변화율을 구하라.

(b) P에서 V가 가장 급격히 변하는 방향은 어디인가?

(c) P에서 최대 변화율은 얼마인가?

21. 연속인 편도함수를 갖는 이변수함수를 f라 하고 점 $A(1, 3)$, $B(3, 3)$, $C(1, 7)$, $D(6, 15)$를 생각하자. A에서 벡터 $\overrightarrow{AB}$방향으로 f의 방향도함수는 3이고, A에서 벡터 $\overrightarrow{AC}$ 방향으로 f의 방향도함수는 26이다. 이때 A에서 벡터 $\overrightarrow{AD}$ 방향으로 f의 방향도함수를 구하라.

22. u, v는 x, y에 관한 미분가능한 함수이고 a, b는 상수일 때 함수의 기울기를 나타내는 연산은 다음과 같은 성질이 성립함을 보여라.

(a) $\nabla(au + bv) = a\,\nabla u + b\,\nabla v$

(b) $\nabla(uv) = u\,\nabla v + v\,\nabla u$

(c) $\nabla\left(\dfrac{u}{v}\right) = \dfrac{v\,\nabla u - u\,\nabla v}{v^2}$

(d) $\nabla u^n = nu^{n-1}\,\nabla u$

23. 2계 방향도함수 $f(x, y)$의 2계 방향도함수가 다음과 같다.

$$D_{\mathbf{u}}^2 f(x, y) = D_{\mathbf{u}}[D_{\mathbf{u}} f(x, y)]$$

$f(x, y) = x^3 + 5x^2 y + y^3$이고 $\mathbf{u} = \left\langle \frac{3}{5}, \frac{4}{5} \right\rangle$일 때, $D_{\mathbf{u}}^2 f(2, 1)$을 계산하라.

24-26 주어진 점에서 다음 곡면에 대한 (a) 접평면과 (b) 법선의 방정식을 구하라.

24. $2(x - 2)^2 + (y - 1)^2 + (z - 3)^2 = 10$, $(3, 3, 5)$

25. $xy^2 z^3 = 8$, $(2, 2, 1)$

26. $x + y + z = e^{xyz}$, $(0, 0, 1)$

27. 점 (1, 1, 1)에서 곡면 $xy + yz + zx = 3$의 그래프, 접평면, 법선을 동일한 보기화면에 그려라. 세 그림이 잘 보이도록

바라보는 관점을 잘 설정하라.

28. $f(x, y) = xy$일 때 기울기 벡터 $\nabla f(3, 2)$를 구하고, 그것을 이용해서 점 (3, 2)에서 등위곡선 $f(x, y) = 6$에 대한 접선을 구하라. 등위곡선, 접선, 기울기 벡터를 그려라.

29. 점 (x_0, y_0, z_0)에서 타원면 $x^2/a^2 + y^2/b^2 + z^2/c^2 = 1$에 대한 접평면의 방정식은 다음과 같음을 보여라.

$$\frac{xx_0}{a^2} + \frac{yy_0}{b^2} + \frac{zz_0}{c^2} = 1$$

30. 점 (x_0, y_0, z_0)에서 타원포물면 $z/c = x^2/a^2 + y^2/b^2$에 대한 접평면의 방정식은 다음과 같음을 보여라.

$$\frac{2xx_0}{a^2} + \frac{2yy_0}{b^2} = \frac{z + z_0}{c}$$

31. 접평면이 평면 $z = x + y$에 평행하게 되는 쌍곡면 $x^2 - y^2 - z^2 = 1$ 위의 점들이 있는가?

32. 원뿔 $x^2 + y^2 = z^2$에 접하는 모든 평면이 원점을 통과함을 보여라.

33. 점 (1, 1, 2)에서 포물면 $z = x^2 + y^2$에 대한 법선은 이 포물면과 두 점에서 만난다. 두 점을 구하라.

34. 곡면 $\sqrt{x} + \sqrt{y} + \sqrt{z} = \sqrt{c}$의 모든 접평면의 x절편, y절편, z절편의 합이 일정함을 보여라.

35. 점 (-1, 1, 2)에서 포물면 $z = x^2 + y^2$과 타원면 $4x^2 + y^2 + z^2 = 9$가 만나서 이루는 곡선에 대한 접선의 매개변수방정식을 구하라.

36. 나선 $\mathbf{r}(t) = \langle \cos \pi t, \sin \pi t, t \rangle$와 포물면 $z = x^2 + y^2$은 어디에서 만나는가? 나선과 포물면 사이의 교각은 얼마인가? (여기서 각은 포물면의 접평면과 곡선의 접선이 이루는 각을 말한다.)

37. 직교 표면 두 곡면의 교점에서 법선이 수직이면 그 점에서 두 곡면은 직교한다고 한다. 두 곡면 $F(x, y, z) = 0$과 $G(x, y, z) = 0$이 $\nabla F \neq \mathbf{0}$, $\nabla G \neq \mathbf{0}$인 점 P에서 직교하기 위한 필요충분조건은 점 P에서 다음을 만족하는 것임을 보여라.

$$F_x G_x + F_y G_y + F_z G_z = 0$$

38. 주어진 점에서 서로 평행이 아닌 단위벡터 $\mathbf{u}$와 $\mathbf{v}$ 방향으로 $f(x, y)$의 방향도함수가 알려져 있다고 가정하자. 그러면 이

점에서 ∇f를 구할 수 있는가? 그렇다면 어떻게 구해야 하는가?

39. $z = f(x, y)$가 $\mathbf{x}_0 = \langle x_0, y_0 \rangle$에서 미분가능일 때,

$$\lim_{\mathbf{x} \to \mathbf{x}_0} \frac{f(\mathbf{x}) - [f(\mathbf{x}_0) + \nabla f(\mathbf{x}_0) \cdot (\mathbf{x} - \mathbf{x}_0)]}{|\mathbf{x} - \mathbf{x}_0|} = 0$$

임을 보여라. [**힌트:** 13.4절의 정의 $\boxed{7}$을 바로 적용하라.]

13.7 | 최댓값과 최솟값

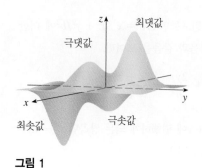

그림 1

3장에서 본 바와 같이, 도함수의 주된 용도 가운데 하나는 최댓값과 최솟값(극값)을 구하는 것이다. 이 절에서는 편도함수를 이용해서 이변수함수의 최댓값과 최솟값의 정확한 위치를 찾는 방법을 알아본다. 특히 예제 6에서 일정량의 마분지로 뚜껑이 없는 상자를 만들 때, 어떻게 만들면 부피를 최대로 할 수 있는지를 알아보려고 한다.

그림 1에 보이는 f의 그래프에서 언덕과 골짜기를 보자. f가 **극댓값**, 즉 $f(a, b)$가 $f(x, y)$ 부근의 값보다 큰 점 (a, b)가 2개 있다. 그 두 값 중에서 큰 값이 **최댓값**이다. 마찬가지로 f는 2개의 **극솟값**, 즉 $f(a, b)$가 이 값 주위보다 작은 값을 갖는다. 그 두 값 중에서 작은 값이 **최솟값**이다.

> $\boxed{1}$ **정의** (a, b) 부근의 (x, y)에 대해 $f(x, y) \leq f(a, b)$이면 이변수함수는 (a, b)에서 **극대**(local maximum)이다. [이것은 중심이 (a, b)인 어떤 원판에 속하는 모든 점 (x, y)에 대해 $f(x, y) \leq f(a, b)$임을 의미한다.] 값 $f(a, b)$는 **극댓값**(local maximum value)이다. (a, b) 부근의 (x, y)에 대해 $f(x, y) \geq f(a, b)$이면 f는 (a, b)에서 **극소**(local minimum)이고, $f(a, b)$는 **극솟값**(local minimum value)이다.

페르마 정리는 일변수함수 f가 c에서 극댓값 또는 극솟값을 갖고 $f'(c)$가 존재하면 $f'(c) = 0$임을 말한다. 다음 정리는 이변수함수에 대해 유사한 성질이 성립하는 것을 나타낸다.

정리 2의 결론을 기울기 벡터로 나타내면 $\nabla f(a, b) = \mathbf{0}$이라는 뜻이다.

> $\boxed{2}$ **정리** f가 (a, b)에서 극대 또는 극소이고 1계 편도함수가 (a, b)에서 존재하면, $f_x(a, b) = 0$이고 $f_y(a, b) = 0$이다.

증명 $g(x) = f(x, b)$라 하자. f가 (a, b)에서 극대 또는 극소이면 g는 a에서 극대(또는 극소)이며, 따라서 3.1절의 페르마 정리 $\boxed{4}$에 따라 $g'(a) = 0$이 된다. 그런데 13.3절의 식 $\boxed{1}$에 의해 $g'(a) = f_x(a, b)$이므로 $f_x(a, b) = 0$이다. 같은 방법으로 페르마 정리를 함수 $G(y) = f(a, y)$에 적용하면 $f_y(a, b) = 0$을 얻는다. ■

접평면의 방정식(13.4절의 식 $\boxed{2}$)에서 $f_x(a, b) = 0$, $f_y(a, b) = 0$이라 두면, $z = $

z_0을 얻는다. 따라서 정리 **2**를 기하학적으로 해석하면 곡면 f의 그래프가 극대 또는 극소인 점에서 접평면을 가지면 그 접평면은 수평이 되어야 한다.

$f_x(a, b) = 0$, $f_y(a, b) = 0$이거나 편도함수 중 하나가 존재하지 않는 점 (a, b)를 f의 **임계점**(critical point)[또는 **정상점**(stationary point)]이라 한다. 정리 **2**는 f가 (a, b)에서 극대 또는 극소이면, (a, b)는 f의 임계점임을 보인다. 그러나 일변수함수에서와 같이 모든 임계점에서 극대 또는 극소가 나타나는 것은 아니다. 함수는 임계점에서 극대 또는 극소일 수도 있고, 또는 아무것도 아닐 수도 있다.

《**예제 1**》 $f(x, y) = x^2 + y^2 - 2x - 6y + 14$이면 다음과 같다.

$$f_x(x, y) = 2x - 2, \qquad f_y(x, y) = 2y - 6$$

이 편도함수는 $x = 1$, $y = 3$에서 0이므로, 유일한 임계점은 $(1, 3)$이다. $f(x, y)$에 완전제곱을 취하면 다음을 얻는다.

$$f(x, y) = 4 + (x - 1)^2 + (y - 3)^2$$

$(x - 1)^2 \geq 0$, $(y - 3)^2 \geq 0$이므로 x와 y의 모든 값에 대해 $f(x, y) \geq 4$를 얻는다. 그러므로 $f(1, 3) = 4$는 극솟값이다. 사실 이것이 f의 최솟값이다. f의 그래프로부터 이런 사실을 기하학적으로 확인할 수 있다. 즉, f의 그래프는 그림 2에서 보는 바와 같이 꼭짓점이 $(1, 3, 4)$인 타원포물면이다. ■

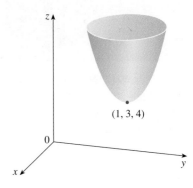

그림 2 $z = x^2 + y^2 - 2x - 6y + 14$

《**예제 2**》 $f(x, y) = y^2 - x^2$의 극값을 구하라.

풀이 $f_x = -2x$이고 $f_y = 2y$이므로 유일한 임계점은 $(0, 0)$이다. $y = 0$인 x축의 점에 대해 $f(x, y) = -x^2 < 0$ ($x \neq 0$이면)이다. 그러나 $x = 0$인 y축의 점에 대해 $f(x, y) = y^2 > 0$ ($y \neq 0$이면)이다. 그러므로 중심 $(0, 0)$인 원판 안의 점들에 대해 함수 f가 양의 값을 취하기도 하고, 음의 값을 취하기도 한다. 따라서 $f(0, 0) = 0$은 f에 대한 극값이 될 수 없고, 그러므로 f는 극값이 없다. ■

예제 2는 임계점에서 함수가 반드시 극대 또는 극소일 필요는 없다는 사실을 설명한다. 그림 3은 어떻게 이것이 가능한지 보여 준다. f의 그래프는 쌍곡포물면 $z = y^2 - x^2$이고, 원점에서 이의 접평면($z = 0$)은 수평이다. $f(0, 0) = 0$은 x축 방향에서는 최대이나 y축 방향에서는 최소라는 것을 알 수 있다.

일변수함수에 대해 $f'(c) = 0$인 임계수 c는 극댓값, 극솟값 또는 그 어느 것도 아닌 값에 대응하는 것을 상기하자. 유사한 상황이 이변수함수에서도 나타난다. (a, b)가 $f_x(a, b) = 0$이고 $f_y(a, b) = 0$인 함수 f의 임계점이면 $f(a, b)$는 극댓값, 극솟값 또는 그 어느 것도 아닌 값이다. 마지막 값의 경우에 (a, b)를 **안장점**(saddle point)이라 한다. 이 명칭은 그림 3에서 원점 부근에서 곡면의 모양에 의해 붙여졌다. 일반적으로 안장점에서 함수의 그래프는 실제 안장과 닮을 필요는 없으나 그 점에서 접평면은 그래프를 가로지른다.

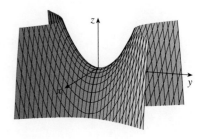

그림 3 $z = y^2 - x^2$

산의 고갯길 역시 안장 모양을 하고 있다. 사진에서 보는 것처럼 안장점 방향으로 올라가는 사람은 그 길의 가장 낮은 점을 통과하는 것이고, 다른 방향으로 올라가게 되면 가장 높은 점을 통과하게 된다.

함수가 임계점에서 극값을 갖는지 안 갖는지를 결정하는 방법이 필요하다. 이 절의 끝부분에서 증명할 다음 판정법은 일변수함수에 대한 2계 도함수 판정법과 유사하다.

---

3 2계 도함수 판정법 중심이 (a, b)인 원판에서 f의 2계 편도함수가 연속이고 $f_x(a, b) = 0$이고 $f_y(a, b) = 0$이라 하자. [즉, (a, b)는 f의 임계점이다.] D를 다음으로 놓자.

$$D = D(a, b) = f_{xx}(a, b)f_{yy}(a, b) - [f_{xy}(a, b)]^2$$

그러면 다음이 성립한다.

(a) $D > 0$, $f_{xx}(a, b) > 0$이면 $f(a, b)$는 극솟값이다.
(b) $D > 0$, $f_{xx}(a, b) < 0$이면 $f(a, b)$는 극댓값이다.
(c) $D < 0$이면 (a, b)는 f의 안장점이다.

NOTE 1 $D = 0$이면 이것만으로는 판단할 수 없다. f는 (a, b)에서 극댓값 또는 극솟값을 갖든지 아니면 (a, b)가 f의 안장점일 수 있다.

NOTE 2 D에 대한 식을 다음과 같이 행렬식으로 쓰면 기억하는 데 도움이 된다.

$$D = \begin{vmatrix} f_{xx} & f_{xy} \\ f_{yx} & f_{yy} \end{vmatrix} = f_{xx}f_{yy} - (f_{xy})^2$$

《예제 3》 $f(x, y) = x^4 + y^4 - 4xy + 1$의 극댓값, 극솟값, 안장점을 구하라.

풀이 먼저 편도함수를 구한다.

$$f_x = 4x^3 - 4y, \qquad f_y = 4y^3 - 4x$$

편도함수들이 모든 곳에서 존재하므로 임계점은 다음과 같이 편도함수들이 모두 0이 되는 곳에서 나타난다.

$$x^3 - y = 0, \qquad y^3 - x = 0$$

이 방정식을 풀기 위해 첫 번째 식으로부터 $y = x^3$을 두 번째 식에 대입한다.

$$0 = x^9 - x = x(x^8 - 1) = x(x^4 - 1)(x^4 + 1) = x(x^2 - 1)(x^2 + 1)(x^4 + 1)$$

그러면 3개의 실근 $x = 0, 1, -1$을 얻는다. 세 임계점은 $(0, 0)$, $(1, 1)$, $(-1, -1)$이다.

다음으로 2계 편도함수와 $D(x, y)$를 계산한다.

$$f_{xx} = 12x^2, \qquad f_{xy} = -4, \qquad f_{yy} = 12y^2$$
$$D(x, y) = f_{xx}f_{yy} - (f_{xy})^2 = 144x^2y^2 - 16$$

$D(0, 0) = -16 < 0$이므로 2계 도함수 판정법의 (c)로부터 원점은 안장점이다. $D(1, 1) = 128 > 0$, $f_{xx}(1, 1) = 12 > 0$이므로 판정법의 (a)로부터 $f(1, 1) = -1$은 극솟값이다.

마찬가지로 $D(-1, -1) = 128 > 0, f_{xx}(-1, -1) = 12 > 0$이므로 $f(-1, -1) = -1$도 역시 극솟값이다. f의 그래프는 그림 4와 같다.　■

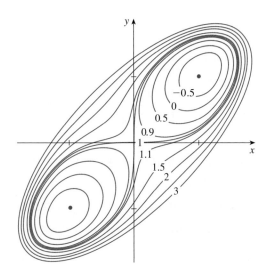

그림 5

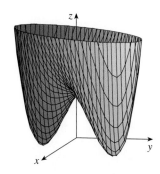

그림 4 $z = x^4 + y^4 - 4xy + 1$

그림 5는 예제 3의 함수 f의 등위곡선이다. $(1, 1)$과 $(-1, -1)$ 부근에서 등위곡선은 계란 모양이고, $(1, 1)$과 $(-1, -1)$에서 어떤 방향으로든지 움직이면 f의 값은 증가한다. 한편 $(0, 0)$ 부근에서 등위곡선은 쌍곡선과 닮은 모양이다. 등위곡선은 원점(f의 값이 1인 지점)에서 멀어질수록 어떤 방향에서는 f의 값이 증가하고, 다른 방향에서는 감소한다는 것을 보여 준다. 따라서 등위곡선은 예제 3에서 구한 극솟값과 안장점이 존재함을 보여 준다.

《예제 4》 함수 $f(x, y) = 10x^2 y - 5x^2 - 4y^2 - x^4 - 2y^4$의 임계점을 구하고 이를 분류하라. 또한 f의 그래프에서 가장 높은 점을 구하라.

풀이 1계 편도함수를 구하면 다음과 같다.

$$f_x = 20xy - 10x - 4x^3, \qquad f_y = 10x^2 - 8y - 8y^3$$

임계점을 구하기 위해 다음 방정식을 풀어야 한다.

$$\boxed{4} \qquad\qquad 2x(10y - 5 - 2x^2) = 0$$

$$\boxed{5} \qquad\qquad 5x^2 - 4y - 4y^3 = 0$$

또한 식 $\boxed{4}$로부터 다음을 얻는다.

$$x = 0 \quad \text{또는} \quad 10y - 5 - 2x^2 = 0$$

첫 번째 경우($x = 0$)에 식 $\boxed{5}$는 $-4y(1 + y^2) = 0$이고, 따라서 $y = 0$이므로 임계점 $(0, 0)$을 얻는다. 두 번째 경우($10y - 5 - 2x^2 = 0$)에서 다음을 얻는다.

$$\boxed{6} \qquad\qquad x^2 = 5y - 2.5$$

이것을 식 $\boxed{5}$에 대입하면 $25y - 12.5 - 4y - 4y^3 = 0$ 또는 $4y^3 - 21y + 12.5 = 0$이다. 그래픽 계산기 또는 컴퓨터를 이용해서 이 방정식의 해를 수치적으로 구하면 다음과 같다.

$$y \approx -2.5452, \qquad y \approx 0.6468, \qquad y \approx 1.8984$$

(다른 방법으로 그림 6과 같이 함수 $g(y) = 4y^3 - 21y + 12.5$의 그래프를 그리고 절편을 구한다.) 식 $\boxed{6}$에서 대응하는 x값을 구하면 다음과 같다.

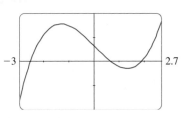

그림 6

$$x = \pm\sqrt{5y - 2.5}$$

$y \approx -2.542$이면 x는 대응하는 실수를 갖지 않는다. $y \approx 0.6468$이면 $x = \pm0.8567$이고, $y \approx 1.8984$이면 $x \approx \pm2.6442$이다. 따라서 다음 표와 같은 총 5개의 임계점을 구할 수 있다. 모든 값들은 소수점 아래 둘째 자리에서 반올림됐다.

임계점	f의 값	f_{xx}	D	결론
$(0, 0)$	0.00	−10.00	80.00	극대
$(\pm2.64, 1.90)$	8.50	−55.93	2488.72	극대
$(\pm0.86, 0.65)$	−1.48	−5.87	−187.64	안장점

그림 7과 8은 두 가지 관점에서 바라다본 f의 그래프 모양을 보여 주고 있는데, 곡면은 아래 방향으로 열려 있음을 알 수 있다. [이것은 $f(x, y)$의 표현식으로부터 알 수 있다. $|x|$와 $|y|$가 클 때 지배하는 항이 $-x^4 - 2y^4$이다.] f의 극대점에서 f의 값들을 비교하면, f의 최댓값은 $f(\pm2.64, 1.90) \approx 8.50$이다. 바꿔 말하면 f의 그래프에서 가장 높은 점들은 $(\pm2.64, 1.90, 8.50)$이다.

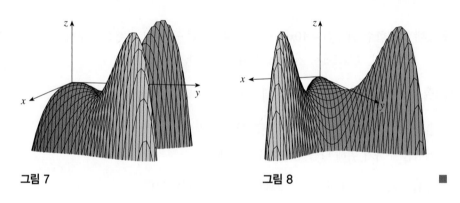

그림 7   **그림 8**   ∎

예제 4의 함수 f에 대한 5개의 임계점을 그림 9의 등위곡선에서 빨간색으로 나타냈다.

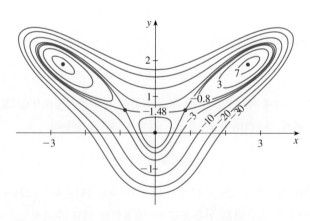

그림 9

《**예제 5**》 점 $(1, 0, -2)$에서 평면 $x + 2y + z = 4$까지 최단거리를 구하라.

풀이 임의의 점 (x, y, z)에서 $(1, 0, -2)$까지의 거리는 다음과 같다.

$$d = \sqrt{(x - 1)^2 + y^2 + (z + 2)^2}$$

그러나 (x, y, z)가 평면 $x + 2y + z = 4$에 놓여 있으면 $z = 4 - x - 2y$이고, 따라서 $d = \sqrt{(x-1)^2 + y^2 + (6 - x - 2y)^2}$을 얻는다. 다음과 같은 좀 더 간단한 표현을 최소화함으로써 d를 최소화할 수 있다.

$$d^2 = f(x, y) = (x - 1)^2 + y^2 + (6 - x - 2y)^2$$

따라서 다음 방정식을 풀자.

$$f_x = 2(x - 1) - 2(6 - x - 2y) = 4x + 4y - 14 = 0$$

$$f_y = 2y - 4(6 - x - 2y) = 4x + 10y - 24 = 0$$

유일한 임계점은 $\left(\frac{11}{6}, \frac{5}{3}\right)$이다. $f_{xx} = 4$, $f_{xy} = 4$, $f_{yy} = 10$이므로 다음을 얻는다.

$$D(x, y) = f_{xx}f_{yy} - (f_{xy})^2 = 24 > 0, \qquad f_{xx} > 0$$

따라서 2계 도함수 판정법에 의해 f는 $\left(\frac{11}{6}, \frac{5}{3}\right)$에서 극솟값을 갖는다. 직관적으로 이 극솟값이 최솟값이라는 것을 알 수 있다. 왜냐하면 주어진 평면에는 $(1, 0, -2)$에 가장 가까운 점이 있어야 하기 때문이다. $x = \frac{11}{6}$이고 $y = \frac{5}{3}$이면 다음과 같다.

$$d = \sqrt{(x-1)^2 + y^2 + (6 - x - 2y)^2} = \sqrt{\left(\frac{5}{6}\right)^2 + \left(\frac{5}{3}\right)^2 + \left(\frac{5}{6}\right)^2} = \frac{5}{6}\sqrt{6}$$

따라서 $(1, 0, -2)$에서 평면 $x + 2y + z = 4$까지의 최단거리는 $\frac{5}{6}\sqrt{6}$이다. ∎

예제 5는 벡터를 이용해서 풀 수 있다. 11.5절의 방법과 비교해 보자.

《예제 6》 뚜껑이 없는 직육면체 상자를 12 m² 판지로 만든다. 이 상자의 최대 부피를 구하라.

[풀이] 그림 10과 같이 길이, 너비, 높이를 x, y, z라 하자. 여기서 단위는 m이다. 그러면 상자의 부피는 다음과 같다.

$$V = xyz$$

상자의 네 옆면과 밑면의 넓이가 다음과 같다는 사실을 이용하면 V를 이변수 x와 y의 함수로 표현할 수 있다.

$$2xz + 2yz + xy = 12$$

이 식을 z에 대해 풀면 $z = (12 - xy)/[2(x + y)]$를 얻고, V에 대한 표현은 다음과 같다.

$$V = xy \frac{12 - xy}{2(x + y)} = \frac{12xy - x^2y^2}{2(x + y)}$$

편도함수를 계산하면 다음과 같다.

$$\frac{\partial V}{\partial x} = \frac{y^2(12 - 2xy - x^2)}{2(x + y)^2}, \qquad \frac{\partial V}{\partial y} = \frac{x^2(12 - 2xy - y^2)}{2(x + y)^2}$$

V가 최대이면, $\partial V/\partial x = \partial V/\partial y = 0$이다. 그러나 $x = 0$ 또는 $y = 0$이면 $V = 0$이므로 다음 방정식을 풀어야 한다.

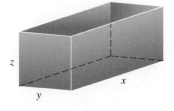

그림 10

$$12 - 2xy - x^2 = 0, \qquad 12 - 2xy - y^2 = 0$$

이로부터 $x^2 = y^2$을 얻고 따라서 $x = y$이다. (이 문제에서 x와 y는 모두 음이 아님을 주목하자.) 두 식 가운데 하나에 $x = y$를 대입하면 $12 - 3x^2 = 0$을 얻으며, 이로부터 $x = 2$, $y = 2$, $z = (12 - 2 \cdot 2)/[2(2 + 2)] = 1$을 얻는다.

2계 도함수 판정법을 이용해서 이것은 V의 극대임을 보일 수 있다. 또는 이 문제의 물리적 성질로부터 최댓값이 존재하는데 그것은 V의 임계점에서 나타나고, 그 임계점은 $x = 2$, $y = 2$, $z = 1$일 수밖에 없다고 추론할 수도 있다. 따라서 $V = 2 \cdot 2 \cdot 1 = 4$이므로 상자의 최대 부피는 4 m^3이다. ■

■ 최댓값과 최솟값

일변수함수와 같이, 이변수함수의 최댓값과 최솟값은 정의역에서 취할 수 있는 f의 가장 큰 값과 가장 작은 값이다.

---

7 정의 (a, b)가 이변수함수 f의 정의역 D 안에 있는 점이라고 하자.
- D 안의 모든 (x, y)에 대해 $f(a, b) \geq f(x, y)$이면 $f(a, b)$는 정의역 D에서 f의 **최댓값**(absolute maximum)이다.
- D 안의 모든 (x, y)에 대해 $f(a, b) \leq f(x, y)$이면, $f(a, b)$는 정의역 D에서 f의 **최솟값**(absolute minimum)이다.

일변수함수 f에 관한 극값정리는 폐구간 $[a, b]$에서 f가 연속이면 f는 최댓값과 최솟값을 갖는다는 것을 말한다. 3.1절의 폐구간 방법에 따르면 임계수뿐만 아니라 양 끝점 a, b에서 f의 값을 계산함으로써 이 극값을 구할 수 있었다.

이변수함수에 대해서도 비슷한 방법이 있다. 폐구간이 그 끝점들을 포함하는 것처럼 $\mathbb{R}^2$에서 **폐집합**(closed set)은 모든 경계점을 포함하는 집합이다. [점 (a, b)를 중심으로 한 모든 원판이 D에 속하는 점과 D에 속하지 않는 점도 포함할 때 점 (a, b)를 D의 경계점이라 한다.] 예를 들어 다음 원판은 원 $x^2 + y^2 = 1$ 위와 내부의 모든 점으로 구성된 폐집합이다.

$$D = \{(x, y) \mid x^2 + y^2 \leq 1\}$$

왜냐하면 그것은 자신의 경계점(원 $x^2 + y^2 = 1$ 위의 모든 점)을 모두 포함하고 있기 때문이다. 그러나 경계곡선 위의 점이 하나라도 빠지면, 그 집합은 폐집합이 아니다(그림 11 참조).

$\mathbb{R}^2$에서 **유계집합**(bounded set)은 어떤 원판 내부에 포함되는 집합이다. 다시 말하면 영역의 크기로 볼 때 유한한 집합이다. 이제 유계집합과 폐집합으로써 2차원 극값정리를 말할 수 있다.

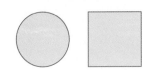

(a) 폐집합

(b) 폐집합이 아닌 집합

그림 11

8 **이변수함수에 대한 극값정리** f 가 $\mathbb{R}^2$ 안의 유계인 폐집합 D에서 연속이면, f는 D에 속한 어떤 점 (x_1, y_1), (x_2, y_2)에서 최댓값 $f(x_1, y_1)$과 최솟값 $f(x_2, y_2)$를 갖는다.

정리 8이 보장하는 극값을 구하려면, 정리 2에 의해 f가 (x_1, y_1)에서 극값을 가지면 (x_1, y_1)은 f의 임계점이거나 D의 경계점이라는 사실에 주목해야 한다. 다음은 확장된 폐구간 방법이다.

9 유계인 폐집합 D에서 연속인 함수 f의 최댓값과 최솟값을 구하려면
1. D 내부에 속한 f의 임계점에서 f의 값을 구한다.
2. D의 경계에서 f의 최댓값과 최솟값을 구한다.
3. 1, 2단계로부터 얻은 값 중 가장 큰 값은 최댓값, 가장 작은 값은 최솟값이다.

《 **예제 7** 》 직사각형 $D = \{(x, y) \mid 0 \le x \le 3, 0 \le y \le 2\}$에서 함수 $f(x, y) = x^2 - 2xy + 2y$의 최댓값과 최솟값을 구하라.

■풀이■ f는 다항함수이므로 유계인 폐사각형 D에서 연속이다. 따라서 정리 8로부터 최댓값과 최솟값이 모두 존재함을 알 수 있다. 정리 9의 1단계에 따라 먼저 임계점을 찾는다. 그것은 다음과 같을 때 생기므로 유일한 임계점은 $(1, 1)$이다.

$$f_x = 2x - 2y = 0$$
$$f_y = -2x + 2 = 0$$

이 점은 D 안에 있고 그 점에서 f의 값은 $f(1, 1) = 1$이다.

2단계에서 그림 12와 같이 4개의 선분 L_1, L_2, L_3, L_4로 구성된 D의 경계에서 f의 값을 찾는다. L_1에서 $y = 0$이므로 다음을 얻는다.

$$f(x, 0) = x^2, \qquad 0 \le x \le 3$$

이것은 x의 증가함수이고, 따라서 최솟값은 $f(0, 0) = 0$이고 최댓값은 $f(3, 0) = 9$이다. L_2에서 $x = 3$이므로 다음을 얻는다.

$$f(3, y) = 9 - 4y, \qquad 0 \le y \le 2$$

이것은 y의 감소함수이고, 따라서 최솟값은 $f(3, 2) = 1$이고 최댓값은 $f(3, 0) = 9$이다. L_3에서 $y = 2$이므로 다음을 얻는다.

$$f(x, 2) = x^2 - 4x + 4, \qquad 0 \le x \le 3$$

최댓값은 3장의 방법을 따르거나 단순히 $f(x, 2) = (x - 2)^2$을 관찰해서 최솟값은 $f(2, 2) = 0$이고 최댓값은 $f(0, 2) = 4$임을 안다. 마지막으로 L_4에서 $x = 0$이므로 다음을 얻는다.

$$f(0, y) = 2y, \qquad 0 \le y \le 2$$

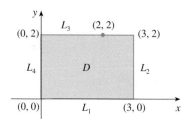

그림 12

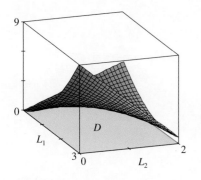

그림 13 $f(x, y) = x^2 - 2xy + 2y$

그러므로 최솟값은 $f(0, 0) = 0$이고 최댓값은 $f(0, 2) = 4$이다. 따라서 경계에서 f의 최솟값은 0이고 최댓값은 9이다.

3단계에서 임계점에서의 값 $f(1, 1) = 1$과 이런 값들을 비교하면 D에서 최댓값은 $f(3, 0) = 9$이고, 최솟값은 $f(0, 0) = f(2, 2) = 0$임을 결론짓는다. 그림 13은 f의 그래프이다.

■ 2계 도함수 판정법의 증명

2계 도함수 판정법의 (a)를 증명하면서 이 절을 마치려 한다. (b)도 비슷한 방법으로 증명할 수 있다.

정리 ③의 (a) 증명 $\mathbf{u} = \langle h, k \rangle$의 방향으로 f의 2계 방향도함수를 구해 보자. 1계 도함수는 13.6절의 정리 ③에 따라 다음과 같이 주어진다.

$$D_{\mathbf{u}} f = f_x h + f_y k$$

두 번째 미분할 때도 이 정리를 적용하면 다음을 얻는다.

$$D_{\mathbf{u}}^2 f = D_{\mathbf{u}}(D_{\mathbf{u}} f) = \frac{\partial}{\partial x}(D_{\mathbf{u}} f)h + \frac{\partial}{\partial y}(D_{\mathbf{u}} f)k$$

$$= (f_{xx} h + f_{yx} k)h + (f_{xy} h + f_{yy} k)k$$

$$= f_{xx} h^2 + 2f_{xy} hk + f_{yy} k^2 \qquad \text{(클레로의 정리에 의해)}$$

이 식을 완전제곱으로 고치면 다음을 얻는다.

$$\boxed{10} \qquad D_{\mathbf{u}}^2 f = f_{xx}\left(h + \frac{f_{xy}}{f_{xx}} k\right)^2 + \frac{k^2}{f_{xx}}(f_{xx} f_{yy} - f_{xy}^2)$$

$f_{xx}(a, b) > 0$과 $D(a, b) > 0$이 주어져 있다. 그런데 f_{xx}와 $D = f_{xx} f_{yy} - f_{xy}^2$은 연속함수이므로, 중심이 (a, b)이고 반지름이 $\delta > 0$인 원판 B가 존재해서 (x, y)가 B에 있을 때 $f_{xx}(x, y) > 0$과 $D(x, y) > 0$이 성립한다. 그러므로 식 $\boxed{10}$에서 보는 바와 같이 (x, y)가 B에 있을 때 $D_{\mathbf{u}}^2 f(x, y) > 0$임을 알게 된다. 이것은 C가 벡터 $\mathbf{u}$의 방향으로 점 $P(a, b, f(a, b))$를 지나는 수직평면이 f의 그래프와 교차해서 생기는 곡선이라면, C는 길이 2δ인 구간에서 위로 오목하다는 것을 뜻한다. 이것이 모든 벡터 $\mathbf{u}$의 방향에서 성립하므로 (x, y)를 B 안에 놓여 있다고 제한하면 f의 그래프는 P에서 그것의 수평접평면 윗부분에 놓이게 된다. 따라서 (x, y)가 B 안에 있을 때 $f(x, y) \geq f(a, b)$이다. 이것은 $f(a, b)$가 극솟값임을 보여 준다. ■

13.7 │ 연습문제

1. 연속인 2계 도함수를 갖는 함수 f의 임계점이 $(1, 1)$일 때, 다음 각 경우 f에 대해 무엇을 말할 수 있는가?

(a) $f_{xx}(1, 1) = 4$, $f_{xy}(1, 1) = 1$, $f_{yy}(1, 1) = 2$

(b) $f_{xx}(1, 1) = 4$, $f_{xy}(1, 1) = 3$, $f_{yy}(1, 1) = 2$

2. 다음 등위곡선을 이용해서 함수 $f(x, y) = 4 + x^3 + y^3 - 3xy$의 임계점의 위치를 예측하라. 각 임계점에서 안장점인지 극대인지 극소인지를 추정하라. 추정한 이유를 설명하고, 또 2계 도함수 판정법을 이용해서 예측 결과를 확인하라.

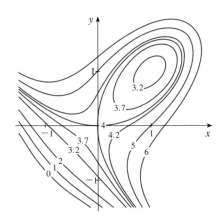

3-11 다음 함수의 극댓값, 극솟값, 안장점을 구하라. 계산기 또는 컴퓨터를 이용해서 함수의 중요한 성질을 모두 드러내는 정의역과 바라보는 관점을 설정해서 그래프를 그려라.

3. $f(x, y) = x^2 + xy + y^2 + y$

4. $f(x, y) = 2x^2 - 8xy + y^4 - 4y^3$

5. $f(x, y) = (x - y)(1 - xy)$

6. $f(x, y) = y\sqrt{x} - y^2 - 2x + 7y$

7. $f(x, y) = x^3 - 3x + 3xy^2$

8. $f(x, y) = x^4 - 2x^2 + y^3 - 3y$

9. $f(x, y) = xy - x^2y - xy^2$

10. $f(x, y) = e^x \cos y$

11. $f(x, y) = y^2 - 2y \cos x$, $-1 \le x \le 7$

12. $f(x, y) = x^2 + 4y^2 - 4xy + 2$는 무한히 많은 임계점을 갖고 각 점에서 $D = 0$임을 보여라. 또 각 임계점에서 극솟값 (이자 최솟값)을 가짐을 보여라.

13-14 그래프나 등위곡선 또는 두 그림을 모두 이용해서 다음 함수의 극댓값, 극솟값과 안장점을 추정하라. 또한 미적분학을 이용해서 이들의 정확한 값을 구하라.

13. $f(x, y) = x^2 + y^2 + x^{-2}y^{-2}$

14. $f(x, y) = \sin x + \sin y + \sin(x + y)$,
$0 \le x \le 2\pi$, $0 \le y \le 2\pi$

15-16 (예제 4에서처럼) f의 임계점을 소수점 아래 셋째 자리까지 정확하게 구하라. 또한 임계점을 분류하고 그래프에서 최고점, 최저점을 구하라.

15. $f(x, y) = x^4 + y^4 - 4x^2y + 2y$

16. $f(x, y) = x^4 + y^3 - 3x^2 + y^2 + x - 2y + 1$

17-20 다음 집합 D에서 f의 최댓값과 최솟값을 구하라.

17. $f(x, y) = x^2 + y^2 - 2x$, D는 꼭짓점이 $(2, 0)$, $(0, 2)$, $(0, -2)$인 폐삼각형 영역

18. $f(x, y) = x^2 + y^2 + x^2y + 4$,
$D = \{(x, y) \mid |x| \le 1, |y| \le 1\}$

19. $f(x, y) = x^2 + 2y^2 - 2x - 4y + 1$,
$D = \{(x, y) \mid 0 \le x \le 2, 0 \le y \le 3\}$

20. $f(x, y) = 2x^3 + y^4$, $D = \{(x, y) \mid x^2 + y^2 \le 1\}$

21. 연속인 일변수함수가 2개의 극댓값을 갖고, 극솟값을 갖지 않는 것은 불가능하다. 그러나 이변수함수일 때는 이런 성질을 갖는 함수가 존재한다. 다음 함수가 2개의 임계점만을 가짐을 보이고, 그곳에서 모두 극대임을 보여라.

$$f(x, y) = -(x^2 - 1)^2 - (x^2y - x - 1)^2$$

그리고 어떻게 그런 일이 가능한지 알 수 있도록 정의역과 바라보는 관점을 잘 설정해서 그려라.

22. 점 $(2, 0, -3)$에서 평면 $x + y + z = 1$까지의 최단거리를 구하라.

23. 점 $(4, 2, 0)$에 가장 가까운 원뿔 $z^2 = x^2 + y^2$의 점을 구하라.

24. 합이 100이면서 곱이 최대인 3개의 양수를 구하라.

25. 반지름 r인 구에 내접하는 가장 큰 직육면체의 부피를 구하라.

26. 한 꼭짓점이 평면 $x + 2y + 3z = 6$에 있고, 세 면이 좌표평

면에 있으며, 제1팔분공간에 있는 가장 큰 직육면체의 부피를 구하라.

27. 12변의 길이의 합이 상수 c인 부피가 최대인 직육면체의 치수를 구하라.

28. 뚜껑이 없는 판지로 만든 상자의 부피가 $32,000$ cm^3이다. 이용한 판지의 양을 최소화하는 치수를 구하라.

29. 사각형 상자의 대각선의 길이가 L일 때, 가능한 가장 큰 부피를 구하라.

30. 섀넌지수(종다양성지수)는 생태계 안에서 개체의 확산을 측량한 값이다. 세 종이 있는 생태계에 대해 다음과 같이 정의된다고 하자.

$$H = -p_1 \ln p_1 - p_2 \ln p_2 - p_3 \ln p_3$$

여기서 p_i는 생태계 안에서 종 i의 비율을 나타낸다.

(a) $p_1 + p_2 + p_3 = 1$일 때 H를 이변수함수로 나타내라.

(b) H의 정의역은?

(c) H의 최댓값을 구하라. 어떤 p_1, p_2, p_3에서 최대가 되는가?

31. 최소제곱법 한 과학자가 두 양 x, y가 선형적인 관계, 즉 어떤 m과 b에 대해 $y = mx + b$를 만족하는 것을 믿을 만한 근거를 가지고 있다고 가정하자. 과학자가 실험을 해서 점 (x_1, y_1), (x_2, y_2), ..., (x_n, y_n)의 형태로 자료를 모아서 좌표평면에 점을 찍었다. 이 점들이 직선 위에 정확히 놓여 있지 않고, 따라서 과학자는 직선 $y = mx + b$가 가능한 이 점들을 적합시키도록 상수 m과 b를 구하고자 한다(그림 참조).

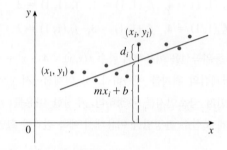

$d_i = y_i - (mx_i + b)$를 직선으로부터 점 (x_i, y_i)의 수직편차라 하자. **최소제곱법**은 이 편차들의 제곱의 합인 $\sum_{i=1}^{n} d_i^2$을 최소화하는 m과 b를 결정한다. 이 방법에 따르면 최상의 적합선은 다음과 같을 때 얻어짐을 보여라.

$$m \sum_{i=1}^{n} x_i + bn = \sum_{i=1}^{n} y_i$$

$$m \sum_{i=1}^{n} x_i^2 + b \sum_{i=1}^{n} x_i = \sum_{i=1}^{n} x_i y_i$$

그러므로 이 직선은 2개의 미지수 m과 b에 관한 두 방정식을 풀어서 얻을 수 있다. (최소제곱법에 대한 더 많은 논의와 응용은 1.2절을 참고한다.)

13.8 | 라그랑주 승수

13.7절의 예제 6에서 겉넓이가 12 m^2라는 부가조건하에 $2xz + 2yz + xy = 12$를 제약조건으로 해서 부피함수 $V = xyz$를 최대화했다. 이 절에서는 $g(x, y, z) = k$와 같은 형태의 제약조건(또는 부가조건)을 만족하는 일반적인 함수 $f(x, y, z)$를 최대 또는 최소로 하는 라그랑주의 방법을 소개한다.

■ 라그랑주 승수: 한 가지 제약 조건

라그랑주의 방법에 대해 기하학적인 기초를 설명하는 데는 이변수함수의 경우가 더 쉽다. 따라서 $g(x, y) = k$ 형태의 조건을 만족하는 $f(x, y)$의 극값을 찾아보기로 한다. 다시 말해서 점 (x, y)가 등위곡선 $g(x, y) = k$에 놓여 있을 때 $f(x, y)$의 극값을 찾아보기로 한다. 그림 1은 곡선 $g(x, y) = k$를 f의 여러 등위곡선과 함께 보여 준다. 이는 $c = 7, 8, 9, 10, 11$일 때 방정식 $f(x, y) = c$를 나타낸다. $g(x, y) = k$를 조

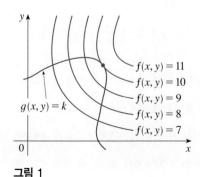

그림 1

건으로 $f(x, y)$를 최대로 하는 것은 $g(x, y) = k$와 등위곡선 $f(x, y) = c$의 교점 중에서 가장 큰 c를 구하는 것이다. 그림 1로부터 이런 상황은 곡선이 서로 접할 때, 즉 공통접선이 존재할 때 일어난다는 것을 알 수 있다(그렇지 않으면 c의 값은 더욱 더 커질 수 있다). 이것은 접점 (x_0, y_0)에서 법선들이 일치함을 의미한다. 그러므로 기울기 벡터들은 평행하다. 즉, 적당한 스칼라 λ에 대해 $\nabla f(x_0, y_0) = \lambda \nabla g(x_0, y_0)$이다.

이런 논법은 제약조건 $g(x, y, z) = k$를 만족하는 $f(x, y, z)$의 극값을 구하는 문제에도 그대로 적용된다. 따라서 점 (x, y, z)는 방정식이 $g(x, y, z) = k$인 등위곡면 S에 놓여 있는 것으로 제약을 받는다. 그림 1에서 등위곡선 대신 등위곡면 $f(x, y, z) = c$를 생각한다. f의 최댓값이 $f(x_0, y_0, z_0) = c$이면 등위곡면 $f(x, y, z) = c$는 등위곡면 $g(x, y, z) = k$에 접하게 되고, 따라서 대응하는 기울기 벡터들은 서로 평행이다.

이런 직관적인 논법을 다음과 같이 정확하게 표현할 수 있다. 함수 f가 곡면 S의 점 $P(x_0, y_0, z_0)$에서 극값을 갖는다고 가정하고, S에 놓여 있으면서 P를 지나는 곡선 C가 벡터방정식 $\mathbf{r}(t) = \langle x(t), y(t), z(t) \rangle$로 표현된다고 하자. t_0가 점 P에 대응하는 매개변숫값이면 $\mathbf{r}(t_0) = \langle x_0, y_0, z_0 \rangle$이다. 합성함수 $h(t) = f(x(t), y(t), z(t))$는 f가 곡선 C에서 취하는 값을 나타낸다. f가 (x_0, y_0, z_0)에서 극값을 가지므로, h는 t_0에서 극값을 갖고, 따라서 $h'(t_0) = 0$이다. 그러나 f가 미분가능하면 연쇄법칙을 이용해서 다음과 같이 쓸 수 있다.

$$\begin{aligned} 0 &= h'(t_0) \\ &= f_x(x_0, y_0, z_0)x'(t_0) + f_y(x_0, y_0, z_0)y'(t_0) + f_z(x_0, y_0, z_0)z'(t_0) \\ &= \nabla f(x_0, y_0, z_0) \cdot \mathbf{r}'(t_0) \end{aligned}$$

이것은 기울기 벡터 $\nabla f(x_0, y_0, z_0)$이 그와 같은 모든 곡선 C에 대해 접선벡터 $\mathbf{r}'(t_0)$에 수직임을 보여 준다. 그러나 13.6절로부터 g의 기울기 벡터 $\nabla g(x_0, y_0, z_0)$도 또한 그런 곡선에 대해 $\mathbf{r}'(t_0)$에 수직임을 이미 알고 있다(13.6절의 식 $\boxed{18}$ 참조). 이것은 기울기 벡터 $\nabla f(x_0, y_0, z_0)$과 $\nabla g(x_0, y_0, z_0)$이 서로 평행임을 뜻한다. 그러므로 $\nabla g(x_0, y_0, z_0) \neq \mathbf{0}$이면 다음 조건을 만족하는 수 λ가 존재한다.

$$\boxed{1} \qquad \boxed{\nabla f(x_0, y_0, z_0) = \lambda \nabla g(x_0, y_0, z_0)}$$

식 $\boxed{1}$에서 수 λ를 **라그랑주 승수**(Lagrange multiplier)라 한다. 식 $\boxed{1}$에 기초한 방법은 다음과 같다.

라그랑주 승수는 프랑스-이탈리아인 수학자 라그랑주(Joseph-Louis Lagrange, 1736~1813)의 이름을 따서 붙인 명칭이다. 라그랑주의 약력은 3.2절을 보라.

> **라그랑주 승수법** $g(x, y, z) = k$를 만족하는 $f(x, y, z)$의 최댓값과 최솟값을 구하기 위해[이런 극값이 존재하고 곡면 $g(x, y, z) = k$에서 $\nabla g \neq \mathbf{0}$라고 가정함]
> **1.** 다음을 만족하는 x, y, z, λ의 값을 모두 구한다.
> $$\nabla f(x, y, z) = \lambda \nabla g(x, y, z)$$

라그랑주의 방법을 유도할 때, $\nabla g \neq 0$를 가정한다. 각 예제에서 $g(x, y, z) = k$를 만족하는 모든 점에서 $\nabla g \neq 0$를 검토할 수 있다. 연습문제 18에서 $\nabla g = 0$일 때 오류가 발생할 수 있음을 볼 수 있다.

$$g(x, y, z) = k$$

2. 1단계에서 구한 모든 점 (x, y, z)에서 f의 값을 계산한다. 이 값들 중 가장 큰 값이 f의 최댓값이고, 가장 작은 값이 f의 최솟값이다.

벡터방정식 $\nabla f = \lambda \nabla g$를 그들의 성분으로 쓰면, 1단계의 식은 다음과 같다.

$$f_x = \lambda g_x, \quad f_y = \lambda g_y, \quad f_z = \lambda g_z, \quad g(x, y, z) = k$$

이것은 네 미지수 x, y, z, λ에 대한 네 개의 식으로 이루어진 연립방정식이다. (이 방법에 대한 결론으로 λ의 정확한 값을 구할 필요는 없지만) 가능한 모든 해를 구해야 한다. $x = x_0, y = y_0, z = z_0$이 연립방정식의 해이고 대응하는 λ의 값이 0이 아니면 $\nabla f(x_0, y_0, z_0)$와 $\nabla g(x_0, y_0, z_0)$은 (이 절의 도입부에서 기하학적으로 언급한 것과 같이) 평행이다. $\lambda = 0$이면 $\nabla f(x_0, y_0, z_0) = \mathbf{0}$이고 (x_0, y_0, z_0)은 f의 임계점이다. 따라서 $f(x_0, y_0, z_0)$은 정의역에서 f의 극값이 될 수 있으며, f의 가능한 극값은 주어진 제약을 만족한다(예제 31 참조).

이변수함수에 대한 라그랑주 승수법은 앞에서 설명한 방법과 비슷하다. 제약조건 $g(x, y) = k$를 만족하는 $f(x, y)$의 최댓값과 최솟값을 구하려면 다음을 만족하는 x, y, λ를 구해야 한다.

$$\nabla f(x, y) = \lambda \nabla g(x, y), \quad g(x, y) = k$$

이것은 다음과 같은 세 미지수를 갖는 세 방정식을 연립으로 푸는 일에 해당된다.

$$f_x = \lambda g_x, \quad f_y = \lambda g_y, \quad g(x, y) = k$$

《예제 1》 원 $x^2 + y^2 = 1$에서 함수 $f(x, y) = x^2 + 2y^2$의 최댓값과 최솟값을 구하라.

풀이 제약조건 $g(x, y) = x^2 + y^2 = 1$을 만족하는 f의 최댓값과 최솟값에 대한 문제이다. 라그랑주 승수법을 이용해서 방정식 $\nabla f = \lambda \nabla g$, $g(x, y) = 1$을 푼다. 이는 다음과 같이 쓸 수 있다.

$$f_x = \lambda g_x, \quad f_y = \lambda g_y, \quad g(x, y) = 1$$

또는 다음과 같이 쓸 수 있다.

$$\boxed{2} \qquad\qquad\qquad 2x = 2x\lambda$$

$$\boxed{3} \qquad\qquad\qquad 4y = 2y\lambda$$

$$\boxed{4} \qquad\qquad\qquad x^2 + y^2 = 1$$

식 $\boxed{2}$로부터 $2x(1 - \lambda) = 0$이므로 $x = 0$ 또는 $\lambda = 1$을 얻는다. $x = 0$이면 식 $\boxed{4}$에서 $y = \pm 1$이다. $\lambda = 1$이면 식 $\boxed{3}$으로부터 $y = 0$이고 따라서 식 $\boxed{4}$에 의해 $x = \pm 1$이다. 그러므로 f는 네 점 $(0, 1), (0, -1), (1, 0), (-1, 0)$에서 최댓값과 최솟값을 가질 수 있다. 이런 네 점에서 f의 값을 구하면 다음과 같다.

$$f(0, 1) = 2, \quad f(0, -1) = 2, \quad f(1, 0) = 1, \quad f(-1, 0) = 1$$

그러므로 원 $x^2 + y^2 = 1$에서 f의 최댓값은 $f(0, \pm1) = 2$이고, 최솟값은 $f(\pm1, 0) = 1$이다. 기하학적으로 그림 2와 같이 이 점들은 곡선 C 위에서 최대점과 최소점에 대응한다. 여기서 C는 제약조건인 원 $x^2 + y^2 = 1$ 바로 위에 놓이는 포물면 $z = x^2 + 2y^2$ 위의 점들로 구성된다.

그림 3에서 f의 등고선 그림을 보여준다. $f(x, y) = x^2 + 2y^2$의 최댓값과 최솟값은 원 $x^2 + y^2 = 1$과 만나는 f의 등위곡선에 대응한다.

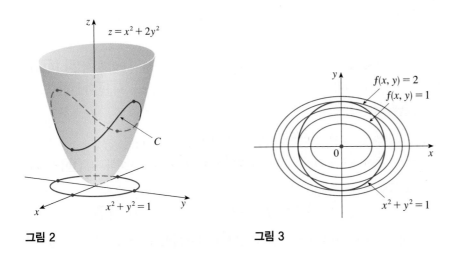

그림 2   **그림 3**

라그랑주 방법의 첫 예로 13.7절의 예제 6에서 주어진 문제를 다시 생각해 본다.

《예제 2》 뚜껑이 없는 직육면체 상자를 12 m^2 판지로 만든다. 이 상자의 최대 부피를 구하라.

풀이 13.7절의 예제 6과 같이 x, y, z를 각각 상자의 길이, 너비, 높이라 하자. 여기서 단위는 m이다. 다음과 같은 제약조건에 대해 $V = xyz$를 최대화하려고 한다.

$$g(x, y, z) = 2xz + 2yz + xy = 12$$

라그랑주 승수법을 이용해서 $\nabla V = \lambda \nabla g$, $g(x, y, z) = 12$를 만족하는 x, y, z, λ를 구한다. 이것으로부터 다음 식을 얻는다.

$$V_x = \lambda g_x$$
$$V_y = \lambda g_y$$
$$V_z = \lambda g_z$$
$$2xz + 2yz + xy = 12$$

이는 다음과 같이 된다.

5 $$\qquad\qquad yz = \lambda(2z + y)$$

6 $$\qquad\qquad xz = \lambda(2z + x)$$

3.7절에서 접했던 많은 최적화 문제는 제약조건을 만족하는 이변수함수를 최적화하는 것으로 간주할 수 있다. 연습문제 9∼11에서 3.7절에서 접했던 여러 가지 문제를 다시 접할 것이며 라그랑주 승수법을 이용해서 그 문제들을 푼다.

$$\boxed{7} \qquad\qquad xy = \lambda(2x + 2y)$$

$$\boxed{8} \qquad\qquad 2xz + 2yz + xy = 12$$

이 연립방정식을 풀기 위한 일반적인 규칙은 없으며, 때때로 어떤 기교가 필요하다. 이 예제에서 식 $\boxed{5}$에 x, 식 $\boxed{6}$에 y, 식 $\boxed{7}$에 z를 곱하면 좌변이 일치함을 알 수 있다. 그러면 다음을 얻는다.

연립방정식 $\boxed{5}$~$\boxed{8}$를 푸는 다른 방법은 λ에 대해 방정식 $\boxed{5}$, $\boxed{6}$, $\boxed{7}$을 풀고 결과로 얻은 식을 같게 놓는 것이다.

$$\boxed{9} \qquad\qquad xyz = \lambda(2xz + xy)$$

$$\boxed{10} \qquad\qquad xyz = \lambda(2yz + xy)$$

$$\boxed{11} \qquad\qquad xyz = \lambda(2xz + 2yz)$$

일반적으로 λ는 0이 될 수 있지만 여기서는 $\lambda \neq 0$이다. 왜냐하면 $\lambda = 0$이면 식 $\boxed{5}$, $\boxed{6}$, $\boxed{7}$로부터 $yz = xz = xy = 0$이고, 이것은 식 $\boxed{8}$에 모순이다. 그러므로 식 $\boxed{9}$와 $\boxed{10}$으로부터 다음을 얻는다.

$$2xz + xy = 2yz + xy$$

즉, $xz = yz$이다. 그러나 $z \neq 0(z = 0$이면 $V = 0$이다)이므로 $x = y$이다. 식 $\boxed{10}$과 $\boxed{11}$로부터 다음을 얻는다.

$$2yz + xy = 2xz + 2yz$$

즉, $2xz = xy$이고 $x \neq 0$이므로 $y = 2z$를 얻는다. 이제 식 $\boxed{8}$에 $x = y = 2z$를 대입하면 다음을 얻는다.

$$4z^2 + 4z^2 + 4z^2 = 12$$

x, y, z 모두 양수이므로 $z = 1$, $x = 2$, $y = 2$를 얻는다. 따라서 f가 최댓·최솟값을 가질 수 있는 유일한 점을 얻는다. f가 이 점에서 최댓값 또는 최솟값을 갖는지 어떻게 알 수 있을까? 13.7절의 예제 6과 같이 우리가 구한 점에서 최댓값이 나타나야 하기 때문에 그 점에서 최대 부피가 되어야 하는 것을 보여준다. ■

《예제 3》 점 $(3, 1, -1)$로부터 구면 $x^2 + y^2 + z^2 = 4$에 있는 가장 가까운 점과 가장 먼 점을 구하라.

풀이 점 (x, y, z)로부터 $(3, 1, -1)$까지 거리는 다음과 같다.

$$d = \sqrt{(x - 3)^2 + (y - 1)^2 + (z + 1)^2}$$

그러나 다음 거리의 제곱을 최대·최소화하면 계산은 더 쉬워진다.

$$d^2 = f(x, y, z) = (x - 3)^2 + (y - 1)^2 + (z + 1)^2$$

제약조건은 점 (x, y, z)가 구면에 있다는 것이다. 즉, 다음을 뜻한다.

$$g(x, y, z) = x^2 + y^2 + z^2 = 4$$

라그랑주 승수법에 따라 연립방정식 $\nabla f = \lambda \nabla g$, $g = 4$를 푼다. 즉, 다음과 같다.

$$\boxed{12} \qquad\qquad 2(x - 3) = 2x\lambda$$

13 $$2(y - 1) = 2y\lambda$$

14 $$2(z + 1) = 2z\lambda$$

15 $$x^2 + y^2 + z^2 = 4$$

이 방정식을 푸는 가장 간단한 방법은 식 12, 13, 14로부터 x, y, z를 λ에 대해 풀고, 이런 값을 식 15에 대입하는 것이다. 식 12로부터 다음을 얻는다.

$$x - 3 = x\lambda \quad\Longrightarrow\quad x(1 - \lambda) = 3 \quad\Longrightarrow\quad x = \frac{3}{1 - \lambda}$$

[$1 - \lambda \neq 0$임에 주목하자. 왜냐하면 $\lambda = 1$은 식 12로부터 불가능하기 때문이다.] 비슷한 방법으로 식 13과 14에서 다음을 얻는다.

$$y = \frac{1}{1 - \lambda}, \quad z = -\frac{1}{1 - \lambda}$$

그러므로 식 15에 대입하면 다음을 얻는다.

$$\frac{3^2}{(1 - \lambda)^2} + \frac{1^2}{(1 - \lambda)^2} + \frac{(-1)^2}{(1 - \lambda)^2} = 4$$

따라서 $(1 - \lambda)^2 = \frac{11}{4}$, $1 - \lambda = \pm\sqrt{11}/2$이므로 다음을 얻는다.

$$\lambda = 1 \pm \frac{\sqrt{11}}{2}$$

이런 λ의 값에 대응되는 점 (x, y, z)는 다음과 같다.

$$\left(\frac{6}{\sqrt{11}}, \frac{2}{\sqrt{11}}, -\frac{2}{\sqrt{11}}\right), \quad \left(-\frac{6}{\sqrt{11}}, -\frac{2}{\sqrt{11}}, \frac{2}{\sqrt{11}}\right)$$

f는 이들 점 가운데 첫 번째 점에서 더 작은 값을 가짐을 쉽게 알 수 있으므로 가장 가까운 점은 $\left(6/\sqrt{11}, 2/\sqrt{11}, -2/\sqrt{11}\right)$이고, 가장 먼 점은 $\left(-6/\sqrt{11}, -2/\sqrt{11}, 2/\sqrt{11}\right)$이다. ∎

《**예제 4**》 원판 $D = \{(x, y) \mid x^2 + y^2 \leq 1\}$에서 $f(x, y) = x^2 + 2y^2$의 최댓값과 최솟값을 구하라.

풀이 13.7절의 정리 9 에서의 절차에 따라 경계점에서의 값과 임계점에서의 f의 값을 비교해 보자. $f_x = 2x$, $f_y = 4y$이기 때문에 유일한 임계점은 $(0, 0)$이다. 임계점에서 f의 값과 라그랑주 승수를 이용한 예제 1에서 구한 경계 위에서의 최댓값과 최솟값을 비교해 보자.

$$f(0, 0) = 0, \quad f(\pm 1, 0) = 1, \quad f(0, \pm 1) = 2$$

그러므로 D에서 f의 최댓값은 $f(0, \pm 1) = 2$이고 최솟값은 $f(0, 0) = 0$이다. 그림 5는 원판 D 위에서 f의 그래프 일부를 보인다. 곡면의 최대점은 $(0, \pm 1)$에서 나타나고 최저점은 원점에서 나타나는 것을 볼 수 있다. 그림 6은 원판 D 위에 겹쳐진 f의 등고선 그림을 보여준다.

그림 4는 예제 3에서 구면과 구면에서 가장 가까운 점 P를 보여 주고 있다. 미분을 이용하지 않고 점 P의 좌표를 구할 수 있는가?

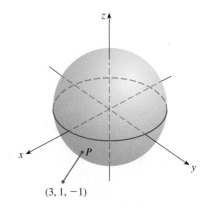

$(3, 1, -1)$

그림 4

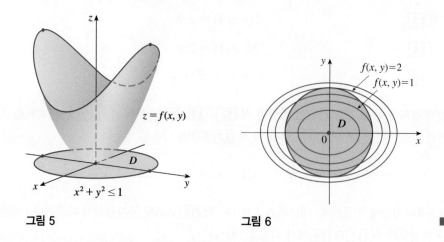

그림 5   그림 6

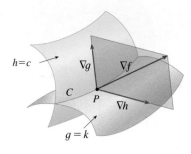

그림 7

■ 라그랑주 승수: 두 가지 제약조건

두 가지 제약조건(부가조건) $g(x, y, z) = k$와 $h(x, y, z) = c$를 만족하는 함수 $f(x, y, z)$의 최댓값과 최솟값을 구한다고 가정하자. 기하학적으로 이것은 등위곡면 $g(x, y, z) = k$와 $h(x, y, z) = c$의 교차곡선 C에 존재하는 점 (x, y, z)에서 f의 최댓값과 최솟값을 찾는다는 뜻이다(그림 7 참조). f의 최댓값과 최솟값을 점 $P(x_0, y_0, z_0)$에서 갖는다고 하자. 이 절의 도입부로부터 ∇f는 P에서 곡선 C에 수직이다. 또한 ∇g는 $g(x, y, z) = k$에 수직이고 ∇h는 $h(x, y, z) = c$에 수직이므로 ∇g와 ∇h도 모두 C에 수직이다. 이것은 기울기 벡터 $\nabla f(x_0, y_0, z_0)$이 $\nabla g(x_0, y_0, z_0)$과 $\nabla h(x_0, y_0, z_0)$으로 결정되는 평면에 놓여 있음을 의미한다(기울기 벡터들은 **0**가 아니고 평행하지도 않다고 가정한다). 따라서 다음 방정식을 만족하는 수 λ와 μ(라그랑주 승수)가 존재한다.

$$\boxed{16} \quad \nabla f(x_0, y_0, z_0) = \lambda\,\nabla g(x_0, y_0, z_0) + \mu\,\nabla h(x_0, y_0, z_0)$$

이 경우 라그랑주의 방법은 5개의 미지수 x, y, z, λ, μ에 관한 다음 5개의 방정식을 풀어서 최댓값과 최솟값을 찾는다. 이런 방정식은 그것의 성분으로 식 $\boxed{16}$을 표현하고 제약조건 식을 이용해서 다음과 같이 푼다.

$$f_x = \lambda\,g_x + \mu h_x$$
$$f_y = \lambda\,g_y + \mu h_y$$
$$f_z = \lambda\,g_z + \mu h_z$$
$$g(x, y, z) = k$$
$$h(x, y, z) = c$$

《예제 5》 평면 $x - y + z = 1$과 원기둥 $x^2 + y^2 = 1$이 만나는 교선에서 함수 $f(x, y, z) = x + 2y + 3z$의 최댓값을 구하라.

풀이 제약조건 $g(x, y, z) = x - y + z = 1$과 $h(x, y, z) = x^2 + y^2 = 1$을 만족하는 함수 $f(x, y, z) = x + 2y + 3z$를 최대화하는 문제이다. 라그랑주 조건은 $\nabla f = \lambda \nabla g + \mu \nabla h$ 이므로, 다음 연립방정식을 풀면 된다.

17		$1 = \lambda + 2x\mu$
18		$2 = -\lambda + 2y\mu$
19		$3 = \lambda$
20		$x - y + z = 1$
21		$x^2 + y^2 = 1$

$\lambda = 3$을 (식 [19]에서) 식 [17]에 대입하면 $2x\mu = -2$이고, 따라서 $x = -1/\mu$이다. 같은 방법으로 식 [18]에서 $y = 5/(2\mu)$를 얻는다. 이를 식 [21]에 대입하면 다음을 얻는다.

$$\frac{1}{\mu^2} + \frac{25}{4\mu^2} = 1$$

따라서 $\mu^2 = \frac{29}{4}$, $\mu = \pm\sqrt{29}/2$이다. 그러므로 $x = \mp 2/\sqrt{29}$, $y = \pm 5/\sqrt{29}$이고, 식 [20]으로부터 $z = 1 - x + y = 1 \pm 7/\sqrt{29}$이다. 이에 대응되는 f의 값은 다음과 같다.

$$\mp\frac{2}{\sqrt{29}} + 2\left(\pm\frac{5}{\sqrt{29}}\right) + 3\left(1 \pm \frac{7}{\sqrt{29}}\right) = 3 \pm \sqrt{29}$$

그러므로 주어진 곡선에서 f의 최댓값은 $3 + \sqrt{29}$이다. ■

그림 8에서 보는 바와 같이 원주면 $x^2 + y^2 = 1$과 평면 $x - y + z = 1$이 만나서 타원을 이룬다. 예제 5는 (x, y, z)를 이 타원의 점으로 제한했을 때 f의 최댓값을 찾는 문제이다.

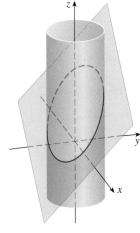

그림 8

13.8 | 연습문제

1. 다음 그림은 f의 등고선 그림과 방정식이 $g(x, y) = 8$인 곡선이다. 제약조건 $g(x, y) = 8$을 만족하는 f의 최댓값과 최솟값을 구하라. 그리고 그 이유를 설명하라.

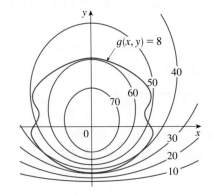

2-8 극값 문제 각각은 최댓값과 최솟값을 모두 갖는 해를 갖는다. 라그랑주 승수법을 이용해서 주어진 제약조건을 만족하는 다음 함수의 최댓값과 최솟값을 구하라.

2. $f(x, y) = x^2 - y^2$, $x^2 + y^2 = 1$

3. $f(x, y) = xy$, $4x^2 + y^2 = 8$

4. $f(x, y) = 2x^2 + 6y^2$, $x^4 + 3y^4 = 1$

5. $f(x, y, z) = 2x + 2y + z$, $x^2 + y^2 + z^2 = 9$

6. $f(x, y, z) = xy^2z$, $x^2 + y^2 + z^2 = 4$

7. $f(x, y, z) = x^2 + y^2 + z^2$, $x^4 + y^4 + z^4 = 1$

8. $f(x, y, z, t) = x + y + z + t$, $x^2 + y^2 + z^2 + t^2 = 1$

9-11 3.7절에서 주어진 다음 연습문제를 라그랑주 승수법을 이용해서 풀라.

9. 연습문제 2   **10.** 연습문제 4

11. 연습문제 13

12. 라그랑주 승수법은 최댓값·최솟값이 존재하지만 항상 그런 것은 아니라는 사실을 추정한다. 라그랑주 승수를 이용해서 주어진 조건 $xy = 1$을 만족하는 $f(x, y) = x^2 + y^2$의 최솟값을 구할 수 있으나, 이 제약 조건에서 f가 최댓값을 갖지 않음을 보여라.

13. 랑그랑주 승수를 이용해서 제약조건 $x^3 + y^3 = 16$을 만족하는 $f(x, y) = e^{xy}$의 최댓값을 구하고, 이 제약조건에서 최솟값이 없는 것을 보여라.

14-15 다음 부등식으로 주어지는 영역에서 f의 최댓값과 최솟값을 구하라.

14. $f(x, y) = x^2 + y^2 + 4x - 4y, \quad x^2 + y^2 \leq 9$

15. $f(x, y) = e^{-xy}, \quad x^2 + 4y^2 \leq 1$

16-17 두 가지 제약조건을 모두 만족하는 f의 최댓값과 최솟값을 구하라.

16. $f(x, y, z) = x + y + z; \quad x^2 + z^2 = 2, \quad x + y = 1$

17. $f(x, y, z) = yz + xy; \quad xy = 1, \quad y^2 + z^2 = 1$

18. 곡선 $y^2 + x^4 - x^3 = 0$ (먹는 배 모양의 도형)에서 함수 $f(x, y) = x$를 최소화하는 문제를 생각해 보자.

   (a) 라그랑주 승수법을 이용해서 이 문제를 풀라.

   (b) 최솟값은 $f(0, 0) = 0$이지만 임의의 λ값에 대해 라그랑주 조건 $\nabla f(0, 0) = \lambda \nabla g(0, 0)$이 만족되지 않음을 보여라.

   (c) 이 경우 최솟값을 구하는 데 라그랑주 승수법이 실패한 이유를 설명하라.

19. 어떤 생산물의 총 생산량 P는 노동량 L과 투입된 자본금 K에 따라 결정된다. 13.1절에서 콥-더글러스 모형 $P = bL^\alpha K^{1-\alpha}$가 어떤 경제적 가정하에서 유도될 수 있다는 사실을 알아봤다. 여기서 b, α는 상수이고 $\alpha < 1$이다. 단위 노동시간당 비용이 m, 단위 자본금당 비용이 n, 회사가 사용할 수 있는 총 예산이 p달러일 경우, 최대화해야 할 총 생산량 P는 조건 $mL + nK = p$에 제약을 받는다. 총 생산량 P는 다음과 같을 때 최대가 됨을 보여라.

$$L = \frac{\alpha p}{m}, \qquad K = \frac{(1 - \alpha)p}{n}$$

20. 라그랑주 승수를 이용해서 둘레가 p인 사각형의 넓이가 최대일 때는 정사각형임을 보여라.

21-27 13.7절에서 주어진 다음 연습문제를 라그랑주 승수를 이용해서 풀라.

21. 연습문제 22   **22.** 연습문제 23

23. 연습문제 24   **24.** 연습문제 25

25. 연습문제 26   **26.** 연습문제 27

27. 연습문제 29

28. 곡식저장고의 모양을 원기둥 모양에 지붕은 구의 반을 붙인 모양으로 만들었다. 라그랑주 상수를 이용하여, 저장고의 겉넓이 S가 일정할 때, 원기둥의 높이와 반지름이 같을 때, 체적은 최대가 됨을 보여라.

29. 평면 $x + y + 2z = 2$와 포물면 $z = x^2 + y^2$이 만나서 타원을 이룬다. 이 타원에 있는 점 중에서 원점에서 가장 가까이 있는 점과 원점에서 가장 멀리 있는 점을 구하라.

T **30.** 다음 제약조건에서 f의 최댓값과 최솟값을 구하라. 컴퓨터 대수체계를 이용해서 라그랑주 승수를 이용할 때 나타나는 연립방정식을 풀라. (컴퓨터 대수체계(CAS)가 유일한 해를 찾으려면, 명령어를 추가로 사용해야 한다.)

$$f(x, y, z) = ye^{x-z}; \quad 9x^2 + 4y^2 + 36z^2 = 36, \quad xy + yz = 1$$

31. 라그랑주 승수를 이용해서 제약조건 $x^2 + y^2 = 4y$를 만족하는 $f(x, y) = 3x^2 + y^2$의 극값을 구하라. $\lambda = 0$일 때 최솟값을 가지는 것을 보여라.

32. (a) $x_1, x_2, \ldots, x_n$은 양수 $x_1 + x_2 + \cdots + x_n = c$($c$는 상수)일 때 $f(x_1, x_2, \ldots, x_n) = \sqrt[n]{x_1 x_2 \cdots x_n}$의 최댓값을 구하라.

   (b) (a)를 이용해서 $x_1, x_2, \ldots, x_n$이 양수일 때 다음이 성립함을 보여라.

$$\sqrt[n]{x_1 x_2 \cdots x_n} \leq \frac{x_1 + x_2 + \cdots + x_n}{n}$$

이 부등식은 n개의 양수의 기하평균이 산술평균보다 크지 않음을 보인다. 두 평균값이 같을 때는 언제인가?

13 복습

개념 확인

1. (a) 이변수함수란 무엇인가?

(b) 이변수함수를 시각화하는 세 가지 방법에 대해 설명하라.

2. $\lim_{(x, y) \to (a, b)} f(x, y) = L$의 의미는 무엇인가? 그런 극한이 존재하지 않는다는 것을 어떻게 보일 수 있나?

3. (a) 편도함수 $f_x(a, b)$와 $f_y(a, b)$를 극한으로 표현하라.

(b) $f_x(a, b)$와 $f_y(a, b)$를 기하학적으로 어떻게 해석하는가? 그것을 변화율로는 어떻게 해석하는가?

(c) $f(x, y)$가 식으로 주어질 때 f_x와 f_y를 어떻게 계산하는가?

4. 다음과 같은 형태의 곡면에 대한 접평면을 어떻게 구하는가?

(a) 이변수함수 $z = f(x, y)$의 그래프

(b) 삼변수함수 $F(x, y, z) = k$의 등위곡면

5. (a) f가 (a, b)에서 미분가능하다는 의미는 무엇인가?

(b) f가 미분가능하다는 것을 보통 어떻게 보일 수 있는가?

6. x와 y가 일변수함수일 때 $z = f(x, y)$에 대한 연쇄법칙을 쓰라. x와 y가 이변수함수일 때도 연쇄법칙을 쓰라.

7. (a) (x_0, y_0)에서 단위벡터 $\mathbf{u} = \langle a, b \rangle$ 방향으로 f의 방향도함수를 극한으로 표현하라. 그것을 비율로 어떻게 해석하는가? 또한 기하학적으로 어떻게 해석하는가?

(b) f가 미분가능할 때 $D_\mathbf{u} f(x_0, y_0)$을 f_x와 f_y로 표현하라.

8. 다음 명제가 의미하는 바는 무엇인가?

(a) f가 (a, b)에서 극대이다.

(b) f가 (a, b)에서 최대이다.

(c) f가 (a, b)에서 극소이다.

(d) f가 (a, b)에서 최소이다.

(e) f가 (a, b)에서 안장점이다.

9. 2계 도함수 판정법을 쓰라.

10. 제약조건이 $g(x, y, z) = k$일 때 $f(x, y, z)$의 최댓값과 최솟값을 구하기 위해 라그랑주 승수가 어떻게 작용하는지 설명하라. 또 다른 제약조건 $h(x, y, z) = c$가 있으면 어떻게 되는가?

참·거짓 퀴즈

다음 명제가 참인지 거짓인지 판별하라. 참이면 이유를 설명하고, 거짓이면 이유를 설명하거나 반례를 들라.

1. $f_y(a, b) = \lim_{y \to b} \dfrac{f(a, y) - f(a, b)}{y - b}$

2. $f_{xy} = \dfrac{\partial^2 f}{\partial x \, \partial y}$

3. (a, b)를 지나는 모든 직선을 따라 $(x, y) \to (a, b)$일 때

$f(x, y) \to L$이면 $\lim_{(x, y) \to (a, b)} f(x, y) = L$이다.

4. f가 (a, b)에서 극소이고 (a, b)에서 미분가능하면 $\nabla f(a, b) = \mathbf{0}$이다.

5. $f(x, y) = \ln y$이면 $\nabla f(x, y) = 1/y$이다.

6. $f(x, y) = \sin x + \sin y$이면 $-\sqrt{2} \le D_\mathbf{u} f(x, y) \le \sqrt{2}$이다.

복습문제

1. 함수 $f(x, y) = \ln(x + y + 1)$의 정의역을 구하고 그림으로 그려라.

2. 함수 $f(x, y) = 1 - y^2$의 그래프를 그려라.

3. 함수 $f(x, y) = \sqrt{4x^2 + y^2}$의 등위곡선을 몇 개만 그려라.

4. 함수의 그래프가 다음 그림과 같을 때 이 함수의 등위곡선도를 대략적으로 그려라.

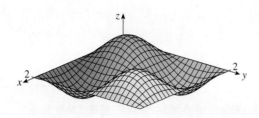

5. $\displaystyle\lim_{(x,\,y)\to(1,\,1)}\frac{2xy}{x^2+2y^2}$ 의 극한을 구하거나 존재하지 않음을 보여라.

6. xy평면에 직사각형 $0 \le x \le 10,\ 0 \le y \le 8$ 모양의 금속판이 놓여 있다. 여기서 x와 y의 단위는 m이다. 그 판 위의 점 (x, y)에서 온도는 $T(x, y)$이고 단위는 섭씨도(℃)이다. 온도는 등간격으로 측정해서 다음 표에 기록했다.

(a) 편도함수 $T_x(6, 4)$와 $T_y(6, 4)$의 값을 추정하라. 단위는 무엇인가?

(b) $\mathbf{u} = (\mathbf{i} + \mathbf{j})/\sqrt{2}$ 일 때 $D_{\mathbf{u}}T(6, 4)$의 값을 추정하라. 그 결과를 해석하라.

(c) $T_{xy}(6, 4)$의 값을 추정하라.

x ＼ y	0	2	4	6	8
0	30	38	45	51	55
2	52	56	60	62	61
4	78	74	72	68	66
6	98	87	80	75	71
8	96	90	86	80	75
10	92	92	91	87	78

7-9 1계 편도함수를 구하라.

7. $f(x, y) = (5y^3 + 2x^2y)^8$

8. $F(\alpha, \beta) = \alpha^2 \ln(\alpha^2 + \beta^2)$

9. $S(u, v, w) = u \arctan(v\sqrt{w})$

10-11 f의 2계 편도함수를 모두 구하라.

10. $f(x, y) = 4x^3 - xy^2$ **11.** $f(x, y, z) = x^k y^l z^m$

12. $z = xy + xe^{y/x}$일 때 $x\dfrac{\partial z}{\partial x} + y\dfrac{\partial z}{\partial y} = xy + z$임을 보여라.

13-15 주어진 점에서 다음 곡면에 대한 (a) 접평면과 (b) 법선의 방정식을 구하라.

13. $z = 3x^2 - y^2 + 2x,\ (1, -2, 1)$

14. $x^2 + 2y^2 - 3z^2 = 3,\ (2, -1, 1)$

15. $\sin(xyz) = x + 2y + 3z,\ (2, -1, 0)$

16. 접평면이 평면 $2x + 2y + z = 5$와 평행이 되는 쌍곡면 $x^2 + 4y^2 - z^2 = 4$의 점을 구하라.

17. 점 $(2, 3, 4)$에서 함수 $f(x, y, z) = x^3\sqrt{y^2 + z^2}$의 선형근사를 구하고 그것을 이용해서 수 $(1.98)^3\sqrt{(3.01)^2 + (3.97)^2}$의 값을 추정하라.

18. $u = x^2y^3 + z^4$이고 $x = p + 3p^2,\ y = pe^p,\ z = p\sin p$일 때 연쇄법칙을 이용해서 du/dp를 구하라.

19. $x = g(s, t),\ y = h(s, t)$일 때 $z = f(x, y)$이고 $g(1, 2) = 3,$ $g_s(1, 2) = -1,\ g_t(1, 2) = 4,\ h(1, 2) = 6,\ h_s(1, 2) = -5,$ $h_t(1, 2) = 10,\ f_x(3, 6) = 7,\ f_y(3, 6) = 8$이라 하자. $s = 1,$ $t = 2$일 때 $\partial z/\partial s$와 $\partial z/\partial t$를 구하라.

20. f가 미분가능하고 $z = y + f(x^2 - y^2)$일 때 다음이 성립함을 보여라.
$$y\frac{\partial z}{\partial x} + x\frac{\partial z}{\partial y} = x$$

21. $u = xy,\ v = y/x$일 때 $z = f(u, v)$이고 f가 연속인 2계 편도함수를 갖는다면 다음이 성립함을 보여라.
$$x^2\frac{\partial^2 z}{\partial x^2} - y^2\frac{\partial^2 z}{\partial y^2} = -4uv\frac{\partial^2 z}{\partial u\,\partial v} + 2v\frac{\partial z}{\partial v}$$

22. 함수 $f(x, y, z) = x^2e^{yz^2}$의 기울기를 구하라.

23. 함수 $f(x, y) = x^2e^{-y}$의 점 $(-2, 0)$에서 점 $(2, -3)$으로 향하는 f의 방향도함수를 구하라.

24. 점 $(2, 1)$에서 $f(x, y) = x^2y + \sqrt{y}$의 최대 변화율을 구하라. 그것은 어느 방향에서 일어나는가?

25. 다음 그림은 1992년 8월 24일 허리케인 앤드루의 풍속(노트)을 보여 주는 등위곡선도이다. 이를 이용해서 플로리다의 홈스테드에서 허리케인의 눈이 있는 방향으로 풍속의 방향도함수의 값을 추정하라.

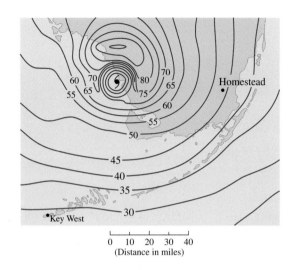

0 10 20 30 40
(Distance in miles)

26-27 다음 함수의 극댓값, 극솟값, 안장점을 구하라. 함수의 중요한 성질을 모두 드러내는 정의역과 바라보는 관점을 설정해서 그래프를 그려라.

26. $f(x, y) = x^2 - xy + y^2 + 9x - 6y + 10$

27. $f(x, y) = 3xy - x^2y - xy^2$

---

28. xy평면에 있는 꼭짓점 $(0, 0)$, $(0, 6)$, $(6, 0)$으로 이루어진 폐삼각형 D에서 함수 $f(x, y) = 4xy^2 - x^2y^2 - xy^3$의 최댓값과 최솟값을 구하라.

29. 그래프나 등위곡선 또는 두 그림을 모두 이용해서 $f(x, y) = x^3 - 3x + y^4 - 2y^2$의 극댓값, 극솟값, 안장점을 추정하라. 미적분학을 이용해서 그 값들을 정확히 계산하라.

30-31 라그랑주 승수를 이용해서 다음 제약조건 아래에서 f의 최댓값과 최솟값을 구하라.

30. $f(x, y) = x^2y$, $x^2 + y^2 = 1$

31. $f(x, y, z) = xyz$, $x^2 + y^2 + z^2 = 3$

---

32. 곡면 $xy^2z^3 = 2$에 있는 점 중에서 원점과 가장 가까운 점을 구하라.

33. 직사각형 위에 이등변삼각형을 그림과 같이 놓아 오각형을 만들려고 한다. 오각형의 둘레가 P로 일정할 때 넓이를 최대화하는 각 변의 길이를 구하라.

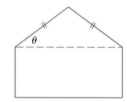

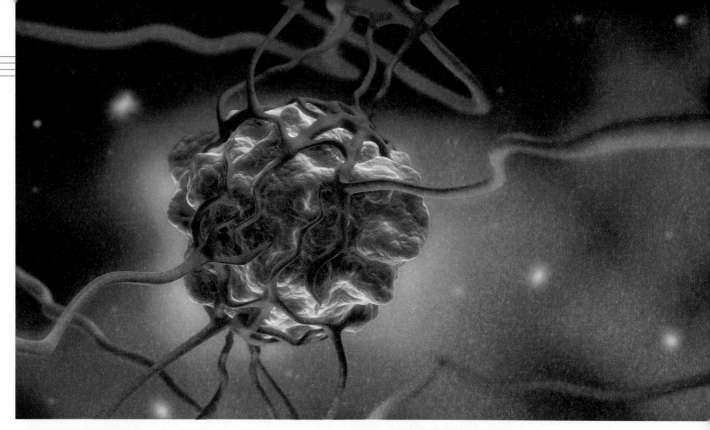

그림과 같은 종양은 '울퉁불퉁한 구면'으로 이루어진다. 14.8절 연습문제 25에서 이런 곡면으로 둘러싸인 부피를 계산한다.

peterschreiber.media / Shutterstock.com

14

다중적분
Multiple Integrals

이 장에서는 정적분의 개념을 이변수 또는 삼변수함수의 이중적분, 삼중적분으로 확장한다. 이런 개념들은 5장, 8장에서 생각했던 것보다 더 일반적인 영역에 대한 부피, 질량, 무게중심을 계산하는 데 이용된다. 또한 두 확률변수가 수반된 확률을 계산하기 위해 이중적분을 사용한다.

어떤 형태의 영역에서 이중적분을 계산할 때 극좌표가 유용한 것을 알 수 있다. 마찬가지로 3차원 공간에서 새로운 두 좌표계, 즉 원기둥좌표와 구면좌표를 소개할 것이다. 이 좌표계는 공통적으로 어떤 입체 영역에서 삼중적분의 계산을 매우 단순하게 한다.

14.1 | 직사각형 영역에서 이중적분

정적분의 정의를 이끌어 낸 넓이 문제를 해결하기 위해 시도했던 것과 동일한 방법으로, 이제 입체의 부피를 구하고 그 과정에서 이중적분의 정의에 도달한다.

■ 정적분 복습

먼저 일변수함수의 정적분에 관한 기본 사항을 상기하자. 함수 $f(x)$가 $a \le x \le b$에서 정의되어 있을 때 구간 $[a, b]$를 너비가 $\Delta x = (b - a)/n$으로 동일한 n개의 부분 구간 $[x_{i-1}, x_i]$로 나누고, 부분 구간 안에서 표본점 x_i^*를 선택한다. 그리고 나서 다음 리만 합을 구성한다.

$$\boxed{1} \qquad \sum_{i=1}^{n} f(x_i^*)\,\Delta x$$

그리고 $n \to \infty$일 때 리만 합의 극한을 취해 다음과 같은 a에서 b까지 함수 f의 정적분을 얻는다.

$$\boxed{2} \qquad \int_a^b f(x)\,dx = \lim_{n \to \infty} \sum_{i=1}^{n} f(x_i^*)\,\Delta x$$

특히 $f(x) \ge 0$인 경우에 리만 합은 그림 1에서 근사 직사각형의 넓이의 합으로 해석할 수 있으며, $\int_a^b f(x)\,dx$는 a에서 b까지 곡선 $y = f(x)$ 아래의 넓이를 나타낸다.

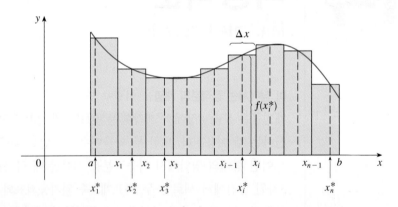

그림 1

■ 부피와 이중적분

비슷한 방법으로 다음과 같은 닫힌직사각형에서 정의된 이변수함수 f를 생각하고 먼저 $f(x, y) \ge 0$이라 가정하자.

$$R = [a, b] \times [c, d] = \left\{ (x, y) \in \mathbb{R}^2 \mid a \le x \le b, c \le y \le d \right\}$$

f의 그래프는 식 $z = f(x, y)$를 만족하는 곡면이다. S를 R의 위와 f의 그래프 아래에 놓이는 입체, 즉 다음과 같다고 하자(그림 2 참조).

$$S = \left\{ (x, y, z) \in \mathbb{R}^3 \mid 0 \le z \le f(x, y),\ (x, y) \in R \right\}$$

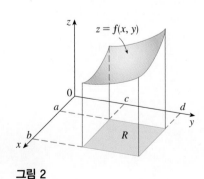

그림 2

S의 부피를 구하는 것이 목표이다.

　1단계는 직사각형 R를 부분 사각형으로 나누는 것이다. 구간 $[a, b]$를 너비가 $\Delta x = (b - a)/m$으로 동일한 m개의 부분 구간 $[x_{i-1}, x_i]$로 나누고, $[c, d]$를 너비가 $\Delta y = (d - c)/n$으로 동일한 n개의 부분 구간 $[y_{j-1}, y_j]$로 나눈다. 그림 3과 같이 이 부분 구간의 끝점을 지나고 좌표축에 평행인 직선을 그리면, 다음과 같이 각각의 넓이가 $\Delta A = \Delta x \Delta y$인 부분 사각형이 만들어진다.

$$R_{ij} = [x_{i-1}, x_i] \times [y_{j-1}, y_j] = \big\{(x, y) \mid x_{i-1} \le x \le x_i,\ y_{j-1} \le y \le y_j\big\}$$

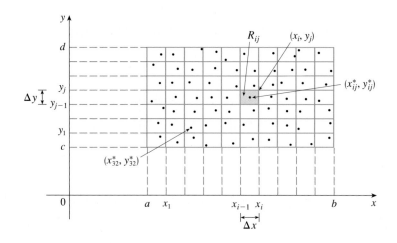

그림 3 R를 부분 직사각형으로 나눈다.

　각각의 R_{ij}에서 **표본점**(sample point) (x_{ij}^*, y_{ij}^*)를 택하면 R_{ij} 위에 놓이는 S의 부분을 그림 4와 같이 밑면이 R_{ij}이고 높이가 $f(x_{ij}^*, y_{ij}^*)$인 가느다란 직육면체(또는 기둥)로 근사시킬 수 있다(그림 1과 비교해 보자). 이 직육면체의 부피는 다음과 같이 사각형 밑면의 넓이와 직육면체 높이의 곱이다.

$$f(x_{ij}^*, y_{ij}^*)\,\Delta A$$

이런 과정을 모든 직사각형에 대해 수행하고 대응하는 직육면체의 부피를 모두 더하면 S의 총 부피에 대한 근삿값을 얻는다(그림 5 참조).

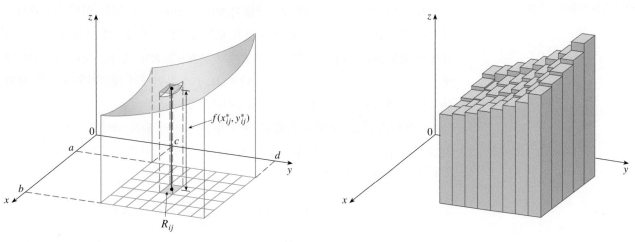

그림 4　　　　　　　　　　　　　　　　　　　　　　**그림 5**

$$\boxed{3} \qquad V \approx \sum_{i=1}^{m} \sum_{j=1}^{n} f(x_{ij}^*, y_{ij}^*)\, \Delta A$$

이 이중합은 각 부분 직사각형에 대해 선택된 점에서 f의 값을 계산하고 부분 직사각형의 넓이를 곱한 다음, 그 결과를 모두 더하는 것을 의미한다.

식 $\boxed{3}$에 주어진 근삿값은 m과 n이 커질수록 더 정확해짐을 직관적으로 알 수 있으며, 따라서 다음을 예상할 수 있다.

식 $\boxed{4}$에서 이중극한의 의미는 다음과 같다. [R_{ij}에서 (x_{ij}^*, y_{ij}^*)를 임의로 택해도] m, n을 충분히 크게 하면 이중합을 수 V에 원하는 만큼 가깝게 할 수 있다.

$$\boxed{4} \qquad V = \lim_{m,\,n \to \infty} \sum_{i=1}^{m} \sum_{j=1}^{n} f(x_{ij}^*, y_{ij}^*)\, \Delta A$$

사각형 영역 R 위와 f의 그래프 아래에 놓인 입체 S의 **부피**(volume)를 정의하기 위해 식 $\boxed{4}$의 표현을 이용한다. (이 정의는 5.2절에서 부피에 대한 식과 일치하는 것을 보일 수 있다.)

식 $\boxed{4}$에서 나타나는 유형의 극한은 부피를 구할 때뿐만 아니라 14.4절에서 보게 될 다양한 다른 상황, 심지어 f가 양수가 아닌 함수일 때조차도 종종 나타난다. 따라서 다음 정의를 만든다.

정의 $\boxed{5}$와 식 $\boxed{2}$의 단일적분의 정의가 유사함에 주목하자.

$\boxed{5}$ **정의**   직사각형 R 위에서 f에 대한 **이중적분**(double integral)은 극한이 존재하면 다음과 같이 정의한다.

$$\iint\limits_{R} f(x, y)\, dA = \lim_{m,\,n \to \infty} \sum_{i=1}^{m} \sum_{j=1}^{n} f(x_{ij}^*, y_{ij}^*)\, \Delta A$$

정의 $\boxed{5}$에 있는 극한의 엄밀한 의미는 $\varepsilon > 0$인 임의의 수에 대해 정수 N이 존재해서 N보다 큰 정수 n, m과 R_{ij}에서 택한 임의의 표본점 (x_{ij}^*, y_{ij}^*)에 대해 다음이 성립하는 것이다.

이중적분을 정의할 때 영역 R를 크기가 같은 부분 사각형 R_{ij}를 이용해서 나눴지만 크기가 같지 않은 부분 사각형 R_{ij}를 이용할 수 있다. 그러나 이 경우에 극한 과정에서 부분 사각형의 가로와 세로가 모두 0으로 접근하는 것을 보장받아야 한다.

$$\left| \iint\limits_{R} f(x, y)\, dA - \sum_{i=1}^{m} \sum_{j=1}^{n} f(x_{ij}^*, y_{ij}^*)\, \Delta A \right| < \varepsilon$$

정의 $\boxed{5}$의 극한이 존재하면 f는 **적분가능**(integrable)하다. 고등 미적분학 과정에서 모든 연속함수는 적분가능하다는 것을 보일 수 있다. 사실 f가 크게 불연속이 아니면 이중적분이 존재한다. 특히 f가 R에서 유계[즉, R에 속하는 모든 (x, y)에 대해 $|f(x, y)| \le M$인 상수 M이 존재한다]이고, f가 유한개의 매끄러운 곡선을 제외한 곳에서 연속이면 f는 R에서 적분가능이다.

표본점 (x_{ij}^*, y_{ij}^*)는 부분 사각형 R_{ij}에 속하는 임의의 점을 택해도 무방하지만 R_{ij}의 오른쪽 위의 모서리 점[즉, 그림 3에서 (x_i, y_j)]을 택하면 이중적분에 대한 표현은 다음과 같이 간단해진다.

$$\boxed{6} \qquad \iint\limits_{R} f(x, y)\, dA = \lim_{m,\,n \to \infty} \sum_{i=1}^{m} \sum_{j=1}^{n} f(x_i, y_j)\, \Delta A$$

정의 $\boxed{4}$와 $\boxed{5}$를 비교함으로써 부피는 다음과 같이 이중적분으로 쓸 수 있다.

$f(x, y) \geq 0$이면 직사각형 R의 위와 곡면 $z = f(x, y)$ 아래에 놓인 입체의 부피 V는 다음과 같다.

$$V = \iint\limits_{R} f(x, y)\, dA$$

정의 **5**의 다음 합을 **이중 리만 합**(double Riemann sum)이라 한다.

$$\sum_{i=1}^{m} \sum_{j=1}^{n} f(x_{ij}^*, y_{ij}^*)\, \Delta A$$

이는 이중적분의 값의 근삿값으로 이용된다. (식 **1**의 일변수함수의 리만 합과 어떻게 비슷한지 알아보자.) f가 양수인 함수이면 이중 리만 합은 그림 5와 같이 기둥들의 부피의 합을 표현하고, f의 그래프 아래의 부피에 대한 근삿값이다.

《예제 1》 타원포물면 $z = 16 - x^2 - 2y^2$과 정사각형 $R = [0, 2] \times [0, 2]$ 위에 놓인 입체의 부피를 추정하라. R를 네 개의 같은 정사각형으로 나누고, 표본점은 각 R_{ij}의 오른쪽 위의 모서리 점을 선택한다. 입체와 근사 직육면체를 그려라.

풀이 그림 6과 같이 정사각형을 나눈다. 포물면은 $f(x, y) = 16 - x^2 - 2y^2$의 그래프이고 각 정사각형의 넓이는 $\Delta A = 1$이다. $m = n = 2$인 리만 합에 의한 근사 부피는 다음과 같다.

$$\begin{aligned} V &\approx \sum_{i=1}^{2} \sum_{j=1}^{2} f(x_i, y_j)\, \Delta A \\ &= f(1, 1)\, \Delta A + f(1, 2)\, \Delta A + f(2, 1)\, \Delta A + f(2, 2)\, \Delta A \\ &= 13(1) + 7(1) + 10(1) + 4(1) = 34 \end{aligned}$$

이것은 그림 7에 표시된 근사 직육면체의 부피이다. ∎

예제 1의 근삿값은 정사각형의 수를 늘리면 더 좋아진다. 그림 8에서 정사각형의 수를 16, 64, 256 등으로 늘려감에 따라 직육면체가 원래 입체의 모습에 가까워짐을 볼 수 있다. 예제 7에서 이것의 정확한 부피가 48임을 보일 것이다.

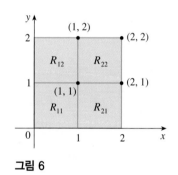
그림 6

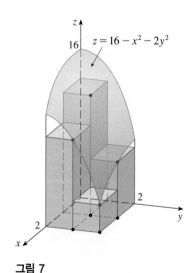
그림 7

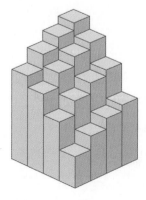 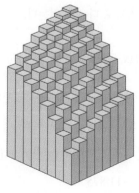 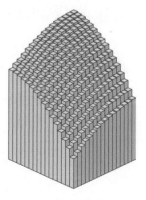

(a) $m = n = 4$, $V \approx 41.5$ (b) $m = n = 8$, $V \approx 44.875$ (c) $m = n = 16$, $V \approx 46.46875$

그림 8 $z = 16 - x^2 - 2y^2$ 아래의 부피에 대한 리만 합 근사는 m과 n이 커질수록 점점 정확해진다.

《예제 2》 $R = \{(x, y)\,|\,-1 \leq x \leq 1,\, -2 \leq y \leq 2\}$일 때 다음 적분을 계산하라.

$$\iint\limits_{R} \sqrt{1 - x^2}\, dA$$

풀이 정의 **5**를 이용해서 직접 적분값을 계산하기는 매우 어렵다. 그러나 $\sqrt{1 - x^2} \geq 0$ 이기 때문에 적분을 부피로 해석해서 계산할 수 있다. $z = \sqrt{1 - x^2}$이라 놓으면 $x^2 + z^2 = 1$이고 $z \geq 0$이므로 주어진 이중적분은 원기둥 $x^2 + z^2 = 1$의 아래와 직사각형 R 위에 놓인 입체 S의 부피를 나타낸다(그림 9 참조). S의 부피는 반지름 1인 반원의 넓이와 원 기둥의 길이의 곱이다. 따라서 다음을 얻는다.

$$\iint\limits_{R} \sqrt{1 - x^2}\, dA = \tfrac{1}{2}\pi(1)^2 \times 4 = 2\pi \qquad\blacksquare$$

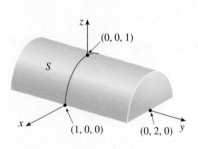

그림 9

■ 중점법칙

단일적분을 근사시키기 위해 사용한 방법(중점법칙, 사다리꼴 공식, 심프슨의 공식) 은 모두 이중적분에 대해서도 적용된다. 여기서는 이중적분에 대한 중점법칙만 생 각하기로 한다. 이것은 R_{ij}에서 R_{ij}의 중점 $(\bar{x}_i, \bar{y}_j)$를 표본점 (x_{ij}^*, y_{ij}^*)으로 선택할 때, 이중적분을 이중 리만 합으로 근사시키는 것을 의미한다. 바꿔 말하면 $\bar{x}_i$는 $[x_{i-1}, x_i]$ 의 중점, $\bar{y}_j$는 $[y_{j-1}, y_j]$의 중점이다.

> **이중적분에 대한 중점법칙** $[x_{i-1}, x_i]$의 중점 $\bar{x}_i$와 $[y_{j-1}, y_j]$의 중점 $\bar{y}_j$에 대해 다음 이 성립한다.
>
> $$\iint\limits_{R} f(x, y)\, dA \approx \sum_{i=1}^{m} \sum_{j=1}^{n} f(\bar{x}_i, \bar{y}_j)\, \Delta A$$

《예제 3》 $R = \{(x, y)\,|\,0 \leq x \leq 2,\, 1 \leq y \leq 2\}$일 때 $m = n = 2$인 중점법칙을 이용해서 적분 $\iint_R (x - 3y^2)\, dA$의 값을 추정하라.

풀이 $m = n = 2$인 중점법칙을 이용할 때 그림 10에 보인 4개의 부분 사각형의 중심에 서 $f(x, y) = x - 3y^2$을 계산한다. 따라서 $\bar{x}_1 = \tfrac{1}{2},\ \bar{x}_2 = \tfrac{3}{2},\ \bar{y}_1 = \tfrac{5}{4},\ \bar{y}_2 = \tfrac{7}{4}$이고 각 부분사 각형의 넓이는 $\Delta A = \tfrac{1}{2}$이다. 그러므로 다음을 얻는다.

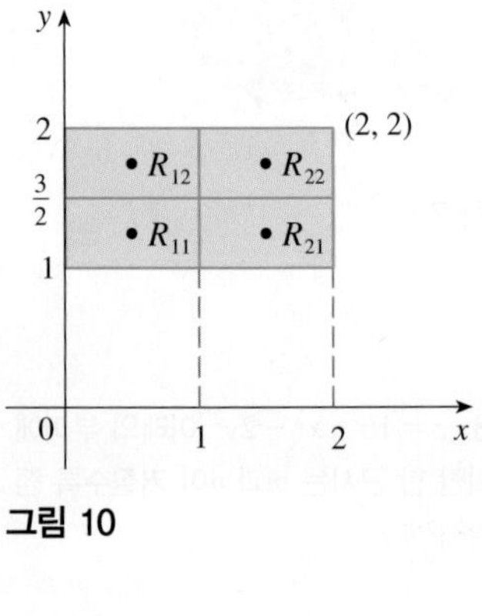

$$
\begin{aligned}
\iint\limits_{R} (x - 3y^2)\, dA &\approx \sum_{i=1}^{2} \sum_{j=1}^{2} f(\bar{x}_i, \bar{y}_j)\, \Delta A \\
&= f(\bar{x}_1, \bar{y}_1)\, \Delta A + f(\bar{x}_1, \bar{y}_2)\, \Delta A + f(\bar{x}_2, \bar{y}_1)\, \Delta A + f(\bar{x}_2, \bar{y}_2)\, \Delta A \\
&= f\!\left(\tfrac{1}{2}, \tfrac{5}{4}\right) \Delta A + f\!\left(\tfrac{1}{2}, \tfrac{7}{4}\right) \Delta A + f\!\left(\tfrac{3}{2}, \tfrac{5}{4}\right) \Delta A + f\!\left(\tfrac{3}{2}, \tfrac{7}{4}\right) \Delta A \\
&= \left(-\tfrac{67}{16}\right)\tfrac{1}{2} + \left(-\tfrac{139}{16}\right)\tfrac{1}{2} + \left(-\tfrac{51}{16}\right)\tfrac{1}{2} + \left(-\tfrac{123}{16}\right)\tfrac{1}{2} \\
&= -\tfrac{95}{8} = -11.875
\end{aligned}
$$

그림 10

따라서 $\iint\limits_{R} (x - 3y^2)\, dA \approx -11.875$이다.　　　　　　■

NOTE　예제 5에서 이중적분을 계산하는 효과적인 방법을 전개하고 예제 3에 있는 이중적분의 정확한 값이 −12임을 볼 것이다. (부피로서 이중적분을 해석하는 것은 피적분함수 f가 **양**의 함수일 때만 타당하다는 것을 기억하자. 예제 3에서 피적분함수는 양의 함수가 아니다. 따라서 이 적분은 부피가 아니다. 예제 5와 6에서 양수가 아닌 함수의 적분을 부피를 이용해서 해석하는 방법을 논의할 것이다.) 그림 10에서 각 부분 사각형을 유사한 모양의 더 작은 4개의 부분 사각형을 나누면, 오른쪽 표와 같은 중점법칙의 근삿값을 얻는다. 근삿값이 이중적분의 정확한 값 −12로 어떻게 접근하는지에 주목하자.

부분사각형의 수	중점법칙 근삿값
1	−11.5000
4	−11.8750
16	−11.9687
64	−11.9922
256	−11.9980
1024	−11.9995

■ 반복적분

적분의 정의를 이용해서 직접 단일적분을 계산하는 것은 일반적으로 어렵다. 그러나 미적분학의 기본정리를 이용하면 매우 쉽게 풀린다. 미적분학의 기본정리 1로 이중적분을 계산하기는 보다 어렵지만, 이 절에서 이중적분을 반복적분으로 표현하고, 두 개의 단일적분을 계산해서 이중적분을 산출하는 것을 배울 것이다.

　f가 직사각형 $R = [a, b] \times [c, d]$에서 적분가능한 이변수함수라고 하자. x를 고정하고 $f(x, y)$를 $y = c$에서 $y = d$까지 y에 관해 적분한 것을 기호 $\int_c^d f(x, y)\, dy$로 나타내기로 하자. 이것을 **y에 관한 편적분**이라 한다(편미분과 유사함에 주목하자). $\int_c^d f(x, y)\, dy$는 x의 값에 의존하는 수이고, 따라서 이것은 다음과 같은 x의 함수를 정의한다.

$$A(x) = \int_c^d f(x, y)\, dy$$

이제 함수 A를 $x = a$에서 $x = b$까지 x에 관해 적분하면 다음을 얻는다.

$$\boxed{7} \qquad \int_a^b A(x)\, dx = \int_a^b \left[\int_c^d f(x, y)\, dy \right] dx$$

식 $\boxed{7}$의 우변에 있는 적분을 **반복적분**(iterated integral)이라 한다. 흔히 괄호를 생략한다. 따라서 다음과 같이 쓴다.

$$\boxed{8} \qquad \int_a^b \int_c^d f(x, y)\, dy\, dx = \int_a^b \left[\int_c^d f(x, y)\, dy \right] dx$$

이것은 먼저 c에서 d까지 y에 관해 적분한 다음 a에서 b까지 x에 관해 적분하는 것을 의미한다.

　마찬가지로 다음 반복적분은 먼저 $x = a$에서 $x = b$까지 x에 관해 적분(y는 고정한 채)한 다음 얻은 y의 함수를 $y = c$에서 $y = d$까지 y에 관해 적분하는 것을 의미한다.

$$\boxed{9} \qquad \int_c^d \int_a^b f(x, y)\, dx\, dy = \int_c^d \left[\int_a^b f(x, y)\, dx \right] dy$$

식 $\boxed{8}$과 $\boxed{9}$에서 **안쪽**에서 **바깥쪽**으로 적분하는 것에 주의하자.

《예제 4》 다음 반복적분을 계산하라.

(a) $\int_0^3 \int_1^2 x^2 y \, dy \, dx$ 　　　　　　　　　　　(b) $\int_1^2 \int_0^3 x^2 y \, dx \, dy$

풀이

(a) x를 상수로 생각하면, 다음을 얻는다.

$$\int_1^2 x^2 y \, dy = \left[x^2 \frac{y^2}{2} \right]_{y=1}^{y=2} = x^2 \left(\frac{2^2}{2} \right) - x^2 \left(\frac{1^2}{2} \right) = \tfrac{3}{2} x^2$$

앞의 논의에 따라 이 예제에서 함수 A는 $A(x) = \frac{3}{2} x^2$ 이다. 이제 0에서 3까지 x에 대한 이 함수를 다음과 같이 적분한다.

$$\int_0^3 \int_1^2 x^2 y \, dy \, dx = \int_0^3 \left[\int_1^2 x^2 y \, dy \right] dx = \int_0^3 \tfrac{3}{2} x^2 \, dx = \frac{x^3}{2} \bigg]_0^3 = \frac{27}{2}$$

(b) 이번에는 y를 상수로 생각하고 x에 대해 다음과 같이 먼저 적분한다.

$$\int_1^2 \int_0^3 x^2 y \, dx \, dy = \int_1^2 \left[\int_0^3 x^2 y \, dx \right] dy = \int_1^2 \left[\frac{x^3}{3} y \right]_{x=0}^{x=3} dy$$

$$= \int_1^2 9y \, dy = 9 \frac{y^2}{2} \bigg]_1^2 = \frac{27}{2} \qquad \blacksquare$$

　　예제 4에서 x 또는 y 중 어느 것을 먼저 적분해도 같은 답을 얻는 것에 주목한다. 일반적으로 식 $\boxed{8}$과 $\boxed{9}$의 두 반복적분은 항상 같다(정리 $\boxed{10}$ 참조). 즉, 적분순서는 아무 상관이 없다. (이것은 혼합 편미분의 상등에 대한 클레로의 정리와 유사하다.)

　　다음 정리는 이중적분을 반복적분으로 표시함으로써(순서에 관계없이) 이중적분을 계산하기 위한 실질적인 방법을 제공한다.

정리 $\boxed{10}$은 이탈리아의 수학자 푸비니 (Guido Fubini, 1879~1943)의 이름을 딴 것이다. 그는 1907년 이 정리에 대한 가장 일반적인 형태를 증명했다. 그러나 연속함수에 대한 정리는 프랑스의 수학자 코시 (Augustin Louis Cauchy)에 의해 근 1세기 전에 알려졌다.

$\boxed{10}$ **푸비니 정리** f가 직사각형 $R = \{(x, y) \mid a \le x \le b, \, c \le y \le d\}$에서 연속이면 다음 식이 성립한다.

$$\iint\limits_R f(x, y) \, dA = \int_a^b \int_c^d f(x, y) \, dy \, dx = \int_c^d \int_a^b f(x, y) \, dx \, dy$$

좀 더 일반적으로 f가 R에서 유계이고 f가 단지 유한개의 매끄러운 곡선 위에서만 불연속이고 반복적분이 존재하면, 위 식은 참이다.

　　푸비니 정리에 대한 증명은 이 책의 수준을 넘어서지만, $f(x, y) \ge 0$인 경우에 대해서는 이 정리가 참이 되는 이유를 직관적으로 볼 수 있다. f가 양수이면 이중적분 $\iint_R f(x, y) \, dA$를 R 위와 곡면 $z = f(x, y)$ 아래에 놓여 있는 입체 S의 부피로 해석할 수 있다. 그러나 5.2절에서 부피에 대해 사용한 다른 공식, 즉 다음 식을 알고 있다.

$$V = \int_a^b A(x)\, dx$$

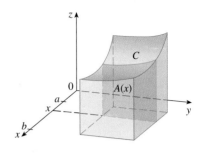

그림 11

여기서 $A(x)$는 x축에 수직이고 x를 지나는 평면으로 S를 절단한 면의 넓이이다. 그림 11로부터 $A(x)$는 x가 상수이고 $c \le y \le d$인 곳에서 방정식이 $z = f(x, y)$인 곡선 C 아래의 넓이이다. 그러므로 다음과 같다.

$$A(x) = \int_c^d f(x, y)\, dy$$

따라서 다음을 얻는다.

$$\iint_R f(x, y)\, dA = V = \int_a^b A(x)\, dx$$
$$= \int_a^b \int_c^d f(x, y)\, dy\, dx$$

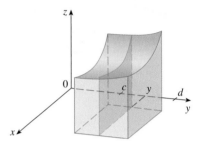

그림 12

마찬가지 방법으로 그림 12와 같이 y축에 수직인 단면을 이용해서 다음을 보일 수 있다.

$$\iint_R f(x, y)\, dA = \int_c^d \int_a^b f(x, y)\, dx\, dy$$

《**예제 5**》 $R = \{(x, y) \mid 0 \le x \le 2,\ 1 \le y \le 2\}$일 때 이중적분 $\iint_R (x - 3y^2)\, dA$를 계산하라(예제 3과 비교해 보자).

예제 5의 답이 음수인 것에 주의하자. 즉, 여기서 잘못된 것은 아무것도 없다. 함수 f 가 양의 함수가 아니기 때문에 이 적분은 부피를 나타내지 않는다. 그림 13에서 f는 R 에서 언제나 음의 값을 갖는다. 따라서 적분값은 f의 그래프 위와 R 아래에 놓인 입체의 부피에 음수를 취한 것이다.

<u>**풀이 1**</u> 푸비니 정리에 따라 다음을 얻는다.

$$\iint_R (x - 3y^2)\, dA = \int_0^2 \int_1^2 (x - 3y^2)\, dy\, dx = \int_0^2 \Big[xy - y^3 \Big]_{y=1}^{y=2}\, dx$$
$$= \int_0^2 (x - 7)\, dx = \frac{x^2}{2} - 7x \Big]_0^2 = -12$$

<u>**풀이 2**</u> 푸비니 정리를 다시 적용하되, 이번에는 먼저 x에 관해 적분해서 다음을 얻는다.

$$\iint_R (x - 3y^2)\, dA = \int_1^2 \int_0^2 (x - 3y^2)\, dx\, dy = \int_1^2 \left[\frac{x^2}{2} - 3xy^2 \right]_{x=0}^{x=2}\, dy$$
$$= \int_1^2 (2 - 6y^2)\, dy = 2y - 2y^3 \Big]_1^2 = -12 \quad\blacksquare$$

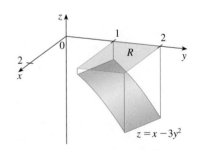

그림 13

《**예제 6**》 $R = [1, 2] \times [0, \pi]$에서 $\iint_R y \sin(xy)\, dA$를 계산하라.

<u>**풀이**</u> x에 관해 먼저 적분하면 다음을 얻는다.

$$\iint_R y \sin(xy)\, dA = \int_0^\pi \int_1^2 y \sin(xy)\, dx\, dy$$
$$= \int_0^\pi y \left[-\frac{1}{y} \cos(xy) \right]_{x=1}^{x=2}\, dy$$

함수 f가 양과 음의 값을 모두 갖는 경우에 대해 $\iint_R f(x, y)\, dA$는 부피의 차 $V_1 - V_2$를 표시한다. 여기서 V_1은 R 위와 f의 그래프 아래의 부피이고, V_2는 R 아래와 그래프 위의 부피이다. 예제 6에서 적분이 0인 것은 두 부피 V_1과 V_2가 같다는 뜻이다(그림 14 참조).

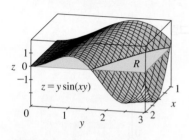

그림 14

$$= \int_0^{\pi} (-\cos 2y + \cos y)\, dy$$

$$= -\tfrac{1}{2} \sin 2y + \sin y \Big]_0^{\pi} = 0 \qquad \blacksquare$$

NOTE 예제 6에서 적분의 순서를 바꿔 y로 먼저 적분하면 다음을 얻는다.

$$\iint\limits_R y \sin(xy)\, dA = \int_1^2 \int_0^{\pi} y \sin(xy)\, dy\, dx$$

이렇게 하는 방법은 부분적분 방법을 사용해야 되기 때문에 처음 방법보다 훨씬 어렵다. 따라서 이중적분을 할 때, 더 간단하게 적분이 계산되는 적분순서를 선택하는 것이 필요하다.

《 **예제 7** 》 타원포물면 $x^2 + 2y^2 + z = 16$과 평면 $x = 2$, $y = 2$와 세 좌표평면으로 유계된 입체 S의 부피를 구하라.

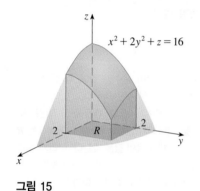

그림 15

풀이 먼저 S는 정사각형 $R = [0, 2] \times [0, 2]$ 위와 곡면 $z = 16 - x^2 - 2y^2$ 아래에 놓여 있는 입체임을 관찰한다(그림 15 참조). 이 입체는 예제 1에서 다뤘다. 이제 푸비니 정리를 이용해서 이중적분을 계산하면 다음을 얻는다.

$$V = \iint\limits_R (16 - x^2 - 2y^2)\, dA = \int_0^2 \int_0^2 (16 - x^2 - 2y^2)\, dx\, dy$$

$$= \int_0^2 \Big[16x - \tfrac{1}{3}x^3 - 2y^2 x\Big]_{x=0}^{x=2} dy$$

$$= \int_0^2 \Big(\tfrac{88}{3} - 4y^2\Big)\, dy = \Big[\tfrac{88}{3}y - \tfrac{4}{3}y^3\Big]_0^2 = 48 \qquad \blacksquare$$

특별한 경우로 $f(x, y)$가 x만의 함수와 y만의 함수의 곱으로 인수분해되면 f의 이중적분은 보다 간단한 꼴로 나타낼 수 있다. 이 같은 사실을 알아보기 위해 $f(x, y) = g(x)h(y)$이고 $R = [a, b] \times [c, d]$라고 하면, 푸비니 정리로부터 다음을 얻는다.

$$\iint\limits_R f(x, y)\, dA = \int_c^d \int_a^b g(x)h(y)\, dx\, dy = \int_c^d \left[\int_a^b g(x)h(y)\, dx\right] dy$$

안쪽 적분에서 y는 상수이므로 $h(y)$도 상수이다. 그리고 $\int_a^b g(x)\, dx$가 상수이므로 다음과 같이 쓸 수 있다.

$$\int_c^d \left[\int_a^b g(x)h(y)\, dx\right] dy = \int_c^d \left[h(y)\left(\int_a^b g(x)\, dx\right)\right] dy$$

$$= \int_a^b g(x)\, dx \int_c^d h(y)\, dy$$

따라서 이런 경우에 f의 이중적분은 다음과 같이 두 개의 단일적분의 곱으로 쓸 수 있다.

11 $R = [a, b] \times [c, d]$일 때 다음이 성립한다.

$$\iint\limits_{R} g(x)\,h(y)\,dA = \int_a^b g(x)\,dx \int_c^d h(y)\,dy$$

《예제 8》 $R = [0, \pi/2] \times [0, \pi/2]$이면 식 11에 따라 다음과 같다.

$$\iint\limits_{R} \sin x \cos y\,dA = \int_0^{\pi/2} \sin x\,dx \int_0^{\pi/2} \cos y\,dy$$

$$= \left[-\cos x\right]_0^{\pi/2} \left[\sin y\right]_0^{\pi/2} = 1 \cdot 1 = 1 \qquad \blacksquare$$

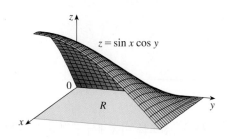

예제 8에서 함수 $f(x, y) = \sin x \cos y$는 R에서 양수이다. 따라서 적분은 그림 16과 같이 R의 위와 f의 그래프 아래 놓인 입체의 부피를 나타낸다.

그림 16

■ 평균값

6.5절에서 구간 $[a, b]$에서 정의되는 일변수함수 f의 평균값이 다음과 같음을 상기하자.

$$f_{\text{avg}} = \frac{1}{b - a} \int_a^b f(x)\,dx$$

비슷한 형식으로 직사각형 R에서 정의되는 이변수함수 f의 **평균값**(average value)을 다음과 같이 정의한다.

$$f_{\text{avg}} = \frac{1}{A(R)} \iint\limits_{R} f(x, y)\,dA$$

여기서 $A(R)$는 R의 넓이이다.

$f(x, y) \geq 0$이면 다음 식은 밑면이 R이고 높이가 f_{avg}인 직육면체는 f의 그래프 아래에 놓인 입체와 부피가 같음을 말한다.

$$A(R) \times f_{\text{avg}} = \iint\limits_{R} f(x, y)\,dA$$

[$z = f(x, y)$가 산맥을 나타내고 높이 f_{avg}에서 산의 정상을 잘라내면, 이 지역을 계속 메워 완전히 평지로 만들 수 있다. 그림 17 참조]

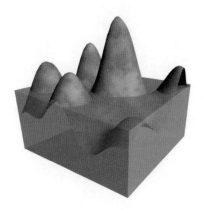

그림 17

《예제 9》 그림 18의 등위곡선도는 2006년 12월 20일과 21일 콜로라도 주에 내린 강설량을 인치로 나타낸 것이다. (콜로라도 주는 동서로 624 km, 남북으로 444 km에 이

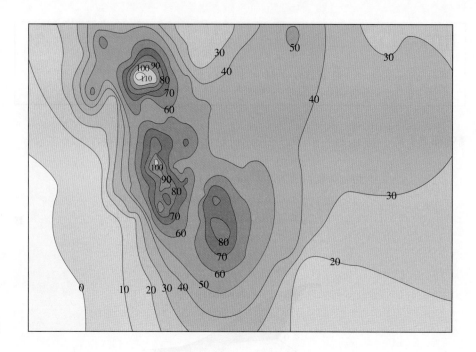

그림 18

르는 직사각형 모양이다.) 등위곡선도를 이용해서 콜로라도 주 전역에 내린 평균강설량을 추정하라.

풀이 남서쪽 모서리를 원점으로 하면 $0 \le x \le 624$, $0 \le y \le 444$이다. 원점에서 동쪽으로 x(km), 북쪽으로 y(km) 떨어진 곳에서 강설량을 $f(x, y)$로 나타내자. R이 콜로라도 주를 나타내는 직사각형이면, 12월 20~21일에 이 주에 내린 평균강설량은 다음과 같다.

$$f_{\text{avg}} = \frac{1}{A(R)} \iint\limits_{R} f(x, y) \, dA$$

여기서 $A(R) = 624 \cdot 444$이다. 이 이중적분의 값을 추정하기 위해 $m = n = 4$인 중점법칙을 이용하자. 다시 말해서 그림 19와 같이 R을 크기가 같은 16개의 부분 사각형으로 나눈다. 각 부분 사각형의 넓이는 다음과 같다.

$$\Delta A = \tfrac{1}{16}(624)(444) = 17{,}316 \text{ km}^2$$

등위곡선도를 이용해서 각 부분 사각형의 중점에서 f의 값을 추정해서 다음을 얻는다.

$$\iint\limits_{R} f(x, y) \, dA \approx \sum_{i=1}^{4} \sum_{j=1}^{4} f(\bar{x}_i, \bar{y}_j) \, \Delta A$$

$$\approx \Delta A[0 + 38 + 20 + 18 + 5 + 64 + 47 + 28$$

$$+ 11 + 70 + 43 + 34 + 30 + 38 + 44 + 33]$$

$$= (17{,}316)(523)$$

따라서

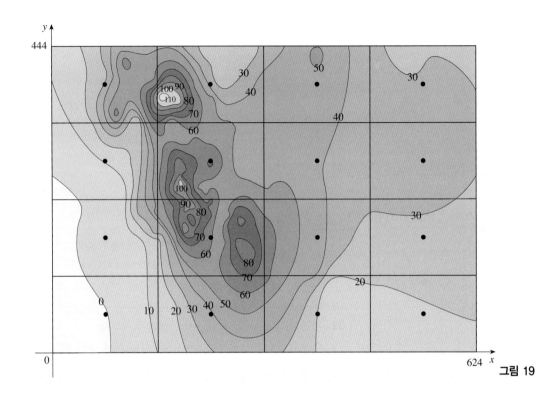

그림 19

$$f_{\text{avg}} \approx \frac{(17,316)(523)}{(624)(444)} \approx 32.7$$

즉, 2006년 12월 20일과 21일 콜로라도 주에는 대략 평균적으로 32.7 cm의 눈이 내렸
다.   ■

14.1 | 연습문제

1. (a) 곡면 $z = xy$의 아래와 사각형 $R = \{(x, y) \mid 0 \le x \le 6,$
$0 \le y \le 4\}$ 위에 놓인 입체의 부피를 추정하라. $m =$
3, $n = 2$인 리만 합을 이용하고 각 정사각형의 오른쪽
위 모서리 점을 표본점으로 선택한다.

    (b) 중점법칙을 이용해서 (a)의 입체의 부피를 추정하라.

2. $m = n = 2$인 리만 합을 사용하여

    (a) $\iint_R xe^{-xy}\, dA$의 값을 추정하라. 단, $R = [0, 2] \times [0, 1]$
이고 오른쪽 위쪽 구석의 값을 택한다.

    (b) 중점법칙을 이용해서 (a)의 적분의 근사값을 구하라.

3. $f(x, y) = \sqrt{52 - x^2 - y^2}$의 그래프 아래와 $2 \le x \le 4$,
$2 \le y \le 6$인 직사각형 위에 놓인 입체의 부피를 V라고 하
자. 직선 $x = 3$, $y = 4$를 이용해서 R를 부분 사각형으로 나
눈다. L과 U를 각각 왼쪽 아래 모서리 점과 오른쪽 위 모서

리 점을 이용해서 계산된 리만 합이라 하자. V, L, U를 계
산하지 않고 큰 순서로 재배열하라. 그리고 그 이유를 설명
하라.

4. 다음은 정사각형 $R = [0, 4] \times [0, 4]$에 나타낸 함수 f에 대
한 등위곡선도이다.

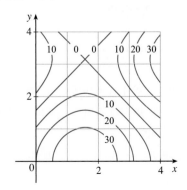

(a) $m = n = 2$인 중점법칙을 이용해서 $\iint_R f(x, y)\, dA$의 값을 추정하라.

(b) f의 평균값을 추정하라.

5-6 이중적분이 입체의 부피임을 먼저 확인하고, 이것을 추정하라.

5. $\iint_R \sqrt{2}\, dA, \quad R = \{(x, y) \mid 2 \leq x \leq 6, -1 \leq y \leq 5\}$

6. $\iint_R (4 - 2y)\, dA, \quad R = [0, 1] \times [0, 1]$

7. $f(x, y) = x + 3x^2 y^2$일 때 $\int_0^2 f(x, y)\, dx$와 $\int_0^3 f(x, y)\, dy$를 구하라.

8-13 다음 반복적분을 계산하라.

8. $\int_1^4 \int_0^2 (6x^2 y - 2x)\, dy\, dx$

9. $\int_0^1 \int_1^2 (x + e^{-y})\, dx\, dy$

10. $\int_{-3}^3 \int_0^{\pi/2} (y + y^2 \cos x)\, dx\, dy$

11. $\int_1^4 \int_1^2 \left(\dfrac{x}{y} + \dfrac{y}{x}\right) dy\, dx$

12. $\int_0^3 \int_0^{\pi/2} t^2 \sin^3 \phi\, d\phi\, dt$

13. $\int_0^1 \int_0^1 v(u + v^2)^4\, du\, dv$

14-17 다음 이중적분을 계산하라.

14. $\iint_R x \sec^2 y\, dA, \quad R = \{(x, y) \mid 0 \leq x \leq 2, 0 \leq y \leq \pi/4\}$

15. $\iint_R \dfrac{xy^2}{x^2 + 1}\, dA, \quad R = \{(x, y) \mid 0 \leq x \leq 1, -3 \leq y \leq 3\}$

16. $\iint_R x \sin(x + y)\, dA, \quad R = [0, \pi/6] \times [0, \pi/3]$

17. $\iint_R y e^{-xy}\, dA, \quad R = [0, 2] \times [0, 3]$

18-19 부피가 다음 반복적분으로 주어진 입체를 그려라.

18. $\int_0^1 \int_0^1 (4 - x - 2y)\, dx\, dy$

19. $\int_{-2}^2 \int_{-1}^3 (4 - x^2)\, dy\, dx$

20-21 다음 그림은 곡면과 xy 평면에서 직사각형 R을 보여준다.

(a) 곡면 아래와 R 위에 놓이는 입체의 부피에 대한 반복적분을 세워라.

(b) 그 반복적분을 계산하여 입체의 부피를 구하라.

20.

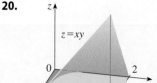

21.

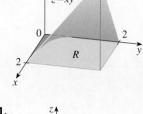

22. 평면 $4x + 6y - 2z + 15 = 0$ 아래와 직사각형 $R = \{(x, y) \mid -1 \leq x \leq 2, -1 \leq y \leq 1\}$ 위에 놓여 있는 입체의 부피를 구하라.

23. 타원포물면 $x^2/4 + y^2/9 + z = 1$ 아래와 직사각형 $R = [-1, 1] \times [-2, 2]$ 위에 놓여 있는 입체의 부피를 구하라.

24. 곡면 $z = 1 + x^2 y e^y$와 평면 $z = 0, x = \pm 1, y = 0, y = 1$로 둘러싸인 입체의 부피를 구하라.

25. 포물면 $z = 2 + x^2 + (y - 2)^2$과 평면 $z = 1, x = 1, x = -1, y = 0, y = 4$로 둘러싸인 입체의 체적을 구하라.

T **26.** 컴퓨터 대수체계를 이용해서 $R = [0, 1] \times [0, 1]$에서 적분 $\iint_R x^5 y^3 e^{xy}\, dA$의 정확한 값을 구하라. 그리고 CAS를 이용해서 부피가 적분으로 주어진 입체를 그려라.

27. 사각형 R의 꼭짓점이 $(-1, 0), (-1, 5), (1, 5), (1, 0)$일 때 $f(x, y) = x^2 y$의 평균값을 구하라.

28. 대칭을 이용해서 다음 이중적분을 계산하라.

$$\iint_R \frac{xy}{1 + x^4}\, dA, \quad R = \{(x, y) \mid -1 \leq x \leq 1, 0 \leq y \leq 1\}$$

T **29.** 컴퓨터 대수체계를 이용해서 다음 반복적분을 계산하라.

$$\int_0^1 \int_0^1 \frac{x - y}{(x + y)^3}\, dy\, dx, \qquad \int_0^1 \int_0^1 \frac{x - y}{(x + y)^3}\, dx\, dy$$

그 결과가 푸비니 정리에 모순인가? 어떤 일이 발생하는지 설명하라.

14.2 | 일반적인 영역에서 이중적분

단일적분에서는 적분하려는 영역은 항상 구간이다. 그러나 이중적분에서는 직사각형 뿐만 아니라 좀 더 일반적인 모양의 영역에서 함수를 적분하고자 한다.

■ 일반적인 영역

그림 1에서 보는 것처럼 더 일반적인 영역 D를 생각하자. D를 유계 영역이라 하자. 즉, D는 그림 2에서처럼 어떤 직사각형 영역 R 안에 포함된다는 의미이다. D에서 함수 f를 적분하기 위해 다음과 같이 정의역 R을 갖는 새로운 함수 F를 정의한다.

$$\boxed{1} \qquad F(x, y) = \begin{cases} f(x, y), & (x, y) \in D \\ 0, & (x, y) \in R, \ (x, y) \notin D \end{cases}$$

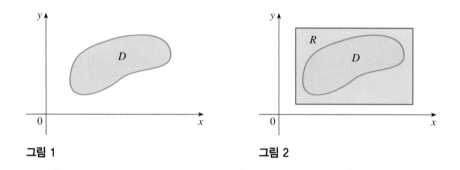

그림 1   **그림 2**

F가 R에서 적분가능하면, **D에서 f의 이중적분**을 다음과 같이 정의한다.

$$\boxed{2} \qquad \iint\limits_{D} f(x, y)\, dA = \iint\limits_{R} F(x, y)\, dA, \ \text{여기서 } F\text{는 식 } \boxed{1}\text{로 주어진다.}$$

직사각형 영역 R에 대한 이중적분 $\iint_R F(x, y)\, dA$는 14.1절에서 이미 정의했으므로 정의 $\boxed{2}$는 잘 정의된다. (x, y)가 D 밖에 있을 때는 $F(x, y)$의 값이 0이고, 따라서 이런 점들은 적분을 구하는 데 아무런 역할도 하지 않으므로, 지금까지 사용한 방법은 타당하다. 이것은 사각형 R가 D를 포함하는 한, R이 어떻든지 상관없음을 의미한다.

$f(x, y) \geq 0$인 경우 $\iint_D f(x, y)\, dA$는 여전히 D 위와 곡면 $z = f(x, y)$ (f의 그래프) 아래에 놓인 입체의 부피로 해석할 수 있다. 그림 3과 4에서 f와 F의 그래프를 비교하고 $\iint_R F(x, y)\, dA$가 F의 그래프 아래의 부피라는 사실을 기억하면 위의 방법은 타당한 것을 알 수 있다.

그림 4에서 F가 D의 경계점들에서 불연속일 것 같아 보임에도 불구하고, f가 D에서 연속이고 D의 경계가 '잘 정의된' 곡선(이 책의 수준을 넘는 개념이다)이면 $\iint_R F(x, y)\, dA$가 존재함을 보일 수 있고, 따라서 $\iint_D f(x, y)\, dA$도 존재함을 보일 수

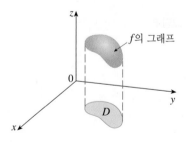

f의 그래프

그림 3

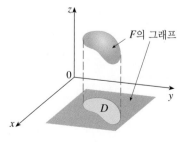

F의 그래프

그림 4

있다. 특히 다음과 같은 두 가지 유형의 영역에 대해 이중적분이 존재한다.

평면 영역 D가 x에 대해 연속인 두 함수 사이에 놓이면, 즉 다음과 같으면 D를 **유형 I**(type I)이라 한다.

$$D = \big\{(x, y) \mid a \le x \le b,\ g_1(x) \le y \le g_2(x)\big\}$$

여기서 g_1, g_2는 $[a, b]$에서 연속이다. 그림 5는 유형 I인 영역의 예를 보여 준다.

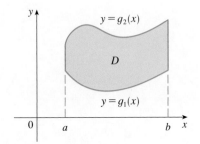

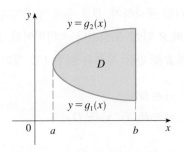

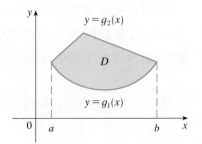

그림 5 유형 I인 영역의 예

NOTE   유형 I인 영역에 대해 함수 g_1과 g_2는 연속이어야 하지만 하나의 식으로 정의될 필요는 없다. 예를 들어 그림 5의 세 번째 영역은 g_2가 연속이지만 조각으로 정의된 함수이다.

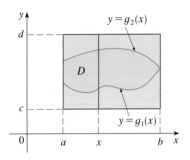

그림 6

D가 유형 I인 경우 $\iint_D f(x, y)\, dA$를 계산하기 위해 그림 6과 같이 D를 포함하는 직사각형 $R = [a, b] \times [c, d]$를 선택한다. 그리고 F를 식 **1**에 의해 주어진 함수라 하자. 즉 F는 D에서 f와 일치하고 D 밖에서는 0이다. 그러면 푸비니 정리에 의해 다음이 성립한다.

$$\iint_D f(x, y)\, dA = \iint_R F(x, y)\, dA = \int_a^b \int_c^d F(x, y)\, dy\, dx$$

$y < g_1(x)$ 또는 $y > g_2(x)$이면 (x, y)가 D 밖에 있으므로 $F(x, y) = 0$이다. $g_1(x) \le y \le g_2(x)$이면 $F(x, y) = f(x, y)$이므로 다음을 얻는다.

$$\int_c^d F(x, y)\, dy = \int_{g_1(x)}^{g_2(x)} F(x, y)\, dy = \int_{g_1(x)}^{g_2(x)} f(x, y)\, dy$$

따라서 이중적분을 반복적분으로 계산할 수 있는 다음 공식을 얻는다.

---

3 f가 유형 I인 영역 $D = \big\{(x, y) \mid a \le x \le b,\ g_1(x) \le y \le g_2(x)\big\}$에서 연속이면, 다음이 성립한다.

$$\iint_D f(x, y)\, dA = \int_a^b \int_{g_1(x)}^{g_2(x)} f(x, y)\, dy\, dx$$

공식 **3**의 우변에 있는 적분은 앞 절에서 고려했던 것과 비슷한 반복적분이다. 차이점은 안쪽 적분에서 x를 $f(x, y)$에서 뿐만 아니라 적분 한계 $g_1(x)$, $g_2(x)$에서도

상수로 취급한다는 것이다.

또한 다음과 같이 표현되는 **유형 II**(type II)의 평면 영역을 생각할 수 있다.

$$D = \left\{(x, y) \mid c \leq y \leq d, \ h_1(y) \leq x \leq h_2(y)\right\}$$

여기서 h_1, h_2는 연속이다. 이런 영역 3개가 그림 7에서 설명된다.

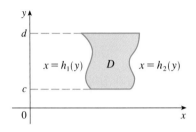 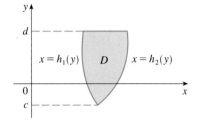 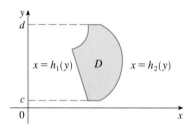

그림 7 유형 II인 영역의 예

유형 I 영역에 대해서 공식 ③을 얻었던 방법과 동일하게 유형 II에 대해서 다음을 보일 수 있다.

---

④ f가 유형 II인 영역 $D = \left\{(x, y) \mid c \leq y \leq d, \ h_1(y) \leq x \leq h_2(y)\right\}$에서 연속이면 다음이 성립한다.

$$\iint\limits_{D} f(x, y) \, dA = \int_c^d \int_{h_1(y)}^{h_2(y)} f(x, y) \, dx \, dy$$

《예제 1》 D가 포물선 $y = 2x^2$과 $y = 1 + x^2$에 의해 유계된 영역일 때 $\iint_D (x + 2y) \, dA$를 계산하라.

풀이 포물선은 $2x^2 = 1 + x^2$, 즉 $x^2 = 1$ 따라서 $x = \pm 1$일 때 만난다. 그림 8에 그려진 영역 D는 유형 II가 아닌 유형 I인 영역이고, 다음과 같이 쓸 수 있다.

$$D = \left\{(x, y) \mid -1 \leq x \leq 1, \ 2x^2 \leq y \leq 1 + x^2\right\}$$

아래 경계는 $y = 2x^2$이고 위 경계는 $y = 1 + x^2$이므로 공식 ③에 따라 다음을 얻는다.

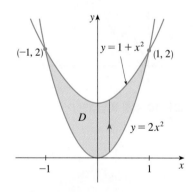

그림 8

$$\begin{aligned}
\iint\limits_{D} (x + 2y) \, dA &= \int_{-1}^{1} \int_{2x^2}^{1+x^2} (x + 2y) \, dy \, dx \\
&= \int_{-1}^{1} \left[xy + y^2\right]_{y=2x^2}^{y=1+x^2} dx \\
&= \int_{-1}^{1} \left[x(1 + x^2) + (1 + x^2)^2 - x(2x^2) - (2x^2)^2\right] dx \\
&= \int_{-1}^{1} (-3x^4 - x^3 + 2x^2 + x + 1) \, dx \\
&= -3\frac{x^5}{5} - \frac{x^4}{4} + 2\frac{x^3}{3} + \frac{x^2}{2} + x \Big]_{-1}^{1} = \frac{32}{15}
\end{aligned}$$

■

NOTE 예제 1과 같은 이중적분을 세울 때에는 그림을 그리는 것이 필수적이다. 때때로 그림 8과 같이 화살표를 그리면 도움이 된다. 그러면 안쪽 적분에 대한 적분 한계를 다음과 같이 그려봄으로써 알 수 있다. 화살표는 적분 하한이 되는 아래 경계 $y = g_1(x)$에서 시작해서 적분 상한이 되는 위쪽 경계 $y = g_2(x)$에서 끝난다. 유형 II인 영역에서 화살표는 왼쪽 경계에서 오른쪽 경계까지 수평으로 그린다.

《《예제 2》》 포물면 $z = x^2 + y^2$ 아래와 xy평면에서 직선 $y = 2x$와 포물선 $y = x^2$에 의해 유계된 xy평면의 영역 D 위에 있는 입체의 부피를 구하라.

풀이 1 그림 9로부터 D는 유형 I인 영역임을 알 수 있다. 즉 다음과 같다.

$$D = \left\{ (x, y) \mid 0 \le x \le 2, \ x^2 \le y \le 2x \right\}$$

따라서 $z = x^2 + y^2$ 아래와 D 위의 부피는 다음과 같다.

$$\begin{aligned}
V &= \iint\limits_{D} (x^2 + y^2)\, dA = \int_0^2 \int_{x^2}^{2x} (x^2 + y^2)\, dy\, dx \\
&= \int_0^2 \left[x^2 y + \frac{y^3}{3} \right]_{y=x^2}^{y=2x} dx \\
&= \int_0^2 \left[x^2(2x) + \frac{(2x)^3}{3} - x^2 x^2 - \frac{(x^2)^3}{3} \right] dx \\
&= \int_0^2 \left(-\frac{x^6}{3} - x^4 + \frac{14x^3}{3} \right) dx \\
&= -\frac{x^7}{21} - \frac{x^5}{5} + \frac{7x^4}{6} \Big]_0^2 = \frac{216}{35}
\end{aligned}$$

풀이 2 그림 10으로부터 D는 다음과 같이 유형 II인 영역으로 쓸 수 있다.

$$D = \left\{ (x, y) \mid 0 \le y \le 4, \ \tfrac{1}{2} y \le x \le \sqrt{y} \right\}$$

따라서 V에 대한 다른 표현은 다음과 같다.

$$\begin{aligned}
V &= \iint\limits_{D} (x^2 + y^2)\, dA = \int_0^4 \int_{\frac{1}{2}y}^{\sqrt{y}} (x^2 + y^2)\, dx\, dy \\
&= \int_0^4 \left[\frac{x^3}{3} + y^2 x \right]_{x=\frac{1}{2}y}^{x=\sqrt{y}} dy = \int_0^4 \left(\frac{y^{3/2}}{3} + y^{5/2} - \frac{y^3}{24} - \frac{y^3}{2} \right) dy \\
&= \tfrac{2}{15} y^{5/2} + \tfrac{2}{7} y^{7/2} - \tfrac{13}{96} y^4 \Big]_0^4 = \frac{216}{35} \qquad \blacksquare
\end{aligned}$$

그림 11은 예제 2에서 계산된 부피를 갖는 입체의 그림이다. 이것은 xy평면 위, 포물면 $z = x^2 + y^2$ 아래, 평면 $y = 2x$와 포물기둥 $y = x^2$ 사이에 놓여 있다.

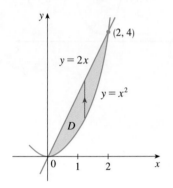

그림 9 유형 I 영역인 D

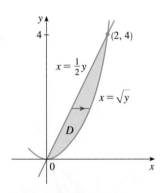

그림 10 유형 II 영역인 D

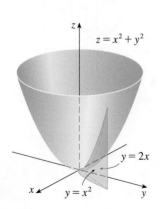

그림 11

《**예제 3**》 직선 $y = x - 1$과 포물선 $y^2 = 2x + 6$에 의해 유계된 영역 D에 대해 $\iint_D xy\, dA$ 를 구하라.

풀이 영역 D는 그림 12에 그려져 있다. D는 유형 I과 유형 II의 두 가지로 이해할 수 있지만 유형 I인 영역으로서의 D는 아래 경계가 두 부분으로 구성되기 때문에 더 복잡하다. 따라서 다음과 같이 D를 유형 II인 영역으로 표현한다.

$$D = \left\{ (x, y) \mid -2 \le y \le 4, \tfrac{1}{2}y^2 - 3 \le x \le y + 1 \right\}$$

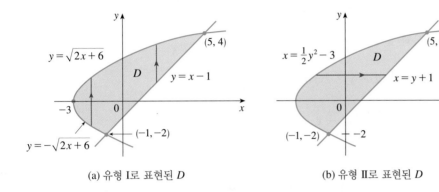

(a) 유형 I로 표현된 D (b) 유형 II로 표현된 D **그림 12**

그러면 식 **4**에 따라 다음을 얻는다.

$$\iint_D xy\, dA = \int_{-2}^{4} \int_{\frac{1}{2}y^2 - 3}^{y+1} xy\, dx\, dy = \int_{-2}^{4} \left[\frac{x^2}{2} y \right]_{x = \frac{1}{2}y^2 - 3}^{x = y+1} dy$$

$$= \frac{1}{2} \int_{-2}^{4} y \left[(y + 1)^2 - \left(\tfrac{1}{2}y^2 - 3 \right)^2 \right] dy$$

$$= \frac{1}{2} \int_{-2}^{4} \left(-\frac{y^5}{4} + 4y^3 + 2y^2 - 8y \right) dy$$

$$= \frac{1}{2} \left[-\frac{y^6}{24} + y^4 + 2\frac{y^3}{3} - 4y^2 \right]_{-2}^{4} = 36 \qquad \blacksquare$$

예제 3의 그림 12(a)를 이용해서 D를 유형 I인 영역으로 표현하면 다음을 얻는다.

$$g_1(x) = \begin{cases} -\sqrt{2x + 6}, & -3 \le x \le -1 \\ x - 1, & -1 < x \le 5 \end{cases}$$

$$\iint_D xy\, dA = \int_{-3}^{-1} \int_{-\sqrt{2x+6}}^{\sqrt{2x+6}} xy\, dy\, dx + \int_{-1}^{5} \int_{x-1}^{\sqrt{2x+6}} xy\, dy\, dx$$

이것은 위의 방법보다 더 훨씬 작업량이 많다.

《**예제 4**》 평면 $x + 2y + z = 2$, $x = 2y$, $x = 0$, $z = 0$에 의해 유계된 사면체의 부피를 구하라.

풀이 이런 문제를 풀기 위해서는 그림을 두 개 그리는 것이 좋다. 하나는 3차원 입체이

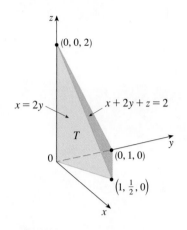

그림 13

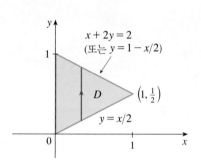

그림 14

고, 다른 하나는 그것이 놓여 있는 평면 영역 D의 그림이다. 그림 13은 좌표평면 $x = 0$, $z = 0$, 수직평면 $x = 2y$, 평면 $x + 2y + z = 2$에 의해 유계된 사면체 T를 보여 준다. 평면 $x + 2y + z = 2$와 xy평면(식이 $z = 0$이다)이 직선 $x + 2y = 2$에서 교차하므로, T가 xy평면에서 직선 $x = 2y$, $x + 2y = 2$, $x = 0$에 의해 유계된 삼각형 영역 D 위에 놓인 것을 알 수 있다(그림 14 참조).

평면 $x + 2y + z = 2$는 $z = 2 - x - 2y$로 쓸 수 있으므로, 구하려는 부피는 함수 $z = 2 - x - 2y$의 그래프 아래와 다음 영역 위에 놓인다.

$$D = \left\{ (x, y) \mid 0 \leq x \leq 1,\ x/2 \leq y \leq 1 - x/2 \right\}$$

따라서 다음과 같다.

$$
\begin{aligned}
V &= \iint\limits_{D} (2 - x - 2y)\, dA \\
&= \int_0^1 \int_{x/2}^{1-x/2} (2 - x - 2y)\, dy\, dx \\
&= \int_0^1 \left[2y - xy - y^2 \right]_{y=x/2}^{y=1-x/2} dx \\
&= \int_0^1 \left[2 - x - x\left(1 - \frac{x}{2}\right) - \left(1 - \frac{x}{2}\right)^2 - x + \frac{x^2}{2} + \frac{x^2}{4} \right] dx \\
&= \int_0^1 (x^2 - 2x + 1)\, dx = \frac{x^3}{3} - x^2 + x \Big]_0^1 = \frac{1}{3}
\end{aligned}
$$

■ 적분 순서의 변경

푸비니 정리는 적분 순서를 바꾸어서 적분할 수 있다는 것으로 말해준다. 적분 순서에 따라서 적분의 계산이 매우 어렵기도 하고 불가능하기도 하다. 다음 예제는 계산하기 힘든 반복적분으로 표현된 경우에 적분 순서를 바꾸는 방법을 보여준다.

《**예제 5**》 반복적분 $\int_0^1 \int_x^1 \sin(y^2)\, dy\, dx$를 계산하라.

풀이 적분을 주어진 대로 계산하려면 먼저 $\int \sin(y^2)\, dy$를 계산해야 하는 일에 직면한다. 그런데 이것은 불가능하다. 왜냐하면 $\int \sin(y^2)\, dy$는 기본함수가 아니므로 유한개의 항으로 계산할 수 없다(7.5절의 마지막 부분 참조). 따라서 적분 순서를 바꿔야 한다. 이것은 먼저 주어진 반복적분을 이중적분으로 표현함으로써 완성된다. 식 **3**을 거꾸로 적용하면 다음을 얻는다.

$$\int_0^1 \int_x^1 \sin(y^2)\, dy\, dx = \iint\limits_{D} \sin(y^2)\, dA$$

여기서 $D = \left\{ (x, y) \mid 0 \leq x \leq 1,\ x \leq y \leq 1 \right\}$이다.

그림 15에 영역 D를 그려 놓았다. 그림 16으로부터 D를 다음과 같이 다른 형태로 나타낼 수 있다.

$$D = \left\{ (x, y) \mid 0 \leq y \leq 1,\ 0 \leq x \leq y \right\}$$

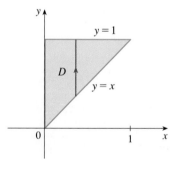

그림 15 유형 I 영역인 D

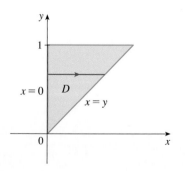

그림 16 유형 II 영역인 D

이중적분을 역순인 반복적분으로 나타내고 식 **4**를 이용해서 다음과 같이 계산할 수 있다.

$$\int_0^1 \int_x^1 \sin(y^2)\, dy\, dx = \iint_D \sin(y^2)\, dA$$

$$= \int_0^1 \int_0^y \sin(y^2)\, dx\, dy = \int_0^1 \left[x \sin(y^2) \right]_{x=0}^{x=y} dy$$

$$= \int_0^1 y \sin(y^2)\, dy = -\tfrac{1}{2} \cos(y^2) \Big]_0^1 = \tfrac{1}{2}(1 - \cos 1) \qquad \blacksquare$$

■ 이중적분의 성질

다음 적분은 모두 존재한다고 가정한다. 직사각형 영역 D 위의 이중적분에 대한 처음 세 성질은 4.2절과 동일한 방법으로 증명할 수 있다. 그리고 일반적인 영역에 대해 이 성질들은 정의 **2**로부터 얻을 수 있다.

5 $$\iint_D [f(x, y) + g(x, y)]\, dA = \iint_D f(x, y)\, dA + \iint_D g(x, y)\, dA$$

6 $$\iint_D cf(x, y)\, dA = c \iint_D f(x, y)\, dA, \quad c\text{는 상수}$$

D에 속한 모든 (x, y)에 대해 $f(x, y) \geq g(x, y) \geq 0$이면 다음이 성립한다.

7 $$\iint_D f(x, y)\, dA \geq \iint_D g(x, y)\, dA$$

이중적분에 대한 다음 성질은 $\int_a^b f(x)\, dx = \int_a^c f(x)\, dx + \int_c^b f(x)\, dx$로 주어지는 단일적분의 성질과 유사하다(4.2절의 성질 **1**).

D_1과 D_2가 이들의 경계를 제외하면 겹치지 않을 때, $D = D_1 \cup D_2$라 하면 다음이 성립한다(그림 17 참조).

8 $$\iint_D f(x, y)\, dA = \iint_{D_1} f(x, y)\, dA + \iint_{D_2} f(x, y)\, dA$$

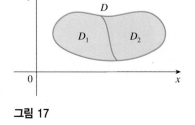

그림 17

성질 **8**은 유형 I도 아니고 유형 II도 아니지만 유형 I 또는 유형 II 영역의 합집합으로 표현되는 영역 D에서 이중적분을 계산하는 데 사용될 수 있다. 그림 18은 이런 과정을 설명한다(연습문제 34 참조).

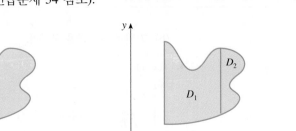

(a) D는 유형 I도 II도 아니다.　　　(b) $D = D_1 \cup D_2$, D_1은 유형 I, D_2는 유형 II이다.   **그림 18**

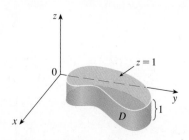

그림 19 밑면이 D이고 높이가 1인 입체 기둥

적분에 대한 다음 성질은 영역 D에서 상수함수 $f(x, y) = 1$을 적분하면 다음과 같이 D의 넓이를 얻는다는 사실을 보여 준다.

$$\boxed{9} \qquad \iint_D 1 \, dA = A(D)$$

위 식 $\boxed{9}$가 성립함을 그림 19에서 볼 수 있다. 밑면이 D이고 높이가 1인 입체 기둥의 부피는 $A(D) \cdot 1 = A(D)$이다. 그런데 이 부피를 $\iint_D 1 \, dA$로 쓸 수 있음을 알고 있기 때문이다.

마지막으로 성질 $\boxed{6}$, $\boxed{7}$, $\boxed{9}$를 결합하면 다음 성질을 증명할 수 있다(연습문제 37 참조).

$\boxed{10}$ D에 속한 모든 (x, y)에 대해 $m \leq f(x, y) \leq M$이면 다음이 성립한다.

$$m \cdot A(D) \leq \iint_D f(x, y) \, dA \leq M \cdot A(D)$$

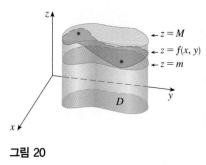

그림 20

그림 20은 $m > 0$인 경우에 성질 $\boxed{10}$을 설명한다. 영역 D 위에 $z = f(x, y)$ 그래프 아래에 있는 입체의 부피는 높이 m과 밑면 D로 하는 원기둥의 부피와 높이 M과 밑면 D로 하는 원기둥의 부피 사이의 값을 갖는다(단일적분에 대한 유사한 성질인 4.2절의 그림 17과 비교해보자).

《**예제 6**》 D를 중심이 원점이고 반지름이 2인 원판이라 할 때, 성질 $\boxed{10}$을 이용해서 적분 $\iint_D e^{\sin x \cos y} dA$를 추정하라.

풀이 $-1 \leq \sin x \leq 1$, $-1 \leq \cos y \leq 1$이므로 $-1 \leq \sin x \cos y \leq 1$이다. 따라서 다음과 같다.

$$e^{-1} \leq e^{\sin x \cos y} \leq e^1 = e$$

성질 $\boxed{10}$에 $m = e^{-1} = 1/e$, $M = e$, $A(D) = \pi(2)^2$을 대입하면 다음을 얻는다.

$$\frac{4\pi}{e} \leq \iint_D e^{\sin x \cos y} dA \leq 4\pi e \qquad \blacksquare$$

14.2 │ 연습문제

1-3 다음 반복적분을 계산하라.

1. $\int_1^5 \int_0^x (8x - 2y) \, dy \, dx$ **2.** $\int_0^1 \int_0^y xe^{y^3} dx \, dy$

3. $\int_0^1 \int_0^{s^2} \cos(s^3) \, dt \, ds$

4-5 (a) 주어진 함수 f와 영역 D에 대해 이중적분 $\iint_D f(x, y) \, dA$를 반복적분으로 표시하라.

(b) 그 반복적분 값을 구하라.

4. $f(x, y) = 2y$

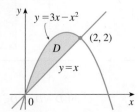

5. $f(x, y) = xy$

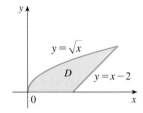

6-7 다음 이중적분을 계산하라.

6. $\iint\limits_{D} \dfrac{y}{x^2 + 1}\, dA,\quad D = \{(x, y) \mid 0 \le x \le 4, 0 \le y \le \sqrt{x}\}$

7. $\iint\limits_{D} e^{-y^2}\, dA,\quad D = \{(x, y) \mid 0 \le y \le 3, 0 \le x \le y\}$

8. 다음 영역의 예를 그려라.

　(a) 유형 I이지만 유형 II는 아니다.

　(b) 유형 II이지만 유형 I은 아니다.

9. D를 유형 I인 영역과 유형 II인 영역으로 나타내라. 그리고 두 방법으로 다음 이중적분을 계산하라.

　$\iint\limits_{D} x\, dA$, D는 직선 $y = x$, $y = 0$, $x = 1$로 둘러싸인 영역

10-11 두 가지 적분 순서로 반복적분을 세워라. 그리고 쉬운 순서를 이용해서 이중적분을 계산하고, 왜 더 쉬운지 설명하라.

10. $\iint\limits_{D} y\, dA$, D는 $y = x - 2$, $x = y^2$으로 유계된 영역

11. $\iint\limits_{D} \sin^2 x\, dA$, D는 $y = \cos x$, $0 \le x \le \pi/2$, $y = 0$, $x = 0$으로 유계된 영역

12-14 다음 이중적분을 계산하라.

12. $\iint\limits_{D} x \cos y\, dA$, D는 $y = 0$, $y = x^2$, $x = 1$에 의해 유계된 영역

13. $\iint\limits_{D} y^2\, dA$, D는 꼭짓점이 $(0, 1)$, $(1, 2)$, $(4, 1)$인 삼각형 영역

14. $\iint\limits_{D} (2x - y)\, dA$, D는 중심이 원점이고 반지름이 2인 원에 의해 유계된 영역

15. 그림은 곡면과 xy 평면에서 영역 D를 보여준다.

　(a) 곡면 아래와 D 위에 놓이는 입체의 부피에 대한 반복 이중적분을 세워라.

　(b) 입체의 부피를 구하기 위해 반복적분을 계산하라.

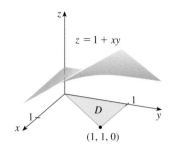

16-20 다음 입체의 부피를 구하라.

16. 평면 $3x + 2y - z = 0$ 아래와 포물선 $y = x^2$, $x = y^2$으로 둘러싸인 영역 위에 있는 입체

17. 곡면 $z = xy$ 아래와 꼭짓점이 $(1, 1)$, $(4, 1)$, $(1, 2)$인 삼각형 위에 있는 입체

18. 좌표평면과 평면 $2x + y + z = 4$로 둘러싸인 사면체

19. 기둥면 $z = x^2$, $y = x^2$과 평면 $z = 0$, $y = 4$로 둘러싸인 입체

20. 원기둥 $x^2 + y^2 = 1$과 제1팔분공간에서의 세 평면 $y = z$, $x = 0$, $z = 0$에 의해 유계된 입체

21. 그래프를 이용해서 곡선 $y = x^4$과 $y = 3x - x^2$의 교점의 x축 좌표를 추정하라. D를 이런 곡선에 의해 유계된 영역일 때 $\iint_{D} x\, dA$를 추정하라.

22-23 두 부피의 차를 이용해서 입체의 부피를 구하라.

22. 포물기둥 $y = 1 - x^2$, $y = x^2 - 1$과 평면 $x + y + z = 2$, $2x + 2y - z + 10 = 0$으로 둘러싸인 입체

23. 평면 $z = 3$ 아래, 평면 $z = y$ 위와 포물기둥 $y = x^2$, $y = 1 - x^2$ 사이에 놓여 있는 입체

24-25 부피가 다음 반복적분으로 주어진 입체를 그려라.

24. $\displaystyle\int_0^1 \int_0^{1-x} (1 - x - y)\, dy\, dx$

25. $\displaystyle\int_0^3 \int_0^y \sqrt{9 - x^2}\, dx\, dy$

T **26-27** 컴퓨터 대수체계를 이용해서 다음 입체의 정확한 부피를 구하라.

26. 곡면 $z = x^3 y^4 + xy^2$ 아래와 곡선 $y = x^3 - x$와 $y = x^2 + x$ $(x \ge 0)$에 의해 유계된 영역 위에 있는 입체

27. $z = 1 - x^2 - y^2$과 $z = 0$으로 둘러싸인 입체

28-30 적분 영역을 그리고, 적분 순서를 바꾸라.

28. $\int_0^1 \int_0^y f(x, y)\, dx\, dy$ **29.** $\int_0^{\pi/2} \int_{\sin x}^1 f(x, y)\, dy\, dx$

30. $\int_1^2 \int_0^{\ln x} f(x, y)\, dy\, dx$

31-33 적분 순서를 바꿔서 적분을 계산하라.

31. $\int_0^1 \int_{3y}^3 e^{x^2}\, dx\, dy$ **32.** $\int_0^1 \int_{\sqrt{x}}^1 \sqrt{y^3 + 1}\, dy\, dx$

33. $\int_0^1 \int_{\arcsin y}^{\pi/2} \cos x \sqrt{1 + \cos^2 x}\, dx\, dy$

34. D를 유형 I 또는 유형 II인 영역의 합집합으로 표현하고 적분 $\iint_D x^2\, dA$를 계산하라.

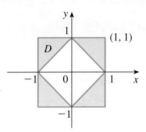

35. 성질 $\boxed{10}$을 이용해서 다음 적분 값을 추정하라.

$$\iint_S \sqrt{4 - x^2 y^2}\, dA, \quad S = \{(x, y) \mid x^2 + y^2 \leq 1, x \geq 0\}$$

36. 다음 영역 D에서 함수 f의 평균값을 구하라.

$f(x, y) = xy$, D는 꼭짓점이 $(0, 0)$, $(1, 0)$, $(1, 3)$인 삼각형 영역

37. 성질 $\boxed{10}$을 증명하라.

38-40 기하 또는 대칭, 또는 둘다 이용해서 다음 이중적분을 계산하라.

38. $\iint_D (x + 2)\, dA$, $D = \{(x, y) \mid 0 \leq y \leq \sqrt{9 - x^2}\}$

39. $\iint_D (2x + 3y)\, dA$, D: 직사각형 $0 \leq x \leq a$, $0 \leq y \leq b$

40. $\iint_D \left(ax^3 + by^3 + \sqrt{a^2 - x^2}\right) dA$, $D = [-a, a] \times [-b, b]$

41. **이중적분의 평균값 정리** 이중적분에 대한 평균값 정리는 f가 유형 I 또는 유형 II인 평면 영역 D에서 연속이면 다음을 만족하는 점 (x_0, y_0)가 D안에 존재함을 말한다.

$$\iint_D f(x, y)\, dA = f(x_0, y_0)\, A(D)$$

f가 점 (a, b)를 포함하는 원판 위에서 연속이다. D_r를 중심이 (a, b)이고 반지름이 r인 닫힌원판이면, 이중적분에 대한 평균값 정리를 사용하여 다음을 보여라.

$$\lim_{r \to 0} \frac{1}{\pi r^2} \iint_{D_r} f(x, y)\, dA = f(a, b)$$

14.3 | 극좌표에서 이중적분

중심이 원점인 원판 영역 R에서 이중적분 $\iint_R f(x, y)\, dA$를 계산하기 원한다고 하자. 이 경우에 R을 직교좌표로 표현하는 것보다 극좌표로 표현하는 것이 쉽다. 일반적으로 만일 영역 R이 극좌표로 보다 쉽게 표현된다면, 이중적분을 극좌표로 변환하여 계산하는 것이 유리할 때가 많다.

■ 극좌표에 대한 복습

극좌표는 9.3절에서 소개되었다. 그림 1에서 한 점의 극좌표 (r, θ)는 다음 관계식에 의해 그 점의 직교좌표 (x, y)와 관련된다.

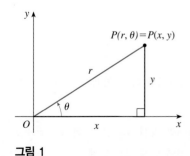

그림 1

$$r^2 = x^2 + y^2, \qquad x = r\cos\theta, \qquad y = r\sin\theta$$

중심이 원점인 원의 방정식은 극좌표로 나타내면 매우 간단하다.

　단위원의 방정식은 $r = 1$이고 이 원으로 둘러싸인 영역은 그림 2(a)와 같다. 그림 2(b)와 같은 영역도 극좌표로 나타내면 편리하다. 극좌표로 표현된 다른 곡선들에 대하여 9.3절의 표 1을 참고하자.

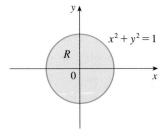
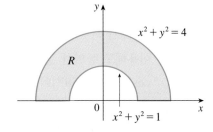

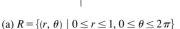

(a) $R = \{(r, \theta) \mid 0 \le r \le 1, 0 \le \theta \le 2\pi\}$　　(b) $R = \{(r, \theta) \mid 1 \le r \le 2, 0 \le \theta \le \pi\}$　　**그림 2**

■ 극좌표에서 이중적분

그림 2의 영역들은 그림 3에 보인 것과 같은 **극사각형**(polar rectangle)의 특별한 경우이다.

$$R = \{(r, \theta) \mid a \le r \le b, \ \alpha \le \theta \le \beta\}$$

R가 극사각형일 때 이중적분 $\iint_R f(x, y)\, dA$를 계산하기 위해 구간 $[a, b]$를 너비가 $\Delta r = (b - a)/m$으로 같은 m개의 부분 구간 $[r_{i-1}, r_i]$로 나누고, 구간 $[\alpha, \beta]$를 너비가 $\Delta\theta = (\beta - \alpha)/n$으로 같은 n개의 부분구간 $[\theta_{j-1}, \theta_j]$로 나눈다. 그러면 원 $r = r_i$와 반직선 $\theta = \theta_j$는 그림 4에 보인 것과 같이 극사각형 R를 더 작은 극사각형 R_{ij}을 나눈다.

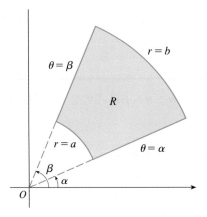
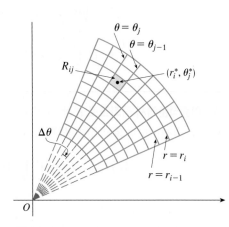

그림 4와 14.1절의 그림 3과 비교하라.

그림 3 극사각형　　　　**그림 4** R를 극 부분사각형으로 분할

　극 부분사각형 $R_{ij} = \{(r, \theta) \mid r_{i-1} \le r \le r_i, \ \theta_{j-1} \le \theta \le \theta_j\}$의 중심은 다음과 같은

극좌표를 갖는다.

$$r_i^* = \tfrac{1}{2}(r_{i-1} + r_i), \qquad \theta_j^* = \tfrac{1}{2}(\theta_{j-1} + \theta_j)$$

반지름이 r이고 중심각이 θ인 부채꼴의 넓이가 $\tfrac{1}{2}r^2\theta$라는 사실을 이용해서 R_{ij}의 넓이를 계산한다. 중심각이 $\Delta\theta = \theta_j - \theta_{j-1}$인 두 부채꼴의 넓이를 빼면 R_{ij}의 넓이는 다음과 같다.

$$\Delta A_i = \tfrac{1}{2}r_i^2\,\Delta\theta - \tfrac{1}{2}r_{i-1}^2\,\Delta\theta = \tfrac{1}{2}(r_i^2 - r_{i-1}^2)\,\Delta\theta$$
$$= \tfrac{1}{2}(r_i + r_{i-1})(r_i - r_{i-1})\,\Delta\theta = r_i^*\,\Delta r\,\Delta\theta$$

직사각형을 이용해서 이중적분 $\iint_R f(x, y)\,dA$를 정의했지만, 연속함수 f에 대해서는 극사각형을 이용해도 동일한 결과를 얻는 것을 보일 수 있다. R_{ij}의 중심에 대한 직교좌표는 $(r_i^* \cos \theta_j^*,\, r_i^* \sin \theta_j^*)$이므로, 리만 합은 다음과 같다.

$$\boxed{1} \quad \sum_{i=1}^{m} \sum_{j=1}^{n} f(r_i^* \cos \theta_j^*,\, r_i^* \sin \theta_j^*)\,\Delta A_i = \sum_{i=1}^{m} \sum_{j=1}^{n} f(r_i^* \cos \theta_j^*,\, r_i^* \sin \theta_j^*)\, r_i^*\,\Delta r\,\Delta\theta$$

$g(r, \theta) = rf(r \cos \theta,\, r \sin \theta)$라고 하면, 식 $\boxed{1}$의 리만 합은 다음과 같이 쓸 수 있다.

$$\sum_{i=1}^{m} \sum_{j=1}^{n} g(r_i^*, \theta_j^*)\,\Delta r\,\Delta\theta$$

이것은 다음과 같은 이중적분에 대한 리만 합이다.

$$\int_{\alpha}^{\beta} \int_{a}^{b} g(r, \theta)\,dr\,d\theta$$

그러므로 다음을 얻는다.

$$\iint\limits_R f(x, y)\,dA = \lim_{m,\,n \to \infty} \sum_{i=1}^{m} \sum_{j=1}^{n} f(r_i^* \cos \theta_j^*,\, r_i^* \sin \theta_j^*)\,\Delta A_i$$
$$= \lim_{m,\,n \to \infty} \sum_{i=1}^{m} \sum_{j=1}^{n} g(r_i^*, \theta_j^*)\,\Delta r\,\Delta\theta = \int_{\alpha}^{\beta} \int_{a}^{b} g(r, \theta)\,dr\,d\theta$$
$$= \int_{\alpha}^{\beta} \int_{a}^{b} f(r \cos \theta,\, r \sin \theta)\, r\,dr\,d\theta$$

$\boxed{2}$ **이중적분에서 극좌표로 변환** f가 $0 \le a \le r \le b$, $\alpha \le \theta \le \beta$로 주어진 극사각형 R에서 연속이면 다음이 성립한다.

$$\iint\limits_R f(x, y)\,dA = \int_{\alpha}^{\beta} \int_{a}^{b} f(r \cos \theta,\, r \sin \theta)\, r\,dr\,d\theta$$

여기서 $0 \le \beta - \alpha \le 2\pi$이다.

$\boxed{2}$에 있는 공식은 r와 θ에 대한 적절한 적분 한계를 이용하고 dA를 $r\,dr\,d\theta$로 대치해서 $x = r \cos \theta$와 $y = r \sin \theta$로 씀으로써 이중적분에서 직교좌표를 극좌표로 변환

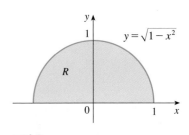

그림 5

✒ 하는 것을 나타낸다. 이때 공식 **2**의 우변에서 부가적인 인수 r를 잊어서는 안 된다. 이런 사실을 기억하는 전통적인 방법이 그림 5에 설명되어 있다. 여기서 '무한소' 극 사각형은 변의 길이가 $r\,d\theta$와 dr인 정상적인 사각형으로 생각할 수 있다. 그러므로 '넓이'는 $dA = r\,dr\,d\theta$가 된다.

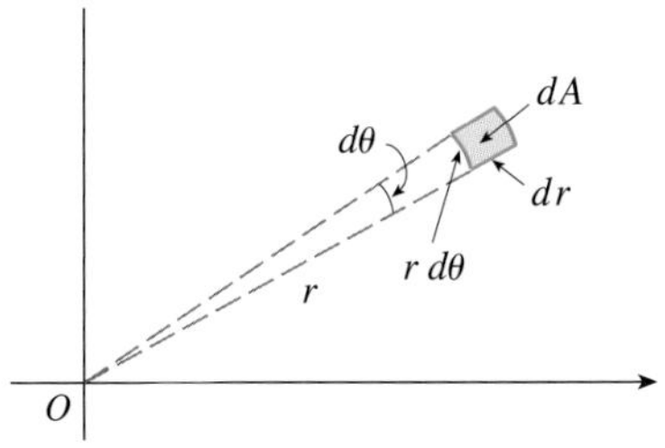

《**예제 1**》 원 $x^2 + y^2 = 1$과 $x^2 + y^2 = 4$에 의해 유계된 상반 평면에 있는 영역을 R이라 할 때 $\iint_R (3x + 4y^2)\,dA$를 계산하라.

풀이 영역 R는 다음과 같이 나타낼 수 있다.

$$R = \{(x, y) \mid y \geq 0,\ 1 \leq x^2 + y^2 \leq 4\}$$

이것은 그림 2(b)에서 보듯이 반고리이고, 극좌표로 $1 \leq r \leq 2$, $0 \leq \theta \leq \pi$이다. 따라서 공식 **2**에 의해 다음을 얻는다.

$$
\begin{aligned}
\iint_R (3x + 4y^2)\,dA &= \int_0^\pi \int_1^2 [3(r\cos\theta) + 4(r\sin\theta)^2]\,r\,dr\,d\theta \\
&= \int_0^\pi \int_1^2 (3r^2\cos\theta + 4r^3\sin^2\theta)\,dr\,d\theta \\
&= \int_0^\pi \left[r^3\cos\theta + r^4\sin^2\theta\right]_{r=1}^{r=2} d\theta = \int_0^\pi (7\cos\theta + 15\sin^2\theta)\,d\theta \\
&= \int_0^\pi \left[7\cos\theta + \tfrac{15}{2}(1 - \cos 2\theta)\right] d\theta \\
&= 7\sin\theta + \frac{15\theta}{2} - \frac{15}{4}\sin 2\theta \bigg]_0^\pi = \frac{15\pi}{2}
\end{aligned}
$$

여기서 삼각함수 항등식을 이용한다.
$$\sin^2\theta = \tfrac{1}{2}(1 - \cos 2\theta)$$

■ 삼각함수의 적분은 7.2절을 참조한다.

《**예제 2**》 다음 이중적분을 계산하라.

$$\int_{-1}^{1} \int_0^{\sqrt{1-x^2}} (x^2 + y^2)\,dy\,dx$$

풀이 이 반복적분은 그림 6에서 보여지는 영역 R 위에서의 이중적분이다.

$$R = \{(x, y) \mid -1 \leq x \leq 1, 0 \leq y \leq \sqrt{1-x^2}\}$$

이 영역 R은 반원판이다. 그러므로 다음과 같이 극좌표로 나타내면 더욱 간단해진다.

$$R = \{(r, \theta) \mid 0 \leq \theta \leq \pi, 0 \leq r \leq 1\}$$

따라서 다음을 얻는다.

$$
\begin{aligned}
\int_{-1}^{1} \int_0^{\sqrt{1-x^2}} (x^2 + y^2)\,dy\,dx &= \int_0^\pi \int_0^1 (r^2)\,r\,dr\,d\theta \\
&= \int_0^\pi \left[\frac{r^4}{4}\right]_{r=0}^{r=1} d\theta = \frac{1}{4}\int_0^\pi d\theta = \frac{\pi}{4}
\end{aligned}
$$

그림 6

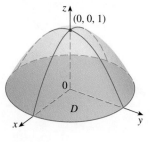

그림 7

《예제 3》 평면 $z = 0$과 포물면 $z = 1 - x^2 - y^2$에 의해 유계된 입체의 부피를 구하라.

풀이 포물면의 방정식에서 $z = 0$이면 $x^2 + y^2 = 1$을 얻는다. 이것은 평면이 포물면과 만나는 교선이 원 $x^2 + y^2 = 1$임을 의미한다. 따라서 입체는 $x^2 + y^2 \leq 1$로 주어진 원판 D 위와 포물면 아래에 놓인다[그림 7과 그림 2(a)]. 극좌표에서 D는 $0 \leq r \leq 1$, $0 \leq \theta \leq 2\pi$로 주어진다. $1 - x^2 - y^2 = 1 - r^2$이므로 구하는 부피는 다음과 같다.

$$V = \iint_D (1 - x^2 - y^2)\, dA = \int_0^{2\pi} \int_0^1 (1 - r^2)\, r\, dr\, d\theta$$

$$= \int_0^{2\pi} d\theta \int_0^1 (r - r^3)\, dr = 2\pi \left[\frac{r^2}{2} - \frac{r^4}{4} \right]_0^1 = \frac{\pi}{2}$$

예제 3에서 극좌표 대신 직교좌표를 이용하면 다음 적분을 얻는다.

$$V = \iint_D (1 - x^2 - y^2)\, dA = \int_{-1}^1 \int_{-\sqrt{1-x^2}}^{\sqrt{1-x^2}} (1 - x^2 - y^2)\, dy\, dx$$

그러나 $\int (1 - x^2)^{3/2}\, dx$를 구해야 하므로 계산이 쉽지 않다.

지금까지의 방법을 그림 8과 같은 복잡한 유형의 영역으로 확장할 수 있다. 그것은 14.2절에서 생각했던 유형 II의 직사각형 영역과 유사하다. 이번 절의 공식 2와 14.2절의 공식 4를 결합하면 다음 공식을 얻는다.

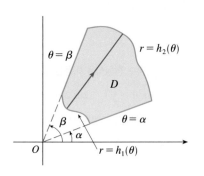

그림 8
$D = \left\{ (r, \theta) \mid \alpha \leq \theta \leq \beta,\ h_1(\theta) \leq r \leq h_2(\theta) \right\}$

---

3 다음과 같은 극영역에서 f가 연속이라고 하자.

$$D = \left\{ (r, \theta) \mid \alpha \leq \theta \leq \beta,\ h_1(\theta) \leq r \leq h_2(\theta) \right\}$$

그러면 다음이 성립한다.

$$\iint_D f(x, y)\, dA = \int_\alpha^\beta \int_{h_1(\theta)}^{h_2(\theta)} f(r \cos\theta,\, r \sin\theta)\, r\, dr\, d\theta$$

특히 $f(x, y) = 1$, $h_1(\theta) = 0$, $h_2(\theta) = h(\theta)$로 놓으면 $\theta = \alpha$, $\theta = \beta$, $r = h(\theta)$에 의해 유계된 영역 D의 넓이는 다음과 같고 9.4절 공식 3과 일치한다.

$$A(D) = \iint_D 1\, dA = \int_\alpha^\beta \int_0^{h(\theta)} r\, dr\, d\theta$$

$$= \int_\alpha^\beta \left[\frac{r^2}{2} \right]_0^{h(\theta)} d\theta = \int_\alpha^\beta \frac{1}{2} [h(\theta)]^2\, d\theta$$

《예제 4》 이중적분을 이용해서 4엽 장미 $r = \cos 2\theta$의 잎사귀 하나로 둘러싸인 넓이를 구하라.

풀이 그림 9에 있는 곡선의 그림에서 잎사귀 하나는 다음과 같은 영역으로 주어진다.

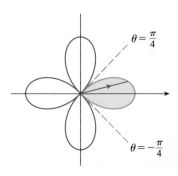

그림 9

$$D = \left\{ (r, \theta) \mid -\pi/4 \le \theta \le \pi/4, \ 0 \le r \le \cos 2\theta \right\}$$

따라서 넓이는 다음과 같다.

$$
\begin{aligned}
A(D) &= \iint\limits_{D} dA = \int_{-\pi/4}^{\pi/4} \int_{0}^{\cos 2\theta} r \, dr \, d\theta \\
&= \int_{-\pi/4}^{\pi/4} \left[\tfrac{1}{2} r^2 \right]_{0}^{\cos 2\theta} d\theta = \tfrac{1}{2} \int_{-\pi/4}^{\pi/4} \cos^2 2\theta \, d\theta \\
&= \tfrac{1}{4} \int_{-\pi/4}^{\pi/4} (1 + \cos 4\theta) \, d\theta \\
&= \tfrac{1}{4} \left[\theta + \tfrac{1}{4} \sin 4\theta \right]_{-\pi/4}^{\pi/4} = \frac{\pi}{8}
\end{aligned}
$$
■

《**예제 5**》 포물면 $z = x^2 + y^2$ 아래와 xy 평면 위 그리고 원기둥 $x^2 + y^2 = 2x$의 안쪽에 놓여 있는 입체의 부피를 구하라.

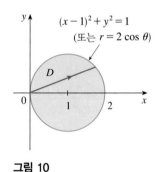

그림 10

풀이 이 입체는 원의 경계가 방정식 $x^2 + y^2 = 2x$ 또는 완전제곱인 $(x-1)^2 + y^2 = 1$인 원판 위에 놓인다(그림 10과 11 참조).

극좌표를 이용하면 $x^2 + y^2 = r^2$과 $x = r\cos\theta$이므로 원의 경계 $x^2 + y^2 = 2x$는 $r^2 = 2r\cos\theta$, 즉 $r = 2\cos\theta$이다. 따라서 원판 D는 다음과 같다.

$$D = \left\{ (r, \theta) \mid -\pi/2 \le \theta \le \pi/2, \ 0 \le r \le 2\cos\theta \right\}$$

공식 **3**에 의해 다음을 얻는다.

$$
\begin{aligned}
V &= \iint\limits_{D} (x^2 + y^2) \, dA = \int_{-\pi/2}^{\pi/2} \int_{0}^{2\cos\theta} r^2 \, r \, dr \, d\theta \\
&= \int_{-\pi/2}^{\pi/2} \left[\frac{r^4}{4} \right]_{0}^{2\cos\theta} d\theta = 4 \int_{-\pi/2}^{\pi/2} \cos^4\theta \, d\theta \\
&= 8 \int_{0}^{\pi/2} \cos^4\theta \, d\theta = 8 \int_{0}^{\pi/2} \left(\frac{1 + \cos 2\theta}{2} \right)^2 d\theta \\
&= 2 \int_{0}^{\pi/2} \left[1 + 2\cos 2\theta + \tfrac{1}{2}(1 + \cos 4\theta) \right] d\theta \\
&= 2 \left[\tfrac{3}{2}\theta + \sin 2\theta + \tfrac{1}{8} \sin 4\theta \right]_{0}^{\pi/2} \\
&= 2 \left(\frac{3}{2} \right) \left(\frac{\pi}{2} \right) = \frac{3\pi}{2}
\end{aligned}
$$
■

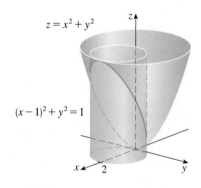

그림 11

14.3 │ 연습문제

1-3 영역 R가 다음과 같이 주어졌다. f가 R에서 연속인 임의의 함수일 때 직교좌표와 극좌표 중 어느 것을 이용할지 결정하고, $\iint_R f(x, y)\, dA$를 반복적분으로 표현하라.

1.   **2.**

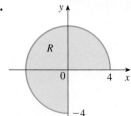 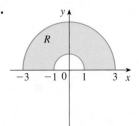

3.

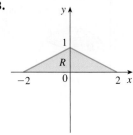

4. 넓이가 $\int_{\pi/4}^{3\pi/4} \int_{1}^{2} r\, dr\, d\theta$로 주어진 영역을 그리고 적분을 계산하라.

5-8 다음 적분을 극좌표로 바꿔서 계산하라.

5. $\iint_D x^2 y\, dA$, D는 중심이 원점이고 반지름이 5인 상반원

6. $\iint_R \sin(x^2 + y^2)\, dA$, R는 제1사분면에서 중심이 원점이고 반지름이 각각 1과 3인 원 사이에 놓인 영역

7. $\iint_D e^{-x^2-y^2}\, dA$, D는 반원 $x = \sqrt{4 - y^2}$과 y축에 의해 유계된 영역

8. $\iint_R \arctan(y/x)\, dA$, $R = \{(x, y)\, |\, 1 \le x^2 + y^2 \le 4,\ 0 \le y \le x\}$

9-11 이중적분을 이용해서 다음 영역 D의 넓이를 구하라.

9. $r = 1 - \cos\theta$ **10.**

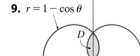 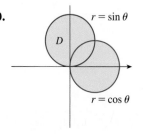

11. 3엽 장미 $r = \sin 3\theta$의 제1사분면에 있는 잎

12. (a) 그림과 같은 곡면 아래, 영역 D 위에 놓인 입체의 부피를 계산하기 위하여 극좌표를 이용한 반복적분을 세워라.

    (b) 그 반복적분을 계산하여 부피를 구하라.

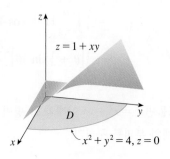

13-14

(a) 그림과 같은 영역 D 위에 놓인 주어진 함수 $f(x, y)$의 그래프 아래에 있는 입체의 부피를 구하는 반복적분을 극좌표를 이용하여 세워라.

(b) 이 반복적분을 이용하여 부피를 구하라.

13. $f(x, y) = y$ **14.** $f(x, y) = x$

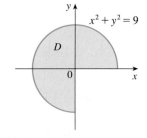 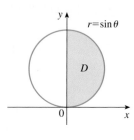

15-19 극좌표를 이용해서 다음 입체의 부피를 구하라.

15. 포물면 $z = x^2 + y^2$ 아래와 원판 $x^2 + y^2 \le 25$ 위에 놓인 입체

16. 평면 $2x + y + z = 4$ 아래와 원판 $x^2 + y^2 \le 1$ 위에 놓인 입체

17. 반지름이 a인 구

18. 원뿔면 $z = \sqrt{x^2 + y^2}$ 위와 구면 $x^2 + y^2 + z^2 = 1$ 아래에 놓인 입체

19. 원기둥 $x^2 + y^2 = 4$와 타원면 $4x^2 + 4y^2 + z^2 = 64$로 둘러싸인 입체

20-21 다음 반복적분을 극좌표로 변환해서 계산하라.

20. $\int_0^2 \int_0^{\sqrt{4-x^2}} e^{-x^2-y^2} \, dy \, dx$ **21.** $\int_0^{1/2} \int_{\sqrt{3}y}^{\sqrt{1-y^2}} xy^2 \, dx \, dy$

T **22.** 이중적분을 r에 대한 단일적분으로 표현하라. 그 다음 계산기(또는 컴퓨터)를 이용해서 소수점 아래 넷째 자리까지 정확하게 적분을 계산하라.
$\iint_D e^{(x^2+y^2)^2} \, dA$, D는 중심이 원점이고 반지름이 1인 원판

23. 지름이 10 m인 원형 수영장이 있다. 이 수영장의 깊이는 동서로는 서로 같고, 남쪽 끝은 1 m이고 북쪽으로 갈수록 선형적으로 증가해서 북쪽 끝의 깊이는 2 m이다. 이 수영장의 부피를 계산하라.

24. $0 < a < b$일 때, 고리 모양 영역 $a^2 \le x^2 + y^2 \le b^2$에서 함수 $f(x, y) = 1/\sqrt{x^2 + y^2}$의 평균값을 구하라.

25. 극좌표를 이용해서 다음 합을 하나의 이중적분으로 결합시키고, 그 이중적분의 값을 구하라.
$\int_{1/\sqrt{2}}^1 \int_{\sqrt{1-x^2}}^x xy \, dy \, dx + \int_1^{\sqrt{2}} \int_0^x xy \, dy \, dx + \int_{\sqrt{2}}^2 \int_0^{\sqrt{4-x^2}} xy \, dy \, dx$

26. $\int_{-\infty}^\infty e^{-x^2} \, dx = \sqrt{\pi}$를 이용해서 다음 적분의 값을 구하라.
(a) $\int_0^\infty x^2 e^{-x^2} \, dx$ (b) $\int_0^\infty \sqrt{x} \, e^{-x} \, dx$

14.4 | 이중적분의 응용

우리는 이미 이중적분의 응용 중 하나인 부피를 계산해 봤다. 다른 기하학적 응용으로 곡면의 넓이를 구하는 것이 있는데, 이것은 14.5절에서 다룰 것이다. 이번 절에서는 질량, 전하, 질량중심, 관성모멘트와 같은 물리학적 응용을 조사한다. 이런 물리학적 개념들은 두 개의 확률변수를 갖는 확률밀도함수로 응용될 때 역시 중요한 것을 알게 될 것이다.

■ 밀도와 질량

8.3절에서 밀도가 균일한 얇은 판이나 박막의 모멘트와 질량중심을 계산하기 위해 단일적분을 사용할 수 있었다. 이제 이중적분을 알고 있으므로 밀도가 균일하지 않은 박막을 생각해 보자. 얇은 판이 xy평면의 영역 D를 차지하고 있고 D의 점 (x, y)에서의 단위넓이당 질량, 즉 **밀도**(density)가 D에서 연속인 $\rho(x, y)$로 주어졌다고 가정하자. 이는 다음을 의미한다.

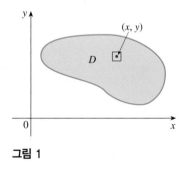

그림 1

$$\rho(x, y) = \lim \frac{\Delta m}{\Delta A}$$

여기서 Δm과 ΔA는 각각 (x, y)를 포함하는 작은 사각형의 질량과 넓이이고, 극한은 직사각형의 변들이 0으로 접근하는 것으로 택한다(그림 1 참조).

얇은 판의 전체 질량 m을 구하기 위해 D를 포함하는 사각형 R를 (그림 2와 같이) 크기가 같은 부분 직사각형 R_{ij}로 나눈다. D의 외부에서 $\rho(x, y) = 0$이라고 생각한다. R_{ij}에서 점 (x_{ij}^*, y_{ij}^*)를 택하면 R_{ij}에 해당하는 판의 질량은 근사적으로 $\rho(x_{ij}^*, y_{ij}^*) \Delta A$이다. ΔA는 R_{ij}의 넓이이다. 이런 질량들을 모두 더하면 다음과 같은 전체 질량의 근삿값을 얻는다.

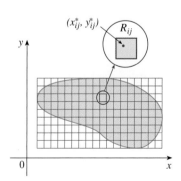

그림 2 각 부분 직사각형 R_{ij}의 질량은 $\rho(x_{ij}^*, y_{ij}^*) \Delta A$에 의해 근사된다.

$$m \approx \sum_{i=1}^{k} \sum_{j=1}^{l} \rho(x_{ij}^*, y_{ij}^*)\, \Delta A$$

부분 직사각형의 수를 늘려가면 근삿값의 극한으로 다음과 같은 얇은 판의 전체 질량 m을 얻는다.

$$\boxed{1} \qquad m = \lim_{k, l \to \infty} \sum_{i=1}^{k} \sum_{j=1}^{l} \rho(x_{ij}^*, y_{ij}^*)\, \Delta A = \iint_D \rho(x, y)\, dA$$

물리학자들은 이와 같은 방법으로 다룰 수 있는 다른 형태의 밀도를 생각한다. 예를 들어 영역 D에서 전하가 분포되어 있고 D 안의 점 (x, y)에서 전하밀도(단위넓이당 전하)가 $\sigma(x, y)$로 주어진다면 전체 **전하**(electric charge) Q는 다음과 같다.

$$\boxed{2} \qquad\qquad Q = \iint_D \sigma(x, y)\, dA$$

《**예제 1**》 그림 3의 삼각형 영역 D에서 전하가 분포되고 (x, y)에서 전하밀도는 $\sigma(x, y) = xy$이다. 전체 전하를 구하라. 여기서 전하밀도의 단위는 C/m^2이다.

풀이 식 $\boxed{2}$와 그림 3으로부터 다음을 얻는다.

$$Q = \iint_D \sigma(x, y)\, dA = \int_0^1 \int_{1-x}^1 xy \, dy \, dx = \int_0^1 \left[x\frac{y^2}{2} \right]_{y=1-x}^{y=1} dx$$

$$= \int_0^1 \frac{x}{2}\left[1^2 - (1-x)^2 \right] dx = \frac{1}{2}\int_0^1 (2x^2 - x^3)\, dx$$

$$= \frac{1}{2}\left[\frac{2x^3}{3} - \frac{x^4}{4} \right]_0^1 = \frac{5}{24}$$

그러므로 전체 전하는 $\frac{5}{24}$ C이다. ■

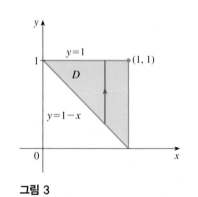

그림 3

■ 모멘트와 질량중심

8.3절에서 밀도가 균일한 얇은 판의 질량중심을 구했다. 이제 밀도가 균일하지 않은 얇은 판을 생각해 보자. 얇은 판이 영역 D로 주어지고 밀도함수 $\rho(x, y)$를 갖는다고 하자. 8장에서 축에 대한 입자의 모멘트는 입자의 질량과 축으로부터의 직선거리의 곱으로 정의했다. 그림 2와 같이 D를 작은 사각형으로 나눈다. 그러면 R_{ij}의 질량은 근사적으로 $\rho(x_{ij}^*, y_{ij}^*)\, \Delta A$이다. 따라서 x축에 대한 R_{ij}의 모멘트는 다음과 같이 근사시킬 수 있다.

$$[\rho(x_{ij}^*, y_{ij}^*)\, \Delta A]\, y_{ij}^*$$

이제 이런 양들을 모두 더하고 부분 사각형의 수를 늘려감으로써 극한을 택하면, **x축에 대한 얇은 판 전체의 모멘트**(moment)를 다음과 같이 얻는다.

$$\boxed{3}\qquad M_x = \lim_{m,\,n\to\infty} \sum_{i=1}^{m} \sum_{j=1}^{n} y_{ij}^{*}\,\rho(x_{ij}^{*},\,y_{ij}^{*})\,\Delta A = \iint\limits_{D} y\,\rho(x,\,y)\,dA$$

마찬가지로 **y축에 대한 모멘트**는 다음과 같다.

$$\boxed{4}\qquad M_y = \lim_{m,\,n\to\infty} \sum_{i=1}^{m} \sum_{j=1}^{n} x_{ij}^{*}\,\rho(x_{ij}^{*},\,y_{ij}^{*})\,\Delta A = \iint\limits_{D} x\,\rho(x,\,y)\,dA$$

앞에서처럼 질량중심 $(\bar{x},\,\bar{y})$는 $m\bar{x} = M_y$와 $m\bar{y} = M_x$로 정의한다. 물리학적인 의미는 얇은 판의 전체 질량이 질량중심에 집중되어있는 것처럼 작용한다는 것이다. 따라서 질량중심에 받침대를 놓으면 얇은 판은 수평으로 균형을 이룬다(그림 4 참조).

그림 4

$\boxed{5}$ 영역 D를 차지하고 밀도함수가 $\rho(x,\,y)$인 얇은 판의 질량중심의 좌표 $(\bar{x},\,\bar{y})$는 다음과 같다.

$$\bar{x} = \frac{M_y}{m} = \frac{1}{m}\iint\limits_{D} x\,\rho(x,\,y)\,dA, \quad \bar{y} = \frac{M_x}{m} = \frac{1}{m}\iint\limits_{D} y\,\rho(x,\,y)\,dA$$

여기서 질량 m은 다음과 같다.

$$m = \iint\limits_{D} \rho(x,\,y)\,dA$$

《예제 2》 밀도함수가 $\rho(x,\,y) = 1 + 3x + y$일 때 꼭짓점이 $(0,\,0)$, $(1,\,0)$, $(0,\,2)$인 삼각형 박막의 질량과 질량중심을 구하라.

풀이 삼각형은 그림 5와 같다. (위쪽 경계의 방정식이 $y = 2 - 2x$임에 주목하자.) 판의 질량 m은 다음과 같다.

$$\begin{aligned}
m &= \iint\limits_{D} \rho(x,\,y)\,dA = \int_0^1 \int_0^{2-2x} (1 + 3x + y)\,dy\,dx \\
&= \int_0^1 \left[y + 3xy + \frac{y^2}{2} \right]_{y=0}^{y=2-2x} dx \\
&= 4\int_0^1 (1 - x^2)\,dx = 4\left[x - \frac{x^3}{3} \right]_0^1 = \frac{8}{3}
\end{aligned}$$

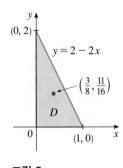

그림 5

공식 $\boxed{5}$에서 다음을 얻는다.

$$\begin{aligned}
\bar{x} &= \frac{1}{m}\iint\limits_{D} x\,\rho(x,\,y)\,dA = \frac{3}{8}\int_0^1 \int_0^{2-2x} (x + 3x^2 + xy)\,dy\,dx \\
&= \frac{3}{8}\int_0^1 \left[xy + 3x^2y + x\frac{y^2}{2} \right]_{y=0}^{y=2-2x} dx \\
&= \frac{3}{2}\int_0^1 (x - x^3)\,dx = \frac{3}{2}\left[\frac{x^2}{2} - \frac{x^4}{4} \right]_0^1 = \frac{3}{8}
\end{aligned}$$

$$\bar{y} = \frac{1}{m} \iint\limits_{D} y\rho(x, y)\, dA = \frac{3}{8} \int_0^1 \int_0^{2-2x} (y + 3xy + y^2)\, dy\, dx$$

$$= \frac{3}{8} \int_0^1 \left[\frac{y^2}{2} + 3x\frac{y^2}{2} + \frac{y^3}{3} \right]_{y=0}^{y=2-2x} dx = \frac{1}{4} \int_0^1 (7 - 9x - 3x^2 + 5x^3)\, dx$$

$$= \frac{1}{4} \left[7x - 9\frac{x^2}{2} - x^3 + 5\frac{x^4}{4} \right]_0^1 = \frac{11}{16}$$

따라서 질량중심은 점 $\left(\frac{3}{8}, \frac{11}{16}\right)$에 있다.   ■

《예제 3》 반원 모양의 박막 위의 임의의 점에서 밀도가 원의 중심으로부터 거리에 비례한다. 이 판의 질량중심을 구하라.

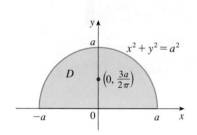

그림 6

풀이 박막을 원 $x^2 + y^2 = a^2$의 상반원에 위치시키자(그림 6 참조). 그러면 점 (x, y)에서 원의 중심(원점)까지의 거리는 $\sqrt{x^2 + y^2}$이다. 따라서 밀도함수는 다음과 같다.

$$\rho(x, y) = K\sqrt{x^2 + y^2}$$

여기서 K는 상수이다. 밀도함수와 박막의 모양 모두에서 극좌표로 변환하면 $\sqrt{x^2 + y^2} = r$이고 영역 D는 $0 \le r \le a$, $0 \le \theta \le \pi$로 주어진다. 따라서 박막의 질량 m은 다음과 같다.

$$m = \iint\limits_{D} \rho(x, y)\, dA = \iint\limits_{D} K\sqrt{x^2 + y^2}\, dA$$

$$= \int_0^{\pi} \int_0^a (Kr)\, r\, dr\, d\theta = K \int_0^{\pi} d\theta \int_0^a r^2\, dr = K\pi \frac{r^3}{3} \bigg]_0^a = \frac{K\pi a^3}{3}$$

박막과 밀도함수는 y축에 대해 대칭이다. 따라서 질량중심은 반드시 y축 위에 있어야 한다. 즉 $\bar{x} = 0$이다. 질량중심의 y좌표는 다음과 같다.

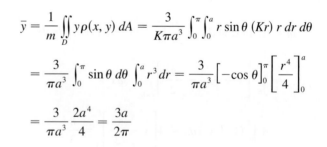

$$\bar{y} = \frac{1}{m} \iint\limits_{D} y\rho(x, y)\, dA = \frac{3}{K\pi a^3} \int_0^{\pi} \int_0^a r\sin\theta\, (Kr)\, r\, dr\, d\theta$$

$$= \frac{3}{\pi a^3} \int_0^{\pi} \sin\theta\, d\theta \int_0^a r^3\, dr = \frac{3}{\pi a^3} \left[-\cos\theta \right]_0^{\pi} \left[\frac{r^4}{4} \right]_0^a$$

$$= \frac{3}{\pi a^3} \frac{2a^4}{4} = \frac{3a}{2\pi}$$

그러므로 질량중심은 점 $(0, 3a/2\pi)$에 위치한다.   ■

예제 3의 질량중심의 위치를 8.3절 예제 4와 비교해 보자. 모양은 같지만 밀도가 균일한 얇은 판의 질량중심이 $(0, 4a/(3\pi))$에 위치함을 알 것이다.

■ 관성모멘트

어떤 축에 대해 질량 m인 입자의 **관성모멘트**(moment of inertia) [또는 **2차 모멘트**(second moment)]는 mr^2으로 정의된다. 여기서 r는 입자에서 축까지의 거리이다. 모멘트에서 진행했던 방식으로 밀도함수가 $\rho(x, y)$이고 영역 D를 차지하는 얇은 판으로 이 개념을 확장한다. D를 작은 사각형으로 나누고, x축에 관한 각 부분 사각형에 대한 관성모멘트를 근사적으로 구한다. 그리고 부분 사각형의 수를 늘려감으로써 합에 극한을 취한다. 그 결과는 다음과 같이 **얇은 판의 x축에 관한 관성모멘트**이다.

$$\boxed{6} \qquad I_x = \lim_{m,\,n \to \infty} \sum_{i=1}^{m} \sum_{j=1}^{n} (y_{ij}^*)^2 \rho(x_{ij}^*, y_{ij}^*)\,\Delta A = \iint\limits_{D} y^2 \rho(x, y)\,dA$$

마찬가지로 **y축에 관한 관성모멘트**는 다음과 같다.

$$\boxed{7} \qquad I_y = \lim_{m,\,n \to \infty} \sum_{i=1}^{m} \sum_{j=1}^{n} (x_{ij}^*)^2 \rho(x_{ij}^*, y_{ij}^*)\,\Delta A = \iint\limits_{D} x^2 \rho(x, y)\,dA$$

극관성모멘트(polar moment of inertia)라 하는 다음과 같은 **원점에 관한 관성모멘트**를 생각해 보는 것도 흥미롭다.

$$\boxed{8} \quad I_0 = \lim_{m,\,n \to \infty} \sum_{i=1}^{m} \sum_{j=1}^{n} \left[(x_{ij}^*)^2 + (y_{ij}^*)^2\right] \rho(x_{ij}^*, y_{ij}^*)\,\Delta A = \iint\limits_{D} (x^2 + y^2)\,\rho(x, y)\,dA$$

$I_0 = I_x + I_y$임을 주목하자.

《예제 4》 중심이 원점이고 반지름은 a이며, 밀도함수 $\rho(x, y) = \rho$인 균질 원판 D의 관성모멘트 I_x, I_y, I_0을 구하라.

풀이 D의 경계는 원 $x^2 + y^2 = a^2$이다. 극좌표로 D는 $0 \le \theta \le 2\pi$, $0 \le r \le a$로 표현된다. 공식 $\boxed{6}$에 의해 다음을 얻는다.

$$I_x = \iint\limits_{D} y^2 \rho\,dA = \rho \int_0^{2\pi} \int_0^a (r \sin\theta)^2\, r\,dr\,d\theta$$

$$= \rho \int_0^{2\pi} \sin^2\theta\,d\theta \int_0^a r^3\,dr = \rho \int_0^{2\pi} \tfrac{1}{2}(1 - \cos 2\theta)\,d\theta \int_0^a r^3\,dr$$

$$= \frac{\rho}{2} \left[\theta - \tfrac{1}{2}\sin 2\theta\right]_0^{2\pi} \left[\frac{r^4}{4}\right]_0^a = \frac{\pi\rho a^4}{4}$$

마찬가지로 공식 $\boxed{7}$에 의해 다음을 얻는다.

$$I_y = \iint\limits_{D} x^2 \rho\,dA = \rho \int_0^{2\pi} \int_0^a (r \cos\theta)^2\, r\,dr\,d\theta$$

$$= \rho \int_0^{2\pi} \tfrac{1}{2}(1 + \cos 2\theta)\,d\theta \int_0^a r^3\,dr = \frac{\pi\rho a^4}{4}$$

(문제에서 대칭성으로부터 $I_x = I_y$가 기대된다.) 공식 $\boxed{8}$로부터 I_0을 직접 계산하거나 다음을 이용할 수 있다.

$$I_0 = I_x + I_y = \frac{\pi\rho a^4}{4} + \frac{\pi\rho a^4}{4} = \frac{\pi\rho a^4}{2}$$

예제 4에서 원판의 질량이 다음과 같음에 주목한다.

$$m = \text{밀도} \times \text{넓이} = \rho(\pi a^2)$$

그러므로 (차축에 관한 바퀴와 같은) 원점에 관한 원판의 관성모멘트는 다음과 같이 쓸 수 있다.

$$I_0 = \frac{\pi\rho a^4}{2} = \tfrac{1}{2}(\rho\pi a^2)a^2 = \tfrac{1}{2}ma^2$$

따라서 원판의 질량이나 반지름이 증가하면 관성모멘트도 증가한다. 일반적으로 선형운동에서 질량이 하는 역할을 회전 운동에서 관성모멘트가 한다. 자동차의 질량이 자동차의 출발이나 정지를 어렵게 만드는 것처럼, 바퀴의 관성모멘트는 바퀴의 회전이나 정지를 어렵게 만든다.

축에 관한 얇은 판의 회전반지름 R를 다음과 같이 정의한다.

$$\boxed{9} \qquad\qquad mR^2 = I$$

여기서 m은 판의 질량, I는 주어진 축에 대한 관성모멘트이다. 식 $\boxed{9}$는 얇은 판의 질량이 축으로부터 거리 R에 집중된다면, 이 질점의 관성모멘트는 판의 관성모멘트와 같다는 것을 말해 준다.

특히 x축에 관한 회전반지름 $\overline{\overline{y}}$와 y축에 관한 회전반지름 $\overline{\overline{x}}$는 다음과 같이 주어진다.

$$\boxed{10} \qquad\qquad m\overline{\overline{y}}^2 = I_x, \qquad m\overline{\overline{x}}^2 = I_y$$

그러므로 $(\overline{\overline{x}}, \overline{\overline{y}})$는 판의 질량이 좌표축에 관한 관성모멘트를 변화시키지 않고 집중될 수 있는 점이다(질량중심과 유사함에 주의하자).

《 **예제 5** 》 예제 4에 있는 원판의 x축에 관한 회전반지름을 구하라.

풀이 언급한 바와 같이 원판의 질량은 $m = \rho\pi a^2$이다. 따라서 식 $\boxed{10}$에 의해 다음을 얻는다.

$$\overline{\overline{y}}^2 = \frac{I_x}{m} = \frac{\tfrac{1}{4}\pi\rho a^4}{\rho\pi a^2} = \frac{a^2}{4}$$

그러므로 x축에 관한 회전반지름은 $\overline{\overline{y}} = \tfrac{1}{2}a$이고, 원판의 반지름의 반이다. ∎

■ **확률**

8.5절에서 연속확률변수 X의 **확률밀도함수**(probability density function) f를 생각했다. 이것은 모든 x에 대해 $f(x) \geq 0$, $\int_{-\infty}^{\infty} f(x)\, dx = 1$이며, X가 a와 b 사이에 놓일 확

률은 다음과 같이 a에서 b까지 f를 적분한 것과 같음을 의미한다.

$$P(a \leq X \leq b) = \int_a^b f(x)\, dx$$

이제 임의로 택한 기계의 중요한 두 부품의 수명 또는 성인 여성의 키와 몸무게 등과 같은 두 개의 연속확률변수 X, Y의 쌍을 생각하자. X와 Y의 **결합밀도함수**(joint density function)는 (X, Y)가 영역 D에 있을 확률이 다음과 같은 이변수함수 f이다.

$$P((X, Y) \in D) = \iint\limits_{D} f(x, y)\, dA$$

특히 영역이 사각형이면 X가 a와 b 사이에 놓이고 Y가 c와 d 사이에 놓일 확률은 다음과 같다(그림 7 참조).

$$P(a \leq X \leq b,\ c \leq Y \leq d) = \int_a^b \int_c^d f(x, y)\, dy\, dx$$

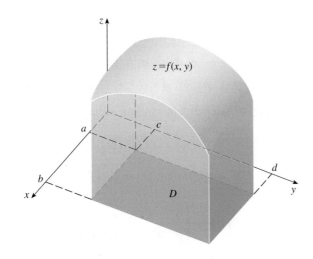

그림 7 X가 a와 b 사이에 놓이고 Y가 c와 d 사이에 놓일 확률은 직사각형 $D = [a, b] \times [c, d]$ 위와 결합밀도함수의 그래프 아래에 놓인 부피이다.

확률은 음이 아니고 0과 1 사이에서 측정되므로 결합밀도함수는 다음 성질을 갖는다.

$$f(x, y) \geq 0, \quad \iint\limits_{\mathbb{R}^2} f(x, y)\, dA = 1$$

$\mathbb{R}^2$에서 이중적분은 확대되는 원 또는 정사각형에서 이중적분의 극한으로 정의되는 이상적분이다. 그리고 다음과 같이 쓸 수 있다.

$$\iint\limits_{\mathbb{R}^2} f(x, y)\, dA = \int_{-\infty}^{\infty} \int_{-\infty}^{\infty} f(x, y)\, dx\, dy = 1$$

《예제 6》 X와 Y의 결합밀도함수가 다음과 같이 주어졌다.

$$f(x, y) = \begin{cases} C(x + 2y), & 0 \leq x \leq 10,\ 0 \leq y \leq 10 \\ 0, & \text{다른 곳에서} \end{cases}$$

상수 C의 값을 구하고, $P(X \leq 7, Y \geq 2)$를 구하라.

풀이 f의 이중적분이 1이 되도록 C의 값을 구한다. 정사각형 $[0, 10] \times [0, 10]$ 외부에서 $f(x, y) = 0$이므로 다음을 얻는다.

$$\int_{-\infty}^{\infty} \int_{-\infty}^{\infty} f(x, y) \, dy \, dx = \int_{0}^{10} \int_{0}^{10} C(x + 2y) \, dy \, dx = C \int_{0}^{10} \left[xy + y^2 \right]_{y=0}^{y=10} dx$$

$$= C \int_{0}^{10} (10x + 100) \, dx = 1500C$$

그러므로 $1500C = 1$이고, 따라서 $C = \frac{1}{1500}$이다.

이제 X가 기껏해야 7이고 Y는 적어도 2인 확률을 계산할 수 있다.

$$P(X \leq 7, Y \geq 2) = \int_{-\infty}^{7} \int_{2}^{\infty} f(x, y) \, dy \, dx = \int_{0}^{7} \int_{2}^{10} \frac{1}{1500}(x + 2y) \, dy \, dx$$

$$= \frac{1}{1500} \int_{0}^{7} \left[xy + y^2 \right]_{y=2}^{y=10} dx = \frac{1}{1500} \int_{0}^{7} (8x + 96) \, dx$$

$$= \frac{868}{1500} \approx 0.5787$$ ■

X는 확률밀도함수 $f_1(x)$를 갖는 확률변수이고 Y는 확률밀도함수 $f_2(y)$를 갖는 확률변수라고 하자. 다음과 같이 이들의 결합밀도함수가 각각의 밀도함수의 곱과 같으면 X와 Y를 **독립 확률변수**(independent random variable)라 한다.

$$f(x, y) = f_1(x) f_2(y)$$

8.5절에서 지수밀도함수를 이용해서 대기시간을 다음과 같이 모형화했다.

$$f(t) = \begin{cases} 0, & t < 0 \\ \mu^{-1} e^{-t/\mu}, & t \geq 0 \end{cases}$$

여기서 μ는 평균대기시간이다. 다음 예제에서 두 대기시간이 독립인 상황을 생각한다.

《예제 7》 영화관 운영자는 영화 팬들이 금주의 영화표를 사기 위해 기다리는 평균시간은 10분이고 팝콘을 사기 위해 기다리는 시간은 5분이라고 결정한다. 대기시간이 독립일 때, 한 영화 팬이 자리에 앉기 전까지 기다리는 전체 시간이 20분보다 적을 확률을 구하라.

풀이 영화표를 사기 위한 대기시간 X와 팝콘을 사기 위한 대기시간 Y를 지수확률밀도함수로 모형화한다면, 두 밀도함수는 각각 다음과 같이 쓸 수 있다.

$$f_1(x) = \begin{cases} 0, & x < 0 \\ \frac{1}{10} e^{-x/10}, & x \geq 0 \end{cases} \qquad f_2(y) = \begin{cases} 0, & y < 0 \\ \frac{1}{5} e^{-y/5}, & y \geq 0 \end{cases}$$

X와 Y가 독립이므로 결합밀도함수는 다음과 같다.

$$f(x, y) = f_1(x)f_2(y) = \begin{cases} \frac{1}{50}e^{-x/10}e^{-y/5}, & x \geq 0, y \geq 0 \\ 0, & \text{다른 곳에서} \end{cases}$$

$X + Y < 20$일 확률은 다음과 같다.

$$P(X + Y < 20) = P((X, Y) \in D)$$

여기서 D는 그림 8의 삼각형 영역이다. 따라서 다음을 얻는다.

$$P(X + Y < 20) = \iint\limits_D f(x, y)\, dA = \int_0^{20} \int_0^{20-x} \frac{1}{50}e^{-x/10}e^{-y/5}\, dy\, dx$$

$$= \frac{1}{50}\int_0^{20}\left[e^{-x/10}(-5)e^{-y/5}\right]_{y=0}^{y=20-x} dx = \frac{1}{10}\int_0^{20} e^{-x/10}(1 - e^{(x-20)/5})\, dx$$

$$= \frac{1}{10}\int_0^{20}(e^{-x/10} - e^{-4}e^{x/10})\, dx = 1 + e^{-4} - 2e^{-2} \approx 0.7476$$

이것은 영화 팬의 약 75%가 자리에 앉기까지 20분보다 적게 기다리는 것을 의미한다. ■

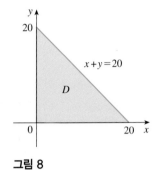

그림 8

■ 기댓값

8.5절에서 X가 확률밀도함수 f를 갖는 확률변수이면, X의 **평균**은 다음과 같다.

$$\mu = \int_{-\infty}^{\infty} xf(x)\, dx$$

이제 X와 Y가 결합밀도함수 f를 갖는 확률변수이면, **X와 Y의 기댓값**(expected value)이라 하는 **X평균**(X-mean)과 **Y평균**(Y-mean)을 각각 다음과 같이 정의한다.

$$\boxed{11} \qquad \mu_1 = \iint\limits_{\mathbb{R}^2} xf(x, y)\, dA, \quad \mu_2 = \iint\limits_{\mathbb{R}^2} yf(x, y)\, dA$$

식 $\boxed{11}$에 있는 μ_1, μ_2의 표현식이 식 $\boxed{3}$과 $\boxed{4}$에 있는 밀도함수가 ρ인 얇은 판의 모멘트 M_x, M_y와 매우 비슷함에 주목하자. 실제로 확률을 연속적으로 분포되어있는 질량으로 생각할 수 있다. 밀도함수를 적분해서 질량을 구한 것과 같은 방법으로 확률을 계산한다. 전체 '확률질량'이 1이므로, 공식 $\boxed{5}$에서 $\bar{x}$, $\bar{y}$에 대한 표현식은 X, Y의 기댓값 μ_1, μ_2를 확률분포의 '질량중심'의 좌표로 생각할 수 있음을 보인다.

다음 예제에서 정규분포를 다룬다. 8.5절에서와 같이 확률밀도함수가 다음과 같으면 단일 확률변수는 **정규분포**를 이룬다.

$$f(x) = \frac{1}{\sigma\sqrt{2\pi}}\, e^{-(x-\mu)^2/(2\sigma^2)}$$

여기서 μ는 평균이고 σ는 표준편차이다.

《예제 8》 어떤 공장에서 지름이 4.0 cm이고 길이가 6.0 cm인 (원통형) 롤러베어링을 생산해서 판매하고 있다. 사실 지름 X는 평균 4.0 cm, 표준편차 0.01 cm인 정규분포를 이루고, 길이 Y는 평균 6.0 cm, 표준편차 0.01 cm인 정규분포를 이룬다. X, Y가 서로 독립이라고 가정할 때 결합밀도함수를 쓰고 그래프를 그려라. 생산라인에서 임의로 택한 베어링의 지름 또는 길이가 평균으로부터 0.02 cm 이상 차이가 날 확률을 구하라.

풀이 X와 Y가 $\mu_1 = 4.0$, $\mu_2 = 6.0$, $\sigma_1 = \sigma_2 = 0.01$인 정규분포를 이룬다. 따라서 X와 Y 각각의 밀도함수는 다음과 같다.

$$f_1(x) = \frac{1}{0.01\sqrt{2\pi}}\, e^{-(x-4)^2/0.0002}, \qquad f_2(y) = \frac{1}{0.01\sqrt{2\pi}}\, e^{-(y-6)^2/0.0002}$$

X와 Y가 독립이므로 결합밀도함수는 다음과 같다.

$$f(x, y) = f_1(x)f_2(y) = \frac{1}{0.0002\pi}\, e^{-(x-4)^2/0.0002} e^{-(y-6)^2/0.0002}$$

$$= \frac{5000}{\pi}\, e^{-5000[(x-4)^2 + (y-6)^2]}$$

이 함수의 그래프는 그림 9와 같다.

먼저 X와 Y가 모두 평균에서 0.02 cm 이내에 있을 확률을 구한다. 계산기나 컴퓨터를 이용해서 적분을 추정하면 다음과 같다.

$$P(3.98 < X < 4.02, 5.98 < Y < 6.02) = \int_{3.98}^{4.02} \int_{5.98}^{6.02} f(x, y)\, dy\, dx$$

$$= \frac{5000}{\pi} \int_{3.98}^{4.02} \int_{5.98}^{6.02} e^{-5000[(x-4)^2 + (y-6)^2]}\, dy\, dx$$

$$\approx 0.91$$

따라서 X 또는 Y가 평균에서 0.02 cm 이상 차이가 날 확률은 근사적으로 $1 - 0.91 = 0.09$ 이다. ∎

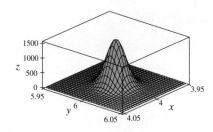

그림 9 예제 8에 있는 이변량 정규결합밀도함수의 그래프

14.4 | 연습문제

1. 전하가 직사각형 $0 \le x \le 5$, $2 \le y \le 5$ 위에서 분포되고, (x, y)에서 전하밀도는 $\sigma(x, y) = 2x + 4y\,(\text{C/m}^2)$이다. 사각형 위의 전체 전하를 구하라.

2. 그림은 밀도함수 $\rho(x, y) = x^2$에 따라 음영이 표현된 박막을 보여준다. 어두운 부분은 고밀도를 나타낸다. 이 박막의 무게중심을 추정하라. 그리고 정확한 위치를 구하라.

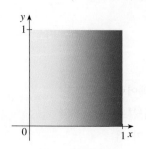

3-6 영역 D와 밀도함수 ρ가 다음과 같은 얇은 판의 질량과 질량중심을 구하라.

3. $D = \{(x, y) \mid 1 \le x \le 3,\ 1 \le y \le 4\}$; $\rho(x, y) = ky^2$

4. D는 꼭짓점이 $(0, 0)$, $(2, 1)$, $(0, 3)$인 삼각형 영역; $\rho(x, y) = x + y$

5. D는 $y = 1 - x^2$, $y = 0$에 의해 유계된 영역; $\rho(x, y) = ky$

6. D는 곡선 $y = e^{-x}$, $y = 0$, $x = 0$, $x = 1$에 의해 유계된 영역; $\rho(x, y) = xy$

---

7. 제1사분면의 원판 $x^2 + y^2 \le 1$의 부분을 차지하고 있는 얇은 판이 있다. 임의의 점에서 밀도가 x축에서 그 점까지 거리에 비례할 때 판의 질량중심을 구하라.

8. x축과 두 반원 $y = \sqrt{1-x^2}$, $y = \sqrt{4-x^2}$ 을 연결해서 얇은 판의 경계를 얻는다. 임의의 점에서 밀도가 원점에서 그 점까지 거리에 비례할 때 판의 질량중심을 구하라.

9. 두 변의 길이가 a인 직각이등변삼각형 모양의 얇은 판이 있다. 임의의 점에서 밀도가 직각인 꼭짓점에서 그 점까지 거리의 제곱에 비례할 때 판의 질량중심을 구하라.

10. 연습문제 3에 주어진 얇은 판의 관성모멘트 I_x, I_y, I_0을 구하라.

11. 연습문제 9에 주어진 얇은 판의 관성모멘트 I_x, I_y, I_0을 구하라.

12-13 얇은 판이 균일한 밀도 $\rho(x, y) = \rho$로 다음 영역을 차지하고 있다. 관성모멘트 I_x, I_y와 회전반지름 $\bar{\bar{x}}$, $\bar{\bar{y}}$를 구하라.

12. $0 \leq x \leq b$, $0 \leq y \leq h$인 직사각형

13. 제1사분면에서 원판 $x^2 + y^2 \leq a^2$인 영역

T 14. 컴퓨터 대수체계를 이용해서 D가 4엽 장미 $r = \cos 2\theta$의 오른쪽 잎으로 둘러싸인 영역이고, 밀도함수가 $\rho(x, y) = x^2 + y^2$일 때 얇은 판의 질량과 질량중심, 관성모멘트를 구하라.

15. 확률변수 X와 Y의 결합밀도함수가 다음과 같다.

$$f(x, y) = \begin{cases} Cx(1 + y), & 0 \leq x \leq 1, 0 \leq y \leq 2 \\ 0, & \text{다른 곳에서} \end{cases}$$

(a) 상수 C의 값을 구하라.

(b) $P(X \leq 1, Y \leq 1)$을 구하라.

(c) $P(X + Y \leq 1)$을 구하라.

16. 확률변수 X와 Y의 결합밀도함수가 다음과 같다.

$$f(x, y) = \begin{cases} 0.1e^{-(0.5x + 0.2y)}, & x \geq 0, \ y \geq 0 \\ 0, & \text{다른 곳에서} \end{cases}$$

(a) f가 실제로 결합밀도함수임을 보여라.

(b) 다음 확률을 구하라.

   (i) $P(Y \geq 1)$　　　　(ii) $P(X \leq 2, y \leq 4)$

(c) X와 Y의 기댓값을 구하라.

T 17. X와 Y는 서로 독립인 확률변수라 하자. X는 평균이 45이고 표준편차가 0.5인 정규분포를 이루고, Y는 평균이 20이고 표준편차가 0.1인 정규분포를 이룬다.

다음 확률을 소수점 아래 셋째 자리까지 정확히 구하기 위해 이중적분을 수치적으로 계산하라.

(a) $P(40 \leq X \leq 50, \ 20 \leq Y \leq 25)$

(b) $P(4(X - 45)^2 + 100(Y - 20)^2 \leq 2)$

18. 전염병의 확산을 연구할 때 환자가 비감염자에게 질병을 전염시킬 확률은 두 사람 사이 거리의 함수라고 가정한다. 인구가 골고루 분포되어있는 반지름 10 mi의 원형도시를 생각해 보자. 고정된 점 $A(x_0, y_0)$에 거주하는 비감염자에 대해 확률함수가 다음과 같이 주어진다고 하자.

$$f(P) = \tfrac{1}{20}[20 - d(P, A)]$$

여기서 $d(P, A)$는 P와 A 사이 거리이다.

(a) 한 사람의 질병에 대한 노출은 주민 전체가 질병에 걸릴 확률의 합이라고 하자. 환자는 평방마일당 k명으로 전 도시에 골고루 분포되어 있다고 가정하자. 이때 A에 거주하는 한 사람의 노출을 나타내는 이중적분을 구하라.

(b) A가 도시의 중심인 경우와 변두리인 경우에 대한 적분을 각각 구하라. 어느 곳에 주거하는 것이 좋을까?

14.5 | 곡면 넓이

이 절에서는 곡면의 넓이를 계산하는 문제에 이중적분을 적용한다. 8.2절에서 매우 특별한 형태의 곡면인 회전면의 넓이를 단일변수의 적분 방법에 따라 구했다. 여기서는 이변수함수의 그래프인 방정식 $z = f(x, y)$를 가지고 곡면 넓이를 계산한다.

  S를 방정식이 $z = f(x, y)$인 곡면이라 하자. 여기서 f는 연속인 편도함수를 갖는다. 곡면의 넓이 공식을 간단히 도출하기 위하여, $f(x, y) \geq 0$이고 f의 정의역 D는 직사각형이라 하자. 먼저 D를 넓이 $\Delta A = \Delta x \, \Delta y$인 작은 직사각형 R_{ij}로 나눈다. (x_i, y_i)

15.6절에서 매개곡면이라 불리는 좀 더 일반적인 곡면의 넓이를 다룬다. 그리고 이후에 자세히 다루므로 여기서는 간단히 살펴본다.

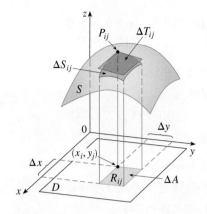

그림 1

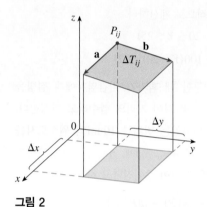

그림 2

를 원점에 가까운 R_{ij}의 모서리라고 하고, $P_{ij}(x_i, y_j, f(x_i, y_j))$를 (x_i, y_j) 바로 위에 있는 S의 점이라 하자(그림 1 참조). P_{ij}에서 S에 대한 접평면은 P_{ij} 부근에서 S에 근사한다. 따라서 R_{ij} 바로 위에 놓이는 접평면 부분(평행사변형)의 넓이 ΔT_{ij}는 R_{ij} 바로 위에 놓이는 S의 부분 넓이 ΔS_{ij}에 근사한다. 따라서 합 $\Sigma\Sigma \Delta T_{ij}$는 S의 전체 넓이의 근삿값이고, 이 근삿값은 사각형의 수를 늘려감으로써 개선된다. 그러므로 S의 **곡면 넓이**(surface area)를 다음과 같이 정의한다.

$$\boxed{1} \qquad A(S) = \lim_{m, n\to\infty} \sum_{i=1}^{m} \sum_{j=1}^{n} \Delta T_{ij}$$

수월한 계산을 위해 식 $\boxed{1}$보다 간단한 공식을 구하자. $\mathbf{a}$와 $\mathbf{b}$를 P_{ij}에서 시작하여 넓이가 ΔT_{ij}인 평행사변형의 두 변을 따라 놓이는 벡터라고 하자(그림 2 참조). 그러면 $\Delta T_{ij} = |\mathbf{a} \times \mathbf{b}|$이다. 13.3절에서 $f_x(x_i, y_j)$와 $f_y(x_i, y_j)$는 $\mathbf{a}$와 $\mathbf{b}$ 방향으로의 P_{ij}를 지나는 접선의 기울기이다. 그러므로 다음이 성립한다.

$$\mathbf{a} = \Delta x\, \mathbf{i} + f_x(x_i, y_j)\, \Delta x\, \mathbf{k}$$
$$\mathbf{b} = \Delta y\, \mathbf{j} + f_y(x_i, y_j)\, \Delta y\, \mathbf{k}$$

그리고
$$\mathbf{a} \times \mathbf{b} = \begin{vmatrix} \mathbf{i} & \mathbf{j} & \mathbf{k} \\ \Delta x & 0 & f_x(x_i, y_j)\, \Delta x \\ 0 & \Delta y & f_y(x_i, y_j)\, \Delta y \end{vmatrix}$$
$$= -f_x(x_i, y_j)\, \Delta x\, \Delta y\, \mathbf{i} - f_y(x_i, y_j)\, \Delta x\, \Delta y\, \mathbf{j} + \Delta x\, \Delta y\, \mathbf{k}$$
$$= [-f_x(x_i, y_j)\mathbf{i} - f_y(x_i, y_j)\mathbf{j} + \mathbf{k}]\, \Delta A$$

그러므로 다음을 얻는다.

$$\Delta T_{ij} = |\mathbf{a} \times \mathbf{b}| = \sqrt{[f_x(x_i, y_j)]^2 + [f_y(x_i, y_j)]^2 + 1}\, \Delta A$$

정의 $\boxed{1}$로부터 다음을 얻는다.

$$A(S) = \lim_{m, n\to\infty} \sum_{i=1}^{m} \sum_{j=1}^{n} \Delta T_{ij}$$
$$= \lim_{m, n\to\infty} \sum_{i=1}^{m} \sum_{j=1}^{n} \sqrt{[f_x(x_i, y_j)]^2 + [f_y(x_i, y_j)]^2 + 1}\, \Delta A$$

그리고 이중적분의 정의로부터 다음 공식을 얻는다.

> $\boxed{2}$ f_x와 f_y가 연속이고 방정식이 $z = f(x, y)$, $(x, y) \in D$인 곡면의 넓이는 다음과 같다.
> $$A(S) = \iint_D \sqrt{[f_x(x, y)]^2 + [f_y(x, y)]^2 + 1}\, dA$$

이 공식이 회전체의 곡면 넓이에 대한 공식과 일치한다는 것을 15.6절에서 밝힐 것이다. 편미분에 대한 기호를 바꿔서 사용하면 공식 **2**는 다음과 같이 다시 쓸 수 있다.

3
$$A(S) = \iint\limits_{D} \sqrt{1 + \left(\frac{\partial z}{\partial x}\right)^2 + \left(\frac{\partial z}{\partial y}\right)^2} \, dA$$

식 **3**에 있는 곡면 넓이 공식과 다음과 같은 8.1절의 호의 길이 공식이 비슷함에 유의하자.

$$L = \int_a^b \sqrt{1 + \left(\frac{dy}{dx}\right)^2} \, dx$$

《예제 1》 xy평면에서 꼭짓점이 $(0, 0)$, $(1, 0)$, $(1, 1)$인 삼각형 영역 T 위에 놓인 곡면 $z = x^2 + 2y + 2$ 부분의 곡면 넓이를 구하라.

풀이 영역 T는 그림 3과 같으며 다음과 같다.

$$T = \{(x, y) \mid 0 \le x \le 1, \ 0 \le y \le x\}$$

공식 **2**를 $f(x, y) = x^2 + 2y + 2$에 적용하면 다음을 얻는다.

$$A = \iint\limits_{T} \sqrt{(2x)^2 + (2)^2 + 1} \, dA = \int_0^1 \int_0^x \sqrt{4x^2 + 5} \, dy \, dx$$

$$= \int_0^1 x\sqrt{4x^2 + 5} \, dx = \frac{1}{8} \cdot \frac{2}{3}(4x^2 + 5)^{3/2}\Big]_0^1 = \frac{1}{12}(27 - 5\sqrt{5})$$

그림 4는 예제 1에서 계산한 곡면을 나타낸다. ∎

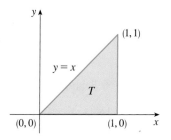

그림 3

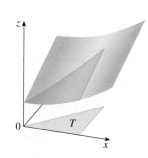

그림 4

《예제 2》 평면 $z = 9$ 아래에 놓인 포물면 $z = x^2 + y^2$ 부분의 곡면 넓이를 구하라.

풀이 평면은 곡면과 $x^2 + y^2 = 9$, $z = 9$에서 만난다. 그러므로 주어진 곡면은 중심이 원점이고 반지름이 3인 원판 D 위에 놓인다(그림 5 참조). 공식 **3**을 이용해서 다음을 얻는다.

$$A = \iint\limits_{D} \sqrt{1 + \left(\frac{\partial z}{\partial x}\right)^2 + \left(\frac{\partial z}{\partial y}\right)^2} \, dA = \iint\limits_{D} \sqrt{1 + (2x)^2 + (2y)^2} \, dA$$

$$= \iint\limits_{D} \sqrt{1 + 4(x^2 + y^2)} \, dA$$

극좌표로 변환하면 다음을 얻는다.

$$A = \int_0^{2\pi} \int_0^3 \sqrt{1 + 4r^2} \, r \, dr \, d\theta = \int_0^{2\pi} d\theta \int_0^3 \frac{1}{8}\sqrt{1 + 4r^2} \, (8r) \, dr$$

$$= 2\pi\left(\frac{1}{8}\right)\frac{2}{3}(1 + 4r^2)^{3/2}\Big]_0^3 = \frac{\pi}{6}\left(37\sqrt{37} - 1\right)$$
∎

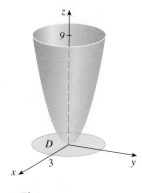

그림 5

14.5 | 연습문제

1. 그림과 같이, 곡면의 영역 D 위에 놓인 부분의 넓이를 구하라.

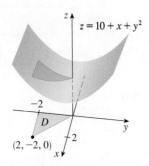

2-7 다음 곡면 넓이를 구하라.

2. 직사각형 $[1, 4] \times [2, 6]$ 위에 놓인 평면 $5x + 3y - z + 6 = 0$의 부분

3. 제1팔분공간에 놓인 평면 $3x + 2y + z = 6$의 부분

4. 평면 $z = -2$ 위에 놓인 포물면 $z = 1 - x^2 - y^2$의 부분

5. 원기둥 $x^2 + y^2 = 1$과 $x^2 + y^2 = 4$ 사이에 놓인 쌍곡포물면 $z = y^2 - x^2$의 넓이

6. 원기둥 $x^2 + y^2 = 1$의 내부에 놓인 곡면 $z = xy$의 부분

7. 원기둥 $x^2 + y^2 = ax$의 내부와 xy평면 위에 놓인 구 $x^2 + y^2 + z^2 = a^2$의 부분

⊤ 8. 원판 $x^2 + y^2 \leq 1$ 위에 놓인 곡면 $z = 1/(1 + x^2 + y^2)$ 부분의 곡면 넓이를 단일적분을 이용해서 표현함으로써 곡면 넓이를 소수점 아래 넷째 자리까지 정확하게 구하라. 그리고 적분을 수치적으로 계산하라.

9. (a) 4개의 정사각형을 갖는 이중적분에 대한 중점법칙(14.1절 참조)을 이용해서 정사각형 $[0, 1] \times [0, 1]$ 위에 놓인 포물면 $z = x^2 + y^2$ 부분의 곡면 넓이를 추정하라.

⊤ (b) 컴퓨터 대수체계를 이용해서 (a)에서 곡면 넓이를 소수점 아래 넷째 자리까지 근삿값을 구하라. (a)에서 구한 답과 비교하라.

⊤ 10. 컴퓨터 대수체계를 이용해서 곡면 $z = 1 + 2x + 3y + 4y^2$, $1 \leq x \leq 4$, $0 \leq y \leq 1$의 정확한 곡면 넓이를 구하라.

⊤ 11. 컴퓨터 대수체계를 이용해서 원판 $x^2 + y^2 \leq 1$ 위에 놓인 곡면 $z = 1 + x^2 y^2$ 부분의 곡면 넓이를 소수점 아래 넷째 자리까지 구하라.

12. xy평면에서 넓이 $A(D)$를 갖는 영역 D 위로 사영시킨 평면 $z = ax + by + c$의 부분의 넓이가 $\sqrt{a^2 + b^2 + 1}\, A(D)$임을 보여라.

13. 평면 $y = 25$에 의해 잘린 포물면 $y = x^2 + z^2$의 유한 부분의 넓이를 구하라. [힌트: 곡면을 xz평면 위로 사영한다.]

14.6 | 삼중적분

일변수함수에 대해 단일적분, 이변수함수에 대해 이중적분을 정의한 것과 같이 삼변수함수에 대해 삼중적분을 정의할 수 있다.

■ 직육면체 영역 위에서 삼중적분

먼저 함수 f가 다음과 같은 직육면체에서 정의되는 가장 간단한 경우를 생각하자.

$$\boxed{1} \qquad B = \big\{ (x, y, z) \mid a \leq x \leq b,\ c \leq y \leq d,\ r \leq z \leq s \big\}$$

첫 단계는 B를 부분 직육면체로 나눈다. 구간 $[a, b]$를 너비가 Δx로 같은 l개의 부분 구간 $[x_{i-1}, x_i]$로 나누고, $[c, d]$를 너비 Δy인 m개의 부분 구간으로 나누고 $[r, s]$를 너비 Δz인 n개의 부분 구간으로 나눈다. 이런 부분 구간의 끝점을 지나며 좌표

평면에 평행인 평면은 직육면체 B를 다음과 같은 lmn 개의 부분 직육면체로 나눈다 (그림 1 참조).

$$B_{ijk} = [x_{i-1}, x_i] \times [y_{j-1}, y_j] \times [z_{k-1}, z_k]$$

각 부분 직육면체의 부피는 $\Delta V = \Delta x \, \Delta y \, \Delta z$이다.

그러면 다음과 같은 **삼중 리만 합**(triple Riemann sum)을 구성한다.

$$\boxed{2} \qquad \sum_{i=1}^{l} \sum_{j=1}^{m} \sum_{k=1}^{n} f(x_{ijk}^*, y_{ijk}^*, z_{ijk}^*) \, \Delta V$$

여기서 표본점 $(x_{ijk}^*, y_{ijk}^*, z_{ijk}^*)$는 B_{ijk} 안에 있다. 14.1절의 이중적분의 정의 $\boxed{5}$와 같은 방법으로 삼중적분을 식 $\boxed{2}$에 주어진 삼중 리만 합의 극한으로 정의한다.

> $\boxed{3}$ **정의** 직육면체 B 위에서 f의 **삼중적분**(triple integral)은 극한이 존재할 때, 다음과 같이 정의한다.
>
> $$\iiint_B f(x, y, z) \, dV = \lim_{l, m, n \to \infty} \sum_{i=1}^{l} \sum_{j=1}^{m} \sum_{k=1}^{n} f(x_{ijk}^*, y_{ijk}^*, z_{ijk}^*) \, \Delta V$$

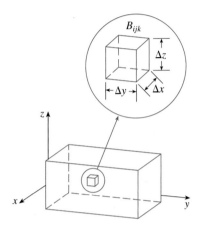

그림 1

f가 연속이면 삼중적분은 항상 존재한다. 표본점은 부분 직육면체에 속하는 임의의 점을 선택할 수 있다. 특히 표본점을 점 (x_i, y_j, z_k)로 택하면 삼중적분에 대해 다음과 같이 간단한 표현을 얻는다.

$$\iiint_B f(x, y, z) \, dV = \lim_{l, m, n \to \infty} \sum_{i=1}^{l} \sum_{j=1}^{m} \sum_{k=1}^{n} f(x_i, y_j, z_k) \, \Delta V$$

이중적분의 경우와 같이 삼중적분을 계산하는 실제적인 방법은 다음과 같이 삼중적분을 반복적분으로 표현하는 것이다.

> $\boxed{4}$ **삼중적분에 대한 푸비니 정리** f가 직육면체 영역 $B = [a, b] \times [c, d] \times [r, s]$에서 연속이면 다음이 성립한다.
>
> $$\iiint_B f(x, y, z) \, dV = \int_r^s \int_c^d \int_a^b f(x, y, z) \, dx \, dy \, dz$$

푸비니 정리의 우변에 있는 반복적분은 먼저 (y, z를 고정한 채) x에 대해 적분하고, (z를 고정한 채) y에 대해 적분한 뒤 마지막으로 z에 대해 적분한다는 뜻이다. 적분할 수 있는 다른 적분 순서는 다섯 가지이며 모두 같은 값을 얻는다. 예를 들어 y, z, x에 관한 순서로 적분하면 다음과 같다.

$$\iiint_B f(x, y, z) \, dV = \int_a^b \int_r^s \int_c^d f(x, y, z) \, dy \, dz \, dx$$

《예제 1》 직육면체 $B = \{(x, y, z) \mid 0 \leq x \leq 1, -1 \leq y \leq 2, 0 \leq z \leq 3\}$일 때 삼중적분 $\iiint_B xyz^2\,dV$를 계산하라.

풀이 여섯 가지 적분 순서 어느 것이나 사용할 수 있다. x, y, z에 관한 순서로 적분하면 다음을 얻는다.

$$\iiint_B xyz^2\,dV = \int_0^3 \int_{-1}^2 \int_0^1 xyz^2\,dx\,dy\,dz = \int_0^3 \int_{-1}^2 \left[\frac{x^2yz^2}{2}\right]_{x=0}^{x=1}\,dy\,dz$$

$$= \int_0^3 \int_{-1}^2 \frac{yz^2}{2}\,dy\,dz = \int_0^3 \left[\frac{y^2z^2}{4}\right]_{y=-1}^{y=2}\,dz$$

$$= \int_0^3 \frac{3z^2}{4}\,dz = \frac{z^3}{4}\Bigg]_0^3 = \frac{27}{4}$$

∎

■ 일반적인 영역 위에서 삼중적분

이제 이중적분(14.2절의 정의 **2**)에서 사용했던 것과 같은 절차에 의해 **3차원 공간에 있는 일반적인 유계 영역 E(입체)** 위에서의 삼중적분을 정의한다. 식 **1**로 주어진 형태의 직육면체 B로 E를 둘러싼다. 그리고 함수 F를 E에서는 f와 일치하고 B에 속한 E 바깥에 있는 점들에 대해서는 0이라 정의한다. 정의에 따라 다음을 얻는다.

$$\iiint_E f(x, y, z)\,dV = \iiint_B F(x, y, z)\,dV$$

f가 연속이고 E의 경계가 '충분히 매끄러운' 경우에 이 적분은 존재한다. 삼중적분의 성질은 본질적으로 이중적분의 성질(14.2절의 성질 **5**~**8**)과 같다.

　연속함수 f와 비교적 간단한 형태의 영역만 생각하기로 한다. 다음과 같이 입체 영역 E가 x, y에 대한 두 연속함수의 그래프 사이에 놓여 있을 때 **유형 1**인 영역이라고 한다.

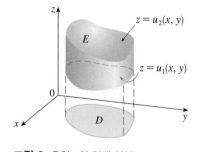

그림 2 유형 1인 입체 영역

5　　$E = \{(x, y, z) \mid (x, y) \in D,\ u_1(x, y) \leq z \leq u_2(x, y)\}$

여기서 D는 그림 2에서처럼 xy평면 위로 E의 사영이다. 입체 E의 위쪽 경계는 방정식이 $z = u_2(x, y)$인 곡면이며, 아래쪽 경계는 곡면 $z = u_1(x, y)$인 것에 유의한다.

　14.2절의 공식 **3**과 같은 논법에 의해 E가 식 **5**로 주어진 유형 1인 영역이면, 다음이 성립함을 보일 수 있다.

6
$$\iiint_E f(x, y, z)\,dV = \iint_D \left[\int_{u_1(x, y)}^{u_2(x, y)} f(x, y, z)\,dz\right] dA$$

식 **6**의 우변에 있는 안쪽 적분은 x, y를 고정하고, 따라서 $u_1(x, y)$와 $u_2(x, y)$를 상수로 간주해서 $f(x, y, z)$를 z에 대해 적분한다는 의미이다.

특히 xy평면 위로 E의 사영 D가 유형 I인 평면 영역이면(그림 3) 다음과 같다.

$$E = \big\{ (x, y, z) \mid a \le x \le b,\ g_1(x) \le y \le g_2(x),\ u_1(x, y) \le z \le u_2(x, y) \big\}$$

그리고 식 **6**은 다음과 같이 된다.

7
$$\iiint_E f(x, y, z)\, dV = \int_a^b \int_{g_1(x)}^{g_2(x)} \int_{u_1(x, y)}^{u_2(x, y)} f(x, y, z)\, dz\, dy\, dx$$

한편 D가 유형 II인 평면 영역이면(그림 4 참조) 다음과 같다.

$$E = \big\{ (x, y, z) \mid c \le y \le d,\ h_1(y) \le x \le h_2(y),\ u_1(x, y) \le z \le u_2(x, y) \big\}$$

그리고 식 **6**은 다음과 같이 된다.

8
$$\iiint_E f(x, y, z)\, dV = \int_c^d \int_{h_1(y)}^{h_2(y)} \int_{u_1(x, y)}^{u_2(x, y)} f(x, y, z)\, dz\, dx\, dy$$

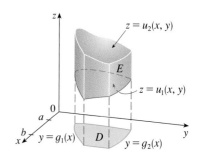

그림 3 사영 D가 유형 I 평면 영역인 유형 1인 입체 영역

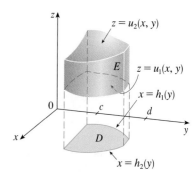

그림 4 유형 II 사영을 만드는 유형 1인 입체 영역

《**예제 2**》 E가 곡면 $z = 12xy$과 평면 $y = x$, $x = 1$에 의하여 유계된 입체일 때, $\iiint_E z\, dV$를 계산하라.

풀이 삼중적분을 설정할 때, 그림을 두 가지로 그리는 것이 현명하다. 즉, 하나는 입체 영역 E(그림 5), 다른 하나는 이것의 xy평면 위로의 사영 D(그림 6)를 그린다. 입체 E의 아래쪽 경계는 평면 $z = 0$이고, 위쪽 경계는 곡면 $z = 12xy$이다. 따라서 식 **7**에서 $u_1(x, y) = 0$과 $u_2(x, y) = 12xy$를 사용한다. 그리고 E의 사영은 그림 6의 삼각형 영역이다.

9
$$E = \big\{ (x, y, z) \mid 0 \le x \le 1,\ 0 \le y \le x,\ 0 \le z \le 12xy \big\}$$

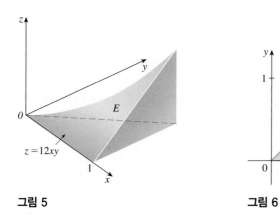

그림 5

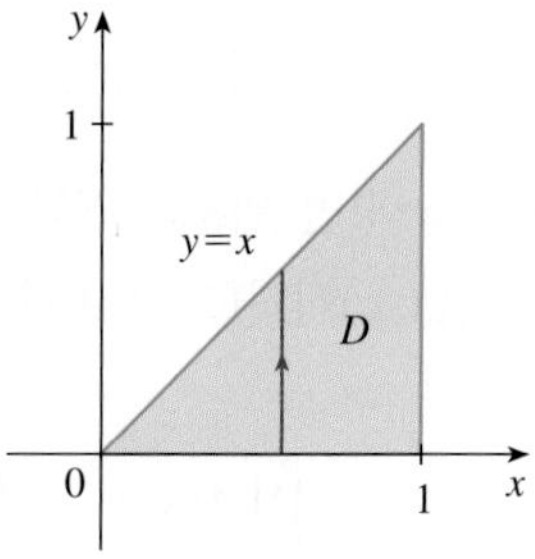

그림 6

E가 유형 1의 영역이므로, 다음과 같이 적분을 계산할 수 있다.

$$\iiint_E z\, dV = \int_0^1 \int_0^x \int_0^{12xy} z\, dz\, dy\, dx = \int_0^1 \int_0^x \left[\frac{z^2}{2} \right]_{z=0}^{z=12xy} dy\, dx$$

$$= \tfrac{1}{2} \int_0^1 \int_0^x (12xy)^2 \, dy \, dx = 72 \int_0^1 \int_0^x x^2 y^2 \, dy \, dx$$

$$= 72 \int_0^1 \left[x^2 \frac{y^3}{3} \right]_{y=0}^{y=x} dx = 24 \int_0^1 x^5 \, dx = 24 \left[\frac{x^6}{6} \right]_{x=0}^{x=1} = 4 \qquad \blacksquare$$

그림 7은 예제 2의 E의 적분 영역의 변화를 나타낸다.

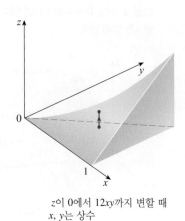
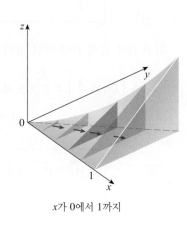

z이 0에서 $12xy$까지 변할 때 x, y는 상수

y가 0에서 x까지 변할 때 x는 상수

x가 0에서 1까지

그림 7

입체 영역 E가 다음과 같은 형태일 때 **유형 2**의 영역이라 한다.

$$E = \{(x, y, z) \mid (y, z) \in D,\ u_1(y, z) \le x \le u_2(y, z)\}$$

여기서 D는 yz평면 위로의 E의 사영이다(그림 8 참조). 뒤쪽 곡면은 $x = u_1(y, z)$이고 앞쪽 곡면은 $x = u_2(y, z)$이므로 다음을 얻는다.

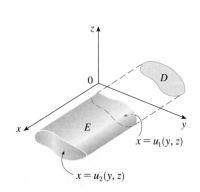

그림 8 유형 2인 입체 영역

$$\boxed{10} \qquad \iiint_E f(x, y, z) \, dV = \iint_D \left[\int_{u_1(y,z)}^{u_2(y,z)} f(x, y, z) \, dx \right] dA$$

마지막으로 다음과 같은 형태의 입체 영역 E를 **유형 3**이라 한다.

$$E = \{(x, y, z) \mid (x, z) \in D,\ u_1(x, z) \le y \le u_2(x, z)\}$$

여기서 D는 xz평면 위로의 E의 사영이고, 왼쪽 곡면은 $y = u_1(x, z)$이고 오른쪽 곡면은 $y = u_2(x, z)$이다(그림 9 참조). 이런 형태의 영역에 대해 다음을 얻는다.

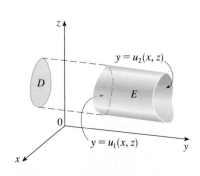

그림 9 유형 3인 입체 영역

$$\boxed{11} \qquad \iiint_E f(x, y, z) \, dV = \iint_D \left[\int_{u_1(x,z)}^{u_2(x,z)} f(x, y, z) \, dy \right] dA$$

식 $\boxed{10}$과 $\boxed{11}$ 각각에서 D가 유형 I 평면 영역인지 유형 II 평면 영역인지에 따라 (그리고 식 $\boxed{7}$과 $\boxed{8}$에 대응해서) 적분에 관해 두 가지로 표현할 수 있다.

《예제 3》 E가 포물면 $y = x^2 + z^2$과 평면 $y = 4$에 의해 유계된 영역일 때 $\iiint_E \sqrt{x^2 + z^2} \, dV$를 계산하라.

풀이 입체 E는 그림 10과 같다. 이것을 유형 1 영역으로 생각하면 이의 xy평면 위로 사영 D_1을 생각할 필요가 있고, 포물 영역은 그림 10, 11과 같다. (평면 $z = 0$에서 $y = x^2 + z^2$의 자취는 포물선 $y = x^2$이다.)

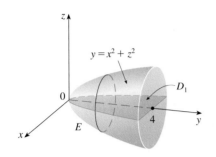

그림 10 적분 영역

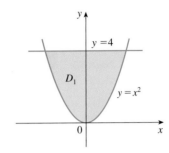

그림 11 xy 평면 위로의 사영

$y = x^2 + z^2$으로부터 $z = \pm\sqrt{y - x^2}$을 얻는다. 따라서 E의 아래쪽 경계곡면은 $z = -\sqrt{y - x^2}$이고 위쪽 경계곡면은 $z = \sqrt{y - x^2}$이다. 따라서 E는 다음과 같은 유형 1 영역이다.

$$E = \{(x, y, z) \mid -2 \le x \le 2,\ x^2 \le y \le 4,\ -\sqrt{y - x^2} \le z \le \sqrt{y - x^2}\}$$

그러므로 다음을 얻는다.

$$\iiint_E \sqrt{x^2 + z^2}\, dV = \int_{-2}^{2} \int_{x^2}^{4} \int_{-\sqrt{y-x^2}}^{\sqrt{y-x^2}} \sqrt{x^2 + z^2}\, dz\, dy\, dx$$

이 식은 정확하지만 계산이 무척 어렵다. 그러므로 E를 유형 3 영역으로 생각해 보자. 이런 경우 xz 평면 위로의 사영 D_3은 그림 12와 13에 보인 원판 $x^2 + z^2 \le 4$이다(평면 $y = 4$에서 $y = x^2 + z^2$의 자취는 원 $x^2 + z^2 = 4$이다).

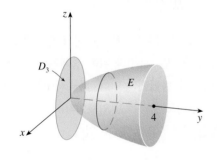

그림 12 적분 영역

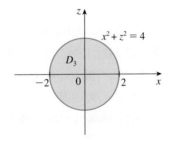

그림 13 xz평면 위로의 사영

그러면 E의 왼쪽 경계는 포물면 $y = x^2 + z^2$이고 오른쪽 경계는 평면 $y = 4$이다. 따라서 식 **11**에서 $u_1(x, z) = x^2 + z^2$ 그리고 $u_2(x, z) = 4$로 택하면 다음을 얻는다.

$$\iiint_E \sqrt{x^2 + z^2}\, dV = \iint_{D_3} \left[\int_{x^2+z^2}^{4} \sqrt{x^2 + z^2}\, dy \right] dA = \iint_{D_3} (4 - x^2 - z^2)\sqrt{x^2 + z^2}\, dA$$

이 적분을 다음과 같이 쓸 수 있다.

삼중적분을 계산할 때 가장 어려운 단계는 적분 영역(예제 2의 식 9와 같은 식)에 대한 표현을 설정하는 것이다. 안쪽 적분의 적분 한계는 많아야 이변수를 포함하고, 중간 적분의 적분 한계는 많아야 일변수를 포함하며, 바깥 적분의 적분 한계는 상수이어야 함을 기억하자.

$$\int_{-2}^{2} \int_{-\sqrt{4-x^2}}^{\sqrt{4-x^2}} (4 - x^2 - z^2) \sqrt{x^2 + z^2} \, dz \, dx$$

그러나 xz평면에서 극좌표 $x = r\cos\theta$, $z = r\sin\theta$로 변환하는 것이 더 쉽다.

$$\iiint_E \sqrt{x^2 + z^2} \, dV = \iint_{D_3} (4 - x^2 - z^2) \sqrt{x^2 + z^2} \, dA$$

$$= \int_0^{2\pi} \int_0^2 (4 - r^2) r \, r \, dr \, d\theta = \int_0^{2\pi} d\theta \int_0^2 (4r^2 - r^4) \, dr$$

$$= 2\pi \left[\frac{4r^3}{3} - \frac{r^5}{5} \right]_0^2 = \frac{128\pi}{15} \qquad \blacksquare$$

■ 적분순서의 변경

푸비니 정리를 적용하여 삼중적분을 반복적분으로 표현할 수 있다. 그러한 방법으로 6가지 적분 순서가 있다. 주어진 반복적분에 대해 다른 순서로 적분하면 더 간단할 수 있으므로 적분 순서를 바꾸는 것이 좋을 수도 있다. 다음 예제에서 삼중적분을 여러 가지 다른 순서의 반복적분으로 표현해보자.

《**예제 4**》 반복적분 $\int_0^1 \int_0^{x^2} \int_0^y f(x, y, z) \, dz \, dy \, dx$를 삼중적분으로 나타내라. 그런 후 다음 순서로 반복적분을 다시 쓰라.

(a) x, z, y 순서로 적분한다.

(b) y, x, z 순서로 적분한다.

풀이 다음과 같이 나타낼 수 있다.

$$\int_0^1 \int_0^{x^2} \int_0^y f(x, y, z) \, dz \, dy \, dx = \iiint_E f(x, y, z) \, dV$$

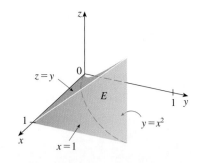

그림 14 입체 E

여기서 $E = \{(x, y, z) \mid 0 \leq x \leq 1,\ 0 \leq y \leq x^2,\ 0 \leq z \leq y\}$이다. E를 유형 1 영역으로 나타내면 그림 14와 15에서와 같이 E는 아래쪽 경계곡면 $z = 0$과 위쪽 경계곡면 $z = y$와 xy평면 위로의 사영 $\{(x, y) \mid 0 \leq x \leq 1,\ 0 \leq y \leq x^2\}$ 사이에 놓인다. 따라서 E는 평면 $z = 0$, $x = 1$, $y = z$와 포물기둥 $y = x^2$(또는 $x = \sqrt{y}$)로 둘러싸인 입체이다.

그림 14를 이용해서 다음과 같이 세 좌표평면 위로 사영을 쓸 수 있다.

xy평면 위로: $\quad D_1 = \{(x, y) \mid 0 \leq x \leq 1,\ 0 \leq y \leq x^2\}$
$\qquad\qquad\qquad\quad = \{(x, y) \mid 0 \leq y \leq 1,\ \sqrt{y} \leq x \leq 1\}$

yz평면 위로: $\quad D_2 = \{(y, z) \mid 0 \leq y \leq 1,\ 0 \leq z \leq y\}$
$\qquad\qquad\qquad\quad = \{(y, z) \mid 0 \leq z \leq 1,\ z \leq y \leq 1\}$

xz평면 위로: $\quad D_3 = \{(x, z) \mid 0 \leq x \leq 1,\ 0 \leq z \leq x^2\}$
$\qquad\qquad\qquad\quad = \{(x, z) \mid 0 \leq z \leq 1,\ \sqrt{z} \leq x \leq 1\}$

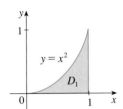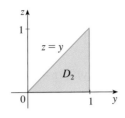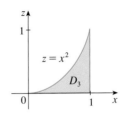

그림 15 E의 사영들

(a) x, z, y 순서로 적분하기 위해 E를 유형 2 영역으로 생각하면 뒤쪽 경계는 곡면 $x = \sqrt{y}$이고 앞쪽 경계는 평면 $x = 1$, 그리고 yz평면 위로의 사영은 D_2이다. 따라서 E를 다음과 같이 나타낼 수 있다.

$$E = \{(x, y, z) \mid 0 \le y \le 1,\ 0 \le z \le y,\ \sqrt{y} \le x \le 1\}$$

그러면 삼중적분은 다음과 같다.

$$\iiint\limits_{E} f(x, y, z)\, dV = \int_0^1 \int_0^y \int_{\sqrt{y}}^1 f(x, y, z)\, dx\, dz\, dy$$

(b) y, x, z 순서로 적분하기 위해 E를 유형 3 영역으로 생각하면 왼쪽 경계는 평면 $y = z$이고 오른쪽 경계는 곡면 $y = x^2$, 그리고 xz평면 위로의 사영은 D_3이다. 그리고 E를 다음과 같이 나타낼 수 있다.

$$E = \{(x, y, z) \mid 0 \le z \le 1, \sqrt{z} \le x \le 1,\ z \le y \le x^2\}$$

그러면 삼중적분은 다음과 같다.

$$\iiint\limits_{E} f(x, y, z)\, dV = \int_0^1 \int_{\sqrt{z}}^1 \int_z^{x^2} f(x, y, z)\, dy\, dx\, dz \qquad \blacksquare$$

■ 삼중적분의 응용

$f(x) \ge 0$이면 단일적분 $\int_a^b f(x)\, dx$는 a에서 b까지 곡선 $y = f(x)$ 아래의 넓이를 나타내고, $f(x, y) \ge 0$이면 이중적분 $\iint_D f(x, y)\, dA$는 D 위에 놓이고 곡면 $z = f(x, y)$ 아래의 부피를 나타낸다는 것을 기억하자. 이에 대응하는 $f(x, y, z) \ge 0$일 때 삼중적분 $\iiint_E f(x, y, z)\, dV$의 해석은 별로 유용하지 않다. 왜냐하면 그것은 사차원 물체의 '초부피(hypervolume)'이고, 이것을 가시화 하기가 매우 어렵기 때문이다. (E는 단지 함수 f의 **정의역**이고 f의 그래프는 사차원 공간에 놓여 있음을 기억하자.) 그럼에도 불구하고 $x, y, z, f(x, y, z)$의 물리적인 해석에 따라 $\iiint_E f(x, y, z)\, dV$는 여러 가지 물리적 상황에서 그에 따른 여러 가지 방법으로 해석할 수 있다.

E에 있는 모든 점에 대해 $f(x, y, z) = 1$인 특별한 경우를 가지고 시작하자. 그러면 삼중적분은 다음과 같이 E의 부피를 나타낸다.

12
$$V(E) = \iiint\limits_{E} dV$$

예를 들어 유형 1 영역의 경우에 $f(x, y, z) = 1$을 공식 **6**에 대입하면 다음과 같다.

$$\iiint_E 1\, dV = \iint_D \left[\int_{u_1(x,y)}^{u_2(x,y)} dz \right] dA = \iint_D [u_2(x,y) - u_1(x,y)]\, dA$$

14.2절로부터 이것은 곡면 $z = u_1(x,y)$와 $z = u_2(x,y)$ 사이에 놓인 입체의 부피를 나타냄을 알고 있다.

《예제 5》 삼중적분을 이용해서 네 평면 $x + 2y + z = 2$, $x = 2y$, $x = 0$, $z = 0$에 의해 유계된 사면체 T의 부피를 구하라.

풀이 사면체 T와 xy평면 위로의 사영 D가 그림 16과 17에 있다. T의 아래쪽 경계는 평면 $z = 0$이고 위쪽 경계는 평면 $x + 2y + z = 2$, 즉 $z = 2 - x - 2y$이다.

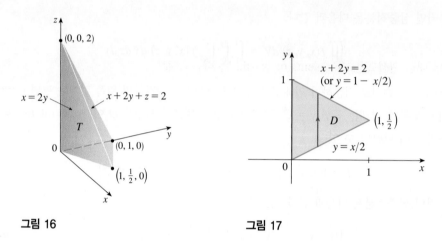

그림 16   **그림 17**

따라서 다음을 얻는다.

$$V(T) = \iiint_T dV = \int_0^1 \int_{x/2}^{1-x/2} \int_0^{2-x-2y} dz\, dy\, dx$$
$$= \int_0^1 \int_{x/2}^{1-x/2} (2 - x - 2y)\, dy\, dx = \tfrac{1}{3}$$

14.2절의 예제 4에서 똑같은 계산을 했다.

(부피를 계산하기 위해 반드시 삼중적분을 이용할 필요는 없다. 이것은 부피를 계산하는 또 다른 방법일 뿐이다.) ∎

14.4절에 있는 이중적분의 모든 응용은 삼중적분으로 확장할 수 있다. 예를 들면 영역 E를 차지하는 입체의 밀도함수가 임의의 주어진 점 (x, y, z)에서 단위부피당 질량의 단위로 $\rho(x, y, z)$라면 입체의 질량 m은 다음과 같다. E의 전체 질량을 구하기 위해 E를 포함하는 직육면체 B를 크기가 같은 부분 직육면체 B_{ijk}로 분할하고 E의 외부에서 $\rho(x, y, z) = 0$를 생각하자. B_{ijk} 안에서 점 $(x_{ijk}^*, y_{ijk}^*, z_{ijk}^*)$를 택하면 B_{ijk}를 차지하는 E의 일부에 대한 질량은 $\rho(x_{ijk}^*, y_{ijk}^*, z_{ijk}^*)\, \Delta V$에 근사한다. 여기서 ΔV는 B_{ijk}의 부피이다. 모든 부분 직육면체의 (근사) 질량을 더해서 전체 질량의 근삿값을 얻는다. 이때 부분 직사각형의 개수를 증가시키면 근삿값의 극한으로 E의 전체 질량을 얻는다.

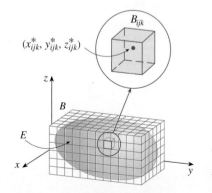

그림 18 각 부분 직육면체의 질량은 $\rho(x_{ijk}^*, y_{ijk}^*, z_{ijk}^*)\, \Delta V$에 의해 근사된다.

$$\boxed{13} \quad m = \lim_{l,\,m,\,n\to\infty} \sum_{i=1}^{l}\sum_{j=1}^{m}\sum_{k=1}^{n} \rho(x_{ijk}^*,\, y_{ijk}^*,\, z_{ijk}^*)\,\Delta V = \iiint_E \rho(x,y,z)\,dV$$

그리고 세 좌표평면에 대한 E의 **모멘트**(moment)는 다음과 같다.

$$\boxed{14} \quad M_{yz} = \iiint_E x\,\rho(x,y,z)\,dV \qquad M_{xz} = \iiint_E y\,\rho(x,y,z)\,dV$$

$$M_{xy} = \iiint_E z\,\rho(x,y,z)\,dV$$

질량중심(center of mass)의 좌표를 $(\bar{x}, \bar{y}, \bar{z})$라고 하면 이는 다음과 같다.

$$\boxed{15} \qquad \bar{x} = \frac{M_{yz}}{m}, \qquad \bar{y} = \frac{M_{xz}}{m}, \qquad \bar{z} = \frac{M_{xy}}{m}$$

밀도가 균일하면 입체의 질량중심을 E의 **무게중심**(centroid)이라고 한다. 세 좌표축에 대한 **관성모멘트**(moments of inertia)는 다음과 같다.

$$\boxed{16} \quad I_x = \iiint_E (y^2 + z^2)\,\rho(x,y,z)\,dV, \qquad I_y = \iiint_E (x^2 + z^2)\,\rho(x,y,z)\,dV$$

$$I_z = \iiint_E (x^2 + y^2)\,\rho(x,y,z)\,dV$$

14.4절에서처럼 영역 E를 차지하고 전하밀도 $\sigma(x,y,z)$인 어떤 물체의 전체 **전하**(electric charge)는 다음과 같다.

$$Q = \iiint_E \sigma(x,y,z)\,dV$$

연속인 세 확률변수 X, Y, Z의 **결합밀도함수**(joint density function)는 (X, Y, Z)가 E에 놓일 확률이 다음과 같은 삼변수함수이다.

$$P((X, Y, Z) \in E) = \iiint_E f(x,y,z)\,dV$$

특히 다음이 성립한다.

$$P(a \le X \le b,\ c \le Y \le d,\ r \le Z \le s) = \int_a^b \int_c^d \int_r^s f(x,y,z)\,dz\,dy\,dx$$

결합밀도함수는 다음을 만족한다.

$$f(x,y,z) \ge 0, \qquad \int_{-\infty}^{\infty}\int_{-\infty}^{\infty}\int_{-\infty}^{\infty} f(x,y,z)\,dz\,dy\,dx = 1$$

《예제 6》 포물기둥 $x = y^2$과 세 평면 $x = z$, $z = 0$, $x = 1$에 의해 유계되고 밀도가 균일한 입체의 질량중심을 구하라.

풀이 입체 E와 xy평면 위로의 사영은 그림 19와 같다. E의 아래쪽과 위쪽 곡면은 각각

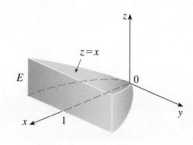

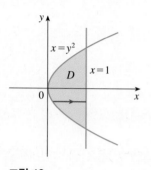

그림 19

$z = 0$, $z = x$이므로, E는 다음과 같이 유형 1인 영역으로 나타낼 수 있다.

$$E = \left\{ (x, y, z) \mid -1 \leq y \leq 1,\ y^2 \leq x \leq 1,\ 0 \leq z \leq x \right\}$$

그러면 밀도가 $\rho(x, y, z) = \rho$일 때 질량은 다음과 같다.

$$m = \iiint_E \rho\, dV = \int_{-1}^{1} \int_{y^2}^{1} \int_0^x \rho\, dz\, dx\, dy$$

$$= \rho \int_{-1}^{1} \int_{y^2}^{1} x\, dx\, dy = \rho \int_{-1}^{1} \left[\frac{x^2}{2} \right]_{x=y^2}^{x=1} dy$$

$$= \frac{\rho}{2} \int_{-1}^{1} (1 - y^4)\, dy = \rho \int_0^1 (1 - y^4)\, dy$$

$$= \rho \left[y - \frac{y^5}{5} \right]_0^1 = \frac{4\rho}{5}$$

E와 ρ가 xz평면에 대해 대칭이므로, 즉 $M_{xz} = 0$이라 할 수 있고 따라서 $\bar{y} = 0$이다. 다른 모멘트는 아래와 같다.

$$M_{yz} = \iiint_E x\rho\, dV = \int_{-1}^{1} \int_{y^2}^{1} \int_0^x x\rho\, dz\, dx\, dy$$

$$= \rho \int_{-1}^{1} \int_{y^2}^{1} x^2\, dx\, dy = \rho \int_{-1}^{1} \left[\frac{x^3}{3} \right]_{x=y^2}^{x=1} dy$$

$$= \frac{2\rho}{3} \int_0^1 (1 - y^6)\, dy = \frac{2\rho}{3} \left[y - \frac{y^7}{7} \right]_0^1 = \frac{4\rho}{7}$$

$$M_{xy} = \iiint_E z\rho\, dV = \int_{-1}^{1} \int_{y^2}^{1} \int_0^x z\rho\, dz\, dx\, dy$$

$$= \rho \int_{-1}^{1} \int_{y^2}^{1} \left[\frac{z^2}{2} \right]_{z=0}^{z=x} dx\, dy = \frac{\rho}{2} \int_{-1}^{1} \int_{y^2}^{1} x^2\, dx\, dy$$

$$= \frac{\rho}{3} \int_0^1 (1 - y^6)\, dy = \frac{2\rho}{7}$$

따라서 질량중심은 다음과 같다.

$$(\bar{x}, \bar{y}, \bar{z}) = \left(\frac{M_{yz}}{m}, \frac{M_{xz}}{m}, \frac{M_{xy}}{m} \right) = \left(\tfrac{5}{7}, 0, \tfrac{5}{14} \right)$$ ∎

14.6 │ 연습문제

1. 예제 1의 적분을 y, z, x에 관한 순서로 적분해서 계산하라.

2-4 다음 반복적분을 계산하라.

2. $\int_0^2 \int_0^{z^2} \int_0^{y-z} (2x - y)\, dx\, dy\, dz$

3. $\int_1^2 \int_0^{2z} \int_0^{\ln x} xe^{-y}\, dy\, dx\, dz$

4. $\int_1^3 \int_{-1}^2 \int_{-y}^z \frac{z}{y}\, dx\, dz\, dy$

5-6

(a) 주어진 함수와 입체에 대해 삼중적분 $\iiint_E f(x, y, z)\, dV$를 반복적분으로 표현하라.

(b) 반복적분을 계산하라.

5. $f(x, y, z) = x$

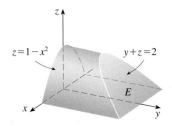

6. $f(x, y, z) = x + y$

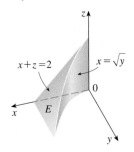

7-11 다음 삼중적분을 계산하라.

7. $\iiint_E y\, dV$,

$E = \left\{ (x, y, z) \mid 0 \le x \le 3, 0 \le y \le x, x - y \le z \le x + y \right\}$

8. $\iiint_E (1/x^3)\, dV$,

$E = \left\{ (x, y, z) \mid 0 \le y \le 1, 0 \le z \le y^2, 1 \le x \le z + 1 \right\}$

9. $\iiint_E 6xy\, dV$, E는 평면 $z = 1 + x + y$ 아래와 xy평면에서 곡선 $y = \sqrt{x}$, $y = 0$, $x = 1$에 의해 유계된 영역

10. $\iiint_T y^2\, dV$, T는 꼭짓점이 $(0, 0, 0)$, $(2, 0, 0)$, $(0, 2, 0)$, $(0, 0, 2)$인 사면체

11. $\iiint_E x\, dV$, E는 포물면 $x = 4y^2 + 4z^2$과 평면 $x = 4$에 의해 유계된 영역

12-13 삼중적분을 이용해서 다음 입체의 부피를 구하라.

12. 좌표평면과 평면 $2x + y + z = 4$로 둘러싸인 사면체

13. 기둥면 $y = x^2$, 평면 $z = 0$, $y + z = 1$로 둘러싸인 입체

14. (a) 원기둥 $y^2 + z^2 = 1$을 평면 $y = x$와 $x = 1$로 절단한 제1 팔분공간의 부피를 삼중적분으로 나타내라.

T (b) 적분표나 컴퓨터 대수체계를 이용해서 (a)에서 얻은 삼중적분의 정확한 값을 구하라.

15. 삼중적분에 대한 중점법칙 삼중적분에 대한 중점법칙에서 삼중리만합을 이용해서 직육면체 B 위에서 삼중적분을 근사시킨다. 여기서 $f(x, y, z)$는 직육면체 B_{ijk}의 중심 $(\bar{x}_i, \bar{y}_j, \bar{z}_k)$에서 산출된다. 중점법칙을 이용해서 적분값을 추정하라. 이때 B를 8개의 동일한 부분 직육면체로 분리한다.

$\iiint_B \cos(xyz)\, dV$,

$B = \{(x, y, z) \mid 0 \le x \le 1,\ 0 \le y \le 1, 0 \le z \le 1\}$

16. 부피가 다음 반복적분으로 주어지는 입체의 모양을 그려라.

$$\int_0^1 \int_0^{1-x} \int_0^{2-2z} dy\, dz\, dx$$

17-18 E가 다음 곡면에 의해 유계된 입체라 할 때, 삼중적분 $\iiint_E f(x, y, z)\, dV$를 여섯 가지 반복적분으로 나타내라.

17. $y = 4 - x^2 - 4z^2$, $y = 0$

18. $y = x^2$, $z = 0$, $y + 2z = 4$

---

19. 다음 그림은 적분 $\int_0^1 \int_{\sqrt{x}}^1 \int_0^{1-y} f(x, y, z)\, dz\, dy\, dx$의 적분 영역을 그린 것이다. 이 적분을 다섯 가지 다른 순서의 반복적분으로 다시 쓰라.

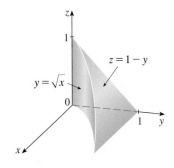

20. 반복적분 $\int_0^1 \int_y^1 \int_0^y f(x, y, z)\, dz\, dx\, dy$와 같은 다섯 가지 다른 순서의 반복적분을 쓰라.

21. 기하학적 해석과 대칭만을 이용해서 다음 삼중적분을 계산하라.

$\iiint_C (4 + 5x^2yz^2)\, dV$, C는 $x^2 + y^2 \le 4$, $-2 \le z \le 2$인 원기둥 영역

22-23 주어진 밀도함수 ρ를 갖는 입체 E의 질량과 질량중심을 구하라.

22. E는 xy평면 위와 포물면 $z = 1 - x^2 - y^2$ 아래에 놓인 입체; $\rho(x, y, z) = 3$

23. E는 $0 \le x \le a$, $0 \le y \le a$, $0 \le z \le a$로 주어진 정육면체; $\rho(x, y, z) = x^2 + y^2 + z^2$

24-25 입체는 균일한 밀도 k를 갖는다고 한다.

24. 정육면체의 한 꼭짓점은 원점에 위치하고 세 모서리가 좌표축에 위치한다. 한 변의 길이가 L인 이 정육면체의 관성모멘트를 구하라.

25. $x^2 + y^2 \le a^2$, $0 \le z \le h$인 원기둥 입체의 z축에 대한 관성모멘트를 구하라.

---

26. 연습문제 13의 입체에 대해 $\rho(x, y, z) = \sqrt{x^2 + y^2}$일 때 (a) 질량, (b) 질량중심, (c) z축에 대한 관성모멘트를 구하기 위한 적분 표현을 세워라. 계산은 하지 않는다.

$\boxed{\text{T}}$ **27.** E는 제1팔분공간에서 원기둥 $x^2 + y^2 = 1$과 세 평면 $y = z$, $x = 0$, $z = 0$에 의해 유계된 입체라고 하자. 밀도함수가 $\rho(x, y, z) = 1 + x + y + z$일 때 컴퓨터 대수체계를 이용해서 E에 대한 다음 양의 정확한 값을 구하라.
  (a) 질량
  (b) 질량중심

(c) z축에 대한 관성모멘트

28. 확률변수 X, Y, Z의 결합밀도함수가 다음과 같다.

$$f(x, y, z) = \begin{cases} Cxyz, & 0 \le x \le 2,\ 0 \le y \le 2,\ 0 \le z \le 2 \\ 0, & \text{다른 곳에서} \end{cases}$$

  (a) 상수 C의 값을 구하라.
  (b) $P(X \le 1, Y \le 1, Z \le 1)$을 구하라.
  (c) $P(X + Y + Z \le 1)$을 구하라.

29. **평균값**(Average Value) $V(E)$를 E의 부피라고 할 때, 입체 영역 E 위에서 $f(x, y, z)$의 평균값은 다음과 같이 정의된다.

$$f_{\text{avg}} = \frac{1}{V(E)} \iiint_E f(x, y, z)\, dV$$

예를 들어 ρ가 밀도함수라고 하면 ρ_{avg}는 E의 평균 밀도이다. 제1팔분공간에서 한 꼭짓점은 원점에 위치하고 세 모서리가 좌표축에 평행하며 변의 길이는 L인 정육면체 위에서 함수 $f(x, y, z) = xyz$의 평균값을 구하라.

30. (a) 다음 삼중적분이 최대인 영역 E를 구하라.

$$\iiint_E (1 - x^2 - 2y^2 - 3z^2)\, dV$$

$\boxed{\text{T}}$ (b) 컴퓨터 대수체계를 이용해서 (a)의 삼중적분의 최댓값을 정확히 구하라.

14.7 | 원기둥좌표에서 삼중적분

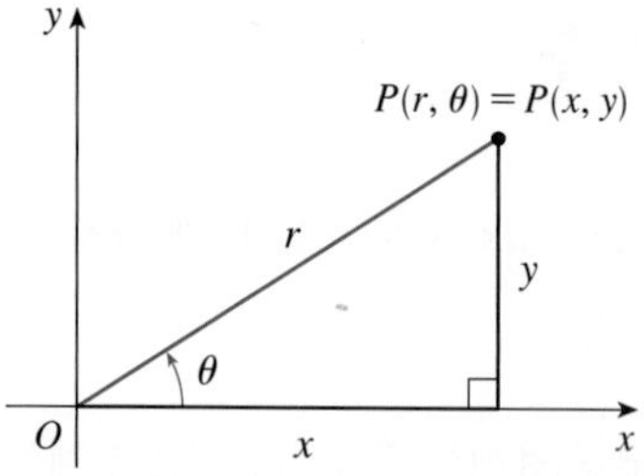

그림 1

평면기하학에서 극좌표계를 이용하면 어떤 곡선과 영역을 보다 편리하게 설명할 수 있다(9.3절 참조). 그림 1을 보고 극좌표와 직교좌표 사이의 관계를 떠올려 보자. 점 P의 직교좌표가 (x, y), 극좌표가 (r, θ)이면 그림 1로부터 다음이 성립한다.

$$x = r\cos\theta, \qquad y = r\sin\theta$$
$$r^2 = x^2 + y^2, \qquad \tan\theta = \frac{y}{x}$$

3차원 공간에서 일반적으로 어떤 곡면과 입체를 편리하게 설명해 주는 좌표계 중에 극좌표와 유사한 **원기둥좌표**(cylindrical coordinate)가 있다. 앞으로 보겠지만 어떤 삼중적분은 원기둥좌표를 이용하면 계산이 훨씬 쉬워진다.

■ 원기둥좌표

원기둥좌표계(cylindrical coordinate system)에서는 3차원 공간의 점 P를 세 순서쌍 (r, θ, z)로 나타낸다. 여기서 r과 θ는 xy평면 위의 P의 사영의 극좌표이고, z는 xy평면에서 P까지의 유향 거리이다(그림 2 참조).

원기둥좌표를 공간좌표로 변환시키기 위해 다음 식을 이용한다.

$$\boxed{1} \qquad \boxed{\quad x = r \cos \theta, \qquad y = r \sin \theta, \qquad z = z \quad}$$

반면에 공간좌표를 원기둥좌표로 변환시키려면 다음을 이용한다.

$$\boxed{2} \qquad \boxed{\quad r^2 = x^2 + y^2, \qquad \tan \theta = \frac{y}{x}, \qquad z = z \quad}$$

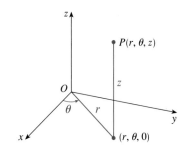

그림 2 한 점의 원기둥좌표

《예제 1》

(a) 원기둥좌표가 $(2, 2\pi/3, 1)$인 점을 그리고, 공간좌표를 구하라.

(b) 공간좌표가 $(3, -3, -7)$인 점의 원기둥좌표를 구하라.

풀이

(a) 원기둥좌표가 $(2, 2\pi/3, 1)$인 점을 그림 3에 나타냈다. 식 $\boxed{1}$로부터 공간좌표는 다음과 같다.

$$x = 2 \cos \frac{2\pi}{3} = 2\left(-\frac{1}{2}\right) = -1$$

$$y = 2 \sin \frac{2\pi}{3} = 2\left(\frac{\sqrt{3}}{2}\right) = \sqrt{3}$$

$$z = 1$$

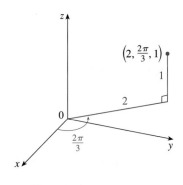

그림 3

따라서 점의 공간좌표는 $\left(-1, \sqrt{3}, 1\right)$이다.

(b) θ가 xy평면의 제4사분면에 있으므로 식 $\boxed{2}$로부터 다음을 얻는다.

$$r = \sqrt{3^2 + (-3)^2} = 3\sqrt{2}$$

$$\tan \theta = \frac{-3}{3} = -1 \text{이므로} \quad \theta = \frac{7\pi}{4} + 2n\pi$$

$$z = -7$$

그러므로 원기둥좌표는 $\left(3\sqrt{2}, 7\pi/4, -7\right)$과 $\left(3\sqrt{2}, -\pi/4, -7\right)$이다. 극좌표에서와 마찬가지로 무수히 많은 선택의 여지가 있다. ■

원기둥좌표는 한 축에 대해 대칭이고, 이 축이 z축인 문제에 유용하다. 예를 들면 직교방정식이 $x^2 + y^2 = c^2$인 원기둥의 대칭축은 z축이다. 원기둥좌표에서 원기둥은 아주 간단한 방정식 $r = c$로 표현된다(그림 4 참조). 이것이 '원기둥' 좌표라는 이름이 붙은 이유이다. 방정식 $\theta = c$의 그래프는 원점을 지나는 수직평면이고(그림 5 참조) 방정식 $z = c$의 그래프는 수평평면이다(그림 6 참조).

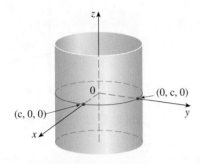

그림 4 $r = c$, 원기둥

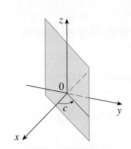

그림 5 $\theta = c$, 수직평면

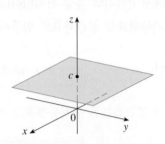

그림 6 $z = c$, 수평평면

《예제 2》 원기둥좌표에서 방정식이 $z = r$인 곡면을 설명하라.

그림 7 $z = r$, 원뿔면

풀이 방정식을 살펴보면 곡면의 각 점에서 z값, 즉 높이는 그 점에서 z축까지의 거리 r와 같다. θ가 나타나 있지 않으므로 같은 z값을 갖는 점들은 다양하다. 따라서 평면 $z = k(k > 0)$에서 임의의 수평자취는 반지름이 k인 원이다. 따라서 이들 자취로부터 곡면이 원뿔임을 알 수 있다. 이런 예상은 방정식을 공간좌표로 변환하면 명확해진다. **2**의 첫 번째 식으로부터 다음을 얻는다.

$$z^2 = r^2 = x^2 + y^2$$

방정식 $z^2 = x^2 + y^2$ (11.6절의 표 1과 비교)은 대칭축이 z축인 원뿔이다(그림 7 참조). ■

■ 원기둥좌표에서 삼중적분 계산

E가 유형 1의 영역이고 xy평면 위로의 사영 D를 극좌표로 쉽게 나타낼 수 있다고 하자(그림 8 참조). 특히 f가 연속이고 다음과 같다고 가정하자.

$$E = \left\{ (x, y, z) \mid (x, y) \in D, \ u_1(x, y) \leq z \leq u_2(x, y) \right\}$$

여기서 D는 극좌표로 다음과 같이 주어진다.

$$D = \left\{ (r, \theta) \mid \alpha \leq \theta \leq \beta, \ h_1(\theta) \leq r \leq h_2(\theta) \right\}$$

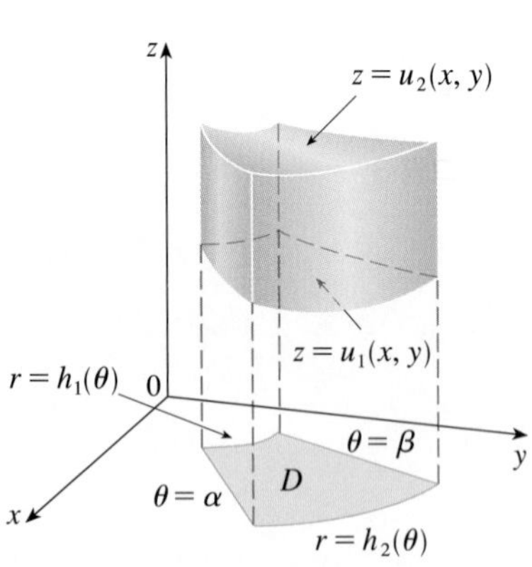

14.6절의 식 **6**으로부터 다음을 알 수 있다.

3
$$\iiint_E f(x, y, z) \, dV = \iint_D \left[\int_{u_1(x, y)}^{u_2(x, y)} f(x, y, z) \, dz \right] dA$$

또한 극좌표에서 이중적분을 이용해서 계산하는 방법도 알고 있다. 실제로 식 **3**과 14.3절의 식 **3**을 결합하면 다음을 얻는다.

그림 8

$$\boxed{4} \qquad \iiint\limits_{E} f(x, y, z)\, dV = \int_{\alpha}^{\beta} \int_{h_1(\theta)}^{h_2(\theta)} \int_{u_1(r\cos\theta,\, r\sin\theta)}^{u_2(r\cos\theta,\, r\sin\theta)} f(r\cos\theta,\, r\sin\theta,\, z)\, r\, dz\, dr\, d\theta$$

공식 $\boxed{4}$는 **원기둥좌표에서 삼중적분**에 대한 식이다. $x = r\cos\theta$, $y = r\sin\theta$, $z = z$로 놓음으로써 공간좌표를 원기둥좌표로 바꾸고, z, r, θ에 대한 적절한 적분 한계를 이용하고 dV를 $r\, dz\, dr\, d\theta$로 바꾸면 공간좌표의 삼중적분을 원기둥좌표의 삼중적분으로 변환할 수 있다. (그림 9를 보면 이해가 쉽다.) E가 원기둥좌표로 쉽게 표현되는 입체 영역일 때 이 식은 매우 유용하다. 함수 $f(x, y, z)$에 $x^2 + y^2$과 같은 식이 포함되어 있을 때 특히 유용하다.

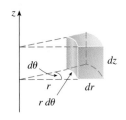

그림 9 원기둥좌표에서의 체적소:
$dV = r\, dz\, dr\, d\theta$

《**예제 3**》 E가 포물면 $z = 4 - x^2 - y^2$ 아래와 xy 평면 위에 놓인 입체일 때, $\iiint_E x^2\, dV$를 계산하라(그림 10 참조).

풀이 E가 z축에 대칭이기 때문에 원기둥좌표를 사용하자. 추가로 포물선 $z = 4 - x^2 - y^2$ $= 4 - (x^2 + y^2)$은 원기둥좌표에서 $z = 4 - r^2$으로 표현되므로 원기둥좌표를 이용한다. 포물면과 xy평면이 이루는 교선은 원 $r^2 = 4$ 또는 $r = 2$이므로 xy 평면 위로의 E의 사영은 원판 $r \leq 2$이다. 따라서 영역 E는 다음과 같이 주어진다.

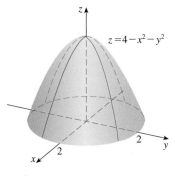

그림 10

$$\{(r, \theta, z)\,|\, 0 \leq \theta \leq 2\pi,\ 0 \leq r \leq 2,\ 0 \leq z \leq 4 - r^2\}$$

식 $\boxed{4}$에 의해서 다음을 얻는다.

$$
\begin{aligned}
\iiint\limits_{E} x^2\, dV &= \int_0^{2\pi} \int_0^2 \int_0^{4-r^2} (r\cos\theta)^2\, r\, dz\, dr\, d\theta \\[4pt]
&= \int_0^{2\pi} \int_0^2 (r^3\cos^2\theta)](4 - r^2)\, dr\, d\theta \\[4pt]
&= \int_0^{2\pi} \cos^2\theta\, d\theta \int_0^2 (4r^3 - r^5)\, dr \\[4pt]
&= \tfrac{1}{2} \Big[\theta + \tfrac{1}{2}\sin 2\theta\Big]_0^{2\pi} \Big[r^4 - \tfrac{1}{6}r^6\Big]_0^2 \\[4pt]
&= \tfrac{1}{2}(2\pi)\Big(16 - \tfrac{32}{3}\Big) = \tfrac{16}{3}\pi \qquad \blacksquare
\end{aligned}
$$

예제 3에서 z, r, θ의 순서로 적분할 때 입체 E가 삼중반복적분에 의해 적분되는 방법을 그림 11에서 볼 수 있다.

《**예제 4**》 입체 E는 원기둥 $x^2 + y^2 = 1$에 대한 xz평면의 오른쪽 내부와 평면 $z = 4$ 아래 그리고 포물면 $z = 1 - x^2 - y^2$ 위에 놓인다(그림 12 참조). 임의의 한 점에서의 밀도가 원기둥의 대칭축으로부터의 거리에 비례할 때 E의 질량을 구하라.

풀이 원기둥좌표로 쓰면 원기둥은 $r = 1$이고 포물면은 $z = 1 - r^2$이다. 따라서 다음과 같이 쓸 수 있다.

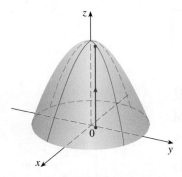

z는 0에서 $4 - r^2$으로 변하고 r과 θ는 상수이다.

그림 11

r는 0에서 2로 변하고 θ는 상수이다.

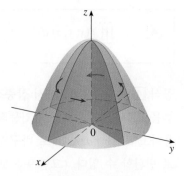

θ는 0에서 2π로 변한다.

$$E = \{(r, \theta, z) \mid 0 \le \theta \le \pi, \ 0 \le r \le 1, \ 1 - r^2 \le z \le 4\}$$

(x, y, z)에서 밀도는 z축으로부터 거리에 비례하므로 밀도함수는 다음과 같다.

$$\rho(x, y, z) = K\sqrt{x^2 + y^2} = Kr$$

여기서 K는 비례상수이다. 따라서 14.6절의 공식 **13**으로부터 E의 질량은 다음과 같다.

$$m = \iiint_E K\sqrt{x^2 + y^2} \, dV = \int_0^\pi \int_0^1 \int_{1-r^2}^4 (Kr) \, r \, dz \, dr \, d\theta$$

$$= \int_0^\pi \int_0^1 Kr^2[4 - (1 - r^2)] \, dr \, d\theta = K \int_0^\pi d\theta \int_0^1 (3r^2 + r^4) \, dr$$

$$= \pi K \left[r^3 + \frac{r^5}{5} \right]_0^1 = \frac{6\pi K}{5} \qquad\blacksquare$$

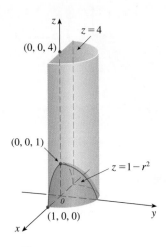

그림 12

《예제 5》 $\displaystyle \int_{-2}^2 \int_{-\sqrt{4-x^2}}^{\sqrt{4-x^2}} \int_{\sqrt{x^2+y^2}}^2 (x^2 + y^2) \, dz \, dy \, dx$를 계산하라.

풀이 이 반복적분은 다음 입체 영역에서의 삼중적분이다.

$$E = \left\{ (x, y, z) \mid -2 \le x \le 2, \ -\sqrt{4-x^2} \le y \le \sqrt{4-x^2}, \ \sqrt{x^2+y^2} \le z \le 2 \right\}$$

xy평면 위로의 E의 사영은 원판 $x^2 + y^2 \le 4$이다. E의 아래쪽 곡면은 원뿔면 $z = \sqrt{x^2 + y^2}$ 위쪽 곡면은 평면 $z = 2$이다(그림 13 참조). 이 영역은 다음과 같은 원기둥좌표로 훨씬 간단하게 나타낼 수 있다.

$$E = \left\{ (r, \theta, z) \mid 0 \le \theta \le 2\pi, \ 0 \le r \le 2, \ r \le z \le 2 \right\}$$

따라서 다음을 얻는다.

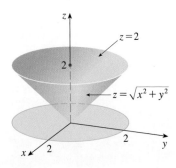

그림 13

$$\int_{-2}^2 \int_{-\sqrt{4-x^2}}^{\sqrt{4-x^2}} \int_{\sqrt{x^2+y^2}}^2 (x^2 + y^2) \, dz \, dy \, dx = \iiint_E (x^2 + y^2) \, dV$$

$$= \int_0^{2\pi} \int_0^2 \int_r^2 r^2 \, r \, dz \, dr \, d\theta$$

$$= \int_0^{2\pi} d\theta \int_0^2 r^3(2 - r)\, dr$$

$$= 2\pi \left[\tfrac{1}{2}r^4 - \tfrac{1}{5}r^5 \right]_0^2 = \tfrac{16}{5}\pi \qquad \blacksquare$$

14.7 | 연습문제

1. 다음 원기둥좌표의 점을 나타내고, 이 점의 공간좌표를 구하라.
   (a) $(5, \pi/2, 2)$ (b) $(6, -\pi/4, -3)$

2. 다음 공간좌표를 원기둥좌표로 바꾸라.
   (a) $(4, 4, -3)$ (b) $\left(5\sqrt{3}, -5, \sqrt{3}\right)$

3. 방정식이 $r = 2$인 곡면을 말로 설명하라.

4. 방정식이 $r^2 + z^2 = 4$인 곡면을 밝혀라.

5. 다음 방정식을 원기둥좌표로 나타내라.
   (a) $x^2 - x + y^2 + z^2 = 1$
   (b) $z = x^2 - y^2$

6. 부등식 $r^2 \le z \le 8 - r^2$이 나타내는 입체를 그려라.

7. 길이가 20 cm, 내부 반지름이 6 cm, 외부 반지름이 7 cm인 원통껍질이 있다. 적절한 좌표계를 이용해서 껍질을 나타내는 부등식을 쓰라. 껍질에 대해 좌표계를 어떻게 정했는지 설명하라.

8. (a) 그림과 같은 영역 E에서, $f(x, y, z) = x^2 + y^2$일 때 $\iiint_E f(x, y, z)\, dV$를 반복적분으로 나타내라.
   (b) 그 반복적분을 계산하라.

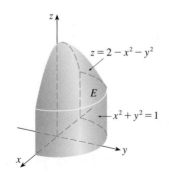

9. 부피가 적분 $\int_{\pi/2}^{3\pi/2} \int_0^3 \int_{r^2}^9 r\, dz\, dr\, d\theta$로 주어진 입체를 그리고, 적분을 계산하라.

10-15 원기둥좌표를 이용하라.

10. E가 원기둥 $x^2 + y^2 = 16$의 내부와 평면 $z = -5$와 $z = 4$ 사이에 놓인 영역일 때, $\iiint_E \sqrt{x^2 + y^2}\, dV$를 구하라.

11. E가 제1팔분공간에서 포물면 $z = 4 - x^2 - y^2$ 아래에 놓인 입체일 때, $\iiint_E (x + y + z)\, dV$를 구하라.

12. E가 원기둥 $x^2 + y^2 = 1$의 내부와 평면 $z = 0$의 위, 원뿔면 $z^2 = 4x^2 + 4y^2$의 아래에 놓인 영역일 때, $\iiint_E x^2\, dV$를 구하라.

13. 원뿔면 $z = \sqrt{x^2 + y^2}$과 구면 $x^2 + y^2 + z^2 = 2$로 둘러싸인 입체의 부피를 구하라.

14. (a) 포물면 $z = 24 - x^2 - y^2$과 원뿔면 $z = 2\sqrt{x^2 + y^2}$ 사이에 놓인 영역 E의 부피를 구하라.
   (b) E의 무게중심을 구하라. (밀도가 균일한 경우 질량중심이다.)

15. 포물면 $z = 4x^2 + 4y^2$과 평면 $z = a(a > 0)$에 의해 유계된 입체 S가 균일한 밀도 K를 가질 때, 입체 S의 질량과 질량중심을 구하라.

16. 원기둥좌표로 바꿔서 $\int_{-2}^2 \int_{-\sqrt{4-y^2}}^{\sqrt{4-y^2}} \int_{\sqrt{x^2+y^2}}^2 xz\, dz\, dx\, dy$를 계산하라.

17. 산맥 형성 과정을 연구할 때, 지질학자들은 산이 해수면 위로 융기할 때 작용한 일의 양을 추정한다. 기본적으로 직원

뿔 모양의 산을 생각하자. 점 P의 부근에 있는 물질의 무게 밀도를 $g(P)$, 높이를 $h(P)$로 가정하자.

(a) 산을 형성하는 데 작용한 전체 일의 양을 나타내는 정적분을 세워라.

(b) 일본의 후지산을 반지름 19,000 m, 높이 3,800 m, 밀도가 3,200 kg/m³로 균일한 직원뿔 모양이라고 가정하자. 육지가 초기에 해수면에 있었다면 후지산을 형성하기 위해 한 일은 얼마인가?

14.8 | 구면좌표에서 삼중적분

3차원 공간에서 유용한 또 다른 좌표계로 **구면좌표계**가 있다. 이 좌표계는 구면 또는 원뿔면에 의해 유계된 영역에서 삼중적분의 계산을 간단히 할 수 있다.

■ 구면좌표

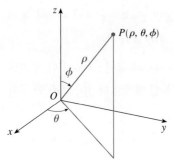

그림 1 한 점의 구면좌표

공간에서 점 P의 **구면좌표**(spherical coordinate) (ρ, θ, ϕ)는 그림 1과 같다. 여기서 $\rho = |OP|$는 원점에서 P까지의 거리이고, θ는 원기둥좌표에서와 같은 각이고, ϕ는 양의 z축과 선분 OP 사이의 각이다. 정의에 의해 다음이 성립함을 주목하라.

$$\rho \geq 0, \qquad 0 \leq \phi \leq \pi$$

구면좌표계는 한 점에 대해 대칭이고, 이 점이 원점인 문제에 매우 유용하다. 예를 들면 중심이 원점이고 반지름이 c인 구면의 방정식은 간단히 $\rho = c$이다(그림 2 참조). 이것이 구면좌표라는 이름이 붙은 이유이다. 방정식 $\theta = c$의 그래프는 수직반평면(그림 3 참조)이고, 방정식 $\phi = c$는 z축이 중심축인 반원뿔면을 나타낸다(그림 4 참조).

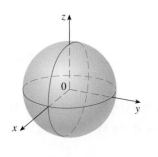

그림 2 $\rho = c$, 구면

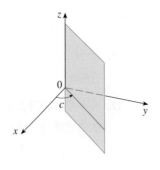

그림 3 $\theta = c$, 반평면

$0 < c < \pi/2$

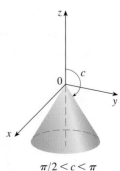

$\pi/2 < c < \pi$

그림 4 $\phi = c$, 반원뿔면

공간좌표와 구면좌표 사이의 관계는 그림 5를 보면 알 수 있다. 삼각형 OPQ와 OPP'으로부터 다음을 얻는다.

$$z = \rho \cos\phi, \qquad r = \rho \sin\phi$$

그런데 $x = r\cos\theta$, $y = r\sin\theta$이므로 구면좌표를 공간좌표로 변환하기 위해 다음 식을 이용한다.

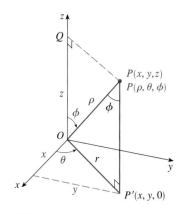

그림 5

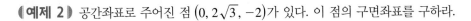
$$\boxed{1} \qquad x = \rho \sin\phi \cos\theta \qquad y = \rho \sin\phi \sin\theta \qquad z = \rho \cos\phi$$

또한 거리 공식으로부터 다음이 성립한다.

$$\boxed{2} \qquad \rho^2 = x^2 + y^2 + z^2$$

이 식은 공간좌표를 구면좌표로 변환할 때 이용한다.

《예제 1》 구면좌표로 주어진 점 $(2, \pi/4, \pi/3)$가 있다. 이 점을 그리고 공간좌표를 구하라.

풀이 그림 6에 주어진 점이 표시되어 있다. 식 $\boxed{1}$로부터 다음을 얻는다.

$$x = \rho \sin\phi \cos\theta = 2 \sin\frac{\pi}{3} \cos\frac{\pi}{4} = 2\left(\frac{\sqrt{3}}{2}\right)\left(\frac{1}{\sqrt{2}}\right) = \sqrt{\frac{3}{2}}$$

$$y = \rho \sin\phi \sin\theta = 2 \sin\frac{\pi}{3} \sin\frac{\pi}{4} = 2\left(\frac{\sqrt{3}}{2}\right)\left(\frac{1}{\sqrt{2}}\right) = \sqrt{\frac{3}{2}}$$

$$z = \rho \cos\phi = 2 \cos\frac{\pi}{3} = 2\left(\tfrac{1}{2}\right) = 1$$

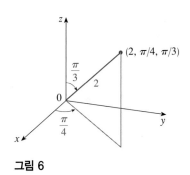

그림 6

따라서 점 $(2, \pi/4, \pi/3)$의 공간좌표는 $\left(\sqrt{3/2}, \sqrt{3/2}, 1\right)$이다. ■

《예제 2》 공간좌표로 주어진 점 $\left(0, 2\sqrt{3}, -2\right)$가 있다. 이 점의 구면좌표를 구하라.

풀이 식 $\boxed{2}$로부터 다음을 얻는다.

$$\rho = \sqrt{x^2 + y^2 + z^2} = \sqrt{0 + 12 + 4} = 4$$

그리고 식 $\boxed{1}$에 따라 다음을 얻는다.

$$\cos\phi = \frac{z}{\rho} = \frac{-2}{4} = -\frac{1}{2}, \qquad \phi = \frac{2\pi}{3}$$

$$\cos\theta = \frac{x}{\rho \sin\phi} = 0, \qquad \theta = \frac{\pi}{2}$$

주의 구면좌표에 대한 기호는 전반적으로 일치하지는 않는다. 대부분의 물리학 책에서 θ와 ϕ의 의미가 바뀌고 ρ 대신 r를 사용한다.

($y = 2\sqrt{3} > 0$이므로 $\theta \neq 3\pi/2$임에 주목한다.) 따라서 주어진 점의 구면좌표는 $(4, \pi/2, 2\pi/3)$이다. ■

■ 구면좌표에서 삼중적분 계산

구면좌표계에서 다음과 같은 **구면 쐐기**(spherical wedge)가 직육면체에 해당한다.

$$E = \left\{ (\rho, \theta, \phi) \mid a \leq \rho \leq b, \ \alpha \leq \theta \leq \beta, \ c \leq \phi \leq d \right\}$$

여기서 $a \geq 0$, $\beta - a \leq 2\pi$, $d - c \leq \pi$이다. 입체를 작은 직육면체로 나눠서 삼중적

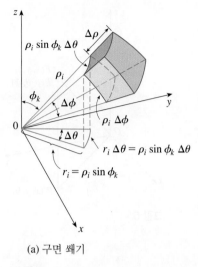

(a) 구면 쐐기

그림 7

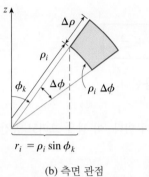

(b) 측면 관점

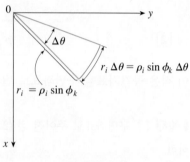

(c) 윗면 관점

분을 정의했지만, 입체를 작은 구면 쐐기로 나눠도 항상 같은 결과를 얻는다는 사실을 보일 수 있다. 따라서 E를 등간격으로 떨어진 구면 $\rho = \rho_i$, 반평면 $\theta = \theta_j$, 반원뿔면 $\phi = \phi_k$를 이용해서 더 작은 구면 쐐기 E_{ijk}로 나눈다. 그림 7에서 E_{ijk}는 세 변의 길이가 $\Delta\rho_i$, $\rho_i\,\Delta\phi$(반지름이 ρ_i, 각이 $\Delta\phi$인 원호), $\rho_i \sin\phi_k\,\Delta\theta$(반지름이 $\rho_i \sin\phi_k$, 각이 $\Delta\theta$인 원호)인 직육면체와 거의 같다. 따라서 E_{ijk}의 근사 부피는 다음과 같다.

$$\Delta V_{ijk} \approx (\Delta\rho)(\rho_i\,\Delta\phi)(\rho_i \sin\phi_k\,\Delta\theta) = \rho_i^2 \sin\phi_k\,\Delta\rho\,\Delta\theta\,\Delta\phi$$

실제로 평균값 정리를 이용하면(연습문제 26) E_{ijk}의 정확한 부피는 다음과 같음을 보일 수 있다.

$$\Delta V_{ijk} = \bar{\rho}_i^2 \sin\bar{\phi}_k\,\Delta\rho\,\Delta\theta\,\Delta\phi$$

여기서 $(\bar{\rho}_i, \bar{\theta}_j, \bar{\phi}_k)$는 E_{ijk}에 속하는 어떤 점이다. $(x_{ijk}^*, y_{ijk}^*, z_{ijk}^*)$를 이 점의 공간좌표라 하면 다음을 얻는다.

$$\iiint\limits_{E} f(x, y, z)\,dV = \lim_{l,m,n\to\infty} \sum_{i=1}^{l}\sum_{j=1}^{m}\sum_{k=1}^{n} f(x_{ijk}^*, y_{ijk}^*, z_{ijk}^*)\,\Delta V_{ijk}$$

$$= \lim_{l,m,n\to\infty} \sum_{i=1}^{l}\sum_{j=1}^{m}\sum_{k=1}^{n} f(\bar{\rho}_i \sin\bar{\phi}_k \cos\bar{\theta}_j,\ \bar{\rho}_i \sin\bar{\phi}_k \sin\bar{\theta}_j,\ \bar{\rho}_i \cos\bar{\phi}_k)\,\bar{\rho}_i^2 \sin\bar{\phi}_k\,\Delta\rho\,\Delta\theta\,\Delta\phi$$

그런데 이 합은 다음 함수의 리만 합이다.

$$F(\rho, \theta, \phi) = f(\rho \sin\phi \cos\theta,\ \rho \sin\phi\ \sin\theta,\ \rho \cos\phi)\,\rho^2 \sin\phi$$

결과적으로 다음과 같은 **구면좌표에서 삼중적분에 대한 공식**을 얻는다.

---

3 E가 다음과 같은 구면 쐐기라고 하자.

$$E = \left\{ (\rho, \theta, \phi) \mid a \le \rho \le b,\ \alpha \le \theta \le \beta,\ c \le \phi \le d \right\}$$

그러면 다음이 성립한다.

$$\iiint_E f(x, y, z) \, dV$$
$$= \int_c^d \int_\alpha^\beta \int_a^b f(\rho \sin\phi \, \cos\theta, \, \rho \sin\phi \, \sin\theta, \, \rho \cos\phi) \, \rho^2 \sin\phi \, d\rho \, d\theta \, d\phi$$

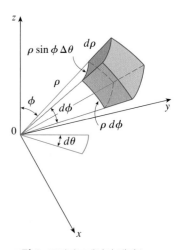

그림 8 구면좌표에서의 체적소
$dV = \rho^2 \sin\phi \, d\rho \, d\theta \, d\phi$

공식 **3**은 공간좌표에서 삼중적분을 다음과 같이 써서 구면좌표로 변환할 수 있음을 말해 준다.

$$x = \rho \sin\phi \, \cos\theta, \qquad y = \rho \sin\phi \, \sin\theta, \qquad z = \rho \cos\phi$$

여기서 적절한 적분 한계를 이용하고 dV를 $\rho^2 \sin\phi \, d\rho \, d\theta \, d\phi$로 대체한다. 이것은 그림 8에서 설명된다.

이 식은 다음과 같은 보다 더 일반적인 구면의 영역을 포함하도록 확장할 수 있다.

$$E = \left\{ (\rho, \theta, \phi) \mid \alpha \le \theta \le \beta, \, c \le \phi \le d, \, g_1(\theta, \phi) \le \rho \le g_2(\theta, \phi) \right\}$$

이 경우에 공식은 ρ의 적분 한계가 $g_1(\theta, \phi)$, $g_2(\theta, \phi)$로 바뀌는 것을 제외하고는 공식 **3**과 같다.

보통 원뿔면이나 구면과 같은 곡면이 적분 영역의 경계를 이루는 삼중적분에서 구면좌표가 이용된다.

《예제 3》 B가 단위공 $B = \left\{ (x, y, z) \mid x^2 + y^2 + z^2 \le 1 \right\}$일 때 $\iiint_B e^{(x^2+y^2+z^2)^{3/2}} \, dV$를 계산하라.

풀이 B의 경계가 구면이므로 다음과 같이 구면좌표를 이용한다.

$$B = \left\{ (\rho, \theta, \phi) \mid 0 \le \rho \le 1, \, 0 \le \theta \le 2\pi, \, 0 \le \phi \le \pi \right\}$$

더욱이 $x^2 + y^2 + z^2 = \rho^2$이므로 구면좌표가 적절하다. 따라서 공식 **3**으로부터 다음을 얻는다.

$$\iiint_B e^{(x^2+y^2+z^2)^{3/2}} \, dV = \int_0^\pi \int_0^{2\pi} \int_0^1 e^{(\rho^2)^{3/2}} \rho^2 \sin\phi \, d\rho \, d\theta \, d\phi$$
$$= \int_0^\pi \sin\phi \, d\phi \int_0^{2\pi} d\theta \int_0^1 \rho^2 e^{\rho^3} \, d\rho$$
$$= \left[-\cos\phi \right]_0^\pi (2\pi) \left[\tfrac{1}{3} e^{\rho^3} \right]_0^1 = \tfrac{4}{3}\pi(e - 1) \qquad \blacksquare$$

NOTE 예제 3에서의 적분을 구면좌표를 이용하지 않고 계산하기는 극히 어렵다. 공간좌표로 나타내면 반복적분은 다음과 같다.

$$\int_{-1}^1 \int_{-\sqrt{1-x^2}}^{\sqrt{1-x^2}} \int_{-\sqrt{1-x^2-y^2}}^{\sqrt{1-x^2-y^2}} e^{(x^2+y^2+z^2)^{3/2}} \, dz \, dy \, dx$$

《예제 4》 구면좌표를 이용해서 원뿔면 $z = \sqrt{x^2 + y^2}$ 위와 구면 $x^2 + y^2 + z^2 = z$ 아

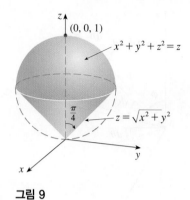

그림 9

래에 놓인 입체의 부피를 구하라(그림 9 참조).

풀이 주어진 구면은 원점을 지나며 중심이 $(0, 0, \frac{1}{2})$임에 주목하자. 구면좌표로 이 구면의 방정식을 다음과 같이 쓸 수 있다.

$$\rho^2 = \rho \cos \phi, \quad 즉 \rho = \cos \phi$$

원뿔면의 방정식은 다음과 같이 쓸 수 있다.

$$\rho \cos \phi = \sqrt{\rho^2 \sin^2\phi \, \cos^2\theta + \rho^2 \sin^2\phi \, \sin^2\theta} = \rho \sin \phi$$

이것은 $\sin \phi = \cos \phi$, 즉 $\phi = \pi/4$임을 뜻한다. 따라서 구면좌표로 입체 E를 나타내면 다음과 같다.

$$E = \left\{ (\rho, \theta, \phi) \mid 0 \le \theta \le 2\pi, \ 0 \le \phi \le \pi/4, \ 0 \le \rho \le \cos \phi \right\}$$

그림 10을 보면 ρ, ϕ, θ의 순서 각각에 대해 적분할 때 E가 어떻게 계산되는지 알 수 있다. E의 부피는 다음과 같다.

$$V(E) = \iiint_E dV = \int_0^{2\pi} \int_0^{\pi/4} \int_0^{\cos \phi} \rho^2 \sin \phi \ d\rho \, d\phi \, d\theta$$

$$= \int_0^{2\pi} d\theta \ \int_0^{\pi/4} \sin \phi \left[\frac{\rho^3}{3} \right]_{\rho=0}^{\rho=\cos \phi} d\phi$$

$$= \frac{2\pi}{3} \int_0^{\pi/4} \sin \phi \ \cos^3\phi \ d\phi = \frac{2\pi}{3} \left[-\frac{\cos^4\phi}{4} \right]_0^{\pi/4}$$

$$= \frac{\pi}{8}$$

ϕ, θ는 고정하고 ρ는 0에서 $\cos \phi$까지 움직인다.

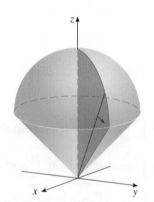

θ를 고정하고 ϕ는 0에서 $\pi/4$까지 움직인다.

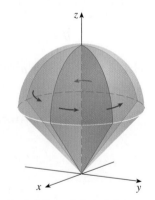

θ는 0에서 2π까지 움직인다.

그림 10

14.8 | 연습문제

1. 다음 구면좌표의 점을 나타내고, 이 점의 공간좌표를 구하라.

   (a) $(2, 3\pi/4, \pi/2)$ (b) $(4, -\pi/3, \pi/4)$

2. 다음 공간좌표를 구면좌표로 바꾸라.

   (a) $(3, 3, 0)$ (b) $\left(1, -\sqrt{3}, 2\sqrt{3}\right)$

3. 방정식이 $\phi = 3\pi/4$인 곡면을 말로 설명하라.

4. 방정식이 $\rho \cos \phi = 1$인 곡면을 밝혀라.

5. 다음 방정식을 구면좌표로 나타내라.

   (a) $x^2 + y^2 + z^2 = 9$ (b) $x^2 - y^2 - z^2 = 1$

6-7 다음 부등식이 나타내는 입체를 그려라.

6. $\rho \leq 1, \ 0 \leq \phi \leq \pi/6, \ 0 \leq \theta \leq \pi$

7. $1 \leq \rho \leq 3, \ 0 \leq \phi \leq \pi/2, \ \pi \leq \theta \leq 3\pi/2$

---

8. 한 입체가 원뿔면 $z = \sqrt{x^2 + y^2}$ 외부와 구면 $x^2 + y^2 + z^2 = 4z$ 내부에 놓여 있다. 이 입체를 구면좌표와 관련된 부등식으로 나타내라.

9. 부피가 다음 적분으로 주어진 입체를 그리고, 적분을 구하라.

$$\int_0^{\pi/6} \int_0^{\pi/2} \int_0^3 \rho^2 \sin \phi \ d\rho \ d\theta \ d\phi$$

10. 그림과 같은 영역 E 위에서 임의의 연속함수 $f(x, y, z)$의 삼중적분을 원기둥좌표 또는 구면좌표로 나타내라.

11. (a) 그림과 같은 영역 E 위에서 $f(x, y, z) = \sqrt{x^2 + y^2 + z^2}$에 대한 삼중적분 $\iiint_E f(x, y, z) \, dV$를 반복적분으로 나타내라.

   (b) 그 반복적분을 계산하라.

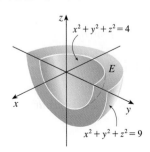

12-18 구면좌표를 이용하라.

12. B가 중심이 원점이고 반지름이 5인 공일 때, $\iiint_B (x^2 + y^2 + z^2)^2 \, dV$를 구하라.

13. E가 두 구면 $x^2 + y^2 + z^2 = 4$와 $x^2 + y^2 + z^2 = 9$ 사이에 놓일 때, $\iiint_E (x^2 + y^2) \, dV$를 구하라.

14. E가 제1팔분공간에 놓인 단위공 $x^2 + y^2 + z^2 \leq 1$일 때, $\iiint_E xe^{x^2+y^2+z^2} \, dV$를 구하라.

15. 원뿔면 $\phi = \pi/6$과 $\phi = \pi/3$ 사이에 놓인 공 $\rho \leq a$의 부피를 구하라.

16. (a) 원뿔면 $\phi = \pi/3$ 위와 구면 $\rho = 4 \cos \phi$ 아래에 놓인 입체의 부피를 구하라.

   (b) (a)의 입체의 무게중심을 구하라.

17. (a) 예제 4에 있는 입체의 무게중심을 구하라. (입체의 밀도 K는 균일하다고 가정한다.)

   (b) 이 입체 대해 z축에 대한 관성모멘트를 구하라.

18. (a) 반지름이 a이고 동질인 반구의 무게중심을 구하라.

   (b) (a)의 입체의 밑면의 지름에 대한 입체의 관성모멘트를 구하라.

19-21 더 편해 보이는 원기둥좌표나 구면좌표를 이용한다.

19. 원뿔면 $z = \sqrt{x^2 + y^2}$ 위와 구면 $x^2 + y^2 + z^2 = 1$ 아래에 놓인 입체 E의 부피와 무게중심을 구하라.

20. 반지름이 a, 높이가 h인 밀도가 균일한 원기둥이 있다.

   (a) 축방향에 대한 원기둥의 관성모멘트를 구하라.

   (b) 바닥의 지름에 대한 원기둥의 관성모멘트를 구하라.

⊤ 21. E가 포물면 $z = x^2 + y^2$ 위와 평면 $z = 2y$ 아래에 놓여 있을 때 $\iiint_E z \, dV$를 구하라. 적분표나 컴퓨터 대수체계를 이용해서 적분을 계산하라.

22-23 구면좌표로 바꿔서 다음 적분을 계산하라.

22. $\int_0^1 \int_0^{\sqrt{1-x^2}} \int_{\sqrt{x^2+y^2}}^{\sqrt{2-x^2-y^2}} xy \, dz \, dy \, dx$

23. $\int_{-2}^2 \int_{-\sqrt{4-x^2}}^{\sqrt{4-x^2}} \int_{2-\sqrt{4-x^2-y^2}}^{2+\sqrt{4-x^2-y^2}} (x^2 + y^2 + z^2)^{3/2} \, dz \, dy \, dx$

⊞ 24. 그래픽 소프트웨어를 이용해서 반지름 3, 높이 10인 원기둥 위에 반구가 놓인 사일로를 그려라.

T 25. 곡면 $\rho = 1 + \frac{1}{5} \sin m\theta \sin n\phi$는 종양의 모형으로 사용되어 왔다. 다음 그림은 $m = 6$, $n = 5$인 울퉁불퉁한 구면이다. 컴퓨터 대수체계를 이용해서 그것이 둘러싸고 있는 부피를 구하라.

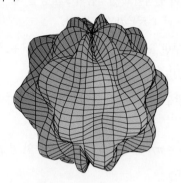

26. (a) 원기둥 좌표를 이용해서 구면 $r^2 + z^2 = a^2$ 위와 $0 < \phi_0 < \pi/2$에서 원뿔면 $z = r \cot \phi_0$(또는 $\phi = \phi_0$)

아래에 있는 입체의 부피가 다음과 같음을 보여라.

$$V = \frac{2\pi a^3}{3}(1 - \cos \phi_0)$$

(b) $\rho_1 \le \rho \le \rho_2$, $\theta_1 \le \theta \le \theta_2$, $\phi_1 \le \phi \le \phi_2$로 주어진 구면 쐐기의 부피가 다음과 같음을 추론하라.

$$\Delta V = \frac{\rho_2^3 - \rho_1^3}{3}(\cos \phi_1 - \cos \phi_2)(\theta_2 - \theta_1)$$

(c) 평균값 정리를 이용해서 (b)의 부피를 다음과 같이 쓸 수 있음을 보여라.

$$\Delta V = \bar{\rho}^2 \sin \bar{\phi} \, \Delta\rho \, \Delta\theta \, \Delta\phi$$

여기서 $\bar{\rho}$는 ρ_1과 ρ_2 사이에 있고 $\bar{\phi}$는 ϕ_1과 ϕ_2 사이에 놓여 있으며 $\Delta\rho = \rho_2 - \rho_1$, $\Delta\theta = \theta_2 - \theta_1$, $\Delta\phi = \phi_2 - \phi_1$이다.

14.9 | 다중적분에서 변수변환

1차원 적분에서 적분을 간단히 하기 위해 종종 변수변환(치환)을 이용했다. x와 u의 역할을 바꿈으로써 4.5절의 치환법칙 정리 **5**를 다음과 같이 쓸 수 있다.

$$\boxed{1} \qquad \int_a^b f(x) \, dx = \int_c^d f(g(u)) \, g'(u) \, du$$

여기서 $x = g(u)$, $a = g(c)$, $b = g(d)$이다. 공식 **1**을 다음과 같이 표현할 수도 있다.

$$\boxed{2} \qquad \int_a^b f(x) \, dx = \int_c^d f(x(u)) \frac{dx}{du} \, du$$

이중적분과 삼중적분을 계산할 때 변수변환은 유용할 수 있다.

■ 이중적분에서 변수변환

변수변환은 이중적분에서도 매우 유용하며, 이미 이런 예로써 극좌표로의 변환을 살펴봤다. 이때 새로운 변수 r, θ와 기존의 변수 x, y 사이에는 다음 관계식이 성립한다.

$$x = r \cos\theta, \quad y = r \sin\theta$$

그리고 14.3절의 변수변환 공식 **2**는 다음과 같이 쓸 수 있다.

$$\iint_R f(x, y) \, dA = \iint_S f(r \cos\theta, r \sin\theta) \, r \, dr \, d\theta$$

여기서 S는 xy 평면의 영역 R에 해당하는 $r\theta$평면의 영역이다.

좀 더 일반적으로 다음과 같은 uv평면에서 xy평면으로의 **변환**(transformation) T로 주어진 변수변환을 생각하자.

$$T(u, v) = (x, y)$$

여기서 x, y와 u, v는 다음 식으로 관련된다.

$$\boxed{3} \qquad x = g(u, v), \quad y = h(u, v)$$

또는 때때로 다음과 같이 쓰기도 한다.

$$x = x(u, v), \quad y = y(u, v)$$

g, h가 연속인 1계 편도함수를 갖는다는 의미에서 변환 T를 **C^1변환**(C^1 transformation)이라 하며, 앞으로 T는 항상 C^1변환이라고 가정한다.

변환 T는 실제 정의역과 치역이 모두 $\mathbb{R}^2$의 부분집합인 함수이다. $T(u_1, v_1) = (x_1, y_1)$일 때, 점 (x_1, y_1)을 점 (u_1, v_1)의 **상**(image)이라고 한다. 어떤 두 점도 같은 상을 갖지 않으면 T를 **일대일**(one-to-one) **변환**이라고 한다. 그림 1은 uv평면의 영역 S를 T에 의해 변환한 그림을 보여 준다. T가 S안의 모든 점들의 상으로 구성된 xy평면 안의 영역 R로 변환되면, R를 **S의 상**(image of S)이라 한다.

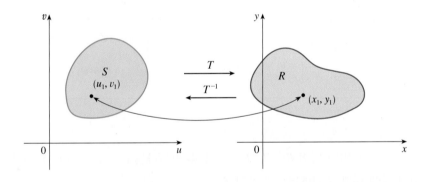

그림 1

T가 일대일 변환이면 xy평면에서 uv평면으로의 **역변환**(inverse transformation) T^{-1}이 존재한다. 그리고 식 $\boxed{3}$을 풀어서 다음과 같이 u, v를 x, y로 표현할 수 있다.

$$u = G(x, y), \quad v = H(x, y)$$

《예제 1》 방정식이 $x = u^2 - v^2$, $y = 2uv$로 정의된 변환에 대해 정사각형 $S = \{(u, v) \mid 0 \leq u \leq 1,\ 0 \leq v \leq 1\}$의 상을 구하라.

풀이 변환은 S의 경계를 상의 경계로 사상한다. 따라서 S의 변의 상을 구하는 것으로 시작한다. 첫 번째 변 S_1은 $v = 0(0 \leq u \leq 1)$이다(그림 2 참조). 주어진 식으로부터 $x = u^2$, $y = 0$을 얻으므로 $0 \leq x \leq 1$이다. 그러므로 S_1은 xy평면에서 $(0, 0)$에서 $(1, 0)$까지 선분으로 사상한다. 두 번째 변 S_2는 $u = 1(0 \leq v \leq 1)$이다. 주어진 방정식에 $u = 1$이라 놓으면 다음을 얻는다.

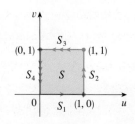

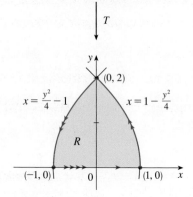

그림 2

$$x = 1 - v^2, \quad y = 2v$$

v를 소거함으로써 포물선의 일부인 다음을 얻는다.

$$\boxed{4} \qquad x = 1 - \frac{y^2}{4}, \quad 0 \le x \le 1$$

마찬가지로 S_3은 $v = 1(0 \le u \le 1)$로 주어지며, 상은 다음과 같이 포물선의 일부이다.

$$\boxed{5} \qquad x = \frac{y^2}{4} - 1, \quad -1 \le x \le 0$$

마지막으로 S_4는 $u = 0(0 \le v \le 1)$으로 주어지고, 상은 $x = -v^2$, $y = 0$, 즉 $-1 \le x \le 0$이다. (정사각형 주위를 반시계 방향으로 움직이면 포물 영역의 주위를 반시계 방향으로 움직인다.) S의 상은 x축과 식 $\boxed{4}$와 $\boxed{5}$로 주어진 포물선으로 유계된 영역 R이다(그림 2 참조). ∎

이제 변수변환이 이중적분에 어떤 효과를 가져오는지 알아보자. uv평면에서 왼쪽 아래 모퉁이가 (u_0, v_0)이고 변의 길이가 각각 Δu와 Δv인 작은 사각형 S를 가지고 시작한다(그림 3 참조).

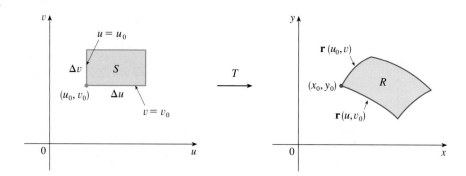

그림 3

S의 상은 xy평면의 영역 R이고 그 경계점 중의 하나는 $(x_0, y_0) = T(u_0, v_0)$이다. 점 (u, v)의 상에 대한 위치벡터는 다음과 같다.

$$\mathbf{r}(u, v) = g(u, v)\,\mathbf{i} + h(u, v)\,\mathbf{j}$$

S의 아래쪽 변의 방정식은 $v = v_0$이고 이것의 상곡선(image curve)은 벡터함수 $\mathbf{r}(u, v_0)$으로 주어진다. (x_0, y_0)에서 이 상곡선에 대한 접선벡터는 다음과 같다.

$$\mathbf{r}_u = g_u(u_0, v_0)\,\mathbf{i} + h_u(u_0, v_0)\,\mathbf{j} = \frac{\partial x}{\partial u}\,\mathbf{i} + \frac{\partial y}{\partial u}\,\mathbf{j}$$

마찬가지로 (x_0, y_0)에서 S의 왼쪽 변(즉, $u = u_0$)의 상곡선에 대한 접선벡터는 다음과 같다.

$$\mathbf{r}_v = g_v(u_0, v_0)\,\mathbf{i} + h_v(u_0, v_0)\,\mathbf{j} = \frac{\partial x}{\partial v}\,\mathbf{i} + \frac{\partial y}{\partial v}\,\mathbf{j}$$

S의 상영역(image region) $R = T(S)$를 그림 4에서처럼 다음 두 할선 벡터에 의해

만들어지는 평행사변형으로 근사시킬 수 있다.

$$\mathbf{a} = \mathbf{r}(u_0 + \Delta u, v_0) - \mathbf{r}(u_0, v_0), \qquad \mathbf{b} = \mathbf{r}(u_0, v_0 + \Delta v) - \mathbf{r}(u_0, v_0)$$

그런데 다음이 성립한다.

$$\mathbf{r}_u = \lim_{\Delta u \to 0} \frac{\mathbf{r}(u_0 + \Delta u, v_0) - \mathbf{r}(u_0, v_0)}{\Delta u}$$

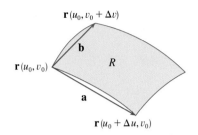

그림 4

따라서 다음을 얻는다.

$$\mathbf{r}(u_0 + \Delta u, v_0) - \mathbf{r}(u_0, v_0) \approx \Delta u\, \mathbf{r}_u$$

같은 방법으로 다음을 얻는다.

$$\mathbf{r}(u_0, v_0 + \Delta v) - \mathbf{r}(u_0, v_0) \approx \Delta v\, \mathbf{r}_v$$

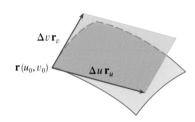

그림 5

이것은 R를 두 벡터 $\Delta u\, \mathbf{r}_u$와 $\Delta v\, \mathbf{r}_v$에 의해 만들어지는 평행사변형으로 근사시킬 수 있음을 뜻한다(그림 5 참조). 따라서 R의 넓이는 이 평행사변형의 넓이에 의해 근사시킬 수 있다. 이 평행사변형의 넓이는 11.4절로부터 다음과 같다.

$$\boxed{6} \qquad \left| (\Delta u\, \mathbf{r}_u) \times (\Delta v\, \mathbf{r}_v) \right| = \left| \mathbf{r}_u \times \mathbf{r}_v \right| \Delta u\, \Delta v$$

외적을 계산하면 다음을 얻는다.

$$\mathbf{r}_u \times \mathbf{r}_v = \begin{vmatrix} \mathbf{i} & \mathbf{j} & \mathbf{k} \\ \dfrac{\partial x}{\partial u} & \dfrac{\partial y}{\partial u} & 0 \\ \dfrac{\partial x}{\partial v} & \dfrac{\partial y}{\partial v} & 0 \end{vmatrix} = \begin{vmatrix} \dfrac{\partial x}{\partial u} & \dfrac{\partial y}{\partial u} \\ \dfrac{\partial x}{\partial v} & \dfrac{\partial y}{\partial v} \end{vmatrix} \mathbf{k} = \begin{vmatrix} \dfrac{\partial x}{\partial u} & \dfrac{\partial x}{\partial v} \\ \dfrac{\partial y}{\partial u} & \dfrac{\partial y}{\partial v} \end{vmatrix} \mathbf{k}$$

이 계산에 나타나는 행렬식을 변환의 **야코비안**(Jacobian)이라 하고, 다음과 같은 특별한 기호로 쓴다.

> $\boxed{7}$ **정리** $x = g(u, v)$, $y = h(u, v)$로 주어진 변환 T의 **야코비안**은 다음과 같다.
>
> $$\frac{\partial(x, y)}{\partial(u, v)} = \begin{vmatrix} \dfrac{\partial x}{\partial u} & \dfrac{\partial x}{\partial v} \\ \dfrac{\partial y}{\partial u} & \dfrac{\partial y}{\partial v} \end{vmatrix} = \frac{\partial x}{\partial u} \frac{\partial y}{\partial v} - \frac{\partial x}{\partial v} \frac{\partial y}{\partial u}$$

야코비안은 독일의 수학자 야코비(Carl Gustav Jacob Jacobi, 1804~1851)의 이름을 딴 것이다. 프랑스의 수학자 코시가 편도함수를 포함하는 이런 특별한 행렬식을 먼저 이용했지만 야코비가 이것을 다중적분의 계산에 이용하는 방법을 개발했다.

이 기호를 이용해서 R의 넓이 ΔA에 대한 다음과 같은 근사식을 식 $\boxed{6}$에 사용할 수 있다.

$$\boxed{8} \qquad \Delta A \approx \left| \frac{\partial(x, y)}{\partial(u, v)} \right| \Delta u\, \Delta v$$

여기서 야코비안은 (u_0, v_0)에서 계산된다.

다음에는 uv 평면에 있는 영역 S를 부분 사각형 영역 S_{ij}로 나누고, S_{ij}의 상을 R_{ij} 라 한다(그림 6 참조).

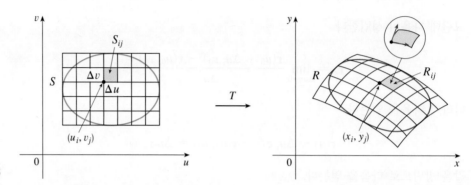

그림 6

근사식 $\boxed{8}$ 을 각각의 R_{ij}에 적용함으로써, R 위에서 f의 이중적분을 다음과 같이 근사시킨다.

$$\iint\limits_{R} f(x, y)\, dA \approx \sum_{i=1}^{m} \sum_{j=1}^{n} f(x_i, y_j)\, \Delta A$$

$$\approx \sum_{i=1}^{m} \sum_{j=1}^{n} f(g(u_i, v_j), h(u_i, v_j)) \left| \frac{\partial(x, y)}{\partial(u, v)} \right| \Delta u \, \Delta v$$

여기서 야코비안은 (u_i, v_j)에서 계산된다. 이 이중합은 다음 적분에 대한 리만 합이다.

$$\iint\limits_{S} f(g(u, v), h(u, v)) \left| \frac{\partial(x, y)}{\partial(u, v)} \right| du \, dv$$

이런 논의가 참임을 다음 정리가 시사한다. (완전한 증명은 고등 미적분학 과정에서 확인할 수 있다.)

$\boxed{9}$ **이중적분에서의 변수변환** T가 uv평면의 영역 S를 xy평면의 영역 R 위로 사상하는 C^1변환이고, 그의 야코비안이 0이 아니라고 가정하자. R와 S가 유형 I 또는 유형 II인 평면 영역이고 f가 R에서 연속이라고 가정하자. 또한 T가 S의 경계를 제외하고 일대일이라 하면, 다음이 성립한다.

$$\iint\limits_{R} f(x, y)\, dA = \iint\limits_{S} f(x(u, v), y(u, v)) \left| \frac{\partial(x, y)}{\partial(u, v)} \right| du \, dv$$

정리 $\boxed{9}$는 x, y를 u, v의 식으로 나타내고 dA를 다음과 같이 씀으로써 x, y로 나타낸 적분을 u, v에 관한 적분으로 변환시킨다는 것을 말해 준다.

$$dA = \left| \frac{\partial(x, y)}{\partial(u, v)} \right| du \, dv$$

정리 9와 1차원 공식인 식 2 사이에 유사성이 있음에 주목하자. 도함수 dx/du 대신에 야코비안의 절댓값 $|\partial(x, y)/\partial(u, v)|$가 사용됐다.

정리 9의 첫 번째 예로, 극좌표에서의 적분 공식이 바로 이것의 특별한 경우임을 보인다. 여기서 $r\theta$평면에서 xy평면으로의 변환 T는 다음과 같다.

$$x = g(r, \theta) = r\cos\theta, \quad y = h(r, \theta) = r\sin\theta$$

그리고 그 변환의 구조가 그림 7에 나타나 있다. T는 $r\theta$평면의 보통 직사각형을 xy평면의 극사각형으로 사상하며 T의 야코비안은 다음과 같다.

$$\frac{\partial(x, y)}{\partial(r, \theta)} = \begin{vmatrix} \dfrac{\partial x}{\partial r} & \dfrac{\partial x}{\partial \theta} \\ \dfrac{\partial y}{\partial r} & \dfrac{\partial y}{\partial \theta} \end{vmatrix} = \begin{vmatrix} \cos\theta & -r\sin\theta \\ \sin\theta & r\cos\theta \end{vmatrix} = r\cos^2\theta + r\sin^2\theta = r > 0$$

그러므로 정리 9에 따라 다음을 얻는다.

$$\iint\limits_{R} f(x, y)\, dx\, dy = \iint\limits_{S} f(r\cos\theta, r\sin\theta) \left| \frac{\partial(x, y)}{\partial(r, \theta)} \right| dr\, d\theta$$

$$= \int_{\alpha}^{\beta} \int_{a}^{b} f(r\cos\theta, r\sin\theta)\, r\, dr\, d\theta$$

이것은 14.3절의 식 2와 일치한다.

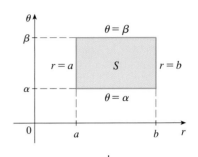

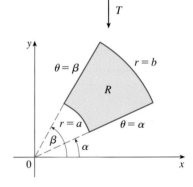

그림 7 극좌표 변환

《예제 2》 x축과 포물선 $y^2 = 4 - 4x$, $y^2 = 4 + 4x$, $y \geq 0$으로 유계된 영역을 R라 하자. 변수변환 $x = u^2 - v^2$, $y = 2uv$를 이용해서 적분 $\iint_R y\, dA$를 구하라.

풀이 영역 R을 그림 8에 그렸다. R는 예제 1의 그림 2에 있으며, S를 정사각형 $[0, 1] \times [0, 1]$이라 하면 $T(S) = R$이다. 적분을 계산하기 위해 변수변환을 하는 이유는 S가 R보다 훨씬 더 간단한 영역이기 때문이다. 먼저 다음과 같이 야코비안을 계산한다.

$$\frac{\partial(x, y)}{\partial(u, v)} = \begin{vmatrix} \dfrac{\partial x}{\partial u} & \dfrac{\partial x}{\partial v} \\ \dfrac{\partial y}{\partial u} & \dfrac{\partial y}{\partial v} \end{vmatrix} = \begin{vmatrix} 2u & -2v \\ 2v & 2u \end{vmatrix} = 4u^2 + 4v^2 > 0$$

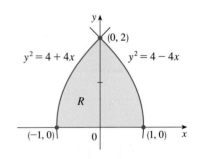

그림 8

따라서 정리 9에 의해 다음을 얻는다.

$$\iint\limits_{R} y\, dA = \iint\limits_{S} 2uv \left| \frac{\partial(x, y)}{\partial(u, v)} \right| dA = \int_{0}^{1} \int_{0}^{1} (2uv)4(u^2 + v^2)\, du\, dv$$

$$= 8\int_{0}^{1} \int_{0}^{1} (u^3 v + uv^3)\, du\, dv = 8\int_{0}^{1} \left[\tfrac{1}{4}u^4 v + \tfrac{1}{2}u^2 v^3 \right]_{u=0}^{u=1} dv$$

$$= \int_{0}^{1} (2v + 4v^3)\, dv = \left[v^2 + v^4 \right]_{0}^{1} = 2 \qquad ■$$

NOTE 예제 2에서는 적절한 변수변환이 주어졌으므로 풀기에 어려운 문제가 아니다. 변환이 주어지지 않으면 맨 처음 할 일은 적절한 변수변환을 생각해 내는 것이다. $f(x, y)$ 가 적분하기 어려운 함수이면 $f(x, y)$의 형태에서 변환을 추측할 수 있다. 적분 영역 R 이 다루기 곤란하다면 대응하는 uv평면의 영역 S를 간단히 표현할 수 있는 변환을 선택 해야 한다.

《 **예제 3** 》 꼭짓점이 $(1, 0)$, $(2, 0)$, $(0, -2)$, $(0, -1)$인 사다리꼴 영역을 R라 할 때, 적 분 $\iint_R e^{(x+y)/(x-y)} dA$를 계산하라.

풀이 $e^{(x+y)/(x-y)}$은 적분하기에 어려우므로 이 함수의 형태가 암시하는 다음과 같은 변환 을 생각한다.

$$\boxed{10} \qquad\qquad u = x + y, \quad v = x - y$$

이 식은 xy평면에서 uv평면으로의 변환 T^{-1}를 정의한다. 정리 $\boxed{9}$는 uv평면에서 xy평 면으로의 변환 T에 대해 언급하고 있다. 식 $\boxed{10}$을 x, y에 관해서 풀면 다음을 얻는다.

$$\boxed{11} \qquad\qquad x = \tfrac{1}{2}(u + v), \quad y = \tfrac{1}{2}(u - v)$$

T의 야코비안은 다음과 같다.

$$\frac{\partial(x, y)}{\partial(u, v)} = \begin{vmatrix} \dfrac{\partial x}{\partial u} & \dfrac{\partial x}{\partial v} \\ \dfrac{\partial y}{\partial u} & \dfrac{\partial y}{\partial v} \end{vmatrix} = \begin{vmatrix} \tfrac{1}{2} & \tfrac{1}{2} \\ \tfrac{1}{2} & -\tfrac{1}{2} \end{vmatrix} = -\tfrac{1}{2}$$

R에 대응되는 uv평면의 영역 S를 구하기 위해 R의 변들이 다음 직선 위에 놓이는 것 을 주의한다.

$$y = 0, \quad x - y = 2, \quad x = 0, \quad x - y = 1$$

식 $\boxed{10}$ 또는 $\boxed{11}$로부터 uv평면의 상직선은 다음과 같다.

$$u = v, \quad v = 2, \quad u = -v, \quad v = 1$$

따라서 영역 S는 그림 9와 같은 꼭짓점 $(1, 1)$, $(2, 2)$, $(-2, 2)$, $(-1, 1)$인 사다리꼴이다. 따라서 다음과 같다.

$$S = \big\{ (u, v) \mid 1 \le v \le 2, \; -v \le u \le v \big\}$$

정리 $\boxed{9}$에 의해 다음을 얻는다.

$$\iint_R e^{(x+y)/(x-y)} dA = \iint_S e^{u/v} \left| \frac{\partial(x, y)}{\partial(u, v)} \right| du\, dv$$

$$= \int_1^2 \int_{-v}^{v} e^{u/v} \left(\tfrac{1}{2}\right) du\, dv = \tfrac{1}{2} \int_1^2 \Big[v e^{u/v} \Big]_{u=-v}^{u=v} dv$$

$$= \tfrac{1}{2} \int_1^2 (e - e^{-1}) v\, dv = \tfrac{3}{4}(e - e^{-1}) \qquad\blacksquare$$

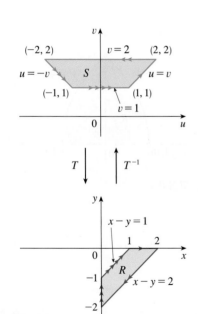

그림 9

■ 삼중적분에서 변수변환

삼중적분에 대해서도 비슷한 변수변환 공식이 있다. T가 uvw 공간의 영역 S를 다음 식에 의해 xyz 공간의 영역 R 위로 사상하는 변환이라 하자.

$$x = g(u, v, w), \quad y = h(u, v, w), \quad z = k(u, v, w)$$

T의 **야코비안**(Jacobian)은 다음과 같은 3×3행렬식이다.

$$\boxed{12} \qquad \frac{\partial(x, y, z)}{\partial(u, v, w)} = \begin{vmatrix} \dfrac{\partial x}{\partial u} & \dfrac{\partial x}{\partial v} & \dfrac{\partial x}{\partial w} \\[2mm] \dfrac{\partial y}{\partial u} & \dfrac{\partial y}{\partial v} & \dfrac{\partial y}{\partial w} \\[2mm] \dfrac{\partial z}{\partial u} & \dfrac{\partial z}{\partial v} & \dfrac{\partial z}{\partial w} \end{vmatrix}$$

정리 $\boxed{9}$와 비슷한 가정 아래 삼중적분에 대한 다음 식이 성립한다.

$$\boxed{13} \qquad \iiint\limits_R f(x, y, z)\, dV = \iiint\limits_S f(x(u, v, w), y(u, v, w), z(u, v, w)) \left| \frac{\partial(x, y, z)}{\partial(u, v, w)} \right| du\, dv\, dw$$

《**예제 4**》 공식 $\boxed{13}$을 이용해서 구면좌표에서의 삼중적분의 식을 유도하라.

풀이 이 경우 변수변환은 다음과 같다.

$$x = \rho \sin\phi \cos\theta, \quad y = \rho \sin\phi \sin\theta, \quad z = \rho \cos\phi$$

야코비안을 계산하면 다음과 같다.

$$\frac{\partial(x, y, z)}{\partial(\rho, \theta, \phi)} = \begin{vmatrix} \sin\phi\cos\theta & -\rho\sin\phi\sin\theta & \rho\cos\phi\cos\theta \\ \sin\phi\sin\theta & \rho\sin\phi\cos\theta & \rho\cos\phi\sin\theta \\ \cos\phi & 0 & -\rho\sin\phi \end{vmatrix}$$

$$= \cos\phi \begin{vmatrix} -\rho\sin\phi\sin\theta & \rho\cos\phi\cos\theta \\ \rho\sin\phi\cos\theta & \rho\cos\phi\sin\theta \end{vmatrix} - \rho\sin\phi \begin{vmatrix} \sin\phi\cos\theta & -\rho\sin\phi\sin\theta \\ \sin\phi\sin\theta & \rho\sin\phi\cos\theta \end{vmatrix}$$

$$= \cos\phi\,(-\rho^2\sin\phi\cos\phi\sin^2\theta - \rho^2\sin\phi\cos\phi\cos^2\theta)$$

$$\quad - \rho\sin\phi\,(\rho\sin^2\phi\cos^2\theta + \rho\sin^2\phi\sin^2\theta)$$

$$= -\rho^2\sin\phi\cos^2\phi - \rho^2\sin\phi\sin^2\phi = -\rho^2\sin\phi$$

$0 \leq \phi \leq \pi$이므로 $\sin\phi \geq 0$이다. 따라서 다음과 같다.

$$\left| \frac{\partial(x, y, z)}{\partial(\rho, \theta, \phi)} \right| = \left| -\rho^2\sin\phi \right| = \rho^2\sin\phi$$

공식 [13]에 의해 14.8절의 공식 [3]과 일치하는 다음 식을 얻는다.

$$\iiint_R f(x, y, z)\, dV = \iiint_S f(\rho \sin\phi \cos\theta,\, \rho \sin\phi \sin\theta,\, \rho \cos\phi)\, \rho^2 \sin\phi\, d\rho\, d\theta\, d\phi \quad \blacksquare$$

14.9 | 연습문제

1. 집합 $S = \{(u, v) \mid 0 \le u \le 1,\ 0 \le v \le 1\}$를 (a), (b), (c), (d), (e), (f)를 이용하여 변환하면, I∼VI 중 어느 그림이 되는지 맞혀보라. 그리고 그 이유를 쓰라.

(a) $x = u + v$
   $y = u - v$

(b) $x = u - v$
   $y = uv$

(c) $x = u \cos v$
   $y = u \sin v$

(d) $x = u - v$
   $y = u + v^2$

(e) $x = u + v$
   $y = 2v$

(f) $x = uv$
   $y = u^3 - v^3$

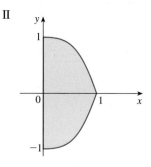

2-3 다음 변환에 의한 집합 S의 상을 구하라.

2. $S = \{(u, v) \mid 0 \le u \le 3,\ 0 \le v \le 2\}$;
   $x = 2u + 3v,\ y = u - v$

3. S는 꼭짓점이 $(0, 0)$, $(1, 1)$, $(0, 1)$인 삼각형 영역; $x = u^2$, $y = v$

4-5 xy평면에서 영역 R이 다음과 같이 주어진다. uv평면 안의 직사각형 영역 S에서 R 위로 사상하는 변환 T에 대한 식을 구하라. 여기서 S의 변은 u축과 v축에 평행이다.

4. R는 $y = 2x - 1$, $y = 2x + 1$, $y = 1 - x$, $y = 3 - x$로 유계된 영역

5. R는 제1사분면에서 원 $x^2 + y^2 = 1$과 $x^2 + y^2 = 2$ 사이에 놓인 영역

6-8 다음 변환의 야코비안을 구하라.

6. $x = 2u + v,\ y = 4u - v$

7. $x = s \cos t,\ y = s \sin t$

8. $x = uv,\ y = vw,\ z = wu$

9-11 다음 변환을 이용해서 적분을 계산하라.

9. $\iint_R (x - 3y)\, dA$, R는 꼭짓점이 $(0, 0)$, $(2, 1)$, $(1, 2)$인 삼각형 영역; $x = 2u + v,\ y = u + 2v$

10. $\iint_R x^2\, dA$, R는 타원 $9x^2 + 4y^2 = 36$에 의해 유계된 영역; $x = 2u,\ y = 3v$

11. $\iint_R xy\, dA$, R는 제1사분면에서 직선 $y = x$, $y = 3x$와 쌍곡선 $xy = 1$, $xy = 3$에 의해 유계된 영역; $x = u/v,\ y = v$

---

12. (a) E가 타원면 $x^2/a^2 + y^2/b^2 + z^2/c^2 = 1$로 둘러싸인 입체일 때, 변환 $x = au$, $y = bv$, $z = cw$를 이용해서 $\iiint_E dV$의 값을 구하라.

(b) 지구는 완전한 구면이 아니다. 자전에 의해 극에서 평평하다. 따라서 그 모양은 $a = b = 6378$ km이고, $c = 6356$ km인 타원면에 가깝다고 할 수 있다. (a)를 이용해서 지구의 부피를 추정하라.

(c) (a)의 입체가 균일한 밀도 k를 갖는다고 할 때, z축에 관한 관성모멘트를 구하라.

인 사다리꼴 영역

13-15 적절한 변수변환을 이용해서 다음 적분을 계산하라.

13. $\iint\limits_{R} \dfrac{x - 2y}{3x - y}\,dA$, R는 직선 $x - 2y = 0$, $x - 2y = 4$, $3x - y = 1$, $3x - y = 8$로 둘러싸인 평행사변형 영역

14. $\iint\limits_{R} \cos\left(\dfrac{y - x}{y + x}\right) dA$는 꼭짓점이 $(1, 0)$, $(2, 0)$, $(0, 2)$, $(0, 1)$

15. $\iint_{R} e^{x+y}\,dA$, R는 부등식 $|x| + |y| \leq 1$에 의해 주어진 영역

16. f는 $[0, 1]$에서 연속이고, R은 $(0, 0)$, $(1, 0)$, $(0, 1)$로 이루어진 삼각형일 때, $\iint\limits_{R} f(x + y)\,dA = \int_{0}^{1} uf(u)\,du$임을 보여라.

---

14 복습

개념 확인

1. f는 사각형 $R = [a, b] \times [c, d]$에서 정의된 연속함수라고 가정하자.

(a) f의 이중 리만 합에 대한 식을 쓰라.
$f(x, y) \geq 0$이라면 그 합은 무엇을 의미하는가?

(b) 극한으로 $\iint_{R} f(x, y)\,dA$의 정의를 쓰라.

(c) $f(x, y) \geq 0$일 때 $\iint_{R} f(x, y)\,dA$를 기하학적으로 해석하라. f가 양수와 음수값을 모두 취하면 무엇을 의미하는가?

(d) $\iint_{R} f(x, y)\,dA$를 어떻게 계산하는가?

(e) 이중적분에 대한 중점법칙은 무엇을 말하는 것인가?

(f) f의 평균값에 대한 식을 쓰라.

2. 이중적분에서 직교좌표로부터 극좌표로 바꿀 수 있는가? 왜 이렇게 해야 하는가?

3. 연속확률변수 X와 Y의 결합밀도함수를 f라고 하자.

(a) X가 a와 b 사이에 있고 Y가 c와 d 사이에 있을 확률을 이중적분으로 쓰라.

(b) f는 어떤 성질을 가지고 있는가?

(c) X와 Y의 기댓값은 무엇인가?

4. (a) 직육면체 B에서 f의 삼중적분의 정의를 쓰라.

(b) $\iiint_{B} f(x, y, z)\,dV$를 어떻게 정의하는가?

(c) E가 직육면체가 아닌 유계한 입체영역일 때, $\iiint_{E} f(x, y, z)\,dV$를 어떻게 정의하는가?

(d) 유형 1인 입체 영역은 무엇인가? E가 그런 영역일 때, $\iiint_{E} f(x, y, z)\,dV$를 어떻게 계산하는가?

(e) 유형 2인 입체 영역은 무엇인가? E가 그런 영역일 때, $\iiint_{E} f(x, y, z)\,dV$는 어떻게 계산하는가?

(f) 유형 3인 입체 영역은 무엇인가? E가 그런 영역일 때, $\iiint_{E} f(x, y, z)\,dV$는 어떻게 계산하는가?

5. (a) 삼중적분에서 공간좌표에서 원기둥좌표로 어떻게 변환하는가?

(b) 삼중적분에서 공간좌표에서 구면좌표로 어떻게 변환하는가?

(c) 어떤 상황에서 원기둥좌표 또는 구면좌표로 변환하는가?

참·거짓 퀴즈

다음 명제가 참인지 거짓인지를 판별하라. 참이면 이유를 설명하고, 거짓이면 이유를 설명하거나 반례를 들라.

1. $\displaystyle\int_{-1}^{2} \int_{0}^{6} x^2 \sin(x - y)\,dx\,dy = \int_{0}^{6} \int_{-1}^{2} x^2 \sin(x - y)\,dy\,dx$

2. $\displaystyle\int_{1}^{2} \int_{3}^{4} x^2 e^y\,dy\,dx = \int_{1}^{2} x^2\,dx \int_{3}^{4} e^y\,dy$

3. f가 $[0, 1]$에서 연속이면 다음이 성립한다.

$$\int_0^1 \int_0^1 f(x)f(y)\,dy\,dx = \left[\int_0^1 f(x)\,dx\right]^2$$

4. D가 $x^2 + y^2 \le 4$로 주어진 원판이라면 다음과 같다.

$$\iint\limits_D \sqrt{4 - x^2 - y^2}\,dA = \frac{16}{3}\pi$$

복습문제

1. 다음 그림은 정사각형 $R = [0, 3] \times [0, 3]$에서 함수 f의 등고선도를 나타낸다. 항이 9개인 리만 합을 이용해서 $\iint_R f(x, y)\,dA$의 값을 추정하라. 정사각형의 오른쪽 위 모서리를 표본점으로 선택한다.

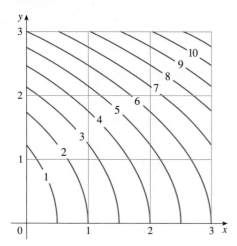

2-4 다음 반복적분을 계산하라.

2. $\int_1^2 \int_0^2 (y + 2xe^y)\,dx\,dy$ **3.** $\int_0^1 \int_0^x \cos(x^2)\,dy\,dx$

4. $\int_0^\pi \int_0^1 \int_0^{\sqrt{1-y^2}} y \sin x\,dz\,dy\,dx$

---

5. R가 다음 그림의 영역이고 f가 R에서 연속인 임의의 함수일 때, $\iint_R f(x, y)\,dA$를 반복적분으로 쓰라.

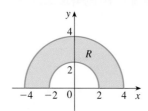

6. 원기둥좌표가 $\left(2\sqrt{3}, \pi/3, 2\right)$일 때, 이 점의 직교좌표와 구면좌표를 구하라.

7. 구면좌표가 $(8, \pi/4, \pi/6)$일 때, 이 점의 직교좌표와 원기

둥좌표를 구하라.

8. 다음 방정식을 구면좌표와 원기둥좌표로 나타내라.

   (a) $x^2 + y^2 + z^2 = 4$ (b) $x^2 + y^2 = 4$

9. 넓이가 적분 $\int_0^{\pi/2} \int_0^{\sin 2\theta} r\,dr\,d\theta$인 영역을 그려라.

10. 적분 순서를 바꿔서 다음 반복적분을 계산하라.

$$\int_0^1 \int_x^1 \cos(y^2)\,dy\,dx$$

11-17 다음 다중적분의 값을 계산하라.

11. $\iint_R ye^{xy}\,dA$, $R = \{(x, y) \mid 0 \le x \le 2,\ 0 \le y \le 3\}$

12. $\iint\limits_D \dfrac{y}{1+x^2}\,dA$, D는 $y = \sqrt{x}$, $y = 0$, $x = 1$에 의해 유계된 영역

13. $\iint_D y\,dA$, D는 제1사분면에서 포물선 $x = y^2$, $x = 8 - y^2$에 의해 유계된 영역

14. $\iint_D (x^2 + y^2)^{3/2}\,dA$, D는 제1사분면에서 직선 $y = 0$, $y = \sqrt{3}\,x$, 원 $x^2 + y^2 = 9$에 의해 유계된 영역

15. $\iiint_E xy\,dV$,
$E = \{(x, y, z) \mid 0 \le x \le 3,\ 0 \le y \le x,\ 0 \le z \le x + y\}$

16. $\iiint_E y^2z^2\,dV$, E는 포물면 $x = 1 - y^2 - z^2$과 평면 $x = 0$에 의해 유계된 영역

17. $\iiint_E yz\,dV$, E는 평면 $z = 0$ 위와 평면 $z = y$ 아래 그리고 원기둥 $x^2 + y^2 = 4$의 안쪽에 놓인 영역

18-20 다음 입체의 부피를 구하라.

18. 포물면 $z = x^2 + 4y^2$ 아래와 사각형 $R = [0, 2] \times [1, 4]$ 위인 입체

19. 꼭짓점이 $(0, 0, 0)$, $(0, 0, 1)$, $(0, 2, 0)$, $(2, 2, 0)$인 사면체

20. 원기둥 $x^2 + 9y^2 = a^2$을 평면 $z = 0$과 $z = mx$로 잘라낸 쐐기 중 하나

---

21. 제1사분면에서 좌표축과 포물선 $x = 1 - y^2$에 의해 유계된 영역 D를 차지하는 얇은 판의 밀도함수가 $\rho(x, y) = y$이다.
(a) 판의 질량을 구하라.
(b) 질량중심을 구하라.
(c) 관성모멘트와 x축과 y축에 대한 회전반지름을 구하라.

22. (a) 밑면의 반지름이 a이고 높이가 h인 직원뿔의 무게중심을 구하라. (원뿔의 밑면은 xy 평면에 있는 원점을 중심으로 하는 원이라 하고 중심축은 양의 z축을 따라 놓이도록 한다.)
(b) 원뿔의 밀도함수가 $\rho(x, y, z) = \sqrt{x^2 + y^2}$일 때 중심축($z$축)에 관한 원뿔의 관성모멘트를 구하라.

23. 꼭짓점이 $(0, 0)$, $(1, 0)$, $(0, 2)$인 삼각형 위에 놓인 곡면 $z = x^2 + y$의 넓이를 구하라.

24. 극좌표를 이용해서 $\int_0^3 \int_{-\sqrt{9-x^2}}^{\sqrt{9-x^2}} (x^3 + xy^2)\, dy\, dx$를 계산하라.

25. D가 곡선 $y = 1 - x^2$과 $y = e^x$에 의해 유계된 영역일 때 적분 $\iint_D y^2\, dA$의 근삿값을 구하라. (그래프를 이용해서 곡선의 교점을 추정하라.)

26. 확률변수 X와 Y의 결합밀도함수가 다음과 같다.

$$f(x, y) = \begin{cases} C(x + y), & 0 \le x \le 3,\ 0 \le y \le 2 \\ 0, & \text{다른 곳에서} \end{cases}$$

(a) 상수 C의 값을 구하라.
(b) $P(X \le 2,\ Y \ge 1)$을 구하라.
(c) $P(X + Y \le 1)$을 구하라.

27. 적분 $\int_{-1}^1 \int_{x^2}^1 \int_0^{1-y} f(x, y, z)\, dz\, dy\, dx$를 적분 순서가 $dx\, dy\, dz$인 반복적분으로 다시 쓰라.

28. 변환 $u = x - y$, $v = x + y$를 이용해서 $\iint_R \dfrac{x - y}{x + y}\, dA$를 계산하라. 여기서 R는 꼭짓점이 $(0, 2)$, $(1, 1)$, $(2, 2)$, $(1, 3)$인 정사각형이다.

29. 변수변환에 관한 공식과 적절한 변환을 이용해서 $\iint_R xy\, dA$를 계산하라. 여기서 R는 꼭짓점이 $(0, 0)$, $(1, 1)$, $(2, 0)$, $(1, -1)$인 정사각형이다.

벡터장은 중력, 전기장과 자기장 그리고 유체흐름과 같은 다양한 현상을 모형화하는 데 사용될 수 있다. 예를 들어, 허리케인은 공간 상의 각 점에서 속도벡터를 서술하는 함수로써 모형화될 수 있다. 그런 후에 벡터미적분을 사용하여 바람의 순환, 휨(감김), 흐름(유동)이나 바람의 팽창과 압축(발산) 등의 양과 그들 사이의 관계를 계산할 수 있다.

3dmotus / Shutterstock.com

15

벡터해석
Vector Calculus

이 장에서는 벡터장의 미적분학을 공부한다. (벡터장은 공간 안의 점에 벡터를 대응시키는 함수이다.) 특히 (곡선을 따라 물체를 움직이는 힘장이 한 일을 구하는 데 이용될 수 있는) 선적분을 정의한다. 그리고 (곡면을 지나는 유체흐름의 비율을 구하는 데 이용되는) 면적분을 정의한다. 이런 새로운 형태의 적분과 이미 배운 단일적분, 이중적분, 삼중적분과의 연관성은 미적분학의 기본정리의 고차원적인 형태인 그린 정리, 스토크스 정리와 발산 정리로 설명될 수 있다.

15.1 | 벡터장

■ $\mathbb{R}^2$과 $\mathbb{R}^3$에서의 벡터장

그림 1의 벡터는 샌프란시스코 만 지역에서 해발 10 m 위 각 지점에서 풍속과 풍향을 가리키는 바람 속도벡터이다. 그림 (a)에서 가장 긴 화살표로부터 바람이 금문교를 지나 만으로 들어가는 순간에 최대 풍속이 나타나는 것을 알 수 있다. 그림 (b)에서 12시간 전의 바람의 형태가 크게 다른 것을 볼 수 있다. 공기 중의 모든 점에서 바람 속도벡터를 상상할 수 있으며 이것은 **속도벡터장**의 한 예이다.

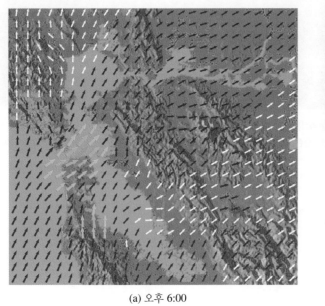

(a) 오후 6:00

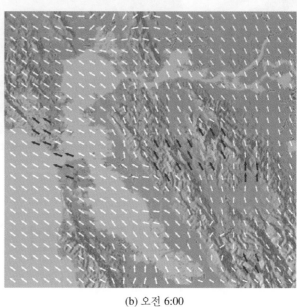

(b) 오전 6:00

그림 1 특정한 봄날에 샌프란시스코 만의 바람 형태를 나타내는 속도벡터장

속도벡터장의 다른 예는 그림 2에 설명되어 있다. 즉 해류, 비행기 날개를 지나가는 공기의 흐름 등이다.

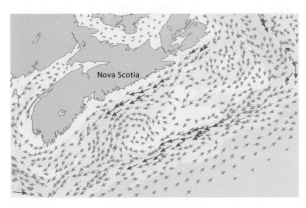

(a) 노바스코샤 연안 해류

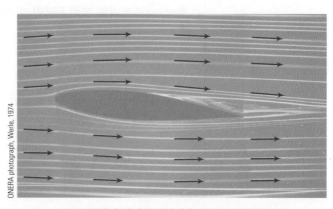

(b) 비행기 날개의 경사면을 지나는 공기의 흐름

그림 2 속도벡터장

힘장이라고 하는 벡터장의 다른 형태는 한 영역에 있는 각 점에 힘 벡터를 대응시키는 것이다. 그 예로 예제 4에서 살펴볼 중력장이 있다.

일반적으로 벡터장은 정의역이 $\mathbb{R}^2$(또는 $\mathbb{R}^3$)에 속하는 점들의 집합이고, 치역이 V_2(또는 V_3)에 속하는 벡터들의 집합인 함수이다.

> **1** **정의** D를 $\mathbb{R}^2$의 부분집합(평면영역)이라 하자. $\mathbb{R}^2$**에서의 벡터장**은 D에 속하는 각 점 (x, y)를 2차원 벡터 $\mathbf{F}(x, y)$에 대응시키는 함수 $\mathbf{F}$이다.

벡터장을 그리는 가장 좋은 방법은 점 (x, y)를 시점으로 하는 벡터 $\mathbf{F}(x, y)$를 나타내는 화살표를 그리는 것이다. 물론 모든 점 (x, y)에 대해 이것을 그리는 것은 불가능하지만, 그림 3에서와 같이 D에 속하는 몇 개의 대표적인 점에 대해 화살표를 그림으로써 $\mathbf{F}$의 적절한 자취를 얻을 수 있다. $\mathbf{F}(x, y)$가 2차원 벡터이므로 다음과 같이 **성분함수**(component function) P와 Q를 이용해서 쓸 수 있다.

$$\mathbf{F}(x, y) = P(x, y)\,\mathbf{i} + Q(x, y)\,\mathbf{j} = \langle P(x, y), Q(x, y) \rangle$$

또는 다음과 같이 간단히 표현할 수 있다.

$$\mathbf{F} = P\,\mathbf{i} + Q\,\mathbf{j}$$

P와 Q는 이변수 스칼라 함수이고, 벡터장과 구분하기 위해 간혹 **스칼라장**(scalar field)이라 부른다.

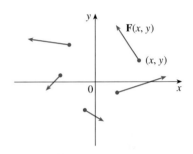

그림 3 $\mathbb{R}^2$에서의 벡터장

> **2** **정의** E가 $\mathbb{R}^3$의 부분집합이라 하자. $\mathbb{R}^3$에서의 벡터장은 E에 속하는 각 점 (x, y, z)를 3차원 벡터 $\mathbf{F}(x, y, z)$에 대응시키는 함수 $\mathbf{F}$이다.

$\mathbb{R}^3$에서의 벡터장 $\mathbf{F}$는 그림 4에서와 같이 그려진다. $\mathbf{F}$를 다음과 같이 성분함수 P, Q, R로 표현할 수 있다.

$$\mathbf{F}(x, y, z) = P(x, y, z)\,\mathbf{i} + Q(x, y, z)\,\mathbf{j} + R(x, y, z)\,\mathbf{k}$$

12.1절에 있는 벡터함수들처럼 벡터장의 연속성을 정의할 수 있고, $\mathbf{F}$가 연속이 되기 위한 필요충분조건은 성분함수 P, Q, R이 연속인 것임을 보일 수 있다.

간혹 점 (x, y, z)를 위치벡터 $\mathbf{x} = \langle x, y, z \rangle$와 동일시하고 $\mathbf{F}(x, y, z)$ 대신에 $\mathbf{F}(\mathbf{x})$로 쓴다. 그러면 $\mathbf{F}$는 벡터 $\mathbf{x}$에 벡터 $\mathbf{F}(\mathbf{x})$를 대응시키는 함수가 된다.

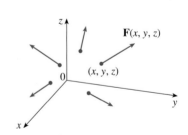

그림 4 $\mathbb{R}^3$에서의 벡터장

《예제 1》 $\mathbb{R}^2$에서의 벡터장이 $\mathbf{F}(x, y) = -y\,\mathbf{i} + x\,\mathbf{j}$로 정의된다. 그림 3에서와 같이 몇 개의 벡터 $\mathbf{F}(x, y)$를 그려서 $\mathbf{F}$를 설명하라.

풀이 $\mathbf{F}(1, 0) = \mathbf{j}$이므로, 그림 5에서와 같이 점 $(1, 0)$에서 시작하는 벡터 $\mathbf{j} = \langle 0, 1 \rangle$을 그린다. $\mathbf{F}(0, 1) = -\mathbf{i}$이므로, 점 $(0, 1)$에서 시작하는 벡터 $\langle -1, 0 \rangle$을 그린다. 이 방법을

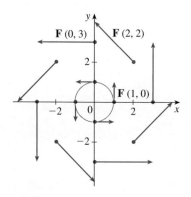

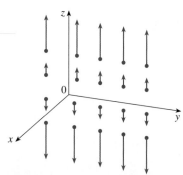

그림 5 $\mathbf{F}(x, y) = -y\,\mathbf{i} + x\,\mathbf{j}$

반복해서 몇 가지 대표적인 $\mathbf{F}(x, y)$의 값을 다음 표와 같이 구한 후 그림 5와 같이 벡터장을 나타내는 여러 개의 대표적인 벡터를 그린다.

(x, y)	$\mathbf{F}(x, y)$	(x, y)	$\mathbf{F}(x, y)$
$(1, 0)$	$\langle 0, 1\rangle$	$(-1, 0)$	$\langle 0, -1\rangle$
$(2, 2)$	$\langle -2, 2\rangle$	$(-2, -2)$	$\langle 2, -2\rangle$
$(3, 0)$	$\langle 0, 3\rangle$	$(-3, 0)$	$\langle 0, -3\rangle$
$(0, 1)$	$\langle -1, 0\rangle$	$(0, -1)$	$\langle 1, 0\rangle$
$(-2, 2)$	$\langle -2, -2\rangle$	$(2, -2)$	$\langle 2, 2\rangle$
$(0, 3)$	$\langle -3, 0\rangle$	$(0, -3)$	$\langle 3, 0\rangle$

그림 5에 나타난 각 화살표는 원점이 중심인 원에 접한다. 이것을 확인하기 위해서 다음과 같이 위치벡터 $\mathbf{x} = x\,\mathbf{i} + y\,\mathbf{j}$와 벡터 $\mathbf{F}(\mathbf{x}) = \mathbf{F}(x, y)$의 내적을 구한다.

$$\mathbf{x} \cdot \mathbf{F}(\mathbf{x}) = (x\,\mathbf{i} + y\,\mathbf{j}) \cdot (-y\,\mathbf{i} + x\,\mathbf{j}) = -xy + yx = 0$$

이것은 $\mathbf{F}(x, y)$가 위치벡터 $\langle x, y\rangle$에 수직이며 중심이 원점이고, 반지름이 $|\mathbf{x}| = \sqrt{x^2 + y^2}$인 원에 접함을 보여 준다. 또한 다음에 주목한다.

$$|\mathbf{F}(x, y)| = \sqrt{(-y)^2 + x^2} = \sqrt{x^2 + y^2} = |\mathbf{x}|$$

그러므로 벡터 $\mathbf{F}(x, y)$의 크기는 원의 반지름과 같다. ■

몇몇 그래픽 소프트웨어는 2차원 또는 3차원에서 벡터장을 그릴 수 있다. 그것들은 손으로 직접 그리는 것보다 더 좋은 벡터장의 자취를 제공한다. 왜냐하면 대표벡터들을 더 많이 그릴 수 있기 때문이다. 그림 6은 예제 1에서의 벡터장을 컴퓨터로 그린 것이다. 그림 7과 8은 두 개의 다른 벡터장을 보여 주고 있다. 소프트웨어는 너무 길지 않게 실제 길이에 비례하도록 벡터의 길이를 조절한다는 점에 주목한다.

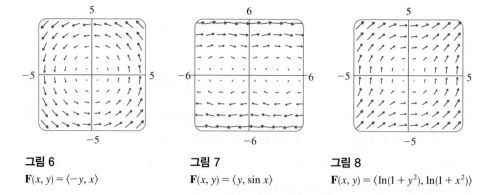

그림 6
$\mathbf{F}(x, y) = \langle -y, x\rangle$

그림 7
$\mathbf{F}(x, y) = \langle y, \sin x\rangle$

그림 8
$\mathbf{F}(x, y) = \langle \ln(1 + y^2), \ln(1 + x^2)\rangle$

《예제 2》 $\mathbb{R}^3$에서 $\mathbf{F}(x, y, z) = z\,\mathbf{k}$로 주어진 벡터장을 그려라.

풀이 그려보면 그림 9와 같다. 모든 벡터들은 수직이고, xy평면 위쪽에서는 위쪽으로 향하고 xy평면 아래쪽에서는 아래쪽으로 향함에 주목하자. 벡터의 크기는 xy평면으로부터의 거리에 따라 증가한다. ■

그림 9 $\mathbf{F}(x, y, z) = z\,\mathbf{k}$

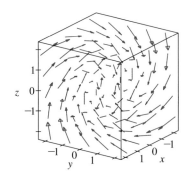

그림 10 $\mathbf{F}(x, y, z) = y\mathbf{i} + z\mathbf{j} + x\mathbf{k}$

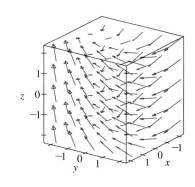

그림 11 $\mathbf{F}(x, y, z) = y\mathbf{i} - 2\mathbf{j} + x\mathbf{k}$

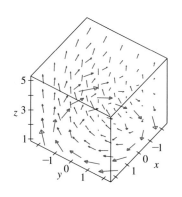

그림 12 $F(x, y, z) = \dfrac{y}{2}\mathbf{i} - \dfrac{x}{z}\mathbf{j} + \dfrac{z}{4}\mathbf{k}$

예제 2에서의 벡터장은 특별히 간단한 식이기 때문에 직접 그릴 수 있다. 그러나 대부분의 3차원 벡터장은 손으로 그리기가 불가능하므로, 컴퓨터 대수체계의 도움이 필요하다. 그림 10, 11, 12는 그런 예들을 보여 주고 있다. 그림 10과 11에서의 벡터장은 식이 유사하지만, 그림 11에서의 모든 벡터는 그들의 y성분이 모두 -2이기 때문에 일반적으로 음의 y축 방향을 가리키고 있다. 그림 12에서의 벡터장이 속도장을 나타낸다면 입자는 위로 휩쓸려 올라가게 되고, 위에서 보면 시계 방향으로 z축 둘레를 나선형 운동을 하고 있다.

《예제 3》 어떤 관 속을 따라 꾸준히 흐르는 유체를 생각하고 $\mathbf{V}(x, y, z)$를 점 (x, y, z)에서의 속도벡터라 하자. 이때 $\mathbf{V}$는 정의역 E(관의 내부)에 있는 각 점 (x, y, z)에 대해 하나의 벡터를 대응시킨다. 따라서 $\mathbf{V}$는 $\mathbb{R}^3$에서의 벡터장이고 이를 **속도장**(velocity field)이라 부른다. 가능한 속도장이 그림 13에 설명되어 있다. 임의의 주어진 점에서의 속력은 화살표의 길이로 표시된다.

또한 속도장은 물리학의 다른 영역에서도 일어난다. 예를 들면 예제 1에 나오는 벡터장은 반시계 방향으로 회전하는 바퀴를 설명하는 속도장으로 이용될 수 있다. 그림 1과 2에서 또 다른 속도장의 예를 볼 수 있다. ■

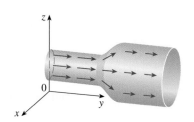

그림 13 흐르는 유체에서의 속도장

《예제 4》 뉴턴의 중력 법칙은 질량이 각각 m, M인 두 물체 사이의 중력의 크기가 다음과 같음을 말한다.

$$|\mathbf{F}| = \frac{mMG}{r^2}$$

여기서 r는 두 물체 간의 거리이고, G는 중력상수이다. (이것은 역제곱 법칙의 한 예이다. 1.2절을 보라.) 질량이 M인 물체가 $\mathbb{R}^3$의 원점에 놓여 있다고 하자. (예를 들면 M은 지구의 질량이고, 원점은 지구의 중심에 둘 수 있다.) 질량 m인 물체의 위치벡터를 $\mathbf{x} = \langle x, y, z \rangle$로 하면 $r = |\mathbf{x}|$이고, 따라서 $r^2 = |\mathbf{x}|^2$이다. 이 두 번째 물체에 미치는 중력은 원점을 향해 작용하며, 이 방향에서의 단위벡터는 다음과 같다.

$$-\frac{\mathbf{x}}{|\mathbf{x}|}$$

그러므로 $\mathbf{x} = \langle x, y, z \rangle$에서 물체에 작용하는 중력은 다음과 같다.

$$\boxed{3} \qquad \mathbf{F}(\mathbf{x}) = -\frac{mMG}{|\mathbf{x}|^3}\,\mathbf{x}$$

[물리학자들은 위치벡터에 대해 종종 $\mathbf{x}$ 대신에 기호 $\mathbf{r}$를 이용한다. 그래서 공식 $\boxed{3}$이 $\mathbf{F} = -(mMG/r^3)\mathbf{r}$로 쓰이는 경우를 볼 수 있다.] 공식 $\boxed{3}$에 의해 주어진 함수는 공간 안의 모든 점 $\mathbf{x}$를 벡터[힘 $\mathbf{F}(\mathbf{x})$]에 대응시키기 때문에 벡터장의 예가 되며, 이를 **중력장**(gravitational field)이라 부른다.

공식 $\boxed{3}$은 중력장을 표시하는 간편한 방법이지만 $\mathbf{x} = x\,\mathbf{i} + y\,\mathbf{j} + z\,\mathbf{k}$와 $|\mathbf{x}| = \sqrt{x^2 + y^2 + z^2}$인 사실을 이용해서 다음과 같이 성분함수로 나타낼 수도 있다.

$$\mathbf{F}(x, y, z) = \frac{-mMGx}{(x^2 + y^2 + z^2)^{3/2}}\,\mathbf{i} + \frac{-mMGy}{(x^2 + y^2 + z^2)^{3/2}}\,\mathbf{j} + \frac{-mMGz}{(x^2 + y^2 + z^2)^{3/2}}\,\mathbf{k}$$

중력장 $\mathbf{F}$가 그림 14에 그려져 있다.

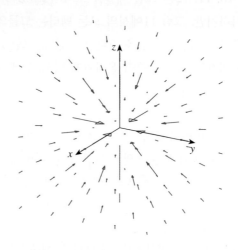

그림 14 중력장

◀◀**예제 5**▶▶ 전하 Q가 원점에 위치해 있다고 가정하자. 쿨롱의 법칙에 의하면, 이 전하의 위치벡터가 $\mathbf{x} = \langle x, y, z \rangle$인 점 (x, y, z)에 있는 전하 q에 미치는 전기력 $\mathbf{F}(\mathbf{x})$는 다음과 같다.

$$\boxed{4} \qquad \mathbf{F}(\mathbf{x}) = \frac{\varepsilon qQ}{|\mathbf{x}|^3}\,\mathbf{x}$$

여기서 ε은 (사용된 단위에 의존하는) 상수이다. 같은 부호의 전하일 경우 $qQ > 0$이고 척력이 된다. 다른 부호의 전하일 경우 $qQ < 0$이고 인력이 된다. 공식 $\boxed{3}$과 $\boxed{4}$ 사이에 유사점이 있음에 주의해야 한다. 이 두 벡터장은 **힘장**(force field)의 예이다.

전기력 $\mathbf{F}$를 생각하는 대신에 종종 물리학자들은 다음과 같이 단위전하당 힘을 생각한다.

$$\mathbf{E}(\mathbf{x}) = \frac{1}{q}\,\mathbf{F}(\mathbf{x}) = \frac{\varepsilon Q}{|\mathbf{x}|^3}\,\mathbf{x}$$

이때 $\mathbf{E}$는 $\mathbb{R}^3$에서 벡터장으로서 Q의 **전기장**(electric field)이라 부른다. ■

■ 기울기장

f가 이변수 스칼라 함수이면 13.6절로부터 그의 기울기 ∇f(또는 grad f)는 다음과 같이 정의된다.

$$\nabla f(x, y) = f_x(x, y)\, \mathbf{i} + f_y(x, y)\, \mathbf{j}$$

따라서 ∇f는 명백히 $\mathbb{R}^2$에서 벡터장이며 이것을 **기울기 벡터장**(gradient vector field) 이라 한다. 마찬가지로 f가 삼변수 스칼라 함수이면, 그의 기울기는 다음과 같이 주어지는 $\mathbb{R}^3$에서의 벡터장이다.

$$\nabla f(x, y, z) = f_x(x, y, z)\, \mathbf{i} + f_y(x, y, z)\, \mathbf{j} + f_z(x, y, z)\, \mathbf{k}$$

《예제 6》 $f(x, y) = x^2 y - y^3$의 기울기 벡터장을 구하라. f의 등위곡선도와 함께 기울기 벡터장을 그려라. 그들은 어떻게 관련되는가?

풀이 기울기 벡터장은 다음과 같이 주어진다.

$$\nabla f(x, y) = \frac{\partial f}{\partial x}\, \mathbf{i} + \frac{\partial f}{\partial y}\, \mathbf{j} = 2xy\, \mathbf{i} + (x^2 - 3y^2)\, \mathbf{j}$$

그림 15는 기울기 벡터장과 함께 f의 등위곡선도를 보여 주고 있다. 13.6절에서 예상했던 것처럼 기울기 벡터가 등위곡선과 수직임에 주목한다. 또한 등위곡선들이 서로 가까운 곳에서는 기울기 벡터들이 길고 멀리 떨어져 있는 곳에서는 짧다는 것도 주목하자. 그것은 기울기 벡터의 길이가 f의 방향도함수의 값이고 가까운 등위곡선들은 경사가 가파른 그래프를 암시하기 때문이다. ■

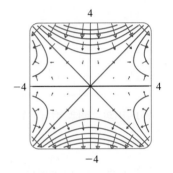

그림 15

벡터장 $\mathbf{F}$가 어떤 스칼라 함수의 기울기일 때, 즉 $\mathbf{F} = \nabla f$를 만족하는 함수 f가 존재할 때 이 $\mathbf{F}$를 **보존적 벡터장**(conservative vector field)이라 한다. 이 경우에 f를 $\mathbf{F}$에 대한 **퍼텐셜 함수**(potential function)라 한다.

모든 벡터장이 보존적 벡터장이 되는 것은 아니지만 보존적 벡터장은 물리학에서 자주 나타난다. 예를 들면 예제 4에 나오는 중력장 $\mathbf{F}$는 보존적 벡터이다. 함수를 다음과 같이 정의하면

$$f(x, y, z) = \frac{mMG}{\sqrt{x^2 + y^2 + z^2}}$$

다음이 성립하기 때문이다.

$$\begin{aligned}
\nabla f(x, y, z) &= \frac{\partial f}{\partial x}\, \mathbf{i} + \frac{\partial f}{\partial y}\, \mathbf{j} + \frac{\partial f}{\partial z}\, \mathbf{k} \\
&= \frac{-mMGx}{(x^2 + y^2 + z^2)^{3/2}}\, \mathbf{i} + \frac{-mMGy}{(x^2 + y^2 + z^2)^{3/2}}\, \mathbf{j} + \frac{-mMGz}{(x^2 + y^2 + z^2)^{3/2}}\, \mathbf{k} \\
&= \mathbf{F}(x, y, z)
\end{aligned}$$

15.3절과 15.5절에서 주어진 벡터장이 보존적인지 아닌지를 판별하는 방법을 배울 것이다.

15.1 연습문제

1-6 그림 5 또는 그림 9와 같이 도형을 그려서 벡터장 **F**를 그려라.

1. $\mathbf{F}(x, y) = \mathbf{i} + \frac{1}{2}\mathbf{j}$ **2.** $\mathbf{F}(x, y) = \mathbf{i} + \frac{1}{2}y\,\mathbf{j}$

3. $\mathbf{F}(x, y) = -\frac{1}{2}\mathbf{i} + (y - x)\mathbf{j}$

4. $\mathbf{F}(x, y) = \dfrac{y\,\mathbf{i} + x\,\mathbf{j}}{\sqrt{x^2 + y^2}}$

5. $\mathbf{F}(x, y, z) = \mathbf{i}$

6. $\mathbf{F}(x, y, z) = -y\,\mathbf{i}$

7-9 I~III의 그림과 벡터장 **F**를 짝짓고, 그 이유를 설명하라.

7. $\mathbf{F}(x, y) = \langle x, -y \rangle$ **8.** $\mathbf{F}(x, y) = \langle y, y + 2 \rangle$

9. $\mathbf{F}(x, y) = \langle \sin y, \cos x \rangle$

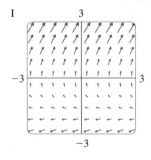
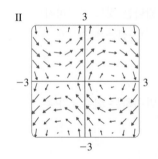

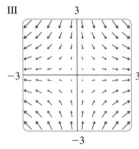

10-11 I~II의 그림과 $\mathbb{R}^3$에서의 벡터장 **F**를 짝짓고, 그 이유를 설명하라.

10. $\mathbf{F}(x, y, z) = \mathbf{i} + 2\,\mathbf{j} + 3\,\mathbf{k}$

11. $\mathbf{F}(x, y, z) = x\,\mathbf{i} + y\,\mathbf{j} + 3\,\mathbf{k}$

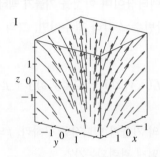
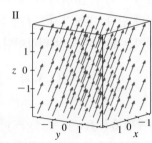

12. 그래픽 소프트웨어를 이용하여 다음 벡터장을 그려라.

$$\mathbf{F}(x, y) = (y^2 - 2xy)\,\mathbf{i} + (3xy - 6x^2)\,\mathbf{j}$$

$\mathbf{F}(x, y) = \mathbf{0}$을 만족하는 점 (x, y)의 집합을 구해서 그림을 설명하라.

13-14 다음 f의 기울기 벡터장 ∇f를 구하라.

13. $f(x, y) = y\sin(xy)$

14. $f(x, y, z) = \sqrt{x^2 + y^2 + z^2}$

15. $f(x, y) = \frac{1}{2}(x - y)^2$의 기울기 벡터장 ∇f를 구하고 그것을 그려라.

16-17 함수 f와 기울기 벡터장(I~II)의 그림을 짝짓고, 그 이유를 설명하라.

16. $f(x, y) = x^2 + y^2$ **17.** $f(x, y) = (x + y)^2$

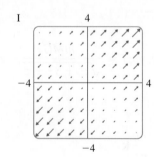
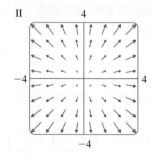

18. $f(x, y) = \ln(1 + x^2 + 2y^2)$의 등위곡선도와 함께 f의 기울기 벡터장을 그리고, 서로 어떻게 관련되는지 설명하라.

19. 한 입자가 속도장 $\mathbf{V}(x, y) = \langle x^2, x + y^2 \rangle$에서 움직인다. 입

자가 시각 $t = 3$일 때 점 $(2, 1)$에 있다면 $t = 3.01$에서 입자의 위치를 추정하라.

20. 유선 벡터장의 유선(flow line)은 그 속도장이 주어진 벡터장이 되는 입자에 의해 그려지는 경로이다. 따라서 한 벡터장에서의 벡터들은 유선에 접한다.

(a) 벡터장 $\mathbf{F}(x, y) = x\,\mathbf{i} - y\,\mathbf{j}$의 그림을 이용해서 유선을

몇 개만 그려라. 이것으로부터 유선의 방정식을 추측할 수 있는가?

(b) 유선의 매개변수방정식이 $x = x(t)$, $y = y(t)$이면 이런 함수가 미분방정식 $dx/dt = x$, $dy/dt = -y$를 만족하는 이유를 설명하라. 이 미분방정식을 풀어서 점 $(1, 1)$을 지나는 유선의 방정식을 구하라.

15.2 | 선적분

이 절에서는 구간 $[a, b]$ 위에서 적분하는 대신에 곡선 C 위에서 적분하는 것을 제외하고는 단일적분과 유사한 적분을 정의한다. 용어상으로 **곡선적분**(curve integral)이 더 적절할 수도 있으나, 이런 적분을 **선적분**(line integral)이라 한다. 선적분은 19세기 초에 유체흐름, 힘, 전기, 자기를 포함한 문제를 풀기 위해 창안됐다.

■ 평면에서의 선적분

다음과 같은 매개변수방정식 또는 이와 동치인 벡터방정식 $\mathbf{r}(t) = x(t)\,\mathbf{i} + y(t)\,\mathbf{j}$로 주어진 평면곡선 C로 시작하자.

$$\boxed{1} \qquad x = x(t), \quad y = y(t), \quad a \leq t \leq b$$

C는 매끄러운 곡선이라 가정하자. [이것은 $\mathbf{r}'$이 연속이고 $\mathbf{r}'(t) \neq \mathbf{0}$인 것을 의미한다. 12.3절 참조] 매개변수구간 $[a, b]$를 너비가 같은 n개의 부분 구간 $[t_{i-1}, t_i]$로 나누고 $x_i = x(t_i)$, $y_i = y(t_i)$라 하자. 그러면 대응하는 점 $P_i(x_i, y_i)$에 의해 곡선 C는 길이가 $\Delta s_1, \Delta s_2, \ldots, \Delta s_n$인 n개의 부분 호로 나누어진다(그림 1 참조). 이제 i번째 부분 호에서 임의의 점 $P_i^*(x_i^*, y_i^*)$를 택한다. (이것은 $[t_{i-1}, t_i]$에 속하는 점 t_i^*에 대응한다.) 곡선 C를 포함하는 정의역을 갖는 임의의 이변수 함수를 f라 하면 점 (x_i^*, y_i^*)에서 f의 값을 계산해서, 부분 호의 길이 Δs_i와 곱하고 다음과 같이 리만 합과 유사한 합을 만든다.

$$\sum_{i=1}^{n} f(x_i^*, y_i^*)\,\Delta s_i$$

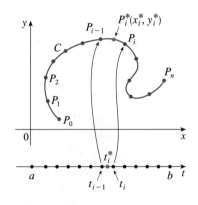

그림 1

이때 이 합의 극한을 취하고 단일적분과 유사하게 다음 정의를 만든다.

> $\boxed{2}$ **정의** f가 식 $\boxed{1}$로 주어진 매끄러운 곡선 C에서 정의될 때, 극한이 존재하면 C 위에서 f의 **선적분**을 다음과 같이 정의한다.
>
> $$\int_C f(x, y)\,ds = \lim_{n \to \infty} \sum_{i=1}^{n} f(x_i^*, y_i^*)\,\Delta s_i$$

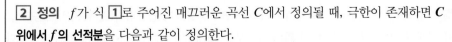

9.2절에서 C의 길이가 다음과 같음을 알고 있다.

$$L = \int_a^b \sqrt{\left(\frac{dx}{dt}\right)^2 + \left(\frac{dy}{dt}\right)^2}\, dt$$

유사한 형태의 논의에 따라 f가 연속함수이면 정의 **2**의 극한은 항상 존재하고 다음 공식이 선적분을 계산하기 위해 이용될 수 있음을 보일 수 있다.

$$\boxed{\textbf{3} \quad \int_C f(x, y)\, ds = \int_a^b f(x(t), y(t)) \sqrt{\left(\frac{dx}{dt}\right)^2 + \left(\frac{dy}{dt}\right)^2}\, dt}$$

매개변수 t가 a에서부터 b까지 증가할 때 곡선 C가 단 한 번 그려진다면, 선적분의 값은 그 곡선의 매개변수화에 무관하다.

호의 길이함수 s는 12.3절에서 언급했다.

$s(t)$가 $\mathbf{r}(a)$와 $\mathbf{r}(t)$ 사이의 C의 길이라면 다음이 성립한다.

$$\frac{ds}{dt} = |\mathbf{r}'(t)| = \sqrt{\left(\frac{dx}{dt}\right)^2 + \left(\frac{dy}{dt}\right)^2}$$

(12.3절의 공식 **7** 참조) 따라서 공식 **3**을 기억하는 방법은 모든 것을 매개변수 t로 표현하는 것이다. 매개변수방정식을 이용해서 x와 y를 t로 나타내고 ds를 다음과 같이 쓴다.

$$ds = \sqrt{\left(\frac{dx}{dt}\right)^2 + \left(\frac{dy}{dt}\right)^2}\, dt$$

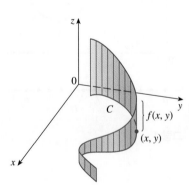

그림 2

NOTE C가 $(a, 0)$과 $(b, 0)$을 연결하는 선분인 특별한 경우에는 x를 매개변수로 이용하면 C의 매개변수방정식은 $x = x$, $y = 0$, $a \le x \le b$이다. 그러면 공식 **3**은 다음과 같다.

$$\int_C f(x, y)\, ds = \int_a^b f(x, 0)\, dx$$

따라서 이 경우에 선적분은 보통의 단일적분으로 변형된다.

단일적분에서와 같이 **양의 값을 갖는** 함수의 선적분은 넓이로 해석할 수 있다. 실제로 $f(x, y) \ge 0$이면 $\int_C f(x, y)\, ds$는 그림 2에서 밑변이 C이고, 점 (x, y) 위의 높이가 $f(x, y)$인 '울타리' 또는 '커튼'의 한 측면의 넓이를 나타낸다.

《예제 1》 C가 단위원 $x^2 + y^2 = 1$의 상반부일 때, $\int_C (2 + x^2 y)\, ds$를 구하라.

풀이 공식 **3**을 사용하기 위해서 C의 매개변수방정식이 필요하다. 단위원은 다음과 같이 매개변수화할 수 있으며, 이 원의 상반부는 매개변수구간 $0 \le t \le \pi$에 의해 나타난다 (그림 3 참조).

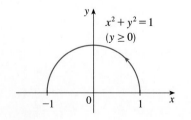

그림 3

$$x = \cos t, \quad y = \sin t$$

그러므로 공식 3에 따라 다음을 얻는다.

$$\int_C (2 + x^2 y)\, ds = \int_0^\pi (2 + \cos^2 t \sin t) \sqrt{\left(\frac{dx}{dt}\right)^2 + \left(\frac{dy}{dt}\right)^2}\, dt$$

$$= \int_0^\pi (2 + \cos^2 t \sin t) \sqrt{\sin^2 t + \cos^2 t}\, dt$$

$$= \int_0^\pi (2 + \cos^2 t \sin t)\, dt = \left[2t - \frac{\cos^3 t}{3}\right]_0^\pi$$

$$= 2\pi + \frac{2}{3}$$

이제 C가 **조각마다 매끄러운 곡선**(piecewise-smooth curve)이라 가정하자. 즉 C가 그림 4에서와 같이 C_{i+1}의 시점이 C_i의 종점이 되는 유한개의 매끄러운 곡선 C_1, C_2, ..., C_n의 합으로 이루어진다. 그러면 C 위에서 f의 선적분을 다음과 같이 C의 매끄러운 각 조각 위에서 f의 적분의 합으로 정의한다.

$$\int_C f(x, y)\, ds = \int_{C_1} f(x, y)\, ds + \int_{C_2} f(x, y)\, ds + \cdots + \int_{C_n} f(x, y)\, ds$$

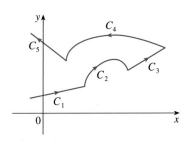

그림 4 조각마다 매끄러운 곡선

《예제 2》 C가 $(0, 0)$에서 $(1, 1)$까지 포물선 $y = x^2$인 호 C_1과 $(1, 1)$에서 $(1, 2)$까지의 수직선분 C_2의 합으로 이루어질 때 $\int_C 2x\, ds$를 구하라.

풀이 그림 5는 곡선 C의 그림이다. C_1은 x를 변수로 갖는 함수의 그래프이므로, x를 매개변수로 택할 수 있고 C_1에 대한 매개변수방정식은 다음과 같다.

$$x = x, \quad y = x^2, \quad 0 \le x \le 1$$

그러므로 다음을 얻는다.

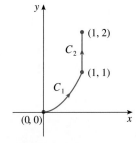

그림 5 $C = C_1 \cup C_2$

$$\int_{C_1} 2x\, ds = \int_0^1 2x \sqrt{\left(\frac{dx}{dx}\right)^2 + \left(\frac{dy}{dx}\right)^2}\, dx$$

$$= \int_0^1 2x \sqrt{1 + 4x^2}\, dx$$

$$= \frac{1}{4} \cdot \frac{2}{3}(1 + 4x^2)^{3/2}\Big]_0^1 = \frac{5\sqrt{5} - 1}{6}$$

C_2 위에서 y를 매개변수로 택하면 C_2에 대한 매개변수방정식은 다음과 같다.

$$x = 1, \quad y = y, \quad 1 \le y \le 2$$

그리고 다음을 얻는다.

$$\int_{C_2} 2x\, ds = \int_1^2 2(1) \sqrt{\left(\frac{dx}{dy}\right)^2 + \left(\frac{dy}{dy}\right)^2}\, dy = \int_1^2 2\, dy = 2$$

그러므로 구하고자 하는 적분은 다음과 같다.

$$\int_C 2x\,ds = \int_{C_1} 2x\,ds + \int_{C_2} 2x\,ds = \frac{5\sqrt{5}-1}{6} + 2$$ ∎

선적분 $\int_C f(x,y)\,ds$의 물리적 해석은 함수 f의 물리적 해석에 의존한다. $\rho(x,y)$가 곡선 C의 형태를 갖는 얇은 전선의 점 (x,y)에서 선밀도를 나타낸다고 가정하자 (2.7절의 예제 2 참조). 그러면 그림 1에서 P_{i-1}에서 P_i까지 철사 일부의 질량은 근사적으로 $\rho(x_i^*, y_i^*)\,\Delta s_i$이고, 전선의 총 질량은 근사적으로 $\Sigma\,\rho(x_i^*, y_i^*)\,\Delta s_i$이다. 곡선에서 점점 더 많은 점들을 취함으로써 이들 근삿값의 극한으로 전선의 **질량**(mass) m을 얻는다. 즉 다음과 같다.

$$m = \lim_{n\to\infty}\sum_{i=1}^{n}\rho(x_i^*, y_i^*)\,\Delta s_i = \int_C \rho(x,y)\,ds$$

[예를 들면 $f(x,y) = 2 + x^2 y$가 반원 모양의 전선의 밀도를 나타낸다면 예제 1에서의 적분은 전선의 질량을 표현한다.] 밀도함수가 ρ인 전선의 **질량중심**(center of mass)은 다음과 같은 점 $(\bar{x}, \bar{y})$에 위치한다.

4 $$\bar{x} = \frac{1}{m}\int_C x\rho(x,y)\,ds, \qquad \bar{y} = \frac{1}{m}\int_C y\rho(x,y)\,ds$$

선적분의 또 다른 물리적 해석은 이 장의 후반부에서 다룬다.

《예제 3》 전선이 반원 $x^2 + y^2 = 1\,(y \geq 0)$의 형태인데 윗부분보다 아랫부분이 더 두껍다. 임의의 점에서의 선밀도가 그 점에서 직선 $y = 1$에 이르는 거리에 비례할 때 전선의 질량중심을 구하라.

풀이 예제 1에서와 같이 매개변수화 $x = \cos t$, $y = \sin t$, $0 \leq t \leq \pi$를 이용하면 $ds = dt$임을 알 수 있다. 선밀도는 다음과 같다.

$$\rho(x,y) = k(1-y)$$

여기서 k는 상수이다. 그러므로 전선의 질량은 다음과 같다.

$$m = \int_C k(1-y)\,ds = \int_0^\pi k(1-\sin t)\,dt = k\big[t + \cos t\big]_0^\pi = k(\pi - 2)$$

식 **4**로부터 다음을 얻는다.

$$\begin{aligned}
\bar{y} &= \frac{1}{m}\int_C y\rho(x,y)\,ds = \frac{1}{k(\pi-2)}\int_C yk(1-y)\,ds \\
&= \frac{1}{\pi-2}\int_0^\pi (\sin t - \sin^2 t)\,dt = \frac{1}{\pi-2}\Big[-\cos t - \tfrac{1}{2}t + \tfrac{1}{4}\sin 2t\Big]_0^\pi \\
&= \frac{4-\pi}{2(\pi-2)}
\end{aligned}$$

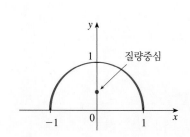

그림 6

대칭성에 의해 $\bar{x} = 0$이고, 따라서 질량중심은 다음과 같다(그림 6 참조).

$$\left(0, \frac{4 - \pi}{2(\pi - 2)}\right) \approx (0, 0.38)$$ ∎

■ x 또는 y에 대한 선적분

정의 $\boxed{2}$에서 Δs_i를 $\Delta x_i = x_i - x_{i-1}$ 또는 $\Delta y_i = y_i - y_{i-1}$로 대치하면 다음과 같은 다른 두 가지 종류의 선적분을 얻는다. 이들을 x와 y에 관한 C 위에서 f의 선적분이라 한다.

$\boxed{5}$
$$\int_C f(x, y)\, dx = \lim_{n \to \infty} \sum_{i=1}^n f(x_i^*, y_i^*)\, \Delta x_i$$

$\boxed{6}$
$$\int_C f(x, y)\, dy = \lim_{n \to \infty} \sum_{i=1}^n f(x_i^*, y_i^*)\, \Delta y_i$$

식 $\boxed{5}$와 $\boxed{6}$에 있는 선적분과 원래의 선적분 $\int_C f(x, y)\, ds$를 구별하고자 할 때에는 원래의 선적분을 **호의 길이에 관한 선적분**이라 부른다.

다음 공식은 x와 y에 관한 선적분은 모든 것을 $x = x(t)$, $y = y(t)$, $dx = x'(t)\, dt$, $dy = y'(t)\, dt$와 같이 t로 나타냄으로써 다음과 같이 계산될 수 있음을 보여 준다.

$\boxed{7}$
$$\int_C f(x, y)\, dx = \int_a^b f(x(t), y(t))\, x'(t)\, dt$$
$$\int_C f(x, y)\, dy = \int_a^b f(x(t), y(t))\, y'(t)\, dt$$

이 장 전체에 걸쳐서 x와 y에 관한 선적분이 자주 함께 나타나는 것을 볼 것이다(공식 $\boxed{14}$ 참조). 이런 경우 관례적으로 간략하게 다음과 같이 쓴다.

$$\int_C P(x, y)\, dx + \int_C Q(x, y)\, dy = \int_C P(x, y)\, dx + Q(x, y)\, dy$$

선적분을 설정할 때, 때때로 가장 어려운 것은 기하학적 설명이 주어진 곡선을 매개변수로 표현하는 것이다. 특히 선분의 매개변수화가 자주 필요하다. 따라서 $\mathbf{r}_0$에서 시작해서 $\mathbf{r}_1$에서 끝나는 선분의 벡터식이 다음과 같이 주어짐을 기억하는 것이 유용하다(11.5절의 방정식 $\boxed{4}$ 참조).

$\boxed{8}$
$$\mathbf{r}(t) = (1 - t)\mathbf{r}_0 + t\mathbf{r}_1, \quad 0 \le t \le 1$$

《예제 4》 $\int_C y^2\, dx + x\, dy$를 구하라. 여기서 (a) $C = C_1$은 $(-5, -3)$에서 $(0, 2)$까지의 선분이고, (b) $C = C_2$는 $(-5, -3)$에서 $(0, 2)$까지의 포물선 $x = 4 - y^2$의 호이다(그림 7 참조).

풀이 (a) 선분에 대한 매개변수 표현은 다음과 같다.

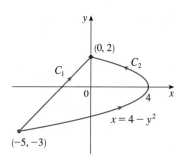

그림 7

$$x = 5t - 5, \quad y = 5t - 3, \quad 0 \le t \le 1$$

($\mathbf{r}_0 = \langle -5, -3 \rangle$과 $\mathbf{r}_1 = \langle 0, 2 \rangle$인 공식 $\boxed{8}$을 이용한다.) 그러면 $dx = 5\,dt$, $dy = 5\,dt$이고 공식 $\boxed{7}$에 의해 다음을 얻는다.

$$\int_{C_1} y^2\,dx + x\,dy = \int_0^1 (5t-3)^2 (5\,dt) + (5t-5)(5\,dt)$$

$$= 5 \int_0^1 (25t^2 - 25t + 4)\,dt$$

$$= 5 \left[\frac{25t^3}{3} - \frac{25t^2}{2} + 4t \right]_0^1 = -\frac{5}{6}$$

(b) 포물선이 y의 함수이므로, y를 매개변수로 택하고 C_2를 다음과 같이 쓴다.

$$x = 4 - y^2, \quad y = y, \quad -3 \le y \le 2$$

그러면 $dx = -2y\,dy$이고 공식 $\boxed{7}$에 의해 다음을 얻는다.

$$\int_{C_2} y^2\,dx + x\,dy = \int_{-3}^2 y^2(-2y)\,dy + (4-y^2)\,dy$$

$$= \int_{-3}^2 (-2y^3 - y^2 + 4)\,dy$$

$$= \left[-\frac{y^4}{2} - \frac{y^3}{3} + 4y \right]_{-3}^2 = 40\tfrac{5}{6} \qquad \blacksquare$$

두 곡선의 종점이 같더라도 예제 4의 (a)와 (b)는 답이 다르다는 것에 주목하자. 일반적으로 선적분의 값은 곡선의 종점에 의존하는 것이 아니라 경로에 의존한다 (적분이 경로에 독립인 조건에 대해서는 15.3절 참조).

예제 4에서의 답은 곡선의 방향에 의존한다는 것을 주목하자. $-C_1$을 $(0, 2)$에서 $(-5, -3)$까지의 선분으로 나타낼 때, 다음과 같이 매개변수화를 이용하자.

$$x = -5t, \quad y = 2 - 5t, \quad 0 \le t \le 1$$

그러면 다음 적분을 얻는다.

$$\int_{-C_1} y^2\,dx + x\,dy = \tfrac{5}{6}$$

일반적으로 주어진 매개변수화 $x = x(t)$, $y = y(t)$, $a \le t \le b$는 매개변수 t의 증가에 대응하는 양의 방향으로 곡선 C의 **방향**(orientation)을 결정한다. (그림 8 참조, 여기서 시점 A는 매개변숫값 a에 대응하고 종점 B는 $t = b$에 대응한다.)

$-C$가 C와 똑같은 점으로 구성되지만 방향이 (그림 8에서 시점 B로부터 종점 A까지로) 반대인 곡선이라 하면, 다음을 얻는다.

$$\int_{-C} f(x, y)\,dx = -\int_C f(x, y)\,dx, \qquad \int_{-C} f(x, y)\,dy = -\int_C f(x, y)\,dy$$

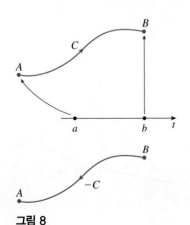

그림 8

그러나 호의 길이에 관해 적분하면, 선적분의 값은 곡선의 방향을 반대가 되어도 다음과 같이 **변하지 않는다.**

$$\int_{-C} f(x, y)\, ds = \int_{C} f(x, y)\, ds$$

이것은 C의 방향이 반대가 될 때 Δx_i와 Δy_i의 부호는 변하지만 Δs_i는 항상 양수가 되기 때문이다.

■ 공간에서의 선적분

이제 C가 다음 매개변수방정식 또는 벡터방정식 $\mathbf{r}(t) = x(t)\,\mathbf{i} + y(t)\,\mathbf{j} + z(t)\,\mathbf{k}$로 주어진 매끄러운 공간곡선이라 가정하자.

$$x = x(t), \qquad y = y(t), \qquad z = z(t), \qquad a \le t \le b$$

f가 C를 포함하는 어떤 영역에서 연속인 삼변수 함수이면 C 위에서 f의 **선적분**(호의 길이에 관한)을 다음과 같이 평면곡선에서와 유사한 방법으로 정의한다.

$$\int_{C} f(x, y, z)\, ds = \lim_{n \to \infty} \sum_{i=1}^{n} f(x_i^*, y_i^*, z_i^*)\, \Delta s_i$$

다음과 같이 공식 $\boxed{3}$과 유사한 공식을 이용해서 이 값을 계산한다.

$$\boxed{9} \quad \int_{C} f(x, y, z)\, ds = \int_{a}^{b} f(x(t), y(t), z(t)) \sqrt{\left(\frac{dx}{dt}\right)^2 + \left(\frac{dy}{dt}\right)^2 + \left(\frac{dz}{dt}\right)^2}\, dt$$

공식 $\boxed{3}$과 $\boxed{9}$에 있는 적분은 좀 더 간결한 다음 벡터 기호로 나타낼 수 있음을 알 수 있다.

$$\int_{a}^{b} f(\mathbf{r}(t)) \, |\mathbf{r}'(t)|\, dt$$

특히 $f(x, y, z) = 1$인 경우에 다음을 얻는다.

$$\int_{C} ds = \int_{a}^{b} |\mathbf{r}'(t)|\, dt = L$$

여기서 L은 곡선 C의 길이다(12.3절의 공식 $\boxed{3}$ 참조).

또한 x, y, z에 관한 C 위에서의 선적분도 정의할 수 있다. 예를 들면 다음과 같다.

$$\int_{C} f(x, y, z)\, dz = \lim_{n \to \infty} \sum_{i=1}^{n} f(x_i^*, y_i^*, z_i^*)\, \Delta z_i$$

$$= \int_{a}^{b} f(x(t), y(t), z(t))\, z'(t)\, dt$$

그러므로 평면에서의 선적분처럼 모든 것(x, y, z, dx, dy, dz)을 매개변수 t로 나타냄으로써 아래와 같은 형태의 적분을 계산한다.

$$10 \qquad \int_C P(x, y, z)\, dx + Q(x, y, z)\, dy + R(x, y, z)\, dz$$

《예제 5》 C가 방정식 $x = \cos t$, $y = \sin t$, $z = t$, $0 \le t \le 2\pi$로 주어진 원형 나선이라 할 때 $\int_C y \sin z\, ds$를 구하라(그림 9 참조).

풀이 공식 **9**에 따라 다음을 얻는다.

$$\int_C y \sin z\, ds = \int_0^{2\pi} (\sin t) \sin t \sqrt{\left(\frac{dx}{dt}\right)^2 + \left(\frac{dy}{dt}\right)^2 + \left(\frac{dz}{dt}\right)^2}\, dt$$

$$= \int_0^{2\pi} \sin^2 t \sqrt{\sin^2 t + \cos^2 t + 1}\, dt = \sqrt{2} \int_0^{2\pi} \tfrac{1}{2}(1 - \cos 2t)\, dt$$

$$= \frac{\sqrt{2}}{2}\left[t - \tfrac{1}{2} \sin 2t \right]_0^{2\pi} = \sqrt{2}\, \pi \qquad\blacksquare$$

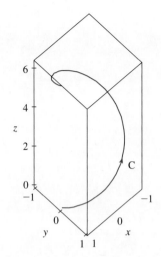

그림 9

《예제 6》 C가 $(2, 0, 0)$에서 $(3, 4, 5)$까지의 선분 C_1과 $(3, 4, 5)$에서 $(3, 4, 0)$까지의 수직선분 C_2로 구성될 때 $\int_C y\, dx + z\, dy + x\, dz$를 구하라.

풀이 그림 10은 곡선 C의 그림을 나타낸다. 공식 **8**을 이용하면 C_1은 다음과 같이 쓸 수 있다.

$$\mathbf{r}(t) = (1 - t)\langle 2, 0, 0 \rangle + t\langle 3, 4, 5 \rangle = \langle 2 + t, 4t, 5t \rangle$$

또는 다음과 같은 매개변수방정식 형태로 쓸 수 있다.

$$x = 2 + t, \quad y = 4t, \quad z = 5t, \quad 0 \le t \le 1$$

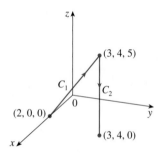

그림 10

따라서 다음을 얻는다.

$$\int_{C_1} y\, dx + z\, dy + x\, dz = \int_0^1 (4t)\, dt + (5t)4\, dt + (2 + t)5\, dt$$

$$= \int_0^1 (10 + 29t)\, dt = 10t + 29 \frac{t^2}{2} \bigg]_0^1 = 24.5$$

마찬가지로 C_2를 다음과 같이 쓸 수 있다.

$$\mathbf{r}(t) = (1 - t)\langle 3, 4, 5 \rangle + t\langle 3, 4, 0 \rangle = \langle 3, 4, 5 - 5t \rangle$$

또는 다음과 같이 쓸 수 있다.

$$x = 3, \quad y = 4, \quad z = 5 - 5t, \quad 0 \le t \le 1$$

그러면 $dx = 0 = dy$이고 따라서 다음을 얻는다.

$$\int_{C_2} y\, dx + z\, dy + x\, dz = \int_0^1 3(-5)\, dt = -15$$

이들 적분의 값을 모두 합하면, 다음과 같이 구하고자 하는 적분을 얻는다.

$$\int_C y\, dx + z\, dy + x\, dz = 24.5 - 15 = 9.5 \qquad\blacksquare$$

■ 벡터장의 선적분; 힘

한 입자가 x축을 따라 a에서 b까지 움직일 때 변하는 힘 $f(x)$가 한 일은 $W = \int_a^b f(x)\,dx$임을 5.4절에서 다뤘다. 그 다음 11.3절에서 일정한 힘 $\mathbf{F}$가 공간의 한 점 P에서 또 다른 점 Q까지 물체를 움직이는 데 한 일은 $W = \mathbf{F} \cdot \mathbf{D}$임을 알았다. 여기서 $\mathbf{D} = \overrightarrow{PQ}$는 변위벡터이다.

이제 15.1절의 예제 4에 나오는 중력장이나 15.1절의 예제 5에 나오는 전기장과 같이 $\mathbf{F} = P\mathbf{i} + Q\mathbf{j} + R\mathbf{k}$를 $\mathbb{R}^3$에서 연속인 힘장이라 가정한다. ($\mathbb{R}^2$에서의 힘장은 $R = 0$이고 P와 Q는 x, y에만 의존하는 특수한 경우로 간주할 수 있다.) 매끄러운 곡선 C를 따라 입자를 움직일 때 이 힘이 한 일을 계산해 보자. 그림 11을 보라.

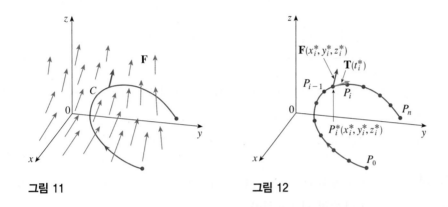

그림 11　　　　　　　　　**그림 12**

$\mathbf{F}$가 곡선 C를 따라 한 입자를 이동시킨 일을 계산하기 위해, 매개변수구간 $[a, b]$를 너비가 같은 부분 구간으로 나눔으로써 C를 길이 Δs_i인 부분 호 $P_{i-1}P_i$로 나눈다(2차원의 경우 그림 1, 3차원의 경우 그림 12 참조). 매개변숫값 t_i^*에 대응하는 i번째 부분 호 위의 점 $P_i^*(x_i^*, y_i^*, z_i^*)$를 택하자. Δs_i가 작으면, 입자가 곡선을 따라 P_{i-1}에서 P_i까지 움직임에 따라 그 입자는 근사적으로 점 P_i^*에서의 단위접선벡터 $\mathbf{T}(t_i^*)$의 방향으로 진행한다. 그러므로 이 입자가 P_{i-1}에서 P_i까지 움직일 때 힘 $\mathbf{F}$가 한 일은 근사적으로 다음과 같다.

$$\mathbf{F}(x_i^*, y_i^*, z_i^*) \cdot [\Delta s_i\, \mathbf{T}(t_i^*)] = [\mathbf{F}(x_i^*, y_i^*, z_i^*) \cdot \mathbf{T}(t_i^*)]\, \Delta s_i$$

그리고 입자가 C를 따라 움직이는 데 한 일 전체는 근사적으로 다음과 같다.

$$\boxed{11} \qquad \sum_{i=1}^{n} [\mathbf{F}(x_i^*, y_i^*, z_i^*) \cdot \mathbf{T}(x_i^*, y_i^*, z_i^*)]\, \Delta s_i$$

여기서 $\mathbf{T}(x, y, z)$는 C 위의 점 (x, y, z)에서의 단위접선벡터이다. 직관적으로 이 근삿값은 n이 더 커질수록 참값에 가까운 좋은 값이 될 수 있다. 그러므로 공식 $\boxed{11}$에 있는 리만 합의 극한으로 힘장 $\mathbf{F}$가 한 **일**(work) W를 다음과 같이 정의한다.

$$\boxed{12} \qquad W = \int_C \mathbf{F}(x, y, z) \cdot \mathbf{T}(x, y, z)\,ds = \int_C \mathbf{F} \cdot \mathbf{T}\,ds$$

공식 $\boxed{12}$는 일은 힘의 접선성분의 호의 길이에 관한 선적분임을 말해 준다.

곡선 C가 벡터방정식 $\mathbf{r}(t) = x(t)\,\mathbf{i} + y(t)\,\mathbf{j} + z(t)\,\mathbf{k}$로 주어지면 $\mathbf{T}(t) = \mathbf{r}'(t)/|\mathbf{r}'(t)|$ 이고, 따라서 공식 $\boxed{9}$를 이용하면 공식 $\boxed{12}$를 다음 형태로 다시 쓸 수 있다.

$$W = \int_a^b \left[\mathbf{F}(\mathbf{r}(t)) \cdot \frac{\mathbf{r}'(t)}{|\mathbf{r}'(t)|} \right] |\mathbf{r}'(t)|\, dt = \int_a^b \mathbf{F}(\mathbf{r}(t)) \cdot \mathbf{r}'(t)\, dt$$

이 적분은 종종 $\int_C \mathbf{F} \cdot d\mathbf{r}$로 줄여서 쓰며, 물리학의 다른 영역에서도 자주 나타난다. 그러므로 **임의의** 연속인 벡터장의 선적분에 대한 다음 정의를 만든다.

> $\boxed{13}$ **정의** 벡터함수 $\mathbf{r}(t)$, $a \le t \le b$로 주어진 매끄러운 곡선 C 위에서 정의된 연속인 벡터장을 $\mathbf{F}$라 하자. 그러면 C 위에서 $\mathbf{F}$의 **선적분**은 다음으로 정의한다.
>
> $$\int_C \mathbf{F} \cdot d\mathbf{r} = \int_a^b \mathbf{F}(\mathbf{r}(t)) \cdot \mathbf{r}'(t)\, dt = \int_C \mathbf{F} \cdot \mathbf{T}\, ds$$

정의 $\boxed{13}$을 이용할 때 $\mathbf{F}(x(t), y(t), z(t))$를 줄여서 $\mathbf{F}(\mathbf{r}(t))$로 나타낸 것임을 기억하자. 그러므로 $\mathbf{F}(x, y, z)$의 표현에서 $x = x(t)$, $y = y(t)$, $z = z(t)$로 놓음으로써 $\mathbf{F}(\mathbf{r}(t))$를 쉽게 구할 수 있다. 또한 형식적으로 $d\mathbf{r} = \mathbf{r}'(t)\, dt$로 쓸 수도 있다.

그림 13은 예제 7의 힘장과 곡선을 나타낸 다. 힘장이 곡선을 따르는 운동을 방해하기 때문에 한 일은 음수이다.

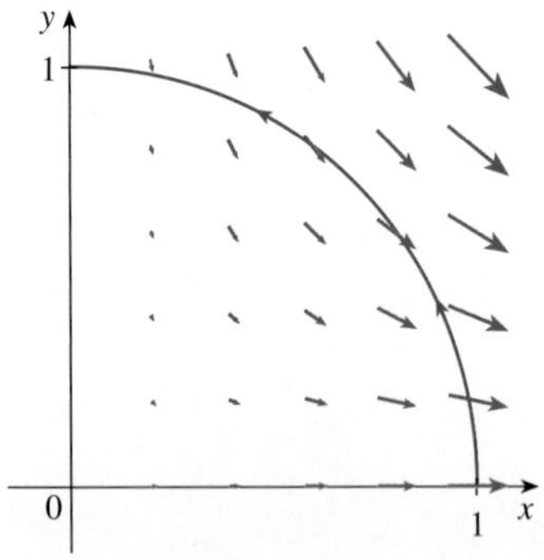

그림 13

《예제 7》 입자가 사분원 $\mathbf{r}(t) = \cos t\,\mathbf{i} + \sin t\,\mathbf{j}$, $0 \le t \le \pi/2$를 따라 움직일 때 **힘장** $\mathbf{F}(x, y) = x^2\,\mathbf{i} - xy\,\mathbf{j}$가 한 일을 구하라.

풀이 $x = \cos t$이고 $y = \sin t$이므로 다음을 얻는다.

$$\mathbf{F}(\mathbf{r}(t)) = \cos^2 t\,\mathbf{i} - \cos t \sin t\,\mathbf{j}$$
$$\mathbf{r}'(t) = -\sin t\,\mathbf{i} + \cos t\,\mathbf{j}$$

그러므로 한 일은 다음과 같다.

$$\int_C \mathbf{F} \cdot d\mathbf{r} = \int_0^{\pi/2} \mathbf{F}(\mathbf{r}(t)) \cdot \mathbf{r}'(t)\, dt = \int_0^{\pi/2} (-\cos^2 t \sin t - \cos^2 t \sin t)\, dt$$

$$= \int_0^{\pi/2} (-2\cos^2 t \sin t)\, dt = 2\,\frac{\cos^3 t}{3}\Bigg]_0^{\pi/2} = -\frac{2}{3} \qquad ■$$

NOTE $\int_C \mathbf{F} \cdot d\mathbf{r} = \int_C \mathbf{F} \cdot \mathbf{T}\, ds$이고 방향이 뒤바뀌더라도 호의 길이에 관한 적분은 변하지 않아 여전히 다음이 성립한다.

$$\int_{-C} \mathbf{F} \cdot d\mathbf{r} = -\int_C \mathbf{F} \cdot d\mathbf{r}$$

왜냐하면 C가 $-C$로 바뀔 때 단위접선벡터 $\mathbf{T}$는 부호가 반대인 단위접선벡터로 바뀌기 때문이다.

《예제 8》 $\mathbf{F}(x, y, z) = xy\,\mathbf{i} + yz\,\mathbf{j} + zx\,\mathbf{k}$이고 C가 다음과 같은 비틀린 삼차곡선일 때, $\int_C \mathbf{F} \cdot d\mathbf{r}$를 구하라.

$$x = t, \quad y = t^2, \quad z = t^3, \quad 0 \le t \le 1$$

풀이 먼저 다음을 얻는다.

$$\mathbf{r}(t) = t\,\mathbf{i} + t^2\,\mathbf{j} + t^3\,\mathbf{k}$$

$$\mathbf{r}'(t) = \mathbf{i} + 2t\,\mathbf{j} + 3t^2\,\mathbf{k}$$

$$\mathbf{F}(\mathbf{r}(t)) = t^3\,\mathbf{i} + t^5\,\mathbf{j} + t^4\,\mathbf{k}$$

따라서 구하고자 하는 적분은 다음과 같다.

$$\int_C \mathbf{F} \cdot d\mathbf{r} = \int_0^1 \mathbf{F}(\mathbf{r}(t)) \cdot \mathbf{r}'(t)\,dt$$

$$= \int_0^1 (t^3 + 5t^6)\,dt = \frac{t^4}{4} + \frac{5t^7}{7} \Big]_0^1 = \frac{27}{28} \qquad ■$$

그림 14는 예제 8에서의 비틀린 삼차곡선 C와 C 위의 세 점에 작용하는 전형적인 세 벡터를 보여 준다.

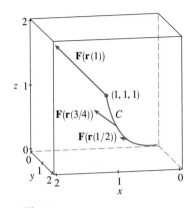

그림 14

마지막으로 벡터장의 선적분과 스칼라장의 선적분 사이의 관계에 주목하자. $\mathbb{R}^3$에서의 벡터장 $\mathbf{F}$가 방정식 $\mathbf{F} = P\mathbf{i} + Q\mathbf{j} + R\mathbf{k}$에 의해 성분형태로 주어진다고 가정하자. 정의 13 을 이용해서 C에 따른 선적분을 다음과 같이 계산한다.

$$\int_C \mathbf{F} \cdot d\mathbf{r} = \int_a^b \mathbf{F}(\mathbf{r}(t)) \cdot \mathbf{r}'(t)\,dt$$

$$= \int_a^b (P\,\mathbf{i} + Q\,\mathbf{j} + R\,\mathbf{k}) \cdot (x'(t)\,\mathbf{i} + y'(t)\,\mathbf{j} + z'(t)\,\mathbf{k})\,dt$$

$$= \int_a^b \Big[P(x(t), y(t), z(t))\,x'(t) + Q(x(t), y(t), z(t))\,y'(t)$$

$$+ R(x(t), y(t), z(t))\,z'(t) \Big]\,dt$$

그러나 이 마지막 적분은 공식 10 에 있는 선적분과 같다. 그러므로 다음을 얻는다.

$$\int_C \mathbf{F} \cdot d\mathbf{r} = \int_C P\,dx + Q\,dy + R\,dz, \quad \text{여기서 } \mathbf{F} = P\mathbf{i} + Q\mathbf{j} + R\mathbf{k}$$

예를 들면 $\mathbf{F}(x, y, z) = y\,\mathbf{i} + z\,\mathbf{j} + x\,\mathbf{k}$일 때 예제 6에 나오는 적분 $\int_C y\,dx + z\,dy + x\,dz$는 $\int_C \mathbf{F} \cdot d\mathbf{r}$로 표현할 수 있다.

유사한 결과가 $\mathbb{R}^2$ 위의 벡터장 $\mathbf{F}$에 대해서도 성립한다.

14 $$\int_C \mathbf{F} \cdot d\mathbf{r} = \int_C P\,dx + Q\,dy$$

여기서 $\mathbf{F} = P\mathbf{i} + Q\mathbf{j}$이다.

15.2 │ 연습문제

1-4 주어진 평면 곡선 C에서 선적분을 구하라.

1. $\int_C y\, ds$, $C: x = t^2,\ y = 2t,\ 0 \le t \le 3$

2. $\int_C xy^4\, ds$, C는 원 $x^2 + y^2 = 16$의 오른쪽 반원

3. $\int_C (x^2 y + \sin x)\, dy$, C는 $(0, 0)$에서 (π, π^2)까지 포물선 $y = x^2$의 호

4. $\int_C (x + 2y)\, dx + x^2\, dy$

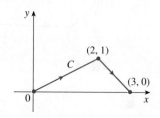

5-9 주어진 공간 곡선 C에서 선적분을 구하라.

5. $\int_C x^2 y\, ds$, $C: x = \cos t,\ y = \sin t,\ z = t,\ 0 \le t \le \pi/2$

6. $\int_C x e^{yz}\, ds$, C는 $(0, 0, 0)$에서 $(1, 2, 3)$까지의 선분

7. $\int_C xy e^{yz}\, dy$, $C: x = t,\ y = t^2,\ z = t^3,\ 0 \le t \le 1$

8. $\int_C z\, dx + xy\, dy + y^2\, dz$,
$C: x = \sin t,\ y = \cos t,\ z = \tan t,\ -\pi/4 \le t \le \pi/4$

9. $\int_C z^2\, dx + x^2\, dy + y^2\, dz$, C는 $(1, 0, 0)$에서 $(4, 1, 2)$까지의 선분

10. $\mathbf{F}$가 다음 그림에 나타난 벡터장이라 하자.

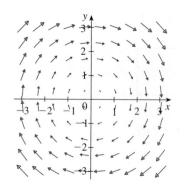

(a) C_1이 $(-3, -3)$에서 $(-3, 3)$까지의 수직선분일 때 $\int_{C_1} \mathbf{F} \cdot d\mathbf{r}$의 값이 양수, 음수 또는 0인지 결정하라.

(b) C_2가 반지름이 3이고 중심이 원점인 반시계 방향의 원일 때 $\int_{C_2} \mathbf{F} \cdot d\mathbf{r}$의 값이 양수, 음수 또는 0인지 결정하라.

11-12 C가 벡터함수 $\mathbf{r}(t)$로 주어질 때 선적분 $\int_C \mathbf{F} \cdot d\mathbf{r}$을 구하라.

11. $\mathbf{F}(x\ y) = xy^2\, \mathbf{i} - x^2\, \mathbf{j},\ \mathbf{r}(t) = t^3\, \mathbf{i} + t^2\, \mathbf{j},\ 0 \le t \le 1$

12. $\mathbf{F}(x, y, z) = \sin x\, \mathbf{i} + \cos y\, \mathbf{j} + xz\, \mathbf{k}$,
$\mathbf{r}(t) = t^3\, \mathbf{i} - t^2\, \mathbf{j} + t\, \mathbf{k},\ 0 \le t \le 1$

T 13-14 계산기나 컴퓨터를 이용해서 선적분을 소수점 아래 넷째 자리까지 정확하게 구하라.

13. $\int_C \mathbf{F} \cdot d\mathbf{r}$, 여기서 $\mathbf{F}(x, y) = \sqrt{x + y}\, \mathbf{i} + (y/x)\, \mathbf{j}$이고, $\mathbf{r}(t) = \sin^2 t\, \mathbf{i} + \sin t \cos t\, \mathbf{j},\ \pi/6 \le t \le \pi/3$이다.

14. $\int_C xy \arctan z\, ds$, 여기서 C는 매개변수방정식 $x = t^2,\ y = t^3,\ z = \sqrt{t},\ 1 \le t \le 2$이다.

15. $\mathbf{F}(x, y) = (x - y)\, \mathbf{i} + xy\, \mathbf{j}$, C는 $(2, 0)$에서 $(0, -2)$까지 반시계 방향으로 그려지는 원 $x^2 + y^2 = 4$의 호이다. 벡터장 $\mathbf{F}$와 곡선 C의 그래프를 이용해서 C 위에서 $\mathbf{F}$의 선적분이 양수, 음수 또는 0인지를 추측하라. 그리고 선적분을 계산하라.

16. (a) $\mathbf{F}(x, y) = e^{x-1}\, \mathbf{i} + xy\, \mathbf{j}$이고, C는 $\mathbf{r}(t) = t^2\, \mathbf{i} + t^3\, \mathbf{j}$, $0 \le t \le 1$로 주어질 때 선적분 $\int_C \mathbf{F} \cdot d\mathbf{r}$를 구하라.

(b) 그림 14에서와 같이 곡선 C와 $t = 0, 1/\sqrt{2},\ 1$에 대응하는 벡터장에서의 벡터들을 그려서 (a)를 설명하라.

T 17. 컴퓨터 대수체계를 이용해서 C가 매개변수방정식이 $x = e^{-t} \cos 4t,\ y = e^{-t} \sin 4t,\ z = e^{-t},\ 0 \le t \le 2\pi$인 곡선일 때 $\int_C x^3 y^2 z\, ds$의 정확한 값을 구하라.

18. 얇은 전선이 반원 $x^2 + y^2 = 4$, $x \ge 0$ 모양으로 구부러져 있다. 선밀도가 상수 k일 때 전선의 질량과 질량중심을 구하라.

19. (a) 밀도함수가 $\rho(x, y, z)$일 때 공간곡선 C의 모양을 한 얇은 전선의 질량중심 $(\bar{x}, \bar{y}, \bar{z})$에 대한 방정식 **4**와 유사한 공식을 쓰라.

(b) 밀도가 상수 k일 때, 나선 $x = 2 \sin t,\ y = 2 \cos t,\ z = 3t$, $0 \le t \le 2\pi$ 모양인 전선의 질량중심을 구하라.

20. 선밀도가 $\rho(x, y)$인 전선이 평면곡선 C를 따라 놓여 있을 때, x축, y축에 관한 **관성모멘트**는 다음과 같이 정의한다.

$$I_x = \int_C y^2 \rho(x, y)\, ds, \quad I_y = \int_C x^2 \rho(x, y)\, ds$$

예제 3의 전선에 대한 관성모멘트를 구하라.

21. 힘장 $\mathbf{F}(x, y) = x\,\mathbf{i} + (y + 2)\,\mathbf{j}$가 사이클로이드 $\mathbf{r}(t) = (t - \sin t)\mathbf{i} + (1 - \cos t)\mathbf{j}$, $0 \le t \le 2\pi$의 한 호를 따라 물체를 움직이는 데 한 일을 구하라.

22. 힘장 $\mathbf{F}(x, y, z) = \langle x - y^2, y - z^2, z - x^2 \rangle$이 $(0, 0, 1)$에서 $(2, 1, 0)$까지의 선분을 따라 움직이는 입자에 대해 한 일을 구하라.

23. 시각 t에서 질량 m인 물체의 위치가 다음과 같다.

$$\mathbf{r}(t) = at^2\,\mathbf{i} + bt^3\,\mathbf{j}, \qquad 0 \le t \le 1$$

(a) 시각 t에서 물체에 작용한 힘은 얼마인가?

(b) 시간 구간 $0 \le t \le 1$ 동안 힘이 한 일은 얼마인가?

24. 72.5 kg인 사람이 반지름 6 m인 사일로를 에워싼 나선형 계단을 따라 위로 11 kg의 페인트통을 들어 옮긴다. 사일로가 높이 27 m이고 사람이 꼭대기까지 세 바퀴를 완전히 돌아야 한다면, 중력과 반대 방향으로 사람이 한 일은 얼마인가?

25. (a) 힘장이 상수일 때 입자가 원 $x^2 + y^2 = 1$ 주위를 고르게 한 바퀴 도는 데 한 일이 0임을 보여라.

(b) k가 상수이고 $\mathbf{x} = \langle x, y \rangle$일 때 힘장 $\mathbf{F}(\mathbf{x}) = k\,\mathbf{x}$에 대해서도 (a)의 주장은 참인가?

26. C가 벡터함수 $\mathbf{r}(t)$, $a \le t \le b$로 주어진 매끄러운 곡선이고 $\mathbf{v}$가 상수벡터이면 다음이 성립함을 보여라.

$$\int_C \mathbf{v} \cdot d\mathbf{r} = \mathbf{v} \cdot [\mathbf{r}(b) - \mathbf{r}(a)]$$

27. 어떤 물체가 그림에서 보여진 곡선 C를 따라 $(1, 2)$에서 $(9, 8)$까지 움직인다. 힘장 $\mathbf{F}$에서 벡터의 길이는 축의 눈금에 의해 뉴턴(N) 단위로 측정한다. 힘 $\mathbf{F}$가 물체에 한 일을 추정하라.

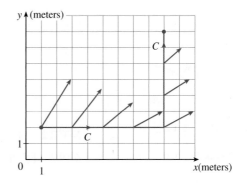

15.3 | 선적분의 기본정리

4.3절로부터 미적분학의 기본정리 2는 다음과 같이 표현될 수 있음을 상기하자.

$$\boxed{1} \qquad \int_a^b F'(x)\, dx = F(b) - F(a)$$

여기서 F'은 $[a, b]$에서 연속이다. 방정식 $\boxed{1}$이 말해주는 것은, $[a, b]$에서 F'의 정적분을 구하기 위해서는 구간의 끝점인 a와 b에서 F의 값만 알면 된다는 것이다. 이 절에서 선적분에 대해 이와 유사한 결과를 만들어 낸다.

■ 선적분의 기본정리

이변수 함수 또는 삼변수 함수 f의 기울기 벡터 ∇f를 일종의 f의 도함수로 생각할 때, 다음 정리는 선적분에 대한 기본정리로 간주할 수 있다.

2 정리 C는 벡터함수 $\mathbf{r}(t)$, $a \le t \le b$로 주어진 매끄러운 곡선이라 하자. f는 기울기 벡터 ∇f가 C에서 연속인 이변수 또는 삼변수의 미분가능한 함수라 하자. 그러면 다음이 성립한다.

$$\int_C \nabla f \cdot d\mathbf{r} = f(\mathbf{r}(b)) - f(\mathbf{r}(a))$$

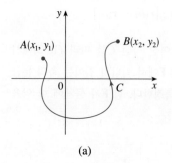

(a)

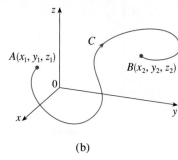

(b)

그림 1

NOTE 1   정리 **2**는 보존적 벡터장(퍼텐셜 함수 f의 기울기 벡터장)의 선적분은 C의 종점에서 f의 함숫값을 구해 간단히 계산할 수 있음을 의미한다. 사실 정리 **2**는 ∇f의 선적분은 f의 순변화임을 말해 준다. f가 이변수 함수이고 그림 1(a)에서와 같이 C가 시점이 $A(x_1, y_1)$이고 종점이 $B(x_2, y_2)$인 평면곡선이라 하면, 정리 **2**는 다음과 같이 된다.

$$\int_C \nabla f \cdot d\mathbf{r} = f(x_2, y_2) - f(x_1, y_1)$$

f가 삼변수 함수이고 그림 1(b)에서와 같이 C가 시점 $A(x_1, y_1, z_1)$과 종점 $B(x_2, y_2, z_2)$를 연결하는 공간곡선이면 다음이 성립한다.

$$\int_C \nabla f \cdot d\mathbf{r} = f(x_2, y_2, z_2) - f(x_1, y_1, z_1)$$

NOTE 2   정리 **2**의 가정 하에, 만약 C_1과 C_2가 같은 시점과 종점을 갖는 매끄러운 곡선이면 다음의 결론을 얻을 수 있다.

$$\int_{C_1} \nabla f \cdot d\mathbf{r} = \int_{C_2} \nabla f \cdot d\mathbf{r}$$

f가 삼변수 함수인 경우에 정리 **2**를 증명한다.

정리 2의 증명   15.2절의 정의 **13**을 이용하면 다음을 얻는다.

$$
\begin{aligned}
\int_C \nabla f \cdot d\mathbf{r} &= \int_a^b \nabla f(\mathbf{r}(t)) \cdot \mathbf{r}'(t) \, dt \\
&= \int_a^b \left(\frac{\partial f}{\partial x} \frac{dx}{dt} + \frac{\partial f}{\partial y} \frac{dy}{dt} + \frac{\partial f}{\partial z} \frac{dz}{dt} \right) dt \\
&= \int_a^b \frac{d}{dt} f(\mathbf{r}(t)) \, dt \quad \text{(연쇄법칙에 의해)} \\
&= f(\mathbf{r}(b)) - f(\mathbf{r}(a))
\end{aligned}
$$

마지막 단계는 미적분학의 기본정리(공식 **1**)로부터 나온다.   ■

NOTE 3   매끄러운 곡선에 대해 정리 **2**를 증명했지만, 조각마다 매끄러운 곡선에 대해서도 정리 **2**는 성립한다. 이것은 C를 유한개의 매끄러운 곡선으로 나누어, 각각의 곡선을 따라서 생기는 적분을 더해서 증명할 수 있다.

《예제 1》 질량 m인 입자를 조각마다 매끄러운 곡선 C를 따라 점 (3, 4, 12)에서 점 (2, 2, 0)으로 움직일 때 다음 중력장이 한 일을 구하라(15.1절의 예제 4 참조).

$$\mathbf{F}(\mathbf{x}) = -\frac{mMG}{|\mathbf{x}|^3}\,\mathbf{x}$$

풀이 15.1절로부터 $\mathbf{F}$가 보존적 벡터장임을 안다. 사실 f가 다음과 같을 경우 $\mathbf{F} = \nabla f$가 된다.

$$f(x, y, z) = \frac{mMG}{\sqrt{x^2 + y^2 + z^2}}$$

그러므로 정리 **2**에 의해 한 일은 다음과 같다.

$$W = \int_C \mathbf{F} \cdot d\mathbf{r} = \int_C \nabla f \cdot d\mathbf{r}$$
$$= f(2, 2, 0) - f(3, 4, 12)$$
$$= \frac{mMG}{\sqrt{2^2 + 2^2}} - \frac{mMG}{\sqrt{3^2 + 4^2 + 12^2}} = mMG\left(\frac{1}{2\sqrt{2}} - \frac{1}{13}\right) \qquad \blacksquare$$

■ 경로의 독립성

C_1과 C_2가 시점 A와 종점 B를 가지는 두 개의 조각마다 매끄러운 곡선[**경로**(path)라 부른다]이라고 하자. 15.2절의 예제 4로부터 $\int_{C_1} \mathbf{F} \cdot d\mathbf{r} \neq \int_{C_2} \mathbf{F} \cdot d\mathbf{r}$임을 안다. 그러나 NOTE 2에 의해 ∇f가 연속이기만 하면 다음이 성립한다(그림 2 참조).

$$\int_{C_1} \nabla f \cdot d\mathbf{r} = \int_{C_2} \nabla f \cdot d\mathbf{r}$$

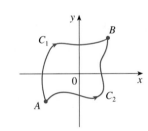

그림 2 $\int_{C_1} \nabla f \cdot d\mathbf{r} = \int_{C_2} \nabla f \cdot d\mathbf{r}$

다시 말해서 **보존적** 벡터장의 선적분은 곡선의 시점과 종점에만 의존한다는 뜻이다.

일반적으로 $\mathbf{F}$가 정의역 D에서 연속인 벡터장이고, 시점과 종점이 같은 D 안의 임의의 두 경로 C_1, C_2에 대해 $\int_{C_1} \mathbf{F} \cdot d\mathbf{r} = \int_{C_2} \mathbf{F} \cdot d\mathbf{r}$이면 선적분 $\int_C \mathbf{F} \cdot d\mathbf{r}$는 **경로에 독립**(independent of path)이라 한다. 이 용어를 쓰면 **보존적 벡터장의 선적분은 경로에 독립**이라고 말할 수 있다.

곡선의 시점과 종점이 같을 경우, 즉 $\mathbf{r}(b) = \mathbf{r}(a)$인 곡선을 **닫힌곡선**(closed curve)이라 한다(그림 3 참조). $\int_C \mathbf{F} \cdot d\mathbf{r}$이 D 안에서 경로에 독립이고 C가 D 안에 있는 임의의 닫힌 경로이면, C에서 임의의 두 점 A, B를 택하고 C를 A에서 B까지의 경로 C_1과 B에서 A까지의 경로 C_2로 구성된 것으로 생각할 수 있다(그림 4 참조). 이때 C_1과 $-C_2$는 시점과 종점이 같으므로 다음 결과를 얻는다.

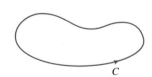

그림 3 닫힌곡선

$$\int_C \mathbf{F} \cdot d\mathbf{r} = \int_{C_1} \mathbf{F} \cdot d\mathbf{r} + \int_{C_2} \mathbf{F} \cdot d\mathbf{r} = \int_{C_1} \mathbf{F} \cdot d\mathbf{r} - \int_{-C_2} \mathbf{F} \cdot d\mathbf{r} = 0$$

역으로 C가 D 안에 있는 임의의 닫힌 경로일 때 언제나 $\int_C \mathbf{F} \cdot d\mathbf{r} = 0$이 성립한다면, 다음과 같이 경로의 독립성임을 밝힐 수 있다. D에 속하는 A에서 B까지의 임의

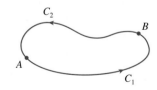

그림 4

의 두 경로 C_1, C_2를 택하고, C를 C_1과 $-C_2$로 구성된 곡선으로 정의한다. 그러면 다음이 성립한다.

$$0 = \int_C \mathbf{F} \cdot d\mathbf{r} = \int_{C_1} \mathbf{F} \cdot d\mathbf{r} + \int_{-C_2} \mathbf{F} \cdot d\mathbf{r} = \int_{C_1} \mathbf{F} \cdot d\mathbf{r} - \int_{C_2} \mathbf{F} \cdot d\mathbf{r}$$

따라서 $\int_{C_1} \mathbf{F} \cdot d\mathbf{r} = \int_{C_2} \mathbf{F} \cdot d\mathbf{r}$이 된다. 그러므로 다음 정리가 증명된다.

> **3** **정리** $\int_C \mathbf{F} \cdot d\mathbf{r}$가 D에서 경로에 독립이기 위한 필요충분조건은 D에 속하는 임의의 닫힌 경로 C에 대해 $\int_C \mathbf{F} \cdot d\mathbf{r} = 0$이다.

임의의 보존적 벡터장 $\mathbf{F}$의 선적분은 경로에 독립이므로, 임의의 닫힌 경로에 대해 $\int_C \mathbf{F} \cdot d\mathbf{r} = 0$이 된다. 물리적으로 설명하면 보존력장(15.1절에 나오는 중력장 또는 전기장과 같은)이 물체가 닫힌 경로를 일주시키는 데 한 일은 0이라는 것이다.

다음 정리는 경로에 독립인 벡터장은 **오직** 보존적 벡터장뿐임을 말해 준다. 다음 정리는 평면곡선에 대해 서술하고 증명하지만 공간곡선에 대해서도 유사하다. D가 **열린영역**(open region)이라 하자. 이것은 D에 속하는 임의의 점 P에 대해 D에 완전히 포함되는 중심이 P인 원판이 존재한다는 뜻이다. (따라서 D는 어떤 D의 경계점도 포함하지 않는다.) 덧붙여 D가 **연결영역**(connected region)이라고 하자. 이것은 D에 속하는 임의의 두 점이 D에 포함되는 어떤 경로로 연결될 수 있다는 것을 의미한다.

> **4** **정리** $\mathbf{F}$가 열린 연결영역 D에서 연속인 벡터장이라 하자. $\int_C \mathbf{F} \cdot d\mathbf{r}$가 D에서 경로에 독립이면 $\mathbf{F}$는 D에서 보존적 벡터장이다. 즉, $\nabla f = \mathbf{F}$가 되는 함수 f가 존재한다.

증명 $A(a, b)$를 D에 속하는 고정점이라 하자. 원하는 퍼텐셜 함수 f를 D에 속하는 임의의 점 (x, y)에 대해 다음과 같이 정의한다.

$$f(x, y) = \int_{(a, b)}^{(x, y)} \mathbf{F} \cdot d\mathbf{r}$$

$\int_C \mathbf{F} \cdot d\mathbf{r}$는 경로에 독립이므로 (a, b)에서 (x, y)까지의 경로 C에 관계없이 $f(x, y)$를 계산할 수 있다. D가 열린 영역이므로 D에 포함되는 중심 (x, y)인 원판이 존재한다. $x_1 < x$인 원판에 속하는 임의의 점 (x_1, y)를 택하고 C를 (a, b)에서 (x_1, y)까지의 경로 C_1과 (x_1, y)에서 (x, y)까지의 수평선분 C_2로 구성하자(그림 5 참조). 그러면 다음이 성립한다.

$$f(x, y) = \int_{C_1} \mathbf{F} \cdot d\mathbf{r} + \int_{C_2} \mathbf{F} \cdot d\mathbf{r} = \int_{(a, b)}^{(x_1, y)} \mathbf{F} \cdot d\mathbf{r} + \int_{C_2} \mathbf{F} \cdot d\mathbf{r}$$

첫 번째 적분은 x에 의존하지 않으므로 다음을 얻는다.

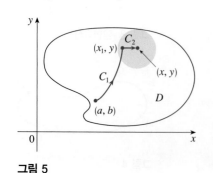

그림 5

$$\frac{\partial}{\partial x} f(x, y) = 0 + \frac{\partial}{\partial x} \int_{C_2} \mathbf{F} \cdot d\mathbf{r}$$

$\mathbf{F} = P\,\mathbf{i} + Q\,\mathbf{j}$이면 다음과 같다.

$$\int_{C_2} \mathbf{F} \cdot d\mathbf{r} = \int_{C_2} P\, dx + Q\, dy$$

C_2에서 y는 상수이므로 $dy = 0$이다. 매개변수 t, $x_1 \leq t \leq x$를 이용하면 4.3절의 미적분학의 기본정리 1에 의해 다음을 얻는다.

$$\frac{\partial}{\partial x} f(x, y) = \frac{\partial}{\partial x} \int_{C_2} P\, dx + Q\, dy = \frac{\partial}{\partial x} \int_{x_1}^{x} P(t, y)\, dt = P(x, y)$$

유사한 방법으로, 수직선분(그림 6 참조)을 이용하면 다음을 얻는다.

$$\frac{\partial}{\partial y} f(x, y) = \frac{\partial}{\partial y} \int_{C_2} P\, dx + Q\, dy = \frac{\partial}{\partial y} \int_{y_1}^{y} Q(x, t)\, dt = Q(x, y)$$

따라서 다음을 얻으며, 이것은 $\mathbf{F}$가 보존적 벡터장임을 보인다.

$$\mathbf{F} = P\,\mathbf{i} + Q\,\mathbf{j} = \frac{\partial f}{\partial x}\,\mathbf{i} + \frac{\partial f}{\partial y}\,\mathbf{j} = \nabla f$$

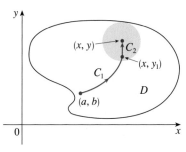

■ **그림 6**

■ 보존적 벡터장과 퍼텐셜 함수

이제 다음과 같은 의문이 남는다. 벡터장 $\mathbf{F}$가 보존적인지의 여부를 어떻게 결정할 수 있는가?

$\mathbf{F} = P\,\mathbf{i} + Q\,\mathbf{j}$가 보존적임이 알려져 있다고 가정하자. 여기서 P와 Q는 연속인 1계 편도함수를 갖는다. 그러면 $\mathbf{F} = \nabla f$, 즉 다음을 만족하는 함수 f가 존재한다.

$$P = \frac{\partial f}{\partial x}, \qquad Q = \frac{\partial f}{\partial y}$$

그러므로 클레로의 정리에 따라 다음이 성립한다.

$$\frac{\partial P}{\partial y} = \frac{\partial^2 f}{\partial y\, \partial x} = \frac{\partial^2 f}{\partial x\, \partial y} = \frac{\partial Q}{\partial x}$$

> 5 **정리** $\mathbf{F}(x, y) = P(x, y)\,\mathbf{i} + Q(x, y)\,\mathbf{j}$가 보존적 벡터장이고 P와 Q는 정의역 D에서 연속인 1계 편도함수를 갖는다면 D 전체에서 다음이 성립한다.
>
> $$\frac{\partial P}{\partial y} = \frac{\partial Q}{\partial x}$$

정리 5의 역은 특수한 형태의 영역에 대해서만 성립한다. 이것을 설명하기 위해 먼저 필요한 개념이 **단순곡선**(simple curve), 즉 양 끝점 사이의 어떤 곳에서도 서로

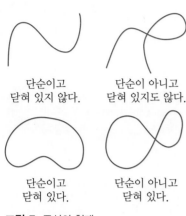

단순이고
닫혀 있지 않다.

단순이 아니고
닫혀 있지도 않다.

단순이고
닫혀 있다.

단순이 아니고
닫혀 있다.

그림 7 곡선의 형태

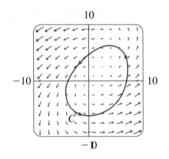

그림 9

그림 9와 10은 각각 예제 2(a)와 2(b)에서의 벡터장을 보여 준다. 그림 9에서 벡터는 모두 닫힌곡선 C에서 출발하며 C와 거의 동일한 방향을 가리키고 있다. 따라서 $\int_C \mathbf{F} \cdot d\mathbf{r} > 0$인 것처럼 보이므로 $\mathbf{F}$는 보존적 벡터장이 아니다. 예제 2(a)의 계산은 이런 결과를 확고하게 한다. 그림 10에 있는 곡선 C_1과 C_2 부근에서 몇몇 벡터들은 그 곡선과 거의 동일한 방향을 가리키고 있으며, 반면에 다른 벡터들은 반대 방향을 가리키고 있다. 따라서 모두 닫힌 경로 주위에서의 선적분은 그 값이 0인 것 같아 보인다. 예제 2(b)에서는 $\mathbf{F}$가 실제로 보존적 벡터장임을 보여 준다.

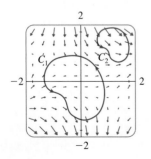

그림 10

교차하는 점이 없는 곡선이다. [그림 7 참조, 단순닫힌곡선은 $\mathbf{r}(a) = \mathbf{r}(b)$가 되지만 $a < t_1 < t_2 < b$일 때 $\mathbf{r}(t_1) \neq \mathbf{r}(t_2)$이다.]

정리 **4**에서는 열린 연결영역이 필요하다. 다음 정리에는 좀 더 강한 조건이 필요하다. 평면에서 **단순연결영역**(simply-connected region)은 D 안에 있는 모든 단순닫힌곡선이 D 안에 있는 점만을 둘러싸고 있는 연결영역 D를 뜻한다. 직관적으로 말하면, 그림 8로부터 단순연결영역은 구멍을 포함하지 않고 두 부분으로 분리되지 않는다고 말할 수 있다.

그림 8   단순연결영역   단순연결이 아닌 영역

단순연결영역으로 이제 $\mathbb{R}^2$에서의 벡터장이 보존적임을 증명하는 데 편리한 방법을 주는 정리 **5**의 부분적인 역을 설명할 수 있다. 증명은 그린 정리의 한 결과로서 다음 절에서 다룬다.

> **6** **정리** $\mathbf{F} = P\,\mathbf{i} + Q\,\mathbf{j}$는 열린 단순연결영역 D에서의 벡터장이고, P와 Q는 연속인 1계 편도함수를 갖고 D에서 다음이 성립한다고 하자.
>
> $$\frac{\partial P}{\partial y} = \frac{\partial Q}{\partial x}$$
>
> 그러면 $\mathbf{F}$는 보존적 벡터장이다.

《예제 2》 주어진 벡터장이 보존적인지 아닌지를 판정하라.

(a) $\mathbf{F}(x, y) = (x - y)\,\mathbf{i} + (x - 2)\,\mathbf{j}$

(b) $\mathbf{F}(x, y) = (3 + 2xy)\,\mathbf{i} + (x^2 - 3y^2)\,\mathbf{j}$

풀이 (a) $P(x, y) = x - y$이고 $Q(x, y) = x - 2$라 하자. 그러면 다음과 같다.

$$\frac{\partial P}{\partial y} = -1, \quad \frac{\partial Q}{\partial x} = 1$$

$\partial P/\partial y \neq \partial Q/\partial x$이므로 정리 **5**에 따라 $\mathbf{F}$는 보존적 벡터장이 아니다.

(b) $P(x, y) = 3 + 2xy$이고 $Q(x, y) = x^2 - 3y^2$이라 하자. 그러면 다음과 같다.

$$\frac{\partial P}{\partial y} = 2x = \frac{\partial Q}{\partial x}$$

또한 $\mathbf{F}$의 정의역은 열린 단순연결영역인 전체 평면($D = \mathbb{R}^2$)이다. 그러므로 정리 **6**을 적용하면 $\mathbf{F}$가 보존적 벡터장이라는 결론이 나온다. ■

예제 2(b)에서 정리 **6**에 따라 $\mathbf{F}$가 보존적 벡터장임은 밝혔지만, $\mathbf{F} = \nabla f$를 만족

하는 (퍼텐셜) 함수 f를 구하는 방법은 제시하지 않았다. 정리 $\boxed{4}$의 증명은 f를 구하는 방법에 대한 실마리를 준다. 다음 예제에서와 같이 '편적분'을 이용한다.

《예제 3》 $\mathbf{F}(x, y) = (3 + 2xy)\,\mathbf{i} + (x^2 - 3y^2)\,\mathbf{j}$일 때 $\mathbf{F} = \nabla f$가 되는 함수 f를 구하라.

풀이 예제 2(b)에서 $\mathbf{F}$가 보존적이고, 따라서 $\nabla f = \mathbf{F}$가 되는 함수 f가 존재한다. 즉, 다음이 성립한다.

$$\boxed{7} \qquad\qquad f_x(x, y) = 3 + 2xy$$
$$\boxed{8} \qquad\qquad f_y(x, y) = x^2 - 3y^2$$

공식 $\boxed{7}$을 x에 대해 적분하면 다음을 얻는다.

$$\boxed{9} \qquad\qquad f(x, y) = 3x + x^2 y + g(y)$$

적분상수는 x에 관한 상수, 즉 $g(y)$라 정의한 y의 함수임에 주목하자. 이번에는 식 $\boxed{9}$의 양변을 다음과 같이 y에 대해 미분하자.

$$\boxed{10} \qquad\qquad f_y(x, y) = x^2 + g'(y)$$

공식 $\boxed{8}$과 $\boxed{10}$을 비교하면 다음을 알 수 있다.

$$g'(y) = -3y^2$$

y에 대해 적분하면 다음을 얻는다.

$$g(y) = -y^3 + K$$

여기서 K는 상수이다. 이것을 공식 $\boxed{9}$에 대입하면 원하는 퍼텐셜 함수를 얻는다.

$$f(x, y) = 3x + x^2 y - y^3 + K \qquad\qquad ■$$

《예제 4》 $\mathbf{F}(x, y) = (3 + 2xy)\,\mathbf{i} + (x^2 - 3y^2)\,\mathbf{j}$이고 C가 $\mathbf{r}(t) = e^t \sin t\,\mathbf{i} + e^t \cos t\,\mathbf{j}$, $0 \leq t \leq \pi$로 주어질 때 선적분 $\int_C \mathbf{F} \cdot d\mathbf{r}$를 구하라.

풀이 1 예제 2(b)로부터 $\mathbf{F}$가 보존적이므로 정리 $\boxed{2}$를 사용할 수 있다. 예제 3에서 $\mathbf{F}$의 퍼텐셜 함수가 $f(x, y) = 3x + x^2 y - y^3 (K = 0$을 선택)임을 알았다. 정리 $\boxed{2}$를 이용하기 위해 알아야 할 것이 C의 시점과 종점이다. 즉 $\mathbf{r}(0) = (0, 1)$과 $\mathbf{r}(\pi) = (0, e^{-\pi})$이다. (a)의 $f(x, y)$에 대한 표현식에서 상수 K의 어떤 값도 가능하므로 $K = 0$을 택하자. 그러면 다음을 얻는다.

$$\int_C \mathbf{F} \cdot d\mathbf{r} = \int_C \nabla f \cdot d\mathbf{r} = f(0, -e^\pi) - f(0, 1) = e^{3\pi} - (-1) = e^{3\pi} + 1$$

이 방법은 15.2절에서 배웠던 선적분을 구하는 직접적인 방법보다 더 간단하다.

풀이 2 $\mathbf{F}$가 보존적이므로 $\int_C \mathbf{F} \cdot d\mathbf{r}$은 경로에 무관하다. 곡선 C를 시점과 종점이 C와 같은 또 다른 (더 간단한) 곡선 C_1으로 대체하자. 그림 11과 같이 C_1은 $(0, 1)$에서 $(0, -e^\pi)$

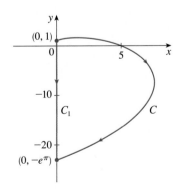

그림 11

까지 선분이라고 하자. 그러면 C_1은

$$\mathbf{r}(t) = -t\,\mathbf{j}, \qquad -1 \le t \le e^{\pi}$$

와 같이 표현되고

$$\int_C \mathbf{F} \cdot d\mathbf{r} = \int_{C_1} \mathbf{F} \cdot d\mathbf{r} = \int_{-1}^{e^{\pi}} \mathbf{F}(\mathbf{r}(t)) \cdot \mathbf{r}'(t)\,dt$$

$$= \int_{-1}^{e^{\pi}} (3\mathbf{i} - 3t^2\mathbf{j}) \cdot (-\mathbf{j})\,dt$$

$$= \int_{-1}^{e^{\pi}} 3t^2\,dt = t^3 \Big|_{-1}^{e^{\pi}} = e^{3\pi} + 1 \qquad\blacksquare$$

$\mathbb{R}^3$에서 벡터장 $\mathbf{F}$가 보존적인지 아닌지 결정하는 기준은 15.5절에서 주어진다. 한편 다음 예제는 $\mathbb{R}^3$에서의 벡터장에 대한 퍼텐셜 함수를 구하는 방법이 $\mathbb{R}^2$에서의 벡터장에 대한 퍼텐셜 함수를 구하는 방법과 같다는 것을 보여 준다.

《예제 5》 $\mathbf{F}(x, y, z) = y^2\,\mathbf{i} + (2xy + e^{3z})\,\mathbf{j} + 3ye^{3z}\,\mathbf{k}$일 때 $\nabla f = \mathbf{F}$인 함수 f를 구하라.

풀이 이런 함수 f가 존재한다면 다음과 같다.

$$\boxed{11} \qquad\qquad\qquad f_x(x, y, z) = y^2$$

$$\boxed{12} \qquad\qquad\qquad f_y(x, y, z) = 2xy + e^{3z}$$

$$\boxed{13} \qquad\qquad\qquad f_z(x, y, z) = 3ye^{3z}$$

공식 $\boxed{11}$을 x에 대해 적분하면 다음을 얻는다.

$$\boxed{14} \qquad\qquad\qquad f(x, y, z) = xy^2 + g(y, z)$$

여기서 $g(y, z)$는 x에 관한 상수이다. 이때 공식 $\boxed{14}$를 y에 대해 미분하면 다음을 얻는다.

$$f_y(x, y, z) = 2xy + g_y(y, z)$$

공식 $\boxed{12}$와 비교하면 다음을 얻는다.

$$g_y(y, z) = e^{3z}$$

그러므로 $g(y, z) = ye^{3z} + h(z)$이고, 공식 $\boxed{14}$를 다음과 같이 쓸 수 있다.

$$f(x, y, z) = xy^2 + ye^{3z} + h(z)$$

마지막으로 z에 대해 미분하고 공식 $\boxed{13}$과 비교하면 $h'(z) = 0$을 얻는다. 그러므로 $h(z) = K$(상수)가 된다. 원하는 함수는 다음과 같다.

$$f(x, y, z) = xy^2 + ye^{3z} + K$$

또한 $\nabla f = \mathbf{F}$는 쉽게 증명된다. $\qquad\blacksquare$

■ 에너지 보존

이번 장의 개념을 $\mathbf{r}(t)$, $a \le t \le b$로 주어진 경로 C를 따라 물체를 움직이는 연속인 힘장 $\mathbf{F}$에 적용하자. 여기서 $\mathbf{r}(a) = A$는 경로 C의 시점이고 $\mathbf{r}(b) = B$는 종점이다. 뉴턴의 운동 제2법칙(12.4절 참조)에 따르면, C 위의 한 점에서 힘 $\mathbf{F}(\mathbf{r}(t))$는 다음 식에 의해 가속도 $\mathbf{a}(t) = \mathbf{r}''(t)$와 관계가 있다.

$$\mathbf{F}(\mathbf{r}(t)) = m\mathbf{r}''(t)$$

따라서 힘이 물체를 움직이는 데 한 일은 다음과 같다.

$$\begin{aligned} W &= \int_C \mathbf{F} \cdot d\mathbf{r} = \int_a^b \mathbf{F}(\mathbf{r}(t)) \cdot \mathbf{r}'(t)\, dt = \int_a^b m\mathbf{r}''(t) \cdot \mathbf{r}'(t)\, dt \\ &= \frac{m}{2} \int_a^b \frac{d}{dt} [\mathbf{r}'(t) \cdot \mathbf{r}'(t)]\, dt \qquad \text{(12.2절의 정리 \boxed{3}, 공식 \boxed{4})} \\ &= \frac{m}{2} \int_a^b \frac{d}{dt} |\mathbf{r}'(t)|^2\, dt = \frac{m}{2} \Big[|\mathbf{r}'(t)|^2 \Big]_a^b \qquad \text{(미적분학의 기본정리)} \\ &= \frac{m}{2} \big(|\mathbf{r}'(b)|^2 - |\mathbf{r}'(a)|^2 \big) \end{aligned}$$

그러므로 다음이 성립한다.

$$\boxed{15} \qquad\qquad W = \tfrac{1}{2} m |\mathbf{v}(b)|^2 - \tfrac{1}{2} m |\mathbf{v}(a)|^2$$

여기서 $\mathbf{v} = \mathbf{r}'$은 속도이다.

양 $\tfrac{1}{2} m |\mathbf{v}(t)|^2$, 즉 질량과 속력의 제곱을 곱한 것의 반이 물체의 **운동에너지**(kinetic energy)이다. 그러므로 공식 $\boxed{15}$를 다음과 같이 다시 쓸 수 있다.

$$\boxed{16} \qquad\qquad W = K(B) - K(A)$$

이것은 C를 따라 힘장이 한 일은 C의 양 끝점에서의 운동에너지의 변화와 같음을 말해 준다.

이제 $\mathbf{F}$가 보존적 힘장이라 가정하자. 즉 $\mathbf{F} = \nabla f$로 쓸 수 있다. 물리학에서, 점 (x, y, z)에서 물체의 **위치에너지**(potential energy)는 $P(x, y, z) = -f(x, y, z)$로 정의되고, 따라서 $\mathbf{F} = -\nabla P$가 된다. 그러면 정리 $\boxed{2}$에 따라 다음을 얻는다.

$$W = \int_C \mathbf{F} \cdot d\mathbf{r} = -\int_C \nabla P \cdot d\mathbf{r} = -[P(\mathbf{r}(b)) - P(\mathbf{r}(a))] = P(A) - P(B)$$

이 식을 공식 $\boxed{16}$과 비교하면, 다음이 성립하는 것을 알 수 있다.

$$P(A) + K(A) = P(B) + K(B)$$

이는 물체가 보존력장의 영향 아래에서 한 점 A로부터 다른 점 B까지 움직이면, 이 것의 위치에너지와 운동에너지의 합은 상수가 되어 변하지 않는다는 것을 말해 준다. 이것을 **에너지 보존 법칙**(Law of Conservation of Energy)이라 하는데, 이 벡터장을 **보존적**이라 부르게 된 이유가 여기에 있다.

15.3 │ 연습문제

1. 다음 그림은 곡선 C와 그의 기울기가 연속인 함수 f의 등위곡선도를 보여 주고 있다. $\int_C \nabla f \cdot d\mathbf{r}$를 구하라.

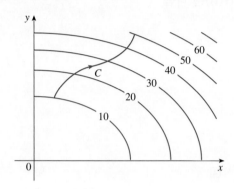

2-5 $\mathbf{F}$가 보존적 벡터장인지 아닌지 판정하라. 보존적이면 $\mathbf{F} = \nabla f$인 함수 f를 구하라.

2. $\mathbf{F}(x, y) = (xy + y^2)\,\mathbf{i} + (x^2 + 2xy)\,\mathbf{j}$

3. $\mathbf{F}(x, y) = y^2 e^{xy}\,\mathbf{i} + (1 + xy)e^{xy}\,\mathbf{j}$

4. $\mathbf{F}(x, y) = (ye^x + \sin y)\,\mathbf{i} + (e^x + x\cos y)\,\mathbf{j}$

5. $\mathbf{F}(x, y) = (y^2 \cos x + \cos y)\,\mathbf{i} + (2y\sin x - x\sin y)\,\mathbf{j}$

---

6. 다음 그림은 벡터장 $\mathbf{F}(x, y) = \langle 2xy, x^2 \rangle$과 점 $(1, 2)$에서 시작하여 $(3, 2)$에서 끝나는 세 곡선을 보여 주고 있다.

(a) $\int_C \mathbf{F} \cdot d\mathbf{r}$의 값이 세 곡선 모두에 대해 같은 이유를 설명하라.

(b) 이 공통값은 얼마인가?

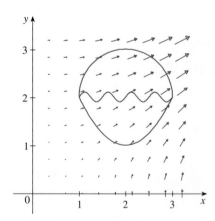

7. $\mathbf{F}(x, y) = (3x^2 + y^2)\,\mathbf{i} + 2xy\,\mathbf{j}$이라 하고 C를 아래 그림의 곡선이라 하자.

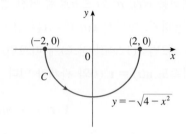

(a) $\int_C \mathbf{F} \cdot d\mathbf{r}$을 직접 계산하라.

(b) $\mathbf{F}$가 보존적임을 보이고 $\mathbf{F} = \nabla f$인 f를 구하라.

(c) 정리 ②를 이용해서 $\int_C \mathbf{F} \cdot d\mathbf{r}$을 구하라.

(d) 먼저 C를 동일한 시점과 종점을 갖는 간단한 곡선으로 바꾼 후 $\int_C \mathbf{F} \cdot d\mathbf{r}$을 계산하라.

8. 벡터장 $\mathbf{F}$와 곡선 C가 아래와 같이 주어졌다.

$$\mathbf{F}(x, y) = \langle ye^{xy}, xe^{xy} \rangle,$$
$$C : x = \sin\frac{\pi}{2}t,\ y = e^{t-1}(1 - \cos \pi t),\ 0 \le t \le 1$$

(a) $\mathbf{F}$가 보전적임을 보이고 퍼텐셜 함수 f를 찾아라.

(b) 정리 ②를 이용해서 $\int_C \mathbf{F} \cdot d\mathbf{r}$을 구하라.

(c) 먼저 C를 동일한 시점과 종점을 선분으로 바꾼 후 $\int_C \mathbf{F} \cdot d\mathbf{r}$을 계산하라.

9-12 (a) $\mathbf{F} = \nabla f$인 함수 f를 구하고, (b) (a)를 이용해서 주어진 곡선 C 위에서 $\int_C \mathbf{F} \cdot d\mathbf{r}$를 구하라.

9. $\mathbf{F}(x, y) = \langle 2x, 4y \rangle$,
C는 포물선 $x = y^2$의 $(4, -2)$에서 $(1, 1)$까지의 호

10. $\mathbf{F}(x, y) = x^2 y^3\,\mathbf{i} + x^3 y^2\,\mathbf{j}$,
$C : \mathbf{r}(t) = \langle t^3 - 2t, t^3 + 2t \rangle,\ 0 \le t \le 1$

11. $\mathbf{F}(x, y, z) = 2xy\,\mathbf{i} + (x^2 + 2yz)\,\mathbf{j} + y^2\,\mathbf{k}$,
C는 $(2, -3, 1)$에서 $(-5, 1, 2)$까지의 선분

12. $\mathbf{F}(x, y, z) = yze^{xz}\,\mathbf{i} + e^{xz}\,\mathbf{j} + xye^{xz}\,\mathbf{k}$,
$C : \mathbf{r}(t) = (t^2 + 1)\,\mathbf{i} + (t^2 - 1)\,\mathbf{j} + (t^2 - 2t)\,\mathbf{k}$,
$0 \le t \le 2$

---

13. 다음 선적분이 경로에 독립임을 보이고 적분을 계산하라.
$\int_C 2xe^{-y}\,dx + (2y - x^2 e^{-y})\,dy$,
C는 $(1, 0)$에서 $(2, 1)$까지 임의의 경로

14. 한 점에서 다른 점으로 입자를 움직이기 위해 힘장 $\mathbf{F}$에 대한 최소한의 힘이 요구되는 곡선을 결정하려 한다. 먼저 $\mathbf{F}$가 보존적인지 확인하니, 확실히 보존적인 것으로 판정됐

다. 그러면 요구되는 곡선에 대해 어떻게 답할 것인가?

15. 힘장 $\mathbf{F}(x, y) = x^3\mathbf{i} + y^3\mathbf{j}$가 $P(1, 0)$에서 $Q(2, 2)$까지 물체를 움직이는 데 한 일을 구하라.

16. 그림에서 보여 주는 벡터장이 보존적인가? 설명하라.

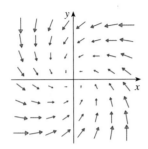

17. $\mathbf{F}(x, y) = \sin y\,\mathbf{i} + (1 + x\cos y)\mathbf{j}$일 때 그림을 이용해서 $\mathbf{F}$가 보존적인지 아닌지 추측한 후에 추측이 옳은지를 확인하라.

18. 벡터장 $\mathbf{F} = P\mathbf{i} + Q\mathbf{j} + R\mathbf{k}$가 보존적이고 P, Q, R이 연속

인 1계 편도함수를 가질 때, 다음을 보여라.

$$\frac{\partial P}{\partial y} = \frac{\partial Q}{\partial x}, \qquad \frac{\partial P}{\partial z} = \frac{\partial R}{\partial x}, \qquad \frac{\partial Q}{\partial z} = \frac{\partial R}{\partial y}$$

19-20 다음 집합이 (a) 열림, (b) 연결, (c) 단순연결인지 아닌지를 판정하라.

19. $\{(x, y) \mid 0 < y < 3\}$

20. $\{(x, y) \mid 1 \le x^2 + y^2 \le 4, y \ge 0\}$

21. $\mathbf{F}(x, y) = \dfrac{-y\,\mathbf{i} + x\,\mathbf{j}}{x^2 + y^2}$로 두자.

(a) $\partial P/\partial y = \partial Q/\partial x$임을 보여라.

(b) $\int_C \mathbf{F} \cdot d\mathbf{r}$이 경로에 독립이 아님을 보여라.
[힌트: $(1, 0)$에서 $(-1, 0)$까지 원 $x^2 + y^2 = 1$의 상반부와 하반부를 각각 C_1, C_2라 할 때 $\int_{C_1}\mathbf{F}\cdot d\mathbf{r}$과 $\int_{C_2}\mathbf{F}\cdot d\mathbf{r}$을 계산하라]. 이것은 정리 **6**에 모순인가?

15.4 | 그린 정리

그린 정리는 단순닫힌곡선을 따른 선적분과 그 곡선으로 둘러싸인 평면영역에서의 이중적분 사이의 관계를 알려준다.

■ 그린 정리

C를 단순닫힌곡선이라 하고 그림 1과 같이, D를 C로 둘러싸인 영역이라 하자. (D는 C의 모든 점은 물론이고 C 내부의 모든 점으로 구성되어 있다고 가정한다.) 그린 정리에서 단순닫힌곡선 C의 **양의 방향**(positive orientation)은 C가 **반시계** 방향으로 단순히 선회하는 것을 뜻한다. 따라서 C가 벡터함수 $\mathbf{r}(t)$, $a \le t \le b$로 주어지면, 영역 D는 점 $\mathbf{r}(t)$가 C를 선회할 때 항상 왼쪽에 있다(그림 2 참조).

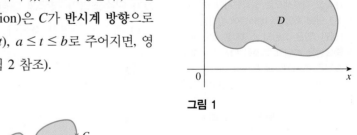

그림 1

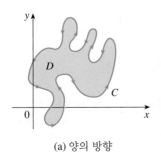

(a) 양의 방향

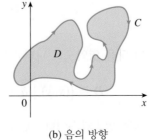

(b) 음의 방향

그림 2

$\mathbf{F} = P\,\mathbf{i} + Q\,\mathbf{j}$라 놓으면 이 식의 좌변을 $\int_C \mathbf{F} \cdot d\mathbf{r}$로 표현할 수 있다.

> **그린 정리** C는 평면에 놓인 양의 방향을 갖는 조각마다 매끄러운 단순닫힌곡선이라 하고, D는 C로 둘러싸인 영역이라 하자. P와 Q가 D를 포함하는 열린영역에서 연속인 편도함수를 가지면, 다음이 성립한다.
>
> $$\int_C P\,dx + Q\,dy = \iint\limits_{D} \left(\frac{\partial Q}{\partial x} - \frac{\partial P}{\partial y} \right) dA$$

NOTE 다음은 때때로 선적분이 닫힌곡선 C의 양의 방향을 이용해서 계산됨을 보이고자 쓰는 기호이다.

$$\oint_C P\,dx + Q\,dy \qquad \text{또는} \qquad \oint_C P\,dx + Q\,dy$$

D의 양의 방향인 경계곡선에 대한 또 다른 기호는 ∂D이다. 따라서 그린 정리에서의 식을 다음과 같이 쓸 수 있다.

1 $$\iint\limits_{D} \left(\frac{\partial Q}{\partial x} - \frac{\partial P}{\partial y} \right) dA = \int_{\partial D} P\,dx + Q\,dy$$

그린 정리는 이중적분에서 미적분학의 기본정리에 대응되는 정리로 간주되어야 한다. 공식 **1**을 다음 식으로 서술된 미적분학의 기본정리 2와 비교해 보자.

$$\int_a^b F'(x)\,dx = F(b) - F(a)$$

두 경우 모두 식의 좌변에는 도함수 (F', $\partial Q/\partial x$, $\partial P/\partial y$)를 포함하는 적분이 존재한다. 그리고 두 경우 모두 우변에는 정의역의 경계에서만이 최초의 함수(F, Q, P)의 값을 포함한다. (1차원의 경우 정의역은 경계점이 두 점 a, b만으로 구성된 구간 $[a, b]$이다.)

그린 정리는 일반적으로 증명하기가 쉽진 않지만, 영역이 유형 I과 유형 II인 특수한 경우(14.2절 참조)에 대해 증명할 수 있다. 이런 영역을 **단순영역**(simple regions)이라 부른다.

D가 단순영역인 경우에 대한 그린 정리의 증명 다음 식들이 성립함을 밝힘으로써 그린 정리를 증명할 것이다.

2 $$\int_C P\,dx = -\iint\limits_{D} \frac{\partial P}{\partial y}\,dA$$

3 $$\int_C Q\,dy = \iint\limits_{D} \frac{\partial Q}{\partial x}\,dA$$

D를 유형 I의 다음 영역으로 나타내어 공식 **2**를 증명한다.

$$D = \left\{ (x, y) \mid a \le x \le b,\ g_1(x) \le y \le g_2(x) \right\}$$

여기서 g_1, g_2는 연속함수이다. 공식 **2**의 우변에 있는 이중적분을 다음과 같이 계

그린 정리

그린 정리는 독학으로 과학자가 된 영국의 그린(George Green, 1793~1841)의 이름을 따서 명명됐다. 그는 9살 때부터 부친의 빵가게에서 온종일 일을 하면서 도서관에서 빌린 책으로 수학을 독학했다. 1828년 그는 《An Essay on the Application of Mathematical Analysis to the Theories of Electricity and Magnetism》이라는 소책자를 자비로 출판했다. 그러나 100부만 인쇄했고 대부분 친구에게 보냈다. 이 소책자에는 우리가 그린 정리로 알고 있는 것과 같은 내용의 정리가 포함되어 있다. 그러나 그 당시에는 널리 알려지진 않았다. 결국 40살 때 그린은 케임브리지 대학교 학부생으로 입학했지만 졸업 후 4년 만에 죽었다. 1846년에 윌리엄 톰슨(켈빈 경)은 그린의 소책자를 찾아내어 그 중요성을 깨닫고 그것을 다시 인쇄했다. 그린은 전자기학의 수학적 이론을 공식화하려고 시도한 최초의 사람이다. 그의 저작물은 톰슨, 스토크스, 레일리와 맥스웰의 전자기학 이론의 기초가 됐다.

산한다.

$$\boxed{4} \quad \iint\limits_{D} \frac{\partial P}{\partial y} \, dA = \int_a^b \int_{g_1(x)}^{g_2(x)} \frac{\partial P}{\partial y} (x, y) \, dy \, dx = \int_a^b [P(x, g_2(x)) - P(x, g_1(x))] \, dx$$

여기서 마지막 단계는 미적분학의 기본정리로부터 나온다.

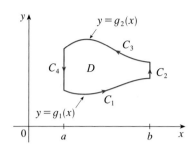

그림 3

이제 공식 $\boxed{2}$의 좌변을 그림 3에서와 같이 네 곡선 C_1, C_2, C_3, C_4의 합으로 C를 나눠서 계산하자. C_1에서 x를 매개변수로 선택하고 매개변수방정식을 $x = x$, $y = g_1(x)$, $a \le x \le b$로 쓰자. 따라서 다음을 얻는다.

$$\int_{C_1} P(x, y) \, dx = \int_a^b P(x, g_1(x)) \, dx$$

C_3이 오른쪽에서 왼쪽으로 움직이면 $-C_3$은 왼쪽에서 오른쪽으로 움직임을 알 수 있다. 따라서 $-C_3$의 매개변수방정식을 $x = x$, $y = g_2(x)$, $a \le x \le b$로 쓸 수 있다. 그러므로 다음을 얻는다.

$$\int_{C_3} P(x, y) \, dx = -\int_{-C_3} P(x, y) \, dx = -\int_a^b P(x, g_2(x)) \, dx$$

C_2 또는 C_4에서(그들 각각은 한 점으로 축소될 수도 있다) x는 상수이다. 그러므로 $dx = 0$이고 다음이 성립한다.

$$\int_{C_2} P(x, y) \, dx = 0 = \int_{C_4} P(x, y) \, dx$$

따라서 다음을 얻는다.

$$\int_C P(x, y) \, dx = \int_{C_1} P(x, y) \, dx + \int_{C_2} P(x, y) \, dx + \int_{C_3} P(x, y) \, dx + \int_{C_4} P(x, y) \, dx$$
$$= \int_a^b P(x, g_1(x)) \, dx - \int_a^b P(x, g_2(x)) \, dx$$

이 식을 공식 $\boxed{4}$와 비교하면, 다음을 알 수 있다.

$$\int_C P(x, y) \, dx = -\iint\limits_{D} \frac{\partial P}{\partial y} \, dA$$

공식 $\boxed{3}$은 D를 유형 II영역으로 나타내면 똑같은 방법으로 증명할 수 있다. 그러면 공식 $\boxed{2}$와 $\boxed{3}$을 더하면 그린 정리를 얻는다. ∎

《예제 1》 C가 $(0, 0)$에서 $(1, 0)$까지, $(1, 0)$에서 $(0, 1)$까지, $(0, 1)$에서 $(0, 0)$까지의 선분들로 구성된 삼각형 곡선일 때 $\int_C x^4 \, dx + xy \, dy$를 구하라.

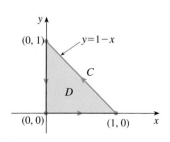

그림 4

풀이 주어진 선적분은 삼각형의 세 변을 따라 세 개의 적분으로 나눠서 계산하는 15.2절의 방법으로 구할 수도 있지만, 그린 정리를 이용해서 구해 보자. C로 둘러싸인 영역 D는 단순하고, C는 양의 방향이라는 것에 주목하자(그림 4 참조). $P(x, y) = x^4$과 $Q(x, y) = xy$라 하면 다음을 얻는다.

$$\int_C x^4 \, dx + xy \, dy = \iint_D \left(\frac{\partial Q}{\partial x} - \frac{\partial P}{\partial y} \right) dA = \int_0^1 \int_0^{1-x} (y - 0) \, dy \, dx$$

$$= \int_0^1 \left[\tfrac{1}{2} y^2 \right]_{y=0}^{y=1-x} dx = \tfrac{1}{2} \int_0^1 (1-x)^2 \, dx$$

$$= -\tfrac{1}{6} (1-x)^3 \Big]_0^1 = \tfrac{1}{6} \qquad \blacksquare$$

《예제 2》 C가 원 $x^2 + y^2 = 9$일 때 $\oint_C (3y - e^{\sin x}) \, dx + \left(7x + \sqrt{y^4 + 1} \right) dy$를 구하라.

풀이 C로 둘러싸인 영역 D는 원판 $x^2 + y^2 \leq 9$이다. 따라서 다음과 같이 그린 정리를 적용한 후에 극좌표로 변환하면 다음을 얻는다.

$$\oint_C (3y - e^{\sin x}) \, dx + \left(7x + \sqrt{y^4 + 1} \right) dy$$

$$= \iint_D \left[\frac{\partial}{\partial x} \left(7x + \sqrt{y^4 + 1} \right) - \frac{\partial}{\partial y} (3y - e^{\sin x}) \right] dA$$

$$= \int_0^{2\pi} \int_0^3 (7 - 3) \, r \, dr \, d\theta = 4 \int_0^{2\pi} d\theta \int_0^3 r \, dr = 36\pi \qquad \blacksquare$$

> 극좌표계를 이용하는 대신에, D가 반지름 3인 원판이라는 사실을 이용해서 다음을 얻을 수 있다.
>
> $$\iint_D 4 \, dA = 4 \cdot \pi(3)^2 = 36\pi$$

예제 1과 2에서 이중적분은 선적분보다 더 쉽게 계산할 수 있었다. (예제 2를 선적분으로 설정하면 곧바로 확인할 수 있다.) 그런데 때때로 선적분을 구하는 것이 더 쉬울 수 있고, 그린 정리가 역방향으로 이용되고는 한다. 예를 들어 곡선 C에서 $P(x, y) = Q(x, y) = 0$이라 하면 영역 D 내부에서 P와 Q가 어떤 값을 취하더라도 그린 정리에 따라 다음을 얻는다.

$$\iint_D \left(\frac{\partial Q}{\partial x} - \frac{\partial P}{\partial y} \right) dA = \int_C P \, dx + Q \, dy = 0$$

■ 그린 정리로 넓이 구하기

그린 정리의 역방향에 대한 또 다른 응용은 넓이 계산이다. D의 넓이가 $\iint_D 1 \, dA$이므로 다음을 만족하는 P와 Q를 선택하고 싶다.

$$\frac{\partial Q}{\partial x} - \frac{\partial P}{\partial y} = 1$$

다음과 같이 여러 가지 가능성이 존재한다.

$$P(x \ y) = 0, \qquad P(x, y) = -y, \qquad P(x, y) = -\tfrac{1}{2} y$$
$$Q(x, y) = x, \qquad Q(x, y) = 0, \qquad Q(x, y) = \tfrac{1}{2} x$$

그러면 그린 정리는 D의 넓이에 대해 다음 공식을 유도해 낸다.

$$\boxed{5} \qquad A = \oint_C x\, dy = -\oint_C y\, dx = \tfrac{1}{2}\oint_C x\, dy - y\, dx$$

《예제 3》 타원 $\dfrac{x^2}{a^2} + \dfrac{y^2}{b^2} = 1$로 둘러싸인 넓이를 구하라.

풀이 타원은 매개변수방정식 $x = a\cos t$, $y = b\sin t$, $0 \le t \le 2\pi$를 갖는다. 식 $\boxed{5}$의 세 번째 공식을 이용하면, 다음을 얻는다.

$$\begin{aligned}
A &= \tfrac{1}{2}\int_C x\, dy - y\, dx \\
&= \tfrac{1}{2}\int_0^{2\pi} (a\cos t)(b\cos t)\, dt - (b\sin t)(-a\sin t)\, dt \\
&= \frac{ab}{2}\int_0^{2\pi} dt = \pi ab
\end{aligned}$$
∎

공식 $\boxed{5}$는 구적계가 어떻게 작동하는지 설명하기 위해 사용된다. **구적계**(planimeter)는 경계곡선을 따라 움직임으로써 영역의 넓이를 측정하는 19세기에 발명된 기발한 공학적 도구이다. 이런 도구는 모든 과학에서 유용하다. 예를 들어 생물학에서 나뭇잎이나 날개의 넓이를 측정하기 위해 사용된다.

그림 5는 극구적계의 작동을 보인다. 극은 고정되고, 철필이 영역의 경계곡선을 따라 움직임으로써 수레바퀴는 한편으로는 미끄러지고 한편으로는 철필팔에 수직으로 구른다. 구적계는 수레바퀴가 회전한 거리를 측정하고, 이것은 둘러싸인 영역의 넓이에 비례한다. 공식 $\boxed{5}$의 결과로서의 설명을 다음 논문에서 찾을 수 있다.

- R. W. Gatterman, "The planimeter as an examle of Green's Theorem" *Amer. Math. monthly*, Vol. 88(1981), pp. 701−4.
- Tanya Leise, "As the planimeter wheel turns" *College Math. Journal*, Vol. 38(2007), pp. 24−31

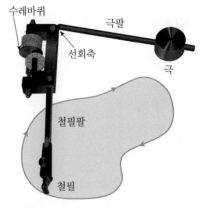

그림 5 Keuffel & Esser 극구적계

■ 그린 정리의 확장

D가 단순한 경우에만 그린 정리를 증명했지만, 이제 D가 단순영역의 유한개 합집합인 경우로 정리를 확장할 수 있다. 예를 들어 D가 그림 6에서와 같은 영역일 때, $D = D_1 \cup D_2$로 쓸 수 있다. 여기서 D_1과 D_2는 둘 다 단순영역이다. D_1의 경계는 $C_1 \cup C_3$이고, D_2의 경계는 $C_2 \cup (-C_3)$이다. 따라서 D_1과 D_2에 그린 정리를 각각 적용하면, 다음을 얻는다.

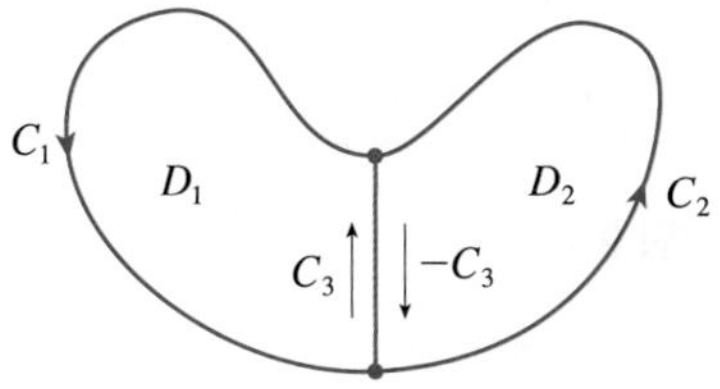

$$\int_{C_1 \cup C_3} P\, dx + Q\, dy = \iint_{D_1} \left(\frac{\partial Q}{\partial x} - \frac{\partial P}{\partial y} \right) dA$$

그림 6

$$\int_{C_2 \cup (-C_3)} P\,dx + Q\,dy = \iint_{D_2} \left(\frac{\partial Q}{\partial x} - \frac{\partial P}{\partial y} \right) dA$$

이들 두 식을 더하면, C_3와 $-C_3$ 위에서 선적분이 소거되므로 다음을 얻는다.

$$\int_{C_1 \cup C_2} P\,dx + Q\,dy = \iint_{D} \left(\frac{\partial Q}{\partial x} - \frac{\partial P}{\partial y} \right) dA$$

이것은 $D = D_1 \cup D_2$에 대한 그린 정리이다. 왜냐하면 이 영역의 경계는 $C = C_1 \cup C_2$ 이기 때문이다.

　똑같은 논리로 겹치지 않는 단순영역의 어떤 유한개의 합집합에 대해서도 그린 정리를 적용할 수 있다(그림 7 참조).

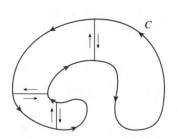

그림 7

《**예제 4**》 C가 원 $x^2 + y^2 = 1$과 $x^2 + y^2 = 4$ 사이의 상반부 평면에 있는 반고리 모양의 영역 D의 경계일 때 $\oint_C y^2\,dx + 3xy\,dy$를 구하라.

풀이 D가 단순영역이 아니지만, y축이 두 개의 단순영역으로 나눈다(그림 8 참조). 이 영역을 다음과 같이 극좌표로 표시할 수 있다.

$$D = \left\{ (r, \theta) \mid 1 \le r \le 2, \ 0 \le \theta \le \pi \right\}$$

그러므로 그린 정리에 따라 다음을 얻는다.

$$\oint_C y^2\,dx + 3xy\,dy = \iint_D \left[\frac{\partial}{\partial x}(3xy) - \frac{\partial}{\partial y}(y^2) \right] dA$$

$$= \iint_D y\,dA = \int_0^\pi \int_1^2 (r\sin\theta)\, r\,dr\,d\theta$$

$$= \int_0^\pi \sin\theta\,d\theta \int_1^2 r^2\,dr = \left[-\cos\theta \right]_0^\pi \left[\tfrac{1}{3}r^3 \right]_1^2 = \tfrac{14}{3} \qquad \blacksquare$$

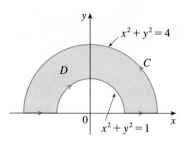

그림 8

　그린 정리는 구멍이 있는 영역, 즉 단순연결이 아닌 영역으로 확장해서 적용할 수 있다. 그림 9에 있는 영역 D의 경계 C는 두 개의 단순닫힌곡선 C_1과 C_2로 구성되어짐을 관찰하자. 이들 경계곡선이 영역 D가 곡선 C를 따라 움직일 때 항상 왼쪽에 있도록 방향이 주어진다고 가정하자. 그러면 양의 방향은 외부원 C_1에 대해 반시계 방향이지만, 내부원 C_2에 대해 시계 방향이다. 그림 10에서와 같이 직선으로 D를 두 영역 D'과 D''으로 나누고, D'과 D''의 각각에 그린 정리를 적용하면 다음을 얻는다.

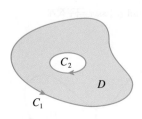

그림 9

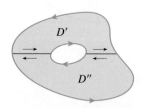

그림 10

$$\iint_D \left(\frac{\partial Q}{\partial x} - \frac{\partial P}{\partial y} \right) dA = \iint_{D'} \left(\frac{\partial Q}{\partial x} - \frac{\partial P}{\partial y} \right) dA + \iint_{D''} \left(\frac{\partial Q}{\partial x} - \frac{\partial P}{\partial y} \right) dA$$

$$= \int_{\partial D'} P\,dx + Q\,dy + \int_{\partial D''} P\,dx + Q\,dy$$

공통 경계선을 따른 선적분은 서로 반대 방향이므로 소거되고 따라서 다음을 얻는다.

$$\iint_D \left(\frac{\partial Q}{\partial x} - \frac{\partial P}{\partial y} \right) dA = \int_{C_1} P\,dx + Q\,dy + \int_{C_2} P\,dx + Q\,dy = \int_C P\,dx + Q\,dy$$

이것은 영역 D에 대한 그린 정리이다.

《**예제 5**》 $\mathbf{F}(x, y) = (-y\,\mathbf{i} + x\,\mathbf{j})/(x^2 + y^2)$일 때, 원점을 둘러싸는 모든 양의 방향인 단순닫힌경로에 대해 $\int_C \mathbf{F} \cdot d\mathbf{r} = 2\pi$임을 밝혀라.

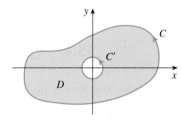

그림 11

■풀이■ C가 원점을 둘러싸는 임의의 닫힌경로이므로, 주어진 적분을 직접 계산하는 것은 어렵다. 따라서 중심이 원점이고 반지름이 a인 반시계 방향의 원 C'을 생각하자. 여기서 C'이 C의 내부에 포함될 수 있을 만큼 작은 값의 a를 택한다(그림 11 참조). D를 C와 C'으로 둘러싸인 영역이라 하자. 그러면 양의 방향인 그의 경계는 $C \cup (-C')$이고 따라서 일반적인 그린 정리에 의해 다음을 얻는다.

$$\int_C P\,dx + Q\,dy + \int_{-C'} P\,dx + Q\,dy = \iint_D \left(\frac{\partial Q}{\partial x} - \frac{\partial P}{\partial y} \right) dA$$

$$= \iint_D \left[\frac{y^2 - x^2}{(x^2 + y^2)^2} - \frac{y^2 - x^2}{(x^2 + y^2)^2} \right] dA = 0$$

그러므로 다음이 성립한다.

$$\int_C P\,dx + Q\,dy = \int_{C'} P\,dx + Q\,dy$$

즉

$$\int_C \mathbf{F} \cdot d\mathbf{r} = \int_{C'} \mathbf{F} \cdot d\mathbf{r}$$

이제 마지막 적분은 $\mathbf{r}(t) = a \cos t\,\mathbf{i} + a \sin t\,\mathbf{j}$, $0 \leq t \leq 2\pi$로 주어진 매개변수화를 이용하면 쉽게 계산된다. 그러므로 다음을 얻는다.

$$\int_C \mathbf{F} \cdot d\mathbf{r} = \int_{C'} \mathbf{F} \cdot d\mathbf{r} = \int_0^{2\pi} \mathbf{F}(\mathbf{r}(t)) \cdot \mathbf{r}'(t)\,dt$$

$$= \int_0^{2\pi} \frac{(-a \sin t)(-a \sin t) + (a \cos t)(a \cos t)}{a^2 \cos^2 t + a^2 \sin^2 t}\,dt = \int_0^{2\pi} dt = 2\pi \quad \blacksquare$$

앞 절에서 설명한 결과를 그린 정리를 이용해서 증명하고 이 절을 마치겠다.

15.3절의 정리 $\boxed{6}$의 증명 요약 $\mathbf{F} = P\,\mathbf{i} + Q\,\mathbf{j}$가 열린 단순연결영역 D에서의 벡터장이고, P와 Q가 연속인 1계 편도함수를 갖고 D에서 다음을 만족한다고 하자.

$$\frac{\partial P}{\partial y} = \frac{\partial Q}{\partial x}$$

C가 D에 속하는 임의의 단순닫힌경로이고 R는 C로 둘러싸인 영역이면 그린 정리

에 따라 다음을 얻는다.

$$\oint_C \mathbf{F} \cdot d\mathbf{r} = \oint_C P\,dx + Q\,dy = \iint_R \left(\frac{\partial Q}{\partial x} - \frac{\partial P}{\partial y} \right) dA = \iint_R 0\,dA = 0$$

한 점 이상에서 교차하는 단순이 아닌 곡선은 몇 개의 단순곡선으로 나눌 수 있다. 이들 단순곡선을 따른 **F**의 선적분은 모두 0임을 보였고, 이들 적분을 더하면 임의의 닫힌곡선 C에 대해 $\int_C \mathbf{F} \cdot d\mathbf{r} = 0$이다. 그러므로 $\int_C \mathbf{F} \cdot d\mathbf{r}$은 15.3절의 정리 ③에 따라 D 안의 경로에 독립이다. 따라서 **F**는 보존적 벡터장이다. ■

15.4 | 연습문제

1-2 (a) 직접적인 방법과 (b) 그린 정리를 이용하는 방법으로 다음 선적분을 구하라.

1. $\oint_C y^2\,dx + x^2 y\,dy$, C는 꼭짓점이 $(0, 0)$, $(5, 0)$, $(5, 4)$, $(0, 4)$인 직사각형

2. $\oint_C xy\,dx + x^2 y^3\,dy$, C는 꼭짓점이 $(0, 0)$, $(1, 0)$, $(1, 2)$인 삼각형

3-6 그린 정리를 이용해서 주어진 곡선의 양의 방향을 따라서 선적분을 구하라.

3. $\int_C ye^x\,dx + 2e^x\,dy$, C는 꼭짓점이 $(0, 0)$, $(3, 0)$, $(3, 4)$, $(0, 4)$인 직사각형

4. $\int_C x^2 y^2\,dx + y \tan^{-1}y\,dy$, C는 꼭짓점이 $(0,0)$, $(1,0)$, $(1,3)$인 삼각형

5. $\int_C \left(y + e^{\sqrt{x}} \right) dx + (2x + \cos y^2)\,dy$, C는 포물선 $y = x^2$과 $x = y^2$으로 둘러싸인 영역의 경계

6. $\int_C y^3\,dx - x^3\,dy$, C는 $x^2 + y^2 = 4$인 원

7-9 그린 정리를 이용해서 $\int_C \mathbf{F} \cdot d\mathbf{r}$을 구하라. (정리를 적용하기 전에 곡선의 방향을 확인하라.)

7. $\int_C (3 + e^{x^2})\,dx + (\tan^{-1}y + 3x^2)\,dy$

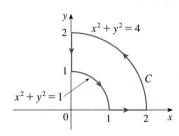

8. $\mathbf{F}(x, y) = \langle y \cos x - xy \sin x,\ xy + x \cos x \rangle$, C는 $(0, 0)$에서 $(0, 4)$로 $(2, 0)$으로 $(0, 0)$으로 주어진 삼각형

9. $\mathbf{F}(x, y) = \langle y - \cos y,\ x \sin y \rangle$, C는 시계 방향으로 움직이는 원 $(x - 3)^2 + (y + 4)^2 = 4$

T 10. 컴퓨터 대수체계를 이용해서 아래에 주어진 함수에 대해서 선적분과 이중적분을 구하고 그린 정리가 만족함을 보여라. $P(x, y) = x^3 y^4$, $Q(x, y) = x^5 y^4$, C는 $(-\pi/2, 0)$에서 $(\pi/2, 0)$까지 선분과 $(\pi/2, 0)$에서 $(-\pi/2, 0)$까지 곡선 $y = \cos x$의 호로 이루어져 있다.

11. 그린 정리를 이용해서 입자가 원점에서 x축을 따라 $(1, 0)$까지, 또 선분을 따라 $(0, 1)$까지 움직이고, 또다시 y축을 따라 원점까지 움직일 때 힘 $\mathbf{F}(x, y) = x(x + y)\,\mathbf{i} + xy^2\,\mathbf{j}$가 한 일을 구하라.

12. 공식 ⑤를 이용해서 사이클로이드 $x = t - \sin t$, $y = 1 - \cos t$의 한 아치 아래 영역의 넓이를 구하라.

13. (a) C가 점 (x_1, y_1)과 점 (x_2, y_2)를 연결하는 선분일 때 다음을 보여라.

$$\int_C x\,dy - y\,dx = x_1 y_2 - x_2 y_1$$

(b) 다각형의 꼭짓점이 반시계 방향의 순서로 (x_1, y_1), (x_2, y_2), ..., (x_n, y_n)과 같이 나열될 때 다각형의 넓이가 다음과 같음을 보여라.

$$A = \tfrac{1}{2}[(x_1 y_2 - x_2 y_1) + (x_2 y_3 - x_3 y_2) + \cdots + (x_{n-1} y_n - x_n y_{n-1}) + (x_n y_1 - x_1 y_n)]$$

(c) 꼭짓점이 $(0, 0)$, $(2, 1)$, $(1, 3)$, $(0, 2)$, $(-1, 1)$인 오각형

의 넓이를 구하라.

14. D가 xy평면에서 단순닫힌경로 C로 둘러싸인 영역이라 하자. 그린 정리를 이용하면 D의 무게중심 $(\bar{x}, \bar{y})$의 좌표가 다음과 같음을 보일 수 있다.

$$\bar{x} = \frac{1}{2A} \oint_C x^2 \, dy, \qquad \bar{y} = -\frac{1}{2A} \oint_C y^2 \, dx$$

여기서 A는 D의 넓이이다. 이 결과를 이용해서 반지름이 a인 사분 원 영역의 중심을 구하라.

15. 균일한 밀도 $\rho(x, y) = \rho$를 갖는 얇은 평판 조각이 xy평면에서 단순닫힌경로 C로 둘러싸인 영역을 차지하고 있다. 각 축에 관한 관성모멘트가 다음과 같음을 보여라(15.4절 참조).

$$I_x = -\frac{\rho}{3} \oint_C y^3 \, dx, \qquad I_y = \frac{\rho}{3} \oint_C x^3 \, dy$$

16. 예제 5의 방법을 사용해서 $\int_C \mathbf{F} \cdot d\mathbf{r}$을 구하라. 여기서

$$\mathbf{F}(x, y) = \frac{2xy \, \mathbf{i} + (y^2 - x^2) \, \mathbf{j}}{(x^2 + y^2)^2}$$

이고 C는 원점을 둘러싸는 양의 방향인 단순닫힌곡선이다.

17. $\mathbf{F}$가 예제 5에 나오는 벡터장일 때, 원점을 통과하지 않거나 원점을 둘러싸고 있지 않은 임의의 단순닫힌경로에 대해 $\int_C \mathbf{F} \cdot d\mathbf{r} = 0$임을 보여라.

18. 그린 정리를 이용해서 $f(x, y) = 1$인 경우에 이중적분에 대한 다음 변수변환 공식(14.9절의 정리 **9**)을 증명하라.

$$\iint_R dx \, dy = \iint_S \left| \frac{\partial(x, y)}{\partial(u, v)} \right| du \, dv$$

여기서 R는 $x = g(u, v)$, $y = h(u, v)$로 주어진 변환 아래서 uv평면에 속하는 영역 S에 대응되는 xy평면에 속하는 영역이다. [힌트: 좌변은 $A(R)$임에 주목하고 공식 **5**의 첫째 부분을 적용한다. ∂R 위의 선적분을 ∂S 위의 선적분으로 바꾸고 uv평면에서 그린 정리를 적용한다.]

15.5 | 회전과 발산

이 절에서는 벡터장에서 수행할 수 있고 유체의 흐름과 전기, 자기에 대한 벡터 해석의 응용에서 기본적인 역할을 하는 두 가지 연산을 정의한다. 각 연산은 미분과 유사하지만, 하나는 벡터장이 되고, 다른 하나는 스칼라장이 된다.

■ 회전

$\mathbf{F} = P \, \mathbf{i} + Q \, \mathbf{j} + R \, \mathbf{k}$가 $\mathbb{R}^3$에서의 벡터장이고 P, Q, R의 편도함수가 모두 존재할 때, $\mathbf{F}$의 **회전**(curl)은 다음과 같이 정의되는 $\mathbb{R}^3$에서의 벡터장이다.

1 $$\text{curl } \mathbf{F} = \left(\frac{\partial R}{\partial y} - \frac{\partial Q}{\partial z} \right) \mathbf{i} + \left(\frac{\partial P}{\partial z} - \frac{\partial R}{\partial x} \right) \mathbf{j} + \left(\frac{\partial Q}{\partial x} - \frac{\partial P}{\partial y} \right) \mathbf{k}$$

기억하기 쉽게 연산자 기호를 이용해서 식 **1**을 다시 쓰기로 하자. 벡터미분연산자 ∇(델)을 다음과 같이 도입한다.

$$\nabla = \mathbf{i} \, \frac{\partial}{\partial x} + \mathbf{j} \, \frac{\partial}{\partial y} + \mathbf{k} \, \frac{\partial}{\partial z}$$

이것은 다음과 같이 f의 기울기를 얻기 위해 스칼라 함수에 적용할 때 의미를 갖는다.

$$\nabla f = \mathbf{i}\,\frac{\partial f}{\partial x} + \mathbf{j}\,\frac{\partial f}{\partial y} + \mathbf{k}\,\frac{\partial f}{\partial z} = \frac{\partial f}{\partial x}\mathbf{i} + \frac{\partial f}{\partial y}\mathbf{j} + \frac{\partial f}{\partial z}\mathbf{k}$$

∇을 성분이 $\partial/\partial x$, $\partial/\partial y$, $\partial/\partial z$인 벡터로 생각하면, ∇과 벡터장 $\mathbf{F}$의 형식적인 외적을 다음과 같이 생각할 수 있다.

$$\nabla \times \mathbf{F} = \begin{vmatrix} \mathbf{i} & \mathbf{j} & \mathbf{k} \\ \dfrac{\partial}{\partial x} & \dfrac{\partial}{\partial y} & \dfrac{\partial}{\partial z} \\ P & Q & R \end{vmatrix}$$

$$= \left(\frac{\partial R}{\partial y} - \frac{\partial Q}{\partial z} \right)\mathbf{i} + \left(\frac{\partial P}{\partial z} - \frac{\partial R}{\partial x} \right)\mathbf{j} + \left(\frac{\partial Q}{\partial x} - \frac{\partial P}{\partial y} \right)\mathbf{k}$$

$$= \text{curl } \mathbf{F}$$

따라서 정의 **1**을 기억하는 가장 쉬운 방법은 다음의 기호 표현이다.

2
$$\boxed{\text{curl } \mathbf{F} = \nabla \times \mathbf{F}}$$

《예제 1》 $\mathbf{F}(x, y, z) = xz\,\mathbf{i} + xyz\,\mathbf{j} - y^2\,\mathbf{k}$일 때, curl $\mathbf{F}$를 구하라.

풀이 식 **2**를 이용하면 다음을 얻는다.

$$\text{curl } \mathbf{F} = \nabla \times \mathbf{F} = \begin{vmatrix} \mathbf{i} & \mathbf{j} & \mathbf{k} \\ \dfrac{\partial}{\partial x} & \dfrac{\partial}{\partial y} & \dfrac{\partial}{\partial z} \\ xz & xyz & -y^2 \end{vmatrix}$$

$$= \left[\frac{\partial}{\partial y}(-y^2) - \frac{\partial}{\partial z}(xyz) \right]\mathbf{i} - \left[\frac{\partial}{\partial x}(-y^2) - \frac{\partial}{\partial z}(xz) \right]\mathbf{j}$$

$$+ \left[\frac{\partial}{\partial x}(xyz) - \frac{\partial}{\partial y}(xz) \right]\mathbf{k}$$

$$= (-2y - xy)\,\mathbf{i} - (0 - x)\,\mathbf{j} + (yz - 0)\,\mathbf{k}$$

$$= -y(2 + x)\,\mathbf{i} + x\,\mathbf{j} + yz\,\mathbf{k} \qquad\blacksquare$$

T 대부분의 컴퓨터 대수체계에는 벡터장의 회전과 발산을 계산하는 명령어가 있다. 컴퓨터 대수체계를 사용할 수 있으면, 이런 명령어로 이번 절의 예제와 연습문제에 대한 해답을 확인하자.

삼변수 함수 f의 기울기는 $\mathbb{R}^3$에서의 벡터장임을 배웠다. 따라서 이것의 회전을 계산할 수 있다. 다음 정리는 기울기 벡터장의 회전은 $\mathbf{0}$임을 말해 준다.

3 정리 f가 연속인 2계 편도함수를 갖는 삼변수 함수일 때, 다음이 성립한다.
$$\text{curl}(\nabla f) = \mathbf{0}$$

증명 클레로 정리에 따라 다음을 얻는다.

$$\text{curl}(\nabla f) = \nabla \times (\nabla f) = \begin{vmatrix} \mathbf{i} & \mathbf{j} & \mathbf{k} \\ \dfrac{\partial}{\partial x} & \dfrac{\partial}{\partial y} & \dfrac{\partial}{\partial z} \\ \dfrac{\partial f}{\partial x} & \dfrac{\partial f}{\partial y} & \dfrac{\partial f}{\partial z} \end{vmatrix}$$

$$= \left(\frac{\partial^2 f}{\partial y\, \partial z} - \frac{\partial^2 f}{\partial z\, \partial y} \right) \mathbf{i} + \left(\frac{\partial^2 f}{\partial z\, \partial x} - \frac{\partial^2 f}{\partial x\, \partial z} \right) \mathbf{j} + \left(\frac{\partial^2 f}{\partial x\, \partial y} - \frac{\partial^2 f}{\partial y\, \partial x} \right) \mathbf{k}$$

$$= 0\,\mathbf{i} + 0\,\mathbf{j} + 0\,\mathbf{k} = \mathbf{0} \qquad\blacksquare$$

11.4절로부터 알고 있는 것과 유사한 것에 주목하자. 모든 3차원 벡터 $\mathbf{a}$에 대해 $\mathbf{a} \times \mathbf{a} = \mathbf{0}$이다.

보존적 벡터장에서는 $\mathbf{F} = \nabla f$가 성립하므로, 정리 ③은 다음과 같이 고쳐 말할 수 있다.

$$\mathbf{F}\text{가 보존적일 때, }\ \text{curl } \mathbf{F} = \mathbf{0}\text{이다.}$$

이것을 15.3절의 연습문제 18과 비교하라.

이것은 벡터장이 보존적이 아님을 증명하는 방법을 제시한다.

《예제 2》 벡터장 $\mathbf{F}(x, y, z) = xz\,\mathbf{i} + xyz\,\mathbf{j} - y^2\,\mathbf{k}$가 보존적 벡터장이 아님을 보여라.

풀이 예제 1에서 다음을 보였다.

$$\text{curl } \mathbf{F} = -y(2 + x)\,\mathbf{i} + x\,\mathbf{j} + yz\,\mathbf{k}$$

이것은 $\text{curl } \mathbf{F} \neq \mathbf{0}$임을 의미한다. 따라서 정리 ③에 의해, $\mathbf{F}$는 보존적이지 않다. ■

정리 ③의 역은 일반적으로 성립하지 않지만, 다음 정리는 $\mathbf{F}$가 모든 곳에서 정의되면 역도 성립함을 말해 준다. (좀 더 일반적으로 정의역이 단순연결, 즉 '구멍이 없으면' 역이 성립한다.) 정리 ④는 15.3절의 정리 ⑥의 3차원 유사정리이다. 이것의 증명은 스토크스 정리를 필요로 하므로 15.8절의 마지막에서 요약한다.

---

④ **정리** $\mathbf{F}$가 $\mathbb{R}^3$ 전체에서 정의된 벡터장이고, 이것의 성분함수가 연속인 편도함수를 갖고 $\text{curl } \mathbf{F} = \mathbf{0}$이면, $\mathbf{F}$는 보존적 벡터장이다.

《예제 3》 (a) $\mathbf{F}(x, y, z) = y^2z^3\,\mathbf{i} + 2xyz^3\,\mathbf{j} + 3xy^2z^2\,\mathbf{k}$가 보존적 벡터장임을 보여라.
(b) $\mathbf{F} = \nabla f$인 함수 f를 구하라.

풀이 (a) $\mathbf{F}$의 회전을 계산하면 다음과 같다.

$$\text{curl } \mathbf{F} = \nabla \times \mathbf{F} = \begin{vmatrix} \mathbf{i} & \mathbf{j} & \mathbf{k} \\ \dfrac{\partial}{\partial x} & \dfrac{\partial}{\partial y} & \dfrac{\partial}{\partial z} \\ y^2z^3 & 2xyz^3 & 3xy^2z^2 \end{vmatrix}$$

$$= (6xyz^2 - 6xyz^2)\mathbf{i} - (3y^2z^2 - 3y^2z^2)\mathbf{j} + (2yz^3 - 2yz^3)\mathbf{k}$$
$$= \mathbf{0}$$

curl $\mathbf{F} = \mathbf{0}$이고 $\mathbf{F}$의 정의역이 $\mathbb{R}^3$이므로, 정리 4에 의해 $\mathbf{F}$는 보존적 벡터장이다.

(b) f를 구하는 방법은 15.3절에서 주어졌다. 그러므로 다음을 얻는다.

$$\boxed{5} \qquad\qquad f_x(x, y, z) = y^2z^3$$

$$\boxed{6} \qquad\qquad f_y(x, y, z) = 2xyz^3$$

$$\boxed{7} \qquad\qquad f_z(x, y, z) = 3xy^2z^2$$

공식 5를 x에 관해 적분하면 다음과 같다.

$$\boxed{8} \qquad\qquad f(x, y, z) = xy^2z^3 + g(y, z)$$

공식 8을 y에 관해 미분하면 $f_y(x, y, z) = 2xyz^3 + g_y(y, z)$를 얻고, 공식 6과 비교하면 $g_y(y, z) = 0$이 된다. 따라서 $g(y, z) = h(z)$이고 다음이 성립한다.

$$f_z(x, y, z) = 3xy^2z^2 + h'(z)$$

그러면 공식 7에 의해 $h'(z) = 0$이므로 다음을 얻는다.

$$f(x, y, z) = xy^2z^3 + K \qquad\qquad\qquad \blacksquare$$

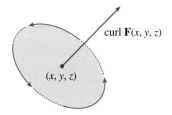

curl $\mathbf{F}(x, y, z)$

(x, y, z)

그림 1

회전이라고 이름을 붙인 이유는 회전벡터가 회전과 관계가 있기 때문이다. 한 가지 연관성은 연습문제 20에 설명되어 있다. 또 다른 연관성은 $\mathbf{F}$가 유체흐름에서 속도장을 나타낼 때 일어난다(15.1절의 예제 3 참조). 15.8절에서 보일 것이지만, 유체에서 (x, y, z) 부근의 입자는 오른손 법칙에 따라 curl $\mathbf{F}(x, y, z)$의 방향을 가리키는 축에 대해 회전하려는 경향이 있고, 이 회전벡터의 길이는 입자들이 축 주위를 얼마나 빨리 돌려고 하는가를 가늠하는 척도이다(그림 1 참조). 한 점 P에서 curl $\mathbf{F} = \mathbf{0}$이면, 유체는 점 P에서 회전과 무관하고 $\mathbf{F}$를 점 P에서 **비회전적**(irrotational)이라 한다. 다시 말해서 소용돌이 또는 회오리가 존재하지 않는다. 이 경우 외륜(노가 달린 바퀴)이 유체와 함께 움직이지만 그 축에 관해 회전하지 않는다. curl $\mathbf{F} \neq \mathbf{0}$이면, 외륜은 그 축에 관해 회전한다.

예를 들면 그림 2의 각 벡터장 $\mathbf{F}$는 유체의 속도장을 나타낸다. 그림 2(a)에서 P_1과 P_2를 포함한 거의 모든 점에서 curl $\mathbf{F} \neq \mathbf{0}$이다. P_1에 놓인 작은 외륜은 그 축을 중심으로 시계반대 방향으로 회전할 것이므로 (P_1 근방의 유체는 대략 같은 방향으로 흐르지만 한 쪽의 속도가 다른 쪽보다 빠르다) P_1에서 회전 벡터는 $\mathbf{k}$ 방향을 가리킨다. 마찬가지로 P_2에 놓인 작은 외륜은 시계 방향으로 회전할 것이므로 그곳에서 회전 벡터는 $-\mathbf{k}$ 방향을 가리킨다. 그림 2(b)에서는 모든 곳에서 curl $\mathbf{F} = \mathbf{0}$이다. P에 놓인 외륜은 유체와 함께 이동하나 그 축을 중심으로 회전하지는 않는다.

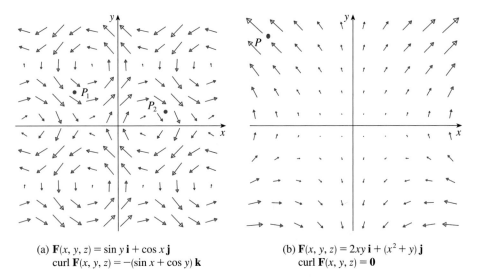

(a) $\mathbf{F}(x, y, z) = \sin y\,\mathbf{i} + \cos x\,\mathbf{j}$
   curl $\mathbf{F}(x, y, z) = -(\sin x + \cos y)\,\mathbf{k}$

(b) $\mathbf{F}(x, y, z) = 2xy\,\mathbf{i} + (x^2 + y)\,\mathbf{j}$
   curl $\mathbf{F}(x, y, z) = \mathbf{0}$

그림 2 유체흐름에서 속도장 (**F**의 일부분만이 그림에 나타나 있으며, **F**가 z성분과 무관하고 z성분이 0 이기 때문에 벡터장은 모든 수평면에서 똑같다.)

15.8절에서 (스토크스 정리의 결과로서) 회전에 대한 설명과 해석을 좀 더 자세히 다룬다.

■ 발산

$\mathbf{F} = P\,\mathbf{i} + Q\,\mathbf{j} + R\,\mathbf{k}$가 $\mathbb{R}^3$에서의 벡터장이고 $\partial P/\partial x$, $\partial Q/\partial y$, $\partial R/\partial z$이 존재할 때, **F** 의 발산(divergence of **F**)은 다음과 같이 정의된 삼변수 함수이다.

9
$$\operatorname{div} \mathbf{F} = \frac{\partial P}{\partial x} + \frac{\partial Q}{\partial y} + \frac{\partial R}{\partial z}$$

(만약 **F**가 $\mathbb{R}^2$에서 벡터장이면 div **F**는 삼변수 경우와 유사하게 정의되는 이변수 함수이다.) curl **F**가 벡터장이지만 div **F**는 스칼라장임을 알 수 있다. 기울기 연산자 $\nabla = (\partial/\partial x)\,\mathbf{i} + (\partial/\partial y)\,\mathbf{j} = (\partial/\partial z)\,\mathbf{k}$에 의해 **F**의 발산은 다음과 같은 기호로 ∇과 **F**의 내적으로 나타낼 수 있다.

10
$$\operatorname{div} \mathbf{F} = \nabla \cdot \mathbf{F}$$

《예제 4》 $\mathbf{F}(x, y, z) = xz\,\mathbf{i} + xyz\,\mathbf{j} - y^2\,\mathbf{k}$일 때 div **F**를 구하라.

풀이 발산의 정의(공식 **9** 또는 **10**)에 따라 다음을 얻는다.

$$\operatorname{div} \mathbf{F} = \nabla \cdot \mathbf{F} = \frac{\partial}{\partial x}(xz) + \frac{\partial}{\partial y}(xyz) + \frac{\partial}{\partial z}(-y^2) = z + xz \qquad ■$$

F가 $\mathbb{R}^3$에서의 벡터장이면, curl **F**도 $\mathbb{R}^3$에서의 벡터장이다. 이와 같이 발산도 계산할 수 있다. 다음 정리는 결과가 0임을 보여 준다.

> **11 정리** $\mathbf{F} = P\,\mathbf{i} + Q\,\mathbf{j} + R\,\mathbf{k}$가 $\mathbb{R}^3$에서의 벡터장이고 P, Q, R가 연속인 2계 편도함수를 가지면, 다음이 성립한다.
>
> $$\text{div curl } \mathbf{F} = 0$$

스칼라 삼중곱 $\mathbf{a} \cdot (\mathbf{a} \times \mathbf{b}) = 0$과 유사함에 주목하자.

증명 발산과 회전의 정의를 이용하면 다음을 얻는다.

$$\text{div curl } \mathbf{F} = \nabla \cdot (\nabla \times \mathbf{F})$$

$$= \frac{\partial}{\partial x}\left(\frac{\partial R}{\partial y} - \frac{\partial Q}{\partial z}\right) + \frac{\partial}{\partial y}\left(\frac{\partial P}{\partial z} - \frac{\partial R}{\partial x}\right) + \frac{\partial}{\partial z}\left(\frac{\partial Q}{\partial x} - \frac{\partial P}{\partial y}\right)$$

$$= \frac{\partial^2 R}{\partial x\,\partial y} - \frac{\partial^2 Q}{\partial x\,\partial z} + \frac{\partial^2 P}{\partial y\,\partial z} - \frac{\partial^2 R}{\partial y\,\partial x} + \frac{\partial^2 Q}{\partial z\,\partial x} - \frac{\partial^2 P}{\partial z\,\partial y}$$

$$= 0$$

왜냐하면 클레로의 정리에 따라 항들을 쌍끼리 서로 소거할 수 있기 때문이다. ■

《예제 5》 벡터장 $\mathbf{F}(x, y, z) = xz\,\mathbf{i} + xyz\,\mathbf{j} - y^2\,\mathbf{k}$는 다른 벡터장의 회전으로 쓸 수 없다는 것, 즉 임의의 벡터장 $\mathbf{G}$에 대해 $\mathbf{F} \neq \text{curl } \mathbf{G}$임을 보여라.

풀이 예제 4에서 다음을 보였다.

$$\text{div } \mathbf{F} = z + xz$$

그러므로 $\text{div } \mathbf{F} \neq 0$이다. $\mathbf{F} = \text{curl } \mathbf{G}$가 참이면, 정리 11에 따라 다음을 얻는다.

$$\text{div } \mathbf{F} = \text{div curl } \mathbf{G} = 0$$

이것은 $\text{div } \mathbf{F} \neq 0$에 모순이다. 그러므로 $\mathbf{F}$는 다른 벡터장의 회전이 아니다. ■

div F의 이런 설명에 대한 근거는 발산 정리의 결과로서 15.9절의 마지막 부분에서 설명할 것이다.

다시 한 번 **발산**이란 이름을 붙인 이유는 유체흐름의 내용에서 이해할 수 있다. $\mathbf{F}(x, y, z)$가 유체(또는 가스)의 속도일 때 $\text{div } \mathbf{F}(x, y, z)$는 단위부피당 점 (x, y, z)로부터 흐르는 유체(또는 가스)의 질량의 (시간에 관한) 순변화율을 나타낸다. 다시 말해서 $\text{div } \mathbf{F}(x, y, z)$는 점 (x, y, z)로부터 발산하는 유체의 경향을 측정한다. $\text{div } \mathbf{F} = 0$일 때, $\mathbf{F}$는 **비압축적**(incompressible)이다.

예를 들면, 그림 3의 각 벡터장 $\mathbf{F}$는 유체의 속도장을 나타낸다. 그림 3(a)에서 일반적으로 $\text{div } \mathbf{F} \neq 0$이다. 예컨대 점 P_1에서 $\text{div } \mathbf{F}$는 음수이다(P_1 근처에서 시작하는 벡터들은 P_1 근방에서 끝나는 벡터들보다 짧으므로 순흐름은 안쪽으로 향한다). 점 P_2에서는 $\text{div } \mathbf{F}$는 양수이다(P_2 근처에서 시작하는 벡터들은 P_2 근방에서 끝나는 벡터들보다 길므로 순흐름은 바깥쪽으로 향한다). 그림 3(b)에서는 모든 곳에서 $\text{div } \mathbf{F} = 0$이다(점 P 근처에서 시작하는 벡터들과 끝나는 벡터들은 거의 같은 길이를 가지고 있다).

기울기 벡터장 ∇f의 발산을 계산할 때 또 다른 미분연산자가 나타난다. f가 삼변수 함수이면, 다음을 얻는다.

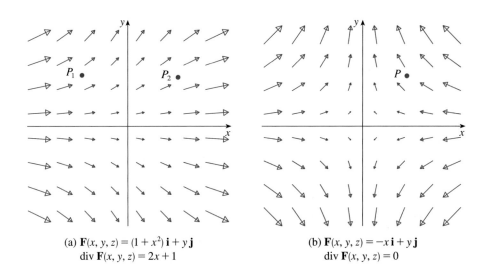

(a) $\mathbf{F}(x, y, z) = (1 + x^2)\,\mathbf{i} + y\,\mathbf{j}$
div $\mathbf{F}(x, y, z) = 2x + 1$

(b) $\mathbf{F}(x, y, z) = -x\,\mathbf{i} + y\,\mathbf{j}$
div $\mathbf{F}(x, y, z) = 0$

그림 3 유체흐름에서 벡터장($\mathbf{F}$의 일부분만이 그림에 나타나 있으며, $\mathbf{F}$가 z성분과 무관하고 z성분이 0이기 때문에 벡터장은 모든 수평면에서 똑같다).

$$\operatorname{div}(\nabla f) = \nabla \cdot (\nabla f) = \frac{\partial^2 f}{\partial x^2} + \frac{\partial^2 f}{\partial y^2} + \frac{\partial^2 f}{\partial z^2}$$

그리고 이 표현은 흔히 $\nabla^2 f$로 줄여 쓴다. 다음과 같은 연산자를 **라플라스 연산자**(Laplace operator)라 한다.

$$\nabla^2 = \nabla \cdot \nabla$$

왜냐하면 다음 **라플라스 방정식**(Laplace's equation)과의 관계 때문이다.

$$\nabla^2 f = \frac{\partial^2 f}{\partial x^2} + \frac{\partial^2 f}{\partial y^2} + \frac{\partial^2 f}{\partial z^2} = 0$$

또한 다음과 같이 라플라스 연산자 ∇^2을 벡터장 $\mathbf{F} = P\,\mathbf{i} + Q\,\mathbf{j} + R\,\mathbf{k}$에 성분별로 적용할 수도 있다.

$$\nabla^2 \mathbf{F} = \nabla^2 P\,\mathbf{i} + \nabla^2 Q\,\mathbf{j} + \nabla^2 R\,\mathbf{k}$$

■ 그린 정리의 벡터 형식

회전과 발산을 통해 그린 정리를 앞으로의 학습에서 유용하게 쓸 수 있는 형태로 다시 기술할 수 있다. C를 경계곡선으로 하는 평면영역 D와 함수 P, Q가 그린 정리의 가정을 만족한다고 가정하고, 벡터장 $\mathbf{F} = P\,\mathbf{i} + Q\,\mathbf{j}$를 생각하자. 이 벡터장의 선적분은 다음과 같다.

$$\oint_C \mathbf{F} \cdot d\mathbf{r} = \oint_C P\,dx + Q\,dy$$

$\mathbf{F}$를 세 번째 성분이 0인 $\mathbb{R}^3$에서의 벡터장으로 생각하면 다음을 얻는다.

$$\operatorname{curl} \mathbf{F} = \begin{vmatrix} \mathbf{i} & \mathbf{j} & \mathbf{k} \\ \dfrac{\partial}{\partial x} & \dfrac{\partial}{\partial y} & \dfrac{\partial}{\partial z} \\ P(x, y) & Q(x, y) & 0 \end{vmatrix} = \left(\frac{\partial Q}{\partial x} - \frac{\partial P}{\partial y} \right) \mathbf{k}$$

그러므로 다음과 같다.

$$(\text{curl } \mathbf{F}) \cdot \mathbf{k} = \left(\frac{\partial Q}{\partial x} - \frac{\partial P}{\partial y} \right) \mathbf{k} \cdot \mathbf{k} = \frac{\partial Q}{\partial x} - \frac{\partial P}{\partial y}$$

따라서 그린 정리에 있는 식을 다음의 벡터 형식으로 쓸 수 있다.

$$\boxed{12} \quad \oint_C \mathbf{F} \cdot d\mathbf{r} = \oint_C \mathbf{F} \cdot \mathbf{T} \, ds = \iint_D (\text{curl } \mathbf{F}) \cdot \mathbf{k} \, dA$$

공식 $\boxed{12}$는 C 위에서 $\mathbf{F}$의 접선성분의 선적분을 C로 둘러싸인 영역 D 위에서 curl $\mathbf{F}$의 수직성분의 이중적분으로 나타낸다. 이제 $\mathbf{F}$의 **법선**성분에 연관된 유사한 공식을 유도해 보자.

C가 다음 벡터방정식으로 주어진다고 하자.

$$\mathbf{r}(t) = x(t)\,\mathbf{i} + y(t)\,\mathbf{j}, \qquad a \le t \le b$$

단위접선벡터는 다음과 같다(12.2절 참조).

$$\mathbf{T}(t) = \frac{x'(t)}{|\mathbf{r}'(t)|}\,\mathbf{i} + \frac{y'(t)}{|\mathbf{r}'(t)|}\,\mathbf{j}$$

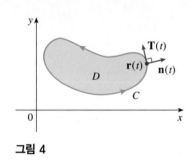

그림 4

C에 대한 바깥쪽으로의 단위법선벡터가 다음으로 주어짐을 증명할 수 있다(그림 4 참조).

$$\mathbf{n}(t) = \frac{y'(t)}{|\mathbf{r}'(t)|}\,\mathbf{i} - \frac{x'(t)}{|\mathbf{r}'(t)|}\,\mathbf{j}$$

그러면 15.2절의 공식 $\boxed{3}$으로부터 그린 정리를 이용해서 다음을 얻는다.

$$\oint_C \mathbf{F} \cdot \mathbf{n} \, ds = \int_a^b (\mathbf{F} \cdot \mathbf{n})(t) \, |\mathbf{r}'(t)| \, dt$$

$$= \int_a^b \left[\frac{P(x(t), y(t))\, y'(t)}{|\mathbf{r}'(t)|} - \frac{Q(x(t), y(t))\, x'(t)}{|\mathbf{r}'(t)|} \right] |\mathbf{r}'(t)| \, dt$$

$$= \int_a^b P(x(t), y(t))\, y'(t) \, dt - Q(x(t), y(t))\, x'(t) \, dt$$

$$= \int_C P \, dy - Q \, dx = \iint_D \left(\frac{\partial P}{\partial x} + \frac{\partial Q}{\partial y} \right) dA$$

그러나 이 이중적분에서의 피적분함수는 $\mathbf{F}$의 발산이다. 따라서 다음과 같은 그린 정리의 제2벡터 형식을 얻는다.

$$\boxed{13} \quad \oint_C \mathbf{F} \cdot \mathbf{n} \, ds = \iint_D \text{div } \mathbf{F}(x, y) \, dA$$

이 식의 설명은 C 위에서 $\mathbf{F}$의 법선성분의 선적분은 C로 둘러싸인 영역 D 위에서 $\mathbf{F}$의 발산의 이중적분과 같다는 것을 말해 준다.

15.5 | 연습문제

1-4 다음 벡터장의 (a) 회전, (b) 발산을 구하라.

1. $\mathbf{F}(x, y, z) = xy^2z^2\,\mathbf{i} + x^2yz^2\,\mathbf{j} + x^2y^2z\,\mathbf{k}$

2. $\mathbf{F}(x, y, z) = xye^z\,\mathbf{i} + yze^x\,\mathbf{k}$

3. $\mathbf{F}(x, y, z) = \dfrac{\sqrt{x}}{1+z}\,\mathbf{i} + \dfrac{\sqrt{y}}{1+x}\,\mathbf{j} + \dfrac{\sqrt{z}}{1+y}\,\mathbf{k}$

4. $\mathbf{F}(x, y, z) = \langle e^x \sin y,\ e^y \sin z,\ e^z \sin x \rangle$

5-6 벡터장 $\mathbf{F}$가 그림과 같이 xy 평면에 그려져 있고 다른 모든 수평평면에서도 동일하다(다시 말해서 $\mathbf{F}$는 z에 독립이고 z성분은 0이다).

(a) 점 P에서 div $\mathbf{F}$가 양수, 음수 또는 0인가? 설명하라.

(b) curl $\mathbf{F} = \mathbf{0}$인지 판정하라. 아니라면 점 P에서 어느 방향을 가리키는가?

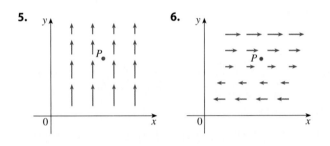

7. (a) $f(x, y, z) = \sin xyz$에 대해 공식 $\boxed{3}$을 확인하라.

    (b) $\mathbf{F}(x, y, z) = xyz^2\,\mathbf{i} + x^2yz^3\,\mathbf{j} + y^2\,\mathbf{k}$에 대해 공식 $\boxed{11}$을 확인하라.

8-10 벡터장이 보존적인지 아닌지 결정하라. 보존적이면 $\mathbf{F} = \nabla f$인 함수 f를 구하라.

8. $\mathbf{F}(x, y, z) = \langle 2xy^3z^2,\ 3x^2y^2z^2,\ 2x^2y^3z \rangle$

9. $\mathbf{F}(x, y, z) = \langle \ln y,\ (x/y) + \ln z,\ y/z \rangle$

10. $\mathbf{F}(x, y, z) = yz^2e^{xz}\,\mathbf{i} + ze^{xz}\,\mathbf{j} + xyze^{xz}\,\mathbf{k}$

11. curl $\mathbf{G} = \langle x \sin y,\ \cos y,\ z - xy \rangle$인 $\mathbb{R}^3$에서의 벡터장 $\mathbf{G}$가 존재하는가? 설명하라.

12. $f,\ g,\ h$가 미분가능한 함수일 때, 벡터장 $\mathbf{F}(x, y, z) = f(x)\,\mathbf{i} + g(y)\,\mathbf{j} + h(z)\,\mathbf{k}$가 비회전적임을 보여라.

13-16 적절한 편도함수가 존재하고 연속임을 가정할 때 다음 항등식을 증명하라. f가 스칼라장이고 $\mathbf{F}$, $\mathbf{G}$가 벡터장이면 $f\mathbf{F}$, $\mathbf{F}\cdot\mathbf{G}$, $\mathbf{F} \times \mathbf{G}$를 다음과 같이 정의한다.

$$(f\mathbf{F})(x, y, z) = f(x, y, z)\,\mathbf{F}(x, y, z)$$
$$(\mathbf{F} \cdot \mathbf{G})(x, y, z) = \mathbf{F}(x, y, z) \cdot \mathbf{G}(x, y, z)$$
$$(\mathbf{F} \times \mathbf{G})(x, y, z) = \mathbf{F}(x, y, z) \times \mathbf{G}(x, y, z)$$

13. $\operatorname{div}(\mathbf{F} + \mathbf{G}) = \operatorname{div}\mathbf{F} + \operatorname{div}\mathbf{G}$

14. $\operatorname{div}(f\mathbf{F}) = f \operatorname{div}\mathbf{F} + \mathbf{F} \cdot \nabla f$

15. $\operatorname{div}(\mathbf{F} \times \mathbf{G}) = \mathbf{G} \cdot \operatorname{curl}\mathbf{F} - \mathbf{F} \cdot \operatorname{curl}\mathbf{G}$

16. $\operatorname{curl}(\operatorname{curl}\mathbf{F}) = \operatorname{grad}(\operatorname{div}\mathbf{F}) - \nabla^2\mathbf{F}$

17. $\mathbf{r} = x\,\mathbf{i} + y\,\mathbf{j} + z\,\mathbf{k}$이고 $r = |\mathbf{r}|$일 때 다음 항등식을 증명하라.

(a) $\nabla r = \mathbf{r}/r$ (b) $\nabla \times \mathbf{r} = \mathbf{0}$

(c) $\nabla(1/r) = -\mathbf{r}/r^3$ (d) $\nabla \ln r = \mathbf{r}/r^2$

18. 공식 $\boxed{13}$의 형태로 된 그린 정리를 이용해서 다음 **그린의 제1항등식**(Green's first identity)을 증명하라.

$$\iint_D f \nabla^2 g\, dA = \oint_C f(\nabla g) \cdot \mathbf{n}\, ds - \iint_D \nabla f \cdot \nabla g\, dA$$

여기서 D와 C는 그린 정리의 가정을 만족하고, f와 g의 적당한 편도함수가 존재하고 연속이다. (양 $\nabla g \cdot \mathbf{n} = D_{\mathbf{n}}\,g$가 선적분에서 나타난다. 이것은 법선벡터 $\mathbf{n}$방향으로의 방향도함수이고, g의 **법선도함수**(normal derivative)라 한다.)

19. 함수 g가 D에서 라플라스 방정식을 만족한다면, 즉 D에서 $\nabla^2 g = 0$이면, g는 조화함수인것을 기억하자(13.3절 참조). 그린의 제1항등식(연습문제 18과 같은 조건을 가진)을 이용해서 g가 D에서 조화함수이면 $\oint_C D_{\mathbf{n}}\,g\, ds = 0$임을 보여라. 여기서 $D_{\mathbf{n}}\,g$는 연습문제 18에서 정의된 g의 법선도함수이다.

20. 이 문제는 회전벡터와 회전 사이의 관계를 설명한다. B는 z축을 중심으로 회전하는 단단한 물체라 하자. 회전은 벡터 $\mathbf{w} = \omega\mathbf{k}$로 설명될 수 있다. 여기서 ω는 B의 각속력, 즉 B 안의 임의의 점 P의 접선속력을 회전축으로부터의 거리 d로 나눈 것이다. $\mathbf{r} = \langle x, y, z \rangle$를 P의 위치벡터라 하자. [다음 그림 참조]

(a) 그림에서 각 θ를 생각해서 B의 속도장이 $\mathbf{v} = \mathbf{w} \times \mathbf{r}$로 주어짐을 보여라.

(b) $\mathbf{v} = \omega y\,\mathbf{i} + \omega x\,\mathbf{j}$임을 보여라.

(c) curl $\mathbf{v} = 2\,\mathbf{w}$임을 보여라.

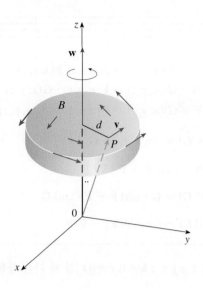

21. $\mathbf{F} = \nabla g$ 형태의 모든 벡터장은 식 curl $\mathbf{F} = \mathbf{0}$을 만족하고, $\mathbf{F} = \text{curl } \mathbf{G}$ 형태의 모든 벡터장은 (적당한 편미분의 연속성 가정 아래) 식 div $\mathbf{F} = \mathbf{0}$을 만족한다. 여기서 다음과 같은 의문이 생긴다. $f = \text{div } \mathbf{G}$ 형태의 모든 함수가 반드시 만족하는 어떤 식이 있는가? 이 문제의 해답이 $\mathbb{R}^3$에서의 **모든 연속함수** f가 어떤 벡터장의 발산임을 증명함으로써 '아니오'임을 보여라.
[힌트: $g(x, y, z) = \int_0^x f(t, y, z)\, dt$일 때
$\mathbf{G}(x, y, z) = \langle g(x, y, z), 0, 0\rangle$으로 놓는다.]

15.6 | 매개곡면과 그 넓이

지금까지 원기둥, 이차곡면, 이변수 함수의 그래프, 그리고 삼변수 함수의 등위곡면 등과 같은 특별한 형태의 곡면을 살펴 봤다. 여기서는 **매개곡면**이라 하는 일반적인 곡면을 설명하기 위해 벡터함수를 이용하고 그 넓이를 계산해 보자. 그리고 일반적인 곡면의 넓이 공식을 구하고 그것이 특별한 곡면에 어떻게 적용되는지 알아보자.

■ 매개곡면

단일 매개변수 t의 벡터함수 $\mathbf{r}(t)$로 공간곡선을 설명하는 것과 같은 방법으로, 두 개의 매개변수 u, v의 벡터함수 $\mathbf{r}(u, v)$로 곡면을 설명할 수 있다. uv 평면의 영역 D에서 정의되는 다음 벡터값 함수를 생각하자.

$$\boxed{1} \qquad \mathbf{r}(u, v) = x(u, v)\, \mathbf{i} + y(u, v)\, \mathbf{j} + z(u, v)\, \mathbf{k}$$

따라서 $\mathbf{r}$의 성분함수 x, y, z는 정의역이 D인 두 변수 u, v의 함수이다. (u, v)가 D에서 움직이고 다음을 만족하는 $\mathbb{R}^3$의 점 (x, y, z) 전체의 집합을 **매개곡면**(parametric surface) S라 한다.

$$\boxed{2} \qquad x = x(u, v), \quad y = y(u, v), \quad z = z(u, v)$$

공식 $\boxed{2}$를 S의 **매개변수방정식**(parametric equation)이라 한다. u와 v 각각의 선택은 S 위의 점을 나타낸다. 즉 모든 선택을 통해 S 위의 모든 점을 얻는다. 다시 말해서 곡면 S는 (u, v)가 영역 D에서 움직일 때 위치벡터 $\mathbf{r}(u, v)$의 종점에 의해 그려진다(그림 1 참조).

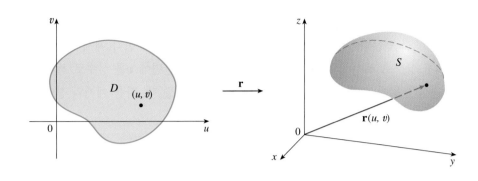

그림 1 매개곡면

《예제 1》 벡터방정식이 $\mathbf{r}(u, v) = 2\cos u\,\mathbf{i} + v\,\mathbf{j} + 2\sin u\,\mathbf{k}$인 곡면을 그리고 확인하라.

풀이 이 곡면의 매개변수방정식은 다음과 같다.

$$x = 2\cos u, \quad y = v, \quad z = 2\sin u$$

따라서 곡면에 있는 임의의 점 (x, y, z)에 대해 다음을 얻는다.

$$x^2 + z^2 = 4\cos^2 u + 4\sin^2 u = 4$$

이것은 xz평면(즉 y는 상수)에 평행한 수직단면곡선이 모두 반지름이 2인 원임을 의미한다. $y = v$이고 v에 제약조건이 없기 때문에, 곡면은 y축을 중심축으로 하는 반지름이 2인 원기둥이다(그림 2 참조). ■

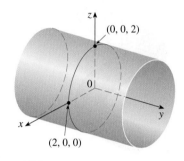

그림 2

예제 1에서 매개변수 u와 v에 대한 제약조건이 없으므로 완전한 원기둥을 얻었다. 예를 들어 다음과 같이 매개변수의 정의역을 제한하면 $x \geq 0$, $z \geq 0$, $0 \leq y \leq 3$이다.

$$0 \leq u \leq \pi/2, \quad 0 \leq v \leq 3$$

그리고 그림 3에서 설명된 길이가 3인 사분 원기둥이 된다.

매개곡면 S가 벡터함수 $\mathbf{r}(u, v)$로 주어진다면, S에 놓이는 두 개의 유용한 곡선족이 존재한다. 하나는 u가 상수이고, 나머지는 v가 상수인 족이다. 이들 족은 uv평면에서 수직선과 수평선에 대응한다. u를 $u = u_0$으로 놓음으로써 상수로 생각하면, $\mathbf{r}(u_0, v)$는 단일 매개변수 v의 벡터함수가 되고 S에 놓인 곡선 C_1을 정의한다(그림 4 참조).

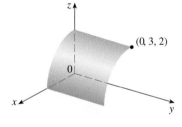

그림 3

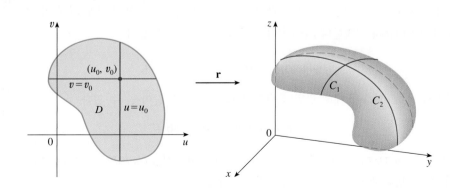

그림 4

마찬가지로 v를 $v = v_0$으로 놓고 상수로 생각하면, S에 놓인 $\mathbf{r}(u, v_0)$으로 주어지는 곡선 C_2를 얻는다. 이런 곡선을 **격자 곡선**(grid curve)이라 한다(예제 1에서, 예를 들어 u를 상수로 해서 얻은 격자 곡선은 수평선이고, 반면에 v를 상수로 해서 얻은 격자 곡선은 원이 된다). 사실 컴퓨터로 매개곡면을 그릴 때, 다음 예제와 같이 항상 이런 격자 곡선들이 그려진 곡면을 그린다.

《예제 2》 컴퓨터를 이용해서 다음 곡면의 그래프를 그려라.

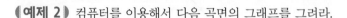

$$\mathbf{r}(u, v) = \langle (2 + \sin v) \cos u, (2 + \sin v) \sin u, u + \cos v \rangle$$

u가 상수인 것은 어느 격자 곡선인가? v가 상수인 것은 어느 격자 곡선인가?

풀이 그림 5는 매개변수의 정의역이 $0 \leq u \leq 4\pi$, $0 \leq v \leq 2\pi$인 곡면 부분을 그래프로 나타낸 것이다. 그것은 나선튜브 모양이다. 격자 곡선을 확인하기 위해 다음 매개변수방정식으로 나타낸다.

$$x = (2 + \sin v) \cos u, \quad y = (2 + \sin v) \sin u, \quad z = u + \cos v$$

v가 상수이면, $\sin v$와 $\cos v$도 상수이다. 따라서 매개변수방정식은 12.1절의 예제 4의 나선과 닮았다. 따라서 v가 상수인 격자 곡선은 그림 5에서 나선 곡선이다. u가 상수인 격자 곡선이 그림에서 원처럼 보이는 곡선임에 틀림없다는 것을 추론할 수 있다. 더구나 이에 대한 증거는 u가 $u = u_0$인 상수라면 식 $z = u_0 + \cos v$가 z값이 $u_0 - 1$에서 $u_0 + 1$까지 변한다는 것을 보이기 때문이다. ■

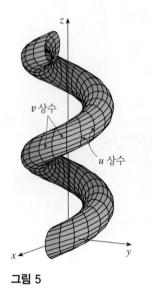

그림 5

예제 1과 2에서 벡터방정식이 주어졌고 대응하는 매개곡면의 그래프를 그리도록 하고 있다. 그러나 다음 예제들에서는 주어진 곡면을 나타내는 벡터함수를 찾는 더욱 도전해 볼 만한 문제가 주어진다. 이 장의 나머지 부분에서는 종종 그것을 분명히 할 필요가 있을 것이다.

《예제 3》 위치벡터 $\mathbf{r}_0$가 점 P_0을 지나고 평행하지 않은 두 벡터 $\mathbf{a}$와 $\mathbf{b}$를 포함하는 평면을 나타내는 벡터함수를 구하라.

풀이 P가 평면 안의 임의의 한 점이라면, 벡터 $\mathbf{a}$ 방향으로 어떤 거리와 벡터 $\mathbf{b}$ 방향으로 또 다른 거리를 움직임으로써 P_0에서 P로 간다. 따라서 $\overrightarrow{P_0P} = u\mathbf{a} + v\mathbf{b}$인 스칼라 u와 v가 존재한다. (그림 6은 u와 v가 양수인 경우에 평행사변형 법칙에 의해 이것이 어떻게 움직이는지 설명한다.) $\mathbf{r}$이 P의 위치벡터이면 다음과 같다.

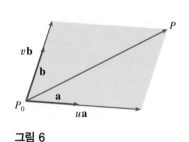

그림 6

$$\mathbf{r} = \overrightarrow{OP_0} + \overrightarrow{P_0P} = \mathbf{r}_0 + u\mathbf{a} + v\mathbf{b}$$

따라서 실수 u와 v에 대해 평면의 벡터방정식은 다음과 같이 쓸 수 있다.

$$\mathbf{r}(u, v) = \mathbf{r}_0 + u\mathbf{a} + v\mathbf{b}$$

$\mathbf{r} = \langle x, y, z \rangle$, $\mathbf{r}_0 = \langle x_0, y_0, z_0 \rangle$, $\mathbf{a} = \langle a_1, a_2, a_3 \rangle$, $\mathbf{b} = \langle b_1, b_2, b_3 \rangle$이면, 점 (x_0, y_0, z_0)을 지나는 평면의 매개변수방정식은 다음과 같이 쓸 수 있다.

$$x = x_0 + ua_1 + vb_1, \quad y = y_0 + ua_2 + vb_2, \quad z = z_0 + ua_3 + vb_3 \qquad \blacksquare$$

《**예제 4**》 구면 $x^2 + y^2 + z^2 = a^2$의 매개변수 표현을 구하라.

풀이 구면은 구면좌표에서 간단하게 $\rho = a$로 표현된다. 따라서 구면좌표에서 각 ϕ와 θ를 매개변수로 택하자(14.8절 참조). 그러면 구면좌표를 직교좌표로 변환하기 위해 방정식에서 $\rho = a$로 놓으면(14.8절의 공식 $\boxed{1}$), 구면의 매개변수방정식으로 다음을 얻는다.

$$x = a \sin \phi \cos \theta, \quad y = a \sin \phi \sin \theta, \quad z = a \cos \phi$$

이에 대응하는 벡터방정식은 다음과 같다.

$$\mathbf{r}(\phi, \theta) = a \sin \phi \cos \theta \, \mathbf{i} + a \sin \phi \sin \theta \, \mathbf{j} + a \cos \phi \, \mathbf{k}$$

$0 \leq \phi \leq \pi$, $0 \leq \theta \leq 2\pi$이므로 매개변수 정의역은 직사각형 $D = [0, \pi] \times [0, 2\pi]$이다. ϕ가 상수인 격자 곡선은(적도를 포함해) 일정한 위도로 된 원을 이룬다. θ가 상수인 격자 곡선은 북극과 남극을 연결하는 자오선(반원)이다(그림 7 참조).

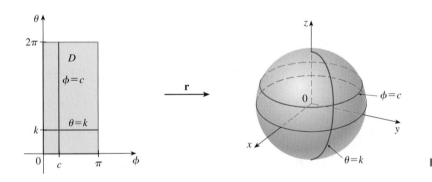

■ **그림 7**

NOTE 예제 4에서 보았듯이 구면에 대한 격자곡선은 위도 및 경도가 일정한 곡선이다. 일반적인 매개곡면이 지도를 만든다면 격자곡선은 위선 및 경선과 유사하다. (그림 5에서와 같이) 매개곡면 위의 한 점을 u와 v의 지정된 값을 줌으로써 그 점의 위도와 경도를 주는 것처럼 설명한다.

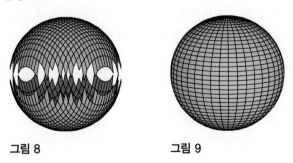

그림 8 **그림 9**

매개곡면의 용도 중 하나는 컴퓨터 그래픽이다. 그림 8은 $x^2 + y^2 + z^2 = 1$인 구의 식을 z에 관해 풀고 위와 아래쪽 반구를 별도로 그린 것이다. 컴퓨터가 사각 격자 시스템을 이용하기 때문에 구의 일부분이 빠진 채 나타난다. 보다 나은 그림 9는 예제 4에서 나타난 매개변수방정식을 이용해서 컴퓨터로 그린 것이다.

《**예제 5**》 원기둥 $x^2 + y^2 = 4$, $0 \leq z \leq 1$에 대한 매개변수 표현을 구하라.

풀이 원기둥은 원기둥 좌표에서 간단하게 $r = 2$로 표현된다. 따라서 원기둥 좌표에서 매개변수로 θ와 z를 택한다. 그러면 원기둥의 매개변수방정식은 다음과 같다.

$$x = 2\cos\theta, \quad y = 2\sin\theta, \quad z = z$$

여기서 $0 \le \theta \le 2\pi$, $0 \le z \le 1$이다. 벡터 기호를 써서 나타내면 다음과 같다.

$$\mathbf{r}(\theta, z) = 2\cos\theta\,\mathbf{i} + 2\sin\theta\,\mathbf{j} + z\,\mathbf{k}$$

그림 10에서 같이, 벡터함수 $\mathbf{r}$은 매개변수 영역 D를 원기둥으로 보낸다. 여기서

$$D = \{(\theta, z)\,|\,0 \le \theta \le 2\pi,\ 0 \le z \le 1\}$$

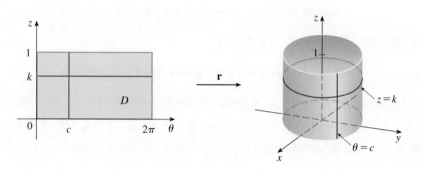

그림 10

《예제 6》 타원포물면 $z = x^2 + 2y^2$을 나타내는 벡터방정식을 구하라.

풀이 x, y를 매개변수로 생각하면, 매개변수방정식은 다음과 같이 간단하다.

$$x = x, \quad y = y, \quad z = x^2 + 2y^2$$

그리고 벡터방정식은 다음과 같다.

$$\mathbf{r}(x, y) = x\,\mathbf{i} + y\,\mathbf{j} + (x^2 + 2y^2)\,\mathbf{k}$$

일반적으로 곡면이 x와 y의 함수의 그래프로 주어지면, 즉 $z = f(x, y)$와 같은 형태의 방정식을 가지면 그 곡면은 항상 x와 y를 매개변수로 선택하고 매개변수방정식이 다음과 같은 매개곡면으로 간주할 수 있다.

$$x = x, \quad y = y, \quad z = f(x, y)$$

곡면의 매개변수 표현(매개변수화라 한다)은 유일하지 않다. 다음 예제는 원뿔곡면을 매개변수화하는 두 가지 방법을 보여 주고 있다.

《예제 7》 곡면 $z = 2\sqrt{x^2 + y^2}$, 즉 원뿔곡면 $z^2 = 4x^2 + 4y^2$의 위쪽 반에 대한 매개변수방정식을 구하라.

풀이 1 한 가지 가능한 매개변수 표현은 x와 y를 매개변수로 선택함으로써 다음과 같이 얻을 수 있다.

$$x = x, \quad y = y, \quad z = 2\sqrt{x^2 + y^2}$$

따라서 벡터방정식은 다음과 같다.

$$\mathbf{r}(x, y) = x\,\mathbf{i} + y\,\mathbf{j} + 2\sqrt{x^2 + y^2}\,\mathbf{k}$$

풀이 2 다른 매개변수 표현은 극좌표 r와 θ를 매개변수로 택함으로써 얻을 수 있다. 원뿔곡면 위의 한 점 (x, y, z)는 $x = r\cos\theta$, $y = r\sin\theta$, $z = 2\sqrt{x^2 + y^2} = 2r$를 만족한다. 따라서 원뿔곡면의 벡터방정식은 다음과 같다.

$$\mathbf{r}(r, \theta) = r\cos\theta\,\mathbf{i} + r\sin\theta\,\mathbf{j} + 2r\,\mathbf{k}$$

여기서 $r \geq 0$이고 $0 \leq \theta \leq 2\pi$이다. ∎

목적에 따라 예제 7의 풀이 1과 2의 매개변수 표현은 똑같이 유용하지만, 어떤 경우에는 풀이 2가 더 적절할 수도 있다. 예를 들면 만약 평면 $z = 1$ 아래에 놓인 원뿔곡면의 부분에만 관심이 있다면, 우리가 해야 할 일은 풀이 2에서 매개변수 영역만 다음과 같이 바꾸는 것이다.

$$D = \left\{ (r, \theta) \,\middle|\, 0 \leq r \leq \frac{1}{2},\ 0 \leq \theta \leq 2\pi \right\}$$

그러면 벡터함수 $\mathbf{r}$은 영역 D를 그림 11에 그려진 반원뿔곡면으로 대응시킨다.

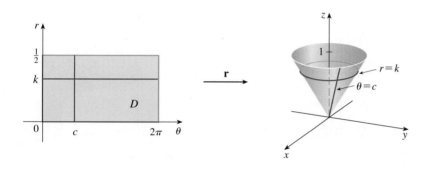

그림 11

■ 회전 곡면

회전 곡면은 매개변수로 나타낼 수 있다. 예를 들어 $f(x) \geq 0$인 곡선 $y = f(x)$를 $a \leq x \leq b$에서 x축을 중심으로 회전시켜 얻은 곡면 S를 생각하자. θ는 그림 12에서 보여진 회전각이라 하자. (x, y, z)가 S 위의 한 점이면 다음과 같다.

$$\boxed{3} \qquad x = x, \quad y = f(x)\cos\theta, \quad z = f(x)\sin\theta$$

따라서 x와 θ를 매개변수로 택해서 공식 $\boxed{3}$을 S의 매개변수방정식으로 생각한다. 매개변수의 정의역은 $a \leq x \leq b$와 $0 \leq \theta \leq 2\pi$로 주어진다.

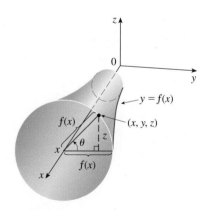

그림 12

《예제 8》 곡선 $y = \sin x$, $0 \leq x \leq 2\pi$를 x축을 중심으로 회전시켜 얻는 곡면에 대한 매개변수방정식을 구하라. 이 방정식을 이용해서 회전 곡면의 그래프를 그려라.

풀이 식 $\boxed{3}$으로부터 매개변수방정식은 다음과 같다.

$$x = x, \quad y = \sin x\cos\theta, \quad z = \sin x\sin\theta$$

매개변수의 정의역은 $0 \leq x \leq 2\pi$, $0 \leq \theta \leq 2\pi$이다. 컴퓨터를 이용해서 이 방정식의 그래프를 그리고, 회전하면 그림 13의 그래프를 얻는다. ∎

그림 13

공식 ③을 수정해서 y축 또는 z축을 중심으로 회전시켜 얻은 곡면을 나타낼 수도 있다.

■ 접평면

이제 위치벡터가 $\mathbf{r}(u_0,\ v_0)$인 점 P_0에서 다음 벡터함수로 주어진 매개곡면 S의 접평면을 구한다.

$$\mathbf{r}(u,\ v) = x(u,\ v)\,\mathbf{i} + y(u,\ v)\,\mathbf{j} + z(u,\ v)\,\mathbf{k}$$

u가 $u = u_0$인 상수라 하면, $\mathbf{r}(u_0,\ v)$는 매개변수 v만의 벡터함수가 되고 S에 놓여 있는 격자 곡선 C_1을 정의한다(그림 14 참조). P_0에서 C_1의 접선벡터 $\mathbf{r}_v$는 다음과 같이 v에 관한 $\mathbf{r}$의 편도함수를 택함으로써 얻어진다.

$$\boxed{4} \qquad \mathbf{r}_v = \frac{\partial x}{\partial v}(u_0,\ v_0)\,\mathbf{i} + \frac{\partial y}{\partial v}(u_0,\ v_0)\,\mathbf{j} + \frac{\partial z}{\partial v}(u_0,\ v_0)\,\mathbf{k}$$

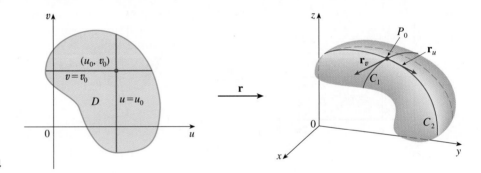

그림 14

같은 방법으로, v가 $v = v_0$인 상수라 하면, S에 놓여 있는 $\mathbf{r}(u,\ v_0)$으로 주어진 격자 곡선 C_2를 얻고, P_0에서 이것의 접선벡터는 다음과 같다.

$$\boxed{5} \qquad \mathbf{r}_u = \frac{\partial x}{\partial u}(u_0,\ v_0)\,\mathbf{i} + \frac{\partial y}{\partial u}(u_0,\ v_0)\,\mathbf{j} + \frac{\partial z}{\partial u}(u_0,\ v_0)\,\mathbf{k}$$

$\mathbf{r}_u \times \mathbf{r}_v$가 **0**이 아니면, 곡면 S를 **매끄러운 곡면**이라 한다. (이 곡면은 '모서리'가 없다.) 매끄러운 곡면에 대한 **접평면**(tangent plane)은 접선벡터 $\mathbf{r}_u$, $\mathbf{r}_v$를 포함하는 평면이고, 벡터 $\mathbf{r}_u \times \mathbf{r}_v$는 접평면의 법선벡터이다.

《예제 9》 점 $(1,\ 1,\ 3)$에서 매개변수방정식이 $x = u^2$, $y = v^2$, $z = u + 2v$인 곡면에 대한 접평면을 구하라.

풀이 먼저 접선벡터를 계산하면 다음과 같다.

$$\mathbf{r}_u = \frac{\partial x}{\partial u}\,\mathbf{i} + \frac{\partial y}{\partial u}\,\mathbf{j} + \frac{\partial z}{\partial u}\,\mathbf{k} = 2u\,\mathbf{i} + \mathbf{k}$$

$$\mathbf{r}_v = \frac{\partial x}{\partial v}\,\mathbf{i} + \frac{\partial y}{\partial v}\,\mathbf{j} + \frac{\partial z}{\partial v}\,\mathbf{k} = 2v\,\mathbf{j} + 2\,\mathbf{k}$$

따라서 접평면에 대한 법선벡터는 다음과 같다.

$$\mathbf{r}_u \times \mathbf{r}_v = \begin{vmatrix} \mathbf{i} & \mathbf{j} & \mathbf{k} \\ 2u & 0 & 1 \\ 0 & 2v & 2 \end{vmatrix} = -2v\,\mathbf{i} - 4u\,\mathbf{j} + 4uv\,\mathbf{k}$$

점 $(1, 1, 3)$은 매개변수의 값 $u = 1$과 $v = 1$에 대응됨에 주목하자. 따라서 법선벡터는 다음과 같다.

$$-2\,\mathbf{i} - 4\,\mathbf{j} + 4\,\mathbf{k}$$

그러므로 $(1, 1, 3)$에서 접평면은 다음과 같다.

$$-2(x - 1) - 4(y - 1) + 4(z - 3) = 0$$
$$x + 2y - 2z + 3 = 0 \qquad ■$$

그림 15는 예제 9의 스스로 교차하는 곡면과 점 $(1, 1, 3)$에서 접평면의 그래프이다.

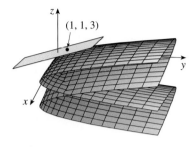

그림 15

■ 곡면 넓이

이제 공식 **1**로 주어진 일반적인 매개곡면의 넓이를 정의한다. 간단하게 하기 위해 매개변수 정의역 D가 직사각형인 곡면을 생각하고, 이것을 부분 사각형 R_{ij}로 나눈다. R_{ij}의 왼쪽 아래 귀퉁이를 (u_i^*, v_j^*)로 택하자(그림 16 참조).

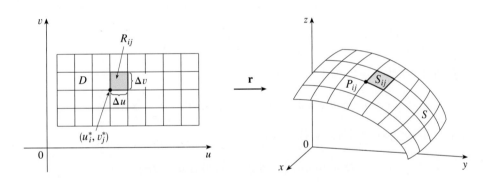

그림 16 부분 사각형 R_{ij}의 상은 조각 S_{ij}이다.

R_{ij}에 대응하는 곡면 S의 부분 S_{ij}를 **조각**이라 부르고 이것의 귀퉁이 중 하나를 위치벡터가 $\mathbf{r}(u_i^*, v_j^*)$인 점 P_{ij}로 잡는다. 공식 **5**와 **4**로 주어진 것과 같이 다음 벡터를 P_{ij}에서의 접선벡터라 하자.

$$\mathbf{r}_u^* = \mathbf{r}_u(u_i^*, v_j^*), \qquad \mathbf{r}_v^* = \mathbf{r}_v(u_i^*, v_j^*)$$

그림 17(a)는 P_{ij}에서 만나는 조각의 두 귀퉁이가 벡터에 의해 어떻게 근사되는지를 보여 준다. 이런 벡터들은 편도함수가 차의 몫에 의해 근사될 수 있기 때문에 차례차례 $\Delta u\,\mathbf{r}_u^*$와 $\Delta v\,\mathbf{r}_v^*$에 의해 근사될 수 있다. 따라서 벡터 $\Delta u\,\mathbf{r}_u^*$와 $\Delta v\,\mathbf{r}_v^*$로 결정되는 평행사변형으로 S_{ij}를 근사시킨다. 이 평행사변형은 그림 17(b)에 나타나 있고 P_{ij}에서 S의 접평면에 놓인다. 이 평행사변형의 넓이는 다음과 같다.

$$\left| (\Delta u\,\mathbf{r}_u^*) \times (\Delta v\,\mathbf{r}_v^*) \right| = \left| \mathbf{r}_u^* \times \mathbf{r}_v^* \right| \Delta u\,\Delta v$$

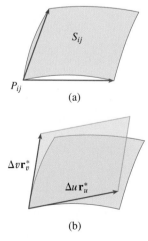

그림 17 평행사변형에 의한 근사 조각

따라서 S의 넓이에 대한 근삿값은 다음과 같다.

$$\sum_{i=1}^{m} \sum_{j=1}^{n} |\mathbf{r}_u^* \times \mathbf{r}_v^*| \, \Delta u \, \Delta v$$

직관적으로 부분 사각형의 수를 증가시키면 이 근삿값은 참값에 더 가까운 값을 갖는다는 것을 알 수 있고, 이중합을 이중적분 $\iint_D |\mathbf{r}_u \times \mathbf{r}_v| \, du \, dv$에 대한 리만 합으로 인정한다. 이것은 다음 정의를 유도한다.

---

6 정의   매끄러운 매개곡면 S의 방정식이 다음과 같다고 하자.

$$\mathbf{r}(u, v) = x(u, v) \, \mathbf{i} + y(u, v) \, \mathbf{j} + z(u, v) \, \mathbf{k}, \quad (u, v) \in D$$

S가 매개변수 정의역 D를 통해 움직이는 (u, v)에 따라 단 한 번 그려진다면, S의 **곡면 넓이**(surface area)는 다음과 같다.

$$A(S) = \iint_D |\mathbf{r}_u \times \mathbf{r}_v| \, dA$$

여기서 $\mathbf{r}_u$와 $\mathbf{r}_v$는 다음과 같다.

$$\mathbf{r}_u = \frac{\partial x}{\partial u} \mathbf{i} + \frac{\partial y}{\partial u} \mathbf{j} + \frac{\partial z}{\partial u} \mathbf{k}, \quad \mathbf{r}_v = \frac{\partial x}{\partial v} \mathbf{i} + \frac{\partial y}{\partial v} \mathbf{j} + \frac{\partial z}{\partial v} \mathbf{k}$$

《예제 10》 반지름이 a인 구의 곡면 넓이를 구하라.

풀이 예제 4로부터 다음 매개변수 표현을 안다.

$$x = a \sin\phi \, \cos\theta, \quad y = a \sin\phi \, \sin\theta, \quad z = a \cos\phi$$

여기서 매개변수의 정의역은 다음과 같다.

$$D = \{(\phi, \theta) \mid 0 \le \phi \le \pi, \, 0 \le \theta \le 2\pi\}$$

먼저 접선벡터의 외적을 계산하면 다음과 같다.

$$\mathbf{r}_\phi \times \mathbf{r}_\theta = \begin{vmatrix} \mathbf{i} & \mathbf{j} & \mathbf{k} \\ \dfrac{\partial x}{\partial \phi} & \dfrac{\partial y}{\partial \phi} & \dfrac{\partial z}{\partial \phi} \\ \dfrac{\partial x}{\partial \theta} & \dfrac{\partial y}{\partial \theta} & \dfrac{\partial z}{\partial \theta} \end{vmatrix} = \begin{vmatrix} \mathbf{i} & \mathbf{j} & \mathbf{k} \\ a\cos\phi\,\cos\theta & a\cos\phi\,\sin\theta & -a\sin\phi \\ -a\sin\phi\,\sin\theta & a\sin\phi\,\cos\theta & 0 \end{vmatrix}$$

$$= a^2 \sin^2\!\phi \, \cos\theta \, \mathbf{i} + a^2 \sin^2\!\phi \, \sin\theta \, \mathbf{j} + a^2 \sin\phi \, \cos\phi \, \mathbf{k}$$

$0 \le \phi \le \pi$일 때 $\sin\phi \ge 0$이므로 다음을 얻는다.

$$|\mathbf{r}_\phi \times \mathbf{r}_\theta| = \sqrt{a^4 \sin^4\!\phi \, \cos^2\theta + a^4 \sin^4\!\phi \, \sin^2\theta + a^4 \sin^2\!\phi \, \cos^2\!\phi}$$

$$= \sqrt{a^4 \sin^4\!\phi + a^4 \sin^2\!\phi \, \cos^2\!\phi} = a^2 \sqrt{\sin^2\!\phi} = a^2 \sin\phi$$

그러므로 정의 **6**에 따라 구면의 넓이는 다음과 같다.

$$A = \iint\limits_{D} |\mathbf{r}_\phi \times \mathbf{r}_\theta| \, dA = \int_0^{2\pi} \int_0^{\pi} a^2 \sin\phi \, d\phi \, d\theta$$

$$= a^2 \int_0^{2\pi} d\theta \int_0^{\pi} \sin\phi \, d\phi = a^2(2\pi)2 = 4\pi a^2 \qquad \blacksquare$$

■ 함수 그래프의 곡면 넓이

(x, y)가 D 안에 있고 f는 연속인 편도함수를 갖는다고 하자. 함수 $z = f(x, y)$로 주어지는 곡면 S의 특수한 경우에 대해 x와 y를 매개변수로 택한다. 매개변수방정식은 다음과 같다.

$$x = x, \quad y = y, \quad z = f(x, y)$$

따라서 다음이 성립한다.

$$\mathbf{r}_x = \mathbf{i} + \left(\frac{\partial f}{\partial x}\right)\mathbf{k}, \quad \mathbf{r}_y = \mathbf{j} + \left(\frac{\partial f}{\partial y}\right)\mathbf{k}$$

$$\boxed{7} \qquad \mathbf{r}_x \times \mathbf{r}_y = \begin{vmatrix} \mathbf{i} & \mathbf{j} & \mathbf{k} \\ 1 & 0 & \frac{\partial f}{\partial x} \\ 0 & 1 & \frac{\partial f}{\partial y} \end{vmatrix} = -\frac{\partial f}{\partial x}\mathbf{i} - \frac{\partial f}{\partial y}\mathbf{j} + \mathbf{k}$$

그러므로 다음을 얻는다.

$$\boxed{8} \quad |\mathbf{r}_x \times \mathbf{r}_y| = \sqrt{\left(\frac{\partial f}{\partial x}\right)^2 + \left(\frac{\partial f}{\partial y}\right)^2 + 1} = \sqrt{1 + \left(\frac{\partial z}{\partial x}\right)^2 + \left(\frac{\partial z}{\partial y}\right)^2}$$

정의 $\boxed{6}$의 곡면 넓이 공식은 다음과 같이 된다.

$$\boxed{9} \qquad A(S) = \iint\limits_{D} \sqrt{1 + \left(\frac{\partial z}{\partial x}\right)^2 + \left(\frac{\partial z}{\partial y}\right)^2} \, dA$$

공식 $\boxed{9}$에서의 곡면 넓이 공식과 8.1절에서의 다음 호의 길이 공식의 유사성에 주목하자.

$$L = \int_a^b \sqrt{1 + \left(\frac{dy}{dx}\right)^2} \, dx$$

《예제 11》 평면 $z = 9$ 아래에 놓여 있는 포물면 $z = x^2 + y^2$의 부분의 넓이를 구하라.

풀이 평면은 포물면과 원 $x^2 + y^2 = 9$, $z = 9$에서 교차한다. 그러므로 주어진 곡면은 중심이 원점이고, 반지름이 3인 원판 D 위에 놓여 있다(그림 18 참조). 공식 $\boxed{9}$를 이용하면 다음을 얻는다.

$$A = \iint\limits_{D} \sqrt{1 + \left(\frac{\partial z}{\partial x}\right)^2 + \left(\frac{\partial z}{\partial y}\right)^2} \, dA$$

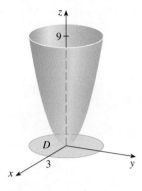

그림 18

$$= \iint\limits_{D} \sqrt{1 + (2x)^2 + (2y)^2} \, dA = \iint\limits_{D} \sqrt{1 + 4(x^2 + y^2)} \, dA$$

극좌표로 바꾸면 다음과 같다.

$$A = \int_0^{2\pi} \int_0^3 \sqrt{1 + 4r^2} \, r \, dr \, d\theta = \int_0^{2\pi} d\theta \int_0^3 r\sqrt{1 + 4r^2} \, dr$$

$$= 2\pi \left(\tfrac{1}{8}\right)\tfrac{2}{3}(1 + 4r^2)^{3/2}\Big]_0^3 = \frac{\pi}{6}\left(37\sqrt{37} - 1\right) \quad \blacksquare$$

곡면 넓이에 대한 정의 ⑥이 단일변수 미적분학의 곡면의 넓이 공식(8.2절의 공식 ④)과 일치할지에 대한 의문이 남는다.

곡선 $y = f(x)$, $a \le x \le b$를 x축을 중심으로 회전시켜 얻은 곡면 S를 생각하자. 여기서 $f(x) \ge 0$이고 f'은 연속이다. 공식 ③으로부터 S의 매개변수방정식은 다음과 같음을 알고 있다.

$$x = x, \quad y = f(x)\cos\theta, \quad z = f(x)\sin\theta, \quad a \le x \le b, \quad 0 \le \theta \le 2\pi$$

S의 곡면 넓이를 계산하기 위해 다음 접선벡터가 필요하다.

$$\mathbf{r}_x = \mathbf{i} + f'(x)\cos\theta \, \mathbf{j} + f'(x)\sin\theta \, \mathbf{k}$$

$$\mathbf{r}_\theta = -f(x)\sin\theta \, \mathbf{j} + f(x)\cos\theta \, \mathbf{k}$$

따라서 다음 외적을 얻는다.

$$\mathbf{r}_x \times \mathbf{r}_\theta = \begin{vmatrix} \mathbf{i} & \mathbf{j} & \mathbf{k} \\ 1 & f'(x)\cos\theta & f'(x)\sin\theta \\ 0 & -f(x)\sin\theta & f(x)\cos\theta \end{vmatrix}$$

$$= f(x)f'(x)\,\mathbf{i} - f(x)\cos\theta\,\mathbf{j} - f(x)\sin\theta\,\mathbf{k}$$

그리고 $f(x) \ge 0$이므로 다음과 같다.

$$|\mathbf{r}_x \times \mathbf{r}_\theta| = \sqrt{[f(x)]^2[f'(x)]^2 + [f(x)]^2\cos^2\theta + [f(x)]^2\sin^2\theta}$$

$$= \sqrt{[f(x)]^2[1 + [f'(x)]^2]} = f(x)\sqrt{1 + [f'(x)]^2}$$

그러므로 S의 넓이는 다음과 같다.

$$A = \iint\limits_{D} |\mathbf{r}_x \times \mathbf{r}_\theta| \, dA$$

$$= \int_0^{2\pi} \int_a^b f(x)\sqrt{1 + [f'(x)]^2} \, dx \, d\theta$$

$$= 2\pi \int_a^b f(x)\sqrt{1 + [f'(x)]^2} \, dx$$

이것은 바로 단일변수 미적분학에 나오는 회전체의 곡면 넓이를 정의(8.2절의 공식 ④)하기 위해 사용된 공식이다.

15.6 | 연습문제

1. 주어진 곡면 위에 점 P와 Q가 놓여 있는지 판정하라.

$$\mathbf{r}(u, v) = \langle u + v, u - 2v, 3 + u - v \rangle$$

$$P(4, -5, 1), \; Q(0, 4, 6)$$

2-3 벡터방정식이 다음과 같은 곡면이 어떤 것인지 밝혀라.

2. $\mathbf{r}(u, v) = (u + v)\,\mathbf{i} + (3 - v)\,\mathbf{j} + (1 + 4u + 5v)\,\mathbf{k}$

3. $\mathbf{r}(s, t) = \langle s \cos t, s \sin t, s \rangle$

⊞**4-6** 컴퓨터를 이용해서 매개곡면을 그려라. 출력해서 어느 격자 곡선이 u가 상수이고 v가 상수인지를 나타내라.

4. $\mathbf{r}(u, v) = \langle u^2, v^2, u + v \rangle$,

$-1 \le u \le 1, \; -1 \le v \le 1$

5. $\mathbf{r}(u, v) = \langle u^3, u \sin v, u \cos v \rangle$,

$-1 \le u \le 1, \; 0 \le v \le 2\pi$

6. $x = \sin v, \; y = \cos u \sin 4v, \; z = \sin 2u \sin 4v$,

$0 \le u \le 2\pi, \; -\pi \le v \le \pi/2$

7-9 방정식과 I~III의 그래프를 짝짓고 그 이유를 설명하라. 어느 격자 곡선족이 u가 상수이고 v가 상수인지 판정하라.

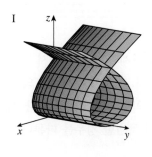

I

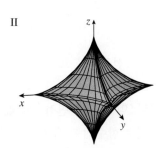

II

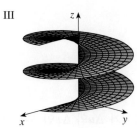

III

7. $\mathbf{r}(u, v) = u \cos v\,\mathbf{i} + u \sin v\,\mathbf{j} + v\,\mathbf{k}$

8. $\mathbf{r}(u, v) = (u^3 - u)\,\mathbf{i} + v^2\,\mathbf{j} + u^2\,\mathbf{k}$

9. $x = \cos^3 u \cos^3 v, \; y = \sin^3 u \cos^3 v, \; z = \sin^3 v$

10-13 다음 곡면에 대한 매개변수 표현을 구하라.

10. 원점을 지나고 벡터 $\mathbf{i} - \mathbf{j}$와 $\mathbf{j} - \mathbf{k}$를 포함하는 평면

11. yz평면 앞에 놓여 있는 쌍곡면 $4x^2 - 4y^2 - z^2 = 4$의 부분

12. 원뿔면 $z = \sqrt{x^2 + y^2}$ 위에 놓여 있는 구면 $x^2 + y^2 + z^2 = 4$의 부분

13. 평면 $z = 0$과 $z = 3\sqrt{3}$ 사이에 놓여 있는 구 $x^2 + y^2 + z^2 = 36$의 부분

⊞**14.** 컴퓨터를 이용해서 다음과 같은 그래프를 그려라.

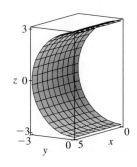

⊞**15.** 곡선 $y = 1/(1 + x^2), \; -2 \le x \le 2$를 x축을 중심으로 회전시켜 얻은 곡면의 매개변수방정식을 구하고, 이를 이용해서 곡면의 그래프를 그려라.

⊞**16.** (a) 예제 2에서(그림 5 참조) $\cos u$를 $\sin u$로, $\sin u$를 $\cos u$로 바꾼다면 나선튜브는 어떻게 되는가?

(b) $\cos u$를 $\cos 2u$로, $\sin u$를 $\sin 2u$로 바꾸면 어떻게 되는가?

17-18 지정된 점에서 주어진 매개곡면에 대한 접평면의 방정식을 구하라.

17. $x = u + v, \; y = 3u^2, \; z = u - v; \; (2, 3, 0)$

18. $\mathbf{r}(u, v) = u \cos v\,\mathbf{i} + u \sin v\,\mathbf{j} + v\,\mathbf{k}; \; u = 1, \; v = \pi/3$

⊞**19.** 지정된 점에서 주어진 매개곡면에 대한 접평면의 방정식을 구하라. 그리고 곡면과 접평면을 그려라.

$$\mathbf{r}(u, v) = u^2\,\mathbf{i} + 2u \sin v\,\mathbf{j} + u \cos v\,\mathbf{k}; \; u = 1, \; v = 0$$

20-25 주어진 곡면의 넓이를 구하라.

20. 제1팔분공간 안에 놓여 있는 평면 $3x + 2y + z = 6$의 부분

21. 원기둥 $x^2 + y^2 = 3$ 내부에 놓이는 평면 $x + 2y + 3z = 1$의 부분

22. 곡면 $z = \frac{2}{3}(x^{3/2} + y^{3/2})$, $0 \leq x \leq 1$, $0 \leq y \leq 1$

23. 원기둥 $x^2 + y^2 = 1$ 안에 놓여 있는 곡면 $z = xy$의 부분

24. 원기둥 $x^2 + y^2 = 16$ 안에 놓여 있는 포물면 $y = x^2 + z^2$의 부분

25. 매개변수방정식 $x = u^2$, $y = uv$, $z = \frac{1}{2}v^2$, $0 \leq u \leq 1$, $0 \leq v \leq 2$를 갖는 곡면

---

26. $x^2 + y^2 \leq R^2$이고 $|f_x| \leq 1$, $|f_y| \leq 1$일 때 곡면 S의 방정식을 $z = f(x, y)$라 한다. $A(S)$에 대해 어떻게 말할 수 있는가?

T **27.** 원판 $x^2 + y^2 \leq 1$ 위에 놓여 있는 곡면 $z = \ln(x^2 + y^2 + 2)$의 부분의 넓이를 소수점 아래 넷째 자리까지 정확하게 구하라. 이때 단일적분으로 넓이를 나타내고 계산기를 사용해서 수치적으로 적분을 계산한다.

28. (a) 6개의 정사각형을 갖는 이중적분에 대한 중점 법칙(14.1절 참고)을 사용해서 곡면 $z = 1/(1 + x^2 + y^2)$, $0 \leq x \leq 6$, $0 \leq y \leq 4$의 넓이를 추정하라.

T (b) 컴퓨터 대수체계를 이용해서 (a)의 곡면 넓이를 소수점 아래 넷째 자리까지 근삿값을 계산하고, (a)의 답과 비교하라.

T **29.** 컴퓨터 대수체계를 이용해서 곡면 $z = 1 + 2x + 3y + 4y^2$, $1 \leq x \leq 4$, $0 \leq y \leq 1$의 넓이를 구하라.

30. (a) 매개변수방정식이 $x = a \sin u \cos v$, $y = b \sin u \sin v$, $z = c \cos u$, $z = c \cos u$, $0 \leq u \leq \pi$, $0 \leq v \leq 2\pi$인 곡면이 타원면임을 보여라.

(b) (a)의 매개변수방정식을 이용해서 $a = 1$, $b = 2$, $c = 3$일 때의 타원면의 그래프를 그려라.

(c) (b)의 타원면의 넓이를 구하는 이중적분을 세워라. 적분은 계산하지 않는다.

31. 포물면 $z = x^2 + y^2$ 안에 놓여 있는 구 $x^2 + y^2 + z^2 = 4z$ 부분의 넓이를 구하라.

32. 원기둥 $x^2 + y^2 = ax$ 안에 놓여 있는 구 $x^2 + y^2 + z^2 = a^2$ 부분의 넓이를 구하라.

15.7 | 면적분

면적분과 곡면 넓이와의 관계는 선적분과 호의 길이와의 관계와 많은 점에서 같다. f를 그 정의역이 곡면 S를 포함하는 삼변수 함수라고 하자. 이제 S 위에서 f의 면적분을 정의한다. $f(x, y, z) = 1$일 경우에 면적분의 값은 곡면 S의 넓이와 같다. 매개곡면으로 시작해서 S가 이변수 함수의 그래프로 주어진 특별한 경우를 다룬다.

■ 매개곡면

곡면 S의 벡터방정식이 다음과 같다고 하자.

$$\mathbf{r}(u, v) = x(u, v)\,\mathbf{i} + y(u, v)\,\mathbf{j} + z(u, v)\,\mathbf{k}, \quad (u, v) \in D$$

먼저 매개변수의 정의역 D를 직사각형이라 하고, 변의 길이가 Δu와 Δv인 부분 사각형 R_{ij}로 나눈다. 그러면 곡면 S는 그림 1에서처럼 조각 S_{ij}들로 나뉜다.

각 조각 안의 점 P_{ij}^*에서 f의 값과 각 조각의 넓이 ΔS_{ij}를 곱해서 다음과 같은 리만 합을 만든다.

$$\sum_{i=1}^{m} \sum_{j=1}^{n} f(P_{ij}^*)\,\Delta S_{ij}$$

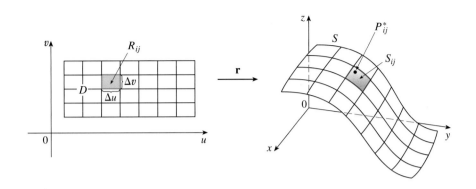

그림 1

조각의 수가 증가함에 따른 극한을 택해서 **곡면 S 위에서 f의 면적분**을 다음과 같이 정의한다.

$$\iint\limits_{S} f(x, y, z)\, dS = \lim_{m, n \to \infty} \sum_{i=1}^{m} \sum_{j=1}^{n} f(P_{ij}^*)\, \Delta S_{ij}$$

선적분의 정의(15.2절의 정의 **2**)와 유사하고, 이중적분의 정의(14.1절의 정의 **5**)와도 유사함에 주목하자.

　공식 **1**에 있는 면적분을 계산하기 위해 ΔS_{ij}의 넓이를 접평면 안의 근사 평행사변형의 넓이로 근사시킨다. 15.6절에서 곡면 넓이에 관한 논의에서처럼 다음 근사식을 얻는다.

$$\Delta S_{ij} \approx |\mathbf{r}_u \times \mathbf{r}_v|\, \Delta u\, \Delta v$$

여기서 S_{ij}의 귀퉁이에서 접선벡터는 다음과 같다.

$$\mathbf{r}_u = \frac{\partial x}{\partial u}\mathbf{i} + \frac{\partial y}{\partial u}\mathbf{j} + \frac{\partial z}{\partial u}\mathbf{k}, \quad \mathbf{r}_v = \frac{\partial x}{\partial v}\mathbf{i} + \frac{\partial y}{\partial v}\mathbf{j} + \frac{\partial z}{\partial v}\mathbf{k}$$

성분들이 연속이고 $\mathbf{r}_u$와 $\mathbf{r}_v$가 D의 내부에서 0이 아니고 평행하지 않으면 D가 직사각형이 아닐 때 조차도 정의 **1**로부터 다음을 보일 수 있다.

$$\iint\limits_{S} f(x, y, z)\, dS = \iint\limits_{D} f(\mathbf{r}(u, v))\, |\mathbf{r}_u \times \mathbf{r}_v|\, dA$$

(u, v)가 D 전체를 휩쓸고 지나갈 때 곡면이 단지 한 번 그려진다고 가정하자. 면적분 값은 사용된 매개변수화에 의존하지 않는다.

이것은 다음의 선적분에 대한 공식과 비교될 것이다.

$$\int_C f(x, y, z)\, ds = \int_a^b f(\mathbf{r}(t))\, |\mathbf{r}'(t)|\, dt$$

다음을 관찰하자.

$$\iint\limits_{S} 1\, dS = \iint\limits_{D} |\mathbf{r}_u \times \mathbf{r}_v|\, dA = A(S)$$

공식 **2**는 면적분을 매개변수 정의역 D 위에서의 이중적분으로 바꿔서 계산할 수 있다. 이 식을 이용할 때, $f(\mathbf{r}(u, v))$는 $f(x, y, z)$의 식에서 $x = x(u, v)$, $y = y(u, v)$, $z = z(u, v)$로 씀으로써 얻어짐을 기억하자.

《예제 1》 S가 단위구면 $x^2 + y^2 + z^2 = 1$일 때 면적분 $\iint_S x^2 \, dS$를 계산하라.

풀이 15.6절의 예제 4에서와 같이, 다음 매개변수 표현을 이용한다.

$$x = \sin\phi \, \cos\theta, \quad y = \sin\phi \, \sin\theta, \quad z = \cos\phi, \quad 0 \le \phi \le \pi, \quad 0 \le \theta \le 2\pi$$

즉
$$\mathbf{r}(\phi, \theta) = \sin\phi \, \cos\theta \, \mathbf{i} + \sin\phi \, \sin\theta \, \mathbf{j} + \cos\phi \, \mathbf{k}$$

15.6절의 예제 10에서와 같이 다음을 계산할 수 있다.

$$|\mathbf{r}_\phi \times \mathbf{r}_\theta| = \sin\phi$$

그러므로 공식 **2**에 따라 다음을 얻는다.

$$
\begin{aligned}
\iint_S x^2 \, dS &= \iint_D (\sin\phi \, \cos\theta)^2 \, |\mathbf{r}_\phi \times \mathbf{r}_\theta| \, dA \\
&= \int_0^{2\pi} \int_0^\pi \sin^2\phi \, \cos^2\theta \, \sin\phi \, d\phi \, d\theta = \int_0^{2\pi} \cos^2\theta \, d\theta \int_0^\pi \sin^3\phi \, d\phi \\
&= \int_0^{2\pi} \tfrac{1}{2}(1 + \cos 2\theta) \, d\theta \int_0^\pi (\sin\phi - \sin\phi \, \cos^2\phi) \, d\phi \\
&= \tfrac{1}{2}\left[\theta + \tfrac{1}{2}\sin 2\theta\right]_0^{2\pi} \left[-\cos\phi + \tfrac{1}{3}\cos^3\phi\right]_0^\pi = \frac{4\pi}{3}
\end{aligned}
$$
■

여기서 다음 항등식을 사용했다.
$$\cos^2\theta = \tfrac{1}{2}(1 + \cos 2\theta)$$
$$\sin^2\phi = 1 - \cos^2\phi$$
대신, 적분표의 공식 64, 67을 사용할 수 있다.

면적분의 응용은 앞에서 다룬 적분의 응용들과 비슷하다. 예를 들어 얇은 판(알루미늄 포일)이 곡면 S의 형태를 가지고 점 (x, y, z)에서의 밀도(단위넓이당 질량)가 $\rho(x, y, z)$인 얇은 판(알루미늄 포일)의 총 **질량**(mass)은 다음과 같다.

$$m = \iint_S \rho(x, y, z) \, dS$$

그리고 **질량중심**(center of mass) $(\bar{x}, \bar{y}, \bar{z})$은 다음과 같다.

$$\bar{x} = \frac{1}{m}\iint_S x\rho(x, y, z) \, dS, \quad \bar{y} = \frac{1}{m}\iint_S y\rho(x, y, z) \, dS, \quad \bar{z} = \frac{1}{m}\iint_S z\rho(x, y, z) \, dS$$

또한 관성모멘트도 앞에서와 같이 정의할 수 있다(연습문제 21 참조).

■ 함수의 그래프

방정식이 $z = g(x, y)$인 임의의 곡면 S는 다음 매개변수방정식으로 주어진 매개곡면으로 생각할 수 있다.

$$x = x, \quad y = y, \quad z = g(x, y)$$

그리고 다음을 얻는다.

$$\mathbf{r}_x = \mathbf{i} + \left(\frac{\partial g}{\partial x}\right)\mathbf{k}, \quad \mathbf{r}_y = \mathbf{j} + \left(\frac{\partial g}{\partial y}\right)\mathbf{k}$$

따라서 다음이 성립한다.

$$\boxed{3} \qquad\qquad \mathbf{r}_x \times \mathbf{r}_y = -\frac{\partial g}{\partial x}\mathbf{i} - \frac{\partial g}{\partial y}\mathbf{j} + \mathbf{k}$$

그러므로 이 경우에 공식 $\boxed{2}$는 다음과 같이 된다.

$$\boxed{4} \qquad \iint\limits_S f(x, y, z)\, dS = \iint\limits_D f(x, y, g(x, y)) \sqrt{\left(\frac{\partial z}{\partial x}\right)^2 + \left(\frac{\partial z}{\partial y}\right)^2 + 1}\, dA$$

S를 yz평면이나 xz평면 위로 사영하는 것이 더욱 편리한 경우에는 유사한 공식을 적용할 수 있다. 예를 들면 S가 방정식이 $y = h(x, z)$인 곡면이고, D를 xz평면으로의 S의 사영이면 다음을 얻는다.

$$\iint\limits_S f(x, y, z)\, dS = \iint\limits_D f(x, h(x, z), z) \sqrt{\left(\frac{\partial y}{\partial x}\right)^2 + \left(\frac{\partial y}{\partial z}\right)^2 + 1}\, dA$$

《**예제 2**》 S가 곡면 $z = x + y^2$, $0 \le x \le 1$, $0 \le y \le 2$일 때 $\iint_S y\, dS$를 구하라(그림 2 참조).

풀이 $\frac{\partial z}{\partial x} = 1$, $\frac{\partial z}{\partial y} = 2y$이므로 공식 $\boxed{4}$에 의해 다음을 얻는다.

$$\begin{aligned}
\iint\limits_S y\, dS &= \iint\limits_D y \sqrt{1 + \left(\frac{\partial z}{\partial x}\right)^2 + \left(\frac{\partial z}{\partial y}\right)^2}\, dA \\
&= \int_0^1 \int_0^2 y\sqrt{1 + 1 + 4y^2}\, dy\, dx \\
&= \int_0^1 dx \, \sqrt{2} \int_0^2 y\sqrt{1 + 2y^2}\, dy \\
&= \sqrt{2}\left(\tfrac{1}{4}\right)\tfrac{2}{3}(1 + 2y^2)^{3/2}\Big]_0^2 = \frac{13\sqrt{2}}{3}
\end{aligned}$$

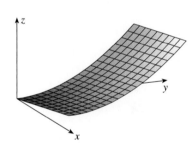

그림 2

S가 조각마다 매끄러운 곡면, 즉 경계에서만 만나는 유한개의 매끄러운 곡면 S_1, S_2, ..., S_n의 합집합일 때, S 위에서 f의 면적분은 다음과 같이 정의된다.

$$\iint\limits_S f(x, y, z)\, dS = \iint\limits_{S_1} f(x, y, z)\, dS + \cdots + \iint\limits_{S_n} f(x, y, z)\, dS$$

《**예제 3**》 곡면 S의 옆면 S_1은 원기둥 $x^2 + y^2 = 1$이고 밑면 S_2는 $z = 0$인 평면에서 원판 $x^2 + y^2 \le 1$이며 윗면 S_3은 S_2 위쪽에 놓여 있는 평면 $z = 1 + x$의 부분이라 할 때, $\iint_S z\, dS$를 구하라.

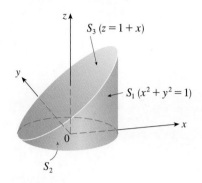

$S_3 \, (z = 1 + x)$

$S_1 \, (x^2 + y^2 = 1)$

S_2

그림 3

풀이 곡면 S가 그림 3에 나타나 있다(S를 좀 더 잘 보기 위해 축의 통상적인 위치를 변화시켰다). S_1에 대해 θ와 z를 매개변수로 이용하여(15.6절의 예제 5 참조), 매개변수방정식을 다음과 같이 쓴다.

$$x = \cos\theta, \quad y = \sin\theta, \quad z = z$$

여기서 $0 \le \theta \le 2\pi$, $0 \le z \le 1 + x = 1 + \cos\theta$이다. 따라서 다음을 얻는다.

$$\mathbf{r}_\theta \times \mathbf{r}_z = \begin{vmatrix} \mathbf{i} & \mathbf{j} & \mathbf{k} \\ -\sin\theta & \cos\theta & 0 \\ 0 & 0 & 1 \end{vmatrix} = \cos\theta \, \mathbf{i} + \sin\theta \, \mathbf{j}$$

$$|\mathbf{r}_\theta \times \mathbf{r}_z| = \sqrt{\cos^2\theta + \sin^2\theta} = 1$$

따라서 S_1 위에서 면적분은 다음과 같다.

$$\iint\limits_{S_1} z \, dS = \iint\limits_{D} z \, |\mathbf{r}_\theta \times \mathbf{r}_z| \, dA$$

$$= \int_0^{2\pi} \int_0^{1+\cos\theta} z \, dz \, d\theta = \int_0^{2\pi} \tfrac{1}{2} (1 + \cos\theta)^2 \, d\theta$$

$$= \tfrac{1}{2} \int_0^{2\pi} \left[1 + 2\cos\theta + \tfrac{1}{2}(1 + \cos 2\theta) \right] d\theta$$

$$= \tfrac{1}{2} \left[\tfrac{3}{2}\theta + 2\sin\theta + \tfrac{1}{4}\sin 2\theta \right]_0^{2\pi} = \frac{3\pi}{2}$$

S_2가 평면 $z = 0$에 속하므로 다음을 얻는다.

$$\iint\limits_{S_2} z \, dS = \iint\limits_{S_2} 0 \, dS = 0$$

윗면 S_3는 단위원판 D 위에 놓여 있는 평면 $z = 1 + x$의 일부분이다. 따라서 공식 **4**에서 $g(x, y) = 1 + x$를 택하고 극좌표로 변환해서 다음을 얻는다.

$$\iint\limits_{S_3} z \, dS = \iint\limits_{D} (1 + x) \sqrt{1 + \left(\frac{\partial z}{\partial x}\right)^2 + \left(\frac{\partial z}{\partial y}\right)^2} \, dA$$

$$= \int_0^{2\pi} \int_0^1 (1 + r\cos\theta) \sqrt{1 + 1 + 0} \, r \, dr \, d\theta$$

$$= \sqrt{2} \int_0^{2\pi} \int_0^1 (r + r^2 \cos\theta) \, dr \, d\theta = \sqrt{2} \int_0^{2\pi} \left(\tfrac{1}{2} + \tfrac{1}{3}\cos\theta \right) d\theta$$

$$= \sqrt{2} \left[\frac{\theta}{2} + \frac{\sin\theta}{3} \right]_0^{2\pi} = \sqrt{2}\,\pi$$

그러므로 구하고자 하는 면적분은 다음과 같다.

$$\iint\limits_{S} z \, dS = \iint\limits_{S_1} z \, dS + \iint\limits_{S_2} z \, dS + \iint\limits_{S_3} z \, dS$$

$$= \frac{3\pi}{2} + 0 + \sqrt{2}\,\pi = \left(\tfrac{3}{2} + \sqrt{2} \right)\pi \qquad \blacksquare$$

■ 유향곡면

벡터장의 면적분을 정의하기 위해 그림 4의 뫼비우스 띠처럼 방향을 줄 수 없는 곡면을 제외할 필요가 있다. [독일 기하학자 뫼비우스(August Möbius, 1790~1868)의 이름을 따서 명명됐다.] 긴 직사각형의 종이 띠를 그림 5에서와 같이 반을 꼬아서 짧은 모서리끼리 붙이면 뫼비우스 띠를 만들 수 있다. 개미가 점 P에서 출발해서 뫼비우스 띠를 따라 기어가면, 띠의 '다른 면'(즉 반대 방향에 있음을 가리키는 위쪽의 면)에 도착할 것이다. 그 다음에 개미가 똑같은 방향으로 계속 기어갈 때, 모서리를 넘어가지 않고 똑같은 점 P에 되돌아올 것이다. (뫼비우스 띠를 만들어서 띠의 중간을 연필로 그어 보자.) 그러므로 뫼비우스 띠는 실제로 한 면만 있다.

그림 4 뫼비우스 띠

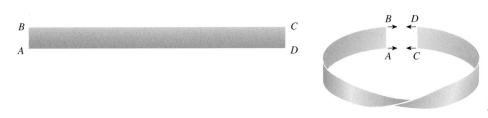

그림 5 뫼비우스 띠 만들기

이제부터 유향(양면)곡면만 다루자. 곡면 S 위의 모든 점(경계점은 제외) (x, y, z)에서 접평면을 갖는 곡면으로 출발한다. (x, y, z)에서 두 개의 단위법선벡터 $\mathbf{n}_1$과 $\mathbf{n}_2 = -\mathbf{n}_1$이 존재한다(그림 6 참조).

$\mathbf{n}$이 S 위에서 연속적으로 변하도록 이런 모든 점 (x, y, z)에서 단위법선벡터 $\mathbf{n}$을 택할 수 있으면, S를 **유향곡면**(oriented surface)이라 하고 $\mathbf{n}$을 선택해서 S에 **방향**(orientation)을 제공한다. 임의의 유향곡면에 대해 두 가지 가능한 방향이 존재한다(그림 7 참조).

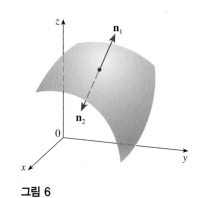

그림 6

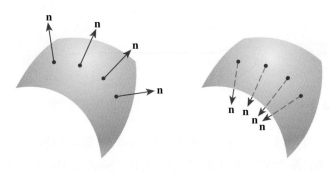

그림 7 유향곡면의 두 가지 방향

g의 그래프로 주어진 곡면 $z = g(x, y)$에 대해 식 **3**을 이용해서 곡면은 다음 단위벡터로 주어지는 방향을 갖는다.

$$\boxed{5} \qquad \mathbf{n} = \frac{-\dfrac{\partial g}{\partial x}\mathbf{i} - \dfrac{\partial g}{\partial y}\mathbf{j} + \mathbf{k}}{\sqrt{1 + \left(\dfrac{\partial g}{\partial x}\right)^2 + \left(\dfrac{\partial g}{\partial y}\right)^2}}$$

$\mathbf{k}$성분이 양수이므로 단위법선벡터의 방향은 곡면의 **위쪽**이다.

S가 벡터함수 $\mathbf{r}(u,\ v)$에 의한 매개변수방정식 형태로 주어진 매끄러운 유향곡면이면, 이 곡면은 자동적으로 다음 단위법선벡터의 방향을 갖고 반대 방향은 $-\mathbf{n}$으로 주어진다.

$$\boxed{6} \qquad \mathbf{n} = \frac{\mathbf{r}_u \times \mathbf{r}_v}{|\mathbf{r}_u \times \mathbf{r}_v|}$$

예를 들면 15.6절의 예제 4에서 구면 $x^2 + y^2 + z^2 = a^2$에 대한 매개변수 표현이 다음과 같음을 알았다.

$$\mathbf{r}(\phi, \theta) = a \sin\phi \, \cos\theta \, \mathbf{i} + a \sin\phi \, \sin\theta \, \mathbf{j} + a \cos\phi \, \mathbf{k}$$

그러면 15.6절의 예제 10에서 다음 사실을 얻는다.

$$\mathbf{r}_\phi \times \mathbf{r}_\theta = a^2 \sin^2\phi \, \cos\theta \, \mathbf{i} + a^2 \sin^2\phi \, \sin\theta \, \mathbf{j} + a^2 \sin\phi \, \cos\phi \, \mathbf{k}$$

$$|\mathbf{r}_\phi \times \mathbf{r}_\theta| = a^2 \sin\phi$$

따라서 $\mathbf{r}(\phi,\ \theta)$에 의해 유도된 방향은 다음 단위법선벡터로 정의된다.

$$\mathbf{n} = \frac{\mathbf{r}_\phi \times \mathbf{r}_\theta}{|\mathbf{r}_\phi \times \mathbf{r}_\theta|} = \sin\phi \, \cos\theta \, \mathbf{i} + \sin\phi \, \sin\theta \, \mathbf{j} + \cos\phi \, \mathbf{k} = \frac{1}{a}\mathbf{r}(\phi, \theta)$$

$\mathbf{n}$은 위치벡터와 똑같은 방향, 즉 구의 바깥쪽을 가리킨다(그림 8 참조). $\mathbf{r}_\theta \times \mathbf{r}_\phi = -\mathbf{r}_\phi \times \mathbf{r}_\theta$이므로 매개변수의 순서를 바꾸면, 반대(안쪽) 방향을 얻을 수 있다(그림 9 참조).

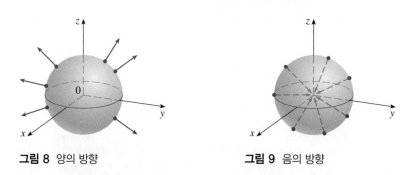

그림 8 양의 방향   **그림 9** 음의 방향

입체 영역 E의 경계곡면인 **닫힌곡면**(closed surface)의 **양의 방향**(positive orientation)은 E의 **바깥쪽**으로 향하는 법선벡터의 방향이고, 안쪽으로 향하는 법선벡터의 방향은 음의 방향이다(그림 8과 9 참조).

■ 벡터장의 면적분; 유량

S가 단위법선벡터가 $\mathbf{n}$인 유향곡면이고, 밀도가 $\rho(x,\ y,\ z)$이고 속도장이 $\mathbf{v}(x,\ y,\ z)$인 유체가 S를 통해 흐른다고 하자. (조류에 가로질러 놓인 어망처럼 S는 유체흐름을 방해하지 않는 가상적인 곡면으로 생각하자.) 이때 단위넓이당 흐름률(단위시간당 질량)은 $\rho\mathbf{v}$이다(그림 10 참조).

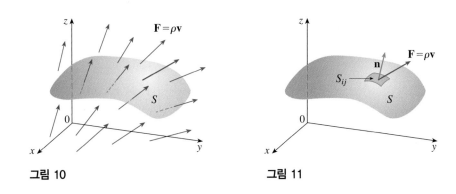

그림 10   **그림 11**

S를 그림 11에서와 같이 작은 조각 S_{ij}로 나누면(그림 1과 비교), S_{ij}는 거의 평면이고 법선 $\mathbf{n}$의 방향으로 S_{ij}를 통과하는 단위시간당 유체의 질량은 다음 양으로 근사시킬 수 있다.

$$(\rho\mathbf{v} \cdot \mathbf{n})A(S_{ij})$$

여기서 ρ, $\mathbf{v}$, $\mathbf{n}$은 S_{ij} 위의 어떤 점에서 계산된다(단위벡터 $\mathbf{n}$의 방향에서 벡터 $\rho\mathbf{v}$의 성분은 $\rho\mathbf{v} \cdot \mathbf{n}$임을 상기하자). 이런 양을 더하고 극한을 취하면 정의 **1**에 따라 S 위에서 함수 $\rho\mathbf{v} \cdot \mathbf{n}$의 면적분은 다음과 같다.

$$\boxed{7} \qquad \iint\limits_{S} \rho\mathbf{v} \cdot \mathbf{n}\, dS = \iint\limits_{S} \rho(x, y, z)\mathbf{v}(x, y, z) \cdot \mathbf{n}(x, y, z)\, dS$$

이것은 물리학적으로 S를 통과하는 흐름률로 해석된다.

$\mathbf{F} = \rho\mathbf{v}$로 쓰면, $\mathbf{F}$는 또한 $\mathbb{R}^3$에서의 벡터장이고 식 **7**에서의 적분은 다음이 된다.

$$\iint\limits_{S} \mathbf{F} \cdot \mathbf{n}\, dS$$

$\mathbf{F}$가 $\rho\mathbf{v}$가 아닌 경우에도, 이런 형태의 면적분은 물리학에서 자주 나타나며 S 위에서 $\mathbf{F}$의 **면적분**(또는 **유량적분**)이라 한다.

---

8 **정의** $\mathbf{F}$는 단위법선벡터가 $\mathbf{n}$인 유향곡면 S에서 정의된 연속인 벡터장이면, S 위에서 $\mathbf{F}$의 **면적분**은 다음과 같이 정의한다.

$$\iint\limits_{S} \mathbf{F} \cdot d\mathbf{S} = \iint\limits_{S} \mathbf{F} \cdot \mathbf{n}\, dS$$

이 적분을 S를 통과하는 $\mathbf{F}$의 **유량**(flux)이라고도 한다.

요컨대, 정의 **8**은 S 위에서 벡터장의 면적분이 S 위에서 그 법선성분의 면적분(앞에서 정의된 것)과 같다는 것을 말해 준다.

S가 벡터함수 $\mathbf{r}(u, v)$로 주어지면, $\mathbf{n}$은 식 **6**으로 주어지고, 정의 **8**과 공식 **2**에 의해 다음을 얻는다.

$$\iint_S \mathbf{F} \cdot d\mathbf{S} = \iint_S \mathbf{F} \cdot \mathbf{n} \, dS = \iint_S \mathbf{F} \cdot \frac{\mathbf{r}_u \times \mathbf{r}_v}{|\mathbf{r}_u \times \mathbf{r}_v|} \, dS$$

$$= \iint_D \left[\mathbf{F}(\mathbf{r}(u, v)) \cdot \frac{\mathbf{r}_u \times \mathbf{r}_v}{|\mathbf{r}_u \times \mathbf{r}_v|} \right] |\mathbf{r}_u \times \mathbf{r}_v| \, dA$$

여기서 D는 매개변수의 정의역이다. 그러므로 다음을 얻는다.

공식 **9**와 15.2절의 정의 **13**에서 벡터장의 선적분을 계산하기 위한 유사한 표현과 비교해 보자.

$$\int_C \mathbf{F} \cdot d\mathbf{r} = \int_a^b \mathbf{F}(\mathbf{r}(t)) \cdot \mathbf{r}'(t) \, dt$$

9
$$\iint_S \mathbf{F} \cdot d\mathbf{S} = \iint_D \mathbf{F} \cdot (\mathbf{r}_u \times \mathbf{r}_v) \, dA$$

공식 **9**는 방정식 **6**에서처럼 $\mathbf{r}_u \times \mathbf{r}_v$로 유도되는 S의 방향을 가정한다. 반대 방향의 경우에는 -1을 곱한다.

《예제 4》 단위구면 $x^2 + y^2 + z^2 = 1$을 통과하는 벡터장 $\mathbf{F}(x, y, z) = z\,\mathbf{i} + y\,\mathbf{j} + x\,\mathbf{k}$의 유량을 구하라.

풀이 예제 1과 같이 다음 매개변수 표현을 이용하자.

그림 12는 단위구면 위의 점들에서 예제 4의 벡터장 $\mathbf{F}$를 보여 준다.

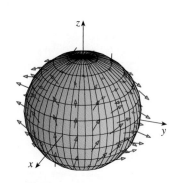

그림 12

$$\mathbf{r}(\phi, \theta) = \sin\phi \cos\theta\,\mathbf{i} + \sin\phi \sin\theta\,\mathbf{j} + \cos\phi\,\mathbf{k}, \quad 0 \le \phi \le \pi, \quad 0 \le \theta \le 2\pi$$

그러면 다음을 얻는다.

$$\mathbf{F}(\mathbf{r}(\phi, \theta)) = \cos\phi\,\mathbf{i} + \sin\phi \sin\theta\,\mathbf{j} + \sin\phi \cos\theta\,\mathbf{k}$$

15.6절의 예제 10으로부터 다음을 얻는다.

$$\mathbf{r}_\phi \times \mathbf{r}_\theta = \sin^2\phi \cos\theta\,\mathbf{i} + \sin^2\phi \sin\theta\,\mathbf{j} + \sin\phi \cos\phi\,\mathbf{k}$$

그러므로 다음을 얻는다.

$$\mathbf{F}(\mathbf{r}(\phi, \theta)) \cdot (\mathbf{r}_\phi \times \mathbf{r}_\theta) = \cos\phi \sin^2\phi \cos\theta + \sin^3\phi \sin^2\theta + \sin^2\phi \cos\phi \cos\theta$$

공식 **9**에 의해 유량은 다음과 같다.

$$\iint_S \mathbf{F} \cdot d\mathbf{S} = \iint_D \mathbf{F} \cdot (\mathbf{r}_\phi \times \mathbf{r}_\theta) \, dA$$

$$= \int_0^{2\pi} \int_0^\pi (2\sin^2\phi \cos\phi \cos\theta + \sin^3\phi \sin^2\theta) \, d\phi \, d\theta$$

$$= 2 \int_0^\pi \sin^2\phi \cos\phi \, d\phi \int_0^{2\pi} \cos\theta \, d\theta + \int_0^\pi \sin^3\phi \, d\phi \int_0^{2\pi} \sin^2\theta \, d\theta$$

$$= 0 + \int_0^\pi \sin^3\phi \, d\phi \int_0^{2\pi} \sin^2\theta \, d\theta \qquad \left(\int_0^{2\pi} \cos\theta \, d\theta = 0 \text{이므로} \right)$$

$$= \frac{4\pi}{3}$$

이는 예제 1에서의 계산과 같다. ∎

예를 들어 예제 4의 벡터장이 밀도 1인 유체의 흐름을 나타내는 속도장이면, 답 $4\pi/3$은 단위시간당 질량의 단위로 단위구면을 통과하는 흐름률을 나타낸다.

그래프 $z = g(x, y)$로 주어진 곡면 S의 경우, x와 y를 매개변수라 생각하고 식 ③ 을 이용해서 다음과 같이 쓴다.

$$\mathbf{F} \cdot (\mathbf{r}_x \times \mathbf{r}_y) = (P\mathbf{i} + Q\mathbf{j} + R\mathbf{k}) \cdot \left(-\frac{\partial g}{\partial x}\mathbf{i} - \frac{\partial g}{\partial y}\mathbf{j} + \mathbf{k} \right)$$

따라서 공식 ⑨는 다음과 같다.

$$\boxed{10} \qquad \boxed{\iint\limits_{S} \mathbf{F} \cdot d\mathbf{S} = \iint\limits_{D} \left(-P\frac{\partial g}{\partial x} - Q\frac{\partial g}{\partial y} + R \right) dA}$$

이 공식은 S의 위로 향한 방향을 가정하며, 아래로 향한 방향에 대해서는 −1을 곱한다. S가 $y = h(x, z)$는 $x = k(y, z)$로 주어진다면, 유사한 식을 얻을 수 있다(연습문제 19 참조).

《예제 5》 $\mathbf{F}(x, y, z) = y\,\mathbf{i} + x\,\mathbf{j} + z\,\mathbf{k}$이고 S가 포물면 $z = 1 - x^2 - y^2$과 평면 $z = 0$으로 둘러싸인 입체영역 E의 경계일 때 $\iint_S \mathbf{F} \cdot d\mathbf{S}$를 구하라.

풀이 S는 포물면인 위 곡면 S_1과 원인 밑면 S_2로 구성된다(그림 13 참조). S가 닫힌곡면이므로, 관습에 따라 양(바깥쪽으로)의 방향을 이용할 수 있다. 이것은 S_1은 위쪽으로 향하고 식 ⑩을 이용해서 D는 xy평면에 내린 S_1의 사영으로 원판 $x^2 + y^2 \le 1$임을 뜻한다. S_1에서 다음이 성립한다.

$$P(x, y, z) = y, \qquad Q(x, y, z) = x, \qquad R(x, y, z) = z = 1 - x^2 - y^2$$

그리고 $\dfrac{\partial g}{\partial x} = -2x$, $\dfrac{\partial g}{\partial y} = -2y$이므로 다음을 얻는다.

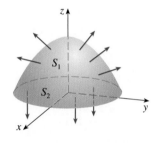

그림 13

$$
\begin{aligned}
\iint\limits_{S_1} \mathbf{F} \cdot d\mathbf{S} &= \iint\limits_{D} \left(-P\frac{\partial g}{\partial x} - Q\frac{\partial g}{\partial y} + R \right) dA \\
&= \iint\limits_{D} \left[-y(-2x) - x(-2y) + 1 - x^2 - y^2 \right] dA \\
&= \iint\limits_{D} (1 + 4xy - x^2 - y^2)\, dA \\
&= \int_0^{2\pi} \int_0^1 (1 + 4r^2\cos\theta\,\sin\theta - r^2)\, r\, dr\, d\theta \\
&= \int_0^{2\pi} \int_0^1 (r - r^3 + 4r^3\cos\theta\,\sin\theta)\, dr\, d\theta \\
&= \int_0^{2\pi} \left(\tfrac{1}{4} + \cos\theta\,\sin\theta \right) d\theta = \tfrac{1}{4}(2\pi) + 0 = \frac{\pi}{2}
\end{aligned}
$$

원판 S_2는 아래쪽으로 향하고 따라서 이것의 단위법선벡터는 $\mathbf{n} = -\mathbf{k}$이고, S_2에서 $z = 0$

이므로 얻는다.

$$\iint_{S_2} \mathbf{F} \cdot d\mathbf{S} = \iint_{S_2} \mathbf{F} \cdot (-\mathbf{k}) \, dS = \iint_D (-z) \, dA = \iint_D 0 \, dA = 0$$

끝으로 정의에 의해 $\iint_S \mathbf{F} \cdot d\mathbf{S}$는 다음과 같이 S의 두 부분 S_1과 S_2 위에서 $\mathbf{F}$의 면적분의 합으로 계산한다.

$$\iint_S \mathbf{F} \cdot d\mathbf{S} = \iint_{S_1} \mathbf{F} \cdot d\mathbf{S} + \iint_{S_2} \mathbf{F} \cdot d\mathbf{S} = \frac{\pi}{2} + 0 = \frac{\pi}{2} \qquad \blacksquare$$

벡터장의 면적분을 유체흐름의 예를 이용해서 유도했지만 이 개념은 다른 물리적 상황에서도 일어난다. 예를 들면 $\mathbf{E}$가 전기장이면(15.1절의 예제 5 참조), 다음 면적분은 곡면 S를 지나는 $\mathbf{E}$의 **전기선속**(electric flux)이라 한다.

$$\iint_S \mathbf{E} \cdot d\mathbf{S}$$

정전기학의 중요 법칙 중의 하나는 **가우스 법칙**(Gauss's law)인데, 이는 닫힌곡면 S로 둘러싸인 **알짜 전하**(net charge)는 다음과 같음을 말한다.

$$\boxed{11} \qquad\qquad Q = \varepsilon_0 \iint_S \mathbf{E} \cdot d\mathbf{S}$$

여기서 ε_0는 사용된 단위에 의존하는 상수(자유공간의 유전율이라 정의한다)이다. (SI단위계에서 $\varepsilon_0 \approx 8.8542 \times 10^{-12} \ C^2/N \cdot m^2$이다.) 그러므로 예제 4의 벡터장 $\mathbf{F}$가 전기장을 나타내면 S에 의해 둘러싸인 전하는 $Q = \frac{4}{3}\pi\varepsilon_0$이라고 결론지을 수 있다.

면적분의 또 다른 응용은 열류에 대한 연구에서 일어난다. 어떤 물체 안의 점 (x, y, z)에서 온도가 $u(x, y, z)$라고 하자. 이때 **열류**(heat flow)는 다음 벡터장으로 정의된다.

$$\mathbf{F} = -K \nabla u$$

여기서 K는 물질의 **전도율**(conductivity)이라 하며, 실험적으로 결정되는 상수이다. 물체 안의 곡면 S를 지나는 열의 흐름률은 다음 면적분으로 주어진다.

$$\iint_S \mathbf{F} \cdot d\mathbf{S} = -K \iint_S \nabla u \cdot d\mathbf{S}$$

《예제 6》 금속 공에서의 온도 u는 공의 중심으로부터 거리의 제곱에 비례한다. 중심이 공의 중심이고, 반지름이 a인 구면 S를 지나는 열의 흐름률을 구하라.

풀이 공의 중심을 원점으로 택하면 다음을 얻는다.

$$u(x, y, z) = C(x^2 + y^2 + z^2)$$

여기서 C는 비례상수이다. 그러면 열류는 다음과 같다.

$$\mathbf{F}(x, y, z) = -K \nabla u = -KC(2x\,\mathbf{i} + 2y\,\mathbf{j} + 2z\,\mathbf{k})$$

여기서 K는 금속의 전도율이다. 예제 4에서와 같이 구면의 통상적인 매개변수화를 이용하는 대신에, 점 (x, y, z)에서 구면 $x^2 + y^2 + z^2 = a^2$의 외부로 향하는 단위법선벡터가 다음과 같음을 관찰할 수 있다.

$$\mathbf{n} = \frac{1}{a}(x\,\mathbf{i} + y\,\mathbf{j} + z\,\mathbf{k})$$

따라서 다음을 얻는다.

$$\mathbf{F} \cdot \mathbf{n} = -\frac{2KC}{a}(x^2 + y^2 + z^2)$$

그러나 S 위에서 $x^2 + y^2 + z^2 = a^2$이므로 $\mathbf{F} \cdot \mathbf{n} = -2aKC$ 가 된다. 그러므로 S를 통과하는 열의 흐름률은 다음과 같다.

$$\iint_S \mathbf{F} \cdot d\mathbf{S} = \iint_S \mathbf{F} \cdot \mathbf{n}\, dS = -2aKC \iint_S dS$$
$$= -2aKCA(S) = -2aKC(4\pi a^2) = -8KC\pi a^3 \qquad \blacksquare$$

15.7 | 연습문제

1. S를 평면 $x = \pm 1$, $y = \pm 1$, $z = \pm 1$로 둘러싸인 상자 S의 경계면이라 하자. 상자 S의 각 면을 직사각형 조각으로 나눠서 각 직사각형을 S_{ij}라 하고, 점 P_{ij}^*를 직사각형 S_{ij}의 중심으로 택한다. 정의 **1**에서와 같이 리만 합을 이용해서 $\iint_S \cos(x + 2y + 3z)\, dS$를 근사시켜라.

2. H는 $x^2 + y^2 + z^2 = 50$, $z \geq 0$인 반구면이고 f는 $f(3, 4, 5) = 7$, $f(3, -4, 5) = 8$, $f(-3, 4, 5) = 9$, $f(-3, -4, 5) = 12$인 연속함수라고 하자. H를 네 조각으로 나눠서 $\iint_H f(x, y, z)\, dS$의 값을 추정하라.

3-10 다음 면적분을 계산하라.

3. $\iint_S (x + y + z)\, dS$, S는 매개 방정식이 $x = u + v$, $y = u - v$, $z = 1 + 2u + v$, $0 \leq u \leq 2$, $0 \leq v \leq 1$인 평행사변형

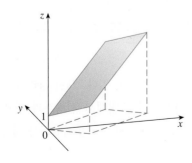

4. $\iint_S y\, dS$, S는 벡터방정식이 $\mathbf{r}(u, v) = \langle u \cos v, u \sin v, v \rangle$, $0 \leq u \leq 1$, $0 \leq v \leq \pi$인 나선면

5. $\iint_S x^2 yz\, dS$, S는 직사각형 $[0, 3] \times [0, 2]$ 위에 놓인 평면 $z = 1 + 2x + 3y$의 부분

6. $\iint_S x\, dS$, S는 꼭짓점이 $(1, 0, 0)$, $(0, -2, 0)$, $(0, 0, 4)$인 삼각형

7. $\iint_S z^2\, dS$, S는 $0 \leq x \leq 1$일 때 포물면 $x = y^2 + z^2$의 부분

8. $\iint_S x\, dS$, S는 $y = x^2 + 4z$, $0 \leq x \leq 1$, $0 \leq z \leq 1$인 곡면

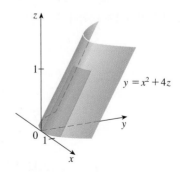

$y = x^2 + 4z$

9. $\iint_S (x^2 z + y^2 z)\, dS$, S는 $x^2 + y^2 + z^2 = 4$, $z \geq 0$인 반구면

10. $\iint_S xz\, dS$, S는 원기둥 $y^2 + z^2 = 9$와 평면 $x = 0$와 평면 $x + y$

= 5으로 둘러싸인 영역의 경계그림

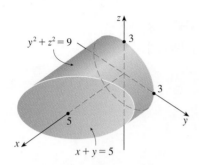

11-16 주어진 벡터장 **F**와 유향곡면 S에 대해 면적분 $\iint_S \mathbf{F} \cdot d\mathbf{S}$ 를 구하라. 다시 말해서 닫힌곡면의 양의 방향(바깥쪽으로의 방향)을 이용해서 S를 통과하는 **F**의 유량을 구하라.

11. $\mathbf{F}(x, y, z) = ze^{xy}\,\mathbf{i} - 3ze^{xy}\,\mathbf{j} + xy\,\mathbf{k}$, S는 위쪽 방향을 갖는 연습문제 3의 평행사변형

12. $\mathbf{F}(x, y, z) = xy\,\mathbf{i} + yz\,\mathbf{j} + zx\,\mathbf{k}$, S는 정사각형 $0 \le x \le 1$, $0 \le y \le 1$ 위에 놓여 있는 포물면 $z = 4 - x^2 - y^2$의 부분이고 위쪽 방향

13. $\mathbf{F}(x, y, z) = x\,\mathbf{i} + y\,\mathbf{j} + z^2\,\mathbf{k}$, S는 반지름이 1이고 중심이 원점인 원

14. $\mathbf{F}(x, y, z) = y\,\mathbf{j} - z\,\mathbf{k}$, S는 포물면 $y = x^2 + z^2$, $0 \le y \le 1$ 과 원판 $x^2 + z^2 \le 1$, $y = 1$로 이루어진 곡면

15. $\mathbf{F}(x, y, z) = x\,\mathbf{i} + 2y\,\mathbf{j} + 3z\,\mathbf{k}$, S는 꼭짓점이 $(\pm1, \pm1, \pm1)$인 정육면체

16. $\mathbf{F}(x, y, z) = x^2\,\mathbf{i} + y^2\,\mathbf{j} + z^2\,\mathbf{k}$, S는 반원기둥 입체 $0 \le z \le \sqrt{1 - y^2}$, $0 \le x \le 2$의 경계

Ⓣ **17.** 컴퓨터 대수체계를 이용해서 S가 $z = xe^y$, $0 \le x \le 1$, $0 \le y \le 1$로 주어진 곡면일 때 $\iint_S (x^2 + y^2 + z^2)\,dS$를 소수점 아래 넷째 자리까지 정확하게 계산하라.

Ⓣ **18.** 컴퓨터 대수체계를 이용해서 S가 xy평면 위에 놓인 포물면 $z = 3 - 2x^2 - y^2$의 부분일 때 $\iint_S x^2 y^2 z^2\,dS$를 소수점 아래 넷째 자리까지 정확하게 구하라.

19. S가 $y = h(x, z)$로 주어지고 점이 왼쪽으로 향하는 단위법선벡터 **n**에 대해 공식 **10**과 유사한 $\iint_S \mathbf{F} \cdot d\mathbf{S}$에 대한 식을 구하라.

20. 밀도가 일정한 반구면 $x^2 + y^2 + z^2 = a^2$, $z \ge 0$의 질량중심을 구하라.

21. (a) 밀도함수가 ρ일 때 곡면 S의 형태인 얇은 판의 z축에 관한 관성모멘트 I_z를 적분으로 나타내라.

(b) 밀도함수가 $\rho(x, y, z) = 10 - z$일 때 원뿔곡면 $z = \sqrt{x^2 + y^2}$, $1 \le z \le 4$의 형태인 얇은 깔대기의 z축에 관한 관성모멘트를 구하라.

22. 밀도 $870\ \text{kg/m}^3$인 유체가 속도 $\mathbf{v} = z\,\mathbf{i} + y^2\,\mathbf{j} + x^2\,\mathbf{k}$로 흐른다. 여기서 x, y, z의 단위는 m이고 **v**의 성분의 단위는 m/s이다. 원기둥 $x^2 + y^2 = 4$, $0 \le z \le 1$을 통해 위쪽으로 흘러나가는 흐름률을 구하라.

23. 전기장이 다음과 같을 때 가우스 법칙을 이용해서, 반구 입체 $x^2 + y^2 + z^2 \le a^2$, $z \ge 0$에 포함되어 있는 전하를 구하라.

$$\mathbf{E}(x, y, z) = x\,\mathbf{i} + y\,\mathbf{j} + 2z\,\mathbf{k}$$

24. 전도율 $K = 6.5$인 물질 안에 속하는 점 (x, y, z)에서의 온도는 $u(x, y, z) = 2y^2 + 2z^2$이다. 원기둥면 $y^2 + z^2 = 6$, $0 \le x \le 4$를 통과해서 내부로 전달되는 열의 흐름률을 구하라.

25. **F**를 역사각장이라 하자. 즉 임의의 상수 c에 대해 $\mathbf{F}(\mathbf{r}) = c\mathbf{r}/|\mathbf{r}|^3$이고, 여기서 $\mathbf{r} = x\,\mathbf{i} + y\,\mathbf{j} + z\,\mathbf{k}$이다. 중심이 원점인 구면 S를 가로지르는 **F**의 유량은 S의 반지름에 독립임을 보여라.

15.8 │ 스토크스 정리

스토크스 정리는 고차원적인 그린 정리로 간주할 수 있다. 그린 정리가 평면영역 D 위에서의 이중적분이 이 영역의 평면 경계곡선 주위에서 선적분과 관계가 있음을 설명해 주는 반면, 스토크스 정리는 곡면 S 위에서의 면적분이 S의 경계곡선(이것은

공간곡선이다) 주위에서 선적분과 관계가 있음을 설명한다. 그림 1은 단위법선벡터가 **n**인 유향곡면을 나타낸다. S의 방향은 그림에 나타난 **경계곡선 C의 양의 방향**을 유도한다. 이것은 머리를 **n**의 방향으로 하고 C 주위를 양의 방향으로 걸을 때, 곡면이 항상 왼쪽에 있음을 의미한다.

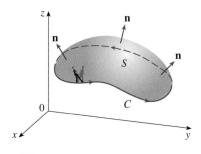

그림 1

> **스토크스 정리** S를 양의 방향을 가지는 조각마다 매끄러운 단순닫힌 경계곡선 C로 둘러싸인 조각마다 매끄러운 유향곡면이라 하자. **F**가 벡터장으로 이것의 성분들이 S를 포함하는 $\mathbb{R}^3$ 안의 열린 영역에서 연속인 편도함수를 갖는다고 하자. 그러면 다음이 성립한다.
> $$\int_C \mathbf{F} \cdot d\mathbf{r} = \iint_S \operatorname{curl} \mathbf{F} \cdot d\mathbf{S}$$

$$\int_C \mathbf{F} \cdot d\mathbf{r} = \int_C \mathbf{F} \cdot \mathbf{T}\, ds, \qquad \iint_S \operatorname{curl} \mathbf{F} \cdot d\mathbf{S} = \iint_S \operatorname{curl} \mathbf{F} \cdot \mathbf{n}\, dS$$

이므로 스토크스 정리는 **F**의 접선성분의 S의 경계곡선 주위에서 선적분이 **F**의 회전의 법선성분의 면적분과 같다는 것을 의미한다.

유향곡면 S의 양의 방향인 경계곡선은 흔히 ∂S로 쓰인다. 따라서 스토크스 정리를 다음과 같이 표현할 수 있다.

$$\boxed{1} \qquad \iint_S \operatorname{curl} \mathbf{F} \cdot d\mathbf{S} = \int_{\partial S} \mathbf{F} \cdot d\mathbf{r}$$

스토크스 정리, 그린 정리, 미적분학의 기본정리 사이에는 유사성이 있다. 앞에서와 같이 공식 ①의 좌변에는 도함수를 포함하는 적분(curl **F**는 **F**의 일종의 도함수임을 상기하자)이 존재하고, 우변은 S의 **경계** 위에서만 **F**의 값을 내포한다.

사실상 특수한 경우로, S가 위쪽 방향을 가진 xy평면에 놓인 평평한 곡면이면 단위법선은 **k**이고 면적분은 이중적분이 되며, 스토크스 정리는 다음과 같이 된다.

$$\int_C \mathbf{F} \cdot d\mathbf{r} = \iint_S \operatorname{curl} \mathbf{F} \cdot d\mathbf{S} = \iint_S (\operatorname{curl} \mathbf{F}) \cdot \mathbf{k}\, dA$$

이것은 정확하게 15.5절의 공식 ⑫에서 주어진 그린 정리의 벡터 형태이다. 따라서 그린 정리는 실제로 스토크스 정리의 특수한 경우임을 알 수 있다.

스토크스 정리를 완전히 일반적으로 증명하기는 너무 어려워서 할 수 없지만, S가 그래프이고 **F**, S, C에 알맞는 조건이 주어질 때는 증명을 할 수 있다.

스토크스 정리의 특수한 경우에 대한 증명 S의 방정식이 $z = g(x, y)$, $(x, y) \in D$라 하자. 여기서 g는 연속인 2계 편도함수를 가지고, D는 C에 대응하는 경계곡선 C_1을 갖는 단순평면영역이다. S의 방향이 위쪽이면, C의 양의 방향은 C_1의 양의 방향에 대응된다(그림 2 참조). 또한 $\mathbf{F} = P\mathbf{i} + Q\mathbf{j} + R\mathbf{k}$이고 P, Q, R의 편도함수가

스토크스

스토크스 정리는 아일랜드 수리물리학자 스토크스(George Stokes, 1819~1903) 경의 이름에서 유래한다. 스토크스는 뉴턴과 같은 직위의 케임브리지대학교의 수학과 교수였으며, 빛과 유체의 흐름에 관한 연구가 뛰어났다. 스토크스 정리라고 부르는 정리는 실제로는 켈빈 경으로 알려진 스코틀랜드 물리학자 톰슨(William Thomson, 1824~1907)이 발견했다. 스토크스는 1850년에 톰슨이 보낸 편지에서 이 정리를 배웠으며 1854년 케임브리지대학교의 시험문제를 통해 학생들에게 증명을 물었다. 그 학생들 중 몇 명이나 그 문제를 해결했는지는 알 수 없다.

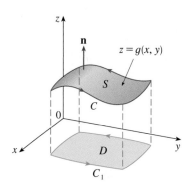

그림 2

연속이라 하자.

　S가 함수의 그래프이므로 **F** 대신에 curl **F**로 바꿔서 15.7절의 공식 $\boxed{10}$을 적용할 수 있다. 그 결과는 다음과 같다.

$$\boxed{2} \iint\limits_{S} \text{curl } \mathbf{F} \cdot d\mathbf{S}$$

$$= \iint\limits_{D} \left[-\left(\frac{\partial R}{\partial y} - \frac{\partial Q}{\partial z} \right) \frac{\partial z}{\partial x} - \left(\frac{\partial P}{\partial z} - \frac{\partial R}{\partial x} \right) \frac{\partial z}{\partial y} + \left(\frac{\partial Q}{\partial x} - \frac{\partial P}{\partial y} \right) \right] dA$$

여기서 P, Q, R의 편도함수는 점 $(x, y, g(x, y))$에서 계산된다. C_1의 매개변수 표현이 다음과 같다고 하자.

$$x = x(t), \quad y = y(t), \quad a \le t \le b$$

그러면 C의 매개변수 표현은 다음과 같다.

$$x = x(t), \quad y = y(t), \quad z = g(x(t), y(t)), \quad a \le t \le b$$

이것과 연쇄 법칙을 이용하면 아래와 같이 선적분을 계산할 수 있다.

$$\int_{C} \mathbf{F} \cdot d\mathbf{r} = \int_{a}^{b} \left(P \frac{dx}{dt} + Q \frac{dy}{dt} + R \frac{dz}{dt} \right) dt$$

$$= \int_{a}^{b} \left[P \frac{dx}{dt} + Q \frac{dy}{dt} + R \left(\frac{\partial z}{\partial x} \frac{dx}{dt} + \frac{\partial z}{\partial y} \frac{dy}{dt} \right) \right] dt$$

$$= \int_{a}^{b} \left[\left(P + R \frac{\partial z}{\partial x} \right) \frac{dx}{dt} + \left(Q + R \frac{\partial z}{\partial y} \right) \frac{dy}{dt} \right] dt$$

$$= \int_{C_1} \left(P + R \frac{\partial z}{\partial x} \right) dx + \left(Q + R \frac{\partial z}{\partial y} \right) dy$$

$$= \iint\limits_{D} \left[\frac{\partial}{\partial x} \left(Q + R \frac{\partial z}{\partial y} \right) - \frac{\partial}{\partial y} \left(P + R \frac{\partial z}{\partial x} \right) \right] dA$$

여기서 마지막 단계는 그린 정리를 이용했다. 그러면 연쇄 법칙을 다시 이용하고, P, Q, R가 x, y, z의 함수이고 z가 x, y의 함수임을 기억하면 다음을 얻는다.

$$\int_{C} \mathbf{F} \cdot d\mathbf{r} = \iint\limits_{D} \left[\left(\frac{\partial Q}{\partial x} + \frac{\partial Q}{\partial z} \frac{\partial z}{\partial x} + \frac{\partial R}{\partial x} \frac{\partial z}{\partial y} + \frac{\partial R}{\partial z} \frac{\partial z}{\partial x} \frac{\partial z}{\partial y} + R \frac{\partial^2 z}{\partial x \, \partial y} \right) \right.$$

$$\left. - \left(\frac{\partial P}{\partial y} + \frac{\partial P}{\partial z} \frac{\partial z}{\partial y} + \frac{\partial R}{\partial y} \frac{\partial z}{\partial x} + \frac{\partial R}{\partial z} \frac{\partial z}{\partial y} \frac{\partial z}{\partial x} + R \frac{\partial^2 z}{\partial y \, \partial x} \right) \right] dA$$

이 이중적분에 포함된 네 개의 항은 소거되고 나머지 여섯 개의 항들을 정리하면 식 $\boxed{2}$의 우변과 일치한다. 그러므로 다음이 성립한다.

$$\int_{C} \mathbf{F} \cdot d\mathbf{r} = \iint\limits_{S} \text{curl } \mathbf{F} \cdot d\mathbf{S}$$

∎

《예제 1》 $\mathbf{F}(x, y, z) = -y^2\mathbf{i} + x\mathbf{j} + z^2\mathbf{k}$이고 C는 평면 $y + z = 2$와 원기둥 $x^2 + y^2 = 1$ 의 교선일 때, $\int_C \mathbf{F} \cdot d\mathbf{r}$를 구하라. (위에서 볼 때 C는 반시계 방향이다.)

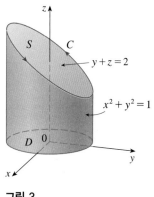

그림 3

풀이 곡선 C(타원)는 그림 3에 나타나 있다. $\int_C \mathbf{F} \cdot d\mathbf{r}$을 직접 구할 수는 있지만, 스토크 스 정리를 이용하는 것이 더 쉽다. 먼저 다음 계산을 한다.

$$\text{curl } \mathbf{F} = \begin{vmatrix} \mathbf{i} & \mathbf{j} & \mathbf{k} \\ \dfrac{\partial}{\partial x} & \dfrac{\partial}{\partial y} & \dfrac{\partial}{\partial z} \\ -y^2 & x & z^2 \end{vmatrix} = (1 + 2y)\,\mathbf{k}$$

스토크스 정리에서 우리는 경계곡선이 C인 임의의 (조각마다 매끄러운 유향) 곡면을 택할 수 있다. 수많은 그러한 곡면 중에서 가장 편리한 선택은 C로 둘러싸인 평면 $y + z = 2$에 속하는 타원의 영역을 S로 택하는 것이다. S의 방향이 위쪽으로 향하면 C는 양의 방향 이 유도된다. xy평면 위에 내린 S의 사영 D는 원판 $x^2 + y^2 \leq 1$이다. 따라서 $z = g(x, y)$ $= 2 - y$인 15.7절의 식 **10**을 이용하면 다음을 얻는다.

$$\int_C \mathbf{F} \cdot d\mathbf{r} = \iint_S \text{curl } \mathbf{F} \cdot d\mathbf{S} = \iint_D (1 + 2y)\,dA$$

$$= \int_0^{2\pi} \int_0^1 (1 + 2r\sin\theta)\, r\, dr\, d\theta$$

$$= \int_0^{2\pi} \left[\frac{r^2}{2} + 2\frac{r^3}{3}\sin\theta \right]_0^1 d\theta = \int_0^{2\pi} \left(\tfrac{1}{2} + \tfrac{2}{3}\sin\theta \right) d\theta$$

$$= \tfrac{1}{2}(2\pi) + 0 = \pi \qquad\blacksquare$$

NOTE 스토크스 정리는 단순히 경계곡선 C 위에서 $\mathbf{F}$의 값만 알면 면적분을 계산할 수 있게 해준다. 이에 따르면, 똑같은 경계곡선을 갖는 또 다른 유향곡면이 있어도 똑같은 면적분 값을 얻는다는 것이다. 일반적으로, S_1과 S_2가 같은 유향 경계곡선 C를 갖는 유 향곡면이고 둘 다 스토크스 정리의 가정을 만족하면 다음이 성립한다.

3
$$\iint_{S_1} \text{curl } \mathbf{F} \cdot d\mathbf{S} = \int_C \mathbf{F} \cdot d\mathbf{r} = \iint_{S_2} \text{curl } \mathbf{F} \cdot d\mathbf{S}$$

이러한 사실은 한 곡면에서는 적분이 어려우나 다른 곡면에서는 적분이 쉬울 때 유용하 게 이용된다.

《예제 2》 스토크스 정리를 이용해서 $\mathbf{F}(x, y, z) = xz\mathbf{i} + yz\mathbf{j} + xy\mathbf{k}$이고 S는 원기둥 $x^2 + y^2 = 1$의 내부와 xy 평면 위에 놓여 있는 구면 $x^2 + y^2 + z^2 = 4$의 부분일 때(그림 4 참조), 적분 $\iint_S \text{curl } \mathbf{F} \cdot d\mathbf{S}$를 계산하라.

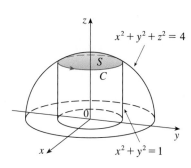

그림 4

풀이 1 경계곡선 C를 구하기 위해 방정식 $x^2 + y^2 + z^2 = 4$와 $x^2 + y^2 = 1$을 푼다. 두 식 을 빼면 $z^2 = 3$을 얻고, $z > 0$이므로 $z = \sqrt{3}$이다. 따라서 C는 방정식이 $x^2 + y^2 = 1$, $z = \sqrt{3}$인 원이다. C의 벡터방정식은 다음과 같다.

$$\mathbf{r}(t) = \cos t\,\mathbf{i} + \sin t\,\mathbf{j} + \sqrt{3}\,\mathbf{k}, \quad 0 \le t \le 2\pi$$

$$\mathbf{r}'(t) = -\sin t\,\mathbf{i} + \cos t\,\mathbf{j}$$

또한 다음을 얻는다.

$$\mathbf{F}(\mathbf{r}(t)) = \sqrt{3}\,\cos t\,\mathbf{i} + \sqrt{3}\,\sin t\,\mathbf{j} + \cos t \sin t\,\mathbf{k}$$

그러므로 스토크스 정리에 따라 다음을 얻는다.

$$\iint_S \text{curl}\,\mathbf{F} \cdot d\mathbf{S} = \int_C \mathbf{F} \cdot d\mathbf{r} = \int_0^{2\pi} \mathbf{F}(\mathbf{r}(t)) \cdot \mathbf{r}'(t)\,dt$$

$$= \int_0^{2\pi} \left(-\sqrt{3}\,\cos t \sin t + \sqrt{3}\,\sin t \cos t\right)dt = \sqrt{3}\int_0^{2\pi} 0\,dt = 0$$

풀이 2 그림 5에서 보여주는 것처럼 S_1을 원기둥 $x^2 + y^2 = 1$ 안쪽에 놓인 평면 $z = \sqrt{3}$ 안의 원판이라고 하자. S_1과 S는 같은 경계곡선 C를 가지므로 스토크스 정리에 따라 다음이 성립한다.

$$\iint_S \text{curl}\,\mathbf{F} \cdot d\mathbf{S} = \iint_{S_1} \text{curl}\,\mathbf{F} \cdot d\mathbf{S}$$

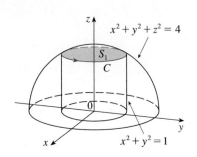

그림 5

S_1은 수평면의 일부이므로 위로 향하는 법선벡터는 $\mathbf{k}$이다. 계산하면 $\text{curl}\,\mathbf{F} = (x - y)\mathbf{i} + (x - y)\mathbf{j}$이므로 다음을 얻는다.

$$\iint_S \text{curl}\,\mathbf{F} \cdot d\mathbf{S} = \iint_{S_1} \text{curl}\,\mathbf{F} \cdot d\mathbf{S} = \iint_{S_1} \text{curl}\,\mathbf{F} \cdot \mathbf{n}\,dS$$

$$= \iint_{S_1} \left[(x - y)\mathbf{i} + (x - y)\mathbf{j}\right] \cdot \mathbf{k}\,dS = \iint_{S_1} 0\,dS = 0 \qquad \blacksquare$$

이제 스토크스 정리를 이용해서 회전벡터의 의미를 알아보자. C가 유향 닫힌곡선이고, $\mathbf{v}$가 유체흐름에서 속도장을 나타낸다고 하자. 다음 선적분을 생각하자.

$$\int_C \mathbf{v} \cdot d\mathbf{r} = \int_C \mathbf{v} \cdot \mathbf{T}\,ds$$

$\mathbf{v} \cdot \mathbf{T}$는 단위접선벡터 $\mathbf{T}$의 방향에 대한 $\mathbf{v}$의 성분임을 기억하자. 이는 $\mathbf{v}$의 방향이 $\mathbf{T}$의 방향에 가까울수록 $\mathbf{v} \cdot \mathbf{T}$의 값이 커지는 것을 의미한다. (만약 $\mathbf{v}$와 $\mathbf{T}$가 대략 반대 방향을 가리키면 $\mathbf{v} \cdot \mathbf{T}$는 음수이다.) 따라서 $\int_C \mathbf{v} \cdot d\mathbf{r}$은 C를 따라 움직이는 유체의 성향 정도를 가늠하는 측도이고, C를 따른 $\mathbf{v}$의 **순환**(circulation)이라 한다(그림 6 참조).

이제 $P_0(x_0, y_0, z_0)$을 유체 안의 점이라 하고, S_a를 중심이 P_0이고 반지름이 a인 작은 원판이라 하자. 그러면 $\text{curl}\,\mathbf{F}$가 연속이기 때문에, S_a 위의 모든 점 P에 대해 $(\text{curl}\,\mathbf{F})(P) \approx (\text{curl}\,\mathbf{F})(P_0)$이 성립한다. 그러므로 스토크스 정리에 의해 경계원 C_a를 따른 회전에 대한 다음 근삿값을 얻는다.

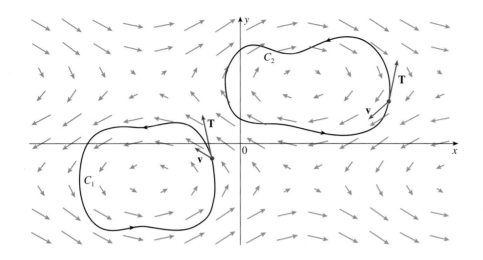

$$\int_{C_a} \mathbf{v} \cdot d\mathbf{r} = \iint\limits_{S_a} \text{curl } \mathbf{v} \cdot d\mathbf{S} = \iint\limits_{S_a} \text{curl } \mathbf{v} \cdot \mathbf{n} \, dS$$

$$\approx \iint\limits_{S_a} \text{curl } \mathbf{v}(P_0) \cdot \mathbf{n}(P_0) \, dS = \text{curl } \mathbf{v}(P_0) \cdot \mathbf{n}(P_0) \pi a^2$$

이 근삿값은 $a \to 0$일 때 참값에 더욱 가깝고, 다음을 얻는다.

$$\boxed{4} \qquad \text{curl } \mathbf{v}(P_0) \cdot \mathbf{n}(P_0) = \lim_{a \to 0} \frac{1}{\pi a^2} \int_{C_a} \mathbf{v} \cdot d\mathbf{r}$$

공식 $\boxed{4}$는 회전과 순환 사이의 관계를 제시한다. 이는 curl $\mathbf{v} \cdot \mathbf{n}$이 $\mathbf{n}$축에 관한 유체의 회전효과의 측도임을 보여 준다. 회전효과는 curl $\mathbf{v}$에 평행인 축에 관한 경우일 때 최대가 된다.

마지막으로 스토크스 정리는 15.5절의 정리 $\boxed{4}$($\mathbb{R}^3$의 모든 점에서 curl $\mathbf{F} = \mathbf{0}$이면 $\mathbf{F}$는 보존적이다)를 증명하는 데 이용될 수 있다. 앞에서 다룬 내용(15.3절의 정리 $\boxed{3}$과 $\boxed{4}$로부터, 모든 닫힌 경로 C에 대해 $\int_C \mathbf{F} \cdot d\mathbf{r} = 0$이면 $\mathbf{F}$가 보존적임을 안다. 주어진 C에 대해 경계가 C인 유향곡면 S를 구할 수 있다고 하자. (이것은 구할 수는 있지만 증명하려면 어려운 이론이 필요하다.) 그러면 스토크스 정리에 따라 다음을 얻는다.

그림 7에서와 같이 유체 속의 한 점 P에 놓여 있는 작은 노가 달린 바퀴를 생각하자. 회전축이 curl $\mathbf{v}$와 평행일 때 이 바퀴는 가장 빠르게 회전한다.

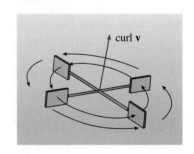

그림 7

$$\int_C \mathbf{F} \cdot d\mathbf{r} = \iint\limits_{S} \text{curl } \mathbf{F} \cdot d\mathbf{S} = \iint\limits_{S} \mathbf{0} \cdot d\mathbf{S} = 0$$

단순하지 않은 곡선은 몇 개의 단순곡선으로 나눌 수 있고, 이들 단순곡선을 따른 적분들은 모두 0이므로 이들 적분을 더하면, 임의의 닫힌곡선 C에 대해 $\int_C \mathbf{F} \cdot d\mathbf{r} = 0$을 얻는다.

15.8 | 연습문제

1. 다음 그림은 원판 D, 반구면 H와 포물면 P를 나타내고 있다. $\mathbf{F}$를 각 성분이 연속인 편도함수를 갖는 $\mathbb{R}^3$에서의 벡터장이라고 가정하자. 다음이 성립하는 이유를 설명하라.

$$\iint_D \text{curl } \mathbf{F} \cdot d\mathbf{S} = \iint_H \text{curl } \mathbf{F} \cdot d\mathbf{S} = \iint_P \text{curl } \mathbf{F} \cdot d\mathbf{S}$$

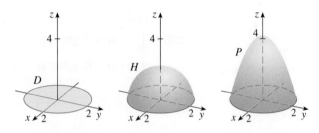

2-3 스토크스 정리를 이용해서 $\iint_S \text{curl } \mathbf{F} \cdot d\mathbf{S}$를 구하라.

2. $\mathbf{F}(x, y, z) = ze^y\,\mathbf{i} + x\cos y\,\mathbf{j} + xz\sin y\,\mathbf{k}$, S는 방향이 양의 y축 방향인 반구면 $x^2 + y^2 + z^2 = 16$, $y \geq 0$

3. $\mathbf{F}(x, y, z) = xyz\,\mathbf{i} + xy\,\mathbf{j} + x^2yz\,\mathbf{k}$, S는 꼭짓점이 $(\pm 1, \pm 1, \pm 1)$인 정육면체의 윗면과 네 옆면(그러나 밑면은 아님)으로 구성되고 방향이 바깥쪽인 곡면

4-7 스토크스 정리를 이용해서 $\int_C \mathbf{F} \cdot d\mathbf{r}$을 구하라. 각 경우에 위에서 볼 때 C는 반시계 방향이다.

4. $\mathbf{F}(x, y, z) = (x + y^2)\,\mathbf{i} + (y + z^2)\,\mathbf{j} + (z + x^2)\,\mathbf{k}$, C는 꼭짓점이 $(1, 0, 0)$, $(0, 1, 0)$, $(0, 0, 1)$인 삼각형

5. $\mathbf{F}(x, y, z) = xy\,\mathbf{i} + yz\,\mathbf{j} + zx\,\mathbf{k}$, C는 제1팔분공간 안의 포물면 $z = 1 - x^2 - y^2$의 경계

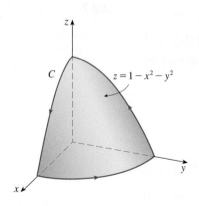

6. $\mathbf{F}(x, y, z) = \langle -yx^2, xy^2, e^{xy} \rangle$, C는 중심이 원점이고 반지름이 2이며 xy평면에 놓인 원

7. $\mathbf{F}(x, y, z) = x^2y\,\mathbf{i} + x^3\,\mathbf{j} + e^z\tan^{-1}z\,\mathbf{k}$, C는 매개방정식이 $x = \cos t$, $y = \sin t$, $z = \sin t$, $0 \leq t \leq 2\pi$인 원

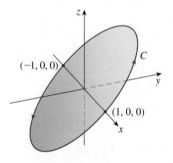

8. (a) $\mathbf{F}(x, y, z) = x^2z\,\mathbf{i} + xy^2\,\mathbf{j} + z^2\,\mathbf{k}$이고 C는 평면 $x + y + z = 1$과 원기둥 $x^2 + y^2 = 9$의 교선으로, 위에서 볼 때 C는 반시계 방향이라 하자. 스토크스 정리를 이용해서 $\int_C \mathbf{F} \cdot d\mathbf{r}$을 구하라.

(b) 곡선 C와 (a)에서 사용한 곡면을 볼 수 있도록 정의역을 설정해서 평면과 원기둥의 그래프를 그려라.

(c) C의 매개변수방정식을 구하고 이를 이용해서 C를 그려라.

9-10 주어진 벡터장 $\mathbf{F}$와 곡면 S에 대해 스토크스 정리가 성립함을 보여라.

9. $\mathbf{F}(x, y, z) = -y\,\mathbf{i} + x\,\mathbf{j} - 2\,\mathbf{k}$, S는 방향이 아래쪽인 원뿔곡면 $z^2 = x^2 + y^2$, $0 \leq z \leq 4$

10. $\mathbf{F}(x, y, z) = y\,\mathbf{i} + z\,\mathbf{j} + x\,\mathbf{k}$, S는 방향이 양의 y축 방향인 반구면 $x^2 + y^2 + z^2 = 1$, $y \geq 0$

11. 힘장 $\mathbf{F}(x, y, z) = z^2\,\mathbf{i} + 2xy\,\mathbf{j} + 4y^2\,\mathbf{k}$가 주어졌다. 입자가 원점에서 점 $(1, 0, 0)$, $(1, 2, 1)$, $(0, 2, 1)$까지 선분을 따라 움직이고, 이 힘장의 영향으로 입자는 다시 원점으로 돌아 간다. 이때 $\mathbf{F}$가 한 일을 구하라.

12. S가 구면이고 $\mathbf{F}$가 스토크스 정리의 가정을 만족할 때, $\iint_S \text{curl } \mathbf{F} \cdot d\mathbf{S} = 0$임을 밝혀라.

15.9 | 발산 정리

15.5절에서 벡터를 이용해서 그린 정리를 다음과 같이 표기했다.

$$\int_C \mathbf{F} \cdot \mathbf{n} \, ds = \iint_D \operatorname{div} \mathbf{F}(x, y) \, dA$$

여기서 C는 평면영역 D의 양의 방향을 갖는 경계곡선이다. 이 정리를 $\mathbb{R}^3$의 벡터장으로 확장하고자 하면 다음을 추측할 수 있다.

$$\boxed{1} \qquad \iint_S \mathbf{F} \cdot \mathbf{n} \, dS = \iiint_E \operatorname{div} \mathbf{F}(x, y, z) \, dV$$

여기서 S는 입체영역 E의 경계곡면이다. 적당한 가정 아래 식 $\boxed{1}$이 참임이 판명되는데, 이를 발산 정리라 한다. 이것은 그린 정리, 스토크스 정리와 비슷하며, 영역 위에서 함수의 도함수(이 경우에 div $\mathbf{F}$)의 적분을 영역의 경계 위에서 원래 함수 $\mathbf{F}$의 적분에 관련시킨다.

이 단계에서 14.6절에 나오는 삼중적분을 구할 수 있는 여러 가지 형태의 영역을 복습한다. 유형 1, 2, 3을 동시에 만족하는 영역 E에 대해 발산 정리를 설명하고 증명한다. 그리고 이런 영역을 **단순입체영역**(simple solid region)이라 부른다(예를 들면 타원면으로 둘러싸인 영역이나 직육면체는 단순입체영역이다). E의 경계는 닫힌 곡면이고 15.7절에서 소개된 양의 방향은 바깥쪽으로 향한다는 관습을 따른다. 다시 말해서 단위법선벡터 $\mathbf{n}$은 E로부터 바깥쪽으로 향한다.

> **발산 정리** E는 단순입체영역이고 S는 양의 (바깥쪽으로 향하는) 방향을 가진 E의 경계곡면이라 하자. $\mathbf{F}$는 그 성분함수들이 E를 포함하는 열린 영역에서 연속인 편도함수를 갖는 벡터장이라 하자. 그러면 다음이 성립한다.
>
> $$\iint_S \mathbf{F} \cdot d\mathbf{S} = \iiint_E \operatorname{div} \mathbf{F} \, dV$$

발산 정리는 때때로 독일의 위대한 수학자 가우스(Karl Friedrich Gauss, 1777~1855)의 이름을 따서 가우스 정리라고도 한다. 가우스는 정전기학을 연구하는 동안 이 정리를 발견했다. 동유럽에서는 발산 정리가 러시아 수학자 오스트로그라드스키(Mikhail Ostrogradsky, 1801~1862)의 이름을 따서 오스트로그라드스키 정리로 알려져 있다. 그는 1826년에 이 결과를 발표했다.

따라서 발산 정리는, 주어진 조건에서 E의 경계곡면을 가로지르는 $\mathbf{F}$의 유량은 E 위에서 div $\mathbf{F}$의 삼중적분과 같음을 말한다.

증명 $\mathbf{F} = P\,\mathbf{i} + Q\,\mathbf{j} + R\,\mathbf{k}$라 하자. 그러면 다음을 얻는다.

$$\operatorname{div} \mathbf{F} = \frac{\partial P}{\partial x} + \frac{\partial Q}{\partial y} + \frac{\partial R}{\partial z}$$

따라서 다음이 성립한다.

$$\iiint_E \operatorname{div} \mathbf{F} \, dV = \iiint_E \frac{\partial P}{\partial x} \, dV + \iiint_E \frac{\partial Q}{\partial y} \, dV + \iiint_E \frac{\partial R}{\partial z} \, dV$$

$\mathbf{n}$이 S의 바깥쪽으로 향하는 단위법선이면, 발산 정리의 좌변에 있는 면적분은 다음과 같다.

$$\iint_S \mathbf{F} \cdot d\mathbf{S} = \iint_S \mathbf{F} \cdot \mathbf{n}\, dS = \iint_S (P\,\mathbf{i} + Q\,\mathbf{j} + R\,\mathbf{k}) \cdot \mathbf{n}\, dS$$

$$= \iint_S P\,\mathbf{i} \cdot \mathbf{n}\, dS + \iint_S Q\,\mathbf{j} \cdot \mathbf{n}\, dS + \iint_S R\,\mathbf{k} \cdot \mathbf{n}\, dS$$

그러므로 발산 정리를 증명하기 위해 다음 세 식만 증명하면 충분하다.

$$\boxed{2} \qquad \iint_S P\,\mathbf{i} \cdot \mathbf{n}\, dS = \iiint_E \frac{\partial P}{\partial x}\, dV$$

$$\boxed{3} \qquad \iint_S Q\,\mathbf{j} \cdot \mathbf{n}\, dS = \iiint_E \frac{\partial Q}{\partial y}\, dV$$

$$\boxed{4} \qquad \iint_S R\,\mathbf{k} \cdot \mathbf{n}\, dS = \iiint_E \frac{\partial R}{\partial z}\, dV$$

식 $\boxed{4}$를 증명하기 위해 E가 다음과 같은 유형 1영역인 사실을 이용한다.

$$E = \{(x, y, z) \mid (x, y) \in D, u_1(x, y) \le z \le u_2(x, y)\}$$

여기서 D는 xy평면 위로의 E의 사영이다. 14.6절의 공식 $\boxed{6}$에 의해 다음을 얻는다.

$$\iiint_E \frac{\partial R}{\partial z}\, dV = \iint_D \left[\int_{u_1(x,\,y)}^{u_2(x,\,y)} \frac{\partial R}{\partial z}(x, y, z)\, dz \right] dA$$

그러므로 미적분학의 기본정리에 따라 다음이 성립한다.

$$\boxed{5} \qquad \iiint_E \frac{\partial R}{\partial z}\, dV = \iint_D \left[R(x, y, u_2(x, y)) - R(x, y, u_1(x, y)) \right] dA$$

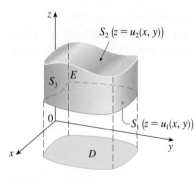

그림 1

경계곡면 S는 다음과 같이 세 부분으로 구성된다. 밑면 S_1, 위쪽곡면 S_2와 D의 경계곡선 위에 놓이는 수직곡면 S_3이다. (그림 1 참조, 구면의 경우처럼 S_3는 나타나지 않을 수도 있다.) S_3에서 $\mathbf{k}$는 수직이고 $\mathbf{n}$는 수평이기 때문에 $\mathbf{k} \cdot \mathbf{n} = 0$임에 주목하자. 따라서 다음을 얻는다.

$$\iint_{S_3} R\,\mathbf{k} \cdot \mathbf{n}\, dS = \iint_{S_3} 0\, dS = 0$$

그러므로 수직곡면이 존재하는지의 여부에 상관없이 다음이 성립한다.

$$\boxed{6} \qquad \iint_S R\,\mathbf{k} \cdot \mathbf{n}\, dS = \iint_{S_1} R\,\mathbf{k} \cdot \mathbf{n}\, dS + \iint_{S_2} R\,\mathbf{k} \cdot \mathbf{n}\, dS$$

S_2의 방정식은 $z = u_2(x, y)$, $(x, y) \in D$이고 바깥쪽 방향의 법선 $\mathbf{n}$은 위로 향한다. 따라서 15.7절의 공식 $\boxed{10}$으로부터($\mathbf{F}$에 $R\,\mathbf{k}$를 대치한다) 다음을 얻는다.

$$\iint\limits_{S_2} R\,\mathbf{k}\cdot\mathbf{n}\,dS = \iint\limits_{D} R(x, y, u_2(x, y))\,dA$$

S_1에서는 $z = u_1(x, y)$가 되지만 여기서 바깥쪽 방향의 법선 $\mathbf{n}$은 아래쪽으로 향한다. 따라서 -1을 곱하면 다음을 얻는다.

$$\iint\limits_{S_1} R\,\mathbf{k}\cdot\mathbf{n}\,dS = -\iint\limits_{D} R(x, y, u_1(x, y))\,dA$$

그러므로 공식 ⑥에 의해 다음과 같다.

$$\iint\limits_{S} R\,\mathbf{k}\cdot\mathbf{n}\,dS = \iint\limits_{D}\Big[R(x, y, u_2(x, y)) - R(x, y, u_1(x, y))\Big]\,dA$$

공식 ⑤와 비교하면 다음을 얻는다.

$$\iint\limits_{S} R\,\mathbf{k}\cdot\mathbf{n}\,dS = \iiint\limits_{E} \frac{\partial R}{\partial z}\,dV$$

공식 ②와 ③은 E에 대한 표현이 유형 2 또는 유형 3인 영역의 경우를 이용해서 유사한 방법으로 증명된다.　■

발산 정리의 증명 방법은 그린 정리의 증명 방법과 유사함에 주목하자.

《예제 1》 단위구면 $x^2 + y^2 + z^2 = 1$ 위의 벡터장 $\mathbf{F}(x, y, z) = z\,\mathbf{i} + y\,\mathbf{j} + x\,\mathbf{k}$의 유량을 구하라.

풀이 우선 다음과 같이 $\mathbf{F}$의 발산을 계산한다.

$$\text{div } \mathbf{F} = \frac{\partial}{\partial x}(z) + \frac{\partial}{\partial y}(y) + \frac{\partial}{\partial z}(x) = 1$$

단위구면 S는 $x^2 + y^2 + z^2 \leq 1$로 주어지는 단위구 B의 경계이다. 따라서 발산 정리를 이용하면 유량은 다음과 같다.

$$\iint\limits_{S} \mathbf{F}\cdot d\mathbf{S} = \iiint\limits_{B} \text{div }\mathbf{F}\,dV = \iiint\limits_{B} 1\,dV = V(B) = \tfrac{4}{3}\pi(1)^3 = \frac{4\pi}{3}$$　■

예제 1의 해를 15.7절의 예제 4의 해와 반드시 비교해 보자.

《예제 2》 $\mathbf{F}(x, y, z) = xy\,\mathbf{i} + \left(y^2 + e^{xz^2}\right)\mathbf{j} + \sin(xy)\,\mathbf{k}$이고, S는 포물기둥 $z = 1 - x^2$과 평면 $z = 0$, $y = 0$, $y + z = 2$로 둘러싸인 영역 E의 곡면일 때, $\iint_S \mathbf{F}\cdot d\mathbf{S}$를 구하라 (그림 2 참조).

풀이 주어진 면적분을 직접 구하는 것은 매우 어렵다. (S의 네 부분에 대응하는 네 가지 면적분을 구해야만 한다.) 더욱이 $\mathbf{F}$의 발산은 다음과 같이 $\mathbf{F}$ 자체보다 훨씬 덜 복잡하다.

$$\text{div } \mathbf{F} = \frac{\partial}{\partial x}(xy) + \frac{\partial}{\partial y}\left(y^2 + e^{xz^2}\right) + \frac{\partial}{\partial z}(\sin xy) = y + 2y = 3y$$

그러므로 발산 정리를 이용해서 주어진 면적분을 삼중적분으로 바꾼다. 이 삼중적분을 구하는 가장 쉬운 방법은 다음과 같이 E를 유형 3인 영역으로 나타내는 것이다.

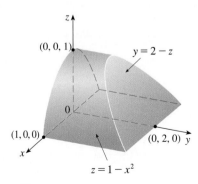

그림 2

$$E = \left\{ (x, y, z) \mid -1 \le x \le 1, \, 0 \le z \le 1 - x^2, \, 0 \le y \le 2 - z \right\}$$

그러면 다음을 얻는다.

$$\iint\limits_{S} \mathbf{F} \cdot d\mathbf{S} = \iiint\limits_{E} \operatorname{div} \mathbf{F} \, dV = \iiint\limits_{E} 3y \, dV$$

$$= 3 \int_{-1}^{1} \int_{0}^{1-x^2} \int_{0}^{2-z} y \, dy \, dz \, dx = 3 \int_{-1}^{1} \int_{0}^{1-x^2} \frac{(2-z)^2}{2} \, dz \, dx$$

$$= \frac{3}{2} \int_{-1}^{1} \left[-\frac{(2-z)^3}{3} \right]_{0}^{1-x^2} dx = -\frac{1}{2} \int_{-1}^{1} \left[(x^2+1)^3 - 8 \right] dx$$

$$= -\int_{0}^{1} (x^6 + 3x^4 + 3x^2 - 7) \, dx = \frac{184}{35} \qquad \blacksquare$$

단순입체영역에 대해서만 발산 정리를 증명했지만, 유한개의 단순입체영역의 합집합인 영역에 대해서도 증명할 수 있다. (이 과정은 15.4절에서 그린 정리를 확장할 때 이용했던 것과 유사하다.)

예를 들면 닫힌곡면 S_1과 S_2 사이에 놓인 영역 E를 생각하자. 여기서 S_1은 S_2의 안쪽에 놓여 있다. $\mathbf{n}_1$과 $\mathbf{n}_2$는 S_1과 S_2의 바깥쪽으로 향하는 법선벡터라 하자. 그러면 E의 경계곡면은 $S = S_1 \cup S_2$이고 이것의 법선벡터 $\mathbf{n}$은 S_1에서는 $\mathbf{n} = -\mathbf{n}_1$이고 S_2에서는 $\mathbf{n} = \mathbf{n}_2$이다(그림 3 참조). S에 발산 정리를 적용하면 다음을 얻는다.

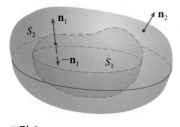

그림 3

$$\boxed{7} \qquad \iiint\limits_{E} \operatorname{div} \mathbf{F} \, dV = \iint\limits_{S} \mathbf{F} \cdot d\mathbf{S} = \iint\limits_{S} \mathbf{F} \cdot \mathbf{n} \, dS$$

$$= \iint\limits_{S_1} \mathbf{F} \cdot (-\mathbf{n}_1) \, dS + \iint\limits_{S_2} \mathbf{F} \cdot \mathbf{n}_2 \, dS$$

$$= -\iint\limits_{S_1} \mathbf{F} \cdot d\mathbf{S} + \iint\limits_{S_2} \mathbf{F} \cdot d\mathbf{S}$$

《예제 3》 15.1절의 예제 5에서와 같이 다음 전기장을 생각한다.

$$\mathbf{E}(\mathbf{x}) = \frac{\varepsilon Q}{|\mathbf{x}|^3} \mathbf{x}$$

여기서 전하 Q는 원점에 위치하고 $\mathbf{x} = \langle x, y, z \rangle$는 위치벡터이다. 발산 정리를 이용해서 원점을 에워싸는 임의의 닫힌곡면 S를 지나는 $\mathbf{E}$의 전기선속이 다음과 같음을 보여라.

$$\iint\limits_{S} \mathbf{E} \cdot d\mathbf{S} = 4\pi \varepsilon Q$$

풀이 S는 원점을 에워싸는 임의의 닫힌곡면이므로 S에 대한 명확한 방정식을 얻는다는 것은 어렵다. S_1을 중심이 원점이고 반지름이 a인 가장 작은 구라고 하자. 여기서 S_1이 S에 속하도록 충분히 작은 a를 택한다. E를 S_1과 S 사이에 놓인 영역이라고 하자. 그러면 공식 $\boxed{7}$로부터 다음을 얻는다.

$$\boxed{8} \qquad \iiint_E \text{div } \mathbf{E} \, dV = -\iint_{S_1} \mathbf{E} \cdot d\mathbf{S} + \iint_S \mathbf{E} \cdot d\mathbf{S}$$

div $\mathbf{E} = 0$임을 보일 수 있다(연습문제 13 참조). 그러므로 공식 $\boxed{8}$로부터 다음을 얻는다.

$$\iint_S \mathbf{E} \cdot d\mathbf{S} = \iint_{S_1} \mathbf{E} \cdot d\mathbf{S}$$

이 계산의 요점은 S_1이 구면이기 때문에 S_1 위에서 면적분을 계산할 수 있다는 것이다. $\mathbf{x}$에서 법선벡터는 $\mathbf{x}/|\mathbf{x}|$이다. 따라서 S_1의 방정식이 $|\mathbf{x}| = a$이므로 다음을 얻는다.

$$\mathbf{E} \cdot \mathbf{n} = \frac{\varepsilon Q}{|\mathbf{x}|^3} \mathbf{x} \cdot \left(\frac{\mathbf{x}}{|\mathbf{x}|}\right) = \frac{\varepsilon Q}{|\mathbf{x}|^4} \mathbf{x} \cdot \mathbf{x} = \frac{\varepsilon Q}{|\mathbf{x}|^2} = \frac{\varepsilon Q}{a^2}$$

따라서 다음을 얻는다.

$$\iint_S \mathbf{E} \cdot d\mathbf{S} = \iint_{S_1} \mathbf{E} \cdot \mathbf{n} \, dS = \frac{\varepsilon Q}{a^2} \iint_{S_1} dS = \frac{\varepsilon Q}{a^2} A(S_1) = \frac{\varepsilon Q}{a^2} 4\pi a^2 = 4\pi\varepsilon Q$$

이것은 원점을 포함하는 임의의 닫힌곡면 S를 통과하는 $\mathbf{E}$의 전기선속이 $4\pi\varepsilon Q$임을 보여 준다. [이것은 단일 전하에 대한 가우스 법칙(15.7절의 공식 $\boxed{11}$)의 특수한 경우이다. ε 과 ε_0 사이의 관계는 $\varepsilon = 1/(4\pi\varepsilon_0)$이다.] ∎

발산 정리의 또 다른 응용은 유체흐름에서 일어난다. $\mathbf{v}(x, y, z)$를 밀도 ρ가 균일한 유체의 속도장이라 하자. 그러면 $\mathbf{F} = \rho\mathbf{v}$는 단위넓이당 흐름률이다. $P_0(x_0, y_0, z_0)$가 유체 안의 한 점이고, B_a는 중심이 P_0이고 반지름이 매우 작은 값 a인 구이면 div $\mathbf{F}$가 연속이므로 B_a 안의 모든 점에 대해 div $\mathbf{F}(P) \approx$ div $\mathbf{F}(P_0)$이다. 경계구면 S_a 위에서 유량을 근사적으로 계산하면 다음과 같다.

$$\iint_{S_a} \mathbf{F} \cdot d\mathbf{S} = \iiint_{B_a} \text{div } \mathbf{F} \, dV \approx \iiint_{B_a} \text{div } \mathbf{F}(P_0) \, dV = \text{div } \mathbf{F}(P_0) V(B_a)$$

이 근삿값은 $a \to 0$일 때 참값에 더 가깝게 되고 다음을 제시한다.

$$\boxed{9} \qquad \text{div } \mathbf{F}(P_0) = \lim_{a \to 0} \frac{1}{V(B_a)} \iint_{S_a} \mathbf{F} \cdot d\mathbf{S}$$

공식 $\boxed{9}$는 div $\mathbf{F}(P_0)$가 P_0에서 단위부피당 바깥쪽으로 향하는 유량의 순흐름률임을 말해 준다. (이것이 **발산**이라 이름을 붙인 이유이다.) div $\mathbf{F}(P) > 0$이면, 순흐름은 P 부근에서 바깥쪽으로 향하고 P를 **용출점**(source)이라 한다. div $\mathbf{F}(P) < 0$이면, 순흐름은 P 부근에서 안쪽으로 향하고 P를 **흡입점**(sink)이라 한다.

그림 4에서 벡터장은 P_1 부근에서 출발하는 벡터보다 P_1 부근에서 끝나는 벡터들이 더 짧다. 따라서 순흐름은 P_1 부근에서 바깥쪽으로 향하고 그러므로 div $\mathbf{F}(P_1) > 0$이고 P_1는 용출점이다. 다른 한편으로 P_2 부근에서, 들어오는 화살이 나가는 화살보다 더 길다. 여기서 순흐름은 안쪽으로 향하고, 따라서 div $\mathbf{F}(P_2) < 0$이고 P_2는 흡

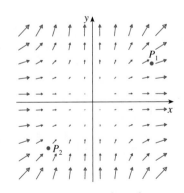

그림 4 벡터장 $\mathbf{F} = x^2\,\mathbf{i} + y^2\,\mathbf{j}$

입점이다. **F**에 대한 식을 이용해서 이런 느낌을 확인할 수 있다. $\mathbf{F} = x^2\,\mathbf{i} + y^2\,\mathbf{j}$이 기 때문에 div $\mathbf{F} = 2x + 2y$이고, $y > -x$일 때 양이 된다. 따라서 직선 $y = -x$ 위쪽 점은 용출점이고, 아래쪽 점은 흡입점이다.

15.9 │ 연습문제

1-2 영역 E에서 벡터장 **F**에 대해 발산 정리가 참임을 보여라.

1. $\mathbf{F}(x, y, z) = 3x\,\mathbf{i} + xy\,\mathbf{j} + 2xz\,\mathbf{k}$, E는 평면 $x = 0$, $x = 1$, $y = 0$, $y = 1$, $z = 0$, $z = 1$로 둘러싸인 정육면체이다.

2. $\mathbf{F}(x, y, z) = \langle z, y, x \rangle$, E는 입체구 $x^2 + y^2 + z^2 \leq 16$

3-9 발산 정리를 이용해서 면적분 $\iint_S \mathbf{F} \cdot d\mathbf{S}$, 즉 S를 통과하는 **F**의 유량을 계산하라.

3. $\mathbf{F}(x, y, z) = xye^z\,\mathbf{i} + xy^2z^3\,\mathbf{j} - ye^z\,\mathbf{k}$, S는 좌표평면과 평면 $x = 3$, $y = 2$, $z = 1$로 둘러싸인 상자의 표면

4. $\mathbf{F}(x, y, z) = 3xy^2\,\mathbf{i} + xe^z\,\mathbf{j} + z^3\,\mathbf{k}$, S는 원기둥 $y^2 + z^2 = 1$과 평면 $x = -1$, $x = 2$로 둘러싸인 입체의 경계곡면

5. $\mathbf{F}(x, y, z) = xe^y\,\mathbf{i} + (z - e^y)\,\mathbf{j} - xy\,\mathbf{k}$, S는 타원면 $x^2 + 2y^2 + 3z^2 = 4$

6. $\mathbf{F}(x, y, z) = (2x^3 + y^3)\,\mathbf{i} + (y^3 + z^3)\,\mathbf{j} + 3y^2z\,\mathbf{k}$, S는 포물면 $z = 1 - x^2 - y^2$과 xy평면으로 둘러싸인 입체의 경계곡면

7. $\mathbf{F}(x, y, z) = x^2z\,\mathbf{i} + xz^3\,\mathbf{j} + y\ln(x + 1)\,\mathbf{k}$, S는 평면 $x + 2z = 4$, $y = 3$, $x = 0$, $y = 0$, $z = 0$에 의해 둘러싸인 입체의 표면

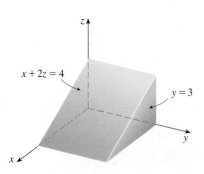

8. $\mathbf{F}(x, y, x) = z\,\mathbf{i} + y\,\mathbf{j} + zx\,\mathbf{k}$, S는 좌표평면과 평면 $\dfrac{x}{a} + \dfrac{y}{b} + \dfrac{z}{c} = 1$에 의해 둘러싸인 사면체의 표면, 여기서 a, b, c는 양수이다.

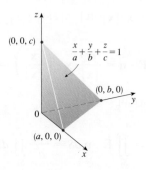

9. $\mathbf{F} = |\mathbf{r}|\,\mathbf{r}$, $\mathbf{r} = x\,\mathbf{i} + y\,\mathbf{j} + z\,\mathbf{k}$, S는 반구 $z = \sqrt{1 - x^2 - y^2}$과 xy평면 안의 원판 $x^2 + y^2 \leq 1$로 이루어진 경계곡면

---

10. $\mathbf{F}(x, y, z) = z^2x\,\mathbf{i} + \left(\frac{1}{3}y^3 + \tan^{-1}z\right)\mathbf{j} + (x^2z + y^2)\,\mathbf{k}$이고 S는 $x^2 + y^2 + z^2 = 1$의 상반구면일 때, 발산 정리를 이용해서 $\iint_S \mathbf{F} \cdot d\mathbf{S}$를 구하라. [힌트: S가 닫힌곡면이 아님에 유의하자. 먼저 S_1과 S_2 위에서 적분을 각각 계산한다. 여기서 S_1은 원판 $x^2 + y^2 \leq 1$로 아래쪽 방향이고, $S_1 = S \cup S_1$이다.]

11. 다음 그림은 벡터장 **F**을 보여 주고 있다. 이번 절에서 유도한 발산의 해석을 이용해서 P_1과 P_2에서 용출인지 흡입인지 결정하라.

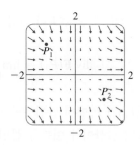

12. 벡터장 $\mathbf{F}(x, y) = \langle xy, x + y^2 \rangle$을 그리고, div $\mathbf{F} > 0$인 곳과 div $\mathbf{F} < 0$인 곳을 추측하라. 그리고 div **F**를 계산해서 추측을 확인하라.

13. 전기장 $\mathbf{E}(\mathbf{x}) = \dfrac{\varepsilon Q}{|\mathbf{x}|^3}\,\mathbf{x}$에 대해 div $\mathbf{E} = 0$임을 증명하라.

14-16 S와 E가 발산 정리의 조건을 만족하고 스칼라 함수와 벡

터장의 성분들이 연속인 2계 편도함수를 가진다고 가정할 때, 다음 항등식을 증명하라.

14. $\iint\limits_{S} \mathbf{a} \cdot \mathbf{n}\, dS = 0$, $\mathbf{a}$는 상수벡터

15. $\iint\limits_{S} \text{curl }\mathbf{F} \cdot d\mathbf{S} = 0$

16. $\iint\limits_{S} (f\,\nabla g) \cdot \mathbf{n}\, dS = \iiint\limits_{E} (f\,\nabla^2 g + \nabla f \cdot \nabla g)\, dV$

17. S와 E는 발산 정리의 조건을 만족하고 f는 연속인 편도함수를 갖는 스칼라 함수라 할 때 다음을 증명하라.

$$\iint\limits_{S} f\mathbf{n}\, dS = \iiint\limits_{E} \nabla f\, dV$$

벡터함수의 면적분과 삼중적분은 각 성분함수를 적분해서 얻은 벡터이다. [힌트: $\mathbf{F} = f\mathbf{c}$에 발산 정리를 적용하면서 시작하라. 여기서 $\mathbf{c}$는 임의의 상수벡터이다.]

15.10 | 요약

이번 장의 주요 결과들은 모두 미적분학의 기본정리의 고차원적 변형들이다. 이것들을 기억하는 데 도움을 주기 위해 여기에 본질적인 유사성을 알 수 있도록 함께 모아 놓았다(조건은 제외). 각 경우에서 좌변은 영역 위에서 '도함수'의 적분을 제공하고 우변은 영역이 **경계** 위에서만 원래 함수의 값을 포함한다.

곡선과 경계(끝점)		
미적분학의 기본정리	$\int_a^b F'(x)\, dx = F(b) - F(a)$	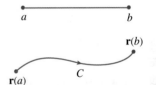
선적분의 기본정리	$\int_C \nabla f \cdot d\mathbf{r} = f(\mathbf{r}(b)) - f(\mathbf{r}(a))$	

곡면과 경계		
그린 정리	$\iint\limits_{D} \left(\dfrac{\partial Q}{\partial x} - \dfrac{\partial P}{\partial y} \right) dA = \int_C P\, dx + Q\, dy$	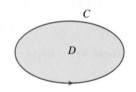
스토크스 정리	$\iint\limits_{S} \text{curl }\mathbf{F} \cdot d\mathbf{S} = \int_C \mathbf{F} \cdot d\mathbf{r}$	

입체와 경계		
발산 정리	$\iiint\limits_{E} \text{div }\mathbf{F}\, dV = \iint\limits_{S} \mathbf{F} \cdot d\mathbf{S}$	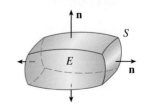

15 복습

개념 확인

1. 벡터장은 무엇인가? 물리적 의미를 가지는 세 가지 예를 들라.

2. (a) 호의 길이에 관한 매끄러운 곡선 C를 따라 스칼라 함수 f의 선적분의 정의를 쓰라.
   (b) 그런 선적분을 어떻게 구하는가?
   (c) 전선의 선밀도함수가 $\rho(x, y)$이고 곡선 C와 같은 모양인 가느다란 전선의 질량과 질량중심에 대한 표현을 쓰라.
   (d) x, y, z에 관한 스칼라 함수 f의 곡선 C 위에서의 선적분의 정의를 쓰라.
   (e) 이런 선적분의 값을 어떻게 구하는가?

3. 선적분의 기본정리를 말하라.

4. 그린 정리를 말하라.

5. $\mathbf{F}$가 $\mathbb{R}^3$에서의 벡터장이라고 하자.
   (a) curl $\mathbf{F}$를 정의하라.
   (b) div $\mathbf{F}$를 정의하라.

   (c) $\mathbf{F}$가 유체흐름에서 속도장일 때, curl $\mathbf{F}$와 div $\mathbf{F}$를 물리적으로 해석하라.

6. (a) 매개곡면은 무엇인가? 그것의 격자 곡선은 무엇인가?
   (b) 매개곡면의 넓이에 대한 표현을 쓰라.
   (c) 식 $z = g(x, y)$로 주어진 곡면 넓이를 구하라.

7. (a) 유향곡면은 무엇인가? 방향을 줄 수 없는 곡면의 예를 들라.
   (b) 단위법선벡터 $\mathbf{n}$인 유향곡면 S 위에서 벡터장 $\mathbf{F}$의 면적분(또는 유량)를 정의하라.
   (c) S가 벡터함수 $\mathbf{r}(u, v)$로 주어진 매개곡면이면 그런 적분은 어떻게 구하는가?
   (d) 유향곡면 S가 식 $z = g(x, y)$로 주어지면 어떻게 되는가?

8. 발산 정리를 말하라.

참·거짓 퀴즈

다음 명제가 참인지 거짓인지 판별하라. 참이면 이유를 설명하고, 거짓이면 이유를 설명하거나 반례를 들라.

1. $\mathbf{F}$가 벡터장이면, div $\mathbf{F}$는 벡터장이다.

2. f가 $\mathbb{R}^3$에서 모든 계수의 연속인 편도함수를 가지면, div(curl ∇f) $= 0$이다.

3. $\mathbf{F} = P\,\mathbf{i} + Q\,\mathbf{j}$이고 열린 영역 D에서 $P_y = Q_x$이면, $\mathbf{F}$는 보

존적이다.

4. $\mathbf{F}$와 $\mathbf{G}$가 벡터장이고 div $\mathbf{F} =$ div $\mathbf{G}$이면 $\mathbf{F} = \mathbf{G}$이다.

5. $\mathbf{F}$와 $\mathbf{G}$가 벡터장이면 curl$(\mathbf{F} + \mathbf{G}) =$ curl $\mathbf{F} +$ curl $\mathbf{G}$이다.

6. S가 구이고 $\mathbf{F}$는 상수벡터장이면, $\iint_S \mathbf{F} \cdot d\mathbf{S} = 0$이다.

7. 양의 방향을 가지며 조각마다 매끄러운 단순닫힌곡선 C를 경계곡선으로 가지는 영역의 넓이는 $A = \oint_C y\,dx$이다.

복습문제

1. 벡터장 $\mathbf{F}$, 곡선 C와 점 P가 그림에 제시되어 있다.
   (a) $\int_C \mathbf{F} \cdot d\mathbf{r}$가 양수인가, 음수인가, 0인가? 설명하라.
   (b) div $\mathbf{F}(P)$가 양수인가, 음수인가, 0인가? 설명하라.

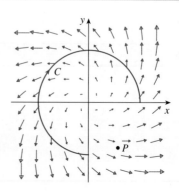

2-5 다음 선적분을 구하라.

2. $\int_C yz \cos x \, ds$,

C는 $x = t$, $y = 3 \cos t$, $z = 3 \sin t$, $0 \le t \le \pi$

3. $\int_C y^3 \, dx + x^2 \, dy$,

C는 $(0, -1)$에서 $(0, 1)$까지 포물선 $x = 1 - y^2$의 호

4. $\int_C xy \, dx + y^2 \, dy + yz \, dz$,

C는 $(1, 0, -1)$에서 $(3, 4, 2)$까지의 선분

5. $\int_C \mathbf{F} \cdot d\mathbf{r}$, 여기서 $\mathbf{F}(x, y, z) = e^z \mathbf{i} + xz \mathbf{j} + (x + y) \mathbf{k}$,

C는 $\mathbf{r}(t) = t^2 \mathbf{i} + t^3 \mathbf{j} - t \mathbf{k}$, $0 \le t \le 1$

---

6. $\mathbf{F}(x, y) = (1 + xy)e^{xy} \mathbf{i} + (e^y + x^2 e^{xy}) \mathbf{j}$가 보존적 벡터장임을 증명하라. $\mathbf{F} = \nabla f$를 만족하는 함수 f를 구하라.

7. 다음의 $\mathbf{F}$가 보존적 벡터장임을 증명하고, 이 사실을 이용해서 주어진 곡선을 따라 $\int_C \mathbf{F} \cdot d\mathbf{r}$를 구하라.

$\mathbf{F}(x, y) = (4x^3 y^2 - 2xy^3) \mathbf{i} + (2x^4 y - 3x^2 y^2 + 4y^3) \mathbf{j}$,

C: $\mathbf{r}(t) = (t + \sin \pi t) \mathbf{i} + (2t + \cos \pi t) \mathbf{j}$, $0 \le t \le 1$

8. C가 $(-1, 1)$에서 $(1, 1)$까지의 포물선 $y = x^2$과 $(1, 1)$에서 $(-1, 1)$까지의 선분일 때, 선적분 $\int_C xy^2 \, dx - x^2 y \, dy$에 대해 그린 정리가 성립함을 증명하라.

9. 그린 정리를 이용해서 $\int_C x^2 y \, dx - xy^2 \, dy$를 구하라. 여기서 C는 반시계 방향의 원 $x^2 + y^2 = 4$이다.

10. $\text{curl } \mathbf{G} = 2x \mathbf{i} + 3yz \mathbf{j} - xz^2 \mathbf{k}$인 벡터장 $\mathbf{G}$가 존재하지 않음을 증명하라.

11. C가 조각마다 매끄러운 단순닫힌 평면곡선이고 f와 g가 미분가능한 함수일 때, $\int_C f(x) \, dx + g(y) \, dy = 0$임을 증명하라.

12. f가 조화함수, 즉 $\nabla^2 f = 0$일 때 선적분 $\int f_y \, dx - f_x \, dy$는 임의의 단순영역 D에서 경로에 독립임을 증명하라.

13. 꼭짓점이 $(0, 0)$, $(1, 0)$, $(1, 2)$인 삼각형 위에 놓여 있는 곡면 $z = x^2 + 2y$의 넓이를 구하라.

14-15 다음 면적분을 구하라.

14. $\iint_S z \, dS$, S는 평면 $z = 4$ 아래에 놓여 있는 포물면 $z = x^2 + y^2$의 부분

15. $\iint_S \mathbf{F} \cdot d\mathbf{S}$, 여기서 $\mathbf{F}(x, y, z) = xz \mathbf{i} - 2y \mathbf{j} + 3x \mathbf{k}$이고, S는 바깥쪽 방향을 가진 구면 $x^2 + y^2 + z^2 = 4$

16. S가 xy평면 위에 놓여 있는 포물면 $z = 1 - x^2 - y^2$의 부분이고 위쪽 방향을 가질 때, 벡터장 $\mathbf{F}(x, y, z) = x^2 \mathbf{i} + y^2 \mathbf{j} + z^2 \mathbf{k}$에 대해 스토크스 정리가 성립함을 증명하라.

17. 스토크스 정리를 이용해서 $\int_C \mathbf{F} \cdot d\mathbf{r}$를 계산하라. 여기서 $\mathbf{F}(x, y, z) = xy \mathbf{i} + yz \mathbf{j} + zx \mathbf{k}$이고 C는 꼭짓점이 $(1, 0, 0)$, $(0, 1, 0)$, $(0, 0, 1)$인 삼각형이며, 위에서 볼 때 반시계 방향이다.

18. E가 단위구 $x^2 + y^2 + z^2 \le 1$일 때, 벡터장 $\mathbf{F}(x, y, z) = x \mathbf{i} + y \mathbf{j} + z \mathbf{k}$에 대해 발산 정리가 성립함을 증명하라.

19. $\mathbf{F}(x, y, z) = (3x^2 yz - 3y) \mathbf{i} + (x^3 z - 3x) \mathbf{j} + (x^3 y + 2z) \mathbf{k}$라 하자. C가 그림에서와 같이 시점 $(0, 0, 2)$와 종점 $(0, 3, 0)$인 곡선일 때, $\int_C \mathbf{F} \cdot d\mathbf{r}$를 구하라.

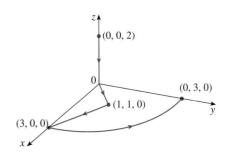

20. $\mathbf{F}(x, y, z) = x \mathbf{i} + y \mathbf{j} + z \mathbf{k}$이고 S가 그림에서와 같이 바깥쪽으로 향하는 유향곡면(모서리에서 단위 길이를 갖는 입방체가 제거된 입방체의 경계곡면)일 때, $\iint_S \mathbf{F} \cdot \mathbf{n} \, dS$를 구하라.

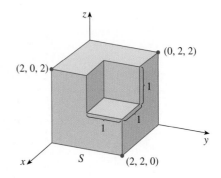

21. $\mathbf{a}$가 상수벡터이고 $\mathbf{r} = x \mathbf{i} + y \mathbf{j} + z \mathbf{k}$, S는 단순하고 닫혀 있으며 매끄러운 양의 방향을 가진 경계곡선 C를 가진 매끄러운 유향곡면이라 하자. 다음을 증명하라.

$$\iint\limits_S 2\mathbf{a} \cdot d\mathbf{S} = \int_C (\mathbf{a} \times \mathbf{r}) \cdot d\mathbf{r}$$

부록
Appendixes

A | 적분표

DIFFERENTIATION RULES

General Formulas

1. $\dfrac{d}{dx}(c) = 0$

2. $\dfrac{d}{dx}[cf(x)] = cf'(x)$

3. $\dfrac{d}{dx}[f(x) + g(x)] = f'(x) + g'(x)$

4. $\dfrac{d}{dx}[f(x) - g(x)] = f'(x) - g'(x)$

5. $\dfrac{d}{dx}[f(x)g(x)] = f(x)g'(x) + g(x)f'(x)$ (Product Rule)

6. $\dfrac{d}{dx}\left[\dfrac{f(x)}{g(x)}\right] = \dfrac{g(x)f'(x) - f(x)g'(x)}{[g(x)]^2}$ (Quotient Rule)

7. $\dfrac{d}{dx}f(g(x)) = f'(g(x))g'(x)$ (Chain Rule)

8. $\dfrac{d}{dx}(x^n) = nx^{n-1}$ (Power Rule)

Exponential and Logarithmic Functions

9. $\dfrac{d}{dx}(e^x) = e^x$

10. $\dfrac{d}{dx}(b^x) = b^x \ln b$

11. $\dfrac{d}{dx}\ln|x| = \dfrac{1}{x}$

12. $\dfrac{d}{dx}(\log_b x) = \dfrac{1}{x \ln b}$

Trigonometric Functions

13. $\dfrac{d}{dx}(\sin x) = \cos x$

14. $\dfrac{d}{dx}(\cos x) = -\sin x$

15. $\dfrac{d}{dx}(\tan x) = \sec^2 x$

16. $\dfrac{d}{dx}(\csc x) = -\csc x \cot x$

17. $\dfrac{d}{dx}(\sec x) = \sec x \tan x$

18. $\dfrac{d}{dx}(\cot x) = -\csc^2 x$

Inverse Trigonometric Functions

19. $\dfrac{d}{dx}(\sin^{-1}x) = \dfrac{1}{\sqrt{1 - x^2}}$

20. $\dfrac{d}{dx}(\cos^{-1}x) = -\dfrac{1}{\sqrt{1 - x^2}}$

21. $\dfrac{d}{dx}(\tan^{-1}x) = \dfrac{1}{1 + x^2}$

22. $\dfrac{d}{dx}(\csc^{-1}x) = -\dfrac{1}{x\sqrt{x^2 - 1}}$

23. $\dfrac{d}{dx}(\sec^{-1}x) = \dfrac{1}{x\sqrt{x^2 - 1}}$

24. $\dfrac{d}{dx}(\cot^{-1}x) = -\dfrac{1}{1 + x^2}$

Hyperbolic Functions

25. $\dfrac{d}{dx}(\sinh x) = \cosh x$

26. $\dfrac{d}{dx}(\cosh x) = \sinh x$

27. $\dfrac{d}{dx}(\tanh x) = \operatorname{sech}^2 x$

28. $\dfrac{d}{dx}(\operatorname{csch} x) = -\operatorname{csch} x \coth x$

29. $\dfrac{d}{dx}(\operatorname{sech} x) = -\operatorname{sech} x \tanh x$

30. $\dfrac{d}{dx}(\coth x) = -\operatorname{csch}^2 x$

Inverse Hyperbolic Functions

31. $\dfrac{d}{dx}(\sinh^{-1}x) = \dfrac{1}{\sqrt{1 + x^2}}$

32. $\dfrac{d}{dx}(\cosh^{-1}x) = \dfrac{1}{\sqrt{x^2 - 1}}$

33. $\dfrac{d}{dx}(\tanh^{-1}x) = \dfrac{1}{1 - x^2}$

34. $\dfrac{d}{dx}(\operatorname{csch}^{-1}x) = -\dfrac{1}{|x|\sqrt{x^2 + 1}}$

35. $\dfrac{d}{dx}(\operatorname{sech}^{-1}x) = -\dfrac{1}{x\sqrt{1 - x^2}}$

36. $\dfrac{d}{dx}(\coth^{-1}x) = \dfrac{1}{1 - x^2}$

TABLE OF INTEGRALS

Basic Forms

1. $\int u\,dv = uv - \int v\,du$

2. $\int u^n\,du = \dfrac{u^{n+1}}{n+1} + C, \quad n \neq -1$

3. $\int \dfrac{du}{u} = \ln|u| + C$

4. $\int e^u\,du = e^u + C$

5. $\int b^u\,du = \dfrac{b^u}{\ln b} + C$

6. $\int \sin u\,du = -\cos u + C$

7. $\int \cos u\,du = \sin u + C$

8. $\int \sec^2 u\,du = \tan u + C$

9. $\int \csc^2 u\,du = -\cot u + C$

10. $\int \sec u \tan u\,du = \sec u + C$

11. $\int \csc u \cot u\,du = -\csc u + C$

12. $\int \tan u\,du = \ln|\sec u| + C$

13. $\int \cot u\,du = \ln|\sin u| + C$

14. $\int \sec u\,du = \ln|\sec u + \tan u| + C$

15. $\int \csc u\,du = \ln|\csc u - \cot u| + C$

16. $\int \dfrac{du}{\sqrt{a^2 - u^2}} = \sin^{-1}\dfrac{u}{a} + C, \quad a > 0$

17. $\int \dfrac{du}{a^2 + u^2} = \dfrac{1}{a}\tan^{-1}\dfrac{u}{a} + C$

18. $\int \dfrac{du}{u\sqrt{u^2 - a^2}} = \dfrac{1}{a}\sec^{-1}\dfrac{u}{a} + C$

19. $\int \dfrac{du}{a^2 - u^2} = \dfrac{1}{2a}\ln\left|\dfrac{u+a}{u-a}\right| + C$

20. $\int \dfrac{du}{u^2 - a^2} = \dfrac{1}{2a}\ln\left|\dfrac{u-a}{u+a}\right| + C$

Forms Involving $\sqrt{a^2 + u^2}$, $a > 0$

21. $\int \sqrt{a^2 + u^2}\,du = \dfrac{u}{2}\sqrt{a^2 + u^2} + \dfrac{a^2}{2}\ln\left(u + \sqrt{a^2 + u^2}\right) + C$

22. $\int u^2\sqrt{a^2 + u^2}\,du = \dfrac{u}{8}(a^2 + 2u^2)\sqrt{a^2 + u^2} - \dfrac{a^4}{8}\ln\left(u + \sqrt{a^2 + u^2}\right) + C$

23. $\int \dfrac{\sqrt{a^2 + u^2}}{u}\,du = \sqrt{a^2 + u^2} - a\ln\left|\dfrac{a + \sqrt{a^2 + u^2}}{u}\right| + C$

24. $\int \dfrac{\sqrt{a^2 + u^2}}{u^2}\,du = -\dfrac{\sqrt{a^2 + u^2}}{u} + \ln\left(u + \sqrt{a^2 + u^2}\right) + C$

25. $\int \dfrac{du}{\sqrt{a^2 + u^2}} = \ln\left(u + \sqrt{a^2 + u^2}\right) + C$

26. $\int \dfrac{u^2\,du}{\sqrt{a^2 + u^2}} = \dfrac{u}{2}\sqrt{a^2 + u^2} - \dfrac{a^2}{2}\ln\left(u + \sqrt{a^2 + u^2}\right) + C$

27. $\int \dfrac{du}{u\sqrt{a^2 + u^2}} = -\dfrac{1}{a}\ln\left|\dfrac{\sqrt{a^2 + u^2} + a}{u}\right| + C$

28. $\int \dfrac{du}{u^2\sqrt{a^2 + u^2}} = -\dfrac{\sqrt{a^2 + u^2}}{a^2 u} + C$

29. $\int \dfrac{du}{(a^2 + u^2)^{3/2}} = \dfrac{u}{a^2\sqrt{a^2 + u^2}} + C$

Forms Involving $\sqrt{a^2 - u^2}$, $a > 0$

30. $\int \sqrt{a^2 - u^2}\,du = \dfrac{u}{2}\sqrt{a^2 - u^2} + \dfrac{a^2}{2}\sin^{-1}\dfrac{u}{a} + C$

31. $\int u^2\sqrt{a^2 - u^2}\,du = \dfrac{u}{8}(2u^2 - a^2)\sqrt{a^2 - u^2} + \dfrac{a^4}{8}\sin^{-1}\dfrac{u}{a} + C$

32. $\int \dfrac{\sqrt{a^2 - u^2}}{u}\,du = \sqrt{a^2 - u^2} - a\ln\left|\dfrac{a + \sqrt{a^2 - u^2}}{u}\right| + C$

33. $\int \dfrac{\sqrt{a^2 - u^2}}{u^2}\,du = -\dfrac{1}{u}\sqrt{a^2 - u^2} - \sin^{-1}\dfrac{u}{a} + C$

34. $\int \dfrac{u^2\,du}{\sqrt{a^2 - u^2}} = -\dfrac{u}{2}\sqrt{a^2 - u^2} + \dfrac{a^2}{2}\sin^{-1}\dfrac{u}{a} + C$

35. $\int \dfrac{du}{u\sqrt{a^2 - u^2}} = -\dfrac{1}{a}\ln\left|\dfrac{a + \sqrt{a^2 - u^2}}{u}\right| + C$

36. $\int \dfrac{du}{u^2\sqrt{a^2 - u^2}} = -\dfrac{1}{a^2 u}\sqrt{a^2 - u^2} + C$

37. $\int (a^2 - u^2)^{3/2}\,du = -\dfrac{u}{8}(2u^2 - 5a^2)\sqrt{a^2 - u^2} + \dfrac{3a^4}{8}\sin^{-1}\dfrac{u}{a} + C$

38. $\int \dfrac{du}{(a^2 - u^2)^{3/2}} = \dfrac{u}{a^2\sqrt{a^2 - u^2}} + C$

(continued)

TABLE OF INTEGRALS

Forms Involving $\sqrt{u^2 - a^2}$, $a > 0$

39. $\int \sqrt{u^2 - a^2}\, du = \dfrac{u}{2}\sqrt{u^2 - a^2} - \dfrac{a^2}{2}\ln\left|u + \sqrt{u^2 - a^2}\right| + C$

40. $\int u^2\sqrt{u^2 - a^2}\, du = \dfrac{u}{8}(2u^2 - a^2)\sqrt{u^2 - a^2}$
$\qquad\qquad\qquad\qquad - \dfrac{a^4}{8}\ln\left|u + \sqrt{u^2 - a^2}\right| + C$

41. $\int \dfrac{\sqrt{u^2 - a^2}}{u}\, du = \sqrt{u^2 - a^2} - a\cos^{-1}\dfrac{a}{|u|} + C$

42. $\int \dfrac{\sqrt{u^2 - a^2}}{u^2}\, du = -\dfrac{\sqrt{u^2 - a^2}}{u} + \ln\left|u + \sqrt{u^2 - a^2}\right| + C$

43. $\int \dfrac{du}{\sqrt{u^2 - a^2}} = \ln\left|u + \sqrt{u^2 - a^2}\right| + C$

44. $\int \dfrac{u^2\, du}{\sqrt{u^2 - a^2}} = \dfrac{u}{2}\sqrt{u^2 - a^2} + \dfrac{a^2}{2}\ln\left|u + \sqrt{u^2 - a^2}\right| + C$

45. $\int \dfrac{du}{u^2\sqrt{u^2 - a^2}} = \dfrac{\sqrt{u^2 - a^2}}{a^2 u} + C$

46. $\int \dfrac{du}{(u^2 - a^2)^{3/2}} = -\dfrac{u}{a^2\sqrt{u^2 - a^2}} + C$

Forms Involving $a + bu$

47. $\int \dfrac{u\, du}{a + bu} = \dfrac{1}{b^2}\left(a + bu - a\ln|a + bu|\right) + C$

48. $\int \dfrac{u^2\, du}{a + bu} = \dfrac{1}{2b^3}\left[(a + bu)^2 - 4a(a + bu) + 2a^2\ln|a + bu|\right] + C$

49. $\int \dfrac{du}{u(a + bu)} = \dfrac{1}{a}\ln\left|\dfrac{u}{a + bu}\right| + C$

50. $\int \dfrac{du}{u^2(a + bu)} = -\dfrac{1}{au} + \dfrac{b}{a^2}\ln\left|\dfrac{a + bu}{u}\right| + C$

51. $\int \dfrac{u\, du}{(a + bu)^2} = \dfrac{a}{b^2(a + bu)} + \dfrac{1}{b^2}\ln|a + bu| + C$

52. $\int \dfrac{du}{u(a + bu)^2} = \dfrac{1}{a(a + bu)} - \dfrac{1}{a^2}\ln\left|\dfrac{a + bu}{u}\right| + C$

53. $\int \dfrac{u^2\, du}{(a + bu)^2} = \dfrac{1}{b^3}\left(a + bu - \dfrac{a^2}{a + bu} - 2a\ln|a + bu|\right) + C$

54. $\int u\sqrt{a + bu}\, du = \dfrac{2}{15b^2}(3bu - 2a)(a + bu)^{3/2} + C$

55. $\int \dfrac{u\, du}{\sqrt{a + bu}} = \dfrac{2}{3b^2}(bu - 2a)\sqrt{a + bu} + C$

56. $\int \dfrac{u^2\, du}{\sqrt{a + bu}} = \dfrac{2}{15b^3}\left(8a^2 + 3b^2u^2 - 4abu\right)\sqrt{a + bu} + C$

57. $\int \dfrac{du}{u\sqrt{a + bu}} = \dfrac{1}{\sqrt{a}}\ln\left|\dfrac{\sqrt{a + bu} - \sqrt{a}}{\sqrt{a + bu} + \sqrt{a}}\right| + C,$ if $a > 0$

$\qquad\qquad\qquad = \dfrac{2}{\sqrt{-a}}\tan^{-1}\sqrt{\dfrac{a + bu}{-a}} + C,$ if $a < 0$

58. $\int \dfrac{\sqrt{a + bu}}{u}\, du = 2\sqrt{a + bu} + a\int \dfrac{du}{u\sqrt{a + bu}}$

59. $\int \dfrac{\sqrt{a + bu}}{u^2}\, du = -\dfrac{\sqrt{a + bu}}{u} + \dfrac{b}{2}\int \dfrac{du}{u\sqrt{a + bu}}$

60. $\int u^n\sqrt{a + bu}\, du = \dfrac{2}{b(2n + 3)}\left[u^n(a + bu)^{3/2} - na\int u^{n-1}\sqrt{a + bu}\, du\right]$

61. $\int \dfrac{u^n\, du}{\sqrt{a + bu}} = \dfrac{2u^n\sqrt{a + bu}}{b(2n + 1)} - \dfrac{2na}{b(2n + 1)}\int \dfrac{u^{n-1}\, du}{\sqrt{a + bu}}$

62. $\int \dfrac{du}{u^n\sqrt{a + bu}} = -\dfrac{\sqrt{a + bu}}{a(n - 1)u^{n-1}} - \dfrac{b(2n - 3)}{2a(n - 1)}\int \dfrac{du}{u^{n-1}\sqrt{a + bu}}$

TABLE OF INTEGRALS

Trigonometric Forms

63. $\int \sin^2 u\, du = \frac{1}{2}u - \frac{1}{4}\sin 2u + C$

64. $\int \cos^2 u\, du = \frac{1}{2}u + \frac{1}{4}\sin 2u + C$

65. $\int \tan^2 u\, du = \tan u - u + C$

66. $\int \cot^2 u\, du = -\cot u - u + C$

67. $\int \sin^3 u\, du = -\frac{1}{3}(2 + \sin^2 u)\cos u + C$

68. $\int \cos^3 u\, du = \frac{1}{3}(2 + \cos^2 u)\sin u + C$

69. $\int \tan^3 u\, du = \frac{1}{2}\tan^2 u + \ln|\cos u| + C$

70. $\int \cot^3 u\, du = -\frac{1}{2}\cot^2 u - \ln|\sin u| + C$

71. $\int \sec^3 u\, du = \frac{1}{2}\sec u \tan u + \frac{1}{2}\ln|\sec u + \tan u| + C$

72. $\int \csc^3 u\, du = -\frac{1}{2}\csc u \cot u + \frac{1}{2}\ln|\csc u - \cot u| + C$

73. $\int \sin^n u\, du = -\frac{1}{n}\sin^{n-1}u \cos u + \frac{n-1}{n}\int \sin^{n-2}u\, du$

74. $\int \cos^n u\, du = \frac{1}{n}\cos^{n-1}u \sin u + \frac{n-1}{n}\int \cos^{n-2}u\, du$

75. $\int \tan^n u\, du = \frac{1}{n-1}\tan^{n-1}u - \int \tan^{n-2}u\, du$

76. $\int \cot^n u\, du = \frac{-1}{n-1}\cot^{n-1}u - \int \cot^{n-2}u\, du$

77. $\int \sec^n u\, du = \frac{1}{n-1}\tan u \sec^{n-2}u + \frac{n-2}{n-1}\int \sec^{n-2}u\, du$

78. $\int \csc^n u\, du = \frac{-1}{n-1}\cot u \csc^{n-2}u + \frac{n-2}{n-1}\int \csc^{n-2}u\, du$

79. $\int \sin au \sin bu\, du = \frac{\sin(a-b)u}{2(a-b)} - \frac{\sin(a+b)u}{2(a+b)} + C$

80. $\int \cos au \cos bu\, du = \frac{\sin(a-b)u}{2(a-b)} + \frac{\sin(a+b)u}{2(a+b)} + C$

81. $\int \sin au \cos bu\, du = -\frac{\cos(a-b)u}{2(a-b)} - \frac{\cos(a+b)u}{2(a+b)} + C$

82. $\int u \sin u\, du = \sin u - u \cos u + C$

83. $\int u \cos u\, du = \cos u + u \sin u + C$

84. $\int u^n \sin u\, du = -u^n \cos u + n \int u^{n-1}\cos u\, du$

85. $\int u^n \cos u\, du = u^n \sin u - n \int u^{n-1}\sin u\, du$

86. $\int \sin^n u \cos^m u\, du = -\frac{\sin^{n-1}u \cos^{m+1}u}{n+m} + \frac{n-1}{n+m}\int \sin^{n-2}u \cos^m u\, du$
$$= \frac{\sin^{n+1}u \cos^{m-1}u}{n+m} + \frac{m-1}{n+m}\int \sin^n u \cos^{m-2}u\, du$$

Inverse Trigonometric Forms

87. $\int \sin^{-1}u\, du = u \sin^{-1}u + \sqrt{1-u^2} + C$

88. $\int \cos^{-1}u\, du = u \cos^{-1}u - \sqrt{1-u^2} + C$

89. $\int \tan^{-1}u\, du = u \tan^{-1}u - \frac{1}{2}\ln(1+u^2) + C$

90. $\int u \sin^{-1}u\, du = \frac{2u^2-1}{4}\sin^{-1}u + \frac{u\sqrt{1-u^2}}{4} + C$

91. $\int u \cos^{-1}u\, du = \frac{2u^2-1}{4}\cos^{-1}u - \frac{u\sqrt{1-u^2}}{4} + C$

92. $\int u \tan^{-1}u\, du = \frac{u^2+1}{2}\tan^{-1}u - \frac{u}{2} + C$

93. $\int u^n \sin^{-1}u\, du = \frac{1}{n+1}\left[u^{n+1}\sin^{-1}u - \int \frac{u^{n+1}\, du}{\sqrt{1-u^2}}\right], \quad n \neq -1$

94. $\int u^n \cos^{-1}u\, du = \frac{1}{n+1}\left[u^{n+1}\cos^{-1}u + \int \frac{u^{n+1}\, du}{\sqrt{1-u^2}}\right], \quad n \neq -1$

95. $\int u^n \tan^{-1}u\, du = \frac{1}{n+1}\left[u^{n+1}\tan^{-1}u - \int \frac{u^{n+1}\, du}{1+u^2}\right], \quad n \neq -1$

(continued)

TABLE OF INTEGRALS

Exponential and Logarithmic Forms

96. $\int ue^{au}\,du = \dfrac{1}{a^2}(au-1)e^{au} + C$

97. $\int u^n e^{au}\,du = \dfrac{1}{a}u^n e^{au} - \dfrac{n}{a}\int u^{n-1}e^{au}\,du$

98. $\int e^{au}\sin bu\,du = \dfrac{e^{au}}{a^2+b^2}(a\sin bu - b\cos bu) + C$

99. $\int e^{au}\cos bu\,du = \dfrac{e^{au}}{a^2+b^2}(a\cos bu + b\sin bu) + C$

100. $\int \ln u\,du = u\ln u - u + C$

101. $\int u^n \ln u\,du = \dfrac{u^{n+1}}{(n+1)^2}[(n+1)\ln u - 1] + C$

102. $\int \dfrac{1}{u\ln u}\,du = \ln|\ln u| + C$

Hyperbolic Forms

103. $\int \sinh u\,du = \cosh u + C$

104. $\int \cosh u\,du = \sinh u + C$

105. $\int \tanh u\,du = \ln\cosh u + C$

106. $\int \coth u\,du = \ln|\sinh u| + C$

107. $\int \operatorname{sech} u\,du = \tan^{-1}|\sinh u| + C$

108. $\int \operatorname{csch} u\,du = \ln\left|\tanh\tfrac{1}{2}u\right| + C$

109. $\int \operatorname{sech}^2 u\,du = \tanh u + C$

110. $\int \operatorname{csch}^2 u\,du = -\coth u + C$

111. $\int \operatorname{sech} u\tanh u\,du = -\operatorname{sech} u + C$

112. $\int \operatorname{csch} u\coth u\,du = -\operatorname{csch} u + C$

Forms Involving $\sqrt{2au-u^2}$, $a>0$

113. $\int \sqrt{2au-u^2}\,du = \dfrac{u-a}{2}\sqrt{2au-u^2} + \dfrac{a^2}{2}\cos^{-1}\left(\dfrac{a-u}{a}\right) + C$

114. $\int u\sqrt{2au-u^2}\,du = \dfrac{2u^2-au-3a^2}{6}\sqrt{2au-u^2} + \dfrac{a^3}{2}\cos^{-1}\left(\dfrac{a-u}{a}\right) + C$

115. $\int \dfrac{\sqrt{2au-u^2}}{u}\,du = \sqrt{2au-u^2} + a\cos^{-1}\left(\dfrac{a-u}{a}\right) + C$

116. $\int \dfrac{\sqrt{2au-u^2}}{u^2}\,du = -\dfrac{2\sqrt{2au-u^2}}{u} - \cos^{-1}\left(\dfrac{a-u}{a}\right) + C$

117. $\int \dfrac{du}{\sqrt{2au-u^2}} = \cos^{-1}\left(\dfrac{a-u}{a}\right) + C$

118. $\int \dfrac{u\,du}{\sqrt{2au-u^2}} = -\sqrt{2au-u^2} + a\cos^{-1}\left(\dfrac{a-u}{a}\right) + C$

119. $\int \dfrac{u^2\,du}{\sqrt{2au-u^2}} = -\dfrac{(u+3a)}{2}\sqrt{2au-u^2} + \dfrac{3a^2}{2}\cos^{-1}\left(\dfrac{a-u}{a}\right) + C$

120. $\int \dfrac{du}{u\sqrt{2au-u^2}} = -\dfrac{\sqrt{2au-u^2}}{au} + C$

B | 삼각법

■ 각도

각의 크기를 재는 단위로는 "도(°)"와 "라디안(간략히 rad로 표기함)"이 있다. 온전히 한 바퀴 회전을 통해 얻어지는 각의 크기는 360°이고 이는 2π 라디안과 같다. 따라서 다음의 공식 1과 2를 얻는다.

$$\boxed{\pi \text{ rad} = 180°}$$

2
$$1 \text{ rad} = \left(\frac{180}{\pi}\right)° \approx 57.3°, \qquad 1° = \frac{\pi}{180} \text{ rad} \approx 0.017 \text{ rad}$$

《예제 1》

(a) 60°는 몇 라디안인가?
(b) $5\pi/4$는 몇 도(°)인가?

풀이

(a) 식 1 또는 2로부터 알 수 있듯 도(°)를 라디안으로 바꾸기 위해 주어진 각도에 $\pi/180$을 곱하면 된다. 따라서

$$60° = 60\left(\frac{\pi}{180}\right) = \frac{\pi}{3} \text{ rad}$$

(b) 라디안을 도(°)로 바꾸기 위해 $180/\pi$을 곱하면 된다. 따라서 다음이 성립한다.

$$\frac{5\pi}{4} \text{ rad} = \frac{5\pi}{4}\left(\frac{180}{\pi}\right) = 225° \qquad ■$$

특별한 언급이 없는 한 미적분학에서는 라디안 단위를 사용한다. 일반적으로 많이 이용되는 각도에 대한 라디안 값은 아래의 도표와 같다.

도(°)	0°	30°	45°	60°	90°	120°	135°	150°	180°	270°	360°
라디안	0	$\frac{\pi}{6}$	$\frac{\pi}{4}$	$\frac{\pi}{3}$	$\frac{\pi}{2}$	$\frac{2\pi}{3}$	$\frac{3\pi}{4}$	$\frac{5\pi}{6}$	π	$\frac{3\pi}{2}$	2π

그림 1은 호의 길이 a에 대한 중심각이 θ이고 반지름이 r인 원의 한 부분을 나타낸다. 호의 길이는 각의 크기에 비례하고 원의 (전체)둘레는 $2\pi r$이고 이 둘레 $2\pi r$에 대한 원의 중심은 2π인 관계로 다음 등식이 성립한다.

$$\frac{\theta}{2\pi} = \frac{a}{2\pi r}$$

이 등식을 θ와 a에 대해 풀면 다음을 얻는다.

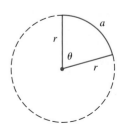

그림 1

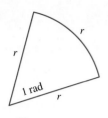

그림 2

$$\boxed{3} \qquad \boxed{\theta = \dfrac{a}{r}} \qquad \boxed{a = r\theta}$$

식 $\boxed{3}$에서 θ의 단위는 라디안임을 명심하자.

특히, 식 $\boxed{3}$에서 $a = r$이므로 1라디안은 호의 길이가 원의 반지름의 길이와 같을 때, 그 호에 대한 원의 중심각의 크기가 됨을 알 수 있다(그림 2 참조).

《예제 2》

(a) 원의 반지름이 5일 때, 길이가 6 cm인 호에 대한 각의 크기는?

(b) 원의 반지름이 3일 때, $3\pi/8$라디안인 중심각에 대한 호의 길이는?

풀이

(a) 식 $\boxed{3}$을 이용하면, $a = 6$ 그리고 $r = 5$이므로 $\theta = \dfrac{6}{5} = 1.2$라디안이 된다.

(b) $r = 3$ cm이고 $\theta = 3\pi/8$라디안일 때, 호의 길이

$$a = r\theta = 3\left(\frac{3\pi}{8}\right) = \frac{9\pi}{8}\text{ cm}$$

가 된다. ■

그림 3으로부터 알 수 있듯 각의 크기는 **시초선**(standard position)과 동경에 의해 결정된다. 시초선이 동경을 만날 때까지 시계반대 방향으로 돌렸을 때 얻어지는 각의 크기는 **양수**(positive)가 된다. 그림 4에서처럼 이번에는 시계 방향으로 돌렸을 때 얻어지는 각의 크기는 **음수**(negative)가 된다.

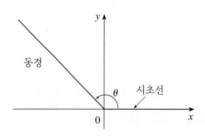

그림 3 $\theta \geq 0$

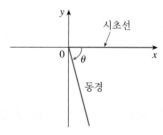

그림 4 $\theta < 0$

그림 5는 다양한 각의 크기에 대한 동경을 나타낸다. 서로 다른 각의 크기가 같은 동경을 갖는다는 사실을 유의하자. 예를 들면 $3\pi/4$, $-5\pi/4$ 그리고 $11\pi/4$는 같은 시초선과 동경을 갖는다. 그 이유는 아래의 등식이 성립하기 때문이다.

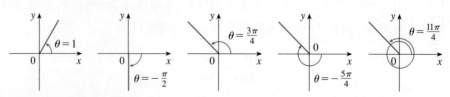

그림 5 각의 크기에 대한 동경

$$\frac{3\pi}{4} - 2\pi = -\frac{5\pi}{4}, \qquad \frac{3\pi}{4} + 2\pi = \frac{11\pi}{4}$$

여기서 2π 라디안은 온전히 한 바퀴 도는 것을 의미한다.

■ 삼각함수

그림 6에 주어진 직각삼각형의 예각 $\theta(0 < \theta < 90)$에 대해 아래의 6개의 삼각함수는 다음과 같이 정의된다.

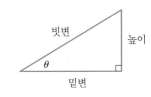

그림 6

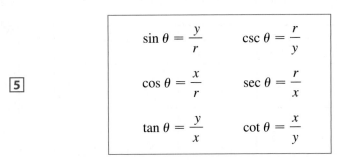

$$\boxed{4} \qquad \begin{aligned} \sin\theta &= \frac{\text{opp}}{\text{hyp}} & \csc\theta &= \frac{\text{hyp}}{\text{opp}} \\ \cos\theta &= \frac{\text{adj}}{\text{hyp}} & \sec\theta &= \frac{\text{hyp}}{\text{adj}} \\ \tan\theta &= \frac{\text{opp}}{\text{adj}} & \cot\theta &= \frac{\text{adj}}{\text{opp}} \end{aligned}$$

이 정의는 각의 크기가 $\pi/2$보다 크거나 음수값을 갖는 경우 적용할 수가 없다. 그래서 그림 7에서와 같이 일반적으로 각 θ에 대해 $P(x, y)$를 θ의 동경에 위치한 임의의 점이라 하고 r을 선분 $|OP|$의 길이라 하자. 그러면 앞의 삼각함수는 다음과 같이 정의된다.

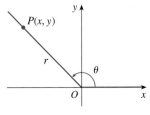

그림 7

$$\boxed{5} \qquad \begin{aligned} \sin\theta &= \frac{y}{r} & \csc\theta &= \frac{r}{y} \\ \cos\theta &= \frac{x}{r} & \sec\theta &= \frac{r}{x} \\ \tan\theta &= \frac{y}{x} & \cot\theta &= \frac{x}{y} \end{aligned}$$

0에 의해 나누어지는 것은 정의되지 않는 관계로, $x = 0$일 때 $\tan\theta$와 $\sec\theta$는 정의되지 않는다. 그리고 $y = 0$일 때, $\csc\theta$와 $\cot\theta$는 정의되지 않는다.

식 $\boxed{4}$와 식 $\boxed{5}$에 주어진 정의는 각의 크기가 예각, 즉 $0 < \theta < \frac{\pi}{2}$일 때 서로 일치함을 유의하자.

θ가 수에 해당할 경우, $\sin\theta$는 각의 크기가 θ일 때 $\sin$ 함숫값을 의미하고 θ의 단위는 라디안이다. 예를 들어, $\sin 3$은 3라디안에 대한 $\sin$ 함숫값을 의미한다. 계산기의 도움으로 $\sin 3$에 해당하는 근사값을 확인하고자 할 때는 계산기의 모드를, 라디안으로 설정하여야 하며 그렇게 하므로 $\sin 3 \approx 0.14112$를 얻게 된다.

한편 $3°$에 대한 $\sin$ 함숫값을 알고자 할 경우 $\sin 3°$라고 표기하며 계산기를 도($°$)모드로 설정하므로 $\sin 3° \approx 0.05234$를 얻게 된다.

그림 9에 주어진 직각삼각형으로부터 삼각비를 알 수 있다. 예를 들어,

정의 $\boxed{5}$ (식 $\boxed{5}$)에서 $r = 1$로 두고 그림 8과 같이 단위원을 그리면 각 θ에 대한 P의 좌표는 $(\cos\theta, \sin\theta)$이다.

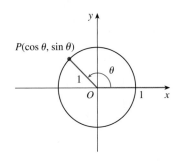

그림 8

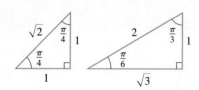

그림 9

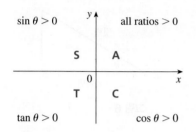

그림 10

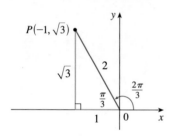

그림 11

$$\sin\frac{\pi}{4} = \frac{1}{\sqrt{2}}, \qquad \sin\frac{\pi}{6} = \frac{1}{2}, \qquad \sin\frac{\pi}{3} = \frac{\sqrt{3}}{2}$$

$$\cos\frac{\pi}{4} = \frac{1}{\sqrt{2}}, \qquad \cos\frac{\pi}{6} = \frac{\sqrt{3}}{2}, \qquad \cos\frac{\pi}{3} = \frac{1}{2}$$

$$\tan\frac{\pi}{4} = 1, \qquad \tan\frac{\pi}{6} = \frac{1}{\sqrt{3}}, \qquad \tan\frac{\pi}{3} = \sqrt{3}$$

그림 10에 표기된 "All Students Take Calculus" 규칙을 이용해 각각의 사분면에 대한 삼각함수의 부호를 기억할 수 있다.

《**예제 3**》 $\theta = 2\pi/3$에 대한 삼각비는?

풀이 그림 11로부터 $\theta = 2\pi/3$에 대한 동경 위에 점 $P(-1, \sqrt{3})$을 잡아줄 수 있음을 알 수 있다. 그래서 $x = -1$, $y = \sqrt{3}$, $r = 2$가 되고 삼각비의 정의에 의해 다음을 얻는다.

$$\sin\frac{2\pi}{3} = \frac{\sqrt{3}}{2}, \qquad \cos\frac{2\pi}{3} = -\frac{1}{2}, \qquad \tan\frac{2\pi}{3} = -\sqrt{3}$$

$$\csc\frac{2\pi}{3} = \frac{2}{\sqrt{3}}, \qquad \sec\frac{2\pi}{3} = -2, \qquad \cot\frac{2\pi}{3} = -\frac{1}{\sqrt{3}} \qquad ■$$

아래의 표는 예제 3의 방법에 의해 계산된 $\sin\theta$와 $\cos\theta$의 값을 나타낸다.

θ	0	$\dfrac{\pi}{6}$	$\dfrac{\pi}{4}$	$\dfrac{\pi}{3}$	$\dfrac{\pi}{2}$	$\dfrac{2\pi}{3}$	$\dfrac{3\pi}{4}$	$\dfrac{5\pi}{6}$	π	$\dfrac{3\pi}{2}$	2π
$\sin\theta$	0	$\dfrac{1}{2}$	$\dfrac{1}{\sqrt{2}}$	$\dfrac{\sqrt{3}}{2}$	1	$\dfrac{\sqrt{3}}{2}$	$\dfrac{1}{\sqrt{2}}$	$\dfrac{1}{2}$	0	-1	0
$\cos\theta$	1	$\dfrac{\sqrt{3}}{2}$	$\dfrac{1}{\sqrt{2}}$	$\dfrac{1}{2}$	0	$-\dfrac{1}{2}$	$-\dfrac{1}{\sqrt{2}}$	$-\dfrac{\sqrt{3}}{2}$	-1	0	1

《**예제 4**》 $\cos\theta = \frac{2}{5}$ 그리고 $0 < \theta < \pi/2$일 때, 나머지 5개의 θ에 대한 삼각함수는 무엇인가?

풀이 $\cos\theta = \frac{2}{5}$이므로 그림 12에서처럼 빗변의 길이를 5로, 밑변의 길이를 2로 줄 수 있다. 높이를 x라 두면 피타고라스 정리에 의해 $x^2 + 4 = 25$이고, $x^2 = 21$, 즉 $x = \sqrt{21}$이다. 따라서 나머지 5개의 삼각함수는 다음과 같다.

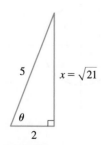

그림 12

$$\sin\theta = \frac{\sqrt{21}}{5}, \qquad \tan\theta = \frac{\sqrt{21}}{2}$$

$$\csc\theta = \frac{5}{\sqrt{21}}, \qquad \sec\theta = \frac{5}{2}, \qquad \cot\theta = \frac{2}{\sqrt{21}} \qquad ■$$

《예제 5》 계산기를 이용해 그림 13의 x의 근사값을 찾아라.

풀이 삼각비의 정의에 의해 $\tan 40° = \dfrac{16}{x}$이다.

따라서 $$x = \frac{16}{\tan 40°} \approx 19.07$$ ∎

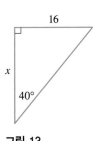

그림 13

θ가 예각, 즉 $0 < \theta < \pi/2$이면 그림 14에 주어진 삼각형의 높이 $h = b\sin\theta$가 된다. 그러므로 삼각형의 면적 $\mathcal{A}$는 다음과 같다.

$$\mathcal{A} = \tfrac{1}{2}(\text{밑변의 길이})(\text{높이}) = \tfrac{1}{2}ab\sin\theta$$

그림 15에서처럼 θ가 둔각, 즉 $\pi/2 < \theta < \pi$이면 높이 $h = b\sin(\pi - \theta) = b\sin\theta$이다. 그러므로 두 경우 모두, a와 b를 두 변의 길이로 갖고 이 두 변의 사이각 θ를 갖는 삼각형의 면적 $\mathcal{A}$는 다음과 같다.

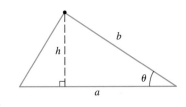

그림 14

$$\boxed{6} \qquad \mathcal{A} = \tfrac{1}{2}ab\sin\theta$$

《예제 6》 한 변의 길이가 a인 정삼각형의 면적은?

풀이 정삼각형의 세 각의 크기는 모두 $\pi/3$이고 세 변 모두 같은 길이 a를 가지므로 삼각형의 면적은 다음과 같다.

$$\mathcal{A} = \frac{1}{2}a^2\sin\frac{\pi}{3} = \frac{\sqrt{3}}{4}a^2$$ ∎

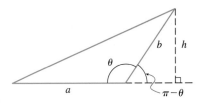

그림 15

■ 삼각함수 항등식

삼각함수 항등식은 삼각함수들 사이의 관계식이다. 삼각함수의 정의로부터 직접 얻을 수 있는 가장 기본적인 것으로 다음을 꼽을 수 있다.

$$\boxed{7}$$
$$\csc\theta = \frac{1}{\sin\theta}, \quad \sec\theta = \frac{1}{\cos\theta}, \quad \cot\theta = \frac{1}{\tan\theta}$$
$$\tan\theta = \frac{\sin\theta}{\cos\theta}, \quad \cot\theta = \frac{\cos\theta}{\sin\theta}$$

이전의 그림 7을 참조해 다음의 등식을 얻는다. 피타고라스 정리 $x^2 + y^2 = r^2$에 의해 다음이 성립한다.

$$\sin^2\theta + \cos^2\theta = \frac{y^2}{r^2} + \frac{x^2}{r^2} = \frac{x^2 + y^2}{r^2} = \frac{r^2}{r^2} = 1$$

이로써 우리는 모든 삼각함수 항등식 중 가장 유용한 항등식 중 하나를 증명하였다.

$$\boxed{8} \qquad \sin^2\theta + \cos^2\theta = 1$$

식 **8**의 양변을 $\cos^2\theta$으로 나눈 후 식 **7**을 적용하면 다음을 얻는다.

9
$$\tan^2\theta + 1 = \sec^2\theta$$

유사하게 식 **8**의 양변을 $\sin^2\theta$로 나누면 다음을 얻는다.

10
$$1 + \cot^2\theta = \csc^2\theta$$

다음의 공식은 sine 함수는 홀함수이고 cosine 함수는 짝함수임을 보인다.

11a
11b
$$\sin(-\theta) = -\sin\theta$$
$$\cos(-\theta) = \cos\theta$$

홀함수와 짝함수는 1.1절에서 다루게 될 것이다.

이들 등식이 성립함은 시초선과 동경을 이용한 좌표에 θ와 $-\theta$를 표시해 그려봄으로 쉽게 증명해 보일 수 있다(예제 20 참조).

각 θ와 $\theta + 2\pi$는 같은 동경을 가지므로 다음이 성립한다.

12
$$\sin(\theta + 2\pi) = \sin\theta, \qquad \cos(\theta + 2\pi) = \cos\theta$$

이들 등식으로부터 sine과 cosine 함수는 주기가 2π인 주기함수임을 알 수 있다.

나머지 삼각함수 항등식들은 **덧셈정리**(addition formulas)라 불리는 아래의 두 기초적인 등식으로부터 얻어진다.

13a
13b
$$\sin(x + y) = \sin x \cos y + \cos x \sin y$$
$$\cos(x + y) = \cos x \cos y - \sin x \sin y$$

이들 덧셈정리에 대한 증명은 예제 45, 46에 요약되어 있다.

식 **13a**와 **13b**의 y를 $-y$로 교체한 후 식 **11a**와 **11b**를 적용하므로 아래의 **뺄셈정리**(subtraction formulas)를 얻는다.

14a
14b
$$\sin(x - y) = \sin x \cos y - \cos x \sin y$$
$$\cos(x - y) = \cos x \cos y + \sin x \sin y$$

식 **13a**를 **13b**로 나누고 식 **14a**를 **14b**로 나누므로, 아래의 $\tan(x \pm y)$에 대한 등식을 얻는다.

15a
$$\tan(x + y) = \frac{\tan x + \tan y}{1 - \tan x \tan y}$$

15b
$$\tan(x - y) = \frac{\tan x - \tan y}{1 + \tan x \tan y}$$

덧셈정리 13에 $y = x$로 두면 다음의 등식을 얻는다.

16a
16b
$$\sin 2x = 2 \sin x \cos x$$
$$\cos 2x = \cos^2 x - \sin^2 x$$

$\sin^2 x + \cos^2 x = 1$을 이용해 $\cos 2x$에 대한 다음의 등식을 얻는다.

17a
17b
$$\cos 2x = 2 \cos^2 x - 1$$
$$\cos 2x = 1 - 2 \sin^2 x$$

식 17a와 17b를 $\cos^2 x$와 $\sin^2 x$에 대해 정리하면 다음의 **반각 공식**(half-angle formulas)을 얻는다. 이 공식은 적분에 유용하게 이용된다.

18a
18b
$$\cos^2 x = \frac{1 + \cos 2x}{2}$$
$$\sin^2 x = \frac{1 - \cos 2x}{2}$$

마지막으로 다음의 식들은 식 13과 식 14로부터 유도될 수 있다.

19a
19b
19c
$$\sin x \cos y = \tfrac{1}{2}[\sin(x + y) + \sin(x - y)]$$
$$\cos x \cos y = \tfrac{1}{2}[\cos(x + y) + \cos(x - y)]$$
$$\sin x \sin y = \tfrac{1}{2}[\cos(x - y) - \cos(x + y)]$$

많은 다른 삼각함수 항등식들이 존재하지만 지금까지 소개된 식들은 가장 자주 이용되는 식들이다. 혹시 다른 식 14-19를 잊어버렸다면 이들 등식들이 식 13a와 13b로부터 유도될 수 있음을 기억하자.

《예제 7》 구간 $[0, 2\pi]$에서 $\sin x = \sin 2x$를 만족시키는 모든 x값을 찾아라.

풀이 식 16a를 이용해 주어진 식은

$$\sin x = 2 \sin x \cos x \text{ 또는 } \sin x(1 - 2 \cos x) = 0$$

이 된다. 따라서 $\sin x = 0$ 또는 $1 - 2 \cos x = 0$이다. 즉 $x = 0, \pi, 2\pi$ 또는 $\cos x = \frac{1}{2}$이므로 $x = \dfrac{\pi}{3}, \dfrac{5\pi}{3}$이다.

결론적으로 주어진 식에 대해 5개의 해 $0, \pi/3, \pi, 5\pi/3$ 그리고 2π가 존재한다. ∎

■ 사인법칙과 코사인법칙

사인법칙은 "삼각형에서 각각의 변의 길이는 대응각의 사인값에 비례한다"이다. A, B, C가 삼각형의 꼭짓점과 이들 꼭짓점의 각의 크기를 나타낸다고 하자. 그리고 그림 16과 같이 이들 각에 대응하는 변의 길이를 a, b, c로 표기하자.

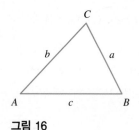

그림 16

> **20 사인법칙**   임의의 삼각형 ABC
>
> $$\frac{\sin A}{a} = \frac{\sin B}{b} = \frac{\sin C}{c}$$

증명   그림 16의 삼각형 ABC의 면적은 식 **6**에 의해 $\frac{1}{2}ab \sin C$이다. 또한 삼각형의 면적은 $\frac{1}{2}ac \sin B$와 $\frac{1}{2}bc \sin A$로도 묘사가능하다. 그래서

$$\tfrac{1}{2}bc \sin A = \tfrac{1}{2}ac \sin B = \tfrac{1}{2}ab \sin C$$

이고 $2/abc$를 곱하므로 사인법칙을 얻는다.   ■

코사인법칙(Law of Cosines)은 삼각형의 한 변의 길이를 나머지 두 변의 길이와 이 두 변 사이의 각에 의해 나타낸다.

> **21 코사인법칙**   임의의 삼각형 ABC
>
> $$a^2 = b^2 + c^2 - 2bc \cos A$$
>
> $$b^2 = a^2 + c^2 - 2ac \cos B$$
>
> $$c^2 = a^2 + b^2 - 2ab \cos C$$

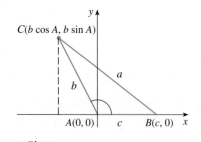

그림 17

증명   첫 번째 식을 증명하자. 나머지 두 식은 유사하게 증명된다. 임의의 주어진 삼각형 ABC를 그림 17과 같이 꼭짓점 A가 중점 $(0, 0)$에 오게 좌표평면에 두자. 꼭짓점 B와 C의 좌표는 각각 $(c, 0)$와 $(b \cos 2, b \sin A)$가 되게 하자(이들 점의 좌표는 각 A의 크기가 예각인 경우도 같은 값을 가짐을 확인하고 넘어가자). 그러면 다음 식이 성립한다.

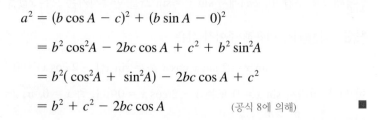

$$a^2 = (b \cos A - c)^2 + (b \sin A - 0)^2$$
$$= b^2 \cos^2 A - 2bc \cos A + c^2 + b^2 \sin^2 A$$
$$= b^2(\cos^2 A + \sin^2 A) - 2bc \cos A + c^2$$
$$= b^2 + c^2 - 2bc \cos A \qquad \text{(공식 8에 의해)} \quad ■$$

코사인법칙은 삼각형의 세 변의 길이만을 이용해 면적을 구하는 공식을 증명하는 데 이용될 수 있다.

---

22 **헤론(Heron)의 공식** 임의의 삼각형 ABC의 면적 $\mathcal{A}$는 다음과 같다.

$$\mathcal{A} = \sqrt{s(s-a)(s-b)(s-c)}$$

여기서 $s = \frac{1}{2}(a+b+c)$이다.

증명 우선 코사인법칙에 의해

$$1 + \cos C = 1 + \frac{a^2+b^2-c^2}{2ab} = \frac{2ab+a^2+b^2-c^2}{2ab}$$

$$= \frac{(a+b)^2-c^2}{2ab} = \frac{(a+b+c)(a+b-c)}{2ab}$$

유사하게

$$1 - \cos C = \frac{(c+a-b)(c-a+b)}{2ab}$$

그러면 식 **6**에 의해

$$\mathcal{A}^2 = \tfrac{1}{4}a^2b^2\sin^2\theta = \tfrac{1}{4}a^2b^2(1-\cos^2\theta)$$

$$= \tfrac{1}{4}a^2b^2(1+\cos\theta)(1-\cos\theta)$$

$$= \tfrac{1}{4}a^2b^2\,\frac{(a+b+c)(a+b-c)}{2ab}\,\frac{(c+a-b)(c-a+b)}{2ab}$$

$$= \frac{(a+b+c)}{2}\frac{(a+b-c)}{2}\frac{(c+a-b)}{2}\frac{(c-a+b)}{2}$$

$$= s(s-c)(s-b)(s-a)$$

양 변에 제곱근을 취해 주므로 헤론의 공식을 얻는다.   ∎

■ 삼각함수의 그래프

그림 18(a)에 주어진 함수 $f(x) = \sin x$의 그래프는 $0 \le x \le 2\pi$에 대해 $\sin x$값을 점으로 찍어주므로 얻는다. 그리고 사인함수는 주기가 2π인 주기함수(식 **12**)인 사실을 이용해 그래프를 완성시킬 수 있다. $x = n\pi$, n은 정수일 때 $\sin x = 0$이 되는 사실을 주목하자.

$$x = n\pi,\ n\text{은 정수일 때 } \sin x = 0\text{이다.}$$

등식

$$\cos x = \sin\left(x + \frac{\pi}{2}\right)$$

으로부터(이 식은 식 **13a**에서 $y = \pi/2$인 경우이다) 코사인함수의 그래프는 사인

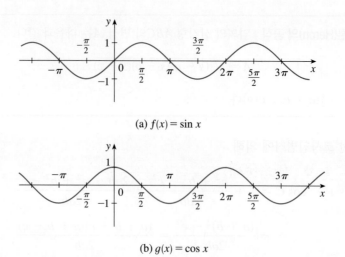

(a) $f(x) = \sin x$

(b) $g(x) = \cos x$

그림 18

함수의 그래프를 $\pi/2$만큼 왼쪽으로 평행이동시키므로(그림 18(b) 참조) 얻게 된다. 사인과 코사인 두 함수 모두 정의구역으로 $(-\infty, \infty)$를 갖고 치역으로 폐구간 $[-1, 1]$을 가짐을 주목하자. 그러므로 모든 x값에 대해 다음이 성립한다.

$$-1 \le \sin x \le 1, \quad -1 \le \cos x \le 1$$

나머지 4개의 삼각함수에 대한 그래프는 그림 19에 주어졌다. 그리고 이들 함수

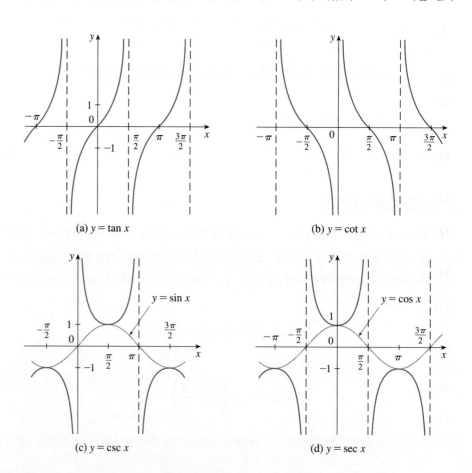

(a) $y = \tan x$

(b) $y = \cot x$

(c) $y = \csc x$

(d) $y = \sec x$

그림 19

의 정의구역 또한 각각의 그래프에 표시되어 있다. 탄젠트함수와 코탄젠트함수의 치역은 $(-\infty, \infty)$인 반면, 시컨트함수와 코시컨트함수의 치역은 $(-\infty, -1] \cup [1, \infty)$임을 주목하자. 모든 4개의 함수는 주기함수다. 탄젠트함수와 코탄젠트함수의 주기는 π인 반면 코시컨트와 시컨트함수의 주기는 2π이다.

B │ 연습문제

1-3 도(°)를 라디안으로 전환하라.

1. $210°$

2. $9°$

3. $900°$

4-6 라디안을 도(°)로 전환하라.

4. 4π

5. $\dfrac{5\pi}{12}$

6. $-\dfrac{3\pi}{8}$

---

7. 원의 반지름이 36 cm일 때 각 $\pi/12$에 대한 원의 호의 길이는?

8. 반지름이 1.5 m인 원이 주어졌다. 1 m 길이의 호에 대한 원의 중심각의 크기는?

9-11 아래에 주어진 각들을 좌표평면에 시초선과 동경을 이용해 표시하라.

9. $315°$

10. $-\dfrac{3\pi}{4}$ rad

11. 2 rad

12-14 아래에 주어진 각의 크기에 대한 정확한 삼각비의 값은?

12. $\dfrac{3\pi}{4}$

13. $\dfrac{9\pi}{2}$

14. $\dfrac{5\pi}{6}$

15-17 나머지 삼각비를 구하라.

15. $\sin\theta = \dfrac{3}{5}, \quad 0 < \theta < \dfrac{\pi}{2}$

16. $\sec\phi = -1.5, \quad \dfrac{\pi}{2} < \phi < \pi$

17. $\cot\beta = 3, \quad \pi < \beta < 2\pi$

18-19 x로 표시된 변의 길이를 소수점 이하 5자리까지 계산하라.

18.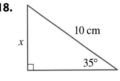

19.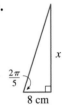

20-21 각각의 등식을 증명하라.

20. (a) 공식 ⌐11a⌐

(b) 공식 ⌐11b⌐

21. (a) 공식 ⌐19a⌐

(b) 공식 ⌐19b⌐

(c) 공식 ⌐19c⌐

22-29 항등식을 증명하라.

22. $\sin\left(\dfrac{\pi}{2} + x\right) = \cos x$

23. $\sin\theta \cot\theta = \cos\theta$

24. $\sec y - \cos y = \tan y \sin y$

25. $\cot^2\theta + \sec^2\theta = \tan^2\theta + \csc^2\theta$

26. $\tan 2\theta = \dfrac{2\tan\theta}{1 - \tan^2\theta}$

27. $\sin x \sin 2x + \cos x \cos 2x = \cos x$

28. $\dfrac{\sin\phi}{1 - \cos\phi} = \csc\phi + \cot\phi$

29. $\sin 3\theta + \sin\theta = 2\sin 2\theta \cos\theta$

30-32 $\sin x = \frac{1}{3}$ 그리고 $\sec y = \frac{5}{4}$(여기서 x와 y는 0과 $\pi/2$ 사이의 각이다)일 때, 다음 식을 계산하라.

30. $\sin(x + y)$

31. $\cos(x - y)$

32. $\sin 2y$

33-36 등식을 만족시키는 구간 $[0, 2\pi]$에 있는 모든 x의 값을 구하라.

33. $2\cos x - 1 = 0$ **34.** $2\sin^2 x = 1$

35. $\sin 2x = \cos x$ **36.** $\sin x = \tan x$

37-38 부등식을 만족시키는 구간 $[0, 2\pi]$에 있는 모든 x의 값을 구하라.

37. $\sin x \leq \dfrac{1}{2}$ **38.** $-1 < \tan x < 1$

---

39. 삼각형 ABC에서 $\angle A = 50°$, $\angle B = 68°$ 그리고 $c = 230$이다. 사인법칙을 이용해 나머지 변의 길이와 각을 구하라(이때 소수점 이하 두 자리까지 계산하라).

40. 작은 만을 가로지르는 거리 $|AB|$를 구하기 위해 점 C를 그림에서와 같이 정하여 다음과 같은 측량 결과를 얻었다.

$$\angle C = 103°, \quad |AC| = 820\,\text{m}, \quad |BC| = 910\,\text{m}$$

거리 $|AB|$를 코사인법칙을 이용해 구하라.

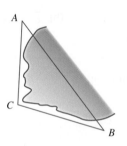

41. 삼각형 ABC에서 $|AB| = 10$ cm, $|BC| = 3$ cm, $\angle B = 107°$이다. 삼각형 ABC의 면적을 계산하라(소수점 이하 5자리까지 계산하라).

42-44 그림 18과 19의 그래프로부터 출발하여 1.3절의 변환을 적용하여 주어진 함수의 그래프를 그려라.

42. $y = \cos\left(x - \dfrac{\pi}{3}\right)$ **43.** $y = \dfrac{1}{3}\tan\left(x - \dfrac{\pi}{2}\right)$

44. $y = |\sin x|$

---

45. 주어진 그림을 이용해 아래의 코사인함수의 뺄셈정리를 증명하라.

$$\cos(\alpha - \beta) = \cos\alpha\,\cos\beta + \sin\alpha\,\sin\beta$$

[**힌트**: 두 가지 방식(코사인법칙과 거리 공식을 이용해)으로 c^2을 계산하고 두 식을 비교하라.]

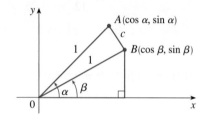

46. 코사인함수의 덧셈정리와 항등식

$$\cos\left(\dfrac{\pi}{2} - \theta\right) = \sin\theta, \quad \sin\left(\dfrac{\pi}{2} - \theta\right) = \cos\theta$$

를 이용하여 사인함수의 뺄셈정리 **14a**를 증명하라.

C │ 연습문제 해답

CHAPTER 1

EXERCISES 1.1 ■ PAGE 18

1. Yes

2. (a) 2, −2, 1, 2.5   (b) −4   (c) [−4, 4]
(d) [−4, 4], [−2, 3]   (e) [0, 2]

3. [−85, 115]   **4.** Yes   **5.** No   **6.** Yes   **7.** No

8. No   **9.** Yes, [−3, 2], [−3, −2) ∪ [−1, 3]

10. (a) 13.8°C   (b) 1990   (c) 1910, 2000
(d) [13.5, 14.4]

11.

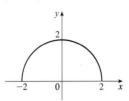

12. (a) 500 MW; 730 MW   (b) 4 AM; noon; yes

13.

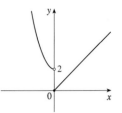

14.

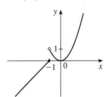

15.

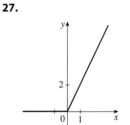

16. (a)   (b) 23°C

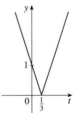

17. 12, 16, $3a^2 − a + 2$, $3a^2 + a + 2$, $3a^2 + 5a + 4$,
$6a^2 − 2a + 4$, $12a^2 − 2a + 2$, $3a^4 − a^2 + 2$,
$9a^4 − 6a^3 + 13a^2 − 4a + 4$, $3a^2 + 6ah + 3h^2 − a − h + 2$

18. $−3 − h$ **19.** $−1/(ax)$

20. $(−∞, −3) ∪ (−3, 3) ∪ (3, ∞)$ **21.** $(−∞, ∞)$

22. $(−∞, 0) ∪ (5, ∞)$ **23.** $[0, 4]$

24. $[−2, 2], [0, 2]$ **25.** 11, 0, 2

26. −2, 0, 4   **27.**

28.   **29.**

30. $f(x) = \frac{5}{2}x − \frac{11}{2}, 1 ≤ x ≤ 5$ **31.** $f(x) = 1 − \sqrt{−x}$

32. $f(x) = \begin{cases} −x + 3 & \text{if } 0 ≤ x ≤ 3 \\ 2x − 6 & \text{if } 3 < x ≤ 5 \end{cases}$

33. $A(L) = 10L − L^2, 0 < L < 10$

34. $A(x) = \sqrt{3}x^2/4, x > 0$ **35.** $S(x) = x^2 + (8/x), x > 0$

36. $V(x) = 4x^3 − 160x^2 + 150x, 0 < x < 15$

37. $F(x) = \begin{cases} 15(60 − x) & \text{if } 0 < x < 60 \\ 0 & \text{if } 60 < x < 100 \\ 15(x − 100) & \text{if } 100 < x < 150 \end{cases}$

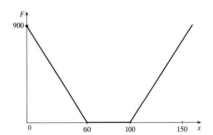

38. (a)

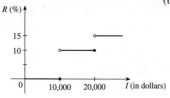

(b) \$400, \$1900

(c)

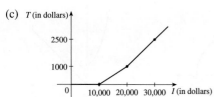

39. f is odd, g is even

40. (a)

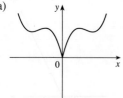

(b)

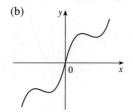

41. Odd   **42.** Neither   **43.** Even
44. Even; odd; neither (unless $f = 0$ or $g = 0$)

EXERCISES 1.2 ■ PAGE 33
1. (a) Polynomial, degree 3   (b) Trigonometric   (c) Power
(d) Exponential   (e) Algebraic   (f) Logarithmic
2. (a) h (b) f (c) g
3. $\{x \mid x \neq \pi/2 + 2n\pi\}$, n an integer
4. (a) $y = 2x + b$, where b is the y-intercept.

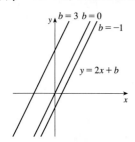

(b) $y = mx + 1 - 2m$, where m is the slope.

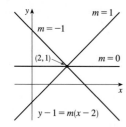

(c) $y = 2x - 3$

5. Their graphs have slope -1.

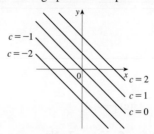

6. $f(x) = 2x^2 - 12x + 18$
7. $f(x) = -3x(x + 1)(x - 2)$
8. (a) 8.34, change in mg for every 1 year change
(b) 8.34 mg
9. (a)

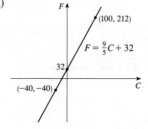

(b) $\frac{9}{5}$, change in °F for every 1°C change; 32, Fahrenheit temperature corresponding to 0°C
10. (a) $C = 13x + 900$

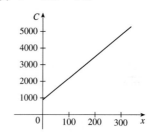

(b) 13; cost (in dollars) of producing each additional chair
(c) 900; daily fixed costs
11. (a) $P = 0.1d + 1.05$ (b) 59.5 m
12. Four times brighter
13. (a) 8   (b) 4   (c) 605,000 W; 2,042,000 W; 9,454,000 W
14. (a) Cosine   (b) Linear
15. (a)

A linear model is appropriate.

(b) $y = -0.000105x + 14.521$

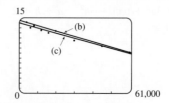

(c) $y = -0.00009979x + 13.951$
(d) About 11.5 per 100 population
(e) About 6%   (f) No

16. (a) See the graph in part (b).
(b) $y = 1.88074x + 82.64974$

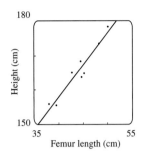

(c) 182.3 cm
17. (a) A linear model is appropriate. See the graph in part (b).
(b) $y = 1124.86x + 60{,}119.86$

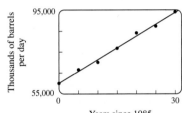

(c) In thousands of barrels per day: 79,242 and 96,115
18. (a) 2   (b) 334 m^2

EXERCISES 1.3 ■ PAGE 41

1. (a) $y = f(x) + 3$ (b) $y = f(x) - 3$ (c) $y = f(x - 3)$
(d) $y = f(x + 3)$ (e) $y = -f(x)$ (f) $y = f(-x)$
(g) $y = 3f(x)$ (h) $y = \frac{1}{3}f(x)$

2. (a) 3   (b) 1   (c) 4   (d) 5   (e) 2

3. (a)   (b)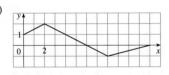

(c) 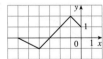   (d)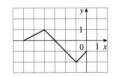

4. $y = -\sqrt{-x^2 - 5x - 4} - 1$

5.

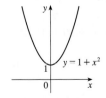

6.

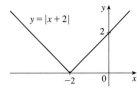

7.

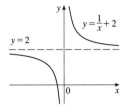

8.

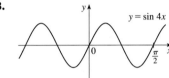

9.

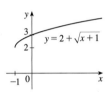

10.

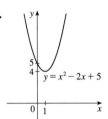

11.

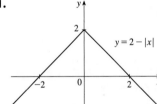

12.

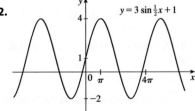

13.

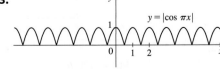

14. $L(t) = 12 + 2 \sin\left[\dfrac{2\pi}{365}(t - 80)\right]$

15. $D(t) = 5 \cos[(\pi/6)(t - 6.75)] + 7$

16. (a) The portion of the graph of $y = f(x)$ to the right of the y-axis is reflected about the y-axis.

(b)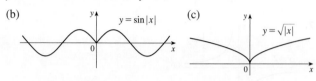
(c)

$y = \sin|x|$

$y = \sqrt{|x|}$

17. (a) $(f + g)(x) = \sqrt{25 - x^2} + \sqrt{x + 1}, [-1, 5]$
(b) $(f - g)(x) = \sqrt{25 - x^2} - \sqrt{x + 1}, [-1, 5]$
(c) $(fg)(x) = \sqrt{-x^3 - x^2 + 25x + 25}, [-1, 5]$
(d) $(f/g)(x) = \sqrt{\dfrac{25 - x^2}{x + 1}}, (-1, 5]$

18. (a) $(f \circ g)(x) = x + 5, (-\infty, \infty)$
(b) $(g \circ f)(x) = \sqrt[3]{x^3 + 5}, (-\infty, \infty)$
(c) $(f \circ f)(x) = (x^3 + 5)^3 + 5, (-\infty, \infty)$
(d) $(g \circ g)(x) = \sqrt[9]{x}, (-\infty, \infty)$

19. (a) $(f \circ g)(x) = \dfrac{1}{\sqrt{x + 1}}, (-1, \infty)$
(b) $(g \circ f)(x) = \dfrac{1}{\sqrt{x}} + 1, (0, \infty)$
(c) $(f \circ f)(x) = \sqrt[4]{x}, (0, \infty)$
(d) $(g \circ g)(x) = x + 2, (-\infty, \infty)$

20. (a) $(f \circ g)(x) = \dfrac{2}{\sin x}, \{x \mid x \neq n\pi\}, n$ an integer
(b) $(g \circ f)(x) = \sin\left(\dfrac{2}{x}\right), \{x \mid x \neq 0\}$
(c) $(f \circ f)(x) = x, \{x \mid x \neq 0\}$
(d) $(g \circ g)(x) = \sin(\sin x), \mathbb{R}$

21. $(f \circ g \circ h)(x) = 3 \sin(x^2) - 2$
22. $(f \circ g \circ h)(x) = \sqrt{x^6 + 4x^3 + 1}$
23. $g(x) = 2x + x^2, f(x) = x^4$
24. $g(x) = \sqrt[3]{x}, f(x) = x/(1 + x)$
25. $g(t) = t^2, f(t) = \sec t \tan t$
26. $h(x) = \sqrt{x}, g(x) = x - 1, f(x) = \sqrt{x}$
27. $h(t) = \cos t, g(t) = \sin t, f(t) = t^2$
28. (a) 6   (b) 5   (c) 5   (d) 3
29. (a) 4   (b) 3   (c) 0   (d) Does not exist; $f(6) = 6$ is not in the domain of g.   (e) 4   (f) -2
30. (a) $r(t) = 60t$ (b) $(A \circ r)(t) = 3600\pi t^2$; the area of the circle as a function of time
31. (a) $s = \sqrt{d^2 + 36}$ (b) $d = 30t$
(c) $(f \circ g)(t) = \sqrt{900t^2 + 36}$; the distance between the lighthouse and the ship as a function of the time elapsed since noon

32. (a) 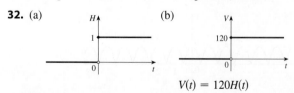   (b)

$V(t) = 120H(t)$

(c)

$V(t) = 240H(t - 5)$

33. Yes; $m_1 m_2$
34. (a) $f(x) = x^2 + 6$ (b) $g(x) = x^2 + x - 1$
35. Yes
36. (d) $f(x) = \frac{1}{2}E(x) + \frac{1}{2}O(x)$, where
$E(x) = 2^x + 2^{-x} + (x - 3)^2 + (x + 3)^2$ and
$O(x) = 2^x - 2^{-x} + (x - 3)^2 - (x + 3)^2$

EXERCISES 1.4 ▪ PAGE 47

1. (a) $-44.4, -38.8, -27.8, -22.2, -16.\overline{6}$
(b) -33.3 (c) $-33\frac{1}{3}$
2. (a) (i) 2   (ii) 1.111111   (iii) 1.010101   (iv) 1.001001
(v) 0.666667   (vi) 0.909091   (vii) 0.990099
(viii) 0.999001   (b) 1   (c) $y = x - 3$
3. (a) (i) -40 m/s   (ii) -39.4 m/s   (iii) -39.3 m/s
(b) -39 m/s
4. (a) (i) 8.9 m/s   (ii) 9.9 m/s   (iii) 13.9 m/s
(iv) 14.9 m/s   (b) 8.9 m/s
9. (a) 0, 1.7321, $-1.0847, -2.7433, 4.3301, -2.8173, 0,$
$-2.1651, -2.6061, -5, 3.4202$; no   (c) -31.4

EXERCISES 1.5 ▪ PAGE 57

1. Yes
2. (a) $\lim_{x \to -3} f(x) = \infty$ means that the values of $f(x)$ can be made arbitrarily large (as large as we please) by taking x sufficiently close to -3 (but not equal to -3).
(b) $\lim_{x \to 4^+} f(x) = -\infty$ means that the values of $f(x)$ can be made arbitrarily large negative by taking x sufficiently close to 4 through values larger than 4.
3. (a) 2   (b) 1   (c) 4   (d) Does not exist   (e) 3
4. (a) 4   (b) 5   (c) 2, 4   (d) 4
5. (a) $-\infty$ (b) ∞ (c) ∞ (d) $-\infty$ (e) ∞
(f) $x = -7, x = -3, x = 0, x = 6$
6. $\lim_{x \to a} f(x)$ exists for all a except $a = 1$.
7. (a) -1 (b) 1   (c) Does not exist
8.   **9.**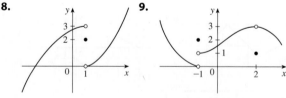

10. $\frac{1}{2}$ **11.** $\frac{1}{2}$ **12.** 1.5   **13.** 1   **14.** ∞ **15.** ∞
16. $-\infty$ **17.** $-\infty$ **18.** ∞ **19.** $x = -2$ **20.** $-\infty; \infty$
21. (a) 0.998000, 0.638259, 0.358484, 0.158680, 0.038851, 0.008928, 0.001465; 0
(b) 0.000572, $-0.000614, -0.000907, -0.000978, -0.000993,$
$-0.001000; -0.001$
22. $x \approx \pm 0.90, \pm 2.24; x = \pm \sin^{-1}(\pi/4), \pm(\pi - \sin^{-1}(\pi/4))$
23. $m \to \infty$

EXERCISES 1.6 ■ PAGE 67

1. (a) -6 (b) -8 (c) 2   (d) -6
(e) Does not exist   (f) 0
2. 75   **3.** 88   **4.** 5   **5.** $-\frac{1}{27}$ **6.** -13
7. 6   **8.** Does not exist   **9.** $\frac{5}{7}$ **10.** $\frac{9}{2}$
11. -6 **12.** $\frac{1}{6}$ **13.** $-\frac{1}{9}$ **14.** 1   **15.** $\frac{1}{128}$
16. $-\frac{1}{2}$ **17.** $3x^2$ **18.** (a), (b) $\frac{2}{3}$ **19.** 7   **20.** 8
21. -4 **22.** Does not exist

23. (a)    (b) (i) 1
   (ii) -1
   (iii) Does not exist
   (iv) 1

24. (a) (i) 5   (ii) -5 (b) Does not exist

(c)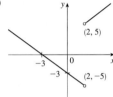

25. 7
26. (a) (i) -2 (ii) Does not exist   (iii) -3
(b) (i) $n - 1$ (ii) n (c) a is not an integer.
31. 8   **34.** 15; -1

EXERCISES 1.7 ■ PAGE 77

1. 0.1 (or any smaller positive number)
2. 1.44 (or any smaller positive number)
3. 0.4269 (or any smaller positive number)
4. 0.0219 (or any smaller positive number);
0.011 (or any smaller positive number)
5. (a) 0.041 (or any smaller positive number)
(b) $\lim\limits_{x \to 4^+} \dfrac{x^2 + 4}{\sqrt{x - 4}} = \infty$
6. (a) $\sqrt{1000/\pi}$ cm   (b) Within approximately 0.0445 cm
(c) Radius; area; $\sqrt{1000/\pi}$; 1000; 5; ≈ 0.0445
7. (a) 0.025   (b) 0.0025
18. (a) 0.093   (b) $d = (B^{2/3} - 12)/(6B^{1/3}) - 1$, where
$B = 216 + 108\varepsilon + 12\sqrt{336 + 324\varepsilon + 81\varepsilon^2}$
21. Within 0.1

EXERCISES 1.8 ■ PAGE 88

1. $\lim_{x \to 4} f(x) = f(4)$
2. (a) $-4, -2, 2, 4$; $f(-4)$ is not defined and $\lim\limits_{x \to a} f(x)$ does not exist for $a = -2, 2,$ and 4
(b) -4, neither; -2, left; 2, right; 4, right
3. (a) 1   (b) 1, 3   (c) 3

4.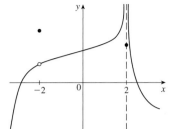

5. 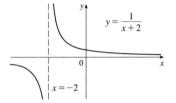   **6.** (a)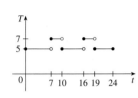

10. $f(-2)$ is undefined.

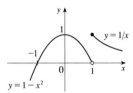

11. $\lim\limits_{x \to 1} f(x)$ does not exist.   **12.** $\lim\limits_{x \to 0} f(x) \neq f(0)$

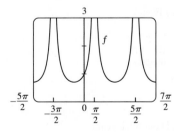

13. (b) Define $f(3) = \frac{1}{6}$.   **14.** $(-\infty, \infty)$
15. $(-\infty, -1) \cup (-1, 1) \cup (1, \infty)$ **16.** $(-3, 3)$
17. $(-\infty, -1] \cup (0, \infty)$ **18.** 8   **19.** $\pi^2/16$
20. $x = \dfrac{\pi}{2} + 2n\pi$, n any integer

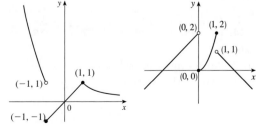

22. -1, right   **23.** 0, right; 1, left

24. $\frac{2}{3}$ **25.** 4

26. (a) $g(x) = x^3 + x^2 + x + 1$ (b) $g(x) = x^2 + x$

30. (b) $(0.86, 0.87)$ **31.** (b) 1.434   **36.** None

CHAPTER 1 REVIEW ■ PAGE 90

True-False Quiz

1. False   **2.** False   **3.** True   **4.** False   **5.** True

6. True   **7.** False   **8.** True   **9.** True

10. False   **11.** True   **12.** True   **13.** True   **14.** False

Exercises

1. (a) 2.7   (b) 2.3, 5.6   (c) $[-6, 6]$ (d) $[-4, 4]$

(e) $[-4, 4]$ (f) Odd; its graph is symmetric about the origin.

2. $2a + h - 2$ **3.** $\left(-\infty, \frac{1}{3}\right) \cup \left(\frac{1}{3}, \infty\right)$, $(-\infty, 0) \cup (0, \infty)$

4. $(-\infty, \infty)$, $[0, 2]$

5. (a) Shift the graph 5 units upward.

(b) Shift the graph 5 units to the left.

(c) Stretch the graph vertically by a factor of 2, then shift it 1 unit upward.

(d) Shift the graph 2 units to the right and 2 units downward.

(e) Reflect the graph about the x-axis.

(f) Reflect the graph about the x-axis, then shift 3 units upward.

6.
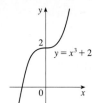

7.
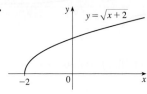

8.
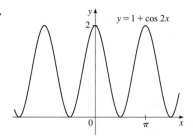

9. (a) Neither   (b) Odd   (c) Even

(d) Neither   (e) Neither

10. (a) $(f \circ g)(x) = \sqrt{\sin x}$,

$\{x \mid x \in [2n\pi, \pi + 2n\pi], n \text{ an integer}\}$

(b) $(g \circ f)(x) = \sin \sqrt{x}$, $[0, \infty)$

(c) $(f \circ f)(x) = \sqrt[4]{x}$, $[0, \infty)$

(d) $(g \circ g)(x) = \sin(\sin x)$, $\mathbb{R}$

11. $y = 0.2441x - 413.3960$; about 82.1 years

12. (a) (i) 3   (ii) 0   (iii) Does not exist   (iv) 2

(v) ∞ (vi) $-\infty$

(b) $x = 0, x = 2$ (c) $-3, 0, 2, 4$

13. 1   **14.** $\frac{3}{2}$ **15.** 3   **16.** ∞ **17.** $\frac{5}{7}$ **18.** $-\frac{1}{8}$

19. 0   **20.** 1

23. (a) (i) 3   (ii) 0   (iii) Does not exist

(iv) 0   (v) 0   (vi) 0   (b) At 0 and 3

(c)
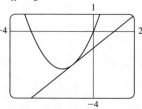

24. $[0, \infty)$ **26.** 0

CHAPTER 2

EXERCISES 2.1 ■ PAGE 102

1. (a) $\dfrac{f(x) - f(3)}{x - 3}$ (b) $\lim\limits_{x \to 3} \dfrac{f(x) - f(3)}{x - 3}$

2. (a) 1   (b) $y = x - 1$ (c)
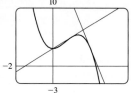

3. $y = 7x - 17$ **4.** $y = -5x + 6$

5. (a) $8a - 6a^2$ (b) $y = 2x + 3$, $y = -8x + 19$

(c)
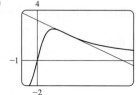

6. (a) 2.5 s   (b) 24.5 m/s

7. $-2/a^3$ m/s; -2 m/s; $-\frac{1}{4}$ m/s; $-\frac{2}{27}$ m/s

8. (a) Right: $0 < t < 1$ and $4 < t < 6$; left: $2 < t < 3$;

standing still: $1 < t < 2$ and $3 < t < 4$

(b)
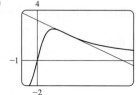

9. $g'(0), 0, g'(4), g'(2), g'(-2)$

10. $\frac{2}{5}$ **11.** $\frac{5}{9}$ **12.** $4a - 5$

13. $-\dfrac{2a}{(a^2 + 1)^2}$ **14.** $y = -\frac{1}{2}x + 3$ **15.** $y = 3x - 1$

16. (a) $-\frac{3}{5}$; $y = -\frac{3}{5}x + \frac{16}{5}$

(b)

17. $f(2) = 3$; $f'(2) = 4$

18. 32 m/s; 32 m/s

19. 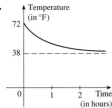 Greater (in magnitude)

20.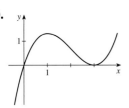

21.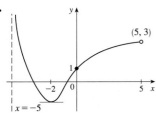

22. $f(x) = \sqrt{x}\,, a = 9$

23. $f(x) = x^6, a = 2$

24. $f(x) = \tan x, a = \pi/4$

25. (a) (i) $20.25/unit   (ii) $20.05/unit   (b) $20/unit

26. (a) The rate at which the cost is changing per ounce of gold produced; dollars per ounce
(b) When the 22nd kilogram of gold is produced, the cost of production is $17/kg
(c) Decrease in the short term; increase in the long term

27. (a) The rate at which the oxygen solubility changes with respect to the water temperature; (mg/L)/°C
(b) $S'(16) \approx -0.25$; as the temperature increases past 16°C, the oxygen solubility is decreasing at a rate of 0.25 (mg/L)/°C.

28. (a) In (g/dL)/h: (i) -0.015 (ii) -0.012 (iii) -0.012
(iv) -0.011 (b) -0.012 (g/dL)/h; After 2 hours, the BAC is decreasing at a rate of 0.012 (g/dL)/h.

29. Does not exist

30. (a) 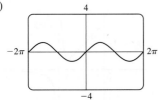   Slope appears to be 1.

(b) 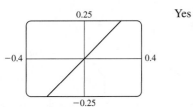   Yes

(c) 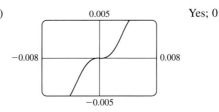   Yes; 0

EXERCISES 2.2 ■ PAGE 113

1. (a) 0.5   (b) 0   (c) -1 (d) -1.5
(e) -1 (f) 0   (g) 1   (h) 1

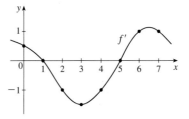

2. (a) II   (b) IV   (c) I   (d) III

3.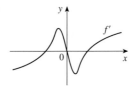

4.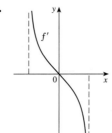

5.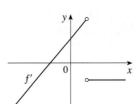

6.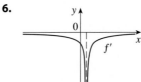

7. (a) The instantaneous rate of change of percentage of full capacity with respect to elapsed time in hours
(b) The rate of change of percentage of full capacity is decreasing and approaching 0.

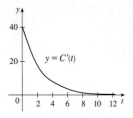

$y = C'(t)$

8.

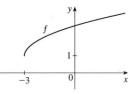

$y = f'(t)$

When $t \approx 5.25$

9. (a) 0, 1, 2, 4   (b) −1, −2, −4   (c) $f'(x) = 2x$
10. $f'(x) = 3$, $\mathbb{R}$, $\mathbb{R}$ **11.** $f'(t) = 5t + 6$, $\mathbb{R}$, $\mathbb{R}$
12. $A'(p) = 12p^2 + 3$, $\mathbb{R}$, $\mathbb{R}$

13. $f'(x) = -\dfrac{2x}{(x^2 - 4)^2}$, $(-\infty, -2) \cup (-2, 2) \cup (2, \infty)$,
$(-\infty, -2) \cup (-2, 2) \cup (2, \infty)$

14. $g'(u) = -\dfrac{5}{(4u - 1)^2}$, $\left(-\infty, \frac{1}{4}\right) \cup \left(\frac{1}{4}, \infty\right)$, $\left(-\infty, \frac{1}{4}\right) \cup \left(\frac{1}{4}, \infty\right)$

15. $f'(x) = -\dfrac{1}{2(1 + x)^{3/2}}$, $(-1, \infty)$, $(-1, \infty)$

16. (a)

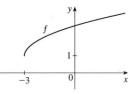

f

(b), (d)

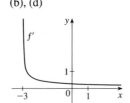

f'

(c) $f'(x) = \dfrac{1}{2\sqrt{x + 3}}$, $[-3, \infty)$, $(-3, \infty)$

17. (a) $f'(x) = 4x^3 + 2$
18.

t	14	21	28	35	42	49
$H'(t)$	0.57	0.43	0.33	0.29	0.14	0.5

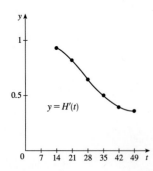

$y = H'(t)$

19. (a) The rate at which the percentage of electrical power produced by solar panels is changing, in percentage points per year. (b) On January 1, 2022, the percentage of electrical power produced by solar panels was increasing at a rate of 3.5 percentage points per year.

20. −4 (corner); 0 (discontinuity)
21. 1 (not defined); 5 (vertical tangent)
22.

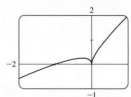

Differentiable at −1;
not differentiable at 0

23. $f''(1)$ **24.** $a = f$, $b = f'$, $c = f''$
25. $a = $ acceleration, $b = $ velocity, $c = $ position
26. $6x + 2$; 6

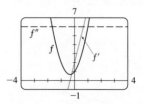

27.

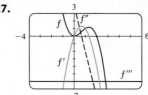

$f'(x) = 4x - 3x^2$,
$f''(x) = 4 - 6x$,
$f'''(x) = -6$,
$f^{(4)}(x) = 0$

28. (a) $\frac{1}{3}a^{-2/3}$

29. $f'(x) = \begin{cases} -1 & \text{if } x < 6 \\ 1 & \text{if } x > 6 \end{cases}$

or $f'(x) = \dfrac{x - 6}{|x - 6|}$

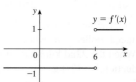

$y = f'(x)$

30. (a)

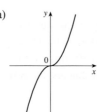

(b) All x
(c) $f'(x) = 2|x|$

32. (a) −1, 1   (b)

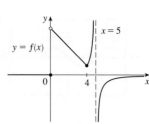

$y = f(x)$ $x = 5$

(c) 0, 5   (d) 0, 4, 5
33. (a)

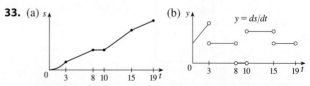

(b) $y = ds/dt$

EXERCISES 2.3 ■ PAGE 126

1. $g'(x) = 4$ **2.** $f'(x) = 75x^{74} - 1$ **3.** $W'(v) = -5.4v^{-4}$

4. $f'(x) = \frac{3}{2}x^{1/2} - 3x^{-4}$ **5.** $s'(t) = -\frac{1}{t^2} - \frac{2}{t^3}$

6. $y' = 2 + 1/(2\sqrt{x})$ **7.** $g'(x) = -\frac{1}{2}x^{-3/2} + \frac{1}{4}x^{-3/4}$

8. $f'(x) = 4x^3 + 9x^2$ **9.** $f'(x) = 3 + 2x$

10. $G'(q) = -2q^{-2} - 2q^{-3}$ **11.** $G'(r) = \frac{3}{2}r^{-1/2} + \frac{3}{2}r^{1/2}$

12. $P'(w) = 3\sqrt{w} - \frac{1}{2}w^{-1/2} - 2w^{-3/2}$

13. $dy/dx = 2tx + t^3; dy/dt = x^2 + 3t^2x$

14. $1 - 2x + 6x^2 - 8x^3$ **15.** $f'(x) = 12x^3 - 15x^2$

16. $y' = 24x^2 + 40x + 6$

17. $y' = \dfrac{5}{(1+x)^2}$ **18.** $g'(t) = \dfrac{-17}{(5t+1)^2}$

19. $f'(t) = \dfrac{-10t^3 - 5}{(t^3 - t - 1)^2}$ **20.** $y' = \dfrac{3 - 2\sqrt{s}}{2s^{5/2}}$

21. $F'(x) = 4x + 1 + \dfrac{12}{x^3}$ **22.** $H'(u) = 2u - 1$

23. $J'(u) = -\left(\dfrac{1}{u^2} + \dfrac{2}{u^3} + \dfrac{3}{u^4}\right)$ **24.** $f'(t) = \dfrac{-2t - 3}{3t^{2/3}(t-3)^2}$

25. $G'(y) = -\dfrac{3ABy^2}{(Ay^3 + B)^2}$ **26.** $f'(x) = \dfrac{2cx}{(x^2 + c)^2}$

27. $P'(x) = na_nx^{n-1} + (n-1)a_{n-1}x^{n-2} + \cdots + 2a_2x + a_1$

28. $45x^{14} - 15x^2$

29. (a)

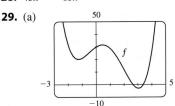

(c) $4x^3 - 9x^2 - 12x + 7$

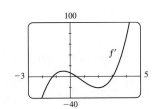

30. $y = \frac{1}{2}x + \frac{1}{2}$

31. $y = \frac{3}{2}x + \frac{1}{2}, y = -\frac{2}{3}x + \frac{8}{3}$

32. $y = -\frac{1}{3}x + \frac{5}{6}; y = 3x - \frac{5}{2}$

33. (a) $y = \frac{1}{2}x + 1$ (b)

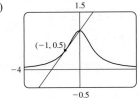

34. $f'(x) = 0.005x^4 - 0.06x^2, f''(x) = 0.02x^3 - 0.12x$

35. $f'(x) = \dfrac{2x^2 + 2x}{(1 + 2x)^2}; f''(x) = \dfrac{2}{(1 + 2x)^3}$

36. $f'(x) = 2 - \frac{15}{4}x^{-1/4}, f''(x) = \frac{15}{16}x^{-5/4}$

37. (a) $v(t) = 3t^2 - 3, a(t) = 6t$ (b) 12 m/s^2
(c) $a(1) = 6$ m/s^2

38. 4.198; at 12 years, the length of the fish is increasing at a rate of 4.198 cm/year

39. (a) $V = 5.3/P$
(b) -0.00212; instantaneous rate of change of the volume with respect to the pressure at 25°C; m^3/kPa

40. (a) -16 (b) $-\frac{20}{9}$ (c) 20 **41.** 16

42. (a) 3 (b) $-\frac{7}{12}$

43. (a) $y' = xg'(x) + g(x)$ (b) $y' = \dfrac{g(x) - xg'(x)}{[g(x)]^2}$

(c) $y' = \dfrac{xg'(x) - g(x)}{x^2}$

44. $(-3, 37), (1, 5)$ **46.** $y = 3x - 3, y = 3x - 7$

47. $y = -2x + 3$ **48.** $(\pm 2, 4)$ **49.** $a = -\frac{1}{2}, b = 2$

50. $P(x) = x^2 - x + 3$ **51.** $y = \frac{3}{16}x^3 - \frac{9}{4}x + 3$

52. \$359.6 million/year

53. $\dfrac{0.0021}{(0.015 + [S])^2}$;

the rate of change of the rate of an enzymatic reaction with respect to the concentration of a substrate S.

54. (c) $3(x^4 + 3x^3 + 17x + 82)^2(4x^3 + 9x^2 + 17)$

56. No

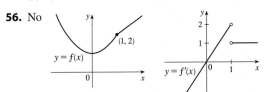

57. (a) Not differentiable at 3 or -3

$f'(x) = \begin{cases} 2x & \text{if } |x| > 3 \\ -2x & \text{if } |x| < 3 \end{cases}$

(b)

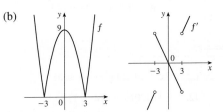

58. $m = 4, b = -4$ **59.** 3; 1 **60.** 1000

EXERCISES 2.4 ■ PAGE 135

1. $f'(x) = 3\cos x + 2\sin x$ **2.** $y' = 2x - \csc^2 x$
3. $h'(\theta) = \theta(\theta\cos\theta + 2\sin\theta)$
4. $y' = \sec\theta(\sec^2\theta + \tan^2\theta)$
5. $f'(\theta) = \theta\cos\theta - \cos^2\theta + \sin\theta + \sin^2\theta$
6. $H'(t) = -2\sin t\cos t$ **7.** $f'(\theta) = \dfrac{1}{1 + \cos\theta}$

8. $y' = \dfrac{2 - \tan x + x\sec^2 x}{(2 - \tan x)^2}$

9. $f'(w) = \dfrac{2\sec w\tan w}{(1 - \sec w)^2}$ **10.** $y' = \dfrac{(t^2 + t)\cos t + \sin t}{(1 + t)^2}$

11. $f'(\theta) = \frac{1}{2}\sin 2\theta + \theta \cos 2\theta$

14. $y = x + 1$ **15.** $y = 2x - \pi$

16. (a) $y = 2x$ (b) $\frac{3\pi}{2}$

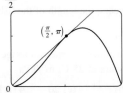

17. (a) $\sec x \tan x - 1$

18. $\dfrac{\theta \cos \theta - \sin \theta}{\theta^2}$; $\dfrac{-\theta^2 \sin \theta - 2\theta \cos \theta + 2 \sin \theta}{\theta^3}$

19. (a) $f'(x) = (1 + \tan x)/\sec x$ (b) $f'(x) = \cos x + \sin x$

20. $(2n + 1)\pi \pm \frac{1}{3}\pi$, n an integer

21. (a) $v(t) = 8 \cos t$, $a(t) = -8 \sin t$

(b) $4\sqrt{3}, -4, -4\sqrt{3}$; to the left

22. 3 m/rad   **23.** $\frac{5}{3}$ **24.** 3   **25.** 0   **26.** 2

27. $-\frac{3}{4}$ **28.** $\frac{1}{2}$ **29.** $-\frac{1}{4}$ **30.** $-\sqrt{2}$

31. $-\cos x$ **32.** $A = -\frac{3}{10}, B = -\frac{1}{10}$

33. (a) $\sec^2 x = \dfrac{1}{\cos^2 x}$ (b) $\sec x \tan x = \dfrac{\sin x}{\cos^2 x}$

(c) $\cos x - \sin x = \dfrac{\cot x - 1}{\csc x}$ **34.** 1

EXERCISES 2.5 ■ PAGE 142

1. $dy/dx = -12x^3(5 - x^4)^2$ **2.** $dy/dx = -\sin x \cos(\cos x)$

3. $dy/dx = \dfrac{\cos x}{2\sqrt{\sin x}}$

4. $f'(x) = 10x(2x^3 - 5x^2 + 4)^4(3x - 5)$

5. $f'(x) = \dfrac{5}{2\sqrt{5x + 1}}$ **6.** $g'(t) = \dfrac{-4}{(2t + 1)^3}$

7. $A'(t) = \dfrac{2(\sin t - \sec^2 t)}{(\cos t + \tan t)^3}$ **8.** $f'(\theta) = -2\theta \sin(\theta^2)$

9. $h'(v) = \dfrac{5v^2 + 3}{3(\sqrt[3]{1 + v^2})^2}$

10. $F'(x) = 4(4x + 5)^2(x^2 - 2x + 5)^3(11x^2 - 4x + 5)$

11. $h'(t) = \frac{2}{3}(t + 1)^{-1/3}(2t^2 - 1)^2(20t^2 + 18t - 1)$

12. $y' = \dfrac{1}{2\sqrt{x}(x + 1)^{3/2}}$ **13.** $g'(u) = \dfrac{48u^2(u^3 - 1)^7}{(u^3 + 1)^9}$

14. $H'(r) = \dfrac{2(r^2 - 1)^2(r^2 + 3r + 5)}{(2r + 1)^6}$

15. $y' = -4 \sin(\sec 4x) \sec 4x \tan 4x$

16. $y' = -\frac{1}{2}\sqrt{1 + \sin x}$

17. $y' = \dfrac{16 \sin 2x(1 - \cos 2x)^3}{(1 + \cos 2x)^5}$

18. $f'(x) = 2x \sin x \sin(1 - x^2) + \cos x \cos(1 - x^2)$

19. $F'(t) = \dfrac{t \sec^2 \sqrt{1 + t^2}}{\sqrt{1 + t^2}}$

20. $y' = 4x \sin(x^2 + 1) \cos(x^2 + 1)$

21. $y' = -12 \cos^3(\sin^3 x) \sin(\sin^3 x) \sin^2 x \cos x$

22. $f'(t) = -\sec^2(\sec(\cos t)) \sec(\cos t) \tan(\cos t) \sin t$

23. $g'(x) = p(2r \sin rx + n)^{p-1}(2r^2 \cos rx)$

24. $y' = -\dfrac{\pi \cos(\tan \pi x) \sec^2(\pi x) \sin\sqrt{\sin(\tan \pi x)}}{2\sqrt{\sin(\tan \pi x)}}$

25. $y' = -3 \cos 3\theta \sin(\sin 3\theta)$;

$y'' = -9 \cos^2(3\theta) \cos(\sin 3\theta) + 9(\sin 3\theta) \sin(\sin 3\theta)$

26. $y' = \dfrac{-\sin x}{2\sqrt{\cos x}}$; $y'' = -\dfrac{1 + \cos^2 x}{4(\cos x)^{3/2}}$

27. $y = 18x + 1$ **28.** $y = -x + \pi$

29. (a) $y = \pi x - \pi + 1$ (b)

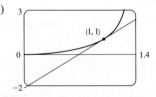

30. (a) $f'(x) = \dfrac{2 - 2x^2}{\sqrt{2 - x^2}}$

31. $((\pi/2) + 2n\pi, 3), ((3\pi/2) + 2n\pi, -1)$, n an integer

32. 24   **33.** (a) 30   (b) 36

34. (a) $\frac{1}{4}$ (b) -2 (c) $-\frac{1}{2}$ **35.** $-\frac{1}{6}\sqrt{2}$

36. 120   **37.** 96   **38.** $2^{103} \sin 2x$

39. $v(t) = \frac{5}{2}\pi \cos(10\pi t)$ cm/s

40. (a) $\dfrac{dB}{dt} = \dfrac{7\pi}{54} \cos \dfrac{2\pi t}{5.4}$ (b) 0.16

41. dv/dt is the rate of change of velocity with respect to time; dv/ds is the rate of change of velocity with respect to displacement

EXERCISES 2.6 ■ PAGE 149

1. (a) $y' = \dfrac{10x}{3y^2}$ (b) $y = \sqrt[3]{5x^2 - 7}$, $y' = \dfrac{10x}{3(5x^2 - 7)^{2/3}}$

2. (a) $y' = -\sqrt{y}/\sqrt{x}$ (b) $y = (1 - \sqrt{x})^2$, $y' = 1 - 1/\sqrt{x}$

3. $y' = \dfrac{2y - x}{y - 2x}$ **4.** $y' = -\dfrac{2x(2x^2 + y^2)}{y(2x^2 + 3y)}$

5. $y' = \dfrac{x(x + 2y)}{2x^2 y + 4xy^2 + 2y^3 + x^2}$ **6.** $y' = \dfrac{2 - \cos x}{3 - \sin y}$

7. $y' = -\dfrac{\cos(x + y) + \sin x}{\cos(x + y) + \sin y}$ **8.** $y' = \dfrac{y \sec^2(x/y) - y^2}{y^2 + x \sec^2(x/y)}$

9. $y' = \dfrac{1 - 8x^3\sqrt{x + y}}{8y^3\sqrt{x + y} - 1}$ **10.** $y' = \dfrac{4xy\sqrt{xy} - y}{x - 2x^2\sqrt{xy}}$

11. $-\frac{16}{13}$ **12.** $x' = \dfrac{-2x^4 y + x^3 - 6xy^2}{4x^3 y^2 - 3x^2 y + 2y^3}$ **13.** $y = x + \frac{1}{2}$

14. $y = -\frac{9}{13}x + \frac{40}{13}$ **15.** $y = \frac{1}{2}x$

16. $y = \dfrac{1}{\sqrt{3}}x + 4$ **17.** $y = \frac{3}{4}x - \frac{1}{2}$

18. (a) $y = \frac{9}{2}x - \frac{5}{2}$ (b)

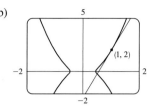

19. $-1/(4y^3)$ **20.** $\dfrac{\cos^2 y \cos x + \sin^2 x \sin y}{\cos^3 y}$ **21.** 0

22. (a)

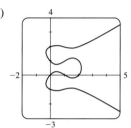

Eight; $x \approx 0.42, 1.58$

(b) $y = -x + 1$; $y = \frac{1}{3}x + 2$ (c) $1 \mp \frac{1}{3}\sqrt{3}$

23. $\left(\pm\frac{5}{4}\sqrt{3}, \pm\frac{5}{4}\right)$ **24.** $(x_0 x/a^2) - (y_0 y/b^2) = 1$

26.

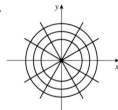

27.

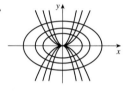

29. (a) $\dfrac{V^3(nb - V)}{PV^3 - n^2 aV + 2n^3 ab}$ (b) ≈ -4.04 L/atm

30. $(\pm\sqrt{3}, 0)$ **31.** $(-1, -1), (1, 1)$

32. $y' = \dfrac{y}{x + 2y^3}$; $y' = \dfrac{1}{3y^2 + 1}$

33. 2 units

EXERCISES 2.7 ■ PAGE 160

1. (a) $3t^2 - 18t + 24$ (b) 9 m/s (c) $t = 2, 4$
(d) $0 \le t < 2, t > 4$ (e) 44 m
(f)

```
                  t = 4
                  s = 16                    t = 6
                                            s = 36

       t = 0              t = 2                        s
       s = 0              s = 20
```

(g) $6t - 18$; -12 m/s²

(h)

```
   40

        v        s


   0                         6

   -20        a
```

(i) Speeding up when $2 < t < 3$ and $t > 4$; slowing down when $0 \le t < 2$ and $3 < t < 4$

2. (a) $(\pi/2) \cos(\pi t/2)$ (b) 0 m/s
(c) $t = 2n + 1$, n a nonnegative integer

(d) $0 < t < 1, 3 < t < 5, 7 < t < 9$, and so on (e) 6 m

(f)

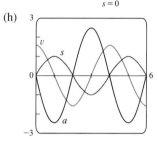

(g) $(-\pi^2/4) \sin(\pi t/2)$; $-\pi^2/4$ m/s²

(h)

```
   3
        v
              s

   0                         6


        a
   -3
```

(i) Speeding up when $1 < t < 2$, $3 < t < 4$, and $5 < t < 6$; slowing down when $0 < t < 1$, $2 < t < 3$, and $4 < t < 5$
3. (a) Speeding up when $0 < t < 1$ and $2 < t < 3$; slowing down when $1 < t < 2$
(b) Speeding up when $1 < t < 2$ and $3 < t < 4$; slowing down when $0 < t < 1$ and $2 < t < 3$
4. Traveling forward when $0 < t < 5$; traveling backward when $7 < t < 8$; not moving
5. (a) 4.9 m/s; -14.7 m/s (b) After 2.5 s (c) $32\frac{5}{8}$ m
(d) ≈ 5.08 s (e) ≈ -25.3 m/s
6. (a) 7.56 m/s (b) 6.24 m/s; ≈ -6.24 m/s
7. (a) 30 mm²/mm; the rate at which the area is increasing with respect to side length as x reaches 15 mm
(b) $\Delta A \approx 2x \, \Delta x$
8. (a) (i) 5π (ii) 4.5π (iii) 4.1π
(b) 4π (c) $\Delta A \approx 2\pi r \, \Delta r$
9. (a) 160π cm²/cm (b) 320π cm²/cm (c) 480π cm²/cm
The rate increases as the radius increases.
10. (a) 6 kg/m (b) 12 kg/m (c) 18 kg/m
At the right end; at the left end
11. (a) 4.75 A (b) 5 A; $t = \frac{2}{3}$ s
13. (a) $dV/dP = -C/P^2$ (b) At the beginning
14. (a) 16 million/year; 78.5 million/year
(b) $P(t) = at^3 + bt^2 + ct + d$, where $a \approx -0.0002849$, $b \approx 0.5224331$, $c \approx -6.395641$, $d \approx 1720.586$
(c) $P'(t) = 3at^2 + 2bt + c$
(d) 14.16 million/year (smaller); 71.72 million/year (smaller)
(e) $P'(85) \approx 76.24$ million/year
15. (a) 0.926 cm/s; 0.694 cm/s; 0
(b) 0; -92.6 (cm/s)/cm; -185.2 (cm/s)/cm
(c) At the center; at the edge
16. (a) $C'(x) = 3 + 0.02x + 0.0006x^2$
(b) \$11/pair; the rate at which the cost is changing as the 100th pair of jeans is being produced; the cost of the 101st pair
(c) \$11.07
17. (a) $[xp'(x) - p(x)]/x^2$; the average productivity increases as new workers are added.
18. ≈ -0.2436 K/min
19. (a) 0 and 0 (b) $C = 0$
(c) $(0, 0), (500, 50)$; it is possible for the species to coexist.

EXERCISES 2.8 ■ PAGE 166

1. (a) $dV/dt = 3x^2\, dx/dt$ (b) 2700 cm³/s **2.** 48 cm²/s
3. 128π cm²/min **4.** $3/(25\pi)$ m/min
5. (a) $-\frac{3}{8}$ (b) $\frac{8}{3}$ **6.** -3.41 N/s
7. (a) The plane's altitude is 2 km and its speed is 800 km/h.
(b) The rate at which the distance from the plane to the station is increasing when the plane is 3 km from the station
(c)  (d) $y^2 = x^2 + 4$
(e) $800/3\sqrt{5}$ km/h

8. (a) The height of the pole (6 m), the height of the man (2 m), and the speed of the man (1.5 m/s)
(b) The rate at which the tip of the man's shadow is moving when he is 10 m from the pole
(c) 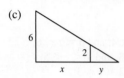 (d) $\dfrac{6}{2} = \dfrac{x+y}{y}$ (e) $\frac{9}{4}$ m/s

9. 78 km/h **10.** $8064/\sqrt{8{,}334{,}400} \approx 2.79$ m/s
11. -1.6 cm/min **12.** 9.8 m/s
13. $(10{,}000 + 800{,}000\pi/9) \approx 2.89 \times 10^5$ cm³/min
14. $\frac{10}{3}$ cm/min **15.** $4/(3\pi) \approx 0.42$ m/min
16. $150\sqrt{3}$ cm²/min **17.** ≈ 20.3 m/s **18.** $-\frac{1}{2}$ rad/s
19. 80 cm³/min **20.** $\frac{107}{810} \approx 0.132$ Ω/s **21.** ≈ 87.2 km/h
22. $\sqrt{7}\,\pi/21 \approx 0.396$ m/min
23. (a) 120 ms/s (b) ≈ 0.107 rad/s
24. $\frac{10}{9}\pi$ km/min **25.** $1650/\sqrt{31} \approx 296$ km/h
26. $\frac{7}{4}\sqrt{15} \approx 6.78$ m/s

EXERCISES 2.9 ■ PAGE 173

1. $L(x) = 16x + 23$ **2.** $L(x) = \frac{1}{12}x + \frac{4}{3}$

3. $\sqrt{1-x} \approx 1 - \frac{1}{2}x$;
$\sqrt{0.9} \approx 0.95$,
$\sqrt{0.99} \approx 0.995$
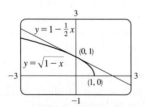

4. $-0.368 < x < 0.677$
5. $-0.045 < x < 0.055$ **6.** $dy = -\dfrac{4x}{(x^2-3)^3}\,dx$
7. $dy = \dfrac{-1}{(1+3u)^2}\,du$
8. $dy = \dfrac{3-2x}{(x^2-3x)^2}\,dx$ **9.** $dy = \dfrac{1+\sin t}{2\sqrt{t-\cos t}}\,dt$
10. (a) $dy = \sec^2 x\, dx$ (b) -0.2
11. (a) $dy = \dfrac{x}{\sqrt{3+x^2}}\,dx$ (b) -0.05

12. $\Delta y = 1.25$, $dy = 1$

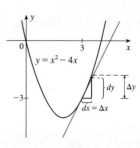

13. $\Delta y \approx 0.34$, $dy = 0.4$

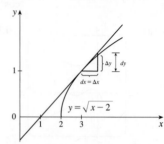

14. $\Delta y \approx 0.1655$, $dy = 0.15$; $\Delta y \approx 0.0306$, $dy = 0.03$; yes
15. $\Delta y \approx -0.012539$, $dy = -0.0125$;
$\Delta y \approx -0.002502$, $dy = -0.0025$; yes
16. 15.968 **17.** $10.00\overline{3}$ **18.** $\pi/90 \approx 0.0349$
20. (a) 270 cm³, 0.01, 1% (b) 36 cm², $0.00\overline{6}$, $0.\overline{6}\%$
21. (a) $84/\pi \approx 27$ cm²; $\frac{1}{84} \approx 0.012 = 1.2\%$
(b) $1764/\pi^2 \approx 179$ cm³; $\frac{1}{56} \approx 0.018 = 1.8\%$
22. (a) $2\pi rh\,\Delta r$ (b) $\pi(\Delta r)^2 h$
25. (a) 4.8, 5.2 (b) Too large

CHAPTER 2 REVIEW ■ PAGE 176

True-False Quiz
1. False **2.** False **3.** True **4.** False **5.** True
6. False **7.** True **8.** False

Exercises
1. (a) (i) 3 m/s (ii) 2.75 m/s (iii) 2.625 m/s
(iv) 2.525 m/s (b) 2.5 m/s
2.

3. The graphs of f, f', and f'' are a, c, and b, respectively.
4. (a) The rate at which the cost changes with respect to the interest rate; dollars/(percent per year)
(b) As the interest rate increases past 10%, the cost is increasing at a rate of $1200/(percent per year).
(c) Always positive
5. (a) $P'(t)$ is the rate at which the percentage of Americans under the age of 18 is changing with respect to time. Its units are percent per year (%/year).

(b)

t	$P'(t)$
1950	0.460
1960	0.145
1970	-0.385
1980	-0.415
1990	-0.115
2000	-0.085
2010	-0.170

(c)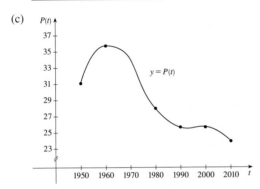

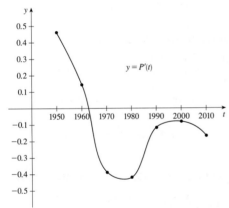

(d) By obtaining data for the mid-decade years

6. $f'(x) = 3x^2 + 5$

7. $4x^7(x+1)^3(3x+2)$

8. $\dfrac{3}{2}\sqrt{x} - \dfrac{1}{2\sqrt{x}} - \dfrac{1}{\sqrt{x^3}}$

9. $x(\pi x \cos \pi x + 2 \sin \pi x)$

10. $\dfrac{8t^3}{(t^4+1)^2}$　　**11.** $-\dfrac{\sec^2\sqrt{1-x}}{2\sqrt{1-x}}$

12. $\dfrac{1 - y^4 - 2xy}{4xy^3 + x^2 - 3}$　　**13.** $\dfrac{2\sec 2\theta\,(\tan 2\theta - 1)}{(1 + \tan 2\theta)^2}$

14. $-(x-1)^{-2}$　　**15.** $\dfrac{2x - y\cos(xy)}{x\cos(xy) + 1}$

16. $-6x\csc^2(3x^2+5)$　　**17.** $\dfrac{\cos\sqrt{x} - \sqrt{x}\sin\sqrt{x}}{2\sqrt{x}}$

18. $2\cos\theta\,\tan(\sin\theta)\,\sec^2(\sin\theta)$

19. $\dfrac{1}{5}(x\tan x)^{-4/5}(\tan x + x\sec^2 x)$

20. $\cos(\tan\sqrt{1+x^3})\big(\sec^2\sqrt{1+x^3}\big)\dfrac{3x^2}{2\sqrt{1+x^3}}$

21. $-\dfrac{4}{27}$　　**22.** $-5x^4/y^{11}$　　**23.** 1

24. $y = 2\sqrt{3}\,x + 1 - \pi\sqrt{3}/3$

25. $y = 2x + 1,\ y = -\dfrac{1}{2}x + 1$

26. (a) $\dfrac{10 - 3x}{2\sqrt{5-x}}$　　(b) $y = \dfrac{7}{4}x + \dfrac{1}{4},\ y = -x + 8$

(c)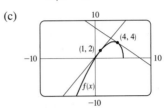

27. $\left(\pi/4, \sqrt{2}\right), \left(5\pi/4, -\sqrt{2}\right)$　　**28.** $y = -\dfrac{2}{3}x^2 + \dfrac{14}{3}x$

30. (a) 4　(b) 6　(c) $\dfrac{7}{9}$　(d) 12　　**31.** $x^2 g'(x) + 2x g(x)$

32. $2g(x)g'(x)$　　**33.** $g'(g(x))g'(x)$　　**34.** $g'(\sin x)\cdot\cos x$

35. $\dfrac{f'(x)[g(x)]^2 + g'(x)\,[f(x)]^2}{[f(x) + g(x)]^2}$

36. (a)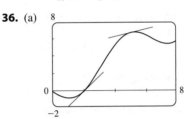

(b) $[2, 3]$　　(c) $x = 2$

37. (a) $v(t) = 3t^2 - 12;\ a(t) = 6t$　　(b) $t > 2;\ 0 \le t < 2$

(c) 23　　(d)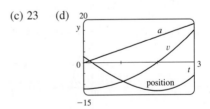

(e) $t > 2;\ 0 < t < 2$

38. 4 kg/m　　**39.** $\dfrac{4}{3}$ cm²/min

40. $117/\sqrt{666} \approx 4.53$ m/s　　**41.** 400 m/h

42. (a) $L(x) = 1 + x;\ \sqrt[3]{1+3x} \approx 1 + x;\ \sqrt[3]{1.03} \approx 1.01$

(b) $-0.235 < x < 0.401$

43. $12 + \dfrac{3}{2}\pi \approx 16.7$ cm²

44. $\left[\dfrac{d}{dx}\sqrt[4]{x}\right]_{x=16} = \dfrac{1}{32}$

45. $\dfrac{1}{4}$　　**46.** $\dfrac{1}{8}x^2$

CHAPTER 3

EXERCISES 3.1 ■ PAGE 187

Abbreviations: abs, absolute; loc, local; max, maximum; min, minimum

1. Abs min: smallest function value on the entire domain of the function; loc min at c: smallest function value when x is near c

2. Abs max at s, abs min at r, loc max at c, loc min at b and r, neither a max nor a min at a and d

3. Abs max $f(4) = 5$, loc max $f(4) = 5$ and $f(6) = 4$, loc min $f(2) = 2$ and $f(1) = f(5) = 3$

4. 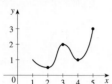   **5.**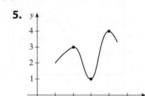

6. (a) 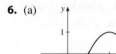   (b)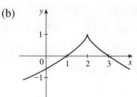

(c)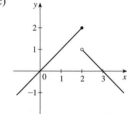

7. (a) 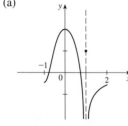   (b)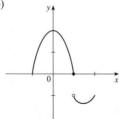

8. Abs max $f(-1) = 5$ **9.** Abs max $f(1) = 1$
10. Abs min $f(0) = 0$
11. Abs max $f(\pi/2) = 1$; abs min $f(-\pi/2) = -1$
12. Abs min $f(-1) = 1$; loc min $f(-1) = 1$
13. Abs max $f(0) = 1$
14. Abs min $f(1) = -1$; loc min $f(0) = 0$ **15.** $-\frac{1}{6}$
16. $-4, 0, 2$ **17.** None   **18.** $0, 2$ **19.** $-1, 2$
20. $0, \frac{4}{9}$ **21.** $0, \frac{8}{7}, 4$ **22.** $0, \frac{4}{3}, 4$
23. $n\pi$ (n an integer)   **24.** 10
25. $f(2) = 16, f(5) = 7$ **26.** $f(-1) = 8, f(2) = -19$
27. $f(-2) = 33, f(2) = -31$ **28.** $f(0.2) = 5.2, f(1) = 2$
29. $f(4) = 4 - \sqrt[3]{4}, f(\sqrt{3}/9) = -2\sqrt{3}/9$

30. $f(\pi/6) = \frac{3}{2}\sqrt{3}, f(\pi/2) = 0$

31. $f\left(\dfrac{a}{a+b}\right) = \dfrac{a^a b^b}{(a+b)^{a+b}}$

32. (a) 2.19, 1.81   (b) $\frac{6}{25}\sqrt{\frac{3}{5}} + 2, -\frac{6}{25}\sqrt{\frac{3}{5}} + 2$

33. (a) 0.32, 0.00   (b) $\frac{3}{16}\sqrt{3}, 0$ **34.** $\approx 3.9665°C$

35. About 4.1 months after Jan. 1

36. (a) $r = \frac{2}{3}r_0$ (b) $v = \frac{4}{27}kr_0^3$

(c)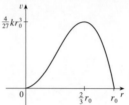

EXERCISES 3.2 ■ PAGE 194

1. 1, 5
2. (a) g is continuous on $[0, 8]$ and differentiable on $(0, 8)$.
(b) 2.2, 6.4   (c) 3.7, 5.5
3. No   **4.** Yes; ≈ 3.8
5. 1   **6.** π
7. f is not differentiable on $(-1, 1)$ **8.** 1
9. $\sqrt{3}/9$ **10.** 1; yes   3

11. f is not continous at 3   **15.** 16   **16.** No   **19.** No

EXERCISES 3.3 ■ PAGE 202

Abbreviations: CD, concave downward; CU, concave upward; dec, decreasing; inc, increasing; HA, horizontal asymptote; IP, inflection point; VA, vertical asymptote

1. (a) $(1, 3), (4, 6)$ (b) $(0, 1), (3, 4)$ (c) $(0, 2)$
(d) $(2, 4), (4, 6)$ (e) $(2, 3)$
2. (a) I/D Test   (b) Concavity Test
(c) Find points at which the concavity changes.
3. (a) Inc on $(0,1), (3,5)$; dec on $(1,3), (5,6)$
(b) Loc max at $x = 1, x = 5$; loc min at $x = 3$
4. (a) 3, 5   (b) 2, 4, 6   (c) 1, 7
5. Inc on $(-\infty,1), (4, \infty)$; dec on $(1, 4)$; loc max $f(1) = 6$; loc min $f(4) = -21$
6. Inc on $(2, \infty)$; dec on $(-\infty, 2)$; loc min $f(2) = -31$
7. Inc on $(-\infty, 4), (6, \infty)$; dec on $(4, 5), (5, 6)$; loc max $f(4) = 8$; loc min $f(6) = 12$
8. CU on $(1, \infty)$; CD on $(-\infty, 1)$; IP $(1, -7)$
9. CU on $(0, \pi/4), (3\pi/4, \pi)$; CD on $(\pi/4, 3\pi/4)$; IP $\left(\pi/4, \frac{1}{2}\right), \left(3\pi/4, \frac{1}{2}\right)$
10. (a) Inc on $(-1, 0), (1, \infty)$; dec on $(-\infty, -1), (0, 1)$
(b) Loc max $f(0) = 3$; loc min $f(\pm 1) = 2$

(c) CU on $\left(-\infty, -\sqrt{3}/3\right), \left(\sqrt{3}/3, \infty\right)$;
CD on $\left(-\sqrt{3}/3, \sqrt{3}/3\right)$; IP $\left(\pm\sqrt{3}/3, \frac{22}{9}\right)$

11. (a) Inc on $(0, \pi/4), (5\pi/4, 2\pi)$; dec on $(\pi/4, 5\pi/4)$
(b) Loc max $f(\pi/4) = \sqrt{2}$; loc min $f(5\pi/4) = -\sqrt{2}$
(c) CU on $(3\pi/4, 7\pi/4)$; CD on $(0, 3\pi/4), (7\pi/4, 2\pi)$;
IP $(3\pi/4, 0), (7\pi/4, 0)$

12. Loc max $f(1) = 2$; loc min $f(0) = 1$ **13.** $(-3, \infty)$

14. (a) f has a local maximum at 2.
(b) f has a horizontal tangent at 6.

15. (a)
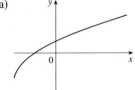
(b)
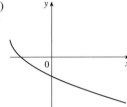

16.
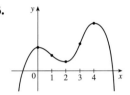
17.
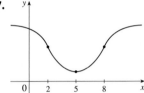

18.
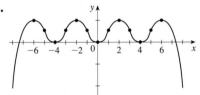

19. (a) Inc on $(0, 2), (4, 6), (8, \infty)$;
dec on $(2, 4), (6, 8)$
(b) Loc max at $x = 2, 6$;
loc min at $x = 4, 8$
(c) CU on $(3, 6), (6, \infty)$;
CD on $(0, 3)$ (d) 3
(e) See graph at right.

20. (a) Inc on $(-\infty, 0), (2, \infty)$;
dec on $(0, 2)$
(b) Loc max $f(0) = 4$; loc min
$f(2) = 0$
(c) CU on $(1, \infty)$; CD on $(-\infty, 1)$;
IP $(1, 2)$
(d) See graph at right.
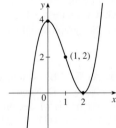

21. (a) Inc on $(-2, 0), (2, \infty)$; dec on $(-\infty, -2), (0, 2)$
(b) Loc max $f(0) = 3$; loc min $f(\pm 2) = -5$
(c) CU on $\left(-\infty, -\dfrac{2}{\sqrt{3}}\right), \left(\dfrac{2}{\sqrt{3}}, \infty\right)$; CD on $\left(-\dfrac{2}{\sqrt{3}}, \dfrac{2}{\sqrt{3}}\right)$;

IPs $\left(\pm\dfrac{2}{\sqrt{3}}, -\dfrac{13}{9}\right)$

(d)
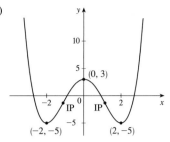

22. (a) Inc on $(2, \infty)$; dec on $(-\infty, 2)$
(b) Loc min $g(2) = -4$
(c) CU on $\left(-\infty, 0\right), \left(\frac{4}{3}, \infty\right)$;
CD on $\left(0, \frac{4}{3}\right)$; IPs $(0, 12), \left(\frac{4}{3}, \frac{68}{27}\right)$
(d) See graph at right.
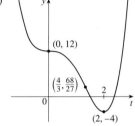

23. (a) Inc on $(-\infty, 0), (2, \infty)$;
dec on $(0, 2)$
(b) Loc max $f(0) = 0$; loc min
$f(2) = -320$
(c) CU on $\left(\sqrt[5]{\frac{16}{3}}, \infty\right)$;
CD on $\left(-\infty, \sqrt[5]{\frac{16}{3}}\right)$;
IP $\left(\sqrt[5]{\frac{16}{3}}, -\frac{320}{3}\sqrt[5]{\frac{256}{9}}\right) \approx (1.398, -208.4)$
(d) See graph at right.

24. (a) Inc on $(-\infty, 4)$;
dec on $(4, 6)$
(b) Loc max $F(4) = 4\sqrt{2}$
(c) CD on $(-\infty, 6)$; No IP
(d) See graph at right.
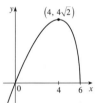

25. (a) Inc on $(-1, \infty)$;
dec on $(-\infty, -1)$
(b) Loc min $C(-1) = -3$
(c) CU on $(-\infty, 0), (2, \infty)$;
CD on $(0, 2)$;
IPs $(0, 0), \left(2, 6\sqrt[3]{2}\right)$
(d) See graph at right.
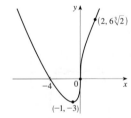

26. (a) Inc on $(\pi, 2\pi)$;
dec on $(0, \pi)$
(b) Loc min $f(\pi) = -1$
(c) CU on $(\pi/3, 5\pi/3)$;
CD on $(0, \pi/3), (5\pi/3, 2\pi)$;
IPs $\left(\pi/3, \frac{5}{4}\right), \left(5\pi/3, \frac{5}{4}\right)$
(d) See graph at right.

27. f is CU on $(-\infty, \infty)$ for all $c > 0$. As c increases, the minimum point gets farther away from the origin.

28. (a) Loc and abs max $f(1) = \sqrt{2}$, no min (b) $\frac{1}{4}\left(3 - \sqrt{17}\right)$

29. (b) CD on $(0, 0.85), (1.57, 2.29)$; CU on $(0.85, 1.57)$, $(2.29, \pi)$; IPs $(0.85, 0.74), (1.57, 0), (2.29, -0.74)$

30. CU on $(-\infty, -0.6)$, $(0.0, \infty)$; CD on $(-0.6, 0.0)$

31. (a) The rate of increase is initially very small, increases to a maximum at $t \approx 8$ h, then decreases toward 0.
(b) When $t = 8$ (c) CU on $(0, 8)$; CD on $(8, 18)$
(d) $(8, 350)$

32. If $D(t)$ is the size of the deficit as a function of time, then at the time of the speech $D'(t) > 0$, but $D''(t) < 0$.

33. $K(3) - K(2)$; CD

34. $f(x) = \frac{1}{9}(2x^3 + 3x^2 - 12x + 7)$

EXERCISES 3.4 ■ PAGE 215

1. (a) As x becomes large, $f(x)$ approaches 5.
(b) As x becomes large negative, $f(x)$ approaches 3.

2. (a) -2 (b) 2   (c) ∞ (d) $-\infty$
(e) $x = 1$, $x = 3$, $y = -2$, $y = 2$

3. 0   **4.** $\frac{2}{5}$ **5.** $\frac{4}{5}$ **6.** 0   **7.** $-\frac{1}{3}$ **8** -1

9. $\frac{\sqrt{3}}{4}$ **10.** -2 **11.** $-\infty$ **12.** Does not exist

13. 0   **14.** $\frac{1}{2}(a - b)$ **15.** $-\infty$ **16.** 1

17. (a), (b) $-\frac{1}{2}$ **18.** $y = 4$, $x = -3$

19. $y = 2$; $x = -2$, $x = 1$ **20.** $x = 5$ **21.** $y = 3$

22. (a) 0   (b) $\pm\infty$

23. $f(x) = \dfrac{2 - x}{x^2(x - 3)}$ **24.** (a) $\frac{5}{4}$ (b) 5

25. $y = -1$ **26.** $y = 0$

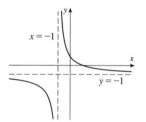

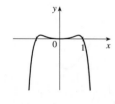

27. $-\infty, -\infty$ **28.** $-\infty, \infty$

29.

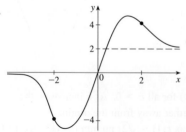

30.

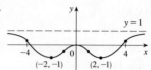

31.

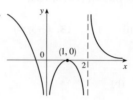

32. (a) 0   (b) An infinite number of times

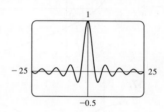

33. 4   **34.** $N \geqslant 15$ **35.** $N \leqslant -9$, $N \leqslant -19$

36. (a) $x > 100$ **38.** (b) 0

EXERCISES 3.5 ■ PAGE 223

Abbreviations: int, intercept; SA, slant asymptote

1. A. $\mathbb{R}$ B. y-int 0; x-int -3, 0
C. None   D. None
E. Inc on $(-\infty, -2)$, $(0, \infty)$;
dec on $(-2, 0)$
F. Loc max $f(-2) = 4$;
loc min $f(0) = 0$
G. CU on $(-1, \infty)$; CD on $(-\infty, -1)$;
IP $(-1, 2)$
H. See graph at right.

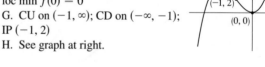

2. A. $\mathbb{R}$ B. y-int 0; x-int 0, $\sqrt[3]{4}$
C. None   D. None
E. Inc on $(1, \infty)$; dec on $(-\infty, 1)$
F. Loc min $f(1) = -3$
G. CU on $(-\infty, \infty)$
H. See graph at right.

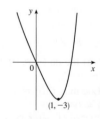

3. A. $\mathbb{R}$ B. y-int 0; x-int 0, 4
C. None   D. None
E. Inc on $(1, \infty)$; dec on $(-\infty, 1)$
F. Loc min $f(1) = -27$
G. CU on $(-\infty, 2)$, $(4, \infty)$;
CD on $(2, 4)$;
IPs $(2, -16)$, $(4, 0)$
H. See graph at right.

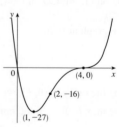

4. A. $\mathbb{R}$ B. y-int 0; x-int 0
C. About $(0,0)$ D. None
E. Inc on $(-\infty, \infty)$
F. None
G. CU on $(-2, 0)$, $(2, \infty)$;
CD on $(-\infty, -2)$, $(0, 2)$;
IPs $\left(-2, -\frac{256}{15}\right)$, $(0, 0)$, $\left(2, \frac{256}{15}\right)$
H. See graph at right.

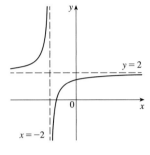

5. A. $(-\infty, -2) \cup (-2, \infty)$
B. y-int $\frac{3}{2}$; x-int $-\frac{3}{2}$
C. None   D. VA $x = -2$,
HA $y = 2$
E. Inc on $(-\infty, -2)$, $(-2, \infty)$
F. None
G. CU on $(-\infty, -2)$;
CD on $(-2, \infty)$
H. See graph at right.

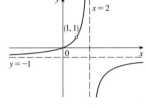

6. A. $(-\infty, 1) \cup (1, 2) \cup (2, \infty)$
B. y-int 0; x-int 0   C. None
D. VA $x = 2$; HA $y = -1$
E. Inc on $(-\infty, 1)$, $(1, 2)$, $(2, \infty)$
F. None
G. CU on $(-\infty, 1)$, $(1, 2)$;
CD on $(2, \infty)$
H. See graph at right.

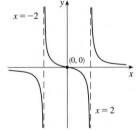

7. A. $(-\infty, -2) \cup (-2, 2) \cup (2, \infty)$ B. y-int 0; x-int 0
C. About $(0,0)$ D. VA $x = \pm 2$; HA $y = 0$
E. Dec on $(-\infty, -2)$, $(-2, 2)$, $(2, \infty)$
F. No local extrema
G. CU on $(-2, 0)$, $(2, \infty)$;
CD on $(-\infty, -2)$, $(0, 2)$; IP $(0, 0)$
H. See graph at right.

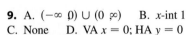

8. A. $\mathbb{R}$ B. y-int 0; x-int 0
C. About y-axis   D. HA $y = 1$
E. Inc on $(0, \infty)$; dec on $(-\infty, 0)$
F. Loc min $f(0) = 0$
G. CU on $(-1, 1)$;
CD on $(-\infty, -1)$, $(1, \infty)$; IPs $\left(\pm 1, \frac{1}{4}\right)$
H. See graph at right.

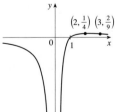

9. A. $(-\infty, 0) \cup (0, \infty)$ B. x-int 1
C. None   D. VA $x = 0$; HA $y = 0$
E. Inc on $(0, 2)$;
dec on $(-\infty, 0)$, $(2, \infty)$
F. Loc max $f(2) = \frac{1}{4}$
G. CU on $(3, \infty)$;
CD on $(-\infty, 0)$, $(0, 3)$; IP $\left(3, \frac{2}{9}\right)$
H. See graph at right.

10. A. $(-\infty, -1) \cup (-1, \infty)$
B. y-int 0; x-int 0   C. None
D. VA $x = -1$; HA $y = 1$
E. Inc on $(-\infty, -1)$, $(-1, \infty)$;
F. None
G. CU on $(-\infty, -1)$, $\left(0, \sqrt[3]{\frac{1}{2}}\right)$;
CD on $(-1, 0)$, $\left(\sqrt[3]{\frac{1}{2}}, \infty\right)$;
IPs $(0, 0)$, $\left(\sqrt[3]{\frac{1}{2}}, \frac{1}{3}\right)$
H. See graph at right.

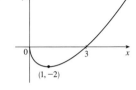

11. A. $[0, \infty)$ B. y-int 0; x-int 0, 3
C. None   D. None
E. Inc on $(1, \infty)$; dec on $(0, 1)$
F. Loc min $f(1) = -2$
G. CU on $(0, \infty)$
H. See graph at right.

12. A. $(-\infty, -2] \cup [1, \infty)$
B. x-int $-2, 1$ C. None
D. None
E. Inc on $(1, \infty)$; dec on $(-\infty, -2)$
F. None
G. CD on $(-\infty, -2)$, $(1, \infty)$
H. See graph at right.

13. A. $\mathbb{R}$ B. y-int 0; x-int 0
C. About $(0,0)$
D. HA $y = \pm 1$
E. Inc on $(-\infty, \infty)$ F. None
G. CU on $(-\infty, 0)$;
CD on $(0, \infty)$; IP $(0, 0)$
H. See graph at right.

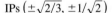

14. A. $[-1, 0) \cup (0, 1]$ B. x-int ± 1 C. About $(0,0)$
D. VA $x = 0$
E. Dec on $(-1, 0)$, $(0, 1)$
F. None
G. CU on $\left(-1, -\sqrt{2/3}\right)$, $\left(0, \sqrt{2/3}\right)$;
CD on $\left(-\sqrt{2/3}, 0\right)$, $\left(\sqrt{2/3}, 1\right)$;
IPs $\left(\pm\sqrt{2/3}, \pm 1/\sqrt{2}\right)$
H. See graph at right.

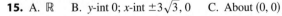

15. A. $\mathbb{R}$ B. y-int 0; x-int $\pm 3\sqrt{3}, 0$ C. About $(0,0)$
D. None   E. Inc on $(-\infty, -1)$, $(1, \infty)$; dec on $(-1, 1)$
F. Loc max $f(-1) = 2$;
loc min $f(1) = -2$
G. CU on $(0, \infty)$;
CD on $(-\infty, 0)$; IP $(0, 0)$
H. See graph at right.

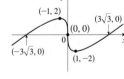

16. A. $\mathbb{R}$ B. y-int -1; x-int ± 1
C. About the y-axis   D. None
E. Inc on $(0, \infty)$; dec on $(-\infty, 0)$
F. Loc min $f(0) = -1$
G. CU on $(-1, 1)$;
CD on $(-\infty, -1)$, $(1, \infty)$; IPs $(\pm 1, 0)$
H. See graph at right.

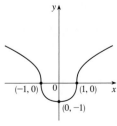

17. A. $\mathbb{R}$ **B.** y-int 0; x-int $n\pi$ (n an integer)
C. About $(0, 0)$, period 2π **D.** None
E–G answers for $0 \leqslant x \leqslant \pi$:
E. Inc on $(0, \pi/2)$; dec on $(\pi/2, \pi)$ **F.** Loc max $f(\pi/2) = 1$
G. Let $\alpha = \sin^{-1}\sqrt{2/3}$; CU on $(0, \alpha)$, $(\pi - \alpha, \pi)$;
CD on $(\alpha, \pi - \alpha)$; IPs at $x = 0, \pi, \alpha, \pi - \alpha$
H.

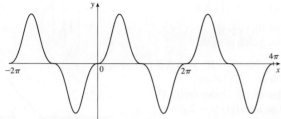

18. A. $(-\pi/2, \pi/2)$ **B.** y-int 0; x-int 0   **C.** About y-axis
D. VA $x = \pm\pi/2$
E. Inc on $(0, \pi/2)$;
dec on $(-\pi/2, 0)$
F. Loc min $f(0) = 0$
G. CU on $(-\pi/2, \pi/2)$
H. See graph at right.

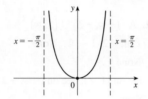

19. A. $[-2\pi, 2\pi]$
B. y-int $\sqrt{3}$; x-int $-4\pi/3, -\pi/3, 2\pi/3, 5\pi/3$
C. Period 2π **D.** None
E. Inc on $(-2\pi, -11\pi/6)$, $(-5\pi/6, \pi/6)$, $(7\pi/6, 2\pi)$;
dec on $(-11\pi/6, -5\pi/6)$, $(\pi/6, 7\pi/6)$
F. Loc max $f(-11\pi/6) = f(\pi/6) = 2$;
loc min $f(-5\pi/6) = f(7\pi/6) = -2$
G. CU on $(-4\pi/3, -\pi/3)$,
$(2\pi/3, 5\pi/3)$;
CD on $(-2\pi, -4\pi/3)$,
$(-\pi/3, 2\pi/3)$, $(5\pi/3, 2\pi)$;
IPs $(-4\pi/3, 0)$, $(-\pi/3, 0)$,
$(2\pi/3, 0)$, $(5\pi/3, 0)$
H. See graph at right.

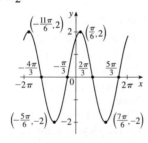

20. A. All reals except $(2n + 1)\pi$ (n an integer)
B. y-int 0; x-int $2n\pi$ **C.** About the origin, period 2π
D. VA $x = (2n + 1)\pi$ **E.** Inc on $((2n - 1)\pi, (2n + 1)\pi)$
F. None   **G.** CU on $(2n\pi, (2n + 1)\pi)$;
CD on $((2n - 1)\pi, 2n\pi)$; IPs $(2n\pi, 0)$
H.

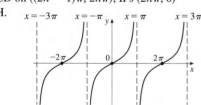

21. (a) $(-\infty, 7]$; $(-\infty, 3) \cup (3, 7)$ (b) 3, 5
(c) $-1/\sqrt{3} \approx -0.58$ (d) HA $y = \sqrt{2}$

22. (a) $\mathbb{R}$; $(-\infty, 3) \cup (3, 7) \cup (7, \infty)$ (b) 3, 5, 7, 9   (c) -2
(d) HA $y = 1, y = 2$

23.

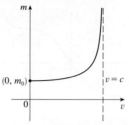

24.

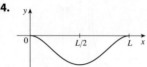

25. $y = x - 1$ **26.** $y = 2x - 3$

27. A. $(-\infty, 1) \cup (1, \infty)$
B. y-int 0; x-int 0
C. None
D. VA $x = 1$; SA $y = x + 1$
E. Inc on $(-\infty, 0)$, $(2, \infty)$;
dec on $(0, 1)$, $(1, 2)$
F. Loc max $f(0) = 0$;
loc min $f(2) = 4$
G. CU on $(1, \infty)$; CD on
$(-\infty, 1)$
H. See graph at right.

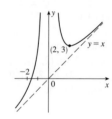

28. A. $(-\infty, 0) \cup (0, \infty)$
B. x-int $-\sqrt[3]{4}$ **C.** None
D. VA $x = 0$; SA $y = x$
E. Inc on $(-\infty, 0)$, $(2, \infty)$;
dec on $(0, 2)$
F. Loc min $f(2) = 3$
G. CU on $(-\infty, 0)$, $(0, \infty)$
H. See graph at right.

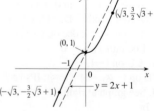

29. A. $\mathbb{R}$ **B.** y-int 1; x-int -1
C. None   **D.** SA $y = 2x + 1$
E. Inc on $(-\infty, \infty)$ **F.** None
G. CU on $\left(-\infty, -\sqrt{3}\right)$,
$\left(0, \sqrt{3}\right)$;
CD on $\left(-\sqrt{3}, 0\right)$, $\left(\sqrt{3}, \infty\right)$;
IP $\left(\pm\sqrt{3}, 1 \pm \frac{3}{2}\sqrt{3}\right)$, $(0, 1)$
H. See graph at right.

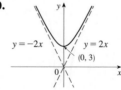

30.

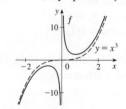

32. VA $x = 0$, asymptotic to $y = x^3$

EXERCISES 3.6 ■ PAGE 229

1. Inc on $(-\infty, -1.50)$, $(0.04, 2.62)$, $(2.84, \infty)$; dec on $(-1.50, 0.04)$, $(2.62, 2.84)$; loc max $f(-1.50) \approx 36.47$, $f(2.62) \approx 56.83$; loc min $f(0.04) \approx -0.04$, $f(2.84) \approx 56.73$; CU on $(-0.89, 1.15)$, $(2.74, \infty)$; CD on $(-\infty, -0.89)$, $(1.15, 2.74)$; IPs $(-0.89, 20.90)$, $(1.15, 26.57)$, $(2.74, 56.78)$

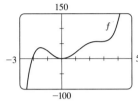
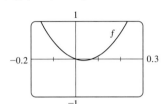
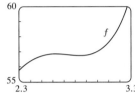

2. Inc on $(-1.31, -0.84)$, $(1.06, 2.50)$, $(2.75, \infty)$; dec on $(-\infty, -1.31)$, $(-0.84, 1.06)$, $(2.50, 2.75)$; loc max $f(-0.84) \approx 23.71$, $f(2.50) \approx -11.02$; loc min $f(-1.31) \approx 20.72$, $f(1.06) \approx -33.12$, $f(2.75) \approx -11.33$; CU on $(-\infty, -1.10)$, $(0.08, 1.72)$, $(2.64, \infty)$; CD on $(-1.10, 0.08)$, $(1.72, 2.64)$; IPs $(-1.10, 22.09)$, $(0.08, -3.88)$, $(1.72, -22.53)$, $(2.64, -11.18)$

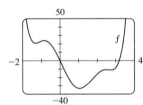

3. Inc on $(-\infty, -1.47)$, $(-1.47, 0.66)$; dec on $(0.66, \infty)$; loc max $f(0.66) \approx 0.38$; CU on $(-\infty, -1.47)$, $(-0.49, 0)$, $(1.10, \infty)$; CD on $(-1.47, -0.49)$, $(0, 1.10)$; IPs $(-0.49, -0.44)$, $(1.10, 0.31)$, $(0, 0)$

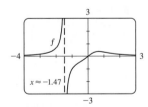

4. Inc on $(-1.40, -0.44)$, $(0.44, 1.40)$; dec on $(-\pi, -1.40)$, $(-0.44, 0)$, $(0, 0.44)$, $(1.40, \pi)$; loc max $f(-0.44) \approx -4.68$, $f(1.40) \approx 6.09$; loc min $f(-1.40) \approx -6.09$, $f(0.44) \approx 4.68$; CU on $(-\pi, -0.77)$, $(0, 0.77)$; CD on $(-0.77, 0)$, $(0.77, \pi)$; IPs $(-0.77, -5.22)$, $(0.77, 5.22)$

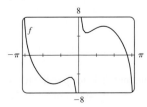

5. Inc on $\left(-8 - \sqrt{61}, -8 + \sqrt{61}\right)$; dec on $\left(-\infty, -8 - \sqrt{61}\right)$, $\left(-8 + \sqrt{61}, 0\right)$, $(0, \infty)$; CU on $\left(-12 - \sqrt{138}, -12 + \sqrt{138}\right)$, $(0, \infty)$; CD on $\left(-\infty, -12 - \sqrt{138}\right)$, $\left(-12 + \sqrt{138}, 0\right)$

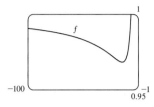
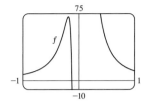

6. Loc max $f(-5.6) \approx 0.018$, $f(0.82) \approx -281.5$, $f(5.2) \approx 0.0145$; loc min $f(3) = 0$

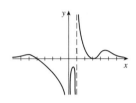
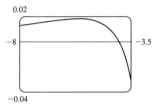
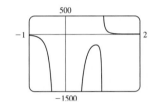
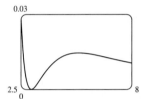

7. $f'(x) = -\dfrac{x(x+1)^2(x^3 + 18x^2 - 44x - 16)}{(x-2)^3(x-4)^5}$

$f''(x) = 2\dfrac{(x+1)(x^6 + 36x^5 + 6x^4 - 628x^3 + 684x^2 + 672x + 64)}{(x-2)^4(x-4)^6}$

CU on $(-35.3, -5.0)$, $(-1, -0.5)$, $(-0.1, 2)$, $(2, 4)$, $(4, \infty)$; CD on $(-\infty, -35.3)$, $(-5.0, -1)$, $(-0.5, -0.1)$; IPs $(-35.3, -0.015)$, $(-5.0, -0.005)$, $(-1, 0)$, $(-0.5, 0.00001)$, $(-0.1, 0.0000066)$

8. Inc on $(-9.41, -1.29)$, $(0, 1.05)$; dec on $(-\infty, -9.41)$, $(-1.29, 0)$, $(1.05, \infty)$; loc max $f(-1.29) \approx 7.49$, $f(1.05) \approx 2.35$; loc min $f(-9.41) \approx -0.056$, $f(0) = 0.5$; CU on $(-13.81, -1.55)$, $(-1.03, 0.60)$, $(1.48, \infty)$; CD on $(-\infty, -13.81)$, $(-1.55, -1.03)$, $(0.60, 1.48)$; IPs $(-13.81, -0.05)$, $(-1.55, 5.64)$, $(-1.03, 5.39)$, $(0.60, 1.52)$, $(1.48, 1.93)$

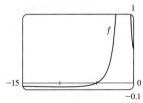

9. Inc on $(-4.91, -4.51)$, $(0, 1.77)$, $(4.91, 8.06)$, $(10.79, 14.34)$, $(17.08, 20)$; dec on $(-4.51, -4.10)$, $(1.77, 4.10)$, $(8.06, 10.79)$, $(14.34, 17.08)$; loc max $f(-4.51) \approx 0.62$, $f(1.77) \approx 2.58$, $f(8.06) \approx 3.60$, $f(14.34) \approx 4.39$; loc min $f(10.79) \approx 2.43$, $f(17.08) \approx 3.49$; CU on $(9.60, 12.25)$, $(15.81, 18.65)$;

CD on $(-4.91, -4.10)$, $(0, 4.10)$, $(4.91, 9.60)$, $(12.25, 15.81)$, $(18.65, 20)$;
IPs $(9.60, 2.95)$, $(12.25, 3.27)$, $(15.81, 3.91)$, $(18.65, 4.20)$

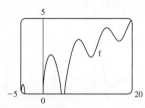

10. Max $f(0.59) \approx 1$, $f(0.68) \approx 1$, $f(1.96) \approx 1$;
min $f(0.64) \approx 0.99996$, $f(1.46) \approx 0.49$, $f(2.73) \approx -0.51$;
IPs $(0.61, 0.99998)$, $(0.66, 0.99998)$, $(1.17, 0.72)$, $(1.75, 0.77)$, $(2.28, 0.34)$

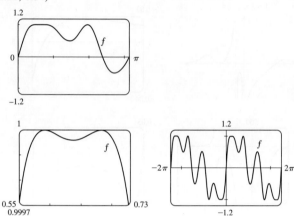

11. For $c < 0$, there is a loc min that moves toward $(-3, -9)$ as c increases. For $0 < c < 8$, there is a loc min that moves toward $(-3, -9)$ and a loc max that moves toward the origin as c decreases. For all $c > 0$, there is a first-quadrant loc min that moves toward the origin as c decreases. $c = 0$ is a transitional value that gives the graph of a parabola. For all nonzero c, the y-axis is a VA and there is an IP that moves toward the origin as $|c| \rightarrow 0$.

$c \leq 0$:

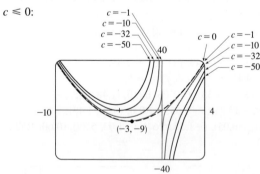

$c \geq 0$:

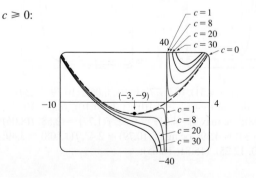

12. For $c > 0$, the maximum and minimum values are always $\pm\frac{1}{2}$, but the extreme points and IPs move closer to the y-axis as c increases. $c = 0$ is a transitional value: when c is replaced by $-c$, the curve is reflected in the x-axis.

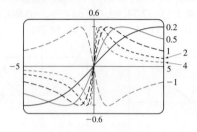

13. For $|c| < 1$, the graph has loc max and min values; for $|c| \geq 1$, it does not. The function increases for $c \geq 1$ and decreases for $c \leq -1$. As c changes, the IPs move vertically but not horizontally.

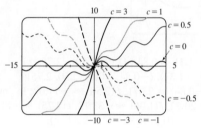

14. $c = 0$; $c = -1.5$

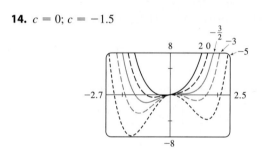

EXERCISES 3.7 ■ PAGE 237

1. (a) 11, 12   (b) 11.5, 11.5   **2.** 10, 10   **3.** $\frac{9}{4}$
4. 25 m by 25 m   **5.** $N = 1$
6. (a)

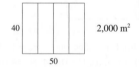

(b)

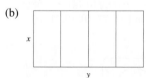

(c) $A = xy$ (d) $5x + 2y = 300$ (e) $A(x) = 150x - \frac{5}{2}x^2$
(f) 2250 m^2
7. 100 m by 150 m, middle fence parallel to short side
8. 20 m by 600 m   **10.** 4000 cm^3 **11.** $\approx\$163.54$

12. 45 cm by 45 cm by 90 cm.

13. $\left(-\frac{6}{5}, \frac{3}{5}\right)$ **14.** $\left(-\frac{1}{3}, \pm\frac{4}{3}\sqrt{2}\right)$ **15.** Square, side $\sqrt{2}\,r$

16. $L/2$, $\sqrt{3}\,L/4$ **17.** Base $\sqrt{3}\,r$, height $3r/2$

19. $4\pi r^3/(3\sqrt{3})$ **20.** $\pi r^2\left(1 + \sqrt{5}\right)$

21. 24 cm by 36 cm

22. (a) Use all of the wire for the square

(b) $40\sqrt{3}/(9 + 4\sqrt{3})$ m for the square

23. 30 cm **24.** $V = 2\pi R^3/(9\sqrt{3})$ **26.** $E^2/(4r)$

27. (a) $\frac{3}{2}s^2\csc\theta\,(\csc\theta - \sqrt{3}\cot\theta)$ (b) $\cos^{-1}(1/\sqrt{3}) \approx 55°$

(c) $6s\left[h + s/(2\sqrt{2})\right]$

28. Row directly to B **29.** ≈ 4.85 km east of the refinery

30. $10\sqrt[3]{3}/(1 + \sqrt[3]{3}) \approx 5.91$ m from the stronger source

31. $(a^{2/3} + b^{2/3})^{3/2}$ **32.** $2\sqrt{6}$

33. (b) (i) \$342,491; \$342.49/unit; \$389.74/unit

(ii) 400 (iii) \$320/unit

34. (a) $p(x) = 19 - \frac{1}{3000}x$ (b) \$9.50

35. (a) $p(x) = 500 - \frac{1}{8}x$ (b) \$250 (c) \$310

38. 9.35 m **40.** $x = 15$ cm **41.** $\pi/6$ **42.** $\frac{1}{2}(L + W)^2$

43. (a) About 5.1 km from B (b) C is close to B; C is close

to D; $W/L = \sqrt{25 + x^2}/x$, where $x = |BC|$

(c) ≈ 1.07; no such value (d) $\sqrt{41}/4 \approx 1.6$

EXERCISES 3.8 ■ PAGE 244

1. (a) $x^2 \approx 7.3$, $x^3 \approx 6.8$ (b) Yes

2. $\frac{9}{2}$ **3.** a, b, c **4.** 1.5215 **5.** -1.25

6. 2.94283096 **7.** (b) 2.630020 **8.** -1.914021

9. 1.934563 **10.** -0.549700, 2.629658 **11.** 0.865474

12. -1.69312029, -0.74466668, 1.26587094

13. 0.76682579 **14.** (b) 31.622777

17. (a) -1.293227, -0.441731, 0.507854 (b) -2.0212

18. (1.519855, 2.306964) **19.** (0.410245, 0.347810)

20. 0.76286%

EXERCISES 3.9 ■ PAGE 251

1. (a) $F(x) = 6x$ (b) $G(t) = t^3$

2. (a) $H(q) = \sin q$ (b) $F(x) = \sec x$

3. $F(x) = 2x^2 + 7x + C$ **4.** $F(x) = \frac{1}{2}x^4 - \frac{2}{9}x^3 + \frac{5}{2}x^2 + C$

5. $F(x) = 4x^3 + 4x^2 + C$ **6.** $G(x) = 12x^{1/3} - \frac{3}{4}x^{8/3} + C$

7. $F(x) = 2x^{3/2} - \frac{3}{2}x^{4/3} + C$

8. $F(t) = \frac{4}{3}t^{3/2} - 8\sqrt{t} + 3t + C$

9. $F(x) = \begin{cases} -5/(4x^8) + C_1 & \text{if } x < 0 \\ -5/(4x^8) + C_2 & \text{if } x > 0 \end{cases}$

10. $F(\theta) = -2\cos\theta - 3\sec\theta + C$

11. $H(\theta) = -2\cos\theta - \tan\theta + C_n$ on $(n\pi - \pi/2, n\pi + \pi/2)$,

n an integer

12. $G(v) = \frac{3}{5}v^{5/3} - 2\tan v + C_n$ on $(n\pi - \pi/2, n\pi + \pi/2)$,

n an integer

13. $F(x) = x^5 - \frac{1}{3}x^6 + 4$

14. $f(x) = 4x^3 + Cx + D$

15. $f(x) = \frac{1}{5}x^5 + 4x^3 - \frac{1}{2}x^2 + Cx + D$

16. $f(x) = 2x^2 - \frac{9}{28}x^{7/3} + Cx + D$

17. $f(t) = 2t^3 + \cos t + Ct^2 + Dt + E$

18. $f(x) = x^5 - x^3 + 4x + 6$

19. $f(x) = 3x^{5/3} - 75$

20. $f(t) = \tan t + \sec t - 2 - \sqrt{2}$

21. $f(x) = -x^2 + 2x^3 - x^4 + 12x + 4$

22. $f(\theta) = -\sin\theta - \cos\theta + 5\theta + 4$

23. $f(x) = 2x^2 + x^3 + 2x^4 + 2x + 3$

24. $f(t) = \frac{9}{28}t^{7/3} + \cos t + \left(\frac{19}{28} - \cos 1\right)t + 1$

25. 8 **26.** b

27.

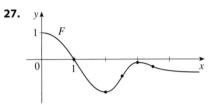

28. **29.**

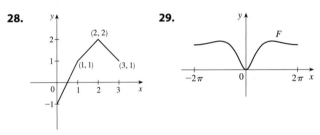

30. $s(t) = 2\sin t - 4\cos t + 7$

31. $s(t) = \frac{1}{3}t^3 + \frac{1}{2}t^2 - 2t + 3$

32. $s(t) = -\sin t + \cos t + \dfrac{8}{\pi}t - 1$

33. (a) $s(t) = 450 - 4.9t^2$ (b) $\sqrt{450/4.9} \approx 9.58$ s

(c) $-9.8\sqrt{450/4.9} \approx -93.9$ m/s (d) About 9.09 s

35. 81.6 m **36.** \$742.08 **37.** $\frac{130}{11} \approx 11.8$ s

38. 1.79 m/s^2 **39.** 62,500 km/h^2 ≈ 4.82 m/s^2

40. (a) 101.0 km (b) 87.7 km (c) 21 min 50 s

(d) 172 km

CHAPTER 3 REVIEW ■ PAGE 253

True-False Quiz

1. False **2.** False **3.** True **4.** False **5.** True

6. True **7.** False **8.** True **9.** True

10. True

Exercises

1. Abs max $f(2) = f(5) = 18$, abs min $f(0) = -2$,

loc max $f(2) = 18$, loc min $f(4) = 14$

2. Abs max $f(2) = \frac{2}{5}$, abs and loc min $f\left(-\frac{1}{3}\right) = -\frac{9}{2}$

3. Abs and loc max $f(\pi/6) = \pi/6 + \sqrt{3}$,

abs min $f(-\pi) = -\pi - 2$, loc min $f(5\pi/6) = 5\pi/6 - \sqrt{3}$

4. $\frac{1}{2}$ **5.** $-\frac{2}{3}$ **6.** $\frac{3}{4}$

7.

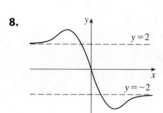

8.

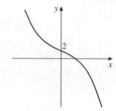

9. A. $\mathbb{R}$ **B.** y-int 2
C. None   **D.** None
E. Dec on $(-\infty, \infty)$ **F.** None
G. CU on $(-\infty, 0)$;
CD on $(0, \infty)$; IP $(0, 2)$
H. See graph at right.

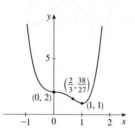

10. A. $\mathbb{R}$ **B.** y-int 2
C. None   **D.** None
E. Inc on $(1, \infty)$; dec on $(-\infty, 1)$
F. Loc min $f(1) = 1$
G. CU on $(-\infty, 0)$, $\left(\frac{2}{3}, \infty\right)$;
CD on $\left(0, \frac{2}{3}\right)$; IPs $(0, 2)$, $\left(\frac{2}{3}, \frac{38}{27}\right)$
H. See graph at right.

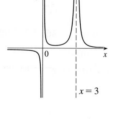

11. A. $(-\infty, 0) \cup (0, 3) \cup (3, \infty)$
B. None   **C.** None
D. HA $y = 0$; VA $x = 0$, $x = 3$
E. Inc on $(1, 3)$;
dec on $(-\infty, 0)$, $(0, 1)$, $(3, \infty)$
F. Loc min $f(1) = \frac{1}{4}$
G. CU on $(0, 3)$, $(3, \infty)$;
CD on $(-\infty, 0)$
H. See graph at right.

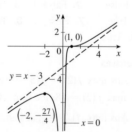

12. A. $(-\infty, 0) \cup (0, \infty)$
B. x-int 1   **C.** None
D. VA $x = 0$; SA $y = x - 3$
E. Inc on $(-\infty, -2)$, $(0, \infty)$;
dec on $(-2, 0)$
F. Loc max $f(-2) = -\frac{27}{4}$
G. CU on $(1, \infty)$; CD on $(-\infty, 0)$,
$(0, 1)$; IP $(1, 0)$
H. See graph at right.

13. A. $[-2, \infty)$
B. y-int 0; x-int -2, 0
C. None   **D.** None
E. Inc on $\left(-\frac{4}{3}, \infty\right)$, dec on $\left(-2, -\frac{4}{3}\right)$
F. Loc min $f\left(-\frac{4}{3}\right) = -\frac{4}{9}\sqrt{6}$
G. CU on $(-2, \infty)$
H. See graph at right.

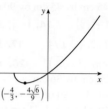

14. A. $\mathbb{R}$ **B.** y-int -2 **C.** About y-axis, period 2π
D. None   **E.** Inc on $(2n\pi, (2n+1)\pi)$, n an integer;
dec on $((2n-1)\pi, 2n\pi)$
F. Loc max $f((2n+1)\pi) = 2$; loc min $f(2n\pi) = -2$
G. CU on $(2n\pi - (\pi/3), 2n\pi + (\pi/3))$;
CD on $(2n\pi + (\pi/3), 2n\pi + (5\pi/3))$; IP $\left(2n\pi \pm (\pi/3), -\frac{1}{4}\right)$
H.

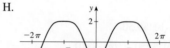

15. Inc on $(-\sqrt{3}, 0)$, $(0, \sqrt{3})$;
dec on $(-\infty, -\sqrt{3})$, $(\sqrt{3}, \infty)$;
loc max $f(\sqrt{3}) = \frac{2}{9}\sqrt{3}$,
loc min $f(-\sqrt{3}) = -\frac{2}{9}\sqrt{3}$;
CU on $(-\sqrt{6}, 0)$, $(\sqrt{6}, \infty)$;
CD on $(-\infty, -\sqrt{6})$, $(0, \sqrt{6})$;
IPs $\left(\sqrt{6}, \frac{5}{36}\sqrt{6}\right)$, $\left(-\sqrt{6}, -\frac{5}{36}\sqrt{6}\right)$

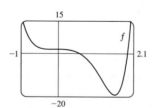

16. Inc on $(-0.23, 0)$, $(1.62, \infty)$; dec on $(-\infty, -0.23)$, $(0, 1.62)$;
loc max $f(0) = 2$; loc min $f(-0.23) \approx 1.96$, $f(1.62) \approx -19.2$;
CU on $(-\infty, -0.12)$, $(1.24, \infty)$;
CD on $(-0.12, 1.24)$; IPs $(-0.12, 1.98)$, $(1.24, -12.1)$

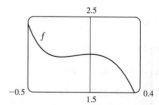

19. (a) 0   (b) CU on $\mathbb{R}$ **21.** $3\sqrt{3}\, r^2$
22. $4/\sqrt{3}$ cm from D **23.** $L = C$ **24.** \$11.50
25. 1.297383   **26.** 1.16718557
27. $F(x) = \frac{8}{3}x^{3/2} - 2x^3 + 3x + C$
28. $H(t) = \begin{cases} -\frac{1}{2}t^{-2} - 5\cos t + C_1 & \text{if } t < 0 \\ -\frac{1}{2}t^{-2} - 5\cos t + C_2 & \text{if } t > 0 \end{cases}$
29. $f(t) = t^2 + 3\cos t + 2$
30. $f(x) = \frac{1}{2}x^2 - x^3 + 4x^4 + 2x + 1$

31. $s(t) = t^2 + \cos t + 2$ **32.**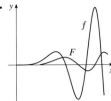

33. No

34. (b) About 25.44 cm by 5.96 cm (c) $2\sqrt{300}$ cm by $2\sqrt{600}$ cm

35. $\tan^{-1}\left(-\dfrac{2}{\pi}\right) + 180° \approx 147.5°$

36. (a) $10\sqrt{2} \approx 14$ m

(b) $\dfrac{dI}{dt} = \dfrac{-60k(h-1)}{[(h-1)^2 + 400]^{-5/2}}$, where k is the constant of proportionality

CHAPTER 4

EXERCISES 4.1 ■ PAGE 267

1. (a) Lower ≈ 12, upper ≈ 22

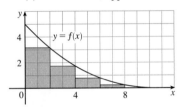

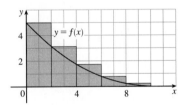

(b) Lower ≈ 14.4, upper ≈ 19.4

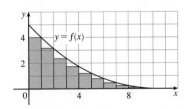

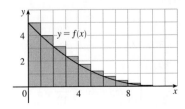

2. (a) 0.6345, underestimate (b) 0.7595, overestimate

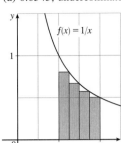 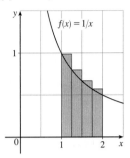

3. (a) 8, 6.875 (b) 5, 5.375

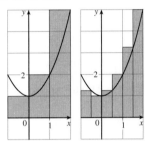 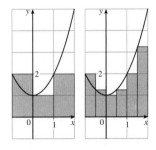

(c) 5.75, 5.9375

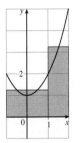 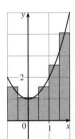

(d) M_6

4. $n = 2$: upper $= 24$, lower $= 8$

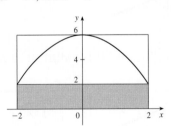

$n = 4$: upper $= 22$, lower $= 14$

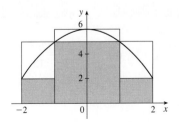

$n = 8$: upper = 20.5, lower = 16.5

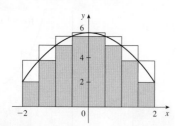

5. 10.55 m, 13.65 m   **6.** 63.2 L, 70 L   **7.** 39 m

8. 7840   **9.** $\displaystyle\lim_{n\to\infty} \sum_{i=1}^{n} [2 + \sin^2(\pi i/n)] \cdot \frac{\pi}{n}$

10. $\displaystyle\lim_{n\to\infty} \sum_{i=1}^{n} (1 + 4i/n)\sqrt{(1 + 4i/n)^3 + 8} \cdot \frac{4}{n}$

11. The region under the graph of $y = \dfrac{1}{1 + x}$ from 0 to 2

12. The region under the graph of $y = \tan x$ from 0 to $\pi/4$

13. (a) $L_n < A < R_n$

14. 0.2533, 0.2170, 0.2101, 0.2050; 0.2

15. (a) Left: 0.8100, 0.7937, 0.7904;
right: 0.7600, 0.7770, 0.7804

(b)

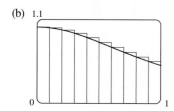 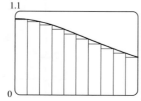

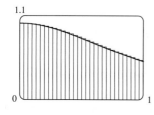 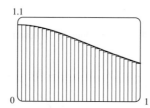

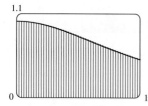 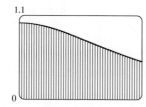

16. (a) $\displaystyle\lim_{n\to\infty} \frac{64}{n^6} \sum_{i=1}^{n} i^5$ (b) $\dfrac{n^2(n + 1)^2(2n^2 + 2n - 1)}{12}$

(c) $\dfrac{32}{3}$

17. $\sin b$, 1

1. -10
The Riemann sum represents
the sum of the areas of the two
rectangles above the x-axis minus
the sum of the areas of the three
rectangles below the x-axis; that is,
the *net area* of the rectangles with
respect to the x-axis.

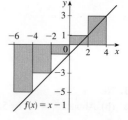

2. $-\frac{49}{16}$
The Riemann sum represents the
sum of the areas of the two
rectangles above the x-axis minus
the sum of the areas of the four
rectangles below the x-axis.

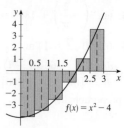

3. (a) 4   (b) 2   (c) 6
4. Lower = -64; upper = 16   **5.** 168
6. 6.1820   **7.** 0.3186   **8.** 0.3181, 0.3180

9.

n	R_n
5	1.933766
10	1.983524
50	1.999342
100	1.999836

The values of R_n appear to be
approaching 2.

10. $\displaystyle\int_0^\pi \frac{\sin x}{1 + x}\,dx$ **11.** $\displaystyle\int_2^7 (5x^3 - 4x)\,dx$

12. $-\frac{40}{3}$ **13.** $\displaystyle\lim_{n\to\infty} \sum_{i=1}^{n} \sqrt{4 + (1 + 2i/n)} \cdot \frac{2}{n}$

14. 6   **15.** $\frac{57}{2}$ **16.** 208   **17.** $-\frac{3}{4}$
18. (a) 4   (b) 10   (c) -3 (d) 0   (e) 6   (f) -4
19. (a) 18
20. (a) -48 (b)   (c) -40

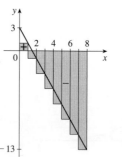

21. $\frac{35}{2}$ **22.** $\frac{25}{4}$ **23.** $3 + \frac{9}{4}\pi$

26. 0   **27.** 3

28. 22.5   **29.** $\displaystyle\int_{-1}^5 f(x)\,dx$ **30.** 122

31. B < E < A < D < C   **32.** 15

35. $0 \le \displaystyle\int_0^1 x^3\,dx \le 1$ **36.** $\dfrac{\pi}{12} \le \displaystyle\int_{\pi/4}^{\pi/3} \tan x\,dx \le \dfrac{\pi}{12}\sqrt{3}$

37. $2 \le \displaystyle\int_{-1}^1 \sqrt{1 + x^4}\,dx \le 2\sqrt{2}$ **39.** $\displaystyle\int_1^2 \sqrt{x}\,dx$

42. $\int_0^1 x^4 \, dx$ **43.** $\frac{1}{2}$

44. $\displaystyle\lim_{n \to \infty} \sum_{i=1}^{n} \left(\sin \frac{5\pi i}{n} \right) \frac{\pi}{n} = \frac{2}{5}$

EXERCISES 4.3 ■ PAGE 290

1. One process undoes what the other one does. See the Fundamental Theorem of Calculus.

2. (a) 0, 2, 5, 7, 3 (d)
(b) (0, 3)
(c) $x = 3$

3. (a) $g(x) = 3x$

4.

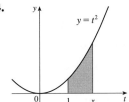

(a), (b) x^2

5. $g'(x) = \sqrt{x + x^3}$ **6.** $g'(w) = \sin(1 + w^3)$

7. $F'(x) = -\sqrt{1 + \sec x}$ **8.** $h'(x) = -\sin^4(1/x)/x^2$

9. $y' = \dfrac{3(3x + 2)}{1 + (3x + 2)^3}$ **10.** $y' = -\frac{1}{2} \tan \sqrt{x}$

11. 3.75

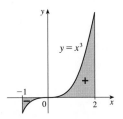

12. -2

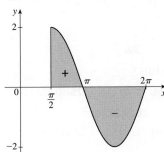

13. $\frac{26}{3}$ **14.** 2   **15.** $\frac{52}{3}$ **16.** $\frac{512}{15}$ **17.** -1

18. $-\frac{37}{6}$ **19.** $\frac{82}{5}$ **20.** $\frac{17}{6}$ **21.** 1   **22.** $\frac{15}{4}$

23. 0   **24.** $\frac{16}{3}$ **25.** $\frac{32}{3}$ **26.** $\frac{243}{4}$ **27.** 2

28. The function $f(x) = x^{-4}$ is not continuous on the interval $[-2, 1]$, so FTC2 cannot be applied.

29. The function $f(\theta) = \sec \theta \tan \theta$ is not continuous on the interval $[\pi/3, \pi]$, so FTC2 cannot be applied.

30. $g'(x) = \dfrac{-2(4x^2 - 1)}{4x^2 + 1} + \dfrac{3(9x^2 - 1)}{9x^2 + 1}$

31. $h'(x) = -\dfrac{1}{2\sqrt{x}} \cos x + 3x^2 \cos(x^6)$

32. $y = -\dfrac{1}{\pi} x + 1$

33. $(-4, 0)$ **34.** 29

35. (a) $-2\sqrt{n}, \sqrt{4n - 2}$, n an integer > 0
(b) $(0, 1), \left(-\sqrt{4n - 1}, -\sqrt{4n - 3}\right)$, and $\left(\sqrt{4n - 1}, \sqrt{4n + 1}\right)$, n an integer > 0 (c) 0.74

36. (a) Loc max at 1 and 5; loc min at 3 and 7
(b) $x = 9$
(c) $\left(\frac{1}{2}, 2\right), (4, 6), (8, 9)$
(d) See graph at right.

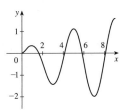

37. $\frac{7}{10}$ **41.** $f(x) = x^{3/2}, a = 9$

42. (b) Average expenditure over $[0, t]$; to minimize average expenditure

43. $\ln 3$ **44.** $\pi/3$ **45.** $e^2 - 1$

EXERCISES 4.4 ■ PAGE 298

3. $x^3 + 2x^2 + x + C$ **4.** $\frac{1}{2}x^2 + \sin x + C$

5. $\frac{1}{2.3}x^{2.3} + 2x^{3.5} + C$ **6.** $5x + \frac{2}{9}x^3 + \frac{3}{16}x^4 + C$

7. $\frac{2}{3}u^3 + \frac{9}{2}u^2 + 4u + C$ **8.** $2\sqrt{x} + x + \frac{2}{3}x^{3/2} + C$

9. $\theta + \tan \theta + C$ **10.** $-3 \cot t + C$

11. $\sin x + \frac{1}{4}x^2 + C$

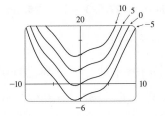

12. $-\frac{10}{3}$ **13.** 505.5   **14.** -2 **15.** 8

16. 36   **17.** $8/\sqrt{3}$ **18.** $\frac{55}{63}$ **19.** $2\sqrt{5}$

20. $1 + \pi/4$ **21.** 659,456/55

22. $\frac{5}{2}$ **23.** -3.5 **24.** ≈ 1.36 **25.** $\frac{4}{3}$

26. The increase in the child's weight (in kilograms) between the ages of 5 and 10

27. Number of liters of oil leaked in the first 2 hours (120 minutes)

28. Increase in revenue when production is increased from 1000 to 5000 units

29. Total number of heart beats during the first 30 min of exercise

30. Newton-meters (or joules)   **31.** (a) $-\frac{3}{2}$ m   (b) $\frac{41}{6}$ m

32. (a) $v(t) = \frac{1}{2}t^2 + 4t + 5$ m/s   (b) $416\frac{2}{3}$ m

33. $46\frac{2}{3}$ kg   **34.** 2.3 km   **35.** 83,462,400 m³

36. 12.1 m/s   **37.** 332.6 gigawatt-hours

38. $-\cos x + \cosh x + C$ **39.** $\frac{1}{3}x^3 + x + \tan^{-1}x + C$

40. $\pi/6$

EXERCISES 4.5 ■ PAGE 306

1. $\frac{1}{2}\sin 2x + C$ **2.** $\frac{2}{9}(x^3 + 1)^{3/2} + C$

3. $-\dfrac{1}{4(x^4 - 5)} + C$ **4.** $2\sin\sqrt{t} + C$

5. $-\frac{1}{3}(1 - x^2)^{3/2} + C$ **6.** $\frac{1}{3}\sin(x^3) + C$

7. $-(3/\pi)\cos(\pi t/3) + C$ **8.** $\frac{1}{3}\sec 3t + C$

9. $\frac{1}{5}\sin(1 + 5t) + C$ **10.** $-\frac{1}{4}\cos^4\theta + C$

11. $\dfrac{1}{12}\left(x^2 + \dfrac{2}{x}\right)^6 + C$ **12.** $\frac{2}{3}\sqrt{3ax + bx^3} + C$

13. $\frac{1}{2}(1 + z^3)^{2/3} + C$ **14.** $-\frac{2}{3}(\cot x)^{3/2} + C$

15. $\frac{1}{3}\sec^3x + C$ **16.** $\frac{1}{40}(2x + 5)^{10} - \frac{5}{36}(2x + 5)^9 + C$

17. $\frac{1}{8}(x^2 - 1)^4 + C$ **18.** $\frac{1}{4}\sin^4x + C$

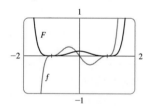   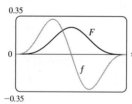

19. $2/\pi$ **20.** $\frac{45}{28}$ **21.** $2/\sqrt{3} - 1$

22. 0   **23.** 3   **24.** $\frac{1}{3}(2\sqrt{2} - 1)a^3$ **25.** $\frac{16}{15}$

26. $\frac{1}{2}(\sin 4 - \sin 1)$ **27.** $\sqrt{3} - \frac{1}{3}$ **28.** 6π

29. $\dfrac{5}{4\pi}\left(1 - \cos\dfrac{2\pi t}{5}\right)$ L

30. 5   **34.** $\frac{1}{4}\ln|4x + 7| + C$ **35.** $\frac{1}{3}(\ln x)^3 + C$

36. $\dfrac{2}{15}(2 + 3e^r)^{5/2} + C$ **37.** $\frac{1}{3}(\arctan x)^3 + C$

38. $\tan^{-1}x + \frac{1}{2}\ln(1 + x^2) + C$ **39.** $-\ln(1 + \cos^2x) + C$

40. $\ln|\sin x| + C$ **41.** 2   **42.** $\ln(e + 1)$ **43.** $\pi^2/4$

CHAPTER 4 REVIEW ■ PAGE 307

True-False Quiz

1. True   **2.** True   **3.** False   **4.** True   **5.** False

6. True   **7.** False   **8.** True   **9.** False

10. False

Exercises

1. (a) 8   (b) 5.7

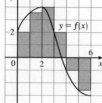   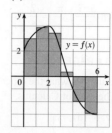

2. $\frac{1}{2} + \pi/4$ **3.** 3   **4.** f is c, f' is b, $\int_0^x f(t)\,dt$ is a.

5. 3, 0   **6.** $-\frac{13}{6}$ **7.** $\frac{9}{10}$ **8.** -76 **9.** $\frac{21}{4}$

10. Does not exist   **11.** $\frac{1}{3}\sin 1$ **12.** 0

13. $[1/(2\pi)]\sin^2\pi t + C$ **14.** $\frac{1}{2}\sqrt{2} - \frac{1}{2}$

15. $-\frac{3}{5}(1 - x)^{5/3} + \frac{3}{8}(1 - x)^{8/3} + C$

16. $\frac{23}{3}$ **17.** $2\sqrt{1 + \sin x} + C$ **18.** $\frac{64}{5}$ **19.** $\frac{124}{3}$

20. (a) 2   (b) 6   **21.** $F'(x) = x^2/(1 + x^3)$

22. $g'(x) = 4x^3\cos(x^8)$ **23.** $y' = \dfrac{2\cos x - \cos\sqrt{x}}{2x}$

24. $4 \le \int_1^3 \sqrt{x^2 + 3}\,dx \le 4\sqrt{3}$ **26.** 0.2810

27. Number of barrels of oil consumed from Jan. 1, 2015, through Jan. 1, 2020

28. 72,400   **29.** 3   **30.** $(1 + x^2)(x\cos x + \sin x)/x^2$

CHAPTER 5

EXERCISES 5.1 ■ PAGE 319

1. (a) $\int_0^2 (2x - x^2)\,dx$ (b) $\frac{4}{3}$

2. (a) $\int_0^1 \left(\sqrt{y} - y^2 + 1\right)dy$ (b) $\frac{4}{3}$

3. 8   **4.** $\int_1^2\left(\dfrac{1}{x} - \dfrac{1}{x^2}\right)dx$ **5.** $\int_1^2 (-x^2 + 3x - 2)\,dx$

6. $\frac{23}{6}$ **7.** $\frac{9}{2}$ **8.** $\frac{4}{3}$ **9.** $\frac{8}{3}$ **10.** 72

11. $\frac{32}{3}$ **12.** 4   **13.** 9   **14.** $\frac{1}{2}$ **15.** $6\sqrt{3}$

16. $\frac{13}{5}$ **17.** $(4/\pi) - \frac{1}{2}$

18. (a) 39   (b) 15   **19.** $\frac{4}{3}$ **20.** $\frac{5}{2}$

21. $\frac{3}{2}\sqrt{3} - 1$ **22.** 0, 0.896; 0.037

23. $-1.11, 1.25, 2.86; 8.38$ **24.** 2.80123   **25.** 0.25142

26. $12\sqrt{6} - 9$ **27.** 36 m   **28.** 4232 cm²

29. (a) Day 12 ($t \approx 11.26$)   (b) Day 18 ($t \approx 17.18$)
(c) 706 (cells/mL) · days

30. (a) Car A   (b) The distance by which car A is ahead of car B after 1 minute   (c) Car A   (d) $t \approx 2.2$ min

31. $\frac{24}{5}\sqrt{3}$ **32.** $4^{2/3}$ **33.** ± 6 **34.** $\frac{32}{27}$

35. $2 - 2\ln 2$ **36.** $\ln 2$

EXERCISES 5.2 ■ PAGE 330

1. (a)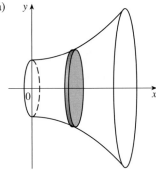

(b) $\int_0^3 \pi(x^4 + 10x^2 + 25)\, dx$ (c) $1068\pi/5$

2. (a)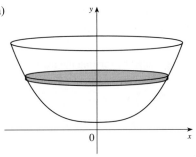

(b) $\int_1^9 \pi(y-1)^{2/3}\, dy$ (c) $96\pi/5$

3. $\int_1^3 \pi\left(1 - \dfrac{1}{x}\right)^2 dx$ **4.** $\int_0^2 \pi(8y - y^4)\, dy$

5. $\int_0^\pi \pi[(2 + \sin x)^2 - 4]\, dx$

6. $26\pi/3$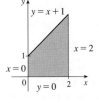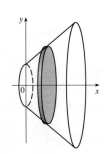

7. 8π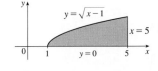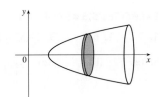

8. 162π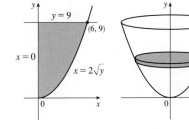

9. $8\pi/3$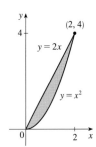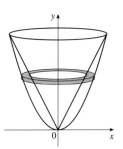

10. $5\pi/14$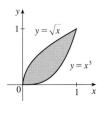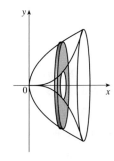

11. $11\pi/30$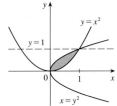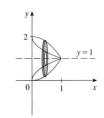

12. $2\pi\left(\dfrac{4}{3}\pi - \sqrt{3}\right)$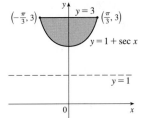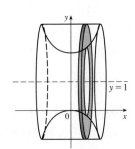

13. $3\pi/5$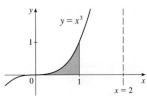

14. $10\sqrt{2}\,\pi/3$

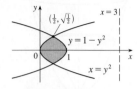

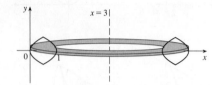

15. $\pi/3$ **16.** $\pi/3$ **17.** $\pi/3$

18. $13\pi/45$ **19.** $\pi/3$ **20.** $17\pi/45$

21. (a) $\pi\int_0^{\pi/4} \tan^2 x\, dx \approx 0.67419$

(b) $\pi\int_0^{\pi/4} (\tan^2 x + 2\tan x)\, dx \approx 2.85178$

22. (a) $2\pi\int_0^2 8\sqrt{1 - x^2/4}\; dx \approx 78.95684$

(b) $2\pi\int_0^1 8\sqrt{4 - 4y^2}\; dy \approx 78.95684$

23. $-1, 0.857; 9.756$ **24.** $\frac{11}{8}\pi^2$

25. Solid obtained by rotating the region $0 \le x \le \pi/2$, $0 \le y \le \sin x$ about the x-axis

26. Solid obtained by rotating the region $0 \le x \le 1, x^3 \le y \le x^2$ about the x-axis

27. Solid obtained by rotating the region $0 \le y \le 4, 0 \le x \le \sqrt{y}$ about the y-axis

28. $1110\ \text{cm}^3$ **29.** (a) 196 (b) 838

30. $\frac{1}{3}\pi r^2 h$ **31.** $\pi h^2(r - \frac{1}{3}h)$ **32.** $\frac{2}{3}b^2 h$

33. $10\ \text{cm}^3$ **34.** 24 **35.** $\frac{1}{3}$ **36.** $\frac{8}{15}$ **37.** $4\pi/15$

38. (a) $8\pi R\int_0^r \sqrt{r^2 - y^2}\; dy$ (b) $2\pi^2 r^2 R$

39. $\int_0^4 \dfrac{2}{\sqrt{3}}\, y\sqrt{16 - y^2}\, dy = \dfrac{128}{3\sqrt{3}}$ **41.** $\frac{5}{12}\pi r^3$

42. $8\int_0^r \sqrt{R^2 - y^2}\,\sqrt{r^2 - y^2}\; dy$

44. (a) $93\pi/5$ (d) $\sqrt[3]{25{,}000/(93\pi)} \approx 4.41$

EXERCISES 5.3 ■ PAGE 338

1. Circumference $= 2\pi x$, height $= x(x - 1)^2$; $\pi/15$

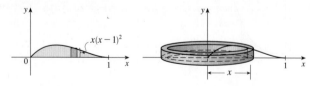

2. (a) $\int_0^{\sqrt{\pi/2}} 2\pi x \cos(x^2)\, dx$ (b) π **3.** $\int_0^2 2\pi x \sqrt[4]{x}\; dx$

4. $\int_0^2 2\pi(3 - y)(4 - y^2)\, dy$ **5.** $128\pi/5$ **6.** 6π

7. $\frac{2}{3}\pi(27 - 5\sqrt{5})$ **8.** 4π **9.** 192π **10.** $16\pi/3$

11. $384\pi/5$

12. (a)

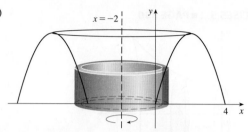

(b) $\int_0^4 2\pi(x + 2)(4x - x^2)\, dx$ (c) $256\pi/3$

13. $264\pi/5$ **14.** $8\pi/3$ **15.** $13\pi/3$

16. (a) $\int_{2\pi}^{3\pi} 2\pi x \sin x\, dx$ (b) 98.69604

17. (a) $4\pi\int_{-\pi/2}^{\pi/2} (\pi - x)\cos^4 x\, dx$ (b) 46.50942

18. (a) $\int_0^\pi 2\pi(4 - y)\sqrt{\sin y}\; dy$ (b) 36.57476 **19.** 3.68

20. Solid obtained by rotating the region $0 \le y \le x^4, 0 \le x \le 3$ about the y-axis

21. Solid obtained (using shells) by rotating the region $0 \le x \le 1/y^2, 1 \le y \le 4$ about the line $y = -2$

22. $0, 2.175; 14.450$ **23.** $\frac{1}{32}\pi^3$

24. (a) $\int_0^1 2\pi x\left(2 - \sqrt[3]{x} - x\right) dx$ (b) $10\pi/21$

25. (a) $\int_0^\pi \pi \sin x\, dx$ (b) 2π

26. (a) $\int_0^{1/2} 2\pi(x + 2)(x^2 - x^3)\, dx$ (b) $59\pi/480$

27. 8π **28.** $4\sqrt{3}\,\pi$ **29.** $4\pi/3$

30. $117\pi/5$ **31.** $\frac{4}{3}\pi r^3$ **32.** $\frac{1}{3}\pi r^2 h$

EXERCISES 5.4 ■ PAGE 344

1. $980\ \text{J}$ **2.** $4.5\ \text{J}$ **3.** $180\ \text{J}$ **4.** $\frac{81}{16}\ \text{J}$

5. (a) $\frac{25}{24} \approx 1.04\ \text{J}$ (b) $10.8\ \text{cm}$ **6.** $W_2 = 3W_1$

7. (a) $\frac{6615}{8}\ \text{J}$ (b) $\approx 620\ \text{J}$ **8.** $845{,}250\ \text{J}$

9. $73.5\ \text{J}$ **10.** $\approx 3857\ \text{J}$ **11.** $2450\ \text{J}$

12. $\approx 1.06 \times 10^6\ \text{J}$ **13.** $\approx 176{,}000\ \text{J}$

14. $\approx 2.0\ \text{m}$ **17.** $\approx 32.14\ \text{m/s}$

18. (a) $Gm_1 m_2\left(\dfrac{1}{a} - \dfrac{1}{b}\right)$ (b) $\approx 8.50 \times 10^9\ \text{J}$

EXERCISES 5.5 ■ PAGE 348

1. 7 **2.** $6/\pi$ **3.** $29{,}524/15$ **4.** $2/(5\pi)$

5. (a) $\frac{1}{3}$ (b) $\sqrt{3}$ (c)

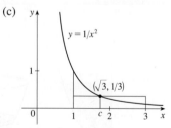

6. (a) $4/\pi$ (b) $\approx 1.24, 2.81$

(c)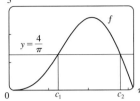
$y = \frac{4}{\pi}$

8. $\frac{9}{8}$ **9.** $(10 + 8/\pi)°C \approx 12.5°C$ **10.** 6 kg/m

11. $5/(4\pi) \approx 0.40$ L

CHAPTER 5 REVIEW ■ PAGE 348

True-False Quiz

1. False **2.** False **3.** True **4.** False **5.** True
6. True

Exercises

1. $\frac{64}{3}$ **2.** $\frac{7}{12}$ **3.** $\frac{4}{3} + 4/\pi$ **4.** $64\pi/15$ **5.** $1656\pi/5$

6. $\frac{4}{3}\pi(2ah + h^2)^{3/2}$

7. $\int_{-\pi/3}^{\pi/3} 2\pi(\pi/2 - x)(\cos^2 x - \frac{1}{4})\, dx$

8. $189\pi/5$ **9.** (a) $2\pi/15$ (b) $\pi/6$ (c) $8\pi/15$
10. (a) 0.38 (b) 0.87

11. Solid obtained by rotating the region $0 \le y \le \cos x$, $0 \le x \le \pi/2$ about the y-axis

12. Solid obtained by rotating the region $0 \le y \le 2 - \sin x$, $0 \le x \le \pi$ about the x-axis

13. 36 **14.** $\frac{125}{3}\sqrt{3}$ m³ **15.** 3.2 J
16. (a) 10,640 J (b) 0.7 m
17. $4/\pi$ **18.** (a) No (b) Yes (c) No (d) Yes

CHAPTER 6

EXERCISES 6.1 ■ PAGE 358

1. (a) See Definition 1. (b) It must pass the Horizontal Line Test.
2. No **3.** No **4.** Yes **5.** Yes **6.** Yes
7. No **8.** No **9.** (a) 6 (b) 3 **10.** 4

11. $F = \frac{9}{5}C + 32$; the Fahrenheit temperature as a function of the Celsius temperature; $[-273.15, \infty)$

12. $f^{-1}(x) = \frac{5}{4} - \frac{1}{4}x$ **13.** $f^{-1}(x) = \sqrt{1 - x}$
14. $g^{-1}(x) = (x - 2)^2 - 1, x \ge 2$ **15.** $y = (\sqrt[5]{x} - 2)^3$

16. $f^{-1}(x) = \frac{1}{4}(x^2 - 3), x \ge 0$

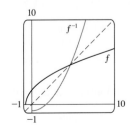

17.

18. (a) $f^{-1}(x) = \sqrt{1 - x^2}, 0 \le x \le 1$; f^{-1} and f are the same function. (b) Quarter-circle in the first quadrant

19. (b) $\frac{1}{12}$ **20.** (b) $-\frac{1}{2}$
(c) $f^{-1}(x) = \sqrt[3]{x}$, (c) $f^{-1}(x) = \sqrt{9 - x}$,
domain $= \mathbb{R} =$ range domain $= [0, 9]$, range $= [0, 3]$
(e) 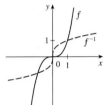 (e)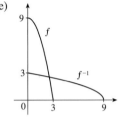

21. $\frac{1}{6}$ **22.** $2/\pi$ **23.** $\frac{3}{2}$ **24.** $1/\sqrt{28}$
25. The graph passes the Horizontal Line Test.

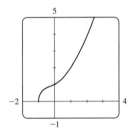

$f^{-1}(x) = -\frac{1}{6}\sqrt[3]{4}\left(\sqrt[3]{D - 27x^2 + 20} - \sqrt[3]{D + 27x^2 - 20} + \sqrt[3]{2}\right)$,
where $D = 3\sqrt{3}\sqrt{27x^4 - 40x^2 + 16}$; two of the expressions are complex.
26. (a) $g^{-1}(x) = f^{-1}(x) - c$ (b) $h^{-1}(x) = (1/c)f^{-1}(x)$

EXERCISES 6.2 ■ PAGE 370

1. (a) $f(x) = bx, b > 0$ (b) $\mathbb{R}$ (c) $(0, \infty)$
(d) See Figures 4(c), 4(b), and 4(a), respectively.

2.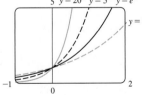
All approach 0 as $x \to -\infty$, all pass through $(0, 1)$, and all are increasing. The larger the base, the faster the rate of increase.

3.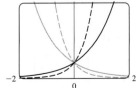

The functions with base greater than 1 are increasing and those with base less than 1 are decreasing. The latter are reflections of the former about the *y*-axis.

4.
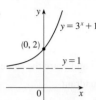

5.
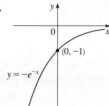

6.
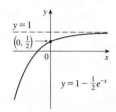

7. (a) $y = e^x - 2$ (b) $y = e^{x-2}$ (c) $y = -e^x$
(d) $y = e^{-x}$ (e) $y = -e^{-x}$

8. (a) $(-\infty, -1) \cup (-1, 1) \cup (1, \infty)$ (b) $(-\infty, \infty)$

9. $f(x) = 3 \cdot 2^x$ **11.** At $x \approx 35.8$ **12.** ∞

13. 1 **14.** 0 **15.** 0 **16.** $f'(t) = -2e^t$

17. $f'(x) = e^x(3x^2 + x - 5)$ **18.** $y' = 3ax^2 e^{ax^3}$

19. $y' = (\sec^2 \theta) e^{\tan \theta}$ **20.** $f'(x) = \dfrac{xe^x(x^3 + 2e^x)}{(x^2 + e^x)^2}$

21. $y' = xe^{-3x}(2 - 3x)$

22. $f'(t) = e^{at}(b \cos bt + a \sin bt)$

23. $F'(t) = e^{t \sin 2t}(2t \cos 2t + \sin 2t)$

24. $g'(u) = ue^{\sqrt{\sec u^2}} \sqrt{\sec u^2} \tan u^2$

25. $g'(x) = \dfrac{e^x}{(1 + e^x)^2} \cos\left(\dfrac{e^x}{1 + e^x}\right)$

26. $y = 2x + 1$

27. $y' = \dfrac{y(y - e^{x/y})}{y^2 - xe^{x/y}}$ **29.** $-4, -2$

30. $f^{(n)}(x) = 2^n e^{2x}$ **31.** (b) -0.567143

32. 3.5 days

33. (a) 1 (b) $kae^{-kt}/(1 + ae^{-kt})^2$

(c)
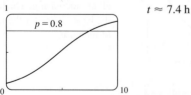
$t \approx 7.4$ h

34. $f(3) = e^3/10, f(0) = 1$ **35.** -1

36. (a) Inc on $\left(-\frac{1}{2}, \infty\right)$; dec on $\left(-\infty, -\frac{1}{2}\right)$

(b) CU on $(-1, \infty)$; CD on $(-\infty, -1)$ (c) $\left(-1, -\dfrac{1}{e^2}\right)$

37. A. $\{x \mid x \neq -1\}$
B. *y*-int $1/e$ C. None
D. HA $y = 1$; VA $x = -1$
E. Inc on $(-\infty, -1), (-1, \infty)$
F. None
G. CU on $(-\infty, -1), \left(-1, -\frac{1}{2}\right)$;
CD on $\left(-\frac{1}{2}, \infty\right)$; IP $\left(-\frac{1}{2}, 1/e^2\right)$
H. See graph at right.

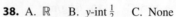

38. A. $\mathbb{R}$ B. *y*-int $\frac{1}{2}$ C. None
D. HA $y = 0, y = 1$
E. Inc on $\mathbb{R}$ F. None
G. CU on $(-\infty, 0)$;
CD on $(0, \infty)$; IP $\left(0, \frac{1}{2}\right)$
H. See graph at right.

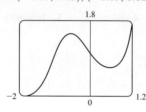

39. Loc max $f\left(-1/\sqrt{3}\right) = e^{2\sqrt{3}/9} \approx 1.5$;
loc min $f\left(1/\sqrt{3}\right) = e^{-2\sqrt{3}/9} \approx 0.7$;
IP $(-0.15, 1.15), (-1.09, 0.82)$

40. 0.0177 g/dL; 21.4 min

41. $\dfrac{1}{e + 1} + e - 1$ **42.** $\dfrac{1}{\pi}(1 - e^{-2\pi})$

43. $\frac{2}{3}(1 + e^x)^{3/2} + C$ **44.** $\frac{1}{2}e^{2x} + 2x - \frac{1}{2}e^{-2x} + C$

45. $\dfrac{1}{1 - e^u} + C$ **46.** $e - \sqrt{e}$ **47.** $\frac{1}{2}(1 - e^{-4})$

48. 4.644 **49.** $\pi(e^2 - 1)/2$

50. All three areas are equal. **51.** ≈ 4512 L

52. $C_0(1 - e^{-30r/V})$; the total amount of urea removed from the blood in the first 30 minutes of dialysis treatment

53. $\frac{1}{2}$

EXERCISES 6.3 ■ PAGE 377

1. (a) It's defined as the inverse of the exponential function with base *b*, that is, $\log_b x = y \Leftrightarrow b^y = x$.

(b) $(0, \infty)$ (c) $\mathbb{R}$ (d) See Figure 1.

2. (a) 4 (b) -4 (c) 12

3. (a) 1 (b) -2 (c) -4

4. (a) $2 \log_{10} x + 3 \log_{10} y + \log_{10} z$

(b) $4 \ln x - \frac{1}{2} \ln(x + 2) - \frac{1}{2} \ln(x - 2)$

5. (a) $\log_{10} 2$ (b) $\ln \dfrac{ac^3}{b^2}$

6. (a) $\ln[(x - 2)^2 (x - 3)]$ (b) $\log_a\left(\dfrac{x^c z}{y^d}\right)$

7. (a) 2.261860 (b) 0.721057

8.

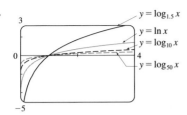

All graphs approach $-\infty$ as $x \to 0^+$, all pass through $(1, 0)$, and all are increasing. The larger the base, the slower the rate of increase.

9. About 335,544 km

10. (a)

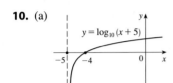

(b)

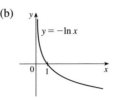

21. (a) $(0, \infty)$; $(-\infty, \infty)$ (b) e^{-2}

(c)

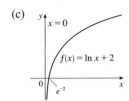

12. (a) $\frac{1}{4}(e^3 - 2) \approx 4.521$ (b) $\frac{1}{2}(3 + \ln 12) \approx 2.742$

13. (a) $\frac{1}{2}(1 + \sqrt{5}) \approx 1.618$ (b) $\frac{1}{2} - \frac{\ln 9}{2 \ln 5} \approx -0.183$

14. (a) 0 or $\ln 2$ (b) $\ln \ln 10$

15. (a) 3.7704   (b) 0.3285

16. (a) $0 < x < 1$ (b) $x > \ln 5$ **17.** 8.3

18. (a) $f^{-1}(n) = (3/\ln 2) \ln(n/100)$; the time elapsed when there are n bacteria   (b) After about 26.9 hours

19. $-\infty$ **20.** 0   **21.** ∞ **22.** $(-2, 2)$

23. (a) $\left(-\infty, \frac{1}{2}\ln 3\right]$ (b) $f^{-1}(x) = \frac{1}{2}\ln(3 - x^2)$, $\left[0, \sqrt{3}\right]$

24. (a) $(\ln 3, \infty)$ (b) $f^{-1}(x) = \ln(ex + 3)$; $\mathbb{R}$

25. $y = e^{x/3} + 2$ **26.** $y = 1 - \ln x$

27. $y = 2 + \frac{1}{2}\log_3 x$ **28.** $\left(-\frac{1}{2}\ln 3, \infty\right)$

29. (b) $f^{-1}(x) = \frac{1}{2}(e^x - e^{-x})$

30. f is a constant function.

31. $-1 \le x < 1 - \sqrt{3}$ or $1 + \sqrt{3} < x \le 3$

EXERCISES 6.4 ■ PAGE 387

1. The differentiation formula is simplest.

2. $f'(x) = \dfrac{2x + 3}{x^2 + 3x + 5}$ **3.** $f'(x) = \dfrac{\cos(\ln x)}{x}$

4. $f'(x) = -\dfrac{1}{x}$ **5.** $g'(x) = \dfrac{1}{x} - 2$

6. $F'(t) = \ln t \left(\ln t \cos t + \dfrac{2 \sin t}{t} \right)$

7. $y' = \dfrac{2x + 3}{(x^2 + 3x) \ln 8}$ **8.** $f'(u) = \dfrac{1 + \ln 2}{u[1 + \ln(2u)]^2}$

9. $f'(x) = 5x^4 + 5^x \ln 5$

10. $T'(z) = 2^z \left(\dfrac{1}{z \ln 2} + \ln z \right)$

11. $g'(t) = \dfrac{1}{t} + \dfrac{8t}{t^2 + 1} - \dfrac{2}{3(2t - 1)}$

12. $y' = \dfrac{-10x^4}{3 - 2x^5}$

13. $y' = \sec^2[\ln(ax + b)] \dfrac{a}{ax + b}$

14. $G'(x) = -C(\ln 4) \dfrac{4^{C/x}}{x^2}$

16. $y' = (2 + \ln x)/(2\sqrt{x})$; $y'' = -\ln x/(4x\sqrt{x})$

17. $y' = \tan x$; $y'' = \sec^2 x$

18. $f'(x) = \dfrac{2x - 1 - (x - 1)\ln(x - 1)}{(x - 1)[1 - \ln(x - 1)]^2}$;
$(1, 1 + e) \cup (1 + e, \infty)$

19. $f'(x) = \dfrac{2(x - 1)}{x(x - 2)}$; $(-\infty, 0) \cup (2, \infty)$ **20.** 2

21. $y = 3x - 9$ **22.** $\cos x + 1/x$ **23.** 7

24. $y' = (x^2 + 2)^2(x^4 + 4)^4 \left(\dfrac{4x}{x^2 + 2} + \dfrac{16x^3}{x^4 + 4} \right)$

25. $y' = \sqrt{\dfrac{x - 1}{x^4 + 1}} \left(\dfrac{1}{2x - 2} - \dfrac{2x^3}{x^4 + 1} \right)$

26. $y' = x^x(1 + \ln x)$

27. $y' = x^{\sin x} \left(\dfrac{\sin x}{x} + \ln x \cos x \right)$

28. $y' = (\cos x)^x(-x \tan x + \ln \cos x)$

29. $y' = \dfrac{(2x^{\ln x})\ln x}{x}$ **30.** $y' = \dfrac{2x}{x^2 + y^2 - 2y}$

31. $f^{(n)}(x) = \dfrac{(-1)^{n-1}(n - 1)!}{(x - 1)^n}$

32. CU on $(e^{8/3}, \infty)$, CD on $(0, e^{8/3})$, IP $\left(e^{8/3}, \frac{8}{3}e^{-4/3}\right)$

33. A. All x in $(2n\pi, (2n + 1)\pi)$ (n an integer)
B. x–int $\pi/2 + 2n\pi$ C. Period 2π D. VA $x = n\pi$
E. Inc on $(2n\pi, \pi/2 + 2n\pi)$; dec on $(\pi/2 + 2n\pi, (2n + 1)\pi)$
F. Loc max $f(\pi/2 + 2n\pi) = 0$ G. CD on $(2n\pi, (2n + 1)\pi)$
H.

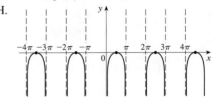

34. A. $\mathbb{R}$ B. y-int 0; x-int 0
C. About y-axis   D. None
E. Inc on $(0, \infty)$; dec on $(-\infty, 0)$
F. Loc min $f(0) = 0$
G. CU on $(-1, 1)$;
CD on $(-\infty, -1)$, $(1, \infty)$;
IP $(\pm 1, \ln 2)$ H. See graph at right.

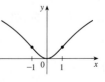

35. Inc on $(0, 2.7)$, $(4.5, 8.2)$, $(10.9, 14.3)$;
IP $(3.8, 1.7)$, $(5.7, 2.1)$, $(10.0, 2.7)$, $(12.0, 2.9)$

36. 2.958516, 5.290718

37. (a) $\ln x \approx x - 1$

(b)
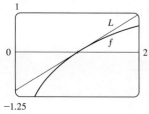

(c) Approximately $0.62 \leqslant x \leqslant 1.51$

38. $3 \ln 2$ **39.** $\frac{1}{3} \ln \frac{5}{2}$ **40.** $20 + \ln 3$

41. $\frac{1}{3}(\ln x)^3 + C$ **42.** $-\ln(1 + \cos^2 x) + C$

43. $\dfrac{15}{\ln 2}$ **45.** $\pi \ln 2$ **46.** 45,974 J   **47.** $\frac{1}{3}$

48. $0 < m < 1$; $m - 1 - \ln m$

EXERCISES 6.2* ■ PAGE 396

1. (a) $\frac{1}{2} \ln a + \frac{1}{2} \ln b$ (b) $4 \ln x - \frac{1}{2} \ln(x + 2) - \frac{1}{2} \ln(x - 2)$

2. (a) $\ln \dfrac{ac^3}{b^2}$ (b) $\ln \dfrac{4a}{\sqrt[3]{a + 1}}$

3. (a) $\ln 6$ (b) $\ln \dfrac{\sqrt{x}}{x + 1}$

4.   **5.**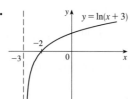

6. 0   **7.** ∞ **8.** $f'(x) = x^2 + 3x^2 \ln x$

9. $f'(x) = \dfrac{2x + 3}{x^2 + 3x + 5}$ **10.** $f'(x) = \dfrac{\cos(\ln x)}{x}$

11. $f'(x) = -\dfrac{1}{x}$ **12.** $f'(x) = \dfrac{\sin x}{x} + \cos x \ln(5x)$

13. $F'(t) = \ln t \left(\ln t \cos t + \dfrac{2 \sin t}{t} \right)$

14. $y' = \dfrac{2 \ln \tan x}{\sin x \cos x}$ **15.** $f'(u) = \dfrac{1 + \ln 2}{u[1 + \ln(2u)]^2}$

16. $g'(t) = \dfrac{1}{t} + \dfrac{8t}{t^2 + 1} - \dfrac{2}{3(2t - 1)}$

17. $y' = \dfrac{-10x^4}{3 - 2x^5}$

19. $y' = (2 + \ln x)/(2\sqrt{x})$; $y'' = -\ln x/(4x\sqrt{x})$

20. $y' = \tan x$; $y'' = \sec^2 x$

21. $f'(x) = \dfrac{2x - 1 - (x - 1) \ln(x - 1)}{(x - 1)[1 - \ln(x - 1)]^2}$;
$(1, 1 + e) \cup (1 + e, \infty)$

22. $f'(x) = \dfrac{2(x - 1)}{x(x - 2)}$; $(-\infty, 0) \cup (2, \infty)$ **23.** 2

24. $\cos x + 1/x$

25. $y = 2x - 2$ **26.** $y' = \dfrac{2x}{x^2 + y^2 - 2y}$

27. $f^{(n)}(x) = \dfrac{(-1)^{n-1}(n - 1)!}{(x - 1)^n}$

28. A. All x in $(2n\pi, (2n + 1)\pi)$ (n an integer)
B. x-int $\pi/2 + 2n\pi$ C. Period 2π D. VA $x = n\pi$
E. Inc on $(2n\pi, \pi/2 + 2n\pi)$; dec on $(\pi/2 + 2n\pi, (2n + 1)\pi)$
F. Loc max $f(\pi/2 + 2n\pi) = 0$ G. CD on $(2n\pi, (2n + 1)\pi)$
H.

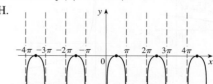

29. A. $\mathbb{R}$ B. y-int 0; x-int 0
C. About y-axis   D. None
E. Inc on $(0, \infty)$; dec on $(-\infty, 0)$
F. Loc min $f(0) = 0$
G. CU on $(-1, 1)$;
CD on $(-\infty, -1)$, $(1, \infty)$;
IP $(\pm 1, \ln 2)$ H. See graph at right.

30. Inc on $(0, 2.7)$, $(4.5, 8.2)$, $(10.9, 14.3)$;
IP $(3.8, 1.7)$, $(5.7, 2.1)$, $(10.0, 2.7)$, $(12.0, 2.9)$

31. 2.958516, 5.290718

32. $y' = (x^2 + 2)^2 (x^4 + 4)^4 \left(\dfrac{4x}{x^2 + 2} + \dfrac{16x^3}{x^4 + 4} \right)$

33. $y' = \sqrt{\dfrac{x - 1}{x^4 + 1}} \left(\dfrac{1}{2x - 2} - \dfrac{2x^3}{x^4 + 1} \right)$

34. $3 \ln 2$ **35.** $\frac{1}{3} \ln \frac{5}{2}$ **36.** $20 + \ln 3$

37. $\frac{1}{3}(\ln x)^3 + C$ **38.** $-\ln(1 + \cos^2 x) + C$

40. $\pi \ln 2$ **41.** 45,974 J   **42.** $\frac{1}{3}$ **43.** (b) 0.405

44. $0 < m < 1$; $m - 1 - \ln m$

EXERCISES 6.3* ■ PAGE 402

1.

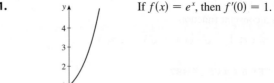   If $f(x) = e^x$, then $f'(0) = 1$.

2. (a) -2 (b) $\frac{1}{2}$ (c) $\sin x$

3. (a) $\frac{1}{4}(e^3 - 2) \approx 4.521$ (b) $\frac{1}{2}(3 + \ln 12) \approx 2.742$

4. (a) $\frac{1}{2}(1 + \sqrt{5}) \approx 1.618$ (b) $-\frac{1}{2} \ln(e - 1) \approx -0.271$

5. (a) 0 or $\ln 2$ (b) $\ln \ln 10$

6. (a) 3.7704   (b) 0.3285

7. (a) $0 < x < 1$ (b) $x > \ln 5$

8.

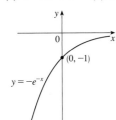

9.

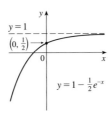

10. (a) $\left(-\infty, \tfrac{1}{2}\ln 3\right]$ (b) $f^{-1}(x) = \tfrac{1}{2}\ln(3 - x^2), \left[0, \sqrt{3}\right]$

11. $y = e^{x/3} + 2$ **12.** $y = 1 - \ln x$

13. 1 **14.** 0 **15.** 0

16. $f'(t) = -2e^t$

17. $f'(x) = e^x(3x^2 + x - 5)$

18. $y' = 3ax^2 e^{ax^3}$

19. $y' = (\sec^2 \theta) e^{\tan \theta}$ **20.** $f'(x) = \dfrac{xe^x(x^3 + 2e^x)}{(x^2 + e^x)^2}$

21. $y' = xe^{-3x}(2 - 3x)$ **22.** $f'(t) = e^{at}(b \cos bt + a \sin bt)$

23. $F'(t) = e^{t \sin 2t}(2t \cos 2t + \sin 2t)$

24. $g'(u) = ue^{\sqrt{\sec u^2}}\sqrt{\sec u^2}\,\tan u^2$

25. $g'(x) = \dfrac{e^x}{(1 + e^x)^2}\cos\left(\dfrac{e^x}{1 + e^x}\right)$ **26.** $y = 2x + 1$

27. $y' = \dfrac{y(y - e^{x/y})}{y^2 - xe^{x/y}}$ **28.** $-4, -2$

29. $f^{(n)}(x) = 2^n e^{2x}$ **30.** (b) -0.567143

31. (a) 1 (b) $kae^{-kt}/(1 + ae^{-kt})^2$
(c)

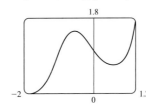

$t \approx 7.4$ h

32. $f(3) = e^3/10, f(0) = 1$ **33.** -1

34. (a) Inc on $\left(-\tfrac{1}{2}, \infty\right)$; dec on $\left(-\infty, -\tfrac{1}{2}\right)$
(b) CU on $(-1, \infty)$; CD on $(-\infty, -1)$ (c) $\left(-1, -\dfrac{1}{e^2}\right)$

35. A. $\{x \mid x \neq -1\}$
B. y-int $1/e$ C. None
D. HA $y = 1$; VA $x = -1$
E. Inc on $(-\infty, -1), (-1, \infty)$
F. None
G. CU on $(-\infty, -1), \left(-1, -\tfrac{1}{2}\right)$;
CD on $\left(-\tfrac{1}{2}, \infty\right)$; IP $\left(-\tfrac{1}{2}, 1/e^2\right)$
H. See graph at right.

36. A. $\mathbb{R}$ B. y-int $\tfrac{1}{2}$ C. None
D. HA $y = 0, y = 1$
E. Inc on $\mathbb{R}$ F. None
G. CU on $(-\infty, 0)$;
CD on $(0, \infty)$; IP $\left(0, \tfrac{1}{2}\right)$
H. See graph at right.

37. Loc max $f\left(-1/\sqrt{3}\right) = e^{2\sqrt{3}/9} \approx 1.5$;
loc min $f\left(1/\sqrt{3}\right) = e^{-2\sqrt{3}/9} \approx 0.7$;
IP $(-0.15, 1.15), (-1.09, 0.82)$

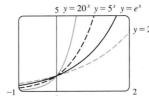

38. 0.0177 g/dL; 21.4 min

39. $\dfrac{1}{e + 1} + e - 1$ **40.** $\dfrac{1}{\pi}(1 - e^{-2\pi})$

41. $\tfrac{2}{3}(1 + e^x)^{3/2} + C$ **42.** $\tfrac{1}{2}e^{2x} + 2x - \tfrac{1}{2}e^{-2x} + C$

43. $\dfrac{1}{1 - e^u} + C$ **44.** $e - \sqrt{e}$ **45.** $\tfrac{1}{2}(1 - e^{-4})$

46. 4.644 **47.** $\pi(e^2 - 1)/2$

48. All three areas are equal. **49.** ≈ 4512 L

50. $C_0(1 - e^{-30r/V})$; the total amount of urea removed from the blood in the first 30 minutes of dialysis treatment

EXERCISES 6.4* ■ PAGE 412

1. (a) $b^x = e^{x \ln b}$ (b) $(-\infty, \infty)$ (c) $(0, \infty)$
(d) See Figures 1, 3, and 2.

2. $e^{-\pi \ln 4}$ **3.** $e^{x^2 \ln 10}$ **4.** (a) 4 (b) -4 (c) $\tfrac{1}{2}$

5. (a) -2 (b) -4

6.

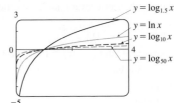

All approach 0 as $x \to -\infty$, all pass through $(0, 1)$, and all are increasing. The larger the base, the faster the rate of increase.

7. (a) 1.430677 (b) 2.261860 (c) 0.721057

8.

All graphs approach $-\infty$ as $x \to 0^+$, all pass through $(1, 0)$, and all are increasing. The larger the base, the slower the rate of increase.

9. $f(x) = 3 \cdot 2^x$ **10.** (b) About 335,544 km

11. ∞ **12.** 0 **13.** $f'(x) = 5x^4 + 5^x \ln 5$

14. $G'(x) = -C(\ln 4)\dfrac{4^{C/x}}{x^2}$

15. $L'(v) = 2v \ln 4 \sec^2(4^{v^2}) \cdot 4^{v^2}$ **16.** $y' = \dfrac{2x + 3}{(x^2 + 3x) \ln 8}$

17. $y' = \dfrac{x \cot x}{\ln 4} + \log_4 \sin x$ **18.** $y' = x^x(1 + \ln x)$

19. $y' = x^{\sin x}\left(\dfrac{\sin x}{x} + \ln x \cos x\right)$

20. $y' = (\cos x)^x(-x\tan x + \ln \cos x)$ **21.** $y' = \dfrac{(2x^{\ln x})\ln x}{x}$

22. $y = (10\ln 10)x + 10(1 - \ln 10)$ **23.** $\dfrac{15}{\ln 2}$

24. $(\ln x)^2/(2\ln 10) + C \left[\text{or } \tfrac{1}{2}(\ln 10)(\log_{10} x)^2 + C\right]$

25. $3^{\sin\theta}/\ln 3 + C$ **26.** $16/(5\ln 5) - 1/(2\ln 2)$

27. 0.600967 **28.** $g^{-1}(x) = \sqrt[3]{4^x - 2}$ **29.** 8.3

30. $\log_{10}\left(\dfrac{I_1}{I_2}\right) = \log_{10}\left(\dfrac{I_1/I_0}{I_2/I_0}\right) = 12 - 10.6 = 1.4 \Rightarrow \dfrac{I_1}{I_2} = 10^{1.4} \approx 25$

31. $10^8/\ln 10$ dB/(watt/m^2)

32. (a) $\dfrac{1}{D\ln 2}$; decreases

(b) $-\dfrac{1}{W\ln 2}$; difficulty decreases with increasing width; increases

33. 3.5 days

34. (a)
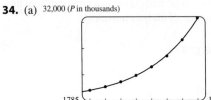
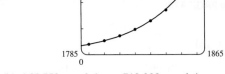
The fit appears to be very good.

(b) 165,550 people/year; 719,000 people/year
(c) 156,850 people/year; 686,070 people/year; these estimates are somewhat less
(d) 41,946,560; likely due to the Civil War

EXERCISES 6.5 ▪ PAGE 420

1. About 8.7 million
2. (a) $50e^{1.9803t}$ (b) $\approx 19{,}014$
(c) $\approx 37{,}653$ cells/h   (d) ≈ 4.30 h
3. (a) 1508 million, 1871 million   (b) 2161 million
(c) 3972 million; wars in the first half of century, increased life expectancy in second half
4. (a) $Ce^{-0.0005t}$ (b) $-2000\ln 0.9 \approx 211$ s
5. (a) $100 \times 2^{-t/30}$ mg   (b) ≈ 9.92 mg   (c) ≈ 199.3 years
6. ≈ 2500 years   **7.** Yes; 12.5 billion years
8. (a) $\approx 58°C$ (b) ≈ 89 min
9. (a) $13.3°C$ (b) ≈ 67.74 min
10. (a) ≈ 64.5 kPa   (b) ≈ 39.9 kPa
11. (a) (i) \$4362.47   (ii) \$4364.11   (iii) \$4365.49
(iv) \$4365.70   (v) \$4365.76   (vi) \$4365.77
(b) $dA/dt = 0.0175A$, $A(0) = 4000$

EXERCISES 6.6 ▪ PAGE 428

1. (a) $\pi/6$ (b) π **2.** (a) $\pi/4$ (b) $\pi/6$

3. (a) 10   (b) $-\pi/4$ **4.** $2/\sqrt{5}$

5. $\dfrac{119}{169}$ **7.** $x/\sqrt{1 + x^2}$

8.
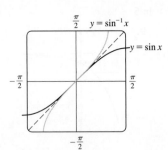
The second graph is the reflection of the first graph about the line $y = x$.

12. $f'(x) = \dfrac{5}{\sqrt{1 - 25x^2}}$

13. $y' = \dfrac{2\tan^{-1}x}{1 + x^2}$ **14.** $y' = \dfrac{1}{2x\sqrt{x - 1}}$

15. $y' = -\dfrac{\sin\theta}{1 + \cos^2\theta}$ **16.** $f'(z) = \dfrac{2ze^{\arcsin(z^2)}}{\sqrt{1 - z^4}}$

17. $h'(t) = 0$ **18.** $y' = \sin^{-1}x$

19. $y' = \dfrac{a}{x^2 + a^2} + \dfrac{a}{x^2 - a^2}$

20. $g'(x) = \dfrac{2}{\sqrt{1 - (3 - 2x)^2}}$; $[1, 2]$, $(1, 2)$ **21.** $\pi/6$

22. $1 - \dfrac{x\arcsin x}{\sqrt{1 - x^2}}$ **23.** $-\pi/2$ **24.** $\pi/2$

25. At a distance $5 - 2\sqrt{5}$ from A **26.** $-\tfrac{1}{2}$ rad/s

27. A. $\left[-\tfrac{1}{2}, \infty\right)$
B. y-int 0; x-int 0
C. None
D. HA $y = \pi/2$
E. Inc on $\left(-\tfrac{1}{2}, \infty\right)$
F. None
G. CD on $\left(-\tfrac{1}{2}, \infty\right)$
H. See graph at right.
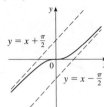

28. A. $\mathbb{R}$
B. y-int 0; x-int 0
C. About $(0, 0)$
D. SA $y = x \pm \pi/2$
E. Inc on $\mathbb{R}$ F. None
G. CU on $(0, \infty)$; CD on $(-\infty, 0)$;
IP $(0, 0)$
H.

29. Max at $x = 0$, min at $x \approx \pm 0.87$, IP at $x \approx \pm 0.52$
30. $F(x) = 2x + 3\tan^{-1}x + C$ **31.** $4\pi/3$ **32.** $\pi^2/72$
33. $\tan^{-1}x + \tfrac{1}{2}\ln(1 + x^2) + C$ **34.** $\tfrac{1}{3}(\arctan x)^3 + C$
35. $e^{\arcsin x} + C$ **36.** $\tfrac{1}{3}\sin^{-1}(t^3) + C$
37. $2\tan^{-1}\sqrt{x} + C$ **38.** $\pi/2 - 1$

EXERCISES 6.7 ■ PAGE 434

1. (a) 0　(b) 1　**2.** (a) $\frac{13}{5}$　(b) $\frac{1}{2}(e^5 + e^{-5}) \approx 74.20995$

3. (a) 1　(b) 0　**4.** $\frac{13}{2}e^x - \frac{3}{2}e^{-x}$　**5.** $\dfrac{x^2 - 1}{2x}$

13. $\operatorname{sech} x = \frac{3}{5}$, $\sinh x = \frac{4}{3}$, $\operatorname{csch} x = \frac{3}{4}$, $\tanh x = \frac{4}{5}$, $\coth x = \frac{5}{4}$

14. (a) 1　(b) -1　(c) ∞　(d) $-\infty$　(e) 0　(f) 1
(g) ∞　(h) $-\infty$　(i) 0　(j) $\frac{1}{2}$

18. $f'(x) = 3 \sinh 3x$　**19.** $h'(x) = 2x \cosh(x^2)$

20. $G'(t) = \dfrac{t^2 + 1}{2t^2}$　**21.** $f'(x) = \dfrac{\operatorname{sech}^2 \sqrt{x}}{2\sqrt{x}}$

22. $y' = \operatorname{sech}^3 x - \operatorname{sech} x \tanh^2 x$

23. $g'(t) = \coth \sqrt{t^2 + 1} - \dfrac{t^2}{\sqrt{t^2 + 1}} \operatorname{csch}^2 \sqrt{t^2 + 1}$

24. $f'(x) = \dfrac{-2}{\sqrt{1 + 4x^2}}$　**25.** $y' = \sec \theta$

26. $G'(u) = \dfrac{1}{\sqrt{1 + u^2}}$　**27.** $y' = \sinh^{-1}(x/3)$

30. (a) 0.3572　(b) 70.34°

31. (b) $y = 2 \sinh 3x - 4 \cosh 3x$　**32.** $\left(\ln\left(1 + \sqrt{2}\right), \sqrt{2}\right)$

33. $\frac{1}{3} \cosh^3 x + C$　**34.** $2 \cosh \sqrt{x} + C$　**35.** $-\operatorname{csch} x + C$

36. $\ln\left(\dfrac{6 + 3\sqrt{3}}{4 + \sqrt{7}}\right)$　**37.** $\tanh^{-1} e^x + C$

39. (a) 0, 0.48　(b) 0.04

EXERCISES 6.8 ■ PAGE 445

1. (a) Indeterminate　(b) 0　(c) 0
(d) ∞, $-\infty$, or does not exist　(e) Indeterminate
2. (a) $-\infty$　(b) Indeterminate　(c) ∞
3. $\frac{9}{4}$　**4.** 1　**5.** 6　**6.** $\frac{7}{3}$　**7.** $\sqrt{2}/2$　**8.** 2
9. $\frac{1}{4}$　**10.** 0　**11.** $-\infty$　**12.** $-\frac{1}{3}$　**13.** 3　**14.** 2
15. 1　**16.** 1　**17.** $1/\ln 3$　**18.** 0　**19.** 0
20. a/b　**21.** $\frac{1}{24}$　**22.** π　**23.** $\frac{5}{3}$　**24.** 0
25. $-2/\pi$　**26.** $\frac{1}{2}$　**27.** $\frac{1}{2}$　**28.** 0　**29.** 1　**30.** e^{-2}
31. $1/e$　**32.** 1　**33.** e^4　**34.** e^3　**35.** 0
36. e^2　**37.** $\frac{1}{4}$　**39.** 1
40. A. $\mathbb{R}$　B. y-int 0; x-int 0　C. None　D. HA $y = 0$
E. Inc on $(-\infty, 1)$, dec on $(1, \infty)$　F. Loc max $f(1) = 1/e$
G. CU on $(2, \infty)$; CD on $(-\infty, 2)$ IP $(2, 2/e^2)$
H.

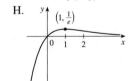

41. A. $\mathbb{R}$　B. y-int 0; x-int 0　C. About $(0, 0)$　D. HA $y = 0$
E. Inc on $\left(-1/\sqrt{2}, 1/\sqrt{2}\right)$; dec on $\left(-\infty, -1/\sqrt{2}\right)$, $\left(1/\sqrt{2}, \infty\right)$
F. Loc min $f\left(-1/\sqrt{2}\right) = -1/\sqrt{2e}$; loc max $f\left(1/\sqrt{2}\right) = 1/\sqrt{2e}$
G. CU on $\left(-\sqrt{3/2}, 0\right)$, $\left(\sqrt{3/2}, \infty\right)$;
CD on $\left(-\infty, -\sqrt{3/2}\right)$, $\left(0, \sqrt{3/2}\right)$; IP $\left(\pm\sqrt{3/2}, \pm\sqrt{3/2}\,e^{-3/2}\right)$, $(0, 0)$

H.

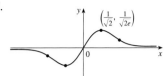

42. A. $(0, \infty)$　B. None
C. None　D. VA $x = 0$
E. Inc on $(1, \infty)$; dec on $(0, 1)$
F. Loc min $f(1) = 1$
G. CU on $(0, 2)$; CD on $(2, \infty)$;
IP $\left(2, \frac{1}{2} + \ln 2\right)$
H. See graph at right.

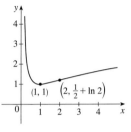

43. (a)

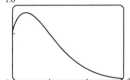

(b) $\lim_{x \to 0^+} x^{-x} = 1$

(c) Max value $f(1/e) = e^{1/e} \approx 1.44$　(d) 1.0

44. (a)

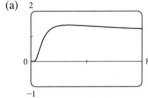

(b) $\lim_{x \to 0^+} x^{1/x} = 0$, $\lim_{x \to \infty} x^{1/x} = 1$
(c) Loc max $f(e) = e^{1/e}$　(d) IPs at $x \approx 0.58, 4.37$
45. f has an absolute minimum for $c > 0$. As c increases, the minimum points get farther away from the origin.
47. (a) M; the population should approach its maximum size as time increases　(b) $P_0 e^{kt}$; exponential
48. 1　**49.** $\pi/6$　**50.** $\frac{16}{9}a$　**51.** $\frac{1}{2}$
52. (a) One possibility: $f(x) = 7/x^2$, $g(x) = 1/x^2$
(b) One possibility: $f(x) = 7 + (1/x^2)$, $g(x) = 1/x^2$
53. (a) 0

CHAPTER 6 REVIEW ■ PAGE 447

True-False Quiz
1. True　**2.** False　**3.** True　**4.** True　**5.** False
6. False　**7.** False　**8.** True　**9.** True
10. False

Exercises
1. No　**2.** (a) 7　(b) $\frac{1}{8}$

3.

4.

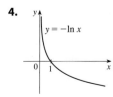

5.

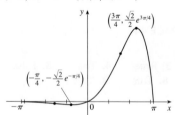

6. (a) 25 (b) 3 (c) $\frac{4}{3}$ **7.** $\frac{1}{2}\ln 3 \approx 0.549$

8. $\ln(\ln 10) \approx 0.834$ **9.** $\pm 1/\sqrt{3} \approx \pm 0.577$

10. $\dfrac{5}{e^3 - 1} \approx 0.262$ **11.** $f'(t) = t + 2t \ln t$

12. $h'(\theta) = 2\sec^2(2\theta)e^{\tan 2\theta}$ **13.** $y' = 5\sec 5x$

14. $y' = 2\tan x$ **15.** $y' = -\dfrac{e^{1/x}(1 + 2x)}{x^4}$

16. $y' = \dfrac{-5}{x^2 + 1}$ **17.** $y' = 3^{x\ln x}(\ln 3)(1 + \ln x)$

18. $y' = \tan^{-1}x$ **19.** $y' = 2x^2\cosh(x^2) + \sinh(x^2)$

20. $y' = \dfrac{2x}{(\arcsin x^2)\sqrt{1 - x^4}}$

21. $y' = -(1/x)[1 + 1/(\ln x)^2]$

22. $y' = 3\tanh 3x$ **23.** $y' = \dfrac{\cosh x}{\sqrt{\sinh^2 x - 1}}$

24. $y' = \dfrac{-3\sin\!\left(e^{\sqrt{\tan 3x}}\right)e^{\sqrt{\tan 3x}}\sec^2(3x)}{2\sqrt{\tan 3x}}$ **25.** $e^{g(x)}g'(x)$

26. $g'(x)/g(x)$ **27.** $2^x(\ln 2)^n$ **29.** $y = -x + 2$

30. $(-3, 0)$ **31.** (a) $y = \frac{1}{4}x + \frac{1}{4}(\ln 4 + 1)$ (b) $y = ex$

32. 0 **33.** 0 **34.** 0 **35.** -1

36. 1 **37.** 4 **38.** 0 **39.** $\frac{1}{2}$

40. A. $[-\pi, \pi]$ B. y-int 0; x-int $-\pi, 0, \pi$
C. None D. None
E. Inc on $(-\pi/4, 3\pi/4)$; dec on $(-\pi, -\pi/4)$, $(3\pi/4, \pi)$
F. Loc max $f(3\pi/4) = \frac{1}{2}\sqrt{2}\,e^{3\pi/4}$,
loc min $f(-\pi/4) = -\frac{1}{2}\sqrt{2}\,e^{-\pi/4}$
G. CU on $(-\pi/2, \pi/2)$; CD on $(-\pi, -\pi/2)$, $(\pi/2, \pi)$;
IPs $(-\pi/2, -e^{-\pi/2})$, $(\pi/2, e^{\pi/2})$
H.

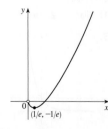

41. A. $(0, \infty)$ B. x-int 1
C. None D. None
E. Inc on $(1/e, \infty)$; dec on $(0, 1/e)$
F. Loc min $f(1/e) = -1/e$
G. CU on $(0, \infty)$
H. See graph at right.

42. A. $\mathbb{R}$
B. y-int -2; x-int 2
C. None D. HA $y = 0$
E. Inc on $(-\infty, 3)$; dec on $(3, \infty)$
F. Loc max $f(3) = e^{-3}$
G. CU on $(4, \infty)$;
CD on $(-\infty, 4)$;
IP $(4, 2e^{-4})$
H. See graph at right.

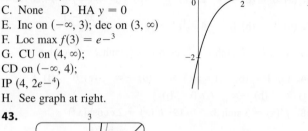

43.

For $c > 0$, $\lim_{x\to\infty} f(x) = 0$ and $\lim_{x\to-\infty} f(x) = -\infty$.
For $c < 0$, $\lim_{x\to\infty} f(x) = \infty$ and $\lim_{x\to-\infty} f(x) = 0$.
As $|c|$ increases, the max and min points and the IPs get closer to the origin.

44. $v(t) = -Ae^{-ct}\left[c\cos(\omega t + \delta) + \omega\sin(\omega t + \delta)\right]$,
$a(t) = Ae^{-ct}\left[(c^2 - \omega^2)\cos(\omega t + \delta) + 2c\omega\sin(\omega t + \delta)\right]$

45. (a) $200(3.24)^t$ (b) $\approx 22{,}040$
(c) $\approx 25{,}910$ bacteria/h (d) $(\ln 50)/(\ln 3.24) \approx 3.33$ h

46. ≈ 4.32 days **47.** $\frac{1}{4}(1 - e^{-2})$ **48.** $\arctan e - \pi/4$

49. $2e^{\sqrt{x}} + C$ **50.** $\frac{1}{2}\ln|x^2 + 2x| + C$

51. $-\frac{1}{2}[\ln(\cos x)]^2 + C$ **52.** $2^{\tan\theta}/\ln 2 + C$

53. $-\frac{3}{2} - \ln 2$ **55.** $e^{\sqrt{x}}/(2x)$

56. (a) $\frac{1}{8}(\ln 5)^2$ (b) $f(e) = 1/e$, $f(1) = 0$

57. $\pi^2/4$ **58.** $\frac{2}{3}$ **59.** $2/e$

61. $f(x) = e^{2x}(2x - 1)/(1 - e^{-x})$

CHAPTER 7

EXERCISES 7.1 ■ PAGE 456

1. $\frac{1}{2}xe^{2x} - \frac{1}{4}e^{2x} + C$ **2.** $\frac{1}{4}x\sin 4x + \frac{1}{16}\cos 4x + C$

3. $\frac{1}{2}te^{2t} - \frac{1}{4}e^{2t} + C$ **4.** $-\frac{1}{10}x\cos 10x + \frac{1}{100}\sin 10x + C$

5. $\frac{1}{2}w^2\ln w - \frac{1}{4}w^2 + C$

6. $(x^2 + 2x)\sin x + (2x + 2)\cos x - 2\sin x + C$

7. $x\cos^{-1}x - \sqrt{1 - x^2} + C$ **8.** $\frac{1}{5}t^5\ln t - \frac{1}{25}t^5 + C$

9. $-t\cot t + \ln|\sin t| + C$

10. $x(\ln x)^2 - 2x\ln x + 2x + C$

11. $\frac{1}{10}e^{3x}\sin x + \frac{3}{10}e^{3x}\cos x + C$

12. $\frac{1}{13}e^{2\theta}(2\sin 3\theta - 3\cos 3\theta) + C$

13. $z^3 e^z - 3z^2 e^z + 6ze^z - 6e^z + C$

14. $\frac{1}{3}x^2 e^{3x} - \frac{2}{9}xe^{3x} + \frac{11}{27}e^{3x} + C$ **15.** $\dfrac{3}{\ln 3} - \dfrac{2}{(\ln 3)^2}$

16. $2\cosh 2 - \sinh 2$ **17.** $\frac{4}{5} - \frac{1}{5}\ln 5$ **18.** $-\pi/4$

19. $2e^{-1} - 6e^{-5}$ **20.** $\frac{1}{2}\ln 2 - \frac{1}{2}$

21. $-\frac{1}{2}(1 + \cosh \pi) = -\frac{1}{4}(2 + e^{\pi} + e^{-\pi})$

22. $2(\sqrt{x} - 1)e^{\sqrt{x}} + C$　　**23.** $-\frac{1}{2} - \pi/4$

24. $\frac{1}{2}(x^2 - 1) \ln(1 + x) - \frac{1}{4}x^2 + \frac{1}{2}x + \frac{3}{4} + C$

25. $-\frac{1}{2}xe^{-2x} - \frac{1}{4}e^{-2x} + C$

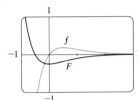

26. $\frac{1}{3}x^2(1 + x^2)^{3/2} - \frac{2}{15}(1 + x^2)^{5/2} + C$

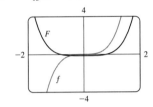

27. (b) $-\frac{1}{4}\cos x \sin^3 x + \frac{3}{8}x - \frac{3}{16}\sin 2x + C$

28. (b) $\frac{2}{3}, \frac{8}{15}$

31. $x[(\ln x)^3 - 3(\ln x)^2 + 6\ln x - 6] + C$

32. $\frac{16}{3}\ln 2 - \frac{29}{9}$　　**33.** $-1.75119, 1.17210; 3.99926$

34. $4 - 8/\pi$　　**35.** $2\pi e$

36. (a) $2\pi(2\ln 2 - \frac{3}{4})$　　(b) $2\pi[(\ln 2)^2 - 2\ln 2 + 1]$

37. $x\, S(x) + \dfrac{1}{\pi}\cos(\frac{1}{2}\pi x^2) + C$

38. $2 - e^{-t}(t^2 + 2t + 2)$ m　　**39.** 2

40. (b) $-\dfrac{\ln x}{x} - \dfrac{1}{x} + C$

EXERCISES 7.2 ■ PAGE 464

1. $\frac{1}{5}\cos^5 x - \frac{1}{3}\cos^3 x + C$　　**2.** $\frac{1}{210}$

3. $-\frac{1}{14}\cos^7(2t) + \frac{1}{5}\cos^5(2t) - \frac{1}{6}\cos^3(2t) + C$

4. $\pi/4$　　**5.** $3\pi/8$　　**6.** $\pi/16$

7. $\frac{2}{7}(\cos\theta)^{7/2} - \frac{2}{3}(\cos\theta)^{3/2} + C$　　**8.** $\frac{1}{4}\sec^4 x + C$

9. $\ln|\sin x| - \frac{1}{2}\sin^2 x + C$　　**10.** $\frac{1}{2}\sin^4 x + C$

11. $\frac{1}{3}\sec^3 x + C$　　**12.** $\tan x - x + C$

13. $\frac{1}{9}\tan^9 x + \frac{2}{7}\tan^7 x + \frac{1}{5}\tan^5 x + C$

14. $\frac{1}{3}\sec^3 x - \sec x + C$　　**15.** $\frac{1}{8}\tan^8 x + \frac{1}{3}\tan^6 x + \frac{1}{4}\tan^4 x + C$

16. $\frac{1}{4}\sec^4 x - \tan^2 x + \ln|\sec x| + C$　　**17.** $\frac{1}{2}\sin 2x + C$

18. $-\frac{1}{4} - \ln(\sqrt{2}/2)$　　**19.** $\sqrt{3} - \frac{1}{3}\pi$

20. $\frac{22}{105}\sqrt{2} - \frac{8}{105}$　　**21.** $\ln|\csc x - \cot x| + C$

22. $-\frac{1}{6}\cos 3x - \frac{1}{26}\cos 13x + C$　　**23.** $\frac{1}{15}$

24. $-1/(2t) + \frac{1}{4}\sin(2/t) + C$　　**25.** $\frac{1}{2}\sqrt{2}$

26. $\frac{1}{4}t^2 - \frac{1}{4}t\sin 2t - \frac{1}{8}\cos 2t + C$

27. $x\tan x - \ln|\sec x| - \frac{1}{2}x^2 + C$

28. $\csc x + \cot x + C$

29. $\frac{1}{4}x^2 - \frac{1}{4}\sin(x^2)\cos(x^2) + C$

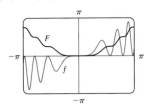

30. $\frac{1}{6}\sin 3x - \frac{1}{18}\sin 9x + C$

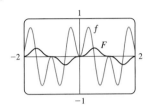

31. $\frac{1}{8}(\sqrt{2} - 7I)$　　**32.** 0　　**33.** $\frac{1}{2}\pi - \frac{4}{3}$　　**34.** 0

35. $\pi^2/4$　　**36.** $\pi(2\sqrt{2} - \frac{5}{2})$　　**37.** $s = (1 - \cos^3\omega t)/(3\omega)$

EXERCISES 7.3 ■ PAGE 470

1. (a) $x = \tan\theta$　　(b) $\int \tan^3\theta \sec\theta\, d\theta$

2. (a) $x = \sqrt{2}\sec\theta$　　(b) $\int 2\sec^3\theta\, d\theta$

3. $-\sqrt{1 - x^2} + \frac{1}{3}(1 - x^2)^{3/2} + C$

4. $\sqrt{4x^2 - 25} - 5\sec^{-1}(\frac{2}{5}x) + C$

5. $\frac{1}{15}(16 + x^2)^{3/2}(3x^2 - 32) + C$

6. $\frac{1}{3}\dfrac{(x^2 - 1)^{3/2}}{x^3} + C$　　**7.** $\dfrac{1}{\sqrt{2}a^2}$

8. $\frac{2}{3}\sqrt{3} - \frac{3}{4}\sqrt{2}$　　**9.** $\frac{1}{12}$

10. $\frac{1}{6}\sec^{-1}(x/3) - \sqrt{x^2 - 9}/(2x^2) + C$

11. $\frac{1}{16}\pi a^4$　　**12.** $\sqrt{x^2 - 7} + C$

13. $\ln\left|(\sqrt{1 + x^2} - 1)/x\right| + \sqrt{1 + x^2} + C$　　**14.** $\frac{9}{500}\pi$

15. $\ln\left|\sqrt{x^2 + 2x + 5} + x + 1\right| + C$

16. $4\sin^{-1}\left(\dfrac{x - 1}{2}\right) + \frac{1}{4}(x - 1)^3\sqrt{3 + 2x - x^2}$
$$- \frac{2}{3}(3 + 2x - x^2)^{3/2} + C$$

17. $\frac{1}{2}(x + 1)\sqrt{x^2 + 2x} - \frac{1}{2}\ln|x + 1 + \sqrt{x^2 + 2x}| + C$

18. $\frac{1}{4}\sin^{-1}(x^2) + \frac{1}{4}x^2\sqrt{1 - x^4} + C$

20. $\frac{1}{6}(\sqrt{48} - \sec^{-1} 7)$　　**22.** $\frac{3}{8}\pi^2 + \frac{3}{4}\pi$

24. $2\pi^2 R r^2$　　**25.** $r\sqrt{R^2 - r^2} + \pi r^2/2 - R^2\arcsin(r/R)$

EXERCISES 7.4 ■ PAGE 480

1. (a) $\dfrac{A}{x - 3} + \dfrac{B}{x + 5}$　　(b) $\dfrac{A}{x - 2} + \dfrac{B}{(x - 2)^2} + \dfrac{Cx + D}{x^2 + 2}$

2. (a) $\dfrac{A}{x} + \dfrac{B}{x - 1} + \dfrac{C}{x - 2}$

(b) $\dfrac{A}{x} + \dfrac{B}{2x - 1} + \dfrac{C}{(2x - 1)^2} + \dfrac{Dx + E}{x^2 + 3} + \dfrac{Fx + G}{(x^2 + 3)^2}$

3. (a) $\dfrac{A}{x} + \dfrac{B}{x-1} + \dfrac{Cx+D}{x^2+1} + \dfrac{Ex+F}{(x^2+1)^2}$

(b) $1 + \dfrac{A}{x-2} + \dfrac{B}{x+3}$ **4.** $\ln|x-1| - \ln|x+4| + C$

5. $\frac{1}{2}\ln|2x+1| + 2\ln|x-1| + C$ **6.** $2\ln\frac{3}{2}$

7. $-\dfrac{1}{a}\ln|x| + \dfrac{1}{a}\ln|x-a| + C$

8. $\frac{1}{2}x^2 + x + \ln|x-1| + C$

9. $\frac{27}{5}\ln 2 - \frac{9}{5}\ln 3 \ \left(\text{or } \frac{9}{5}\ln\frac{8}{3}\right)$

10. $\frac{1}{2} - 5\ln 2 + 3\ln 3 \ \left(\text{or } \frac{1}{2} + \ln\frac{27}{32}\right)$

11. $\dfrac{1}{4}\left[\ln|t+1| - \dfrac{1}{t+1} - \ln|t-1| - \dfrac{1}{t-1}\right] + C$

12. $\ln|x-1| - \frac{1}{2}\ln(x^2+9) - \frac{1}{3}\tan^{-1}(x/3) + C$

13. $\frac{5}{2} - \ln 2 - \ln 3 \ \left(\text{or } \frac{5}{2} - \ln 6\right)$

14. $-2\ln|x+1| + \ln(x^2+1) + 2\tan^{-1}x + C$

15. $\frac{1}{2}\ln(x^2+1) + \tan^{-1}x - \frac{1}{2}\tan^{-1}(x/2) + C$

16. $\frac{1}{2}\ln(x^2+2x+5) + \frac{3}{2}\tan^{-1}\left(\dfrac{x+1}{2}\right) + C$

17. $\frac{1}{3}\ln|x-1| - \frac{1}{6}\ln(x^2+x+1) - \dfrac{1}{\sqrt{3}}\tan^{-1}\dfrac{2x+1}{\sqrt{3}} + C$

18. $\frac{1}{4}\ln\frac{8}{3}$

19. $2\ln|x| + \frac{3}{2}\ln(x^2+1) + \frac{1}{2}\tan^{-1}x + \dfrac{x}{2(x^2+1)} + C$

20. $\frac{7}{8}\sqrt{2}\,\tan^{-1}\left(\dfrac{x-2}{\sqrt{2}}\right) + \dfrac{3x-8}{4(x^2-4x+6)} + C$

21. $2\tan^{-1}\sqrt{x-1} + C$

22. $-2\ln\sqrt{x} - \dfrac{2}{\sqrt{x}} + 2\ln(\sqrt{x}+1) + C$

23. $\frac{3}{10}(x^2+1)^{5/3} - \frac{3}{4}(x^2+1)^{2/3} + C$

24. $2\sqrt{x} + 3\sqrt[3]{x} + 6\sqrt[6]{x} + 6\ln|\sqrt[6]{x}-1| + C$

25. $4\ln|\sqrt{x}-2| - 2\ln|\sqrt{x}-1| + C$

26. $\ln\dfrac{(e^x+2)^2}{e^x+1} + C$

27. $\ln|\tan t + 1| - \ln|\tan t + 2| + C$

28. $x - \ln(e^x+1) + C$

29. $\left(x-\frac{1}{2}\right)\ln(x^2-x+2) - 2x + \sqrt{7}\,\tan^{-1}\left(\dfrac{2x-1}{\sqrt{7}}\right) + C$

30. $-\frac{1}{2}\ln 3 \approx -0.55$

31. $\frac{1}{2}\ln\left|\dfrac{x-2}{x}\right| + C$ **33.** $\frac{1}{5}\ln\left|\dfrac{2\tan(x/2)-1}{\tan(x/2)+2}\right| + C$

34. $4\ln\frac{2}{3} + 2$ **35.** $-1 + \frac{11}{3}\ln 2$

36. $t = \ln\dfrac{10{,}000}{P} + 11\ln\dfrac{P-9000}{1000}$

37. (a) $\dfrac{24{,}110}{4879}\dfrac{1}{5x+2} - \dfrac{668}{323}\dfrac{1}{2x+1} - \dfrac{9438}{80{,}155}\dfrac{1}{3x-7}$
$+ \dfrac{1}{260{,}015}\dfrac{22{,}098x+48{,}935}{x^2+x+5}$

(b) $\dfrac{4822}{4879}\ln|5x+2| - \dfrac{334}{323}\ln|2x+1|$

$- \dfrac{3146}{80{,}155}\ln|3x-7| + \dfrac{11{,}049}{260{,}015}\ln(x^2+x+5)$

$+ \dfrac{75{,}772}{260{,}015\sqrt{19}}\tan^{-1}\dfrac{2x+1}{\sqrt{19}} + C$

The CAS omits the absolute value signs and the constant of integration.

39. $\dfrac{1}{a^n(x-a)} - \dfrac{1}{a^n x} - \dfrac{1}{a^{n-1}x^2} - \cdots - \dfrac{1}{ax^n}$

EXERCISES 7.5 ■ PAGE 486

1. (a) $\frac{1}{2}\ln(1+x^2) + C$ (b) $\tan^{-1}x + C$

(c) $\frac{1}{2}\ln|1+x| - \frac{1}{2}\ln|1-x| + C$

2. (a) $\frac{1}{2}(\ln x)^2 + C$ (b) $x\ln(2x) - x + C$

(c) $\frac{1}{2}x^2\ln x - \frac{1}{4}x^2 + C$

3. (a) $\frac{1}{2}\ln|x-3| - \frac{1}{2}\ln|x-1| + C$ (b) $-\dfrac{1}{x-2} + C$

(c) $\tan^{-1}(x-2) + C$

4. (a) $\frac{1}{3}e^{x^3} + C$ (b) $e^x(x^2-2x+2) + C$

(c) $\frac{1}{2}e^{x^2}(x^2-1) + C$

5. $-\ln(1-\sin x) + C$ **6.** $\frac{32}{3}\ln 2 - \frac{28}{9}$

7. $\ln y\,[\ln(\ln y) - 1] + C$ **8.** $\frac{1}{6}\tan^{-1}\left(\frac{1}{3}x^2\right) + C$

9. $\frac{4}{5}\ln 2 + \frac{1}{5}\ln 3 \ \left(\text{or } \frac{1}{5}\ln 48\right)$ **10.** $\frac{1}{2}\sec^{-1}x + \dfrac{\sqrt{x^2-1}}{2x^2} + C$

11. $-\frac{1}{4}\cos^4 x + C$ **12.** $x\sec x - \ln|\sec x + \tan x| + C$

13. $\frac{1}{4}\pi^2$ **14.** $e^{e^x} + C$ **15.** $(x+1)\arctan\sqrt{x} - \sqrt{x} + C$

16. $\frac{4097}{45}$ **17.** $4 - \ln 4$ **18.** $x - \ln(1+e^x) + C$

19. $x\ln(x+\sqrt{x^2-1}) - \sqrt{x^2-1} + C$

20. $\sin^{-1}x - \sqrt{1-x^2} + C$

21. $2\sin^{-1}\left(\dfrac{x+1}{2}\right) + \dfrac{x+1}{2}\sqrt{3-2x-x^2} + C$

22. 0 **23.** $\frac{1}{4}$ **24.** $\ln|\sec\theta - 1| - \ln|\sec\theta| + C$

25. $\theta\tan\theta - \frac{1}{2}\theta^2 - \ln|\sec\theta| + C$ **26.** $\frac{2}{3}\tan^{-1}(x^{3/2}) + C$

27. $\frac{2}{3}x^{3/2} - x + 2\sqrt{x} - 2\ln(1+\sqrt{x}) + C$

28. $\ln|x-1| - 3(x-1)^{-1} - \frac{3}{2}(x-1)^{-2} - \frac{1}{3}(x-1)^{-3} + C$

29. $\ln\left|\dfrac{\sqrt{4x+1}-1}{\sqrt{4x+1}+1}\right| + C$

30. $-\ln\left|\dfrac{\sqrt{4x^2+1}+1}{2x}\right| + C$

31. $\dfrac{1}{m}x^2\cosh mx - \dfrac{2}{m^2}x\sinh mx + \dfrac{2}{m^3}\cosh mx + C$

32. $2\ln\sqrt{x} - 2\ln(1+\sqrt{x}) + C$

33. $\frac{3}{7}(x+c)^{7/3} - \frac{3}{4}c(x+c)^{4/3} + C$

34. $\dfrac{1}{32}\ln\left|\dfrac{x-2}{x+2}\right| - \dfrac{1}{16}\tan^{-1}\left(\dfrac{x}{2}\right) + C$

35. $\csc\theta - \cot\theta + C$ or $\tan(\theta/2) + C$

36. $2(x - 2\sqrt{x} + 2)e^{\sqrt{x}} + C$

37. $-\tan^{-1}(\cos^2 x) + C$ **38.** $\frac{2}{3}[(x+1)^{3/2} - x^{3/2}] + C$

39. $\sqrt{2} - 2/\sqrt{3} + \ln(2 + \sqrt{3}) - \ln(1 + \sqrt{2})$

40. $e^x - \ln(1 + e^x) + C$

41. $-\sqrt{1-x^2} + \frac{1}{2}(\arcsin x)^2 + C$ **42.** $\ln|\ln x - 1| + C$

43. $2(x-2)\sqrt{1+e^x} + 2\ln\dfrac{\sqrt{1+e^x}+1}{\sqrt{1+e^x}-1} + C$

44. $\frac{1}{3}x\sin^3 x + \frac{1}{3}\cos x - \frac{1}{9}\cos^3 x + C$

45. $2\sqrt{1 + \sin x} + C$ **46.** $(3 - \sqrt{3})/2$ or $1 - \sqrt{1 - (\sqrt{3}/2)}$

47. $2\sqrt{2}$ **48.** $xe^{x^2} + C$

EXERCISES 7.6 ■ PAGE 491

1. $-\frac{5}{21}$ **2.** $\frac{1}{2}x^2\sin^{-1}(x^2) + \frac{1}{2}\sqrt{1-x^4} + C$

3. $\frac{1}{4}y^2\sqrt{4+y^4} - \ln(y^2 + \sqrt{4+y^4}) + C$

4. $\frac{\pi}{8}\arctan\frac{\pi}{4} - \frac{1}{4}\ln(1 + \frac{1}{16}\pi^2)$ **5.** $\frac{1}{6}\ln\left|\dfrac{\sin x - 3}{\sin x + 3}\right| + C$

6. $-\dfrac{\sqrt{9x^2+4}}{x} + 3\ln(3x + \sqrt{9x^2+4}) + C$

7. $5\pi/16$ **8.** $2\sqrt{x}\arctan\sqrt{x} - \ln(1+x) + C$

9. $-\ln|\sinh(1/y)| + C$

10. $\dfrac{2y-1}{8}\sqrt{6 + 4y - 4y^2} + \dfrac{7}{8}\sin^{-1}\left(\dfrac{2y-1}{\sqrt{7}}\right)$
        $- \frac{1}{12}(6 + 4y - 4y^2)^{3/2} + C$

11. $\frac{1}{9}\sin^3 x\,[3\ln(\sin x) - 1] + C$

12. $-\ln(\cos^2\theta + \sqrt{\cos^4\theta + 4}) + C$

13. $\frac{1}{8}e^{2x}(4x^3 - 6x^2 + 6x - 3) + C$

14. $\frac{1}{15}\sin y\,(3\cos^4 y + 4\cos^2 y + 8) + C$

15. $-\frac{1}{2}x^{-2}\cos^{-1}(x^{-2}) + \frac{1}{2}\sqrt{1 - x^{-4}} + C$

16. $\sqrt{e^{2x} - 1} - \cos^{-1}(e^{-x}) + C$

17. $\frac{1}{5}\ln|x^5 + \sqrt{x^{10} - 2}| + C$ **18.** $\frac{3}{8}\pi^2$

19. $\frac{1}{3}\tan x\sec^2 x + \frac{2}{3}\tan x + C$

20. $\frac{1}{4}x(x^2 + 2)\sqrt{x^2+4} - 2\ln(\sqrt{x^2+4} + x) + C$

21. $\frac{1}{4}\cos^3 x\sin x + \frac{3}{8}x + \frac{3}{8}\sin x\cos x + C$

22. $-\ln|\cos x| - \frac{1}{2}\tan^2 x + \frac{1}{4}\tan^4 x + C$

23. (a) $-\ln\left|\dfrac{1 + \sqrt{1-x^2}}{x}\right| + C;$

both have domain $(-1, 0) \cup (0, 1)$

EXERCISES 7.7 ■ PAGE 502

1. (a) $L_2 = 6, R_2 = 12, M_2 \approx 9.6$
(b) L_2 is an underestimate, R_2 and M_2 are overestimates.
(c) $T_2 = 9 < I$ (d) $L_n < T_n < I < M_n < R_n$

2. (a) $T_4 \approx 0.895759$ (underestimate)
(b) $M_4 \approx 0.908907$ (overestimate);

$T_4 < I < M_4$

3. (a) $M_6 \approx 3.177769$, $E_M \approx -0.036176$
(b) $S_6 \approx 3.142949$, $E_S \approx -0.001356$

4. (a) 1.116993   (b) 1.108667   (c) 1.111363

5. (a) 1.777722   (b) 0.784958   (c) 0.780895

6. (a) 10.185560   (b) 10.208618   (c) 10.201790

7. (a) -2.364034 (b) -2.310690 (c) -2.346520

8. (a) 0.243747   (b) 0.243748   (c) 0.243751

9. (a) 8.814278   (b) 8.799212   (c) 8.804229

10. (a) $T_8 \approx 0.902333, M_8 \approx 0.905620$
(b) $|E_T| \le 0.0078, |E_M| \le 0.0039$
(c) $n = 71$ for T_n, $n = 50$ for M_n

11. (a) $T_{10} \approx 1.983524, E_T \approx 0.016476$;
$M_{10} \approx 2.008248, E_M \approx -0.008248$;
$S_{10} \approx 2.000110, E_S \approx -0.000110$
(b) $|E_T| \le 0.025839, |E_M| \le 0.012919, |E_S| \le 0.000170$
(c) $n = 509$ for T_n, $n = 360$ for M_n, $n = 22$ for S_n

12. (a) 2.8   (b) 7.954926518   (c) 0.2894
(d) 7.954926521   (e) Actual error is much smaller.
(f) 10.9   (g) 7.953789422   (h) 0.0593
(i) Actual error is smaller.   (j) $n \ge 50$

13.

n	L_n	R_n	T_n	M_n
5	0.742943	1.286599	1.014771	0.992621
10	0.867782	1.139610	1.003696	0.998152
20	0.932967	1.068881	1.000924	0.999538

n	E_L	E_R	E_T	E_M
5	0.257057	-0.286599	-0.014771	0.007379
10	0.132218	-0.139610	-0.003696	0.001848
20	0.067033	-0.068881	-0.000924	0.000462

Observations are the same as those following Example 1.

14.

n	T_n	M_n	S_n
6	6.695473	6.252572	6.403292
12	6.474023	6.363008	6.400206

n	E_T	E_M	E_S
6	-0.295473	0.147428	-0.003292
12	-0.074023	0.036992	-0.000206

Observations are the same as those following Example 1.

15. (a) 19   (b) 18.6   (c) $18.\overline{6}$ **16.** (a) 14.4   (b) 0.5

17. 21.6 Degrees Celsius   **18.** 18.8 m/s

19. 10,177 megawatt-hours

20. (a) 190   (b) 828   **21.** 28   **22.** 59.4

23.

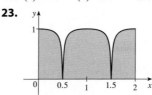

EXERCISES 7.8 ■ PAGE 511

Abbreviations: C, convergent; D, divergent
1. (a), (c) Infinite discontinuity   (b), (d) Infinite interval
2. $\frac{1}{2} - 1/(2t^2)$; 0.495, 0.49995, 0.4999995; 0.5
3. 1   4. $\frac{1}{2}$ 5. D   6. 2   7. $-\frac{1}{4}$ 8. $\frac{11}{6}$
9. $\frac{1}{2}$ 10. 0   11. D   12. D   13. ln 2
14. $-\frac{1}{4}$ 15. D   16. $-\pi/8$ 17. 2
18. D   19. $\frac{32}{3}$ 20. D   21. $\frac{9}{2}$ 22. D   23. $-\frac{1}{4}$
24. $-2/e$
25. $1/e$ 26. $\frac{1}{2}\ln 2$

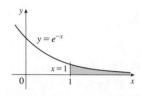

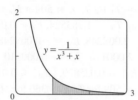

27. Infinite area

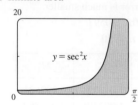

28. (a)

t	$\int_1^t \left[(\sin^2 x)/x^2\right]\,dx$
2	0.447453
5	0.577101
10	0.621306
100	0.668479
1,000	0.672957
10,000	0.673407

It appears that the integral is convergent.
(c)

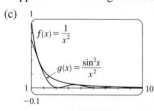

29. C   30. D   31. D   32. D   33. D   34. π
35. $p < 1, 1/(1-p)$ 36. $p > -1, -1/(p+1)^2$
38. π 39. $\sqrt{2GM/R}$
40. (a)

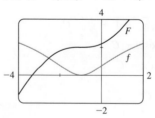

(b) The rate at which the fraction $F(t)$ increases as t increases
(c) 1; all bulbs burn out eventually

41. $\gamma = \dfrac{cN}{\lambda(k+\lambda)}$ 42. 1000

43. (a) $F(s) = 1/s, s > 0$ (b) $F(s) = 1/(s-1), s > 1$
(c) $F(s) = 1/s^2, s > 0$

46. $C = 1$; ln 2   47. No

CHAPTER 7 REVIEW ■ PAGE 513

True-False Quiz
1. True   2. False   3. False   4. False
5. False   6. True   7. (a) True   (b) False
8. False   9. False

Exercises

1. $\frac{7}{2} + \ln 2$ 2. $e^{\sin x} + C$ 3. $\ln|2t+1| - \ln|t+1| + C$
4. $\frac{2}{15}$ 5. $-\cos(\ln t) + C$
6. $\frac{1}{4}x^2[2(\ln x)^2 - 2\ln x + 1] + C$ 7. $\sqrt{3} - \frac{1}{3}\pi$
8. $3e^{\sqrt[3]{x}}(x^{2/3} - 2x^{1/3} + 2) + C$
9. $\frac{1}{6}[2x^3\tan^{-1}x - x^2 + \ln(1+x^2)] + C$
10. $-\frac{1}{2}\ln|x| + \frac{3}{2}\ln|x+2| + C$
11. $x\sinh x - \cosh x + C$
12. $\ln|x - 2 + \sqrt{x^2 - 4x}| + C$
13. $\frac{1}{18}\ln(9x^2 + 6x + 5) + \frac{1}{9}\tan^{-1}\left[\frac{1}{2}(3x+1)\right] + C$
14. $\sqrt{2} + \ln(\sqrt{2} + 1)$ 15. $\ln\left|\dfrac{\sqrt{x^2+1} - 1}{x}\right| + C$
16. $-\cos(\sqrt{1+x^2}) + C$
17. $\frac{3}{2}\ln(x^2+1) - 3\tan^{-1}x + \sqrt{2}\tan^{-1}(x/\sqrt{2}) + C$
18. $\frac{2}{5}$ 19. 0   20. $6 - \frac{3}{2}\pi$
21. $\dfrac{x}{\sqrt{4-x^2}} - \sin^{-1}\left(\dfrac{x}{2}\right) + C$
22. $4\sqrt{1+\sqrt{x}} + C$ 23. $\frac{1}{2}\sin 2x - \frac{1}{8}\cos 4x + C$
24. $\frac{1}{8}e - \frac{1}{4}$ 25. $\tan^{-1}\left(\frac{1}{2}\sqrt{e^x - 4}\right) + C$ 26. $\frac{1}{36}$
27. D   28. $4\ln 4 - 8$ 29. $-\frac{4}{3}$ 30. $\pi/4$
31. $(x+1)\ln(x^2+2x+2) + 2\arctan(x+1) - 2x + C$

32. 0
33. $\frac{1}{4}(2x-1)\sqrt{4x^2 - 4x - 3}$
$\qquad - \ln|2x - 1 + \sqrt{4x^2 - 4x - 3}| + C$
34. $\frac{1}{2}\sin x\sqrt{4 + \sin^2 x} + 2\ln(\sin x + \sqrt{4 + \sin^2 x}) + C$
36. No
37. (a) 1.925444   (b) 1.920915   (c) 1.922470
38. (a) $0.01348, n \geqslant 368$ (b) $0.00674, n \geqslant 260$

39. 13.7 km
40. (a) 3.8   (b) 1.786721, 0.000646   (c) $n \geqslant 30$
41. (a) D   (b) C
42. 2   **43.** $\frac{3}{16}\pi^2$

CHAPTER 8

EXERCISES 8.1 ■ PAGE 523

1. $4\sqrt{5}$ **2.** $\int_0^2 \sqrt{1+9x^4}\,dx$ **3.** $\int_1^4 \sqrt{1+\left(1-\frac{1}{x}\right)^2}\,dx$

4. $\int_0^{\pi/2}\sqrt{1+\cos^2 y}\,dy$ **5.** $2\sqrt{3}-\frac{2}{3}$ **6.** $\frac{5}{3}$ **7.** $\frac{59}{24}$

8. $\frac{1}{2}[\ln(1\sqrt{3})-\ln(\sqrt{2}-1)]$ **9.** $\ln(\sqrt{2}+1)$

10. $\frac{32}{3}$ **11.** $\frac{3}{4}+\frac{1}{2}\ln 2$ **12.** $\ln 3 - \frac{1}{2}$

13. $\sqrt{2}+\ln(1+\sqrt{2})$ **14.** 10.0556   **15.** 3.0609

16. 1.0054   **17.** 15.498085; 15.374568

18. (a), (b)

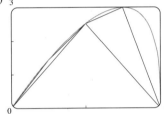

$L_1 = 4, L_2 \approx 6.43, L_4 \approx 7.50$

(c) $\int_0^4 \sqrt{1+[4(3-x)/(3(4-x)^{2/3})]^2}\,dx$ (d) 7.7988
19. $\sqrt{1+e^4}-\ln(1+\sqrt{1+e^4})+2-\sqrt{2}+\ln(1+\sqrt{2})$
20. 6   **21.** $s(x)=\frac{2}{27}[(1+9x)^{3/2}-10\sqrt{10}]$
22. $s(x)=2\sqrt{2}(\sqrt{1+x}-1)$ **23.** 209.1 m
24. 62.55 cm   **25.** ≈ 7.42 m above the ground   **27.** 12.4

EXERCISES 8.2 ■ PAGE 529

1. (a) $\int_1^8 2\pi\sqrt[3]{x}\sqrt{1+\frac{1}{9}x^{-4/3}}\,dx$ (b) $\int_1^2 2\pi y\sqrt{1+9y^4}\,dy$

2. (a) $\int_0^{\ln 3}\pi(e^x-1)\sqrt{1+\frac{1}{4}e^{2x}}\,dx$

(b) $\int_0^1 2\pi y\sqrt{1+\frac{4}{(2y+1)^2}}\,dy$

3. (a) $\int_1^8 2\pi x\sqrt{1+\frac{16}{x^4}}\,dx$ (b) $\int_{1/2}^4 \frac{8\pi}{y}\sqrt{1+\frac{16}{y^4}}\,dy$

4. (a) $\int_0^{\pi/2}2\pi x\sqrt{1+\cos^2 x}\,dx$

(b) $\int_1^2 2\pi \sin^{-1}(y-1)\sqrt{1+\frac{1}{2y-y^2}}\,dy$

5. $\frac{1}{27}\pi(145\sqrt{145}-1)$ **6.** $\frac{1}{6}\pi(17\sqrt{17}-5\sqrt{5})$

7. $\pi\sqrt{5}+4\pi\ln\left(\frac{1+\sqrt{5}}{2}\right)$ **8.** $\frac{21}{2}\pi$ **9.** $\frac{3712}{15}\pi$

10. πa^2 **11.** $\int_{-1}^1 2\pi e^{-x^2}\sqrt{1+4x^2 e^{-2x^2}}\,dx$; 11.0753

12. $\int_0^1 2\pi(y+y^3)\sqrt{1+(1+3y^2)^2}\,dy$; 13.5134

13. $\int_1^4 2\pi y\sqrt{1+[2y+(1/y)]^2}\,dy$; 286.9239

14. $\frac{1}{4}\pi\left[4\ln(\sqrt{17}+4)-4\ln(\sqrt{2}+1)-\sqrt{17}+4\sqrt{2}\right]$

15. $\frac{1}{6}\pi\left[\ln(\sqrt{10}+3)+3\sqrt{10}\right]$ **16.** 1,230,507

17. (a) $\frac{1}{3}\pi a^2$ (b) $\frac{56}{45}\pi\sqrt{3}\,a^2$

18. (a) $2\pi\left[b^2+\frac{a^2 b\sin^{-1}(\sqrt{a^2-b^2}/a)}{\sqrt{a^2-b^2}}\right]$

(b) $2\pi a^2 + \frac{2\pi ab^2}{\sqrt{a^2-b^2}}\ln\frac{a+\sqrt{a^2-b^2}}{b}$

19. (a) $\int_a^b 2\pi[c-f(x)]\sqrt{1+[f'(x)]^2}\,dx$

(b) $\int_0^4 2\pi(4-\sqrt{x})\sqrt{1+1/(4x)}\,dx \approx 80.6095$

20. $4\pi^2 r^2$
22. The surface area is $S=\int_a^{a+h}2\pi y\,ds=2\pi\int_a^{a+h}\sqrt{R^2+x^2}$

$\sqrt{1+\dfrac{x^2}{R^2-x^2}}\,dx=2\pi R(a+h-a)=2\pi Rh$

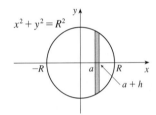

24. Both equal $\pi\int_a^b (e^{x/2}+e^{-x/2})^2\,dx$.

EXERCISES 8.3 ■ PAGE 539

1. (a) 915.5 kg/m^2 (b) 8340 N   (c) 2502 N
2. 31136 N   **3.** $\approx 2.36\times 10^7$ N   **4.** 470,400 N
5. 1793 kg   **6.** $\frac{2}{3}\delta ah^2$ **7.** ≈ 9450 N
8. (a) ≈ 314 N   (b) ≈ 353 N
9. (a) 4.9×10^4 N (shallow end), approximately equals
4.5×10^5 N (deep end), and approximately equals 4.2×10^5 N
(one of the sides) (b) 3.9×10^6 N (bottom of the pool)
10. 330; 22   **11.** 23; -20; $(-1, 1.15)$
12. $\left(\frac{2}{3}, \frac{4}{3}\right)$ **13.** $\left(\frac{3}{2}, \frac{3}{5}\right)$ **14.** $\left(\frac{9}{20}, \frac{9}{20}\right)$
15. $\left(\pi-\frac{3}{2}\sqrt{3}, \frac{3}{8}\sqrt{3}\right)$ **16.** $\left(\frac{8}{5}, -\frac{1}{2}\right)$
17. $\left(\dfrac{28}{3(\pi+2)}, \dfrac{10}{3(\pi+2)}\right)$ **18.** $\left(-\frac{1}{5}, -\frac{12}{35}\right)$
20. $\left(0, \frac{1}{12}\right)$ **22.** $\frac{1}{3}\pi r^2 h$ **23.** $\left(\dfrac{8}{\pi}, \dfrac{8}{\pi}\right)$
24. $4\pi^2 rR$

EXERCISES 8.4 ■ PAGE 545

1. \$21,104   **2.** \$140,000; \$60,000   **3.** \$11,332.78
4. $p=25-\frac{1}{30}x$; \$1500   **5.** \$6.67   **6.** \$55,735
7. (a) 3800   (b) \$324,900
8. $\frac{2}{3}(16\sqrt{2}-8)\approx$ \$9.75 million
9. \$65,230.48   **10.** $\dfrac{(1-k)(b^{2-k}-a^{2-k})}{(2-k)(b^{1-k}-a^{1-k})}$

11. $\approx 1.19 \times 10^{-4}$ cm³/s   **12.** ≈ 6.59 L/min

13. 5.77 L/min

EXERCISES 8.5 ▪ PAGE 552

1. (a) The probability that a randomly chosen tire will have a lifetime between 50,000 and 65,000 kilometers
(b) The probability that a randomly chosen tire will have a lifetime of at least 40,000 kilometers

2. (a) $f(x) \geq 0$ for all x and $\int_{-\infty}^{\infty} f(x)\,dx = 1$ (b) $\frac{17}{81}$

3. (a) $1/\pi$ (b) $\frac{1}{2}$

4. (a) $f(x) \geq 0$ for all x and $\int_{-\infty}^{\infty} f(x)\,dx = 1$ (b) 5

6. (a) ≈ 0.465 (b) ≈ 0.153 (c) About 4.8 s

7. (a) $\frac{19}{32}$ (b) 40 min   **8.** $\approx 36\%$

9. (a) 0.0668   (b) $\approx 5.21\%$ **10.** ≈ 0.9545

11. (b) 0; a_0

(c)

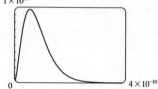

(d) $1 - 41e^{-8} \approx 0.986$ (e) $\frac{3}{2}a_0$

CHAPTER 8 REVIEW ▪ PAGE 553

True-False Quiz

1. True   **2.** False   **3.** True   **4.** True

Exercises

1. $\frac{1}{54}\left(109\sqrt{109} - 1\right)$ **2.** $\frac{53}{6}$

3. (a) 3.5121   (b) 22.1391   (c) 29.8522

4. 3.8202   **5.** $\frac{124}{5}$ **6.** 6533 N   **7.** $\left(\frac{4}{3}, \frac{4}{3}\right)$

8. $\left(\frac{8}{5}, 1\right)$ **9.** $2\pi^2$ **10.** \$7166.67

11. (a) $f(x) \geq 0$ for all x and $\int_{-\infty}^{\infty} f(x)\,dx = 1$

(b) ≈ 0.3455 (c) 5; yes

12. (a) $1 - e^{-3/8} \approx 0.313$ (b) $e^{-5/4} \approx 0.287$

(c) $8 \ln 2 \approx 5.55$ min

CHAPTER 9

EXERCISES 9.1 ▪ PAGE 563

1. $\left(2, \frac{1}{3}\right)$, $(0, 1)$, $(0, 3)$, $(2, 9)$, $(6, 27)$

2.

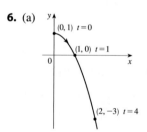

3.

4. (a)

(b) $y = \frac{1}{4}x + \frac{5}{4}$

5. (a)

(b) $x = y^2 - 4y + 1$, $-1 \leq y \leq 5$

6. (a)

(b) $y = 1 - x^2$, $x \geq 0$

7. (a) $x^2 + y^2 = 9$, $y \geq 0$

(b)

8. (a) $y = 1/x^2$, $0 < x \leq 1$

(b)

9. (a) $y = 1/x$, $x > 0$ (b)

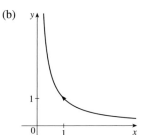

10. (a) $y = e^{x/2}$, $x \geq 0$ (b)

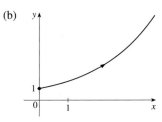

11. (a) $x + y = 1$, $0 \leq x \leq 1$

(b)

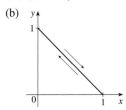

12. 2π seconds; clockwise

13. Moves counterclockwise along the circle
$(x - 5)^2 + (y - 3)^2 = 4$ from $(3, 3)$ to $(7, 3)$

14. Moves 3 times clockwise around the ellipse
$(x^2/25) + (y^2/4) = 1$, starting and ending at $(0, -2)$

15. It is contained in the rectangle described by $1 \leq x \leq 4$
and $2 \leq y \leq 3$.

16.

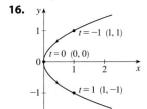

17.

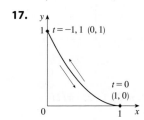

18.

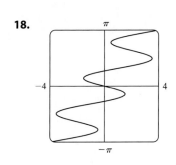

19. (b) $x = -2 + 5t$, $y = 7 - 8t$, $0 \leq t \leq 1$

20. One option: $x = 5 \sin(t/2)$, $y = 5 \cos(t/2)$ where t is time in seconds

21. (a) $x = 2 \cos t$, $y = 1 - 2 \sin t$, $0 \leq t \leq 2\pi$

(b) $x = 2 \cos t$, $y = 1 + 2 \sin t$, $0 \leq t \leq 6\pi$

(c) $x = 2 \cos t$, $y = 1 + 2 \sin t$, $\pi/2 \leq t \leq 3\pi/2$

23. (b)

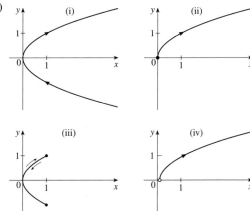

24. The curve $y = x^{2/3}$ is generated in (a). In (b), only the portion with $x \geq 0$ is generated, and in (c) we get only the portion with $x > 0$.

25.

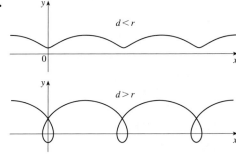

26. $x = a \cos \theta$, $y = b \sin \theta$; $(x^2/a^2) + (y^2/b^2) = 1$, ellipse

27.

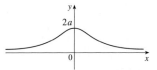

28. (a) No   (b) Yes; $(6, 11)$ when $t = 1$

29. (a) $(0, 0)$; $t = 1$, $t = -1$

(b) $(-1, -1)$; $t = \dfrac{1 + \sqrt{5}}{2}$, $t = \dfrac{1 - \sqrt{5}}{2}$

30. For $c = 0$, there is a cusp; for $c > 0$, there is a loop whose size increases as c increases.

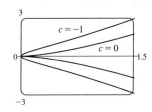

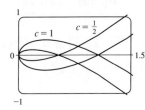

31. The curves roughly follow the line $y = x$ and start having loops when a is between 1.4 and 1.6 (more precisely, when $a > \sqrt{2}$); the loops increase in size as a increases.
32. As n increases, the number of oscillations increases; a and b determine the width and height.

EXERCISES 9.2 ■ PAGE 572

1. $6t^2 + 3, 4 - 10t, \dfrac{4 - 10t}{6t^2 + 3}$

2. $e^t(t + 1), 1 + \cos t, \dfrac{1 + \cos t}{e^t(t + 1)}$ **3.** $\ln 2 - \frac{1}{4}$

4. $y = -x$ **5.** $y = \frac{1}{2}x + \frac{3}{2}$ **6.** $y = -x + \frac{5}{4}$

7. $y = 3x + 3$

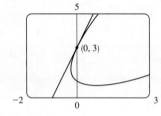

8. $\dfrac{2t + 1}{2t}, -\dfrac{1}{4t^3}, t < 0$

9. $e^{-2t}(1 - t), e^{-3t}(2t - 3), \ t > \frac{3}{2}$

10. $\dfrac{t + 1}{t - 1}, \dfrac{-2t}{(t - 1)^3}, 0 < t < 1$

11. Horizontal at $(0, -3)$, vertical at $(\pm 2, -2)$

12. Horizontal at $\left(\frac{1}{2}, -1\right)$ and $\left(-\frac{1}{2}, 1\right)$, no vertical

13. $(0.6, 2); \left(5 \cdot 6^{-6/5}, e^{6^{-1/5}}\right)$

14.

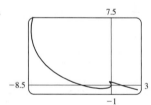

15. $y = x, y = -x$

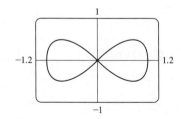

16. (a) $d \sin \theta / (r - d \cos \theta)$ **17.** $(4, 0)$ **18.** $\frac{24}{5}$

19. $\frac{4}{3}$ **20.** πab **21.** $2\pi r^2 + \pi d^2$

22. $\int_{-1}^{3} \sqrt{(6t - 3t^2)^2 + (2t - 2)^2} \, dt \approx 15.2092$

23. $\int_{0}^{4\pi} \sqrt{5 - 4\cos t} \, dt \approx 26.7298$ **24.** $\frac{2}{3}\left(10\sqrt{10} - 1\right)$

25. $\frac{1}{2}\sqrt{2} + \frac{1}{2}\ln\left(1 + \sqrt{2}\right)$

26. $\sqrt{2}\left(e^{\pi} - 1\right)$

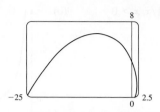

27. 16.7102

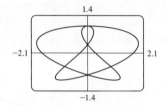

28. $6\sqrt{2}, \sqrt{2}$ **29.** $\sqrt{293} \approx 17.12$ m/s

30. $\sqrt{5}\,e \approx 6.08$ m/s   **31.** (a) v_0 m/s   (b) $v_0 \cos \alpha$ m/s

32. $\frac{3}{8}\pi a^2$

33. (a) $t \in [0, 4\pi]$

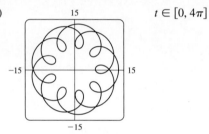

(b) 294

34. $\int_{0}^{\pi/2} 2\pi t \cos t \sqrt{t^2 + 1} \, dt \approx 4.7394$

35. $\int_{0}^{1} 2\pi e^{-t}\sqrt{1 + 2e^t + e^{2t} + e^{-2t}} \, dt \approx 10.6705$

36. $\frac{2}{1215}\pi\left(247\sqrt{13} + 64\right)$ **37.** $\frac{6}{5}\pi a^2$

38. $\frac{24}{5}\pi\left(949\sqrt{26} + 1\right)$ **41.** $\frac{1}{4}$

EXERCISES 9.3 ■ PAGE 583

1. (a)   (b)

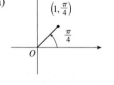   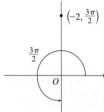

$(1, 9\pi/4), (-1, 5\pi/4)$ $(2, \pi/2), (-2, 7\pi/2)$

(c)

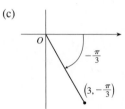

$(3, 5\pi/3), (-3, 2\pi/3)$

2. (a)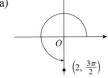

(b)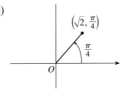

$(0, -2)$ $(1, 1)$

(c)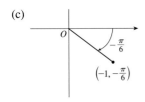

$\left(-\sqrt{3}/2, 1/2\right)$

3. (a) (i) $\left(4\sqrt{2}, 3\pi/4\right)$ (ii) $\left(-4\sqrt{2}, 7\pi/4\right)$

(b) (i) $(6, \pi/3)$ (ii) $(-6, 4\pi/3)$

4.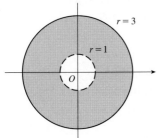

5.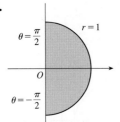

6.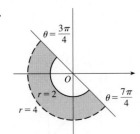

7. $2\sqrt{7}$ **8.** $x^2 + y^2 = 5$; circle, center O, radius $\sqrt{5}$

9. $x^2 + y^2 = 5x$; circle, center $(5/2, 0)$, radius $5/2$

10. $x^2 - y^2 = 1$; hyperbola, center O, foci on x-axis

11. $r = \sqrt{7}$ **12.** $\theta = \pi/3$ **13.** $r = 4\sin\theta$

14. (a) $\theta = \pi/6$ (b) $x = 3$

15.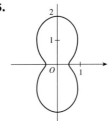

16.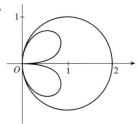

17.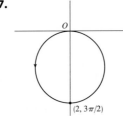

18.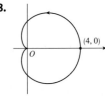

19.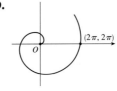

20.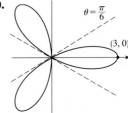

21.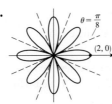

22.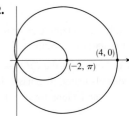

23.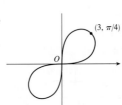

24.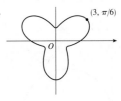

25.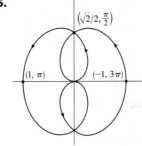

26.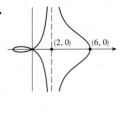

27.

28. (a) For $c < -1$, the inner loop begins at $\theta = \sin^{-1}(-1/c)$ and ends at $\theta = \pi - \sin^{-1}(-1/c)$; for $c > 1$, it begins at $\theta = \pi + \sin^{-1}(1/c)$ and ends at $\theta = 2\pi - \sin^{-1}(1/c)$.

29. Center $(b/2, a/2)$, radius $\sqrt{a^2 + b^2}/2$

30.   **31.**

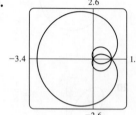   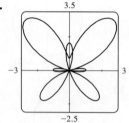

32.

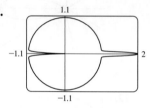

33. By counterclockwise rotation through angle $\pi/6$, $\pi/3$, or α about the origin

34. For $c = 0$, the curve is a circle. As c increases, the left side gets flatter, then has a dimple for $0.5 < c < 1$, a cusp for $c = 1$, and a loop for $c > 1$.

EXERCISES 9.4 ■ PAGE 590

1. $\pi^2/8$ **2.** $\pi/2$ **3.** $\frac{1}{2}$ **4.** $\frac{41}{4}\pi$
5. 4π **6.** 11π

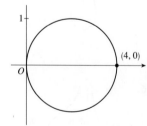

7. $\frac{9}{2}\pi$

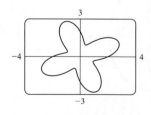

8. $\frac{3}{2}\pi$

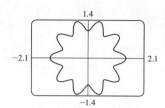

9. $\frac{4}{3}\pi$ **10.** $\frac{1}{16}\pi$ **11.** $\pi - \frac{3}{2}\sqrt{3}$ **12.** $\frac{4}{3}\pi + 2\sqrt{3}$
13. $4\sqrt{3} - \frac{4}{3}\pi$ **14.** π **15.** $\frac{9}{8}\pi - \frac{9}{4}$ **16.** $\frac{1}{2}\pi - 1$
17. $-\sqrt{3} + 2 + \frac{1}{3}\pi$ **18.** $\frac{1}{4}(\pi + 3\sqrt{3})$
19. $(\frac{1}{2}, \pi/6)$, $(\frac{1}{2}, 5\pi/6)$, and the pole
20. $(1, \theta)$ where $\theta = \pi/12, 5\pi/12, 13\pi/12, 17\pi/12$ and $(-1, \theta)$ where $\theta = 7\pi/12, 11\pi/12, 19\pi/12, 23\pi/12$
21. $(1, \pi/6)$, $(1, 5\pi/6)$, $(1, 7\pi/6)$, $(1, 11\pi/6)$
22. $21\pi/2$ **23.** $\pi/8$
24. Intersection at $\theta \approx 0.89, 2.25$; area ≈ 3.46
25. 2π **26.** $\frac{8}{3}[(\pi^2 + 1)^{3/2} - 1]$ **27.** $6\sqrt{2} + 12$
28. $\frac{16}{3}$ **29.** $\int_\pi^{4\pi} \sqrt{\cos^2(\theta/5) + \frac{1}{25}\sin^2(\theta/5)}\, d\theta$
30. 2.4221   **31.** 8.0091   **32.** $1/\sqrt{3}$
33. $-\pi$ **34.** 1
35. Horizontal at $(0, 0)$ [the pole], $(1, \pi/2)$; vertical at $(1/\sqrt{2}, \pi/4)$, $(1/\sqrt{2}, 3\pi/4)$
36. Horizontal at $(\frac{3}{2}, \pi/3)$, $(0, \pi)$ [the pole], and $(\frac{3}{2}, 5\pi/3)$; vertical at $(2, 0)$, $(\frac{1}{2}, 2\pi/3)$, $(\frac{1}{2}, 4\pi/3)$
38. (b) $2\pi(2 - \sqrt{2})$

EXERCISES 9.5 ■ PAGE 597

1. $(0, 0)$, $(0, 2)$, $y = -2$ **2.** $(0, 0)$, $(-\frac{5}{12}, 0)$, $x = \frac{5}{12}$

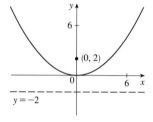   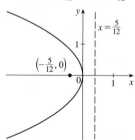

3. $(3, -1)$, $(7, -1)$, $x = -1$ **4.** $(4, -3)$, $(\frac{7}{2}, -3)$, $x = \frac{9}{2}$

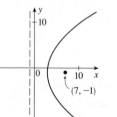   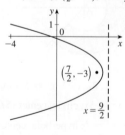

5. $x = -y^2$, focus $(-\frac{1}{4}, 0)$, directrix $x = \frac{1}{4}$

6. $(0, \pm 5)$, $(0, \pm 3)$

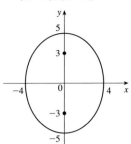

7. $(\pm 3, 0)$, $\left(\pm\sqrt{6}, 0\right)$

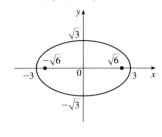

8. $(\pm 5, 1)$, $\left(\pm\sqrt{21}, 1\right)$

9. $\dfrac{x^2}{4} + \dfrac{y^2}{9} = 1$, foci $\left(0, \pm\sqrt{5}\right)$

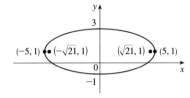

10. $(0, \pm 5)$, $\left(0, \pm\sqrt{34}\right)$, $y = \pm\dfrac{5}{3}x$

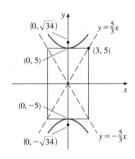

11. $(\pm 10, 0)$, $\left(\pm 10\sqrt{2}, 0\right)$, $y = \pm x$

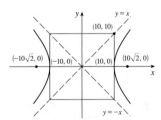

12. $(\pm 1, 1)$, $\left(\pm\sqrt{2}, 1\right)$, $y - 1 = \pm x$

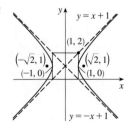

13. $\dfrac{x^2}{9} - \dfrac{y^2}{9} = 1$; $\left(\pm 3\sqrt{2}, 0\right)$, $y = \pm x$

14. Hyperbola, $(\pm 1, 0)$, $\left(\pm\sqrt{5}, 0\right)$

15. Ellipse, $\left(\pm\sqrt{2}, 1\right)$, $(\pm 1, 1)$

16. Parabola, $(1, -2)$, $\left(1, -\dfrac{11}{6}\right)$

17. $y^2 = 4x$ **18.** $y^2 = -12(x + 1)$

19. $(y + 1)^2 = -\dfrac{1}{2}(x - 3)$

20. $\dfrac{x^2}{25} + \dfrac{y^2}{21} = 1$ **21.** $\dfrac{x^2}{12} + \dfrac{(y - 4)^2}{16} = 1$

22. $\dfrac{(x + 1)^2}{12} + \dfrac{(y - 4)^2}{16} = 1$ **23.** $\dfrac{x^2}{9} - \dfrac{y^2}{16} = 1$

24. $\dfrac{(y - 1)^2}{25} - \dfrac{(x + 3)^2}{39} = 1$ **25.** $\dfrac{x^2}{9} - \dfrac{y^2}{36} = 1$

26. $\dfrac{x^2}{3{,}763{,}600} + \dfrac{y^2}{3{,}753{,}196} = 1$

27. (a) $\dfrac{1.30x^2}{10{,}000} + \dfrac{5.83y^2}{100{,}000} = 1$ (b) ≈ 399 km

29. (a) Ellipse   (b) Hyperbola   (c) No curve

31. 15.9

32. $\dfrac{b^2 c}{a} + ab \ln\left(\dfrac{a}{b + c}\right)$ where $c^2 = a^2 + b^2$

33. $(0, 4/\pi)$ **35.** $\dfrac{x^2}{16} + \dfrac{y^2}{15} = 1$

EXERCISES 9.6 ■ PAGE 605

1. $r = \dfrac{2}{1 + \cos\theta}$ **2.** $r = \dfrac{8}{1 - 2\sin\theta}$

3. $r = \dfrac{10}{3 - 2\cos\theta}$ **4.** $r = \dfrac{6}{1 + \sin\theta}$

5. VI   **6.** II   **7.** IV

8. (a) $\dfrac{4}{5}$ (b) Ellipse   (c) $y = -1$

(d)

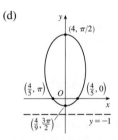

9. (a) 1   (b) Parabola   (c) $y = \dfrac{2}{3}$

(d)

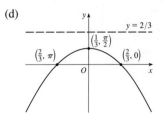

A66　부록

10. (a) $\frac{1}{3}$ 　 (b) Ellipse 　 (c) $x = \frac{9}{2}$

(d)

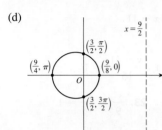

11. (a) 2 　 (b) Hyperbola 　 (c) $x = -\frac{3}{8}$

(d)

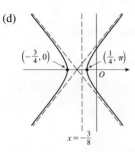

12. (a) $2, y = -\frac{1}{2}$

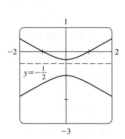

(b) $r = \dfrac{1}{1 - 2\sin(\theta - 3\pi/4)}$

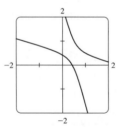

13. The ellipse is nearly circular when e is close to 0 and becomes more elongated as $e \to 1^-$. At $e = 1$, the curve becomes a parabola.

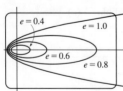

16. $r = \dfrac{2.26 \times 10^8}{1 + 0.093\cos\theta}$

17. $r = \dfrac{1.07}{1 + 0.97\cos\theta}$; 35.64 AU

18. 7.0×10^7 km 　 **19.** 3.6×10^8 km

CHAPTER 9 REVIEW ■ PAGE 606

True-False Quiz

1. False 　 **2.** False 　 **3.** False 　 **4.** True 　 **5.** True
6. True

Exercises

1. $x = y^2 - 8y + 12, 1 \le y \le 6$ 　 **2.** $y = e^{2x}$

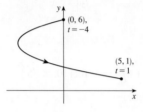 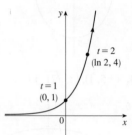

3. $y = 1/x, 0 < x \le 1$

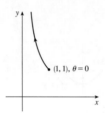

4. $x = t, y = \sqrt{t}; x = t^4, y = t^2;$
$x = \tan^2 t, y = \tan t, 0 \le t < \pi/2$

5. (a) $\left(4, \frac{2\pi}{3}\right)$ 　　　　　 $\left(-2, 2\sqrt{3}\right)$

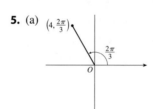

(b) $\left(3\sqrt{2}, 3\pi/4\right), \left(-3\sqrt{2}, 7\pi/4\right)$

6. 　　　　　　　　　　 **7.**

8. 　　　　　　　　　　 **9.**

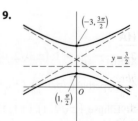

10. $r = \dfrac{2}{\cos\theta + \sin\theta}$ **11.**

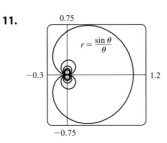

12. 2   **13.** −1   **14.** $\dfrac{1+\sin t}{1+\cos t}, \dfrac{1+\cos t+\sin t}{(1+\cos t)^3}$

15. $\left(\dfrac{11}{8}, \dfrac{3}{4}\right)$

16. Vertical tangent at $\left(\dfrac{3}{2}a, \pm\dfrac{1}{2}\sqrt{3}\,a\right), (-3a, 0)$; horizontal tangent at $(a, 0), \left(-\dfrac{1}{2}a, \pm\dfrac{3}{2}\sqrt{3}\,a\right)$

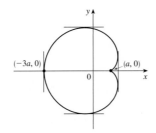

17. 18   **18.** $(2, \pm\pi/3)$ **19.** $\frac{1}{2}(\pi - 1)$

20. $2(5\sqrt{5} - 1)$

21. $\dfrac{2\sqrt{\pi^2+1} - \sqrt{4\pi^2+1}}{2\pi} + \ln\left(\dfrac{2\pi + \sqrt{4\pi^2+1}}{\pi + \sqrt{\pi^2+1}}\right)$

22. (a) $\sqrt{90} \approx 9.49$ m/s   (b) $\frac{1}{24}(65\sqrt{65} - 1) \approx 21.79$ m/s

23. $471{,}295\pi/1024$

24. All curves have the vertical asymptote $x = 1$. For $c < -1$, the curve bulges to the right; at $c = -1$, the curve is the line $x = 1$; and for $-1 < c < 0$, it bulges to the left. At $c = 0$ there is a cusp at $(0, 0)$ and for $c > 0$, there is a loop.

25. $(\pm 1, 0), (\pm 3, 0)$ **26.** $\left(-\dfrac{25}{24}, 3\right), (-1, 3)$

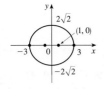 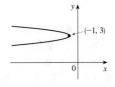

27. $\dfrac{x^2}{25} + \dfrac{y^2}{9} = 1$ **28.** $\dfrac{y^2}{72/5} - \dfrac{x^2}{8/5} = 1$

29. $\dfrac{x^2}{25} + \dfrac{(8y-399)^2}{160{,}801} = 1$ **30.** $r = \dfrac{4}{3+\cos\theta}$

CHAPTER 10

EXERCISES 10.1 ■ PAGE 622

Abbreviations: C, convergent; D, divergent
1. (a) A sequence is an ordered list of numbers. It can also be defined as a function whose domain is the set of positive integers.
(b) The terms a_n approach 8 as n becomes large.
(c) The terms a_n become large as n becomes large.

2. 0, 7, 26, 63, 124   **3.** 6, 11, 20, 37, 70   **4.** $1, -\frac{1}{4}, \frac{1}{9}, -\frac{1}{16}, \frac{1}{25}$.
5. $-1, 1, -1, 1, -1$ **6.** $-1, \frac{2}{3}, -\frac{1}{3}, \frac{2}{15}, -\frac{2}{45}$
7. 1, 3, 7, 15, 31   **8.** $2, \frac{2}{3}, \frac{2}{5}, \frac{2}{7}, \frac{2}{9}$ **9.** $a_n = 1/(2n)$
10. $a_n = -3\left(-\frac{2}{3}\right)^{n-1}$ **11.** $a_n = (-1)^{n+1}\dfrac{n^2}{n+1}$
12. 0.4286, 0.4615, 0.4737, 0.4800, 0.4839, 0.4865, 0.4884, 0.4898, 0.4909, 0.4918; yes; $\frac{1}{2}$
13. 0.5000, 1.2500, 0.8750, 1.0625, 0.9688, 1.0156, 0.9922, 1.0039, 0.9980, 1.0010; yes; 1   **14.** 0   **15.** 2
16. D   **17.** 0   **18.** 1   **19.** 2   **20.** D
21. 0   **22.** 0   **23.** D   **24.** 0   **25.** 0
26. 1   **27.** e^2 **28.** ln 2   **29.** $\pi/2$ **30.** D
31. D   **32.** D   **33.** $\pi/4$ **34.** D   **35.** 0
36. (a) 1060, 1123.60, 1191.02, 1262.48, 1338.23   (b) D
37. (b) 5734   **38.** $-1 < r < 1$
39. Convergent by the Monotonic Sequence Theorem; $5 \le L < 8$
40. Decreasing; yes   **41.** Not monotonic; no
42. Increasing; yes
43. 2   **44.** $\frac{1}{2}(3 + \sqrt{5})$ **45.** (b) $\frac{1}{2}(1 + \sqrt{5})$
46. (a) 0   (b) 9, 11

EXERCISES 10.2 ■ PAGE 634

1. (a) A sequence is an ordered list of numbers whereas a series is the *sum* of a list of numbers.
(b) A series is convergent if the sequence of partial sums is a convergent sequence. A series is divergent if it is not convergent.
2. 2
3. 1, 1.125, 1.1620, 1.1777, 1.1857, 1.1903, 1.1932, 1.1952; C
4. 0.8415, 1.7508, 1.8919, 1.1351, 0.1762, −0.1033, 0.5537, 1.5431; D
5. 0.5, 0.55, 0.5611, 0.5648, 0.5663, 0.5671, 0.5675, 0.5677; C
6. −2, −1.33333, −1.55556, −1.48148, −1.50617, −1.49794, −1.50069, −1.49977, −1.50008, −1.49997; convergent, sum = −1.5

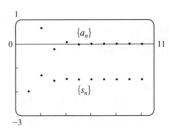

7. 0.44721, 1.15432, 1.98637, 2.88080, 3.80927, 4.75796, 5.71948, 6.68962, 7.66581, 8.64639; divergent

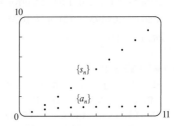

8. (a) Yes   (b) No   **9.** $-\frac{3}{2}$ **10.** $\frac{11}{6}$

11. $e - 1$ **12.** D   **13.** $\frac{25}{3}$ **14.** $\frac{400}{9}$ **15.** $\frac{1}{7}$

16. D   **17.** D   **18.** $\frac{2}{3}$ **19.** D   **20.** 9

21. D   **22.** $\dfrac{\sin 100}{1 - \sin 100} \approx -0.336$ **23.** D

24. D   **25.** $e/(e - 1)$

26. (b) 1   (c) 2   (d) All rational numbers with a terminating decimal representation, except 0

27. $\frac{8}{9}$ **28.** $\frac{838}{333}$ **29.** 45,679/37,000

30. $-\dfrac{1}{5} < x < \dfrac{1}{5}$; $\dfrac{-5x}{1 + 5x}$

31. $-1 < x < 5$; $\dfrac{3}{5 - x}$

32. $x > 2$ or $x < -2$; $\dfrac{x}{x - 2}$ **33.** $x < 0$; $\dfrac{1}{1 - e^x}$

34. 1   **35.** $a_1 = 0$, $a_n = \dfrac{2}{n(n + 1)}$ for $n > 1$, sum = 1

36. (a) 125 mg; 131.25 mg

(b) $Q_{n+1} = 100 + 0.25Q_n$ (c) $133.\overline{3}$ mg

37. (a) 157.875 mg; $\frac{3000}{19}(1 - 0.05^n)$ (b) $\frac{3000}{19} \approx 157.895$ mg

38. (a) $S_n = \dfrac{D(1 - c^n)}{1 - c}$ (b) 5   **39.** $\frac{1}{2}(\sqrt{3} - 1)$

42. $\dfrac{1}{n(n + 1)}$ **43.** The series is divergent.

46. $\{s_n\}$ is bounded and increasing.

47. (a) $0, \frac{1}{9}, \frac{2}{9}, \frac{1}{3}, \frac{2}{3}, \frac{7}{9}, \frac{8}{9}, 1$

48. (a) $\frac{1}{2}, \frac{5}{6}, \frac{23}{24}, \frac{119}{120}; \dfrac{(n + 1)! - 1}{(n + 1)!}$ (c) 1

EXERCISES 10.3 ■ PAGE 643

1. C

2. C   **3.** D   **4.** D   **5.** C   **6.** C   **7.** C

8. D   **9.** C   **10.** C   **11.** D   **12.** D   **13.** C

14. C   **15.** f is neither positive nor decreasing.

16. $p > 1$ **17.** $p < -1$ **18.** $(1, \infty)$

19. (a) $\frac{9}{10}\pi^4$ (b) $\frac{1}{90}\pi^4 - \frac{17}{16}$

20. (a) 1.54977, error ≤ 0.1 (b) 1.64522, error ≤ 0.005

(c) 1.64522 compared to 1.64493   (d) $n > 1000$

21. 0.00145   **24.** $b < 1/e$

EXERCISES 10.4 ■ PAGE 649

1. (a) Nothing   (b) C   **3.** (c)   **4.** C   **5.** D

6. C   **7.** D   **8.** C   **9.** C   **10.** D

11. D   **12.** C   **13.** D   **14.** C   **15.** D

16. C   **17.** C   **18.** C   **19.** D   **20.** C

21. 0.1993, error $< 2.5 \times 10^{-5}$

22. 0.0739, error $< 6.4 \times 10^{-8}$

27. Yes   **28.** (a) False   (b) False   (c) True

EXERCISES 10.5 ■ PAGE 657

Abbreviations: AC, absolutely convergent;
CC, conditionally convergent

1. (a) A series whose terms are alternately positive and negative   (b) $0 < b_{n+1} \leq b_n$ and $\lim_{n \to \infty} b_n = 0$, where $b_n = |a_n|$ (c) $|R_n| \leq b_{n+1}$

2. D   **3.** C   **4.** D   **5.** C   **6.** C   **7.** D

8. C   **9.** C   **10.** C

11. (a) The series Σa_n is absolutely convergent if $\Sigma |a_n|$ converges.   (b) The series Σa_n is conditionally convergent if Σa_n converges but $\Sigma |a_n|$ diverges.   (c) It converges absolutely.

12. CC   **13.** CC   **14.** AC   **15.** AC   **16.** CC

17. CC   **18.** -0.5507 **19.** 5   **20.** 5

21. -0.4597 **22.** -0.1050

23. An underestimate   **24.** p is not a negative integer.

25. $\{b_n\}$ is not decreasing.   **27.** (b) $\displaystyle\sum_{n=2}^{\infty} \frac{(-1)^n}{n \ln n}$; $\displaystyle\sum_{n=1}^{\infty} \frac{(-1)^{n-1}}{n}$

EXERCISES 10.6 ■ PAGE 661

1. (a) D   (b) C   (c) May converge or diverge

2. AC   **3.** D   **4.** AC   **5.** AC   **6.** D

7. AC   **8.** AC   **9.** AC   **10.** D   **11.** AC

12. AC   **13.** D   **14.** CC   **15.** AC   **16.** D

17. AC   **18.** D   **19.** AC   **20.** (a) and (d)

22. (a) $R_n = a_{n+1}(1 + r_{n+1} + r_{n+1}^2 + r_{n+1}^3 + \cdots)$

[since $\{r_n\}$ is decreasing] $= \dfrac{a_{n+1}}{1 - r_{n+1}}$

(b) Note that since $\{r_n\}$ is increasing and $r_n \to L$ as $n \to \infty$, we have $r_n < L$ for all n. So starting with equation ($*$), $R_n = \dfrac{a_{n+1}}{1 - L}$.

23. (a) $\frac{661}{960} \approx 0.68854$, error < 0.00521

(b) $n \geq 11$, 0.693109

EXERCISES 10.7 ■ PAGE 664

1. (a) C   (b) C   **2.** (a) C   (b) D

3. (a) D   (b) C   **4.** (a) C   (b) D

5. D   **6.** CC   **7.** D   **8.** D   **9.** C   **10.** C

11. C   **12.** C   **13.** C   **14.** C   **15.** D   **16.** D

17. D   **18.** C   **19.** C   **20.** C   **21.** D

22. C   **23.** D   **24.** C

EXERCISES 10.8 ■ PAGE 669

1. A series of the form $\sum_{n=0}^{\infty} c_n(x - a)^n$, where x is a variable and a and the c_n's are constants

2. 1, $[-1, 1)$ **3.** 1, $(-1, 1)$ **4.** 5, $(-5, 5)$

5. 3, $[-3, 3)$ **6.** 1, $[-1, 1)$ **7.** ∞, $(-\infty, \infty)$

8. 4, $[-4, 4]$ **9.** $\frac{1}{4}$, $\left(-\frac{1}{4}, \frac{1}{4}\right]$ **10.** 2, $[-2, 2)$

11. 1, $[1, 3]$ **12.** 2, $[-4, 0)$ **13.** ∞, $(-\infty, \infty)$

14. 1, $[-1, 1)$ **15.** b, $(a - b, a + b)$ **16.** 0, $\left\{\frac{1}{2}\right\}$

17. $\frac{1}{5}$, $\left[\frac{3}{5}, 1\right]$ **18.** ∞, $(-\infty, \infty)$ **19.** (a) Yes   (b) No

20. k^k **21.** No   **23.** 2

EXERCISES 10.9 ■ PAGE 676

1. 10   **2.** $\sum_{n=0}^{\infty} (-1)^n x^n, (-1, 1)$ **3.** $\sum_{n=0}^{\infty} x^{2n}, (-1, 1)$

4. $2 \sum_{n=0}^{\infty} \dfrac{1}{3^{n+1}} x^n, (-3, 3)$ **5.** $\sum_{n=0}^{\infty} \dfrac{(-1)^n x^{4n+2}}{2^{4n+4}}, (-2, 2)$

6. $-\dfrac{1}{2} - \sum_{n=1}^{\infty} \dfrac{(-1)^n 3 x^n}{2^{n+1}}, (-2, 2)$

7. $\sum_{n=0}^{\infty} \left(-1 - \dfrac{1}{3^{n+1}} \right) x^n, (-1, 1)$

8. (a) $\sum_{n=0}^{\infty} (-1)^n (n + 1) x^n, R = 1$

(b) $\dfrac{1}{2} \sum_{n=0}^{\infty} (-1)^n (n + 2)(n + 1) x^n, R = 1$

(c) $\dfrac{1}{2} \sum_{n=2}^{\infty} (-1)^n n(n - 1) x^n, R = 1$

9. $\sum_{n=0}^{\infty} (-1)^n 4^n (n + 1) x^{n+1}, R = \dfrac{1}{4}$

10. $\sum_{n=0}^{\infty} (2n + 1) x^n, R = 1$ **11.** $\ln 5 - \sum_{n=1}^{\infty} \dfrac{x^n}{n 5^n}, R = 5$

12. $\sum_{n=0}^{\infty} (-1)^n x^{2n+2}, R = 1$

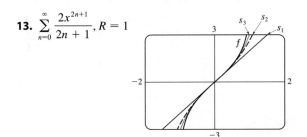

13. $\sum_{n=0}^{\infty} \dfrac{2 x^{2n+1}}{2n + 1}, R = 1$

14. $C + \sum_{n=0}^{\infty} \dfrac{t^{8n+2}}{8n + 2}, R = 1$

15. $C + \sum_{n=1}^{\infty} (-1)^{n-1} \dfrac{x^{n+3}}{n(n + 3)}, R = 1$

16. 0.044522   **17.** 0.000395   **18.** 0.19740

20. (b) 0.920

21. (a) $(-\infty, \infty)$

(b), (c)

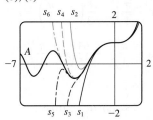

22. $(-1, 1), f(x) = (1 + 2x)/(1 - x^2)$

23. $[-1, 1], [-1, 1), (-1, 1)$ **24.** $\sum_{n=1}^{\infty} n^2 x^n, R = 1$

EXERCISES 10.10 ■ PAGE 692

1. $b_8 = f^{(8)}(5)/8!$ **2.** $\sum_{n=0}^{\infty} (n + 1) x^n, R = 1$

3. $x + x^2 + \dfrac{1}{2} x^3 + \dfrac{1}{6} x^4$

4. $2 + \dfrac{1}{12}(x - 8) - \dfrac{1}{288}(x - 8)^2 + \dfrac{5}{20,736}(x - 8)^3$

5. $\dfrac{1}{2} + \dfrac{\sqrt{3}}{2}\left(x - \dfrac{\pi}{6} \right) - \dfrac{1}{4}\left(x - \dfrac{\pi}{6} \right)^2 - \dfrac{\sqrt{3}}{12}\left(x - \dfrac{\pi}{6} \right)^3$

6. $\sum_{n=0}^{\infty} (n + 1) x^n, R = 1$

7. $\sum_{n=0}^{\infty} (-1)^n \dfrac{x^{2n}}{(2n)!}, R = \infty$

8. $3 - 3x^2 + 2x^4, R = \infty$

9. $\sum_{n=0}^{\infty} \dfrac{(\ln 2)^n}{n!} x^n, R = \infty$

10. $\sum_{n=0}^{\infty} \dfrac{x^{2n+1}}{(2n + 1)!}, R = \infty$

11. $50 + 105(x - 2) + 92(x - 2)^2 + 42(x - 2)^3$
$\qquad + 10(x - 2)^4 + (x - 2)^5, R = \infty$

12. $\ln 2 + \sum_{n=1}^{\infty} (-1)^{n+1} \dfrac{1}{n 2^n}(x - 2)^n, R = 2$

13. $\sum_{n=0}^{\infty} \dfrac{2^n e^6}{n!}(x - 3)^n, R = \infty$

14. $\sum_{n=0}^{\infty} \dfrac{(-1)^{n+1}}{(2n + 1)!}(x - \pi)^{2n+1}, R = \infty$

15. $\sum_{n=0}^{\infty} (-1)^n \dfrac{2^{2n+1}}{(2n + 1)!}(x - \pi)^{2n+1}, R = \infty$

18. $1 - \dfrac{1}{4} x - \sum_{n=2}^{\infty} \dfrac{3 \cdot 7 \cdot \cdots \cdot (4n - 5)}{4^n \cdot n!} x^n, R = 1$

19. $\sum_{n=0}^{\infty} (-1)^n \dfrac{(n + 1)(n + 2)}{2^{n+4}} x^n, R = 2$

20. $\sum_{n=0}^{\infty} (-1)^n \dfrac{1}{2n + 1} x^{4n+2}, R = 1$

21. $\sum_{n=0}^{\infty} (-1)^n \dfrac{2^{2n}}{(2n)!} x^{2n+1}, R = \infty$

22. $\sum_{n=0}^{\infty} (-1)^n \dfrac{1}{2^{2n}(2n)!} x^{4n+1}, R = \infty$

23. $\dfrac{1}{2} x + \sum_{n=1}^{\infty} (-1)^n \dfrac{1 \cdot 3 \cdot 5 \cdot \cdots \cdot (2n - 1)}{n! 2^{3n+1}} x^{2n+1}, R = 2$

24. $\sum_{n=1}^{\infty} (-1)^{n+1} \dfrac{2^{2n-1}}{(2n)!} x^{2n}, R = \infty$

26. $\sum_{n=0}^{\infty} (-1)^n \dfrac{1}{(2n)!} x^{4n}, R = \infty$

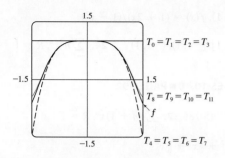

$T_0 = T_1 = T_2 = T_3$

1.5

$T_8 = T_9 = T_{10} = T_{11}$

f

$T_4 = T_5 = T_6 = T_7$

27. $\sum_{n=1}^{\infty} \dfrac{(-1)^{n-1}}{(n-1)!} x^n, R = \infty$

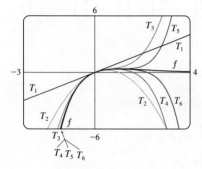

28. 0.99619

29. (a) $1 + \sum_{n=1}^{\infty} \dfrac{1 \cdot 3 \cdot 5 \cdot \cdots \cdot (2n-1)}{2^n n!} x^{2n}$

(b) $x + \sum_{n=1}^{\infty} \dfrac{1 \cdot 3 \cdot 5 \cdot \cdots \cdot (2n-1)}{(2n+1)2^n n!} x^{2n+1}$

30. $C + \sum_{n=0}^{\infty} \binom{\frac{1}{2}}{n} \dfrac{x^{3n+1}}{3n+1}, R = 1$

31. $C + \sum_{n=1}^{\infty} (-1)^n \dfrac{1}{2n(2n)!} x^{2n}, R = \infty$

32. 0.0059 **33.** 0.40102 **34.** $\frac{1}{2}$ **35.** $\frac{1}{120}$ **36.** $\frac{3}{5}$

37. $1 - \frac{3}{2}x^2 + \frac{25}{24}x^4$ **38.** $1 + \frac{1}{6}x^2 + \frac{7}{360}x^4$

39. $x - \frac{2}{3}x^4 + \frac{23}{45}x^6$ **40.** e^{-x^4} **41.** $\tan^{-1}(x/2)$

42. $1/e$ **43.** $\ln\frac{8}{5}$ **44.** $1/\sqrt{2}$ **45.** $e^3 - 1$

47. $\dfrac{203!}{101!}$

EXERCISES 10.11 ■ PAGE 700

1. (a) $T_0(x) = 0, T_1(x) = T_2(x) = x, T_3(x) = T_4(x) = x - \frac{1}{6}x^3,$
$T_5(x) = x - \frac{1}{6}x^3 + \frac{1}{120}x^5$

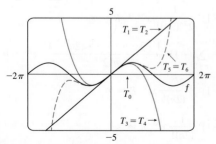

(b)

x	f	T_0	$T_1 = T_2$	$T_3 = T_4$	T_5
$\pi/4$	0.7071	0	0.7854	0.7047	0.7071
$\pi/2$	1	0	1.5708	0.9248	1.0045
π	0	0	3.1416	-2.0261	0.5240

(c) As n increases, $T_n(x)$ is a good approximation to $f(x)$ on a larger and larger interval.

2. $e + e(x-1) + \frac{1}{2}e(x-1)^2 + \frac{1}{6}e(x-1)^3$

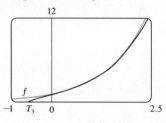

3. $-\left(x - \dfrac{\pi}{2}\right) + \dfrac{1}{6}\left(x - \dfrac{\pi}{2}\right)^3$

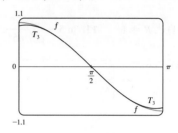

4. $(x-1) - \frac{1}{2}(x-1)^2 + \frac{1}{3}(x-1)^3$

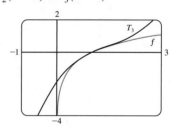

5. $x - 2x^2 + 2x^3$

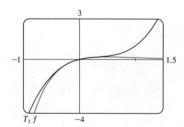

6. $T_5(x) = 1 - 2\left(x - \dfrac{\pi}{4}\right) + 2\left(x - \dfrac{\pi}{4}\right)^2 - \dfrac{8}{3}\left(x - \dfrac{\pi}{4}\right)^3$
$+ \dfrac{10}{3}\left(x - \dfrac{\pi}{4}\right)^4 - \dfrac{64}{15}\left(x - \dfrac{\pi}{4}\right)^5$

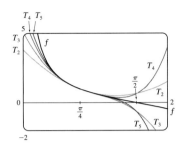

7. (a) $1 - (x-1) + (x-1)^2$　(b) $0.112\,453$

8. (a) $1 + \frac{2}{3}(x-1) - \frac{1}{9}(x-1)^2 + \frac{4}{81}(x-1)^3$
(b) $0.000\,097$

9. (a) $1 + \frac{1}{2}x^2$　(b) $0.001\,447$

10. (a) $1 + x^2$　(b) $0.000\,053$

11. (a) $x^2 - \frac{1}{6}x^4$　(b) $0.041\,667$

12. 0.17365　　**13.** Four　　**14.** $-1.037 < x < 1.037$

15. $-0.86 < x < 0.86$　　**16.** 21 m, no

17. (c) Corrections differ by about 8×10^{-9} km.

CHAPTER 10 REVIEW ■ PAGE 702

True-False Quiz

1. False　**2.** True　**3.** False　**4.** False　**5.** False
6. True　**7.** True　**8.** False　**9.** True
10. True　**11.** True

Exercises

1. $\frac{1}{2}$　**2.** D　**3.** 0　**4.** e^{12}　**5.** 2　**6.** C
7. C　**8.** D　**9.** C　**10.** C　**11.** C　**12.** CC
13. AC　**14.** $\frac{1}{11}$　**15.** $\pi/4$　**16.** e^{-e}　**18.** 0.9721
19. $0.189\,762\,24$, error $< 6.4 \times 10^{-7}$
21. $4, [-6, 2)$　　**22.** $0.5, [2.5, 3.5)$

23. $\dfrac{1}{2}\displaystyle\sum_{n=0}^{\infty} (-1)^n \left[\dfrac{1}{(2n)!}\left(x - \dfrac{\pi}{6}\right)^{2n} + \dfrac{\sqrt{3}}{(2n+1)!}\left(x - \dfrac{\pi}{6}\right)^{2n+1} \right]$

24. $\displaystyle\sum_{n=0}^{\infty} (-1)^n x^{n+2}, R = 1$　　**25.** $\ln 4 - \displaystyle\sum_{n=1}^{\infty} \dfrac{x^n}{n4^n}, R = 4$

26. $\displaystyle\sum_{n=0}^{\infty} (-1)^n \dfrac{x^{8n+4}}{(2n+1)!}, R = \infty$

27. $\dfrac{1}{2} + \displaystyle\sum_{n=1}^{\infty} \dfrac{1 \cdot 5 \cdot 9 \cdot \cdots \cdot (4n-3)}{n!\,2^{6n+1}} x^n, R = 16$

28. $C + \ln|x| + \displaystyle\sum_{n=1}^{\infty} \dfrac{x^n}{n \cdot n!}$

29. (a) $1 + \frac{1}{2}(x-1) - \frac{1}{8}(x-1)^2 + \frac{1}{16}(x-1)^3$
(b) 1.5　　(c) $0.000\,006$

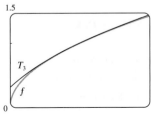

30. $-\frac{1}{6}$

CHAPTER 11

EXERCISES 11.1 ■ PAGE 711

1. $(4, 0, -3)$　　**2.** $C ; A$
3. A line parallel to the y-axis and 4 units to the right of it;
a vertical plane parallel to the yz-plane and 4 units in front of it.

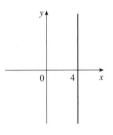 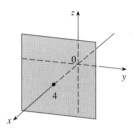

4. A vertical plane that intersects the xy-plane in the line $y = 2 - x, z = 0$

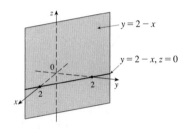

5. 6

6. $|PQ| = 6, |QR| = 2\sqrt{10}, |RP| = 6$; isosceles triangle

7. (a) No　(b) Yes

8. $(x+3)^2 + (y-2)^2 + (z-5)^2 = 16$;
$(y-2)^2 + (z-5)^2 = 7, x = 0$ (a circle)

9. $(x-3)^2 + (y-8)^2 + (z-1)^2 = 30$

10. $(-4, 0, 1), 5$　　**11.** $\left(\frac{1}{2}, -1, 0\right), \sqrt{3}/2$

13. (a) $(x+1)^2 + (y-4)^2 + (z-5)^2 = 25$
(b) $(x+1)^2 + (y-4)^2 + (z-5)^2 = 1$
(c) $(x+1)^2 + (y-4)^2 + (z-5)^2 = 16$

14. A horizontal plane 2 units below the xy-plane

15. A half-space consisting of all points on or to the right of the plane $y = 1$

16. All points on or between the vertical planes $x = -1$ and $x = 2$

17. All points on a circle with radius 2 and center on the z-axis that is contained in the plane $z = -1$

18. All points on or inside a circular cylinder of radius 5 with axis the x-axis

19. All points on a sphere with radius 2 and center $(0, 0, 0)$

20. All points on or between spheres with radii 1 and $\sqrt{5}$ and centers $(0, 0, 0)$

21. All points on or inside a cube with edges along the coordinate axes and opposite vertices at the origin and $(3, 3, 3)$

22. $0 < x < 5$

23. $r^2 < x^2 + y^2 + z^2 < R^2$

24. (a) $(2, 1, 4)$ (b)

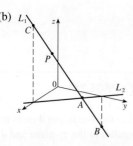

25. $14x - 6y - 10z = 9$; a plane perpendicular to AB

26. $2\sqrt{3} - 3$

EXERCISES 11.2 ■ PAGE 720

1. (a) Scalar   (b) Vector   (c) Vector   (d) Scalar

2. $\overrightarrow{AB} = \overrightarrow{DC}, \overrightarrow{DA} = \overrightarrow{CB}, \overrightarrow{DE} = \overrightarrow{EB}, \overrightarrow{EA} = \overrightarrow{CE}$

3. (a)

(b)

(c)

(d)

(e)
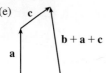
(f)

4. $c = \frac{1}{2}a + \frac{1}{2}b, d = \frac{1}{2}b - \frac{1}{2}a$

5. $a = \langle 3, 1 \rangle$ **6.** $a = \langle -1, 4 \rangle$

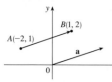

7. $a = \langle -3, 5, -4 \rangle$

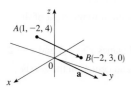

8. $\langle 5, 2 \rangle$ **9.** $\langle 3, 8, 1 \rangle$

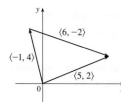   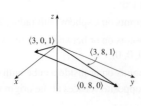

10. $\langle 6, 3 \rangle, \langle 6, 14 \rangle, 5, 13$

11. $6\mathbf{i} - 3\mathbf{j} - 2\mathbf{k}, 20\mathbf{i} - 12\mathbf{j}, \sqrt{29}, 7$

12. $\left\langle \dfrac{3}{\sqrt{10}}, -\dfrac{1}{\sqrt{10}} \right\rangle$ **13.** $\frac{8}{9}\mathbf{i} - \frac{1}{9}\mathbf{j} + \frac{4}{9}\mathbf{k}$ **14.** $60°$

15. $\langle -2\sqrt{3}, 2 \rangle$ **16.** ≈ 15.32 m/s, ≈ 12.86 m/s

17. $100\sqrt{7} \approx 264.6$ N, $\approx 139.1°$

18. $\approx -177.39\,\mathbf{i} + 211.41\,\mathbf{j}, \approx 177.39\,\mathbf{i} + 138.59\,\mathbf{j}$;
≈ 275.97 N, ≈ 225.11 N

19. ≈ 26.1 N   **20.** $\approx$ N $41.6°$ W, ≈ 237.3 km/h

21. $\pm(\mathbf{i} + 4\,\mathbf{j})/\sqrt{17}$ **22. 0**

23. (a), (b)   (d) $s = \frac{9}{7}, t = \frac{11}{7}$

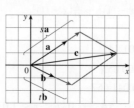

24. A sphere with radius 1, centered at (x_0, y_0, z_0)

EXERCISES 11.3 ■ PAGE 728

1. (b), (c), (d) are meaningful   **2.** -3.6 **3.** 19   **4.** 1

5. $14\sqrt{3}$ **6.** $\mathbf{u} \cdot \mathbf{v} = \frac{1}{2}, \mathbf{u} \cdot \mathbf{w} = -\frac{1}{2}$

8. $\cos^{-1}\left(\dfrac{17}{13\sqrt{2}}\right) \approx 22°$ **9.** $\cos^{-1}\left(-\frac{5}{6}\right) \approx 146°$

10. $\cos^{-1}\left(\dfrac{-2}{3\sqrt{70}}\right) \approx 95°$ **11.** $48°, 75°, 57°$

12. (a) Orthogonal   (b) Neither
(c) Parallel   (d) Orthogonal

13. Yes   **14.** $(\mathbf{i} - \mathbf{j} - \mathbf{k})/\sqrt{3}$ $\left[\text{or } (-\mathbf{i} + \mathbf{j} + \mathbf{k})/\sqrt{3}\right]$

15. $\approx 36.9°$ **16.** $0°$ at $(0, 0), \approx 8.1°$ at $(1, 1)$

17. $\frac{4}{9}, \frac{1}{9}, \frac{8}{9}; 63.6°, 83.6°, 27.3°$

18. $3/\sqrt{14}, -1/\sqrt{14}, -2/\sqrt{14}; 36.7°, 105.5°, 122.3°$

19. $1/\sqrt{3}, 1/\sqrt{3}, 1/\sqrt{3}; 54.7°, 54.7°, 54.7°$ **20.** $4, \left\langle -\frac{20}{13}, \frac{48}{13} \right\rangle$

21. $\frac{1}{9}, \left\langle \frac{4}{81}, \frac{7}{81}, -\frac{4}{81} \right\rangle$ **22.** $-7/\sqrt{19}, -\frac{21}{19}\mathbf{i} + \frac{21}{19}\mathbf{j} - \frac{7}{19}\mathbf{k}$

24. $\langle 0, 0, -2\sqrt{10} \rangle$ or any vector of the form
$\langle s, t, 3s - 2\sqrt{10} \rangle, s, t \in \mathbb{R}$

25. 144 J   **26.** $2400\cos(40°) \approx 1839$ J

27. $\frac{13}{5}$ **28.** $\approx 54.7°$

EXERCISES 11.4 ■ PAGE 736

1. $15\mathbf{i} - 10\mathbf{j} - 3\mathbf{k}$ **2.** $14\mathbf{i} + 4\mathbf{j} + 2\mathbf{k}$

3. $-\frac{3}{2}\mathbf{i} + \frac{7}{4}\mathbf{j} + \frac{2}{3}\mathbf{k}$

4. $(3t^3 - 2t^2)\,\mathbf{i} + (t^2 - 3t^4)\,\mathbf{j} + (2t^4 - t^3)\,\mathbf{k}$

5. 0   **6.** $\mathbf{i} + \mathbf{j} + \mathbf{k}$

7. (a) Scalar   (b) Meaningless   (c) Vector
(d) Meaningless   (e) Meaningless   (f) Scalar

8. 6; into the page   **9.** $\langle -7, 10, 8 \rangle, \langle 7, -10, -8 \rangle$

10. $\left\langle -\dfrac{1}{3\sqrt{3}}, -\dfrac{1}{3\sqrt{3}}, \dfrac{5}{3\sqrt{3}} \right\rangle, \left\langle \dfrac{1}{3\sqrt{3}}, \dfrac{1}{3\sqrt{3}}, -\dfrac{5}{3\sqrt{3}} \right\rangle$

14. 20　**15.** (a) $\langle -10, 11, 3 \rangle$　(b) $\frac{1}{2}\sqrt{230}$

16. (a) $\langle 12, -1, 17 \rangle$　(b) $\frac{1}{2}\sqrt{434}$

17. 9　**18.** 16　**20.** $10.8 \sin 80° \approx 10.6 \,\text{N} \cdot \text{m}$

21. $\approx 417 \,\text{N}$　**22.** $60°$

23. (b) $\sqrt{97/3}$　**27.** (a) No　(b) No　(c) Yes

EXERCISES 11.5 ■ PAGE 746

1. (a) True　(b) False　(c) True　(d) False
(e) False　(f) True　(g) False　(h) True　(i) True
(j) False　(k) True

2. $\mathbf{r} = (-\mathbf{i} + 8\,\mathbf{j} + 7\,\mathbf{k}) + t\left(\frac{1}{2}\mathbf{i} + \frac{1}{3}\mathbf{j} + \frac{1}{4}\mathbf{k}\right)$;
$x = -1 + \frac{1}{2}t, \, y = 8 + \frac{1}{3}t, \, z = 7 + \frac{1}{4}t$

3. $\mathbf{r} = (5\mathbf{i} + 7\,\mathbf{j} + \mathbf{k}) + t(3\mathbf{i} - 2\,\mathbf{j} + 2\,\mathbf{k})$;
$x = 5 + 3t, \, y = 7 - 2t, \, z = 1 + 2t$

4. $x = 8t, \, y = -t, \, z = 3t; \, x/8 = -y = z/3$

5. $x = 12 - 19t, \, y = 9, \, z = -13 + 24t$;
$(x - 12)/(-19) = (z + 13)/24, \, y = 9$

6. $x = -6 + 2t, \, y = 2 + 3t, \, z = 3 + t$;
$(x + 6)/2 = (y - 2)/3 = z - 3$

7. Yes

8. (a) $(x - 1)/(-1) = (y + 5)/2 = (z - 6)/(-3)$
(b) $(-1, -1, 0), \left(-\frac{3}{2}, 0, -\frac{3}{2}\right), (0, -3, 3)$

9. $\mathbf{r}(t) = (6\mathbf{i} - \mathbf{j} + 9\,\mathbf{k}) + t(\mathbf{i} + 7\,\mathbf{j} - 9\,\mathbf{k}), \, 0 \le t \le 1$

10. Skew　**11.** $(4, -1, -5)$　**12.** $5x + 4y + 6z = 29$

13. $-x + 2y + 3z = 3$　**14.** $4x - y + 5z = -4$

15. $2x - y + 3z = -0.2$ or $10x - 5y + 15z = -1$

16. $x + y + z = 2$　**17.** $5x - 3y - 8z = -9$

18. $8x + y - 2z = 31$　**19.** $x - 2y - z = -3$

20. $3x - 8y - z = -38$

21. 　**22.**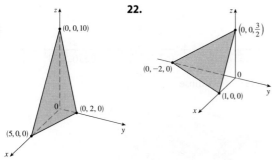

23. $(-2, 6, 3)$　**24.** $\left(\frac{2}{5}, 4, 0\right)$　**25.** $1, 0, -1$

26. Perpendicular

27. Neither, $\cos^{-1}\left(-\dfrac{1}{\sqrt{6}}\right) \approx 114.1°$

28. Parallel

29. (a) $x = 1, \, y = -t, \, z = t$　(b) $\cos^{-1}\left(\dfrac{5}{3\sqrt{3}}\right) \approx 15.8°$

30. $x = 1, \, y - 2 = -z$

31. $x + 2y + z = 5$　**32.** $(x/a) + (y/b) + (z/c) = 1$

33. $x = 3t, \, y = 1 - t, \, z = 2 - 2t$

34. P_2 and P_3 are parallel, P_1 and P_4 are identical

35. $\sqrt{61/14}$　**36.** $\frac{18}{7}$　**37.** $5/(2\sqrt{14})$

39. $1/\sqrt{6}$　**40.** $13/\sqrt{69}$

41. (a) $x = 325 + 440t, \, y = 810 - 135t, \, z = 561 + 38t$,
$0 \le t \le 1$　(b) No

EXERCISES 11.6 ■ PAGE 754

1. (a) Parabola
(b) Parabolic cylinder with rulings parallel to the z-axis
(c) Parabolic cylinder with rulings parallel to the x-axis

2. Circular cylinder of radius 2　**3.** Parabolic cylinder

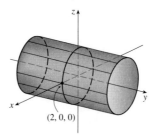
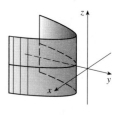

4. Hyperbolic cylinder

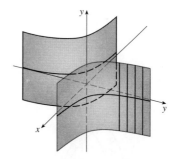

5. $z = \cos x$

6. (a) $x = k, \, y^2 - z^2 = 1 - k^2$, hyperbola $(k \neq \pm 1)$;
$y = k, \, x^2 - z^2 = 1 - k^2$, hyperbola $(k \neq \pm 1)$;
$z = k, \, x^2 + y^2 = 1 + k^2$, circle
(b) The hyperboloid is rotated so that its axis is the y-axis.
(c) The hyperboloid is shifted one unit in the negative y-direction.

7. Elliptic paraboloid with axis the x-axis

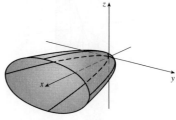

8. Elliptic cone with axis the x-axis

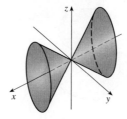

9. Hyperboloid of one sheet with axis the x–axis

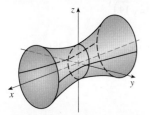

10. Ellipsoid

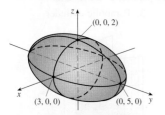

11. Hyperbolic paraboloid

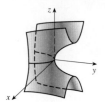

12. VII   **13.** II   **14.** VI   **15.** VIII

16. Circular paraboloid

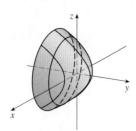

17. $y^2 = x^2 + \dfrac{z^2}{9}$

Elliptic cone with axis the y-axis

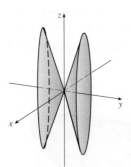

18. $y = z^2 - \dfrac{x^2}{2}$

Hyperbolic paraboloid

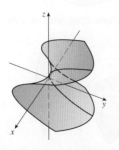

19. $z = (x - 1)^2 + (y - 3)^2$

Circular paraboloid with vertex $(1, 3, 0)$ and axis the vertical line $x = 1$, $y = 3$

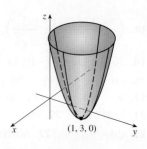

20. $\dfrac{(x - 2)^2}{5} - \dfrac{y^2}{5} + \dfrac{(z - 1)^2}{5} = 1$

Hyperboloid of one sheet with center $(2, 0, 1)$ and axis the horizontal line $x = 2$, $z = 1$

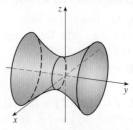

21.

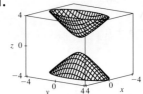

22.

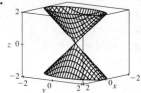

23.

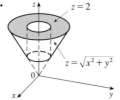

24. $x = y^2 + z^2$ **25.** $-4x = y^2 + z^2$, paraboloid

26. (a) $\dfrac{x^2}{(6378.137)^2} + \dfrac{y^2}{(6378.137)^2} + \dfrac{z^2}{(6356.523)^2} = 1$

(b) Circle   (c) Ellipse

28.

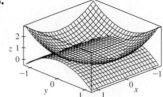

CHAPTER 11 REVIEW ■ PAGE 755

True-False Quiz

1. False   **2.** False   **3.** True   **4.** True   **5.** True
6. True   **7.** True   **8.** False   **9.** False
10. False   **11.** True

Exercises

1. (a) $(x + 1)^2 + (y - 2)^2 + (z - 1)^2 = 69$
(b) $(y - 2)^2 + (z - 1)^2 = 68$, $x = 0$
(c) Center $(4, -1, -3)$, radius 5

2. $\mathbf{u} \cdot \mathbf{v} = 3\sqrt{2}$; $|\mathbf{u} \times \mathbf{v}| = 3\sqrt{2}$; out of the page

3. $-2, -4$ **4.** (a) 2   (b) -2 (c) -2 (d) 0

5. $\cos^{-1}\left(\frac{1}{3}\right) \approx 71°$ **6.** (a) $\langle 4, -3, 4 \rangle$ (b) $\sqrt{41}/2$

7. ≈ 166 N, ≈ 114 N

8. $x = 4 - 3t$, $y = -1 + 2t$, $z = 2 + 3t$

9. $x = -2 + 2t$, $y = 2 - t$, $z = 4 + 5t$

10. $-4x + 3y + z = -14$ **11.** $(1, 4, 4)$ **12.** Skew

13. $x + y + z = 4$ **14.** $22/\sqrt{26}$

15. Plane   **16.** Cone

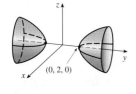   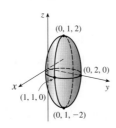

17. Hyperboloid of two sheets   **18.** Ellipsoid

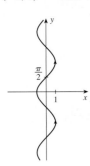   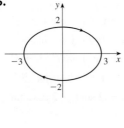

19. $4x^2 + y^2 + z^2 = 16$

CHAPTER 12

EXERCISES 12.1 ■ PAGE 764

1. $(-1, 3)$ **2.** $\mathbf{i} + \mathbf{j} + \mathbf{k}$ **3.** $\langle -1, \pi/2, 0 \rangle$

4. 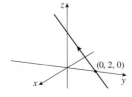   **5.**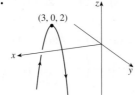

6. 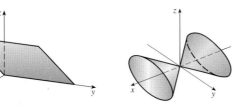   **7.**

8. 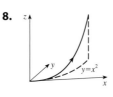   **9.**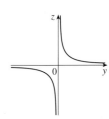

10.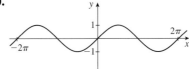

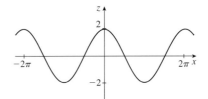

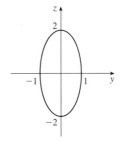   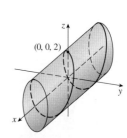

11. $\langle -2 + 7t, 1 + t, -3t \rangle$, $0 \le t \le 1$;
$x = -2 + 7t$, $y = 1 + t$, $z = -3t$, $0 \le t \le 1$
12. $\langle 3.5 - 1.7t, -1.4 + 1.7t, 2.1 \rangle$, $0 \le t \le 1$;
$x = 3.5 - 1.7t$, $y = -1.4 + 1.7t$, $z = 2.1$, $0 \le t \le 1$
13. II   **14.** V   **15.** IV   **16.** $y = 4$ **17.** $z = -y$

18.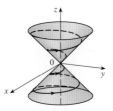

19. $y = e^{x/2}$, $z = e^x$, $z = y^2$
20. $(0, 0, 0)$, $(1, 0, 1)$

21.   **22.**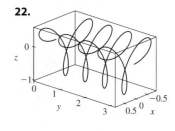

23. 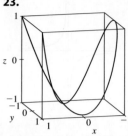   **24.**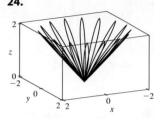

26. $\mathbf{r}(t) = t\,\mathbf{i} + \frac{1}{2}(t^2 - 1)\,\mathbf{j} + \frac{1}{2}(t^2 + 1)\,\mathbf{k}$

27. $\mathbf{r}(t) = \cos t\,\mathbf{i} + \sin t\,\mathbf{j} + \cos 2t\,\mathbf{k},\ 0 \leqslant t \leqslant 2\pi$

28. $x = 2\cos t,\ y = 2\sin t,\ z = 4\cos^2 t,\ 0 \leqslant t \leqslant 2\pi$

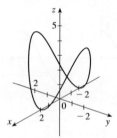

29. Yes

30. (a)

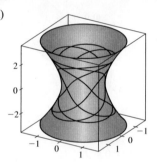

EXERCISES 12.2 ■ PAGE 771

1. (a)

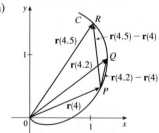

(b), (d)

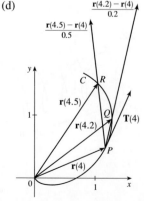

(c) $\mathbf{r}'(4) = \lim\limits_{h \to 0} \dfrac{\mathbf{r}(4 + h) - \mathbf{r}(4)}{h}$; $\mathbf{T}(4) = \dfrac{\mathbf{r}'(4)}{|\mathbf{r}'(4)|}$

2. (a), (c)   (b) $\mathbf{r}'(t) = \langle 1, 2t \rangle$

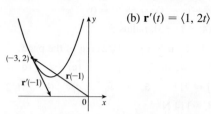

3. (a), (c)   (b) $\mathbf{r}'(t) = 2e^{2t}\,\mathbf{i} + e^t\,\mathbf{j}$

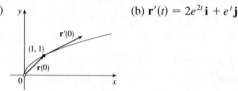

4. (a), (c)

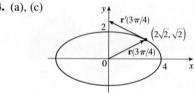

(b) $\mathbf{r}'(t) = 4\cos t\,\mathbf{i} + 2\sin t\,\mathbf{j}$

5. $\mathbf{r}'(t) = \left\langle \dfrac{1}{2\sqrt{t - 2}},\ 0,\ -\dfrac{2}{t^3} \right\rangle$

6. $\mathbf{r}'(t) = 2t\,\mathbf{i} - 2t\sin(t^2)\,\mathbf{j} + 2\sin t\cos t\,\mathbf{k}$

7. $\mathbf{r}'(t) = (t\cos t + \sin t)\,\mathbf{i} + e^t(\cos t - \sin t)\,\mathbf{j}$
$$+ (\cos^2 t - \sin^2 t)\,\mathbf{k}$$

8. $\mathbf{r}'(t) = \mathbf{b} + 2t\mathbf{c}$ **9.** $\langle \frac{2}{7}, \frac{3}{7}, \frac{6}{7} \rangle$ **10.** $\frac{3}{5}\mathbf{j} + \frac{4}{5}\mathbf{k}$

11. $\langle 3/\sqrt{34},\ 3/\sqrt{34},\ -4/\sqrt{34} \rangle$

12. $\langle 4t^3, 1, 2t \rangle,\ \langle 4/\sqrt{21}, 1/\sqrt{21}, 2/\sqrt{21} \rangle,\ \langle 12t^2, 0, 2 \rangle,$
$\langle 2, 16t^3, -12t^2 \rangle$

13. $x = 2 + 2t,\ y = 4 + 2t,\ z = 1 + t$

14. $x = 1 - t,\ y = t,\ z = 1 - t$

15. $\mathbf{r}(t) = (3 - 4t)\,\mathbf{i} + (4 + 3t)\,\mathbf{j} + (2 - 6t)\,\mathbf{k}$

16. $x = t,\ y = 1 - t,\ z = 2t$

17. $x = -\pi - t,\ y = \pi + t,\ z = -\pi t$

18. $66°$ **19.** $2\,\mathbf{i} - 4\,\mathbf{j} + 32\,\mathbf{k}$

20. $(\ln 2)\,\mathbf{i} + (\pi/4)\,\mathbf{j} + \frac{1}{2}\ln 2\,\mathbf{k}$

21. $\tan^{-1} t\,\mathbf{i} + \frac{1}{2}e^{t^2}\mathbf{j} + \frac{2}{3}t^{3/2}\,\mathbf{k} + \mathbf{C}$

22. $t^2\,\mathbf{i} + t^3\,\mathbf{j} + \left(\frac{2}{3}t^{3/2} - \frac{2}{3}\right)\mathbf{k}$

25. $2t\cos t + 2\sin t - 2\cos t\sin t$ **26.** 35

EXERCISES 12.3 ■ PAGE 782

1. (a) $2\sqrt{21}$ **2.** $10\sqrt{10}$ **3.** $e - e^{-1}$ **4.** $\frac{1}{27}(13^{3/2} - 8)$

5. 18.6833 **6.** 10.3311 **7.** 42

8. (a) $s(t) = \sqrt{26}\,(t - 1)$;

$$\mathbf{r}(t(s)) = \left(4 - \frac{s}{\sqrt{26}}\right)\mathbf{i} + \left(\frac{4s}{\sqrt{26}} + 1\right)\mathbf{j} + \left(\frac{3s}{\sqrt{26}} + 3\right)\mathbf{k}$$

(b) $\left(4 - \dfrac{4}{\sqrt{26}}, \dfrac{16}{\sqrt{26}} + 1, \dfrac{12}{\sqrt{26}} + 3 \right)$

9. $(3 \sin 1, 4, 3 \cos 1)$

10. (a) $\dfrac{1}{\sqrt{5}} \langle 2, \sin t, \cos t \rangle, \langle 0, \cos t, -\sin t \rangle$ (b) $1/(5t)$

11. (a) $\dfrac{1}{\sqrt{1 + 4t^2}} \langle 1, 2t, 0 \rangle, \dfrac{1}{\sqrt{1 + 4t^2}} \langle -2t, 1, 0 \rangle$

(b) $2/(1 + 4t^2)^{3/2}$

12. (a) $\dfrac{1}{\sqrt{1 + 5t^2}} \langle 1, t, 2t \rangle, \dfrac{1}{\sqrt{5 + 25t^2}} \langle -5t, 1, 2 \rangle$

(b) $\sqrt{5}/(1 + 5t^2)^{3/2}$

13. $6t^2/(9t^4 + 4t^2)^{3/2}$ **14.** $\dfrac{\sqrt{6}}{2(3t^2 + 1)^2}$

15. $\frac{1}{7}\sqrt{19/14}$ **16.** $12x^2/(1 + 16x^6)^{3/2}$

17. $e^x |x + 2|/[1 + (xe^x + e^x)^2]^{3/2}$

18. $\left(-\frac{1}{2} \ln 2, 1/\sqrt{2} \right)$; approaches 0

19. (a) P (b) $1.3, 0.7$

20.

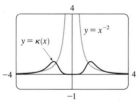

21.

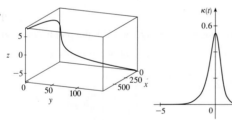

22. a is $y = f(x)$, b is $y = \kappa(x)$

23. $\kappa(t) = \dfrac{6\sqrt{4 \cos^2 t - 12 \cos t + 13}}{(17 - 12 \cos t)^{3/2}}$

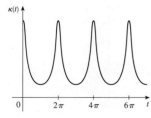

largest at integer multiples of 2π

24. $6t^2/(4t^2 + 9t^4)^{3/2}$

25. $1/(\sqrt{2}e^t)$ **26.** $\left\langle \frac{2}{3}, \frac{2}{3}, \frac{1}{3} \right\rangle, \left\langle -\frac{1}{3}, \frac{2}{3}, -\frac{2}{3} \right\rangle, \left\langle -\frac{2}{3}, \frac{1}{3}, \frac{2}{3} \right\rangle$

27. $x - 2z = -4\pi, 2x + z = 2\pi$

28. $\left(x + \frac{5}{2} \right)^2 + y^2 = \frac{81}{4}, x^2 + \left(y - \frac{5}{3} \right)^2 = \frac{16}{9}$

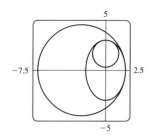

29. $(-1, -3, 1)$

30. $2x + y + 4z = 7, 6x - 8y - z = -3$ **34.** 0

35. $-2/(e^{2t} + e^{-2t} + 4), -\frac{1}{3}$

38. (b) $\mathbf{r}_e(t) = -\cos t\,\mathbf{i} - \sin t\,\mathbf{j} + t\,\mathbf{k}$

(c) $\mathbf{r}_e(t) = -4t^3\,\mathbf{i} + \left(3t^2 + \frac{1}{2} \right)\mathbf{j}$ or $y_e = \frac{1}{2} + 3(x/4)^{2/3}$

39. 2.07×10^{10} Å ≈ 2 m

EXERCISES 12.4 ■ PAGE 792

1. (a) $1.8\mathbf{i} - 3.8\mathbf{j} - 0.7\mathbf{k}, 2.0\mathbf{i} - 2.4\mathbf{j} - 0.6\mathbf{k},$
$2.8\mathbf{i} + 1.8\mathbf{j} - 0.3\mathbf{k}, 2.8\mathbf{i} + 0.8\mathbf{j} - 0.4\mathbf{k}$
(b) $2.4\mathbf{i} - 0.8\mathbf{j} - 0.5\mathbf{k}, 2.58$

2. $\mathbf{v}(t) = \langle -t, 1 \rangle$
$\mathbf{a}(t) = \langle -1, 0 \rangle$
$|\mathbf{v}(t)| = \sqrt{t^2 + 1}$

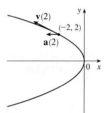

3. $\mathbf{v}(t) = -3 \sin t\,\mathbf{i} + 2 \cos t\,\mathbf{j}$
$\mathbf{a}(t) = -3 \cos t\,\mathbf{i} - 2 \sin t\,\mathbf{j}$
$|\mathbf{v}(t)| = \sqrt{5 \sin^2 t + 4}$

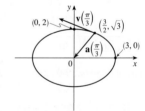

4. $\mathbf{v}(t) = \mathbf{i} + 2t\,\mathbf{j}$
$\mathbf{a}(t) = 2\,\mathbf{j}$
$|\mathbf{v}(t)| = \sqrt{1 + 4t^2}$

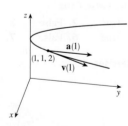

5. $\langle 2t + 1, 2t - 1, 3t^2 \rangle, \langle 2, 2, 6t \rangle, \sqrt{9t^4 + 8t^2 + 2}$

6. $\sqrt{2}\,\mathbf{i} + e^t\,\mathbf{j} - e^{-t}\,\mathbf{k}, e^t\,\mathbf{j} + e^{-t}\,\mathbf{k}, e^t + e^{-t}$

7. $e^t[(\cos t - \sin t)\mathbf{i} + (\sin t + \cos t)\mathbf{j} + (t + 1)\mathbf{k}],$
$e^t[-2 \sin t\,\mathbf{i} + 2 \cos t\,\mathbf{j} + (t + 2)\mathbf{k}], e^t\sqrt{t^2 + 2t + 3}$

8. $\mathbf{v}(t) = (2t + 3)\,\mathbf{i} - \mathbf{j} + t^2\,\mathbf{k},$
$\mathbf{r}(t) = (t^2 + 3t)\,\mathbf{i} + (1 - t)\,\mathbf{j} + \left(\frac{1}{3}t^3 + 1 \right)\mathbf{k}$

9. (a) $\mathbf{r}(t) = \left(\frac{1}{3}t^3 + t \right)\mathbf{i} + (t - \sin t + 1)\,\mathbf{j} + \left(\frac{1}{4} - \frac{1}{4} \cos 2t \right)\mathbf{k}$

(b)

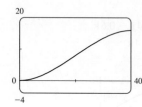

(Plot area with z-axis labeled 0, 0.2, 0.4, 0.6; x-axis labeled 200, 0, −200; y-axis labeled −10, 0, 10)

10. $t = 4$

11. $\mathbf{r}(t) = t\,\mathbf{i} - t\,\mathbf{j} + \frac{5}{2}t^2\,\mathbf{k}$, $|\mathbf{v}(t)| = \sqrt{25t^2 + 2}$

12. (a) ≈ 3535 m   (b) ≈ 1531 m   (c) 200 m/s

13. ≈ 30 m/s   **14.** ≈ 198 m/s

15. $13.0° < \theta < 36.0°$, $55.4° < \theta < 85.5°$

16. $(250, -50, 0)$; $10\sqrt{93} \approx 96.4$ m/s

17. (a) 16 m   (b) $\approx 23.6°$ upstream

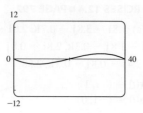

18. The path is contained in a circle that lies in a plane perpendicular to $\mathbf{c}$ with center on a line through the origin in the direction of $\mathbf{c}$.

19. $\dfrac{4 + 18t^2}{\sqrt{4 + 9t^2}}, \dfrac{6t}{\sqrt{4 + 9t^2}}$ **20.** $0, 1$

21. $\dfrac{7}{\sqrt{30}}, \sqrt{\dfrac{131}{30}}$

22. 4.5 cm/s², 9.0 cm/s²   **23.** $t = 1$

CHAPTER 12 REVIEW ▪ PAGE 793

True-False Quiz

1. True   **2.** False   **3.** False   **4.** False
5. True   **6.** False   **7.** True   **8.** True

Exercises

1. (a)

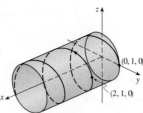

(Cylinder figure with points $(0, 1, 0)$ and $(2, 1, 0)$)

(b) $\mathbf{r}'(t) = \mathbf{i} - \pi \sin \pi t\,\mathbf{j} + \pi \cos \pi t\,\mathbf{k}$,
$\mathbf{r}''(t) = -\pi^2 \cos \pi t\,\mathbf{j} - \pi^2 \sin \pi t\,\mathbf{k}$

2. $\mathbf{r}(t) = 4 \cos t\,\mathbf{i} + 4 \sin t\,\mathbf{j} + (5 - 4 \cos t)\mathbf{k}$, $0 \le t \le 2\pi$

3. $\frac{1}{3}\mathbf{i} - (2/\pi^2)\mathbf{j} + (2/\pi)\mathbf{k}$ **4.** 86.631 **5.** $90°$

6. (a) $\dfrac{1}{\sqrt{13}} \langle 3 \sin t, -3 \cos t, 2 \rangle$ (b) $\langle \cos t, \sin t, 0 \rangle$

(c) $\dfrac{1}{\sqrt{13}} \langle -2 \sin t, 2 \cos t, 3 \rangle$

(d) $\dfrac{3}{13 \sin t \cos t}$ or $\dfrac{3}{13} \sec t \csc t$

(e) $\dfrac{2}{13 \sin t \cos t}$ or $\dfrac{2}{13} \sec t \csc t$

7. $12/17^{3/2}$ **8.** $x - 2y + 2\pi = 0$

9. $\mathbf{v}(t) = (1 + \ln t)\mathbf{i} + \mathbf{j} - e^{-t}\mathbf{k}$,
$|\mathbf{v}(t)| = \sqrt{2 + 2 \ln t + (\ln t)^2 + e^{-2t}}$, $\mathbf{a}(t) = (1/t)\mathbf{i} + e^{-t}\mathbf{k}$

10. $\mathbf{r}(t) = (t^3 + t)\mathbf{i} + (t^4 - t)\mathbf{j} + (3t - t^3)\mathbf{k}$

11. $\approx 37.3°$, ≈ 157.4 m

12. (c) $-2e^{-t}\mathbf{v}_d + e^{-t}\mathbf{R}$

CHAPTER 13

EXERCISES 13.1 ▪ PAGE 808

1. (a) $-\frac{3}{7}$ (b) $\frac{4}{5}$ (c) $\dfrac{(x + h)^2 y}{2(x + h) - y^2}$ (d) $\dfrac{x^2}{2 - x}$

2. (a) $9 \ln 4$ (b) $\{(x, y) \mid y > -x\}$

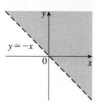

(c) $\mathbb{R}$

3. (a) 1 (b) $\{(x, y, z) \mid z \le x/2, y \le 0\}$, the points on or below the plane $z = x/2$ that are to the right of the xz-plane

4. $\{(x, y) \mid x \ge 2, y \ge 1\}$

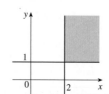

5. $\left\{(x, y) \mid x^2 + \frac{1}{4} y^2 \le 1, x \ge 0 \right\}$

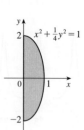

6. $\{(x, y) \mid y \ne -x\}$

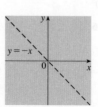

7. $\{(x, y) \mid xy \geqslant 0, x \neq -1\}$

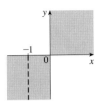

8. $\{(x, y, z) \mid -2 \leqslant x \leqslant 2, -3 \leqslant y \leqslant 3, -1 \leqslant z \leqslant 1\}$

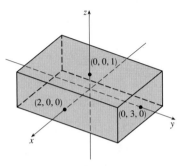

9. (a) ≈ 1.90 m^2; the surface area of a person 178 cm tall who weighs 73 kg is approximately 1.90 square meters.

10. (a) -27; a temperature of -15°C with wind blowing at 40 km/h feels equivalent to about -27°C without wind.
(b) When the temperature is -20°C, what wind speed gives a wind chill of -30°C? 20 km/h
(c) With a wind speed of 20 km/h, what temperature gives a wind chill of -49°C? -35°C
(d) A function of wind speed that gives wind-chill values when the temperature is -5°C
(e) A function of temperature that gives wind-chill values when the wind speed is 50 km/h

11. (a) 2.4; a 40 km/h wind blowing in the open sea for 15 h will create waves about 2.4 m high.
(b) $f(30, t)$ is a function of t giving the wave heights produced by 30 km/h winds blowing for t hours.
(c) $f(v, 30)$ is a function of v giving the wave heights produced by winds of speed v blowing for 30 hours.

12. $z = y$, plane through the x-axis

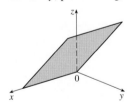

13. $4x + 5y + z = 10$, plane

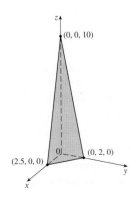

14. $z = \sin x$, cylinder

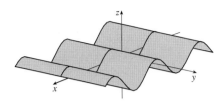

15. $z = x^2 + 4y^2 + 1$, elliptic paraboloid

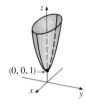

16. $z = \sqrt{4 - 4x^2 - y^2}$, top half of ellipsoid

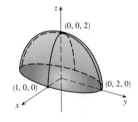

17. $\approx 56, \approx 35$ **18.** 11°C, 19.5°C

19. Steep; nearly flat

20.

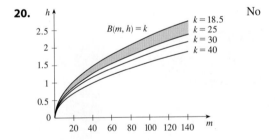

No

21.

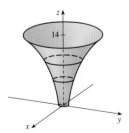

22.

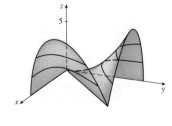

23. $x^2 - y^2 = k$

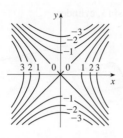

24. $y = -\sqrt{x} + k$

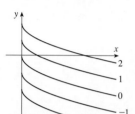

25. $y = ke^{-x}$

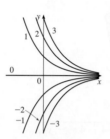

26. $x^2 + y^2 = k^3 \ (k \geq 0)$

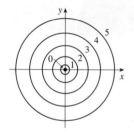

27. $x^2 + 9y^2 = k$

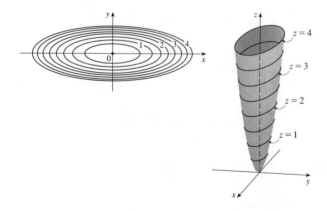

28.

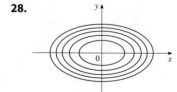

29.

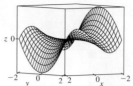

30.

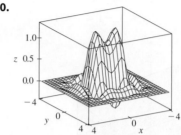

31. (a) C   (b) II   **32.** (a) F   (b) I

33. (a) B   (b) VI   **34.** Family of parallel planes

35. $k = 0$: cone with axis the z-axis;
$k > 0$: family of hyperboloids of one sheet with axis the z-axis;
$k < 0$: family of hyperboloids of two sheets with axis the z-axis

36. (a) Shift the graph of f upward 2 units
(b) Stretch the graph of f vertically by a factor of 2
(c) Reflect the graph of f about the xy-plane
(d) Reflect the graph of f about the xy-plane and then shift it upward 2 units

37.

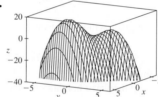

f appears to have a maximum value of about 15. There are two local maximum points but no local minimum point.

38.

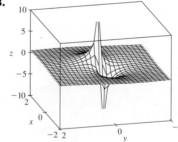

The function values approach 0 as x, y become large; as (x, y) approaches the origin, f approaches $\pm\infty$ or 0, depending on the direction of approach.

39. If $c = 0$, the graph is a cylindrical surface. For $c > 0$, the level curves are ellipses. The graph curves upward as we leave the origin, and the steepness increases as c increases. For $c < 0$, the level curves are hyperbolas. The graph curves upward in the y-direction and downward, approaching the xy-plane, in the

x-direction giving a saddle-shaped appearance near $(0, 0, 1)$.
40. $c = -2, 0, 2$ **41.** (b) $y = 0.75x + 0.01$

EXERCISES 13.2 ■ PAGE 820

1. Nothing; if f is continuous, then $f(3, 1) = 6$ **2.** $-\frac{5}{2}$

3. 56   **4.** -6 **5.** $\pi/2$ **6.** $-\frac{1}{2}$ **10.** 125

11. 0   **12.** Does not exist   **13.** 2   **14.** -2

15. Does not exist   **16.** 0   **17.** 0

18. The graph shows that the function approaches different numbers along different lines.

19. $h(x, y) = (2x + 3y - 6)^2 + \sqrt{2x + 3y - 6}$; $\{(x, y) \mid 2x + 3y \geqslant 6\}$

20. Along the line $y = x$ **21.** $\mathbb{R}^2$

22. $\{(x, y) \mid x^2 + y^2 \neq 1\}$ **23.** $\{(x, y) \mid x^2 + y^2 \leqslant 1, x \geqslant 0\}$

24. $\{(x, y, z) \mid x^2 + y^2 + z^2 \leqslant 1\}$

25. $\{(x, y) \mid (x, y) \neq (0, 0)\}$ **26.** 0   **27.** -1

28.

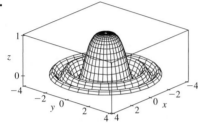

EXERCISES 13.3 ■ PAGE 830

1. $f_T(34, 75) \approx 2°C$; for a temperature of 34°C and relative humidity of 60%, the apparent temperature rises by 2°C for each degree the actual temperature increases. $f_H(34, 75) \approx 0.3°C$; for a temperature of 34°C and relative humidity of 60%, the apparent temperature rises by 0.3°C for each percent that the relative humidity increases.

2. (a) The rate of change of temperature as longitude varies, with latitude and time fixed; the rate of change as only latitude varies; the rate of change as only time varies
(b) Positive, negative, positive

3. (a) Positive   (b) Negative

4. (a) Negative   (b) Negative

5. $f_x(1, 2) = -8 =$ slope of C_1, $f_y(1, 2) = -4 =$ slope of C^2

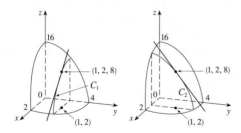

6. $f_x(x, y) = 4x^3 + 5y^3, f_y(x, y) = 15xy^2$

7. $g_x(x, y) = 3x^2 \sin y, g_y(x, y) = x^3 \cos y$

8. $\dfrac{\partial z}{\partial x} = \dfrac{1}{x + t^2}, \dfrac{\partial z}{\partial t} = \dfrac{2t}{x + t^2}$

9. $f_x(x, y) = y^2 e^{xy}, f_y(x, y) = e^{xy} + xye^{xy}$

10. $g_x(x, y) = 5y(1 + 2xy)(x + x^2 y)^4$, $g_y(x, y) = 5x^2 y(x + x^2 y)^4 + (x + x^2 y)^5$

11. $f_x(x, y) = \dfrac{(ad - bc)y}{(cx + dy)^2}, f_y(x, y) = \dfrac{(bc - ad)x}{(cx + dy)^2}$

12. $g_u(u, v) = 10uv(u^2 v - v^3)^4$, $g_v(u, v) = 5(u^2 - 3v^2)(u^2 v - v^3)^4$

13. $R_p(p, q) = \dfrac{q^2}{1 + p^2 q^4}, R_q(p, q) = \dfrac{2pq}{1 + p^2 q^4}$

14. $F_x(x, y) = \cos(e^x), F_y(x, y) = -\cos(e^y)$

15. $f_x = 3x^2 yz^2, f_y = x^3 z^2 + 2z, f_z = 2x^3 yz + 2y$

16. $\partial w/\partial x = 1/(x + 2y + 3z), \partial w/\partial y = 2/(x + 2y + 3z)$, $\partial w/\partial z = 3/(x + 2y + 3z)$

17. $\partial p/\partial t = 2t^3/\sqrt{t^4 + u^2 \cos v}$, $\partial p/\partial u = u \cos v/\sqrt{t^4 + u^2 \cos v}$, $\partial p/\partial v = -u^2 \sin v/(2\sqrt{t^4 + u^2 \cos v})$

18. $h_x = 2xy \cos(z/t), h_y = x^2 \cos(z/t)$, $h_z = (-x^2 y/t) \sin(z/t), h_t = (x^2 yz/t^2) \sin(z/t)$

19. $\partial u/\partial x_i = x_i/\sqrt{x_1^2 + x_2^2 + \cdots + x_n^2}$

20. 1   **21.** $\frac{1}{6}$ **22.** $\dfrac{\partial z}{\partial x} = -\dfrac{x}{3z}, \dfrac{\partial z}{\partial y} = -\dfrac{2y}{3z}$

23. $\dfrac{\partial z}{\partial x} = \dfrac{yz}{e^z - xy}, \dfrac{\partial z}{\partial y} = \dfrac{xz}{e^z - xy}$

24. (a) $f'(x), g'(y)$ (b) $f'(x + y), f'(x + y)$

25. $f_{xx} = 12x^2 y - 12xy^2, f_{xy} = 4x^3 - 12x^2 y = f_{yx}, f_{yy} = -4x^3$

26. $z_{xx} = \dfrac{8y}{(2x + 3y)^3}, z_{xy} = \dfrac{6y - 4x}{(2x + 3y)^3} = z_{yx}$, $z_{yy} = -\dfrac{12x}{(2x + 3y)^3}$

27. $v_{ss} = 2 \cos(s^2 - t^2) - 4s^2 \sin(s^2 - t^2)$, $v_{st} = 4st \sin(s^2 - t^2) = v_{ts}$, $v_{tt} = -2 \cos(s^2 - t^2) - 4t^2 \sin(s^2 - t^2)$

30. $24xy^2 - 6y, 24x^2 y - 6x$

31. $(2x^2 y^2 z^5 + 6xyz^3 + 2z)e^{xyz^2}$

32. $\frac{3}{4}v(u + v^2)^{-5/2}$ **33.** $4/(y + 2z)^3, 0$

34. $f_x(x, y) = y^2 - 3x^2 y, f_y(x, y) = 2xy - x^3$

35. $6yz^2$ **36.** $c = f, b = f_x, a = f_y$

37.

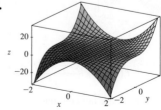

$f(x, y) = x^2 y^3$

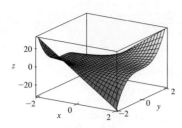

$$f_x(x, y) = 2xy^3$$

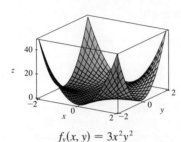

$$f_y(x, y) = 3x^2y^2$$

38. $\approx 12.2, \approx 16.8, \approx 23.25$ **43.** R^2/R_1^2

44. $\dfrac{\partial T}{\partial P} = \dfrac{V - nb}{nR}, \dfrac{\partial P}{\partial V} = \dfrac{2n^2a}{V^3} - \dfrac{nRT}{(V - nb)^2}$

45. (a) ≈ 0.0035; for a person 178 cm tall who weighs 73 kg, an increase in weight causes the surface area to increase at a rate of about 0.0035 m^2/kg. (b) ≈ 0.0145; for a person 178 cm tall who weighs 73 kg, an increase in height (with no change in weight) causes the surface area to increase at a rate of about 0.0145 m^2/kg of height.

46. $\partial P/\partial v = 3Av^2 - \dfrac{B(mg/x)^2}{v^2}$ is the rate of change of the power needed during flapping mode with respect to the bird's velocity when the mass and fraction of flapping time remain constant; $\partial P/\partial x = -\dfrac{2Bm^2g^2}{x^3v}$ is the rate at which the power changes when only the fraction of time spent in flapping mode varies; $\partial P/\partial m = \dfrac{2Bmg^2}{x^2v}$ is the rate of change of the power when only the mass varies.

48. $x = 1 + t, y = 2, z = 2 - 2t$

49. No **51.** -2

52. (a)

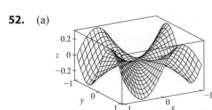

(b) $f_x(x, y) = \dfrac{x^4y + 4x^2y^3 - y^5}{(x^2 + y^2)^2}, f_y(x, y) = \dfrac{x^5 - 4x^3y^2 - xy^4}{(x^2 + y^2)^2}$

(c) $0, 0$ (e) No, because f_{xy} and f_{yx} are not continuous.

EXERCISES 13.4 ■ PAGE 840

1. $z = -4x - 4y + 24$ **2.** $z = 4x - y - 6$

3. $z = x - y + 1$ **4.** $z = -2x - y - 3$

5. $x + y + z = 0$

6.

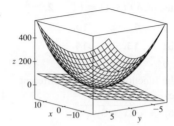

7.

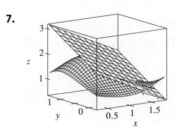

8. $12x - 16y + 32$ **9.** $6x + 4y - 23$

10. $2x + y - 1$ **11.** $2x + 2y + \pi - 4$ **13.** 6.3

14. $\frac{3}{7}x + \frac{2}{7}y + \frac{6}{7}z; 6.9914$ **15.** $2T + 0.3H - 40.5; 44.4°C$

16. $dm = 5p^4q^3\,dp + 3p^5q^2\,dq$

17. $dz = -2e^{-2x}\cos 2\pi t\,dx - 2\pi e^{-2x}\sin 2\pi t\,dt$

18. $dH = 2xy^4\,dx + (4x^2y^3 + 3y^2z^5)\,dy + 5y^3z^4\,dz$

19. $dR = \beta^2\cos\gamma\,d\alpha + 2\alpha\beta\cos\gamma\,d\beta - \alpha\beta^2\sin\gamma\,d\gamma$

20. $\Delta z = 0.9225, dz = 0.9$ **21.** 5.4 cm^2 **22.** 16 cm^3

23. (a) $5.89\pi\varepsilon$ m^3 (b) ≈ 0.0015 m ≈ 0.15 cm

24. $\approx -0.0165mg$; decrease **25.** $\frac{1}{17} \approx 0.059$ Ω

26. (a) $0.8264m - 34.56h + 38.02$ (b) 18.801

EXERCISES 13.5 ■ PAGE 848

1. $36t^3 + 15t^4$ **2.** $2t(y^3 - 2xy + 3xy^2 - x^2)$

3. $\dfrac{1}{2\sqrt{t}}\cos x \cos y + \dfrac{1}{t^2}\sin x \sin y$

4. $e^{y/z}[2t - (x/z) - (2xy/z^2)]$

5. $\partial z/\partial s = 10s + 14t, \partial z/\partial t = 14s + 20t$

6. $\partial z/\partial s = 5(x - y)^4(2st - t^2), \partial z/\partial t = 5(x - y)^4(s^2 - 2st)$

7. $\dfrac{\partial z}{\partial s} = \dfrac{3\sin t - 2t\sin s}{3x + 2y}, \dfrac{\partial z}{\partial t} = \dfrac{3s\cos t + 2\cos s}{3x + 2y}$

8. $\dfrac{\partial z}{\partial s} = -\dfrac{t\sin\theta}{r^2} + \dfrac{2s\cos\theta}{r}, \dfrac{\partial z}{\partial t} = -\dfrac{s\sin\theta}{r^2} + \dfrac{2t\cos\theta}{r}$

9. 42 **10.** $7, 2$

11. $\dfrac{\partial u}{\partial r} = \dfrac{\partial u}{\partial x}\dfrac{\partial x}{\partial r} + \dfrac{\partial u}{\partial y}\dfrac{\partial y}{\partial r}, \dfrac{\partial u}{\partial s} = \dfrac{\partial u}{\partial x}\dfrac{\partial x}{\partial s} + \dfrac{\partial u}{\partial y}\dfrac{\partial y}{\partial s},$

$\dfrac{\partial u}{\partial t} = \dfrac{\partial u}{\partial x}\dfrac{\partial x}{\partial t} + \dfrac{\partial u}{\partial y}\dfrac{\partial y}{\partial t}$

12. $\dfrac{\partial T}{\partial x} = \dfrac{\partial T}{\partial p}\dfrac{\partial p}{\partial x} + \dfrac{\partial T}{\partial q}\dfrac{\partial q}{\partial x} + \dfrac{\partial T}{\partial r}\dfrac{\partial r}{\partial x}$,

$\dfrac{\partial T}{\partial y} = \dfrac{\partial T}{\partial p}\dfrac{\partial p}{\partial y} + \dfrac{\partial T}{\partial q}\dfrac{\partial q}{\partial y} + \dfrac{\partial T}{\partial r}\dfrac{\partial r}{\partial y}$,

$\dfrac{\partial T}{\partial z} = \dfrac{\partial T}{\partial p}\dfrac{\partial p}{\partial z} + \dfrac{\partial T}{\partial q}\dfrac{\partial q}{\partial z} + \dfrac{\partial T}{\partial r}\dfrac{\partial r}{\partial z}$

13. $1582, 3164, -700$　　**14.** $2\pi, -2\pi$

15. $\dfrac{5}{144}, -\dfrac{5}{96}, \dfrac{5}{144}$　　**16.** $\dfrac{2x + y\sin x}{\cos x - 2y}$

17. $\dfrac{1 + x^4 y^2 + y^2 + x^4 y^4 - 2xy}{x^2 - 2xy - 2x^5 y^3}$

18. $-\dfrac{x}{3z}, -\dfrac{2y}{3z}$　　**19.** $\dfrac{yz}{e^z - xy}, \dfrac{xz}{e^z - xy}$

20. $2°C/s$　　**21.** ≈ -0.33 m/s per minute

22. (a) 6 m³/s　(b) 10 m²/s　(c) 0 m/s

23. ≈ -0.27 L/s　　**24.** $-1/(12\sqrt{3})$ rad/s

25. (a) $\partial z/\partial r = (\partial z/\partial x)\cos\theta + (\partial z/\partial y)\sin\theta$,

$\partial z/\partial\theta = -(\partial z/\partial x)\,r\sin\theta + (\partial z/\partial y)\,r\cos\theta$

27. $4rs\dfrac{\partial^2 z}{\partial x^2} + (4r^2 + 4s^2)\dfrac{\partial^2 z}{\partial x\,\partial y} + 4rs\dfrac{\partial^2 z}{\partial y^2} + 2\dfrac{\partial z}{\partial y}$

EXERCISES 13.6 ■ PAGE 862

1. ≈ -0.08 mb/km　　**2.** ≈ 0.778　　**3.** $\sqrt{2}/2$

4. $5\sqrt{2}/74$　　**5.** (a) $\nabla f(x, y) = (1/y)\mathbf{i} - (x/y^2)\mathbf{j}$

(b) $\mathbf{i} - 2\mathbf{j}$　　(c) -1

6. (a) $\langle 2xyz - yz^3, x^2 z - xz^3, x^2 y - 3xyz^2 \rangle$

(b) $\langle -3, 2, 2 \rangle$　　(c) $\dfrac{2}{5}$

7. $\dfrac{4 - 3\sqrt{3}}{10}$　　**8.** $7/(2\sqrt{5})$　　**9.** 1　　**10.** $\dfrac{23}{42}$

11. $-\dfrac{56}{5}$　　**12.** $\dfrac{2}{5}$　　**13.** $-\dfrac{18}{7}$　　**14.** $20\sqrt{10}, \langle 20, -60 \rangle$

15. $1, \langle 0, 1 \rangle$　　**16.** $\dfrac{3}{4}, \langle 1, -2, -2 \rangle$

17. (b) $\langle -12, 92 \rangle, -4\sqrt{538}$

18. All points on the line $y = x + 1$　　**19.** (a) $-40/(3\sqrt{3})$

20. (a) $32/\sqrt{3}$　(b) $\langle 38, 6, 12 \rangle$　(c) $2\sqrt{406}$

21. $\dfrac{327}{13}$　　**23.** $\dfrac{774}{25}$

24. (a) $x + y + z = 11$　(b) $x - 3 = y - 3 = z - 5$

25. (a) $x + 2y + 6z = 12$　(b) $x - 2 = \dfrac{y - 2}{2} = \dfrac{z - 1}{6}$

26. (a) $x + y + z = 1$　(b) $x = y = z - 1$

27.

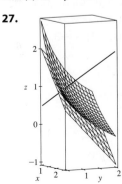

28. $\langle 2, 3 \rangle, 2x + 3y = 12$

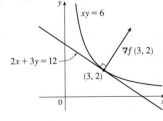

31. No　　**33.** $\left(-\dfrac{5}{4}, -\dfrac{5}{4}, \dfrac{25}{8}\right)$

35. $x = -1 - 10t,\ y = 1 - 16t,\ z = 2 - 12t$

36. $(-1, 0, 1)$; $\approx 7.8°$

38. If $\mathbf{u} = \langle a, b \rangle$ and $\mathbf{v} = \langle c, d \rangle$, then $af_x + bf_y$ and $cf_x + df_y$ are known, so we solve linear equations for f_x and f_y.

EXERCISES 13.7 ■ PAGE 873

1. (a) f has a local minimum at $(1, 1)$.

(b) f has a saddle point at $(1, 1)$.

2. Local minimum at $(1, 1)$, saddle point at $(0, 0)$

3. Minimum $f\left(\dfrac{1}{3}, -\dfrac{2}{3}\right) = -\dfrac{1}{3}$

4. Minima $f(-2, -1) = -3$, $f(8, 4) = -128$, saddle point at $(0, 0)$

5. Saddle points at $(1, 1)$, $(-1, -1)$

6. Maximum $f(1, 4) = 14$

7. Maximum $f(-1, 0) = 2$, minimum $f(1, 0) = -2$, saddle points at $(0, \pm 1)$

8. Maximum $f(0, -1) = 2$, minima $f(\pm 1, 1) = -3$, saddle points at $(0, 1)$, $(\pm 1, -1)$

9. Maximum $f\left(\dfrac{1}{3}, \dfrac{1}{3}\right) = \dfrac{1}{27}$, saddle points at $(0, 0)$, $(1, 0)$, $(0, 1)$

10. None

11. Minima $f(0, 1) = f(\pi, -1) = f(2\pi, 1) = -1$, saddle points at $(\pi/2, 0)$, $(3\pi/2, 0)$

13. Minima $f(1, \pm 1) = f(-1, \pm 1) = 3$

14. Maximum $f(\pi/3, \pi/3) = 3\sqrt{3}/2$, minimum $f(5\pi/3, 5\pi/3) = -3\sqrt{3}/2$, saddle point at (π, π)

15. Minima $f(0, -0.794) \approx -1.191$, $f(\pm 1.592, 1.267) \approx -1.310$, saddle points $(\pm 0.720, 0.259)$, lowest points $(\pm 1.592, 1.267, -1.310)$

16. Maximum $f(0.170, -1.215) \approx 3.197$, minima $f(-1.301, 0.549) \approx -3.145$, $f(1.131, 0.549) \approx -0.701$, saddle points $(-1.301, -1.215)$, $(0.170, 0.549)$, $(1.131, -1.215)$, no highest or lowest point

17. Maximum $f(0, \pm 2) = 4$, minimum $f(1, 0) = -1$

18. Maximum $f(\pm 1, 1) = 7$, minimum $f(0, 0) = 4$

19. Maximum $f(0, 3) = f(2, 3) = 7$, minimum $f(1, 1) = -2$

20. Maximum $f(1, 0) = 2$, minimum $f(-1, 0) = -2$

21.

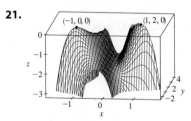

22. $2/\sqrt{3}$　　**23.** $(2, 1, \sqrt{5}), (2, 1, -\sqrt{5})$　　**24.** $\dfrac{100}{3}, \dfrac{100}{3}, \dfrac{100}{3}$

25. $8r^3/(3\sqrt{3})$　　**26.** $\dfrac{4}{3}$　　**27.** Cube, edge length $c/12$

28. Square base of side 40 cm, height 20 cm　　**29.** $L^3/(3\sqrt{3})$

30. (a) $H = -p_1 \ln p_1 - p_2 \ln p_2$
$$- (1 - p_1 - p_2)\ln(1 - p_1 - p_2)$$

(b) $\{(p_1, p_2)\mid 0 < p_1 < 1,\ p_2 < 1 - p_1\}$

(c) $\ln 3$; $p_1 = p_2 = p_3 = \dfrac{1}{3}$

EXERCISES 13.8 ■ PAGE 881

1. $\approx 59, 30$

2. Maximum $f(\pm 1, 0) = 1$, minimum $f(0, \pm 1) = -1$

3. Maximum $f(1, 2) = f(-1, -2) = 2$,
minimum $f(1, -2) = f(-1, 2) = -2$

4. Maximum $f(1/\sqrt{2}, \pm 1/\sqrt{2}) = f(-1/\sqrt{2}, \pm 1/\sqrt{2}) = 4$,
minimum $f(\pm 1, 0) = 2$

5. Maximum $f(2, 2, 1) = 9$, minimum $f(-2, -2, -1) = -9$

6. Maximum $f(1, \pm\sqrt{2}, 1) = f(-1, \pm\sqrt{2}, -1) = 2$,
minimum $f(1, \pm\sqrt{2}, -1) = f(-1, \pm\sqrt{2}, 1) = -2$

7. Maximum $\sqrt{3}$, minimum 1

8. Maximum $f\left(\frac{1}{2}, \frac{1}{2}, \frac{1}{2}, \frac{1}{2}\right) = 2$,
minimum $f\left(-\frac{1}{2}, -\frac{1}{2}, -\frac{1}{2}, -\frac{1}{2}\right) = -2$

9. 10, 10

10. 25 m by 25 m

11. $\left(-\frac{6}{5}, \frac{3}{5}\right)$

12. Minimum $f(1, 1) = f(-1, -1) = 2$

13. Maximum $f(2, 2) = e^4$

14. Maximum $f(3/\sqrt{2}, -3/\sqrt{2}) = 9 + 12\sqrt{2}$,
minimum $f(-2, 2) = -8$

15. Maximum $f(\pm 1/\sqrt{2}, \mp 1/(2\sqrt{2})) = e^{1/4}$,
minimum $f(\pm 1/\sqrt{2}, \pm 1/(2\sqrt{2})) = e^{-1/4}$

16. Maximum $f(0, 1, \sqrt{2}) = 1 + \sqrt{2}$,
minimum $f(0, 1, -\sqrt{2}) = 1 - \sqrt{2}$

17. Maximum $\frac{3}{2}$, minimum $\frac{1}{2}$

21-27. See Exercises 22–29 in Section 13.7.

29. Nearest $\left(\frac{1}{2}, \frac{1}{2}, \frac{1}{2}\right)$, farthest $(-1, -1, 2)$

30. Maximum ≈ 9.7938, minimum ≈ -5.3506

31. Maximum $f(\pm\sqrt{3}, 3) = 18$, minimum $f(0, 0) = 0$

32. (a) c/n (b) When $x_1 = x_2 = \cdots = x_n$

CHAPTER 13 REVIEW ■ PAGE 883

True-False Quiz

1. True   **2.** False   **3.** False   **4.** True
5. False   **6.** True

Exercises

1. $\{(x, y) \mid y > -x - 1\}$ **2.**

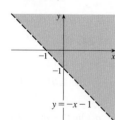

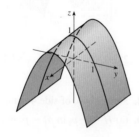

3.

4.

5. $\frac{2}{3}$

6. (a) $\approx 3.5°C/m$, $-3.0°C/m$
(b) $\approx 0.35°C/m$ by Equation 13.6.9 (Definition 13.6.2 gives $\approx 1.1°C/m$.)
(c) -0.25

7. $f_x = 32xy(5y^3 + 2x^2y)^7$, $f_y = (16x^2 + 120y^2)(5y^3 + 2x^2y)^7$

8. $F_\alpha = \dfrac{2\alpha^3}{\alpha^2 + \beta^2} + 2\alpha \ln(\alpha^2 + \beta^2)$, $F_\beta = \dfrac{2\alpha^2\beta}{\alpha^2 + \beta^2}$

9. $S_u = \arctan(v\sqrt{w})$, $S_v = \dfrac{u\sqrt{w}}{1 + v^2w}$, $S_w = \dfrac{uv}{2\sqrt{w}(1 + v^2w)}$

10. $f_{xx} = 24x$, $f_{xy} = -2y = f_{yx}$, $f_{yy} = -2x$

11. $f_{xx} = k(k-1)x^{k-2}y^lz^m$, $f_{xy} = klx^{k-1}y^{l-1}z^m = f_{yx}$,
$f_{xz} = kmx^{k-1}y^lz^{m-1} = f_{zx}$, $f_{yy} = l(l-1)x^ky^{l-2}z^m$,
$f_{yz} = lmx^ky^{l-1}z^{m-1} = f_{zy}$, $f_{zz} = m(m-1)x^ky^lz^{m-2}$

13. (a) $z = 8x + 4y + 1$
(b) $x = 1 + 8t$, $y = -2 + 4t$, $z = 1 - t$

14. (a) $2x - 2y - 3z = 3$
(b) $x = 2 + 4t$, $y = -1 - 4t$, $z = 1 - 6t$

15. (a) $x + 2y + 5z = 0$
(b) $x = 2 + t$, $y = -1 + 2t$, $z = 5t$

16. $\left(2, \frac{1}{2}, -1\right)$, $\left(-2, -\frac{1}{2}, 1\right)$

17. $60x + \frac{24}{5}y + \frac{32}{5}z - 120$; 38.656

18. $2xy^3(1 + 6p) + 3x^2y^2(pe^p + e^p) + 4z^3(p \cos p + \sin p)$

19. $-47, 108$

22. $\langle 2xe^{yz^2}, x^2z^2e^{yz^2}, 2x^2yze^{yz^2}\rangle$ **23.** $-\frac{4}{5}$

24. $\sqrt{145}/2$, $\langle 4, \frac{9}{2}\rangle$ **25.** $\approx \frac{5}{8}$ knots/mi

26. Minimum $f(-4, 1) = -11$

27. Maximum $f(1, 1) = 1$; saddle points at $(0, 0)$, $(0, 3)$, $(3, 0)$

28. Maximum $f(1, 2) = 4$, minimum $f(2, 4) = -64$

29. Maximum $f(-1, 0) = 2$, minima $f(1, \pm 1) = -3$,
saddle points at $(-1, \pm 1)$, $(1, 0)$

30. Maximum $f(\pm\sqrt{2/3}, 1/\sqrt{3}) = 2/(3\sqrt{3})$,
minimum $f(\pm\sqrt{2/3}, -1/\sqrt{3}) = -2/(3\sqrt{3})$

31. Maximum 1, minimum -1

32. $\left(\pm 3^{-1/4}, 3^{-1/4}\sqrt{2}, \pm 3^{1/4}\right)$, $\left(\pm 3^{-1/4}, -3^{-1/4}\sqrt{2}, \pm 3^{1/4}\right)$

33. $P(2 - \sqrt{3})$, $P(3 - \sqrt{3})/6$, $P(2\sqrt{3} - 3)/3$

CHAPTER 14

EXERCISES 14.1 ■ PAGE 899

1. (a) 288   (b) 144   **2.** (a) 0.990   (b) 1.151
3. $U < V < L$ **4.** (a) ≈ 248 (b) ≈ 15.5
5. $24\sqrt{2}$ **6.** 3   **7.** $2 + 8y^2, 3x + 27x^2$
8. 222   **9.** $\frac{5}{2} - e^{-1}$ **10.** 18
11. $\frac{15}{2}\ln 2 + \frac{3}{2}\ln 4$ or $\frac{21}{2}\ln 2$ **12.** 6
13. $\frac{31}{30}$ **14.** 2   **15.** $9\ln 2$
16. $\frac{1}{2}(\sqrt{3} - 1) - \frac{1}{12}\pi$ **17.** $\frac{1}{2}e^{-6} + \frac{5}{2}$

18. 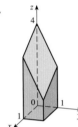   **19.**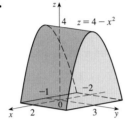

20. (a) $\int_0^2 \int_0^2 xy\, dx\, dy$ (b) 4
21. (a) $\int_1^2 \int_0^1 (1 + ye^{xy})\, dx\, dy$ (b) $e^2 - e$
22. 51   **23.** $\frac{166}{27}$ **24.** $\frac{8}{3}$ **25.** $\frac{64}{3}$

26. $21e - 57$

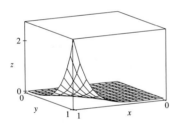

27. $\frac{5}{6}$ **28.** 0
29. Fubini's Theorem does not apply. The integrand has an infinite discontinuity at the origin.

EXERCISES 14.2 ■ PAGE 908

1. $\frac{868}{3}$ **2.** $\frac{1}{6}(e - 1)$ **3.** $\frac{1}{3}\sin 1$
4. (a) $\int_0^2 \int_x^{3x-x^2} 2y\, dy\, dx$ (b) $\frac{56}{15}$
5. (a) $\int_0^2 \int_{y2}^{y+2} xy\, dx\, dy$ (b) 6
6. $\frac{1}{4}\ln 17$ **7.** $\frac{1}{2}(1 - e^{-9})$
8. (a)   (b)

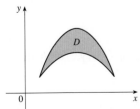

9. Type I: $D = \{(x, y) \mid 0 \leqslant x \leqslant 1, 0 \leqslant y \leqslant x\}$,
Type II: $D = \{(x, y) \mid 0 \leqslant y \leqslant 1, y \leqslant x \leqslant 1\}$; $\frac{1}{3}$

10. $\int_0^1 \int_{-\sqrt{x}}^{\sqrt{x}} y\, dy\, dx + \int_1^4 \int_{x-2}^{\sqrt{x}} y\, dy\, dx = \int_{-1}^2 \int_{y2}^{y+2} y\, dx\, dy = \frac{9}{4}$
11. $\int_0^1 \int_0^{\cos^{-1}y} \sin^2 x\, dx\, dy = \int_0^{\pi/2} \int_0^{\cos x} \sin^2 x\, dy\, dx = \frac{1}{3}$
12. $\frac{1}{2}(1 - \cos 1)$ **13.** $\frac{11}{3}$ **14.** 0
15. (a) $\int_0^1 \int_0^y (1 + xy)\, dx\, dy$ (b) $\frac{5}{8}$ **16.** $\frac{3}{4}$
17. $\frac{31}{8}$ **18.** $\frac{16}{3}$ **19.** $\frac{128}{15}$ **20.** $\frac{1}{3}$
21. 0, 1.213; 0.713   **22.** $\frac{64}{3}$
23. $\frac{10}{3\sqrt{2}}$ or $\frac{5\sqrt{2}}{3}$

24.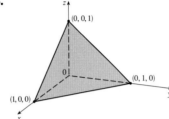

25.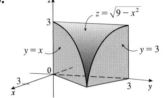

26. 13,984,735,616/14,549,535   **27.** $\pi/2$

28. 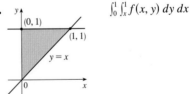 $\int_0^1 \int_x^1 f(x, y)\, dy\, dx$

29. 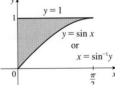 $\int_0^1 \int_0^{\sin^{-1}y} f(x, y)\, dx\, dy$

30. 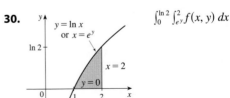 $\int_0^{\ln 2} \int_{e^y}^2 f(x, y)\, dx\, dy$

31. $\frac{1}{6}(e^9 - 1)$ **32.** $\frac{2}{9}(2\sqrt{2} - 1)$ **33.** $\frac{1}{3}(2\sqrt{2} - 1)$
34. 1   **35.** $\frac{\sqrt{3}}{2}\pi \leqslant \iint_s \sqrt{4 - x^2y^2}\, dA \leqslant \pi$
36. $\frac{3}{4}$ **38.** 9π **39.** $a^2b + \frac{3}{2}ab^2$ **40.** $\pi a^2 b$

EXERCISES 14.3 ■ PAGE 916

1. $\int_0^{3\pi/2} \int_0^4 f(r\cos\theta, r\sin\theta)\, r\, dr\, d\theta$

2. $\int_0^\pi \int_1^3 f(r\cos\theta, r\sin\theta)\, r\, dr\, d\theta$

3. $\int_0^1 \int_{2y-2}^{2-2y} f(x, y)\, dx\, dy$

4.

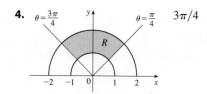

$3\pi/4$

5. $\frac{1250}{3}$ **6.** $(\pi/4)(\cos 1 - \cos 9)$

7. $(\pi/2)(1 - e^{-4})$ **8.** $\frac{3}{64}\pi^2$

9. $\frac{3\pi}{2} - 4$ **10.** $\frac{3\pi}{8} + \frac{1}{4}$ **11.** $\pi/12$

12. (a) $\int_0^{\pi/2} \int_0^2 (r + r^3\cos\theta\sin\theta)\, dr\, d\theta$ (b) $\pi + 2$

13. (a) $\int_0^{3\pi/2} \int_0^3 r^2\sin\theta\, dr\, d\theta$ (b) 9

14. (a) $\int_0^{\pi/2} \int_0^{\sin\theta} r^2\cos\theta\, dr\, d\theta$ (b) $\frac{1}{12}$

15. $\frac{625}{2}\pi$ **16.** 4π **17.** $\frac{4}{3}\pi a^3$

18. $(\pi/3)(2 - \sqrt{2})$ **19.** $(8\pi/3)(64 - 24\sqrt{3})$

20. $(\pi/4)(1 - e^{-4})$ **21.** $\frac{1}{120}$ **22.** 4.5951

23. $38\pi\, \text{m}^3$ **24.** $2/(a + b)$ **25.** $\frac{15}{16}$

26. (a) $\sqrt{\pi}/4$ (b) $\sqrt{\pi}/2$

EXERCISES 14.4 ■ PAGE 926

1. 285 C   **2.** $\left(\frac{3}{4}, \frac{1}{2}\right)$ **3.** $42k, \left(2, \frac{85}{28}\right)$ **4.** $6, \left(\frac{3}{4}, \frac{3}{2}\right)$

5. $\frac{8}{15}k, \left(0, \frac{4}{7}\right)$ **6.** $\frac{1}{8}(1 - 3e^{-2}), \left(\frac{e^2 - 5}{e^2 - 3}, \frac{8(e^3 - 4)}{27(e^3 - 3e)}\right)$

7. $\left(\frac{3}{8}, 3\pi/16\right)$ **8.** $(0, 45/(14\pi))$

9. $(2a/5, 2a/5)$ if vertex is $(0, 0)$ and sides are along positive axes

10. $409.2k, 182k, 591.2k$

11. $7ka^6/180, 7ka^6/180, 7ka^6/90$ if vertex is $(0, 0)$ and sides are along positive axes

12. $\rho bh^3/3, \rho b^3h/3; b/\sqrt{3}, h/\sqrt{3}$

13. $\rho a^4\pi/16, \rho a^4\pi/16; a/2, a/2$

14. $m = 3\pi/64, (\bar{x}, \bar{y}) = \left(\frac{16384\sqrt{2}}{10395\pi}, 0\right)$,

$I_x = \frac{5\pi}{384} - \frac{4}{105}, I_y = \frac{5\pi}{384} + \frac{4}{105}, I_0 = \frac{5\pi}{192}$

15. (a) $\frac{1}{2}$ (b) 0.375   (c) $\frac{5}{48} \approx 0.1042$

16. (b) (i) $e^{-0.2} \approx 0.8187$

(ii) $1 + e^{-1.8} - e^{-0.8} - e^{-1} \approx 0.3481$ (c) 2, 5

17. (a) ≈ 0.500 (b) ≈ 0.632

18. (a) $\iint_D k\left[1 - \frac{1}{20}\sqrt{(x - x_0)^2 + (y - y_0)^2}\right] dA$, where D is the disk with radius 10 km centered at the center of the city

(b) $200\pi k/3 \approx 209k, 200\left(\pi/2 - \frac{8}{9}\right)k \approx 136k$; on the edge

EXERCISES 14.5 ■ PAGE 930

1. $\frac{13}{3}\sqrt{2}$ **2.** $12\sqrt{35}$ **3.** $3\sqrt{14}$

4. $(\pi/6)(13\sqrt{13} - 1)$ **5.** $(\pi/6)(17\sqrt{17} - 5\sqrt{5})$

6. $(2\pi/3)(2\sqrt{2} - 1)$ **7.** $a^2(\pi - 2)$ **8.** 3.6258

9. (a) ≈ 1.83 (b) ≈ 1.8616

10. $\frac{45}{8}\sqrt{14} + \frac{15}{16}\ln\left[(11\sqrt{5} + 3\sqrt{70})/(3\sqrt{5} + \sqrt{70})\right]$

11. 3.3213   **13.** $(\pi/6)(101\sqrt{101} - 1)$

EXERCISES 14.6 ■ PAGE 940

1. $\frac{27}{4}$ **2.** $\frac{16}{15}$ **3.** $\frac{5}{3}$ **4.** $3\ln 3 + 3$

5. (a) $\int_{-1}^1 \int_0^{1-x^2} \int_0^{2-z} x\, dy\, dz\, dx$ (b) 0

6. (a) $\int_0^2 \int_0^{2-x} \int_0^{x^2} (x + y)\, dy\, dz\, dx$ (b) $\frac{8}{3}$

7. $\frac{27}{2}$ **8.** $\pi/8 - \frac{1}{3}$ **9.** $\frac{65}{28}$

10. $\frac{8}{15}$ **11.** $16\pi/3$ **12.** $\frac{16}{3}$ **13.** $\frac{8}{15}$

14. (a) $\int_0^1 \int_0^x \int_0^{\sqrt{1-y^2}} dz\, dy\, dx$ (b) $\frac{1}{4}\pi - \frac{1}{3}$

15. ≈ 0.985 **16.**

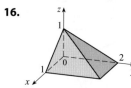

17. $\int_{-2}^2 \int_0^{4-x^2} \int_{-\sqrt{4-x^2-y}/2}^{\sqrt{4-x^2-y}/2} f(x, y, z)\, dz\, dy\, dx$

$= \int_0^4 \int_{-\sqrt{4-y}}^{\sqrt{4-y}} \int_{-\sqrt{4-x^2-y}/2}^{\sqrt{4-x^2-y}/2} f(x, y, z)\, dz\, dx\, dy$

$= \int_{-1}^1 \int_0^{4-4z^2} \int_{-\sqrt{4-y-4z^2}}^{\sqrt{4-y-4z^2}} f(x, y, z)\, dx\, dy\, dz$

$= \int_0^4 \int_{-\sqrt{4-y}/2}^{\sqrt{4-y}/2} \int_{-\sqrt{4-y-4z^2}}^{\sqrt{4-y-4z^2}} f(x, y, z)\, dx\, dz\, dy$

$= \int_{-2}^2 \int_{-\sqrt{4-x^2}/2}^{\sqrt{4-x^2}/2} \int_0^{4-x^2-4z^2} f(x, y, z)\, dy\, dz\, dx$

$= \int_{-1}^1 \int_{-\sqrt{4-4z^2}}^{\sqrt{4-4z^2}} \int_0^{4-x^2-4z^2} f(x, y, z)\, dy\, dx\, dz$

18. $\int_{-2}^2 \int_{x^2}^4 \int_0^{2-y/2} f(x, y, z)\, dz\, dy\, dx$

$= \int_0^4 \int_{-\sqrt{y}}^{\sqrt{y}} \int_0^{2-y/2} f(x, y, z)\, dz\, dx\, dy$

$= \int_0^2 \int_0^{4-2z} \int_{-\sqrt{y}}^{\sqrt{y}} f(x, y, z)\, dx\, dy\, dz$

$= \int_0^4 \int_0^{2-y/2} \int_{-\sqrt{y}}^{\sqrt{y}} f(x, y, z)\, dx\, dz\, dy$

$= \int_{-2}^2 \int_0^{2-x^2/2} \int_{x^2}^{4-2z} f(x, y, z)\, dy\, dz\, dx$

$= \int_0^2 \int_{-\sqrt{4-2z}}^{\sqrt{4-2z}} \int_{x^2}^{4-2z} f(x, y, z)\, dy\, dx\, dz$

19. $\int_0^1 \int_{\sqrt{x}}^1 \int_0^{1-y} f(x, y, z)\, dz\, dy\, dx = \int_0^1 \int_0^{y^2} \int_0^{1-y} f(x, y, z)\, dz\, dx\, dy$

$= \int_0^1 \int_0^{1-z} \int_0^{y^2} f(x, y, z)\, dx\, dy\, dz = \int_0^1 \int_0^{1-y} \int_0^{y^2} f(x, y, z)\, dx\, dz\, dy$

$= \int_0^1 \int_0^{1-\sqrt{x}} \int_{\sqrt{x}}^{1-z} f(x, y, z)\, dy\, dz\, dx = \int_0^1 \int_0^{(1-z)^2} \int_{\sqrt{x}}^{1-z} f(x, y, z)\, dy\, dx\, dz$

20. $\int_0^1 \int_y^1 \int_0^y f(x, y, z)\, dz\, dx\, dy = \int_0^1 \int_0^x \int_0^y f(x, y, z)\, dz\, dy\, dx$
$= \int_0^1 \int_z^1 \int_y^1 f(x, y, z)\, dx\, dy\, dz = \int_0^1 \int_0^y \int_y^1 f(x, y, z)\, dx\, dz\, dy$
$= \int_0^1 \int_0^x \int_z^x f(x, y, z)\, dy\, dz\, dx = \int_0^1 \int_0^1 \int_z^x f(x, y, z)\, dy\, dx\, dz$

21. 64π **22.** $\frac{3}{2}\pi, \left(0, 0, \frac{1}{3}\right)$

23. $a^5, (7a/12, 7a/12, 7a/12)$

24. $I_x = I_y = I_z = \frac{2}{3}kL^5$ **25.** $\frac{1}{2}\pi kha^4$

26. (a) $m = \int_{-1}^1 \int_{x^2}^1 \int_0^{1-y} \sqrt{x^2 + y^2}\, dz\, dy\, dx$

(b) $(\bar{x}, \bar{y}, \bar{z})$, where

$\bar{x} = (1/m) \int_{-1}^1 \int_{x^2}^1 \int_0^{1-y} x\sqrt{x^2 + y^2}\, dz\, dy\, dx,$

$\bar{y} = (1/m) \int_{-1}^1 \int_{x^2}^1 \int_0^{1-y} y\sqrt{x^2 + y^2}\, dz\, dy\, dx,$

and $\bar{z} = (1/m) \int_{-1}^1 \int_{x^2}^1 \int_0^{1-y} z\sqrt{x^2 + y^2}\, dz\, dy\, dx$

(c) $\int_{-1}^1 \int_{x^2}^1 \int_0^{1-y} (x^2 + y^2)^{3/2}\, dz\, dy\, dx$

27. (a) $\frac{3}{32}\pi + \frac{11}{24}$

(b) $\left(\dfrac{28}{9\pi + 44}, \dfrac{30\pi + 128}{45\pi + 220}, \dfrac{45\pi + 208}{135\pi + 660}\right)$

(c) $\frac{1}{240}(68 + 15\pi)$

28. (a) $\frac{1}{8}$ (b) $\frac{1}{64}$ (c) $\frac{1}{5760}$ **29.** $L^3/8$

30. (a) The region bounded by the ellipsoid $x^2 + 2y^2 + 3z^2 = 1$
(b) $4\sqrt{6}\pi/45$

EXERCISES 14.7 ■ PAGE 947

1. (a)

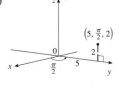

$(0, 5, 2)$

(b)

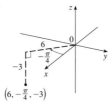

$(3\sqrt{2}, -3\sqrt{2}, -3)$

2. (a) $(4\sqrt{2}, \pi/4, -3)$ (b) $(10, -\pi/6, \sqrt{3})$

3. Circular cylinder with radius 2 and axis the z-axis

4. Sphere, radius 2, centered at the origin

5. (a) $z^2 = 1 + r\cos\theta - r^2$ (b) $z = r^2 \cos 2\theta$

6.

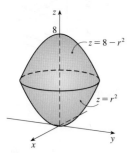

7. Cylindrical coordinates: $6 \le r \le 7, 0 \le \theta \le 2\pi,$
$0 \le z \le 20$

8. (a) $\int_0^\pi \int_0^1 \int_0^{2-r^2} r^3\, dz\, dr\, d\theta$ (b) $\pi/3$

9.

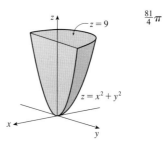

$\frac{81}{4}\pi$

10. 384π **11.** $\frac{8}{3}\pi + \frac{128}{15}$ **12.** $2\pi/5$

13. $\frac{4}{3}\pi\left(\sqrt{2} - 1\right)$

14. (a) $\frac{512}{3}\pi$ (b) $\left(0, 0, \frac{23}{2}\right)$

15. $\pi Ka^2/8, (0, 0, 2a/3)$ **16.** 0

17. (a) $\iiint_C h(P)g(P)\, dV$, where C is the cone

(b) $\approx 4.4 \times 10^{18}$ J

EXERCISES 14.8 ■ PAGE 953

1. (a)

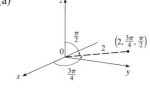

$(-\sqrt{2}, \sqrt{2}, 0)$

(b)

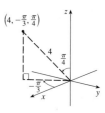

$(\sqrt{2}, -\sqrt{6}, 2\sqrt{2})$

2. (a) $(3\sqrt{2}, \pi/4, \pi/2)$ (b) $(4, -\pi/3, \pi/6)$

3. Bottom half of a cone   **4.** Horizontal plane

5. (a) $\rho = 3$ (b) $\rho^2(\sin^2\phi\, \cos 2\theta - \cos^2\phi) = 1$

6.

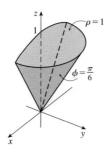

7.

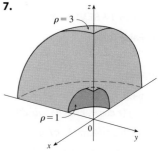

8. $\pi/4 \le \phi \le \pi/2, 0 \le \rho \le 4\cos\phi$

9.

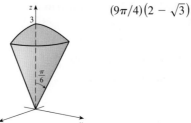

$(9\pi/4)\left(2 - \sqrt{3}\right)$

10. $\int_0^{\pi/2} \int_0^3 \int_0^2 f(r\cos\theta, r\sin\theta, z)\, r\, dz\, dr\, d\theta$

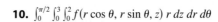

11. (a) $\int_{\pi/2}^{\pi} \int_{\pi/2}^{3\pi/2} \int_{2}^{3} \rho^3 \sin\phi \, d\rho \, d\theta \, d\phi$ (b) $\frac{65}{4}\pi$

12. $312{,}500\pi/7$ **13.** $1688\pi/15$ **14.** $\pi/8$

15. $(\sqrt{3}-1)\pi a^3/3$ **16.** (a) 10π (b) $(0, 0, 2.1)$

17. (a) $(0, 0, \frac{7}{12})$ (b) $11K\pi/960$

18. (a) $(0, 0, \frac{3}{8}a)$ (b) $4K\pi a^5/15$ (K is the density)

19. $\frac{1}{3}\pi(2-\sqrt{2})$, $(0, 0, 3/[8(2-\sqrt{2})])$

20. (a) $\pi Ka^4 h/2$ (K is the density)   (b) $\pi Ka^2 h(3a^2 + 4h^2)/12$

21. $5\pi/6$ **22.** $(4\sqrt{2}-5)/15$ **23.** $4096\pi/21$

24.

25. $136\pi/99$

EXERCISES 14.9 ■ PAGE 962

1. (a) VI   (b) I   (c) IV   (d) V   (e) III   (f) II

2. The parallelogram with vertices $(0, 0)$, $(6, 3)$, $(12, 1)$, $(6, -2)$

3. The region bounded by the line $y = 1$, the y-axis, and $y = \sqrt{x}$

4. $x = \frac{1}{3}(v - u)$, $y = \frac{1}{3}(u + 2v)$ is one possible transformation, where $S = \{(u, v) \mid -1 \le u \le 1, 1 \le v \le 3\}$

5. $x = u\cos v$, $y = u\sin v$ is one possible transformation, where $S = \{(u, v) \mid 1 \le u \le \sqrt{2}, 0 \le v \le \pi/2\}$

6. -6 **7.** s **8.** $2uvw$

9. -3 **10.** 6π **11.** $2\ln 3$

12. (a) $\frac{4}{3}\pi abc$ (b) 1.083×10^{12} km³

(c) $\frac{4}{15}\pi(a^2 + b^2)abck$

13. $\frac{8}{5}\ln 8$ **14.** $\frac{3}{2}\sin 1$ **15.** $e - e^{-1}$

CHAPTER 14 REVIEW ■ PAGE 963

True-False Quiz

1. True   **2.** True   **3.** True   **4.** True   **5.** False

Exercises

1. ≈ 64.0 **2.** $4e^2 - 4e + 3$ **3.** $\frac{1}{2}\sin 1$ **4.** $\frac{2}{3}$

5. $\int_{0}^{\pi} \int_{2}^{4} f(r\cos\theta, r\sin\theta) \, r \, dr \, d\theta$

6. $(\sqrt{3}, 3, 2)$, $(4, \pi/3, \pi/3)$

7. $(2\sqrt{2}, 2\sqrt{2}, 4\sqrt{3})$, $(4, \pi/4, 4\sqrt{3})$

8. (a) $r^2 + z^2 = 4$, $\rho = 2$ (b) $r = 2$, $\rho\sin\phi = 2$

9. The region inside the loop of the four-leaved rose $r = \sin 2\theta$ in the first quadrant

10. $\frac{1}{2}\sin 1$ **11.** $\frac{1}{2}e^6 - \frac{7}{2}$ **12.** $\frac{1}{4}\ln 2$ **13.** 8

14. $81\pi/5$ **15.** $\frac{81}{2}$ **16.** $\pi/96$ **17.** $\frac{64}{15}$

18. 176 **19.** $\frac{2}{3}$ **20.** $2ma^3/9$

21. (a) $\frac{1}{4}$ (b) $(\frac{1}{3}, \frac{8}{15})$

(c) $I_x = \frac{1}{12}$, $I_y = \frac{1}{24}$; $\bar{\bar{y}} = 1/\sqrt{3}$, $\bar{\bar{x}} = 1/\sqrt{6}$

22. (a) $(0, 0, h/4)$ (b) $\pi a^5 h/15$

23. $\ln(\sqrt{2}+\sqrt{3}) + \sqrt{2}/3$ **24.** $\frac{486}{5}$ **25.** 0.0512

26. (a) $\frac{1}{15}$ (b) $\frac{1}{3}$ (c) $\frac{1}{45}$

27. $\int_{0}^{1} \int_{0}^{1-z} \int_{-\sqrt{y}}^{\sqrt{y}} f(x, y, z) \, dx \, dy \, dz$ **28.** $-\ln 2$ **29.** 0

CHAPTER 15

EXERCISES 15.1 ■ PAGE 974

1.

2.

3.

4.

5.

6.

7. IV   **8.** I   **9.** III   **10.** IV   **11.** III

12.

The line $y = 2x$

13. $\nabla f(x, y) = y^2 \cos(xy) \, \mathbf{i} + [xy\cos(xy) + \sin(xy)] \, \mathbf{j}$

14. $\nabla f(x, y, z) = \dfrac{x}{\sqrt{x^2 + y^2 + z^2}}\,\mathbf{i}$
$$+ \dfrac{y}{\sqrt{x^2 + y^2 + z^2}}\,\mathbf{j} + \dfrac{z}{\sqrt{x^2 + y^2 + z^2}}\,\mathbf{k}$$

15. $\nabla f(x, y) = (x - y)\,\mathbf{i} + (y - x)\,\mathbf{j}$

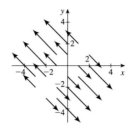

16. III   **17.** II   **18.**

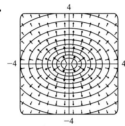

19. $(2.04, 1.03)$

20. (a)

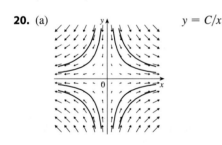

$y = C/x$

(b) $y = 1/x, x > 0$

EXERCISES 15.2 ■ PAGE 986

1. $\frac{4}{3}(10^{3/2} - 1)$ **2.** 1638.4   **3.** $\frac{1}{3}\pi^6 + 2\pi$ **4.** $\frac{5}{2}$

5. $\sqrt{2}/3$ **6.** $\frac{1}{12}\sqrt{14}(e^6 - 1)$ **7.** $\frac{2}{5}(e - 1)$

8. $\pi/2 - \frac{1}{6}\sqrt{2}$ **9.** $\frac{35}{3}$

10. (a) Positive   (b) Negative   **11.** $\frac{1}{20}$

12. $\frac{6}{5} - \cos 1 - \sin 1$ **13.** 0.5424   **14.** 94.8231

15. $3\pi + \frac{2}{3}$

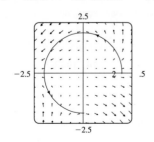

16. (a) $\frac{11}{8} - 1/e$ (b)

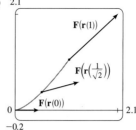

17. $\frac{172,704}{5,632,705}\sqrt{2}\left(1 - e^{-14\pi}\right)$ **18.** $2\pi k, (4/\pi, 0)$

19. (a) $\bar{x} = (1/m)\int_C x\rho(x, y, z)\,ds,$

$\bar{y} = (1/m)\int_C y\rho(x, y, z)\,ds,$

$\bar{z} = (1/m)\int_C z\rho(x, y, z)\,ds,$ where $m = \int_C \rho(x, y, z)\,ds$

(b) $(0, 0, 3\pi)$

20. $I_x = k\left(\frac{1}{2}\pi - \frac{4}{3}\right), I_y = k\left(\frac{1}{2}\pi - \frac{2}{3}\right)$ **21.** $2\pi^2$ **22.** $\frac{7}{3}$

23. (a) $2ma\,\mathbf{i} + 6mbt\,\mathbf{j}, 0 \le t \le 1$ (b) $2ma^2 + \frac{9}{2}mb^2$

24. $\approx 2.26 \times 10^4$ J   **25.** (b) Yes   **27.** ≈ 22 J

EXERCISES 15.3 ■ PAGE 996

1. 40   **2.** Not conservative

3. $f(x, y) = ye^{xy} + K$ **4.** $f(x, y) = ye^x + x\sin y + K$

5. $f(x, y) = y^2 \sin x + x\cos y + K$

6. (b) 16   **7.** (a) 16   (b) $f(x, y) = x^3 + xy^2 + K$

8. (a) $f(x, y) = e^{xy} + K$ (b) $e^2 - 1$

9. (a) $f(x, y) = x^2 + 2y^2$ (b) -21

10. (a) $f(x, y) = \frac{1}{3}x^3 y^3$ (b) -9

11. (a) $f(x, y, z) = x^2 y + y^2 z$ (b) 30

12. (a) $f(x, y, z) = ye^{xz}$ (b) 4   **13.** $4/e$

14. It doesn't matter which curve is chosen.

15. $\frac{31}{4}$ **16.** No   **17.** Conservative

19. (a) Yes   (b) Yes   (c) Yes

20. (a) No   (b) Yes   (c) Yes

EXERCISES 15.4 ■ PAGE 1004

1. 120   **2.** $\frac{2}{3}$ **3.** $4(e^3 - 1)$ **4.** $-\frac{9}{5}$ **5.** $\frac{1}{3}$

6. -24π **7.** 14   **8.** $-\frac{16}{3}$ **9.** 4π

10. $\frac{1}{15}\pi^4 - \frac{4144}{1125}\pi^2 + \frac{7,578,368}{253,125} \approx 0.0779$

11. $-\frac{1}{12}$ **12.** 3π **13.** (c) $\frac{9}{2}$

14. $(4a/3\pi, 4a/3\pi)$ if the region is the portion of the disk $x^2 + y^2 = a^2$ in the first quadrant

16. 0

EXERCISES 15.5 ■ PAGE 1013

1. (a) $\mathbf{0}$ (b) $y^2 z^2 + x^2 z^2 + x^2 y^2$

2. (a) $ze^x\,\mathbf{i} + (xye^z - yze^x)\,\mathbf{j} - xe^z\,\mathbf{k}$ (b) $y(e^z + e^x)$

3. (a) $-\dfrac{\sqrt{z}}{(1 + y)^2}\,\mathbf{i} - \dfrac{\sqrt{x}}{(1 + z)^2}\,\mathbf{j} - \dfrac{\sqrt{y}}{(1 + x)^2}\,\mathbf{k}$

(b) $\dfrac{1}{2\sqrt{x}\,(1+z)} + \dfrac{1}{2\sqrt{y}\,(1+x)} + \dfrac{1}{2\sqrt{z}\,(1+y)}$

4. (a) $\langle -e^y \cos z, -e^z \cos x, -e^x \cos y \rangle$

(b) $e^x \sin y + e^y \sin z + e^z \sin x$

5. (a) Negative   (b) curl $\mathbf{F} = \mathbf{0}$

6. (a) Zero   (b) curl $\mathbf{F}$ points in the negative z-direction.

8. $f(x, y, z) = x^2 y^3 z^2 + K$

9. $f(x, y, z) = x \ln y + y \ln z + K$

10. Not conservative   **11.** No

EXERCISES 15.6 ■ PAGE 1025

1. P: yes; Q: no

2. Plane through $(0, 3, 1)$ containing vectors $\langle 1, 0, 4 \rangle$, $\langle 1, -1, 5 \rangle$

3. Circular cone with axis the z-axis

4.

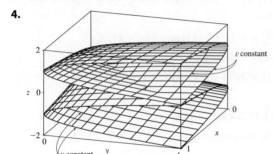

5.

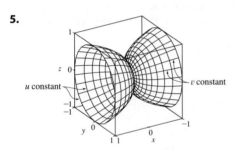

6.

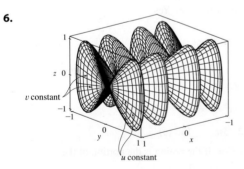

7. IV   **8.** I   **9.** III

10. $x = u, y = v - u, z = -v$

11. $y = y, z = z, x = \sqrt{1 + y^2 + \frac{1}{4}z^2}$

12. $x = 2 \sin\phi \cos\theta, y = 2 \sin\phi \sin\theta,$
$z = 2 \cos\phi, 0 \leqslant \phi \leqslant \pi/4, 0 \leqslant \theta \leqslant 2\pi$
$\left[\text{or } x = x, y = y, z = \sqrt{4 - x^2 - y^2}, x^2 + y^2 \leqslant 2\right]$

13. $x = 6 \sin\phi \cos\theta, y = 6 \sin\phi \sin\theta, z = 6 \cos\phi,$
$\pi/6 \leqslant \phi \leqslant \pi/2, 0 \leqslant \theta \leqslant 2\pi$

15. $x = x, y = \dfrac{1}{1 + x^2} \cos\theta, y = \dfrac{1}{1 + x^2} \sin\theta,$
$-2 \leqslant x \leqslant 2, 0 \leqslant \theta \leqslant 2\pi$

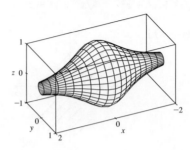

16. (a) Direction reverses   (b) Number of coils doubles

17. $3x - y + 3z = 3$ **18.** $\dfrac{\sqrt{3}}{2}x - \dfrac{1}{2}y + z = \dfrac{\pi}{3}$

19. $-x + 2z = 1$ **20.** $3\sqrt{14}$ **21.** $\sqrt{14}\pi$

22. $\frac{4}{15}(3^{5/2} - 2^{7/2} + 1)$ **23.** $(2\pi/3)(2\sqrt{2} - 1)$

24. $(\pi/6)(65^{3/2} - 1)$ **25.** 4   **26.** $\pi R^2 \leqslant A(S) \leqslant \sqrt{3}\,\pi R^2$

27. 3.5618   **28.** (a) ≈ 24.2055 (b) 24.2476

29. $\frac{45}{8}\sqrt{14} + \frac{15}{16}\ln\left[(11\sqrt{5} + 3\sqrt{70})/(3\sqrt{5} + \sqrt{70})\right]$

30. (b)

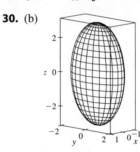

(c) $\int_0^{2\pi} \int_0^{\pi} \sqrt{36 \sin^4 u \cos^2 v + 9 \sin^4 u \sin^2 v + 4 \cos^2 u \sin^2 u}\; du\, dv$

31. 4π **32.** $2a^2(\pi - 2)$

EXERCISES 15.7 ■ PAGE 1037

1. ≈ -6.93 **2.** 900π **3.** $11\sqrt{14}$ **4.** $\frac{2}{3}(2\sqrt{2} - 1)$

5. $171\sqrt{14}$ **6.** $\sqrt{21}/3$ **7.** $(\pi/120)(25\sqrt{5} + 1)$

8. $\frac{7}{4}\sqrt{21} - \frac{17}{12}\sqrt{17}$ **9.** 16π **10.** 0   **11.** 4

12. $\frac{713}{180}$ **13.** $\frac{8}{3}\pi$ **14.** 0   **15.** 48   **16.** $2\pi + \frac{8}{3}$

17. 4.5822   **18.** 3.4895

19. $\iint_S \mathbf{F} \cdot d\mathbf{S} = \iint_D \left[P(\partial h/\partial x) - Q + R(\partial h/\partial z)\right] dA,$
where D = projection of S onto xz-plane

20. $(0, 0, a/2)$

21. (a) $I_z = \iint_S (x^2 + y^2)\rho(x, y, z)\, dS$ (b) $4329\sqrt{2}\,\pi/5$

22. 0 kg/s   **23.** $\frac{8}{3}\pi a^3 \varepsilon_0$ **24.** 1248π

EXERCISES 15.8 ■ PAGE 1044

2. 16π **3.** 0   **4.** -1 **5.** $-\frac{17}{20}$

6. 8π **7.** $\pi/2$

8. (a) $81\pi/2$ (b)

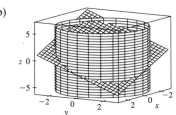

(c) $x = 3\cos t$, $y = 3\sin t$,
$z = 1 - 3(\cos t + \sin t)$,
$0 \leqslant t \leqslant 2\pi$

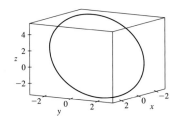

9. -32π **10.** $-\pi$ **11.** 3

EXERCISES 15.9 ■ PAGE 1050

1. $\frac{9}{2}$ **2.** $256\pi/3$ **3.** $\frac{9}{2}$ **4.** $9\pi/2$ **5.** 0
6. π **7.** 16   **8.** $\frac{1}{24}abc(a+4)$ **9.** 2π
10. $13\pi/20$ **11.** Negative at P_1, positive at P_2
12. div $\mathbf{F} > 0$ in quadrants I, II; div $\mathbf{F} < 0$ in quadrants III, IV

CHAPTER 15 REVIEW ■ PAGE 1052

True-False Quiz

1. False   **2.** True   **3.** False   **4.** False
5. True   **6.** True   **7.** False

Exercises

1. (a) Negative   (b) Positive   **2.** $6\sqrt{10}$ **3.** $\frac{4}{15}$
4. $\frac{110}{3}$ **5.** $\frac{11}{12} - 4/e$ **6.** $f(x,y) = e^y + xe^{xy} + K$
7. 0   **8.** 0   **9.** -8π **13.** $\frac{1}{6}(27 - 5\sqrt{5})$
14. $(\pi/60)(391\sqrt{17} + 1)$ **15.** $-64\pi/3$ **16.** 0
17. $-\frac{1}{2}$ **18.** 4π **19.** -4 **20.** 21

APPENDIXES

EXERCISES B ■ PAGE A17

1. $7\pi/6$ **2.** $\pi/20$ **3.** 5π **4.** $720°$ **5.** $75°$
6. $-67.5°$ **7.** 3π cm   **8.** $\frac{2}{3}$ rad $= (120/\pi)°$
9.

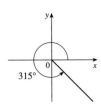

10.

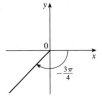

11.

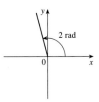

12. $\sin(3\pi/4) = 1/\sqrt{2}$, $\cos(3\pi/4) = -1/\sqrt{2}$, $\tan(3\pi/4) = -1$,
$\csc(3\pi/4) = \sqrt{2}$, $\sec(3\pi/4) = -\sqrt{2}$, $\cot(3\pi/4) = -1$
13. $\sin(9\pi/2) = 1$, $\cos(9\pi/2) = 0$, $\csc(9\pi/2) = 1$,
$\cot(9\pi/2) = 0$, $\tan(9\pi/2)$ and $\sec(9\pi/2)$ undefined
14. $\sin(5\pi/6) = \frac{1}{2}$, $\cos(5\pi/6) = -\sqrt{3}/2$, $\tan(5\pi/6) = -1/\sqrt{3}$,
$\csc(5\pi/6) = 2$, $\sec(5\pi/6) = -2/\sqrt{3}$, $\cot(5\pi/6) = -\sqrt{3}$
15. $\cos\theta = \frac{4}{5}$, $\tan\theta = \frac{3}{4}$, $\csc\theta = \frac{5}{3}$, $\sec\theta = \frac{5}{4}$, $\cot\theta = \frac{4}{3}$
16. $\sin\phi = \sqrt{5}/3$, $\cos\phi = -\frac{2}{3}$, $\tan\phi = -\sqrt{5}/2$,
$\csc\phi = 3/\sqrt{5}$, $\cot\phi = -2/\sqrt{5}$
17. $\sin\beta = -1/\sqrt{10}$, $\cos\beta = -3/\sqrt{10}$, $\tan\beta = \frac{1}{3}$,
$\csc\beta = -\sqrt{10}$, $\sec\beta = -\sqrt{10}/3$
18. 5.73576 cm   **19.** 24.62147 cm
30. $\frac{1}{15}(4 + 6\sqrt{2})$ **31.** $\frac{1}{15}(3 + 8\sqrt{2})$
32. $\frac{24}{25}$ **33.** $\pi/3, 5\pi/3$
34. $\pi/4, 3\pi/4, 5\pi/4, 7\pi/4$ **35.** $\pi/6, \pi/2, 5\pi/6, 3\pi/2$
36. $0, \pi, 2\pi$ **37.** $0 \leqslant x \leqslant \pi/6$ and $5\pi/6 \leqslant x \leqslant 2\pi$
38. $0 \leqslant x < \pi/4, 3\pi/4 < x < 5\pi/4, 7\pi/4 < x \leqslant 2\pi$
39. $\angle C = 62°$, $a \approx 199.55$, $b \approx 241.52$
40. ≈ 1355 m   **41.** 14.34457 cm^2
42.

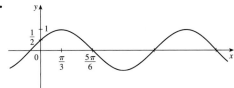

43.

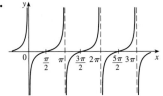

44.

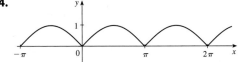

찾아보기
Index

기타

스튜어트 미분적분학
9판 개정판

2024년 3월 2일 인쇄
2024년 3월 5일 발행

저　　자 ◉ James Stewart | Daniel Clegg |
　　　　　Saleem Watson

역　　자 ◉ 미분적분학교재편찬위원회

발 행 인 ◉ 조 승 식

발 행 처 ◉ (주)도서출판 북스힐
　　　　　서울시 강북구 한천로 153길 17

등　　록 ◉ 1998년 7월 28일 제22-457호

 (02) 994-0071(代)

 (02) 994-0073

 www.bookshill.com
bookshill@bookshill.com

잘못된 책은 교환해 드립니다.

값 49,000원

ISBN 979-11-5971-465-8

SPECIAL FUNCTIONS

Power Functions $\quad f(x) = x^a$

(i) $f(x) = x^n$, n a positive integer

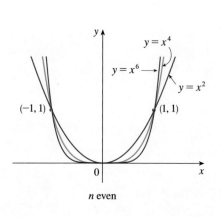

n even

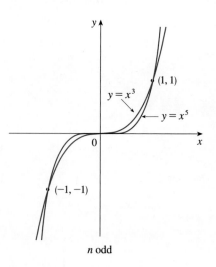

n odd

(ii) $f(x) = x^{1/n} = \sqrt[n]{x}$, n a positive integer

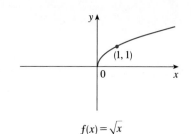

$f(x) = \sqrt{x}$

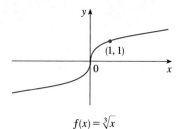

$f(x) = \sqrt[3]{x}$

(iii) $f(x) = x^{-1} = \dfrac{1}{x}$

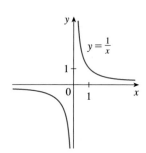

Inverse Trigonometric Functions

$\arcsin x = \sin^{-1}x = y \iff \sin y = x \quad \text{and} \quad -\dfrac{\pi}{2} \leqslant y \leqslant \dfrac{\pi}{2}$

$\arccos x = \cos^{-1}x = y \iff \cos y = x \quad \text{and} \quad 0 \leqslant y \leqslant \pi$

$\arctan x = \tan^{-1}x = y \iff \tan y = x \quad \text{and} \quad -\dfrac{\pi}{2} < y < \dfrac{\pi}{2}$

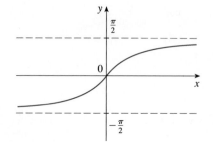

$y = \tan^{-1}x = \arctan x$

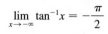

$\displaystyle\lim_{x \to -\infty} \tan^{-1}x = -\dfrac{\pi}{2}$

$\displaystyle\lim_{x \to \infty} \tan^{-1}x = \dfrac{\pi}{2}$

SPECIAL FUNCTIONS

Exponential and Logarithmic Functions

$\log_b x = y \iff b^y = x$

$\ln x = \log_e x, \quad \text{where} \quad \ln e = 1$

$\ln x = y \iff e^y = x$

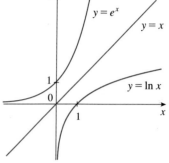

Cancellation Equations

$\log_b(b^x) = x \qquad b^{\log_b x} = x$

$\ln(e^x) = x \qquad e^{\ln x} = x$

Laws of Logarithms

1. $\log_b(xy) = \log_b x + \log_b y$

2. $\log_b\left(\dfrac{x}{y}\right) = \log_b x - \log_b y$

3. $\log_b(x^r) = r \log_b x$

$\displaystyle \lim_{x \to -\infty} e^x = 0 \qquad \lim_{x \to \infty} e^x = \infty$

$\displaystyle \lim_{x \to 0^+} \ln x = -\infty \qquad \lim_{x \to \infty} \ln x = \infty$

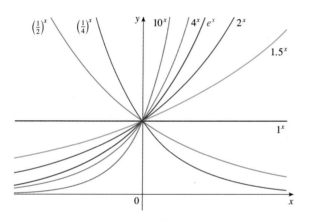

Exponential functions

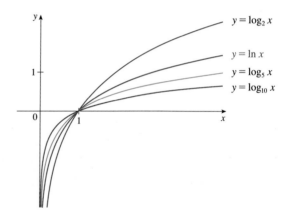

Logarithmic functions

Hyperbolic Functions

$\sinh x = \dfrac{e^x - e^{-x}}{2}$ $\qquad$ $\operatorname{csch} x = \dfrac{1}{\sinh x}$

$\cosh x = \dfrac{e^x + e^{-x}}{2}$ $\qquad$ $\operatorname{sech} x = \dfrac{1}{\cosh x}$

$\tanh x = \dfrac{\sinh x}{\cosh x}$ $\qquad$ $\coth x = \dfrac{\cosh x}{\sinh x}$

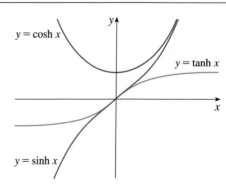

Inverse Hyperbolic Functions

$y = \sinh^{-1} x \iff \sinh y = x$

$y = \cosh^{-1} x \iff \cosh y = x \quad \text{and} \quad y \geq 0$

$y = \tanh^{-1} x \iff \tanh y = x$

$\sinh^{-1} x = \ln\left(x + \sqrt{x^2 + 1}\right)$

$\cosh^{-1} x = \ln\left(x + \sqrt{x^2 - 1}\right)$

$\tanh^{-1} x = \tfrac{1}{2} \ln\left(\dfrac{1 + x}{1 - x}\right)$

SPECIAL FUNCTIONS

Exponential and Logarithmic Functions

Hyperbolic Functions

Inverse Hyperbolic Functions